Gesamtverzeichnis des deutschsprachigen Schrifttums (GV) 1700 – 1910

Bearbeitet unter der Leitung von
Hilmar Schmuck und Willi Gorzny

Bibliographische und redaktionelle Beratung:
Hans Popst und Rainer Schöller

109

Pi - Pn

K · G · Saur München · New York · London · Paris 1984

CIP-Kurztitelaufnahme der Deutschen Bibliothek

Gesamtverzeichnis des deutschsprachigen Schrifttums :
(GV). – München, New York, London, Paris : Saur.
Bd. 1 – 6 bearb. unter d. Leitung von Peter Geils
u. Willi Gorzny.
ISBN 3-598-30000-X

1700 – 1910 / bearb. unter d. Leitung von Hilmar
Schmuck u. Willi Gorzny. Bibliograph. u. red.
Beratung: Hans Popst u. Rainer Schöller

NE: Schmuck, Hilmar [Bearb.]

109. Pi - Pn. - 1984.

Techn. Realisierung und Druck: Norbert Gärtner, Mainz-Kastel
Binden: Karl Schaumann, Darmstadt
Printed in the Federal Republic of Germany
ISBN 3-598-30000-X (Gesamtwerk)

Pia desideria eines Berliner Gymnasiallehrers. gr. 8. (24 S.) Berlin 878. Haack. — 50

Pia desideria für Ungarn. Ergänzt u. mit Noten versehen. gr. 12. (4 B.) Leipzig 840, Otto Wigand.

Pia desideria eines österreichischen Schriftstellers. gr. 8. (6 B.) Leipzig **842**, Otto Wigand. *

Pia dictamina. Reimgebete u. Lesolieder des Mittelalters, s.: **Analecta** hymnica medii aevi.

Pia, Jos., Renan, was er ist, was er will, was er kann. Wien 864. Sintenis. 12. (2 Bl., 140 S.) 15 *ngr.*

Piachaud, E. G. L. (Dr.) Emploi des anesthésiques pendant l'accouchement naturel. (Mémoire présenté au congrès international des sciences médicales à Genève. Sept. 1877). In-8°, 32 p. Genève et Bâle, Georg. 1878

Piaget, Arthur. Le Miroir aux Dames, poème inédit du XVe siècle, publié avec une introduction par A' P', professeur .... II + 87 p. 8. Neuchâtel, Attinger Frères; Paris, Alph. Picard & fils; Leipzig, Otto Harrassowitz, 1908. (fr. 4.—)

Recueil de travaux publiés par la Faculté des Lettres (de l') Académie de Neuchâtel.... 2me Fascicule....

Piaget, Arthur. La Rébellion du Landeron en 1561. [Extrait du Jahrbuch für Schweizerische Geschichte.... Band 26.] p. 69—144. 8. [Zürich, Fäsi & Beer, 1901.]

Ce travail a été lu dans la réunion de la Société suisse d'histoire, ... le 12 septembre 1900....

Piaggino, Jos. Mar. F., Aufdeck. d. Mißhandl. und Ungerechtigk. d. Churmainzischen Regier. im J. 1786., oder Heirathsgesch. d. Freyh. von Greifenklau mit der Dem. Horix. gr. 8. Mainz, Schwan und G. in Mannh. 800.

Piaggino, J. M. F., Ehrenrettung, oder Aufdeckung der Misshandlungen und Ungerechtigkeiten, begangen von der Kurmainzischen Regierung im Jahre 1786; oder die eigentliche Heirathsgeschichte des Freiherrn von Greifenklau mit der Dem. Horix. Mainz (Schwan in Mannheim) 1800. Ungemein rar!

— — dass. 8. Salzb. Mayr. 791.

Piaggino. Jos. Maria Frhr. churpfälz. Hofkammerrath u. Direktor der Münchener allgem. Armen-Anst. u. der Hofkammerrath *Piaggino* u. der General *Thompson*, od. das *Münchner Armen-Institut.* Strassburg (fing.) 1791. Kl. 8°. Cart. Wie neu.

112 S. u. 1 Bl. Err. Seltene Schrift voll starker Ausfälle auf damalige Münchener Zustände.

— d. Hofkammerr. Piaggino u. d. Gen. Thomson, oder das Münchner Armeninstitut. 8. Straßb. 791. (Kempt., Dannheimer). 7 ℛ

— [Reise e. Engländers durch d. Elsaß.]

Reise eines Engländers durch einen Theil vom Elsass etc. (von *J. M. F. Piaggino*). Amsterdam und Stockholm (Montag in Regensburg). 1793.

Weller, l. c.

Piale, S., Gli scamilii impares di Vitruvio. Diss. 1817. 15 S. 4°.

Piana, G. P. u. **A. Fiorentini,** Neuer Vortrag zur Morphologie und Biologie der pathogenen Protozoen der Maul- und Klauenseuche. S.-A. Jena 98. Fischer.

Pianciani, Joh. Bapt.

Pianciani, Joan. Bapt., in historiam creationis mosaicam commentatio. Editio nova, aucta et recognita. Lovanii 853. (Mainz, Kirchheim.) gr. 8. (VI, 219 S.) n. 26 *ngr.*

Pianciani, J. B., Erläuterungen zur mosaischen Schöpfungsgeschichte. Aus dem Latein. von F. Schöttl. Mit einer geolog. Karte. Regensburg, Pustet, 1853, 8°, 262 S., 2,10 Mk.

Lat. Titel des Originals: In historiam creationis Mosaicam commentatio. Neapoli, 1851.

Pianese, Gius., Beitrag zur Histologie u. Aetiologie d. Carcinoms, s.a. **Beiträge** zur patholog. Anatomie u. zur allgem. Pathologie.

Beitrag zur Histologie und Aetiologie des Carcinoms. Histolog. u. experiment. Untersuchgn. Von Dr. Giuseppe **Pianese**, Assist. ... an d. Univ. Neapel ... A. d. Italien. übs. v. Dr. med. R. Teuscher, Jena. (Th.) I. II. *Jena: G. Fischer 1896.* 8.
= **Beiträge** z. patholog. **Anatomie** u. z. allg. Pathologie. Suppl.-H. 1. [96.5403]

Pianeta, il vero, pronostico infallibile delle avventure della vita d'ogni uomo e d'ogni donna coll' alfabeto storico dell' uomo e della donna. Triest 867. Coen. 16. (47 S. mit eingedr. Holzschn.) n. 2 *ngr.*

Pianka, Julius (Ferd.) (geb. Ostrokollen in Ostpr. 1818): De baryecoiae causis nonnulla. Berolini (1842). (28 S.) 8°

Berlin. Med. Diss. v. 26. Febr. 1842

Piano di costruzioni rurali pei distretti dell' interno della **Dalmazia**. I. Foglio. Compilato da G. Cipcio e C. Bartolotti. Edito dall' i. r. Ministerio d'agricoltura. Fol. Holzschntaf. Mit Text. gr. 8. (4 S.) Wien 882. Frick in Comm. n. — 60

Piano d'istruzione per le scuole reclute della Fanteria Approvato dal Dipartimento militare federale il 10 gennaio 1906. 9 p. 4. (B[erna], Bü[chler] & Co., I. [19]06.)

Erste Ausgabe in italienischer Sprache.

Piano d'istruzione per le scuole reclute della Fanteria. Approvato dal Dipartimento militare federale il 10 gennaio 1907. 9 p. 4. (B[erna], Bü[chler] & Co., I. [19]07.)

Piano modello di costruzioni rurali nel **Goriziano**. Casa colonica pella pianura della provincia. Tav. Ia. Testo pel Barone G. Napoleone a Prato. Publicato dall' i. r. Società agraria di Gorizia. gr. Fol. Holzschntaf. Mit Text. gr. 8. (5 S.) Wien 882, (Frick.) *

— modello di costruzioni rurali nell' **Istria**. Fabbricato attinente ad una piccola possessione nell' interno della provincia. Tav. I. Testo pel Barone G. Napoleone à Prato. Publicato dall' i. r. Ministerio d' agricoltura. qu. gr. Fol. Holzschntaf. m. Text. gr. 8. (4 S.) Ebend. 882. n. — 60

Piano modello di costruzioni rurali nell' Istria. Fabbricato attinente ad una piccola possessione nella costa della provincia. Tavola II. Testo di E. Kramer Pubblicato dall' i. r. Ministero d'agricoltura. gr. Fol. Nebst italien. u. sloven. Text. gr. 8. (6 u. 5 S.) Wien 885. Frick. n. — 60

Das **Pianoforte**. Organ f. d. Pianoforte-Industrie, f. Klavierspielapparate-Fabriken u. -Händler. Hrsg. v. Pianofortenindustriellen Verl. Max R. Sallmann, Berlin Jg. [1], No 1. Berlin: Sallmann (1908). 4° [09. 12051]

Pianoforteschule des Conservatoriums d. Musik in Paris. 3 Thle. Fol. Leipz., Breitkopf u. H. 5 ₰

Pianofortefchule, praktische, eine Sammlung leichter Uebungsstücke der besten Tonkünstler nach den Regeln guter Schulen geordnet. 12 Hefte. Leipzig, Hofmeister. (à ½ ℛ) 6 ℛ

Pianoforte-Zeitung, allgemeine. Organ für Hausmusik. Jahrg. 1862. 10 Nrn. (à 1 Bgn. Text u. 2 Bgn. Musikbeilagen.) Leipzig, E. Schäfer. gr. 4. n. 1 ℛ 20 ngr.

Pianta topografica della città di Roma aggiornata a tutto il corrente. 3. bis auf die neueste Zeit berichtigte Aufl. Leipzig 865. Seemann. gr. Fol. (1 lith. Bl. u. 8 S. Text in 8.) n. 10 ngr.; auf Leinw. u. in Etui n. 22½ ngr.

Planta, L. J., verlobt, s.: Theater, neues Wiener.

Piassetzka, Julie de [aus Russland]: Recherches sur la polyvalence du sérum antistreptococcique. Travail de l'Institut pour l'étude des maladies infectieuses, Professeur Dr. Tavel à Berne. Paris 1903. 28 p. 8°. [17. VI. 03.]
Bern. Med. Diss. 1903/1904.

Piat, C., Aristoteles. Autoris. deutsche Ausg. v. Emil Prinz zu Oettingen-Spielberg. (IX, 419 S.) 8. Berlin 907. Weimar, A. Duncker Verl. 5. —; geb. in Leinw. n 6. 25

Piat, C., die Bestimmung des Menschen. Autoris. deutsche Ausg. v. Emil Prinz zu Oettingen-Spielberg. 8. (VIII, 279 S.) Regensburg 903. J. Habbel. n. 2. 40; geb. in Leinw. n. 3. —

Piat, C., Sokrates. Seine Lehre u. Bedeutg. f. die Geistesgeschichte u. die christliche Philosophie. Autoris. deutsche Ausg. v. Emil Prinz zu Oettingen-Spielberg. (311 S.) 8. Regensburg 903. Verlagsanstalt vorm. G. J. Manz. n. 3. —

Piątkowski, Franciszek: De aquis ferratis Regni Galiciae. Viena: Typis Congregationis Mechitaristicae 1834. *(Diss. med.)*

Piatra [Schlagwort]

Piatra, s.: **Europa. Generalkarte.**

Piatt, Herman: Neuter il in Old French. *Strassburg i. E. 1898: C. & J. Goeller.* (84 S.) 8°
Strassburg, Phil. Diss. v. 1897

Piau-Thomery, Eugène, guide de l'étranger à Vienne. Avec un plan (chromolith.) de la ville (in gr. Fol.) gr. 16. (183 S.) Wien 873. Braumüller. n. 3. —

Piau-Thomery, Eug., französische Sprachlehre zum Gebrauche für Deutsche. Mit besond. Rücksicht auf den Unterricht der französ. Sprache an den öffentl. Schulen. 1. Thl. 1—4. (Schluss-) Liefg. enth. Artikel u. Hauptwort. Wien 870. Braumüller. gr. 8. (VI, 522 S.) Jeder Thl. n. 15 ngr.

Piau-Thomery, Eug., französische Sprachlehre zum Gebrauche für Deutsche. Mit besond. Rücksicht auf den Unterricht der französ. Sprache an den öffentl. Schulen. 1. Thl. in 4 Lfgn. à *ℳ 1,50., und 2. Aufl. gr. 8. (VI, 522 S.) Wien 871, Braumüller.

Piave, Francesco Maria, Amelia, s.: **Verdi, Gius.**

Piave, G., Ernani, s.a. Mode's Opern-Text-Bibliothek.

Piave, Francesco Maria, Ernani, s.a. Verdi, Gius.

Piave, Francesco Maria, Ernani, dramma lirico in 4 parti. Hernani, lyrisches Drama in 4 Abtheil. Uebersetzt von Jos. Ritter v. Seyfried. Lex.-8. Pesth 846. (Heckenast.) n. ⅙ ℛ

Piave, G., der **Maskenball**, s.: **Mode's Opern-Text-Bibliothek.**

—— Rigoletto, s.: **Mode's Opern-Text-Bibliothek.**

— **Rigoletto**, s. Verdi, Gius.

— **la Traviata**, s. Verdi, Gius.

— **Violetta**, s. Mode's Opern-Text-Bibliothek

Piave, G. M. D., Libro di lettura per le scuole populari italiane del Litorale. (Edizione in 5 parti.) 1. u. 2. Tl. 8. Triest 905. F. H. Schimpff. Geb. n.n. 1. 35
1. (180 S. m. Abb.) — 70. — 2. (III, 124 S.) — 65.

Piaz, Antonio Menotti dal

Piaz, Antonio Menotti dal, prakt. Anleitung z. Rebencultur im Hausgarten. Ausführliche Beschreibg. der rationellen Traubenzucht auf Grundlage d. modernen Weinbaues nebst e. Anh.: Verwerthung u. Conservirg. der Trauben des Hausgartens. Prakt. Rathgeber f. Gartenbesitzer, Rebenzüchter u. Freunde des Weinstockes. gr. 8. (VII, 102 S. m. 48 Abb.) Wien 899. A. Hartleben. n. 3. —; geb. n. 4. —

Piaz, A. dal: Die Champagner-Fabrikation und Erzeugung imprägnirter Schaumweine. Wien, Pest und Leipzig 1892

Piaz, Antonio dal. Die Champagner-Fabrikation u. Erzeugung imprägnirter Schaumweine. 8. (VIII, 260 S. m. 63 Abbildgn.) Wien 892, Hartleben. * 4 —; geb. * 4 80

Piaz, A. dal: Die Cognac- und Weinsprit-Fabrikation sowie die Trester- und Hefebranntwein-Brennerei. Wien, Pest und Leipzig 1891

Piaz, Ant. dal, die Cognac- u. Weinsprit-Fabrikation, sowie die Trester- u. Hefebranntwein-Brennerei. 8. (VI, 152 S. m. 37 Abbildgn.) Wien 891. Hartleben. n. 3. —; geb. n. 3. 80

Piaz, Antonio M. dal, Handbuch d. prakt. Kellerwirtschaft für Weinhändler u. Kellermeister m. Berücksicht. südl. u. überseeischer Weinproductions- u. Weinhandelsverhältnisse. gr. 8. (VIII, 396 S.) Wien 896. A. Hartleben. n. 6. —; geb. n. 7. 20

Piaz, A. Menotti dal, Handbuch des praktischen Weinbaues, mit besonderer Berücksichtigung der Reconstruction von Weingärten und Anlage von Rebschulen. Mit 154 Abbild. Originalzeichnungen des Verfassers. Gr.-8. (VIII, 344 S.) 3.30

Dasselbe. Geb. (nur fest) Wien: Hartleben 1898

Piaz, Antonio dal, Katechismus der Kellerwirtschaft, s.: Beyse, J.

— Die Kellerbehandlung der Weine auf Grundlage des österreichischen Weingesetzes vom 12. IV. 1907, s.a. Archiv f. Land- u. Forstwirtschaft. 45.

(F) Piaz, A. dal, Die Kellerbehandlung der Weine auf Grundlage des österreichischen Weingesetzes vom 12. April 1907 nebst Kommentar zu einzelnen Bestimmungen des Gesetzes. [Archiv für Land- und Forstwirtschaft. XLV.] 8°. (56 S.) K 1 60
Wien: Gerold 1909.

— Kellerbüchlein des wohlerfahrenen Weinwirthes, s.: Heyse, J.

Piaz, A. dal: Die Konservierung von Traubenmost, Fruchtsäften, und die Herstellung alkoholfreier Getränke. Wien, Pest und Leipzig 1902

(F) Piaz, A. dal, Die Konservierung von Traubenmost, Fruchtsäften und die Herstellung alkoholfreier Getränke. [Chemisch-technische Bibliothek. Bd. 260.] (ill. VIII, 192 S.)
Wien: Hartleben 1902.

Piaz, A. dal: Die Konservierung von Wein und Most und die Anwendung der Salicylsäure in der Kellerwirtschaft. Wien, Pest, Leipzig. 1878.

Piaz, Antonio dal, die Conservirung von Wein u. Most u. die Anwendung der Salicylsäure in der Kellerwirthschaft. Kritische Uebersicht der bisher bei der Conservirung von Wein u. Most in Anwendung gebrachten Mittel für Weinproducenten u. Weinhändler. 8. (74 S.) Wien 878. Hartleben. 1. 20

Piaz, Antonio dal, die Maschinen und Geräthe für Weinbereitung und Kellerwirthschaft. Ein Rathgeber bei deren Wahl und Gebrauch für den Praktiker. 8. (VIII, 184 S. mit 153 Illustr. im Text.) Wien 888, Gerold's Sohn. cart. *

Piaz, A. dal: Die Obstweinbereitung nebst Obst- und Beerenbranntwein-Brennerei Wien, Pest und Leipzig 1894

— die Obstweinbereitung, nebst Obst- u. Beerenbranntwein-Brennerei. 8. (XIV, 320 S. m. 51 Abbildgn.) Wien 894. A. Hartleben. n. 4. 50; geb. n. 5. 30

— s. a. Ratgeber, praktischer.

(F) Piaz, A. dal, Praktischer Ratgeber. Illustrierte Zeitschrift für Kellerwirtschaft und Weinbau. I. Jahrg. Nr. 1. Gr.-8°. 1910. pro kompl. 12 Hefte K 8.—

— s.: Taschenkalender f. Weinbau u. Kellerwirtschaft.

Piaz, A. dal: Universal-Lexikon für Kellerwirthschaft und Weinhandel. Wien. Pest und Leipzig 1897

Piaz, Antonio dal., Universal-Lexikon für Kellerwirthschaft und Weinhandel mit Berücksichtigung der Wein-, Obst- und Beerenbranntwein-Brennerei, sowie der wichtigsten Weinproductionsorte Weinmarken. Gr.-8. (VIII, 311 S.) 3.30
Dasselbe. Gebdn. (Nur fest) Wien: Hartleben 1897.

Piaz, A. dal: Die Untersuchungen von Most und Wein in der Praxis mit besonderer Berücksichtigung der vollkommenen Handelsanalyse, sowie der verschiedenen Weingesetze. Wien, Pest, Leipzig. 1897.

Piaz, A. Merotti, dal. Die Untersuchung von Most und Wein in der Praxis, mit besonderer Berücksichtigung der vollkommenen Handelsanalyse, sowie der verschiedenen Weingesetze. Mit 108 Abbildungen. Gr. 8. (VIII, 160 S.) Geheftet 1.65
Dasselbe. Gebunden (nur fest) 2.20
Wien: Hartleben 1897.

— die Verwerthung der Weinrückstände. Praktische Anleitung zur rationellen Verwerthung der bei der Weinbereitung sich ergebenden Rückstände, als Trester, Hefe [Weinlager, Geläger] u. Weinstein, durch Verarbeitung derselben zu Tresterbranntwein, Weinsprit, Oenanthäther, weinsaurem Kalk, Weinsäure, Traubenkernöl, Traubenkerntannin, Frankfurterschwarz. Mit einem Anh.: Die Erzeugung von Weinsprit u. Cognac aus Wein. Handbuch für Weinproducenten, Weinhändler, Brennerei-Techniker rc. Gemeinverständlich dargestellt auf Grundlage langjähriger Erfahrungen u. Studien. Mit 20 (eingedr. Holzschn.-)Abbildgn. 8. (IV, 176 S.) Wien 877. Hartleben. 2. 50

Piaz, Antonio dal, die Verwerthung der Weinrückstände. Praktische Anleitung zur rationellen Verwerthg. v. Weintrester, Weinhefe [Weinlager, Geläger] u. Weinstein. Mit e. Anh.: Die Erzeugg. v. Weinsprit u. Cognac aus Wein. Handbuch f. Weinproducenten, Weinhändler, Brennereitechniker, Fabrikanten chem. Producte u. Chemiker. 2. Aufl. Mit 23 Abbildgn. 8. (IV, 190 S.) Wien 885. Hartleben. n. 2. 50

Piaz, A. dal: Die Verwerthung der Weinrückstände. Mit Anh.: Die Erzeugung von Weinsprit und Cognac aus Wein. 3. Aufl. Wien, Pest und Leipzig 1895

Piaz, Antonio dal, Die Verwerthung der Weinrückstände. Praktische Anleitung zur rationellen Verwerthung von Weintrester, Weinhefe (Weinlager, Geläger) und Weinstein. Mit einem Anhange: Die Erzeugung von Weinsprit und Cognac aus Wein. Handbuch für Weinproducenten, Weinhändler, Brennereitechniker, Fabrikanten chemischer Producte und Chemiker. Gemeinverständlich dargestellt auf Grundlage langjähriger Erfahrungen und Studien. Dritte, vermehrte und verbesserte Auflage. Mit 30 Abbildungen. 8. (XII, 196 S.) [Chemisch-technische Bibliothek, Band 27. 3. Auflage] Wien: A. Hartleben 1895. 1.35

— die Weinbereitung und Kellerwirthschaft. Populäres Handbuch für Weinproducenten, Weinhändler und Kellermeister. Gemeinverständlich dargestellt auf Grundlage der neuesten wissenschaftl. Forschungen der berühmtesten Oenologen und eigenen langjähr. prakt. Erfahrungen. 8. (VII, 373 S. mit 29 eingedr. Holzschn.-Abbild.) Ebendas. 878.

Piaz, A. dal: DieWeinbereitung und Kellerwirthschaft. Wien, Pest und Leipzig 1878

Piaz, Antonio dal, Die Weinbereitung u. Kellerwirthsch. Populäres Handbuch für Weinproducenten, Weinhändler u. Kellermeister. 2., verm. u. verb. Aufl. 8. (XVI u. 384 S. m. 31 Abb.) Wien, A. Hartleben (Chemisch-technische Bibliothek, Bd. XXXIX. 2. Aufl.) geb. 2 fl. 20 kr. 885.

— die Weinbereitung u. Kellerwirthschaft. Gemeinverständlich dargestellt auf Grundlage der neuesten wissenschaftl. Forschgn. der berühmtesten Oenologen u. eigenen langjährig. prakt. Erfahrgn. 3., verm. Aufl. 8. (X, 422 S. m. 64 Abbildgn.) Ebd. 892. n. 4. —; geb. n. 4. 80

Piaz, A. dal: Die Weinbereitung und Kellerwirthschaft. 4. Aufl. Wien, Pest und Leipzig 1900

— die Weinbereitung u. Kellerwirthschaft. Populäres Handbuch f. Weinproducenten, Weinhändler u. Kellermeister. 4., neubearb. u. verm. Aufl. 8. (X, 359 S. m. 72 Abb.) Wien 900. A. Hartleben. n. 4.—; geb. n. 4. 80

Piaz, A. dal: Dio Weinbereitung und Kellerwirtschaft. 5. Aufl. Wien und Leipzig 1909

— Die Weinbereitung u. Kellerwirtschaft. Handb. f. Weinproduzenten, Weinhändler u. Kellermeister. 5., neubearb. u. verm. Aufl. (XIII, 419 S. m. 101 Abbildgn.) 8. Wien 909. A. Hartleben. 4. —; geb. 4. 80

JÜDIN, Die, oder Begebenheiten eines jüdischen Frauenzimmers, von ihr selbst beschrieben. Aus d. Italiän. (des *Antonio Piazza*) übers. 2 Thle. Mit Portrait u. hübschem Titelkpf. Frankfurt und Leipzig (Lindau) 1770. 8°. (In Stralsund, Rathsbibl.) (4 Mk. 50 Pfg. A. Bielefeld, vor 1900; 3 Mk. 50 Pfg., eleg. Hfzbd., Jos. Jolowicz, Posen, 1906.)
Seltener jüdischer Avanturière-Roman.

Piazza, C. B., la Gerarchia Cardinalizia. fol. Rom. (Wolf, Augsb.) 703.

Piazza, S., Horatiana. Quibus temporibus Horatium tres priores carminum libros et priorem epistularum confecisse atque edidisse verisimillimum sit. S.-A. 1895. 183 S.

Piazzesi, Vict., s. Acta Sanctae Sedis.

Piazzi, Giuseppe

Piazzi's Beobachtungen, s.: Annalen der k. k. Sternwarte in Wien.

Piazzi, Beobachtungen ꝛc., s. v. Littrow, C. L., Annalen der k. k. Sternwarte in Wien, 24. Thl.

Piazzi's Beobachtungen in den J. 1805 und 1806, s. Littrow, C. L. v., und Schaub.

Piazzi, (J.,) Lehrbuch der Astronomie; aus den Italien. übersetzt v. J. H. Westphal. Mit e. Vorrede v. Gauß. 2 Thle mit 4 Kpfrt. gr. 8. Berlin 822, Reimer.

Piazzi, G., Praecipuarum stellarum inerrantium positiones mediae, s.a. Facsimile-Edition. Nr. 4.

(G[iuseppe] Piazzi.) Praecipuarum stellarum inerrantium positiones mediae ineunte saeculo XIX ex observationibus habitis in specula Panormitana ab a. 1792 ad a. 1813. Panormi 1814: R. Typ. Milit. ([Neudruck]: *Berlin: W. Junk 1903.*) (178, VII S.) 4°
— **Facsimile-Edition**. No 4. [04. 4339]

Piber, Jos., Cabale u. Liebe. (Travestie.) Singspiel in 1 Akte, textlich u. musikal. bearb. v. P. Op. 32. Regie-Buch. 8. (24 S.) Quedlinburg 896. Ch. F. Vieweg. n. — 60; Text der Gesänge (10 S.) — 10

— Die Leibspeis. Ländliches Singspiel in 1 Akte. Op. 82. Vollständiges Text- u. Regiebuch. (47 S.) 8. Leipzig (909). C. F. W. Siegel. 1. —

— Schule des Treffsingens (Quintenraum-Methode). Ein kurzer, einfacher Weg zur Erlernung d. Singens nach Noten (Treffsingen), zum Gebrauche an Volks- u. Bürgerschulen, sow. überhaupt f. d. Elementar-Gesangsunterricht verf. gr. 8. (IV, 72 S.) Wien 897. Manz. n. — 40; kart. n. — 50

Piber, Jos., Schule des Treffsingens (Quintenraum-Methode). Ein kurzer, einfacher Weg zur Erlernung des Singens nach Noten (Treffsingen), zum Gebrauche an Volks- u. Bürgerschulen, Gesangsschulen, sowie überhaupt f. den Elementar-Gesangsunterricht verf. 2. nach der neuen Rechtschreibg. hergestellte, sonst unveränd. Aufl. (IV, 72 S.) 8. Wien 905. Manz. Kart. n. — 56

Piber, Jos., wie erteilt man Elementar-Gesangsunterricht? Ein ausführl. Lehrgang f. den Unterricht im „Singen nach Noten" in 6 Tln., dem 3. bis 8. Schulj. entsprechend, nebst e. Anh. üb. „Tonbildg., Aussprache u. Atmg.", vornehmlich zum Lehrgebrauche an Volks- u. Bürgerschulen, sowie als method. Anleitg. zu den Unterrichtsübgn. der Lehramtszöglinge verf. (52 S.) 8. Wien 909. Manz. — 85

— Das Wissenswerteste aus dem Gebiete des Gesanges. Was soll jeder Sänger wissen? Zum Selbstunterrichte f. Sänger u. Sängerinnen bearb. (44 S.) kl. 8. Wien (907). A. Robitschek. — 50

de Pibrac, du Far, Schreiben üb. die Pariser Bluthochzeit. 8. Leipz., Joachim. 12 ⅝ (A. u. d. T.: die Pariser Bluthochzeit. 2 Bdchen.) (Vergl. Hotmann).

Píč, Jos. Lad., über die Abstammung der Rumänen. gr. 8. (VII, 228 S.) Leipzig 880. Duncker & Humblot. n. 5. —

Píč, J. L., Aphorismen üb. Ethnographie u. Kunstgewerbe in der prähistorischen Archäologie. (28 S.) Lex. 8. Prag 910. Leipzig, K. W. Hiersemann. 1. 20

Píč, J. L., die rumänischen Gesetze u. ihr Nexus m. dem byzantischen u. slavischen Recht. [Aus: Sitzungsber. d. k. böhm. Gesellsch. d. Wiss."] gr. 8. (36 S.) Prag 886. (Leipzig, Duncker & Humblot.) n. — 60

Píč, J. L., le Hradischt de Stradonitz en Bohême Ouvrage traduit du tchèque par Jos. Déchelette. (V. 135 S. m. 15 Abbildgn. u. 58 [4 farb.] Taf.) 4. Leipzig 906. K. W. Hiersemann. Geb. in Leinw. n. 48. —

— der nationale Kampf gegen das ungarische Staatsrecht. Ein Beitrag zur Kritik der älteren ungar. Geschichte. gr. 8. (XX, 259 S.) Ebend. 882. n. 6. —

Pič, d. nationale Kampf gegen d. ungar. Staatsrecht. Leipz. 882.

Píč J. L.: Regnum Hungariae. (11.) Jungbunzlau 80.
Progr.

Pič, Jos. Lad., zur rumänisch-ungarischen Streitfrage. Skizzen zur ältesten Geschichte der Rumänen, Ungarn u. Slaven. Mit 1 Abbildg. u. 1 Karte. gr. 8. (IV, 436 S.) Leipzig 886. Duncker & Humblot. n. 10. —

— Die Urnengräber Böhmens. Aus dem Böhm. übers. v. Jos. Müller-Horský u. J. V. Želízko. Mit 100 Taf. u. 91 Abbildgn. im Texte. (XXIV, 420 Sp.) 33,5 × 25,5 cm. Leipzig 907. K. W. Hiersemann. Geb. in Leinw. 80. —

Pic, Maurice, u. Frau Therese Pic, Hylophilidae, s.: Bestimmungs-Tabelle der europ. Coleopteren. 40.

Pic, M., Hylophilidae, s.: Coleopterorum catalogus.

- Phinidae, s.: Fauna, die, Südwest-Australiens.

Pica, O., Frankreich und Deutschland. Eine Parallele in strateg. und anderer Beziehung. 1.—6. Aufl. gr. 8. (56 S. mit 1 lithogr. Karte.) Hannover 882, Helwing'sche Verlagsb. *

Pica, O., unter drei Kaisern. Ein Rückblick auf die verflossene Legislaturperiode d. deutschen Reichstages. gr. 8. (58 S.) Hannover 889. Helwing's Verl. n. 1. —

Picander [Pseud.], s.a. Henrici, Christian Friedrich

Picander, erbaul. Gedanken üb. die Evang. in gebundener Schreibart. 8. Lpz. Boetius. 726.

— ernſt=ſcherzhafte und ſatyriſche Gedichte. 5 Theile. gr. 8. Lpz. Dyk. 748.

Picanders (d. i. Chr. Fr. Henrici) Teutſche Schau-Spiele, beſtehend in dem Academiſchen Schlendrian, Ertzt-Säuffer und der Weiber-Probe. Berlin, Frankf. u. Hamburg. 1726. 8o.
Gottsched I. S. 302. Koch I. S. 271. Gervinus III. S. 462.

— deutſche Schauſpiele. 3 Theile. 8. Berlin, Boetius. 736.

PICANDER, Der Rath Matthaeus (ps.), Das Sündenregister — nicht aber die Tugendliste, nein — der Frauen. Leipzig, o. J. (1855). 8⁰. (12 xr. Beck, Nördl., vor 1875.)

— — Dasselbe. Neue unveränd. 3. Aufl., nebst dem Beweis, daß die Frauenzimmer wirklich Menschen sind. Leipzig. o. J. 8⁰. 72 S. (48 xr. Scheible, vor 1870).

Picard, ..., Meridiangrad zwiſchen Paris u. Amiens. gr. 8. Zürich 792. (Orell). 14 gr

Picard, neueröffneter Muſentempel, welch. d. Merkwürdigſte aus d. Fabeln d. Alten in Kupfern vorſtellt, m. Erklärung. gr. Fol. Amſterd. Buder und S. in Commiſſ. 810.

Picard, ..., neueröffneter Muſentempel, welcher d. Merkwürdigſte aus d. Fabeln d. Alten in Kupfern vorſtellt. mit Erklärung. gr. Fol. Amſterd. 810. (Sülpke). 8 ß

Picard, prem. principes de la lang. franç. etc. 8. Vien. Trattner. (Tendler.) 765.

— — les mêmes. 8. Vien. Gerold. 753.

Picard, A.

— Das Pflanzenornament. Serie 1. (20 T) — Beigebunden: Picard, l'ornementation fleurie. Serie 3. (10 T) (Paris) fol Berlin (1887)

Picard, Edmund, aus Badra b. Sondershausen: **Beitrag zur Kenntniss der Gastropoden der mitteldeutschen Trias.** *Halle a. S. 1902: (A. W. Schade, Berlin).* (98 S.) 4⁰(8⁰) ¶[Aus: Jahrbuch d. Kgl. preuss. geol. Landesanst., Bd 22.]
Halle, Phil. Diss. v. 1902

Edmond Picard. Der Geschworene [Le Juré]. Im Einvernehmen mit d. Verf. aus d. franz. in d. deutsche Sprache übertr. von B. Delcroix. Berlin & Leipzig: J. Hegner [1904]. (81 S.) 8° [J.] [illegible]

Picard, Edmond, der Geſchworene. Im Einvernehmen m. dem Verf. aus der franzöſ. in die deutſche Sprache übertr. v. B. Delcroix. (82 S.) 8. Berlin 904. [Magazin-Verlag.] Leipzig, F. Rothbarth. n. 2. 50

Picard, E. Hohenlinden. (Hrsg. vom franz. Gen.-St.) (Mit Kartenbd.) Paris (1909). 8⁰.

Picard, Edm., weitere Mitteilungen üb. das diluviale Flussnetz in Thüringen, s.: Naumann, Ernst.

Picard, H., a new pocket dictionary of the english and dutch languages, remodelled and corrected from the best authorities. Part I.: Engl.-Dutch. — Deel II.: Nederduitsch-Engelsch. gr. 16. (551 S.) Zalt-Bommel 843. (Amersfoort, Gebr. Taats.) In Leinw. geb. n. 3 ß

Picard, Hermann [pr. Arzt aus Randegg (Baden)]: Die Lumbalpunction des Duralsackes ... Strassburg i. E., Buchdr. C. Gœller, 1895; 44 S. 8.
Strassburg, Med. Fak., Inaug.-Diss. v. 1895

Picard, J. W., s.a. Picard, L. B.

Jean Picard
1620 - 1682

[Teils. Deutsch. Jean] Picard, Abhandlung vom Wasserwägen, nebst einer Nachricht von etlichen Wasserwägungen... wie auch einen kurtzen Begriff von dessen Ausmessungen der Erd-Kugel; ans Licht gestellt durch [Philippe] de La Hire, aus dem Frantz. übers. u. ... zum Dr. befördert durch Daniel Passavant. Berlin 1749. 215 [vielm. 214] S. 8°

Picards Abhandlung vom Waſſerwägen mit neuen Beyträgen von *J. H. Lampert.* Berlin, bey Haude und Spener, 8. 18½ Bog. 10 Kupf. 1765.

Picard, ..., von d. Kunſt, d. Waſſer zu wägen, mit der Abbild. e. verbeſſ. Waſſerwage u. Kpf. 8. Berl. 770. Haude u. Sp. 1 ß

Picard, Johannes Hendrikus, geboren in Utrecht: Über den Wert der biologischen Reaktion als Erkennungsmittel von Fleischarten. Utrecht 1904. 76 S. 8⁰. [26. II. 04.]
Bern. Vet.-med. Diss. 1904/1905.

PICARD, Louis-Bénoit (1769—1829), Abentheuer August Minards, Sohn eines Pariser Maire-Adjunkten; oder: die vornehmen u. geringen Leute. Aus d. Französ. von C. Stöber. 2 Bde. Strassburg, Levrault, 1826. 8⁰. (2 Mk. Franz Teubner, Düsseld., c. 1898.)

— s. Album dramatique.

— l'Alcade de Molorido. Coméd. en 3 A. gr. 8. Rudolst. 811. Hofbuchh. 12 gr

— daſſ., frei überſetzt, ſ. M. G. Lambrecht, Beiträge.

— l'ami de tout le monde, Comédie. gr. 8. Rudolst. 808. Hofbuchh. 4 gr

Picard, ..., ſ. Auswahl franzöſ. Theaterſtücke.

Picard, L. B., le conteur, comed., s. Répertoire du Théâtre fr.

— — le même, s. Théâtre fr.

Picard, Louis Benoit. Duhautcours; Schauspiel in fünf Akten. A. d. Franz. Berlin 1808. Ü: *Iffland, August Wilhelm.* (Ky)

— Duhautcours; Schſpl. in 5 A. Aus d. Franzöſ. (v. Iffland). 8. Berl. 808. Braunes. (Weiſſ). 20 gr

— — et Mazères, l'enfant trouve, coméd.-vaudev., s. S. Bd.: Répertoire du Théâtre fr. No. 102.

— et Mazères, le bon garçon, s. Théâtre franç. p. Schütz V. Série, No. 3.

— — le bon garçon, s.a. Théâtre franç., 7. Série, No. 3.

— et Mazères, le bon garçon. Comédie en 3 Act. et en prose. 16. Berlin ... Heymann. 1/4 ℛ s. auch Théâtre franç. I. S. Livr. 5.

— — Der Gil-Blas der Revolution; Geschichte des Abenteurers Lorenz Giffard; deutsch bearb. v. Friedrich Gleich. 2 Bde. Magdeburg, Rubach, 1825. 8⁰. (1 Rthl. 21 gr.)
Ersch II. 2. 1840. Sp. 1271.

PICARD, L. B., Der Gil-Blas der Revolution. Geschichte des Abenteurers Lorenz Giffard. Deutsch bearb. v. Friedr. Gleich. 2 Thle. (4 Bücher.) Magdeburg 1825. 8⁰. (2 Mk. 50 Pfg., I. St. Goar, Frankf. a. M., 1909.)
Zahm. wie das folgende:

— — Die sieben Heirathen des Elias Galland. Deutsch von Friedrich Gleich. 2 Thle. Leipzig, W. Zirges und Comp. 1829. 8⁰.
1: Tit., 234 S., 1 leeres Bl. 2: 227 S. (incl. Tit.).

— die Herrnhuterinnen; Oper in 2 A., nach d. Französ. 8. Wien 804. Armbruster. 3 gr

Picard, L. B., un jeu de la fortune, s.a. Théâtre français publié par Schütz.

Picard, L. B., un jeu de la fortune, ou les marionettes. Comédie en 5 actes et en prose. Hrsg. von Th. B. A. Klotzsch. gr. 8. (XII, 119 S.) Berlin 878. Weidmann. 1. 20

— un Lendimain de farture. Coméd. en 1 A. gr. 8. Rudolst. 812. Hofbuchh. 6 gr

Picard, (L. E.,) Lustspiele u. Possen. Für die deutsche Bühne bearb. von C. Lebrün. 1e Samml. 8. Mainz 826, Kupferberg.
(Auch u. folgenden Titeln zu haben: Aller Welt Freund. Lustspiel in 2 Aufz. 11 gr. — Aller Welt Vetter. Lustspiel in 1 Act. 6 gr. — Der Empfindliche. Lustsp. in 1 Aufz. 8 gr. — Verwechselungen. Lustsp. in 2 Aufzügen. 11 gr.)

— der Marschall v. Sachsen. Schspl.; aus d. Französ. 8. Celle 805. Schulze. 6 gr

Picard, Médiocre et rampant u. Encore des Ménechmes, s.: Quellenschriften zur neueren deutschen Litteratur.

——, Waflard et Fulgence, les deux ménages, comed., s. S. Bd.: Répertoire du Théâtre fr. No. 118.

— — Wafflard et Fulgence, les deux menages, s. Théâtre, franç. par Schütz. III. Serie.

—— encore des Ménechmes, comed., s.a. Répertoire du Théâtre fr.

Picard, L. B., encore des Ménechmes. Comédie en trois actes et en prose. Nouvelle édition. Leipzig 869. Wiffe-rodt. 8. (66 S.) n. 10 ngr.

——, M. Musard, comed., s.a. Album dramat., I.

— M. Musard, s.a. Bibliothek gedieg. französ. Werke, herausg. von Goebel.

—— le même, s.a. Répertoire du Théâtre fr.

Picard, L. B., M. Musard, s.a. Theaterstücke, ausgewählte französ. — Théâtre Franç. par Schütz. Série X. 4. livr.

— Mrs. Musard, ou comme le tems passe. Coméd. en 1 A. Braunschw. 805. Pluchart. 9 gr

— die Müssiggänger. Aus d. Französ. v. A. W. Iffland. 8. Berl. 812. (Rücker). 12 gr (Brandenburg). Hbg. Pr. 6 gr

— die Nachbarschaft. Lstspl. in 1 A.; aus d. Französ. v. A. W. Iffland. 8. Berl., Braunes. 8 gr

—— der Neffe als Onkel. Lustsp., s. Schiller, Fr. v.

— der Neffe als Onkel, s. Theater-Bibliothek, class.

— the nephew as uncle. Comedy in 3 acts. Transl. from the French by J. S. S. Rothwell. gr. 8. (3½ B.) Magdeburgh 811, Baensch.

— the nephew as uncle. A comedy in three acts. Translated from the French by J. S. S. Rothwell. 2. edit. Corrected and much improved. Leipzig 858. Baensch. (Grabner.) gr. 8. (IV, 74 S.) n. 10 ngr.

— les Oisifs. Comédie epesodique en 1 A. gr. 8. Rudolst. 811. Hofbuchh. 6 gr

Picard, L. B., les deux Philibert, s.: Théâtre français.

— die Postkutsche u. Bocksdorf; ein Lstspl. in 5 A., nach d. Französ. (v. Karl Reinhold). 8. Leipz. 808. (Fr. Fleischer). 16 gr

—— —— les trois quartiers, s. Théâtre français par Schütz. V. Serie.

— les Ricochets. Comédie. gr. 8. Rudolst. 808. Hofbuchh. 4 gr

— Rückwirkung. Lstspl. in 1 A.; aus d. Französ. v. A. W. Iffland. 8. Berl., Braunes. 8 gr

Picard, L. B., Eugen v. Senneville u. sein Freund. — Geschichte eines Edelmanns u. eines Bürgers. Deutsch nach der 3n Aufl. des Originals von Fr. Gleich. 2 Thle. 8. Leipz. 826. Dyck. 3 ℛ 12 gr

— Stationen. Posse, s. Bühnen-Repertoir, Bd. XII.

— le Susceptible. Coméd. en 1 A. 8. Braunsch. 806. Pluchart. 6 gr

— die alte schlaue Tante, s. M. G. Lambrecht.

— der Taufschein. Lstspl. in 1 A.; aus d. Französ. v. A. W. Iffland. 8. Berl. 807. Braunes. 8 gr

— die erwachsenen Töchter. Lstspl. in 1 A.; aus d. Französ. v. A. W. Iffland. 8. Ebd. 12 gr

<u>Picard</u>, Louis Benoît

Der ehrliche Tropf. Geschichte Georg Dercy's und seiner Familie. Deutsch von Friedrich <u>G</u>leich. Bd <u>1</u>.<u>2</u>.
Leipzig: Dyk 1825. 8⁰

Picard, Louis Benoît

Der Ueberspannte. Nach L.B. Picard's: "l'Exalté" deutsch bearb. von Friedrich Gleich. Th. 1-3. Leipzig: Hartmann 1824. 8°

Picard, L. B., der Ueberspannte. Ein Roman, deutsch von Fr. Gleich. 3 Thle. 8. Leipz. 824. (Lehnbold). 2 ℛ 8 gr

Picard, Max: Die strafrechtliche Behandlung der Trunkenheit und Trunksucht im Vorentwurf zu einem Deutschen Strafgesetzbuch. Heidelberg 1910: Straus. 80 S. 8°
Heidelberg, Jur. Diss. v. 16. März 1910, Ref. v. Lilienthal
[Geb. 17. Dez. 85 Konstanz; W[illegible] Heidelberg; Staatsangeh.: Baden; Vorbildung: Gymn. Konst[illegible] Sommer 05; Studium: München 4, Berlin 1, Heidelberg [illegible] 5. März 10.] [U 10. 1971

Picardie [Schlagwort]

Picardie — Carte du Gouvernement Général de — qui comprend la Généralité d'Amiens avec l'Artois et les Frontieres des Pays-Bas. Dressée sur le Dessin des Cartes de Mr. de l'Isle. Publiée par les Héritiers de Homann l'An 1740. 1 : 400,000. 1 Bl.

Picardie — Charte ehemals von der — und den angrenzenden Provinzen, jetzt der Depts. des Nord, des Pas de Calais, der Somme, und einem Theil vom Dept. der Aisne mit ihren Abtheilungen in Arrondissements und Cantons, verbessert herausgegeben von Homanns Erben. Nürnberg 1808. 1 : 400,000. 1 Bl.

Picavet, F., Erziehung u. Unterricht, s.a. Bibliothek der sozialen u. polit. Wissenschaften Frankreichs, Bd. 2.

Picavet F. Erziehung u Unterricht. Aus d. Franz. v. L A Hauff. (187 S) Zittau 1896.

Ein Palastbau des XX. Jahrhunderts. The **Piccadilly Hôtel** mit hist. notizen über die sich an Piccadilly and Regent Street knüpfenden Erinnerungen an Berühmte Personen und Gebäude. [London]: Dir. d. Piccadilly Hôtels 1908. (67 S.) 8° [Ant. u. F.] [08. 6940

Piccard, Eug[en] Ferd[inand], aus Lausanne ⟨Schweiz⟩: **Beiträge zur physischen Geographie des Finnischen Meerbusens.** *Kiel 1903: K. Jansen.* (XII, 124 S.) 8°
Kiel, Phil. Diss. v. [25. Juli] 1903

Piccard, Eug. Ferd., Beiträge zur physischen Geographie des Finnischen Meerbusens. (XII, 125 S.) gr. 8. Kiel 906. R. Cordes. n. 5. —

Piccard, J., Produits chimiques et pharmaceutiques, s.a. Weltausstellung, internationale, 1878 in Paris.

Piccard, J: Produits chimiques et pharmaceutiques (Suisse). Zürich 1879

Piccard, Jean-Félix, aus Lutry (Waadt): Ueber Konstitution und Farbe der Chinonimine. ⟨Aus dem analytisch-chemischen Laboratorium des eidg. Polytechnikums.⟩ [Mit zwei Abbildungen im Text] Zürich 1909. 111 S. 8°.
Zurich, Polytechn. Natw. Diss. 1909/10.

Piccard, Jean-Fel., über Konstitution u. Farbe der Chinonimine. (111 S.) gr. 8. Zürich-Oberstrass 909. E. Speidel. nn 2. —

Piccard, Jules. Une ascension du Grand-Mythen. [E.] 8. Berne 1865.

Piccardt, Anton: Quo modo poetae lyrici Romani conformaverint et adhibuerint metra mixta
Phil. Diss., Prag 1902/1903

* **PICCARTUS**, Der bey Gefangenschaft seiner entführten Mutter in Irrland gebohrne, Nachmahliger entdeckter Mylord von England nebst dessen seltsamen und gefährlichem Lebenswandel (Vignette.) Dreßden bey Johann Nicolaus Gerlach 1755. 8°. (Besitzt auch Prof. Dr. Ullrich.) (4 Mk. Baer & Co., vor 1885; 7 Mk. 50 Pfg., etwas fleckig, Adolf Weigel, 1908.)
Titelkpfr., Titel (roth u. schwarz gedr.), S. 3—24 „Vorbericht an den Zeitverkürzenden Leser", S. 1—423 Text. — Zahm.

Picchioni, Angelo, zehn ausführl. Baurechnungstafeln zur Geld-, Procenten-, Torsir-Rechnung, Verwandlung aller Masse u. Addition der Brüche verschied. Nenner f. Ingenieure, Bau-, Maurer-, Zimmer-Meister, Bau- u. Rechnungsbeamte, sowie für alle m. Baurechnungen Beschäftigten. 4. (15¼ B.) Wien 815, (Gerold, Verl.) *

Picchioni, L., del senso allegorico, pratico e dei vaticini della Divina Comedia. Lezioni due recitate alla società academica di Basilea. gr. 8. (167 S.) Basel 857, Schweighauser'sche Verlagsbuchh. Thlr.

Picchioni, L., del senso allegorico, pratico e dei vaticini della divina comedia. Lezioni due recitate alla società academica di Basilea. Nuova edizione. (Titel-Ausg.) gr. 8. (169 S.) Basel 868, Schweighauser'sche Verlagsh. *

Picchioni, Luigi, la divina commedia illustrata da A. Kopisch, G. Picci e M. G. Ponta, cenni critici. gr. 8. Milano. 846. (München, Franz.) n. 2⅔ ℛ

Picciolì, Ritter Francesco, Anfangsgründe der endlichen Differenzen mit besonderer Berücksichtigung ihrer forstwissenschaftlichen Anwendungen. Uebersetzung aus dem Italienischen von Emil Meeraus u. Agostino Lunardoni. gr. 8. (VI, 96 S.) Wien 881. Gerold's Sohn in Comm. n. 2. 80

PICCOLI, Gabriel: Die Überführung der Hexahydrocinchomeronsäure in eine stickstofffreie Säure. — 1901. 28 Bl. Diss. Graz, **Univ.**

Piccoli, Giorgio, Elementi di diritto commerciale. Lezioni dettate nella scuola superiore di commercio di fondazione Revoltetta in Trieste. Vol. I. Proemio. Indroduzione allo studio del diritto commerciale. Diritto commerciale universale. gr. 8. (412 S.) Triest 895. F. H. Schimpff. n.n. 8. —

Piccolo, Jean

Piccolo, J., die Blumensprache nach orientalischer Deutung. 64. (64 S.) Pesth 856, Lampel. *

Piccolo, Jean, die Blumensprache nach orientalischer Deutung. 2. Aufl. 64. (64 S.) Pest 858, Lampel. *

PICCOLOMINI, Alessandro, Die Raffaella (Kupplerin). Ein Sittenbild aus der Renaissance. Uebersetzung und Einleitung von Dr. Alfred Semerau. (War für Mai 1909 als Privatdruck angekündigt. — Wirklich erschienen?) (200 in der Presse numer. Expll. à Mk. 10—; 5 Expll. auf Bütten, vom Herausgeber signirt, à Mk. 24—.)
Das italienische Original, eine große Rarität, besaß der berühmte Bibliophile Charles Noddier.

Piccolomini, s.a. Aeneas Sylvius.

Piccolomini, Aeneas Sylvius (Papst Pius II.), Eurialius u. Lukrezia, s.a. Kabinettstücke der Weltlitteratur. 1.

Piccolomini, Aeneas Sylvius. Euryalus und Lukrezia. Aus dem Lateinischen des Ae' S' de P' übertragen von Konrad Falke.... ([Mit Titelbordüre und mit literarhistorischem] Nachwort des Übersetzers.) 139 S. 8. Leipzig, Inselverlag, 1907. (M. 5. —, geb. 7. —)

(Piccolomini), Aeneas Silvius. Die Geschichte Kaiser Friedrichs III. Uebersetzt von Dr. Th Ilgen. 2 Hälften. 8. Leipzig 1889–1890.

Die Geschichtschreiber der deutschen Vorzeit.... XV. Jahrhundert. Band 2.

Piccolomini, Vincenz, Analekten über das Pensionat u. Collegium der E. E. V. V. Jesuiten zu Freiburg in d. Schweiz. Nach d. Franz. bearb., m. glaubwürd. Aktenstücken u. Zusätzen, nebst der Lebensbeschreibung (u. d. Bildn.) des Franz Piccolomini, 8. Generals der Gesellsch. Jesu. gr. 8. (9⅛ B.) Regensburg 842, Manz.

—— feierliche Erhebung der irdischen Ueberreste des seraphischen Patriarchen Franziskus v. Assisi, nach authent. Dokumenten in den Archiven von Rom, Assisi, Siena u. Perugia, den darauf bezügl. päpstlichen Bullen, Breven u. Rescripten, nebst e. genauen Verzeichnisse der Heiligen, Päpste, Cardinäle, der übrigen jetzt lebenden Bischöfe, Prälaten rc. aus dem Gesammt-Orden des hl. Franziskus. gr. 8. (12 B.) Landshut 844, v. Vogel'sche Brlgsbuchh. Thlr. -

Piccolomini, Vincenz, Erinnerungen aus d. Leben heiliger Jünglinge, s. Erinnerungen.

—— die zehn Sonntage, u. die Novenne zu Ehren des heil. Ignaz v. Loyola, Gründers der Gesellschaft Jesu. 12. (2 B.) Augsburg 843, Rieger'sche Buchh.

Piccolominus, Arch., Anatome integra revisa tab. ex plan. et iconib. illustr. fol. Ulm, Stettin. 754.

Pičeta Michael: Plato und Schopenhauer.
II. 1905 PN 1884 Diss. Wien, Univ 107

Pich-Pokálk, Bertha, kleine Anleitung zum Molkereibetriebe. Im Auftrage des hohen Landesculturrathes für das Königreich Böhmen. (Deutsche Section.) Gr.-8. (75 S.) Prag: Calve 1893. —.60

Pich-Polák, Berta, kleine Anleitung zum Molkereibetriebe. Im Auftrage des hohen Landesculturrathes f. das Königr. Böhmen (deutsche Section) bearb. gr. 8. (VII, 75 u. 6 S. m. Illustr.) Prag 893. (A. Reinwart.) n. — 90

Picha, A.: Urkundenbuch ..., s. Schmidt, V.

Picha, Alois, s.: Urkundenbuch der Stadt Krummau in Böhmen.

Picha, G., Leitfaden der Waffenlehre unter Zugrundelegung des für die k. k. Cadeten- und Landwehr-Offiziers-Aspiranten-Schulen vorgeschriebenen Lehrplanes. 3 Thle. und Anhang. gr. 8. Wien, (Seidel und Sohn.) *

Inhalt:
Thl. 1. Blanke Waffen. Theorie der Feuerwaffen und des Schiessens. (IV, S. 1—118 mit 7 lithogr. Taf. in qu. gr. 4. und qu. Fol.) 875. *ℳ 3.
» 2. 1. Heft: Handfeuerwaffen. (S. 119—294 mit 16 lithogr. Taf. in qu. gr. 4.) 876. *ℳ 6. — 2. Heft: Leistungsfähigkeit, Gebrauch und Behandlung der Handfeuerwaffen mit besond. Berücksicht. der Ausbildung zum Scheibenschiessen. (IV, S. 295—412 mit 2 lithogr. Taf.) 878. *ℳ 2,40.
» 3. Geschütze und Schusswaffen. (XV, S. 413—566 mit 8 lithogr. Taf.) 878. *ℳ 4.
Anhang: Neuerungen im Gebiete der Handfeuerwaffen. (24 S. mit 2 lithogr. Taf.) 878. *ℳ 2.

Picha, Dr. Josef. k. k. Regimentsarzt. Gemeinfassliche Darstellung der Refractions-Anomalien mit Rücksicht auf Assentirung und Superarbitrirung. (Zur C. V. vom 5. December 1874, Abth. 14, Nr. 2387, N.-V.-Bl. 48. Stück. Vom k. k. Militär-Sanitäts-Comité gekrönte Preisschrift.) 8. Wien 1874.

Picha M.: Eine neue Synthese des γ-Monochlorazetessigesters. 1. Mitteilung (beendet von Dohl R. und Weisl S.) S. 115. IIb 1935 . . . . vgr.
Separatabdruck

Piche, Emman., Herunter die Maske! oder die wahren Feinde des Papstthums. Nach dem Französ. 1. u. 2. unveränderte Aufl. Münster 862. Brunn. gr. 8. (30 S.) 6 ngr.

Pichegrü, Ober-General d. Franzosen, Söldner Englands, Verschworner gegen sein Vaterland, Selbstmörder; e. biographische Schilderung rc. 2 Bde. 8. Erf., Hennings. 1 ₰ 1804.

Pichegru, Ober-General der Franzosen, Söldner Englands, Verschworener gegen sein Vaterland, Selbstmörder. Eine biographische Skizze. 2 Bde. 8. Erfurt 1811. (1821?) 3,00.

— **Feldzüge**, s. David, ...

— Feldzüge, oder chronol. Gesch. d. Operation. d. Nord-Sambre- und Maas-Armee im Jahre 1794. a. d. Frz. gr. 8. Lpz. Rein. 798.

Pichelmayer, Karl, Dynamobau, s.a. Handbuch der Elektrotechnik. V.

Dynamobau. Berechnen u. Entwerfen d. elektr. Maschinen u. Transformatoren. Von Karl **Pichelmayer**, Prof. Mit 432 Abb., darunter 24 Taf. Leipzig: S. Hirzel 1908. (XXIX, 745 S.) 4°(8°)
= **Handbuch** d. Elektrotechnik. Bd 5. [o6. 16545

Pichert, Max (Kulmsee/Westpreussen), Über einen Fall von Hernia obturatoria. Diss. med.-chir. Berlin (G. Schade) 14. II. 1891. 30 S. u. Biogr. (2.—) 26473
Oppon.: G. Belde, Th. Hohl, O. Jahn. — Seinen Eltern gew. (Vater: Albert Pichert).

Pichert, Rud., Panorama vom Schafberg. Nach der Natur aufgenommen u. gezeichnet. 2 Blatt à 19×60,5 cm. Linz 894. Städtebilder-Verlag. n. — 50

Pichigru, s. Pichegrü

Pichinot, A., Unterrichtsbriefe nach synthetischer Methode in doppelter Buchführung. gr. 8. (22 S.) Reinbek 902. Jägersbronnen, R. Pichinot. — 75

— **Zahlungsschwierigkeiten im Handelsgewerbe.** Winke u. Ratschläge üb. Zahlungsunfähigkeit, Zahlungseinstellg., Unterbilanz, Liquidation, Moratorium, Akkord, Konkurs, Zwangsvergleich. gr. 8. (30 S.) Ebd. 901. 2. —; erm. Pr. 1. —

Pichinot, A., Zahlungsschwierigkeiten im Handelsgewerbe. Winke u. Ratschläge üb. Zahlungsunfähigkeit, Zahlungseinstellg., Unterbilanz, Liquidation, Moratorium, Akkord, Konkurs, Zwangsvergleich. 2. verm. Aufl. (32 S.) gr. 8. München (909). Halle, A. H. Müller. 1.20

Pichl, Franz von

Pichl, F. v., kritische Abhandlungen üb. die älteste Geschichte Salzburgs. gr. 8. (VIII, 252 S.) Innsbruck 889. Wagner. n. 4. —

Pichl, Frz. v., kleine Salzburgische Heimatskunde f. Schule u. Haus. 1. Thl. Geographie u. Statistik. 8. (62 S.) Salzburg 871. (Dirr.) geb. n.n. — 90

Pichl, Fr. v.: Panorama des Gross-Venedigers. 11 S. 8°.– Salzburg OR., Progr. 1873.

Pichl, Frz. v., Panorama des Groß-Venedigers. gr. 16. (27 S.) Salzburg 874, Dirr. *

Pichl F. v.: Studie über das wahre Zeitalter des heil. Rupert, Apostels der Baiern. 38. Salzburg R. 79. Progr.

Pichl, Frz. Xav., s. Sammlung der Gesetze im polit., Cameral- u. Justizsache, welche unter der Regierung Franz I. erlassen sind. — Sammlung aller im polit., Cameral- u. Justizsache unter Ferdinand I. in den k. k. Staaten erlass. Gesetze etc.

Vollständ. Sammlung aller im politischen, Cameral- u. Justizsache unter der Regierung Ferdinand II. in den k. k. Staaten erlassenen Gesetze u. Verordnungen in chronologisch. Ordnung etc. Herausg. v. Frz. Xav. Pichl. Bd. 1. 2. oder der ganzen Samml. 61. u. 62. Bd. (36. u. 37. Fortsetzungs-Bd.) *Ebend.* **837. u. 838. (geht bis Ende des J. 1836.)**

Pichl, J. Boj., i Jos. Leop. **Zvonař**, společenský zpevník český. 6. rozmnožené vydání. Sešit 1. Prag 862. Kober. gr. 16. (S. 1—48.) n. 6 ngr.

Pichl, Josef: Die Bryosen der Productus Limertone des Halt-Range in Indien. Phil. Diss., Prag 1882-1886

Pichler, Dr. Alois, u. der Bücherdiebstahl aus der kaiserl. öffentl. Bibliothek in St. Petersburg. Bericht üb. die Verhandlgn. vor den Geschworenen am 24. u. 25. Juni 1871 nach stenograph. Aufzeichngn. v. J. Chr. Marguse. gr. 8. (98 S.) St. Petersburg 871. Ricker. n. 1. 50

Pichler, Der salzburgische Schriftsteller Georg Abdon. . . . Salzburg 1865. V: *Kautetzky, C.* (Hr) *Petermandl* [?]. (Mitth. Dr. Ign. Schwarz.)

Pichler, Der salzburgische Schriftsteller Georg Abdon. Salzburg 1865. V: *Kautetzky, K. E.* oder *Anton Petermandl.* (H. F. Wagner, Anonymes u. Pseudonymes in der Salzburger Literatur 1910, S. 23) S. a. V, 7058.

Pichler, Der salzburgische Schriftsteller Georg Abdon. Salzburg 1865. V: *Petermandl, Anton* (?). (Wagner, H. F., Ztschr. f. öst. Gymn. 61. 1910. S. 141.)

Pichler, A., der Faserverlauf im menschlichen Chiasma, s.a. Unterrichtstafeln, augenärztliche. XXII.

Der Faserverlauf im menschlichen Chiasma. Nach Marchipräparaten dargest. von Dr. **A. Pichler**, Prag. 12 Taf. mit Text. *Breslau: J. U. Kern 1900.* (16 S.) 4°(8°)
= **Unterrichtstafeln**, Augenärztliche. II. 22. [01. 1034

Pichler, A. Georg, s. Pichler, Georg Abdon

Letzte Alpenrosen. Erzählungen aus d. Tiroler Bergen von **Adolf Pichler**. Bd 1. 2. *Leipzig: G. H. Meyer 1898.* 2 Bde 8° [F.]
= **Pichler**: Gesammelte Erzählungen. Sammlung 3. [04. 16187

Pichler, Adf., der Anderl u. 's Resel. Ein Faschingsschwank in Schnadahlipfeln. 8. (31 S.) Leipzig 898. G. H. Meyer. n. — 60

Pichler, Adolf, Beiträge zur Geognosie Tirols, s. a. Zeitschrift des Ferdinandeums.

Beiträge zur Geognosie Tirols. (Aus d. Zeitschr. d. Ferdinandeums.) Innsbruck. 1859. 8.

Beiträge zur Geognosie Tirols. Zweite Folge. (A. d. Z. d. F.) Innsbruck. 1859. 8.

Beiträge zur Geognosie Tirols. Dritte Folge. (Aus d. Zeitschr. d. Ferdinand.) Innsbruck. 1863. 8.

—— über das Drama des Mittelalters in Tirol. gr. 8. (168 S.) Innsbruck 850, Wagner'sche Buchh. —

— d. Einsiedler, s.: Novellen-Bibliothek, deutsche, aus Oesterreich, Bd. 6.

Pichler, Adf., der Einsiedler, s.: Volksbücher, Wiesbadener. Nr. 62.

Pichler, Adph., über die Einwirkung von Jod, Jodamyl u. Jodäthyl auf Anhydrobenzoyldiamidobenzol. Inaugural-Dissertation. gr. 8. (44 S.) Göttingen 878. (Vandenhoeck & Ruprecht.) n. — 80

— in d. Eng', s.: Reuter's Bibliothek f. Gabelsberger-Stenographen.

— gesammelte Erzählungen. 1. Sammlg. Allerlei Geschichten aus Tirol. 2., verm. Aufl. 2 Thle. in 1 Bde. 12. (IX, 215 u. V, 286 S.) Leipzig 897. G. H. Meyer. n. 4. —; geb. in Leinw. n. 5. —

— dasselbe. 2. Sammlg. Jochrauten. Neue Geschichten aus Tirol. 2 Bde. 8. (V, 315 u. V, 244 S.) Ebd. n. 4. —; in 1 Leinwbd. n. 5. —

— dasselbe. 3. Sammlung. Letzte Alpenrosen. Erzählungen aus d. Tiroler Bergen. 2 Tle. in 1 Bd. 8. (V, 165 u. V, 168 S.) Ebd. 898. n. 4. —; geb. in Leinw. n. 5. —

Pichler, Adf., die deutsche Flotte, s. a. Schriften des Allgemeinen deutschen Schulvereins.

Zur Einführung. **Adolf Pichler**. Die deutsche Flotte. Peter Rosegger, Ein verhängnisvolles Laster unseres Volkes. Verz. d. Landesverbände u. Ortsgruppen des 'A. D. Schulver. z. Erhaltung d. Deutschtums im Auslande'. *Berlin: G. Reimer 1900.* (24 S.) 8°
= **Schriften** d. Allgemeinen Deutschen Schulvereins. II. 1. [00. 6219

— der Flüchtling. Ein Brautpaar, s.: Hesse's, Max, Volksbücherei.

Pichler, Adolph, Frühlieder aus Tirol, s. Frühlieder.

Pichler, Adf., der Galgenpeter u. anderes, s. a. Bücher, die, der Lese.

Adolf Pichler. Der Galgenpater und anderes. Geschichten aus Tirol. München: Die Lese 1910. XVII, 148 S. 8°
(Die Bücher d. Lese. [2.]) A 12. 10,00

Pichler, Adf., Gedichte. Innsbruck 853. Wagner. 16. (4 Bl., 160 S.) n. 1 ₰.

Pichler, Ad. Zur Geognosie der nordöstl. Kalkalpen Tyrols. (Aus d. Jahrb. d. k. k. geol. Reichsanst.) Wien. 1857. 4.

Pichler, Adolf. Zur Geognosie von Tirol, Naturwissenschaftl. Skizze. *Innsbruck* 1858. Druck von *Wagner*. 16 S. 8°. Mit einer Karte. Ohne Pr.

Pichler. A., z. Geologie d. nordtirolisch. Kalkalpen. Innsbr. 4° 4 p
Schul-/Univ.-Schrift 1864

Pichler, Adolf, allerlei Geschichten aus Tirol. Jena 867. Fr. Frommann. 8. (V, 338 S.) n. 1 ₰ 10 ngr.

[F.] Allerlei Geschichten aus Tirol v. Adolf Pichler. (2. verm. Aufl.) Bd 1. 2. (In 1 Bde.) *Leipzig: G. H. Meyer 1897.* (VIII S., 1 Bl., 215 S.; 3 Bl., 286 S.) 1 Bd 8.
= Pichler, A.: Gesamm. Erzählungen. Sammlg 1. [97. 2627

Allerlei Geschichten aus Tirol von Adolf Pichler. 5. Aufl. *Leipzig & Berlin: G. H. Meyer 1901.* (VIII, 413 S.) 8° [F.]
= Pichler: Tiroler Geschichten. Bd 1. [01. 5495 11

— Tiroler Geschichten u. Wanderungen. 1. Sammlg. Allerei Geschichten aus Tirol. 3. Aufl. 8. (XV, 413 S. m. Bildn.) Ebd. 899. n. 3. —; geb. in Leinw. n. 4. —
Erschien auch in 6 Lfgn. à n. — 50.

— Tiroler Geschichten u. Wanderungen. 2. u. 3. Bd. 8. Ebd. n. 7. —; geb. in Leinw. n. 9. —
2. Jochrauten. Neue Geschichten aus Tirol. 2. Aufl. (V, 462 S.) Leipzig 899. n. 4. —; geb. n. 5. —
3. Aus den Tiroler Bergen. Ein Wanderbuch. 2. Aufl. Mit Buchschmuck v. Müller-Schönfeld. (VIII, 311 S.) Leipzig 899. n. 3. —; geb. n. 4. —

Tiroler Geschichten und Wanderungen von Adolf Pichler. Bd 1. 2. *Leipzig & Berlin: G. H. Meyer 1901.* 2 Bde 8° [F.]
1 = Allerlei Geschichten aus Tirol. 5. Aufl.
2 = Jochrauten. Neue Geschichten aus Tirol. 3. Aufl. [01. 5494 11

— Tiroler Geschichten u. Wanderungen. 1.—5. Sammlg. 8. München, G. Müller. n. 17. —; geb. n. 22. —
1. Allerlei Geschichten aus Tirol. 6. Aufl. (VIII, 413 S.) 904. n. 3. —; geb. n. 4. —
2. Jochrauten. Neue Geschichten aus Tirol. 4. Aufl. (VII, 463 S.) 904. n. 4. —; geb. n. 5. —
3. Aus den Tiroler Bergen. Ein Wanderbuch. 4. Aufl. Mit Buchschmuck v. Müller-Schönefeld. Berlin. (VIII, 311 S.) 904. n. 3. —; geb n. 4. —
4. Kreuz u. quer. Streifzüge. 3. verm. Aufl. (VII, 303 S.) 906. n. 4. —; geb. n. 5. —
5. Letzte Alpenrosen. Geschichten aus Tirol. 2. Aufl. (VII, 284 S.) 905. n. 3. —; geb. n. 4. —

— Hymnen. Innsbruck 855. Wagner. 16. (39 S.) 5 ngr.

Pichler, Adf., Hymnen. 2., verm. Aufl. 16. (51 S.) Nürnberg 858, Bauer und Raspe.

— Hymnen. 3., verm. Aufl. 8. (IV, 50 S.) Ebd. 897. n. 1. —; geb. in Leinw. n. 2. —

Jochrauten. Neue Geschichten aus Tirol von Adolf Pichler. Bd 1. 2. *Leipzig: G. H. Meyer 1897.* 2 Bde 8° [F.]
= Pichler: Gesammelte Erzählungen. Sammlung 2. [04. 16180

Jochrauten. Neue Geschichten aus Tirol von Adolf Pichler. 3. Aufl. *Leipzig & Berlin: G. H. Meyer 1901.* (462 S.) 8° [F.]
= Pichler: Tiroler Geschichten. Bd 2. [01. 5496 11

[F.] Kreuz und quer. Streifzüge v. Adolf Pichler. *Leipzig: G. H. Meyer 1896.* (4 Bl., 303 S.) 1 Bd 8. [96. 4034

Pichler, Adf., aus dem wälsch-tirolischen Kriege. gr. 8. (52 S.) Wien 849, Keck & Sohn. 8 ngr.

Pichler, Adolf. Legenden von — 8. (15 S.) Innsbruck, Wagner'scher Druck 1852.

— in Lieb' u. Haß. Elegien u. Epigramme aus den Alpen. Gera 869. Amthor. 8. (VIII, 88 S.) n. 15 ngr.

Pichler, Adf., in Lieb' u. Haß. Elegien u. Epigramme aus den Alpen. 2., verm. Aufl. 8. (VIII, 102 S.) Leipzig 898. G. H. Meyer. n. 2. —; geb. in Leinw. n. 3. —

— in Lieb u. Haß. Elegieen u. Epigramme aus Tirol. 3. verm. Aufl. 8. (VIII, 192 S.) Berlin 900. G. H. Meyer. n. 5. —; geb. in Leinw. n. 7. —

Pichler, Adf., zu Literatur u. Kunst. Epigramme. gr. 16. (30 S.) Innsbruck 879. Wagner. n. — 50

Pichler: Ludus de ascensione domini. Ein mittelalterliches Schauspiel. 17 S.–Innsbruck, Progr. 1852

Pichler, Adf., Marksteine Erzählende Dichtung. gr. 16. (IV, 229 S.) Gera 874. Amthor. n. 3. —

— Marksteine. Dichtungen. 2., verm. Aufl. 8. (IV, 208 S.) Ebd. 898. n. 3. —; geb. in Leinw. n. 4. —

Pichler, Adf. Neue Marksteine. Erzählende Dichtgn. 8. (VII, 254 S.) Lpz. 890, Liebeskind. * 4 —; geb. ** 5 —

— aus den März- u. Oktobertagen zu Wien 1848. Lex. 8. (47 S.) Innsbruck 850, Wagner. 1/4 ₰

— Rodrigo. Trauerspiel. (Bühnen gegenüber Mscr.) 8. (82 S.) Innsbruck 862, Wagner'sche Universitäts-Buchh. *

— Fra Serafico. gr. 16. (58 S.) Ebendas. 879. * — 60

— Spätfrüchte. Gedichte verschied. Art. 8. (VIII, 210 S.) Ebd. 896. n. 3. —; geb. in Leinw. n. 4. —

Adolf Pichler. Das Sturmjahr. Erinnerungen aus d. März- u. Oktobertagen 1848. *Berlin: Meyer & Wunder 1903.* (181 S.) 8° [F.] [03. 1317

Pichler, Adolf, Aus Tagebüchern 1850—1899. D. autobiograph. Werke. Bd 3. München u. Leipzig 1905. 8°.
(Pichler Gesammelte Werke. Bd 13)

— die Tarquinier. Trauersp. in 5 Akten. 2. Aufl. 8. (VI, 120 S.) Ebd. 898. n. 2. —; geb. n. 3. —

Pichler, Adf., Vorwinter. 12. (51 S.) Gera 885. Amthor. — 50

Pichler, Adf., Aus den Tirolerbergen. München 861. Fleischmann. 8. (VII, 311 S.) n. 1 ₰ 6 ngr.

Pichler, Adf., gesammelte Werke. (In etwa 100 Lfgn.) 1.—61. Lfg. 8. München, G. Müller. à n. — 50
1. Bd. Zu meiner Zeit. Schattenbilder aus der Vergangenheit. 2. ergänzte u. bericht. Aufl. Mit e. biograph. Einleitung v. S. M. Prem. (LI, 397 S. m. Bildnis.) 905.
2. Bd. Das Sturmjahr. Erinnerungen aus den März- u. Oktobertagen 1848. Der autobiograph. Werke Bd. II. 2. Aufl. (IV, 181 S.) 906.
3. Bd. Aus Tagebüchern 1850—1899. Der autobiograph. Werke Bd. III. (IV, 376 S.) 905.
6. Bd. Letzte Alpenrosen. Erzählgn. aus den Tiroler Bergen. 4. verm. Aufl. (VII, 281 S.) 906.
7. Bd. Kreuz u. quer. Streifzüge. 4. verm. Aufl. (VII, 303 S.) 906.
8. Bd. Aus den Tiroler Bergen. Ein Wanderbuch. Der Wanderungen I. Bd. 5. verm. Aufl. (VIII u. S. 1—96.) 907.
9. Bd. Wanderbilder. Aus dem Nachlasse. (IV, 344 S.) 906.
10. Bd. Allerlei aus Italien. Aus dem Nachlasse. (IV, 346 S.) 906.
13. Bd. Marksteine. Gesammelte Dichtungen. Der Marksteine Bd. I/II. 3. verm. Aufl. (VIII, 260 S.) 906.

Pichler, Adf., gesammelte Werke. 62.—126. Lfg. 8. München, G. Müller. à — 50
4. Bd. Allerlei Geschichten aus Tirol. Neuerlich verb. u. verm. Aufl. (IV, 327 S.) 908.
5. Bd. Jochrauten. Neue Geschichten aus Tirol. 6., verb. u. verm. Aufl. (IV, 376 S.) 908.
8. Bd. Aus den Tiroler Bergen. Ein Wanderbuch. Der Wandergn. I. Bd. 5. verm. Aufl. (S. 97—285.) 907.
11. Bd. Beiträge zur Literaturgeschichte. I. Bd. (IV, 320 S.) 908.
12. Bd. Zur tirolischen Literatur. Der Beiträge zur Literaturgeschichte II. Bd. (IV, 300 S.) 908.
14. Bd. Neue Marksteine. Erzählende Dichtgn. Der Marksteine Bd. III. 3. verm. Aufl. (IV, 358 S.) 907.
15. Bd. Spätfrüchte. Gedichte verschiedener Art. 2. verm. Aufl. (XV, 286 S.) 907.
16. Bd. Dramat. Dichtungen. Erste Gesamtausg. (VII, 280 S.) 907.
17. Bd. In Lieb u. Haß. Elegieen u. Epigramme aus Tirol. 4. verm. Aufl. (VIII, 279 S.) 909.

— dasselbe. Vom Verf. f. den Druck vorbereitet. 4. 5. 8. 11. 12. u. 14.—17. Bd. 8. Ebd. 35.50; geb. 44.50
4. Allerlei Geschichten aus Tirol. Neuerlich verb. u. verm. Aufl. (IV, 327 S.) 908. 3.—; geb. 4.—
5. Jochrauten. Neue Geschichten aus Tirol. 6. verb. u. verm. Aufl. (IV, 376 S.) 908. 2.50; geb. 4.50
8. Aus den Tiroler Bergen. Ein Wanderbuch. Der Wandergn. I. Bd. 5. verm. Aufl. (VIII, 285 S.) 907. 3.—; geb. 4.—
11. Beiträge zur Literaturgeschichte. Der Beiträge zur Literaturgeschichte I. Bd. (IV, 320 S.) 908. Subskr.-Pr. 4.—; geb. 5.—; Einzelpr. 4.50; geb. 5.50
12. Zur tirolischen Literatur. Der Beiträge zur Literaturgeschichte II. Bd. (IV, 300 S.) 908. Subskr.-Pr. 4.—; geb. 5.—; Einzelpr. 4.50; geb. 5.50
14. Neue Marksteine. Erzählende Dichtgn. Der Marksteine III. Bd. 3. verm. Aufl. (IV, 358 S.) 907. 4.50; geb. 5.50
15. Spätfrüchte. Gedichte verschiedener Art. 2. verm. Aufl. (286 S.) 907. 4.50; geb. 5.50
16. Dramatische Dichtungen. 1. Gesamtausg. (V, 260 S.) 907. 4.50; geb. 5.50
17. In Lieb' u. Haß. Elegieen u. Epigramme aus Tirol. 4. verm. Aufl. (VIII, 279 S.) 909. Subskr.-Pr. 4.—; geb. 5.—; Einzelpr. 4.50; geb. 5.50
Bd. 1—3. 6. 7. 9. 10 u. 13. Ebd. 905. 06. 29.—; geb. 37.—

Pichler, Adf., zu meiner Zeit. Schattenbilder aus der Vergangenheit. gr. 8. (334 S.) Leipzig 892. A. G. Liebeskind. n. 6. 60

Pichler, Adolf. Zu meiner Zeit. Schattenbilder a. d. Vergangenheit. 2. Aufl. M e. biograph. Einl. von S. M. *Prem.* München u. Leipzig 1905. 8°.
(Pichler, Adolf. Gesammelte Werke. Bd 1.)

Pichler, Alexius, durchleuchtbare Taschensehproben unter Verwendung der v. Ammon'schen Handprobe. (9 Taf. auf Celluloidplättchen.) Je 10×10 cm. Mit Text. (1 Bl.) 8. München 910. J. F. Lehmann's Verl. In Tasche 2.—

Pichler, Alois: Über die Auflösung der Gleichung: $\varphi(x) = n$, wenn $\varphi(m)$ die Anzahl derjenigen Zahlen bezeichnet, welche relativ prim zu m und kleiner als m sind. S. 3—17. 8.
Progr. K. k. Maximilians-Gymn. *Wien* 1901.

Charitas. Ein Weihnachtsspiel von P. Alois **Pichler**. *Münster i. W.: Alphonsus-Buchh. [1900].* (48 S.) 8° [F.] [01. 2525 6

Pichler, Alois, C. Ss. R., Charitas. Ein Weihnachtsspiel. 2., umgearb. Aufl. 12. (54 S.) Münster (902). Alphonsus-Buchh. n. — 50
1. Aufl. (48 S.) (900.) n. — 50.

Pichler, Alois Ergebnisse der seit dem Jahre 1870 an der meteorologischen Beobachtungs-Station Oberhollabrunn angestellten Beobachtungen. 8 (S. 55—74).
K. k. Staats-G. u. gewerbl. Fortbildungssch. *Oberhollabrunn* 1891.
Progr.

PICHLER, Alois (Tüssling): Geschichte des Protestantismus in der orientalischen Kirche im 17. Jahrhundert, oder: Der Patriarch Cyrillus Lucaris und seine Zeit.- München: Lentner 1862. IV,254 S.
22.6.1861 - Urk (Titel: De Cyrillo Lucari patriarcha.); F 44
Diss. Ingolst.-Landsh.-Mchn.

— Geschichte der kirchlichen Trennung zwischen dem Orient und Occident von den ersten Anfängen bis zur jüngsten Gegenwart. 1. Bd. Byzantinische Kirche. München 864. Rieger. Lex.-8. (XXII, 559 S.) n. 3 ℛℬ 6 ngr.

Pichler, Aloys., Geschichte der kirchlichen Trennung zwischen dem Orient u. Occident von den ersten Anfängen bis zur jüngsten Gegenwart. 2. Bd. Die russ., hellen. u. die übrigen oriental. Kirchen mit einem dogmat. Theile. München 865. Rieger'sche Universitäts-Buchh. Lex.-8. (XXVI, 790 S.) n. 4 ℛℬ 10 ngr.

Gottesminne. Dem heil. Alphonsus nachgedichtet von P. Alois **Pichler**. *Münster i. W.: Alphonsus-Buchh. 1899.* (VII, 98 S.) 8° [F.] [00. 3098

Gottesminne. Dem h. Alphonsus nachgedichtet von P. Alois **Pichler**. *Münster i. W.: Alphonsus-Buchh. 1902.* (106 S.) 8° [F.] [03. 6667 6

Gottesminne. Dem heil. Alphonsus nachgedichtet von P. Alois **Pichler**, C. Ss. R. 2., verb. Aufl. Münster i. W.: Alphonsus-Buchh. 1902. (106 S.) 8° [F.] [06. 4405

Pichler, Alois, C. Ss. R., Gottesminne. Dem hl. Alphonsus nachgedichtet. 3., verb. Aufl. (122 S.) 8. Münster 904. Alphonsus-Buchh. Geb. in Leinw. n. 2.—

Pichler, Aloys, Die wahren Hindernisse u. die Grundbedingungen einer durchgreifenden Reform der kathol. Kirche zunächst in Deutschland. Leipzig, Fries, 1870, 8°, XVI, 544 S., 5 Mk.
Der längst außerhalb der Kirche stehende geistl. Verfasser geht in der radikalen Schrift weit über die Verwerfung des Infallibilitätsdogmas hinaus, leugnet die göttl. Einsetzung des Primates, den Heilscharakter der kath. Kirche 2c. Recenss. Katholik 1870, Bd. 1 S. 189—98. Ökum. Konzil. Stimmen 2c. Heft 8, S. 183—9. Litt. Handw. 1870, S. 91—2.

—— die orientalische Kirchenfrage nach ihrem gegenwärtigen Stande. gr. 8. (46 S.) München 862, Lentner'sche Buchh.

— an meine Kritiker. Beleuchtung verschied. Angriffe auf meine Geschichte der griech. Kirchentrennung, insbesondere von Prof. Hergenröther, Prof. Mittermüller u. im Münchener Pastoralblatt. München 865. Rieger'sche Universitäts-Buchh. Lex.-8. (51 S.) n. 15 ngr.

Pichler, Aloys, Polybius' Leben, Philosophie, Staatslehre; letztere im Zusammenhange mit den politischen Theorien von Plato, Aristoteles, Cicero u. Tacitus, nebst einer Einleitung über die Bedeutung des klassischen Studiums im allgemeinen u. für die Theologen insbesondere. Landshut, Thomann, 1860, gr. 8°, XVI, 427 S., 3,20 Mk.

— Lucian v. Antiochien. Ein Fronleichnamsspiel. (54 S.) kl. 8. Ebd. (904). n. — 75

Prinzipienkämpfe. Von P. Alois **Pichler** C. Ss. R. 1. Münster i. W.: Alphonsus-Buchh. 1905. 8° [F.] [06. 3354 6

— die Theologie des Leibnitz aus sämmtlichen gedruckten u. vielen noch ungedruckten Quellen mit besond. Rücksicht auf die kirchl. Zustände der Gegenwart zum ersten Male vollständig dargestellt. 2 Thle. München 869, 70. liter.-artist. Anstalt. (XIX, 474 S. u. XXII, 540 S.) Jeder Bd. n. 2 ₰ 4 ngr.

Pichler, A.: Übersicht der im Jahr 1888 angestellten meteorologischen Beobachtungen. 2 S. Oberhollabrunn, P 1889

Pichler Alois: Übersichtliche Zusammenstellung der meteor. Verhältnisse von Oberhollabrunn 1889. (2). Oberhollabrunn 90. **Progr.**

PICHLER, Altmann: Das stiftliche Gut Melk als forstliches Exkursionsobject. - Wien 1883

Pichler, Andreas: Zirkulare der k.k.Landesregierung im Erzherzogthume Oesterreich unter der Enns. Die Verpflegungsbeiträge in dem hiesigen allgemeinen Krankenhause werden bestimmt. Wien: 1811

s.: Saurau, Franz Graf von

Pichler, Anton (Mitarb.), s. Aufschnaiter, Otto v.: Statistischer Bericht 1898 aus der Fango-Heilanstalt Wien IX.

Pichler, Ant., Chronik des großherzoglichen Hof- u. National-Theaters in Mannheim. Zur Feier seines 100jährigen Bestehens am 7. Octbr. 1879. Nebst einer Abbildung des Theaters vor seinem Umbau (in Stahlst.). gr. 8. (VIII, 359 S.) Mannheim 879. Bensheimer. n. 4. —; geb. n.n. 5. —; auf Schreibpap. n. 6. —; geb. n.n. 7. 50; m. Goldschn. n.n. 8. —

Pichler, Ant., katholisch ist gut leben u. gut sterben. Ein Büchlein über das Glück, katholisch zu sein. (40 S. m. Titelbild.) 16. München (902). C. A. Seyfried & Co. — 10

— „kommet alle zu mir!" Herz-Jesu-Buch f. das christl. Haus. (520 S. m. Abbildgn. u. farb. Titelbild.) 8. Ebd. (905). Geb. in Leinw. n. 1. 50

— das wahre Marienkind. Ein Büchlein üb. die Kunst, glücklich zu sein. 4. Aufl. (186 S. m. 1 Farbdr.) 16. Ebd. (904). Geb. in Leinw. n. — 80

Pichler, Ant., geistiger Pilgertag in Lourdes. Ein Büchlein f. alle, die Heimweh nach Lourdes haben. 3. Aufl. 16. (68 S. m. Abb.) Wien 902. Gnigl, Selbstverl. — 20

— wir ziehen zur Mutter der Gnade. Handbuch f. wirkl. u. geistl. Lourdespilger. (448 S. m. Abbildgn., 2 Taf. u. 1 farb. Titelbild.) 16. Einsiedeln 904. Verlagsanstalt Benziger & Co. Geb. in Leinw. n. 1. 60; in Ldr. m. Goldschn. n. 2. 40; in Kalbldr. m. Goldschn. n. 4. 40

Pichler, Bened. Über syntaktische Beziehungen des Herodot zu Homer. 16 S. 8. **Progr.** G. *Bielitz* 1882.

Pichler, C., s. Pichler, Karoline

PICHLER, Ch.: Exposé über die Besitz-, Verwaltungs-, Betriebs- und Ertragsverhältnisse der Staatsforste des k. k. Salzkammergutes. - o. O. o. J. 14 S.

Pichler, Clara, s. Pichler, Klara

Pichler, D. F. C., s. Pichler, Johann Friedrich Christian

Pichler, Dr. F. S. Geschichte des unter dem Protectorate Seiner kaiserlichen Hoheit des durchlauchtigsten Herrn Feldmarschalls Erzherzg Albrecht stehenden österreichischen patriotischen Hilfsvereines für verwundete Krieger, Militär-Witwen und Waisen zur Feier des 1. Decenniums seit seiner Constituirung als permanenter Verein 1867—1876. (Mit 1 Tabelle.) 8. Wien 1878.

Pichler, F. S., Geschichte der steierischen freiwilligen Schützen-Bataillone in den Kriegsjahren 1848 u. 1849. Wien 865. Braumüller. gr. 8. (XXI, 172 S. mit 1 Steintaf.) n.n. 20 ngr.

Pichler, Florian

— der deutsche Geist; eine Samml. v. Gedichten nach d. Zeitumständen. 8. Wien 814. Wallishäußer. 8 gr.

Pichler, Florian, d. deutsche Geist; eine Sammlung von Gedichten nach d. Zeitumständen 8. Wien, Wallishäußer. 815.

Pichler, Flor., Franzens siegreiche Rückkunft. 3 Gedichte. gr. 8. Wien 814. Pichler. 4 gr.

Pichler, Franz

Pichler, Dr. F., Zur Agrarfrage der Gegenwart. 2 Vorträge. 8°. Berlin, Germania, 1897.

[F.] Zur Agrarfrage der Gegenwart. Zwei Vorträge, geh. auf d. prakt.-soc. Cursus in Schwäbisch-Gmünd ... 1896 v. Domvicar Dr. F[ranz] **Pichler**, Mitgl. des deutschen Reichst. ... 2. Aufl. *Berlin: Germania 1897.* (27 S.) 1 Bd 8. [97. 3293

Pichler Dr. Fr.: Beiträge zu einer Quellenuntersuchung der Sophokles-Scholien. 16. Pettau 01. **Progr.**

Pichler, Frz., Beiträge zur Überlieferg. d. Sophoklesscholien, s. a **Festschrift** d. deutschen akadem. Philologen-Vereins in Graz.

Pichler, Franz: Beiträge z. Überlieferg d. Sophoklesscholien. *Graz 1896*. in: **Festschrift** d. dtsch. akad. Philologen-Vereins in Graz ... z. 20. Stiftgsfeier. [98. 5010

— der Antrag Kanitz.

s.a. Zeitfragen, Soziale u. politische.

[F.] Der Antrag Kanitz. Geschichte, parlamentar. Behandlg u. Würdigg dess. Von Dr. F[ranz] **Pichler**, Mitgl. d. Deutschen Reichstages ... *Köln: J. P. Bachem [1896].* (XI S., 2 Bl., 160 S., 2 Bl.) 8. — **Zeitfragen**, Sociale u. politische. Heft 1. [97. ...

Pichler, Frz., vollständ. Taschenwörterbuch d. Fremdnamen u. Fremdwörter. Ein Handb. z. richt. Aussprache d. engl., franz., span., portugies., italien., poln., ungrischen 2c. 2c. Personen- u. Ortsnamen, als auch z. Verdeutsch. der in d. Umgangs- u. wissenschaftl. Sprache d. Deutschen gebräuchl. fremden Ausdrücke u. d. wichtigsten landschaftl. Wörter. 2 Bde. 1. Aufl. 839. 2¼ Thlr., neue wohlf. Ausg. gr. 12. (à 31¼ B.) Pesth 842, Heckenast.

Pichler, Frz., vollständiges Taschenwörterbuch der Fremdnamen und Fremdwörter. Ein Handbuch zur richtigen Aussprache der engl., französ., span., portugies., italien, poln., ungrischen rc. Personen- und Ortsnamen, als auch zur Verdeutschung der in der Umgangs- und wissenschaftl. Sprache der Deutschen gebräuchlichen fremden Ausdrücke und der wichtigsten landschaftl. Wörter. 3., wohlf. Ausg. 2 Bde. in 1 Bd. gr. 12. (VII und 741 S.) Leipzig 817, Haendel.

PICHLER, Franz: Untersuchungen über die Quellen jener Sophoklesscholien, welche von der Kunst des Dichters handeln. — 1897. 140 S.
Diss. Graz, Univ.

— Centrum u. Landwirthschaft, s.a. Zeitfragen, sociale u. politische.

Pichler, Frz., Centrum u. Landwirtschaft. Kurzer Bericht über die Tätigkeit der Centrumspartei im deutschen Reichstage zur Verbesserung der Lage unserer Landwirtschaft unter besond. Berücksichtigung der Legislaturperiode 1893—1898. Sociale u. politische Zeitfragen, Heft 3. gr. 8⁰. Köln 1898.

Pichler, Friedrich — Balladen von — —. Klagenfurt, 1857. Gedr. bei Ferdinand v. Kleinmayr. (86 S. 8.)

Pichler, Friedr., Bericht über die von Sr. Maj. dem Kaiser dotirten archäologischen Grabungen in den Gebieten von Solva und Teurnia. Lex.-8. (48 S. mit 1 chromolithogr. Taf. und 12 Fig. im Texte.) Wien 878, (Gerold's Sohn.) *
Aus: Sitzungsberichte der k. Akademie der Wissenschaften, besonders abgedruckt.

Pichler, Friedrich — Christian und Else. Historische Novelle aus der Zeit des westphälischen Friedens von — —. Klagenfurt, 1857. Gedr. bei Ferdinand v. Kleinmayr. (98 S. 8.)

Pichler, Frdr., das historische Museum des Joanneums. Graz 869. (Leuschner & Lubensky.) 8. (32 S.) n.n. 5 *ngr.*

Pichler, Friedr., Repertorium der steierischen Münzkunde. 1. und 2. Bd. gr. 8. Graz, (Leuschner und Lubensky.) *
Inhalt:
Bd. 1. Die keltischen und consularen Münzen der Steiermark. Mit einer Einleitung über die Pflege der Numismatik im Lande. (VI und 248 S. mit 5 Stnt.) 865. * 1 Thlr. 10 Ngr.
» 2. Die Münzen der römischen und byzantinischen Kaiser in der Steiermark. (XXII und 246 S. mit 1 Stnt. in Imp.-Fol.) 867. * 1 Thlr. 18 Ngr.

Pichler, Frdr., Repertorium der steierischen Münzkunde. 3. Bd. A. u. d. T.: Die mittelalterigen u. neuen Münzen u. Medaillen der Steiermark. gr. 8. (VII, 232 S. m. 7 Steintaf.) Graz 875. Leuschner & Lubensky. n. 7. — (1—3.: n. 15. 80)

Pichler, Fritz, d. Attentäter. Proverbe. gr. 8. (27 S.) Graz 895. Leuschner & Lubensky. n. 1. —

Pichler, Fritz, Austria romana, s.a. Quellen u. Forschungen zur alten Geschichte u. Geographie.

Austria romana. Geogr. Lexikon aller zu Römerzeiten in Östreich genannten Berge, Flüsse, Häfen, Inseln. Länder, Meere, Postorte, Seeen, Städte, Strassen, Völker. Von Fritz **Pichler**. (T. 1.) *Leipzig: E. Avenarius 1902.* 8°
— Quellen u. Forschungen z. alten Geschichte u. Geogr. H. 2. [02-767]

Austria romana. Geogr. Lexikon aller zu Römerzeiten in Östreich genannten Berge, Flüsse, Häfen, Inseln, Länder, Meere, Postorte, Seeen, Städte, Straßen, Völker. Von Fritz **Pichler**. (T. 1)–3. *Leipzig: E. Avenarius 1902–04.* (442 S.) 8°
(1.) Mit 1 Karte. 1902. 2. (Lexikon.) 1903.
3. Ausgänge, Übergänge. Beilagen. 1904.
— Quellen u. Forschungen z. alten Geschichte u. Geogr. H. 2–4. [04-1134]

Pichler, Fritz, Beiträge zur Geschichte der landesfürstl. Rüst- und Kunstkammer, sowie des landesfürstl. Zeughauses in Grätz. Lex.-8. (44 S.) Wien 880, (Gerold's Sohn.) *
Aus: Archiv für österreichische Geschichte, besonders abgedruckt.

Pichler, Fritz. Boleslaw II. v. Polen. Lex.-8. (87 S.) Budap. 892, Kilián. * 2 —
Aus: Ungar. Revue, besonders abgedruckt.

Pichler, Fritz, Brockmann, s. National-Bibliothek, deutsch-österreichische.

Pichler, Fritz, der Frankfurter, s.a. Kürschner's, Jos., Bücherschatz.

Pichler, Fritz: Der Frankfurter. Eine Gesch. aus dem 18. Jh. Von –. Mit Ill. von A. v. Schrötter. Berlin. Eisenach, Leipzig: H. Hillger [1900]. (128 S.) 8⁰
= Bücherschatz, Kürschner's. No 175.

—— Das epigraphisch-numismatische Cabinet der Universität Graz. gr. 8. (28 S.) Graz 892, (Styria). ** 1 —

Das Epigraphisch-numismatische Cabinet der Universität Graz von Dr. Fritz **Pichler**. *Graz: Styria 1901.* (38 S.) 8° [01. 10877 B]

[Pichler, Fritz & F. G(raf) v. M(eran).] Das Landes-Zeughaus in Graz. Herausgegeben von der Vorstehung des Münzen- und Antiken-Cabinetes am St. L. Joanneum. Leipzig, F. A. Brockhaus 1880.
Tit., 2 Bl., 176 + XLV S., 3 Bl., 149 S., 1 Bl.; 1 Taf., 43 z. T. farb. Taf. in Lithogr. 4°.

Pichler, Fritz, Margaretha von Schweden. Novelle in Versen. 8. (66 S.) Schleswig 880. Meves. n. 1. 20

Pichler, Fritz. Seebad Millstatt in Oberkärnten. 8. (VII, 76 S.) Wien 878. Braumüller. n. 1. 20

-- der Müller am Anio. Eine altröm. Komödie. 8. (80 S.) Graz 893. Leuschner & Lubensky. n. 1. 40

Pichler, Fritz, Runen u. Reime. Ein ep. Liederbuch. 8. (127 S.) Hamburg 875. Richter. n. 1. 20

— aus Sabbatha. Eine antike Erzählung. 12. (163 S.) Leipzig 899. R. Baum. n. 3. —; geb. in Leinw. n. 4. —

(H) Pichler, Fritz, aus Sabbatha. 899. (KVL 32.) Jetzt: Leipzig, C. F. Tiefenbach.

—— Virunum. gr. 8. (VIII, 294 S. mit Atlas von 48 Taf. in qu. gr. 4.) Graz 888, Leuschner und Lubensky. *

Pichler, Georg Abdon

— Verf. der Biographien Salzburg. Tonkünstler, siehe: Biographien.

Pichler, Geo., Gedichte aus u. üb. Salzburg, der Stadt u. dem Lande. 12. (3 B.) Salzburg 837, (Mayr'sche Bh.) Thlr.

Pichler, Geo., Geschichte der ehemaligen Herrschaft Radeck im Salzburgischen. [Aus d. Archiv für österr. Geschichtsquellen.] Lex. 8. (17 S.) Wien 852. (Braumüller.) n. 4 ngr

Pichler, Georg Abdon, Salzburgs Landesgeschichte. 1. Abthl. 1. Heft. gr. 8. (80 S.) Salzburg 861, Oberer sel. Wwe.

Pichler, Geo. Abdon, Salzburg's Landes-Geschichte. 1. Abth.: Allgemeine Geschichte. 1—10. Heft. Salzburg 863. Oberer. Lex.-8. (S. 1—800.) Jedes Heft n. 12 *ngr.*

Pichler, Geo. Abdon., Salzburg's Landes-Geschichte. 11—14. Heft. Salzburg 865. Oberer sel. Wwe. Lex.-8. (S. 801—1076.) Jedes Heft. n. 12 *ngr.*

— — Registerheft. A. u. d. T.: Chronologische Tabelle der Geschichte des salzburg. Erzstiftes. Ebend. 865. Lex.-8. (IV, 109 S.) n. 20 *ngr.*

Pichler, A. G., salzburgische Marktordnungen, s. Marktordnungen.

— Salzburgische Marktordnungen. Beiträge zur Kenntnis der mittelalterlichen Gesetzgebung und der früheren Zustände überhaupt. Aus einem dem XVI. Jahrhundert angehörigen Salzburgischen Kopialbuch mitgeteilt. Ar. 9. :861 . . . . —.40

Separatabdruck

Pichler, Hans: Über die Arten des Seins. Wien u. Leipzig: W. Braumüller 1906. (59 S.) 8°

Heidelberg, Phil. Fak., Ref. Windelband, Diss. v. 13. Juli 1906

[Geb. 26. Febr. 82 Leipzig; Wohnort: Wien; Staatsangeh.: Österr.-Ungarn; Vorbildung: Gymn. Karlsruhe Reife M. 01; Studium: Straßburg 2, Berlin 1, Heidelberg 5 S.; Rig. 19. Febr. 06.]

Über die Erkennbarkeit der Gegenstände von Hans **Pichler**. Wien & Leipzig: Braumüller 1909. 105 S. 8° [09. 10260

Über Christian Wolffs Ontologie. (III, 91 S.) gr. 8. Leipzig 910. [Dürr'sche Buchh.] Fel. Meiner. 2. —

Pichler, Helene, aus der Brandung d. Lebens. Fahrten zu Wasser u. zu Lande. 8. (279 S.) München 887. Callwey. n. 3. —; geb. n. 4. —

Pichler, Helene [Frau Helene Felsing]. Aus der Brandung d. Lebens. Fahrten zu Wasser u. zu Lande. 2. (Titel-)Aufl. 8. (279 S.) [Münch. 890, Callwey.] Berl., Freund u. Jeckel. * 3 —; geb. * 4 —

Pichler, H., Genrebilder aus dem Seeleben. 8. (224 S.) Oldenburg 884, Schulze'sche Hofbuchh. *

—— Genrebilder aus dem Seeleben. 2. Aufl. 8. (III, 224 S.) Oldenburg 885, Schulze'sche Hofbuchh. *
geb. *

—— dass. — 3. (Titel-)Aufl. 8. (224 S.) München 887, Callwey. *ℳ 3.—.; geb. *

Pichler, Helene. Genrebilder aus dem Seeleben. 3. Aufl. 8. Münch. 887. Berl., Freund u. Jeckel. * 3 —; geb. * 4 —

— Genrebilder aus dem Seeleben. 3. Aufl. 8. (III, 224 S.) Oldenburg 887. Schulze. n. 3. —; geb. n. 4. —

Liebesfahrten. See- u. Strandnovellen von [Helene] **Pichler-Felsing**. Berlin: C. Freund 1900. (148 S.) 8° [F.] [08. 2148

— der Nordstern u. Anderes. Acht Seenovellen. 8. (VII, 378 S.) Ebd. 890. n. 4. —; geb. n. 5. —

Pichler, Helene (Frau Helene Felsing), der Nordstern u. anderes. 8 Seenovellen. 2. Aufl. 8. (VIII, 347 S.) Stuttgart 902. A. Bonz & Co. n. 3. 60; geb. in Leinw. n. 4. 80

Pichler, Helene (Helene Felsing), Seemannsliebe. Novellen. 8. (VII, 208 S.) Berlin 896. Freund & Jeckel. n. 3. —

Pichler, J., Briefe zwischen Theodul u. Philaleth über die wahre Vernunftreligion. 1848.

Pichler Joh.: Die Coleopterenfauna von Prossnitz und Umgebung. 16. 14. Prossnitz R. 85. 86.
Progr.

Pichler, Joh., Fastenpredigten üb. einige v. Christus besond. empfohl. Lehren u. Aufforderungen nebst e. Pred. am Charfreytage. 8. (6 B.) Linz 811. (Regensburg, Manz.)

Pichler, Joh. Ev.

(F) **Pichler, J. E.,** Kürzester Erstbeichtunterricht. 8°. (4 S.)
Wien: Verlagshandlung „ St. Norbertus " 1907. K —.05

— u. Wilh. Pichler, Lehrplan f. den kathol. Religionsunterricht an den Volks- u. Bürgerschulen Oesterreichs. Mit eingeh. Erörterg. d. einschläg. Fragen d. Katechetik u. vollst. Detaillehrplänen (Lektionsplänen) f. alle Kategorien genannter Schulen. (XVI, 251 S.) 8. Ebd. 904. n. 2.60

(F) **Pichler**, J. und **Pichler**, W., Lehrplan für den katholischen Religionsunterricht an den Volks- und Bürgerschulen Österreichs. 8°. (XVI, 251 S.) K 2.50
Wien: „ St. Norbertus " 1904.

(F) **Pichler**, J. E., Katholische Volksschulkatechesen I. Teil: Glaubenslehre. 8°. (VIII, 167 S.) K 2.—
Wien: „ St. Norbertus " 1905.

Pichler, Joh. Ev, katholische Volksschul-Katechesen. Für die Mittel- u. Oberstufe ein- u. zweiklass. u. für die Mittelstufe mehrklass. Schulen. 1. u. 2. Tl. 8. Wien, St. Norbertus. à n. 2. —
1. Glaubenslehre. 2., verb. Aufl. (X, 171 S.) 906.
2. Sittenlehre. (IV, 222 S.) 906.

(F) **Pichler**, J. E., Katholische Volksschulkatechesen. 3. Teil: Lehre von den Gnadenmitteln. 1. Bd. Die heiligen Sakramente. 8°. (VII, 251 S.) K 2.20
Wien: Verlagshandlung „ St. Norbertus " 1907.

Pichler, Joh. Ev., katholische Volksschul-Katechesen. Für die Mittel- u. Oberstufe ein- u. zweiklass. u. f. die Mittelstufe mehrklass. Schulen. 1.—4. Tl. 8. Wien, St. Norbertus. 6. 90
1. Glaubenslehre. 3., verb. Aufl. (XI, 171 S.) 909. 2. —
2. Sittenlehre. 3., verb. Aufl. (IV, 228 S.) 909. 2. —
3. Von den hl. Sakramenten. (Mit Erstbeicht-, Erstkommunion- u. Firmungsunterricht.) 3., verb. Aufl. (VIII, 254 S.) 910. 2. 20
4. Vom Gebete. (IV, 48 S.) 907. — 70

Pichler, Johann Friedrich Christian

— Abhandl. üb. die ansteckenden Krankheiten; aus d. Französ. 8. Götting. 796. Dieterich. 6 *gr.*

Pichler, Jh. Fr. Chr., Anhang zu Gruners Almanach für Aerzte u. Nichtärzte f. 1786. 8. Straßb. 786. König. 2 *gr.*

Pichler, Joh(ann) Friedr(ich) Christ(ian): Anleitung Rezepte zu schreiben. (Methodus formulas conscribendi in usum praelectionum academicarum. Dt.) 162 S., gbd.

Heidelberg: Pfähler 1788

— Anweis. Recepte zu schreiben; aus d. Latein übers. Berichtigt v. Verf. selbst. 8. Heidelb. 788. Pfähler. 8 gr

-- s. Yorbeu de Bourg, Anfangsgr.

— Geschichte eines am Gallenfieber Kranken, nebst Vertheidigung der dabei angewandten Kurart. 2 Stück. gr. 8. Straßb. 789. König. 4 gr

— der wahre Magnetist; ein Gegenstück zu Hoffmanns Magnetisten. 8. Frankf. a. M. 787. Jäger. 8 gr

— mémoires sur les maladies contagieuses etc. gr.8.(Strassburg) 786. König. 14 gr

— methodus formulas medic. conscribendi; in us. praelect. 8maj. Strassb. 785. Ed. II. 789. König. 8 gr

-- s.a. Taschenbuch d. Gesundheit.

— Taschenbuch d. Gesundheit in alphabetischer Ordnung, a. d. Frz. 8. Grätz, Ferstl. 793.

Pichler's, Joh. Frdr. Chr., Taschenbuch der Gesundheit in alphabet. Ordnung, worin die gewöhnlichsten Krankheiten beschrieben, u. die geschwindesten leichtesten Mittel dawider angezeigt werden. 2. Aufl. verm. u. verb. v. Leop. Wagner. 2 Bde. gr. 16. (434 S.) Gratz 848, Ludewig. n. 2/3 ℛ

— Diss. de oleorum unguinosorum usu in morbor. medela. 4. Strassb. 781. Ed. II. 786. König. 5 gr

Pichler, Johann Modest

Pichler, Jh. Modest, (Heinr. Braun,) Geschichte v. Ursprunge, Fortgange u. Zustande d. geistl. Rechts in kathol. Ländern. 8. Ulm 773. Wohler. 2 gr

Pichler, Joh. Mod. (pseudonym): System der von Christo eingesetzten Regierungsformen und deren Verbindung mit der Regierungsform katholischer Staaten. *Frkf.* u. *Lpz.* 773. 8.

— System der v. Jesu eingesetzten Religionsform. 8. Ulm 773. Wohler. 3 gr

— wie sind die Plätze der Jesuiten in d. Schulen zu ersetzen, wenn ihr Institut aufgehoben ist? 8. Ulm 773. Wohler. 3 gr

(Pichler, Jos.) Augusta quinque Carolorum historia Carolo VI Humillime consecrata a . Adamo Patachich. de Zajezda dum Sub Augustissimis ejusdem Auspiciis Positiones ex Universa Philosophia in Universitate Viennensi Publice defenderet. ex praelectionibus r. p. Francisci Dolfin Viennae Austriae Typis Mariae Theresiae Voigtin Viduae MDCCXXXV [1735]
Tit. 7 Bl. 120 S. 2 Bl. S. 121—200 2 Bl. S. 201—260 2 Bl. S. 261—344 1 Bl. S. 345—416 16 Taf. in Kupferst. 4°
Verfasser nennt sich unter dem Vorwort
Stecher F. L. Schmitner

Pichler Dr. Karl: Die Beziehungen zwischen Österreich und Frankreich innerhalb 1780—90. (86). Znaim 97.
Progr.

Pichler Karl: Geschichte der Verfassung Frankreichs im 16. und 17. Jahrhundert.
II. 1877 PN 70 Diss. Wien, Univ. 640

58

Pichler, Karl, Volksweisen deutscher Kirchenlieder zum Schulunterrichte. Für den zweistimm. Gesang mit vollständiger Orgelbegleitung dargestellt. 4. (XVI u. 96 S.) Wien 851. (Gerold.) n. 12 ngr

Pichler's, Karl, Volksweisen deutscher Kirchenlieder. Textbüchlein. Wien 863. Gerold. 16. (48 S.) 3 ngr

Pichler, Karl Jos., Verse. (66 S.) gr. 8. Linz (903). Wien, F. Deubler. 3. —; geb. 4. —

Pichler, Karl Wladimir, kurzgefaßte russinische Sprachlehre. 12. (36 S.) Lemberg 849, Stengel. 6 ngr

Pichler, Karoline, Agathocles. 3 Thle. 8. Wien 808. Pichler. (Leipz., Liebeskind). 3 ℛ 12 gr Schrdp. 4 ℛ

Pichler, Caroline (Hrsg.), s. Anweisungen für Christen in versch. Lagen des Lebens.

Pichler, C., Argina, } s.: Volksbibliothek, neue.

— s. Byron, der Korsar.

Pichler, geb. v. Greiner, Caroline, Denkwürdigkeiten aus meinem Leben. 4 Bde. 1769—1843. 12. (40½ B.) Wien 844, Pichlers sel. Wwe. (Leipzig, Liebeskind.)

— Eduard u. Malvina. 8. Tübing 805. v. Cotta. 18 gr

— Erzählungen. 8. Wien 812. (Leipz., Seeger). 1 ℛ 12 gr (Leipz., Liebeskind). 2 ℛ

Pichler, Karoline, ausgewählte Erzählungen. Hrsg. v. A. Petersdorf. 4 Bde. 12. (XXIII, 252; III, 217; III, 261 u. III, 278 S.) Berlin 894. J. Gnadenfeld & Co. Geb. in Leinw. 10. —; einzelne Bde. 2. 50

— kleine Erzählungen. 12 Bde. 8. Wien ... N. A. 822—32. Pichler. 18 ℛ

— neue Erzähl. 3 Thle. 8. Wien 818—20. Pichler. 4 ℛ 12 gr

Pichler, Karoline, Ferdinand II., König von Ungarn u. Böhmen. Schspl. in 5 A. 8. Leipz. 816. Gr. Fleischer. 1 ℛ

— Frauenwürde. 4 Bde. gr. 8. Wien 819. Pichler. 6 ℛ

Pichler, Karoline, der schwarze Fritz. Der Badeaufenthalt. } s.: Volks-Bibliothek, allgemeine.

— Gebetsbuch, christkathol., für Frauenzimmer aus den gebildeten Ständen.

—— christkathol. Gebetbuch f. Frauenzimmer aus d. gebild. Ständen. (Mit e. Anh.: Betrachtungen auf alle Tage d. Monaths, aus d. geistreichen Schriften Fenelon's übers.) gr. 12. (10½ B. u. 2 Kpfr.) Wien 833, Pichler. (Leipzig, Liebeskind.) 1 Thlr. 20 Gr., Blnp.

— Gleichnisse. 8. Tübing. 810. v. Cotta. 16 gr.

Pichler, Caroline, Glückswechsel. 2 Erzählgn. f. die reifere Mädchenwelt. Mit Titelbild. (192 S.) 8. Berlin (909). Verlag Jugendhort. Geb. 4. —

— die Grabesbraut, s. Volksbibliothek, Neue

— die Grafen v. Hohenberg. 2 Bde. 811. 2e A. 8. Leipz. 814. Gr. Fleischer. 2 Thlr. N. A. 8. Wien 820. Pichler. 3 Thlr.

— Idyllen. Mit Kpf. 8. Wien 802. 2e A. 812. Pichler. 1 Thlr.

— Idyllen. Neue Aufl. m. K. Wien, Pichler. (Leipzig, Liebeskind.) 812.

Pichler, Karoline, geborne von Greiner, biblische Idyllen. 8. Leipz. Gerh. Fleischer. 812.

Pichler, K., zwei Idyllen, s.: Hausbibliothek, kleine, f. die Jugend.

— Leonore. 2 Thle. Mit Kpf. 8. Wien 804. N. Aufl. 820. Pichler. 3 Thlr.

Pichler, Karoline

Leonore. Von Caroline Pichler geb. von Greiner. Th. 1.2.
Wien: Pichler 1828. 8°

Pichler, Karoline, Quintin Messis, s.: Verein f. Verbreitung guter Schriften, Basel. Nr. 40.

— Quintin Messis. Stille Liebe,
s. Volks-Bibliothek, Allgemeine

PICHLER, Carol. (geb. v. Greiner, 1769—1843), Ueber eine Nationalkleidung für deutsche Frauen. (S.-A. aus den „Friedensblättern".) Freyburg u. Constanz, Herder, 1815. 8°. 30 S.

— üb. eine Nationalkleidung f. deutsche Frauen. 8. Freiburg 815. Herder. (Gräffer u. Schmidl in Wien). 3 gr.

— der Nebenbuhler. 2 Bde. 8. Wien ... N. Aufl. 821. Pichler. 3 Thlr.

— Olivier, od. die Rache der Elfe. 2 Thle. 8. Wien 812. Pichler. 2 Thlr. 8 gr. N. A. 8. Ebd. 821. Ebd. 1 Thlr. 12 gr.

— Siegebert v. Reiflingstein,
s.a. Volksbibliothek, Neue

Siegibert von Reiflingstein | oder | Die goldene Schale. Nach einer Volkssage erzählt | von | C. Pichler. | (*Vignette mit Reihennummer* 39.) | Oberhausen und Leipzig. | Druck und Verlag von Ad. Spaarmann. (= No. 39).
o. J., 47 S., 165 × 110, kol. U.-Fig.: *Das Mädchen sprang vom Rocken auf, als sie den Fremden unter dem Thore stehen sah*, 133 × 98). U.-Titel: Siegibert ...
Priv.-Bes.

Siegfried – s. Nr. 321: *Der gehörnte Siegfried* und Nr. 990: *Wunderschöne Historia*.

Pichler, Karoline

Ausgewählte Romane von Caroline Pichler. Bdchn 18-20. 21-23.24.25.
Stuttgart: Macklot 1828. 8°

18-23. Agathokles.
24.25. Oliver.- Stille Liebe.-

— Ruth, e. bibl. Gemälde in 3 Idyllen. Mit Kpf. 8. Wien 805. Pichler. 1 Thlr.

— Sie war es dennoch. 8. Wien 806. Pichler. 1 Thlr.

— die Stieftochter,
s. Volksbibliothek, Neue.

— üb. die Stoa u. das Christenthum, in 2 Briefen, (aus den sämmtl. Werken abgedr.) 8. Wien 822. Pichler. (Leipz., Liebeskind). 16 gr.

— Swedowe w Praze, s. Biblioteka, wybranych.

— sämmtl. Werke. 16 Bde. 8. Wien, Schaumburg. 811 — 814. (à 1 Rthlr. 16 gr.) 2

— sämmtl. Werke. 1r—24r Bd. 8. Wien 812—20. N. Aufl. 1r—46r Bd. 8. Ebd. 822—32. Pichler. (Liebeskind in Leipz.) (I. u. II. enthält: Leonore. 2 Thle. Neue verb. Aufl. mit Kpf. 820. 3 Thlr. — III. — V. Agathokles. 3 Thle. N. A. 821. 4 Thlr. 12 gr. — VI. u. VII. Die Grafen v. Hohenberg. 2 Thle. Neue verb. Aufl., mit Kpf. 820. 3 Thlr. — VIII. Olivier. Neue verb. Aufl., mit Kpf. 821. 1 Thlr. 12 gr. — IX. u. X. Die Nebenbuhler. 2 Thle, mit Kupf. 821. 3 Thlr. — XI. — XIV. Die Frauenwürde. 4 Thle, mit Kpf. 821. 6 Thlr. — XV. Idyllen, mit Kpf. 821. 1 Thlr. 12 gr. — XVI. Gedichte. Neue verb. Aufl., mit Kpf. 822. 1 Thlr. 12 gr. — XVII. u. XVIII. Prosaische Aufsätze. 2 Thle. Neue verb. Aufl., mit Kpf. 822. 3 Thlr. — XIX. — XXI. Dramatische Dichtungen. 3 Thle. Neue verb. Aufl. 822. 4 Thlr. 12 gr. — XXII. — XXXI. Kleine Erzählungen. 10 Thle. Neue verb. Aufl., mit Kpf. 822—28. 15 Thlr. — XXXII. — XXXIV. Die Belagerung Wiens. 3 Thle, mit Kpf. 824. 4 Thlr. 12 gr. — XXXV. — XXXVII. Die Schweden in Prag. 3 Thle, mit Kpf. 827. 6 Thlr. — XXXVIII. Kleine Erzählungen. 11r Thl. N. Aufl. 828. 1 Thlr. 12 gr. — XXXIX. u. XL. Die Wiedereroberung von Ofen. 2 Thle, mit 2 Kpf. 829. 3 Thlr. — XLI. — XLIV. Friedrich der Streitbare. 4 Thle. 830. 6 Thlr. — XLV. Henriette v. England. 831. 1 Thlr. 12 gr. — XLVI. Kleine Erzählungen. 12r Thl.: Glückswechsel. — Das Turnier zu Worms. — Die Freunde. 832. 1 Thlr. 12 gr.

Pichler, (Carol.,) sämmtl. Werke. 1r—37r Bd. N. verb. Afl. Mit Kupfr. 8. Wien, 820 — 27, (Leipzig, Liebeskind.) à 1 Rthl. 12 gr.

(I. u. II. enthält: Leonore. 2 Thle. Neue verbess. Aufl. mit Kupf. 820. 3 Rthl. — III — V. Agathokles. 3 Thle. N. Aufl. 821. 4 Rthl. 12 gr. VI. u. VII.: die Grafen v. Hohenberg. 2 Thle. Neue verb. Aufl., mit K. 820. 3 Rthl. — VIII.: Olivier. Neue verb. Aufl., mit Kpf. 821. 1 Rthl. 12 gr. IX. u. X.: Die Nebenbuhler. 2 Thle, mit Kpf. 821. 3 Rthl. — XI. bis XIV.: Die Frauenwürde. 4 Thle, mit Kpf. 821. 6 Rthl. — XV. Idyllen, mit Kpf. 821. 1 Rthl. 12 gr. XVI.: Gedichte. Neue verb. Aufl., mit Kpf. 822. 1 Rthl. 12 gr. XVII. u. XVIII.: Prosaische Aufsätze. 2 Thle. Neue verb. Aufl., mit Kupf. 822. 3 Rthl. — XIX. bis XXI.: Drammatische Dichtungen. 3 Thle. Neue verb. Aufl. 822. 4 Rthl. 12 gr. XXII. bis XXXI.: Kleine Erzählungen. 10 Thle. Neue verb. Aufl., mit Kpf. 822 u. 23. 15 Rthl. — XXXII. bis XXXIV.: Die Belagerung Wiens. 3 Thle, mit Kpf. 824. 4 Rthl. 12 gr. XXXV. bis XXXVII.: Die Schweden in Prag. 3 Thle, mit Kpf. 827. 4 Rthl. 12 gr.)

Pichler, geb. v. Greiner, Carol., sämmtl. Werke. 38. Bd. Neue, verb. Aufl. — A. u. d. T.: Kleine Erzählungen. 11. Thl. 8. (13 B. u. Ttlkpfr.) Wien 828, Pichler. (Leipzig, Liebeskind.)
Vgl. 46. Bd.

—— dass. 39. u. 40. Bd. — A. u. d. T.: Die Wiedereroberung von Ofen. 2 Thle. 8. (41 B. u. 2 Ttlkpfr.) Ebds. 829. à 1 Thlr. 12 Gr.

—— dass. 41—44. Bd. — A. u. d. T.: Friedrich der Streitbare. 4 Thle. 8. (62¼ B. u. 4 Ttlkpfr.) Ebds. 831. à 1 Thlr. 12 Gr.

—— dass. 45. Bd. — A. u. d. T.: Henriette v. England, Gemahlinn d. Herzogs v. Orleans. 8. (18½ B. u. Ttlkpfr.) Ebds. 832.

—— sämmtl. Werke. 1—50. Bdchn. Mit d. Bildn. d. Verfin. 16. (799½ B.) Wien 828—32, Pichler. (Leipzig, Liebeskind.)
Bdchn. 1., 2. Leonore. 2 Thle.
" 3—5. Agathokles. 3 Thle.
" 6., 7. Die Grafen v. Hohenberg. 2 Thle.
" 8. Olivier.
" 9., 10. Die Nebenbuhler. 2 Thle.
" 11—14. Frauenwürde. 4 Thle.
" 15—17. Die Belagerung Wiens. 3 Thle.
" 18—20. Die Schweden in Prag. 3 Thle.
" 21. Idyllen.
" 22., 23. Gedichte.

" 24., 25. Prosaische Aufsätze.
" 26—28. Dramatische Dichtungen. 3 Thle.
" 29—41. Kleine Erzählungen. 1—13. Thl.
Vgl. 50. Bdchn.
" 42—44. Die Wiedereroberung v. Ofen. 3 Thle.
" 45. Henriette v. England, Gemahlin d. Herzogs v. Orleans.
" 46—49. Friedrich d. Streitbare. 4 Thle.
" 50. Kleine Erzählungen. 14. Thl.
Vgl. 29—41. Bdchn.

Pichler, geb. v. Greiner, Carol., sämmtl. Werke. 46. Bd. — A. u. d. T.: Kleine Erzählungen. 12. Thl.: Glückswechsel. — Das Turnier zu Worms. — Die Freunde. 8. (22¼ B. u. Ttlkpfr.) Wien 832, Pichler. (Leipzig, Liebeskind.) Thlr.
Vgl. 38. Bd.

—— dass. 47—49. Bd. — A. u. d. T.: Elisabeth v. Guttenstein. Eine Familiengeschichte aus der Zeit d. Oestreich. Erbfolgekrieges. 3 Thle. 8. (68 B. u. 3 Ttlkpfr.) Ebds. 835. à 1 Thlr. 12 Gr.

—— dass. 50. Bd. — A. u. d. T.: Zerstreute Blätter aus meinem Schreibtische. 8. (16½ B. u. Bildn. d. Verfin.) Ebds. 836.
1—37. Bd. Ebendas. 1820—27. à 1 Thlr. 12 Gr.

Pichler, geb. v. Greiner, Carol., sämmtl. Werke. 51—53. Bd. Neue verb. Aufl. 8. Wien, Pichler's sel. Wtwe. à ¾ Thlr.
A. u. d. Ttln.:
Bd. 51., 52. Zeitbilder. 2 Thle. [1. (20 B. u. Ttlkpfr.) 839., 2. (30⅛ B u. Ttlkpfr. 841.]
" 53. Zerstreute Blätter aus meinem Schreibtische. Neue Folge (18⅞ B.) 843.
1—50. Bd. Ebendas. 1820—36. Hrbgs. Pr. à 18 Gr.

—— sämmtl. Werke. 51—60. Bdchn. 16. Wien 837—45, Pichler's sel. Wtwe.
Bdchn. 51—54. Elisabeth von Guttenstein. 4 Thle.
" 55. Zerstreute Blätter aus meinem Schreibtische.
" 56—58. Zeitbilder. 3 Thle.
" 59., 60. Zerstreute Blätter aus meinem Schreibtische. Neue Folge. 2 Thle.
1—50. Bdchn. Ebendas. 1828—32. * 18 Thlr. 16 Gr.

— s. auch wissenschaftl. Werke.

Pichler, Klara

Pichler, Clara, Blütenkranz deutscher Dichtung. 12. (47 S. m. farb. Abbildgn.) Berlin 893. M. Neufeld Nachf. Geb. m. Goldschn. 3. —

— dasselbe. Eine Auswahl neuerer Lieder u. Sprüche, gesammelt v. P. Mit vielen Illustr., sowie e. Titelbilde. 2., verb. Aufl. 8. (47 S.) Leipzig 894. F. Cavael. Geb. in Celluloid u. Damast m. Goldschn. 3. —; in Leinw. m. Goldschn. 2. 50

geb. *

Pichler, Luise, Alarich in Rom. Eine Erzählung für die Jugend und das Volk. 12. (109 S. mit 1 color. Titelbild.) Eßlingen 880, Schreiber.

Pichler, Louise, die Ansiedler im Schwarzwald. Eine Erzählung für die Jugend und das Volk. 16. (98 S. mit 1 lithogr Titelkpfr.) Stuttgart 863, Gebr. Scheitlin. cart.

Pichler, Louise, die Ansiedler im Schwarzwald. Eine Erzählung für die Jugend und das Volk. 2. Aufl. 16. (118 S. mit 1 Titelkpfr.) Stuttgart 874, Risch. [Hofmann und Hohl.] cart.

Pichler, Louise, der alte Barbarossa. Eine Erzählung für die Jugend u. das Volk. Mit einem Titelkpfr. Stuttgart 868. Risch. 16. (126 S.) cart. 7½ ngr

Pichler, Luise, der alte Barbarossa. Eine Erzählung für die Jugend und das Volk. 2. Aufl. 16. (105 S. mit 1 color. Titelkpfr.) [Stuttgart 878, Hofmann und Hohl.] Eßlingen, Schreiber. cart.

Pichler, Louise, Bilder aus Schwabens Vergangenheit. Erzählungen für die Jugend u. ihre Freunde. 8. (126 S.) Stuttgart 851, J. F. Steinkopf. ¼ ₰

Pichler, Luise, die Brüder, s. a. Universal-Bibliothek f. die Jugend.

— die Brüder. Eine Erzählung für die Jugend und das Volk. Mit 1 (lith.) Titelkpfr. Stuttgart 863. Gebr. Scheitlin. 16. (115 S.) 7½ ngr

Pichler, Louise, die Brüder. Eine Erzählg. f. die Jugend u. das Volk. Mit e. (lith.) Titelkpfr. 2. Aufl. 16. (120 S.) Ebend. 871. — 75

—— der Burggraf zu Nürnberg. Eine Erzählung für die Jugend und das Volk. 16. (112 S. mit 1 color. Titelkpfr.) Ebendas. 878. cart.

— die Deutschen in Rom. Eine Erzählg. f. die Jugend u. das Volk. Mit e. (lith.) Titelkpfr. 16. (108 S.) Ebend. 871. — 75

Pichler, Luise, Diademe u. Myrten. Ein Kranz histor. Erzählgn. Mit 6 Bildern in Farbendr. v. R. E. Kepler u. 5 Holzschn. gr. 8. (288 S.) Stuttgart 885. Kröner. geb. 5. 50

Pichler, Luise. Elfengold fällt als Sternlein bunt u. klar in die frohe Kinderschar. 5. Aufl. gr. 4. Stuttg. 888. Berl., Ad. Engel. geb. * 4 —

— Elfengold fällt als Sternlein bunt u. klar in die frohe Kinderschar. Eine Auswahl der schönsten Märchen u. Sagen, f. die Jugend bearb. Mit 7 Bildern in Farbendr. nach Aquarellen v. J. E. Dolleschall, Fed. Flinzer, G. Franz u. C. Offterdinger. 5. Aufl. v. „Gnomen u. Riesen". gr. 4. (III, 32 S.) Stuttgart 888. Nitzschke. geb. n. 4. —

—— drei Erzählungen für die Jugend und ihre Freunde. Herzog Karls Feldzug. Der Mönch von Bebenhausen. Reutlingen und Herzog Ulrich von Württemberg. 12. (156 S.) Stuttgart 849, J. F. Steinkopf.

—— Erzählungen aus der Geschichte. 1.—3. Bd. 12. (Mit je 1 Chromolithogr.) Ebendas. 884. geb. à Bd. *

Inhalt:

Bd. 1. Deutsche Heldengeschichten aus dem Mittelalter. Drei histor. Erzählungen für die Jugend. (112, 99, 104 S.)
„ 2. Deutsche Kaiser. Drei histor. Erzählungen für die Jugend. (100, 158, 114 S.)
„ 3. Kaiser Rotbart. Drei histor. Erzählungen für die Jugend. (92, 96, 105 S.)

Pichler, Luise. Historische Erzählungen f. die Jugend. 1.—3., 5., 6., 8.—16., 18., 19., 22.—24., 26., 29.—41., 43.—48. u. 50. Bdchn. Mit je 1 Titelbild. 12. Lpz. 889—92, Oehmigke's Verlag. cart. à Bd. — 75

1. Der Gerichtstag zu Cannstatt. Ein Weihnachtsfest. Zwei Erzählgn. aus der Zeit der Alemannen u. Franken u. aus der Zeit Kaiser Heinrichs IV. 3. Aufl. (87 S.)
2. Der Ring der Herzogin. Erzählung aus der Zeit d. ersten Hohenstaufen. 4. Aufl. (88 S.)
3. Kaiser u. Fährmann. Der Goldschmied v. Stuttgart. Zwei Erzählgn. aus der Zeit Kaiser Heinrichs IV. u. Rudolfs v. Habsburg. 3. Aufl. (86 S.)
5. Deutsche Treue. Erzählung aus der Zeit Kaiser Barbarossas. 4. Aufl. (100 S.)
6. Kaiser Karls Urenkel. Erzählung aus der Zeit der letzten Karolinger. 3. Aufl. (100 S.)
8. Die Schwarzwaldmühle. Ein deutscher Prinz. 2 Erzählungen aus der Zeit der Franzosenkriege. 3. Aufl. (94 S.)
9. Die Schwestern. Erzählung aus der Zeit d. Franzoseneinfälle. 3. Aufl. (87 S.)
10. Der Rotmantel. Erzählung aus der Zeit d. 30jähr. Krieges. 3. Aufl. (96 S.)
11. Der Sohn der Witwe. Erzählung aus der Zeit Kaiser Barbarossas. 3. Aufl. (132 S.)
12. Die Brüder. Erzählung aus der Zeit Ottos d. Großen. 3. Aufl. (106 S.)
13. Das Hünenschloß. Erzählung aus der Zeit Karls d. Großen. 3. Aufl. (112 S.)
14. Die Kartause. Erzählung aus dem Leben Graf Eberhards im Bart. 3. Aufl. (110 S.)
15. Die Ansiedler im Schwarzwalde. Erzählung aus der Zeit der Goldmacherkunst. 3. Aufl. (100 S.)
16. Franzosengeneral u. deutscher Professor. Erzählung aus der Zeit der Franzoseneinfälle unter Ludwig XIV. 3. Aufl. (124 S.)
18. Ein deutsches Königsleben. Erzählung aus der Zeit des Kaisers Konrad I. 2. Aufl. (111 S.)
19. Die Rose v. Byzanz. Erzählung aus der Zeit König Philipps d. Hohenstaufen. 3. Aufl. (108 S.)
22. Der erste Zollern. Erzählung aus der Zeit d. deutschen Kaisers Heinrich V. 3. Aufl. (112 S.)
23. Der alte Barbarossa. 3. Aufl. (108 S.)
24. Unter Karl dem Großen. 3. Aufl. (87 S.)
26. Im Teutoburger Walde. Erzählung aus der Zeit der Germanen u. Römer. 3. Aufl. (96 S.)
29. Hermann u. Thusnelda. Erzählung aus der Zeit d. deutschen Freiheitskämpfe wider die Römer. 2. Aufl. (96 S.)
30. Ueber den Rhein! Erzählung aus der Zeit der Germanen u. Römer. 2. Aufl. (92 S.)
31. Am Fuße der Achalm. Erzählung aus der Zeit Kaiser Heinrich IV. 2. Aufl. (92 S.)
32. Der erste Brandenburger. Erzählung aus den Anfängen der preuß. Geschichte. 2. Aufl. (96 S.)
33. Sigulf u. Grimolt. Erzählung aus d. Zeit d. deutschen Freiheitskämpfe wider die Römer. 2. Aufl. (80 S.)
34. Die Deutschen in Rom. Erzählg. aus d. Zeit Kaiser Ottos III. 2. Aufl. (106 S.)
35. O Straßburg, o Straßburg, du wunderschöne Stadt! Erzählung aus d. Zeit, da Straßburg verloren ging. 2. Aufl. (92 S.)
36. Unter dem großen Kurfürsten. Geschichtliche Erzählg. 2. Aufl. (96 S.)
37. Hermann u. Tiberius. Erzählung aus der Zeit d. Kampfes der Germanen wider die Römer. 2. Aufl. (101 S.)
38. Ein Grenadier d. großen Fritz. Erzählung f. die Jugend. 2. Aufl. (124 S.)
39. Zur Zeit der Königin Luise. Erzählung aus den Befreiungskriegen. 2. Aufl. (104 S.)
40. Auf dem deutschen Meer. Erzählung aus d. Zeit der Freiheitskämpfe d. Deutschen wider die Römer. 2. Aufl. (94 S.)
41. Der Rekrut. Erzählung aus d. Zeit der deutschen Kleinstaaten. 2. Aufl. (96 S.)
43. Das eiserne Kreuz. Erzählung aus d. Zeit Kaiser Wilhelms I. 2. Aufl. (102 S.)
44. Am Johannisfeste. Erzählung aus der Zeit d. deutschen Kaisers Otto II. 2. Aufl. (125 S.)
45. Der Ueberfall im Odenwald. Erzählung aus der Zeit Kaiser Friedrichs d. Rotbarts. 2. Aufl. (94 S.)
46. Der Sandwirt von Passeyer. Erzählung aus dem Leben Andreas Hofers. 2. Aufl. (111 S.)
47. Konradin v. Schwaben. Erzählung vom Ende d. letzten Hohenstaufen. 2. Aufl. (112 S.)
48. Der Burggraf zu Nürnberg. Erzählung aus der Zeit Friedrichs v. Zollern. 2. Aufl. (88 S.)
50. Der Findling. Erzählg. aus d. Zeit d. ersten fränkischen Kaisers. 2. Aufl. (91 S.)

Pichler, Luise, historische Erzählungen f. die Jugend. 4., 7., 9., 14., 16., 18., 19., 21.—24., 26.—28., 33., 37., 40.—42., 44., 46., 48.—54. Bd. 12. (Mit je 1 Titelbild.) Leipzig, A. Oehmigke's Verl. Kart. à — 75

4. Der Expeditionsrat. Erzählg. aus der Zeit des Dichters Schubart. 3. Aufl. (96 S.) 893.
7. Meister Konrad der Schöppe. Erzählg. aus der Zeit Kaiser Ludwigs des Bayern. 3. Aufl. (103 S.) 893.
9. Die Schwestern. Erzählg. aus der Zeit der Franzoseneinfälle. 3. Aufl. (87 S.) 891.
14. Die Kartause. Erzählg. aus dem Leben Graf Eberhards im Bart. 3. Aufl. (110 S.) 892.
16. Franzosengeneral u. deutscher Professor. Erzählg. aus der Zeit der Franzoseneinfälle unter Ludwig XIV. 3. Aufl. (124 S.) 891.
18. Ein deutsches Königsleben. Erzählg. aus der Zeit d. Kaisers Konrad I. 2. Aufl. (111 S.) 891.
19. Die Rose v. Byzanz. Erzählg. aus der Zeit König Philipps d. Hohenstaufen. 3. Aufl. (108 S.) 892.
21. Der Freihof v. Siebeneichen. Erzählg. aus der Zeit Ottos d. Großen. 3. Aufl. (140 S.) 893.
22. Der erste Zollern. Erzählg. aus der Zeit d. deutschen Kaisers Heinrich V. 3. Aufl. (112 S.) 892.
23. Der alte Barbarossa. Erzählg. aus der Zeit d. deutschen Kaisers Friedrich d. Rotbarts. 3. Aufl. (108 S.) 892.
24. Unter Karl dem Großen. Erzählg. aus der Zeit Karls d. Großen. 3. Aufl. (87 S.) 893.
26. Im Teutoburger Walde. Erzählg. aus der Zeit der Germanen u. Römer. 3. Aufl. (96 S.) 891.
27. An den Ufern des Rheins. Erzählg. aus der Zeit Kaiser Friedrichs des Rotbarts. 3. Aufl. (104 S.) 893.
28. Vater u. Sohn. Erzählg. aus der Zeit König Ottos I. 3. Aufl. (98 S.) 894.
33. Sigulf u. Grimolt. Erzählg. aus der Zeit der deutschen Freiheitskämpfe wider die Römer. 2. Aufl. (80 S.) 892.
37. Hermann u. Tiberius. Erzählg. aus der Zeit d. Kampfes der Germanen wider die Römer. 2. Aufl. (101 S.) 892.
40. Auf dem deutschen Meer. Erzählg. aus der Zeit der Freiheitskämpfe der Deutschen wider die Römer. 2. Aufl. (94 S.) 892.
41. Der Rekrut. Erzählg. aus der Zeit der deutschen Kleinstaaten. 2. Aufl. (96 S.) 891.
42. Die Nachbarn. Auf der Brücke zu Basel. Zwei Erzählgn. aus der Zeit Herzog Ulrichs v. Württemberg u. aus der Zeit, da Straßburg französisch ward. 2. Aufl. (98 S.) 893.
44. Am Johannisfeste. Erzählg. aus der Zeit d. deutschen Kaisers Otto II. 2. Aufl. (125 S.) 891.
46. Der Sandwirt v. Passeyer. Erzählg. aus dem Leben Andreas Hofers. 2. Aufl. (111 S.) 891.
48. Der Burggraf zu Nürnberg. Erzählg. aus der Zeit Friedrichs v. Zollern. 2. Aufl. (88 S.) 891.
49. Alarich in Rom. Erzählg. aus der Zeit der Völkerwanderg. 2. Aufl. (96 S.) 893.
50. Der Findling. Erzählg. aus der Zeit d. ersten fränkischen Kaisers. 2. Aufl. (91 S.) 891.
51. Die Waldschmiede zu Rottweil. Der Rittmeister. 2 Erzählgn. aus der Zeit der ersten Hohenstaufen u. des 30 jähr. Krieges. (115 S.) 894.
52. Der junge Kreuzfahrer. Erzählg. aus der Zeit der Kreuzzüge. (112 S.) 894.
53. Theodorich der Große. Erzählg. aus der Zeit der Völkerwanderg. (118 S.) 894.
54. Chlodwig u. Chlotildis. Irene u. König Philipp, der Hohenstaufe. 2 Erzählgn aus der Zeit Chlodwigs, des Frankenkönigs, u. aus der Zeit König Philipps, des Hohenstaufen. (160 S.) 894.

Pichler, Luise, historische Erzählungen f. d. Jugend. 17., 20., 25. u. 55.—63. Bd. 12. (M. je 1 Titelbild.) Leipzig, A. Oehmigke's Verlag. Kart. à — 75

17. Pfarrer u. Kriegsmann od. d. Herr hat alles wohl gemacht. Erzählg. aus d. Zeit d. 30 jähr. Krieges. 3. Aufl. (98 S.) 898.
20. Der Steinmetz v. Speyer. Erzählung aus der Zeit Kaiser Heinrichs IV. — Ein Karlsschüler. Erzählung aus der Zeit Friedrich Schillers. 3. Aufl. (93 S.) 898.
25. Vater Friedliberts Haus. Erzählg. aus d. deutschen Freiheitskämpfe. 3. Aufl. (107 S.) 898.
55. Kaiser u. Fürsten. Erzählg. aus d. Zeit Kaiser Friedrichs I. (128 S.) 895.
56. Der Kaufherr v. Straßburg. Die Spielgenossen. Zwei Erzählungen aus d. Zeit Kaiser Heinrichs III. u. aus d. Germanenzeit. (103 S.) 895.
57. Hohenstaufenbilder. Aus der Zeit des hohenstauf. Kaisergeschlechts. (107 S.) 895.
58. Belohnte Kindesliebe. Erzählung aus d. Zeit d. deutschen Königs Philipp. (108 S.) 896.
59. In treuer Bürger Hut. Erzählung aus d. Zeit König Heinrichs IV. (84 S.) 896.
60. Rapperga. — Heinrich d. Vogelsteller. Zwei Erzählgn. aus d. Märchenzeit u. aus d. Deutschen großer Zeit. (100 S.) 896.
61. Aus Deutschlands Eichenwäldern. Auf stürm. Wellen. 2 Erzählungen aus d. Zeit d. Freiheitskämpfe wider d. Römer. (91 S.) 897.
62. Vom Kerker z. Throne. Erzählg. aus d. Zeit Friedrichs d. Rotbarts. (102 S.) 897.
63. Vom Hohenstaufen zum Zollernberge. 2 Erzählungen aus d. Hohenstaufenzeit. (104 S.) 897.

Pichler, Luise, historische Erzählungen f. die Jugend. 13., 38. u. 43. Bd. (Mit je 1 Titelbild.) 12. Leipzig, A. Oehmigke. Kart. à — 75

13. Das Hühnenschloß. Erzählg. aus der Zeit Karls des Großen. 4. Aufl. (112 S.) (902.)
38. Ein Grenadier des großen Fritz. Erzählg. f. die Jugend 3. Aufl. (126 S.) (902.)
43. Das eiserne Kreuz. Erzählg. aus der Zeit Kaiser Wilhelms I. 3. Aufl. (104 S.) (902.)

— Erzählungen f. die Jugend u. das Volk. 41—44. Bdchn. Mit je 1 Titelkupfer. 16. Ebend. 874. à — 75

41. Der Rekrut. Eine Erzählg. f. die Jugend u. das Volk. (111 S.)
42. Die Nachbarn. Auf der Brücke zu Basel. Zwei Erzählgn. f. die Jugend u. das Volk. (102 S.)
43. Das eiserne Kreuz. Eine Erzählg. f. die Jugend u. das Volk (116 S.)
44. Am Johannisfeste. Eine Erzählg. f. die Jugend u. das Volk. (144 S.)

Pichler, Luise, Erzählungen für die Jugend u. das Volk. 2. 5. 17—28. 45—50. Bdchn. Mit je 1 Titelkpfr. gr. 16. Eßlingen 877—80. Schreiber. cart. à — 75

2. Der Ring der Herzogin. 3., umgearb. Aufl. (95 S.)
5. Deutsche Treue. 3., umgearb. Aufl. (125 S.)
17. Pfarrer u. Kriegsmann od. der Herr hat alles wohl gemacht. 2. Aufl. (112 S.)
18. Ein deutsches Königsleben. (112 S.)
19. Die Rose von Byzanz. 2. Aufl. (104 S.)
20. Der Steinmetz von Speier. Ein Karlsschüler. 2. Aufl. (90 S.)
21. Der Freihof von Siebeneichen. (158 S.)
22. Der erste Zollern. 2. Aufl. (114 S.)
23. Der alte Barbarossa. (105 S.)
24. Unter Karl dem Großen. 2. Aufl. (100 S.)
25. Vater Friediberts Haus. (104 S.)
26. Im Teutoburger Walde. 2. Aufl. (104 S.)
27. An den Ufern des Rheins. 2. Aufl. (96 S.)
28. Vater u. Sohn. 2. Aufl. (99 S.)
45. Der Ueberfall im Odenwald. (92 S.)
46. Der Sandwirth von Passeyer. (109 S.)
47. Konradin von Schwaben. (119 S.)
48. Der Burggraf zu Nürnberg. (112 S.)
49. Alarich in Rom. (109 S.)
50. Der Findling. (104 S.)

—— vaterländische Erzählungen aus alter und neuer Zeit. 33 Lfgn. oder 14 Bde. 8. [Leipzig 875,76, Grunow.] Gera, Griesbach's Verlag. à Lfg. * 50 Pf. compl. cart.

Inhalt:
Bd. 1. Kaiser Otto's III. Romfahrt. (131 S.)
" 2. 3. Heinrich IV. und Bertha von Susa. 2 Bde. (282 S.)
" 4. 5. Friedrich von Hohenstaufen der Einäugige. 4 Bde. in 2 Bdn. (318 S.)
" 6. Die Kaiserbraut. (236 S.)
" 7—9. Der letzte Hohenstaufe. 3 Bde. (629 S.)
" 10. 11. Aus böser Zeit. 2 Bde. (467 S.)
" 12. Vergangene und vergessene Tage. (162 S.)
" 13. Aus der Zeit der deutschen Kleinstaaten. (118 S.)
" 14. Vor Champigny. (101 S.)

Pichler, Louise, der Expeditionsrath. Eine Erzählung für die Jugend und das Volk. 16. (100 S. mit 1 lithogr. Titelkpfr. in Tondr.) Stuttgart 861, Gebr. Scheitlin.

—— Fee'n in den Lüften und Spuk in dem Haus, brausender Jubel und prickelnder Graus. Eine Auswahl der schönsten Märchen und Sagen für die Jugend bearb. Mit 7 Bildern in Farbendr. nach Aquarellen von J. E. Dolleschal, Fed. Flinzer, G. Franz, H. Merté und C. Offterdinger. 1.—4. Aufl. Fol. (III, 32 S.) Stuttgart 881—84, Nitzschke. geb. *

Pichler, Luise, Feen in den Lüften u. Spuk in dem Haus, brausender Jubel u. prickelnder Graus. Eine Auswahl der schönsten Märchen u. Sagen f. die Jugend bearb. 5. Aufl. Fol. (III, 32 S. m. 7 Bildern in Farbendr. nach Aquarellen v. J. E. Dolleschall, Fed. Flinzer, G. Franz, H. Merté u. C. Offterdinger.) Stuttgart 887. Nitzschke. geb. n. 4. —

—— der Findling. Eine Erzählung für die Jugend und das Volk. 12. (104 S. mit 1 color. Titelbild.) Ebendas. 880.

—— Franzosengeneral und deutscher Professor. Eine Erzählung für die Jugend und das Volk. 16. (116 S. mit 1 lithogr. Titelkpfr.) Stuttgart 863, Gebr. Scheitlin. cart.

— Franzosengeneral u. deutscher Professor. Eine Erzählg. f. die Jugend u. das Volk. Mit e. (lith.) Titelkpfr. 2. Aufl. 16. (148 S.) Stuttgart 871. Hofmann & Hohl. — 75

— der Freihof v. Siebeneichen. Eine Erzählung für die Jugend u. das Volk. Mit einem Titelkpfr. Ebend. 868. 16. (158 S.) cart. 7½ ngr.

—— der Freihof von Siebeneichen. Eine Erzählung für die Jugend und das Volk. 16. (158 S. mit 1 Titelkpfr.) Ebendas. 871. cart.

—— der Freihof von Siebeneichen. Eine Erzählung für die Jugend und das Volk. 16. (158 S. mit 1 color. Titelkpfr.) Ebendas. 1879. cart.

Pichler, Louise, Friedrich von Hohenstaufen der Einäugige. Historischer Roman. 3 Thle. Leipzig 853. Herbig. 8. (VIII, 217; 219; 371 S.) 2 ℛ. 15 ngr.

—— der Gerichtstag zu Cannstatt. Ein Weihnachtsfest. Zwei Erzählungen für die Jugend und das Volk. 16. (94 S. mit 1 lithogr. Titelkpfr. in Tondr.) Stuttgart 861, Gebr. Scheitlin.

— Germania. Hermann der Befreier. Erzählung f. Deutschlands Jugend. Lex.-8. (326 S. m. 6 Chromolith.) Ebend. 876. n. 5. —

— Germania. Hermann der Befreier. Erzählung für Deutschlands Jugend. 2. Aufl. gr. 8. (V, 326 S. m. 6 Chromolith.) Ebend. 880. geb. n. 4. —

— Germania. Hermann der Befreier. Erzählung f. Deutschlands Jugend. 3. Aufl. gr. 8. (312 S. m. 6 Farbendr.) Leipzig 891. A. Oehmigke's Verl. Geb. in Leinw. n. 4. 50

—— Geschichtenbuch für liebe Kinder von 4—10 Jahren. 160 Erzählungen dem Herausgeber der „Beispiele des Guten" nacherzählt. gr. 12. (VIII und 351 S. mit 12 ill. Stnt.) Stuttgart 850, J. F. Steinkopf.

—— Gnomen und Riesen, verzauberte Welt, bunte Gestalten — wie's Kindern gefällt. Eine Auswahl der schönsten Märchen und Sagen, für die Jugend bearb. Mit 7 Bildern in Farbendr. nach Aquarellen von J. E. Dolleschal, Fed. Flinzer, G. Franz und C. Offterdinger. 1.—4. Aufl. Fol. (III, 32 S.) Stuttgart 881—84, Nitzschke. geb. *

Pichler, Luise, die letzten Grafen v. Achalm. Geschichtl. Erzählung. 8. (VII. 184 S.) Reutlingen 900. Stuttgart, Fleischhauer & Spohn. n. 1. 80; geb. n. 2. 50

— ein Grenadier d. großen Fritz. Eine Erzählg. f. die Jugend u. das Volk. Mit e. (lith.) Titelkpfr. 16. (147 S.) Ebend. 874. — 75

Pichler, Louise, Vater Friediberts Haus. Eine Erzählung für die Jugend u. das Volk. Mit einem Titelkpfr. Ebend. 869. 16. (106 S.) cart. 7½ ngr.

—— Vater Friediberts Haus. Eine Erzählung für die Jugend und das Volk. 2. Aufl. 16. (104 S. mit 1 color. Titelkpfr.) Ebendas. 879. cart.

— die Helden der deutschen Wanderzeit. Erzählungen aus der Geschichte der Völkerwanderg. f. die Jugend. Mit 5 feinen Farbendr.-Bildern v. Osc. Schulz. gr. 8. (238 S.) Eßlingen 884. Schreiber. n. 4. —; geb. n. 5. —

Pichler, Luise, die Helden der deutschen Wanderzeit. Erzählgn. aus der Geschichte der Völkerwanderg. f. die Jugend. (III, 316 S. m. Abb.) 8. Einbeck (908). A. Oehmigke. Geb. in Leinw. 3. —

Pichler, Luise, deutsches Heldentum, s. Universal-Bibliothek für die Jugend.

— Hermann u. Tiberius. Eine Erzählg. f. die Jugend u. das Volk. Mit e. (lith.) Titelkpfr. 16. (112 S.) Ebend. 874. — 75

— der letzte Hohenstaufe. Historischer Roman. 3 Bde. Leipzig 855, 56. Herbig. 8. (416; 513; 590 S.) 3 ℛ 15 ngr.

—— das Hünenschloß. Eine Erzählung für die Jugend und das Volk. 16. (104 S. mit 1 lithogr. Titelkpfr.) Stuttgart 863, Gebr. Scheitlin. cart.

— das Hünenschloß. Eine Erzählg. f. die Jugend u. das Volk. Mit e. (lith.) Titelkpfr. 16. (130 S.) Ebend. 874. — 75

— die Jagd im Schönbuch, s.: Volksbibliothek, neue.

—— am Johannisfeste. Eine Erzählung für die Jugend und das Volk. 16. (144 S. mit 1 Titelkpfr.) Ebendas. 874. cart.

—— Kaiser und Fährmann. Der Goldschmied von Stuttgart. Zwei Erzählungen für die Jugend und das Volk. 16. (96 S. mit 1 lithogr. Titelkpfr. in Tondr.) Stuttgart 861, Gebr. Scheitlin.

— die Kaiserbraut. Roman. 2 Bde. Leipzig 864. Grunow. 8. (3 Bl., 516 S.) n. 2 ℛ 20 ngr.

—— die Kaiserbraut. Roman. 2 Bde. 1. Aufl. 1864. * 2 Thlr. 20 Ngr. und 2. (Titel-)Ausg. 8. (VI und 516 S.) Leipzig (864), Grunow.

Pichler, Louise, der Kampf um Hohentwiel. Eine geschichtl. Erzählung. 8. Stuttgart 846, J. F. Steinkopf. 3/4 ℛ

—— der Kampf um Hohentwiel. Eine geschichtl. Erzählung. 8. (262 S. und Ttlbld.) Stuttgart 847, J. F. Steinkopf. –

— unter Karl dem Großen. Eine Erzählung für die Jugend u. das Volk. Mit einem Titelkpfr. Ebend. 868. 16. (100 S.) cart. 7½ ngr.

—— unter Karl dem Großen. Eine Erzählung für die Jugend und das Volk. 2. Aufl. 16. (100 S. mit 1 color. Titelkpfr.) Ebendas. 879. cart.

— die Karthause. Eine Erzählung für die Jugend u. das Volk. Mit 1 (lith.) Titelkpfr. Stuttgart 863. Gebr. Scheitlin. 16. (101 S.) 7½ ngr.

—— die Karthause. Eine Erzählung für die Jugend und für das Volk. 2. Aufl. 16. (126 S. mit 1 Titelkpfr.) Ebendas. 874. cart.

—— lustiger Klingklang. Glöcklein läutet hell und fein, ladet die Kinder ins Zauberland ein. Heitere Geschichten und Märchen für die Jugend. Mit 6 Bildern in feinstem Farbendr. nach Aquarellen von C. Offterdinger. Fol. (III, 32 S.) Stuttgart 884, Nitzschke. geb. *

— lustiger Klingklang. Glöcklein läutet hell u. fein, ladet die Kinder ins Zauberland ein. Heitere Geschichten u. Märchen f. die Jugend. Mit 6 Bildern in feinstem Farbendr. nach Aquarellen v. C. Offterdinger. 2. Aufl. Fol. (III, 32 S.) Stuttgart 885. Nitzschke. geb. n. 4. —

—— ein deutsches Königsleben. Eine Erzählung für die Jugend und das Volk. 16. (112 S. mit 1 Titelkpfr.) Stuttgart 866, Gebr. Scheitlin. cart.

—— ein deutsches Königsleben. Eine Erzählung für die Jugend und das Volk. 16. (112 S. mit 1 color. Titelkpfr.) Ebendas. 879. cart.

—— Meister Konrad der Schöppe. Eine Erzählung für die Jugend und das Volk. 16. (120 S. mit 1 lithogr. Titelkpfr.) Stuttgart 862, Gebr. Scheitlin. cart.

— Meister Konrad der Schöppe. Eine Erzählg. f. die Jugend u. das Volk. Mit e. (lith.) Titelkpfr. 2. Aufl. 16. (118 S.) Ebend. 871. — 75

—— Konradin von Schwaben. Eine Erzählung für die Jugend und das Volk. 16. (119 S. mit 1 color. Titelkpfr.) Ebendas. 878. cart.

—— das eiserne Kreuz. Eine Erzählung für die Jugend und das Volk. (116 S. mit 1 Titelkpfr.) Ebendas. 874. cart.

Pichler, Louise, unter dem großen Churfürsten. Eine Erzählung für die Jugend und das Volk. 16. (155 S. mit 1 Titelkpfr.) Stuttgart 871, Risch. [Hofmann und Hohl.] cart.

— bei Lampen- u. Sternenschein. Erzählungen. 1. Aufl. 1866. 2 ℛ 7½ ngr. u. 2. (Titel-)Ausg. 2 Bde. Neue Folge von „Unter dem Lindenbaum." Leipzig 868. Grunow. 8. (VI, 412 S.) 1 ℛ 20 ngr.

— Unter dem Lindenbaum. Erzählungen. Leipzig 864. Grunow. 8. (2 Bl., 284 S.) 1 ℛ 10 ngr.

—— unter dem Lindenbaum. Erzählungen. 1. Aufl. 1864. 1 Thlr. 10 Ngr. und 2. (Titel-)Ausg. 8. (III und 284 S.) Leipzig 868, Grunow.

— römische Macht u. deutsche Kraft. Drei histor. Erzählgn. f. die Jugend. Mit 4 feinen Farbendr.-Bildern. 12. (104, 104 u. 107 S.) Eßlingen 883. Schreiber. geb. n. 2. —

— Märchen, s.: Universal-Bibliothek für die Jugend.

· Die schönsten Märchen, s.: Bechstein, Ludw.

—— illustrirtes Märchenbuch für Kinder. 12. (V, 184 S. mit eingedr. Holzschn.) Ulm 882, Ebner'sche Buchh. cart.

— illustrirtes Märchenbuch f. Kinder. 12. (VII, 184 S. m. eingedr. Holzschn.) Ulm 884. Ebner. cart. 1. 20

— Märchengarten, m. Blüten aus Berg u. Wald, wo helle der Vogelsang schallt. Lustige Märchen u. Geschichten f. die Jugend. Mit 12 Bildern in feinstem Farbendr. nach Aquarellen v. C. Offterdinger. 2. Aufl. Fol. (III, 64 S.) Stuttgart 885. Nitzschke. geb. n. 6. —

Märchenpracht u. Fabelscherz, s.: Grimm, Jac., u. Wilh. Grimm.

—— Märchenpracht und Fabelscherz freut der Kinder junges Herz. Eine Festgabe für die Jugend. Mit 14 Bildern in Farbendr. nach Aquarellen von J. E. Dolleschal, Fed. Flinzer, G. Franz, H. Merté und C. Offterdinger. 1.—4. Aufl. Fol. (III, 64 S.) Ebendas. 881—84. geb. *

— Märchenpracht u. Fabelscherz freut der Kinder junges Herz. Eine Festgabe für die Jugend. 5. Aufl. Fol. (III, 64 S. m. 14 Bildern in Farbendr. nach Aquarellen v. J. E. Dolleschall, Fed. Flinzer, G. Franz, H. Merté u. C. Offterdinger. Stuttgart 887. Nitzschke. geb. n. 6. —

— auf dem deutschen Meer. Eine Erzählg. f. die Jugend u. das Volk. Mit e. (lith.) Titelkpfr. 16. (107 S.) Ebend. 874. — 75

—— die Nachbarn. Auf der Brücke zu Basel. Zwei Erzählungen für die Jugend und das Volk. 16. (102 S. mit 1 Titelkpfr.) Ebendas. 874. cart.

— d. alte Nettelbeck od. d. Retter in d. Not. E. vaterländ. Erzählg. f. d. reif. Jugend. M. 5 Farbdr.-Bild. nach Aquarellen v. Gust. Bartsch. 2., verm. Aufl. gr. 8. (III, 164 S.) Stuttgart 896. Süddeutsches Verlags-Institut. Geb. in Leinw. n. 3. —

f.: Oehmigke's Jugendbibliothek.

— Pfarrer u. Kriegsmann oder der Herr hat alles wohl gemacht. Eine Erzählung für die Jugend u. das Volk. Stuttgart 866. Risch. 16. (112 S. mit 1 Titelkpfr.) cart. 7½ ngr.

—— Pfarrer und Kriegsmann oder der Herr hat alles wohl gemacht. Eine Erzählung für die Jugend und das Volk. 16. (112 S. mit 1 Titelkpfr.) Stuttgart 866, Gebr. Scheitlin. cart.

—— Pfarrer und Kriegsmann oder der Herr hat alles wohl gemacht. Eine Erzählung für die Jugend und das Volk. 16. (112 S. mit 1 color. Titelkpfr.) Ebendas. 879. cart.

— der Pflegsohn. Eine Erzählung für die Jugend. Aus den Zeiten Württemberg's im 30jähr. Krieg. Mit vielen Holzschn. (im Text.) Reutlingen 855. Rupp u. Baur. 12. (69 S.) 6 ngr.

—— der Rekrut. Eine Erzählung für die Jugend und das Volk. 16. (111 S. mit 1 Titelkpfr.) Ebendas. 874. cart.

— der Retter in d. Not. Eine vaterländ. Erzählg. f. die reifere Jugend. Mit 5 prachtvollen Illustr. in Farbendr. nach Aquarellen v. Gust. Bartsch. gr. 8. (151 S.) Stuttgart 884. Hänselmann. geb. n. 3. —

— der Retter in der Not. Eine vaterländ. Erzählg. f. die reifere Jugend. Mit 5 prachtvollen Illustr. in Farbendr. nach Aquarellen v. Gust. Bartsch. gr. 8. (151 S.) Stuttgart 888. Süddeutsches Verlags-Institut. cart. n. 3. —

—— der Ring der Herzogin. Eine Erzählung für die Jugend und das Volk. 16. (96 S. mit 1 lithogr. Titelkpfr. in Tondr.) Stuttgart 861, Gebr. Scheitlin.

—— der Ring der Herzogin. Eine Erzählung für die Jugend und das Volk. 3. umgearb. Aufl. 16. (95 S. mit 1 color. Titelkpfr.) Ebendas. 878. cart.

—— die Rose von Byzanz. Eine Erzählung für die Jugend und das Volk. 16. (126 S. mit 1 Titelkpfr.) Stuttgart 866, Gebr. Scheitlin. cart.

— die Rose von Byzanz. Eine Erzählung für die Jugend u. das Volk. Ebend. 868. 16. (126 S. mit 1 Titelkpfr.) cart. 7½ ngr.

—— die Rose von Byzanz. Eine Erzählung für die Jugend und das Volk. 16. (95 S. mit 1 color. Titelkpfr.) Ebendas. 878. cart.

— des Dorfes Rose, f.: Unterhaltungs-Bibliothek für die Jugend.

—— der Rothmantel. Eine Erzählung für die Jugend und das Volk. 16. (111 S. mit 1 lithogr. Titelkpfr.) Stuttgart 862, Gebr. Scheitlin. cart.

— der Rothmantel. Eine Erzählung. f. die Jugend u. das Volk. Mit e. (lith.) Titelkpfr. 2. Aufl. 16. (108 S.) Ebend. 871. — 75

— Rotkäppchen u. andere Märchen. Für die Jugend bearb. Mit 4 Bildern in Farbendr. gr. 4. (6 S.) Stuttgart 886. Nitzschke. geb. 1. 50

— der Sandwirt v. Passeyer, f. a. Erzählungen f. Taubstumme.

—— der Sandwirth von Passeyer. Eine Erzählung für die Jugend und das Volk. 16. (109 S. mit 1 color. Titelkpfr.) Ebendas. 877. cart.

— der Schreckenstag von Weinsberg, f.: Jugend- u. Volks-Bibliothek, deutsche.

—— die Schwarzwaldmühle. Ein deutscher Prinz. Zwei Erzählungen für die Jugend und das Volk. 16. (107 S. mit 1 lithogr. Titelkpfr.) Stuttgart 862, Gebr. Scheitlin. cart.

—— die Schwestern. Eine Erzählung für die Jugend und das Volk. 16. (84 S. mit 1 lithogr. Titelkpfr.) Stuttgart 862, Gebr. Scheitlin. cart.

— die Schwestern. Eine Erzählg. f. die Jugend u. das Volk. Mit e. (lith.) Titelkpfr. 2. Aufl. 16. (96 S.) Ebend. 871. — 75

— Sigulf u. Grimolt. Eine Erzählung f. die Jugend u. das Volk. Mit e. (lith.) Titelkpfr. 16. (91 S.) Ebend. 871. — 75

—— Silberflocken aus der Märchensee Rocken. Lustige Geschichten und Märchen für die Jugend. Mit 6 Bildern in feinstem Farbendr. nach Aquarellen von C. Offterdinger. Fol. (III, 32 S.) Stuttgart 884, Nitzschke. geb. *

— Silberflocken aus der Märchensee Rocken. Lustige Geschichten u. Märchen f. die Jugend. Mit 6 Bildern in feinstem Farbendr. nach Aquarellen v. C. Offterdinger. 2. Aufl. Fol. (III, 32 S.) Stuttgart 885. Nitzschke. geb. n. 4. —

—— der Sohn der Wittwe. Eine Erzählung für die Jugend und das Volk. 16. (117 S. mit 1 lithogr. Titelkpfr.) Stuttgart 863, Gebr. Scheitlin. cart.

— der Sohn der Wittwe. Eine Erzählg. f. die Jugend u. das Volk. Mit e. (lith.) Titelkpfr. 2. Aufl. 16. (144 S.) Ebend. 871. — 75

— Heinrichs d. Ersten Söhne. Schauspiel in 5 Akten u. e. Vorspiel. gr. 15. (174 S.) Ebend. 873. 2. 25

—— der Steinmetz von Speier. Ein Karlsschüler. Zwei Erzählungen für die Jugend und das Volk. 16. (96 S. mit 1 Titelkpfr.) Stuttgart 866, Gebr. Scheitlin. cart.

—— der Steinmetz von Speier. Ein Karlsschüler. Zwei Erzählungen für die Jugend und das Volk. 2. Aufl. 16. (96 S. mit 1 color. Titelkpfr.) [Stuttgart 879, Hofmann und Hohl.] Eßlingen, Schreiber. cart.

—— und Thdr. Ebner, in Steppen und auf Schneefeldern. Zwei patriot. Erzählungen. gr. 8. (196 S. mit 4 prachtvollen Farbdr.-Bildern nach Aquarellen von Gust. Bartsch.) Stuttgart 886, [Hänselmann.] Süddeutsches Verlags-Institut. geb. *

Pichler, Louise, o Straßburg, o Straßburg! Eine Erzählung für die Jugend und das Volk. 16. (104 S. mit 1 Titelkpfr.) Stuttgart 871, Risch. [Hofmann und Hohl.] cart.

— vergangene und vergessene Tage. Ein vaterländischer Roman aus den französischen Raubkriegen des 17. Jahrhunderts. Leipzig 860. Grunow. 8. (VIII, 304 S.) n. 1 Thlr. 15 ngr.

—— illustrirtes Theaterbüchlein für Kinder. 1. und 2. Bdchn. 16. (136 S. mit eingedr. Holzschn.) Ulm 868,70, Ebner. à Bdchn. 75 Pf.

—— dass. — 3. und 4. Bdchn. 16. (168; 150 S. mit eingedr. Holzschn.) Ebendas. 881,83. cart. à Bdchn.

—— illustrirtes Theaterbüchlein für Kinder. 1. Bdchn. (Neue Aufl.) 16. (164 S. mit eingedr. Holzschn.) Ulm 883, Ebner'sche Buchh. cart.
2. Bdchn. Ebendas. 1870. 75 Pf.

— illustr. Theaterbüchlein f. Kinder. 2. Bdchn. (2. Aufl.) 16. (136 S. m. Abb.) Ulm (894). J. Ebner. Kart. — 75

— der Tiger im Fasse u. andere Geschichten. Für die Jugend bearb. Mit 4 Bildern in Farbendr. gr. 4. (6 S.) Stuttgart 886. Nitzschke. geb. 1. 50

— deutsche Treue. Eine Erzählung für die Jugend u. das Volk. Mit 1 (lith.) Titelkpfr. Stuttgart 862. Gebr. Scheitlin. 16. (119 S.) 7½ ngr.

—— deutsche Treue. Eine Erzählung für die Jugend und das Volk. 3. umgearb. Aufl. 16. (125 S. mit 1 color. Titelkpfr.) Ebendas. 878. cart.

—— der Ueberfall im Odenwald. Eine Erzählung für die Jugend und das Volk. 16. (92 S. mit 1 color. Titelkpfr.) Ebendas. 877. cart.

—— an den Ufern des Rheins. Eine Erzählung für die Jugend und das Volk. 16. (118 S. mit 1 Titelkpfr.) Stuttgart 869, Risch. [Hofmann und Hohl.] cart.

—— an den Ufern des Rheins. Eine Erzählung für die Jugend und das Volk. 2. Aufl. 16. (96 S. mit 1 color. Titelkpfr.) Ebendas. 879. cart.

—— Kaiser Karls Urenkel. Eine Erzählung für die Jugend und das Volk. 16. (120 S. mit 1 lithogr. Titelkpfr.) Stuttgart 862, Gebr. Scheitlin. cart.

— Kaiser Karls Urenkel. Eine Erzählg. f. die Jugend u. das Volk. Mit e. (lith.) Titelkpfr. 2. Aufl. 16. (136 S.) Ebend. 871. — 75

— Vater u. Sohn. Eine Erzählung für die Jugend u. das Volk. Mit einem Titelkpfr. Ebend. 869. 16. (120 S.) cart. 7½ ngr.

Pichler, Luise, das Vaterhaus. Bilder aus der Kindheit. 12. (104 S.) Basel 894. Jaeger & Kober. n. — 50; geb. in Leinw. n. 1. —

— Heinrich des Vierten Vermählung mit Bertha von Susa. Histor. Roman. 2 Bde. Leipzig 856. Herbig. 8. (VIII, 222; 2 Bl., 280 S.) 2 Thlr. 15 ngr.

Pichler, Luise, vom Fels zum Meer! Erzählungen für Deutschlands Jugend. Mit (4 chromolithogr.) Bildern nach Aquarellen von R. Haug. gr. 8. (V, 348 S.) [Stuttgart 879, Hofmann und Hohl.] Eßlingen, Schreiber. geb. *

—— vom Fels zum Meer! Erzählungen für Deutschlands Jugend. Mit Bildern nach Aquarellen von R. Haug. 2. Aufl. gr. 8. (V, 348 S.) Eßlingen 880, Schreiber. geb. *

— vom Fels zum Meer. Geschichtliche Erzählgn. f. Deutschlands Jugend. Mit (4 farb.) Bildern nach Aquarellen v. R. Haug. 3. Aufl. gr. 8. (V, 336 S.) Leipzig 890. Oehmigke's Verl. cart. n. 4. —

— im teutoburger Walde. Eine Erzählung für die Jugend u. das Volk. Mit einem Titelkpfr. Ebend. 869. 16. (107 S.) cart. 7½ ngr.

—— im Teutoburger Walde. Eine Erzählung für die Jugend und das Volk. 16. (104 S. mit 1 color. Titelkpfr.) Ebendas. 879. cart.

— der Waldhof, s.: Edelweiß.

—— Konrad Widerhold, der Kommandant von Hohentwiel, s. a. Jugend- und Volksbibliothek, deutsche.

Pichler, Luise. Konrad Widerhold, der Kommandant von Hohentwiel. 2. Aufl. [Mit 1 Tafel.] 148 S. 8. Stuttgart, J. F. Steinkopf, 1908. [geb. M. 1. 20]
Deutsche Jugend- und Volksbibliothek. Band 63...

Pichler, Luise. Die Burg Wildegg und ihre Bewohner bis 1484. Nach Notizen bearbeit. von L' P'. Illustriertes Manuscript. 8. Zürich und Brugg 1885.

Pichler, Luise, [und] Liebenau, Th[eodor] v[on]. Die Burg Wildegg (**Teil 2:* B' Wildeck) und ihre Bewohner.... 2 Teile. 8. 1885—1902.

[Teil 1:] ... bis 1484. Nach Notizen bearb. von L' P'. Illustriertes Manuscript. 121 S. Zürich, Orell Füssli & Co. und Brugg, Effingerhof, 1885. [fr. 1.50]
Teil 2, von 1484—1584. mit der Vorgeschichte des Geschlechtes der Effinger, nach alten Dokumenten bearb. von Dr. Th. v. L'. Eigentum des Schloss-Archives. [Mit Illustrationen, 1 Porträt-Tafel und 3 Stammtafeln.] 178 S. Brugg, Effingerhof, 1902. [fr. 2. —]
Teil 3, s. Bulletin 1910, S. 351: [Effinger, Julie von.] Chronik der Burg Wildegg von 1584 bis 1684. Zürich ... 1907—1909

—— aus böser Zeit. Vaterländischer Roman aus dem 30jähr. Kriege. 3 Bde. 8. (1. und 2. Bd. XI und 510 S., 3. Bd. 364 S.) Leipzig 859, [Grunow.]

Pichler, Louise, Aus böser Zeit. Vaterländischer Roman aus dem 30jährigen Kriege. 3 Bde. Leipzig 859. Herbig. 8. (VIII, 230 S.; 2 Bl., 281 S.; 2 Bl., 364 S.) 3 Thlr.

— zur Zeit der Königin Luise. Eine Erzählg. f. die Jugend u. das Volk. Mit e. (color.) Titelkpfr. 16. (120 S.) Ebend. 874. — 75

— der erste Zollern. Eine Erzählung für die Jugend u. das Volk. Mit einem Titelkpfr. Ebend. 868. 16. (136 S.) cart. 7½ ngr.

—— der erste Zollern. Eine Erzählung für die Jugend und das Volk. 2. Aufl. 16. (114 S. mit 1 color. Titelkpfr.) [Stuttgart 879, Hofmann und Hohl.] Eßlingen, Schreiber. cart.

Pichler, M., allerlei Geschichten f. die liebe Jugend. Mit zahlr. Bildern v. W. Claudius, M. Hohneck, E. u. M. Voigt. (160 S.) 8. Reutlingen (908). Enßlin & Laiblin. Geb. in Leinw. 1.25; Prachtausg. m. farb. Bildern. 1. 75

Pichler, M., das goldene Kinderbuch. Eine Auslese der besten u. schönsten Erzählungen f. die Jugend v. F. Ahlfeld, G. F. Bossert, K. H. Caspari u. a. Mit vielen Kunstdr.-Bildern v. W. Claudius, M. Hohneck, E. Voigt u. M. Voigt. (Volksausg.) (384 S.) gr. 8. Reutlingen (906). Enßlin & Laiblin. Geb. in Leinw. 3. 60; Prachtausg. m. 8 Farbdr. 4. —

— das goldene Märchenbuch. Eine Auslese der besten u. schönsten Märchen v. H. Ch. Andersen, L. Bechstein, Brüder Grimm u. a. Mit vielen Farb- u. Kunstdruckbildern v. M. Claudius, R. E. Kepler, M. Röbbecke, E. Voigt u. a. (384 S.) gr. 8. Ebd. (904). Geb. in Leinwand 4. —; ohne Farbdr. 3. 50

Pichler, Marquard, Ablaßbüchlein, enthaltend einen kurzen Unterricht über den Ablaß, Meß-, Buß- und Kommunionandacht, sammt den üblichen Ablaßgebeten. Neu hrsg., verb., verm. und mit dem Hirtenbriefe des hochw. Hrn. Bischofs Michael v. Deinlein und den vorgeschriebenen Liedern und Gebeten versehen von Konr. Raffler. 24. (56 S.) Augsburg 858, Schmid'sche Verlagsbuchh.

Pichler, Marquard, Ablaßbüchlein, enthltd. einen kurzen Unterricht über den Ablaß, Meß-, Buß- u. Kommunionandacht, sammt den übl. Ablaßgebeten. Neu hersg., verb., verm. u. mit dem Hirtenbriefe des Bischofs Pancratius v. Dinkel versehen von Konr. Raffler. Augsburg 869. Schmid's Verl. 16. (64 S.) 2 ngr

—— verbesserte Ausgabe des großen Katechismus in Fragen und Antworten. 8. (VI und 168 S.) Innsbruck 861, F. Rauch.

Pichlers, Dr. Marquard, verbesserte Ausgabe des großen Katechismus in Fragen und Antworten, mit Rücksicht auf die Bedürfnisse der Volksschulen eingerichtet, von einem Schulkatecheten. 8. (VI und 168 S.) Innsbruck 862, C. Rauch's Buchh. geb. *

Pichler's, Marquard, verbesserte Ausgabe d. großen Katechismus in Fragen u. Antworten. Mit Rücksicht auf die Bedürfnisse der Volksschulen eingerichtet v. Karl Moser, neuerdings durchgesehen u. verb. v. Friedr. Maurer. 10. Aufl. 8. (VIII, 152 S.) Innsbruck 889, F. Rauch. geb. ** — 54

Pichler's, Marquard, verbesserte Ausgabe des großen Katechismus in Fragen u. Antworten. M. Rücksicht auf d. Bedürfnisse d. Volksschulen eingerichtet v. Karl Moser. Neuerdings durchgesch. u. verb. v. Frdr. Maurer. 11. Aufl. M. d. 4., verm. Aufl. d. Inhalte nach gleichlaut. 12. (VIII, 152 S.) Innsbruck 892. F. Rauch. Geb. in Leinw. n.n. — 54

Pichler, Marq., Beschreibung und Feierlichkeit der Consekration e. Bischofs. 8. Augsburg 821. M. Rieger. 1 ℛ

—— Flammen der Andacht aus blutendem Herzen! Ein Gebet-Büchlein für die Jugend, das auch Erwachsene brauchen können. A. u. d. T.: Die betende Unschuld. Ein Andachts-Büchlein. 13. Aufl. 18. (198 S. mit 1 Stahlst.) Augsburg 856(57), Schmid'sche Verlagsbuchh.

Pichler, Marq., kl. Gebetbuch f. fromme Knaben u. Mädchen. 18. Augsb. 822. 4e A. 833. Wolf. 3 ℛ

Pichler, Marq., kleines Gebethbuch f. fromme Knaben u. Mädchen. 4. Aufl. Mit Ttlkpfr. 18. (4 B. od. 144 Seit.) Augsburg 833, (Kollmann.)

Pichler, Marquard, kleines Gebetbuch für fromme Knaben u. Mädchen. 6. Aufl. Mit 1 Stahlst. 18. (144 S.) Augsburg 852. (München, Finsterlin.) 3 ngr

Pichler, Marquard, Jubiläums-Ablaßbüchlein, enth. e. kurzen Unterricht üb. den Ablaß, Meß-, Buß- u. Kommunionandacht, sammt den übl. Ablaßgebeten. Neu hrsg. u. verm. v. Konr. Raffler. 16. (62 S.) Augsburg 875. Schmid's Verl. n. — 20

Pichler, Marquard, s. Katechismus, der große, in Fragen u. Antworten.

Pichler, Marquard, der große Katechismus in Fragen und Antworten, sammt vollständiger Einleitung in die Kenntniß der Religions-Gründe mit den beweisenden Schriftstellen zum allgemeinen Gebrauche eingerichtet. Nr. 2. 11. Aufl. Innsbruck 860. C. Rauch. 8. (X, 262 S.) 10 ngr

— die heil. Messe, nicht nur ein Denkmal, sondern ein Opfer. Eine Primizrede. 8. Ebd. 1/12 Thlr.

-- s. J. F. Schlez, Geschichte des Dörfleins Traubenheim, für Katholiken.

Pichler, Dr., Dombekan u. Archidiakon, die betende Unschuld. Ein Andachts-Büchlein für die Jugend, das auch Erwachsene brauchen können. 11. Aufl. 18. (Mit 1 Abbild.) Augsburg 843, Schmid'sche Buchh. 1/12 Thlr.

— die betende Unschuld. Andachtsbüchlein für die Jugend &c. Stereot.-Ausg. 18. (198 S. m. 1 Kpfr.) Ebd. 847. 1/8 Thlr. geb. 1/6 Thlr.

— was ist ein Jubelpriester der Kirche? Eine Predigt &c. 8. Ebd. 822. 1 ℛ

— Worte d. Rührung, gesprochen am Grabe d. Fräuleins W. Mayer. 8. Augsb. 816. Wolff 2 ℛ

— Zeremonien und Gebete der kathol. Kirche bei den Weihungen e. Bischofs. 8. Ebd. 1/12 Thlr.

Pichler, Mor. Ritter v., französische Bahnen. Bericht über die gelegentlich einer Studienreise in Frankreich auf dem Gebiete der Eisenbahn-Mechanik gemachten Erfahrungen erstattet an das hohe k. k. Ministerium. gr. 8. (III, 71 S. m. einem Atlas von 15 Steintaf. in qu. gr. Fol.) Leipzig 878. Friese's Sep.-Cto. n. 16. —

Pichler, Mor. Ritter v., französische Bahnen. Bericht über die gelegentlich einer Studienreise in Frankreich auf dem Gebiete der Eisenbahn-Mechanik gemachten Erfahrungen erstattet an das hohe k. k. Ministerium. gr. 8. (III, 71 S. mit einem Atlas von 15 Stnt. in qu. gr. Fol.) Leipzig 878, Knapp. *

Pichler, Mor. R. v., die elektrische Beleuchtung der Lokalitäten des Gemeinderathes im neuen Rathhause in Wien. [Ausgeführt durch die Firma B. Egger und Comp.] gr. 8. (36 S. mit 6 Taf.) Wien 887, (Seidel und Sohn.) *
Aus: Zeitschrift des österreichischen Ingenieur- und Architekten-Vereins, besonders abgedruckt.

Pichler, Mor. Ritter v., die Bergfahrt durch den Struden bei Grein und Project einer maschinellen Foerderung durch denselben. Fol. (38 autogr. S. mit 4 Stnt. in gr. Fol. und Imp.-Fol.) Wien 876, (Helf's Sortiment.) **

—— über die Einwirkung der Entladung hochgespannter Elektricität auf feste in Luft suspendirte Theilchen, } s. Obermayer, A. v.
—— über die Entladung hochgespannter Elektricität aus Spitzen, } s. Obermayer, A. v.

Pichler, Mor. Ritter v., der Indicator u. sein Diagramm. Handbuch zur Untersuchung der Dampfmaschine. gr. 8. (81 S. m. eingedr. Holzschn. u. 2 Steintaf.) Wien 880. Gerold's Sohn. n. 3. 60

Pichler, Mor. Ritter v., d. Indicator u. s. Diagramm. Handbuch zur Untersuchg. d. Dampfmaschine. Nebst e. Analyse v. Locomotiv-Diagrammen v. Carl Gölsdorf. M. 103 Orig.-Holzschn im Text. 2., umgearb. u. erweit. Aufl. gr. 8. (XIII, 232 S.) Wien 895. C. Gerold's Sohn. Geb. in Leinw. 9. —

— die Materialprüfungs-Maschinen der Pariser Weltausstellung im Jahre 1878. gr. 8. (IV, 58 S. m. 8 Steintaf.) Leipzig 879. Friese's Sep.-Cto. n. 6. —

Pichler, R., woraus sie tranken, s.: Vogel, E.

Pichler, Rud. Joh., pantheistisches Laienbrevier. Eine Sammlg. geistreich. Sinn- u. Schlußreime d. Angelus Silesius. qu. 12. (66 S.) Leipzig 897. [W. Friedrich.] Lotus-Verlag. n. 1. —

Pichler, Thdr. v., „Alles rührt sich!" Ein bewegl. Bilderbuch m. 6 (chromolith.) Blättern f. die liebe Jugend. Mit Versen v. Ph. Brunner. qu. Fol. (7 Bl. Text.) Wien 885. Perles. geb. n. 5. —

Pichler, Thdr. v., über Berg und Thal zum Meere. Eine Fortsetzung der Reise durch Europa. Bewegliches Bilderbuch mit Wandel-Panorama. Fol. (11 Chromolithogr. mit 12 S. Text.) Wien 884, Perles. geb. *

Pichler, Th. v., sechs bewegliche Bilder [Weiterbübchens Reisen]. Zur Erheiterung der lieben Jugend. gr. 4. (6 Chromolith. m. 6 Bl. Text.) Wien 881. Perles. cart. n. 5. —

— Gänseblümchen, s.: Kinder-Bibliothek, neue.

—— Lust im Freien. Unzerreißbares Bilderbuch mit 12 (chromolithogr.) Bildern (auf Carton). gr. 4. Stuttgart 882, G. Weise. geb.

— 6 Märchen aus 1001 Nacht, für die Jugend bearb. Mit 6 (chromolith.) Transparent-Verwandlungs-Bildern. gr. 8. (104 S.) Ebend. 880. geb. 5. —

Pichler, Th. v., neuer Märchen-Kranz. Bunte Bilder, der Natur entnommen. Lex.-8. (120 S. mit 12 Bildern in Farbendr.) Stuttgart 879, G. Weise. geb.

— große Menagerie. Lebende Bilder aus der Thierwelt. Für die Jugend m. Text u. scenischen Bildern versehen. gr. 4. (8 Chromolith. m. 8 Bl. Text.) Wien 881. Perles. cart. n. 6. —

— König Nana, s.: Kinder-Bibliothek, neue.

Pichler, Thdr. v., eine Reise durch Europa. Bewegliches Bilderbuch m. transparenten Wandeldecorationen. 2. Aufl. Fol. (28 S. Text.) Wien 883. Perles. geb. n. 6. —

Pichler, Th. v., Singhalesen u. Sudanesen. Szenische Bilder aus fernen Landen. Fol. (8 Chromolith. m. untergedr. u. 1 Bl. Text.) Wien 888. Perles. geb. n. 6. —

— Transparent-Verwandlungsbilder zu sechs der schönsten Märchen. Chromolith. Imp.-4. Mit Text. 4. (18 S.) Stuttgart 879. G. Weise. In Mappe. 4. 50

— durch Wald u. Flur. Ein Excursionsbuch f. kleine Naturfreunde. Text v. Phpp. Brunner. Imp.-4. (10 Chromolith. m. 7. S. Text.) Ebend. 886. cart. n. 5. —

Pichler, Vinc. Die Umgebung von Turrach in Obersteiermark in geogr. Beziehung, mit besonderer Berücksichtigung der Stangalpner Anthracit-Formation. (Aus d. Jahrb. d. k. k. geol. Reichsanst.) Wien. 1858. 4.

Pichler, **Vit.,** († d. 15. Febr. 1736.) Candidatus abreviatus jurisprudent. sacrae s. compend. juris canonici. II Tom. Augsb. 716. 2e—6e Aufl. Ebd. 722—52. 8. Wien 756 u. 764. Trattner. 1 fl 8 kr

— — id. l. II Vol. 8. Augsb. Schlüter. 716.

Pichler, Vitus, Cursus theologiae polemicae universae, in quo veritas catholica contra omnis generis infideles, praesertim haereticos, modernos sectarios, speciatim Lutheranos brevi, clara solidaque nimirum scholastica methodo proponitur, nuper per parva opuscula interpolatis vicibus Augustae Vindel. publicis concertationibus subiectus, nunc vero in unum volumen redactus et in duas partes distributus. Pars prior complectitur fundamenta et principia generalia theologiae controversisticae. Pars posterior exhibet materias particulares cum Protestantibus et modernis sectariis controversas. Accedit in fine textus Augustanae confessionis authenticus cum examine illius theologico et quibusdam reflexionibus super eandem. Augustae Vind. 1713, 4°, 2 voll., pp. 796.

Pichler, Vit., Examen polemicum super Augustana confessione videlicet an sit illa infallibile fidei Lutheranae symbolum etc. Augsburg 1708, 8°, 2. Aufl.

Aus des Verf. Theologia polemica als Anhang beigedruckt, s. o. S. 10

—— Una et vera fides contra libertinos et indifferentes partim, partim contra Lutheranos etc. evidenter monstrata seu pugna decretoria de vera Christi ecclesia. Dai 1710, 8°

— histor. imperator. romano-germanicor. 8. Vien. Trattner. (Wolf, Augsb.) 753.

— jurisprudentiae sacrae summa. fol. Augsb. Hipp. 725.

Pichler, Vit.: Jus canonicum practice explicatum s. decisiones casuum selectorum. *Ingolst.* 735. fol.

— jus canon. pract. explicat. fol. Ingolst. (I. Wolf. Augsb.) 746.

—— Lutheranismus constanter errans in primis fidei principiis, videlicet in repudiando verbo Dei non scripto, in recipiendo et discernendo verbo Dei scripto, in intelligendo verbo Dei scripto. Augsburg 1709, 8°

Pichler, Vitus, Papatus nunquam errans in proponendis fidei articulis, h. e. Romanus Pontifex, Jesu Christi in terris vicarius, divi Petri successor, universalis Ecclesiae pastor et rector, iudex controversiarum ad fidem et mores pertinentium auctoritate summus, potestate maximus, sententia infallibilis. Augsburg 1709, 8°

Eine der brauchbarsten u. reichhaltigsten Schriften über die lehramtl. Infallibilität des Oberhauptes der Kirche, von Neusinger unter Pichlers (des Verfassers) Vorsitze öffentlich zu Augsburg vertheidigt u. alsdann in Druck gegeben. Vgl Hist.-pol. Blätt. Bd 71, S. 837

— theologia polemica. A. u. d. T.: Cursus theologiae polemicae. II Ptes. 4. Augsb. 719. N. A. 8. Wien 755. Trattner. 1 fl 8 kr

— — id. l. fol. Antw. (I. Wolf, Augsb.) 746.

— — id. l. II Pts. 8. Budae, Typ. 755.

—— Theologia polemica in duas partes divisa. Prior generalia Theologiae controversisticae fundamenta tradit et principia, ex quibus omnis generis infideles, maxime haeritici et secturii moderni manifesti erroris convincuntur, veritas econtra catholica clarissime proponitur et inconcussis firmatur argumentis. Posterior exhibet materias particulares cum Protestantibus et modernis sectariis, maximo Lutheranis controversas et pro antiqua romano-catholica Ecclesia contra novatores solidissimo decisas. Accedit in fine examen polemicum super Augustana confessione cum huius authentico textu. Augustae Vindel. 1719, 4°, 796 pp.

—— Deutsch: Viti Pichlers Augspurgische Konfession der Lutheraner auf die theolog. Wagschal gelagt u. zu gering erfunden, vor 21 Jahren lateinisch zur öffentlichen Disputation in dem kath. Lyceo zu Augspurg hervorgegeben, zum öftern nachgedruckt, anietzo auf das J. 1730 als das andere Jubeljahr in die teutsche Sprache übersetzet von einem andern der Societät Jesu. Das. 1730, 8°.

Pichler, W., die Bäder, Quellen u. Curorte Europa's, s.: Hirschfeld, J.

Pichler, W., nouveau guide de Carlsbad. Topographie et histoire de la ville thermale, appréciation médicale des thermes et de la cure hygiène balnéaire. 2. éd. 16. (X, 211 S. m. 2 Holzschntaf. u. 1 chromolith. Situationsplan von Carlsbad in Fol.) Carlsbad 880. Feller. n. 4. —; geb. n. 5. —

Pichler, W., nouveau guide de Carlsbad. Topographie et histoire de la ville thermale, appréciation médicale des thermes et de la cure, hygiène balnéaire. 3. éd. 8. (X, 264 S. m. 2 Ansichten u. 1 Plan.) Karlsbad 888. Feller, n. 4. —; geb. n. 5. —

— Carlsbad topographique et medical. gr. 16. (VIII, 184 S. m. lith. Plane in Fol.) Karlsbad 873. Feller. n. 4. —; geb. n. 5. —

— u. L. G. **Kraus**, Compendium der Hygiene, Sanitätspolizei u. gerichtlichen Medicin. Ein Repetitorium f. die Physikatsprüfg., f. Aerzte, Studirende, Thierärzte, Apotheker u. Sanitätsbeamte. br. 8. (VII, 431 S.) Stuttgart 875. Enke. n. 8. —

Pichler, W., die gerichtliche Medicin. Nach dem heutigen Standpunkte der Medicin und der Gesetzgebung in ihren Umrissen dargestellt. Wien 861. Wallishausser's Hoftheaterdruckerei. gr. 16. (XII, 396 S.) n. 2 ℛ

Pichler, W., die gerichtliche Medizin. Nach dem heutigen Standpunkte der Medizin u. der Gesetzgebung in ihren Umrissen dargestellt. 2. (Titel-)Aufl. Wien (861) 867. Sallmayer & Co. br. 8. (XII, 396 S.) n. 2 ℛ

— encyklopädisches Wörterbuch der Staatsarzneikunde, s.: Kraus, L. G.

Pichler, Wilh., unser Religionsunterricht. Seine Mängel u. deren Ursachen. Streiflichter. (XV, 280 S.) 8. Wien 907. St. Norbertus. 2.80

Pichler-Felsing, Helene, s. Pichler

Pichler's Jugendbücherei. 1.—25. Bdchn. Mit je 1 Titelbild. 16. Wien (904). A. Pichler's Wwe. & Sohn. Geb. in Leinw. à n. 1. —

Biller, E., die Höhlen des Radhost. Eine mähr. Sage. (67 S.) (7. Bdchn.)

Böhm, Wenzel, Onkel Hermann. Eine Erzählg. f. die Jugend. (100 S.) (3. Bdchn.)

— Fritz Reinhold. Eine Erzählung für die Jugend. (119 S.) (1. Bdchn.)

Bowitsch, Ludw., Rübezahl. Märlein f. Klein u. Groß. (II, 67 S.) (25. Bdchn.)

Fiechtl, M., aus Berg u. Tal. Lehrreiche Erzählungen f. die Jugend. (II, 82 S.) (23. Bdchn.)

Frisch, Frz., Kaiser Josef II. (III, 88 S.) (24. Bdchn.)

Gertler, Jos., allerlei Schwank. Heitere Erzählgn., Schwänke, Märchen, Fabeln, für die Jugend u. das Volk. I. (75 S.) (15. Bdchn.)

— der Sohn des Vogelstellers. Erzählung f. die Jugend. (65 S.) (5. Bdchn.)

Glock, M., Flut u. Ebbe od. die drei Brüder. Eine Erzählung f. die reifere Jugend. (51 S.) (9. Bdchn.)

— Martin Gottvelf. Eine Erzählung f. die reifere Jugend. (II, 72 S.) (22. Bdchn.)

Kobányi, F. L., Bärwelf. Die älteste deutsche Heldensage. Der reiferen Jugend erzählt. (II, 80 S.) (19. Bdchn.)

Mach, Joh., Hans. Eine Erzählung f. meine jungen Freunde. (57 S.) (14. Bdchn.)

Müller, F., auf Irrwegen u. anderes. (92 S.) (13. Bdchn.)

— das Waldhaus u. andere Erzählungen. (119 S.) (2. Bdchn.)

Niedergesäß, Rob., aus der Jugendzeit. (II, 84 S.) (20. Bdchn.)

— Lehr- u. Wanderjahre. Eine Erzählg. aus dem Handwerkerleben f. die Jugend u. fürs Volk. (II, 92 S.) (16. Bdchn.)

— was man dem kleinen Volke erzählt. (70 S.) (18. Bdchn.)

Pauly, Tony, Mosaik. Sagen u. Erzählgn. (86 S.) (6. Bdchn.)

— Vierklee. Erzählungen. (50 S.) (11. Bdchn.)

Rappold, Jenny, im Walde. Zwei Schwestern. Ein Geburtstagswunsch. Drei Erzählgn. (77 S.) (12. Bdchn.)

Schulig, H., quer durch den Sudan. Aus den Reiseerlebnissen des berühmten Afrikaforschers Gustav Nachtigal. (66 S. m. 1 Kartenskizze.) (4. Bdchn.)

Seidel, Frdr., Lemuel Gullivers Reise nach Brobdingnag, dem Land der Riesen. Reise-Märchen für die Jugend bearb. (63 S.) (8. Bdchn.)

Steigl, Jos., treue Freundschaft. Erzählung f. die Jugend u. f. das Volk (II, 102 S.) (17. Bdchn.)

— Pain-Sepp. Eine Erzählung f. die reifere Jugend. (102 S.) (21. Bdchn.)

Wendt, Ferd. Maria, Vergelt's Gott tausendmal! Selig sind die Barmherzigen. Zwei Erzählungen f. Mädchen von 12 bis 15 Jahren. (72 S.) (10. Bdchn.)

Pichler's Jugendbücherei. 26.—77. Bdchn. kl. 8. Wien, A. Pichler's Wwe. & Sohn. Geb. in Leinw. à 1. —

Albert, Parzival. Erzählung nach dem mittelalterl. Epos des Wolfram v. Eschenbach. Mit 4 Voll- u. 4 Textbildern. (91 S.) (907.) (43. Bdchn.)

Ambros, Jos., Lemuel Gulliver's Reise-Märchen. II. Die Reise nach Brobdingnag. Für die Jugend bearb. (83 S. m. 4 Vollbildern.) (910.) (67. Bdchn.)

Aurbacher, Ludw., Erzählungen, Schwänke u. Sagen. Ausgewählt f. jung u. alt v. Jul. Reuper. Mit 3 Vollbildern. (81 S.) (909.) (61. Bdchn.)

— Die sieben Schwaben. Schwankerzählung. Für jung u. alt hrsg. v. Jul. Reuper. Mit 3 Vollbildern. (72 S.) (909.) (62. Bdchn.)

Bienenstein, K., Waldgeschichten. (90 S. m. 8 Vollbildern.) (910.) (76. Bdchn.)

Christelbauer, Jos., aus dem Reiche der Töne. Für die reifere Jugend zusammengestellt u. bearb. Mit 3 Vollbildern. (76 S.) (908.) (48. Bdchn.)

Czekansky, Frz., mit eiserner Faust. Ein Bild aus dem Halbdunkel der jüngsten vorgeschichtl. Zeit der österreich. Alpenländer. (94 S. m. 3 Vollbildern.) (910.) (71. Bdchn.)

— Von Stufe zu Stufe. Eine Schilderg. des menschl. Lebens beim Anbruche der jüngeren Steinzeit. (87 S. m. 3 Vollbildern.) (910.) (68. Bdchn.)

De Foe, Dan., Robinson Crusoe, seine weiten Reisen und wunderbaren Erlebnisse von De F., dessen Lebensgang am Schlusse der Erzählg. kurz beschrieben ist. Erzählt nach dem Original der deutschen Übersetzg. aus dem Todesjahre des Verf. 1731. (168 S. m. 6 Vollbildern.) (910.) (69. 70. Bdchn.)

Eitner, Martha, Geiger-Leni. Erzählung. (77 S. m. Abbildgn. u. 3 Vollbildern.) (907.) (39. Bdchn.)

Frank, Ferd., deutsche Volksbücher. Für die Jugend bearb. 2 Bdchn. (96 u. 107 S. m. je 3 Vollbildern.) (909.) (63. 64. Bdchn.)

Fraungruber, Hans, lug ins Land. Allerlei zum Lesen f. die Jugend. Mit 3 Voll- u. 6 Textbildern. (100 S.) (907.) (41. Bdchn.)

— Unterwegs. Kleine Erzählg. (76 S. m. Abbildgn. u. 3 Taf.) (907.) (31. Bdchn.)

— Zeitvertreib. Ein Lesebüchlein f. die Jugend. (94 S. m. Abbildgn. u. 2 Taf.) (907.) (28. Bdchn.)

Frisch, Frz., Friedrich Schiller. Sein Leben u. Wirken, nebst e. Auswahl aus seinen Dichtgn. (96 S. m. Abbildgn. u. 1 Bildnis.) (907.) (27. Bdchn.)

Gertler, Jos., allerlei Schwank. Heitere Erzählgn., Schwänke, Märchen, Fabeln f. die Jugend u. das Volk. II. (86 S. m. Abbildgn. u. 4 Taf.) (907.) (32. Bdchn.)

Grimm, der Brüder, Märchen. Für die Jugend ausgewählt v. Jos. Ambros. 1.—3. Auswahl. (87, 92 u. 87 S. m. je 3 farb. Vollbildern.) (910.) (72.—74. Bdchn.)

Hofmann, Emil, Alt-Wien. Geschichten aus 4 Jahrhunderten. Mit Bildern v. M. Barascudts. 3 Bdchn. (95, 90 u. 75 S.) (907.) (36.—38. Bdchn.)

— dasselbe. Geschichten u. Sagen. 2. Folge. 1.—3. Bdchn. Mit je 3 Vollbildern. (74, 72 u. 92 S.) (909.) (57.—59. Bdchn.)

— Legenden u. Sagen vom Stephansdom. Mit Bildern v. M. Barascudts. 3 Bdchn. (110, 97 u. 64 S.) (907.) (33.—35. Bdchn.)

— Im Siegeszeichen. Geschichten aus deutscher Vorzeit. 3 Bdchn. Mit je 4 künstler. Vollbildern. (71, 76 u. 80 S.) (908.) (51.—56. Bdchn.)

Imendörffer, Benno, bange Tage. Erzählung aus der Zeit der französ. Revolution. (59 S. m. Abbildgn. u. 3 Taf.) (907.) (26. Bdchn.)
Moißl, Konr., Märchenzauber. Für die Jugend ausgewählt u. gesichtet. (86 S. m. 3 Vollbildern.) (910.) (65. Bdchn.)
Mörike, Eduard, „Mozart auf der Reise nach Prag". Für die Jugend gesichtet u. m. e. Geleitwort hrsg. v. Dora Siegl. Mit dem Bildnisse Mozarts u. 3 Vollbildern. (96 S.) (908.) (19. Bdchn.)
Neidhardt, Ferd., ich weiß etwas! 6 Geschichten. (62 S. m. Abbildgn. u. 3 Vollbildern.) (907.) (40. Bdchn.)
— In Wald u. Flur. Plaudereien u. Schilldergn. Mit 4 Voll- u. 3 Textbildern. (77 S.) (908.) (46. Bdchn.)
Micek, L. G., Wachauer Sagen. Der reiferen Jugend u. dem Volke erzählt. (80 S. m. 3 farb. Vollbildern.) (910.) (77. Bdchn.)
Schubert, v., verschollen. Eine Erzählg., f. die Jugend frei bearb. v. Ed. Wunderlich u. E. Zipfer. Mit 3 Vollbildern. (86 S.) (909.) (60. Bdchn.)
Schwab, Gust., der Argonautenzug. Eine Sage des klass. Altertums nach den Dichtern u. Erzählern der Alten. Gesichtet v. Konr. Moißl. (87 S. m. 3 Vollbildern.) (910.) (75. Bdchn.)
Staudigl, Osk., Blumen u. Blüten. Erzählungen für die Jugend. (96 S. m. Abbildgn. u. 3 Taf.) (907.) (29. Bdchn.)
— Laßt euch was erzählen! Erzählungen. Mit 3 Voll- u. 6 Textbildern. (110 S.) (907.) (42. Bdchn.)
Stifter, Adalb., das Heidedorf u. andere Erzählungen. Für die Jugend bearb. u. nebst e. Lebensbilde des Dichters hrsg. v. Dora Siegl. (108 S. m. Abb. u. 4 Taf.) (907.) (30. Bdchn.)
Stökl, Helene, von der schönen blauen Adria. Tagebuch e. Knaben üb. seine Reise an der österreich. Adriaküste von Grado bis Cattaro. Mit 9 Abb. (99 S.) (908.) (45. Bdchn.)
Strattl, Domitius, historische Anekdoten. Volkstümliches aus dem Böhmerwalde. Mit 6 Vollbildern. (100 S.) (908.) (50. Bdchn.)
Wunderlich, Eduard, die zwei Schatzgräber. Erzählung v. Schubert, f. die Jugend bearb. (72 S. m. 3 Vollbildern.) (908.) (52 Bdchn.)
— Die alte Schuld, nach e. Erzählg. v. Schubert f. die Jugend bearb. Mit 3 künstler. Vollbildern. (87 S.) (908.) (53. Bdchn.)
— Durch Trübsal zur Freude. Erzählung v. Fr. Jakobs, f. die Jugend bearb. Mit 3 Vollbildern. (85 S.) (908.) (47. Bdchn.)
— Vater Mirbel od. Dornen u. Rosen. Nach v. Schubert f. die Jugend erzählt. (80 S. m. 3 Vollbildern.) (910.) (66. Bdchn.)
— Auf dem Wege zum Reichtum. Eine Erzählg. G. H. v. Schuberts, f. die Jugend umgearb. Mit 3 Vollbildern. (66 S.) (908.) (51. Bdchn.)
— Wiedervereint. Eine Erzählung Fr. Jakobs, f. die Jugend bearb. Mit 3 Vollbildern. (64 S.) (908.) (44. Bdchn.)

Pichlhofen, Jos., s. 1) **Ed. Daves,** üb. Malerei. 2) **Elba,** die Insel.

Pichlmaier, Karl, Altötting. Kurze Geschichte des Ortes u. der Wallfahrt. Ein Führer für Fremde u. Einheimische. Mit (lith.) Abbildungen. 16. (VIII, 152 S.) Altötting 879. Lutzenberger. geb. n. 1. —

Pichlmaier, Karl. Altötting. Kurze Geschichte d. Ortes u. der Wallfahrt. Ein Führer zugleich durch die Schatzkammer. 3. Aufl. 16. (VII, 160 S. m. Abbildgn.) Altötting 890, Lutzenberger. — 50

Pichlmaier, Max, aus Altötting, Rechtspraktikant am k. Amtsgericht Ansbach: Der polizeiliche Inhalt der Unfallversicherungsgesetze. *Erlangen 1903: E. Th. Jacob.* (46 S.) 8° [J.]
Erlangen, Jur. Diss. v. 30. Apr. 1903

Pichlmayr, Franz *Xaver* [Dr.]: Zu den Caesares des Sextus Aurelius Victor. München, Druck d. Akad. Buchdr. v. F. Straub, 1891; S. 11–22; 8°
München, k. Ludwigs-G, P 1891 •

Pichlmayr, Franz: T. Flavius Domitianus. Ein Beitrag zur römischen Kaisergeschichte. Amberg, Druck v. H. Böes (vorm. J. Habbel), 1889; 100 S. 8°
Amberg, k. StA, P 1889 •

Pichlmayr, Frz. T. Flavius Domitianus. Ein Beitrag zur röm. Kaisergeschichte. gr. 8. (100 S.) Amberg 889, (Pustet). * 1 80

Pichlmayr, Frz, Flora des Herzogth. Salzburg, s.: **Hinterhuber, Jul.**

Pichlmayr, F., Prodromus einer Flora des Herzogthums Salzburg u. der angrenzenden Ländertheile, s.: Hinterhuber, J.

—— s.a. Victoris, Sexti Aurelii, de Caesaribus liber.

Pichlmayr, Franciscus [Dr.]: Sexti Aurelii Victoris de Caesaribus liber. Ad fidem cod. Bruxellensis et Oxoniensis rec. Monachii, typ. cur. F. Straub, *1892;* VIII, 59 S. 8.
München, Ludwigs-G, P 1892*

Pichlmayr, J. N., Vorzüge d. französ. Gesetzes über Falliment u. Banquerot. Eine gekrönte Abhandlung. gr. 8. Münch. 811. (Finsterlin). 1 ₰ 4 gr

Pichlmayr, S. N., Vorzüge d. franz. Gesetzes üb. Falliment u. Banquerot. Eine gekrönte Abhandlung. gr. 8. München, Soeger 811. Rthlr.

Pichlmayr, J. N., Vorzüge des franz. Gesetzes über Falliment u. Bankerutt. gr. 8. München. 811. Jetzt Thienemann u. der Preis

Pichlmayr, M. F., s. Pichlmayer, Franz

Pichlmayr, S. N., s. Pichlmayr, J. N.

Pichon, Esprit de Jésus Christ et de l'Eglise sur la Communion. 3. Liège. (Wolf, Augsb.)

Picht, Abschiedspredigt gehalten zu Grimmen am Todtenfest den 22. Novbr. 1846, bei seinem Abgange nach Loitz. gr. 8. (1 B.) Grimmen, Nicolai. *

Picht, Carl Ferdinand, s. Picht, Karl Ferdinand

Picht, Ferdinand, s. Picht, Karl Ferdinand

Picht, Frdr., Chondrom des weichen Gaumens. Inaugural-Dissertation. gr. 8. (24 S. m. 1 Tab.) Göttingen 876. (Vandenhoeck & Ruprecht.) n. — 80

Picht, **J. G.,** l'Ingénieur de Campagne. 8. Dresd. 761. Walther. 6 gr

— der Ingenieur im Felde. Mit Kpf. 8. Leipz. 761. (Mylius in Berl.) 6 gr

— Dass. Mit Kpf. 8. Leipz. 762. (Brockhaus). 8 gr

— **Johann Heinrich** (Magdeburg/Calbe), Historiam peripneumoniae verae cum aliis morbis complicatae eiusque explicationem exhibens. Diss. med. Präs. Phil. Adolph Boehmer. Halle/Magdeburg (Stephan) 8. XII. 1769. 20 S. (4.25) 26475
Widm. v.: Phil. Adolph Böhmer, Jo. Friedr. Gottl. Goldhagen, F. W. D. Muzell.

Picht, Karl Ferdinand

Picht, Carl Ferdinand (Rügen), De gustus et olfactus nexu praesertim argumentis pathologicis et experimentis illustrato. Diss. phys. Berlin (Brüschcke) 15. X. 1829. 32 S. mit Biogr., 1 Taf. (M.: M. Schwing). (3.—) 26474
Oppon.: C. Rudolphi, A. Bartels, H. von Pommer-Esche. — Gew.: Adolph Wilhelm Picht (Vater).

Pichtos, Nicolaus M. [aus Metzowon '(Epirus)']: August Wilhelm v. Schlegels aesthetische Ansichten. Geschichtl. betrachtet ... [Erschien vollst. 1894 u. d. T.: Die Aesthetik A. W. v. Schlegels in ihrer geschichtl. Entwickelg.] Berlin, C. Vogt's Buchdr., *1894;* 37 S., 1 Bl. 8.
Berlin, Phil. Fak., Inaug.-Diss. v. 11. Apr. 1894

Pichtos, Nic. M., die Aesthetik August Wilhelm v. Schlegels in ihrer geschichtlichen Entwickelung. gr. 8. (108 S.) Berlin 894. C. Vogt. n. 1. 80

PICIGAS, Leopoldus: Exponatur et e fontibus monstretur, quid de matrimonio civili statuat ius canonicum, et quid ius civile Austriacum. — (1900) 105 S. 4° (Handschr.) Diss. 557
Diss. Wien, Univ.

Picinellus Philippus, Lumina reflexa sive omnium auctorum classicorum consensus cum capitibus singulis ac paene versiculis ss. Bibliorum instar commentarii in s. Scripturam. Latine per Augustinum Erath. Frankfurt, 1702.

Pick, s.a. Pik

Pick, Adolph Josef —. Andeutungen über Wesen und Stellung der Lehr- und Erziehungs-Institute. Programm der Lehr- und Erziehungs-Anstalt für Knaben israelit. Konfession in Wien, Leopoldstadt, an der Donau Nr. 662. Von — —. Wien, 1856. Druck von Josefine Keck. (19 S. 8.)

Pick, Ad. Jos., Arithmetik für die unteren Klassen der Mittelschulen. 1. Thl. Zunächst für die 1. u. 2. Klasse der österreichischen Untergymnasien u. Unterrealschulen. gr. 8. (VIII, 168 S.) Prag 877. Tempsky. n. 1. 40

Pick, A. J., Ueber die Genauigkeit barometr. Höhenmessungen. (Aus den Sitz.-Ber. der Wiener Akad.) 8°.

Pick, Adf. Jos., die elementaren Grundlagen der astronomischen Geographie. Gemeinverständlich dargestellt. Mit 2 (lith.) Sternkarten u. 80 Holzschn. gr. 8. (XIV, 169 S.) Wien 883. Klinkhardt. n. 2. 40

Pick, Adf. Jos., die elementaren Grundlagen der astronomischen Geographie. Gemeinverständlich dargestellt. Mit 2 Sternkarten u. mehr als 80 Holzschn. 2., sorgfältig durchgeseh. u. verm. Aufl. gr. 8. (XVI, 173 S.) Leipzig, 893. J. Klinkhardt. n. 2. 40

Pick, Adf. Jos., die elementaren Grundlagen der astronomischen Geographie. Gemeinverständlich dargestellt. Mit 2 Sternkarten u. 80 Holzschn. 3. Aufl. gr. 8. (XVIII, 173 S.) Wien 901. Manz. n. 3. —

Pick, Ad. Jos., Rechenbuch f. die oberen Klassen gehobener Volks- u. Bürgerschulen sowie f. die unteren Klassen der Mittelschulen. gr. 8. (VII, 207 S.) Wien 871. Hölder. n. 1. 60

Pick Adolf Josef: Über die Sicherheit barometrischer Höhenmessungen (mit 1 Taf.). S. 16. 65 . . . . —.66
Separatabdruck

Pick, Adf. Jos., über die Sicherheit barometrischer Höhenmessungen. Mit 1 lith. Taf. (Aus d. Sitzungsberichten d. k. Akad. d. W.) Wien 855. (Gerold.) gr. 8. (35 S.) n. $7\frac{1}{2}$ ngr.

Pick, Albert

Pick, A., Lord Beefsteak, s.: Theater-Repertoir, Wiener.

Pick, A., Briefsteller für Liebende, s. Theater-Repertoir, Wiener.

Pick, Alb., Professor Jakob Dominikus, der Freund des Koadjutors v. Dalberg, s.a. Sammlung gemeinverständl. wissenschaftl. Vorträge.

Pick A, J Dominikus, der Freund des Koadjutors v Dalberg. (Sammlung gemeinverständlicher wissenschaftlicher Vorträge NF 189) Hamburg 1893

Pick, Albert, Dr.: **Faust in Erfurt. Eine kulturgeschichtl. Untersuchung.** *(Meseritz 1902: P. Matthias.)* (48 S.) 8° [F.]
¶(Rev. Abdruck eines 1893 gehaltenen u. erweitert im Erfurter Echo, Jg 2—3 erschienenen Vortrags.)
Meseritz, k. G, OP 1902 (178)

Pick, Alb., Faust in Erfurt. Eine kulturgeschichtl. Untersuchg. Progr. gr. 8. (48 S.) Leipzig 902. Buchh. G. Fock. n. 1. —

Pick, Albert (Hrsg.), s. Gneisenau, Aug. Gr. Neithardt v.: Briefe an J. B. Siegling. – Aus d. Zeit d. Noth 1806-1815.

— Hohenzollern-Besuche in Erfurt. Zur Feier der Anwesenheit Ihr. Majestäten d. Kaisers Wilhelm II. u. der Kaiserin Auguste Viktoria vom 13. bis 17. Septbr. 1891 in Erfurt. Lex.-8. (67 S.) Erfurt 891. H. Neumann. n. 1. 20

Pick, Albert Ueber Karl Wilhelm Ramlers Odentheorie. Eine litteraturgeschichtliche Erinnerung an das Zeitalter Friedrich des Grofsen. 4 (S. 3—23).
Progr. Höh. Handels-Fach-Sch. *Erfurt* 1887 (254).

Pick, Alb., Schillers Reise nach Berlin im J. 1804, s.a. Schriften des Vereins f. die Geschichte Berlins. 40. Hft.

Schillers Reise nach Berlin im Jahre 1804. Nach e. hinterlass. Hs. d. Majors Seidel hrsg. im Auftr. d. Vereins f. d Geschichte Berlins von Prof. Dr. Albert **Pick**. Mit e. Vorw. von Prof. Dr. Georg Voß. Mit Abb. Berlin: E. S. Mittler & Sohn in Komm. 1905. (VI, 60 S.) 8° [F.]
. [Umschlagt.:] Fest-Schrift z. Hundertsten Todestage Schillers.
= **Schriften** d. Vereins f. d. Geschichte Berlins. H. 40. 05. 6703

Pick, Alb., Schiller in **Erfurt.** gr. 8. (71 S.) Halle 898. C. A. Kaemmerer & Co. n. 1. 20

— Schiller in Lauchstädt im J. 1803, s.a. Neujahrsblätter. Hrsg. v. der histor. Kommission der Prov. Sachsen, Hft. 23.

[F.] Schiller in Lauchstädt im Jahre 1803. Unt. Benutzg e. vom Major z. D. O. E. Seidel hinterlass. Ms dargest. v. Albert **Pick**. *Halle: O. Hendel 1899.* (48 S.) 1 Bd 8.
= **Neujahrsblätter**. Hrsg. v. d. Histor. Kommission d. Prov. Sachsen. [No] 23. 99. (8) 5

— Erfurter Theatervorstellungen in der guten alten Zeit. s.a. Sammlung gemeinverständl. wissensch. Vorträge.

[F.] Erfurter Theatervorstellungen in der guten alten Zeit. Von Dr. Albert **Pick**, Oberl. ... in Meseritz. *Hamburg: Verlagsanst. u. Dr. A.-G. 1899.* (20 S.) 8.
= Sammlung gemeinverständl. wiss. Vorträge. N. F. Ser. 13. H. 308. 99. 1111

—— Ueber d. Erfurter Maler u. Kunstgelehrten Manasse Unger. Vortrag. 8. (31 S.) Erfurt 890, Bartholomäus. * — 50

—— Aus der Vergangenheit d. ehemaligen Mainzischen Küchendorfes Hochheim. gr. 8. Erfurt 889. (Villaret). * 1 —
Aus: Mitth. d. Vereins f. d. Gesch. u. Alterthumskunde v. Erfurt, besonders abgedruckt.

Pick, Albertus: De vi atque usu adiectivi praedicativi apud aevi Augustei poetas Latinos. Halis Saxonum 1879: Orphanotropheum. 67 S. 8°
Halle-Wittenberg, Phil. Diss. v. 20. Okt. 1879
Geb. Landsberg a. d. Warthe 15. 5. 1852. V.

Pick, A., s.: Wanderungen durch Thüringen.

— aus der Zeit der Noth 1806 bis 1815. Schilderungen zur preuß. Geschichte aus dem briefl. Nachlasse d. Feldmarschalls Neidhardt v. Gneisenau. Auf Veranlassung seines Urenkels aus dem gräfl. Archiv zu Sommerschenburg hrsg. gr. 8. (XVIII, 390 S. m. 2 Bildnissen.) Berlin 900. E. S. Mittler & Sohn. n. 8.—; geb. n.n. 9.50

Pick, Alois

— über primäre Demenz im jugendlichen Alter, s.: **Wander-Vorträge, medicinische.**

Pick, Alois, über den Einfluss verschiedener Stoffe auf die Pepsinverdauung. (67 S. m. 13 Fig.) gr. 8. Wien 903. (A. Hölder.) n. 1.50
Sonderabdruck aus: „Sitzungsber. d. k. Akad. d. Wiss."

Klinische Semiotik mit besond. Berücks. d. gefahrdrohenden Symptome u. deren Behandlung von Dr. Alois **Pick**, Prof., u. Dr. Adolf Hecht, Kinderarzt. Wien & Leipzig: A. Hölder 1908. (XXXIX, 969 S.) 8° [08. 4041

Vorlesungen über Magen- und Darmkrankheiten. Von Dr. Alois **Pick**. Privatd. in Wien. Th. 1. 2. *Leipzig & Wien: F. Deuticke 1895–97.* 2 Bde 8°
1. Magenkrankheiten. 1895. 2. Darmkrankheiten. Mit 10 Abb. 1897. [03. …69 II

Pick, Arnold, s.: **Arbeiten aus der deutschen psychiatrisch. Universitäts-Klinik zu Prag.**

Pick, Arnold, üb. d. topisch-diagnost. Bedeutg. d. Sehstörg. bei Gehirnerkrankgn., s.a. Wandervorträge, medicin.

Ueber die topisch-diagnostische Bedeutung der Sehstörungen bei Gehirnerkrankungen v. Prof. A[rnold] **Pick** in Prag. *Berlin & Prag: Fischer 1895.* (16 S.) 1 Bd 8.
= **Wander-Vorträge**, Medicinische. II. 43. [97. 7379

Pick, Arnold, Beiträge zur Pathologie und pathologischen Anatomie des Centralnervensystems, s.a. Kahler, O.

— Beiträge zur Pathologie u. patholog. Anatomie d. Centralnervensystems, mit Bemerkgn. zur normalen Anatomie desselben. gr. 8. (VIII, 324 S. m. 205 Abb.) Berlin 898. S. Karger. 12.—

— Die Diagnose der progressiven Paralyse in ihrem Prodromalstadium, s. Wander-Vorträge, medicinische.

— s.: Jahrbücher f. Psychiatrie u. Neurologie.

Initialerscheinungen der zerebralen Arteriosklerose u. krit. Erörterung ihrer Pathogenese, s.a. Sammlung zwangloser Abhandlungen aus dem Gebiete der Nerven- u. Geisteskrankheiten. VIII, 8.

Initialerscheinungen der zerebralen Arteriosklerose u. krit. Erörterung ihrer Pathogenese. Von A[rnold] **Pick**. Halle a. S.: Marhold 1909. 32 S. 8°
(Sammlung zwangloser Abhandlungen aus d. Geb. d. Nerven- u. Geisteskrankheiten. Bd 8, H. 8.) [09. 16992 3

— zur Lehre v. den Tabesformen d. Kindesalters. [Aus: „Festschrift zur Centennalfeier d. k. k. allgem. Krankenhauses in Prag".] gr. 8. (17 S.) Berlin 891. Fischer's medicin. Buchhandlg. — 75

Pick, Arnold, über einige bedeutsame Psycho-Neurosen des Kindesalters, s.a. Sammlung zwangloser Abhandlgn. aus dem Gebiete der Nerven- u. Geisteskrankheiten. V, 1.

Über einige bedeutsame Psycho-Neurosen des Kindesalters. Von Prof. Dr. A[rnold] **Pick**, Prag. *Halle a. S.: C. Marhold 1904.* (28 S.) 8°
= **Sammlung** zwangloser Abhandlungen aus d. Geb. d. Nerven- u. Geisteskrankheiten. Bd 5, H. 1. [04. 10676 3

Über das Sprachverständnis. 3 Vorträge von Dr. A[rnold] **Pick**, Prof., Prag. Leipzig: J. A. Barth 1909. (70 S.) 8° [08. 1602

Studien über motorische Apraxie und ihr nahestehende Erscheinungen; ihre Bedeutung in d. Symptomatologie psychopath. Symptomenkomplexe. Von Dr. Arnold **Pick**, Prof. in Prag. Mit 5 Abb. *Leipzig & Wien: F. Deuticke 1905.* (129 S.) 8° [04. 15231

— Studien zur Hirnpathologie u. -Psychologie. (VII, 62 S. m. 5 Taf.) Lex. 8. Berlin 908. S. Karger. 4.—
Sonderabdr. aus: „Arbeiten a. d. deut. psychiatr. Univ.-Klinik in Prag".

Untersuchungen über die topographischen Beziehungen zwischen Retina, Opticus u. gekreuztem Tractus opticus beim Kaninchen. Ausgef. unt. Mitw. des Privatd. Dr. I[sidor] Herrenheiser, bearb. u. mitgeth. v. Prof. Dr. Arnold **Pick** ... in Prag. M. 12 Taf. ... *Halle: In Comm. b. W. Engelmann in Leipzig; Buchdr. d. Dr. Güntzschen Stiftg in Dresden 1895.* (23 S., 12 Taf.) 4.
= **Acta**, Nova, Academiae Caes. Leopoldino-Carolinae Germ. naturae curiosorum. T. 66. No 1. [97. 2267

Pick, Arthur [Volontärarzt am Allerheiligen-Hosp. zu Breslau]: Aus d. Dr. Senckenbergischen patholog.-anatom. Institut zu Frankfurt a/M. '(Geh. Sanitätsr. Prof. Dr. Weigert)'. Drei Fälle von malignen Tumoren des Chorionepithels ... Breslau, Druck v. W. Sternberg, 1897; 73 S., 1 Bl. 8.
Breslau, Med. Fak., Inaug.-Diss. v. 16. Juni 1897

Pick, Arth., drei Fälle v. malignen Tumoren des Chorionepithels. Diss. gr. 8. (73 S.) Breslau 897. (Schlotter.) n. 1.—

Pick, Behrendt: Archäologie und Numismatik. Von —. ‹Bericht über e. Vortrag in d. archäol. Sektion d. Philologen-Versammlung in Halle 1903.› Dresden: Thieme 1904. 6 S. 8°
Aus: Blätter f. Münzfreunde. Jg. 39.

Pick. Behrendt (geb. Posen 21. 12. 1861): De senatus consultis Romanorum. Pars prior. Berolini 1884. (30 S.) 8° * Fortsetzung bis 1899 nicht erschienen.
Berlin, Phil. Diss. v. 12. Juli 1884

Pick, B., Zur Epigraphik der griech. Kaisermünzen. 1898. 15 S. —.75

Pick, Behrendt, d. antiken Münzen v. Dacien u. Moesien, s.a. Münzen, die antiken, Nord-Griechenlands.

Die antiken Münzen von Dacien und Mösien bearb. v. Behrendt **Pick**. Halbbd 1. *Berlin: G. Reimer 1898.* 4.
= **Münzen**, Die antiken, Nord-Griechenlands. Bd 1. [97. 885

Pick, Berth., die Lohnbeschlagnahme nach österreichischem u. deutschem Rechte. Zugleich e. Beitrag zur Kritik jurist. Begriffsbildg. gr. 8. (VI, 160 S.) Wien 900. A. Hölder. n. 3.20
Sonderabdruck aus: „Zeitschr. f. d. Privat- u. öffentl. Recht d. Gegenwart".

Pick, D. — Geographischer Ueberblick des österreichischen Kaiserstaates mit besonderer Rücksicht auf Handel und Industrie. Nach den neuesten und besten Quellen bearbeitet von — —. II. Heft. 8. (50 S.) Pesth. In Kommission bei Julius Müller. 1853.

Pick, D. C. A., Leitfaden beim Unterricht d. christl. Religion. Die christl. Sittenlehre. 8. Erlang. 787. Palm. 2 gl

PICK, D. C. A., Liebe durch Kabale. Kein Roman, eine wahre Geschichte., Erlangen 1789. 8°. (1 Mk. M. Hauptvogel, Gotha, 1907.)

Pick, Dav., kaufmännische Buchhaltung. Theoretisch u. praktisch dargestellt. gr. 8. (VIII u. 218 S.) Pest 850, Müller. 1 ₰

Pick, David —. Predigt, gehalten am 27. August 1853 bei der feierlichen Einweihung der neuerbauten Synagoge von — —, Kreisrabbiner in Teplitz. Prag. 1855. Buchdruckerei von M. J. Landau. (16 S. 8.)

Pick, Ed., s.a. Bürgerbuch, Deutsches.

Pick, Eduard. Deutsches Bürgerbuch enthaltend die Grundrechte des deutschen Volkes, erklärt und erläutert zur praktischen Anwendung. Frankfurt a. M., Ausfarth 1849. XXX 138 S. 8.

Pick, Ed., Mnemonik u. ihre Anwendung auf das Studium der Geschichte. br. gr. 8. (XXXII u. 231 S.) Winterthur 848, Steinert. 1 1/6 ₰

Pick, [illegible] August Heinr[illegible] geb. Berlin [illegible], Zur Frage des Lupus syphiliticus. Berlin 1878. [illegible] S. 8.
Berlin, Med. Diss. v. 16. Apr. 1878

Pick, Ernst. Beiträge zur Kenntniss der Magensaftabscheidung beim nüchternen Menschen, s. Wander-Vorträge, medicinische.

Pick, Eugen geb. Stettin [illegible] Ueber reflectorische Innervation der Gefässe. Berlin (1873). (30 S.) 8°
Berlin, Med. Diss. v. 7. März 1873

Pick, Fil. Jos.

Pick, F. J., s.: Archiv f. Dermatologie u. Syphilis.

— Localisations-Tabellen zur graphischen Darstellung des Sitzes u. der Verbreitung v. Krankheiten f. Kliniken, Ärzte u. Studirende. 2. verm. u. verb. Aufl. (49 Taf. u. 2 Oleaten.) schmal Fol. Wien 899. W. Braumüller. n. 3. —

Pick, F. J., s.: Mittheilungen üb. das Koch'sche Mittel aus den medicin. Kliniken der Prager deutschen Universität.

Pick, Fil. Jos., die internationale Prophylaxis der venerischen Krankheiten u. der Bericht des internationalen Congresses zu Paris 1867. Vom Standpunkte österreich. Verhältnisse beleuchtet. [Aus dem Archiv für Dermatologie u. Syphilis.] Prag 870. Calve. gr. 8. (68 S.) n. 12 ngr.

— Untersuchungen üb. Favus. [Aus: „Festschrift zur Centennalfeier d. k. k. allgem. Krankenhauses in Prag".] gr. 8. (17 S. m. 1 lith. Taf.) Berlin 891. Fischer's medicin. Buchhandlg. n. 1. 20

—— dass. — s. Beiträge zur Dermatologie u. Syphilis.

Pick, F. J. (Hrsg.), s. Vierteljahresschrift für Dermatologie.

Pick, Friedel, Sport u. Gesundheit, s.a. Sammlung gemeinnütziger Vorträge.

Pick, F.: Sport und Gesundheit. Prag 1899. 31 S. (Samml. gemeinnütziger Vorträge. 265—266.)

Pick, Friedel, Sport und Gesundheit, Vortr., Prag 1900, 32 S., 8°.

Pick, Friedrich K.: Die Galtung „Raspailia"
Diss., Prag 1902/1903

Pick, Georg Al.

Pick, Geo., üb. die conforme Abbildung e. Halbebene auf e. unendlich benachbartes Kreisbogenpolygon. [Aus: „Sitzungsber. d. k. Akad. d. Wiss."] Lex.-8. (9 S.) Wien 891. (F. Tempsky.) n. — 30

— dasselbe, s.a. Beiträge zur Dermatologie u. Syphilis.

Pick, Geo., Ausfuhrverkehr u. aktuelle Exportförderungspolitik in Österreich. (III, 176 S.) gr. 8. Wien 908. Manz. 3. 10

— Über Brachistochronen-scharen und verwandte Kurvensysteme. S. 120. IIa. 257 . . —.40
Separatabdruck

— Über die zu einer singularitätenfreien ebenen algebraischen Kurve gehörigen ϑ-Funktionen. S. 91. II 739 . . . . —.20
Separatabdruck

— über die zu e. singularitätenfreien ebenen algebraischen Curve gehörigen ϑ-Funktionen. [Aus: „Sitzungsber. d. k. Akad. d. Wiss."] Lex.-8. (9 S.) Ebd. 886. n. — 20

— Zur hypergeometrischen Differentialgleichung. S. 117. IIa. 103 . . . . —.30
Separatabdruck

Pick, Geo., zur hypergeometrischen Differentialgleichung. (7 S.) gr. 8. Wien 908. A. Hölder. — 30

— Über adjungierte lineare Differentialgleichungen. S. 101. IIa. 893 . . . . vgr.
Separatabdruck

— Über lineare Differentialgleichungen in invarianter Darstellung. S. 112. IIa. 82 . . —.30
Separatabdruck

Pick, Geo., über lineare Differentialgleichungen in invarianter Darstellung. (12 S.) gr. 8. Wien 903. (A. Hölder.) n. — 30

Pick, G., Über nirgends singuläre lineare Differentialgleichungen zweiter Ordnung. [Aus: Sitzungsber. d. k. Akad. d. Wiss., mathem.-naturw. Klasse.] Gr.-8°. (9 S.) † K —.35
Wien: Alfred Hölder, Akademie-Konto 1907.

— Über mehrdeutige doppeltperiodische Funktionen. S. 92. II. 893 . . . . —.20
Separatabdruck

Pick, G., üb. mehrdeutige doppeltperiodische Functionen. Lex.-8. (7 S.) Wien 885. (Gerold's Sohn.) n. — 20

— Natürliche Geometrie ebener Transformationsgruppen. S. 115. IIa. 139 . . . . . . —.70
Separatabdruck

Pick, G., Natürliche Geometrie ebener Transformationsgruppen. [Aus: Sitzungsber. d. k. Akad. d. Wiss., math.-naturw. Klasse. Bd. CXV.] Gr.-8°. (21 S.) † Wien: Hölder 1906. K —.70

— und Ungar Max: Grundzüge einer Theorie von einer Klasse Abelscher Integrale. S. 82. II. 303 . . . . vgr.
Separatabdruck

Pick, Dr. Georg u. Dr. Max Unger, Grundzüge einer Theorie von einer Klasse Abel'scher Integrale. (Sitzb. d. k. Akad. d. Wissensch. 82. Bd. II. Abth. 1880. November) gr. 8. (38 S.) geh. In Comm. 30 kr. Wien: Carl Gerold's Sohn 1881

— Über die Abelschen Integrale dritter Gattung, welche zu singularitätenfreien ebenen algebraischen Kurven gehören. S. 91. II. 367 . . . . —.20
Separatabdruck

Pick, G., über die Abel'schen Integrale 3. Gattung, welche zu singularitätenfreien ebenen algebraischen Curven gehören. [Aus: „Sitzungsber. d. k. Akad. d. Wiss."] Lex.-8. (5 S.) Wien 886. (Tempsky.) n. — 20

Pick Georg Al., Dr.: Über die Integration hyperelliptischer Differentiale durch Logarithmen. S. 85. II. 643 . . . . —.40
Separatabdruck

Pick, Geo., über die Integration hyperelliptischer Differentiale durch Logarithmen. Lex.-8. (20 S.) Wien 882, (Gerold's Sohn.) * — 40

— Über die Integration der Laméschen Differentialgleichung. S. 96. II. 872 . . . . vgr.
Separatabdruck

— üb. die Integration der Lamé'schen Differentialgleichung. [Aus: „Sitzungsber. d. k. Akad. d. Wiss."] Lex.-8. (19 S.) Ebd. 888. n. — 40

Pick, G., Der Kartellvertrag nach österreichischem Rechte. Eine Studie üb. die derzeit. Rechtslage der Kartelle u. die in Betracht komm. gesetzl. Reformen. (VIII, 137 S.) gr. 8. Wien, Manz. 1909. 2. 60.

— Lehrbuch des Konkursrechts, s.: Hellfron, Ed., d. bürgerl. Recht d. Deutschen Reichs. IV.

Pick, Geo., Lehrbuch des Civilprozeßrechts, s.: Hellfron, Ed., das bürgerl. Recht d. Deutschen Reichs. III.

— Zur Lehre von den Modulargleichungen der elliptischen Funktionen. S. 91. II. 138 . . —.24
Separatabdruck

— zur Lehre v. den Modulargleichungen der elliptischen Functionen. Lex.-8. (12 S.) Ebend. 885. n.n. — 25

Pick, Alfred, die Lungentuberkulose als Volkskrankheit, in Sammlung gemeinnütziger Vorträge. Nr. 309.

(F) **Pick**, G., Die Lungentuberkulose als Volkskrankheit und die Mittel zu ihrer Bekämpfung. [Sammlung gemeinnütziger Vorträge. Nr. 309.] Gr.-8°. (Pag. 92—106.) † K —.20
Prag: Calve 1904.

— Über Raumkurven vierter Ordnung erster Art und die zugehörigen elliptischen Funktionen. S. 98. IIa. 538 . . . . —.50
Separatabdruck

Pick, G., üb. Raumcurven 4. Ordnung 1. Art u. die dazu gehörigen elliptischen Functionen. [Aus: „Sitzungsber. d. k. Akad. d. Wiss."] Lex.-8. (48 S.) Wien 889. (Tempsky.) n. — 50

— Das bürgerliche Recht des Deutschen Reichs, s.: Hellfron, Ed.

— Der Staat u. der Kohlenbergbau. Eine zeitgemäße Studie. (31 S.) gr. 8. Wien 908. Manz. — 70

— Über das System der kovarianten Strahlenkomplexe zweier Flächen zweiter Ordnung. S. 100. IIa. 561 . . . . vgr.
Separatabdruck

— üb. das System der covarianten Strahlencomplexe zweier Flächen 2. Ordnung. [Aus: „Sitzungsber. d. k. Akad. d. Wiss."] Lex.-8. (13 S.) Ebd. 891. n. — 40

Pick, Georg, Ueber das System der covarianten Strahlen-Complexe zweier Flächen zweiter Ordnung. Gr.-8. (13 S.) —.20
Wien: F. Tempsky 1891.

— zur Theorie der Differentiationsprozesse der Invariantentheorie (9 S.) gr. 8. Ebd. 905. n. — 35
3 Sonderabdrucke aus: „Sitzungsber. d. k. Akad. d. Wiss".

Pick, G, Zur Theorie der Differentiationsprozesse der Invariantentheorie. [Aus: Sitzungsber. d. k. Akad. d. Wiss., mathem.-naturw. Klasse. Bd. CXIV.] Gr.-8°. (9 S.) † K —.35
Wien: Hölder 1906.

— Zur Theorie der binomischen Integrale. S. 91. II. 372 . . . . —.20
Separatabdruck

— zur Theorie der binomischen Integrale. [Aus: „Sitzungsber. d. k. Akad. d. Wiss."] Lex.-8. (6 S.) Ebd. 886. n. — 20

— zur Theorie der an e. allgemeinen Curve 3. Ordnung hinerstreckten Integrale u. der von ihnen abhängenden elliptischen Functionen. [Aus: „Sitzungsber. d. k. Akad. d. Wiss."] Lex.-8. (4 S.) Ebd. 886. — 15

— Über die zu einer ebenen Kurve dritter Ordnung gehörigen elliptischen Transzendenten. S. 97. IIa. 711 . . . . vgr.
Separatabdruck

— s.: Weber, Alfr., über den Standort der Industrien.

Pick, H.: Einleitung in den geographischen Unterricht am Untergymnasium. 15 S. – Wien ak.G., Progr. 1862

Pick, H.: Elektrometer und Galvanometer. 22 S. – Wien ak.G., Progr. 1855.

Pick, H., kurzgefaßte Lebenslehre der Pflanzen unter besond. Berücksicht. der Obstbaumzucht, hrsg. f. landwirtschaftl. Schulen, Lehrer, Seminare u. Freunde der Obstbaumzucht m. mehreren Abbildgn. gr. 8. (VI, 72 S.) Trier 887. Lintz. n. 1. —

Pick, H.: Zur Statistik des k. k. Salzburger Staats-Gymnasiums, umfassend die 20jähr. Periode 1851 - 1870. 30 S. 8°. – Salzburg OG., Progr. 1871.

Pick, Hanna, Rosentage d. Kindheit. Bilder u. Verse v. P. (25 Bl. m. farb. Abb.) 31,5×22,5 cm. Prag (906). E. Bellmann. Kart. 4. —

Pick, Hans, a. Breslau: Aus der physikalisch-chemischen Abteilung des chemischen Instituts der Universität Breslau. Beiträge zur Charakteristik des Nitrit-Ions. Breslau 1900: Grass, Barth u. Co. (70 S.) 8°
Breslau, Phil. Fak., Ref. Ladenburg, Diss. v. 12. März 1900
[Geb. 4. Juli 84 Breslau; Wohnort: Breslau; Staatsangeh.: Preußen; Vorbildung: König. Wilh.-Gymn. Breslau Reife O. 02; Studium: Breslau 8 S.; Rig. 28. Febr. 00.]

Pick Hans: Über die Kondensation von Diphensäureanhydrid mit Toluol. S. 113. IIb. 649 . . . . vgr.
Separatabdruck

Pick, Hans: Über die Theorie der Friedel-Crafts'schen Synthese. Diss., Prag 1903/1904.

Pick, Heinr., Anweisung, Damenkleider aller Art richtig, zweckmäßig, vortheilhaft u. geschmackvoll zuzuschneiden. Nebst Musterzeichnungen u. Tabellen zum richtigen Abmessen u. Zuschneiden d. einzelnen Theile. 2., vervollständ. Aufl. 8. (4 B. u. 26 Stnt.) Berlin 844, Heymann. -

Pick, Heinrich (geb. am 15 Mai 1858 in Zülpich): Beiträge zur Kenntniss des assimilirenden Gewebes armlaubiger Pflanzen ... Bonn, Univ.-Buchdr. v. C. Georgi 1881. 32 S., 1 Bl. 8.
Bonn, Phil. Fak., Diss. v. 10 März 1881

Über das Klima am Niederrhein. Ein Beitrag z. Klimatographie d. Rheinprov. auf Grund 50j. Beobachtung. Von d. Leiter d. meteor. Station zu Cleve Dr. H[einr.] Pick. Cleve: F. Boss Wwe 1906. (79, XL S.) 8° [07.517 5

Assyrisches und Talmudisches. Kulturgeschichtl. u. lexikal. Notizen von Dr. Hermann Pick. [1.] *Berlin: S. Calvary 1903.* 8°
[Erschien zuerst als Inaug.-Diss. Berlin 1903 u. d. T.: Talmudische Glossen zu Delitzschs Assyr. Handwörterbuch.] [03.5497

Pick, Herm., Beiträge zur Statistik der öffentlichen Mittelschulen der im österreichischen Reichsrathe vertretenen Königreiche u. Länder am Schlusse d. Schuljahres 1883/84. gr. 8. (27 S.) Salzburg 885. Kerber. n. — 80

— dasselbe. Neue Beiträge am Schlusse des Schuljahres 1883/84. [Zugleich Schlussheft der „Beiträge".] gr. 8. (41 S.) Ebend. 885. n. 1. —

—— Karl Maria Enk von der Burg. Eine biograph. Skizze. gr. 8. (IV, 132 S.) Wien 886, Graeser. [*ℳ 2.80.] *

Pick, Hermann (in d. Vita: Hermann ⟨Heimann⟩), aus Ostrowo: Talmudische Glossen zu Delitzschs Assyrischem Handwörterbuch. *Berlin 1903: H. Itzkowski.* (33 S.) 8° ¶ [Erschien auch u. d. T.: Assyrisches u. Talmudisches ...] -- Die Forts. erscheint in: Beiträge zur Assyriologie u. semit. Sprachwiss.)
Berlin, Phil. Diss. v. 21. Jan. 1903

Pick, Herm. Ein neues Tellurium. S. 26—28. 8.
Progr. Staatsg. *Salzburg* 1877.

Pick, Herm., Vorschule der Physik. Für die unteren Klassen der Mittelschulen. gr. 8. (VIII und 184 S. mit 190 in den Text eingedr. Holzschn.) Wien 863, Gerold's Sohn. *

Pick, Herm., Vorschule der Physik. Für die unteren Klassen der Mittelschulen. 2. verb. Aufl. Mit 190 in den Text eingedr. Holzschn. gr. 8. (VII, 196 S.) Wien 873. Gerold's Sohn. n. 2. 60

**Pick, J.* Zur Lebensversicherung. Winke und Ratschläge an Versicherte und Versicherungskandidaten. Leipzig 1895.

Pick, J. S —, Rabbiner. Blüthen vom Lebensbaume der Religion und Moral. Ein Lesebuch zur Erbauung und Erheiterung für die Jugend. Von — —. Prag, 1855. Druck von M. J. Landau. (VIII, 82 S. 8.)

Pick, James, approb. Arzt aus Berlin: Über Nierenentzündung im Säuglingsalter als Komplikation von Darmerkrankungen. *Berlin (1904): G. Schade.* (41 S.) 8°
Berlin, Med. Diss. v. 29. Juli 1904

Pick, Jos., der Messias nach Weissagung u. Erfüllung. 2., umgearb. Aufl., hrsg. v. Phil. Gordon. Mit Vorwort v. Dalman. gr. 8. (IV, 72 S.) Leipzig 901. (Ev.-luth. Centralverein f. Mission unter Israel). n. — 50

Pick, Israel, Bekenntnisse aus der Tiefe eines jüdischen Herzens, s. Schriften des Institutum Judaicum in Leipzig.

Pick, Israel, Briefe an meine Stammesgenossen. Hamburg 854. Berendsohn in Comm. gr. 8. (62 S.) n. 4 ngr.

—— der Gott der Synagoge ꝛc., s. Gott.

—— Israel, s. Israel.

—— „Israel hat eine Idee zu tragen," die letzte Lüge der sterbenden Synagoge. Ein Wort an mein Volk, gesprochen zu Breslau am 1. Jan. 1854. 8. (31 S.) Breslau 854, (Dülfer's Buchh.)
Vgl.: Sendschreiben.

Pick, Isr., die sterbende Jüdin im Gitschiner Spitale, s. a. Schriften des Institutum judaicum in Leipzig.

— die sterbende Jüdin im Gitschiner Spitale. Breslau (854.) Dülfer in Comm. 8. (31 S.) 1½ ngr.
Vgl.: Gott, der, der Synagoge, — Israel, — Sendschreiben, — Stern, der, aus Jakob.

— aus meinem Leben,
s. Schriften des Institutum judaicum in Leipzig.

— die Lösung der Judenfrage. Briefe an meine Stammesgenossen. 2. Aufl. gr. 8. (60 S.) Leipzig 894. Verlag der Akadem. Buchh. (W. Faber). n. — 50

—— der Stern aus Jakob, s. Stern, der.

— e. Wort an mein Volk, gesprochen in der Hofkirche zu Breslau am 1. Jan. 1854. Nebst Anh.: Israel Picks Gelübde Aufs neue hrsg. v. F. St. 12. (36 S.) Köln 892. (C. Roemke & Co.) n. — 20

Pick, Julius [aus Schönlanke]: Casuistischer Beitrag zur einseitigen Atrophie des Sehnerven nach Haematemesis. . . . Berlin, Buchdr. v. Emil Streisand (1889); 28 S. + 2 Bl. 8°
Berlin, Med. Fak., Inaug.-Diss. v. 20. Jul. 1889

Pick, Jul., der Schularzt. Systematische Darstellung des schulärztl. Dienstes unter Rücksichtnahme auf die wissenschaftl. Hygiene u. prakt. Erfahrg. Zum Gebrauche für Aerzte, Sanitätsbeamte, Schulbehörden u. Gemeindeverwaltungen. (35 S.) 8. Saaz 906. (A. Ippoldt's Nachf.) n. 1. —

Pick, K. Ein altes Lagerbuch der Stadt Bonn. Beitrag zur städtischen Finanzgeschichte. 8°. Bonn 1870.

Pick, Karl

Pick, Carl: Beitrag z. hydriatischen Behandlg d. constitutionellen Syphilis. *Wien & Leipzig 1897.*
in: Fortschritte d. Hydrotherapie. Festschr. z. vierzigjähr. Doctorjub. d. Prof. Dr. W. Winternitz. [97.1495

Pick, Carl, kurzgefasste practische Hydrotherapie. gr. 8. (XII, 188 S.) Berlin 902. J. Guttentag. Geb. in Leinw. n. 6.—

Pick, Carl, kurzgefasste praktische Hydrotherapie. 2., verb. Aufl. (XVI, 191 S.) gr. 8. Wien 905. W. Braumüller. Geb. in Leinw. n. 5. 60

Pick, Karl, die neuen Schutzgesetze f. d. Angestellten. Handlungsgehilfengesetz, Gesetz üb. Arbeitszeit u. Geschäftssperre. Mit Erläutergn. (68 S.) 8. Wien 910. Wiener Volksbuchh. 1. —

Pick L. die Mineralsäuren. (Bibl. Chem.-techn. 56) Wien 1879

Pick, Leop., die vierte Dimension. gr. 8. (46 S. m. Fig.) Leipzig 898. A. Strauch. n. 1. —

PICK, Leopold (Pomaz/Ungarn): De frenula linguae. (Titel nach der Urkunde) 27.2.1869 - Urk; F 72; Chr 1868/69,14
Diss.Ingolst.-Landsh.-Mchn.

Pick, Louis [pr. Arzt]: Aus Prof. L. Landau's Frauenklinik, Berlin. Zur Frage der Ovariotomie bei Schwangeren ... Königsberg i. Pr., Druck v. M. Liedtke, 1895; 2 Bl., 30 S., 1 Bl. 8.
Königsberg, Med. Fak., Inaug.-Diss. v. 19. Okt. 1895

Pick, Louis, zur Frage d. Ovariotomie bei Schwangeren. Diss. gr. 8. (30 S.) Königsberg 895. (W. Koch.) n. — 80

Pick, Ludwig [app. Arzt aus Landsberg a./W.]: '(Aus d. Dr. L. Landau'schen Privatfrauenklinik zu Berlin.)' Ein Beitrag zur Aetiologie, Genese und Bedeutung der hyalinen Thrombose ... Berlin, Druck v. H. Mamroth, 1893; 2 Bl., 62 S., 1 Bl. 8.
Leipzig, Med. Fak., Inaug.-Diss. v. 27. Nov. 1893

Pick, Ludw., d. Ethik d. Judentums v. Kants Moralprincip aus betrachtet. Vortrag, geh. im Verein f. jüd. Geschichte u. Litteratur zu Königsberg i. Pr. gr. 8. (16 S.) Königsberg 896. Hartung. — 30

— über das elastische Gewebe in d. normalen u. pathologisch veränderten Gebärmutter, s.a. Sammlung klinischer Vorträge.

Über das elastische Gewebe in der normalen und pathologisch veränderten Gebärmutter von Ludwig Pick (Berlin). *Leipzig: Breitkopf & Härtel 1900.* (S. 92–118.) 8°
= Sammlung klinischer Vorträge. N. F. No 283. [00. 10647

Pick, Ludw., üb. Hyperemesis gravidarum, s.a. Sammlung klinischer Vorträge.

Über Hyperemesis gravidarum. Von Dr. Ludwig Pick, (Wien.) *Leipzig: Breitkopf & Härtel 1902.* (S. 589–648.) 8°
= Sammlung Klinischer Vorträge. N. F. No 325/326. [02. 1091

Pick, Ludw., zwei Kaiser-Trauerreden über den Hintritt weil. Ihrer Majestäten unserer glorreichen Kaiser und Könige Wilhelm I. und Friedrich III. Gehalten in der Synagoge zu Pyritz am 16. März und am 24. Juni 1888. gr. 8. (21 S.) Pyritz 888, Backe. *

— die Marchand'schen Nebennieren u. ihre Neoplasmen, nebst Untersuchungen üb. glykogenreiche Eierstocksgeschwülste. gr. 8. (168 S. m. 2 lith. Taf.) Berlin 901. A. Hirschwald. n. 5. —
Sonderabdruck aus: „Archiv f. Gynäkologie".

Pick, M., Hebräische Lesetabelle. 3 Blatt. Wien 864. Herzfeld & Bauer. Imp.-Fol. n. 9 ngr.

Pick, Margar., Ratgeber z. Berufswahl der Frauen. (Ratgeber f. 35 Berufe.) (98 S.) gr. 8. Breslau 909. Allegro. 1. —

Pick, Max, Referendar im Bez. d. Kgl. Oberlandesgerichts zu Königsberg i. Pr.: Das kaufmännische Zurückbehaltungsrecht. *Königsberg i. Pr. 1903: Gutenberg-Druckerei.* (64 S.) 8° [J.]
Rostock, Jur. Diss. v. [31. Mai] 1903

Pick, Mos., hebräische Fibel. 8. (31 S.) Prag 856(58). (B.-Leipa, Hamann.) Thlr.

Pick, Moses, hebräische Fibel. 13. Aufl. kl. 8. (92 S.) Prag 887, Pascheles. cart. **

Pick, Moses, der Jugendschatz. Hrsg. zum 60. glorreichen Regierungsjahre Sr. Maj. Kaiser Franz Joseph I. Zur Belehrg. u. Unterstützg. d. studier. Jugend. (95 S.) kl. 8. Wien 908. (R. Löwit.) Kart. nn — 85

Pick, Moses, Thautropfen, e. Jugendschrift, hrsg. als Jubiläumsschrift z. 60. glorreichen Regierungsjahre uns. geliebten Kaisers Franz Josef I. 12. (77 S. m. 1 Bildnis.) Wien (I, Wollzeile 21) 898. Selbstverlag. Kart. n. 1. —

Vallendar und seine Umgebung in Geschichte und Sage. Bearb. von Paul Pick. *Vallendar: G. Samary [1903].* (130 S.) 8° [03. 4774 B

Pick, Dr. Philipp Josef, Die internationale Prophylaxis der venerischen Krankheiten und der Bericht des internationalen Congresses zu Paris 1867. Vom Standpunkte österreichischer Verhältnisse beleuchtet. (Separat-Abdruck aus dem „Archiv für Dermatologie und Syphilis".) gr. 8. (68 S.) Prag, Calve'sche U.-B. (O. Beyer.) 1870.

Pick, Pickering, Fracturen und Luxationen. Deutsche autoris. Ausg. von W. Kindervater. 12. (VIII, 567 S. mit 93 Abbild.) Leipzig 887, Arnoldische Buchh. geb. *

Pick, P., Fracturen u. Luxationen. Deutsche autoris. Ausg. v. W. Kindervater. Mit 93 Abbildgn. 12. (VIII, 567 S.) Leipzig 887. Haberland. geb. n. 7. —

Pick, Pickering, Fracturen u. Luxationen. Deutsche autoris. Ausg. v. W. Kindervater. 2. (Titel-)Ausg. Mit 93 Abbildgn. 12. (VIII, 567 S.) Leipzig 891. E. Haberland. Geb. in Leinw. n. 5. —

Pick, Rich., Geschichte der Stiftskirche zu Bonn. Im Auftrage d. Kirchenvorstands hrsg. 1. Hft. gr. 8. (IV, 46 S. m. 2 Steintaf.) Bonn 884. (Hauptmann.) n. 1. —

Pick, Rich., ein altes Lagerbuch der Stadt Bonn. Beitrag zur städt. Lokalgeschichte. Bonn 870. (A. Marcus.) gr. 8. (24 S.) n. 6 ngr.

— Materialien zur rheinischen Provinzialgeschichte. 1. Bd. 1. Hft.: Die Stadt u. das ehemal. Amt Rheinberg. gr. 8. (XVII, 127 S.) Bonn 883. Habicht. n. 2. —

Pick, Rich., aus dem Aachener Stadtarchiv. 1. Heft: Verpflichtungsurkunden städtischer Beamten [1458—1507]. gr. 8. (40 S.) Bonn 887, Habicht. *
Aus: Zeitschrift des Aachener Geschichtsvereins, besonders abgedruckt.

Pick, Rich., aus Aachens Vergangenheit. Beiträge zur Geschichte der alten Kaiserstadt. gr. 8. (V, 632 S. m. 5 Abb.) Aachen 895. A. Creutzer. n. 15. —

Pick, Rich., Ibsens Zeit- u. Streitdramen, s.a. Fragen d. öffentl. Lebens, II. Jahrg., 2.

[J.] Ibsens Zeit- und Streitdramen. Vortr. geh. in d. ... Lese- u. Redehalle d. deutschen Studenten in Prag v. Richard Pick. (4. Taus.) *Berlin: Kritik-Verl. 1897.* (12 S.) 1 Bd 8.
= Fragen des öffentlichen Lebens. Jg. II. H. 2. [97. 3314

Pick, Robert (geb. am 23 Mai 1849 in Raeren Kr. Eupen): Ueber das Amylnitrit und seine therapeutische Anwendung ... Bonn, Buchdr. v. P. Neusser (1874). 2 Bl., 74 S., 1 Bl. 8. ¶ Erschien zugleich selbständig bei Hirschwald in Berlin; 2 Aufl. ebenda 1877.
Bonn, Med. Fak., Diss. v. 9 Jan. 1874

Pick, Rob., üb. **das Amylnitrit u. seine therapeutische Anwendung. 2. Aufl. gr. 8. (VIII, 71 S.) Berlin 877. Hirschwald. n. 2. —**

Pick Robert: Kaiser Maximilian I. in den epischen Dichtungen der Oesterreicher am Anfang des 19. Jahrhunderts.
II 1908 PN 2533 **Diss.**Wien. Univ. 263

Pick, Rud., Rathgeber f. Schlechtschreibende, welche sich rasch u. sicher e. schöne u. geläuf. Handschrift aneignen wollen. Ueb. Schreibkrampf u. Zittern. Fern-Unterricht. 8. (39 S.) Wien 898. G. Szelinski. n. — 50

Pick, S.
Alkalien (Die). Darstellung der Fabrikation der gebräuchlichsten Kali- und Natron-Verbindungen, der Soda, Potasche, des Salzes, Salpeters, Glaubersalzes, Wasserglases, Chromkalis, Blutlaugensalzes, Weinsteins, Laugensteins, u. s. w., und deren Anwendung und Prüfung. Ein Handbuch für Färber, Bleicher, Seifensieder, Fabrikanten von Glas, Zündwaaren, Lauge, Papier-Farben, überhaupt von chemischen Producten, für Apotheker und Droguisten. Wien, Pest, Leipzig, 1877. Ill.

Pick, S., die Alkalien. Ein Handbuch für Färber, Bleicher, Seifensieder 2c. Darstellung der Fabrikation der gebräuchlichsten Kali- u. Natron-Verbindungen, der Soda, Potasche, des Salzes, Salpeters, Glaubersalzes, Wasserglases, Chromkalis, Blutlaugensalzes, Weinsteins, Laugensteins u. s. f., deren Anwendung u. Prüfung. Mit 24 (eingedr. Holzschn.-)Abbildungen. 8. (IV, 320 S.) Wien 877. Hartleben. 4. 50

Pick, S: Die Alkalien. 2. Aufl. Wien, Pest und Leipzig 1894 (= Chem.-techn. Bibliothek Bd 28)

Pick, S., die Alkalien. Darstellung der Fabrikation der gebräuchlichsten Kali- u. Natron-Verbindgn., der Soda, Potasche, des Salzes, Salpeters, Glaubersalzes, Wasserglases, Chromkalis, Blutlaugensalzes, Weinsteins, Laugensteins u. s. f., deren Anwendg. u. Prüfg. 2., verb. Aufl. 8. (VIII, 399 S. m. 57 Abbildgn.) Wien 894. A. Hartleben. n. 4. 50; geb. n. 5. 30

— die künstlichen Düngemittel. Darstellung der Fabrikation des Knochen-, Horn-, Blut-, Fleisch-Mehls, der Kalidünger, des schwefelsauren Ammoniaks, der verschiedenen Arten Superphosphate, der Poudrette u. s. f., sowie Beschreibung des natürlichen Vorkommens der concentrirten Düngemittel. Ein Handbuch für Fabrikanten künstlicher Düngemittel, Landwirthe, Zuckerfabrikanten 2c. Mit 16 (eingedr. Holzschn.-) Abbildungen. 8. (IV, 237 S.) Wien 878. Hartleben. 3. 25

Künstlichen (Die) Düngemittel. Darstellung der Fabrikation des Knochen-, Horn-, Blut-, Fleisch-Mehls, der Kalidünger, des schwefelsauren Ammoniaks, der verschiedenen Arten Superphosphate, der Poudrette, u. s. w., sowie Beschreibung des natürlichen Vorkommens der concentrirten Düngemittel. Ein Handbuch für Fabrikanten künstlicher Düngemittel, Landwirthe, Zucker-Fabrikanten, Gewerbetreibende und Kaufleute. Wien, Pest, Leipzig, 1886. Ill.

Pick, S., die künstlichen Düngemittel. Darstellung der Fabrikation d. Knochen-, Horn-, Blut-, Fleisch-Mehls, der Kalidünger, d. schwefelsauren Ammoniaks, der verschiedenen Arten der Superphosphate, der Poudrette u. s. f., sowie Beschreibg. d. natürl. Vorkommens der concentrirten Düngemittel. Ein Handbuch f. Fabrikanten künstl. Düngemittel, Landwirthe, Zuckerfabrikanten, Gewerbetreibende u. Kaufleute. Mit 25 Abbildgn. 2. Aufl. 8. (VIII, 230 S.) Wien 887. Hartleben. n. 3. 25

Pick, S., die künstlichen Düngemittel. Darstellg. d. Fabrikation d. Knochen-, Horn-, Blut-, Fleisch-Mehls, d. Kalidünger, d. schwefelsauren Ammoniaks, d. verschied. Arten Superphosphate; d. Thomasschlacke, Poudrette u. s. f., sow. Beschreibg. d. natürl. Vorkommens d. concentrirten Düngemittel. Ein Handbuch f. Fabrikanten künstl. Düngemittel, Landwirthe, Zuckerfabrikanten, Gewerbetreib. u. Kaufleute. 3., verb. u. wesentl. verm. Aufl. 8. (VIII, 245 S. m. 34 Abb.) Wien 898. A. Hartleben. n. 3. 25; geb. n. 4. 05

Pick, S., die Mineralsäuren. Nebst einem Anh.: Der Chlorkalk u. die Ammoniak-Verbindungen. Darstellung der Fabrikation von schwefliger Säure, Schwefel-, Salz-, Salpeter-, Kohlen-, Bor-, Arsen-, Phosphor-, Blausäure, Chlorkalk u. Ammoniaksalzen, deren Untersuchung u. Anwendung. Ein Handbuch für Apotheker, Droguisten, Färber 2c. Mit 28 (eingedr. Holzschn.-) Abbildungen. 8. (IV, 398 S.) Wien 879. Hartleben. 5. —

Pick, S., Salomo u. Sulamit. Eine Dichtg. 8. (67 S.) Dresden 893. E. Pierson. n. 1. —; geb. n. 2. —

Pick, S., die Untersuchung der im Handel und Gewerbe gebräuchlichsten Stoffe einschließlich der Nahrungsmittel. Ein Handbuch für Handel- und Gewerbetreibende jeder Art, für Apotheker, Photographen, Landwirthe, Medicinal- und Zollbeamte. Gemeinverständlich dargestellt. 8. (IV, 362 S. mit 16 eingedr. Holzschn.-Abbild.) Wien 881, Hartleben's Verlag.

Pick, Salo (geb. Danzig 1821): De morbis contagiosis qui ab animalibus ad homines transferuntur. Berolini (1849). (28 S.) 8°
Berlin, Med. Diss. v. 27. Aug. 1849

Pick, Seligmann: Das dritte Capitel der Klagelieder in seinem sprachlichen Verhältniss zu den Weissagungen Jeremias. ... **Breslau,** Druck v. Th. Schatzky, 1888; 8 Bl. + 50 S. + 1 Bl. 8°
Leipzig, Phil. Fak., Inaug.-Diss. v. 5. Dez. 1888.

Pick, Siegmundus *(geb. Breslau 13. 6. 1843)*: De fructacidorum et acidi glycolici formatione. Vratislaviae (1863). (24 S.) 8°
Breslau, Phil. Diss. v. 27. Aug. 1863

Pick, Siegmund Georg, Referendar: Der Parteieid über innere Tatsachen. Glatz 1909: Schirmer. IX, 44 S. 8°
Breslau, Jur. Diss. v. 10. Dez. 1909, Ref. Fischer, Schott
[Geb. 2. Nov. 86 Breslau; Wohnort: Landeck; Staatsangeh.: Preußen; Vorbildung: Johannes-Gymn. Breslau Reife O. 05; Studium: Freiburg i. B. 4, Breslau 3 S.; Rig. 1. Febr. 09.] [U 10. 519

Pick, Sylvius [aus Beuthen (Oberschles.)]: **Das primäre Nierensarkom ... Würzburg, Etlinger's Buchdr., 1893; 38 S. 8.**
Würzburg, Med. Fak., Inaug.-Diss. v. 1893

Pick, Waldemar: Über Ferrosilicium. 1906. 97 S. 8° ¶ Weiter ausgestaltet in dem Buch von Pick u. Walter Conrad: Die Herstellung von hochprozentigem Ferrosilizium im elektrischen Ofen. 1909.
Karlsruhe, Dr.-Ing.-Diss. v. 14. 12. 1905

Pick, Waldem., u. Walt. **Conrad,** die Herstellung v. hochprozentigem Ferrosilizium im elektrischen Ofen. (VII, 144 S. m. 26 Abb.) gr. 8. Halle 909. W. Knapp. 6. 60

Pickard F.: Die Veränderung in der Betriebsweise d. deutschen Landwirtschaft seit dem Jahre 1878 ... Diss. (Jena). Berl. 1896. 114 S.

Pickard, John [aus Portsmouth, H. N., Amerika]: Der Standort der Schauspieler und des Chors im griechischen Theater des Fünften Jahrhunderts ... Mit d. Accessit anerkannte Preisschr. (Th. 1.) München, Th. Ackermann, 1892; 36 S., 2 Taf. 8.
München, Phil. Fak. Inaug.-Diss. v. 1892

Pickard, Max, therapeut. Taschenbuch d. Verdauungskrankheiten. (VII, 178 S.) kl. 8. Berlin 908. Fischer's medicin. Buchh. Geb. in Leinw. u. durchsch. 3.50

Pickard, Robert Howson: Ueber Umlagerung von Hydroxamsäuren. Umlagerung des Benzalphenylhydrazons. Ueber Indigo-oxim. *München 1898: V. Höfling.* (52 S.) 8°
München, Phil. Diss. v. 1898

Pickardt, Edgar von, aus Riga: Die molekulare Verminderung der Krystallisationsgeschwindigkeit durch Zusatz von Fremdstoffen. Mit 5 Fig. im Text. *Leipzig: W. Engelmann 1902.* (37 S.) 8° ¶(Aus: Zeitschr. f. physikal. Chemie, Bd 42, H. 1.)
Leipzig, Phil. Diss. v. [12. Nov.] 1902

Pickardt, Felix: Die Veränderung in der Betriebsweise der Deutschen Landwirtschaft seit dem Jahre 1878, dargest. nach d. „Ergebnissen d. Ermittelg über d. landwirtschaftl. Bodenbenutzg d. Jahre 1878, 1883 u. 1893" ... Berlin, Druck v. R. Boll, 1896; 114 S., 1 Bl. 8.
Jena, Phil. Fak., Inaug.-Diss. v. [1. Aug.] 1896

Pickardt, Max [aus Berlin]: Über die chemischen Bestandteile des Hyalinknorpels ... Berlin, Buchdr. v. G. Schade, *1891;* 33 S., 1 Bl. 8.
Berlin, Med. Fak., Inaug.-Diss. v. 9. Okt. 1891

Therapeutisches Taschenbuch der Verdauungskrankheiten. Von Dr. Max **Pickardt**, Berlin. Berlin: Fischer 1908. (XII, 178 S.) 8° [08. 1.015

Pickbarts, Jacob, Peregrinationen, 8. Leipzig, 798. Supprian. 23 gl.

Pickartz, Jos., C. Ss. R., Syntaxis latina ad usum scholarum germanicarum accommodata. gr. 8. (VII, 341 S.) Galopiae 901. (Aachen, I. Schweitzer.) n. 3.20

Pickartz, Jos., C. Ss. R., Syntaxis latina ad usum scholarum germanicarum accommodata. Ed. II. (VII, 343 S.) gr. 8. Aachen 906. (I. Schweitzer.) n. 3.—; geb. n. 3.60

Pickbourn, Abhandlung über das englische Verbum, nebst einem Anhange von den französ. und latein. Participien. Aus dem Engl. von Valett. Bayreuth 793. 8. 8 gr.

Pickbourn, J., üb. d. engl. Verbum: aus d. Engl. 8. Bayr. 793. Lübeck. (Grau). 12 gr

PICKEL, Peregrine, der Zweyte. Oder tragisch-komische Abenteuer Anton Warnish. (Aus d. Engl. übers.) (Motto: Lectorem delectando pariterque monendo.) Leipzig, bey Paul Gotthelf Kummer., 1789. 8⁰. (7 Sgr. Steinkopf, Stuttg., Cat. 135, ohne das Titelkpf.; 2 Mk., cplt., Jos. Jolowicz, Posen, c. 1905.)
244 S. (incl. Titelkpf., unsign.) u. 4 Bl. Inh. (der 30 Cap.). Der Held, Sohn e. kgl. Rittmeisters, stammt aus Irland. S. 110—117: Vorstellung des Hamlet, u. deren Folgen. — S. 118 ff. viel über damalige Londoner Verhältnisse. — Ziemlich zahm.
Französ.: Les avantures comiques et plaisantes d'Antoine Varnish. 4 tom. avec très-jolies figg. Londres 1788. 8⁰. (4 Mk., demi-veau, Scheible, Cat. 75.)

PICKEL.
Rede von dem Nutzen und Einflusse der Chemie auf das Wohl eines Staates und auf verschiedene Künste und Wissenschaften. Würzburg, 1785. 4to.

Pickel. D. Rettungsapparat z. Wiederbelebg d. Scheintoten. Würzburg 1812.

Pickel. Uebersichts-Karte und Profil der Cöln-Minden-Thüringer Verbindungs-Eisenbahn. Berlin 1848. 1 Bl. L. Ff.

Pickel, Über Zucker und Zucker-Surrogate, besonders über Traubenzucker in Hinsicht auf Franken. Würzburg 1811

Pickel, A., Anweisung zum elementaren Lese- und Schreibunterricht für Lehrer und Lehrerinnen, sowie zum Gebrauche in Seminarien. gr. 8. (IV, 76 S.) [Eisenach 875, Bacmeister.] Dresden, Bleyl und Kaemmerer. *

Pickel, A., die Geometrie der Volksschule. Anleitung zur Ertheilung des geometr. Unterrichts in Stadt- und Landschulen, durchweg auf das Princip der Anschauung gegründet und mit besond. Rücksicht auf angeh. Lehrer bearb. gr. 8. (VIII, 103 S. mit 151 in den Text eingedr. Fig.) Eisenach 872, Bärecke. *

—— dass. — Ausg. I: Für Lehrer und Seminaristen. 2. Aufl. 1874. *M 1,20., und 3. Aufl. gr. 8. (VIII, 96 S. mit in den Text eingedr. Fig. in Holzschn.) Eisenach 875, Bacmeister.

—— dass. — Ausg. II: Ein Merk- und Wiederholungsbuch für die Hand der Schüler. Nach der grösseren Ausg. bearb. gr. 8. (40 S. mit in den Text eingedr. Fig. in Holzschn.) Ebendas. 875. (* 40 Pf.)
Anhang: Geometrische Rechen-Aufgaben. Für Land- und städtische Bürgerschulen sowie zum Privatgebrauch. 8.
Auflösungen zu den Geometrischen Rechen-Aufgaben. gr. 8.

—— die Geometrie der Volksschule. Anleitung zur Ertheilung des geometr. Unterrichts in Stadt- und Landschulen, durchweg auf das Princip der Anschauung gegründet. Ausg. I: Für Lehrer und zum Gebrauche in Seminarien. 3. Aufl. gr. 8. (XII, 102 S. mit in den Text eingedr. Holzschn.-Fig.) Ebendas. 876. *

—— dass. — Ausg. II: Ein Merk- und Wiederholungsbuch für die Hand der Schüler. Nach der grösseren Ausg. bearb. 2. und 3. Aufl. gr. 8. (44 S. mit in den Text eingedr. Holzschn.-Fig.) Ebendas. 876. *

—— dass. — 4.—6. Aufl. gr. 8. (44 S. mit in den Text eingedr. Holzschn.-Fig.) [Kassel 878, 79, Bacmeister.] Dresden, Bleyl und Kaemmerer. *

Pickel, A., die Geometrie der Volksschule. Anleitung zur Ertheilung des geometrischen Unterrichts, durchweg auf das Princip der Anschauung gegründet. Mit in den Text eingedr. Fig. Ausg. 1: Für Lehrer u. zum Gebrauche in Seminarien. 4. Aufl. gr. 8. (XII, 100 S.) Dresden 879. Bleyl & Kämmerer. n.n. 1.35

Pickel, A., die Geometrie der Volksschule. Ausg. II: Für die Hand der Schüler. 7. Aufl. gr. 8. (44 S. mit in den Text eingedr. Fig.) Kassel 880, Bacmeister. +
—— dass. — 8.—11. Aufl. gr. 8. (44 S. mit in den Text eingedr. Fig.) Dresden 880—83, Bleyl und Kaemmerer. +

Pickel, A., die Geometrie der Volksschule. Anleitung zur Erteilg. d. geometr. Unterrichts, durchweg auf das Prinzip der Anschauung gegründet. Mit in den Text gedr. Fig. Ausg. I f. Lehrer u. zum Gebrauche in Seminarien. 6., nach dem Reichsgesetz vom 11. Juli 1884 umgearb. Aufl. gr. 8. (XII, 115 S.) Dresden 888. Bleyl & Kaemmerer. n. 1. 35

— dasselbe. Ausg. II u. III. gr. 8. Ebd. 890. n. — 70
II. Für die Hand der Schüler. 18. Aufl. (44 S. m. eingedr. Fig.) n. — 40
III. Geometrische Rechenaufgaben. 11., in Übereinstimmung mit dem Reichsgesetz vom 11. Juli 1884 gehaltene Aufl. (33 S.) n. — 30

Pickel, A. Die Geometrie der Volksschule. Ausg. I—III. gr. 8. Dresd., Bleyl u. Kaemmerer. * 2 05
I. Für Lehrer. 7. Aufl. (XII, 115 S.) 893. * 1 35.
II. Für die Hand der Schüler. 20. Aufl. (44 S. m. eingedr. Fig.) 892. * — 40.
III. Geometrische Rechenaufgaben. 13. Aufl. (33 S.) 892. * — 30.

— dasselbe. Ausg. II. Für die Hand der Schüler. 22. Aufl. gr. 8. (44 S. m. Fig.) Ebd. 894. n. — 40

Pickel, A., die Geometrie d. Volksschule. Ausg. I—III. gr. 8. Dresden, Bleyl & Kaemmerer. n.n. 2. 05
I. Anleitg. zur Erteilg. d. geometr. Unterrichtes, durchweg auf d. Gebiet d. Anschauung gegründet. Für Lehrer u. zum Gebrauche in Seminarien. 8. Aufl. (XII, 115 S. m. Fig.) 897. n.n. 1. 35
II. Für d. Hand d. Schüler. 26. Aufl. (44 S. m. Fig.) 898. n. — 40
III. Geometr. Rechenaufgaben. 18., in Uebereinstimmung m. d. Reichsgesetz v. 11. VII. 1884 geh. Aufl. (33 S.) 898. n. — 30

Pickel's, A., Geometrie der Volksschule. I. Tl.: Formenkunde. Ausg. I u. II. gr. 8. Dresden (901). Bleyl & Kaemmerer. n. 1. 20
I. Anleitung f. Lehrer u. zum Gebrauche in Seminarien von E. Wilk. (48 S. m. 28 Fig.) n. — 80
II. Ergebnis u. Aufgabenheft f. die Hand der Schüler. Von E. Wilk. (32 S. m. 66 Fig.) n. — 40

— dasselbe. II. Tl.: Formenlehre. Ausg. I—III. Neubearb. v. E. Wilk. gr. 8. Ebd. (901). n. 2. 50
I. Anleitung f. Lehrer u. zum Gebrauche in Seminarien. 9. Aufl. (37.—42. Taus.) (95 S. m. 103 Fig.) n. 1. 80
II. Ergebnis u. Aufgabenheft f. die Hand der Schüler. 29. u. 30. Aufl. (121.—132. Taus.) (47 S. m. 109 Fig.) n. — 40
III. Geometrische Rechenaufgaben f. die Hand der Schüler. 21. u. 22. Aufl. (81—92. Taus.) (31 S. m. 11 Fig.) n. — 30

Pickel, A., Geometrie der Volksschule, Neubearbeitg., s. a. Wilk, E.

—— das erste Lesebuch, s. Rein, W.

— s.: Lesebuch f. das 2. Schuljahr.

— Lesebuch für das 3. Schuljahr, s.: Rein, W.

Pickel, A., das neue Maß u. Gewicht des norddeutschen Bundes unter Berücksichtigung der im Großherzogthum Sachsen seither gebräuchl. Maße. Ein Hilfsbüchlein für Schule u. Haus. 1. u. 2. Aufl. Weimar 869,70. Böhlau. 8. (IV, 56 S.) n. 7 ngr.

— das neue Maß u. Gewicht d. deutschen Reiches unter Berücksicht. der im Großherzogth. Sachsen seither gebräuchl. Maße. Ein Hilfsbüchlein f. Schule u. Haus. 3. Aufl. 8. (62 S.) Weimar 872. Böhlau. n. — 75

— geometrische Rechen-Aufgaben. Für Land- u. städt. Bürgerschulen, sowie zum Privatgebrauch. Ein Anh. zur „Geometrie der Volksschule". gr. 8. (31 S.) Eisenach 876. Bacmeister. n. — 30; Auflösungen (7 S.) n.n. — 15

—— geometrische Rechen-Aufgaben. Für Land- und städt. Bürgerschulen, sowie zum Privatgebrauch. Ein Anhang zur „Geometrie der Volksschule". 1. Aufl. (31 S.) 1876; 2. Aufl. gr. 8. (32 S.) [Eisenach 877, Bacmeister.] Dresden, Bleyl und Kaemmerer. *
Auflösungen (7 S.) **

—— geometrische Rechen-Aufgaben. Ausg. III der Geometrie der Volksschule. 4.—7. Aufl. gr. 8. (32 S.) Ebendas. 878—84.

— geometrische Rechen-Aufgaben. Ausg. III der Geometrie der Volksschule. 2. Aufl. gr. 8. (32 S.) Dresden 879. Bleyl & Kämmerer. n. — 30; Auflösungen (7 S.) n. — 15

— geometrische Rechen-Aufgaben. Ausg. III der Geometrie der Volksschule. 10, nach dem Reichsgesetz vom 11. Juli 1884 umgearb. Aufl. gr. 8. (33 S.) Ebd. 888. n. — 30

— geometrische Rechen-Aufgaben. Ausg. III der Geometrie der Volksschule. 14., in Übereinstimmg. m. dem Reichsgesetz vom 11. Juli 1884 geh. Aufl. gr. 8. (33 S.) Ebd. 893. n. — 30; Auflösungen zu den geometr. Rechenaufgaben. 4. Aufl. (8 S.) n. — 15

Pickel, C., s. Pickel, Karl

Pickel, Fr. v. P., auserlesene Erzählungen zur Herzens- und Geistesbildung sowie zur angenehmen Unterhaltung. Dem blühenden Alter gewidmet. Mit 1 Stahlst. Augsburg 853. Jaquet. 8. (2 Bl., 119 S.) 15 ngr.

— und Fr. M. Brug, auserlesene Erzählungen zur Herzens- und Geistesbildung sowie zur angenehmen Unterhaltung für die Jugend. 2. verm. Aufl. Mit 1 Stahlstiche. Augsburg 854. Jaquet. 8. (2 Bl., 194 S.) 18 ngr.

Pickel, Fr. v. P., auserlesene Erzählungen zur Herzens- und Geistesbildung sowie zur angenehmen Unterhaltung. Dem blühenden Alter gewidmet. Mit 1 (lith.) Bilde. Augsburg 859. Schmid. 8. (2 Bl., 119 S.) 12 ngr.

Pickel, Geo., chirurg. Apparat, od. Verzeichn. e. Samml. v. chirurg. Instrumenten, Bandagen u. Maschinen; mit e. Anhange v. chem. Präparaten. 8. Erlang. 801.

Pickel, G., Experimenta phys.-med. de electricitate et calore animali. 124 pp. Wirceb. 8°.
1778

Pickel, Geo., die Haustafel des lutherischen Katechismus f. Christenlehren bearb. (VI, 126 S.) 8. München 907. Th. Ackermann. 2. —

Pickel, Georg [Praes.], s. Horsch, Philipp Josef: De variolis.

Pickel, Georg, a. Erlangen, kgl. prot. Pfarrer in Karlshuld: Das Mitleid in der Ethik von Kant bis Schopenhauer. Erlangen 1908: E. Th. Jacob. (51 S.) 8°
Erlangen, Phil. Fak., Ref. Falckenberg, Diss. v. 18. März 1908
[Geb. 22. Jan. 75 Erlangen; Wohnort: Karlshuld b. Neuburg a. Donau; Staatsangeh.: Bayern; Vorbildung: Gymn. Erlangen Reife Juli 94; Studium: Erlangen 8 S.; Rig. 24. Febr. 08.]

— Versuch e. genauen Bestimmung d. innern u. wahren Gehaltes d. Pflanzenfrüchte, insbesond. d. Weine u. d. Getreides rc. 8. Würzb. 825. Stahel. 10 ℛ

Pickel, G., d. diesjähr. Wetterbeobacht im Früh- und Spätjahre, in Bezug auf Schütz. rc. der Weinberge gegen Frost. gr. 8. Bamberg, Gobhard. 804.

— d. diesjähr. Wetterbeobachtt. im Früh- u. Spätjahre, in Bezug auf die nöthige Räucherung u. Schützung d. Weinberge gegen d. Frost. gr. 8. Bamb. 804. (Wesché in Frankf.) 4 kr

Pickel, (Georg): Die Witterung des Jahres 1805, mit ihrem Einflusse auf die Pflanzen-Producte, besonders jenes des Weinbaues, nebst manchen über den schlechten Most angestellten Versuchen. Bamberg & Würzburg: Göbhardt 1806. 56 S. -- 12°

BJ: Pickel, Ignaz. -- Bibliotheca peschier: Pickel, Ign. -- Gatterer: Pickel, Ignaz. -- Thienemann: Pickel, Ignaz: Die dies ans den Wetterbeobachtungen in Bezug auf die allenfalls nöthige Räucherung und Schützung der Weinberge. Bamberg 1804.1805. Würzburg 1806. -- Weber: Pickel 1807.

Pickel, Heinr., deutsches Lesebuch für das dritte Schuljahr. gr. 8. (VI und 250 S.) Nürnberg 855(56,) Korn. *

Pickel, J., A. Bräunlich und W. Gottschalg, volksthümliches Rechenbuch für Elementarschulen. 3. Heft. 2. Abthl., s. Bräunlich, A.

Der Titel dort ist für diese Abtheilung hiernach abzuändern.

—— kleine Schulgeographie. Heimatskunde des Großherzogth. Sachsen-Weimar-Eisenach. Nebst einer Spezialkarte der Sächs. Herzogthümer, der beiden Schwarzburg und Reuß von R. Menzel. gr. 8. (24 S.) Schleswig 869, Schulbuchh. [Halle, Buchh. des Waisenhauses.]

— **das 1. Schuljahr, s.: Rein, W.**

—— **das 1. und 2. Schuljahr, s. Studien, Pädagogische.**

— **Theorie u. Praxis des Volksschulunterrichts nach Herbartischen Grundsätzen, s.: Rein, W.**

Pickel, J. M., Propionylanhydroisodiamidotoluol. [Propenylisotoluylenamidin.] Inaugural-Dissertation. gr. 8. (42 S.) Göttingen 884, (Vandenhoeck und Ruprecht's Verlag.) *

Pickel, Ignaz Balthasar

— Abhandl. üb. d. neue baierische Gewicht u. d. Gewicht d. Regenwassers, welches einen Kubikschuh u. die baierschen Hohlmaaße anfüllt. 8. Nürnb. 813. Campe. 8 kr

— theoret.-prakt. Abhandl. üb. die Natur, Beschaffenheit u. bessere Verfertigung d. ungleicharmigen römischen oder sogenannten Schnellwagen. gr. 4. Münch. 817. (Franz). 18 kr

— Abhandl. v. Verbesserung u. allgem. Gebrauch d. Visirstäbe. Mit Kpf. 8. Eichstädt 832. (W. Nauck in Leipz.) 6 kr

* Vollständige Anleitung zur niedern und höhern Mathematik, in so fern solche dem Officier überhaupt, als auch dem Ingenieur und Artilleristen unentbehrlich ist, von *G. Gli. Hahn*. Stuttgart, Mezler. Erster Band. 521 S. 1783.
— 2ter Theil. 1790.
(zusammen 4 Rthlr.)

Pickel, Ign. Balth., († d. 16. Oct. 1818.) Beschreib. verschiedener Alterthümer, welche in Grabhügeln bei Eichstädt sind gefunden worden. Mit Anmerkk. u. 4 Kpf. 4. Nürnb. 789. Felssecker. 10 kr

— s. H. J. Brünninghausen, chirurg. Apparat.

— elementa arithmeticae, algebrae ac geometriae. II Tmi. c. fig. 8maj. Dillingen 771, 72. N. A. 795. (J. Wolf u. Bürglen in Augsb.) 2 fl

— elementa matheseos in compend. redacta. Mit 4 Kpf. 8. Nürnb. 789. (M. Rieger in Augsb.) 6 kr

— Geschichte d. Sündfluth, ihre Größe u. Allgemeinheit. gr. 8. Landsh. 814. Thomann. 5 kr

— de Micrometris, quae filis constant in angulum coeuntibus. Diss. 4. Dilling. 772.

Ignat. Pickel, von einem Sekunden-Perpendikel einer astronomischen Uhr, dessen Länge von der Wärme und Kälte keine Veränderung leidet.
Auch besonders erschienen: Erfurt b. Keyser. 4. 3½ Bog. m. 1 Kupf.

— von e. Sekundenperpendikel v. einer astronom. Uhr. Mit 1 Kpf. gr. 4. Erfurt 787. Keyser. 6 kr

— Thesaurus linguae graecae. 8. 792. Auctor. (Kam nicht im Buchhandel).

— prakt. Unterricht, wie man sich bei Ausmessung, Aufzeichnung u. Berechnung großer Wälder zu verhalten habe. Mit 4 Kpf. gr. 8. Dilling. 785. (Wolf; u. Bürglin in Augsb.) 12 kr

— über Verbess. u. allgem. Gebr. d. Visirstäbe, m. K. 8. Lpz. Sommer.

Ign. Pickel, Versuch über den wahren Gehalt der Pflanzenfrüchte, insbesondere der Weine. Würzburg 1825

Pickel, Karl

Pickel, C., de versuum dochmeacorum origine, s.a. Dissertationes philologicae Argentoratenses.

Pickel, Carolus [Isenacensis]: De versuum dochmiacorum origine. Argentorati apud Carolum I. Truebner, 1880. 8. 55 S.

PICKEL, MAX. Beitrag zur Kenntniss der Kondensation des Phenylhydrazins. Erlangen, 1885.

Pickel, *Otto* [app. Arzt aus Seebach, '(Prov. Sachsen)']: Die Radicaloperation der Hernien und ihre Endresultate m. bes. Beruecks. d. Macewen'schen Operation ... Würzburg, Druck v. F. Fromme, 1894; 45 S. 8.
Würzburg, Med. Fak., Inaug.-Diss. v. 1894

Pickelhäring

† — — Breslau in der Wolle. **Humoristische Zeitbilder.** Ebd., o. J. 8°. 32 S.
1. Der Wollmarkt. 2. Wollmarkts-Illumination bei Liebich. 3. Die Wollmarkts-Redoute.
Alle 3 selten geword. Werkchen citirt A. G. Schmidt, Gallerie etc.

† **PICKELHARING**, Breslau, wie es — spazieren geht. Humoristische Zeitbilder. Breslau, G. P. Aderholz, o. J. (1834). 8°. 36 S.
1. Morgenspaziergang in Morgenau. 2. Die Promenade. 3. Das Wurstausschieben im Seelöwen. 4. Das Königsschießen.

Pickelhäring, das Fest d. Wettrennens zu Breslau ꝛc., s. a. Fest.

— — Das Fest des Wettrennens zu Breslau am 30. und 31. Mai 1834. **Humoreske. Mit 1 Abbildg. in kl. quer-Fol. Ebd. 1834. 8°. 16 S.**

Pickelhaube contra Zipfelmütze. Ein ernstes Wort in ernster Sache v. e. deutschen Landwehrmann. **2. Tausend.** 8. (46 S.) Bremen 887. [Rocco.] Drewes. n. — 45

Pickelhering, Alamodus [Pseud.], s. Beer, Johann

v. Pickelsheim, s. Spiegel v. Pickelsheim.

Pickenbach, Rede, s.: Parteitag, der antisemitische, zu Erfurt.

Pickenbach, Willy: Die Ösophagotomieen vom Jahre 1883 — 1897 aus der Königlichen Universitätsklinik zu Berlin. *Berlin (1898): G. Schade.* (54 S.) 8°
Berlin, Med. Diss. v. 26. Juli 1898

PICKENHEIMER, Harry. Junggeſellentreiben im Reiche der Liebe. Autoriſierte Überſetzung aus dem Engliſchen von —. Budapeſt (190*). 2 Bde. 8°.
Beſchlagnahmt: Z. f. B. 1914, Beibl. S. 385. Ldg. I Berlin 38 J. 36/72.

Picker, Julius (geb. Berlin 24. 12. 1856): Ueber das electrolytische Verhalten des Aethylalkohols. Berlin (1882). (31 S.) 8°
Berlin, Phil. Diss. v. 4. Febr. 1882

Picker, Rud., die topische Diagnose der chronischen Gonorrhoe u. der anderen bakteriellen Infektionen in d. Harn- u. Geschlechtsorganen d. Mannes. Zugleich e. Beitrag z. Pathologie u. Bakteriologie d. Gonorrhoe des Mannes. (54 S. m. 1 farb. Taf.) gr. 8. Berlin 909. O. Coblentz. 1. 60

Picker, W., über Konzentration, s. a. Magazin, pädagog.

Über Konzentration. Eine Lehrplanfrage. Von W. **Picker**, Rektor in Großmühlingen. *Langensalza: H. Beyer & Söhne* **1902.** (34 S.) 8°
= **Magazin, Pädagogisches. H. 193.** (03. 6495 3

Pickering, C.

— Die Fortschritte der Botanik. Leipzig, 1879. 8°. →

Pickering, Mrs. Ellen, the expectant, s. Erbe, der.

Pickering, Ellen, Freund, od. Feind. Novelle. Aus d. Engl. v. A. F. L. Petri. 3 Thle. 8. (58⅓ B.) Braunschweig 844, Leibrock.

Pickering, J. E., views of English national life, s.: Harnisch, A.

Pickering, John, Forschungen u. Erfahrungen e. Emigranten od. Erzählungen e. engl. Landmanns v. d. J. 1824 bis 1830, welcher während dies. Zeitraums d. Verein. Staaten v. Amerika u. d. britt. Provinzen v. Canada in der Absicht, sich als Emigrant anzusiedeln, durchreiste. — Enth.: Bemerkungen üb. d. Sitten, den Boden u. den Feldbau der Amerikaner, mit Berechnung der Ausrüstung, Kosten der Ueberfahrt u. Reisekosten in Amerika ꝛc., einen Jeden so in den Stand setzend, e. Urtheil zu fällen üb. d. Zweckmäßigkeit der Auswanderung. A. d. Engl. v. J. Lewis. 8. (9 B.) Potsdam 832, Vogler.

—— über d. indian. Sprachen Amerikas. A. d. Engl. übers. u. mit Anmerkn. begl. v. † Talvj (Therese A. L. Robinson, geb. v. Jacob). gr. 8. (5½ B.) Leipzig 834, Vogel.

Pickering, Winrich: Welche Vorrechte besitzen d. evang. Landeskirche u. d. römisch-kathol. Kirche heute vor d. anderen Religionsgesellschaften in Alt-Preussen? Erlangen. Jur. Diss. v. 1910. Berlin 1911. 8°

PICKERSGILL, NICOLAS. I. Zur Kenntniss der Phenoljodide. II. Ueber oxalsaure Doppelsalze. (Basel) Aachen, 1893.

Pickersgill, W., Lasthebemaschinen. Ein Hand- u. Hilfsbuch f. den Konstruktionstisch. An Hand e. Sammlg. ausgeführter Konstruktionen f. Schule u. Praxis bearb. Mit 161 Textabbildgn. u. e. Atlas v. 32 lith. Taf. (u. VII S. Text in gr. 4). (XII, 324 S.) Lex.-8. Stuttgart 905. K. Wittwer. Text n. 10. —; geb. in Leinw. n. 11. 50; Atlas, geb. in Halbleinw. n. 6. 50

Pickersgill, das Zeichnen und der Zeichenunterricht. (6 S) 4° Berlin 1898

Pickert, A. C., das dreifache Pastoral-Kreuz od. die Gelegenheits-, Gewohnheits- u. Rückfalls-Sünde nach ihrer moral. u. pastorellen Seite dargestellt. gr. 8. (172 S.) Paderborn 870. Junfermann. n. 2. —

Pickert, Albrecht [Referendar zu Köln]: **Beiträge zur Lehre von der condictio indebiti nach römischem und preussischem Recht ... Göttingen, Druck d. Univ.-Buchdr. v. W. F. Kästner, 1891; 3 Bl., 81 S. 8.**
Göttingen, Jur. Fak., Inaug.-Diss. v. [10. Aug.] 1891

Pickert, Albr., Beiträge zur Lehre v. der condictio indebiti nach römischem u. preussischem Recht. Diss. gr. 8. (V, 81 S.) Göttingen 891. (Vandenhoeck & Ruprecht.) n. 1. 80

Pickert, Guido, der Kinderarzt im Hause. Ratgeber f. Eltern u. Erzieher. 2. Aufl. gr. 8. (65 S. m. Abbildgn.) Leipzig (902). O. Borggold. n. 1. —

Pickert, Gust., Vater Morgana, s.: Universal-Bibliothek.

Pickert, Helene, der Frauenarzt im Hause. Ratgeber f. die leid. Frauenwelt. gr. 8. (70 S. m. Abbildgn.) Ebd. 901. n. 1. —; geb. n. 1. 50

Pickert, Julius: Das starke Verbum im Münsterländischen, mit besonderer Berücksichtigung der Dorstener Mundart. T. 1. Siegen 1908: Vorländer. 18 S. 8°
Attendorn, G OP 1908 (442) [S 08. 350

Pickert, Julius: Das starke Verbum im Münsterländischen, mit besonderer Berücksichtigung der Dorstener Mundart. T. 2. Siegen 1909: Vorländer. 45 S. 8° ¶ [Forts. d. P-Beil. 1908.]
Attendorn, G OP 1909 (459) [S 09. 360

Pickert, Martin [app. Arzt aus Schroda]: Untersuchungen mittels des Hering'schen Fallversuches ... Göttingen, Druck d. Dieterich'schen Univ.-Buchdr., 1893; 28 S. 8.
Göttingen, Med. Fak., Inaug.-Diss. v. [6. Aug.] 1893

Pickert, Mart., Untersuchungen mittels des Hering'schen Fallversuches. Diss. gr. 8. (28 S.) Göttingen 893. (Vandenhoeck & Ruprecht.) n. — 60

Pickert, Moritz: Ueber Erstickungstod. Halle (1869): Plötz. 31 S. 8°
Halle-Wittenberg, Med. Diss. v. 26. Febr. 1869
Geb. Felgentreu (Kr. Jüterbog-Luckenwalde) 9. 6. 1844. V.

Pickford, E., Beleuchtung des v. Abgeordneten des deutschen Handwerkerstandes zu Frankfurt a. M. im Aug. v. J. berathenen u. beschlossenen Entwurfs einer allgem. Handwerker- u. Gewerbe Ordnung für Deutschland. gr. 8. (60 S.) Heidelberg 849. (Groos.) n. 8 ngl

Pickford, E., Einleitung in die Wissenschaft der politischen Oekonomie. gr. 8. (VII und 172 S.) Frankfurt a. M. 860, Sauerländer's Verlag.

—— Zunftwesen, Gewerbeordnung oder Gewerbefreiheit? gr. 8. (64 S.) Mannheim 860, (Löffler.)

Pickford, E., Zunftwesen, Gewerbeordnung oder Gewerbefreiheit? Mannheim 860 (Segnitz.) gr. 8. (64 S.) n. 14 ngr

Pickford, Percy, Beiträge z. Kenntniss des Sehens in subjectiver Hinsicht. gr. 8. (4 B.) Heidelberg 842, J. C. B. Mohr.

— quaedam de narcoticis. Commentatio. 4maj. Heidelberg 844. (Mohr.) n. 1/3 ℛ

Pickford, P(ercy), über wahre u. eingebildete Saamenverluste zur Berichtigung verbreiteter Irrthümer u. zum Troste vieler Hypochonder. gr. 8. (79 S.) Heidelberg 851, Hoffmeister. 1/2 ℛ

Pickhan, Hermann A.

Pickhan, H., kaufmännische Briefe zum Gebrauche in Fortbildungsschulen. I.—III. Heft. gr. 8. Arnsberg, J. Stahl. n. 2. —
I. Unterstufe. 2. Aufl. (XII, 36 S.) 906. n. — 50
II. Mittelstufe. (68 S.) 904. n.n. — 75
III. Oberstufe. (52 S.) 905. n. — 75

Kaufmännische Briefe zum Gebrauche in Fortbildungsschulen von Rektor H[ermann] Pickhan, Dortmund. 3. Aufl. H. 1. Arnsberg: J. Stahl 1907. 8° (08. 6941

Pickhahn, H. A., kleine Finanzwissenschaft. (VII, 169 S.) 8. Jena 909. H. W. Schmidt. 2.— ; geb. in Leinw. 2.50

Pickhan, H. A., u. G. R. Hartwig, deutsche Handelsbriefe. Für Schüler kaufmänn. Schulen zur Unterstützung des Unterrichtes im Briefverkehre. 1. Hft. gr. 8 (95 S.) Dortmund 900. Ruhfus'sche Kunst- u. Buchh. n. 1. —

Pickhan, H. A., Allgemeine Volkswirtschaftslehre, (VII. 149 S.) 8. Jena, H. W. Schmidt. 1909. 2. —; geb. in Leinw. 2. 50.

Pickhard, Cph. Jonath., comment. de aere, aquis et locis Gottingens., sist. spec. I. topographiae phys.-medicae urbis et regionis Gotting. 8maj. Götting. 805. Dieterich. 16 gr

— s. Dümas, Anfangsgründe d. Physiologie.

Pickard, J., s. Pickhart, Jakob

Pickhardt, Moritz

Pickhardt, Mor., das Rheinische Domizilrecht. gr. 8. Crefeld 841. Schüller. 2/3 ℛ

— s. Rechts- u. Gerichts-Verfassung der Preußischen Rheinprovinz.

— s. Rural-Gesetzbuch, Rheinisches.

Pickhardt, M.: „Rheinisches Rural-Gesetzbuch, oder ordnungsmässige Sammlung der auf die Administration, das Forst-, Jagd- und Fischerwesen, das Processverfahren und die Polizei Bezug habenden, das platte Land betreffenden bürgerlichen Gesetze. Mit einem Commentar. Nach der von der Academie der Industrie etc. zu Paris bekannt gemachten, von einer besondern Commission verfaßten Ausgabe von 1836 und unter Beziehung auf die seit 1814 in der Rheinprovinz ins Leben getretenen Gesetze bearbeitet", Crefeld 1839 (Schüller).

Pickhart, s.a. Pithart

PICKHART'S, Jacob, Peregrinationen. 2 Bde. Leipzig 1798. 8°.
Darin Vieles über Professoren u. Studenten von Wittenberg, Halle, Prag, Jena u. Fulda. Auch der berüchtigten Berliner Courtisane Schuwitz wird gedacht.

Pickhart, Jak., Peregrinationen. 2 Thle. 8. Leipz. 798. (Mittler). 1 ℛ 14 gr

PICKL, Franz von Paula (Zwiesel): De mercurio in syphilide.- Monachii: Giesser 1839. 16 S. 26.8.1837 - Urk; F 63
Diss. Ingolst.-Landsh.-Mchn.

Pickl v. Witkenberg, Wilh., s.a. Kämmerer-Almanach.

Kämmerer-Almanach. Hist. Rückblick auf d. Entwicklung d. Kämmerer-Würde. Zusammenstellung d. Kais. Kammerherren seit Carl V. bis z. Gegenwart. Die Geschichte d. Landeserbkämmerer. Im Anh. d. lebenden K. u. K. Kämmerer mit ihren Titeln, Würden etc. (Bearb. u. hrsg. von Wilhelm Pickl v. Witkenberg unter Mitarb. des Phil. Dr. Franz Tippmann.) *Wien: Kämmerer-Almanach [1903].* (XIV, 521 S.) 8° (03. 13406

Pickl von Witkenberg, W., Kämmerer-Almanach. Monographie über die Kämmererswürde. 3. Aufl. 8°. (XIII, 490 S.) †
Wien: Volkswirtschaftl. Verlag Alex. v. Dorn 1907. geb. K 6.—

Pickle, Peregrine, Begebenheiten, 4 Theile, 8. Kopenhagen, 769. Faber. 1 Rthl. 20 sgl.

Pickle, Peregrine, neu übersetzt von Mylius, 4 Theile, mit 4 Kupf. von Chodowiecki, zweyte Aufl. 8. Berlin, 789. Himburg. 3 Rthl. 20 sgl. Dasselbe Buch 4 Theile, ohne Kupf. 1 Rthl.

Pickle, Peregrine. A. d. Engl. v. W. Chph Sigm. Mylius. N. A. Berl. 1789. V: *Smollett, Tobias.* (EE) »1802« (AarK)

Pickle, Peregrine. Neu übersetzt von Mylius. 8. Berlin, Himburg. 789. (Voss.)

Pickler, Frz., Schicksalswege oder: das Erbe des Verbrechens. Roman aus der Gegenwart. 2 Bde. gr. 8. (333 S.) Berlin 857, Nelte, Böltje und Comp.

Pickles, Will., des Flachs- u. Wergspinners vollständ. Calculatur. Ein kurzes System der Berechnung durch den ganzen Process der Flachs- u. Wergpräparation u. Spinnerei. Aus dem Engl. von Es. Pordes. Prag 865. Credner. 16. (IV, 84 S.) n. 20 ngr

PICKNY, J.
Aufforderung zum Anbau der Runkelrübe behufs der Futtergewinnung oder Ablieferung derselben an in der Nähe befindliche Zuckerfabriken, nebst einer Anleitung über die zweckmässigste Cultur der Rübe. Saaz, 1850.

Picksley, Sims & Co: Catalog der »Britannia« Gras- und Getreide-Mähmaschinen. Hannover (1897?)

Picktet, Markus Augustus, Versuch über das Feuer. Aus dem Französischen. Tübingen 1790.

Pico, M. P., Le origine di una leggenda. (*Ποσειδῶνι Ἱππίῳ*). S.-A. 1898. 12 S. - .75

Pico della Mirandola, Giovanni, ausgewählte Schriften. Uebers. u. eingeleitet v. Arth. Liebert. (294 S. m. Bildnis.) 8. Jena 905. E. Diederichs. n. 8. —; geb. n. 10. —

Giovanni **Pico** della Mirandola. Ausgewählte Schriften. Übers. u. eingeleitet von Arthur Liebert. Jena & Leipzig: E. Diederichs 1905. (293 S.) 8° (06. 15540 B

Picolli di Grandi, Friedrich, Major u. Second-Wachtmeister d. k. lomb.-venet. adel. Leibgarde. Uebersicht der allgemeinen Geschichte mit Bezug auf Krieg, Kriegskunst und die Monarchie als Leitfaden zu den Vorstudien der k. lomb.-venet. adel. Leibgarden nach hoher Instruction (Lithographie.) (2 Bde.) 8. 1845.

a **Piconio,** R. P. Bernardinus, epistolarum B. Pauli apostoli triplex expositio: analysi, paraphrasi, commentario etc. Accedunt et observationes dogmaticae, piae etc. III tomi. gr. 12. (XXIV u. 1507 S.) Vesontione 846. (Innsbruck, Wagner.) n. 3⅔ ℛ

Piconio, Bernard. a, Epistolarum B. Pauli Apostoli triplex expositio: Analysi, qua textus Apostolici ordo et connexio declaratur etc. Accedunt et observationes dogmaticae, piae morales et asceticae, etc. III Tomi. 8. (64½ B.) Vesontione et Parisiis 846. (Oeniponte, libr. Wagner.) *

Piconio, Bernardinus a, Heiligung des Lebens durch die Vorbereitung zum Tode, s. a. Bibliothek, ascetische.

Piconio, Bernardinus a, Heiligung des Lebens durch die Vorbereitung zum Tode. Nach dem Französischen von Ewald Bierbaum. 8. (XVI, 287 S.) Freiburg i/Br. 878. Herder. 1. 60

Picot, Denkwürdigkeiten aus d. Kirchengeschichte v. Frankreich im 17. Jahrhundert, s. Räß, (A.)

Picot, histoire des Gaulois. II Vol. gr. 8. Paris. (Hinrichs, Lps. en Comm.) 805.

Picot, C., Grundriss der Kinderkrankheiten, s.: d'Espine, A.

Picot, C., voir: *Revue médicale.*

Picot, E., et J. Hatoulet, Proverbes Béarnais, s. Hatoulet, J.

Picot, C., Ehescheidungs- und Ehenichtigkeitssachen von Ausländern in der Schweiz, s. Salis, L. R. v.

Picot, Geo., d. Kampf wider d. Umsturz. Aus dem Franz. übertr. v. Ed. Goldbeck. gr. 8. (62 S.) Berlin 896. Fussinger. n. 1. —

Picot, J., Essai de Statistique sur le Canton de Génève. Avec une Carte et des Vùes. 12. Zürich 817. Orell. 2 ℛ

— Statistique de la suisse ou État de ce pays et des vingt-deux Cantons, dont il se compose etc. 8. Génève et Paris 819. Paschoud.

— chronologische Tabellen, s. Tabellen.

Picot, J., chronologische Tabellen, s. chronologische Uebersicht d. merkw. Begebenheiten.

Picot, Karl [Hilfsarb. b. d. Kgl. Staatsanwaltschaft zu Heilbronn]: Zur Lehre von dem Gerichtsstand der Vereinbarung ... Cannstatt, G. F. Rapp'sche Buchdr., 1891; 66 S. 8. Tübingen, Jur. Fak., Inaug.-Diss. v. 1891

Picot de Lapeyrouse, s. *Lapeyrouse.*

Picquenard, J. B., Siege u. Eroberungen d. Neugriechen, seit d. Anfange ihres Aufstandes gegen die Türken bis zum Jahre 1825. Nach d. Französ. v. R. Winkler. 2 Thle. gr. 8. Leipz. 827. Glück. 1 ℛ 12 ℊ

Picquigni, s. a. Bernardin de Picquigni.

Picquigni, Bernh., Ars bene vivendi et moriendi. 8. Augsb. I. Wolf. 731. Rthlr.

Pičs, Jos. Lad., Der nationale Kampf gegen d. ungar. Staatsrecht. Bespr. v. Paul Hunfalog. gr. 8. (93 S.) Teschen, Karl Prochaska. 1 fl. 20 kr. 1883.

Pictet, ..., extrait du journal d'observations du passage de Vénus etc. 4. Petersb. 769. Acad. 14 ℊ

Pictet, Extrait du journal d'observations du passage de Vénus etc. 4. Petersb. (Hartknoch, Lpz.) 769.

Pictet, A., und J. Grimm, über die Marcellischen Formeln, s. Grimm, J.

Pictet, A. Ed., Synopsis des névroptères d'Espagne. Basel 865. Georg. Lex.-8. (123 S. mit 14 color. Kpfrtaff.) n.n. 5 ℛ 10 ngr.

Pictet, Alphonse, Locustides nouveaux ou peu connus du musée de Genève. gr. 4. (84 S. mit 3 Taf.) [Genf 888.] Basel, Georg's Verlag. **
Aus: Mémoires de la société de physique et d'histoire naturelle de Genève, besonders abgedruckt.

Pictet, Amé. La constitution chimique des Alcaloïdes végétaux. In-8°, VII et 318 p. Genève, Bâle, Lyon, H. Georg. 1888. 10. —

Pictet, Amé. La constitution chimique des Alcaloïdes végétaux. 2e éd. (entièrement remaniée). In-8°. 421 p. Paris, G. Masson & Cie. — Genève, Georg & Co. 1897. 12 —

Pictet, Aimé, die Pflanzenalkaloïde u. ihre chemische Konstitution. In deutscher Bearbeitg. v. Rich. Wolffenstein. gr. 8. (VI, 282 S.) Berlin 891. J. Springer. Geb. in Leinw. n. 6. —

Pictet, Amé, die Pflanzenalkaloïde u. ihre chemische Konstitution. In deutscher Bearbeitg. v. Rich Wolffenstein. 2. verb. u. verm. Aufl. gr. 8. (IV, 144 S.) Berlin 900. J. Springer. Geb. in Leinw. n. 9. —

Pictet, Arnold. Influence de l'alimentation et de l'humidité sur la variation des Papillons. Avec 5 planches (**Ed. A:* Avec les pl' 1 à 5) [accompagnées d'explications].

Ed. A: Mémoires de la Société de Physique et d'Histoire naturelle de Genève. Volume 35. Fascicule 1 — ⟨Juin 1905⟩. Genève, Bâle et Lyon, Georg & Cie; Paris, G. Fischbacher. fr. 10. —. [N° 3:] p. 45—128.

Ed. B: (Mémoires — — Genève. Vol' 35, Fasc' 1.) II p. + p. 45—128. Genève, Impr. W. Kündig & fils, 1905.

Ed. C: = *Ed. B, mit Aufdruck:* G', Georg & Cie, libraires-éditeurs. [fr. 10. —]

Pictet, Benedikt

Pictet, Bdkt., Erhebungen d. gläubigen Seele zu Gott u. Betrachtt.; aus d. Französ. 8. Ulm 756. Bartholomäi. 5 gr

— Gebetbuch auf alle Zeiten. 12. Basel, Flick. 710.

— Gebete auf alle Tage in der Woche. 12. Basel, Brandmuller. 731.

* Pictet, Bened., christl. Gottesgelahrtheit u. Wissenschaft d. Heils, od. Erklärung d. Wahrheiten, welche Gott denen Menschen in d. H. Schrift geoffenbaret hat. Nach d. 3ten verm. Aufl. Aus d. Franz. übersetzt. 2 Thle. 4. Leipz. Weidmann. 723.

Pictet, Benoit. Christliche **Gottesgelahrheit, a. d. Franz. Leipzig 1724. Ü: *Tittel, August.* (ML)**

— christliche Gottesgelahrheit und Wissenschaft d. Heils, a. d. Frz. übersetzt. 2 Theile. 4. Frft. Varrentrapp. (Weidmann in Lpz.) 744.

— labores apostolici, transl. ab Erath. III Pts. 4. Augsb. 711.

— medulla theol. christ., syllab. controversiar. et medulla ethicae chr. 12. Genev. Chouet. 711.

— dissert. de relig. christ. praestantia. 8. Genev. Chouet. 720.

— Predigten üb. sonderbare Schriftstellen. 8. Frft. u. Lpz. (Meyer in Berlin.) 721.

— Prières p. tous les jours de la semaine. 12. Frft. 758.

— üb. Religionsprüfung; aus d. Französ. von S. Spörlin. 8. Basel 789. Schweighäuser. 3 gr

— scrutinium religionum, oder Glaubensprüf. d. natürl. heidn. rc. Relig. 8. Dresden. Gröll. 730.

— christliche Sittenlehre, oder Mittel und Wege recht wohl zu leben. 4. Lpz. Georgi. 738.

— theologia christiana. 8. Genev. Cramer. 730.

— Unterred. eines Zuhörers mit seinem Seelsorger. 8. Lpz. Heinsius. 722.

Pictet, E.

— das Londoner Bank-, Check- und Clearinghouse-System nebst Winken für seine Einführung in Deutschland. Leipzig 1874

Pictet, E. Biographie, travaux et correspondance diplomatique de C. Pictet de Rochemont, député de Genève auprès du congrès de Vienne, 1814, envoyé extraordinaire et ministre plénipotentiaire de la Suisse à Paris et à Turin, 1815 et 1816 (1755—1824). Avec portr. et 1 carte (in-fol.). Gr. in-8⁰. X, 444 p. Genève, Bâle, Lyon, H. Georg, 1892. 10 —

— **E.** Carte du lac de Genève, levé par E. Pictet. 2 feuilles, imprimées en couleurs, échelle 1 : 12,500. Genève et Bâle, H. Georg.
Indique les profondeurs de la partie du lac Léman situé entre Genève et Coppet. 1878

— Die Münz-, Währungs- und Bankfragen in Deutschland. Elberfeld 1871

Pictet, François-Jules

Pictet, F. J., description des fossiles du terrain crétacé de Saint-Croix, s.: Matériaux pour la paléontologie suisse.

Pictet, F.-J., description des mollusques fossiles qui se trouvent dans les grés verts de Genève. 1. livr.: Céphalopodes. gr. 4. (156 S. m. 15 lith. Taf.) Genéve 847. (Kessmann.) baar 3 1/2 ₰

Pictet, F. J., Histoire naturelle générale et particulière des insectes névroptères. 1. Monographie. Famille des Perlides. 1—11. Livr. Lex.-8. (29 1/2 B. u. 53 ill. Stnt.) Genève 841, 43, Kessmann. (Soleure, Jent et Gassmann.) à L. *

— la même. 2. Monographie. Famille des Ephémérines. 1—10. Livr. Lex.-8. (29 3/4 B. u. 48 z. Theil ill. Stnt.) les mêmes 843—45. à L. *

Pictet, F. J., s.a. Matériaux pour la paléontologie suisse.

Pictet, Materiaux pour la paleontologie suisse. 5me serie. 9. livraison. Geneve et Bale. H. Georg 1871.

Pictet, F. J., Prof. à l'acad. de Genève, Materiaux pour la Paléontologie suisse, ou recueil de monographies sur les fossiles du Jura et des Alpes. Ve. Série Livre 10, 11, contenant: Description des fossiles du terrain crétacé de Sainte Croix par MM. F. J. Pictet et G. Campiche. 4me. partie Nr. 8 & 9. pag. 265 à 352, planch. CLXXXe -CXCIV. in-4. avec titres et tables. Bâle et Genève, H. Georg. 1871. 17. —.

Pictet, F. J., Matériaux pour la Paléontologie suisse ou Recueil de monographies sur les fossiles du Jura et des Alpes. VIe série, livr. 4 à 6: Description des Echinides des terrains crétacés de la Suisse, par P. de Loriol. 44 pp. in-4 et 15 planches. Genève et Bâle, H. Georg. 1873. 26. —
Prix des Séries I—V prises à la fois fr. 550. — Série VI livr. 1—6 fr. 54. — Errata. Bibliogr. Suisse 1873. Nr. 3. Pictet etc. lisez „VI Série livr. 1 à 3" au lieu de „livr. 1."

Pictet, F. J., Matériaux pour la paléontologie suisse ou recueil de monographies sur les fossiles du Jura et des Alpes. VIme série. Livr. 7. 8. 9 et 10, contenant: Description des Echinides des terrains crétacés de la Suisse, par P. de Loriol. Feuilles 19 à 50 et planches 16 à 33. in-4. Genève et Bâle, H. Georg. 1873. 40. —

Pictet, F. J., Mélanges paléontologiques. 1—3. Livr. Basel 867. Georg. gr. 4. [1. Livr. (S. 1—42 mit 7 Steintaff.) n.n. 2 ₰ 8 ngr, 2. Livr. (S. 43—131 mit 21 Steintaff.) n.n. 6 ₰ 20 ngr, 3. Livr. (S. 135—203 mit 7 Steintaff.) n.n. 2 ₰ 20 ngr] n.n. 11 ₰ 18 ngr

Pictet, François-Jules, et Humbert, Aloïs s. Mémoire sur les animaux vertébrés trouvés dans le terrain sidérolithique du Canton de Vaud.... [2de Partie:] Supplément. Genève et Bâle 1869.

Pictet, F.-J., et Aloïs Humbert, Monographie des Chéloniens de la mollasse Suisse. Imp.-4. (71 S. mit 22 Stnt.) Genf (856)57, [Müller-Darier.]

—— et Charl. Pictet, Notices sur les animaux nouveaux ou peu connus du Musée de Genève. 1—4. Livr. comprenant la monographie des rats du Brésil. gr. in 4. (11 B. u. 23 z. Theil ill. Stnt.) Genève 841—44. (Soleure, Jent et Gassmann.) *

Pictet, François-Jules, Recherches pour servir à l'histoire et à l'anatomie des Phryganides, ouvrage qui a remporté le prix Davy fondé à Genève pour encourager l'étude des sciences physiques et naturelles. Mit 20 Kpfrtaf., wovon 15 col. gr. in-4. Genève 834. (Aarau, Sauerländer.) n. 13 1/3 ℔

—— Traité élémentaire de Paléontologie ou histoire naturelle des animaux fossiles considérés dans leurs rapports zoologiques et géologiques. Tom. I—IV. gr. in-8. (110½ B. u. 73 Kpfrtaf.) Genève 844—46. (Soleure, Jent et Gassmann.) à Tom. *

Pictet, Karl, Erfahrr. u. Beobachtt. über die span. Merinoschaafe. Aus d. Französ. Mit 3 Kpft. gr. 8. Wien 808. Beck. 1 ℔ 8 gr Schrbp. 1 ℔ 16 gr

Pictet, Carl., Notices sur les animaux nouveaux, s. Notices.

Pictet, Mark August

— Reise durch England, Schottland und Irland, a. d. Frz. 8. Wien, Anton Doll. (Liebeskind in Leipz. in Commission.) 804.

— traité contre l'indifférence des réligions. 8. Frankf. 779. Eichenberg. 1 ℔ 4 gr

Pictet, Marc Auguste. Versuch über das Feuer; a. d. Franz. Tübingen 1790. Ü: *Kapff, Sixt Jac.* (MGT) »1781« (Ky)

Pictet, Mark. Aug., Versuch üb. das Feuer; aus d. Französ. (v. M. J. Kapf). 8. Tübing. 791. v. Cotta. 16 gr

Pictet, Paul. Etude sur le traité d'établissement entre la Suisse et la France du 23. févr. 1882. gr. 8. (223 S.) Bern 889, Wyss. * 3 20

Pictet, Paul. Rapport administratif de l'Exposition nationale suisse, Genève 1896, publié au nom du Comité central. Accompagné de 2 plans et de 23 planches. In-4° .258 p. Genève et Bâle, Georg & Co. 1898. 10 —

Pictet, Raoul. L'acétylène. Son passé, son présent, son avenir. Avec 14 figures dans le texte. In-8°. 187 p. Genève et Bâle, Georg & Co. 1896. 3 —

Pictet, Raoul, die Automobile u. d. motorische Kraft. D. Luft-Wasser-Motor. gr. 8. (60 S. m. 1 Taf.) Weimar 898. C. Steinert. n. 2. 40

Pictet, Raoul, Berechtigung und Ausführbarkeit der proportionalen Vertretung bei unseren politischen Wahlen, s. Hagenbach-Bischoff.

Pictet, Raoul. Le Carbite. Nouveaux procédés pour sa fabrication. Avec 1 fig. dans le texte. In-8°. 75 p. Genève et Bâle, Georg & Co. 1896. 1 50

Pictet, Raoul. Considérations sur la possibilité expérimentale de la dissociation de quelques métalloïdes. In-8°. 35 p. Genève et Bâle, Georg & Co. 1895. 1 50
*** Extrait des archives des Sciences physiques et naturelles.

Pictet, Raoul.
De l'emploi méthodique des basses températures en biologie. In-8°. 26 p. Genève et Bâle, Georg & Co. 1895. 1 50
*** Extrait des Archives des sciences physiques et naturelles Oct 93.

Pictet, Raoul, die Entwickelg. der Theorien u. d. Verfahrungsweisen bei d. Herstellung d. flüssigen Luft. (III, 137 S.) 8. Weimar 907. C. Steinert. 1.80; geb. 2.30

Pictet, R. Essai d'une méthode générale de Synthèse chimique. Av. planche. In-8°. 48 p. Genève et Bâle, Georg & Co. 1893. 1 —
Pour l'Étranger 1 25
*** Tiré des Archives des Sciences physiques et naturelles de Genève.

Pictet, Raoul. Etude critique du matérialisme et du spiritualisme par la physique expérimentale. Avec 3 planches. Gr. in-8°. XIX, 596 p. Genève, Bâle et Lyon, Georg & Co. 1896. 10 —

Pictet, Raoul. Étude sur le rayonnement aux basses températures. Application à la thérapeutique. In-8°. 52 p., une pl. Genève et Bâle, Georg & Co. 1895. 1 50
*** Extrait des Archives des sciences physiques et naturelles, Sept., Nov. et Déc. 1894.

Pictet, Raoul. Influences des basses températures sur les lois de la cristallisation. In-4°. 4 p. Genève et Bâle, Georg & Co. 1894. — 80

— neue Kälteerzeugungsmaschinen auf Grundlage der Anwendung physikalisch-chemischer Erscheinungen. Mit Angaben üb. neue Einrichtgn. der Kälteerzeugungsmaschinen. Mit Genehmigg. d. Verf. übers. v. Konr. Schollmayer. Mit 1 lith. Taf. gr. 8. (IV, 43 S.) Leipzig 885. Quandt & Händel. n. 1. 50

Pictet, Raoul et Gust. Cellérier. Méthode générale d'intégration continue d'une fonction numérique quelconque à propos de quelques théorèmes fournis par l'analyse mathématique appliquée au calcul des courbes d'un nouveau thermographe. Deux mémoires. In-8°, 152 p. avec 6 grandes plchs. Genève et Bâle, H. Georg. 1879. 6 —
*** Tiré des „Archives des sciences physiques et naturelles".

Pictet, R.: Prospekt über Eis- und Kühl-Maschinen für Brauereien. Berlin (1888)

— Recherches expérimentales sur la congélation de l'acide sulfurique à différents degrés de concentration. In-4°. 4 p. Genève et Bâle, Georg & Co. 1894. — 80

— Recherches expérimentales sur l'influence des basses températures sur les phénomènes de phosphorescence. In-4⁰. 3 p. Genève et Bâle, Georg & Co. 1894. — 80

— Recherches expérimentales sur le point de congélation des différents mélanges d'alcool et d'eau. In-4⁰. 5 p. Genève et Bâle, Georg & Co. 1894. — 80

*** Ces 4 mémoires de M. Raoul-Pictet sont tirés à part des Comptes rendus des séances de l'Académie des sciences de Paris.

Pictet, Raoul, (Prof.) Synthèse de la Chaleur, suivie de considérations sur la possibilité expérimentale de la dissolution de quelques métalloides. In-8⁰, 79 p. u. 1 pl. Genève & Bâle. H. Georg. 1879, 3 —

Pictet, Raoul, die Theorie der Apparate zur Herstellung flüssiger Luft m. Entspannung. (II, 86 S.) 8. Weimar 903. C. Steinert. n. 1. 60

Pictet, Raoul, zur mechanischen Theorie der Explosivstoffe. 8. (84 S.) Weimar 902. C. Steinert. n. 1. 60

Pictet, R., sur la vision binoculaire, s. Mémoires de l'Académie impériale de St. Pétersbourg.

Pictet und de la Rive, Erste öffentlich bekannt gewordene Wiederholung dieser Versuche über die Wirkung des elektrischen Conflicts auf die Magnetnadel. (Oersted.) (Ann. der Physik, Bd. 66, St. 3, J. 1820, St. 11.)

Pictet-Baraban, F. J. matériaux pour la paléontologie suisse ou recueil de monographies sur les fossiles du Jura et des Alpes. 1. livr. Genève 854. Kessmann. gr. 4. (24, 24 S. u. 5 lith. Taf.) 2 ₰. 7½ ngr.

Pictet-(Baraban), F. J., et Aloïs Humbert, Monographie des Chéloniens de la mollasse Suisse. Imp.-4. (71 S. mit 22 Stnt.) Genf 856, Kessmann. Thlr. *

— und H. **Hagen**, die im Bernstein befindlichen Neuropteren etc., s. Reste, die im Bernstein befindlichen organischen. der Vorwelt etc.

Pictet de Rochemont. Ch[arles]. Extraits de la correspondance diplomatique officielle de M. Ch. P' de R' Durant ses missions à Paris et à Vienne, relativement à la question du Chablais et du Faucigny (1814 *et* 1815). 8. *s. l. n. d.* [ca. 1860].

Pictet de Sergy, A[médée]-P[ierre]-J[ules]. Genève ressuscitée le 31 décembre 1813. Récits d'un vieux Genevois. 8. Genève et Bâle 1869.

Picton, Norman: Über Umlagerungen aromatischer Nitrokörper. Weida i. Th. 1908: Thomas & Hubert. 51 S. 8⁰
Leipzig, Phil. Diss. v. 11. Jan. 1909, Ref. Hantzsch, Beckmann
[Geb. 2. Nov. 84 Hirwain; Wohnort: Hirwain; Staatsangeh.: Großbritannien; Vorbildung. Aberystwyth B. Sc. 04; Studium: Aberystwyth 3, Leipzig 4 S.; Rig. 12. Nov. 08.] [U 09. 3040

PICTOR, Alexius (ps.), Neuer Orbis pictus für unser philosophisches Jahrhundert. Kacklogallinien (Hirschberg) 1790.
Weller, fing. Dr.

Pictor, F. S., Asphodelos. 8. (VII, 86 S.) Leipzig (900). Darmstadt, E. Wartig's Verl. n. 1. —

Marbodei Galli [Marbodus Episcopus Redonensis: De Lapidibus.] De Lapidibus pretiosis enchiridion, cum scholiis [Georgii] Pictorii. Ejusdem Pictorii De Lapide molari carmen. Ex Bibliotheca Bruckmanniana [Franz Ernst Brückmann] recus. Wolfenbuttelae 1740. 82 S. 8⁰

Pictorius, J. Bapt., gründlich informirter Gärtner. 8. Nrnb. Buggel. (Lechner.) 729. -

— **Illuminirkunst.** 8. Ebend. 730.

Pictorii, Jh. Bapt., neuerfundene Illuminirkunst, darinnen viele u. besondere Geheimnisse, die Farben künstl. zu bereiten u. nützlich zu gebrauchen 2c. 8. Nürnb., (v. Ebner). 8 gr

Picturae, ornamenta, complura scripturae specimina codicis Vaticani 3867, qui codex Vergilii romanus audit, s.: Codices Vaticani selecti. II.

Picture of London for 1818; being a correct Guide to all the curiosities, amusements, exhibitions, public establishments and remarkable objects, in and near London. With plates; the 19th edition. 16. London. (Leipzig, Fr. Fleischer in Comm.).818.

Picture, The miniature, a Comedy. S. l. 1781. V: *Craven, Elisabeth, nachher Markgräfin von Anspach-Bayreuth geb. Gräfin Berkeley.* (schl)

Picture of Vienna, containing a historical sketch of the Metropolis of Austria, a complete notice of all the public Institutions, Buildings, Galleries, Collections, Gardens, Walks and other objects of interest or utility, and a short description of the most picturesque spots in the vicinity, with a Map of the town an suburbs. 12. Vienna 839. Braumüller et Seidel. 1⅙ ₰

Picture-cards for merry children. Stuttgart 864. Thienemann. 4. (12 lith. u. color. Taf.) 1 ₰ 15 ngr.

—— for the nursery. qu. gr. 4. (12 ill. Stnt. auf Pappe.) Stuttgart 864, Thienemann. In Carton.

Pictures in the National Gallery London. With descriptive text written (unofficially) by Charles L. Eastlake. Part. 1—11. Fol. (114 Taf. in Photogravure m. illustr. Text S. 1—66 u. 69—147.) München 896 —898. F. Hanfstaengl. à Lfg. 15. —

Pictures in the National Gallery London. With descriptive and critical notes by Charles L. Eastlake. Part. 12. Fol. (10 Taf. in Photogravure m. illustr. Text 7 u. S. 149 –162.) München (898). F. Hanfstaengl. 15. —; (kplt. geb. in Halbfrz. n. 225. —)

Pictures, pretty. 8. (8 lith. u. color. Taf. m. Text.) Wesel 874. Düms. n. — 20

Picum, M. A., ein nützl. Büchlein von d. Bienen, woher sie kommen u. wie sie werden 2c. 8. Prenzlau 795. Ragoczy. 2 gr

Picus, noch bei Mutter, s.: Zetses, C.

Picz, A., Lehrbuch der speziellen Psychiatrie für Studierende und Ärzte. Gr.-8⁰. (XIII, 249 S.) Wien: Deuticke 1904. K 6.—

Pidal, Alejandro. Rede, s. Frage, die römische.

Pidal, Ramón Menéndes, s.: Leyenda, la, del abad Don Juan de Montemayor.

Pidansat de Mairobert, Mathieu François

BARRY, Mad. Marie Jeanne Gomart de Vaubernier, Marquise du (1746—93). — Anekdoten (vielmehr sehr frei erzählte und meist erdichtete Biographie) von der Gräfin von Barri (sic!). Aus d. Französ. (des *M. F. Pidansat de Mairobert*). Frankfurt u. Leipzig (Dresden) 1776. 8⁰. (10 Mk. Adolf Weigel, Lpz., 1904; 8 Mk. 25 Pfg. Ludw. Rosenthal, München, 1907.) 480 SS. (incl. Tit. u. 2 Bll. Vorbericht). Mit ziemlich vollständ. Reproduktion der unsaubern Epigramme auf die du Barry im Original.

Orig.: Anecdotes sur Mme. la Comtesse du Barry. Londres 1775. 8⁰. II-350 pp. (8 Mk. J. Taussig, Prag, 1904.)

— — Dasselbe. Ibid. 1782. 8⁰.

Die meisten dieser Anekdoten sind ebenso erfunden, wie die nachher genannten Originalbriefe.

BARRY. — Geschichte, Geheime, der Gräfin von Barry, in Originalbriefen. London (Berlin, Pauli) 1779. 8⁰. (²/₃ Tthlr. Baer.) 294 SS. Uebersetzung der „lettres originales de Mme. la comtesse du Barri" des *Pidansat de Mairobert*, die mit den obigen „Anecdotes" zusammen erschienen. Londres 1775. 8⁰.

BARRY. — Original-Briefe der Frau Gräfin Dü Barry. Nebst denjenigen der Prinzen, hohen Personen, Ministern und andern, die mit ihr in Briefwechsel standen. Aus d. Französ. (des *Pidansat de Mairobert*). Mit vielen lustigen und beleuchtenden Anmerkungen begleitet. Aus d. Französ. übersetzt. Amsterdam 1780. 8⁰. XVI—288 S. (8 Mk. Adolf Weigel, 1907.)

— — Dasselbe. Ibid. 1787. 8⁰.

Orig.: Lettres originales de Mme. la comtesse . . . . 1779.

— — Dasselbe. Nach der Uebersetzung von 1780 herausgegeben und eingeleitet von René Schickele. Berlin (1905). 8⁰. (Br. Mk. 3.—, gebd. 4.—, Ldrb. 5.—.)

Neudruck einer köstlichen Amsterdamer Sammlung aus dem Jahre 1780, mit „vielen ergötzlichen und aufklärenden Bemerkungen". Das Buch ist ebenso heiter wie kulturhistorisch interessant. (Kulturhistor. Liebhaber-Bibliothek. Bd. IV.)

Piddington, H., die Cyclonen. Ueber die Zirkeldrehung der Orkane u. das Verhalten des Seemannes während derselben. Aus dem Engl. übers. von Henry Tobiesen. Mit 2 Hornkarten u. 28 in den Text eingedr. Figuren (Holzschn.) nebst einem Anhang, 4 (lith.) Cyclonenkarten (in Fol.), 1 (lith.) Barometerkarte (in 4.) u. den betr. Cyclonenverzeichnissen. Hamburg 855. Salomon & Co. gr. 8. (IV, 123 S.) 3 ℛ

Piddington, H., die Cyclonen. Ueber die Zirkeldrehung der Orkane u. das Verhalten des Seemannes während derselben. Aus dem Engl. übers. von Henry Tobiesen. Hamburg 865. Salomon & Co. gr. 8. (IV, 123 S. mit 2 Hornkarten u. 28 in den Text eingedr. Figg. in Holzschn., nebst einem Anh., 4 lith. Cyclonenkarten in qu. gr. Fol., 1 lith. Barometerkarte in 4. u. den betr. Cyclonenverzeichnissen.) geb. 3 ℛ

Pider, Joh., Handbuch der mystischen Theologie. Innsbruck 853. F. Rauch. 12. (VI, 98 S.) n. 8 ngr.

Pider, Joh., Handbuch der mystischen Theologie. 12. (VI und 98 S.) Innsbruck 853, Wagner'sche Buchh. *

Pider-Moser, kurze Kirchengeschichte f. die Jugend, Neubearbeitung, s. a. Bader, Alois, Lehrbuch der Kirchengeschichte.

—— kurze Kirchengeschichte für die Jugend. (8. VI und 103 S.) Innsbruck 854, F. Rauch.

Pider, Joh., kurze Kirchengeschichte für die Jugend. 2., verm. und verb. Aufl. 8. (VIII und 149 S.) Innsbruck 857, F. Rauch.

Pider, Joh., kurze Kirchengeschichte für die Jugend. 3. verm. u. verb. Aufl. Innsbruck 869. F. Rauch. gr. 8. (VIII, 167 S.) 15 ngr.

Pider, Joh., kurze Kirchengeschichte f. die Jugend. In 4. umgearb. u. verm. Aufl. hrsg. v. Karl Moser. gr. 8. (VIII, 216 S.) Innsbruck 872. F. Rauch. 1. 65

Pider, Joh., kurze Kirchengeschichte f. die Jugend, hrsg. in 6. nach der seit 1879 vorgeschriebenen Orthogr. corrigierter Aufl. v. Karl Moser. gr. 8. (VII, 207 S.) Innsbruck 885. F. Rauch. n. 1. 60

Pider, J.: Was soll für die religiös-sittliche Bildung der Realschüler geleistet werden? 11 S.– Innsbruck OR. Progr. 1861.

Pider-Moser, s. Pider, Johann

Piderit, A., die lippischen Edelherrn im Mittelalter. 8. (116 S.) Lippstadt 876. Rempel in Comm. n. — 75

Piderit, Auguste, u. Otto Hartwig, Charlotte Diede, die Freundin von W. v. Humboldt. Lebensbeschreibung u. Briefe. 8. (VIII, 294 S.) Halle 884. Niemeyer. n. 4. —

Piderit, C. W., s. Piderit, Karl Wilhelm

Piderit, Frz. C. Th., Denkwürdigkeiten v. Hersfeld. 8. (18 B. u. 1 Ansicht d. Stiftskirche.) Hersfeld 829, Industrie-Compt.

Piderit, Frz. C. Th., das freiadl. Frauenstift d. heil. Dionysius u. nachheriges Augustiner-Mönchskloster zu Möllenbeck in d. Grafsch. Schaumburg. Eine geschichtl. Monographie. 8. (3 B.) Rinteln 836, Osterwald. (Leivzia. Michelsen.)

Piderit, Frz. Carl Theod., Geschichte der Haupt- u. Residenzstadt Kassel. gr. 8. (26 B.) Kassel 844, Appel. *

Piderit, F. C. Th., Geschichte der Haupt- und Residenz-Stadt Cassel. In erweit. 2. Aufl. mit vielen (lithogr.) Illustr. hrsg. von Jac. Chrph. Carl Hoffmeister. 11 Lfgn. gr. 8. (VIII, 528 S. mit 1 Stahlst.) Cassel 882, Klaunig. à Lfg. ℳ 1. *

Piderit, Frz. Carl Theod., Geschichte der hessisch-schaumburg. Universität Rinteln. 12. (6¹/₁₂ B.) Marburg 842, Elwert'sche Universit.-Buchh. Thlr.

Aus: Die Vorzeit. 10. Jahrg. besond. abgedruckt.

—— Geschichte der Grafschaft Schaumburg u. d. wichtigsten Orte in derselben. M. 1 Stndr. gr. 12. (9 B.) Rinteln 831, Osterwald. 20 Gr., f. Pap.

—— die Lehre von dem Reiche Gottes. Für meine Confirmanden. gr. 8. (3 B.) Rinteln 833, Osterwald.

—— geschichtl. Wanderungen durch d. Weser-Thal. (3 Hfte.) gr. 12. (6³/₄ B. u. 7 B. in 8.) Rinteln (835—38,) Osterwald. (Leipzig, Michelsen.)

Kupfer hierzu, vgl. Gallerle von Weseransichten.

—— Wanderungen durch d. Weser-Thal v. Hameln bis Minden. Ein geschichtl. Rundgemälde f. d. Besucher d. Paschenburg. 8. (7 B.) Rinteln 838, Osterwald. (Leipzig, Michelsen.)

Aus vorstehendem Werke besond. abgedruckt.

Piderit, Johann Carl Heinrich (Blomberg/Lippe), De exploratione thoracis ad morbos pectoris internos cognoscendos. Diss. med. Berlin (Brüschcke) 14. VII. 1820. 50 S. mit Biogr. (M.: S. Krieger). (3.25) 26477
Oppon.: Jo. Hueser, Aug. Walz, Carl Meyer. — Gew.: Wilh. Conr. Piderit (Vater).

Piderit, Jh. Rud. Ant., († d. 2. Aug. 1791.) Antwort auf Semlers bekannt gemachte Erklärung u. darin an ihn geschehene Herausforderung. 8. (Leipz.) 775. (W. Vogel). 5 gr

– s. Beitrr. zu den neuesten Religionsvereinigungsschriften, u. setze hinzu: (von J. R. A. Piderit).

Piderit, J. R. Ant., Beyträge zur Erläut. d. Kanons der heiligen Schrift. 2 Stk. 8. Leipzig, Crusius. (J. C. W. Vogel.) 776.

— Beitrr. z. Vertheidigung u. Erläuter. d. Kanons d. heiligen Schrift u. der christl. Religion überhaupt. 2 Stücke. 8. Frkf. u. Leipz. 775, 76. (W. Vogel). 1 Thlr

— freie Betracht. üb. das Erdbeben zu Lissabon. 8. Marb. 756. Müller. 4 gr

– s. Einleitung u. Entwurf z. Versuch e. Religionsvereinigung, u. setze hinzu: (v. J. R. A. Piderit).

— Gedanken v. d. Schlüsseln d. Himmelreichs. 8. Marb. 751. (Hermann in Frankf.) 8 gr

— Ldw. Bolognini et Fel. Sandei tractatus de indulgentiis recudendos curavit atque ut plurimum ex ipsis Romanae Ecclesiae positionibus illustravit. 4. Marb. 750. (Brönner; a. Hermann in Frankf. a. M.) 16 gr

— Lud. Bolognini et T. Sandei tr. de indulgentiis. 4. Marb. Müller. (Hermann, Brönner in Frft.) (Comt. f. Liter. in Lpz.) 750.

— Schlüssel d. Himmels. 8. Leipz. Comt. f. Lit. 751.

Piderit, K., die kohlensauren Gasquellen zu Meinberg, deren medicin. Benutzung u. Wirksamkeit. gr. 12. (9⅙ B.) Lemgo 836, Meyersche Hofbuchh. *

Piderit und Rudolph **Brandes**: Ueber die Gasquellen in Meinberg. ([S.-A.] Archiv der Pharmacie des Apothekervereins in Norddeutschland. 2. Reihe. Bd. 19.) Hannover 1839. 14 S. 8°.

Piderit, Karl, das Buch für junge Frauen und Mütter. 5. Aufl. Neu bearb. von F. E. Clasen. 8. (XVI, 203 S.) Bielefeld 887, Velhagen und Klasing. geb. *

Piderit, Karl, das Buch f. junge Mütter u. treue Wärterinnen. Vorschriften üb. Haltg. u. Pflege der Kinder in den ersten Lebensjahren. 4. Aufl. Neubearb. u. hrsg. v. F. E. Clasen. 8. (XVI, 141 S.) Bielefeld 883. Velhagen & Klasing. n. 1. —; geb. n. 1. 50

Piderit, Carl, für junge Mütter. Ueber Haltung u. Pflege der Kinder in den ersten Lebensjahren. Detmold 867. Meyer'sche Hofbuchh. gr. 8. (58 S.) n. 10 ngr.

Piderit, Karl, für junge Mütter und treue Wärterinnen. Vorschriften über Haltung und Pflege der Kinder in den ersten Lebensjahren. 2. Aufl. 16. (IV, 68 S.) Detmold 873, Meyer'sche Hofbuchh. *

Piderit, Karl, f. junge Mütter u. treue Wärterinnen. Vorschriften üb. Haltg. u. Pflege der Kinder in den ersten Lebensjahren. 3. Aufl. gr. 16. (IV, 68 S.) Detmold 876. Meyer. n. — 60

Piderit, Karl Wilhelm

Piderit, K. W., scenische Analyse des Sophokleischen Dramas Ajas Mastigophoros. gr. 8. (94 S.) Hersfeld 850. (Cassel, Bohné.) n. 12 ngr.

Piderit, Carl Wilh., de Apollodoro Pergameno et Theodoro Gadarensi rhetoribus. 4. (5 B.) Marburgi 842, libr. Universit. Elwert. *

Piderit, Karl Wilh., Bilder aus Parcival. Ein Cyklus von Vorträgen, gehalten vor einem befreundeten Kreise. Nach dessen Tode hrsg. von Anna Piderit. Mit einer Radirung von Otto Piderit. 8. (VII, 286 S.) Gütersloh 875, Bertelsmann. * geb. *

Piderit, Carl Wilh., die dritte Declination d. griech. Sprache, f. Gymnasien dargest. gr. 8. (2¼ B.) Marburg 841, Garthe.

Piderit, Carl Wilh., Geschichte der Gründung u. Einweihung des Gymnasiums zu Hanau. 2 Hefte. Hanau 865. (Leipzig, Teubner.) 8. (75 S. u. 48 S.) n. 12 ngr.

Piderit: Zur Gymnasialpädagogik. 1) Über einige der hauptsächlichsten Feinde der Einheit im Gymnasial-Unterricht. 2) Vom geistigen Gehörsinn und dessen Uebung. 15 S.– Hanau, Progr. 1867.

Piderit: Zur Gymnasialpädagogik. (3. Reden: 1. Von der wahren und falschen Energie. 2. Vom geistlichen Gesichtssinn. 3. Ueber die Gefahr des Herabsinkens aus unserem Christenberuf). 24 S. –Hanau, Progr. 1871.

Piderit, K. W., zur Gymnasialpädagogik. Schulreden. Hrsg. v. Alb. Freybe. gr. 8. (VIII, 438 S.) Gütersloh 877. Bertelsmann. n. 5. —

—— de Hermagora rhetore. Dissert. inaug. 4maj. (6½ B.) Hersfeldae 839, Schuster. *

—— zur Kritik und Exegese von Ciceros Brntus. 2 Hefte. 4. (à 20 S.) Hanau 860,62. (Leipzig, Teubner.) à Heft * 8 Ngr. *

Piderit, K. W., zur Kritik nnd Exegese von Cicero de oratore. Fasc. I. II. Hanau 857, 58. (Leipzig, Teubner.) 4. (9 S.; 2 Bl., 20 S.) 1.: n. 8 ngr.; 2.: n. 10 ngr.

— Zur Kritik von Ciceros Partitiones oratoriae p. I. Pr. 1866. 28 S. 4°. 1.20

—— Rede zur Feier des 200jährigen Jubiläums des Gymnasiums zu Hanau Dienstags den 21. Febr. 1865 Morgens 10 Uhr in der Aula des Gymnasiums gehalten. gr. 8. (26 S.) Hanau 865, (König's Buchh.) Leipzig, (Teubner.) *

— Sophokleische Studien. I u. II. Pr. 1856/57. 33. 24 S. 4°. à 1.20

Piderit, C. W., Sophokleische Studien I. gr. 4. (33 S.) Hanau 856, (König.) *

—— Sophokleische Studien II. gr. 4. (24 S.) Hanau 857. (König's Verlag.)
I. Ebendas. 1856. * 10 Ngr.

—— Uebersicht des Metrums u. der äusseren Eintheilung von Sophokles Antigone. Für d. Schulgebrauch. 8. (1¼ B.) Hersfeld 810, Schuster.

Piderit, K. W., s. Weihnachtsspiel.

Piderit, Philipp Jakob

Piderit, P. J., Additamenta ad Dispensatorium elect. hassiacum. 8maj. Marb. Krieger. 815.

Piderit, Ph. Jak., († 1807.) Additamenta ad Dispensatorium elect. hassiacum. 8maj. Marb. 816. Krieger. 8 gr.

— Additamenta ad Pharmaciam rationalem. 8maj. ibidem. 815.

— prakt. Annalen v. Militär-Lazareth in Cassel. 1s—4s Stück, oder: prakt. medicin. Archiv. 1r Bd. 4 Stücke. 8. (Cassel 794—99. Krieger. 1 Thlr. 8 gr. — Neues prakt. Archiv. 2r Bd. 1s Stück. 8. Ebd. 801. (a. Streng in Frankf. a. M.) 16 gr. 2r Bd. 2s Stück. 8. Cassel. 803. Griesbach. 10 gr. 2r Bd. 3s Stück. Auch u. d. T.: Ueber inländ. Surrogate für die China- oder peruvian. Rinde. 8. Götting. 809. Dieterich. 6 gr.

— Anweis. wie man sich vor d. Ruhr verwahren kann. 8. Cassel. 782. (Krieger in Marb.) 1 gr.

— prakt. Archiv. 2r Bd. 1s Stck. 8. Ebend. 801.

— — — 2r Bd. 2s Stck. 8. Cassel, Griesbach. 803.

— — — 2r Bd. 3s Stck. 8. Göttingen, Dieterich. 809.

— prakt. medic. Archiv. 4 Stck. 8. Cassel, Cramer. (Krieger in Marb.) 794—99. (à 8 gr.)

Piderit, Philipp Jakob (Hrsg.):

s.: Dispensatorium electorale Hassiacum. Dt. Ubers.von Christoph Fri(e)drich Elias. Marburg: 1807

— Gesch. eines sehr merkwürdigen Beinfraßes. 8. Ebend. 781.

— Geschichte eines sehr merkwürdigen Beinfraßes. 8. Marb. 783. Krieger. 2 gr.

— pharmacia rationalis. Fasc. I—VI. 8maj. Cassel 779, 80. Ed. II. 782. Ed. III. 791. Krieger. 1 Thlr. supplement. I. 4. ibid. 798. 7 gr. Additamenta. 8maj. ibid. 815. 8 gr.

Philipp Jakob Piderit

Pharmacia rationalis denuo corr. et aucta. Ed. eam Philippus Iacobus Piderit. Cassellis: Cramer 1782. XIV,383 S. 8°

— pharmacia rational. 8. maj. ibid. 791.

— supplementum primum. 4. Cassel, Cramer. 798.

Piderit, Philippe Jacques. Pharmacia rationalis ad editionem tertiam ... recusa ... Friborg. 1806. H: *Biedermann, J. Gfr.* (MGT) (Kv)

— pharmacia rational. cum supplem. Ed. III. (ed. J. G. Biedermann). 8maj. Freiberg 806. Craz u. G. 1 Thlr. 8 gr. — Dass. deutsch. Bearb. v. K. F. Burdach, unt. d. T.: Dispensatorium f. die Königl. Sächs. Lande. gr. 8. Lpz. 806. Hinrichs. 1 Thlr. 12 gr. Nachtrag. gr. 8. Ebd. 807. 14 gr.

— Plan zu einer Feldapotheke f. Hessen-Casselsche Truppen. 8. Marb. 792. Krieger. (Streng in Frankf. a. M.) 3 gr.

— von d. Schädlichkeit d. Ailhaudischen Pulvers. 8. Frkf. 775. (W. Vogel in Leipz.) 1 gr.

— Schädlichkeiten des Ailhaudischen Pulvers, erwiesen und beschr. 8. Lpz. Crusius. (F. C. W. Vogel.) 775.

— uber Surrogate für die China. 8. Göttingen, Dieterich. 809.

— Unterricht, was Eltern u. Krankenwärter bei Kinderblattern zu beobachten haben. 8. Marb. 783. Krieger. 2 gr.

— Versuch e. Darstellung d. ausländ. Arzneimittel in Rücksicht ihrer Ent- u. Unentbehrlichkeit. gr. 8. Marb. 810. Krieger. 8 gr.

Piderit, Thdr., drei Bühnendichtungen. gr. 8. (253 S. u. Musikbeilage 4 S. in 4.) Norden 880. Fischer Nachf. n. 3. —

Piderit, Thdr., drei Bühnendichtungen. gr. 8. (253 S.; Musikbeilage 4 S. in 4.) Bremen 880, Kühtmann und Comp. *
—— dass. — 2. verm. und verb. Aufl. gr. 8. (IV, 254, 99 S.; Musikbeilage 4 S.) Norden 882, Fischer Nachf. *

Piderit, Th., Gehirn und Geist. Entwurf einer physiologischen Psychologie für denkende Leser aller Stände. Mit 8 in den Text gedr. Holzschn. Leipzig 863. C. F. Winter. 8. (X, 86 S.) n. 15 ngr.

Piderit, Thdr., kuriose Geschichten. 8. (143 S.) Berlin 872. Janke. 1. 50

Piderit, Thdr., Grundsätze der Mimik und Physiognomik. Mit 78 in den Text eingedr. Holzschn. Braunschweig 858. Vieweg. 8. (2 Bl., 98 S.) n. 20 ngr.

Piderit, Thdr., Mimik u. Physiognomik. 2. neu bearb. Aufl. Mit 95 photolith. Abbildgn. gr. 8. (XII, 212 S.) Detmold 886. Meyer. n. 6. —; geb. n. 7. —

—— Schön-Rotraut. Schauspiel in 2 Aufzügen. gr. 16. (80 S. mit 4 S. Noten.) Detmold 875, Meyer'sche Hofbuchh. [Berlin, Grote'sche Verlagsb.] *

Piderit, Th., wissenschaftliches System der Mimik u. Physiognomik. Detmold. 867. Klingenberg. gr. 8. (XVI, 204 S. mit 94 pohotolith. Abbild.) n. 2 Thlr. 10 ngr.

— die Theorie des Glücks u. der Arzt u. sein Publikum. Zwei naturwissenschaftl. Vorträge. Leipzig 867. C. F. Winter'sche Verlagsb. gr. 8. (107 S.) n. 10 ngr.

Pidoll, Bar. P., e. Cavallerie-Regiment im Aufklärungsdienste vor e. grösseren Heereskörper, s.: Förster.

Pidoll, Karl v., s. Aus der Werkstatt e. Künstlers.

(Pidoll, Karl v.:) Aus der Werkstatt eines Künstlers. Erinnergen an den Maler Hans von *Marées* aus d. Jahren 1880—81 u. 1884—85. 1890 als Ms. gedr. Nachdr. 1. Aufl. Luxembg '08. 83 S.

Pidoll, Karl Kaspar von

Pidoll, Carl Caspar von (Trier), De clericorum saecularium testamenti factione activa, eorundemque testamentis sancte ordinandis. Diss. histor.-canon. Präs. Georg Christoph Neller. [Trier] (J. Chr. Eschermann) 9. IX. 1761. 30 S. (5.—) 26478
Oppugn.: Johann Picard, Johann Jakob von Hontheim, Johann Ludwig Corden, Carl Ignatius Stoll.

— — Diss. inaug. ex jure publ., de clausula art. IV. pacis Ryswicensis. Trier (Eschermann) 20. IX. 1762. 141 S. (6.50) 26479
Gew.: Alexander Ferdinand von Turri u. Tassis.

Pidoll zu Quintenbach, Karl von

(Pidoll zu Quintenbach, Carl v.) Einige Worte über die nützlichsten und dringendsten Land- und Wasserstrassen in Ungarn zur Erleichterung der Ausfuhr. (Mit 1 Karte.) 8. Wien 1844.

Pidoll zu Quintenbach, Carl v., einige Worte über die russischen Militär-Kolonien im Vergleiche mit der k. k. österreich. Militär-Grenze u. mit allgem. Betrachtungen darüber. gr. 8. (5½ B.) Wien 846, (47,) Gerold, Berl.

Pidoll zu Quintenbach, Carl Freiherr v., k. k. Hofrath. Einige Worte über die Wirthschaft der Karlstädter Grenzer. Den in dieser Grenze angestellten Herren Offizieren achtungsvoll gewidmet. 4. Wien 1844.

Pidoll zu Quintenbach, Michael Frhr. von

—, *Ansprache an den aus dem Amte scheidenden Direktor Dr. Alois Egger v. Möllwald.* 8 (S. 40—42 des Jahres-Ber.). G. der k. k. Theresianischen Akademie Wien 1894.
Progr.

Freiherr von Pidoll zu Quintenbach, *Michael Ansprache an den zum Curator der k. k. Theresianischen Akademie ernannten Dr. Paul Freiherrn Gautsch von Frankenthurn.* 8 (S. 33—34 des Jahres-Ber.). Erwiderung des Herrn v. Gautsch. (S. 34—35).
Progr.

Pidoll Dr. Mich. v.: Festfeier am 2/XII. 1898. 14. Wien Ther. Ak. 99.
Progr.

Pidoll von Quintenbach Michael Freiherr: Kritik der Erkenntnistheorie des René Descartes nach den Meditationes de prima philosophia und einschlägigen Stellen aus anderen Schriften desselben.
1878 PN 142 Diss.Wien, Univ. 12

Pidoll, Mich. Frhr. v., der neue Normallehrplan des Gymnasiums. (Schriften des Vereins f. Schulreform.) (IV, 40 S.) gr. 8. Wien 909. Manz. — 85

Pieces

— authentiques rélatives à la négociation confiée à Mr. le Comte de Görz et Mr. de Rayneval etc. av. supplém. 4. Eisen. 786. Wittekind. 6 gr

Pièces choisies de l'ami des enfans de Mr. Berquin. 8. Hamb. 819. Campe. 18 gr

Pièces concernant la formation de la Légion Anglo-Suisse (au service de S. M. Britannique). [E.] 8. [Berne 1864.]

Pièces dramatiques . . . Auswahl von französischen Kinderschauspielen . . . Mannheim 1805. H: *Zandt, Jacob Frdr. Theod.* (Ky)

Pièces dramatiq. choisies du théâtre de l'enfance de Berquin, Auswahl v. französ. Kinderschauspielen, z. Gebr. d. deutschen Jugend, mit Anmerkk. (v. J. F. Th. Zandt). 8. Manh. 805. Schwan u. G. 18 gr

Pièces pour les enfans. Bair. 1789. V: *Hauchecorne, Frdr. Wilhelm.* (Fiker)

— fugitives, sur l'Eucharistie. gr. 8. Lpz. Crusius. (F. C. W. Vogel.) 730.

Pièces concernant les inondations en automne 1868 et la répartition des dons. [5 parties.] 8. (Berne 1869.)
[1re partie] *u. d. T.:* Procès-verbaux des conférences relatives aux inondations qui ont eu lieu en Suisse en 1868. [Avec 3 tableaux.] B' 1869.
[2de partie.] Tableau des dons en argent envoyés à la Caisse fédérale pour les inondés. [E. B' 1869.]
[3e partie.] Rapport du Comité central de secours sur ses opérations.... [Avec 2 tableaux. E. B' 1869.]
[4e partie.] Propositions du Ce centr' de s' pour la répartition du produit de la souscription faite en faveur des inondés. [E. B' 1869.]
[5e partie] *u. d. T.:* Rapports des commissions d'experts sur les causes et l'importance des dommages causés en 1868 par les inondations dans les Cantons d'Uri, de St. Gall, des Grisons, du Tessin et du Valais. [Avec 7 tableaux. E.] B' 1869.

— intéressantes. gr. 8. Paris. (Sommer, Lpz.) 794.

Pièces, intéressantes rélatives, aux dernièrs événemens en France. gr. 8. Frankfurt am M. Brönner. 805.

— master-, of good writing, collect. fr. the best engl. Auth. etc., od. n. engl. Chrestomathie etc. gr. 8. Straßburg, (Jäger in Frankf.) 798.

— officielles et bulletin de grande Armée, s. Actenstücke.

— officielles concernant l'assassinat commis sur le ministres franç., au Congrès de Rastadt. 8. Strasb. (Tourneysen, Cassel.) 799.

Pièces officielles concernant la question de Savoie. Première [et unique] livraison. [E.] 8. [Berne 1860.]

Pièces, petites, de théâtre, s.: Bibliothek gediegener u. interessanter französ. Werke.

Pieces in engl. Prose and verse, v. Breyer.

Pièces relatives aux empêchemens que S. A. R. Madame la princesse d'Orange et de Nassau, née princesse royale de Prusse a éprouvés dans le voyage, qu'elle avoit entrepris de faire le 28 juin 1787 de Nimègue à sa maison-du-bois près de la Haye.
o. O. 1787. 18 S.

Pièces relatives à la marche des troupes détachées de l'armée de Sambre et Meuse pour se rendre à Brest. 4. Frankfurt 1798.

Pièces relatives au dernier traité des Puissances alliées avec la France. Francf. 1816. V: *Gagern, Hans Chph Ernst Frh. v.* (Ky)

— rélatives au dernier traité des Puissances alliées avec la France. (Par H. C. E. de Gagern). gr. 8. Frankf. 816. (Gebhardt in Grimma). 6 g.

— rélatives, au dernier traité des Puissances alliées avec la France. gr. 8. Frankf. Wilmanns. 816.

Pieces, Select, in English Prose and Verse. Erlangen 1779. V: *Breyer, Joh. Friedrich.* (MGT) (Ky)

— select, in Engl. Prose and Verse, (v. Jh. Fr. Breyer). 8. Erl. 779. Palm. 16 gr.

Plechanow, G., Die Grundprobleme des Marxismus. Übers. v. M. Nachimson. (112 S.) 8. Stuttgart, J. H. W. Dietz Nachf. 1910. —. 75; geb. 1. —

Piechocki, Stefan, Referendar: Die unechte Solidarität, ein Beitrag zur Lehre vom passiven Gesamtschuldverhältnis. Greifswald 1910: Abel. 59 S. 8°
Greifswald, Jur. Diss. v. 15. Juli 1910, Ref. Pescatore
[Geb. 2. Aug. 83 Czekanow; Wohnort: Stettin; Staatsangeh.: Preußen; Vorbildung: Gymn. Rogasen Reife O. 03; Studium: Berlin 3, Göttingen 3 S.; Rig. 7. März 10.] [U 10. 1538

Plechotta, Joannes *(geb. Groschowitz bei Oppeln 8. 12. 1854)*: Curae Apulejanae. Vratislaviae: G. Koebner 1882. (52 S.) 8°
[Buchausg. ebenda.]
Breslau, Phil. Diss. v. 9. Juni 1882

Piechotta, Johannes Ein Anecdotum latinum. 4 (XIII S.) Progr. Kath. G. *Leobschütz* 1887 (181).

Piechowski, Jos., de Q. Horatii Flacci epistola ad Pisones. 8maj. (II und 181 S.) Mosquae 853. (Lipsiae, Brockhaus' Sortiment und Antiquarium.) *

— de ironia Iliadis. 8maj. (II und 172 S.) Mosquae 856. (Lipsiae, Brockhaus' Sortiment und Antiquarium.) *

PIECHOWSKI, VICTOR VON. Ueber Derivate der α p-Toluidonormalbuttersäure. Berlin, 1893.

Pieck, Arthur [pr. Arzt]: Ein Fall von fieberhafter disseminirter Miliarcarcinose ... Königsberg i. Pr., Druck v. M. Liedtke, 1891; 46 S., 3 Bl. 8.
Königsberg, Med. Fak., Inaug.-Diss. v. 21. Dez. 1891

Pieck, Julius (geb. Aschersleben [illegible] 1846): De actione quod [illegible] Berolini (1868). (55 S.) 8
Berlin, Jur. Diss. v. 15. Aug. 1868

Julius **Pieck**. Erinnerungen. Als Ms. gedr. 1. Berlin 1907: (W. Hecker, Gräfenhainichen). 8° [F.] [08. 873

Pieck, Jul., von Hamburg nach San Francisco. Eine sechswöchentl. Urlaubsreise. 8. (163 S. m. Bildern.) Berlin 892. G. Stilke. n. 2. —

Pieck, Karl

Geschichte der Leipziger Central-Viehmarkts-Bank zu Leipzig seit ihrer Begründung vom 5. Nov. 1867—31. Dez. 1903. Von Carl Pieck. — (Leipzig [1904]: Leiner.) 466 S. 8° 38 A.

Logen - Arbeiten in gebundener Rede seinen Brüdern gewidmet von Karl **Pieck.** [Leipzig 1905: Leiner.] 108 S. 8° cf. R. 33 (1906) S. 40 (G. Schauerhammer).

Pieconka, Rich., üb. freie Körper in der Bauchhöhle unter Anfügung e. derartigen in der Königsberger Frauenklinik operirten Falles. Diss. gr. 8. (21 S.) Königsberg 893. (Gräfe & Unzer's Sort.) n.n. 1. —

Pieconka, Richard [pr. Arzt]: Ueber freie Körper in der Bauchhöhle unter Anfügg e. derartigen in d. Königsberger Frauenklinik operirten Falles ... Königsberg i. Pr., Druck v. M. Liedtke, 1893; 21 S., 2 Bl. 8.
Königsberg, Med. Fak., Inaug.-Diss. v. 23. Dez. 1893

Die Wohlfahrtseinrichtungen der Stadt M. Gladbach im Hardter Walde (Luise Gueury-Stiftung). Dargest. v. Oberbürgerm. d. Stadt M. Gladbach (**Piecq**) im Okt. 1906. (M. Gladbach 1906: A. Korten.) (30 S.) 4° [F.] [07. 1193

Piecq, Car. (geb. Bonn 17. 5. 1820): Physiologica quaedam de movendi facultate telae cellularis contractilis, elasticae, erectilis ac muscularis. Berolini (1843). (36 S.) 8°
Berlin, Med. Diss. v. 11. Dez. 1843

Pieczynska, Mme E, l'Appel des femmes aux fonctions publiques. Discours, prononcé à l'assemblée publique de la société chrétienne pour l'étude des questions sociales le 12. III. 1898, à Berne. 8. (54 S.) Bern 898. Schmid & Francke. n. — 60

Pieczynska, E., Reinheit. Ein Wegweiser. Aus d. Franz. übertr. 8. (304 S. m. 40 Abbildgn.) Leipzig 901. Th. Grieben. n. 3. —

Piedboeuf, J. L., Petroleum Central-Europas, wo u. wie es entstanden ist, m. specieller Anwendg. auf die deutsche Petroleum-Industrie. gr. 8. (75 S. m. 7 Taf.) Düsseldorf 883. (A. Bagel.) 3. —

Ign. Piedel's Abhandlung von Verbesserung und allgemeinen Gebrauch der Visirstäbe. Mit Kupf. Eichstädt, bey J. B. Wiedemannen, und in Leipzig, bey J. Phil. Haugen in Commission. gr. 8. 1782.

Piedro y la Casa, s. Casa.

— — Dasselbe, tit.: Das bezauberte Achatkreuzchen, oder die geheime Macht. Ebd. ibid. 1817. 8°.

PIEDRO y la Casa, Don, Mörder der schönen Elmire. Wahre (stellenw. etwas freie) Geschichte. Leipzig, Joachim, o. J. (1813). 8°. 208 S.
Kayser nennt die Jahrzahl.

Piedro y la Casa, Don, der Mörder der schönen Elmire. 8. Leipz. 813. Mit n. folg. T.: das bezauberte Achatkreuzchen, oder die geheime Macht. 8. Ebd. 817. Centr.-Compt. 18 gr.

Piedro u. Elmire. Ein Singsp. in 4 A. v. Albrecht. 8. Berl. Schöne. 800.

Piedzicki, Siegmund von, aus Sliwniki: Untersuchungen über die Bindigkeit des Bodens und über die mechanische und die physikalisch-chemische Bodenanalyse. *Merseburg 1899: F. Stollberg.* (54 S.) 8° [F.]
Leipzig, Phil. Diss. v. [24. März] 1899

Pieske u. Genossen auf der Berliner Gewerbeausstellung. Humoreske. Illustr. v. G. Brandt. 4. Aufl. 8. (125 S.) Berlin 896. R. Eckstein Nachf. n. 1. —

Piefke, Herr, im Harem u. andere Humoresken, s.: Humoresken, illustr., s. Reise u. Haus.

Piefke, C: Bericht über die Fortführung von Versuchen behufs Gewinnung eines reinen Brunnenwassers. Berlin 1886

Piefke, C., die Bodenfiltration. Bericht, erstattet an die Direktion der Berliner Wasserwerke. gr. 8. (51 S. m. 3 Steintaf. u. 1 Tab.) Berlin 883. Polytechn. Buchh. n. 6. —

Piefke, C., Mittheilungen über natürliche u. künstliche Sandfiltration. Nach Betriebsresultaten der Berliner Wasserwerke vor dem Stralauer Thor bearb. gr. 8. (75 S.) Berlin 881. Polytechn. Buchh. n. 1. 50

Piefke, C., die Principien der Reinwasser-Gewinnung vermittelst Filtration. Bericht an die Direction der städt. Wasserwerke zu Berlin. Mit 2 in den Text gedr. Abbildgn. gr. 8. (50 S.) Berlin 887. Springer. n. 1. —

Piefke, Mary, Mosaik. Gedichte. gr. 8. (106 S.) Leipzig. [M. Spohr.] E. Fiedler. n. 1. 50

Piefke, Mary, Mosaik. Gedichte. gr. 8. (106 S.) Leipzig 896. M. Spohr. n. 1. 50

Piefke, W., die Verwaltung der Lebensversicherungs-Actien-Gesellschaft „Germania" in Stettin u. deren Resultate im Interesse der Actionaire u. sonstigen Betheiligten nach den Rechenschaftsberichten der Gesellschaft kritisch beleuchtet. Stettin 867. (Saunier.) 4. (16 S.) n. 3½ ngr.

Pieg, Karl

Pieg, Carl, Anleitung zur Erkennung und Unterscheidung einander ähnlicher, aber verschiedenen Zollsätzen unterworfener Gegenstände. Zum Gebrauche bei zollamtlichen Waaren-Abfertigungen zusammengestellt. 1—3. Aufl. Bremen 864. Müller. gr. 8. (IV, 32 S.) 7½ ngr.

Pieg, Karl, Instruction über die Behandlung des Prozeßwesens der Königl. Preuß. Zoll- und indirecten Steuerverwaltung. Nach amtl. Quellen neu bearb. Görlitz 853. Heyn. gr. 8. (VIII, 100 S.) 15 ngr.

Pieg, Carl, der neueste, vom 1. Juli 1865 an gültige Vereins-Zolltarif u. das dazu gehörige amtl. Waarenverzeichniß unter Berücksichtigung der jüngsten Ergänzungen u. Abänderungen für den Gebrauch des Handels- u. Gewerbestandes bearb., u. mit einer Darstellung der Grundzüge der Grenz-Zollabfertigung verbunden. Bremen 865. Müller. Lex.-8. (III, 180 S.) 24 ngr.

Piegendorfer, Gg., d. schwäbischen Geigenbauer v. J. 1600 bis auf uns. Zeit, nebst e. kurzgef. Charakteristik ihrer Arbeiten. [Aus: „Zeitschr. f. Instrumentenbau".] gr. 8. (36 S.) Leipzig 895. P. de Wit. n. — 75

Piegre, die Schule der Väter. Lstspl. Aus d. Französ. (v. Fr. Jos. Ign. Müller). 8. Wien 778. (NB. s. auch K. v. Traun, Schauspiele).

Piegsa: Beitrag zur Theorie d. höheren arithm. Reihen. 18 S.–Ostrowo, Progr. 1855

Piegsa, Emil, das chamoisfarbige Thüringer Kaninchen, s.: Poppe's, F., Bibliothek f. Kaninchenzüchter. 13. Bd.

Piegsa, Joh. Baptista Proben aus einem nächstens erscheinenden Leitfaden der Arithmetik nach heuristisch genetischer Methode. 12 S.
Trzemeszno, Progr. 1846

Piehatzek, A. Bruchstücke aus d. Gesch. der Jesuiten u. des von ihnen gegründeten Gymn. zu O. 19 S.
Progr. Oppeln 1830

(Piehatzek, A.) ? Elemente der ebenen Trigonometrie für die Schüler des hiesigen Gymn. 30 S.
Progr. Oppeln 1827

Piehatzek, A. Von den entgegengesetzten Größen. 10 S.
Oppeln, Progr. 1828

Piehatzek, A. Theorie des Prisma und des Regenbogens. 18 S.
Oppeln, Progr. 1834

Piehatzek, F. Einige pädagog. Andeutungen. Als Stoff zu schriftl. Uebungen in der griech. Sprache für die beiden obersten Klassen des Gymnasiums. 104 S. 8.
Progr. Oppeln 1831

Piehatzek, F. Sollen Schüler Uebersetzungen gebrauchen? 10 S.
Progr. Oppeln 1835

Piehatzek, F. Die griech. Sprache als Gegenstand d. Gymn.-Unterr. 20 S.
Progr. Oppeln 1839

Piehl, Anweis. auf eine bessere Art Ziegelhütten anzulegen. m. K. gr. 8. Copenh. Brummer. 802.

Piehl: Geschichte der Trebnitzer Schützengilde 1609—1909. Trebnitz, Schles., 1909, 31 S.

PIEHL, DAV. HERM., Theses inaug. mathematicæ et philosophicæ. Kilonii. 1767. 4. P. [Praes. Wilh. Ern. Christiani].

Piehl, Fr. W., über einige Veterinär-Operationen, rücksichtlich ihrer Schädlichkeit u. fehlerhaften Ausübung v. Seiten d. Afterthierärzte, Quacksalber u. Cons. 8. Berl. 822. Dümmler. 6 gl

Piehl, Franz (geb. Schlochau in Westpr. 27. 3. 1846): Zur Casuistik der Ischias. Berlin (1873). (30 S.) 8°
Berlin, Med. Diss. v. 11. März 1873

Piehl, Johann Carl Felix, Referendar u. bacc. jur., Hohenstein-Ernstthal: Das Pfandrecht des Vermieters nach dem Bürgerlichen Gesetzbuch. *Borna-Leipzig 1903: R. Noske.* (VIII, 77 S.) 8°
Leipzig, Jur. Diss. v. 1903

Piehl, Karl, dictionnaire du Papyrus Harris N°. 1, publié par S. Birch d'après l'original du British Museum. gr. 8. (VIII, 116 S.) Vienne 882. (Leipzig, Hinrichs' Verl.) n. 16. —

Piehl, Karl, petites études égyptologiques. Dissertation académique. gr. 8. (63 S.) Vienne 881. (Stockholm, Looström & Co.) n. 12. —

—— inscriptions hiéroglyphiques recueillies en Europe et en Égypte. Publiées, traduites et commentées. 2 parties. 4. Stockholm. (Leipzig, Hinrichs'sche Buchh., Verlag.) *
Inhalt:
Partie 1. Planches. (194 autogr. Taf.) 886. *ℳ 40.—.
» 2. Commentaire. (IV, 139 S.) 888. *ℳ 28.—.

Piehl, Karl. Inscriptions hiéroglyphiques, recueillies en Égypte. II. série. I u. II. hoch 4. Lpz., Hinrichs' Verlag. * 64 —
I. Planches. (154 autogr. Taf.) 890. * 40 —.
II. Commentaire. (III, 101 S.) 892. * 24 —.
I. série. 2 parties. Ebd. 1886,88. * 68 —.

Piehl, Karl, inscriptions hiéroglyphiques, recueillies en Europe et en Égypte. III. série. I. Planches. gr. 4. (100 autogr. Taf.) Leipzig 895. J. C. Hinrichs' Verl. n. 25. — (I—III, 1.: n. 157.—)

Piehl, Karl, Inscriptions hiéroglyphiques, recueillies en Europe et en Égypte. III. série. II. Commentaire. (III, 63 S.) hoch 4. Leipzig 903. J. C. Hinrichs' Verl. n. 18. — (III. série kplt.: n. 43. —; vollst.: n. 175.—; erhöhter Pr. n. 200. —)

— Quelques petites inscriptions provenant du temple d'Horus à Edfou, traduites et annotées. [Aus: „Skrifter utgifna af k. humanistiska vetenskapssamfundet i Upsala".] gr. 8. (12 S.) Upsala 897. (Leipzig, O. Harrassowitz.) n.u. — 90

— Réponse à M. Gaston Maspero, membre de l'institut, à propos de son avant-propos du „Temple d'Edfou". [Aus: „Sphinx".] 8. (31 S.) Upsala 897. (Leipzig, J. C. Hinrichs' Verl.) n. 3. —

Piehl, Karl, s.: Sphinx.

Piehl, D., Anweis. zu e. neuen u. verbesserten Art, Ziegelhütten anzulegen u. zu benutzen. Mit 4 Kpf. gr. 8. Kopenh. 802. Brummer. 14 Gr.

Piehler, Arno, a. Schedewitz i. Sa.: Thomas Nash und seine Streitschriften. Halle a. S. 1907: H. John. (119 S.) 8°
Leipzig, Phil. Fak., Ref. Wülker u. Birch-Hirschfeld, Diss. v. 30. März 1907
[Geb. 5. Jan. 84 Schedewitz i. Sa.; Wohnort: Schedewitz; Staatsangeh.: Sachsen; Vorbildung: Realgymn. Zwickau Reife O. 03; Studium: Leipzig 8 S.; Rig. 19. Dez. 06.]

Piehler, Jos., die ärztliche Handapotheke, deren Einrichtung u. Betrieb, nebst e. Anleitg. zur Anfertigg. der Arzneien. 12. (VI, 88 S.) München 901. M. Rieger. In Leinw. kart. n. 1. 60

Piehler, Louis, die Feuchtigkeit im Hause, ihre Ursache u. Beseitigung unter besond. Berücksicht. v. Grundwasserdichtungen. (Nach e. Vortrage m. erläut. Skizzen.) Aus der — für d. Praxis. (32 S.) 8. Lübeck (910). (Stuttgart, E. Leupoldt.) 1. —

Piehler, Max, Regierungsakzessist: Der Umfang der Entschädigungspflicht bei der Zwangsenteignung nach dem bayrischen Gesetze vom 17. November 1837. Borna-Leipzig 1910: Noske. IX, 62 S. 8°
Erlangen, Jur. Diss. v. 29. April 1910, Ref. Sehling
[Geb. 26. Jan. 81 Waldkirch; Wohnort: Augsburg; Staatsangeh.: Bayern; Vorbildung: Gymn. Dillingen Reife 01; Studium: Dillingen Lyz. 1, München 5, Erlangen 2 S.; Rig. 4. März 10.] [U 10. 741

Piek, S., und A. Horwitz, erstes Lese- und Sprachbuch für jüdische Schulen, s. Horwitz.

Spěwy sa sserbske schule. Shromadźene wot K. E. PJEKARJA. Seschiwk 1. 2. — Gesänge für wendische Schulen. Gesammelt von CARL ERNST BECKER. Heft 1. 2. ib. 1856 und 1860. —
Heft 1. 2. 2. Aufl. ib. 1864 und 1875. — Heft 1. 3. Aufl. ib. 1873. —
Dasselbe. (Wudawk za katholske schule. — Ausgabe für katholische Schulen.) ib. 1873. —

Piekarski, Marek: Cyrano de Bergerac historique et Cyrano de Rostand. 39 S., 1 S. ungez. 8.
Progr. K. k. Rudolf-Gymn. *Brody* 1907.

Piekenbrock, Carl. La loi allemande sur les bourses du 22 juin 1896 et ses effets. Étude d'économie politique. Diss. Dr. Lausanne. VIII + 271 p. 8. Essen, W. Girardet, 1905.

Piekenhayn, Alwin, aus Zittau: Der Gebrauch des Konjunktivs im Rumänischen. *Leipzig 1903: A. Pries.* (58 S.) 8°
Leipzig, Phil. Diss. v. 1903

Piekło i ludzkość dramat i polska za granicą i w krolestwie kongresowém poglad ogólny. gr. 8. (46 S.) Posen 849, Stefański in Comm. 1/2 ₰

Piekulczek, Bartholom., Wiener Heilanstalten, s.: Hofmokl, Eug.

Piekosiński, Frz., leges, privilegia et statuta civitatis Cracoviensis (1507—1795), s.: Acta historica res gestas Poloniae illustrantia.

Piekosiński, Franc., rationes curiae Vladislai Iagiellonis et Hedvigis regum Poloniae 1388—1420, s.: Monumenta medii aevi historica res gestas Poloniae illustrantia.

Freiheit: Maurer-Freyheit. [Von Piel.] o. O. u. J. 1 Bl. 8°. [Kopftit.]
Gedicht: „Lasst Franzosen schreyen! — Nicht Exempel" ... 21.

Piel, Fr., praktisches, allgemein leicht verständliches Handbuch der Baumwollenfärberei für Färber und Fabrikanten, in 54 deutlichen und sichern Farb-Anweisungen und dazu gehöriger, natürlicher Musterkarte der gangbarsten Farben und besonders der Methode, ein an Aechtheit und Schönheit dem türkischrothen gleichkommendes Aecht-Roth aus Garancin und Roth u. Braun aus Sandel zu färben. Aus eigenen Erfahrungen bearbeitet. Rudolstadt 853. (Leipzig, E. H. Mayer in Comm.) 8. (34 S. u. 54 Stoffmuster.) verklebt n. 5 ₰. 20 ngr.

Piel, J. F., vier auserlesene Predigten. 8. Frankfurt, Kochendorfer. 767.

Piel, Karl

Piel, Carl, a. Köln a. Rhein: Ueber die Kegelschnitte, welche durch drei Punkte und zwei Tangenten oder durch zwei Punkte und drei Tangenten bestimmt sind, und die Kegelschnittsysteme ⟨3 p, 1 l⟩ und ⟨1 p, 3 l⟩. Straßburg i. E. 1905: C. Müh & Cie. (73 S.) 8°
Straßburg, Math.-naturwiss. Fak., Ref. Weber, Diss. v. 1905
[Geb. 30. Dez. 81 Cöln a. Rh.; Wohnort: Straßburg i. E.; Staatsangeh.: Preußen; Vorbildung: Apostelgymn. Cöln Reife O. 01; Studium: Bonn 2, Straßburg 6 S.; Rig. 5. Dez. 04.]

Piel, Peter

Fest-Chor zur Feier des 100jährigen Geburtstages Kaiser Wilhelm I. Text v. Dr R. Krimer. Für vierstimm. Männerchor komp. v. P[eter] Piel. Opus 82. *Düsseldorf: L. Schwann [1897].* (22 S.) 1 Bd 4.

Piel, P., üb. den Gesang. Einiges aus der Gesanglehre u. aus der Gesangmethode. Conferenzvortrag. gr. 8. (31 S.) Köln u. Neuß 873. Schwann. — 30

Piel, P., üb. den Gesang. Einiges aus der Gesanglehre u. aus der Gesangmethode. Konferenzvortrag. gr. 8. (34 S.) Düsseldorf 886. Schwann. — 30

Piel, P., üb. den Gesang. Einiges aus der Gesanglehre u. aus der Gesangmethode. Konferenz-Vortrag. 3., verb. Aufl. gr. 8. (34 S.) Düsseldorf 889. Schwann. n. — 50

Piel, P., üb. den Gesang. Einiges aus der Gesanglehre u. aus der Gesangmethode. Konferenz-Vortrag 4. Aufl. gr. 8. (34 S.) Düsseldorf 893. L. Schwann. — 30

Piel, P., über den Gesang. Einiges aus der Gesanglehre u. aus der Gesangmethode. Konferenz-Vortrag. 5. Aufl. (34 S.) 8. Düsseldorf (909). L. Schwann. — 30

— Kirchliche Gesänge, s.: Jepkens, Alb.

— Handbüchlein d. Choralgesanges, enth. liturg. Gesänge zur hl. Messe u. f. die Karwoche, nebst einigen Gesängen verschiedenen Inhalts. 8. (64 S.) Paderborn 882. Junfermann. geb. n. — 60

— Harmonie-Lehre. Unter besond. Berücksicht. d. Anfordergn. f. das kirchl. Orgelspiel, zunächst f. Lehrer-Seminare bearb. u. hrsg. Op. 64. 1. Aufl. (X, 282 S.) 889; 2. verb. u. verm. Aufl. gr. 8. (X, 335 S.) Ebd. 890. ** 3 50; geb. ** 4 —

— dass. — 1.—4. Übungsheft [bearb. v. P. Schmetz]. hoch 4. Ebd. [1.—3. Übungsheft. (à 8 S. m. Notenschreibpap.) 890; 4. Übungsheft: Die Begleitg. d. gregorian. Choralgesanges. (18 S. m. 12 Bl. Notenschreibpap.) 891.] à Übungsheft ** — 50; ** 2 —

— Harmonie-Lehre. Unter besond. Berücksicht. der Anfordergn. f. das kirchl. Orgelspiel zunächst f. Lehrer-Seminare bearb. u. hrsg. 3., verb. Aufl. Op. 64. gr. 8. (X, 335 S.) Ebd. 893. Kart. n.n. 3.50; geb. n.n. 4.—

Piel, P., Harmonie-Lehre. Unt. bes. Berücksicht. d. Anforderungen f. d. kirchl Orgelspiel zunächst f. Lehrer-Seminare bearbeitet u. hrsg. 4., verb. Aufl. Op. 64. gr. 8. (X, 335 S.) Düsseldorf 895. L. Schwann. n.n. 3. 50

Piel, P., Harmonie-Lehre. Unter besond. Berücksicht. der Anfordergn. f. das kirchl. Orgelspiel zunächst f. Lehrer-Seminare bearb. u. hrsg. 7. Aufl. Op. 64. gr. 8. (XII, 335 S.) Düsseldorf 902. L. Schwann. n.n. 3. 50; geb. n.n. 4.—

— laudate Dominum. Orgelbegleitg. zu d. wechs. Messgesängen d. vorzügl. Feste d. Kirchenjahres u. d. meistbenötigten steh. Choral-Gesängen vor, währ. u. nach d. hl. Messe aus d. „Graduale Romanum u. d. Ordinarium Missae". Zum prakt. Gebrauche in d. Kirche u. z. Selbststudium f. Chorregenten u. Organisten bearb. u. hrsg. qu. gr. 4. (IV, 228 S.) Regensburg 895. A. Coppenrath's Verl. n. 10. —

— dasselbe. 2., wesentlich verm. Aufl. qu. gr. 4. (VIII, 403 S.) Ebd. 897. n. 12.—; geb. in Leinw. n.n. 13. 20

— Laudes divinae. Liturg. Gesänge zur heil. Messe, zur Vesper und für die Charwoche, nebst einer Anzahl Gesangstücke verschiedenen Inhaltes. Zunächst für die Diözese Paderborn. Zugleich als 2. Theil der Melodien zum Paderborner Diözesangesangbuche Sursum corda. 12. (X, 286 S.) Ebendas. 881. *

— Laudetur Jesus Christus! Gelobt sei Jesus Christus! Kantate, nach Worten der hl. Schrift m. Deklamationen u. leb. Bildern komponiert v. P. Op. 95. Textbuch. 8. (32 S.) Ebd. 899. n. — 20

Laudetur Jesus Christus! Gelobt sei Jesus Christus! Kantate nach Worten d. heil. Schrift mit Deklamationen u. lebenden Bildern komp. von P[eter] Piel. Op. 95. Textbuch. *Düsseldorf: L. Schwann [1900].* (32 S.) 8° [F.]

Laudetur Jesus Christus! Gelobt sei Jesus Christus! Kantate nach Worten d. heil. Schrift m. Deklamationen u. lebend. Bild. komp. von P[eter] **Piel**. Op. 95. Textbuch. 3. Aufl. Düsseldorf: Schwann [1900]. 32 S. 8°

— Lehrgang für den Gesang-Unterricht in der Volksschule [nach der in der Seminar-Übungsschule zu Boppard befolgten Methode]. hoch 4. (18 S.) Ebendas. 888. *

— Lehrgang f. den Gesang-Unterricht in der Volksschule nach der in der Seminar-Übungsschule zu Boppard befolgten Methode.] 5., verb. u. verm. Aufl. gr. 8. (33 S.) Ebd. 890. n. — 80

— Lehrgang f. den Gesang-Unterricht in der Volksschule (nach der in der Seminar-Übungsschule zu Boppard befolgten Methode). 7., verb. u. verm. Aufl. gr. 8. (33 S.) Ebd. 893. n. — 80

— Lehrgang f. d. Gesang-Unterricht in d. Volksschule (nach der in d. Seminar-Übungsschule zu Boppard befolgten Methode). 9., verm. Aufl. gr. 8. (37 S.) Düsseldorf (897). L. Schwann. n. — 80

[F.] Lehrgang für den Gesangunterricht in der Volksschule ... hrsg. v. P. Piel, Kgl. Musikdir. 9. verm. Aufl. *Düsseldorf: L. Schwann [1898].* (37 S.) 1 Bd 8.

Piel, Peter: Lehrgang für den Gesang-Unterricht in der Volksschule ⟨nach der in d. Seminar-Übungsschule zu Boppard befolgten Methode⟩. Hrsg. von P[eter] Piel, Kgl. Musikdir. 10. verm. Aufl. Düsseldorf: Schwann [1901]. 42 S. 8°

Lehrgang für den Gesang-Unterricht in der Volksschule ⟨nach der in d. Seminar-Übungsschule zu Boppard befolgten Methode⟩. Hrsg. von P[eter] **Piel**. 11. Aufl. *Düsseldorf: L. Schwann 1902.* (42 S.) 8° [F.]

Piel, P., Lehrgang f. den Gesang-Unterricht in der Volksschule (nach der in der Seminar-Uebungsschule zu Boppard erfolgten Methode). 12. Aufl. (42 S.) gr. 8. Düsseldorf 906. L. Schwann. n. — 80

Drei Lieder zur Verehrung der heil. Familie Jesus Maria Joseph von P[eter] **Piel**, Sem.Oberl. in Boppard. *Münster: Aschendorff 1899.* (7 S.) quer-8°
= **Baute, Joh.: Nazareth.** Beilage.

— Liederkranz zu Ehren des hl. Vincenz v. Paul. Hrsg. v. Jos. Bergholt. 16. (76 S.) Graz 894. (Wien, H. Kirsch.) n. — 60; Orgelbuch dazu qu. gr. 4. (IV, 38 S. m. 1 Farbendr.) n. 3. —

Piel, P., Litaniae Lauretanae componirt für gemischten Chor. Op. 14. hoch 4. (19 S.) Düsseldorf 878. Schwann. n. 1. 20; Partitur ap. n. — 80; Stimmen ap. à n. — 10

— Lumen cordium, s.: Liessem, H. J.

Lumen ad revelationem gentium. Das Licht z. Erleuchtung d. Völker. Weihnachtskantate nach Worten d. heil. Schrift m. Deklamationen u. lebenden Bild. f. Solo u. Chor m. Klavier- u. Harmoniumbegleitung komp. von P[eter] Piel. Opus 107. Textbuch. Düsseldorf: Schwann [1902]. 18 S. 8°

— Magnificat in den 8 Kirchentonarten f. 4 Männerstimmen. Op. 8. Partitur. gr. 8. (39 S.) Ebend. 874. n. 2. —; 4 Stimmen à n. — 50; Orgelstimmen. — 20

Marienleben. Kantate nach Worten d. hl. Schrift m. Deklamationen u. lebenden Bild. komp. von P[eter] Piel. Opus 114. Textbuch. Düsseldorf: Schwann [1904]. 11 S. 8°

— leichte Messe f. 3 gleiche Stimmen. Fol. (13 S.) Ebend. 872. Partitur n. 1. 25; 3 Stimmen à n. — 25

—— Messe: „O quam amabilis es, bone Jesu". Für Alt, Tenor und 2 Bässe. Op. 9. Partitur. hoch 4. (22 S.) [Köln und Neuss 875.] Düsseldorf, Schwann. *
Stimmen (à 7 S.) à **

— Missa: Adoro te. Für Sopran, Alt, Tenor und Bass. Op. 15. hoch 4. (51 S.) Düsseldorf 878, Schwann. **
Partitur allein * ℳ 1,50.; Stimmen allein à **

— Missa in honorem S. Joannis Bapt. ad IV voces aequales. Op. 19. Partitur. gr. 8. (13 S.) Düsseldorf 880, Schwann'sche Verlagsh. *
4 Stimmen. (à 5 S.) à Stimme **

—— Missa [tertii toni] in honorem sanctorum apostolorum Petri et Pauli ad IV voces inaequales. Op. 16. Partitur. Lex.-8. (23 S.) Ebendas. 878. *
4 Stimmen (à 3 S.) à **

— missa [tertii toni] in honorem sanctorum apostolorum Petri et Pauli ad IV voces inaequales. Op. 16. Partitur. Lex.-8. (23 S.) Ebend. 879. n. 1. 50; 4 Stimmen (à 9 S.) à n.n. — 25

— missa Regina Angelorum [sept. toni] ad V voces inaequales. Op. 18. Partitur. gr. 8. (19 S.) Ebend. 880. n. 1. 50; 5 Stimmen (7, 7, 7, 6 u. 6 S.) à n.n. — 25

— Orgelbegleitung zu den Liedern u. Gesängen des kath. Gebet- u. Gesangbuches „Lumen cordium". qu. gr. 4. (IV, 92 S.) Köln 899. J. P. Bachem. n. 6,50; geb. n. 8. —

— Orgelbuch zum Liederkranz zu Ehren des hl. Vincenz von Paul. Herausgegeben von Josef Bergholb. 24. (38 S.) In Comm. * 1.50

— s.: Sammlung kirchlicher Gesänge f. drei gleiche Stimmen.

—— Messe: Stella matutina. Ausführbar durch A. Alt, Tenor und 2 Bässe. B. Sopran, Alt, Tenor und Bass. C. 2 Tenöre und 2 Bässe. Op. 12. Partitur. hoch 4. (18 S.) Ebendas. 877. *
4 Stimmen (6, 6, 6, 5 S.) à **

Piel, P., Te Deum laudamus. Für vierstimm. Männerchor componirt. Op. 17. Partitur. hoch 4. (11 S.) Düsseldorf 879, Schwann. *
4 Stimmen (à 5 S.) à **

— trattato di composizione, specialmente dedicato all' organista liturgico. Op. 64. Traduzione dal tedesco di G. Tobaldini. gr. 8. (XII, 359 S.) Düsseldorf 891. L. Schwann. n. 8. —

Pielachtal [Sachliches OW]

Das Pielachtal und seine Umgebung. 1:100.000. [G. Freytags Ausflugskarten. XXVII. Blatt.] K —.80
Wien: Freytag u. Berndt 1908.

Pielachtal [Schlagwort]

Pielachtal, das, s.: Ausflugskarten.

Pieler, s.: Westfalens Suderland od. d. jetz. Reg.-Bez. Arnsberg zur Zeit d. deutschen Freiheitskriege.

Pieler, Fr., üb. einfache Methoden zur Untersuchung der Grubenwetter. Mit 5 Illustr. gr. 8. (19 S.) Aachen 883. Barth. n. 1. —

Pieler, Franz Ignaz

Pieler, F. J., Arnsberg. Sitten, Lebensweise u. Schicksale unsrer Vorfahren. Geschichtliches u. Erdichtetes auf geschichtlicher Grundlage. Mit einer (lith.) Karte. 8. (130 S.) Werl 882. Stein. cart. n. 1. 50

Pieler, J., geographische, naturgeschichtliche u. historische Beschreibung des Kreises Arnsberg, s.: Lilien, Frhr. v., Statistik d. Kreises Arnsberg.

Pieler, F.J.: Erzbischof Bruno I. von Cöln. 38 S. – Progr. Arnsberg 1851.

Pieler, F. J. Festgruß. — Zusammen 61 S.
Arnsberg, Progr. 1843

Pieler, F. J. Geschichte des Klosters Wedinghausen bei Arnsberg und des dortigen Gymn. I. Gesch. des Klosters bis 1368 54 S.
Progr. Arnsberg 1832

Pieler, Frz. Ignaz, Leben u. Wirken Caspar's v. Fürstenberg. Nach dessen Tagebüchern. Auch e. Beitrag zur Geschichte Westfalens in den letzten Decennien d. 16. u. im Anfange des 17. Jahrh. gr. 8. (384 S.) Paderborn 873. F. Schöningh. n. 3. —

Pieler, F. J. De Saxonum saeculi decimi moribus et artium litterarumque cultu. 32 S.
Arnsberg, Progr. 1842

Pieler, F. J. Probe einer methodisch geordneten Übersicht der Weltgeschichte. 16 S.
Arnsberg, Progr. 1848

Pieler, F. J., Reisen auf der Cöln-Mindener Eisenbahn und zur Seite derselben. Ein Beitrag zur Vaterlandskunde. Arnsberg 856. (Ritter.) gr. 4. (32 S.) n. 10 ngr.

Pieler, J. J., das Ruhrthal, Reise auf der neuen Ruhrthal-Eisenbahn m. Ausflügen in die Umgegend. Mit e. phot. Ansicht v. Arnsberg u. e. (lith.) Orientirungskarte (in qu. Fol.) gr. 16. (VIII, 196 S.) Arnsberg 871. Grote. n. 1 50

—— das Ruhrthal. Reise auf der Ruhrthal-Eisenbahn mit Ausflügen in die Umgegend. 2 verb. und vervollständ. Aufl. 8. (XII, 331 S. mit 2 lithogr. Karten.) Ebendas. 881. geb. *

Pieler, J., s. Pieler, Franz Ignaz

Pieler, J. J., s. Pieler, Franz Ignaz

Die vorzüglichsten Pflichten eines studirenden Jünglings. Von P. Wolfgang Pielmair, Relgol. — 1855. Ebend. — 2. 1 .8.
Progr. Straubing.

Pielmann, Ernst, Allgemeine Turnpflicht oder militärisch-gymnastische Jugenderziehung als Vorschule für den Heeresdienst, Karlsruhe 1880, 16 S., 8°.

Pielstick, Johs., Bildung (Fachbildung, Geistesbildung u. Herzensbildung). Referat, geh. auf der V. Konferenz des Verbandes gläub. Kaufleute, Fabrikanten u. kaufmänn. Angestellten am 20. u. 21. II. 1906 zu Berlin, Wilhelmstr. 34. (16 S.) 8. Leipzig 906. (M. Kölz.) — 10
Sonderabdruck aus: „V. Bericht des Verbandes gläub. Kaufleute usw."

Pielsticker, (Rath,) eine wichtige Rechtsfrage, die Wittwen-Casse für die K. Hannov. Hof- u. Civildienerschaft betreffend. gr. 8. Hannover 841, Hahn'sche Hofb. 1/6 ℛ

Pielsticker, Felix, Assist. am pathol.-anat. Inst. d. Allg. Krankenh.: Aus d. pathol.-anat. Inst. d. Allg. Krankenh. Hamburg-Eppendorf. Über traumatische Nekrose und Regeneration quergestreifter Muskeln beim Menschen. Berlin 1909: G. Reimer. 23 S. 8° ¶ (Aus: Virchows Archiv f. pathol. Anat. u. Physiol. Bd 198.)
Kiel, Med. Diss. v. 15. Febr. 1910, Ref. Heller
[Geb. 20. Aug. 82 Altenessen; Wohnort: Hamburg-Eppendorf; Staatsangeh.: Preußen; Vorbildung: Gymn. Essen Reife O. 01; Studium: Freiburg i. B. 1, Greifswald 3, München 1, Berlin 4 S.; Coll. 15. März 07; Approb. 12. Febr. 09.] [U 10. 2462

Pielsticker, Karl

Pielsticker, Karl, alphabet. Sachregister z. königl. Westphäl. Prozeßordnung. gr. 8. Hannov. 810. 2e Aufl. unt. d. Tit.: Alphabet. Sachregister z. k. Westphäl. bürgerl. u. peinl. Prozeßordnung etc. gr. 8. Ebd. 811. Hahn. 9 ℊ

Pielsticker, Wilh., unentbehrlicher Ratgeber in Militär-Angelegenheiten f. sämtl. jungen Leute im Alter vom vollendeten 17. Lebensjahre bis zur endgültigen Entscheidung üb. ihr Militärverhältnis. Enth. die Pflichten der zum einj.-freiw. Dienst Berechtigten, der zur Gestellg. vor den Ersatz-Behörden Verpflichteten, der zwei- u. mehrjährig-Freiwilligen, der in e. Unteroffizierschule u. in e. Unteroffizier-Vorschule Eintretenden u. s. w. Für jedermann leicht verständlich geschrieben. 12. (45 S.) Düsseldorf 902. F. Wolfrum. n. — 50

Piemążek, die Verengerungen der Luftwege. gr. 8. (X, 505 S.) Wien 901. F. Deuticke. n. 12. —

Piemont [Schlagwort]

Piemont — Carte von — Herausgegeben und zu haben in Wien bey Artaria und Comp. 1: 500,000. 1 Bl.

Pieńczykowski, Valerian Ritter v., die Freiheit zur Anrufung des Verwaltungsgerichtshofes in Oesterreich (Art. 15 des Staatsgrundgesetzes vom 21. XII. 1867, R.-G.-Bl. Nr. 144). 2 Tle. gr. 8. Wien 904. F. Tempsky.
1. (194 S. m. 2 Taf.) 6. —. — 2. (357 S.) 8. —. n. 14. —

— die Mission des österreichischen Verwaltungsgerichtshofes. (48 S.) Lex.-8. Wien 905. M. Perles. n. 1. 50

— Oesterreichs Reichsrat. (Ein Wahlreformvorschlag.) (32 S.) gr. 8. Wien (IV, Schleifmühlgasse 1 A), 906. Selbstverlag. n. 1. —

— der Verwaltungsgerichtshof im Lichte der österreichischen Staatsidee. Erläuterung der Zuständigkeit des Verwaltungsgerichtshofes an der Hand der gegenständl. Gesamtjudikatur dieses Tribunals. (XVI, 715 S.) Lex.-8. Wien 905. M. Perles. n. 20. —

— Oesterreichs Verwaltungsgerichtshof, wie er durch das Gesetz vom 22. X. 1875, R.-G.-Bl. Nr. 36 ex 1876, errichtet worden ist. (IV, 142 S.) gr. 8. Wien 903. F. Tempsky. n. 6. —

— auf der Warte Habsburg. (Ein vor der Plenarversammlg. des internationalen Anwalt-Verbandes in Wien am 3. III. 1906 geh. Vortrag üb. den Konstitutionalismus m. besond. Berücksicht. der dem österreich. Reichsrate u. Verwaltungsgerichtshofe staatsgrundgesetzlich zugewiesenen Mission.) (63 S.) gr. 8. Wien (IV, Schleifmühlgasse 1 A), Selbstverlag. 1906. n. 2. —

Die Verengerungen der Luftwege. Von Dr. (Przemyslaw) Pieniążek. Prof. in Krakau. *Leipzig & Wien: F. Deuticke 1901.* (X, 505 S.) 8° [01. 4975

Pjenie, cerkovnoje, v nědjelnyja i prazdnienyja dni na ves' god, za upotrěblěnie serbskich na rodnych učilišč vo Avstrijskom Carstvje. 8. (94 S.) Vo Viennje. Napečatano u L. Grunda. 1854. (Kirchengesänge für Sonn- und Feiertage des ganzen Jahres zum Gebrauche der serbischen Volksschulen im österr. Kaiserthume) Geb. 6 kr. C. M.
Verlag der Schulbücher-Verschleiß-Administration

Piening, „Du sollst den Feiertag heiligen". Bericht, erstattet der Norderdithmarscher Propsteisynode u. auf deren Beschluß den Gemeinden zunächst Norderdithmarschens dargeboten. 8. (18 S.) Heide 880. (Pauly.) — 20

Piening, E., s. den Feierabend, s.: Sammlung, plattdeutscher Dichtungen.

Piening, E. Die neue Feuerwehr, s. Bloch's, Ed., Dilettanten-Bühne.

Piening, E., am Geburtstage des Kaisers, s.a. Bloch's, Ludw., Militär-Festmappe. 75. Hft.

Am Geburtstage des Kaisers. Lustspiel in 1 Akt von E. Piening. 2. Aufl. *Berlin: E. Bloch (1901).* (22 S.) 8° [F.]
= Militär-Festmappe, Ludwig Blochs, f. vaterl. Gedenktage ... H. 75. [01. 10...

Piening, E., König Jahres Heimkehr, s.: Weihnachts- u. Neujahrs-Aufführungen.

— die Heinzelmännchen, s.: Bloch's, Ludw., Kinder-Theater.

Piening, E., Pastor Hille u. Familie auf Reisen. Für die reifere Jugend erzählt. (V, 263 S.) 8. Dresden 907. E. Pierson. 3.—; geb. n 4. —

— gut Schlauch, } s.a. Bloch's, Ludw., Gallerie lebender Bilder.

Gut Schlauch! Reihenfolge lebender Bilder mit verbind. Dichtung von E. Piening. *Berlin: E. Bloch (1894).* (17 S.) 8° [F.]
= Gallerie, Ludwig Blochs, lebender Bilder. Lief. 18. [00. 12544

— singe wem Gesang gegeben,
s.a. Bloch's Ludwig, Gallerie lebender Bilder

Singe, wem Gesang gegeben. 6 lebende Bilder nebst erl. Dichtung f. e. Gesangverein von E. Piening. *Berlin: E. Bloch (1894).* (19 S.) 8° [F.]
= Gallerie, Ludwig Blochs, lebender Bilder. Lief. 20. [00. 12544

Piening, E., der Waisen Weihnachtsengel, s.a. Bloch's, Ludw., Kinder-Theater. Nr. 89.

Der Waisen Weihnachtsengel. Weihnachts-Aufführ. von E. Piening. *Berlin: E. Bloch (1902).* (8 S.) 8° [F.]
= Kinder-Theater, Ludwig Blochs. No 89. [03. 3350

—— für den Winterabend, s. Sammlung plattdeutscher Dichtgn.

Piening, J., Grabschriften. 12. (31 S.) Neumünster (895). Buchh. d. Schleswig-Holstein. Schriften-Vereins. Kart. n. — 25

— das Heil d. Welt, nach d. Hauptstellen d. hl. Schrift in ihrer geschichtl. Bewährg. dargest. 8. (568 S.) Calw u. Stuttgart 898. Vereinsbuchh. Geb. n. 2. 40

Piening, J., Lebensbuch. Eine Mitgabe aus dem Leben — für's Leben — zum Leben. gr. 8. (III, 278 S.) Gr.-Lichterfelde-Berlin (901). E. Runge. n. 2. 75; geb. in Leinw. n. 3. 50

Piening, J. Zur Pastoraltheologie. Eine Handreichung. 8. (48 S.) Lpz. 892, Fr. Richter. * — 60

— Trostbuch in allen Nöten. 12. (288 S.) Calw u. Stuttgart 894. Vereinsbuchh. Geb. n. 1. 50

— Trostbuch in allen Nöten. 2. Aufl. 12. (288 S.) Ebd. 897. Geb. n. 1. 50

— die Petrikirche Vicelins in Bosau u. ihre Gemeinde. 1. Tl. Die Kirche. 8. (35 S.) Eutin 893. W. Struve. n. — 60

Piening, Jac., kurze Anleitung z. Selbsterfinden d. guten kirchl. Zwischenspiels, durch 350 mit besond. Rücksicht auf Apel's Choralbuch gesetzte 2-, 3- u. 4stimm. Zwischenspiele erläut. u. f. angeh. Organisten bestimmt. 4. (7¾ B.) Altona 836, [Dessau,] Aue.

Piening, Johs., Feierstunden. Lesegottesdienste f. alle Sonn- u. Festtage. (VII, 320 S.) gr. 8. Leipzig 910. G. Strübig. 4.—; geb. 5. —

Piening, Johs., Frühlingsstürme. Ein Heimatbild, nach der Natur gezeichnet. (354 S.) 8. Wismar 907. H. Bartholdy. n. 4. 50; geb. n. 5. 50

— unser Glaube in lebendiger Lehre. (IV, 375 S.) gr. 8. Gr. Lichterfelde-Berlin (903). E. Runge. n. 3. 25; geb. n. 4. 25

— Gottestrost in Krankheit u. Todesleid. (70 S.) kl. 8. Berlin 905. (Schriftenvertriebsanstalt.) Kart. m. Goldschn. n. — 60

Piening, Johs., Herzensfriede, s.a. Weckstimmen.

Herzensfriede! Ein Bittruf an alle Suchenden von Johannes Piening. *Gr.-Lichterfelde: E. Runge (1902).* (75 S.) 8° [F.]
= Weckstimmen. 1. [03. 3170

Piening, L. Ausgewählte Choral-Melodien, s. Wiegand, C.

„Du sollst den Feiertag heiligen." Bericht, erstattet der Norderdithmarscher Propsteisynode und auf deren Beschluß den Gemeinden zunächst Norderdithmarschens dargeboten v. Reimer Piening. Heide. 1880. 8°

Piening, Th., die Praxis des Geschäftslebens. gr. 8. Leipzig 870, Gloeckner. *

Piening, Theodor

—— Krischan Wehnke's Abenteuer. Eine Lügengeschichte. 8. (126 S.) Ebd. 891. * 1 —

Piening, Th., Krischan Wehnke's Abenteuer im nördlichen Eismeer. Eine Münchhausiade. 8. (64 S.) Altona 874, Verlags-Büreau.

Piening, Th(eodor), appr. Arzt: Aus d. chir. Klinik zu Kiel. Beitrag zur Therapie lokaler Asphyxie bei Raynaudscher Krankheit. Rendsburg 1910: Carstens. 29 S. 8°
Kiel, Med. Diss. v. 14. Juli 1910, Ref. Anschütz
[Geb. 18. März 83 Rendsburg; Wohnort: Rendsburg; Staatsangeh.: Preußen; Vorbildung: Gymn. Rendsburg Reife M. 03; Studium: Kiel 5, München 1, Berlin 1, Kiel 3 S.; Coll. 8. März 10; Approb. 16. Dez. 09.] [U 10. 2463

Piening, Th., dat Hamborger Döntjenbook. Hamburg 866. Hoffmann & Campe. 8. (XII, 132 S.) cart. 12 ngr.

Piening, Th., dre spaaßige Geschichten. [Jan Katun un de Katbaar — Gründli kureert — De Flickschoster.] Mit väle schöine Biller (in eingedr. Holzschn.), teekent vun Ch. Förster. 2. Oplag. 8. (180 S.) Hamburg 877, J. F. Richter. *
Die 1. Aufl. erschien 1863 u. d. T.: Wat för'n Winter. Vgl. XIV. Bd. 2. Abthl. S. 244.

Piening, Th., Hans un Grethen. Vertelln. 8. (123 S.) Altona 875. Verlags-Bureau. 1. 50

Piening, Th., Hund und Katze, s. Theater, das, des Auslandes.

Piening, Th., Leitfaden u. Repetitionsbüchlein der Weltgeschichte f. höhere Mädchenschulen. 2., umgearb. Aufl. der „Weltgeschichtstabellen". 8. (VI, 185 S.) Hamburg 887. Boyß. cart. n. 1. 60

— Luerfritz. En spaaßi Vertelln. Hamburg 866. (Hoffmann & Campe.) 8. (VI, 183 S.) 18 ngr.

Piening, Thdr., Unkel Prädikant u. andere Humoresken. Hrsg. v. J. Hell. (IV, 148 S.) 8. Glückstadt 910. M. Hansen. 1.80; geb. n 2. 50

—— die Praxis des Geschäftslebens. Ein Wegweiser zum Erfolg und Wohlstand. Nach E. T. Freedley's „practical treatise on business" bearb. gr. 8. (VII, 206 S.) Leipzig 870, Leës. [Spamer.] *

Piening, Th., die Praxis des Geschäftslebens. Ein Wegweiser zu Erfolg und Wohlstand. Nach E. T. Freedley's „Practical Treatise on Business" bearb. 2. umgearb. Aufl., hrsg. von Carl Böttger. gr. 8. (VIII, 168 S.) Leipzig 881, Glöckner. *

Piening, Th., die Praxis d. Geschäftslebens. Ein Wegweiser zu Erfolg u. Wohlstand. Nach E. T. Freedley's „practical treatise on business" bearb. 3. unveränd. Aufl. gr. 8. (VIII, 168 S.) Leipzig 892. G. A. Gloeckner. n. 3. —; geb. n.n. 3. 50

[F.] Jochen Putt & Co. Humoresken v. Th[eodor] Piening ... *Berlin: O. Janke [1896].* (2 Bl., 136 S.) 1 Bd 8.
(Collection Otto Janke.) [56. 4734

Piening, Th., de Reis na'n hamborger Dom. Mit 4 lithogr. Biller von Willem Heuer. 2. Uplaag. gr. 16. (III und 116 S.) Hamburg 860, Meyer. *

—— de Reis na'n Hamborger Dom. 3.—5. Uplaag. gr. 16. (III und 116 S.) Hamburg 861—66, J. F. Richter. *

—— de Reis naa'n Hamborger Dom. 6.—8. Oplaag. gr. 16. (III, 121 S.) Hamburg 870—75, Richter. *

—— de Reis naa'n Hamborger Dom. 9. Oplag. 8. (99 S.) Hamburg 877, J. F. Richter. *

—— de Reis naa'n Hamborger Dom. 3 Deele. 8. Hamburg 882, J. F. Richter. [1. Deel. 10. Oplaag. (97 S.); 2. Deel. 3. Oplaag. (136 S.); 3. Deel. 3. Oplaag. (170 S.)] à Deel *ℳ 1. *

—— dass. — Illustr. von Chr. Förster. gr. 8. (IV, 343 S. mit eingedr. Holzschn.) Ebendas. 883. cart. * geb. *

— de Reis na'n Hamborger Dom. Illustrirt v. Chr. Förster. 2. Aufl. gr. 8. (IV, 343 S.) Hamburg 892. Verlagsanstalt u. Druckerei. n. 3. 20; Geb. in Leinw. n. 4. —

Piening, Th., de Reis na'n Hamborger Dom. Illustriert v. Chr. Förster. 4. Aufl. (IV, 343 S.) 8. Hamburg (903). Berlin, K. W. Mecklenburg. n. 3. 20; geb. in Leinw. n. 4. —

De Reis na'n Hamborger Dom. Von Dr. Th[eodor] **Piening**. Ill. von Chr. Förster. 4. Aufl. Hamburg: Verlagsanst. u. Druckerei [1903]. (343 S.) 8° [F.] [07. 11396 9

Piening, Theodor: De Reis naa'n Hamborger Dom. Von –. Ill. von Chr. Förster. 16. neu durchges. Aufl. Berlin: Mecklenburg [1908]. 343 S. 8°

— De Reis naa'n Hamborger Dom. Illustr. v. Christian Foerster. Einbd. v. H. de Bruycker. 17. Oplaag. 3 Deele. (103, IV, 131 u. III, 155 S.) 8. Hamburg 911. F. Dörling. Geb. in Leinw. 3. —

—— de tweete Reis naa'n Hamborger Dom. De erste Deel. 8. (140 S.) Ebendas. 871. *

— de tweete Reis naa den Hamborger Dom. 2 Deele. 2. Oplag. 8. (140 u. 203 S.) Ebend. 877. à n. 1. —

Piening, Th., Snack un Snurren ut de Spinnstuv. Plattdeutsche Dorfgeschichten in ditmarscher Mundart. Hamburg 858. Hoffmann u. Campe. 8. (2 Bl., 325 S.) 1 ₰.

Piening, Thdr., Snack un Snurren. Plattdeutsche Dorfgeschichten. Hrsg. v. J. Hell. 2. Aufl. (IV, 221 S.) 8. Glückstadt (909). M. Hansen. 2.—; geb. n 3. —

— Tabellen der Weltgeschichte nebst Repetirübgn. 8. (86 S.) Hamburg 872. Hoffmann & Campe. n. — 75 cart. n. — 90

Piening, Th., mein erster spiritistischer Versuch u. andere humoristische Geschichten, s.: Universal-Bibliothek.

— Wat för'n Winter! Dre spaaßige Geschichten. Mit väle schoine Biller, teeken von Chr. Förster un in Holt sneeden von C. Falck. Hamburg 863. Richter. 8. (2 Bl., 115 S.) n. 15 ngr.

— d. unbekannte Wohlthäter. E. lust. Geschichte. 8. (298 S.) Ebd. 896. n. 4. —; ermäss. Preis n. 2. —

Pienitz, Chr. Gtthlf., u. H. Ficinus, Beschreib. d. Augustusbades bei Radeberg. 8. Dresd. 814. Beger. (Leipz., Weygand). 12 gr. Mit 4 ill. Kpf. 1 ₰

Pienitz, Christian Gotthelf (Radeberg/Meißen), De haemoptysi. Diss. inaug. Präs. Salomon Constantin Titius. Wittenberg (Tzschiedrich) 10. II. 1798. 27 S. (4.25) 26482
Gew.: Ernst Ludwig Langbein. — Widm. v.: Johann August Sulzberger, Friedrich August Wagner, Johann Sigismund Wittich.

— **Ernst** (Radeberg / Sachsen), De animi motibus ut caussis symptomatibus et remediis morborum mentis humanae part. I. Diss. med. Präs. Carl Gottlob Kühn. Leipzig (W. Ackermann) 18. IX. 1807. 38 S. (4.—) 26483
Gew.: Christian Erhard Kapp.

Pienitz, Ernst, einige Worte üb. d. Nothwendigkeit d. Irrenanstalten, u. d. Behandlung d. Seelenkranken vor Versetzung in dieselben. Für Nichtärzte. gr. 8. (2½ B.) Leipzig 839, Fr. Fleischer.

Die 50jährige Geschichte des Bürger-Vereins vor dem Dammthor. Berichtet aus d. Protocollen d. Jahre 1848 bis 1898. (Verf.: Heinrich [Th. F.] **Pienitz**.) [Bilderschmuck von Carl Griese.] (Nebst Anh.) *Hamburg (1898): Lütcke & Wulff.* (67, 30 S.) 8° [F.] [03. 830

Die Sparcasse ausserhalb Dammthors. Gegründet d. 10. Apr. 1847. Vereinigt mit d. Hamburger Sparcasse von 1827 d. 1. Jan. 1900. Bericht, Namensverz. u. statist. Taf. von H[einrich] Th. F. **Pienitz** u. Caesar Ehlers. *Hamburg 1900: Grefe & Tiedemann.* (20 S., 1 Bl.) 4 [03. 835

— **Johann Carl** (Annaburg), De frictionis unctionisque usu therapeutico et diaetetico. Diss. inaug. Präs. Wilhelm Seiler. Wittenberg (Chr. H. Graessler) 2. I. 1806. 20 S. (3.25) 26484
Gew.: Johann Friedrich Erdmann.

— **Moritz** (Dresden), Quaedam de nosocomii quo animo aegrotantibus cura adhibetur institutione optima. Diss. med. Präs. Friedrich Schwaegrichen. Leipzig (Staritz) 13. V. 1825. 28 Seiten. (3.50) 26485
Gew.: Christian Gotthelf Pienitz (Vater), Ernst Pienitz (Oheim).

Piens, H., Paris: [Preisverzeichnis über maurer. Abzeichen.] o. J.

Pientka, Carl [aus Schlesien]: Statistischer Beitrag zur Verbreitung der Echinococcenkrankheit ... Greifswald, Druck v. F. W. Kunike, 1894; 30 S. 8.
Greifswald, Med. Fak., Inaug.-Diss. v. 27. Febr. 1894

Piepenberger, H., die Fröbel'schen Kindergärten. Drei Vorträge gehalten im pädagog. Verein zu Schwerin in M. Nürnberg 870. Löhe. gr. 8. (68 S.) n. 7½ ngr.

Piepenbrinck, P., s. Piepenbrink, Peter

Piepenbring, C., Histoire du peuple d'Israël. gr. 8. (IV, 730 S.) Strassburg 898. J. Noiriel. n. 6. 40

Piepenbring, Georg: Die Festungs-Ruine Königstein im Taunus. Historisch bearb. von –. Königstein 1894: P. J. Pusch in Soden. (15 S.) 8°

Piepenbring, Georg Heinrich

— Abhandl. üb. d. Luftsäure, nebst zwei andern Aufsätzen. 4. Erf. 792.

Piepenbring, Georg Heinrich (Hessisch / Schaumburg), **Abhandlung über die Wirkung der Luftsäure nebst zwey anderen Aufsätzen.** [Diss.] med. Erfurt (J. Chr. Görling) 17. IX. 1792. 24 S. (4.25) 26486

Piepenbring, Geo. Hnr., († d. 6. Jan. 1806.) Anleit. zur Kenntniß der verschied. Ackererdarten u. d. Düng- u. Verbesserungsmittel rc. 8. Hannov. 797. (Hahn). 14 gr.

— Antwort auf M. Webers Brief, die Mineral-Salzwasser d. Saline bei Pyrmont betreff. 8. Mainberg 794. Weitere Antwort. 8. Ebd. 794. Gegenantwort auf M. Webers Schmähschrift. 8. Ebd. 794.

— systemat. Apothekerbuch, s. unten *Pharmacia* selecta.

— Archiv d. interessant. u. nützl. Aufsätze f. Landwirthe u. Haushaltungen. 1r Bd. 1s—6s Stck. 8. Leipz. 794, 95. (Aue in Altona). 16 gr.

— u. J. Schaub, Archiv f. die Pharmacie u. ärztl. Naturkunde. 1r u. 2r Bd. zu 4 Stck. u. 3n Bds. 1s u. 2s Stck. 8. Gotha 802—5. Perthes. (à 10 gr.) 4 Rthlr. 4 gr.

— Ausw. d. Arzneymittel für Arme, ein Handbuch für Aerzte, Wundärzte rc. 8. Lpz. Jacobäer. 794.

— Beitrr. zur Arznei- u. Apothekerkunst. 1r Bd. 8. Götting. 791.

— Bemerkk. üb. die Schrift des Hrn. v. Frankenau, Pyrmont betreffend. 8. Celle 801. Schulze. 8 gr.

— auserlesene Bereitungsarten pharmaceutisch-chemischer Arzneimittel f. Apotheker. 3 Hfte. Mit 1 Kpf. 8. Götting. 788—90. Dieterich. 15 gr.

— üb. die neuesten Bereitungsarten d. Arzneimittel u. e. andere Gegenstände d. Medizin. 1r Bd. gr. 8. Leipz. 795. (Aue in Alt.) 8 gr.

— üb. d. neuest. Bereitungsart. d. Arzneymittel. 1r gr. 8. Lpz. Jacobäer. 795.

— Deutschlands allgem. Dispensatorium, nach d. neuesten Entdeckungen in der Pharmakologie u. Pharmacie. 3 Bde. gr. 8. Erf. 801—4. Keyser. 2 Rthlr. 12 gr.

— Ueber das Düngesalz, besonders üb. die zwey Arten desselben, welche in Salzufeln verfertiget werden ... Leipz. 1795. 86 S.

— über das Düngesalz. gr. 8. Leipz. 795. (Aue in Alt.) 6 gr.

— üb. d. Düngesalz. gr. 8. Lpz. Jacobäer. 795.

— Grundbegriffe pharmaceutischer Operationen, nebst allgem. Regeln u. Kunstgriffen rc. gr. 8. Erfurt 799. Keyser. 16 gr.

— Grundriß d. Mineralogie, s. a. Grundriß.

Piepenbring, Kurzgefasster Grundriss der Mineralogie für Anfänger. Berlin 1794. 8.

— deutscher Kaffee u. deutscher Thee, od. Mittel, d. ausländischen zu ersetzen rc. 8. Hannov. 798. (Hahn). 4 gr.

— Lehrbuch der Botanik, bearbeitet zum Gebr. bey Vorles. (h. a. d. Titel: Erster Unterr. in d. vorbereitenden Kräuterkunde rc.) gr. 8. Gotha. Ettinger. 805.

— Lehrbuch d. Fundamentalbotanik. gr. 8. Gotha 805. Ettinger. 1 Rthlr. 8 gr. (A. u. d. T.: Erster Unterricht in d. vorbereit. Kräuterkunde rc.)

— physikal.-chemische Nachr. v. d. sogen. Mineral-Salzwasser auf d. Salinen bei Pyrmont. gr. 8. Lpz. 794. (Aue in Alt.) 4 gr.

— Nachr. v. sogen. Mineral-Salzwasser a. d. Salinen b. Pyrmont. 8. Lpz. Jacobäer. 794.

Piepenbring, Georg Heinrich (Hrsg.), s. a. Nützlichkeiten, oekonomische ...

Piepenbring, G. H.: „Oekonomische Nützlichkeiten, Vortheile und Wahrheiten für Haushaltungen", 4 Bändchen, Göttingen 1791/92 (Dietrich).

Piepenbring, Georg Heinrich (Herausgeber): „Oekonomische Nützlichkeiten, Vortheile und Wahrheiten für Naturkunde, Landwirthschaft und Haushaltungen", Teil 1—4. Göttingen 1790 bis 1792. — Vorh.: UB Bonn.

— pharmacia selecta pauperum, oder Auswahl d. Arzneimittel f. Arme. 8. Leipz. 794. (Aue in Alt.) 3 gr.

Piepenbring, G. H., pharmacia sel. pauperum, oder Ausw. d. Arzneymittel für Arme. 8. Lpz. Jacobäer. 794. Rthlr.

— pharmacia selecta principiis, oder: Auswahl d. besten wirksamsten Arzneimittel. Mit Kpf. 2 Bde. gr. 8. Erf. 792, 93. 2e verm. Aufl. A. u. d. T.: deutsches systemat. Apothekerbuch ausgewählter Arzneimittel. 2 Bde. gr. 8. Ebd. 796, 97. Keyser. 2 Rthlr. 18 gr.

— Progr., krit. Beobachtt. üb. einige Begriffe in der Chemie u. Pharmacie. 4. Rinteln 805.

— Reglement f. Apothekergehülfen. 8. Stend. 800. Franzen u. Gr. 4 gr.

— üb. die Schädlichkeit d. Bleiglasur gewöhnl. Töpferwaaren. 8. Lemgo 794. Meyer. 2 gr.

Piepenbring, Geo. Heinr., üb. die Verbesserungen d. Spinnrades aus Rücksicht d. weiblichen Geschlechts. 8. Leipz. 795. (Aue in Alt.) 2 gr.

— üb. Verbesserung d. Spinnrades in Rücks. d. Gesundh. 8. Lpz. Jacobäer. 795.

Piepenbring, H.

Piepenbring, Ulrich Zwingli. Festrede, geh. an dessen 400jähr. Geburtsfeier in der reformirten Kirche zu Straßburg. gr. 8. (8 S.) Straßburg 884. Schmidt. n. — 40

Piepenbrink, Heinr. (geb. Wengern in Westf. 6. 9. 1841): De bronchotomia. Berolini (1864). (32 S.) 8°
Berlin, Med. Diss. v. 30. Juli 1864

Piepenbrink, *Johann Peter* [aus Elberfeld]: I. Beitrag zur Kenntnis der Behenoxylsäure. II. Ueber die Reduktion von meta-Toluolazo-p-kresetol und para-Toluolazo-p-kresetol ... Heidelberg, Univ.-Buchdr. v. J. Hörning, 1895; 49 S., 1 Bl. 8.
Heidelberg, Naturw.-math. Fak., Inaug.-Diss. v. [31. Juli] 1895

Piepenbrink, P., I. Beitrag zur Kenntnis d. Behenoxylsäure. II. Ueber d. Reduktion v. meta-Toluolazo-p-kresetol u. para-Toluolazo-p-kresetol. Diss. gr. 8 (49 S.) Heidelberg 895. (J. Hörning.) n. 1.20

Bericht über die Feier der 25jährigen Hammerführung des Br. Gust. Heimendahl am Johannisfest 1897 zu Krefeld. Protokollauszug. [Unterz.:] Rob. **Piepenburg.** Als Hs. f. Frmr. gedr. Krefeld 1897: Kästner. 15 S. 8⁰ [Umschlagtit.]

Piepenburg, Rob., e. Normal-Volksschuleinrichtung. Kurze Andeutgn., wie die preuß. Volksschulen nach e. Normalplane mehr einheitlicher gestaltet werden könnten. gr. 8. (35 S.) Crefeld 884. (Kramer & Baum.) n. — 80

Schnellschrift von Robert **Piepenburg.** In 3 Stufen. Stufe 1–3. [Nebst] Schlüssel [zu Stufe 1. 2]. *Krefeld: Selbstverl.; (Leipzig: R. Hoffmann in Komm.) [1899].* 5 Bde 8°
1. Verkehrsschrift. (Vereinf. Kurrentschr.) 3. Aufl.
2. Kurzschrift. (Vereinf. Stenogr.) 3. Aufl.
3. Kammerschrift (Parlamentsstenogr.).
Schlüssel z. Lehrb. d. Verkehrsschrift ..
Schlüssel z. Lehrb. d. Kurzschrift .. 5

Piepenburg, Rob. Deutsche Schnellschrift [vereinfachte Stenographie.] 8. (16 S.) Crefeld 891, [Greven.] Piepenburg. * — 50

[S.] Deutsche Schnellschrift '(Vereinfachte Stenographie)' v. Robert **Piepenburg.** In 3 Stufen. Stufe 1. 2. *Crefeld: R. Piepenburg 1892—95.* 8. [9. 1857

Piepenburg, Rob., deutsche Schnellschrift. (Vereinfachte Stenographie). (In 3 Stufen.) 1. u. 2. Stufe. gr. 8. Crefeld, R. Piepenburg. à n. 1. —
1. Stufe: Verkehrsschrift. 2. Aufl. (32 S.) 893.
2. Stufe: Kurzschrift (Parlamentsstenographie). (28 S.) 894.

Piependeckel, Alois, d. Bierkrieg in Groß-Semmeldorf. E. Hundstagsposse in 5 Bildern. gr. 8. (16 S.) Berlin-Charlottenburg 894. Goldau (Schweiz), C. O. Knorr. n. — 30

Piepenstock, Heinrich: Über Oberflächenspannung wässriger Lösungen. Münster i. W. 1908: Probst. 74 S. 8°
Münster, Phil. Diss. v. 24. Dez. 1908, Ref. Schmidt
[Geb. 14. Febr. 84 Bölling b. Dahl; Wohnort: Münster i. W.; Staatsangeh.: Preußen; Vorbildung: Oberrealsch. Hagen Reife O. 03; Studium: Berlin 3, München 1, Marburg 2, Münster 3 S.; Rig. 25. Juli 08.] [U 09. 3608

Pieper

— s. a. **Piper.**

Pieper. Arbeiter-Spar- und Lebensversicherung. S. A. Präsides-Korrespondenz. II. 9 und 10. Cöln 1903.

Pieper, Ausbildung d. Infanterie-Rekruten im Gelände u. f. das Gefecht in tabellar. Übersicht f. Offiziere u. Unteroffiziere. (11 S.) 16. Metz 909. G. Scriba. — 25

Pieper. Die Schlacht in und bei Angermünde vom 27. bis 29. März 1420 (Prenzlau 1904.) 8⁰. (Aus: Mitteilungen d. Uckermärk. Museums- u. Geschichts-Vereins.)

Pieper, Tabelle der Pensionsbeträge f. Reichs- u. preußische Beamte u. die wesentlichsten Bestimmungen d. Pensionsgesetzes. 4. (11 S.) Celle 886. (Schulze.) n. — 40

Pieper, A: Katalog über Bewegungskräfte, Windmotoren und Wasserhebung. Moers a. Rh. (1896?)

Pieper, A: Katalog über Erntemaschinen. Moers am Rhein (1897?)

Pieper, A: Katalog über Kugelventilpumpen und Abfuhr-Geräthe. Moers a. Rhein (1896?)

Pieper, A: Katalog über Wirthschaftsgeräthe. Moers am Rhein (1897?)

Pieper, A., ein Märchen, das uns die 6 Sonatinen von M. Clementi erzählen können. (In 6 Kapiteln und mit den 6 Sonatinen Clementi's.) 4. (IV, 40 S.) Leipzig 888. Rühle. n. 1. —

Pieper, A., f. Moden-Verein.

Pieper, A. B., der vollständige Examinator. Ein Hülfsmittel für die Aspiranten des Preuß. höheren Justiz-Subalterndienstes 2c. In Fragen u. Antworten excerpirt. 10 Lfgn. gr. 8. (XVI u. 798 S.) Anclam 847—49, Dietze in Comm. (à n. ¹/₃ ₰) n. 3¹/₃ ₰

PIEPER, Adolph: Der Fang des Raubzeuges. Praktische Anleitung und Gebrauchs-Anweisungen. - Moers a. Rh. 1877. VIII, 106 S.
2. verm. u. verb. Aufl. - 3. Aufl. ebd. 1880. - 4. Aufl. ebd. 1882. -
5. Aufl. ebd. 1887. VIII, 261 S.

Pieper, Adph., der Fang des Raubzeuges. Praktische Anleitung und Gebrauchs-Anweisung. 2. verm. und verb. Aufl. gr. 8. (VIII, 106 S. mit eingedr. Holzschn.) Moers 877, (Spaarmann.) *

Pieper, Adph., der Fang des Raubzeuges. Prakt. Anleitung und Gebrauchs-Anweisungen. 3. verm. und verb., mit vielen Abbild. ergänzte Aufl. gr. 8. (XI, 144 S. mit eingedr. Holzschn.) Moers 880, Pieper. *

—— dass. — 4. verm. und verb., mit vielen (eingedr. Holzschn.-) Abbild. ergänzte Aufl. gr. 8. (VIII, 222 S.) Ebendas. 882. *

Pieper, Adph. Der Fang d. Raubzeuges. Praktische Anleitg. und Gebrauchs-Anweisgn. 5. verm. u. verb., m. vielen Abbildgn. ergänzte Aufl. gr. 8. (VIII, 261 S.) Moers 889, Pieper. * 2.50

Pieper, Adph., der Fang des Raubzeuges. Praktische Anleitg. u. Gebrauchs-Anweisgn. 6. verm. u. verb., m. vielen Abb. ergänzte Aufl. (245 S.) gr. 8. Moers 909/10. (Leipzig, L. Fernau.) 2.50

Pieper, Albrecht [cand. med. aus Laasphe]: Pyaemie ex otitide.... Halle a. S., Buchdr. Carl Colbatzky, 1889; 29 + 1 S. + 1 Bl. 8⁰
Halle, Med. Fak.. Inaug.-Diss. v. 23. Dez. 1889

Pieper, Ant., Christentum, römisches Kaisertum u. heidnischer Staat. 2 akadem. Reden. (III, 68 S.) gr. 8. Münster 907. Aschendorff. 1.25

Pieper, Ant., zur Entstehungsgeschichte der ständigen Nuntiaturen. gr. 8. (VIII, 222 S.) Freiburg i/B. 894. Herder. n. 3.50

Pieper, Ant., die päpstlichen Legaten u. Nuntien in Deutschland, Frankreich u. Spanien seit d. Mitte d. 16. Jahrh. 1. Thl. D. Legaten u. Nuntien Julius' III., Marcellus II. u. Paul's IV. (1550–1559) u. ihre Instruktionen. gr. 8. (VII, 218 S.) Münster 897. Aschendorff. n. 5.—

Pieper, Ant., die alte Universität Münster 1773–1818. Ein geschichtl. Überblick. Mit e. Verzeichniß der Universitätslehrer v. Bahlmann. gr. 8. (98 S.) Münster 902. Regensberg. 1.50

Pieper, Ant., die Propaganda-Congregation u. die nordischen Missionen im 17. Jahrh. Aus den Acten d. Propaganda-Archivs u. d. Vatican. Geheim-Archivs dargestellt. [2. Vereinsschrift der Görres-Gesellschaft f. 1886.] gr. 8. (IV, 112 S.) Köln 886. (Bachem.) n. 1.80

Pieper, Anton: Untersuchung der in rechtwinkligen Koordinaten gegebenen Kurve: $x^3 + axy^2 + by = c$. Paderborn, Schöninghsche Buchdr. (1889); S. 3–14, 1 Tab., 3 Taf. 4°
Rietberg, PG Nepomucenum, OP 1889 (343 n)

— s.: Zeitschrift f. vaterländische Geschichte u. Alterthumskunde (Westfalen).

Pieper, Armgardt, Gedanken einer Einsamen. 16. (V, 64 S.) Falkenberg i/M. 881. (Eberswalde, Rust.) geb. 1.50

Pieper, Aug., Dienstbotenfrage u. Dienstbotenvereine, s.a. Tages-fragen, soziale.

Pieper, Aug[ust]: Dienstbotenfrage und Dienstbotenvereine. — M. Gladbach: Volksvereinsverl. 1908. 76 S. 8° (Soziale Tagesfragen. Neue Zählung. 21.)

Pieper, Aug., u. Helene Simon, die Herabsetzung der Arbeitszeit f. Frauen u. die Erhöhung des Schutzalters f. jugendliche Arbeiter in Fabriken, s.a. Schriften der Gesellschaft f. soziale Reform. 7. 8.

Die Herabsetzung der Arbeitszeit für Frauen und die Erhöhung des Schutzalters f. jugendliche Arbeiter in Fabriken. Referate d. i. Generalvers. d. Ges. f. Soziale Reform in Köln am 22. Sept. erstattet von Dr. August Pieper, M.-Gladbach, u. Helene Simon, Berlin. Nebst e. Bericht über d. Generalversammlung d. Ges. f. Soz. Reform in Köln. *Jena: G. Fischer 1902.* (164 S.) 8° [F.]
— Schriften d. Gesellschaft f. Soziale Reform. H. 7. 8. [oj. 9271 9

Jugendfürsorge und Jugendvereine. Unter Mitw. von Vereinspräsides hrsg. von Dr. Aug. Pieper. 1.-3. Taus. M.Gladbach: Volksvereins-Verl. 1908. (309 S.) 8° [F.]
— Tagesfragen, Soziale. [Neue Zählung.] H. 20. [08. 7437

— Jugendfürsorge u. Jugendvereine. Ein Handbuch, hrsg. unter Mitwirkg. v. Vereinspräsides. 2. verb. u. verm. Aufl. 4.—10. Taus. (406 S.) gr. 8. M. Gladbach 910. Volksvereins-Verlag. Geb. in Leinw. 3.—

— dasselbe, s.a. Tagesfragen, soziale.

Sociale Conferenzen unter dem Klerus. Ihre Organisation u. Thätigkeit. (Verf.: August Pieper.) Mit e. Anh.: Empfehlenswerte Schriften f. Präsides u. sociale Unterrichtskurse in Arbeiter- u. Gesellenvereinen. 2., verm. Aufl. *M.-Gladbach: Volksver. f. d. kath. Deutschl. 1902.* (47 S.) 8° [F.]
— Tages-Fragen, Soziale. H. 4. [o2. 9537 5

Pieper, Aug., Mäßigkeitsbestrebungen, s.a. Tages-Fragen, soziale.

Mässigkeitsbestrebungen. Ihre Bedeutung, Aufgaben u. Mittel. Von Dr. Aug. Pieper. *M.Gladbach: Volksver. f. d. kath. Deutschland 1900.* (11 S.) 8° [F.]
— Tages-Fragen, Soziale. H. 14. 15. [o1. 1-0-7 5

Mässigkeitsbestrebungen. Von Dr. Aug. Pieper. 2. Aufl. M.Gladbach: Volksver. f. d. kath. Deutschl. 1906. (40 S.) 8° [F.]
— Tages-Fragen, Soziale. H. 14. 15. [o6. 9324 5

— Volksbildungsbestrebungen, s.a. Tages-Fragen, soziale.

Volksbildungsbestrebungen. Ihre Notwendigkeit u. ihre Mittel. Von Dr. Aug. Pieper. *M.-Gladbach: Volksver. f. d. kath. Deutschl. 1899.* (22 S.) 8° [F.]
— Tages-Fragen, Soziale. H. 1. [o2. 9535 5

Pieper, B. Haftet der Reeder nach Seerecht und der Schiffseigner nach Binnenschiffahrtsrecht für ein Verschulden des vom Schiffer (Kapitän) freiwillig angenommenen Lotsen? Aachen 1903.

Pieper, B. Fr., Predigten bei der Feier d. ersten heil. Communion der Kinder. Nach sein. Tode zum Druck befördert. Mit e. Vorw. v. B. Overberg. 8. (15½ B.) Münster 830, Theissing.

Pieper, Carl, s. Pieper, Karl

Pieper, E., Erinnerungen u. Erfahrungen aus dem Leben e. Vogelkundigen. (24 S.) gr. 8. Danzig 903. (A. W. Kafemann.) n. —60

Pieper, Eduard, appr. Arzt a. Soest: Zur Kenntnis der kryptogenen eiterigen Pyelo-Nephritis. München 1904: Kastner & Callwey. (48 S.) 8°
München, Med. Fak., Ref. v. Bollinger, Diss. v. 18. Aug. 1904
[Geb. 5. März 78 Soest; Wohnort: Soest; Staatsangeh.: Preußen; Vorbildung: Gymn. Soest Reife 5. Aug. 98; Studium: Göttingen 1, Bonn 1, Kiel 2, Tübingen 1, München 4 S.; Coll. 20. Mai 04; Approb. 15. Febr. 04.]

PIEPER, Emil (Seefeld): Über Rückenmarkdehnung. (Titel nach der Urkunde)
26.7.1887 - Urk; Chr 1887/88,18
Diss. Ingolst.-Landsh.-Mchn.

Pieper, Emil Matthias Johannes (geb. Köslin 12. 4. 1843): Ueber Cystenbildungen und Hydronephrose beweglicher Nieren. Berlin (1867). (32 S.) 8°
Berlin, Med. Diss. v. 7. Aug. 1867

Pieper, F., das Grundbekenntniß der evangelisch-lutherischen Kirche. Mit einer geschichtl. Einleitung und kurzen erklärenden Anmerkungen versehen. 2 Thle. 8. St. Louis, Mo. 880. (Dresden, H. J. Naumann.) geb. *
Inhalt:
Thl. 1. Die geschichtliche Einleitung. (IV, 79 S.)
" 2. Die Augsburgische Confession. (80 S.)

Pieper, F., die Grunddifferenz in der Lehre v. der Bekehrung u. Gnadenwahl. Vortrag, geh. vor der „freien Conferenz" zu Watertown, Wis., am 29. IV. 1903. Nebst e. Appell an alle Lutheraner, die sich über den Lehrstreit in der americanisch-luther. Kirche e. Urtheil bilden wollen. (48 S.) gr. 8. St. Louis, Mo. 903. (Zwickau, Schriften-Verein.) n. 1.—

— das Wesen des Christenthums. Vortrag, geh. vor der 10. Delegatensynode (1902) der Synode v. Missouri, Ohio u. a. Staaten. (16 S.) gr. 8. Ebd. 903. n. —40

Pieper, Fr. Gtthlf. (✝ d. 21. März 1768.) Abhandl. v. dem Alterthume d. Cameralwissenschaft. 4. Halle 760. Waisenh.: B. 3 gr

Pieper, Fr. Gtthlf. Abhandlung von dem Alterthum der Cameralwissenschaft. 4°. Halle, Waisenhaus-B., 1763. (Bergius u. Piper, 1760.)

Pieper, F. Gll.: „Historisch-juristische Beschreibung des Markenrechts in Westphalen", Halle 1763 (Waisenhaus).

Pieper, F. Gll.: „Gedanken vom Bedemuths- oder Bettemundsrecht in Westphalen", Halle 1761 (Waisenhaus).

— Gedanken vom Bedemuths- od. Bettemuths-Recht in Westphalen, 4. Halle 763. Waisenh.-B. 2 ℛ

Pieper, Franz Friedrich, Referendar: Das Sparkassenbuch im geltenden bürgerlichen Recht mit besonderer Berücksichtigung der ⟨zivilrechtlichen⟩ Eigentumsverhältnisse bei widerrechtlicher Erhebung eines fremden Sparkassenguthabens. Borna-Leipzig 1910: Noske. VIII, 46 S. 8°
Heidelberg, Jur. Diss. v. 7. Sept. 1910, Ref. Schröder
[Geb. 26. April 85 Celle; Wohnort: Münster i. W.; Staatsangeh.: Preußen; Vorbildung: Städt. Gymn. Münster Reife O. 06; Studium: Münster 1, Berlin 1, Münster 4 S.; Rig. 30. Juli 10.] [U 11. 2094

Pieper, Friedr., einige Gebete vor u. nach d. Religionsunterrichte ꝛc., s. Gebete.

Pieper, Friedrich Wilhelm (Istrup/Westfalen), De febris intermittentis indole et curatione, cum observatione octanae adiuncta. Diss. med. Berlin (Unger) 1. VI. 1831. 32 S. mit Biogr. (M.: Benninghausen). (3.50) 26487
Oppon.: J. Beckers, L. Marx, J. Strippelhoff. — Gew.: Philipp Ant. Pieper (Bruder).

Pieper, Fridericus Guilelmus: De phantasmatibus nervi optici. Halis Saxonum (1837): Ploetz. 27 S. 8°
Halle-Wittenberg, Med. Diss. v. 7. Aug. 1837
Geb. Istrup (Westf.; Kr. Höxter) 1832 [vielmehr: 9. 1. 1830]. V.

Pieper, G. R. (Hrsg.), s. Beiträge zur Methodik des biologischen Unterrichts.

Pieper, G. R., die denkwürdigsten Erfindungen bis zu Ende des 18. Jahrh., s.: Thomas, Louis.

— Systematische Übersicht der Phanerogamen. (36 S.) gr. 8. Leipzig 908. Quelle & Meyer. — 50

Pieper, G. W., biblische Hausandachten für die Passionszeit. gr. 8. Meurs ... Rhein. Schulbuchh. (Funcke in Crefeld.) 7 ℛ

Pieper, G. W., Züge aus dem Leben des Joh. Gust. Burgmann, s.: Sonntags-Bibliothek, 5. Bd. 3. Hft.

Pieper, Gust. W., Grundlinien evangel. Erziehungslehre für Haus u. Schule bei Luther. Unevangelischer Zeitrichtung entgegengesetzt. gr. 8. (6¼ B.) Düsseldorf 844, Bötticher'sche Bh. * -

—— Leselehre u. Lesebuch. Noch ein Zeugniß in der Sache zwischen A. Diesterweg u. L. Emmerich. Zur Prüfung gegeben. 8. (2⅝ B.) Düsseldorf 843, Bötticher'sche Buchh. *

Pieper, H.: Illustrirter Führer durch Goslar am Harz, mit bes. Berücks. des Achtermanns von –. 2. Aufl. Goslar a. H.: H. Pieper 1897. (71 S.) 8°

Pieper, H., der Oldenburgische Planimeter, verbessert u. beschrieben. gr. 8. Läneb. 825. Herold u. W. 12 ℛ

Pieper, Henricus ⟨geb. am 17 Aug. 1828 in Dümpten bei Mülheim a. d. Ruhr⟩: De ea materia, cui Fallou nomem [!] dixit „Chloritischer Serpentingruss" dissertatio chemica ... Bonnae, typ. Carthausianis (1857). 29 S. 8.
Bonn, Phil. Fak., Diss. v. 27 [hs. 26] März 1857

Pieper, Hermann, Prof.: Der märkische Chronist Andreas Engel ⟨Angelus⟩ aus Strausberg. T. 1. Engels Leben. *Berlin: R. Gaertner 1902.* (29 S.) 4°
Berlin, Zweite R, OP 1902 (124)

Pieper, Herm., der märkische Chronist Andreas Engel (Angelus) aus Strausberg. 1. Tl. Engels Leben. Progr. 4. (29 S.) Berlin 902. [R. Gaertner.] Weidmann. n. 1.—

Pieper, Hermann: Der märkische Chronist Zacharias Garcaeus. 1. Tl: Leben d. Garcaeus. Berlin, R. Gaertner, 1896; 21 S. 4.
Berlin, Zweite R '(HB)', OP 1896 (116)

Pieper, Hermann: Der märkische Chronist Zacharias Garcaeus ⟨Gartz⟩. II. T.: Nachträgliches zu Garcaeus' Leben. Seine litterarische Thätigkeit als Historiker. Handschriften seiner historischen Schriften. *Berlin: R. Gaertner 1898.* (25 S.) 4° * [Fortsetzung d. P-Beilage 1896.]
Berlin, Zweite R, OP 1898 (118)

Katalog der Bibliothek der Oekonomischen Gesellschaft im Königreiche Sachsen zu Dresden. Nach d. Bestande d. Bibliothek i. J. 1910 zsgest. von Dr. H[ermann] **Pieper**. Dippoldiswalde (1910): Jehne. XVI, 389 S. 8° [11. 1485

Pieper, Hermann: Vergleichende Keimversuche mit Grassämereien nebst einigen Bemerkungen zu grundsätzlichen Fragen der Keimprüfungsmethode. Jena 1909: Kämpfe. 69 S. 8°
Jena, Phil. Diss. v. 5. März 1909, Ref. Edler
[Geb. 17. Okt. 81 Wilhelmseichen; Wohnort: Wilhelmseichen; Staatsangeh.: Preußen; Vorbildung: Gymn. Nakel a. N. Reife O. 00; Studium: München Techn. Hochsch. 2, Jena 6 S.; Rig. 18. Dez. 08.] [U 09. 2210

Die Zeche Ver(einigte) Konstantin der Große bei Bochum. 1849—1899. Dem Vorsitzenden d. Grubenvorst. Dr. med. Brüggemann in Münster i. W. z. Feier s. 25jähr. Thätigkeit. Von H[ermann] Pieper. — Bochum 1899: (Stumpf). 70 S., 6 Taf. 4° 38 A.

Pieper, Hermann, Kammergerichtsref.: Die Unverantwortlichkeit des Regenten. *Berlin 1900: W. Pilz.* (60 S.) 8°
Rostock, Jur. Diss. v. [5. Dez.] 1900

— die Unverantwortlichkeit des Regenten. gr. 8. (60 S.) Berlin 901. Struppe & Winckler. n. 1. 20

Pieper, J., liberales Jägerlatein, s.a. Compaß f. das kathol. Volk.

J. Pieper, Liberales Jägerlatein. 1874, 8°. 48 S., 20 Pf. (Kompaß ꝛc. Nr. 9.)

Pieper, J., Rechenbuch f. Volksschulen, s.: Genau, A.

Pieper, J., d. Reichsbeamtengesetz v. 31. März 1873, s.a. Guttentag's Sammlg. deutscher Reichsgesetze, Nr. 10.

Pieper, J.: Das Reichsbeamtengesetz vom 31. März 1873 u. seine Ergänzungen erl. 2. Aufl. Berlin 1901.
(Guttentag'sche Sammlung Dt. Reichsgesetze. Text-Ausg. m. Anm. Nr 10.)

Pieper, J. H. C., Predigten üb. einige Sonn- und Festtagstexte. 8. Eisenach. Wittekind. 776.

Pieper, Johs., die Tochter Mariens. Ein Gebet- u. Erbauungsbuch d. Töchter-Vereins. 16. (215 S. m. 1 Farbendr.) Paderborn 890. Junfermann. n. —75

Pieper, Johs., die Tochter Mariens. Ein Gebet- u. Erbauungsbuch des Töchter-Vereins. 2. Aufl. (224 S. m. 1 Farbdr.) 16. Paderborn 907. Junfermann.
Geb. in Leinw. 1. —

Pieper, Jos., Felix Molmann od. d. Leben u. Wirken e. christl. Mustererziehers vor 100 Jahren. Nebst Auszügen pädagog. Lehren u. Grundsätze aus dessen Tagebuche, s. a. Sammlung d. bedeutendsten pädagog. Schriften aus alter u. neuer Zeit.

Felix Molmann oder das Leben u. Wirken e. christl. Mustererziehers vor hundert Jahren. Nebst Auszügen pädagog. Lehren u. Grundsätze aus dessen Tagebuche. Bearb. von Joseph Pieper. 3. Aufl. *Paderborn: F. Schöningh 1902.* (70 S.) 8° [F.]
— Sammlung d. bedeutendsten pädag. Schriften. Bd 6, [2.] 03. 6296

Felix Molmann, oder das Leben u. Wirken e. christl. Mustererziehers vor hundert Jahren. Nebst Auszügen pädagog. Lehren u. Grundsätze aus dessen Tagebuche. Bearb. von Joseph Pieper. 5. Aufl. Paderborn: F. Schöningh 1908. (68 S.) 8° [F.]
— Sammlung d. bedeutendsten pädag. Schriften. Bd 33. 08. 8300

Pieper, Jos. Pädagogische Mußestunden. Zwanglose Plaudereien aus verschiedenen Gebieten der Erziehg. u. d. Unterrichts, zur Anregg. u. Belehrg. hrsg. gr. 8. (128 S.) Düsseld. 889, Schwann. * 2 —

Pieper, Karl

Pieper, Dr., Die öffentliche und private Armen- und Wohlfahrtspflege in Dortmund. Im Auftrage der Verwaltung des Armenwesens. 8⁰. Dortmund, M. Thomas, 1910.

Die öffentliche und private Armen- und Wohlfahrtspflege in Dortmund. Im Auftr. d. Verwaltung d. Armenwesens von Magistr.Ass. Dr. [Karl] Pieper. Dortmund: Verwaltung d. Armenwesens 1910. 85 S. 8° 10. 12330

Pieper, Karl, Aufgabenbuch f. die Harmonielehre. Für Konservatorien, Musikschulen u. Lehrerbildung-Anstalten. 3 Hefte. (IV, 171 S.) 16,5×26,5 cm. Leipzig 908. C. F. Kahnt Nachf. à 1. —

Die Bavaria-Brauerei und deren Einrichtungen. Festschrift z. Eröffnung. [Von] Carl Pieper. Civil-Ing. *Altona 1899: (H. W. Kobner & Co.)* (19 S.) 8° 00. 12700

Pieper C, stenographischer Bericht über die Verhandlungen des deutschen Patentschutzvereins vom 23. März 1875. Dresden 1875

Pieper, Carl, das Brennmaterial u. die Fortschritte zur Ersparniß desselben für Fabrik u. Haus. Vortrag gehalten im Gewerbeverein zu Dresden. Dresden 869. Bach. gr. 8. (15 S.) n. 5 ngr

Pieper C, der Erfinderschutz und die Reform der Patentgesetze. Amtlicher Bericht über den Internationalen Patent-Kongress in Wien 1873. Dresden 1873

Pieper, Carl, Feldzug gegen die Cholera, bestehend in einer untrügl. Heilmethode derselben. gr. 8. (7 S.) Erfurt 849, Körner. 1½ ngr

Geschichte der internationalen Union für den Schutz des gewerblichen Eigentums sammt Konvention und Staatsverträgen. Im Auftr. d. 'Deutschen Permanenz-Kommission' u. d. 'Deutschen Ver. f. d. Schutz d. gewerbl. Eigentums' hrsg. von deren Geschäftsführern Carl Pieper u. Paul Schmid. *Berlin: Deutscher Ver. f. d. Schutz d. gewerbl. Eigentums [um 1893].* (44 S.) 4° [F.] 04. 3939 11

Pieper, Carl, Gewerbe- u. Industrieschutz. Ein Beitrag zu den Reformfragen betr. den Patent-, Muster-, Marken- u. Handelsfirmen-Schutz u. die internationale Staaten-Convention. Auf Veranlassg. der deutschen Abtheilg. der „intern. Permanenz-Commission f. den Schutz d. gewerbl. Eigenthums" bearb. gr. 8. (VI, 98 S.) Berlin 890. Haack. n. 2. —

Pieper, Carl, Gewerbe- u. Industrieschutz. II. Weiterer Beitrag zu dem Misere betr. den Patent-, Muster- u. Warenzeichen-Schutz, sowie Patentanwalt-Ordng. gr. 8. (37 S.) Berlin 899. Polytechn. Buchh. A. Seydel. n. 1. —

Pieper, Carl, Gerichtsref. aus Rietberg i. Westf.: Haftet der Reeder nach Seerecht und der Schiffseigner nach Binnenschiffahrtsrecht für ein Verschulden des vom Schiffer (Kapitän) freiwillig angenommenen Lotsen? *Aachen 1903: J. Kessels.* (IV, 77 S.) 8°
Erlangen, Jur. Diss. v. 6. Dez. 1902

Pieper, Carl, technische Kritiken auf volkswirthschaftlichem Gebiete. 2. Hft. verm. Aufl. u. 3. Hft. gr. 8. Dresden 875. L. Wolf. n. 4. 50
Die Mediciner u. Verwaltungsbehörden in der Städtereinigungsfrage. Eine Kritik üb. besteh. u. beplante Sanitätswerke. (XIV, 224 S.)

Pieper, Carl, technische Kritiken auf volkswirthschaftlichem Gebiete. 3 Hefte. gr. 8. Dresden 875, [L. Wolf's Buchh.] Salomon's Antiquariatsh. *
Inhalt:
Heft 1. Wie steht die Städtereinigungsfrage? (VIII, 56 S.) 873. *M 1,50.
» 2. 3. Die Mediciner und Verwaltungsbehörden in der Städtereinigungsfrage. Eine Kritik über bestehende und beplante Sanitätswerke. 1. Aufl. (XII, 138 S.) 874. *M 3.; 2. Aufl. (XIV, 224 S.) 875. *M 4,50.

— die Mediciner und die Verwaltungsbehörden in der Städtereinigungsfrage. Ein Nachweis der Unrichtigkeit in den Rechnungen und Prämissen des Chalybäus- und des Virchow'schen Berichtes, sowie der Entstellungen in den Vorlagen des Berliner Magistrats. gr. 8. (IV, 138 S.) Dresden 874, L. Wolf. *

— illustrirtes Preis-Taschenbuch der Specialitäten f. Ingenieure, Maschinenbauer, Architecten, Taxatoren u. Kaufleute. hoch 4. (30 Holzschntaf.) Ebend. 873. n. 19. 80

Pieper, C., Illustrirtes Preistaschenbuch der Spezialitäten für Ingenieure, Maschinenbauer, Architekten, Taxatoren u. Kaufleute. Dresden (Selbstverlag des Verfassers) 1873. q. Fol. (Unvoll.)

— Quell- oder Flußwasser? und die einschlagenden Verhältnisse in Dresden. Eine krit. Studie. 1. Thl. Lex.-8. (VIII, 65 S.) Dresden 870, Bach. *

— zur Reform des Patentgesetzes u. des Gebrauchs-Musterschutzes. Petition an den Hohen Reichstag betr. die „Novelle zum Patentgesetz" m. Motiven u. Berichten. Lex.-8. (IV, 60 S.) Berlin 890. Polytechn. Buchhandlg. n. 1. 50

Pieper, Carl, blinde Regierungen u. technische Schwerenöter. An Hand der Geschichte wider die alten Gegner. (33 S.) Lex.-8 Berlin 906. H. Steinitz. n. 1. 50

— der Schutz der Erfindungen im Deutschen Reich. Die Reichstagsverhandlungen, das Patentgesetz und seine Ausführungsverordnungen mit krit. Anmerkungen. gr. 8. (VI, 174 S.) Berlin 877, C. Heymann's Verlag. *

Der wirksame Schutz gewerblicher Arbeit als Erforderniss der Wohlfahrt des Staates. Vortrag des Ing. C[arl] Piopor in d. Hauptversamml. 1895 d. 'Oesterr. Ver. f. d. Schutz d. gewerbl. Eigenthums.' *(Wien: R. Spies & Co. [um 1895].)* (20 S.) 8° [Kopft.] [o. 9777 II

— Schwemmcanäle oder Abfuhr? Eine Frage u. Abstimmung vor der Versammlung deutscher Naturforscher u. Aerzte. Mit sachl. Erläuterungen. Ebend. 869. gr. 8. (VII, 96 S.) n. 15 ngr.

Pieper, Carl, sind die Industrie-Schutzgesetze verbessert? Nach dem stenograph. Bericht u. den Protocollen der Conferenz f. den Schutz d. gewerbl. Eigenthums zusammengestellt v. dem Geschäftsführer d. Ausschusses C. P. Fol. (VIII, 132 S.) Berlin 891. Puttkammer & Mühlbrecht. n. 6.—

— die Totengräber unserer Bedürfnisse unter den Gesetzgebern. Handel u. Industrie: Zur Förderg.! (30 S.) Lex.-8. Berlin (905). Herm. Walther. n. 1.20

— Unsicherheit im Patentschutz. Deren Ursache u. Mittel zur Abhülfe. gr. 8. (36 S.) Berlin 899. H. Walther. n. 1.—

C(arl) Pieper: Vorträge im deutschen und österreichischen 'Verein f. d. Schutz d. gewerbl. Eigenthums'. *(Wien: R. Spies & Co. [um 1894].)* (34 S.) 8° [Umschlagt.] [o. 9778 II

Pieper, Carl, Was leisten unsere modernen Gewehre? Nach prakt. Versuchen. 8. (23 S. mit 1 Tab.) Berlin 884, W. Baensch. *
Aus: Neue deutsche Jagd-Zeitung, besonders abgedruckt.

— wie steht die Städtereinigungsfrage? Eine Kritik im Anschluß an die Vorlage des Berliner Magistrates an das Stadtverordneten-Collegium mit Berücksicht. der neuesten Erfahrungen. gr. 8. (VIII, 56 S.) Dresden 873, L. Wolf. *

Pieper, **Klaus**: Die Essigsäureprobe zur Unterscheidung der Exsudate und Transsudate. München 1909: Mühlthaler. 8 S. 8° ¶(Aus: Münchener med. Wochenschrift. Jg. 57.)
Straßburg, Med. Diss. v. 18. Jan. 1910, Ref. Moritz
[Geb. 11. Okt. 85 Marienburg Wpr.; Wohnort: Berlin; Staatsangeh.: Preußen; Vorbildung: Neues Gymn. Darmstadt Reife O. 04; Studium: Heidelberg 1, Freiburg i. B. 4, München 2, Berlin 1, Straßburg 2 S.; Coll. 30. Juli 09; Approb. 24. Juli 09.] [U 10. 4057

Pieper, (L.,) Maiglöckchen. 8. Hannov. 821, Hahn. Rthlr.

Pieper, L., Maiglöckchen. 8. Hannov. 822. Hahn. 1 ß

Pieper, Lor., die Lage der Bergarbeiter im Ruhrrevier. s. a. Studien, Münchener volkswirtschaftliche. 58.

Pieper, Lorenz: Die Lage der Bergarbeiter im Ruhrrevier. *Stuttgart 1903: Union.* (VIII, 104 S.) 8° ¶[Erschien vollst. 1903 als: Münchener volkswirtsch. Studien, Stück 58.]
München, Staatswirtsch. Diss. v. 1903

Die Lage der Bergarbeiter im Ruhrrevier von Lorenz Pieper. *Stuttgart & Berlin: J. G. Cotta 1903.* (XII, 266 S.) 8°
— Studien, Münchener Volkswirtschaftliche. Stück 58. [o3. 10736 3

Pieper M. Ueber die Bewegung eines Körpers, dessen Oberfläche eine im Raume feste Curve berührt. Dessau 1879. 8. Diss. Jena

Pieper, M., mathematische Erdkunde. Als Anh. zu K. Sumpfs „Schulphysik" u. „Grundriss der Physik" bearb. Mit 12 in den Text gedr. Orig.-Holzschn. gr. 8. (II, 32 S.) Hildesheim 894. A. Lax. n. — 50; als Anh. unentgeltlich.

Pieper, M., mathematische Erdkunde. Anh. zu K. Sumpfs „Schulphysik" u. „Grundriss d. Physik". M. 12 in d. Text gedr. Orig.-Holzschn. gr. 8. (40 S.) Hildesheim 898. A. Lax. n. — 40

Pieper, M., mathematische Erdkunde. Anh. zu K. Sumpf's „Schulphysik" u. „Grundriss der Physik". 3. Aufl. Mit 12 in den Text gedr. Orig.-Holzschn. gr. 8. (39 S.) Hildesheim 901. A. Lax. n. — 40

Pieper, M., mathematische Erdkunde. Anh. zu K. Sumpf's „Schulphysik" u. „Grundriss der Physik". 4. Aufl. Mit 12 in den Text gedr. Orig.-Holzschn. (39 S.) 8. Hildesheim 906. A. Lax. n. — 40

Pieper, M., Preisgekrönt, s. a. Kühling's, A., Theater-Specialität. Nr. 71.

Preisgekrönt. Lustspiel in 1 Akt von M. Pieper. *Berlin: Kühling & Güttner [1901].* (22 S.) 8° [F.]
— Theater-Spezialität. A. Kühling's. No 71. [o. ...

Pieper, M[ax], Dir. Prof. Dr.: Änderungen der Prüfungsordnung für die Anhaltischen Gymnasien und Realgymnasien vom 1. November 1892 nach Maßgabe der Preußischen Ordnung der Reifeprüfung an den neunstufigen höheren Schulen (1901). *Dessau 1902: C. Dünnhaupt.* (S. 15–18.) 4
Dessau, herz. Friedrichs-RG nebst R u. VS, P 1902 (705)

Pieper, **Max**: Das Brettspiel der alten Ägypter und seine Bedeutung für den ägyptischen Totenkult. Mit 12 Abb. Berlin: Weidmann 1909. 14 S. 4°
Berlin, Königstädtisches RG OP 1909 (114) [S 09. 361

Pieper, Max, prakt. Arzt: Ueber das metastatische Carcinom der Chorioida. [!] Leipzig 1905: B. Georgi. (27 S.) 8°
Leipzig, Med. Fak., Ref. Sattler, Diss. v. 23. Dez. 1905
[Geb. 10. Mai 76 Berlin; Wohnort: Berlin; Staatsangeh.: Preußen; Vorbildung: Gymn. Gr. Kloster Berlin Reife O. 97; Studium: Berlin 7, Jena 3, Berlin 5 S.; Coll. 23. Dez. 05; Approb. 18. Juni 05.]

Pieper, Max. Ueber komplexe Kobaltammoniake. Diss. Phil. [II.] Univ. Zürich. 57 S. 8. Berlin, Paul Funk, 1904.

Pieper, Max, a. Magdeburg: Die Könige Aegyptens zwischen dem mittleren und neuen Reich. (Berlin 1904: B. Paul.) (39 S.) 4° [Text autogr.]
Berlin, Phil. Fak., Ref. Ed. Meyer, Erman, Diss. v. 19. Nov. 1904
[Geb. 9. Apr. 82 Magdeburg; Heimatsort: Berlin; Staatsangeh.: Preußen; Vorbildung: Paedagogium z. Kloster U. L. Frauen Magdeburg Reife O. 00; Studium: Halle 2, Berlin 6 S.; Rig. 23. Juni 04.]

Pieper, Max Zur Kritik der Theorie des Foucaultschen Pendelversuches. 14 S. Progr. G. *Dessau* 1882.

Pieper, Max. Leitfaden f. den Anschauungsunterricht in der Physik. gr. 8. (VIII, 55 S.) Dessau 891, Baumann. cart. * — 60

Pieper, Otto, approb. Arzt aus Holzminden: Ein Fall von Septumdefekt und angeborener Stenose des ostium arteriosum dextrum. Tod durch Lungentuberkulose. *Erlangen 1903: E. Th. Jacob.* (16 S.) 8°
München, Med. Diss. v. 1903

Pieper, Otto (geb. Schlawe 24. 8. 1846): Fünf Fälle von Meningitis tuberculosa. Berlin (1872). (32 S.) 8°
Berlin, Med. Diss. v. 22. Aug. 1872

Pieper, Otto, aus Bochum i. W., Referendar am kgl. Landger. zu Cleve: Die dingliche Wirkung des Vermächtnisses nach römischem und gemeinem Rechte unter besonderer Berücksichtigung der modernen Gesetzgebung. *Köln 1899: Ph. Amsel.* (123 S.) 8°
Erlangen, Jur. Diss. v. 4. Mai 1899

Pieper, P., kirchliche Statistik Deutschlands, s. a. Grundriss der theologischen Wissenschaften. 13.

Kirchliche Statistik Deutschlands. Von P. Pieper, emer. ev. Pfarrer in Gerresheim. *Freiburg i. B., Leipzig & Tübingen: J. C. B. Mohr 1899.* (VI, 205 S.) 8°
= Grundriss d. Theologischen Wissenschaften. Reihe 2. Bd 5.

Pieper, Paul, a. Siegburg bei Köln a. Rh.: Entwicklung des Beerdigungswesens der Stadt Köln. Worms a. Rh. 1905: J. Munz. 192 S. 8°
Tübingen, Staatsw. Fak., Ref. v. Jolly, Diss. v. 30. Dez. 1905
[Geb. 8. Juni 78 Siegburg; Wohnort: Schönenberg; Staatsangeh.: Preußen; Vorbildung: Gymn. Siegburg Reife 1. Obersek. 97; Studium: Bonn 3, Tübingen 3 S.; Rig. 3. März 05.]
(Nicht für den Austausch)

— Philipp (Istrup/Westfalen), De viribus corporis humani mechanicis. Diss. med. Berlin (Brueschcke) 19. XI. 1821. 36 S. mit Biogr. (3.25) 26488
Oppon.: C. v, Persyn, J. Wörteler, P. Roling.

Pieper, Phil. Ant.

Pieper, Ph. A.: Bemerkungen über den Einfluß des Turnens und der Ferien auf die körperliche und geistige Entwicklung der Gymnasiasten. Paderborn 1850. 24 S.

Pieper, Phil. Ant., das wechselnde Farben-Verhältniss in den verschied. Lebens-Perioden d. Blattes, nach sein. Erscheinungen u. Ursachen. Nebst 4 lith. Taf. (2 Bl.) gr. 8. (11½ B.) Berlin 834, Th. Enslin.

Pieper, Phil. Ant., Grundzüge der Pathogenie od. die Elementar-Krankheiten in ihren einfachen u. zusammengesetzten Verbindungen. I. Hlfte. (Allgemeiner Theil.) gr. 8. (13¼ B.) Paderborn 844, Crüwell. * -

—— dass. 2. Hlfte. (Specieller Theil. 1. Lfg. Pathogenie der Nervenkrankheiten, Neurosen.) gr. 8. (8 B.) Ebds. 846. *

Pieper, Phil. Ant., über d. Heilwirkungen d. Arminius-Quelle in Lippspringe, besond. geg. Brustkrankheiten. 8. (17 B.) Paderborn 841, Crüwell. *
Vgl. Piper.

—— die Kinder-Praxis im Findelhause u. in d. Hospitale f. kranke Kinder zu Paris. Kritische, mit eigenen Erfahrungen vermischte Bemerkn. gr. 8. (22½ B.) Göttingen 831, Dieterich.

Pieper, R., s.: **Allerlei aus China.**

— chinesisches Bilderbuch. Beschrieben u. erklärt f. Kinder. gr. 4. (32 S. m. z. Tl. farb. Abbildgn.) Steyl (901). Missionsdruckerei. Geb. n. 2. —

Pieper, R., die Einheit der evangelischen Kirche Deutschlands nach Bekenntniß u. kirchl. Ordnung. Für die Gemeinde dargestellt. Mit Vorwort v. Dorner. 8. (VIII, 271 S.) Berlin 875. Rauh. n. 3. —

Pieper, Rich., aus Dorf u. Stadt. 1. Tl. Plattdeutsche Gedichte heiteren Inhalts, nebst e. Anh.: Balladen. (VII, 95 S. m. Abb.) 8. Wetter a/Ruhr (Kaiserstr. 74) 910. Ingenieur R. Pieper. 2.—; geb. 2.50

Pieper, Rich., über einige metamere Hydroxylaminderivate. Inaugural-Dissertation. gr. 8. (38 S.) Königsberg 882, (Beyer's Verlag.) *

Pieper, R., Unkraut, Knospen u. Blüten aus dem blumigen Reiche der Mitte. Gepflückt u. zusammengebunden. Steyl, Druck u. Verlag der Missionsdruckerei, 1900, 8°, 725 S., 10 Mk.
Der Leser wird in diesem Buche, dessen Verf. während seiner 12jährigen Missionsthätigkeit in der Provinz Südschantung eine gründl. Kenntnis von Land u. Leuten Chinas gewann, mit allem bekannt gemacht, was ihn irgendwie interessieren könnte, von der Religion u. Wissenschaft angefangen bis herab zur Kochkunst u. Magenfrage x. Schaubmaier, (Linzer) Theol.-pr. Quartalschr. 1901, S. 674.

Pieper, Rich., Volksbotanik. Uns. Pflanzen im Volksgebrauche, in Geschichte u. Sage, nebst e. Erklärg. ihrer Namen. gr. 8. (622 S.) Gumbinnen 897. C. Sterzel. n. 6. —

Pieper, Richard [Dr.]: Über das Vorkommen von Spaltöffnungen auf Blumenblättern. Gumbinnen, 1889; S. 1–22; 4°
Gumbinnen, k. Friedrichs-G, OP 1889 (4)

Pieper, Rudolph. Meine lieben Mitbürger, zunächst des 79. Bezirks. Die Wahlen sind vor der Thür und die Vorwahlen sind in vollem Gange. Gedruckt bei A. Barß. 1 Bl. Fol.
Flugblatt, Berlin, 18.Jan.1849.

Pieper, Rudolf, Medizinalprakt.: Vergleichende Untersuchungen über quantitative Eiweissbestimmung im Urin. Leipzig 1909: Georgi. 20 S. 8°
Leipzig, Med. Diss. v. 19. April 1909, Ref. Boehm
[Geb. 9. Okt. 84 Charlottenburg; Wohnort: Charlottenburg; Staatsangeh.: Preußen; Vorbildung: Kaiserin-Augusta-Gymn. Charlottenburg Reife O. 03; Studium: Berlin 10 S.; Coll. 28. April 09; Approb. 10. Aug. 09.] [U 09. 2843

Pieper, Th. C., vermischte Gedichte. 2te verbess. und verm. Aufl. gr. 8. Berl. (Greifsw. Mauritius.) 815.

— Proben e. Uebersetzung d. Psalmen u. d. Jesaias. 4. Ebend. 811.

— — dass. wohlf. Ausgabe. 8. Ebend. 815.

— der Tempel d. Friedens im ehemaligen Rom. 4. Ebend. 811.

Pieper, W., Betrachtungen üb. das Heilverfahren bei den Berufsgenossenschaften u. Vorschläge zur prakt. Durchführung desselben. (42 S.) Lex.-8. Darmstadt 904. H. L. Schlapp. n. 1. —

Pieper, W., Briefe aus Italien. gr. 8. (50 S. m. lith. Titelbl.) Hannover 882. (Wismar, Hinstorff's Verl.) n. 3. —; geb. n. 4. —

Pieper, W. Charles Dickens. Hannover, R., 1870. 11 S. 4.
Progr.

Pieper, W.: Nyimbo za kumsifu M'ngu. Lieder zu Gottes Preis im Lamu-Suaheli, s. Heyer, R.

Pieper, Wilh., Gedichte. Insterburg 853. Wilhelmi in Comm. 12. (167 S.) n. 20 ngr.

— Wilhelm (Christoph Friedrich Wilhelm) (Gellersen/Hannover), Ueber Lymphangiectasia colli congenita. Diss. med.-chir. Halle/S. (C. A. Kaemmerer) 28. VII. 1887. 27 S. u. Biogr. (2.—) 26489
Ref.: Pott. — Oppon.: Max Schwabe, Hans Redmer. — Imprim.: Bernstein. — Seinem Vater (H. Pieper) gew.

Pieper, Wilhelm, über Lymphangiectasia colli congenita. Diss. Halle 1887, Lippertsche Buchh. 8°. 27 S.

Pieper, Wilh., Maria v. Lamu. (30 S. m. Abb.) 8. (Neukirchen (910). Missionsbuchh. Stursberg & Co. — 25

Pieper, Wilh., Produktions-Bedingn. v. Genossenschafts-Molkereien, s.a. Abhandlungen, landwirtschaftl., des Instituts f. exakte Wirtschaftsforschg. 3. Heft.

Pieper, Wilhelm: Produktions-Bedingungen von Genossenschafts-Molkereien. Langensalza [1909]: Beyer. IV, 87 S. 8° ¶ (Ersch. vollst. als: Landwirtschaftl. Abhandlungen d. Instit. f. exakte Wirtschaftsforsch. H. 3. 1910.)
Rostock, Phil. Diss. v. 4. Juni 1909, Ref. Ehrenberg
[Geb. 11. März 78 Rudtke b. Nakel; Wohnort: Rostock; Staatsangeh.: Preußen; Vorbildung: Gymn. Nakel bis O. 97; Studium: Königsberg 2, Berlin Landw. Hochsch. 3, Rostock 3 S.; Rig. 27. Mai 09.] [U 10. 3973

Pieper W.: Produktions-Bedingungen v. Genossenschafts-Molkereien. Diss. (Rostock). Langensalza [1910]. 87 S.
— — Berl. 1910. 183 S.
(Landw. Abhandlungen d. Instituts f. exakte Wirtschaftsforschung. 3). 541.

Pieper, W., Produktions-Bedingungen von Genossenschafts-Molkereien. 8°. Rostock 1910. (8°. Berlin, Parey.) (Landwirtschaftliche Abhdlg. d. Instit. f. exakte Wirtschaftsforschung, Heft 3.)

Mimicry, Selektion, Darwinismus. Erklärung u. Thesen über Mimicry ⟨sensu generali⟩ auf dem im J. 1901 stattgefundenen 5ten internat. zoolog. Kongress vorgetragen von M. C. **Piepers**, Dr. jur. utr. *Leiden: E. J. Brill 1903.* (452 S.) 8° [03. 6868 4

Noch einmal: Mimicry, Selektion, Darwinismus. Biolog. Studien von M. C. **Piepers**, Dr. jur. utr. Leiden: E. J. Brill 1907. (481 S.) 8° [08. 874

Bemerkungen über einige neue Verkehrswege. a. Canal zwischen Schleswig und Eckernförde mit der sich ergebenden Correction des [?] Schlei. b. Umgestaltung der Eisenbahn Schleswig-Klosterkrug und Klosterkrug-Ohrstedt-Flensburg als directe Bahn Flensburg-Schleswig-Rendsburg. c. Eine Eisenbahn Schleswig-Brarup-Gelting mit Zweigbahn Brarup-Cappeln. d. Eine Eisenbahn Gelting-Flensburg. Von **C. Piepgras.** Schleswig. 1865. 8°.

Piepgras, C., Bemerkungen über einige neue Verkehrswege. Schleswig 865. Schulbuchh. gr. 8. (13 S.) 2½ ngr.

Piepmeier, H. W., Gedichte. 8. Münster 813. Coppenrath. 16 gr Schrbp. 20 gr

Piepmeyer, Fr. Ant., patriot. Gedanken, vornehml. üb. Erziehung u. Bildung d. Jugend, üb. Bildungs-Anstalten u. ihre Lehrer. gr. 12. (7½ B.) Münster 840, Deiters. *

Piepmeyer, Fr. Ant., der Humorist als Glücks-Doktor in sein. Leben u. Wirken. gr. 12. (12 B. u. 1 Holzschn.) Münster 833, Deiters. Thlr.

Piepmeyer, H. W., Gedichte. 8. Münster, Coppenrath. 815.
Schreibp.

Hebbel v. **H.** von **Pier.** (Köln. 1910.) 8° Ausschnitt aus: Die Bücherwelt. Jg. 8, Nr. 1—3. Okt.—Dez. 1910.

Pier, Mathias, a. Nackenheim in Hessen: Specifische Wärme und Dissociationsverhältnisse von Chlor. (Leipzig: W. Engelmann 1908.) (39 S.) 8° ¶ (Aus: Zeitschrift für physikalische Chemie Bd 62.)
Berlin, Phil. Fak., Ref. Nernst, Diss. v. 14. März 1908
[Geb. 22. Juli 82 Nackenheim (Hessen); Wohnort: Berlin; Staatsangeh.: Hessen; Vorbildung: Großh. Gymn. Mainz Reife O. 01; Studium: Heidelberg 1, Jena 3, München 1, Berlin 6 S.; Rig. 21. Nov. 07.]

Pier, Wilhelm, appr. Arzt a. Nateln: Aus der Universitäts-Augenklinik zu Gießen. Zur Kasuistik der angeborenen und erworbenen pathologischen Pigmentierungen des Bulbus. Gießen 1906: O. Kindt. (32 S.) 8°
Gießen, Med. Fak., Ref. Vossius, Diss. v. 18. Mai 1906
[Geb. 20. Sept. 77 Nateln; Wohnort: Ruhrort-Laar; Staatsangeh.: Preußen; Vorbildung: Gymn. Soest Reife M. 98; Studium: Bonn 6, Freiburg i. B. 1, Berlin 3, Gießen 3 S.; Coll. 30. Nov. 05; Approb. 4. April 05.]

PIERALLINI, G.
Über die **bakterieide Wirkung** des **Blutes** bei Infectionen von Dr. G. **Pierallini**. Aus den Sitzungsberichten der kaiserl. Akademie der Wissenschaften in Wien. Mathem.-naturw. Classe; Bd. CVIII, Abth. III. Februar 1899. Wien. 1899. In Comm. Gerold's Sohn. Gr.-8°. 13 S. fl. —.15

Pierantoni, Aug., die Fortschritte des Völkerrechtes im XIX. Jahrh. Uebers. v. Frz. Scholz. gr. 8. (VI, 132 S.) Berlin 899. F. Vahlen. n. 3. —

Pierantoni's, Aug., Geschichte der italienischen Völkerrechts-Literatur. Vom Verf. durch Nachträge bereicherte Uebersetzg. v. Leon Roncali. 8. (XLIV, 303 S.) Wien 872. Manz. n. 4. —

Pierantoni, Riccardo, die Stärkere, s.: Engelhorn's allgemeine Roman-Bibliothek. XXIII. 5/6.

Pierantoni, Umberto, Protodrilus, s.: Fauna u. Flora des Golfes v. Neapel. 31.

Pierantoni-Mancini, Grazia, Costanza, s.a. Weichert's Wochen-Bibliothek.

Constanza. Roman von Grazia Pierantoni-Manzini. Autor. Übers. von Catharina Brenning. Mit 3 Vollbildern. *Berlin: A. Weichert [1901].* (100 S.) 8° [F.]
= Wochen-Bibliothek, Weicherts. Bd 113. 107 115

Pierantoni-Mancini, G., Lydia, s.: Collection Spemann.

Pierantoni-Mancini, G., Novellen, s. Novellisten, italienische.

Pierantoni-Mancini, Grazia, am Tiber. Novelle. Autoris. Uebersetzg. v. Therese Höpfner. 8. (160 S.) Berlin 892. G. Reimer. n. 1. 20; geb. n.n. 2. 20

Pierce, Archie Burton. Classification and Properties of Dual Conical Congruences. Diss. Phil [II.] Univ. Zürich. 60 S. 8. Zürich, Meyer & Hendess, 1903.

Pieré, Hnr., theoret.-prakt. Anweisung z. gründl. Erlernung der doppelten italien. Buchhaltung, prakt. dargestellt. Neue Aufl. 3 Bde. 4. Wien 812. Geistinger. (Gerold). 4 ⁄ß Hbg. Pr. 2 ⁄ß Schrbp. 5 ⁄ß Hbg. Pr. 2 ⁄ß 12 gr

Piere, Heinr., theoretisch-prakt. Anweisung z. gründlichen Erlernung d. doppelten italien. kaufmänn. Buchhaltung, sowohl zum Vortrage f. Lehrer, als auch f. jene, die sich selbst unterrichten wollen. Neue revid. Aufl. 3 Bde. 4. Wien, Geistinger. (Leipz. Weygand.) 812.

Pierer's Konversations-Lexikon. 7. Aufl. Hrsg. von J. Kürschner. Mit Universal-Sprachen-Lexikon nach J. Kürschner's System. (In 230 Hftn. m. 74 Kartenseiten u. 320 Illustrationsseitenbeilagen.) 1.—133. Hft. Lex.-8. (1. Bd. 1536 Sp.; 2. Bd. 1608 Sp.; 3. Bd. 1664 Sp.; 4. Bd. 1584 Sp.; 5. Bd. 1584 Sp.; 6. Bd. 1592 Sp.; 7. Bd. 1600 Sp.) Stuttgart 888—890. Union. à n. — 35 (geb. à Bd. 8. 50)

Pierer's, Konversations-Lexikon. 7. Aufl., hrsg. v. Jos. Kürschner. Mit Universal-Sprachen-Lexikon nach Jos. Kürschner's System. 134.—230. (Schluß-)Hft. Lex.-8. (8. Bd. 1606 Sp.; 9. Bd. 1590 Sp.; 10. Bd. 1592 Sp.; 11. Bd. 1592 Sp.; 12. Bd. 1680 Sp., m. Karten, schwarzen u. farb. Illustr.-Beilagen.) Stuttgart 891—893. Union. à Hft. – 35; geb. in Halbfrz. à Bd. 8. 50

Pierer, Uebersicht des maur. Jahres der Loge Archimedes z. d. 3 Reissbretern in Altenburg vom 1. Febr. 1807 bis 30. Jan. 1808. 8. 26 S.

Pierer, Franz, von den Verlaßwaldungen und Weiden der Herrschaft Steyr. 8. (22 S.) Steyr 861. [Wels,] Haas.

Pierer, Frz., Versuch über d. histor. Staatskunde. 8. Wien 772.

Pierer, H. A.

s. Ein zug des Herzogs Friedrich zu Sachsen-Altenburg.

—Taschen- u. Adreßbuch f. prakt. Aerzte u. Wundärzte. 8. Altenb. 813. (Brockhaus in Leipz.) 16 gr.

Pierer's neuestes Universal-Conversations-Lexikon. 6. vollständig umgearb. Aufl. Mit zahlreichen (chromolithogr.) Karten und Illustr. (Holzschntaf.). 37.—133. Heft. Lex.-8. (4. Bd. S. 481—810; 5. Bd. 800 S.; 6. Bd. 799 S.; 7. Bd. 800 S.; 8. Bd. 800 S.; 9. Bd. 799 S.; 10. Bd. 800 S.; 11. Bd. 800 S.; 12. Bd. 832 S.; 13. Bd. 832 S.; 14. Bd. S. 1—840.) [Oberhausen 876—78, Spaarmann.] Köln, Literar. Institut. à Heft *

1.—36. Heft. Ebendas. 1875. à * 50 Pf.

—— dass. — 134.—180. (Schluß-)Heft. Lex.-8. (14. Bd. S. 241—832; 15. Bd. 292 S.; 16. Bd. 804 S.; 17. Bd. 808 S.; 18. Bd. 870 S.) [Köln 878,79, Literar. Institut.] Leipzig, Opetz. à Heft * compl. 18 Bde. à M. 5. geb. à Bd. M. 7.

Pierer, H. A. Universal-Lexikon oder vollständiges encyklopädisches Wörterbuch. (26 Bde.) 8. Altenburg 1835—1836.

— — Dritte Aufl. Mit Atlas. (17 Bde.) 8. Altenburg 1849—1852.

— — 6. vollständig umgearbeitete Aufl. Mit zahlreichen Karten. Plänen und Illustrationen. 1.—18. Bd. (18 Bde.) 8. Oberhausen und Leipzig 1875—1879.

Pierer's Universal-Lexikon der Vergangenheit und Gegenwart oder neuestes encyclopädisches Wörterbuch der Wissenschaften, Künste und Gewerbe, neu bearb. von Gelehrten und Fachmännern. 4., durchaus verb. und stark verm. Aufl. (In 20 Bdn. à 10 Lfgn.) 1—15 Bd. und 16. Bd. 1. Lfg. oder 1—151. Lfg. Lex.-8. (à Bd. ca. 950 S.) Altenburg 857—62, Pierer. à Lfg. * 5 Ngr. à Bd. *

Vgl.: Ergänzungen neueste.

—— Universal-Lexikon der Vergangenheit und Gegenwart oder neuestes encyclopäd. Wörterbuch der Wissenschaften, Künste und Gewerbe, neu bearb. von Gelehrten und Fachmännern. 4., durchaus verb. und stark verm. Aufl. 16. Bd. 2.—10. Lfg. und 17.—19. Bd. à 10 Lfgn. oder 152.—190. Lfg. Lex.-8. (16. Bd. S. 97—958, 17. Bd. 952 S., 18. Bd. 958 S. und 19. Bd. 945 S.) Altenburg 862—65, Pierer. à Lfg. * 5 Ngr.; à Bd *

—— dass. — 5., durchaus verb. Ster.-Aufl. 1.—20. Lfg. Lex.-8. (1. Bd. 944 S., 2. Bd. 950 S., 3. Bd. 934 S. und 4. Bd. 936 S.) Ebendas. 867. à Lfg. 10 Ngr.

—— Universal-Lexikon der Vergangenheit und Gegenwart oder neuestes encyclopäd. Wörterbuch der Wissenschaften, Künste und Gewerbe. 5. durchaus verb. Ster.-Aufl. 21.—95. Lfg. oder 5.—19. Bd. Lex.-8. (768; 950; 966; 966; 958; 966; 958; 958; 958; 956; 958; 952; 958; 945 S.) [Ebendas.] 868—72. à Bd. M. 1.

1.—20. Heft. (1.—4. Bd.) Ebendas. 1867. M. 20.

—— dass. — oder neuestes encyclopäd. Wörterbuch aller Wissenschaften, Künste und Gewerbe. 6. vollständig umgearb. Aufl. Mit zahlreichen (chromolithogr.) Karten, Plänen und Tabellen. 1.—10. Lfg. gr. 8. (1. Bd. 816 S.) Oberhausen 874, Spaarmann. à Lfg. 60 Pf.

Dieser 1. Bd. wurde zurückgezogen.

—— dass. — 6. vollständig umgearb. Aufl. Mit zahlreichen Karten, Plänen und Tabellen. 1.—36. Lfg. gr. 8. (800; 800; 804; S. 1—480, mit Holzschntaf. und chromolithogr. Karten.) Ebendas. 875. à Lfg. 50 Pf.

Pierer, H. A., s.a. Universal-Lexikon der Gegenwart u. Vergangenheit.

Pierer, H. A., Universal-Lexicon rc., s. Wörterbuch, encyclopädisches, der Wissenschaften rc.

– s. Wörterbuch, encyklop., d. Wissenschaften.

Encyclopädisches Wörterbuch der Wissenschaften, Künste und Gewerbe, bearbeitet von mehreren Gelehrten. Herausgegeben von D. A. Binzer, fortgesetzt von H. A. Pierer. 26 Bde. Altenburg 1824—1836. 8°.

– s. Zeitschrift, f. Freimaurerei.

Pierer, Heinrich Gottlieb

— — De differentia dotis et instructus muliebris. Diss. inaug. Leipzig (Langenheim) 16. VII. 1761. 23 S. (4.25) **26491**

Pierer, Heinrich Gottlieb (Altenburg), De ejuratione cognationis et familiae ad leg. Salic. tit. LXIII. Diss. jur. German. Präs. Christian Heinrich Breuning. Leipzig (Langenheim) 1757. 27 S. (4.25) **26490**
Widm v.: Heinrich Breuning.

Pierer, Johann Friedrich (Hrsg.):

s.: Annalen, Allgemeine medizinische des neunzehnten Jahrhunderts. Jg. 1825-26, Suppl. 1821-52, 1831-32. Altenburg, Leipzig: 1825-32.

— — (Monstab/Osterland/Altenburg), De arbitrio circa poenas. Diss. jur. Präs. Ernst Tenzell. Erfurt (Grosch) 14. VIII. 1724. 56 S. (5.25) 26493
Gew.: Christoph Ignatius von Guden.

Pierer's Jahrbücher der Wissenschaften, Künste und Gewerbe. Ergänzungswerk zu sämmtl. Aufl. des Universal-Lexikon. 1. Bd. 1.—11. Heft und 2. Bd. 1.—6. Heft. Lex.-8. (1. Bd. S. 1—858 und 2. Bd. S. 1—480.) Altenburg 865—68, Pierer. à Heft 6 Ngr.

Pierer's Jahrbücher der Wissenschaften, Künste und Gewerbe. Ergänzungswerk zu sämmtl. Aufl. des Universal-Lexikon. 2. Bd. 7.—9. Heft und 3. Bd. 10 Hefte. Lex.-8. (2. Bd. S. 481—703; 3. Bd. 720 S.) Altenburg 869—73, Pierer. [Oberhausen, Spaarmann.] à Heft 60 Pf.

1. Bd. Hefte und 2. Bd. 1.—6. Heft. Ebendas. 1865—68. M. 10,20.

Pierer, Johann Friedrich: Medizinisches Realwörterbuch zum Handgebrauch practischer Aerzte und Wundärzte und zu belehrender Nachweisung für gebildete Personen aller Stände. Erste Abtheilung: Anatomie und Physiologie von J.F.Pierer und (ab Bd 4) Ludwig Choulant. Bd 1 - 8, gbd.

Bd 1 - 2: Leipzig u.Altenburg: Brockhaus 1816 - 1818
Bd 3 - 4: Leipzig: Brockhaus 1819 - 1820
Bd 5 - 8: Altenburg: Literatur-Comptoir 1823 - 1829

— **Johann Friedrich** (Altenburg), De vaderphio veterum Germanorum. Diss. jur. German. Präs. Christian Heinrich Breuning. Leipzig (Langenheim) 26. IX. 1752. 23 S. (4.50) 26492
Gew.: Johann Heinrich Lots. — Widm. v.: Heinrich Breuning.

PIERER, JOSEF: Rede über den grossen Werth der schmerzhaften Bruderschaft, welche bey Gelegenheit des hohen Titular-Fests derselben, in der Kirche der Diener Mariens in Pest gehalten worden. Pest o. J.: Gedr. mit Eizenbergerischen Schriften. 16 f. - kl. 4°

Pieret, Reinhardus, Resolutiones de theologiae praecognitis, deitatis natura et persona. Oettingae 1766, in 4°.

Pierik, J. Das Herz Gottes und das Herz der Menschen nach der heiligen Schrift . . . a. d. Holländ. Gulpen 1865. V: *Born, Henrik van.* (so) (Jes)

Piering, Osc., über den Abortus. Ein Leitfaden f. Aerzte u. Studirende, m. 7 Abbildgn. im Text. gr. 8. (43 S.) Berlin 899. Fischer's med. Buchh. n. 1. —

— über Massage bei Frauenkrankheiten, s.a. Wander-Vorträge, medicinische. 59. Hft.

Ueber Massage bei Frauenkrankheiten. Von Frauenarzt Dr. Oscar **Piering** in Prag. *Berlin: Fischer 1901.* (17 S.) 8°
— Wander-Vorträge, Medicinische. H. 59. 1903. 2306

Piering, Otto, approb. Arzt aus Eich i. Vgtl.: **Beitrag zur Casuistik der subcutanen Leberrupturen.** *Leipzig 1901: B. Georgi.* (43 S.) 8°
Leipzig, Med. Diss. v. 18. Juli 1901

Pierius, Christianus. Christus crucifixus. Carmen cothurnatum catastrophicumque, crudeles Christi ... cruciatus, caedemque cruentam, contumeliosamque continens ... Jena, C. Junghands, 1708. Kl.8°. *Titelkupfer,* 134 S. *mit 47 Kupfern im Text.* Geheftet (lose) in provisor. Umschlag.

Dieses wenig bekannte und seltene Erbauungsbuch gehört zu der kuriosen spätlatein. Literaturgattung, bei denen alle verwendeten Worte mit dem gleichen Buchstaben beginnen. In diesem langen Gedicht auf den Leidensweg Christi beginnt jedes Wort mit einem C, worauf schon der langatmige Titel hinweist. Das Epos ist in 46 in Hexametern geschriebene „Paeanes" aufgeteilt, diesen Plänen folgen jeweils kürzere Meditationen in latein. Distichen, „Hermenaiai" betitelt, in denen das „C" aber keine Rolle spielt, und nach jeder Hermeneia kommt eine „Auslegung" in jeweils zwei Gedichten in deutscher Sprache, die obwohl teilweise etwas holprig, doch literarisch nicht uninteressant sind: das erste Gedicht ist immer von volkstümlicher Prägnanz, während das zweite sich mehr um Angleichung an die „modische" Reimart der Zeit bemüht. Die „Conclusio totius operis" ist wieder durchgehend in C-Hexametern abgefaßt und gefolgt von 3 Gedichten des Verfassers an seine 3 Söhne: David, Daniel und Christian. Auch die Eingangsgedichte bestehen aus C-Worten, ebenso die lange Widmungsvorrede des Verf. an Bischof Julius Echter von Würzburg, die mit dem Datum 1576 schließt.

Pierl, Raimund. Über Lagerhäuser. (Klgft., Bertschinger, 1899.) Folio. 10 S.

Pierleoni, G., Metrorum Horatianorum synopsis in usum tironum. (1 Bl.) 70,5×50.5 cm. Rom 905. Loescher & Co. n. — 80

Pierné, Gabr., der Kinderkreuzzug. (La croisade des enfants.) Musikal. Legende in 4 Tln. f. Soli, Chöre u. Orchester. Text nach e. Dichtung v. Marcel Schwob. Deutsch v. Wilh. Weber. (Textbuch.) (S. 7—38.) 8. Stuttgart (906). Leipzig, C. F. Kahnt Nachf. — 40

Pierot, Robert, od. d. amerikanische Freybeuter. 4 Thl. mit Kpfrn. 8. Copenhag. Rumme. 744—46.

Pierquin, die Todesstrafe, keine Strafe f. d. Verbrecher, droht d. phys. u. moral. Wohle d. schuldlosen Staatsbürger d. größte Gefahr. Eine Abhandl., nach d. Franz. z. Beachtung f. deutsche Gesetzgebungen frei bearb. v. Conr. Samhaber. gr. 8. (3 B.) Quedlinburg 836, Basse.

Pierrard, Dictionnaire, voyez Boiste dictionnaire.

Pierrard, **Pt.,** Grammaire générale etc. 8. Braunschw. 800. Reichard. 4 ℛ Dass. deutsch unt. d. T.: allgemeine Sprachlehre, od. Einleit. zu allen Sprachen. 8. Ebd. 800. 4 ℛ

— prakt. Grammatik, od. Regeln d. Französ. Sprache f. Deutsche. 8. Braunschw. 801. Reichard. 12 ℛ

— méthode rais. pour apprendre à lire le Français. 8. Braunschw. 799. (Vieweg.) 6 ℛ

— Allgemeine Sprachlehre oder Einleitung zu allen Sprachen. Aus dem Franz. Braunschw. 800. 8. 4 gr.

— franz. Sprachlehre für Deutsche. 2 Thle. 8. Brschw. Thomas. 797.

— französ. Sprachlehre f. Deutsche. 2 Thle. 8. Braunschw. 800. Thomas. 1 ℛ

— alphabet. Tabelle d. französ. Sprache f. die, welche schon deutsch lesen können. Fol. Braunschw. 800. Reichard. 2 ℛ

Pierre, ou les suites de l'ignorance. Imité de l'allemand par X. Marmier. Mit 4 Steindr. u. Titelvign. 12. Paris et Strasbourg 833 Levrault. 5 ℛ — Feine Ausg. mit illum. Steindr. 5/12 ℛ

Pierre le Grand. Journal depuis l'année 1698, jusqu'à la paix de Neustadt. (Hrsg. v. Schtscherbatow, übers. von Schtschepotieff u. Formey.) Berlin 1773. 4°.
Dass. Bd 1. 2. London 1773. 8°.

Pierre, der Kanadier, s.: Unterhaltungsbibliothek.

— Maître, s. **Maître-Pierre.**

Pierre de Provence, histoire de, et de la belle Maguelonne. 8. Paris. (Sommer à Lps.)

Pierre Soucis, od. die Philosophen im Lande der Freiheit. 8. Wien 796. Al. Doll. 16 ℛ

Pierre l'Ermite [Pseud.], s. Loutil, E.

Pierre, Docteur [Pseudon.] s. Brocher, Frank.

Pierre, s. auch Petitpierre.

Pierre, theoretisch-praktische Anweisung zur gründlichen Erlernung d. doppelt italienisch-kaufmännischen Buchhalt. 3 Thle. 4. Wien, Geistinger. 1

Pierre, Betr. üb. d. Anti-Machiavell v. J. 1740. 8. Brschw. Schröder.

Pierre, polit. Discurs v. viel. Staats- und Landesregierung. 8. Halle, Renger. 720.

Pierre, Petit, Entw. e. theol. moral. Reformation. 2 Thle. 8. Alt. Hertel. 766.

Pierre, C. de la, la Chaumière indienne. gr. 12. Berne, Haller. 791.

— — le même. gr. 12. Basel, Flick. 791.

— les Elem. de la Langue allem. 8. Frft. Varrentrapp. 760.

Pierre, Ch. P., die herrliche u. selige Monarchie d. Gnade u. Liebe Jesu. 4 Thle. 8. Altona 772. Iversen. 20 gr

Pierre, H., Anthologie littéraire, allemande et française, ou exercices et récréations pour les amateurs des deux langues destinés principal. à former l'oreille, d'après une nouvelle méthode. Vol. I. — A. u. d. T.: Literar. Blumenlese, deutsch u. französ. Ein Uebungs- u. Unterhaltungsbuch f. Freunde d. beiden Sprachen, besond. z. Bildung d. Gehörs. Nach e. neuen Methode. 1. Bdchn. 2., verb. u. verm. Aufl. 8. (25 B.) Frankfurt a. M. 833, [Wilmans.]

—— nouvelle Clef de la prononciation du français, ou Dialogues français et allemands etc. — A. u. d. T.: Neuer Schlüssel z. richtigen Aussprache des Französ., in e. Samml. französ. u. teutscher Gespräche, Phrasen u. Vokabeln; accentuirt u. mit Angabe d. stummen Buchstaben u. langen u. kurzen Sylben ꝛc. 3., verb. u. verm. Aufl. 8. (13½ B.) Frankfurt a. M. 831, Jäger.

— nouvelle Clef de la prononciation du français, ou Dialogues français et allemands etc. A. u. d. T.: Neuer Schlüssel zur richtigen Aussprache des Französischen in einer Sammlung franz. u. deutscher Gespräche ꝛc. 4e umgearb. u. verm. Aufl. 16. Frankfurt a. M. 840. Jäger. ⅔ ₰

—— Clef de la prononciation de l'allemand. — A. u. d. T.: Schlüssel z. Aussprache des Teutschen, in e. Sammlung teutscher u. französ. Vocabeln u. Gespräche, accentuirt. Nach e. neuen u. einfachen Plane f. Franzosen u. a. Ausländer bearb. gr. 12. (12 B.) Frankfurt a. M. 829, Sauerländer.
1 Thlr. 8 Gr., hrbgs. Pr.

— Dialogues nouveaux allemands et français. Neue französ. u. deutsche Gespräche. 8. Frankf. a. M. 821. 2e A. 827. Jäger. 18 gr

— die Eisenbahn. Original-Lustspiel, s. Actien, die, oder der Weltlauf ꝛc.

Pierre, (H.,) a new key of the english pronunciation.— neuer Schlüssel z. engl. Aussprache, in e. Samml. deutsch. u. engl. Gespräche. gr. 12. Frankfurt a. M. 825, Jäger.

— dass. Französisch. 2e Aufl 8. Frankf. 827, Jäger.

—— a new key to the english pronunciation in a series of english and german dialogues accented etc. — Neuer Schlüssel z. Engl. Aussprache, in e. Samml. deutsch. u. engl. Gespräche accentuirt ꝛc. Neue Ausg. gr. 12. (8½ B.) Frankfurt a. M. 832, Jäger.

—— progressive English lectures etc. — A. u. d. T.: Progressives Engl. Lesebuch, enth. „Götz v. Berlichingen" v. W. Scott, engl. u. teutsch, u. Familien-Politik, engl. Orig.-Lustsp. mit erklär. teutschen Noten, accentuirt nach d. gegenwärt. Gebr. der engl. Gelehrten v. ausgezeichn. Redner in London. Nach e. neuen u. einfachen Plane f. Teutsche. bearb. gr. 12. (20 B.) Frankfurt a. M. 831, Jäger.

—— five Plays of the new British Theatre, with german explanatory and english critical notes etc. — Fünf engl. Bühnenstücke aus d. neuen brit. Theater, mit teutschen erklär. u. engl. krit. Noten bearb. f. Teutsche, welche sich z. Lesen der engl. Klassiker vorzubereiten, u. sich die neuere engl. Conversationssprache anzueignen wünschen, wie auch f. Engländer, z. Uebersetzen a. d. Engl. in's Teutsche. gr. 12. (17½ B.) Frankfurt a. M. 831, Sauerländer.

— der englische Selbstlehrer. Ein Lehr- u. Uebungsbuch für Schul-, Privat-, und Selbstunterricht in der engl. Sprache. gr. 12. Frankfurt 835. Sauerländer. ⅞ ₰

—— poetische Spiegelreflexe. Eine Gabe der Liebe u. Freundschaft. 8. (19 B. u. 1 Vign.) Frankfurt a. M. 829, Sauerländer.

—— die vier Stylarten d. französ. u. teutschen Sprache. Zum Uebersetzen ins Französ. f. Teutsche, welche schon mit den Elementarregeln d. franz. Sprache vertraut sind, wie auch als erste Leseübung im Teutschen f. Franzosen u. Engländer. (2 Thle.) — A. u. d. T.: Exercices sur le style familier, le style descriptif, le style historique et le style de la conversation des langues française et allemande. 8. Frankfurt a. M. 834, [Wilmans.]
Teutscher Thl. (10½ B.) 12 Gr.
Französ. Thl. (6½ B.) 9 Gr.

—— die Weihe des Friedhofs. Ein Trosteswort in herber Stunde Frankfurts Bürgern gewidmet. gr. 12. (1 B.) Frankfurt a. M. 828, (Sauerländer.)

Pierre, J. M., s. 1) Cicero de re publica. 2) Shakespeare, the Plays.

Pierre, Jean [Pseud.], s.a. Schöpfel, Wolfgang Andreas

Pierre, Jean, (Wolfg. Andr. Schöpfel), der Seifensieder Achilles. Launige Erzählungen. 8. Quedlinb. 827. Basse. 1 ₰

— Bukkelomini. Eine Erzählung aus neuerer Zeit. Mit 1 Kpf. 8. Nürnb. 826. Zeh. 1 ₰

— s. Eisig, Schmul.

— die Geburtsstunden der Hölle. 8. Erf. u. Gotha 802. Hennings. 18 gr

— die Mitternachtsglocke, od. Walther v. Windheim. 8. Quedlinb. 820. Basse. 1 ₰ 4 gr

— s. Pips, des Kleidermachers Sohn.

— Eisig Schmul oder d. Mißheirathen. Roman. 2 Thle. 8. Quedl. 823, Basse.

— Jacob Schwänzlein u. die Seinen; kom. Roman. 8. Quedlinb. 822. Basse. 1 ₰

— Theobald u. Mathilde. Eine Familiengeschichte. Mit 1 Kpf. 8. Nürnb. 824. Zeh. 1 ₰

— der Zweikampf. 8. Quedlinb. 820. Basse. 1 ₰ 6 gr

Pierre, Isid., die Wunderbohne von Navaos. Leipzig 863. R. Schäfer. 8. (15 S.) n. 2 ngr.

Pierre, Léo, über Festsitzende u. Zugvögel. Causerie f. Studierende u. Lehrer der französ. Sprache. (Praktischer Beitrag zum Studium der neueren Philologie.) (32 S.) gr. 8. Leipzig 906. J. Klinkhardt. n. — 50

Pierre, M., Herbst. Neue lyr. Dichtgn. (61 S.) 8. Berlin (908). Zehlendorf, R. Eckstein Nachf. 1.50

Pierre, Viktor

— Beitrag zur Theorie der Gaugain'schen Tangenten-Boussole. S. 13. 527 . . . . . vgr.
Separatabdruck

Pierre, Vict., Beiträge zur genaueren Kenntniss der Gesetze der Fluorescenz-Erscheinungen. [Aus den Sitzungsber. d. k. Akad. d. Wiss.] Wien 866. (Gerold's Sohn.) Lex.-8. (24 S. mit 2 Steintaff. in qu. 4.) n. 12 ngr.

—— und J. Pless, Beiträge zur Kenntniss des Ozons, s. Pless, J.

— Einige Bemerkungen über magnetische und diamagnetische Erscheinungen. S. 4. 37 vgr.
Separatabdruck

— Bemerkungen über zweckmäßige Konstruktion von Reisebarometern. S. 5. 281 . . vgr.
Separatabdruck

Pierre, Vict., die 16 Karmeliterinnen v. Compiègne. Genehmigte Uebersetzg. aus dem Franz. v. M. Hoffmann. (VI, XXX, 206 S.) 8. Aachen 906. A. Jacobi & Co. n. 2.—; geb. in Leinw. n. 2.80

Pierre, Vict., über das Bourdon'sche Metallbarometer. Mit 1 (lith.) Taf. (Aus den Abhdlgn. der k. böhm. Gesellsch. der Wissensch.) Prag 860. (Calve.) gr. 4. (22 S.) n. 8 ngr.

Pierre, Vict., über eine Methode, die Spannkraft der Dämpfe in der Luft zu messen. Lex.-8. (12 S. und 1 Stnt. in Imp.-4.) (Wien 850, Braumüller.) *
Aus: Sitzungsberichte der mathemat.-naturwissenschaftl. Classe der kaiserl. Akademie der Wissenschaften Jahrg. 1850. 6. Heft, besonders abgedruckt.

Pierre, Vict., Kravogl's elektromagnetischer Motor. Lex.-8. (16 S. mit 2 lithogr. Taf. in qu. 4.) Wien 868, (Gerold's Sohn.) *
Aus: Sitzungsberichte der k. Akademie der Wissenschaften, besonders abgedruckt.

— Nachtrag zu seiner Mitteilung von Versuchen, die Maximal-Spannung der Dämpfe in der Luft zu bestimmen. S. 3. 30 . . . . vgr.
Separatabdruck

Pierre Viktor, Dr.: Über das Spannkrafts-Maximum der Dämpfe in der Luft (mit 1 Taf.). S. 2. 267 . . . . vgr.
Separatabdruck

Pierre, V. Zur Theorie der Gaugain'schen Tangentenboussole. 1854.

—— über die durch Fluorescenz hervorgerufene Wärmestrahlung. Lex.-8. (6 S.) Wien 866, (Gerold's Sohn.)
Vorstehende zwei Schriften des Verf. wurden aus: Sitzungsberichte der k. Akademie der Wissenschaften, besonders abgedruckt.

Pierre à Peny, der Rettungsfels, s. Rosen-Knospen. Nr. 7.

Pierre, St., s.a. Bernardin.

Pierre, Saint, — s.a. Eustach.

Pierre-Saint, s. Saint-Pierre.

Pierre, St. von, Die allgemeine christliche Republik von Europa, nach dem Entwurf Heinrich des IV., Königs in Frankreich. 8°. Göttingen, Schmid, 1752.

* Pierre-Saint, die indianische Strohhütte. Aus dem Franz. übersetzt u. mit Anmerk. herausgeg. von A. L. P. Schröder. 8. Frankf. Hermann. 804.

Pierre, J. H. B. de Saint, Etudes de la nature. 8 vol. in 18. Paris, 820.

St. Pierre, Bernardin de, Paul und Virginie. Gemälde der Natur. Neue Aufl. Mit (7) Stahlst. Leipzig 862. Werl. 16. (VIII, 176 S.) n. 20 ngr.

la Pierre, Augustus Car. (geb. Berlin 14. 11. 1820): De hydrargyro muriatico miti. Berolini (1847). (34 S.) 8°
Berlin, Med. Diss. v. 25. Jan. 1847

Pierret, Paul

Pierret, P., dictionnaire d'archéologie égyptienne. 8. (572 S.) Paris 875. Vieweg. n. 6. —

— vocabulaire hiéroglyphique, comprenant les mots de la langue, les noms géographiques divins, royaux et historiques, classés alphabétiquement. (2 vols.) 1—7. Fasc. gr. 8. (IV u. S. 1—560.) Ebend. 875. 76. à n. 6. —

Pierret, Paul, Vocabulaire hiéroglyphique, comprenant les mots de la langue, les noms géographiques, divins, royaux et historiques, classés alphabétiquement. 10 Fasc. gr. 8. (IV, 808 S.) Paris 877, Vieweg. à Fasc. * M 6. *

Pierron, C. Le transport de la force par l'électricité. Quelques-unes de ses applications récentes. Conférence, faite en séance de la société industrielle de Mulhouse le 25 novbr. 1891. Lex.-8. (42 S. m. Abbildgn. u. 1 Taf.) Paris 892. (Mülhausen i. E., Detloff.) * 1 60

Pierron, E., Buch III, Kapitel I, s. Universal-Bibliothek Nr. 939.

Pierron, E., et A. Laferrière, Livre III, chapitre I, siehe: Répertoire du théâtre Français. Nr. 369.

PIERROT (ps.), Neueste humoristische Bibliothek. 1854.
Weller, Lex. Ps. p. 448.

Glossarium eroticum linguae latinae, sive theogoniae, legum et morum nuptialium apud Romanos explanatio nova ex interpretatione propria et impropria ... Auctore P. Pierrugues. ed. 2. Berlin: H. Barsdorf 1908. (518 S.) 4°(8°) [08. 7438

Pierry, W., specielle Anleitung zu geist. Höchstleistungen. 8. (216 S.) Leipzig (902). Modern-medizin. Verlag. Geb. in Leinw. n. 4. —

Pierry, W., spezielle Anleitung zu geistigen Höchstleistungen. 2. Aufl. (216 S.) 8. Leipzig (903). Modern-medizin. Verlag. n. 3. —; geb. n. 4. —

— Anleitung zur Steigerung der geistigen Fähigkeiten. Mit Unterstützg. v. Gebhardt u. Hartmann. 10 Briefe. gr. 8. (II, 156 S.) Ebd. (902). In Leinw.-Mappe n. 6.50

— Anleitung zur Steigerung der geistigen Fähigkeiten (insbesondere zur Erlangg. e. guten Gedächtnisses. Eine moderne Hygiene der geist. Tätigkeit u. aufregenden Kopfarbeit.) Mit Unterstützg. v. Gebhardt u. Hartmann. 4. verb. Aufl. (III, 158 S.) gr. 8. Ebd. (905). n. 5.50

Pierscianek. Powiesc dla Dzieci i Dorostlich. 8. (6⅛ B.) Brodnicy 844. (Thorn, Lambeck.)

Pierscionki Babuni czyli bieg zycia kobiety. W pieciu oddzialach przez autorke Slow kilku do matek Polskich. IV Tomy. 16. (10½ B.) Lipsk 845, Librairie étrangère.

Piersdorff, J. (Hrsg.), s. Abhandlungen des staatswissenschaftlichen Seminars z. Jena.

Piersen, Will., Elektron oder über die Vorfahren, die Verwandtschaft u. den Namen der alten Preussen. Ein Beitrag zur ältesten Geschichte des Landes Preussen. Berlin 869. Peiser's Verl. gr. 8. (IV, 128 S.) n. 1 Thlr. 10 ngr. 29*

Piersig H. Die enthüllte Demokratie. Illustrationen zu Manteuffels Rede. Verlag von Hofmann u. Comp. 1 Bl. Fol.
Flugblatt. Berlin, 1. Dez. 1849.

Piersig, Lesebuch f. deutsche Volksschulen, s.: Hunger, F. W.

Piersig, Arthur, approb. Arzt aus Dresden: Vierzehn Fälle von Ovariotomie in der Schwangerschaft. *München 1901: Kastner & Lossen.* (65 S.) 8°
München, Med. Diss. v. 1901

Piersig, Gottlob August (Niemitsch/Lausitz), Observationes de poena instigationis ad L. XX. D. de his qui not. infam. Präs. Christoph Ludw. Crell. Wittenberg (Scheffler) Dez. 1754. 20 S (4.25) 26494

Piersig, Gustav Richard [aus Dresden]: Beiträge zur Kenntniss der in Sachsen einheimischen Hydrachniden-Formen ... Leipzig, W. Engelmann, 1896; 3 Bl., 71 S. 8.
Leipzig, Phil. Fak., Inaug.-Diss. v. [1. Apr.] 1896

Piersig, J., s.: Kindergottesdienst, der.

Piersig, R., Hydrachnidae, s.: Tierreich, das. 13. Lfg.

— Deutschlands Hydrachniden, s.: Zoologica. 22. Hft.

Deutschlands Hydrachniden. Von Dr. R[ichard] Piersig. Mit 51 Taf. (In 6 Lfgn.) *Stuttgart: E. Nägele 1897–1900.* (VII, 601 S.) 4°
= Zoologica. Orig.-Abhandl. aus d. Gesammtgeb. d. Zool. H. 22. 1897–1900

Piersig, W., Mysterien der Berliner Demokratie. Ein Beitrag zur Aufhebung des Belagerungszustandes u. zur Reorganisation d. Bürgerwehr. 1. Thl.: Vom März bis zum 12. Novbr. 1848. gr. 8. (124 S.) Berlin 849. (Springer.) baar n. n. ⅓ Thlr. — [Mit Portraits berühmter u. berüchtigter Personen.] gr. 8. (124 S. m. 2 lith. Taf.) Berlin 849. (Meißen, Goedsche.) ⅔ Thlr.

Pierson-Sperling, Lehrbuch der Elektrotherapie. 5. Aufl., bearb. v. A. Sperling. 8. (XII, 355 S. m. 87 Abbildgn.) Leipzig 890. Abel. n. 6. —; geb. n. n. 6. 75

Pierson-Sperling, Lehrbuch der Elektrotherapie. 6. Aufl., bearb. v. Arth. Sperling. 8. (XIV, 420 S. m. 89 Abbildgn.) Leipzig 893. J. A. Barth. n. 6. —; geb. in Leinw. n n. 6. 75

Pierson, A., Richtung u. Leben. Aus dem Holländ. in's Deutsche übers. Mit einem Vorwort begleitet von H. Lang. Berlin 866. G. Reimer. gr. 8. (XIV, 284 S.) 1 Thlr. 7½ ngr.

Pierson, A., et S. A. Naber, verisimilia. Laceram conditionem novi testamenti exemplis illustrarunt et ab origine repetierunt. gr. 8. (II, 295 S.) Haag 886, Nijhoff. *

Pierson, Arth. T., die neue Apostelgeschichte od. die Wunder der Heidenmission. Berechtigte deutsche Übersetzg. (Nach dem 6. Taus. des Originals m. Genehmigung des Verf. übers. v. R. L.) (IV, 315 S.) 8. Striegau (909). Th. Urban. 2.50; geb. n 3.50

Pierson, Arth. T., Gott hinter d. Missionswerk. Missionspredigt, geh. am 14. V. 1896 bei d. Jahresversammlg. d. Kolonial-Mission im City-Temple in London. Aus d. Engl. übers. gr. 8. (20 S.) Neukirchen 897. Missionsbuchh. Stursberg & Co. n. — 15

Pierson, Arth. T., aus fernen Ländern. Bilder aus der Heidenmission, s.: Urban's christl. Volksbücher. Nr. 30.

Pierson, Arth. T., Georg Müller v. Bristol. Autoris. deutsche Uebersetzg. (VIII, 319 S. m. Abbildgn.) 8. Gotha 906. Missionsbuchh. P. Ott. Geb. in Leinw. n. 3. 50

Pierson, Arth. T., das größte Werk in der Welt (Die Evangelisierung aller Völker). Vom Verf. genehmigte deutsche Ausg. 8. (63 S.) Leipzig (900). E. Sonnenhol. n. — 50

Pierson, Caroline, s. Pierson, Karoline

Pierson, Edgar. Gustav Kühne, sein Lebensbild u. Briefwechsel mit Zeitgenossen. Mit e. Vorwort v. Wolfg. Kirchbach. 8. (XV, 311 S. m. Portr.) Dresd. 890, Pierson. * 4 —; geb. * 5 —

Pierson, Etta, bis ins dritte Glied, s.: Berlepsch, Lina Freifrau v., Romanbibliothek. 38. Bd.

Pierson, G. S.: The'seperate System ..., s. Staley, C.

Pierson, H., die Prostitutionsfrage vom Standpunkte der medizinischen Wissenschaft, des Rechtes und der Moral. Vortrag. [Gehalten am 25. Septbr. 1885 zu Düsseldorf bei der constituierenden Versammlung des christl. Vereins zur Hebung der öffentl. Sittlichkeit für Deutschland.] 1. und 2. Aufl. 8. (31 S.) Mülheim a. R. 885,88, Buchh. des evangel. Vereinshauses. *

— wir verlangen Schutz f. unsere Söhne. Ein Wort an die Frauen. 1. u. 2. Aufl. 16. (13 S.) Ebd. 887. n. — 6

Pierson [H.]: Wir verlangen Schutz für unsere Söhne. Ein Wort an d. Frauen. 3. Aufl. — Mülheim a. R.: Evang. Vereinshaus 1888. 13 S. 8°

Pierson, H. Hugo, Kriegslied „Beharrlich!" f. e. Singstimme m. Begleitung d. Pianoforte, Berlin, 7 S., 2°.

Piersoni, Jo., Verisimilium libri duo. 8 maj. (10¼ B.) Lipsiae 831, [Böhme.] Thlr.
Vgl. Moeridis Lexicon Atticum etc.

***Piersoni*, Jh., Verisimilium libri duo. (Ad Moeridem). 8 maj. Leipz. 831. Hartmann. 16 gGr. Schrbp. 1 Thlr.**

Pierson, John, mercantile expressions. Eine Samml. kaufmänn. Ausdrücke u. einige Waaren-Benennungen, die in d. engl. Handlungs-Correspondence vorzügl. vorkommen. Ein Hülfsb., um Handlungs-Briefe im Engl. zu entwerfen. gr. 8. (2½ B.) Leipzig 836, Pönicke u. Sohn. Thlr.

Familien-Chronik der Pierson von Balmadies. Nach d. Quellen dargest. von Dr. John Piorsou. *Berlin 1901: (G. Bernstein).* (XI, 132 S.) 8° [64. 440

Pierson, John [aus Berlin]: König Friedrich Wilhelm I. von Preussen in den Denkwürdigkeiten der Markgräfin Wilhelmine von Baireuth. . . . Halle a. S., 1890; 51 S. + 1 Bl. 8°
Halle, Phil. Fak., Inaug.-Diss. v. [26. Apr.] 1890

Pierson, John, the Gatherer, a collection of entertaining extracts containing Anecdotes, Narratives, Characters etc. gr. 8. (20½ B.) Leipsic 846, Jurany.

— - Varieties, a collect. of entertain. extracts from engl. authors; cont. anecdotes, stories, characters, narratives with humorous, serious and other miscellaneous pieces, also letters and poetry. 8. (17½ B.) Leipsic 835, [Küntzel. ?]

Pierson, [John]: [Worte bei der Gedächtnisfeier für den verstorbenen Oberlehrer Falck.] S. 19—21. 4.
Progr. Elfte Realschule *Berlin* 1906 (146).

Pierson, Karoline

Das Document. Eine Familiengeschichte. Von R. Edmund Hahn [d.i. Karoline Pierson].
Leipzig: Günther 1865. 126 S. 8°

Pierson, Caroline [Leonhardt-Lyser], Meister Albrecht Dürer. Dramatisches Gedicht in 4 Aufzügen. 2. Aufl. 16. (VIII, 84 S.) Stuttgart 871. Grüninger. 1. 50

Pierson, Karoline Wilhelmine, s.: Hahn, R. Edm.

Pierson, Margar., was Susi u. Hans erlebten. Ihre Spiele u. lust. Streiche. Illustr. v. Hans Kaufmann. (170 S.) 8. Bielefeld 910. Verlagshandlg. der Anstalt Bethel. Geb. in Leinw. 3. —

Pierson, Margot, spielende Kinder. Kleine Erzählgn. 8. (244 S. m. 8 farb. Bildern.) Hamburg 891. Agentur d. Rauhen Hauses. Kart. n. 3. —

— Otto u. Kitty. Kleine Erzählgn. aus dem Leben der Kinder. Mit 8 Bildern. 12. (126 S.) Basel 889, [Spittler.] Jaeger u. Kober. cart. * 1 —

Pierson, N. G. Goldmangel? In das Deutsche übertragen von R. Reisch. Wien 1895.

Pierson, N. G., die Münzfrage, s.a. Zeit- u. Streit-Fragen, deutsche.

Pierson NG. die Münzfrage. (Zeit- und Streitfragen. Deutsche 162) Berlin 1882

Pierson, R. H., Compendium der Electrotherapie. Zum Gebrauche f. Studirende u. prakt. Aerzte. 8. (VIII, 165 S.) Leipzig 875. Abel. n. 3. —

Pierson, R. H., Compendium der Electrotherapie. 2., umgearb. Aufl. Mit 18 (eingedr.) Holzschn. 8. (VIII, 189 S.) Leipzig 878. Abel. n. 4. —

Pierson, R. H., Compendium der Electrotherapie. 3. neu bearb. Aufl. 8. (VIII, 227 S. mit 29 eingedr. Holzschn.) Leipzig 882, Abel. *M 4.; geb. **

Pierson, R. H., Compendium der Electrotherapie. 4. gänzlich umgearb. Aufl. 8. (XI, 270 S. mit 25 Holzschn.) Leipzig 885, Abel. *M 4.—; geb. *

Pierson, R. H: Compendium der Electrotherapie. 5. Aufl. bearb. von A. Sperling. 1890

— Compendium der Krankheiten d. Nervensystems. 8. (VI, 244 S.) Ebend. 876. n. 4. 75

Pierson, R. H., Lindenhof, Heilanstalt f. Gemüths- u. Nervenkranke. Mit 31 Lichtdr.-Taf. u. 5 Plänen. gr. 8. (34 S.) Leipzig 896. F. C. W. Vogel. n. 10. —

— über Polyneuritis acuta [multiple Neuritis], s.: Sammlung klinischer Vorträge.

Pierson, Will., Bilder aus Preußens Vorzeit. 8. (V, 257 S.) Berlin 872. Paetel. n. 3. —

— die Blüthezeit der römischen Kirche, s.: Bilder aus der Geschichte d. Christenthums.

Pierson, William, Kurfürstin Dorothea, die Gründerin der Dorotheenstadt zu Berlin. gr. 8. (39 S.) Berlin 886, Gaertner's Verlag. *
Aus: Festschrift des Dorotheenstädtischen Realgymnasiums, besonders abgedruckt.

— s. Duller, Ed., Geschichte des deutschen Volkes.

Pierson, Will., die Freiheitskriege. Vaterländische Geschichte der Jahre 1806—1815. 1. u. 2. Aufl. Berlin 863. Klemann. 16. (96 S. u. 4 Holzschntaf.) n. 5 ngr.

— preußische Geschichte. Lex.-8. (IV und 626 S. mit 1 chromolithogr. Karte in gr. Fol.) Berlin 865, Stilke und van Muyden. 2 Thlr.; geb. *

— preußische Geschichte. Mit 1 histor. (chromolithogr.) Karte von H. Kiepert. 2. verb. und bis zum J. 1871 fortgeführte Aufl. 2 Bde. (VI, 469; IV, 406 S.) 1871. *M 9., und 3. Aufl. 2 Bde. Lex.-8. (VI, 507; IV, 500 S.) Berlin 875, Gebr. Paetel. *
geb. in 1 Bd. *

Pierson, Will., preußische Geschichte. Mit einer histor. (chromolith.) Karte von H. Kiepert. 4., verb. u. verm. Aufl. 2 Bde. gr. 8. (VI, 514 u. IV, 534 S.) Berlin 881. Paetel. n. 10. —; in 1 Bd. geb. n. 12. —

Pierson, Wilh., preußische Geschichte. 5., verb. Aufl. 2 Bde. Mit e. Stahlst.-Bilde Kaiser Wilhelm's I. u. e. histor. Karte v. Heinr. Kiepert. Lex.-8. (VIII, 504 u. IV, 571 S.) Berlin 889. Gebr. Paetel. n. 10. —; geb. in Leinw. n. 13. —; in Halbfrz. n. 14. —

Pierson, Will., preußische Geschichte. 6., verb. u. verm. Aufl. 2 Bde. Lex.-8. (VIII, 511 u. IV, 598 S. m. 1 Stahlst. u. 1 farb. Karte.) Berlin 894. Gebr. Paetel. n. 10. —; geb. in Leinw. n. 13. —; in Halbfrz. n. 14. —

Pierson, Will., preußische Geschichte. 7., verb. u. verm. Aufl. Hrsg. v. John Pierson. M. 1 histor. Karte v. Heinr. Kiepert. 2 Bde. gr. 8. (VIII, 535 u. VI, 613 S.) Berlin 898. Gebr. Paetel. n. 10. —; Geb. in Leinw. n.n. 13. —; in Halbfrz. n.n. 14. —

Preußische Geschichte von William Pierson. 8., verb. u. verm. Aufl. Hrsg. von Dr. John Pierson, Oberl. Bd 1. 2. *Berlin: Gebr. Paetel 1903.* 2 Bde 4°(8°) [F.]
1. Mit e. Bildn. d. Verf. 2. Mit 1 hist. Karte von H. Kiepert. [03. 15749

Pierson, William, preußische Geschichte. 9., verb. u. verm. Aufl. Hrsg. v. John Pierson. 2 Bde. Mit 1 Bildnis des Verf. in Lichtdr. u. 1 histor. Karte v. Heinr. Kiepert. (VII, 548 u. 650 S.) Lex.-8. Berlin 906. Gebr. Paetel. n. 10. —; geb. in Leinw. n.n. 13. —; in Halbfrz.
8. Aufl. (VIII, 542 u. 634 S.) 903. n.n. 14. —

Pierson, William, preußische Geschichte. 10. verb. u. verm. Aufl. Hrsg. v. John Pierson. 2 Bde. Mit 1 Bildnis des Verf. in Lichtdr. u. 1 histor. (farb.) Karte v. Heinr. Kiepert. (VII, 537 u. 639 S.) Lex.8. Berlin 910. Gebr. Paetel. 10.—; geb. in Leinw. 13.—; in Halbfrz. 14.—

— Geschichte der französischen Revolution von 1789. Berlin 865. Klemann. 16. (130 S.) 6 ngr; geb. n. 10 ngr

Pierson, William, Geschichte des deutschen Volkes, s.: Duller, Ed.

—— Geschichtstabellen zum Auswendiglernen für höhere Lehranstalten. gr. 8. (32 S.) Berlin 863, Klemann. *

— Geschichtstabellen zum Gebrauch f. höhere Lehranstalten. 3. umgearb. Aufl. gr. 8. (36 S.) Brandenburg a. d. H. 873. Müller. n. — 60

—— Geschichtstabellen zum Gebrauch f. höhere Lehranstalten. 4. Aufl. gr. 8. (36 S.) Berl. 890, Eisenschmidt. * — 60

—— der große Kurfürst, s.a. Nationalbibliothek, deutsche.

Pierson W. der grosse Kurfürst. (Nationalbibliothek, Deutsche II, 1) Berlin 1873

—— Leitfaden der preußischen Geschichte nebst chronolog. und statist. Tabellen. 8. (VI und 176 S. mit 1 Tab. in qu. 4.) Berlin 865, Peiser's Verlag. *

—— Leitfaden der preußischen Geschichte nebst chronologischen und statistischen Tabellen. 2. verb. und verm. Aufl. 1869. * 80 Pf., und 3. und 4. Aufl. 8. (VI, 199 S. mit 1 Tab. in qu. 4.) Berlin 872,75, Peiser's Verlag. *

Pierson, W., Leitfaden der preußischen Geschichte. Nebst chronolog. und statist. Tabellen. 5. Aufl. 8. (VI, 200 S.) Berlin 878, W. Peiser's Verlag. *

— Leitfaden der preußischen Geschichte. Nebst chronolog. u. statist. Tabellen. 6. Aufl. 8. (VI, 197 S.) Berlin 881. W. Peiser Verl. n. 1. —

— Leitfaden der preußischen Geschichte, nebst chronolog. u. statist. Tabellen. 7. Aufl. 8. (VI, 195 S.) Berlin 884. W. Peiser Verl. n. 1. —

—— Leitfaden der preußischen Geschichte, nebst chronolog. und statist. Tabellen. 8. Aufl. gr. 8. (VI, 202 S.) Berlin 887, Simion. *

— Leitfaden der preußischen Geschichte, nebst chronolog. u. statist. Tabellen. 9. Aufl. gr. 8. (VI, 204 S. m. 1 histor. Karte des brandenburgisch-preuß. Staates von H. Kiepert.) Berlin 890. Simion. n. 1. 20; geb. n. 1. 40

—— Leitfaden der preußischen Geschichte, nebst Zeittafeln u. Uebersichten. 10. Aufl. Mit 1 geschichtl. (farb.) Karte d. brandenburgisch-preuß. Staates v. H. Kiepert. 8. (VI, 206 S.) Berl. 892, Simion. * 1 20; geb. * 1 40

— Leitfaden der preußischen Geschichte, nebst Zeittafeln u. Übersichten. 11. Aufl. Mit e. geschichtl. Karte des brandenburgisch-preuß. Staates v. H. Kiepert. gr. 8. (VI, 206 S. m. 1 Tab.) Berlin 893. L. Simion. n. 1. 20

— Leitfaden d. preuß. Geschichte nebst Zeittafeln u. Uebersichten. 12. Aufl. M. e. geschichtl. Karte d. brandenburgisch-preuß. Staates v. H. Kiepert. gr. 8. (VI, 206 S.) Berlin 895. L. Simion. n. 1. 20; geb. n. 1. 40

Pierson, W., Leitfaden der preußischen Geschichte. Hrsg. v. John Pierson. 15. Aufl. Mit den Standbildergruppen in der Sieges-Allee zu Berlin u. e. geschichtl. Karte des brandenburgisch-preuß. Staates v. H. Kiepert. gr. 8. (VI, 202 u. 32 S. m. 1 Tab.) Berlin 902. L. Simion Nachf. n. 1. 40; geb. n. n. 1. 70

Pierson, W. The epic poems of Walter Scott compared with the like poetry of Thomas Moore. Berlin, Dorotheenstädt. R., 1863. 40 S. 4. Progr.

—— s. Prätorius, Matth., Deliciae Prussicae.

— aus Russlands Vergangenheit. Kulturgeschichtliche Skizzen. Leipzig 870. Duncker & Humblot. br. 8. (X, 219 S.) n. 1 ₰

— das preußische Wappen als Wandtafel für den Schulunterricht. Chromolith. Imp.-Fol. Berlin 882. Winckelmann & Söhne. n. 5. —; auf Leinw. in Mappe n. 7. 50; nicht zusammengelegt n. 7. 50; in Mappe m. erläut. Text gr. 8. (VI, 71 S.) n. n. 8. 50; Text ap. n. 1. —

—— s. Wernicke, C., die Geschichte der Welt.

— altpreußischer Wörterschatz. Mit Erläutergn. gr. 8. (52 S.) Berlin 875. Mittler & Sohn. n. — 80

Pierstorff, Hermann, Dr.: Zur Kenntnis der Styrole. Diplom-Arbeit. [Ohne Bezeichnung als Karlsruher Dipl.-Diss.] 1901. 39 S. 8°
Karlsruhe, Dipl.-Diss. v. 28. 9. 1901

Pierstorff, Jul., Ernst Abbe als Sozialpolitiker. (43 S.) gr. 8. München 905. (Jena, G. Fischer.) n. — 75
Sonderabdruck aus: „Allgemeine Zeitg., Beilage".

Pierstorff, Jul., s.: Abhandlungen des staatswissenschaftlichen Seminars zu Jena.

— Frauenarbeit u. Frauenfrage. gr. 8. (III, 81 S.) Jena 900. G. Fischer. n. 1. 50
Sonderabdruck aus: „Handwörterbuch der Staatswissensch."

Pierstorff, Jul., Frauenarbeit und Frauenfrage. Aus dem Deutschen. (In russ. Sprache.) 8°. St. Petersburg „XXV", 1905.

Pierstorff, (Julius), [Friedrich] Zimmer u. (Jakob) Wychgram: Frauenberuf und Frauenerziehung. Vier Vorträge zur Frauenfrage, geh. im Auftr. d. Hamburg. Gesellschaft zur Beförderung der Künste und nützlichen Gewerbe. — Hamburg: Gräfe & Sillem 1899. 123 S. 8°

Pierstorff, Jul., Frauenbewegung u. Frauenfrage. Vortrag, geh. zu Göttingen am 28. Febr. 1879. gr. 8. (32 S.) Göttingen 879. Peppmüller. n. — 80

Pierstorff, Julius, Drei Jenaer Handwerke. Schriften d. Vereins f. Soz.-Pol., Bd. 70. gr. 8⁰. Leipzig 1897.

Pierstorff, Jul., die Carl-Zeiß-Stiftung, e. Versuch zur Fortbildg. d. großindustriellen Arbeitsrechts. [Aus: „Schmollers Jahrb. f. Gesetzgebg. ꝛc."] gr. 8. (64 S.) Leipzig 897. Duncker & Humblot. n. 1. —

Pierstorff, Jul., die Lehre vom Unternehmergewinn. Dogmengeschichtlich u. kritisch dargestellt. gr. 8. (V, 231 S.) Berlin 875. Weidmann. n. 5. —

Piert, Bernhard: Friedrich Schlegels ästhetische Anschauungen. Ein Beitr. z. Aesthetik d. Frühromantik. Neunkirchen 1910: Ohle. 24 S. 8°
Neunkirchen, RG P 1910 (675) [S 10. 333

Pierung, Petrus (geb. am 26 März 1806 in Bonn): Conspectus partuum in xenodochio obstetricio Bonnensi per septem annos '(1828–1834)' observatorum additis quibusdam notis ... Bonnae, typ. C. Georgii (1835). VI S., 1 Bl., 52 S. 8.
Bonn, Med. Fak., Diss. v. 13 Nov. 1835

Piervugues, P., glossarium eroticum linguae latinae, sive theogoniae, legum et morum nuptialium apud Romanos explanatio nova ex interpretatione propria et impropria et differentiis in significato fere duorum millium sermonum, ad intelligentiam poetarum et ethologorum tam antiquae quam integrae infimaeque latinitatis. Ed. altera. (Anastatischer Druck.) (VIII, 518 S.) Lex. 8. Berlin 908. H. Barsdorf. 20.— ; geb. in Halbfrz. 25.—

Pierwipfl, (M.,) Klugheitslehren u. Sittensprüche aus d. heil. Schrift d. alten Testaments u. dem Buche der Weisheit, Jesus des Sohnes Sirachs in 367 Sätzen. 16. Grätz 827, (Weygand in Leipz.)

— Uebung in d. lateinisch., deutschen, französ. u. englisch. Sprache. Aus d. Sprüchwörtern Salomonis u. dem Buche d. Weisheit, u. Jesus, des Sohnes Sirachs. Nach der Vulgata. 16. Mit 2 Steindr. Grätz 826. Kaiser. 1 ₰

Pierwipfl, M., Uibung in d. latein., deutsch., französ. u. engl. Sprache. Aus d. Sprüchwörtern Salomons u. dem Buche der Weisheit Jesus, d. Sohnes Sirachs. Nach der Vulgata. 16. (23 lith. B.) Grätz 829, Kaiser.

Pierwipfl, Mich., Versuch eines Leitfadens für Landleute, wie sie auf die wohlfeilste und leichteste Art in kurzer Zeit viele Obstbaumpflanzen veredeln und ihre Früchte benutzen können. Mit 5 Steintaf. 8. Grätz 822. Kienreich. 1/3 ₰

Pierwipfl, Mich., wie wird der Landmann durch die Obstbaumzucht reich? Neueste Anweisung alle Arten veredeltes Obst in großer Anzahl, kürzester Zeit u. m. nur geringen Kosten zu gewinnen. Nach den bewährtesten Erfahrungen eines Christ, Beckmann u. A. gemeinfaßlich dargestellt u. durch 5 Steindrucktaf., die das Kopuliren, Pelzen, Okuliren u. Obstquetschen veranschaulichen, erläutert. 4. Aufl. 8. (VI u. 96 S.) Gratz 848, Kienreich. 14 ngl

Pierz, Franz. Die Indianer in Nord-Amerika ... StL, 1855.

Pies, Wilhelm, a. Trier: Aus dem Institut f. Hygiene u. Bakteriologie an d. Univ. Straßburg. Untersuchungen über die Wachstumsgeschwindigkeit der Typhusbazillen in Galle. Straßburg i. E. 1907: C. Müh & Cie. (43 S.) 8°
Straßburg, Med. Fak., Ref. Forster, Diss. v. 23. Febr. 1907
[Geb. 9. Jan. 81 Trier; Wohnort: Trier; Staatsangeh.: Preußen; Vorbildung: Gymn. Trier, Hadamar, Montabaur Reife O. 01; Studium: München 1, Straßburg 3, Kiel 1, Berlin 2, Straßburg 2 S.; Coll. 20. Dez. 06; Approb. 3. Febr. 06.]

Piesbergen, August (geb. Bramsche in Hann. 10. 11. 1845): Ueber die Veränderungen des menschlichen Körpers im Greisenalter. Berlin (1870). (34 S.) 8°
Berlin, Med. Diss. v. 4. Juni 1870

Piesbergen, Franz [aus Bramsche in Hannover, approb. Arzt]: Beobachtungen über Osteomalacie .... Stuttgart, E. Schweizerbart'sche Verlagsh. (E. Koch), 1885; 16 S. 8°.
Tübingen, Med. Fak., Inaug.-Diss. v. 1886.

Piesch, Bruno, Änderungen des elektrischen Widerstandes wässeriger Lösungen u. der galvanischen Polarisation m. dem Drucke. [Aus: „Sitzungsber. d. k. Akad. d. Wiss."] Lex.-8. (25 S.) Wien 894. (F. Tempsky.) n. — 40

Piesch Bruno: Über den elektrischen Widerstand des Ceylongraphits. S. 192. Ha. 78 . , —.20
Separatabdruck

Piesch, Bruno, Ueber den elektrischen Widerstand des Ceylons Graphits. Gr.-8. (5 S.)
Wien: Tempsky 1893. –.10

Piesch, Dav., († d. 9. Aug. 1802.) s. Fr. Cetti, Naturgesch.

Pieschel, August: Die Wutkrankheit der Thiere gemeinfaßlich dargestellt. 57 S., gbd.

Dresden u.Leipzig: Arnold 1847

Pieschel, Franz: Über die Krümmung von Flächen in gewöhnlichen Flächenpunkten und die Krümmung der Mittelpunktsflächen zweiter Ordnung $Lx^2 + My^2 + Nz^2$ = 1 insbesondere. S. 5–32. 8.
Progr. K. k. Staats-Oberrealschule *Teschen* 1909.

Pieschel H.: Die Entwicklung des ungar. Thronfolgerechtes von den ältesten Zeiten bis auf die Gegenwart. 22. Kremsier R. 77.
Progr.

Pieschel, Karl

Pieschel, Carl, die Vulkane der Republik Mexiko. In Skizzen. qu. Fol. (18 Stnt. in Tondr. und 1 Bl. Text.) Berlin 856(57), D. Reimer.

Pieschel, Carl August (Dresden), De parte cephalica nervi sympathici in equo prodromus. Diss. anatom. Leipzig (E. Stange) 27. IX. 1844. 26 S. (3.—) 26495
Gew.: Ludwig Choulant, Carl Prinz, August Friedrich Guenther.

Pieschel, Thdr., de causarum rerumque nexu in computatione ejus quod interest. Dissertatio inauguralis. Berlin 869. (Puttkammer & Mühlbrecht.) 8. (87 S.) n. 8 ngr

Pjeschkow, Alexej Maximowitsch, s.: Gorki, Maxim.

Pieschl, H.: Entwicklung des Ganges der socialen Entwicklung während der römischen Republik. 36 S. 8⁰–Kremsier, C.UR., Progr. 1873.

Piesecke, der Mann der Revolution, od.: die Schreckenscenen d. Berliner Apriltage. Bürgerliches Trauerspiel in 3 Aufzügen von W. E. M. 8. (20 S.) Leipzig 847, Koffka. ⅙ ℛ

Piestnski, Herm., Ortschaftsverzeichniß f. die Prov. Posen, enth. die sämmtl. Wohnplätze der Provinz, welche einen offiziellen [d. h. Allerhöchsten Orts od. v. den zuständ. Verwaltungs-Behörden genehmigten] Ortsnamen tragen. Zusammengestellt auf Grund amtl. Unterlagen. gr. 4. (III, 281 S. nebst 13 Karten, enth. die sämmtl. Kreise der Prov. Posen m. Entfernungsangaben von Ortschaft zu Ortschaft.) Bromberg 890. (Mittler.) n. 10.—

Piestnski, H., Zusammenstellung der im Reg.-Bez Bromberg geltenden Polizei-Gesetze u. Verordnungen. Vollständig neu zusammengestellt u. hrsg. gr. 8. (984 S.) Bromberg 891. Mittler. n 9.—; geb. n.n. 10. 50

Piestnski, H., Zusammenstellg. d. im Reg.-Bez. Bromberg gelt. Polizei-Gesetze u. Verordngn. Nachtrag 1891—1896. gr. 8. (V, 401 S.) Bromberg 896. Mittler. n. 3. 75; geb. in Halbfrz. n.n. 4. 75 (Hauptwerk u. Nachtrag n. 12. 75; geb. n.n. 15. 25)

Piestnski, H., Zusammenstellung der im Reg.-Bez. Bromberg geltenden Polizei-Gesetze u. Verordnungen. 2. Nachtrag 1896—1900. gr. 8. (V, 386 S.) Bromberg 901. Mittler. n. 3.75; geb. n.n. 4.75; (Hauptwerk m. 1. u. 2. Nachtrag, ermäß. Preis n. 10.—; geb. n.n. 12.—; 1. u. 2. Nachtrag in 1 Bd. n. 6.—; geb. n.n. 7. 50)

Pieśni Mszalne i inne nabożne do Chwały Boskiej służące dla Chrześcian Katolickich. 8. (100 S. m. 1 Holzschn.) Thorn 847, Lambeck. n. ⅙ ℛ

Pjesnički hornych a delnych Lužiskich Serbow, s. Volkslieder.

v. Piesport, Frhr. Karl, († . . .) s. Augustinus, Aurel., v. d. Nutzbarkeit.

Piesse, G. W. S., der englische Parfümeur, s. Parfümeur, der englische.

—— Toiletten-Chemie, s. Hirzel, H.

Piest, C., die Zellulose. Ihre Verarbeitg. u. ihre chem. Eigenschaften. (VIII, 157 S. m. 10 Abbildg.) Lex. 8. Stuttgart 910. F. Enke. 6.—; geb. in Leinw. n 7.40

Piest, Karl

Piest, Carl (geb. Ivenbusch in Posen 1. 8. 1859): Ueber die Darstellungsmethoden von substituirten Ammoniak und speciell von alkylirten Amidosäuren. Berlin 1882. (53 S.) 8°
Berlin, Phil. Diss. v. 15. Aug. 1882

Piesting-Gebiet [Schlagwort]

Piesting-Gebiet, s.: Ausflugskarten.

Piesting-Gebiet, s.: Wiener Ausflugskarten.

PIESTS, Balth., Hochzeitlied, mit Kilian Ellies Anmerkungen und Peter Röseners Probe einer zu entwerfenden Chronol.-geneal. Geschichte des Herrn Piests und des Piastischen (!) Geschlechts, von neuen (!) übersehen, verbessert und zum Druck befördert durch Serapien Messing. Paris, gedruckt im Jahr 1754. 8°. (4 Mk. Jos. Baer & Co., Frf. a. M., 1894.)

16 unbeziff. Bll. Das Gedicht in 27 achtzeil. Strophen. Die drollige Vorrede Messing's auf Bl. 2 unterzeichnet M. als „Policeydiener, Instrumententräger, Thorwärter und Scheibenzeiger". — Seltenes Curiosum!

Cat. Meissner III. p. 530. — Die Pseudd. fehlen bei Weller.

Pieszczek, Albr., & Co., s.: Universal-Adressbuch f. den russischen Import-Handel.

Pieszczek, Albr., & Co., s.: Zolltarif, allgem. russ.

Pieszczek & Co. A, allgemeiner russischer Zolltarif von 1903 und neue Vertragstarife von 1906-17. (147 S) 4° Leipzig (1906)

Pieszczek, Ernst [aus Königsberg i. Pr.]: Zur Kenntniss des Ortho-Aethyltoluols und einiger seiner Derivate . . . . Freiburg i. B., Univ.-Buchdr. v. Chr. Lehmann, 1886; 49 + 1 S. 8°.
Freiburg i. B., Phil. Fak, Inaug.-Diss. v. 1886.

Pieszczek, Ernst, zur Kenntniss des Ortho-Aethyltoluols und einiger seiner Derivate. Diss. Freiburg i. B. 1886, Fr. Wagnersche Univ.-Buchh. 8°. 49 S.

Pieszczek, Ernst, Methoden der gerichtlich-chemischen Analyse. Ein kurzer Leitfaden, zum prakt. Gebrauche im Laboratorium f. Pharmaceuten, Mediciner u. Chemiker bearb. gr. 8. (VI, 68 S. m. Holzschn.) Königsberg i/Pr. 893. F. Beyer. n. 2. 40

Pieszczek, Franz: Aus d. Kgl. chirurg. Universitätsklinik Königsberg i. Pr. Direktor Prof. Dr. E. Lexer. Ueber primäre hämatogene acute Myositis purulenta mit Berücksichtigung der sekundären Myositiden. Königsberg i. Pr. 1907: O. Kümmel. (54 S.) 8°
Königsberg, Med. Fak., Ref. Lexer, Diss. v. 24. Jan. 1908
[Geb. 20. März 81 Heiligenbeil; Wohnort: Königsberg i. Pr.; Staatsangeh.: Preußen; Vorbildung: Friedrichs-Kollegium Königsberg i. Pr. Reife M. 00; Studium: Königsberg 12 S.; Coll. 19. Jan. 07; Approb. 18. Febr. 08.]

Pieszczek, Rudolf: Joanna Baillie, ihr Leben, ihre dramatischen Theorien und ihre Leidenschaftsspiele. Berlin 1910: G. Schade. 70 S. 8°
Königsberg, Phil. Diss. v. 4. März 1910, Ref. Kaluza, Baumgart
[Geb. 2. Aug. 78 Heiligenbeil; Wohnort: Berlin-Pankow; Staatsangeh.: Preußen; Vorbildung: Friedrichs-Koll. Königsberg Reife M. 97; Studium: Königsberg 5, Genf 2, Königsberg 4 S.; Rig. 26. Jan. 10.] [U 10. 2618

Pieszczek, [Rudolf]: Kanon französischer Gedichte zum Auswendiglernen. Lötzen 1908: Kühnel. III, 36 S. 8°
Lötzen, st. G P 1908 (11)** [S 08. 351

Pietas seu dies hominis christiani, sanctificatus per orationem et meditationem. In usum studiosae juventutis denuo in lucem editus. 18. (7 B.) Paderbornae 843, libr. Junfermann.

Pietas Academiae Georgiae in funere . . . Jo. de Müller. Goettingae 1809. V: *Mitscherlich, Carl Gustav.* (Ky)

Pietas **Academ.** Georgiae in funere viri munerum gravitate et meritorum magnitudine conspicui Jo. de Müller, (a. C. G. Mitscherlich). Fol.maj. Götting. 809. Röwer. 2 ℛ

Pietas christiana . . . Salisburgi [1770]. V: *Reichssiegel, Florian von.* (Hr)

Pietas coronata in Bulgariae Principe Trebelio lusu theatrali exhibita. Carmine iambico. Viennae 1714. V: *Pichler, Joseph* oder: *Magnet, Paul* [?]. (Jes)

Pietas, Crudelis in patriam, seu Alphonsos de Guzmann ... [Salisburgi 1717.] V: *Ritter, Alanus von.* (Hr)

Pietas, Augustissimae Domus Austriae ... V: *Lemmich, Fch* oder *Kaschuthnig, Joh. Bapt.* (BiblPort)

Pietas, Augustissimae Domus Austriacae in SS. Virginem Mariam, quae in Hiezing (prope Viennam) colitur, Augusta. Viennae 1752. V: *Lämichen, Friedrich.* (Jes) oder: *Kaschutnig, Joh. Bapt.* (So)

Pietas in hospite ... Salisburgi [1772]. V: *Reichssiegel, Florian v.* (Hr)

Pietas in patriam ... Salisburgi [1771]. V: *Reichssiegel, Florian v.* (Hr)

Pietas quotidiana erga Iesum crucifixum etc. 12. Vien. Gerold.

Pietas Quotidiana erga Beatissimam Mariam sine labe conceptam ... Lucernae 1748. V: *Hevenesi, Gabriel.* (Jes) »erga Beatissimam Virginem Mariam ... Dilingae 1751.« (Jes)

Pietas quotidiana erga Sanctissimam Dei Matrem ... Wratislaviae 1737. V: *Hevenesi, Gabriel.* (Jes)

Pietas, Quotidiana Erga sanctissimam Dei Matrem Mariam, ... Viennae Austriae 1744. V: *Hevenesi, Gabriel.* (Jes)

Pietas quotidiana erga Sanctissimam Dei matrem ... Monachii 1764. V: *Hevenesi, Gabor.* Ü: *Pemble, Josef.* (Margr)

Pietas quotidiana erga divinissimum humani generis Redemptorem, fidei auctorem ... Jesum Christum ... Viennae 1722. V: *Molindes, Frans.* (Jes) »Dilingae 1734« (So)

Pietas quotidiana erga divinissimum Eucharistiae sacramentum ... Vratislaviae 1742. V: *Molindes, Franz.* (Jes) »Lucernae 1748« (So)

Pietas Societatis regiae Scientiarum Gottingensis in B. C. de Behr funere. Gottingae 1772. V: *Heyne, Christian Glob.* (MGT)

Pietas societatis regiae scientiarum Gottingensis in memoriam Munchhusii. Gottingae 1770. V: *Heyne, Christian Glob.* (MGT)

Pietatis exercitia quotidiana in usum Augustissimae etc. 18. ibid.

Pieter, Joachim: Diss. phys. de terrae Concussionibus ..., s. Cilano, Geo. Chrn. Mat. von (Präs.)

Pieter, Joach., († 1795.) Homerici carminis laudes, ex fontibus Graecorum Romanorumque derivatae rivulisque recent. deductae, ut instar commentarioli in Homerum esse possint. 8. Berl. 775.

Pieter, Joach. (autor), De poesi sapientiam loqvente diss. inaug. Kiliae. 1769. 4. P. [Praes. Wilh. Ern. Christiani].

Pieters, Chrl., Annales de l'imprimerie Elsevirienne ou histoire de la famille des Elsevier et de ses editions. 3 livrs. gr. 8. (420 S.) Gand 852, C. Annoot-Braeckman. (Brüssel, Leipzig u. Gent, Muquardt.) (à 2 ℳ) 6 ℳ

Pieth, Fr. Jahrbuch f. evangelisch-kirchlichen Chorgesang. Neue Gesänge, gesammelt u. den evangel. Kirchenchören dargeboten. 1. Buch. Partitur. Lex.-8. (VI, 40 S.) Neu-Ruppin 889, Petrenz. 3 —

Pieth, Frdr., die Feldzuge des Herzogs Rohan im Veltlin u. in Graubünden. Mit 8 Skizzen d. Kriegsschauplatzes. Mit dem 1. Preise gekrönt v. der schweizer. Offiziersgesellschaft in Zug am 16. VIII. 1904. (XIX, 170 S.) gr. 8. Bern 905. K. J. Wyss. n 4. —

Pieth, Frdr., zur Flüchtlingshetze in der Restaurationszeit. gr. 8. (69 S.) Chur 900. Kantonsschullehrer Dr. F. Pieth. n. 1. 60
Sonderabdruck aus: „Jahresbericht d. histor.-antiquar. Gesellschaft v. Graubünden".

Pieth, F[riedrich]. Geschichte des Volksschulwesens im alten Graubünden. Festschrift zum 25-jährigen Jubiläum des Bündnerischen Lehrervereins. [SA. aus dem Jahresbericht des Bünd' L', Jahrg. 26.] 158 S. 8. Chur, F. Schuler, 1908. [fr. 2. —]

— die Mission Justus v. Gruners in der Schweiz 1816—1819. (Nach seinen Berichten im kgl. preuß. geheimen Staatsarchiv in Berlin.) gr. 8. (192 u. III S.) Chur 899. Hitz Nachf. (Auslieferung f. Deutschland: C. Skopnik in Berlin.) n. 2. 50

Pieth, F[riedrich]. Das alte Seewis. Kulturgeschichtliches über S' und dessen Nachbar-Gemeinden, vornehmlich im 18. Jahrhundert. (Mit Zeichnungen von Prof. H[ans] Jenny in Chur [und photographischen Abbildungen, 7 Tafeln].) 78 S. 8. Chur, Hermann Fiebig's Buchdr. (*Umschlag:* Komm. Jul. Rich), 1910. [fr. 3. —]

Pieth, Willy: Essen und Trinken im mhd. Epos des zwölften und dreizehnten Jahrhunderts. Borna-Leipzig 1909: Noske. 83 S. 8°
Greifswald, Phil. Diss. v. 29. Mai 1909, Ref. Reifferscheid †-Stosch
[Geb. 22. Dez. 83 Stettin; Wohnort: Stettin; Staatsangeh.: Preußen; Vorbildung: König-Wilhelms-Gymn. Stettin Reife O. 04; Studium: Lausanne 1, Berlin 3, Greifswald 5 S.; Rig. 31. Okt. 08.] [U 09. 1551

Pietismus, der ächte, als die einzigste Heilsquelle unserer Zeit. Seinen Feinden und seinen falschen Freunden. gr. 8. Berlin 841, Wohlgemuth's Buchh. n. 6½ ngl

Pietisten, über, u. Proselytenmacher als Antwort auf d. „Worte der christl. Liebe u. des Trostes an die Bewohner des Gemminger Gebietes." Von ihrem Grundherrn (Jul. Frhrr. v. Gemmingen). 8. Rotweil 823. Herder. 6 gl

— über die, mit besond. Rücksicht auf d. Würtembergischen u. ihre neuesten Verhältnisse. 8. Tübing. 819. Fues. 8 gl

Pietistendorf, das. 8. (120 S.) Landau 850, Kaußler in Comm. n. ¼ ℛ

Pietisterei, Die, im Fischbein-Rocke: oder die Doctormässige Frau. In einem Lustspiele vorgestellet. Rostock 1736. 2. Aufl. 1737. V: *Gottsched, Luise Adelgunde v. geb. Kulmus.* (Waniek, Gottsched. Leipz. 1894. S. 334.) (JL) (ML)

Pietisterei, die, im Fischbeinrocke. 8. Rost. 751. (Ahl in Geb.) 3 gl

Pietkiewicz: Über den Übergang einiger Stoffe in den Harn. Dorpat. 1864. Schul-/Univ.-Schrift

Pietraszewski, Ign., abrégé de la grammaire Zend. Berlin 861. Trowitzsch & Sohn in Comm. gr. 8. (IV, 58 S.) n. 2 ℛ 20 ngr.

---- nowy przekład dziejopisów Tureckich, dotyczących się historyi polskiéj, a szczególniéj Tarychy Wasyf Efendego. Tom. I. gr. 8. (14¼ B.) Berlin 846, Behr's Buchh.

Pietraszewski, Ignatius. Als die Inaug.-Schrift vertretend wurde angenommen des Verf. Druckschrift: Numi Mohammedani. Fasc. I. Continens numos Mamlukorum dynastiae, additis notabilioribus dynastiarum: Moavidarum, Charizmschachorum, Mervanidarum, Ortokidarum, Karakojunlu, Seldschukidarum, Atabekorum, Fatimidarum, Aiyubidarum. Hulagidarum et regum Siciliae. Collegit, descripsit et tabulis illustravit. Accedunt 15 tabulae. Berolini: Duncker 1843. XIV, 139 S., 15 Taf. 4°
[Halle-Wittenberg, Phil. Diss. v. 26. Aug. 1844]
Geb. [Bischofsburg (Ermland, Kr. Rößel) 1800 nach eigenem Curric. vitae; 1. 1. 1779 [richtiger wohl 1799] nach Auskunft der UB Berlin]
Diplom fälschlich vom 26. Juli.

— deutsche verbesserte Uebersetzung der Bücher des Zoroaster. 1. Thl. Zen-dawasta [das „Leben-Gebende!"] Zur Erleichterung der 1. Aufl. Berlin 864. Haude & Spener in Comm. gr. 8. (VII, 248 S.) n. 2 ℛ

Pietraszewski, Ign., Zend-Avesta ou plutôt Zen-Daschta expliqué d'après un principe tout à fait nouveau. Le texte est accompagné d'une prononciation, de traductions polonaise et française, et suivi d'un vocabulaire et d'une grammaire. Vol. 1—3. gr. 4. (XXXII und 881 S.) Berlin 858,62, (Haude und Spener'sche Buchh.) *
[Berlin, Stargardt.] Ermässigter Preis * *

Pietrkowski, Alb., was muß man vom modernen Beleuchtungswesen wissen? Populär dargestellt. gr. 8. (79 S. m. 19 Abbildgn.) Berlin (900). H. Steinitz. n. 1. —

Was muss man von der Fabrikation der Leime und Lacke wissen? (Allgemeinverständl. dargest.) von A[lbert] Pietrkowski. *Berlin: H. Steinitz (1901).* (64 S.) 8° [F.] [02. 441

Pietrkowski, Edmund [Referendar]: Die Haftung des Kommanditisten nach dem deutschen Handelsgesetzbuch ... Cassel, Druck v. Gebr. Gotthelft, 1896; VIII, 64 S. 8.
Breslau, Jur. Fak., Inaug.-Diss. v. 1896

Pietrkowski, Edm., d. Haftung d. Kommanditisten nach d. deutschen Handelsgesetzbuch. Diss. gr. 8. (VIII, 64 S.) Cassel 896. (Breslau, Schletter.) n. 1. —

Pietrkowski, Georg: Über Sublimatintoxikation mit besonderer Berücksichtigung der Darmerscheinungen. *Freiburg i. Br. 1897: H. Epstein.* (30 S.) 8°
Freiburg i. B., Med. Diss. v. 1897

Pietrkowski, Klara

Pietrkowski, Clara, appr. Ärztin: Aus d. Psychiatr. u. Nervenklinik in Kiel. Beitrag zur Hysterie der Kinder. Kiel 1910: Fiencke. 32 S. 8°
Kiel, Med. Diss. v. 13. Juni 1910, Ref. Siemerling
[Geb. 6. Juni 82 Posen; Wohnort: Posen; Staatsangeh.: Preußen; Vorbildung: Königstädt. Realgymn. Berlin Reife M. 03; Studium: Freiburg i. B. 5, Kiel 1, Berlin 2, Freiburg i. B. 1, Kiel 1 S.; Coll. 25. Mai 10; Approb. 18. Jan. 10.] [U 10. 2464

Pietro, Salvatore di, d. genarrte, aber doch glückl. Onkel, s. a. Esser's, J., Sammlg. leicht aufführb. Theaterstücke.

[F.] Der genarrte, aber doch glückliche Onkel. Lustsp. in 2 Aufz. v. Salvatore di Pietro, Priester. A. d. Ital. ins Deutsche übertr. v. J[os.] Buhr, Priester d. Bist. Strassburg. *Paderborn: J. Esser 1895.* (39 S.) 1 Bd 8.
— Sammlung, J. Esser's, leicht aufführb. Theaterstücke. H. 36. [96. 110

Pietrogrande, G., Legioni romane e soldati della V urbana in Ateste. S.-A. 1886. 27 S. 1.—

Pietrulla, August, Volontärassistent am Kgl. Pathologischen Institut: Über Erkrankungen des Auges infolge Überblendung. Breslau 1905: Bresl. Genoss.-Buchdr. (23 S.) 8°
Breslau, Med. Fak., Ref. Uhthoff, Diss. v. 29. Juli 1905
[Geb. 2. März 76 Nikolai, Kr. Pleß; Heimatsort: Strehlen i. Schles.; Staatsangeh.: Preußen; Vorbildung: Bugenhagen-Gymn. Treptow a. d. Rega Reife M. 98; Studium: Breslau 9 S.; Coll. 27. Juli 05; Approb. 22. Jan. 04.]

Pietrulla, August *(geb. Nieder-Pauldorf in Schles. 19. 7. 1845)*: Die Pachymeningitis cervicalis hypertrophica. Breslau 1876. (40 S., 1 Taf.) 8°
Breslau, Med. Diss. v. 24. Apr. 1876

Pietrusky, Eugen [approb. Arzt aus Bohrau in Schlesien]: Ueber Leber-Syphilis mit miliaren Syphilomen .... Breslau, Druck v. Grass, Barth & Comp. (W. Friedrich), 1887; 35 + 1 S. 8°
Freiburg i. B., Med. Fak., Inaug.-Diss. v. 1887

Pietrusky, Karl Hermann

Pietrusky, Carolus Hermannus *(geb. Hönigern bei Namslau 12. 5. 1823)*: De ossificatione tunicarum vaginalium testis. Vratislaviae (1848). (32 S., 1 Taf.) 4°
Breslau, Med. Diss. v. 21. Dez. 1848

Pietrusky, Paul

Pietrusky, Paul, u. E. Heiden, Bericht des Cultur-Vereins für die Provinz Preußen über die im Jahre 1866 angestellten Düngungs- u. Anbauversuche mit 60 Kartoffelsorten. Königsberg 867. Koch. gr. 8. (85 S.) n. 10 ngr.

Pietrusky, Paul [pr. Arzt aus Ostpreussen]: Über einen Fall von Carcinoma sarcomatodes des Hodens. . . . Greifswald, Druck v. C. Sell. 1889; 25 S. + 2 Bl. 8°
Greifswald, Med. Fak., Inaug.-Diss. v. 21. Dez. 1889

Pietrusky, Paul, baltisches Herdbuch. Im Auftr. d. Herdbuch-Gesellschaft f. Züchtg. v. Ostfriesen- u. Holländer Rindvieh in Vorpommern hrsg. 1. Bd. Jahrg. 1890. M. 1 (farb.) Uebersichtskarte d. Züchtungsgebiets. gr. 8. (VIII, 468 S. m. 1 Abb.) Berlin 893. P. Parey. n. 2. —

Pietrusky, Paul, baltisches Herdbuch. Im Auftrage der Herdbuch-Gesellschaft f. Züchtg. v. Ostfriesen u. Holländer Rindvieh in Vorpommern hrsg. 2. u. 3. Bd. (Jahrg. 1891 u. 1892.) gr. 8. (XVI, 213 S. m. 1 Tab. u. XVII, 121 S.) Berlin 897. P. Parey. n. 2. —

Pietrusky, P., s.: Kartoffel, die, u. ihre Kultur.

Pietrusky, Walter [approb. Arzt aus Bohrau in Schlesien]: Ueber primären Krebs der Ovarien . . . . Breslau, Druck v. Grass, Barth & Comp. (W. Friedrich), 1887; 30 S. + 1 Bl. 8°
Freiburg i. B., Med. Fak., Inaug.-Diss. v. 1887

Pietrzikowski, Ed., s.: Archiv f. Unfallheilkunde, Gewerbehygiene u. Gewerbekrankheiten.

— die Bedeutg. u. Verwendg. d. gymnast. Behandlg. bei Wirbelsäuleverkrümmgn., s.a. Wandervorträge, medicin.

Die Bedeutung und Verwendung der gymnastischen Behandlung bei Wirbelsäuleverkrümmungen. Von Doc. Dr. Ed[uard] Pietrzikowski. Berlin: Fischer 1896. (24 S.) 8°8°
= Wander-Vorträge, Medicinische. H. 19. 199 6774

Die Begutachtung der Unfallverletzungen. Leitfaden z. Untersuchung u. Beurtheilung Unfallverletzter, nebst Zusammenstellung d. häufigsten Verletzungen u. deren Folgezuständen. Von Dr. Eduard Pietrzikowski, Privatd. in Prag. [1. 2.] Berlin: Fischer 1904–07. 2 Bde 8°
1. Allgem. Th. 1904. 2. B. Besonderer Th. 1907. [08. 6323

Pietrzykowski, K., Położnictwo domowe czyli jasne i proste sposoby ratowania ciężarnych, rodzących, położnic i dzieci nowonarodzonych. 8. Warschau 847, Orgelbrand. 1 rf

L. P. [= Ludwig Pietsch.] 1824 bis 1904. Berlin 1904. V: *Jordan, Max.* (stadt biblBerlin IX, S. 109)

Pietsch

— s. a. Pitsch.

Pietsch als Extrazügler auf der Pariser Weltausstellung. Von M. J. R. Selbst. Berlin 867. Kießling. gr. 8. (24 S.) 2½ ngr.

Pietsch, B., was soll der heilige Geist uns heute bringen? Predigt, am heiligen Pfingsttage 1878 geh. 8. (16 S.) Bunzlau 878. Kreuschmer. n. — 25

Pietsch, C., s. Pietsch, Karl

Pietsch, C. Feldmeßkunst, s. Weber's, J. J., illustr. Katechismen Nr. 44.

Pietsch, C., Katechismus der Feldmeßkunst, s.a. Weber's illustr. Katechismen Nr. 44.

Pietsch, C., Katechismus der Feldmeßkunst. 5., vollständig umgearb. Aufl. 12. (VIII, 94 S. m. 75 Abbildgn.) Leipzig 891. J. J. Weber. Geb. in Leinw. n. 1. 50

Pietsch, C., Katechismus der Nivellierkunst, } s.a. Webers, J. J., illustr. Katechismen.

Pietsch, C., Katechismus der Nivellierkunst. 3., umgearb. Aufl. Mit 61 in den Text gedr. Abbildgn. 8. (X, 104 S.) Leipzig 887. J. J. Weber. geb. n. 2. —

— Katechismus d. Nivellierkunst. 4., umgearb. Aufl. 12. (X, 106 S. m. 61 Abb.) Leipzig 896. J. J. Weber. Geb. in Leinw. n. 2. —

— prakt. Katechismus über d. Seidenbau. 8. Prag. . . . 2c A. 805. Buchler. 4 gr. Schrbp. 6 gr.

— prakt. Katechismus üb. d. Seidenbau. 8. Prag, Buchler. 806.

—— Katechismus der Raumberechnung.
s.a. Weber's J. J., Illustr. Katechismen

— Katechismus der Raumberechnung. Anleitung zur Größenbestimmung. v. Flächen u. Körpern jeder Art. 3., verm. u. verb. Aufl. Mit 55 in den Text gedr. Abbildgn. 8. (VIII, 124 S.) Ebd. 888. geb. n 1. 80

Pietsch C, Nivellierkunst. 3. Auflage. (Weber's Katechismen 59) Leipzig 1887

Pietsch, C., Nivellierkunst. Anleitg. z. Nivellieren. 6. Aufl. (VIII, 105 S. m. 61 Abbild.) kl. 8. Leipzig 908. J. J. Weber. Geb. in Leinw. 2. —

Pietsch, [C.]: Photogrammetrie. Vortrag, gehalten im Verein zur Beförderung des Gewerbfleisses zu Berlin am 1. März 1886. (S.-A.) Verhandlungen des Vereins zur Beförderung des Gewerbefleisses. 1886. Berlin 1886. 15 S. 4°.

Pietsch C. Die Rotationsfläche von grösstem oder kleinstem Volumen 1) bei gegeb. Länge der Meridiancurve. 2) bei gegeb. Oberfläche. 1881. 8.
Diss. Tübingen

Pietsch, C. G., De analepticis eorumque usu. 20 pp. Hal. 4°. 1745

Pietsch, Clara, s. Pietsch, Klara

Pietsch, Constantin, s. Pietsch, Konstantin

— Daniel Gottlob (Königsberg/Preußen), De meritis domus Brandenburgicae in imperium. Altdorf (J. W. Kohle) Juli 1721. 68 S. (5.—) 26499

Pietsch, Else, Sonnenschatten. Gedichte. (VIII, 91 S.) 8. Dresden 910. E. Pierson. 2. –; geb. in Leinw. m. Goldschn. n 3. –

Pietsch, Ernst Guido, a. Altona, Referendar in Altona: Unter welchem Gesichtspunkt muß sich der vorsätzlich handelnde Täter die von ihm begangene Tat vorgestellt haben? Ein Beitrag zur Lehre vom strafrechtlichen Vorsatz. Hamburg 1908: A. B. Ueberwasser. (108 S.) 8° [F.]

Erlangen, Jur. Fak., Ref. Allfeld, Diss. v. 18. März 1908

[Geb. 14. Mai 83 Altona; Wohnort: Altona; Staatsangeh.: Preußen; Vorbildung: Gymn. Christianeum Altona Reife M. 02; Studium: Berlin 2, Freiburg i. B. 1. Kiel 3 S.; Rig. 21. Dez. 07.]

Pietsch, F. J., Nahrung f. alle Classen d. Menschen. Monatsschr. 12 Hfte, 8. Prag 804. (G. Haase Söhne); (a. Taubert in Leipz.) 2 ₰

Pietsch, F. J., Nahrung f. alle Classen der Menschen. Monatsschr. 16—66 Bdch. 8. Prag, Widtmann (a. Barth) 804.

Pietsch Franz: De Julii Valerii Alexandri Polemii elocutione.
1899 PN 1264 **Diss.** Wien, Univ. 1562

Pietsch, Franz (Paul Theod.) (geb. Neusalz a. O. 5. 11. 1851): Zur Kenntniss der Complicationen und Nachkrankheiten des Erysipels. Berlin (1884). (35 S.) 8°
Berlin, Med. Diss. v. 10. Jan. 1884

Pietsch, Friedrich Maximilian [aus Chemnitz]: Die Vegetationsverhältnisse der Phanerogamen-Flora von Gera ... Halle, Druck v. E. Karras, 1893; 64 S., 1 Bl. 8.
Halle, Phil. Fak., Inaug.-Diss. v. [13. Juni] 1893

Pietsch, Frdr. Max., die Vegetationsverhältnisse der Phanerogamen-Flora v. Gera. Diss. gr. 8. (64 S.) Halle 893. (Gera, K. Bauch.) n. n. 1. 50

Pietsch, G., die allgemeine deutsche Burschenschaft, s. Schatz, E.

Pietsch, G., Gutachten über die Vermögenslage der Pensions- und Unterstützungskasse des Allgemeinen Knappschafts-Vereins zu Bochum. Bochum, 1905. 38 S. mit 16 Tab.

Pietsch G. Das sphärische Viereck mit gleichen Gegenseiten. Ein Beitrag zur kinematischen Geometrie auf der Kugel. 1882. 4. Diss. Tübingen.

Pietsch, Geo., Altersrenten-Tabellen, aufgestellt auf Grund d. Gesetzes betr. die Invaliditäts- u. Altersversicherung zur schnellen u. sicheren Ermittelung v. Renten ohne Rechnung u. ohne Kenntniss der gesetzlichen Bestimmungen. Fol. (II S. u. 4 Tab.) Gleiwitz 891. Jaeger. n. 1. —

Pietsch, Georg, de Choricio Patrocli declamationis, s. Abhandlungen, Breslauer philologische. 42. Heft.

Pietsch, Georgius: De Choricio Patrocli declamationis auctore. Vratislaviae: Marcus 1910. 33 S. 8° ¶(Ersch. vollst. als: Breslauer philol. Abhandlungen. H. 42.)

Breslau, Phil. Diss. v. 19. März 1910, Ref. Förster

[Geb. 7. Aug. 85 Grögersdorf; Wohnort: Breslau; Staatsangeh.: Preußen; Vorbildung: Gymn. Strehlen Reife O. 05; Studium: Marburg 1, Breslau 8 S.; Rig. 10. Nov. 09.] [U 10. 630

Pietsch, Geo., Katechismus d. Gedächtnißkunst, s.: Rothe, Herm.

Pietsch, Gg., Die Zuschüsse des Staates zur Rentenversicherung. Conférence internat. de la Haye (Assur. soc.), 1910.

Festschrift zur Feier der Einweihung des Wasserwerks der Königlich Preussischen See- u. Handelsstadt Memel am 2. August 1902. (Verf.: H. Pietsch, Baumeister.) *(Memel 1902: F. W. Siebert.)* (10 S.) quer-8° [Umschlagt. F. u. Ant.] [03. 3611 10

Pietsch, Hans [pr. Arzt]: Die Ausdehnung des Gesichtsfeldes für weisse und farbige Objekte bei verschiedenen Refraktionszuständen ... Breslau, Schles. Volkszeitgs-Buchdr., 1896; 28 S., 1 Bl., 1 Taf. 8.
Breslau, Med. Fak., Inaug.-Diss. v. 14. Nov. 1896

Pietsch, Hans, die Ausdehnung d. Gesichtsfeldes f. weisse u. farbige Objekte bei verschied. Refraktionszuständen. Diss. gr. 8. (28 S. m. 1 Taf.) Breslau 897. Oppeln, G. Maske. n. — 80

Pietsch, J., Johann Wolfgang v. Goethe als Freimaurer. Festschrift zum 23. Juni 1880, dem 100jähr. Freimaurer-Jubiläum Goethes. gr. 8. (63 S.) Leipzig 880, Zechel.

Pietsch, J., Herleitung u. Aussprache der wissenschaftlichen Namen in dem E. F. v. Homeyer'schen Verzeichnisse der Vögel Deutschlands. gr. 8. (VI, 57 S.) Wien 888. Gerold's Sohn. n. 2. —

Pietzsch, J., Studien über Katasterfragen. Eine Vorarbeit zu den Verhandlungen über die Erneuerung des Katasters in Elsass-Lothringen. gr. 8. (VIII, 243 S.) Strassburg 878. Schultz & Co. n.n. 7. —

Pietsch, J. C., Erklärte Ursachen u. Cur von den Ohnmachten u. Convulsionen, vornehmlich aber der eigentlichen fallenden Sucht. 188 S. Hamb. u. Lpz. 8°. *Vogel,* N. med. Bibl. I, 221.
1753

Akazien-Blätter. Den geliebt. Brüdern der v. u. g. Freimaurer-Loge Wittekind [z. westfäl. Pforte] i. O. Minden i. W. gewidmet von J[oh.] Pietsch. Minden 1876: Bruns. 130 S. 8⁰
Recens: FZ. 30 (1876) S. 373.
Tt. 1900. Enth. Reden, Ansprachen, Sonette, Gedichte. 258.

Joh. Wolfg. v. Göthe als Freimaurer. Festschrift zum 23. Juni 1880, dem hundertjährigen Freimaurer-Jubiläum Goethes von J[oh.] **Pietsch.** Leipzig: Zechel 1880. 64 S. 8⁰
Holländ: Übers. in: MW. Ser. 3 Jg. 5 (1880) No 25—29.
Recens: Bh. 23 (1880) S. 206; FZ. 34 (1880) S. 171—172; Grenzboten. 39, 3 (1880) S. 46 bis 47; L. 3 (1880) S. 113—114 (E. Haynel).
cf. DrL. 9 (1879—1880) S. 608 (E. A. F. Rumpelt gen. Walther); Al. 6 (1880) S. 161 bis 164 (H. Hagen); Hn. 7 (1880) S. 91—96; Z. 10 (1880) S. 47 (M. Amster); Lglsl. 8 (1880—1881) No 23. Tt. 941.

Pietsch, Johann Gottfried

— Abhandl. von Erzeugung d. Salpeters, Preisschr. 4. Berl. 780. Haude u. Sp. 4 ₰

— von Erzeugung des Salpeters, Preisschr. 4. Berlin, Haude. 750.

Johann Gottfried Pietsch

Joh[ann] Gottfried Pietschens [Pietsch] Geschichte practischer Fälle von Gicht und Podagra. Th.1. 3.4. Halle im Magdeb.: Hemmerde 1774-77. 2 Bde 8°

Th.1: 1774.

Th.3: 1776.
Th.4: 1777.

— Geschichte prakt. Fälle v. Gicht u. Podagra. 6 Thle. 8. Halle 774—79. Schwetschke u. S. 2 ℔ 8 gl

Johann Gottfried Pietsch

Johann Gottfried Pietsch, Wahre Quelle und materielle Ursache von Podagra und allen gichtigen Krankheiten überhaupt; nebst der vernünftig und erfahrungsmäßig darauf gegründeten Cur. Halle im Magdeb.: Hemmerde 1772. 344 S. 8°

— wahre Quelle u. materielle Ursache d. Podagra rc. 8. Halle 772. Schwetschke u. S. 10 gl

— Unterricht, wie sich Podagristen u. mit der Gicht Beladene rc. verhalten sollen. 8. Halle 781. Hemmerde u. Schw. 2 gl

Pietsch, Jh. Gf., erklärte Ursachen u. Kur d. Ohnmachten u. Convulsionen. 8. Hamb. 753. Holle. 3 gl

Pietsch, Johann Gotthold

Pietsch, Joh. Gotth., Abhandl. v. Anziehung u. Pflanzung d. Kastanienbäume, hauptsächl. d. guten essbaren, u. d. Gebrauch ihrer Früchte. 8. Halle, 1776. (Berlin, Laue.) — 2⅓

Pietsch, Jh. Ghld., Abhandl. v. Anziehung u. Pflanzung der Kastanienbäume, hauptsächlich d. guten eßbaren rc. Früchte. 8. Halle. 776. Schwetschke u. S. 2 gl

— der Beförderer d. Gerechtigkeit, e. Schrift, woran jederman Theil nehmen kann. 8. Halle 782.

— s. Betrachtungen zur Erkenntnis Gottes

[Pietsch, Joh. Gotth.]: Patriotische Betrachtungen über das Verderben des deutschen Vaterlandes, aus der unvollkommenen Verfassung des Justizwesens. Nebst Vorschlägen zu dessen heilsamen Verbesserung. Mit einiger Anwendung auf die Kgl. Preußl. Staaten. Halle 1780.

Pietsch, J. Ghl., Entw. der Grunds. d. Forst- u. Jagdrechts. 8. Lpz. Sommer. 779.

Pietsch, Jo. Ghld.: „Versuch eines Entwurfs der Grundsätze des Forst- und Jagdrechts", Leipzig 1779 (Kummer).

— Versuch e. Entwurfs d. Grandsätze d. Forst- u. Jagdrechts. 8. Leipz. 779. (W. Rauck). 6 gl

Pietsch, Johann Valentin

— , Ausführliche Abbildung // Aller // Leydens=Martern und Todes= // Quaalen // JESU // Christi // Des // Erlösers der Welt /// Zum Gedächtniß Seines blutigen Opfers // und des grossen Versöhnungs=Tages // in eine Poesie gefasset // von // Johann Valentin Pietsch. // Königl. Preußis. Hoff=Rath. // Mit Röm. Käyserl. Königl. Poln. und Königl. Preußis. // Majest. Majest. Majest. allergnädigsten Privilegien // Königsberg, verlegt von Gottfried Hallervord, Buch=Händler. 1731. - 5 Blatt (nicht paginiert) Titelblatt, Widmung und Privileg. - 151 S.

Auf dem Vorblatt steht:
Der Deutschen
Gesellschaft in Leipzig
wiedmet dieses
zu ihrem Bücher=Vorrathe
M. Joh. George Bock,
aus Königsb. in Preussen.

B. S. T. 4°.105.

Pietsch, J. Val., Abbild. all. Leibesmartern u. Todesqual. Christi. 4. Königsb. Harlung. 740.

PIETSCH, JOH. VALENTIN. Gebundne Schriften in einer vermehrtern Sammlung ans Licht gestellet von JOHANN GEORGE BOCK. Königsberg, Chr. Gottfr. Eckart. 1740. Gr. 8°. *Frontispiz.* Titel in Rot und Schwarz, 6 Bl. 436 S. 6 Bl. (das letzte leer). Bericb. einfaches Ld. d. Z. (Rücken etwas lädiert).

C. III. 318, 7: 2. FdF. 1640. Maltzahn III. 125. Erste vollständige Ausgabe der poetischen Werke, bedeutend umfangreicher als die Gottschedsche von 1725.

Pietsch, Johann Valentin, Herrn // D. Johann Valentin Pietschen // Königl. Preußischen Hof=Raths und Leib=Medici, // wie auch Ober=Land=Physici, und der Poesie Prof. Ord. // in Königsberg, // Gesamlete // Poetische Schrifften // Bestehend // aus // Staats= Trauer= und // Hochzeit=Gedichten,// Mit einer Vorrede, // Herrn le Clerc übersetzten Gedancken von der Poesie // und Zugabe einiger Gedichte, // von // Johann Christoph Gottsched, A. M. // Leipzig, 1725. // zu finden bey Grossens Erben. - 32 Blatt (nicht paginiert) Titelkupfer, Titelblatt, Widmung, Vorrede Gottscheds und Johann le Clercs Gedancken von der Poesie. - 258 Seiten.

B. S. T. 8°.527.

— poet. Werke. gr. 8. Lpz. Große. 731.

Pietsch, Johannes Max Hugo, s. Pietsch, Max

Pietsch, C. Jos. Was hat der katholische Christ an seinem heiligen Glauben? Predigt. 8. (16 S.) Prag, C. Betterl 1853.

Pietsch, Karl

Pietsch, Carl [aus Stettin]: Beiträge zur Lehre vom altfranzösischen Relativum . . . . Halle, Druck v. E. Karras, 1888; 1 Bl. + 32 S. + 1 Bl. 8°
Halle, Phil. Fak., Inaug.-Diss. v. [12. Jun.] 1888

Pietsch, Carl, Beiträge zur Lehre vom altfranzösischen Relativum. gr. 8. (VI, 63 S.) Halle 888, Niemeyer. *

Pietsch, Carl Friedrich Benjamin (Wittenberg / Sachsen), De juribus et obligationibus praefectorum Saxonicorum in ecclesiasticis. Disput. jur. Präs. Christian Gottlieb Hommel. Wittenberg (Gerdes) 5. VIII. 1768. 26 S. (4.25) 26497

— — Dasselbe. Wittenberg (Gerdes) 5. VIII. 1768. 26 S. (4.25) 26498
Gew.: Peter von Hohenthal.

Pietsch, Klara

Pietsch, Clara, das verwandelte Prinzeßchen. Eine Erzählg. f. die reifere weibl. Jugend. 12. (169 S) Liegnitz 890. Kaulfuß. cart. n. 1. —

Pietsch, Konstantin

Pietsch, Constantinus *(geb. Wiesau bei Sagan [23. 1.] 1821)*: De fungo medullari. Vratislaviae (1845). (42 S.) 8°

Breslau, Med. Diss. v. 27. Okt. 1845

Pietsch, Kurt, Oberarzt im 2. Leibhusaren-Reg. Königin Viktoria von Preußen Nr. 2. „Die moderne Narkose". Königsberg i. Pr. 1905: O. Kümmel. (86 S.) 8°

Königsberg, Med. Fak., Ref. Pfeiffer, Diss. v. 21. Okt. 1905

[Geb. 23. Juni 76 Groß-Hartmannsdorf, Schles.; Wohnort: Langfuhr; Staatsangeh.: Preußen; Vorbildung: Gymn. Bunzlau Reife O. 95; Studium: Berlin Kaiser Wilh.-Akad. 9 S.; Coll. 14. Okt. 05; Approb. 11. Mai 01.]

Pietsch, Ludwig: Aus meinen Akademiker-Jahren. *(Berlin 1896.)* in: Jubelfeier, Zur, 1696—1896. Kgl. Akad. Hochschule f. d. bild. Künste zu Berlin. [96. 5195

Pietsch, Ludw., s.: Berlin, Potsdam u. Umgebung.

Pietsch, Ludw., Bilder aus d. Schwarzwald, s.: Hanomann, W.

Pietsch, Ludw., s. Bildergrüße.

Pietsch, Ludw., Professor H. Brugsch-Pascha, s.: Universal-Bibliothek.

Pietsch, Ludw., Franz v. Defregger. (20 S. m. Abb. u. 7 Taf.) 36×27 cm. München (895). F. Hanfstaengl. 4.

Pietsch, Ludw. Erinnerung an die Klause. [Künstlerheim im Berliner Landesausstellungspalast.] Mit 30 Abbildgn. nach den in der „Klause" befindl. Gemälden, Skulpturen 2c. gr. 8. (47 S.) Berl. 889, Bong. 1 —

Pietsch, Ludwig. Erinnerungen an bedeutende Tanz-Künstlerinnen. 17 S. m. 21 Abb. 4°.
Aus: Velhagen & Klasings Monatshefte Jg. 24. 1909/10.

— **Festbericht üb. die Feier d. 31. Oktbr. 1892 in Wittenberg.** Mit sämtl. Predigten nach den Orig.-Manuskripten. gr. 8. (64 S.) Wittenberg 892. R. Herrosé. n. — 60

— s.: **Festschrift zur Feier d. 50jährigen Bestehens d. Vereins Berliner Künstler.**

Pietsch, Ludw., Führer durch das Pergamon-Panorama, sowie durch das Kaiser-Diorama der centralafrikan. Erforschungs-Expeditionen, s. Fabricius, E.

—— s. **Galerie moderner Gemälde.**

—— **und G. Bleibtreu, Geschichte der deutschen Freiheitskämpfe in Bildern, s. Bleibtreu, G.**

Aus der Heimat und der Fremde. Erlebtes u. Geschehenes. Von Ludwig **Pietsch**. Berlin: Allgem. Ver. f. Deutsche Litt. 1903. (324 S.) 8° [F.]
— **Verein, Allgemeiner, f. Deutsche Litteratur.** Abt. 29, [3.] [03. 1890 4

— **aus d. Heimat u. d. Fremde.** Erlebtes u. Geschehenes. 2. Aufl. (III, 324 S.) gr. 8. Berlin 903. Allgemeiner Verein f. Deutsche Litteratur. n. 5. —; geb. in Leinw. od. Halbfrz. n. 6. 50

Pietsch, Ludw., Herkomer, s.a. Künstler-Monographien.

Herkomer. Von Ludwig Pietsch. Mit 121 Abb. *Bielefeld & Leipzig: Velhagen & Klasing 1901.* (140 S.) 4°(8°) [F.]
= Künstler-Monographien. 54. [01. 9526

Pietsch, Ludw., s. Hertel, Alb., Panorama von Gastein.

Illustrationen zu den Werken Friedrichs des Grossen. In Holz geschnitten von O. Vogel, A. Vogel, Fr. Unzelmann und H. Müller. Mit Text von L. Pietsch. Jubiläums-Ausgabe. 2 Bde. Berlin 1886. Fol.

— **Friedrich August v. Kaulbach.** (32 S. m. Abb. u. 15 Taf.) 36×27 cm. Ebd. (896). 8. —

— **s.a. Knaus, Ludw., Photogravuren u. Zeichnungen.**

— **Knaus, s.a. Künstler-Monographien.**

[F.] Knaus. Von Ludwig Pietsch. M. 60 Abb. v. Gemälden u. Zeichngn u. 7 Einschaltbild. *Bielefeld & Leipzig: Velhagen & Klasing 1896.* (2 Bl., 76 S., 8 Taf.) 1 Bd 4.(8.)
= Künstler-Monographien. [Bd] 11. [96. 4149

— **Ludwig Knaus.** (S. 77—112 m. Abbild. u. 12 Taf.) 36×27 cm. Ebd. (901). 8. —
3 Sonderabdr. aus: „Die Kunst unserer Zeit".

Knaus. Von Ludwig Pietsch. Mit 70 Abb. 2. Aufl. *Bielefeld & Leipzig: Velhagen & Klasing 1901.* (86 S.) 4°(8°) [F.]
= Künstler-Monographien. 11. [02. 2761

Pietsch, Ludw., zu korpulent. Die rationelle Bekämpfg. der Korpulenz ohne Einschränkg. der Ernährungsweise auf chem. Wege. Nach Vorschrift des Dr. Rasia. 12. Aufl. 8. (75 S.) Dresden-Blasewitz (901). (Berlin, Berolina-Versand-Buchh.) 1. —
6. Aufl. (59 S.) 899. — 75. — 8. u. 11. Aufl. (61 u. 74 S.) 901. — 80.

Pietsch, Ludw., zu korpulent. Die rationelle Bekämpfg. der Korpulenz ohne Einschränkg. der Ernährungsweise auf chem. Wege. Nach Vorschrift d. Dr. Rasia. 16. Aufl. (86 S.) 8. Dresden-N. (903). (Berlin, Berolina-Versand-Buchh.) n. — 80

— **s.: Kunst-Ausstellung, internat., Berlin 1896.**

— **s.a. Malerei, die, der Gegenwart.**

Pietsch, Ludwig. Die deutsche Malerei der Gegenwart auf der Jubiläums-Ausstellung der Königl. Akademie der Künste zu Berlin 1886. Photogravüre-Ausgabe. München 1886. 4°.

— **s.a. Malerei, die, auf der Münchener Jubiläums-Kunst-Ausstellung 1888.**

Pietsch L., die Malerei auf der Münchener Jubiläums-Kunstausstellung 1888. (180 S 89 T) 4° München (1888)

Pietsch, Ludwig. Eduard Mandel und seine Werke. Nebst dem von V. Jasper radirten Portrait des Meisters. (Einladung zum Besuch der Mandel-Ausstellung, veranstaltet durch Amsler & Ruthardt.) Berlin 1883. 8°.

Pietsch, Ludw., Marokko. Briefe von der deutschen Gesandtschaftsreise nach Fez im Frühjahr 1877. gr. 8. (III, 370 S.) Leipzig 878. Brockhaus. n. 7. —

Pietsch, Ludw., Orientfahrten eines Berliner Zeichners. 1. Bd. A. u. d. T.: Nach Athen u. Byzanz. Ein Frühlingsausflug. (April u. Mai 1869.) Berlin 871. Janke. gr. 8. (XI, 288 S.) 1 ₰

Pietsch, Ludw., Osteria. Sommer-Wohng. d. Vereins Berliner Künstler. Text v. L. P. Mit 28 Abbildgn. nach Orig.-Zeichngn. der Künstler u. photograph. Aufnahmen. gr. 8. (47 S.) Berlin 886. Berliner Verlags-Comtoir, A.-G. n. — 80

— Osteria. Sommer-Wohng. d. Vereins Berliner Künstler. Text v. L. P. Mit 28 Abbildgn. nach Orig.-Zeichngn. der Künstler u. photograph. Aufnahmen. 2. Aufl. gr. 8. (47 S.) Berlin 887. Dominik. n. — 75

Rundgang durch den Kaiser-Keller. Mit Text von Ludwig Pietsch. Berlin [um 1901]: Meisenbach, Riffarth & Co., Berlin-Schöneberg. (51 S.) 8° [06. 8083

Pietsch, Ludw. Alois Senefelder, Erfinder der Lithographie. Festschrift zum 100. Geburtstage Senefelder's, am 6. November 1871. Berlin. 8.

Ludwig Pietsch. Aus jungen und alten Tagen. Erinnerungen. *Berlin: F. Fontane & Co. 1904.* (345 S.) 8° [F.] [04. 13,20

Pietsch, Ludw., von Berlin bis Paris. Kriegsbilder [1870—1871]. gr. 8. (519 S.) Berlin 871. Janke. n. 4. 50

Pietsch, Ludw., von Berlin bis Paris. Kriegsbilder (1870 bis 1871). Volks-Ausg. (344 S.) 8. Berlin 904. F. Fontane & Co. n. 3. —; geb. n. 4. —

—— Wallfahrt nach Olympia im ersten Frühling der Ausgrabungen [April und Mai 1876], nebst einem Bericht über die Resultate der beiden folgenden Ausgrabungs-Campagnen. Reisebriefe. 8. (IV, 251 S.) Berlin 879, F. Luckhardt. *

Pietsch, Ludw., aus Welt und Kunst. Studien und Bilder. 2 Bde. 8. (VI und 664 S.) Jena 867, Costenoble.

— wie ich Schriftsteller geworden bin. 1. u. 2. Bd. gr. 8. Berlin, F. Fontane & Co. à n. 6. —; geb. n. 7. 50
1. Erinnerungen aus den fünfziger Jahren. (398 S. m. Bildnis in Photograv.) 893.
2. Erinnerungen aus den sechziger Jahren. (430 S. m. Bildnis.) 894.

— wie ich Schriftsteller geworden bin. Erinnergn. aus d. Fünfziger Jahren. 2., verm. u. verb. Aufl. 1. Bd. gr. 8. (407 S. m. Bildn.) Berlin 898. F. Fontane & Co. n. 6. —; geb. n. 7. 50

Pietsch, M., Katechismus der Chemikalienkunde, 2. Aufl. d. G. Heppeschen Katechismus, s.: Webers illustr. Katechismen.

Pietsch, M.: Katechismus der Drogenkunde, s.a. Weber's illustrierte Katechismen

Pietsch, M., und A. **Fuchs:** Katechismus der Droguenkunde. 2. Aufl. Leipzig 1900

Pietsch, M., Katechismus der Warenkunde, s. a. Weber's illustrirte Katechismen.

Pietsch, M: Katechismus der Warenkunde. 6. Aufl. Leipzig 1899

Pietsch, M: Katechismus der Warenkunde. 7. Aufl. [u. d. T.:] Warenkunde. Leipzig 1909

Pietsch, M., Leitfaden zu d. Lehrmitteln f. Warenkunde u. Technologie d. Leipziger Lehrmittelanstalt. (45 S.) gr. 8. Leipzig 906. Leipziger Lehrmittelanstalt. - - 80

— Warenkunde. 7., umgearb. u. verm. Aufl. (XI, 291 S.) kl. 8. Leipzig 909. J. J. Weber. Geb. in Lw. 3. 50

Pietsch, *Johannes* Max *Hugo:* Die Küste von Maine. E. Beitr. z. Küstengliederg d. Vereinigten Staaten v. Amerika . . . Leipzig, F. Peter, 1895; 120 S., 2 Bl. 8.
Leipzig, Phil. Fak., Inaug.-Diss. v. [3. Jan.] 1896

Pietsch, Otto: Schiller als Kritiker. *Königsberg i. Pr. 1898: E. Rautenberg.* (VI, 147 S.) 8° [F.]
Königsberg, Phil. Diss. v. 3. Sept. 1898

Pietsch, Otto, Schiller als Kritiker. gr. 8. (VII, 147 S.) Königsberg 898. (Gräfe & Unzer's Sort.) n. 2. —

Pietsch, P., Tabellen zur Berechnung der Alkohol-Literprocente aus der Litermenge und dem wahren Alkoholgehalte für Branntweinmengen von 501 bis 700 Liter bei einem Alkoholgehalte von 70 bis 99% Tralles. 8. (40 S.) Breslau 888, Woywod. cart. *

— aus jungen u. alten Tagen. Erinnerungen. (III, 345 S.) gr. 8. Berlin 904. F. Fontane & Co. n. 5. —; geb. n. 6. 50

[F. u. Ant.] **Pietsch,** Paul: Beiträge zur Geschichte der Stadt Kempen in Posen. Erster Teil. *Kempen, gedr. in P. Amulongs Buchdr.,* 1891; 26 S. 4°
Kempen (Posen), st. PG, OP 1891 (151

[Ant. u. F.] **Pietsch,** Paul: Beiträge zur Geschichte der Stadt Kempen in Posen. Tl 2. (Forts. d. P-Beil. 1891.) *Kempen,* 1893; 18 S. 4.
Kempen (Posen), st. PG, OP 1893 (157)

[Ant. u. F.] **Pietsch,** Paul: Beiträge zur Geschichte der Stadt Kempen in Posen. Tl 3: Geschichte d. evangel. Gemeinde. I. [Forts. d. P-Beil. 1891. 93.] *Kempen,* 1894; 18 S. 4.
Kempen (Posen), st. PG, OP 1894 (156)

[Ant. u. F.] **Pietsch,** Paul: Beiträge zur Geschichte der Stadt Kempen in Posen. (IV. Tl.) Geschichte d. evangel. Gemeinde. II. [Forts. d. P-Beil. 1891. 93. 94.] Kempen, gedr. in P. Amulongs Buchdr., *1896;* 3—15 S. 4.
Kempen (Posen), st. PG, OP 1896 (159)

Pietsch, Paul *(geb. Breslau 9. 9. 1849)*: Über das verwantschaftsverhältnis der oberfränkischen dialekte des IX. jarhunderts. I. Vokalismus. Breslau (1875). (45 S.) 8° *[Vollst. unt. d. T.: „Der oberfränkische lautstand im IX. jahrhundert" in: Zeitschr. f. deutsche Philol. Bd 7, 1876.]*
Breslau, Phil. Diss. v. 1. Mai 1875

[F.] Deutscher Sprache Ehrenkranz. Was singen u. sagen d. Dichter unserer Muttersprache zu Lieb u. Leid? (Vf.: Dr. Paul Pietsch, [&] Dr. Günther A. Saalfeld.) . . . Als Hs. gedr. f. d. Teilnehmer an d. X. Hauptvers. d. allgem. deutschen Sprachver. zu Stuttgart. *Berlin: Verl. d. allgem. deutschen Sprachver. 1897.* (VI, 241 S.) 1 Bd 8. [98. 4260

Deutscher Sprache Ehrenkranz. Was die Dichter unserer Muttersprache zu Liebe u. zu Leide singen u. sagen. (Verf.: Dr. Paul Pietsch [&] Dr. Günther A. Saalfeld.) [2. Aufl.] *Berlin: Allgem. deutscher Sprachver. 1898.* (X, 339 S.) 8° [F.] [01. 952

Pietsch, Paul, s.: Festschrift zur 50jähr. Doktorjubelfeier Karl Weinholds.

Pietsch, P., der Kampf gegen die Fremdwörter. Eine gemeinverständl. Auseinandersetzg. gr. 8. (III, 80 S.) Berlin 887. Reinecke. n 1. 50

Pietsch, Paul, Martin Luther u. die hochdeutsche Schriftsprache. gr. 8. (122 S.) Breslau 883. Koebner. n. 2. 40

Pietsch, Paul. Über Peristaltin. Aus dem medizinisch-chemischen u. pharmakologischen Institut der Universität Bern.... Diss. Vet.-Med. Bern. IV + 22 S. 8. Hannover, M. & H. Schaper, 1910.

—— Trebnitzer psalmen, s. Denkmäler, schlesische, des deutschen Schrifttums im Mittelalter.

— Peter Thomas (Hettstedt/Mansfeld), De cultura philosophiae naturalis. Diss. acad. Präs. August Nathanael Hubner. Halle/Magdeburg (G. J. Lehmann) März 1713. 23 S. (4.25) 26500
Gew.: Carl Franz Graf v. Mansfeld.

Pietsch, Richard: Bestimmung der Integrale $\int_0^{2\pi} {\cos \atop \sin} n\varphi \frac{d\varphi}{\Phi^s}$, wobei $\Phi = A + B \cos \varphi + C \sin \varphi + D \cos 2\varphi + E \sin 2\varphi$, für beliebige reelle und komplexe Werte der Koefficienten und für reelle Werte von φ. Plauen i. V., Druckerei Neupert, 1897; 35 S. 4.
Plauen i. V., st. R, OP 1897 (599)

Pietsch, Richard, Referendar: Die Geltendmachung der Aufrechnung in der Zwangsvollstreckungsinstanz, mit Berücksichtigung der geschichtlichen Entwickelung. Breslau 1908: Förster. IX, 53 S. 8°
Breslau, Jur. Diss. v. 19. Dez. 1908, Ref. Schott-Fischer
[Geb. 18. Juli 84 Grögersdorf; Wohnort: Breslau; Staatsangeh.: Preußen; Vorbildung: Gymn. Strehlen Reife O. 04; Studium: Kiel 1, Berlin 1, Breslau 4 S.; Rig. 21. Dez. 07.] [U 09. 510

Pietsch, Th. Eine Gefahr im Verzuge. Betrachtung üb. das vorzeit. Vorrücken v. Schülern mehrklass. Volksschulen, s. Abhandlungen, pädagogische.

Pietsch, Th., d. preussische Gerichtskostengesetz v. 25. Juni 1895. Handausg. m. Erläutergn., e. Anh., Kostentabellen u. Sachregister. 8. (XVI, 220 S.) Berlin 895. A. Nauck & Co. Kart. n. 2. 60

— d. preussischen Kostengesetze f. d. Justizbehörden. Unt. Berücksicht. d. Gesetzesmaterialien, sow. d. ergang. Entscheidgn. erläut. u. m. Einleitg., Tabellen, Anh. u. Sachregister vers. M. e. bes. Anlage: Gebühren-Tabellen f. d. Handgebrauch. Fol. (XII, 219 u. 7 S.) Ebd. 895. n. 10. —; geb. n. 12. —

Pietsch, Th., die preuss. Kostengesetze f. die Justizbehörden, Notare, Rechtsanwälte u. Gerichtsvollzieher. Unter Berücksicht. der Gesetzesmaterialien, sowie der ergangenen Entscheidgn. erläutert u. m. Einleitgn., Tabellen, Anh. u. Sachregister versehen. 2. verm. Aufl. gr. 8. (VIII, 366 S.) Berlin 900. A. Nauck & Co. n. 7.—; geb. n. 8. —

Pietsch, Th., die preuss. Kostengesetze f. die Justizbehörden, Notare, Rechtsanwälte u. Gerichtsvollzieher. Unter Berücksicht. der Gesetzesmaterialien, der Literatur u. der ergangenen Entscheidgn. erläut. sowie m. Tabellen, Anh. u. Sachregister versehen. Neu bearb. v. A. Brathuhn u. E. Grassow. 3. verm. u. verb. Aufl. 1. Hälfte. (148 u. 27 S.) gr. 8. Berlin 910. A. Nauck & Co. 4. —

Pietsch, Thdr., stilles, sanftes Sausen. Erzählung. 8. (152 S.) Gütersloh 876. Bertelsmann. 1. 50

Pietsch, Thdr., Seele und Hand. Vortrag, gehalten bei Gelegenheit der Konferenz am königl. Seminar zu Mettmann am 5. Aug. 1885. 8. (32 S.) Düsseldorf 885, F. Bagel. *

— Tabellen z. preuss. Gerichtskostengesetz v. 25. Juni 1895 u. d. Kostengesetz v. 18. Juli 1883. F. d. Handgebrauch bes. abgedr. aus P., „d. preuss. Kostengesetze". Fol. (11 S.) Ebd. 895. n. 1. —

Pietsch, Theodor [aus Niederschwedeldorf i. d. Grafschaft Glatz]: Ueber das Verhältniss der politischen Theorie Locke's zu Montesquieu's Lehre von der Theilung der Gewalten .... Breslau, Druck v. Wilh. Gottl. Korn, 1887; 32 S. 8°.
Berlin, Phil. Fak., Inaug.-Diss. v. 5. Febr. 1887.

Pietsch, Theodor, über das Verhältniss der politischen Theorie Lockes zu Montesquieu's Lehre von der Theilung der Gewalten. Diss. Berlin 1887, Mayer & Müller. 8°. 32 S.

—— Zurückgekehrt, s. Familien-Bibliothek.

Pietsch, W., die Konkurrenzklausel. Wichtig. f. Handelsangestellte, Geschäfts-Inhaber, Juristen. (Umschlag: Eine Rechtsfrage.) (16 S.) gr. 8. Hagen i/W. (903). (Leipzig, Fritzsche & Schmidt.) n.n. 1. 50

Die Konkurrenzklausel. Hrsg. von W. Pietsch, Hagen i. W. *(Hagen i. W.: [Selbstverl. 1903].)* (8 Bl.) 8°
[Umschlagt.:] Eine Rechtsfrage. Hrsg. von W. Pietsch. [03. 11939

Pietsch, Walter: Das Abflussgebiet des Nil. (Berlin: Ebering 1910.) 113 S., 2 Taf. 8° ¶(Ersch. auch als Buch ebd.)
Berlin, Phil. Diss. v. 1. Okt. 1910, Ref. Penck, Hellmann
[Geb. 6. Febr. 86 Berlin; Wohnort: Berlin; Staatsangeh.: Preußen; Vorbildung: Leibniz-Gymn. Berlin Reife M. 05; Studium: Berlin 10 S.; Rig. 7. Juli 10.] [U 11. 294

Pietsch, W., die Eisenbahn-Gesetzgebung des Deutschen Reichs, s. a. Guttentag's Sammlung deutscher Reichsgesetze.

Die Eisenbahn-Gesetzgebung des Deutschen Reichs. Text-Ausg. mit Anm. u. Sachreg. von W[alter] Pietsch, Geh. exped. Sekr. im Reichs-Eisenb.-Amt. Berlin: J. Guttentag 1902. (X, 630 S.) 8° [F.]
= Sammlung, Guttentag'sche, Deutscher Reichsgesetze. No 66. [03. 5575

— der Eisenbahn-Güterverkehr (deutsch u. international). Rathgeber f. Spediteure, Kaufleute u. Eisenbahnbeamte. Nach dem neuesten Stande der Vorschriften bearb. Mit vielen Mustern, Beispielen, e. Güter-Klassifikation, e. Frachtentabelle u. e. Sachregister. gr. 8. (VI, 160 S.) Berlin 901. M. Pasch. n. 3. —

Pietsch, W., der Eisenbahn-Güterverkehr (deutsch u. international). Ratgeber f. Spediteure, Kaufleute u. Eisenbahnbeamte. Nach dem neuesten Stande d. Vorschriften der Eisenbahn-Verkehrsordng., des international. Übereinkommens üb. d. Eisenbahn-Frachtverkehr, der deutschen Eisenbahntarife usw. bearb. Mit viel. Mustern, Beispielen, e. Güter-Klassifikation, e. Frachtentabelle u. e. Sachregister. 2. verm. u. verb. Aufl. (VIII, 187 S.) 8. Berlin 909. Preuss. Verlagsanstalt. 3. —

— u. M. Wolfen, Eisenbahn-Verkehrsordnung v. 23. XII. 1908, gültig v. 1. IV. 1909. Mit den allgemeinen Ausführungsbestimmgn., den Begründgn., den Erlassen des Reichs-Eisenbahnamts u. der Landesaufsichtsbehörden, den Dienstvorschriften, der Rechtsprechg. u. der Literatur. (XI, 230 S.) 8. Berlin 909. F. Siemenroth. Geb. 3. —

Pietsch, Walter Hunold

Pietsch, W[alther] Hunold. Zur Kenntnis Gemischter Luteosalze. Diss. Phil. [H.] Univ. Zürich. [Mit Figuren.] 58 S. 8. Zürich, J. J. Meier, 1907.

Pietsch, Willy, allein u. Frei! Gedichte. 8. (IV, 71 S.) Konitz 896. W. Dupont. n. 1. —

Pietsch, William: Die Wirkung der veränderten Getreidezölle in Frankreich. *Königsberg i. Pr. 1902: H. Jaeger.* (71 S.) 8°
Königsberg, Phil. Diss. v. 12. Febr. 1902

Pietscher, A., Entstehung u. Inhalt des Rechts, s. a. Sammlung gemeinverständlicher Vorträge u. Abhandlungen.

Pietscher, Entstehung u. Inhalt d. Rechts. Dessau 881.

— s. Jurist u. Dichter.

Pietscher, Aug., das Lutherfest, e. Fest f. ganz Deutschland. Festrede, geh. am 11. Novbr. 1883. gr. 8. (10 S.) Dessau 883. Baumann. n. — 40

— das Staatsrecht d. Herzogth. Anhalt, s. Handbuch d. öffentlichen Rechts der Gegenwart.

Pietscher, Wolfgang: Robert Griepenkerls Maximilian Robespierre. *Bernburg 1904: O. Scheerans.* (47 S.) 8°
Jena, Phil. Diss. v. (31. Juli) 1903

Pietschke, Friedr., die Geheimnisse künstl. Edelsteine, farb. Flüsse, Emaillen herzustellen; auch Anweis. üb. Glasmalerei, Spiegelbelegung, Glasschleifen, Aetzen, Löthen u. d. Kunst d. Mosaik. Nebst e. Anh. üb. d. richt. Prüf. d. Metalle u. Edelsteine. 8. (3½ B.) Helmstedt 836, Fleckeisensche Buchh.

Pietschke, Fr., die Heraldik oder Wappenkunst. Für Künstler u. Liebhaber dieser Wissenschaft, welche Wappen erklären u. selbst zusammensetzen wollen. Mit 4 Kupfertafeln, worauf 84 Figuren. gr. 12. Helmstedt 841, Fleckeisen'sche B. ½ ℛ︀

Pietschker, O Land, Land, Land, höre des Herrn Wort! Zwei Predigten, zur Kirchenvisitation am 3. Adventssonntage 1885 in Bornstädt und Eiche gehalten. gr. 8. (16 S.) Coethen 886, Schettler's Erben, Verlag. *

— „Siehe, Kinder sind eine Gabe des Herrn." Zwei Taufreden, gehalten am 28. Mai und am 27. Octbr. 1885. gr. 8. (12 S.) Ebendas. 885. *

Pietschker. „So du durch's Wasser gehest, will ich bei dir sein". Antritts-Predigt, geh. an Bord Sr. M. S. „Niobe" am 22. Apr. 1877, u. Beichtrede, geh. am 4. Oktbr. 1878 in der Kirche zu Bornstädt. gr. 8. (19 S.) Cöthen 889, (Schettler's Erben, Verl.) * — 25

— „Tröstet, tröstet mein Volk!" Predigt, zur Gedächtnißfeier Sr. in Gott ruhenden Maj. Friedrichs III., deutschen Kaisers und Königs von Preußen, am 24. Juni 1888, über Jacobi I, V. 12 in der Kirche von Bornstädt und Eiche bei Potsdam gehalten. gr. 8. (12 S.) Ebendas. 888. *

— „Und alles Volk trug Leide". Gedächtnißpredigt auf Sr. Maj. den hochsel. Kaiser und König Wilhelm I. am 22. März 1888 über Offenbarung Johannis XIV, V. 13, in den Kirchen von Bornstädt und Eiche bei Potsdam gehalten. gr. 8. (10 S.) Ebendas. 888. **

Pietschker, Heinrich, a. Jeßnitz: Das Gehirn der Ameise. Hierzu 16 Fig. im Text. Jena: Fischer 1910. 72 S. 8° ¶(Aus: Jenaische Zeitschrift f. Naturwiss. Bd 47. N. F. 40, H. 1.)
Jena, Phil. Diss. v. 13. Dez. 1910, Ref. Plate
[Geb. 25. April 83 Priorau; Wohnort: Zerbst; Staatsangeh.: Anhalt; Vorbildung: Gymn. Zerbst Reife O. 04; Studium: Marburg 1, Jena 3, Halle 2, Jena 7 S.; Rig. 14. Juli 10.] [U 11. 2496

Pietschker, Karl, Georg Bleibtreu, der Maler des neuen deutschen Kaiserreiches. Kunststudie u. biograph. Skizze. Erneuter Abdr. gr. 8. (31 S. m. Portr. in Stahlst.) Köthen 877. Schettler's Verl. n. — 80

Pietschker, Carl, Carl Gussow u. d. Naturalismus in Deutschland. Kunstgeschichtl. Streitschrift. gr. 8. (X, 156 S. m. Abb. u. Bildn.) Berlin 898. Mitscher & Röstell. n. 4. —; geb. n. 4. 80

Pietschker, Karl, Möglichkeit u. Nothwendigkeit d. Wunders in der Heilsgeschichte. Predigt am 13. Sonntag p. Trin. in der reform. Cathedralkirche zu St. Jacob in Cöthen. gr. 8. (18 S.) Cöthen 874. Schettler's Verl. — 30

Pietschker, Carl. Die Lutherische Reformation in Genf. Historische Studie von Dr. K' P'.... 8. Cöthen 1875.

— auf dem Siegeszuge von Berlin nach Paris. Nebst e. Anh.: Das rothe Kreuz u. die „Schlachtenbummler." gr. 8. (180 S.) Ebend. 870. n. 1. 50

Pietschker, K. Auf dem Siegeszuge von Berlin nach Paris. (180) 8. Cöthen 1871. 1.50.

— auf d. Siegeszuge v. Berlin nach Paris. Schlachtenbilder u. biograph. Silhouetten. gr. 8. (VI, 368 S. m. 1 Bildn.) Potsdam 896. Bonneß & Hachfeld. n. 5. —; geb. n. 6. 25

Pietschmann, Carl, s. Pietschmann, Karl

Pietschmann, Chr. Memoriae familiae Gersdorfianorum quaedam. 4. Gorlicii 1706.

Pietschmann, Frz., die gebräuchl. Reagenzien u. zusammengesetzten Farbstoffe f. medizin. Chemie u. Mikroskopie m. Angabe der Autoren. (VIII, 78 S.) 16. Wien 906. W. Braumüller. In Leinw. kart. n. 1. 20

Pietschmann, J. A., Orillonladen, e. Samml. v. Gedichten, mit Musik v. Paritsch. 8. Prag 802. Krammer. 4 gr.

Pietschmann, Karl

Pietschmann, Carl, a. Elberfeld: Aus der medizinischen Universitäts-Poliklinik zu Marburg. ⟨Dir.: Prof. Dr. de la Camp.⟩ Die Wirkung der Röntgenstrahlen auf die Leukaemie. Übersicht über die bisher publicierten einschlägigen Fälle unter Einbeziehung eigener Beobachtungen. Marburg 1907: R. Friedrich. (27 S.) 8°
Marburg, Med. Fak., Ref. de la Camp-Mannkopff, Diss. v. 8. Juli 1907
[Geb. 31. Dez. 80 Elberfeld; Wohnort: Marburg; Staatsangeh.: Preußen; Vorbildung: Gymn. Marburg Reife O. 00; Studium: Phil. Kiel 2, Med. Marburg 5, München 1, Marburg 4 S.; Coll. 22. Apr. 07; Approb. 9. Juni 06.]

Pietschmann, Rich., Geschichte der Phönizier, s. a. Geschichte, allgemeine, in Einzeldarstellungen.

Geschichte der Phönizier. Von Richard **Pietschmann.** Mit Illustrationen und Karten. Berlin. 1889. = Allgemeine Geschichte in Einzeldarstellungen, hrgg. v. W. Oncken. Hauptabth. 1, Th. 4, 2. Hälfte. 8°.

Pietschmann, Richard. Geschichte der Phönizier . Berlin. G. Grote'sche Verlagsbuchhandlung 1889
Hauptttit. Tit., 313 S., 78 Abb.; 8 Taf. 8°.
(Allgemeine Geschichte in Einzeldarstellungen hrsg. von Wilhelm Oncken I Hauptab: T. 4.)

Pietschmann, Rich., s.: Grundlagen, die allgemeinen, der Kultur der Gegenwart.

— s.: Sarmiento de Gamboa, Pedro, Geschichte d. Inkareiches.

Pietschmann, Rich., Hermes Trismegistos. Nach ägypt., griech. u. oriental. Ueberliefergn. gr. 8. (60 S.) Leipzig 875. Engelmann. n. 1. 60

Pietschmann. Richard, Ueber die kanarischen Zahlworte. [SA. aus Zeitschrift für Ethnologie. XI. Jahrgang. Berlin 1879.]

Pietschmann, Viktor

— Fische der achten „Najade"-Fahrt (Jungfischtrawlfänge) (mit 6 Taf., 1 Kartenskizze und 7 Textfiguren). S. 123. I 46. . . . . 4.60
Separatabdruck

Pietschmann, Vikt., japanische Plagiostomen. (74 S. m. 14 Fig. u. 2 Taf.) gr. 8. Wien 908. A. Hölder. 2.90
Sonderabdr. a.: „Sitzungsber. d. k. Akad. d. Wiss."

Pietschmann, W., der Photometer [Lichtmesser] erfunden u. durch natürl. Beweismittel wissenschaftlich u. praktisch begründet; sowie auch die bisher bestand. Hypothesen üb. Entstehg. der Farben durch Licht durch diesen Apparat überwunden u. die hiermit aufgestellten Thesen hinreichend bewiesen. Mit 4 (eingedr.) Holzschn. u. 12 farb. Spectren (auf 1 Taf.) hoch 4. (IX, 38 S.) Leipzig 872. Scholtze. n. 3. —

Pietschmann, W: Der Photometer. Leipzig (vor 1881)

Piette, Louis, die Fabrikarbeiter. Einige Worte über die Verhältnisse der Arbeiter zu dem Fabrikherrn u. Angabe praktischer Mittel, um das Loos derselben zu verbessern. 12. ($1 \frac{7}{12}$ B.) Saarlouis 845. (Berlin, Gropius'sche Buchh.) *

Piette, Louis, die Fabrikarbeiter. Einige Worte über die Verhältnisse der Arbeiter zu dem Fabrikherrn und Angabe prakt. Mittel, um das Loos derselben zu verbessern. 12. Saarlouis 845. (Berlin, Reimarus.) n. $\frac{1}{6}$ ℔

Piette, L., die Fabrikation d. Papieres aus Stroh u. vieler and. Substanzen im Großen, nach zahlr. Versuchen beschrieben u. mit 160 Mustern von verschied. Papiersorten bewiesen, nebst e. Beschreib. d. neuesten Erfindn. in d. Papierfabrikation, f. Fabrikanten u. alle Freunde d. Fortschritte in Cultur u. Industrie. gr. 8. (21 B.) Cöln 838, DuMont-Schauberg. *

Piette, L., Handbuch d. Papierfabrikation. A. d. Franz. übers. u. bearb. v. C. F. A. Hartmann. M. 3 lith. Taf. (auf 2 Bog. Fol.) gr. 8. (13 B. u. 1 Anh. v. 4 B. m. 1 Stndrt. Fol.) Quedlinburg 833, Basse.

—— die Nützlichkeit d. Maschinen f. d. Abnehmer u. Arbeiter, nebst einigen Bemerkn. üb. d. gegenseit. Pflichten d. Fabrikherren u. Arbeiter. 8. (8 B.) Cöln 840, DuMont-Schauberg

Pjeturss, H., Island, s.: Handbuch der regionalen Geologie. 2. Heft.

Pietzcker, Carl Friedrich, s. Pietzcker, Karl Friedrich

Auf nach Danzig! Schwank aus d. Apothekerleben. Für d. 28. Hauptversammlung d. Deutschen Apothekervereins zu Danzig verf. von Eduard Pietzcker. *(Danzig 1899: A. Müller.)* (16 S.) 8° [F. u. Ant.] [03. 7175 10

Zur Erinnerung für die Theilnehmer des 17. Deutschen Maler-Bundestages an die Seefahrt Danzig-Brösen-Zoppot-Oliva am Sonntag d. 23. Juni 1901. (Verf.: Eduard Pietzcker. Danzig 1901: A. Müller.) (6 Bl.) quer-8° [Umschlagt. F.] [05. 12810 10

Pietzcker, Ed., aus dem Forsthause. Ein Lieder-Cyklus. 12. (72 S.) Danzig 898. (L. G. Homann.) n. 1. —; geb. n. 2. —

[F.] Aus dem Forsthause. E. Lieder-Cyklus v. Eduard Pietzcker. 2. verm. Aufl. *Danzig: L. G. Homann & F. A. Weber 1898.* (71 S.) 1 Bd 8. [98. 12497

Pietzcker, Eduard: [4 Gedichte.] *(Wien & Leipzig: Neue Literaturanst. [1902].)* (2 Bl.) 8°
(Poetische Flugblätter. Auslese zeitgenöss. Dichtungen.) [03. 1043 10

Pietzcker, Ed., die Glocken v. St. Marien. Stimmungen. Mit e. hist. Vorwort v. Ernst Blech. Titel-Entw. v. Hans Laasner. gr. 4. (96 S.) Danzig 901. L. Saunier. Kart. n.n. 4. —

Pietzcker, Eduard: Die Glocken von St. Marien. Stimmungen von –. Mit e. hist. Vorw. von Archidiak. Ernst Blech. 2. Aufl. Danzig: L. Saunier 1901. (96 S.) 8°

Hela. Ein Liederkranz von Eduard Pietzcker. Ill. von Konrad Wiederhold. Danzig: Litt. Bureau 1906. (64 S.) 8° [F.] [08. 4344 10

Deutscher Michel, dein Schwert empor! Ein Cyclus deutscher Lieder f. China von Eduard Pietzcker. *Danzig: E. Pietzcker 1900.* (8 S.) 8° [F.] [00. 7176 10

Pietzcker, Eduard: Die iuristische Natur der Res publicae ....
Hamburg, Druck v. J. F. Richter, 1886; 1 Bl. + 33 S. 8°.
Strassburg, Jur. Fak., Inaug.-Diss. v. 1886.

Pietzcker, Eduard, die iuristische Natur der Res publicae. Diss. Strassburg i. Els. 1886, Trübners Buchh. u. Antiqu. (E. d'Oleire). 8°. 33 S.

Preislied auf Danzig. (Von E[duard] Pietzcker.) *(Leipzig: Breitkopf & Hartel 1897.)* (1 Bl.) 4° [Kopft.] [03. 7177 10

— aus des Spielmanns Ranzen. Ein Liederbuch aus den Wanderjahren. gr. 16. (VIII, 100 S.) Danzig 899. L. G. Homann. n. 1. 25; geb. in Leinw. n. 2. —

Sang an Hela von Eduard Pietzcker. *(Danzig [1896]: W. F. Burau.)* (1 Bl.) 4° [Kopft.] [03. 7178 10

Strauchmühle. Ein ill. Führer zu d. idyllischen Luftkurorte in d. Olivaer Wäldern bearb. von Eduard Pietzcker. *Danzig: E. Pietzcker (1900).* (48 S.) 8° [F. u. Ant.] [00. 6473 10

Pietzcker, E., norddeutsches Wandern. Eine Lenzfahrt in 15 Gesängen. gr. 8. (IV, 68 S.) Braunschweig 889. Meyer sen., Sort. n. 1. —; geb. n. 2. —

An des Jahrhunderts Wende! Ein Weihespiel von Eduard Pietzcker. Danzig, Sylvester 1899. *Danzig 1899: A. Müller.* (32 S.) 8° [F. u. Ant.] [Umschlagt.:] Danzig an d. Wende d. Jahrhunderts. Ein Weihespiel in Versen von E. Pietzcker. [03. 7177 10

Bibliotheca Obstetricia et Gynaecologica. 300. Verzeichnis d. Med. Bücherlagers von Franz Pietzcker in Tübingen. Inh.: Geburtshülfe u. Gynaekologie. *Tübingen: (F. Pietzcker) 1901.* (478 S.) 8° [Umschlagt.] [04. 8683 2

Pietzcker, Franz: Ueber die Convoluten aus dem Ornatenton Schwabens. Stuttgart 1911: (Grüninger). 71 S. 8° [Umschlagt.] ¶(Aus: Jahreshefte d. Ver. f. vaterl. Naturk. in Württemb. Jg. 67.)
Tübingen, Naturwiss. Diss. v. 1. Nov. 1909, Ref. v. Koken
[Geb. 5. Nov. 85 Tübingen; Wohnort: Tübingen; Staatsangeh.: Württemberg; Vorbildung: Gymn. Tübingen Reife M. 04; Studium: Tübingen 4, Leipzig 1, Tübingen 5 S.; Rig. 1. Nov. 09.] [U 11. 4454

Pietzeker, Herm., d. Manöver d. I. bezw. III. Armeekorps 1903—1904, s.a. Militärzeitung, allgemeine schweizer.

Pietzcker, Hermann. Die Manöver des I. Armeekorps 1903. ⟨Mit einer Karte.⟩ II + 60 S. 8. Basel, Benno Schwabe, 1904. [fr. 2.—]

Beilage zur Allgemeinen Schweizerischen Militärzeitung 1904.... Heft 3.

Pietzker, Hermann. Die Manöver des III. Armeekorps 1904. II + 79 S. 8. Basel, Benno Schwabe, 1905. [fr. 2.—]

Beilage zur Allgemeinen Schweizerischen Militärzeitung 1905.... Heft 1.

Pietzcker, Herm., d. Wohnungs-Enquête in der Stadt Luzern v. 10. V. bis 4. VII. 1897. M. 50 erklär. Tab. Im Auftr. d. Stadtrates bearb. hoch 4. (III, 167 S.) Luzern 898. (A. Gebhardt.) n. 3.20

Pietzcker, Karl Friedrich

Pietzcker, Carl Friedrich (Moskau / Rußland), De cerevisia. Diss. med. Berlin (Nietack) 6. XI. 1835. 28 S. u. Biogr. (M.: J. Leichert). (2.75) 26501

Oppon.: F. Fraenkel, F. Gallot, I. Schulz. — Gew.: August Doepler (Oheim).

Pietzker, Frdr., Anleitung zur Auflösung eingekleideter algebraischer Aufgaben, s.: Bardey, E.

— Aufgabensammlung, s.: Bardey, E.

Pietzker, Frdr., arithmetische Aufgaben, s.: Bardey, E.

— Beiträge zur Funktionen-Lehre. gr. 8. (V, 64 S. m. 8 Fig.) Leipzig 899. B. G. Teubner. n. 2.80

Pietzker, F., Einführung in die Chemie u. Mineralogie. Als Anh. zu Crüger-Hildebrands Lehrbuch der Physik bearb. gr. 8. (VIII, 46 S. m. 30 Fig.) Leipzig 901. C. F. Amelang. n. — 60

Pietzker, Friedrich [Prof.]: Das humanistische Element im exaktwissenschaftlichen Unterricht. Nordhausen, Druck v. C. Kirchner's Buchdr., 1894; 1—16 S. 4.
Nordhausen, k. G, OP 1894 (246)

— Elemente der mathematischen Erdkunde. Als Anh. zu Crüger-Hildebrands Lehrbuch der Physik bearb. gr. 8. (VII, 62 S. m. 29 Fig.) Ebd. 901. n. — 60

Pietzker, F., die Gestaltung d. Raumes. Kritische Untersuchgn. üb. die Grundlagen der Geometrie. gr. 8. (VII, 110 S. m. 10 Fig.) Braunschweig 891. O. Salle. n. 2.—

— algebraische Gleichungen, s.: Bardey, E.

Pietzker, F., Humanismus u. Schulzweck. Entgegnung auf die Schrift d. Prof. Paulsen: Das Realgymnasium u. die humanist. Bildung. gr. 8. (III, 54 S.) Braunschweig 889. Salle. n. 1.—

— Kegelschnittslehre im Zusammenhang m. den Anfangsgründen der analytischen Geometrie. (Tl. III des Lehrganges der Elementar-Mathematik.) (IV, 96 S. m. 54 Fig.) 8. Leipzig 908. B. G. Teubner. Kart. 1.80

— zur Kritik d. Volapüks. Mit Rücksicht auf die Zukunft desselben. gr. 8. (14 S.) Halle 889. Buchhandlg. d. Waisenhauses. n. — 40

— Lehrgang der Elementar-Mathematik in 2 Stufen. I. Tl. Lehrgang d. Unterstufe (enth. den Lehrstoff f. die 6 klass. höh. Schulen, sowie f. die unteren u. mittl. Klassen der Vollanstalten. (XII, 318 S. m. 207 Fig.) gr. 8. Leipzig 906. B. G. Teubner. Geb. n. 3.20

Lehrgang der Elementar-Mathematik in 2 Stufen von F[riedrich] **Pietzker**, Prof. T. 1. Leipzig & Berlin: B. G. Teubner 1906. 8° [F.] [06. 1600]

— Lehrgang der Elementar-Mathematik in 2 Stufen. 2. Tl. Lehrgang der Oberstufe (enth. den Lehrstoff f. die oberen Klassen der Vollanstalten m. Ausschluß d. Kegelschnittslehre.) (VIII, 442 S. m. 200 Fig.) 8. Ebd. 908. Geb. 4.40

— über die Möglichkeit e. künstlichen Universalsprache, s.a. Zeit- u. Streitfragen, deutsche.

Pietzker F. über die Möglichkeit einer künstlichen Universalsprache. (Zeit- und Streitfragen, Deutsche, Neue Folge 54) Hamburg 1889

— Rechenbuch f. die unteren Klassen der höheren Lehranstalten, s.: Müller, Heinr.

— Rechenbuch f. usw. höhere Lehranstalten, s.: Müller, Heinr.

Pietzker, [Friedrich], Prof.: Rede zur Feier der 100 jähr. Zugehörigkeit der Stadt Nordhausen zur Krone Preußen. Geh. am 7. Juni 1902. *Nordhausen 1903: F. Eberhardt.* (S. 13—18.) 4°
Nordhausen, k. G, OP 1903 (286)

— Schule u. Kulturentwickelung. Vortrag, geh. im Verein f. Schulreform zu Berlin. gr. 8. (IV, 31 S.) Braunschweig 890. Salle. n. — 80

— Sprachunterricht u. Sachunterricht vom naturwissenschaftl. Standpunkt. Ein Vortrag, geh. a. d. 72. Versammlg. deutscher Naturforscher u. Ärzte zu Aachen 1900. gr. 8. (46 S.) Bonn 900. Stuttgart, E. Strauß. n. 1.20

Pietzcker, Fr., s.: Unterrichtsblätter f. Mathematik u. Naturwissenschaften.

— u. P. Treutlein. Der Zudrang zu den gelehrten Berufsarten, seine Ursachen u. etwaigen Heilmittel. Zwei vom Allgemeinen deutschen Realschulmänner-Verein preisgekrönte Arbeiten. gr. 8. (III, 176 S. m. 24 Textfig.) Braunschw. 889, Salle. * 2 40

Pietzker, Hermann, s. Pietzcker, Hermann

Pietzko, Iosephus, Silesius: De Aristaeneti epistulis. Vratislaviae 1907: Societas typographorum Vratisl. (51 S.) 8°
Breslau, Phil. Fak., Ref. Foerster, Diss. v. 7. Dez. 1907
[Geb. 6. Febr. 81 Hohenlohehütte, Kr. Kattowitz O.-S.; Wohnort: Kattowitz; Staatsangeh.: Preußen; Vorbildung: Gymn. Kattowitz Reife O. 03; Studium: Breslau 8 S.; Rig. 17. Juli 07.]

Pietzmann, Gust., die Beobachtungen d. Lufttemperatur während der totalen Sonnenfinsternis vom 22. I. 1898. in Indien, s.a. Acta, nova, academiae usw. naturae curiosorum. 81. VI.

Die Beobachtungen der Lufttemperatur während der totalen Sonnenfinsterniß vom 22. Jan. 1898 in Indien. Von Gustav **Pietzmann**. *Halle: W. Engelmann in Leipzig in Comm. 1903.* (S. 307—378.) 4°
= Acta, Nova, Academiae Caes. Leopoldino-Carolinae. T. 81, No 6. [03. 1600]

Pietzner, Hans, landschaftliche Friedhöfe, ihre Anlage, Verwaltung u. Unterhaltung. Unter Mitwirkg. v. Behörden u. Fachleuten hrsg. Mit 59 Abbildgn. u. Plänen. (VIII, 110 S. m. 3 Formularen.) gr. 8. Leipzig 904. C. Scholtze. n. 6. —; geb. n. 7. 20

Pietzner, Karl

Pietzner, Carl, s.: Aussig in Wort u. Bild.

Pietzner, Leberecht Paul, Assistenzarzt im Inf.-Reg. Nr. 21: Aus der Poliklinik für Haut- und Geschlechtskrankheiten zu Rostock. ⟨Direktor: Professor Dr. Wolters.⟩ Über traumatische Epithelzysten. Rostock 1905: Adlers Erben. (67 S.) 8°

Rostock, Med. Fak., Ref. Wolters, Diss. v. 10. Mai 1905

[Geb. 5. Okt. 77 Deutsch-Krone; Wohnort: Thorn; Staatsangeh.: Preußen; Vorbildung: Ritter-Akademie Liegnitz Reife O. 97; Studium: Breslau 3, Rostock 6 S.; Coll. 29. Aug. 03; Approb. 15. Juli 03.]

Pietznigg, Frz., Mittheilungen aus Wien, s. Mittheilungen ꝛc.

Pietzold, Gerhard, Medizinalprakt. d. Kgl. Frauenklinik: Aus d. Kgl. Frauenklinik zu Dresden. · Zur Kasuistik des Vorkommens von Knorpelgewebe in Uterustumoren. Leipzig 1910: Lehmann. 49 S. 8°

Leipzig, Med. Diss. v. 17. Okt. 1910, Ref. Zweifel

[Geb. 23. Mai 84 Annaberg i. S.; Wohnort: Dresden; Staatsangeh.: Sachsen; Vorbildung: Realgymn. Annaberg Reife O. 04; Studium: Greifswald 5, Leipzig 6 S.; Coll. 28. Okt. 10; Approb. 30. Jan. 11.] [U 11. 3073

Plan zum Übergange nach der Insel **Alsen** am 29. Juni 1864. Mit zu Grundelegung der Königl. preuss. Generalstabskarte aufgenommen u. gez. v. **Pietzsch.** Berlin. o. J. Farbendr. 1 Bl. Imp.-Fol. 59,5 74,5 cm. Aufgez. a. Leinwand.

Pietzsch, Christ., ungeheure Heiterkeit. Die Lieder d. Harfenisten auf der Messe. 2., verm. Aufl. 8. (6 B.) Leipzig 846, (Schrey.)
1. Aufl. Vrgl.: Heiterkeit.

Pietzsch, Fr., d. Fabrikschornstein. E. Hand- u. Hilfsbuch f. Berechng. u. Entwurf gemauerter Schornsteine. Auf theoret.-prakt. Grundlage leichtfassl. aufgebaut u. z. Selbstunterricht, sow. z. Gebrauch in d. Praxis bestimmt. M. 43 Tab. u. 16 Taf. Zeichngn. gr. 8. (VII, 134 u. 4 S.) Freiberg 896. Craz & Gerlach. n. 12. —

Pietzsch, Friedr. Wilh., Lehrbuch d. Elementar-Geometrie. Eine Sammlung methodisch geordneter u. aufgelöster geometr. Aufgaben mit 155 dem Texte beigedruckten Holzschn. Für Lehrer u. z. Selbstunterr., insbesond. f. Volksschulen u. Schullehrer-Seminarien. gr. 8. (6 B.) Dresden 844, (Bromme's Vrlgsh.) *

Pietzsch, Gottfried August

— Ferdinand Klugens Abendunterhaltungen mit seinen Kindern über seine eigenen Lebensschicksale. Zur Beförderung nützlicher Lebensklugheit und eines frohen und weisen Lebensgenusses Kaschau 824. (Heckenast in Pesth.) 3/4 Rf

— Ferdinand Klugens Abendunterhaltungen mit seinen Kindern, üb. seine eigenen Lebensschicksale, e. lehrreich. Lesebuch f. protestant. Aeltern u. ihre Kinder in d. reifern Lebensaltern. 8. Kaschau 824. Wigand. 18 Gr.

Pietzsch, Gottfr. Aug., Adolph und Wilhelm, die unglücklichen Brüder und ihre ungleichen Schicksale, oder die Folgen der Erziehung. Ein lehrreiches Lesebuch f. Lehrer u. Erzieher. gr. 8. Kaschau 823. (Heckenast in Pesth.) 5/8 Rf

Pietzsch, (Gottfr. Ad.,) Adolph u. Wilhelm, die ungleichen Brüder u. ihre ungleichen Lebensschicksale od. die Folgen d. Erziehung, ein lehrreiches Lesebuch f. Aeltern u. Erzieher. gr. 8. Kaschau 823, Wigand.

Pietzsch, G. A., Auszüge aus dem Tagebuche und Briefen eines Kranken während s. Aufenthaltes im Karlsbade, an d. Franzbrunnen b. Eger und in Lauchstädt. 8. Weißenf. Böse. (Hinrichs in Lpz.) 811.

— Auszüge aus d. Tagebuche u. d. Briefen e. Kranken, während seines Aufenthaltes im Karlsbade an d. Franzbrunnen bei Eger u. in Lauchstädt im J. 1802. 8. Weißenf. . . . 2e A. 811. (Hinrichs in Leipz.) 16 Gr.

Pietzsch, Gttfr. Aug., mütterliche Belehrungen u. Ermahnungen an eine verheirathete Tochter in Briefen; nebst Unterhaltungen mit Gott f. Jungfrauen u. Frauen. Mit 1 Kpf. gr. 12. Neustadt (823). Wagner. 16 Gr.

— der hohe Beruf d. weibl. Geschlechts, als Jungfrau, Gattin, Hausfrau u. Mutter; zur Beförderung häusl. Glückseligkeit. 12. Mit 1 Kpf. Zeitz 822. 2e verb. Aufl. 829. Webel. 12 Gr.

Pietzsch, Gottfr. Aug., Bildungsbuch f. Handwerker od. Wilhelm Ehrlichs Lehrjahre u. Wanderschaft, so wie dessen häusl. Lebensordnung als Staatsbürger. 2. Ausg. 8. (6¾ B.) Bautzen 845, Reichel.

— über d. Entstehung u. Einrichtung sr. Erziehungsanstalt in Naumburg. 8. Leipz. 811. Enobloch. 6 Gr.

— Erbauungsbuch f. Kranke u. f. andere Dulder. Nebst e. bisher ungedr. Predigten v. Fest, Krause u. Kindervater. Mit 1 Titelkpf. 8. Leipz. 804. (W. Rauck). 22 Gr.

— Erbauungsbuch f. Kranke und a. Dulder. 8. Lpz. Sommer. 804.

Pietzsch, die Erziehung der sittlich gefährdeten Kinder in der königl. sächs. Erziehungsanstalt zu Bräunsdorf, s.: Zur Pädagogik der Gegenwart. 20. Hft.

(——), Heinr. Gotthold's, e. evangel. Stadtgeistlichen Unterhaltungen ꝛc., s. Gotthold, Heinr.

— Hausregeln zur Beförderung e. vernünftigen Erziehung d. Kinder. 8. Leipz. 818. (Serig). 6 Gr. Hbg. Pr. 3 Gr.

Pietzsch, G. A., Hausregeln zur Beförderung einer vernünftigen Erziehung der Kinder. 8. Leipzig, P. Vogel. 818.

— meine Lebenserfahrungen über einige wichtige Gegenstände d. Erziehung u. d. häusl. u. bürgerl. Lebens ꝛc. 8. Zeitz 202. Webel. 12 Gr.

— — meine Lebenserfahrungen über einige wichtige Gegenstände der Erziehung und des häusl. u. bürgerl. Lebens ꝛc. gr. 8. Zeitz, Webel. 821.

— erbaul. Lebenslauf Hnr. Fremanns, d. ehrwürd. Landpredigers. Ein lehr- u. trostreiches Lesebuch. 8. Neustadt 823. Wagner. 12 Gr.

— Wilh. Ehrlichs eines ehrenwerthen Bürgers einzigen Sohnes Lehr- u. Wanderjahre, so wie häusl. Lebensordnung als Staatsbürger. 8. Zeitz 820. Webel. 8 Gr.

——, Wilhelm Ehrlich's, e. ehrenwerthen Bürgers einzigen Sohnes, Lehr- u. Wanderjahre so wie häusl. Lebensordnung als Staatsbürger. Zur Bildung ehrenwerther Bürger-Söhne f. ihren bürgerl. Beruf. 8. (7 B.) Zeitz 830, Webel.

——, Franz Oswald, od. der hohe Beruf d. männl. Geschlechts in jedem Lebensalter, als Knabe, Jüngling, Mann u. Greis. Ein sichrer Wegweiser durchs ganze Leben. Ein Weihnachtsgeschenk f. alle wohlerzog. Jünglinge, welche edle Männer u. einst würdige Greise zu werden wünschen. 8. (15 B.) Zeitz 830, Webel.

Pietzsch, G. A., der Prediger, oder Charakterzüge aus dem Leben eines weisen Predigers. 8. Leipzig, Sommer. 800. Rthlr.

— der Prediger, od. Charakterzüge aus d. Leben e. weisen Predigers. 8. Leipz. 805. (W. Nauck). 16 gl

— f. Gustav Redlich, od. d. Prediger.

——, Gustav Redlichs ernste Rückblicke in d. vergangnen Tage seines Lebens. Zur Aussöhnung mit den Gebrechen uns. Zeit u. z. Belebung d. trostvollen Glaubens, daß es auf unsrer Erde immer besser wird. 8. (11 B.) Zeitz 829, Webel.

— väterliche Unterhaltungen mit wohlerzogenen Jünglingen u. Jungfrauen, über d. wichtigsten Angelegenheiten d. jugendl. u. d. menschl. Lebens überhaupt. Mit 1 Kpf. 8. Naumb. 825. (Wolbrecht in Leipz.) 1 ₰ 6 gl

Gf. A. **Pietzsch:** väterl. Unterhaltt. m. wohlerzog. Jüngll. u. Jungfrr. üb. d. wichtigsten Angelegenheiten des jugendl. u. des menschl. Lebens überh. *Naumb.*, Bürger. 826. 8° m. e. Kpf. 1 ₰ 6 gl

— Worte d. Belehrung u. der Ermunterung an meine Söhne, als sie die Universität bezogen rc. 8. Zeitz 809. Webel. 4 gl

Pietzsch, Gustav, u. Remus, Paul, Festschrift zur 50-Jahr-Feier des Männerturnvereins Leipzig-Lindenau, m. Abb., Leipzig-Li. 1910, 72 S., 8°.

Pietzsch, H: Neue große theoretisch-praktische Schule für Cornet à pistons vom ersten Anfang bis zur künstlerischen Ausbildung. (Deutsch und Englisch.) Engl. von J. Bernhoff. Heilbronn a. N.
Bd 1. (1904)
Bd 2. Abt. 1. (1905)

Pietzsch, Herm., die Trompete als Orchester-Instrument u. ihre Behandlung in den verschiedenen Epochen der Musik. Nebst e. grossen Auswahl v. Beispielen u. charakterist. Stellen aus klass. u. modernen Meisterwerken in Form v. Orchester-Studien. Imp.-4. (19 u. 145 S.) Heilbronn (901). C. F. Schmidt. n. 12. —

Pietzsch, J. Studien über Katasterfragen. Eine Vorarbeit zu den Verhandlungen über die Erneuerung des Katasters in Elsass-Lothringen. gr. 8°. Strassburg, Schultz u. Co., 1878.

Pietzsch, Jul., die Bureau-Geschäfte bei den Verwaltungsbehörden. Ein Handbuch für angehende Beamte. Berlin 870. C. Heymann. gr. 8. (X, 166 S.) 22½ ngr.

— 140 Formulare nebst Erläuterungen für den Geschäftskreis ländlicher Orts-Obrigkeiten. Ein Beitrag zur Verminderung des Schreibwerks. Potsdam 868. Döring. gr. 8. (XVI, 336 S.) n. 1 ₰ 25 ngr.

Pietzsch, Kurt: Die geologischen Verhältnisse der Oberlausitz zwischen Görlitz, Weissenberg und Niesky. Berlin 1909: G. Schade. S. 36—133. 8° ¶(Aus: Zeitschr. d. dtsch. geol. Gesellsch. Jg. 1909.)
Leipzig, Phil. Diss. v. 11. März 1909, Ref. Credner, Zirkel
[Geb. 29. Sept. 84 Altstadt-Borna; Wohnort: Altstadt-Borna; Staatsangeh.: Sachsen; Vorbildung: Realgymn. Borna Reife O. 03; Studium: Leipzig 9, Heidelberg 2 S.; Rig. 21. Juli 08.] [U 09. 3041

Pietzsch, Mart., Architekten-Mappe. Skizzen- u. Reise-Studien. gr. Fol. (50 Taf. m. IV S. Text.) Dresden (901). G. Kühtmann. In Leinw.-Mappe n. 28. —

Pietzsch, Mor. L. H., erstes französ. Lesebuch. Nach Tillichs Muster u. eignen Ansichten bearb. Nebst französ. Lese-Tabelle. gr. 8. Leipz. 817. Rein. 12 gl

Pietzsch, Osw., Tabellen zur Berechnung sächsischer, rheinländischer und Wiener oder oesterreichischer Längen- und Cubikmasse in solche nach dem neuen Meter- oder Stabmaass und umgekehrt zur prakt. Ausübung besonders angefertigt für Bauleute, Steinmetzen und das Sandsteinbruchwesen. 16. (24 S.) Pirna 868, Diller und Sohn.

Pietzsch, Osw., Tabellen zur Berechnung sächsischer, rheinländischer u. Wiener oder österreichischer Längen- u. Cubikmasse in solche nach dem neuen Meter- oder Stabmaass u. umgekehrt zur prakt. Ausübung besonders angefertigt für Bauleute, Steinmetzen u. das Sandsteinbruchwesen. Pirna 869. Diller & Sohn. 16. (24 S.) 3 ngr.

Pietzsch, Ricardus: De Calliae grammatica quae adpellatur tragoedia. Halis Saxonum (1861): Ploetz. 33 S. 8°
Halle-Wittenberg, Phil. Diss. v. 19. [vielmehr: 20.] März 1861
Geb. Altenburg 25. 10. 1836. V.
Im Diplom fälschlich die Jahreszahl 1811.

Pietzsch, Rud., die Entwicklung des deutschen Hauses. Vortrag, geh. am 10. II. 1902 im Kunst- u. Gewerbeverein zu Coburg. Mit Textbildern u. Rekonstruktionszeichngn. hervorragender Bauten der deutschen Renaissance. gr. 8. (37 S. m. 8 Lichtdr.-Taf.) Coburg 902. A. Seitz n. 2. —

Pietzsch, Th., aus Natur u. Leben. Ernstes u. Heiteres f. unsere Kleinen. (58 S.) kl. 8. Stotternheim (904). R. Jntrau. n. — 30

Pietzsch, Th., aus Natur u. Leben. Ernstes u. Heiteres f. unsere Kleinen. 2. Aufl. (53 S.) kl. 8. Stotternheim (908). R. Jntrau. — 30; geb. n — 65

Pietzsch, W., Geschichte der Burg Dohna. Dresden 1859. 8.

Pietzsch, *Friedrich* Wilhelm [Konrekt. Prof.]: Bericht über Die Neugestaltung des Geschichtsunterrichts seit der Berliner Dezemberkonferenz. Zwickau, Druck v. R. Zückler, 1894; 1 Bl., 18 S. 4.
Zwickau, RG. OP 1894 (550)

Pietzsch, Willy, a. Gera (Reuß): Apostolo Zeno in seiner Abhängigkeit von der französischen Tragödie. Eine Quellenuntersuchung. Leipzig: Seele & Co. 1907. (116 S.) 8°
Leipzig, Phil. Fak., Ref. Birch-Hirschfeld u. Wülker, Diss. v. 27. Sept. 1907
[Geb. 24. April 80 Gera; Wohnort: Gera; Staatsangeh.: Reuß j. L.; Vorbildung: Realgymn. Gera Reife O. 04; Studium: Leipzig 3, München 1, Leipzig 2 S.; Rig. 18. Juli 07.]

Pietzschmann, Christian Gottlob (Siegersd./Laus.), Diss. philos. de quaestione: An et quatenus somnia hominibus imputentur? Präs. Gottfried Boettner. Leipzig (J. Chr. Brandenburger) 6. II. 1703. (4.50) 26502

Pietzuf, Ant., Kubations-Tafeln nach dem metr. System für Schnitt- und Rund-Hölzer, dann vierkantig behauene Stämme. Ein prakt. Hilfsbuch fur Holzhändler und Forstbesitzer, Ingenieure rc. (Deutsch und italienisch.) 8. (X, 89 S.) Pola 875, (Schmidt.) * 2 —

Pieve, Paul dalla, Leben d. sel. P. Didakus Joseph aus d. Kapuzinerorden, s.: Camenzind, Benj.

Pieyre, Alexandre. Die Schule der Väter. Lustspiel. A. d. Franz. Wien 1778. Ü: *Müller, Friedrich Joseph Ignaz.* (Ky)

Piezas dramaticas arregladas para traducir al Castellano. Nr. 1. Dresden 869. Ehlermann. 8. cart. n. 7½ ngr.
Minna v. Barnhelm oder das Soldatenglück. Ein Lustspiel in 5 Aufzügen von Ghold. Ephr. Lessing. Zum Uebersetzen aus dem Deutschen in das Span. bearb. von Gust. Kappes. (108 S.)

Henner Piffendeckel [d. i. Philipp **Scheidemann**]. Casseläner Jungen. Mundartl. Geschichderchen. Cassel: Bechmann 1910. 88 S. 8° (11. 6761 4

Piffendeckel, Henner, Casseläner Jungen. Mundartl. Geschichderchen. 2. veränd. Aufl. 2. u. 3. Taus. (96 S. m. Abb.) kl. 8. Cassel 910. C. Vietor. 1. —

Piffl, Hugo, Aufgaben-Sammlung aus der Algebra, m. Berücksicht. kulturhistor., geograph. u. naturwissenschaftl. Daten nebst Anwendg. v. Gleichgn. zu Flächen- u. Körperberechngn. 2. verm. u. corrigierte Aufl. Im Anh.: Zirkel, arithmetische Epigramme der griech. Anthologie. 8. (137 S.) Wien 897. F. Stock. n. — 85; Auflösungen. (64 S.) 901. n. — 50

Piffl, H., Aufgaben-Sammlung aus der Algebra. 2. Aufl. 8°. (137 S.) Wien. Felix Stock's Witwe 1902.

Entwicklung der Landeshauptstadt Serajevo unter der Regierung S. M. des Kaisers u. Königs Franz Josef I. Auf Grundl. eines v. d. Landes-Regierg f. Bosnien u. d. Herzegowina hrsg. Planes, reambuliert v. Oberlt. Hugo Piffl ... Masst. 1:10,000. *Wien: G. Freytag & Berndt (1898).* (1 Ktnbl. 7) 1 Bd 8. (99. 1798

Piffl, Hugo, kurze Orientierung üb. die Geschichte v. Bosnien u. der Hercegovina. (31 S. m. Abbild.) gr. 8. Sarajevo (910). J. Studnička & Co. 1.50

Piffl, Otto, über acute Mittelohrentzündung und ihre Behandlung, s. a. Wander-Vorträge, medicin. 57.

Ueber acute Mittelohrentzündung und ihre Behandlung. Von Dr. Otto Piffl, gew. Assist. in Prag. *Berlin: Fischer 1900.* (28 S.) 8°
— Wander-Vorträge, Medicinische. H. 57.

Piffl, Rudolf Einiges über Berthold von Regensburg. (Auf Grund seiner Predigten.) 8 (S. 3—33).
Progr Deutsch. Oberg. der Kleinseite *Prag* 1890

Piff-Puff! od. eins nach dem andern. Lustspiel. 8. Wien, Mößle. 783.

Piffrader Anton: De Demosthenis Philippica I. 30. St. Pölten 92. **Progr.**

Die bairischen Illuminaten und der Clerus im Burggrafenamte und Vintschgau während der Jahre 1806—1809. Nach Jos. Ladurners hinterlassenen Schriften von Jos. **Piffrader.** Innsbruck: Vereins-Buchh. & Buchdr. 1898. 182 S. 8° KB.

Pifko Ludwig: Der Lautbestand des slovenischen Dialektes von St. Marxen unter Pettau.
II. 1905 PN 1850 **Diss.** Wien, Univ. 2705

PIFPUF, Doctor (ps.), Meine Geschichte oder Begebenheiten des Herrn Thomas. Ein narkotisches Werk des —. Wahrscheinlicher Weise die einzige Auflage. Münster u. Leipzig, bey Philipp Perrenon, 1772. 8°.
231 S. incl. 6 Bl. Vorst. — Derbkomisch u. selten.
Fehlt in Weller's Lex. Ps. p. 449, der einen italienischen Pseud. „Dottor Pifpuf" (Francesco Gritti) anführt.

Pigafetta, Antonio. Beschreibung der von Magellan unternommenen ersten Reise um die Welt . . . a. d. Franz. Gotha 1801. Ü: *Jacobs (Jakobs), Chn Frdr. Wilh. & Frdr. Christian Kries.* (CBH) (ABJP) (EngG)

Pigaretta, A., Beschreib. der v. Magellan unternommenen ersten Reise um die Welt, a. d. Frz. m. K. gr. 8. Gotha, Perthes. 801.

Pigage, A. v., & Co., Schablonen-Malereien. Einfache u. reiche Zimmerdecken, Friese, Rosetten, Wandmuster etc. Mit Schablonen u. Pausen auszuführen. Ein Musterbuch f. Decorations- u. Zimmermaler. 1. Serie. 1.—4. Hft. hoch 4. Berlin 891. Hessling & Spielmeyer. In Mappe. à Hft. n. 2. 50
1—3. (à 6 Lichtdr.-Taf.) — 4. (8 Lichtdr.-Taf.)

Pigage, A. v., Schablonen-Malereien. Einfache u. reiche Zimmerdecken, Friese, Rosetten, Wandmuster etc. M. Schablonen u. Pausen auszuführen. E. Musterbuch f. Decorations- u. Zimmermaler. 1. Serie. 3. u. 4. Hft. hoch 4. (6 u. 8 Lichtdr.-Taf.) Berlin 891 u. 93. B. Hessling. In Mappe à n. 2. 50

— dasselbe. 2. Serie. 1. Hft. gr. Fol. (5 Lichtdr.-Taf.) Ebd. 891. In Mappe. n. 5. —

— dasselbe. 3. Serie. Decken u. Wandmalereien zumeist im Charakter d. Barock u. Rococo, in Lasiermanier auszuführen. 1. Hft. gr. Fol. (12 Lichtdr.-Taf.) Ebd. 894. In Mappe. n. 12. —

— dasselbe. 2. [Titel-] Aufl. 1. u. 2. Serie. Ebd. 896. In Mappe n. 24. —
1. hoch 4. (20 Taf.) (891—93.) n. 9. -
2. Mit Schablonen u. Pausen auszuführen. Fol. (17 Taf. m. 1 Bl. Text.) (891.) n. 15.

Pigage, Nicolas de. La galerie électorale de Dusseldorff ou catalogue raisonné et figuré de ses tableaux, avec une suite de 30 planches, contenant 365 petites estampes gravées par Chretien de Mechel. 2 Bde. Basle 1778. 4°.

Pigalli, Sonderbare Geschichte des J. P. *Nigrelli*, eines Nachtwanderers. A. d. Ital. nebst e. kurzen Abh. üb. diese Krankh. A. d. Franz. Nürnb. 8°. A. D. B. LIV, 365. 1782.

Pigaretta, A., s. Pigafetta, Antonio

Pigault-Lebrun, Charles Antoine Guillaume

— s.a. Pigault, Lebrun

Pigault-Lebrun u. Victor Auger's Reise in Frankreich's mittägliche Provinzen. Aus d. Franz. von Wilhelmine von Gersdorf. 8. Berlin 828. (A. Förster.) 1⅓ ₰

—— und Vict. Augier, Reise in Frankreichs mittägl. Provinzen. Uebers. v. Wilhelmine v. Gersdorf. 8. (17 B.) Berlin 828, Schüppel.

PIGAULT-LEBRUN, Charles-Antoine-Guill. (geb. zu Calais am 8. April 1753, † zu La Celle-Saint-Cloud am 24. Juli 1835, als ehemaliger Privatsekretär des Königs Jérôme v. Westphalen, Vorgänger Paul de Kock's, aber noch freier. — Oettinger, moniteur des dates.) — Abenteuer des Ritters Mendoza d'Aran und seines hochweisen Knappen Truffaldin. Schwank. Aus d. Französ. (des *Pigault-Lebrun*, übers. von Wilh. Christhelf Sigm. Mylius). Berlin, 1803. In der Himburgischen Buchhandlung. 8°.
Titel u. 318 (381 ist Druckf.) S. Ziemlich freie Stellen. Einer der selteneren Romane des Verfassers. Da hier von 2 Theilen auf dem Titel nichts angezeigt, auch auf S. 318 „Ende" steht, so ist es wohl eine verkürzte Bearbeitung. (S. d. folg. Titel.) — Anon.-Lex. III. p. 275 (nach Goedeke).

— — Dasselbe. 2 Thle. Mit 2 Titelkpfrn. (wovon das eine sehr frei). Ebd. 1803. 8°. 334 u. 432 S.
Zinke's Dresdener Nov.-Auct. 1905, no. 1262.

— — Dasselbe. Neue Ausgabe. Mit Kpf. Leipzig, Hinrichs, 1804. 8°.

— — Dasselbe. 2 Thle. Ebd. 1811. 8°. (3½ Rthl.)
Goedeke VII, 672, 8.

——, Valentins verliebte Abentheuer u. Irrfahrten. Ein komisch. Roman. (A. d. Franz.) v. † G. Sellen. 2 Bdchn. 2. Aufl. 8. (21½ B.) Leipzig 829, Magazin f. Industrie.
Die 1. Aufl. erschien 1826 u. d. T.: Pigault-Lebrun, der kleine Ohnesorgen rc.

— — Adele und d'Abligny. Aus d. Französ. Mit 1 Kupfer. Berlin 1802. 8°. (1 Mk. Julius Neumann, Magdeb., 1906.)
Zuerst gedr. ebd. 1800. 8°. (2/3 Rthlr.) (Engelmann.)
Orig. (in München: P. o. gall. 8°. 1681): Adèle et d'Abligny. Paris 1800. 8°. — Ibid. 1825. 8°. (Bibl. d. † Königs Georg V. v. Hannover.)

Pigault le Brünn, Adele u. d'Abligny. 8. Berl. 802. (Oehmigke). 16 gr

— Adele v. Alleville. 8. Leipz. 817. (W. Rauck). 16 gr

— — Adele von Alleville. Ein Roman. (Aus d. Französ.) Mit Titelkpfr. (G. A. Lehmann fec.). Leipzig, in der Sommerschen Buchhandlung. 1826. 8°. 134 S. (incl. Titel). (1 Mk. 50 Pfg. Scheible, c. 1888.)

— — Angelika und Theodora. Aus d. Französ. des *Pigault-Lebrun* frey übersetzt von N. P. Stampeel. Frankfurt a. M., 1801. 8°.
Goedeke VII, 672, 6.

Pigault-Lebrun, Angélique et Jeanneton. Nouvelle éd. 12. (232 S.) Berlin 890. Neufeld & Henius. 1.20

— Begebenheiten des Hrn. v. Kinglin. 8. Berl. 802. (Leipz., W. Rauck). 16 gr

— — Begebenheiten, Seltsame, des Herrn von Kinglin, oder der Blick in die Zukunft. Aus d. Französ. Mit curiosem Titelkpfr. (G. A. Lehmann sc.). Berlin 1802. bei Joh. Gottfr. Braun u. C. (2/3 Rthl.) 2 Bll. u. 141 S. (3 Mk. Theod. Ackermann, München, 1905.)
Orig. (in München: P. o. gall. 8°. 1689): Monsieur de Kinglin, ou la prescience. Avec 1 figure. Paris, Barba, 1800. 8°. (1 Mk. Scheible, c. 1905.) — Ibid. 1822. 8°. (Bibl. d. † Königs Georg V.)

— — Dasselbe, titulo Der wahrsagende Teufel; oder: seltsame Begebenheiten des Herrn v. Kinglin. Aus d. Französ. des —. Neue Ausgabe. Mit 1 (drast.) Titelkopf. (G. A. Lehmann sc.). Leipzig, Sommer. 1820. 8°. (2 Mk. Scheible, c. 1888; 4 Mk. 50 Pfg., Fr. Klüber, 1907.)
2 Bll., 141 S. (incl. Nebentit.: „Seltsame Begebenheiten des Herrn v. Kinglin, od. der Blick in die Zukunft").

— — Dasselbe, tit.: Der Blick in die Zukunft. Aus d. Französ. frei bearbeitet. Stuttgart 1829. 8°. (1 Mk. Franz Teubner, 1894.)

— Herr Bott. 4 Thle. 8. Stuttg. 806. v. Cotta. 4 fl

§ — — Herr Botte. Ein komischer Roman aus d. Französ. 4 Thle. Tübingen, in der J. G. Cotta'schen Buchh. 1807. 8°.
I—II: Tit., 148 u. 148 SS. III—IV: Tit., 160 u. 171 S. Orig. (in München: P. o. gall. 8°. 1682, 2 vols.): Monsieur Botte, par *Pigault-Lebrun*. 4 tom. av. 4 figs. par Texier d'après Huot. Paris, chez Barba, libraire, Palais du Tribunat, Galerie du Théâtre-Français. An XI. — 1803. pet. in-8°. 1: 2 ff. (incl. frontisp. gr.), 223 pp. 2: 1 f., 207 pp. 3. 1 f., 221 pp. 4: 1 f., 236 pp. On sait que ce roman est le chef d'oeuvre de P.-L. — Monsieur Botte. Imité du roman de Pigault-Lebrun par M. M. Serviere et Ernest. Ibid. 1803. 8°. (In München: P. o. gall. 1806, 7.) — Monsieur Botte, par P.-L. Ibid. 1820. 8°. IV. (Bibl. d. † Königs Georg V.) — Bruxelles 1819. II. 8°. (Contrefaçon.) (18 Sgr. Scheible, 1872.) — Ibid. 1827.. 12°. IV. (Vente H. Bukowski, Stockholm, févr. 1885.)

— — Dasselbe, tit.: Herr Bott genannt Herr Puff. Komischer Roman. Nach dem Französischen des — frey bearbeitet. Neue wohlfeilere Auflage. 4 Bde. Hamburg, Vollmer, o. J. (c. 1810). 8°. (5 Mk. Lehmann & Lutz, c. 1883; 2 Mk. 50 Pfg., Jul. Neumann, 1906.)

— — Dasselbe. 4 Thle. Leipzig 1823. Kl. 8°.

— — Dasselbe, tit.: Herr Puff. Ein komischer Roman (nach dem „Monsieur Botte", von Carl Witte, Vater des berühmten Dante-Forschers). 4 Bde. Hamburg und Mainz, b. Vollmer, 1804. 8°. (3⅓ Rthl.) 238. 214, 218, 230 S.
Anon.-Lex. III. p. 275 hat „1809" (nach Kayser). Goedeke VII, 672, 11a. Vgl. N. Lpz. Lit.-Ztg. 1804. St. 42. Sp. 671 sq.

— — Dasselbe, tit.: Onkel Botte. Humoristischer Roman. 5 Thle. Leipzig, Phil. Reclam jr., 1846. 12°. (1 Mk., gestemp. u. fleckig, M. Hauptvogel, Gotha, 1907.) 94, 120, 104, 128, 146 SS.
Auch mit d. Tit.: *Pigault-Lebrun's* Humorist. Romane. Th. 5—9.

— — **Egoismus, Der, oder so sind wir alle. Humorist. Roman. Deutsch hrsg. von E. Klein. 3 Thle. Leipzig, 1828—29. In Ernst Kleins literar. Comptoir. 8°. (2 Mk. Jul. Neumann, 1906; 2 Mk. 50 Pfg., Gust. Fock, 1909.)**
VI—209 S.; 1 Bl., 219 S.; 1 Bl., 174 S. (Auch tit.: Wohlf. Bibliothek, Bd. 9—11.)
Orig. (in München: P. o. gall. 8°. 1865a): Nous le sommes tous ou l'égoïsme. 2 vols. A Paris 1819. 12°. — L'égoïsme ou nous le sommes tous. 2 tom. Paris 1831. 8°.

— — Erzählungen. (Begebenheiten des Hrn. v. Kinglin, oder:) Der Blick in die Zukunft. — Theodor, oder die Peruaner. — Adele u. d'Abligny.) Aus d. Französ. Mit 3 Kpfrn. (Neue Ausgabe.) Berlin 1816. (W. Oehmigke.) 8°. (2 Rthl.)
Citirt Engelmann.

— — Faschingskind, Das. Eine denkwürdige und zumal wahrhafte Geschichte. Aus d. Französ. des Bürgers *Pigault-Lebrun* (von Wilh. Christhelf Sigm. Mylius). 2 Thle. Berlin, Himburg, 1799—1800. 8°. (2⅙ Rthl.) (16 Sgr. Scheible, 1873; jetzt höher notirt!)

— — Dasselbe. 2 Thle. Mit 2 Kpfrn. von Chodowiecki. Ebd. 1800. 8⁰. 290 u. 378 S. (3 Mk. I. St. Goar, 1909; 6 Mk. F. Waldau, 1909.)

Orig.: L'enfant du carnaval. Histoire remarquable, et sur-tout véritable, p. servir de supplément aux Rapsodies du jour. 2 vols. À Rome, de l'imprimerie du Saint-Père, an V.—1796. 8⁰. 223 et 240 pp. (7 Mk. 50 Pfg. Theod. Ackermann, vor 1885; 12 Mk., unbeschn. Expl., Edm. Meyer, Berlin, 1908.) [Ed. antér.: Paris, s. d. (vers 1795).] II. pet. in-8⁰. Avec 2 figg. (Heberle's Cölner April-Auct. 1896, no. 2514.) — Paris 1799. 16⁰. IV. (In München: P. o. gall. 1685.) — Paris 1824. 8⁰. IV. (Bibl. d. † Königs Georg V., wo Th. 4 fehlte.) — Bruxelles 1828. 12⁰. IV. (Contrefaçon.) (Vente Bukowski, Stockh., févr. 1885.)

Spanische Uebersttzg. s. bei Quérard.

— — Dasselbe, titulo: Der Zögling der Liebe und des Glücks; übersetzt von W. Chr. Sigm. Mylius. 2 Bde. Mit 4 Kpfrn. Berlin 1801. 8⁰. (2¹/₃ Rthl.)

Citirt Engelmann; Kayser hat: „Leipzig, Sommer, 1801."

Pigault le Brün, das Faschingskind. 2 Bde. 8. Leipz. 801. (W. Nauck). 2 ℛ 8 gr.

— — Dasselbe, tit.: Das Kind der Liebe und des Glücks. 2 Thle. Mit 1 Kpfr. u. 1 Vign. von Rosmäsler u. Böttger. Erfurt u. Gotha, Hennings, 1802. 8⁰.

— — Dasselbe, tit.: Das Kind d. Carnevals. 4 Bdchn. Leipzig. Ph. Reclam jun., 1844. (Auch tit.: *Pigault-Lebrun*'s humorist. Romane. Bdchn. 1—4.) 12⁰.

103, 100, 113 u. 112 S.

— les Barons de Felsheim. II Part. 8. Münster 798. Coppenrath. 20 gr.

— Dass. ins Deutsche übers. 2 Thle. 8. Leipz., Hinrichs. 1 ℛ 4 gr.

Pigault-Lebrun, C. Die Freyfrau von Felsheim. Ein komischer Roman welcher eine deutsche Geschichte enthält ... Gosslar 1799. Ü: *Dusable.* (GGr VII, 672)

— — Felsheim, Die Freyherrn von. Ein komischer Roman, welcher eine deutsche Geschichte enthält, aber nicht aus dem Deutschen entlehnt ist, von *Pigault Le Brun* (übers. von Dusable). Gosslar, Kircher, 1799. 8⁰. 220 S.

Goedeke VII, 672, 2, wo auch die folgende Ausgabe.

— — Dasselbe, tit.: Die Herren von Felsheim. Ein komisch-satyr.-histor.-militairischer Roman. 2 Thle. Ebd., Kircher u. Lehmann, 1810. 8⁰.

Orig.: Les Barons de Felsheim, histoire allemande qui n'est pas tirée de l'allemand. 2. édition. 2 vols. Avec grav. Paris 1798. 8⁰. (Heberle's Cölner April-Auct. 1896, no. 2515. (Ed. I. ib. eod. a.?) — Les Barons de Felsheim par *Pigault-Le-Brun*. 4 pts. Avec figg. Hambourg & Brunswick, chez Fauche & Comp. 1798. 8⁰. — Le même, tit.: Les Barons de Felsheim, histoire allemande, qui n'est pas tirée de l'allemand; par *Pigault-Lebrun*. 2e éd. (sic!) 4 pts. av. 4 figs. Paris, marchands de nouveautés, 1802. 16⁰. (In München: P. o. gall. 1687.) — Paris 1813. 8⁰. IV. (3 Mk. Scheible, c. 1905.) — Ibid. 1818. 8⁰. IV. (Bibl. d. † Königs Georg V.) — Contrefaçons: Münster 1798. II. 8⁰. — Bruxelles 1819. 8⁰. II. (3 Mk. Scheible, c. 1905.) — Ibid. 1828. 21⁰. IV. (Vente Bukowski, Stockh., févr. 1885.)

— — Dasselbe, tit.: Die Freyherrn von Felsheim, ein komischer Roman ... Aus d. Französ. 2 Thle. Leipzig, Hinrichs, 1813. 8⁰.

Engelmann hat „1810". (1¹/₆ Rthlr.)

— le Grucon sans souci, II Vols. 8. Lpz. 817. Hinrichs. 2 ℛ

— — Hübert der Projectenmacher, oder Abentheuer, Fatalitäten, Luftschlösser, Wagestücke etc. eines jungen Parisers. Eine komische (ziemlich zahme) Geschichte. 4 Bde. Leipzig, o. J. Kl. 8⁰. (3 Mk. 50 Pfg., Mindestgebot, Zinke's Dresdener März-Auct. 1906.)

Orig. (Bibl. des † Königs Georg V.): L'homme à projets. 4 tom. Paris 1819. pet. in-8⁰. (3 Mk. Scheible, c. 1905.)

— — Dasselbe. 4 Bde. Ebd. 1824. 8⁰. (3 Rthl.) (24 Sgr. Steinkopf, Stuttg., Cat. 135; jetzt theurer!)

— Jerome, das Kind der Liebe, setze hinzu: nach d. Franz. v. Dr. Frieswickel in Paris. Pr. 4 ℛ

* — — Jerome, das Kind der Liebe. Ein Vermächtniss für Ehelustige. (Aus d. Französ.) 4 Thle. Cölln, bei Hammer, o. J. (Leipzig, Joachim, 1805). 8⁰. (3 Rthl.)

Ausser 4 gestoch. Tit.: 192, 208, 196 u. 208 SS. Selten! (6 Mk., ein defektes Expl., Kühl, Berlin, c. 1882; 8 Mk. 50 Pfg. Edelmann, c. 1905.)

Orig.: Jérôme. Par *Pigault-Lebrun*. 4 tom. A Paris, chez Barba, libraire, Palais du Tribunat, Galerie derrière le Théâtre-Français, no. 51. An XIII.—1805. (T. 3—4 sans nom de l'éditeur.) Pet. in-8⁰. 1: 2 ff., 208 pp. 2: 1 f., 213 pp. 3: 1 f., 239 pp. 4: 1 f., 256 pp. (Roman le plus licencieux de l'auteur, prototype estimé de Paul de Kock.) — Paris 1822. 8⁰. IV. (Bibl. d. † Königs Georg V.) — Contrefacon: Bruxelles 1819. 12⁰. II. (Vente H. Bukowski, Stockh., févr. 1885.)

***Pigault-Lebrun*, Jeunesse et folie. Coméd. en 3 A. gr. 8. Rudolst. 811. Hofbuchh. 8 gr.**

Pigault-Lebrun, Charles Antoine Guill. Das Kind der Liebe und des Glücks. 2 Theile. Erfurt u. Gotha 1802. Ü: *Mylius, Wilhelm Christhelf Sigmund.* (BGE VI³, 197)

Pigault-Lebrun, Charles-Antoine-Guillaume

Die heilige Ligue oder der Spion. Von Charles-Antoine-Guillaume Pigault de l'Epinoy, gen. Pigault-Lebrun. Aus dem Franz. übers. Bd 2-4.
Leipzig: Reclam 1846. 8⁰

— — Ligue, Die heilige. Aus d. Französ. übersetzt. 4 Bde. (*P.-L.'s* humorist. Romane, Bdchn. 10—21.) Leipzig, Phil. Reclam jun., 1846. 12⁰.

Orig.: La sainte Ligue ou la mouche. 6 tom. Paris 1829. 8⁰. (Bibl. d. † Königs Georg V.) (1¹/₂ Rthlr. Scheible, 1872.) — Contrefaçon: Bruxelles 1829. 12⁰. (Vente Bukowski, Stockh., févr. 1885.)

— — Luceval, Die Familie, oder Denkwürdigkeiten einer Frau, die nicht hübsch war. Nach d. Französ. frey bearb. (von Karl Ludw. Methusalem Müller). 3 Bde. Leipzig, Joachim, 1808. 8⁰. (2¹/₄ Rthl.)

— — Dasselbe. Ebd., o. J. (1811). 8⁰. (²/₃ Rthl., Scheible, 1872.)

201, 198, 196 S. Vgl. Allg. Lit.-Ztg. 1811. Nr. 136. Sp. 134 ff. (Goedeke VII, 672, 14.)

Orig. (in München: P. o. gall. 8⁰. 1685 k): La famille Luceval ou mémoires d'une jeune femme qui n'était pas jolie. 4 tom. Paris 1806. 8⁰. (²/₃ Rthlr. Scheible, 1872; 3 Kr. Halm & Goldmann, 1904.) — Ibid. 1819. 12⁰. IV. (Bibl. d. † Königs Georg V.)

— — Martin, Herr —, der Beobachter, ein Roman nach *Pigault-Lebrun* aus d. Französ. von E. August. 2 Thle. Berlin, Schlesinger, 1821. 8⁰. (1³/₄ Rthl.)

Meusel's in Coburg Lhbiblcat. 1822. no. 17616—17. — Engelmann hat „1820".

Orig.: L'observateur ou Monsieur Martin. 2 tom. Paris, Barba, 1820. 8⁰. (Bibl. d. † Königs Georg V.)

Pigault-Lebrun, C. Der kleine Matrose. Ein Singspiel in 1 Aufz. A. d. Franz. Hannover 1799. Grätz 1800. Wien 1806. Ü: *Herklots, Carl Alex.* (GGr)

— — Ohnesorge, Der kleine, oder Valentins Irrfahrten, als: Schüler, Abbé, Soldat, Einsiedler, Komödiant, und Charlatan. Aus d. Französ. (des *Pigault-Lebrun*) frei übersetzt. 2 Thle. Leipzig, o. J. (1826). 8⁰. (3 Mk. I. St. Goar, 1909.)
Orig. (in München: P. o. gall. 8⁰. 1692a): Le garçon sans souci. 2 tom. Orné de 2 jolies gravures (n. s.). Paris, Barba, 1817. 8⁰. (Auch in Berlin.) I: 3 ff., 232 pp. II: 3 ff., 267 pp., de plus 1 f. (livres de fonds de Barba). Edit. orig. peu commune. La figure du second tome assez libre. (6 Mk. 50 Pfg. R. Levi, Stuttg., 1904.) — Ibid. 1818. 12⁰. 2 figg. (Bibl. d. † Königs Georg V.) (5/6 Rthl. Scheible, 1872.) — Contrefaçon: Bruxelles 1820. 8⁰. (1 Mk. 50 Pfg. J. G. Riemann, Coburg, Cat. 12.)

Pigault-Lebrün, der kleine Ohnesorge, oder Valentins Irrfahrten, als: Schüler, Abbé, Soldat, Einsiedler, Komödiant u. Charlatan. Aus d. Franz. frei übersezt. 2 Bdchn. 8. Leipz. 826, Magaz. f. Ind.

Pigault-Lebrun. XXXXIV Vol. 12. Paris, Schöll.

Pigault-Lebrun, C. Herr Puff; a. d. Franz. Hamburg 1809. Ü: *Witte, Carl.* (Ky) »1804« (GGr) (MGT)

—Herr Puff; aus d. Französ. (v. K. Witte I.) 4 Bde. 8. Hamb. 809. (Herold jun.) 3 ₰ 8 gr.

Pigault-Lebrun, les rivaux d'eux-mêmes. Comédie, s. **Répertoire** du Théâtre français. No. 164.

Pigault-Lebrün, humorist. Romane, s. Unterhaltungs-Bibliothek, wohlfeile, 8.—11., 29.—40. Bdchn.

— — *Pigault-Lebrun's* Humoristische Romane. 5 Thle. Leipzig 1844—46. Kl. 8⁰.
Inhalt: Das Kind d. Carnevals. 4 Bdchn. — Onkel Botte. 5 Bdchn.

— — Dasselbe, tit.: Thomas Schlagtodt, der Unüberwindliche. Komischer Heldenroman, aus unserem kriegerischen Jahrhundert, nach *Pigault le Brun* frey bearbeitet. 2 Thle. Mit Titelkpfr. Altona, Vollmer, o. J. (1813). 8⁰. 336 u. 341 S. (2 Mk. 50 Pfg., Jul. Neumann, 1906.)
Vgl. Allg. Lit.-Ztg. 1816. Ergzgsbl. Nr. 109. Sp. 872. (Goedeke VII, 672, 4b.)

— der unüberwindliche Thomas Schlagtodt; nach d. Französ. 2 Bde. 8. Hamb. 814. (Herold jun.) 2 ₰ 8 gr.

— — Dasselbe. 2 Bde. Hamburg, Vollmer, 1814. 8⁰. (2 1/3 Rthl.)
Meusel's in Coburg Lhbiblcat. 1822 no. 14681—82. — Citirt auch Engelmann.

— — Theodor, oder die Peruaner. Aus d. Französ. des —. Berlin, bey J. G. Braun, 1804. 8⁰. 142 S. (2/3 Rthl.)
Vgl. N. Lpz. Lit.-Ztg. 1804. St. 63. Sp. 1007ff. (Goedeke VII, 672, 10.)

— Theodor, od. der Peruaner; aus d. Französ. 8. Berl., (Oehmigke.) 16 gr.

§ — — Dasselbe. München 1827. (Auch tit.: Bibliothek auserlesener Romane, Th. 9—10.) 8⁰. (In München: P. o. germ. [!] 8⁰ 119.)
Orig.: Théodore ou les Péruviens. Paris 1800. 8⁰. (36 xr. Alfr. Coppenrath, Regensb., vor 1875). — Ibid. 1820. 8⁰. (Bibl. d. † Königs Georg V.)

— — Thomas, Oncle, aus d. Französ. des Bürgers *P. Le B.* (übers. von F. Frhn. v. Zink). Th. 1. (einz.). Basel, Flick, 1801 (eigentl. 1800). 8⁰. (1 Rthl.)
Tit., XVI—300 SS. Mit einem schönen Kupfer von Schöpflin. Selten! (2 Mk. Kühl, Berlin, c. 1882; 1 Mk. 50 Pfg. Jul. Neumann, 1906.) Vgl. Lpz. Jahrbuch d. neuesten Lit. 1800. 3, 197. (Goedeke VII, 672, 4a.)
Orig.: Mon Oncle Thomas, par *Pigault-Lebrun.* 4 tom. av. 4 figs. par Chaillon. Paris, Barba (1800). 8⁰. (2 Mk. Scheible, 1870.) — Ibid. 1802. 8⁰. IV. (In München: P. o. gall. 8⁰. 1672.) — Ibid. 1807. 8⁰. IV. avec fig. (3 Mk. Scheible, Cat. 75.) — Ibid. 1832. 8⁰. IV. (Bibl. d. † Königs Georg V.) — Contrefaçon: Bruxelles 1818. 8⁰. II. (1 Mk. J. G. Riemann, Coburg, Cat. 12.)

Pigault-Lebrun, C. Der Zögling der Liebe und des Glücks. A. d. Franz. Leipzig 1801. V: *Mylius Wilh. Christhelf Sigmund.* (BGE)

— der Zögling der Liebe u. des Glücks; übers. v. W. C. S. Mylius. 2 Bde. Mit 4 Kpf. 8. (Leipz.) 801. (Rauck). 2 ₰ 8 gr.

Pigavetta, A., s. Pigafetta, Antonio

Pigeaire, über den Nutzen der Hydrotherapie [Wasserheilkunst] in ihrer Anwendg. auf die chronischen Krankheiten u. Nervenaffectionen. Nach d. Franz. bearb., nebst Bemerkungen über den Gebrauch der kalten Begiessungen in fieberhaften Krankheiten. Von J. C. Fleck. gr. 8. (X u. 225 S.) Weimar 848, Voigt. 5/6 ₰

Pigeonneau, Henri

Pigonneau, Henri, histoire do commerce de la France, hrsg. v. Wilh. Greif, s. a. Schulbibliothek französ. u. engl. Prosaschriften.

Histoire du commerce de la France p. H(enri) Pigeonneau. Im Ausz. f. d. Schulgebr. bearb. u. erl. v. Dr. Wilhelm Greif, Oberl. ... zu Berlin ... [Nebst] Wörterbuch. *Berlin: R. Gaertner 1897.* 2 Bde 8.
[Text.] (IX, 146 S.) Wörterbuch. (45 S.)
= **Schulbibliothek** französ. u. engl. **Prosaschriften** aus d. neueren Zeit. Abt. 1. Bdch. 30. [97. 808]

Pigeon-post, the, — Die Taubenpost. Eine gründl. Anweisung, wie mit den gewöhnl. sogen. Möves-Tauben Nachrichten v. 100 französ. Meilen weit entfernten Ortschaften in 7 bis 8 Stunden auf e. sehr wohlf. Art zu erhalten sind, nebst Vorschriften 1) z. Einrichtung d. Lokals, 2) z. Zucht d. Tauben u. ihrer Abrichtung ɾc. A. d. Engl. übers. v. J. E. M...ll....g. 8. (3 B.) Augsburg 831, Bäumer. (Münch., Jaquet).

Piger, Franz Elternhaus und Schule. 8 (S. 3—29).
Progr. K. k. Staats-Oberg. *Iglau* 1894.

Piger F.: Die sogenannten Gräcismen im Gebrauche des lat. Accusativs. 43 Iglau 79.
Progr.

Piger, Frz. Paul, Kinderreime u. Kindersprüche aus der Iglauer Sprachinsel, s.: **Zeitschrift f. österr. Volkskunde.** I. Suppl.

Pigge, Adolf, Referendar am Amtsgericht zu Springe: **Abnahme und Aufbewahrung von unbestellten Zusendungen nach dem bürgerlichen Rechte und Handelsrechte.** *Borna-Leipzig 1902: R. Noske.* (IX, 151 S.) 8⁰
Leipzig, Jur. Diss. v. 1902

Pigge, Heinr., s.: Festgabe, enth. vornehml. vorreformator. Forschungen, Heinrich Finke gewidmet.

Pigge, Heinr., d. religiöse Toleranz Friedrichs des Großen nach ihrer theoret. u. prakt. Seite. Auf Grundlage d. Quellen dargest. gr. 8. (VII, 419 S.) Mainz 899. F. Kirchheim. n. 4. —

Pigge, Heinrich: Die Toleranzanschauungen Friedrichs des Grossen. Nebst Anhang: Friedrichs d. Gr. Stellung zu den gemischten Ehen. Einleitendes und Schlusskapitel aus einem ... mit dem Lessingpreise gekrönten Werke des Verfassers: „Friedrichs des Grossen Ansichten und Thaten auf dem Gebiete der religiösen Toleranz." *Mainz: F. Kirchheim 1897.* (65 S.) 8° [?.]
Munster, Phil. Diss. v. [23. Dez.] 1897

Pigge, Heinr., Wörterbuch zu Cäsars commentarii de bello gallico. Buch 1—7. Für den Schulgebrauch. (128 S.) 8. Münster 910. Aschendorff. Geb. 1.25

Pigger, Hugo, appr. Arzt aus Stargard (Pomm.): Beiträge zur Lehre des Speiseröhrenkrebs mit besonderer Berücksichtigung der neuesten diagnostischen und therapeutischen Bestrebungen. *Göttingen 1899: E. Hofer.* (65 S.) 8°
Göttingen, Med. Diss. v. [15. Febr.] 1899

Pigger, Hugo, Beiträge zur Lehre des Speiseröhrenkrebs m. besond. Berücksicht. der neuesten diagnostischen u. therapeutischen Bestrebungen. Diss. gr. 8. (68 S.) Göttingen 899. (Vandenhoeck & Ruprecht.) n. 1.60

Piggott, G. West, über Blutarmuth und deren sympathische Störungen in der Leber, im Magen und im Nervensysteme. Aus dem Engl. von Frz. Händel. gr. 8. (III und 112 S.) Weimar 859, Voigt. Thlr.

Piggot, Horace Edwin

Piggott, H. E., die Grundzüge der sittlichen Entwicklung u. Erziehung d. Kindes, s. a Beiträge zur Kinderforschung. 7. Hft.

Piggott, H(orace) E(dwin): Die Grundzüge der sittlichen Entwicklung und Erziehung des Kindes. *Langensalza 1903: H. Beyer & Söhne.* (VIII, 77 S.) 8°
Jena, Phil. Diss. v. (2. Aug.) 1902

Die Grundzüge der sittlichen Entwicklung und Erziehung des Kindes. Von Dr. H. E. Piggott. *Langensalza: H. Beyer & Söhne 1903.* (X, 77 S.) 8°
— Beiträge z. Kinderforschung. H. 7.

Pighetti, E., Parla italiano? Italienische Sprechübgn. üb. Vorkommnisse des tägl. Lebens. (48 S.) 8. Leipzig (906.) G. Schnurpfeil. n. — 30

Piglhein, Br., Jahreszeiten, s.: Koppay, J.

— 2 (farb.) Idyllen. Frei nach Pastellen v. P. Fol. Teplitz 894. Willner & Pick. n. 4. —; einzeln 3. —

Piglhein's, B., Panorama: Jerusalem u. die Kreuzigung Christi. Holzschn.-Ausg. gr. Fol. Mit Erläutergn. v. L. Trost. gr. 8. (20 S.) Stuttgart 887. Deutsche Verlags-Anstalt. In Rolle eingesteckt. n. 7. —; in Mappe n. 8. —

— dasselbe. [Photograph. Ausg. in Cab.-Format.] gr. 8. (10 Bl. auf Carton.) Ebd. 887. In Mappe n. 6. —

— 4 (farb.) Kinderbilder. Frei nach Pastellen v. P. (Grosse Ausg.) Fol. Ebd. 894. n. 6. —; einzelne Blätter n. 2. —

— dasselbe. (Kleine Ausg.) hoch 4. Ebd. 894. n. 4. —; einzelne Blätter 1.50

Pigmden: Briefe. 2 Bde. 8. Gotha, Becker.

Pigmalion, s. a. Pygmalion.

Pigmalion

— od. d. belebte Statue. 8. Lpz. Martini. 748.

Pigmalion, od. die Musen bei der Prüfung, Parodie in 2 Aufz. in Knittelversen, mit Arien u. Chören. 8. Wien, Geistinger. 813.

Pigmalion, od. die Musen bei der Prüfung. Parodie in 2 Aufzügen in Knittelversen mit Arien u. Chören. 8. Wien 817, Geistinger. (Landsh., Krüll.)

Pigmalion u. Elise. 8. Berlin, Haude.

Pignat, P., voir: *L'Ecole primaire.*

de Pignata, Joseph, aventures, oder dessen Begebenheiten. 8. Nürnb. 787. Monath u. K. 6 gr

— Dass. 8. Stendal 781. Franzen u. G. 3 gr

— Dass. 8. Nürnb. 788. Grattenauer. 8 gr

— adventures, translated by Christiani. 8. Hannov. Hahn. 794.

Pignata, Josephs, Begebenheiten neu umschrieben und ins Kürzere gezogen zum Gebrauch eines Lesebuchs für Kinder und junge Leute, 8. Stendal, 781. Franzen. 3 sgl.

Pignata's, Jos., Flucht aus den Gefängnissen d. Röm. Inquisition im J. 1693. Neu übers. gr. 12. (8 1/6 B.) München 834, Jaquet.

Pignata, Joseph. Flucht aus der Inquisition; a. d. Franz. Kopenh. 1756. Ü: *Hauber, Ernst Christian.* (MGT) (Ky)

Pignata's, Jos., Flucht aus d. röm. Inquisition; aus d. Französ. (v. Er. Chr. Hauber). 8. Kopenh. 756. Pell. 5 gr

Pignata, Jos., Gefangenschaft und wunderbare Flucht aus dem Kerker der Inquisition zu Rom, s. a. Ausland, das belletristische.

Pignatelli, Jac.

— Compend. consultationum canonicar. fol. ibidem. 723.

Pignatelli, Jac., Consultationes canonic. II Tmi. fol. Genev. Chouet. 711.

— Consultation. noviss. II Tmi. Colon. (Wolf, Augsb.) 719.

Ej.: Novissimae consultationes canonicae. II tomis comprehensae. *Cosmopoli.* 711. fol.

Pignatelli, Maria Gaëtana

PIGNATELLI, M. G., Fürstin, Die Beichte meines Lebens. Von der —, von ihr selbst erzählt. Berlin, o. J. (c. 1885). 8°. (75 Pfg. J. Windprecht, Augsb., 1895; Mk. 1,20 incl. Porto R. Klinger, Berlin, c. 1905.)
Vf. d. Cataloges sah die schöne Frau um 1888 als Tingeltangelsängerin im ehemal. englischen Café in München. Ihr Auftreten war vornehm-dezent. Dies, ihr Aeusseres und eine angenehme Stimme verschafften ihr beifällige Aufnahme.

Pignatelli, Maria Gaëtana Fürstin, die Beichte meines Lebens. 8. (96 S.) Berlin 889. Herm. Schmidt's Verl. n. 1. —

Pignatelli, Strengoli, Prinz, s. Geschichte d. Königreichs Neapel.

Pignatelli Strongoli, Generallieut. Prinz. Geschichte des Königreichs Neapel vom Jahre 1800 bis zum Jahre 1820. Zusammengestellt nach den Memoiren des ...... 8. Leipzig und Darmstadt 1828.

Pignieu-Andeer, Die Heilquelle. Zürich 1883. V: *Goll, Frdr.* (Cat. d. Stadtbibl. Zürich. Zürich 1864—97.)

Pignieu-Andeer, Das Mineralbad. Zürich 1882. V: *Goll, Frdr.* (Cat. d. Stadtbibl. Zürich. Zürich 1864—97.)

Pignirod, histor. Skizzen. 2 Thle. m. K. 8. Frkf. Behrens. 797.

Pignotti, Lorenzo, Aretino, Favole. 16. (13¾ B.) Copenaghen 844, (Schubothe.)

Pignotti, ..., del Dottore Lorenzo Favole e novelle. 8. Leipz. ... Ed. VII. 791. Wienbrack. 12 gl Schrbp. 18 gl

Pigonneau, Henri, s. Pigeonneau

Pigorini, L., u. P. Strobel, die Terramara-Lager der Emilia. I. Bericht. Deutscher Auszug mit Zusätzen von Strobel. [Aus: Mittheilungen der antiquar. Gesellschaft in Zürich.] Zürich 863. (München, Franz'sche Buchh.) gr. 4. (26 S. mit 4 Steintaff.) n. 20 ngr.

Pigors, Johannes, appr. Arzt a. Cammin in Pommern: Ein Chondro-Osteoid-Sarkom des Oberschenkels. Greifswald 1905: H. Adler. (31 S.) 8°
Greifswald, Med. Fak., Ref. Martin, Diss. v. 15. Sept. 1905
[Geb. 22. Mai 80 Cammin, Pommern; Wohnort: Cammin; Staatsangeh.: Preußen; Vorbildung: Gymn. Treptow a. R. Reife O. 00; Studium: Greifswald 9 S.; Coll. 22. Febr. 05; Approb. 1. Juni 05.]

Pigres, der Karer, s.: Batrachomachia, die homerische.

Piguet, Elise, lettres d'une amie maternelle à ses élèves. 5. éd. avec une notice biographique sur l'auteur. 8. (XL, 232 S.) Basel 888. Riehm. 2. 80; geb. 3. 60

Pihl, Albin, das Ulcus rodens der Cornea. Eine Studie anlässlich zweier neuer Fälle. Diss. gr. 8. (III, 71 S. m. 1 Tab. u. 2 farb. Taf.) Borna 900. (Tübingen, F. Pietzcker.) n.n. 2. 25

Pihlemann, J., praktischer Leitfaden zum Erlernen der russischen Sprache. Reval 857. F. Kluge. gr. 8. (X, 272, 58 S.) n. 1 ₰.

Pihlemann, J., praktischer Leitfaden zum Erlernen der russischen Sprache. 2. verb. u. verm. Aufl. Reval 859. Kluge. gr. 8. (X, 336 S.) n. 1 ₰

Pihlemann, J., praktischer Leitfaden zum Erlernen der russischen Sprache. 3. Aufl. 1863. und 4. Aufl. gr. 8. (VIII und 338 S.) Reval 867, Kluge's Verlag. *

Pihlemann, J., praktischer Leitfaden zum Erlernen der russischen Sprache. 5. gänzlich umgearb. Aufl. 1871, und 6. Aufl. 1873. *ℳ 2,80., und 7. Aufl. gr. 8. (VIII, 280 S.) Reval 875, Kluge's Verlag. *

Pihlemann, J., praktischer Leitfaden zum Erlernen der russischen Sprache. 8. Aufl. gr. 8. (VIII, 278 S.) Reval 877. Kluge. n. 3. —

Pihlemann, J., praktischer Leitfaden zum Erlernen der russischen Sprache. 9. Aufl. gr. 8. (VIII, 272 S.) Reval 885. Kluge. n. 3. —

Pihlemann, J., praktischer Leitfaden zum Erlernen der russischen Sprache. 10. Aufl. gr. 8. (VIII, 272 S.) Reval 889. Kluge. n. 3. —

—— Uebungsbuch zum Uebersetzen aus dem Deutschen ins Russische. gr. 8. (XIV und 286 S.) Reval 865, Kluge's Verlag. *

— **Uebungsbuch zum Uebersetzen aus dem Deutschen in's Russische. 3. Aufl. gr. 8. (XVI, 294 S.) Ebend. 873.** n. 3. —

Pihlemann, J., Uebungsbuch zum Uebersetzen aus dem Deutschen in's Russische. 4. und 5. Aufl. gr. 8. (XVI, 294 S.) Reval 876,79, Kluge's Verlag. *

—— Uebungsbuch zum Uebersetzen aus dem Deutschen ins Russische. 6. u. 7. Aufl. gr. 8. (XVI, 294 S.) Ebd. 883,88. * 3 —

Pihlemann, J., Uebungsbuch zum Uebersetzen aus d. Deutschen in's Russische. 8. Aufl. gr. 8. (XVI, 294 S.) Reval 898. F. Kluge. n. 3. —

Pihlemann, Robert, Estonus. Untersuchungen über die angeblich präformirten Verbindungswege zwischen den Blut- und Lymphgefässen des Frosches. Diss. Dorpat. 8°. 69 pp. mit einer lithographirten Tafel. **1876.**

Beiträge zur kirchlichen Frage in der Bukowina. Zwei zeitgemäße Artikel vom Reichsratsabgeordneten Hirotheus **Pihuliak** und einem griechisch-orientalischen Priester. Czernowitz: Ruska Rada 1906.

[Pihuliak, Hirotheus:] Eine Kulturliga für die Bukowina. Czernowitz: Schally 1903.

Pill, C., die Chemitypie, od. die Kunst, eine auf einer Metallplatte in gewöhnl. Weise ausgeführte Radirung od. Gravirung in einen erhabenen Stempel zu verwandeln, der sich auf der Buchdruckerpresse, wie ein Holzschn., im Text od. allein abdrucken lässt. gr. 4. (2 B. u. 8 Chemitypen.) Leipzig 846, (Friedlein u. Hirsch.) Thlr. *

Pill, C., über unnachahmliche Werthpapiere. gr. 8. (29 S. mit 2 Proben.) Braunschweig 850, J. H. Meyer. n. ⅓ ₰

Pijper, F., s.: Primitiae pontinciae.

Pik, C. A., Leitfaden beim Unterricht in d. christl. Religion. 8. Erl. 787. Palm. 3 gl

Pik, J., zur Lebensversicherung. Winke u. Rathschläge an Versicherte u. Versicherungs-Candidaten. gr. 8. (XII, 262 S.) Leipzig 895. A. Lesimple. n. 3. —

Pikant. Novelette, s.: Familien-Bibliothek.

Pikant, F. W., Vexirspiegel, s. a. Vexirspiegel.

PIKANT, Dr. F. W. (d. i. *Frdr. Wilh. Bruckbräu*), Humoristisch-satirischer Vexirspiegel von München. München, L. Finsterlin. 1803. 8°. Cart.*)

65 S. u. 1 S. Inh.: Vertheidigung d. Crinoline; die Erziehung; Villegiatura; Tanzen; Heirathen; Kgl. Hof- u. Nationaltheater; Geld-Protzen; das Hofbräuhaus; Theegesellschaften u. Damen; die Parisermoden; ein bekehrter Papa; Schlauchspieljammerlied eines Studenten etc. — Fehlt bei Hayn. Bibl. erot. 2. Aufl.

PIKANTERIEN. Pikant — aber nicht frivol. (Wochenschrift, etwa 50 Nrn. à 16 S. Herausgegeben von Hermann Seyffert.) Berlin 1900. 8°.

Pikanterien. Red.: Karl Müller. Juli 1901—Juni 1903. à Jahrg. 52 Nrn. qu. schmal Fol. (à ca. 16 S.) Berlin, A. Dressel. à Jahrg. 5. —

Der 1. Jahrg. ist v. Jos. Jellinek redig.

PIKANTERIEN, Erotische, aus der neuen Zeit. Berlin 1900. 8°.

Verb. d. Ldg. Chemnitz II 607/02.

PIKANTERIEN, Erotische, aus der neuen Zeit. (1. Prämiirt. 2. Eine verhängnißvolle Nacht. 3. Die Heilung.) (5 Mk., eine böhm. Firma, 1901.)

PIKANTERIEN, Erotische, aus der neueren Zeit. Brüssel 1900. 16°. 109 S. [B. VI, 201.]

Inhalt: 1. Prämiiert. — 2. Eine verhängnisvolle Nacht. — 3. Die Heilung.

PIKANTERIEN (Novellen) aus den französ. Humoristen u. Realisten *Zola*, *Villemot*, *Maupassant*, *Mendès* u. A. Berlin, o. J. 8°. (80 Pfg. H. Hugendubel, München, c. 1905.)

Pikanterien aus französischen Humoristen und Realisten: Zola, Villemot, Maupassant und Anderen. 8. (164 S.) Berlin 887. Jacobsthal. n. 2. —

— — Dasselbe, 2. Auflage. Ebd. 1891. 8°. (1 Mk. J. Windprecht, Augsb., 1895.)

Pikantes u. Heiteres aus dem Ehestand. Buntes Allerlei f. angehende u. ausgegangene Eheleute, zusammengestellt v. Vocativus. gr. 8. (32 S.) München 891. Münchener Verlags-Institut, F. Braunbeck. — 20

PIKANTISSIMA. 4 Bdchn. (4 ziemlich zahme Romane.) Cincinnati (Leipzig) 187*—74. Breit-12°. (2 Rthl. Fischhaber.)

Inh.: 1. Die Liebhaberin des Mondes. 2. Von der Manège bis zur Hofburg. 3. Liebschaften einer Ballettänzerin. 4. Die Pensions-Fräulein zu Brigton (sic!). (Bdchn. 4 apart, 68 S. incl. Tit. u. S. 3—13 Vorw. u. Einleitg. d. Herausgebers, dat. L.... [Lpz.] im Dezbr. 1874, 3 Mk. Scheible.)

PIKANTISSIMA. Die Liebhaberin des Mondes. Von der Manège bis zur Hofburg. Liebschaften einer Ballettänzerin etc. 4 Bdchn. Cincinnati (c. 1875). Kl. 8°. (8 Mk. Gustav Klötzsch, Lpz., 1885.)

Sämmtlich ziemlich zahm. — Vergriffen!

Pike oder Muskete? Welches ist die beste Volkswaffe der Deutschen gegen einen auswärt. Feind? 4. (4 S.) Breslau 848, Lucas. (Brieg, Schwartz.) 1½ ngl

Pike, G. Holden, Charles Haddon Spurgeon: Prediger, Schriftsteller und Philantrop. Mit Erinnerungen und Zügen aus seinem Leben. Autoris. und allein berechtigte Uebersetzung. 8. (VIII, 228 S. mit Stahlst.-Portr.) Hagen 887, Risel und Comp. *

Pike, G. Holden. Charles Haddon Spurgeon. 8. Hagen i. W. 887. Hamb., J. G. Oncken Nachf. * 3 —

Pike, Z. M., Reise durch d. westl. Gebiete v. Nord-Amerika rc., s. Bibliothek d. Reisebeschreibb. 48r Bd.

Pikettspiel, das, s. a. Miniatur-Bibliothek.

Piketspiel, das, eine richtige u. faßl. Anleitung f. diejenigen, welche dieses Spiel bald u. gründlich erlernen wollen. Neue Aufl. 8. Leipz. Weygand. 813.

Pikhart, F., Matthäus, Johannes, Marcus u. Lucas; oder Erklärung d. evangel. Beschreib. Matthäi, Johannis, Marci u. Lucä, nach d. buchstäbl. u. sittl. Verstande einhelliger Auslegung sowohl griech. als latein. Väter d. kathol. Kirche. In d. gewöhnl. Sonntagspredigten vorgetragen. 4 Thle. Fol. Wien 752. (Beck). 10 ℛ 4 gℓ

Pikle, Peregrine, Begebenheiten. 4 Thle. 8. Copenhagen, Faber. 769.

— Dass. nebst der Geschichte eines vornehmen Frauenzimmers; aus d. Engl. 4 Thle. 8. Leipz., Gleditsch. (Brockhaus). 1 ℛ 8 gℓ

— Dass., neu übers. v. W. C. S. Mylius. Mit 4 Kpf. 8. Berl. 785. N. A. 789. (Reimer). 3 ℛ 8 gℓ

— — dasselbe neu übersetzt, v. Mylius, m. 4 K. 8. Berlin, Himburg. 789.

— d. zweyte, od. tragisch-komische Ebenteuer Anton Warinsky. 8. Lpz. Kummer. 789.

Pikler, Jul., das Beharren u. die Gegensätzlichkeit des Erlebens. (40 S.) Lex. 8. Stuttgart 908. Franckh. 1. 50

Pikler, Jul., das Grundgesetz alles neuro-psychischen Lebens. Zugleich e. physiologisch-psycholog. Grundlage f. den richt. Teil der sogenannten materialist. Geschichtsauffassg. gr. 8. (XVI, 254 S.) Leipzig 900. J. A. Barth. n. 8. —

— Physik des Seelenlebens m. dem Ergebnisse der Wesensgleichheit aller Bewusstseinszustände. Allgemeinverständliche Skizze e. Systems der Psychophysiologie u. e. Kritik der herrsch. Lehre. gr. 8. (40 S.) Ebd. 901. n. 1. 20

— Die Stelle des Bewusstseins in der Natur. Eine hypothesenfreie Zergliederg. desselben in reinobjektive Elemente. (35 S.) 8. Ebd. 910. — 80

— Die Sterblichkeit der Stadt Budapest in d. J. 1906 u. 1907, s. a. Publikationen des statist. Bureaus der Haupt- u. Residenzstadt Budapest.

Pikler, Jul., das Budapester System d. Todesursachenstatistik. Ein Beitrag zur Frage der internat. Vergleichbarkeit. (41 S.) Lex. 8. Berlin 909. Puttkammer & Mühlbrecht. — 50

Sonderabdr. a.: „Publikat. d. statist. Bureau's d. Haupt- u. Residenzstadt Budapest".

Der **Ursprung** des Totemismus. Ein Beitrag z. materialist. Geschichtstheorie. Von Dr. **Julius Pikler**, Prof., Budapest, u. Dr. Felix Somló, Privatd., Klausenburg. *Berlin: K. Hoffmann [1900].* (36 S.) 8° [01. 3996

Über Theodor Lipps' Versuch einer Theorie des Willens. Eine krit. Untersuchung, zugleich e. Beitrag zu e. dynam. Psychologie von Julius **Pikler**, Prof. Leipzig: J. A. Barth 1908. (VIII, 50 S.) 8° [08. 18025

— Zwei **Vorträge** üb. dynamische Psychologie. (VII, 27 S.) 8. Ebd. 908. — 80

Pila, F., Anleitung zum Entwerfen von Bergzeichnungen in Niveaulinien als Mittel zum schnellen Lesen u. Verstehen v. Niveaulinien-Zeichnungen. gr. 8. (16 S. m. 6 Taf.) Berlin 889. Bath. n. 1. —

Pila, F., Planzeichnen. Theoretische und praktische Anleitung zum Terrain- und Situationszeichnen mit Berücksicht. der Terraindarstellung durch Abschattirung unter senkrechter und schräger Beleuchtung, nebst histor. Notizen über die Entwicklung des Bergzeichnens und einem Anhang über Zeichnen-Utensilien und Materialien. Für Militairschulen und zum Selbststudium. Auf Veranlassung der königl. Oberfeuerwerkerschule bearb. gr. 8. (XIII, 192 S. mit 9 lithogr. Fig.-Taf.) Berlin 880, Bath. *

Pilar, Georg

Pilar, G., e. **Beitrag** zur Frage üb. die Ursache der Eiszeiten. Nach e. in der Sitzg. der südsl. Akademie vom 27. Jan. 1875 geh. u. im „Rad" knj. XXX. abgedr. Vortrage. gr. 8. (69 S.) Agram 876. Suppan. n. 1. 60

Pilar, Geo., die Excentricität der Erdbahn als Ursache der Eiszeit. Vortrag gehalten den 5. März 1872 in der Sitzung der k. k. geolog. Reichsanstalt zu Wien. 8. (24 S.) Agram 873, (Suppan's Buchh.) *

Pilar, Geo., flora fossilis Susedana. Descriptio plantarum fossilium quae in lapicidinis ad Nedelja, Sused, Dolje etc. in vicinitate civitatis Zagrabiensis hucusque reperta sunt. Ed. academia scientiarum et artium Slav. merid. gr. 4. (VIII, 163 S. m. 15 color. Steintaf. u. 15 Bl. Erklärgn.) Agram 883. Hartman's academ. Buchh. n.n. 16. —

Pilar, G., Grundzüge der Abyssodynamik, zugleich ein Beitrag zu der durch das Agramer Erdbeben vom 9. November 1880 neu angeregten Erdbebenfrage. Mit 31 (eingedr.) Zinkogr. gr. 8. (X, 220 S.) Agram 881. Suppan in Comm. n. 4. —

Pilař, Joh., Grubenkatastrophe u. Gewältigungsarbeiten in d. Steinkohlenbergbaue z. Karwin, s.: Kohout, Joh.

Pilaric, Jo. Stephan, s. Pilarik

Pilarik, patriotische Fragmente gegen die Demokratie. Halle 862. Petersen in Comm. gr. 8. (8 S.) 3 ngr.

Pilarik, E. L. D., die Uebereinstimmung d. biblischen Schöpfungsberichts mit den Ergebnissen der Naturwissenschaft u. Geschichte. 16. (V, 48 S.) Leipzig 880. Böhme. n. — 50

Pilarik, Heinrich Samuel (Wittenberg/Sachsen), De poenis ministrorum principis delinquentium. Diss. jur. Präs. Augustin Leyser. Wittenberg (E. G. Eichsfeld) 9. IV. 1735. 37 S. (4.50) 26505

Pilarik., J. Gf., Adern der Andacht. 3 Thle. 8. Lübben, Voß. 728-30.

— Fragen über die Augsburg. Confession. 12. Ebendas. 730.

— Jubelfreude d. Betrachtungen über die Augsburg. Confess. 8. Ebend. 730.

— meditationes poet. in libr. bibl. 8. Francof. Knoch. 726.

— **Joh. Steph.** (Wittenberg/Sachsen), De affectibus in genere, et in specie de affectu invidiae. Diss. ethica. Präs. Heinrich Klausing. Wittenberg (Meyer) 9. XI. 1709. (4.50) ?6507
Gew.: Caspar Loescher, Val. Ernst Loescher, Gottlieb Wernsdorf, Jo. Wilhelm Berger, Heinrich Klausing.

Pilarik, J. Stephan [Praes.], s. Biehler, Benj.: Lapides Romanorum juxta vias positos.

Pilaric, Jo. Stephan (Wittenberg/Sachsen), Delectum longini. Präs. Jo. Wilhelm Berger. Wittenberg (Schroeder) 7. VII. 1712. (4.—) 26504

Pilarik, Steph., katechet. Lehrgrund, m. K. 8. Bautz. Richter. 714.

Pilarinow, D. G., *Παραβολὴ Δίωνος τοῦ χρυσοστόμου πρὸς Πλάτωνα Ξενοφῶντα Δημοσθένη καὶ Αἰσχίνην.* Diss. 1887. 98 S. 1.20

Pilarz, Ad.

Pilarz, A., hist. Moraviae, III Pts. 8. maj. Brünn. (Gleditsch, Lips.) 787.

Pilarz*, Ad.,** s. ***Morawetz, historia Moraviae.

Pilaski, Alphons.: De possessione servi et per servum acquirenda retinenda. Berolini (1862). (41 S.) 8°
Berlin, Jur. Diss. v. 23. Jan. 1862

Pilasterfüllungen der Façaden der Certosa bei Pavia, nach 20 Orig.-Aufnahmen von Alfr. Noack in Genua. Fol. (20 Photogr.) [Leipzig 882, Schüller.] Berlin, Bette. In Mappe *

Pilat, Alois von

Pilat, A. v., Normalien der k. k. Gendarmerie, s. Normalien.

Pilat, Alois v., Normalien der k. k. Gensdarmerie. Zusammengestellt u. mit Bewilligung des h. Landes-Gendarmerie-Kommandos herausg. 1. Bd. Jahrg. 1850. Wien 856. Sommer. (F. Klemm.) gr. 8. (4 Bl., 262 S.) n. 1 rthl. 10 ngr.

Pilat, Alois von — Normalien der k. k. Gend'armerie. Zusammengestellt und mit Bewilligung des h. Landes-Gend'armerie-Kommandos herausgegeben von — —. 2. Band. Jahrg. 1851. Mit 2 lithogr. Tafeln. Wien, 1856. Verlag, Druck und Papier von Leopold Sommer. (261 S. 8.)

Pilat, Alois von — k. k. Oberlieutenant im k. k. Gend'armerie-Regiment. Normalien der k. k. Gend'armerie zusammengestellt und mit Bewilligung des hohen Landes-Gend'armerie-Kommandos herausgegeben von — —. 3ter Bd. Jahrg. 1852. Mit 2 lithogr. Tafeln. Wien, 1857. Verlag und Druck von Leop. Sommer. (224 S. gr. 8.)

Pilat, Alois von — Normalien der k. k. Gendarmerie zusammengestellt und mit Bewilligung des hohen Landes-Gendarmerie-Kommandos herausgegeben von — —. K. k. Oberlieutenant im k. k. 1. Gendarmerie-Regimente. 4. Bd. Jahrg. 1853 und 5. Bd. Jahrg. 1854. Wien, 1857. Verlag, Druck und Papier von Leop. Sommer. (S. 1—192 des 4. Bandes. S. 1—244 des 5. Bandes 8)

Pilat, Alois v., *k. k. Oberlieutenant.* Normalien der k. k. Gendarmerie. Zusammengestellt und mit Bewilligung des h. Landes-Gend.-Comds. herausgegeben. *Wien* 1858. *Leop. Sommer.* VIII. Bd. Jahrg. 1857. 259 S. 8°. Mit 2 Taf. u. alphab. Register zu den JJ. 1855, 1856 u. 1857. 2 fl.

Pilat, Alois v., das Strafgesetz über Verbrechen, mit Hinblick auf die Paragrafe 28 u. 29 der Dienstinstruktion zum Unterrichte für Gendarmen. Wien 858. Sommer. (F. Klemm.) gr. 8. (3 Bl., 84 S.) n. 8 ngr

Gelöste D i s s o n a n z e n. Von Fanny v. **Pilat.** Brixen: Selbstverl. 1901. 214 S. 8°

Pilat, Frz., Untersuchungs-Methoden zur Erkenng. d. im Handel vorkommenden Waren, nebst e. Sammlg. d. auf d. zollämtl. Untersuchg. bezughab. gegenwärt. in Kraft steh. Verordngn. Chemisch-technolog. Hilfsbuch f. k. k. Zollbeamte, Kaufleute u. A. M. 22 in d. Text gedr. v. Alois J. Kotter nach dem Mikroskop gezeichn. Abb. Lex.-8. (IX, 244 S.) Olmütz 898. (R. Promberger.) n. 6. 30

PILAT, JOSEF: Die katholischen Männer- und Frauen-Klöster der Österr(eichischen)-Ungar(ischen) Monarchie. Wien 1875: Eipeldauer. 216 S. - 270 mm

Pilat, Rud. Jos., über Arme u. Armenpflege. 8. Berl. 804. (Brandenburg.) 5 gr

Pilat, Rud. Jos., über Armen und Armenpflege. 8. Berlin, Unger. 804.

Pilat, R. J. Ueber Arme und Armenpflege. 8. *Berlin, Unger, jetzt Sommerbrodt.* **1804**

Pilat, Stanislaus, a. Lemberg: Intramoleculare Veränderungen der Cyanursäure und ihrer Salze. Krakau 1905: Jagelleonische Universitäts-Buchdruckerei. (30 S.) 8°
Leipzig, Phil. Fak., Ref. Hantzsch, Ostwald, Diss. v. 10. Sept. 1905
[Geb. 25. Jan. 81 Lemberg; Wohnort: Lemberg; Staatsangeh.: Österreich; Vorbildung: III. Gymn. Lemberg Reife Juni 99; Studium: Lemberg T.H. 1, Charlottenburg T.H. 4, Würzburg 3, Leipzig 1 S.; Rig. 29. Juli u. 2. Aug. 04.]

Pilati, Karl Anton, s. P i l a t i di Tassulo, Carlo Antonio

Pilati, Margar., Methodik des deutschen Unterrichts in der Volksschule, s.: M ü n c h, Ferd.

Pilati, Max, Preußens Bücherverbote in Betreff der Buchhändler u. Privatpersonen. gr. 8. (48 S.) Berlin 847, Springer. n. 1/3 Thlr

Pilati, Max Graf, der Herthasee. 8. (26 S.) [Breslau 879, Gosohorsky's Buchh.] Freiburg i. Br., Kiepert. *
geb. mit Goldschn. *

Pilati, Wilh. Carl, der National-Garde als Wehrmann. Erschöpfende Entwickelung seiner Dienstes-Obliegenheiten. Mit (1) lith. Plan. 12. (152 S. m. 1 Tab. in Fol.) Gratz 848. (Kienreich.) 1/3 Thlr

Pilati di Tassulo, Carlo Antonio

Pilati, K. Ant., christl. Betrachtungen über den gegenw. Krieg Oesterreichs mit der Pforte. 8. Prag, Diesbach. 788.

Pilati, Abbé, s. Briefe über Holland.

Pilati di Tassulo, C. A. Briefe über die gegenwärtigen Zustände von Holland. Berlin 1782. Ü: *Trost, Carl Frdr.* (EngG)

– s. Geschichte d. Veränderungen in d. Regierung.

– s. Lettres sur la Hollande.

— Reisen in verschiedenen Ländern von Europa; oder Briefe, die aus Deutschland, der Schweiz, Italien, Sicilien und Paris geschrieben worden. A. d. Französ. Bd. 1. 2. Leipzig 1778. 8. . . . . (1).

– s. Traité des Loix.

– s. Voyage en différens pays de l'Europe.

— Voyage en Suisse, en Allemagne, en Italie. II Vol. 8. Berne, Typ. 778.

— bestritt. Wirklichkeit des natürl. Gesetzes, a. d. Ital. 8. Lindau, Otto. 767.

— — dass. 8. Dresden, Hilscher. 774.

Pilati de Tassulo, Carlo Antonio. Bestrittene Wirklichkeit des natürlichen Gesetzes; a. d. Ital. Lindau 1797. Ü: *Winning, Wilh. Heinr.* (Ky)

de Pilati de Tassulo, Karl Ant., († d. 27. Oct. 1802.) bestrittene Wirklichkeit des natürl. Gesetzes; aus d. Italien. (v. W. H. Winning). 8. Lindau 797. Otto. 20 gr

Pilati v. Thassul zu Daxberg, Eustachius Graf, Etikette-Plaudereien. 1. u. 2. Aufl. (1.—6. Taus.) (XI, 419 S.) 8. Berlin 904. 906. Deutsches Druck- u. Verlagshaus. Geb. in Leinw. n. 3. —

Pilati v. Thassul zu Daxberg, Eustachius Graf, Etikette-Plaudereien. 4. Aufl. (10.—12. Taus.) (XI, 419 S.) 8. Berlin (910). Deutsches Druck- u. Verlagshaus.
Geb. in Leinw. 3. —

Pilatus [Sachliches OW]

PILATUS, oder die T u g e n d e n und U n t u g e n d e n der G r o s s e n, aus d. Wälschen frey übersetzt v. S. v. St. O. O. 1786. 8°. (1 Mk. A. Creutzer, Aachen, 1906.) Selten!

Pilatus, od. d. Tugenden u. Untugend. d. Großen. 8. Salzburg, Mayr. 786.

Pilatus, der. Zur Erinnerung an die 5. Jahresversammlung des Schweizer-Alpenclub in Luzern, 21., 22. u. 23. Septbr. 1867. Luzern 868. Schiffmann. gr. 8. (52 S. mit 1 Steintaf.) n. 10 ngr

Pilatus und Herodes oder Als es über den dritten her ging, wurden sie Freunde. Darmstadt: Senten & Memelhoff 1790. 16 S. 8°
cf. D. neuesten Religionsbegebenheiten. (1790) S. 344–346.
Kl. 3427. Betr. die Starckschen Streitigkeiten, Der Dritte, dessentwegen v. Dörper u. Starck Freunde geworden sind, ist K. D. Werht.

D-Z. Pontius Pilatus . . . oder kleiner Beytrag zu kreisämtlichen Wissenschaften. Hrg. v. – u. M - dd - lf - rg. O. V. o. O. 1784.

Pilatus. Der P' und seine Umgebungen (*Umschlag: Umgebung). (Beschrieben… in allen seinen Schönheiten… und Seltenheiten.) Souvenir für Touristen. Mit mehrern Ansichten [wovon 3 Tafeln] und einer Musikbeilage. 8. Luzern *o. J.* [1861/70].

Pilatus [Schlagwort]

Pilatus, s.: Westentaschen-Sammlung.

Pilatus [Verfasser]

Pilatus, s.a. Naumann, Vikt.

Pilatus (Vikt. Naumann), s.: Jesuitismus, der.

— s.a. Quos ego!

Quos ego! Fehdebriefe wider d. Grafen Paul Hoensbroech von **Pilatus**. *Regensburg: G. J. Manz 1903.* (VIII, 497 S.) 8° [J.] [03. 4453

Pilatus s.: Was ist Wahrheit?

Pilatus, Irenaeus (Schulz), s.a. Was verlangen wir vom Richterstande

Pilatus, Irenaeus, Was verlangen wir vom Richterstande? E. jur. Studie in sozial-pädag. Beleuchtung. Dresden 1905. 8°.

Pilatusfrage, die alte, s. Beiträge, kleine, zur Lösung der religiösen Fragen.

Pilawa, Themidis arae Religionis, fortunae patriae et honoris votum ac decus perenne, . . . [Leopoli] 1729. V: *Gutkowski (Gut), Johann.* (Jes)

Pilch, Adolf [Referendar]: Der Niessbrauch an Inhaberpapieren mit Prämien nach dem Recht des Bürgerlichen Gesetzbuches ... Berlin, Druck v. W. Pilz, 1897; 52 S. 8.
Erlangen, Jur. Fak., Inaug.-Diss. v. 1897

Pilch, Adf., d. Niessbrauch an Inhaberpapieren m. Prämien nach d. Recht d. bürgerl. Gesetzbuches. gr. 8. (52 S.) Berlin 897. Struppe & Winckler. n. 1. —

Pilch F.: Maßanalytische Versuche mit kleinen Flüssigkeitsmengen (mit 2 Textfiguren). S. 119. Hb. 1051 . . . . vgr.
Separatabdruck

Pilch, Leo, aus Gumbinnen: Umwandlung des altenglischen Alliterationsverses in den mittelenglischen Reimvers. *Königsberg i. Pr. 1904: Hartung.* (72 S.) 8°
Königsberg, Phil. Diss. v. 14. Juli 1904

Pilchoswki (vielmehr **Pilchowski**), Ern. Frid. Guil. Siegfr. (geb. Charlottenhof in Ostpr. 26. 3. 1833): De reumatismo [!] articulorum acuto. Berolini (1861). (32 S.) 8°
Berlin, Med. Diss. v. 19. Sept. 1861

Pilcz, Alex., Alkohol u. Entartung, s.: Vom österreichischen Kampfplatz gegen den Alkoholismus.

— Beitrag zur vergleichenden Rassen-Psychiatrie. (IV. 44 S.) Lex.-8. Wien 906. F. Deuticke. n. 2. 50

— die Erscheinungen d. Schwachsinnes. Ueber den moralischen Schwachsinn, s.: Beiträge zur Schwachsinnigen-Fürsorge. 2. Hft.

Pilcz, Alex., die periodischen Geistesstörungen. Eine klin. Studie. Mit 57 Curven im Text. gr. 8. (VII, 210 S.) Jena 901. G. Fischer. n. 5. —

Pilcz, Alex., s.: Kongress, III. internationaler, f. Irrenpflege.

— Lehrbuch der speziellen Psychiatrie f. Studierende u. Aerzte. (XIII, 249 S.) gr. 8. Wien 904. F. Deuticke. n. 5. —

— Lehrbuch der speziellen Psychiatrie f. Studierende u. Ärzte. 2., verb. Aufl. (XV, 294 S.) gr. 8. Wien 909. F. Deuticke. 6. 80

Spezielle gerichtliche Psychiatrie f. Juristen u. Mediziner von Prof. Dr. Alexander **Pilcz**. Leipzig & Wien: F. Deuticke 1908. (VII, 216 S.) 8° [08. 5602

— Die Verstimmungszustände, s.a. Grenzfragen des Nerven- u. Seelenlebens. 63. Heft.

Die Verstimmungszustände. Studie von Prof. Dr. Alexander **Pilcz**. Wiesbaden: Bergmann 1909. 43 S. 8°
(Grenzfragen d. Nerven- u. Seelenlebens. H. 63.) [09. 1608

— das f. den Laien Wissenswerte üb. Epilepsie, s.: Beiträge zur Schwachsinnigen-Fürsorge. 3. Hft.

Pilcz, E. M., die Wiener Presse! 8. (16 S.) Wien 902. C. Teufen Nachf. n. 1. —
Sonderabdruck aus: „Jaeger's Wiener Almanach".

Pilder, Hans: Die Russisch-Amerikanische Handelskompanie bis 1825. ⟨T. 1.⟩ (Berlin 1909: G. Schade.) 35 S. 8°
¶(Der übrige größere Teil ersch. in: Abhandlungen z. Verkehrs- u. Seegeschichte.)
Berlin, Phil. Diss. v. 28. Mai 1909, Ref. Schiemann
[Geb. 17. Okt. 85 Bromberg; Wohnort: Berlin; Staatsangeh.: Preußen; Vorbildung: Askan. Gymn. Berlin Reife O. 05; Studium: Berlin 8 S.; Rig. 1. März 09.] [U 09. 247

Pildner v. Steinburg, Jul., Weltanschauung. (16 S.) kl. 8. Hermannstadt 910. W. Krafft. — 50

Pilecka, Vikt., deutsches Lesebuch, s.: Jacobi, Alfr.

Das Recht des Erfinders [Pravo izobrétatelja]. Die Privilegien auf Erfindungen u. ihr Schutz im russ. u. internat. Recht. Hist.-dogmat. Untersuchung von A[leksandr Aleksandrovič] **Pilenko**, Privatd., St. Petersburg. Vom Verf. genehm. Übers. von M[ax] Augustin. Durchgesehen u. mit Anm. versehen von F[erdinand] Siebenbürgen. Berlin: C. Heymann 1907. (XVIII, 704 S.) 8° [07. 4603

Pileomanie, die; od. zu viel ist zu viel. Lustsp. 8. Bayr. Lübeck. 789.

Piles, Roger de. Einleitung in die Mahlerey nach Grundsätzen; a. d. Franz. Leipz. 1760. Ü: *Martini, Georg Heinrich.* (ML) (Ky)

v. **Piles**, Rog., Einleit. in die Malerei a. Grundsätzen; aus d. Französ. (v. G. H. Martini.) Mit Kpf. 8. Leipz. 760. Dyk. 16 gr. Schrbp. 1 ₰

Piles, Rogger de, Hist. und Leben der. **Maler.** 12. Hamb. Schiller. 710.

Pilet, Karl, Gerichtsref. aus Magdeburg: Der **Rechtsgrund** der Alimentationsverbindlichkeit des ausserehelichen Vaters mit besonderer Berücksichtigung der exceptio plurium concumbentium. *Magdeburg 1900: E. Baensch jun.* (59 S.) 8°
Freiburg i. B., Rechts- u. staatswiss. Diss. v. 1900

Pilet, Otto, ein Rückblick auf mein Leben insbesondere auf die Entwickelung des Handels in den letzten 50 Jahren. gr. 8. (88 S.) Magdeburg 900. Faber. n. 2.—; geb. n. 2.50

Pilet, Otto, der Zuckerhandel, s.a. Zuckerindustrie, die. II.

Der Zuckerhandel. Von Otto **Pilet**, Magdeburg. Leipzig & Berlin: B. G. Teubner 1905. (91 S.) 8°
— Zuckerindustrie, Die. 2.
Teubners Handbücher f. Handel u. Gewerbe.) [05. 12547

Pilet, Will. Théorie élémentaire de la musique et premiers principes d'harmonie, à l'usage des écoles et des pensionnats. 8. (77 S.) Vevey 890, Schlesinger. cart. ** — 80

Pilet-Joly, S., la bonté et la sévérité de Dieu, annoncées en quatre Sermons. Lex.-8. (5¾ B.) Francfort s. M. 834, Schmerber.

Piletschka, Joh., Märchenschatz aus den mährischen Karpathen, s. **Jugendbibliothek.**

Pileur, s. d'Apligny, le Pileur.

Pileur, Dapligny, Baumwollen- und Leinen-Färberey, a. d. Franz. mit Anmerk. und Zusätzen v. Jäger. gr. 8. Leipzig, Griesshammer. 799. Rthlr.

Pileur-Dapligny, die Baumwollen- u. Leinenfärberei. A. d. Franz. übers. u. mit Anmerkn. u. Zusätzen begl. v. D. Jäger. Neue Ausg. gr. 8. (11¼ B.) Leipzig 834, Fischer u. Fuchs.

Pilf, *Heinrich Julius Ernst* Traugott [aus Blankenburg a. H.]: Aus d. chirurg. Klinik zu Bonn. Ueber die operative Behandlung der Rektumcarcinome m. bes. Berücks. d. Kraskeschen Methode ... Bonn, Buchdr. J. Bach Wwe., 1892; 40 [vielm. 42] S., 1 Bl. 8.
Bonn, Med. Fak., Inaug.-Diss. v. [20.] Febr. 1892

— **Geschichten aus der Ostmark.** (225 S.) 8. Lissa (908). [L. Eulitz.] Wiesbaden, H. Staadt. 3.—; geb. 4.—

Pilf, Traug., Glück im Vorübergehen u. andere Novellen. 8. (V, 130 S.) Dresden 893. E. Pierson. n. 1.60; geb. n. 2.50

Pilf, Traug., Doktor Dackels Operationstisch. Eine fröhl. Geschichte. (64 S.) kl. 8. Hamburg 908. Gebr. Lüdeking. 1.—; Luxusausg. 3.—

— **Grete Rautenstrauch.** Roman. (III, 278 S.) 8. Wiesbaden (910). H. Staadt nn 4.50; geb. nn 5.50

Pilger: Der Pilger (Sh)
s.a. Der Pilger aus Bern.

Pilger, die,. Schausp. v. Ziegler. 8. Wien, Wallishäuser.

Pilger, Die, ein Seitenstück zum Waldbruder im Eichthale. Offenb. 1796. V: *Schreiber, Alois Wilh.* (EE) (NN) (Ky) (Kn)

Pilger, der, ein Seitenstück zum Waldbruder im Eichthale, von denselben Verf. (Prof. Schreiber) m. 1 K. 12. Offenbach, 796. Brede. 15 sgl.

Pilger: Der Pilger (Sz)
① Ein Sonntagsblatt zur Belebung religiösen Sinnes ⑤ 1842—1849 ⑥ 8°; 4° (1849) ⑦ Wochenblatt ⑧ Einsiedeln: Gebr. Karl und Niklaus Benziger ⑨ Pilger-Chronik (1843—1848) ⑩ einige Kapitularen des Stiftes Einsiedeln; ein Verein katholischer Geistlicher (1848) ⑪ P. Gall Morel ⑫ katholisch ⑬ BGSZ: 1058 ⑭ Ei: Sb; Lu: Z; Be: L (1842—1847, 1849) ⑮ Religiöse Zeitschrift, die hier erwähnt wird, weil die Beilage (Pilger-Chronik) Mitteilungen aus aller Welt und über das politische Geschehen in der Schweiz bringt. Im Jg. 1849 finden sich diese Mitteilungen, da die Beilage nicht mehr erscheint, im Hauptblatt.

—— der, ein **Sonntagsblatt** zur Belebung religiösen Sinnes. Hrsg. v. einigen Kapitularen d. Stifts Einsiedeln. 1—6. Jahrg. 1842—47. à J. 12 Hfte. (Mit den Beilagen: Pilger-Chronik. — Literar. Anzeiger.) 4. Einsiedeln, Gebr. Benziger. à J. *
Jahrg. 1842—1845. Hrbgef. Pr. à 1 Thlr. 6 Ngr.

—— der. Ein **Sonntagsblatt** zur Belebung religiösen Sinnes. 7. und 8. Jahrg. 1848 und 1849. à 52 Nrn. (Bog.) Mit Stnt. und Holzschn., und dem Beiblatte: Pilger-Chronik. 52 Nrn. (½ Bog.) 4. Einsiedeln, Gebr. Benziger à Jahrg. *

Pilger, der. Illustrirter Kalender für das kathol. Volk. 1. Jahrg. 1864. Herausg. von Dr. Ant. Kerschbaumer. Unter Mitwirkung mehrerer Freunde. 2. Aufl. Mit eingedr. Holzschn. u. 1 Tafel. 8. (V. 130 S.) Wien, Mechith. Congr. B. 40 kr.

(4.) **Pilger**, der. Illustrirter Kalender für das katholische Volk. 2. Jahrg. 1865. Herausg. von Dr. Anton Kerschbaumer unter Mitwirkung mehrerer Freunde. Mit 1 Titelkupfer. 8. (138 S.) Wien, Mechitb.-Congr. B. 40 kr.

(5.) **Pilger**, der. Illustrirter Kalender für das katholische Volk. 3. Jahrg. 1866. Herausg. von Dr Anton Kerschbaumer. Unter Mitwirkung mehrerer Freunde. 8. (140 S.) Wien, Mechitb.-Congr.-Buchh. 40 kr.

(6.) **Pilger**, der. Illustrirter Kalender für das katholische Volk. 4. Jahrg. 1867. Herausgegeben v. Dr. Anton Kerschbaumer. Unter Mitwirkung mehrerer Freunde. 8. (141 S.) Wien, Mechitbaristen-C.-B. 40 kr.

(7.) — — der. Illustrirter Kalender für das katholische Volk auf das Schaltjahr 1868. 5. Jahrg. Mit dem Porträt Pius IX. kl. 8. (134 S.) Ebds. 40 kr.

(8.) — — Illustrirter Kalender für das katholische Volk auf das Jahr 1869. 6. Jahrgang. Mit 7 Holzschnitten. 8. (143 S.) Wien, Mechitharisten-C.-B. 40 kr.

Pilger, der. Illustrirter Kalender für das katholische Volk auf das Jahr 1871. 8. Jahrgang. 8. (96 S.) Wien, Kirsch. 40 kr.

— **der. Illustrirter Kalender f. das kathol. Volk auf das J. 1878. 9. Jahrg. 8. (XLVIII, 112 S. m. eingedr. Holzschn. u. e. Holzschntaf.) Ebend.** n. 1. —

—— der. Illustrirter Kalender für das kathol. Volk auf die J. 1868—1874. 8. (à ca. 160 S. mit eingedr. Holzschn. und Holzschntaf.) Ebendas. à Jahrg. *

Pilger, der. Familienblatt für alle Stände. Redact.: A. Keiß. 1. Jahrg. 1867. 24 Nrn. (à 1½ Bgn.) Wien, Mechitharisten-Congregations-Buchh. 4. 1 ₰

Pilger, der. Familienblatt für alle Stände. Redact.: A. Keiß. 2. Jahrg. 1868. 36 Nrn. (à 1⅓ Bog.) 4. Wien, Mechithar.-Congr.-Buchh. * *

—— dass. — Redact.: A. Keiß. 3.—6. Jahrg. 1869—1872. à Jahrg. 36 Nrn. (à 1⅓ Bog.) 4. Wien, Kirsch. à Jahrg. *

—— dass. — Redact.: Ant. Steiner. 7. und 8. Jahrg. 1873 und 1874. à Jahrg. 36 Nrn. (Bog.) 4. Ebendas. à Jahrg. * *

Pilger, der. Familienblatt für alle Stände. 9.—13. Jahrg. 1875—1879. à Jahrg. 36 Nrn. (Bog.) 4. Wien, Kirsch. à Jahrg. * *

Pilger, der. Ein reformirtes Volksblatt. Red.: Geyser. Jahrg. 1886. 52 Nrn. (½ B.) gr. 8. Barmen, Exped. d. Reformirten Schriftenvereins. n. 2. —

Pilger, der. Ein reformirtes Volksblatt. Red.: Geyser. Jahrg. 1887. 52 Nrn. (½ B.) gr. 8. Barmen, Verlag d. Reformirten Schriftenvereins. n. 2. —

— dasselbe. Red. v. Neuenhaus u. Geyser. Jahrg. 1888. 52 Nrn. (½ B.) gr. 8. Elberfeld, Reformirter Schriftenverein (F. Könker). n. 3. 60

Pilger, der. Ein reform. Gemeindeblatt f. Rheinland u. Westfalen. Red. v. Pusen, unt. Mitwirkg. v. Schärer, Kind u. gleichgesinnten Freunden. 6. u. 7. Jahrg. 1895—1896. à 52 Nrn. (à ca. 8 S.) gr. 8. Elberfeld, Verlag d. Reformirten Schriftenvereins. à Jahrg. n. 2. —

— Gemeindeblatt f. d. ev. reform. Gemeinden in Rheinland u. Westfalen. Hrsg. v. Kind u. Schärer, unter Mitwirkg. v. Klug, Krafft, Haarbeck ꝛc. u. gleichgesinnten Freunden. 8. Jahrg. 1897. 52 Nrn. (à ca. 8 S.) gr. 8. Ebd. n. 2. —

— Erbauungsblatt f. evang. reform. Gemeinden. Hrsg. v. Reform. Schriftenverein unt. Mitwirkg. v. Kind, Krafft, Klug ꝛc. u. gleichgesinnten Freunden. Schriftleitg.: Kind. 9. Jahrg. 1898. 52 Nrn. (à ca. 8 S.) gr. 8. Ebd. n 2. —
Kann auch vierteljährlich bezogen werden.

Pilger, der. Erbauungsblatt f. evang.-reformirte Gemeinden. Hrsg. vom Reformirten Schriftenverein. Schriftleitung: Buchholz unter Mitwirkg. v. gleichgesinnten Freunden. 10.—13. Jahrg. 1899—1902. à 52 Nrn. gr. 8. (à ca. 8 S.) Elberfeld, Verlag des reformirten Schriftenvereins. à Jahrg. n. 2. —
Jahrg. 10 ist v. Kind, Jahrgge. 11 u. 12 v. Kolfhaus redigiert.

Pilger, der. Erbauungsblatt f. reformirte Gemeinden. Hrsg. vom Reformirten Schriftenverein. Schriftleitung: Buchholz unter Mitwirkg. v. gleichgesinnten Freunden. 14. bis 17. Jahrg. 1903—1906. à 52 Nrn. (416, 424, 416 u. 416 S.) gr. 8. Elberfeld, Verlag des Reformirten Schriftenvereins. à Jhrg. n. 2. —

Pilger, der. Erbauungsblatt f. evang. reformirte Gemeinden. Schriftleitung: H. Krafft unter Mitwirkg. v. gleichgesinnten Freunden. 18.—21. Jahrg. 1907—1910. à 52 Nrn. (IV, 416; IV, 416; IV, 416 u. IV, 424 S.) Lex. 8. Elberfeld, Verlag des Reformirten Schriftenvereins. à Jahrg. 2. —

Der Pilger: 1901? –1927?
Roman Catholic monthly in the interest of Adoration of the Virgin.
Starkenburg, MO

— der. Evangelischer Kalender f. Dorf u. Stadt f. 1905. (112 S. m. Abbildgn.) gr. 8. Aschersleben. (Lage, H Welchert.) — 30

Pilger: Der Pilger aus Bern
① Ein wöchentliches Blatt (1868) ② Der Pilger (1875—12. 4. 1879). Volksblatt für Stadt und Land; als Ausgabe für die Ostschweiz: Eidgenössische Zeitung (ab 19. 4. 1879) ⑤ 2. Hälfte 1866—27. 12. 1879 ⑥ 4°, später 2° ⑦ alle 14 Tage (1866—1867); Wochenblatt (1868—1871); 2× wöchentlich (1872—1879) ⑧ Bern: Kernen & Gaudard (bis 21. 9. 1867), Ed. Kernen (5. 10.—Ende 1867), K. J. Wyß (1868—1874); Schaffhausen: Alexander Gelzer (bis 22. 8. 1877). Carl H. Mann (bis 15. 4. 1879); Basel: F. Rihm (19. 4.—27. 12. 1879) ⑩ Carl H. Stamm ⑪ Carl H. Stamm ⑫ positiv-evangelisch ⑬ BGSZ: 973, 1052, 1053; Volksblatt für Stadt und Land 1879, Nr. 101 ⑭ Be: L; Sh: St, S.

—— der, aus Bern. 3.—8. Jahrg. 1868—1873. à Jahrg. 52 Nrn. (à ½—1 Bog.) gr. 4. Bern, (Mann und Baeschlin.) 3.—6. Jahrg. à * 7. und 8. Jahrg. à *

—— dass. — Redact.: C. H. Mann. 9. Jahrg. 1874. 104 Nrn. (Bog.) 4. Ebendas. * *

Pilger: Bützbergischer unvaterländischer Pilger
⑮ Vom «Oberländer Anzeiger» (Be) in Nr. 24, v. 23. 2. 1851 verwendeter Ausdruck für die Zeitung «Der vaterländische Pilger».

Pilger, der christliche, od. Geschichte der berühmtesten Gnadenorte nebst vollständ. Andachten bei denselben. 2. Aufl. 12. (9 B. u. 8 Abbild.) Coblenz 846, Hölscher.

— der christliche. Ein katholisches Sonntagsblatt. Red.: Hällmeyer. Jahrg. 1848. 52 Nrn. gr. 4. (½ B.) Mainz, Kirchheim, Schott & Thielmann. n. 24 ngr

— der christliche. Ein katholisches Sonntagsblatt. 15. 16. Jahrg. 1862 u. 63. Red.: Hällmeyer. — 17. Jahrg. 1864. Red.: Riebinger. à 52 Nrn. (à 1 Bgn.) Speyer, Bregenzer. 4. Jeder Jahrg. n. 24 ngr

—— dass. — Redact.: Riebinger. 17.—19. Jahrg. 1864—66. à Jahrg. 52 Nrn. (Bog.) gr. 4. Ebendas. à Jahrg. *

—— dass. — Redact.: Riebinger. 20. Jahrg. 1867. 52 Nrn. (Bog.) gr. 4. Speyer, Kleeberger. * * —

—— der christliche. Ein kathol. Sonntagsblatt. Redact.: Riedinger. [21.—27. Jahrg.] 1868—1874. à Jahrg. 52 Nrn. (Bog.) gr. 4. Speyer, (Kleeberger.) à Jahrg. *

—— der deutsche, durch d. Welt. Kalender u. Volksbuch f. alle Länder deutscher Zunge a. d. J. 1842. Hrsg. von einer Gesellschaft von Gelehrten u. Schriftstellern, mit Beiträgen v. Leop. Schefer, Stern, Scholder, M. Honeck, Ludw. Storch, ꝛc Mit Stnt. u. Holzschnn. gr. Lex.-8. (14¾ B.) Stuttgart 841, Hallberger'sche Vrlgh. *

—— der deutsche, durch die Welt. Ein lustiger u. lehrreicher Volkskalender f. alle Länder deutscher Zunge f. d. J. 1843—47. 2—6. Jahrg. Mit Stnt. u. vielen Origin.-Holzschn. gr. Lex.-8. Stuttgart, Hallberger'sche Vrlgsh. [2. (14¾ B.) 3. (16 B.) 4. (13 B.) 5. (12 B.) 6. (13 B.) à * 15 Ngr.] *
1. Jahrg. 1842. Ebendas. * 15 Ngr.

— der deutsche, durch die Welt. Ein unterhaltender u. lehrreicher Volkskalender für alle Länder deutscher Zunge auf d. J. 1848—1852. Hrsg. v. einer Gesellschaft v. Gelehrten u. Schriftstellern ꝛc. Mit vielen Orig.-Holzschn., Musik-Beilagen ꝛc. 7—11. Jahrg. Lex. 8. (1848: XXXII u. 204 S. 1849: XXXII u. 176 S. 1850: XXXVI u. 162 S. 1851: XXXVI u. 160 S. 1852: XXXVI u. 144 S. m. 1 lith. u. col. Titelbild.) Stuttgart, Hallberger'sche Verlagshandlung. à n. ½ ₰

Pilger, der deutsche, durch die Welt. Kalender und Volksbuch für alle Länder deutscher Zunge auf das Jahr 1853 u. 1854. Herausg. von Paul Pressel. Mit vielen Orig.-Holzschn. 12. u. 13. Jahrg. Stuttgart, Hallberger'sche Verlhdlg. Lex.-8. (2 Bl., 128 S.; 2 Bl., 144 S.) Jeder Jahrg. n. 15 ngr.

— die drei, od. der Glaube, siehe: Gnaden, die, des Christenthums.

Pilger, der fromme, in Jerusalem und im heiligen Lande. Ein vollständiges Gebetbuch. Verfaßt in Jerusalem von einem Franziskaner-Ordenspriester und Wächter am heil. Grabe. 8. (422 S. mit 1 Stahlst.) Regensburg 858, Manz.

— der fromme, od. Anleitg. zum gottgefäll. Wallfahrten. Eine Auswahl v. Gebeten f. fromme Pilger auf der Wallfahrt, wie in allen Lagen d. Lebens 2c., nebst den gewöhnl. Andachtsübgn. Gesammelt v. e. kathol. Geistlichen. Mit (3 lith.) Bildern. gr. 16. (504 S.) Einsiedeln 875. Eberle, Kälin & Co. n. 1. —

— der, unter den Gemeinden d. Herrn. Hrsg.: J. A. Gülzau. 10. u. 11. Jahrg. 1873 u. 1874 à 12 Nrn. (B.) Fol. Elberfeld, Lucas. à Jahrg. n. 1. —

—— der, unter den Gemeinden des Herrn. Hrsgbr.: H. Brucker. 12.—16. Jahrg. 1875—1879. à Jahrg. 12 Nrn. (Bog.) Hamburg, Oncken. à Jahrg. *

Pilger, der, unter den Gemeinden des Herrn. 17.—21. Jahrg. 1880—1884. à Jahrg. 12 Nrn. (Bog.) Hamburg, Expedition. à Jahrg. **

—— der, unter den Gemeinden des Herrn. Hrsg. von H. Brucker. 22.—25. Jahrg. 1885—1888. à Jahrg. 12 Nrn. (Bog.) gr. 4. Cassel, (Röttger.) à Jahrg. **

— der, unter den Gemeinden des Herrn. Hrsg. von H. Brucker. 24.—26. Jahrg. 1887—1889. à 12 Nrn. gr. 4. Cassel, (Röttger). à Jahrg. n.n. 1. 50

— der, unter den Gemeinden des Herrn. Hrsg.: Heinr. Brucker. 41.—43. Jahrg. 1904—1906. à 12 Nrn. (à ca. 16 S.) gr. 8. Kassel (J. G. Oncken Nachf.) à Jhrg. n.n. 1. 15

— der, unter den Gemeinden des Herrn. Hrsg.: Heinr. Brucker. 44.—47. Jahrg. 1907—1910. à 12 Nrn. (à 16 S.) 8. Kassel, (J. G. Oncken Nachf.). à Jahrg. nn 1. 15

— der, zum Gnadenbilde Mariens. Ein Lehr- u. Gebetbuch für fromme Wallfahrer. Innsbruck 866. Vereinsbuchh. gr. 16. (XV, 375 S. mit 1 Stahlst.) 9 ngr.

— der, zur Heimath. Red. u. Hrsg.: Schnackenberg. 1. Jahrg. Juli—Decbr. 1883. 27 Nrn. (B.) Fol. Bremerhaven, (Mocker). n.n. 1. —

— dasselbe. 2—4. Jahrg. 1884—1886. à 52 Nrn. (B.) Fol. Ebend. à Jahrg. n.n. 2. —

— der, zur Heimath. Red. u. Hrsg.: Schnackenberg. 5.—7. Jahrg. 1887—1889. à 52 Nrn. (B.) hoch 4. Bremerhaven, (Mocker). à Jahrg. n. 2. —

Pilger, der, zur Heimat. Redact.: Schnackenberg. 7.—10. Jahrg. 1889—1892. à Jahrg. 52 Nrn. (Bog.) hoch 4. Bremerhaven, (Mocker.) 7. Jahrg. ** 2 —; 8.—10. Jahrg. à 3 60

— der, zur Heimat. Red.: Schnackenberg 9.—12. Jahrg. 1891—1894. à 52 Nrn. (Bog.) hoch 4. Bremerhaven, (J. Mocker). à Jahrg. 3. 60

— der, zur Heimat. Red.: Schnackenberg. 13. u. 14. Jahrg. 1895—1896. à 52 Nrn. (Bog.) hoch 4. Bremerhaven (J. Mocker). à Jahrg. 3. 60

— dasselbe. 15. Jahrg. 1. Sem. Jan.—Juni 1897. 26 Nrn. (Bog.) hoch 4. Ebd. 1. 80

— dasselbe. Christl. Familienblatt zur Erbaug. u. Unterhaltg. 15. Jahrg. 2. Sem. Juli—Decbr. 1897. 26 Nrn. (Bog. m. Abb.) gr. 4. Bremerhaven, Krause & Randermann. n.n. 1. —

— dasselbe. 16. Jahrg. 1898. 52 Nrn. (Bog. m. Abb.) gr. 4. Ebd. n.n. 2. —
Kann auch vierteljährlich bezogen werden.

— der, zur Heimath. Christliches Familienblatt zur Erbaug. u. Unterhaltg. Red.: Schnackenberg. 17.—20. Jahrg. 1899—1902. à 52 Nrn. gr. 4. (à ca. 8 S. m. Abb.) Bremerhaven, Krause & Randermann. à Jahrg. n.n. 2. —

— der, zur Heimath. Christliches Familienblatt zur Erbaug. u. Unterhaltg. Red: Schnackenberg. 22. u. 23. Jhrg. 1904 u. 1905. à 52 Nrn. (à ca. 8 S. m. Abbildgn.) 4. Bremerhaven, Krause & Randermann. à Jhrg. n.n. 2. —

— der, zur Heimat. Christl. Familienblatt zur Erbaug. u. Unterhaltg. Red.: Schnackenberg. 24. u. 25. Jahrg. 1906 u. 1907. à 52 Nrn. (1906: 416 S. m. Abbildgn.) 31,5×23,5 cm. Bremerhaven, Krause & Randermann. nn 2. —

Pilger, der, zum göttlichen Herzen Jesu. Ein Andachtsbuch f. Katholiken, aus den besten mit kirchl. Approbation erschien. Schriften gesammelt von einem Priester der Diöcese Passau. 18. (Mit 1 Stahlst.) Passau 844, Ambrosi. geb. mit Goldschnitt u. in Futteral ½ ℛ

—— der, zum göttlichen Herzen Jesu. Ein Andachtsbuch für Katholiken, aus den besten, mit kirchl. Approbation erschienenen Schriften gesammelt von einem Priester der Diözese Passau. 2. Aufl. 1849. und 3., neu durchgeseh. Aufl. 18. (III und 319 S. mit 2 Stahlst.) Passau 851, Elsässer und Waldbauer.

— der, zum göttlichen Herzen Jesu. Ein Andachtsbuch für Katholiken, aus den besten, mit kirchl. Approbation erschienenen Schriften gesammelt von einem Priester der Diözese Passau. 4. Aufl. 854. — 5. verm. Aufl. Mit 1 Stahlst. Passau 856. Elsässer u. Waldbauer. 18. (324 S. u. Titel in Stahlst.) 7½ ngr.

— der, zum göttlichen Herzen Jesu. Ein Andachtsbuch für Katholiken, aus den besten, mit kirchlicher Approbation erschienenen Schriften gesammelt von einem Priester der Diöcese Passau. 6. verm. Aufl. Mit Stahlst. Passau 860. Elsässer & Waldbauer. 18. (360 S. u. Titel in Stahlst.) 7½ ngr.

— zum göttlichen Herzen Jesu. Ein Andachtsbuch für Katholiken aus den besten mit kirchl. Approbation erschienenen Schriften gesammelt von einem Priester der Diözese Passau. 7—10., verm. Aufl. Passau 862—66. Elsässer & Waldbauer. 12. (359 S. mit Stahlst.) 7½ ngr.

Pilger, Der, am Jordan. Leipz. 1801. V: *Arnold, Ignaz Ferdinand (Theodor Ferdinand Cajetan).* (MGT) (Ky)

— der, am Jordan, (von Th. F. K. Arnold). 8. Schneeb. 801. Verlagshandl. 15 gr.

— der junge, od. die Pilgerreise nach dem Berge Zion geschichtlich erklärt. Aus dem Engl. 16. (349 S. m. e. Holzschntaf.) Cleveland 871. (Philadelphia, Schäfer & Koradi.) geb. n. 3. —

Pilger, Die jungen, Gottes beim heiligen Bundesaltar und Bundesmahl . . . 2. Aufl. Stuttgart 1840. V: *Dann, Christian Adam.* (Ky)

Pilger, der kleine, u. seine Gefährten. I. Eine Gabe f. die Jugend. 8. (40 S. m. eingedr. Holzschn.) Elberfeld 881. Buchh. der Evangel. Gesellschaft in Comm. — 80

— der, zum Kreuze. Ein vollständ. Gebet- u. Erbauungsbuch f. gebildete Katholiken. Von d. Verf. der Glocke der Andacht. 3. verb. Aufl. gr. 12. (13 ½ B. u. 1 Stahlst.) Augsburg 844, Lampart u. Comp. —
Prachtausg. m. 3 Stahlst. u. Ttl. in Farbendruck.

Pilger, Der, zum Kreuze. Ein vollständiges Gebet- und Erbauungsbuch . . . 4. Aufl. Augsburg 1854. V: *Nebel, Wilh. Mich.* (Ky)

Pilger, der, zum Kreuze. Ein vollständiges Gebet- und Erbauungsbuch für gebildete Katholiken. Von dem Verf. der Glocke der Andacht. 4. Aufl. 8. (XII und 364 S. mit 1 Stahlst.) Augsburg 854, Lampart und Comp. (Leipzig, Hübner.)

Pilger, die, des Kreuzes. Ein vollständ. Bet- u. Erbauungsbuch f. gebild. Katholiken. Von d. Verf. d. „Glocke d. Andacht." gr. 12. (14 B. u. Ttlkpfr.) Augsburg 836, [Kreuzer u. Cp.] ½ Thlr., Vlnp.

Pilger, die, des Kreuzes. Ein vollständiges Bet- u. Erbauungsbuch für gebildete Katholiken. Von dem Verfasser der Glocke d. Andacht. Mit Titelkpfr. gr. 12. Augsburg 836. Magazin für kathol. Theologie. ½ Thlr. Velinp. ¾ Thlr.

— der Lutherische, aus dem Norden. Für Wahrheit und Recht. Redigirt im Verein luther. Missionsfreunde in Hamburg v. Ulr. Hübbe. 1841. 26 Numm. (Bog.) Mit Titelvign. gr. Fol. Wandsbeck 841; Hamburg, Kittler. n. 3 Thlr.

— dass. mit der Beilage: Missions-Nachrichten, nebst Berichten von auswärtigen Gemeinden und Colonien. Gesammelt in Hamburg. Mit Titelvign. 1841. 32—38 Numm. (Bog.) gr. Fol. Ebend. n. 4 Thlr. — Die Beilage einzeln n. 5/6 Thlr.

Pilger, Der, im Maria Empfängniss-Dome zu Linz. Linz 1882. V: *Wimmer, Florian.* (EB)

Pilger, Der Marianische, in die Heimath . . . Würzb. 1830. V: *Blum, Georg.* (Schmal)

Pilger, der Marianische, in der Heimath, od. Sieben heil. Tage, z. Verehrung d. seligst. Jungfrau u. Mutter Gottes Maria, um durch ihre Fürbitten, Gnade u. Hülfe in schweren Anliegen v. Gott zu erlangen. Eine Anweis., alle Wallfahrten mit größtem Seelennutzen zu verrichten ꝛc. Vom Verf. d. „Schritte z. vollkomm. Liebe Gottes." gr. 12. (8 B. u. Ttlkpfr.) Würzburg 830, Stahel. 4 Gr., Schrbp.

— der Marianische in der Heimath, oder heil. Tage zur Verehrung der selig. Jungfrau u. Mutter Gottes Maria ꝛc. Vom Verf. des Gebetbuches: „Schritte zur vollkommenen Liebe Gottes." 2. Aufl. 12. (8 B. u. 1 Ttlkpfr.) Würzburg 846, Stahel'sche Buchh.

— der Marianische, nach dem berühmten Wallfahrtsorte auf d. Waldrast bei Matrei in Beschreibung dess., nebst beigefügten Wallfahrts-Andachten, auch einigen Beicht- u. Kommunion-Gebethen zum Gebr. f. Besucher dies. Gnadenortes 12. (3⅓ B. u. Abb. in Gold- u. Farbendr.) Innsbruck 846, Pfaundler.

Pilger, Der Marianische, nach dem berühmten Wallfahrtsorte auf Unser Lieben Frauen-Berg zu Rankweil . . . Rankweil 1848. V: *Frick, Rupert.* (Margr)

— märkischer. Kalender für das J. 1882. Mit Beiträgen vers. von Carl Weise, Ferd. Schmidt, Weichelt u. A. 16. (208 S.) Freienwalde, Pilger. *
Nicht weiter erschienen.

Pilger, der poetische, durch Deutschland u. die Schweiz. Hrsg. v. Jos. Rank. gr. 16. (VIII u. 534 S.) Stuttgart 852, Ed. Hallberger. In Engl. Einb. 2 Thlr.

Pilger, der, aus Prag. Kalender f. 1861. In Betreff d. astronomischen Theiles bearb. v Fr. Karlinski, Adjuncten an d. k. k. Sternwarte zu Prag. Lex. 8. (116 S.) Prag, Credner. in Comm. 1 fl.

— — ohne astronomischen Kalender. (80 S.) Ebd. 90 kr.

Pilger: Der Pilger von Rapperswil
③ Intelligenzblatt für Rapperswil und seine Umgebung ⑤ August 1851—Oktober 1851 ⑥ 4° ⑦ Wochenblatt ⑧ Rapperswil (SG) ⑫ konservativ ⑬ BGSZ: 1047.

Pilger: Der Pilger am Rhein
⑤ Ende Juli 1861 (Probe-Nummer)—? ⑧ Oberriet: Steinmann ⑩ der Drucker ⑪ Dr. Karl Schneider ⑫ freisinnig ⑬ BGSZ: 1047.

— der, aus Sachsen. 1—6. Jahrg. 1835—40. Hrsg. v. Werner (Mor.) u. Meurer. à 52 Nrn. (½ Bog.) gr. 4. Dresden. (Leipzig, Fr. Fleischer.) à J. *

— der, aus Sachsen. 7.—12. Jahrg. 1841—1846. Herausgeber Pastor Meurer in Callenberg. 52 Numm. (½ Bog.) Nebst Anzeiger und Titelvign. gr. 4. Dresden, Naumann. 7.—11. J. à n. 5/6 Thlr. 12. J. n. 1 Thlr.

— der, aus Sachsen. Herausg.: (Mor.) Meurer. 13. Jahrg. 1847. — (Jul. Leop.) Pasig. 14—18. Jahrg. à 52 Nrn. 4. (½ B.) Dresden, Naumann. à Jahrg. n. 1 Thlr.

— der, aus Sachsen. 19. u. 20. Jahrg. 1853 u. 54. Herausg. von Joh. Gl. Ehrenr. Lehmann. — 21—24. Jahrg. 1855—58. Red.: Rühle. à 52 Nrn. (à ½—1 Bgn.) Dresden, Naumann. gr. 4. Jeder Jahrg. n. 1 Thlr.

— der, aus Sachsen. Redig. von Rühle. 23—25. Jahrg. 1857—59. à Jahrg. 52 Nrn. (à ½—1 Bog.) gr. 4. Dresden, Naumann. à Jahrg. *

— der, aus Sachsen. 25. Jahrg. 1859. Red.: Rühle. — 26—30. Jahrg. 1860—64. Red.: Böttcher. à 52 Nrn. (à ½—1 Bgn.) Leipzig, Naumann. 4. 59—63.: à n. 1 ℛ𝓉; 64.: n. 1 ℛ𝓉 10 ngr.

—— dass. — Redact.: Böttcher. 30.—32. Jahrg. 1864—66. à Jahrg. 52 Nrn. (Bog. mit eingedr. Holzschn.) gr. 4. Ebendas. à Jahrg. *

— — Redact.: Böttcher. 33—35. Jahrg. 1867—69. à Jahrg. 52 Nrn. (Bgn. mit eingedr. Holzschn.) Ebend. gr. 4. Jeder Jahrg. n. 1 ℛ𝓉 2 ngr.

— — Redact.: Richter. 36. Jahrg. 1870. 52 Nrn. (Bgn.) Ebend. gr. 4. n. 1 ℛ𝓉 2 ngr.

— der, aus Sachsen. Red.: Richter. 37—40. Jahrg. 1871—1874 à 52 Nrn. (B.) gr. 4. Leipzig, J. Naumann. à Jahrg. n. 4. —

—— der, aus Sachsen. Redact.: Schmidt. 41.—45. Jahrg. 1875—1879. à Jahrg. 52 Nrn. (Bog.) gr. 4. Leipzig, J. Naumann. à Jahrg.

— der, aus Sachsen. Red.: Schmidt. 43—47. Jahrg. 1877—1881. à 52 Nrn. (B.) gr. 4. Leipzig, J. Naumann. à Jahrg. n. 5. —

— dasselbe. Christliches Volksblatt für Stadt u. Land. Red.: Ahner. 48. Jahrg. 1882. 52 Nrn. (B.) gr. 4. Ebend. n. 3. —

— der, aus Sachsen. Christliches Volksblatt f. Stadt u. Land. Red.: Ahner. 49—52. Jahrg. 1883—1886. à 52 Nrn. (B.) gr. 4. Leipzig, J. Naumann. à Jahrg. n. 3. —

— der, aus Sachsen. Christliches Volksblatt f. Stadt u. Land. Red.: Ahner. 53.—56. Jahrg. 1887—1890. à 52 Nrn. (B.) gr. 4. Leipzig, J. Naumann. à Jahrg. n. 3. —

— der, aus Sachsen. Christliches Volksblatt f. Stadt u. Land. 57.—59. Jahrg. 1891—1893. à 52 Nrn. (Bog.) gr. 4. Leipzig, J. Naumann's Verl. à Jahrg. n. 3. —

— dasselbe. 60. Jahrg. Januar—Septbr. 1894. 39 Nrn. (Bog.) gr. 4. Ebd. n. 2. 25

— dasselbe. 60. Jahrg. Oktbr.—Dezbr. 1894. 13 Nrn. gr. 4. (Bog.) Leipzig, J. Naumann's Sort. n. — 75

— der, aus Sachsen. Christl. Volksblatt f. Stadt u. Land. 61. u. 62. Jahrg. 1895—1896. à 52 Nrn. (Bog.) gr. 4. Leipzig, J. Naumann's Sort. à Jahrg. n. 3. —

— dasselbe. 63. u. 64. Jahrg. 1897—1898. à 52 Nrn. (Bog.) gr. 4. Ebd. à Jahrg. n. 4. —
Kann auch vierteljährlich bezogen werden.

— der, aus Sachsen. Christliches Volksblatt f. Stadt u. Land. Red.: C. Böhringer. 65. u. 66. Jahrg. 1899 u. 1900. à 52 Nrn. 4. (à ca. 8 S.) Leipzig [J. Naumann's Sort.] F. Jansa. à Jahrg. n. 4. —

— dasselbe. Unter Mitwirkg. v. O. Hardeland. E. Päßler, K. Tittel u. a. hrsg. 67. u. 68. Jahrg. 1901 u. 1902. à 52 Nrn. 4. (à ca. 8 S. m. Abbildgn.) Leipzig, F. Jansa. à Jahrg. n. 2. —
Ausg. f. Leipzig m. d. Zusatz: Leipziger Sonntagsblatt.

Pilger, der, aus Sachsen. Christliches Volksblatt f. Stadt u. Land. Schriftleitung: Piltz. 69.—72. Jahrg. 1903 bis 1906. à 52 Nrn. (516, 416, 424 u. 416 S. m. je 52 Abbildgn.) 4. Leipzig, F. Jansa. à Jhrg. n. 2. —

— der, aus Sachsen. Christliches Volksblatt f. Stadt u. Land. Red.: Piltz. 76. Jahrg. 1910. 52 Nrn. (458 S.) Lex. 8. Leipzig-Stötteritz, M. Koch. 3. —

— der, aus Schaffhausen. Kalender für 1850. 4. (40 S. mit eingedr. Holzschn.) Schaffhausen, Schalch. ¹⁄₁₂ ℛ𝓉

—— der, aus Schaffhausen. Kalender für 1854—57. 4. Mit eingedr. Holzschn. Schaffhausen 853—55, Schalch. à Jahrg. *

—— der, aus Schaffhausen. Kalender für 1858—60. 4. (à Jahrg. ca. 69 S. mit eingedr. Holzschn.) Schaffhausen, Schalch. à Jahrg. *

Pilger, der, aus Schaffhausen. Kalender für 1861—68. 4. (68 S. mit eingedr. Holzschn.) Schaffhausen, Schalch. à Jahrg.

—— der, aus Schaffhausen. Kalender für 1869—1875. 4. (à ca. 70 S. mit eingedr. Holzschn.) Schaffhausen, Schalch. à Jahrg.

—— der, aus Schaffhausen. Kalender für 1876—1880. 29.—33. Jahrg. 4. (à Jahrg. ca. 70 S. mit eingedr. Holzschn.) Schaffhausen. (Bern, Jenni's Verlag.) à Jahrg. **

—— der, aus Schaffhausen. Kalender für 1881—1885. 34.—38. Jahrg. 4. (à Jahrg. ca. 70 S. mit eingedr. Holzschn.) Schaffhausen. (Bern, Jenni's Verlag.) à Jahrg. **

—— der, aus Schaffhausen. Kalender für 1886—1888. 39.—42. Jahrg. 4. (75; 77; 77; 77 S. mit Holzschn.) Basel, Spittler. à Jahrg. *

—— der, aus Schaffhausen. Kalender f. 1890—1893. 43.—46. Jahrg. 4. (à Jahrg. 78 S. m. Abbildgn.) Schaffhausen, Kober. à Jahrg. * — 30
43. u. 44. Jahrg. erschienen im Verlage v. Spittler-Basel.

Pilger, der, aus Schaffhausen. Kalender f. 1894. 47. Jahrg. Hrsg. von *A. Stoll*. M. Abb. In-4°. 79 S. Schaffhausen, Th. Kober. — 35

— der, aus Schaffhausen. Kalender f. 1896. 48. Jahrg. 4. (77 S.) Schaffhausen, Th. Kober. n. — 35

Pilger, der, aus Schaffhausen. Kalender für 1896. 49. Jahrg. m. 19 Bildern. In-8°. 104 S. Schaffhausen, Th. Kober. — 35

Der Pilger aus Schaffhausen. Kalender für 1897. 50. Jahrg. Jubiläumsausg. Mit 26 Abb. In-4°. 96 S. Schaffhausen, Th. Kober. — 35

— der, aus Schaffhausen. Kalender f. 1899. 52. Jahrg. 4. (78 S. m. Abb.) Schaffhausen, P. Meili. n. — 30

Pilger aus Schaffhausen. Kalender für 1900. Gr. 8°. 72 S. Schaffhausen. P. Meili. — 35

Pilger. Der Pilger aus Schaffhausen. Kalender für.... [Illustriert.] 4. Schaffhausen, Joh. Bachmann. [à fr. —. 35]
... 1901. Jahrg. 54. IV + 104 S. — ... 1902. Jahrg. 55. IV + 96 S. — ... 1903. Jahrg. 56. [Mit 1 Tafel.] IV + 96 S.

Pilger. Der Pilger aus Schaffhausen. Kalender für 1904. Jahrg. 57. [Illustriert.] IV + 112 S. 4. Schaffhausen, Joh. Bachmann. [fr. —. 35]

— der, aus Schaffhausen. Kalender f. 1905. 58. Jahrg. (76 S. m. Abbildgn. u. 1 Taf.) 8. Schaffhausen, Joh. Bachmann. (Nur direkt.) n. — 40

Pilger. Der P' aus Schaffhausen. Kalender für 1906. Jahrg. 59. [Illustriert.] IV + 100 S. 4. Schaffhausen, Joh. Bachmann. fr. —. 40

Pilger. Der P' aus Schaffhausen. [Kalender.] Jahrg. 60, 1907. [Illustriert.] IV + 104 S. 4. Schaffhausen, Karl Bachmann. [fr. —. 40]

Pilger. Der P' aus Schaffhausen. [Kalender.] Jahrg. 61, 1908. [Illustriert.] IV + 112 S. 4. Schaffhausen, Karl Bachmann. [fr. —. 40]

Pilger. Der P' aus Schaffhausen. [Kalender.] Jahrg. 62, 1909. [Mit Illustrationen und 1 Tafel.] IV + 112 S. 4. Schaffhausen, Karl Bachmann. [fr. —. 40]

— der, aus Schaffhausen. 63. Jahrg. 1910. (92 S. m. Abbildgn.) 8. Schaffhausen, Karl Bachmann. (Nur direkt.) — 40

Der Pilger im Süden der Union: Oct. 31, 1854—1855?
Monthly. Organ of the Evangelisch-Lutherische Synode in Texas. Edited by H. Wendt, with associate editors, Wilhelm Strobel & Heinrich Bohnenberger.
Galveston, TX

Pilger an der Thur
s.a. Wiler Zeitung.

Pilger: Der Pilger an der Thur
① St. Gallisch-thurgauisches Volksblatt ③ Wyler Wochenblatt ⑤ 30. 12. 1845—Ende Dezember 1846 (?) ⑦ Wochenblatt ⑧ Wil: Heinrich Allgöwer ⑩ Heinrich Allgöwer ⑪ Carl Georg Jakob Sailer ⑫ freisinnig ⑬ BGSZ: 1045—1047.

Pilger, Der, durch Tirol ... Innsbruck 1846. V: *Falger, Josef Anton.* (margr)

—— der, durch Tirol, oder geschichtl. u. topograph. Beschreibung der Wallfahrtsorte u. Gnadenbilder in Tirol u. Vorarlberg. Mit d. Abbild. v. St. Georgenberg u. der Waldrast in Farbendr. 12. (19⁵/₁₂ B.) Innsbruck 846, Pfaundler.

Pilger: Der vaterländische Pilger
④ Der Oberaargauer ⑤ 1843—1854 ⑥ 4° ⑦ halbwöchentlich ⑧ Langenthal: August Gyr, Josef Konrad (ab 1850) ⑩ die Buchdrucker ⑪ J. Konrad ⑫ freisinnig ⑬ BGSZ: 359. 973 ⑭ Be: L ⑮ In «Berner Zeitung» (V) Nr. 350. 19. 12. 1850 ein Hinweis auf einen Prozeß der Regierung gegen das Blatt. Der konservative «Oberländer Anzeiger» (Be) nennt das Blatt in Nr. 24. 23. 2. 1851 den «Bützbergischen unvaterländischen Pilger».

— der vaterländische, von u. für Ungarn u. Siebenbürgen. Ein gemeinnütz. Haus- u. Wirthschafts-Kalender auf das Schalt-Jahr 1852 für Cameralisten, Advocaten, Güterbesitzer ꝛc.; zur vortheilhaften Benützung mancher Gegenstände, als auch zur Unterhaltung u. Belehrung des Wissenswerthen aus der Geschichte, Statistik, Geographie ꝛc. 19. Jahrg. Mit (5 lith.) Abbildgn. (in 4. u. gr. Fol.) 4. (160 S.) Kaschau 852. (Pesth, Geibel.) n. ²/₃ ₰

Der Pilger durch Welt und Kirche: Jahrgang 1—15, Nov.? 1869—1884?
Weekly. Sub-title: Ein christliches Familienblatt, 1869—84. Organ des General-Konzils der Evangelisch-Lutherischen Kirche in Nord-Amerika. Large quarto, each issue 8 pages, paged continuously. Edited & published by the Rev. J. J. Kündig, Nov. 1869—1870?; by the Rev. J. J. Kündig & William Wackernagel, 1870?—1877?; edited by the Rev. J. J. Kündig, & published by "Pilger-Buchhandlung" [August Brendel], 1877—84
Reading, PA

Pilger, E., Daheim, s.: Himmelsblumen. Nr. 38.

Pilger, E s. Edelweiss. Erzählungen....

Pilger, E., die Enttäuschten. Bilder aus dem Leben in der „neuen Welt". Leipzig 868. Loewe. 8. (256 S.) 1 ₰

— das Geburtstagskind, s.: Vergißmeinnicht-Erzählungen. 41.

— die Sonne bringt es an den Tag, s.: Immergrün. Nr. 138.

— ein wunderbarer Tag, s.: Edelweiß Nr. 78.

— der Taler, s.: Vergißmeinnicht-Erzählungen. Nr. 52.

— die Verwaltersbuben, s.: Himmelsblumen Nr. 34.

—— transatlantische Visionen. 8. (III und 331 S.) Leipzig 867, Loewe.

Pilger, E., transatlantische Visionen 2., verm. Ausg. 8. (XI, 350 S.) Leipzig 871. E. Fleischer. 4. 50

Pilger, Friedrich

— s. Archiv f. Kuh- u. Schutzpockenimpfung

Pilger, Mt. Hnr. Fr., über das Aufblähen d. Thiere, s. F. L. Walther, Belctrr.

— Skizzierte Darstellung der jetzt herrschenden Krankheiten der Pferde. Hanau 05.

Pilger F.: Systematisches Handbuch d. theoretisch-praktischen Veterinär-Wissenschaft. 2 Bd., Bd. 2 i 3 Vol. (Abth. 1/2, Abth. 3/4, Fortsetzung ...). (4 Vol.). Giess. 1801-03. (2976) S. 6 Tvl.

— systemat. Handbuch der theoret.-praktischen Veterinärwissenschaft, od. Anleit. zur Kenntniß, Zucht, Behandlung, Pflege u. Benutzung d. Hausthiere. Mit 8 Kpft. 2 Bde. in 4 Abth. Nebst Register. 8. Gießen 801—803. Heyer. 8 ₰ 6 gr.

— Ideen üb. die Behandlung d. Juden in Deutschland. 1r Bd. 8. Wetzl. 791. (Dannheimer in Kempten). 7 gr.

Pilger F.: Lehrbuch z. Unterricht d. Landmannes I wie er gesundes Vieh anschaffen u. erziehen, II dasselbe gesund erhalten..., III sein krankes Vieh behandeln ... müsse. Giess. 1802. 468 S. Heyer.

— Sammlung, s. Sammlung.

Friedrich Pilger

Versuche durch den Galvanismus die Wirkung verschiedener Gifte und Arzneymittel auf die erhöhte oder verminderte Reizbarkeit der Nerven zu prüfen. Von Friedrich Pilger. Gießen & Darmstadt: Heyer 1801. 106 S. 8°

— e. Worte üb. die Kuhpocken, s. F. F. Hessert.

Pilger, Georg, Fragen an Kinder nach Anleitung d. kleinen Katechismus Lutheri, mit besond. Beziehung auf J. P. Snell's Katechismus d. christl. Lehre. Ein brauchbares katechet. Handbuch f. Prediger, Katecheten u. Schull. h. r.r. 8. Gießen, Heyer 813.

— über Rindviehassekuranzen; ein leicht ausführbarer Vorschlag z. Beherzigung f. Alle, denen d. Wohlstand d. Landmanns am Herzen liegt ꝛc. 8. Frankf. a. M. 807. Gebhardt u. K. 6 gr.

Pilger, Gotthold, s. Arnd, Jh., Bücher vom wahren Christenthum. — v. Kempen, Th., die Nachfolge Christi.

Pilger, Gottlob Heinrich [Praes.], s. H a r t w i g , Johann Gottlieb: Imprecationes libris adscriptas.

Liebknecht, Johann Georg [Präs.] u. Henr. Andreas Pilger (Wasunga-Henneberg.) [Resp.]
De symbolorum conceptu generalissimo epithemata theologica, quae novatorum maximam partem sentiendi loquendique pruriginí opponuntur.
Giessae 3. Juni 1728: Joh. Müller. (2), 20 S. 4°

[H.] Erinnerungen aus dem Soldatenleben in Frieden u. Krieg 1863/64. [Von Hermann **Pilger**.] Auch e. Gedenkbl. z. 100j. Jubelfeier d. Geburtst. Kaiser Wilhelms d. Grossen. *(Braunschweig: Selbstv.: in Comm. b. G. Wolff Nf. 1897.)* (2 Bl., 93 S., 1 Bl.) 1 Bd 8. [illegible]

Pilger, Johann Dietrich Christoph

Pilger, J. Dt. Chph., kurzgefaßt. Katechismus d. christl. Religion. 2te Aufl. 8. Soest, Verf. (Halle, Hemmerde u. Schw. in Comm.) 811.

Pilger, Jh. Dtr. Cph., christl. Lehre f. Kinder. 8. Soest 800. 2e A. 812. (Schwetschke u. S. in Halle). 4 gr

Pilger, J. Dt. Chph., christl. Lehre f. Kinder. 8. Halle, Hemmerde u. S. 808.

— Religionskatechismus. 8. Ebend.

— vollständ. christl. Religions- u. Tugendlehre, in ihren leichten Theilen, f. Kinder, im ganzen Zusammenhange f. d. reifere Jugend u. f. Erwachsene. 8. Soest 806. 2e A. 810. Schwetschke u. S. 12 gr (A. u. d. T.: Christl. Religions-Katechismus 2c.)

— vollständ. christl. Religions- u. Tugendlehre in Liedern; e. Gesangbuch f. Schulen. 8. Soest 806. 2e A. 810. 3e A. 818. (Schwetschke u. S. in Halle). 6 gr

— Karl, Roman seines Lebens, von ihm selbst geschrieben; ein Beytrag zur Erziehung und Kultur d. Menschen, (v. K. Spazier.) 3 Thle. 8. Berlin, Akadem. Bchhdl. 792—96.

Pilger, Karl, (Karl Spazier), Roman seines Lebens, von ihm selbst geschrieben. 3 Thle. 8. Berl. 792—96, u. 810. (Reimer). 3 ß

Pilger, Martin

Liebknecht, Jo. Georg [Präs.] u. Martin Pilger (Wasunga-Henneberg.) [Resp.]
Concio petrina Caesarese habita act. X. 34 - 43.
Giessae Dez. 1727: Joh. Reinh. Vulpius. 24 S. 4°
pro summis in philosophia honoribus rite obtinendis.
Pilger verteidigte nicht diese Dissertation, sondern die 1728 erschienenen Theses.

Pilger, Martin [Praes.], s. K u p f e r , Heinrich Zacharias: De eo quod justum est circa sumtus quos parentes in dignitates filiorum praesertim acad. libros peregrinationes ac praeparationem militiae fecerunt.

Pilger, M., de miraculo Christi in filia Jairi patrato. Lemgov. 1734. 4.

Pilger, M., de praecepto Christi interdictoris post edita miracula dato. Lemgov. 1735. 4.

— de restitutione filiae Jairi et miraculis a Christo extenuatis. Ibid. 1735. 4.

Pilger, Mart., theologia dogm. methodo demonstrativa concinn. II Tmi. Tremon. 747.

Pilger, Martin Heinrich Friedrich, s. P i l g e r , Friedrich

Pilger, Robert: Vergleichende Anatomie der Gattung Plantago, mit Rücksicht auf die Existenzbedingungen. *Leipzig: W. Engelmann 1898.* (59 S.) 8° ¶ (Aus: Engler's Botanische Jahrbücher, Bd 25 H. 1/2.)
Berlin, Phil. Diss. v. 23. Febr. 1898

Pilger, R.: Ueber die Athetese des platonischen Sophistes. 27 S. – Berlin Wilh. G., Progr. 1869.

Pilger, Rob., über die Athetese des Platonischen Sophistes. Berlin 870. Adolf & Co. 4. (27 S.) n. 12 ngr

Pilger, Rob. Bericht über die Einweihung des neuen Gymnasialgebäudes. 10 S. Progr. G. *Essen* 1883.

Pilger, Rob., Corallinaceae aus dem westlichen Indischen Ozean. — Ueber Trichogloea Kütz, s.: Reise in Ostafrika. III, 1.

Pilger, Rob., die Dramatisierungen der Susanna im 16. Jahrh. Beitrag zur Entwickelungsgeschichte des deutschen Drama's. [Aus: „Zeitschr. f. deutsche Philol."] gr. 8. (VI, 89 S.) Halle 879. Buchh. d. Waisenhauses. n. 2. 40

— Südwestafrikanische Futtergräser, s.: Notizblatt des königl. botanischen Gartens u. Museums zu Berlin-Dahlem. Nr. 46.

Pilger, R., die natürlichen Pflanzenfamilien, s.: Engler, A.

— Die Stämme des Pflanzenreiches, s.a. Sammlung Göschen.

Die Stämme des Pflanzenreiches von Privatd. Dr. Robert **Pilger**. Mit 22 Abb. Leipzig: Göschen 1910. 146 S. 8°
(Sammlung Göschen. 485.) A 12.1334 11

— Das System der Blütenpflanzen m. Ausschluß der Gymnospermen, s.a. Sammlung Göschen.

Das System der Blütenpflanzen mit Ausschluß der Gymnospermen. Von Dr. R. **Pilger**. Mit 31 Fig. Leipzig: Göschen 1908. 140 S. 8°
(Sammlung Göschen. 393.) A 12.1258 11

— Taxaceae, s.a Pflanzenreich, das. 18. Hft.

Taxaceae mit 210 Einzelbildern in 24 Fig. von R[obert] **Pilger**. *Leipzig: W. Engelmann 1903.* (124 S.) 8°
= Pflanzenreich, Das. H. 18. (IV, 5.) [03. 16105

Pilger, Rob., über das Verbindungswesen auf norddeutschen Gymnasien. 1. und 2. im wesentlichen unveränd. Aufl. gr. 8. (82 S.) Berlin 880, Weidmann'sche Buchh. *

Pilger, Rudolf: Über einen Fall von genuiner Myelitis transversalis. *Berlin (1898): G. Schade.* (32 S.) 8°
Berlin, Med. Diss. v. 26. Juli 1898

Pilger-Album v. Trier. qu. 16. (18 Lichtdr.-Taf.) Trier 891. Paulinus-Druckerei. In Leinw.-Karton. n. 1. 20

Pilger-Büchlein. Ein Führer f. die deutsche Jubiläumswallfahrt nach Rom im hl. J. 1900. Hrsg. v. der Zentralstelle der deutschen Jubiläumswallfahrt. 2., verb. Aufl. 12. (IV, 76 S.) Freiburg i/B. 900. (Geschäftsstelle des Charitas-Verbandes f. das kathol. Deutschland.) n. — 55; geb. n. — 65

Pilgerbüchlein zum Gebrauch bei der Wallfahrt von Essen nach Kevelaer. 5. und 6. Aufl. gr. 16. (48 S.) Essen 886,87, Fredebeul und Koenen. *

PILGERBÜCHLEIN für die Teilnehmer an der Pilgerfahrt nach dem Heiligen Lande im Jahre 1905. Budapest 1905: Urania. 32, 48 S. - 8°

Pilger-Bueß-Predig d. schwäb. Pater Abraham. Gehalte Anno Duback. A Predigle, schaut! i bin druf stolz, Mit a me Stahlst. im Nußbohmholz. gr. 8. (1 B.) Gedr. z' Trippstrill in der Pelzmühle. (St. Gallen 839, Scheitlin u. Zollikofer.)

Pilger-Chronik
v. Der Pilger (Sz).

Pilgerfahrt, die, ein Trauersp. in 5 Aufz. von Fr. de la Motte Fouqué. 8. Nürnberg, Schrag. 816.

Pilgerfahrt. Ein Spottgedicht in 18 Kapiteln v. Tannhäuser dem älteren. 8. (116 S.) Zürich 876. Verlags-Magazin. n. 1. 50

Pilgerfahrt zu einem Hohenzollern, oder von Augusta Vindelicorum zum Berge i. Etzel. [Kaufbeuren ca. 1880.] V: *Schilling, Joh. Aug. Dr.* (Hdschr. Mitth. von Friedrich Müller, München)

Pilgerfahrt, e., nach Jerusalem im Herbste 1877, s. a. Dasbach's, Frdr., Novellenkranz, 10. Bdchn.

Pilgerfahrt, e., nach Jerusalem im Herbste 1877, s. a. Novellenkranz.

Eine **Pilgerfahrt** nach Jerusalem im Herbste 1877. Reise-Erinnerungen von B. E., Priester d. Diöz. Trier. (*Trier: Paulinus-Dr. [1899].*) (S. 33–141.) 8° [F.]
— Novellenkranz. Hrsg. v. Dasbach. Bdch. 10, [2.] [00. 4358 B

Pilgerfahrt, e., in d. hl. Land. Erzählt v. e. ehem. Amstettner. (Jos. Willinger.) [Aus: „Amstettner Wochenbl."] 8. (V, 168 S. m. Bildn.) Amstetten 895. A. Queiser. n. 1. –

Pilgerfahrt, meine, durchs Leben. E. Buch f. Konfirmierte. Ausg. A. 8. (96 S.) Braunschweig 896. H. Wollermann. Geb. in Leinw. m. Goldschn. n. 2. —

— dasselbe. Ausg. B. 12. (64 S.) Ebd. 896. n. — 40

— meine, durchs Leben. Ein Buch f. Konfirmierte. Ausg. B. 2. Aufl. 12. (63 S.) Braunschweig 900. H. Wollermann. n. — 40

Pilgerfahrt, Meine, durchs Weltgericht. Breslau 1802. H: *Carnier, Franz Xaver.* (MGT)

Pilgerfahrt, Meine, durchs Weltgetümmel. Eine romantische Erzählung. O. O. 1802. V: *Carnier* (?) (*Garnier*), *Franz Xaver.* (BGE IV²/44 a) (GGr V/398, Nr. 27/2) (BIBLPORT)

— eine profane. Allerlei Gedanken e. Weltbummlers. Von Quidam. 8. (214 S.) München 896. O. Galler. n. 1. 80

Deutscher Verein v. heil. Lande. Cöln. **Pilgerfahrt** nach Rom im Frühjahr 1907. Bericht über d. Pilgerfahrt hrsg. von d. Pilgerleitung. Cöln 1907: H. Theissing. (49 S.) 8° [F.] [07. 12738

Pilgerführer, enth. Weisungen, Winke u. Rathschläge f. die Theilnehmer an dem deutschen Pilgerzuge nach Rom. anläßlich d. goldenen Bischofsjubiläums Papst Leo XIII. im Apr. 1893. Hrsg. durch die Centralstelle d. deutschen Jubiläumscomités. 8. (22 S.) Frankfurt a. M. 893. (A. Foesser Nachf.) n.n. — 50

— enth. Weisgn., Winke u. Rathschläge f. d. Theilnehmer an d. deutschen Pilgerzuge nach Loreto u. Rom anläßl. d. Feier d. 6. Centenariums d. Uebertragg. d. hl. Hauses nach Loreto im April/Mai 1895. Hrsg. durch das Pilgerzugscomité d. deutschen Loretocomités. 8. (30 S.) Frankfurt a/M. 895 P. Kreuer. n. — 70

Pilger-Führer f. die Heiligtumsfahrt 1909. Praktischer Wegweiser durch die Heiligtümer, Kunstschätze u. Kirchen v. Aachen u. Cornelimünster nebst kleinem Führer durch Aachen. Enth. ferner den Text der offiziellen Erklärgn. bei Vorzeigg. der Heiligtümer. 1.—10. Taus. (71 S. m. Abbildgn.) 20,5×11,5 cm. Aachen (909). A. Jacobi & Co. p — 10

Pilgerführer zur Aachener Heiligthumsfahrt. Die Heiligthümer zu Burtscheid u. Cornelimünster. 16. (24 S.) Aachen 895. J. Schweitzer. — 10

Pilgerführer zur Aachener Heiligthumsfahrt. Die Heiligthümer zu Burtscheid u. Cornelimünster.) gr. 16. (24 S. m. Titelbild.) Aachen (902). J. Schweitzer. — 10

Pilgerführer für die österreichische Jubiläums-Pilgerfahrt nach Maria Lourdes vom 3. bis 15. Juni 1907. Wien [1907]. V: *Bolla, Stephan.* (EB)

Pilgerführer nach Rom. Frühjahr 1888. Hrsg. vom Comité f. die Secundizfestfeier Leo XIII. 8. (25 S.) Trier 887. (Paulinus-Druckerei.) n. — 60

Pilger-Führer für die II. Marianische Sodalen- und Volkswallfahrt nach Maria-Lourdes und Parayle-Monial vom 19. August bis 2. September 1910. V: *Zeilberger, Rudolph.* (EB)

Pilgerführer für Volkswallfahrten nach dem Hl. Lande. Auf Grund des Tiroler Normal-Programmes ... Herausgegeben vom Palästina-Pilgerverein zu Brixen (Südtirol). Brixen a. E. [1905]. V: *Himmel, Heinrich v. & Melchior Lechner.* (EB)

Pilgergasse, die, in Marchester. Von der Verf. v. „Jessica's erstes Gebet", — „Die kleine Maggy u. ihre Kinder" zc. Frei nach dem Engl. v. M. K.-G. Autoris. Ausg. m. 8 Holzschntaf. 16. (212 S.) Basel 872. Spittler. n. 1. —

Pilgergasse, die, in Manchester. Eine Erzählung v. der Verf. v. „Jessika's erstes Gebet" ꝛc. Frei nach dem Engl. v. M. K.-G. Autoris. Ausg. m. 8 Holzschn. 3. Aufl. gr. 16. (188 S.) Basel 877. Spittler. cart. n. — 80

Pilgergrüße. Nr. 1—10. 12. Leipzig (901). F. Jansa. à n. — 15

1. Das Haus in der Harmoniestraße. Erzählung. Von Johs. Renatus. (16 S.)
2. Hast du e. Sonntag? Von G. v. Altenburg. (16 S.)
3. Entstehung u. Betrieb e. Boerenfarm. Von O. Kalt-Reuleaux. (13 S.)
4. Eine Handvoll Gold. Von Gust. Frenssen. (18 S.)
5. Der Birkenbauer. Von H. Conrad. (12 S.)
6. Meine vier Liebsten. Lebenserinnerungen. Von Joh. Renatus. (12 S.)
7. Aus dem Volksleben der Boeren. Von O. Kalt-Reuleaux. (10 S.)
8. Etwas, wofür man lebt. Aus dem Schwed. Von B. Haaß. (15 S.)
9. Heimwärts! Ein Beispiel opferfreud. Nächstenliebe aus Sibirien. Von Teleschoff. Nach dem Russ. v. B. Haaß. (18 S.)
10. Aus Verbrechen u. Zuchthaus zur Gnade bei Gott und zur Gemeinschaft der Erlösten. Nach zuverläss. Quellen erzählt. Von G. Burkhardt. (11 S.)

Pilgerin, Die kleine. Ein Lichtstrahl aus himmlischen Regionen ... Bitterfeld 1897. V (Vorrede): *Frommel, Emil.* (Berl)

Pilgerin, die kleine. Ein Lichtstrahl aus himml. Regionen als Balsam f. wunde Gemüter. Von M. F. H., aus dem Engl. durch N. v. K. Hrsg. v. ***. 12. (61 S.) Bitterfeld 897. F. E. Baumann. n. — 50

Pilgerinnen, Die, ein Roman ... Meissen 1812. V: *Lindau, Wilh. Adolph.* (MGT) (Ky) (EE) (NN)

Pilgerinnen, die. Ein Roman v. dem Verf. d. Heliodora. 8. Meißen, Gödsche. 812. Rthlr.

Pilger-Kalender, der, für 1889. 4. (50 S.) Reading, Pa. Pilger-Buchhandlung. n. — 40

Pilger-Kalender, neuer, für das katholische Volk. 1868. Hersg. von Ant. Kerschbaumer. 2. Ausg. Wien, Sartori. 8. (LXVIII, 99 S. mit eingedr. Holzschn., 3 Holzschntaff. u. 3 Kpfrtaff.) n. 10 ngr.; ohne Kalendarium n. 8 ngr.

Pilger-Kalender fur Stadt und Land: 1881? Reading, PA
Published by the Pilger Publishing Co.

Pilger-Klänge eines Heimathlosen. (Gedichte.) 16. (9¾ B.) Berlin 836, Dümmler.

Pilger-Klänge einer Heimathlosen. [Gedichte.] Berlin 1863. V: *Bornstedt, Luise v.* Vgl. Rassmann 1866, S. 37 (»1836«; ebenso Kayser 8, 192b), 1881, S. 28. (DARP)

Pilger-Psalmen. Eine Auswahl geistl. Lieder vom Verf. der Harfenklänge. (Jos. Hahn). (III, 46 S.) 16. Stuttgart 905. C. Ulshöfer. n. — 30

Pilgerpsalter, der, der 15 Psalmen im höhern Chor. Ein güldenes Pilgerbüchlein für Gotteskinder aller Zeiten. 42 Betrachtgn. v. e. Pilgrim im Missionsdienste. Mit Vorwort v. Elias Schrenk. gr. 8. (XI, 385 S. m. 11 Taf.) Kassel (899). E. Röttger. n. 3. —; geb. in Leinw. n. 4. 50

Der **Pilgerpsalter** der Fünfzehn Psalmen im höheren Chor. Ein Güldenes Pilgerbüchlein f. d. Gotteskinder aller Zeiten. 42 Betrachtungen von e. Pilgerin im Missionsdienste. Mit Vorw. von Elias Schrenk. *Kassel: E. Röttger (1900).* (XI, 385 S.) 8° [F.] [00. 7003 4

Pilgerreise zur himmlischen Heimat. Ein Gebet- u. Erbauungsbuch f. das liebe Alter. 3., verm. Aufl. 12. (746 S. m. 1 Stahlst.) Passau 892. R. Abt. n. 1. 20; geb. in Leinw. n.n. 1. 80; in Ldr. n.n. 2. 60

Pilgerreise, e., nach d. hl. Lande im Frühjahr 1897. Von J. K. 8 (100 S.) Trier 898. Paulinus-Druckerei. n — 75

Pilgerreise, die, nach Rom. Hirtenbriefe des Hochw. Hrn. Bischofs von Speyer für die Fastenzeit 1857. Speyer. (Mainz, Kirchheim.) gr. 8. (68 S.) n. 4 ngr.

Eine Pilgerreise auf den Berg Sinai im Jahre 1833. Paderborn: F. Schöningh 1899. (S. 162-176.) 8°
= Broschüren-Cyklus f. d. kathol. Deutschland. Jg. 34, H. 11.

Pilgerreise, Die, zu Wasser und zu Lande. Nürnberg 1799. V: *Jung, Joh. Hnr. gen. Stilling.* (Cat. d. Stadtbibl. Zürich. Zürich 1864—97.)

Pilgerreise, die, zu Wasser u. zu Lande ꝛc. Mit e. Vorrede v. J. H. Jung. 8. Nürnb. 799. Raw. 18 gr

Pilgerreise, die, nach dem Berge Zion. Bremen 863. Verlag des Tractathauses. 16. (12 lith. Bl. in Farbendr.) n. 12 ngr.

Pilgerschaft, meine, aus Mutterschooß ins Weltgetümmel, v. Franz Carnie, m. K. 8. Breslau, Schall. 805.

Pilgerschaft, Meine, durchs Weltgetümmel. Breslau 1802. V: *Carnier, Franz Xaver.* (BGE IV³, 449)

Pilgerstab. Ein vollständiges Gebet- u. Erbauungsbuch für kathol. Christen. 8. (352 S. m. 1 Stahlst. u. lithochrom. Titel.) Augsburg 851, Schlosser. ⅜ ℛ

Pilgerstab, des Christen, auf der Reise in die Ewigkeit. Gedrängter Inhalt der vorzügl. Missions-Predigten, nebst Unterricht u. Gebeten, u. einer vollständ. Anleitung zur Generalbeichte für gottlieb. u. heilsbegier. Seelen. Passau 866. Elsässer & Waldbauer. 8. (320 S. mit 1 Stahlst. u. 1 Steintaf.) 9 ngr.

Pilgerstab zu Gottes Gnadenthron. Ein Andachtsbuch für jedermann auf alle Zeiten des Jahres, besonders zur ewigen Anbetung des allerh. Altarssacramentes. 2. umgearb. Aufl. gr. 16. (491 S. m. farb. Titel u. Lichtdr.-Titelbild.) Urfahr-Linz (899). Verlag des kathol. Preßvereines. Geb. in Leinw. n. 1. 80; in Ldr. n. 2. 50; m. Goldschn. n. 3. —

Pilgerstab, geistlicher, oder Wallfahrtsbuch zum Gebrauche bei jeder Wallfahrt, Prozession, Kreuzwegandacht ꝛc. eingerichtet und gesammelt von einem katholischen Geistlichen der Diözese Münster. Mit 1 Stahlst. Regensburg 863. Manz. 16. (XII, 460 S.) 18 ngr.

Pilgerstab auf d. Leidenswege Christi od.: Fastenbüchlein. Enth.: Meßandacht z. bitt. Leiden u. Sterben Jesu Christi; verschied. Kreuzweg-Andachten u. Litaneien, Gebete in d. Charwoche u. e. Grabandacht nebst einigen Liedern. Auszug aus d. Andachtsbuche: „Pilgerstab zu Gottes Gnadenthron. 2. Aufl. gr. 16. (126 S.) Linz 889. Verl. d. kathol. Preßvereines. Geb. n. — 60

Pilgerstab, der neue. Nach den Schriften des heil. Augustinus, Hieronymus, Chrysostomus rc. und anderer Heiligen u. frommer Männer bearbeitet. Nebst einer Beschreibung der wichtigsten Wallfahrtskirchen Deutschlands. Mit 1 Stahlst. Dinkelsbühl 852. Walthr. 12. (252 S.) 9 ngr.

Pilgerstab, der neue. Nach den Schriften des heil. Augustinus, Hieronymus, Chrysostomus rc. und anderer Heiligen und frommer Männer bearb. Nebst einer Beschreibung der wichtigsten Wallfahrtskirchen Deutschlands. 12. (252 S. mit 1 Stahlst.) Dinkelsbühl 853, Walthr'sche Buchh.

Pilgerstab, neuer Marianischer, oder Anbetung Gottes u. Verehrung der Heiligen, insbesond. der allersel. Jungfrau u. Gottesmutter Maria. gr. 12. (18½ B. u. 1 Stahlst.) Soest 845, Nasse'sche Buchh. * 12 Ngr., feine Ausg.

— neuer Marianischer, oder: Anbetung Gottes u. der Heiligen, insbesond. der allerseligsten Jungfrau u. Gottesmutter Maria. Ein vollständ. Andachtsbuch in Gebeten u. Gesängen m. vorausgeschickten Belehrungen im Geiste der christkathol. Kirche. Nebst 1 Stahlst. 2. Aufl. gr. 12. (IV u. 440 S.) Soest 849, Nasse. 9 ngr — Feine Ausg. ½ rß

—— neuer Marianischer, oder Anbetung Gottes und Verehrung der Heiligen. Ein vollständ. Gebet- und Betrachtungs-Buch für kathol. Christen. 8. (396 S. mit 1 Stnt.) Soest 863, Nasse's Verlag. *

Pilgerstab, neuer, auf der Reise in die Ewigkeit. Gedrängter Inhalt der vorzüglichsten Missionspredigten nebst e. Sammlg. v. Gebeten u. Andachtsübgn. f. gottliebende u. heilsbegier. Seelen. Bearb. nach „d. Christen Pilgerstab" v. P. Anton Merk, u. nach den besten Schriften anderer ausgezeichneter Missionspriester. gr. 16. (477 S.) Einsiedeln 874. Benziger. 1. 20

Pilgerväter, die, oder Geschichte der christl. Ansiedler von Neu-England. New-York 868. (Philadelphia, Schäfer & Koradi.) 16. (99 S.) In engl. Einb. n. 10 ngr.

Pilgerwege an der Hand Gottes. Lebensgeschichte eines Ungenannten von ihm selbst erzählt. Neusalz a. d. O. 867. (Grünberg, Weiß.) gr. 8. (VII, 215 S.) n. 15 ngr.

Pilgerzug, Der österreichische nach Lourdes. Elegante Ausgabe mit 14 Illustrationen. Wien, Joh. Heindl. In Calicot geb. ord. fl. 3.—, broschirte Ausgabe mit 2 Illustrationen ord. fl. —.70. 1886.

MARIANISCHER Pilgram, deren in Ungarn und Mähren sich befindenden Marianischen Oertern, mit Bildern. Skalitz o. J. o. Dr. 12 S. - 120 mm

Pilgram, Ant., († d. 15. Jan. 1793.) Calendarium chronologicum medii potissimum aevi. 4maj. Wien 781. (Heubner). 2 rß (a. Schaumburg u. C.) 1 rß 8 gr

— — id. lib. 4. Vien. Kaulfuss. 781.

Anton Pilgram

Calendarium chronologicum medii potissimum aevi monumentis accomodatum ab Antonio Pilgram. Viennae: Kurzbeck 1781. XIV,260 S. 4°

Pilgram, Ant., Calendar. chronologic. etc. 4. maj. Vien. Kurzböck (Camesina.) 781.

—Untersuch. über das Wahrscheinliche d. Wetterkunde. 2 Thle. gr. 4. Wien 781. (Heubner). 3 rß

Pilgram, Anton: Untersuchungen über das Wahrscheinliche der Wetterkunde durch Vieljährige Beobachtungen. Wien: Kurzbeck 1788. 608 S. -- ÖNB*
[S.247-257: Von dem guten und üblen Weinwachse.]

Pilgram, Franc. Rodericus (geb. Nippes im Rheinl. 20. 12. 1844): De prolapsu uteri. Berolini 1866. (32 S.) 8°
Berlin, Med. Diss.
nachgeliefert v. dem am 5. Juni 1866 auf Grund gedruckter Thesen promov. Verf.

Pilgram, Friedrich

— sociale Fragen betrachtet aus dem Prinzip kirchlicher Gemeinschaft. Freiburg im Br. 855. Herder in Comm. gr. 8. (2 Bl., 80 S.) 12 ngr.

Pilgram, Frdr., Grundlagen, neue, der Wissenschaft vom Staate. Berlin 870. (Mitscher & Röstell.) gr. 8. (XI, 472 S.) n. 1 rß 15 ngr.

Pilgram, Frdr., Irrwege des modernen Denkens in der Auffassungsweise katholischer Wahrheiten. Ein Wort zunächst an den Verf. der Schrift: Babylon u. Jerusalem. Ein Sendschreiben an Ida Gräfin Hahn-Hahn. [Berlin 1851.] 8. (IV u. 93 S.) Köln 852, J. G. Schmitz. n. ⅓ rß

Pilgram, Friedr., Controversen mit den Ungläubigen. Ueber die Realität des Wissens u. die Logik des Glaubens. Freiburg im Br. 855. Herder. gr. 8. (VII, 196 S.) 18 ngr.

Pilgram, Friedr., Leben und Wirken der hervorragendsten Protestanten. Betrachtet aus katholischen Glaubensprincipien. 1. Heft. A. u. d. T.: Leben und Wirken des Grafen Nicolaus Ludwig v. Zinzendorf. gr. 8. (IX und 145 S.) Leipzig 857, C. H. Reclam sen.

Pilgram, Frdr., s.: Nach vierzig Jahren.

Pilgram, Frdr., Physiologie der Kirche. Forschungen über die geistigen Gesetze, in denen die Kirche nach ihrer natürlichen Seite besteht. Mainz 860. Kirchheim. gr. 8. (VIII, 484 S.) 2 rß

— Vereinigung der Katholiken und Protestanten. Ein offenes Sendschreiben an Herrn Prof. Leo in Halle. Monheim 861. (Leipzig, C. H. Reclam sen.) 8. (15 S.) 6 ngr.

—— Zeitfragen. 1. Christus unser Vorbild auch in polit. Beziehung. 2. Die Reaction. 3. Der moderne Staat und die Freiheit der Kirche. 4. Zur socialen Frage. 5. Gesichtspunkte für die kosmische Erfassung polit. Verhältnisse. 6. Von der polit. Auffassung der Kirche. 8. (IV und 98 S.) Köln 852, J. G. Schmitz Sortimentsb. *

Pilgram, H. [app. Arzt]: Die Zotten und Karunkeln des menschlichen Amnion. . . . Marburg, Univ.-Buchdr. (C. L. Pfeil), 1889; 17 + 1 S. 8°
Marburg, Med. Fak., Inaug.-Diss. v. [25. Nov.] 1889

Pilgram, Hubert Jakob, aus Merkenich b. Cöln, Probandus u. wiss. Hilfslehrer am Realgymn. zu Remscheid: Die Schaarschaar der Kegelschnitte, die ein gegebenes Tangenten-Dreieck haben. *Remscheid (1902): Tacke & Rittinghaus.* (27 S.) 8°
Erlangen, Phil. Diss. v. 30. Mai 1902

Pilgram, Johann Sigismund, Commentatio theol. in caput IX epistolae Pauli ad Romanos latinitate donata a Johann Christoph Deccard. Jena (G. M. Marggraf) 1746. 23 S. (4.—) 26508

Pilgram, J. Sigm., Predigten üb. die Passion Chr. 8. Frkf. Stein. 736.

Pilgram, Laban, e. Lebensbild aus der Batak-Mission auf Sumatra, s.: Missionsschriften, rheinische.

Pilgram, Wilhelm *Joseph Hubert* [aus Wesseling]: Aus d. chirurg. Klinik zu Bonn. Ueber Bildungsfehler der weiblichen Blase und Urethra, m. bes. Berücks. d. Inversio vesicae urinariae cum prolapsu per urethram ... Bonn, Buchdr. J. Bach Wwe, 1892; 27 S., 1 Bl. 8.
Bonn, Med. Fak., Inaug.-Diss. v. [15. Okt.] 1892

Pilgram-Diehl, Margarethe, Gedichte. Frankfurt a. M. 863. Sauerländer's Verlag. 16. (247 S.) n. 1 ℳ

Pilgramm, David Heinrich Gottfried von, De vitiis tragoediarum, quae vulgo Senecae tribuuntur. Präs. Christian Adolph Klotz. Göttingen (Hager) 6. IV. 1765. 36 S. (4.75) 26509
Gew.: Anton Thomas von Pilgramm (Vater). — Widm. v.: Christ. Adolph Klotz.

Pilgrim: Der Pilgrim
s.a. II **Pelegrin.**

Pilgrim, der. Ein kathol. Gebetbuch, s.: Fritz u. Biggel.

— der, oder neue Grabreden, s. Grabreden.

Pilgrim, der, e. moral. Schr. 2 Thle. 8. Königsb. Hartung. 743—44.

Pilgrim 1870 1875 Marklesburg, PA

The Pilgrim: vol. 1 -7, Apr. 1, 1870 1876
Weekly. Published in English and German. Organ of the Church of the United Brethren in Christ [in German: Die Vereinigten Brüder in Christo]. Date-line, James Creek. Circulation: 1876, 3367. Established as a semi-weekly; with vol. 2, 1871 became weekly. English edition, quarto, each issue 8 pages, paged continuously; index, 2 pages. Rowell, however, and others, list this paper as folio in size, each issue 16 pages. Edited by Henry B. & Georg Brumbaugh, & published by Henry B. Brumbaugh & Bro.
Huntingdon, PA

Pilgrim, Der, oder ein Gemählde des Lebens; a. d. Engl. Leipzig 1775. Ü: *Klausing, Anton Ernst.* (Ky) (GGr) (Adel) (MGT)

—der, od. ein Gemählde des Lebens; aus d. Engl. (von A. E. Klausing). 8. Leipz. 775. (Brockhaus). 18 gr

Pilgrim, der, oder ein Gemählde des Lebens in Briefen, a. d. Engl. 8. Leipzig, 775. Feind. 23 ſgl.

— d., od. e. Gemälde d. Lebens, a. d. Engl. 8. Lpz. Junius. (Gleditsch.) 775.

— der andächtige, oder Beschreibung der Reise Roberts. 8. Nrnb. Maspe. 741.

Pilgrim, Der andächtige, oder wahrhafftige und merkwürdige Beschreibung der Rechte, welche ... Herr Robertus Leeb zum heil Creuz nunmehro Abbt in das heilige Land und nach Jerusalem glücklich hinterleget. Aus dem Lateinischen ins Teutsche übersetzt. V: *Leeb, Robert.* (Florian Watzel, Die Cistercienser vom Heiligkreuz. Graz 1898, S. 153) (BiblPort)

Pilgrim, Der aufrichtige, oder ein Schreiben eines vornehmen Teutschen *(F. C. v. P.)*, darinnen er seiner im geistlichen Stande lebenden Schwester Theresiæ à S. Nepomuceno, die im Jahr 1724. nach Rom verrichtete Wallfahrt ausführlich und offenherzig erzehlet. Mit Titelkpfr. Frankfurt, bey Joh. Leonh. Buchner, 1725. 8°. Selten! (4 Mk. 50 Pfg., Friedr. Klüber, München, 1896:)
106 S. (incl. Tit.). Vf., angeblich ein guter Katholik, schildert in derber u. drastischer Weise die Sittenverderbniß in Rom, welches er ein Hurennest nennt, u. eifert besonders gegen Carneval u. Comödianten. — Selten!

Pilgrim, dein, u. dein Bürger. Ein Familienbild v. Erna Maria. 8. (187 S.) Berlin 887. (Heinicke.) n. 2. —

Der Teutsche Pilgrim: 1731 1738?
Calender auf den Pennsylvanischen Meridianum gerichtet Philadelphia, Andreas Bradford. The years 1731, 1732, 1733 have been published.
Germantown, PA

Der Teutsche Pilgrim, Mitbringende einen Sitten-Calender :1731 - 1733?
Published by Andreas Bradford. PMBH, 1882 [p. 370] reports that Mr. Jacob Fatzinger, Jr. of Weaversville, Pa., at one time owned calenders for 1731 - 1733.
Philadelphia, PA

Pilgrim, Der, auf Erden und Bürger im Himmel . . . Eine Trauerrede. Freyenwalde 1723. V: *Lengnich, Gfr.* (ML)

Pilgrim, Der, mit dem grünen Schnappsack. Germanien [Hildburghausen] 1799. V: *Strasser, Ernst August Christian.* (Wr) (MGT) (Ky)

Pilgrimm, der, mit dem grünen Schnappsack. (v. E. A. C. Strasser). 8. (Hildburgh.) 799. Hanisch. 20 gr

Pilgrim, der, an den Vorhallen der Ewigkeit. Ein kathol. Gebet- u. Erbauungsbuch für alle Stände. Aus dem Nachlasse von Dekan Fritz u. Pfarrer Biggel. Mit 1 Stahlst. 8. Stuttgart 844, Hallberger. 1 ℳ — Mit 4 Stahlst. 1⅛ ℳ

Pilgrim, d. kleine Wallfahrer. E. Märchen f. fromme Kinder. 16. (32 S.) Paderborn 897. Bonifacius-Druckerei. n. — 10

— der auf wunders. Wegen wandelnde, und dess. Entdeck. des päbstl. Heiligth. 4. Lpz. 730.

Pilgrim, Carl, s. Pilgrim, Karl

Pilgrim, Cornelius, d. Buch v. d. hl. 14 Nothhelfern. E. Lehr- u. Erbauungsbuch f. d. christl. Volk. M. e. Anh.: Wendelinusbüchlein nebst den tägl. Gebeten. gr. 16. (VIII, 270 S. m. 1 Titelbild.) Freiburg i/B. 896. Herder. n. 1. 50; geb. in Leinw. n 2. —

The Geology of the Persian gulf and the adjoining portions of Persia and Arabia. By G[uy] E. **Pilgrim.** Calcutta: Off. of the Geol. Survey: Berlin: Friedländer 1908. II, 177 S. 8° [Umschlagt.]
(Memoirs of the Geol. Survey of India. Vol. 34, P. 4.)

Pilgrim, Heinr., theoret. Berechnung der Betoneisen-Konstruktionen m. ausführl. Beispielen. [Aus: „Ztschr. f. Architektur u. Ingenieurwesen in Hannover", nebst Ergänzgn. u. prakt. Anwendg. auf verschiedene Beispiele.] (46 S. m. 78 Abbildgn.) gr. 4. Wiesbaden 906. C. W. Kreidel. n. 2. 80

Pilgrim, Heinr., vollständige theoretische u. praktische Berechnung der Eisenbeton-Konstruktionen m. genauer Gewölbe- u. Rahmenberechng. u. ausführlichen Beispielen. (100 S. m. 140 Abbildgn.) 35,5×26,5 cm. Wiesbaden 910. C. W. Kreidel. Kart. 8. —
Sonderabdr. aus: „Ztschr. f. Archit. u. Ingenieurwesen" u. „Beton u. Eisen".

Pilgrim, Heinrich: Gewölbe- und Rahmenberechnung für Eisenbetonkonstruktionen. Mit 40 Abb. im Texte. Wiesbaden: Kreidel 1910. 43 S. 2° ¶ Vollst. u. d. T.: Gewölbe-, Rahmen- und kontinuierliche Berechnung von Eisenbeton- und Eisenkonstruktionen mit Anwendung auf praktische Beispiele. 1911.
Stuttgart, Dr.-Ing.-Diss. v. 13. 1. 1910

Pilgrim, Karl

Pilgrim, Carl [aus Dortmund in Westfalen]: Zwei Falle von Vorkommen des Cysticercus cellulosae im Auge .... Munchen, Druck v. J. B. Grassl (1886); 19 S. 8°.
München, Med. Fak., Inaug.-Diss. v. 1886.

Pilgrim, Ludwig, Prof. Dr.: Einige **Aufgaben** der Wellen- und Farbenlehre des Lichts. *Cannstatt 1901: J. Mann.* (69 S.) 4°
Cannstatt, RA, P 1901 (650)

Pilgrim, Ludw., einige Aufgaben der Wellen- und Farbenlehre des Lichts. Progr. 4. (69 S. m. Fig. u. 2 farb. Taf.) Cannstatt 901. (H. Reitzel.) n. 3. —

Pilgrim, L., vereinfachte Behandlg. d. schiefwinkligen Koordinaten im Raum. (78 S.) 8. Stuttgart 909. J. B. Metzler. 2. 40
Sonderabdruck aus: „Mathem.-naturw. Mittlgn."

Pilgrim, L., Galilei, s.: Sammlung gemeinverständlicher wissenschaftlicher Vorträge.

Pilgrim, Ludwig [Prof. Dr.]: Über Säulenfestigkeit. Tübingen, Druck d. L. Fr. Fues'schen Buchdr. (W. Armbruster & O. Riecker), 1889; 36 S. 4°
Ravensburg, k. G, P 1889 (558)

Pilgrim, L., üb. Säulenfestigkeit. [Aus: „Festschrift d. kgl. württemb. Gymnasiums Ravensburg".] 4. (36 S.) Tübingen 889. (Fues' Verl.) n. 1. 60

Pilgrim, Ludw., Theorie der kreisförmigen symmetrischen Tonnengewölbe von constanter Dicke, welche nur ihr eigenes Gewicht tragen. Lex.-8. (41 S. m. eingedr. Holzschn.) Stuttgart 877. Wittwer. n. 1. 80

Pilgrim, Ludw., Versuch e. rechnerischen Behandlung des Eiszeitproblems. (S. 26—117 m. 1 Taf. u. 1 Bl. Erklärgn.) 8. Stuttgart 904. (Stuttgart-Cannstatt, H. Reitzel.) n.n. 4. —
Sonderabdruck aus: „Jahreshefte des Ver. f. vaterl. Naturkunde in Württ."

Pilgrim, P., Maria Kevelaer, s.: Broschüren, Frankfurter zeitgemäße.

Pilgrim, Pius, s.: Schäfer, Bernh.

Pilgrim, Theo., Pfarrer Kneipp's Ende. Eine Warnung. gr. 8. (21 S.) Berlin 893. P. Moedebeck. n. — 60

Pilgrim, Theo., Geistlich. Roman. gr. 8. (397 S.) Leipzig 901. Lotus-Verlag. n. 5. —; geb. n. 6. —

PILGRIME, Die, ein komischer Roman. Leipzig 1773. 8°.
Wiener Cat. (1774) verbotener Bücher.

Pilgrimme, die; ein komisch. Roman. 8. Leipz. 773. (Brockhaus). 6 gr.

Pilgrimme, die, ein komischer Roman. 8. Leipz. Heinsius. (Gleditsch.) 773.

Pilgrimme, die, auf Golgatha. Ein musikal. Drama v. Fr. Wilh. Zachariä. gr. 8. Brschw. Schroder. (a. Sommer in Lpz.) 763.

Pilgrimme, die, von Mecca. Singspl. nach d. Französ. (v. Jh. H. Faber), s. Dancourt.

Pilgrime, Die, von Mecca; aus [Flor. Carton] Dancourts Oper zusammengezogen. Frankf. a. M. 177? V: *Faber, Johann Heinrich.* (ML) (Ky)

— die, v. Mekka; oder die unvermuthete Zusammenkunft. Singsp. in 3 A. a. dem Franz. d. Dancourt. 8. Frkft. Andreä. 772.

Pilgrimm, s. Pilgrim

Pilgrimme, s. Pilgrime

Pilgrimschaft

Pilgrimmschaft, die, nach Eleusis, von Rostorf (K. G. A. v. Hardenberg). 8. Berl. 804. (Brandenburg). 1 ℔ Hbg. Pr. 12 gr

Pilgrimmschaft, die, nach Eleusis, von Rostorf. 8. Berlin, Unger. 804. (Sommerbrodt.)
Velinpap.

Pilgrimschaft, Die, nach Eleusis . . . Berlin 1808. V: *Hardenberg, Carl Gottlieb Andr. v.* (EE) (MGT) (Ky)

— des Künstlers, s. Astralis.

— des Künstlers. 8. Carlsruhe, Braun. 818.

Pilgrinnen, s. Pilgerinnen

Pilipp, J.: Taschenbuch für junge Seelsorger ..., s. Philipp, J.

Pilis, Béla Ney de, das ungar. Parlamentshaus von Emerich Steindl. Im Auftrage der königl. ungar. Regierg. u. unter Mitwirkg. v. Ladisl. Steinhauss, Ladisl. Heidrich, Béla Bayer, Emerich Lázár, Stef. Santhó verf. u. red. (In ungar., deutscher u. französ. Sprache.) (VI, 46 S. m. Abbildgn., 54 Taf. u. 8 Plänen.) Imp.-Fol. Budapest (906). (Leipzig. K. W. Hiersemann.) Geb. in Halbfrz. n. 130. —

Pilt, Georg: Neukirch am Hohwalde bis zum Befreiungskriege. . . . Meißen, Druck v. F. Julius Baumert (Ad. Methner), 1889; 86 S. + 1 Bl. 8°
Rostock, Phil. Fak., Inaug.-Diss. v. 12. März 1890

Pilkington, Mary. Lebensbeschreibungen für junge Frauenzimmer. Leipzig 1799. Ü: *Wichmann, Christian August.* (MGT)

Pilkington, M. Lebensbeschreibungen für Knaben. Leipzig 1799. Ü: *Wichmann, Christian Aug.* (MGT) »1800« (Ky)

Mistr. **Pilkington's** Lebensbeschreibungen f. Knaben, od. charakterist. Geschichten, um Kinder z. Verehr. tugendh. u. Verabscheu. lasterh. Grundss. aufzumuntern; a. d. Engl. v. Adf. **Waldmann.** *Lpz.*, Baumgärtner. B. 800. 12° m. 1 K. 14 gl

— Lebensbeschreibd. f. Mädchen, od. moral. u. lehrr. Beispiele f. junge Frauenzimmer; aus d. Engl. v. A. Waldmann. 12. Leipz. 800. Baumgärtner. 14 gl (Beide a. u. d. T.: Bibliothek f. Kinder ꝛc. 2 Bdchen. 1 ℛ 4 gl)

Pilkington, S., Eduard Bernhard, od. Geschichte d. Familie Egerton; aus d. Französ. 12. Heidelb. 818. Meder. 16 gl

Pillai, Narayana Kunjan, M. A. B. Sc. a. Trivandrum ⟨Travancore⟩: Untersuchungen über den Einfluss der Düngung und anderer Faktoren auf die Tätigkeit der Mikroorganismen des Bodens. Leipzig 1908: E. Stephan. (99 S.) 8°
Leipzig, Phil. Fak., Ref. Kirchner-Pfeffer, Diss. v. 2. März 1908
[Geb. 13. März 81 Trivandrum; Wohnort: Leipzig; Staatsangeh.: Indien; Vorbildung: Univ. Madras B. A. 02; Studium: Edinburgh 6, Leipzig 3 S.]

Pillau [Schlagwort]

Pillau, s.: Deutschland. Karte (Abt. Preussen). — Preussen. Messtischblätter.

Pillau, J., s.: Kortzfleisch, Ida v.

Pillement, Fr. v. Karte des k. baier. Kreises Unterfranken u. Aschaffenburg nebst Theilen der angrenzenden Länder. Würzburg. 1854. Ein Folioblatt mit geogn. Colorirung

Pillement, Ottomar von

Pillement, O. v., **Mauri.** (19 S.) 8. Leipzig 907. Dieterich. — 60

Ostgoten. Das Ende in Italien. Ostgerman. Namensgebungen. Ein gotischer Kanton von O[ttomar] v. **Pillement,** Major z. D. Leipzig: Dieterich 1906. (38 S.) 8° [r6. 7139

§ **PILLEN.** Eigens präparirt für deutsche u. andere Michel. Von *W. M.* Bern 1845. 8°. (1 Mk. 50 Pfg. Wilh. Scholz, Brnschw., 1896.) Selten!

PILLEN zur Erschütterung des Zwerchfelles aus der Reiseapotheke des Herrn Rochus Pumpernickel. VI Hunderte (soviel ersch.?). Mit kolor. TKupfern. Pesth 1811. 8°. (3 Kr., nur 6. Hundert, Gilhofer & Ranschburg, 1909.)
Cplt. sehr selten!

Pillen, frische, gegen die Rationalisten chemisch zugesetzt u. als Konservativpulver dargereicht. 8. (32 S.) Quedlinburg 847, Franke. n. 1/6 ℛ

Pillen, humoristische. 1. Schachtel. [Ei schläſ'scher Schproche.] Ober-Glogau 862. Handel in Comm. 16. (XVI, 144 S.) n. 10 ngr

Pillen, humoristische, zur Beförderung der Lachlust u. Verscheuchung übler Laune. 8. (64 S.) Köln 881. Püttmann. — 30

Pillen, humoristische, den Weltschmerz zu stillen. Heitere Geschichten, Witze und Anekdoten in Wort und Bild von Klippklapp. 1. und 2. Sammlung. 8. (92 S. und 120 S. mit eingedr. Holzschn.) Mülheim 879, Bagel's Verlagsh. à Sammlung * 50 Pf. *

Pillendorf, Nic., Vorschl. z. Frieden zwischen dem Grafen von Zinzendorf und s. Feinden. 2 Thle. 8. Hemmerde u. S. 749.

Pillenschächtelchen, Satyrisches, enthaltend Anekdoten, Epigramme . . . von noch lebenden und verstorbenen Aerzten und Wundärzten . . . Quedlinburg 1813. H: *Basse, Gfr.* (MGT)

Pillenschächtelchen, satyrisches, enth. Anekdoten, Epigramme ꝛc. v. Aerzten u. Wundärzten, gesamm. u. hrsgg. v. Cyriakus Nieswurz, (Gf. Basse). Mit 1 Kpf. 12. Quedlinb. 813. Basse. 12 gl

Piller F, englische Schulvorschr. z. Unterr. im Schönschreiben. (10 Bl) qu 8° Lemberg

Piller, Frz. X. Handbuch d. Küsters od. Sigristen. Anleitung f. den Gottesdienst nach dem röm. Ritus. 12. (X, 229 S.) Luzern 889, Gebr. Räber u. Comp. geb. * 2 50

Piller, Frz. Xav., Handbuch des Küsters od. Sigristen. Anleitung f. den Gottesdienst nach röm. Ritus. 2., neu bearb. u. vervollständ. Aufl. (XVI, 266 S.) kl. 8. Luzern 907. Räber & Co. Geb. in Leinw. 2. 80

Piller, R. D. F. X., manuale liturgiae romanae ad usum ven. clori ministerio parochiarum addicti nec non alumnorum ad ministerium sacrum aspirantium ex fontibus authenticis concinnatum. Ed. III. ab auctore recognita et emendata. gr. 8. (XVI, 612 S.) Freiburg (Schweiz) 894. (Universitätsbuchh.) n. 4. 50

Piller, Martin, Anleitung zur Berechnung der chronologischen Merkmale des Osterfestes. Dillingen, 1864, 4°, 32 S., Progr. der Studien-Anstalt.

Piller, Mart., Anleitung zur Berechnung der chronologischen Merkmale u. des Osterfestes. Für seine Schüler entworfen. Nördlingen 865. (Berlin, Calvary & Co.) gr. 4. (34 S.) n. 15 ngr

Piller, **Matth., et Mitterbacher,** iter per Posoniam slavon. provinciam. 4maj. Pest 784. Eggenberger. 2 ℛ

Piller, R. D. F. X., s. Piller, Franz Xaver

Pillersdorf und die Wahrheit, oder Beleuchtung seiner »Rückblicke« auf die politische Bewegung in Österreich . . . Wien 1849. V: *Koch, Matthias.* (Ky) (Hs. Mitth. Dr. H. Friedjung.)

Pillersdorf u. die Wahrheit, oder Beleuchtung seiner „Rückblicke" auf die polit. Bewegung in Oesterreich in den J. 1848 u. 1849. Von M(atthias) K(och). 8. (31 S.) Wien 849, Klang. 1/6 ℛ

Pillersdorff, Alb. Frhr., das 57. Infanterie-Regiment Fürst Jablonowski und die Kriege seiner Zeit. Im Auftrage des Regimentes nach den Quellen des k. k. Kriegsarchives. Lex.-8. (IX und 659 S.) Wien 857, (Seidel und Sohn.) *

Pillersdorff, Albert *Freih. v., Hauptmann im Regimente.* Das 57. Infanterie-Regiment Fürst Jablonowski und die Kriege seiner Zeit. Im Auftrage des Regimentes nach den Quellen des k. k. Kriegsarchives von — —. *Wien* 1857. Druck v. *Leop. Sommer.* VIII, 658 S. 1 Bl. gr. 8°.

Pillersdorff, Alb., das 57. Infanterie-Regiment Fürst Jablonowski und die Kriege seiner Zeit. Im Auftrage des Regimentes nach den Quellen des k. k. Kriegsarchives. Wien 858. (Seidel.) gr. 8. (IX, 659 S.) n. 4 ℛ.

Pillersdorf, Frz. de, Coup d'oeil rétrospectif sur les événements politiques en Autriche dans les années 1848 et 1849. Traduit de l'allemand. gr. 8. (63 S.) Paris 849. Vienne, [Jasper's Witwe und Hügel.] *

v. Pillersdorff, Frz. Frh., die österreichischen Finanzen beleuchtet. gr. 8. (VI u. 86 S.) Wien 851, (Jasper, Hügel &) Manz. — 2. verm. Aufl. gr. 8. (XVIII u. 87 S.) Ebd. 851. — 3. verm. Aufl. gr. 8. (XVIII u. 87 S.) Ebd. 851. 18 ngr

v. Pillersdorff, handschriftlicher Nachlaß. Mit Pillersdorff's Portr. (in Stahlst.) Wien 863. Braumüller. gr. 8. (VIII, 462 S.) n. 2 n$ 20 ngr.

Pillersdorff, Frhr. v. Handschriftlicher Nachlass. gr. 8⁰. Wien, Braumüller, 1863.
Enth. u. A.: Beurtheilung der finanziellen Lage.

Pillersdorf, Frhr. v. Handschriftlicher Nachlass. gr. 8⁰. Braumüller 1863.
Enth. u. A.: Mittel zur Befestigung des Staatskredits.

Pillersdorff, Frhr. v. Handschriftlicher Nachlass. gr. 8⁰. Wien, Braumüller, 1863.
Enth. u. A.: Der Verkauf der Staatsbahnen und Bergwerke.

Pillersdorff, Frhr. Handschriftlicher Nachlass. gr. 8⁰. Wien, Braumüller, 1863.
Enth. u. A.: Der Verkauf der Staatseisenbahnen und Bergwerke.

—— Rückblicke auf die polit. Bewegung in Oesterreich, s. a. Rückblicke.

(Pillersdorff, Freiherr v.) Rückblicke auf die politische Bewegung in Oesterreich in den Jahren 1848 und 1849. Von F. v. P. 8. Wien 1849.

P(illersdorf), F. v., Rückblicke auf die politische Bewegung in Österreich in den Jahren 1848 und 1849. Wien, Jasper, Hügel u. Manz, 1849. 81 S. 8⁰.
Zweite Auflage.

Pillet Ansichten v. England; aus d. Französ. übers. gr. 8. Jena 816. Schmid. 1 rf 18 gf

Pillet, A., jus canonicum generale, distributum in articulos, quos collegit et ordinavit A. P. 12. (VIII, 458 S.) Paris 890. Lethielleux. n. 2. —

Pillet, Alfred, Dr. phil.: Das Fableau von den Trois bossus Ménestrels und verwandte Erzählungen früher und später Zeit. Ein Beitrag zur altfranzös. u. zur vergleichenden Litteraturgeschichte. T. 1. *Halle a. S. 1901: E. Karras.* (50 S.) 8° ¶ [Erschien vollst. 1901 bei M. Niemeyer in Halle a. S.)
Breslau, Phil. Hab.-Schr. v. 4. Febr. 1901

Pillet, Alfr., das Fableau v. den Trois Bossus Ménestrels u. verwandte Erzählungen früher u. später Zeit. Ein Beitrag zur altfranzös. u. zur vergleich. Litteraturgeschichte. gr. 8. (III, 101 S.) Halle 901. M. Niemeyer. n. 2.80

Pillet, Alfr., die neuprovenzal. Sprichwörter d. jüng. Cheltenhamer Liederhandschrift, s. a. Studien, romanische.

Pillet, Alfred [aus Breslau]: Die neuprovenzalischen Sprichwörter der jüngeren Cheltenhamer Liederhandschrift. Tl 1 ... [Erschien vollst. als Heft 1 von: Roman. Stud., veröffentl. v. E. Ebering.] Berlin, C. Vogts Buchdr., *1896;* 2 Bl., 37 S., 1 Bl. 8.
Breslau, Phil. Fak., Inaug.-Diss. v. 30. Nov. 1896

Die neuprovenzalischen Sprichwörter der jüngeren Cheltenhamer Liederhandschrift. M. Einl. u. Uebs. z. ersten Male hrsg. v. Alfred Pillet, Dr. phil. *Berlin: E. Ebering 1897.* [S. 1—37 erschien als Bresl. Diss. 1896.] (2 Bl., 130 S., 1 Bl.) 1 Bd 8.
= Studien, Romanische. H. 1. 197. 4954

Pillet, André [Prof.]: Essai sur les Pensées de Pascal. (Th. 1.) Breslau, Druck v. Grass, Barth & C., *1894;* XXXV S. 4.
Breslau, ev. R I, OP 1894 (224)

Pillichody, A., s.: Que faut-il boire?

Pillichody, Alb., Erinnergn. aus dem griechisch-türkischen Krieg v. J. 1897. 8. (III, 133 S. m. 1 Karte.) Bern 897. E. Baumgart. n. 1.50

Pillichody, A. Erinnerungen aus dem griechisch-türkischen Krieg v. Jahr 1897. In-8⁰. III, 133 S. mit 1 Karte. Bern, Nydegger & Baumgart. 2 —
1897

Pillichody, Alb., Erinnerungen aus dem griechisch-türkischen Krieg vom J. 1897. 8. (133 S. m. 1 Karte.) Bern (Zeughausgasse 14) 899. Buchdr. des Berner Tagblatt. 1.20

Pillichody, A[lbert]. Du rajeunissement de l'épicéa dans les forêts des hautes régions. Travail de concours primé par la Société des forestiers suisses en 1909. 36 p. 8. Berne, Buchler & Co., 1910.

Pillichody, Hermann

Pillichody, H., bernischer Zivilprozess. Theorie u. Praxis der Gerichte nach den von 1864 bis 1904 publizierten Entscheidgn. (In 6—8 Lfgn.) 1.—5. Lfg. (640 S.) Lex.-8. Bern 906. Stämpfli & Co. à n. 2.60

Pillichody, H., Bernischer Zivilprozess. Theorie u. Praxis der Gerichte nach den von 1864 bis 1904 publizierten Entscheiden. Gesetz betr. Vereinfachg. u. Abkürzg. des Zivilprozessverfahrens (vom 3. VI. 1883). Quellen: Zeitschrift des bern. Juristenvereins, Bde. I—XL. Monatsblatt f. bern. Rechtsprechg., Bde. I—XV. 6.—8. Lfg. (VII, S. 641—868 u. 160 S.) Lex. 8. Bern 906. 07. Stämpfli & Co. 9.40 (Vollst. erm. P.: 23.—)

Pillichody, Jean Georges: De jure naturali, gentium et civili. 53 S. — Basel, Jur. Diss. v. 14. April 1734.

Pilling, Arnold, approb. Arzt aus Altena, Westf.: Über Aneurysma cordis. *Saarlouis 1901: Hausen & Co.* (24 S.) 8°
Freiburg i. B., Med. Diss. v. 1901

Pilling, Carl, s. Pilling, Karl

Pilling, Erich [aus Dresden app. Arzt]: Aus d. anatom. Institut zu Rostock i. M. Über die Halsrippen des Menschen ... Rostock, C. Boldt'sche Hof-Buchdr., 1894; 28 S., 1 Taf. 4.
Rostock, Med. Fak., Inaug.-Diss. v. [4. Aug.] 1894

Pilling, Fr. Oskar

— u. Walt. Müller, Anschauungstafeln f. den Unterricht in der Pflanzenkunde. 1.—6. Lfg. 64,5×49 cm. (à 6 farb. Taf.) Braunschweig 894. F. Vieweg & Sohn. à n. 6. —; einzelne Blätter n.n. 1.30; schwarz n. — 60

Pilling, Fr. O., Begleitschrift zu den Anschauungstafeln f. den Unterricht in der Pflanzenkunde v. F. O. Pilling u. W. Müller. Fingerzeige f. Lehrer u. Lehrerinnen beim Klassen-Unterricht in der Botanik auf der untersten Stufe. gr. 8. (VIII, 80 S.) Braunschweig 894. F. Vieweg & Sohn. n. — 50

Pilling, Fr. O., Begleitschrift zu den Anschauungstafeln f. d. Unterricht in d. Pflanzenkunde v. F. O. Pilling u. W. Müller. 2. (Schluß-) Tl. Fingerzeige f. Lehrer u. Lehrerinnen b. Klassen-Unterricht in d. Botanik zu d. Taf. 25 bis 36, nebst Zusammenstellg. d. Pflanzen sämtl. 36 Taf. nach d. natürl. System. gr. 8. (V u. S. 81—144.) Braunschweig 895. F. Vieweg & Sohn. n. — 50

— Lehrgang des botanischen Unterrichts auf der untersten Stufe. Unter method. Verwendung der 48 Pflanzenbilder d. I. Tls. der „Deutschen Schulflora" bearb. gr. 8. (VIII, 132 S. m. 71 Abbildgn.) Gera 892. Th. Hofmann. n. 1. 25

— dasselbe. 2. Tl. Unter method. Verwendg. der 64 Pflanzenbilder d. 2. Tls. der „Deutschen Schulflora" bearb. gr. 8. (VIII, 80 S. m. 16 Abbildgn.) Ebd. 892. n. — 80

—— Pflanzenheft. 8. (64 S.) Gera 892, Hofmann.

Pilling, F. O., zusammenstellende Repetitionsfragen f. den naturgeschichtlichen Unterricht in Quarta. I. Botanik. [Sommerkurs.] 8. (44 S.) Altenburg 884. Wermann. n. — 50

— dasselbe f. Obertertia. Zoologie. [Winterkursus.] I. Niedere Thiere. 8. (56 S.) Ebend. 886. n. — 60

— dasselbe f. Quarta. II. Zoologie: Vögel. [Winterkursus.] 8. (36 S.) Ebend. 885. n. — 40

— dasselbe in Quinta. I. Botanik. [Sommerkursus.] 8. (32 S.) Ebend. 884. n. — 40

— dasselbe in Quinta. II. Zoologie: Säugetiere. [Winterkursus.] 8. (40 S.) Ebend. 885. n. — 50

— dasselbe in Sexta. [I. Botanik (Sommerkursus). II. Zoologie (Winterkursus).] 8. (20 S.) Ebend. 884. n. — 25

— dasselbe f. Tertia. Zoologie [Ergänzungsheft]. Insekten. 8. (60 S.) Ebend. 886. n. — 60

— dasselbe f. Untertertia. I. u. II, 1. 2. 8. Ebend. 886. n. 1. 40

I. Botanik. [Sommerkursus.] Kryptogamen. Allgemeine Botanik. (48 S.) n. — 50
II. Zoologie. [Winterkursus.] (1.) (44 S.) n. — 50. — 2. Wirbellose Tiere. I. Weichtiere. Mollusca. (24 S.) n. — 40

— deutsche Schulflora, s.: Müller, Walt.

— Textbeilage zur Deutschen Schulflora. 1. Hälfte. gr. 8. (128 S. m. Abbildgn.) Gera 893. Th. Hofmann. n. 1. 50

Pilling, Fr. Oskar Der naturgeschichtliche Unterricht in den unteren und mittleren Klassen der Gymnasien. 19 S. Progr. G. *Altenburg* 1884.

Pilling, Johann Samuel (Altenburg / Meißen), De urina cretacea. Diss. med. Präs. Carl Friedrich Hundertmark. Leipzig (Langenheim) 25. IX. 1761. 34 S. (4.50) 26511

Pilling, Johannes H. [app. Arzt aus Altenburg]: Ueber die Milzexstirpation und ihre Folgen ... Altenburg, Buchdr. v. G. Schuster, *1893;* 57 S. 8.
Jena, Med. Fak., Inaug.-Diss. v. [10. Juli] 1893

Pilling, Karl [Dr.]: Zur Heraklidensage. Naumburg a. S., Druck v. H. Sieling (1890); S. 1—20; 4°
Naumburg a. S., Dom-G, OP 1890 (236)

Pilling, Karl, (Dr.): Pergamenische Kulte. *Naumburg a. S. 1903: H. Sieling.* (36 S.) 4°
Naumburg a. S., Dom-G, OP 1903 (284)

Pilling, Carolus [Saxo-Altenburgensis]: Quomodo Telephi fabulam et scriptores et artifices veteres tractaverint .... Halae Saxonum, form. descr. E. Karras, 1886; 2 Bl. + 104 S. + 2 Bl. 8°.
Halle, Phil. Fak., Inaug.-Diss. v. 7. Dez. 1886.

Pilling, Carolus, quomodo Telephi fabulam et scriptores et artifices veteres tractaverint. Diss. Halle 1886, Lippertsche Buchh. 8°. 104 S.

Pilling, Otto, Prof. Dr.: Über die Bedeutung der Energie in der Naturwissenschaft. *Meiningen (1899): Keyssner.* (S. 12—27.) 4°
Schleusingen, k. Hennebergisches G, OP 1899 (262)

Pilling, Otto Über die Beziehungen der latenten Wärme von Flüssigkeiten zu der Cohäsionskraft. 11 S. Progr. Rg. *Erfurt* 1877.

Pilling, Otto, üb. die Beziehungen der Wärmecapacität der Gase zu den zwischen Atomen wirkenden Kräften. Inaugural-Dissertation. gr. 4. (33 S.) Jena 876. (Deistung.) n. — 80

Pilling, Otto Über die Grösse der Moleküle in Flüssigkeiten. 4 (20 S.). (Schluss.) 4 (14 S.). Rg. *Erfurt* 1887 (244). 1888 (245). Progr.

Pilling, P., Geschäftsgänge f. den Unterricht in der gewerblichen Buchführung f. Konditoren, s.: Förster, H.

Pilling, Th., d. erste Rechenunterricht mittelst Bauklötzchen. Für d. Haus u. d. Schule. 8. (32 S. m. Fig.) Leipzig 898. (A. Strauch.) n. — 60

Pilling, Thdr., Lese- und Schreibschule nebst einer Anleitung zu methodischer, naturgemäßer Behandlung derselben unter vorzugsweiser Benutzung von Phantasiebildern. 2 Abthlgn. gr. 8. (44 S. mit eingedr. Holzschn.) Leipzig [und Magdeburg] 853, Gebr. Baensch. *

Pillitz, Dan., Andachtsstunden f. Israeliten beiderlei Geschlechtes. Eine möglichst vollständ. Sammlung v. Gebeten u. religiösen Betrachtungen, zum Gebrauche bei der öffentl. sowohl, als auch bei der häusl. Andacht. gr. 16. (288 S.) Pesth 847, Heckenast. (Leipzig, G. Wigand.) n. 24 ngl

Pillii, Tancredi, Gratiae libri de judiciorum ordine. Edidit Fridr. Bergmann. 4 maj. (58½ B.) Gottingae 842, Vandenhoeck et Ruprecht. *

Pillkallen [Schlagwort]

Pillkallen, Kreis, s. a. Gumbinnen, Reg.-Bez.

Pillkallen. Karte des Kreises Pillkallen im Reg.-Bez. Gumbinnen. Hrzg. v. der kartogr. Abteilg. der königl. preuss. Landesaufnahme 1876. Aufgenommen vom königl. preuss. Generalstab 1861—1863. Einzelne Nachträge 1905. 1 : 100,000. 42×52,5 cm. Farbdr. Berlin, (R. Eisenschmidt). n.n. 2.—; ermäss. Preis n.n. 1. 50

— Schulwandkarte des Kreises Pillkallen. 1:40,000. 2 Blatt à 102×69 cm. Farbdr. Leipzig (904). G. Lang. n. 12.—; auf Leinw. m. Stäben n. 18. 25

Pillkallen, Kreis. Uebersichtskarte des Kreises Pillkallen (Frühj. 1902). 1 : 200,000. 27×27,5 cm. Farbdr. Pillkallen (902). P. Müller. n. — 75

Pillmann, Aug., Mittheilungen aus dem Gebiete der homöopath. Heilkunde. gr. 8. (62 S.) Gotha 847, Gläser in Comm. n. ⅓ ℬ

Pillmann, Wilh., Blumengrüße. Lieder u. Gedichte. (XII, 149 S.) gr. 16. Braunschweig 903. J. Neumeyer. Geb. in Leinw. m. Goldschn. n. 2. —

Pillmann, Wilh., himmelwärts. Lieder u. Gedichte. gr. 16. (XVI, 163 S.) Braunschweig 897. J. Neumeyer. Geb. in Leinw. m. Goldschn. n. 3. —

Pillmeier: Plan der Residenzstadt Cassel, s. A r m a n n

Pillmeier: Plan monumental von Wilhelmshöhe, s. A r m a n n

Pillmeyer's Express. Posthandbuch in Registerform m. seitlich abgesetzten Stichwörtern zur Erleichterg. des Nachschlagens. Bearb. von H. Walfort. D. R. G. M. Nr. 180732. Ausg. f. Leipzig. (120 S.) schmal gr. 8. Leipzig, M. W. Kaufmann. Geb. in Leinw. 1. 50

Pillmeyer's Express-Posthandbuch in Registerform m. seitlich abgesetzten Stichwörtern zur Erleichterg. des Nachschlagens. Bearb. v. H. Walfort. Ausg. f. Osnabrück. 1. Jahrg. schmal gr. 8. (232 S. m. 1 Tab.) Osnabrück 902. G. Pillmeyer. n. 1. —

Pillnitz [Sachliches OW]

Pillnitz. Dresden 1781. V: *Schlenkert, Friedrich Chn.* (Ky)

Pillnitz, (v. Fr. Schlenkert.) Mit zwei ill. Ansichten. 4. Dresd. 781. (Craz u. G. in Frberg) 6 gl

Pillnitz, mit zwey illumin. Ansichten. 12. Dresden, Gerlach. 802.

Pillnitz [Schlagwort]

Pillnitz, s.: Geologische Karten (Sachsen).

Pillnitz. s.: Sachsen. Karte.

Pillnitz, s.: Sachsen. Messtischblätter.

Pillnitz-Weissig, s.: Geologische Karten. Spezialkarte (Sachsen).

Pillon [Schlagwort]

Pillon, s.: Schweiz. Atlas.

Pillon [Verfasser]

Pillon, Decken- u. Wandmalereien aus d. fürstl. Thurn- u. Taxis'schen Schlosse zu Regensburg. Entworfen u. ausgeführt v. P. Fol. (24 Lichtdr.-Taf.) Leipzig 895. Jüstel & Göttel. In Mappe n. 20. —

Pillon (Nürnberg). Leimfarbemalereivorlagen. (16 T) (Originale) a. Rahmen. Nürnberg

Pillonel, Auguste. L'équilibre des fils électriques. Conditions de pose. [Avec des figures.] (Extrait de la «Schweiz. Elektrotechnische Zeitschrift», [Jahrg. 3,] 1906, Nos 1 à 17.) II + 29 p. 4. Zurich, Impr. Fritz Amberger; (* *Umschlag:* Lausanne, Payot & Cie, Libraires-Editeurs). (fr. 2. —)

Pillonel, A[uguste]. Pétition sur le Développement de l'Instruction industrielle et commerciale adressée Au Grand Conseil du Valais par la Société Industrielle et des Arts et Métiers et la Société des Commerçants de Sion, suivie d'un Rapport présenté aux deux Sociétés par A. P'.... [Avec 2 figures.] 69 p. 8. Sion, Kleindienst & Schmid, 1904. [fr. —. 70]

Pillow, Albert, a. Jarroweyah (Victoria-Australien): Zur Konstitution des dimolekularen Benzoylcyanids. (Berlin 1908: A. W. Schade.) (35 S.) 8°
Berlin, Phil. Fak., Ref. Fischer, Diss. v. 4. Aug. 1908
[Geb. 21. Febr. 86 Jarroweyah; Wohnort: Berlin-Steglitz; Staatsangeh.: England; Vorbildung: Geelong Coll. Reife Weihn. 03; Studium: Berlin 8 S.; Rig. 9. Juli 08.]

Pillpullklystropfis Leben, s. Leben.

Pillpullklystropfius, des Dokters, der Glückliche genannt, Leben und Thaten, ein nutzbares Produkt für unser Jahrhundert, 2 Theile mit 1 Kupf. 8. Daselbst, 783. Feind. 1 Rthl. 15 sgl.

Pillwax, Johann

Pillwax, J., Lehrbuch des Huf- und Klauen-Beschlages. 2., neu bearb. Aufl. gr. 8. (VII und 252 S. mit 86 eingedr. Orig.-Holzschn.) Wien (861)62, Braumüller's Verlags-Conto. *

Pillwax, J., Lehrbuch des Huf- und Klauen-Beschlages. 3. umgearb. Aufl. (XI, 263 S. mit 105 eingedr. Holzschn.) 1871, und 4. verm. Aufl. gr. 8. (XI, 273 S. mit 112 eingedr. Holzschn.) Wien 874, Braumüller. *

Pillwax, J., Lehrbuch des Huf- und Klauen-Beschlags. 4. verm. Aufl. Unveränd. Abdr. gr. 8. (XI, 273 S. mit 112 Holzschn.) Wien 884, Braumüller. *

Pillwax, J., Lehrbuch d. Huf- u. Klauen-Beschlages. 5., verm. u. verb. Aufl., bearb. v. Fr. Gutenäcker. gr. 8. (XI, 309 S. m. 147 Illustr.) Wien 892. W. Braumüller. n. 5. —

Pillwax, Joh., Lehrbuch der Hufbeschlagslehre mit Inbegriff der Lehre vom Klauenbeschlage. Wien 855. Braumüller. gr. 8. (233 S.) n. 1 ℬ 6 ngr.

Pillwein, Benedikt

Pillwein, Bndt., prakt. Blicke in d. Leben d. Künstler u. Handwerker, in 2 Abthl. gr. 8. Linz 824. (Tendler in Wien). 16 gl

Pillwein, ..., s. Evangelien auf alle Sonn- u. andere Tage d. Jahres ꝛc. Salzburg, u. setze hinzu: (v, ... Pillwein).

– E r z ä h l u n g e n
— —, Volkssagen und Schilderungen aus der Tagen der Vorzeit und Gegenwart (von *Benedict Pillwein*). Linz 1834—35.
Anon.-Lex. II. p. 61 (nach H i t t m a i r, Ant., die Verfasser anonymer Salisburgensia. Salzburg 1898).

– s. Festtage d. Gottes-Mutter Mariä.

Pillwein, Bened., Geschichte, Geographie u. Statistik d. Erzhrzgth. Oesterreich ob der Enns u. d. Hrzgth. Salzburg. 5 Thle. à 2 Abthln. Jed. mit e. Register, welches zugleich d. topograph., genealog. u. artist. Lexikon ist, u. d. Kreiskarte (in qu. ½ Fol.) versehen. gr. 8. (175 B. u. 5½ B. Tab.) Linz 827—39. (Salzburg, Mayr'sche Buchh.) *

Thl. 1. Der Mühlkreis.
" 2. Der Traunkreis.
" 3. Der Hausruckkreis.
" 4. A. u. d. T.: Der Innkreis. Ein selbstständ. Lese-, Studier- u. Nachschlagebuch f. Freunde d. oesterr. Vaterlandskunde in geograph.-statist.-histor. Hinsicht nach Inkunabeln, ungedr. Urkunden u. Manuscripten.
" 5. A. u. d. T.: Das Hrzgth. Salzburg, od. d. Salzburger Kreis. Ein Originalwerk. Histor.-geograph.-statist. beschrieben. 1832.

Pillwein, Benedikt. Geschichte, Geographie und Statistik des Erzherzogthums Oesterreich ob der Enns und des Herzogthums Salzburg. (5 Bde.) 8. Linz 1843.

— das zerknirschte Herz in Anbetung vor Gott, in Verehrung u. Anrufung der Jungfrau Maria sammt d. Heiligen. 12. Regensburg 840. Reitmayr. 1/6 Thlr.

Pillwein, Benedict, chorographische Karte des Mühlkreises in Oesterreich ob der Enns. Mit geographisch statistisch historischen Daten außerhalb d. Chartenrandes. col. mit Einfass. u. Vign. Imp.-Fol. Linz 843, Haslinger. 3 Thlr.

- s. Lebensbeschreibb. d. Heiligen Gottes.

- s. Lebens- u. Leidensgeschichte d. Heilandes.

Pillwein, B., Linz, einst u. jetzt, von den ältesten Zeiten bis auf die neuesten Tage. 2 Thle. Mit 2 Portraits u. 1 Prospekt. Linz 1846. 8°. Sehr selten! (5 fl., ohne Prospekt, Gilhofer & Ranschburg, Wien, 1891.)

Pillwein, (B.,) Samenkörner des Christenthums od. d. heil. Märtyrer nach dem römischen Brevir, so wie nach sonstigen Urkunden bearb. u. mit Erläuter. versehen. 8. Linz 823, Haßlinger.

Pillwein, Benedikt. Biographische Schilderungen oder Lexikon Salzburgischer theils verstorbener, theils lebender Künstler, auch solcher, welche Kunstwerke für Salzburg lieferten etc. Nach den zuverlässigsten Quellen, besonders Manuscripten, bearbeitet Salzburg 1821. 8°.

— biograph. Schilderungen, od. Lexikon Salzburger verstorbener Künstler. 8. Salzb. 821. Mayr. 1 Thlr 5 gr, Schrbp. 1 Thlr 8 gr, Postp. 1 Thlr 10 gr.

Verordnungen f. das Herzogthum Salzburg von 1806 bis 1807. gesammelt von B. Pillwein. *Salzburg*, Duyle. 807. 8. (18 Gr.)

— kurzer Wegweiser durch d. Traun-Kreis nach seinem jetzigen Bestande in geschichtl., geograph. u. statist. Bezieh., mit besond. Rücksicht auf d. k. k. Salzkammergut. 12. (2¾ B.) Linz 838, Haslinger.

Pillwein, Bened., neuester Wegweiser durch Linz u. seine nächste Umgebung in histor., topograph., statist., commerz., industriöser u. artist. Bezieh. Nach eig. Forschungen u. d. bewährt. Quellen f. Einheimische u. Fremde ganz neu bearb. gr. 8. (14¾ B. u. 1 Karte.) Linz 837, (Haslinger.) Thlr.

Pillwein, Frz., allgemeiner österreichischer Zoll-Tarif vom 5. December 1853. Mit auf Grund der Nachtrags-Bestimmungen sorgfältig berichtigter Textirung, mit den Zollsätzen in der österreich. Währung, mit Einschaltung vielfacher ämtlicher Erläuterungen in Bezug auf die Einreihung der Waaren rc. 1. Heft. Wien 862. (Leipzig, Fries.) Lex.-8. (S. 1—75.) n. 18 ngr.

— und Mor. Libisch, allgemeiner und Vertrags-Zoll-Tarif für das österreichisch-ungar. Zollgebiet. Gültig vom 1. März 1870 an. Mit Genehmigung des k. k. Finanzministeriums hrsg. hoch 4. (69 S.) Wien 872, k. k. Hof- und Staatsdruckerei. *

Pillwein, Frz., und Ed. Kunde, allgemeiner und Vertrags-Zoll-Tarif für das oesterreichisch-ungarische Zollgebiet. Vervollständigt auf Grund der erflossenen Nachtragsbestimmungen und unter Beigabe vielfacher sachdienl. Erläuterungen in Bezug auf die Tarifirung der Waaren und auf das Zollverfahren. Bis auf die neueste Zeit ergänzte und verm. Aufl. 1. und 2. Bd. 8. Wien, Manz. [1. Bd. (IV, 303 S.) 873. * M 4.; 2. Bd. (X, 221 S.) 874. * M 5.] *

Pillwitz, Carl (Lomnitz/Meißen), De animi ad autochiriam persuasione ejusque poena. Leipzig (Hoehm) 25. I. 1821. 24 S. (3.—) 26512
Gew.: Johann Gottfried Pillwitz (Vater).

Psychologie der Musik [Psicologia musicale]. Gedanken und Erörterungen von Mario **Pilo**. Deutsche Ausg. von Chr[istoph] D[avid] Pflaum. Leipzig: G. Wigand 1906. (VII, 222 S.) 8° [06. 4864]

Pilot, der, allgem. Revue d. einheim. u. ausländ. Literatur- u. Völkerzustände. Hrsg. von d. Redact. d. Freihafens. (Th. Mundt.) 1—3. Jahrg. 1840—42. (840. 52 Nrn. [à 1½ Bog.], 41. u. 42. à 104 Nrn. [½ Bog.]) Imp.-4. Altona, Hammerich. à J. *

Pilot, der. Unterhaltendes Wochenblatt zur Allgem. Auswanderungs-Zeitung. (1—4.) Jahrg. 1855—58. à 52 Nrn. (à ½ Bgn.). Rudolstadt, Froebel. (Leipzig, Wagner.) gr. 4. Jeder Jahrg. 1 Thlr. 10 ngr.
Vgl.: Auswanderungs-Zeitung, allgemeine.

Pilot, der. Unterhaltendes Wochenblatt zur allgemeinen Auswanderungs-Zeitung. 3—8. Jahrg. 1857—62. à Jahrg. 52 Nrn. (Bog.) Fol. Rudolstadt, Froebel. à Jahrg. *

Pilot, Anna [Pseud.], s.a. Ahrens, Anna

Pilot, Anna (Frau Anna Ahrens), Warnemünder Geschichten, s.a. Kürschner's Bücherschatz.

Pilot, Anna, Warnemünder Geschichten. Novellen. 8. (VII, 198 S.) Braunschweig 899. R. Sattler. n. 3. —

Pilota, il, dell' oceano atlantico o guida per la navigazione dallo stretto di Gibilterra a tutta la costa del Brasile, Montevideo e Rio della Plata, e dalla Manica d'Inghilterra fino a Londra, compresa la costa di Francia da Brest a Calais; dal canale di Bristol fino a Glocester, e da quello di S. Giorgio fino a Liverpool con la descrizione di tutte le isole, banchi etc. Compilato sulle migliori e più recenti direzioni inglesi e francesi ed aggiuntevi osservazioni pratiche e locali di C. C. di Rovigno. gr. 8. (VIII und 315 S.) Trieste 847, Favarger.

Hamburg, Deutsche Seewarte, Der Pilote, ein Fuhrer fur Segelschiffe. Herausgegeben von der Direktion. Bd. I—IV. Berlin 1881—83, 87.

Hamburg, Deutsche Seewarte, Der Pilote, ein Führer für Segelschiffe. Bd. V. Berlin 1891.

— — Der Pilote, ein Fuhrer für Segelschiffe. Band VI and VII. Hamburg 1894, 96.

Pilote, der, neue Folge. Beiträge zur Küstenkde. (Hrsg. v. der deutschen Seewarte, Hamburg.) 1.—13. u. 15.—36. Heft. gr. 8. Hamburg (Eckardt & Messtorff.) à Heft n. —50
1.—8. Heft. (1902.) (692 S. m. 17 Taf.) — 9.—13. u. 15. Heft. (2. Bd.) (464 S. m. 4 Taf.) 903. — 19.—24. Heft. (3. Bd.) (482 S. m. Abbildgn., 1 Tab. u. 11 Taf.) 904. — 25. bis 31. Heft. (4. Bd.) (413 S. m. Abbildgn. u. 20 Taf.) 905. — 32.—36. Heft. (5. Bd.) (S. 1—248 m. 11 Taf.) 906.

— dasselbe. 14. Heft. Neue Folge, 2. Bd. Beiheft. gr. 8. Ebd. n. 1.50
Dampferwege durch die Magellan-Strasse u. den Smyth-Kanal. Anweisung f. Dampfer-Kapitäne. Nach eigenen Erfahrungen, ergänzt durch deutsche, chilen. u. engl. Quellen. Von Charles Lübcke. Mit 128 Küstenansichten u. 3 Karten. (VIII, 204 S.)

Pilote, der, neue Folge. Beiträge zur Küstenkunde. (Hrsg. v. der kaiserl. Marine. Deutsche Seewarte.) 37.—59. Heft. (6. Bd. 405 S. m. Abb. u. 8 Taf.; 7. Bd. 407 S. m. Abb. u. 11 Taf.; 8. Bd. 376 S. m. Abb. u. 9 Taf. u. 9. Bd. 162 S. m. Abb. u. 4 Taf.) gr. 8. Hamburg 907—10. Eckardt & Messtorff. à —50
Erscheint nicht mehr.

Pilote, le petit, siehe: Steuermann, der kleine.

Pilot-Reise-Führer. Illustrated Pilot guides, ed. by John E. Saylor & Paul Rechenbach. Nr. 1.—9. 11. u. 12. 8. Berlin (910). Maritima. 20. —

Brussels and its environs. World exhibition 1910. (56 S. m. Abbildgn. u. 1 farb. Plan.) (Nr. 8.) 1. 20

Hafen, der Hamburger. 2. umgearb. u. wesentl. verm. Aufl. (3. Taus.) (32 S. m. Abbildgn. u. 1 farb. Plan.) (Nr. 1.) — 60

Volckmann, Erwin, Antwerp and its environs. (32 S. m. 20 Abbildgn. u. 1 Plan.) (Nr. 3.) — 75

— Antwerpen u. Umgebung. (35 S. m. 20 Abbildgn. u. 1 farb. Plan.) (Nr. 2.) — 75

— Belgien. Reisehandbuch f. die Hauptsehenswürdigkeiten des Landes. (XX, 208 S. m. 124 Abbildgn., 17 Karten u. z. Tl. farb. Plänen.) (Nr. 5.) 3. 50

— Belgium. Handbook for travellers. (X, 207 u. 7 S. m. 8 [2 farb.] Plänen.) (Nr. 4.) 4. —

— Bruges a the coast from Knocke to Dunkerk. (45 S. m. Abbildgn. u. 4 Plänen.) (Nr. 6.) 1. —

— Brügge u. die Küste v. Knocke bis Dünkirchen. (45 S. m. 21 Abbildgn., 2 Karten u. 2 Plänen.) (Nr. 7.) 1. —

— Brüssel m. Umgebung. (62 S. m. 26 Abbildgn. u. 4 [1 farb.] Plänen.((Nr. 9.) 1. —

— Bruxelles et ses environs. (55 S. m. Abbildgn., 1 Karte u. 3 [1 farb.] Plänen.) (Nr. 11.) 1. 20

Walter, G., Spielregeln u. Spielsysteme in Monte Carlo. Ein Pilot f. Besucher der Spielbank. Zugleich e. Beitrag zur Philosophie des Hazardspiels. (102 S. m. 14 Abb.) (Nr. 12.) 5. —

Nr. 10 ist noch nicht erschienen.

Pilot Reise-Führer. Hrsg. von Paul Rechenbach & John E. Saylor. [1.] 2. Aufl. Berlin: Maritima 1910. 8° [10. 11047

Piloty, Fd., f. Sammlung d. vorzügl. Werke aus d. k. Gemälde-Gallerien zu München.

Piloty, Karl, von, s. Sonder-Ausstellung, 23, in der Königl. National-Galerie, Berlin.

Piloty, O., Anleitung zur qualitat. chem. Analyse,
— Tafeln zur qualitat. chem. Analyse,
— Volhard's Anleitung zur qualitativen chem. Analyse,
} s.: Pechmann, H. v.

Piloty, Oscar: Ueber kohlenstoffreichere Zuckerarten aus Rhamnose. . . . München, k. Hof-Buchdr. v. E. Mühlthaler, 1890; 27 S. 8°
Würzburg, Phil. Fak., Inaug.-Diss. v. 1890

Piloty, Rob., die Arbeiterversicherungsgesetze des Deutschen Reichs, erläutert u. m. Nebengesetzen u. Ausführungsgesetzen hrsg. 2 Bde. gr. 16. München 893. C. H. Beck. Kart. à n. 3. 50

I. Das Krankenversicherungsgesetz m. dem Hilfskassengesetz u. das Invaliditäts- u. Altersversicherungsgesetz, nebst e. allgemeinen Einleitg. in das deutsche Arbeiterversicherungsrecht. (VIII, 415 S.)

II. Die Unfallversicherungsgesetze: 1. Das Unfallversicherungsgesetz vom 6. Juli 1881, 2. Das Ausdehnungsgesetz vom 28. Mai 1885, 3. Das l.- u. fw. Unfall- u. Krankenversicherungsgesetz vom 5. Mai 1886, 4. Das Bau-Unfallversicherungsgesetz vom 11. Juli 1887, 5. Das See-Unfallversicherungsgesetz vom 13. Juli 1887. (XI, 522 S.)

Piloty, Rob., Arbeiterversicherungsgesetze. Textausg. m. Einleitg., Anmerkgn. u. den wichtigsten Ausführungsvorschriften. 2. vollst. neubearb. Aufl. 1. und 2. Bd. 12. München, C. H. Beck. Geb. in Leinw. n. 8. —

1. Das Invalidenversicherungsgesetz vom 13. VII. 1899. (XIX, 509 S.) 900. n. 3. 50

2. Unfallversicherungsgesetze vom 30. VI. 1900 in der Fassg. der Bekanntmachung des Reichskanzlers vom 5. VII. 1900 (mit Ausschluß des See-Unfallversicherungsgesetzes) erläutert. (XXI, 664 S.) 902. n. 4. 50

Piloty, Rob., Arbeiterversicherungsgesetze. Textausg. m. Einleitg., Anmerkgn. u. den wichtigsten Ausführungsbestimmungen. 2. vollst. umgearb. Aufl. 3 Bd. Krankenversicherungsgesetz vom 15. VI. 1883/10. IV. 1892 m. den Novellen vom 30. VI. 1900 u. vom 25. V. 1903, dem Abschnitt B des Gesetzes vom 5. V. 1886 u. dem Hilfskassengesetz, unter Berücksicht. der Ausführungsbestimmungen der größeren Bundesstaaten erläutert. In 2. Aufl. neu bearb. v. Wilh. Redenbacher. Mit e. Einleitg.: Das Recht der Arbeiterversicherg. in kurzgefaßter Darstellg., v. Rob. Piloty. (XI, 486 S.) 12. München 904. C. H. Beck. Geb. in Leinw. n. 3. 50 (Kpl. n. 11. 50)

Piloty, Rob., Arbeiterversicherungsgesetze. Textausg. m. Einleitg., Anmerkgn. u. den wichtigsten Ausführungsvorschriften. 2. Bd. Unfallversicherungsgesetze vom 30. VI. 1900 in der Fassg. der Bekanntmachg. des Reichskanzlers vom 5. VII. 1900 (m. Ausschluß des See-Unfallversicherungsgesetzes) erläutert. 3. neubearb. Aufl. (XII, 728 S.) kl. 8. München 908. C. H. Beck.
Geb. in Leinw. 5. —

— s.: Archiv f. öffentliches Recht.

Piloty, Rob., Autorität u. Staatsgewalt. (32 S.) 8. Tübingen 905. J. C. B. Mohr. n. — 60
Sonderabdruck aus: „Jahrb. der internat. Vereinigg. f. vergleich. Rechtswissenschaft u. Volkswirtschaftslehre".

Gedichte von Robert **Piloty**. Stuttgart & Berlin: J. G. Cotta Nachf. 1907. (VI, 244 S.) 8° [F.] [08. 12060 II

— Gedichte. 2. Aufl. (VI, 244 S.) 8. Stuttgart 907. J. G. Cotta Nachf. 3.—; geb. in Leinw. 4. —

Piloty, Robert: Die Haftung des Staats für rechtswidrige Handlungen und Unterlassungen der Beamten bei Ausübung staatlicher Hoheitsrechte . . . . München, Druck v. Knorr & Hirth, 1888; 29 S. 8°
München, Jur. Fak., Inaug.-Diss. v. 1888

Piloty, Robert, die Haftung des Staats für rechtswidrige Handlungen und Unterlassungen der Beamten bei Ausübung staatlicher Hoheitsrechte. Diss. München 1888, A. Buchholz. 8°. 29 S.

— s.: Handbuch des öffentl. Rechts der Gegenwart.

— Ein Jahrhundert bayerischer Staatsrechts-Literatur, s.: Abhandlungen, staatsrechtl., Festgabe f. Paul Laband.

— Die Kirchengemeindeordnung im Geiste des bayerischen Entwurfes. (III, 40 S.) gr. 8. Tübingen 908. J. C. B. Mohr. — 75

— Die Kirchengemeindeordnung im bayerisch. Landtag. (66 S.) gr. 8. Ebd. 910. 1. 20
Sonderabdruck aus: „Archiv f. öffentl. Recht".

— s.: Recht, das öffentliche, der Gegenwart.

— Das Recht der Schiffahrtsabgaben in Deutschland, s. a. Staat u. Wirtschaft. 1.

Das Recht der Schiffahrtsabgaben in Deutschland. Von Dr. Robert **Piloty**, Prof. in Würzburg. Tübingen: H. Laupp 1907. (VIII, 80 S.) 8°
= Staat u. Wirtschaft. 1. [07. 3640

Piloty, Robert [Dr. jur.]: Das Reichs-Unfallversicherungsrecht, dessen Entstehungsgeschichte und System. (1. Band.) . . . Würzburg, Druck d. k. Universitätsdr. v. H. Stürtz, 1890; VIII + 312 S. 8°
Würzburg, Jur. Fak., Hab.-Schr. v. 1890
(Nur in beschränkter Zahl für den Austausch)

Piloty, R., das Reichs-Unfallversicherungsrecht, dessen Entstehungsgeschichte u. System, dargestellt. 1. Bd. gr. 8. (VIII, 312 S.) Würzburg 890. Hertz. n. 5. —

— das Reichs-Unfallversicherungsrecht, dessen Entstehungsgeschichte u. System. 2. u. 3. Bd. gr. 8. Dresden, G. Hertz. n. 10. 50
(kplt.: n. 15. 50; in 1 Halbfrzbd. n. 17. 20)
2. (VII u. S. 313—619.) 891. n. 6. 50. 3. (VII u. S. 621—811.) 893. n. 4. —.

— Die Reichsversicherungsordnung im Entwurf. Ein Vortrag, geh. im Hansabund zu Würzburg am 22. VI. 1910. (30 S.) gr. 8. Leipzig 910. A. Deichert Nachf. — 70

— Max v. Seydel. Ein Nachruf. gr. 8. (24 S.) München 901. C. H. Beck. n. — 60
Sonderabdruck aus: „Blätter f. administrative Praxis".

Piloty R. Gustav v Siegle. Ein Lebensbild. (243 S 27 T und Beilagen) Stuttgart 1910

Piloty, R(ob.): Gustav Siegle. Lebensbild. Mit Abbild. nebst Stammbaum und Ahnentafeln. Stuttgart: Union [1910].

Piloty, R., Bayr. Staatsrechts-Literatur, s. Abhandlungen, staatsrechtliche.

Piloty, Rob., Unfallversicherungsgesetze vom 30. Juni 1900 in d. Fass. d. Bekanntmach. d. Reichskanzlers vom 5. Juli 1900 (mit Ausschl. d. See-Unfallversicherungsgesetzes.) 3. neubearb. Aufl. München 1908. 8°.
(Piloty, Rob., Arbeiterversicherungsgesetze. Bd 2.)

— die Verfassungsurkunde d. Königr. Bayern, nebst den auf die Verfassg. bezügl. sonst. Gesetzen, m. Anmerkgn. hrsg. 8. (VII, 300 S.) München 895. C. H. Beck. Kart. n. 2. 50

— **die Verfassungsurkunde des Königr. Bayern nebst den auf die Verfassung bezüglichen sonstigen Gesetzen, m. Anmerkungen, in 1. Aufl. hrsg. v. P., in 2. Aufl. bearb. von Carl Aug. v. Sutner. (VIII, 459 S.) 8. München 907. C. H. Beck. Geb. in Leinw. n.n. 4. 50**

— Der Versicherungszwang in d. deutschen Arbeiterversicherg. u. die Thesen des Herrn Zacher, s.a. Festschrift f. Hugo v. Burckhard.

Piloty, Robert: Der Versicherungszwang in der deutschen Arbeiterversicherung und die Thesen des Herrn Dr. Zacher. Stuttgart 1910. 8°

Pilow, der taube Liebhaber. Lstspl. nach d. Engl. (v. Fr. Ldw. Schröder). 8. Wien 788. Kurzböck. 2 gr

Pilpai

— s. les Conseils et les maximes.

Pilpai, des Braminen, Fabeln, s. Betragen d. Großen u. Kleinen 2c.

— des, und Lockmann, indianische Geschichte u. Fabeln. 8. Nürnb. 745.

— Kalile Wadimne, verdeutscht u. metrisch bearb. durch Lucian Weber. 8. Frankf. Jäger (Riegel und W. in Nürnb.) 802.

— Weisheit d. Indier in Fabeln. Zur Unterhaltung u. Belehr. d. Jugend aus gebild. Ständen. Bearbeitet v. F. A. L. Matthäi. Mit 1 Vign. 8. Hannov. 826. Helwing. 21 gr Mit 4 Kpf. 1 f 6 gr Mit ill. Kpf. 1 f 12 gr

Pilpai, des Braminen, **Weisheit der Indier in Fabeln.** Zur Unterhalt. u. **Belehrung d. Jugend aus gebild. Ständen.** Bearb. v. F. A. L. Matthäi. Ausg. m. 4 ill. Ramberg. Kpfrn 8. (16 B.) Hannover 829, Helwing. Thlr

Pilsen [Sachliches OW]

Pilsen. Statistischer Bericht über die wichtigsten demographischen Verhältnisse. Verfasst vom Bürgermeisteramte von Pilsen. Lex.-8. (6 S.) Wien 887, Gerold's Sohn. *
Aus: Städtebuch, österreichisches, besonders abgedruckt.

Pilsen [Schlagwort]

-- s. a.: Radfahrerkarten, Freytag.

Pilsen, s.a. Radfahrerkarten, Mittelbach.

Pilsen (Tabor), s.a. Radfahrerkarten, **Strassenprofilkarte.**

Pilsen (Plzni), s.a. Woerl's Reisehandbücher.

Pilsen-Chemnitz, s.: Automobilkarten. Automobil-Tourenkarte.

Pilsen-Dresden, s.: Automobilkarten. Automobil-Tourenkarte.

Pilsen-Wien, s.: Automobilkarten. Pharus-Auto-Strecke.

Pilsen. Karte der Pilsner Kohlenmulde. Hrsg. u. zusammengestellt vom montanist. Vereine in Pilsen. 1 : 28,800. 4 Blatt. Farbendr. 69,5×50 cm. Pilsen 891. (Prag, Neugebauer.) n. 4. —

Pilsen. Plan der königl. Stadt Pilsen. 1 : 28,920. 34×42 cm. Farbdr. Mit Strassenverzeichnis usw. an den Seiten. Pilsen, C. Maasch. n. — 50

Pilsky, *Berthold* Richard [aus Ostpreussen]: Über Prostatasteine ... Greifswald, Druck v. J. Abel, 1894; 27 S. 8.
Greifswald, Med. Fak., Inaug.-Diss. v. 14. Aug. 1894

(Pilstiker, k. u. k. FML. d. R.) Eine Gefechts-Episode aus der Schlacht von Custozza 1866. Von Pr. Kritische Beleuchtung der „Takt. Studie" über diese Schlacht von Oberst Ritter Mathes v. Bilabruck. Wien 1891. 8. Teschen 1891.

Pilsudsky Mv. der Peterhof u seine Fontainen. (17 S 21 T) St. Petersburg 1871

Pilters, Josef

— Atelier, Neue Pflanzenornamente. (24 T) fol Plauen (1904)

Pilters, J., die Blume in modernen Fantasiestudien. (24 Taf. m. III S. Text.) qu. gr. Fol. Berlin (906). B. Hessling. In Halbleinw.-Mappe n. 28. —; geb. n. 35. —; französ. Ausg. zu gleichen Preisen.

Pilters, Jos., die Blume. 906. (KBL 34.) Jetzt: Plauen, Ch. Stoll.

— neue Blumen-Formen. (20 Lichtdr.-Taf.) qu. gr. Fol. Plauen (903). Ch. Stoll. In Mappe n. 28. —

— Blumen-Ornamentik. (24 Taf.) 32,5×48,5 cm. Plauen (907). Ch. Stoll. In Mappe 28.—; m. farb. Taf. 36. —

Pilters, J., neuzeitliche Flächenmuster, s.: Enger.

— das moderne Ornament. (24 Taf.) qu. 4. Ebd. (905). In Mappe n. 28. —

— Das moderne Ornament. (16 farb. Taf.) 32,5×48,5 cm. Ebd. (909). In Mappe 20. —

— die Pflanze im neuen Stil. Studien u. Compositionen f. dekorative Kunst. 3 Abthgn. gr. Fol. (à 8 Lichtdr.-Taf.) Plauen (900). Ch. Stoll. à n. 12. —

— s.: Pflanzen-Ornamente, neue.

Piltz, was berühmte Männer über die Bibel sagen, s.: Lehr u. Wehr für's deutsche Volk. 6. Hft.

Piltz, eine Wolke v. Zeugen f. die Bibel. Aussprüche, Geschichten u. Lieder üb. die Hl. Schrift, gesammelt. 8. (VIII, 152 S.) Annaberg (902). Graser. n. 1. 30

Piltz, Adolf (geb. Ilmenau 8. 12. 1855): Ueber das Gesetz, nach welchem die mittlere Darstellbarkeit der natürlichen Zahlen als Produkte einer gegebenen Anzahl Faktoren mit der Grösse der Zahlen wächst. Berlin (1881). (31 S.) 8°
Berlin, Phil. Diss. v. 22. Juli 1881

Piltz, Adf., über die Häufigkeit der Primzahlen in arithmetischen Progressionen und über verwandte Gesetze. Dissertation zur Erlangung der Venia docendi. gr. 8. (48 S.) Jena 884, (Neuenhahn.) *

Piltz, August [app. Arzt aus Bitterfeld]: Ein Beitrag zur Kenntniss der infantilen Xerosis Conjunctivae. . . . Halle a. S., Hofbuchdr. v. C. A. Kaemmerer & Co., 1890; 24 S. + 2 Bl. 8°
Halle, Med. Fak., Inaug.-Diss. v. 31. Jul. 1890

Piltz, Bernhardus (Dominicus) (geb. Breslau 13. 7. 1810): De dystocia rheumatica. Vratislaviae (1835). (39 S.) 8°
Breslau, Med. Diss. v. 28. Nov. 1835

Piltz, Ernst, Aufgaben und Fragen für Naturbeobachtung des Schülers in der Heimat. 3. verb. Aufl. gr. 8. (91 S. mit 1 lithogr. Taf.) Weimar 887, Böhlau. *

Piltz, Ernst, Aufgaben u. Fragen f. Naturbeobachtung d. Schülers in der Heimat. 4., verb. Aufl. gr. 8. (VIII, 88 S. m. 1 lith. Taf.) Weimar 893. H. Böhlau. n. 70

Piltz, Ernst, Aufgaben u. Fragen für Naturbeobachtung des Schülers in der Heimat. 5. Aufl., nach den Regeln der neuen Rechtschreibg. verändert. gr. 8. (VIII, 88 S. m. 1 lith. Taf.) Weimar 902. H. Böhlau's Nachf. n. — 70

Piltz, Ernst, Aufgaben u. Fragen f. Naturbeobachtung des Schülers in der Heimat. 6., verb. Aufl. (VIII, 88 S. m. 1 lith. Taf.) 8. Weimar 908. H. Böhlau's Nf. — 70

Piltz, Ernst, 700 Aufgaben u. Fragen für Naturbeobachtung des Schülers in der Heimat. 2. Aufl. der „200 Aufgaben u. Fragen" der Stoyschen Erziehungsanstalt. gr. 8. (61 S.) Weimar 882. Böhlau. n. — 45

Bibliotheks-Katalog der Johannisloge zur Akazie am Saalstrande in Wenigenjena. Nebst Anh. die übrigen Sammlungen dieser Loge betr. Nach dem Bestande vom Dez. 1897. [Zsgest. von Ernst **Piltz.**] Hof [1898]: Mintzel. 8°
Verz. VIII, 178 S. [1898]; Nachtr. Jena: Kämpfe. S. 179—184. o. J.
cf. BZC. 27 (1898) S. 207—208 (F. Seckt).

— **kleine anorganische Chemie. Systematische Übersicht des elementarchem. Unterrichtsstoffs zum Wiederholen.** 8. (VIII, 104 S.) Halle 901. R. Paul Nietschmann. Geb. in Leinw. n. 1. 60

Piltz, Ernst, kleine anorganische Chemie. Systematische Uebersicht des elementarchem. Unterrichtsstoffs zum Wiederholen. 2. verb. Aufl. (VI, 106 S.) 8. Jena 905. H. W. Schmidt. Geb. n. 1. 60

— Dozenten-Album der Universität Jena 1858 bis 1908. Verzeichnis der Professoren u. Privatdozenten der großherzogl. sächs. Gesamtuniversität Jena in der ersten Hälfte des 4. Jahrh. ihres Bestehens. Unter Benutzg. amtl. Quellen bearb., chronologisch nach Fakultäten und alphabetisch geordnet, m. biograph. Angaben. (Jenaer Universitäts-Jubiläum 1908.) (48 S.) Lex.8. Jena 908. G. Neuenhahn. 2. —

— Eisenach, die Wartburg u. Umgebung, s.a. Grieben's Reiseführer.

Piltz, Ernst: Eisenach. die Wartburg und Umgebung. 10. Aufl. Mit 3 Kten u. 1 Panorama. Berlin 1916. 8° [1. Aufl. 1881.]
(Griebens Reiseführer. 83.)

— **s.: Entfernungsbüchlein f. Wanderer in Jena.**

— zur Erinnerung an Ferdinand Senft in Eisenach. [Aus: „Lehrerzeitung f. Thüringen u. Mitteldeutschland".] 8. (14 S.) Jena 894. F. Mauke. n.n. — 30

Piltz, Ernst, Führer durch Jena u. Umgegend, s.a. Ritter.

— **Führer durch Jena u. Umgend. 6., bereicherte u. bericht. Aufl. Mit 1 Stadtplane, 1 Uebersichtskarte der Umgebg., 1 Forst-Spezialkarte, 1 geolog. Profile u. 1 Höhentaf. (XVI, 134 S.) kl. 8. Jena (906). Frommann'sche Hofbuchh.** n. 1. —

— Führer durch Jena u. Umgegend. 7., verb. Aufl. Kleine Ausg.: Die Stadt Jena u. ihre nächste Umgebg. Mit (farb.) Stadtplan u. Grundriss d. neuen Universität (IV, 56 S.) kl. 8. Jena 908. Frommann'sche Hofbuchh. — 60

— **Führer durch Klosterlausnitz u. seine weitere Umgebg. Altenburger Holzland. Mit 1 Ortsplane, 1 Karte der weiteren Umgebung, 1 Eisenbahn-Uebersicht u. 4 Ansichten im Texte. (VIII, 64 S.) 8. Papiermühle bei Roda (904). Gebr. Vogt.** n. — 80

Piltz, E. Die Geländeform des Jenaer Schlachtfeldes. (Jena 1906.) 8°. (Aus: Mitteil. d. geogr. Gesellschaft zu Jena.)

Piltz, Ernst: Geschichte der von Professor Dr. Herzog errichteten, gegenwärtig von Direktor Pfeiffer geleiteten Lehr- und Erziehungsanstalt zu Jena. Jena, G. Neuenhahn Univ.-Buchdr., *1893*; 55—105 S. 8.
Jena, Pfeiffer'sche Lehr- u. Erziehungs-A, Festschr. 1893**

— **die Gliederung der Trias bei Jena. Eine Uebersicht f. geolog. Exkursionen, nebst e. Verzeichnis der Literatur üb. die Trias Ostthüringens. 2. verb. Aufl. (II, 24 S.) 8. Jena 906. H. W. Schmidt.** n. — 60

Piltz, Ernst, die Höhe der Stadt Jena u. ihrer weiteren Umgebg. üb. d. Meeresspiegel (NN.). Ein Beitrag z. genaueren Kenntnis d. Heimatbodens, enth. mehr als 500 Höhenangaben u. zahlreiche Vergleichgn. (58 S.) 8. Jena 909. B. Vopelius. 1

— s.a. Hundertjahr-Gedenkfeier, die, a. d. Jenaer Schlachtfelde.

Die Hundertjahr-Gedenkfeier auf dem Jenaer Schlachtfelde am 14. Oktober 1906. Mit 5 Vollbild. u. 3 Textbild. (Verf.: Ernst **Piltz.**) Jena: H. W. Schmidt 1906. (68 S.) 8° [J.] 106. 15540

— **über Naturbeobachtung des Schülers. Beitrag zur Methodik des Unterrichts in Heimats- u. Naturkunde. Begleitschrift zu den „700 Aufgaben u. Fragen für Naturbeobachtung des Schülers in der Heimat". Mit einer lith. Taf. gr. 8. (64 S.) Ebend. 882.** n. — 60

Piltz, Ernst. Ueb. Naturbeobachtung d. Schülers. Beitrag zur Methodik d. Unterrichts in Heimats- u. Naturkunde. Begleitschrift zu den „Aufgaben u. Fragen f. Naturbeobachtung d. Schülers in der Heimat". 2., veränd. Aufl. gr. 8. (46 S.) Weimar 889, Böhlau. * — 60

— **über Naturbeobachtung des Schülers. Beitrag zur Methodik des Unterrichts in Heimats- u. Naturkunde. Begleitschrift zu den Aufgaben u. Fragen für Naturbeobachtg. des Schülers in der Heimat. 3., veränd. Aufl. gr. 8. (45 S.) Weimar 899. H. Böhlau's Nachf. n. — 60**

— über Naturbeobachtung des Schülers. Beitrag zur Methodik des Unterrichts in Heimats- u. Naturkunde. Begleitschrift zu den Aufgaben u. Fragen f. Naturbeobachtung des Schülers in der Heimat. 4. veränd. Aufl. (45 S.) 8. Weimar 906. H. Böhlau's Nachf. n. — 60

— Über Naturbeobachtung des Schülers. Beitrag zur Methodik des Unterrichts in Heimats- u. Naturkunde. Begleitschrift zu den (Umschlag: des Verf.) Aufgaben u. Fragen f. Naturbeobachtg. des Schülers in der Heimat. 5., veränd. Aufl. (47 S.) 8. Weimar 910. H. Böhlau's Nachf. — 60

— Oberhof u. Umgegend, s.: Grieben's Reiseführer.

— Thüringen, s.: Grieben's Reiseführer.

—— **Wandtafeln für den naturkundlichen Unterricht in Volks- und höheren Schulen.** (In ca. 20 Lfgn.) 1. Abtl.: Tierkunde, nebst Bau des menschl. Körpers. 1. Lfg. qu. gr. Fol. Nebst Text. gr. 4. (3 S.) Jena 885, Mauke. *

— Wintersport u. Winterreisen in Thüringen. s.: Grieben's Reiseführer.

Piltz, F. A., eine Vereinfachung d. Steuern, od. e. neue Steuer erhebung kann vor Aufhebung d. Steuerfreiheit u. vor e. gleich mäß. Vertheilung, namentlich der Grundsteuern, den Contribu enten keinen Vortheil gewähren. Ein Beitr. z. Belehr. f. den Bürger u. Landmann üb. Steuerfreiheit u. Ungleichheit d. Be steuerung im Königr. Sachsen. gr. 8. (1¾ B.) Leipzig 833 Hinrichs.

Piltz, Friedrich Wilhelm (Breslau / Schlesien), De taenia humana. Diss. med. Berlin (Jordan) 25. VII. 1831. 63 S. mit Biogr. (3.50) 26514
Oppon.: Gielen, Löwenberg, Schmelzer. — Gew.: Joseph Hoffmann.

Piltz, Hermann, Prosektor am anat. Inst. d. Tierärztl. Hochsch. zu Berlin: Aus d. anat. Inst. d. Tierärztl. Hochsch. zu Berlin. Ein Beitrag zur Kenntnis der roten Lymphknoten ⟨Hämolymphdrüsen⟩. (Magdeburg [1909]: Brückner.) 81 S. 8°
Gießen, Veterinär-Med. Diss. v. 26. März 1910, Ref. Martin
[Geb. 9. Juli 80 Gartz; Wohnort: Berlin; Staatsangeh.: Preußen; Vorbildung: Gymn. Gartz Reife O. 00; Studium: Berlin Tierärztl. Hochsch. 7 S.; Rig. 12. März 09.] [U 10. 1242

Piltz, Johannes Woldemar, s. P i l t z , Woldemar

Piltz, Ottomar

Piltz, O., Der Gardasee und Arco. 4. Aufl. [Italienische Reiseführer. Nr. 1.] 8°. (172 S.) Wien: Perles 1908. K —.90

Piltz, Ottomar, **Gardasee-Führer.** 2. verb. Aufl. (201 S. m. Abbildgn. u. 6 Karten.) schmal 8. Gardone Riviera 904. (Berlin, Touristen-Magazin H. Mues.) n. 1.50

Piltz, Ottom., italienische Reiseführer. Nr. 1—3. kl. 8. Wien. M. Perles. 4. 10
1. Arco. Der Gardasee. Mit zahlr. Abb. u. Karten. 4. verb. Aufl. (7.—10. Taus.) (175 S.) kl. 8. 909. — 90
2. Verona, m. 3 Karten u. zahlr. Abb. Hrsg. m. Unterstützg. des Vereins „Pro Verona". (91 S.) 20×11 cm. Verona 905. 1. 20
3. Venedig. Mit zahlr. Karten u. Abb. (152 S.) kl. 8. 907. 2.

— **Sommernächte am Gardasee.** Skizzen u. Novellen. (123 S.) schmal 8. Salò 902. (Berlin, Touristen-Magazin H. Mues.) n. 1. 20

— dasselbe. 2. Aufl. (166 S.) kl. 8. Wien 907. M. Perles. n. 2. 50; geb. n. 3. 50

Piltz, O., Venedig. [Italienischer Reiseführer. Nr. 3.] 8°. (ill. 152 S.) K 2.—
Wien: Perles, k. u. k. Hofbuchh. 1907.

Piltz, Walter, approb. Arzt aus Radeberg i. S.: **Ueber die Compressionsfrakturen** der Wirbelsäule. *Leipzig 1901: B. Georgi.* (60 S.) 8°
Leipzig, Med. Diss. v. (11. Okt.) 1901

Piltz, *Johannes* Woldemar [Gerichtsref. in Bitterfeld '(Prov. Sachsen)']: Beiträge zur Lehre vom Erwerb und Verlust des Besitzes und Eigentums an wilden Tieren im gemeinen Rechte ... Halle a. S., Druck d. Buchdr. d. Waisenhauses, 1897; 51 S. 8.
Göttingen, Jur. Fak., Inaug.-Diss. v. [22. Juli] 1897

Piltzius, K., kurze Erzählung der Verheerung u. Plünderung d. Bergstadt Dobschau im J. 1485; aus d. Latein. übers. v. Mich. Gotthard. 8. Kaschau (795).

Pilwat, Friedrich, Kreistierarzt, Beckum in Westfalen: Die pathologische Anatomie der Kolik des Pferdes. ⟨Aus dem Pathologischen Institut der Königl. Tierärztlichen Hochschule zu Berlin. Professor Schütz.⟩ [Mit drei Abbildungen im Text.] Berlin 1910. II + 137 S. 8°. S.-A. aus dem Archiv für wissensch. und prakt. Tierheilkunde. Band 36. 1910. Suppl.-Band. [28. II. 10.]
Bern. Vet.-med. Diss. 1909/10.

Diakonissin Charlotte **Pilz,** eine Mutter in Israel. Kaiserswerth: Diakonissen-Anst. [1904]. (24 S.) 8° [F.]
= Bilder a. d. Diakonissenleben. 3.
= **Geschichten** u. Bilder fürs deutsche Volk. No 46. 47. [05. 4703

Pilz, Überblick üb. den Quecksilberbergbau u. Quecksilberhüttenbetrieb v. Idria in Krain, s.: Sammlung berg- u. hüttenmännischer Abhandlungen.

Überblick über den Quecksilberbergbau und Quecksilberhüttenbetrieb von Idria in Krain. Von Bergref. **Pilz**, Grünberg i. S. Mit 4 Taf. Kattowitz: Gebr. Böhm 1908. (32 S.) 8°
Aus: Berg- u. Hüttenmännische Rundschau.
= **Sammlung** Berg- u. Hüttenmännischer Abhandlungen. H. 24. [08. 7476

Pilz, A., fünfzig Erzählungen f. d. jugendl. Alter. Ein Geschenk f. Kinder u. Kinderfreunde. 16. (6 B.) Breslau 838, H. Richter.

Pilz, Alfred: Die Hüttenzechenfrage im Ruhrbezirk und Richtlinien für eine Erneuerung des Rheinisch-Westfälischen Kohlen-Syndikats. E. systemat. Darst. d. Einflusses d. Hüttenzechen auf d. Kartellierungsgedanken im niederrhein.-westfäl. Steinkohlenbezirk. Essen (Ruhr) 1910. 4° 57 S.
Münster, Jur. Diss. v. (1910).

Pilz Alois: Beteiligung Erzherzog Maximilians des Deutschmeisters am Bruderzwist im Hause Habsburg und sein Eingreifen in die Ständebewegung in Oesterreich in den Jahren 1608—1609.
1906 PN 2058 **Diss.** Wien, Univ. 933

Pilz, Alois: Erzherzog Maximilian der Deutschmeister und seine Beteiligung an der Nachfolgefrage unter Kaiser Rudolf II. S. 5—32, 1 Tab. 8. Progr K. k. Staats-Gymn. *Mähr.-Neustadt* 1909.

PILZ, Anton: Historia critices in edendo textu genuino sacri N. F. codicis graeci. — (1855) 104 S. 4° (Handschr.) Diss. 117
Diss. Wien, Univ.

P i l z, Antonius —. Theses ex universa Theologia, quas in Caesareo-Regia, antiquissima ac celeberrima scientiarum Universitate Vindobonensi pro obtinendo doctoris in ss. Theologia gradu academico publice defendendas suscepit — —. Die VI. Octobris 1855 Vindobonae. Typis Congregationis Mechitaristicae. (13 S. 1 Bl. 8.)

Pilz, Bern., die seröse Dyskrasie in ihrer Verzweigung dargestellt. gr. 8. (IV u. 70 S.) Wien 846. (Kaulfuss Wwe., Prandel & Co.) ½ ℔

Pilz, C. E., s. P i l z , Karl Ed.

Pilz, Carl, s.: Pilz, Karl.

Pilz, Clemens, s. P i l z , Klemens

Pilz, Emil, bewußtes Deutschtum. Weg zur bodenständ. Kultur. Bausteine u. Streiflichter. (126 S.) gr. 8. Leipzig 906. E. Wunderlich. n. 1.40; geb. n. 1.80

Pilz, Ernst Jul., deutscher Rechenknecht zum Berechnen d. Betrags f. 0, 1 bis 1000 Stück zum Preis von 1 Pfg. bis 99 Mark d. neuen deutschen Münzsystems, nebst Tabellen zur Verwandlg. der in Deutschland bisher gangbaren Münzen in neue deutsche Reichsmünze u. umgekehrt sowie Vergleichg. der früheren sächs., preuß. u. anderer Maaße m. dem metr. Maaße u. Zinsberechnungs-Tabellen. gr. 16. (VI, 138 S.) Freiberg 874. Craz & Gerlach. 1. –

Pilz, F. O. A., s. Pilz, Alfred

Pilz Fr.: Über die Einwirkung des Chlorazetyls auf Weinsäure. S. 14. 11. 67 . . . . . vgr.
Separatabdruck

Pilz, Herm., König Albert! E. Heldenlied f. Sachsens Volk u. Heer. 2., verm. Aufl. Jubiläums-Ausg. z. 25jähr. Regierungs-Jubiläum Ihrer Majestäten des Königs Albert u. d. Königin Carola. 8. (XX, 128 S. m. 1 Bildn.) Leipzig 898. F. Cavael. Geb. 1. —

Pilz, Herm., Dornröschen. E. Märchen f. d. Kinderwelt m. Versen v. P. gr. 4. (14 S. m. z. Tl. farb. Bild.) Leipzig 895. Wezel & Naumann. 1. 50

— das Ehe- u. Familienrecht, s.: Rechtsbücher, volksthümliche. Nr. 2.

Pilz, Herm., d. neue Entwurf d. deutschen Handelsgesetzbuchs im Vergleich zum jetzt geltenden Recht, s.: Sammlung kaufmänn. Rechtsbücher.

— das Erbrecht u. die Testamente, s.: Rechtsbücher, volksthümliche. Nr. 4.

— Erläuterungen zu Scheffels Ekkehard u. Lebensgeschichte d. Dichters, s.: Jenny, H., Scheffels Ekkehard in 12 Orig.-Compositionen.

Pilz, Herm., Feierstunden der Seele. Dichtungen. (Der Gedichte 2. Bd.) (184 S. m. 1 Bildnis.) 8. Leipzig 909. W. Diebener. Geb. in Leinw. 2. 50

Pilz, Herm. Lose Gesellen, s. Unger, E.

— bürgerliches Gesetzbuch nebst Einführungsgesetz. M. erläut. Anmerkgn. nach d. Denkschrift u. d. Reichstagsverhandlgn. hrsg. 12. (XV, 728 S.) Leipzig 896. Berlin, J. Gnadenfeld & Co. 3. 50; geb. in Leinw. n. 4. —
Erschien auch in 12 Lfgn. à n. — 30.

— s.: Haustiere.

— von Herzen zu Herzen! Dichtgn. aus zwei Jahrzehnten. 12. (VI, 227 S.) Leipzig 896. H. J. Naumann. n. 2. —; geb. m. Goldschn. n. 3. —

— der reisende Kaufmann, s.: Ahrens, B.

— Kinderlust. Ein Bilderbuch f. d. kleine Welt. 4. (12 S. m. z. Tl. farb. Bild.) Ebd. 895. 1. –

— s.: Kurzweil, allerlei, f. das kleine Volk.

Pilz, Herm., die Liebesprobe. Eine span. Romanze. qu. gr. 8. (14 S. m. eingedr. u. 6 S. farb. Illustr.) Leipzig 890. Baldamus, Sep.-Cto. cart. m. Goldschn. n. 1. 75

— goldenes Liederbuch. Lieder u. Reime a. d. Kinderleben, gesammelt v. P. 4. (36 S. m. farb. Bild.) Ebd. 895. Kart. 3. 50

— Liederbuch f. reisende Kaufleute. Unter Mitwirkg. der Sektionen des Verbandes reis. Kaufleute Deutschlands zusammengestellt. (VI, 207 S.) 16. Tübingen 906. G. Brenner. Geb. 1. -

— Bodenständige Pädagogik. Essays u. Aphorismen üb. die Schöpfg. u. Erziehg. des Vollmenschen. Mit 8 schwarzen u. 8 Taf. in Farbendr. (VII, 230 S.) gr. 8. Leipzig 903. A. Hahn. n. 3.60; geb. in Leinw. n. 4. 20

— Paris amüsirt sich. Intimes aus der Stadt der Welt-Ausstellg. 8. (IV, 198 S.) Leipzig 900. G. Weigel. 1. 50

— der Prinzipal u. seine Angestellten — Prokuristen, Handlungsgehilfen, Handlungsreisende, Handlungslehrlinge u. kaufmänn. Agenten — in ihren gegenseitigen Rechten u. Pflichten. Auf Grund d. Handelsgesetzbuches v. 10. V. 1897 u. d. sonst. neuen Gesetzgebg. dargest. 8. (VIII, 199 S.) Leipzig 898. Veit & Co. Kart. n. 2. —

Pilz, H., Das Bürgerliche Recht in seinen Beziehungen zum Handelsverkehr
Leipzig, 1907. 32 S.

— das Recht der unehelichen Kinder u. die Ansprüche der Kindesmütter, s.: Rechtsbücher, volksthümliche. 3.

Pilz, Recht d. unehel. Kinder und Ansprüche der Kindsmütter.
Leipzig 900.

— das Recht d. Miether u. Vermiether, s.: Rechtsbücher, volksthüml. Nr. 1.

Pilz, Recht der Miether u. Vermiether nach dem neuen B. G. B.
Leipzig 899.

— im Reich der Mitte. Chinesische Bilder (z. Tl. in Farbendr.) m. Dichtgn. v. H. P. (Ausgestanzt.) fl. 4. (16 S.) Leipzig 891. E. Baldamus, Sep.-Cto. n. 1. 40

Pilz, Herm., König Albert's Ruhmesbahn. Vaterländische Dichtgn., (farbig) illustr. v. Rich. Knötel. gr. 8. (20 S.) Leipzig 893. Meissner & Buch. n. 1. 25

— Viktor v. Scheffel, s.: Dichter, deutsche, der Gegenwart.

Pilz, Herm., Selbsthilfe im Kreditverkehr. Ein Vorschlag zur Hebg. v. Handel u. Gewerbe. gr. 8. (15 S.) Leipzig 886. Gloeckner. n. — 50

— über den Tabak u. das Rauchen. Ernstes u. Heiteres aus der Culturgeschichte. 8. (XII, 290 S.) Leipzig (899). G. Weigel. n. 2. —; geb. n. 3. —

Tafel - Lied. [Unterz.:] Herm. Pilz. [Leipzig 1898: Ackermann & Glaser.] 1 Bl. 14,7×35 cm [Kopftit.]
Ohne Noten. Zum 50 jähr. Stiftungsfest der Loge Friedrich Wilhelm z. d. drei Kränzen.

Pilz, Herm., schwirrendes Volk. Dichtungen. Mit (farb.) Zeichngn. v. R. Hansen. (Ausgestanzt.) 4. (24 S.) Leipzig 891. E. Baldamus, Sep.-Cto. n. 3. 25

— s.: Von allem Etwas.

— das Vormundschaftsrecht, s.a. Rechtsbücher, volksthüml.

Pilz, Vormundschaftsrecht. Dargestellt nach d. B. G. B. Leipzig 900

— was muß d. Bürger v. Reich u. Staat wissen? E. Handbuch d. Reichs- u. Landesstaatsrechtes f. d. deutsche Volk. Für Schule u. Haus bearb. (Gültig f. alle Bundesstaaten.) 8. (VI, 168 S.) Leipzig 895. G. Weigel. n. 1. 50; geb. 1. 80

— was muss der Kaufmann bei Konkursen thun? Eine gemeinverständl. Darstellg. des deutschen Konkursrechts u. Konkursverfahrens. Auf Grund der neuen Gesetzgebg. u. unter Berücksicht. der Entscheidgn. d. Reichsgerichts bearb. (Sammlung kaufmänn. Rechtsbücher.) gr. 8. (VIII, 103 S.) Leipzig (899). Dr. L. Huberti. Geb. in Leinw. n. 2. 75

— was muß d. Schöffe od. Geschworene bei Ausübg. s. Amtes wissen? Ein prakt. Hand- u. Hülfsbuch f. den Schöffen- u. Geschworenen-Dienst m. e. ausführl. Darstellg. d. ges. Strafrechtes f. d. deutsche Reich, sow. Angabe d. Verjährungsfristen bei Verbrechen, Vergehen u. Uebertretgn. 8. (XII, 156 S.) Leipzig 896. G. Weigel. n. 1. 50; geb n. 1. 80

— wie gewinnt der Kaufmann seine Prozesse? Eine Anleitg. zur Prozessführg. auf Grund der neuen Gesetzgebg. u. nach den Regeln der prakt. Erfahrg. Für den Handels- u. Gewerbestand gemeinverständlich bearb. (Dr. Ludw. Huberti's mod. kaufmänn. Bibliothek.) gr. 8. (VIII, 116 S.) Ebd. (900). Geb. in Leinw. n. 2. 75

— wie gründet u. leitet man e. Verein, s.a. Ullstein's Sammlung praktischer Hausbücher. 3. Bd.

— wie gründet u. leitet man e. Verein?, s.a. Ullstein's Sammlg. prakt. Hausbücher. 4.

Giltig in allen Bundesstaaten! Wie gründet und leitet man einen Verein? Eine volkstüml. Darstellung d. neuen Vereins- u. Versammlungsrechtes ... Durch prakt. Beispiele erl. von Hermann Pilz, Syndikus. *Berlin: Ullstein & Co. [1901].* (108 S.) 8° [F.]
= Sammlung, Ullstein's, prakt. Hausbücher. [3.] (02. 763

Giltig in allen Bundesstaaten! Wie gründet und leitet man einen Verein? Eine volkstüml. Darstellung d. neuen Vereins- u. Versammlungsrechtes u. d. Regeln parlamentarischer Verhandlungen f. kaufm., gewerbl., wissensch. Vereine ... Durch prakt. Beispiele erl. Von Hermann Pilz, Syndikus. 2. Aufl. *Berlin: Ullstein & Co. [1903].* (101 S.) 8° [F.]
— Sammlung, Ullstein's, prakt. Hausbücher. [3.] (03. 1064

Pilz, Herm., wie sichert sich die Ehefrau ihr Vermögen? Wie sollen Eheleute ihr Güterrecht ordnen? Ein wicht. Rat- u. Hilfsbüchlein für Väter, Mütter, Vormünder, Wittwen, Verlobte, Kaufleute, Gewerbetreibende, Beamte, Landwirte, Private 2c. Eine volkstüml. Darstellg. des neuen ehel. Güterrechtes, auf Grund des bürgerl. Gesetzbuches u. der gesamten einschläg. Gesetzgebg. entworfen u. m. prakt. Beispielen u. Ratschlägen versehen. gr. 8. (X, 46 S.) Leipzig (900). G. Weigel. 1. —

Pilz, Herm., wie verfolgt der Bäcker u. Konditor sein Recht? Ein Ratgeber in allen Rechtssachen, verf. f. den Berufsbäcker u. Konditor u. m. prakt. Beispielen u. Formularien versehen. (VIII, 128 S.) 8. Reutlingen (903). R. Bardtenschlager. Kart. 1. —

— wie verfolgt der Gärtner sein Recht? Ein Hülfsbuch in allen Rechtssachen, verf. f. den Berufsgärtner. (VI, 229 S.) gr. 8. Leipzig-Gohlis 903. B. Thalacker. n. 2. —; geb. in Leinw. n. 2. 50

Pilz Johann: Lamartines Aufnahme in Deutschland.
II. 1910 PN 3070 Diss. Innsbruck, Univ. 380

Pilz, Joh., von Geigen u. Gästen. Gedichte. (117 S.) 8. München-Schwabing 910. E. W. Bonsels & Co. 3.—; kart. 4. —

Pilz, Jos., Compendium der operativen Augenheilkunde. Nach seinem Lehrbuch der Augenheilkunde bearb. Mit 109 Abbildgn. (auf 3 Kpfr.- u. 2 Holzschntaf. in 8. u. Fol.) Prag 860. André. gr. 8. (VII, 202 S.) n. 1 ℛ 10 ngr.

—— diagnostisch-therapeutisches Compendium der Augenkrankheiten. Nach seinem Lehrbuche der Augenheilkunde bearb. gr. 8. (IX und 374 S. mit 21 farb. und 2 schwarzen lithogr. Orig.-Abbild. auf 2 Taf. in gr. 8. und qu. Fol. nebst 22 eingedr. Holzschn., meist nach Orig.-Zeichnungen.) Prag (861)62, André. *

Pilz, Jos., Lehrbuch der Augenheilkunde. 1—7. Liefg. Mit 4 Taf. in Stahlst. u. 4 lith. Taf. in Farbendr. Prag 856—58. André. Lex.-8. (S. 1—672. m. Holzschn. im Text.) Jede Liefg. n. 1 ℛ.

— Lehrbuch der Augenheilkunde. 8—10. (letzte) Liefg. Mit 67 Holzschn. u. 5 Quarttaf. (in Kpfrst.) Ebend. 859. Lex.-8. (XIX, S. 673—1024.) Jede Liefg. n. 1 ℛ; complet jetzt n. 11 ℛ 10 ngr.

Pilz, Karl

Pilz, Carl, Bilder aus dem Mutterleben nach Wahrheit und Dichtung entworfen, mit pädagogischen Randbemerkungen versehen u. der lieben Frauenwelt gewidmet. Leipzig 858. C. F. Winter. 8. (XVI, 312 S.) n. 1 ℛ.

Maurerische Blüthen. Erzählungen, Reden und Gedichte aus dem Freimaurerleben von Carl Pilz. Leipzig u. Heidelberg: Winter 1863. VIII, 308 S. 8⁰

[Dasselbe.] Neue Ausg. Ebendas. 1888. IX, 312 S. 8⁰
Recens: FZ. 17 (1863) S. 336; 28 (1874) S. 158; 33 (1879) S. 55; 42 (1888) S. 173; L. 22 (1863) S. 344—345.
Tt. 1730. Die neue Ausg. um einige Gedichte vermehrt.

Pilz, Carl, pädagogische Blüthen. Gesammelte Beiträge zur Erziehungs- und Unterrichts-Reform. gr. 8. (VI und 221 S.) Leipzig 861, C. F. Winter'sche Verlagsh. Thlr. *

Pilz, Carl, pädagogische Blüthen. Gesammelte Beiträge zur Förderg. d. Erziehungs- u. Unterrichtswesens. Neue Folge. gr. 8. (IV, 195 S.) Leipzig 871. C. F. Winter. n. 2. — (1. 2.: n. 4. 40)

— Christus an die Kinderherzen. Stunden der Andacht für die Jugend u. ihre Freunde, in Reden, Erzählungen und Gedichten für alle Feste des Jahres zur Belebung religiösen Sinnes. Leipzig 857. Luppe. 8. (X, 266 S. u. 1 Stahlst.) n. 20 ngr.

— Christus an die Kinderherzen! Stunden der Andacht für die Jugend und ihre Freunde, in Reden, Erzählungen und Gedichten für alle Feste des Jahres zur Belebung religiösen Sinnes. 2., verm. und verb. Aufl. gr. 8. (XIII und 282 S. mit 1 Stahlst.) Leipzig 864, Luppe.

Pilz, Karl, s. Cornelia.

— Robinson Crusoe. Für die liebe Jugend bearb. gr. 4. (24 S. m. 12 Farbendr.-Bildern.) Lpz. 892, Opetz. cart. 2 40

Pilz, Carl, der kleine Denkrechner. Mathematische Unterhaltungen, Spiele, Räthsel u. a. Uebungen. Ein Hülfsbüchlein für Mütter, Kindergärtnerinnen und Elementarlehrer. Leipzig 861. Fries. 8. (VI, 93 S.) 9 ngr.

Pilz, Carl, biblischer Dichtergarten. Sammlung v. Gedichten über bibl. Geschichten des alten u. neuen Testaments f. Kinder v. 8—11 Jahren. gr. 8. (VIII u. 79 S.) Leipzig 852, Klinkhardt. 1/4 ℳ

Pilz, Karl, in der Ferienkolonie od. der Segen der Liebe zur Mutter. Eine Erzählg. f. Kinder von 9—12 Jahren. Mit 29 in den Text gedr. Abbildgn. u. 1 Buntbilde. gr. 8. (VII, 108 S.) Leipzig 884. Spamer. n. 2. —; cart. n. 2. 50

Pilz, Karl. In der Ferienkolonie od. Segen der Liebe zur Mutter. Eine Erzählg. f. Kinder von 9 bis 12 Jahren. 2. (Titel-)Aufl. gr. 8. (V, 108 S. m. 29 Abbildgn. u. 1 Buntbilde.) Lpz. 892, Spamer. * — 80; cart. * 1 20

— s.: **Freimaurer-Zeitung.**

Der **Geist** der Freimaurerei in Erzählungen, Biographien, Licht- und Schattenbildern, Abhandlungen, Reden und Gedichten von Carl **Pilz.** Leipzig: Zechel 1882. VIII, 256 S. 8°
Recens: Z. 12 (1882) S. 97—98 (M. Amster); BrL. 1 (1882—1883) S. 71 (R. Brandt); DrL. 12 (1882—1883) S. 856; ML. 11 (1882 bis 1883) S. 110; Al. 8 (1883) S. 353—355, abgedr. in: FZ. 37 (1883) S. 93—94; Bh. 26 (1883) S. 29 (J. G. Findel).
cf. MW. Ser. 4 Jg. 3 (1883) No 6 (A. J. Schouten).
Tt. 1731.

Glockenschläge. Maurerische Biographien, Vorträge über Zeitfragen, Reden etc. Von Carl **Pilz.** Zittau: Graun [1890]. 199 S. 8°
Recens: Bh. 33 (1890) S. 342—343; L. 13 (1890) S. 184 (B. Cramer); DrL. 20 (1890—1891) S. 1682 (Chr. Klötzer); O. 16 (1891) S. 130 bis 131; SL. 16 (1896) S. 140; ML. 25 (1896 bis 1897) S. 29—30 (O. Henckel); FZ. 54 (1900) S. 224.
[N. F. u. d. Tit.:]

Pilz, Carl, Glockenschläge. Maurerische Biographien, Vorträge üb. Zeitfragen, Reden ꝛc. gr. 8. (VII, 200 S.) Zittau 890. Oliva. n. 2. 25; geb. n. 3. —

Glockenschläge. Maurerische Lebensbilder, Festklänge, Zeichnungen, Reden, Gedichte etc. Von Carl Pilz. N. F. Zittau: Graun 1896. 202 S. 8°
Recens: Bh. 39 (1896) S. 384 (C. Gotthold); Bk. 15 (1896) No 50 (M. Corens); Bbl. 10 (1896) S. 593 (A. W. Sellin); L. 19 (1896) S. 152.

— Gruß an die Kinderwelt. Drei Kinder-Predigten. 16. (59 S.) Leipzig 860, Fries.

— Haus u. Schule — Hand in Hand, d. einz. richtige Weg zur wahren Jugenderziehg. gr. 8. (III, 61 S.) Leipzig 897. H. J. Naumann. n. — 75

— Haus u. Schule Hand in Hand, der einzig richtige Weg zur wahren Jugenderziehung. 2. Aufl. gr. 8. (IV, 61 S.) Leipzig (901). H. J. Naumann. n. — 75

Das **Heiligthum** der Maurerei. Gespräche über die Vorurtheile gegen den maurerischen Bund, über die Wirksamkeit und den Segen desselben. [Von Karl **Pilz.**] Leipzig: Fries in Comm. 1860. VI, 208 S. 8°
Aus: FZ. 12 (1858) Beil. zu No 50; 13 (1859) Beil. zu No 1, 5, 10, 15, 20, 25, 30, 35, 39, 43, 47, 52.

°[Dasselbe.] 2. Aufl. Leipzig: Fries 1884. VI, 208 S. 8°
Auszug (S. 3—35) in: FZ. 38 (1884) S. 185—187, 194—196, 201—204.
TB. 337.

Die **Hindernisse** der Maurerei. Ein Vortrag, gehalten in der □ Apollo [in Leipzig] und auf vielseitiges Verlangen hrsg. von Carl **Pilz.** Leipzig [1868]: Vollrath. 16 S. 8° [Umschlagtit.]
Aus: FZ. 22 (1868) S. 97—101.

Pilz, Dr. C., Das Kind des Freimaurers. Eine Novelle nach geschichtlichen Thatsachen.
Beilage zu Nr. 12—16 der Frmrztg. von 18..

— das Kinderleben in seinen heitern und ernsten Stunden. 40 Geschichten mit Bildern (Holzschn. u. 1 Holzschntaf.) Leipzig 860. C. H. Reclam sen. 8. (X, 182 S.) 21 ngr.

— Licht- u. Schattenbilder aus meinem Lehrerleben. Rückblicke auf drei Jahrzehnte im Dienste der Schule. 8. (VIII, 268 S.) Leipzig 885. C. F. Winter. n. 3. —

Licht- und Schattenseiten unserer Presse. Ein ernstes Mahnwort f. unsere Zeit von Dr. Carl **Pilz.** Leipzig: R. Werther 1894. (16 S.) 8° [F.] 107. 2118 2

— Licht- u. Schattenseiten unserer Presse. Ein ernstes Mahnwort f. uns. Zeit. 2. Aufl. gr. 8. (16 S.) Münden 897. R. Werther. n. — 20

Pilz, Car. (Christian) (geb. Stepenitz in Pomm. 3. 9. 1839): De arteriae carotidis utriusque ligatura. Berolini (1865). (31 S.) 8°
Berlin. Med. Diss. v. 21. Juli 1865

Pilz, Dr. C., Die Maurerbraut. Eine Erzählung aus dem Leben. Beilage zu Nr. 5, 7, 9, 11 u. 13 der Frmrztg. 1861.

— Melitta, die kleine Tierfreundin. Eine Geschichte f. brave Kinder. Mit 6 Bildern in Farbendr. hoch 4. (11 S.) Leipzig 884. Opetz. cart. 1. 25

— die Perlen im Staube. Gedenkschrift zum 25jähr. Jubiläum des Vereins zur Unterstützg. unbemittelter talentvoller Knaben in Leipzig. gr. 8. (19 S.) Leipzig 890. (Fock.) n. — 20

— Quintilianus. Ein Lehrerleben aus der römischen Kaiserzeit. Nach Wahrheit und Dichtung entworfen und allen Volks-, Schul- und Erziehungsfreunden gewidmet. Leipzig 863. C. F. Winter. gr. 8. (VI, 322 S.) n. 1 Thlr 10 ngr.

— Reisen u. Abenteuer d. Frhrn. v. Münchhausen. gr. 4. (21 S. m. 12 Farbendr.-Bildern.) Ebd. 892. cart. 2 40

— Gulliver's Reisen im Land der Riesen u. Zwerge. Für die Jugend erzählt. gr. 4. (23 S. m. 12 Farbendr.-Bildern.) Leipzig 892. W. Opetz. Kart. 2. 40

Pilz, Carl, d. kleinen Reisenden od. fröhliche Wandergn. durch Deutschland in Briefen u. Erzählgn., m. 8 Illustr. E. Buch f. 12- bis 13jähr. Kinder. 1. Tl. Natur- u. Landschaftsbilder. 8. (122 S.) Leipzig 895. Berlin, J. Gnadenfeld & Co. n. 1. 50
geb. in Leinw. n. 2. —

— die kleinen Reisenden od. fröhliche Wanderungen durch Deutschland in Briefen u. Erzählgn. m. 8 Illustr. Ein Buch f. 12 bis 14jähr. Kinder. Natur- u. Landschaftsbilder. 2. Aufl. (120 S.) 8. Leipzig (904). A. Hasert & Co. Geb. in Leinw. n. 1. 80

— dasselbe, m. 10 Illustr. Städtebilder. (IV, 156 S.) 8. Ebd. (904). Geb. in Leinw n. 2. —

— das Röschen von Lindenau, s. Volks- u. Jugendbibliothek.

— Rosen und Dornen am Wege. Erzählungen aus dem Leben f. Jugend u. Volk. 2. Aufl. gr. 8. (VIII, 148 S. m. 4 Tonbildern u. e. farb. Titelbild.) Leipzig 890. Spamer. n. 2. 50; cart. n. 3. —

— Rosen u. Dornen am Wege. Erzählgn. aus d. Leben f. Jugend u. Volk. 3. [Titel-] Aufl. Mit 4 Tonbild. u. 1 (farb.) Titelbild. gr. 8. (VIII, 148 S.) Leipzig (890) 897. O. Spamer. n. 1. —; kart. n. 1. 50

Pilz, Carl, Die Säulen der Maurerei. Leipzig 1860. 8. 1 Bl. 52 S. Drei Vorträge über Weisheit, Schönheit, Stärke.

— die Säulen der Maurerei. Vorträge über Weisheit, Schönheit, Stärke. 2. Aufl. gr. 8. (IV, 47 S.) Leipzig 887. C. F. Winter. n. — 60

Pilz, Carl, Schulandachten an Festtagen u. bei Feierlichkeiten. Den Lehrern u. Erziehern gewidmet. 3., verm. u. umgearb. Aufl. Leipzig 870. C. F. Winter'sche Verlagsh. gr. 8. (XI, 266 S.) n. 20 ngr.

— in der Sommerfrische od. was e. Curgast erlebte. Stimmungsbilder aus Tegernsee. 16. (86 S.) Zittau 891. E. Oliva. n. 1. —; geb. in Leinw. n. 1. 60

— das Tagebuch e. deutschen Schulmannes. Oasen u. Stationen aus den letzten Jahrzehnten meines Lehrerlebens. gr. 8 (IX, 152 S.) Leipzig 893. Fr. Richter. n. 2. —

— s.: Tierbilderbuch, neuestes.

— die kleinen Thierfreunde, s. a. Kinderbuch, das illustrirte goldene.

— die kleinen Thierfreunde. Fünfzig Unterhaltungen zwischen Kindern und Thieren. Ein lustiges Büchlein für die liebe Jugend bearb. (Die Kinderstube. 3. Thl.) br. 8. (VI und 105 S. mit 60 in den Text gedr. Abbild. in Holzschn. und 1 ill. Titelbilde in Holzschn. und in Tondr.) Leipzig 858, Spamer. *

Pilz, Carl, die kleinen Thierfreunde. 50 Unterhaltungen über die Thierwelt. Ein lustiges Büchlein, für fröhliche Kinder im Alter von 7—10 Jahren. 4., neubearb. Aufl. Mit 100 Text-Abbildungen, 1 Titelbild (in Farbendr.) u. 2 Tonbildern. gr. 8. (VII, 168 S.) Leipzig 878. Spamer. n. 2. —; cart. n. 2. 50

— die kleinen Tierfreunde. 50 Unterhaltungen über die Tierwelt. Ein lust. Büchlein für fröhl. Kinder im Alter von 7—10 Jahren bearb. 5. neu bearb. Aufl. gr. 8. (VII, 174 S. mit 100 Text-Abbild. und 1 Titelbilde.) Leipzig 886, Spamer. * M 2.—; cart. *

— die kleinen Tierfreunde. 54 kurzweil. Erzählgn. aus der Tierwelt. Ein unterhalt. Büchlein, f. fröhl. Kinder im Alter von 7 bis 10 Jahren bearb. 6., neu bearb. Aufl. gr. 8. (VII, 194 S. m. 80 Text-Abbildgn. u. 1 Farbendr.) Leipzig 893. O. Spamer. n. 2. —; kart. n. 2. 50

— die kleinen Tierfreunde. 54 kurzweil. Erzählgn. aus d. Tierwelt. E. unterhalt. Büchlein f. fröhl. Kinder im Alter v. 7 bis 10 Jahren bearb. 7. [Titel-] Aufl. M. 80 Textabb. u. e. Titelbilde in Farbendr. gr. 8. (VII, 194 S.) Ebd. (893) 899. n. 2. —;
geb. in Leinw. n. 2. 50

— die kleinen Tierfreunde. 56 kurzweil. Erzählgn. aus der Tierwelt. Ein unterhalt. Büchlein, f. fröhl. Kinder im Alter von 7—10 Jahren bearb. 8. verb. Aufl. Mit 80 Textabbildgn. u. e. Titelbilde in Farbendr. gr. 8. (V, 198 S.) Leipzig 903. O. Spamer. n. 2. —;
geb. in Leinw. n. 2. 50

Pilz, Carl, die kleinen Tierfreunde. 56 kurzweil. Erzählgn. aus der Tierwelt. Ein unterhalt. Büchlein f. fröhl. Kinder im Alter von 7—10 Jahren bearb. 9. [Titel-]Aufl. Mit 80 Textabb. u. e. Titelbilde in Farbendr. (V, 198 S.) 8. Leipzig [903] 909. O. Spamer. 2.—; geb. in Leinw. 2. 50

Pilz, Dr. C., Eine Todtenwanderung. Maur. Skizze nach Thatsachen. Beilage zu Nr. 4 u. 6 der Frmrztg. 1864.

— der kleine Ulrich u. sein treuer Freund Karo. Tiergeschichte f. brave Kinder. Mit 6 Bildern in Farbendr. hoch 4. (11 S.) Leipzig 884. Opetz. cart. 1. 25

Pilz, Carl, Referendar: Vorbet der Aufrechnung gegen Lohnforderungen. Borna-Leipzig 1910: Noske. VII, 54 S. 8°
Heidelberg, Jur. Diss. v. 15. Febr. 1910, Ref. Heinsheimer
[Geb. 18. Sept. 87 Lützelstein; Wohnort: Straßburg; Staatsangeh.: Elsaß-Lothringen; Vorbildung: Lyz. Straßburg Reife Juli 05; Studium: Straßburg 2, München 1, Straßburg 3 S.; Rig. 6. Aug. 09.] [U 10. 1973

— was Kinder gern hören. 50 heitere u. ernste Geschichten für Kinder von 7—10 Jahren. Mit 20 Text-Abbildungen (in Holzschn.), 2 Tonbildern u. 1 Buntbilde. gr. 8. (VI, 128 S.) Ebend. 879. n. 2. —;
cart. n. 2. 50
39

— was Kinder gern hören. 50 heitere u. ernste Geschichten f. Kinder von 7 bis 10 Jahren. 2. Aufl. Mit 25 Text-Abbildgn. u. 2 Buntbildern. gr. 8. (VI, 130 S.) Leipzig 885. Spamer. n. 2. —; cart. n. 2. 50

Pilz, Karl, was Kinder gern hören. 52 heitere u. ernste Geschichten f. Kinder von 7 bis 10 Jahren. 3., verb. Aufl. Mit 8 Farbendr.-Bildern nach Aquarellen v. G. Strvedel. (VI, 147 S.) gr. 8. Leipzig 904. O. Spamer. n. 2. 50; geb. in Leinw. n. 3 —

— die Zukunft der Volksschule, oder drei Gespräche über Gottesdienst, Seelsorge und Unterricht für die Jugend. Ein Buch für alle, die ein Herz für die Volkserziehung haben. 2. Ausg. Leipzig 859. Luppe. (Friedlein.) 8. (XI, 183 S.) 15 *ngr.*

Pilz, Karl Ed., Bonifazius, der Apostel der Deutschen. Freie, aber den geschichtl. Verhältnissen gemässe Dichtg. Melodramatisch in Musik gesetzt f. Solo- u. Chorstimmen m. Orchester- od. Pianofortebegleitg. v. Frdr. Mor. Gast. Textbuch. 8. (32 S.) Plauen 883. Kell. n. — 40

Pilz, C. E., schriftgemäße u. bündige Erklärung des kleinen Katechismus Dr. Mart. Luther's für den Volksschul- u. Confirmandenunterricht, sowie auch für die Sonntags- u. Fortbildungsschulen. Denkenden Christen gewidmet. Penig 867. (Voigt.) 8. (IV, 80 S.) geb. n.n. 4 *ngr.*

Pilz, C. E., die christlichen Feste in 12 neuen Liedern. Eine Gabe für Confirmanden. 8. (20 S.) Plauen 877, Neupert. *

Pilz, Klemens

Pilz. Clem., methodische Anleitung zum Unterricht im Französischen. Unter Mitwirkg. v. Seminar- u. Bürgerschullehrern zusammengestellt. (32 S.) 8. Leipzig 904. J. Klinkhardt. n. — 40

— u. Helene **Pilz,** französisches Lehrbuch für Volksschulen u. Privatunterricht nach den Bestimmungen vom 26. II. 1901 über französische Rechtschreibung. 1. Tl. Lehrerausg. gr. 8. (XXXII, 80 S. m. Abbildgn.) Leipzig 901. J. Klinkhardt. n. 1. —; kart. 1. 20; Schülerausg. (80 S. m. Abbildgn.) Kart. n. — 80

Pilz, Clem., u. Helene **Pilz,** Französ. Lehrbuch für Volksschulen u. Privatunterricht nach den Bestimmungen vom 26. II. 1901 üb. französ. Rechtschreibung. 2. u. 3. Tl. gr. 8. Leipzig 903. J. Klinkhardt. Kart. à n. 1. —
2. (IV, 96 S. m. Abbildgn.)
3. Mit Illustr. u. 1 Karte v. Frankreich. (IV, 96 S.)

Pilz, Clem., Lehrbuch der französischen Sprache f. Präparandenanstalten u. Seminare, s.: Boerner, Otto.

— u. Helene **Pilz,** Lehrbuch der französ. Sprache besonders f. Volks-, Mittel- u. Töchterschulen u. f. den Privatunterricht nach den neuesten Bestimmungen. 1. Tl. 2., umgeänd. Aufl. (80 S.) 8. Leipzig 905. J. Klinkhardt. Kart. n. — 80

— u H. **Pilz,** Lehrbuch der französ. Sprache f. Volks-, Mittel- u. Töchterschulen u. f. den Privatunterricht nach d. neuest. Bestimmgn. I u. II. 8. Leipzig, J. Klinkhardt. Kart. 2. 20
I. Mitbearb. v. Mlle. Cécile Lambert. 3., umgeänd. Aufl. (80 S.) 908. Kart. — 80
II. Mitbearb. v. Mlle. M. Ph. de Beaupré. 2., umgeänd. Aufl., m. Illustr. (143 S.) 909. Kart. 1. 40

— Französ. Lesebuch, insbesondere f. Seminare, s.: Boerner, Otto.

— Französisch-deutsches u. deutsch-französisches Wörterbuch, s.: Boerner, Otto.

— — Französisch-deutsches Wörterverzeichnis zum II. u. III. Teile des französischen Lehrbuches f. Volksschulen u. Privatunterricht. (48 S.) gr. 8. Ebd. 903. n. — 35

Pilz, Mor., der Betaltar unterm Sternenzelt. Gott gewid. Abendgesänge. Ein Beitr. z. häusl. Erbauung f. gebild. Christen. 8. (12½ B. u. lith. Ttl.) Cottbus 840, Meyer. ⅔ Thlr., m. Goldschn.

Pilz, Oskar [Dr., Hilfsl.]: Beiträge zur Kenntnis der altfranzösischen Fableaux. 2. Die Verfasser der Fableaux. 1. (Forts. d. P-Beil. Stettin 1889 = Inaug.-Diss. Marburg 1889.) *Görlitz,* 1889; 20 S. 4°
Görlitz, st. G u. RG, Festschr. 1889 1890

Pilz, Oskar [Dr.]: Beiträge zur Kenntnis der altfranzösischen Fabliaux. 1. Die Bedeutung des Wortes Fablel. Stettin, Druck v. R. Grassmann, 1889; 1 Bl., 24 S. 4°
Stettin, Friedrich-Wilhelms-S (RG), OP 1889 (139)

Pilz, Oskar [aus Grünberg i. S.]: Beiträge zur Kenntnis der altfranzösischen Fabliaux. 1. Die Bedeutung des Wortes Fablel. . . . Stettin, Druck v. R. Grassmann, 1889; 2 Bl. + 24 S. 4°
Marburg, Phil. Fak., Inaug.-Diss. v. [26. März] 1889

Pilz, O., Beiträge zur Kenntnis der altfranzösischen Fabliaux. 1. Die Bedeutung d. Wortes Fablel. Inaug.-Diss. 4. (24 S.) Leipzig 889. Fock. n. 1. —

Pilz, Oskar, a. Buchholz i. S.: Über die allmähliche Hydrolyse des Glutins. Leipzig 1907: Metzger & Wittig. (46 S.) 8°
Leipzig, Phil. Fak., Ref. Beckmann-Hantzsch, Diss. v. 21. Febr. 1907
[Geb. 8. Apr. 78 Buchholz i. Sa.; Wohnort: Buchholz; Staatsangeh.: Sachsen; Vorbildung: Realgymn. Annaberg Reife O. 99; Studium: Leipzig 14 S.; Rig. 18. Dez. 06.]

Pilz, Otto, die Rotations-Schnellpresse nebst Rundstereotypie in ihrer Konstruktion u. Behandlung, s.: Waldow, Alex., Hilfsbuch f. Maschinenmeister an Buchdruckschnellpressen.

Pilz, Richard: Die Bleiglanzlagerstätten von Mazarrón in Spanien. Freiberg i. S.: Craz & Gerlach 1907. 51 S. 8°
¶ Umarbeitung u. teilweise Ergänzung eines Aufsatzes in: Zeitschrift f. prakt. Geologie. Jg. 13. 1905.
Dresden, Dr.-Ing.-Diss. v. 25. 2. 1907

Pilz, Walther, prakt. Arzt: Ueber den Einfluss verschiedener Gifte auf die Totenstarre. *Königsberg i. Pr. 1901: M. Liedtke.* (40 S.) 8°
Königsberg, Med. Diss. v. 11. Apr. 1901

Die **Pilze** Deutschlands, Oesterreichs und der Schweiz. Abth. 1–7. Mit zahlr. Abb. *Leipzig: E. Kummer 1884–1903.* 7 Bde 8°
1. Schizomyceten, Saccharomyceten u. Basidiomyceten. Unter Mitw. von Prof. Dr. A[nton] de Bary u. Dr. H[einrich] Rehm bearb. von Dr. Georg Winter. 1884.
2. Ascomyceten: Gymnoasceen u. Pyrenomyceten. Unter Mitw. von Prof. Dr. A[nton] de Bary u. Dr. H[einrich] Rehm bearb. von Dr. Georg Winter. 18(84–)87.
3. Ascomyceten: Hysteriaceen u. Discomyceten bearb. von Dr. H[einrich] Rehm. 18(87–)96.
4. Phycomycetes bearb. von Dr. Alfred Fischer, Prof., Leipzig. 1892.
5. Ascomyceten: Tuberaceen u. Hemiasceen bearb. von Dr. Ed[uard] Fischer, Prof., Bern. 18(96–)97.
6. Fungi imperfecti: Hyalin-sporige Sphaerioideen bearb. von Andreas Allescher. (1898–)1901.
7. Fungi imperfecti: Gefärbt-sporige Sphaerioideen, sowie Nectrioideen, Leptostromaceen, Excipulaceen u. Familien d. Ordnung d. Melanconieen, mit Haupt-Reg. d. 6. u. 7. Abth. bearb. von Andreas Allescher. Mit e. Begleitworte von Prof. Dr. [Karl] Frh. v. Tubeuf. 19(01–)03.

— **Rabenhorst,** Ludwig: Kryptogamen-Flora von Deutschland, Oesterreich u. d. Schweiz. 2. Aufl. Bd 1. [03. 14680

Pilze, die am häufigsten vorkommenden essbaren, s.a. Mück's praktische Taschenbücher Nr. 12.

Die am häufigsten vorkommenden essbaren Pilze. (Mück's praktische Taschenbücher. 12.] 8°. K —.70
Wien: Szelinski & Co 1905.

— die am häufigsten vorkommenden giftigen, s.a. Mück's praktische Taschenbücher, Nr. 13.

Die am häufigsten vorkommenden giftigen Pilze. [Mück's praktische Taschenbücher. 13.] 8°. K —.70
Wien: Szelinski & Co 1905.

—— Den Obstbau schädigende Pilze und deren Bekämpfung. Frankfurt a. O. 1902.

Pilzecker, A., experimentelle Beiträge zur Lehre vom Gedächtniss, s.: Müller, G. E.

Pilzecker, Alfons, Dr. phil., aus Militsch i. Schl.: **Gallenuntersuchungen nach Phosphor- und Arsenvergiftung.** *Straßburg: Karl J. Trübner 1904.* (20 S.) 8°
Heidelberg, Med. Diss. v. 1904

Pilzecker, Alfons [aus Schlesien]: Die Lehre von der sinnlichen Aufmerksamkeit. . . . München, akad. Buchdr. v. F. Straub, 1889; 2 Bl. + 84 S. + 1 Bl. 8°
Göttingen, Phil. Fak., Inaug.-Diss. v. 9. März 1889

Pilzecker, Alfons, die Lehre v. der sinnlichen Aufmerksamkeit. Inaug.-Diss. gr. 8. (III, 84 S.) München 889. (Göttingen, Vandenhoeck & Ruprecht's Verl.) n. 1. 80

Pilzecker, E., die Hutmacherkunst, s. Schauplatz d. Künste 38r Bd.

Pilzer, Felix, aus Riga, prakt. Arzt: Über Blasensteine beim Weibe und den Wert der Cystoskopie zur Diognose[!] derselben. *Königsberg i. Pr. 1898: M. Liedtke.* (46 S.) 8°
Königsberg, Med. Diss. v. 24. Dez. 1898

Pilzfreund, der. Illustr. populäre Monatsschrift üb. eßbare u. gift. Pilze. (Umschlag: Illustr. Monatsschrift f. Pilzkunde.) Einziges Organ f. Deutschland, Oesterreich u. die Schweiz. Hrsg. unter Mitwirkg. v. Botanikern u. Pilzfreunden v. Jul. Rothmayr. 1. Jahrg. April 1910—März 1911. 12 Hefte. (II, 252 S. m. 35 Abb. u. 15 Taf.) Lex. 8. Nebst Beilage: Die Pilze u. das Kalender-Jahr. Ein Hilfsbüchlein zum prakt. u. rechtzeit. Sammeln der Pilze während des ganzen Jahres. Zusammengestellt u. den Pilzfreunden gewidmet v. Jul. Rothmayr. (16 S.) 11.8. Luzern, E. Haag. 7. 50
Ein 2. Jahrg. erscheint vorläufig nicht.

Pilzius, Marcius, Julius Cäsar. Eine Shakes-bierologie u. Römertragödie in 5 Akten. 12. (30 S.) Leipzig 892. (E. F. Steinacker.) n. — 50

Pilzmerkblatt. Die wichtigsten eßbaren u. schädl. Pilze. Bearb. im kaiserl. Gesundheitsamte. (8 S. m. 1 farb. Taf.) 8. Berlin (904). J. Springer. n.n. — 10;
50 Stück n.n. 4. —

Pilzmerkblatt. Die wichtigsten eßbaren u. schädl. Pilze. Bearb. im kaiserl. Gesundheitsamte. Ausg. 1906. (8 S. m. 1 Abb. u. 1 farb. Taf.) 8. Berlin, J. Springer. nnn · 10

Pilzsammler, der kleine, e. Leitfaden f. Jung u. Alt zum Kennenlernen, Einsammeln u. Zubereiten von 26 der besten Eßpilze [Schwämme]. Bearb. v. A. Praktikus. 8. (52 S. m. Abbildgn.) Würzburg 888. Stuber's Verl. n. — 80

Pimentel, F., cuadro descriptivo y comparativo de las lenguas indégenas de México otratado de filologia Mexicana. Ed 2. 3 tomi. gr. 8 (XVI, 422; 472 u. 571 S.) Mexico 875 Leipzig, Brauns. à n. 8. —

Pimmer, Viktor, Bürgerschullehrer aus Hinterbrühl, Niederösterreich: α Über Verbindungen von Kupfernitrat und Kupferbromid mit Pyridin und Chinolin. β Zur Charakterisierung des Uranpentachlorid. Zürich (Wien) 1904. 79 S. 8°. [26. XI. 04.]
Zürich. Phil. Diss. II. S. 1904/1905.

Pimmer, Victor. α. Über Verbindungen von Kupfernitrat und Kupferbromid mit Pyridin und Chinolin; β. Zur Charakterisierung des Uranpentachlorid. Diss. Phil. [II.] Univ. Zürich von Viktor P'.... [Mit Figuren.] 79 S. 8. Zürich, Druck Friedrich Jasper in Wien, 1904.

Pimmer, Vikt., über Verbindungen v. Kupfernitrat u. Kupferbromid m. Pyridin u. Chinolin. — Zur Charakterisierung des Uranpentachlorid. Diss. (79 S.) gr. 8. Zürich 904. (Leipzig, Buchh. G. Fock. — Wien, F. Deuticke.) n. 1. 20

— s.: Vierteljahrsschrift f. körperliche Erziehung.

Pimodan, Georges von

v. Pimodan, Graf G., Erinnerungen aus d. italien. u. ungar. Feldzügen, s.a. Lese-Cabinet, historisches, 44—46. Lfg.

Pimodan, Graf Georges v., k. k. Major. Erinnerungen aus den italionischen und ungarischen Feldzügen. Aus dem Französischen von Dr. Legné. 8. Pest, Wien und Leipzig 1851.

Pimodan, Marquis v., Erinnerungen aus den Feldzügen in Italien und Ungarn 1848 und 1849. Nach der 2. französ. Aufl. übers. von Jul. Seybt. 8. (VIII und 228 S.) Leipzig 861, Gerhard.

Pimpel, Dan., Frankreichs Staatsumwälzung. Eine Unterhaltung zwischen Eisele — Beisele — Buffey — und Nante auf dem berliner Omnibus. 8. (16 S.) Berlin 848. [Pasewalk,] Braune. *

Pin, L. Eb. du, kurz. Begr. der ganz. Kirchenhistorie v. Anfang der Welt rc. 4. Regensburg, Bader. 713.

— method. Studii theol. recte instituendi. 8. Augsb. Merz. 722.

Pina, Fel. Valois, della

Pina, F. V. della, Handb. zur einf. Nationalbienenzucht für die Oesterreichischen Staaten. 8. Wien, Rötzl. (Kaulfuß.) 797.

della Pina, Fel. Valois, prakt. Handbuch zur einfachen Nationalbienenzucht f. die Oestreich. Staaten. Mit Kpf. 8. Wien 797. Rötzl. (Schaumburg u. C.) 8 K

Pina, W., Blicke in das Menschenleben. Erzählungen für die reifere Jugend. 8. (VII, 180 S.) Solothurn 885, [Schwendimann.] Burkard und Fröhlicher. [M 2.—.] *

Pinacotheca Fuggerorum S. R. J. Comitum ac Baron. in Kirchberg et Weissenborn. Editio nova multis imaginibus aucta. Fol. Ulm 755. Stettin. 10 ß

Pinacotheca libraria . . . Abhandlung von den Wappen der Buchhändler. Frankf. a. M. 1753—54. V: *Schael, Gfr. Benj.* (cb)

Pinacotheca, Jan. Nicii Erythraei, imaginum doctrinae vel ingenii laude virorum, qui auctore superstite diem suum obierunt. Editio nova. Lipsiae 1712. V: *Rossi, Joh. Victor.* (RHMB IV, 322)

Pinacothek, s. Pinakothek

Pinacotheque ou tables pour multiplier et diviser inventées par Gruson. gr. in-8. Berlin 798. (Leipzig, Fr. Fleischer.) 2½ ₰

Pinagel, Alfred. Beiträge zur Kenntnis der Wolframate und Silicowolframate. Diss. Phil. Bern. [Mit 4 Tafeln.] 53 S. 8. Bern, Scheitlin Spring & Cie., 1904.

Pinakothek. Album und Photographien der vorzüglichsten Gemälde, herausgegeben von Piloty und Löhle. 5 Bde fol München

Pinakothek, die königl., älterer Meister zu München in Photographien nach den Originalen. Mit erläut. Text von Frdr. Pecht. (In 40 Lfgn.) 1. Lfg. (5 Bl. m. 7 Bl. Text.) München 882. Hanfstängl. 12. —

Weimarische Pinacothek. Erstes Heft. 1821. Fol.

Pinamont, I., s. Pinamonti, Giovanni Pietro

Pinamonti, Giovanni Pietro

Pinamont, I., director spiritual. s. modus dirigendi animam. 8. Augsb. 738.

Pinamonti, G. P. Heilige Einöde oder heilsame Unterrichtung . . . Köln 1702. 1709. 1720. Ü: *Heinsberg, Hnr.* (Jes)

Pinamonti, Joh. Pet., der Führer der Seelen auf dem Wege zur christlichen Vollkommenheit. Aus dem Italien. übers. von Frz. Ehmig. 2 Bdchn. Regensburg 855. Manz. 24. (332; 324 S.) 15 ngr.

Pinamonti, Joh. Pet., der Führer der Seelen auf dem Wege zur christlichen Vollkommenheit. Aus dem Ital. übers. von Frz. Ehmig. 2 Bdchn. 24. (656 S.) Regensburg 856, Manz.

—— Das heilige Herz der allerseligsten Jungfrau Maria. Der Baum des Lebens oder Vorzüge und Früchte der heil. Messe sammt der Weise, an derselben segensreichen Antheil zu nehmen. Aus dem Ital. übers. von Frz. Ehmig. 24. (324 S.) Regensburg 856, Manz.

Pinamonti, Giovanni Pietro. Das zerknirschte Herz: Oder Beweggründe einer vollkommenen Reue . . . Augsb. 1791. Ü: *Gönner, Caspar.* (Jes)

—— das zerknirschte Herz. Oder: Beweggründe zur Erweckung der Reue. Die wahre Weisheit. Sehr nützliche Betrachtungen, um die heil. Furcht Gottes zu gewinnen. Aus dem Ital. übers. von Frz. Emich. 24. (176 S.) Regensburg 854, Manz.

Pinamonti, J. P., die eröffnete Hölle für die Christen. 8. Augsb. 779. Doll. 3 ℊℊ

Pinamonti, G. P. Die eröfnete Hölle für den Christen . . . Augsburg 1791. Ü: *Gönner, Caspar.* (Jes) (So)

— das erleichterte Kreuz, oder Trostgründe in Widerwärtigkeiten. In sieben Betrachtt. auf jeden Tag der Woche ausgetheilt. 8. Augsb. 810. Doll. 4 ℊℊ

Pinamonti, G. P. Leges Impossibilium sive Regulae astrologicae de praedictionibus futurorum . . . Graecii 1715. Ü: *Präschern, Johann Bapt.* (Jes)

— religiosus in solitudine. 8. Regensb. 733.

— — dass. deutsch. 8. Cöln. 730.

Pinamonti, Pet., Rette deine Seele! Zwölf Betrachtungen über den Werth der Seele. Nebst Morgen-, Abend-, Meß-, Beicht-, Communion- und Kreuzweg-Andacht, Litaneien u. s. w. 8. (48 S.) Dülmen 870, Laumann'sche Verlagsh.

Pinamonti, J. Pet., rette deine Seele. 12 Betrachtungen über den Werth der Seele. 2. Aufl. 8. (46 S.) Dülmen 878. Laumann. — 15

Pinamonti, Pet., Rette deine Seele! Zwölf Betrachtungen über den Werth der Seele. 3. Aufl. (48 S.) · 10 Pf.; 4. Aufl. 8. (48 S.) Dülmen 882, Laumann'sche Verlagsh. ·

Pinamonti, Peter, Rette deine Seele! Zwölf Betrachtungen über den Werth der Seele. 5. und 6. Aufl. 8. (48 S.) Dülmen 886,88, Laumann'sche Verlagsh. *

— Schönheiten d. heiligsten Herzens Mariä. 8. (144 S.) Paderborn 881. F. Schöningh. n. — 80

—— der getreue Spiegel oder prakt. Anleitung zur Erlangung der Demuth. Nach dem Ital. 32. (80 S.) Münster 852, Aschendorff'sche Buchh.

Pinamonti, Johs., S. J., der untrügliche Spiegel od. d. Lehre u. Uebung der Selbsterkenntnis, s. a. Blosius, Ludov., geistl. Spiegel.

— der untrügliche Spiegel oder Anleitung zur Selbsterkenntniß. Nebst einem Anhange: „Der geistliche Tag". Paderborn 854. Schöningh. 32. (128 S.) 1⅙ ngr.

Pinamonti, Joh. Pet., der untrügliche Spiegel. Oder: Die Lehre und Uebung der Selbsterkenntniß. Christlicher Warnungsblick in die geöffnete Hölle rc. Das erleuchtete Kreuz. Oder: Beweggründe zur Starkmuth in Trübsalen. Aus dem Italien. übers. von Frz. Ehmig. 24. (308 S.) Regensburg 855, Manz. Thlr.

[F.] Der untrügliche Spiegel oder die Lehre und Uebung der Selbsterkenntniss nach P. Johannes Pinamonti, S. J. *Paderborn: Bonifacius-Dr. 1896.* (62 S., 1 Bl.) 8.
= **Hausschatz,** Geistl., f. kathol. Christen. Jg. 18. H. 2. [97. 2268

— die Stellung der Reichen. Oder: Pflicht und Frucht des Almosens. Aus dem Italien. übers. von Frz. Ehmig. Ebend. 854. 24. (285 S.) 6 ngr.

— Tugend, zugleich auch mildeste Barmherzigkeit. 8. Kempten, Kösel. 724.

—— die geistlichen Uebungen des heil. Ignatius. Uebers. von Frz. Ehmig. 2 Thle. 24. (532 S.) Regensburg 854, Manz.

— via coeli complanata. 8. Wien, Gerold. 12 gr.

Pinamonti, G. P. Vortrefflichkeiten der menschlichen Seele . . . a. d. Ital. Augsburg 1762. Ü: *Obladen, Peter Paul.* (Jes) »1772« (MGT)

Pinamonti, S. J., Vortrefflichkeiten der menschl. Seele, in 12 Betrachtt.; aus d. Italien. v. P. P. Obladen. 8. Augsb. 772.

—— der Weg zum Himmel, geebnet durch die Darlegung der sich entgegenstellenden Hindernisse und der Weise, selbe zu überwinden. Nach dem Buche der „geistlichen Uebungen" in zehn Lesungen geordnet. Aus dem Ital. übers. von Frz. Ehmig. 24. (319 S.) Regensburg 855, Manz.

(PINAMONTI, GIOVANNI PIETRO S. J.): Wahre Weißheit. Das ist: überaus geistreiche Betrachtungen, die heil. Forcht Gottes zu erwerben. Auf alle Tage der Wochen gerichtet, durch einen Priester aus der Gesellschaft Jesu, mit schönem Zusatz / was zu einer rechtschaffenen Beicht vonnöthen seye. Ofen 1740. Zu finden bey J. G. Mauss. Gedruckt bey Veronica Nottensteinin, Wittib. 120 S. - 140 mm

Pinamonti, Joh. Petr., von d. Würde u. Erhabenheit d. heil. Meßopfers, so wie von d. zeitl. u. ewigen Nutzen uns. Andacht bei d. heil. Messe. Für Deutsche bearb. u. mit e. Anh. u. e. Meß-Andacht verm., hrsg. v. e. kathol. Geistlichen. gr. 12. (7½ B. u. Titbild.) Landshut 839, Thomann'sche Buchh.

Pinamonti, Pet., s. Pinamonti, Giovanni Pietro

Pinard, die Wohlthaten der katholischen Kirche, s. Haus- u. Volksbibliothek, neue katholische.

Pinardi u. **Schiavi,** die italien. Arbeitskammern. Nebst e. Anh. üb. die Arbeitskammern in der Schweiz u. die Arbeitsräte in Frankreich, s. a. Schriften der Gesellschaft f. soziale Reform. II, 2.

Pinardi, , und Schiavi, . Die italienischen Arbeitskammern. Von Dr. P' und Dr. Sch' in Mailand. Nebst einem Anhang über die Arbeitskammern in der Schweiz und die Arbeitsräte in Frankreich. 64 S. 8. Jena, Gustav Fischer, 1904. (M. — 40)
Schriften der Gesellschaft für Soziale Reform. Hrg. von dem Vorstand. Band 2, Heft 2; Heft 14 der ganzen Reihe.

Pinart, D., Krippe u. Kreuz oder die Liebe Jesu in dem Werke der Erlösung. Betrachtungen über die Menschwerdung, das Leben u. Leiden des Sohnes Gottes, für den Advent u. die Fastenzeit. Autoris. Uebersetzung nach der 10., französ. Ausg. von G. M. Hilf. Mainz 865. Kirchheim. 16. (IV, 468 S.) 20 ngr.

Pinart, D., Krippe u. Kreuz oder die Liebe Jesu in dem Werke der Erlösung. Betrachtungen über die Menschwerdung, das Leben u. Leiden des Sohnes Gottes. Autoris. Uebersetzung nach der 10. franz. Ausg. von G. M. Hilf. 2. Aufl. 12. (IV, 444 S.) Mainz 880. Kirchheim. n. 2. —

— die göttliche Liebe im Erlösungswerke. Frei nach dem Franz. von F. v. B. Mit einem Anh. von Gebeten. 8. (VIII, 460 S.) Aachen 880. Jacobi & Co. 2. 40

Pinas, A., der ehrwürdige Pater Eudes 1601—1680. Seine Werke, seine Tugenden, seine Wunder. Autoris. Uebersetzg. aus dem Franz. 8. (VIII, 211 S. m. Bildern.) Salzburg 890. M. Mittermüller. n. 4. —

Pinaeus, Sever.

Pinäus, Sever., Kennzeichen der Jungferschaft. 8. Erf. 759. Weber. 8 gr.

Pinaeani manes s. dilucidat. circa signa virginitatis etc. 4. Rostock. Koppe. 764.

PINAEUS, Sev. Notae virginitatis oder wahre Kenn-Zeichen von denen Geheimnissen der Jungfernschafft, Wie und was Art und Weise solche eigentlich zu erkennen, ob sie nemlich corrumpiret oder nicht. Desgleichen Nachricht von der Schwängerung selbsten und Neun-Monatlichen Geburt etc. Aus dem Lateinischen von L. C. Hellwig. Mit Titelkupfer. Franckfurt und Leipzig 1717. 3 Bl., 360 S., 8 Bl.

Pincherle, G., Modo dilettevole e breve di ritenere a mente il calendario perpetuo ossia di sapere all'istante a memoria il giorno di qualunque data passata e futura dai varj sistemi mnemotecnici, simplificato ad uso del commerciante e dello studioso. gr. 8. (16 S.) Triest 862, Coen. *

Pinches, Th. G., zwei assyrische Briefe, übersetzt u. erklärt. [Aus: „S. A. Smith's Keilschrifttexte Assurbanipal's", 2. Hft.] gr. 8. (10 S.) Leipzig 887. Ed. Pfeiffer. n. 1. —

Pinckernelle, Hermann, Referendar in Hamburg: Die rechtliche Stellung des Erben eines Gesellschafters nach dem BGB. und dem HGB. *Rostock 1902: C. Hinstorff.* 199 S. 8° [J.]
Rostock, Jur. Diss. v. [25. Dez.] 1902

Pinckert, Anklage-Prozeß gegen den Handarbeiter Heinr. Andr. Bornberg aus Kutzleben, s. Anklage-Prozeß.

Pinckert, Anklage-Prozeß gegen den Handarbeiter Heinrich Andreas Bornberg aus Kutzleben wegen Ermordung des 15½jährigen Sohnes des Kaufmanns Goswin Krackrügge hierselbst nebst einigen Mittheilungen des Vaters des Erschlagenen über dessen Persönlichkeit und die Stellung des Vaters zur That. Herausg. vom Vertheidiger des Bornberg rc. Erfurt 854. (Villaret.) 8. (70 S.) 5 ngr.

Pinckert, die schiffbare Unstruth, od. Aufklärung üb. d. Schiffbarmachung d. Unstruth als Vehikel d. innern Verkehrs u. zur Verminderung d. Ueberschwemmung. 8. (5 B.) Eisleben 831, (Reichardt.)

Pinckert, Friedr. Aug., Anleitung zur Cultur und Benutzung der Hirse als Körner- und Futterpflanze. 8. (IV, 43 S.) Leipzig 871, Weißbach. [Schmidt und Günther.] *

Pinckert, F. A., der praktische Baumzüchter in der Obstkultur, s. Bibliothek, landwirthschaftliche.

Pinckert, Friedr. Aug., die landwirthschaftliche Betriebsleitung. Faßliche Anleitung zur richtigen Eintheilung der Arbeiten, zur zweckentsprech. Verwendung und Beaufsichtigung sämmtl. Arbeitskräfte auf Feld und Hof. 1. Aufl. 1862. 25 Ngr. und 2., unveränd. (Titel-)Aufl. 8. (VIII und 172 S. mit 24 in den Text gedr. Abbild. in Holzschn. und 4 Stnt. in Fol.) Berlin 864. [Stuttgart, Johannssen's Verlag.] *

Pinckert, Friedr. Aug., die vollständige Brenn-Cultur in der Landwirthschaft, oder die Beurbarung, Verbesserung und Düngung der Moor-, Wiesen-, Weide- rc. Gründe rc. durch Anwendung des Feuers. 1. Aufl. 1861. und 2. billige (Titel-)Ausg. gr. 8. (VIII und 111 S.) Berlin (861)62, Schotte und Comp. *

Pinckert, Friedr. Aug., das vollständ. Düngerbuch, oder Angabe der Ursachen des Düngermangels, so wie aller Mittel u. Wege zur zweckmäßigsten Abhülfe desselben, zur Bereicherung des Bodens u. Steigerung des gesammten Wirthschaftsertrags. gr. 8. (21¼ B.) Leipzig 845, Baumgärtners Buchh.

Pinckert, Friedr. Aug., die neuesten Fortschritte im Ackerbau, zunächst zur Vermehrung der Getreideproduction, zur Verbesserung des Futter- und Handelsgewächsbaues und zur höchsten Benutzung des Ackerbodens. Mit Abbildungen. gr. 8. (XVI und 490 S. mit eingedr. Holzschn.) Leipzig 855, Baumgärtners Buchh.

Pinckert, Frdr. Aug., der Freund der Landwirthe. Praktisches Hülfsbuch in den wichtigsten Angelegenheiten der Gegenwart. Ausführung der Drainage, musterhafte Boden- u. Gartencultur des Ackerlandes, Vermehrung der Fruchtbarkeit ꝛc. Nebst den wichtigsten Ersatzmitteln der Kartoffeln u. des Brodgetraides. 8. (XII u. 244 S.) Leipzig 852, Haendel. 1 ₰

— das Ganze der Landwirthschaft in ihren Hauptzweigen nach den Fortschritten der neuesten Zeit. Ein zweckmäßiger Führer u. Rathgeber zu allen zeitgemäßen Verbesserungen im Ackerbau u. in der Viehzucht u. zur Erhöhung des ländl. Wohlstandes. Mit einem vollständ. Specialregister versehen. gr. 8. (VI u. 398 S.) Leipzig 850, Baumgärtner. 1½ ₰

— der Hafer, Cultur u. Benutzung der einträglichsten Hafer-Arten. 8. (IV, 100 S.) Ebend. 871. n. 1. 20

— praktisches Hülfsbuch in den wichtigsten landwirthschaftlichen Angelegenheiten der Gegenwart. Ausführung der Drainage, musterhafte Boden- und Gartencultur des Ackerlandes, Vermehrung der Fruchtbarkeit ꝛc. Nebst den wichtigsten Ersatzmitteln der Kartoffeln und des Brodgetreides. Des Freundes der Landwirthe 2. Ausg. Leipzig 861. Haendel. 8. (XII, 244 S.) 1 ₰

—— praktisches Hülfsbuch in den wichtigsten landwirthschaftlichen Angelegenheiten der Gegenwart. Ausführung der Drainage, musterhafte Boden- und Gartencultur des Ackerlandes, Vermehrung der Fruchtbarkeit ꝛc. Nebst den wichtigsten Ersatzmitteln der Kartoffeln und des Brodgetreides. Des Freundes der Landwirthe 2. (Titel-)Ausg. 8. (XII und 244 S.) Leipzig (852)61, Haendel. Thlr.

—— der praktische Hopfenbau in seinem höchsten Ertrage unter Berücksichtigung der neuesten Fortschritte und Erfahrungen in Böhmen, Baiern, England ꝛc. Nebst der berühmten Neutomysler und Spalter Hopfencultur. 2., verm. Aufl. 8. (IV und 142 S.) Berlin 864. [Stuttgart, Johannssen's Verlag.]

— der Kartoffelbau nach seinen neuesten Fortschritten u. Verbesserungen, m. Auswahl der einträglichsten, ergiebigsten u. widerstandsfähigsten Sorten. Nebst Beschreibg. u. Beurtheilg. v. 122 neuen Kartoffelsorten. 8. (VI, 85 S.) Ebend. 871. n. 1. —

—— die Kartoffelnoth unserer Zeit u. ihre Abhülfe, oder die Krankheiten der Kartoffeln in ihren verschied. Erscheinungen u. Kennzeichen, ihren muthmaaßlichen Entstehungsursachen u. Folgen ꝛc. gr. 8. (23½ B.) Weimar 843, Voigt.

Pinckert, Friedr. Aug., die neuesten, einträglichsten, und den Boden am meisten bereichernden Culturpflanzen im Betriebe der Landwirthschaft unserer Zeit, in ihrer Bedeutung, Cultur und Benutzung als Nahrungs-, Futter- und Handelsgewächse. Eine kleine monograph. Encyklopädie. 1—3. Bdchn. Leipzig 857, 58. Haendel. 8. n. 26½ ngr.

1. Bdchn.: Praktische Anleitung zur Cultur u. Benutzung des Winter-Rapses als Samen- u. Futterpflanze. (74 S.) n. 7½ ngr.; einzeln n. 10 ngr.
2. Bdchn.: Praktische Anleitung zur Cultur u. Benutzung der Futter- u. Zuckerrunkelrübe. (104 S.) n. 10 ngr.; einzeln n. 14 ngr.
3. Bdchn.: Anleitung zur Cultur u. Benutzung der Lupine als bodenbereichernde Samen-, Futter- u. Gründüngungspflanze. (91 S.) 9 ngr.; einzeln 12 ngr.

— die neuesten, einträglichsten und den Boden am meisten bereichernden Culturpflanzen im Betriebe der Landwirthschaft unserer Zeit, in ihrer Bedeutung, Cultur und Benutzung als Nahrungs-, Futter- und Handelsgewächse. Eine kleine monographische Encyclopädie. 1—20. Bdchn. Ebend. 860—63. 8.

1. Bdchn.: Der Winter-Raps. Praktische Anleitung zu dessen Cultur u. Benutzung als Samen- u. Futter-Pflanze. 2. Ausg. (74 S.) 7½ ngr.
2. Bdchn.: Die Futter- u. Zuckerrunkelrübe. Praktische Anleitung zu deren Cultur u. Benutzung. 2. Ausg. (104 S.) n. 10 ngr.
3. Bdchn.: Die Lupine. Anleitung zu deren Cultur u. Benutzung als bodenbereichernde Samen-, Futter- u. Gründüngungspflanze. 2. Ausg. (91 S.) 10 ngr.
4. Bdchn.: Die Cultur der Futter- und Speise-Möhre im freien Felde und ihre Benutzung als Futter- und Nahrungsmittel für Vieh- und Hauswirthschaft. (IV, 76 S.) 7½ ngr.
5. Bdchn.: Anleitung zur Cultur und Benutzung des Bastardklees, der Sandluzerne und Esparsette als bodenbereichernde Futterkräuter. (VII, 95 S.) n. 10 ngr.
6. Bdchn.: Praktische Anleitung zur zweckmäßigsten Cultur und Benutzung des Mais als Körnerfrucht und Futterpflanze. (V, 98 S.) n. 10 ngr.
7. Bdchn.: Der Taback. Anleitung zur Cultur, Behandlung und Benutzung als einträgliche Fabrikpflanze. (IV, 79 S.) 9 ngr.
8. Bdchn.: Die Zucker-Moorhirse [Sorgho.]. Ihre Cultur und Benutzung als Futterpflanze. Die Serradella. Anleitung zur Cultur und Verwendung als Ersatzmittel des Kleebaues für Sandboden. (IV, 88 S.) n. 10 ngr.
9. Bdchn.: Der Krapp und die Weberkarde. Praktische Anleitung zur Kultur und Benutzung als einträgliche Fabrikpflanzen. (V, 82 S.) n. 10 ngr.
10. Bdchn.: Die Topinambur. Anleitung zur Cultur und Benutzung als Futterkraut und Knollengewächs für Haus- und Viehwirthschaft. (IV, 90 S.) n. 10 ngr.
11. Bdchn.: Der praktische Hopfenbau in seinem höchsten Ertrage unter Berücksichtigung der neuesten Fortschritte und Erfahrungen in Böhmen, Baiern, England ꝛc. Nebst der berühmten Neutomysler u. Spalter Hopfencultur. Anh.: Den Hopfen ohne Schwefel Jahre lang unverändert aufzubewahren. (IV, 124 S.) 12 ngr.
12. Bdchn.: Der Lein und Flachs. Praktische Anleitung zu dessen zweckmäßigster Cultur, Benutzung u. Bearbeitung. (IV, 123 S.) 12 ngr.
13. Bdchn.: Die einträglichsten Futtergräser u. Futter-Gewürzkräuter, ihre Cultur u. Benutzung auf Feld, Wiese und Weide. Anh.: Gewinnung, Handel und Cultur des Grassamens. (IV, 152 S.) 15 ngr.
14. Bdchn.: Die Turnips oder Wasserrüben, ihre zweckmäßigste Cultur und Benutzung als Hebel unseres Hackfruchtbaues. Anhang, die Pastinaken u. Speiserüben. (VI, 101 S.) n. 10 ngr.
15. Bdchn.: Die Wrucke oder Kohlrübe und der Kopf- und Futterkohl. Cultur und Benutzung zwei sehr einträglicher, auf Milchnutzung und Mästung einflußreicher, zugleich als Kartoffel-Ersatzmittl und Handelsartikel dienender Hackfrüchte. (94 S.) n. 10 ngr.
16. Bdchn.: Das gemeine Rohr [Teichrohr]. Landwirthschaftlicher Anbau und Benutzung der Rohrculturen oder Reethstände. Anhang: Die einträglichsten Rohrgräser zur Cultur und Benutzung auf Streuwiesen und zur Befestigung der Sandfelder, Sandschollen ꝛc. (IV, 63 S.) 7½ ngr.
17. Bdchn.: Die Korbweide, die Band-, Kopf- u. Buschweide. Anleitung zur einträglichsten Cultur derselben auf bisher der landwirthschaftlichen Benutzung unzugänglichen Flußbetten, Flußinseln ꝛc. (IV, 60 S.) 7½ ngr.
18. Bdchn.: Der Sommerraps, Sommerrübsen u. Sommer-Awehl, drei wichtige Sommerölfrüchte als Ersatzmittel für Winterölgewächse. Ihre Cultur und Benutzung als Oel- u. Futterpflanzen. (VI, 60 S.) 7½ ngr.
19. Bdchn.: Die blaue Luzerne, als einträglichste, bodenbereicherndste Kleepflanze bei Stallfütterung und die sicherste Aushilfe bei Futternoth und Dürre. (IV, 76 S.) n. 10 ngr.
20. Bdchn.: Der Inkarnat- und Bokharaklee, zwei sehr sichere und einträgliche Kleearten für Sandboden und sterile, kahle Kalkberge. Der Wund- oder Tannenklee, eine jetzt Epoche machende Sandkleeart Nord-Deutschlands. (IV, 72 S.) n. 10 ngr.

Pinckert, Friedr. Aug., die neuesten einträglichsten u. den Boden am meisten bereichernden **Culturpflanzen** im Betriebe der Landwirthschaft unserer Zeit, in ihrer Bedeutung, Cultur u. Benutzung der Nahrungs-, Futter- u. Handelsgewächse. 21—26. Bdchn. Berlin 865—67. (Stuttgart, Johannssen's Verl.) 8. n. 3 ℛ 17 ngr.

21. Bdchn. Der Roth- oder brabanter Klee (Kopfklee) in seiner vortheilhaftesten Cultur, Ernte u. Benutzung oder: Der Kleebau in seinem höchsten Ertrage. (VI, 154 S.) 15 ngr.

22. Bdchn. Die anbauwürdigsten, einträglichsten u. neuesten Winter- u. Sommer-Oelgewächse als: Winterrübsen, Winter-Awehl, Biewitz, Senf u. Leindotter in ihrer vortheilhaftesten Cultur u. Benutzung. (VIII, 119 S.) 12 ngr.

23. Bdchn. Die Sommer- u. Wintergerste. Rationellste Cultur u. vortheilhafteste Benutzung der älteren u. neueren einträglicheren Gersten-Arten. (VI, 101 S.) n. 15 ngr.

24. Bdchn. Der Roggen u. Dinkel. Cultur u. Benutzung der zwei wichtigsten Brotfrüchte, mit Berücksichtigung der neuesten u. einträglichsten Roggen-Varietäten. (VI, 152 S.) n. 20 ngr.

25. Bdchn. Der Winter- u. Sommerweizen, die älteren u. neueren einträglichsten Weizen-Arten u. der Weizenbau in seinem höchsten Ertrage. (VII, 213 S.) n. 1 ℛ 3 ngr.

26. Bdchn. Die einjährigen gras- u. krautartigen Futtergewächse oder der Feldfutterbau zum Ersatz für Klee u. zur Aushilfe bei Futtermangel. (V, 84 S.) n. 12 ngr.

—— der angehende **Landwirth** als Gutsbesitzer, Pachter und Oekonomieverwalter entsprechend dem heutigen Standpunkte des landwirthschaftlichen Fortschritts und unter Berücksichtigung seiner Berufswahl, Lehr- und Dienstjahre. gr. 8. (VIII und 479 S.) Leipzig 860, Baumgärtner's Verlagsbuchh.

Pinckert, Frdr. Aug., der speculirende **Landwirth** in der Bewirthschaftung der Güter und Grundstücke, entsprechend den hohen Kauf- u. Pachtpreisen der Gegenwart. Ebend. 859. gr. 8. (VIII, 399 S.) 1 ℛ 18 ngr.

— populaire **Landwirthschaft** für Alle, die sich für dieselbe interessiren, zunächst für die Bauern-Jugend, zum Selbstunterricht und als Lehrbuch für Dorfschulen. Allen Bauerngutsbesitzern, landwirthschaftlichen Vereinen, Volksschullehrern, Beförderern u. Freunden der Landwirthschaft zur Verbreitung gewidmet. Leipzig 854. Händel. 8. (VIII, 130 S.) 12 ngr.

—— die **Lehre** von der landwirthschaftlichen Saat und Pflanzung, s. a. **Bibliothek**, landwirthschaftliche.

— die **Lehre** von der landwirthschaftlichen Saat u. Pflanzung, } s. a. **Volksbücher**, landwirthschaftliche.

Pinckert F. A.: Die Lehre v. der landwirthschaftlichen Saat u. Pflanzung. Berl. u. Leipz. 1876. 149 S.
(Bibliothek d. Landwirths).

—— der **Lein** und **Flachs**. Praktische Anleitung zu dessen zweckmäßigster Cultur, Benutzung und Bearbeitung. 2. (Titel-)Aufl. 8. (IV und 123 S.) Berlin (861). [Stuttgart, Johannssen's Verlag.]

— der **Lein** und **Flachs**. Praktische Anleitung zu dessen zweckmäßigster Cultur, Benutzung u. Bearbeitung. 2. Aufl. Berlin 864. Schotte & Co. (Stuttgart, Johannssen.) 8. (IV, 123 S.) 12 ngr.

— die einträglichsten **Gemüsepflanzen** Meerrettig, Zwiebeln, Gurken, Kürbisse &c. in ihrer vortheilhaftesten Cultur u. Benutzg. f. Landwirthe, Gärtner u. Gemüsezüchter. 8. (VIII, 72 S.) Ebend. 871. n. — 80

Pinckert, F. A., die Obstbaumpflege in Gärten, Anlagen, Plantagen, an Straßen und Wegen, für Herrschaftsgüter, Villen- und Gutsbesitzer, Administratoren &c. gr. 8. (VIII, 102 S. mit eingedr. Holzschn.) Leipzig 882, Freyer. *

— der **Roth-** oder **brabanter Klee** [Kopfklee] in seiner vortheilhaftesten Cultur, Ernte und Benutzung oder: der Kleebau in seinem höchsten Ertrage. Ebend. 864. 8. (VI, 154 S.) 15 ngr.

—— die **Urbarmachung** und mechanische Verbesserung des Bodens, s. **Bibliothek**, landwirthschaftliche.

Pinckert, Fr. Aug., Die Verbesserung der deutschen Bauernwirthschaften u. Landgemeindeländereien, sowie der deutschen Landeskultur überhaupt. Oder eine aus dem Leben gegriffene gründliche Angabe aller Hindernisse und Culturfehler in der ländlichen Verfassung und der gesammten bäuerl. und communlichen Land- u. Waldwirthschaft, sowie sämmtliche Mittel und Wege zur zweckmässigsten Abhülfe derselben. gr. 8°. Weimar, Voigt, 1845. (26 B).

— die **Verbindung** des Wiesen- u. Feldbaues zur Steigerung des Futter- u. Fruchtbaues u. zur Erhöhung der Bodenrente. Stuttgart 865. Johannssen's Verl. 8. (40 S.) 3 ngr.

—— die **Vermehrung** der Fruchtbarkeit uns. Culturländereien, durch Einführung ein. zweckmäß. Wald-, Hecken- u. Koppelwirthschaft, sowie die Vermehrung u. Verbesserung des natürl. u. künstl. Wiesenbaues &c. Ein Rathgeber. gr. 8. (12½ B.) Braunschweig 846, Westermann. *

— die **Wiesen-Cultur** in ihrem höchsten Ertrage durch zeitgemässe Meliorationen, Düngung, Pflege u. Benutzung der Rasennarbe. Wien 865. Braumüller. gr. 8. (XI, 294 S. mit 31 in den Text gedr. Holzschn.) n. 2 ℛ

—— das **Winter-** und **Sommer-Getreide**, } s. a. **Volksbücher**, landwirthschaftliche.

Pinckert F. A.: Das Winter- u. Sommer-Getreide, dessen Anbau u. Benutzung. Berl. 1875. 180 S.
(Landw. Bibliothek Nr. 19).

— die anbauwürdigsten, einträglichsten und neuesten **Winter-** und **Sommer-Oelgewächse** als: Winterrübsen, Winter-Awehl, Biewitz, Senf und Leindotter in ihrer vortheilhaftesten Cultur und Benutzung. Berlin 864. Schotte. (Stuttgart, Johannssen.) 8. (VIII, 119 S.) 12 ngr.

— die neuesten Wirthschaftsverbesserungen. Praktische Rathschläge zur Vermehrung des ländl. Wohlstandes, so wie zur höchsten Ertragsausnutzung des Acker- u. Wiesenbaues, der Viehzucht u. Hauswirthschaft, der Baumzucht &c. Unter steter Berücksicht. der bedeutsamen Mängel, Erfordernisse u. Einrichtungen unsrer Zeit. 8. (XII u. 332 S.) Leipzig 851, Spamer. n. 5/6 ℛ

— s. **Wochenblatt**, Praktisches

Pinckert, Johannes, a. Leipzig: Hymnen und Gebete an Nebo. Leipzig 1907: A. Pries. (32 S.) 8° ¶ (Aus: Leipziger semitistische Studien Bd 3 H. 4.)
Leipzig, Phil. Fak., Ref. Zimmern-Fischer, Diss. v. 29. Okt. 1907
[Geb. 21. Dez. 79 Leipzig; Wohnort: Leipzig; Staatsangeh.: Sachsen; Vorbildung: Nikolai-Gymn. Leipzig Reife O. 99; Studium: Tübingen 1, Leipzig 11 S.; Rig. 30. Jan. 06.]

Pincket, Friedrich August, s. **Pinckert**

Pincksohn, Benedikt (Breslau), De calculis urinariis. Diss. med.-pathol. Berlin 23. III. 1836. 39 S. mit Biogr. (M.: C. Zuckermann.) (2.50) 26523
Oppon.: S. Wulfshein, H. Hirsch, C. Sponholz.
— Gew.: M. Friedlaender u. seinen Eltern.

Pinckvoss, Christian Gottlieb

Pinkvoß, Chr. Gli., s. Anekdoten u. Geisteszüge.

Der Dichtergarten. Eine Auswahl poetischer Sittenlehren aus den besten deutschen Dichtern zur Bildung jugendlicher Charaktere fürs Schöne, Gute und Edle [v. Christian Gottlieb **Pinckvoss**]. Bd. 3. Altona. 1819. 8°.

Pincsohn, Moritz Fritz: Das Aneignungsrecht nach deutschem Landesprivatrecht in den Artikeln 129, 130 und 190 EG. BGB. Borna-Leipzig 1909: Noske. VIII, 35 S. 8°
Heidelberg, Jur. Diss. v. 22. Nov. 1909, Ref. Schröder
[Geb. 22. Juli 86 Berlin; Wohnort: Berlin; Staatsangeh.: Preußen; Vorbildung: Friedrichs-Werdersches Gymn. Berlin Reife O. 04; Studium: Berlin 10, Heidelberg 1 S.; Rig. 7. Aug. 09.] [U 10. 1973

Pincus

Pincus, agriculturchemische und chemische Untersuchungen u. Versuche, ausgeführt bei der landwirthschaftlich chemisch-physikalischen Versuchsstation zu Insterburg. II. Bericht. Herausg. von dem Curatorium. (Abdr. des 5. u. 6. Hefts der Georgine. Zeitschrift für landwirthschaftliche Cultur ɩc.) Gumbinnen 861. (Berlin, Wiegandt & Hempel.) gr. 8. (2 Bl., 121 S.) n. 15 *ngr.*

Pincus, Abr. (geb. Crone an d. Brahe 21. 7. 1832): De typho. Singulari typhi abdominalis ratione habita. Berolini (1859). (48 S.) 8°
Berlin, Med. Diss. v. 13. Dez. 1859

Pincus, David, Referendar: Kann gegenüber einer Klage auf künftige Leistung die Aufrechnung mit einer betagten Gegenforderung geltend gemacht werden? Borna-Leipzig 1908: Noske. XIV, 62 S. 8°
Heidelberg, Jur. Diss. v. 1908, Ref. Heinsheimer
[Geb. 18. Juni 86 Lötzen; Wohnort: Charlottenburg; Staatsangeh.: Preußen; Vorbildung: Friedrichs-Gymn. Berlin Reife M. 04; Studium: Berlin 1, Genf 1, Berlin 4 S.; Rig. 19. Juni 08.] [U 09. 1875

Pincus, *Friedrich* [app. Arzt aus Posen]: Anatomischer Befund von zwei sympathisirenden Augen, darunter eins mit Cysticercus intraocularis ... (Aus: v. Graefe's Arch. f. Ophthalmol., Bd XL Abth. 4.) Leipzig, W. Engelmann, 1894; 27 S. 8.
Jena, Med. Fak., Inaug.-Diss. v. [9. Juni] 1894

Pincus, Hans, Referendar a. Rostock: Zur Lehre von den bürgschaftsähnlichen Rechtsgeschäften. Rostock i. M. 1907: C. Hinstorff. (98 S.) 8° [F.]
Rostock, Jur. Fak., Ref. Matthiaß, Diss. v. 10. Aug. 1907
[Geb. 21. Jan. 84 Kröpelin i. M.; Wohnort: Rostock i. M.; Staatsangeh.: Mecklenburg-Schwerin; Vorbildung: Gymn. Rostock Reife O. 02; Studium: Freiburg i. B. 1, Rostock 1, München 1, Berlin 1, Rostock 3 S.; Rig. 4. Mai 07.]

Pincus, Harry, Referendar in Königsberg i. Pr.: Die Beistandschaft nach dem Bürgerlichen Gesetzbuche. Borna-Leipzig 1908: R. Noske. (VIII, 75 S.) 8°
Leipzig, Jur. Fak., Diss. v. 6. Mai 1908
[Geb. 3. Juli 83 Königsberg i. Pr.; Wohnort: Königsberg i. Pr.; Staatsangeh.: Preußen; Vorbildung: Altstädt. Gymn. Königsberg i. Pr. Reife O. 01; Studium: Königsberg 2, Berlin 2, Königsberg 2 S.; Rig. 14. Dez. 06.]

Pincus, J.. die Krankheiten d. menschlichen Haares u. die Haar-Pflege, s.: Hausbücher, medicinische.

Pincus, Josephus *(geb. Berent in Westpr. 25. 2. 1834)*: Experimenta De Vi Nervi Vagi Et Sympathici Ad Vasa, Secretionem, Nutritionem Tractus Intestinalis Et Renum. Vratislaviae (1856). (40 S.) 8°
Breslau, Med. Diss. v. 5. Apr. [vielmehr 25. Juli] 1856

Pincus, Kurt, Referendar: Das Rechtsverhältnis zwischen dem Vermieter und dem Untermieter nach gemeinem Recht und dem Bürgerlichen Gesetzbuche. Borna-Leipzig 1909: Noske. X, 60 S. 8°
Leipzig, Jur. Diss. v. 27. Sept. 1909
[Geb. 2. Febr. 85 Königsberg i. P.; Wohnort: Königsberg; Staatsangeh.: Preußen; Vorbildung: Kneiphöf. Gymn. Königsberg Reife O. 03; Studium: Königsberg 2, Berlin 2, Königsberg 2 S.; Rig. 23. Nov. 06.] [U 10. 2830

Pincus, Ludw., üb. den Anus praeternaturalis vestibularis et vaginalis. (Die sogenannte Atresia ani vaginalis), s. Sammlung klinischer Vorträge.

Pincus, Ludw., über Atmokausis u. Zestokausis in d. Gynäkologie, s.a. Sammlung klinischer Vorträge.

Pincus, Ludwig: Über Atmokausis und Zestokausis in der Gynäkologie v. L[udwig] Pincus, (Danzig). Leipzig: Breitkopf & Härtel 1899. (32 S.) 8°
= Sammlung Klinischer Vorträge. N. F. No 238.

Atmokausis und Zestokausis. Die Behandlung mit hochgespanntem Wasserdampf in d. Gynaekologie. Nebst e. Anh.: Atmokausis u. Zestokausis in d. Chirurgie u. Rhinologie. Als typische Heilmethode monogr.-klin. dargest. von Dr. Ludwig **Pincus**, Frauenarzt in Danzig. Mit 35 Abb., Taf. u. Kurven. *Wiesbaden: J. F. Bergmann 1903.* (XII, 410 S.) 4° (8°.)
[03. 4130

Pincus, Ludw., Atmokausis u. Zestokausis. Die Behandlg. m. hochgespanntem Wasserdampf in der Gynaekologie. 2., verb. Aufl. (XIV, 371 S. m. 33 Fig. u. 5. Taf.) Lex.-8. Wiesbaden 906. J. F. Bergmann. n. 6. —
1. Aufl. (XII, 410 S.) 903 n. 10. 60.

— die Bedeutung der Atmokausis u. Zestokausis f. die allgemeine Praxis, s.a. Klinik, Berliner. 198. Hft.

Die Bedeutung der Atmokausis und Zestokausis für die allgemeine Praxis. Von Dr. Ludwig **Pincus**, Frauenarzt in Danzig. *Berlin: Fischer 1904.* (45 S.) 8°
= Klinik, Berliner. H. 198. [04. 16158

— Belastungslagerung. Grundzüge e. nichtoperativen Behandlg. chronisch-entzünd.. Frauenkrankheiten u. ihrer Folgezustände. (VII, 152 S. m. 25 Abb.) Lex.-8. Wiesbaden 905. J. F. Bergmann. n. 3. 60

Pincus, Ludw., Constipatio muscularis s. traumatica mulieris chronica, s.a. Sammlung klinischer Vorträge.

Constipatio muscularis s. traumatica mulieris chronica ⟨Pathologie u. Therapie⟩ von Dr. Ludwig **Pincus**, Danzig. Leipzig: J. A. Barth 1908. (39 S.) 8° [Umschlagt.]
= Sammlung klinischer Vorträge. N. F. 474/475. [08. 6287

— prakt. wichtige Fragen zur Nagel-Veit'schen Theorie, s.a. Sammlung klinischer Vorträge.

Praktisch wichtige Fragen zur Nagel-Veit'schen Theorie von Ludwig **Pincus**, (Danzig). *Leipzig: Breitkopf & Härtel 1901.* (55 S.) 8°
= Sammlung Klinischer Vorträge. N. F. No 299/300. [01. 4663

Pincus, Ludw., e. prophylaktischer, Eduard Martin'scher, Handgriff in d. 2. Periode d. Beckenendgeburt u. Weiteres zur Prognose derselben, s.a. Klinik, Berliner.

Ein prophylaktischer, Eduard Martin'scher, Handgriff in der zweiten Periode der Beckenendgeburt u. Weiteres z. Prognose ders. Von Dr. Ludwig **Pincus**, Frauenarzt, Danzig. *Berlin & Prag: Fischer 1896.* (19 S.) 8.
= Klinik, Berliner. II. 92. [98. 1402

— Indikationen, Erfolge u. Gefahren der Atmokausis u. Zestokausis, s.a. Sammlung klinischer Vorträge Nr. 417.

Indikationen, Erfolge und Gefahren der Atmokausis und Zestokausis von L.[udwig] **Pincus**, Danzig. Leipzig: Breitkopf & Härtel 1906. (32 S.) 8°
= **Sammlung** klinischer Vorträge. N. F. No 417. [06. 4919

— zur Praxis der „Belastungslagerung", s.a. Sammlung klinischer Vorträge.

Zur Praxis der 'Belastungslagerung' von Ludwig Pincus (Danzig). *Leipzig: Breitkopf & Hartel 1902.* (42 S.) 4°(8°)
-- Sammlung Klinischer Vorträge. N. F. No 332. [02. 480]

— die erste Sammelforschung u. Weiteres zur Atmokausis u. Zestokausis, s.a. Sammlung klin. Vorträge.

Pincus, Ludwig: Die erste Sammelforschung und Weiteres zur Atmokausis und Zestokausis von Ludwig Pincus (Danzig). Leipzig: Breitkopf & Härtel 1899. (76 S.) 8°
= Sammlung klinischer Vorträge. N. F. No 261, 262.

Pincus, Norbert, Die Arbeiterversicherung in Deutschland. (In russ. Sprache.) 8°. Warschau 1904.

Pincus, **Oscar** [**prakt. Arzt**]: **Beitrag zur Lehre vom Staphyloma corneae congenitum** .... Königsberg, Hartungsche Buchdr., 1887; 30 S. + 1 Bl. u. 1 Taf. 8°.
Königsberg, Med. Fak., Inaug.-Diss. v. 29. Apr. 1887.

Pincus, Oscar, Beitrag zur Lehre vom Staphyloma corneae congenitum. Inaugural-Dissertation. gr. 8. (30 S. mit 1 Stnt.) Königsberg i. Pr. 887, (Koch's Antiqu.) **

Pincus, Osc., 1. u. 2. Jahresbericht üb. die Wirksamkeit der Augen-Heil-Anstalt in Posen, Bismarckstr. Nr. 5. gr. 8. Posen, (J. Jolowicz). à n. - 60
1. Octbr. 1890 Octbr. 1891. (10 S.) 891. — 2. Octbr. 1891 Octbr. 1892. (8 S.) 892.

Pincus, Walter, Kammergerichtsreferendar: Die durch den Erfolg qualifizierten Delikte. Rostock 1907: Adlers Erben. (VII, 62 S.) 8°
Heidelberg, Jur. Fak., Ref. v. Lilienthal, Diss. v. 1908
[Geb. 8. Aug. 85 Berlin; Wohnort: Kremmen; Staatsangeh.: Preußen; Vorbildung: Wilhelms-Gymn. Berlin Reife O. 03; Studium: Freiburg i. B. 1, München 1, Berlin 4 S.; Rig. 4. Dez. 07.]

Pincus, Walther, appr. Arzt: Das centrale Kystadenom der Kiefer. Leipzig 1905: B. Georgi. (38 S.) 8°
Leipzig, Med. Fak., Ref. Trendelenburg, Diss. v. 16. Dez. 1905
[Geb. 18. Dez. 79 Berlin; Wohnort: Berlin; Staatsangeh.: Preußen; Vorbildung: Friedr.-Werdersches Gymn. Berlin Reife M. 99; Studium: Berlin 9 S.; Coll. 16. Dez. 05; Approb. 15. Juli 05.]

Pincussohn, Ludwig [aus Berlin]: Beiträge zur Kenntnis der Pyridinverbindungen ... Berlin, R. Boll, *1897*; 48 S., 1 Bl. 8.
Berlin, Phil. Fak., Inaug.-Diss. v. 17. März 1897

Pincussohn, Ludwig, Dr. phil.: Zur Kenntnis der Fermente der Bakterien. Straßburg: Trübner 1910. 22 S. 8°
Berlin, Med. Diss. v. 10. Juni 1910, Ref. Flügge
[Geb. 2. Juni 73 Berlin; Wohnort: Charlottenburg; Staatsangeh.: Preußen; Vorbildung: Französ. Gymn. Berlin Reife M. 92; Studium: Berlin 8 S.; Coll. 28. Mai 10; Approb. 16. Mai 10.] [U 10. 82

Pinczakowski, Franz, approb. Arzt aus Brandenburg a. H.: Aus d. Kgl. Universitäts-Augenklinik in Kiel. Die **Verbreitung** des Trachoms in Schleswig-Holstein. *Kiel 1901: Schmidt & Klaunig.* (25 S.) 8°
Kiel, Med. Diss. v. [14. Dez.] 1901

Pinczower, Adolf, a. Ratibor: Beiträge zur Kenntnis der Globulinurie bei Kindern. Ratibor 1905: Riedinger. (35 S.) 8°
Freiburg i. B., Med. Fak., Ref. Thomas, Diss. v. 1905
[Geb. 3. Sept. 79 Ratibor; Wohnort: Freiburg i. B.; Staatsangeh.: Preußen; Vorbildung: Gymn. Ratibor M. 99; Studium: München 2, Berlin 5, München 1, Freiburg i. B. 2 S.; Coll. 14. März 05.]

Pinczower, Ephraim, aus Beuthen (Ob.-Schl.): (1.) Über thermoelectrische **Hysteresis,** (2.) Thermoelectricität von Kupfer-Zinklegirungen. *Berlin 1902: P. Stankiewicz.* (31 S.) 8°
Freiburg i. B., Phil. Diss. v. 1902

Pinczower, Erich, a. Liegnitz, Referendar bei d. kgl. Staatsanwaltschaft zu Beuthen O.-Schlesien: Der Irrtum des Stellvertreters bei Rechtsgeschäften. Breslau 1907: Koebner (Barasch & Riesenfeld). (VI, 49 S.) 8° [J.]
Erlangen, Jur. Fak., Ref. Siber, Diss. v. 6. Mai 1907
[Geb. 29. Juli 82 Liegnitz; Wohnort: Beuthen O.-S.; Staatsangeh.: Preußen; Vorbildung: Gymn. Liegnitz Reife O. 01; Studium: München 1, Berlin 3, Breslau 2 S.; Rig. 26. Febr. 07.]

Pinczower, Kurt, Referendar: Die Ehefrau als Mitglied einer offenen Handelsgesellschaft und als Kommanditistin unter Zugrundelegung des gesetzlichen Güterstandes der Verwaltungsgemeinschaft. Berlin 1908: Pilz. 59 S. 8°
Erlangen, Jur. Diss. v. 2. Okt. 1908, Ref. Sehling
[Geb. 22. Juni 86 Berlin; Wohnort: Züllichau; Staatsangeh.: Preußen; Vorbildung: Falk-Realgymn. Berlin Reife M. 04; Studium: Berlin 4, München 2 S.; Rig. 30. Juli 08.] [U 09. 726

Pindar. [Leipz. 1792.] V: *Jacobs, Chn Friedrich Wilhelm.* (MGT) (NN)

Pindarus. Als Asopichos von Orchomen den Preis im Wettlauf erhielt. Die vierzehnte olympische Ode. O. O. 1775. Ü: *Götz, Joh. Nic.* (DegG) (Hoff)

Pindarus. Ankündigung und Probe einer Uebersetzung der Oden. [Berl. 17??] Ü: *Steinbüchel, Joh. Jacob.* (ML)

Pindari carmen Nemeaeum interpret. est Th. Noack. Pr. 1867 30 S. 4°.

— carmen Olympicum primum a Ludovico Legionensi Hispanice redditum. Adiunctis in verba graeca et hispanica annotationibus ed. J. Hamm. Diss. 1846. 44 S. 1.20

— Carmen I. in Psaumidem, s. Olymp. IV., c. commentarii specimine a J. W. Süvern. 8maj. Lemgo 796. Meyer. 5 gr.

— Pythiorum Carmen primum in Hieronem Aetnaeum illustr. tentav. E. K. C. Bach. 8. Jena 805. Cröker. 9 gr.

— Carmen IV. Olympicum Gr. perpet. adnotatt. illustr. Hnr. Ldw. Pfaff. 8. Jena 787.

Pindari carmina, rec. Th. Bergk, s. Poetae lyrici graeci.

Pindari **Carmina (gr.) cum var. lect. c. C. G. Heyne. 4min. Götting. 773. Dieterich. 2 ꝑ ead. ex interpretat. lat. emend. cur. C. G. Heyne. 8maj. ibid. 774. 8 gr. Additamenta ad lectt. varr. in Pindari Carmina, f. C. G. *Heyne*.**

Pindarus. Carmina, ex interpretatione Latina emendatiore. Curavit C. Heyne. Gottingae et Gothae 1774. Ü: *Koppe, Joh. Benj.* (BrMm)

— Carmina (gr.) scholis habendis iterum expressa cur. C. G. Heyne, (blosser Text). 8. Götting. 797. Ed. II. 813. Dieterich. 16 gr.

— — c. var. lect. et annot, iterum cur. C. G. Heyne. III Vol. 8. maj. ibid. 798.

Schrbp.

Pindarus. Carmina graeca. Lipsiae 1810. H: *Schäfer, Gfr. Hnr.* (Hoff)

— Carmina. 16. Leipz. 810. Tauchnitz. 16 ggr 819. 12 ggr Hbg. Pr. 6 ggr Fein P. 16 ggr

— — Graece. Rec. ex fide Mss. c. interpret. lat., schol. vett. et commentar. ed. A. Böckh. Lips. 811–14. Tom. I. P. I. II. 4. 10rthl. (P. I. 3rthl. P. II. Comment. c. VI. tabul. 6rthl. 18gr.)

— Carmina c. lect. var. et adnott. iterum ed. C. G. Heyne. (Aus Heyne's Nachlasse verb. u. verm. v. G. H. Schäfer.) III Voll. 8maj. Leipz. 817. W. Vogel. 12 Thlr Schrbp. 15 Thlr Velinp. 20 Thlr

— Carmina recensuit, metra constituit lectionisque varietatem adjec. C. W. Ahlwardt. Editio minor in us. praelect. 8maj. Leipz. 820. Hahn. 18 ggr

Pindaros Carmina Graeco-Latina. Textn mmetricis versionibus adjecit Dr. F. A. Deuber. Ed. altera imitationibus adaucta. 12. Heidelberg, Mohr et W. 821. Rthlr.

— Carmina quae supersunt, c. deperditor. fragm. selectis rec. A. Boeckh. 8. Lpz. Ed. II. 825. Weigel. 15 ggr Hbg. Pr. 9 ggr

— Carmina (graece). 8. Halle 827. Waisenhaus-B. 12 ggr

—— carmina ed. Ludolph Dissenius. Edit. II. Sect. II, s.a. Bibliotheca graeca. A. Vol. VI.

— Carmina ed. L. G. Dissen, cum II chartis. 8maj. Gotha 830. Hennings. 4 Thlr 6 ggr Postp. 5 Thlr 2 ggr Velp. 7 Thlr 6 ggr (Bildet auch d. Bibl. gr. viror. Vol. VI.)

Pindari carmina cum deperditorum fragmentis selectis. Relegit F. G. Schneidewin. 8. (240 S.) Lipsiae 850, Teubner.

Pindari carmina cum deperditorum fragmentis selectis. Relegit F. G. Schneidewin. Editio II. emendatior. 8. (XVIII und 240 S.) Lipsiae 855, Teubner.

—— carmina ad fidem optimorum codicum recensuit, integram scripturae diversitatem subjecit, annotationem criticam addidit Car. Joh. Tycho Mommsen. gr. 8. (LI und 491 S. und Annotationis criticae supplementum ad Pindari Olympias. 205 S.) Berlin 864, Weidmann'sche Buchh. *

—— carmina edidit Tycho Mommsen. gr. 8. (235 S.) Berlin 866, Weidmann'sche Buchh.

Pindari Carmina cum deperditorum fragmentis selectis. Recognovit W. Christ. 8. (XX, 236 S.) Leipzig 869, Teubner. (90 Pf.)

Pindar: Carmina cum deperditorum fragmentis selectis. Recognovit W. Christ. Lipsiae 1882. 236 S. (Bibliotheca Teubneriana.)

Pindari Carmina cum deperditorum fragmentis selectis. Iterum recogn. W[ilhelm] Christ. Lipsiae: Teubner 1896. IV, 351 S. 8°
(Bibliotheca script. Graec. et Rom. Teubneriana.) [10. 14133

Pindari carmina, prolegomenis et commentariis instructa, edidit W. Christ. gr. 8. (CXXVII, 466 S. m. 8 Tab.) Leipzig 896. B. G. Teubner. n. 14. —

Pindari carmina recensuit Otto Schroeder, s.a. Poetae, lyrici graeci. I. I.

Pindari carmina. Rec. Otto Schroeder. *Lipsiae: B. G. Teubner 1900.* (VI, 514 S.) 8°
= Poetae lyrici graeci. P. 1, vol. 1. [·o. 6176

Pindari Carmina cum fragmentis selectis. Ed. Otto Schroeder. Lipsiae: B. G. Teubner 1908. (XII, 360 S.) 8°
(Bibliotheca script. graec. et rom. Teubneriana.) [08. 11558

— Carmina duodena, Graeco-Latina. Textum metricis versionibus adjecit F. A. Deuber. 12. Freiburg 819. Ed. II. 12. Heidelb. 820. Mohr. 1 Thlr

— Carmina et fragmenta c. J. G. Schneider. 4. Strassb. 776 auch 789. Treuttel u. W. 18 ggr

— — et fragmenta c. I. G. Schneider. 4. Strasb. König. 789.

— Carmina et fragm. graece cum scholiis a Chr. D. Beck. II Tomi. 8maj. Leipz. 792—95. Beer. Mit n. Titel 811. (Joachim). 3 Thlr

— Carmina et fragmenta (gr.) cum lect. varr. annotat. iterum cur. C. G. Heyne. III Voll. 8maj. Götting. 799. Dieterich. 7 Thlr 12 ggr Schrbp. 9 Thlr

— Carmina et fragm. c. scholiis a C. D. Beck. II Tmi. 8. maj. Lps. Fr. Bruder. 810. (1r 1 Rthlr. 2r 2 Rthlr.)

— — et fragmenta graece ed. Beck. II Tmi. 8. maj. Lips. Hinrichs. 811.

Pindari Carmina et fragmenta selecta. 8maj. (10¾ B.) Monachii 841, libr. scholar. regia. (Ratisbonae, Manz.) *

—— carmina Olympia. Cum annotatione critica, interpretatione latina et commentario edidit Alb. de Jongh. gr. 8. (VII und 573 S.) Utrecht 865, Kemink und Sohn. *

— Carmina selecta; Olymp. I. II. IV. V. IX. XI. XII. XIV. Pyth. I. VI. VII. IX. XI. Nem. I. XI. Isthm. III. VII. cum scholiis selectis suisque notis, in us. acad. et scholar. ed. Fr. Gedicke. 8. Berl. 784. Unger. (Herbig). 16 ggr

— — sel. ed. F. Gedicke. 8. Berol. Unger. (Schade.) 785.

— *Carmina selecta.* Graece, cum scholiis vett. et notis ed. F. Gedicke. Berol. 786. 8. 16 gr.

— Carmina III., Olympiorum II—VI. Phythiorum I. Praemio et annotatione explanvit et illustr. Sim. Karsten. gr. 8. Trajecti 825. (Leipz.; Fr. Fleischer.)

— Carmina III. Olymp. II—VI. Pyth. I. Prooemio et annotat. explan. et illust. Sim. Karsten. 8maj. Utrecht 825. (Leipz., Weidmann). 1 Thlr 8 ggr

— Eclogae c. scholiis sel. suisq. notis ed. Gedicke. 8. Berl. Unger. 784.

— Epinicia, graece. Textum in genuina metra restit. et ex fide libror. manuscr. doctorumq. conject. rec. Aug. Boeckhius. 4maj. Leipz. 811. Weigel. 1 Thlr 817. Hbg. Pr. 18 ggr

— Epinicia. Adjectis metrorum schematibus notisque criticis ed. C. H. Weise. Nova edit. stereot. 16. Leipzig 845, K. Tauchnitz. ¼ Thlr fein Pap. ⅜ Thlr

—— epinicia. Adjectis metrorum schematibus notisque criticis edidit Car. Herm. Weise. Nova edit. ster. C. Tauchnitiana. Nova impressio. 16. (IV und 240 S.) Leipzig 866, Holtze.

—— Epinicia. Adiectis metrorum schematibus notisque criticis ed. C. H. Weise. Nova edit. ster. C. Tauchnitiana. Nova impressio. 16. (IV, 240 S.) Leipzig 871, Holtze.

Pindari epitome Iliados etc., s. a. *Autores* incerti.

— epitome Iliad. Homericae c. not. Kooten ed. Weytingh. gr. 8. Amst. Hesse. 809.

— Epitome Iliados Homericae, e recens. et cum notis Th. de Kooten, edd. H. Weytingh. 8maj. Lips. Böhme. 812.

—— erste olympische Hymne, s. Lobstein, J. F. (II.)

— Hymnus II Olymp. s. a. C. W. Camenz.

— Olymp. Hymnum II. illustr. K. W. Th. Camenz. 8maj. Penig 806. (Leipz., Leich). 6 gr.

——, Jason. Episches Gedicht. Uebers., bevorw., erläut. v. Lud. Vineta. Mit e. Zueignungsgedicht an Jason Sabalkansky. gr. 12. (1½ B.) Hamburg 830, Hoffmann u. Campe.

— Olympische Kriegsgesänge, übers. v. J. Gurlitt. 1r, 6r u. 7r Gesang. 4. Hamb. 806, 7. (Progr.)

— Lieder; aus d. Griech. von Chr. Tob. Damm. 4 Abtheill. 8. Berl. u. Lpz. 770 auch 774. Maurers B. 8 gr.

— Die IV. Pythische Ode, griechisch u. deutsch v. J. A. Hartung. Pr. 1854. 87 S. 4°. 1.—

— zweite Olymp. Ode, metrisch übers. v. K. W. v. Humboldt. 4. Berl. 792.

— Die II. olymp. Ode Pindars übers. u. erklärt v. E. Härter. Pr. 1870. 24. S. 4°.

—— zwölfte pythische Ode, übers. u. erklärt v. Rud. Kopisch. Ein Beitr. z. Verständniß dieses Dichters. gr. 8. (1 B.) Breslau 838, (Gosohorsky's Buchh.)

— Olympische Oden in ihrem Sylbenmaaß verdeutscht v. F. H. Bothe. 8. Berl. 808. (Rücker). 2 rℓ 8 gr. (2r Thl. A. u. d. T.: Bemerkk. üb. Pindars Werke. 1 rℓ 8 gr.)

Pindarische Oden, s. Christ, W.

Pindar's sicilische Oden, nebst den epizephyrischen. Mit Prosaübersetzg. u. Erläutergn. v. Ed. Boehmer. gr. 8. (XX, 116 S.) Bonn 891, F. Cohen. * 5 —

— Olympia graece. II Partes. 8maj. Ofen 779. Typ. 1 rℓ 16 gr.

— zweite Olympia nach d. Heyne'schen Texte übers. etc. v. K. J. Reuß. gr. 8. Würzb. 809. Stahel. 8 gr.

— zweyte Olympie n. d. Heyneschen Texte übers. etc. v. K. J. Reuß. gr. 8. Würzb. Stahel. 809.

— Opera, quae supersunt. Textum in genuina metra restit. et ex fide libror. manuscript. doctorumque conject. rec. annot. crit. scholia integra, interpret. lat. comment. perp. et indd. adj. A. Boeckhius. T. I. P. I. et II. 4maj. Lips. J. A. G. Weigel. 811—14. Velinp.

— — Opera quae supersunt. Textum in genuina metra restit. et ex fide libror. MSS. doctorumque coniect. rec. annot. crit. scholia integra, interpr. lat. comment. perp. et indd. adj. A. Boeckhius. Tom. II. Pars I. Scholia gr. cont. 4maj. (Lipsiae, Weigel in comm.) 819. Charta perg. (Velin)

Pindari Opera quae supersunt. Text. in genuina metra restit. et ex fide libror. MSS. doctorumque coniect. rec. et annot. crit. scholia integra, interpr. lat. comment. perp. et indd. adj. A. Boeckhius. Tom. II. p. 2. gr. 4. Leipz. 822, Weigel. 10 Rthl. Vol. I et II. 26 Rthl. 8 gr. Velinp.

— Oeuvres, unique traduction compl. en prose poétique p. P. C. L. Gin. II Vol. 8. Paris, Schoell. 801.

Pindar. Uebers. v. Schnitzer, s.: Bibliothek, Langenscheidt'sche.

Pindar, s. Bibliothek d. Übersetzungen

[Friedrich] Hoelderlins Pindar-Übertragungen. [Pindarus, Ausz., deutsch.] Hrsg. von Norbert v. Hellingrath. Berlin: Blätter f. d. Kunst 1910. 67 S. 8° [II. 463]

—— ultimae Isthmiae scholia, s. Scholia.

— Sentenzen. Eine Samml. moral. Gedanken a. seinen Siegeshymnen. Mit Anmerkk. u. Wortregister v. U. H. Lauts. 8. Leipz. 797. Schwickert. 9 gr.

— Siegsgesang auf Arkesilas, König von Kyrene, übers. C. T. Gravenhorst. Pr. 1862. 16 S. 4°. 1.—

— 8r Isthmischer Siegesgesang, übers. mit Anmerkk. v. J. Gurlitt. Angehängt ist die vom Herausgeber am Jubelfeste der Reformation gehaltene Rede. 4. Hamb. 818. (Campe). 8 gr.

— 1r u. 10r Nemeischer Siegesgesang, übers. mit Anmerkk. v. J. Gurlitt. 4. Hamb. 818. Campe. 8 gr.

— 5r Nemeischer Siegesgesang, übers. u. erklärt v. C. F. Th. Hepp; hrsgg. v. J. Gurlitt. 4. Hamb. 820. Meißner. 8 gr.

— II. Olympischer Siegesgesang im Versmasse d. Originals übers. u. m. Einleit. v. J. G. Weidemann. Pr. 1836. 18 S. 4°. 1.—

— Dritter Olympischer Siegesgesang im Versmasse d. Urschrift übers. u. m. e. Einleitg. v. G. Weidemann. Pr. 1846. 11 S. 4°. 1.—

Pindarus. Pythischer Siegsgesänge neunter, übersetzt von J. Gurlitt. Hamburg 1813. V (Bemerkungen): *Wagner, Joh. Frdr.* (Hoff)

— Siegsgesänge, übers. v. Gurlitt. 4. Hamb. Hoffmann. 810.

— des, Siegesgesänge aus der griech. Urschrift verdeutscht von Fd. Ganter. 8. Donaueschingen 844. (Carlsruhe, Nöldeke.) n. ½ rℓ — Bei Meck in Constanz ⅓ rℓ (6¾ B.)

—— dass. — s. a. Bibliothek, Langenscheidt'sche, sämmtlicher griechischer und römischer Klassiker.

—— dass. — s. a. Furtwängler, Wilh., die Siegesgesänge Pindar's.

—— Siegesgesänge, s. a. Sammlung griech. und röm. Classiker.

— Siegesgesänge übers. von Ludwig, s. Dichter, griechische ꝛc.

Pindar: Siegsgesänge. Übers. v. G. Ludwig. Stuttgart 1856. 387 S. (Griechische Dichter. 59.)

— Siegesgesänge. Deutsch in den Versmaßen der Urschrift von J. J. C. Donner. Leipzig 860. C. F. Winter. 8. (VIII, 341 S.) n. 1 ₰ 18 ngr.

— Siegesgesänge. Mit Prolegomenis über Pindar. Kolometrie und Textkritik von Mor. Schmidt. 1. Bd.: Olympische Siegesgesänge griech. und deutsch. gr. 8. (CLXXXII, 91 S. mit 2 Notenbeilagen.) Jena 869, Dufft. *

— Siegesgesänge. Mit Prolegomenis über Pindar. Kolometrie u. Textkritik von Mor. Schmidt. 1. Bd. Olympische Siegesgesänge griechich u. deutsch. Jena 869. Mauke's Verl. gr. 8. (CLXXXII, 91 S. mit 2 Notenbeilagen.) n. 2 ₰

Pindar's Siegesgesänge. Verdeutscht von C. F. Schnitzer. 1.—3. Lfg. 2. Aufl. 8. (S. 1—100.) Berlin 886, Langenscheidt'sche Verlagsb. * 35 Pf. *

— Siegesgesänge. Verdeutscht v. C. F. Schnitzer. 1. Lfg. 3. Aufl. 8. (1. Bd. S. 1.—32.) Berlin (901). Langenscheidt's Verl. n. — 35

Pindar's Siegesgesänge. Verdeutscht v. C. F. Schnitzer. 2. Lfg. 3. Aufl. (1. Bd. S. 33—64.) kl. 8. Berlin-Schöneberg (905). Langenscheidt's Verl. n. — 35

— Siegesgesänge. Verdeutscht v. C. F. Schnitzer. 1. u. 2. Lfg. 4. Aufl. (1. Bd. S. 1—64.) kl. 8. Berlin 908. 10. Langenscheidt's Verl. à Lfg. — 35

— Olympische Siegsgesänge; übers. mit Anmerkk. von J. G. Gurlitt, in 7 Progr. 4. Hamb. 809. (Campe). 1 ₰ 12 gr

Pindar's olympische Siegesgesänge in durchgreifend geläutertem Texte, auf der Grundlage kritisch-exeget. Untersuchungen, nebst begleit. Uebersetzung u. einem dreifachen Anhang mit zahlreichen pyth., nemäischen, isthm., sophokleischen u. homer. Emendationen von Joh. Jos. Schwickert. gr. 8. (XVI, 135 S.) Trier 878. Lintz in Comm. n. 3. —

— Pythische Siegesgesänge, übers. mit Anmerkk. v. J. G. Gurlitt. In 11 Programmen. 4. Hamb. 816. Campe. 1 ₰ 16 gr

— zweite Olympische Siegeshymne. Deutsch von Herm. Fritzsche. Leipzig 861. (Pernitzsch.) Lex.-8. (12 S.) 7½ ngr.

— Siegeshymnen, nach dem Hermannischen Metrum übersetzt von Deuber. Ir enthält die Olympischen Siegeshymnen. Bamb. Kunz.

— Siegeshymnen, metrisch übers. v. Gf. Jähse. 2 Bde. 8. St. Petersb. (Penig) 804 u. 5. Unveränd. Ausg. 824. (Leich in Leipz.) 2 ₰ 8 gr Velinp. 3 ₰

— — Verdeutscht von Bothe. Berl, 808. 2 Th. 8. 2 rthl. 8 gr. (Enthält die Olympischen Oden.)

Pindar: Olympische Siegeshymnen. Verdeutscht v. F. Gedike. Berlin & Leipzig 1777. 146 S.

— olympische Siegshymnen, in gereimten Versen verdeutscht und mit erklärendem Commentare versehen von V. F. L. Petri. gr. 8. (VIII und 112 S.) Rotterdam 852, Petri. *

— Olympische u. Pythische Siegeshymnen, verdeutscht v. Fr. Gedicke. 2 Thle. 8. Berl. 777—78. Rottmann. 1 ₰ 8 gr

Pindar: Pythische Siegeshymnen. Verdeutscht v. Fr. Gedike. Berlin & Leipzig 1779. 248 S.

Pindars Siegeslieder, erklärt, s. a. Metzger, Friedr.

Pindar: Siegeslieder. Erklärt v. F. Mezger. Leipzig 1880. 484 S.

— pythische, nemäische und isthmische Siegeslieder; a. d. Griech. v. Damm. 8. Berl. Maurer. 774.

Πινδάρου τὰ σωζόμενα μετὰ μεταφράσεων σημειώσεων καὶ πίνακος τῶν λέξεων εἰς τόμους Ε΄ ὑπὸ Κ. Κλεάνθους. 5 voll. 8. (XXXI, 457; IX, 517; VIII, 371; VII, 317 u. 340 S.) Triest 886. 887. (F. H. Schimpff.) n. 7. —

Pindar versezetei kritikai és Magyarázó jegyzetekkel kiadta Hóman Ottó. I. kötet. [Pindar's Carmina mit ungar. Commentar.] gr. 8. (XXXVI, 227 S.) Leipzig 876, Teubner. *

Pindarus. Versuch einer gebundenen Übersetzung einiger . . . Olympischen und Pythischen Hymnen . . . Leipz. 1815—16. Ü: *Breitenbauch, Georg August von.* (Hoff)

— Versuch e. Uebersetzung e. Olymp. u. Pythischen Hymnen, (v. G. A. v. Breitenbauch). 3 Thle. 4. Lpz. 815. Fr. Fleischer. 18 gr

Pindarus. Versuch einer prosaischen Übersetzung der griechischen Lieder . . . Berlin u. Leipz. 1770—71. Ü: *Damm, Christian Tobias.* (Ebert) (Hoff)

— Werke. Griechisch mit metr. Uebersetzung, s. Lyriker, die griechischen.

— Werke; von J. A. Hartung, s. Lyriker, die griechischen.

— Werke; Urschrift, Uebersetzung in d. Pindarischen Versmaaßen u. Erläuterr. v. Fr. Thiersch. 2 Thle. gr. 8. Leipz. 820. Er. Fleischer. 5 ₰ 12 gr

Pindaros Werke, des, in die Versmaasse des Originals übersetzt von Joh. Tycho Mommsen. gr. 4. (27 B.) Leipzig 846, Ernst Fleischer.

Des Pindaros Werke in die Versmasse des Originals übersetzt v. Johannes Tycho Mommsen. 2. Aufl. Leipzig. 1852. 4°.

Pindarica. Scripsit et edid. Albert. De Jongh. 8 maj. (14 B.) Trajecti ad Rhen. 845, Kemink et filius. *

Pindemonte, Ign. Hippolit., Abhandl. üb. den gegenwärt. Geschmack der Italiener in den schönen Wissenschaften; aus d. Italien. v. C. J. Jagemann. 8. Halle 788. (Anton). 5 gr

Pinder, Olbernhau, s.: Grohmann, Max, das Obererzgebirge.

Pinder, E., die Aufgabe der Provinzialmuseen, s. a. Sammlung kunstgewerblicher und kunsthistorischer Vorträge.

Pinder. Die Aufgaben der Provinzial-Museen. (Sammlung kunstgewerblicher und kunsthistorischer Vorträge No. 3.) Leipzig 1881.

Pinder, Eduard

Pinder, E., Bericht üb. die heidnischen Alterthümer der ehemals kurhessischen Provinzen Fulda, Oberhessen, Niederhessen, Herrschaft Schmalkalden u. Grafsch. Schaumburg etc., s.a. Zeitschrift d. Vereins f. hessische Geschichte u. Landeskunde.

Pinder, Eduard: Bericht über die heidnischen Alterthümer der ehemals kurhess. Provinzen Fulda, Oberhessen, Niederhessen, Herrschaft Schmalkalden u. Grafschaft Schaumburg welche sich in den gegenwärtig vereinigten Sammlungen des Museum Fridericianum zu Kassel u. des Vereins für hessische Geschichte u. Landeskunde befinden. Kassel 1878. 4

(PINDER), Festgruss an die Mitglieder des hessischen Geschichtsvereins zum 42. Jahresfeste in Cassel am 25. Juli 1876. Cassel. 1876. Druck von L. Döll (Döll & Schäffer). 4°.

Pinder, E., über den Fünfkampf der Hellenen. Berlin. *III u. 135 p. Mit 2 [illegible] Tafeln* 1867
Schul-/Univ.-Schrift

Pinder, Ed., über den Fünfkampf der Hellenen. Berlin 867. Hertz. gr. 8. (III, 135 S. mit 2 Steintaff. Abbild. in 4.) n. 24 *ngr.*

Pinder, Er., s. Pinder, Gottl. Er.

Pinder, Ern. Reinhold Eduard (geb. Berlin 4. 7. 1836): De Bithyia et Bithyis. Berolini (1860). (40 S.) 8°
Berlin, Phil. Diss. v. 3. März 1860

Pinder, Gli. Er., üb. die evangel. Dom- u. Collegiat-Capitel in Sachsen. Ein histor.-kirchenrechtl. Versuch. gr. 8. Weim. 820. Ind.-Compt. 12 gr.

Pinder, Er., das Provinzial-Recht der Königl. Preuß., vormals Königl. Sächs. Landestheile, mit Ausschluß der Lausitz, nebst Beweisstellen, Gründen und Bemerkungen. Im Auftrag des Königl. Justiz-Ministeriums für d. Gesetz-Revision bearbeitet. 2 Thle. gr. 8. Leipzig 836. Voß. n. 5 *ß*

— das Recht getrennter Landestheile auf gemeinschaftl. Legate, nach civilist. u. staatswissenschaftl. Grundsätzen. Durch einen merkwürd. Rechtsfall erläutert. gr. 8. Weim. 824. Ind. Compt. 12 gr.

Pinder, Johann Christoph (Adorf/Vogtland), Observationes de servitutibus ad certum modum restrictis ad L. IIII. § 1. et. 2. D. de servitutibus. Präs. Christoph Ludw. Crell. Wittenberg (Scheffler) Febr. 1751. 28 S. (4.25) 26524

Pinder, Moritz

Pinder, Maur. (geb. Naumburg a. S. 22. 3. 1807): De adamante commentatio antiquaria. Berolini (1829). (57 S.) 8°
Berlin, Phil. Diss. v. 3. Sept. 1829

Pinder, Mor., de adamante commentatio antiquaria. 8 maj. (5¾ B.) Berolini 829, (Duncker et Humblot.)

Pinder, M., über die Cistophoren und über die kaiserl. Silbermedaillons der römischen Provinz Asia. gr. 4. (105 S. mit 8 Kpfrt.) Berlin 856, (Dümmler's Verlag.) *
Aus: Abhandlungen der k. Akad. der Wissenschaften zu Berlin 1856, besonders abgedruckt.

Pinder, M. Leitfaden für die Sammlung der antiken Münzen. Berlin 1852. 8°.

Pinder, M., die antiken Münzen des königl. Museums. Geschichte u. Übersicht der Sammlung nebst erklär. Beschreibung einer Auswahl v. Münzen. Mit 3 Kpfrtaf. gr. 12. (XXXVI u. 311 S.) Berlin 851, Nicolai. In Engl. Einb. n. 1⅓ *ß*

Pinder, M., die Beckerschen falschen Münzen. gr. 8. (5⅝ B. u. 2 Taf.) Berlin 843, Nicolaische Buchh. *

—— u. J. Friedländer, die Münzen Justinians. gr. 8. (4⅜ B. u. 6 Kpfrtf.) Berlin 843, Nicolaische Buchh.

—— Numismata antiqua inedita. Commentar. ac tabulis illustr. Partic. 1. 4. (6½ B. u. 4 Kpfrt.) Berolini 834, Duncker et Humblot.

– (Hrsg.), s. Ravennas anonymus: Cosmographia.

— s. Uebersicht, chronolog.-systemat., der griech. Dichter u. Prosaiker.

(——) chronolog.-systemat. Uebersicht d. vornehmst. griech. Dichter u. Prosaiker. 2 Tab. gr. Fol. Berlin 831, Duncker u. Humblot.
Gehört auch als Beil. zu Schoell „Geschichte d. griech. Litteratur“

— s. Zonarae, Joa., Annales.

Pinder, Maur., s.: Zonarae, Ioa., epitomae historiarum libri XVIII.

Pinder, R. Die wilde Fasanerie. Von v. der Wissla (R. Pinder). Klgft., Leon, 1888. 76 S. — Neu bearb., ergänzt u. erw. von v. d. Fladnitz (A. Berger). 1906. 89 S.

Pinder, R., zur Krisis d. Grundbesitzes. Ein Vortrag. gr. 8. (35 S.) Wien 885. Frick. n. 1. —

Pinder, R., s. Wissla, v. der.

— **Theophil Ernst** (Adorf/Vogtland), An et quatenus cives ob caedem in hostes civitatis admissam puniri possint? Diss. jur. Wittenberg (Chr. H. Graeßler) Okt. 1814. 48 S. (4.—) 26525

Pinder, Wilh., s.: Beiträge, kunstwissenschaftliche.

Pinders, Wilhelm [aus Duisburg]: Aus dem patholog. Institute zu Bonn. Ueber Dermoidcysten des vorderen Mediastinums .... Bonn, Jos. Bach Wwe., Buch- u. Steindr., 1887; 33 + 1 S. + 1 Bl. 8°.
Bonn, Med. Fak., Inaug.-Diss. v. 5. März 1887.

Wilhelm **Pinder**. Deutsche Dome des Mittelalters. Mit 90 ganzseitigen Abb. Düsseldorf & Leipzig: Langewiesche (1910). XVI, 96, X S. 4°(8°)
(Die Welt des Schönen. Bd 6.) [10. 4693

Pinder, Wilh., zur Rhythmik romanischer Innenräume in der Normandie, s.a. Zur Kunstgeschichte des Auslandes. 36.

Pinder, Wilhelm, Dr.: Zur Rhythmik romanischer Innenräume in der Normandie. Weitere Untersuchungen. Straßburg 1905: J. H. E. Heitz. (63 S.) 4° (8°) ¶[= Zur Kunstgeschichte des Auslandes H. 36, ohne die Tafeln.]
Würzburg, Phil. Fak., Hab.-Schr. v. 1905

Pinder, Wilhelm: Zur Rhythmik romanischer Innenräume in der Normandie. Weitere Untersuchungen von –. Mit 4 Doppeltaf. Straßburg: J. H. E. Heitz 1905. (53 S.) 4° (8°)
= Kunstgeschichte, Zur, d. Auslandes. H. 36.

— einleit. Voruntersuchung zu e. Rhythmik roman. Innenräume in der Normandie, s.a. Zur Kunstgeschichte des Auslandes. 24.

Pinder, Wilhelm: Einleitende **Voruntersuchung** zu einer Rhythmik romanischer Innenräume in der Normandie. *Straßburg 1903: J. H. E. Heitz.* (81 S.) 8°
Leipzig, Phil. Diss. v. 1903

Einleitende **Voruntersuchung** zu einer Rhythmik romanischer Innenräume in der Normandie von **Wilhelm Pinder**. Mit 3 Doppeltaf. *Straßburg: J. H. E. Heitz 1904.* (81 S.) 4°
— **Kunstgeschichte**, Zur, des **Auslandes**. H. 24. [04. 14,09

Pindor, Jos., Essek in Slavonien, e. Gustav-Adolf-Gemeinde, s.a. Für d. Feste u. Freunde d. Gustav-Adolf-Vereins, Nr. 185.

[F.] Essek in Slavonien, eine Gustav-Adolf-Gemeinde, v. **Josef Pindor**, ev. Pfarrer zu Essek. *Barmen: H. Klein [1898].* (38 S.) 1 Bd 8.
— **Feste**, Für die, u. Freunde d. **Gustav-Adolf-Vereins**. No 185. [98. 8.8

Pindor, Jos., die evangelische Kirche Kroatien-Slavoniens in Vergangenheit u. Gegenwart. gr. 8. (V, 138 S.) Essek (Slavonien) 902. Pfarrer Lic. Pindor. n. 2. 20

⑧ **Pindor,** J., **die evangel. Kirche Kroatien-Slavoniens. 902. (KBL 32.) Jetzt: Melcsioz, Christl. Antiquariat Salem.**
Erh. Pr. 2. 40

Pindor, Josef: Die evangelische Kirche ***Kroatien-Slavoniens*** **in Vergangenheit und Gegenwart. (2. Aufl.) Essek '02. V, 135 S.**

Pindter, Heinrich

Pindter(=Egalis), Heinr., Gott u. das Schicksal. Vortrag, gehalten am 1. Oktbr. 1868 im Carolinum zu Prag, bei dem daselbst abgehaltenen Philosophen-Congresse. Kaaden 869. Uhl. gr. 8. (8 S.) n. 2 ngr.

— der **Katechismus** der Ehe. Allgemeine Bemerkungen zur Kunst, in der Ehe recht glücklich zu werden. Für Reich u. Arm, Hoch u. Niedrig, Mann u. Weib ohne Unterschied des Glaubens u. der Nation. Ebend. 869. gr. 8. (42 S.) n. 8 ngr.

Pindter-[Egalis], H., der Katechismus der Ehe. Allgemeine Bemerkgn. u. Ansichten zur Kunst, in der Ehe recht glücklich zu werden. 2. Aufl. 8. (41 S.) Wien 889. Szelinski. n. — 60

Pindter-Egalis, Heinr., der Katechismus der Ehe. Allgemeine Bemerkgn. u. Ansichten zur Kunst, in der Ehe recht glücklich zu werden. Für Reich u. Arm, Hoch u. Niedrig, Mann u. Weib ohne Unterschied des Glaubens u. der Nation verf. 3. Aufl. 8. (42 S.) Berlin (900). W. Möller. n. — 60

Pindter, Heinr., Seiner Majestät dem Kaiser bereits unterm 18. Novbr. 1862 überreichtes Promemoria zur Heeresreform. gr. 8. (7 S.) Prag 866, Silber und Schenk. *

— **Seelenklänge!** Gedichte, Aphorismen und Aufsätze in Prosa. gr. 8. (160 S. mit 1 Photogr.) Prag 870, Silber und Schenk. *

Pindter Rudolf: 1851—91 anlässlich des 40jährigen Bestandes der k. k. St. O. R. in Linz zusammengestellt. (?) **Linz R. 91. Progr.**

Die Incunabeln in der Fideicommiß-Bibliothek des Fürsten Dietrichstein auf Schloß Nikolsburg. Zsgest. von Rudolf **Pindter**. Brünn: Verl. d. Verf. 1884–05. (130 S.) 4° [08. 9,58

Pindter, Rud., s.a. Katalog der fürstl. Dietrichstein'schen Fideicommis-Bibliothek im Schlosse Nikolsburg.

Pindter, Rudolf. Katalog der fürstlich Dietrichstein'schen Fideicommiss-Bibliothek im Schlosse Nikolsburg. Als Manuscript gedruckt. (Bisher 1. Heft erschienen.) gr. 8. Brünn **1903.**

Pindter, Rudolf, u. Oskar Langer: Katalog der Lehrerbibliothek. 23; 45; 131 S.
Linz, St. R., Progr. 1897 – 1899

Pindter, R., Lehrgang der Unterrichtssprache in der Untergruppe getheilter einklassiger Volksschulen. gr. 8. (17 S.) Wien 878. Pichler's Wwe. & Sohn. n.n. — 20

Pindter, die einheitliche Mittelschule. Ein Beitrag zur Lösg. der Mittelschulfrage. gr. 8. (83 S.) Linz 890. Ebenhöch. n. 1. 40

— **Stoff** zu schriftlichen Uebungen in der Sprachlehre u. Rechtschreibung, für die Untergruppe getheilter einklass. Volksschulen zusammengestellt. gr. 8. (16 S.) Ebend. 878. n.n. — 20

Pindter, Rud., die Ueberbürdungsfrage an den österreichischen Schulen. Ein offenes Wort zur Verständigg. gr. 8. (76 S.) Leipzig 886. Duncker & Humblot. n. 1. 40

Pindter, R.: Ueber das Zusammenwirken von Schule und Haus. S. 17 bis 22. 8° – Leitmeritz OR., Progr. 1871.

Pindter-Egalis, Heinrich, s. Pindter

Pindur, Jos., Einführung in die Praxis des modernen Zeichenunterrichtes. (25 S. m. 41 Abbildgn.) 8. Bielitz 904. W. Fröhlich. n. — 90

PINE-à-L'envers, Louis, Mitglied des Caveau (ps.), Serrefesse(.) Parodistische Tragikomödie. Aus d. Französ. übersetzt von Theopil Marquardt. Privatdruck(.) Leipzig 1910. 4°. Nobel ausgestattet. Strathmore-Japanpapier. Cursiv- u. Antiquasatz. Eleg. Halbsaffianbd. m. Goldverziergn. (Mk. 25—.)

In 500 in der Maschine numer. Expll. für Subscribenten gedr., Neudruck ausgeschlossen. — 1 Vorblatt, Titel, Nebentit., 1 Bl. „Personen", 87 S. Mit 25 obscönen farbigen Textillustrationen. — Das französ. Original erschien 1864 in Paris, wo es sogleich confiscirt wurde.

Personen: Princecul, Hurenwirt und Dieb.
Vafaire, mit dem Beinamen Hachicla.
Couillardin, Ober-Kloakenfeger.
Cruche.
Verolin, Serrefessens Vater.
Ein Kondomverkäufer.
Pinole, Dirne, Cruches Frau.
Amme der Serrefesse.
Mulattin.
Serrefesse, Kloakenfeger, Huren und Leichenträger.

Pineas, A., korte en gemakkelijke **Aanleiding** tot het leeren der Hoogduitsche taal. gr. 8. (9⅜ B.) Crefeld **843**, Schüller.

— **Anleitung** zum französischen Briefstyl. Eine Auswahl aus den Briefen von Boileau, Fléchier, Frau v. Maintenon, Racine, Rousseau, Frau v. Sévigné, Voltaire rc. zum Uebersetzen ins Französische deutsch bearb. u. mit e. Wörterverzeichnisse versehen. 8. (9⅜ B.) Crefeld 846, Schüller.

— **Anleitung** zur französ. Umgangssprache. Eine Auswahl kleiner Theaterstücke zum Uebersetzen ins Französ. 12. (11¼ B.) Crefeld **842**, Schüller.

Pineas, A., Anleitung zur französischen Umgangssprache. Eine Auswahl kleiner Theaterstücke zum Uebersetzen ins Französische. 2. verb. Aufl. Crefeld 860. Schüller. 8. (228 S.) 15 ngr.

— **Briefe** zum Uebersetzen aus d. Deutschen ins Englische, m. angehängtem Wörterverzeichnisse. gr. 12. (7½ B.) Crefeld **842**, Schüller.

Pineas, A., Elementarbuch der englischen Sprache. Nach Seidenstücker's Methode, mit sorgfältiger Bezeichnung der Aussprache nach dem Systeme von J. E. Worcester bearb. gr. 8 (VII und 150 S.) Hannover 856(57,) Meyer. *

— Elementarbuch der englischen Sprache. Nach Seidenstücker's Methode, mit sorgfältiger Bezeichnung der Aussprache nach dem System von J. E. Worcester bearb. 2. verb. Aufl. Hannover 863. Meyer. gr. 8. (VII, 151 S.) n. 10 ngr

— Ergänzungsblätter zu jedem englischen Handwörterbuche, enth. die Erklärung von Wörtern und Ausdrücken aus dem Alltagsleben, die bei den neueren und neuesten Schriftstellern vorkommen, und über welche die vollständigsten Wörterbücher keine Auskunft geben. gr. 16. (78 S.) Hannover 864, Meyer. *

Pineas, A., Englisch-Deutsche Handels-Correspondenz. Eine Auswahl engl Handlungsbriefe über die mannichfaltigsten Geschäftsvorfälle, so wie deutscher zum Uebersetzen ins Englische, mit hinzugefügter Uebersetzung der schwierigsten Wörter u. Ausdrücke. gr. 12. (VIII u. 195 S.) Crefeld 851, Schüller. 1/2 Thlr

Pineau, Charles

Duclos, Carl (= *Charles Pineau*, sieur *Duclos*, 1704—72), Geheime Memoiren zur Geschichte der Regierungen Ludwigs des Vierzehnten und Ludwigs des Fünfzehnten. Aus d. Französ. übers., mit e. Einleitung und Anmerkungen begleitet von dem Verfasser des heimlichen Gerichts (Ludw. Ferd. Huber). 3 Thle. Berlin, Vossische Buchhandlung, 1792—93. Gr. 8°. (6 Mk., schönes Expl. in gleichzeit. Hfrz., Bernh. Liebisch, Lpz., 1907; 4 Mk. F. Waldau, Fürstenwalde, 1907.)
I: XX—304 S. II: Tit., 306 S., 1 Bl. Druckf. III: Tit. u. 174 S.

Pineda, J. de, Commentarius concionatorius in Johum. Köln. (Augsburg, Veith) 1739, 2 Bde, Folio.

Pinegin, Versuche über den Zusammenhang von Biegungsfestigkeit und Zugfestigkeit bei Gußeisen. Berlin. 1907. 26 S. mit 17 Abb.

Pinel, ..., (Priester,) über den Primat des röm. Papstes Frei aus d. Latein. übers. u. vermehrt, mit e. Einleit., Bemerkk. u. Schlußbetrachtt. v. K. E. B. Breidenstein. gr. 8. Stuttg. 829. v. Cotta. 1 Thlr 8 gr

Pinel, Philippe

Philippe Pinel

[Traité médico- philosophique sur l'aliénation mentale. Deutsch:] Philosophisch- medicinische Abhandlung über Geistesverirrungen oder Manie. Von Ph[ilippe] Pinel. Aus d. Franz. übers. u. m. Anm. vers. von Mich[ael] Wagner [†1821]. Wien: Schaumburg 1801. L, 458 S. 8°

Philippe Pinel

Beobachtungen und Tafeln, um den Grad der Wahrscheinlichkeit eines glücklichen Erfolgs bei der Heilung von Gemüthskrankheiten zu bestimmen. Ausz. aus e. Abhandlung der [Philippe] Pinel. 8°
Aus: Journal de physique, de chimie et d'histoire naturelle. 1808.

Pinel, Phil(ippe): Von den Blutflüssen im Allgemeinen, dem Blutbrechen und Blutspeien. Aus dem Französischen übers.und mit Zusätzen versehen von J(ohann) C(laudius) Renard und F(ranz) J(oseph) Wittmann. 184 S., gbd.

Leipzig: Hartleben 1821

— — Fournier u. Vaidy, die gesammte Fieberlehre. s. Fieberlehre.

Pinel, Ph., über Geistesverirr., oder Manie, a. d. Frz. von Mich. Wagner, m. Kupf. gr. 8. Wien, Schaumburg. 801. Rthlr.

— prakt. Heilkunde zu e. höhern Grade v. Vollständigkeit u. Genauigkeit erhoben durch die Anwendung d. analyt. Methode; a. d. Französ. mit Anmerkk. v. Geo. Fr. Krauß. gr. 8. Bayr. 803. Lübecks Erb. 2 Thlr 4 gr (Joachim in Leipz.); (a. Voigt in Jena). 1 Thlr 4 gr.

— philosoph. Krankheitslehre, oder die analyt. Methode auf die Heilkunde angewendet; aus d. Französ. mit Anmerkk. u. Zusätzen d. Verfass. (von Thom. B. Fabricius). 2 Thle. gr. 8. Kopenh. 799, 800. (Brummer; a. Bonnier). 1 Thlr 22 gr

— philosoph. Krankheitslehre. 2 Thle. 8. Copenh. Proft. 799. 800. (1r 18 gr. 2r 1 Rthlr. 4 gr.)

Pinel, Philippe. Philosophische Nosographie oder die analytische Methode, auf die Heilkunde angewandt; a. d. Franz. ... Kopenhagen 1799—1800. Ü: *Fabricius, Thomas Balthasar.* (Ky) (EngM) (MGT)

— philosoph. Nosographie, od. Anwendung d. analyt. Methode in d. Arzneikunde; aus d. Französ. mit Anmerkk. von J. A. Ecker. 2 Thle. gr. 8. Tübing. 799, 800. v. Cotta. 2 Thlr

Pinel, Phil., philosoph. Nosographie, oder: die Anwendung d. analyt. Methode auf d. Heilkunst. N. d. 6. Orig.-Ausg. a. d. Franz. übers. u. mit Anmerkn. v. L. Pfeiffer. 1. Bd. — A. u. d. T.: Fieberlehre. gr. 8. (31½ B.) Kassel 829, (Krieger, Verlsb.)

— dass., übers. v. dems. 2. (letzt.) Bd. — A. u. d. T.: Lehre v. den Entzündungen u. Blutflüssen. gr. 8. (37½ B.) Ebds. 830.

Pineles, Frdr., die Beziehungen der Akromegalie zum Myxödem u. zu anderen Blutdrüsenerkrankungen, s.a. Sammlung klinischer Vorträge.

Die Beziehungen der Akromegalie zum Myxödem und zu anderen Blutdrüsenerkrankungen v. Friedrich Pineles, Wien. *Leipzig: Breitkopf & Härtel 1899.* (30 S.) 8.
→ Sammlung klinischer Vorträge. N. F. No 242.

Pineles, Frdr., über die Funktion der Epithelkörperchen. (I. Mitteilg.) (40 S.) gr. 8. Wien 904. (A. Hölder.) n —70
Sonderabdruck aus: „Sitzungsber. d. k. Akad. d. Wiss."

Pineles, Frdr., über die Funktion der Epithelkörperchen. (II. Mitteilg.) (6 S.) gr. 8. Wien 908. A. Hölder. — 30
Sonderabdr. aus: „Sitzungsber. d. k. Akad. d. Wiss."

Pineles, Horatius M., das Recht der ersten Nacht u. andere Federzeichnungen. (60 S.) 8. Wien 904. M. Breitenstein. n. 1.—

Pineles, Stanisl., d. Erwerb im redl. Verkehr u. die Strafnormen üb. Sachhehlerei u. Begünstigg. [Aus: „Allg. österr. Gerichts-Zeitg."] gr. 8. (32 S.) Wien 896, Manz. n. — 80

Pineles, Stanisl., s.: „Gaius".

— üb. d. Geltendmachg. der Verletzung üb. d. Hälfte bei einseit. Handelsgeschäften. [Aus: „Jurist. Blätter".] 8. (14 S.) Ebd. 895. n. — 40

Pinelli, Ada, geb. von Treskow, s. a. P. Günther von Freiberg.

Pinelli, Bildergallerie zu d. griech. u. röm. Klassikern, — Pantheon d. griech. u. röm. Geschichte 2c., } s. Pantheon 2c

Pinelli-Rizzutto, Ada

Die Perle von Palermo. Roman. Von Günther von Freiberg [d.i. Ada Pinelli-Rizzutto]. Berlin 1871.

In: Roman-Zeitung, Deutsche. Bd 3.4.

Pinelli, Ferd., Piemont's Militair-Geschichte vom Frieden von Aachen bis auf unsere Tage. (Mit Karten und Plänen.) Aus dem Ital. von Aug. Riese. 1. und 2. Bd. (1748—1796. — 1796—1831.) gr. 8. (XVI und 968 S. mit 2 lithogr. Karten in gr. Fol.) Leipzig 856, O. Wigand. *

Pinelli, Ferd., Piemont's Militair-Geschichte vom Frieden von Aachen bis auf unsere Tage. Mit Karten und Plänen. Aus dem Italien. von Aug. Riese. 3. und 4. Bd. (1831—1848; 1848—1849.) gr. 8. (VIII und 791 S. mit 6 lithogr. Karten und 2 Tab. in 4., gr. 4. und Fol.) Leipzig 857, O. Wigand. *
1. und 2. Bd. Ebendas. 1856. * 4 Thlr. 20 Ngr.

Pinelli, Lucas, von der klösterl. Vollkommenh. 8. Augsburg, Wolf. 728.

Pinelli-Rizzuto, Ada, s. Pinelli

Piners, Max [aus Recklinghausen in Westf.]: Über Topazolith und Melanit ... (Aus: Zeitschr. f. Krystallogr. u. Mineral., Bd. XXII Heft 5 u. 6.) Leipzig, W. Engelmann, 1894; 22 S., 1 Bl. 8.
München, Phil. Fak., Inaug.-Diss. v. 1894

Pines, Joris, aus Irland. Leben, d. sich 70 Jahre mit vier Weibern auf einer wüsten Insel aufgehalten. 8. 744.

Pines, Emmanuel, aus Mohilew a/Dnjepr: Beiträge zur Kenntnis der Wechselstromelektrolyse. [Mit 16 Figuren im Text.] Bern 1909. II + 37 S. und eine Tafel. 8°.
Freiburg i. Schw. Math.-naturw. Diss. 1909/10.

Pines, Emmanuel. Beiträge zur Kenntnis der Wechselstromelektrolyse. Diss. Math.-Naturw. Freiburg ⟨Schweiz⟩. [Mit Figuren.] II + 37 S. 8. Bern, H. v. Kamp-Berger, 1909.

Pinet, Alexandre s. Rousset, Alphonse, et Pinet, Alexandre.

Pinette, Jacob [aus Dorbian]: Ueber das specifische Volumen von Phenolen und Phenolaethern bei ihren Siedepunkten .... Königsberg i. Pr., Ostpreuss. Zeit.- u. Verl.-Druck. (1886); 2 Bl. + 37 S. 8°.
Königsberg, Phil. Fak., Inaug.-Diss. v. 16. Aug. 1886.

Pinette, Jacob, ueber das specifische Volumen von Phenolen und Phenolaethern bei ihren Siedepunkten. Diss. Königsberg i. Pr. 1886, Graefe & Unzer. 8°. 37 S.

Pinette, Jacob, über das specifische Volumen von Phenolen und Phenolaethern bei ihren Siedepunkten. Inaugural-Dissertation. gr. 8. (35 S.) Königsberg i. Pr. 886, (Koch's Antiqu.) **

Pinette, Leo, prakt. Arzt: Der Einfluss der Wendung auf das Kind. *Königsberg i. Pr. 1899: E. Masuhr.* (35 S.) 8°
Königsberg, Med. Diss. v. 22. Juli 1899

Pinette, Leo, der Einfluss der Wendung auf das Kind. Diss. gr. 8. (35 S.) Königsberg 899. (Gräfe & Unzer, Buchh.) n.n. 1. —

Pinetti, Belustigungen, s. J. W. A. Rosmann.

Pinetti, Philadelphia u. Enslin enthüllte Zauberkräfte 2c. 4r Theil. 3te Aufl.
Auch unter dem Titel:
Auswahl der vorzüglichsten und interessant. Kartenkünste, nebst den auserlesensten Rechenkünsten. 8. Hamburg, Herold. 819.

— Philadelphia u. Enslin, oder die enthüllten Zauberkräfte. 3 Thle. 8. Hamb., Vollmer. (Herold jun.) 1 ℔ 4r Thl. A. u. d. T.: Auswahl d. vorzügl. u. interessant. Kartenkünste, nebst den auserles. Rechenkünsten. 8. Ebd. 819. 4e A. 829. 8 gl.

Pinetti's Schriften über natürl. Magie, s. J. H. M. Poppe, Wunder-Schauplatz.

Pinetti, G. A. F., Geograph. Topographische Karte des Königreichs Italien mit angränzenden Ländern. Nach vortrefflichen Originalen gezeichnet. (9 Blätter.)

Ping ding dschóu [Schlagwort]

Ping ding dschóu, s.: Tschili.

Pingel, Carl, s. Pingel, Karl

Pingel, Carl Wilhelm, s. Pingel, Karl Wilhelm

Pingel, Emil, approb. Arzt aus Dramburg: Zur **Behandlung** des Plattfußes. *Greifswald 1903: J. Abel.* (25 S.) 8°
Greifswald, Med. Diss. v. 18. Dez. 1903

Pingel, Hans, a. Tilsit, Assistent d. med. Universitäts-Klinik: Ein Symptomkomplex von zwei Formen der Erinnerungsfälschungen und von Gedankenlautwerden. Königsberg i. Pr. 1908: O. Kümmel. (40 S.) 8°
Königsberg, Med. Fak., Ref. Meyer, Diss. v. 14. April 1908
[Geb. 4. Aug. 77 Tilsit; Wohnort: Königsberg i. Pr.; Staatsangeh.: Preußen; Vorbildung: Gymn. Tilsit Reife O. 97; Studium: Königsberg 10 S.; Coll. 13. April 08; Approb. 30. Juni 02.]

Pingel, Johann Jakob (Rustenfeld), De quadruplici legis virtute. Präs. Friedrich Ludwig Doering. Erfurt (H. R. Nonn) 1. X. 1776. 20 S. (4.75) 26526
Gew.: Gottlieb Augustin Maximilian von Strauss.

Pingel, K(arl), approb. Arzt aus Rostock, Grh. Meckl.-Schw.: Ein **Beitrag** zum Kapitel der Blasensteine. *Leipzig 1903: B. Georgi.* (42 S.) 8°
Leipzig, Med. Diss. v. (12. März) 1903

Pingel, Carl *Wilhelm Hermann* [cand. med. aus Dramburg]: Über zwei Fälle von ischämischer Muskellähmung ... Greifswald, Druck v. C. Sell, 1892; 32 S., 2 Bl. 8.
Greifswald, Med. Fak., Inaug.-Diss. v. 2. März 1892

Pingel, **Carl** [aus Tempelburg]: Ueber den Propio-propionsauremethylaether .... Jena, Druck v. Julius Hossfeld, 1887; 28 S. + 1 Bl. 8°
Jena, Phil. Fak., Inaug.-Diss. v. 1887

Pingel, Carl, über den Propiopropionsäuremethylaether. Diss. Jena 1887, G. Neuenhahn. 8°. 28 S.

Pingel, Karl Wilhelm

Pingel, Car. Guil. (geb. Dramburg 13. 5. 1836): De pulsus dignitate. Berolini (1861). (32 S.) 8°
Berlin, Med. Diss. v. 6. März 1861

Pingel, Ludwig, a. Rostock i. M.: Untersuchungen über die syntaktischen Erscheinungen in dem angelsächsischen Gedicht von den „Wundern der Schöpfung". Ein Beitrag zu einer angelsächsischen Syntax. Rostock 1905: H. Winterberg. (95 S.) 8°
Rostock, Phil. Fak., Ref. Lindner, Diss. v. 20. Juli 1905
[Geb. 20. Aug. 83 Kl.-Schwaß b. Rostock; Wohnort: Rostock; Staatsangeh.: Mecklenburg-Schwerin; Vorbildung: Gymn. Rostock Reife M. 02; Studium: Rostock 5. Leipzig 1 S.; Rig. 18. Juli 05.]

Pingeler, Georg, s. Pingeler, Johann Georg

Pingeler, Jh. Geo., einige kurze Kanzelreden üb. die Armen- u. Waisenanstalten des Herzogth. Nassau. 8. Hademar 823. (Lanz in Weilb.) 5 gr. Gelehrten Buchhandl.

Pingeler, Georg. Die Wahrheit und Göttlichkeit der christkatholischen Religion aus der Vernunft und Geschichte bewiesen. Koblenz 1800, 8°.

— die Wahrheit u. Göttlichkeit d. christkathol. Religion, aus der Vernunft u. Geschichte bewiesen. 8. Neuwied 804. Gehra. 1 ℳ

Pingen, Karl [app. Arzt aus Geilrath in d. Rheinprov.]: Zur Casuistik der Syringomyelie ... Köln, Buchdr. v. H. Theissing, 1893; 28 S., 2 Bl. 8.
München, Med. Fak., Inaug.-Diss. v. 1893

Pinger, W. R. R., der junge Goethe u. das Publikum. (University of California publications in modern philology. Vol. I. Nr. 1.) (Diss.) (67 S.) Lex. 8. Berkeley (909). (Leipzig, O. Harrassowitz.) nn 2. 25

H. H., Pingesten Scherzhaftes Gedicht in Alt-Kasseler Mundart. Auf Verlangen herausgegeben. Kassel, o. J.

Pinget, F. Tagebuchblätter aus dem Feldzuge von 1870/71. Vom Verf. autoris. übs. (A. d. Franz.) Berlin 1898. 187 S.

[F.] Tagebuchblätter aus dem Feldzuge 1870/71 des französischen Kapitain, damaligen Sergeanten Pinget. Vom Vf. autoris. Uebs. v. Rittmeister *,* ... *Berlin: W. Isleib (1898).* (187 S.) 1 Bd 8. [90. 3987]

Pinggéra, Fritz, approb. Arzt aus München: Aus d. Prosektur d. Krankenhauses r. d. Isar, München. Zur Kasuistik der Darminvaginationen: Ein Fall von ausgedehnter Invaginatio ileo-colica. *München 1803: V. Höfling.* (50 S.) 8°
München, Med. Diss. v. 1903

Pinggéra, Heinrich [cand. med. aus München]: Einige Mitteilungen über die Wirkungen und Eigenschaften des Citrophen ... Würzburg, Becker's Univ.-Buchdr., 1896; 33 S. 8.
Würzburg, Med. Fak., Inaug.-Diss. v. 1896

Pinggiesser, I. I., s. Pingiesser, Johann Joachim

PINGIESSER, JOHANN JOACHIM: Hodegos homileticus ... Oder Unmaßgebliche Anleitung Zu 30. 40. und mehr-mahlen veränderten Meditationibus Über die Sonn- Fest- und Feyertägliche Evangelia. - Jena 1719.
Vorr.: Andreas Adam Hochstetter.

Pinggiesser, I. I., hodegus homileticus. 8. Ien. Boettger. 719.

Pingler, G., die rationelle Anwendung des kalten u. temperirten Wassers bei Schwangern, Kreissenden u. Wöchnerinnen, dargestellt nach zahlreichen eigenen Erfahrungen. gr. 8. (VII, 102 S.) Giessen 877. Roth. n. 2 40

Pingler, G., der einfache u. diphtheritische Croup u. seine erfolgreiche Behandlung mit Wasser u. durch die Tracheotomie, dargestellt nach eigenen zahlreichen Erfahrungen. Frankfurt a. M. 868. Keller. gr. 8. (XI, 239 S.) n. 1 ℛ 10 ngr.

— der einfache u. diphtheritische Croup u. seine erfolgreiche Behandlung m. Wasser u. durch die Tracheotomie, dargestellt nach zahlreichen eigenen Erfahrgn. 2., verm. u. verb. Aufl. gr. 8. (VIII, 207 S.) Heidelberg 879. C. Winter. n. 5. 60

Pingler, G., zur Lösung der Frage: Welches ist der kürzeste Weg zu gründlicher Heilung der Syphilis? gr. 8. (VI, 161 S.) Heidelberg 883. C. Winter. n. 4. —

Pingler, G., die Syphilis. Ihr Wesen u. gründl. Heilg. auf kürzestem Wege. 2., verm. Aufl. gr. 8. (VIII, 144 S.) Berlin 889. Steinitz' Verl. n. 3. —

Pingler, G., die Syphilis. Ihr Wesen u. ihre gründl. Heilung auf kürzestem Wege. 3., verm. u. verb. Aufl. gr. 8. (VIII, 173 S.) Berlin 892. H. Steinitz' Verl. n. 3. —

Pingler, G., d. Syphilis. Ihr Wesen u. gründl. Heilg. auf kürzestem Wege. 4., verm. u. verb. Aufl. 6. Taus. gr. 8. (XI, 173 S.) Berlin 895. H. Steinitz, Verlag. n. 3. —

Pingler, G., die Syphilis. Ihr Wesen u. gründl. Heilg. auf kürzestem Wege. 5. Aufl. (7. u. 8. Taus.) gr. 8. (XI, 173 S.) Berlin 900. H. Steinitz. n. 3. —

Pingler, G., die Syphilis. Ihr Wesen u. gründl. Heilg. auf kürzestem Wege. 6. Aufl. (7—10. Taus.) (XII, 172 S.) 8. Berlin (906). H. Steinitz. n. 3. —

Pingler, G., die Syphilis. Ihr Wesen u. gründl. Heilg. auf kürzestem Wege. 7. Aufl. (XII, 172 S.) 8. Berlin 910. H. Steinitz. 3. —

Pingoud, Guido

Pingoud, G. Zum Andenken an Cornelius Laaland, weil. Generalsuperintendent d. St. Petersburger evangelisch-luther. Konsistorialbezirks. 8. (44 S. m. Lichtdr.-Bildnis.) St. Petersb. 891, Eggers u. Comp. * 1 50

Entwurf einer Kirchengemeinde- und Synodal-Ordnung für die evangelisch-lutherische Kirche Rußlands. (Verf.: G[uido] **Pingoud,** Gen.Superint.) (Petersburg 1907.) (6 Bl.) 2° [Kopft. F.] [07. 10340]

Pingoud, Guido, Die evang.-luth. Gemeinden in Rußland, eine historisch-statistische Darstellung. 2 Bde. Petersburg 1909 ff. Dargelegt in Predigten für alle Sonn- und Festtage des Kirchenjahres

Pingoud, Guido, Die Geschichte der St. Michaels-Kirche. St. Petersburg 1883

Pingoud, Guido, s.a. Personalstatus der evangel.-luth. u. der evangel.-reform. Kirche in Russland.

Pingoud, Guido, Personalstatus der ev.-luth. und ev.-reform. Kirche in Rußland. St. Petersburg 1895 bei Eggers & Co.

—— Unsere Sünden u. die Hungersnoth. Ein Wort an die evangelisch-luther. Gemeinden Rußlands. 8. (59 S.) Ebd. 891. * — 80

– Die christliche Wahrheit, dargelegt in Predigten, f. alle Sonn- u. Festtage des Kirchenjahres. (VIII, 651 S.) gr. 8. Leipzig 908. J. C. Hinrichs' Verl. — Prischib, G. Schaad. Geb. in Halbfrz. 7. 50

Pingsdorf, Franz: Der Sternhaufen in der Cassiopeia Messier 52. Bonn: Georgi 1909. 52 S. 4°
Bonn, Phil. Diss. v. 20. Jan. 1909, Ref. Küstner
[Geb. 21. Juli 83 Badorf; Wohnort: Lannesdorf; Staatsangeh.: Preußen; Vorbildung: Kgl. Gymn. Bonn Reife O. 04; Studium: Bonn 1, Aachen Tech. Hochsch. 2, Bonn 6 S.; Rig. 22. Juli 08.] [U 09. 420

Pingsmann, L. Th. W., der heilige Ludgerus, Apostel der Friesen u. Sachsen. Ein Lebensbild aus der Bekehrungsgeschichte der german. Völker. Mit einem Titelbild (Holzschnitttaf.) u. 2 (lith.) Karten. gr. 8. (VIII, 251 S.) Freiburg i/Br. 879. Herder. 3. —

Pingsmann, W., Santa Theresa de Jesus. Eine Studie üb. das Leben u. die Schriften der heil. Theresia. [1. Vereinsschrift der Görres-Gesellschaft f. 1886.] gr. 8. (IV, 112 S.) Köln 886. Bachem. n. 1. 80

Pinhas, einige Bemerkungen üb. Handelsstraßen u. Eisenwegebau. Vorgetr. in d. Sitzung der Central-Verwaltung d. Bundes der Völker f. Handel u. Gewerbe am 3. März 1833. gr. 8. (1 B.) Cassel. (Leipzig, Francke'sche Vrls.-Expedition.)

Pinhas, Dr., einige Bemerkungen über Handelsstraßen und Eisenwegebau. gr. 8. Cassel 833. (Leipzig, Franke.) n. 1/12 ₰

Pinhas, J., Recueil de traités, } s. Recueil.
—— nouveau recueil générale, }

Pinheiro-Ferreira, Silv.: Cours de droit public interne et externe. *Paris.* (Perthes-Besser u. Mauke in *Hamb.*) 832. II Tom. gr. in 8. (4 Thl.)

Pinheiro-Ferreira, Silvestre, Observations sur la constitution de Royaume de Saxe, promulguée le 4 sept. 1831. Extraites du cours de droit public. gr. in-8. Paris 838. (et Leipzig, Brockhaus et Avenarius.) n. 3/4 ₰

Pinheiro de Sousa, F., Grammatik der portugies. Sprache mit zahlreichen Beispielen aus älteren u. neueren Schriftstellern, so wie mit Uebungsstücken zum Uebersetzen aus dem Deutschen ins Portugies. u. aus d. Portugies. ins Deutsche. gr. 8. (VIII u. 323 S.) Leipzig 851, Fr. Fleischer. 1 1/2 ₰

(Pini, Ermengildo. Mineralogische Beobachtungen über die Eisen-Bergwerke, auf der Insel Elba) *s.* Wyttenbach, J[acob] Sam[uel]. Einige Anmerkungen.... Bern 1779.

Pini, Ermenegilde, mineralog. Beobachtt. üb. die Eisengruben bei Rio u. in and. Gegenden d. Insel Elba; aus d. Italien. mit Köstlin's Bemerkk. verm. rc. v. Jh. Fr. Gmelin. Mit 4 Kpft. gr. 8. Halle 780. Gebauer. 18 gr 158 S. 3 Tvl. 1 Kt.

*Pini, Hermenegild. Mineralogische Beobachtungen über den St. Gothard. Aus dem Ital. Schneeberg 1784.

— mineralog. Beobachtt. üb. d. St. Gotthardsgebirge; aus d. Italien. von Ad. Beyer. Mit Kpf. gr. 8. Wien 784. (W. Nauck in Leipz.) 14 gr

— de venarum metallicar. excoctione. II Voll. c. fig. 4maj. Wien 780, 81. Krauss. 5 ₰ 16 gr

Pini, G., die Sarcome u. Sarcoide der Haut, s. a. Bibliotheca medica. Abt. D. II, 9.

Pini, Giov., Sarkome u. Sarkoide der Haut, s. a. Bibliotheca medica. D II, 11.

Aus d. Kgl. Dermatol. Universitätsklinik zu Bologna. Die **Sarcome** und Sarcoide der Haut. Von Prof. Dr. G[iovanni] **Pini**, Privatd. zu Bologna. Aus d. Ital. übers. von Dr. E. Freund in Triest. Th. 1. *Stuttgart: E. Nägele 1901.* 4°
= Bibliotheca medica. Abth. D². H. 9. [01. 10322

Aus d. Kgl. Dermatol. Universitätsklinik zu Bologna. Die Sarcome und Sarcoide der Haut. Von Prof. Dr. G[iovanni] **Pini**. Th. 1. 2. Stuttgart: E. Nägele 1901–04. 2 Bde 4°
1. Die Sarcome. Aus d. Ital. übers. von Dr. E. Freund in Triest. Mit 8 Taf. 1901.
2. Sarkoide .. übers. von Dr. Julius Pollak. Mit 5 Taf. 1904.
= Bibliotheca medica. Abth. D². H. 9. 11. [05. 1206

Pini, J., zur Kenntniss der Orthoamidobenzoesäure. Inaugural-Dissertation. gr. 8. (25 S.) Göttingen 878. (Vandenhoeck & Ruprecht.) n. — 60

Pini, Otto, der Deutschen Dankesfeier am Tage von Sedan. Predigt über Psalm 103, 1 und 2, gehalten am 2. Septbr. 1884 in der St. Martinikirche zu Braunschweig. gr. 8. (11 S.) Braunschweig 884, F. Wagner's Verlag. *

Pini, Otto, Gott aber sei Dank f. seine unaussprechliche Gabe! Predigt, in der St. Martini-Kirche zu Braunschweig geh. am 21. III. 1897 zur Feier d. 100. Wiederkehr d. Geburtstages Kaiser Wilhelms I. üb. 2. Korinther 9, 15. gr. 8. (11 S.) Braunschweig 897. A. Limbach. n. — 30

— Ihr seid theuer erkauft. Predigt, üb. 1. Korinther 6, 20 geh. am Buß- u. Bettage, 17. XI. 1897, in der St. Michaelis-Kirche zu Braunschweig. gr. 8. (11 S.) Ebd. 897. n. — 30

Pini, Predigt üb. Matth. 11,25—30, geh. am 1. Advent 1904 in der St. Martinikirche zu Braunschweig. Dem Verewigten zum Gedächtnis hrsg. vom geistl. Ministerium zu Braunschweig. (7 S.) 8. Braunschweig (904). (J. Neumeyer.) n n. — 10

Pini, Predigt, in der St. Martinikirche zu Braunschweig geh. am Reformationsfeste, 31. Oktbr. 1886, über Amos 9, V. 11. gr. 8. (12 S.) Braunschweig 887, (Ramdohr'sche Buchh.) *
Aus: Evangelisches Gemeindeblatt, besonders abgedruckt.

Pini, Predigt, in der St. Martinikirche zu Braunschweig geh. am 90. Geburtstage Sr. Maj. d. deutschen Kaisers, 22. März 1887, üb. Psalm 21, 2—5. gr. 8. (8 S.) Braunschweig 887. (Ramdohr.) n. — 20

Pini, Otto, Referendar in Braunschweig: Das **Vermächtnis** eines zur Erbschaft gehörigen belasteten Gegenstandes nach dem Bürgerlichen Gesetzbuche. *Braunschweig 1902: A. Limbach.* (VI, 40 S.) 8°
Leipzig Jur. Diss. v. 1902

Pini, Otto, das Vermächtnis e. zur Erbschaft gehörigen belasteten Gegenstandes nach dem bürgerlichen Gesetzbuche. Diss. (VI, 40 S.) gr. 8. Braunschweig 902 (J. Neumeyer.) n. 1. 50

Pini, Otto, wandelt wie die Kinder des Lichts!, s. a. Predigt-Hausschatz, evangelischer.

Pini, Otto: Wandelt wie die Kinder des Lichts! Epheser 5, 8–13. Pred. am 1. Sonntage nach Epiphan. geh. von Dr. Otto Pini, Pastor in Braunschweig. Halle a. S.: E. Strien [1899]. (11 S.) 8°
= Predigt-Hausschatz, Evangelischer. No 31.

Pini, Wie dünket euch um Christo? Weß Sohn ist er? Predigt üb. Matth.: 22, 34—46, geh. am 23. Septbr. 1894 (18. Sonntag nach Trinitatis) in der St. Martini-Kirche zu Braunschweig. gr. 8. (11 S.) Braunschweig 894. A. Limbach. n. — 30

Piniatoros, G. B., *Αττικῆς προσωδίας καὶ μετρικῆς στοιχεῖα*. I. (z. Schulgebrauch.) 1877. 82 S. 1 —

Piniferus, Taschenbuch für Reisende in das Fichtelgebirge. Von J[ulius] v[on] Pländcner . . . Mit vier Ansichten des Gebirges [vom Verf.]
Hof: G. A. Grau in Komm.; Wunsiedel: Georg Grau 1839. XIV, 275 S., 4 Pl., 1 Tab. 8°
[Gest. farb. Tit.]

Pininski, Leo Graf, Begriff u. Grenzen des Eigenthumsrechts nach römischem Recht. gr. 8. (IV, 118 S.) Wien 902. Manz. n. 2. 80

Piniński, Leo Graf, der Thatbestand d. Sachbesitzerwerbs nach gemeinem Recht. Eine zivilist. Untersuchg. 1. Bd. gr. 8. (XIV, 409 S.) Leipzig 885. Duncker & Humblot. n. 8. —

Piniński, Leo Graf, der Thatbestand d. Sachbesitzerwerbs nach gemeinem Recht. Eine zivilist. Untersuchung. 2. Bd. Sukzession in den Besitz, Besitzerwerb animo solo, Besitzwille, Lehre v. den jurist. Willenserklärgn. gr. 8. (X, 600 S.) Leipzig 888. Duncker & Humblot. n. 12. — (cplt.: n. 20.)

Pink, Herm., Beiträge zur Lehre vom Diabetes mellitus insonderheit zur Lehre v. der Glycogenbildung. Inaugural-Dissertation. gr. 8. (31 S.) Königsberg 874. (Leipzig, Kessler.) n. 1. —

Pink, Louis: Wie sind die rechtlichen Wirkungen der Uebergabe des an Ordre lautenden Connossements civilistisch zu erklären? Halle 1881: Karras. 50 S. 8°
Halle-Wittenberg. Jur. Diss. v. 31. Jan. 1881
Geb. Flatow (Westpr.) 30. 6. 1859. V.
Verf. erlebte das goldene Dr.-Jubiläum 1931 als Justizrat in Potsdam.

Pinkas, Adolph Maria (Prag), Sätze aus allen Theilen der Rechtsgelehrtheit und der Politik. Diss. jur. Prag (Sommer) 10. XII. 1823. 14 S. (3.75) 26527

Pinkava, Frz., Bildung des Willensvermögens in der Volksschule. Ein Beitrag zur christl. Schulpädagogik. Zu Nutz u. Frommen der angeh. Erzieher zusammengestellt. gr. 8. (160 S.) Olmütz 894. F. Grosse. n. 2. —

Pinkava, Frz., Bildung des Willensvermögens in d. Volksschule. Ein Beitrag zur christl. Schulpädagogik. Zu Nutz u. Frommen der angeh. Erzieher zusammengestellt. 2. unveränd. Aufl. (160 S.) 8. Olmütz 910. F. Grosse. 2. —

Pinkava, Frz., Katechetische Skizzen. Methodische Anleitg. zur Erteilg. des kathol. Religionsunterrichts in der Volksschule. 2., verb. Aufl. (V, 149 S.) gr. 8. Troppau 907 Buchholz & Diebel. n. 1. 60

Pinkava, Vikt., die Burgen Mährens. I. 4. Olmütz 905. (R. Promberger.) n. 2. 50
Die Burg Busau Illustrat. v. K. Liebscher u. A. Král v. Dobrá Voda. Photogr. v. J. Plaulta. (32 S. m. 3 farb. Taf.)

Pinkemeyer, W.: Ländliche Bauweise und Heimatschutz oder: Wie bauen wir auf d. Lande zweckmäßig, billig u. schön? Für ländl. Baupolizeiverwaltungen, Bausachverständige ... Von W. Pinkemeyer, Kreisbaumeister. M. Gladbach: Westdeutsche Landeszeitung 1910. 108 S. 8°

Pinkenburg, G., Baugeschichtliches v. der Kaiser Wilhelmbrücke üb. die Spree in Berlin. — Die Gasexplosion auf der Kaiser Wilhelmbrücke in Berlin. [Aus: „Centralblatt der Bauverwaltg."] Fol. (4 S. m. 2 Abbildgn.) Berlin 890. W. Ernst & Sohn. n. — 60

Der Lärm in den Städten und seine Verhinderung. Bearb. von G[eorg] Pinkenburg, Stadtbauinsp. in Berlin. Mit 11 Abb. *Jena: G. Fischer 1903.* (26 S.) 4°(8°)
= Handbuch d. Hygiene. Suppl.Bd 3, Lfg 1. [03.14139]

— **dasselbe, s.a. Handbuch der Hygiene. III. Suppl.-Bd.**

— die Strassen Berlins m. besond. Berücksicht. der Verkehrsverhältnisse m. 3 Plänen u. 2 graphischen Darstellungen. [Aus: „Deutsche Bauzeitg."] gr. 8. (64 S.) Berlin 892. (E. Toeche.) n. — 80

Pinkepank, G., Führer durch d. Umgegend v. Hildesheim u. ein. angrenz. Gebiete. 12. (IV, 52 S.) Hildesheim 897. Gerstenberg. n. — 80

— das Hildesheimer Rathaus. Gedenkblatt zu seinem 600jährig. Bestehen, nebst Reimen u. Dichtgn. zu den histor. Wandgemälden im Saale. 8. (39 S. m. 2 Abb.) Hildesheim 897. H. Helmke. n. — 50

[Pinkert, Alxdr F., u. d. N.] **Waldegg, Egon,** Die Judenfrage gegenüber dem deutschen Handel und Gewerbe. Dresden 1879. 8. . . . . (D.)

Pinkert, Alwin: Ein Fall von Synostose sämmtlicher Gelenke beider untern Extremitäten. Wesentliche Besserung durch mehrfache operative Eingriffe. Halle a. S. 1883: Plötz. 26 S. 8°
Halle-Wittenberg. Med. Diss. v. 15. Aug. 1883
Geb. Ober-Stephansdorf (Kr. Neumarkt, Schles.) 13. 11. 1858. V.

Pinkert, Traugott, Rheinsberg [Prov. Brandenburg] in Wort u. Bild. Mit Bildern nach Photographien v. Gebr. Otto. 12. (IV, 48 S.) Rheinsberg 892. Pinkert. Mit Goldschn. n. 1. 60

Pinkerton, Allan, das Geheimnis der Falschspieler, s.a. Detectiv-Romane, amerikanische. 33. Bd.

Das Geheimnis der Falschspieler. Kriminalroman aus d. amerik. Leben von Allan **Pinkerton.** Deutsch von L. A[lbert] Hauff. Berlin: R. Jacobsthal [1905]. (219 S.) 8° [F.]
= **Detektiv-Romane,** Amerikanische. Bd 33. [06.4072]

Pinkerton, Frank, endlich gefaßt, s.a. Detectiv-Romane, amerikanische. 7. Bd.

[F.] Endlich gefasst! (Cornered at last!) Kriminal-Roman (a. d. amerikan. Leben) v. Frank Pinkerton. A. d. Amerikan. übs. (v. Emil Kühne). *Berlin: R. Jacobsthal [1898].* (148 S.) 1 Bd 8.
— Detektiv-Romane, Amerikanische. Bd VII. [99.5484]

— dasselbe, s.a. Kriminal- und Detectiv-Romane moderne.

— der Mord auf dem Expreßzug, s.a. Detectiv-Romane, amerikanische. 3. Bd.

[F.] Der Mord auf dem Expresszug. Kriminalroman a. d. amerikan. Leben v. Frank Pinkerton. Deutsch v. M[arie] Walter. 3.—4. Tausend. *Berlin: R. Jacobsthal [1898].* (175 S.) 1 Bd 8.
— **Detektiv-Romane,** Amerikanische. Bd III. [99.5480]

Pinkerton, John. Abhandlung von der Seltenheit, der verschiedenen Grösse . . . alter Münzen; a. d. Engl. Dresden 1795. Ü: *Lipsius, Johann Gottfried.* (Ky) (Kläbe, Neuestes Gel. Dresden. Leipz. 1796.)

— Abhandl. von der Seltenheit, der verschied. Größe u. Nachahmung alter Münzen; aus d. Engl. (von J. G. Lipsius). 4. Dresd. 795. Walther. 1 ℳ 12 ℊ

Pinkerton — A dissertation on the origin and progress of tho Scythians or Goths. Lips. 787. 8.

Pinkerton, J. Dissertation sur la rareté, les différentes grandeurs . . . des medailles antiques . . . Dresde 1795. Ü: *Lipsius, Johann Gottfried.* (Ky)

Pinkerton, J., Diss. sur la rareté, les différ. grandeurs et la contrefaction des medailles antiq., trad. de l'Angl. (par J. G. Lipsius). 4. Dresd. 795. Walther. 1 ₰ 12 gr

— von der Seltenheit, der versch. Größe und Nachahmung alt. Münzen, a. d. Engl. 4. Ebend. 795.

Pinkerton, John. Early Australian voyages. Pelsart. Tasman. Dampier. gr. 16. (192 S.) Lpz. 889, Gressner u. Schramm. * — 80

Pinkerton, Mercier u. Karl Fr. Cramer, Ansichten der Hauptstadt des französ. Kaiserreichs. 2 Bde. Mit 2 Kpf. gr. 8. Amsterd. 807, 8. Sülpke. (Barth in Leipz.) 2 ₰ 12 gr Brockhaus. 3 ₰ 8 gr

Pinkerton, Nat, der König der Detectivs. 1. Bd. (32 S.) 8. Dresden (907). Dresdner Roman-Verlag. — 10

Pinkerton, William A., amerikanische Fälscher, s.: Fälscher und Schwindler.

Pinkes & Homann: Kataloge über Drahtbürsten. 1907/08 ff. Bregenz am Bodensee

Pinko, Karl [aus Ratibor]: Das Fruchtwasser und seine Bedeutung für die Frucht . . . . Würzburg, k. Universitätsdr. v. H. Stürtz, 1888; 38 S. 8°
Würzburg, Med. Fak., Inaug.-Diss. v. 1888

Pinko, Karl, das Fruchtwasser und seine Bedeutung für die Frucht. Diss. Würzburg 1888, Stahelsche Univ.-Buchh. 8°. 38 S.

Pinks, Emil, Atem-, Sprech- u. Singtechnik. Anleitgn. u. Winke. Mit Abb. u. zahlr. Notenbeispielen. (96 S.) Lex. 8. Leipzig 910. P. Pabst. 4. —

Pinkus. Eugen [pract. Arzt]: Ueber Geburten von Zwillingen in weit auseinander liegenden Terminen . . . . Rawitsch, Druck v. Siegfr. Markus, 1885; 20 S. 8°.
Breslau, Med. Fak., Inaug.-Diss. v. 19. Dez. 1885.

Pinkus, Eug., üb. Geburten v. Zwillingen in weit auseinanderliegenden Terminen. gr. 8. (18 S.) Rawitsch 885. (Breslau, Köhler.) n. 1. —

Pinkus, Felix

Pinkus, Fel., über die Haarscheiben der Monotremen, s.: Denkschriften der medicinisch-naturwissenschaftlichen Gesellschaft zu Jena. VI, 2. III.

— Haut- u. Geschlechtskrankheiten, s.a. Leitfäden d. prakt. Medizin. II.

Haut- und Geschlechtskrankheiten. Von Dr. Felix **Pinkus**, Privatd. Leipzig: W. Klinkhardt 1910. XI, 272 S. 8°
(Leitfäden d. Praktischen Medizin. Bd 2.) A 12. 2287

Pinkus, Felix [app. Arzt aus Berlin]: Die Hirnnerven des Protopterus annectens . . . [Aus: Morphol. Arb., Bd 4. — M. 7 Taf.] Jena, G. Fischer, *1894*; 2 Bl., 72 S. 8.
Freiburg i. B., Med. Fak., Inaug.-Diss. v. 1894

Pinkus, F., Leukaemie etc., s.: Ehrlich, P.

— Leukaemie. Pseudoleukaemie. Haemoglobinaemie, s.: Pathologie u. Therapie, spezielle. VIII. (Ehrlich, P.)

Über den jetzigen Stand der Syphilisforschung, s.a. Klinik, medizinische. 1907. Beihefte 8.

Über den jetzigen Stand der Syphilisforschung. Von Dr. Felix **Pinkus** in Berlin. Berlin: Urban & Schwarzenberg 1907. (S. 207–236.) 8°
= **Klinik,** Medizinische. Beihefte. Jg. 3, H. 8. [08. 2428]

Pinkus, Felix, cand. phil., aus Breslau: Studien zur Wirtschaftsstellung der Juden von der Völkerwanderung bis zur Neuzeit. Ein Beitrag zur jüdischen Wirtschaftsgeschichte. Berlin 1905. VIII + 56 S. 8°. [16. VII. 04.]
Bern. Phil. Diss. 1905, 1906.

Pinkus, Fel., Studien zur Wirtschaftsstellung der Juden. (VII, 56 S.) gr. 8. Berlin 905. L. Lamm. n. 1. —

Pinkus, Georg [aus Berlin]: Ueber die Einwirkung von Trimethylenchlorbromid auf Thiamide und aromatische Amide und Amine . . . Berlin, A. W. Schade's Buchdr., 1893; 40 S., 1 Bl. 8.
Berlin, Phil. Fak., Inaug.-Diss. v. 25. Jan. 1893

Pinkus, Geo., die Leonardische Flora, s.: Schnauss, Mart.

Pinkus, Gertr., s.a. Truth.

TRUTH, (d. i. *Gertrud Pinkus*, geb. *Tietzer*, Frauenehre und Frauenliebe (190*). (Eleg. br. 2 Mk. 20 Pfg. M. Luck, Berlin, vor 1905.)

Großfürstenliebe. Novellen von **Truth** [d. i. Gertrud Pinkus]. Berlin: Marquardt & Co. [1908]. (98 S.) 8° [F.] [08. 18132]

Majestät a. D. Psychol. Romanstudie aus d. fürstl. Frauenleben zu Beginn d. 20. Jhs. [Verf.: **Truth** d. i. Gertrud Pinkus.] 1. bis 3. Taus. Berlin: R. Eckstein Nachf. [1903]. (192 S.) 8° [08. 4129]

Pinkus, Lazar Fel., s.a. Pinus, L. Fel.

Pinus, L. Fel. (Lazar Fel. Pinkus), die Entfesselten. Novellen. (180 S.) 8. Berlin (908). Concordia. 2.—; geb. 3. —

Pinkus, Lazar. Fel., die moderne Judenfrage. Von den Grundlagen der jüd. Wirtschaftsgeschichte u. des Zionismus. (48 S.) gr. 8. Breslau 903. Koebner. n. 1. —

— Palästina u. Syrien. Untersuchungen zur Wirtschaftspolitik. Mit e. Vorrede v. D. Pasmanik. (XXIII, 194 S.) Lex.-8. Genf 903. (Brünn, Verlag „Jüd. Volksstimme".) n. 5. —

Pinkus, N(aphtali): Das wirtschaftlich „Normale" und die Krisenlehre. Sonderdruck aus der Schrift: „Das Problem des Normalen in der Nationalökonomie. Beitrag zur Erforschung der Störungen im Wirtschaftsleben." (Altenburg) 1906: (Pierer). (55 S.) 8° ¶ (Erscheint vollst. Leipzig: Duncker & Humblot.)
Göttingen, Phil. Fak., Ref. Cohn, Lexis, Diss. v. 8. Juli 1906
[Geb. 3. Dez. 79 Thorn; Wohnort: Warschau; Staatsangeh. Rußland; Vorbildung: Gymn. Warschau Reife Juni 97; Studium: Warschau 8, Göttingen 8 S.; Rig. 17. Juni 06.]

Pinkus, N., das Problem des Normalen in der Nationalökonomie. Beitrag zur Erforschg. der Störgn. im Wirtschaftsleben. (XVI, 295 S.) gr. 8. Leipzig 906. Duncker & Humblot. n. 6. 60

PINKUS, STANISLAW. Ueber Thioderivate und gemischte Azoderivate des p-Phenetidins. Bern, 1896.

Pinkuss, Gedächtnisrede, geh. beim Trauergottesdienst f. Se. kgl. Hoh. Grossherzog Friedrich I. in der Synagoge zu Heidelberg am 6. X. 1907. (7 S.) 8. Heidelberg (907). (E. Carlebach.) — 50

Pinkuss, Alfred [aus Gross-Glogau]: Beiträge zur Lehre der Geburt beim engen Becken geringeren Grades ... Berlin, Buchdr. v. G. Schade, *1892;* 39 S. 8.
Berlin, Med. Fak., Inaug.-Diss. v. 13. Aug. 1892

Pinkvoß, Chr. Gli., s. P i n c k v o s s , Christian Gottlieb

[F. u. Ant.] Geschichte des Philanthropinismus. Von A. **Pinloche,** O. Prof. an d. Univ. Lille ... Preisgekr. v. d. Acad. franç. Deutsche Bearbtg v. J. Rauschenfels u. A. Pinloche. *Leipzig: F. Brandstetter 1896.* (IV, 494 S.) 1 Bd 8. [96. 5011

— d. Reform d. **Universitäten in Frankreich u. ihre geschichtl. Vorbedinggn.** [Aus: „Deutsche Zeitschr. f. ausländ. Unterr.-Wesen".] Lex.-8. (22 S.) Leipzig 896. R. Voigtländer. n. — 80

Pinloche, A., La réforme de l'éducation en Allemagne au 18e siècle. Basedow et le philanthropinisme. Zschopau 1570. S. . . . . (M.A.)

Pinn, Carl, s. P i n n , Karl

Pinn, Hugo, praktisches Hülfsbuch f. Beamte der Telegraphie u. Telephonie zum Gebrauch an internationalen Leitungen sowie zur Abfassung v. Amts-Telegrammen. Sammlung v. techn. u. anderen Vokabeln, Redewendgn. u. Mustern f. Amts-Telegramme. Deutsch-französisch u. französisch-deutsch. 3. verm. Aufl. gr. 16. (IV, 119 S.) Berlin (N. 58, Hagenauerstr. 2) 901. Selbstverlag. Kart. n. — 90

Pinn, Hugo, praktisches Hilfsbuch f. Beamte der Telegraphie u. Telephonie zum Gebrauch an internation. Leitungen sowie zur Abfassung v. Dienstnotizen. Sammlung v. techn. u. anderen Vokabeln, Redewendgn. u. Mustern f. Dienstnotizen. Deutsch-französisch u. französisch-deutsch. 4. verm. Aufl. (IV, 153 S.) 16. Berlin-Charlottenburg (1, Spielhagenstr. 3) 908. Ob.-Telegr.-Assist. Pinn. Kart. 1. 25

Pinn, Karl [Wirklicher Name] , s.a. C a r p i n [Pseud.] – F e u c h t w a n g e r , Eduard [Pseud.]

Pinn, Carl, d. Bildungs-Monopol d. heut. Gesellschaft. gr. 8. (16 S.) Berlin 892. Berlin-Neu-Rahmsdorf, C. Telstler & Co. n. — 10

Socialistische Gesinnung und sociales Elend auf deutschen Hochschulen von Dr. Eduard Feuchtwanger [d. i. Karl **Pinn**]. Leipzig: O. Gottwald 1895. (33 S.) 8° [F.]
— **Cyclus** academischer Broschüren. H. 7. [06. 4406

CARPIN (d. i. *Carl Pinn*), Des deutschen Studenten Liebesleben. Leipzig, o. J. (1896). Gr. 8°. (1 Mk., Orig.-Umschl., Adolf Weigel, 1906.)

Der deutsche Student fin de siècle. Offener Brief an Herrn Prof. Theobald Ziegler von Dr. Sincerus [d. i. Karl **Pinn**]. Leipzig: O. Gottwald 1895. (23 S.) 8° [F. u. Ant.] [05. 3121 4

Ms. f. Brr. Pinne wider Findel. Ein Beispiel der Kampfesweise des Brs Findel von Aug. Pinne. [Berlin 1884.] 21 S. 8° [Kopftit.]
cf. Bh. 27 (1884) S. 73—75, 81—84 (J. G. Findel), 77—78 (F. K. Schwalbach). Tt. 1732. Verurteilt Findels Polemik gegen die GrLL.

Pinneberg [Schlagwort]

Pinneberg, s.: **Deutschland. Kürschner-Pelp.**

Pinneberg [Sachliches OW]

Die Herrschaft **Pinneberg.** gez. v. C. **Dittmann.** Neumünster. o. J. Lithogr. 1 Bl. Imp.-Fol., 64,5 62 cm. Aufgez. a. Leinen.

Pinnekamp, Theodor, a. Cöln: Ueber die Affektionen der Niere bei der croupösen Pneumonie. Bonn 1907: E. Eisele. (38 S.) 8°
Bonn, Med. Fak., Ref. Schultze, Diss. v. 23. Dez. 1907
[Geb. 4. Febr. 73 Gelsenkirchen; Wohnort: Cöln: Staatsangeh.: Preußen; Vorbildung: Gymn. Coesfeld Reife O. 94; Studium: Freiburg i. B. 1, München 2, Kiel 2, Würzburg 5, Bonn 8 S.; Coll. 23. Dez. 07; Approb. 15. Nov. 05.]

Pinner, die Krebskrankheit. Ursachen, Wachsthum u. Verlauf auf Grundlage der neuesten wissenschaftl. Forschgn. Allgemein verständlich dargestellt. gr. 8. (30 S.) Berlin 888. Steinitz. n. 1. —

Die Krebskrankheit, ihre Ursachen, ihr Wesen u. Verlauf. Allgemeinverständl. dargest. von Dr. med. **Pinner.** 2. vollst. umgearb. u. verm. Aufl. Berlin: H. Steinitz 1904. (47 S.) 8° [05. 1949 11

Bericht über die am 20. October 1900 erfolgte Einweihung des Hofmann-Hauses, erstattet von A[dolf] **Pinner.** Mit 2 Taf. u. mit Abb. im Text. *Berlin: Deutsche chem. Ges.; R. Friedländer & Sohn in Comm. 1901.* (CVII S.) 8°
— **Berichte** d. Deutschen chem. Gesellschaft. Jg 33. Sonderh. [01. 953

Pinner, Adf., Einführung in das Studium der Chemie. Sonderabdruck der Einleitung und des Anhanges aus des Verf. anorgan. Chemie. 7. Aufl. gr. 8. (III, 111 S.) Berlin 887, Oppenheim. *

Pinner, Adf., Einleitung in die anorganische Chemie. [Aus: „Repetitorium der anorgan. Chemie". 8. Aufl.] gr. 8. (54 S.) Berlin 878. Oppenheim. n. 1. —

—— die Gesetze der Naturerscheinungen, s. Wissen, das, der Gegenwart.

Pinner A. die Gesetze d. Naturerscheinungen. (Wissen d. Geg. 66)

Pinner, A., die Imidoäther u. ihre Derivate. gr. 8. (IV, 808 S.) Berlin 892. R. Oppenheim. n. 7. —; geb. in Leinw. n. 8. —

PINNER, A.
Chemische-Laboratoriums-Apparate (Die) auf der Berliner Gewerbe-Ausstellung. Berlin, 1880. 8vo. Ill.

Pinner, Adf., Repetitorium der anorganischen Chemie. Mit besond. Rücksicht auf die Studirenden der Medicin u. Pharmacie. Mit 30 (eingedr.) Holzschn. gr. 8. (XIII, 399 S.) Berlin 873. Oppenheim. n. 8. —

—— Repetitorium der anorganischen Chemie. Mit besond. Rücksicht auf die Studirenden der Medicin und Pharmacie bearb. 2. und 3. Aufl. gr. 8. (XII, 404 S. mit 28 eingedr. Holzschn.) Ebendas. 875,78. * ℳ 8.; geb. *

Pinner, Adf., Repetitorium der anorganischen Chemie. Mit besond. Rücksicht auf die Studirenden der Medicin und Pharmacie bearb. 4. Aufl. gr. 8. (XII, 408 S. mit 28 eingedr. Holzst.) Berlin 881, Oppenheim. *
geb. *

—— dass. — 5. Aufl. gr. 8. (XII, 415 S. mit 28 eingedr. Holzst.) Ebendas. 883. *ℳ 7,50.; geb. *

—— Repetitorium der anorganischen Chemie. Mit besond. Rücksicht auf die Studirenden der Medicin und Pharmacie bearb. 6. Aufl. (IX, 422 S. mit 28 Holzst.) 885; 7. Aufl. gr. 8. (IX, 426 S.) Berlin 887, Oppenheim. *
geb. *

— Repetitorium der anorganischen Chemie. Mit besond. Rücksicht auf die Studirenden der Chemie u. Pharmacie bearb. 8. Aufl. gr. 8. (IX, 427 S. m. 28 Holzst.) Berlin 889. Oppenheim. n. 7.50;
geb. n. 8.—

— Repetitorium der anorganischen Chemie. Mit besond. Rücksicht auf die Studirenden der Medicin u. Pharmacie. 9. Aufl. gr. 8. (IX, 428 S. m. 27 Holzst.) Ebd. 893. n. 7.50; geb. n. 8.—

Pinner, Adf., Repetitorium d. anorganischen Chemie. Mit bes. Rücksicht auf d. Studirenden d. Medicin u. Pharmacie bearb. 10. Aufl. gr. 8. (IX, 429 S. m. 27 Fig.) Hannover 898. Gebr. Jänecke. n. 7.50;
geb. n. 8.—

—— Repetitorium der organischen Chemie. Mit besond. Rücksicht auf die Studirenden der Medicin und Pharmacie. 1. Aufl. (XVII, 334 S.) 1872. *ℳ 5,50., und 2. Aufl. gr. 8. (XVIII, 337 S.) Ebendas. 874. *

—— Repetitorium der organischen Chemie. Mit besond. Rücksicht auf die Studirenden der Medicin und Pharmacie bearb. 3. Aufl. (XX, 340 S. mit eingedr. Holzschn.) 1876. *ℳ 6,50.; 4. verm. Aufl. gr. 8. (XVIII, 354 S.) Ebendas. 879. *ℳ 7.; geb. *

—— Repetitorium der organischen Chemie. Mit besond. Rücksicht auf die Studierenden der Medicin und Pharmacie bearb. Mit 11 (eingedr.) Holzschn. 5. Aufl. (XVIII, 353 S.) 1881; 6. Aufl. gr. 8. (XIV, 387 S.) Ebendas. 884. *ℳ 6,50.; geb. *

— Repetitorium der organischen Chemie. Mit besond. Rücksicht auf die Studirenden der Medicin u. Pharmacie bearb. Mit 11 Holzst. 7. Aufl. gr. 8. (XIII, 391 S.) Ebend. 886. n. 6.50; geb. n. 7.—

— Repetitorium der organischen Chemie. Mit besond. Rücksicht auf die Studirenden der Medicin u. Pharmacie bearb. Mit 16 Holzst. 8. Aufl. gr. 8. (XVI, 396 S.) Ebd. 888. n. 6.50; geb. n. 7.—

Pinner, Adf. Repetitorium der organischen Chemie. Mit besond. Rücksicht auf die Studirenden der Medicin u. Pharmacie bearb. 9. Aufl. gr. 8. (XVI, 407 S. m. 15 Holzschn.) Berl. 890, Oppenheim. * 7 —; geb. * 7 50

— Repetitorium der organischen Chemie. Mit besond. Rücksicht auf die Studierenden der Medicin u. Pharmacie bearb. 10. Aufl. gr. 8. (XVI, 422 S. m. 27 Holzst.) Ebd. 894. n. 7.50; geb. n. 8.—

Pinner, Adf., Repetitorium der organischen Chemie. Mit besond. Rücksicht auf die Studierenden der Medizin u. Pharmazie bearb. 11. völlig umgearb. Aufl. gr. 8. (XIII, 343 S.) Hannover 901. Gebr. Jänecke. n. 7.50; geb. n. 8.—

Pinner, Adolph. (geb. Wronke in Posen 31. 8. 1842): De uranylio-cyanato et rhodanato. Berolini (1867). (32 S.) 8°
Berlin, Phil. Diss. v. 23. März 1867

Pinner, Alb., das deutsche Aktienrecht. Kommentar zu Buch 2, Abschn. 3 u. 4 des Handelsgesetzbuchs vom 10. V. 1897. gr. 8. (VIII, 382 S.) Berlin 899. H. W. Müller. Kart. n. 8.—

— Geschäftsanweisung f. das Bureau betr. Handhabg. des neuen Rechts. 8. (43 S.) Berlin (900). Paß & Garleb. Kart. n. 1.—

Geschäftsanweisung für das Bureau betreffend Handhabung d. neuen Rechts. Von Albert Pinner, Rechtsanw., Berlin. (2. Aufl.) *Berlin: Pass & Garleb [1900].* (43 S.) 8° [F.] 01. 3694

Pinner, Alb., Gesetz gegen den unlauteren Wettbewerb, s. a. Guttentag's Sammlung deutscher Reichsgesetze.

Pinner, Albert, Gesetz gegen den unlauteren Wettbewerb. Vom 7. Juni 1909. Text-Ausg. m. Anmerk. u. Sachreg. 4. Aufl. d. urspr. von Stephan hrsg. Ausg. Berlin 1909. 8°.
(Guttentagsche Sammlung Deutscher Reichsgesetze. Nr 37.)
[Dasselbe] 5. Aufl. Berlin 1910. 8°.

u. Erich Eyck, Kommentar zum Gesetz gegen den unlauteren Wettbewerb. Vom 7. VI. 1909. 2. Aufl. des Kommentars zum Gesetz zur Bekämpfg. des unlauteren Wettbewerbs vom 27. V. 1896 v. Alb. Pinner. (XVI, 210 S.) gr. 8. Berlin 910. J. Guttentag.
5.50; geb. in Leinw. 6.50

Pinner, Alb., Kommentar zum Handelsgesetzbuch, s.: Staub, Herm.

Das Reichsgesetz [Gesetz] zur Bekämpfung des unlauteren Wettbewerbs v. 27. Mai 1896 nebst d. erg. Bestimmungen des BGB. Kommentar von Albert Pinner, Rechtsanw. in Berlin. *Berlin: J. Guttentag 1903.* (VI, 183 S.) 8° [F.] 03. 6906

— die Revision des Börsengesetzes, s. a. Veröffentlichungen des Berliner Anwalt-Vereins. 17. Hft.

Die Revision des Börsengesetzes. Ein Vortrag, geh. im Berliner Anwalt-Verein von Albert Pinner, Just.R. Berlin: F. Vahlen 1904. (27 S.) 8° [F.] 05. 1524

Wucher und Wechsel. Ein Leitfaden z. Schutze gegen Bewucherung insbes. f. Offiziere. Von Justizrat Albert Pinner, mit e. Vorbemerkung von Dr. jur. [Antonius] Romen, Wirkl. Geh. Kriegsrat. Berlin: Voss 1907. (64 S.) 8° [F.] 07. 13484

Pinner, E. M., s. Pinner, Moses

Pinner, Ernst, bacc. iur., Ref. in Dresden: Ueber die Abtretung rechtshängiger Ansprüche. Ein Beitrag zur Auslegung des § 265 der Reichscivilprozessordnung. Leipzig 1906: W. Wigand. (89 S.) 8°
Leipzig, Jur. Fak., Diss. v. 8. März 1906
[Geb. 15. Nov. 81 Gr.-Glogau; Wohnort: Dresden; Staatsangeh.: Preußen u. Sachsen; Vorbildung: Gymn. Zittau Reife O. 00; Studium: Freiburg i. B. 1, Leipzig 1, Berlin 2, Leipzig 2 S.; Rig. 9. Juli 03.]

Pinner, Ernst Ludwig: Kondensationen von Amidinen mit Dicarbonsäureestern. (Berlin 1909: Ebering.) 39 S. 8°
Berlin, Phil. Diss. v. 20. März 1909, Ref. Gabriel
[Geb. 2. April 85 Berlin; Wohnort: Berlin; Staatsangeh.: Preußen; Vorbildung: Französ. Gymn. Berlin Reife O. 03; Studium: Berlin 9, Freiburg i. B. 1, Würzburg 2 S.; Rig. 18. Febr. 09.] [U 09. 248

Pinner, F., Entwicklungsprobleme der Kaliindustrie. Berlin 1910. 48 S.

Pinner, Felix: Die Vererbung eines Handelsgeschäftes unter besonderer Berücksichtigung der Prinzipien für die Erbenhaftung im B.G.B. und im H.G.B. Rostock 1904: C. Hinstorff. (119 S.) 8° [F.]
Rostock, Jur. Fak., Ref. Lehmann, Diss. v. 20. Nov. 1904
[Geb. 22. Febr. 80 Birnbaum, Prov. Posen; Wohnort: Berlin; Staatsangeh.: Preußen; Vorbildung: Sophiengymn. Berlin Reife O. 00; Studium: Berlin 7 S.; Rig. 14. Juli 04.]

Pinner, Fritz [cand. med. aus Glogau]: Ueber die chirurgische Behandlung der Magengeschwüre ... Glogau, Glogauer Druckerei-Ver., 1892; 2 Bl., 53 S. 8.
Strassburg, Med. Fak., Inaug.-Diss. v. 1892

Auszug aus dem allgemeinen Berichte des Comités für auswärtige Beziehungen der Gr. Loge des Staates New York, für die Jahres-Versammlung am 4. Juni 1874. Entgegnung auf eine Denkschrift des Gr. Meisters der Gr. Loge von Hamburg Br. Glitza über das maurerische Sprengelrecht. Special-Referent der Br. M. Pinner. [Dresden 1874: Heinrich.] 15 S. 4°. [Kopftit.]

Pinner, Mart. Ludov. Franc. (geb. Cammin in Pomm. 4. 10. 1840): De Trichina spirali. Berolini 1866. (32 S.) 8°
Berlin, Med. Diss.
nachgeliefert v. dem am 10. Juli 1866 auf Grund gedruckter Thesen promov. Verf.

Pinner, Max [cand. med. aus Graudenz]: Casuistischer Beitrag zur Lehre von der Endocarditis des rechten Herzens ... München, kgl. Hof- u. Univ.-Buchdr. v. Dr. C. Wolf & Sohn, 1892; 24 S. 8.
München, Med. Fak., Inaug.-Diss. v. [20. Jan.] 1892

Pinner, Max, s.: **Neisser, A.,** stereoscop. medicin. **Atlas, Lfg. 14.**

Pinner, Moses

Pinner, M., Denkschrift für die Juden Preußens besonders für die Juden Berlin's, oder Gründliche Darstellung der den jüdischen Vorständen zustehenden Rechte in religiöser, politischer u. gesetzlicher Hinsicht. Nebst einem Anh.: Die jüdische Religion, ihr Verfall, ihre Verbesserung, ihre Andacht. Berlin 856. (Leipzig, C. L. Fritzsche.) 8. (2 Bl., 72 S.) n. 10 ngr.

— Geschichte der neuesten Reformen der jüdischen Gemeinde Berlin's und deren Bekämpfung. Ein Beitrag zur Cultusgeschichte der Juden. Berlin 857. (Leipzig, C. L. Fritzsche.) 8. (VI, 123 S.) n. 15 ngr.

Pinner, Mos., Compendium d. Hierosolymitan. u. Babylon. Thalmud. Ein Beitr. z. Geschichte der Israeliten u. e. Probeschrift der zu erscheinenden deutsch. Uebersetz. d. ganzen Thalmud. Uebers. u. erläut. Mit e. Vorr. v. Joh. Joach. Bellermann. 1. Bd. Entstehung, Sprache, Aechtheit d. Thalmud, Leben u. Thaten des Rabbi Simon, des Sohnes des Jochai. gr. 4. (22¼ B.) Berlin 832, (Lewent.)

Pinner, Prospectus d. d. odessaer Gesellschaft f. Geschichte u. Alterthümer gehörenden ältesten hebräischen u. rabbinischen Manuscripte. Ein Beitrag z. bibl. Exegese. Nebst e. lith. Facsimile des Proph. Habakuk aus e. Manuscripte v. Jahre 916 auf 3 Taf. (in ½ Fol.) gr. 4. (11¾ B.) Odessa 845. (Leipzig, Vogel.) *

Pinner: Offenes Sendschreiben an die jüdischen Gemeinden Preußens. Synagogal-Gebet der jüdischen Gemeinde zu Berlin während des siebenjährigen Krieges. Hebräisch u. deutsch zur Beachtung in gegenwärtiger Kriegeszeit beleuchtet. Berlin 1866.

— s. **Talmud Babli.**

Pinner, E. M., Talmud Babylonicum. Tractat Berachoth m. deutscher Uebersetzg. u. den Commentaren Raschi u. Tosephoth, nebst den verschiedenen Verbessergn. aller früheren Ausg. Hinzugefügt sind: Neue Lesarten u. Parallelstellen in allen Theilen dieses Tractates u. der Commentare, Vokalisation der Mischnah, Interpunktion der Mischnah u. Gemara, Raschi u. Tosephoth, Etymologie u. Uebertragg. der fremden Wörter, R. Ascher m. Erläuterg. der Halachah u. den abweich. Lesearten, R. Mosche's Sohnes, R. Maimon's, Commentar zur Mischnah m. Berichtiggn., Einleitg. in den Talmud, enth. Grundprincipien der Methodologie u. Exegetik d. Talmud. Neue Ausg. 6 Lfgn. Fol. (1. Lfg. 16 u. 48 S.) Berlin 883. Gorzelanczyk & Co. n. 12. —

—— was haben die Israeliten in Sachsen zu hoffen? s. **Was.**

Pinner, O., üb. Struma, s.: Sonderabdrücke der deutschen Medicinal-Zeitung.

Pinner, Rud., das endverlorene Lied. (246 S.) 8. Leipzig 909. Modernes Verlagsbureau. 4. —

Pinner, Rud., was ihm das Leben gab. Roman. (235 S.) 8. Berlin (906). Concordia. n. 3. —; geb. n. 4. —

Pinnock, Katechismus f. Kinder; enthält, was in frühern Jahren d. Kindern zu wissen nöthig ist; aus d. Engl. v. K. G. F. Schwalbe. 8. Leipz. (824.) Baumgärtner. 8 gr.

— üb. die Pflichten der Kinder gegen ihre Aeltern; aus d. Engl. v. K. G. F. Schwalbe. 8. Leipz. (824.) Baumgärtner. 8 gr.

Pinnow, Heinr., Tabelle üb. die Verwerthung d. Bodenflächen nach den pro Morgen festgesetzten Reinerträgen. Zum Gebrauch bei Gemeinheitstheilungen. qu. Lex.-8. (10 B.) Frankfurt a. O. 846, (Horwitzky'sche Buchh.) *

Pinnow, Hermann, a. Frankfurt a. M.: Untersuchungen zur Geschichte der politischen Spruchdichtung im XIII. Jahrhundert. Bonn 1906: C. Georgi. (53 S.) 8°
Bonn, Phil. Fak., Ref. Wilmanns, Diss. v. 4. Aug. 1906
[Geb. 17. Juli 84 Frankfurt a. M.; Wohnort: Frankfurt a. M.; Staatsangeh.: Preußen; Vorbildung: Goethegymn. Frankfurt Reife O. 02; Studium: Bonn 1, Berlin 1, Bonn 4 S.; Rig. 11. Juli 06.]

Pinnow, Johannes [aus Stettin]: Die Einwirkung von Benzolsulfochlorid auf Amidoxime ... Stettin, Druck v. F. Hessenland, 1892; 2 Bl., 43 S., 1 Bl. 8.
Berlin, Phil. Fak., Inaug.-Diss. v. 15. Juni 1892

Pinnow, Karl v. Behr-
s. **Behr**-Pinnow. [10. 2558

Pino, s.: **Belli de Pino.**

Pino, Manuel del, Handbuch der spanischen Umgangssprache, s.: **Ramshorn, Mor.**

Geschichte des Rothen Adler-, Kgl. Kronen-Ordens, denen assimilirten Medaillen d. Königl. u. Fürstl. Haus-Ordens von Hohenzollern und des Allgemeinen Ehrenzeichens. Gedenkschrift f. Commenthure, Ritter u. Inhaber dieser Orden u. Ehrenzeichen. 7. reich verm. u. verb. Aufl. verf. aus rein amtl. Quellen u. gütigen Einsendungen von [C.] Frh. **Pino** v. Friedenthal. Th. 1. [Mehr nicht erschienen.] *Berlin: Selbstverl. [1892].* (31 S.) 8° [F.] [04. 13626

Pinoff, Erwin, **leicht ausführbare Methoden der qualitativen Analyse vermittels des Lötrohrs.** (20 S. m. 1 Abb.) 8. Berlin 907. A. L. Herrmann. — 80
Sonderabdruck aus: „Der Drogenhändler".

Pinoff, Erwin Jakob, aus Görlitz: Diagnose von Pseudo-Säuren in festem Zustande durch die Ammoniak-Reaktion. *Würzburg 1903: C. J. Becker.* (124 S.) 8°
Würzburg, Phil. Diss. v. 1903

Pinoff, J., der Judenkampf. gr. 8. (2½ B.) Leipzig 845, Otto Wigand. *

Pinoff, Frdr., Handbuch der Hydrotherapie. gr. 8. (VII, 892 S.) Leipzig 879. O. Wigand. n. 6. —

Pinoff, F., die Rechtsprechung des Reichsgerichts in Strafsachen, in wortgetreuem Auszuge systematisch geordnet u. zusammengestellt. 1. Bd. Die Rechtsprechg. zur Strafprozeßordng. f. das Deutsche Reich. (VIII, 662 S.) Lex. 8. Berlin 907. F. Vahlen. 13.—; geb. n 14. 50

Pinoff, J., der Sozialismus in seiner wissenschaftl. Berechtigung. gr. 8. (IV u. 16 S.) Breslau 848, Trewendt & Granier in Comm. 3 ngr.

Pinoff, Isidorus *(geb. Noldau bei Namslau 1815)*: Artis obstetriciae Sorani Ephesii doctrina ad ejus librum „περὶ γυναικείων παθῶν" nuper repertum exposita. Vratislaviae (1840). (63 S.) 8°
[Im Buchhandel 1841 bei Friedlaender in Breslau.]
Breslau, Med. Diss. v. 26. Nov. 1840

Pinoff, Minna: Bazar für Frauenarbeit als Mittel z. Beförderung d. Erwerbsfähigkeit unter d. Frauen. — o. O. (1867). 7 S. 8°
Aus: Schles. Zeitung v. 27. Nov. 1867.

— Denkschrift zum Zwecke der Errichtung von Gewerbeschulen für Frauen. — (Berlin: Heymann 1869.) 9 S. 8° [Kopft.] (Pinoff, M.: Die Lösung d. Existenzfrage d. Frau. 1869. Anh.)

Pinoff, Minna, die Erziehung der Frau zur Arbeit. Ein Beitrag zur Lösung der socialen Lage der Frauen. Breslau 867. Maruschke & Berendt. gr. 8. (IV, 64 S.) n. 10 ngr.

— Zur Frauenfrage. — Breslau 1866: Jungfer. 16 S. 8°

Pinoff, Minna, die Lösung der Existenzfrage der Frau als Grundbedingung für die sittliche und geistige Gleichberechtigung der Frau. Anh.: Denkschrift zum Zwecke der Errichtung von Gewerbschulen für Frauen. gr. 8. (53 S.) Berlin 869, C. Heymann. [Bichteler und Comp.]

— Reform der weiblichen Erziehung als Grundbedingung zur Lösung der socialen Lage der Frauen. Breslau 867. Maruschke & Berendt. gr. 8. (VIII, 184 S.) n. 22½ ngr.

— die socialen Reformbestrebungen unserer Frauen. Entwurf zu einem Programm für Frauen-Vereine. gr. 8. (19 S.) Breslau 868, Maruschke und Berendt. *

Pinösch, Otto, bacc. iur., a. Ardez: Die Verteilung der Kompetenzen zum Abschlusse von Staatsverträgen in der Schweiz. Borna-Leipzig 1906: R. Noske. (IX, 136 S.) 8°
Leipzig, Jur. Fak., Diss. v. 24. Febr. 1906
[Geb. 16. Nov. 80 Ardez; Wohnort: Vulpera, Engadin; Staatsangeh.: Schweiz; Vorbildung: Kantonales Gymn. Chur Reife Juli 00; Studium: München 1, Bern 2, Berlin 2, Leipzig 2 S.; Rig. 11. März 04.]

Pins, Leopold, Tierarzt: Aus d. physiol. Inst. d. Univ. Münster. Dir.: Rosemann. Die Bedeutung der Gefrierpunktserniedrigung der Milch für die Milchkontrolle. Dülmen 1910: Sievert. 54 S. 8°
Leipzig, Veterinär-Med. Diss. v. 20. Juni 1910, Ref. Pusch
[Geb. 20. Jan. 84 Dülmen; Wohnort: Dülmen; Staatsangeh.: Preußen; Vorbildung: Gymn. Koesfeld Reife O. 04; Studium: Tierärztl. Hochschulen München 1, Hannover 7 S.; Coll. 30. Juli 10; Approb. 6. Jan. 09.] [U 10. 3041

Pinschin [Schlagwort]

Pinschin, s.: Preussen. Messtischblätter.

Pinschof, Anna, die Froschbraut, s.: Bloch's, Ludw., Kinder-Theater.

— Der Froschkönig, s.: Bloch's, Ludw., Kinder-Theater.

Pinsdörffer, Michael (Riga), *ΟΥΡΑΝΟΛΟΓΙΑΝ.* Präs. Joh. Baptist Roeschel. Wittenberg (J. G. Meyer) 1. VII. 1705. (4.75) 26528
Widm. v.: Johann Deutschmann, Philipp Ludw. Hanneken, Joh. Georg Neumann, C. S. Schurzfleisch, Joh. Baptist Roeschel, G. Wernsdorff, C. Warlitz.

Pinsel, Der. An die Fräulein von Vrints. [Bremen 1738.] V: *Renner, Caspar Friedrich.* (Mn)

Pinsel-Fabriken, Vereinigte: Preisliste für Pinsel zum medicinisch-pharmaceutischen Gebrauch. Nürnberg 1904

Pinsel-Fabriken, Vereinigte: Preisliste über Rasierpinsel usw. Nürnberg 1904

Pinselstriche zu einem historisch-philosophischen Gemälde der Menschen und der Menschheit . . . Riga 1794. V: *Freytag, Friedrich Carl.* (Ky)

Pinselstriche zu e. histor.-philosoph. Gemälde der Menschen u. der Menschheit; aus d. Russisch. Gesch., (v. F. K. Freytag). gr. 8. Riga 794. Hartknoch. 12 gr.

Pinselstriche aus Leben u. Natur. Von Gräfin Marie Anna. (VIII, 92 S.) kl. 8. Dresden (909). E. Pierson. 1.50; geb. n 2. 50

Pińsk [Schlagwort]

Pińsk, s.: Europa. Uebersichtskarte.

Pinsker, Jacob: Zur analytischen Bestimmung der Unterphosphorsäure, phosphorigen Säure und unterphosphorigen Säure einzeln und nebeneinander. Zur Kenntnis der Unterphosphorsäure. (Berlin 1909: A. W. Schade.) 30 S. 8°
Berlin, Phil. Diss. v. 14. Aug. 1909, Ref. Nernst
[Geb. 20. Sept. 70 Petrowitzi; Wohnort: Charlottenburg; Staatsangeh.: Rußland; Vorbildung: Privatunterricht; Rig. 15 Juli 09.] [U 09. 249

Pinsker, Leo, Autoemanzipation. Mahnruf an seine Stammesgenossen v. e. russ. Juden. Mit e. Vorwort v. M. T. Schnirer. 2. Aufl., veranstaltet v. der akadem. Verbindg. „Kadimah" (Wien) anlässlich ihres 40semestr. Stiftungsfestes. (31 S.) gr. 8. Brünn 903. (Verlag „Jüd. Volksstimme".) n. — 80

Pinsker Rudolf: Friedr. Aug. von Staegemann und seine Kriegslyrik.
II. 1908 PN 2594 Diss. Wien, Univ.

Pinsker, Simcha

Pinsker, S., Einleitung in das babylonisch-hebräische Punktationssystem nach den im „Odessaer Museum der Gesellschaft für Geschichte und Alterthümer" befindlichen Handschriften [unicis] bearb., [mit Vokaltafel u. einem Facsim. (in gr. 4.)] nebst einer Grammatik der hebräischen Zahlwörter [Jesod Mispar] von Abraham ben Ersa, aus Handschriften herausg. u. commentirt. Wien 863. (Gerold.) gr. 8. (XLIV, 196 S.) n. 2 ₰ 6 ngr.

Pinsker, S., Liqqûṭê qadmônijôt ... Lickute kadmoniot. Zur Geschichte des Karaismus und der karäischen Literatur. Wien 1860.

Pinsker, Simcha. Maskir lbne reschep. Superstitum post ill. Simcha Pinsker manuscriptorum Hebraicorum et Arabicorum catalogus ... in ordinem redegit Jehuda Bardach. Extractus ex „Haschachar".] Vindobonae 1869.

Pinsker, Vinc., der Lippische Schiedsspruch. Krit. Bemerkgn. (Verm. Sonderabdr. aus d. „Politik".) gr. 8. (82 S.) Prag 898. (F. Řivnáč.) n.n. 1. 70

Pinsker, Vinzenz, die Succession in die gräfl. Kaunic'sche Secundogenitur Jaroměřic. Genealogisch-krit. Studie. (76 S. m. 1 Stammtaf.) Lex. 8. Prag 900. (Akadem. Antiquariat Taussig & Taussig.) 2. —

PINSKER, Wenceslaus: De initiis religionis christianae in Bohemia usque ad erectionem episcopalis sedis Pragensis. — (1909) 181 Bl. 4° (Handschr.)
Diss. Wien, Univ.

Pinski, David. Das Yiddische drama. NY. 1909.

David **Pinski**. Der Schatz. Komödie in 4 Akten. (Deutsch von Fega Frisch.) Berlin: E. Bloch (1910). 131 S. 8° A 12. 8297

Pinski, Dav., Eisik Scheftel. Ein jüd. Arbeiterdrama in 3 Akten. Autoris. Uebertragg. aus dem jüd. Mskr. v. Mart. Buber. (103 S.) 8. Berlin(-Charlottenburg) (905) Köln, Jüd. Verlag. n. 2. —; geb. n. 3. —

F[riedrich] **Pinski**. Der Materialismus. Berlin o. J.: Sittenfeld. 12 S. 8°. [Kopftit.]

F[riedrich] **Pinski**: Naturgesetz und Sittengesetz. Berlin 1910: Menzel. 10 S. 8°.

F[riedrich] **Pinski**. Das verlorene Paradies. Braunschweig 1908: Appelhaus & Comp. 16 S. 8°.

Pinski, F., der höchste Standpunkt der Transzendentalphilosophie. Versuch e. Vervollständigg. u. systemat. Darstellg. der letzten Gedanken Immanuel Kants. (VII, 151 S.) 8. Halle 911. H. Peter Verl. 2. —

F[riedrich] **Pinski**. Die Unsterblichkeit der Seele. Berlin 1909: Menzel. 12 S. 8°.

F[riedrich] **Pinski**: Die Vereinbarkeit der Gerechtigkeit u. Liebe Gottes mit dem Übel in der Welt. Berlin [1907]: Denter & Nicolas. 11 S. 8°. [Kopftit.]
abgedr. in: BrL. 26 (1908) Nr. 7.

F[riedrich] **Pinski**: Das Wachstum der inneren Persönlichkeit. Berlin 1910: Menzel. 12 S. 8°.

de Pinta, Thom., s. Pascheles, Wolf, Leben und Wirken Salomon Heine's.

Pinte von Amsterdam, eingemachte Esraugim, s. Gedichte und Scherze in jüdischer Mundart.

PINTELMANN: Die wilden Kaninchen und deren Vertilgung in der kgl. Oberförsterei Durowo. - Neudamm 1909. 8 S.

Pintemonte, Hippolit., üb. den gegenwärt. Geschm. d. Italiener in den schön. Wissensch. a. d. Ital. v. Jagemann. 8. Halle, Franke. 788.

Pinter u. Feron, geometrische Ausmessungen des Pferdes, aus dem Franz. von Schwab, mit 2 Abbild. 8. Münch. Lindauer. 813.

Pinter u. Feron, geometr. Ausmessungen des Pferdes; aus d. Französ. v. Schwab. Mit 2 Abbild. 8. Münch. 814. J. Lindauer. 4 K

Pinter, Herm., Allerlei f. Kinder. gr. 8. (10 Chromolith. auf Carton m. 1 S. Text.) Chemnitz 885. Troitzsch. geb. n. 1. —

Pinter, Herrm., das beste Bilderbuch für kleine Kinder. gr. 4. (12 Chromolithogr. mit 12 S. Text.) Chemnitz 883, [Friese's Buchh.] Troitzsch. geb. M 2,10.; (unzerreißbar) *
Auf Leinw. gebr. *

PINTER, Jacob: De locis quibusdam Taciti Agricolae. — 1888. 23 S. Diss. Graz, Univ.

Pinter, Nicolaus, (Rhenanus): Lucanus in tradendis rebus geographicis quibus usus sit auctoribus. *Monasterii Guestf. 1902: I. Bredt.* (51 S.) 8°
Münster, Phil. Diss. v. (12. Aug.) 1902

Pinth, Jean Baptiste: Einige F i n g e r z e i g e für angehende Choralsänger, gesammelt von einem Gesangfreunde. Luxemburg: St. Paul.- Ges. 1888. 15 S. 8°

Pinth, J.-Bapt., kleine Grammatik der Schleyer'schen Weltsprache Volapük. gr. 8. (8 S.) Konstanz 900. Schleyer's Weltsprache-Zentralbüro. (Nur direkt.) n. — 10

Pinth, Jean Baptiste: Kleine G r a m m a t i k der Schleyer'schen Weltsprache Volapük. Verlag des Weltsprachebureaus von M. Schleyer in Konstanz. Luxemburg: St. Paul.- Ges. 1900. 8 S. 8°

Pinth, Jean Baptiste: H a n d b ü c h l e i n der Bruderschaft Jesus, Maria und Joseph, unter dem Schutz und Schirm des hl. Franz Xaver zur Beförderung der christlichen Lehre und um ein glückliches Leben und einen seligen Tod zu erlangen. Bearbeitet für die Mitglieder der Bruderschaft zu Eschdorf. Luxemburg: St. Paul.- Ges. 1889. 24 S. 12°

Pinth, Y. B., Summa regularum grammaticae. (Volapük.) 8. (4 S.) Konstanz 898. Schleyer's Weltsprache-Zentralbüro. n. — 05

Pinth, Jean Baptiste (Übers.), s. T h o m a s von Kempen: Buks fol dö Züp Kristusa.

Pinth, Jean Pierre: B e r i c h t über Leben und Wirken des Luxemburger Gesellenvereins, sowie des von den Gesellen patronirten Lehrlingsvereins. Von Juli 1889 bis Juli 1890. Luxemburg: St. Paul.- Druck [1890]. 16 S. 8°

Pinth, Jean Pierre: B e r i c h t über Leben und Wirken des Luxemburger Gesellenvereins, sowie des von den Gesellen patronirten Lehrlingsvereins. Von Juli 1890 bis Juli 1891. Ebd. [1891]. 18 S. 8°

Pinth, Jean Pierre: B e r i c h t über Leben und Wirken des Luxemburger Gesellenvereins, sowie des von den Gesellen patronirten Lehrlingsvereins. Von Juli 1891 bis Juli 1892. Ebd. [1892]. 16 S. 8°

Pinth, Jean Pierre: B e r i c h t über Leben und Wirken des Luxemburger Gesellenvereins, sowie des von den Gesellen patronirten Lehrlingsvereins. Von Juli 1892 bis Juli 1893. Ebd. [1893]. 16 S. 8°

Pinth, Jean Pierre: B e r i c h t über Leben und Wirken des Luxemburger Gesellenvereins, sowie des von den Gesellen patronirten Lehrlingsvereins. 30. Vereinsjahr. Von Juli 1893 bis Juli 1894. Ebd. [1894]. 16 S. 8°

Pinth, Jean Pierre: B e r i c h t über Leben und Wirken des Luxemburger Gesellenvereins, sowie des von den Gesellen patronirten Lehrlingsvereins. 31. Vereinsjahr. Von Juli 1894 bis Juli 1895. Ebd. [1895]. 16 S. 8°

Pinth, Jean Pierre: B e r i c h t über Leben und Wirken des Luxemburger Gesellenvereins, sowie des von den Gesellen patronirten Lehrlingsvereins. 32. Vereinsjahr. Von Juli 1895 bis Juli 1896. Ebd. [1896]. 16 S. 8°

Pinth, Jean Pierre: B e r i c h t über Leben und Wirken des Luxemburger Gesellenvereins, sowie des von den Gesellen patronirten Lehrlingsvereins. 33. Vereinsjahr. Von Juli 1896 bis Juli 1897. Ebd. [1897]. 16 S. 8°

Pinth, Jean Pierre: L i e d e r - S a m m l u n g, zusammengestellt für Vereine junger Handwerker. Luxemburg: St. Paul.-Ges. 1892. 31,1 S. 16°

Pinther, Adolf Friedrich (Schneeberg), Nonnulla de pneumothorace. Diss. med. Leipzig (G. Kreysing) 11. II. 1859. 22 S. mit Biogr. (M.: S. Loeffler). (2.75) 26529

Pinther, Carl Heinrich, s. P i n t h e r , Karl Heinrich

— Johann (Langenbernsdorf/Meißen), De quaestione an condictio indebiti solutione per errorem juris facta, locum habeat? Präs. Abraham Kaestner. Leipzig (Stopffel) 12. VIII. 1744. 10 S. (4.—) 26531

Pinther, Karl Heinrich

— Carl Heinrich (Waldenburg / Schoenburg), Jur. publ. quo possessiones principum ac comitum dynastarum a Schoenburg in Saxonia electorali sitae utuntur adumbratio. Leipzig (C. Tauchnitz) 29. V. 1800. 70 S. (5.—) 26530
Gew.: Christoph Pinther (Vater).

Pinther, **Karl Hnr., Diss. inaug. juris publ., quo possessiones Principum ac Comitum Dynastarum a Schoenburg in Saxonica Elector. sitae etc. 4. Leipz. 800. . . . — Deutsch unt. d. T.: Beschreib. d. in Kursachsen gelegenen Schönburg. Besitzungen in geograph., histor., statist. u. staatsrechtl. Hinsicht. 8. Pirna 801.**

Pinther, Karl Hnr., allgem. Landrecht f. d. Königr. Sachsen. 1r Thl, 1r Bd. gr. 8. Dresd. u. Lpz. 807. Arnold. 16 gr. Be: Er. Fleischer. 2 ß 16 gr.

Pinther, Rudolf Woldemar, Referendar: Die rechtliche Stellung der Liquidatoren einer offenen Handels-Gesellschaft nach geltendem Rechte. Dresden 1909: Cäsar. X, 54 S. 8°
Leipzig, Jur. Diss. v. 9. Juli 1909
[Geb. 22. Mai 82 Zwickau i. S.; Wohnort: Zwickau; Staatsangeb.: Sachsen; Vorbildung: Gymn. Zwickau Reife O. 02; Studium: Freiburg i. B. 3, Berlin 1, Leipzig 3 S.; Rig. 23. Jan. 06.] [U 09. 2026

Pinthus, Heinrich, Referendar: Ueber den Begriff des Verwaltungsrechts am fremden Vermögen nach geltendem Recht und seine Bedeutung im römischen Familienrecht. Berlin 1909: Ebering. 115 S. 8°
Berlin, Jur. Diss. v. 8. Juli 1909, Ref. Hellwig
[Geb. 25. Okt. 84 Berlin; Wohnort: Charlottenburg; Staatsangeb.: Preußen; Vorbildung: Friedrichs-Gymn. Berlin Reife M. 02; Studium: München 1, Freiburg i. B. 1, Berlin 4 S.; Rig. 25. Mai 09.] [U 09. 13

Pintner, Thdr., **die Aalfrage,** s.: V o r t r ä g e des Vereines zur Verbreitung naturwissenschaftlicher Kenntnisse in Wien. 48. Jahrg. 4. Heft.

— Ameisen unter sich u. ihre Gäste, s.: V o r t r ä g e des Vereines zur Verbreitung naturwissenschaftlicher Kenntnisse in Wien. 47. Jahrg. 1. Heft.

Pintner, Thdr., neue Beiträge zur Kenntniss d. Bandwurmkörpers. [Aus: „Arbeiten d. zoolog. Instituts".] gr. 8. (28 S. m. 2 Taf.) Wien 890. A. Hölder. n. 4. 80

Pintner, Th., zu den Beobachtungen üb. d. Wassergefässsystem der Bandwürmer. [Aus: „Arbeiten des Zoolog. Instituts zu Wien".] gr. 8. (3 S.) Wien 881. Hölder. n. — 40

— üb. Cercaria Clausii Monticelli. [Aus: „Arbeiten d. Wiener zoolog. Instit."] gr. 8. (10 S. m. 1 Taf.) Ebd. 891. n. 2. 80

Pintner, Thdr., Einiges üb. Regeneration im Tierreiche, s. a Vorträge des Vereines zur Verbreitg. naturwiss. Kenntnisse in Wien. 45. Jhrg. 2. Hft.

Pintner, Th., Einiges über Regeneration im Tierreiche. [Vorträge des Vereines zur Verbreitung naturwissenschaftlicher Kenntnisse in Wien. 45. Jahrg. Heft 12.] 8°. (ill. 27 S.) † K —.80
Wien: Braumüller 1905.

— die Grubenwurmkrankheit u. ihr Erreger (Ankylostoma), s. a Vorträge des Vereines zur Verbreitung naturwiss. Kenntnisse in Wien. 45. Jhrg. 2. Hft.

Pintner, Th., Die Grubenwurmkrankheit und ihr Erreger (Ankylostoma). [Vorträge des Vereines zur Verbreitung naturwissenschaftlicher Kenntnisse in Wien. 45. Jahrg. Heft 2.] 8°. (ill. 32 S.) † K —.70
Wien: Braumüller 1905.

— aus dem Leben der Ameisen, s. a Vorträge des Vereines zur Verbreitung naturwiss. Kenntnisse in Wien. 46. Jhrg. 3. Hft.

Pintner, Th., Aus dem Leben der Ameisen. [Vorträge des Vereines zur Verbreitung naturwissensch. Kenntnisse in Wien. XLVI. Jahrg. Heft 3.] 8°. (46 S.) K 1.—
Wien: Braumüller 1906.

— Messina, e. zerstörtes Paradies der Zoologen, s.: Vorträge des Vereines zur Verbreitung naturwissenschaftl. Kenntnisse in Wien. 49. Jahrg. 5. Heft.

— Nachklänge zum Darwinjubiläum, s.: Vorträge des Vereines zur Verbreitung naturwissenschaftlicher Kenntnisse in Wien. 50. Jahrg. 2. Heft.

— **Studien an Tetrarhynchen, nebst Beobachtgn. an anderen Bandwürmern. 1. Mittheilg. [Aus: „Sitzungsberichte d. k. Akad. d. Wiss."] Lex.-8. (46 S. m. 4 Taf.) Wien 893. (F. Tempsky.)** n. 1. 60

Pintner, Thdr., Studien üb. Tetrarhynchen, nebst Beobachtgn. an anderen Bandwürmern. II. Mittheilg. Über e. Tetrarhynchenlarve aus dem Magen v. Heptanchus, nebst Bemerkgn. üb. das Excretionssystem verschied. Cestoden. [Aus: „Sitzungsber. d. k. Akad. d. Wiss."] gr. 8. (31 S. m. 4 Taf.) Wien 896. (C. Gerold's Sohn.) n. 1. 80 (I. u. II.: n. 3. 40)

— Studien üb. Tetrarhynchen nebst Beobachtungen an anderen Bandwürmern. (III. Mitteilg.) Zwei eigentüml. Drüsensysteme bei Rhynchobothrius adenoplurius n. u. histolog. Notizen üb. Anthocephalus, Amphilina u. Taenia saginata. (57 S. m. 4 Taf.) gr. 8. Wien 903. (A. Hölder.) n. 1. 70; (I—III.: n. 5. 10)
Sonderabdruck aus: „Sitzungsber. d. k. Akad. d. Wiss."

—— Untersuchungen über den Bau des Bandwurmkörpers mit besond. Berücksicht. der Tetrabothrien und der Tetrarhynchen. gr. 8. (80 S. mit 5 lithogr. Taf.) Ebendas. 880. *
Vorstehende Schrift aus: Arbeiten aus dem zoologischen Institute der Universität Wien, besonders abgedruckt.

Pintner, Th., neue Untersuchungen üb. den Bau d. Bandwurmkörpers. I. Zur Kenntniss der Gattg. Echinobothrium. [Aus: „Arbeiten d. zoolog. Instit. d. Univers. Wien".] gr. 8. (50 S. m. 3 Taf.) Wien 889. Hölder. n. 8. —

— Vorarbeiten zu einer Monographie der Tetrarhynchoideen (mit 4 Taf. und 15 Textfiguren). S. 122. 1. 171 . . . . 4.50
Separatabdruck

Pinto, Joseph Mendes, eine jüdische Geschichte . . . Leipzig 1802. V: *Naubert, Christiane Benedicte Eugenie geb. Hebenstreit.* (MGT) (Ky) (EE)

Pinto, Joseph Mendez, eine jüdische Geschichte. 8. Leipzig, Bergang. 802. (Reimer in Berlin.)

Pinto, C. Vide: Revue (Berliner).

Pinto, Clemens Graf, s. Pinto, Klemens Graf

Pinto, J.

— der Jude f. d. Religion, od. Beweisgründe wider die Materialisten; aus d. Französ. 8. Frankf. 776. v. Düren. 8 gr.

v. Pinto, J., Kern der Beweisgründe wider d. Materialisten, übers. v. J. L. K. Mümler. gr. 8. Helmst. 778. Kühnlin. 12 gr.

PINTO, J., Schreiben über das Kartenspiel und dessen Einfluss auf die gesitteten Zustände. London 1768.
Weller, fing. Dr. — Rar!

PINTO, J. M., Versuch über den Luxus. Amsterdam 1762.
Weller, fing. Druckorte. — Selten!

Pinto, Isaac de. Sammlung von Aufsätzen, die grösstentheils wichtige Puncte der Staatswirthschaft betreffen. A. d. Franz. Liegnitz u. Leipzig 1776—77. Ü: *Struensee von Karlsbach, Carl August.* (CBH)

Pinto, Klemens Graf

Pinto, Clemens (Graf). Schach dem Minister Hansemann. Berlin, Stuhr 1848. 56 S. 8.

Pinto, Clem., zur Situation. Berlin 859. Heinicke. gr. 8. (24 S.) n. 5 ngr.

—— einige Worte an Hrn. v. Bülow-Cummerow über seine neueste Broschüre: Die gegenwärt. allgem. Creditlosigkeit und die Mittel sie gründlich zu heilen." gr. 8. (16 S.) Berlin 848, Stuhr'sche Buchh. *

— über den Wucher. gr. 8. (31 S.) Berlin 851, Springer. 6 ngl

Pinto, Clemens Graf. Ueber die europäischen Zustände. Berlin, Stuhr 1848. 15 S. 8.

Pinto's, Serpa, Wanderung quer durch Afrika vom Atlantischen zum Indischen Ocean durch bisher größtentheils gänzlich unbekannte Länder, die Entdeckung der großen Nebenflüsse des Zambesi, nach des Reisenden eigenen Schilderungen frei übers. von H. v. Wobeser. Mit 24 Tonbildern, über 100 Holzschn. im Text, 1 großen und 13 kleinen Karten. 2 Bde. gr. 8. (XIV, 349; VI, 334 S.) [Leipzig 881, Hirt und Sohn.] Gera, Griesbach's Verlag. M 27.; geb.

Pinto, Souza

Pinto, S., neues deutsch-portugiesisches u. portugiesisch-deutsches Taschenwörterbuch, s.: Enenkel, A.

— dasselbe, s.: Robolsky, H.

Pinto, J. R. da Gama, Untersuchungen üb. intraoculare Tumoren. Netzhautgliome. Mit 6 lith. Taf. gr. 8. (IV, 99 S.) Wiesbaden 886. Bergmann. n. 4. 60

Pinto Mendez, Fernando

Pinto's, Fern. Mendez, abenteuerliche Reise, s. Bibliothek geograph. Reisen.

Pinto, Fernand Mendez: Abenteuerliche Reise durch China, die Tartarei, Siam, Pegu und andere Länder des östlichen Asiens. Neu bearbeitet von Ph. H. Külb. Jena 1868. XVI, 412 S.
= Bibliothek geographischer Reisen und Entdeckungen älterer und neuerer Zeit. Bd. 2. 8°.

Pinto Mendez, F., abentheuerl. Reisen, s. Reisenden, die, der Vorzeit.

— J. Mentez, abenteuerliche Reisen d. Ostindien u. Sina. 8. Jena. Crocker. 809.

Pinto-Mettkau, Graf, Suum cuique und die von Hansemann aufgepflanzte Fahne. gr. 8. (83 S.) [Breslau 876, Gosohorsky's Buchh.] Freiburg i. Br., Kiepert. *

Pintsch, Julius, A. G: Ammoniakwasser-Verarbeitungs-Anlagen System »Dr. Feldmann-Pintsch«. Berlin 1908

Pintsch, Julius, Berlin, Beleuchtungs-System.

Pintsch, Julius, A.-G: Druckschriften betr. Gasapparate usw. 1908—1911 ff. Berlin

Pintsch, Julius, A.-G: Druckschriften betr. Elektrische Zugbeleuchtung. No 144. 1910 ff. Berlin

Pintsch, J: Einrichtung von Eisenbahnfahrzeugen, Pferdebahnwagen, Signalen, Dampfschiffen, See-, Strom- und Küstenschiffahrts-Zeichen usw. zur Gasbeleuchtung nach patentirtem System. Berlin . . . 1881

Pintsch, Julius, A. G: Einzelteile zur Dampfheizung für Eisenbahnwagen. Berlin 1909

Pintsch, J: Fabrikation von festen und schwimmenden Seezeichen jeder Größe. Berlin (1900)

Julius Pintsch. Zur Feier des 50jährigen Bestehens der Firma. Berlin 1893.

Pintsch, J: Ueber Fettgasbeleuchtung. Vortrag. Berlin 1881 (Aus: Glaser's Annalen f. Gewerbe u. Bauw. Bd 9 H. 6. 7)

Pintsch, R: Das Gasglühlicht. Vortrag. Berlin 1886 (Aus: Glaser's Annalen f. Gewerbe u. Bauw. Bd 19 H. 8)

Pintsch, Julius, A.-G: Registrierender Gasprüfer. Berlin 1909

Pintsch, Gebr.: Katalog 1902/1903 über Glühlampen. Berlin (1903)

Pintsch, Julius, A.-G.: Kataloge usw. Berlin
Abt. 1. Steinkohlengas. Bd 1. 2. 1906 ff.
Abt. 2. Wassergas. 1904 ff.
Abt. 3. Bahngas. Bd 1. 2. 1898 ff.
Abt. 4. Generatorgas. 1908 ff.
Abt. 5. Desinfektion. 1903 ff.
Abt. 6. Gasstromregler. 1909 ff.
Abt. 7. Waggonbeleuchtung. Bd 1. 2. 1897 ff.
Abt. 8. Seezeichen. Bd 1—6. 1910 ff.
Abt. 9. Trockenapparate. 1907 ff.
Abt. 10. Ammoniak. 1908 ff.
Abt. 11. Gasprüfer. 1909 ff.
Abt. 12. Gasmesser. 1910 ff.
Abt. 13. Jnvert. 1910 ff.
Abt. 14. Laternenbau. 1908 ff.
Abt. 15. Preßgas-Preßluft-Beleuchtung. 1911 ff.
Abt. 16. Fernzünder. 1911 ff.
Abt. 17. Elektrische Zugbeleuchtung. 1910 ff.
Abt. 18. Dampfheizung. 1909 ff.
Abt. 19. Rahmenbau. 1911 ff.
Abt. 20. Allgemeiner Maschinenbau. 1909 ff.
Abt. 21. Übersichten. Bd 1—3. 1909 ff.
Abt. 22. Thomas-Messer. 1912 ff.
Abt. 23. Montage- und Bedienungsvorschriften. 1908 ff.
Abt. 24. Glühlampenfabrik u. B. S. V. 1912 ff.
Abt. 25: Pintsch u. Dr. Otto G. m. b. H. Berlin-Bochum 1920 ff.
Abt. 26: Mess- und Registrierapparate 1911 ff.
Abt. 27: Gnom. 1927 ff.
Abt. 28: Teo. 1927 ff.
Abt. 29: Luft- u. Straßenverkehrssignale. 1925 ff.

Pintsch, J: Musterzeichnungen für Armaturtheile zur Beleuchtung von Fahrzeugen. Berlin (1881)

Pintsch, R: Ueber den Druck- und Vakuummesser System Ochwadt. Vortrag. Berlin 1883

Pintsch, Julius, A.-G: Retortenöfen »Pintsch-Hermansen«. Berlin 1910

Pintsch, Julius, Seeweg-Beleuchtung, System Julius Pintsch. Berlin 1890.

Pintsch, Julius: Signal- und Nebelhorn für Dampfschiffe Zungenhorn »Stentor«. Berlin (1901)

Pintsch, Julius: Jllustrierter Specialkatalog über Gasmesser, Gasapparate usw. Berlin 1900

Pintsch, J., A.-G: Tafeln [betreffend Seezeichen]. Berlin (1900)

Pintsch, Julius, A. G: Jll. Übersicht über unsere Fabrikate. Berlin 1909

Pintsch, Julius: Wassertiefenmesser. Berlin (1908?)

Pintsch, Jul., Widerstandsfähigkeit verschiedener Metalle gegen die Einwirkung der Verbrennungsgase v. Gasmotoren. Nach den Ermittelgn. der Abteilg. f. Sauggasanlagen der Firma Julius Pintsch in Berlin-Fürstenwalde. (4 S. m. Abbildgn.) 4. Berlin (906). Boll & Pickardt. n. — 50
Sonderabdruck aus: „Die Gasmotorentechnik".

Pintschovius, Aemilius Katalog der Lehrer-Bibliothek. 8 (22 S.).
Progr. Wilhelms-Sch. *Segeberg* 1888 (zu 282)

Pintschovius, Aemilius: Xenophon de vectigalibus V, 9 und die Überlieferung vom Anfang des phokischen Krieges bei Diodor. *Hadersleben 1900: W. L. Schütze.* (31 S.) 4° [J. u. Ant.]
Hadersleben, k. G (Johanneum), P 1900 (207)

Pintschovius, Erich, aus Strassburg [!] i. U.: Zur Ätiologie der Skoliose. *Greifswald 1899: J. Abel.* (24 S.) 8°
Greifswald, Med. Diss. v. 7. März 1899

Pintschovius, Julius, s. Pintschovius, Aemilius

Pintschovius, Karl, Schiller u. Jena. Mit Zeichngn. versehen v. L. B. Heyder. (32 S.) 8. Jena 907. (Frommann'sche Hofbuchh.) — 90

Pintus, J., illustrirte Beschreibungen landwirthschaftlicher Maschinen, s. Beschreibungen.

Pintus & Co, Brandenburg. Illustrierte Beschreibungen lanwirtschaftlicher Maschinen. 4° Berlin 1860

Pintus, J., die Ernte. Betrachtungen über die Arbeit während derselben. Berlin 865. Wiegandt & Hempel. gr. 8. (28 S. mit eingedr. Holzschn.) 1 *ngr.*

— die Mähe-Maschine. Eine monographische Skizze. Mit zahlreichen Holzschn. (im Text). Berlin 862. Bosselmann. (Wiegandt & Hempel.) gr. 4. (2 Bl., 35 S.) n. 20 *ngr.*

—— die landwirthschaftlichen Maschinen und Ackergeräthe auf der Industrie-Ausstellung aller Nationen zu London 1862. Bericht, erstattet dem Königl. Preuß. Ministerium für die landwirthschaftl. Angelegenheiten. Mit zahlreichen Illustr. und 18 Kpfrt. 4 Hefte. (à 3—4 Bog.) gr. 4. Berlin 863, Barthol und Comp. Subscr.-Pr. * 2 Thlr. 15 Ngr.; Ladenpr. *

(Pintus, J.,) Mittheilungen über neue landwirthschaftliche Maschinen und Geräthe von J. Pintus & Co., Brandenburg a. H. und Berlin. Jahrg. 1859. 12 Nrn. (à ½ Bgn.) Berlin, (Springer'sche Buchhdlg.) gr. 8. n. 10 *ngr.*

Pintus, J., das Mastfütterungssystem und die Mastmaschine. Eine Sammlung von Mittheilungen über diesen Gegenstand aus Deutschland und England. 1. Aufl. (27 S.) 1859. und 2., verm. Aufl. gr. 8. (30 S.) Berlin 860, [Wiegandt und Hempel.] Thlr. *

(Pintus.) Preis-Verzeichniß nebst Abbildungen und Beschreibungen von landwirthschaftlichen Maschinen u. Ackergeräthen aus der Maschinen- und Patent-Waagen-Fabrik von J. Pintus u. Co. in Brandenburg a. H. (Berlin 858. J. Springer.) gr. 8. (32 S. m. Holzschn. im Text.) 5 ngr.

Pintus, Walter, cand. med. aus Stuttgart: (Aus d. psychiatr. Klinik zu Straßburg.) Opticusatrophie als Frühsymptom von Paralyse. *Straßburg i. E. 1904: C. Müh & Co.* (25 S.) 8°
Straßburg, Med. Diss. v. 1904

Pinus, A. L., Gärtners Frühlingstraum. Szenische Darstellgn. aus dem deutschen Gärtner-Vereinsleben m. 2 leb. Bildern („Floras Verheißg." u. „Der Triumph der Einigkeit") u. e. Prolog: Widmung an Deutschlands Gärtner. (24 S.) gr. 8. Berlin 900. Verlagsbuchh. des allgem. deutschen Gärtner-Vereins. n. — 30

Pinus, L. Felix [Pseud.] s. Pinkus, Lazar Felix

Pinyen, E. H. v., Vivat academia! Leiden u. Freuden eines bemoosten Hauptes, in 12 Gesängen besungen. 2. Aufl. gr. 16. (116 S.) Rostock 877. Stiller. n. 1. 20

Pinzgau [Schlagwort]

Pinzgau, s.: Alpen.

Pinzgau, s.: Tirol. Meurer, J.

Pinzgau, s.: Touristenkarten. Freytag.

Pinzger, Ant., Erläuterungen zum Gesetze vom 19. April 1885 betr. die provisorische Regulirung der Congrua. gr. 8. (22 S.) Linz 885. (Haslinger.) — 30

Pinzger, Aem. De Iliadis interpolatione XI. vs. 655—803. quaest. crit. 14 S. . . . .
Ratibor, Progr. 1836

Pinzger, Gustav

Pinzger, Gust., Alexandrien unt. d. ersten Ptolemäern. Progr. gr. 4. (4½ B.) Liegnitz 835, (Kuhlmey.) *

Pinzger, G., Anmerkungen zu Lykurgos Rede wider Leokrates. 1824. 290 S.

— s. Aeschylus, Persae.

Pinzger, G. Ueber die Charaktere des Theophrast. I. II. (Krit. Inhalts, bes. in Bezug auf den Cod. Monacens. des genannten Werkes.) 16 und 12 S. . . . .
Ratibor, Progr. 1833, 1839

Pinzger, Gust., Eclogae poetar. latinor., s. Eclogae etc.

— Eclogae poetarum latinorum ad initiandam poesi Romana juventutem studiosam collectae et secundum optimam cujusque poetae recensionem passim refictam editae. Pars I. In usum III. et II. Gymnasiorum classis. 8maj. Liegnitz 834. Kronecker. ½ ℛ

— Eclogae poetar. latinor. ad initiandam poesi romana juventutem studiosam collectae et secundum optimam cuiusq. poetae recens. passim refictam editae. In us. III. et II. Gymnasior. classis. (Neue wohlf. Ausg.) 8maj. (19½ B.) Lignicii 841, Kronecker.

— Einladung zur öffentl. Prüfung d. Schüler des evangel. Königl. u. Stadt-Gymnasiums in Liegnitz d. 13, 14. u. 15. April 1835 enthaltend. 1) Alexandrien unter d. Ptolemäern. 2) Schulnachrichten von Ostern 1834 bis dahin 1835. gr. 4. Liegnitz 835. (Kuhlmey.) n. 1/6 ℛ

— Elementarwerk d. griech. Sprache. 1. Curs. — A. u. d. T.: Formenlehre d. griech. Sprache, besond. d. attischen u. allgem. Dialects. (Mit Uebungsbeispielen u. Sätzen z. Uebersetzen ins Deutsche u. Griech.) 1. Aufl. (18½ B.) 828., 2., verb. A. (20 B.) gr. 8. Breslau 834, [W. G. Korn.] à

— dass. 2. Curs. — A. u. d. T.: Formenlehre d. epischen u. ion. Dialects d. griech. Sprache. Ein Hülfsbuch f. d. Anfang der Lesung d. Homer u. Herodot. gr. 8. (5 B.) Ebds. 829.

— griechisch-deutsches Hand-Lexikon. Fortges. v. Karl Jacobitz u. Ernst Ed. Seiler. 1—5. Lfg. (A—E.) gr. 8. (58¼ B.) Leipzig 836—39, Hinrichssche Bh. à * ½ Thlr. *
Wurde später unter etwas verändertem Titel ausgegeben. Vgl. Jacobitz.

Pinzger, Gust., de iis, quae Aristoteles in Platonis politia reprehendit, comment. 8maj. Leipz. 823. Reclam. 12 gl

— Valentin Fr. Trotzendorf ('s Leben). Mit Bildniß u. Fac-simile. 8. Hirschb. 825. Krahn. 12 gl

— s. R. Bentlei notae atque emendat. in Phaedri fabulas.

Pinzger, (Carolus) Gustavus (Eduardus) (*geb. Langenau bei Hirschberg in Schles. 1. 10. 1800*): De dramatis Graecorum satyrici origine. Vratislaviae (1822). (VIII, 31 S.) 8° [*Buchausg. 1823 bei Max & Ko. in Breslau*]
Breslau, Phil. Diss. v. 16. März 1822

— Progymnasmata Ciceroniana, sive selecta e M. Tulli Ciceronis libris capita, in us. tertiae Gymnasiorum classis ed. 8maj. (13 B.) Lignicii 835, Kuhlmey.

— Specimen novi commentarii in Platonis Euthydemum propositum. — Schulnachrichten von Ostern 1831 bis Ostern 1832. Programm. gr. 4. Liegnitz 832. (Kuhlmey; Leipzig, Frohberger) n. ½ ℛ

Pinzger, Gustav, De versibus spuriis et male suspectis in juvenalis satiris. Diss. Breslau (Kupfer) 12. V. 1827. 22 S. (3.50) 26532

— die Versmaaße d. Q. Horatius Flaccus f. Anfänger übersichtlich dargestellt. 8. (5¼ B.) Liegnitz 833, Kronecker.

Pinzger, Ludwig

Pinzger, Ludw., die Berechnung und Construction der Maschinen-Elemente. 1. Heft. gr. 4. Aachen 877. Leipzig, Baumgärtner's Buchh. *

Pinzger, L., die Berechnung u. Construction der Maschinen-Elemente. Für den prakt. Gebrauch, sowie als Handbuch f. Vorlesgn. bearb. 1. Hft. Die Niet-Verbindgn. Mit 10 lith. Taf. (in qu. Fol.) u. 44 in den Text gedr. Holzschn. gr. 4. (VII, 28 S.) Aachen 877. Mayer. n. 6. —

Pinzger, L., die Berechnung und Construction der Maschinen-Elemente. Für den prakt. Gebrauch, sowie als Handbuch für Vorlesungen bearb. (In 12 Heften.) 1. und 2. Heft. gr. 4. Leipzig, Baumgärtner's Buchh. *
Inhalt:
Heft 1. Die Niet-Verbindungen. 2. verb. und verm. Aufl. (IX, S. 1—34 mit 10 lithogr. Taf. und 50 in den Text gedr. Holzschn.) 882. *ℳ 6.
» 2. Die Blechträger. (S. 35—60 mit 2 lithogr. Taf. und 21 in den Text gedr. Holzschn.) 833. *ℳ 3.

Pinzger, L., die Berechnung und Construction der Maschinen-Elemente. Für den prakt. Gebrauch, sowie als Handbuch für Vorlesungen bearb. 3. Heft: Einige Notizen über die Construction der Gitterträger. Die Keilverbindungen und die Schraubenverbindungen. gr. 4. (IV, S. 61—100 mit 6 lithogr. Taf. und 55 Textfig.) Leipzig 886, [Baumgärtner's Buchh.], Mendelssohn. *
1. und 2. Heft. Ebendas. 1882,83. *M 8.—. — Die ersten drei Hefte bilden die I. Abthl. zum Preise von *M 12.—.

Pinzger, L., die geometrische Construction von Weichen-Anlagen f. Eisenbahn-Gleise m. zahlreichen Tabellen u. Rechnungsbeispielen f. den prakt. Gebrauch. Mit 72 Fig. auf 12 lith. Taf. (qu. gr. 4. u. qu. Fol.) gr. 8. (VII, 133 S.) Aachen 873. Mayer. n. 7. 50

— die geometrische Construction von Weichen-Anlagen für Eisenbahn-Gleise, mit zahlreichen Tabellen u. Rechnungsbeispielen, für den prakt. Gebrauch bearbeitet. 2., durch einen Nachtrag vermehrte u. verb. Ausg. Mit 85 Fig. auf 14 lith. Taf. gr. 8. (VIII, 148 S.) Aachen 877. Mayer. n. 8. —

— neue Methode zur Berechnung von Trägern mit unsymmetrischen Querschnittsformen. [Aus: „Zeitschr. für Baukunde".] gr. 8. (27 S. mit 9 eingedr. Fig.) München 879. Th. Ackermann. n. — 60

Pinzger, P., der Staub. Vortrag gehalten im evangel. Vereinshause zu Brandenburg a. H. Brandenburg 866. Wiesike. gr. 8. (24 S.) n. 5 ngr.

Pinzger (P.). Vergleich. der Moskauer mit der deutschen Flora. Brandenb. 1868. 4°.

[F.] **Pinzger,** *Paul* [Prof. Dr., Dir.]: Brunnenwässer aus der Umgebung Saalfelds. *Saalfeld, 1893;* 17 S. 8.
Saalfeld, herz. RG, OP 1893 (700)

Pinzger, *Paul* Beilage zum Osterprogramm des Herzoglichen Realgymnasiums zu Saalfeld. Enthaltend die ersten 40 Seiten des Katalogs der Schulbibliothek nach der neuen Ordnung. 8 (40 S.). **Progr.** Rg. *Saalfeld* 1888 (666).

Pinzger, *Paul* Nekrolog *auf Prof. Otto Keller.* 4 (S. 21—22 der Schuln.). **Progr.** Rg. *Saalfeld* 1888 (666).

Pinzger, Paulus Emilius Carolus Ernestus (*geb. Ratibor 5. 10 1840*): De origine aetheris formicici ex aethere oxalico. Vratislaviae (1861). (26 S.) 8°
Breslau, Phil. Diss. v. 17. Aug. 1861

Pinzger, Werner, Referendar in Osterfeld, Bez. Halle: Die Schuldenhaftung des Erwerbers eines Handelsgeschäfts. *Borna-Leipzig 1903: R. Noske.* (XI, 69 S.) 8°
Leipzig, Jur. Diss. v. 1903

Pinzing, C. E., Diss. varii argumenti in Aeschyli tragoedias. Erlang. 792. 4.

Pinzke, Herm., das Bewegungsspiel, s. Trapp, Ed.

Pio nono, pontifici maximo ecclesiae romano-catholicae, anno vertente concilium oecumenicum convocaturo, patribusque ad hoc concilium convocandis laicus romano-catholicus. gr. 8. (42 S.) Leipzig [Berlin] 869, Denicke's Verlag.
—— dass. — Aus dem Latein. übers. vom Verf. gr. 8. (35 S.) Ebendas. 869.

Piobert, G., Artillerielehre. Theoretischer Theil. Theorie der Verbrennung des Pulvers u. seiner Wirkung in dem Feuerrohre, der Rakete u. dem Hohlgeschosse. Aus d. Franz. übersetzt v. e. Artillerie-Officier. gr. 8. (6 3/4 B. u. 1 Stnt.) Bonn 842, Marcus. *

Pioda, Giovanni Battista s. Escher, Alfred, und Pioda, Giovanni Battista.

Pioda, G[iovanni] B[attista]. L'Etat et les Eglises aux Etats-Unis d'Amérique. Par J. B. Pioda. Tirage à part du «Politisches Jahrbuch der schweizerischen Eidgenossenschaft» édité par le Professeur Dr C[arl] Hilty [Jahrg. 14, 1900]. (Avril 1901.) II + 54 p. 8. Berne, K.-J. Wyss, 1900.

Pioggini, J. M. F. Ueber das Armenwesen zu München. *Strasburg.* 1791

Die ersten 50 Jahre der Glogauer städtischen Feuerwehr. Im amtl. Auftr. unter Benutzung amtl. Materials bearb. von Fritz **Pioletti**, Brandmeister. Glogau: R. Grundmann 1908. (46 S.) 8° [F.] 1908. 16837

Piombini, Antonio v., der Revanche-Krieg und seine Folgen. 8. (62 S.) Zürich 887, Orell, Füßli und Comp., Verlag. *

Plombo's Sebastiono dol, Biographio u. Charaktoristik, s.: Richtor, J. P.

Der Pionier : Jahrgang 1–26, Jan. 3, 1854 – 1879.
Weekly, with occasional irregularities. Slight variations in format: small folio, or large quarto, each issue 4–8 pages, printed on paper of good quality. Merged with Milwaukee Freidenker, Jan. 1880, with title: Der Freidenker: Der Pionier, XXVII Jahrgang. Place of publication varies: Louisville, Ky., Jan.–Oct. 1854; Cincinnati, Ohio, Nov. 1854 – June 18, 1855; New York City, June 25, 1855 – Dec. 1858; then, Jahrgang 5, no. 52, Dec. 26, 1858, bears date-line: Plymouth Rock, and the legend: „Wir datiren diese Nummer vom ‚Plymouth Rock', dem Schiff, New York to Boston; Boston, Jahrgang 6–26, 1859–79." Edited & published by Karl Heinzen. Other editors: Georg Schumm, July – Sept. 1874 ["teilweise"], Heinrich Ende [during Heinzen's absence in Europe]. Extremely important for the history of the German-American element. Very able, honest, and radical.
Boston, MA

Pionnier: Der Pionnier
(15) Von Nr. 51, 1867 an bis zum Eingehen im Dezember 1868, da sie von der Buchdruckerei Bleuler-Hausheer & Co. in Winterthur gedruckt wurde, nannte sich die Zeitung «Der Unabhängige» (Zh II) im Untertitel «Demokratisches Wochenblatt, verbunden mit dem Pionnier. Organ des sozialen Fortschritts», was darauf schließen läßt, daß 1867, wahrscheinlich in Winterthur oder im Kanton Zürich, eine Zeitung «Der Pionnier - Organ des sozialen Fortschritts» bestanden hat. In der Unterabteilung «Der Pionnier» werden im «Unabhängigen» u. a. folgende Fragen behandelt: Die «arbeitenden Klassen» und das von ihnen verlangte «Privilegium» (1868, p. 259), Moderne Anflüge zur Religionsbildung (p. 368). Die Arbeiterkandidaturen in England (p. 384). Die Interessen der Besitzenden und Gebildeten bei der Lösung der sozialen Frage (p. 391) etc.

Pionier, der. Zeitschrift für Wissenschaft, Kunst und öffentliches Leben. Jahrg. 1871—1873. à Jahrg. 52 Nrn. (Bog.) 4. Düsseldorf, Spiethoff und Krahe. à Jahrg.

Der Pionier : 1874? – ?
Advertised in Amerikanischer Agriculturist, vol. 33, p. 380, as published by O. F. Davis, Land Commissioner of the Union Pacific R. R., Omaha. Little is known of this title.
Omaha, NE

Pionier, der. Illustrirte Zeitschrift zur Unterhaltg. u. Belehrg. f. Jedermann. Hrsg. v. Wilh. Uhland. 1. Jahrg. 52 Nrn. (B. m. eingedr. Holzschn.) gr. 4. Dresden 875. A. Wolf. 4. —; in 17 Hftn. à — 30

Der Pionier. Hamburg: Expedition 1877/1878. 8°

—— der. Monatsschrift für Roller'sche Stenographie, s. Apollo.

s.a. Tachygraph, der.

Der Pionier. Monatsblatt für Roller'sche Stenographie. Jg. 1–18. Berlin: Roller 1880–1897. 8°
Red.: Viereck.

— der. Monatsschrift f. Roller'sche Stenographie m. der stenograph. Unterhaltungs-Beilage „Apollo". Organ d. allgem. Verbandes Roller'scher Stenographen u. seiner Unterverbände. Red.: Viereck. 18. Jahrg. 1897. 12 Nrn. (à ca. 24 S.) gr. 8. Berlin (N., Müllerstr. 180), H. Roller. n.n.n. 4. —; ohne d. „Apollo" n.n.n. 2. —

Pionier, der. Mittheilungen aus der schweizer. permanenten Schulausstellung in Bern und Organ für den Handfertigkeits-Unterricht. Redact.: E. Lüthi. 1.—5. Jahrg. 1880—1884. à Jahrg. 12 Nrn. (à Nr. 1/2 Bog.) gr. 4. Bern, R. F. Haller-Goldschach. à Jahrg. *

— dasselbe. 6. Jahrg. 1885. 12 Nrn. (1/2 B.) hoch 4. Bern 885. (Fiala.) n. 1. 20

—— der. Mitteilungen aus der schweizer. permanenten Schulausstellung in Bern und Organ für den Handfertigkeits-Unterricht. 6. Jahrg. 1885. 12 Nrn. (à Nr. 1/2 Bog.) hoch 4. Bern, (Kaeser und Comp.) *

— dasselbe. 7. Jahrg. 1886. 12 Nrn. (1/2 B.) gr. 4. Ebend. n. 2. —

—— Organ der schweizer. permanenten Schulausstellung u. des schweizer. Vereins f. Arbeitsunterricht. Redact.: E. Lüthi, S. Rudin. 8.—13. Jahrg. 1887—1892. à Jahrg. 12 Nrn. (à Nr. 1/2—3/4 Bog.) gr. 4. Bern, (Körber). à Jahrg. * 2 —

Pionier. Organ der schweiz. permanenten Schulausstellg. u. d. schweiz. Vereins f. Arbeitsunterricht. Red.: E. Lüthi, S. Rudin. 12.—16. Jahrg. 1891—1894. à 12 Nrn. (à ca. 1 Bog.) gr. 8. Bern, (H. Körber). à Jahrg. n. 2. —

Pionier. Organ d. schweiz. permanenten Schulausstellg. u. d. schweiz. Vereins f. Arbeitsunterricht. Red.: E. Lüthi, S. Rudin. 16. Jahrg. 1895. 12 Nrn. (Bog.) gr. 8. Bern (H. Körber). n. 2. —

— Organ d. schweiz. permanenten Schulausstellg. Red.: E. Lüthi. 17.—19. Jahrg. 1896—1898. à 12 Nrn. (à ca. 8 S.) gr. 8. Ebd. à Jahrg. n. 2. —

Pionier. Organ der schweiz. permanenten Schulausstellung in Bern. Red.: E. Lüthi. 20.–23. Jahrg. 1899—1902. à 12 Nrn. gr. 8. (à ca. 8 S.) Bern (H. Körber). à Jahrg. n. 2. —

Pionier. Organ der schweiz. permanenten Schulausstellg. in Bern. Red: E. Lüthi. 24.—26. Jahrg 1903—1905. à 12 Nrn. (à ca. 8 S.) gr. 8. Bern. Gymnasiallehrer Lüthi. à Jhrg. n. 2. 30
Nicht mehr im Handel.

Der Pionier: Jahrgang 1–52, 1880–1933?
Illustrater Volks-Kalender. Annual. Quarto, ca. 94 pages. Illustrated, contains much more than „Kalenderarbeit". Editor, Dr. O. L. Schmidt and published by New Yorker Volkszeitung Co.
New York, NY

Der Pionier: 1882–1888. Curitiba
Weekly. Editor: H. Lindemann

Der Pionier: 1882–1895?
Weekly. Independent, 1885–90; Democratic, 1981–94; Republican, 1895. Title varies: NORD DAKOTA PIONIER. Circulation: 1890, 900; 1895, 1250. Edited & published by P. Steinbach, 1883–85; by A. Steinbach, 1886–95.
Jamestown, ND

Der Pionier: 1885?–1911? Newark, NJ
Independent weekly. Circulation: 1890, 750; 1905, 700; 1910, 800. Edited by F. E. Adler, & published by Pionier Publishing Co., 1885–87; edited & published by F. E. Adler & Co., 1888–1911.

Pionier. Zeitschrift für volkswirthschaftl. und sittl. Fortschritt, für Schulwesen, Rechtsschutz, Hygiene und Medizinalreform. Redact.: A. v. Eye. 1. und 2. Jahrg. 1886 und 1887. à Jahrg. 24 Nrn. (Bog.) gr. 4. Berlin, Expedition. à Jahrg. *

Pionier. Zeitschrift f. volkswirthschaftl. u. sittl. Fortschritt, f. Schulwesen, Hygiene u. Medizinalreform. Red.: F. Spiethoff. 3.—6. Jahrg. 1887—1890. à 24 Nrn. (B.) gr. 4. Berlin, Expedition. à Jahrg. n. 12. —

— Zeitschrift f. volkswirthschaftl. u. sittl. Fortschritt, f. Schulwesen, Hygiene u. Medizinalreform. Red.: Fritz Spiethoff. 7.—10. Jahrg. 1891—1894. à 24 Nrn. (Bog.) gr. 4. Berlin, A.-G. Pionier. à Jahrg. n. 12. —

— Zeitschrift f. volkswirthschaftl. u. sittl. Fortschritt, f. Schulwesen, Hygiene u. Medizinalreform. Red.: K. Beerwald. 11. Jahrg. 1895. 24 Nrn. (à ca. 16 S.) gr. 4. Berlin, A.-G. Pionier. 8. —

— dasselbe. Offiz. Organ d. „National-Vereins zur Hebg. d. Volksgesundheit". Red.: J. Wülfing. 12. Jahrg. 1896. 24 Nrn. (Bog.) gr. 4. Ebd. 9. —
Einzelne Quartale des 11. u. 12. Jahrg. kosteten 3. —.

— dasselbe. Red.: Jul. Müller. 13. u. 14. Jahrg. 1897—1868. à 24 Nrn. (Bog.) gr. 4. Ebd. à Jahrg. n. 4. —
Kann auch vierteljährlich bezogen werden.

— Zeitschrift f. volkswirthschaftl. u. sittl. Fortschritt, f. Schulwesen, Hygiene u. Medizinalreform. Red.: Jul. Müller. 15. Jahrg. 1899. 24 Nrn. gr. 4. (à ca. 8 S.) Berlin, A.-G. Pionier. n. 4. —

Der Pionier: 1887?–1891? Norfolk, VA
Weekly. Edited & published by W. Böttcher, 1887; by H. Lottner, 1887–91.

Pionier, der. Redact.: J. Staiger. 5. u. 6. Jahrg. 1891 u. 1892. à Jahrg. 24 Nrn. (à Nr. 1/2 Bog.) 4. Stuttg., Osterwald. à Jahrg. — 60

Der Pionier: 1889–? Ida Grove, IA
Weekly. Circulation: 1889, 400.

Der Pionier: 1891? Kansas City, MO
Independent weekly. Edited by Friedrich Gehring. & published by German-American Publishing Co.

Der Pionier: Jahrgang 1, no. 1, Apr. 29, 1891–1897
Semi-weekly. Ceased publication with the issue of June 28, 1897. Edited by Dr. R. Ludwig.
Porto Alegre

Pionier, der. Monatsblätter f. christl. Kunst, prakt. Kunstfragen u. kirchl. Kunsthandwerk. Red.: S. Staudhammer. 1.—3. Jahrg. Oktbr. 1908—Septbr. 1911. à 12 Hefte. (IV, 96 u. IV, 96 S. m. Abb.) Lex. 8. München, Gesellschaft f. christl. Kunst. Postfrei à Jahrg. 3.—; geb. 4. —

Der Deutsche Pionier: Jahrgang 1–18, no. 4, Mar. 1869–1887.
Monthly, Mar. 1869–Mar. 1885; quarterly [Jahrgang 17—18], 1885–87. Sub-title: Eine Monatsschrift für Erinnerungen aus dem Deutschen Pionier-Leben in den Vereinigten Staaten, Mar. 1869–Feb. 1876; 2) Erinnerungen aus dem Pionier-Leben der Deutschen in Amerika, Apr. 1876–1887. An indispensable source for the history of Germans in the U.S.A. Objective and constructive. Followed by JAHRESBERICHT DES PIONIER-VEREINS. Supplements issued with numbers for May 1869, May 1870, and June 1871. Octavo, each issue 32–96 pages; illustrated, including plates, portraits, maps, facsimiles. Circulation: 1871, 2000; 1872, 3000; 1873, 1000; 1876, 1879; 1877, 2000. Edited by a Committee of the Verein, Mar. 1869–Feb. 1870; by G. Brühl, Mar. 1870–Feb. 1871; by E. H. Makk, Mar. 1871–Feb. 1872; by Karl Rümelin, Mar. 1872–Apr. 1873; by Karl Knortz, May 1873–Feb. 1874; by Heinrich Arminius Rattermann, Mar. 1874–Mar. 1885; by Hermann Hensel, 1885–87. Published by Der Deutsche Pionier-Verein, Mar. 1869–1887. Printer & business-manager: S. Rosenthal, Mar. 1869–Feb. 1870.
Cincinnati, OH

—— der deutsche. Monatsschrift für Erinnerungen aus dem deutschen Pionier-Leben in den Vereinigten Staaten. Unter Mitwirkung deutscher Geschichtsfreunde. Hrsgbr.: Deutscher Pionier-Verein von Cincinnati. Redact.: E. H. Makk. 1.—3. Jahrg. 1869—1871. à Jahrg. 12 Hefte. (à 32 S. mit 1 Stnt.) 8. Cincinnati. (Philadelphia, Schäfer und Koradi.) à Jahrg. *

Pionier, der deutsche. Monatsschrift für Erinnerungen aus dem deutschen Pionier-Leben in den Vereinigten Staaten. Unter Mitwirkung deutscher Geschichtsfreunde. Hrsgbr.: Deutscher Pionier-Verein von Cincinnati. Redact.: H. A. Rattermann. 4.—7. Jahrg. 1872—1875. à Jahrg. 12 Hefte. (à 2 1/2 Bog.) Cincinnati. (Philadelphia, Schäfer und Koradi.) à Jahrg. *

Pionier, der deutsche. Erinnerungen aus dem Pionier-Leben der Deutschen in Amerika. Unter Mitwirkung deutscher Geschichtsfreunde. Hrsgbr.: Deutscher Pionier-Verein von Cincinnati. Redact.: H. A. Rattermann. 7. und 8. Jahrg. 1875 und 1876. à Jahrg. 12 Hefte (à 2 1/2 Bog.) gr. 8. Cincinnati. (Philadelphia, Schäfer und Koradi.) à Jahrg. *

Der Deutsche Pionier : Jahrgang 1 – 51, no. 37, Apr. 12, 1882 – Oct. 15, 1920.

Weekly, Apr. 12, 1883 – 1901; semi-weekly, 1902 – 14; weekly, 1915 – 17. Republican. Title varies: WAUSAU WOCHENBLATT UND PIONIER, Apr. 6, 1917 – Oct. 15, 1920, and thereafter issued as an edition of WISCONSIN WOCHENBLATT (Wausau).
Circulation: 1885, 575; 1900, 1335; 1910, 2000; 1917, 2250.
Edited by Kostowsky, & published by Pionier Publishing Co., Apr. – July 1882; edited & published by A. W. Young [with Robert Fränkel?], Aug. 1882 – 1897; by Gustav Stolze & Son, 1897 – 1900; by Paul F. Stolze, 1901 – 17; by H. J. Heise, Apr. 6, 1917 – Feb. 14, 1919; by Frau H. J. Heise, Feb. 21, 1919 – 1920.
Wausau, WI

Der Deutsche Pionier : 1905—1913.

Independent weekly. Circulation: 1910, 1400. Edited & published by Bernhard Oppenheim, 1905 – 13.
New Salem, ND

Deutscher Pionier am Rio de la Plata: Jahrgang 1, no. 1, March 3, 1878 – July 26, 1880 [illegible]
Weekly; from June, 1879 tri-weekly, 8 pages. News, poetry, short stories. Much local interest. First article speaks of hardships of German evangelical community started 36 years before. [illegible] Redaktion [illegible] fever high in 1871. Later absorbed into Deutsche La Plata Zeitung, which Tjarks had bought. Publisher H. Tjarks.
Buenos Aires

Der Lutherische Pionier: 1896? – Nov. 1900 ??
Bi-weekly. Independent promoting the work of the Iowa Synod in the Pacific Northwest. Vol. 1, No. 1 (Oct. 1896?) to Vol. IV, No. 26 (Nov. 19, 1900). Edited by F. Knappe.
Seattle, WA

Der Südliche Pionier : Jahrgang 1, no. 1 – 2, May 31, July 15, 1893.

Intended to be published semi-monthly, the purpose of this paper was to encourage immigration to the State. The first issue states that 20,000 copies were printed; with the second issue, 2000 copies were deposited with the North German Lloyd, and a total of 9,570 copies distributed. Sub-title: Organ zur Förderung der deutschen Einwanderung im Süden. Small folio, each 4 pages. Edited & published by Hugo Lehmann. Printed by Georg Müller.
New Orleans, LA

Der Pionier und Volksfreund : 1890 – 1906.

Independent weekly. Title varies: DER VOLKSFREUND, 1890 – 1906. Dated also at Marinette, Wis., 1890 – 98. Circulation: 1895, 1000; 1900, 1350; 1905, 1380. Edited & published by Schneider & Emmers, 1890 – 95; by Schneider & Co., 1896; by John Baumbach & H. Wolf, 1897; by John Baumbach & J. Geiger, 1898; by K. Moosbrugger, 1898 – 1906.
Menominee, MI

Pionier Am Wisconsin : Sept. 1853 – Oct. 1854; Apr. 1855 – June 24, 1897. **Sauk City, WI**
Weekly. Merged with SAUK CITY PRESSE.

Pionier-Arbeiten im Felde. Mit Berücksichtigung der theoretisch-praktischen Ausbildung der Infanterie-Pioniere mit einem Anhange: Taktischer Theil der Feldbefestigung, nebst Zusammenstellung und Ausrüstung der Infanterie-Pioniere. Zusammengestellt von C. L. Auflage des Verfassers. Prag, 1856. Druck von Jarosl Pospissil. (230 S. 8. Mit 10 lithogr. Tafeln.)

Pionier-Bibliothek. Nr. 1 u. 2. 16. München 910. Pionier-Verlag. à Nr. — 10
1. 2. „Das hl. Buch". Enthüllte Mysterien des Fundaments der Esperantisten. Von A. Haugg. (30 S.)

Deutsche **Pioniere** in Ostafrika. Kaiserswerth: Diakonissen-Anst. [1904]. (12 S.) 8° [F.]
= **Geschichten** u. Bilder fürs deutsche Volk. No 48. [05. 4704

Der Pionier Koöperator : Mar. 1, 1886 – Dec. 1887.

Monthly. Published in English and German, the pages in English titled: THE PIONEER COÖPERATOR. Organ of the Buffalo Pioneer Coöperative Association.
Buffalo, NY

Pionnier-Offiziere, Die k. k., 1863. (12 Blätter mit 27 Photografien.) Fol. (Wien 1863.)

Pionier-Taschenbuch. 1. Aufl. gr. 16. (III, 232 S. m. Textfig.) 889. ** 3 —; 2. Aufl. 12. (III, 292 S. m. 552 Abbildgn.) Berl. 892, Bath. cart. * 3 60

Pionier-Taschenbuch. 3. Aufl. gr. 16. (III, 294 S. m. 575 Abbildgn.) Berlin 893. A. Bath. Kart. n. 3. 60

Pionier-Taschenbuch. 4. Aufl. 12. (III, 366 S. m. 635 Abb.) Berlin 895. A. Bath. Kart. n. 3. 60

[F.] Pionier-Taschenbuch. M. 680 in d. Text gedr. Abb. 6. Aufl. *Berlin: A. Bath 1898.* (2 Bl., 12, 22, 10, 12, 45, 29, 88, 89, 28, 17, 56, 2 S.) 1 Bd 8. [98. 10189

Pionier-Taschenbuch. 7. Aufl. 12. (III, 12, 22, 16, 12, 45, 29, 88, 89, 28, 17, 56 u. 2 S. m. 702 Abbildgn.) Berlin 900. A. Bath. Geb. in Leinw. n. 8. 80

Pionierübung, die grössere, am Rhein u. Main 1905, s.: Mitteilungen des Ingenieur-Komitees 42. Hft.

Pionnier-Vorschrift. Fol. Wien 1. September 1805.

Pionierwesen im russisch-japanischen Kriege 1904–1905, s.: Mitteilungen des Ingenieur-Komitees. 44.

Pioniro, internaciona. (Monatal revuo, kontenanta artikli de la max diversa faki.) Red.: A. Haugg. 2. yarkolekto. Oktbr. 1910—Septbr. 1911. 12 Nrn. (à ca. 24 S.) 8. München, Pionier-Verlag. 4. -

Pionii vita sancti Polycarpi, Smyrnaeorum episcopi. Primum graece edita a L. Duchesne. gr. 8. (40 S.) Paris 881. Klincksieck. n. 1. 80

Pionnier, s. Pionier

Pionnier-Offiziere, s. Pionier - Offiziere

Pionnier-Vorschrift, s. Pionier - Vorschrift

Piontek, Alfred: Die mittelhochdeutsche Übersetzung des Nikodemus-Evangeliums in der Augsburger Handschrift ⟨Ms. 3⟩ und in der Münchener Handschrift ⟨Cgm. 5018⟩. Greifswald 1909: Adler. 78 S. 8°
Greifswald, Phil. Diss. v. 27. Juli 1909, Ref. Ehrismann
[Geb. 26. Dez. 84 Leobschütz; Wohnort: Ratibor; Staatsangeh.: Preußen; Vorbildung: Gymn. Ratibor Reife O. 05; Studium: Berlin 2, Innsbruck 1, Greifswald 5 S.; Rig. 10. Mai 09.] [U 09. 1552

Piontek, Ferdinand, Kaplan in Groß-Lichterfelde b. Berlin: Die katholische Kirche und die häretischen Apostelgeschichten bis zum Ausgange des 6. Jahrhunderts. Ein Beitrag zur Literaturgeschichte. Breslau 1907: R. Nischkowsky. (57 S.) 8° ¶ (Erscheint als: „Kirchengeschichtliche Abhandlungen" Bd 6 S. 1–71.)
Breslau, Kath.-theol. Fak., Ref. Sdralek, Diss. v. 25. Juli 1907
[Geb. 5. November 78 Leobschütz; Wohnort: Groß-Lichterfelde; Staatsangeh.: Preußen; Vorbildung: Kgl. Gymn. Ratibor Reife O. 99; Studium: Breslau 7 S.; Rig. 7. Juli 06.]

Piontik, Pesia: Über Blasencervixfistel. Charlottenburg 1909: Załachowski. 31 S. 8°
Berlin, Med. Diss. v. 9. März 1909, Ref. Bumm
[Geb. 16. Okt. 83 Berditschew; Wohnort: Lodz; Staatsangeh.: Rußland; Vorbildung: Gymn. Bjelajazerkow Reife O. 02; Studium: Bern 3, Berlin 7 S.; Rig. 5. März 09.] [U 09. 83

Piony, Fr., s.: Musterplan f. landwirthschaftl. Bauten in Mähren.

Pior, Guil. Alexand. [illegible] Spartanorum contra Persas usque ad [illegible] Berolini (1856). (47 S.) 8° * Fortsetzung erschien als Progr. [illegible] Neustadt i. W. 1863.
Berlin, Phil. Diss. v. [illegible] Mai 1856.

Piorek, J., Einleitung in die kinematische Geometrie, verbunden mit einer elementaren Behandlung der cycl. Curven. Mit 2 (lith.) Fig.-Taf. (in qu. Fol.). gr. 8. (27 S.) Hildesheim 877. Gerstenberg. n. 1. 50

Piórek, Wladislaus Casimir (Ostrowo/Posen), Ueber den Gallertkrebs. Diss. med.-chir. Berlin (G. Schade) 8. VIII. 1876. 31 S. u. Biogr. (2.75) 26533
Oppon.: Peter Srymánski, Arthur Würzburg, Robert Müller.

Pioretzki, Thdr., üb. Embryotomieinstrumente, ihre Anwendungsweise, nebst Angabe neuer Embryotome. Diss. gr. 4. (40 S. m. 3 Taf.) Breslau 893. (L. Köhler.) n. 1. —

Piorkowska, Jenny. Die gestohlenen Familiendiamanten, s. Jüngst's Reise-Bibliothek.

Piorkowska, Jenny, die gestohlenen Familiendiamanten. Kriminal-Roman, nach dem Engl. bearb. — Köhler, Heinr.: Amerikanische Justiz. Aus dem amerikan. Leben. (239 S.) 8. Neuweißensee (905). E. Bartels. 1. 50

Piorkowska, J., e. traurige Geschichte, s.: Novellen-Bibliothek, criminalistische.

—— Gott verläßt die Seinen nicht, s. Köhler's illustrierte Jugendbibliothek.

—— Gwenda, d. Sträflings Tochter. 8. (302 S.) Weimar 890, Jüngst u. Comp. * 2 —

Piorkowski, Max [aus Beuthen O.-Schl.]: Ueber das Differenzirungsvermögen von Bacterium coli commune und Bacillus Typhi abdom. auf Harn-Nährsubstraten ... Berlin, Buchdr. J. Rares, 1896; 49 S., 2 Taf. 8.
Erlangen, Phil. Fak., Inaug.-Diss. v. 10. März 1896

Piorkowsky, Karl, Medizinalpraktikant a. Leipzig: Statistik der im Krankenhaus St. Jakob in Leipzig in den Jahren 1893 bis 1907 behandelten Fälle von Typhus abdominalis. Leipzig 1907: F. Andrä's Nachf. (40 S.) 8°
Leipzig, Med. Fak., Ref. Curschmann, Diss. v. 22. Dez. 1907
[Geb. 14. Nov. 83 Leipzig; Wohnort: Leipzig; Staatsangeh.: Sachsen; Vorbildung: Nikolai-Gymn. Leipzig Reife O. 02; Studium: Leipzig 10 S.; Coll. 30. Jan. 08; Approb. 23. Juni 08.]

Piorry, Pierre Adolphe

Piorry, P. A., Abhandlung üb. d. hypostat. Lungenentzündung. A. d. Franz. v. Gust. Krupp; mit e. Vorr. u. einigen Erweiterungen v. Ludw. Aug. Kraus. gr. 8. (6¾ B.) Göttingen 835, Kübler. (?)

Piorry, P. A., üb. die Blutkrankheiten. 2. vielfach verm. u. verb. Aufl. Deutsch v. G. Krupp. gr. 8. (IV u. 763 S. m. 1 Tab. in qu. gr. 4.) Leipzig 848, Kollmann. 3 ß

—— Diagnostik u. Semiotik, mit vorzügl. Berücksichtigung d. neuesten mechan.-nosognost. Hülfsmittel. A. d. Franz. übers. u. mit einigen Anmerkn. begl. v. Gust. Krupp. gr. 8. (89½ B.) Leipzig 837—39, [Cassel,] Fischer.

Piorry, P. A., über d. Erblichkeit d. Krankheiten. A. d. Franz. 8. (7 B.) Quedlinburg 840, Basse.

—— über d. Erblichkeit bei Krankheiten. Uebers. u. mit mehr. Zusätzen u. Anmerkn. vers. v. Joh. Chr. Fleck. gr. 8. (14 B.) Weimar 841, Voigt.

—— Hämopathologie, od. Lehre v. d. Krankheiten. A. d. Franz. v. Gust. Krupp. (2 Lfgn.) gr. 8. (37⅛ B.) Leipzig 839, Kollmann.

Piorry, P. A., über die Krankheiten des Darmkanals. Aus d. Franz. v. G. Krupp. 3 Lfgn. gr. 8. (36½ B.) Leipzig 846, Kollmann. à L. 22½ Ngr.

—— über die Krankheiten des Herzens, s. Handbibliothek der vorzügl. neuern Werke d. Auslandes üb. Medizin etc. III.

Piorry, P(ierre) A(dolphe): Über die Krankheiten des Herzens und der grossen Gefässe, der Arterien, Venen und lymphatischen Gefässe. Aus dem Französischen (übers.) von G(ustav) Krupp. 476 S., gbd.

Leipzig: Kollmann 1844

Piorry, P(ierre) A(dolphe): Über die Krankheiten der Luftwege. Aus dem Französischen (übers.) von G(ustav) Krupp. 624 S., gbd.

Leipzig: Kollmann 1844

—— über die Krankheiten der Milz, die Wechselfieber, die Krankheiten der Harnwege und der männl. Geschlechtstheile. Deutsch von G. Krupp. 3 Lfgn. gr. 8. (VI und 476 S.) Leipzig 847, Kollmann.

—— über d. Natur u. Behandlung d. Neuralgien. A. d. Franz. übers. v. Gust. Krupp; mit wissenschaftl. Erläutern. u. prakt. Zusätzen v. Ludw. Aug. Kraus. gr. 8. (4½ B.) Göttingen 837, Dieterichsche Buchh.
Aus: Dess., Freihefte f. wissenschaftl. Kritik etc. in d. Natur- u. Heilkunde, besond. abgedruckt.

Piorry, P(ierre) A(dolphe): Die mittelbare Perkussion und die dadurch erhaltenen Zeichen in den Krankheiten der Brust und des Unterleibs. (De la Percussion médiate et des signes obtenus à l'aide de ce nouveau moyen d'exploration... Dt.) Übers. von F(ranz) A(nton) Balling. 332 S., gbd.

Würzburg: Stahel 1828

Pioton, Albert: Der kleine Märtyrer,
s.a. Esser's, J., Sammlg. leicht aufführbarer Theaterstücke.

[J.] Der kleine Märtyrer. Schausp. in 5 Aufz. v. Albert Pioton. A. d. Ital. übertr. v. J[os.] Buhr, Priester d. Bistums Strassburg. *Paderborn: J. Esser 1897.* (56 S.) 1 Bd 8.
= Sammlung, J. Esser's, leicht aufführb. Theaterstücke. H. 50.

– Olinth od. d. glückliche Waisenknabe,
s.a. Esser's, J., Sammlg. leicht aufführbarer Theaterstücke.

[J.] Olinth oder der glückliche Waisenknabe. Schausp. in 5 Aufz. v. Albert Pioton. A. d. Ital. ins Deutsche übertr. v. J[os.] Buhr, Priester d. Bistums Strassburg. *Paderborn: J. Esser 1897.* (72 S.) 1 Bd 8.
= Sammlung, J. Esser's, leicht aufführb. Theaterstücke. H. 54.

Piotrków [Schlagwort]

Piotrków, s.: **Europa. Uebersichtskarte.**

Piotrowski, Alexander, Dr. med.: Die Quintuplicität der Rhythmik in mittelalterlichen Melodien. Berlin: Trenkel 1910. 49 S. 8° ¶(Ersch. auch als Buch ebd.)
Rostock, Phil. Diss. v. 21. Febr. 1910, Ref. Thierfelder
[Geb. 18. Dez. 78 Berlin; Wohnort: Ilten-Hannover; Staatsangeh.: Preußen; Vorbildung: Realgymn. Posen Reife O. 00; Studium: Berlin 4, Rostock 7 S.; Rig. 11. Febr. 10.] [U 10. 3974

Piotrowski, Alexander, Prakt. Arzt: Aus dem physiologischen Institut der Universität Rostock. Untersuchungen über das Verhalten der Nervenfasern in der abgeklemmten Herzspitze. Berlin 1906: R. Trenkel. (33 S.) 8°
Rostock, Med. Fak., Ref. Langendorff, Diss. v. 25. März 1906
[Geb. 18. Dez. 78 Berlin; Wohnort: Bad Berka; Staatsangeh.: Preußen; Vorbildung: Berger-Realgymn. Posen Reife O. 00; Studium: Berlin 4, Rostock 6 S.; Coll. 22. Nov. 05; Approb. 4. Dez. 05.]

Piotrowski, Edm., Ritter v. Ginawill, d. Viehversicherung. Grundlagen ihrer Organisation, ihr gegenwärt. Stand, Vorschläge zur Lösg. der Viehversicherungsfrage. [Aus: „Oesterr. Molkerei-Zeitg."] gr. 8. (91 S.) Wien 896. C. Fromme. 1. 80

Iš kur akmenys ant musų laukų atsirado? (Pagal lenkiška Feliks'o Piotrowski'o: [Skąd się wzięły kamienie na polach naszych].) Tilzeje 1898: [Mauderode]. 28 S. 8°
[Woher kommen d. Steine auf unsern Feldern?]

Piotrowski, G. v., und Joh. Czermak, über die Dauer und die Anzahl der Ventrikel-Contractionen des ausgeschnittenen Kaninchenherzens, s. Czermak, Joh.

Piotrowski G. von, Dr.: Eine neue Reaktion auf Eiweißkörper und ihre näheren Abkömmlinge. S. 24. 85 . . . . —.16
Separatabdruck

—— und H. Helmholtz, über Reibung tropfbarer Flüssigkeiten, s. Helmholtz, H.

Piotrowski, Heron., de gravitate Oraculi Delphici commentarii. Dissertat. praemio donata in certamine civium Univers. Varsaviensis pridie idus Jul. anno MDCCCXXVII. 8maj. (8 B.) Lipsiae 829, Hinrichs.

Piotrowski, Rufin, Erlebnisse auf der Flucht aus Sibirien, s.a. Jugend- u. Volksbibliothek. Nr. 5—7.

Erlebnisse auf der Flucht aus Sibirien [Pamiętniki z pobytu na Syberyi, Ausz., deutsch] von Rufin Piotrowski. (Nach d. Polnischen.) *Münster: Regensberg (1903).* (181 S.) 8° [F.]
— Jugend- u. Volksbibliothek. No 5–7. [04. 1058]

Piotrowski, Rufin, meine Erlebnisse in Rußland und Sibirien während meines Aufenthaltes daselbst, meiner Gefangenschaft und Flucht. 1843—46. Nach dem Poln. von L. Königk. 2 Bde. Posen 862. Merzbach. gr. 8. (XXXVIII, 478 S.) 2 ₰ 15 ngr.

Piotrowski, Ruf., przygody na Sybirze opowiedział dla ludu Ks., pleban z pod Sremu. Posen 869. Leitgeber. gr. 16. (IV, 139 S.) cart. n. $7\frac{1}{2}$ ngr.

Plotter, A., Berlinisches Lesebuch, s.: Schulz, Otto.

Plotter, Walter, aus Stettin: Kritische Untersuchung der Anrede im altfranzösischen Rolandsliede. *Greifswald 1903 F. W. Kunike.* (76 S.) 8°
Greifswald, Phil. Diss. v. 6. Aug. 1903

PIOTTO, Hieronymus: Quaenam lingua sit adhibenda in sacra liturgia. — (1835) 210 S. 8° (Handschr.) Diss. 10
Diss. Wien, Univ.

Piozzi, Esther Lynch. Bemerkungen auf der Reise durch Frankreich, Italien und Deutschland; a. d. Engl. . . . Frankfurt u. Mainz 1790. Ü: *Liebeskind, Dorothea Margarethe verw. Forkel geb. Wedekind.* (MGT) (Schl) (GGr)

Piozzi, Mistreß Esther Lynch, Bemerkk. auf d. Reise durch Frankreich, Italien u. Deutschland; aus d. Engl. mit e. Vorrede u. Anmerkk. v. Geo. Forster. 2 Bde. 8. Frankf. a. M. 790. Varrentrapp. 2 ₰

Piozzi, Mistreß Esther Lynch, Reisen durch Frankr., Ital. u. Deutschland, aus dem Engl. von Forster. 2 Bde. 8. Frankf. (Auc, Cöthen.) 790.

Pip, Wilhelm, aus Metz: I. Ueber die elektrische Leitfähigkeit einiger aromatischer Säuren. II. Ueber die Farbstoffbildung aus Diazobenzolsulfosäure und salzsaurem Monoäthyl-p-toluidin. *Heidelberg 1898: J. Hörning.* (53 S.) 8°
Heidelberg, Naturw.-math. Diss. v. [21. Nov.] 1898

Pipenbacher Josef: De Xenophontis, qui de republica Laceduemoniorum inscribitur, libello capitu duo. II. 1895 PN 913 Diss. Wien, Univ

Pipendeckel, Chriischan. Nu hat de liebe Seele Ruh, Jike mach de Löcher zu! Unpolitische Bilder aus dem Guckkasten der Zeit. (Mit einem Holzschnitt.) Berlin, L. Schlesinger (1849). 8 S. 8.

Piper, s.a. Pieper

Piper, A. Beiträge zur Begründung der Fresnelschen Hypothese der doppelten Circularpolarisation im Bergkristall. 25 S. Rg. *Schwerin* 1884.
Progr.

Piper, Alfred, casuistische Beiträge zum Rheumatismus nodosus. Diss. Bonn 1886, Emil Strauss. 8°. 35 S.

Piper, [August], Dr.: Bericht über einen vierzehntägigen Aufenthalt in Paris während der Weltausstellung. *Schwerin 1901: W. Sengebusch.* (S. 1–19.) 4°
Schwerin, grossh. RG, OP 1901 (724)

Piper, August [pr. Arzt]: Ein Fall von foetaler Inclusion in einer Sacralgeschwulst ... Würzburg, J. M. Richter's Buchdr., *1894;* 26 S., 1 Bl. 8.
Würzburg, Med. Fak., Inaug.-Diss. v. 1894

Piper, C., s. Piper, Karl

Piper, C. J., kurze Darstellung d. arianischen Streitigkeiten. gr. 8. ($2\frac{3}{8}$ B.) ... 839. [Halle, Colditz.]

Piper, Carl, s. Piper, Karl

Piper, Emil [aus Bernau in d. Mark]: Ueber Nitro- und Amido-Tolylphosphinsäuren ... Rostock, C. Boldt'sche Hof-Buchdr., 1893; 34 S. 8.
Rostock, Phil. Fak., Inaug.-Diss. v. [29. Juli] 1893

Piper, F.: De externa vitae Jesu chronologia recte constituenda. Göttingen 1835. 4°

Piper, F. Raphael's wahrer Geburtstag und die falschen Säculartage. Beilage zur Allgemeinen Zeitung, 27. Juli 1881. Stuttgart und Augsburg 1881. Fol.

Piper, Ferdinand

Piper, Ferd., Annalen der J. 1864—1866. gr. 8. (64 S.) Berlin 868, v. Decker'sche Geh. Ober-Hofbuchdr. cart. *
Aus: Königl. preuss. Hof- und Staats-Handbuch, besonders abgedruckt.

Piper, Ferd., über den christlichen Bilderkreis. Ein Vortrag, gehalt. im wissenschaftl. Verein zu Berlin am 31. Jan. 1852. Mit 1 Taf. in Steindr. (u. Fol.) gr. 8. (IV u. 66 S.) Berlin 852, Wiegandt & Grieben. n. $\frac{1}{2}$ ₰

Piper, Fd., s. Clementis Alexandrini etc.

Piper, Ferd., üb. einige Denkmäler d. kgl. Museen z. Berlin, v. religionsgeschichtl. Bedeutung. Ein Vortrag, gehalten im wissenschaftl. Kunstverein z. Berlin, d. 16. Febr. 1846. gr. 8. ($1\frac{1}{2}$ B. u. 1 Stnt.) Berlin, Schröder's Verl. *
Aus: Zeitschrift f. die histor. Theologie besond. abgedruckt.

— Einleitung in die monumentale Theologie. Gotha 867. Besser. gr. 8. (XXI, 910 S.) n. 4 ₰ 10 ngr.

Piper, Ferd., Gedichte, s.: Lied u. Leben.

Piper, Ferd., Geschichte des Osterfestes seit der Kalenderreformation, zur Beurtheilung der wider das diesjährige Osterdatum erhobenen Zweifel. gr. 8. ($5\frac{1}{4}$ B.) Berlin 845, Lüderitz'sche Vrlgsbh. Thlr.

Piper, Ferd., über die Gründung der christlich-archäologischen Kunstsammlung bei der Universität zu Berlin und das Verhältniß der christl. zu den klass. Alterthümern. Ein Vortrag, gehalten in der Versammlung deutscher Philologen und Schulmänner zu Berlin am 2. Octb. 1850. gr. 8. (32 S.) Berlin 851, Wiegandt und Grieben. *

Piper, Ferdinand. Von der Harmonie der Sphären. Berlin 1850.

—— die Kalendarien und Martyrologien der Angelsachsen sowie das Martyrologium und der Computus der Herrad v. Landsperg. Nebst Annalen der J. 1859 und 1860. gr. 8. (XII und 180 S.) Berlin 862, v. Decker'sche geheime Ober-Hofbuchdruckerei.

—— Karls des Grossen Kalendarium und Ostertafel aus der pariser Urschrift hrsg. und erläutert nebst einer Abhandlung über die lateinischen und griechischen Ostercykeln des Mittelalters. Lex.-8. (168 S. mit 1 Stndrt.) Berlin 858, Decker'sche geheime Ober-Hofbuchdruckerei.

—— s. a. Kalender, evangelischer.

Piper, Ferd., Evangelischer Kalender u. Jahrbuch. Berlin 1850—70. 11 Bde. 8.

Piper, Ferd., Kirchenrechnung. gr. 4. (14½ B.) Berlin 841, Geo. Reimer.

Piper, F. Das christliche Museum der Universität. 1849—1884. Berlin 1885. 4°.

—— Mythologie und Symbolik der christlichen Kunst von der ältesten Zeit bis in's 16. Jahrhundert. 1. Bd. 2 Abthlgn. A. u. d. T.: Mythologie der christl. Kunst. 2 Abthlgn. gr. 8. Weimar, Landes Industrie-Comptoir. [1. Abthl. (XLIII und 510 S.) 847. 2 Thlr. 22½ Ngr., 2. (XXVIII und 732 S.) 851. 3 Thlr. 22½ Ngr.]

Piper, Ferd., Goethe's nationale Stellung und die Errichtung seiner Statue in Berlin. Berlin 860. Schroeder. gr. 8. (63 S.) n. 12 ngr.

Piper, Ferd., die Verbesserung des evangel. Kalenders. Zwei Vorträge, gehalten in der Predigerconferenz zu Stralsund am 2. Oct. 1849 u. auf dem Kirchentage zu Stuttgart am 11. Sept. 1850. gr. 8. (36 S.) Berlin 850, Hertz. n. 6 ngr.

—— s. Zeugen der Wahrheit.

Piper, Fr., das Brautpaar. Ein Trauerspiel in 5 Akt. gr. 8. Berlin 821. Heymann. ⅔ rf

Zwei Aufnahme-Lieder, gedichtet vom Br [Friedr.] Piper, gedr. und der s. e. St. Joh. ☐ Phöbus Apollo im O. zu Güstrow verehrt von Ebert. Johannis 1819. [Güstrow: 1819.] 2 Bl. 8° [Umschlagtit.]
Ohne Noten. 1. Einladung. 2. Rechenschaft.

Neun freimaurerische Gelegenheits-Reden von Friedr. Piper. Schwerin: Kürschner 1847. 121 S. 8°

Freimaurerische Gelegenheits-Reden bei Trauer, — Aufnahme, — am Johannistage, — am Jubelfeste, bei Uebernahme des Hammers — und an der Schwester-Tafelloge zu Güstrow nebst drei Aufnahme-Liedern von Friedr. Piper. Neue Ausg. Quedlinburg u. Leipzig: Ernst 1840. IV, 88 S. 8°
Kl. 1270, Tt. 1902.

Des Maurers Glaubensworte. Johannis-Geschenk an die Brüder vom Br. Friedr. Piper. 1820. Güstrow [1820]: Ebert. 10 S. 8° [Umschlagtit.]
Gedicht: „Tief eingeprägt, bewahren edle Herzen . . ."

Rede, am Jubelfeste der funfzigjährigen Regierung Sr. Königlichen Hoheit des Allerdurchlauchtigsten Grossherzogs Friederich Franz von Mecklenburg, den 24. April 1835 in der St. Johannis-Loge Phöbus Apollo zu Güstrow, gehalten vom Br. [Friedr.] Piper. Güstrow 1835: Ebert's Erben. 19 S. 8° [Umschlagtit.]
Abgedr. in: Piper, F.: Frmrische Gelegenheits-Reden. 1841 S. 5—20.
Kl. 1259. Geschichtl. Ereignisse während der Regierung Friedrich Franz. Der Jubilar als Fürst u. Mensch. Bezieht sich nicht auf Mrei. — Üb. Friedrich Franz s. Allgem. Deutsche Biographie Bd 7 1878 S. 558—560 (Fromm).

—— Rede, am Jubelfeste d. 50jähr. Regier. Sr. k. Hoheit d. Großh. Friedrich Franz v. Mecklenburg, d. 24. Apr. 1835. rc. geh. 8. (1¼ B.) Güstrow 836, [Opitz u. Comp.]

Güstrow: Rede bei Eröffnung der Wittwen-Unterstützungs-Anstalt der St. Joh.-Loge Phöbus Apollo zu Güstrow, gehalten in dieser Loge den 30. März 1839. [Von Friedr. Piper.] Die Statuten dieser Anstalt sind mit darin enthalten. [Zwischentit.]
in: Piper, F.: Frmrische Gelegenheits-Reden. 1841 S. 59—82; Piper, F.: Neun Frmrische Gelegenheits-Reden. 1847 S. 60 bis 82.

Freimaurerische Schriften von Friedr. Piper. Samml. 1. 2. Güstrow: Opitz & Frege, [1841:] Bützow: Werner 1837 bis 1841. 8°
1. Frmrische Gelegenheits-Reden, nebst einem, drei Aufnahme-Lieder enthaltenden, Anh. IV, 86 [recte: 88] S. 1837.
2. Frmrische Gelegenheits-Reden. 121 S. 1841.
Kl. 1270.

Piper, Friedr., freimaurer. Schriften. 1. Samml. — A. u. d. T.: Freimaurer. Gelegenheits-Reden, nebst e., drei Aufnahme-Lieder enthalt., Anh. 1. Aufl. Güstrow 837. ⅝ Thlr., neue Ausg. (nur unt. letzt. Titel). gr. 8. (à 6 B.) Quedlinburg 840, Ernst'sche Buchh.

Friedrich Ludwig, Erbgrossherzog von Mecklenburg-Schwerin: **Trauer-Rede am Sarkophage des verewigten Erbgrossherzogs Friedrich Ludwig von Mecklenburg-Schwerin, in der St. Joh. □ Phôbus Apollo zu Gûstrow den 7ten Jan. 1820 gehalten vom Br. [Friedr.] Piper. Gûstrow [1820]: Ebert. 16 S. 8⁰ [Umschlagtit.]**
Abgedr. in: Piper, F.: Frmrische Gelegenheits-Reden. 1837 S. 1—13; Neue Ausg. 1840.
Kl. 1456. Nekrolog.

Piper, Friedrich Gotthilf: „Kurtze Abhandlung vom Alterthume und dem Umfange derer Cameralwissenschaften, nebst einem Zusatze vom eigentlichen Werthe der Reichs-Thaler in specie im vorigen Jahrhundert", Halle 1760 (Waisenhaus-Verlag). — Vorh.: Preuß. Staatsbibl. Berlin — F. 915 — und Com. Bibl. Hamburg.

Piper, Friedrich Gottlieb

PIPER, F. G.: Historisch-juridische Beschreibung des Marcken-Rechtes in Westfalen. - Halle 1763. 260 S.

Piper, F. G.: Gedanken vom Bedemuths- od. Bette-Munds Recht in Westphalen. *Halle*, Buchhandl. d. Waisenh. 763. 4. (2 Gr.)

Piper, Geo. Fr., Entwurf d. Pflichten junger Steuerleute. 8. Bremen 801. Müller. 4 gr.

Versuch eines Entwurfs der Pflichten junger Steuerleute; nebst einer Abhandlung über das Loggen und Zählen, als Mittel, die Geschwindigkeit eines Schiffes zu bestimmen; von *Georg Friedrich Piper*. Bremen b. Wilmans. gr. 8. 39 S. (4 Ggr.) 1801.

Piper, Gottfr. Otto, Bezeichnungen d. Welt- u. Lebensanfanges in der chines. Bilderschrift. gr. 8. (11 B. u. 1 Taf.) Berlin 846, G. Reimer.

Piper, G. O., das Christenthum u. die Gegenwart. 8. (8 S.) Bernburg 852, Groening in Comm. n. 1 ngr.

—— Gesundheitslehre f. Jedermann, insbesondere für Volksschulen. gr. 12. (2⅔ B.) Dresden u. Leipzig 812, Arnoldische Bh.

—— die Lebensfrage der Religion od. vom jetzigen Glauben, der Religionslehre, u. von zeitgemäßen Hülfsmitteln. Eine psycholog. Erörterung. 8. (2½ B.) Quedlinburg 845, Ernst'sche Bh.

— **Gottfried Otto (Bernburg), De exploranda medicamentorum natura. Diss. med. Leipzig (Staritz) 3. IV. 1838. 27 S. (2.50)** 26535

Piper, Gfr. Otto, der moderne Pantheismus von der intellectuellen und der moralischen Seite. Bernburg 856. Gröning in Comm. gr. 8. (16 S.) n. 3 ngr

—— über Seelenstörungen u. Zurechnungsfähigkeit. gr. 8. (4½ B.) Leipzig 843, T. O. Weigel. *

— meine Stellung zum chinesischen Alterthume und die Stellung meiner Gegner, der Professoren Schott u. Neumann. Bernburg 857. Groening in Comm. gr. 8. (16 S.) n. 6 ngr

Piper, Gfried. Otto, meine Stellung zum chinesischen Alterthume und die Stellung meiner Gegner, der Professoren Schott und Neumann. gr. 8. (16 S.) Bernburg 857, [Reiter.]

— die sogenannte Vernunftreligion in ihrem Verhältnisse zu Vernunft u. Religion. Bernburg 857. Gröning in Comm. gr. 8. (12 S.) n. 3 ngr

—— die sogenannte Vernunftreligion in ihrem Verhaltniße zu Vernunft und Religion. gr. 8. (12 S.) Bernburg 857, [Reiter.]

—— der Pfarrer Gustav Adolph Wislicenus, u. d. Bedeutung seiner Bekenntnisse u. Erlebnisse für die Gesammtheit. Eine Zuschrift an d. Protestanten. gr. 8. (2¼ B.) Halle 846, Schwetschke u. Sohn.

Piper, Hans, die Entwicklung v. Leber, Pankreas u. Milz bei den Vertebraten. Historisch-krit. Studie. Diss. gr. 8. (93 S. m. 1 Tab.) Freiburg i/B. 902. Speyer & Kaerner. n. 2.50

Piper, Hans, Dr. med., Assistent am physiologischen Institut zu Kiel: Untersuchungen über das elektromotorische Verhalten der Netzhaut bei Warmblütern. Leipzig: Veit & Comp. 1905. (62 S.) 8° ¶(Erscheint im Archiv für Anatomie u. Physiologie 1905. Physiol. Abt. (Suppl.))
Kiel, Med. Fak., Hab.-Schrift v. 1905
! (Nicht für den Austausch)

Piper, Herm., zur Aetiologie der Idiotie. Mit e. Vorwort v. W. Sander. gr 8. (VIII, 199 S.) Berlin 893. Fischers' medicin. Buchh. n. 4.50

Piper, Herm., der kleine Modelleur. Eine Anweisg. zum Modellieren in Schule u. Familie. (23 S. m. Abb.) kl. 8. Berlin (910). Berliner Lehrmittel-Verlag. — 50

Piper's, Herm., preisgekrönter kleiner Rechenmeister, m. Zeichngn. v. F. Maddalena. (21 S. m. 10 farb. Vollbildern.) Lex.-8. Berlin (906). [Möthig & Co.] G. König. Kart. 2. —; erm. Pr. 1.30

— Schriftproben v. schwachsinnigen resp. idiotischen Kindern. Gesammelt u. zusammengestellt. gr. 8. (17 S. m. 64 autogr. Taf.) Ebd. 893. n. 3. —

Piper, Herm., der kleine Sprachmeister. Ein Lehr- u. Bilderbuch. Lex.-8. (63 S. m. farb. u. 5 schwarzen Abb.) Berlin 897. K. Siegismund. Geb. n. 3. —

Piper, Jh. Chr. Fr.

— s. Abendstündchen, drei.

Piper, Jh. Chr. Fr., das Brautpaar. Trspl. in 5 A. 8. Berl. 821 Fr. Maurer. 16 gr.

— die Brüder. Dramat. Gemälde. 8. Rostock 797. Stiller. 4 gr.

— die Freiwilligen. Lstspl. in 3 A. 8. Ebd. 814. 8 gr.

— Gewinn durch Verlust. Lstspl. 8. Gera 798. Rothe. 8 gr.

— der Mammon. Schspl. in 4 A. 8. Jena ... 2e A. 796. (Gnobloch in Leipz.) 12 gr.

— s. Schäferhütte, die.

— **Johann Christoph** (Spandau/Mark), Theologiae studiosus, verbique divini minister, aptus et fidelis, ex 2. Tim. II. v. 15. delineatus. Präs. Joachim Lang. [Halle] (Chr. A. Zeitler) März 1712. 35 S. (4.50) 26537
Gew.: Georg Adam Neumeister. — Widm. v.: Johann Ludolph Bünemann, G. L. Rücker (dtsch.).

Piper, Johann Karl Ernst

— **Johann Carl Ernst** (Schwerin/Mecklenburg), De vera juramento diffessionis indole. Diss. jur. Jena (Etzdorf) 2. IV. 1806. 28 S. (3.75) 26536
Gew.: Carl Friedrich Piper (Vater), Friedrich Piper (Bruder), August Piper (Bruder), Carl Heinemann.

Piper, Karl

Piper, Carl: Bericht über die 50jährige Jubelfeier des Kgl. Bismarck-Gymnasiums zu Pyritz. Pyritz 1910: Backe. S. 1—24. 4°
Pyritz, k. Bismarck-G OP 1910 (207) [S 10. 334

Piper, Carl, ein mathematischer Beweis der Unsterblichkeit des Menschen. gr. 8. (39 S.) Lemgo 888, Ohle. *

Piper, C.: Über die F o r m e n der C_4, welche keinen Doppelpunkt haben. 1876. 8°
Diss. Rostock

Piper, Carl, Gestalten der Kurven vom 4. Grade. deren Gleichgn. nur gerade Potenzen der Coordinaten enthalten. gr. 8. (31 S. m. e. Steintaf.) Rostock 871. Stiller. n. 1. —

Piper, Karl: Die rechtliche Stellung des Versicherungs-Agenten nach dem Gesetz über den Versicherungsvertrag vom 30. Mai 1908. Plieningen 1910: Find. IX, 109 S. 8°
Heidelberg, Jur. Diss. v. 21. Febr. 1910, Ref. Schröder
[Geb. 5. Nov. 79 Klein-Krössin; Wohnort: Stuttgart; Staatsangeh.: Preußen; Vorbildung: Gymn. Belgard Reife O. 00; Studium: Freiburg i. B. 2, Greifswald 3, Halle 2 S.; Rig. 22. Dez. 09.] [U 10. 1974

Piper, C., üb. die vierstelligen graphischen logarithmisch-trigonometrischen Tafeln u. ihre Anwendung zum mechanischen Rechnen. 12. (24 S.) Lemgo 884. Selbstverlag. n. — 60; 1 vierstell. graph. logarithmisch-trigonometr. Taf. in Lichtdr. gr. 8. n. — 80; Zeigerapparat dazu n. 1. 20

Piper, Karl Anton

Piper, Carl Ant., Beiträge zum Studium Grabbe's, s. Forschungen z. neueren Litteraturgeschichte, VIII.

Beiträge zum Studium Grabbes. Von Dr. Carl Anton Piper. *München: C. Haushalter 1898.* (2 Bl., 145 S.) 1 Bd 8.
= Forschungen z. neueren Litteraturgeschichte. [H.] VIII. (98. 11394

Piper, Karl Ant., der Burschenschafter. Ein Drama aus dem J. 48. 4 Akte. (168 S.) gr. 8. Berlin 903. Herm. Walther. n. 2. —

Piper, Kurt, tellurische Feuer. Neue Gedichte. (118 S.) 8. München 910. R. Piper & Co. 2.—; kart. 3. —

Piper, Kurt, a. Altona a. d. Elbe: Aus der Kgl. chirurgischen Universitäts-Klinik zu Kiel. Fraktura humeri mit Verletzung des Nervus radialis. Kiel 1905: H. Fiencke. (30 S.) 8°
Kiel, Med. Fak., Ref. Helferich, Diss. v. 3. Juni 1905
[Geb. 23. Dez. 75 Altona; Wohnort: Altona; Staatsangeh.: Preußen; Vorbildung: Wilhelmsgymn. Hamburg Reife O. 98; Studium: Freiburg i. B. 1, Kiel 1, Bonn 1, Kiel 1, Freiburg 1, München 1, Freiburg 3, Kiel 2 S.; Coll. 12. Mai 05; Approb. 23. Dez. 04.]

— Künstlertypen u. Künstlerprobleme. (195 S.) 8. Ebd. 910. 3.—; kart. 4. —

Piper, Kurt, Waffen u. Wunden. Neue Gedichte. Hrsg. v. Detl. v. Liliencron. (IV, 78 S.) 8. Berlin 905. Schuster & Loeffler. n. 2. —

Piper, Luise, Erinnerungen an Professor Ferdinand Piper, s. a. Lied u. Leben.

[F.] Lied und Leben. Erinnerungen an Ferdinand Piper, Dr u. Prof. d. Theol. in Berlin. Gesammelt v. seiner Schwester u. Lebensgefährtin Luise (Piper) ... *Berlin: Buchh. d. Berl. Stadtmiss. 1897.* (63 S., 1 Portr.) 1 Bd 8. (98. 162

Piper, Otto, Abriss d. Burgenkde., s. Sammlung Göschen.

Piper O. Abriss der Burgenkunde. (140 S) 16° (Slg Göschen 119) Leipzig 1900

Piper, Otto. Abriss der Burgenkunde. 2., verbesserte Aufl. Mit 30 Abbildungen. 132 S. 8. Leipzig, G. J. Göschen, 1904. (geb. M. —. 80)
Sammlung Göschen. (Nr. 119.)
Darin zahlreiche Angaben über Burgen der Schweiz.

— österreichische Burgen. Im Auftrage Sr. Durchl. des regier. Fürsten Johann von u. zu Liechtenstein u. Sr. Exc. des Grafen Hans Wilczek. 1. Thl. Lex.-8. (IX, 247 S. m. 262 Abb.) Wien 902. A. Hölder. n. 7. 20

— österreichische Burgen. Im Auftrage Sr. Durchl. des regier. Fürsten Johann v. u. zu Liechtenstein u. Sr. Exz. des Grafen Hans Wilczek bearb. 2—4. Tl. (VI, 268 S. m. 276 Abb.; VI, 252 S. m. 255 Abb. u. VI, 252 S. m. 260 Abb.) Lex.-8. Wien 903—905. A. Hölder. à n. 7. 20

Piper, Otto, österreichische Burgen. Im Auftrage Sr. Durchl. des regier. Fürsten Johann v. u. zu Liechtenstein u. Sr. Exz. des Grafen Hans Wilczek bearb. 5.—8. (Schluß-)Tl. Lex. 8. Wien, A. Hölder. à 7. 20
5. (V, 226 S. m. 241 Abb.) 907.
6. (V, 228 S. m. 240 Abb.) 908.
7. (VIII, 228 S. m. 252 Abb.) 909.
8. (Mit e. Schlußabhandlg.) (VIII, 228 S. m. 235 Abb.) 910.

Piper, Otto, Burgenkunde. Forschgn. üb. ges. Bauwesen u. Geschichte d. Burgen innerhalb d. deutschen Sprachgebietes. Lex.-8. (XV, 830 S. m. Abb.) München 895. Th. Ackermann. n. 28. —; geb. in Halbfrz. n. 31. 60

Piper, Otto. Burgenkunde. Bauwesen und Geschichte der Burgen, zunächst innerhalb des deutschen Sprachgebietes. In 2. Aufl. neu ausgearbeitet von O' P'. Mit vielen eingedruckten Abbildungen. (2 Hälften.) XII + 755 S. gr.-8. München und Leipzig, R. Piper & Co., 1905(—1906). [*cpl.* M. 28. —]
1. Hälfte. II + IV + 382 S. 1905. — 2. Hälfte. II S. + S. V—XII + 383 — 755. 1906.

— in 'n Middelkraug. 'ne plattdütsch Geschicht. Mit Biller v. Geo. Braumüller. 8. (VII, 114 S.) Wismar 900. Hinstorff's Verl. n. 2. —; geb. in Leinw. n. 3. —

Piper, Otto, das Recht der Sponsalien besonders nach dem Particularrechte der Stadt Rostock. Ein Commentar zu Thl. I., Tit. IV. d. Rostocker Stadtrechtes v. J. 1757. gr. 8. (VII, 52 S.) Rostock 871. Stiller. n. 1. —

Piper, Otto, Gerichtsassessor a. Neustrelitz: Der Selbsthülfeverkauf nach dem Bürgerlichen Gesetzbuche. Neustrelitz 1908: O. Wagner. (67 S.) 8°
Rostock, Jur. Fak., Ref. Bernhöft, Diss. v. 30. Juli 1908
[Geb. 30. Aug. 82 Neustrelitz; Wohnort: Neustrelitz; Staatsangeh.: Mecklenburg-Strelitz; Vorbildung: Gymn. Neustrelitz Reife O. 01; Studium: München 1, Berlin 1, München 1, Berlin 1, Rostock 2 S.; Rig. 29. Juni 08.]

— soll die Hohkönigsburg neu aufgebaut werden? Eine krit. Studie. gr. 8. (40 S. m. 3 Abbildgn.) München 900. C. Haushalter. n. — 75

Piper, Otto, rheinische Spaziergänge. Feuilleton-Aufsätze aus Natur, Kunst u. Geschichte im Stromgebiet d. Rheines. gr. 8. (VIII, 172 S.) Rostock 880. Stiller. n. 2. —

Piper, Otto, ut 'ne lütt Stadt. 'ne plattdütsch Geschicht. Mit Biller von Geo. Braumüller. 8. (VIII, 136 S.) Wismar 898. Hinstorff's Verl. n. 2. —; geb. in Leinw. n. 3. —

Piper, Otto, die Burgruine Stuer in Mecklenburg. Eine archäolog. Studie. gr. 8. (25 S. mit Grundriß.) Neubrandenburg 887, Brünslow. *

— Schloss Tirol. [Aus: „P., österr. Burgen".] 4. (38 S. m. 15 Abbildgn.) Wien 902. A. Hölder. n. 1. —

— zu den commissarich-deputatischen Verhandlungen üb. die Reform unserer Verfassung. Eine staatswissenschaftl. Denkschrift. gr. 8. (V, 76 S.) Ebend. 872. n. 1. 25

— d. Burgruine Wertheim a/M. u. Dr. Wibels Buch üb. dieselbe. E. Beitrag zur Burgenkunde. M. e. Lageplan der Burg. gr. 8. (IV, 52 S.) Würzburg 896. A. Stuber's Verl. n. 1. —

— die angebliche Wiederherstellung der Hohkönigsburg. 4. (60 S. m. Abb.) München 902. C. Haushalter. n. 1. 50

Piper, Paul, s. Altona unter Schauenburgischer Herrschaft.

Piper, [Paul]: [Ansprache bei Entlassung der Abiturienten.] S. 15 bis 18. 4. **Progr.** Realgymn. u. Realschule *Altona* 1909 (387).

Piper, Paul, s.: Denkmäler d. ält. deutschen Litteratur.

Piper, geistliche Dichtung d. Mittelalters, s.: National-Litteratur, deutsche.

Piper, Paul. Höfische Epik, s. National-Litteratur, deutsche.

Piper, Paul, Otfrieds Evangelienbuch, s.: Bibliothek der ältesten deutschen Litteratur-Denkmäler.

Piper, üb. den Gebrauch d. Dativs im Ulfilas, Heliand u. Otfried. 4. (30 S.) Altona 874. (Berlin, Calvary & Co.) n. 1. —

— Kudrun, s. National-Litteratur, Deutsche.

LIBRI CONFRATERNITATUM SANCTI GALLI AUGIENSIS FABARIENSIS Berolini 1884. Apud Weidmannos. — A. u. d. T.: LIBRI CONFRATERNITATUM SANCTI GALLI AUGIENSIS FABARIENSIS edidit PAULUS PIPER. ib. 1884. — 4°.

Piper, Paul: Nachträge zur ält. deutschen Litteratur v. Kürschner's deutscher National-Litteratur, s.a. National-Litteratur, Deutsche.

[F.] Nachträge zur älteren deutschen Litteratur von Kürschners deutscher National-Litteratur. Hrsg. v. Prof. Dr. Paul **Piper**. *Stuttgart: Union [1898]*. (2 Bl., 386 S., 1 Bl.) 1 Bd 8.
= **National-Litteratur**, Deutsche. Bd 162. [53. 800

Piper, Paul, s. Otfrid's Evangelienbuch.

— Otfrid u. d. übrigen Weissenburger Schreiber des 9. Jahrh. M. 30 Fcsm.-Taf. in Lichtdr. u. 12 Fcsm.-Autotyp. Imp.-4. (24 S.) Frankfurt a/M. 899. F. Enneccerus. n. 21. —

Piper, [Paul]: [Rede zum Gedächtnis des am 6. Dezember 1905 verstorbenen Direktors der Anstalt Dr. Ernst Schlee.] S. 12—15. 4. **Progr.** Realgymn. u. Realschule *Altona* 1907 (354).

— die Reformierten u. die Mennoniten Altonas, s. a. Altona unter Schauenburgischer Herrschaft.

Die Reformierten und die Mennoniten Altonas. Von Paul **Piper**. Altona. 1893. = Altona unter Schauenburgischer Herrschaft. Von Richard Ehrenberg. 6. 8°m.

— die Sprache u. Litteratur Deutschlands bis zum 12. Jahrh. Für Vorlesungen u. zum Selbstunterricht bearb. 2 Thle. Für Studirende bearb. gr. 8. Paderborn 880. F. Schöningh. 7. 50
1. Litteraturgeschichte u. Grammatik des Althochdeutschen u. Altsächsischen. (IX, 471 S.) n. 4. 50
2. Lesebuch des Althochdeutschen u. Altsächsischen. Mit einem Wörterbuche versehen. (VII, 256 S.) n. 3. —

— die Verbreitung der deutschen Dialecte bis um das Jahr 1300. Auf Grund der alten Sprachdenkmäler bearb. u. karthographisch dargestellt. Mit einer (chromolith.) Karte (in gr. 4.). [Aus: „Zeitschr. f. wissenschaftl. Geogr."] Lex.-8. (8 S.) Lahr 880. Schauenburg. n. — 80

Piper, Rhard., das Tier in der Kunst. 1.—5. Aufl. (196 S. m. 130 Abb.) gr. 8. München 910. R. Piper & Co. 1.80; geb. 2. 80

Piper, Theophil Caelestin

— de genuina auctoritate cap. I. et II. evangel. Matthaei exercitatio theolog.-critica. 4. Greifsw. 779.

Piper, Theoph. Cölest., commentar. crit.-theolog. in Psalm. CX. 4. Greifsw. 784. (Cnobloch in Leipz.) 8 gr

Piper, Theoph. Cölest., commentar. in Ps. CX. 4. Greifsw. Röse. 784.

Piper, T. C., de diebus atris et faustis. Gryph 1795. 4.

— s. Friedrich II., Opera posthuma.

— s. Frosch- u. Mäusekrieg.

— — Gedichte. Neue wohlf. u. mit d. Leben des Verf. verm. Aufl. gr. 8. Greifswald, Mauritius.

— Gedichte. 8. Ebend. 779.

— vermischte Gedichte. 8. Stralf. 779. Neue mit d. Leben d. Verf. verm. Aufl. gr. 8. Greifsw. 811. 3e A. 815. Mauritius. 18 gr

— integritas Jesaiae a recentior. conatibus vindicata. Diss. crit.-biblica. 4. Greifsw. 793.

– s. Kramerbüchlein.

— Predigten üb. verschied. besond. Materien u. Veranlassungen. 2 Thle. gr. 8. Leipz. 792, 93. (Wienbrack). 2 ₰ 16 gr

— Predigten über e. Sonn- u. Festtagstexte. 8. Eisenach 776. Wittekind. 16 gr

— zwei Predigten; hrsgg. v. J. H. Euler. gr. 8. Frkf. a. M. 788. Eichenberg. 3 gr

— Proben e. Uebersetzung d. Psalmen u. d. Jesaias. 4. Greifsw. 811. Mauritius. 8 gr — Wohlf. Ausg. 8. Ebd. 815. 3 gr

— oratio de religione principis. 4. Greifsw. 783. (Cnobloch in Leipz.) 2 gr

— **Theophil Caelestin** (Greifswald), De religione principis, qua festum natale regis Gustavi tertii, simulque demandati sibi officii partes auspicatur. Oratio inaug. Greifswald (A. F. Röse) 24. I. 1783. 32 S. (4.25) 26538
Gew.: Carl Friedrich von Fredenheim.

— der Tempel des Friedens im ehemal. Rom. 4. Greifsw. 811. Mauritius. 1 gr

— — theolog. Untersuchungen ꝛc. gr. 8. Ebend. 780. Jetzt Ebend.

— theolog. Untersuchungen bei Gelegenheit d. Wolfenbütt. Fragments v. Zweck Jesu. gr. 8. Greifsw. 781. (Cnobloch in Lpz.) 1 ₰ 8 gr

Piper, Walter, Gerichts-Assessor: Verursachung und Verschulden als Grundlagen der Schadenshaftung nach dem Bürgerlichen Gesetzbuch. *Rostock 1902: H. Winterberg.* (67 S.) 8°
Rostock, Jur. Diss. v. [20. Sept.] 1902

Piper, Wilhelm: Die Politik Gregors VII gegenüber der deutschen Metropolitangewalt. Quedlinburg 1884: Voges. 58 S. 8°
Halle-Wittenberg, Phil. Diss. v. [6. Okt.] 1884
Geb. Nehringen bei Tribsees (Kr. Grimmen. Pomm.) 27. 4. 1859. V.
Im Buchhandel Quedlinburg (Bunzlau: Kreuschmer) 1884.

Piper, Wilh., Taschenbuch der norddeutschen Flora, enthalt. eine Charakteristik d. gemeinsten im norddeutschen Flachlande sowohl wildwachsenden als cultivirten Pflanzen. Aus den besten Quellen nach natürlich. Familien u. dem Linnéischen System f. Botaniker. 8. (21½ B.) Malchin 816, Piper. *

Piper, Wilh., Taschenbuch der norddeutschen Flora, enthaltend eine Charakteristik der gemeinsten im norddeutschen Flachlande sowohl wildwachsenden als cultivirten Pflanzen nebst einer vorausgehenden Einleitung in das Studium der Gewächskunde. Aus den besten Quellen nach natürlichen Familien und dem Linnéischen System für angehende Botaniker, besonders mittlere Gymnasialklassen, Real- und höhere Bürgerschulen zusammengestellt. 2. (Titel-)Aufl. 8. (VI und 290 S.) Anclam 854, Dietze.

Piperoff, Chr., Geologie des Calanda, s. a. Beiträge zur geolog. Karte der Schweiz, Lfg. 37.

Geologie des Calanda mit 1 geolog. Karte in 1 : 50,000. Von Dr. Chr. Piperoff. *Bern: Schmid & Francke in Komm. 1897.* (X, 66 S.) 4°
— Beiträge z. geolog. Karte d. Schweiz. Lfg 37. N. F. Lfg 7. [04. 6407

Pipers, s. Pipirs

Pipetz, Gust., der hl. Abend. Weihnachtsspiel m. Liedern f. die Jugend in 3 Aufzügen. — Der brave Karl. Ein Weihnachtsspiel f. die Jugend in 2 Aufzügen. gr. 8. (32 u. Musikbeilage 8 autogr. S.) Graz (Rosenberggürtel 12), Taubst.-Anst.-Lehrer Pipetz. n. — 85

PIPETZ, Gustav
(F) Der heilige Abend. Weihnachtsspiel mit Liedern für die Jugend in 3 Aufzügen von Gustav Pipetz. Graz. 1901. Selbstverlag. Gr.-8°. 32 S.

Pipetz, Gust., Handbuch f. Taubstummen- u. Blindenlehrer m. statistischen Nachrichten über die Taubstummen- u. Blinden-Anstalten in Österreich-Ungarn. 12. (63 S. u. Notizblätter.) Graz (Rosenberggürtel 12) 901. Taubst.-Anst.-Lehrer Pipetz. Geb. n.n. 1. 70

Pipgras, Karl

Pipgras, Carl, von Johannesburg bis Ragama-Camp. Erlebnisse e. kriegsgefangenen Schleswig-Holsteiners aus der Boeren-Armee. 8. (23 S. m. 9 Abbildgn.) Itzehoe 901. Ch. Bachmann & Petersen. n. — 50

Piphan, Christ. od. d. Vertheidiger d. Unwissenheit; e. Gesch. v. Keppler. 8. Wien, Gerold. (Barth in Lpz.) 781. Rthlr.

Pipifax. Red. u. Hrsg.: B. Guttmann. 1. Jahrg. 1887/88. 52 Nrn. (B. m. Illustr.) gr. 4. St. Petersburg, Guttmann. n. 10. —; halbjährlich n. 6. —

Pipifax, auf Reisen. Humoresken u. Fresken u. andere Teufeleien. Hell wie Wachs, fett wie Lachs. 1. Heft. 8. (96 S. m. eingedr. Holzschn.) Chemnitz 880. Hager. — 50

— dasselbe. 2. Aufl. 12. (80 S. m. eingedr. Illustrationen.) Ebend. 881. — 30

Pipifax-Almanach. Ein lust. Jahrbuch für's arbeit. Volk. Hrsg. v. Hans Bernauer. gr. 16. (63 S. m. Abb.) Wien 896. (Leipzig, Buchdruckerei u. Verlagsanstalt d. Leipziger Volkszeitg.) n. — 20

Pipirus, Johs., Baptisten-Lehre u. Gottes Wort. 8. (42 S.) Memel 890. (Königsberg, Backe.) n. — 35

Pipirs, Alfr., Erlebnisse e. jungen Deutschen zur See u. in fremden Ländern. Zur Belehrg. u. Unterhaltg. f. Jung u. Alt von ihm selbst erzählt. 8. (V, 116 S.) Ragnit 890. (Leipzig, Gracklauer.) n. 1. 50

Pipirs, Gust., am Arysee. — Sirenenstimmen. Zwei Novellen. 8. (147 S.) Riga 886, Jonck und Poliewsky. *
geb. *

—— Käthe. Novelle. 16. (90 S.) Ebendas. 886.

Lithauische Sprachlehre mit Berücks. d. Selbstunterrichts. Verf. von J. **Pipirs,** Pfarrer zu Memel. Th. 1. *Memel: F. W. Siebert 1899.* 8° [00. 10378

(Pipitz, A. E.) Zur Kenntniß der Gesellschaft Jesu. Von einem Katholiken. Zürich und Winterthur 1843. IV 78 S. 8.

Pipitz, F. E. (F. C.?) (Red.), s. Marinezeitschrift, Österreich.

Pipitz, F. E. (Red.), s. Zeitung, Triester.

Pipitz, Franz Ernst

BÜCHER und Menschen .... (von *Franz Ernst Pipitz*). Herisau 1846. 8°. (2 Mk. 50 Pfg. Julius Neumann, Magdeb., 1908.)
Gegen die Jesuiten u. den kathol. Obscurantismus in d. Literatur.

—— und G. Fink, das 18. Jahrh. in Walpole's Briefwechsel, s. Bibliothek der Memoiren.

Pipitz, F. E., die Grafen v. Kyburg. gr. 8. (9 B. u. 2 Tab.) Leipzig 839, Weidmann'sche Buchh.

Pipitz, F. E., Memoiren eines Apostaten. Aus dessen Papieren herausgegeben. gr. 8. (29½ B.) Stuttgart 842, [Frankfurt a. M., Jos. Baer.] 2 Thlr. 15 Ngr. Hrbgef. Pr. *

Pipitz, F. E., Memoiren eines Apostaten. Aus dessen Papieren herausgeg. gr. 8. Stuttgart 842, Cast'sche B. 2½ ℛ

Pipitz, Frz. Ernst, Mirabeau. Eine Lebensgeschichte. 2 Bde. gr. 8. (X und 617 S.) Leipzig 850, Brockhaus. *

s. v. Münch, Er., Erinnerungen, Reisebilder ꝛc.

— Verfall u. Verjüngung. Studien über Oesterreich in den J. 1838—1848. br. 8. (VIII u. 227 S.) Zürich 848, Schultheß. 26 ngr

Pipo, Walther, Arzt a. Witten a. d. Ruhr: Ueber 56 Fälle von Placenta praevia. Göttingen 1907: L. Hofer. (60 S.) 8°
Göttingen, Med. Fak., Ref. Runge, Diss. v. 25. Juni 1907
[Geb. 15. Apr. 83 Witten a. d. Ruhr; Wohnort: Witten; Staatsangeh. Preußen; Vorbildung: Realgymn. Witten Reife O. 01; Studium: Göttingen 4 München 1, Berlin 1, Göttingen 4 S.; Coll. 7. Mai 07; Approb. 25. Juni 07.

Der Heldrastein für Groß und Klein. Hrsg. von Wilhelm **Pippart**. Eschwege: R. Himmelreich 1907. (46 S.) 8°
[Umschlagt.:] Führer vom Heldrastein hrsg. von W. Pippart. [07. 11397 4

Werra-Wellen. Gedichte von Wilhelm **Pippart**. Eschwege: R. Himmelreich 1908. (122 S.) 8° [08. 13114 4

Pippch, Meester, der gemietliche Erzähler am Stammtisch. gr. 8. (III, 43 S.) Mittweida 883. (Schlüter.) n. — 75

Pippich, Karl, im Grössenwahn. Drama in 4 Akten. Autoris. Übersetzg. aus d. Böhm. v. Edm. Grün. gr. 8. (73 S.) Chrudim 892. St. Pospíšil's Eidam. 1. —

Pippich, L. F., s. Pippig, Chr. Fr.

Pippig, Chr. Fr., neue Anleit., das Richtigschreiben jedes deutschen Wortes u. jedes oft vorkomm. fremden u. das Richtiginterpungiren in kurzer Zeit, nach Regeln u. durch Uebung, Andern beizubringen u. auch ohne Lehrer zu erlernen. 8. Kirchberg 826. Plauen, Schmidt. 8 gr (Leipz., Klinckhardt). 5 gr — Dass. mit neuem Titelbl. u. Bemerkk.: 2e Ausg. 8. Zwickau 829. Richter. 8 gr

— neue Anleitung d. Richtigschreiben jedes deutschen Wortes u. jedes oft vorkommenden fremden, u. d. Richtiginterpungiren in kurzer Zeit, nach Regeln u. durch Uebung, Andern beizubringen u. auch ohne Lehrer zu erlernen. 8. Leipzig 826, Sühring.

Pippig, Chr. Fr., neue Anleitung, das Richtigschreiben jed. deutschen Wortes u. jedes oft vorkomm. fremden u. das Richtiginterpungiren in kurzer Zeit, nach Regeln u. durch Uebung, Andern beizubringen u. auch ohne Lehrer zu erlernen. 2. Ausg. 8. (10 B.) Zwickau 830, Richter.

— **Elementarbuch zum Erlernen des Lesens alles deutsch u. lateinisch Gedruckten u. Geschriebenen, des Schön- u. Richtigschreibens, Zeichnens u. Rechnens, verbunden mit Denk- u. Gedächtnißübungen.** 2 Hfte. 2e Aufl. 8. Leipz. 825. (Klinckhardt). (1s Hft. 2 gr 2s Hft. 4 gr) 6 gr 1s Hft. 3e A. 8. Zwickau 832. Richter. 3 gr

— Elementarbuch zum Erlernen des Lesens alles deutsch u. lateinisch Gedruckten u. Geschriebenen, des Schön- u. Richtigschreibens, Zeichnens u. Rechnens, verbunden mit Denk- u. Gedächtnißübungen. 2 Hefte. 2e Aufl. 8. Leipz. 825, Sühring. 1s H. 3 gr. 2s Heft 6 gr.

—— Elementarbuch z. Erlernen d. Lesens u. d. Richtigschreibens, verbunden mit angenehmen u. nutzreichen Denk- u. Gedächtnißübungen; f. Schulen u. den Privatgebr. In 2 Thln. — 1. Thl. Erstes Lesebuch f. Kinder. 3., umgearb. u. verm. Aufl. 8. (2¼ B.) Zwickau 832, Richter.

— **Zeichenbuch, od. über 200 Abbildd. zum Nachzeichnen u. Illuminiren f. Kinder.** Mit Erklärung. 8. Leipz. 825. (Klinckhardt). 4 gr

Pippich, (C. F.,) Zeichenbuch, oder über 200 Abbildungen z. Nachzeichnen u. Illuminiren f. Kinder. Mit Erklärung. 8. Leipz. 825, Sühring.

Pipping, Gottlob Heinrich

— — **(Leipzig), De frigido in oratione.** Präs. Fried. **Gotthilf Freytag. Leipzig (I. Titius) 16. X. 1719. 32 S. (4.25)** 26541
Gew.: **Heinrich Pipping (Vater).** — Widm. v.: **Fried. Gotthilf Freytag.**

Pipping, Gottlob Heinrich (Präs.), s. Hartwig, Johann Gottlieb: Imprecationes libris adscriptas.

Pipping, G. H., de imprecationibus libris adscriptis. Lips. 1721. 4.

— **Gottlob Heinr.,** De modo legatis adscripto. Präs. **Gottfr. Ludwig Mencken. Wittenberg** (Gaeberdt) 8. IX. 1729. 32 S. (4.50) 26540
Gew.: Gottlob **Hieronymus von Leipziger.**

Pipping, H., Arcana bibliothecae Thomanae Lips. sacra etc. 8. Lips. Weidmann. 703.

— colleg. homilet. in August. Confess. 8. Lips. Rohrl. 707.

— exercitationes academ. iuveniles. 8. ibidem. 708.

— memoriae theologorum aetatis. Decad. X. c. fig. 8. Lps. Fritsch. 705.

— Predigergedanken bey s. Abschied v. Leipz. u. Antr. in Dresden. 8. Lpz. Weidmann. 711.

— syntagma dissertation. academ. 8. Lipsiae, Gross. 725.

Pipping, Hugo, zur Phonetik der finnischen Sprache, s. a. Mémoires de la société finno-ougrienne. XIV.

Zur Phonetik der finnischen Sprache. Untersuchungen mit Hensen's Sprachzeichner von Dr. Hugo **Pipping**. *Helsingfors: Finn. Litter. Gesellsch. 1899.* (236 S.) 8°
= Toimituksia, Suomalais-ugrilaisen seuran. 14. [00. 2743

Om Runinskrifterna på de nyfunna Ardre-stenarna af Hugo Pipping. *Uppsala: Akad. Bokhandeln; Leipzig: O. Harrassowitz (1901).* (69, III S.) 8° = Skrifter utg. af K. Humanist. Vetenskaps-Samfundet i Uppsala. Bd 7, 3. [03. 4899

Pippo, Wilhelm, Referendar: Die Ansprüche auf Wandelung, Minderung und Schadensersatz wegen Nichterfüllung aus der Gewährleistungspflicht des Verkäufers mit besonderer Berücksichtigung ihrer Konkurrenz. Berlin 1906: H. Schmidt. (48 S.) 8°

Jena, Jur. Fak., Ref. Danz, Diss. v. 5. Jan. 1907

[Geb. 20. Sept. 81 Berlin; Wohnort: Berlin; Staatsangeh.: Preußen; Vorbildung: Gymn. Gartz a. O. Reife O. 01; Studium: Berlin 7 S.; Rig. 11. Dez. 06.]

Pippow, Erwin, Referendar a. Berlin: Die Miterbenhaftung nach dem mittelalterlichen deutschen Recht und dem Recht des Bürgerlichen Gesetzbuches. Borna-Leipzig 1905: R. Noske. (VII, 68 S.) 8° [F.]

Heidelberg, Jur. Fak., Ref. Schröder, Diss. v. 20. Mai 1905

[Geb. 19. Febr. 81 Stolp i. P.; Wohnort: Berlin; Staatsangeh.: Preußen; Vorbildung: Friedr. Werdersch. Gymn. Berlin Reife M. 00; Studium: München 4, Berlin 3 S.; Rig. 28. Okt. 04.]

Pippow, Rich. (geb. Stolp in Pomm. 23. 3. 1842): Ueber die Obturation der Pfortader. Berlin (1868). (32 S.) 8°

Berlin, Med. Diss. v. 7. Aug. 1868

Pips, des Kleidermachers Sohn, lustige Abenteuer u. tolle Streiche, oder die Aufklärung in Krähwinkel, scherzhafter Roman vom Verf. der Mitternachtsglocke ꝛc. 8. Quedlinb. 823, Basse.

Pips, Kilian; eine Kandidatengeschichte. Leipzig 1781. V: *Behr, Chn August.* (Ky) (MGT)

Pips, Kilian, e. Kandidatengesch. 8. Lpz. Böhme. 781.

— s. auch Kilian.

Pips, Leo: Die Bedeutung der Gefrierpunktserniedrigung der Milch für die Milchkontrolle. Dülmen 1910. 54 S.

Leipzig, Vet.-med. Diss. v. 1910.

Pique, s.a. La Pique

Pique, s. Lepique.

Pique, la, J. P., Predigten. 8. Mannheim, Schwan. 805.

Pique-Dame, Berichte aus dem Irrenhause, in Briefen. Nach d. Schwed. v. L. M. Fouqué. 8. Berlin 825, Rücker.

Pique-Dame. Berichte aus dem Irrenhause, in Briefen. Nach d. Schwedischen. Von L. M. Fouqué. Berlin 1826. V: *Livijn, Klas.* (Zeitschr. f. Büch. N. F. 15, 1923, S. 118) V: *Heine, Heinrich.* (Rhein. Flora 1826, Litbl. S. 11)

Piquenard, ..., Zoonis der gute Neger; aus d. Französ. 8. Gotha 799. Ettinger. 16 gr

— Zofloro, od. die gute Negerin. Mit Kpf. 2 Thle. 8. Altenb. 804. Leipz. 808. Hinrichs. 1 rℓ 8 gr — 2r Thl. Ohne Kpf. 8. Altenb. 804. Schnuphase. 12 gr

Piqueré, P. J., Grammatik der türkisch-osmanischen Umgangssprache. Nebst einem Anh. von einer Auswahl verschiedener Gespräche, Sprichwörter u. einer Wörtersammlung in alphabet. Ordnung. Mit genauer Bezeichnung der Aussprache. Wien 870. Wenedikt. gr. 16. (VII, 354 S.) 1 rℓ 24 ngr

Piquet, s. Seidenzucht, die japanesische.

Pir Mohammed Bin Pir Ahmed Bin Chalil aus Brussa, das Kapitel von der Freigebigkeit. Aus der türk. Handschrift übers. von Rud. Peiper. gr. 8. (140 S.) Breslau 848, Hirt's Verlag. *

Pira, Adf., Studien zur Geschichte der Schweinerassen, insbesondere derjenigen Schwedens, s.: Jahrbücher, zoolog. X. Suppl. 2.

Piramus u. Thisbe. Ein Melodram. 8. Münch. 785. (Fleischmann). 2 gr

Piramus u. Thisbe. Duodrama. 8. Halle, Hemmerde. 787.

Piramus u. Thisbe. Duodrama (v. Fr. Ant. Frz. Bertrand). 8 Halle 787. Schwetschke u. S. 2 gr

Piramus und Thisbe, musikal. Duo-Drama. 8. Wien, Wallishauser. 795.

PIRAMUS, Der Ritter, aus der Amazonen-Insel (ps.), Der Banquerotirer, eine Helden- und Lobrede. 1756.

Weller, Lex. Ps. p. 450. — Sehr selten!

Pirandello, Luigi. Laute u. Lautentwickelung der Mundart v. Girgenti. gr. 8. (III, 52 S.) Halle a. S. 891. (Bonn, Fr. Cohen.) * 2 —

Pirandello, Luigi [aus Girgenti]: Laute und Lautentwickelung der Mundart von Girgenti. . . . Halle a. S., Druck d. Buchdr. d. Waisenhauses, 1891; 2 Bl., 52 S. 8°

Bonn, Phil. Fak., Inaug.-Diss. v. 21. März 1891

Piranesi, Giambattista

Piranesi, römische Alterthümer. Die schönsten Blätter in Lichtdr. ausgeführt von L. Koch. 1. Lfg. gr. Fol. Wien 878. Karlsruhe, Bielefeld's Hofbuchh.

Piranesi, römische Alterthümer. Grabdenkmäler, Ansichten und Plätze Roms, Monumente, Statuen, Vasen, Candelaber, Ornamente, Kamine etc. Die schönsten Blätter daraus in Lichtdr. ausgeführt von L. Koch. 1. Lfg. gr. Fol. (10 Bl.) Wien 878, Koch.

Piranesi, Giambattista. Darstellung römischer Ruinen. (Titelblatt fehlt.) Fol.

Piranesi, G. B., opere scelte. (In 16 fasc.) Fasc. 1.—4. Fol. (à 20 Lichtdr.-Taf.) Wien, A. Lehmann. Baar à fl. 6.—. 1887.

Piranesi, J.-B., oeuvres choisies. Publié par Paul Lange. 1—7. livr. Fol. (à 20 Lichtdr.-Taf.) Wien 885. 86. A. Lehmann. à n. 12. —

Piranesi, J. B., oeuvres choisies. Publiées par Archit. Prof. Paul Lange. 8—11. livr. Fol. (à 20 Lichtdr.-Taf.) Wien, A. Lehmann. Baar à fl. 6.—. (Vol. II. cplt.: fl. 25.—). 1887.

— œuvres choisies. Publiées par Archit. Prof. Paul Lange. 12. et 13. livr. Fol. (à 20 Lichtdruck-Taf.) Ebd. Baar à fl. 6.—. 889.

— ausgewählte Werke. Hrsg. v. Paul Lange. 1—7. Lfg. Fol. (à 20 Lichtdr.-Taf.) Ebend. 885. 86. à n. 12. —

Piranesi, J. B., ausgewählte Werke. Hrsg. v. P. Lange. 8.—16. (Schluss-)Lfg. Fol. (à 20 Lichtdr.-Taf.) Wien 887. 888. A. Lohmann. à Lfg. n. 12. —
In italien., französ. u. engl. Ausgabe zu gleichen Preisen.

— dasselbe, s. Bauschatz.

Piranesi, J.-B., ausgewählte Werke. Abth. A, B u. C. gr. Fol. Wien, A. Lehmann. In Mappe. n. 230. —
A. Römische Alterthümer. (120 Lichtdr.-Taf.) 888. n. 90. —
B. Rom vor 150 Jahren. (100 Taf. m. 1 Bl. Text.) 890. In Carton n. 70. —; in eleg. Mappe n. 80. —; geb. in Halbfrz. n. 100. —; in Ldr. n. 140. —
C. Vasen, Candelaber. (75 Lichtdr.-Taf.) 888. n. 60. —

Piranesi, J.-B. Ausgewählte Werke. 2. Aufl. 10 Lfgn. gr. Fol. (320 Lichtdr.-Taf. m. 18 Bl. Text u. 8 Mappen.) Wien 891,92, A. Lehmann. In Mappe à Lfg. * 20 —; * 200 —
Auch in engl., französ. u. italien. Ausgaben. Die 1. Aufl. erschien 1885 als II. Serie des „Bauschatz". — Vgl.: Bibliothek d. Architecten.

Pirang, Heinz: Die Aufgaben des modernen Städtbaus. Vortrag geh. 1910 in Riga von Heinz Pirang, Architekt. Als Ms. gedr. Riga 1910: Häcker. S. 30-45. 8°
Hefte d. Gesellschaft f. kommunale Sozialpolitik in Riga. No 17.)

Pirani, Emilio (geb. Venedig 12. 5. 1858): Ueber galvanische Polarisation. Naumburg a. S. (1883). (VI. 60 S.) 8°
Berlin, Phil. Diss. v. 16. Juni 1883

Pirani, Marcello von, aus Berlin: Über Dielectricitätsconstanten fester Körper. *Berlin (1903): G. Schade.* (33 S.) 8°
Berlin, Phil. Diss. v. 7. März 1903

Pirani, M. v., moderne Temperaturmessung. (7 S. m. Fig.) Lex.-8. Berlin. Nikolassee, Administration d. Fachzeitschrift „Der Mechaniker". n. — 75
Sonderabdruck aus: „Der Mechaniker".

Pirat, der, im Golf von Barritaria, od. Nordamerika's Seeräuber. A. d. Engl. übers. von L. v. Alvensleben. 2 Thle. 8. (45¼ B.) Leipzig 840, Kollmann.

Pirata, Julius. Die Ehe. Ein freies Wort gegen die Feinde des Lichtes und der Freiheit oder das Wiederheirathen geschiedener Eheleute. 8. (15 S.) Wien, Dirnböck's Buchh. (G. Drandt.) 1868. 10 kr.

Piraten, die, von Segna, s. Echo der neuesten englischen Tagespresse.

Piratenleben. Seescenen u. Charakterskizzen. 2 Thle. gr. 12. (22⅔ B.) Leipzig 843, Brockhaus.

Pirates, the, of Segna, s. Portfolio.

PIRATH, PETER. Ueber Thiamide der Oxalsäurereihe. Freiburg im Breisgau, 1881.

Piratininga, J. T. Darstellung von Ameisensäure aus unorganischem Material. Zürich 1879.

Pirazzi, Emil, Bilder u. Geschichten aus Offenbachs Vergangenheit. Eine Festgabe zur hess. Landes-Gewerbe-Ausstellung. Mit einer (lith.) Ansicht von Offenbach nach Merian aus der Mitte des XVII. Jahrh., u. zwei Handbilleten Goethes an Rahel d'Orville, geb. Bernard. gr. 8. (XII, 280 S.) Offenbach 879. Steinmetz in Comm. n. 4. —

Pirazzi, Emil, Gedenk-Rede auf Friedrich Schiller zur ersten Jahrhundert-Feier seiner Geburt. Mit einer Einleitung: Offenbachs Schillerfeier und 1 lithogr. Abbild. des dasigen Festlokals. gr. 8. (XXXVI und 40 S.) Frankfurt a. M. 860, Meidinger Sohn und Comp. (Leipzig, Thomas.)

Pirazzi, Emil, d. Gründg. d. deutsch-katholischen Gemeinde in Offenbach a/M u. d. ihr vorausgegang. u. nachfolg. Ereignisse d. J. 1845. E. Festschrift z. ersten Halbjahrhundertfeier ihres Bestehens, nach den vorhand. Urkunden u. eig. Erinnergn. verf. gr. 8. (II, 166 S.) Offenbach 895. (J. P. Strauß.) n.n. 1. —

Pirazzi, Emil, Florence Hamilton. Ein Abenteuer im päpstl. Rom. [Aus: „Didaskalia".] gr. 8. (31 S.) Frankfurt a/M. 894. (Offenbach, Th. Steinmetz.) n.n. — 50

— im Herbste des Lebens. Gesammelte Dichtgn 8. (XII, 268 S.) Ebd. 888. n. 4. —; geb. in Leinw. n. 5. —

Pirazzi, Emil, Rienzi der Tribun. Trauerspiel in 5 Aufzügen. gr. 8. (XLVI, 167 S.) Leipzig 873. Bidder. n. 3. 60

— dasselbe. 2. Ausg. Ohne literarisch-dramaturg. Einleitg. gr. 8. (167 S.) Ebend. 874. n. 2. —

Pirazzi, Emil, Rienzi der Tribun. Geschichtliches Trauerspiel in 5 Aufzügen. 3. Aufl. 8. (167 S.) Frankfurt a/M. 883. Koenitzer. n. 2. —

— Stimmen d. Mittelalters wider die Päpste u. ihr weltliches Reich. Im Lichte der Gegenwart. dargestellt. gr. 8. (VII, 129 S.) Ebend. 872. n. 2. 40

Werbung für Schleswig-Holstein v. Emil Pirazzi. Offenbach Anfang December 1863. 1 Bl. 4°. geb. in 8°.

Pirazzi E, Offenbachs Wohlthätigkeitsanst., ihre Organis. u ihr Wirken. Offenbach 1858

Pirazzi, Emil, ein Wort an England von Schleswig-Holsteins Recht und Deutschlands Ehre. Denkschrift gerichtet an die Mitglieder des engl. Unterhauses. Lex.-8. (IV und 104 S.) Frankfurt a. M. 864, Sauerländer's Verlag.

—— fünf Zeitgedichte. gr. 8. (31 S.) Frankfurt a. M. 859, Auffarth. *

Pirazzi, Jos., Zur Abwehr. Eine Entgegnung auf die Schrift des Herrn Johannes Georg Keilmann: „Warum bin ich wieder katholisch geworden?" Angriffe gegen die deutsch-katholische Gemeinde zu Offenbach a. M. Ein Beitrag zur Krankheitsgeschichte der Seele, den Denkenden aller Confessionen gewidmet. 2. durch Zusätze verm. Aufl. Offenbach 853. Heinemann. gr. 8. (64 S.) n. 4 ngr.

Pirazzi, Jos., deutsch-katholische Glockentöne. Ein Sonettenkranz. 8. (39 S.) Offenbach 847, Heinemann'sche Buchh. *

Pirch, E, Vergleichende Darstellung der Gemeindewahlordnung. [Manz'sche Gesetz-Ausgabe. Nr. 70.] 8°. (IV, 206 S.)
Wien: Manz 1903. K 2.40, geb. K 3.—

Pirch, Hans, vergleichende Darstellung der Gemeindewahlordnung f. das Erzherzogt. Oesterreich u. d. Enns; Gemeindewahlordnung f. Wien: Landtagswahlordnung des Erzherzogt. Oesterreich u. d. Enns u. der Reichsratswahlordnung, nebst Auszügen aus der Gemeindeordng. f. das Erzherzogt. Oesterreich u. d. Enns u. aus dem Gemeindestatute f. Wien, s.: Gesetz-Ausgabe, Manz'sche. Nr. 70.

(Pirch, Otto Ferd. Dubislav v.,) Caragoli, s. Caragoli.

Pirch, Otto Fd. Dubislaw, Caragoli. Reise-Mittheilungen aus Ungarn u. Italien. 2e Ausg. (in einem Bande). Mit d. Bildnisse d. Verf. gr. 8. Berlin 835. Haude u. Spener. $2\frac{1}{2}$ ℛ —

—— Reise in Serbien im Spätherbst 1829. 2 Thle. 8. (37 B.) Berlin 830, Dümmler.

Gustav PIRCHAN Über den Audruck Nobilis in einigen baierischen Rechtsquellen des Frühmittelalters
Phil. Diss., Prag 1905/1906.

Pirchann, August

Pirchann, A., das Militär-Strafgesetz, s.a. Gesetze, österreichische.

Pirchann, August, Major im Activstande der k. k. Landwehr-Officiere für den Justizdienst. Das Militär-Strafgesetz über Verbrechen und Vergehen vom 15. Jänner 1855, die für das k. k. Heer (Kriegsmarine) und die k. k. Landwehr geltenden Pressgesetze, die Militär-Jurisdictions-Vorschriften und die Vorschriften über den Vollzug der von Militär-Gerichten zuerkannten Freiheitsstrafen sammt den ergänzenden und erläuternden Gesetzen und Verordnungen. (Aus: „Taschenausgabe der österreichischen Gesetze". 24. Bd.) 8. Wien 1885.

PIRCHEGGER, Hans: Jacobus Basilicus, Woiwode der Moldau (1561 bis 1563). Historisch-kritische Untersuchungen. — 1898. 58 Bl. Diss. Graz, Univ.

Pirchegger Dr. Hans: Die Geschichte Pettaus im Mittelalter. 24. 27. Pettau 03. 04.
Progr.

Pirchegger Hans, Dr. Die Pfarren als Grundlage der politisch-militärischen Einteilung der Steiermark (mit 2 Karten) (Zugleich auch: Abhandlungen zum Historischen Atlas der österr. Alpenländer. [illegible]
Siehe auch III. Abt. Historischer Atlas der österreichischen Alpenländer. I. Lieferung.

Separatabdruck

Pircher, Alois Flexion des griechischen Verbums. 8 (XXXIX S.).
Progr. Ober-G. *Meran* 1890.

Pircher, Alois Horaz und Vida De arte poëtica. 8 (S. 3—32).
Progr. K. k. Ober-G. *Meran* 1895.

Pircher, Franz Xaver

Pircher, Frz. X., Gott sei mit Dir, s.a. Gott sei mit Dir!

Pircher, Frz. Xav., Gott sei mit Dir! Ein Gebet- u. Lehrbuch für kathol. Christen, vorzüglich die reifere Jugend. Auf Grund bewährter Erbauungsschriften bearb. In neuer, vervollständ. u. umgearb. Aufl. hrsg. v. Karl Moser. 16. (VIII, 630 S. m. 1 Chromoxylogr.) Innsbruck 878. F. Rauch. 1. 40

Pircher, Frz. Xav., das Leben der katholischen Kirche während ihres heiligen Jahres, od. der kleine Goffine. Eine kurze Erklärg. der heil. Zeiten u. Festgeheimnisse, der sonn- u. feiertägl. Evangelien, wie auch der Heilsmittel u. vornehmsten Ceremonien d. Kirchenjahres. Für die Jugend sowohl als f. Erwachsene eingerichtet. 3. Aufl. Nach dem Tode d. Verf. neu hrsg. u. m. einigen Zusätzen verm. v. Ludw. Rapp. 8. (XVI, 480 S.) Innsbruck 870. Wagner. n. 1. 50

Pircher, Frz. Xav., das gute Pfarrkind in seinem häuslichen und kirchlichen Umgange mit Gott, Maria und den Heiligen während des ganzen Kirchenjahres. Ein vollständiges Gebeth- u. Erbauungsbuch für katholische Christen u. Seelsorgsgemeinden. Neu herausg. ꝛc. (von K. Moser.) 3. Ausg. Innsbruck 856. F. Rauch. 12. (2 Bl., 476 S. u. 2 Lithogr.) $13\frac{1}{3}$ ngr.

Pircher, Frz. Xaver., das gute Pfarrkind in seinem häuslichen und kirchlichen Umgange mit Gott, Maria und den Heiligen während des ganzen Kirchenjahres. Ein vollständiges Gebeth- u. Erbauungsbuch für katholische Christen und Seelsorgsgemeinden. 4. Ausg. Innsbruck 859. F. Rauch. 12. (IV, 476 S. u. 1 Lithogr.) 15 ngr.

Pircher, Frz. Xav., Das gute Pfarrkind in seinem häuslichen und kirchlichen Umgange mit Gott, Maria und den Heiligen während des ganzen Kirchenjahres. Ein vollständiges Gebet- und Erbauungsbuch. 5. Ausg. 8. (IV. 476 S.) Innsbruck. F. Rauch. 1861 66 kr.

Pircher, Joh., vollständiges Gebetbuch nach der Ordnung d. christkatholischen Katechismus, in sich begreifend die tägl. Gebete u. den ganzen Katechismus in der Weise v. Gebeten. gr. 16. (IV, 519 S.) Innsbruck 871. F. Rauch. 1. 50

Pircher, Joh., instructio pro sacris ecclesiae ministris doctrinae specimen daturis, s.: Togni, Alois.

Pircher, Joh., die Schule der göttlichen Religion Jesu Christi, s.a. Schule.

Pircher, Johann, Die Schule der göttlichen Religion Jesu Christi. Eine kurzgefaßte Erklärung des Katechismus für christkatholische Familien, besonders für die reifere Jugend. 3. Verbn. kl. 8. (XXIV. 374 S.) Innsbruck, Fel. Rauch. 1864 80 kr.

Pircher, Joh., das Wichtigste der christkatholischen Glaubens- und Sitten-Lehre. Eine Gabe für Christen aller Stände, die vor Allem das Reich Gottes suchen. Neu herausg. nach dem ersten Hirtenbriefe des hochw. Bischofes und Fürsten von Brixen Bernard Galura. Innsbruck 853. Wagner. 8. (120 S.) 9 ngr.

Pircher, Josef, s.a. Pischer, J.

Pircher, J., über die Haarhygrometer. Zum Jubiläum der k. k. Centralanstalt f. Meteorologie u. Erdmagnetismus in Wien. gr. 4. (34 S.) Wien 901. (C. Gerold's Sohn.) n. 2. 20
Sonderabdruck aus: „Denkschr. d. k. Akad. d. Wiss."

Pircher, Jos., Meran als klimatischer Curort mit Rücksicht auf dessen Molken- und Traubencur-Anstalt. gr. 8. (VIII und 95 S.) Wien 860, Braumüller's Verlags-Conto. *

Pircher, Jos., Meran als klimatischer Curort mit Rücksicht auf dessen Molken- u. Traubencur-Anstalt. 2., verb. Aufl. Wien 870. Braumüller. 8. (VIII, 76 S.) n. 16 ngr.

Pircher, J., Meran als klimatischer Curort m. Rücksicht auf dessen Curmittel. 3. verm. Aufl. gr. 8. (VIII, 96 S.) Wien 875. Braumüller. n. 1. 60

Pircher, J., Meran als klimatischer Curort m. Rücksicht auf dessen Curmittel. 4. Aufl. 8. (VI, 101 S.) Wien 884. Braumüller. n. 1. 60

Pircher, Ladisl., Tunisias, ein Heldengedicht in 12 Gesängen. gr. 8. Wien, Beck. 819.

Pirckheimer, W., s. Pirkheimer, W.

Pirckmayer, Frdr., zur Lebensgeschichte Mozarts. [Aus: „Mittheilgn. d. Ges. f. Salzb. Landeskunde".] gr. 8. (22 S.) Salzburg 876. (Dieter.) n. — 40

Pirckmayer, Frdr., s.: Mitteilungen der Gesellschaft f. Salzburger Landeskunde.

Pirckmayer, Friedr., über Musik und Theater am früheren erzherzogl. salzburgischen Hofe 1762—1775. 12. (44 S.) Salzburg 886, (Dieter.) *
Aus: Salzburger Zeitung, besonders abgedruckt.

Pirckmayer, Frdr., Notizen zur Bau- u. Kunstgeschichte Salzburgs. (150 S.) gr. 8. Salzburg 903. (E. Höllrigl.) n.n. 3.—
Sonderabdr. a.: „Mittlgn. d. Gesellsch. f. Salzburger Landeskde."

Pirckmayer, F., Die Familie Thenn in Salzburg. Mit 6 Wappenabbildgn. u. geneal. Tabelle. Salzb. Mitthlgn. Salzburg 1883. 8. S. 1—36. Auch S.-A.

— Judas Thadäus Zauner. Versuch e. biograf. Skizze. [Aus: „Mittheilgn. d. Gesellsch. f. Salzb. Landeskde."] gr. 8. (9 S.) Ebd. 887. n. — 20

Pire, C., Eulogius Schneider. Dramatische Dichtung in 5 Bildern. gr. 8. (75 S.) Straßburg 901. (F. X. Le Roux & Co.) n.n. — 75

Pirenne, Henri, Geschichte Belgiens, s.a. Staatengeschichte, allgemeine. 30. Bd.

Pirenne, Henri, Geschichte Belgiens, s.a. Geschichte der europ. Staaten, Lfg. 59.

Pirenne, Henri, Geschichte Belgiens. Deutsche Übers. von Fritz *Arnheim*. Bd 1—3. Gotha 1899—1907. 8°.
1: Bis z. Anfang d. XIV. Jhs. 1899.
2: Bis z. Tode Karls d. Kühnen (1477). 1902.
3: Vom Tode Karls d. Kühnen (1477) bis z. Ankunft d. Herzogs von Alba (1567). 1907.
(Gesch. d. europ. Staaten, hrsg. von A. H. L. *Heeren* u. F. A. *Ukert*.)

Pires, J., Commentarius, s. *Commentarii* in S.J.C. Evangelium.

Pirewodschik, russischer, od. Dollmetscher z. Nothhülfe f. Stadt u. Land ꝛc. 8. Leipz. Joachim. 813.

Pirger, Bened., comment. de theologia ex magia seu magia ex theologia proscribenda. Salisburg. 780. 4.

PIRHALLA, Martinus: Quibus mediis et quomodo peccata mortalia remitti possunt? — (1885) 99 S. 4° (Handschr.) Diss. 390
Diss. Wien, Univ.

Pirig, Jos., Abiturienten-Vorlagen u. Klassenarbeiten f. Prima zum Übersetzen ins Lateinische im Anschluss an die Lektüre bearb. gr. 8. (VII, 52 S.) Glogau (899). C. Flemming. Kart. n. 1. 20

— Übungsbuch u. Vorlagen zum Übersetzen ins Lateinische f. d. oberen Klassen (Obersekunda, Unterprima, Oberprima), vorwiegend im Anschluss an die Lektüre. Mit e. grammatisch-stilist. Anh. gr. 8. (VIII, 184 S.) Ebd. 902. Kart. n. 2. 60

Pirig, Jos., Untersuchungen über die sogenannte jüngere Judith, mittelhochdeutsches gedicht der übergangsperiode. Inaugural-Dissertation. gr. 8. (76 S.) Bonn 881. Nolte in Comm. n. 1. 50

Piringer, s.a. Gartenverschönerungen.

Piringer, ..., (Architekt,) u. Rosenthal, Gartenverschönerungen od. Entwürfe z. geschmackvollen Gartengebäuden u. Zierden. Mit 14 Kpf. u. 2 Pl. mit Erklär. qu. Fol. Wien 823. Müller. 5 ₰ 12 gr

Piringer, Gartenverschönerungen, od. Entwürfe zu geschmackv. Gartengebäuden u. Zierden, als: Portale, Denkmahle, Tempel, Obelisken, Ruinen, Lusthäuser etc. 2., wohlf. Aufl. qu. ½ Fol. (20 Taf. u. 1½ B. Text.) Wien 837, Müller.

Piringer, B.: Eine lexicale Glosse über den homer. Ausdruck: [illegible] S. 29—56. – Kremsmünster OG., Progr. 1870.

Piringer, B. Ueber Wesen und Bedeutung der Poesie. Kremsmünster, O. G., 1851. 20 S. 4. Progr.

Piringer, Beda, der Christbaum. Ein lyrisch-didact. Gedicht. 8. (X u. 390 S.) Augsburg 848, Rieger. 1 ₰

Piringer, Beda, Psalterium. Romana lyra redditum. Regensburg 859. Pustet. Lex.-8. (XVI, 311 S.) 1 ₰ 15 ngr.

Piringer, (J. F.,) Tractatus de partu praematuro artifiodali. 8 maj. Viennae 826, Volke.

PIRINGER, JOSEPH S. J.: Leichrede bei den Exequien des Grafen Traun Feldmarschall und kommandirenden General in Siebenbürgen. Hermannstadt 1748

Piringer, Jos., die Pflege der Neugebornen u. kleinen Kinder. Dargestellt zum Gebrauche f. junge Mütter. gr. 8. (196 S.) Graz 871. Moser. n. 2. 40

Piringer, Jos., die richtige Pflege der Neugebornen und kleinen Kinder. Für junge Mütter unter Berücksicht. sämmtl. Mundarten. 8. (XXVI, 416 S.) Graz 877, [Vereinsbuchdruckerei.] Verlagsh. Styria. geb. mit Goldschn. *

Piringer, Jos. Fr., die Blennorhoe am Menschenauge. Eine von d. deutschen ärztl. Vereine in St. Petersburg gekr. Preisschr. gr. 8. (28¾ B.) Grätz 841, Ferstl'sche Buchh. *

Piringer, Michael von

— s. Babuk, d. Volksverläumder.

Piringer, M. v., Ungarns Banderien und desselben gesetzmäßige Kriegsverfassung überhaupt. 2 Theile. 8. Wien. Jetzt Armbruster (in Comm.) 810—816. (1r Bd. 1 Thlr. 2r Bd. 2 Thlr.)

Piringer, M. v., Ungarns Banderien u. dessen gesetzmäßige Kriegsverfassung überhaupt. 1r Thl. 8. Wien, v. Mösle. (Leipz. Kummer.) 811.

Piristi, Hermann Prodigien, Wunder und Orakel beim Historiker Zosimus. 8 (26 S.).
Progr. F. B. Privat-G. am Seminar. Vincent. *Brixen* 1893.
Nicht im Tauschverkehr.

Pirke Aboth

Pirque 'aboth. Der Mischnatractat „Sprüche der Väter", v. Paul Fiebig, s. Mischnatractate, ausgewählte.

—— dass. v. M. E. Stern, s. Perlen.

Pirke Aboth, od. Sprüche der Väter, ein Traktat aus d. Mischna. Uebers. u. erklärt, nebst dem punktirten Text u. e. vollständ. Wortregister von P. Ewald. Mit Vorwort v. G. B. Winer. gr. 8. Erlang. 825. Palm u. E. 1 ₰

Pirke Aboth, od. rabbin. Gnomologie, a. d. Hebrä. neu übers. u. mit e. deutschen Comment. vers., v. J. Jacobson. 8. (5 B.) Breslau 840, (G. P. Aderholz.) •

— — Die Sprüche der Väter, ein ethischer Mischna-Traktat mit kurzer Einleitung, Anmerkungen und einem Wortregister von Herm. L. Strack. Karlsruhe und Leipzig 1882.

— — Aboth de rabbi Nathan. Hujus libri recensiones duas collatis variis apud bibliothecas et publicas et privatas codicibus edidit, prooemium notas appendices indicesque addidit Salomon Schechter. Vindobonae, Londini, Francofurti 1887.

Teutſch redender Euclides. Oder, Acht Bücher, Von denen Anfängen der Meſs-Kunſt; Auf eine neue und ganz leichte Art, zum Nutzen allen Generalen, Ingeniern, Natur- und Wahrheit-Kundigern, Bau-Meiſtern, Künſtlern etc. In teutſcher Sprach eingerichtet und bewieſen; durch *Ant. Ernſt Burckh. von Pirkenſtein.* Wien in Oſterreich. In Verlegung Peter Conrad Monaths. 4. 375 Seit. m. Holzſchnitten. 1744.

Pirker, s. Pyrker.

Pirker, Adf., die vornehme Kunstfeuerwerkerei. Wertvolle Fundgrube u. verlässl. prakt. Rathgeber zur Anfertigg. der verschiedensten Lustfeuerwerke f. Anfänger, Dilettanten u. Berufs-Pyrotechniker. Mit vielen neuen Erfindgn. u. 80 Abbildgn. auf 4 Taf. gr. 8. (XI, 178 S. m. Bildnis.) Klagenfurt 892. F. v. Kleinmayr. Kart. n. 6. —

Pirker, Joannes Baptista. Topographia magni Regni hungariae etc. Fol. Vienna 1750.

Pirker Paul: Ludwig Albrecht Schubart. 1765—1811. 1906 PN 2070 Diss. Wien, Univ.

Pirckheimer, Willibald, s. Markwart, O.

Pirkheimer, Charitas, Denkwürdigkeiten aus dem Reformationszeitalter, s. Quellen-Sammlung für fränkische Geschichte.

Pirkheimer, Willibald

—s. Andenken, zum.

Pirkheimer, B., bellum helveticum. 8. Zürich, Orell, F. et C. 737.

Pirckheimer's, Wilibald, Schweizerkrieg. Nach Pirckheimers Autographum im brit. Museum hrsg. v. Karl Rück. Beigegeben ist d. bisher unedirte Autobiographie Pirckheimers, die im Arundel-Manuscript 175 d. brit. Museums erhalten ist. gr. 8. (VI, 160 S.) München 895. G. Franz' Verl. n. 3. —

Pirkheimer, Wilib., Schweizerkrieg ꝛc., s. Bibliothek auserles. Schriften.

Pirckheimer, Bilibald. B' Pirkheimers Schweizerkrieg und Ehrenhandel mit seinen Feinden zu Nürnberg. Nebst Biographie und kritischem Schriftenverzeichniss durch Ernst Münch. 8. Basel 1826.

Bibliothek auserlesener Schriften berühmter Manner des sechzehnten Jahrhunderts...; durch E' M'. 1. [einziger] Theil.

—Vertheidigung od. Lob des Podagra. Vor 300 Jahren latein. geschrieben, nun aber den deutschen Podagristen zum Troste in ihrer Sprache an den Tag gegeben u. mit e. Anh., das Mandat u. Privilegium der großen u. weltberühmten Ritterschaft de Podagra enthaltend, versehen durch M. Max. Mayer. 8. Nürnb. 831. Campe. 8 ℊℊ

Pirkheimer, Willib., Vertheidigung od. Lob d. Podagra. Vor 300 Jahren v. dem hochgelehrten W. P. lateinisch geschrieben, nun aber den deutschen Podagristen zum Trost in ihrer Sprache an den Tag gegeben u. m. Anh., das Mandat u. Privilegium der großen u. weltberühmten Ritterschaft do Podagra enthaltend, versehen durch Mor. Max. Mayer. 8. (47 S.) München 884. Leipzig, Unflad. n. 1. 20

Pirkheimer's, Charitas, Lebensbild, s.: Binder, F.

Pirkheimer's, Wilib., Aufenthalt zu Neuhof, s. Zum.

Pirkl, G., Festguirlanden. Gedichte, Melodramen u. Festspiele zu feierl. Gelegenheiten f. Schulen, Institute, Vereine ꝛc. gr. 16. (316 S.) Neuburg 874. Verl. d. kath. Erziehungsvereins. n. 3. —

Pirkl, G., Festguirlanden. Gedichte, Melodramen u. Festspiele zu feierl. Gelegenheiten f. Schulen, Institute, Vereine, Familien ꝛc. 2., verb. Aufl. 12. (312 S.) Donauwörth 890. Auer. cart. n. 2. —

Pirkner, *Ernst Hermann* Felix [aus Löbau in d. sächs. Oberlausitz]: Beitrag zur Histogenese des primären Endothelkrebses der Pleura ... Greifswald, Druck v. J. Abel, 1895; 2 Bl., 31 S. 8.

Greifswald, Med. Fak., Inaug.-Diss. v. 18. März 1895

Pirko, Frz., s.: Bericht des niederösterr. Landesausschusses über seine Amtswirksamkeit.

Pirko, Dr. Ignatz, die Aufnahme d. Baarzahlungen in Oesterreich-Ungarn und die internationale Regelung der Währungsfrage. 8°. 456 S. Wien, Manz. fl. —.90. 7847

Pirl, Albert [Referendar]: Was ist unter „ausgebrochener Krieg" im Sinne des modernen Völkerrechts zu verstehen? ... Greifswald, Druck v. J. Abel, 1896; 48 S. 8.

Greifswald, Jur. Fak., Inaug.-Diss. v. 1896

Pirl, Paul, approb. Arzt aus Halle a. S.: **Ein Beitrag zur Behandlung der Phthisis pulmonum mit Hetol.** *Kiel 1900: P. Peters.* (34 S.) 8°

Kiel, Med. Diss. v. [25. Sept.] 1900

Pirlet, Joseph: Fehleruntersuchungen bei der Berechnung mehrfach statisch unbestimmter Systeme. 1909. 100 S. 8°

Aachen, Dr.-Ing.-Diss. v. 12. 8. 1909

Pirlinger, Jos., Violinschule, s. Mozart.

Pirmasens [Sachliches OW]

Pirmasens u. Kaiserslautern, s. Einzelschriften, kriegsgeschichtliche.

Pirmasens und Kaiserslautern. Eine Erinnerung an das Jahr 1793. Berlin 1893. 8°.

Pirmasens [Schlagwort]

— s. a.: Deutschland. Kürschner-Pelp.

Pirmasens, Bez., s. Pfalz.

Pirmasens. Kramer, K, Handkarte des Bez.-Amtes Pirmasens. 1 : 30,000. 29 × 22,5 cm. Farbendr. Pirmasens 890. Lützel & Co. n. — 25

— — Wandkarte des Bez.-Amts Pirmasens. 1 : 33,333. 2 Blatt à 56,5 × 85 cm. Farbendr. Ebd. 890. n. 4. —; auf Leinw. m. Stäben n. 7. —

Pirmasens. Verkehrskarte von Pirmasens m. weiterer Umgebung. 25,5×32,5 cm. Farbdr. Pirmasens (900). Braun & Kohlermann. n. — 20; ermäss. Pr. — 10

Pirna [Schlagwort]

Pirna, s.a. Geologische Karten (Sachsen).

— s. a.: Sachsen. Karte. Messtischblätter.

Pirna, s.a. Sachsen, Mittelbach, R.

— s. a.: Sächsische Schweiz.

Pirna. Kuhnert, M., Heimatskarte d. Amtshauptmannschaft Pirna. Unter Mitwirkg. der Schuldirektorenkonferenz des Schulinspektionsbez. Pirna gezeichnet. 1 : 100,000. 36,5×46 cm. Farbdr. Dresden (906). A. Müller-Fröbelhaus. n.n. — 20; auf Pappe n n. — 30

Pirna. Künzel, E., Touren-Karte in die Umgebung v. Pirna. 1 : 100,000. Nebst Plan v. Pirna. Autogr. qu. gr. 4. Pirna 889. Glöckner. n. — 25

Pirna. Touristen-Karte von Pirna u. Umgebung. 1 : 50,000. 52,5×68,5 cm. Farbdr. Pirna (901). C. Diller & Sohn. n. 1. —; auf Leinw. n. 1. 60

Pirna. Touristenkarte von Pirna u. Umgebung. 2. Aufl. 1 : 50,000. 52×63,5 cm. Farbdr. Pirna (909). C. Diller & Sohn. 1. —

Pirnat, Makso. Juri baron Vega, slovenski junak in učenjak. Življenjepis. Celovec, St. Hermagoras-Druck., 1906. 51 S.

Johanna Pirnauer, | das 14jährige | Wundermädchen, | welches | in einem krankhaften Zustande im | Schlafe die Zukunft vorhersagt und | Kranke heilt. | Nach | authentischen Quellen und ärztlichen | Berichten bearbeitet. | Bremen, | Druck von Buschmann u. Wiche.
o. J. (1850), 8 S., 180 × 110.
LBO Jahrmarktslit. R.c.2, 44 und 46 (aber nicht identisch!).

Pirner, Christian, Magnetismus u. Induktionselektrizität. Kurzgefasster Leitfaden f. Offiziere u. Einjährig-Freiwillige techn. Truppen, besonders der Verkehrstruppen. (V, 65 S. m. 50 Abb.) Lex. 8. Berlin 910. E. S. Mittler & Sohn. 2. 50

(—). — Solennia inaug. **Joh. Theoph. Heinr. Pirner** publice celebranda indicit Ludwig Gottfried Madihn. — De portione legitima, non portione portionis ab intestato debitae. Frankfurt/Oder (Apitz) 23. IX. 1788. 14 S. (4.75) 26545

Pirner, Jh. Theoph. Hnr., († d. 14. Jan. 1798.) fragmentar. Versuche über Gegenstände der speculativ. u. prakt. Philosophie. 14 Stck. gr. 8. Frkf. a. d. O. 792. Kunze. 12 gl

Pirnhing, Ernrici, Ius canonicum. V Tom. fol. Venet. (Wolf, Augsburg.) (Haas et fil. et. Fabricius, Colon.) 759.

Piro, Ernst [aus Trier]: Über plastische Operationen im Gesicht .... Wurzburg, Becker's Univ.-Buchdr., 1887; 37 S. 8°
Würzburg, Med. Fak., Inaug.-Diss. v. 1887

Piro, Ernst, über plastische Operationen im Gesicht. Diss. Würzburg 1887, Stahelsche Univ.-Buch. 8°. 37 S.

Piro, F. P. J., s. Piron, F. P. J.

Piro, L.: Ueber die Diathermanität des atmosphärischen Wasserdampfes. – Trier, Progr. 1871.

Pirogoff, M., s. Pirogoff, Nicolai Iwanowitsch

Pirogoff, Nicolai Iwanowitsch

Pirogoff, Nicol., Anatome topographica sectionibus per corpus humanum congelatum triplici directione ductis illustrata. (IV Partes s. 25 scidulae.) Scid. 1—8. hoch 4. (Pars II. et III.: Cavum thoracis; cavum abdominis et pelvis. 140 S. mit 52 Stnt. in gr. Fol.) Petropoli 852. 53. (Leipzig, Fr. Fleischer.) à Pars * 3 Thlr. 15 Ngr. *

Pigoroff, Nic., Anatome topographica sectionibus per corpus humanum congelatum triplici directione ductis illustrata. Petersburg 859. (Riga, Kymmel.) 4. (XIV, 782 S. u. 213 lith. Taf. in Fol.) n. 50 ℳ

Pirogoff, Nicol., Anatomia chirurgica truncorum arteriarum atque fasciarum fibrosarum. Cum 51 tabb. 8maj. Dorpat 837 – 40. (Eggers in Reval) n. 20 ℳ

Pirogoff, Nicol., chirurg. Anatomie d. Arterienstämme u. d. Facien. — A. u. d. T.: Anatomica chirurg. Truncor. arterial. nec non Fasciarum Fibrosarum. Fasc. I. gr. Lex.-8. (50 Blätt., gez. auf Stein v. F. Schlater, lith. Ttl. ½ Imp.-Fol. u. 9⅝ B. deutscher oder latein. Text.) Dorpat (838) 840. (Reval, Eggers.) *

—— chirurgische Anatomie der Arterienstämme und Fascien neu bearb. von Jul. Szymanowski. Mit 50 Abbild. Nach der Natur gezeichnet von F. Schlater. 10 Lfgn. Lex.-8. (IV und 243 S. mit 50 ill. Stnt. in Tondr. in Lex.-8. und qu. Fol.) Leipzig 860. 61, C. F. Winter'sche Verlagsh. à Lfg. * 24 Ngr. *

—— dass. — in russischer Sprache. Lex.-8. (IV und 243 S. mit 50 ill. Stnt. in Tondr. in Lex.-8. und qu. Fol.) Ebendas. 861. *

— — mit russischem Texte von Юлiусомъ Шимановскимъ. Ebend. 861. Lex.-8. n. 8 ℳ

Pirogoff, N., anatomie pathologique du choléra-morbus. Fol. (18 Bl. Text m. 16 lith. u. color. Taf.) St.-Pétersbourg 849. (Leipzig, Fr. Fleischer. — Paris, Franck.) n. n. 30 ℳ

— Annalen der chirurg. Abtheilung des Clinicums d. Kaiserl. Universität Dorpat. 1r u. 2r Jahrg. 1837 u. 1839. Mit Steintaf. gr. 8. Dorpat, (Eggers in Reval.) (1r J. 3 ℳ 2r J. 4 ℳ) 7 ℳ

Pirogoff, N., Bericht üb. die Besichtigung der Militair-Sanitätsanstalten in Deutschland, Lothringen u. Elsass im J. 1870. Mit Genehmigg. d. Verf. ins Deutsche übers. v. N. Iwanoff. gr. 8. (147 S.) Leipzig 871. F. C. W. Vogel. n. 3. —

—— klinische Chirurgie. Eine Sammlung von Monographien über die wichtigsten Gegenstände der prakt. Chirurgie. 1—3. Heft. gr. 8. (III und 238 S. mit 7 Stnt. in qu. gr. 4.) Leipzig 854, Breitkopf und Härtel. [1. Heft 20 Ngr., 2. 20 Ngr., 3. 10 Ngr.]

—— über d. Durchschneidung d. Achillessehne als operat.-orthopäd. Heilmittel. Imp.-4. (9¾ B., 4 col. u. 3 schw. Taf.) Dorpat 840. (Reval, Eggers.) *

— die Gemeinschaft der Schwestern zur Kreuzerhöhung zur Pflege der Verwundeten und Kranken. Geschichtliche Uebersicht ihrer Thätigkeit in den Kriegshospitälern der Krim und des Chersonschen Gouvernements vom 1. Decbr. 1854 bis zum 1. Decbr. 1855. Berlin 856. F. Schneider. gr. 8. (32 S.) n. 10 ngr.

Pirogoff, N., Grundzüge der allgemeinen Kriegschirurgie nach Reminiscenzen aus den Kriegen in der Krim und im Kaukasus und aus der Hospitalpraxis. 2 Hälften. gr. 8. Leipzig 864, Vogel. [1. Hälfte. (S. 1—528.) * 2 Thlr. 7½ Ngr., 2. Hälfte. (IV und S. 529—1169.) * 2 Thlr. 20 Ngr.] * 4

Pirogow, N., das Kriegs-Sanitäts-Wesen u. die Privat-Hülfe auf dem Kriegsschauplatze in Bulgarien u. im Rücken der operirenden Armee 1877—1878. Aus dem Russ. von Wilh. Roth u. Ant. Schmidt. gr. 8. (XVIII, 582 S. m. 1 lith. Karte.) Leipzig 882. F. C. W. Vogel. n. 16.—

Pirogow, Nicolai Iwanowitsch, Lebensfragen, s.: Bibliothek russischer Denkwürdigkeiten.

—— Rapport médical d'un voyage au Caucase contenant la statistique comparative des amputations, des recherches expérimentales sur les blessures d'armes à feu, ainsi que l'exposition détaillée des résultats de l'anesthésiation, obtenus sur le champ de bataille et dans différents hôpitaux de Russie. gr. 4. (XXV und 204 S. mit 1 Atlas von 4 Stnt. in gr. Fol.) St.-Pétersbourg 849. (Leipzig, Fr. Fleischer. — Paris, Franck.) **

— über die Vorurtheile des Publikums gegen die Chirurgie. Festrede am Thronbesteigungstage Sr. Kaiserl. Maj. Nicolaus I., den 20. Nov. 1836. Dorpat, Kluge. ¼ ℔

Pirogow, Nicolai, aus Moscau, Was ist bei den Operationen zur Unterbindung der grösseren Schlagadern zu beobachten?
Dorpat 1829.

Pirogoff, Wladimir. (geb. St. Petersburg 17. 1. 1846): De Eutropii breviarii ab u. c. indole ac fontibus. Part. I. Berolini (1873). (91 S.) 8°
Berlin, Phil. Diss. v. 19. März 1873

Pirogoff, Wladimirus, de Eutropii breviarii ab u. c. indole ac fontibus. Part. I. gr. 8. (91 S.) Berlin 873. Peters. n. 1. 60

Pirogow, Nicolai Iwanowitsch,
s. Pirogoff, Nicolai Iwanowitsch

Pirolle, prakt. Anweisung z. Cultur d. Georginen (Dahlia). Nebst mannigfachen Belehrn. u. intereß. Notizen üb. dieselben. A. d. Franz. gr. 8. (8 B.) Quedlinburg 840, Basse.

PIROMANTES, Reise-Beschreibung nach dem Land der Liebe, wodurch ein Liebhaber erlernen kann, die Hertzen derer Schönen sich unterwürffig zu machen, aufgesetzt von —. Franckfurt am Mayn 1734. 8°. Ungemein selten!
Weller, Lex. Pseud. p. 451.

Piron, A., la métromanie, s.: Schulbibliothek, französische u. englische.

Piron, A., la métromanie, s.: Théâtre français.

Piron, Alexis

Piron, de, Oeuvres. 2 vol. in-18. (Didot) (Leipzig, Fr. Fleischer.)
(papier fin, 1 Thlr. papier vélin, 2 Thlr. format in 12, papier vélin, 2 Thlr. 16 Gr.)

Piron, Alexis, Oeuvres complettes, publiées par Rigoley de Juvigny. VII Tmi. 8. Basel, Flick.

Piron, F. P. J., Betrachtungen über die Anwendung des Eisens in der Kriegsbaukunst. Deutsch bearb. von Ig. Körbling. Mit 3 (lith.) Taf. (in Fol.) Braunschweig 863. Vieweg & Sohn. gr. 8. (X, 49 S.) n. 25 ngr.

Piron, F. P. J., capt. du génie. Essai sur l'emploi du fer dans la fortification, les défenses accessoires et les mines.
8. Bruxelles, Gand, Leipsig 1862

Piro, F. P. J., capitaine du génie. Études sur les cannonières cuirassées, leur puissance, leur rôle et sur les moyens de les combattre (Mit 3 Taf.) 8. Bruxelles, Gand, Leipsig 1862.

Piron, F. P. I., capitaine du génie. Mémoire sur un pont roulant simplifié pour les communications militaires. (Mit 1 Taf.)
8. Bruxelles, Gand, Leipsig 1863.

—— Projekte beweglicher Festungsbrücken für die großen Ausgänge großer Kriegsplätze mit allgemeinen Bemerkungen über die Brücken, 2 Projecten für Rollbrücken, 2 Projecten für Hubbrücken und 1 Project für Zugbrücken. Escarpen aus Erde oder mit Verkleidung aus Mauerwerk. 2 Abhandlungen. Deutsch von Ig. Körbling. gr. 8. (VII und 50 S. mit 7 Stnt. in qu. Fol.) Braunschweig 864, Vieweg und Sohn. *

—— Vorschläge zu gepanzerten Drehkuppeln und transportabeln Panzerbatterien, sowie zu einer artillerist. Anordnung für die Eisenthürme im Allgemeinen. Deutsch bearb. von Ig. Körbling. gr. 8. (VIII und 41 S. mit 2 Stnt. in gr. Fol.) Braunschweig 863, Vieweg und Sohn. *

PIROPHILUS (ps.). — *Pirophili* übel belohnter Liebhaber und die bisher unbekannte Galanterie, eine wahrhafte Begebenheit aus dem geheimsten Archive der Natur. Frankf., o. J. (17**). 8°. 2 Bogen. Aeusserst selten!
Cat. Meissner II. — Der Pseud. fehlt bei Weller.

Pirot, s. Serbien.

Pirot, Zone 33 col. 27. [Specialkarte von Serbien.] 1 : 75 000. 55×89 cm Wien: Lechner 1902.

Pirotta, Romualdus, Phytosophicarum tabularum pars I, s.: Caesius, Frider.

Pirow, Ferdinand [approb. Arzt]: Statistik des Keuchhustens nach den Daten der Kieler medicinischen Poliklinik von 1865 bis 1886 .... Kiel, Druck v. A. F. Jensen, 1888; 14 S. + 1 Bl. 8°
Kiel, Med. Fak., Inaug.-Diss. v. 16. Febr. 1888

Pirow, Ferd., Statistik des Keuchhustens nach den Daten der Kieler medicinischen Poliklinik von 1865 bis 1886. Inaugural-Dissertation. gr. 8. (14 S.) Kiel 888, (Lipsius und Tischer.) *

Pirque Aboth, s. Pirke Aboth

Pirquet, Klemens Freiherr von

Pirquet, Clem. Frh. v., Allergie. (96 S. m. 30 Abb.) Lex. 8. Berlin 910. J. Springer. 3. 60

Pirquet, C. Frhr. v., u. B. **Schick,** die Serumkrankheit. (III, 144 S. m. eingedr. Kurven.) Lex.-8. Wien 905. F. Deuticke. n. 4. 50

Pirquet, Clem. Frh. v., s.: Stand, der, der Schularztfrage in Österreich.

-- Klinische Studien üb. Vakzination u. vakzinale Allergie. (IV, 194 S. m. 49 Fig. u. 1 farb. Taf.) Lex. 8. Wien 907. F. Deuticke. 6. —

— s.: Zeitschrift f. Kinderheilkunde.

Pirquet, Frhr. Pet. v. Der grosse Distanzritt zwischen Wien u. Berlin. Vortrag. gr. 8. (29 S.) Wien 892, Lechner's Sort. * — 60

Pirquet, P. Frhr. v, zur Reform der Militär-Justiz, s.: Kreuzig, A.

— die Reform der Mittelschulen. Debatte im ungar. Reichstage vom 21.—29. Jänner 1890. [Aus: „Pester Lloyd".] gr. 8. (38 S.) Wien 890. Hölder. n. — 70

—— s. Sammlung d. bedeut. Reden d. österr. Parlaments.

Pirrhonisme, Le, du sage. Berlin 1754. V: *Blausobre, Louis de* (?). (Anzeiger für Bücherfreunde v. Ernst Frensdorff-Berlin. Nr. 4. 1. Januar 1905. S. 104, Nr. 2002.)

Pirro, André, Johann Sebastian Bach. Sein Leben u. seine Werke. Vom Verf. autoris. deutsche Ausg. v. Bernh. Engelke. (194 S. m. 16 Taf.) Lex. 8. Berlin 910. Schuster & Loeffler. 5.—; geb. b 6. —

Pirrss, Osk., russischer Briefsteller. Anleitung zum Abfassen russ. Privat- u. Handelsbriefe. Auf Grundlage v. R. Kron's guide épistolaire u. English letter writer fürs Russische bearb. (112 S.) kl. 8. Karlsruhe 906. Freiburg i/B., J. Bielefeld. Geb. in Leinw. n. 2. 25

Pirrss, Osk., der russische Handlungsgehilfe. I. Lehrbuch des gesprochenen u. geschriebenen Russisch f. kaufmänn. Schulen. (VIII, 210 S.) gr. 8. Berlin 903. E. S. Mittler & Sohn. n. 2. 50; geb. n. 3. —

— russisches Namen-Verzeichnis in deutscher Anordnung u. Umschrift m. e. Abhandlung üb. die russ. Aussprache. (1. Tl.) Progr. (14 S.) Lex.-8. Leipzig 904. (Rixdorf, Bickhardt.) n. 1. 50

Pirrß, Oskar: Russisches Namens-Verzeichnis in deutscher Anordnung und Umschrift mit einer Abhandlung über die russische Aussprache. Leipzig 1904: Spamersche Buchdr. (14 S.) 4°
Rixdorf, st. Kaiser Friedrich-RG i. E. u. R OP 1904 (122)

Pirrss, Präparation zu den russ. Übungsstücken in W. Körners ausführl. Lehrbuche d. russ. Sprache m. grammat. Erläutergn. 2 Tle. gr. 8. Leipzig 897. R. Gerhard. à n. 2. 80
1. Lekt. 1—28. (IV, 69 S.)
2. Lekt. 29—39 u. Lesestück 1. (III, 78 S.)

[Russ. u. F.] Russkij Prikazčik. Von (O[skar]) Pirrss, Oberl. zu Rixdorf. 1. *Berlin: E. S. Mittler & Sohn 1903.* 8°
[Der russische Handlungsdiener.] 1903. 2561

— der kleine Russe. Hilfsmittel zur weiteren Vervollkommnung in der russ. Sprache f. diejenigen, die die leb. Umgangssprache auf allen Gebieten des tägl. Lebens geläufig beherrschen wollen. Nach Kron's Le petit Parisien u. En France verf. (In russ. Sprache.) (VIII, 231 S. m. 1 farb. Plan.) kl. 8. Karlsruhe 905. Freiburg i/B., J. Bielefeld. Geb. in Leinw. n. 3. —

Pirrß, O., Russisch, s.: Neufeld's Unterrichtsbriefe f. d. Selbststudium.

— Selbstunterrichtsbriefe zur Erlernung der russischen Sprache, s.: Haeusser, E. u. F. Raikin.

Pirrss, russische Sprachlehre. 1. Tl. Unterstufe. gr. 8. (VIII, 175 S.) Leipzig 900. [R. Wöpke.] (Berlin, S. Hahne.) n. 3. 60; geb. in Leinw. n.n. 3. 90

(K) -- Russische Sprachlehre. 1. Tl. 900. (MBL 32.) Jetzt: Freiburg i/B., J. Bielefeld. Erm. Pr. geb. in Leinw. 2. 50

— Russische Taschengrammatik des Nötigsten. (Krons Taschengrammatiken.) (87 S.) 16. Freiburg i/B. 907. J. Bielefeld. Geb. 1. 50

Pirrss, Otto, s. Pirrss, Oskar

Pirsch, Adolph (Heppenheim)
Untersuchungen über die Verschiedenheiten des Percussionsschalles an den differenten Brustregionen im normalen Zustande.
Giessen: Brühl 1858. 22 S. u. 2 Bl. Thesen.
Diss. med. 11.12.1858. vorh. 7. 11.

Pirscher, J. D. C., s. Pirscher, Johann Karl Dietrich

Pirscher, Johann Karl Dietrich

— Anweis. zum Festungsbau mit verdeckten Flanken u. zur Defense en reserve etc. Mit Kpf. 8. Berl. 776. (Sander). 8 gr.

Pirscher, J. D. C. (k. preuss. Ingenieur-Kapitain). Coup d'oeil militaire. ou courte instruction pour se procurer le point de vue militaire. s'en servir à lever des cartes, et s'en rendre l'intelligence aussi aisée que sûre, à laquelle est jointe de description pratique d'un instrument inventé à cet effet à l'usage même de ceux qui ignorent la mathématique. Avec 4 planches en taille douce. 8. Berlin 1775.

Pirscher, J. D. C. Coup d'oeil militaire oder kurzer Unterricht, wie man sich ein milit. Augenmaß erwerben, nach demselben Karten aufnehmen und leicht verstehen könnte . . . Mit Taf. Berlin 1775. 70 S.

Pirscher, Jh. Karl Dtr., († d. 24. Mai 1804.) coup d'oeil militaire, oder Unterricht, wie man sich ein militär. Augenmaaß erwerben kann. (A. u. d. T.: Marckart, Anweis., was einen Offizier ꝛc.) 8. Berl. 775. (Sander). 8 gr.

Pirscher, Croquis des vom 5. Armee-Corps in der Einschliessungslinie um Paris besetzten und befestigten Terrain-Abschnitts, auch der Batterien und Sicherungs-Arbeiten zur Beschiessung der Süd-Forts und Süd-Fronten dieser Festung. 1 : 20,000. Fol. Berlin 871, Neumann.

— von der Castrametation, e. Fortsetzung des coup d'oeil milit. 8. Berl. 778. (Sander). 8 gr.

—nouv. méthode pour fortifier les places. gr. 8. Berl. 777. (Reimer). 14 gl

— le même av. fig. gr. 8. Leipz. 771. (W. Vogel). 14 gl

Pirscher, J. D. C. Kurzer Unterricht von den Anfangsgründen der Krieges-Baukunst, worinn die besten u. sichersten Arten der Vertheidigung gegen die jetzt gewöhnlichen Manieren des Angrifs gezeiget werden. Mit Taf.
Berlin 1767. 87 S.

— kurzer Unterricht von d. Anfangsgründen d. Kriegskunst. Mit Kpf. gr. 8. Berl. 768. Reimer. 12 gl

Pirscher, J. D. C. Kurzer Unterricht in der Belagerungskunst, oder von dem Angriffe der Festungen, worinn sowohl die verschiedenen Manieren die Laufgräben zu führen und Batterien zu bauen theoretisch und praktisch angewiesen als auch alles dasjenige was bey Belagerung einer Festung vorzunehmen ist, nach den neuesten Grundsätzen mit 12 Tafeln erläutert wird. 8. Berlin 1777.

Pirscher, J. D. C. Kurzer Unterricht in der Belagerungskunst. Mit Taf.
Berlin 1777. 235 S.

— kurzer Unterr. in der Belagerungskunst. 8. Berl. 777. (Sander). 1 rthl 8 gl

Pirscher, Johanna, Wachstum. Gedanken üb. sittl. Sein u. Werden. (62 S.) 8. München 906. C. H. Beck.
Kart. n. 1. 20

Pirscher, K., die Heilung durch Gebet. gr. 8. (VIII, 96 S.) Gotha 888, F. A. Perthes. *

—— die Quellen unserer Kraft. Bibl. Vorschläge zum Bau des Reiches Gottes in unserer Kirche. gr. 8. (VIII, 105 S.) Ebendas. 888. *

Pirscher, Karl, üb. die Erziehung zur sittlichen Selbständigkeit. Vortrag im evangel. Vereinshause zu Breslau am 2. März 1876 geh. 8. (28 S.) Breslau 876. Dülfer.
n. — 50

Pirscher, Karl, Licht u. Leben. Biblische Betrachtgn. auf alle Tage d. Kirchenjahres. gr. 8. (VII, 608 S.) Konstanz (899). C. Hirsch. Geb. in Leinw. n. 5. —

Pirscher, Rudolf

Pirscher, Hauptm., Aufstellung und Dislokation der Truppen des 5. Armee-Corps General der Infanterie v. Kirchbach sowie der Truppen des 2. Bayer. Armee-Corps General der Infanterie v. Hartmann in der Cernirungslinie um Paris 1870—1871 bis incl. Feldwachen und Unterofficier-Posten. hoch 4. (31 S. mit 2 lithogr. Karten in Fol. und Imp.-Fol.) Berlin 874, Neumann.
Text apart *
Karten apart *

Pirscher, Rud. v., Ingenieure u. Pioniere im Feldzuge 1870—71. Belagerung von Straßburg (vom 11. VIII. bis 28. IX. 1870). Mit 3 Plänen, 8 Vollbildern u. 40 Textbildern. (VIII, 52 S.) Lex.-8. Berlin (906). A. Schall. n. 3. 50; geb. n. 4. 50

Pirscher, W., s. Kennedy, Miß Gr., sämmtl. Werke.

– s. Sammlung interess. Erzählungen.

Pirson, Julius, Dr.: La langue des inscriptions latines de la Gaule. *Liège 1900: H. Poncelet.* (S. 115—159.) 8° ¶[Erschien vollst. 1901 als: Bibliothèque de la Faculté de Philos. et Lettres de l'Univ. de Liège, fasc. 11.] — [Vgl. No 228.]
München, Phil. Hab.-Schr. v. 1899
(Nicht für den Austausch)

Pirson, Jules, la langue des inscriptions latines de la Gaule. gr. 8. (XVI, 328 S.) Bruxelles 901. (München, A. Buchholz.) n.n. 6. —

Pirson, Jules, Lecteur à l'Univ. de Munich: **La phonétique des Inscriptions Latines de la Gaule.** *Liège 1900: H. Poncelet.* (XV, 114 S.) 8° ¶[Erschien vollst. 1901 u. d. T.: La langue d. Inscriptions Latines de la Gaule in: Bibliothèque de la Faculté d. Philos. et Lettres de l'Univ. de Liège, fasc. 11.] — [Vgl. No 255.]
München, Phil. Diss. v. 1900

Pirson, J., Le style des inscriptions latines de la Gaule. S.-A. 1898. 81 S.

Pirtzl, Leop., Stammbaum der Regenten Oesterreichs, von Leopold I. dem Erlauchten bis Friedrich II. dem Streitbaren, aus dem Hause Babenberg (vom Jahre 984 bis 1246); von Albrecht I. bis Maria Theresia, aus dem Hause Habsburg (vom Jahre 1282 bis 1780), und von Joseph II. bis Ferdinand I. aus dem Hause Habsburg-Lothringen. 4 Blätter in qu. Roy.-Fol. Wien 842. (Schaumburg u. Co.) n. 2⅔ rthl

Pirwass, Fr. (in der Vita: Walther), prakt. Arzt a. Oliva: Zwillinge in einer Amnionhöhle. Leipzig 1900: B. Georgi. (20 S.) 8°
Leipzig, Med. Fak., Ref. Zweifel, Diss. v. 3. Aug. 1906
[Geb. 18. Juli 77 Oliva b. Danzig; Wohnort: Lissewo, W.-Pr.; Staatsangeh.: Preußen; Vorbildung: Kgl. Gymn. Danzig Reife O. 96; Studium: Berlin 2, Halle 4, Königsberg 3 S.; Coll. 7. Aug. 06; Approb. 21. Mai 02.]

Pirzel, Vincenz, Ein alter Sünder; s.: Theater-Repertoir, Wiener.

Pisa, Leonardo's da, Leben und Schriften, s. Giesing, J.

Pisacane, Carlo, der Krieg in Italien 1848—1849. Aus dem Ital. von A. Cloßmann. Mit 2 lith. Karten (in Fol.) 12. (XXVIII u. 372 S.) Chur 852, Hitz. 27 ngl

Pisana, s. Laurette.

Pisander, König Davids // neue // Psalmen=Lieder /// oder // Geistliche Oden /// Bey Krieg= und Friedens=Zei= //ten in allen Anliegen zuge= //brauchen /// ausgefertigt // von // Pisandern, // Mit einer Vorrede auff gegen= //wärtiges // Jubel=Jahr /// mit welchen // Das XVII. Seculum beschlossen // wird. // Franckfurt und Leipzig /// Anno 1700. - 20 Blatt (nicht paginiert) Titelblatt, Widmung und Vorrede. - 356 S. und noch 5 Blatt (nicht paginiert) Register.
B. S. T. 12°.118.

Pisani, die, Biographien und Charakteristiken, s. Dobbert, E.

Pisani, Komilla, od. die unvermuthete Enthüllung. 8. Prag 801. Polt. 14 gl

Pisani, Christiana, kleines thüringer Backbuch, od. richtige Anweisung z. thüring. Backkunst, in welcher hauptsächl. d. thür. Frauenzimmer vorzügl. Geschicklichkeit besitzen. 8. (3 B.) Dresden 831, (Arnold.)

Pisani, Nic., Grammat. ital. 8. Lips. Iunius. (Cnobloch.) 717.

Pisano, Mirandolo. Wien 1842.
V (nicht): *Gleich, Joseph Alois.* (GGr VI/399, Nr. 1/86)

Pisano, Vittore, die Brüder v. St. Gallen. Schauspiel in 4 Akten frei nach Scheffel. (130 S.) 8. Wien (905). Wallishausser. n. 2. —

[Lied.] Den 9. Dezember, als am Stiftungsfeste der g. und v. □ Janus im Or. zu Bromberg, in der Tafelloge zu singen. [Unterz.:] **Pisanski.** Bromberg 1827: Gruenauer. 2 Bl. 8° [Umschlagtit.]
Ohne Noten: „Umwunden mit dem Blumenkranz . . .“

Pisanski, Georg Christoph

***Pisanski*, Geo. Cph.**, († d. 11. Oct. 1790.) adversaria de accommodationibus V. T. in novo obviis. 8. Danz. 781.

— Antihephästion. 8. Danzig 776.

Pisanski, G. C., de apostolis ab imputato ipsis in divulganda rel. chr. dissensu vindicandis. Regiom. 1790. 4.

— Beleuchtung d. sogen. biblischen Dämonologie. 8. Danz. 766.

— Beleuchtung e. Ueberbleibsel des Heidenthums u. Papstthums in Preußen. 4. Leipz. 756.

— Bemerk. über die Ostsee, insonderh. an d. Küsten v. Preußen. gr. 8. Königsb. Hartung. (Unzer.) 782.

Pisanski's, G. C., Entwurf e. preußischen Literärgeschichte, s. a. Publicationen u. Republicationen der Königsberger literarischen Freunde.

— Entwurf der Preuß. Litterargeschichte. Mit e. Vorrede v. Leben rc. des Verfass. hrsgg. v. L. Er. Borowsky. 8. Königsb. 791. Hartung. (Unzer). 1 ₰

GEORG CHRISTOPH PISANSKI ... Entwurf der Preussischen Litterärgeschichte. Bd. 2.**) Mit einem einleitenden Wort auf Veranlassung der Alterthumsgesellschaft Prussia herausgegeben von FRIEDRICH ADOLPH MECKELBURG. — Mittlere Geschichte von der Ausbreitung gelehrter Kenntnisse in Preussen bis zum Anfange des 18. Jahrhunderts. Königsberg, 1853.

In Comm. bei Wilhelm Koch. A. u. d. T.: Des Consistorialrathes Dr. GEORG CHRISTOPH PISANSKI Entwurf der Preussischen Litterärgeschichte während des 17. Jahrhunderts. Auf Veranlassung der Alterthums-Gesellschaft Prussia herausgegeben von F. A. MECKELBURG. ib. 1853. — 8°.

— Erklärung e. Preuß. Sprüchwörter. 4. Leipz. 760.

Pisanski, G. C., de errore Irenaei in determinanda aetate Christi. Regiom. 1778. 4.

— historia graecae linguae in Prussia. 4. Königsb. 766.

— historia literarum Prussiae, prim. lin. adumbr. 4. Königsb. 765. Hartung. 12 ₰

— Λογια του Θεου Judaeorum fidei credita, ex Rom. III. 2. illustrata. 4. Königsb. 778.

Pisanski, Geo. Chr. De meritis in Prussiam Vinrici a Kniprode, supremi ordinis Teutonici magistri. 4. Regiomonti 1753.

— Nachr. von d. 1656 geschehenen Einfalle d. Tartaren in Preußen. 4. Königsb. 764.

— Untersuchung, ob Hannibal bei seinem Uebergange üb. die Alpen die glühend gemachten Felsen mit Essig gesprengt habe? 4. Leipz. 759.

Pisanski, Geo. Cph., Verzeichniß d. Jubellehrer latein. Schulen, die das 50te Jahr ihres Lehramts erreicht od. überschritten haben. 4. Königsb. 770.

— vermehrtes Verzeichniß der Jubellehrer latein. Schulen, die das 50te Jahr ihres Lehramts erreicht haben. gr. 8. Königsb. 782. Hartung. 4 ₰

— vindiciae Psalmorum ob exsecrationes nuper impugnatorum. 4. Königsb. 779.

PISAREFF, D. J., Die Bienen. (Sociale Satire.) Budapest 1875. 8°. (1 Mk. I. St. Goar, Frankf. a. M., 1906.)

Pisarewski, G. G., Aus der Geschichte der ausländischen Kolonisation in Rußland im 18. Jahrh. (Russisch). Moskau 1909

Písařovic, K., zur Konntniss der Hydrachniden Böhmens. (Ein vorläuf. Verzeichniss.) [Aus: Sitzungsber. d. k. köhm. Gesellsch. d. Wiss.“] gr. 8. (11 S. m. 1 lith. Taf.) Prag 896. (F. Řivnáč.) n. — 40

Pisarski, Emanuel *(geb. Pilchowitz in Oberschles. 15. 10. 1822)*: Cystocarcinoma colloideum ovarii sinistri in clinice obstetricia Vratislaviensi observatum. Vratislaviae (1857). (34 S.) 8°
Breslau, Med. Diss. v. 18. Nov. 1857

Pisart, H., Director. canonic., s. rubricar. breviar. rom. 8. Cöln. Haas et fil. (Fabricius.) (Wolf, Augsburg.) 713.

— praxis poenitentialis. 8. Traj. (Wolf, Augsburg.) 713.

Piscalar, A., Varianten der Weissenauer Handschrift zu Virgils bukolischen Gedichten. Pr. 1861. 19 S. 4°. 1.—

Piscalar, Aloys, aus dem Leben des ehrwürdigen Philipp Jeningen, Priester der Gesellschaft Jesu. Nach Pergmayr mitgetheilt. Paderborn 859. Schöningh. 8. (VI, 126 S.) n. 7 ngr.

Piscalar, Alois Urban: Analyse d. Rede d. Dem. f. Ctesiphon. Feldkirchen 1863. Schul-/Univ.-Schrift

Piscalar, A. U., Erinnerungen an homerische Familienbilder. Ellwangen 853. (Tübingen, Fues' Sortblg.) gr. 4. (32 S.) n. 8 ngr.
Progr.

Piscalar, Alois Urban, Erinnerungen an Augustin Link, Priester der Gesellschaft Jesu, f. d. Verstorbenen Freunde u. Schüler gesammelt. gr. 8. (322 S.) Schwäb.-Gmünd 892. J. Roth. n. 3. 50

(8) **Piscalar, A. U.**, Erinnerungen an A. Link. 892. (KBB 28.) Jetzt: Mergentheim, C. Ohlinger.

Piskalar, A. U., zur Frage über das Jesuiten-Gymnasium in Feldkirch. gr. 8. (36 S.) Innsbruck 863, (Wagner'sche Universitäts-Buchh.) *

— Zustände der heidnischen Welt zur Zeit der Erscheinung Christi. gr. 4. (16 S.) Stuttgart 847. (Tübingen, Fues'sche Sortimentsh.) *
Programm zu den Prüfungen des Gymnasiums zu Ellwangen.

Piscator, ..., s. Zimmersprüche, neue.

Piscator, Bernardus (Bernh. Fischer), die Rundreise des menschlichen Geistes um die Erde. (123 S.) gr. 8. Leipzig (906). Teutonia-Verlag. n. 2. 50

— s: Studien, psychologische, in Briefen aus der Hölle.

Piscator, Chrn. Lebr., Lebensbilder. Kurzweilig aber ernsthaft. 2 Bde. 1. Aufl. 1864. und 2. Aufl. 8. (535 S.) Berlin 866, Schlawitz. *

Piscator, Chr. Lebr., Lebensbilder. Kurzweilig aber ernsthaft. 3. Aufl. 2 Bde. 8. (308 u. 227 S.) Leipzig 875. Hinrichs' Verl. 5. 50; geb. 6. 50

Piscatorius: Die Fischerei an den oberbayerischen Seen.
Beilage Nr. 285 zur A. F. Z. 28. München 1903.

Pisch, Andr., Vorlagen-Sammlung des mährischen u. ungarisch-slovakischen Ornamentes. gr. Fol. (45 Taf. m. 19 S. illustr. Text.) Olmütz 902. R. Promberger. In Mappe n. 10. —

Pisch, Laurenz —. Schrift-Proben aus der Buchdruckerei des — — in Bochnia. 4. (20 Blätt.) Bochnia. Gedruckt bei Laurenz Pisch. 1655.

Pischek A.: Grotten in der Umgebung von Gottschee, mit bes. Berücksichtigung der topografischen und geognostischen Verhältnisse. 11 Gotschee 74. Progr.

Pischek, Adolf, Oberarchivassessor in Stuttgart: Die Vogtgerichtsbarkeit süddeutscher Klöster in ihrer sachlichen Abgrenzung während des früheren Mittelalters. Stuttgart 1907: Union. (101 S.) 8°
Tübingen, Jur. Fak., Ref. Rietschel, Diss. v. 16. Sept. 1907
[Geb. 1. Nov. 75 Stuttgart; Wohnort: Stuttgart; Staatsangeh.: Württemberg; Vorbildung: Eberhard-Ludwigs-Gymn. Stuttgart Reife M. 93; Studium: Tübingen 5, Berlin 1, Leipzig 1 S.; Rig. 27. Juni 07.]

Pischek, Ant. Die Giftpflanzen in der Umgebung von Cilli. 25 S. 8. Progr. *Cilli* 1885.

Pischek, Hans Zur Frage nach der Existenz einer mittelhochdeutschen Schriftsprache im ausgehenden XIII. Jahrhunderte. 8 (18 S.). Progr. K. k. Staats-Oberrsch. *Teschen* 1892.

Pischek, Hans, Hilfsbuch f. den deutschen Unterricht, s.: Mayr, Rich.

Pischek Johann: Tobias Philipp Freiherr von Gebler, ein Wiener Dramatiker des 18. Jahrhunderts.
II. 1885 PN 389 Diss. Wien, Univ.

Pischel's illustr. Führer f. Döbeln u. Umgegend. 2. Ausg. 12. (52 S. m. 1 Karte u. 1 Taf.) Döbeln (901). (H. Schmidt.) n. — 40

Pischel, Augustin, Geschichte u. Beschreibg. d. Pfarrkirche zum hl. Jacobus zu Neisse. gr. 8. (65 S.) Neisse 895. (O. Huß.) n. 1. —

Pischel, Augustus *(geb. Gauers bei Neiße [29. 3.] 1822)*: De dysenteria. Vratislaviae (1851). (29 S.) 8°
Breslau, Med. Diss. v. 27. Jan. 1851

Pischel. C. Die Vulkane der Republik Mexiko. Berlin. 1856. Querfolio.

Pischel, Franciscus (Wendelinus) *(geb. Albendorf bei Glatz 19. 10. 1830)*: De decursu et curatione dystociae e pelvi rhachitica ortae adjuncta observatione originis in puerperio et sanationis fistulae vesico-uterinae. Vratislaviae (1860). (24 S.) 8°
Breslau, Med. Diss. v. 31. Juli 1860

Pischel, Fritz, Kammergerichtsref.: Der Verlust der Staatsangehörigkeit nach dem Rechte der Gegenwart. *Halle a. S. 1903: C. A. Kaemmerer & Co.* (94 S.) 8°
Halle, Jur. Diss. v. 20. Juli 1903

Pischel, P., zeitgemäßer Wegweiser f. die Veteranen-Vereine durch die Wirren der Gegenwart. Festrede bei Gelegenheit e. Fahnenweihe zu Giersdorf. gr. 8. (14 S.) Neisse 874. Huch's Buchh. — 25

Pischel, Richard

Pischel, R., Zu Sophokles Antigone 909—912. [SA. aus Hermes. Band 28] Berlin 1893.

Pischel, Rich., s. Assalâyanasuttam, the.

Pischel, Rich., the Assalâyanasuttam. Ed. and translated. gr. 8. (42 S.) Chemnitz 880. Schmeitzner. n. 2. 25

Pischel, Richard: Der Begriff der Suzeränität und die herrschende Lehre von der Souveränität. *Greifswald 1897: J. Abel.* (75 S.) 8°
Greifswald, Jur. Diss. v. 1897

Pischel, Rich., Beiträge zur Kenntnis der deutschen Zigeuner. [Aus: „Festschrift zur 200jähr. Jubelfeier der Univ. Halle".] gr. 4. (50 S.) Halle 894. M. Niemeyer. n. 2. —

— neue Bruchstücke des Sanskritkanons der Buddhisten aus Idykutšari, Chinesisch-Turkestân. (8 S. m. 3 Taf.) Lex.-8. Ebd. 904. n. — 50

Pischel, Rich., Bruchstücke des Sanskritkanons der Buddhisten aus Idykutšari, Chinesisch-Turkestan. (21 S. m. 3 Taf.) Lex.-8. Berlin 904. (G. Reimer.) n. 1 —
2 Sonderabdrucke aus: „Sitzungsber. d. preuss. Akad. d. Wiss."

Pischel, Richard, die Dichterin Çîtâ, s. Festgruss an Otto v. Böhtlingk.

Rudraṭa's Çṛṅgâratilaka and Ruyyaka's Sahṛdayalîlâ. With an Introduction and Notes edited by R. Pischel. Kiel 1886.

Pischel, Rich., Elementarbuch der Sanskrit-Sprache, s.: Stenzler, Adf. Frdr.

Gedächtnisrede auf Albrecht Weber. Von Richard Pischel. *Berlin: Akad. d. Wiss. 1903.* (8 S.) 4°
Aus: Abhandlungen d. Kgl. Preuß. Akad. d. Wiss. v. J. 1903. [04. 3892

Pischel, Rich., s.: Gesellschaft, die deutsche morgenländische.

— de grammaticis prâcriticis. Diss. gr. 8. (43 S.) Breslau 874. Berlin, Gose & Tetzlaff. n. 1. 50; erh. Pr. n. 2. 40

Pischel, Riccard, de grammaticis prâcriticis. Dissertatio inauguralis. gr. 8. (43 S.) Breslau 874. Gosohorsky. n. 1. 50

(8) — De grammaticis prâcriticis. 874. (KBI. 32.) Jetzt: Rixdorf, M. Umlauf.

— Grammatik der Präkrit-Sprachen, s.a. Grundriss der indoarischen Philologie. I. 8.

Grammatik der Prakrit-Sprachen von R[ichard] Pischel. *Strassburg: K. J. Trübner 1900.* (429 S.) 4°(8°)
= Grundriss der indo-arischen Philologie u. Altertumskunde. Bd 1, H. 8.

— die Heimat des Puppenspiels, s.a. Rektorreden, Hallesche.

Die Heimat des Puppenspiels. Rede bei Antritt d. Rektorats d. Kgl. vereinigten Friedrichs-Univ. Halle-Wittenberg geh. am 12. Juli 1900 von Richard Pischel. *Halle a. S.: M. Niemeyer 1900.* (28 S.) 8°
= Rektorreden. Hallische. 2.

—— s. Hemacandra's Grammatik der Prâkritsprachen.

— die Hofdichter des Laksmanasena. [Aus: Abhandlgn. d. k. Gesellsch. d. Wiss. zu Göttingen".] gr. 4. (39 S.) Göttingen 893. Dieterich's Verl. n. 3. 80

— Ins Gras beissen. (S. 445—464.) Lex.8. Berlin 908. G. Reimer. 1. —
Sonderabdr. aus: „Sitzungsber. d. preuss. Akad. d. Wiss."

— die Inschrift v. Paderiyā. (11 S.) gr. 8. Ebd. 903. n. — 50
Sonderabdruck aus: „Sitzungsber. d. preuss. Akad. d. Wiss."

—— s. Kâlidâsa's Çakuntâla.

— Kaschgar u. die Kharosthi, s.: Franke, O.

— s.: Katalog der Bibliothek der deutschen morgenländischen Gesellschaft.

— Leben u. Lehre des Buddha, s.a. Aus Natur u. Geisteswelt.

Leben und Lehre des Buddha. Von Richard Pischel. Leipzig: B. G. Teubner 1906. (VI, 127 S.) 8° [J.]
= Natur. Aus, u. Geisteswelt. Bdch. 109.

Leben und Lehre des Buddha. Von Richard Pischel. 2. Aufl. Mit 1 Taf. Leipzig: Teubner 1910. VI, 126 S. 8°
(Aus Natur u. Geisteswelt. Bdch. 109.)

— s.: Literaturen, die orientalischen.

— Materialien zur Kenntnis des Apabhramsa, s.a. Abhandlungen der königl. Gesellschaft der Wissensch. zu Göttingen. Phil.-hist. Klasse. N. F. V. 4.

Materialien zur Kenntnis des Apabhramsa. Ein Nachtrag z. Grammatik d. Prakrit-Sprachen. Von R[ichard] Pischel. *Berlin: Weidmann 1902.* (86 S.) 4°
= Abhandlungen d. Königl. Gesellschaft d. Wiss. zu Göttingen. Phil.-hist. Kl. N. F. Bd 5, No 4.

— de Kâlidâsae Çâkuntali recensionibus [Part. I.]. Diss. gr. 8. (III, 67 S.) Breslau 870. Berlin, Gose & Tetzlaff. n. 1. —

— de Kâlidâsae Çâkuntali recensionibus [Part. I.]. Dissertatio inauguralis philologica. gr. 8. (III, 67 S.) Breslau 870. (Gosohorsky. — Maruschke & Berendt.) n. 1. —

(8) — De Kâlidâsae Çâkuntali recensionibus. 870. — Die Recensionen d. Çâkuntalâ. 875. (KBL 32.) Jetzt: Rixdorf, M. Umlauf.

— die Recensionen der Çakuntalâ. Eine Antwort an Herrn Prof. Dr. Weber. gr. 8. (27 S.) Breslau 875. Berlin, Gose & Tetzlaff. n. — 50

Pischel, Rich., die Recensionen der Çakuntalâ. Eine Antwort an Herrn Prof. Dr. Weber. gr. 8. (27 S.) [Breslau 875, Gosohorsky's Buchh.] Freiburg i. Br., Kiepert. *

— das altindische Schattenspiel. (21 S.) Lex.-8. Berlin 906. (G. Reimer.) n. 1. —
Sonderabdr. aus „Sitzungsber. d. preuß. Akad. d. Wiss."

Pischel, R., Karl Wilhelm Schütz. [A. aus dem Centralblatt für Bibliothekswesen. Herausgegeben ... von O. Hartwig.] Leipzig 1893.

Pischel, R., Adolf Friedrich Stenzler. [Aus „Allgemeine Deutsche Biographie".] o. O. u. J.

Pischel, R., u. K. F. Geldner, vedische Studien. 1. u. 2. Hft. gr. 8. (1. Bd. XXXV, 327 S.) Stuttgart 888. 889. Kohlhammer. n. 12. —
1. (S. 1—128.) n. 4. 50. — 2. (XXXV u. S. 129—327.) n. 7. 50.

— u. Karl F. Geldner, vedische Studien. II. Bd. 1. Hft. gr. 8. (III, 192 S.) Stuttgart 892. W. Kohlhammer. n. 6. — (I u. II, 1.: n. 18. —)

— u. Karl F. Geldner, Vedische Studien. 2. Bd. 2. (Schluss-) Hft. gr. 8. (X u. S. 193—334.) Stuttgart 897. W. Kohlhammer. n. 4. 50
(2. Bd. kplt.: n. 10. 50; I. u. II.: n. 22. 50)

— u. Karl F. Geldner, vedische Studien. 3. Bd. gr. 8. (V, 215 S.) Stuttgart 901. W. Kohlhammer. n. 7. —; (1—3 n. 29. 50)

— Die Turfan-Recensionen des Dhammapada. (S. 968—985 m. 1 Taf.) gr. 8. Berlin (908). G. Reimer. 1. —
Sonderabdr. aus: „Sitzungsber. d. preuss. Akad. d. Wiss."

— der Ursprung des christlichen Fischsymbols. (27 S.) Lex.-8. Ebd. 905. n. 1. —
Sonderabdruck aus: „Sitzungsber. d. preuss. Akad. d. Wiss."

— s.: Zeitschrift d. deutschen morgenländ. Gesellsch.

Pischer, J., s.a. Pircher, Josef

PISCHER, J.
Ueber die Haarhygrometer von Dr. J. Pischer. Mit 4 Textfiguren. Besonders abgedruckt aus dem LXXIII. Bd. der Denkschriften der mathem.-naturw. Classe der kais. Akademie der Wissenschaften. Zum Jubiläum der k. k. Centralanstalt für Meteorologie und Erdmagnetismus in Wien. Wien. 1901. In Comm. Gerold's Sohn. 4°. 34 S. K 2.20

Pischinger, Arnold [Dr.]: De arbitris Atheniensium publicis. [= Inaug.-Diss. v. München 1893.] München, Buchdr. v. J. B. Lindl, 1893; 50 S. 8.
München, k. Luitpold-G, P 1893*

Pischinger, Arnold, stille Stunden. Gedichte u. Sprüche. 8. (112 S.) Kempten 897. (J. Kösel.) n. 1. 80; geb. in Leinw. n. 2. 50

Pischinger, Arnold, Dr.: Der **Vogelgesang** bei den griechischen Dichtern des klassischen Altertums. Ein Beitrag zur Würdigung d. Naturgefühls d. antiken Poesie. *Eichstätt 1901: Ph. Brönner.* (108 S.) 8°
Eichstätt, k. humanist. G, P 1901*

Pischinger, Arnold, das Vogelnest bei den griechischen Dichtern des klassischen Altertums. Ein 3. Beitrag zur Würdigg. des Naturgefühls in der antiken Poesie. (Progr.) 2 Tle. in 1 Hefte. (51 u. 71 S.) gr. 8. München 907. (Leipzig, Buchh. G. Fock.) 1. 50

Pischinger, Arnold, Prof. Dr.: Das Vogelnest bei den griechischen Dichtern des klassischen Altertums. Ein dritter Beitrag z. Würdigung des Naturgefühls in der antiken Poesie. T. 2. München 1907: H. Kutzner. (70 S.) 8° ¶[Forts. d. P-Beil. 1901. 04.]
Ingolstadt, k. G P 1907*

Pischinger, Arnold, Prof. Dr.: Der Vogelzug bei den griechischen Dichtern des klassischen Altertums. Ein zweiter Beitrag zur Würdigung des Naturgefühls in der antiken Poesie. Eichstätt 1904: Ph. Brönner. (80 S.) 8° ¶(Forts. d. P-Beil. 1901.)
Eichstätt, k. humanist. G P 1904*

Pischinger, Arnold, der Vogelzug bei den griechischen Dichtern des klassischen Altertums. Ein 2. Beitrag zur Würdigg. des Naturgefühls in der antiken Poesie. Progr. (III, 80 S.) 8. Eichstätt 904. (Leipzig, Buchh. G. Fock.) n. 1. —

Pischinger, Ferd., über Bau u. Regeneration des Assimilationsapparates v. Streptocarpus u. Monophyllaea. gr. 8. (25 S. m. 2 Taf.) Wien 902. (C. Gerold's Sohn.) n. — 90

PISCHINGER, Ferdinand: Über Bau und Regeneration des Assimilationsapparates von Streptocarpus und Monophyllaea. — 1903. 25 S., 2 Taf. Diss. Graz, **Univ.**

Pischinger, Hans, Kassandra. Drama in 3 Aufzügen. 8. (88 S.) Wien 903. L. Weiß. n. 2. —

Pischinger, Oskar [cand. med. aus Lauingen]: Beiträge zur Kenntnis des Pankreas ... München, Buchdr. Kastner & Lossen, 1895; 128 S., 1 Bl., 1 Taf. 8.
München, Med. Fak., Inaug.-Diss. v. 1896

PISCHKOW-MENKEN, Felix. Aus dem Leben eines Unglücklichen. Aufzeichnungen eines Sadisten. Leipzig, Wilhelm Strübig (um 1910). 8°.
Verb. d. Ldg. Leipzig 2 A. 61/13.

Pischl, *Wenzel*: Die Menächmen des Plautus und ihre Bearbeitung durch Regnard. 8 (S. 3—38)
Progr. K. k. Real- u. Oberg. *Feldkirch* 1896.

Pischof M v, Beiträge zur Beleuchtung der allgemeinen Verhältnisse der österreichischen Eisenbahnen. (46 S 8 T) fol Wien 1879

Pischon, Bernhard [aus Schloss-Löbnitz '(Kr. Bitterfeld)']: Ueber einen Fall von Meningitis traumatica ... Berlin, C. Vogts Buchdr., *1896;* 30 S., 1 Bl. 8.
Berlin, Med. Fak., Inaug.-Diss. v. 27. März 1896

Pischon, C., s.a. Pischon, Karl

Pischon, C. Gebhardt Lebrecht von Blüchers Leben, Thaten und Ende. 8. Burg 1842.

Pischon, Carl Nathanael, s. Pischon, Karl Nathanael

Pischon, Friedrich August

—— **Denkmäler** d. deutschen Sprache von d. frühesten Zeiten bis jetzt. Eine vollständ. Beispielsamml. zu seinem Leitfaden d. Geschichte d. deutschen Literatur. 1. u. 2. Thl. gr. 8. Berlin, Duncker u. Humblot. à 2 2/3 Thlr.
Thl. 1., welcher die Zeit bis z. J. 1300 enth. (40 1/4 B.) 838.
" 2., welcher die Zeit bis z. J. 1620 enth. (39 B.) 840.

Pischon, Friedr. Aug., Denkmäler der deutschen Sprache von d. frühesten Zeiten bis jetzt. Eine vollständ. Beispielsammlung zu sein. Leitfaden der Geschichte der deutschen Literatur. 3—5. Thl. gr. 8. Berlin, Duncker u. Humblot.
Thl. 3. Die Zeit vom J. 1620 bis 1720 umfassend. (38 1/4 B.) 843. 2 Thlr. 20 Ngr.
" 4. Denkmäler der deutschen Sprache von Haller bis jetzt. 1. Thl. die Zeit von Haller u. Gottsched bis auf Herder u. Goethe od. von 1720 bis 1770 enthaltend. (48 1/4 B.) 845. 3 Thlr.
" 5. Denkmäler d. deutsch. Sprache v. Haller bis jetzt. 2. Thl. 1. Abthl. die Dichter von Herder u. Goethe bis zum Befreiungskriege od. von 1770—1813 enthaltend. (47 3/4 B.) 847. 3 Thlr.
1. u. 2. Thl. Ebendas. 1838, 40. 5 Thlr. 10 Ngr. Thl. 1—5 zusammengenommen nur * 10 Thlr.

Pischon, Friedr. Aug., Denkmäler der deutschen Sprache von den frühesten Zeiten bis jetzt. Eine vollständ. Beispielsammlung zu seinem Leitfaden der deutschen Literatur. 6. Thl. 1. Abthl. A. u. d. T.: Denkmäler der deutschen Sprache von Haller bis jetzt. 3. Thl. 1. Abthl.: Die Dichter vom J. 1813 bis jetzt. gr. 8. (XIV und 415 S.) Berlin 850, Duncker und Humblot.

—— dass. — 6. Thl. 2. Abthl. A. u. d. T.: Denkmäler der deutschen Sprache von Haller bis jetzt. 3. Thl. 2. Abthl., welche die Prosaiker von J. 1750 bis jetzt umfaßt. gr. 8. (XII und S. 417—985.) Ebds. 851.
1—5. Thl. Ebendas. 1838—47. 14 Thlr. Wird complet zum Preise von * 12 Thlr. abgegeben.

—— **Erklärung** der hauptsächlichsten veralteten deutschen Wörter in Dr. Luthers Bibelübersetzung. 4. (2 1/4 B.) Berlin 844, [J. A. Wohlgemuth, Berl.] *

—— kurze **Geschichte** d. Erfind. d. Buchdruckerkunst u. ihres segensr. Einflusses. Zunächst f. d. Schulen. gr. 8. (1 B. u. 1 Stnt.) Berlin 840, (E. H. Schultze.)

Pischon, F. A., kurze Geschichte der Erfindung der Buchdruckerkunst und ihres segensreichen Einflusses. Zunächst für die Schulen. Mit 1 Steindrucktafel. gr. 8. Berlin 840. Wolff. n. 1/12 ß

Pischon, F. A., kurze Geschichte der Erfindung der Buchdruckerkunst u. ihres segensreichen Einflusses. Einladung zur bevorstehenden 400jährigen Gedächtnißfeier Guttenbergs u. der Buchdruckerkunst am 24. Juni 1840 zunächst für die Schulen. Mit 1 Steindrucktafel (alter Schriftproben). 8. Halle 840, Colditz'sche Buchh. 1/12 ß

— Handbuch d. deutschen Prosa in Beispielen von der frühesten bis zur jetzigen Zeit. 1r Thl. Die geschichtliche Prosa. gr. 8. Berl. 818. Reimer. 2 ß 8 gr

Pischon, Friedr. Aug., von d. **Hülfe,** welche d. Frauen d. Aufnahme d. göttl. Wortes leisten können. Einlad. z. 22. Stiftungsfeier d. preuß. Haupt-Bibelgesellschaft. gr. 4. (2 B.) Berlin 836, (Eichler.) Thlr. *

Pischon, F. A., die Augsburgische Confession und der Berliner Kirchentag. Eine Rechtfertigungsschrift. Berlin 853. G. Reimer. gr. 8. (48 S.) 5 ngr

—— Leitfaden z. allgem. Geschichte d. Völker u. Staaten. 1. u. 2. Thl. gr. 8. Berlin, Duncker u. Humblot.
Thl. 1. Geschichte d. Alterthums. (8½ B.) 832 8 Gr.
" 2. Geschichte d. Mittelalters. (13½ B.) 835. 12 Gr.

Pischon, Friedr Aug., Lehrbuch d. allgem. Geschichte d. Völker u. Staaten; f. Lehrer u. z. Selbstunterr. bearb. 1. Thl. Gesch. d. Alterthums. gr. 8. (26 B.) Berlin 833, Duncker u. Humblot.

—— Leitfaden z. allgem. Geschichte d. Völker u. Staaten. 3 Thle. gr. 8. Berlin, Duncker u. Humblot. *
Thl. 1. Geschichte d. Alterthums. 2., verb. Aufl. (10⅓ B.) 837. * 8 Gr.
" 2. Geschichte d. Mittelalters., 2., verb. Aufl. (15 B.) 839. * 12 Gr.
" 3. Geschichte d. neuern Zeit. 1. Aufl. (14 B.) 836., 2., verb. A. (15 B.) 840. à * 16 Gr.

—— Leitfaden z. Geschichte d. deutschen Literatur. 1. Aufl. (8 B.) 830., 2., verm. A. (9½ B.) gr. 8. Berlin 834, Duncker u. Humblot. à

— Leitfaden zur Geschichte der deutschen Literatur. 2e verm. Ausg. gr. 8. Berlin 834. Duncker u. Humblot. n. ½ ₰ — 3e Aufl. 836.

—— Leitfaden z. Geschichte d. deutschen Literatur. 4—6., verm. Aufl. gr. 8. (11, 12 u. 13 B.) Berlin 838, 40, 41, Duncker u. Humblot. à *

—— Leitfaden z. Geschichte der deutschen Literatur. 7. u. 8., verm. Aufl. gr. 8. (à 13¼ B.) Berlin 843, 46, Duncker u. Humblot. à *

—— Leitfaden zur Geschichte der deutschen Literatur. 10., verm. Aufl. gr. 8. (XVI und 235 S.) Berlin 853, Duncker und Humblot. *

Pischon, F. A., Leitfaden zur Geschichte deutscher Literatur. 11., verm. Aufl. gr. 8. (XVI und 258 S.) Berlin 856(57), Duncker und Humblot. *

Pischon, F. A., Leitfaden zur Geschichte der deutschen Literatur. 12. Aufl. bearb. von W. A. Passow. gr. 8. (VIII und 215 S.) Berlin [Leipzig] 862, Duncker und Humblot. *

Pischon, F. A., Leitfaden zur Geschichte der deutschen Literatur. 13., verm. u. verb. Aufl. bearb. von K. F. H. Palm. Leipzig 868. Duncker & Humblot. gr. 8. (VIII, 247 S.) n. 18 ngr.

Pischon, F. A., Leitfaden zur Geschichte der deutschen Literatur. 14. verm. u. verb. Aufl., bearb. v. Herm. Palm. gr. 8. (VI, 262 S.) Leipzig 874. Duncker & Humblot. n. 2. 80; geb. n. 3. 40

Pischon, F. A., Leitfaden zur Geschichte der deutschen Litteratur. 15. Aufl., bearb. von U. Zernial. gr. 8. (VI, 303 S.) Leipzig 887. Reichardt. n. 2. 80; geb. n. 3. 40

— s. Magazin von Kasual-, besonders kleinern geistl. Amtsreden.

—— Monatsschrift f. d. unirte evangel. Kirche, s. Monatsschrift.

– s. Poppo, F. V. Conr., Sammlung von Predigten.

—— Predigt u. Gebet am Tage d. Gedächtnißfeier d. Königs v. Preußen, Friedrich Wilhelm III. am 19. Juli 1840 geh. gr. 8. (1 B.) Berlin, [Wolff.]

—— Predigten. 2 Sammln. gr. 8. Berlin, Geo. Reimer. à 1¾ Thlr.
Samml. 1. Das christl. Kirchenjahr in seinen Festen. (25¾ B.) 837.
" 2. Das christl. Kirchenjahr in seinen Lehren. (24¾ B.) 838.

—— zwei Predigten, nehmlich Gastpred. am 23. Apr. 1826 u. Antrittspred. am 2. Dec. 1827, in d. Nicolai-Kirche zu Berlin geh. gr. 8. (2½ B.) Berlin 828, Th. Enslin.

Pischon, F. A., Rede bei Schleiermacher's Beerdigung, s. Fr. Strauß.

—— Sendschreiben an Hrn. Prediger Kuntze über seine am 15. Sonnt. n. Trin. 1845 gehalt. Predigt. 1—3. Aufl. gr. 8. (1⅝ B.) Berlin 845, Duncker u. Humblot. *

— Sendschreiben an Herrn Prediger Souchon über seine am 7. Sept. 1845 gehalt. Predigt. gr. 8. Ebd. 845. $^{1}/_{12}$ ₰

—— Spruchbuch f. Schulen. 3 Curs. 8. Berlin 840—45, (C. H. Schultze.) à 1⅔ Gr.
Curs. 1. Nach d. Katechismus Luthers. 1—4. Aufl. (à 1 B.)
" 2. Nach d. Ordnung d. Kirchenjahres u. d. sonn- u. festtägl. Evangelien u. Episteln. 1. u. 2. Aufl. (à 1⅛ B.)
" 3. Nach einer systemat. Folge. 1. u. 2. Aufl. (à 2 B.)

— Spruchbuch für Schulen. In drei Cursen verfaßt. — 1r Cursus nach dem Katechismus Luthers. 8. Berlin 840. Wolff u. Comp. $^{1}/_{12}$ ₰ — 2r u. 3r Cursus. Nach meiner systemat. Folge. 8. Ebd. 840. à $^{1}/_{12}$ ₰

— Spruchbuch für Schulen. In 3 Cursen. 1. Cursus nach dem Catechismus Luthers. 2. Aufl. 843. — 3. Aufl. 12. Berlin 844, Wolff u. Co. $^{1}/_{12}$ ₰ — 4. Aufl. 16. Ebend. 846. n. $^{1}/_{12}$ ₰

Pischon, F. A., Spruchbuch für Schulen. In 3 Cursen. 2. Cursus. Nach der Ordnung des Kirchenjahrs und der sonn- und festtägl. Evangelien und Episteln. 2. Aufl. kl. 8. Berlin 845, Wolff u. Co. Schreibp. $^{1}/_{12}$ ₰

— Spruchbuch für Schulen. In 3 Cursen verfaßt. 1. Cursus nach dem Katechismus Luthers. 5. mit einer Anleitung verm. Aufl. 8. (32 S.) Berlin 849, C. H. Schultze. — 2. Cursus. Nach der Ordnung des Kirchenjahrs u. der sonn- u. festtägl. Evangelien u. Episteln. 3. m. einer Anleitung verm. Aufl. 8. (28 S.) Ebd. 849. — 3. Cursus. Nach einer systemat. Folge. 3. m. einer Anleitung verm. Aufl. 8. (32 S.) Ebd. 849. (à Cursus 2 ngr) 6 ngr

— Spruchbuch für Schulen. In 3 Cursen verfaßt. 1. Cursus. 6. Aufl. — 2. u. 3. Cursus. 5., mit einer Anleitung verm. Aufl. Berlin 855. Lassar. 8. n. 5 ngr.
1. Cursus (32 S.) n. 2 ngr.; 2. Cursus (28 S.) n. 1½ ngr.; 3. Cursus (32 S.) n. 1½ ngr.

— Spruchbuch für Schulen. 1. Cursus nach dem Katechismus Luthers. 7. Aufl. Berlin 865. Lassar's Buchh. gr. 16. (20 S.) n. 2½ ngr.

— die Taufnamen. Eine Weihnachtsgabe. Berlin 857. G. Reimer. 8. (3 Bl., 295 S.) n. 1 ₰. 10 ngr.

— über meine Theilnahme an der evangel. Allianz in Berlin und über bekenntnißlose Union, nebst einer Predigt über 1. Kor. 3. 21—23. Berlin 857. Geelhaar. 8. (32 S.) 5 ngr.

— über die Verwaltung des Friedrichswaisenhauses etc., s. G. Rötscher.

—— Vorträge üb. die deutsche u. schweizerische Reformation, m. besond. Beziehung auf die symbol. Schriften der luther. u. reform. Kirche in Brandenburg, gehalten im Winter 1845 u. 1846. Mit e. Anhang. gr. 8. (29 B.) Berlin 846, G. Reimer.

Pischon, Friedr. Aug., was soll des Christen Gemüth am Anfange e. jed. Jahres erfüllen? Pred. üb. Ev. Luk., Cap. 3, V. 6—9. 8. (1 B.) Berlin 841, (J. A. Wohlgemuth.)

– s. v. Wedell, R., histor.-geogr. Hand-Atlas.

— — die Weltgeschichte in gleichzeitigen Tafeln, zum Gebrauch für Schulen bearbeitet. 1ste Abtheil. 4. Ebendas. 820.

— die Weltgeschichte in gleichzeitigen Tafeln, zum Gebr. f. Schulen bearb. 1e u. 2e Abtheil. gr. 4. Berl. 821 u. 24. Reimer. (1e Abtheil. 1 ℛ, 2e Abtheil. 2 ℛ) 3 ℛ

— die Weltgeschichte von Anfang bis zur neuesten Zeit, in gleichzeitigen Tafeln f. Schulen bearb. Ein Auszug aus d. größeren Werke. gr. 4. Berl. 825. Reimer. 22 ℊ

—— die Weltgeschichte vom Anfang bis zur neuesten Zeit, in gleichzeit. Tafeln f. Schulen bearb. Ein Auszug aus dem größern Werke, welcher die ganze Weltgeschichte, eine Uebersicht der Bildungsgeschichte u. die wichtigsten Genealogien enthält. 2., verm. u. verb. Aufl. qu. gr. 4. (16 B.) Berlin 842, G. Reimer.

— die hohe Wichtigkeit der Uebersetzung d. heil. Schrift durch Dr. Mart. Luther. Programm bei der 100jähr. Feier dieser Uebersetzung. 4. Berlin 834. (Eichler.) 1/6 ℛ

—— Zeugnisse der Jünger Jesu von ihrem Herrn. Eine Weihnachtsgabe. gr. 8. (4 B.) Berlin 846, G. Reimer.

— Zeugnisse der Jünger Jesu von ihrem Herrn. Eine Weihnachtsgabe. gr. 8. (IV u. 57 S.) Berlin 847, G. Reimer. 1/3 ℛ

Pischon, Johann Karl

– s. Blätter, neue, homiletische.

– s. Gesangbuch f. d. Domkirche in Halle.

Pischon, Jh. Karl, († d. 16. Nov. 1805.) Moral in Beispielen ꝛc., s.a. Philoikus.

Pischon, J. K., Moral in Beysp. ꝛc. 1r 2r ist dess. Philoikus 3r u. 4r Th.

— Philoikus, f. Familien, zur Beförder. häusl. Tugenden ꝛc. 4 Thle. gr. 8. Leipz. 797—800. 2e A. 800—805. Barth. 4 ℛ 6 ℊ (3r u. 4r Thl. A. u. d. T.: Moral in Beispielen f. Familien. 2 Bde. 797. 2e A. 802 u. 5. 2 ℛ 6 ℊ)

— Predigt am 100jähr. Krönungsfeste d. Könige v. Preußen zu Potsdam gehalten. gr. 8. Leipz. 801. Barth. 4 ℊ

— Predigten an Festtagen u. bei besond. Veranlassungen. gr. 8. Halle 794. Gebauer. 1 ℛ 6 ℊ

— Predigten in Gegenwart d. Königs, d. Königin u. d. Königl. Prinzen v. Preußen in Potsdam gehalten. gr. 8. Leipz. 803. Barth. 1 ℛ

Pischon, K. H. L., die Ruchlosigkeit u. d. Fluch d. Brandstiftung, eine Predigt über Richter 15, 4—6 am Buß- u. Bettage den 1. Mai 1833 gehalten. 8. Magdeburg. (Leipzig, Barth.) 1/8 ℛ

Pischon, Rückblicke auf beabsichtigte Einführung einer Presbyterial- u. Synodal-Verfassung im preuß. Staate. gr. 8. (5½ B.) Magdeburg 845, Heinrichshofen.

Pischon, Karl

Pischon, C., und L. Borghardt, Confirmandenbuch, s. Borghardt, L.

Pischon, Karl H. C., Dankgebete u. Lobgesänge zur Feier d. großen Sieges bei Leipzig. gr. 8. Berl. 814. (Mittler). 3 ℊ

— die neue Presbyterial-Ordnung in dem Entwurfe der Synodal-Ordnung f. d. Kirchenverein beider evangel. Confessionen im preuß. Staate, verglichen mit der alten Presbyterial-Ordnung vom 24. Oct. 1713. gr. 8. Berl. 817. Stuhr. 6 ℊ

— faßl. Unterricht, über die Trennung u. Vereinigung d. Lutheraner u. Reformirten, f. alle Gebildete, welche üb. diesen wichtigen Gegenstand näheren Aufschluß zu haben wünschen. gr. 8. Berl. 820. Maurers B. 12 ℊ

Pischon, Karl Nathanael

Pischon, C. N., die protestantischen Armenier und ihre Bitte an das evangelische Deutschland. Ein Beitrag zur Orientirung über orientalische Kirchenverhältnisse. Berlin 863. Fr. Schulze. 8. (76 S.) n. 7½ ngr

Pischon, C. N., üb. Buß- u. Bettage besonders in Preußen. Denkschrift zur 100jähr. Feier d. Buß- u. Bettages der preuß. Landeskirche, unter Benutzg. bisher ungedr. amtl. Quellen abgefaßt. 8. (IV, 56 S.) Berlin 873. Rauh. n. 1. —

Pischon, Carl Nathanel, der Einfluss des Islam auf das häusliche, sociale u. politische Leben seiner Bekenner. Eine culturgeschichtliche Studie. gr. 8. (VIII, 162 S.) Leipzig 881. Brockhaus. n. 3. —

Pise, die. Eine faßliche Anleitung f. Jedermann, den vortheilhaften Pisebau selbst auszuführen. 8. (2⅝ B. u. 3 Stnt.) Emmishofen 843, (Literar. Institut.) *

Pisébau, der, oder die Kunst, mit gestampfter Erde so fest, als mit Stein zu bauen. 8. Ebend. 802.

Pisé-Baukunst, üb. die, od. die beste Art, Erdwände zu verfertigen. Mit Kpf. 4. Leipz., Baumgärtner. 6 ℊ (Vergl. Cointereaux; auch D. B. Günther.)

Pisemski, Alexis, tausend Seelen. Roman. Aus dem Russ. übertragen von L. Kayßler. 2 Bde. 8. (VI, 348; 394 S.) Berlin 870, Gerschel. *

Pisida, Geo., Expeditio Persica etc. recogn. I. Bekkerus, s. Paul. Silentiarius.

Pisk, Ludw., Festgedicht aus Anlass der Vermählung Sr. kaiserl. Hoh. des Kronprinzen Erzherzogs Rudolf mit Ihrer königl. Hoh. der Prinzessin Stefanie am 10. Mai 1881. gr. 4. (8 S.) Wien 881. Gebr. Rubinstein. n. — 20

— Oesterreichs Jubeltag. Dramat. Festspiel in 1 Akte. 8. (18. S.) geh. 15 kr. Wien: Rubinstein 1881.

Piskaček, Ludw., über Ausladungen umschriebener Gebärmutterabschnitte als diagnostisches Zeichen im Anfangsstadium der Schwangerschaft. gr. 8. (85 S. m. 18 Taf.) Wien 899. W. Braumüller. n. 3. —

Piskaček, Ludw. Beiträge zur Theorie u. Casuistik der Uterusrupturen, s. Sammlung medicinischer Schriften.

Piskaček, Lodovico, Compendio di ostetricia por le allieve delle scuole di ostetricia e repertorio per le levatrici. 1. traduzione italiana sulla 3. ed. tedesca del Nicolò barone de Lallich. Ed. autorizzata dall' autore. (XXIV, 218 S. m. Abbildgn. u. 1 Taf) gr. 8. Wien 906. W. Braumüller. n. 5. 80

Piskaček, L., s.: Flußregulirung, die, in Schlesien.

Piskaček, Ludw., s.: Hebammen-Kalender, österreichischer.

Piskaček, Ludw., Lehrbuch f. Schülerinnen d. Hebammencurses u. Nachschlagebuch f. Hebammen. gr. 8. (XIX, 227 S. m. 84 Abb.) Wien 896. W. Braumüller. Geb. in Leinw. n. 5. —

— Lehrbuch f. Schülerinnen des Hebammenkurses u. Nachschlagebuch f. Hebammen. 3., verm. Aufl. gr. 8. (XXVIII, 228 u. 43 S. m. 100 Abbildgn.) Ebd. 902. Geb. in Leinw. n. 6. —
2. umgearb. Aufl. (XXV, 226 u. 42 S. m. 95 Abb.) 899. n. 6.—.

-- Lehrbuch der Schülerinnen des Hebammenkurses u. Nachschlagebuch f. Hebammen. 4., verm. Aufl. (XXXI, 242 S. m. 102 Abbildgn.) gr. 8. Wien 907. W. Braumüller. Geb. in Leinw. 6. —

Piskaček, Ottokar, der Pionnierdienst. Handbuch zum Gebrauche für die Kadetten-Schulen, Landwehr-Offiziers-Aspirantenschulen, dann für Einjährig-Freiwillige. 8. (IV, 160 S. mit 275 Abbild.) Prag 888, (Neugebauer.) *

Piskacz, E. W., neuestes Reise-Taschenbuch, od. d. richt. Wegweiser zu Land u. zu Wasser durch Europa, so wie auch nach Asien, Afrika, Nord- u. Süd-Amerika etc. 16. (13 1/2 B. u. 1 Karte, gr. Fol.) Wien 839, Mausberger.

Piskacz, E. W., neuestes Reise-Taschenbuch, oder der richtige Wegweiser zu Land und zu Wasser durch Europa, so wie auch nach Asien, Afrika, Nord- u. Süd-Amerika, versehen mit einer Postkarte, dann mit einer Uebersicht über die in den vorzügl. Städten dermal besteh. besten Gasthöfe, üb. alle Bade u. Cur-Anstalten u. deren Beschaffenheit u. Heilkraft rc. 16. Wien 839. Mausberger. (Leipzig, Hunger.) 11/12 ₰

Piskalar, A. U., s. Piscalar, Alois Urban

Piske, Johannes, appr. Arzt: Aus der Kgl. Univ.-Kinderklinik zu Greifswald. Über Säuglingsernährung im Kreise Greifswald und ihr Verhältnis zur Säuglingssterblichkeit. Greifswald (1909): Adler. 39 S. 8°
Greifswald, Med. Diss. v. 3. Dez. 1909, Ref. Peiper, Steyrer
[Geb. 28. Nov. 83 Bütow; Wohnort: Greifswald; Staatsangeh.: Preußen; Vorbildung: Gymn. Greifswald Reife O. 03; Studium: Greifswald 10 S.; Coll. 1. Aug. 08: Approb. 27. Juni 09.] [U 10. 1583

Pisko F. Licht und Farbe. Darstellung der Optik. (Naturkräfte 2) München 1869

Pisko, Franz Josef

Pisko: Ein Abend im Conservatoire des arts et metiers. 11 S.– Wien OR.W., Progr. 1867.

Pisko, Fr. Jos., die neueren Apparate der Akustik. Für Freunde der Naturwissenschaft u. der Tonkunst. Wien 865. Gerold's Sohn. gr. 8. (XV, 272 S. mit 96 in den Text aufgenomm. Holzschn.) n. 2 ₰

Pisko, F. Jos., Dr.: Bericht über die physikalischen und mathematischen Instrumente auf der Pariser Welt-Ausstellung 1867. (Sonder-Abdr. aus dem amtlichen österr. Bericht.)

Pisko: Foucault's Beweis für die Axendrehung der Erde. 19 S.– Brünn, Progr. 1853.

Pisko, F. J., Foucault's Beweis für die Axendrehung der Erde. Mit 1 (lith.) Figurentaf. (in Fol.). Brünn 853. Winiker. gr. 8. (59 S.) 10 ngr.

Pisko: Die Fluoreszenz des Lichtes. 40 S.– Wien OR.W., Progr. 1860.

Pisko, F. J., die Fluorescenz des Lichtes. Mit in den Text aufgenommenen Holzschn. Wien 861. Gerold. gr. 8. (IV, 116 S.) 24 ngr.

Pisko: Die Fortschritte der Akustik. 10 S. Wien OR.W., Progr. 1865.

Pisko: Über einige neuere akustische Gegenstände. 36 S.– Wien OR. W., Progr. 1863.

Pisko, Frz. Jos., Grundlehren der Physik. 11., neu verfaßte Aufl. der Physik für Unterrealschulen. Mit 178 in den Text aufgenommenen Holzschn. gr. 8. (VI, 206 S.) Brünn 879. Winiker. n. 2. 60

Pisko's Grundlehren der Physik. Hrsg. von Mor. Glöser. 12., umgearb. Aufl. gr. 8. (VIII, 229 S. m. 152 Holzschn.) Brünn 890. Winiker. n. 2. 60

Pisko, J. F. Lehrbuch der Physik. Brünn. 1858.

— Lehrbuch der Physik für die oberen Classen der Gymnasien u. Realschulen. 4., verb. u. theilweise umgearb. Aufl. Mit 377 im Texte aufgenommenen Holzschn. gr. 8. (VI, 454 S.) Ebend. 877. n. 4. —

—— Lehrbuch der Physik für Ober-Gymnasien. gr. 8. (XII und 619 S. mit 497 in den Text aufgenommenen Holzschn.) Brünn 860, Winiker's Buchh.

—— Lehrbuch der Physik für Ober-Realschulen. gr. 8. (XI und 583 S. mit 503 im Texte aufgenommenen Holzschn.) Brünn 859, Winiker's Buchh. *

— Lehrbuch der technischen Physik, s. Hessler, J. F.

— Lehrbuch der Physik für Unter-Gymnasien. Mit 274 in den Text aufgenommenen Fig. (Holzschn.). Wien 855. Gerold. gr. 8. (IV, 252 S.) 1 ₰.

—— Lehrbuch der Physik für Unter-Gymnasien. 2. Aufl. gr. 8. (IV und 220 S. mit 301 in den Text aufgenommenen Fig. in Holzschn.) Wien 860, Gerold's Sohn.

— — Lehrbuch der Physik für Unter-Gymnasien. 3. sehr verb. u. verm. Aufl. Mit 313 in den Text aufgenommenen Figuren. gr. 8. (VIII u. 240 S.) Ebds. 1865 1 fl. 20 kr.

Pisko, Frz. Jos., Lehrbuch der Physik für Untergymnasien. 4. sehr verb. und verm. Aufl. 1872. *M. 3., und 5. verb. Aufl. gr. 8. (VIII, 238 S. mit 320 in den Text aufgenommenen Fig.) Wien 875, Gerold's Sohn.

—— Lehrbuch der Physik für Untergymnasien. 6., sehr verb. und verm. Aufl. gr. 8. (VIII und 240 S. mit 313 in den Text aufgenomm. Fig. in Holzschn.) Wien 865, Gerold's Sohn.

— Lehrbuch der Physik für Unter-Realschulen. 854. (2 Bl., 315 S.) n. 28 ngr. — 2. verb. Aufl. Mit 364 in den Text gedr. Fig. (Holzschn.). Brünn 856. Winiker. gr. 8. (2 Bl., 240 S.) n. 24 ngr.

— — für Unter-Realschulen. 3—6., sehr verb. u. verm. Aufl. Mit 485 in den Text aufgenommenen Holzschn. Ebend. 859—64. gr. 8. (VIII, 248 S.) n. 24 ngr.

— Licht u. Farbe, s.a. Naturkräfte, die.

Pisko, Fr. J.: Newton oder Pascal? S. 5 - 19. – Wien OR. W., Progr. 1870.

— die Physik f. Unter-Realschulen. 8. sehr verb. u. verm. Aufl Mit 515 in den Text aufgenomm. Holzschn. gr. 8. (VIII, 248 S.) Brünn 871. Winiker. n. 2. 40

R. Sechsh.: Das neue Schulgebäude v. Dr. Fr. J. Pisko mit Bild und Plänen. 32. 1880. Wien. Progr.

Pisko Dr. F. J.: Was ist die Wärme? 22. Wien R. Sechsh. 75. Progr.

Pisko, Gust., Ferdinand Georg Waldmüller, s.: Roessler, Arth.

Pisko, J. F., s. Pisko, Franz Josef

Pisko, Ign., die Aufnahme der Baarzahlungen in Oesterreich-Ungarn und die internationale Regelung der Währungsfrage. 8. (56 S.) Wien 887, Manz'sche Hof-Verlags- und Universitäts-Buchh. *

Pisko, Ignaz (Hrsg.), s. Gerichtshalle.

Pisko, Ign., gegen die Obstruction. Eine Mahng. an die Wähler der österreich. Abgeordneten. gr. 8. (15 S.) Wien 901. W. Breitenstein. n. — 35

Pisko, Jul., kurzgef. Handb. d. nordalbanesischen Sprache. gr. 8. (IV, 165 S.) Wien 896. A. Hölder. n. 4. —

Pisko, Jul., Skanderbeg. Historische Studie. gr. 8. (162 S.) Wien 894. W. Frick. n. 4. 80

Pisko, Jul., die Südhalbkugel im Weltverkehr. Reise als handelspolit. Fachreferent des k. k. österr. u. k. ung. Handelsministeriums. (245 S. m. Abb., 2 Bildnissen u. 1 Karte.) gr. 8. Wien 904. A. Hölder. Geb. in Leinw. n. 8. 60

Pisko, Osk., das Eisenbahn-Betriebsreglement. Verordnung vom 11. XI. 1909, RGBl. Nr. 172 m. Anmerkgn. (V, 146 S.) 8. Wien 909. Manz. 1.70; kart. n 2. 10

Pisko, Osk., die außerstreitige Gerichtsbarkeit in Handelssachen. gr. 8. (26 S.) Ebd. 900. n. — 75
Sonderabdruck aus: „Gerichtshalle".

Pisko, Osk., das allgem. Handelsgesetzbuch, s.a. Taschenausgabe, Manz'sche, der österreich. Gesetze. 11. Bd.

Pisko, Osk., Das allgemeine Handelsgesetzbuch vom 17. Dezember 1862 samt dem Einführungsgesetze u. d. anderen einschläg. Gesetzen u. Verordn. 18. Aufl. Wien 1905. 8°.
(Manz'sche Taschenausg. d. österreich. Gesetze. Bd. 11. Abt. 1.)

(F) Pisko, O., Das allgemeine Handelsgesetzbuch vom 17. Dezember 1862 samt dem Einführungsgesetze und den anderen einschlägigen Gesetzen und Verordnungen. 19. Aufl. [Manz'sche Gesetzausgabe. 11. Bd. 1. Abt.] 8°. (XX, 1039 S.) Wien: Manz 1908. K 7.50. geb. K 8.50

— Kommentar zum allgemeinen deutschen Handelsgesetzbuch, s.: Staub, Herm.

Die handelsrechtliche Rechtsprechung des Obersten Gerichtshofes vom J. 1898 bis zum J. 1905. (64 S.) Lex. 8. Wien 907. Manz. 1. —
Sonderabdruck aus: „Allg. öst. Gerichts-Zeitg."

Pisko, O., s Staub, Handelsgesetzbuch f. Oesterr.

Das Unternehmen als Gegenstand des Rechtsverkehrs. Von Dr. Oskar Pisko. Wien: Manz 1907. (VII, 258 S.) 8° [07. 16858

v. Piskorski, *Peter* [app. Arzt aus Wenecya]: Über das primäre Sarcom der Wirbelsäule ... Gnesen, gedr. bei J. B. Lange, 1894; 25 S., 1 Taf. 8.
Rostock, Med. Fak., Inaug.-Diss. v. [6. Okt.] 1894

Pistorz, Joh., Aesthetik als Wissenschaft entwickelt. gr. 8. (17 B.) Wien 840, (Singer u. Goering.)

Piskur, Jos., Oesterreichs Consularwesen. Lex.-8. (X und 374 S. mit 4 Stnt., wovon 3 ill.) Wien (861)62, Gerold's Sohn.

Pisling, Theophil, nationalökonomische Briefe aus dem nordöstlichen Böhmen. Mit einem Vorw. von Pet. Mischler. Prag 856. Bellmann. gr. 8. (XV, 149 S.) n. 24 ngr.

Pisling, Theophil — Nationalökonomische Briefe aus dem nordöstlichen Böhmen von — —. Mit einem Vorworte von Dr. Peter Mischler. 2te durchgesehene Auflage. Prag, 1857. Druck, Papier und Verlag von Karl Bellmann. (XIV. 148 S. 8.)

Pisling, Theophil. Die Erben. Lustspiel in zwei Aufzügen. *Prag* 1857. Druck von *Carl Bellmann.* 26 S. 8°.
Als Manuscript gedruckt.

— Il n'y a personne. Leipzig 858. Wiedemann. 8. (210 S.) 1 Thlr. 10 ngr.

Pisling, Theophil, Volkswirthschaft und Arbeitspflege im böhmischen Erzgebirge. Prag 861. Kober. 8. (XI, 148 S.) n. 20 ngr.

Письма, Московскія. По поводу предложеній, сдѣланныхъ Н. А. Безобразовымъ Московскому дворянству. Издалъ А. Я. Berlin 863. Behr. 8. (VII, 98 S.) n. 20 ngr.

Pismo (Die Schrift)
① Organ Polskiego Stowarzyszenia akademickiego «Ogniwo» (Organ der akademischen Vereinigung «Bindeglied») ⑤ 1910 (3 Nummern) ⑧ Zürich ⑩ Ogniwo ⑪ Zieliński: Bibljografja ⑤ Vervielfältigte polnische Zeitschrift.

Pismo, sveto, stariga zakona. Poslovénil in razložil P. Placid Javornik, benediktinar. Del I.: Perve Mozesove bukve. 1. in 2. Zvezik. gr. 8. (1 Zvezik 237 S.) V Ljubljani 848. (Klagenfurt, Leon'sche Buchh.) à Zvezik * 12 Ngr. *

Pismo święte wybrane z ksiąg Starego i Nowego Zakonu objaśnione uwagami pobożnych i ofiarowane matkom i dzieciom polskim. Przez Klementynę z Tańskich Hofmanowa. Część I i II. Stary Testament. — Nowy Testament. (Mit vielen Bildern auf farb. Papier.) Octav-12. (4½ B.) Lwów, Stanisławów i Tarnów 846, Milikowsky.
Ohne Bilder

Písně, kostelní, při weřejných službách Božích wynaté z úplného katolického Kancionála jejž uspořádal Frant. P. Poimon. gr. 8. (144 S.) Olmüß 850, (Neugebauer.)

Písně Nábožné — k službám Božím (zwlášť w chrámu Páně u Matky Boží na nábřeží) i také k domácí pobožnosti. Swazeček prwní: Písne pro neděle a slawnosti od začátku adwentu až do počátku půstu. We Widni. Tiskem vel. oo. Mechitharistů. (36 S. 8.) (Fromme Gesänge beim Gottesdienste (besonders in der Kirche Maria am Gestade) und auch bei der häuslichen Andacht. Erstes Heftchen: Gesänge für Sonn- und Feiertage vom Anfange des Adventes bis zur Fastenzeit. Wien. Druck der P. P. Mechitharisten.) (Böhmisch.)1856.

Písně nessporní na obyčejné neděli žalmy, s malým jich opisem. Olmüß 856. (Neugebauer.) 12. (12 S.) 1½ ngr.

—— poutnické, wyňaté z úplného Kancionál akatolického od Frant. Poimona. gr. 12. (24 S.) Olmüß 856, (Neugebauer.)

Piso, Ludw., Dr. Steigers Flucht. Ein vaterländisches Schauspiel in 5 Aufzügen. Für die Bühne bearb. br. 8. (83 S.) Baden 847, Zehnder. 6 ngr

Piso, Nicolas: De cognoscendis et curandis praecipue internis humani corporis morbis libri tres ex monumentis classicorum medicorum, tum veterum, tum vel maxime recentiorum collecti et eiusdem de febribus liber unus. Tom.1 - 2, gbd.

Lipsiae: Kraus 1766

Piso, Nic., de cognoscend. et curandis humani corporis morbis Libri III. II Voll. 8maj. Leipz. 766. (List in Berl.) 4 fl

Piso n, Nic., de cognoscend. et curand. hum. corporis morbis. II Vol. gr. 8. Lips. Sommer (et. Comt. f. Liter.) 766.

Piso, Willem: Historia medica Brasiliae. Novam editionem curavit et praefatus est Joseph von Vering. 157 S., gbd.

Vindobonae: Congregatio Armenorum 1817

Pison, Nicolas, s. Piso, Nicolas

Pisovschi, Ilie: Über α-Anthramin und dessen Derivate. (Berlin: G. Schade 1909.) 39 S. 8°
Berlin, Phil. Diss. v. 9. Jan. 1909, Ref. Gabriel
[Geb. 24. Nov. 84 Jassy; Wohnort: Jassy; Staatsangeh.: Rumänien; Vorbildung: Lyz. Bukarest Reife Juli 03; Studium: Berlin Techn. Hochsch. 4, Univ. 2 S.; Rig. 17. Dez. 08.] [U 09. 250

Pisreiter, G., Katholische Auslegung der sonntäglichen Evangelien. Enns, 1762, 4°, 2 Teile.

Pisreiter, G., christkathol. Hauspostille. 4. Augsb. Rieger. 778.

Pissareff, B(oris) v., dipl. Agronom aus St. Petersburg: Die russische Pferdezucht. *Jena 1900: G. Neuenhahn.* (75 S.) 8°
Jena, Phil. Diss. v. (20. Mai) 1899

Pissareff, Eudoxie. Ein Fall von Teratom des Ovariums bei einem Kinde. Diss. Med. Univ. Zürich. *Kopftitel:* Aus dem Kinderspital Zürich. — [Mit 2 Tafeln.] 26 S. 8. Zürich, Buchdr. des Schweiz. Grütlivereins, 1902.

Pissaro, Lucien, Rossetti, s.: Meisterbilder in Farben.

Rosetti. Von Lucien Pissarro. Übers. von Alice Fliegel. Ill. durch 8 Reprod. Berlin: Harmonie [1910]. 87 S. 8°
(Meisterbilder in Farben.) [10. 13300

Pissarro, Lucien, s. Pissaro, Lucien

Pissarschewsky, V., Aufzählg. d. bisher in Russland aufgefund. Flechten nach den bis zum J. 1897 im Druck erschien. Angaben. gr. 8. (53 S) Moskau 898. (Berlin, R. Friedländer & Sohn.) n.n. 2. —

PISSAS, Panos (Athen): De erysipelate. (Titel nach der Urkunde)
18.8.1853 - Urk; F 68
Diss. Ingolst.-Landsh.-Mchn.

Pisselii, Clementis, Theologiae moralis summa. III Tmi. 8. Augsb. Wolf. 753.

Pissemski, A. Th., der reiche Bräutigam. Roman. Aus dem Russ. übers. v. L. A. Hauff. 8. (284 S.) Berlin 890. Janke. n. 2. —

Pissemski, A. Th., der reiche Bräutigam. Roman. Aus dem Russ. übers. v. L. A. Hauff. 8. (284 S.) Berlin 893. O. Janke. n. 1. —

— hohe Herrschaften. Roman. Aus d. Russ. übers. v. L. A. Hauff. 8. (295 S.) Ebd. 890. n. 2. —

— hohe Herrschaften. Roman. Aus dem Russ. übers. v. L. A. Hauff. 8. (VII, 295 S.) Ebd. 893. n. 1. —

Pissemski, Alexis, im Strudel. Roman. Eingeleitet und übers. von Wilhelm Lange. 2 Bde. 8. (XVI, 295; 308 S.) [Berlin 882, Auerbach.] Leipzig, Unflad. *
geb. in 1 Bd. *

Pissemski, Alexis, im Strudel. Roman. Eingeleitet u. übers. v. Wilh. Lange. 2 Bde. Neue bill. Ausg. 8. (XVI, 295 u. 308 S.) Leipzig 885. Unflad. n. 4. —

Pissin, Bericht über die 14jährige Wirksamkeit des Impf-Institutes für animale Vaccination, mit besonderer Rücksicht auf die allgemeine Ausführbarkeit durch den Staat. gr. 8. (43 S.) Berlin 879. Hempel. n. 1. 20

Pissin, die beste Methode der Schutzpocken-Impfung. gr. 8. (IV, 179 S.) Berlin 874. Hirschwald. n. 4. —

Pissin, Reform der Schutzpocken-Impfung durch die Vaccination direct von Kühen in ihrer praktischen Bedeutung. Berlin 868. (R. Kühn.) gr. 8. (VIII, 64 S.) n. 10 ngr.

Pissin, Eugen, (geb. Sallmow in Pomm. 20. 7. 1829): De urethrae stricturis organicis. Berolini (1854). (31 S.) 8°
Berlin, Med. Diss. v. 28. Juli 1854

Pissin, Raimund

Pissin, P., Almanache d. Romantik, s. a. Veröffentlichungen der deutschen bibliographischen Gesellschaft.

Almanache der Romantik. Hrsg. von Dr. R[aimund] **Pissin**. Berlin-Zehlendorf: Behr 1910. XII, 450 S. 4°
(Bibliographisches Repertorium. Bd 5.)
(Veröffentlichungen d. Deutschen Bibliogr. Gesellschaft. Bd 7.) 10. 1771 2

Pissin, Raimund (Hrsg.), s. Eichendorff, Joseph von: Jugendgedichte.

Pissin, Raimund, aus Berlin: Otto Heinrich Graf von **Loeben.** *Wittenberg [1903]: Herrosé & Ziemsen.* (51 S.) 8° [F.] ¶ (Erscheint vollst. bei B. Behr, Berlin.)
Göttingen, Phil. Diss. v. [9. Nov.] 1903

Pissin, Raim., Otto Heinr. Graf v. Loeben (Isidorus Orientalis). Sein Leben u. seine Werke, m. e. Bildnis des Dichters v. Wilh Hensel. (326 S.) gr. 8. Berlin 905. B. Behr's Verl. n. 8. —

Pissin, R. v. (Hrsg.). s. Repertorium, bibliographisches. 5. Bd.

— Frank Wedekind, s. a. Essays, moderne. 53.

Pissin, Raimund. Frank Wedekind. [Mit 1 Porträt-Tafel.] 64 S. 8. Berlin, Gose & Tetzlaff, [1905]. (M. —.50)
Moderne Essays. Herausgeber: Dr. Hans Landsberg. (Heft 53.)

Pißling, Wilh. Frz., Gesundheitslehre für das Volk. Hrsg. vom Vereine zur Verbreitung von Druckschriften für Volksbildung. 2. Aufl. 12. (VI und 186 S.) Wien 857, (Brandel und Ewald.)

Pißling, Wilh. Frz., Gesundheitslehre für das Volk. Kurz dargestellt. Herausg. vom Vereine zur Verbreitung von Druckschriften für Volksbildung. 2. Aufl. Wien 857. Brandel u. Meyer in Comm. 12. (IV, 186 S.) n. 12 *ngr.*

Pistabo [Pseud.], s. a. Steyrer, Philipp Jakob

Pistabo, (Ph. Jak. Steyrer,) Frage: Ob die heimliche Priesterehe bis zur Aufhebung d. Cölibats gültig sey? 8. Basel 787. Thurneisen. 12 ℛ

Pistevon, oder über das Daseyn Gottes: ein Seitenstück zum Elpizon . . . Leipzig 1800. V: *Sintenis, Chn Friedrich.* (Winer) (Ky) (MGT)

Pistevon, od. über das Daseyn Gottes; ein Seitenstück zum Elpizon, (v. C. F. Sintenis). 1r Thl. 8. Leipz. 800. 3e A. 806. Cr. Fleischer. 1 ₰ (vergl. Elpizon.)

Pistis Sophia. Opus gnosticum Valentino adjudicatum e cod. msc. Coptico Londinensi descripsit et Latine vertit M. G. Schwartze. Edidit J. H. Petermann. gr. 8. (VIII u. 638 S.) Berolini 851, Dummler. In Engl. Kinb. n. 6²/₃ ₰

Pistis Sophia. Opus gnosticum Valentino adjudicatum e codice manuscripto coptico Londinensi descriptum latine vertit M. G. Schwartze edid. J. H. Petermann. Berolini 853. Dümmler's Verlhdlg. gr. 8. (2 Bl., 246 S.) n. 2 ₰.

Pistl Eduard: Jakob Ayrers Bühne. 30. Wien R. (Speneder). 97.
Progr.

Pistl Eduard: Die Quellen für Jakob Ayrers Römerdramen. (30). Wien VII. R. 95.
Progr.

Pistl Eduard: Ueber Quellen für Jacob Ayrers Römerdramen. Diss. Wien Univ.
D: Selbstverlag. 1897.
1897 PN 1063

Pistner, Jos., u. Augustin Stapfer, kurzgefaßte griechische Schulgrammatik. 2 Tle. gr. 8. München, J. Lindauer. Geb. in Leinw. n. 3. 10
1. Formenlehre. (V, 95 S.) 905. n. 1. 30; geb. n. 1. 60
2. Syntax. (V u. S. 97—184.) 906. Geb. n. 1. 50

Pistner, Jos. L. Aelius Seianus. Eine historische Untersuchung über dessen Leben und Wirken als Beitrag zur Geschichte Roms unter dem Kaiser Tiberius. 53 S. 8. **Progr.** *Landshut* 1880.

Pistner, Jos. Übungsbuch zum Übersetzen aus dem Griechischen in das Deutsche u. aus dem Deutschen in das Griechische. 2 Tle. gr. 8. Münch., Lindauer. * 3 70; geb. ** 4 30
1. Das Nomen u. unregelmäß. Verbum auf ω. (IV, 139 S.) 889. * 1 50; geb. ** 1 80.
2. Die anomalen Verba. (III, 180 S.) 890. * 2 20; geb. ** 2 50.

Pistner, Jos., Übungsbuch zum Übersetzen aus dem Griechischen in das Deutsche u. aus dem Deutschen in das Griechische. 1. Tl.: Das Nomen u. regelmäßige Verbum auf ω (m. Ausschluß der Verba liquida). 2. Aufl. gr. 8. (162 S.) München 894. J. Lindauer. n. 1. 50

Pistner, Jos., Übungsbuch z. Übersetzen aus d. Griechischen in d. Deutsche u. aus d. Deutschen in d. Griech. 2. Tl.: Verba liquida u. anomala. 2. Aufl. gr. 8. (III, 186 S.) München 895. J. Lindauer. n. 2. 20 (1. u. 2.: n. 3. 70)

Pistner, Jos., Übungsbuch z. Übersetzen aus d. Griechischen in das Deutsche u. aus dem Deutschen in das Griechische. 1. u. 2. Tl. 3. Aufl., besorgt von Otto Lang. gr. 8. München, J. Lindauer. n. 3. 70; Einbde. in Leinw. à n.n.n. — 30
1. Das Nomen u. regelmäß. Verbum auf ω (m. Ausschluß der Verba liquida). (VIII, 203 S.) 901. n. 1. 50
2. Verba liquida, Eigentümlichkeiten v. Verben auf ω, Verba auf μι, Verba anomala, unregelmäßige Verba auf ω. (III, 219 S.) 902. n. 2. 20

Pistner, Jos., Uebungsbuch zum Uebersetzen aus dem Griechischen in das Deutsche u. aus dem Deutschen in das Griechische. 1. Tl.: Das Nomen u. regelmäß. Verbum auf ω (m. Ausschluß der Verba liquida). 4. Aufl., bearb. vom Verfasser in Gemeinschaft m. dem Hrsg. der 3. Aufl., Otto Lang. (IV, 179 S.) gr. 8. München 906. J. Lindauer. Geb n. 1. 80

Pistner, Jos., Übungsbuch zum Übersetzen aus dem Griech. in das Deutsche u. aus dem Deutschen in das Griechische. 2. Tl.: Verba liquida, Eigentümlichkeiten v. Verben auf ω, Verba auf μι, Verba anomala, unregelmäß. Verba auf ω. 4. Aufl., bearb. vom Verf. in Gemeinschaft m. dem Hrsg. der 3. Aufl., Otto Lang. (III, 171 S.) gr. 8. München 907. J. Lindauer. 1.70; geb. 2. —

Pistner, Otto, aus Kipfenberg, einj.-freiw. Arzt im Kgl. bayer. 2. Feld.-Art.-Reg. 'Horn': Zwei Fälle von Cystenlunge. *Würzburg 1904: A. Borst.* (33 S.) 8°
Würzburg, Med. Diss. v. 1904

Pistohlkees, O. F. von, s. Pistohlkors, Otto Friedrich von

Pistohlkors, Harry von

Pistohlkors, H. (Red.), s. Wochenschrift, Baltische, für Landwirtschaft, Gewerbefleiss und Handel.

Pistohlkors, H. v., Wurzelkenntnis und Pflanzenproduktion. D. Wurzelkenntnis e. Bedingg. d. rationellen Anbaues uns. landwirtschaftl. Kulturpflanzen. (Mit 2 [Lichtdr.-] Taf.) gr. 8. (VII, 104 S.) Bonn 898. O. Paul. — Riga, N. Kymmel's Verl. n. 3. —

Pistohlkors, Harry von: Das Wurzelsystem unserer Kulturpflanzen und seine Beziehungen zu Boden, Ernährung und Fruchtfolge. *Bonn 1898: K. Drobnig.* (105 S. mit Taf.) 8°
Heidelberg, Naturw.-math. Diss. v. [21. Febr.] 1898

Pistohlkors, Marie v., s.: Delicz, Iwan.

Pistohlkors, Otto Friedrich von

v. Pistohlkors, Otto Fr., das Branntweinbrennen, f. A. W. Hupel, ökonom. Handbuch. 2r Thl.

Pistoi, Candido.
Abhandlung über den Mechanismus wie sich die Luft und das Feuer in den Mischungen festsetzen. Aus dem italienischen von C. F. Keller. Gotha, 1784. 8vo.

Pistoi, C. Von dem Mechanismus, mit welchem sich Feuer und Luft in den Körpern figiren . . . a. d. Ital. Gotha 1781. Ü: *Keller, Christian Frdr.* (MGT) (ML)

Pistoi, Candido, vom Mechanismus, mit welchem sich Feuer u. Luft in den Körpern figiren ꝛc.; aus d. Italien. v. Chr. Fr. Keller. 8. Gotha 780. N. A. u. d. T.: Abhandl. vom Mechanismus ꝛc. 8. Ebd. 784. Ettinger. 12 gl.

Pistoi, Stehra: Aus d. Chir. Klinik zu Giessen. Beitrag zur chirurgischen Behandlung der Nieren-Tuberkulose. Giessen 1909: v. Münchow. 29 S. 8°
Gießen, Med. Diss. v. 19. April 1910, Ref. Poppert
[Geb. 85 Tiraspol; Wohnort: Gießen; Staatsangeh.: Rußland; Vorbildung: Mädchengymn. Tiraspol Reife O. 01, Erg. Cherson 04; Studium: Bern 8, Gießen 2 S.; Rig. 1. Dez. 09.] [U 10. 1157

Pistole, die automatische, System G. Roth. (Muster II.) Eine Detail-Beschreibg. m. 10 Illustr.-Taf. (28 S.) Lex.-8. Wien 904. L. W. Seidel & Sohn. n. 2. —

Pistole 08. Vom 4. V. 1909. Entwurf. (D. V. E. Nr. 255.) (81 S. m. Abb.) kl. 8. Berlin 909. E. S. Mittler & Sohn. — 35; kart. — 50

— die, 08. Beschreibung, Behandlg. u. Gebrauch. Auf dienstl. Veranlassg. bearb. (47 S. m. Abbildgn. u. 1 Taf.) kl. 8. Berlin 909. Vossische Buchh. — 40; kart. — 60; geb. — 75

Pistolen-Duell, das, Sr. Exc. des Generallieut. z. D. Hrn. B. v. Plehwe und des Cuirassierlieut. Hrn. Jachmann zu Königsberg, am 15. Febr. 1858. 1—3. Aufl. Königsberg (Mohrungen), Rautenberg. gr. 8. (31 S.) 2½ ngr.

Pistolet, le, automatique „Parabellum", construction, maniement, emploi. Description avec 11 fig. intercalées dans le texte et 5 planches. gr. 8. (38 S.) Berlin (902). (R. Eisenschmidt.) n. 1. 50

Pistophile, Die anmuthige, in einer wahrhaften, obwohl verdeckten Liebes- und Heldengeschichte. Frankfurt u. Leipzig 1713. V: *Glaubitz, Friedrich Erdmann.* (BGE VI[a], 207)

Pistophilus, Sincer., Erläuter. schwer. Stellen heil. Schr. 22 Thle. 8. Onolzb. Haueisen. 735—47.

Pistor, C. M. Wilh., das Ganze d. Feld- u. Hoftaubenzucht, nebst e. Anleit. z. Abrichten d. Brief- od. Posttauben. 8. (5 B.) Hanau 831, Edler.

— der Hühnerhof, od. die Kunst, den höchst mögl. Nutzen aus dem Hausfedervieh zu ziehen. Enthält e. vollständ. Anleitung z. Erzieh. u. Wartung d. gemein. Haushühner ꝛc., nebst e. Anleit. z. künstl. Ausbrüten d. Eier u. der Behandl. der auf diese Art ausgebrüt. jungen Hühner. 8. (6½ B.) Hanau 831, Edler.

Pistor, Carl, s. Pistor, Karl

Pistor, Ed. Demosthenes als Staatsbürger, Redner und Schriftsteller. 8. Quedlinburg 1830.

Pistor, Erich, durch Sibirien nach der Südsee. Wirtschaftl. u. unwirtschaftl. Reisestudien aus den J. 1901 u. 1902. Mit 20 Vollbildern. (XIII, 533 S.) 8. Wien 905. W. Braumüller. n. 5. —; geb. in Leinw. n. 6. 60

Pistor, Erich, Handelscongress u. Handelsmuseum in Philadelphia. Bericht, erstattet an die Handels- u. Gewerbekammer in Graz. gr. 8. (III, 132 S.) Wien 900. W. Braumüller. n. 3. 60

Pistor, Ernst Theodor

Pistor, Er. Theod., kurze Geographie nach d. neuesten Staatsveränderungen. Ein Elementarbuch f. d. Schulunterr. 1. Aufl. (5¼ B.) 831., 2. A. 833. u. 3., verb. A. (à 6 B.) 8. Darmstadt 835, Leske.

Pistor, Ernst Theod., kurze Geographie nach d. neuesten Staatsveränderungen. Ein Elementarb. f. d. Schulunterr. 3. u. 4. Aufl. 8. (à 6 B.) Darmstadt 835. 39. Leske.

Pistor, Ernst Thdr., kurze Geographie nach den neuesten Staatsveränderungen. Ein Elementarbuch für den Schulunterricht. 6. Aufl. 8. (VIII und 88 S.) Darmstadt 853, Leske.

Pistor, Ernst Thdr., kurze Geographie nach den neuesten Staatsveränderungen. Ein Elementarbuch für den Schulunterricht. 6. Aufl. 853. — 7. Aufl. Darmstadt 857. Beyerle. 8. (VIII, 88 S.) n. 5 ngr.

***Pistor*, Er. Thdr.,** de Demosthenis ingenio et eloquentia. Part. I. 4. Darmst. 826.

— **Lehrbuch d. Geographie f. Gymnasien u. Bürgerschulen. 8. Darmst. 829. 2e A. 832. Heyer. 12 gl.**

— Lehrbuch der Geographie f. Gymnasien u. Bürgerschulen. 2. Aufl. 8. (14½ B.) Darmstadt 832, [Heyer'sche Brtsbuchh.]

— Lehrbuch d. Geographie f. Gymnasien u. Bürgerschulen. 3. Aufl. 8. (14½ B.) Darmstadt 836, Heyer's Brtsbuchh.

Pistor, Ernst Theod., Lehrbuch der Geographie f. Gymnasien u. Bürgerschulen. 4. Aufl. 8. (14⅟1 B.) Darmstadt 843, Heyer's Brlgsbuchh.

— Lehrbuch der Geographie für Gymnasien und Bürgerschulen. 5. Aufl. Darmstadt 854. Leske. 8. (VI, 206 S.) n. 12⅓ ngr.

Pistor, Er. Tydr., Lehrbuch d. Naturwissenschaft f. Bürger- u. Volksschulen. 8. Darmst. 830. Heyer. 16 gr.

—— Lehrbuch d. Naturwissenschaft f. d. Jugend. 8. (19 B.) Darmstadt 830, [Heyer'sche Brlsbuchh.]

—— vollständ. Lehrbuch d. allgem. Geographie, vorzügl. f. höhere Schulen. M. 3 Kpfrt. gr. 8. (8 B.) Darmstadt 829, [Heyer'sche Brlsbuchh.]

Pistor, F. L., Bürger-Katechismus f. Deutschland (als allgemeiner Theil z. Bürger-Katechismus f. Baiern). 12. Augsb. 832. Volkhart. 10 gr.

Pistor, F. L., Büger-Katechismus f. Teutschland. 12. (3½ B.) Augsburg 832, Volkhart.

Pistor, Ferdinand [app. Arzt aus Brotterode]: Statistisches zur Beschaffenheit der weiblichen Brust und zum Stillgeschäft. Aus d. Univ.-Frauenklinik zu Freiburg i. Br. ... Freiburg i. B., Univ.-Buchdr. v. Ch. Lehmann, 1894; 83 S. 8.
Freiburg i. B., Med. Fak., Inaug.-Diss. v. 1894

Pistor, Gottlieb (geb. Berlin): De metrorrhagia. Berolini (1849). (31 S.) 8
Berlin, Med. Diss. v. 30. März 1849

Pistor, Gustav [aus Elberfeld]: Die Einwirkung von Aldehyden auf Nitrosokörper ... Berlin, C. Vogt's Buchdr., 1894; 40 S., 1 Bl. 8.
Berlin, Phil. Fak., Inaug.-Diss. v. 10. März 1894

Pistor, Gustav [app. Arzt aus Hombressen]: Ein Fall von Pseudohermaphroditismus masculinus completus beim Schwein ... München, kgl. Hof- u. Univ.-Buchdr. v. Dr. C. Wolf & Sohn, 1892; 24 S. 8.
München, Med. Fak., Inaug.-Diss. v. 1892

Pistor, Gust. Leyer u. Harfe. Gedichte. 12. (278 S.) Elberfeld 890, Neumann. geb. m. Goldschn. * 5 —

Pistor, Heinr., für den Siegerländer. Beiträge zur Heimatkunde vom Kreise Siegen. Mit 7 Bildern u. 1 Karte vom Kreise Siegen. (VI, 133 S.) kl. 8. Siegen 905. Westdeutsche Verlagsanstalt. Geb. in Leinw. n. 1. 30

Pistor, Heinr.: Für den Siegerländer. Geographie, Geschichte u. Sage vom Kreise Siegen von –. Mit 7 Bild. u. 1 Kt. 2. erg. Aufl. Siegen i. W.: Westdeutsche Verlagsanst. 1906. 142 S. 8°
[Umschlagt.:] Für d. Siegerländer. Beiträge z. Heimatkunde vom Kr. Siegen ...

Pistor, Hermann, a. Sonneberg: Die thüringischen Eisenbahnen, speziell die des Thüringer Waldes, namentlich in ihren orographischen Verhältnissen. Jena 1908: Frommann. (42 S., 4 Taf.) 8° ¶(Aus: „Mitteilungen d. Geograph. Ges. zu Jena" Bd 26.)
Jena, Phil. Fak., Ref. Dove, Diss. v. 26. Juni 1908
[Geb. 6. Sept. 75 Sonneberg; Wohnort: Sonneberg; Staatsangeh.: Sachsen-Meiningen; Vorbildung: Oberrealsch. Coburg Reife M. 05; Studium: Jena 7 S.; Coll. 24. Febr. 08.]

Pistor, Johann Christoph (Gießen), De concursu cedentis et cessionarii, secundum diversa juris Romani principia, et usum hodiernum forensem. Diss. jur. Gießen (J. J. Braun) Aug. 1750. 32 S. (4.75) 26548
Widm. v.: Wilhelm Philipp Seyfried (dtsch.), Johann Eberhard Siegler (dtsch.), Jo. Fried. Hartm. Balser, Ludwig Verdries, L. B. F. (dtsch.)

— — De testatore testibus testamentariis incognito, ubi simul differentia inter testamentum peregrinantis, et illius, quando quis in specie testandi caussa ad locum extraneum se confert, sistitur. Tract. jur. civil. Gießen (J. J. Braun) (Aug. 1757) 1758. 44 S. (4.75) 26549

— — Dasselbe. Editio Secunda. Gießen (J. J. Braun) (Aug. 1757) 1787. 44 S. (4.75) 26550

Pistor, Julius: Der Chronist Wigand Gerstenberg. Nebst Untersuchgn üb. ältere hessische Geschichtsquellen ... (Erscheint vollst. in d. Zeitschr. d. Ver. f. hess. Gesch. u. Landeskunde.) Marburg, *Druck v. L. Döll in Kassel,* 1892; 1 Bl., 42 S., 1 Bl. 8.
Marburg, Phil. Fak., Inaug.-Diss. v. [4. März] 1892

Pistor, Jul., der Chronist Wigand Gerstenberg. Nebst Untersuchgn. üb. ältere hess. Geschichtsquellen. [Aus: „Zeitschr. d. Ver. f. hess. Geschichte u. Landeskunde".] gr. 8. (III, 120 S.) Kassel 892. M. Brunnemann. n. 2. —

Pistor, Jul., Hans Staden v. Homborg u. s. Reisebuch. [Aus: „Festschrift d. XXVI. Jahresversammlg. d. deutschen anthropolog. Gesellsch."] 4. (18 S.) Cassel 895. Th. G. Fishor & Co. n. 1. --

Pistor, Julius [Dr.]: Untersuchungen über den Chronisten Johannes Nuhn von Hersfeld. Cassel, Druck v. L. Döll, 1893; 1 Bl., 74 S. 8.
Cassel, k. Friedrichs-G, OP 1893 (382 [viellm. 383])

Pistor, Karl

Pistor, Carl, die Lehre von der Gesundheit und Krankheit des Menschen. Für alle Stände bearb. 4 Bde. gr. 8. (1. Bd. XIV und 374 S., 2. Bd. V und 304 S., 3. Bd. X und 366 S., 4. Bd. VI und 373 S.) Leipzig 864—66, Günther. à Bd. 1 Thlr. 7½ Ngr.

—— dass. — Volks-Ausg. (Neue Titel-Aufl.) 12 Lfgn. gr. 8. (1. Bd. XIV und 374 S., 2. Bd. V und 304 S., 3. Bd. X und 366 S., 4. Bd. VI und 373 S.) Ebendas. 867,68. à Lfg. 7½ Ngr.

Pistor, Moritz

Pistor, M., Anstalten u. Einrichtungen des öffentlichen Gesundheitswesens in Preussen, s. a. **Festschrift zum X. internationalen medizinischen Kongress, Berlin 1890.**

Pistor, M. Anstalten und Einrichtungen des öffentlichen Gesundheitswesens in Preussen. Mit zahlreichen in den Text gedruckten Zeichnungen. Festschrift zum X. internationalen medizinischen Kongress. Berlin 1890. 4°.

Pistor, M., das Apothekenwesen in Preussen nach deutschem Reichs- u. preussischem Landesrecht. Unter Benutzg. amtl. Quellen bearb. gr. 8. (X, 277 S.) Berlin 894. R. Schoetz. n. 7. —; geb. n.n. 8. —

Pistor, Mor., die Behandlung Verunglückter bis zur Ankunft des Arztes, s.a. Granier, Raimund, Lehrbuch f. Heilgehilfen.

Pistor, die Behandlung Verunglückter bis zur Ankunft des Arztes. Anweisung für Nichtärzte zur ersten Hülfsleistung. Nach den von Skrzeczka hrsg. Tafeln im amtl. Auftrage neu bearb. gr. 8. (15 S. mit 9 in den Text gedr. Holzschn.) Berlin 883, Th. Ch. F. Enslin. *
Als Plakat in Imp.-Fol. *

—— dass. — Anweisung für Nichtärzte. Im amtl. Auftrage bearb. (Neudruck auf Lederpap.) Imp.-4. (2 S. mit eingedr. Holzschn.) Ebendas. 884. In Leder-Etui *

Pistor, die Behandlung Verunglückter bis zur Ankunft d. Arztes. Anweisung f. Nichtärzte zur ersten Hilfsleistg. Mit 9 Holzschn. 29. Tausend. gr. 8. (15 S.) Berlin 885. Th. Ch. F. Enslin. n. — 50; in Plakatform, 30. Tausend, n. — 50; 2seitig in Etui, 28. Tausend, n. — 50; auf Lederpap. gedr. in Ldr.-Etui. n. 1. —

Pistor, die Behandlung Verunglückter bis zur Ankunft des Arztes. Nach den von Skrzeczka hrsg. Tafeln im amtl. Auftrage neu bearb. Neuer Abdr. Ausg. in Buchform. gr. 8. (13 S. mit 9 in den Text gedr. Holzschn.) Berlin 888, Th. Ch. F. Enslin. In Plakatformat *
In Papier-Etui * 50 Pf.; in Leder-Etui *

Pistor, M., die Behandlung Verunglückter bis zur Ankunft des Arztes. Anweisung für Nichtärzte zur ersten Hilfsleistung. 36. Aufl. d. Neubearbeitg. gr. 8. (13 S. m. 9 Holzschn.) Berlin 889. Th. Ch. F. Enslin. n. — 50;
35. Aufl. in Plakatform n. — 50

— dasselbe. Nach den v. Skrzeczka hrsg. Tafeln im amtl. Auftrage neu bearb. Mit 9 in den Text gedr. Holzschn. Neuer Abdr. Taf. in gr. Fol. Ebd. 890. n. — 50

Pistor, M. Die Behandlung Verunglückter bis zur Ankunft d. Arztes. 37. Aufl. der Neubearbeitg. gr. 8. (16 S. m. 10 Holzschn.) Berl. 891, Schoetz. * — 50; neuer Abdr. in Plakatform. gr. Fol. * — 50
In Taschenformat. 16. (2 S. m. 10 Holzschn.)
In Papier-Etui * — 50; in Ldr.-Etui * 1 —

— die Behandlung Verunglückter bis zur Ankunft d. Arztes. Anweisung f. Nichtärzte zur ersten Hilfsleistg. Im amtl. Auftrage neubearb. gr. 8. (16 S. m. 10 Holzschnitten.) Ebd. 893. n. — 50; als Plakat, 57×82,5 cm, n. — 50; in Etui, 2 S. in Fol., n. — 50

Pistor, M., die Behandlg. Verunglückter b. z. Ankunft d. Arztes, Anweisg. f. Nichtärzte zur ersten Hilfsleistung. Im amtl. Auftr. neu bearb. gr. 8. (16 S. m. 10 Holzschnitten.) Berlin 896. R. Schoetz. n. — 50

Pistor, M., die Behandlg. Verunglückter b. z. Ankunft d. Arztes, Anweisg. f. Nichtärzte zur ersten Hilfsleistung. Im amtl. Auftrag neu bearb. Ausg. 1898. Plakat m. 10 in d. Text gedr. Holzschn. 50,5×76 cm. Berlin 898. R. Schoetz. n. — 50; Ausg. in Etui. Fol. (2 S. m. Abb.)
n — 50

Die Behandlung Verunglückter bis zur Ankunft des Arztes. Anweisung für Nichtärzte z. ersten Hilfsleistung. Im amtl. Auftr. neu bearb. von Dr. [Moritz] Pistor, Geh. Ob. Med. Rat. Mit 10 Holzschn. *Berlin: R. Schoetz 1900.* (1 Bl. 50 × 37 cm.) 8° [Umschlagt. T.] (01. 3278

Pistor, M., die Behandlung Verunglückter bis zur Ankunft des Arztes. Im amtl. Auftrage neu bearb. (Neue Aufl.) (Buchausg.) gr. 8. (18 S. m. 12 Abbildgn.) Berlin (902). R. Schoetz. n. — 50; als Plakat 57,5×82,5 cm. n. — 50; 2seitig 55×37,5 cm. in Etui n. — 50

— 3. Generalbericht üb. das Medizinal- u. Sanitätswesen der Stadt Berlin im J. 1882. gr. 8. (X, 352 S. m. Tab., 2 graph. Steintaf. u. 1 lith. u. color. Plan.) Berlin 884. Hayn's Erben. n. 7. —

Pistor, General-Bericht üb. das öffentliche Gesundheitswesen im Reg.-Bez. Oppeln f. die J. 1871 bis 1875. gr. 4. (III, 73 S. m. 2 Steintaf. in qu. Fol. u. 3 Tab. in qu. gr. Fol.) Oppeln 876. Clar in Comm. n. 3. —

— deutsches Gesundheitswesen, s.a. Festschrift zum X. internation. medizin. Kongress, Berlin 1890.

Pistor, Moritz (Hrsg.), s.a. Gesundheitswesen, Deutsches.

Pistor M.: Deutsches Gesundheitswesen. Festschr. Berl. 1890. 309 S.

Pistor, das öffentliche Gesundheitswesen im Reg.-Bez. Oppeln während der Jahre 1876 bis 1880. General-Bericht. gr. 4. (68 S. mit 3 Steintaf.) Oppeln 882. Clar in Comm. n. 4. —

— das öffentliche Gesundheitswesen und seine Ueberwachung in der Stadt Berlin während der Jahre 1883, 1884 u. 1885. Hierzu e. Anh. f. die Stadt Charlottenburg. 4. General-Bericht. gr. 8. (X, 562 S. m. 5 Taf.) Berlin 887. Th. Ch. F. Enslin. n. 10. —; geb. n. 12. —

—— Das öffentliche Gesundheitswesen u. seine Ueberwachung in der Stadt Berlin während der J. 1886, 1887 u. 1888. Hierzu e. Anh. f. die Stadt Charlottenburg. 5. General-Bericht. gr. 8. (X, 378 S. m. 3 Taf.) Ebd. 890. * 10 —; geb. * 12 —

Das Gesundheitswesen in Preussen nach deutschem Reichs- u. preussischem Landesrecht v. (1: bearb. v.) Dr. M[oritz] **Pistor**, Geh. Ober-Medizinalr. Bd 1. 2. *Berlin: R. Schoetz 1896–98.* 2 Bde 8.
1. 1896. (1 Bl., VI, 1016 S.) 2. 1898. (V—X S., 1 Bl., 904 S.) (98. 5148

— Grundzüge e. Geschichte der preussischen Medizinalverwaltung bis Ende 1907. Nach amtl. Quellen bearb. (XI, 274 S.) gr. 8. Braunschweig 909. F. Vieweg & Sohn. 6.—; geb. 7. —
Sonderabdruck aus: „Deut. Vierteljahrsschr. f. öffentl. Gesundheitspflege".

Pistor, Mor., s.: Vierteljahrsschrift, deutsche, f. öffentliche Gesundheitspflege.

Pistor, Otto, der Standesbeamte im Großherzogth. Hessen nach dem Reichsgesetz vom 6. Febr. 1875. 8. (XII, 50 S.) Friedberg 876. Bindernagel. n. 1. 20

Pistor, Paul, die deutschen Kolonien u. ihre Würdigung in der Schule, s.a. Lehrer-Prüfungs- u. Informations-Arbeiten. 34. Heft.

Die deutschen Kolonien und ihre Würdigung in der Schule. Mit e. Auswahl von Aufsatzentwürfen über koloniale Themen. Bearb. von Paul **Pistor**, Rektor. Minden i. W.: Hufeland 1907. 56 S. 8°
(Lehrer-Prüfungs- u. Informations-Arbeiten. H. 34.) (09. 1736

Pistor, Pet., Reiseabenteuer zu Wasser u. zu Lande. Ein Buch f. d. Jugend rc. 8. Leipz. 805. Voß. 1 Rthlr

— **Philipp Friedrich** (Frankfurt/Main), De numerata pecunia solvenda. Diss. jur. Erfurt (Grosch) 28. V. 1704. 55 S. (5.25) 26551

Pistor, Th. L. Ueber die Auflösung der unbestimmten Gleichungen des zweiten Grades in ganzen Zahlen 32 S. . . . .
Hamm, Progr. 1833

Pistor, Willfried Reichsritter v., Die Feld-Befestigung für Officiere der Infanterie und Cavallerie und für Truppen-, insbesondere Divisions-Schulen, nach den neuesten Erfahrungen zusammengestellt. gr. 8. (VIII u. 195 S. u. 19 Kupfertafeln in quer Fol.) Wien, Dirnböck's B. (G. Brandt. 1863. 2 fl. 40 kr.

Pistor, Willfried Reichsritter v., die Feld- u. permanente Befestigung f. Offiziere der Infanterie u. Cavallerie u. f. Truppen- u. Cadetten-Schulen. Nach den neuesten Grundsätzen u. auf Erfahrgn. der letzten amerikan. u. europ. Kriege begründet u. zum Selbststudium zusammengestellt. 2. Thl. gr. 8. Budapest 872. Pfeifer. n. 5. 60
Die permanente Befestigung. Mit e. Atlas v. 16 lith. Tabellen (in qu. 4.) m. 1000 Abbildgn. (220 S.)

Pistori, s. Pistorius

Pistoriade, die. Eine lustige Examengeschichte in Versen. Mit Orig.-Zeichnungen von K. Gehrts u. A. 3. Aufl. 12. (21 S.) Leipzig 880. Schloemp. n. — 50

Pistoris, C., der deutsche Schütze in allen ihm vorkommenden Lagen und Verhältnissen auf dem Scheibenstand, im Krieg und auf der Jagd. Ein prakt. Handbuch der Schießkunst für Schützen, Turn- und Wehr-Vereine, Forstakademien rc. gr. 8. (XII und 310 S. mit vielen in den Text gedr. Abbild. in Holzschn.) Nürnberg 862, Zeh'sche Buchh.

Pistoris, Georg, der heilsame Tröster am Kranken- u. Sterbebette. Ein kathol. Lehr- u. Andachtsbuch f. Kranke, Sterbende u. ihre Wärter. Neu bearb. u. hrsg. v. dem Uebersetzer „der heil. Wege des Kreuzes" von Boudon. Mit e. Vorw. v. Geo. Sigrist. 12. (12⅔ B. u. 1 Stnt.) Einsiedeln 844, Gebr. Benziger.

Pistorio, J. H., der Universal-Gratulant, oder auserles. Sammlung der besten und neuesten Gedichte zu allen häuslichen oder Familien-Festen u. a. Feierlichkeiten. Nebst Stammbuchsaufsätzen und Grabschriften. Neue Ausg. gr. 12. Kaschau 834. G. Wigand. 1⅓ ₰

Pistorius, Der fürtreffliche Glaubenslehrer, und der falschglaubige Pistophilus gegeneinander gehalten. Salzb. 1739. V: *Boeckhn, Plac.* (Scriptores ord. s. Benedicti. Vindob. 1881.)

Das Geschlecht von Warburg (v. Pistorius). Mit Portr., Kpfrn. u. Stammtln. (Neubrandenburg) 1790. fol.

Pistorius, Alb., Jacobo Foscari. Dichtung. Cöthen 857. (Leipzig, Hunger.) 16. (IV, 172 S.) 15 ngr.

Pistorius, Albert, der Lilie Geburt. Gedicht. 16. (58 S.) Zerbst 855, (Römer.)

Pistorius, Anshelm Friedrich (Stuttgart), Ad fragmenta quae ex Alfeni Vari libris XL. digestorum supersunt. Diss. jur. Präs. Carl Christoph Hofacker. Tübingen (Fues) Mai 1775. 134 S. (5.75) 26552
Widm. v.: Carl Christoph Hofacker.

Pistorius, C. s.a. Bistorius

Pistorius, C., Chronik d. Heiligen; nach Urkunden u. Legenden. Mit Kpf. 8. Wien 788. (Leipz., Beygang). 20 gl.

Pistorius, C., die praktische Schießkunst mit der Handfeuerwaffe, in Verbindung mit den Lehren vom Schießmateriale und von den Waffen, nebst dem Nothwendigsten aus der Jagdkunde, für angehende Schützen, Militärs, Jäger und Jagdfreunde. Mit 52 in den Text gedr. Holzschn. Stuttgart 860. Metzler. 8. (VIII, 224 S.) 26 ngr.

— der deutsche Schütze in allen ihm vorkommenden Lagen und Verhältnissen auf dem Scheibenstand, im Krieg und auf der Jagd. Ein praktisches Handbuch der Schießkunst für Schützen, Turn- u. Wehr-Vereine, Forstakademien rc. Mit vielen in den Text gedr. Abbildgn. (Holzschn.) Nürnberg 862. Zeh. gr. 8. (XII, 310 S.) 1 ₰

Pistorius CCF, Handbuch der im Königreich Württemberg geltenden Gesetze und Verordnungen in Betreff der Medizinalpolizei. Stuttgart 1841

Pistorius, C. G. W., enthüllte Geheimnisse der Rum-Fabrikation, oder 24 geheim gehaltene u. wenig bekannte Rezepte einen dem ächten täuschend ähnlichen Arac, Rum u. Franzbranntwein auf kaltem Wege od. durch Destillation herzustellen. 12. (1 B.) Bautzen 842, (Reichel.)

Pistorius, Carl, s. Pistorius, Karl

Pistorius, Chr. B. H., s. Abendzeitvertreib in unterhalt. Schilderungen auf d. wirkl. Leben.

– s. Catonis Distichen.

(Pistorius, C. B. H.), Ueb. d. Dienst der fetischen Götter, mit e. Einleitungsversuche üb. Aberglauben, Zauberei u. Abgötterei. Brl. 8°.
1785

– s.a. Einleitungsversuch über Aberglauben.

– s. Lucan, Schlacht bei Versalia.

– s. Jak. Riley, Gefangenschaft ...

— Christian Ludwig (Zerbst/Anhalt), De Artis obstetriciae studio, medicis quam maxime necessario. Diss. med. Präs. Burkard Wilhelm Seiler. Wittenberg (Chr. H. Graeßler) 30. XII. 1811. 24 S. (3.75) 26553

— Christoph Gottlieb (Winnendens.), De decimis. Diss. inaug. Präs. Wolffg. Adam Schoepff. Tübingen (Bauhof u. Franckh) Juni 1755. 56 Seiten. (5.—) 26554
Widm. v.: Wolffg. Adam Schoepff.

— Ferdinand Heinr. (Stuttgart), Miscellaneas hasce juris publ. de visitatione camerali theses. Präs. Gottfried Daniel Hoffmann. Tübingen (Fues) April 1767. 24 S. (4.—) 26556
Contra oppon.: Carl Christoph Hofaker, Jo. Christoph Heinr. Zeller.

Pistorius, Fr. Edw. Ant., († d. 27. Jan. 1796.) Erläuterr. d. schwersten Stellen d. wichtigsten Bücher d. alten Testam. gr. 8. Jena 795. 4 gl.

— Erläuter. d. schwersten Stellen d. wichtigsten Bücher d. neuen Testaments. gr. 8. Eisenach 795. 4 gl.

— deutliche engl. Sprachlehre. gr. 8. Erf. 794. Keyser. 12 gl.

Pistorius, Franz

– Jack Adams,
s. Volks-Erzählungen, Kleine.

– Die Apachin,
s.a. Volks-Erzählungen, Kleine.

Die Apachin. Erzählung von Franz **Pistorius**. Mülheim a. d. Ruhr. J. Bagel [1902]. (64 S.) 8° [F.] [06. 4866

– Der Aufstand der Dakotahs,
s. Volks-Erzählungen, Kleine.

Pistorius, Frz., der Aufstand der Dualla. Eine Erzählg. aus unsern Kolonieen. 8. (128 S. m. 1 Chromolith.) Mülheim 886. Bagel. cart. 1.—

– Unter den Australnegern,
s. Volks-Erzählungen, Kleine.

– Im Banne des Kaziken,
s. Volks-Erzählungen, Kleine.

– Befreit vom Sklavenjoch,
s. Bibliothek interessanter Erzählungen.

– Die Beute des Tigers,
s. Volks-Erzählungen, Kleine.

– Die Braut des Trappers,
s. Volks-Erzählungen, Kleine.

– Der Diamantenraub,
s. Volks-Erzählungen, Kleine.

– Der Fall von Soochow,
s.a. Volks-Erzählungen, Kleine.

Der Fall von Soochow. Erzählung aus d. Kriegsleben d. Generals Gordon in China von Franz **Pistorius**. Mülheim a. d. Ruhr: J. Bagel 1903. (63 S.) 8° [F.] [06. 4867

– Fatimah, die Tochter des Kirgisenhäuptlings,
s.a. Volks-Erzählungen, Kleine.

Fatimah, die Tochter des Kirgisenhäuptlings. Erzählung von Franz **Pistorius**. Mülheim a. d. Ruhr: J. Bagel [1902]. (64 S.) 8° [F.] [06. 4868

– Zwischen zwei Feinden,
s.a. Volks-Erzählungen, Kleine.

Zwischen zwei Feinden. Erzählung von Franz **Pistorius**. Mülheim a. d. Ruhr: J. Bagel [1902]. (61 S.) 8° [F.] [06. 4869

– In Feindeshand,
s. Volks-Erzählungen, Kleine.

– In Feindesland,
s. Volks-Erzählungen, Kleine.

– D. Felseneiland im atlant. Ocean,
s.a. Volks-Erzählungen, Kleine.

Pistorius, Franz: Das Felseneiland im atlantischen Ocean. Erzählung von –. Mühlheim a. d. R.: J. Bagel [1899]. (64 S.) 8O

– Das Felsenfort,
s. Volks-Erzählungen, Kleine.

– Der Flibustierkapitän,
s.a. Volks-Erzählungen, Kleine.

Der Flibustierkapitän. Erzählung von Franz **Pistorius**. Mülheim a. d. Ruhr: J. Bagel [1902]. (59 S.) 8° [F.] [06. 4870

— die Flucht zum Rio del Norte, s.: Bibliothek interessanter Erzählungen.

– Das Fort im Simcoesee,
s.a. Volks-Erzählungen, Kleine.

Das Fort im Simcoesee. Erzählung von Franz **Pistorius**. Mülheim a. d. Ruhr: J. Bagel [1906]. (64 S.) 8° [F.] [06. 4872

– Das Gasthaus am Redriver,
s. Volks-Erzählungen, Kleine.

– Der Gefangene v. Norfolk-Island,
s. Volks-Erzählungen, Kleine.

– Die Gefangenen der Omahas,
s. Volks-Erzählungen, Kleine.

– Gestrandet,
s. Volks-Erzählungen, Kleine.

– Gordon u. Ben Nassar,
s. Volks-Erzählungen, Kleine.

– Der Halbindianer,
s. Volks-Erzählungen, Kleine.

– Die feindl. Häuptlinge,
s.a. Volks-Erzählungen, Kleine.

Die feindlichen Häuptlinge. Erzählung von Franz **Pistorius**. Mülheim a. d. Ruhr: J. Bagel [1902]. (62 S.) 8° [F.] [06. 4871

– Der Hausierer,
s.a. Volks-Erzählungen, Kleine.

Der Hausierer. Erzählung von Franz **Pistorius**. Mülheim a. d. Ruhr: J. Bagel [1902]. (62 S.) 8° [F.] [06. 4873

– Der Held v. Khartum,
s.a. Volks-Erzählungen, Kleine.

Der Held von Khartum. Erzählung von Franz **Pistorius**. Mülheim a. d. Ruhr: J. Bagel [1902]. (00 S.) 8° [F.] [06. 4874

– Hiwa, die Insulanerin,
s. Bibliothek interessanter Erzählungen.

– Hiwa, die Insulanerin,
s. Volks-Erzählungen, Kleine.

– Eine Jagd im Haff,
s.a. Volks-Erzählungen, Kleine.

Eine Jagd im Haff oder: Die Flucht d. Schmugglers. Erzählung von Franz **Pistorius**. Mülheim a. d. Ruhr: J. Bagel [1900]. (64 S.) 8° [F.] [06. 4875

– Das I n d i a n e r d o r f am Ucayali,
s.a. V o l k s - E r z ä h l u n g e n , Kleine.

Das Indianerdorf am Ucayali. Eine Erzählung aus Südamerika von Franz **Pistorius**. Mülheim a. d. Ruhr: J. Bagel [1901]. (63 S.) 8° [F.] [06. 4876

– Der I n d i a n e r s p i o n ,
s. a. V o l k s - E r z ä h l u n g e n , Kleine.

Der Indianerspion. Erzählung von Franz **Pistorius**. Mülheim a. d. Ruhr: J. Bagel [1905]. (64 S.) 8° [F.] [06. 4877

– Die I n s e l der Buschneger,
s.a. V o l k s - E r z ä h l u n g e n , Kleine.

Die Insel der Buschneger. Erzählung von Franz **Pistorius**. Mülheim a. d. Ruhr: J. Bagel [1902]. (62 S.) 8° [F.] [06. 4878

– Die I n s e l f a r m im Eriesee,
s.a. V o l k s - E r z ä h l u n g e n , Kleine.

Die Inselfarm im Erie-See. Erzählung von Franz **Pistorius**. Mülheim a. d. Ruhr: J. Bagel [1901]. (63 S.) 8° [F.] [06. 4879

—— die beiden **Kapitäne**, s. **Bibliothek interessanter Erzählungen.**

– Zwischen den K l i p p e n ,
s.a. V o l k s - E r z ä h l u n g e n , Kleine.

Zwischen den Klippen. Erzählung von Franz **Pistorius**. Mülheim a. d. Ruhr: J. Bagel [1902]. (62 S.) 8° [F.] [06. 4880

– Der K ü s t e n s c h m u g g l e r am Kap Breton,
s. V o l k s - E r z ä h l u n g e n , Kleine.

—— im **Lande** der **Pescherähs**, s. **Volks-Erzählungen, kleine.**

– L e o n a , die Quadrone,
s. V o l k s - E r z ä h l u n g e n , Kleine.

—— die **Letzten** auf dem **Wrack**, s. **Bibliothek interessanter Erzählungen.**

– Das L e u c h t s c h i f f ,
s.a. V o l k s - E r z ä h l u n g e n , Kleine.

Das Leuchtschiff. Erzählung von Franz **Pistorius**. Mülheim a. d. Ruhr: J. Bagel [1906]. (63 S.) 8° [F.] [06. 4881

– Der L e u c h t t h u r m von Garden-Island,
s. V o l k s - E r z ä h l u n g e n , Kleine.

– M a j a , das Mädchen von Nukahiwa,
s.a. V o l k s - E r z ä h l u n g e n , Kleine.

Pistorius, Franz: M a j a , das Mädchen von Nukahiwa. Erzählung von –. Mühlheim a. d. R.: J. Bagel [1899]. (64 S.) 8°

Maja, das Mädchen von Nukahiva. Erzählung von Franz **Pistorius**. Mülheim a. d. Ruhr: J. Bagel [1906]. (64 S.) 8° [F.] [06. 4882

– M a k a l o l o , die Geißel v. Sumatra,
s. V o l k s - E r z ä h l u n g e n , Kleine.

– M e l i t t a , die Blume der Pampas,
s. V o l k s - E r z ä h l u n g e n , Kleine.

– Der N e g e r k ö n i g v. Lunda,
s. V o l k s - E r z ä h l u n g e n , Kleine.

– Die entflohnen N e g e r s k l a v e n ,
s. V o l k s - E r z ä h l u n g e n , Kleine.

– P a l a n g i , die Pirateninsel,
s.a. V o l k s - E r z ä h l u n g e n , Kleine.

Palangi, die Pirateninsel. Erzählung von Franz **Pistorius**. Mülheim a. d. Ruhr: J. Bagel [1902]. (64 S.) 8° [F.] [06. 4883

– Der P a ß von Lydenburg,
s. V o l k s - E r z ä h l u n g e n , Kleine.

– Den P a w n e e s verkauft,
s. V o l k s - E r z ä h l u n g e n , Kleine.

– P e k a j a h , der Wyandot-Häuptling,
s.a. V o l k s - E r z ä h l u n g e n , Kleine.

Pistorius, Frz., Pekajah, d. Wyandot-Häuptling. Erzählg. 8. (79 S. m. 2 Farbdr.) Mülheim a/R. 897. J. Bagel. Geb. n. — 60

Pistorius, Frz., Pekajah, der Wyandot-Häuptling. Erzählung. (79 S.) kl. 8. Mülheim a/R. (905). J. Bagel. Kart — 30

– Die P e r l e v. Celebes,
s. V o l k s - E r z ä h l u n g e n , Kleine.

– P f l a n z e r und Indianer,
s. V o l k s - E r z ä h l u n g e n , Kleine.

– Ein P i o n i e r auf dem Rio negro,
s. V o l k s - E r z ä h l u n g e n , Kleine.

– Der P i r a t von Oskaloosa,
s.a. B i b l i o t h e k interessanter Erzählungen.

Pistorius, Frz., die Pirateninsel im Huron-See. Eine Erzählg. 8. (127 S. m. 2 Farbdr.) Mülheim a/R. (900). J. Bagel. Geb. — 70

— die Pirateninsel im Huron-See. Eine Erzählung. (127 S.) kl. 8. Ebd. (905). — 40

– Die P o s t s t a t i o n im Ocean,
s. V o l k s - E r z ä h l u n g e n , Kleine.

– Die R a c h e des Insulaners,
s. V o l k s - E r z ä h l u n g e n , Kleine.

– Die R e b e l l e n ,
s. V o l k s - E r z ä h l u n g e n , Kleine.

– Die R i f f - P i r a t e n ,
s.a. V o l k s - E r z ä h l u n g e n , Kleine.

Die Riff-Piraten. Erzählung von Franz **Pistorius**. Mülheim a. d. Ruhr: J. Bagel [1901]. (60 S.) 8° [F.] [06. 4884

— die Schatzgräber v. Santiago, s.: Bibliothek interessanter Erzählungen.

– Das versunkene Schiff,
s. Volks - Erzählungen, Kleine.

– Das Silberlager im Totenthal,
s. Volks - Erzählungen, Kleine.

– Das Silberschiff,
s. Volks - Erzählungen, Kleine.

– Der Sklavenhändler auf Madagaskar,
s.a. Volks - Erzählungen, Kleine.

Der Sklavenhändler auf Madagaskar. Erzählung von Franz **Pistorius**. Mülheim a. d. Ruhr: J. Bagel [1902]. (63 S.) 8° [F.] |06. 4885

– Der Sklavenjäger v. Sansibar,
s. Volks - Erzählungen, Kleine.

– Die geraubte Sklavin,
s. Volks - Erzählungen, Kleine.

— **Fort Snelling, s.a. Bibliothek interessanter Erzählungen.**

—— Fort Snelling, s.a. Sammlung der beliebtesten Volks- und Jugendschriften.

— **Fort Snelling. Erzählung aus dem Indianerleben. 8. (127 S. m. 1 Chromolith.) Mülheim 884. Bagel. cart. 1. —**

– Der Sohn des Häuptlings,
s.a. Volks - Erzählungen, Kleine.

Pistorius, Franz: Der Sohn des Häuptlings. Erzählung von –. Mühlheim a. d. R.: J. Bagel [1899]. (64 S.) 8°

– El Sol, der Rächer,
s. Volks - Erzählungen, Kleine.

– Die Strandräuber,
s. Volks - Erzählungen, Kleine.

– Im Sunda-Archipel,
s. Volks - Erzählungen, Kleine.

– Takondah, der Geächtete,
s.a. Volks - Erzählungen, Kleine.

Takondah, der Geächtete. Erzählung von Franz **Pistorius**. Mülheim a. d. Ruhr: J. Bagel [1902]. (62 S.) 8° [F.] |06. 4886

– Die Telegraphenstation in der Wildnis,
s. Volks - Erzählungen, Kleine.

– Die Tochter des Bahnwärters,
s. Volks - Erzählungen, Kleine.

– Die Tochter des Fallenstellers,
s. Volks - Erzählungen, Kleine.

– Tot oder gefangen?,
s.a. Volks - Erzählungen, Kleine.

Tot oder gefangen? Erzählung von Franz **Pistorius**. Mülheim a. d. Ruhr: J. Bagel [1901]. (63 S.) 8° [F.] |06. 4887

– Die Totengruft der Kaziken,
s.a. Volks - Erzählungen, Kleine.

Die Totengruft der Kaziken. Erzählung von Franz **Pistorius**. Mülheim a. d. Ruhr: J. Bagel [1901]. (63 S.) 8° [F.] |06. 4888

— **Rolf Tyndall, der Sträfling, s.: Bibliothek interessanter Erzählungen.**

– Der Ueberläufer,
s.a. Volks - Erzählungen, Kleine.

Der Ueberläufer. Erzählung von Franz **Pistorius**. Mülheim a. d. Ruhr: J. Bagel [1902]. (60 S.) 8° [F.] |06. 4889

– Verloren und wiedergefunden,
s. Volks - Erzählungen, Kleine.

– Verrat und Treue,
s. Volks - Erzählungen, Kleine.

Pistorius, Frz.: Das unheimliche Wrack,
s. Volks - Erzählungen, Kleine.

Pistorius, Fritz, s. a.: Eule, Rob.

— **Vom alten Bolze. Schulerinnerungen zur Feier des 75jähr. Bestehens d. Andreas-Realgymnasiums am 14. X. 1908. (70 S. m. 1 Bildnis.) 8. Berlin 908. Trowitzsch & Sohn. 1. —**

Preußens Erwachen 1807–1809. Von Fritz **Pistorius**. Mit 1 Buntbild u. 10 Karten. Berlin: Trowitzsch & Sohn [1907]. (303 S.) 8° [F.]
— Pistorius: Mit Gott für König u. Vaterland. 2. |07. 17326

Pistorius, Fritz, Unter der Faust d. Erbfeindes od. Im Banne d. Sonnenkönigs, Eine Geschichte aus d. Unglückstagen d. Pfalz, m. Abb., Berlin, 316 S., 8°.

Pistorius, Fritz, Doktor Fuchs u. seine Tertia. Heitere Bilder v. der Schulbank. (234 S.) 8. Berlin 905. Trowitzsch & Sohn. n. 2. 40; geb. in Leinw. n. 3. —

— Von Jungen, die werden. Neue Geschichten vom Dr. Fuchs. (235 S.) 8. Ebd. 909. Geb. in Leinw. 3. -

— **mit Gott f. König u. Vaterland. Kriegserlebnisse eines preuß. Jungen. I. Aus den Unglückstagen von 1806. Mit 1 Buntbild u. 9 Karten. (268 S.) gr. 8. Ebd. (906). Geb. in Leinw. n. 4. —**

— **Mit Gott f. König u. Vaterland. Kriegserlebnisse e. preuß. Jungen. II. u. III. gr. 8. Ebd. Geb. in Leinw. à 4. —**
II. Preußens Erwachen 1807—1809. Mit 1 Buntbild u. 10 Karten. (303 S.) (907.)
III. Das Volk steht auf! 1813. Mit 1 Buntbild u. 10 Karten. (296 S.) (908.)

— **Primanerzeit. Skizzen u. Stimmungsbilder. (267 S.) kl. 8. Berlin (904). H. J. Meidinger. Geb. in Leinw. n. 4. —**

— **Tertianerzeit. Heitere Erinnergn. u. ernste Betrachtungen f. alle, die Jungen waren, u. alle, die Jungen haben. (270 S.) 8. Ebd. (902). n. 2. —; geb. n. 3. —**

Tertianerzeit. Heitere Erinnerungen u. ernste Betrachtungen f. alle, die Jungen waren, u. alle, die Jungen haben von Fritz **Pistorius.** 2. Aufl. *Berlin: H. J. Meidinger [1903].* (269 S.) 8° [F.] [04. 136.

Aus den Unglückstagen von 1806. Von Fritz **Pistorius.** Mit 1 Buntbild u. 9 Karten. Berlin: Trowitzsch & Sohn [1906]. (268 S.) 8° [F.]
= **Pistorius:** Mit Gott f. König u. Vaterland! 1. [07. 810

Das Volk steht auf! 1813. Von Fritz **Pistorius.** Mit 1 Buntbild u. 10 Kt. Berlin: Trowitzsch [1908]. 296 S. 8°
[Umschlagt.:] 1813 von F. Pistorius.
(Pistorius: Mit Gott f. König u. Vaterland. 3.)

– Eine feine **Woche!** (178 S. m. Titelbild.) 8. Ebd. (909). Geb. in Leinw. 3. –

Pistorius, G. M., Anweis. z. Verfertig. d. Sonnenuhren. Mit 7 Kpf. 8. Erf. 797. Keyser. 7 gr

Pistorius, Geo., (Geo. Bekker), Anleit. z. Ausstopfen u. Aufbewahren d. Vögel u. Säugthiere. 8. Darmst. 799. (Heyer in Gießen). 12 gr

Pistorius, Georg Tobias

Frank v. Steigerwald, Veronus. Lebensbeschreibung Herrn Goetz v. Berlichingen, eines zu Zeiten Maximiliani I. und Caroli V. kühnen und tapferen Reichs-Cavaliers. 8. Nürnberg 1731.

Franck von Steigerwald, Veronus [d. i. **Pistorius,** Ge. Tob.]: Res furciferorum, Diebs-Händel, oder Allerhand Gesetze, so die Diebe, ihre Captur, Inquisition, Tortur, u. verdiente-Straff betr. Th. 1. 2. Augspurg 1729.

Pistorius, Ge. Tob.: Thesaurus paroemiarum Germanico-iuridicarum, Teutsch-Juristischer Sprichwörter-Schatz, in quo mille et quod excurrit Germanorum dicteria, cumprimis iuris, recensentur . . .

Centuria 1. Ed. 2. Lipsiae 1716.
" 2–5. " 1715–16.
" 6–10. Augustae Vind. 1723–25.

Pistorius, Geo. Tob., thesaur. paroemiar. X Pts. 8. Augsb. Merz. 726.

Pistorius, Gustav Friedrich

* **Pistori.** Gust. Frid., et Jo. Gerbard **Pagendarm,** diss. I. et II. de existentia spectrorum. Vit. 703. 4.

Pistorius, M. Gust. Fr., Diss. II de existentia spectrorum et sagarum, veneficorumque pactis cum daemone sancitis. Witeb. 4°.
1703

Pistorius, H. A., s.
Leben J. Bunkels u. verschiedener Frauenzimmer.

— s. **Don Quixote, der, im Reifrocke.**

Pistorius, Herm. Alex., Abschiedspredigt über den Text Philipper 1, 27 – 2, 4 zu Wernigerode am letzten Sonnt. des J. 1850 gehalten. gr. 8. (15 S.) Liegnitz 851. Breslau, Dülfer & Geiser. n. 1/12 rf

Pistorius, Herm. Alex., Frau **Argula** von Grumbach geb. v. Stauffen u. ihr Kampf mit der Universität zu Ingolstadt. Auf's Neue bearb. 8. (11 B.) Magdeburg 845, Falckenberg u. Comp.

— **wissenschaftliches Armuthszeugniß** des unlutherischen Pastors König, des Vorkämpfers der protestant. Freunde zu Köthen, ausgefertigt von ihm selbst. Gründlich u. mit einigem Humor bestätiget. Nebst einer Beilage: Dr. Harnisch gegen König. gr. 8. Ebend. 844. 1/4 rf

—— wissenschaftliches **Armuthszeugniß** des unlutherischen Pastors König, des Vorkämpfers der protestant. Freunde zu Köthen, ausgefertigt von ihm selbst. Gründlich u. mit einigem Humor bestätiget. Nebst einer Beilage: Dr. Harnisch gegen König. gr. 8. (5¾ B.) Magdeburg 845, Falckenberg u. Comp.

—— und **W. F. Besser,** Begürtet die Lenden eures Gemüths! s. **Besser, W. F.**

Pistorius, Herm. A., actenmäßiger Bericht über das Verfahren des Ober-Kirchen-Kollegiums der evangelisch-lutherischen Kirche in Preußen gegen den Pastor Diedrich und die daran sich anknüpfenden Ereignisse in der Parochie Saatzke-Jabel. Im Auftrage des Ober-Kirchen-Kollegiums erstattet. Breslau 861. Dülfer in Comm. gr. 8. (79 S.) n. 6 ngr.

Pistorius, Herm. Alex., der selige Dienst Jesu Christi. Predigt über Joh. 12, 25. 26. am 22. Aug. 1855 zu Leipzig gehalten. Leipzig 855. Dörffling u. Franke. gr. 8. (16 S.) nn. 2½ ngr.

—— richtige **Erklärung** der Bibelstellen, welche in unserer Zeit, besonders von d. sogenannten Nationalisten gemißbraucht werden. Für Jedermann verständlich verfaßt. 1—3. Hft. gr. 8. (20 B.) Magdeburg 845, 46, Falckenberg u. Comp. à

Pistorius, Herm. A., die Gnadenzeit hat auch ein Ende! Eine Predigt zu dem Texte Luc. 13, 23—27, gehalten am 17. Sonntage nach Trin., den 11. Oktbr. 1840, in der evangel. Kirche zu Schreiberhau. 2. Aufl. 8. (16 S.) Breslau 862, (Dülfer.)

Pistorius, Herm. Alex., Israel, zu deinen Hütten! Aufruf an alle Lutheraner innerhalb der preußischen Landeskirche, s. a. Altes u. Neues aus der luth. Kirche.

— **Israel! zu deinen Hütten! Aufruf an alle Lutheraner innerhalb der Preuß. Landeskirche.** gr. 8. (67 S.) Leipzig 848, Dörffling & Franke. 1/4 rf

Israel, zu deinen **Hütten!** Aufruf an alle Lutheraner innerhalb d. Preuß. Landeskirche. Von Hermann Alex. **Pistorius.** Neuer unveränd. Abdr. mit d. Bilde d. Verf., s. Biogr. u. e. Auswahl s. Lieder. Elberfeld: Luth. Bücherverein 1894. (XIV, 90 S.) 8° [F.]
= **Altes** u. Neues aus d. luth. Kirche. Bdch. 4. [06. 4211

—— Carl Bernhard **König,** unlutherischer Pastor zu Anderbeck, geschlagen m. seinen eigenen Waffen. gr. 8. (2 B.) Magdeburg 844, Falckenberg u. Comp.

—— über **Kraft** und Form der Absolution. gr. 8. (64 S.) Leipzig 858, Dörffling und Franke.

Pistorius, Herm. Alex., das christl. Leben in Liedern. — Der Wintertrieb. gr. 12. (8½ B.) Dresden 840, Naumann.

—— **Nachricht** über die Versammlung von Gliedern und Freunden der evangelisch-luther. Kirche, gehalten zu Leipzig im Aug. 1848 und 1849. Im Auftrage dieser Versammlung der lieben deutschen luther. Christenheit mitgetheilt. gr. 8. (30 S.) Leipzig 849, Dörffling und Franke. *

—— die Herren J. Steinbrecher, Verfasser der Scholien, u. A. B. C. Zwei Gegner. gr. 8. (5½ B.) Magdeburg 845, Falckenberg u. Comp.

— was und wo ist die lutherische Kirche? Eine Frage unserer Zeit mit besond. Rücksicht auf das Königreich Preußen beantwortet aus den lutherischen Glaubensschriften. gr. 8. Ebend. 844. ½ ₰

—— was u. wo ist die lutherische Kirche? Eine Frage unserer Zeit m. besond. Rücksicht auf d. Königr. Preußen beantwortet aus d. luther. Glaubensschriften. gr. 8. (11 B.) Magdeburg 845, Falckenberg u. Comp.

Pistorius, Hermann Andreas

– s. Belsham, Versuche.

Pistorius, Herm. Andr., († d. 10. Nov. 1798.) Ehrengedächtniß Ant. Brunnemanns. 4. Stralsund 774. Büchenröder. 3 gr

– s. Hartley, Betracht.

– s. D. Hume, verm. Schriften.

– s. J. Priestley, Liturgie.

– s. Schuckford, Abhandl.

Pistorius, I., Methodus cont. elucidation. sacrificii missae. 12. Frcf. Esslinger. 756.

Pistorius, J., methodus cont. elucidation. sacrificii missae. 12. Frankf. a. M. 756. (Schäfer). 8 g.

— Scriptores rerum germanicar. c. praef. Struv. III Tmi. fol. Regensb. Montag et W. 726.

— — iid. III Tmi. fol. Frcf. Esslinger. 726.

Pistorius, J. Vortrag der Verrechnungskunde für Bergakademiker. Nebst einem Bande Formulare. Wien. 1850.

Pistorius, J. F., Burkhardtische Genealogie oder Stammbaum deren in 7 Haupt-Stämm bestehenden Burckhardt- und Bardilinischen Familie, auch allen davon descendirenden Haupt- und Nebenlinien, renovirt nach dem Pregizerischen Stammbaum de 1719. Stuttgart 1774. fol.

Pistorius, J. H., der Universal-Gratulant, od. auserles. Samml. d. besten u. neuest. Gedichte zu allen häusl. od. Familien-Festen u. and. Feierlichkeiten ꝛc. Nebst Stammbuchaufsätze u. Grabschriften. 1. Aufl. 831. Neue A. (à 20⅞ B.) 12. Kaschau 834, [Leipzig,] G. Wigand. à

Pistorius, J. H. L., prakt. Anleitung z. Branntweinbrennen, nebst Beschreib. e. Brenn-Apparates. M. 1 Tab. u. 6 Fol.-Taf. Stndr. 8. (14 B.) Berlin 821, (Haude u. Spener.)

Pistorius, J. H. L., prakt. Anleit. zum Branntweinbrennen, nebst Beschreib. meines Brennapparates. Mit 1 Tabelle u. 6 Taf. in Steindr. gr. 8. Berl. 821. Verfasser. (Haude u. Sp.) 3 ₰ — Dass. ins Polnische übers. v. C. Janowski. Mit 6 Steintaf. 8. Lemberg 822. Piller. (Leipz., Leich). 2 ₰

Pistorius, J. H. L., prakt. Anleitung z. Branntweinbrennen. 2. Aufl. N. d. neuesten Erfahrn. bearb. u. hrsg. v. F. Lüdersdorff. gr. 8. (42 B. u. 10 Taf. Abbild.) Berlin 841, Förstner.

Pistorius, Prakt. Anleitung zum Branntweinbrennen. 2. A. Hrsg. v. F. Lüdersdorf. Berl. 1853.

— **Jakob Heinrich** (Stuttgart / Württemberg), De probatis repudiorum causis. Diss. jur. Präs. Justus Henning Böhmer. Halle/Magdeburg (J. Gruner) 3. X. 1718. 50 S. (5.—) 26557

— — Dasselbe. Halle/Magdeburg (J. Fr. Grunert) 3. X. 1718. 1736. 50 S. (5.—) 26558

Pistorius, Joh., über die Anwendung des Druckverbandes bei Netzhautablösung. Inaugural-Dissertation. gr. 8. (31 S.) Strassburg 877. Trübner. n. 1. —

Pistorius, Johannes. Abhandlung von dem Cölibat der Priester und Geistlichen . . . [Basel] 1784. Ü: *Steyrer, Philipp Jac.* (ML)

PISTORIUS, Joh. (1546—1606). — Etwas aus dem alten Convertiten *Joh. Pistorius* vom Cölibat der Priester u. Geistlichen zur Beschämung der neuen Aufklärung. O. O. 1785. 8°. (1 Mk. 60 Pfg. Ludw. Rosenthal, München, c. 1880.)

Pistori, Jh., vom Cölibat d. Priester u. Geistlichen, nebst e. Anh. 8. Basel 784. Thurneysen. 4 gr

— **Johann Ernst** (Winnendens./Württemberg), De processu criminali Cautè instituendo, abbreviando et finiendo. Diss. acad. Moder. Wolffgang Adam Schoepff. Tübingen (Pflick) (8.) Juli 1729. 48 S. (4.75) 26559
Widm. v.: Wolffgang Adam Schoepff.

Pistorius, Johann Werner

Pistorius, J. W., der Mißbrauch des Andenkens des heil. Christs. 4. Frkf. 743.

PISTORIUS, Joh. Werner („Archi-Diac. Stendal."), Das ewige Zorn-Gerichte GOttes in der unauffhörlichen Höllenpein etc. dem Autor des ewigen Evangelii entgegen gesetzt. Magdeburg 1700. 8°. 11 Bogen.
Bibl. Ludovici (bibliop.) Vitemb. 1705. — Rar!

Pistorius, Jos., Vortrag der Verrechnungskunde für Berg-Akademiker. Wien 850. (Braumüller.) gr. 8. (XII, 182 S. und: Formularien u. ein prakt. Beispiel über die Verrechnung eines Berg- und Hüttenamtes. 145 S. in gr. 4.) n. 20 ngr.

Pistorius, Karl

[Ehrenkranz.] Ihrem geliebten Logenmeister Br.·. Gust. Heimendahl zur Feier seiner 25jährigen ununterbrochenen Hammerführung am 20. Juni 1897 widmet dies Blatt die Johannisloge „Eos" in Crefeld. Mit dem Bildn. d. Jubilars. Im Auftr. der Loge verf. von C[arl] **Pistorius.** [Crefeld 1897: Kästner.] 18 S. 1 Bildn. 8⁰
in: Joh.-Loge „Eos" in Crefeld. 2.

Die Freimaurerei in Crefeld. Ein Gedenkblatt, der Loge „Eos" zur Feier ihres 40jährigen Bestehens, Johanni 1893, gewidmet vom Br.·. Carl **Pistorius.** A. Geschichte der Loge „Zur Vollkommenen Gleichheit" [1788—1818]. B. Geschichte der Loge „Eos" [1853 bis 1893]. Crefeld 1893: Kramer & Baum. 47 S. 8⁰

„Der Stein des Anstosses." Von Carl **Pistorius.** [Leipzig: Zechel 1908.] 69 S. 8⁰ [Kopftit.]
Aus: A. (NF.) 27 (1908) S. 107—173.
cf. S. 15 (1908) S. 66 (F. Rackhorst).
Beitrag zur Geschichte der Strikten Observanz in Deutschland.

[Pistorius, Karl Chr. Friedr.] Handbuch der in dem Kgr. Württemberg geltenden Gesetze u. Verordnungen in Betreff der Medizinal-Polizei. [Nebst] Medikamenten-Taxe 1841. Stuttgart: Metzler 1841.
— 2. vermehrte Ausgabe. Daselbst 1847.

Die Entwicklung der Zensur und der Schweigeverpflichtungen in der Grossen Landesloge. Von Br. Tubalkain [d. i. Karl Fr. **Pistorius**]. o. O. u. J. 35 S. 8⁰. [Kopftit.]

Eine 161 Jahre alte maurerische Neujahrsrede und ihre Nutzanwendung. Ein Vortrag, geh. von Carl Fr. **Pistorius.** (Berlin o. J.: Denter & Nicolas.) 12 S. 8⁰. [Kopftit.]

Noch am Grabe pflanze die Hoffnung auf! Ein Vortrag, geh. von Carl Fr. **Pistorius.** (Berlin o. J.: Denter & Nicolas.) 14 S. 8⁰. [Kopftit.]

Pistorius, L. J. A., die Fabrikation des Rum, faßlich, einfach und vortheilhaft dargestellt. Berlin 841. (Bade.) Verliebt. n. 1 *f*

Pistorius, L. J. A., die Fabrikation des Rum's in zwei Anweisungen einfach, faßlich u. vortheilhaft dargestellt. Nebst einem vorzügl. Verfahren, aus fuselhaftem Branntwein Franzbranntwein oder Cognac zu bereiten. 16. Quedlinburg 846, Ernst'sche Buchh.

Pistorius, M., die Patentverordnung f. das ritter- u. landschaftl. Landschulwesen in Mecklenburg vom J. 1821, s.a. Mitteilungen der Gesellschaft f. deutsche Erziehungs- u. Schulgeschichte. 9. Beiheft.

M. **Pistorius:** Die Patentverordnung für das ritter- und landschaftliche Landschulwesen in Mecklenburg vom Jahre 1821 nebst e. Beilage von H[einrich] Schnell. Berlin: A. Hofmann & Ko. 1905. (32 S.) 8°
— Beiträge z. Geschichte d. Erziehung u. d. Unterr. in Mecklenburg. [1,1.]
— **Mitteilungen** d. Gesellschaft f. deutsche Erziehungs- u. Schulgeschichte. Beihefte. 9.

Pistorius, Mart., „Gedenke d. Endes!" Predigt am 25. p. Trinitatis in der St. Nicolaikirche zu Schwerin geh. 8. (15 S.) Schwerin 891. F. Bahn. n. — 20

Pistorius, M., der Pilger der Ewigkeit im Kampfe der Zeit. Zeitpredigt, über 1. Petri 2, 11—20 am Sonntag Jubilate 1890 in der St. Nicolaikirche zu Schwerin geh. gr. 8. (16 S.) Schwerin i/M. 890. Burmeister. — 30

— das Vermächtniß d. Gekreuzigten an Die, welche ihn lieb haben. Passionsbetrachtung üb. Evg. Joh. 19, 23—27. Reminiscere 1893. 8. (14 S.) Ebd. 893. n. — 20

Pistorius, Theodor

Pistorius, der Berufsaufwand in der Einkommensteuer. (Eine Darstellg. der bei den Arbeitern, Angestellten, Beamten u. freien Berufen zuläss. Abzüge.) (136 S.) 8. Stuttgart 908. J. Heß. 1. 40
Sonderabdr. aus „Württ. Zeitschr. f. Rechtspflege . . ."

Pistorius, Th., Gesetz betr. die Einkommensteuer f. das Königr. Württemberg nebst Ausführungsbestimmungen u. e. Anh., betr. Kapitalsteuer. Hrsg. u. gemeinverständl. erläutert. 3 Lfgn. (XVIII, 278 u. 221 S.) 8. Ravensburg (903). O. Maier. n. 3. —; in 1 Leinw.-Bd. n. 3. 80

Pistorius Th. Gesetz betreffend die Einkommensteuer für das Königreich Württemberg. 2. Auflage. (608 S) Ravensburg 1904. 05

— Ueber die Rechtskraft im Einkommensteuerbeschwerdeverfahren u. Verwandtes. (79 S.) 8. Ebd. 908. 1. —
Sonderabdr. aus: „Württ. Ztschr. f. Rechtspflege in Verwaltg."

Pistorius, Theodor [Dr. d. Staatswiss.]: Die Staatsgerichtshöfe und die Ministerverantwortlichkeit nach heutigem deutschem Staatsrecht. Tübingen, Verl. d. H. Laupp'schen Buchh., 1891; XII, 209 S. 8°
Tübingen, Staatswiss. Fak., Inaug.-Diss. v. 1891
(Nicht für den Austausch)

Pistorius, Thdr., die Staatsgerichtshöfe u. die Ministerverantwortlichkeit nach heutigem deutschen Staatsrecht. gr. 8. (XII, 209 S.) Tübingen 891. H. Laupp. n. 5. 60

Pistorius, Wlh. Aug., s. Schauspiel, unterhalt., d. n. Begebenheiten.

Pistorius, Wilh. Friedr.: Amoenitates historico-juridicae. Oder allerhand die Historien des Teutschen Reichs, sowol als die im selbigen üblichen Civil- Staats- und Lehen-Rechte, Gewohnheiten und Alterthümer erklärende dissertationes, observationes, consilia. Th. 1—6. Franckfurt u. Leipzig 1731—39.

v. **Pistorius**, Wlh. Fr., († d. 24. Dec. 1778.) amoenitates historico-juridicae, od. allerhand Historien, Gewohnheiten u. Rechte d. deutschen Reichs ꝛc. 8 Thle. 4. Nürnb. 731—53. Felssecker. 6 ℛ 10 gℓ

Pistorius, Wilh. Friedr.: Historisch- und juridische Anmerkungen über allerhand, den Ursprung, Historie, Vorrechte etc. derer des Heil. Röm. Reichs Graven betr. Materien. Th. 1—4. Franckfurt a. M. 1726—28.

— hist. jurist. Anmerk. über allerhand Vorrechte der Reichsgrafen. 5 Thle. 8. Frankf. Bronner. 727.

— s. Leben Götz v. Berlichingen.

Pistory, C., Polnisch, s.: Neufeld's Unterrichtsbriefe f. das Selbststudium.

Pistory, Friedrich Wilhelm, aus Janow, Kr. Kattowitz O.-S., Referendar bei d. Kgl. Staatsanwaltschaft Beuthen O.-S.: **Wahl und Unmöglichkeit als Voraussetzungen der Beschränkung der Wahlschuld nach dem Rechte des Bürgerlichen Gesetzbuches.** *Beuthen O.-S. 1902: G. Siwinna.* (54 S.) 8° [F.]
Erlangen, Jur. Diss. v. 13. Juni 1901

PISTORY, Karl (Hubertus-Hütte): Die Prognose der Myomectomie nach den klinischen Jahrbüchern.- München: Schreiber 1899. 24 S.
16.2.1899 - Chr 1898/99,13; Jv 1898/99,218
Diss.Ingolst.-Landsh.-Mchn.

Pistrucci, Filippo, Iconologia ovvero immaggini di tutte le cose principali a cui l'umano talento ha finto un corpo senza che in realtà lo abbiano. fasc. 1—26. con fig. miniate. fol. Milano. (Vienna, Volke.)

— — idem liber. Colla traduzione francese di Sergant Marceau. Ital. e franc. 2 Vol. con 240 rami. gr. 4. Milano. (Leipzig, Kummer in Comm.) 821.

Pisynos, Athanasios [aus Serres (Makedon.)]: **Die Tugendlehre des Plotin m. bes. Berücks. d. Begriffe d. Bösen u. d. Katharsis** ... Leipzig-R., Druck v. O. Schmidt, 1895; 45 S., 1 Bl. 8.
Leipzig, Phil. Fak., Inaug.-Diss. v. [31. Dez.] 1895

Pitacco, Georg: De mulierum romanarum cultu atque eruditione. 49 S. 8. **Progr.** K. k. Staatsgymn. *Görz* 1907.

PITACCO, Georg: **Historia critica mulierum romanarum doctrina vel eruditione illustrium.** — 1903. 171 Bl. **Diss. Graz, Univ.**

Pitann. Quaestionum Plutarchearum spec. I. 13 S.
Greifenberg, Progr. 1858

Pitann, Johann Ludwig: De Cassio Severo oratore.
Halle-Wittenberg, Phil. Diss. v. 17. Apr. 1846
Geb. [Neustettin 3. 2. 1821]
Ms. fehlt.

Pitard s. Pittard.

Pitasch, J. (Hrsg.), s. Bilder, Landwirthschaftliche.

Pitasch, J., Forstwirthschaft [Holzzucht], s.: Tafeln, landwirthschaftliche.

Pitaval, der. Erzählung merkwürdiger Verbrechen u. Criminalfälle. Hrsg. v. A. Dumas. Deutsch v. Heinr. Bourdin. 1. Bd. 16. (12 B.) Leipzig 846, (47,) Berger's Buchh.

Pitaval, deutscher. Vierteljahrsschrift f. merkwürd. Fälle der Strafrechtspflege d. In- u. Auslandes. Hrsg. v. Hans Blum. 1. Jahrg. 4 Hfte. gr. 8. (à Hft. ca. 163 S.) Leipzig 886. C. F. Winter. à Hft. n. 3. —

Pitaval, der, der Gegenwart. Almanach interessanter Straffälle. Hrsg. v. R. Frank, G. Roscher u H Schmidt. 1.—3. Bd. à 4 Hefte. (1. u. 2. Bd. 359 u. 344 S.) gr. 8. Leipzig 903—906. [C. L. Hirschfeld.] Tübingen, J. C. B. Mohr. à Bd. n. 6. —; geb. n. 7. 25

Pitaval, der, der Gegenwart. Almanach interessanter Straffälle. Hrsg. v. R. Frank, G. Roscher u. H. Schmidt. 4. u. 5. Bd. à 4 Hefte. (III, 292 u. III, 316 S.) 8. Tübingen 907. 09. J. C. B. Mohr. à 6.—; geb. n 7. 25

— dasselbe. 6. Bd. 1. Heft. (80 S.) gr. 8. Ebd. 910. Subskr.-Pr. —90; Einzelpr. 1. —

Pitaval, lustiger Berliner, s. Humor, Berliner, vor Gericht.

Pitaval, lustiger Berliner. Neuer Humor vor Gericht im Berliner Dialect. 8. (IV, 154 S.) Berlin 888. Steinitz. n. 1. 50

Pitaval, der neue, eine Sammlung der interessant. Criminalgeschichten aller Länder aus älterer u. neuerer Zeit. Hrsg. v. J. E. Hitzig u. W. Häring († W. Alexis). 1—12. Thl. gr. 12. Leipzig, Brockhaus. [1. (17 B.) 1 Thlr. 24 Ngr., 2. (20½ B.) 42. 3. 4. (37½ B.) 5. (19 B.) 6. (33¼ B. u. 1 Stnt.) 44, 7. (20½ B.) 8. (20⅓ B.) 45. 9. (20½ B.) 10. (19 B.) 46, 11. (20½ B.) 12. (18¾ B.) 47. à 2 Thlr.] Thlr.

Inhalt:

Bd. 1. Karl Ludwig Sand. Die Ermordung des Fualdes. Das Haus der Frau Web. Die Ermordung des Pater Thomas in Damaskus. James Hind, der royalistische Straßenräuber. Die Mörder als Reisegesellschaft. Donna Maria Vicenta de Mendieta. Die Frau des Parlamentsrath Tiquet. Der falsche Martin Guerre. Die vergifteten Mohrrüben.

" 2. Fonk u. Hamacher. Die Marquise von Brinvillier. Die Geheimräthin Ursinus. Anna Margaretha Zwanziger. Gesche Margaretha Gottfried. Der Wirthschaftsschreiber Tarnow. Die Mörderinnen einer Hexe. Die beiden Nürnbergerinnen. Die Marquise de Gange.

" 3. Struensee. Lesurques. Der Schwarzmüller. Der Marquis von Anglade. Jacques Lebrun. Der Mord des Lord William Russell. Nickel List und seine Gesellen. Berthelemy Roberts und seine Flibustier.

" 4. Cinqmars. Admiral Byng. Der Pfarrer Riembauer. Der Magister Tinius. Eugen Aram. Der Mädchenschlächter. Die Kindesmörderin und die Scharfrichterin. Jean Calas. Jonathan Bradford. Der Ziegelbrenner als Mörder. Der Herr von Pivardière. Klara Wendel, oder der Schultheis Keller'sche Mord in Luzern.

" 5. Warren Hastings. Der Sohn der Gräfin von St.-Geran. Ludwig Christian v. Olnhausen. Mary Hendron und Margaret Pendergras. Zur Geschichte der englischen Highwaymen: 1) Spiggott und Phillips. 2) Hawkins und Simpson. 3) Ralph Wilson und William Parkwith. Exner. Der Doctor Castaing.

" 6. Der Tod des Prinzen von Condé. Rudolf Kühnapfel. Jonathan Wild. Urban Grandier. Rosenfeld. Die beiden Christusfamilien zu Jöllenbeck. Matheo von Casale. (Mit einer lithographirten Tafel.) Burke und die Burkiten. La Roncière und Marie Morell. Maria Katharina Wächtler, geb. Wunsch.

" 7. Das papistische Complot. William Lord Russell. Der blaue Reiter. Der verrätherische Ring. Das Gelöbniß der drei Diebe. Die Tragödie von Salem. Joachim Hinrich Ramcke.

" 8. Cagliostro. Die Halsbandgeschichte. Der Sohn des Herrn von Caille. John Sheppard. Louis Mandrin. Antoine Minarat.

9. Miguel Serveto. Eine erste Conventiklerin. Die Quaker in Boston. Elizabide. Die beiden Markmann. Der Dieb als Vatermörder. Der Sohn des Bettlers. Contrafatto. Wilster, genannt Baron von Essen.

10. Don Antonio Perez und die Prinzessin Eboli. Der Kerker in Edinburg. Die Schliffen und die Adebar. Bathseba Spooner. Peytel. Die schöne Würzkrämerin. Karl Grandisson. Die Goldprinzessin.

11. Der Duc d'Enghien. Georges Cadoudal's Verschwörung. Major John André. Die fünf Mörder auf der Esperance. Lacenaire. Die Müllerin von Fockendorf. Euphemie Lacoste. Obrist Chartres. Delacolonge. Der Jahrmarkt zu Leerdam. Der blinde Zeuge. Pietro.

12. Die Höllenmaschine. Der General Mallet. Rob Roy. Der Chevalier de Génault. Die Ermordung des Herrn von Marcellange. Gerhard von Kügelgen's Ermordung. Winckelmann's Ermordung.

Pitaval, der neue. Eine Sammlung der interessantesten Criminalgeschichten aller Länder aus älterer und neuerer Zeit. Hrsg. von J. E. Hitzig und W. Häring (W. Alexis). 13—19. Thl. (oder) Neue Folge. 1—7. Thl. gr. 12. Leipzig, Brockhaus. à Bd. * 2 Thlr. *

Inhalt:

Thl. 13. Der Leuenmord in Luzern. Die Ermordung des Marschalls Brune in Avignon. Der Patriot von Montafun. Die Richter von Rhode Island. Miß Sophy Menges-Hereforth. Mademoiselle Alliet. Cartouche. (XI und 446 S.) 848.

14. Der Spa-Field Aufruhr. Die Verschwörung in der Catostraße. Königin Karoline von England. Der Mörder des Juden Porig. Eine Familie Vater- und Gattenmörder. Die Herzogin von Choiseul-Praslin. (V und 471 S.) 849.

15. Fieschi. Alibaud. François Ravaillac. Jacques Clement. Damiens. Louvel. Francesco Java. Papavoine. Mathias Lenzbauer. Eine Entführung. George Frederik Manning und Maria Manning. Eine Hinrichtung in Appenzell. Constantin Weise. (XXXVI und 420 S.) 850.

16. Lord Lovat und die Rebellen Culloden. Labédoyère. Ney. Ein Mord am künftigen Geschlecht. James Blomfield Rusch. Angelique de la Motte Villert d'Apremont. Die Giftmörderin Ruthard. Honorée de Verghes. Charlotte de Calvierre. Die weiße Katze und das weiße Mädchen. Das Verschwinden des Lord Bathurst in Perleberg. (IV und 473 S.) 851.

Thl. 17. Louis Napoleon Bonaparte 1836—42. General Berton 1822. Die vier Sergeanten von Larochelle 1822. Das Ende des Capitain Vallé 1822. Die Nobs und die Spinner in Glasgow 1837—38. Die Gräfin von Görlitz und ihr Diener 1847—50. Miß Ellen Turner 1826. Mademoiselle de Brun 1732—63. Clemence 1755—77. Boinal 1850—51. Eine Stimme aus dem Zuchthause 1851. (IX und 409 S.) 851.

18. Die Pulververschwörung 1605—6. Die sieben Bischöfe 1688. Die Räuberbanden am Mittel- und Niederrhein. Zu Ende des vorigen und Anfang dieses Jahrhunderts. Kaspar Frisch 1809. Professor Webster 1849—50. (XVIII und 442 S.) 852.

19. Gräfin Somerset und ihr Gatte 1613—16. Graf Bocarmé und seine Gattin 1850—51. Marie Delorme 1726—36. Sawney Cunningham 1635. Zwei Mütter eines Kindes 1706—13. Die Rosenmädchen von Salancy. 1775. Candidat Rüsau 1803—4. (XI und 450 S.) 852.

Pitaval, der neue. Eine Sammlung der interessantesten Criminalgeschichten aller Länder aus älterer und neuerer Zeit. Hrsg. von J. E. Hitzig und W. Häring (Wilib. Alexis). 20—24. Thl. (oder) Neue Folge 8—12. Thl. gr. 12. Leipzig, Brockhaus. à Bd. * 2 Thlr. *

Inhalt:

Thl. 20. William Prynn 1632—48. Daniel Holstein 1590. Der Morgenstern der amerikanischen Freiheit 1735. Der Pfarrer Joseph Schaeffer 1603. Pfarrer Welty 1833—34. Durel de Vibouville 1775—77. Ein Mörder seiner Mutter 1849—50. Sarah Malcolm 1733. Franz Schall 1849—53. (XIII und 482 S.) 853.

Pitaval, der neue. Eine Sammlung der interessantesten Criminalgeschichten aller Länder rc. 20—24. Thl.

Thl. 21. Helene Jegado 18—?—1834—1850—51—52. Bernhard Hartung 1850—52—53. Desrues 1775—77. Die Kaufmannsfrau Behold 1842. Abraham Thornton 1817. Die Ashcrofts und die Holden 1817. Mademoiselle Rosette 1735. Chevalier D'Eon 1728—1795—1810. Das Duell des Major Campbell 1807—8. George Allen 1807. John Jennings 1762. Ein Raubmord in Kurhessen 1815—16. (X und 456 S.) 854.

22. Friseur Dombrowsky 1853. Hortense Lahousse 1847. Die unsichtbare Mistreß Blythe 1806—9. Der Wunderdoctor Frosch 1846—48. Das Wundermädchen aus der Schifferstraße 1848—53. Wilhelmine Krauß 1852—53. Die Familie Tomascheck 1848—52. Der nürnberger Kassendiebstahl 1790—91. (XII und 410 S.) 854.

23. Der Connetable Don Alvaro de Luna 1453. Der Carl von Arundel 1397. Der Bruder Léotade 1847—48. Der Schneider vom Gibipenhof 1828—29. Blaize Ferrage 1779—80. Ermordung des Kaufmanns Specht zu Dortmund 1850—53. Seidenfaden 1826—37. (XIII und 432 S.) 855.

24. Der Erbe von Anneslen 1743. James Hackman und Margaret Reay 1775—79. Die Ermordung des Hofmarschalls von Minutoli 1848. Die Försterstochter im Fleßteich 1841—48. Der Gutspächter Hasse 1851—52. Der Kammerassessor von Zahn 1830. Katharine Estinès 1785—87. Jakob Brennwald im Canton Zürich 1855. Der Goldschmied Jancevius 1850—52. (XVII und 443 S.) 856.

Pitaval, der neue. Eine Sammlung der interessantesten Criminalgeschichten aller Länder aus älterer und neuerer Zeit. Hrsg. von Jul. Ed. Hitzig und G. W. H. Häring (Wilibald Alexis). 2. Aufl. (1. Folge.) 12 Thle. und 2. Folge. 12 Thle. gr. 12. Leipzig 857—61. Brockhaus. à Thl. * 1 Thlr. Thlr. *

Pitaval, der neue. Eine Sammlung der interessantesten Criminalgeschichten aller Länder aus älterer und neuerer Zeit. Hrsg. von Jul. Ed. Hitzig und G. W. H. Häring (Wilibald Alexis). 25—30. Thl. Dritte Folge. 1—6. Thl. gr. 12. Leipzig, Brockhaus. à Thl. * 2 Thlr. *

Inhalt:

Thl. 25. Die Herzogin von Kingston. (London. Bigamie. 1776.) 2. Christian Holzwart. (Magdeburg. Familienmord. 1845—50.) 3. Der Lithograph Biermann. (Berlin. Familienmord. 1854—55.) 4. Der Arbeitsmann Bethke. (Küstrin. Familienmord. 1851—53.) 5. Der Executor Rasch. (Berlin. Familienmord. 1856.) 6. Der Zahnarzt Janson. (Potsdam. Familienmord. 1856.) 7. Katharina Ilsgen und ihre Stiefmutter. (Koblenz. Vorsätzliche Tödtung. 1855.) 8. Ein verlorener Posten. (Frankfurt a. d. O. Meuchelmord oder Raubmord? 1855.) 9. Josephine Staudinger. (Berlin. Kindesmörderin. 1855.) 10. Friederike Pott. (Westphalen. Kindesmörderin. 1852.) 11. Therese Zamin. (Nantes. Kindesmörderin. 1776.) 12. Peter Kitzler. (Hanau. Raubmord. 1830—31.) 13. Der virnheimer Prophet, der Wunderknabe Peter Träger. (Darmstadt. Meuchelmord. 1854—55.) 14. Der böse Richard Annesley. (Als Anhang zu „Der Erbe der Annesley" im 24. Thl.) (XXII und 410 S. mit 1 Stnt.) 858.

Thl. 26. 1. Abbé Verger. (Paris. Meuchelmord. 1857.) 2. Der Priester Merino. (Madrid. Königsmörder. 1852.) 3. Der Herr Baron v. Scherer. (Nürnberg. Qualificirter Betrug und Fälschung. 1823—26.) 4. Der Schreiner Birnstiel. (Koburg. Raubmord. 1844—48.) 5. Der Jäger Puttig. (Berlin. Mord. 1855.) 6. Wilhelm Timm. (Hamburg. Raubmord. 1854—56.) 7. Die Tragödie von Kehm. Lenore Metzger. (Potsdam. Giftmischerin. 1855—56.) (XIII und 129 S.) 858.

27. 1. Der Mörder der Fürstin Sulkowski. (Oberschlesien. Muttermord. 1848—57.) 2. Der Raubmörder und der Stillwächter in Eldagsen. (Hannover. Doppel-Raubmord, Justizmord und Meineid. 1854.) 3. Die Ermordung der Witwe Spillner. (Potsdam. Raubmord. 1855—56.) 4. Der Chevalier de la Barre. (Abbeville. Sacrilegium. 1764—66.) 5. Wie ein Teufel in Pommern Feuer verzehret und gespeiet. (Ein Gerichtstag in Usedom. Mord und Teufelei. 1625.) 6. Lord Stourton. (Somerset. Mord. 1566.) 7. Quintin Beaudouin. (Clermont. Mord aus Ehrgefühl. 1779.) 8. Fridolin Lachsinger. (Canton Glarus. Gattenmord. 1857.) 9. Der Celone Kramer. (Münster. Gattenmord. 1857—58.) 10. Jochen Rosow's Witwe und ihr Knecht. (Pommern. Gattenmord. 1725.) 11. Wilhelm Bütemeister von Schwebda. (Kurhessen. Giftmord des Vaters gegen seinen Sohn. 1851—52.) (XIII und 482 S.) 859.

28. 1. Frau v. Jeufosse. (Normandie. Meuchelmord. 1857.) 2. Die Frau des Herrn de Bosbamard. (Normandie. Ehebruch. 1724—71.) 3. Mademoiselle de Brun. (Franche-Comté. Entführung. 1732—60.) 4. Die Ermordung der Witwe Dellbrück, geb. Hahnemann. (Königreich Sachsen. Raubmord. 1855—56.) 5. Die Ermordung des Steinbeck. (Kurhessen. Vatermord. 1849—53.) 6. Der Einbruch in eine Fürstengruft. (Koburg. Einbruch. 1832.) 7. Zwei Kinder unter der Anklage auf Mord. (Kurhessen. Mord aus Bosheit. 1856.) 8. Gilder Roy. (Schottland. Raubmord. 1652.) 9. Der Doctor Bors. (Toulouse. Einbruch. 1779—80.) 10. August Adolf Franz Mann. (Berlin. Mord aus Eifersucht. 1857.) 11. Christian Kritschke. (Grüneberg. Brandstiftung aus Eifersucht. 1795—96.) 12. Wilhelm Nehring. (Ostpreußen. Mord aus Rachsucht. 1836—53.) (XV und 410 S.) 860.

29. 1. Beatrice Cenci. (Rom. Vatermord. 1598.) 2. Die Herzogin Anna zu Sachsen-Koburg. (Ebebruch und Zauberei. 1593.) 3. Der Handlungsdiener Johann Schmidt, ein Mörder seines Principals. (Wien. Raubmord. 1859—60.) 4. Die Ermordung des Wirthes Kolter. (Westfalen. 1856.) 5. Die Ermordung des Handelsjuden Jeremias Rosenblatt von Barchfeld. (Thüringerwald. Raubmord. 1747—49.) 6. Die Ermordung des Forstläufers Maul von Künzell. (Kurhessen. Provinz Fulda. 1855—56.) 7. Die Giftmischerin Wilhelmine Kraft. (Kurhessen. Ebebruch und Gattenmord. 1853—56.) 8. Der falsche Baron v. Münchhausen, ein Frauenspeculant. (Oldenburg. Gattenmord und Doppelehe. 1703—4.) 9. Der königlich preußische Generalmajor Don Dominico Manuel Caëtano, Graf v. Ruggiero, ein Goldmacher. (Berlin — Küstrin. 1705—9.) 10. Eine zwiefache Kindesmörderin. (Ostpreußen. 1784—92.) 11. Die deutsche Prinzessin. (Bigamie und qualificirter Betrug. London. 1663—73.) 12. Elisabeth Chudleigh in England. (Ein Nachtrag zu dem Proceß der Herzogin von Kingston.) (XXII und 416 S.) 861.

30. 1. Die Sickles-Tragödie in Washington. (1859.) 2. Der Dr. Jahn. (Giftmord. Herzogthum Anhalt-Dessau-Köthen. 1860—61.) 3. Pauline Gottschalk und Eduard Möhner. (Jena. Giftmord. 1860.) 4. Eine Giftmischerin aus dem Königreich Sachsen. (1761 fg.) 5. Ein Gaunerleben: Andreas Tanzwohl. (1748.) 6. Johann Nepomuk Wünscher's Bekenntniß, wie er in Schlesien vor fast 100 Jahren drei Frauenspersonen an einem Tage ermordet hat. 7. Ein Raub im prinzlichen Schlosse Kühnau bei Dessau. (1811.) 8. Der Proceß Nolte, ein Mord an den Ufern des Rhein. (1859.) (XV und 421 S.) 862.

—— dass. — Begründet von Jul. Ed. Hitzig und G. W. H. Häring (Wilibald Alexis). Fortgesetzt von Ant. Vollert. 31. und 32. Thl. Dritte Folge. 7. und 8. Thl. 12. Leipzig 862, Brockhaus. à Thl. * 2 Thlr. Thlr. *

Inhalt:

Thl. 31. 1. Danilo Petrovich Njegos, Fürst von Montenegro, ein Opfer der Blutrache. (1860.) 2. Der Held von Castelfidardo. (Laval. 1861.) 3. Zwei Tödtungen aus Liebe mit Einwilligung der Getödteten. (1828.) 4. Kaspar Zurflüh. (Mord im Canton Uri. 1861.) 5. Eine Walpurgisnacht in Finnland. (1852.) 6. Ein falscher Ranzau. (1613.) 7. Die Entwendung der heiligen Magdalena von Correggio aus der dresdener Gemäldegalerie. (1788.) 8. Ein sächsischer Criminalproceß vom Jahre 1697. 9. Therese Braun. (Giftmord. Staatz in Niederösterreich. 1857—59.) 10. Johanna Winter. (Thüringen. Mord oder Zufall? 1860.) 11. Der Doppelmörder Hans Jakob Kündig. (Zürich. 1859.) 12. Der Fallknecht Karl Wilhelm Oertel, ein zweifacher Mörder. (Großherzogthum Sachsen-Weimar. 1830—33.) 13. Criminalistische Miscellen. (1524 fg.)

32. 1. Das Attentat auf Se. Majestät den König Wilhelm I. von Preußen in Baden-Baden. (1861.) 2. Freifrau Luise v. Baumbach und ihre Dienstboten. (1861.) 3. Ein entführter Feldprediger. (1720.) 4. Der Pater Mecenati. (1745—47.) 5. Der Mörder Hahn. (1769.) 6. Der blinde Zeuge. (Thüringen. Raubmord. 1858.) 7. Joseph Keller und Christine Meder. (Mord. Ehrenbreitstein. 1860.) 8. E. Nygrén. (Familienmord. Finnland. 1852.) 9. Eine jenaische Geisterbeschwörung. (1715.)

Pitaval, der neue. Eine Sammlung der interessantesten Criminalgeschichten aller Länder aus älterer und neuerer Zeit. Hrsg. von J. E. Hitzig und W. Häring (W. Alexis). Fortgesetzt von A. Vollert. 33.—36. Thl. Dritte Folge. 9.—12. Thl. gr. 12. Leipzig, Brockhaus. à Thl. * 2 Thlr. *

Inhalt:

Thl. 33. Der Briefdieb Karl Kalab. (Wien. 1862.) Das Parlamentsmitglied William Roupell. (Urkundenfälschung, Betrug und Meineid. London. 1862.) Der Mädchenmörder Dumollard. (Lyon und Bourg. 1861—62.) Ein Reiterstücklein. (1623.) Die Zigeuner in Streitwald. (1714.) Dr. Bahrdt, das Wöllner'sche Religionsedict und die deutsche Union. (1789.) Dorothea Götterich. (Mecklenburg-Strelitz. Raubmord. 1770.) Drei Weiber als Mörderinnen. (Pommern. 1854.) Vatermord eines Zigeuners. (1840—44.) Der Buchdrucker Georg Heinrich Jacobi. (Giftmord. Darmstadt. 1861—62.) Eine Somnambule. (Königreich Sachsen. 1841.) (XVII und 408 S.) 863.

" 34. John Brown, ein Vorkämpfer der Sklavenemancipation in Nordamerika. (1859.) Jules Mirès. (Betrug und Unterschlagung. Paris. 1860—62.) Heinrich Traugott Heinicke. (Königreich Sachsen. Brandstiftung. 1849.) Der Doppelmörder Weber. (Königreich Sachsen. 1853.) Ein altes Criminalurtelcopial. (XIII und 441 S.) 863.

" 35. Der Proceß gegen den k. k. Feldmarschallieutenant Freiherrn August v. Eynatten und den Bankdirector Franz Richter. (Wien. Misbrauch der Amtsgewalt, Bestechung und Betrug. 1859—60.) Die Ehefrau Trösken. (Westfalen. Arsenikvergiftung oder Schlagfluß? 1859—62.) Das verrathene Beichtgeheimniß. (Frankreich, Provinz Languedoc. 1700.) Ein Bild aus den Fronverhältnissen Finnlands. (1837.) Karl Grauroth. (Finnland. Familienmord. 1859.) Der Mühlknappe Heidecke. (Halberstadt. Kindesmord. 1857.) Johann Friedrich Hänel, ein Geistererlöser. (Königreich Sachsen. 1837—46.) Eine Kindesmörderin. (Königreich Sachsen. 1855—58.) Die Fabrik unechter Handschriften Friedrich Schiller's. (Thüringen. 1855.) (XV und 442 S.) 864.

Thl. 36. Der Eisenbahnmord in London. (1864.) Der Proceß Palmer. (Strychninvergiftung. (London. 1856.) Dr. William Todd, königlicher Hofprediger in London. (Betrug, Urkundenfälschung. 1777.) Peter Zybach. (Brandstiftung auf der Grimsel. 1852.) Eine Mordnacht in einem Abbau bei Contop im Großherzogthum Posen. (1858.) Orrava Peter's Sohn Pedo, ein estnischer Knecht. (Kindesmord. Livland. 1825.) Eine Mörderin ihrer Kinder aus dem Großherzogthum Oldenburg. (1845.) Prinz Liedchen. (XV und 453 S.) 865.

—— dass. — Begründet von J. E. Hitzig und W. Häring (W. Alexis). Fortgeführt von A. Vollert. Neue Serie. 1.—3. Bd. à 4 Hefte. 8. Leipzig, Brockhaus. à Heft * 15 Ngr.; à Bd. * 2 Thlr. *

Inhalt:

Thl. 1. Die Ermordung des Präsidenten Abraham Lincoln, die Verschwörung in Washington und Jefferson Davis. (1865.) Criminalistische Miscellen aus Nürnbergs Vergangenheit. Publication eines Todesurtheils nach der Nürnberger Halsgerichtsordnung. — Edmond-Desiré Couty de la Pommerais. (Paris. Giftmord. 1863—64.) Dr. Naspi und Franz Knott, als Fabrikanten falscher päpstlicher Orden vor dem Landgericht in Wien. (1866.) Criminalistische Miscellen aus Nürnbergs Vergangenheit. Die Orte, wo die Executionen vollstreckt wurden. — Der schwarzburgische Prinzenraub. (1865.) Der Gensdarm Wolke. (Mord oder Todtschlag? Königreich Sachsen 1861—62.) — Sieben Mörder aus Italien auf der Reise. (Königreich Würtemberg. 1861—63.) Marie Katharine Christiane Elßmann. (Hamburg. Verwandtenmord. 1863—65.) (XV und 435 S.) 866.

" 2. Karl Friedrich Masch, sein Räuberleben und seine Genossen. Nebst Nachtrag. (Königreich Preußen, 1856—64.) Benedict Accolti. (1565.) — Kaspar Trümpy aus Bern. Giftmord durch eigene oder fremde Hand. (1864.) Ein Mord im Criminalgefängniß von Nürnberg. (1830.) Criminalistische Miscellen aus Nürnbergs Vergangenheit. 3. — Die Meuterei auf der Insel du Levant. (1866 und 1867.) Der Giftmörder Dr. Eduard William Pritchard. (Glasgow. 1864—1865.) Jakob Friedrich Hadopp. (Raubmord. Philadelphia, 1865—1867.) Criminalistische Miscellen aus Nürnbergs Vergangenheit. 4. — Johann Heinrich Furrer. Der Mörder seiner Eltern. (Kanton Zürich, 1864.) Der Kindermörder Heinrich Götti. (Zürich, 1865.) (XIV und 422 S.) 867.

" 3. Admiral Graf Karl Pellion di Persano vor dem Gericht des italienischen Senats in Florenz. (1866 und 1867.) — Ein Preßproceß im Königreich Sachsen aus dem J. 1701 fg. Albert Troll und Katharina Petrsilka. (Raubmord. Wien. 1867.) Das Gespenst im Kapplerthal. (Großherzogthum Baden 1848—1857.) — Die Stiftsdame Julie Ebergenyi v. Telekes und der Graf Gustav Chorinsky v. Ledske. (Wien und München. Giftmord 1867 und 1868.) — Ein Doppelgiftmord in Livland. (1853.) Anna Leuthold und Genossen. (Aberglaube und Betrug. Zürich 1859 und 1860.) (XI und 439 S.) 868.

Pitaval, der Neue. Eine Sammlung der interessantesten Criminalgeschichten aller Länder aus älterer und neuerer Zeit. Hrsg. von J. E. Hitzig und W. Häring [W. Alexis]. 3. Thl. 3. Aufl. 8. (IX, 333 S.) Leipzig 871, Brockhaus. *

—— dass. — Fortgesetzt von A. Vollert. 25.—36. Thl. 3. Folge. 12 Thle. 2. Aufl. 8. (XIV, 410 S. mit 1 Stnt.; VIII, 429; IX, 423; XV, 410; XXII, 416; XI, 421; XVI, 389; XIII, 397; XVII, 408; XI, 441; XV, 442; XIII, 453 S.) Leipzig 871,72, Brockhaus. à Bd. * M 3. *

Pitaval, der Neue. Eine Sammlung der interessantesten Criminalgeschichten aller Länder aus älterer und neuerer Zeit. Hrsg. von J. E. Hitzig und W. Häring [W. Alexis]. Fortgesetzt von A. Vollert. Neue Serie. 4.—11. Bd. à 4 Hefte. 8. (à Heft ca. 112 S.) Ebendas. à Heft * M 1,50.; à Bd. *

Inhalt:

Bd. 4. Die Fenier-Verschwörung. (1867—68.) — Der Buchbindermeister Ferdinand Wittmann. (Wollin und Posen. Sechsfacher Giftmord. 1862—68.) Criminalistische Miscellen aus Nürnbergs Vergangenheit. 5) Die Taxe des nürnberger Nachrichters und seiner Gehülfen. — Timm Thode, der Mörder seiner Familie. (Schleswig-Holstein. Achtfacher Mord. 1866—68.) Der Bootsmann Pauline Lette aus San-Tomas. (Hamburg. Mord. 1865—67.) — Miles Weatherhill. (England. Mord. 1868.) Der Wildschütz Hermann Kleffermann. (Westfalen. 1867—68.) Die Selbstanzeige der Wittwe Kruschwitz in Waffen. (Niederlausitz. Arsenikvergiftung oder eingebildeter Giftmord? 1869.) Der Tod des Rentier Peter Tirier. (Mort im Depart. Deux-Sèvres. Arsenikvergiftung. 1865—68.) (IX, 463 S.) 869.

" 5. Die Brandstiftungen in St.-Genois. (Belgien 1868.) Marie Jeanneret. (Genf. Giftmord. 1868.) Marie Françoise Salmon, ein Opfer der französischen Justiz. (1781—85.) Criminalistische Miscellen aus Nürnbergs Vergangenheit. 6) Ein berühmter Scharfrichter von Nürnberg. — Jean Baptiste Troppmann. (Paris. 1869.) Nachtrag zu dem Aufsatze: Die Brandstiftungen in St.-Genois. — Das Drama von Auteuil. Der Prinz Peter Napoleon Bonaparte. (Paris und Tours. Todtschlag. 1870.) — Die Gaunerstreiche des Fürsten Obolinski aus Petersburg in der Schweiz. (1868—69.) Heinrich Wilhelm Künschner, der Mörder des Kaufmanns Karl August Markert. (Leipzig. 1866.) Die Hexe von Montauban. (1857—59.) (VIII, 441 S.) 870.

" 6. Eine Fabrik falscher Autographen in Paris und die Verhandlungen der Akademie der Wissenschaften über diese Autographen. (1869—70.) Das letzte Bekenntniß des Mörders John Lechler. (Lancaster in Pennsylvanien. 1822.) — Der Major Lobbia und seine Genossen. (Florenz. 1869.) Der Weber Julius Christian Friedrich Leopold. (Thüringen. Mord. 1868—69.) — Der Chirurg Ernst Kühn von Ohrdruf. (Thüringen. Mord. 1868—69.) Criminalistische Miscellen aus Nürnbergs Vergangenheit. 7) Die eiserne Jungfrau. — Der Bairische Hiesel. (1761—71.) Schinderhannes. (1797—1803.) Gesche Margarethe Brodmann. (Großherzogthum Oldenburg. Giftmord. 1814—51.) Criminalistische Miscellen. Aus der Bestallungsurkunde des Scharfrichters Georg Heubler in Lobenstein vom 4. März 1667. (XIV, 432 S.) 871.

" 7. Das Verschwinden des Lord Bathurst in Perleberg. (1809.) Edward S. Rulloff. (Nordamerika. 1839—70.) — Alfred Ziegenmaier aus Braunschweig vor dem Geschworenen-Gerichte in Chicago, im Staate Illinois, unter der Anklage des an dem Irländer M. William Gumbleton verübten Mordes. (1871.) Rev. John Selby Watson. (Gattenmord. England. 1871.) Frau Friederike Kayer und Margarethe Hinrichs. (Großherzogthum Oldenburg. Mordversuch. 1868—69.) Dazwischen und in der Mitte, wäre besser für Beide. — Französische Justiz im Jahre 1871 und vor sechzig Jahren. (Berlin. Tonnelet. Ulbach. 1871. Johann Philipp Palm 1806. Die Rache des Kaisers Napoleon an den Offizieren und Soldaten des Schill'schen Freicorps 1809.) — Der Proceß gegen den Präfecten Janvier de la Motte. (Rouen. 1872.) Graf Demeter Apraxin und der Jude Hermann Zigdor. (Veruntreuung und Betrug durch Urkundenfälschung. Presburg 1871.) (X, 411 S.) 872.

" 8. Eine Criminalgeschichte aus Lübeck, die vor zweihundert Jahren geschehen ist. Marguerite Diblanc. (London. Mord. 1872.) Ein Pistolenduell unter Studenten. (Gießen. 1872.) — Johann Reinhold von Patkul. (1707.) Die Stadtkassendiebe zu Lübeck. (1815.) Criminalistische Miscellen aus Nürnbergs Vergangenheit. 8) Polizeiverordnungen und Polizeifrevel. — Dr. Hermann Demme. Diebstahlsprocedur und Selbstmord. (Bern. 1864.) Frau Wharton. (Baltimore. 1871.) — Adele Spitzeder und Genossen. (München. 1873.) Criminalistische Miscellen. Die Strafe des Korbspringens. (XI, 436 S.) 873.

" 9. Hans Kohlhase und die Minckwitz'sche Fehde. (1528—1540.) Die Ermordung des Typographen S. W. Lackner. (Reval. 1865.) Die Gebrüder Streicher. (Krakau. Mord. 1817.) — Anna Bechler. (1874.) — Marschall Bazaine. (Metz 1870—Trianon 1873.) (IX, 472 S.) 874.

" 10. Der Proceß Tichborne. (London. 1866—74.) Hexenglaube und Hexenprocesse im Alterthume und in neuerer Zeit. — Joseph Georg Billein. (Zürich. Mord aus Eifersucht. 1874.) Friedrich Hauser. (Zürich. Diebstahl und Mord. 1873—74.) Eine Judenbekehrung unter dem Galgen. — Die Nonne von Monza. Eine Klostergeschichte aus dem Anfange des 17. Jahrhunderts. Ferdinand Gump und Eduard Gänswurger. Ein modernes Räuberpaar. (Königr. Baiern. 1871—73.) Die Ermordung des Rittergutsbesitzers Gude aus Schönbach bei Löbau. (Königr. Sachsen. 1837—40.) Criminalistische Miscellen aus Nürnbergs Vergangenheit. 9) Processe wegen Hochverraths und Landesverraths im 15. und 16. Jahrhundert. — Dr. theol. Alois Pichler. Bücherdiebstahl oder Bibliomanie? (Petersburg. 1869—71.) Dr. Joachim Röder, ein gekrönter Wucherer. (Lübeck. 1727.) (XII, 435 S.) 875.

" 11. Der Proceß wider Victor von Ofenheim, Ritter von Ponteuxin. (Wien. Betrug. 1875.) — Henry und Thomas Wainwright. (London. 1874—75.) — Pyrrho Jullian. (1702—15.) Die Rede des Mörders Eusebius Picodagnelle vor dem Schwurgericht. (Frankreich. 1870.) Criminalistische Miscellen aus Nürnbergs Vergangenheit. 10) Processe wegen Aufruhrs und Verbrechen gegen die Obrigkeit. — Der Proceß Arnim. (Berlin. 1874—75.) (VII, 456 S.)

Vgl.: Criminalgeschichten, die interessantesten.

Pitaval, der neue. Eine Sammlung der interessantesten Criminalgeschichten aller Länder aus älterer und neuerer Zeit. Begründet von J. E. Hitzig und W. Häring [Wilib. Alexis]. Fortgeführt von A. Vollert. Neue Serie. 12.—14. Bd. à 4 Hefte. 8. Leipzig, Brockhaus. *

Inhalt:

Bd. 12. 1. Franz Bernhard Schlörr. (Plauen-Gera. Raubmord. 1871. 1874. 1875.) — 2. Ein kurzer Nachtrag über Verbrechergehirne. — 3. Heinrich von Francesconi. (Wien. Raubmord. 1876.) — 4. Der Proceß Sonzogno. (Rom. Mord. 1875.) — 5. Criminalistische Miscellen über Nürnbergs Vergangenheit 11. Processe wegen Meineids und Verleumdung. — 6. Der Thierarzt Johann Sandner. (Königreich Baiern. 1875—76.) — 7. Der Proceß wider den kursächsischen Kanzler Dr. Nikolaus Krell. (1591—1601.) — 8. Criminalistische Miscellen aus Nürnbergs Vergangenheit 12. Menschenhandel und Menschenraub. — 9. Die Ermordung des Generals Bréa und seines Adjutanten, des Kapitäns Mangin. (Paris 1848—49.) — 10. Agostino Waldis. (Capua. Mord. 1875. — 11. Ein Mord auf der belgischen Goëlette Marie Antoinette. (1850.) — 12. Processe wegen Magie im 4. Jahrhundert n. Chr. — 13. Ueber Beschwörungen im Alterthum. (X, 438 S.) 877. *ℳ 6.

" 13. 1. Thomas (Keith). (Die Dynamitexplosion in Bremerhaven. 1875.) — 2. Der Proceß Tourville. (Bozen. 1877.) — 3. Tilton wider Becher. (Brooklyn. 1875.) — 4. Die Familie Staunton. (Nord-England. 1877.) (VIII, 335 S.) 878. *ℳ 5.

" 14. 1. Johann van Oldenbarneveldt. (Haag. Landesverrath. 1619.) — 2. Der Marchese Mantegazza. (Neapel. Rom. Florenz. Mailand. Bologna. 1874—76.) — 3. Die schöne Bucklige von Neapel. (Mord. 1875—77.) — 4. Die Giftmischerin Therese Simmére. (Wien. 1878.) — 5. Friedrich Eduard Fritze. (Berlin. 1810—49.) (VI, 348 S.) 879. *ℳ 5.

Pitaval, der neue. Eine Sammlung der interessantesten Criminalgeschichten aller Länder, aus älterer und neuerer Zeit. Begründet von J. E. Hitzig und W. Häring [Wilib. Alexis]. Fortgesetzt von A. Vollert. Neue Serie. 15.—19. Bd. à Bd. 4 Hefte. 8. Leipzig, Brockhaus. à Bd. *

Inhalt:

Bd. 15. 1. Die Geheimpolizei in den Vereinigten Staaten von Nordamerika. — 2. Vier Criminalprocesse zur Charakterisirung des Strafverfahrens, der Culturzustände, der Sitten und Gebräuche in den Vereinigten Staaten von Nordamerika. 1) Der Proceß Thompson. (Kentucky. Dreifacher Mord im Gerichtssaal. 1873.) 2) Der Proceß Tiller. (Maryland. Mord aus Aberglauben. 1879.) 3) Der Proceß Hart. Schuldig oder Nichtschuldig? (Maine. Mord. 1877—78.) 4) Der Proceß Hayden. Zwei Jahre Staatsgefängniß bei harter Arbeit, drei Monate Einzelhaft und dann Hinrichtung. (Vermont. Gattenmord. 1871. 1878.) — 3. Eine Tödtung aus Liebe. (Großherzogth. Hessen. 1878—79.) — 4. Der Raubmord auf dem Hohenbogen. (Königr. Baiern. 1877.) — 5. Die Mordnacht in der Springölmühle zu Vogelsberg. (Großherzogth. Sachsen-Weimar-Eisenach.) — 6. Proceß Fadda. (Rom. Mord. 1878—79.) — 7. Marguerite Joujean. (Petersburg. Mord. 1878.) (X, 300 S.) 880.

" 16. 1. Die Molly-Maguires in Pennsylvanien. (1854—78.) — 2. Amerikanisches Gerichtswesen früherer Zeit. — 3. Auch eine Künstlergesellschaft. (Michigua. 1879.) — 4. Der Landwirth Johann Friedrich Nikolaus Voigtritter. (Thüringen. Mord. 1878.) — 5. Der Stabio-Proceß. (Schweiz. Mord oder politisches Verbrechen? 1876—80.) — 6. Der Proceß „Hansen-Fischer". (Wien. 1880.) (IX, 326 S.) 881.

" 17. 1. Charles Julius Guiteau, der Mörder von James Abraham Garfield, Präsidenten der Vereinigten Staaten von Amerika. (Washington 1881—82.) — 2. Eine kurze Betrachtung über die Jury und das Verfahren vor der Jury in den Vereinigten Staaten von Nordamerika. — 3. Der Viehzüchter Green Butler in Texas und seine Mörder. (1872—81.) — 4. Edward Earle und Henry King, zwei Mörder, welche ihre Schuld mit dem Tode büßen wollten. (1881.) — 5. Der Advocat Hallet in Wisconsin und der Räuber George Raleigh. (1874.) — 6. Der Proceß Colt. (Neuyork. Mord. 1841.) — 7. Der Mühlenbesitzer Straube. (Thüringen. Mord. 1877—78.) — 8. Die Familie Cenci. (Rom. 1598.) — 9. Der Ringtheaterbrand. (Wien. 1881—82.) (XXI, 322 S.) 882.

" 18. 1. Straßen-, Eisenbahn- und Bankräuber in Amerika. — 2. Die Rinderhirten im Südwesten von Nordamerika. (1883.) — 3. Der Proceß Nicotera. (Florenz. Verleumdung. 1876—77.) — 4. Ein Lynchgericht. (Nordamerika. 1882.) — 5. Ein sonderbarer Geschworener. (Nordamerika. 1882.) — 6. Eine Lotteriespielerin. (Wien 1883.) — 7. Der Proceß Pokorny. (Prag. Mord. 1880—81.) — 8. Marie Köster. (Bremen. Mord. 1882—83.) — 9. Die Femgerichte und Processe vor den Femgerichten. (IX, 301 S.) 883.

Bd. 19. 1. Hugo Schenk, Karl Schlossarek, Karl Schenk. (Wien. Räuber- und Mädchenmörder. 1884.) — 2. Georg von Mailáth, der Präsident des Obersten Gerichtshofs, der Judex Curiae von Ungarn, und seine Mörder. (Budapest. 1883—84.) — 3. Das Attentat auf den König Humbert I. von Italien durch den Koch Giovanni Passanante aus Salerno. (Neapel. 1878—79.) — 4. Der florentiner Bombenproceß. (1878—79.) — 5. Karl F. Kring, der Mörder seiner Geliebten. Ein Beitrag zur amerikanischen Criminalrechtspflege. (Saint Louis in Nordamerika. 1875—83.) — 6. Der Hoffourier Joseph Schmid, genannt Ferrari. (München. Diebstahl. 1883—84.) — 7. Der Proceß von Tisza-Eszlar. (Ungarn. 1883.) (XI, 291 S.) 884.

—— dass. — 4. Folge. 12 Thle. 2. (Titel-)Aufl. 8. (IX, 435; XIV, 422; XI, 439; XI, 463; IX, 444; XV, 432; X, 444; XI, 436; IX, 472; XII, 438; IX, 456; X, 438 S.) Leipzig 883, Brockhaus. à Bd. *ℳ 3. *

—— der neue. Eine Sammlung der interessantesten Criminalgeschichten aller Länder aus älterer und neuerer Zeit. Begründet von J. E. Hitzig und W. Häring [Wilib. Alexis]. Fortgesetzt von A. Vollert. Neue Serie. 20.—22. Bd. 8. Leipzig, Brockhaus. à Bd. *ℳ 5.—. *

Inhalt:

Bd. 20. Zwei Criminalprocesse aus Frankreich. 1. Das Duell zwischen dem Lieutenant Chapuis und dem Kaufmann Dekeirel. Zweikampf oder Mord? 2. Der Gemeindelehrer Jean François Dieudonné Léonier. Sieben Jahre unschuldig auf der Galere. — Criminalprocesse aus den Vereinigten Staaten von Amerika, aus Mexico und Canada. 1. Charles Roß. Kindesraub. 2. Black Bart. Ein poetischer Räuber. 3. Billy Corbett und John Dwyen, noch zwei californische Postkutschenräuber. 4. Shep Tinker. Ein merkwürdiger Pferdedieb. 5. Der Proceß Johnston. Ein Mord aus Aberglauben. 6. La Caramboda. Ein weiblicher Räuberhauptmann. 7. Vom Galgen gerettet. — Zwei Criminalprocesse vor dem Reichsgericht in Leipzig. 1. Der Hauptmann August Rudolf Albert Franz Hentsch und der Schriftsteller Dr. Joseph Ignaz Kraszewski. Landesverrath. 2. Das Dynamit-Attentat bei der Enthüllung des Denkmals auf dem Niederwalde. Der Proceß wegen Hochverraths wider die Anarchisten Reinsdorf und Genossen. — Zwei Criminalprocesse aus Rußland. 1. Das Attentat auf den Kaiser Alexander II. durch den verabschiedeten Collegiensecretär Ssolowjew. 2. Der Fähnrich in der kaiserlich russischen Garde Karl Christoforowitsch v. Landsberg. Mord. — Ein wunderlicher Criminalproceß aus dem Königreich Italien. Der Oberstlieutenant Felici Filippone unter der grundlosen Anklage des Mordes vor dem Schwurgericht in Piacenza. (XII, 316 S.) 886.

" 21. Merkwürdige Processe aus England. 1. Ein Ehescheidungsproceß, der nach deutschem Recht als ein Criminalproceß wegen Betrug und Erpressung verhandelt worden wäre. (London 1886.) 2. Eine unfehlbare Jury in England und ein unschuldig wegen Mordes zum Tode verurtheilter Matrose, dem man sein Recht auf Wiederherstellung seines guten Namens verweigerte. (1885.) 3. John Jessop vor dem Schwurgericht in Nottingham unter der Anklage des versuchten Selbstmordes und der Verleitung eines Kameraden zum Selbstmorde. (1887.) 4. Einige Fälle von Bigamie. (1887.) — Ein Criminalproceß aus Südamerika nach altspanischem Verfahren. Alois Szemeredy. (Buenos-Ayres. Mord. 1876—81.) — Eisenbahn- und Posträuber in Nordamerika. Ein Musterstück amerikanischer Detectivs. (1886—87.) — Ein Criminalproceß aus Oesterreich. Die Selbstanklage des Procuristen Karl Schiske in Wien wegen einer angeblichen Veruntreuung. (1886.) — Merkwürdige Criminalprocesse aus Frankreich. 1. Die Ehe des Grafen Roger de Molen de la Vernède. (Mordversuch. Dijon, 1886—87.) 2. Der Proceß wider das Heirathsbureau der Frau Baronin de Mortier und Genossen in Paris. (Betrug. 1887.) 3. Ein grauenhafter Muttermord in der Sologne. (1886. 1887.) — Johanna d'Arc, die Jungfrau von Orléans. (1429—31.) — Die Hexen, Hexenprocesse und Hexenpredigten. 1. Die Hexen. 2. Die Hexenprocesse. 3. Hexen- und Unholdenpredigten. (X, 327 S.) 887.

" 22. Johann von Wesel und seine Zeit. Ein Ketzerproceß aus dem 15. Jahrhundert. — Eine Studie über mania transitoria (vorübergehender Wahnsinn) und verschiedene merkwürdige Criminalprocesse, welche diese schwierige Materie betreffen. — Der dreifache Mord in der Mühle zu Dietharz im Thüringerwalde. (1885.) — Merkwürdige Criminalprocesse aus England. 1. Verleumdung und ungerechtfertigte Entziehung der persönlichen Freiheit. (London 1887.) 2. Nothzucht. (London 1887.) 3. Bigamie. (York 1887. London 1888.) 4. Eine Wechselfälschung. (London 1888.) — Tödtung eines Matrosen auf hoher See. Mord oder Ueberschreitung erlaubter Nothwehr? (1887.) — Kentucky-Vendetta. Blutrache in Amerika. (1877—87.) — Das Attentat auf Bazaine. (Madrid. Mordversuch. 1887.) — Ein Diebstahl im wiener Landesgerichtsgebäude. (1880 und 1881.) — Das Leben und Treiben des Familienmörders Timm Thode vor der Verübung des von ihm in der Nacht vom 7. zum 8. August 1866 ausgeführten Mordes. (Provinz Schleswig-Holstein.) (X, 318 S.) 888.

—— der neue. Eine Sammlg. der interessantesten Criminalgeschichten aller Länder aus älterer u. neuerer Zeit. Begründet v. J. E. Hitzig u. W. Häring [Willib. Alexis]. Fortgesetzt v. A. Vollert. Neue Serie. 23. u. 24. Bd. 8. Lpz., Brockhaus. à Bd. * 5 —

23. Johann Hus. Sein Proceß u. sein Tod. 1414—1415. — Ein Diebstahl beim Handelsmann Schüller in Blankenheim in der Eifel. Mitte d. vor. Jahrh. — Der Proceß wider den Dr. med. Flocken wegen Vergiftg. aus Fahrlässigkeit. Straßburg im Elsaß. 1887 u. 1888. — Die Vermögensberaubg. d. Kaufmanns Ssolodownikow. Petersburg. 1870. 1871. — Die Ermordg. d. Collegienassessors Tschichatschew. Petersburg. 1873. 1874. — Der Einbruch im Pfarrhof zu Edlingham. Raub- u. Mordversuch. England. 1879—1889. — Der Proceß wider den Tagelöhner Morand. Mord. Joigny in Frankreich. 1888. (IX, 354 S.) 889.

24. Die Processe gegen Galileo Galilei vor der Inquisition in Rom. (1615 16—1632/33.) — Herzog Johann Friedrich v. Weimar. Proceß wegen Magie. (1627 u. 1628.) — Donna Brigida. Todtschlag. (Mexiko. 1888.) — Der Proceß wider den Maler Joseph Johann Kirchner. Mordversuch am Freunde. (Wien 1838). — Der Proceß Benthien. Mord. (Hamburg. 1889. 1890). — Die straßburger Falschmünzerbande. (1889). — Meineid od. Rechtsirrthum? Eine Dorfgeschichte aus dem Elsaß. (1889). — Die Ermordg. d. Dr. med. Cassan. Mord. (Frankreich. 1889). — Ein Beitrag zu dem Leben u. dem Processe d. Panduren-Obersten Franz Frhrn. v. d. Trenck u. seine Haft auf d. Spielberg bei Brünn. (1741—1749). — Ein Beitrag zu den Processen wider die Carbonari in Italien. (1820—1838). (IX, 316 S.) 891.

—— der sächsische. Sammlung merkwürdiger Criminalfälle. Von einem Criminalbeamten. 2 Bde. 8. (XV und 627 S.) Leipzig 861, C. L. Fritzsche.

—— der sächsische. Sammlung merkwürdiger Criminalfälle. Von einem Criminalbeamten. 3. Bd. 8. (VII und 271 S.) Leipzig 862, C. L. Fritzsche. [C. F. Schmidt.]

1. und 2. Bd. Ebendas. 1861. 2 Thlr.

PITAVAL, F. (ps.), Die stolze Inselkönigin oder die Braut im Kerker. Grosser (Colportage-)Roman. O. J.

Weller, Lex. Ps. p. 451.

Pitaval, François Gayot de

Pitaval, Gavot de, causes célèbres et intéressantes avec les jugements qui les ont décidées. IV Tom. 8. Basel, Tourneisen. 747-48.

v. Pitaval, Guyot, Causes célebres, od. Erzähll. sonderbarer Rechtshändel, sammt deren gerichtl. Entscheidung; aus d. Französ. 9 Thle. 8. Leipz. 747—68. (Brockhaus). 4 ℔

— Erzählungen sonderb. Rechtshändel 2c. a. d. Frz. 9 Thle. 8. Lpz. Heinsius. (Gleditsch.) 747—68.

— dies. umgearb. u. verm. v. Richer; aus d. Französ. v. Karl Wilh. Franz I. 4 Bde. 8. Jena 783—92. Stahl. 2 ℞ 20 gl

— dies. nach d. Französ. v. Schiller, s. Rechtsfälle.

Pitavall, Brüderlein fein, s.: Nachtbilder.

Pitavall, Ernst, s. Pitawall, Ernst

Pitawall, Ernst (Pseud.) s.a. Dedenroth, Eugen Hermann von

Pitawall, Ernst, die Bluttaufe der deutschen Einheit im J. 1870 oder französ. Uebermuth und deutsche Tapferkeit. 6 Bde. gr. 8. (1440 S.) Berlin 871, Große.

Pitawall, Ernst, der Brandstifter. Criminal-Geschichte aus der neuesten Zeit. 4 Bde. Berlin 868,69. Grosse. gr. 8. (1. Bd. 288 S., 2. Bd. 332 S., 3. Bd. 317 S., 4. Bd. 496 S.) 3 ℞

— die schwarze Dame von Pest und die Opfer des großen Börsenkrachs oder die blut. und unblut. Gauner auf und außerhalb der Wiener Welt-Ausstellung. 30 Lfgn. gr. 8. (1439 S.) Ebendas. 874. à Lfg. 30 Pf.

Pitavall, E. Les épouses infortunées de Henri VIII, roi d'Angleterre, et leur fin terrible sur l'échafaud. Roman historique. 2 vols. In-8°. Zürich, R. Dancker. 1879. 16 —

— die Falschmünzer von Frankfurt oder die Wahrsagerin. Nach einer wahren Begebenheit bearb. 18 Hefte. Lex.-8. (863 S.) Frankfurt a. M. 874, Scherl und Sohn. à Lfg. 40 Pf.

Pitawall, Ernst, Friedrich der Große. Romantisches Lebensbild. 4 Bde. in 20 Heften. gr. 8. (288 S., 336 S., 223 S., 110 S.) Berlin 866—68, Grosse. à Heft 4 Ngr.

— Gabriele, das Weib des Spielers. Criminal-Novelle. Berlin 870. Brigl. br. 8. (174 S.) n. 10 ngr

Pitawall, Ernst, Gabriele, das Weib des Spielers. Criminal-Novelle. 2. (Titel-)Aufl. 8. (150 S.) Berlin (1870) 882. Goldschmidt. n. — 50

— ein verrathenes Herz. Novelle. — Der Mord im Nebenzimmer. Erzählung von Paul Parfait. br. 8. (164 S.) Berlin 870, Brigl. *

— ein verrathenes Herz. — Der Mord im Nebenzimmer. Von Paul Parfait. 2. Aufl. 8. (167 S.) Ebendas. 881. *

Pitawall, Ernst, e. verrathenes Herz. 12. (111 S.) Berlin 885. Goldschmidt. n. — 50

— der Jäger von Königgrätz. Historische Erzählung aus dem Kriege im Jahre 1866. Berlin 868,69. Grosse. gr. 8. (1916 S.) 1 ℞

— die schöne Creolin, oder Herrin u. Sclavin. Historisch-romantische Erzählung. Ebend. 869. gr. 8. (1440 S.) 3 ℞

— die Liebschaften Heinrichs v. Navarra od. die Hugenotten u. die blut. Schrecken der St. Bartholomäusnacht. Historisch-romant. Geschichte Heinrich d. IV. v. Frankreich dem Volke erzählt. 6 Bde. gr. 8. (1439 S.) Berlin 871. Große. 9. —

Pitawall, Ernst, die Macht der Liebe auf Erden, oder der Geisterseher von Venedig. Romantische Erzählung. 30 Lfgn. gr. 8. (1439 S.) Berlin 877, Grosse. à Heft 20 Pf.

— Maria Stuart. Historisch-romantische Geschichte der Zeit und des Lebens der Königin von Schottland, Maria Stuart. 3 Bde. in 30 Lfgn. gr. 8. (353 S., 267 S., 808 S.) Berlin 865—67, Grosse. à Lfg. 4 Ngr.

— Marie Antoinette, Frankreichs hingerichtete Königin, oder Oesterreicherin u. Französin. Historisch-romantische Geschichte. Ebend. 870. 8 (1200 S.) 2 ℞ 15 ngr

— Marie Antoinette, la reine de France décapitée ou Autrichienne et Française. Nouveau récit historique. 3. éd. 2 vols. gr. 8. (1098 S.) Zürich 877. Dancker. n. 10. 50

— Marie Stuart, la belle Ecossaise, ou une victime sanglante de la jalousie. 3 parties en 2 vols. 3e edit. gr. 8. (1162 S.) Berlin 877. Grosse *

Pitaval u. Ponson du Terrail, Nachtbilder. 8. (214 S.) Berlin 881. Goldschmidt. n. — 50

— u. Ponson du Terrail, Nachtbilder aus der Gesellschaft. 2. Aufl. Berlin 869. Brigl. gr. 8. (183 S.) n. 10 ngr

Pitawall, Ernst, Pole, Jude und Franzose. Historisch-romantische Zeitgeschichte Friedrich Wilhelm IV. 3 Bde. Berlin 862. (Moeser & Scherl.) gr. 8. (320 S.; 331 S.; 3 Bl., 293 S.) 2 ℞ 20 ngr

— Rożsa Sándor Roman. 1. u. 2. Lfg. gr. 8. (S. 1—96.) Ebend. 873. à n. — 40

— 500,000 Thaler oder Fabrik-Arbeiter u. Millionär. Roman aus unseren Tagen. 4 Bde. Ebend. 870. gr. 8. (1. Bd. 288 S., 2. Bd. 332 S., 3. Bd. III, 317 S. u. 4. Bd. 496 S.) 3 ℞

— Wilhelm Tell. Historisch-romantische Geschichte. Ebend. 869. gr. 8. (1440 S.) 4 ℞

— Verloren und verkauft, oder Frauenhandel in Wiskonsin. 24 Lfgn. 8. Köln 873, Literarische Anstalt. (à Lfg. 50 Pf.)

Pitawall, E. De ongelukkige Vrouwen van Hendrik VIII, Konig van Engeland en hun verschrikkelijk Einde op het Schavot. 5 Thle. in 3 Bdn. In-8°. Zürich, R. Dancker. 1879. 13 75

Pitcairn u. Norfolk, s.: Missionstraktate, kleine.

Pitcairn u. Norfolk. Römer XI, 32—36. 2. Aufl. 16. (16 S.) Basel 880. Missionsbuchhandlung. n. — 4

Pitcairn, L., u. M. **Bennegger,** conversational books about the pictures of Hoelzel, Fortsetzg., s. Hedly, F. H., descriptions and conversations on the pictures of Hoelzel.

Pitcairn, L., u. M. **Bennegger,** Conversational books about the pictures of Hoelzel. 9 Hefte. (à 12 S. m. 1 farb. Taf.) Lex.-8. Wien (903). E. Hölzel. à n. — 50
1. Spring. — 2. Summer. — 3. Autumn. — 4. Winter. — 5. The farm-yard. — 6. The mountain. — 7. The forest. — 8. The town. — 9. London.

Pitha, F R. von

Pitha, v., s. Handbuch der allgemeinen u. speciellen Chirurgie.

Pitha, Krankheiten der männlichen Geschlechtsorgane und der Harnblase, s. Handbuch der speciellen Pathologie und Therapie.

Pithan, C., Schloss Lüntenbeck. Historische Skizze aus dem Lande der Berge. 8. (47 S. m. 1 Lichtdr.) Langenberg 888. Joost. n. 1. —

Pithan, Karl Ldw., pflichtmäß. Andenken an würd. Religionslehrer; e. Predigt. gr. 8. Düsseld. 802. 2e verm. Aufl. 809. Dänzr. 8 gr.

— Anlet. z. Kenntn. der Religion f. d. erste Klasse m. Katechumen. 8. Düsseld. Dänzer, (a. Krieger in Marburg.) — dass. Elberf. Büschler. 802.

— Anlei. zur Kenntniß der Religion f. die erste Klasse meiner Katechumenen. 8. Düsseld. 802. Dänzer; (a. Schönian in Elberf.) 6 gr.

— einige homilet. Bemerkk. 8. Düsseld. 792. Dänzer. 3 gr.

— Grundr. der Glaubenslehren f. Confirmanden. 8. Elberfeld, Büschler. 800.

— Grundriß der Glaubenslehren f. Confirmanden. 8. Elberf. 800. Schönian). 15 gr.

— Grundr. d. Glaubenslehren u. Lebenspflichten, n. Anf. bibl. Beweisstellen f. Confirmanden. 8. Düsseld. Dänzer. (a. Krieger in Marb.) 800.

— Predigten v. fremden Gemeinen gehalten. 8. Lpz. Böttger. 794.

— vier Predigten v. fremden Gemeinen gehalten. 8. Frankf. u. Leipz. 792. Böttger. 14 gr.

Pithande v. d. Quelle. Herkunft, Leben u. Thaten des Persianischen Monarchens, Nadyr Schach, vormals Kouli-Khan. 8. Leipzig u. Rudolstadt 1738.

PITHOI, Antoine. Das Quartier der Sappho. Mit 8 Bildern nach alten Stichen. Troyes 1875. 8°. 205 S. Neudruck. 1922.

Pitiskus, M. F., Beurtheilung der von Lessing hrsgg. Fragmente eines Ungenannten. 8. Hamb. 779. Herold. 8 gr.

— über den Kanon d. Bücher d. Alt. Test. 8. Hamb. 776. Herold. 12 gr.

— Religion der Stammältern d. menschl. Geschlechts. 4. Hamb. 768. Herold. 6 gr.

Pitiskus, Sam., s. Handwörterbuch, antiquarisches.

Pitkairn-Insel, die, s.: Macht der Liebe. 18.

Pitlik, Karl

— u. Heinr. Plach, nur diese Nacht! Schwank in 1 Acte. 8. (38 S.) Linz 894. (E. Marcis.) n. — 60

Pitlik, Carl, Sonnenschein u. Wetterwolken. Ausgewählte Dichtgn. 12. (88 S.) Linz 894. (Städtebilder-Verlag.) n. 2. —

Pitman's the Victorian era, or the years of progress 1837–1901, bearb. v. Paul Gehring, s.: Schulbibliothek, französische u. englische.

Piton, Charles

Piton, Ch., der Buddhismus in China, s. e. Missionsstudien, Basler. 12.

Piton, Ch[arles]. Der Buddhismus in China. Eine religionsgeschichtliche Studie. 32 S. 8. Basel, Missionsbuchhandlung, 1902. (fr. —. 50)
Basler Missions-Studien. Heft 12.

Piton, Charles. La Chine, sa religion, ses mœurs, ses missions. (Avec 32 gravures.) 288 p. 8. Lausanne, Georges Bridel & Cie; Paris, Fischbacher; Bâle, Librairie des Missions, (1902). (fr. 3. —)

Piton, C., Freud u. Leid im chinesischen Kinderleben. 8. (32 S. m. Abbildgn.) Basel 892. Missionsbuchh. n. — 10

Piton, C., Freud u. Leid im chinesischen Kinderleben. 2. Aufl. 8. (32 S. m. Abb.) Basel 895. Missionsbuchh. n. — 10

Piton, Ch., l'infanticide en Chine. gr. 8. (52 S.) Basel 887. Missionsbuchhandlung. n. — 60

Piton, Ch., Konfuzius, der Heilige Chinas, s. a. Missions-Studien, Basler. 14. Hft.

Piton, Ch[arles]. Konfuzius, der Heilige Chinas. 45 S. 8. Basel, Missionsbuchh., 1903. (fr. —. 75)
Basler Missions-Studien. Heft 14.

Piton, Ch., voir: *Messagère du monde païen* et *Revue des missions contemporaines.*

Piton, Ch., s. *Revue des missions.*

Piton, Otto: Die typischen Beispiele aus der römischen Geschichte bei den bedeutenderen römischen Schriftstellern von Augustus bis auf die Kirchenväter. Schweinfurt 1906: Morich. (33 S.) 8°
Schweinfurt, k. G P 1906*

Piton, Otto, die typischen Beispiele aus der römischen Geschichte bei den bedeutenderen römischen Schriftstellern von Augustus bis auf die Kirchenväter. Progr. (33 S.) 8. Schweinfurt 906. (E. Stoer.) n. 1. —

Pitonius, Franc. Maria: De controversiis patronorum, nec non ab eis praesentatorum ad beneficia et capellanias quascunque, aliaque relicta pia. T. 1. 2. Coloniae 1732.

Pitou's, L. A., Leben u. Verweisung nach Cayenne; nebst der Gesch. sr. Reise in das Innere v. Amerika ꝛc. Von ihm selbst beschrieben; aus d. Französ. Mit Kpf. gr. 8. Leipz. 805. 2e A. 808. Hinrichs. 1 ℛ 18 gℊ Schrbp. 2 ℛ

Pitra, Dom., kleine Tageszeiten zur Mutter Gottes v. Lourdes f. e. Woche. Hrsg. u. m. Gebeten u. Liedern vers. v. A. R. 16. (229 S. m. 1 Farbdr.) München 897. R. Abt. Geb. in Leinw. n. — 60

Pitra, Frz., Führer auf der Arlberg-Bahn u. deren Anschlusslinien. 12. (VI, 156 S. m. Taf., Plänen u. Karten.) Romanshorn 885. (Juker.) cart. 2. —; geb. 2. 25

— Innsbruck u. dessen nächste Umgebung. Mit e. Stadtplane u. e. Umgebungskarte. [4. Aufl. v. Erler's Innsbruck.] 8. (59 S.) Innsbruck 885. Wagner. n. — 60

Pitra, Frz., der Kirchenschatz der kgl. Loretto-Kapelle an der Frag bei den PP. Kapuzinern in Klausen. (46 S. m. Abb) kl. 8. Bozen 906. A. Auer & Co n. — 70

Pitra, Frz., Klausen u. Umgebung. (II, 105 S. m. Abbildgn., 1 Plan u. 1 Karte.) 8. Brixen (910). Buchh. der Verlagsanstalt Tyrolia. 1. 50

Pitra, Joh. Bapt., Analecta sacra spicilegio Solesmensi parata. Tom. 1—4 et 8. gr. 8. Rom, Spithöver. à n. 12. —
1. Patres Auteniaceni orientales. (XCIV, 704 S.) 876.
2. — Auteniaceni. (XLVII, 660 S., m. 2 Taf.) 884.
3. — dasselbe. (638 S.) 883.
4. — Auteniaceni orientales. (XXXIV, 518 S.) 883.
8. Nova s. Hildegardis opera. (XXIII, 614 S.) 882.

Pitra, J. B., juris ecclesiastici Graecorum historia et monumenta. Tom. 1. A primo p. C. n. ad VI. saeculum. gr. 4. (LXIV und 686 S.) Rom 864, (Spithöver. — Leipzig, Brockhaus' Sortiment und Antiquarium.) * *

Pitra, Joh. Bapt., Leben d. ehrwürd. Dieners Gottes Franz Maria Paul Libermann. Nach der 4. Aufl. d. französ. Originals gefertigte, vom Verf. genehmigte deutsche Ausg. v. J. Müller. gr. 8. (VIII, 496 S.) Stuttgart 893. J. Roth. n. 5. —

Pitra, J. B., Spicilegium Solesmense, s. Spicilegium.

Pitra, J. B., Tageszeiten uns. lieben Frau v. Lourdes. Frei nach d. Franz. 16. (VIII, 208 S.) Aschaffenburg (894). (Passau, R. Abt.) Geb. in Leinw. n. — 50

Pitra, Jos. Al., Gedanken über die organische Welt. Unterschied zwischen Thieren und Pflanzen vorzüglich in Hinsicht auf die Fortpflanzung. Nach dem böhm. Mscr. deutsch bearb. vom Verf. selbst. gr. 8. (XI und 128 S. mit eingedr. Holzschn.) Prag 862, Dominicus. *

Pitra, Karl, das Rechnen mit gemeinen Brüchen. gr. 8. (20 S.) Leipzig 888, Fock. *

Pitra, L. W., authent. Nachr. v. d. ersten Auftritten d. französ. Staatsumwälzung; aus d. Französ. 8. Braunschw. 793. Schulbuchh. 8 gℊ.

Pitray, Vicomtesse de, geb. Gräfin Ségur, Schloß Kunterbunt u. seine Bewohner. Nach dem Franz. von Phpp. Laicus. 2. Aufl. 8. (VI, 282 S. m. Holzschn.) Freiburg i/B. 899. Herder. 1. 80; geb. in Halbleinw. n. 2. —

Pitray, Vicomtesse de, geb. Gräfin Ségur, Schloß de la Tandière u. seine Bewohner. Nach dem Franz. v. Phpp. Laicus. Mit 75 Illustr. v. A. Marie. 8. (VI, 295 S.) Freiburg i/Br. 883. Herder. 2. —; geb. n. 2. 50

Pitre, s. Lepitre.

Pitre-Chevalier, Manuela Avilez (aus: Brune et Blonde.). Aus d. Franz. übersetzt v. Fanny Tarnow. 8. (21½ B.) Leipzig 842, Kollmann.

—— Studien über die Bretagne. Nach d. Franz. v. Wilh. Ludw. Wesché. 6 Bde. 8. Leipzig 842, 43, Kollmann.
Inhalt:
Bd. 1., 2. Kriegerische Epoche 1342. A. u. d. Tl.: Johanna von Montfort. Histor. Roman aus d. Zeit der Regierung Philipp's von Valois. 2 Bde. (42½ B.) 2 Thlr. 15 Ngr.
" 3., 4. Epoche der Künste u. Verfall des Reichs 1490. A. u. d. Tl.: Michel Columb, der Bildhauer. Histor. Roman aus d. Zeit der Regierung Karls VIII. u. Ludwigs XII. 2 Bde. (39½ B. u. Abbild. des Grabmals Herzog Franz II.) 2 Thlr. 15 Ngr.
" 5., 6. Epoche der Ligue 1594. A. u. d. Tl.: Aliener, Priorin von Lok-Maria. Histor. Roman aus d. Zeit der Regierung Heinrichs IV. 2 Bde. (40 B.) 2 Thlr. 15 Ngr.

Pitreich, A., Erläuterg. d. Handelsgesetzbuches, s.: Blaschke.

Pitreich, A., das allgem. Grundbuchsgesetz, die Vorschriften üb. Eisenbahnbücher, Bergbücher u. Naphthabücher usw., s.: Taschenausgabe, Manz'sche, der österreich. Gesetze.

[Sanskr. u. Ant.] Pitṛmedhasūtrāṇi. The Pitṛmedhasūtras of Baudhāyana, Hiraṇyakeśin, Gautama ed. with critical notes and index of words by W[ilhelm] Caland. *Leipzig: F. A. Brockhaus in Komm. 1896.* (XXIV, 132 S.) 8°
= Abhandlungen f. d. Kunde d. Morgenlandes. Bd 10, No 3. (03. 839)

PITROFF, FRANZ CHRISTIAN: Rede, welche auf das Fest des Heiligen Vincentius von Ferrerriis in der Klosterkirche deren P. T. Dominicaner in Pest vorgetragen worden Anno 1773, den 19ten April. Pest 1773. Gedruck mit Eitzenbergerischen Schriften. 16 S. - 4°

PITROFF, FRANC(ISCUS CHRISTIAN): Rede, welche an dem feyerlichen Gedächtnißtag von der Erfindung der rechten Hand des heiligen Stephanus des ersten apostolischen Königs von Ungarn in dem königl. Propsteystift des heil. Sigismundi ob dem Schlosse zu Ofen vorgetragen worden von Franciscus Pitroff aus dem Ritter Kreuzorden mit dem rothen Stern. Pest 1773. Gedruckt mit Eitzenbergerischen Schriften. 20 S. - 4°

PITROFF, FRANZ CHRISTIAN: Trauerrede auf den Todesfalle weiland seiner Hochgräfl. Excellenz des Grafen und Herrn Anton Grassalkovics von Gyarack, welchen bey dessen feyerlicher Leich-Besingnuss, den 28-ten des Hornung im Jahre 1772. in der von ihm erbauten Begräbnuss Kirche in Besneő nächst Gedellő vorgetragen hat Franz Christian Pitroff, Propst und Prediger. Ofen 1772. Gedr. bey Franz Leop. Landerer Seel Erben. 17 f. - 2°

Pitrowski, Edmund, Ritter v. Ginwill, Die Viehversicherung. Grundlagen ihrer Organisation, ihr gegenwärtiger Stand, Vorschläge zur Lösung der Viehversicherungsfrage. (Separat-Abdruck aus der „Oesterr. Molkerei-Zeitung".) Gr.-8. (90 S.) Wien: Fromme 1896. * —.90

Pitsch

— s. a. Pietsch.

Pitsch: Bruchstücke einer Phraseologie aus Xenophon, Lysias und Isokrates. 30 S. – Stettin, Progr. 1858.

Pitsch, Anton Karl

Pitsch, A. K.: Handbuch der Prager priv. Bürgerkorps und der gesamten Schützenkorps in Böhmen für das Jahr 1847. Prag, 1847.

Pitsch, C. Fr., Repertorium für Organisten rc., s. Vater, Steph.

Pitsch, Felix: Die Rechtsnatur des Inhaberpapieres. Breslau 1906: Th. Schatzky. (127 S.) 8°
Breslau, Jur. Fak., Ref. Leonhard-Schott, Diss. v. 27. Juli 1906
[Geb. 5. Febr. 67 Koschmin; Wohnort: Breslau; Staatsangeh.: Preußen; Vorbildung: Gymn. Göttingen Reife O. 86; Studium: Heidelberg 1, Breslau 3, Genf 1, Straßburg, Breslau 2; Würzburg 2, Breslau 4 S.; Rig. 2. März 06.]

Pitsch, Friedr.. die Einführung der freien Advocatur in Preußen. gr. 8. (31 S.) Berlin 849, Schneider und Comp. Thlr. *

Pitsch, Fredr., die Einführung der freien Advocatur in Preußen. gr. 8. (31 S.) Berlin 850, Schneider & Co. n. 4 ngl

Pitsch Gisela: Der Sturm. Ein Schauspiel von Shakespeare, für das Theater bearbeitet von Ludwig Tieck.
H. 1909 PN 2651 **Diss.**W. Univ.

Pitsch, Hanns, üb. Achromasie. [Aus: „Sitzungsber. d. k. Akad. d. Wiss."] Lex.-8. (17 S.) Wien 891. (F. Tempsky.) n. — 60

Pitsch, Hans, Beweis der Giltigkeit des Fermat'schen Satzes für die Lichtbewegung in doppeltbrechenden Medien. Lex.-8. (11 S.) Wien 884, (Gerold's Sohn.) * *
Aus: Sitzungsberichte der k. Akademie der Wissenschaften, besonders abgedruckt.

Pitsch, Hans, über die Isogyrenfläche der doppeltbrechenden Krystalle. Lex.-8. (26 S. mit 1 lithogr. Taf.) Wien 885, (Tempsky.) * *
Aus: Sitzungsberichte der k. Akademie der Wissenschaften, besonders abgedruckt.

Pitsch, J. De proverbiis nonnullis latinis, quae cum germanicis quibusdam congruere videntur. 13 S. **Progr.** G. *Marienwerder* 1885.

Pitsch, Jacob [aus Bonn] (Aus d. med. Poliklinik zu Bonn.) Beitrag zur Kenntnis der Myocarditis. . . . Bonn, Univ.-Buchdr. v. Carl Georgi, 1890; 12 S. 8°
Bonn, Med. Fak., Inaug.-Diss. v. [28.] Jan 1890

Pitsch, Jo. Samuel (Herrnstadt/Schlesien), De tussi convulsiva. Diss. med. Präs. Friedrich Hoffmann. Halle/Magdeburg (J. Chr. Hilliger) Dez. 1732. 29 S. (4.75) 26562
Widm. v.: Friedrich Hoffmann.

Übersichts-Karte der Mittelschulen in Österreich. Bearb. von Prof. Dr. Johann **Pitsch.** Gez. u. red. von Dr. Karl Peucker. Im Auftr. des k. k. Minist. f. Kultus u. Unterr. Maßst. 1:1,700,000. [Mit 2 Nebenkarten.] *Wien: Artaria & Co (1903); Kartolith. Th. Bannwarth.* (1 Kartenbl. 80 × 63 cm.) 8° [kol.]
[Umschlagt.:] Die Mittelschulen in Österreich. [o3. 1064]

Pitsch, Joh., über den Zusammenhang der spezifischen Volumina e. Flüssigkeit u. ihres gesättigten Dampfes. (12 S.) gr. 8. Wien 904. (A. Hölder.) n. — 30
Sonderabdruck aus: „Sitzungsber. d. k. Akad. d. Wiss".

Pitsch, L., Untersuchgn. über Oefen u. Schornsteine. Zum deutschen Reichspatent No. 81903. Aufsatz f. Schornsteine u. Ventilationsrohre u. dergl. (Wie kann man d. Belästiggn., welche durch d. Rauchen d. Öfen in bewohnten Räumen verursacht werden, verhindern? — Wie kann man durch zweckmäss. Behandlg. der Öfen u. durch Anwendg. geeign. Schornsteinaufsätze an Brennmaterial sparen?) gr. 8. (24 S. m. 10 Abb.) Berlin 896 (W. Ernst & Sohn.) n. 1. 20

Pitsch, Lucian, Mittel u. Wege zur Beschleunigung der Seßhaftmachung v. Landarbeitern. (53 S. m. 3 Taf.) gr. 8. Berlin 909. P. Parey. 2. —

Pitsch, Moritz, aus Usedom i. P.: Über **Phosphorsuboxyd.** *Rostock 1900: C. Hinstorff.* (51 S.) 8°
Rostock, Phil. Diss. v. [20. Jan.] 1900

Pitsch, Otto, die Einführung landwirthschaftlicher Fortbildungsschulen eine brennende Zeitfrage. Bonn 870. Cohen & Sohn. gr. 8. (40 S.) n. 5 ngr.

— Mißstände u. deren Beseitigung im Gebiete der Landwirthschaft. Ebend. 869. gr. 8. (III, 148 S.) 18 ngr.

Pitsch, Otto, die Theorie der Bodenbearbeitung u. ihre Anwendung auf die Praxis. Mit 7 Holzschn. gr. 8. (VIII, 160 S.) Dresden 884. G. Schönfeld's Verl. n. 3. —

Pitsch, Richard, approb. Arzt aus Usedom: Ein **Fall von angeborenem Hochstande der Scapula. (Sprengel'scher[!] Deformität.)** *Leipzig-Reudnitz 1898: A. Hoffmann.* (18 S.) 8°
Würzburg, Med. Diss. v. 1898

Pitsch, Walther, Gerichts-Ref. aus Solingen: **Rechtsstellung einer Ehefrau, welche selbständig ein Erwerbsgeschäft betreibt. (Dargestellt nach d. Rechte des B. G. B.)** *Düsseldorf 1900: A. Bagel.* (39 S.) 8°
Freiburg i. B., Rechts- u. staatswiss. Diss. v. 1900

Pitschaft, Festrede zur Feier des 100jährigen Geburtstages Friedrich's v. Schiller am 2. Festtage, 11. Novbr. 1859. Mainz 859. Faber. 12. (24 S.) 3 ngr.

```
Pitschaft, J.A.: Abhandlung über die äußer-
liche Anwendung des kalten Wassers zur Mä-
ßigung des Fiebers und über die Anwendung
des kalten Wassers als Arzneymittel über-
haupt. S. 123-211. gbd.

Berlin: Reimer 1822
(J.prakt.Arzneykd.u.Wundarzneykunst, Suppl.
                                      1822.)
```

Pitschaft, J. A., der Arzt als Rathgeber u. Hausfreund. gr. 8. Heidelberg, Mohr u. W. 817.

Pitschaft, J. A., der Arzt als Rathgeber u. Hausfreund. gr. 8. Heidelb. 817. (Winter). 16 gr.

— medicin. Familienbüchlein. gr. 8. Heidelb. 813. (Winter). 16 gr.

Pitschaft, J. A., der wohlmeinende Familienfreund od. Gesundheitslehre f. die deutsche Jugend aller Stände, besonders auch f. Real- u. Sonntags-Schulen. 12. (3⅙ B.) Karlsruhe 843, Nöldeke.

—— Gesundheitskatechismus f. den Bürger u. Landmann. 2. Aufl. 8. (3½ B.) 812. u. 3. Aufl. 12. (2⅓ B.) Stuttgart 843, (Ebner u. Seubert.) à

Pitschaft, J. A., Unterricht üb. die weibl. Epoche, die Schwangerschaft, das Wochenbett rc. gr. 8. Heidelb. Mohr u. W. 812.

— Unterricht über die weibl. Epoche, die Schwangerschaft, das Wochenbett rc. gr. 8. Heidelb. 812. (Winter). 8 gr.

Pitschak, J.: Generelle und statistische Beschreibung des Forstbezirkes Kimpolung. Czernowitz: Verl. d. k. k. Güterdirektion 1873.

Pitschel Patschel Klitsch Klatsch. Politisches Damen-Gespräch auf dem Berliner Wochenmarkte von F. C. M. Druck von E. Litfaß. 1 Bl. Fol.
Flugblatt. Berlin, 1848/49.

Pitschel, Ernst: Eindrücke und Beobachtungen während eines Studienaufenthalts in Frankreich. Frankfurt a. M. 1909: Limpert. 32 S. 8°
Frankfurt a. M., RG Muster-S P 1909 (549) [S 09. 362

Pitschel, Ernst, Einführung in die französische Sprache auf lautlicher Grundlage. Im Anschluß an die Vorschule zu Lehr- u. Lesebuch der französ. Sprache v. X. Ducotterd verf. gr. 8. (V, 31 S.) Frankfurt a/M. 901. C. Jügel. n. — 60

Pitschel, Ernst *Hermann* [aus Gera]: Zur Syntax des mittelenglischen Gedichtes William of Palerne. Ein Beitrag zur mittelenglischen Syntax. I. Der einfache Satz. . . . Marburg, Buchdr. O. Ehrhardt, 1890; VII. 79 S. 8°
Marburg, Phil. Fak., Inaug.-Diss. v. [12. Jan.] 1891

Pitschel, Friedrich Lebegott: Anatomische und chirurgische Anmerkungen, welchen eine kurze Nachricht von dem Collegio medico-chirurgico zu Dresden voran geschickt wird. 77 S., gbd., 5 Taf.

Dresden: Hilscher 1784

Pitschel, Fr. Lbrcht., (+ d. 10. Sept. 1785.) anatom.-chirurg. Anmerkk., welchen eine kurze Nachr. von d. Collegio medico-chirurgico zu Dresden vorangeschickt wird. Mit 5 Kpf. 8. Dresd. 784. Hilscher. 10 gr

Pitschel, Friedrich Lebegott (Tautenburg), De axungia articulorum. Präs. Johann Friedrich Bauer. Leipzig (Langenheim) 29. VII. 1740. 32 S., 1 Taf. (1.75) **26563**
Gew.: Heinrich von Bruehl.

Pitschel, Fr. Lobeg., Epistola ad Kulmum de hydrocephalo interno. Lps. 4°. **Auch:** *Haller*, Disp. ad morb. 4°. Laus. 1757, I, 191—196.

1741

— **Johann Friedrich Adolph** (Dresden), Observationes Singulares. Exercit. jur. Präs. Fried. Gottlieb Zoller. Leipzig (Langenheim) 5. VI. 1773. 14 S. (4.50) **26564**

Pitschel, Johannes: Leibnizens und Kants Lehre vom Raum miteinander verglichen. Leipzig 1905: F. A. Körner. (85 S.) 8°
Leipzig, Phil. Fak., Ref. Heinze u. Wundt, Diss. v. 8. Juni 1905
[Geb. 13. Sept. 75 Mulsen St. Jakob, Sachsen; Wohnort: Mulsen St. Jacob; Staatsangeh.: Sachsen; Vorbildung: Seminar Grimma-Rochlitz, Reifeprüf. Gymn. Zwickau M. 01; Studium: Leipzig 6 S.; Rig. 27. Juli 04.]

Pitschel, Osk., Nelly's Geburtstagsfreuden, s. a. Album f. Liebhaber-Bühnen.

Nelly's Geburtstagsfreuden. Orig.-Schwank in 1 Akt von Oskar Pitschel. *Berlin: Kühling & Güttner [1899].* (19 S.) 8° [F.]
= Album f. Liebhaber-Bühnen. No 318. [99. 1933

Pitschel, Walter [pr. Arzt]: Ein Fall von Persistenz des Truncus arteriosus communis . . . Königsberg i. Pr., Buchdr. E. Rautenberg, 1897; 30 S., 1 Bl., 1 Taf. 8.
Königsberg, Med. Fak., Inaug.-Diss. v. 17. Juli 1897

Pitschel, Walt., ein Fall v. Persistenz des Truncus arteriosus communis. Diss. gr. 8. (30 S. m. 1 Taf) Königsberg 897. (W. Koch.) n. 1. —

Pitschi, Ernst, prakt. Arzt, von Altstätten, Rheinthal: Aus der kantonalen Krankenanstalt in Glarus. Zur Kasuistik der Poly- und Syndactylie aller Extremitäten nebst beiderseitigem partiellem Tibiadefekt und andern Missbildungen. (Doppelte Anlage des Unterkiefers.) Mit 4 Röntgenbildern, einer Tafel und einer Photographie [Leipzig 1905.] 24 S. 8°. [17. II. 05.]
Zürich Med. Diss. 1904/1905.

Pitschke, H., üb. die Entstehung u. Entwicklung d. Mansfelder Knappschafts-Vereins u. der Wohlfahrts-Einrichtungen beim Mansfelder Bergbau. 8. (47 S.) Eisleben 892. (Kuhnt.) n. — 50

Pitschke, Rudolf, über einige Azo- und Azoxyderivate des Toluols und Benzols. Diss. Freiburg i B. 1885, Fr. Wagnersche Univ.-Buchh. 8°. 49 S.

Pitschmann, C. Gl., dubia vexata hist. ecclesiast. in IV priora saec. c. suppl. 8. Zittau. Spickermann. 717—21.

— Kernhist. d. röm. Reichs deutsch. Nation. 8. Ebendas. 722.

— geogr. gel. Staatswissensch. d. Länder Portugal, Spanien, Frankreich rc. 8. Leipzig, Weidmann. 716.

Pitschmann Frz.: Joh. Clajus des Älteren Grammatik der deutschen Sprache. 42. Prag R. II. 88.
Progr.

Pitschmann, Friedrich Gottlob (Zittau / Lausitz), Praxis criminalis specimen de eo quod justum est in defensione inquisiti ex capite imbecillitatis mentis et quaestione: quousque excuset? In wieferne die Schwachheit der Vernunfft einen Verbrecher entschuldige? Präs. Friedrich Lebrecht Stoltze. Leipzig (Langenheim) 4. IV. 1743. 38 S. (5.25) **26565**
Enthält ferner: Vernunfft-mäßige Beurtheilung, der bey I. G. E. sich geäußerten Gemüths-Kranckheiten, und daher gekommenen Verdunckelung des Verstandes. Mit beygefügter Erörterung der Frage: In weit die Schwäche der Vernunfft bei einem begangenen Verbrechen, von der ordentlichen Leibes- oder Lebens-Straffe befreyen müsse? als eine Schutz-Schrifft von jetzt gedachten wegen verübten Vater-Mords inhafftirten Studiosum E. zur Abwendung der Todes-Straffe gefertiget, von Friedrich Lebrecht Stoltzen, als hierzu ex officio verordneten Defensorn. Leipzig 16. III. 1740. S. 39—78. — Gew.: Christian Gottlob Pitzschmann (Vater) v. Friedrich Lebrecht Stoltze.

Pitschmann, J. A., Helikoniaden, eine Sammlung von Gedichten. 8. Prag, Krammer. 802.

Pitschner, mecklenburgisches Choralbuch, s.: Wöhler.

[**Pitschner,** Guilelmus]: * Systematische Aufzählung der in den Gewässern Berlins und der nächsten Umgegend vorkommenden Krustaceen, mit Berücksichtigung der kleinsten mikroskopischen Formen; Beurtheilung der von den berühmtesten Schriftstellern aufgestellten Charaktere der Gattungen und Arten und deren Bestätigung oder Verbesserung auf Grund von Beobachtungen und kritischer Erläuterung; vorwaltende Untersuchung über die Lebensweise, den Aufenthalt, die winterlichen Schlupfwinkel, die Ernährung, die Fortpflanzung der bekannten Arten und über etwa vorkommende Abweichungen der äussern Strukturverhältnisse des Körpers — dem heutigen Standpunkte der Wissenschaft entsprechend. Mit 14 Taf. [Berliner philos. Preisarbeit v. 1849.] X, 182 S. 14 Taf. 4° — Angeb. ist eine lat. Uebersetzung (ohne Literatur, Inhaltsverzeichnis, Erklärung der Tafeln) u. d. T.:
[**Pitschner,** Guilelmus]: * Enumerentur ordine systematico Crustaceorum species in aquis circa Berolinum obviae, . . . VI, 176 S. 4°
Halle-Wittenberg, Phil. Diss. v. 19. Mai 1852
Geb. [Bromberg 21. 6. 1822]

Pitschner, W[ilhelm]. Der Mont-Blanc. Darstellung der Besteigung desselben am 31. Juli, 1. und 2. August 1859. Ein Blick in die Eislandschaften der Europäischen Hochalpen. Erläutert durch einen Atlas mit sechs Farbendruck-Tafeln in Grossfolio mit drei kleineren. [2 Theile.]

[Theil 1.] Der M'-B'. Darst' der Best'... [Mit 3 Tafeln.] 8. – [Theil 2.] Atlas zum M'-B'. [6 Tafeln.] fol

2. Aufl.: [Theil 1.] Genf, Leipzig 1864: [Theil 2.] *o. O. u. J.*

3. Aufl.: [Theil 1.] Genf 1868; [Theil 2.] *o. O. u. J.*

Pitschner, W., der Mont-Blanc. Darstellung der Besteigung desselben am 31. Juli, 1. und 2. August 1859. Ein Blick in die Eislandschaften der europäischen Hochalpen. Erläutert durch einen Atlas. Lex.-8. (VII und 154 S. mit 6 Farbendr.-Taf. in gr. Fol. und 3 kleineren in Lex.-8.) Berlin 860(62). (A. Hirschwald.)

— — 2. (Titel-)Aufl. Genf 864. (Leipzig, Brockhaus.) gr. 8. (VII, 154 S.) n. 4 ₰

Pitschpatsch, Adolf *(geb. Köben a. O. 5. 1. 1855)*: Ueber motorische Reizerscheinungen bei cerebraler Hemiplegie. Breslau 1877. (40 S.) 8°

Breslau, Med. Diss. v. 26. März 1877

Pitt, Urian Henning; e. Heldengedicht in 6 Gesängen, (von Gust. v. Bergmann). 8. ... 790.

Pitt, William, Vater und Sohn.

[Halberstadt 1800.] V: *Fischer, Gottlob Nathanael.* (ML)

Pitt, Alb., Album v. Pyritz mit 15 Ansichten, nach der Natur gezeichnet u. lith. qu. gr. 8. Pyritz 879. Backe. 2. 75

Pitt, Fr., Auswahl romant. Erzählungen. 8. Berlin 829. (A. Förstner.) 1 ₰

Pitt, Fr., Auswahl romant. Erzählungen. 8. (13 B.) Berlin 829, Schüppel.

– s. **Bawr,** 2 Erzählungen.

Pitt, F.: Der Diebesfinger, s. Volksbücher, Neue.

– s. J. Lazzaris, 3 Erzählungen.

— historisch-romantische Novellen. 2 Bde. 8. Berlin 828. (A. Förstner.) 2 1/6 ₰

—— histor.-romant. Novellen. 2 Bde. 8. (31½ B.) Berlin 828, Schüppel.

– s. **Poujulat,** die Beduine.

— kleine histor. Romane. 8. Berlin 829. (A. Förstner.) 1¼ ₰

—— kleine histor. Romane. 8. (15 B.) Berlin 829, Schüppel.

– s. A. **Royer,** Mancel.

– Der Spanier, s. Volksbücher, Neue.

– s. L. Viardot, die Moskee.

— der falsche Waldemar, oder: die Markgrafensteine bei Fürstenwalde. Eine histor. Erzählung. 8. Schwedt 830. Nernst. 1 ₰ (L. Oehmigke in Berl.) 1 ₰ 4 gr

—— der falsche Waldemar, od.: Die Markgrafensteine bei Fürstenwalde. Eine histor. Erzähl. 1. Aufl. Berlin 830, Oehmigke. 1 Thlr. 4 Gr., u. (2., unveränd. A.) (à 18½ B.) 8. Schwedt 833, Nernst.

— der falsche Waldemar, oder: Die Markgrafensteine bei Fürstenwalde. Eine histor. Erzählung. (2e unveränd. Aufl.) 8. Schwedt 833. (Windolf u. Striese.) 1 ₰

Pitt, Ulrich, Jever und sein Jubelfest. Ein Gedenkblatt für das hundertjähr. Bestehen des Schützen-Vereins und das dreihundertfünfzig Jahre alte Städterecht Jevers. 8. (52 S.) Jever 888, Mettcker und Söhne.

Pitt, Willi

Pitt, Willy, städt. Tierarzt zu Königsberg i. Pr.: Aus d. Kgl. hygien. Institut d. Univ. zu Königsberg i. Pr. Geh. Med.-Rat Prof. Dr. R. Pfeiffer. Beiträge zum regelmäßigen Vorkommen der Rotlaufbacillen auf der Darmschleimhaut und in den Tonsillen gesunder Schweine. Jena: G. Fischer 1907. (15 S.) 8° ¶ [Aus: Centralblatt für Bakteriologie, Parasitenkunde und Infektionskrankheiten. Abt. I. Orig. Bd 45.]

Gießen, Veterinär-Med. Koll., Ref. Olt, Diss. v. 11. Okt. 1907

[Geb. 2. Mai 75 Gollnow (Reg.-Bez. Stettin); Wohnort: Königsberg i. Pr.; Staatsangeh.: Preußen; Vorbildung: Gymn. Greifenberg i. Pom. Reife O. 94; Studium: Tierärztl. Hochsch. Berlin 8 S.; Rig. 5. Juni 07.]

PITT, William, Earl of Chatham 1708 - 1778
Des Hoch-Edlen Grafen von Chatham Rede, gehalten im Hause der Lords, den 20sten Jenner, 1775, Bey Gelegenheit eines Vorschlags zu einer Addresse an Seine Majestät den König, Daß derselbe unverzüglich Befehle ertheilen möge seine Truppen von Boston sogleich wegzuziehen, um die Gemüther seiner guten Unterthanen in America zu beruhigen, und ihre Besorgnisse aus dem Wege zu schaffen.
[A. d. Engl.]
Philadelphia: Miller. 1775. 16 S. 8°.
Historical Society of Pennsylvania Philadelphia, jetzt in Library Company of Philadelphia
Übers. v. The Speech of the Right Honorable the Earl of Chatham, in the House of Lords, Jan. 20, 1775, 1775.
Evans 14407.

Pittard née Dufour, Mme Hélène = Roger, Noëlle [Autorname].

Pittard-Bullock, Harold A(rthur) P(enrhyn), a. Guernesey: The Power of the Continuum. (Berlin) 1905: (E. Ebering.) (39 S.) 8°

Rostock, Phil. Fak., Ref. Staude, Diss. v. 7. Nov. 1905

[Geb. 8. Jan. 81 Guernsey; Wohnort: Berlin; Staatsangeh.: England; Vorbildung: Private Vorbereitung; Studium: Berlin 7 S.; Rig. 20. Okt. 05.]

Pittel, Lord,. Posse in 1 Akt von Golden. 8. Danz. Goldstam. 805.

Pittel, A. Br., u. V. **Brausewetter,** praktische Anleitung zur Projectirung u. Bauausführung v. Beton-Abzugscanälen. Bearb. von der Bauunternehmung für Städte-Canalisation u. Betonbau P. & B. in Wien u. Pressburg. Mit 3 Taf. gr. 8. (48 S.) Pressburg 887. Heckenast's Nachf. In Leinw. cart. n. 1. 60

Pitten [Schlagwort]

Pitten, s.: **Wiener Ausflugskarten.**

Pitterlein, Hans [aus Plech]: Über Castration bei Myomen des Uterus ... Bamberg, gedr. in d. Handels-Dr., *1896*; 31 S. 8.

Erlangen, Med. Fak., Inaug.-Diss. v. 31. Jan. 1896

Pitterlin, Carl August, s. P i t t e r l i n, Karl August

— Gottfried Carl August (Dresden), De lege sibi dicta ad 1. 22. ff. de leg. 3. Diss. Präs. Friedrich Gottlieb Zoller. Leipzig (J. G. I. Breitkopf) 23. IX. 1745. 22 S. (4.25) 26567

Pitterlin, Karl August

Pitterlin, Carl August (Augustusburg), De successione Hispanica. Diss. jur. Präs. Johann Christian Meiss. Leipzig (Brandenburger) 20. VIII. 1709. 48 S. (5.—) 26566

Pittermann, Ign., Leich- und Lobrede a. Carl VI., röm. Kaiser, m. K. Fol. Wien. 740.

Pittet, L. Über Pseudo-Jehthyose. M. 1 Taf. In-8°. 44 S. Basel. These. 1874

Pittier, J. L., de Arthritide. 8. Landsh. 820. Weber in Münch. 8 gr.

Pittier de Fábrega, H., die Sprache d. Bribri-Indianer in Costa Rica. Hrsg. u. m. e. Vorrede vers. von Frdr. Müller. [Aus: „Sitzungsber. d. k. Akademie d. Wiss."] gr. 8. (149 S. m. 1 K.) Wien 898. (C. Gerold's Sohn.) n. 3. 60

Pittinger, Otto, aus Wörth a. Donau: Über **Zerreißung** der Nabelschnur intra partum. *Regensburg 1903: H. Schiele.* (29 S.) 8°
Würzburg, Med. Diss. v. 1903

Pittinger, Xaver [aus Wörth a. Donau]: Zum Glycogengehalt der Leber von Kaninchen bei Phloridzindiabetes ... Würzburg, Becker's Univ.-Buchdr., 1895; 22 S. 8.
Würzburg, Med. Fak., Inaug.-Diss. v. 1895

Pittius, Alexander *Emil Heinrich Adolf* [aus Schlawe]: Beitrag zur Therapie und Prognose der Unterlippen-Carcinome ... Greifswald, Druck v. J. Abel, 1892; 69 S. 8.
Greifswald, Med. Fak., Inaug.-Diss. v. 4. Nov. 1892

P i t t i u s, Franz: Genossenschaftliche Milchverwertung. Berlin-Südende: Selbstverl. 1909.

Pittius, Herm., die Kenntniß der wichtigsten Waldbäume u. die Bewirthschaftung der Communal- u. Privatforsten nach praktischen Erfahrungen für Forstbesitzer, Privatförster u. die es werden wollen. gr. 8. (VIII, 91 S.) Leipzig 882. O. Wigand. 1. 50

Pittius, Paul (Hrsg.), s. W a c h t, Die.

Pittner Wilhelm: Versuch einer topographisch-historischen Darstellung der Besitzverhältnisse des Bistums Passau in Ober- und Nieder-Oesterreich von den ältesten Zeiten bis 1313.
1873 PN 6 Diss. Wien, Univ.

Pitton de Tournefort, Joseph. Beschreibung einer Reise nach der Levante; a. d. Franz. Nürnb. 1773—76. Ü: *Panzer, Georg Wolfgang.* (Adel) (EngG) (MGT) (Ky) (Will) (BB)

Pittonius, Frz. Mar., de controvers. patronor. fol. Nöthen. 732.

Pittoresken von der Gegend von Hamburg, in 4 color. Blätt. m. Text v. Wesselmann. 1r Heft. Hamb. Wettach. 806.

Pittoresken, Neue, aus Norden, oder statistisch-historische Darstellungen aus Est- und Liefland ... Erlangen 1805. V: *Petri, Johann Christoph.* (R-N) (Ky) (MGT)

— neue, a. Norden, od. statist. hist. Darstell. a. Esth- und Liefl. u. e. Topogr. v. Moskau, m. K. 8. Erl. Knick. 805.

Pittoresken aus Norden. Meine und meines Freundes Geschichte. St. Petersburg [Riga] 1795. V: *Friebe, Wilh. Chn.* (BGE) (R-N) (GGr) (MGT) (Wr)

Pittoresken aus Norden. 2 Bde. enth. Meine und meines Freundes Gesch. 2 Thle. 8. Riga. (Hartknoch in Lpz. 795. 96. I. 21 gr. II. 1 Rthlr.)

Pittoresken aus Norden. Meine u. meines Freundes Geschichte, (v. W. Chr. Friebe). 2 Thle. 8. St. Petersb. (Riga) 795, 96.

Der Stern von Bethlehem. Ein deutsches Weihnachts- u. Krippenspiel in 4 Bild. von F[riedrich] A[dolf] Geißler. Musik von Georg **Pittrich.** Als Ms. gedr. Berlin: F. Bloch Erben [1908]. (83 S.) 8° [Fr.] 1908. 17259

Pittroff, Frz. Chr., († d. 7. Juli 1814.) Anleit. zur prakt. Gottesgelahrtheit, nach d. Entwurf der Wiener Studienverbesserung. 4 Thle. 8. Prag 778, 79. 2e A. 782, 83. (Wesché in Frkf. a. M.) 4 ₰

Pittrof, Frz. C., Anl. z. prakt. Gottesgelahr., nach d. Entw. der Wiener Studienverbess. 4 Thle. 8. Würzburg. (Gobhard, Bamb.) 787.

— Kirchenamtspolitik, nach d. Verhältn. d. Kirchenstatistik und Pastoralklugh. 2 Bde. gr. 8. Bamb. Gobhard. 785—786.

— Kirchenamtspolitik, nach d. Verhältnissen d. Kirchenstatistik u. Pastoralklugheit. 2 Bde. gr. 8. Prag 785, 86. (Wesché in Frkf.) 3 ₰ (Schaumburg in Wien). 1 ₰ 8 gr.

— Diss. de prudentia pastorali Pauli in superando etc. impedimento. 8maj. Prag 782. Mangold. 6 gr.

Pitt's Reise ins Ehebette, (von Er. Müller). 8. Leipz. 804. (Cnobloch). 1 ₰ 16 gr.

Pitts Reise ins Ehebette, vom Verf. d. Unterröckchens, Ernst Müller. 8. Lpz. Schiegg. (a. Vollmer in Hamb.) 806.

Pitt's, Will., Leben, Grundsätze u. Staatsverwaltung, od. Pitt vor d. Richterstuhle d. Nachwelt. 8. Paris 806. (Herold jun. in Hamb.) 10 gr.

William **Pitts**, Leben und Staats-Regierung oder: **Pitt** vor dem Richterstuhle der Nachwelt. Von einem unpartheylichen Beobachter. Hamburg. o. J. 8°.
Siehe auch in: Macaulays ausgewählte Schriften. Bd. 2.

— geheime Lebensgeschichte. 8. Hamb. 801. Villaume. 4 gr.

Pitt's, Wlh. d. Jüng., verkehrte Ministerstreiche, (v. Chr. A. Wichmann). 3 Thle. 8. (Zürich) 795—797. Ziegler u. S. 2 ₰ 20 gr.

—Staatsverwaltung in Britannien. 8. Lond. 763. (Götting., Dieterich). 10 gr Anh. dazu. 8. Berl. 764. Birnstiel. 5 gr

Pittsburg Abend-Zeitung : 1863?–1865? Pittsburg, PA
Weekly. Edited & published by Johann Georg Ripper.

Pittsburg Herold : Jahrgang 1–2, no. 17, Apr. 2, 1890–Aug. 13, 1891?
independent Democratic weekly. Suspended, because of financial difficulties, June 2–July 8, 1891. Circulation: 1891, 480. Edited by John G. Burkhardt, Apr. 1890–Aug. 1891; published by Burkhardt & Moser, Apr. 1890–July 16, 1891; by Hermann G. Tessner & Co., July 23–Aug. 13, 1891.
Pittsburg

Pittsburg Neue Welt : 1895–1910? Pittsburgh, PA
Weekly. Edited & published by Pittsburgh Neue Welt Co.

Der Pittsburg Volksfreund : Jahrgang 1–19, no. 26, Feb. 1892–Apr. 12, 1912.
Independent weekly. An edition of Der Herold (Wichita, Kans.). Circulation: 1900, 1700. Published by John Hoenscheidt.
Pittsburg

Pittura, la, Satira di Salvat. Rosa, con le Note di Fiorillo. 8. Gött. (Kummer, Leipz.) 785.

Pitture del Museo Napolitano di Portici. — Contorni filio. Bern, Typ.

Pitz, [Heinrich]: Beschreibung und Einweihung des Neubaus. Alsfeld 1910: Ehrenklau. S. 1—12. 4°
Alsfeld, großh. OR P 1910 (880) [S 10. 335

Pitz, H., Geometrie. Ein Wiederholungs- u. Aufgaben-Buch f. den Unterricht an gewerbl. Lehranstalten u. Fortbildungsschulen. 2. verb. Aufl. (52 S. m. 1 Taf.) gr. 8. Gießen 909. E. Roth. — 80

Pitz, Heinrich, Referendar: Der Kux nach dem allgemeinen Preußischen Berggesetz vom 24. Juni 1865. Marburg 1909: Friedrich. VIII, 65 S. 8°. ¶(Ersch. vollst. u. d. T.: Das preuß. Kuxrecht u. d. rechtl. Behandlung d. Kuxes im Handelsverkehr, als: Arbeiten z. Handels-, Gewerbe- u. Landwirtschaftsrecht. Nr 4.)
Marburg, Jur. Diss. v. 30. Juli 1909, Ref. Heymann
[Geb. 15. Mai 87 Marburg; Wohnort: Marburg; Staatsangeh.: Preußen; Vorbildung: Oberrealsch. Marburg Reife O. 05; Studium: Marburg 6 S.; Rig. 23. Juni 08.] [U 09. 3126

Pitz, Heinr., das preußische Kuxrecht u. die rechtliche Behandlung des Kuxes im Handelsverkehr, s. a. Arbeiten zum Handels-, Gewerbe- u. Landwirtschaftsrecht. Nr. 4.

Pitz, Heinrich: Das preußische Kuxrecht und die rechtliche Behandlung des Kuxes im Handelsverkehr. Von Dr. jur. –. Marburg: Elwert 1909. XVI, 204 S. 8°
(Arbeiten z. Handels-, Gewerbe- u. Landwirtschaftsrecht. Nr. 4.)

Pitz, H., vierstellige Logarithmentafel. 12. (16 S.) Giessen 894. E. Roth. n. –40

Pitz, H., vierstell. Logarithmentafel. 2., verm. Aufl. 12. (18 u. 2 S.) Giessen 896. E. Roth. n. — 40

Pitz, H., vierstellige Logarithmentafel. 3. Aufl. gr. 16. (18 u. 2 S.) Giessen 902. E. Roth. n. — 40

Pitz, Heinrich (Giessen)
Ueber projektive Systeme welche in der Ebene durch Paare von projektiven Systemen erzeugt werden.
Giessen: Münchow 1884. 34 S. u. 1 Taf.
Diss. phil. 21.12.1884. vorh. 26. 7.

Pitz, *Heinrich* [Dr.]: Praktische Übungen zum mathematischen Unterrichte
s. **Geiger**, J. Wilhelm, & Pitz, Heinrich: Praktische Übungen ...

Pitzenberger, Franz Anton,
s.a. Pizenberger, Franz Anton

Rede gehalten bei seiner Aufnahme in die Loge Wahrheit und Einigkeit zu den drei gekrönten Säulen im Orient von Prag von Br. P . . . . [d. i. Pitzenberger]. Konstanz: Wagner 1788.
Äusserst selten. Hymnus auf die Frmrei: „Sei mir heilig, Bund der Menschengrösse“ .. cf. Volf, Jos.: Sei mir heilig, Bund der Menschengrösse ... in: Prager Presse. 1. Juli 1922.

Pitzenberger, Frz. Ant., Rede vom Einfl. der Weltweish. in d. Wohl d. Staats. 8. Zürich, Orell. 782.

Pitzer, E., deutsch. Lesebuch f. Realschulen, s.: Wollinger, Jos.

Pitzer, Eugen „Zur Geschichte der Realschule Freising von 1883–1908“. Als Ergänzung zur „Geschichte der Realschule Freising“ von Dr. M. Stigloher. pg. 3—27. 8°. Franz Hümmerlein.
Freising, Progr. 1907/08

Pitzer, Eugen, Rechtsprakt.: Das Kollektivdelikt. München 1909: Wolf. 131 S. 8°
Erlangen, Jur. Diss. v. 24. Juli 1909, Ref. Allfeld
[Geb. 8. Juli 83 Traunstein; Wohnort: München; Staatsangeh.: Bayern; Vorbildung: Gymn. Freising Reife 02; Studium: München 6, Erlangen 2 S.; Rig. 11. Mai 09.] [U 10. 742

Pitzer, Joseph: Anfangsgründe der allgemeinen und speciellen Naturlehre. 280 S., gbd.

Wien: Albert 1792

Pitzer, Jos., Anfangsgr. der allgem. und speciell. Naturlehre z. Gebrauch der Aerzte und Wundärzte. gr. 8. Wien, Alberti. (a. Schalbacher.) 792.

Pitzipios, Jacques G., l'Eglise Orientale. Exposé historique de sa séparation et de sa réunion avec celle de Rome. Accord perpétuel de ces deux Églises dans les dogmes de la Foi. La continuation de leur union. L'apostasie du Clergé de Constantinople de l'Église de Rome, sa violation des institutions de l'Église Orientale, et ses vexations contre les chrétiens de ce rite. Seuls moyens praticables pour rétablir l'ordre dans l'Église Orientale, et arriver par là à l'union générale et à la restauration sociale de tous les chrétiens. 4 parties. Rome 855. (Leipzig, Brockhaus.) gr. 8. (XIV, 144; 150; 88 S.) n. 4 ℛ.

Pitzipios-Bey, Jak. G., die orientalische Kirche. Geschichtliche Darstellung ihrer Trennung, dann Wiedervereinigung mit der römischen Kirche. Stetiges Uebereinstimmen beider Kirchen in den Dogmen des Glaubens. Fortbestand der Union rc. Deutsch von Heinr. Schiel. gr. 8. (VIII und 447 S.) Wien 857, Mayer und Comp.

Pitzipios-Bey, Jak. G., die orientalische Kirche. Geschichtliche Darstellung ihrer Trennung dann Wiedervereinigung mit der röm. Kirche. Stetiges Uebereinstimmen beider Kirchen in den Dogmen des Glaubens. Fortbestand der Union. Abfall des Clerus von Constantinopel und der römischen Kirche. Dessen Uebertretungen der Satzungen der orientalischen Kirche und Bedrückung der Christen dieses Ritus. Einzig ausführbare Mittel zur Herstellung der Ordnung in der orientalischen Kirche, zur allgemeinen Einigung und socialen Restauration aller Christen. Deutsch von Heinrich Schiel. 2. (Titel-)Ausg. 8. (VI und 447 S.) Wien (857)65, Mayer und Comp.

—— Mémoires sur les questions européennes. I. Lex.-8. (64 S.) Wien 864, (Gerold's Sohn.) *

PITZNER, Christian (Freising): De necessitate sanguinis mittendi in nonnullis hydropis speciebus quam vulgo opinantur, longe frequentiore.- Landishuti: Storno 1822. 23 S.
21.3.1822 - Pe 393; F 58
Diss. Ingolst.-Landsh.-Mchn.

Pitzner, Friedr., Darstellung d. zergliederten Gehirnes in 21 lith. Fig. 1. Aufl. 831. 1 Thlr. 18 Gr., 2., verb. A. (à 3 B. Text.) 4. Landshut 835, Thomann.

Pitzner, Fr.: Leitfaden bei gerichtl. Leichenöffnung. *Landshut*, Krüll. gr. 8. (8 Gr.)

—— Leitfaden bei gerichtl. Leichenöffnungen. gr. 8. (4 B.) Landshut 833. [Regensburg, Manz.]

PITZNER, Friedrich (Landshut): De vano venaesectionum profusiorum metu.- Frisingae 1828. 20 S.
3.6.1828 - Urk; F 59
Diss. Ingolst.-Landsh.-Mchn.

—— die Pulsadern d. menschl. Körpers, nebst e. Anh. in Bezug auf d. Unterbindungsstellen. (M. 22 lith. Abbild. gr. Fol. u. d. T.: Das arterielle System nach Tiedemanns Orig. etc. 1833.) 8. (8½ B.) Landshut 834, [Regensburg,] Manz.

— amtl. Vertheidigung d. Stadt Landshut, gegen die Dr. Bernhuber. Anschwärzungen ihrer Gesundheit u. Sittlichkeit. 8. Landsh. 824. (Thomann). 3 gl

Pitzner, Godohilf. Albert. (geb. Goldap 1818): De inflammatione circumscripta et nonnullis degenerationibus ventriculi cognoscendis. Berolini (1843). (33 S.) 8°
Berlin, Med. Diss. v. 22. Mai 1843

Pitzner, Max, Assistenzarzt am Krankenh. l. d. Isar: Ueber die Lokalisation der Myocarditis syphilitica. München 1908: Wolf. 62 S. 8°
München, Med. Diss. v. 21. Dez. 1908, Ref. v. Bollinger
[Geb. 27. Juli 80 Haunstetten, Bez.-A. Augsburg; Wohnort: München; Staatsangeh.: Bayern; Vorbildung: Ludwigs-Gymn. München Reife Juli 00; Studium: München 12 S.; Coll. 21. Dez. 08; Approb. 29. Febr. 08.] [U 09. 3378

Pitzschmann, Christian Gottlob [Praes.], s. Rotth, Christian August: De eo, quod homini de religione constat e lumine naturae.

Pitzschmann, George Gottl.

Pitzschmann, G. Gl., das Alte im Neuen de — prodigiis und ominibus — zu einem Buß-Wecker angestellt. Leipz. 700. 4.

PITZSCHMANN, M. George Gottl. (Schlesier, z. Z. „Pfarr [!] zu Siegersdorff am Qweiß"), ... Der Hochzeit-Redner, bestehend I. In völligen Reden, auch Predigten; II. In unterschiedenen curiosen (oft sehr verfängl.) Fragen .... III. In vorgeschlagenen Schrifft-Stellen .... (Titel sehr lang). Mit allegor. Titelkpf. (Bandschrift: „Haec sint connubia Vobis".). Leipzig, zu finden bey Friedr. Lanckischens Erben. Im Jahr 1700. 8°. (12 Mk. Frdr. Klüber, München, c. 1905.)
22 Bll. Vorst., 784 + 277 S., 29½ Bll. Reg. u. Err. — Seltenes u. merkwürdiges Compendium des gesammten Hochzeits- u. Ehewesens, mit vielen eingestreuten Versen.

Pitzschmann, Geo. Gottl., Leichenredner. 8. Leipz. Junius. (Enobloch.) 702.

— Reichthum d. Weisheit in Erklär. d. Sonn- und Festtags-Epist. 4. Ebend. 706.

— verborgn. Schatz a. d. geistl. Acker. 4. Ebend. 704.

Pitzthal [Sachliches OW]

Pitz- und Kaunser-Thal, Das, mit dem Oelgruben-Joch. [München] o. J. V: *Nibber, Fr.* (Bücherverz. d. Zentralbibl. d. D. u. Ö. A.-V. München 1906.)

Pitzthal [Schlagwort]

Pitzthal, s.: **Oetzthal.**

Piumati, G., musikalisches Fremdwörterbuch. [Buch-Ausg. der Gratis-Beilage zur Neuen Musikzeitung.] 16. (64 S.) Stuttgart 888, Grüninger. cart. *

Piumati, G., musikalisches Fremdwörterbuch. 2. Aufl. 16. (64 S.) Stuttgart 891. C. Grüninger. n. — 30

Piur, Paul, aus Rogasen (Prov. Posen): Studien zur sprachlichen Würdigung Christian Wolffs. Ein Beitrag zur Geschichte d. neuhochdeutschen Sprache. *Halle a. S. 1903: E. Karras.* (33 S.) 8° ¶ (Erscheint vollst. bei M. Niemeyer in Halle.)
Halle, Phil. Diss. v. 1903

Piur, Paul, Studien zur sprachlichen Würdigg Christian Wolffs. Ein Beitrag zur Geschichte der neuhochdeutschen Sprache. (112 S.) gr. 8. Halle 903. M. Niemeyer. n. 2. 80

Pius Papst. Ein Gedenkblatt auf das Grab eines um seiner Liebe willen Unvergeßlichen. Von F. v. S. 8. (31 S. mit 1 Portr. in Lichtdr.) München 878, Kellerer. *

Pius. Sonntagsblatt f. das kathol. Volk. Hrsg. unter Mitwirkg. verschied. Geistlichen v. Jos. Drammer. 3. u. 4. Jahrg. 1909 u. 1910. à 52 Nrn. (à ca. 8 u. 4 S.) 31×23,5 cm. Aachen, A. Jacobi & Co. à Jahrg. 2. —

Pius VIII., dessen Wahl z. heil. Stuhl am 31. März 1829, u. Lebensbeschreibung dies. merkwürd. Völkerhirten; nebst e. genauen Biographie des am 10. Febr. 1829 verstorb. Pabstes Leo XII., u. e. Anh. Mit den 2 Bildn. Pius VIII. u. Leo XII. gr. 8. (3½ B. u. 3 Tab. Roy.-Fol.) Augsburg 829, Schlosser.

Pius IX.

—— s. a. Bachmaier, M.

—— s. a. Broschüren-Cyclus.

Pius IX. Vorher Joh. Maria aus dem gräfl. Hause Mastai-Ferretti, geb. zu Sinigaglia am 13. Mai 1792, Kardinalpr. v. Titel d. heil. Petrus u. Marcellinus am 23. Decbr. 1839, bekannt gemacht am 14. Decbr. 1840, Erzbischof, Bischof v. Imola, zum Pabst erwählt, nach dem am 1. Juni 1846 erfolgten Ableben Gregor XVI., am 16. Juni 1846. — Personalstand des heil. Kollegiums zu Rom am 16. Juni 1846. (1 Tabelle in Fol.) Innsbruck 846, Wagner'sche Buchh. 2 ngl

Pius IX. Vereins-Organ. Herausg. unter Leitung des Kölner Vereins-Vorstandes von Eckerling. Jahrg. 1850 u. 1851. à 52 Nrn. hoch 4. (½ Bog.) Jahrg. 1852. 10 Nrn. Imp. 4. (à 5 Bog.) Köln, Bachem. à n. 1 rf (Jahrg. 1849 siehe: Kirchenblatt, Rheinisches.)

Pius IX. Vereins-Organ. Herausg. unter Leitung des Kölner Vereins-Vorstandes. 5—10. Jahrg. 1853—58. à 10 Nrn. (à 2 Bgn.). Köln, Bachem in Comm. Imp.-4.
5. 6.: à n. 1 rf.; 7—10.: à n. 20 ngr.

Pius IX. Vereins-Organ. Herausg. unter Leitung des Kölner Vereins-Vorstandes. 11—16. Jahrg. 1859—64. à 12 Nrn. (à ½ Bgn.) Köln, Bachem. gr. 4.
11—14.: à n. 20 ngr.; 15. u. 16.: à n. 12 ngr.

Pius IX. Vereins-Organ. 17—22. Jahrg. 1865—70. à Jahrg. 12 Nrn. (à 1½ Bgn.). Köln, Bachem. Imp.-4. Jeder Jahrg. n. 12 ngr.

Pius IX. 23. Jahrg. 1871. 11 Nrn. (½ B.) Imp.-4. Köln, Bachem. n. 1. 20

— Reden u. Verhandlungen der Katholiken-Versammlg. zu Eupen am 16. Febr. 1868. Nach stenograph. Aufzeichnungen herg. vom Comite. Aachen 868. Jacobi & Co. 8. (84 S.) n. 5 ngr.

Pius IX. Sein Leben und Wirken. Ein Gedenkbüchlein zu seinem 25jähr. Papstjubiläum. Mit einem Anh. von Piusliedern. Hrsg. von einem Priester der Diözese Breslau. gr. 16. (32 S.) Breslau 871, Goerlich.

Pius IX., Seiner Heiligkeit, zum 11. April 1869, Seinem 50jährigen Priester-Jubiläum ... O. O. V: *Schmitz, Johann Hubert.* (KD)

— Papst, und sein Dogma von der unbefleckten Empfängniß der Jungfrau Maria. Nach der Geschichte beleuchtet von einem Protestanten. Chur 855. Grubenmann. 8. (73 S.) 7½ ngr.

— u. **England**. Versuch einer unmassgebl. Conjectur. Von einem deutschen Katholiken. Brixen 867. Theologische Verlagsanstalt. 8. (35 S.) n. 4 ngr.

— Papst, der Kinderfreund. Eine liebl. Blumenlese aus dem Werke: Leben, Wirken u. Leiden Pius IX. v. Rütjes. 8. (48 S.) Emmerich 871. Romen. n. — 30

Pius IX. und die katholische Kirche, angeschuldigt von einem evangelisch-luther. Pastor. Nach der Bibel und dem gesunden Menschenverstande gerechtfertigt von einem »Römischen«. Paderborn 1869. V: *Rebbert, Joseph.* (Russell IX, 133)

—— und die katholische Kirche angeschuldigt von einem evangelisch-lutherischen Pastor. Nach der Bibel und dem gesunden Menschenverstande vertheidigt und gerechtfertigt von einem „Römischen". 1. und 2. Aufl. 1869. * 25 Pf.; 3. Aufl. 1869. * 30 Pf., und 4. durchgeseh. und vervollständ. Aufl. 8. (80 S.) Paderborn 869, Junfermann'sche Buchh. *
Vgl.: Schlußwort, ernstes.

Pius IX. in Leben und Tod. Ein Andenken für das kathol. Volk. Mit 1 Bildniß des Hochseligen (in Holzschn.). 8. (25 S.) Würzburg 878, Woerl. *

—— Papst, sein Leben und Wirken. Für das kathol. Volk bearb. von einem hochgestellten Geistlichen. 1. und 2. Aufl. gr. 8. (III, 62 S. mit chromolithogr. Portr.) Neu-Ulm 876, Stahl. *

—— Lebensbeschreibung, s. Schmidt-Weißenfels, die Zeitgenossen.

—— der große Papst. Zu seinem 50jähr. Bischofsjubiläum dem kathol. Volke geschildert von einem Priester der Diöcese Münster. gr. 16. (55 S.) Münster 877, Nasse'sche Verlagsh. *

—— dass. — Sein Leben von der Wiege bis zum Grabe, dem kathol. Volke geschildert von einem Priester der Diöcese Münster. 2. Aufl. gr. 16. (57 S.) Ebendas. 878.

Pius IX. als Papst und König dargestellt. Wien 1865. V: *Schrader, Clemens.* (JES) (EB)

— als Papst u. als König dargestellt aus den Acten seines Pontificates, von dem Verf. d. Brochure: „Der Papst u. die modernen Ideen." (3. Heft dieses Werkes.) Mit einem päpstlichen Belobungsschreiben. Wien 865. Sartori. 8. (223 S.) 1 ₰

—— als Papst und als Koenig, dargestellt aus den Acten seines Pontificates von dem Verf. des Werkes „der Papst und die modernen Ideen". 2. Ausg. Mit einem päpstl. Belobungsschreiben. gr. 8. (VII, 240 S. mit 1 Stahlst.) Wien 870, Sartori.

— und sein 25jähriges Pontifikat als Erklärung der Gegenwart. Von e. Geschichtsfreunde. 2. Aufl. 8. (80 S.) Wien 871. Mayer & Co. n. — 40

Pius IX. Pabst, u. seine Reform im Kirchenstaate. gr. 8. Leipzig 846, Thomas. ½ ₰

—— der Unfehlbare. Ein Heldengedicht in 14 Gesängen von Sebastian Knochenhauer, dem Meistersänger. 8. (77 S.) Zürich 878, Verlags-Magazin. *

— Vertheidiger u. Retter der wahren Civilisation. Hirtenbrief des Herrn Bischof von Nimes an die Geistlichkeit seiner Diöcese. Autoris. Uebersetzung. Soest 866. Nasse's Verlag. 8. (94 S.) 7½ ngr.

Pius IX., Papst, u. Kaiser Wilhelm I., s.: Wartburghefte. 9. Hft.

Pius und Ryno. Fulda. 1826. V: *Siegel, Carl Christian & Chr. Ferd. Falkmann.* H: *Petri, Sam. Frdr. Erdmann.* (Erman & Horn, Bibliogr. d. dtsch. Universitäten. 1. Leiprz. u. Berl. 1904.)

Pius u. Ryno, Bilder eines edlen Studirenden u. eines schlechten Schülers. Deutschen gelehrten Schulen gewidmet, (v. Fr. C. Petri). 8. Fulda 826. Müller. 4 Gr.

Pius der Sechste. [Halberstadt 1800.] V: *Fischer, Gottlob Nathanael.* (ML)

Papst PIVS VI. in München. . . . . Ausführl. Beschreibung des feierlichen Empfangs, Einzugs, Aufenthalts. u. der Abreise Sr. Heiligkeit. Im kurfürstl. gnädigst privil. Zeitungskontoir zu München 1782. Kl. 8°. Ppb., fleckig.
64 S. Sehr selten!

Pius der Sechste und sein Pontifikat; eine historische und philosophische Schilderung a. d. Franz. ... Hamburg 1800. V: *Bourgoing, Jean Franç. de.* Ü: *Meyer, Friedrich Johann Lorenz.* (MGT) (Th) (schmal) (Ky) (CBH)

— u. s. Pontificat, e. hist. u. philos. Schilder. a. d. Franz. gr. 8. Hamb. Bohn. 800.

— u. sein Pontificat, e. histor. u. philosoph. Schilderung; aus d. Französ. (v. J. J. C. Meyer). gr. 8. (Campe). 2 *ℬ* 16 *gℓ*

— Reise n. Frankreich, dessen Gefangenschaft und Tod. 8. Bregenz, Brentano. 801.

— Reise v. Rom nach Wien. 8. Wien 782. (Stettin in Ulm). 4 *gℓ*

Pius d. VII., od. kurzer Abriß der Wahl, der merkwürd. Schicksale, Verdienste u. des Todes dieses heil. Vaters. Mit Bildn. gr. 12. Augsb. 824. Engelbrecht. 6 *gℓ*

— u. Clemens XIV., od. 2 päpstl. Breve. 8. Bern 818. (Lpz., Cnobloch). 8 *gℓ*

Pius VII., nach seinem Leben, merkwürd. Schicksalen u. Werken; e. biograph. Skizze. 8. Quedlinb. 823. Basse. 8 *gℓ*

Pius IV., s. Müller, Theodor.

Pius X. Von O. L. Aus dem Franz. (32 S. m. Abb.) gr. 16. Straßburg 904. F. X. Le Roux & Co. n. — 10

Pius X., Papst. Festschrift zum goldenen Priesterjubiläum unseres Hl. Vaters. Septbr. 1858—Septbr. 1908. Von e. Priester der Erzdiözese Cöln. 1.—50. Taus. (24 S. m. 1 Bildnis.) kl. 8. Aachen (908). A. Jacobi & Co. p — 15

Pius X., seine Handlungen u. seine Absichten. Gedanken u. Anmerkgn. e. Beobachters. Aus dem Ital. übers. (54 S.) gr. 8. Regensburg 905. Verlagsanstalt vorm. G. J. Manz. n 1.—

— u. der päpstliche Hof. Von Ignis ardens. Autoris. deutsche Ausg. v. Marra Textor. (268 S. m. Titelbild.) 8. Leipzig 908. Modernes Verlagsbureau. 3. —

Pius II., Papst, s. a. Aeneas Sylvius de Piccolomini.

Pius II., Papst, s. a. Piccolomini, Aeneas Sylvius.

Pius II. Papa: Der Briefwechsel des Eneas Silvius Piccolomini [Pius II. papa]. Hrsg. von Rudolf Wolkan. Abt. 1, Bd 1. Wien: Hölder 1909. 8°
(Fontes rerum austriacarum. Abt. 2, Bd. 61.)

[F.] Die Geschichte Kaiser Friedrichs III v. Aeneas Silvius [Pius II. papa]. Uebs. v. Dr. Th[eod.] Ilgen. [Neue Ausgabe.] Hälfte 1. 2. *Leipzig: Dyk 1899.* 2 Bde 8.
1. (2 Bl., LX, 285 S., 1 Bl.) 2. (2 Bl., 340 S.)
= Geschichtschreiber, Die, d. deutschen Vorzeit. 2. Gesamtausg. XV. Jh. Bd 2. (= Bd 88. 89.)

Pius II. Papa: Historya o Euryalu i Lukrecyi. (Pius II. Papa: Historia de duobus amantibus Euryalo et Lucretia. Metr. übers. v. Krzysztof Golian.) Wydal Samuel Adalberg. Krakow: Akad. Umiejetn. 1896. (VII, 99 S.) 8°
= Biblioteka pisarzow polskich. [32.]

Pius II. [Aeneas Sylvius Piccolomini], Lukrezia und Euryalus. Eine Liebesgeschichte. Aus dem Latein. übertr. von K. v. Hutten. 8. (XII, 83 S.) Leipzig 890. Laudien. n. 1. —

Pius der Zweite. Opera geographica et historica. Francof. et Lipsiae 1707. H: *Cörber, Caspar & Joh. Andreas Schmid.* (Ebert) Helmstadii 1699—1700. 1707. (Barbier)

[Pius II.] Aeneas Sylv. Piccolomini: De viris illustribus. Stuttgardiae 1842 = Bibliothek des Litterar. Vereins. 1.

Pius VI., Damnatio proposition. excerpt. ex libr. ital. Atti e decreti del Concilio diocesano di Pistoja dell anno 1786. 8. maj. Rom. (Scherer et. Fleischmann, München.) 794.

Pius VI. Gebethe, s. Hirtenstimme, die.

PIUS VI. Das Nöthigste zu wissen von dem Jubiläum, welches Pius der Sechste römischer Papst im Jahre 1776. verliehen hat; nebst etlichen hiezu tauglichen Kirchengebethen. Preßburg (1776): Joh. Mich. Landerer. - 8°

— Respons. ad Metropolitan. Mogunt. Trevir. etc. super Nunciaturis apostol. 4. maj. Rom. (Scheror. et. Fleischmann, Münch.) 789.

— ad Metropolitan., Mogunt., Trevirens etc. 4. Ven. Gräffer. 790.

Pius VI., Responsio ad metropolit. Moguntinum, Trevirensem, Coloniensem et Salisburgens. super nuncituris apostol. Juxta exemplar Romae. 8maj. Lodii. (Frkf.) 790. Streng. 18 *gℓ*

Pius VI. Papa: Schreiben Seiner Päbstlichen Heiligkeit in Form eines Breve an den Erzbischof zu Köln. 1790. Gedr. nach dem Römer Ex. o. O. u. J.

— Sendschreiben üb. die von d. Geistlichkeit geleisteten Eide, d. Wahlen u. das Weihen d. After-Bischöfe in Frankreich; aus d. Latein. 8. Kempt. ... 3e A. 791. Dannheimer. 2 *gℓ*

PIUS VI. Ausführlicher Unterricht für das von Sr. päpstl. Heiligkeit Pius dem Sechsten auf das Jahr 1776. Jahr ertheilte allgemeine Jubileum, wie dieser hohe Jubelablaß in ... Preßburg ... zu gewinnen seye. Preßburg (1776). 32 S. - 250 mm

PIUS VI. Nothwendiger und ausführlicher Unterricht für das von Sr. päpstlichen Heiligkeit Pius, dem Sechsten, auf das Jahr 1776. ertheilte allgemeine Jubiläum, wie dieser hohe Jubelablaß in den ganzen Königreich Ungarn vom 14. April bis 14. Oktober dieses Jahres zu gewinnen sey. Pest o. J. (1776). 48 S. - 8°

PIUS VI. Nothwendiger Unterricht für das Landvolk auf das von Sr. päpstlichen Heiligkeit Pius den Sechsten auf das Jahr 1776 ertheilte allgemeine Jubiläum. Oedenburg 1776: Sieß. (12 S.)

Pius VII., Allocutio habita in Consist. secr. Feria IV. etc. Presb. Belnay.

PIUS VII. Anrede unsers heil. Vaters und Herrn Pabst Pius des VII. welche bey Gelegenheit der feyerlichen Heiligsprechung der fünf Heiligen: Franz Caracciolo, Benedikt von St. Philadelphio, Angela von Merici, Coleta Boilet, Hyacintha Mariscotti in der vaticanischen St. Peterskirche zu Rom den 24. May 1807 ist abgehalten worden. Preßburg 1808. Gedr. bey G. A. Belnay. 16 S. - kl. 8°

PIUS VII.: Sr. Päpstlichen Heiligkeit Pius des VII. gegen die Sekte der sogenannten Karbonari gerichteter apostolischer Bannbrief. Ofen 1824. Mit kön. ung. Universitäts-Schriften. 6 S. - 2°

Pius VII., Papst, Bulle vom 7. Aug. 1814 zur Wiederherstellg. d. Jesuitenordens, s. a. Aktenstücke, kirchliche.

— Bulle vom 7. Aug. 1814, durch welche die Gesellschaft Jesu wieder hergestellt wird. Latein. u. deutsch. gr. 8. Augsb., Doll. 2 *gℓ*

— Bulle an Karl Theodor, Kurfürst v. d. Pfalz ꝛc. wegen Aufhebung d. Mönche; herausgg. (v. M. G. Blumenschein). 4. (Augsb.) 787.

— Bulle, d. d. Rom 16. Juli 1821. Die Einrichtung, Ausstattung u. Begränzung d. Erzbisthümer u. Bisthümer d. kathol. Kirche des Preuß. Staats. Orig.-Text, nebst deutsch. Uebersetzung. gr. 4. Cöln, Du-Mont-Schauberg. 4 gl.

Pius VII., constitutio, qua Societas Jesu in statum pristinum in universo orbe catholico restituitur. Rom. 814. (Theissing in Münster). 2 gl.

Pius VII., (ehemal. Cardin. Chiaramonti ꝛc.) Rede, gerichtet an die Gemeinde seines damaligen Kirchensprengels am Weihnachtstage 1797; aus dem Französ. gr. 8. Sulzbach, Seidel. 816.

Pius IX., Papst, Allocution in dem am 20. April d. J. zu Gaeta gehaltenen geheimen Consistorium. 12. (24 S.) Olpe 849, Ruegenberg. n. 1 ngl.

PIUS IX.: Brief an Johann Kardinal Scitovszky, Erzbischof von Gran (Antwort über die Verkündigung des Dogma von der Unbefleckten Empfängnis. Rom. 20. VIII. 1855). Pesth 1855: J. Beimel u. B. Kozma. 2 S. - 280 mm

Pius IX. Bulle über die dogmatische Definition der unbefleckten Empfängniß, s. Bulle.

PIUS IX.: Das dogmatische Decret unsers heiligen Vaters Papst Pius IX. über die unbefleckte Empfängniss der jungfräulichen Gottes-Mutter. Rom 1854: Herausgegeben vom St. Stefans-Vereine. 8 S. - 2°
- Dass. Ofen 1855. Gedr. bei Martin Bagó. 8 S. - 2°

Pius IX. Papa. s. Encyklika. Päpstliche ...

Die Encyklika Papst Pius IX. vom 8. Dez. 1864 über die modernen Irrtümer. Augsburg, Kranzfelder. 1865. 8°. 42 S., 40 Pf.
Stellt dem Urtexte eine im allgemeinen getreue Verdeutschung gegenüber u. schließt eine kurze, zunächst gegen die Feinde der Kirche gerichtete Erörterung der wichtigsten Sätze des Syllabus über die relig. u. staatsbürgerl. Verhältnisse an. Litt. Handw. 1865, S. 74.

Die Encyklika Sr. Heiligkeit des Papstes Pius IX. vom 8. Dez. 1864, der Syllabus (die Zusammenstellung der 80 hauptsächlichsten Irrtümer unserer Zeit) u. die wichtigsten darin angeführten Aktenstücke, sowie die Encyklika vom 21. Nov. 1873. Nebst einer ausführlichen Einleitung, vorzüglich zur Erläuterung der kirchlich-politischen Theien. Köln, Bachem, 1874, gr. 8°, 172 S., 3. verm. Aufl., 1,50 Mk.

Die Encyklika Sr. Heiligkeit des Papstes Pius IX. vom 8. Dez. 1864 und die Zusammenstellung der 80 vom apostolischen Stuhle verworfenen Irrtümer. Gemeinfaßliche Erklärung für den Bürger und Landmann. Mit Rücksicht auf die betreffende Schrift des Bischofs von Orleans Dupanloup (s. unten!) und Anreihung des Urteils von Nichtkatholiken, samt Bericht über den Jubiläumsablaß. Regensburg, Manz (jetzt Verlagsanst.), 1865, 8°, V, 83 S., 30 Pf.

Pius IX., Papst, Encyklika u. Syllabus vom 8. Dezbr. 1864, s.a. Aktenstücke, kirchliche.

Encyklica und Syllabus des Papstes Pius IX. erlassen am 8. Dez. 1864. Leipzig: C. Braun 1903. (23 S.) 8° [F.]
→ Aktenstücke, Kirchliche. No 15.

Epistola Encyclica ss. D. N. Pii Papae IX. data die 8. Dec. 1864 ad omnes catholicos antistites una cum syllabo praecipuorum nostrae aetatis errorum et actis Pontificis, ex quibus excerptus est syllabus. Accedit appendix antiquiora et novissima documenta continens, quae ad epistolam encyclicam et syllabum referuntur. Ratisbonae, typis Pustet, 1865, 8°, 208 pag., 2,70 Mk.
Über diese wertvolle und wohlfeile lat. Textausgabe der Encyklika u. des Syllabus siehe (Wiener) Allgem. Littztg 1866, S. 54. Litt. Handw. 1866, S. 62.

Pii, divina providentia Papae IX., epistola encyclica ad omnes Patriarchas, Primates, Archiepiscopos et Episcopos. — Rundschreiben Sr. Heiligkeit des Papstes Pius IX. an alle Patriarchen, Primaten, Erzbischöfe und Bischöfe der kathol. Christenheit. gr. 8. (31 S.) Bonn 847, Marcus.

Epistola encyclica ss. Domini nostri Pii Papae IX. ad omnes patriarchas, primates, archiepiscopos et episcopos de die 9. Novembr. 1846 [Qui pluribus] de perfectione cleri et de erroribus nostrae aetatis. Friburg. Brisg., Herder, 1847, in 8°, 16 pp., 20 Pf.

(—) Sanctissimi Domini nostri Pii divina providentia Papae IX. litterae Apostolicae de dogmatica definitione immaculatae conceptionis Virginis Deiparae. — Unseres Heiligsten Vaters Pabst Pius IX. apostolisches Schreiben über die dogmat. Entscheidung der unbefleckten Empfängniß der jungfräul. Gottesgebärerin. Wien (857.) Greß. gr. 16. (43 S.) n. 2½ ngr.

Litterae encyclicae ss. Domini nostri Pii Papae IX. ad patriarchas, primates, archiepiscopos et episcopos universos die 8. Dec. 1864 datae cum syllabo complectente praecipuos nostrae aetatis errores. Juxta exemplar Romanum. Rundschreiben des hl. Vaters Pius IX. an alle Patriarchen, Primaten ꝛc. Innsbruck, Wagner, 1865, 8°, 34 S., 45 Pf.
Der Text ist sehr korrekt, die gegenüberstehende Übersetzung sehr frei, aber sinngetreu.

Dasselbe. Lateinisch und deutsch. Augsburg, Kranzfelder, 1865, 8°, 42 S., 40 Pf.
Der lat. Text ist inkorrekt, die deutsche Übersetzung im ganzen treu. Litteraturblatt. zur Sion 1865, S. 33.

—— des Papstes, Reden bei Ertheilung von Audienzen. Gesammelt und hrsg. von Fr. J. Holzwarth u. A. 3. (Schluß-)Heft. 8. (VIII, S. 175—258.) Aachen 878, Jacobi und Comp. *

— s.: Reden unseres heil. Vaters.

Rundschreiben des hl. Vaters Papst Pius IX. über die Irrtümer unsers Zeitalters u. Verzeichnis derselben. Zur Eröffnung des Jubiläums für das Jahr 1865. Authentische Übersetzung. St. Gallen, Sonderegger, 1865, 4°, 16 S., 20 Pf.

Pius IX. Vereinbarung zwischen Papst Pius IX. und Franz Joseph I., Kaiser von Oesterreich. Wien 1855.

Pius X., s. a.: Sarto, Jos.

Drei Ansprachen des Kardinals [Giuseppe] Sarto, Patriarch von Venedig ⟨jetzt Papst Pius x.⟩, für Ordenspersonen, auch f. Weltleute dienlich. Dülmen: Laumann 1908. 32 S. 8° [10. 13446 6

-- s.a. Enzyklika, die, Editae saepe.

Die Enzyklika Pius' x. [Papa]. Editae saepe ⟨Borromäus-Enzyklika⟩ v. 26. Mai 1910. Lat. u. deutsch mit Aktenstücken. Halle ⟨Saale⟩: Ev. Bund 1910. 36 S. 8° [Umschlagt.] [11. 3809 3

— Epistola encyclia de modernistarum doctrinis. (VIII sept. MCMVII: Pascendi dominici gregis.) — Pius' X. Rundschreiben üb. die Lehren der Modernisten. (8. IX. 1907: Pascendi dominici gregis.) Textum authenticum latinum et germanicum ed., illustravit Anton. Michelitsch. Ed. II. (151 S.) 8. Graz 908. Styria. 1.—

— Hirtenschreiben, s. Kirche und Zeitgeist.

Lobrede auf den heiligen Franz von Sales geh. von Kardinal Joseph Sarto, Patriarch von Venedig ⟨jetzt Papst Pius x.⟩ ... in deutscher Sprache hrsg. Dülmen: Laumann 1908. 59 S. 8° [10. 14971

Pius X., Mahnworte unseres heiligsten Vaters Pius X., durch göttliche Vorsehung Papst, an den kathol. Klerus, aus Anlaß Seines 50jähr. Priesterjubiläums der Geistlichkeit gewidmet. (4. VIII. 1908: „Haerent animo penitus".) Autoris. Ausg. (Latein. u. deutscher Text.) (54 S.) gr. 8. Freiburg i/B. (909). Herder. — 80

Malda Popiežiaus Piaus x. [Pius x. papa] Prie Nekaltai Pradėtos Panelės! (Tilsit: J. Schönke 1903.) (2 Bl.) 8° [Kopft.]
[Gebet d. Papstes Pius x. zu d. unbefleckt empfangenen Jungfrau.] [03. 4466 10

Pius X., Papst, s. a. Rundschreiben.

Rundschreiben (Epistola encyclica e supremi apostolatus cathedra) Unseres Heiligsten Vaters **Pius x.** durch göttliche Vorsehung Papst. Autor. deutsche Ausg. ⟨Lat. u. deutscher Text.⟩ Zum Regierungsantritt. ⟨4. Okt. 1903 ...⟩ *Freiburg i. Br.: Herder 1904.* (27 S.) 8° [F. u. Ant.] [04. 5049

Rundschreiben unseres Heiligsten Vaters **Pius x.**, durch göttl. Vorsehung Papst. Autor. Ausg. ⟨Lat. u. deutscher Text.⟩ Sammlung 1. Sanctissimi Domini Nostri Pii divina providentia Papae x. Epistolae encyclicae. Ser. 1. Freiburg im Br.: Herder (1909). 8° [09. 17661

[Pius X., Papa], Rundschreiben unseres Heiligsten Vaters Pius X. . . . Zum 1300jährigen Jubiläum des Heimgangs Papst Gregors d. Gr. (12. März 1904: Jucunda sane.) Autor. deutsche Ausg. (Latein. u. deutscher Text.) Freiburg i. Br. 1905. 8°.

Rundschreiben Unseres Heiligsten Vaters **Pius x.** über die Lehren der Modernisten. ⟨8. Sept. 1907: 'Pascendi dominici gregis.'⟩ Autor. Ausg. ⟨Lat. u. deutscher Text.⟩ Ss. domini nostri **Pii** papae x epistola encyclica de modernistarum doctrinis. Freiburg im Br.: Herder (1907). (121 S.) [F. u. Ant.] [08. 1333

Rundschreiben Unseres Heiligsten Vaters **Pius x.** über das Studium d. Heiligen Schrift in den theologischen Lehranstalten ⟨27. März 1906 ...⟩ Autor. Ausg. ⟨Lat. u. deutscher Text.⟩ Ss. domini nostri **Pii** ... papae x epistola encyclica de ratione studiorum Sacrae Scripturae in seminariis clericorum servanda. Freiburg im Br.: Herder (1907). (11 S.) 8° [F. u. Ant.] [08. 2190

Rundschreiben Unseres Heiligsten Vaters **Pius x.** über die Trennung von Kirche und Staat in Frankreich. ⟨11. Febr. 1906: 'Vehementer Nos esse'.⟩ Autor. Ausg. ⟨Lat. u. deutscher Text.⟩ Ss. domini nostri **Pii** papae x epistola encyclica de damnanda, quae rempublicam gallicam seorsum ab ecclesia separat, lege. Freiburg im Br.: Herder (1907). (29 S.) 8° [F.] [08. 1334

[Pius X., Papa], Rundschreiben Unseres Heiligsten Vaters Pius X. . . . Über den religiösen Volksunterricht. (15. April 1905: Acerbo nimis.) Autor. deutsche Ausg. (Latein. u. deutscher Text.) Freiburg i. Br. 1905. 8°.

Schweizerische **Pius-Annalen**. Solothurn: Schwendimann 1874–1900. 8°. Red. J. W. Burkhardt; sp. B. Kocher.
Vorh. u. d. T.: Annalen des Schweizerischen Pius-Vereins. 1862–1874. Fortges. u. d. T.: Der Schweizer Katholik. 1900 ff.

Aachener **Pius-Blatt**. Gegründet v. Aachener Pfarrerkollegium. Hrsg. unter Mitw. verschied. Geistlichen von Dr. Josef Drammer. Jg. 1, No 1. Aachen: A. Jacobi & Cie 1907. 4° [F.] [08. 5138

Pius-Blatt, Aachener. Gegründet vom Aachener Pfarrerkollegium. Hrsg. unter Mitwirkg. verschiedener Geistlichen v. Jos. Drammer. 4. Jahrg. 1910. 52 Nrn. (à ca. 8 u. 4 S.) 32,5×24,5 cm. Aachen, A. Jacobi & Co. 2. —

Pius-Kalender für das J. 1855. Hrsg. von mehreren kathol. Priestern der seckauer Diözese. 1. und 2. Aufl. Lex.-8. (LXXII und 120 S. mit dem Portr. Pius IX. in Stahlst.) Gratz 854, Ferstl'sche Buchh. *

—— dass. — für die J. 1856 und 1857. 2. und 3. Jahrg. Lex.-8. à Jahrg. mit 1 Portr. in Stahlst. Ebds. [2. (LXXXII und 130 S.) 855., 3. (LVI und 72 S.) 856. à Jahrg. * 12 Ngr.] *

— für das Jahr 1859, zugleich ein Kathol. Hausbuch für Haus- und Landwirthschaft, Erbauung und Unterhaltung. Verfaßt von Ant. Semlitsch. Mit dem (lith.) Portr. d. Erzherz. Ferdinand Max. 5. Jahrg. Wien, Wendelin. Lex.-8. (LXXVI, 80 S.) n. 10 ngr.

Pius-Kalender für das J. 1859, zugleich ein katholisches Hausbuch für Haus- und Landwirthschaft, Erbauung und Unterhaltung. Verfaßt von Ant. Semlitsch. Mit dem (lithogr.) Portr. Sr. k. k. Hoh. des Hrn. Ferdinand Max, Erzherzog von Oesterreich, Vice-Admiral der k. k. Marine. 5. Jahrg. Lex.-8. (LXXVI und 80 S.) Wien. (Graz, Wießner.) *

Pius-Kalender für das Jahr 1860 u. 1861, zugleich ein katholisches Hausbuch für Haus- u. Landwirthschaft, Erbauung u. Unterhaltung. Verfaßt von Ant. Semlitsch. 6. u. 7. Jahrg. Graz, Wießner. Lex.-8. (125; 139 S. u. 2 Holzschn.) Jeder Jahrg. n. 12 ngr.

Pius-Kalender für Stadt und Land auf das J. 1875. 1. und 2. Aufl. gr. 16. (XXX, 138 S. mit 2 lithogr. Taf.) Linz 874, Braun's Verlag. [Köln, Bachem.]

Pius-Kalender für Stadt und Land. J. 1876—1880. 2.—6. Jahrg. Mit vielen (eingedr.) Holzschn.-Bildern und Titelbildern. 16. (194; 200; 198; 224; 218 S.) Köln, Bachem. à Jahrg. *

Pius-Kalender, für Stadt und Land. 1881. 7. Jahrg. 16. (204 S. mit 1 Doppel-Titelbild [Holzschn.] und vielen eingedr. Holzschn.) Köln, Bachem. *
Fortsetzung s. Leo-Kalender, Kölner.

Pius-Lieder zum Gebrauche bei festlichen Anlässen, kath. Vereine, Katholiken-Versammlungen, Schul- und Kirchenfesten. 10. Aufl. Münster 1871. H: *Fahle, Carl Joseph.* (Rass)

Pius-Lieder zum Gebrauche bei festlichen Anlässen kathol. Vereine, Katholiken-Versammlgn., Schul- u. Kirchen-Festen. 10. Aufl. 16. (11 S.) Münster 876. Fahle. Einstimmig f. Volkschor. — 15; f. 4stimm. Männerchor od. f. 3stimm. Knaben- od. Mädchenchor. n. — 20

Piusverein, der, zu Aachen. 1848. 1898. Ein Gedenkblatt zur 50jähr. Jubelfeier desselben. 24. IV. 1898. gr. 8. (31 S.) Aachen 898. (I. Schweitzer.) n. — 80

1848. 1898. Der **Piusverein** zu Aachen. Ein Gedenkbl. zur 50j. Jubelfeier desselben. 24. April 1898. *Aachen [1898]: 'Volksfreund'.* (29 S.) 8° [00. 2452 5

Piutti, Dr., s. Wasserfreund, der.

Piutti, Carl, s. Piutti, Karl

Piutti, Hans

Piutti, H., u. Joh. Vict. **Bredt**, das communale Bauverbot. § 12 des Baufluchtengesetzes v. 2. VII. 1873, s. a. Arbeiten zum Handels-, Gewerbe- u. Landwirtschaftsrecht. Nr. 2.

Piutti, H[ans], u. Joh. Vict. *Bredt*, Das communale Bauverbot. § 12 d. Baufluchtengesetzes vom 2. Juli 1875. Marburg 1909. 8°.
(Arbeiten z. Handels-, Gewerbe- u. Landwirtschaftsrecht, hrsg. von Ernst Heymann. Nr 2.)

Piutti, Herrm. Wilh., über d. scrophulösen Hautkrankheiten. Inaug.-Abhandl. gr. 8. (7¾ B.) Gotha 836. (Gläser.) *

Piutti, Karl

Piutti, Carl, Regeln u. Erläuterungen zum Studium der Musik-Theorie, f. seinen Unterricht hrsg. gr. 8. (VII, 198 S. m. 5 tabellar. Beilagen.) Leipzig 883. (Pabst.) n. 4. 50

Pivano, Silvio, s.: **Festschrift,** Emil Friedberg zum 70. Geburtstage gewidmet.

Piváný, J. Aug., Entwickelungsgeschichte des Welt- u. Erdgebäudes u. der Organismen. Im Sinne einheitlicher Weltanschauung nach dem heutigen Stande der Naturerkenntniss leichtfasslich dargestellt. gr. 8. (XII, 287 S.) Plauen 877. Hohmann. 4. —

Pivl, Ant., die Berufswahl im Staatsdienste, s.: **Moll,** Fritz.

Pivonka, Jos., Schnittmuster-Buch zum Selbstunterricht. Leichtfassliche Methode zur selbstständ. Erlerng. d. Schnittzeichnens f. Damenkleider aller Art. gr. 8. (32 S. m. 2 Taf. u. 1 Centimetermass.) Wien 891. (Sallmayer'sche Buchh.) n. 6. —

Piwko, Heinr. Ludw., Preußens vaterländ. Bilder. Romant.-histor. Dichtungen in 3 Zeitfolgen. gr. 8. (12 B. u. 1 Musikbeil.) Marienwerder 832, (Baumann.) 1 Thlr. 8 Gr., Blnp.

Piwko, Hnr. Ldw., Preußens vaterländische Bilder. Romantisch historische Dichtungen. (Neue Ausg.) gr. 8. Marienwerder 842. (Baumann.) ½ ℛ Velinp. ⅔ ℛ

Piwko, [Hermann]: [Inhaltsangabe der Festrede am Geburtstage Sr. Majestät des Kaisers 1898.] *Viersen 1898: M. Stoffels.* (21 23 S.) 4°
Viersen, PG m. Realabt., P 1898 (491)

Piwko, Theoph., Danzigs Verhältnisse der Schularztfrage gegenüber. Denkschrift. gr. 8. (36 S. m. Bildn.) Danzig 899. (A. W. Kafemann.) n. 1. 50

Piwko, Theophil. Henr. Leop. (geb. Marienwerder 7. 5. 1818): Quaedam de gastromalacia observationes. Berolini (1842). (28 S.) 8°
Berlin, Med. Diss. v. 7. Nov. 1842

Piwonka, Wilh. Ritter v., unter roth-weißem **Banner.** Aufsätze verschiedenen Inhaltes. Gewidmet der Gemeinde der k. k. Reichshaupt- u. Residenzstadt Wien. gr. 8. (100 S.) Wien 900. (H. Kirsch.) n. — 60

Piwonka, Wilh. Ritter v., der **Besiegbare.** E. Antwort auf d. „Unbesiegbaren". Gewidmet d. Armen d. Stadt Wien. gr. 8. (20 S.) Wien 898. (H. Kirsch.) n. — 40

Piwonka, Wilh. Ritter v., **Schädlinge des Deutschtums.** Betrachtungen üb. die korrumpier. Tätigkeit gewisser verjudeter Kreise. gr. 8. (32 S.) Wien 902. (H. Kirsch.) n. — 20

— **Unrecht.** Worte der Abwehr. Gewidmet der deutsch-österreich. Schriftsteller-Genossenschaft. gr. 8. (35 S.) Ebd. 899. n. — 40

— der **letzte Versuch.** Ein Ruf zur Ehre, Einigkeit u. Vernunft. gr. 8. (28 S.) Ebd. 898. n. — 40

Piwowar, Adam. Über Maximalböschungen trockener Schuttkegel und Schutthalden. Diss. Phil. [II.] Univ. Zürich. ([Sep.-Abdr. aus:] Vierteljahrsschrift d. Naturf. Ges. Zürich. Jahrg. 48. 1903.) 29 S. 8. Zürich, Zürcher & Furrer, 1903.

Piwowarski, Josef, prakt. Arzt: Aus d. mediz. Klinik und d. patholog.-anatom. Institut der Kgl. Universität zu Breslau. Über einen seltenen Fall von malignem Ovarialtumor bei einem Kinde. Breslau 1905: Bresl. Genoss.-Buchdr. (40 S.) 8°
Breslau, Med. Fak., Ref. v. Strümpell, Diss. v. 13. Mai 1905
[Geb. 26. Febr. 80 Leschnitz O. S.; Heimatsort: Leschnitz O. S.; Staatsangeh.: Preußen; Vorbildung: Gymn. Gr. Strehlitz Reife O. 99; Studium: Breslau 6, Greifswald 3 S.; Coll. 11. Mai 05; Approb. 14. März 04.]

Piwowarski, Karl

Piwowarski, Carl (Suwalki/Rußland), Ueber Pemphigus foliaceus. Diss. med.-chir. Berlin (G. Schade) 17. III. 1877. 31 S. mit Biogr. (2.50) 26569
Oppon.: J. Pagel, L. Goldberg, H. Sack. — Gew.: L. Lachmann.

Pixendorf, W. R. F., die Erdkunde in Verbindung m. statist. u. geschichtl. Hauptsätzen, f. d. Unterricht in Bürger- u. Landschulen, zugleich als ein kleines Handbuch z. Selbstbelehrung. gr. 8. (25¼ B.) Stuttgart 845, Metzler'sche Buchh.

Pixerécourt, G., le chansonnier de la paix. gr. 8. Berl. Rottmann.

Pixérécourt, G. v., und Vict. Ducange, Polder der Scharfrichter v. Amsterdam, od. die Macht d. Vorurtheils. Schausp. in 3 Abthln. Nach d. Franz. v. E. D'oench. Musik v. Ferd. Stegmeyer. 8. (8¼ B.) Liegnitz 833, (Kronecker.)

Pixis, Frdr., Anleitung zu den Verrichtungen der Geschwornen im öffentlich-mündlichen Strafverfahren nach dem f. die ältern Kreise Baierns hierüber erlassenen Gesetze. 8. (IV u. 236 S.) München 848, Literarisch-artistische Anstalt. n. 22 ℛ

Pixis, H., Wandtafeln f. den elementaren Unterricht im Freihandzeichnen in methodisch geordnetem Gang u. im Anschluss an die bayer. Lehrpläne f. d. Volks- u. Fortbildungsschulen, f. die Lehrerbildungsanstalten und Realschulen. I. Serie. Geradlinige Ornamentik. 41 lith. Taf. m. Erläutergn. (eingedr. u. 1 Bl. Text). gr. Fol. Würzburg 889. H. Stürtz. In Mappe. n.n. 16. —

Pixis, J. F.: „Allgemein nützliche Frucht-, Wein-, Zinsenrechnungen, Resolutions- und Reduktionstabellen, der Guldentheile zu Kreuzern, der Zentnertheile zu Pfunden, sowie eine Ausgleichungstabelle des französischen und deutschen Geldes u. dergl.", Mannheim 1806 (Leipzig, Joachim in Kom.).

Pixis, J. F., allgem. nützl. Frucht-, Wein-, Zinsen-Rechnungen, Resolutions- u. Reductions-Tabellen ꝛc. 8. Manh. 810. Bender. 6 ℛ

— vollständ. Unterr. in der Schönschreibekunst. gr. Fol. Manh. 787. (Schwan u. G.) 2 ℛ

— kleine Vorschriften der Schönschreibekunst. Fol. Manh. 787. (Schwan u. G.) 16 ℛ

Pixis, Rud., Kepler als Geograph, s. **Studien,** Münchener geograph.

Pixis, Rudolf: Kepler als Geograph, eine historisch-geographische Abhandlung. *München: Th. Ackermann 1899.* (VI, 142 S.) 8° ¶ [= Münchner geogr. Studien, Stück 6.]
München, Phil. Diss. v. 1898

Pixis, Th., s.: **Schiller-Galerie.**

Pixis, Thdr., Bilder zu deutschen Volks- u. Lieblingsliedern. Photographirt von Fr. Bruckmann's photograph. Anstalt. München 865. Bruckmann. Fol. (12 Blatt Photogr. u. 13 Blatt Text.) cart. n. 9 ℛ; geb. n. 10 ℛ

— — Photographirt nach Orig.-Zeichnungen. (Visitenkarten-Ausg.) Ebend. 866. 16. (12 Blatt u. 28 S. Text.) In Couvert. n. 4 ℳ

Pixis, Walter, a. Kusel (Rheinpfalz): Über „Spontane inversio uteri". Würzburg 1906: F. Staudenraus. (23 S.) 8°
Würzburg, Med. Fak., Ref. Hofmeier, Diss. v. 25. Juli 1906
[Geb. 25. Okt. 77 Kusel; Wohnort: Würzburg; Staatsangeh.: Bayern; Vorbildung: Gymn. Ludwigsburg Reife O. 00; Studium: München 1, Erlangen 1, Würzburg 9 S.; Coll. 30. Mai 06; Approb. 15. Mai 06.]

Pixy, Fr., Klic štěpařský, s.: B i b l i o t é k a, nowočeská, číslo XI.

Piza, J [Übers.]
s. Aguilar, G.: Marie Henriquez Morales. 1856.

Katalog der Bibliothek der fünf vereinigten Logen in Hamburg. [Zsgest. von Jos. **Piza.**] Hamburg 1876: Nobiling. 33 S. 8°
Nachtr. hierzu in: HL. 14 (1881) S. 1097 1108. Tt. 43.

Pizan, Cristine de, le livre du chemin de long estude, publié pour la première fois d'après sept manuscrits de Paris, de Bruxelles et de Berlin par Rob. Püschel. gr. 8. (XXII, 301 S.) Berlin 881. Damköhler. n. 6. —; auf Kpfrdr.-Pap. n. 15. —

Pizan, Christine de, le livre du chemin de long estude. Publié pour la première fois d'après sept manuscrits de Paris, de Bruxelles et de Berlin. Nouvelle éd. (intitulée). gr. 8. (XXII, 272 u. Glossaire 31 S.) Berlin 887. Hettler. n. 3. —

Pizarro, oder die Amerikaner. Ein deutsches Originaltrauerspiel in Versen von fünf Aufzügen. Wien 1772. V: *Weidmann, Paul.* (Jahrb. d. Grillp. Ges. XIII.)

— A tragedy in five acts; taken from the german drama of Kotzebue, and adapted to the english stage by R. B. Sheridan. gr. 8. London. (Perthes in Hamb.) 799.

Pizarro. Trauerspiel in fünf Akten. A. d. Engl. . . . Leipzig 1800. V: *Sheridan, Richard Brinsley.* Ü: *Sommer, Johann Christian.* (Ky)

Pizarro. Trspl. in 5 A. (v. Sheridan). Aus d. Engl. v. Jh. Chr. S(ommer). 8. Leipz. 800. (W. Rauck). 12 K

— Trauersp. in 5 Aufz. Nach Kotzebue's Spanier in Peru; od. Rolla's Tod, frey bearb. von Richard Brinsley Sheridan. Nach der 13ten Londner Ausgabe ins Deutsche übers. v. J. C. S. 8. Lpz. Sommer. 800.

Pizarro Suarez, Ismael: El d e r e c h o mercantil, de cambio, de quiebra y maritimo de Mexico, s. A q u i r r e , Carlos

Pizenberger, Franz Anton,
s.a. P i t z e n b e r g e r , Franz Anton

— s. B r i e f e über d. Entwurf.

Pizenberger, Fr. Ant., († d. 19. März 1813.) Rede vom Einflusse d. Weltweisheit in das Wohl des Staats. 8. Zürich; 782. Orell. 3 K

Pizzala, Josef

Pizzala, J., Stand der Bibliotheken der im Reichsrath vertretenen Königreiche und Länder zu Ende d. J. 1870, s.a. Mittheilungen aus dem Gebiete der Statistik.

Pizzala, Josef, Rechnungs-Official bei der k. k. Direction der administrativen Statistik. S t a n d d e r B i b l i o t h e k e n der im Reichsrathe vertretenen Königreiche und Länder zu Ende des Jahres 1870. (In Mittheilungen aus dem Gebiete der Statistik herausgegeben von der k. k. Statistischen Central-Commission. 20. Jahrg.) — Siehe O III e. Wien 1873.

Pizzala, J., W a a r e n - E i n f u h r in das allgemeine oesterreichisch-ungarische Zollgebiet, s.: A u s w e i s e über den auswärtigen Handel der oesterreichisch-ungarischen Monarchie.

Pizzi, Italo, antologia Firdusiana. Con un compendio di grammatica persiana e un vocabolario. 2a edizione con l'aggiunta delle correzioni. gr. 8. (XIX, 192 S.) Leipzig 891. R. Gerhard. n. 12 —; auf Velinpap. n. 15. —; Liebhaber-Ausg. n. 20. —; geb. in Pergament n. 30. —

Pizzi, Italo, manuale della lingua persiana, grammatica, antologia, vocabolario. gr. 8. (XV, 479 S.) Leipzig 883. Gerhard. n. 15. —; Ausg. auf Velinpap. n. 20. —; für Bibliophilen auf holländ. Pap. n. 30. —

Pizzicaria, P., das Marienkind Clementine Secchi, gestorben am 2. Juni 1884 als Martyrerin f. die Tugend der Reinheit. Aus dem Ital., bearb. v. e. Mitglied der Marianischen Congregation. 16. (46 S. m. Portr.) Innsbruck 890. Vereins-Buchhdlg. u. Buchdr. n. — 24

Pizzighelli, Cajetan, s. P i z z i g h e l l i , Gaetano

Pizzighelli, Gaetano: Accademia medico-chirurgica Giuseppina con un prospetto del Corpo sanitario Austriaco e dello Spedale Militare di Vienna. 82 S., gbd.

Vienna: Stamperia dei Mechitaristi 1837

Pizzighelli, Gaetano, Academia med.-chirurg.-Giuseppina con un prospetto del corpo sanitario Austriaco, e dello spedale militare de Vienna. 8maj. (6 B.) Vienna 837. (Volke's Bh.) *

(Pizzighelli.) A u s z u g aus der Geschichte des k. u. k. Feld-Jäger-Bataillons Nr. 9 von seiner Errichtung 1808 bis zum Jahre 1890. 8. Graz 1890.

(Pizzighelli, Cajetan.) G e s c h i c h t e d e s k. und k. Dragoner-Regimentes Kaiser Ferdinand Nr. 4. 1672 –1902. 8. Wr. Neustadt 1902.

Pizzighelli, K. Geschichte des k. k. Inf.-Reg. Kaiser Franz Josef Nr. 1. 1716—1881. Mit Offiziers-Stammbuch des Reg. zu Fuß Alt-Lothringen. Mit Beil.
Troppau 1881. 721 u. 306 S.

Pizzighelli, Cajetan, Hofkanzlei-Beamter des reg. Fürsten Liechtenstein. G e s c h i c h t e des k. u. k. Dragoner-Regimentes Johannes Josef Fürst von und zu Liechtenstein Nr. 10. 1631—1903. Im Auftrage des Regimentes verfasst. 8. Wien 1903.

— — G e s c h i c h t e des k. und k. Husaren-Regiments Wilhelm II. deutscher Kaiser und König von Preussen Nr. 7. 1798—1896. Im Auftrage des Regiments Commandos zusammengestellt. (Mit 9 Abbild.) 8. Wien 1896.

Pizzighelli, Cajetan. G e s c h i c h t e des k. und k. Husaren-Regiments Wilhelm II. König von Württemberg Nr. 6. 1734—1896. Im Auftrage des Regiments-Commandos zusammengestellt. (Mit 16 Abbild.) 8. Rzeszów 1897.

Pizzighelli, Giuseppe

Pizzighelli, G., die A c t i n o m e t r i e od. die Photometrie der chemischwirksamen Strahlen f. Chemiker, Physiker, Optiker, Instrumenten-Fabrikanten, Photographen, in ihrer Entwicklung bis zur Gegenwart. Mit 44 Tab. u. 150 Illustr. in Holzschn. u. Photo-Zinkotypie. gr. 8. (202 S.) Wien 884. Verlag der Photogr. Correspondenz. n. 3. 60

Pizzighelli, Jos., Anleitung zur Photographie für Amateure u. Touristen mit Rücksicht auf den Gelatine-Emulsions-Process. Mit 1 Taf. in Lichtdr., 1 Taf. in Photolith. u. in den Text gedr. Holzschn. gr. 8. (110 S.) Wien 882. Verl. der Photograph. Correspondenz. n. 2. 40

Pizzighelli, G., Anleitung zur Photographie für Anfänger. 12. (156 S. mit 70 Holzschn.) Halle 887, Knapp. *

Pizzighelli, G., Anleitung zur Photographie f. Anfänger. 3. Aufl. 12. (VIII, 200 S. m. 101 Holzschn.) Halle 890. Knapp. n. 3. —

Pizzighelli, G: Anleitung zur Photographie für Anfänger. 4. Aufl. Halle a. S 1892

— dasselbe. 5. Aufl. gr. 16. (VIII, 254 S. m. 142 Holzschnitten.) Ebd. 893. Geb in Leinw. n. 3. —

— dasselbe. 6. Aufl. 12. (VIII, 267 S. m. 142 Holzschn.) Ebd. 894. Geb. in Leinw. n. 3.

Pizzighelli G.: Anleitung z. Photographie f. Anfänger. 7. Aufl. Halle a. S. 1895. 286 S. Fig.

Anleitung zur Photographie. Hrsg. v. G. **Pizzighelli,** k. u. k. Oberstlt. a. D. . . . 8. Aufl. M. 153 Holzschn. *Halle a. S.: W. Knapp 1897.* (1 Bl., x, 332 S., 15 Taf.) 1 Bd 8. (97. 7005

Pizzighelli, G., Anleitg. zur Photographie. 9. Aufl. M. 156 in d. Text gedr. Abb. u. 26 Taf. 12. (VIII, 360 S.) Halle 898. W. Knapp. Geb. in Leinw. n. 3. —

Anleitung zur Photographie. Hrsg. von G[iuseppe] **Pizzighelli.** Mit 186 in d. Text gedr. Abb. u. 12 Taf. 10. verm. u. verb. Aufl. *Halle a. S.: W. Knapp 1900.* (VIII, 379 S.) 8° (00. 5677 3

Pizzighelli, G., Anleitung zur Photographie. 11. verm. u. verb. Aufl. gr. 8. (VII, 396 S. m. 205 Abb. u. 24 Taf.) Halle 901. W. Knapp. Geb. in Leinw. n. 4.—
10. Aufl. (VIII, 379 S. m. 186 Abb. u. 12 Taf.) 900. n. 3. 60; geb. 4. —.

Pizzighelli, G., Anleitung zur Photographie. 12., verm. u. verb. Aufl. (VIII, 414 S. m. 222 Abbildgn. u. 24 Taf.) gr. 8. Halle 904. W. Knapp. Geb. in Leinw. n. 4. —

Pizzighelli, G., Anleitung zur Photographie. 13. verm. u. verb. Aufl. (VIII, 475 S. m. 255 Abb. u. 27 Taf.) 8. Halle 908. W. Knapp. Geb. in Leinw. 4. 50

— A n t h r a k o t y p i e u. Cyanotypie. Zwei empfehlenswerthe Verfahren zur Herstellung von Lichtpausen. Zwei Vorträge, gehalten in den Plenarversammlungen der Photograph. Gesellschaft in Wien am 2. Novbr. 1880 u. 1. März 1881. gr. 8. (16 S.) Ebend. 881. n. — 60

Pizzighelli, G. (Mitverf.): B e i t r ä g e zur Photochemie des Chlorsilbers, s. E d e r , Josef Maria

— H a n d b u c h der Photographie f. Amateure u. Touristen. 1. u. 2. Bd. gr. 8. Halle 886. Knapp. n. 15. —
1. Die photogr. Apparate u. die photogr. Processe. Mit 311 Holzschn. (XIII, 436 S.) n. 8. —
2. Die Anwendung der Photographie. Mit 158 Holzschn. (VIII, 355 S.) n. 7. —

— H a n d b u c h der Photographie f. Amateure u. Touristen. 3 Bde. 2. Aufl. gr. 8. Ebd. à n. 8. —
1. Die photographischen Apparate. (XII, 685 S. m. 531 Abbildgn.) 891.
2. Die photographischen Processe. (X, 518 S. m. 207 Textabbildgn.) 892.
3. Die Anwendungen der Photographie. (X, 496 S. m. 284 Abbildgn.) 892.

— **Handbuch der Photographie f. Amateure u. Touristen. II. Bd. Die photograph. Processe. 3. verb. Aufl., bearb. v. Curt Mischewski. (XII, 539 S. m. 221 Abbildgn.) gr. 8. Ebd. 903. n. 8. —**

— die Photographie mit Clorsilber-Gelatine u. chemischer Entwickelung, s.: Eder, J. M.

—— und Arth. Baron Hübl, die Platinotypie, ein Verfahren zur raschen Herstellung haltbarer Copien mit Platinsalzen auf photographischem Wege. Theoretisch und praktisch dargestellt. Mit der Voigtländer-Medaille in Gold prämiirt und hrsg. von der Photogr. Gesellschaft in Wien. gr. 8. (IV, 86 S.) Wien 882, Verlag der Photogr. Correspondenz. cart. *

Die Photographischen Processe. Dargest. f. Amateure u. Touristen. Von G[iuseppe] **Pizzighelli.** 3. verb. Aufl. bearb. von Curt Mischewski. Mit 221 Abb. *Halle a. S.: W. Knapp 1903.* (XII, 539 S.) 8°
— **Pizzighelli:** Handbuch d. Photographie. Bd 2. (03. 2963 3

Pizzighelli, Josef, s. P i z z i g h e l l i , Giuseppe

Pizzighelli, Kajetan, s. P i z z i g h e l l i , Gaetano

Pizzo, G., italienische Briefe, s.: Breitinger, H.

Pizzo, Lodov., i primissimi elementi della geometria esposti ai giovanetti. 3. ediz. con 8 tav. (lith. in qu. Fol.) Triest 865. Coen. 8. (XI, 100 S.) n. 15 ngr.

P l a c a r d i , Charl., le maitre italien, ou la Grammaire de Veneroni etc. gr. 8. Frcf. Brönner. 803.

Placardi, Charl., s. *Veneroni* Dizionario et ejusd. le maitre italienne.

Placat, s. P l a k a t .

Placcius, Vincentius

NICETAS SPILUS (Vinc. Placcius): Epist. de corpore jur. reconcinnando inque vernaculum convertendo.

— de interpretat. et explicat. l e g u m. 4. Lips. Heyl. 726.

P l a c c i i , Vinc., theatrum a n o n y m o r u m. fol. Dresd. Walther. 708.

Placcius, Vincentius, VINCENTII PLACCII, // I. U. L. Philos. Pract. & Eloqu. in Gymnasio Hamb. // olim Professoris, // THEATRUM // ANONYMORUM // ET // PSEUDONYMORUM, // EX // Symbolis & Collatione Virorum per Europam // Doctissimorum ac Celeberrimorum, // Post SYNTAGMA dudum editum, // Summa Beati Auctoris Cura // reclusum, // & // Benignis Auspiciis // Summe Reverendi ac Consultissimi Viri, // DN. MATTHIAE DREYERI, // I. U. D. & Rev. Capit. Hamb. Canon. Spectatissimi, // Cujus & COMMENTATIO, de Summa & Scopo hujus Operis // accedit, // Luci publicae redditum.// Praemissa est PRAEFATIO // & // VITA AUCTORIS, // Scriptore // JO. ALBERTO FABRICIO, // SS. Theol. D. Prof. Publ. & Gymnasii // h. a. Rectore. // Cum INDICIBUS necessariis. // HAMBURGI, // Sumptibus Viduae Gothofredi Liebernickelii. // Typis Spieringianis, M DCC VIII.
Inhalt:
18 Blatt (nicht paginiert) Titelblätter, Vorreden und Vita auctoris. - 722 S. : Liber de anonymis scriptoribus detectis; 2 Blatt (nicht paginiert) Index. - 623 S. : De scriptoribus pseudonymis detectis liber. - 195 S. : JOHANNIS DECKHERRI, // Doctoris & imperialis Camerae Judicii Spirensis, Advocati // & Procuratoris // DE // SCRIPTIS // ADESPOTIS, PSEUD- //EPIGRAPHIS, ET SUP- // POSITITIIS // CONJECTURAE, // CUM // ADDITIONIBUS VARIORUM, // Ad Editionem ultimam AMSTELAEDAMENSEM.
(Seite 1-54).
PAULI VINDINGII // AD // Virum Amplissimum // JOHANNEM // DECKHERRUM // EPISTOLA // de // Scriptis nonnullis Adespotis.
(Seite 55-57).
PETRI BAELII // AD // Virum Doctissimum // THEODORUM J. // AB // ALMELOVEEN // EPISTOLA // de // Scriptis Adespotis.//
(Seite 58-64).
DISSERTATIO - - - DE // NOMINUM // MUTATIONE // ET // ANONYMIS SCRI- //PTORIBUS, // Quam // A. C. 1669. d. 29. April. // in publica Lipsiensium cathedra // defendit, // Nunc autem Auctiorem exhibuit // FRIDR. GEISLER &tc. I uxta Exemplar LIPSIAE an. 1671. impressum.
(Seite 65-86).
JO. FRID. MAYERI, // Doctoris & Professoris Theologi // EPISTOLICA DISSERTATIO // ad // Consultiss. Excellentissim. ac Virum // DN. Lic. // VINCENTIUM // PLACCIUM, // - - - qua // Anonymorum & Pseudony- //morum // farrago obiter indicatur u.s.w.
(Seite 87-93).
Indices.
(Seite 94-195).

Placcius, Vincentius. Theatrum Anonymorum et Pseudonymorum . . . Hamburgi 1708. H: *Vischer, Ludw. Frdr.* (Petz)

— theatr. anonymor. et pseudonymor., c. praef. I. A. Fabric. fol. Hamb. Brand. 740.

Place, de la, s. *Laplace.*

Place, de la, Choix d'anecdotes et faits mémorables; ou le Valère Maxime français. II Vols. Smaj. Leipsic, Sommer.

Place, (de la,) Cours etc., s. Noël.

Place, de la, Leçons françaises de littérature, s. Noël, L.

Place, Ch., Makrobiotik od. Lebenserhaltungskunde f. Kleidermacher u. Nähterinnen, so wie f. alle vielsitz. Personen überh. N. d. Franz. frei bearb. v. Aug. Neumeister. 8. (4 1/4 B. u. 1 Stnt.) Weimar 836, Voigt.

Place, Charles, Speranza. 16. (179 S.) Leipzig 858, A. Dürr.

Place, Francis

Place, F., Leitfaden für den Unterricht in der Physik zum Gebrauche in Volksschulen bearb. Gotha 858. Thienemann. gr. 8. (160 S. m. Holzschn. im Text.) n. 18 ngr.

Place, Francis, über die Prüfung der Glas-Mikrometer. Inaugural-Dissertation. gr. 8. (III und 56 S. mit 24 in den Text gedr. Holzschn.) Berlin 860, G. Reimer. +

Place, Francis, Theorie u. Konstruktion der Neigungswaage (Zeigerwaage). Mit besond. Rücksicht auf möglichste Grösse u. vollkommene Gleichheit der Skalentheile. Ein Handbuch für Wagenbauer. 1. u. 2. verm. Aufl. Weimar 867. B. F. Voigt. gr. 8. (VII, 81 S. mit 51 in den Text eingedr. Holzschn.) 15 ngr.

Place, Francis, Theorie und Konstruktion der Neigungswaage [Zeigerwaage]. Mit besond. Rücksicht auf möglichste Grösse und vollkommene Gleichheit der Skalentheile. Ein Handbuch für Waagenbauer. 2. verm. Aufl. gr. 8. (VII, 81 S. mit 51 in den Text gedr. Holzschn.) Weimar 869, B. F. Voigt. 1 50

Place. Franc. (Petr.) (geb. Neusalz a. O. 12. 2. 1798): De usu corticis radicis Granati. Berolini (1825). (30 S.) 8°
Berlin. Med. Diss. v. 30. Nov. 1825

Place, F., das Wichtigste aus der physikalischen Geographie als Anh. zum Leitfaden f. den Unterricht in der Physik in gedrängter Kürze zusammengestellt. gr. 8. (49 S.) Gotha 872. Thienemann. n. — 50

Place, Pierre Simon la

— Darstell. des Weltsystems, a. d. Franz. 2 Thle. gr. 8. Frankf. Varrentrapp und W. 797. 98. (1r 1 Rthlr. 14 gr. 2r 1 Rthlr. 12 gr.)

— Exposition du Système du Monde. 2 Vol. gr. 8. Paris. (Lagarde, Berl.) 796.

— Mechanik d. Himmels, a. d. Franz. m. Anm. v. J. C. Burkhardt. 2 Thle. gr. 4. Berlin, Lagarde. 800—802. (1r 5 Rthlr. 2r 5 Rthlr. 12 gr.)

Place, P. S. la, Traite mécanique céleste. 2 Vol. 4. Paris. (Lagarde, Berl.) 800.

Plaček, Franz —. Die österreichischen Grund-Entlastungs-Kapitalien. Eine systematische Darstellung der gesetzlichen Bestimmungen über die steuerämtliche und tabularmäßige Behandlung, dann über die Verzinsung und Befriedigung der Grundentlastungs-Schulden und Forderungen, in ihrer Anwendung auf die Verhältnisse in Böhmen. 8. (136 S.) Prag. Hofbuchdruckerei von Gottlieb Haase Söhne. 1853.

Plaček, Frz., die österreichischen Grund-Entlastungs-Kapitalien. Eine systemat. Darstellung der gesetzlichen Bestimmungen über die steuerämtliche und tabularmäßige Behandlung, dann über die Verzinsung und Befriedigung der Grundentlastungs-Schulden und Forderungen, in ihrer Anwendung auf die Verhältnisse von Böhmen. Mit einer historisch-statist. Einleitung und mit 19 Uibersichtstabellen und Urkundenformularien. gr. 8. (VIII und 128 S.) Prag 853, (André.) *

Placek, Frz. „Re" in den Compositis in Vergils Aeneis. 36 S. 8.
Progr. D. G. *Budweis* 1882.

Franz PLAČEK Re — in den Compositis bei Vergil
Diss. Prag 1886/87.

Placentin, Jul. Casserius, anatom. Tafeln, m. K. 4. Frankfurt, Oehrling. 707.

Placentini ad Bulgarum additiones, s. Bulgari etc. commentarius.

Placentini Summa 'Cum essem Mantue' sive de accionum varietatibus. Hrsg. von Gustav Pescatore. ⟨Wiss. Beil. z. Vorlesungsverzeichn. d. Univ. Greifswald, Mich. 1897.⟩ *Greifswald 1897: J. Abel.* (XII, 66 S.) 8° = Beiträge z. mittelalterlichen Rechtsgeschichte. H. 5. [03. 1506] 6

Placentinus, Greg., Commentarius graecae pronuntiationis, notis in veteres inscriptiones locupletatus. Rom. 751. 4. Lips. 752. 4. 1 rthlr.

Placer, Joseph (Krakau), De cataracta et nonnullis eam extrahendi methodis. Diss. med.-chir. Berlin (Brüschcke) 12. IV. 1828. 29 S. mit Biogr. (M.: A. Worobeck). (2.50) 26572
Oppon.: F. von Hechel, J. Siromiatnikoff, F. Dworzaczek.

Placereano, Franz: Über das fette Oel der Samen von Citrus aurantium. – 1907. 29 S.
Diss. Wien, TH.

Placette, J. La (vgl. L a p l a c e t t e)

— vom Almosen ꝛc. . Eisenach, Wittekind.

Placette, J. la, Anweis. d. h. Abendmahl andächtig zu gebrauchen. 8. Zürich, Orell. 766.

— vier Bücher v. d. Armuth. 8. Frankf. 717.

— Gedanken üb. versch. Materien. 8. Schafhausen, Seiler. 711.

— v. Hochmuth. 8. Wittenb. Ahlf. (Kühn.) 790.

— geistl. Moral, od. Sittenlehre. 4. Jena, Schulze. 728.

— Tod d. Gerechten, od. d. Weise, wohl zu sterben. 8. Frankfurt, Brönner. 728.

— — dass. v. Ulrich. 2 Thle. gr. 8. Zürich, Orell, Füßli u. Comp. 760.

— Unterweis. v. d. recht. Art zu predigen. 8. Lpz. Fritsch. 738.

— v. d. Wiedererstattung, a. d. Fr. 8. Lemgo, Meyer. 775.

— v. d. Zweifeln d. röm. Kirche. 8. Frankfurt, Eßlinger. 751.

Placetum, Das, regium mit seinen Gründen ... O. O. 1782. V: *Zimmermann, Benedict.* (MGT)

Plach, Frz., die gepresste Schiesswolle. Eine Abhandlg. üb. die Beurtheilg., Verwendg. u. Behandlg. dieses Explosivpräparates f. Torpedo- u. Seeminen-Lehrcurse. gr. 8. (VI, 133 S. m. 24 Textfig.) Pola 891. (E. Scharff.) n. 4. —

Plach, Heinr., nur diese Nacht, s.: Pitlik, Carl.

Plachetko, Severin, das Becken von Lemberg. Ein Beitrag zur Geognosie und Palaeontologie Ostgaliziens. gr. 4. (36 S. mit 2 Stnt.) Lemberg 863, (Wild.) *
Aus: Gymnasialprogramm, besonders abgedruckt.

Plachetko: Die Galizischen-oder Nordkarpathen. Eine geognostische Skizze. 20 S.– Lemberg 2.OG., Progr. 1862.

Placht, Frz., der Gastwirt, dessen Rechte u. Pflichten. Leitfaden f. alle Gastwirte. Zusammengest. u. verf. auf Grund d. Gewerbegesetzes, der Gewerbegesetznovelle, der hiezu erflossen. Entscheidgn. d. k. k. Ministerien, d. k. k. Verwaltungsgerichtshofes, d. k. k. Statthaltereien u. der Gutachten d. Handels- u. Gewerbekammern. 8. (67 S.) Niemes 898. (A. Bienert.) n. — 70

Placht, Karl

Placht, K., neue Postkarten-Verse. 121 Orig.-Texte zur Abfassg. v. Ansichtspostkarten. 12. (32 S.) Straubing (900). Volks- u. Jugendschriften-Verlag. — 40

Placht, Karl, wo die Knödel wachsen, u. die Weißwurst blüht! Heitere Reimereien. Mit Buchschmuck v. Alfr. Stiffel. (28 S. m. Abbildgn.) 8. München 905. C. Beck. (L. Haile.) n. — 25

Plachy, Mich., österreichisches Gewerberecht, s.: Heilinger, Alois.

Placidus u. Eustachius. Trauersp. von Steffen. 8. Zelle, Richter. 749.

Placidus an Maclovien: Abhandlung über die Scrupeln oder Gewissens-Ängsten, a. d. Franz. ... Const. 1778. V: *Jamin, Nic.* (AarK)

Placidi grammatici, Luctatii, glossae. Rec. et illustr A. Deverling. gr. 8. (XXI, 94 S.) Leipzig 875. Teubner. n. 2. 80

Placidus, liber glossarum glossaria reliqua, s.: Corpus glossariorum latinorum.

Placidus, ..., (Jh. Wlh. Petersen,) Literatur der Staatslehre. 1e Abtheil. gr. 8. Straßb. 798. (Stuttg., Metzler). 18 gr.

Die seelische Trägheit. Von Placidus. [Meerane o. J.: Otto.] 14 S. 8°. [Umschlagtit.]
Eine Schrift aus dem Illuminaten-Orden neueren Datums. Placidus ist ein Ordensname. **21.**

Placidus, D. (Resp.): Diss. med. de melancholia..., s. B o e n n e k e n, J. W. F. (Praes.)

Placidus, Daniel [Praes.], s. L a r e n z, Anton Josef: De jure aggratiandi.

Placidus, Justin (Placide-Justin): Politische und statistische Geschichte der Insel Hayti (Sanct Domingo) nach amtlichen Berichten und den mitgetheilten Nachrichten des Agenten der Brittischen Regierung auf den Antillen Sir James Berskett. Nach dem Französischen bearbeitet von C. G. Hennig. Ronneburg 1827. XVI, 503 S. 8°.

Placidus, Justin, polit. u. statist. Geschichte v. Hayti (St. Domingo); aus d. Französ. übersetzt von C. G. Hennig. gr. 8. Ronneb. 827. Weber. Fr. Schumann. 2 ₰ 8 gr.

Placidus, Muth, s. Muth, Placidus.

Placita moralia ex Oratorum Principe selecta . . . Claudiopoli 1744. V: *Müsser, Christoph.* (Jes)

Placita Societatis Latinae Altorfinae . . . Altorfie 1764 [1765]. V: *Nagel, Johann Andreas Michael.* (Will) (ML)

Placitus, Janus: G e d a n c k e n über die Punctir-Kunst. Jena 1703. 8°

Placitus, Sextus

Placiti, Sexti, Papyriensis et L. Appulei liber ex rec. et c. not. Jb. Chr. Gli. Ackermann. 8. Nürnb. u. Alt, 788.

Placius, J. Günth., Briefbuch, n. e. orthogr. Wörter- und Titularb. 8. Nordh. 759.

— — dass. ohne Titularb. 8. Ebend. 759.

Plack, C. F., Anweisung auf einfache u. kostenlose Weise die Kartoffeln zu verbessern u. nicht nur viele, gesunde, große u. wohlschmeckende Kartoffeln zu erndten, sondern auch mindestens das Doppelte des gewöhnlichen Ertrags zu erlangen. 8. (¾ B.) Breslau 846, Trewendt. *

Plack, G., Repetitorium der Botanik m. besond. Berücksicht. officineller Pflanzen, f. Mediciner, Pharmaceuten u. Lehramtskandidaten. 8. (IV, 274 S.) Leipzig 899. A. Deichert Nachf. n. 4. —; geb. n. 4. 50

Plack, Georg, Apotheker aus Herrnstadt i. Schl.: **Beiträge zur** Kenntnis der substituierten β-(2)-Naphtochinoline und des Chrysolins (Naphtophenantrolin), eines aus dem Amido-β-(2)-Naphtochinolin durch die Skraup'sche Synthese dargestellten Condensationsprodukts. *Freiburg i. B. 1899: Ch. Lehmann's Nachf.* (57 S.) 8°
Freiburg i. B., Phil. Diss. v. 1899

Plack-Podgórski, Rud., Ahlwardt vor Gericht. Eine krit. Beleuchtg. d. Judenflinten-Prozesses. (1.–4. Aufl.) gr. 8. (40 S.) Dresden 892. Druckerei Glöß. n. — 50

Plack-Podgórski, Rud., die Axt an die Aktie. Wirtschafts- u. Besitz-Reform im Großen. (XI, 76 S.) gr. 8. Berlin (O. 17, Stralauerplatz 6 u. 7) 908. Selbstverlag. 1. 50

Plack, Rud., kritische Beleuchtung der Gehlsen-Prozesse an der Hand der stenographischen Aufnahme derselben, der Anklageschrift u. des Urtheils. 8. (46 S.) Charlottenburg 900. Expedition der „Charlottenb. Kritik". —30
Sonderabdruck aus: „Charlottenbg. Wochenblatt".

Staatsanwalt Diogenes aus der großen Garnison Berlin und Rechtsanwalt Hertwig Charlottenburg, eine 'Zierde' d. Anwaltstandes, politischer Verräter u. Verbrecher ... KEin Roman! Von Rudolf **Plack-Podgórski.** *Charlottenburg: Charlottenburger Kritik [1904].* (20 S.) 8° [Umschlagt. F.]
[4. 15252

— Licht üb. den Charlottenburger Creditverein u. Sparkasse, e. G. m. unbeschränkter H., seine lügenhaften Geschäftsberichte u. falschen Bilanzen, gegeben den Genossenschaftern u. d. Staatsanwalt. gr. 8. (24 S.) Ebd. 900. n. n. —25

— Mahnwort an den Mittelstand des deutschen Volkes u. Aufruf zum Kampf gegen die hohe Finanz u. den Börsenschwindel der Welt. Eine Folge des „Prozeß Polke". gr. 8. (16 S.) [Berlin.] Ebd. 893. n. — 30

Plack-Podgórski, Rudolf, Pharisäer u. Heuchler oder die Leuchten des deutschen Parlaments und die Stützen des Staates. Geschildert nach dme Ahlwardt'schen Actenmaterial und anderen Quellen als eine Ergänzung seiner öffentlichen Anklagen im deutschen Reichstage. Gr. 8. (68 S.) * —.36
Wien: Lesk & Schwidernoch 1893.

Plack-Podgórski, Rudolf: P h a r i s ä e r und Heuchler oder die Leuchten d. deutschen Parlaments u. d. Stützen d. Staates. Geschild. nach d. Ahlwardtschen Aktenmaterial u. and. Quellen ... unter wortgetreuem Abdr. von Akten u. Belegen. 2. Aufl. (Berlin: G. A. Dewald um 1893). (68 S.) 8°

Plack-Podgórski, Rud. Der Prozeß Polke vom Standpunkte der reinen Vernunft u. Logik, zur Aufklärg. der öffentl. Meing. üb. Schuld od. Unschuld d. Angeklagten im Interesse der Wahrheit u. Strafrechtspflege. Eine Widerlegg. d. gerichtl. Urteils. 1.–4. Aufl. gr. 8. (134 S.) Dresd. 892, Druckerei Glöß. * 1 —

Plackiter, F., und A. Klusmann, Fibel, s. Klusmann, A.

Plackiter, F.,
— des Kindes erstes Schulbuch, } s. **Klusmann, A.**

Placzek, s.: Jahresbericht der Unfallheilkunde etc.

(Placzek.) Nur ein G e m e i n e r! Erinnerungen eines Veteranen aus Radetzky's Ruhmestagen. Aus Anlass der Enthüllung des Radetzky-Denkmals in Wien erzählt von einem Veteranen. 8. Wien 1892.

Placzek, B.

— „ehre Vater u. Mutter!" Predigt, geh. am Versöhnungstage 5647 [9. Octbr. 1886] im Tempel zu Brünn. gr. 8. (8 S.) Ebend. 886. n. — 40

Placzek, B., im Exuw., Gedichte. Wien 867. Herzfeld & Bauer. 16. (VIII, 214 S.) n. 1 *ᵅᵖ* 2 *ngr.*

Placzek, B., das Geld. Kanzelrede, geh. am Schemini-Azereth 5657 (29. IX. 1896). gr. 8. (6 S.) Wien 896. Brünn, B. Epstein & Co. n. — 30

Placzek, B., Haskara der Lebendigtodten. Predigt, geh. am Schemini-Azareth 5647 [21. Octbr. 1886]. gr. 8. (8 S.) Brünn 886. Epstein. n. — 35

Placzek, B., Nachruf, geh. an der Bahre Hieronymus Lorm's am 5. XII. 1902. (4 S.) 8. Brünn 902. B. Epstein & Co. n. — 20

— Nachruf, geh. an der Bahre d. verewigten mährischen Landes-Rabbiners, Hrn. Abraham Placzek, in der Boskowitzer Synagoge, am 24. Kießlew 5645 [12. Dezbr. 1884]. Nach Aufzeichngn. e. Zuhörers als Mscr. gedr. gr. 8. (8 S.) Ebend. 885. — 30

— die Partein in Israel. Predigten, geh. am 1. u. letzten Pessachtage 5658 (7. u. 14. IV. 1898). Lex.-8. (15 S.) Ebd. 898. n. — 40

Placzek, B., Wiesel und Katze. Ein Beitrag zur Geschichte der Hausthiere. [Aus: „Verhandlgn. d. naturforsch. Vereines in Brünn".] gr. 8. (72 S.) Brünn 888. (Epstein.) n. 1. 36

— „zu eng ist mir der Raum!" Predigt, geh. am 1. Neujahrstage 5647 [30. Septbr. 1886] im neuhergerichteten Tempel zu Brünn. gr. 8. (8 S.) Ebend. 886. n. — 32

Placzek, Siegfried

Placzek, S., das Berufsgeheimnis des Arztes. gr. 8. (VIII, 77 S.) Leipzig 893. G. Thieme. n. 2. 40

Das Berufsgeheimnis des Arztes. Von Dr. S[iegfr.] Placzek, Nervenarzt in Berlin. 2. vollst. umgearb. Aufl. *Leipzig: G. Thieme 1898.* (VIII, 140 S.) 1 Bd 8.

Placzek, S., das Berufsgeheimnis des Arztes. 3. wieder erweit. u. wesentlich veränd. Aufl. (VIII, 230 S.) Lex. 8. Leipzig 909. G. Thieme. 3. 40

Jahresbericht der Unfallheilkunde, gerichtlichen Medizin und öffentlichen Gesundheitspflege für die Ärztliche Sachverständigenthätigkeit. Unter Mitw. von... hrsg. von Dr. med. [Siegfr.] Placzek (Berlin). [1.] [Mehr nicht erschienen.] Leipzig: G. Thieme 1901. (IX, 707 S.) 4°(8°)

Ein deutsches gerichtsärztliches Leichenöffnungsverfahren. Reformgedanken von Dr. med. S[iegfried] Placzek in Berlin. Berlin: Fischer 1904. (80 S.) 8° [Umschlagt.]
Aus: Zeitschrift f. Medizinalbeamte. Jg. 1903.

Placzek, S., auf dem Rade. Eindrücke u. Erfahrgn., gesammelt auf Wanderfahrten durch den Schwarzwald, Ober-Bayern, Schweiz, Tirol, Ober-Italien. [Aus: „Zeitg. des deutschen Radfahrerbundes".] 8. (167 S.) Berlin 897. T. Trautwein. n. 2. —

(8) Auf d. Rade. 897. (RBZ 30.) Jetzt: Berlin, F. E. Lederer.

— Trigominus-Erkrankung als Folge u. Ursache d. Zahnextraction. Vortrag, geh. in d. General-Versammlg. d. deutschen odontolog. Gesellschaft zu Berlin im April 1895. [Aus: „Allg. med. Central-Zeitung."] gr. 8. (7 S.) Berlin 895. O. Coblentz. n. 1. —

Placzek, S.: Untersuchung des Mageninhalts bei Geisteskranken. Jena, Frommannsche Buchdr. (Hermann Pohle), 1890; 1 Bl. + 19 S. 8°
Jena, Med. Fak., Inaug. Diss. v. 26. März 1890

— die medicinische Wissenschaft in den Vereinigten Staaten. Reisestudien. gr. 8. (VIII, 125 S. m. Abbildgn. u. 3 Taf.) Ebd. 894. n. 4. —

Pladeck, Friedrich: Aus d. Botan. Garten d. Univ. Breslau. Der anatomische Bau gamo- und karpotropisch beweglicher Blütenstiele. Breslau 1909: Korn. 85 S. 8°
Breslau, Phil. Diss. v. 29. Juli 1909, Ref. Pax
Geb. 8. Febr. 87 Goldberg i. Schles.; Wohnort: Goldberg; Staatsangeh.: Preußen; Vorbildung: Ritterakad. Liegnitz Reife O. 05; Studium: Breslau 2, Zürich 1, München 1, Breslau 5 S.; Rig. 21. Juli 09.] [U 09. 616

Pladra, Osk., Jesus. Versuch e. anschaul. Darstellg. seines Lebens f. den Schulgebrauch. (71 S.) gr. 8. Leipzig 910. [Dürr'sche Buchh.] Berlin, Union, Zweigniederlassg. 1. —

Pladys, Ablaßgebete aus den Schriften des heiligen Alphonsus. Aus dem Italien. übers. von P., in's Deutsche übertr. von N. Breisdorff. 16. (128 S.) Dülmen 888, Laumann'sche Verlagsh. * 40 Pf.; geb. *

Plady's, Eug., Betrachtungen für die Festzeiten u. Haupt-Feste des katholischen Kirchenjahres nach dem heiligen Alphons v. Liguori, Kirchenlehrer. Aus dem Französischen übers. mit Autoris. des Verf. von einem Priester der Diöcese Mainz. 8. (469 S.) Regensburg 880. Manz. 4. —

Plafond- u. Wanddecorationen d. XVI. bis XIX. Jahrh. Hrsg. v. Ed. Hölzel's Kunstanstalt u. Rhold. Völkel in Wien. Chromolith. nach Entwürfen u. Aufnahmen v. Heinr. Adam, Joh. Deininger, Rud. Feldscharek etc. Mit erklär. Text v. Alb. Ilg. 6 Lfgn. gr. 8. Fol. (à 4 Chromolith. m. 4 Bl. Text.) Wien 883—86. Hölzel. à n. 10. — (cplt. in Mappe n. 60. —)

Plage, Des Filtz-Huths, Mit dessen Klage, Zeit seiner Tage vorgestellt und widerlegt . . . Landshuth [Leipzig] 1710. H: *Friese, Friedrich.* (EB)

Plage E, Studien über Krankenhauser...(45 S 5 T) 4° Berlin 1873

Plage, E., Studien üb. Krankenhäuser, m. Anwendg. der daraus gewonnenen Resultate auf das Programm u. die Vorarbeiten d. neuzuerbau. Krankenhauses in Wiesbaden. Mit 5 (lith.) Blatt Zeichngn. (in gr. u. qu. gr. Fol.) u. vielen in den Text eingedr. Holzschn. [Aus: „Zeitschrift f. Bauwesen."] gr. 4. (45 S.) Berlin 874. Ernst & Korn. n. 6. —

Plage, E. Studien üb. Krankenhäuser m. Anwendung der daraus gewonnenen Resultate auf das Programm u. die Vorarbeiten d. neuzuerbauenden Krankenhauses in Wiesbaden. Mit 5 Bl. Zeichngn. u. vielen in den Text eingedr. Holzschn. (Anast. Neudr. d. Ausg. v. 1873.) Fol. (45 S.) Berl. 891, Ernst u. Sohn. * 6 —
Aus: Zeitschr. f. Bauwesen, besonders abgedruckt.

Plagegeist, Der versteckte, oder der kleine Ueberall. Eine Geschichte für die Lesewelt. Mannheim 1804. V: *Hoffmann, C. Gustav F.* (KY) (BGE VI[a], 209/210)

Plagegeist, der versteckte, od. der kleine Ueberall. 8. Manh. 804. Löffler. (N. Titel von K. Gust. F. Hoffmann, Leben eines Flohes.)

PLAGE-GEISTER, Eine Mandel, womit der Mensch nach dem Sünden-Fall sonderlich behafftet ist, entworffen von *H. W. S.* Gedruckt im Jahr, da der Plage-Geister drey-mal fünf zusammen waren. O. O. 1725. 8°. Höchst selten! (1 fl. 12 xr. L. Rosenthal, vor. Cat. 16; jetzt theurer!)
Jahn's Bibl. V. II. Frf. u. Lpz. 1794. Nr. 3577.
Der Teuffel selbst, ein böses Weib, ein böser Mann, ein ungerathenes Kind, ein gewissenloser Vormund, eine böse Herrschafft, ein untreuer Diens-Bothe, ein böser Edelmann, ein böser und Gewissenloser, ein zänkischer Nachbar, ein falscher Freund, ein geitziger Mensch, ein hoffärtiger Mensch, ein Mensch, der viel schuldig und kein Geld zu bezahlen hat, eines Menschen böses Gewissen.

PLAGEMANN, ALBERTO. Ueber Aminderivate des Dichlornaphtochinons. Marburg, 1882.

Plagemann, A., der Chilesalpeter. Mit 20 Abbildgn. u. 1 Karte. (Umschlag: Die Düngstoff-Industrieen der Welt. Hrsg. v. Thdr. Waage.) (75 S.) gr. 4. Berlin (905). (Hamburg, G. W. Seitz Nachf.) n. 6. —

Plagemann, A., Geologisches üb. Salpeterbildung vom Standpunkte d. Gährungschemie. gr. 8. (57 S.) Hamburg 896. (G. W. Seitz Nachf.) n. 2. —

Plagemann, A., Zusammenstellung der im deutschen und chilenischen Bergbau gebräuchlichsten synonymen bergmännischen Ausdrücke. Valdivia 1887. . . (FBA.)

Plagemann, Ernst, Referendar in Danzig: Die privatrechtliche Verfügung unter Lebenden im Bürgerlichen Gesetzbuch. Borna-Leipzig 1907: R. Noske. (IX, 43 S.) 8° [J.]
Leipzig, Jur. Fak., Diss. v. 21. Okt. 1907
[Geb. 10. Sept. 82 Danzig; Wohnort: Danzig; Staatsangeh.: Preußen; Vorbildung: Kgl. Gymn. Danzig Reife O. 01; Studium: Heidelberg 3, Berlin 1, Königsberg 2 S.; Rig. 22. Okt. 04.]

Plagemann, Georg Ludwig Otto, s. Bürgerfreund, Pacif.

Plagemann, Geo. Ldw. Otto, († . . .) über die öffentl. Examina auf öffentl. Schulen. gr. 8. Rostock 810. Stiller. 8 gl.

— erleichterte latein. Grammatik f. Anfänger. 2 Thle. 8. Rostock 808. Stiller. 14 gl. (Der 2e Thl. ist d. 1794 erschienene Syntax mit n. Titel.)

— Lehrbuch zum ersten Unterr. in der latein. Sprache. 8. Wismar u. Schwerin 784. 2e A. 787. 3e A. 795. 4e A. 802. 5e A. 8. Rostock 811. 6e A. 821. Stiller. 12 gl.

— Lehrb. z. erst. Unterr. in d. lat. Spr. 8. Schwerin, Bödner. 802.

Plagemann, G. L. O., Lehrbuch zum ersten Unterricht in d. latein. Sprache. 5te verbess. Aufl. 8. Rostock, Stiller. 811.

— zwey Schulschriften, 1) Ideen üb. d. Privatstund. d. Lehrer; 2) Gedank. üb. d. Verfall öffentl. Schul. gr. 8. Schwerin, Bödner. 79..

— die erleicht. latein. Syntax nach Anleit. d. vorzügl. Grammatiken. 8. Rostock 784. 2e A. 808. Stiller. 10 gl.

— Erleichterte lateinische Syntax. Rostock 794. 8. 9 gr.

— Zwei geg. Einen; e. Federkrieg aus Correcturen. 8. Rost. 800.

Plagemann, Gustav: Congenitale Gelenkcontracturen ... Berlin, Buchdr. v. Gustav Schade (Otto Francke) (1888); 30 S. u. 1. Bl. 8°
Berlin, Med. Fak., Inaug.-Diss. v. 4. Dez. 1888

Plagemann, Hermann, appr. Arzt a. Parchim: Aus der chirurgischen Klinik zu Rostock. Beiträge zur direkten operativen Behandlung der Wirbelsäulentuberkulose. Rostock 1905: Adlers Erben. (54 S.) 8°
Rostock, Med. Fak., Ref. Müller, Diss. v. 25. Apr. 1905
[Geb. 1. Juni 81 Parchim; Wohnort: Parchim; Staatsangeh.: Meckl.-Schw.; Vorbildung: Gymn. Parchim Reife O. 00; Studium: München 1, Freiburg 2, Rostock 6 S.; Coll. 22. Dez. 04; Approb. 20. Dez. 04.]

Plagemann, Johann Joachim Fr.

Plagemann, Jh. Joach. Fr., s. J. E. Norberg, Beschreib. u. Abbildung.

Plagemann, Johann Otto

Plagemann, Jh. Otto, üb. den Gebrauch der Sehnen des Kreises bei Berechnung der Dreiecke. Mit mathemat. Tafeln u. 1 Steintafel. gr. 8. Rostock 835. (Wismar, Schmidt u. v. Cossel.) n. 7 gl. — Die mathemat. Tafeln apart n. 1/4 Rthl.

— kleines Handbuch d. Mecklenburg. Geschichte. 8. Rostock 810. Stiller. 1 Rthl.

Plagemann, J. O., Lehrbuch der mathemat. Geographie. Mit Kupf. gr. 8. Rostock, Stiller. 819.

Plagemann, W. Theorie der loxodromischen Linien auf dem Ellipsoid und auf der Kugel. 1859.

Plagge, die Städteordnung vom 30. V. 1853, 2. Aufl. v. Bruno Schulze, s.: Gesetzsammlung. 9. Bd.

Plagge, die (preußische) Städteordnung vom 30. Mai 1853 in ihrer neuesten Fassung, s.: Gesetzsammlung.

Plagge: Untersuchungen über die Cardioide. 32 S. u. 2 Fgt. – Recklinghausen, Progr. 1868.

Plagge, August [Gerichtsref. aus Aurich]: Unterlassene Verhinderung von Verbrechen '(§ 139 St.-G.-B.)' strafrechtl. u. civilrechtl. betrachtet ... Göttingen, Druck d. Univ.-Buchdr. v. W. F. Kästner, 1896; 48 S. 8.
Göttingen, Jur. Fak., Inaug.-Diss. v. [24. Febr.] 1896

PLAGGE, Bernhard (Worms): Ueber einen Fall von paradoxem Puls.- München: Wolf 1879/80,15 7.6.1880 - Urk (Titel: De pulsu paradoxo.); Chr 1879/80,15
Diss. Ingolst.-Landsh.-Mchn.

Plagge, Dietr., Darstellung d. vom 1. Apr. 1885 ab geltenden Jagd-Rechts f. die Prov. Hannover. Zum prakt. Gebrauch ausführlich erläutert durch Ministerialbekanntmachgn., Entscheidgn. höchster Gerichtshöfe u. andere Anmerkgn. f. Jagdvorstände, Jäger, Grundbesitzer u. sonst. Interessenten. gr. 8. (76 S.) Hannover 885. Klindworth. geb. n. 1. —

Plagge, Heinrich [pr. Arzt aus Ibbenbüren (Westfalen)]: Ein Fall von Myxosarcom des Nabels. . . . Berlin, Buchdr. v. Gustav Schade (Otto Francke), 1889; 30 S. 8°
Freiburg i. B., Med. Fak., Inaug.-Diss. v. 1889

[J.] Die gemischten Ehen im Lichte der Vernunft, des Glaubens und der Erfahrung. Von e. Missionspfarrer [Vf.: Joseph Plagge] ... *Paderborn: Verl. d. Bonifacius-Dr. 1894.* (XII, 144 S., 2 Bl.) 1 Bd 8. (97 4115

[J.] Die gemischten Ehen im Lichte der Vernunft, des Glaubens und der Erfahrung. Von Joseph Plagge, Missionspfarrer ... 2. verb. Aufl. *Paderborn: Bonifacius-Dr. 1896.* (XII, 157 S., 1 Bl.) 1 Bd 8. (97 :499

Plagge, Martin Wilhelm

Plagge, M. W., topograph.-medicin. Beschreib. d. Schwefelquelle bei Bentheim u. der dabei errichteten Badeanstalt. Mit 1 Kpf. 12. Münst. 822. Coppenrath. 10 gl.

Plagge, Martin Wilh., das Cholera-Fieber, gewöhnlich epidemische oder asiat. Cholera auch Cholera-Morbus genannt. Zur Beantwortung der von der Russ. Regierung über diese Krankheit aufgestellten Preisfrage geschrieben. gr. 8. Hannover 833. (Hahn.) 1 1/4 Rthl.

Plagge, Mart. Wilh., Handbuch der Pharmakodynamik für Aerzte, Wundärzte u. Studirende. Nach den neuesten Erfahrungen des In- u. Auslandes wie auch nach eigener 30jähriger Erfahrung am Krankenbette kritisch bearb. gr. 8. (XII u. 680 S.) Braunschweig 847. Vieweg & Sohn. n. 2 Rthl.

— neue (prophylaktische) Heilmethode des sogenannten Nervenfiebers (Typhus entericus). gr. 12. Gießen 841. Ricker. n. 1/6 Rthl.

Plagge, Mart. Guil.: De tussis convulsivae sede et natura. Berolini 1815. (19 S.) 8°
Berlin, Med. Diss. v. [17. Apr.] 1815

Plagge, Mart. Guil.: Theses. Berolini 1815. (2 Bl.) 8
Berlin, Med. Thes. v. 17. Apr. 1815

Plagge, Theodorich, der Mensch und seine psychische Erhaltung. Hygienische Briefe für weitere Lesekreise. Neuwied 864. Heuser. 8. (VIII, 154 S.) n. 20 *ngr.*

Plagge, Theodor, der Mensch u. seine physische Erhaltung. Medicinische Briefe für weitere Leserkreise. 2. (Titel-)Aufl. Neuwied 866. Heuser's Verlag. 8. (VIII, 154 S.) n. 20 *ngr.*

Plagge, Theodorich, der Mensch und seine psychische Erhaltung. Medicinische Briefe für weitere Lesekreise. 3.(Titel-) Aufl. 8. (VIII, 154 S.) Neuwied (866)77, Heuser'sche Verlagsb. *

Plagge, Theodor, die Nervenschwäche und die Hysterie. Ein Wort an Eltern, Lehrer, Lehrerinnen und Aerzte. 12. (IV und 42 S.) Neuwied 864, Heuser's Verlag. *

Plagge, Th.: Die Quelle des Irrsinns und der Selbstmorde. Eine psychiatrische Skizze. 1 Bd. J. A. Heuser. Neuwied. 1861.

Plagge, Theodor., die Quellen des Irrsinns und der Selbstmorde. Eine psychiatrische Skizze. gr. 8. (IV und 103 S.) Neuwied 861, Heuser.

Plagge, Th.: Die Quellen des Irrsinns und der Selbstmorde. 23 S. Neuwied. 1863.

— Rathgeber für den gesunden und kranken Soldaten. Ebend. 864. 12. (24 S.) n. 2½ *ngr.*

Plagge, Theodorich, der Tod auf Märschen in der Hitze. Ein Beitrag zur Aetilogie. gr. 8. (36 S.) Worms 856, Schmidt. *

Beiträge zur Frage der Trinkwasserversorgung. Im Auftr. d. Kgl. Kriegsministeriums (Medizinal-Abth.) bearb. von Dr. [Wenzel] Plaggo. Oberstabsarzt, u. Dr. [Wilhelm] Schumburg, Oberstabsarzt. Mit 1 Taf. u. 10 Abb. im Text. *Berlin: A. Hirschwald 1900.* (112 S.) 8°
— Voröffentlichungen a. d. Geb. d. Militär-Sanitätswesens. H. 15.
[00. 1246

Plagge, Wencesl. (geb. Beleke in Westf. 18. 6. 1851): Ein Fall von totaler Exstirpation des Larynx. Berlin (1875). (32 S.) 8°
Berlin, Med. Diss. v. 11. Aug. 1875

Plagge. Ueber Feldflaschen u. Kochgeschirre aus Aluminium, s. Veröffentlichungen a. d. Gebiete d. Militär-Sanitätswesens.

Plagge, Wencesl., de Juba II. Rege Mauretaniae. Dissertatio inauguralis philologica. gr. 8. (XIV u. 97 S. m. 1 lith. Taf. u. 1 Tab. in gr. 4.) Monasterii 849, Regensberg. n. ⅓ *ℛ*

Plagge u. Trapp, Die Methoden der Fleischkonservierung. Mit Figuren. (V., 129 S.) Berlin 93. Hirschwald. M. 3.—
= Veröffentlichungen aus d.Geb.d.Militär-Sanitätswesens. H.5.

Plagge, Wenceslaus (Hem. (geb. Ibbenburen 20. 2. 1826): De ratione caloris organici in morbis variis nonnulla. Berolini (1852). (31 S.) 8°
Berlin, Med. Diss. v. 8. Juli 1852

Plagge, Untersuchgn. über Wassorfiltor, — u. **Lebbin,** Untersuchgn. üb. d. Soldatenbrot, } s.: Voröffontlichungen aus d. Gebiete d. Militär-Sanitätswesens. 9, 12.

Plagium Kauffungense, das ist der churfürstlich-sächsischen Printzen durch Conrad ... von Kauffung geschehene Entführung ... Weissenfels 1704. V: *Vulpius, Johann.* (Bem I, 1, S. 127)

Plagnieux, Ludwig, a. Öttingen (Lothringen): Ein Fall von Plattenepithel-Carcinom des Rectums. Emmendingen: Druck- u. Verlags-Ges. vorm. Dölter 1907. (33 S.) 8°
Freiburg i. B., Med. Fak., Ref. Kraske, Diss. v. 1907
[Geb. 25. Aug. 81 Öttingen (Kr. Diedenhofen); Wohnort: Freiburg i. B.; Staatsangeh.: Elsaß-Lothringen; Vorbildung: Lyzeum Metz Reife Juli 01; Studium: München 2, Kiel 3, Berlin 2, Freiburg i. B. 3 S.; Coll. 1. März 07; Approb. Herbst 06.]

la Plagny, A., s. Kovalevsky, précis de l'introduction et des progrès de l'enseignement des langues orientales.

Plagwitz, Carolus (Julius) *(geb. Ostrawe in Schles. 11. 11. 1819)*:
De resectione epiphysium. Vratislaviae (1850). (32 S.) 8°
Breslau, Med. Diss. v. 29. Nov. 1850

PLAHHA, WENZESLAUS JOH(ANN) NEP(OMUK): Erklärtes Gebeth des Herrn mittelst neun Abtheilungen Geist erhebender Verse. Größtentheils nach Erklärung Sr. päpstl. Heiligkeit Pius VI. erklärt und herausgegeben für röm. kath. Christen und die liebe Schul-Jugend. In Versen. Pesth 1831: Fr. Rupp. 13 S. - gr. 8°

Plahl, J. N., alphab. Handbuch d. neuesten Geographie. 1ste Abtheil. gr. 8. Prag, Widtmann. 813.

Ueber die Arten der Radicalbehandlung von Leistenhernien u. d. Einfluss ders. auf d. Diensttauglichkt d. Officiere u. Soldaten, sowie auf d. Eigng z. Militär-Erziehg. Von Dr. Johann Plahl, k. k. Stabsarzt ... in Innsbruck. (M. 16 Holzschn.) *Wien: Urban & Schwarzenberg 1897.* (115—156 S.) 8.
= **Klinik,** Wiener. 1897. H. 5. 6. 97. 3241

Der sanitäre Dienst im Felde, s. hist. Entwicklung, d. gegenwärtige Stand in d. modernen Staaten, mit besond. Berücks. von Österr.-Ungarn. Von Oberstabsarzt Dr. J[ohann] **Plahl.** Berlin & Wien: Urban & Schwarzenberg 1906. (S. 39–62.) 8°
= **Klinik,** Wiener. 1906, H. 3. 06. 4890

Kaaden, C.-OG.: Geschichte der Anstalt v. M. Plahl. 15. 1884.
Progr.

Plahn, J. N. Fr. De causa gravitatis ac motus planetarum in systemate nostro solari. Rostochii 1744. 4.

Plahn, J. N. F., Geisterlehre. 8. Hamb. Hoffmann. 753.

Plahn, J. N. Fr., Kurz abgefaßte Geister-Lehre. Hamb. 8°. 1755

— das Gelübde. 4. Ebend. 751.

— Reden üb. Wahrh. d. Leid. u. Sterbegesch. Jesu Christi. 8. Ebend. 750.

Plaehn, Gustav

—: Der Bericht der Ilias vom Auszug und Tod des Patroklus (II 257 bis 863). S. 3—16. 8.
Progr. z. Schüßlerfeier Gymn. Rutheneum *Gera* 1910.

Plaehn, Gustav: Der Dichter der Ilias als Idylliker und Satiriker. S. 3—20. 8. Progr. z. Schüßlerfeier Gymn. Rutheneum *Gera* 1906.
Prog.

—: Die Frömmigkeit des Dichters der Ilias. S. 3—17. 8.
Progr. z. Schüßlerfeier Gymn. Rutheneum *Gera* 1907.

Plaehn, Gustav [Mitarb.]
s. **Geyer,** Moritz: Geschichte des Friedrichsgymnasiums zu Altenburg seit 1789.

Plaehn, Gustav: Die dreihundertjährige Jubelfeier des Rutheneums. S. 3—31. 8.
Progr. z. Schüßlerfeier Gymn. Rutheneum *Gera* 1908.

Plaehn, Gustavus: De Nicandro aliisque poetis Graecis ab Ovidio in Metamorphosibus conscribendis adhibitis. Halis Saxonum 1882: Ploetz. 52 S. 8°
Halle-Wittenberg, Phil. Diss. v. [25. März] 1882
Geb. Latzig (Westpr.) 27. 6. 1859. V.
Verf. erlebte die Diplomerneuerung 1932 als Gymnasialdirektor a. D. Hofrat in Gera

Plaehn, [Gustav]: Untersuchungen über die Entstehung der Klage und des Biterolf. *Altenburg (1898): Pierer.* (1–17 S.) 4° [F.]
Altenburg, Friedrichs-G, OP 1898 (724)

Plaehn, Gust., Untersuchgn. üb. d. Entstehg. d. Klage u. des Biterolf. Progr. 4. (17 S.) Altenburg 898. (Schnuphase). n. 1.—

Plähn, *Rudolf (August Wilhelm)* und Gerlach, *Otto Paul Hermann*
Erziehungs-Anstalten und Handfertigkeits-Unterricht. 4 (17 S.).
Progr. Erziehungsanstalt v. Dr. Plähn *Waldkirch i. Br.* 1894 (627)

Plähn, Rudolf: Les Quatre Livres des Reis. . . . Göttingen, Druck d. Univ.-Buchdr. v. E. A. Huth, 1888; 33 S. 8°
Strassburg, Phil. Fak., Inaug.-Diss. v. 1888

Plahten, Bernhard, Reisebeschreibung der Kolonisten, wie auch Lebensart der Russen von einem Offizier Plahten (1764–1770). Veröff, als Beilage zu: A. Klaus, Unsere Kolonien („Naschi kolonii"), St. Petersbg. Beilage 1. S. 1–8 IfA

Plaichinger, (C.,) die Perlen. Ballade mit e. Prolog. 8. Linz 822, Academ. B.

Plaidoyers, Divers, précedés d'un Essai sur l'eloquence du Bureau et suivis de differens morceaux de Philosophie et de Jurisprudence. 1772. V: *Linguet, Sim. Nic. Henr.* (?). (Wekhrlin, Chronologen. Frankfurt u. Leipzig 1779—1781. Bd. 8, S. 58) (BiblPort)

Plaidy, L., der Clavierlehrer. gr. 8. (34 S.) Leipzig 874. Breitkopf & Härtel. — 75

Plaidy, L., allgemeine Zeitrechnung für die vergangene, gegenwärtige und zukünftige Zeit von Christi Geburt bis Anno 3000, nebst einer kurzen Betrachtung über die Natur der Sonne, Sterne und Planeten. 12. Leipzig, Mag. für Industrie. 818.

Plaifair, L., und H. de la Beche, erster Bericht über die zur Dampfschiffahrt geeigneten Steinkohlen Englands, s. Beche.

Plaisanterien. Berlin 1785. H: *Dalléra, Johann Anton Franz.* (MGT)

PLAISANTERIEN für die Lesewelt. 2 Bdchn. Halle, bey Curts Witwe (sic!). 1789. 8°.
Erzählungen, Gedichte u. dramat. Skizzen, zus. 9 Nrn. 2 Bl. u. 316 S. Zahmen Inhalts.

PLAISANTERIEN, Romantische. Riga, und Leipzig, bei Wilhelm Christian Andreas Müller. 1796. 8°. Titel u. 238 S. (12 Mk. L. Rosenthal, 1910.)
Harmlose Erzählungen: Karl v. Wilsbach; oder Wer hätte das gedacht. — Azaire u. Ruis Dias. Eine dramatisch bearbeitete Geschichte a. d. 16. Jh. — Liebe, List u. Eigensinn. Eine spanische Novelle.

— romantische,. 8. Riga, Müller. (Meinshausen.) 796.

MON plaisir. Berliner Album mit pikantem Text und zahlreichen Illustrationen für Lebemänner und Junggesellen. Berlin, o. J. (Mk. 3.—.) (1 Mk. 20 Pfg. H. Hugendubel, München, c. 1905.)

Plaisir, le, rêvé, poëme. 8. Dess. (Sommer, Leipz.) 788.

PLAISIR- Moral- und Satyrischer Calender, Neuer, aufs Jahr 1710, hrsg. von einem unbetrüglichen Europäischen Wahrsager. O. O. (Berlin, Joh. Cph. Pape, 1710.)) 12°. 1½ Bogen. Rar!

Plaisirs de l'amour. III Vol. av. fig. 8. Winterth. Steiner. 781.

Plaisirs de l'amour. III Vols. avec fig. 8. Winterth. 787. Steiner. 3 ℔

Plaisirs, Les, du bal de Mannheim. Mannheim, Götz (vers 1780). 8°. 61 S.
Ganz in Kupfer gestoch., mit der Musik u. Tanzfigg. — (Bartholomäus, Fr.) Die Literatur d. Tanzes u. der Komplimentirbücher. Erfurt 188*, S. 18. — Höchst selten!

Plakat fordert Gerechtigkeit für die Beiträften und ladet zu einer Versammlung ein. Deutschlands Wiedergeburt ist aus den heiligen Kämpfen — Das Comité: Eduard Forsberg. Friedländersche Buchdruckerei. 1 Bl. Fol.
Flugblatt. Berlin, 14. Juli 1848.

Plakat (erklärt Wrangel für einen Volksverräther). Der General Wrangel, der sich in offenem Widerstande — Der demokratische Club. Der Demokraten-Verein der Königsstadt. Druck von F. Reichardt u. Co. 1 Bl. Fol.
Flugblatt. Berlin, 10. Nov. 1848.

(**Plakat** zur Aufklärung der Soldaten). Soldaten! Nach dem glorreichen Siege, den wir errungen. — Der demokratische Bürgerwehr-Verein. Friedländersche Buchdruckerei. 1 Bl. 4.
Flugblatt. Berlin, 11. Sept. 1848.

Placat [**Plakat**] wegen der von den adelichen und klösterlichen Districten des Herzogthums Holstein an die Königliche Commission wegen der Vieh-Seuche zu Copenhagen monatlich zu erstattenden Berichte. De dato Glückstadt, den 2. May, 1782. Glückstadt. o. J. 4°

Placat [**Plakat**] betreffend ein [!] nähere Bestimmung der, wegen Einschränkung der Ueppigkeit, am 20. Januar 1783 erlassenen Verordnung. Christiansburg d. 14. Decb. 1785. Kopenhagen. o. J. 4°

Placcat | in Betref | Des Betrugs, | Vom 27ten Augusti 1766. | [Wappen] | Lutzemburg, | Bey der Wittib J. B. Kleber, . . . 1766. |
1 ungez. Bl. (Titel), 12 S., 4° (330 × 195 mm).

Placat [**Plakat**] betr. eine neue Briefposttaxe für das Königreich Dänemark, und die Herzogthümer Schleswig und Holstein. Kopenhagen, den 4. Dec. 1811. Kopenhagen. o. J. 4°
[Deutsch und dänisch.]

Plakat betreffend einige allgemeine Ermunterungen und Unterstützungen für Schifs-Ausrüstungen auf den Fischfang unter Island. Friderichsberg d. 8. Aug. 1787. Kopenhagen. o. J. 4°

Placat, wegen Errichtung einer Extrapoststation in der Stadt Kiel. Generalpostdirection zu Kopenhagen, den 21. April 1813. (Deutsch u. dänisch.) 1 Doppelbl. Fol.

Placat wegen einer zu Hamfeld anzulegenden Extra-Poststation. D. d. Glückstadt d. 22. Novb. 1785. o. O. u. J. Fol.

. . . **Placat** wegen 4 allgemeiner Fast-Buß- u. Beth-Tage. So in dem bevorstehenden 1708. Jahr celebriret werden sollen. [Dat.:] Winietz den 27. 12. 1707. Alten-Stettin (1707).

(**Plakat** gegen Held.) Herr Held will, daß er Keener lesʼt, weil der Name fehlt. Druck von J. Sittenfeld. 1 Bl. Fol.
Flugblatt. Berlin, 17. Mai 1848.

Placat i n welchem die in Dännemark überall vorgeschriebene Nehmung der Pässe, Atteste, Zoll- und Passier-Zettel zum Besuch der dortigen Märkte, auch für die Einwohner der Herzogthümer Schleswig und Holstein vorgeschrieben wird. Gottorff, 31. Decb. 1775. Flensburg. 1776. 4⁰

Placat, i n welchen Fällen nur hinkünftig die Inoculation der Viehseuche stattfinden; die freiwillige Ansteckung aber, bis zu anderweitiger Verfügung, gänzlich verboten seyn solle. Sub dato Glückstadt, den 16. August, 1782. Glückstadt. o. J. 4⁰

Ihro Königl. Maytt. **Placat** wegen 4 allgemeiner Solennen- Danck- Fast- Buß- u. Beth-Tage, so über das gantze Reich Schweden in diesem 1706. Jahre feierlich gehalten werden sollen. [Dat.:] Blonie 9. 19. 12. 1705. Stettin (1706).

Plakat (die Mißhandlung der Demokraten Charlottenburgs betreffend). Mitbürger! Eine neue und empörende That beweist uns, — Der demokratische Klubb. Vereins-Buchdruckerei. 1 Bl. Fol.
Flugblatt. Berlin. 21. Aug. 1848.

Plakat. betr. eine neue Organisation der Feldposteinrichtung (zw. Kopenhagen und Rendsburg). Kopenhagen, den 8. März 1814. (Deutsch und dänisch.) Kopenhagen. (1814.) 2 Bl. 4⁰ k.

Plakat (den Reichsverweser betreffend). Mitbürger! Gefühle und Erinnerungen -- Der constitutionelle Club. Gedruckt bei J. Sittenfeld. 1 Bl. Fol.
Flugblatt. Berlin, Juli 1848.

Plakat (gegen die rothe Republik). Liebe gute Stadt Berlin! Du bist sehr krank — Druck von J. G. Brüschke. 1 Bl. Fol.
Flugblatt. Berlin, 5. Sept. 1848.

(**Plakat** gegen Rimpler.) Bürger-Wehrmänner unserer Stadt Berlin! In den Stunden der Gefahr hat Euer Commandeur — Sbtr. Sbtr. Gedruckt bei J. Sittenfeld. 1 Bl. Fol.
Flugblatt. Berlin, 29. Sept. 1848.

(**Plakat** gegen die Verletzung der Volksvertreter.) An das Volk von Berlin. Die Stadt Berlin ist in neuester Zeit — Erbesfeld. Der politische Klubb. Gedruckt bei J. Schellhei. 1 Bl. Fol.
Flugblatt. Berlin. 23. Juni 1848.

Placat betr. die Versendung der Zeitungen und Zeitschriften mit den Posten, für die Herzogthümer Schleswig und Holstein. Kopenhagen, den 10. April 1840. (Deutsch und dänisch.) Kopenhagen. (1840.) 4⁰ k.

Placat. betr. die Vornahme eines Nivellements für eine Eisenbahn von Apenrade über Hadersleben nach Aaroesund. d. d. Gottorff. den 25. Juni 1844. Schleswig. 1844. 2 Bl. 4⁰ k.

Placat [**Plakat**] (betreffend W i e d e r b e g i n n der Chausseegelderhebung auf den Staatschausseen). Schleswig-Holsteinische Regierung auf Gottorff, den 19. Juli 1848. 1 Bl. 4⁰

Placat [**Plakat**], w o d u r c h bekannt gemacht wird, dass die Königliche Unterthanen, welche entweder von den Stiftsamtmännern oder von dem Ober-Präsidenten in Altona lateinische Seepässe für ihre Schiffe erhalten, ausser den gewöhnlichen Gebühren annoch 32 Lß. als Expeditions-Gebühren, an selbige zu erlegen haben. Friederichsberg d. 31. May 1797. Kopenhagen. o. J. 4⁰

Placat [**Plakat**] w o d u r c h das unterm 9. Febr. 1784 auf die Einfuhr des fremden Tamis in die Herzogthümer extendirte Verbot wieder aufgehoben wird. Christiansburg d. 7. Maji 1788. Kopenhagen. o. J. 4⁰

Placat [**Plakat**], w o d u r c h das unterm 19. Junii 1783 ergangene Verbot wider die Einfuhr der fremden Rasche und Chalongs in die Herzogthümer auf die Einfuhr des fremden Tamis extendiret wird. Christiansburg, den 9. Februarii 1784. Kopenhagen. o. J. 4⁰

Placat [**Plakat**], w o d u r c h das unterm 19. Junii 1783 erlassene Verbot der Einfuhr fremden Rasches und Chalongs in die Herzogthümer wieder aufgehoben wird. Christiansburg d. 13. Mart. 1789. Kopenhagen. o. J. 4⁰

Placat [**Plakat**], w o d u r c h das unterm 26. Septb. 1788 erlassene Verbot wider die Ausfuhr des Heues aus den Herzogthümern Schleswig und Holstein etc. aufgehoben wird. Friedrichsberg d. 19. Aug. 1789. Kopenhagen. o. J. 4⁰

Placat [**Plakat**], w o d u r c h das Verbot vom 4. Nov. 1795 wider die Ausfuhr aller Arten Getreides nach der Fremde aufgehoben wird. Kopenhagen d. 20. Mai 1796. Kopenhagen. o. J. 4⁰

Placat [**Plakat**], w o d u r c h das Verbot vom 14. December 1778, wegen Einfuhr des fremden Rockens in den Herzogthümern Schleswig und Holstein etc. bis zum 1. Julii 1784 aufgehoben wird. Friedensburg, den 16. October 1783. Kopenhagen. o. J. 4⁰

Placat [**Plakat**] w o d u r c h das Verbot vom 14. December 1778, wegen Einfuhr des fremden Rockens zum Verbrauch in den Herzogthümern Schleswig und Holstein etc. bis zum 1. Julii 1783 aufgehoben wird. Christiansburg 11. Novemb. 1782. Kopenhagen. o. J. 4⁰

Placat. wodurch den Schiffern, welche unter dänischer Flagge fahren, anbefohlen wird, sich bey ihrer Ankunft in Stokholm und in Hamburg bey den dortigen Gesandtschaften zu melden, um daselbst die Vorschriften der Verordnung vom 24. Febr. 1796 wegen einer ausserordentlichen Abgabe von Schiffsfrachten, erfüllen zu können. Kopenhagen. 1796. 4⁰.

Placat, wodurch die Abgaben von dem Hopfen, welcher von fremden Orten in die Herzogthümer Schleswig und Holstein etc. eingeführet wird, verändert und erhöhet werden. Friedrichsberg, den 13. Junii 1781., Kopenhagen. o. J. 4⁰.

Placat [**Plakat**] w o d u r c h die Ausfuhr der Pferde aus den Herzogthümern Schleswig und Holstein etc. in die Fremde bis weiter verboten wird. Christiansburg d. 1. Octb. 1788. Kopenhagen. o. J. 4⁰

Placat [**Plakat**] w o d u r c h die Ausfuhr der Pferde aus den Herzogthümern Schleswig und Holstein etc. landwärts wieder erlaubt wird. Friderichsberg d. 19. Aug. 1789. Kopenhagen. o. J. 4⁰

Placat [**Plakat**] w o d u r c h die Ausfuhr des Heues aus den Herzogthümern Schleswig, Holstein etc. nach der Fremde bis weiter verboten wird. Friderichsberg d. 26. Septb. 1788. Kopenhagen. o. J. 4⁰

Placat, wodurch die Briefposttaxe vom 28. März 1801 für das Königreich Dänemark und die Herzogthümer Schleswig und Holstein erweitert und näher bestimmt wird. Kopenhagen, den 20. Juny 1809. (Deutsch und dänisch.) Kopenhagen. (1809.) 4⁰ k.

Placat [**Plakat**], w o d u r c h die Einfuhr der fremden Rasche und Chalongs in die Herzogthümer Schleswig und Holstein etc. verboten wird. Friedensburg 19. Junii 1783. Kopenhagen. o. J. 4⁰

Placat [**Plakat**], w o d u r c h die Einfuhr fremder gewebten Mützen in die Herzogthümer Schleswig und Holstein etc. fürs erste auf 5 Jahre verboten wird. (d. d. 12. Jan. 1788.) Kopenhagen. o. J. 4⁰

Plakat, w o d u r c h die Strafe derjenigen Schiffer bestimmt wird, deren Schiffe durch ihre Nachlässigkeit vom Feinde genommen werden. – Plakat, som bestemmer Straf for de Skippere, hvis Skibe, formedelst deres Forsommelse, tages af Fienden. Kopenhagen, den 29. August 1811. Kopenhagen. (1811.) 4⁰

Placat [**Plakat**] w o d u r c h die unterm 15. Sept. 1721 und 10. Aug. 1745 ergangenen Verbote wegen Ausfuhr der eichen Bork und Lohe in dem ehemals Königlichen Antheil des Herzogthums Holstein erneuert und zugleich auf den vormals grossfürstlichen Antheil von Holstein extendiret werden. Christiansburg, d. 13. Jun. 1787. Kopenhagen. o. J. 4⁰

Placat [**Plakat**], betreffend die mittelst Verordnung vom 15ten Julii 1726 abgewürdigten dänischen Z w e y s c h i l l i n g s - S t ü c k e , deren Cursirung bis Ausgang December 1776. Christiansburg, den 13ten Maji, 1776. Copenhagen. o. J. 4⁰

Plakat-Anzeiger der Vier-Waldstätte
② Plakat-Anzeiger (1862) ⑤ wahrscheinlich 1861—20. 5. 1862 ⑥ 1. Format: 67×46 cm, 2. Format: 52×40 cm, beide 1861 ⑦ wöchentlich 3× ⑧ Luzern: A. Bolzern ⑩ Buchdrucker A. Bolzern ⑬ BGSZ: 361, 1028 ⑭ Lu: Z (unvollständig) ⑮ Der P. A. war ein Inseratenblatt, bestimmt, an öffentlichen Säulen den Plakaten gleich, angeschlagen zu werden. Die älteste bekannte Nummer datiert vom 29. 10. 1861. Im Jahre 1862 erschien der P.-A. als zweite und dritte Seite der «Klausen Zeitung», doch nur 20 Nummern, da das Format der «Klausen Zeitung» verkleinert wurde.

Placate, Ihro Zaarischen Majestät, betreffend die Einrichtung dero Militar-Etats. (Donation Liechtenstein.)
8. (ohne Druckort) 1702.

Plakat-Faullenzer f. die neuen deutschen Reichs-Münzen. Eine Umwandlg. der süddeutschen Währg. in die neue Reichswährg. u. umgekehrt Ausgerechnet von 1 Pfennig aufsteigend bis zu 1,000,000 Gulden. 1 Blatt. gr. Fol. München 874. Beck. n. — 30

Plakat-Münz-Faulenzer, Bamberger. Umwandlung der neuen deutschen Reichsmünzen in Gulden, Kreuzer u. Pfennige unserer süddeutschen Währg. 2 Tabellen in gr. Fol. Bamberg 876. Buchner. — 45

Plamann, Johann Er.

— Anordnungen d. Unterrichts f. e. Pestalozzische Knabenschule. 8. Ebendas. 806.

— Beitrr. zur pädagogisch. Kritik, mit Hinsicht auf Pestalozzi's Methode. 1s u. 2s Hft. 8. Leipz. 812—15. Rein. (à 12 gr) 1 ₰

Plamann, J. E.: Beiträge zur Vertheidigung der Pestalozzischen Methode. Leipzig 1812—15. 2 Hfte

-- Beiträge z. Vertheidigung d. Pestalozzischen Methode. Ebend. 815.

Plamann, Johann Er., s. E l e m e n t a r f o r m e n .

Plamann, J. E., einzige Grundregeln der Unterrichtskunst nach Pestalozzis Methode ꝛc. 8. Halle, Renger. 805.

Plambeck C.: Ein Beitrag z. Statistik u. Verbreitung d. Tuberkulose im Alter v. 16-90 Jahren. Inaug.-Diss. Kiel 1885. 26 (16) S. 4⁰.

Juanita. Eine Hofgeschichte von Ernst Otto **Plambeck**. *Neurode i. Schl.: Zehnpfennig-Bibliothek 1904.* (150 S.) 8° [F.]
= **Zehnpfennig-Bibliothek**, Kaufmann's moderne. Jg. 3, Bd 3. (04. 16905)

Plambeck, Ernst Otto, Juanita, s. a. Kaufmann's mod. Zehnpfennig-Bibliothek.

Um eines Mannes Willen. Roman von Ernst Otto **Plambeck**. *Neurode: Zehnpfennig-Bibliothek 1904.* (148 S.) 8° [F.]
= **Zehnpfennig-Bibliothek**, Kaufmann's moderne. Jg. 2, Bd 12

— um e. Mannes Willen, s. a. Kaufmann's moderne Zehnpfennig-Bibliothek.

Um eines Mannes Willen. Roman von E[rnst] O[tto] **Plambeck**. [Neudr.] Neurode, Hamm, Speyer: W. W. Klambt [1906]. (128 S.) 8° [Umschlagt. F.]
= **Zehnpfennig-Bibliothek**, Moderne. Jg. 2, Bd 12. (07. 4373 2

— dasselbe, s. a. Klambt's Bücherschatz. 13. Bd.

Die **Nebenbuhler**. Roman von Ernst Otto **Plambeck**. *Neurode i. Schl.: Zehnpfennig-Bibliothek 1904.* (134 S.) 8° [F.]
= **Zehnpfennig-Bibliothek**, Kaufmann's moderne. Jg. 3, Bd 5. (04. 16905

— die Nebenbuhler, s. a. Kaufmann's mod. Zehnpfennig-Bibliothek.

— dasselbe, s. a. Klambt's Bücherschatz. 16. u. 17. Bd.

Plan, der, Lustsp. in 1 Aufz. v. Arresto. 8. Hamb. (Brem. Heyse.)

Plan, der, Lustsp. in 1 A. v. Arresto. 8. Hamb. Kratzsch. 804.

Plan von **Aachen**. Aachen 1824. 1 Bl. c. L.

Plan von **Aachen** und **Burtscheid**. 1 Bl. L. Fi.

Plan von **Aachen und Umgegend**. 1 : 12500. 1 Bl. c. L. Ff.

Plan von Abstellung d. Betteley u. Verpfleg. d. Armen. Prag 1780.

Plan zu Abstellung der Betteley und Verpflegung der Armen in großen Städten. Enthaltend einen Entwurf eines Ungenannten, aus dem Französischen, und einen zuverlässigen Bericht, wie die Haus- und Strafsenbetteley in Berlin wirklich abgeschafft worden. *Berlin.* 1778

Plan von Abstellung der Bettelei und Verpflegung der Armen in grossen Städten. 8⁰. Berlin (Reimer) 1778.

Plan zur Abstellung der Gassenbetteley in der Stadt Güstrow. Rostock 1787. V: *Spalding, Joachim Hnr.* (MGT)

Plan de l'Action, qui s'est donnée le 30 Aout 1762 entre un Corps des Troupes Francoises, et un autre de l'Armée des Alliés prés de F r i d b e r g. Ohne M. 1 Bl.

Plan de tous les A c t i o n s r e m a r q u a b l e s au bord du D a n u b e de la Campagne glorieuse de 1704. Fait par les Soins du Capitaine F u c h s, Ober-Adjutant de la Cavallerie de Hesse Cassel. Ohne M. 1 Bl.

Plan de l'Affaire prés de G r a e b e n s t e i n en Hesse entre l'Armée des Alliés et celles de François, le 24 Juin 1762. Ohne M. 1 Bl.

Plan einer Academie zur Bildung des Verstandes und Herzens junger Leute . . . [Zürich] 1758. V: *Wieland, Chph Martin.* (GGr) (Cat. d. Stadtbibl. Zürich. Zürich 1864—97.)

Plan einer musikalischen Akademie zu Kopenhagen. Kopenh. 1786. V: *Ryge, Imm. Chn.* (Bruun, Bibl. Danica II, 670.)

Accurater Geographischer Plan und wahrhaffte Vorstellung der Königl. Ungar. und Böhm. Armée unter Commando Sr. Durchl. Printz Carls von Lothringen den 1. July lauffenden 1744ten Jahrs, glücklich erfolgten Passage des Rheinstroms sambt etc. nach einer accuraten Delineation in Kupfer gebracht, und zu finden in Augsburg bey Elias Baeck a H. etc. 1: 2?0,000. 1 Bl.

Accurater Plan und Grundriss der berühmten Vestung Freyburg nebst denen in letzter Belagerung dafür gemachten Aproschen: wie solche von einem französ. Ingenieur gezeichnet worden. 1744. E. Baeck a. H. sc. et exc. A. V. Ohne M. 1 Bl.

Plan von **Alexandrien** (Egypten). Berlin (1883). 1 Bl. c. L. Ff.

Plan, Allerneuerster, von Wien. Die 19 Bezirke in ihren Gesammtumfange, die neuen Gassenbennungen und das Stadtbahnproject. 1:25.000. Qu.-Folio. Chromolithogr. (108 S.) Geheftet —.80, cart. 1.—
Wien: F.Schalk 1895.

Allgemeiner *Plan* d. königl. sächs. Akademie f. Forst- u. Landwirthe zu Tharand. (Tharand 1852). 8 S. P.

Plan, Allgemeiner, und vorläufige Anzeige, der in beyden Städten Christian und Altstadt Erlang zu errichtenden Armen-, Schul- und Erziehungscasse. [Erlangen] 1776. V: *Seiler, Gg Frdr.* (Fiker)

Allgemeiner *Plan* d. königl. sächs. Forstakademie zu Tharand. Tharand 1879. 13 S. P.

—— allgemeiner, hamburgischer See-Versicherungen vom 3. 1847. Hrsg. von der Commerz-Deputation. (2., unveränd. Aufl.) gr. 8. (48 S.) Hamburg 848, (Perthes-Besser und Mauke.) *

Allgemeiner Plan Hamburgischer Seevers. vom Jahre 1847. Herausgegeben von der Hamburgischen Kommerzdeputation. Hamburg 1847. Desgl. von 1853. 2. A. 1857. Desgl. von 1867. 1891.

Plan des IX. Bezirkes Alsergrund der k. k. Reichshaupt- und Residenzstadt Wien. 1:5000. Herausgegeben unter Mitwirkung des Stadtbauamtes. [Colorirte Ausgabe.] [Wien. 1901.] R. Lechner **(Wilh. Müller). 1 Bl. 60 × 49** *cm.*
K 3.—, auf Leinen in Mappe K 4.50

Plan von Altona. **(Mit 9 Randansichten.) Fol. Lith. Altona 849,** Schluter. n. 1 ℔

Plan von Altona. 1900. Zsgest. im Stadtbauamt. Maassst.: 1:8000. [*Altona: J. Harder*] *1900; Photolith. Strumper & Co.* (1 Kartenbl. 66×73 cm.) gr. 2° [02. 3051

Plan von **Altona** mit allen neu entstandenen und projectirten Strassen und Plätzen. Altona 1867. 1 Bl. c. L.

Plan von **Amberg** (mit Strassen-Verzeichnis u. Häusernummerierung; nach d. neuesten Katasterplan hergestellt). Masst. 1:8,000. *Amberg: Pustet (1902); Graph. Kunstanst. Globus, Kötzschenbroda-Dresden.* (1 Kartenbl. 40 × 40 cm.) 8° [kol.] [02. 9789

Amtlicher Plan von **Hirschberg in Schlesien.** 1:7500. Hirschberg in Schles. (1885). 1 Bl. L. und Text.

Plan des Angriffes auf Algier am 27. Aug. 1816. Frankf. a. M., Wilmans.

Plan des Angriffs auf Algier, 27. Aug. 1816. fol. Frankfurt a. M. 1817.

Plan des Angriffes der k. französischen Truppen auf das Fort l'Empereur im J. 1830. (Eroberung von Algier.) *Wien,* artist. Anst. von *Reiffenstein & Rösch.*
1 Blatt. H. 1' 1". Br. 1' 6". **Massstab 1 : 100.000 d. natürl.** Grösse. **Mit Terrain und allen topographischen Momenten. Diese Karte bildet eine Beilage des Werkes: Rückblicke auf Algier und dessen Eroberung durch die k. franz. Truppen im J. 1830. (*Wien. L. Grund.* 263 S. 1 Bl. 8°.)**

Plan der Angriffe auf die Festung Thorn und der nachfolgenden Blokade und Belagerung dieses Platzes mit den Stellungen und Bewegungen der russischen und preussischen Armee-Corps, welche hier nach und nach verwendet worden, unter den Befehlen der Generale Czaplitz, Woynoff, Langeron und Barclay de Tolly, Oberbefehlshaber der russischen Reserve-Armee: vom 21. Januar bis zum 18. April 1813. F. v. Harscher Lieutenant gravirt 1820. 1: 35,000. 1 Bl.

—zur Anlegung u. Einrichtung einer zweckmäß. u. geschlossenen Hoferaithe. Mit Kpf. 4. Leipz. 808. Schwickert. 2 ℔

Plan zur Anlegung einer Eisenbahn zwischen Hannover, Braunschweig und den freien Hansestädten. Braunschweig. 1831. 8°

Plan zur Anlegung e. Eisenbahn zwischen Hannover, Braunschweig u. den freien Hansestädten. Mit 1 Karte u. 1 Zeichn. 8. Braunschw. 832. Vieweg. 16 gr

Plan der Stadt Annaberg. Bearb. v. Stadtbauamt Annaberg. Maassst. 1:3000. *Annaberg 1898: Weisbach & Waengler.* (1 Kartenbl. 62×43 cm.) quer-gr. 2° [kol.] [02. 442

Plan einer neuen Anstalt zur zweckmässigen Armenversorgung in Nürnberg. Nürnberg 1793. V: *Sörgel, Lorenz Paul.* (MGT)

Plan der Stadt **Antwerpen** (Anvers), nebst Citadelle. Leipzig 1832. 1 Bl. L.

Plan des Architekten-Club der Wiener Künstler-Genossenschaft zur Ausgestaltung des Platzes zwischen dem Schikanedersteg und der Tegetthoffbrücke. Herausgegeben vom Verwaltungs-Comité des Club. Lex.-8. (16 S. Text —.40
Wien: Schroll & Cie. 1896.

[**Plan** der Koniglich Preussischen Armee vom Jahr 1806.]
141 Bl., 4 Bl. Text, 137 Bl. m. 284 Abb. in Aquarellmalerei. 8°
Die später geschriebene Einleitung behandelt die Reorganisation der preussischen Armee nach dem Tilsiter Frieden

Plan von einer neuen Art von Privat-Unterweisung. O. O. [1753]. V: *Wieland, Christoph Martin.* (GGr) (Arch. f. Litt. XI, 377ff.)

Plan der Stadt Aschersleben. Angefertigt im J. 1900. Maasst. 1:5000. *Aschersleben: L. Koch 1900.* (1 Kartenbl. 39×30 cm.) quer-2° [kol.] [03. 40

Plan des attaques de Breslau, 1757. 1758.

PLAN. – auf was fur sehr leichte Art die Tranksteuer in Österreich aufgehoben . . . werden konnte. Grund, Wien 1781 82.

Plan und Aufruf eines ehrlichen Vaterlandsfreundes zu einer hauswirthschaftlichen Verbrüderung. Zeitz 1806. V: *Heinse, Gottlob Heinrich.* (KY)

— u. Aufruf eines ehrlichen Vaterlandsfreundes zu einer hauswirthschaftl. Verbrüderung ꝛc. 8. Zeitz 806. Webel. 8 gl

Plan der Stadt Augsburg. 1:10,000. *Augsburg: B. Schmid [um 1900]; Lith. G. Stempfle.* (1 Kartenbl. 39×43 cm.) 2° [kol.] [03. 747

— ausführl., d. Lehrmethode f. d. K. Akademie d. Edelleute. 8. Berlin, Rottmann. 782.

Plan des Pariser Ausstellungsgebäudes. Quer-Folio. Cartonnirt 12. Wien, Expedition der Allgem. Bauzeitung. 1867. schwarz 35 kr., Farbendruck 60 kr.

Plan einer geregelten deutschen Auswanderung und Ansiedelung in den Vereinigten Staaten Nordamerikas mit besond. Berücksichtigung unbemittelter Auswanderer. Eine Denkschrift, gerichtet an alle Beförderer einer geregelten deutschen Auswanderung. Hrsg. v. dem Hess. Zweigverein des Nationalvereins für deutsche Auswanderung u. Ansiedelung zu Darmstadt. gr. 8°. Darmstadt, Leske, 1848. (IV, 48 S.)

Plan einer auf Actien zu gründenden Auswanderungs- u. Colonisations-Gesellschaft. Nebst Einladung u. Beiln. 8. (3 B.) Dresden 832, (Walther.)

Plan von Baden. 3. Aufl. 1:10.000
Wien: Freytag & Berndt 1909.

Plan der Stadt Baden mit den nächst angrenzenden Ortschaften. *Wien*, Verl. der k. k. landesb. lith. Anst. von *Ed. Sieger*. Lithogr. *Lud. Mayer*.

1 Blatt. Höhe 10¾''. Br. 1' 7''. Massstab 1 Zoll gleich 80 W. Klft. Auf dem Plane sind die Namen der Bezirke Baden, Gutenbrunn, Alland, Weikersdorf, St. Helena, Dörfl und Thurngas e in der Absicht verzeichnet, um durch die in vorgesetzte Rechtecke einzutragenden Farben, im Plane selbst nach den daselbst correspondirenden Farben, sich orientiren zu können. Die Farben sind jedoch nicht angegeben. Der Reinertrag ist zum Besten des Spitales für skrophulöse Kinder in Baden bestimmt.

Plan von Baden & Umgebung. 4. Aufl. 236/386 mm. 1 Bl. fol., *in Umschlag* 8. Zürich, Art. Institut Orell Füssli, [1901]. fr. —. 50

Titel auf dem Blatt: Baden & Umgebung. Massstab 1:30,000. Art. Institut Orell Füssli, Zürich. — *Rückseite des Bl. bedruckt.*

Plan von Baden & Umgebung. 5. Aufl. 1 Bl. quer-fol., *zus.-gefaltet in illustr. Umschlag* 8. Zürich, Orell Füssli, [1906]. fr. —. 50

Titel auf dem Blatt: Baden & U. Massstab 1:30,000. 237/386 mm. Verlag: Art. Institut Orell Füssli, Zürich. — *Rückseite des Bl. teilweise bedruckt.*

Plan von **Baden** und Umgegend. Nach dem Vermessungswerke ergänzt im Jahre 1881. 1:10000. Baden 1881. 1 Bl. c. L. NC. und Sch.

Plan der Stadt **Baden-Baden**. Baden (1888) und 1894 le 1 Bl. c. L.

Plan der Stadt Baden-Baden 1900. Massstab 1:4000. *Baden-Baden: C. Wild (1900); Lahr: Lith. Anst. v. E. Kaufmann.* (1 Kartenbl. 57×37 cm. mit Legende.) 8° [kol.]
[Kopft.:] (C.) Wild's neuester Plan d. Stadt Baden. [01. 12400

Plan der Stadt Baden-Baden. 1906. (Masst. 1:4,000. Baden-Baden: C. Wild 1906; Lith. E. Kaufmann, Lahr.) (1 Kartenbl. 57×37 cm.) 8° [kol.]
[Umschlagt.:] Wild's Neuester Plan von Baden-Baden. [06. 14780

—— der Stadt **Bamberg**. Fol. Bamberg 873, Buchner'sche Bnlhh.

Plan der Stadt **Bamberg**. 1:8250. Bamberg (1889). 1 Bl. L.
Desgl. 1:10000. Bamberg (1891). 1 Bl. c. L. mit Text.

Plan der Stadt Basel ([mit] Verzeichnis der Strassen ...). 5te Aufl. 1 Bl. fol. + [6 S.], *in illustr. Umschlag*, 8. Zürich, Orell Füssli, [1904]. fr. —. 50

Titel auf dem Blatt: Uebersichtsplan der Stadt Basel. Massstab 1:10000. 348/404 mm. — *Rückseite des Bl. bedruckt.*

Plan der Stadt Basel. Mit Strassen-Verzeichnis. 6. Aufl. 1 Bl. quer-fol. + 8 S., *in Umschlag*, 8. Zürich, Orell Füssli, [1907]. fr. —. 50

Titel auf dem Blatt: Plan der Stadt Basel. Massstab 1:11,000. 357/520 mm. Zurich, Art. Institut Orell Fussli. — *Rückseite des Bl. teilweise bedruckt.*

Plan der Bataille zwischen der k. u. k. Armee unter General-Feldm. Daun und d. kgl. pr. Armee unter dem König. 3. Nov. 1760. Federzeichnung, Fr. de Pr. del., 1784. Mit Erklärungen. Gr.-Qu.-Fol. (52:72 cm). 35.—

Plan der Bataille bey Breslau am 22. Novembris Anno 1757 zwischen den preussischen Corps d'Armée unter Commando des Herzogs von Bevern und der Oesterr. Armée unter Anführung des Herzogs Carl von Lothringen. Fait par un Officier. Pak execud. A. V. 1 : 36,000. 1 Bl.

Plan de la Bataille Gagnée le 12. Aout 1759 pres de Francfort sur L'Oder, Par l'Armée Impériale de Russie, sous les ordres de Monsieur le Général en Chef Comte de Soltikoff, et le Corps de Trouppes Autrichiennes commandées par Mr. le Lieutenant Général Baron de Laudon sur l'Armée Prussienne commandée par le Roy en Personne. Vienne Prague et Trieste chez Jean Thomas Trattner etc. 1 : 15,000. 1 Bl.

Plan von der Glorieusen Bataille bey Leuthen den 5ten Decemb. Ao. 1757 Zwischen der K. Preuss. Armée unter Anführung Sr. K. M. und der Oesterreichischen unter Commando des Herzogs von Lothringen etc. P A R excud. Aug. V. Levé par un Officier Prussien. 1 : 30,000. 1 Bl.

Plan de la Bataille de Hochkirchen. Gagnée le 14 Octobre 1758 par l'Armée J. et R. commandée par le Feld-Marechal Comte de Daun sur l'Armée Prussienne, commandée par le Roy en Personne. Vienne chez Jean Thomas Trattner 1759. 1 : 19,000 circa. 1 Bl.

Plan der Bataille bey Lowositz, den 1. October 1756. 1:42,000. 1 Bl.

Plan de la Bataille de Torgau arrivée le 3. Novemb. 1760. A Francfort sur le Meyn chez Henry Louis Broenner Back sc. 1 : 44,000. 1 Bl. avec rélation.

Plan der Bataille, so den 3. Nov. 1760 zwischen den Kays. Königl. und Königl. Preuss. Arméen bey Torgau vorgefallen. 1 : 80,000. 1 Bl.

Plan der bey Gros-Jägerndorff in Preussen den 30. Aug. Anno 1757 zwischen denen Kays. Russischen und Kön. Preussischen Arméen vorgefallenen Bataille. O. M. 1 Bl.

Plan von der bey Reichartswerben, ohnweit Weissenfels in Sachsen zwischen der Kön. Preussischen unter höchstem Commando des Königs, und der combinirten Kön. Franz. und Reichs-Armée unter Commando des Pr. von Hildburghausen und des Prinzen von Soubise, am 5. November vorgefallenen Bataille. O. M. 1 Bl.

Plan der Bataille welche d. 5. Dec. 1757. v. denen K. K. Ung. u. K. Pr. Armeen ohnweit Neumarkt u. Leuthen in Schlessien geliefert worden. Ohne M. 1 Bl.

Plan der Baugründe des Donauregulirungs-Fondes im II. Bezirke. 2 Blätter. Massstab 1 : 7500. In Comm. 2.—
Wien: Artaria 1893.

Plan von Bayreuth. 1 : 8000. Bayreuth 1895. 1 Bl. c. L.

Plan zu einer für einzelne Fälle, unter möglichster Erleichterung der Betheiligten, aus brüderlicher Liebe aufzubringenden Beerdigungskosten-Beihülfe zunächst nur für einige Fälle versuchsweise in Ausführung zu bringen. [Dresden 1843.] 8 S. 8° [Umschlagtit.]
Enth. Bestimmungen für den nach Beschluss der Loge zum goldnen Apfel, Dresden, zu bildenden Verein, entworfen von F. A. Francke. 110.

Plan der Befestigung von Paris, nach den Bestimmungen des von der Kammer angenommenen Gesetzes. 1 Bl. c. L. Ff.

„Plan zur Begründung einer Disconto-Bank", Hamburg, December 1845. — Vorh.: Com. Bibl. Hamburg.

Plan für die Begründung eines Vereines zur Versorgung armer Waisenkinder der israelitischen Gemeinde zu Brody. Lemberg, 1856. Buchdr. von E. Winiarz. (14 S. 8)

Plan der Belagerung von Fridrichshall, angefangen von Carl dem XII. (glorwürd. Andenkens) der Schweden Goth. und Wenden König mit 10,000 Mann, 36 Can. u. 18 Mort. den 11. Nov., aufgehoben den 12. Dec. 1718. edirt von Joh. B. Homann etc. in Nürnberg. Ohne Masstab. 1 Bl.

Plan der Belagerung des Schlosses Harburg, im Dec. 1757.

Plan der Belagerung von Mainz 1793 unter Sr. Maj. d. König von Preussen, nebst Ansicht dieser Stadt. (1793.)

Plan der Belagerung von Valenciennes im Jahr 1793 mit Erklärung. Frankfurt 1793.

— z. zweckmäß. Benutz. d. Zoll-Regals deutsch. Länder, besonders in Bayern, entw. 1762. rc. Fol. Regensb. Montag. 794.

— von Berlin, siehe: Fremdenführer von Berlin.

Plan von Berlin 1841. Entworfen u. in Stein gravirt in der lith. Anstalt von H. Delius. (Mit Randverzierung, 8 Vignetten u. Angabe der Namen wichtiger Straßen, Plätze, Gebäude rc.) Roy.-Fol. Berlin 841, Schroeder. 2/3 ß Sauber illum. 5/6 ß

— von Berlin. Mit Angabe des Kampfes vom 18. zum 19. März 1848. qu. Fol. Lith. u. color. Berlin 848, Morin. n. 1/6 ß

— von Berlin. Imp. Fol. Lith. Berlin 851, Grobe. n. 1/3 ß; in 16.-Carton n. 1/2 ß

— von Berlin. Imp. 4. Lithochrom. Berlin (850) 852, Th. Grieben. 1/3 ß

— von Berlin. Fol. Lith. Berlin 852, Schröder. 1/3 ß

Plan von Berlin nach den neuesten Bestimmungen. Stnt. Fol. Mit Wegweiser. (4 S. in 16.) Berlin 856, Wilhelmi. * ill. *

—— von Berlin im J. 1867 mit Bezeichnung der sämmtl. königl., städt. und öffentl. Gebäude nebst Plan von Berlin vor 200 Jahren. Mit alphabet. Nachweis der königl. und städt. Gebäude, Wohlthätigkeits-Anstalten, Schulen, Strassen etc. Maassstab 1 : 10,800. Lithogr. und ill. Imp.-Fol. (Mit 7 S. Text in gr. 8.) Berlin 867, Thiele. *

[Umschlagt.:] Carte de Berlin et de l'Exposition Industrielle 1896. Plan von Berlin nebst Orientirungsplan der Berliner Gewerbe-Ausstellung 1896. Map of Berlin a. of the Industrial Exhibition of 1896. *(Berlin:) P. Sperber [1896].* (10 S., 1 Ktnbl. ;) 1 Bd 8. [96. 5595

—— der Stadt Berlin. Fol. Mit Text. (12 S. in 16.) Berlin 872, F. Lenz.

[Umschlagt.:] Plan von Berlin mit Strassen-Verzeichniss ... (Maassst. 1:18,000). *Berlin: A. Goldschmidt 1898.* (8 Bl., 1 Ktnbl. ;) 1 Bd 8. (Griebens Reisebücher.) [98. 9900

Plan von Berlin aus der Vogel-Perspektive. M. e. Verz. d. Strassen, Plätze, Bahnhöfe ... Anh.: Allerlei üb. d. Verhältnisse d. Reichshauptstadt. *Berlin: D. Reimer [1896].* (2 Bl., 20, 7 S., 1 Ktnbl. ;) 1 Bd 8. [97. 843

Plan der Stadt Bern. Fol. Bern 868. Huber und Comp. *

Plan der Stadt Bern. Massstab 1 : 10 000. Nach dem Katasterplan der Stadt Bern hergestellt mit Bewilligung des Stadtbauamtes [von der] Kartogr. Anst. Lips, Bern. 492/680 mm. 1 Bl. fol. Bern, Lith. Lips, [1901]. [fr. 2.—]

Plan der Stadt Bern. (Massst. 1 : 10,000.) Mit Strassen-Verzeichnis. Zürich: Orell Füssli [1907]. (1 Kartenbl. 51×35 cm, 6 S.) 8° [Umschlagt. lith.] [kol.] [07. 17387

Plan der Stadt Bern mit Strassenverzeichnis und Hausnummern. 4. nach amtlichen Materialien ergänzte Aufl. Massstab 1:6250. Ausgabe A auf Druckpapier. Imp. in-fol. Bern, Hans Körber. 1892. 1 60
— — Ausg. B. auf japanes. Papier, Taschenformat. Ebd. 1 80

[Umschlagt.:] **Plan** der Stadt Bern m. Strassenverz. u. Hausnummern. Massstab 1:6,250. 6. Aufl. nach amtl. Quellen revid. v. Karl Mischler, Zeichner beim Stadtbauamt. *Bern: H. Koerber 1896.* (Tit.: Quartier- & Strassenplan d. Stadt Bern ...) (1 Ktnbl. ?) 1 Bd 8. [95. 7376

Plan der Stadt Bern mit Strassenverzeichnis und Hausnummern. Massstab 1 : 6250. 7. Aufl. nach amtl. Qnellen rev. v. *Karl Mischler*. Bern, Hans Körber. 1899. 1 80

Plan der Stadt Bern mit Strassenverzeichnis und Hausnummern. Massstab 1 : 6,250. 8. Aufl. nach amtlichen Quellen revidiert von Karl Mischler.... 576/727 mm. 1 Bl. fol., *mit Titel* 8. Bern, Hans Körber, 1901. [fr. 1. 80]

Titel auf dem Blatt: Quartier- & Strassenplan der Stadt Bern 1901. 8. Aufl. 1. Juli 1901. Massstab 1 : 6250. Revision Karl Mischler. Verlag von Hans Körber in Bern. Graph. Kunstanstalt H. Kümmerly & Frey, Bern.

Plan der Stadt Bern mit Strassenverzeichnis und Hausnummern. Massstab 1 : 6,250. 9. Aufl. nach amtlichen Quellen revidiert von Karl Mischler.... 576/727 mm. 1 Bl. fol., *mit Titel* 8. Bern, Hans Kœrber, 1902. [fr. 1. 80]

Titel auf dem Blatt: Quartier- & Strassenplan der Stadt Bern 1902. 9. Aufl. 1. Juli 1902. Massstab 1 : 6250. Revision Karl Mischler. Verlag von Hans Körber in Bern. Graph. Kunstanstalt H. Kümmerly & Frey, Bern.

Plan der Stadt Bern mit Strassenverzeichnis und Hausnummern. Massstab 1 : 6,250. 10. nach amtlichen Materialien revidierte Aufl. 1 Bl. fol., *mit Titel* 8. Bern, Hans Körber, 1905. [fr. 1. 80]

Titel auf dem Blatt: Quartier- & Strassenplan der Stadt Bern 1905. 10. Aufl. 1. Juni 1905. Massstab 1 : 6250. 590/728 mm. Verlag von Hans Körber in Bern. Graph. Kunstanstalt H. Kümmerly & Frey, Bern.

Plan der Statt Bern wie solche um 1583 gewesen, nach einem alten Gemäld mit Fleiss nachgemacht a. 1753. Nachbildung. qu.-fol. Bern, Lith. v. F. Lips. 1872.

Plan der Stadt Bern, wie solche um das Jahr 1583 gewesen. Nach einem alten Gemälde mit Fleiss nachgemacht anno 1753. Quer fol. Bern, J. Dalp. 1877. 1. —

—— **und Beschreibung** des neuen Gebäranstalts-Gebäudes in Prag nebst den neuesten Bestimmungen im Bereiche der A. Z. gr. 8. (19 S.) Leipzig und Berlin 872, Luckhardt'sche Verlagsh. — 60

Plan u. Beschreibung d. neuen Gebäranstalt-Gebäudes in Prag nebst den neuesten Bestimmgn. im Bereiche der Gebäranstalt u. d. Findelwesens. [Aus: „Aerztl. Corresp.-Bl. f. Böhmen."] gr. 8. (11 S. m. 1 Steintaf. in qu. 4.) Prag 874. (Dominicus.) n. — 50

—— und Beschreibung v. Schumla, dem Hauptoperations-Punkt in allen bisher. Kriegen zwischen Rußland u. der Türkei; mit e. Darstellung d. Belagerungen dies. Festung. 8. (1 B. u. 1 Stndr.) Wesel 828, Becker. Thlr.

Plan, Das allerhöchst kaiserl. und Reichs-Ritterschaftl. wahre Interesse betreffender, entnommen aus dem Beschluss des Frhrl. Gültlingischen . . . Gegenberichts . . . O. O. 1774. V: *Gültlingen, Sam. Fr. Freih. v.* (Holz)

Plan für die Bewegungen und Gefechte des 10ten franz. Corps (Preussen) und der Besatzung von Riga vom 17. July bis zu Ende des Feldzugs. Stuttg. u. Tübingen 1822. 1 : 230,000. 1 Bl. a. vorst. W.

Plan für die Bewegungen und Gefechte des 2. franz. Corps unter dem Marschall Oudinot und dem 1. russ. Corps unter Wittgenstein vom 28 July bis den 2. August und des 2. und 6. franz. Corps unter dem Marschall Oudinot etc. vom 2. bis zum 20. August. (Gegend um Polozk.) Stuttg. u. Tübingen 1822. 1: 230,000. 2 Bl.

Plan der inneren Bezirke von Wien im Maße 1 : 10.000. Nach den verlässlichsten Quellen bearbeitet. 1895. Quer-Folio. Farbendruck. Gefalzt Wien: R.Lechner. —.60

Plan der inneren Bezirke von Wien im Maasse: 1 : 10.000. Ein Blatt Chromolithogr. 74×57 *cm.* Cartonnirt —.60
Wien: R.Lechner 1896.

— zu einer Bildungs-Anstalt f. künftige Geistliche. gr. 8. Leipzig, Barth. 817.

Plan für eine technische Bildungsanstalt in Dresden (v. 1. 2. 1828).

Plan der Bergfestung Bitsch, nebst Darstellung des Sturmes auf dieselbe. Frankfurt 1794.

Plan der Stadt **Bochum** M. 1 : 5000 nebst Verz. d. Strassen u. öffentl. Gebäude ... *Bochum: A. Stumpf 1897.* (1 Ktnbl. ?) 1 Bd 8. [97. 2269

Plan von dem Bombardement der Franzosen auf Mannheim — die Rhein-Schanze und Fleschen, welche den 24. Dec. 1794 Nachts um 12 Uhr anfieng und 16 Stunden dauerte. Verlegt bei C. Achenbach in Mannheim. Gest. v. A. Schlicht, churpfälz. Hofbaumeister. Ohne M. 1 Bl.

Plan der Stadt **Bonn**. Bearbeitet auf dem Städtischen Baubüreau zu Bonn 1 : 10 000. 1881. 1 Bl. c. L.
Desgl. 1 : 7 500. Bonn (1895). 1 Bl. c. L.

Plan des Brandes zu Meiningen am 5. Septbr. 1874. Fol. Ebendas. 874.

Plan der Herzoglichen Residenzstadt **Braunschweig**. 1890. 1 Bl. c. L.

Plan d. herzogl. Residenz-Stadt Braunschweig. 1 : 10,000. 11. verb. Aufl. Farbendr. 62×45 cm. Mit Text am Rande u. auf dem Umschlag. 8. (4 S.) Braunschw. 891, J. H. Meyer. — 75

Plan der Herzoglichen **Residenz-Stadt Braunschweig**. Bearb. von d. Vermess.-Abth. d. Städt. Bauverwalt. Maassst. 1 : 10,000. (22. verb. Aufl.) *Braunschweig: J. H. Meyer 1901; Lith. F. R. Lange.* (1 Kartenbl. 45 × 51 cm mit Legende.) 8° [kol.]
[Umschlagt.:] Neuester Plan v. Braunschweig. [01. 13502

Plan von **Bremen**. 1829. 1 Bl. c. L.

Plan d. freien Hansestadt Bremen nach d. neuesten Aufnahmen. 1 : 10,000. Farbendr. 46×85 cm. Mit kurzem Führer durch die Stadt u. 1 Strassenverzeichniss. 12. (XVI, 10 S.) Bremen 892, Heinsius Nachf. * 1 50

Plan der **freien Hansestadt Bremen**. Unter Zugrundelegung des vom Kammerrath Francke 1884 herausgegebenen Stadtplanes nach den neuesten Berichtigungen bearbeitet von W. Greve. 1 : 10 000. Berlin 1896. 1 Bl. c. L.

Plan von Bremerhaven u. Geestemünde. Nach amtl. Quellen zusammengestellt. 1 : 10,000. [Aus: Friederichsen. Die deutschen Seehäfen.] Farbendr. 20×53,5 cm. Hamb. 891, Friederichsen u. Comp. 1 50

Plan von **Breslau** mit Einschluss der früheren Ortschaften Gabitz, Höfchen, Neudorf, Lehmgruben, Huben, Fischerau, Alt-Scheitnig. 1 : 7 750. Breslau 1877. 1 Bl. c. L.
Desgl. Ausgabe von 1879. 1 : 8 000. 1 Bl. c. L.

[Umschlagt.:] Plan der Haupt- u. Residenzstadt Breslau und dessen Vororten. Maassst. 1:10000. *Breslau: E. Morgenstern (1898).* (3 Bl., 1 Ktnbl.) 1 Bd 8. [98. 2983]

Plan von Breslau (und seiner Umgebung) mit Führer. [Masst. ca 1:13,000.] Schweidnitz: G. Brieger [1899]. (1 Kartenbl. 54x52 cm.) 8° [Umschlagt.]

Plan von Breslau und dessen Vororten. Massst. 1:10,000. [Nebst] Verzeichnis d. Strassen ... (Erg. Abdr. von 1901.) *Breslau: E. Morgenstern 1901: J. G. Fritzsche, Leipzig.* (3 Bl., 1 Kartenbl. 86 × 76 cm.) 8° [kol.] [01. 2113]

Plan von Breslau und dessen Vororten. Massst. 1:10,000. [Nebst] Verzeichnis d. Strassen ... (Erg. Abdr. von 1903.) *Breslau: E. Morgenstern 1903; Druck von J. G. Fritzsche, Leipzig.* (1 Kartenbl. 86×76 cm, 8 S.) 8° [kol.] [03. 6379

Plan der Stadt Bromberg. 1:5000. Bromberg 1876. 1 Bl. c. L.

Plan der Landeshauptstadt Brünn. 1:10.000 K -.20
Wien: Freytag & Berndt 1908.

Plan von Brüssel. Berlin 1830. 1 Bl. L.

Plan von Budapest. Mit kurzem Wegweiser und Strassenverzeichniss in ungarischer und deutscher Sprache. Farbendruck. Ebds. Eleg. cartonnirt 50 kr. 1882.

Plan von Budapest. Mit kurzem Wegweiser und Strassenverzeichnisse in ungarischer und deutscher Sprache. Vierte Auflage. In Leinwand-Carton gefalzt —.50
Wien: C.Gerold's S. 1895.

Plan von Budapest. 5. Auflage Wien. [1899.] Hartleben. 40×50 cm. Mit Erläuterungen. Gefalzt in Carton fl. —.50

Plan der Festung Charlestown in Südcarolina u. deren Eroberung v. d. Engländern, 12. May 1780. Frankfurt a. M.

Plan von Chemnitz 1899. 2. Aufl. Bearb. v. d. Stadtbauverwaltg. Maassst. 1:10,000. Leipzig & Berlin: Lith. u. Dr. v. Giesecke & Derrient [1897]. (1 Ktnbl. $\frac{89}{75}$) 8°

Plan von Chemnitz mit nächster Umgebung, bearbeitet und herausgegeben von der Stadtbauverwaltung. 1:10000. Chemnitz 1888. 1 Bl. c. L.

Plan der Fabrik- u. Handelsstadt Chemnitz. Aufgenommen u. gezeichnet v. der Stadtbauverwaltg. 1892. 1:10,000. Lithogr. u. color. 65,5×52,8 cm. Chemnitz, M. Bülz. * 1 50
Erscheint alljährlich.

Plan von Chemnitz 1901. Bearb. vom Stadtbauamt. Maassst. 1:10,000. 4. Aufl. *Chemnitz: Eigenthum d. Rathes (1901); Giesecke & Devrient, Leipzig & Berlin.* (1 Kartenbl. 82 × 97 cm.) gr. 2° [kol.] [02. 1072

Plan von Chemnitz. Bearb. vom Stadtvermessungsamt. Maassst. 1:10,000. 6. Aufl. *Chemnitz: Eigenthum d. Rathes 1903; Druck von Giesecke & Devrient, Leipzig & Berlin.* (1 Kartenbl. 83×97 cm.) gr. 2° [kol.] [03. 6580

Plan der Stadt Chur. 1:2000. Ergänzt von E. Blumer. Chur 891, Hitz. * 2 —

Plan von Cilli und seiner nächsten Umgebung. 1:5760. Lith. qu. Fol. Cilli, Drexel. fl. —.30. 1887

Plan von Coburg und Umgebung. Massst. 1:5000. *Coburg: Dietz [1901].* (1 Kartenbl. 71 × 70 cm.) gr. 2° [02. 1073

Plan von einem Collegio Pastorali. Tübingen 1751. V: *Pfaff, Chph Matthias.* (BrMm)

— d'une constit. franç. reformée, 8. Leipz. Dyk. 793

Königl. Bayer. Akad. d. Wissenschaften. **Plan eines Corpus der griechischen Urkunden des Mittelalters und der neueren Zeit.** ⟨Bestimmt z. Vorlage bei d. 2. allgem. Sitzung d. Association Internat. d. Académies, London 1904.⟩ (Vorr.: C[onstantin Josef] Jireček u. K[arl] Krumbacher.) München: Akad. d. Wiss. 1903. (124 S.) 4° [03. 5586

Plan e. Corpus der griechischen Urkunden des Mittelalters u. der neueren Zeit. (Bestimmt zur Vorlage bei der 2. allgemeinen Sitzg. der Association internationale des académies, London 1904.) Hrsg. v. der königl. Akademie der Wissenschaften. (124 S.) gr. 4. München 903. (G. Franz' Verl.) n. 4.—

Plan der Stadt Czernowitz. (1 Karte.)

Plan von Danzig. *Danzig: L. G. Homann & F. A. Weber [1897].* (1 Bl. 37×30 cm.) 4° [00. 6474 10

Plan von Danzig 1902. Massst. 1:5000. *Danzig: Th. Bertling 1902.* (1 Kartenbl. 66 × 54 cm.) gr. 2° [kol.] [02. 1612

Plan von Danzig. Maßstab 1:5000. (Mit alphab. Straßen-Verzeichnis.) *Danzig: A. W. Kafemann 1903.* (1 Kartenbl. 67×55 cm, 4 S.) 8° [kol.] [Umschlagt.:] Großer Plan von Danzig. [04. 13030 10

Plan von Danzig. Maßstab 1:5000. (Mit alphab. Straßen-Verzeichnis.) *Danzig: A. W. Kafemann 1904.* (1 Kartenbl. 67×55 cm, 4 S.) 8° [kol.] [Umschlagt.:] Großer Plan von Danzig. [04. 15509 10

Plan von Danzig. Maßst. 1:10000. (Mit alphab. Verzeichn. d. Straßen.) Danzig: A. W. Kafemann [1904]; (Lith. A. Winter). (1 Kartenbl. 27×34 cm.) 8° [kol.] [05. 5287 10

Plan von Danzig und der Umgegend von Danzig. 2 Bl. L. in 1 Heft.

„Plan der hiesigen Darlehn-Compagnie", Hamburg den 27. September 1799. — Vorh.: Com. Bibl. Hamburg.

Plan der Stadt Delitzsch. Massst. 1:5,000. [Mit 1 Nebenkarte.] [Delitzsch 1906]; (Kunst-Anst. O. Dibbern & Sperling, Leipzig). (1 Kartenbl. 52×50 cm.) [lith.] [kol.] [06. 10197

— zu dem preuß. Denkmal f. die verewigte Königin Luise v. Preußen. gr. 8 Berl. Haude u. Sp. 811.

— der Deputirtenkammer, während der Session des Jahres 1835, nebst e. alphabet. Verzeichnisse der Deputirten mit Angabe ihrer politischen Meinungen, Aemter u. Geburtsjahre, und der Departemente u. Wahlkollegien, durch welche sie gewählt worden sind; sowie mit mehren andern Uebersichtstabellen. 1 Bogen in Roy.-Fol. (Coblenz) 835. Hergt. n. 1/3 ß

— détaillé d'Enseignement p. l'Acad. roy. des Gentilshommes. 8. Berl, Rottmann. 778.

Plan der Stadt Dillenburg. *Dillenburg: Gebr. Richter [1903]: Lith. A. Richter.* (1 Kartenbl. 43×34 cm.) quer-4°

Plan des XIX. Bez. Döbling der k. k. Reichshaupt- und Residenzstadt Wien. 1:5000. Herausgegeben unter Mitwirkung des Stadtbauamtes. [Colorirte Ausgabe.] [Wien. 1900.] R. Lechner (Wilh. Müller). 110×144 *cm* in 4 Bl. K 12.—

— der Drei-Kaiserschlacht bei Austerlitz, am 2. Dec. 1805; nebst Erklärung. Halle, Dietlein. 6 gr

— von Dresden. Mit Angabe der Gasthöfe, Restaurationen, Cafés u. Vergnügungsorte, der Gesandtschaften u. Consulate, der Bader, der Taxe der Droschken u. Fiaker, der Fahrten der Omnibus, Dampfwagen u. Dampfschiffe etc. Fol. Dresden 847, Gottschalck. — 3. Aufl. Fol. Kpfrst. Ebd. 849. n. 8 ngr

— von Dresden. 7. Aufl. Fol. Kpfrst. Dresden 851. (Leipzig, Kummer.) n. 8 ngl

— von Dresden. Fol. Lith. Dresden 851, Schaefer. n. 8 ngl

—— von Dresden. Kpfrst. Fol. (4 S. Text.) Dresden 854, Gottschalck. (Leipzig, Kummer.) *

—— von Dresden. Mit Verzeichniss der Strassen, Plätze und Gebäude. Neue Ausg. Kpfrst. Fol. (4 S. Text in 16.) Dresden 861, Gottschalck. *

Plan von Dresden. Hrsg. von der Königl. Polizei-Direction zu Dresden. 1 : 11 000. Dresden 1873, 1877 und 1878. Je 1 Bl. K.

Plan der Stadt Dresden. Bearbeitet vom Stadtvermessungsamte. 1 : 10 000. Dresden 1880, 1881, 1887, 1892 und 1894. Je 1 Bl. c. L.

Plan von Dresden. 1 : 10,000. Bearb. vom Stadtvermessungsamte. Lithogr. Imp.-Fol. Mit Strassenverzeichniss. [Ausg. von 1883—1886.] gr. 8. (4 S.) Dresden, Meinhold und Söhne. * 1 —

Plan von Dresden. 1 : 10,000. Ausg. von 1887 und 1888. Bearb. vom Stadtvermessungsamte. Kpfrst., lithogr. und color. Imp.-Fol. Dresden 888, (Kaufmann's Sortiment.) * 3 —

[Umschlagt.:] Plan von Dresden. '(M. Strassenverz.)' ... (Maassst. ca 1:12,500.) *Berlin: A. Goldschmidt [1898].* (2 Bl., 1 Ktnbl. 2°) 1 Bd 8. (Griebens Reisebücher.) [98. 9901

Plan von Dresden. *Dresden: C. C. Meinhold & S. [um 1898].* (1 Kartenbl. 37 × 44 cm.) 2° [kol.] [03. 9798 4

Plan der Albertstadt Dresden mit Übungs-Plätzen. Bearb. von d. Abt. f. Landesaufnahme d. Kgl. Generalstabes 1903. Hrsg. 1904. 1:8,000. ([Dresden: Generalstab] 1904.) (1 Kartenbl. 77×56 cm.) [gestochen.] [04. 3719

— von Dresden nebst Umgegend bis Schandau. qu. gr. 4. Lith. u. color. Berlin 850, Th. Grieben. 1/3 ℛ

Plan der Stadt Duisburg. Maassst. 1 : 12,500. [Nebst] Beilage z. Duisburger Adressbuch. *Duisburg: J. Ewich [1899].* (7 S., 1 Kartenbl. 57 × 60 cm.) 8° [00. 10887 6

Plan der Stadt Duisburg (mit alphab. Verzeichnis d. Straßen u. Plätze) Eigentum d. Duisburger Adressbuch-Verlags. Maassst. 1:12,500. Duisburg: J. Ewich in Komm. (1906); Lith. L. Kraatz, Berlin. (1 Kartenbl. 53×49 cm, 7 S.) 8° [kol.] [06. 4171

— u. Durchschnitt des alten Schlosses zu Baden, nebst deutscher u. französ. Beschreibung. Karlsr., Velten. 1 ℛ 3 gℊ Aufgezogen 1 ℛ 12 gℊ

Plan zur Edition der französischen Gesandtschafts-Correspondenz für das 16., 17. und 18. Jahrhundert. O. O. [1880]. V: *Schweizer, Paul.* (Cat. d. Stadtbibl. Zürich. Zürich 1864—97.)

Eigentlicher Plan der Königl. Haupt-Stadt Prag in Böhmen, allda die K. Franz. in 24,000 Mann bestehende Armée unter Commando des Duc de Bell-Isle und Mal. de Broglio, theils in und ausser der Stadt sich vortheilhaftig verschanzt haben. Welche aber von der K. Ungar. Armée unter Commando Ihro Hochf. Prinz Carl von Lothringen Ao. 1742 den 27 Juny an 4 Seiten eingeschlossen, und darauf die Belagerung gegen der Stadt und Franz. Lager täglich continuirt, den 15. Aug. Morgens um 5 Uhr wurde zu gleicher Zeit diess- und jenseits auf 7 verschiedenen Orten mit Stucken und Mörtier biss Mittag ins Franz. Lager canonirt, hat auch diese Canonade so viel gewürkt, dass die Franzosen Abends um 9 Uhr ihre Defensions Werker gesprengt, in der Nacht alle Zelter abgebrochen und in die Stadt sich gezogen, darauf hat die K. Ungar. Armée gegen die Stadt näher Posto gefasst. Augsburg bey J. Haupt. Ohne M. 1 Bl.

—— der künftig. Einrichtung d. lateinischen Schulen u. Gymnasien in Bayern. gr. 4. (8 B. incl. 1 Tab.) München 829, (Lindauer.)

Plan z. einer neuen Einrichtg d. Almosenwesens u. d. Krankenpflege f. d. Armen. Berlin 1806. 4.

Plan der neuen Einrichtung einer Bürgerschule und einer Gelehrtenschule für den Canton Zürich. Zürich 1802—3. V: *Schulthess, Johann.* (Cat. d. Stadtbibl. Zürich. Zürich 1864—97.)

Plan der Residenzstadt Eisenach. Nach amtlichen Quellen bearbeitet. Eisenach. 1 Bl. c. L.

Plan der ersten österreichisch. Eisenbahn zwischen Budweis und dem Scheidungspunkte des Gebirges zwischen der Moldau und Donau. Wien.

Plan der Eisenbahn zwischen Eupen und Herbesthal. 1 : 20 000. 1 Bl. c. Hz.

—— der Weimar-Geraer Eisenbahn-Linie. 1:200,000. Lithogr. qu. Fol. Jena 876. Doebereiner.

Plan von Eisleben. [Nebst] Verzeichnis d. Strassen, Plätze, Gasthöfe u. s. w. ... Maassst. 1:6250. *Eisleben: E. Winkler [1898].* 1 Ktnbl. quer-2. (2°), 2 Bl. 8. [98. 9631

Plan der Stadt Elbing, bearb. u. hrsg. von d. Verein z. Hebung d. Fremden-Verkehrs i. Elbing u. Umgegend im Jahre 1902. *(Elbing 1902: C. Schmidt.)* (1 Kartenbl. 21×21 cm.) 8° [Kopft.] [03. 9113 10

[Umschlagt.:] Plan von Bad Elster u. Umgebung. Massstab 1 : 10000. *Leipzig: Giesecke & Devrient [1898?].* (1 Ktnbl. 2°) 1 Bd 8. [98. 6110

Schützengesellschaft Frauenfeld. (Plan für das) Endschiessen und Gabenkegeln pro 1902. 8 S. 8. [Frauenfeld, Huber & Co.]

Schützengesellschaft Frauenfeld. (Plan für das) Endschiessen und Gabenkegeln pro 1903. 8 S. 8.

Plan einer billigen Entschädigung der auf der linken Rheinseite verlierenden Fürsten und Grafen. Basel 1798. V: *Bachem, Konrad Joseph von.* (STBKöln I, 98)

Mit besonderer Beziehung auf den, von dem Herrn Conferenzrath Lawätz entworfenen Plan, Armen-Kolonien zu gründen. 8. *Altona, Busch.* 1821

Plan über Erbauung einer Turnhalle für den T. V. Fürth. 2°.

Plan zur Erbauung einer Turnhalle für die Turngemeinde Würzburg: a) Situationsplan; b) Seitenansicht u. Längenschnitt; c) Vorderansicht u. Querschnitt; d) Grundriß; 4 Bl.

Plan von Erfurt. 1:3000. Erfurt 1891. 2 Bl. c. L.

Plan von Erfurt. 1:16,000. Farbendruck. 16,5×23 cm. Mit Strassenverzeichnis. qu. gr. 4. (1 Blatt.) Zür. 891, Artist. Institut Orell Füssli, Verlag. * 1 —

[Umschlagt.:] Plan der Stadt Erfurt m. Strassen-Verz. u. Karte v. Steigerwald ... *Erfurt: Kayser [1896].* (1 Ktnbl. [illegible]) 1 Bd 8. [97. 2087

Erneuerter Plan und Statuten der Herzoglich-Sachsen-Gothaischen und Meiningischen Societät der Forst- und Jagdkunde. - gez. Dreißigacker u. Karlsruhe im März 1812. Joh. Matth. Bechstein, C. P. Laurop. 16 S.

Plan, üb. den, zu Errichtung einer Bank in der freien Stadt Frankfurt. Von E. T. P.. gr. 8. Frankf. 825, Andreä.

Plan zur Errichtung einer Privat-Feuer-Versicherungs-Anstalt in Danzig u. zugleich Entwurf zu einem Reglement für dieselbe. Danzig 1807.

Plan zur Errichtung einer Sparkasse für die ▭ z[u] d[en] d[rei] Pf[eilen in Nürnberg]. [Dat.:] N[ürnberg] 1809. 2 Bl. 2° [Kopftit.]
Enth. Statuten. 215.

Plan zur Errichtung eines Versorgungs-Instituts für verarmte Grätzer Bürger, ihre Wittwen und Waisen. Grätz 1815. V: *Liebenwein, J.* (Joan Styr. A.)

— des königl. Erziehungs-Instituts zu Halle, so wie er von dem Hrn. Hofr. Karsten, Professs. Eberhard u. Sprengel zu Halle verfertigt u. v. den hochpreisl. Obercuratorium zu Berlin genehmigt worden. 8. Leipz. 780. W. Vogel. 1⅞ Rf

Plan der Stadt Essen-Ruhr. Hrsg. von der Stadtverwaltung. Ausg. 1907. 1:15000. Düsseldorf, 1907. Mit Straßenverzeichnis.

Université de Fribourg (Suisse). Plan d'études de la faculté de droit. (Fribourg, Suisse) s. a. 3 p. 8°.
Nicht zur Versendung bestimmt.

Exact u. ganz accurater Plan von Bellgrad mit dem ganzen Situ d. Kaiserl. u. Türk. Lagers, Linien u. Logierungen. fol.

Plan de l'Exposition universelle de Vienne 1873. Avec tous les édifices principaux et secondaires, pavillons, expositions additionnelles etc. dans l'enceinte de l'exposition. D'après les indications authentiques. Fol. Wien 873, Gerold's Sohn. 80 Pf.; geb. ℳ 1,20.; color. ℳ 1,20.; geb.

Plan des Fachkatalogs der Stadtbibliothek [in Schaffhausen]. 15 S. 8. [Schaffhausen, H. Meier & Cie., 1901.]

Plan pour faire servir les Voyages à la culture des jeuns gens ..., accompagné d'un précis historique de l'usage de voyager & d'une Table, pour faciliter les observations statistiques et politiques: le tout suivi de l'Esquisse d'un Portefeuille à l'usage des Voyageurs et de celle d'une carte statistique, à Vienne 1797. V: *Giovane, Juliane Herzogin geb. von Mudersbach.* (GGR VI/543, Nr. 19/5) (BIBLPORT)

— pour faire servir les voyages à la culture des jeunes gens qui se vouent au service de l'état dans la carrière politique etc. 4. Vien. Schaumburg. 797.

Plan des X. Bezirkes Favoriten der k. k. Reichshaupt- und Residenzstadt Wien. Im Masse 1:5000. Herausgegeben unter Mitwirkung des Stadtbauamtes. [Colorirte Ausgabe] Wien. [1901.] R. Lechner (Wilh. Müller.) 123×152 *cm.* in 4 Bl. K 12.—

Plan der furnehmsten Finnischen Vestungen aus Russischen und Schwedischen Urkunden herausgenommen. Ans Licht gestellt von Homannischen Erben Ao. 1750. (Nystaedt und Nyschloss) O. bezeichn. M. 1 Bl.

Plan des XXI. Bezirkes Floridsdorf. 1:15.000. Maßstab der .bersicht 1:75.000 K —.80
Wien: Freytag & Berndt 1907.

Plan der Forstacademie zu Tharant und der damit verbundenen landwirthschaftlichen Lehranstalt vom 10. April 1830. - Dresden 1830. 16 S. - Derselbe, nebst Nachtrag der Verordnung vom 4. Nov. 1839. - Allgemeiner Plan ... (s. oben) vom 5. Februar 1846. ebd. 8 S. - Derselbe, vom 27. Februar 1852. ebd. 8 S. - Allgemeiner Plan der Königl. Sächsischen Forst-Academie zu Tharand. ebd. 1872. 15 S.

Plan de la Forteresse de Géronne, et de ses Environs. Aux mânes du Général Comte Morio, Bucher Capitaine. Avec un Plan des affaires du 6 et 8 Maj 1809. Donnée sous les Ordres de M. le Général de Division Comte Reille. Gravé par J. Bach à Dresde 1812. 1: 16,600.

Plan der Stadt Frankenberg. Massst. ca. 1:4100. [Mit 1 Nebenkarte.] Frankenberg: C. G. Rossberg [1902]. (1 Kartenbl. 40x53 cm.) 2° [kol.]

Plan der Stadt Frankfurt a/Oder nebst Umgebung. Massst. 1:12,500. Frankfurt a. O. [1905]: Trowitzsch & Sohn. (1 Kartenbl. 84×56 cm.) [lith.] [kol.] [06. 3700

Plan eines Frauenzimmer-Lesekabinets in Nürnberg ... Nürnberg 1800. V: *Murr, Christoph Gottlieb von.* (Will) (MGT) (BB) (Adel)

Plan der Stadt Freiberg (Sachsen). 1:4250. Freiberg 1888. 1 Bl. c. L.

Plan von Friedrichstadt. Hamburg. (1850.) Lithogr. 1 Bl. 4°. 23/28 cm.

— u. Führer durch Marienwerder, hrsg. v. Frz. Boehnke. 1:7,500. 44×35 cm. Farbdr. Nebst Text. gr. 8. (13 S.) Marienwerder (900). F. Boehnke. n. — 80

Plan u. Führer v. Schweidnitz. 56×51,5 cm. Farbdr. Mit Text. (20 S.) kl. 8. Schweidnitz 908. G. Brieger. — 50

Plan und Führer von Triest. 8. (XIX S.) Geheftet —.50
Triest: Schimpff 1896.

Plan der Stadt Fulda. Bearb. nach amtl. Material. Massst. 1:8,000. *Fulda: F. J. Reinhardt 1901.* (1 Kartenbl. 32×25 cm.) 8° [kol.]
[Umschlagt.:] Neuester Stadtplan v. Fulda nebst e. Eisenbahn-Karte. [01.13804

Plan des XV. Bez. Fünfhaus der k. k. Reichshaupt- und Residenzstadt Wien. 1 : 5000. Herausgegeben unter Mitwirkung des Stadtbauamtes. [Colorirte Ausgabe.] [Wien. 1900.] R. Lechner (Wilh. Müller). 1 Bl. 60×49 *cm.* K ?.—

— von dem Gefechte bey Katholisch-Hennersdorf am 25. Nov. 1745 und der Schlacht von Kesselsdorf am 15. Dec. 1745 als Vorlegeblätter zum Planzeichnen. 2 Blatt. Fol. Dresden, Arnold. 820.

Plan z. d. Gefechten von Kissingen. Friedrichshall. Hausen und Wald-Aschau. 10. Juli 1866. 1:25 000. (Berlin.) o. J. Heliographie. 1 Bl. Fol., 60,4/47,2 cm.

Plan zu den Gefechten vor Würzburg. 25. und 26, Juli 1866. (Helmstadt.) 1:25 000. (Berlin.) o. J. Heliographie. 1 Bl. Fol., 60/60 cm.

Plan des Gefechtsfeldes von Aschaffenburg. 14. Juli 1866. 1: 25 000. (Berlin.) o. J. Heliographie. 1 Bl. Fol., 47,5/60, 2 cm.

Plan des Gefechtsfeldes von Gerchsheim. 25. Juli 1866. 1: 25 000. (Berlin.) o. J. Heliographie. 1 Bl. Fol., 60/47 cm.

Plan des Gefechtsfeldes von Hammelburg am 10. Juli 1866. 1: 25 000. (Berlin.) o. J. Photolithographie. 1 Bl. Fol., 53,7/46,2 cm.

Plan des Gefechtsfeldes von Hundheim am 23. Juli 1866. 1:25 000. (Berlin.) o. J. Photolithographie. 1 Bl. Fol., 34/41,6 cm.

Plan des Gefechtsfeldes von Königinhof am 29ten und 30ten Juni 1866. 1:25 000. Berlin. o. J. Photolithographie. 1 Bl. Fol., 51,8/40,8 cm.

Plan des Gefechtsfeldes von Laufach. 13. Juli 1866. 1:25 000. (Berlin.) o. J. Photolithographie. 1 Bl. Fol., 43/50,5 cm.

Plan des Gefechtsfeldes von Nachod. Skalitz und Schweinschaedel am 27, 28 u. 29. Juni 1866. 1:25 000. o. O. u. J. Autographie. 1 Bl. Fol., 50,5/84 cm.

Plan des Gefechtsfeldes von Podkost am 28. Juni 1866. 1:25 000. (Berlin.) o. J. Heliographie und Kupferstich. 1 Bl. Fol., 46,3/29,7 cm.

Plan des Gefechtsfeldes von Tauber-Bischofsheim und Werbach. 24. Juli 1866. 1:25 000. (Berlin.) o. J. Heliographie. 1 Bl. Fol., 60,2/47,5 cm.

Plan des Gefechtsfeldes von Trautenau am 27. Juni 1866 und des Gefechtsfeldes von Soor am 28. Juni 1866. 1:25 000. o. O. u. J. Autographie. 1 Bl. Fol., 60/60 cm.

Plan des Gefechtsfeldes bei Würzburg am 27. Juli 1866. 1:25 000. o. O. u. J. Lithographie. 1 Bl. Fol., 41,2/51,4 cm.

Plan der Gefechtsfelder der 2. Garde-Infanterie-Division am 30. Octbr. und 21. Decbr. 1870. Fol. Berlin 871, Schropp'sche Landkartenh. *

Plan des Gefechtsterrains bei Gradlitz. 1:25 000. o. O. u. J. Farbendruck. 1 Bl. Fol., 51,6/40,6 cm.

Plan des Gefechtsterrains bei Tobitschau. 1:25 000. o. O. u. J. Lithographie. 1 Bl. Fol., 45/82 cm.

Plan der Gegend zwischen der Aube und der Loire. Druck von E. Sieger. 1853.

Plan von der Gegend um Danzig. Behufs der Grenz-Auseinandersetzung aus dem speciellen topographischen Plane extrahirt. Mit Grenzbezeichnungen von 1793. 1 Bl. c. Hz.

Plan der Gegend des Canals Zwischen Rendsburg und dem Kieler Fiord. [ca. 1 : 250000.] o. O. u. J. (um 1800.) Kupferst. (Guiter sculpsit.) 1 Bl. Quer-4°. 18.5/30 cm.

Plan der Gegend von **Potsdam.** Hrgg. von der Topographischen Abtheilung des grossen Generalstabes im Jahre 1855. 1 : 25000. Farbendruck. 4 Bl. Fol., 73.5 55 cm.

Plan von der Gegend bey **Stargard.** Im Jahre 1802. 1 Bl. c Hz.

Plan von Gelsenkirchen und Rotthausen. Nach amtl. Quellen bearb. Maßst. 1:10,000. [Nebst] Alphab. Straßen-Verzeichnis. *Gelsenkirchen: W. Maske [1903]; Lith. Scholz & Co.* (1 Kartenbl. 51×63 cm, 22 Bl.) 8° [kol.]

— général de la ville de Kaire et des environs, rédigé d'aprés les travaux récens de Mr. Baur et complété par Szultz. Gravé par Piller. Fol. Munich 848. (Erlangen, Palm & Enke.) n. 5/8 ₰

Plan de Genève. Avec Nomenclature des Rues. 1 feuille fol.-obl. + 8 p., *en couverture illustrée*, 8. Zurich, Orell Füssli, [1907]. fr. —.50
Titre sur la feuille: Plan de Genève et de ses Environs. Echelle de 1:12,000. 359/522 mm. Art. Institut Orell Füssli, Zürich. — *Avec des annonces au verso de la feuille.*

Plan von **Genua** und umliegender gegend, sambt denen Lägeren und verschanzungen deren Kaiserl. und Genuesisch. Völckern A° 1747. 1 Bl. c. K. v.

Geometrischer Plan der Provinzial-Hauptstadt **Giessen.** 1 : 4000. Giessen 1880 und 1859. Je 1 Bl. c. L.

Plan, geometrischer, der Provinzial-Hauptstadt Giessen. 1 : 4000. 2. Aufl. Nachgetragen bis 1889. Nebst Karte der Umgegend. 1 : 100,000. Chromolithogr. gr. Fol. Giessen 889, Roth. * 6 —; auf Leinw. m. Stäben od. in Futteral * 7 50

Plan der Stadt Gera. Mit den neuesten Aenderungen nach dem amtlich festgestellten Strassennetze zusammengestellt. 1877. Lithogr. Imp.-Fol. Gera, Kanitz' Sortiment. *

Plan der Stadt Gera und Umgebung. *Gera: Kanitz [1902]; Lith. W. Müller.* (1 Kartenbl. 42×41 cm.) 8° [kol.]
[..]

Plan zu einer ungrischen Gesellschaft für Naturkunde, Oekonomie und Medicin. Pest 1802. V: *Schedius, Ludw.* (Pk)

PLAN UND GESETZE der Gesellschaft naturforschender Freunde nebst dem Verzeichnisse ihrer jetzigen Mitglieder. Nach der Verbesserung des 26sten Juli 1791. Berlin 1791. 8°.

— vom Schloss u. Dorf Glienicke bei Potsdam. Fol. (Lith. Buntdr.) Berlin 847, Schropp & Co. n. 1 1/3 ₰

Plan von Glückstadt nebst Rhede und Umgegend im Jahre 1851. Glückstadt. 1851. Lithogr. 1 Bl. Fol., 54/68,3 cm. Mit Randansichten.

Plan von G m u n d e n und dessen Umgebung. Wien bei Artaria und Komp. Gedruckt bei Reissenstein und Rösch in Wien 1855. Ein Bl. (8 Z. br., 7 1/2 Z. hoch), Maßstab 1=200 österr. Kl. Das Kärtchen ist in Farbendruck ausgeführt. Wasser und Sumpf blau, Häuser und Baulichkeiten roth, Gärten und Aecker grün. Unter dem Titel links in der oberen Ecke ist die Erklärung der Nummern und Zeichen. Außer den Zahlen sind viele Plätze und Oertlichkeiten in lateinischer Schrift im Plane ausdrücklich genannt.

Plan von Görlitz. (Maaßst. 1:10,000) [Nebst] Straßen-Verzeichnis. (6. Aufl.) *Görlitz: Vierling [1904]; (Lith. P. Knobloch).* (1 Kartenbl. 57×35 cm, 1 Bl.) 8° [Kupft.] [kol.]
[Umschlagt.:] Neuer ausführlicher Stadtplan von Görlitz. 6. Aufl. [04. 14958

Plan von Goslar. (Neue verm. erw. Aufl.) Maassstab: 1:5000. *Goslar: J. Jäger & Sohn [1901].* (1 Kartenbl. 46×36 cm. mit Legende.) 8° [kol.] [01. 11134

Plan der Residenzstadt **Gotha**. Gotha 1881. 1 Bl. c. 1.

Plan der Stadt Göttingen nach den neuesten Vermessungen bearb. im Stadtbauamt. Masst. 1:5000. *Göttingen: H. Lange [1901].* (1 Kartenbl. 36×47 cm) 8° [kol.]

Plan der Stadt Graudenz. Masst. 1:10,000. *(Graudenz): J. Gaebel [1902]. Gebr. Zeuner, Danzig.* (1 Kartenbl. 47×22 cm.) 8° [kol.]
[Umschlagt.:] Taschenplan d. Stadt Graudenz in vierfarb. Druck. [02. 14778

Plan der Stadt Graudenz. Erg. u. bericht. bis z. J. 1902 durch d. Stadt-Bauamt. Masst. 1:6,666. *Graudenz: A. Kriedte 1902; Lith. C. Flemming, Glogau.* (1 Kartenbl. 54×33 cm mit Legende.) 8° [kol.]
[Umschlagt.:] Stadt-Plan von Graudenz. [02. 14,65

Plan der Stadt Graudenz. Erg. u. berichtigt bis z. J. 1905 durch d. Stadt-Bauamt. Masst. 1:6,666. (2. Aufl.) Graudenz: A. Kriedtke [1906]; (Lith. C. Flemming, Glogau). (1 Kartenbl. 54×33 cm mit Legende.) 8° [kol.]
[Umschlagt.:] Stadt-Plan von Graudenz. [07. 3087

Plan von Graz. (Mit Verzeichniss d. Strassen ... sowie e. Wegweiser zu d. Ämtern ... Vom Stadtbauamt überprüft.) Masst. 1:10,500. *Graz: Leykam [1902].* (1 Kartenbl. 48×60 cm, 12 S.) 8° [kol.]
[Umschlagt.:] Neuester Plan von Graz u. nächster Umgebung [02. 300

Plan der Landeshauptstadt Graz. 1:15.000 K —.20
Wien: Freytag & Berndt 1908.

Plan der Landeshauptstadt Graz. 1:15.000 gefalzt K —.20
Wien: Freytag & Berndt 1910.

Plan von Graz und Umgebung. Masst. (1:12,000). [Nebst] Sehenswürdigkeiten d. Stadt. (3., verb. Aufl. Graz: Styria 1906.) (1 Kartenbl. 43×59 cm, 11 S.) 8° [lith.] [kol.]
[Umschlagt.:] Neuester Plan d. Stadt Graz u. d. angrenzenden Gemeinden. [06. 24783

Plan der Stadt Greifswald ([u.] Karte d. Umgebung von Greifswald. Masst. [ca. 1:10,000 u.] 1:100,000. *Greifswald: J. Abel [1901].* (2 Kartenbl. 34×20 u. 27×20 cm.) 8° [01. 12805

Plan von **Greiz**. 1:6000. Greiz 1892. 1 Bl. c. 1.

Grosser **Plan** von **Hamburg**, Altona-Ottensen und Wandsbek (mit Anschluss d. gesamten Freihafengebietes u. d. Ortschaften Langenfelde, Stellingen, Lokstedt, Gross-Borstel, Hinschenfelde u. Schiffbek). Maassst. 1:14,000. [Nebst] Verzeichnis d. Strassen, Plätze ... (7. Aufl.) *Hamburg: Verlagsanst. u. Dr. [1903].* (1 Kartenbl. 82×63 cm, 14 S.) 8° [kol.] [03. 3094

Großer **Plan** von **Hamburg**, Altona-Ottensen und Wandsbek (mit Anschluß d. gesamten Freihafengebietes u. d. Ortschaften Langenfelde, Stellingen, Lokstedt, Gr.-Borstel, Hinschenfelde u. Schiffbek. Mit e. Verzeichnis d. Straßen ... 9. Aufl.). Maaßst. 1:14,000. *Hamburg: Verlagsanst. & Druckerei [1904].* (1 Kartenbl. 81×62 cm, 15 S.) 8° [lith.] [kol.]

Grosser **Plan** der Stadt **Strassburg** und der angrenzenden Vorortsgebiete einschliessl. d. neuen Hafens. Mit 1 Übersichtskärtch. d. Umgebung. Maassst. 1:7500. Nach amtl. Quellen bearb. *Strassburg: K. J. Trübner 1900.* (1 Kartenbl. 55×86 cm., 16 S., 1 Karte.) 8° [Umschlagt.] [00. 1337

Plan von Wien, Grosser, und nächster Umgebung. In Farben. Zweite Auflage 1882. Wien, A. Hartleben. In eleg. Carton 40 kr.

Plan, Grosser, von Wien mit Angabe der neuen Bezirks-Eintheilung Nebst Plan von Wien mit allen 19 Bezirken und den Special-Plänen von Laxenburg-Schönbrunn. S e c h s t e A u f l a g e. 8. Gbdn. —.40
Wien: Hartleben 1893.

— Grosser, von Wien mit Angabe der neuen Bezirkseintheilung. 8. Aufl. Mit Verzeichniss sämmtlicher Strassen, Gassen, Plätze und Sehenswürdigkeiten. In Lnwd.-Cart. —.40
Wien: Hartleben 1897.

Plan, Grosser, von Wien mit Angabe der neuen Bezirkseintheilung. N e u n t e A u f l a g e. Mit Verzeichniss sämmtlicher Strassen, Gassen, Plätze und Sehenswürdigkeiten. In Leinwand-Carton —.40
Wien: Hartleben 1898.

Grosser Plan von Wien. 10. Auflage. Wien. 1901. Hartleben. 59×48 *cm*. Gefalzt in Umschlag mit Strassenverzeichnis K—.80

Grosser Plan von Wien. 1:15.000. 11. Aufl. 59×48 *cm* in Leinwandkarton K —.80
Wien: Hartleben 1903.

Plan von Wien mit Angabe d. neuen Bezirkseintheilung. Massst. 1:15 000. (12. Aufl.) [Nebst] Strassenverzeichniss ... Wien: A. Hartleben [1906]; (Kartogr. Anst. G. Freytag & Berndt). (1 Kartenbl. 57×46 cm, 16 S.) 8° [lith.] [kol.]
[Umschlagt.:] Grosser Plan von Wien. [06. 11073

Großer Plan von Wien. 1:15.000. 15. Aufl. 8°. (16 S. u. 1 Tafel) in Leinwandkarton gefalzt K —.80
Wien: Hartleben 1909.

Großer Plan von Wien. 1:15.000. 16. Aufl. in Leinwandkarton gefalzt K 1.—.
Wien: Hartleben 1910.

Plan von Gross-Wien mit Angabe der neuen Bezirkseintheilung. Maassstab 1:20.000. In 5 Farben. Gefalzt —.80
Wien: Hartleben 1890.

Plan von Groß-Wien, mit Angabe der neuen Bezirkseintheilung. Maßstab 1:20.000. Z w e i t e und d r i t t e A u f l a g e
Wien: Hartleben 1890.

Plan von Gross-Wien mit Angabe der neuen Bezirkseintheilung u. der früheren Gemeinde-Grenzen. Maassstab: 1:20.000. F o r m a t: 84/98 *cm*. In acht Farben gedruckt Gefalzt
Wien: Hartleben 1891. 1.50

— dass. — Ausg. in 8 Farben. 67×91,5 cm. Ebd. 891. * 2 70

— Grundriss u. Durchschnitts-Ansichten eines neuen S c h e u e r - b a u - S y s t e m e s in Verbindung mit der Aufstellung mehrerer ökonom. Maschinen. (1 lith Taf. in Fol.) Brünn 850, Winiker in Comm. n. 1 1/3 ₰

Plan zur Gründung einer Gesellschaft zur Beförderung nützlicher Wissenschaften und des gemeinen Besten für Ungarn von W. S. O. Wien 1791. V: *Öttinger, W. L.* (PK 3/14) (Fideicommiss-Bibl. Wien 249) (széchenyi 2/181) (BIBLPORT)

— z. Grund. e. Gesellsch. z. Beförd. nützl. Wissensch. ꝛc. für Ungarn. 4. Pest, Kilian.

Berlin, Bundesrath. Plan zur Gründung der Seewarte. Fol.

Plan von Guben. *Guben: A. Koenig (1899); Berlin: Lith. B. Giserius.* (1 Kartenbl. 41 × 37 cm.) 8°
[Umschlagt.:] Stadtplan von Guben. [01. 12806

Plan et guide nouveau de Vienne et de ses environs à lusage des étrengers. Troicième édition. 12. (106 S.) In Lnwd. geb.
Wien: Lechner(Müller) 1897.

Plan des Hafens von Cuxhaven. 1:12 000. (Hamburg.) 1855. Lithographie. 1 Bl. Quer-Fol., 25,5/45,8 cm.

Plan des Hafens von Cuxhaven. Vorschlag zur Erweiterung des Hafens vom Juli 1857. (Hamburg.) Lithographie. 1 Bl. Imp.-Fol., 49,5/73 cm.

Plan des **Hamburger Hafens** (1 : 10000) nebst kurzer Beschreibung der für Handel und Schiffahrt wichtigen Einrichtungen sowie einer Zusammenstellung der regelmässigen See-Dampfschiffs-Verbindungen Hamburgs. 1888—89. Hamburg [1888]. 1 Bl. Imp.-Fol. 61/90 cm. Zusammengefaltet in Buchdeckel. Fol.

Plan des Hamburger Hafens 1888–89. Auf Basis amtlicher Pläne. Nebst kurzer Beschreibung der für Handel und Schiffahrt wichtigen Einrichtungen. 1 : 10 000. Hamburg. 1 Bl. c. L. und Text.
Desgl. Ausgabe von 1891. 1 Bl. c. L.

[Umschlagt.:] **Plan** der Bremerhavener Hafenanlagen. Hrsg. v. d. Hafen-Bauinspektion Bremerhaven. Maassst.: 1:5000. *Bremerhaven: L. v. Vangerow [1898].* (1 Ktnbl. $\frac{2}{3}$) 1 Bd 8. [98. 7170

Plan der Stadt Halberstadt. Ungef. Masst. 1:4000. *Halberstadt: L. Koch [1901].* (1 Kartenbl. 80 × 84 cm.) gr. 2° [kol.] [02. 181

Plan der Gesammtstadt Halle a. S. (mit d. Vororten, im Stadtbauamt bearb., nebst 1 Karte d. Umgeg. von Halle. 9. Aufl. mit Strassenverzeichnis). *Halle a. S.: L. Hofstetter (1901); Dr. v. C. A. Kaemmerer & Co.* (1 Kartenbl. 39 × 69 cm mit Legende.) 8° [kol.] [02. 7180

Plan der Stadt Halle a. S. 1 : 5 000. 1 Bl. L.

Plan der Stadt Halle a. d. S. m. Giebichenstein, zusammengestellt durch C. Driesemann u. ergänzt durch die Bebauungspläne von Lohausen. 1 : 10,000. 5. Aufl. Farbendr. 52×37 cm. Mit Strassenverzeichnis. 8. (2 S.) u. Karte der Umgegend. qu. 4. Halle a. S. 892, Hofstetter. * 1 —

Plan der Stadt Halle a/S, neu aufgenommen u. gezeichnet vom Stadtbauamt. (Ergänzt bis Ende 1900.) Maassstab 1 : 10,000. *Halle a. S.: O. Hendel 1900; Lith. P. Schwarz.* (1 Kartenbl. 41 × 63 cm. mit Legende.) 8° [kol.] [01. 11705

Plan der Stadt Halle a/S., neu aufgenommen u. gezeichnet v. Stadtbauamt. (Maassst. 1 : 10,000. Erg. bis Ende 1906. [Mit 1 Nebenkarte.] Halle a/S.: O. Hendel 1906; Lith. P. Schwarz.) (1 Kartenbl. 40×62 cm.) 8° [kol.] [07. 3394

[**Plan von** Hamburg.] 1:20 000. Hamburg. o. J. Lithographie (v. Chs. Fuchs). 1 Bl. Fol., 31/41 cm.

— von Hamburg. Fol. Illum. Mit der amtlichen Taxe für die Jollenführer, Arbeitsleute u. Droschkenführer, nebst Thorsperre-Tabelle u. Reglement (auf dem Aufschlage). 16. (Hamburg) 840. Niemeyer. n. $^5/_{12}$ ₰

— von Hamburg. Mit der amtl. Taxe für die Jollenführer, Arbeitsleute u. Droschkenführer. Fol. Lith. Hamburg 847, Niemeyer. n. $^5/_{12}$ ₰

Plan von Hamburg. Nach der Landesvermessung unter Leitung von H. Stück, ausgeführt in den J. 1855—1863, ergänzt bis zum J. 1869, gezeichnet von Gust. Cramm. 1 : 4000. Bl. 2—4. Fol. Ebendas. à Bl. ** *M.* 7,20. **
Inhalt:
Bl. 2. St. Pauli, Eimsbüttel, Rotherbaum, Harvestehude. 871.
» 3. Uhlenhorst, Barmbeck, Eilbeck, Hohenfelde, Hamm. 871.
» 4. St. Georg, Borgfelde, Hamm, Billwärder Ausschlag. 872.

Plan v. Hamburg u. seinen Umgebungen im J. 1811. Fol. Hamb. Vollmer. 811.

Plan von Hamburg mit seinen Vorstädten. qu. gr. 4. Lith. u. color. Berlin 850, Th. Grieben. $^1/_3$ ₰

Plan einer Handlungs- und Industrieschule für Berlin. Berlin 1790. V: *Schulze, Johann Michael Friedrich.* (MGT)

[Umschlagt.:] Plan von Hannover. *Hannover: O. Borgmeyer [1897].* (1 Ktnbl. $\frac{2}{3}$) 1 Bd 8. [98. 7173 Go

Plan von Hannover. *Hannover: O. Borgmeyer [1899].* (1 Kartenbl. 40 × 47 cm.) 8° [Umschlagt.] [00. 1867 7

Plan der königl. Haupt- u. Residenzstadt Hannover. 1 : 13,000. Farbendr. qu. gr. Fol. Mit Strassenverzeichniss an den Seiten, Theaterplänen auf der Rückseite u. kleinem Führer in 12. (2 S.) Hannov. 890, Borgmeyer. * — 50

Plan der königlichen Haupt- und Residenz-Stadt Hannover. (1 : 10,000. Neue Revision. [Mit 2 Nebenkarten.] Hannover: Schmorl & v. Seefeld Nachf. [um 1904].) (1 Kartenbl. 53×41 cm mit Legende.) 8° [Kopft. lith.] [kol.]
[Umschlagt.:] Neuester Plan d. Kgl. Haupt- u. Residenzstadt Hannover u. d. Stadt Linden. [05. 10,01

Plan der königl. Residenzstadt Hannover. 8. Ausg. 1 : 5000. 4 Bl. Lithogr. Imp.-Fol. Hannover 877, Klindworth.

—— dass. — 1 : 15,000. Lithogr. und color. gr. Fol. Mit kleinem Führer. 8. (7 S.) Ebendas. 876. cart.

Plan der Königlichen Residenz-Stadt Hannover. 1 : 15 000. Hannover 1881. 1 Bl. c. L.

—— Häuserschema u. Adreßbuch v. Wiener-Neustadt. gr. 8. (28; 9; 18 S. m. farb. Plan.) Wiener-Neustadt 892, Folk. * 2 20

—— (lithogr. und color.) nebst Häuser- und Straßen-Verzeichnis der Landeshauptstadt Klagenfurt. Wegweiser zu allen öffentl. Aemtern, Instituten, Anstalten, Schulen und Vereinen. Zusammengestellt von Prokop Khul. 8. (VI, 78 S.) Klagenfurt 882, Leon sen. cart. 2 —

— d. Stadt u. Umgebung Heidelbergs, nebst Erklärung. Entworfen v. F. L. Hofmeister, in Stein gestochen v. G. Schneider. Heidelb., Weber. 6 ₰

Plan der Stadt Heidelberg. 1 : 10 000. Heidelberg 1890, 1891 und 1892. Je 1 Bl. c. L. Ff.

Plan der Stadt Heidelberg u. Umgegend. Officiell angefertigt durch das Tiefbauamt. 1 : 10,000. Chromolithogr. 38×50 cm. Heidelb. 892, Petters. cart. * — 60

Plan von Heilbronn. Stand im Jan. 1901. Bearb. v. Städt. Vermessungsamt. 1:7500. *(Heilbronn 1901): A. Rostert.* (1 Kartenbl. 60×50 cm.) gr.2° [kol.] [01. 444

Plan der Stadt Heilbronn mit dem Bauplan und der Stadtmarkung nebst kurzem statist. und beschreib. Texte (von W. Hammann). 1 : 7500. Fol. (25 S. Text in 8.) Heilbronn 868, Schmidt. In Carton *

Plan von Hermannstadt. 1875. 1 Zoll = 40 Klafter. 5 Bl. Lithogr. Imp.-Fol. Mit Gassen- und Häuser-Verzeichniss. 4. (51 S.) Hermannstadt 877, (Michaelis.) *

Plan des XVII. Bez. Hernals der k. k. Reichshaupt- und Residenzstadt Wien. 1 : 5000. Herausgegeben unter Mitwirkung des Stadtbauamtes. [Colorirte Ausgabe.] [Wien. 1900.] R. Lechner (Wilh. Müller). 110×144 *cm* in 4 Bl. K 12. –

Plan des XIII. Bez. Hietzing der k. k. Reichshaupt- und Residenzstadt Wien im Masse 1:5000. Hrsg. unter Mitw. d. Stadtbauamtes. *Wien: R. Lechner 1900.* (4 Kartenbl. 60 × 75 cm.) quer-gr.2° [00. 10888

Plan des XIII. Bezirkes Hietzing der k. k. Reichshaupt- und Residenzstadt Wien im Maße 1 : 5000. Herausgegeben unter Mitwirkung des Wiener Stadtbauamtes. Wien. [1900.] R. Lechner (Wilh. Müller). 155 × 123 *cm.* K 10. –, color. K 12. –

Plan von Hildburghausen (mit d. Plan d. Stadttheaters). Maassst. 1:7500. *Hildburghausen: Stich, Druck u. Verl. v. F. W. Gadow & Sohn [1901].* (1 Kartenbl. 33 × 20 cm.) 8° [kol.] [01. 12239

Plan der Stadt Hildesheim und des Fleckens Moritzberg nach amtl. Material bearb. Massst. 1 : 5000. [Nebst] Alphab. Verzeichn. d. Strassen ... *Hildesheim: F. Borgmeyer [1901].* (1 Kartenbl. 79 × 64 cm, 1 Bl.) quer-gr. 2° [02. 1450

Plan der hochobrigkeitlich bestätigten . . . Hülfsanstalt zu Dorpat. Dorpat 1808. V: *Balk, Daniel Georg.* (Call) (R-N)

Plan einer zu errichtenden allgemeinen Hülfsgesellschaft für die durch den Krieg verheerten Schweitzer-Cantone. 8. Bern 1800.
Mutmasslicher Verfasser: Johann Ith.

—— der Stadt Hof. Hrsg. unter Mitwirkung des städt. Bauamts. 1 : 5000. Fol. Hof 873, Grau und Comp. *

Plan der Stadt Hof. Hrsg. unter Mitwirkung d. städt. Bauamts. Massst. 1:5 000. Hof: R. Lion [1899]. (1 Kartenbl. 44x32 cm) 8° [Umschlagt.]

Plan der Stadt Hof. Hrsg. unter Mitw. d. städt. Bauamts nach d. Aufnahmen d. Kgl. bayer. Kataster-Bur. Maassst. 1 : 5,000. (Zeichnung, Photolith. u. Dr. d. graph. Kunstanst. 'Globus', Dresden-Kötzschenbroda.) Hof: G. A. Grau & Co. 1905. (1 Kartenbl. 63×80 cm.) 8° [kol.] [05. 11615

Plan von **Homburg** mit Einzeichnung der Feuerkrahnen, Brunnen und Gaslaternen. Homburg 1866. 1 Bl. L.

Plan von Homburg v. d. Höhe. *Homburg: F. Schick [1901]; Frankfurt a/M.: Lith. Anst. v. L. Ravenstein.* (1 Kartenbl. 33 × 18 cm.) 8° [kol.] [Umschlagt.:] Stadtplan v. Bad Homburg. [01. 18503

Plan von Jauer. 1 : 6250. Autogr. 36,5×46 cm. Jauer 891, P. Guercke. * — 50

Plan der Grossherzogl. Sächs. Residenz- u. Universitätsstadt Jena und Wenigen-Jena. [Massst. ca 1 : 5,000.] Beil. z. Dr. Leonhardt'schen Führer. *[Jena]: Doebereiner [1898.]* 1 Ktnbl. quer-4. (⁴⁄₁₁) [58. 11395

— von Jerusalem. Joh. David sculpsit. Fol. (Leipzig 847, W. Gerhard.) n. 12 ngl

— von Jerusalem nach den Untersuchungen von W. Krafft, m. Benutzung der Plane v. Robinson u. Schultz. (Aus dem Werke: Topographie Jerusalems v. W. Krafft.) Fol. Lith. u. col. Bonn 847, Konig. n. ²/₃ ß

— illustrirter, von Hamburg. Mit Text. Fol. Lith. Hamburg 849, Jowien. n. 12 ngl

Illustrirter Plan von **Hamburg**. Hamburg 1854. 1 Bl. c. L.

Plan zu einer permanenten Industrie-Ausstellung für deutsche Producte und Fabrikate jeglicher Art in Hamburg . . . Hamburg 1853. V: *Schädtler, Hnr. David.* (CBH)

Plan von Innsbruck. 1 : 15.000 K —.20
Wien: Freytag & Berndt 1907.

Plan instantané et Guide de la Ville de Bâle. [Publié par le] Bureau officiel de renseignements Bâle. 1 feuille fol. + 8 p., *en couverture illustrée,* 8. **Berne, H. Kümmerly & Frey, [1903]. fr. —. 50**

Feuille: au recto Plan sans titre,* 540/520 mm. Berne, H. Kümmerly & Frey, — *au verso Carte des Environs; les deux entourés de texte.

Plan d'instruction pour les écoles ... d'infanterie 1901. (Approuvé [par le] Département militaire fédéral. 1901 janvier 28.) [3 parties.] 4.

[Partie 1:] — — Ecoles de Recrues d'Infanterie. 10 p. ([Berne,] Lack Aeschlimann & Jost.)
[Partie 2:] — — écoles de tir de Sous-officiers d'infanterie. 6 p. ([Berne,] A. Benteli.)
[Partie 3:] — — écoles préparatoires d'Officiers d'infanterie. 8 p. (Berne, Stalder & Sieber.)

Plan d'instruction pour les écoles ... d'infanterie. 1902. (Approuvé [par le] Département militaire fédéral.) [2 parties.] 4.

[Partie 1:] — — Ecoles de Recrues d'Infanterie. (1902 janvier 14.) 11 p. ([Berne,] Lack Aeschlimann & Jost, 1902.)
[Partie 2:] — — écoles de tir de sous-officiers d'infanterie. (1902 janvier 18.) 6 p. ([Berne,] A. Benteli, 1902.)

Plan d'instruction pour les écoles ... d'infanterie. 1903. (Approuvé [par le] Département militaire fédéral.) [3 parties.] 4.

[Partie 1:] — — Ecoles de Recrues d'Infanterie. (1903 février 2.) 11 p. ([Berne,] Lack Aeschlimann & Jost, II. 1903.)
[Partie 2:] — — écoles de tir de sous-officiers d'infanterie. (1903 février 2.) 6 p. ([Berne,] A. Benteli, II. 1903.)
[Partie 3:] — — écoles préparatoires d'officiers d'infanterie. (1903 février 3.) 8 p. (Berne, Stalder & Sieber.)

Plan d'instruction pour les écoles (Partie 4:* Cours) ... d'infanterie. 1904 *et* 1905. Approuvé par le Département militaire fédéral le 21 janvier 1904 *et* le 13 janvier (**Partie 4:* 21 j') 1905. [à 4 parties.] 4.**

[Partie 1:] ... Ecoles de Recrues d'Inf. 11 *et* 10 p. ([Berne,] Lack Aeschlimann & Jost, II. 1904 *et* [Berne,] Gustave Grunau, I. 1905.) — [Partie 2:] ... Écoles de tir de sous-officiers d'Inf. 6 *et* 5 p. ([Berne,] A. Benteli, II. 1904 *et* I. 1905.) — [Partie 3:] ... Écoles préparatoires d'officiers d'Inf. *à* 8 p. (Berne, Stalder & Sieber.) — [Partie 4:] ... Cours de répétition par bataillon de l'Inf de Landwehr... . 1904 *et* .. Cours de rép' par régiment de l'Inf d'Élite en 1905. 10 p. ([Berne,] St[ei]g[er], I. 1904) *et* 14 p. (Berne, A. Küffer, 1905).

Plan d'instruction pour les écoles ... d'infanterie 1907. Approuvé par le Département militaire fédéral le 10 janvier 1907. [3 parties.] 4.

[1re partie:] ... Ecoles de Recrues d'Inf. 10 p. ([Berne,] Gustave Grunau, I. 1907.) — [2me partie:] ... Écoles de tir de sous-officiers d'Inf. 5 p. ([Bümpliz-Berne,] A. Benteli, I. 1907.) — [3e partie:] ... Écoles préparatoires d'officiers d'Inf. 8 p. (Berne, Stalder & Sieber.)

Plan pour l'intelligence des attaques du Mamelon Vert, des ouvrages blancs, des carrières, de la tour Malakoff, du bastion Korniloff et du Redan. Bruxelles, Leipzig, Gand 1855.

Plan der Inundation im Bereich des Cernirungs-Rayons der 2. Garde-Inf.-Div. währ. der Belagerung von Paris. 2 Bll. Berlin 1871.

Plan der unter kluger Anführung Sr. Exc. Generalen der Cavallerie Grafen Franz v. Nadasty geschehenen Investirung u. Eroberung der Vestung Schweidnitz, nebst den in der Nacht vom 26. October davor eröffneten, und bis den 7. November (1757) fortgeführten Trencheen; darauf aber den 11. in der Nacht v. 10—11 Uhr erfolgten Bestürmung von denen K. K. wie auch Churf. Bayr. und Herzogl. Wurtembergischen Truppen. Wien, Prag und Triest bey Joh. Thom. Trattnern. 1757. 1:49,500. 1 Bl.

— d. Justiz im preußischen Staate betreffend. Fol. a. 4. Ebd. 749.

Plan von **Kairo.** Berlin. 1 Bl. L.

Plan des Holsteinischen Canals zwischen Rendsburg und dem Kieler Fiord, nebst dessen Profil. (1:124 000.) Weimar. 1807. Kupferst. 1. Bl. Quer-Fol., 27,8/44 cm.

Plan der Carlsaue zu Cassel m. der Ausstellung. 1:10,000. Lithogr. Mit 1 Abbildg. u. 1 Plan d. Ausstellg. qu. Fol. Cassel 889. (Lpz., Fr. Förster.) — 15

[Umschlagt.:] **Plan** von **Karlsbad** und **Umgebungen.** (Maassst. 1:8640). *Berlin: A. Goldschmidt 1898.* (1 Ktnbl. $\frac{22}{28}$) 1 Bd 8.
(Griebens Reisebücher.) 98. 9900

Plan von **Carlsruhe.** 1858. 1 Bl. K.

Plan der Haupt- und Residenzstadt **Karlsruhe.** 1:10000. Karlsruhe 1887, 1890, 1891, 1895, 1896 und 1899. Je 1 Bl. c. L.

Plan der Haupt- u. Residenzstadt Karlsruhe. 2farb. Druck. Fol. Ebd. 892. Plano * — 20

—— dass. — 3farb. Druck. Fol. Ebd. 892. In Umschlag * — 60

[Umschlagt.:] **Plan** der Haupt- und Residenzstadt **Karlsruhe.** (Masst. 1:10.000) *Karlsruhe: J. Bielefeld [1899].* (1 Ktnbl. $\frac{2}{4}$) 1 Bd 8. 99. 4577

—— von Cassel und Plan von Wilhelmshöhe. 2 Bl. Lithogr. Fol. Cassel 870, Kay. *

Plan der Residenzstadt **Cassel,** angefertigt auf Grund des von der Königlichen Regierung genehmigten Entwurfes. 1:4800. Cassel 1870 und 1876. Je 1 Bl. L.

Plan der Residenzstadt Cassel. 1:12,500. Chromolithogr. qu. Fol. Cassel 889, Brunnemann. * — 50

Plan der Residenzstadt Cassel. **Ungefährer Masst.** 1:10,000. **(Zeichnung, Photolithogr. u. Druck d. graph. Kunstanst. 'Globus', Dresden-Koetzschenbroda.)** [Nebst] Verzeichniß d. Straßen u. Plätze. Cassel: L. Döll 1904. (1 Kartenbl. 81 × 56 cm, 2 Bl.) 8° 05. 1414 4

Plan der Residenzstadt Cassel und deren Umgebung. Lithogr. qu. 4. Cassel 876, Hübn. *

Plan zu dem Cavallerie-Manöver auf der Simmeringer Haide, befehligt von FML. Grafen Radetzky. (1 Blatt lithogr.) Fol. Wien 1825!

Plan des Cavallerie Manövrir-Rayons bei Parndorf. (1 Karte.) 8. (ohne Druckort.) 1857.

Plan von **Kempten.** 1:5000. Kempten (1888). 1 Bl. c. L.

Plan von Kiel m. Ellerbek u. Gaarden aus dem Kreise Plön. 1:10,000. Mit Erklärgn. am Rande. Lithogr. u. kolor. 55×38 cm. Ebd. 891. * — 80

Plan der Stadt Kiel. Nach dem Bestande vom 1. Oktober 1883 auf Grundlage der Katasterpläne im Stadtbauamt bearbeitet. 1:2000. Kiel. o. J. Farbendruck. 9 Bl. Imp.-Fol., 78,4/111 cm.

Plan der Stadt Kiel und Umgegend. gr. 4. Kiel 878, Haeseler. *

Plan der Stadt Klgft. Klgft., Leon, 1875. 1 Bl. (Nachdruck eines Kupferstiches v. Christof Senft aus Lauingen i. J. 1605.)

Plan der Stadt Klgft. Klgft., Leon. (1889). Folio Oktav.

Plan der Stadt u. der Umgegend von Klgft. (Klgft.), 2. 1825. Folio/Oktav.

Plan der **Klassenlektüre. (Umschlagtitel: . . . nach Beratungen der Lehrer zusammengestellt.)** 4 (S. 3—16). G. *Recklinghausen* 1888 (343).
Progr.

Kleiner Plan der Stadt **Bruchsal.** Bruchsal 1881, 1891 und 1896. Je 1 Bl. L.

Plan von **Colberg** und Umgebung. Colberg. 1 Bl. L.

Plan von **Cöln** und **Deutz.** Cöln 1845. 1 Bl. c. L.

Plan von **Cöln** und **Deutz.** Cöln 1858. 1 Bl. c. L.

Plan von **Cöln** und **Deutz** (1877). 1 Bl. L.

[Umschlagt.:] **Plan** von **Köln** und Deutz nebst Wegekarte des Stadtgebiets Köln. Nach amtl. Material. [Massst. ca 1:10,500.] *Köln: P. Neubner 1896.* (1 Ktnbl. $\frac{2}{2}$) 1 Bd 8. 96. 393

Plan der Stadt **Cöln.** [Ca 1:9,000.] [Nebst] Straßenverzeichnis. *Köln: Kölner Verlags-Anst. u. Dr. A. G. [1903].* (1 Kartenbl. 61 × 43 cm, 6 S.) 8° [kol.]
[Umschlagt.:] Neuester Orientierungs-Plan von d. Stadt Köln. 04. 770

Plan der Stadt **Köln** aus d. J. 1642 in 4 Bl. (Kartogr.: Cornelius ab Egmont. Hrsg.: Joseph Hansen.) *(Köln: Lithogr. Meisenbach, Riffarth & C. in München 1896.)* 1 Ktnbl. quer-gr. 2. ($\frac{117}{147}$) in 4 Bl., 1 Bl. quer-2. 96. 1933

Plan von **Cöln** und Umgebung, namentlich Deutz, Ehrenfeld, Kalk, Lindenthal, Mülheim a. Rh., Nippes u. s. w. 1:12000. Cöln 1896. 1 Bl. c. L.

Plan von **Köln** und **Vororten.** Maßst. 1:12,000. [Nebst] Alphab. Verzeichnis d. Straßen ... *Köln: J. G. Schmitz [1903]; F. A. Brockhaus' Geogr.-artist. Anst., Leipzig.* (1 Kartenbl. 56 × 42 cm, 12 S.) 8° [kol.]
[Umschlagt.:] Neuester **Plan** d. Stadt Köln. 03. 10618

Plan der Stadt Königinhof und Umgegend. 1:6250. (Berlin.) 1866. Lithographie. 1 Bl. Fol., 81/59,5 cm.

Plan der Königl. Haupt- und Residenzstadt **Königsberg i. P.** Königsberg 1872. 1 Bl. L.

Plan der Königlichen Haupt- u. Residenzstadt **Königsberg** (in 4 Sektionen)'. [Gedr. auf Kosten d. Magistrates.] (Königsberg. In Comm. b. W. Koch); *Berlin: Autogr. u. Dr. v. J. Straube [1899].* 1 Ktnbl. gr. 2 (in 1 Bl.) [illegible] 10

Plan der Königlichen Haupt- und Residenzstadt Königsberg. Königsberg i. Pr.: Hartung [1899]. (1 Kartenbl. 38x40 cm) 8° [Umschlagt.]

Plan der Königl. Haupt- u. Residenzstadt **Königsberg.** *Königsberg i. Pr.: Hartung [1899].* (4 S., 1 Pl.) 1 Bd 8. [illegible] 10

Plan der Königl. Haupt- u. Residenzstadt Königsberg i. Pr. Königsberg i. Pr.: Schubert & Seidel [1899]. 1 Ktnbl. gr. 2°

Plan der Königlichen Haupt- und Residenzstadt Königsberg. *Königsberg i. Pr.: Hartung (1901).* (4 S., 1 Kartenbl. 41×38 cm.) 8° [Umschlagt.] 01. 2867 10

Plan der Königl. Haupt- u. Residenzstadt Königsberg. *(Königsberg i. Pr.): Bon 1903.* (1 Kartenbl. 40×37 cm, 4 S.) 8° [Umschlagt. F.]

Plan der Königl. Haupt- und Residenzstadt Königsberg. *(Königsberg i. Pr.: Hartung) 1903; (Lith. H. Schwarz).* (1 Kartenbl. 40×38 cm, 4 S.) 8° [F.]

Plan der Königl. Haupt- und Residenzstadt Königsberg. [Maßst. ca 1:8,000.] [Mit 1 Nebenkarte.] [Nebst] Verzeichnis d. Straßen ... *(Königsberg i. Pr.: Hartung) 1904; Lith. H. Schwarz.* (1 Kartenbl. 40×38 cm, 4 S.) 8° [kol.] 04. 13233 10

Plan der Königlichen Haupt- und Residenzstadt Königsberg und der anliegenden Gemarkungen. Angefert. im J. 1902 durch d. Bureau f. d. Entwässerung u. Neumessung d. Stadt. Maßst. 1:10,000. [Nebst] Verzeichnis d. Straßen ... *[Königsberg i. P.: W. Koch] 1902 (1903); Redaction, Stich u. Dr., A. G. f. mech. Kartogr., Köln.* (1 Kartenbl. 67×46 cm mit Legende, 2 Bl.) 8° [kol.] 04. 393

Plan von **Constantinopel.** 1:28800. 1 Bl. c. L. Ff.

Plan der Kreishauptstadt Konstanz und Umgebung. 1 Bl. quer-fol., ***zus.-gefaltet mit Titel*** **8. [Konstanz, J. A. Pecht, 1902.]**

Titel auf dem Blatt: Wegweiser durch K'. Hrg. vom Kur- und Verkehrs-Verein.... 216/308 mm.

Plan und Kostenanschlag der Turnhalle zu Königstein a. E., 2 Bl.

Plan des allgemeinen Krankenhauses in Wien, 1856. Mit Angabe der Thore, Höfe, der Abtheilungen, Kliniken ꝛc

Plan der Stadt Kreuznach. 4. **Kreuznach 870, Maurer.**

Plan der Stadt Kreuznach. 1903. Maßst. 1:5,000. *Kreuznach: F. Harrach & R. Voigtländer 1903; Staats-Dr., Lippstadt.* (1 Kartenbl. 48×30 cm.) quer-4°

—— **dass. — (1:5000) und Münster am Stein (1:14,120.) 8. Aufl. Fol. Kreuznach 875, Voigtländer.** *

Plan der Stadt **Kreuznach** und des Bades Münster am Stein. 1:5000. Kreuznach 1888. 1 Bl. c. L.

Plan von Kronstadt. Massst.: 1:10,000. *Wien: C. Graeser [1898].* (1 Ktnbl. ?) 1 Bd 8. 98. 5631

Plan der kgl. Freistadt Kronstadt 1887. Maßstab 1:7500. Auf Leinwand aufgezogen —.80
Kronstadt: Albrecht.

Plan, die L a g e des Kanalhafens bei Lübeck zu den vorhandenen Wasser- und Eisenbahnwegen betreffend. 1:5000. Lübeck. [1896.] 1 Bl. Fol. 46/59 cm, geb. in 4°

Plan, die L a g e des Kanal-Hafens bei Lübeck zu den vorhandenen Wasser- und Eisenbahnwegen betr. 1:5 000. Lübeck. (1900.) Lithogr., kol. 1 Bl. Fol., 59/46,5 cm.

Plan des Lagers der Französischen Vosgen Armée bey **Schweyen oder Neu-Hornbach im Jahre 1793. Gestochen von Jäck in Berlin. 1797. 1 : 20,600 circa. 1 Bl.**

Plan des Anno 1756 von der königl. Poln. Churf. Sächs. Armée bezogenen und von der Königl. Preuss. Armée bloquirten, festen Lagers bey Pirna. Augusta Vindel. J. J. Ehrhardt del. O. M. 1 Bl.

Plan des Lager und Manövrir-Rayons bei Neunkirchen. (1 Karte.) (Donation Liechtenstein.) (ohne Druckort, zirka 1865.)

Plan der Landeshauptstadt L a i b a c h . 1:10 000. Zweifarbige Ausgabe. – Fünffarbige Ausgabe. Laibach: Kathol. Buchhandl. 1910.

Plan von der Königlich Preussischen neuen Landes-Grentze in Cujavien gegen Polen gezogen anno 1774. 1 Bl. c. Hz. v.

Plan der Stadt **Landsberg a. W.** Landsberg a. W. 1855. 1 Bl. L.

Plan der Stadt **Landsberg a. W.** mit Bebauungsplan nördlich der Stadt. 1:2000. Landsberg a. W. 1879. 1 Bl. L.

Plan des III. Bezirkes Landstrasse der k. k. Reichshaupt- und Residenzstadt Wien im Masse 1:5000. Herausgegeben unter Mitwirkung des Stadtbauamtes. [Colorirte Ausgabe.] [Wien. 1901.] R. Lechner (Wilh. Müller). 1 Bl. 67 × 89 ***cm***
K 3.—, auf Leinen in Mappe K 4.50

Plan der Stadt Lauban. M. 1:5,000. [Mit 1 Nebenkarte.] (Lauban: G. Köhler [1906]; Graph. Kunstanst. 'Globus', Kötzschenbroda.) (1 Kartenbl. 87×70 cm.) [lith.] [kol.] 06. 12444

Plan de Lausanne. Avec nomenclature des Rues. 1 feuille fol. + 4 p., ***en couverture illustrée,*** 8. Zurich, Orell Füssli, [1907]. fr. — .50

Titre sur la feuille: Plan de Lausanne. Echelle d'environ 1:9000. 523/363 mm. Art. Institut Orell Füssli, Zürich. — *Avec des annonces au verso de la feuille.*

Plan der Unterweser-Städte L e h e , Bremerhaven u. Geestemünde. Massst. 1:10 000. Bremerhaven L. v. Vangerow [1901]; Berlin: Lith. B. Gisevius. (1 Kartenbl. 89x57 cm.) 8° [kol.]

Plan der Unterweser-Städte Lehe, Bremerhaven u. Geestemünde. Maassst. 1:10,000. (Bremerhaven: L. v. Vangerow [1905].) (1 Kartenbl. 102×57 cm.) 8° [lith.] [kol.] 06. 4073

Plan der L e i b r e n t e n - und Versorgungs- A n s t a l t von 1842, errichtet in Kopenhagen unter königlicher Garantie. Kopenhagen. 1842. 4°

— von Leipzig; berichtigt 1850. gr. Fol. Kupferst. u. color. Leipzig 850, Hinrichs. 5/12 ₰

Plan von Leipzig. (In Farbendr. mit Quadratnetz u. Strassenverzeichn.) Massst. 1:10,500. [Mit 2 Nebenkarten.] ***Leipzig: J. G. Busch [1903]; Dr. von H. Jütte.*** **(1 Kartenbl. 71×82 cm. mit Legende.) 8° [kol.] [Umschlagt.:] Busch's Plan von Leipzig u. s. Vororten.**

Plan von Leipzig 1903. Nachgetragen bis Ende Juli 1902. Bearb. von d. Vermessungsabth. d. Tiefbauamtes. Maßst. 1:10,000. [Nebst] Beilage. Verzeichniß A. der Strassen ... *Leipzig: Eigenthum d. Rathes 1903; Dr. von Giesecke & Devrient.* (1 Kartenbl. 89×120 cm, 21 S.) 8° [kol.]

Plan von **Leipzig** nebst einem alphabetischen Strassenverzeichniss. Leipzig (1886) 1 Bl. c. L.

Plan von **Lemberg.** Wien. 1 Bl. K. (Aus Kummersberg's Karte von Galizien und der Bukowina).

Plan der Stadt Leoben. [Leoben. 1901.] Enserer. 48 × 43 ***cm.***
K —.50

Plan des II. Bezirkes Leopoldstadt der k. k. Reichshaupt- und Residenzstadt Wien. 1:5000. Herausgegeben unter Mitwirkung des Stadtbauamtes. [Colorirte Ausgabe.] [Wien 1901.] R. Lechner (Wilh. Müller). 4 Bl. 122 × 152 ***cm***
K 12.—, auf Leinen in Mappe K 18.—

Plan und Lichtbild der Turnhalle des M. T. V. Lindenau b. Leipzig, 2 Bl.

Plan sämmtlicher im Betriebe befindlichen Linien der Wiener Tramway-Gesellschaft. Chromolithogr. qu. 4. Wien 878, Teufen. *

Plan der Landeshauptstadt Linz und der Stadt Urfahr. 1887. Nach den Katastralplänen zusammengestellt und ergänzt vom Stadtbauamte Linz. Massstab 1 : 4000. 6 gr. Blätter, color. Linz. Mareis. In Comm. fl. 2 —.

Plan der Landeshauptstadt Linz a. d. D. und der Stadt Urfahr. In Umschag —.25
Linz: Mareis 1889.

— der K. K. Provinzial-Hauptstadt Linz u. ihrer nächsten Umgebung. Fol. Kpfrst. Linz 850. (Leipzig, Hübner.) n. 1/2 ₰

Plan von Longwy. Berlin 1797. 1: 3760, 1 Bl. a. vorst. W.

Plan d. belagerten Festung Longwy, gest. v. Gürsch. Berlin.

Plan der Lössnitz bei Dresden. 1 : 15 000. Dresden. 1 Bl. c. L.

PLAN. – der kaiserl. königl. garantirten ersten großen Lotterie, die aus 50 000 Loosen in 5 Klassen zu 60 fl. Einsatz und 65 000 Treffern bestehet. Oehler, Wien 1789. 4 Bl.

Plan von Lübeck. Grave par C. Mare a Berlin. o. O. u. J. Kupferstich. 1 Bl. 4°, ca. 21,7/21 cm (beschn.). Aufgeklebt a. Carton.

Plan von Lübeck nebst kurzem Führer durch Lübecks Sehenswürdigkeiten mit e. Verz. d. Strassen, Plätze, Gebäude etc. (1/11.500 d. wahren Grösse.) *Lübeck: H. G. Rahtgens [1901].* (1 Kartenbl. 36 × 35 cm.) 8° [Umschlagt.] [kol.] [01. 19504

Plan der freyen Hansee-Stadt Lübeck. (1:12 600.) Lübeck. 1808. Kupferstich, kol. 1 Bl. Fol., 39/55 cm.

Plan von Lübeck nebst Umgebung. 1 : 10 000. Lübeck 1854. 1 Bl. L.

Plan von Luzern. Lithogr. und color. Imp.-Fol. Luzern 876, Doleschal's Buchh. *

—— dass. — Chromolithogr. qu. gr. Fol. Zürich 877, Orell, Füssli und Comp.

Plan der Stadt Luzern. Mit Strassen-Verzeichnis. 1 Bl. fol. + 4 S., *in illustr. Umschlag*, 8. Zürich, Orell Füssli, [1907]. fr. —.50

Titel auf dem Blatt: Plan von Luzern. Maasstab ca. 1 : 6500. 375/529 mm. Art. Institut Orell Füssli, Zürich. — *Rückseite des Bl. teilweise bedruckt.*

Plan von Magdeburg. Magdeburg 1841. 1 Bl. c. L.

[Umschlagt.:] Plan von Magdeburg. M. e. alphabetisch geordn. Verzeichniss sämmtl. Strassen, Plätze u. s. w. ... (Maassstab 1 : 10000.) *Magdeburg: C. E. Klotz (1896).* (1 Bl., 1 Ktnbl. $\frac{?}{?}$) 1 Bd 8. [98. 1403

Plan von Magdeburg. Maßst. 1 : 11,000. *Magdeburg: K. Goeritz [1903].* (1 Kartenbl. 77×54 cm.) quer-gr. 2° [kol.] [04. 6686 S

Plan der Stadt Magdeburg. 1 : 15,000. Magdeb. 891, Neumann. * — 25

Plan der Stadt Magdeburg mit dem Strassenplan des Erweiterungs-Terrains nebst Werder und Friedrichsstadt. Fol. Magdeburg 871, Creutz'sche Buchh. In Carton *

— der Reichsfestung Mainz. gr. Fol. Lith. Mainz 850, Kunze. n. 1 ₰

— der Stadt Mainz, nach den besten Quellen bearbeitet im Maasstab von [illegible] der Natur. Mit Umschlag, worauf enthalten: Merkwürdigkeiten von Mainz. 8. Mainz 840. Kunze. n. 1/2 ₰

—— der Stadt Mainz. Lithogr. und ill. Imp.-Fol. (Mit 8 S. Text in gr. 8.) Mainz 853, Kunze. *

Plan der Stadt u. Festung Mainz u. Cassel nebst der umliegenden Gegend u. dem Belagerungscorps der alliirten Armee. Leipzig.

Plan der Stadt und Gemarkung Mainz. 1 : 5000. Mainz 1883. 1 Bl. c. L.

Plan von Manchester und Saalford in England. Weimar 1805. 1 Bl. K.

Plan der Stadt und Vestung Mannheim mit der umliegenden Gegend und den beiden Belagerungen von 1794 und 1795. 1 : 32,000. 1 Bl.

— d. Stadt Mannheim u. ihre Umgebungen, ganz neu aufgenommen u. gezeichnet von Inge., W. v. Traitteur. gr. Royalfol. Mannh. Schwan u. G. 814. schwarz. illum.

Plan von Marburg. Querfolio. Marb. 892, Elwert's Verlag. * — 50

Plan der Stadt Marburg. Farbendr. qu. Lex.-8. Marb. 890, Krantz. ** — 25

Plan des XII. Bezirkes Meidling der k. k. Reichshaupt- und Residenzstadt Wien. Im Masse 1 : 5000. Herausgegeben unter Mitwirkung des Stadtbauamtes. [Colorirte Ausgabe.] Wien. [1901.] R. Lechner (Wilh. Müller). 81 × 104 *cm* in 2 Bl. K 6.—

Plan der Stadt Meissen und Umgegend. Meissen 1880. 1 Bl. c. L. Sch.

Plan von Meran und Umgebung. Im Maasse 1:12 500 ... Meran: F. W. Ellmenreich [1898]. (1 Ktnbl. $\frac{54}{60}$) 1 Bd. 8°

Plan von Merseburg, s. Küstermann, O. Führer

Plan von Metz. Mit alphabet. Strassenregister. 1 : 8,333. Ausg. 1876 mit den deutschen und französ. Strassennamen. Lithogr. und color. Imp.-Fol. Metz, Deutsche Buchh. *

Plan von Metz. 1 : 8333. Metz 1886. 1 Bl. c. L.

Plan von Metz (mit beigedrucktem Straßen-Verzeichniss). 1 : 10,000. Metz: G. Scriba 1907; (Lith. Richter & Gerber). (1 Kartenbl. 22×27 cm, 2 Bl.) 8° [kol.] [07. 12739

Plan der Stadt Metz. 1 : 10350. 1 Bl. L.

Plan der kurfürstl. Militärakademie. München 1790. V: *Babo, Joseph Maria.* (MGT)

[Russ., Ant. u. F.] Plan goroda Mitavy. Plan von Mitau. Jelgawa. Mašt. [1 : 10,000]. [Nebst] Strassen in Mitau ... (Mitau: J. F. Steffenhagen & Sohn [um 1906].) (1 Kartenbl. 35×45 cm, 4 S.) 8° [lith.] [kol.] [07. 14064

— in sich enthaltend viele leichte Mittel, die gesammten östreich. Erblande auf die höchste Stufe d. Größe zu erheben rc. gr. 8. Wien 751. Trattner. 8 gr

— zu einem Mobiliar-Brandversicherungs-Vereine, als Privat-Anstalt für Beamte u. öffentl. Diener des Königreichs Baiern, in Verbindung mit noch einigen Classen v. Staatsbürgern. gr. 8. Nürnb. 827, Riegel u. W.

Plan von Mostar (mit kurzem Wegweiser u. Strassenverzeichniss). Massst. 1:10.000.) *Mostar: Pacher & Kisić 1899.* (14 S., 1 Kartenbl. 21 × 55 cm.) 8° [farbig] [00. 13331

Plan der Stadt **Mülhausen (Elsass).** Von dem Stadtbauamte daselbst vervollständigt und richtig gestellt. 1:5000 Mülhausen 1886. 1 Bl. c. L.

Plan der Stadt Mülhausen. Maassst. 1:12,000. *Mülhausen i. E.: C. Ehrmann 1901.* (9 S., 1 Kartenbl. 40 × 30 cm.) 8° [Umschlagt.] [farbig] [01. 8954

Plan der Stadt Mülhausen (i. E.) von d. Stadtbauamte daselbst vervollständigt u. richtig gestellt, 1903. (Maaßst. 1:6000.) [Mit Bezeichnung d. Straßeneinheiten.] *(Mülhausen i. E.: [C. Ehrmann] 1903.)* (1 Kartenbl. 103×80 cm.) [lith.] [kol.] [04. 14622

Plan der Stadt Mülhausen (i. E.) von d. Stadtbauamte daselbst vervollständigt u. richtig gestellt, 1903. (Maaßst. 1:6000.) [Mit Bezeichnung d. Verkehrslinien.] *(Mülhausen i. E.: [C. Ehrmann] 1903.)* (1 Kartenbl. 103×80 cm.) [lith.] [kol.] [04. 14623

Plan von **München.** 1:17000. Darmstadt 1 Bl. L.

Plan von München. 1:400,000. **Fol. (14 S. Text in 8.)** München 868, **Kaiser.**

Plan von München. 1:20,000. Lithogr. und color. qu. gr. Fol. München 877, Th. Ackermann.

Plan von München im Maassverhältniss von 1:4000. (Colorirt.) O. O. u. J. (München, c. 1882). Gr.-Fol., 5-theilig, auf Lwd. gez. Im Etui.

Plan der Königlich Baierischen Haupt- und Residenzstadt **München.** 1825. 1 Bl. L.

— der k. Haupt- u. Residenzstadt **München. (Mit Kärtchen der Umgebungen.)** gr. Fol. Lith. München 849, Henzel. n. 1/3 ℛ

— der Königl. Haupt- u. Residenz-Stadt **München. Imp. Fol.** Lith. (4 S. Text in gr. 8.) München 852, Mey & Widmayer. 1 ℛ; auf Leinwand u. in Etui 1 1/3 ℛ

—— der königl. Haupt- und Residenz-Stadt **München** im J. 1863. Maassstab 1 : 5000. Lithogr. Imp.-Fol. Mit Text. (4 S. in gr. 8.) München 863, Mey und Widmayer.

Plan der Haupt- u. Residenzstadt München 1806. Hrsg. von der k. baier. Direction d. topogr. Bureau. Aufgenommen v. Ingenieur-Oberlieut. *Jos. Consoni*; gez. von *T. Green*, k. b. Dessinateur; gest. von *J. C. Schleich*, k. b. topogr. Kpfst. (München.) Gr. roy.-qu.-Fol. Auf Lwd. gezog. in Etui.
Ctr. Cat. Maillinger I. p. 163 no. 1660.

Plan der Königlichen Residenzstadt **München** mit ihren Umgebungen. Bearbeitet im top. Büreau des Kön. baier. Generalquartiermeister-Staabs nach den Aufnahmen der Königl. Kataster-Commission. 1:10000. 1820. 1 Bl. K.

[Umschlagt.:] Plan von München m. Strassen-Verzeichniss . . . *Berlin: A. Goldschmidt 1898.* (2 Bl., 1 Ktnbl. 4/1) 1 Bd 8.
(Griebens Reisebücher.) [98. 9903

Plan von München u. Umgebungen, schön in Kpf. gest., 8-theilig, m. aufgeklebt. Titel „München" (18°°). Gr. qu.-Fol., auf Lwd. gez., gut erhalten.

Plan der Stadt Münster i. W. Massst. 1:10 000. Münster i. W.: H. Mitsdörffer (1899). (1 Kartenbl. 45x50 cm) 8°

Plan der Stadt Münster i. W. Massst. 1:10 000. Münster i. W.: H. Mitsdörffer 1902; Meisenbach, Riffarth & Co., Berlin. (1 Kartenbl. 50x45 cm mit Legende.) 8° [kol.]

Plan der Stadt **Münster** i. W. Maßst. 1:20,000. *Münster i. W.: H. Mitsdörffer (1902); Meisenbach, Riffarth & Co., Berlin.* (1 Kartenbl. 25×22 cm.) quer-8° [kol.] [04. 770

Plan der Stadt **Münster** i. W. Maßst. 1:10,000. *Münster i. W.: H. Mitsdörffer (1903): Meisenbach, Riffarth & Co., Berlin.* (1 Kartenbl. 50 × 45 cm. mit Legende.) 8° [kol.] [04. 771

Plan, nach welchem ein Lehrbuch zum Unterricht in der Religion . . . eingerichtet werden könne. O. O. [ca. 1790].
V: *Biel, Carl Heinrich.* (MGT)

Plan der Nafta-Felder in Tustanowice (Galizien). 1:5750.

Plan de Neuchâtel. Avec Nomenclature des Rues. 1 feuille fol.-obl. [+ 4 p.,] *en couverture illustrée*, 8. Zurich, Orell Füssli, [1907]. fr. —. 50
Titre sur la feuille: Plan de Neuchâtel. Echelle 1: 10000. 346/497 mm. Art. Institut Orell Fussli, Zurich. — *Avec des annonces au verso de la feuille.*

Plan, der neue, f. d. juristische Studium in Preussen u. seine Bedeutung f. die Zukunft der Universitäten u. des Justizwesens, v. Ignotus. gr. 8. (88 S.) Leipzig 902. Th. Grieben. n. — 80

Plan von **Neu-Eben-Ezer.** Augsburg. 1 Bl. c. K.

Plan, neuer, der Stadt Basel u. Umgebung. Massstab 1 : 10,000. Grösse 80 : 67 cm. Herausgegeben vom Baudepartement von Basel-Stadt. Aufgenommen von E. Schumacher. Bearbeitet im eidg. Stabsbureau. Basel, H. Georg.
1881. **Aufgezogen in Taschenformat 7 50**
„ mit Stäben z. Aufhängen 12 —

Plan, neuer, von Berlin und Umgebung. Fol. Berlin 872—75, Goldschmidt. *

—— dass. — Mit Strassen-Verzeichniss. Ausg. für 1872—1875. Fol. Ebendas. *

Neuer Plan von Berlin mit nächster Umgebung. (Maassst. 1:18,000.) [Nebst] Straßen-Verzeichnis. (Berlin: A. Goldschmidt 1907; Lith. L. Kraatz.) (1 Kartenbl. 77×40 cm, 20 S.) [Kopft.] [kol.]
[Umschlagt.:] Plan von Berlin mit Strassenverzeichnis.
(Griebens Reiseführer.) [07. 12429

Neuer Plan der Haupt- und Residenzstadt **Breslau.** 1:10000. Breslau 1892 und 1896. 1 Bl. c. L.

Neuer Plan der Stadt Breslau. Massst. 1:10000. *Breslau: E. Morgenstern 1896.* (1 Ktnbl. 4/1, 3 Bl.) 1 Bd 8. [96. 5025

— neuer, von Dresden. Alphabet. Verzeichniss der Strassen u. Plätze, mit Angabe der Quadrate, auf welchen sie sich im Grundrisse befinden. Fol. Lith. Dresden 852, Kuntze. n. 8 ngl

— u. Führer, neuer, v. Triest. 8. (II, 11 S. m. farb. Plan.) Triest 891. F. H. Schimpff. n. 1. —

Neuer **Plan** der Stadt Gelsenkirchen. (Taschenausg. d. amtl. Stadtplanes.) Massst. 1:17,500. [Nebst] Gelsenkirchener Verkehrsnotizen. Gelsenkirchen: Th. Dahl jr. [1905]; (Photolith. B. Gisevius, Berlin). (1 Kartenbl. 57×48 cm, 16 S.) 8° [kol.] [07. 830

Neuer Plan von **Halberstadt.** 1:8000. (1895). 1 Bl. c. L.

—— neuer, von Hannover. Vervollständigt nach den neuesten Aufnahmen. Chromolithogr. gr. Fol. Hannover 877, Schulze. *

Neuer **Plan** von Paris nebst Orientirungsplan, Grundriss der Weltausstellung und einem Strassenverzeichnis. *Berlin: Friedberg & Mode 1900.* (1 Kartenbl. 23 × 29 cm., VIII S.) 8° [Umschlagt.] [00. 9734

—— neuer, von Prag und Umgebungen. Lithogr. und color. gr. Fol. Berlin 877, Goldschmidt. *

Plan, Neuer, des Rheinhafens mit orientirenden Bemerkungen. Karlsruhe [1897]. V: *Cathiau, Thomas.* (BaBb)

[Umschlagt.:] Neuer **Plan** von Stettin 1899. Nebst alphab. Aufführg. d. Strassen u. Plätze ... (Maassst. 1:10 000.) Stettin: P. Niekammer 1899. (8 S., 1 Ktnbl. $\frac{66}{48}$) 1 Bd. 8°

Neuer Plan von Stettin (und Umgegend) 1901. Nebst alphab. Aufführung d. Strassen u. Plätze, d. öffentl. Gebäude, Behörden, Aemter etc. (Maassst. 1:10,000.) *Stettin: P. Niekammer 1901.* (8 S., 1 Kartenbl. 65 × 48 cm.) 8° [Umschlagt.] [farbig] [01. 9933

(Neuer) **Plan** von **Stettin und Umgegend.** Maßst. 1:10,000. (Nebst e. geschichtl. Vorbemerkung u. e. Beschreibung von Stadt u. Umgegend sowie alphab. Aufführung d. Straßen ...) *Stettin: P. Niekammer (1905); (Lith. F. M. Lenzner).* (1 Kartenbl. 48 × 66 cm, 33 S.) 8° [kol.] [04. 14939

—— neuer, der Stadt Zürich. 1 : 4000. Chromolithogr. qu. gr. Fol. Zürich 876, Keller. *

Neuer Plan der Stadt Zürich. 178/402 mm. 1 Bl. fol., *in Umschlag* 8. Zürich, Ed. Rascher's Erben, [1903]. fr. —. 25

Auf dem Blatt: Graph. Anstalt Hofer & Co Zürich.

Plan, neuester, der königl. bayer. Kreishauptstadt Augsburg und Umgebung. Mit einem Verzeichnisse der in dem Plane befindl. Staats- und städt. Gebäude, Kirchen und Klöster, Anstalten, Institute und historisch-merkwürd. Häuser. Fol. Augsburg 874, Rieger'sche Buchh.

Neuester Plan von **Augsburg** und Umgebung. 1 : 10000. Augsburg (1891). 1. Bl. c. L.

Plan, Neuester, der Stadt Baden. Ausgeführt in Wien in rothem Tondruck. Gefalzt —.30
Baden: Schütze 1896.

Plan, neuester, von Bamberg. Lithogr. qu. 4. Bamberg 879, Buchner'sche Buchh. *

Neuester **Plan** von Basel in fünffarb. Ausführung mit Strassenverzeichnis. Masst. 1:7,500. Stuttgart: W. Seifert [1906]; (Lith. K. Juhrisch). (1 Kartenbl. 53×59 cm, 7 S.) 8° [Umschlagt.] [kol.]
[Kopft.:] Neuester Beckmann-Plan von Basel.
(Beckmann-Plan.)

Plan, neuester, von Berlin. Mit einer Tab. zur schnellen Auffindung der Strassen und öffentlichen Gebäude auf demselben. 2., verb. Aufl. Lithogr. gr. Fol. (7 S. Text in 16.) Berlin 861, Seehagen. * *

Plan, neuester, von Berlin. Mit Angabe seines Weichbildes und einer Tab. zur schnellen Auffindung der Strassen und öffentl. Gebäude. 3.—6., verb. Aufl. Lithogr. Fol. Mit Text. (8 S. in 16.) Berlin 862—64, Seehagen. In Carton. *

—— neuester, von Berlin. Mit Bezeichnung der sämmtl. königl., städtischen und öffentl. Gebäude und Plan von Berlin vor 200 Jahren. Mit (8 S.) alphabet. Nachweis der königl. und städtischen Gebäude, der Wohlthätigkeits-Anstalten, Schulen etc. 1 : 10,800. Fol. Berlin 868, Thiele. *

—— neuester, von Berlin. Fol. Berlin 872, Hayn's Erben. *

—— neuester, von Berlin nebst alphabetischem Verzeichniss der Strassen, Plätze und Brücken sowie der vorzüglichsten Sehenswürdigkeiten, Theater und Vergnügungslocale. Fol. (Mit 12 S. Text.) Berlin 873, Nicolai's Verlag.
In Carton *

[Umschlagt.:] ... Neuester **Plan** von Breslau, nach d. vom Magistrat hrsg. Plane gezeichnet. Maassst. 1:11 000. M. e. kurzen Führer durch Breslau [m. Sondert.] *Breslau: J. U. Kern 1898.* (16 S., 1 Ktnbl. in 4 Bl. [illegible]) 1 Bd 8. [98. 7823

Neuester Plan von Brünn mit einem Verzeichnisse der Strassen, Gassen und Plätze. Fol. (IV S.) Chromolithogr. Gefalzt in illustr. Umschlag Brünn: Winkler 1890.

Neuester **Plan** von Dortmund (1904). 1:10,000. [Nebst] Verzeichnis d. Straßen u. Plätze. (Dortmund: H. Lemberg [auf d. Umschl.: C. L. Krüger] 1904; C. Ruppert, Negrographie, Frankfurt a M.) (1 Kartenbl. 64 × 59 cm, 10 S.) 8° [kol.] 05. 13530

— neuester, der Haupt- u. Residenzstadt Dresden. gr. Fol. Congrevedr. Dresden 852, Meinhold & Söhne. n. 1 1/3 ₰

Neuester Plan von **Essen!** Maassst. 1:7500. *Essen (Ruhr): Günther & Schwan [1901]; Iserlohn: Lith. Bormann & Co.* (1 Kartenbl. 48 × 49 cm mit Legende.) 8° [kol.] [01. 11974

Neuester und exacter Plan und Prospect von der Stadt Gibraltar, Vestung, Bay und Fortification, theils wie es Lit. A. mit den Approchen der Spanier, die sie im letztern Kriege dafür gemacht, zu sehen, theils wie es Lit. B. seit der letztern Belagerung 1727 von den Engländern zu besserer Sicherheit mit neuen Werken vermehrt und fast unüberwindlich gemacht, von Spaniern hingegen gegen die Landseite bey etlichen Jahren mit neuen Linien eingeschlossen worden, nach einem Englischen Original etc. accurat herausgegeben von Homännischen Erben 1733. Beygedruckt Prospect von Cadiz. A. 1 : 5900. B. 1 : 11,000 circa. 1 Bl.

Plan, neuester, u. Fremdenführer v. Posen. Mit alphabet. Verzeichniss der Strassen, öffentl. Gebäude etc. u. den wichtigsten Nachweisgn. f. Fremde. 5. verb. Aufl. gr. 8. (12 S. m. 1 Abbildg. u. farb. Plan.) Posen 890, Rehfeld. * 1 —

—— **und Führer, neuester,** durch Wien und nächste Umgebung. 12. (62 S. mit 1 chromolithogr. Plan und Anhang über die elektr. Ausstellung. 4 S. mit 2 Plänen.) Wien 883, Lechner's Hofbuchh. geb. * 1 80

—— **und Führer, neuester,** durch Wien und nächste Umgebung. 5. Aufl. (72 S. mit chromolithogr. Plan.); 6. Aufl. 886; 7. und 8. Aufl. 8. (96 S. mit chromolithogr. Plan.) Wien 887, Lechner's Hofbuchh. geb. * 1 80
—— **dass.** — 9. Aufl. 8. (96 S. mit chromolithogr. Plan.) Ebendas. 888. geb. * 2 —
Ausg. mit 12 Lichtdr.-Bildern * 3 20

— u. **Führer,** neuester, durch Wien u. nächste Umgebg. 11. Aufl. 12. (96 S.) Wien 890. Lechner's Sort. geb. n. 1. 80

Plan, Neuester, und Führer durch Wien und nächste Umgebung. 13. Auflage. 8. (128 S.) In Leinwand geb. —.96
Wien: Lechner 1892.

Plan, Neuester, und Führer durch Wien und nächste Umgebung. Mit Stadtplan. 17. Auflage. 8. (125 S.) Geb. —.90
Derselbe als illustrirte Ausgabe. Mit Stadtplan. 8. (125 S.) Geb. 1.50
Wien: Lechner 1896.

— u. Führer, neuester, durch Wien u. nächste Umgebung. 23. Aufl. (III, 156 S.) kl. 8. Wien 904. R. Lechner's Sort.
Geb. in Leinw. n. 1. 80;
m. 12 Lichtdr.-Bildern n. 3. —

Neuester Plan von **Graz** (und nächster Umgebung. Mit e. Verz. sämmtl. Straßen ...) Maaßst. 1:14,400. (17. Aufl.) *Graz: P. Cieslar 1904.* (1 Kartenbl. 35×47 cm, 43 S.) 8°
[Umschlagt.:] Neuester u. vollständiger Plan ... [04. 9377

Neuester Plan der Stadt Graz und der angrenzenden Gemeinden. 2. Aufl. 1:12.000. 46 × 63 *cm* gefalzt in Umschlag K 1.—
Graz: Styria 1904.

Neuester Plan der Stadt Graz. 3 Aufl. 1:12.000. 43 × 59 *cm* gefalzt in Umschlag K 1.—
Graz: Styria 1906.

Neuester Plan der Stadt Graz und der angrenzenden Gemeinden. 4. Aufl. K —.60
Graz: Styria 1908.

Neuester Plan der Stadt Graz und der weiteren Umgebung. 1:12.000. 58 × 43 *cm.* Gefalzt in Umschlag K 1.—
Graz: Styria 1904.

Plan, Neuester, von Graz und Umgebung Revidirt vom Stadtbauamte Graz. Mit Verzeichniß der Straßen, Gassen ꝛc. 8. (8 S. Text.) In Umschlag 1.20, auf Leinwand 2.—, auf Pappe gespannt zum Aufhängen 2.—
Graz: Pechel 1893.

Plan, neuester Haase'scher, von Prag u. der nächsten Umgebung. 1:11725. Farbendr. 48,5×55 cm. Mit Strassenverzeichniss. 12. (3 S.) Prag 891, A. Haase. * 1 20

Neuester Plan des Hamburger Hafens. Hamburg 1891—93.

Neuester Plan von Hamburg durch Rath und Bürgerschluss am 1. Sept. 1842 bestimmt. 2. Aufl. Hamburg. 1843. Lithographie. 1 Bl. Fol., 33/42,5 cm.

Neuester Plan von Hamburg. (1:6 000.) (Hamburg.) 1859. Lithographie. 1 Bl. Fol., 40,5/47 cm.
Auf der Rückseite ein Plan von Hamburg und Altona in einem Oval (1:20 000), und die Umgegend von Hamburg in sehr kleinem Maasstabe.

—— **neuester, von Hannover.** Vervollständigt und revid. von R. Menges. Fol. Hannover 874, Th. Schulze. In Carton *

Plan, neuester, der Königl. Haupt- u. Residenzstadt Hannover u. der Stadt Linden. Farbendr. 41×35,5 cm. Mit Straßenverzeichnis an den Seiten. Hannov. 892, Schmorl u. v. Seefeld Nachf. * — 50

Neuester Plan der königl. Haupt- u. Residenzstadt Hannover und der Stadt Linden. 1:10000. Neue Revision. *Hannover: Schmorl & v. Seefeld Nachf. [1899].* (1 Kartenbl. 56 × 43 cm) 8° [Umschlagt. F.] [99. 8188 7

Neuester Plan von Hannover nebst Linden u. Eilenriede. Strassen-Verzeichniss u. Angabe d. Sehenswürdigkeiten auf d. Rückseite d. Planes. *Hannover: Ver. f. d. Fremdenverkehr [1902].* (1 Kartenbl. 39 × 57 cm) 8° [Umschlagt.] [kol.] [02. 1205 7

Neuester Plan der Königlichen Residenz-Stadt Hannover. 1867 und 1872. Je 1 Bl. c. 1.

Plan, neuester, der königl. Residenzstadt Hannover mit vollständ. Strassenverzeichniss etc. Fol. Ebendas. 869. In Carton *
--

Neuester Plan der Stadt Kiel, nebst Karte vom Kieler Hafen und Umgebung. 1 : 10 000. Kiel 1890. 1 Bl. c. L. Ff.

Plan, neuester, d. Stadt Kiel (1 : 10,000) u. Karte vom Kieler Hafen u. Umgebung (1 : 100,000), nebst Strassenverzeichniss etc. an den Seiten. (2. verb. Aufl.) Farbendr. 45×54,5 cm. Kiel 891, Gnevkow u. v. Gellhorn. ** 1 50

Neuester Plan von Kiel nebst den Vororten Hassee, Wik, Gaarden, Ellerbek, Wellingdorf, Neumühlen und Dietrichsdorf. Mit e. ausführl. Reg. d. Straßen, Plätze ... Zeichnung ... von Ernst Uebermuth, Kiel. Maßst. 1:11,000. *Kiel: W. G. Mühlau [1904].* (1 Kartenbl. 66×55 cm, 15 S.) 8° [04. 5637

Plan, Neuester, von Klgft. Masst. 1:2880. Klgft., Leon. (1906). Folio.

[Umschlagt.:] Neuester **Plan von Koeln und Deutz.** Le plus nouveau plan de Cologne. Newest Plan of the City of Cologne. (Massst. 1:8800.) *Köln: Kommerskirchen [1896].* (8 S., 1 Ktnbl. ?) 1 Bd 8. [96. 8985

Neuester Plan von Köln mit kurzem Führer u. vollst. Straßenverzeichnis. [Mit 1 Nebenkarte.] [Maßst. ca 1:16,000.] Köln: Hoursch & Bechstedt [1905]. (1 Kartenbl. 35×23 cm, 12 S.) 8° [Umschlagt. lith.] [kol.] [07. 12093

Neuester Plan von Königsberg in Pr. Königsberg i. Pr.: H. Herrmann [1898]. (1 Kartenbl. 46x33 cm) 8°

Neuester Plan von Königsberg i. Pr. *Königsberg: H. Herrmann [1900].* (1 Kartenbl. 51 × 66 cm.) 8° [00. 9356 10

Neuester Plan von Königsberg i. Pr. [Maßst. ca 1:12,600.] [Mit 1 Nebenkarte.] *Königsberg i. Pr.: H. Herrmann [1903].* (1 Kartenbl. 46 × 33 cm.) 8° [kol.] [04. 13034 10

Plan, neuester, v. Leipzig nebst Führer f. Fremde. Als Anh. neueste Eisenbahnkarte v. Deutschland. 16. (20 S. m. 2 Steintaf. in qu. gr. 4. u. gr. Fol.) Leipzig 871. Bauer. — 50

Plan, neuester, von Leipzig, nebst Führer für Fremde. Als Anh.: Neueste Eisenbahnkarte von Deutschland. 16. (2 lithogr. Karten in gr. 4. und gr. Fol. mit 20 S. Text.) Leipzig 872, C. H. Reclam sen. — 50

Neuester Plan der Landeshauptstadt Linz und der Stadt Urfahr im Erzherzogtume Oberösterreich. 1:10.000. 76×54 *cm.* 1904. gefalzt in Umschlag K 2.40
Linz: Mareis.

— neuester, von London. Imp. Fol. Lith. u. col. Berlin 851, Th. Grieben. n. 12 ngl

Plan, neuester, der Stadt Luzern. Hrsg. von Emil Gerber. 1:5000. Lithogr. und color. Fol. Luzern 887, (Doleschal.) — 80

Neuester Plan von Luzern mit der neuen Häuser-Nummerirung von 1890. 556/704 mm. 1 Bl. fol., *in Umschlag geb.* 8. Luzern, E. Wagner Kartogr. Atelier, [1901]. [geb. fr. 1. 50]
Titel auf dem Blatt: Neuester Plan der Stadt Luzern mit der offiziellen Häuser-Numerierung. Masstab ca. 1:4000. Verlag von J. L. Bucher & Sohn,... Luzern. Lithographie u. Druck von Rüttger & C°, Luzern.

Neuester Plan der Stadt Luzern mit der offiziellen Häuser-Numerierung. Masst. ca. 1:4,000. *Luzern: J. L. Bucher & Sohn [um 1902]; Lith. Rüttger & Co.* (1 Kartenbl. 70 × 55 cm.) quer-gr. 2° [kol.]

Plan, neuester, der Stadt Magdeburg m. den Vorstädten Sudenburg, Neustadt u. Buckau. 1:8000. Chromolithogr. Imp.-Fol. Mit e. Verzeichnis d. Strassen u. Plätze etc. gr. 8. (5 S.) Magdeb. Rathke. 1889. cart. * 3 —

—— neuester, von **München.** Mit den nöthigsten Nachweisungen für Fremde [im Auszug aus dem grösseren Wegweiser „Ganz München für 48 Kr., von Th. Trautwein"] und Orientirungs-Schema. Fol. mit Text. 16. (32 S.)
München: Kaiser 1872.

—— **neuester, von München.** 1:60,000. Lithogr. qu. gr. Fol. Mit Strassenverzeichniss. 16. (8 S.) München 879, Stahl. *

—— dass. — mit Umgebungs- und Eisenbahnkärtchen. Nebst kleinem Wegweiser zu den Sehenswürdigkeiten. Im Auszug aus Trautwein's München. Fol. (Text 35 S. in gr. 16.)
München: Kaiser 1874/75. *

—— neuester, von München, mit Umgebungs- und Eisenbahnkärtchen. Chromolithogr. qu. gr. Fol. Nebst kleinem Wegweiser zu den Sehenswürdigkeiten. [Auszug aus: „Trautwein's München".] 8. (35 S.) München 875, Kaiser. *

—— dass. — Lithogr. Imp.-Fol. Nebst kleinem Wegweiser zu den Sehenswürdigkeiten. [Auszug aus: „Trautwein's München 10. Aufl."] gr. 16. (36 S.) Ebendas. 876. *
color. *

—— dass. — Chromolithogr. gr. Fol. Nebst kleinem Wegweiser zu den Sehenswürdigkeiten. Im Auszug aus Trautwein's München, 11. Aufl. gr. 16. (39 S.) Ebendas. 877. *

—— neuester, von München (1:10,000) mit Umgebungs- und Eisenbahnkärtchen. Chromolithogr. in 4 Farben. qu. gr. Fol. Nebst kleinem Wegweiser zu den Sehenswürdigkeiten. Mit 1 Kärtchen vom Starnberger See und Plan von Nymphenburg. 12. (60 S.) München 884, Kaiser. * 1 —
Mit Plan von München in 2 Farben * — 60
Aus: Trautwein's München, besonders abgedruckt.

Plan, neuester v. München m. Umgebungs- u. Eisenbahnkärtchen. Nebst kleinem Wegweiser zu den Sehenswürdigkeiten. Im Auszug aus Trautwein's München 13. Aufl. Mit e. Kärtchen vom Starnberger See u. Plan v. Nymphenburg. 12. (60 S) München 886. Kaiser. n. — 60; m. chromolith. Plan v. München n. 1. —

Plan, neuester, v. München m. Umgebungs- u. Eisenbahnkärtchen. Nebst kleinem Wegweiser zu d. Sehenswürdigkeiten. Im Auszug aus Trautwein's München. 13. Aufl. Mit einem Kärtchen vom Starnberger See u. Plan von Nymphenburg. 12. (60 S.) München 887. Kaiser. n. — 60;
m. chromolith. Plan v. München n. 1. —

Neuester Plan von München mit Umgebungs- und Eisenbahnkärtchen. 1:10000. Nebst kleinem Wegweiser zu den Sehenswürdigkeiten. München (1888). 1 Bl. c. L. mit Text.

—— neuester, von München und Umgegend. Fol. München 871, J. A. Finsterlin. * 75 Pf.; aufgez. *

Neuester Plan der Stadt Oels nach dem Bebauungsplan d. Stadtgemeinde bearb. nebst alph. Verz. d. Strassen u. Plätze ... (Massst. 1:2500.) *Oels: A. Grünberger & Co. 1899.* (1 Kartenbl. 68×62 cm., 11 S.) 8° [Umschlagt.]
[00. 10333

— neuster, von der K. Residenzstadt Potsdam. Ausgearb. ꝛc. unter Leitung des Dir. Dr. Berghaus. Gez. v. A. Petermann, gest. von E. Reyher. gr. Fol. (Mit Text.) Potsdam 845, Verlagsexped. der geogr. Kunstschule. in Carton baar 1½ ℔ ill. baar 1⅔ ℔

[Umschlagt.:] Neuester Plan der Kgl. Residenzstadt Potsdam und Umgebung (Verhältniss 1:11,000.) 12. Aufl. *Berlin: J. Rentel [1896].* (1 Ktnbl. $\frac{2}{3}$) 1 Bd 8.
[96. 5775

Neuester Plan der Residenzstadt Potsdam (u. Umgebung). Verhältniss 1:11,000. (15. Aufl. *Berlin: J. Rentel [1900].*) (1 Kartenbl. 57×44 cm.) 8° [kol.]
[01. 11706

—— neuester, der königl. Landes-Hauptstadt Prag und der Vororte. Lithogr. und color. Imp.-Fol. Mit Text. 8. (24 S.) Prag 877, Kytka. cart. *

Neuester Plan d. königl. Landes-Hauptstadt Prag u. der Vororte. 2. Auflage. Lithogr. Tonfarbendruck. Q.-Folio. Prag, F. Kytka. Gefalzt in 8. 40 kr., mit 19 Ansichten 50 kr., mit Strassenverzeichniss steif geb. à 60 kr. u. 70 kr. 1882.
Derselbe in böhmischer Sprache à 24 kr., 50 kr. u. 70 kr.

Plan, Neuester, von Prag und Umgebung. Maßstab 1:10.000. Unaufgezogen. Gefalzt in Umschlag —.25
Prag: Haerpfer 1894.

Neuester Plan von Reudnitz und den angrenzenden Fluren. 1:7000. Reudnitz. 1 Bl. c. L.

Neuester Plan der Landeshauptstadt Salzburg. 1:6250
Salzb.: Höllrigl 1903.

Plan, neuester, von St. Gallen. Nebst Wegweiser zu den Sehenswürdigkeiten der Stadt und Angabe der beliebtesten Spaziergänge und Ausflüge von St. Gallen aus. Mit 1 Kärtchen der Umgebung. Chromolithogr. Fol. (Text 28 S.) 8. St. Gallen 888, Hasselbrink.
In Umschlag * — 50

Plan, neuester, der Stadt St. Gallen. Chromolithogr. gr. 4. St. Gallen 889, Hasselbrink. * — 50

Plan, neuester, der Badestadt Teplitz-Schönau. Farbendr. 26×39,5 cm. Mit Text am Rande. Teplitz 892, A. Becker.
* — 60

[Umschlagt.:] [J.] Neuester Plan von Trier (mit nächster Umgebung) im Massst. v. 1:10,000. *Trier: H. Stephanus [1898].* (6 S., 1 Ktnbl. $\frac{2}{8}$) 1 Bd 8.
[98. 6891

Plan, Neuester und vollkommenster, von Groß-Wien und Plan von Wien mit Gassen- und Straßen-Benennung. Unaufgezogen —.30
— mit alphabetisch geordnetem Straßen-Verzeichnisse und einem Führer durch Groß-Wien —.40
Wien: F.Blumenthal 1891.

Plan, neuester u. vollkommenster, v. Gross-Wien. 1:16,000, u. Plan von Wien, 1:55,000. Farbendr. 46×59,5 cm. Wien 892. (Lpz., Literar. Anstalt.) * — 60
Mit Strassenverzeichn. u. Führer durch Gr.-Wien. 12. (36 S.) * — 80
Strassenverzeichnis allein * — 20

Plan von Graz, Neuester und vollständiger, und dessen nächster Umgebung. Mit einem Verzeichnisse sämmtlicher Strassen, Gassen und Plätze etc. 12. Auflage. 12. (31 S.) Cart. —.50
Graz: Cieslar 1894.

Neuester und vollständiger Plan von Graz u. nächster Umgebung. M. e. Verz. sämmtl. Strassen, Gassen ... Aemter u. Behörden ... sowie aller bemerkenswerthen Sehenswürdigkeiten ... 14. Aufl. *Graz: P. Cieslar 1898.* (33 S., 1 Kt. $\frac{2}{8}$) 1 Bd 8.
[98. 6113

Neuester und vollsändiger Plan von Graz und nächster Umgebung. Mit einem Verzeichnis sämmtlicher Strassen, Gassen und Plätze, Aemter und Behörden, Humanitäts- und Unterrichts-Anstalten, Kirchen und Klöster, öffentl. und Privat-Gebäuden sowie aller bemerkenswerthen Sehenswürdigkeiten, nebst den besuchtesten Cafés und Gasthöfen. 15. Auflage. Graz. 1900. Cieslar. 16°. 40 S. mit einer Karte. Cart. K 1.—

Neuester und vollständiger Plan von Graz und nächster Umgebung. 18. Aufl. 8°. (44 S.) K 1.—
Graz: Cieslar 1906.

Neuester und vollständigster Plan von Wien mit Angabe der neuen Bezirkseinteilung. 52 × 53 *cm* K —.60
Wien: Szelinski 1903.

Plan von Wien, Neuester und vollständigster, und den Vororten. Nebst einem Verzeichniss sämmtlicher Strassen, Gassen und Plätze etc., Wegweiser zu den Sehenswürdigkeiten, Gebäuden und Sammlungen und einer grossen Ansicht von Wien in der Vogelperspective. In Farben. Vierte Aufl. Wien, A. Hartleben. Cartonnirt 25 kr. 1882.

— neuester u. vollständiger, von Wien und den Vororten. Nach den neuesten Aufnahmen dargestellt. 7. Auflage. Chromolith. gr. Fol. Mit Verzeichniss sämmtl. Strassen, Gassen u. Plätze, sowie aller Sehenswürdigkeiten und einer grossen Ansicht von Wien aus der Vogelperspective. 8°. (15 S.) Wien, Hartleben. fl. —.25. 1887.

Plan, neuester u. vollständigster, v. Wien. Farbendr. 49,5×50,5 cm. Mit Verzeichniss sämmtl. Strassen, Gassen u. Plätze, sowie aller Sehenswürdigkeiten. Nach den neuesten Aufnahmen zusammengestellt. Nebst e. Ansicht v. Wien in der Vogelperspective u. e. (farb.) Plan v. Gross-Wien m. allen 19 Bezirken. 1 : 100,000. Farbendr. 18,5×21,5 cm. 12. (16 S. Text.) Ebd. 891. * — 75

Plan, neuester u. vollständigster, von Wien u. den Vororten. 11. Aufl. Chromolithogr. gr. Fol. Mit Verzeichniss sämmtlicher Strassen, Gassen u. Plätze, sowie aller Sehenswürdigkeiten u. e. Ansicht von Wien in der Vogelperspective. 8. (15 S.) Ebd 891. * — 50

Plan, Neuester und vollständigster, von Wien, mit Angabe der neuen Bezirks-Eintheilung. Mit Verzeichniss sämmtlicher Strassen, Gassen und Plätze, sowie aller Sehenswürdigkeiten. Nach den neuesten Aufnahmen zusammengestellt. Nebst einer Ansicht von Wien in der Vogelperspective und einem Plan von Wien mit allen 19 Bezirken. Zwölfte Auflage. 8. In steifem Carton —.25
Wien: Hartleben 1893.

Plan, Neuester und vollständigster, von Wien mit Angabe der neuen Bezirkseintheilung. Mit Verzeichniss sämmtlicher Strassen, Gassen und Plätze, sowie aller Sehenswürdigkeiten. Nach den neuesten Aufnahmen zusammengestellt. Nebst einer Ansicht von Wien in der Vogelperspective. Vierzehnte Auflage. In illustr. Umschlag gef. —.25
Wien: Hartleben 1896.

Plan, Neuester und vollständigster, von Wien mit Angabe der neuen Bezirkseintheilung. Mit Verzeichniss sämmtlicher Strassen, Gassen und Plätze, sowie aller Sehenswürdigkeiten. Nach den neuesten Aufnahmen zusammengestellt. Nebst einer Ansicht von Wien in der Vogelperspective. 15. Aufl. In illustr. Umschlage gefalzt —.25
Wien: Hartleben 1897.

Plan, Neuester und vollständigster, von Wien mit Angabe der neuen Bezirkseintheilung. Mit Verzeichniss sämmtlicher Strassen, Gassen und Plätze, sowie aller Sehenswürdigkeiten. Nach den neuesten Aufnahmen zusammengestellt. Nebst einer Ansicht von Wien in der Vogelperspective. Sechzehnte Auflage. In illustrirtem Umschlage gefalzt —.25
Wien: Hartleben 1898.

Neuester und vollständigster Plan von Wien mit Angabe der neuen Bezirkseintheilung. Mit Verzeichniss sämmtlicher Strassen, Gassen und Plätze sowie aller Sehenswürdigkeiten. Nach den neuesten Aufnahmen zusammengestellt. Nebst einer Ansicht von Wien in der Vogelperspective. 17. Auflage. Wien. Pest. Leipzig. [1900.] Hartleben. 8°. 16 S. 51×71. In Umschlag gefalzt K —.50

Neuester und vollständigster Plan von Wien mit Angabe der neuen Bezirkseintheilung. Mit Verzeichnis sämmtlicher Strassen, Gassen und Plätze sowie aller Sehenswürdigkeiten. Nach den neuesten Aufnahmen zusammengestellt. Nebst einer Ansicht von Wien in der Vogelperspective. 19. Auflage. Wien. Pest. Leipzig. [1901.] Hartleben. 69×50 *cm*. Gefalzt in Umschlag K—.50

Neuester und vollständigster Plan von Wien mit Angabe der neuen Bezirkseinteilung. 20. Aufl. 51×42 *cm* mit 16 S.
Wien: Hartleben 1902.

Neuester und vollständigster Plan von Wien mit Angabe der neuen Bezirkseinteilung. 21. Aufl. 50×72 *cm* gefalzt in Umschlag K —.50
Wien: Perles 1903.

Neuester und vollständiger Plan von Wien mit Angabe der neuen Bezirkseinteilung. Mit Verzeichnis sämtlicher Straßen, Gassen und Plätze sowie aller Sehenswürdigkeiten. 22. Aufl. gefalzt in Umschlag K —.50
Wien: Hartleben 1904.

Neuester und vollständiger Plan von Wien mit Angabe der neuen Bezirkseinteilung. 24. Aufl. gefalzt in Umschlag K —.50
Wien: Hartleben 1908.

Neuester und vollständiger Plan von Wien. 1:15.000. Mit Verzeichnis sämtlicher Straßen, Gassen und Plätze der 21 Bezirke von Wien. 25. Aufl. gefalzt in Umschlag K —.50
Wien: Hartleben 1909.

Neuester **Plan** und Wegweiser von Berlin. Miniatur-Ausg. 15. Aufl. Berlin. 1887. 16°
= Griebens Reisebibliothek Bd. 25. (Vgl. Grieben.)

Neuester **Plan** und Wegweiser von Berlin. Miniatur-Ausg. 22. Aufl. *Berlin: A. Goldschmidt 1895.* (IV, 79 S., 2 Pl., 1 Kt.) 1 Bd 8.
= **Reisebücher,** Griebens. Bd 25. [96. 2763

Neuester **Plan** und Wegweiser von Berlin. Miniatur-Ausg. 23. Aufl. [Voran geht m. Sondert.:] Führer durch d. Gewerbe-Ausstellg in Berlin 1896. Miniatur-Ausg. Von A[lfred] Lange. M. 1 Spezialpl. d. Ausstellg. *Berlin: A. Goldschmidt 1896.* (2 Bl., XXXII S., 1 Pl.; IV, 79 S., 2 Pl., 1 Kt.) 1 Bd 8.
= **Reisebücher,** Griebens. Bd 25. [96. [illegible]

Neuester **Plan** und Wegweiser von Berlin. (Miniatur-Ausg.) 23. Aufl. berichtigt bis März 1897. *Berlin: A. Goldschmidt (1897).* (VII, 79 S., 2 Pl., 1 Kt.) 1 Bd 8.
= **Reisebücher,** Griebens. Bd 25. [97. 4354

Neuester **Plan** und Wegweiser von Berlin. 24. Aufl. M. 4 Kartenbeil. *Berlin: O. Goldschmidt 1898.* (IV, 85 S., 3 Pl., 1 Kt.) 1 Bd 8.
= **Reisebücher,** Griebens. No 25. [98. 9875

Neuester **Plan** und Wegweiser von Berlin. (Miniatur-Ausg.) 25. Aufl. M. 4 Ktnbeil. *Berlin: A. Goldschmidt 1899.* (IV, 90 S., 4 Kt.) 1 Bd 8.
= **Reisebücher,** Griebens. Bd 25. [99. 6472

Neuester **Plan** und Wegweiser von Berlin. 26. Aufl. Mit 4 Kartenbeil. *Berlin: A. Goldschmidt 1900.* (IV, 91 S.) 8°
= **Reisebücher,** Griebens. Bd 25. [00. 10607

Neuester **Plan** und Wegweiser von Berlin. 28. Aufl. Mit 5 Karten. *Berlin: A. Goldschmidt 1902.* (IV, 93 S.) 8°
= **Reisebücher,** Griebens. Bd 25. [02. 12504

Neuester **Plan** und Wegweiser von Berlin. 29. Aufl. Mit 5 Karten. *Berlin: A. Goldschmidt 1903.* (IV, 89 S.) 8°
= **Reiseführer,** Griebens. Bd 25. [04. 3841

Neuester **Plan** und Wegweiser von Berlin. 31. Aufl. Mit 4 Karten. Berlin: A. Goldschmidt 1905. (IV, 95 S.) 8°
= **Reiseführer,** Griebens. Bd 25. [06. 5318

Neuester **Plan** und Wegweiser von Berlin. 32. Aufl. Mit 4 Karten. Berlin: A. Goldschmidt 1906. (IV, 98 S.) 8°
= **Reiseführer,** Griebens. Bd 25. [06. 7617 II

Neuester **Plan** und Wegweiser von Berlin. 33. Aufl. Mit 4 Karten. Berlin: A. Goldschmidt 1907. (IV, 100 S.) 8°
= **Reiseführer,** Griebens. Bd 25. [07. 8498

Neuester **Plan** und Wegweiser von Berlin. 34. Aufl. Miniatur-Ausg. Mit 4 Karten. Berlin: A. Goldschmidt 1908. (108 S.) 8°
= **Reiseführer,** Griebens. Bd 25. [08. 13571

Neuester **Plan** und Wegweiser von Berlin. 35. Aufl. Mit 4 Kt. Berlin: Goldschmidt 1909. 104 S. 8°
(Griebens Reiseführer. Bd 25.)

Neuester **Plan** und Wegweiser von Berlin. 36. Aufl. Mit 4 Kt. Berlin: A. Goldschmidt 1910. 104 S. 8°
(Griebens Reiseführer. Bd 25.) [10. 9381]

Neuester Plan und Wegweiser von München m. bes. Berücks. d. Kunstschätze. Sehenswürdigktn u. der bayr. Königsschlösser. 21. Aufl., bearb. v. George Morin. *Berlin: A. Goldschmidt 1896.* (VIII, 112 S., 1 Pl., 1 Kt.) 1 Bd 8.
= Reisebücher, Griebens. Bd 19.

— — neuester, v. Potsdam u. Umgebungen, } s.: Grieben's Reise-Bibliothek.

Neuester Plan von Wien. gr. Imp.-Format. Wien: Carl Schönewerk. 1864.

—— **neuester, von Wien. Mit Fremdenführer und Strassen-Verzeichniss. Fol. (Mit 8 S. Text in 16.) Wien 868, Markgraf und Müller.** In Carton

—— **neuester, von Wien. Mit einem vollständ. Strassen-Verzeichniss, welches auf die Felder des Planes verweist. Fol. (8 S. Text in 8.) Berlin 873. Goldschmidt.** *

Plan, neuester, v. Wien. Chromolithogr. gr. Fol. Mit Strassen-Verzeichniss. 12. (30 S.) Wien 889, C. A. Müller's Buchh. * — 60

Plan, Neuester, von Wien. Nebst einem Strassenverzeichnisse mit Anführung der alten und neuen Strassennamen. 12. (48 S.) —.25
Wien: L.Weiss 1895.

Plan, Neuester, von Wien. Nebst einem Strassen-Verzeichnisse mit Anführung der alten und neuen Strassennamen. 8. (48 S.) —.25
Wien: L.Weiss 1896.

Plan, Neuester, von Wien mit den 19 Bezirken in ihrem Gesammtumfange. Ausgabe pro 1898. Maßstab 1:25.000. Unaufgezogen gefalzt —.30
Wien: Schalk 1898.

—— neuester, von Wien und seinen Bezirken (inklusive der Stadterweiterung). Mit neuer Benennung der Straßen, Gassen und Plätze und der neuen Häusernumerirung. gr. Fol. Nebst einem Wegweiser. 1.—3. Aufl. 16. (28 S.) Wien 863, Draudt's Buchh. [Wachter.] cart. *

— neuester, von Wien (inclus. Stadterweiterung) und seinen Bezirken. Entworfen und gezeichnet von H. Brandes. 5. Auflage. Farbendruck in Quer-Folio. Wien, Wachter. 1867.

Plan, Neuester, von Wien, mit der neuen Bezirkseintheilung. Maßstab 1:14.500. Nebst Verzeichniß der Straßen, Gassen und Plätze. Gr.-Fol. Mit einem Bogen Text. Gef. —.80
Wien: Hartleben 1894.

Neuester Plan von Wien. Mit der neuen Bezirkseinteilung. 1:14 500. 8. Aufl. 77×62 *cm* gefalzt in Umschlag K 1.60
Wien: Hartleben 1903.

Plan von Wien, neuester, mit seinen neun Gemeinde-Bezirken u. einem Wegweiser. 10. Aufl. 16. (88 S. Text.) Wien, Gerold. 1864 cart.

Plan, neuester, von Wien mit seinen neuen Gemeinde-Bezirken u. einem Wegweiser. 11. Aufl. Wien 865. Gerold's Sohn. 16. (88 S. Text.) cart. 18 *ngr.*;
ohne Text. cart. 12 *ngr.*

—— **neuester, von Wien für das J. 1873. Mit dem Situations-Plan der Welt-Ausstellung, einem alphabet. Verzeichniss sämmtl. Strassen und Plätze, sowie der bemerkenswerthesten Sehenswürdigkeiten nebst einer Uebersicht der Stadt-Bezirke und Vororte Wiens mit Angabe der Einwohnerzahl nach der neuesten Volkszählung und einem Stundenplan der Wiener Sehenswürdigkeiten. gr. 16. (16 S. Text.) Fol. Berlin 873, Kiessling.**
Ausg. A. in 5 Farben gedr.
Ausg. B. in 2 Farben gedr.

Plan, neuester, von Wien für das J. 1873. In 9 Bezirken mit neuester Strassenbezeichnung und Nummerirung. Fol. Darmstadt 873, Jonghaus' Verlag.

Neuester Plan der k. k. Reichshaupt- und Residenzstadt Wien im Masse 1:15.000. Wien. [1901.] R. Lechner (Wilh. Müller). 50×40 *cm.* mit Strassenverzeichnis. K —.50

Plan, Neuester, der k. k. Reichshaupt- und Residenzstadt Wien und der umliegenden Orte, im Maassstabe 1:20.000 (Format des Planes 1 Quadratmeter). Nebst vollständigem Verzeichnisse der Strassen, Gassen, Plätze und sonst wichtiger Oertlichkeiten, dann Angabe aller Bahnhöfe, Brücken, Gasthöfe, Hôtels, Länden, statistischer Daten, Tramway-Signale und Ueberfuhren. 8. Cart 1.—
Wien: Hartleben 1892.

Plan, neuester, der k. k. Reichshaupt- u. Residenzstadt Wien u. der umliegenden Orte m. Angabe d. neuen Bezirkseintheilung u. der früheren Gemeindegrenzen. 1:20,000. Farbendr. 81×92 cm. Nebst Strassenverzeichniss etc. 3. Aufl. 8. (15 S.) Wien 892, Hartleben. In Karton * 1 80

Plan, Neuester, der Reichshaupt- u. Residenzstadt Wien. Mit Angabe der neuen Bezirkseintheilung und der früheren Gemeindegrenzen. Maßstab 1:20.000. In achtfachem Farbendrucke. Papiergrösse einen Quadratmeter in Octav-Format gefalzt. Mit vollständigem Verzeichnisse sämmtlicher Strassen, Gassen und Plätze. Fünfte Auflage, 1896.
Wien: Hartleben.

Plan der Reichshaupt-und Residenzstadt Wien mit Angabe der neuen Bezirkseintheilung und der früheren Gemeindegrenzen. Maßstab 1:20.000. Sechste Auflage. Ausgabe 1897. Ein grosses Tableau. 80/100 *cm.* In 8 Farben gedruckt. Taschenformat, gefalzt in Carton 1.—
Wien: Hartleben 1897.

Plan, Neuester, der k. k. Reichshaupt- und Residenzstadt Wien. Mit Angabe der neuen Bezirkseintheilung und der früheren Gemeindegrenzen. Maßstab 1:20.000. Nebst vollständigem Verzeichniss der Strassen, Gassen, Plätze und einem Verzeichnisse der Sammlungen und Sehenswürdigkeiten. Siebente Auflage. (Format des Planes ein Quadratmeter.) In Octav gefalzt, cart. 1.—
Wien: Hartleben 1898.

——der Reichshaupt- und Residenzstadt Wien. 1:20.000. Mit Angabe der neuen Bezirkseintheilung und der früheren Gemeindegrenzen. Ausgabe 1900. 8. Auflage. Wien. 1900. Hartleben. Gr.-8°. 16 S. 84×97. In Umschlag gefalzt cart. K 2.—

Neuester Plan der Reichshaupt- und Residenzstadt Wien. 1:20.000. 11. Aufl. Ausgabe 1902. 84 × 95 *cm*. Ebda.

Neuester Plan der Reichshaupt- und Residenzstadt Wien. 1:20.000. 12. Aufl. Ausgabe 1903. 84 × 95 *cm* in Leinwandkarton K 2.—
Wien: Hartleben.

—— neuester, von Wien mit vollständ. Strassen-Verzeichniss, Angabe der auswärt. Gesandtschaften und Consulate, der Behörden und den Adressen der Weltausstellungs-Commissionen. 21. Aufl. Fol. (16 S. Text in 8.) Wien 873, Gerold's Sohn. In Carton *

—— dass. — mit den Vororten. Mit dem Grundrisse der Weltausstellung und vollständigem Strassenverzeichniss. Holzschn. Fol. Wien 873, Kuppitsch Wwe. *

—— dass. — Fol. Wien 873, Lehmann und Wentzel.

—— neuester, der k. k. Reichshaupt- und Residenzstadt Wien und der Vororte. Fol. Wien 876, Teufen. *

—— neuester, der k. k. Reichshaupt- und Residenzstadt Wien und der Vororte. 2. Aufl., mit Angabe der Häuser-Nummerirung. Chromolithogr. Imp.-Fol. Wien 876, Teufen. *
Mit Strassenverzeichniss. 8. (30 S.) In Carton *

Neuester Plan d. k. k. Reichshaupt- u. Residenzstadt Wien, der Vororte u. nächsten Umgebung, ausgedehnt bis Döbling, Dornbach, Hietzing, Schönbrunn, Simmering, Kaisermühlen, mit Bezeichnung der Häuser-Nummerirung. Nebst vollst. Verzeichniss der Sehenswürdigkeiten, sowie sämmtl. Gassen, Strassen, Plätze u. Höfe mit Angabe ihrer Zugänge u. einem in Farbendruck ausgeführt. Plane der Wiener Tramway-Linien. 4. verb. Aufl. gr. Folio. Farbendr. u. 46 S. Text. Wien, Carl Teufen. Eleg. cart. 1 fl. 20 kr., geb. 1 fl. 80 kr. Ohne Strassenverzeichniss gefalzt 80 kr., auf Leinwand gedr. 1 fl. 40 kr. Mit Metallstäben zum Hängen 2 fl. u. 2 fl. 50 kr. 1881.

Neuester Plan d. k. k. Reichshaupt- u. Residenzstadt Wien, der Vororte u. Umgebung (Döbling, Dornbach, Hietzing, Schönbrunn, Simmering u. Kaisermühlen). Mit Angabe der Häuser-Nummerirung. 5. Auflage. 1882. Gr.-Quer-Folio. Farbendruck. Wien, Carl Teufen. Gefalzt in 8. 80 kr., mit Strassenverzeichniss cartonirt 1 fl. 20 kr.

— dasselbe, der Vororte u. Umgebung (Döbling, Dornbach, Hietzing, Schönbrunn, Simmering u. Kaisermühlen). 10. Aufl. Mit Angabe der Häuser-Nummerirung. Chromolith. gr. fol. Ebd. fl. —.80; mit Strassenverzeichniss (59 m. 2 chromolith. Plänen) cart. fl. 1.20, auf Leinen gefalzt fl. 1.40, mit Strassenverzeichniss eleg. geb. fl. 1.80, mit Metallstäben, zum Hängen fl. 2.50 1886.

— der k. k. Reichs-Haupt- und Residenzstadt Wien, der Vororte und nächster Umgebung. 1 Blatt. Lithogr. mit Angabe der Häuser-Numerirung. 1:14.400. XI. Aufl. 1887. Ebd. Gef. fl. —.80, mit Strassenverzeichniss eleg. cart. fl. 1.20.

Neuester Plan der k. k. Reichshaupt- und Residenzstadt Wien, der Vororte und Umgebung. (Döbling, Dornbach, Hietzing, Schönbrunn, Simmering und Kaisermühlen.) Mit Angabe der Häuser-(Eck-)Numerirung. XIII. Aufl. 1889. 1 : 14000. Quer-Fol. Chromolithogr., gefalzt Wien: Teufen.
Derselbe mit Strassenverzeichniss, cart. 1.20

Neuester Plan von Wien, der Vororte und Umgebung. 1 : 14400. Mit Angabe der Häuser-Nummerirung. XIV. Aufl. 1890. Chromolith. Qu.-Fol. Gef. Wien: Teufen. —.80
Derselbe m. Straßenverzeichniß. Gef., cart. 1.20

Plan, Neuester, von Wien, der Vororte und Umgebung. 1:14.400. Mit Angabe der Häuser-Nummerirung. XV. Aufl. 1891. Chromolith. Qu.-Fol. Gef Wien: Teufen. —.80
Derselbe m. Straßenverzeichniß. Gef, cart. 1.20

Plan, neuester, d. k. k. Reichs-Haupt- u. Residenzstadt Wien u. Umgebung. 1:14,400. Ausg. 1892. Farbendr. 51×66 cm. Ebd. * 1 60; m. Strassenverzeichniss. 8. (56 S.) In Karton * 2 40

Plan, Neuester, von Wien und der Vororte. 1 : 14.400. Mit Angabe der Häuser-Nummerirung und Uebersichtsplan der XIX Bezirke. 1 : 35.000. XVIII. Auflage. 1893. Chromolith. Qu.-Fol. Gef. Wien: Teufen. —.80
Derselbe m. Straßenverzeichniß. Gef., cart. 1.20
Derselbe auf Leinen gedruckt mit Straßenverz. eleg. cart. 1.80

Plan, Neuester, von Wien und der Vororte. 1 : 14.400. Mit Angabe der Häuser-Numerirung und Uebersichtsplan der XIX Bezirke. 1 : 35.000. XIX. Auflage. 1894. Chromolith. Quer-Folio. Gefalzt Wien: Teufen. —.80
Derselbe mit Straßenverzeichniß. (66 S.) Cartonnirt 1.20

Plan, Neuester, von Wien und der Vororte 1 : 14.400. Mit Angabe der Häuser-Numerirung und Uebersichtsplan der XIX Bezirke. 1 : 35.000. Große Ausgabe. XX. Auflage. 1895. Chromo-Lithographie. Quer-Folio. Gefalzt —.80
Derselbe, mit Straßenverzeichniß. (66 S.) Cartonnirt Wien: Teufen. 1.20

Plan, Neuester von Wien und der Vororte, 1 : 14.000. Mit Angabe der Häuser-Numerirung und Uebersichtsplan der XIX. Bezirke 1 : 14.400. Große Ausgabe. XXI. Aufl. 1896. Chromolithographie. Gr.-Quer-Folio. Gefalzt —.80, mit Straßenverzeichniß. (66 u. 32 S.) Cart. Ebda.

Plan, Neuester, der k. k. Reichs-Haupt- und Residenzstadt Wien. 1 : 14.400. Mit Angabe der Häusernumerirung und Uebersichtsplan der 19 Bezirke im Maße 1 : 35.000. Grosse Ausgabe. 22. Auflage 1897. Chromolithographie. 70 × 53 *cm*. Gefalzt —.80, mit Strassenverzeichniss (66 S.), cartonnirt 1.20
Wien: Teufen 1897.

— — Grosse Ausgabe. Maßstab 1 : 14.400. Mit Angabe der Häuser-Nummerirung und Uebersichtsplan der 19 Bezirke im Maße 1 : 35.000. 23. Auflage. 1898. Chromolith. 70×53 *cm*. Gefalzt —.80, mit Strassenverzeichniss (64 S.), cart. Wien: Teufen. 1.20

Neuester Plan der k. k. Reichs-Haupt- und Residenzstadt Wien. Mit Angabe der Häuser-Nummerirung und Uebersichtsplan in XIX Bezirke. [Grosse Ausgabe in Chromolithographie ausgeführt von C. Loos.] 29. Auflage. Wien, 1899. Teufen.
Gefalzt fl. –.80, mit Strassenverzeichnis cart. fl. 1.20

Plan, Neuester, d. k. k. Reichs-Haupt- u. Residenzstadt Wien u. der Vororte. Mit Angabe der Häuser-Numerirung u. vollständigem Strassenverzeichnisse. 8. Auflage 1881. Quer-Folio. Wien, Carl Teufen. Steif carton. in 8. 50 kr., gefalzt 30 kr.

Neuester Plan der k. k. Reichs-Haupt- u. Residenzstadt Wien und der Vororte. Mit Angabe der Häuser-Nummerirung. Quer-Folio. Farbendruck. 10. Auflage. Wien, Carl Teufen. Gefalzt in 8. 30 kr. — Derselbe mit vollständigem Strassenverzeichniss. Ebds. steif carton. 50 kr. 1882.

— neuester, d. k. k. Reichs-Haupt- u. Residenzstadt Wien u. der Vororte. Mit Angabe der Häuser-Numerirung. 1 : 12 000 15. Aufl. 1886. Chromolith qu. gr. fol. Wien, Teufen. fl. —.30, m. Strassenverzeichniss. (28 S.) In Carton fl. —.50.

— neuester, der k. k. Reichs-Haupt u. Residenzstadt Wien u. der Vororte. Mit Angabe der Häuser-Numerirg. 1:12.000. 17. Aufl. 1887. Chromolith. qu. gr. Fol. Wien, Teufen. fl. —. 30; mit Strassenverzeichniss (28 S.) in Carton fl. —.50.

Neuester Plan der k. k. Reichshaupt- und Residenzstadt Wien und der Vororte. Mit Angabe der Häuser-(Eck-)Numerirung. XIX. Aufl. 1889. 1: 12000. Quer-Fol. Chromolithogr., gefalzt Wien: Teufen. —.30
Derselbe mit Strassenverzeichniss, cart. —.50

Neuester Plan von Wien und der Vororte. 1 : 12000. Mit Angabe der Häuser-Nummerirung. XX. Aufl. 1890. Chromolith. Qu.-Fol. Gef. Wien: Teufen. —.30
Derselbe m. Straßenverzeichniß. Gef., cart. — 50

Plan, Neuester, von Wien und der Vororte. 1 : 12.000. Mit Angabe der Häuser-Nummerirung. XXI. Aufl. 1891. Chromolith. Qu.-Fol. Gef. Wien: Teufen. —.30
Derselbe m. Straßenverzeichniß. Gef., cart. —.50

Plan, neuester, d. k. k. Reichs-Haupt- u. Residenzstadt Wien u. der Vororte, m. Angabe der Häuser-Nummerirg. u. Uebersichtsplan d. XIX Bezirke (auf d. Rückseite). 1 : 12,000. Ausg. 1892. Farbendr. 50,5×59 cm. Wien, C. Teufen. * — 60
Mit Strassenverzeichniss. 8. (32 S.) In Karton * 1 —

Plan, Neuester, von Wien und der Vororte. 1 : 12.000. Mit Angabe der Häuser-Nummerirung und Uebersichtsplan der XIX Bezirke. 1 : 35.000. Ausgabe 1893. Chromolith. Qu.-Fol. Gef. Wien: Teufen. —.30
Derselbe m Straßenverzeichniß. Gef., cart. —.50

Plan, Neuester, von Wien und der Vororte. 1 : 12.000. Mit Angabe der Häuser-Numerirung und Uebersichtsplan der XIX Bezirke. 1 : 35.000. XXIV. Aufl. Ausgabe 1894. Chromolith. Quer-Folio. Gef. Wien: Teufen. -.30
Derselbe mit Straßenverzeichniß. (31 S.) Cartonnirt —.50

Plan, Neuester, von Wien und der Vororte. 1 : 12.000. Mit Angabe der Häuser-Numerirung und Uebersichtsplan der XIX. Bezirke. 1: 35.000. XXV. Auflage. Ausgabe 1895.. Chromolithogr. Quer-Folio. Gefalzt Wien: Teufen. —.30
Derselbe mit Straßenverzeichniß. (31 S.) Cartonnirt —.50

Derselbe. 1 : 12.000. Kleine Ausgabe. Quer-Folio. Gefalzt —.30, mit Straßenverzeichniß. (36 S.) Cartonnirt Wien: Teufen. 1896. .50

Plan, Neuester, von Wien und der Vororte. 1 : 12.000. Mit Angabe der Häuser-Nummerirung und Uebersichtsplan der 19 Bezirke. 1 : 35.000. 28. Aufl. Ausg. 1898. Chromolithographie. Quer-Folio. Gefalzt —.30
— — mit Strassenverzeichniss. (30 S.) Cartonnirt Wien: Teufen. —.50

Neuester Plan der k. k. Reichs-Haupt- und Residenzstadt Wien. Mit Angabe der Häuser-Nummerirung und Uebersichtsplan in XIX Bezirke. [Kleine Ausgabe in Chromolithographie ausgeführt von C. Loos.] 29. Auflage. Wien. 1899. Teufen.
Gefalzt fl. —.30, mit Strassenverzeichnis cart. fl. —.50

—— neuester, von Wien sammt den Vororten, dem Weltausstellungsgebäude und der neuen Donaustadt. Nach authent. Quellen bearb. Mit einem Verzeichnisse sämmtl. Strassen. Fol. (12 S. Text in gr. 16.) Wien 873, Manz. cart.

— neuester, von Wien u. seinen Vorstädten. gr. Fol. Kpfrst. u. color. Wien 848, Artaria & Co. n. 1 1/2 ngl

—— neuester, von Wien und seinen Vorstädten. Lithochrom. Fol. Nebst einem Wegweiser. (55 S. in 16.) Wien 853, Tendler und Comp. *

—— neuester, von Wien und seinen Vorstädten. 6. Aufl. Lithogr. qu. gr. Fol. Nebst einem Wegweiser. (60 S. in 16.) Wien 859, [Gerold's Sohn.] *

—— neuester, von Wien und seinen Vorstädten. Lithogr. gr. Fol. Mit: Wegweiser dazu. 8. Aufl. 16. (82 S.) Wien 862, Gerold's Sohn. In 16.-Carton. *

—— neuester, von Wien mit allen Vorstädten und den jüngsten Stadterweiterungen. Lithogr. und ill. gr. Fol. Mit Text. (4 S. in 16.) Wien 862, Wenedikt.
Auf Leinw. und in 16.-Carton.

—— neuester, von Wien mit allen Vorstädten und den neuesten Stadterweiterungen. Fol. Wien 868—73, Wenedikt.
In Carton

Neuester Plan der Stadt Wiesbaden. 1 : 11 000. Wiesbaden. 1 Bl. c. L.

Neuester Plan von Wiesbaden in fünffarb. Ausführung mit Strassenverzeichnis. Masst. 1:8,500. Stuttgart: W. Seifert [1906]. (1 Kartenbl. 44×55 cm.) 8° [Umschlagt. lith.] [kol.]
[Kopft.:] Neuester Beckmann-Plan von Wiesbaden. (Beckmann-Plan.)

Neuester Plan von Würzburg in fünffarb. Ausführung mit Strassenverzeichnis. Masst. 1:7,500. Stuttgart: W. Seifert [1906]; (Lith. K. Juhrisch). (1 Kartenbl. 50×41 cm.) 8° [Umschlagt.] [kol.]
[Kopft.:] Neuester Beckmann-Plan von Würzburg. (Beckmann-Plan.)

Plan, neuester, der königl. bayer. Kreishaupt- und Universitätsstadt Würzburg. Nach den Katasterplänen photographisch verkleinert und auf Grund amtl. Materialien ergänzt von Wilh. Kretschmann. Lithogr. Imp.-Fol. Ebendas. 879. ** M. 2.; color. **

Plan, neuester, d. Kreishaupt- u. Universitätsstadt Würzburg. Auf Grund amtl. Aufnahmen. 1 : 7500. Chromolithogr. qu. gr. Fol. Mit Strassenverzeichniss. 8. (4 S.) Würzb. 889, Hertz. * 1 20
Auf Leinw. * 1 80

Neuester **Plan** der Kreishaupt- und Universitätsstadt Würzburg. Auf Grund amtl. Aufnahmen. Massst. 1:7 500. *(Würzburg): E. Bauer [1901]: Zeichn., Stich u. Dr. H. Stürtz.* (1 Kartenbl. 57 × 44 cm.) 8° [kol.] [01. 12340

Plan der Stadt Neumünster mit Bebauungsplan. Aufgestellt im Stadtbauamt im Jahre 1900. 1:10 000. Neumünster. [1904.] Buntdruck. 1 Bl. Fol., zusammengefaltet in Buchdeckel. 8°

Plan der Stadt **Neu-Ruppin.** Neu-Ruppin 1866. 1 Bl. c. L.

Plan der Stadt Neutitschein. 2. Auflage, in fünf Farben ausgeführt, Format 62/77 *cm*, roh ungefalzt —.85, broschirt —.90, gebd. 1.—, auf Leinen gezogen und gebd. 1.25, auf Leinen gezogen mit Stäben 1.25
Neutitschein: Hosch 1890.

— **über die Neuverteilung des Lehrstoffes f. den protestantischen Religionsunterricht. gr. 8. (21 S.) Bayreuth (900). C. Gießel. n. — 30**

Newest **Plan** and Guide of Berlin [Neuester Plan u. Wegweiser von Berlin]. Transl. from the 32nd ed. of Griebens Guide-books, vol. 25. by Millie T. Russel. With 4 maps. Berlin: A. Goldschmidt 1906. (IV, 98, 8 S.) 8°
= **Reiseführer**, Griebens. Bd 108. [07. 8533

— **and guide,** the newest, of Vienna and environs. 12. (80 S. m. chromolith. Plan.) geb.
Wien: Lechner 1883. n. 2. 40

Plan the newest and guide of Vienna and environs. 8. (96 S. mit Stadtplan.) In Lwnd. geb. Wien: Lechner 1889. 1.20

The newest Plan and Guide of Vienna and its immediate environs. V. Edition. Vienna. 1901. R. Lechner (Wilh. Müller.) 16°. 152 S. mit 1 Karte. Geb. K 2.40. Ausgabe mit 12 Lichtdruckbildern. Geb. K 3.60

— and guide, the newest, to Vienna and environs. 8. ed. (III, 144 S.) kl. 8. Ebd. 904. Geb. in Leinw. n. 2. 40; m. 12 Lichtdr.-Bildern. n. 3. 60

— von New-York, s.: **Mitgabe** f. d. Auswanderer.

Plan von der Türkischen Gräntz-Vestung **Nissa,** im Königreich Servien, wie solche den 28. Julii 1737 an die Kayserlichen übergeben worden. 1 Bl. K.

Plan der Stadt **Nordhausen** am Harz. *Nordhausen: C. Haacke [um 1900]; Lith. K. Koch.* (1 Kartenbl. 35 × 50 cm.) gr. 2° [kol.] [03. 2848

Neuer Konstituzionsplan für die Heilkunde in Frankreich, so der Nazionalversammlung von der königlichen Gesellschaft der Aerzte vorgelegt (Nouveau plan de constitution pour la médecine en France; présenté à l'Assemblée Nationale par la Société Royale de Médecine. Dt.) und zum Behuf deutscher Aerzte ins Deutsche übers. von (Matthäus J.J.) M(ederer) v(on) W(uthwehr). 288 S., gbd.

Prag u. Leipzig: Widtmann 1791

— et guide, nouveau, de l'étranger à Vienne et dans ses environs. 12. (78 S. m. chromolith. Plan.)
Wien: Lechner 1884. n. 2. 40

Nouveau Plan et Guide de Vienne et de ses environs à l'usage des étrangers. 4. Édition. Vienne. [1901.] R. Lechner (Wilh. Müller.) 8°. 142 S. Geb. K 2.40

— **nouveau, et guide de Vienne et de ses environs à l'usage des étrangers. 6 éd. (IV, 177 S.) kl. 8. Wien (910). R. Lechner's Sort. Geb. 2. 40**

Plan der k. bayr. Stadt **Nürnberg** nach dem Stande vom 1. Januar 1878 mit den projectirten rechtskräftigen Baulinien. 1 : 5 000. Nürnberg 1880. 4 Bl. L.

Plan zu einem neuen deutschen Oberklassenlesebuch für den Kanton Bern, nach den Vorschlägen der Vorsteherschaft der Schulsynode. 24 S. 8. Bern, H. Spahr, 1904.

Plan d'Oczakow en Bessarabie assiégé par Mer et par Terre par l'Armée Russe. Pris d'Assaut le 17 Decbro 1788. Vien 1788. 1: 19,200. 1 Bl.

Plan der Stadt Offenbach. 1 : 4000. Lithogr. Offenbach 891, Steinmetz. * 1 50

Plan, offizieller, der Weltausstellung. Wien 1873. Verlag der General-Direction. Holzschn. Fol. Stuttgart 873, E. Hallberger. 60 Pf.; geb. color. *M* 1.; geb.

Plan der Residenzstadt Oldenburg mit Vorstadt Osternburg und Führer durch ihre Sehenswürdigkeiten, nebst Angabe lohnender Eisenbahn-Ausflüge im Herzogth. Oldenburg und nach Wilhelmshaven. 1 : 10,000. Fol. Mit Text auf der Rückseite. Oldenburg 875, Schulze'sche Buchh. *

Plan der Residenzstadt **Oldenburg** mit Vorstadt Osternburg. 1 : 10 000. Oldenburg (1890). 1 Bl. L.

[Umschlagt.:] [Ant. u. T.] **Plan** der Residenzstadt Oldenburg mit Vorstadt Osternburg u. Führer durch ihre Sehenswürdigktn nebst Angabe Lohnender Ausflüge im Hzgt. Oldenburg u. nach Wilhelmshaven ... 6. neu bearb. Aufl. *Oldenburg: Schulze [1897].* (1 Ktnbl. 2°) 1 Bd 8. [97. 7850

Plan von Olmütz, s. Grosse: Plan d. kgl. Hauptstadt Olmütz.

Plan des neuen Opernhauses zu Frankfurt a. M. Zinkogr. qu. Fol. Frankfurt a. M. 880, Koenitzer's Verlag. * 1 —
In photogr. Aufnahme ** 4 —

Plan zur Organisation einer höhern Bildungsanstalt für künftige Gelehrte . . . [Ronneburg 1803.] V: *Pölitz, Carl Heinrich Ludwig.* (MGT)

— the original and authentic, of San Francisco enlarged and drawn from the latest actual surveys. gr. Fol. Lith. Hamburg 851, Schuberth & Co. n. 6 *ngl*

Plan der Stadt Osnabrück. Osnabrück, 1771.

Plan des XVI. Bez. Ottakring der k. k. Reichshaupt- und Residenzstadt Wien. 1 : 5000. Herausgegeben unter Mitwirkung des Stadtbauamtes. [Colorirte Ausgabe.] Wien. 1900. R. Lechner (Wilh. Müller). 62×132 *cm* in 2 Bl. K 6.—

——, Panorama u. Karte d. Umgebungen von London. 3 Bl. Fol., nebst Register zu d. Plan. (1⅓ B.) gr. 12. Frankfurt a. M. 829, (Sauerländer.)

—— von Paris. Lithochrom. gr. Fol. Mit: Alphabetisches Verzeichniss der Strassen und Plätze etc. (16 S. in 16.) Berlin 855, Th. Grieben. *

—— der Stadt Paris mit einer kurzen Einleitung über die allmählige Vergrößerung der Stadt und Erläuterungen. qu. 4. (1 Stnt. mit 16 S. Text in br. 8.) Jena 849, Mauke. *

—— der Stadt Paris mit einer kurzen Einleitung über die allmählige Vergrösserung der Stadt und Erläuterungen. 2. Aufl. Lithogr. qu. 4. (16 S. Text in ·· 8.) Jena 857, (Mauke.)

Perspectivischer Plan der denckwürdigsten Schlacht bey Vilmergen so auf Jacobi 1712 zwüschen des Lobl. Canton Bern im Frey-Amt gestandenen Armee: Und der gesamten Macht der Fünff Alt-Catholischen Orten vorgegangen; da die Berner über ihre fast doppelt so starke Feind eine völlig u. glorwürdigste Victori erhalten. Flugblatt: Kupferstich. A. B. S. Helv. Bern. del. I. A. Corvin .sc. Darunter 4spalt. Typentext. (Augsburg 1712.) Gr.-Fol. 50.—

Seltenes historisches Flugblatt. Oben Darstellung des Schlachtplanes, darunter das Berner Wappen mit kriegerischen Emblemen. Unter den Namen der Führer erscheinen: v. Dießbach, v. Sacconay, Manuel, Pfeiffer.

Plan von Pesth und Ofen. 1 Bl. 5¼" hoch, 8" breit. Winkler sculp. auf Kupfer. Druck von J. Tyroler. Pesth. 1854.

Plan der R. Vestung Philippsburg nebst der feindlichen Belagerung Retrenchement und Attaque vom 23. May bis den 18. July, wie auch dem Kayserlichen und Französischen Lager von einem fürnehmen Ingenieur verzeichnet und ausgefertiget von Homannischen Erben. Nürnberg Anno 1734. 1 : 17,600. 1 Bl.

Plan von der Gegend Philippsburg samt belagerung vom 23. Mai bis 18. Juli hrsg. v. Homann's Erb. 2 Pläne, 1 Ordre de bataille u. 1 Plan der Vertheidigungswerke. Fol. Nürnberg 1735.

Plan der königlichen Stadt Pilsen. Massst. 1:28 920. [Mit 1 Nebenkarte.] Pilsen: A. H. Bayer [1902] ; Lit. L. Küche. (1 Kartenbl. 40x31 cmmit Legende.) 8⁰ [kol.]

Plan der Stadt **Pirna** einschliesslich der projectirten neuen Strassen und der königlichen Heilanstalt Sonnenstein. (1885). 1 Bl. c. A.

Plan pittoresque de la ville de Paris. Hergest. unter Aufsicht und nach Angaben des Prof. Dr. L. E[mil] Rolfs, Dir. zu Rheydt. *Leipzig: Renger (1900).* (6 Kartenbl. je 64 × 54 cm., 4 S.) gr. 2° [Umschlagt.] (.. 4868

Pittsburg — Plan v. — u. Umgebungen. Weimar 1828. 1 : 19,000. 1 Bl. a. d. W. Herzogs Bernhard von Sachsen W. Reise nach Nord-America.

Plan von Pola. 1:5000. kol. 59 × 57 *cm* K 1.50
Pola: Schrinner 1905.

Plan du port et ville de Louisbourg dans l'isle royale (Breton). 4. Nürnberg 1758.

Plan von Potsdam nebst einem Führer durch Potsdam und seine Umgebungen. (29 S. in 16.) Mit 50 Hauptansichten. Stnt. Imp.-Fol. Berlin 856, Hirsch. Thlr. —

—— von Potsdam nebst einem Führer durch Potsdam und seine Umgebungen mit 50 (eingedr.) Hauptansichten. Lithogr. Imp.-Fol. (27 S. Text in 16.) Berlin 857. [Hamm, Grote'sche Buchh.] In 16.-Carton.

Plan von der sogenannten Insel **Potsdam** nebst den umliegenden Gegenden mit allerhöchster Königlicher Verwilligung herausgegeben im Jahr 1787. 1 Bl. c. K.

— von Potsdam u. Umgegend. 4. Lith. Berlin 850, Th. Grieben. 3 *ngl*

Plan von Potsdam und Umgegend. 1:12,500. 4 Bl. Fol. Potsdam 868, Riegel. [Stein.] * *M* 4.; color. *

— von Potsdam nebst Umgegend nach der Origin.-Aufnahme der topograph. Abth. des grossen Generalstabes vom J. 1848 gravirt u. im Farbendr. ausgeführt im Königl. lith. Institut zu Berlin. Maasst. 1/25000. Blatt I. gr. Fol. (Berlin 850, Schropp & Co.) n. 1⅓ *ß*

— von Prag. qu. gr. 4. Lith. u. color. Berlin 850, Th. Grieben. ⅓ *ß*

—— von Prag und der nächsten Umgebung, ergänzt und umgearb. von Jos. Grafnetter. 1:11,520. Chromolithogr. Imp.-Fol. Prag 877, [Verlag der Bohemia.] Haase. In Carton *

Plan des k. k. Praters mit Markirung der den Radfahrern bewilligten Fahrwege. — 1:8640. Lithographie. Grösse 66 × 79 *cm*
Wien: Hof-u.Staatsdruck.1896. —.40

Plan des k. k. Praters mit den Routen zur Benützung für Radfahrer. 2. Aufl. Chromolithographie —.40
Wien: Hof-u.Staatsdruckerei 1897.

— des k. k. Praters für Radfahrer. Herausgegeben unter Mitwirkung des Oesterr. Touring-Club. Maßtab 1:10.000. 47 × 62 *cm* Chromolith. —.25, auf Lnwd. —.50
Wien: Lechner(Müller) 1897.

— von Pyrmont. Fol. Hannov. Hellwing. 1795, berichtigt im J. 1816. schwarz illum.

Plan eines Quartier-Standes im Bisthum Paderborn. 1 Bl. K. v.

Plan de la ville Quebec, 4. Nürnberg 1756.

Plan der Grossherzogl. Badischen Stadt **Rastatt**. 1:4 500. Rastatt (1895). 1 Bl. c. L.

Plan von Rauschen. 1:5,000. Unter Mitw. von Dr. [Eduard] Loch, Königsberg, bearb. von d. Ostdeutschen Eisenbahn-Ges. *[Königsberg 1901.]* (1 Kartenbl. 40 × 59 cm.) 8° [Kopft. F.] (.. 8531 10

Plan der Real-Encyclopädie des Judenthums . . . Krotoschin 1844. V: *Cassel, David & Moritz Steinschneider.* (Literaturbl. des Orients 1844. Nr. 31, S. 494.)

— der Real-Encyclopädie des Judenthums. Zunächst für die Mitarbeiter. 12. Krotoschin 844. (Leipzig, C. L. Fritzsche.) n. ⅙ *ß*

— p. réformer la Justice, que le Roi de Prusse a dressé par s. propr. lumières. 12. Leipz. (Waisenh. Buchh. Halle.) 750.

Plan von **Regensburg**. 1 : 11 400. Regensburg (1887). 1 Bl. c. L.

Plan von **Regensburg** (1 : 7 500) nebst einer Karte der Umgegend von Regensburg (1 : 200 000). Regensburg (1890). 2 Bl. c. L. Sch.

Plan der Stadt **Regensburg**. Regensburg 1840. 1 Bl. L.

Plan von **Regensburg** u. Stadtamhof. Massstab 1 : 7.500. (6. Aufl.) *(Regensburg: H. Bauhof 1900.)* (1 Kartenbl. 40 × 26 cm.) 8° (.. 11431

Plan von **Regensburg** mit seinen Umgebungen. Bearbeitet im topogr. Büreau des Kön. bayer. Generalquartiermeister-Stabs. 1829. 1 Bl. K. Ff.

— der französ. Regierung, die kathol. Religion zur alleinherrschenden ꝛc. zu machen, s. Vereinigung aller Religionen.

Plan, Der, der französischen Regierung, die katholische Religion zur alleinherrschenden in Europa zu machen . . . Dorpat 1807. V: *Horn, Johannes von.* (Ky) (MGT) (R-N)

Plan der Stadt Reichenbach (i. V. nebst Strassen-Verzeichniss). *Reichenbach i. V.: Haun & Sohn [1901].* (1 Kartenbl. 29 × 27 cm.) 8° [kol.]

Plan von Reichenberg in 3 Farben. Maasstab 1 : 5760. Placatform. in 8. gefalzt u. geb. 50 kr. A. Schöpfer in Reichenberg. 1881

Plan der Stadt Reichenberg. 1 : 7500. 48 × 46 *cm.* gefalzt in Umschlag
Reichenberg i.B.: Sollors 1903.

Plan der Stadt Reichenberg nach der neuesten Regulirung. 1858. 1 Bl. H. 1' 9". Br. 2' 4". Massst.: 1 Wr. Zoll gleich 40 Wr. Klftr.
Die fünf Stadttheile sind durch Farben unterschieden; die Häuser numerirt, die vorzüglichen Gebäude in einem Verzeichnisse ersichtlich gemacht, dabei eine kurze statistische Erklärung. — Die Karte bildet eine Beilage des Werkes: Adress-Buch der Stadt Reichenberg von A. Anschiringer. *Reichenberg. H. T. Stiebel.* (VIII, u. 68 S., 12°.)

Plan des königl. **Reichswalds, Oberförsterei Cleve, eingetheilt in sieben Förstereien. Lithogr. und color. gr. Fol. Cleve 879, Knipping.**

Plan eines Religions-Unterrichtes für junge Herren. [Zürich] 1772. V: *Pfenninger, Johann Conrad.* (CLZür Forts. II)

Plan von Remscheid. *(Remscheid): W. Witzel [1901].* (2 Bl., 1 Kartenbl. 25 × 21 cm.) 8° [kol.]
[Umschlagt.] Neuer Plan von Remscheid.

Plan der Stadt **Remscheid.** 1 : 18 000. Remscheid 1891. 1 Bl. c. L. Sch.

Plan von **Rendsburg.** Nach den neuesten Aufnahmen und mit der Lage des Nord-Ostsee-Canals. 1 : 5000. Rendsburg 1888. 1 Bl. c. A.

— zu einer Renten-Anstalt für unvermögende Personen als ein wirksames Mittel, sowohl gegen die zunehmende Verarmung des Volkes, als auch zur Beförderung der Eisenbahnbauten od. anderer gemeinnütziger Einrichtungen. (von C. Männling). gr. 8. (2 B.) Berlin 842, Stuhr'sche Buchh. *

— einer Reorganisation der preussischen Artillerie. Von A. Z. gr. 8. (19 S.) Berlin 872. Luckhardt. — 60

Plan zur Reorganisation der Feuerlösch-Ordnung für die Stadt Breslau. Breslau o. J. V: *Hoffmann, Ernst.* (Kat. d. Druckschr. üb. Breslau. Breslau 1903. S. 108.)

Plan der Rhede von Sinope, mit Bezeichn. des daselbst stattgefundenen Kampfes, d. 18./30. Nov. 1853. Berlin 1854.

Plan über die Richtung der Eisenbahn (zwischen Flensburg und Husum) und Grundriss von Flensburg, Husum und Tönningen. Flensburg. 1841. Lithogr. 1 Bl. Fol., 29,3/42,5 cm.

Plan der Stadt **Riga** und deren Umgebung. Maßst. 1 : 37,800. [Mit 1 Nebenkarte.] [Nebst] Verzeichnis d. Straßen ... *Riga: N. Kymmel (1903); F. A. Brockhaus' Geogr.-art. Anst., Leipzig.* (1 Kartenbl. 40 × 43 cm. 6 Bl.) 8° [kol.]

Plan der Stadt **Rostock** nach neuestem amtlichen Material bearb. (Mit Strassenverz. u. prakt. Notizen.) [Massstab ca. 1 : 15,000.] *Rostock: H. Koch [1900]; [Lith.] Adlers Erben.* (8 S., 1 Kartenbl. 37 × 25 cm.) 8° [kol.]

Plan des XIV. Bez. Rudolfsheim der k. k. Reichshaupt- und Residenzstadt Wien im Maße 1 : 5000. Herausgegeben unter Mitwirkung des Stadtbauamtes. [Colorirte Ausgabe.] [Wien. 1900.] R. Lechner (Wilh. Müller). 1 Bl. 60 × 49 *cm.* K 3.—

Plan der Stadt **Saalfeld** nebst Alt-Saalfeld. Saalfeld. 1 Bl. L.

Plan der königl. Stadt Saaz. 1 : 5000. 38 × 46 *cm* **in Umschlag K —.50**
Saaz: Kern 1903.

Plan der Landeshauptstadt Salzburg. 1 : 10.000 K —.20
Wien: Freytag & Berndt 1909.

Plan für die systematische Sammlung der Provinzialgesetze als Codex. [Riga 1819.] V: *Buddenbrock, Gustav Johann v.* (R-N) (MGT)

Plan der Stadt St. Gallen. Mit Strassen-Verzeichnis. 1 Bl. quer-fol. + 6 S., *in illustr. Umschlag,* 8. Zürich, Orell Füssli, [1907]. fr. —.50
Titel auf dem Blatt: Plan von St. Gallen. Maasstab ca. 1:6000. 361/522 mm. Art. Institut Orell Füssli Zürich. — *Rückseite des Bl. teilweise bedruckt.*

Plan von **Sanct Johann.** 1 : 2 500. Saarbrücken 1880. 1 Bl. c. L.

— von St. Petersburg, mit Erklärung. gr. Fol. Weimar 826, Geogr. Instit.

Plan von **St. Petersburg.** 1840. 1 Bl. K. und Text.

Plan der Kaiserlichen Residenz-Stadt **St. Petersburg.** Berlin 1827. 1 Bl. c. K.

Plan von St. Pölten. 1 : 7500
Wien: Freytag & Berndt 1909.

Plan von Sarajevo. Reduction der Kataştral-Aufnahme aus dem J. 1882. Ausgeführt unter specieller Leitung des Vermessungs-Directors durch eine Arbeitspartie der VI. Abthl. 1 : 3,125. 15 (chromolithogr.) Bl. mit Titel. qu. gr. Fol. Wien 884, (Lechner's Sortiment.) * — 30

Plan einer Sammlung: Satyren der Teutschen. Fulda u. Nürnberg [1791]. V: *Schmid, Christian Heinrich.* (ML)

Plan von Schäßburg. 1 : 10.000 K —.20
Kronstadt: Zeidner 1909.

Plan von der Schlacht bey Auerstädt den 14. October 1806. Weimar. 1807. 1 : 35,000. 1 Bl. a. d. W. „Operationsplan der Preussisch-Sächsischen Armée 1806 von C. v. W."

Plan der Schlacht bei Austerlitz am 2. Dezember 1805. (1 Plan in 1 Schuber.)
Fol. (Ohne Druckort zirka **1816.**)

— der glorreichen Schlacht bey la belle Alliance **am 18. Juny 1815.**
Leipz.: Ind.Comt. 1815.

[Plan der] Schlacht -an der Kolding Aue zwischen der dän: und der schlesw: holst: Armee am 23. April 1849. o. O. u. J. Lithogr. 1 Bl. Imp.-Fol., 72/51 cm.

Plan der Schlacht bei La Belle Alliance, am 18. Juni 1815, nebst Beschreibung. gr. 8. Berl. Dunker u. H. 815. Rthlr.

Plan von der Schlacht bey und in der freyen Hanse-Stadt Lübeck am 6ten November 1806. Entw. v. S. o. O. u. J. Kupferstich. 1 Bl. Fol., ca 53/42,6 cm (beschn.)
Mit 2 Nebenkärtchen: Travemünde und Karte von dem Gebiete der freyen Hanse-Stadt Lübeck, die letzter politisch koloriert.

Plan der Schlacht bei Paris am 30. März 1814. Wien 1841. V: *Rothenburg, Fr. R. von.* (Pr)

Plan von der Schlacht bey Villmergen, samt e. kurzen Relation.

Plan der Schlacht bey Wilmanstrand u. Eroberung dieser Festung, nebst Beschreibung. (1741.)

Plan von den Schlachten bey Ligny und Belle-Alliance am 16. u. 18. Juny zwischen den alliirten Armeen unter den Befehlen des Fürsten Blücher von Wahlstadt und Herzogs von Wellington gegen die vereinigte französische Armee unter Anführung Napoleons, nebst den übrigen an diesen Tagen vorgefallenen Gefechten. Weimar im geogr. Institut. 1 : 170,000. 1 Bl. mit Beschreibung.

— d. glorreichen Schlacht bei Ligny u. La Belle Alliance, am 16. u. 18. Juni, nebst ausführl. Beschreib. Fol. Leipz. Ind. Comt. 815. color.

Plan des Schlachtfeldes von Königgrätz. Hrgg. vom Kgl. Preussischen Generalstabe. 1:25 000. Berlin. 1867. Photolithographie und Farbendruck. 4 Bl. Fol., 51,8/40,6 cm.

Plan des Schlachtfeldes von Schleswig. Unter Zugrundelegung des vom Major Vogel v. Falckenstein im Jahre 1848 aufgenommenen Plans erweitert und berichtigt in der topogr. Abtheilung des Königl. Preuss. Generalstabes. 1863. 1:15 000. Berlin. Farbendr. 1 Bl. Gross-Fol., 57/76 cm (beschn.) 8°

Plan des Schlachtfeldes von Schleswig. Unter Zugrundelegung des von Vogel v. Falkenstein 1848 aufgen. Plans erweitert u. berichtigt. fol. Berlin 1864. 3.00.

„Plan von der ökonomischen und Kameralschule, welche mit Kurfürstlich gnädigster Erlaubnis den 3. Oktober 1774 in Lautern wird eröffnet werden". Von der Kurpfälzisch-ökonomischen Gesellschaft in Lautern herausgegeben. Mannheim, gedruckt in der Hof- und Akademie-Buchdruckerei. — Vorh.: UB Heidelberg.

Plan einer republikanischen Schule. O. O. [1798]. V: *Stapfer, Johann Jacob.* (Cat. d. Stadtbibl. Zürich. Zürich 1864—97.)

Plan d. Stadt Schweidnitz. Steindr. 22×19 cm. Mit Strassenverzeichnis am Rande. Schweidnitz 892, Heege. — 30

Plan der Stadt Schwelm (nebst alphab. Verzeichnis sämtl. Straßen, Plätze, öffentl. Gebäude usw.). Nach amtl. Quellen bearb. Maßst. 1:5,000. *Schwelm: M. Scherz [1904].* (1 Kartenbl. 57×53 cm mit Legende.) 8° [lith.] [kol.] 104. 16304

— secret de la descente des François en Angleterre et en Irlande, tiré du Portefeuille d'un tacticum connuarné d'un plan géographique. 8. Braunschw. 803. (Leipz., Schönemann). 6 gl. Hbg. Pr. 1 gl.

Plan for securing to British North-America a larger shore than heretofore it has received ... [Berlin 1860.] V: *Sturz, Joh. Jac.* (CBH)

Plan du Siege de Corfu par Terre et par Mer avec la Situation de deux Flottes Venitienne et Ottomanne depuis le jour de L'entrée de celle des Ottomans dans le canal le 25me de Juillet jusqu' au 26me d. Aout 1716, Jour de sa retraite. Nürnberg par J. B. Homann etc. 1 : 55,000. 1 Bl.

—— der Siegesstrasse beim Einzuge Kaiser Wilhelms mit dem deutschen Heere. Berlin, am 16. Juni 1871. Fol. Berlin [Breslau] 871, Hoffmann.

Plan des XI. Bezirkes Simmering der k. k. Reichshaupt- und Residenzstadt Wien. Im Masse 1 : 5000. Herausgegeben unter Mitwirkung des Stadtbauamtes. [Colorirte Ausgabe.] Wien. [1901.] R. Lechner (Wilh. Müller). 128 × 152 *cm* in 4 Bl. K 12.—

Plan d. Sitzungssaales d. Abgeordnetenhauses. X. Session. April 1887. Placatformat. Wien, Hof- u. Staatsdruckerei. Unaufgez. fl. —.10.

Plan des Sitzungssaales des Abgeordnetenhauses. XI. Session. April 1891. Placatformat. Unaufgezogen —.10
Wien: Hof-u.Staatsdruck.1891.

Plan des Sitzung-Saales der preußischen constituirenden National-Versammlung in der Singacademie zu Berlin. Gezeichnet v. F. Simony. Buchhandlung von E. Schneider und Co. 1 Bl.-Fol.
Flugblatt. Berlin, 22. Mai 1848.

Plan für die Sonntagsschule in Flensburg. Flensburg 1815. V: *Schütt, Johann Friedrich.* (LS)

Plan von Spandau und Umgegend. 1 : 12 500. Spandau 1896. 1 Bl. 1..

—— Specialkarte der Umgegend von Kiel. Nach Reymann's topograph. Specialkarte von Central-Europa. 1 : 200,000. Fol. Glogau 873, Flemming. *M 1.; aufgez. *

Plan des I. Bezirkes Innere Stadt. 1 : 2500 auf Leinwand mit Stäben K 20.—
Wien: Freytag & Berndt 1909.

Plan des I. Bezirkes Innere Stadt der k. k. Reichshaupt- und Residenzstadt Wien im Masse 1 : 5000. Herausgegeben unter Mitwirkung des Stadtbauamtes. [Colorirte Ausgabe.] [Wien. 1901.] R. Lechner (Wilh. Müller). 1 Bl. 60 × 49 *cm*. K 8.—, auf Leinen in Mappe K 4.50

Plan d. Stadt-Theaters zu Strassburg i. E. Holzschn. qu. 8. Strassburg 883. v. Wilmowski. n.n. — 15

Plan und Statuten zur Gründung einer Sächsischen Armenkolonie in Michigan oder Illinois. Grimma 1840. V: *Bär, J. C.* (Ky)

Plan und Statuten zur Gründung einer Sächs. Armenkolonie in Michigan oder Illinois. (Von Bär.) gr. 12. Grimma 840. Verlags-Comptoir. 1/8 Thlr

— u. Statuten zur Gründung einer Sächs. Armenkolonie in Michigan oder Illinois. 8. Grimma 841, Verlags-Compt. n. 1/12 Thlr

Plan von Steglitz. Nach dem Bebauungsplan angefertigt. (1894). 1 Bl. c. A.

Plan von der Düppeler Stellung. 1.—4. Aufl. 1:33000. Berlin 1864. 0.50.

Plan von S t e n d a l , Haferbreite u. Röxe. Massst. 1:7500. Stendal: Franzen & Grosse [1901]; Lith. H. Hoffmann, Salzwedel. (1 Kartenbl. 38x55 cm mit Legende.) quer-gr. 2° [kol.]

— von Stettin. qu. gr. 4. Lith. u. color. Berlin 850, Th. Grieben. 1/3 Thlr

Plan von Stettin. Nach den neuesten amtl. Aufnahmen bearb. 1:10,000. Chromolithogr. qu. Fol. Stettin 889, Nagel. * — 50

Plan von Stettin und Umgegend. 1:10 000. Stettin 1873. 1 Bl. c. L.

Plan von der Stadt S t o l p . Massst. 1:5000. Berlin [1901]: B. Gisevius. (1 Kartenbl. 65x72 cm.) gr. 2° [kol.]

Plan von Stralsund. 1:7000. (1889). 1 Bl. Zinkätzung.

Plan der Stadt Strassburg von 1:5000 mit Uebersichts-Plan der nächsten Umgebung von 1:40,000. Fol. Strassburg 878, Seitz und Miller.

—— dass. — 1:5000. Colorirt mit Eintheilung in Reviere, sowie mit Bezeichnung der dem Gouvernement gehör. Gebäude, nebst Uebersichtskarte der Umgebung von Strassburg. qu. gr. 4. Strassburg 874, Schultz und Comp. *

Plan der Stadt Strassburg. Mit Eintheilung der Reviere und Bezeichnung der öffentl. Gebäude, nebst Karte der Umgebung von Strassburg. (Lithogr. und) color. und mit Einzeichnung der neuen Enceinte. qu. Fol. Mit Strassenverzeichniss. gr. 16. (4 S.) Strassburg 877, Bensheimer. *

Plan der Stadt Strassburg. Aufgestellt nach d. amtl. Bebauungsplan. Massst. 1:7500. 9. Aufl. *Strassburg i. E.: W. Heinrich 1901.* (7 S., 1 Kartenbl. 39×64 cm.) 8° [Umschlagt.] [farbig] [01. 9172]

Plan der Stadt Straßburg aufgest. nach d. amtl. Bebauungsplan. Maßst. 1:7,500. (Große Ausg. mit d. Hafengebiete u. e. Teil d. Vororte sowie e. Umgebungs-Kärtchen im Maßst. 1:125,000.) [Nebst] Verzeichnis d. Straßen u. Plätze ... (5. Aufl.) *Straßburg i. E.: W. Heinrich (1903); Lith. d. Michel.* (2 Kartenbl. 92×56 u. 25×22 cm, 8 S.) 8° [kol.]

Plan der Stadt Strassburg aufgestellt nach d. amtl. Bebauungsplan. (Grosse Ausg. mit d. Hafengebiete u. e. Teile d. Vororte ... sowie e. Umgebungskärtchen im Massst. 1:125,000. 8. Aufl.) Maßst. 1:7,500. [Nebst] Verzeichnis d. Strassen ... (Strassburg i/Els.: W. Heinrich 1906; Lith. A. Michel.) (1 Kartenbl. 92×56 cm, 1 Kartenbl. 24×22 cm, 8 S.) 8° [kol.] Umgebungskärtchen [u. d. T.:] Strassburg u. Umgegend. Zeichn. v. Ed. Gaebler. [06. 8434]

—— der Stadt Strassburg nebst Umgegend. Fol. Mannheim 878, Bensheimer.

Plan zu einer gleichmässigen auf allen Universitäten der österreichischen Monarchie zu beobachtenden Studienordnung in Bezug auf Arzneykunde, Wundarzneykunst und Pharmacie. [Wien 1803.] V: *Stifft, Andreas Joseph Freiherr von.* (EB)

Plan zu einer gleichmässigen auf allen Universitäten der österreichischen Monarchie zu beobachtenden Studienordnung, in Bezug auf Arzneykunde, Wundarzneykunst und Pharmacie. (Wien: 1804)

s.: (Stifft, Joseph Andreas Freiherr von)

Plan des academischen Studiums der evangelischen Theologie in Bezug auf Benutzung der Vorlesungen und Theilnahme an den Seminarübungen. (*Am Ende:* Publicirt Bonn, d. 22 Oct. 1837. Die Ev.-Theol. Fac. d. Rheinischen Friedrich-Wilhelms-Universität *etc.*) Bonn, gedr. bei C. Georgi [1837]. 8 S. 4. ¶ Wieder abgedr. bei Koch, Preuss. Univ. II 1840 S. 235 ff.

Plan des academischen Studiums der evangelischen Theologie in Bezug auf Benutzung der Vorlesungen und Theilnahme an den Seminarübungen. (*Am Ende:* Publicirt Bonn, d. 22 Oct. 1837. Die Ev.-Theol. Fac. d. Rheinischen Friedrich-Wilhelms-Universität *etc.*) Bonn, gedr. bei C. Georgi [1844]. 8 S. 4. ¶ Wohl Neudruck d. Ausg. v. 1837.

Plan des academischen Studiums der evangelischen Theologie in Bezug auf Benutzung der Vorlesungen und Theilnahme an den Seminarübungen. (*Am Ende:* Publicirt Bonn, d. 22 Oct. 1837. Die Ev.-Theol. Fac. d. Rheinischen Friedrich-Wilhelms-Universität *etc.*) Bonn, gedr. bei C. Georgi [1855]. 8 S. 4. ¶ Wohl Neudruck d. Ausg. v. 1837.

[*Kopft.*] Plan des akademischen Studiums für evangelische Theologen. (*Am Ende:* Bonn, d. 20 März 1866. Die Ev.-Theol. Fac. d. Rheinischen Friedrich-Wilhelms-Universität *etc.*) (Bonn, Druck v. C. Georgi) [1866]. 13 S. 4.

[*Kopft.*] Plan des akademischen Studiums für evangelische Theologen. [Hrsg. von der ev.-theol. Fak. d. Rheinischen Friedrich-Wilhelms-Universität.] (Bonn, Univ.-Buchdr. v. C. Georgi) [1880]. 8 S. 8.

Plan von Stuttgart. 1:10 000. Stuttgart (1885). 1 Bl. c. L.
Desgl. von 1891, bearbeitet vom städtischen Strassenbauamt. 1 Bl. c. L. NC.

Plan von Stuttgart. 1891. Bearb. vom städt. Strassenbauamt. 1:10,000. Farbendr. 68,5×80 cm. Stuttg. 891, (Herm. Wildt). ** 2 50

Plan von Stuttgart mit Höhenkurven und Strassenprojekten von 1869. 70. 71. 73. grfol Stuttgart 1869-73

Plan von dem S u n d , grossen und kleinen Belt an der Ost-See, den dasigen Kriegs-Schauplatz der vereinigten Französischen, Dänischen u. Russischen Armee-Corps gegen Schweden darstellend. o. O. 1808. Kupferstich, kol. 1 Bl. Fol., 34,4/41,7 cm.

Plan des englischen Systems unter dem Namen der alten Observanz. [Rudolstadt ca. 1805. 1806.] H: *Schröder, Fch. Ludwig.* (wolfstieg II, 532)

Plan eines T h e i l s der sogenannten märkischen Schweiz. (Umgegend von Buckow). 1:6750. Berlin. 1842. Farbendruck. 1 Bl. Fol., 39/53 cm (bechn.).

— von den auf beiden Ufern der Oder gelegenen Theilen d. Stadt Frankfurt a. O. gr. Fol. Lith. Frankfurt a. O. 848, Koscky & Co. n. 1/3 Thlr Color. n. 2/3 Thlr

Plan von Teplitz und Schönau. Verlag von J. W. Pohlig in Teplitz. 1853.

Plan des Territorii der freien Stadt Danzig. Danzig 1808. 1 Bl. c. K.

Plan von dem ehemaligen Danziger Territorio und den Prätensionen der Stadt Danzig. 1807. 1 Bl. c. Hz. Ff.

Plan von Thale nebst Umgebung. Hrsg. v. Verkehrsbureau Thale a/H. *Thale: Verkehrsbur. 1903.* (1 Kartenbl. 41 × 32 cm.) quer-4° [kol.] 03. 19630

— des Friedrich-Wilhelmstädtischen Theaters in Berlin. 4. Lith. Berlin 850. Th. Grieben. 1/12 ℛ

Plan des Theissthales. 1873. 2 Atl. gr. fol. 321 Bl.

— ein, die National-Schulden aller Nationen Europa's zu tilgen. Entworfen v. Amicus Aulae. 8. 814. (Berlin, Schnitzer.) 1/8 ℛ

Plan zu einer Tontine oder Leibrenten-Societät zu Copenhagen . . . Copenhagen 1800. V: *Tetens, Joh. Nic.* (Bruun, Bibl. Danica II, 786.)

—— topograph., d. Stadt Baden. Aufgenom., gez. u. ausgearb. durch Weinedel. Gest. v. J. B. Seitz. Roy.-Fol. (M. 1 Bl. Erklär. in franz., deutsch. u. engl. Sprache, Fol.) Carlsruhe 831, Velten.

— u. Tafel, topographischer, d. Schweizer-Eidgenossenschaft, enthalt. die Lage, d. Religion, Bevölkerung u. Contingent der 22 Cantone, so auch die Entfernung d. Hauptorte v. einander. gr. Imp.-Fol. Bern 828. Jenni. 12 ℛ

Plan von Torgau. (Stadtrohrnetz des Wasserwerks). 1:4800. Torgau (1889). 1 Bl. c. L.

Plan der Stadt Torgau. 1:1250. Farbendr. 71×80 cm. Ebd. 892. * 3 —

Plan eines Trauerspiels, Dion. Altdorf 1765. V: *Will, Gg Andreas.* (will)

Plan von Travemünde und Umgebung. 1:10000. 1 Bl. c. L. nebst Text.

Plan von Triest. Chromolith. qu. fol. Wien, Hartleben. In Leinw.-Carton fl. —.40. 1886.

Plan von Triest. Unaufgezogen. Gefalzt —.80
Triest: Dase 1892.

Plan von Triest. 2. Aufl. 39 × 28 *cm.*
In Leindwand-Carton gefalzt
Wien: Hartleben 1902.

Plan der Stadt Tübingen nach amtlichem Material bearbeitet. Maßst. 1:5000. *(Tübingen: J. J. Heckenhauer [1904].)* (1 Kartenbl. 53 × 50 cm.) 8° [kol.]
[Umschlagt.:] Neuester Plan d. Stadt ... 04. 9.13

Plan für das Turnen der Musterriegen für 28.—30. 7. beim 7. Deutschen Turnfest München 1889, München 1889, 22 Bl., Quer-8°.

Plan für das Turnen der Musterriegen auf dem 8. Deutschen Turnfest Breslau 22.—24. 7. 1894, Quer-8°.

Plan des 3. Deutschen Turnfestes zu Leipzig 2.—5. 8. 1863, n. Festprogramm, Leipzig 1863, 30 S., 8°.

Plan für das 4. Turnfest der Vereine von Niederösterreich, Oberösterreich und Salzburg in Krems, 4.—5. 6. 1865, Krems 1865, 15 S., 1 Bl., 8°.

Plan der Turnhalle in Küps, Erdgeschoß, Seitenansichten, Vorderansicht, Rückansicht, Längsschnitt, 5 Bl.

Plan des Turnplatzes in München (Lithogr.), 1 Bl.

— des vierten Ueberganges über d. Rhein ꝛc. Fol. Neuwied, Gehra. 797.

Plan des Dresdener Ubungsplatzes. Bearb. von d. Abt. f. Landesaufnahme d. Kgl. Generalstabes 1903. Hrsg. 1904. 1:8,000. ([Dresden: Generalstab] 1904.) (1 Kartenbl. 44×45 cm.) [gestochen.] 06. 3701

Plan der Bundesfestung Ulm. 1:8000. Ulm 1859. 1 Bl. c. L.

Plan der Stadt und Festung Ulm und Neu-Ulm. 1:10000. (Ulm 1890). 1 Bl. L.

— u. Umgebung von Linz u. Lage der Maximilians-Thürme. Fol. Lith. Passau 850, Pustet. n. 8 ngℛ

Ofen-Pest — Plan der Umgebung von —. Aufgen. u. herausg. durch die Gen. Quart.-Stb.-Abtheil. der III. Armee. 1852. Lith. bei Walzel, Pest. 57,600. 2 Bl.

— u. nächste Umgebung von Passau nebst Festung Oberhaus. Fol. Lith. Passau 850, Pustet. n. 1/3 ℛ

Plan der Umgebungen von Sewastopol, mit Angabe der Stellungen und Belagerungsarbeiten der verbündeten Armeen. 1:75000. Glogau 1855.

Plan der Umgegend der Stadt und Festung Graudenz. Fol. Ebendas. 873. *

— der Umgegend von Neisse. Maasstab 6 dec. Zoll eine Meile. Fol. 4 lith. Bl. (Neisse 850, Burckhardt.) n. 1 1/3 ℛ

Plan, Untrüglicher, einem jeden in k. k. Diensten stehenden Diener, er sey Militair oder Civilstand, wenn er fünf Jahre gedient hat, eine Pension ... zu erzielen.
Wien: Ghelen 1781. 16 S.

Plan der französischen Festung Valenciennes, wie sie von der K. K. und K. Englischen, wie auch Hannoverischen alliirten Armée den 13. July 1793 förmlich angegriffen und mit Ende July erobert worden ist. Augsburg bey Joh. Walch in Augsburg. 1 : 7,400. 1 Bl.

Plan der königl. Stadt Venedig. Venedig. typogr. lit. kalkogr. Buchhdlg. 1852. 1 Bl.

Plan zur Verbesserung des Armenwesens in den Provinzialstädten und auf dem platten Lande des Herzogthums Magdeburg; ein Handbuch für alle die, welche mit der Armenpflege zu thun haben; angefertigt bei Gelegenheit des für diese Provinz zu etablirenden Zwangs-Arbeitshauses. *Magdeburg, Keil.* 1804

Plan zur Verbesserung des Armenwesens für die Provinzialstädte und das platte Land des Herzogthums Magdeburg. 8°. Magdeburg 1804.

Plan z. Verbesser. d. Armenwes. f. d. Herzogth. Magdeb. 8. Magdeb. Keil. (Heinrichshofen.) 805.

— ub. d., u. f. Verhältnisse z. Sylvanus. 8. Marburg, Krieger. 794.

Plan der oesterreichischen Verschanzungen bei Chlum. 1:6250. (Berlin.) o. J. Heliographie. 1 Bl. Fol., 60/47,5 cm.

Plan einer algemeinen Versorgungs-Anstalt, zu Copenhagen unter Sr. Kgl. Majestät allerhöchster Garantie. — Copenhagen 1796: Møller. 100 S. 8° (4°)

— des Volksschulgartens der evangelischen Volksschule in Hetzeldorf. Lith. qu. Fol. Hermannstadt 878. Filtsch. n. — 60

Plan der Volkszählung in Livland. Riga 1866. V: *Oettingen*, *Alexander v.* (Kat. d. stat. Bureaus. Dresden 1890.)

Vollständig bester und Neuester **Plan** von Wien (mit d. neuesten Bezirks Einteilung. Maßst. 1:14 500. 4. Aufl.). [Nebst] Straßenverzeichnis ... (Wien): A. Hartleben [1906]; (Kartogr. Anst. Th. Bannwarth). (1 Kartenbl. 75×68 cm, 15 S.) 8° [lith.] [kol.] [06. 11670

—— vollständiger, der Wiener Weltausstellung. — Plan of the International Exhibition at Vienna. — Plan de l'exposition universelle à Vienne. Fol. (16 S. Text in 8.) Wien 873. Hügel. *

Plan zu Vorarbeiten für ein Idiotikon der siebenbürgisch-sächsischen Volkssprache. Kronstadt 1865. V: *Haltrich*, *Joseph*. (EB)

Vorläufiger **Plan** zu einer Vereinigung sämmtlicher mit uns verbundenen g. u. v. ▭ die zweckmässigere Einrichtung einer Meister-Korrespondenz betreffend. [Dat: Erlangen] 1801. 2 Bl. 4° [Kopftit.] 193.

Plan Oeffentlicher Vorlesungen über die allgemeinsten anthropologischen Kenntnisse und die Vorzüglichsten Quellen der Gesundheit. Ingolstadt [1794]. V: *Leveling*, *Heinrich Maria von*. (Erman & Horn, Bibliogr. d. dtsch. Universitäten. 1. Leipz. u. Berlin 1904.)

Plan der neu anzulegenden Vorstadt vom Karls- bis zum Schwabingerthor in Munchen. Munchen 1803. 12°. Cart. Color. Plan u. 2 Bll. Text.

Plan et vue de Berne. Lithogr. qu. gr. 4. Bern 885, (Koehler'sche Buchh.) * 1 —

Anonym: „Wahrhafter Plan, betreffend die Reform der Justiz, welchen S. Königl. Majestät von Preussen Selbst und durch dero eigene lumières formiret haben, wornach alle Processe in Sr. Kgl. Majestät Provinzen tractiret und in dreyen Instanzen in einem Jahre geendiget werden", Halle 1749. — Vorh.: Preuß. Oberbergamt Dortmund — J. m. 1.

Plan des XVIII. Bez. Währing der k. k Reichshaupt- und Residenzstadt Wien. 1 : 5000. Herausgegeben unter Mitwirkung des Stadtbauamtes. [Colorirte Ausgabe] [Wien. 1900.] R. Lechner (Wilh. Müller). 110×144 *cm* in 4 Bl. K 12.—

Plan und Wegweiser von Berlin und Potsdam, } s. Grieben's Reise-Bibliothek.
—— —— von Hamburg, } s. Grieben's Reise-Bibliothek.

Plan und Wegweiser von Hamburg. Kleine Ausg. M. neuem kolor. Plan v. Hamburg. 16. Aufl. *Berlin: A. Goldschmidt 1895*. (IV, 41 S., 1 Bl., 1 Pl.) 1 Bd 8.
= Reisebücher, Griebens. Bd 73. [96. 2764

— u. **Wegweiser** d. Ostseebades Heringsdorf (1 : 6000), nebst e. Specialkarte der Umgebung (1 : 90,000). Chromolith. Imp.-4. Practischer Führer f. Badegäste u. Touristen. Curtaxe, Fahrpläne der Schiffs-, Omnibus-, Post- u. Eisenbahn-Verbindg. m. Swinemünde, Stettin, Berlin u. Kopenhagen. Nebst Kortüm's Anleitg. zum Gebrauch d. Seebades. 8. (34 S.) Stettin 884. Dannenberg. n. 1. 25

— u. **Wegweiser** von Kopenhagen. Auf Grund der neuesten Unterlagen gezeichnet 1905. 40,5×52 cm. Farbdr. Nebst Text. (12 S.) kl. 8. Rostock 905. C. J. E. Volckmann Nachf. n. — 60

Plan und Wegweiser von London und Umgebungen. 8. Aufl. Neu bearb. v. K. Hahn. M. Plan v. London u. Kt. d. Umgebgn v. London. *Berlin: A. Goldschmidt 1896*. (VII, 197 S., 1 Bl., 2 Kt., 1 Pl.) 1 Bd 8.
= Reisebücher, Griebens. Bd 9. [96. 6334

Plan u. Wegweiser von München, s. Grieben's Reise-Bibliothek.

Plan und Wegweiser für Potsdam. (Deckelt.: Führer durch Potsdam u. Umgebgn.) 34. Aufl. M. neuem Plan v. Potsdam u. Umgebg. *Berlin: A. Goldschmidt 1895*. (29 S., 1 Bl., 1 Pl.) 1 Bd 8.
= Reisebücher, Griebens. Bd 10. [94. 2765

Plan und Wegweiser für Potsdam. 35. Aufl. M. neuem Pl. v. Potsdam u. Umgebg. (Umschlagt.: Führer durch Potsdam u. Umgebgn.) *Berlin: A. Goldschmidt 1897*. (30 S., 1 Bl., 1 Pl.) 1 Bd 8.
= Reisebücher, Griebens. Bd 10. [97. 4355

Plan u. Wegweiser von Wien, s. Grieben's Reise-Bibliothek.

Plan von Weissenburg und Umgebung. 1 : 100,000. Holzschn. qu. 16. Leipzig 870, Serbe'sche Verlagsh. *

Plan der Pariser Weltausstellung 1900. (Maasst. 1:6500.) *Berlin: A. Goldschmidt 1900*. (1 Kartenbl. 27×39 cm.) 8° [Umschlagt.] (Griebens Reisebücher.) [00. 10889

Plan von Wien. Mit Beigabe des Planes der Jubiläums-Ausstellung im k. k. Prater und einem Strassen-Verzeichnisse, sowie Angabe der Postbestellbezirke. Maßstab 1: 25.000. Ausgabe 1898. Lithographie. 1 Blatt. 60/70 *cm*. Gef. in Carton 1.—, aufgespannt auf Leinwand in Taschen-Format 1.80
Wien: Artaria 1898.

Plan v. Wien mit Angabe der neuen Bezirkseinteilung, s. Plan, Großer, von Wien.

— von Wien in Gerichts-Bezirke eingetheilt. Im Auftrage der Gerichtseinführungs-Commission f. Wien u. Oesterreich unter der Enns hrsg. Imp. Fol. Kpfrst. u. color. Wien 850, Artaria & Co. 1 1/3 ℛ

Plan d. Grossgemeinde Wien. Bearb. im Geogr. Inst. d. Verlagshandl. Artaria & C° in Wien. Ausg. 1905/6. (Massst. 1:25.000. Mit Strassenverzeichnis u. kl. Führer mit Stundenplan.) Wien: Artaria & C° 1906; (Lith. Th. Bannwarth). (1 Kartenbl. 103×68 cm, 17, 4, 21 S.) 8° [F. u. Ant.] [kol.]
[Umschlagt.:] Artaria's Plan von Wien. Grössere Ausg. [06. 8403

Plan der Grossgemeinde Wien. Ausg. 1907. Bearb. im Geogr. Inst. d. Verlagsh. Artaria & Co. in Wien. (Massst. 1 : 25,000. Mit Strassenverzeichnis u. kl. Führer mit Stundenplan.) Wien: Artaria & Co. 1907; (Lith. Th. Bannwarth). (1 Kartenbl. 103×68 cm, 23, 21 S.) 8° [F. u. Ant.] [kol.]
[Umschlagt.:] Artaria's Plan von Wien. Grössere Ausg. [07. 12430

— der k. k. Haupt- u. Residenzstadt Wien. (Nach den neuen Bezirksgerichten eingetheilt.) Verhaltniss zur Natur 1:14,400. Fol. Lith. u. col. Wien 850, Gerold. Auf Leinwand u. in Etui. n. 1 ℳ

Plan der k. k. Haupt- und Residenzstadt Wien und der nächsten Umgebung. Imp. 4. Nebst einem Wegweiser. (16 S.) Wien, Braumüller. 1867. cart. 1 fl.

—— der k. k. Haupt- und Residenzstadt Wien und der nächsten Umgebung. Fol. (14 S. Text in 16.) Wien 873, Braumüller. *

—— der k. k. Haupt- und Residenzstadt Wien und der nächsten Umgebung. 1:14,400. 2.—4., mit den neuesten Nachträgen ergänzte Aufl. Chromolithogr. qu. gr. Fol. Mit Strassenverzeichniss. gr. 16. (16 S.) Wien 875—77, Braumüller. cart. *

Plan von Wien mit den Hausnummern und Fremdenführer mit deutschem, französ. und engl. Text. Nebst 1 (lithogr.) Umgebungskarte (in 16.) mit (lithogr.) Tramwayplan (in 4.). Chromolithogr. Imp.-Fol. Mit Text. gr. 16. (58 S.) Wien 878, Lehmann und Wentzel. geb. *

— von Wien. 1:15.000 und Plan des k. k. Praters 1:10.000 für Radfahrer. Herausgegeben unter Mitwirkung des österr. Touring-Club. Unaufgezogen, gefalzt in Umschlag —.40
Wien: Lechner(Müller) 1897.

Plan von Wien für Radfahrer. Herausgegeben unter Mitwirkung des Oesterr. Touring Club. Im Maße 1:15.000. 47×62 *cm*. Chromolithographie —.25, auf Leinwand —.50
Wien: Lechner(Müller) 1897.

— der k. k. Reichs-Haupt- u. Residenzstadt Wien. gr. Fol. Lith. u. color. Wien 852, Wenedikt. 24 ngl

— der k. k. Reichs-Haupt- und Residenzstadt Wien. Hrsg. unter der Leitung des Wiener Stadtbauamtes. 1:4320. 4 Blatt. Chromolith. Imp.-Fol. Wien, Lechner's Sort. fl. 7.—: auf Leinwand in Mappe fl. 12.—; in bibliotheksmäss. Schuber oder mit 2 Eichenholzstäben fl. 15.—. 1887.

Plan der k. k. Reichshaupt- und Residenzstadt Wien mit den neuen Straßen- und Gassennamen. 1:25.000. Ausgabe 1903. 84×66 *cm* gefalzt in Umschlag K 2.40
Wien: Lechner(Müller) 1903.

Plan der k. k. Reichshaupt- und Residenzstadt Wien. 1:25 000. Wien: Lechner 1910.

—— der Stadt Wien sammt den Vororten. Nach amtl. Quellen bearb. 1:5700. 6 Bl. Fol. Wien 874. Gerold's Sohn. *

—— von Wien mit der Stadterweiterung und den neuen Gassenbenennungen. Chromolithogr. Mit Text. gr. Fol. (4 S. in 16.) Wien 864, Wenedikt. In Carton.

—— von Wien und Umgebung. Fol. Wien 878, Klemm. *

— von Wien mit nächsten Umgebungen, u. des Kampfplatzes während der October-Revolution 1848. Hrsg. von O. Fr. gr. Fol. Lith. (Mit 4 S. Text in gr. 8.) Meißen 848, Goedsche. 3½ ngl

Plan von Wien aus der Vogelschau m. sämmtlichen Monumentalbauten. 2. Aufl. Chromolithogr. qu. gr. Fol.
Wien: Hartleben 1889.

—— von Wien und den Vororten. Nach den neuesten Aufnahmen zusammengestellt. Lithogr. und color. gr. Fol. Wien 877, Lechner's Verlag. *

Plan von Wien und den Vororten, nach den neuesten Aufnahmen zusammengestellt. In 10 Farben. Nebst einem Verzeichniss sämmtlicher Strassen, Gassen und Plätze etc., Wegweiser zu den Sehenswürdigkeiten, Gebäuden und Sammlungen und einer grossen Ansicht von Wien in der Vogelperspective. Dritte Auflage. 1881. Folio. Wien, A. Hartleben. In eleg. illustrirtem Umschlag in 8. cartonnirt. 25 kr.

— von Wien und den Vororten, nach d. neuesten Aufnahmen. Nebst e. Verzeichn. sämmtl. Strassen, Gassen u. Plätze etc., Wegweiser z. d. Sehenswürdigkeiten, Gebäuden u. Sammlungen; m. e. grossen Ansicht v. Wien in d. Vogelperspective. 6. Aufl. Ebds. In eleg. illustr. Umschl. cart. 25 kr. 1885

Plan von Wien und den Vororten in zehn Farben. Nebst einem Verzeichnisse sämmtlicher Strassen, Gassen u. Plätze etc. Wegweiser zu den Sehenswürdigkeiten, Gebäuden und Sammlungen und einer grossen Ansicht von Wien in der Vogelperspective. Neunte Auflage. 8. In illustr. Umschlag —.25
Wien: Hartleben 1889.

Plan von Wien und den Vororten in zehn Farben. Nebst einem Verzeichniß sämmtlicher Straßen, Gassen und Plätze etc. Wegweiser zu den Sehenswürdigkeiten, Gebäuden und Sammlungen und einer großen Ansicht von Wien in der Vogelperspective. Zehnte Auflage. In illustrirtem Umschlag —.25
Wien: Hartleben 1890.

Plan von Wien mit Vororten und nächster Umgebung. 1881. Prachtvoll übersichtliche Ausführung in vielen Farben. Vollständig neue Aufnahme. Folio. M. 8 Seiten Text. Ebds. In eleg. Carton in 8. 40 kr.

Plan von Wien, sowie von den Ortschaften Weinhaus, Währing, Hernals, Neulerchenfeld, Fünf- und Sechshaus, Rudolfsheim (enthaltend Braunhirschen, Rustendorf, Reindorf), Gaudenzdorf und Theilen von Ottakring, Meidling und Simmering. Mit den neuesten Regulirungen. Ein Folio Blatt in Umschlagdeckel. Wien 1873.

Plan von Wien sowie von den Ortschaften Weinhaus, Währing, Hernals, Neulerchenfeld, Fünf- und Sechshaus, Rudolfsheim, Gaudenzdorf und Theilen von Ottakring, Meidling und Simmering. Mit der gesammten Numerirung. Massstab 1 Wr. Zoll 110 Wr. Klafter. Ebd. Imp.-Fol. Schwarz fl. 6.—, colorirt fl. 8.—. 1886.

Plan von Wien und der Weltausstellung (in Vogelperspective). Fol. Wien 878. Klemm. *

Plan von Wildbad im Schwarzwald. 1:2 500. 1898.

Plan der Stadt Wilhelmshaven. Maßst. 1:10,000. *Wilhelmshaven: C. Lohse's Nachf. [1903]; F. A. Brockhaus' Geogr.-artist. Anst., Leipzig.* (1 Kartenbl. 40×26 cm.) 8° [kol.]
[Umschlagt:] Neuer Plan d. Stadt Wilhelmshaven. [04. 773

Plan der Stadt Wilhelmshaven. (Maßst. 1:10,000. Wilhelmshaven: C. Lohse's Nachf. [1906]; F. A. Brockhaus' Geogr.-statist. Anst., Leipzig.) (1 Kartenbl. 39×26 cm.) 8° [lith.] [kol.]
[Umschlagt.:] Neuer Plan d. Stadt Wilhelmshaven. [06. 14786

(Plan von Wisby.) (1:6,000.) *Greifswald: J. Abel 1904.* (1 Kartenbl. 27×25 cm.)
Exkursion d. Deutschen Anthropol. Ges. Kongreß Greifswald. 1904. [04. 196 6 9

Plan der Stadt Wittenberge. (1897). 1 Bl. c. L.

Plan, Ein, wodurch die Höhe der eine gewisse Bergspitze umgebenden Berge leicht ersichtlich gemacht wird. O. O. 1902. V: *Collingwood, Bertram James.* (Doubletten-Anzeiger 1903. 5.)

Plan zu einem weiblichen Wohlthätigkeits-Verein für Riga. O. O. 1817. V: *Grave, Carl Ludwig von.* (R-N)

Plan der Stadt Worms. Verkleinerung d. f. die Verwaltg. der Stadt Worms nach amtl. Unterlagen v. Hofmann zusammengestellten u. entworfenen, sowie v. Blass kartirten grossen Stadtbauplanes vom April 1889. Ausg. 1891. 1 : 7500. Farbendr. 41×52,5 cm. Worms 891, Reiss. * — 80

Plan, wornach die bisherige Leibeigenschaft auf dem adelichen Guthe Buckhagen aufgehoben, auch die dasige leibeigene Untergehörige im Zustand der Freiheit resp. mit Land versehen, und gegen gewisse bestimmte Abgaben und Pflichten gesezt werden sollen. Schleswig. 1799. Fol.

Plan von Zara. 1 : 2263. Quer-Fol. Chromolith. Zara: v.Schönfeld 1890. —.35

—— der Central-Schule d. Künste u. d. Manufacturen, bestimmt, um Civil-Ingenieurs, Fabrik-Direktoren, Manufaktur-Chefs rc. zu bilden. Gegründ. zu Paris durch Lavallée, Dumas, Olivier, Péclet u. Benoit. 8. (7 B.) Augsburg 830, Wolff. (Kollmann.)

— d. Stadt Zerbst, u. d. Umgegend. Aufgenommen u. gezeichn. v. Dr. Schmager. Fol. Nebst Erläuterungen. 4. Zerbst 822, Kummer.

Der bey Rossbach zerrissene Französische Plan. Ingleichen der fernere Erfolg des Feldzugs Sr. Majestät des Königs in Preussen, von der Rossbacher Bataille, bis zum Ende des 1758sten Jahres. Frankfurt und Leipzig 1759. 4. 4 Bl.

Plan der Stadt Zürich. Chromolithogr. in-fol. Zürich, Orell Füssli & Cie. 1888. — 50

Plan d. Stadt Zürich. 1 : 12,000. 14. Aufl. 37×52 cm. Farbdruck. Mit Strassenverzeichnis. Schmal gr. 8°. 12 S. Zürich, Verlag Art. Inst. Orell Füssli. — 50 1900.

Plan der Stadt Zürich. Mit Strassen-Verzeichnis. 16te Aufl. 1 Bl. fol. + 14 S., *in illustriertem Umschlag*, 8. Zürich, Art. Institut Orell Füssli, [1901]. fr. —. 50
Titel auf dem Blatt: Plan von Zürich. Maasstab 1 : 12000. 356/520 mm. Art. Institut Orell Füssli, Zürich. — *Rückseite des Bl. bedruckt.*

Plan der Stadt Zürich. Mit Strassen-Verzeichnis. 17te Aufl. 1 Bl. fol. + 14 S., *in illustriertem Umschlag*, 8. Zürich, Art. Institut Orell Füssli, [1902]. fr. —. 50
Titel auf dem Blatt: Plan von Zürich. Maasstab 1 : 12000. 355/520 mm. Art. Institut Orell Füssli, Zürich. — *Rückseite des Bl. bedruckt.*

Plan der Stadt Zürich. Mit Strassen-Verzeichnis. 18te Aufl. 1. Bl. fol. + 16 S., *in illustriertem Umschlag*, 8. Zürich, Art. Institut Orell Füssli, [1903]. fr. —. 50
Titel auf dem Blatt: Plan von Zürich. Maasstab 1 : 12000. 355/518 mm. Art. Institut Orell Füssli, Zürich. — *Rückseite des Bl. bedruckt.*

Plan der Stadt Zürich. Mit Strassen-Verzeichnis. 19te Aufl. 1 Bl. fol. + 16 S., *in illustriertem Umschlag*, 8. Zürich, Orell Füssli, [1904]. fr. —. 50
Titel auf dem Blatt: Plan von Zürich. Maasstab 1 : 12000. 355/519 mm. Art. Institut Orell Füssli, Zürich. — *Rückseite des Bl. bedruckt.*

Plan der Stadt Zürich. Mit Strassen-Verzeichnis. 20te Aufl. 1 Bl. fol. + 16 S., *in illustr. Umschlag*, 8. Zürich, Orell Füssli, [1905]. fr. —. 50
Titel auf dem Blatt: Plan von Zürich. Maasstab 1 : 12000. 361/522 mm. Art. Institut Orell Fussli, Zurich. — *Rückseite des Bl. bedruckt.*

Plan der Stadt Zürich. Mit Strassen-Verzeichnis. 21te Aufl. 1 Bl. querfol. + 16 S., *in illustr. Umschlag*, 8. Zürich, Orell Füssli, [1906]. fr. —. 50
Titel auf dem Blatt: Plan von Zürich. Maasstab 1 : 12000. 360/522 mm. Art. Institut Orell Fussli, Zurich. — *Rückseite des Bl. bedruckt.*

Plan der Stadt Zürich. Mit Strassen-Verzeichnis. 22te Aufl. 1 Bl. querfol. + 16 S., *in illustr. Umschlag*, 8. Zürich, Orell Füssli, [1907]. fr. —. 50
Titel auf dem Blatt: Plan von Zürich. Maasstab 1 : 12000. 360/523 mm. Art. Institut Orell Fussli, Zurich. — *Rückseite des Bl. bedruckt.*

[Umschlagt.:] Plan der Stadt Zürich nach den neuesten Quellen bearb. Massst. 1 : 7500 m. 1 Strassenregister. *Zürich: C. Schmidt [1896].* (1 Ktnbl. 1/8, 3 Bl.) 1 Bd 8. [90. 4035

Plan von Zürich, nach den neuesten Quellen bearbeitet. Massstab 1 : 7500. Mit einem Strassenregister. Zürich, Cäsar Schmidt. 1900. 1 50

Plan der Stadt Zürich vom Jahre 1576. Nach einem im Besitz der antiquar. Gesellschaft befindl. alten Originalholzschnitt von Frig. Zürich, C. Schmidt. 1876. —. 60

Plan von Zürich und Umgebung, mit Angabe der Projekte der rechtseitigen Seebahn. Winterthur, Wurstenberger, Randegger & Co. 1872.

Plan der Stadt Zürich und Umgebung mit besonderer Berücksichtigung der neuen Projekte (Quai-Anlagen, Bauquartiere der Ausgemeinden etc.) nach offiziellen Materialien in Farbendruck ausgeführt von der Topograph. Anstalt von Wurster, Randegger & Co. in Winterthur. Masstab 1 : 10,000. Zürich, Wurster & Co. 1. — Aufgezogen auf Carton 1877. 1. 60

Plan des Zürichberges vom Belvedere bis zum Katzentisch und Wytikon. Zürich. Schabelitz'sche Buchhandlung. 1875. —. 50

Planard, E. de, der Blitz, s.: Mode's Opern-Text-Bibliothek.

Planard u. Saint-Georges, der Blitz, s.: Universal-Bibliothek.

de **Planard** et de Saint-George, L'éclair, opéra comique, s. **Répertoire** du Théâtre français. No. 156.

—— et de Saint-George, l'éclair, opéra comique, s. Théâtre fr.

Planard, Emma oder das unbedachtsame Verbrechen. Oper in 3 Aufz. nach dem Franz. von Frederike Ellmenreich. 8. Mainz 825, Kupferberg.

Planard, s. Gollmick, Carl, Mina, oder die dreifache Haushaltung.

— der Kerker zu Edinburg, Oper, s. Scribe.

— le Paravent. Comédie en 1 A. gr. 8. Rudolst. 809. Hofbuchh. 4 gr

— und P. Duport, 1717 oder: Der Pariser Perrüquier, komische Oper in 3 Aufzügen, nach d. Franz. zur beibehalt. Musik von Thomas von dem Frhrn. von Lichtenstein. Lex.-8. Mainz 838. Schott's Söhne. 1/8 ₰

— der Zweikampf, s. Lichtenstein, Frh. v.

Planard, E.: Der Zweikampf, s. Mode's Opern-Text-Bibliothek.

(*Planat*, Obrist-Lieut.) Biographische Skizze über Se. Königl. Hoheit den *Prinzen Eugen, Herzog v. Leuchtenberg,* Fürsten v. Eichstätt, vormaligen Vicekönig von Italien etc. Augsburg, gedr. bei J. C. Wirth, auf d. St. Annaplatz. 1824. 8⁰. Cart.
Tit. u. 15 S. Selten! — Name d. Verf. mit Bleistift auf dem Titel vermerkt.

Planc, de monstris. fol. Lips. 754.

Planch, A., de fontibus et fluminibus. 8. Augsb. I. Wolf. 753.

Planch, Alex. M., Epitome theologiae polemicae quoad quaestiones magis controversas inter catholicos et acatholicos. Innsbruck 1758.

— Continuatio epitomes theologiae polemicae. Dai. 1760.

Planch, Alex. M., De septuaginta hebdomadibus Danielis 9. Kempten, 1748.

Planch, Alex. M., Dissertatio historico-critica de magia diabolica et magorum prodigiis (Ex. 7) coram Pharaone patratis. Innsbruck, 1767.

Planch, Alexius M., Dissertatio de Sibyllarum oraculis et celebri Flavii Josephi de Christo testimonio. Kempten 1748.

Planch, A. M., univ. theologia scholast. dogmat. VIII Tmi. 8. Vien. Trattner. 770.

Planch, Alexius M., Dissertatio historico-scripturistica de vaticinio Jacobi Gen. 49. Kempten, 1748 (?).

***Zur Aufgehenden Morgenröte:* Planche des travaux de l'installation de la r.·. l.·. de St. Jean, sous le titre distinctif de l'Aurore naissante, à l'O.·. de Francfort sur le Mein. Du 12e jour, 4e mois de l'an de la V.·. L.·. 5808, 12 juin 1808, E. V. Mayence 1808: Zabern. 96 S. 8⁰**
cf. Annales maç. 6 (1808) S. 121—143.
Kl. 5289, Tt. 2146. Enth. auch eine deutsche Festrede von F. J. Molitor: Üb. das Altertum u. die Neuzeit, Aufgabe der Frmrei in letzterer.

***Speyer:* Planc.·. des trav.·. de l'installation de la r.·. L.·. de S. Jean sous le titre distinctif de La grande Famille à l'O.·. de Spire; du 16e jour du 4e mois de l'an de la V.·. L.·. 5805. Landau 1805: Georges. 40 S. 8⁰**
Bericht üb. die Johannisfestloge zu Ehren der Krönung Napoleon I.

Pl[anche] des trav[aux] de l'installation, de la St.-Jean d'été, et celle de la naissance de Sa Majesté le Roi de Rome, de la r.·. L.·. St.-Jean, sous le titre distinctif du Temple réédifié a l'amitié fraternelle à l'O.·. de Worms du 8e j.·. du 5e m.·. de l'an de la V.·. L.·. 5811. Mayence [1811]: Zabern. 36 S. 8⁰ [Umschlagtit.] 358.

Neustadt a. d. Hardt: **Pl[anche]** des trav.·. de l'installation et de la St. Jean d'hiver de la r.·. ☐ St. Jean sous le titre distinctif des trois Flammes vivifiantes à l'O.·. de Neustadt sur la Haard du 7e jour du IIe mois de l'an de la V.·. L.·. 5810. Landau [1810]: Georges & Prinz. 60 S. 8⁰
Bericht. Rede von Lembert; 2 deutsche Reden von Schmitt u. Scharrenberg. 100.

Frankenthal: **Pl[anche]** des trav[aux] de l'installation et de la Ste Jean d'hiver de la r.·. l.·. S.·. Jean sous le titre distinctif de la Franchise au Rhin à l'Or.·. de Frankenthal du 30e du 10e m.·. de l'an de la V.·. L.·. 5808. Mannheim [1808]: Kaufmann. 27 S. 8⁰ [Umschlagtit.] 358.

Planche, Gabriel, Bericht über die Reinigung der Stoffe zur Papierfabrikation. (Erstattet an den Gewerbeverein zu Mühlhausen.) Uebers., erläutert und vervollständigt durch eine chronolog. Skizze der Entwickelung der Papiererzeugung und der Verbesserungen an den Maschinen zur Reinigung des Papierstoffs von Alwin Rudel. gr. 8. (IV und 45 S. mit 1 Stnt. in Imp.-Fol.) Dresden 862. Leipzig, Wagner. *

— die Papierfabrication, s. Schauplatz, neuer, der Künste etc.

Planche, Gabr., über Papierfabrikation. Aus dem Französ. mit vielen Zusätzen und Erläuterungen versehen von Alwin Rudel. gr. 8. (VIII und 296 S. mit 2 Stnt. in gr. 8. und Fol.) Halle 854, (Pfeffer.) **

Planché, James Robinson

Planché J. R., Charles XII., s.: Sammlung v. Festspielen zu Schüleraufführgn.

Planché, J. R., Charles the XII, s. Theatre the british, No. 1.

Planche, J. R., Charles the XII, s. Theatre, the British and American.

Planché, (J. R.,?) Andr. Hofer. Große Oper etc., s. Lichtenstein, Frh. v.

Planché, J. R., Lays and Legends of the Rhine, s. Grattan, Th. C.

— Lays and Legends of the Rhine. — A. m. d. Umschlags-Ttl.: The Rhinish Keepsake etc. To accomp. Delkeskamp's Panorama and the different collections of Views of the Rhine. gr. 12. (3 B.) Frankfort a. M. 830, Krug.

—— the rhenish Keepsake. Lays and Legends of the Rhine. kl. 1. (6 B. u. 36 Kpfr.) Frankfort o. M. 837, Jugel. *

Planché, James Robinson. Oberon, s. Universal-Bibliothek.

Planché, J. R., Oberon, König d. Elfen. Romant. Feenoper in 3 Aufz. Für die deutsche Bühne übersetzt v. Th. Hell. 8. Dresd. 826. Arnold.

Planche, J. R., Paris and London, s. Theatre, the british, Nr. 11.

Planché, Mathilde, im Traum geschaut, s.: Berlepsch, Lina Freifrau v., Romanbibliothek. 29. Bd.

Plancherel, Michel: Sur les congruences (mod 2 m) relatives au nombre des classes des formes quadratiques binaires aux coefficients entiers et à discriminant négatif. Pavia 1908. 95 S. 8°.
Freiburg i. Schw. Math.-naturw. Diss. 1908/09.

Planck, ausgew. Stücke aus der 3. Dekade des Livius, s.: Jordan W.,

(Planck) Tagebuch eines Ehemannes. Lpz. 1779. Pb. 12. 1. 25

Planck, Adolf

Planck, Adf., Abhandlung über die Wirksamkeit des göttlichen Logos im Heidenthum. [Erste, exegetische Hälfte.] Heilbronn 861. (Tübingen, Fues.) 4. (44 S.) 15 ngr.

— Beiträge zur Erklärung der Taciteischen Germania. Ebend. 867. 4. (42 S.) 15 ngr.

Planck, Adph., Melanchthon, praeceptor Germaniae. Eine Denkschrift zur 3. Säkularfeier seines Todes. Nördlingen 860. Beck. gr. 8. (VIII, 184 S.)

Planck, A. Nekrolog von Rektor Julius Rieckher. S. XII—XIV.
Progr. Heilbronn 1878.

— quaestiones Lucianeae. Libelli Lucianei tempore atque ordine disponuntur, eorumque argumenta ita enarrantur, ut, quid de Luciani satira, philosophia librorumque nonnullorum, qui videbantur historici, fide judicandum sit, appareat. Tubingae 850. (Fues' Sorthdlg.) gr. 4. (43 S.) 12½ ngr.

Planck, Adf., Schellings nachgelassene Werke und ihre Bedeutung für Philosophie und Theologie. Ein Beitrag zum Verständniß und zur Beurtheilung derselben. Erlangen 858. Bläsing. gr. 8. (181 S.) n. 21 ngr.

Planck, C. Ch., s. Planck, Karl Christian.

Planck, C. Th., Jean Paul's Dichtung im Lichte unserer nationalen Entwickelung. Ein Stück deutscher Culturgeschichte. Berlin 867. G. Reimer. 8. (X, 185 S.) 25 ngr.

Planck, Ernst, Gedichte. 16. (IV, 95 S.) Stuttgart 896. (Greiner & Pfeiffer.) Geb. m. Goldschn. n. 2. —

Planck, Ernst, Lieder u. Idyllen. 8. (VIII, 75 S.) Dresden 901. E. Pierson. n. 1. 50; geb. n. 2. 50

[F.] Die Lyriker des Schwäbischen Klassizismus '(Stäudlin; Conz; Neuffer; Hölderlins Jugenddichtg)'. Von Dr. E. Planck. *Stuttgart: W. Kohlhammer 1896.* (1 Bl., 73 S.) 1 Bd 8. [96. 862]

Planck, Ernst, „aus sonnigen Tagen —". Neue Lieder u. Idyllen. (87 S.) kl. 8. Winterthur 908. Geschwister Ziegler. 1. 25

Planck, Ernst. Auf stillen Wegen. [Gedichte.] IV + 76 S. 8. Winterthur, Geschwister Ziegler, 1906. [fr. 1. 50]

Planck, G.

— u. Kettnaker. Die Führung des Grundbuchs. Für die Praxis in Beispielen dargestellt u. erläutert. (VI, 310 S.) gr. 8. Stuttgart, W. Kohlhammer. 1908. 6. —; geb. 6. 60.

Planck, u. Kettnaker, die Führung des Grundbuchs. Für die Praxis in Beispielen dargestellt u. erläutert. 2. Aufl. (XI, 374 S.) gr. 8. Stuttgart 909. W. Kohlhammer. 7.50; geb. 8. 50

Planck, Georg Wilhelm

— Abhandl. üb. Gegenstände aus d. französ. Civilrecht. 1r Bd, 1e Abtheil. (A. u. d. T.: die Lehre von d. Verjährung rc.) 8. Götting. 809. Röwer. 1 ß

Planck, G., die Lehre v. Besitze nach d. Grundsätzen d. franz. Civilrechts. gr. 8. Götting. Dieterich. 810.

Planck, Geo. Wlh., die Lehre v. Besitze nach d. Grundsätzen d. französ. Civilrechts. gr. 8. Götting. 811. Dieterich. 18 gl

Planck, Gottlieb

Planck, G[ottl.]: Bürgerliches Gesetzbuch nebst Einf.-Ges. erl. in Verb. mit Achilles [u. a.]. Berlin. 7 Bde

Bd 1. Einleitung und allgemeiner Theil. 1897.
„ 2. Recht der Schuldverhältnisse. 1. u. 2. Aufl. 1900.
„ 3. Sachenrecht. 1. u. 2. Aufl. 1900.
„ 4. Familienrecht. 1. u. 2. Aufl. 1901.
„ 5. Erbrecht. 1. u. 2. Aufl. 1902.
„ 6. Einführungsgesetz. 1. u. 2. Aufl. 1901.
„ 7. Wort- und Sachregister. Bearb. von H. Jatzow. 1. u. 2. Aufl. 1902.

Planck, G., bürgerliches Gesetzbuch nebst Einführungsgesetz, erläut. in Verbindg. m. A. Achilles, F. André, M. Greiff, F. Ritgen, K. Unzner. (In 3 Bdn.) 1.—5. Lfg. gr. 8. Berlin, J. Guttentag. n. 18. 90
1. 2. 1. Bd. Einleitg. u. Allgem. Thl. 2 Lfgn. (VIII, 291 S.) 897. n. 6. 80
3. 4. 2. Bd. Recht d. Schuldverhältnisse. (S. 1—408.) 898. n. 8. 70
5. 4. Bd. Familienrecht. 1. u. 2. Aufl. (S. 1—188.) 898. n. 3. 40

— dasselbe. Nachtrag zu den ersten 4 Lfgn. der 1. Aufl. gr. 8. (28 Bl.) Ebd. 898. Kostenlos

— dasselbe. 1.—4. Lfg. 2. Aufl. gr. 8. Ebd. 898. n. 15. 50
1. 2. Einleitg. u. 1. Buch: Allgem. Thl. (VI, III, 291 S.) n. 6. 80
3. 2. Buch: Recht der Schuldverhältnisse. (Abschnitt 1—6). (224 S.) n. 4. 50
4. Dasselbe. (Abschn. 7, Titel 1—9). (S. 225—408.) n. 4. 20

Planck, G., bürgerliches Gesetzbuch nebst Einführungsgesetz, erläutert in Verbindg. m. A. Achilles, F. André, M. Greiff, F. Ritgen, O. Strecker, K. Unzner. 6.—23. Lfg. 1. u. 2. Aufl. gr. 8. Berlin 899—902. J. Guttentag. n. 63. 10; (vollst. n. 82. —; geb. in Halbfrz. n.n. 95.50)
6. 13. II. Bd. Recht der Schuldverhältnisse. (XIV u. S. 409—651.) n. 5. 30; (2. Bd. kplt. n. 14. —; geb. n.n. 16. —)
9. 16. 19. 21. III. Bd. Sachenrecht. (XIV, 750 S.) n. 17. 50; geb. n.n. 19. 50
8. 11. 15. IV. Bd. Familienrecht. (XII u. S. 189—667.) n. 11. 10; (4. Bd. kplt. n. 15. —; geb. n.n. 17. —)
7. 10. 12. 17. 22. V. Bd. Erbrecht. (XIII, 707 S.) n. 16. 50; geb. n.n. 18. 50
14. 18. 20. VI. Bd. Einführungsgesetz. (VII, 411 S.) n. 9. —; geb. n.n. 11. —
23. Wort- u. Sachregister. Von H. Jatzow. (142 S.) n. 3. 20; geb. n.n. 4. 70

Planck, G., bürgerliches Gesetzbuch nebst Einführungsgesetz, erläutert in Verbindg. m. A. Achilles, F. André, M. Greiff, F. Ritgen, O. Strecker, E. Strohal, K. Unzner. I. Bd., II. Bd. 1. Lfg., III. Bd., IV. Bd., V. Bd. 1. Lfg. u. VI. Bd. 3., verm. u. verb. Aufl. gr. 8. Berlin, J. Guttentag. n. 75. 50
I. Einleitg. u. allgemeiner Tl. 3., verm. u. verb. Aufl. (XII, 392 S.) 903. n. 10. —; geb. in Halbfrz. n n. 12. —
II, 1. 2. Buch: Recht der Schuldverhältnisse (Abschn. 1 bis Abschn. 7 Titel 1). (420 S.) 904. n. 10. —
III. 3. Buch: Sachenrecht. (XII, 856 S.) 904—906. n. 20. —; geb. in Halbfrz. n. 22. —
IV. 4. Buch: Familienrecht. (XII, 825 S.) 904. 906. n. 19. —; geb. in Halbfrz. n.n. 21. —
V, 1. 5. Buch: Erbrecht (Abschn. 1 u. 2, Titel 1—2). (S. 1—216.) 906. n. 5. —
VI. Einführungsgesetz. (VIII, 466 S.) 905. n. 11. 50; geb. in Halbfrz. n. 13. 50

Planck, G., bürgerliches Gesetzbuch nebst Einführungsgesetz, erläutert in Verbindg. m. A. Achilles, F. André, M. Greiff, F. Ritgen, O. Strecker, E. Strohal, K. Unzner. 3., verm. u. verb. Aufl. II. Bd. 2. u. 3. Lfg. V. Bd. 2.—4. Lfg. u. VII. Bd. gr. 8. Berlin, J. Guttentag. 34. 50 (Vollst. 110.—; geb. in Halbfrz. n 124.—)
II, 2. 3. 2. Buch: Recht der Schuldverhältnisse. (XVI u. S. 421—1054.) 907. 15.— (II. Bd. vollst. 25.—; geb. n 27.—)
V, 2—4. Erbrecht. (Abschn. 2 Tit. 3. 4, Abschn. 3 Tit. 1—8, Abschn. 4—9.) (XIV u. S. 685—963.) 907. 08. 17.— (V. Bd. vollst. 22.—; geb. in Halbfrz. n 24.—)
VII. Wort- u. Sachregister. Bearb. v. H. Japow. (150 S.) 908. 2.50; geb. in Halbfrz. 4. 50

Planck, G., über die verbindliche Kraft der Verordnung vom 1. August 1855. Bremen 856. Strack. gr. 8. (52 S.) n. 10 ngr.

— die rechtliche **Stellung** der Frau nach dem bürgerlichen Gesetzbuche. Vortrag. 1. u. 2. durchgeseh. Aufl. 1.—4. Taus. gr. 8. (à 30 S.) Göttingen 899. Vandenhoeck & Ruprecht. n. — 60

Planck, Gottlieb Jakob

Academiae Georgiae Augustae prorector cum senatu viro **Jakob Theoph. Planck** sacrum semisaeculare pie gratulatur. — Examinatur, quae speciosius nuper commendata est, sententia de mutato per eventa, adeoque sensim emendato Christi consilio. Part. altera, exegeticam illius rei quaestionem continens. Göttingen (Dieterich) (14. V.) 1831. 23 S. (3.—) 26574

— Abriß e. hist. und vergleich. Darstellung d. dogmatischen Systeme unsrer versch. christl. Hauptpartheyen. 8. Göttingen, Vandenhök. 804.

— Abriß einer histor. u. vergleich. Darstellung d. dogm. Systeme unserer verschied. christl. Hauptpartheien nach ihren Grundbegriffen. 3e Aufl. 8. Göttingen, Vandenhöck u. R.

Planck, (G. J.,) das erste Amtsjahr des Pfarrers v. S. in Auszügen aus seinen Tagebuche: eine Pastoraltheologie in Form einer Geschichte. gr. 8. Götting. 823, Vandenhöck u. R.

— über die Behandlung, die Haltbarkeit u. d. Werth des historischen Beweises f. die Göttlichkeit d. Christenthums. 8. Göttingen 822, Vandenhöck u. R.

— Betrachtt. üb. die neuesten Veränderungen d. deutsch-kathol. Kirche, u. besonders über die Konkordate zwischen protestant. Souverains u. d. röm. Stuhl. 8. Hannov. 808. Hahn. 20 gr.

— Einl. in d. theol. Wissensch. 2 Thle. gr. 8. Lpz. Crusius. (F. C. W. Vogel.) 794–95. (1r 1 Rthlr. 6 gr. 2r 1 Rthlr. 12 gr.)

— Entwurf einiger Abhandll. vom Herzen. 8. Stuttg. 773.

Planck, Gottlieb Jakob, s. Flügge: Gesch. des Glaubens.

— s. Fuchs, G. D.: Bibliothek.

Planck, G. J., Geschichte des Christenthums in der Periode seiner ersten Einführung in der Welt durch Jesum u. die Apostel. 2 Thle. 8. Göttingen, Vandenhöck u. R. 819.

Planck, G. J., Geschichte d. Entstehung und Ausbildung der christlich-kirchlichen Gesellschaftsverfassung im römischen Staate, v. Gründung d. Kirche an b. m. Anf. des 17ten Jahrh. 1r–5r Bd. 8. Hannov. Hahn. 803–8. (1r 1 Rthlr. 20 gr. 2r 2 Rthlr. 12 gr. 3r oder Geschichte des Papstthums 1r 2 Rthlr. 16 gr. 4r od. Gesch. des Papstthums 2r 4 Rthlr 4 gr. 5r oder Geschichte des Papstthums 3r 2 Rthlr. 8 gr.)

— Geschichte der Entstehung u. Ausbildung christl.-kirchl. Gesellschaftsverfassung im röm. Staate, von d. Gründung der Kirche an bis zu dem Anfang d. 7n Jahrh. 5 Bde in 6 Abtheill. 8. Hannov. 803—808. Hahn. 13 ß 12 gr. Hbg. Pr. 5 ß 16 gr. (3r—6r Bd. A. u. d. T.: Geschichte d. Papstthums zc. 4 Bde.)

Planck, G. J.: Geschichte der christlich-kirchlichen Gesellschafts-Verfassung. Bd 1—5. Hannover. 6 Bde
Bd 1. Verfassung im Röm. Staat, von der Gründung der Kirche an bis zu dem Anfang des 7. Jahrh. 1803.
„ 2. Verfassung in den neuen Staaten des Occidents, von ihrer Entstehung bis in die Mitte des 9. Jahrh. 1804.
„ 3—5. Geschichte des Pabstthums in den abendländ. Kirchen von der Mitte des 9. Jahrh. an bis zu der Reformation. Bd 1—3. 1805—09.

Planck, (G. J.,) Geschichte der christl.-kirchl. Gesellschafts-Verfassung im Auszuge dargestellt, v. A. Overbeck. gr. 8. Stuttgart 824, Metzler. Rthlr.

— Geschichte des protestant. Lehrbegriffs seit d. Zeiten d. Reformation. 1r—3r Bd, in 4 Thlen. 8. Leipz. 781—89. (1r u. 2r Bd. N. Aufl. 792.) (A. u. d. T.: Gesch. d. Entstehung d. Veränderungen u. d. Bildung unsers protestant. Lehrbegriffs.) 4r—6r Bd. (A. u. d. T.: Gesch. der protestant. Theologie. 3 Bde. 797—800.) (W. Vogel). 13 ß 16 gr.

— Gesch. d. Entsteh. zc. protest. Lehrbegriffe. 1r–6r Band. gr. 8. Lpz. Crusius. (F. C. W. Vogel.) 789–800. (1r—3r 4 Rthlr. 20 gr. 4r 2 Rthlr. 4 gr. 5r 1r Thl. 1 Rthlr 8 gr. 2r 2 Rthlr. 6r 3 Rthlr. 8 gr.)

Planck, Gtli. Jak., Geschichte d. protestant. Theologie von d. Konkordienformel an bis in die Mitte d. 18. Jahrh. gr. 8. (24 B.) Göttingen 831, Vandenhoeck u. Ruprecht.

— s. Geß: Merkwürdigkeiten.

— Grundriß d. theologischen Encyklopädie zc. 8. Götting., Vandenhöck u. R.

Planck, Gli. Jac.: Grundriss e. Geschichte d. kirchl. Verfass., kirchl. Regier. u. d. canon. Rechts; besonders in Hinsicht auf die deutsche Kirche. *Gött.*, Dieterich. 791. 8. (3 Gr.)

Planck, G. J., de primis gubernationis dioecesanae initiis. Gotting. 1792. 4.

— über die gegenwärtige Lage u. Verhältnisse der kathol. u. protest. Parthey in Deutschland u. einige besondere zum Theil von dem deutschen Bundestage darüber zu erwartende Bestimmungen. 8. Hannover, Gebr. Hahn. 816.

Academiae Georgiae Augustae prorector **Theoph. Jak. Planck** cum senatu successorem in magistratu acad. Justum Frid. Runde civibus suis commendat. — Leges agrariae, pestiferae et exerabiles. Göttingen (J. Chr. Dieterich) März 1793. 10 S. (3.75) 26577

– s. Mac Crie: Leben Knox.

– s. Melanchthons, Ph.: Erzählungen.

Academiae Georgiae Augustae prorector **Th. Jak. Planck** cum senatu anniversaria inaug. sacra LXXVIII simulque successorem in magistratu acad. Antonium Bauer civibus suis commendat. indictis auspiciis. — Proluduntur nonnulla de Genio humanae naturae Deo. P. II. Göttingen (H. Dieterich) Sept. 1815. 8 S. (3.75) 26578

Academiae Georgiae Augustae prorector **Theoph. Jak. Planck** cum senatu anniversaria inaug. sacra LI. indicit. — De accusatorum et judiciorum publicorum ratione et ordine apud Romanos et Graecos. Comment. I. Impertientur simul quatuor Candidatis dignissimis summi ab Ordine Medico honores. Göttingen (J. Chr. Dieterich) 18. IX. 1788. 6 S. (3.75) 26575

Academiae Georgiae Augustae prorector **Th. Jak. Planck** cum senatu successorem in magistratu acad. Justum Frider. Runde civibus suis commendat indictis sollennibus. — De judiciorum publicorum ratione et ordine apud Romanos et Graecos Comment. II. Göttingen (J. Chr. Dieterich) 2. I. 1789. 8 S. (3.75) 26576

— neueste Religionsgeschichte, als Fortsetzung Walchs. 5 Thle. gr. 8. Lemgo, Meyer. 787–93. (à 1 Rthlr. 8 gr.)
Vgl. Walch, C.W.F.

Planck, J. G., anthologiae patristicae spec. I—VI. Gotting. 1833 ss. 4.

— üb. Spittler als Historiker. 8. Götting. Vandenhöck u. R. 811.

– s. Spittler, L. T.: Grundriß der christl. Kirche.

— üb. die Trennung u. Wiedervereinigung der getrennten christl. Hauptpartheien; mit e. kurzen histor. Darstell. der Umstände, welche die Trennung d. luther. u. reformirt. Parthei veranlaßten. 8. Tübing. 803. v. Cotta. 1 Rthlr. 8 gl

— Worte des Friedens an die kathol. Kirche gegen ihre Vereinigung mit der protestantischen. 8. Götting. 809. Vandenhöck u. R. 20 gl

— über den gegenwärtigen Zustand unsrer protestant. Kirche, u. einige ihrer dringendsten Zeitbedürfnisse. 8. Erfurt, Keyser. 817.

Planck, H.

— v. der Gewißheit e. Lebens nach dem Tode. Vortrag. gr. 8. (13 S.) n. — 20
Eßlingen: Langguth 1892.

Planck, H., 64 Konfirmations-Denksprüche. Sammlung A (64 allgemeine). qu. gr. 16. (8 S. Text.) Stuttgart 895. Greiner & Pfeiffer. M. Goldschn. n. 1.20; A—C zusammen n. 3. —

— dasselbe. Sammlung B (56 speziell.) qu. 16. (8 S. Text.) Ebd. 895. M. Goldschn. n. 1.20

— dasselbe. Sammlg. C (32 f. besond. Fälle). qu. 16. (8 S. Text.) Ebd. 895. M. Goldschn. n. —80

— dasselbe. Sammlg. D (32 ohne Text). qu. 16. Ebd. 895. M. Goldschn. n. —60

— Mitgabe fürs Leben. Ein Büchlein f. unsere Neukonfirmierten. 12. (32 S.) Calw u. Stuttgart 898. Vereinsbuchh. Geb. n. — 20

Planck, H., Mitgabe fürs Leben. Ein Büchlein f. unsre Neukonfirmierten. 4. verb. Aufl. 33.—42. Taus. (32 S.) 11. 8. Calw u. Stuttgart 909. Vereinsbuchh. Geb. — 20

Planck, Predigt am 14. Sonntag nach Trinitatis, am 24. IX. 1905. geh. in der Stadtkirche zu Eßlingen. (10 S.) 8. Eßlingen 905. W. Langguth. n. — 10

Predigten auf die Sonntage u. Festtage des Kirchenjahres, geh. in den J. 1880—1906. (X, 551 S.) 8. Eßlingen 907. W. Langguth. Geb. in Leinw. 3.50; m. Goldschn. 4.50

Planck, drei Schäden unseres Volkslebens. Predigt, am 13. Sonntag nach Trinitatis geh. in der Stadtkirche zu Eßlingen. gr. 8. (10 S.) Eßlingen 896. W. Langguth. n. — 10

Planck, stellt sich das Christentum auf Seite d. Kapitals od. auf Seite der Arbeit? Vortrag, geh. auf Veranlassg. d. evangel. Arbeiter-Vereins als Erwiderg. auf den Vortrag der Frau Henrich-Wilhelmi. gr. 8. (16 S.) Eßlingen 892. W. Langguth. n. — 20

[F.] Die sociale Thätigkeit des im Amt stehenden Geistlichen, ihr Recht und ihre Grenzen. Referat auf d. vn. Ev.-sozialen Kongr. zu Stuttgart . . . erstattet v. Stadtpfarrer **Planck**-Esslingen. *Berlin: K. G. Wiegandt 1896.* (20 S.) 1 Bd 8. [98. 274]

— d. soziale Thätigkeit des im Amt steh. Geistlichen, ihr Recht u. ihre Grenzen. Referat auf d. VII. evang.-sozialen Kongreß zu Stuttgart, Mai 1896. gr. 8. (20 S.) Berlin 896. Carlshorst, H. Friedrich. — 30

— was der Ernst der Zeit uns lehren soll. Predigt üb. Matth. 8, 5—13, am 4. Sonntag nach Trinit. 1893 geh. gr. 8. (11 S.) Ebd. 893. n. — 10

Planck, H. G., variarum de origine festi Christi natalitii sententiarum epicrisis. Gotting. 1796. 4.

Planck, Heinrich

H. **Planck**'s kurzer Abr. d. philosoph. Religionslehre. *Gött.*, Vandenhöck. 820. gr 8° 21 gl

Planck, H., kurzer Abriß d. philosophischen Religionslehre. gr. 8. Göttingen, Vandenhöck u. R. 821.

Planck, Hnr., Bemerkk. über den ersten Paulinischen Brief an den Timotheus rc. gr. 8. Götting. 808. Röwer. 20 gl

Planck, Heinrich, s. Ennius: Medea.

— Entwurf einer neuen synopt. Zusammenstellung der 3 ersten Evangelien, nach Grundsätzen d. höhern Kritik. gr. 8. Götting. 809. Röwer. 4 gl

Planck, Heinr., s.: Luther, Mart., 70 Predigten.

— Progr. De vera natura atque indole orationis graecae Novi Test. Commentatio. 4. Götting. 810. Röwer. 10 gl

Planck, Henr., Commentatio de vera natura atque indole orationis graecae N. T. Götting. 811. 4. 10 gr.

— über Offenbarung und Inspiration, mit Beziehung auf Hrn. D. Schleiermachers neue Ansichten über Inspiration. 8. Göttingen: Vandenhöck 1817.

— commentatio de principiis et causis interpretationis Philomianae allegoricae. 4. maj. Gottingae, Dieterich. 807.

Das Bewegungsgesetz der Welt. Von Hermann **Planck**. Stuttgart: F. Frommann 1908. (172 S.) 8° [08. 15115

Planck, Herm., de Euripidis Troica Didascalia. 8maj. (4 B.) Gottingae 840, libr. Dieterich. *

Planck, Herm. Das Lateinische in seinem Recht als wissenschaftliches Bildungsmittel. gr. 8. (VII, 104 S.) Wiesb. 890, Kunze's Nachf. * 1 20

Planck, *Hermann* Das Recht des Lateinischen als wissenschaftliches Bildungsmittel. 4 (58 S.). **Progr.** Rg. *Stuttgart* 1888 (563).
Vgl. denselben Titel. Wiesbaden 1890, C. G. Kunzes Nachfolger. 8 (IV, 104 S.). ℳ. 1,20.

Planck, H., s.: Schulgrammatik, franz. f. höh. Lehranst.

— Syntax der französ. Sprache, s.: Ehrhart, C.

— Lateinische Übungsbücher, s.: Herzog.

— Urbis Romae viri illustres, s.: Lhomond.

Planck, J. H., nonnulla de significatu canonis in ecclesia antiqua. Gotting. 1820. 4.

Immanuel Christian Planck

De osteosarcosi Commentatio. A I[mmanuele] C[hristiano] Planck. Tubingae: Heerbrandt 1782. 55 S. 8°

Plank, J. C., de osteosacrosi. 8. Tübing 782. (Osiander).

Planck, Julius Wilhelm von

Planck, Joh. Jul. Wilh. v., [Festgabe zu dessen Doctor-Jubiläum], s. Berchtold, Jos., die Bulle Unam sanctam.

—— s. Festgabe zum Doctor-Jubiläum, von der Juristenfacultät zu München.

Planck, Jul. Wilh., systematische Darstellung des deutschen Strafverfahrens auf Grundlage der neueren Strafprozeßordnungen seit 1848. Göttingen 857. Dieterich. gr. 8 (XXVIII, 656 S.) n. 2 ℛℬ. 24 ngr.

Planck, Jul. Wilh., zur Einführg. d. bürgerl. Gesetzbuchs in d. Reichstag, s.: Nieberding.

Planck, J. W., das deutsche Gerichtsverfahren im Mittelalter. Nach dem Sachsenspiegel u. den verwandten Rechtsquellen. 2 Bde. gr. 8. (XVIII, 855 u. IV, 424 S.) Braunschweig 879. Schwetschke & Sohn. n. 24. —

Planck, Wilhelm Julius (Göttingen), De legitimatione ad causam. Commentatione in certamine litterario civium acad. Göttingen (Dieterich) 4. VI. 1837. 42 S. (4.—) 26579
Gew.: Christoph Reinh. Dieter. Martin.

Planck, Guil. Jul.: De legitimatione ad causam. Commentatio — praem. ornata. 4maj. *Gottingae*. (838.) Dieterich. (12 Gr.).

Lehrbuch des Deutschen Civilprozessrechts v. Julius Wilhelm Planck. Bd 1. 2. *Nördlingen (2: München): C. H. Beck 1887—96.* 2 Bde 8.
1. Allgem. Th. 1887. (1 Bl., IX, 547 S.)
2. Besond. Th. Nebst Reg. üb. d. ganze Werk. (In 2 Abth.) 18(91—)96. (X, 861 S.)
= **Lehrbücher** d. Deutschen Rechts. Bd 1. [98. 8059

Planck, Jul. Wilh., die Lehre von dem Beweisurtheil. Mit Vorschlägen für die Gesetzgebung. gr. 8. (IV und 436 S.) Göttingen 848, Dieterichsche Buchh. *

Planck, Jul. Wlh., die Mehrheit der Rechtsstreitigkeiten im Prozeßrecht. Entwicklung der prozessualischen Erscheinungen, die durch den Einfluß mehrerer Rechtsstreitigkeiten auf einander hervorgerufen werden. gr. 8. Göttingen 844, Dieterich'sche Buchh. n. 2⅓ ℛ

Planck, J. W. v., über die historische Methode auf dem Gebiet d. deutschen Civilprozessrechts. Festrede. gr. 4. (22 S.) München 889. (Franz' Verl.) n.n. — 60

— s. v. Pufendorf's, W., Observationen.

Planck, J. W., zur Würdigung der Oldenburger Denkschrift. Kiel 865. Schwers'sche Buchh. gr. 8. (29 S.) 6 ngr.

Planck, Karl, Fußlümmelei. Über Stauchballspiel u. engl. Krankheit. M. e. Nachwort. gr. 8. (24 S.) Stuttgart 898. W. Kohlhammer. n. — 50
Vgl. Planck, Paul.

Planck, Karl, Goetz oder Jahn? Antwort an Herrn Dr. med. Ferdinand Goetz, Geschäftsführer d. D. T., u. „turnerischen" Reichstagsabgeordneten f. Leipzig-Land, Leipzig 1889, 20 S., 8°.

Planck, Karl, F. L. Jahn und die heutige deutsche Turnerschaft. Urkundlich zusammengestellt. Mit 1 Anhang. Leipzig 1887. 8.

Planck, K., Friedrich Ludwig Jahn u. die heutige deutsche Turnerschaft. Urkundlich zusammengestellt. Mit e. Anh. 8. (24 S.) Leipzig 888. Uhlig. — 30

Planck, Karl, Turnkunst u. Kunstturnerei od. üb. den letzten Zweck u. Sinn e. gymnast. Volkserziehg. gr. 8. (VIII, 100 S.) Stuttgart 892. A. Bonz & Co. n. 1. 50

Planck, Karl Christian

Planck, Karl Chrn., s.: Zur Erinnerung.

Planck, K. Ch., Anthropologie u. Psychologie auf naturwissenschaftlicher Grundlage. Ein Leitfaden zum Selbststudium wie f. den Unterricht. gr. 8. (VIII, 224 S.) Leipzig 874. Fues. n. 3. 40

Planck, Carl Christ., die Genesis d. Judenthums. gr. 8. (7¾ B.) Ulm 843, Wagner'sche Vrlgsbuchh.

Planck, Karl Chr., deutsche Geschichte u. deutscher Beruf. Aufsätze u. Reden. Zur Erinnerg. an die 25. Wiederkehr seines Todestages, 7. VI. 1880, hrsg. u. eingeleitet v. R. Planck. (XXIV, 181 S.) gr. 8. Tübingen 905. J. C. B. Mohr. n. 2. 50; geb. n.n. 3. 50

Planck, C. Ch., Gesetz u. Ziel der neueren Kunstentwicklung im Vergleiche mit der antiken. Stuttgart 870. Ebner & Seubert. gr. 8. (VIII, 120 S.) n. 24 ngr.

Planck, K. Ch., Grundlinien einer Wissenschaft der Natur als Wiederherstellung der reinen Erscheinungsformen. Leipzig 864. T. O. Weigel. gr. 8. (XVIII, 326 S.) n. 2 ℛℬ

Planck, Karl Christ., Grundriß der Logik als kritische Einleitung zur Wissenschaftslehre. 4. (35 S.) Tübingen 873. (Fues.) n. 1. 50

— Grundzüge der organischen Naturansicht, als Einleitung zur Anthropologie. Ulm 869. (Tübingen, Fues.) gr. 4. (24 S.) n. 7 ngr.

— Grundzüge einer genetischen Naturwissenschaft oder einer Mathematik der Naturformen nach dem Grundgesetze der innerlich stetigen Zusammenfassung. Tübingen 862. Fues' Sortbdlg. gr. 4. (38 S.) 12½ ngr.

Planck, C. Ch., Katechismus des Rechts, oder Grundzüge einer Neubildung der Gesellschaft und des Staats. gr. 8. (X und 266 S.) Tübingen 852, L. F. Fues Vrlgsh. *

Planck, K. Ch., logisches Causalgesetz und natürliche Zweckthätigkeit. Zur Kritik aller Kantischen und nachkantischen Begriffsverkehrung. gr. 8. (X, 170 S.) Nördlingen 877, Beck'sche Buchh. *

Planck, K. Chr., halbes u. ganzes Recht. Mit e. Einleitg. v. Adf. Gubitz. gr. 8. (XXX, 194 S.) Tübingen 885. Laupp. n. 3. —

— Seele u. Geist od. Ursprung, Wesen u. Thätigkeitsform der psych. u. geist. Organisation, von den naturwissenschaftl. Grundlagen aus allgemein fasslich entwickelt. gr. 8. (XXV, 652 S.) Leipzig 871. Fues. n. 11. —

— Süddeutschland u. der deutsche Nationalstaat. Stuttgart 867. Schaber. gr. 8. (78 S.) 15 ngr.

Planck, Karl Chrn., Testament eines Deutschen. Hinterlassenes Werk. Hrsg. von Karl Köstlin. gr. 8. (XXIV, 698 S.) Tübingen 881, Fues. * 10 —

Planck's, K. Chr., Uebungsstücke f. d. latein. Komposition m. Übersetzung. 2 Tle. Hrsg. v. H. Ludwig. gr. 8. (VIII, 51 u. 47 S.) Stuttgart 896. J. B. Metzler's Verl. n. 2. 25

— Wahrheit u. Flachheit d. Darwinismus. Ein Denkstein zur Geschichte heut. deutscher Wissenschaft. gr. 8. (XVII, 210 S.) Nördlingen 872. Beck. n. 3. —

Planck, K. Ch., die Weltalter. 2 Thle. gr. 8. 1. Thl.: System des reinen Realismus. (XX u. 575 S.) 2. Thl.: Das Reich des Idealismus oder zur Philosophie der Geschichte. (X u. 309 S.) Tübingen 850. 51, Buchh. Zu-Guttenberg. (1 : 3 ₰ 2 : 1 ₰) 4 ₰

— Ziel u. Entwicklungsgesetz der alten Philosophie in ihrem Verhältniss zu dem der neueren, s. a. Festschrift der Gymnasien u. evangelisch-theologischen Seminarien Württembergs zur 4. Säcularfeier der Universität Tübingen.

Planck, K. C., Ziel u. Entwicklungsgesetz d. alten Philosophie in ihrem Verhältniss zu dem der neuern. Pr. 1877. 18 S. 1.—

Planck, Mathilde: Die obligatorische Mädchenfortbildungsschule. Referat, geh. b. d. 1. württ. Frauentag in Stuttgart am 28. Okt. 1906. — Stuttgart 1907: Zu Gutenberg. 10 S. 8° (Schriften d. Verbandes württ. Frauenvereine. 2.)

Planck, Mathilde, die obligatorische Mädchenfortbildungsschule, s. a. Schriften des Verbandes württemberg. Frauenvereine. Nr. 2.

Planck, Max, s.: Annalen der Physik.

Planck, Max, normale u. anormale Dispersion in nichtleitenden Medien von variabler Dichte. (13 S.) Lex.-8. Berlin 905. (G. Reimer.) n. — 50

— Zur Dynamik bewegter Systeme. (29 S.) Lex. 8. Berlin 907. G. Reimer. 1. —
Sonderabdr. a.: „Sitzungsber. d. preuss. Akad. d. Wiss."

Planck, Max: Über die optischen Eigenschaften der Metalle für lange Wellen. Berlin 1903

— Die Einheit des physikalischen Weltbildes. Vortrag, geh. am 9. XII. 1908 in der naturwissenschaftl. Fakultät des Studentenkorps an der Universität Leiden. (38 S.) 8. Leipzig 909. S. Hirzel. 1. 25

Planck, *Max* Die Einweihung des neuen Schulgebäudes. 4 (S. 45—72). Progr. Karls-G. *Stuttgart* 1886 (545).

Planck, M., zur Erklärung des Taciteischen Agrikola. 4. (31 S.) Heilbronn 874. (Tübingen, Fues.) n. 1. 20

— über die Extinction des Lichtes in e. optisch homogenen Medium v. normaler Dispersion. (11 S.) Lex.-8. Ebd. 904. n. — 50

Planck, M. Die Feuerzeuge der Griechen u. Römer u. ihre Verwendung zu profanen und sakralen Zwecken. 44 S. Karl G. *Stuttgart* 1884. Progr.

Planck, Max, über Gleichgewichtszustände isotroper Körper in verschiedenen Temperaturen. gr. 8. (63 S.) München 880. Th. Ackermann. n. 1. 40

Planck, M., über den Grundgedanken des Aeschyleischen Agamemnon. Ulm 859. (Tübingen, Fues' Sorthdlg.) 4. (24 S.) n. 7 ngr.

Planck, Max, Grundriss der allgemeinen Thermochemie. Mit e. Anh.: Der Kern des 2. Hauptsatzes der Wärmetheorie. [Aus: „Handwörterbuch d. Chemie".] 8. (V, 162 S.) Breslau 893. E. Trewendt. Geb. in Leinw. n. 4. —

Planck, M., Ueber den 2. Hauptsatz der mechanischen Wärmetheorie. 8°. *61 S.* München, Th. Ackermann. 1879. M. 1.20

— Heinrich Rudolf Hertz. Rede, zu seinem Gedächtniss in der Sitzg. der physik. Gesellschaft zu Berlin am 16. Febr. 1894 geh. gr. 8. (23 S.) Leipzig 894. J. A. Barth n. — 60

— Karthago u. seine Heerführer. gr. 4. (26 S.) Ulm 874. (Tübingen, Fues.) n. 1. 20

—— Parallelen römischer und griechischer Entwicklungsgeschichte. gr. 4. (36 S.) Ulm 857. (Tübingen, Fues'sche Sortimentsbuchh.) *

Planck, Max, das Princip der Erhaltung der Energie. Von der philosoph. Facultät Göttingen preisgekrönt. gr. 8. (XIII, 247 S.) Leipzig 887, Teubner. * 6 —

Das Prinzip der Erhaltung der Energie von Dr. Max **Planck**, Prof., Berlin. 2 Aufl. Leipzig & Berlin: B. G. Teubner 1908. (278 S.) 8°
= Wissenschaft u. Hypothese. 6.

P(LANCK), Max. Die letzten Räuberbanden in Oberschwaben in den Jahren 1818/19. Ein Beitrag zur Sittengeschichte Nach den Akten und mündlicher Überlieferung dargestellt. Mit 6 Holzschnitten nach J. B. Pflug. Stuttgart 1866. 8°. XVI, 256 S. Sehr selten.

P[lanck], M[ax]: Die letzten Räuberbanden in Oberschwaben i. d. J. 1818—19. Mit Holzschn. nach J. B. Pflug. Stuttgart: Koch 1866.

Planck, Max, Schulreden. 8. (VII, 214 S.) Stuttgart 892. C. Krabbe. n. 2. 40; geb. in Leinw. n. 3. —

— Die Stellung der neueren Physik zur mechan. Naturanschauung. Vortrag, geh. am 23. IX. 1910 auf der 82. Versammlg. deutscher Naturforscher u. Ärzte in Königsberg i. Pr. (33 S.) gr. 8. Leipzig 910. S. Hirzel. 1. 25

— die natürliche Stimmung in der modernen Vokalmusik. gr. 8. (25 S.) Leipzig 894. Breitkopf & Härtel. n. — 75

Planck, Max, üb. irreversible Strahlungsvorgänge. 1. Mittheilg. [Aus: „Sitzungsber. d. Akad. d. Wiss. zu Berlin".] gr. 8. (12 S.) Berlin 897. (G. Reimer.) n. — 50

— dasselbe. 3. u. 4. Mittheilg. [Aus: „Sitzungsber. d. k. preuss. Akad. d. Wiss."] gr. 8. (24 u. 28 S.) Ebd. 897. 98. à n. 1. — (1., 3. u. 4.: n. 2. 50)
Die 2. Mittheilg. ist einzeln nicht erschienen.

— über irreversible Strahlungsvorgänge. 5. Mittlg. (Schluss). (41 S.) Lex.-8. Ebd. 899. n. 2. —

Planck, Max, üb. irreversible Strahlungsvorgänge. Nachtrag. gr. 8. (12 S.) Berlin (901). (G. Reimer.) n. — 50

— zur elektromagnetischen Theorie der selectiven Absorption in isotropen Nichtleitern. (19 S.) gr. 8. Ebd. 903. n. 1. —
Sonderabdruck a.: „Sitzungsber. d. preuss. Akad. d. Wiss."

— zur elektromagnetischen Theorie der Dispersion in isotropen Nichtleitern. (25 S.) gr. 8. Ebd. 902. n. 1. —
Sonderabdruck aus: „Sitzungsber. d. preuss. Akad. d. Wiss."

Planck, M., über den Ursprung der römischen Gladiatorenspiele. Ulm 866. (Tübingen, Fues'sche Sortimentsh.) gr. 4. (14 S.) n. 5 ngr.

Planck, M., der Verfall des römischen Kriegswesens am Ende des 4. Jahrh. n. Chr., s. a. Festschrift der Gymnasien u. evangelisch-theologischen Seminarien Württembergs zur 4. Säcularfeier der Universität Tübingen.

Planck, M., Der Verfall d. röm. Kriegswesens am Ende d. IV. Jahr. n. Chr. Eine krieg geschichtl. Studie nach Vegetius. Gel. 1877. 9 S. 4°.

— Acht Vorlesungen üb. theoretische Physik, geh. an der Columbia University in the City of New York im Frühj. 1909. (VII, 127 S. m. 5 Fig.) gr. 8. Leipzig: Hirzel 1910. 3.60; geb. 4.20

Vorlesungen über die Theorie der Wärmestrahlung von Dr. Max **Planck**, Prof., Berlin. Mit 6 Abb. Leipzig: J. A. Barth 1906. (VIII, 222 S.) 8° [06. 6319

Vorlesungen über Thermodynamik v. Dr. Max **Planck**, Prof. . . . and. Univ. Berlin. Mit 5 Fig. im Text. *Leipzig: Veit & C. 1897.* (VI S., 1 Bl., 248 S.) 1 Bd 8.
[97. 2628

Vorlesungen über Thermodynamik von Dr. Max **Planck**, Prof. Mit 5 Fig. 2., verb. Aufl. Leipzig: Veit 1905. VII, 256 S. 8° [11. 3330 II

— Über die kanonische Zustandsgleichung einatomiger Gase. 1. Mitteilg. (S. 633—647.) Lex. 8. Berlin 908. G. Reimer. — 50
Sonderabdr. a.: „Sitzungsber. d. preuss. Akad. d. Wiss."

PLANCK, Otto: Das Budgetrecht der belgischen Verfassung historisch-kritisch untersucht.- München: Ackermann 1889. IV,71 S.
5.3.1889 - Chr 1888/89,17; Jv 1888/89,209
Diss. Ingolst.-Landsh.-Mchn.

Planck, Paul, Fußlümmelei, üb. Stauchballspiel u. englische Krankheit, m. e. Nachw., Stuttgart 1898, 24 S., 8°.
Vgl. Planck, Karl.

Im Kohlenrevier | des Westens. | Erzählung aus dem Volksleben | von | Rudolf Planck. | Motto: Es freut sich die Gottheit der reuigen Sünder; | Unsterbliche heben verlorene Kinder | Mit feurigen Armen zum Himmel empor! | Göthe. | Stereotyp-Ausgabe. | Reutlingen. | Druck und Verlag von Enßlin und Laiblin. (= *Neue Volksbücher*, 199 B).
o. J., 61 S. + 3 S. Anzeigen, 165 × 108, U.-Fig.: *Infolge des Gebets hatte sie das Öffnen der Thüre überhört. . . .*, 61 × 84.
LBS d. D. oct K 3504.

Planck, Rud., im Kohlenrevier d. Westens. Erzählung aus dem Volksleben. 8. (61 S.) Reutlingen 885. Enßlin & Laiblin. — 20

Planck, Wilhelm, s. Planck, Georg Wilhelm

Planck, Wilhelm Julius, s. Planck, Julius Wilhelm

Planck, Willy, ABC. Die 25 Buchstaben auf ihrer Reise durch die Welt, m. 40 farb. Bildern nach Aquarellen. (26 S.) 32×23,5 cm. Stuttgart (909). G. Weise. Kart. 3. —

Planck's, Willy, Volks-Märchen. Die Gänsemagd. Ein Märchen v. Wilh. u. Jak. Grimm. (12 S. m. 5 farb. Vollbildern.) 4. Stuttgart (905). G. Weise. — 60

— dasselbe Die sieben Raben. Ein Märchen v. Wilh. u. Jak. Grimm. (12 S. m. 5 farb. Vollbildern.) 4. Ebd. (905). — 60

— dasselbe. Tischlein deck dich, Esel streck dich, Knüppel aus dem Sack. Ein Märchen v. Wilh. u. Jak. Grimm. (12 S. m. 5 farb. Vollbildern.) 4. Ebd. (905). — 60

Planckh, Amalie, geb. v. Aigner, vollständiges Handbuch der Schnittzeichnenkunst zum Selbstunterrichte und als Lehrbuch für Mädchenschulen nach eigener Methode bearb. Mit 96 Holzschn. (im Text). Wien 860. Tendler & Co. (Gerold.) Lex.-8. (VIII, 85 S.) n. 1 ₰ 20 ngr.

Planckh, Amalie, geb. v. Aigner, vollständiges Handbuch der Schnittzeichnenkunst zum Selbstunterrichte und als Lehrbuch für Mädchenschulen nach eigener Methode bearb. 2. Aufl. gr. 8. (VIII, 85 S. mit 96 eingedr. Holzschn.) Wien 871, Lehmann und Wentzel. *

Planckh, Jos., Skizze e. philosoph.-prakt. Systems aller menschl. Vernunfterkenntniß. Mit 1 Anh. u. 3 Tabb. 8. Wien 794. Pazowsky. 12 gr.

Pläncker, Arwed v., Altenburg im Jahre 1813. Altenburg 857. Pierer. gr. 8. (48 S.) 7½ ngr.

v. Pläncker, (Major) J., der Inselsberg und seine Aussicht, dargestellt durch ein 90 Zoll langes (color.) Panorama, und erläut. durch ein Winkelblatt u. eine kurze Beschreibung. Lex.-8. Gotha 839. J. Perthes. 2⅔ ₰

Pläncker, J. v. (herzogl. S. Cob.-Goth. Major), *Piniferus*. Taschenbuch f. Reisende in das Fichtelgebirge. Mit 4 (lithogr.) Prospekt-Ansichten d. Gebirges (vom Gr. Kornberg, vom Döhraberg, vom Rauhen Culm, von der Kösseine), gez. vom Vf. Hof, in Commiss. bei G. A. Grau, 1839. Wunsiedel, b. Geo. Grau. — *A. E.:* Druck u. Lithogr. von C. F. Diets in Coburg. 8°. Blau Hsrsb.
XIV—275 S. Lat. Lett.

Pläncker, J. v., die deutschen Rheinlande, od. speciell-topograph.-statist. Beschreibung d. Hrzgl. Sachsen-Coburg-Gotha. Fürstenth. Lichtenberg, u. geograph. Uebersicht d. Kgl. Preuß., Kgl. Bayr., Großh. Oldenburg. u. Landgräfl. Hessen-Homburg. Rheinlande, nebst e. Anh. v. Briefen üb. dieselben. gr. 8. (18 B. u. 6½ B. Tab.) Gotha 833, Hennings.

— die fränkische Schweiz. Taschenb. f. Reisende. 8. (8 B.) Coburg 841. [Leipzig, Brauns.]

— der Thüringer Wald. — Schilderung dies. Gebirgs nach d. neuest. Beobachtungen, als Commentar zu ein. (5′ langen u. 5″ hohen) v. J. G. Martini gest. Ansicht d. Nordseite d. nordwestl. Theils dessel., aufgenom. im Gasthof z. Thüringer-Haus. 8. (5½ B.) Gotha 830, J. Perthes.

Pläncker, Othello v., s. a. Eginhardt.

Pländner, Othello, [Eginhard,] die langen Abende in der Familie Liebhold. Erzählungen für Knaben u. Mädchen von 12 bis 15 Jahren. Nach des Verf. Tode besorgt von Th. v. Pländner. Mit 5 (lith.) Bildern. 8. (204 S.) Jena 849, Hochhausen. 1/2 ß

EGINHARDT (d. i. *Othello v. Plaenckner*), Licht und Schatten in Erzählungen und Novellen. Gotha, Flinzer, 1830. 15 Bogen. 8°.

— — Liebe, Rache, Reue. 2 Bde. Altenburg, Pierer, 1838. 34 1/2 Bog. 8°.
Sämmtlich in A. G. Schmidt's Gallerie ....

— — Parodien bekannter Gedichte. Sammlung 1—8 (cplt.). Quedlinburg, Basse, 1827—37 (in 8°, 12° u. 16°). 1: 1827. 8°. (12 Parod.) 2: 1830. 16°. 3 Bog. (20 Parod.) 3: 1832. 16°. 2 1/2 Bog. 4: 1833. 16°. 3 Bog. 5: 1834. 16°. 3 Bog. 6: 1835. 16°. 3 Bog. 7: 1836. 16°. 3 Bog. 8: 1837. 12°. 1 1/2 Bog.

— — Schicksalswechsel. (Ein Roman). Lpz., Kollmann, 1832. 20 Bog. 8°.

Plaenckner, Rhold. v., s. Confucius. — Lao-tse.

Plan-Collection. 1—3. Zürich, Hofer & Burger. à — 30
1—3 Neu-Zürich 1892.

v. Plancy, Graf, praktische Anweisung zum richtigen, naturgemäßen Beschneiden der Melonenranken, um möglichst schöne u. vollkommene Früchte zu erlangen. Mit 6 color. Abbildd. Aus d. Franz. Lex.-8. Quedlinburg 839. Basse. 5/12 ß

Plancy, Baronne de, née Baronne **Oppenheim,** Contes sentimentaux. (69 S.) kl. 8. Köln 903. A. Ahn. n. 2. —

Plancy, Bérangère, Mosaïques. (24 S.) 8. Basel 900. E. Finckh. — 40

Plancy, J. Collin de Plancy, s. Collin de Plancy.

Von dem gefährlichsten Plane der Illuminaten und von den wechselseitigen Pflichten der christlichen Fürsten und Unterthanen nach dem Grundrisse der christlichen H. Religion. Eine Schrift, von einem katholischen Landpfarrer gewidmet dem Bedürfnisse jetziger Zeiten. Donauwerd 1793: Brunner. 48 S. 8°

°[Dasselbe.] Neue Aufl. 1796. Kl. 3490. Selten.

Pläne

— z. Anlag. engl. Gärten und Vorschr., wie m. klein. Parthien eintheilen und anpflanzen kann. 1ste Forts. zu Mansa Plans. Querfol. Leipzig, Leo. 797.

Pläne und Ansichten der ehemaligen Festung Geldern. Geldern [1899]. V: *Real, J.* (Berl)

Plaene zu Artillerie-Material, Kriegsfeuerwerkerei u. Batteriebau. (Autogr.) Berlin, um 1875. 112 Bl. 4°

Pläne landwirthschaftlicher Bauten des Kleingrundbesitzes in Oesterreich. Hrsg. vom k. k. Ackerbauministerium in Wien. Gesammelt und erläutert von Arth. Frhr. v. Hohenbruck. Gezeichnet und autogr. von Carl A. Romstorfer. Fol. (VI, 21 S. mit 50 autogr. Taf. und 1 autogr. Karte in qu. gr. Fol.) Wien 878, (Faesy und Frick.) geb. *

Plaene zur beständigen Befestigung im 19. Jahrhundert. (Fing. T.) o. O. u. J. 23 Bl. 2°

Pläne der bedeutendsten Binnenhäfen Deutschlands bearb. und herausg. von der Handels- und Gewerbekammer zu Dresden. M. der Pläne 1 : 10000. Dresden [1890.] 28 Bll. Imp.-4. u. qu.-Imp.-4. [Hierzu:] Statistische Tafeln zu den Plänen... Bearb. u. herausg. von der Handels- u. Gewerbekammer zu Dresden. 1890. Berlin. Fol. (D.; FBA.)

Pläne der bedeutendsten Binnenhäfen Deutschlands, bearb. u. hrsg. v. der Handels- u. Gewerbekammer zu Dresden. 1 : 10,000. Fol. (29 farb. Pläne m. 1 Bl. Text.) Nebst Beiheft: Statistische Tafeln. Fol. (IV, 33 S.) Berl. 891, Trowitzsch u. Sohn. In Leinw.-Mappe * 28 —

— zu einigen 1 1/2—7 tägigen Eifelwanderungen. Zusammengestellt vom Vorstande des Eifelvereins zu Crefeld. gr. 16. (15 S.) Crefeld 896. J. Greven. n. — 30

Pläne zur Erbauung einer Turnhalle für den T. V. zu Falkenstein mit Kostenanschlag, 8 S., 7 Bl.

Pläne zum Exerzier-Reglement 1769. [Fing. Titel.] o. O. 1782. 2°

Plaene der Geschützrohre der k. b. Artillerie. Hrsg. v. d. Zeughaus-Haupt-Direktion. Bl. 1—4. (Lithogr.) München 1863. 4°

Pläne von 42 Hauptschlachten, Treffen und Belagerungen des 7jährigen Kriegs ... Frankf. a. M. 1790. V: *Rösch, Jacob Friedrich von.* (Ky)

— von 42 Hauptschlachten, Treffen u. Belagerungen d. 7jähr. Kriegs; aus d. besten Quellen rc. (v. J. F. v. Rösch). 4 Lieferr. Mit Kpf. Fol. Frkf. a. M. 790. Jäger. 16 ß 16 gr

— und Journale v. d. Belagerungen des letzt. Kriegs in Flandern, m. ill. Pl. gr. 4. Dresden, Walther. 750.

Plans und Journals von denen Belagerungen des letzteren Kriegs in Flandern ... Strassburg 1750. V: *Illengen, von & Funck.* (BrMm)

Pläne aus dem chinesisch-japanischen Kriege mit Zeichnungen von Kriegsdampfern und Beschädigungen derselben.

Pläne, Die, Napoleons und seiner Gegner, besonders in Teutschland und Oestreich. München 1809. Strassburg [Leipz.] 1809. V: *Aretin, Johann Christoph Anton Maria Freih. v.* (GGr) (Kn) (Deutsche Rundschau 1877. 10, 475.) nicht: *Kingseis, Joh. Nepomuk.* (Ky) (Wr) (MGT)

Pläne, Die, Napoleons und seine Gegner, besonders in Teutschland und Österreich. Fata viam invenient. München 1809. V: *Aretin, Joh. Chr. Frhr. v.* (Graf Carl von Klinckowström. In: Die Bücherstube. V. Jg., III. Heft. München 1926. S. 137/8)

Pläne, neue, z. Anlegung u. Verschönerung v. Gärten, mit mögl. Ersparung d. Kosten, (v. Grohmann). (A. Französ.) Mit 12 ill. Plänen auf 7 Kpf. Fol. Leipzig, 1803. Baumgärtner. 1. 15

(Die Pläne der Reaktion und Berliner Zustände.) Wenn das Volk nicht schnell die Augen öffnet — Lithographirt. 2 Bl. 4. Flugblatt. Berlin, 19. Nov. 1848.

Pläne der in d. Befreiungskriegen v. 1813 bis 1815 gelieferten Schlachten v. Gross-Görschen, Bautzen, Gross-Beeren, an der Katzbach, Dennewitz, Culm, Leipzig, Hanau, Brienne od. La Rothière, Paris, u. e. Operationsplan v. 15. bis 21. Juni 1815. Gez. v. Dohme, gest. v. Brose u. Kolbe. Nebst e. kurzen Erklär. Anh. zu allen histor. u. militair. Werken üb. d. Befreiungskriege. gr. 4. (9 Pläne, gr. 4. u. 1 Fol. u. 1½ B. Text.) Berlin 833, Schlesinger.

Pläne der in den Befreiungskriegen von 1813—1815 gelieferten Schlachten von Groß-Görschen, Bautzen, Groß-Beeren, an der Katzbach, Dennewitz, Culm, Leipzig, Hanau, Brienne oder La Rothière, Paris u. ein Operationsplan v. 15.—21. Juni 1815. Gezeichnet v. Dohme, gest. v. Brose u. Kolbe, nebst einer kurzen Erklärung. 4. Berlin 834. Schlesinger. 2 ß — Einz. 5 gl

Pläne der Schlachten und Treffen, welche von der Preussischen Armee in den Feldzügen der Jahre 1813, 1814 u. 1815 geliefert worden sind. Unter Allerhöchster Genehmigung entworfen u. mit den nöthigen historischen Erläuterungen versehen. (Herausg. vom Generalstab.) 15 Pläne in Kupferstich. Imp.-Fol. Nebst 5 Heften Text in gr. 4. (Text Deutsch u. Französisch.) Berlin 1821—32. D. Reimer.
1. Heft. Gross-Görschen. Gross-Beeren. Dennewitz. Hagelsberg. — 2. Heft. Katzbach. Wartenburg. Mockern. — 3. Heft. Bautzen. Laon. — 4. Heft. Ligny. Belle-Alliance. Wavre. — 5. Heft. Dresden. I. Dresden. II. Kulm.

Plane der Schlachten und Treffen, welche von der preuß. Armee in den Feldzügen der Jahre 1813, 1814 und 1815 geliefert worden. H. 1—5. Berlin 1822—31. 4° u. 2°.

Pläne der Schlachten und Treffen, w. v. d. preuß. Armee 1813/15 gelief. worden. Nebst Anhg: Die Tage v. Dresden u. Kulm. L. 1824—31. V: *Wagner, August.* (Th. Nielsen (Gustav Scharlach) - Hamburg, Gr. Bleichen 31, Antiqu. Kat. Nr. 35, S. 14 sub 354.) (Russell)

—— (Plane) der Schlachten u. Treffen, welche v. d. preuss. Armee etc. in den J. 1813—1815 geliefert worden. Anhang, s. Tage.

Pläne der Schlacht- und Gefechtsfelder des Feldzuges von 1866, aufgen. von der topogr. Abtheilung des grossen Generalstabes. Berlin 1868—1869.

Pläne der bedeutendsten Königl. Schlösser. 1 Bd. Fol. enthaltend: 1. Das Schlofs in Berlin. — 2. Das Schlofs in Dresden. — 3. Das Schlofs in Charlottenburg. — 4. Das Schlofs in Marienburg. — 5. Das Schlofs in Sanssouci. — 6. Das Marmorpalais. — 7. Festung Alhambra und Generaliffa. — 8. Die Kaiserburg in Wien. — 9. Das Schlofs in München. — 10. Das Schlofs in Schliefsheim. — 11. Das Schlofs in Bieberich. — 12. Das Schlofs in Zerbst nebst Oranienbaum und Louisium. — 13. Das Schlofs in Wörlitz nebst Georgenhaus und Kühnau. — 14. Das Winter-Palais. — 15. Das taurische Palais nebst Kamenoi-Ostrof und Anitschkof. — 16. Schlofs Peterhof in Oranienbaum. — 17. Gatschina und Pawlowsk. — 18. Palais des Grofsfürsten Michael. — 19. Das Schlofs in Ludwigsburg. — 20. Das Schlofs in Potsdam. — 21. Das Schlofs auf der Pfaueninsel bei Potsdam. — 22. Das Schlofs Monbijou in Berlin. — 23. Das Schlofs Bellevue in Berlin. — 24. Das Schlofs zu Rheinsberg. — 25. Das Schlofs zu Prag. — 26. Das Schlofs zu Pillnitz. — 27. Das Schlofs zu Würzburg. — 28. Das Schlofs zu Rosenstein. — 29. Das Schlofs zu Christiansborg. — 30. Das Schlofs zu Constantine. — 31. Das Schlofs zu Zarskoe-Selo. — 32. Das neue Palais bei Potsdam.

Pläne, die, gegen die Schweiz. [Abdr. aus der „Neuen Deutschen Zeitung."] 8. (15 S.) Schwerin 850. (Oertzen & Schlöpke.) n. 1/12 ß

Pläne, südslavische. Denkschrift über die gegenwärtige Bewegung in der Herzegowina, Bosnien, Montenegro, nebst Schilderung der historischen, politischen, socialen, religiösen und militärischen Zustände dieser Länder. gr. 8. (39 S.) Wien 861, Typographisch-literarisch-artistische Anstalt.

Pläne der kgl. Theater zu München. 6 Taf. qu. 4. München 886. Palm. n.n. — 50

Pläne zur Tilgg. v. Darlehen. 8. (32 S.) Köln (898). H. Theissing. n. — 50

Pläne von Wasserwerken zu Annaberg, Altenburg, Dippoldiswalde, Plauen, Schneeberg, Breslau und München. (o. O.) (1866—1867)

Zwanzig Pläne von Charlottenburg, Bevölkerungs- u. Wohnungs-Verhältnisse d. Stadt graphisch darstellend. Hrsg. v. Statist. Amt d. Stadt. (Vorr.: Dr. E[rnst] Hirschberg.) *Charlottenburg: C. Ulrich & Co. in Komm. 1903.* (20 S., 20 Taf.) quer-4° [F.]
= **Statistik, Charlottenburger.** Erg.H. 2.

Zwei Pläne des neuen allgem. Krankenspitals in Wien. Fol. (O. J.)

Planeck, Benno, Stimmungsbilder. Gedichte. gr. 16. (204 S.) Wien 872. Hölder. n. 3. 20; feine Ausg. n. 4. —

Planeck, Benno, der Tackif, s.: Universal-Bibliothek, jüdische.

Die Volksheilstätte Planegg-Krailling für männliche Brustkranke. Begründet von d. oberbayer. Volksheilstätten-Verein (A. V.) (eröffnet im November 1898.) *München 1899: R. Oldenbourg.* (30 S.) quer-8° [F.]

Planenberg, Nic. [Pseud.],
s.a. Kolkmann, Josef

Planenberg, Nic., die Majestätsbeleidigungen u. die preussische Justiz. 1. u. 2. Aufl. gr. 8. (28 S.) Löbau Westpr. 878. Skrzeczek. n. — 60

— **der preussische Richter von seiner Schattenseite gezeichnet.** 4. Aufl. gr. 8. (64 S.) Ebend. 878. n. 1. 20

Die Zivilgerichts-Reform und die Beschränkung des Anwaltszwanges von Nicolaus **Planenberg** redivivus. Berlin: R. Skrzeczek 1907. (47 S.) 8° [F.]

Plan-Entwurf zu einer Central Verbindung der Evangelisch-Lutherischen Kirche in den Vereinigten Staaten von Nord-Amerika. *Baltimore, Md.: Schäffer und Maund 1819. 7 S.*

Planer: Die Gase des Verdauungsschlauches und ihre Beziehungen zum Blute. S. 42. 30 . . . . —.60
Separatabdruck

Planer, A., Geschichte d. k. b. 1. Infanterie-Regiments „König". (Festschrift zur Feier des 200jähr. Bestehens, 21./23. Juni 1881.) München, M. Huttler, 1881. 4°. Cart.
32 S. — Extra-Beilage zum „Bayerischen Kurier".

Planer, Alfons

Planer, A., Die kleine Kunstreiterin, s.: Jugendbibliothek.

Planer, Alph., das Lied vom Herzog Christoph. Ein Sang v. Isarstrand. 12. (VIII, 76 S. m. 1 Titelbild.) München 897. J. Lindauer. n. 1. 60; geb. in Leinw. n. 2. —

Planer, Alph.,
— Lilly,
— Juliana Peutinger,
— der brave Toni,
s.: Jugend-Bibliothek.

Planer, Anton Christoph Volkmarus (geb. Stettin 23. 12. 1817): De castris Romanis. Berolini (1842). (81 S.) 8°
Berlin, Phil. Diss. v. 23. Aug. 1842

Planer, B., die Fortbildungsschulen. gr. 8. (61 S.) Wien 874. Pichler's Wwe. & Sohn. n. 1. 20

Planer, Eug., Recht u. Richter in den innerösterreichischen Landen Steiermark, Kärnten u. Krain. Rechts- u. Kulturgeschichtliches aus e. Jahrtausend. (XI, 400 S.) gr. 8. Graz 911. U. Moser. 6.25; geb. n 7. 75

Planer, Heinrich Paul

Planer, H. P., ein Fall v. freier Wassersucht bei Nieren-Entzündung, geheilt durch Anwendung des Bauchschnitts (Laparotomie). (3 S.) gr. 8. Dresden (903). C. Weiske. n. — 30

— die Leber-Theorie. Eine ätiolog. Studie zur Behandlg. der Bright'schen Nierenerkrankg. in ihren Beziehgn. zum Stoffwechsel u. zu den Herzerkrankng. u. hierauf basier. krit. Betrachtg. der wichtigsten Nahrungs- u. Genussmittel. (34 S.) gr. 8. Wien 905. Urban & Schwarzenberg. n. 1. —

— drei Monographien. Mitteilungen aus der gynäkolog. Privatklinik. A. Ein Fall v. freier Wassersucht bei Nieren-Entzündg., geheilt durch Anwendg. des Bauchschnitts (Laparotomie). — B. Spindelzelliges, hydropisch degeneriertes Sarkom des Ligamentum latum u. der Harnblase. Heilung per laparotomiam u. Resektion der Harnblase. — C. Vereitertes adhärentes Ovarialzystom. Heilung per laparotomiam u. Totaldrainage der Bauchhöhle. (16 S.) gr. 8. Ebd. 905. n. — 60
Sonderabdruck aus: „Wiener medizin. Presse".

Planer, Hermann

Planer, H, Caesars Antesignanen. [Aus: „Symbolae Joachimicae".] gr. 8. (14 S.) Berlin 880. (Calvary & Co.) n. 1. 20

Planer, Hermann [Dr. phil.]: Geschichte des höheren Schulwesens im Grossherzogtum Sachsen. (Soll ausführlicher behandelt werden.) Jena, G. Neuenhahn Univ.-Buchdr., *1893;* 3—53 S. 8.
Jena, Pfeiffer'sche Lehr- u. Erziehungs-A, Festschr. 1893**

Planer, [Hermann]: Aus der Geschichte des Fürstentums Schwarzburg-Sondershausen im 17. bis 19. Jahrhundert. (T.) 1. Truppendurchzüge u. Einquartierungen im Amt Gehren in den Jahren 1663—1740. Arnstadt (1909): Frotscher. S. 3—21. 4°
Arnstadt, fürstl. G OP 1909 (964) [S 09. 363

Planer, [Hermann]: Aus der Geschichte des Fürstentums Schwarzburg-Sondershausen im 17. bis 19. Jahrhundert. T. 2. Arnstadt (1910): Frotscher. 32 S. 8° ¶ (Forts. d. P-Beil. 1909.)
Arnstadt, fürstl. G OP 1910 (983) [S 10. 336

Planer, Herm.: De Tyrannione grammatico. 30 S. – Berlin Joach., Progr. 1852.

Planer, Herm., de haud et haudquaquam negationum apud scriptores latinos usu. gr. 8. (91 S.) Jena 886. (Pohle.) 1. 50

Planer, Johannes *Georg Ernst* [aus Dresden]: Untersuchungen über den syntaktischen Gebrauch des Verbums in dem angelsächsischen Gedicht vom Phoenix. . . . Leipzig, Druck v. C. W. Vollrath, *1891;* 50 S., 1 Bl. 8°
Leipzig, Phil. Fak., Inaug.-Diss. v. [8. Aug.] 1891

Planer, Johs., Untersuchungen üb. den syntaktischen Gebrauch d. Verbums in dem angelsächsischen Gedicht vom Phoenix. Diss. gr. 8. (51 S.) Leipzig 892. (E. Gräfe.) n. 1. 20

Planer, Johann Andreas

Joh. Andr. Planeri Paradoxorum mathematicorum Decas prima, continens Paradoxa arithmetica. Vitemb. 3 Bog. 1702.

Planer, epistolae ontymemomaticae. 8. Vittb. Zimmermann. 715.

Planer, Johann Andreas [Praes.], s. Moesler, Johann: De syllogismo plus millies, salva sententia, commutando.

Io[annes] Andreas Planerus [Planer] Nova de animae humanae propagatione Sententia. [Resp.:] Matthaeus Elieser Wendius. Vitembergae (1712:) Koberstein. 71 S. 8°
Wittenberg, Med. Disp. v. 30. Juni 1712

—— Nova de animae humanae propagatione sententia. Witteb. 1712. 4°. 1720. 4°.

Planer, Johann Andreas [Praes.], s. Weidler, Johann Friedrich: Propositiones selectissimae de minimis.

Planer, Johann Andreas [Praes.], s. Wend, Matthäus Elieser: Nova de animae humanae propagatione sententia.

Planer, Joh. Bapt., das Reisespiel, od. Anweis., spielend sich bedeut. Kenntnisse in d. Geographie zu erwerben. Aus e. Werke d. vorigen Jahrh. genommen u. umgearb. 8. ($2\frac{1}{2}$ B.) Dilingen 838, 39, Autinger'sche Buchh.

Planer, Johann Jakob

— Diss. inaug. de aëre, aquis et locis territorii Erfurtensis. 4. Erfurt 778.

Planer, Jh. Jak., († ...) Beobachtt. der tägl. Bewegung des Quecksilbers im Schwermaaße v. März 1782—83. 4. Erf. 783.

Planer, Joh. Jakob, Beobachtungen der Veränderungen der Witterung und der Luft in Erfurt vom Jahre 1781. (In der Vers. der Churfürstl. Mainzischen Akad. am 5. Jan. 1782 vorgelesen.) Erfurt 1782.

— Beobacht. d. Veränder. der Luft vom Jahr 1781. gr. 4. Erf. Kevser. 782.

— Beobacht. d. Veränder. d. Witterung u. der Luft in Erfurt vom J. 1782. gr. 4. Ebend. 783.

PLANER, Johann Jakob: Über den Holzanbau im Erfurtischen. - Erfurt 1781. 35 S.

Planer, J. Jac., üb. d. Holzanbau. gr. 4. Erf. Keyser. 781.

— über den Holzmangel im Erfurtischen. 4. Erfurt 781.

— index plantarum in agro Erfurtensi sponte crescent. 8. Gothae, Ettinger. 788.

— indici plantar. fungos addit. 8. maj. ibid. 789.

— s. K. v. Linné, Gattungen der Pflanzen.

— observatio oscillationis Mercurii in tubo torricelliano Erford. instituta. 4maj. Erf. 783. Keyser. 6 gr

Planer, J. Jac., Uebersicht d. Krankheit. in Erfurt v. 1781—85. gr. 4. Erfurt, Keyser. 786. Rthlr.

— Untersuchung der blauen Farbe im Waidkraute. gr. 4. Erf. 780. Keyser. 2 gr

— Versuch e. deutschen Nomenclatur der Linnéischen Gattungen zur Uebersetzung d. generum plantarum Linnéi. 8. Erf. 771.

[J.] Johann Gottfried Seume. Geschichte s. Lebens u. s. Schriften v. Oskar Planer u. Camillo Reissmann. Mit d. Bildn. Seumes in Stahlstich. *Leipzig: G. J. Göschen 1898.* (vi S., 1 Bl., 724 S., 1 Portr.) 1 Bd 4.(8.) [98. 5143

Planer, Osk., u. Camillo Reißmann, Johann Gottfried Seume. Geschichte seines Lebens u. seiner Schriften. Mit dem Bildnis Seumes in Stahlst. (Neue [Titel-]Ausg. (VII, 724 S.) gr. 8. Leipzig [898.] 904. G. J. Göschen. n. 4. —; geb. in Halbfrz. n. 6. —

Planer, Paul [approb. Arzt aus Erfurt]: Ueber Darmpunktion .... Jena, Druck v. G. Neuenhahn, 1887; 39 + 1 S. u. 1 Taf. 8°
Jena, Med. Fak., Inaug.-Diss. v. [28. Sept.] 1887

Planer, Victor, aus N. Ujvár: Experimentelle Untersuchung der alternativen und rotierenden Hysteresis bei Eisen, Stahl, Nickel und elektrolytischen Eisen. Zürich 1907. 32 S. 8°. [13. I. 08.]
Zürich. Phil. Diss. II. S. 1907/08.

Planer, Victor. Experimentelle Untersuchung der alternativen und rotierenden Hysteresis bei Eisen, Stahl, Nickel und elektrolytischem Eisen. Diss. Phil. [II.] Univ. Zürich von Viktor P'.... [Mit Figuren.] 32 S. 8. Zürich, F. Lohbauer, 1907.

Planert, Gottlob Erdmann (Leimbach-Mansfeld), De insignibus bonarum litterarum saec. XIIII. usque ad initium saec. XVI. in Italia instauratoribus. Präs. Jo. Christian Fischer. Jena (Croeker) 5. II. 1744. 37 S. (5.—) 26587

Handbuch der Nama-Sprache in Deutsch-Südwestafrika. Von W(illy) Planert. Berlin: D. Reimer 1905. (6*, 104 S.) 4°(8°) [05. 15154

Planert, Willy, a. Berlin: Die syntaktischen Verhältnisse des Suaheli. Glückstadt 1907: J. J. Augustin. (VIII, 59 S.) 8°
Leipzig, Phil. Fak., Ref. Fischer-Stumme, Diss. v. 30. Aug. 1907
[Geb. 15. Sept. 82 Berlin; Wohnort: Berlin; Staatsangeh.: Preußen; Vorbildung: Sophien-Realgymn. Berlin Reife O. 03; Studium: Berlin 7 S.; Rig. 13. Dez. 06.]

Die syntaktischen Verhältnisse des Suaheli. Von Dr. Wilhelm Planert, Berlin. Berlin: W. Süsserott 1907. (V, 59 S.) 8° [08. 15538

Planet, der — 100jährig humoristischer Wunder-Volkskalender mit Illustrationen in vielfältig ungezwungenen Ausgaben, von G. Dom. Erste Ausgabe. 2. Auflage. 8. (20 S.) Wien. Druck von U. Klopf sen. und Alex. Eurich. 1855.

Planet, unser, Blätter f. Unterhaltung, Zeitgeschichte, Literatur, Kunst u. Theater. 1—6. Jahrg. 1830—35. à 312 Nrn. (½ Bog.) gr. 4. Leipzig, Hartmann. à
Jahrg. 1830, 31., hrsg. v. L. Storch, J. 1832—34., v. Ed. Bönecke, J. 1835, unt. Verantwortlichkeit d. Verlegers.
1—5. Jahrg., hrbgs. Pr. à 5 Thlr.

Planet, unser, Blätter f. Unterhaltung, Literatur, Kunst u. Theater; hrsgg. v. L. Storch u. A. 2r—4r Jahrg. 1831—33. gr. 4. Leipz., Hartmann. à J. 10 ℔ (Der 1e halbe Jahrg. 1830 ist als Fortsetzung zum „Komet" ausgegeben, u. nicht apart zu haben.)

Planet, unser, Blätter f. Unterhalt., Literatur, Kunst u. Theater. Hrsg. v. Ferd. Philippi. 7—13. Jahrg. 1836—42. (7—10. à 312 Nrn., 11—13. à 208 Nrn. [½ B.]) gr. 4. Leipzig u. Grimma, Verlags-Comptoir. à J. *
J. 7. u. 8. ungenannter Redact., 9. redig. v. E. Roth, 10—13. redig. v. Ferd. Philippi.

— unser, Dresdner Merkur für Unterhaltung, Literatur, Kunst u. Theater. Herausg. von Ferd. Philippi. Jahrg. 1839. 312 Numm. gr. 4. Grimma, Verlags-Comptoir. n. 10 ℔ — (Die Beilage: Der Theaterfreund, ist auch einzeln für n. 6 ℔ zu haben.)

Planet, unser, Blätter für Unterhaltung, Literatur, Kunst u. Theater. Herausgeg. von Fd. Philippi. 1840—1843. à 208 Numm. (½ Bog.) gr. 4. Grimma, Verlags-Comptoir. à n. 10 ℔

Planetarien mit Mercur, Venus, Erde, nebst dem Monde und Mars, in sechs grossen Erdkugeln (2½", 3½", 4½" 6", 8" und 12") in deutscher, böhmischer, polnischer, ungarischer, russischer, englischer und holländischer Sprache. (In der Regel nur auf Bestellung binnen 2 Monaten zu liefern.) Prag. Jos. Felkl. Zu 28 fl. 40 fl. 60 fl. 90 fl. 130 fl. 200 fl. 1861

Planetarium, das, u. seine Anwendung. Berlin 870. (Schotte & Co.) 8. (8 S. mit eingedr. Holzschn.) 1½ ngr

Planetarium, einfachstes, zur Darstellung aller Erscheinungen im Laufe der Planeten. Wandtafel auf Pappe.

Das große Planeten-Buch, sampt der Geomanci, Physiognomi vnd Chiromanci, Alles aus Platone, Ptolemeo, Hali, Albumasar vnd Joh. Künigsperger. Aufs new wieder zugerüst. s. l. 559. 4. mit Holzschn. Straßb. *567. 8. Leipz. 757. 8. Frkf. 789. 8. mit Kpf.

Planetenbuch, das große, aus d. Plato, mit d. Geomantie, Physiognomie u. Chiromantie. Mit Kpf. 8. Frkf. a. M. ... R. A. 800. Brönner. 16 gr

Planeten-Buch, das neuverbesserte große, bearb. nach den erprobten Angaben der berühmtesten Astronomen u. Philosophen von der ältesten bis auf die neueste Zeit. Eine vollständige Anleitung zum Enthüllen der Zukunft, zum Wahrsagen aus dem gestirnten Himmel, — aus allen Theilen des menschlichen Körpers 2c. Nebst Angabe, wie man sich nach dem Stand der Sterne in allen Jahren, Monaten u. Tagen zu verhalten habe, eine Philosophie der alten Weiber 2c. Mit vielen Bildern. gr. 8. (VI u. 339 S. m. eingedr. Holzschn.) Ulm 852, Fr. Ebner. 1 ℔

Planeten-Buch, das neuverbesserte große, bearb. nach den erprobten Angaben der berühmtesten Astrologen u. Philosophen von der ältesten bis auf die neueste Zeit. Eine vollständige Anleitung zum Enthüllen der Zukunft, zum Wahrsagen aus dem gestirnten Himmel, — aus allen Theilen des menschl. Körpers, namentlich aus seinem Gesicht, den Linien der Hand 2c. 2. Aufl. Reutlingen 862. Enßlin & Laiblin's Verlag. 8. (351 S. mit vielen Bildern in eingedr. Holzschn.) 1 ℔

Planeten-Buch, das neuverbesserte, große, bearb. nach den erprobten Angaben der berühmtesten Astrologen u. Philosophen von den ältesten bis auf die neueste Zeit. Eine vollständ. Anleitg. zum Enthüllen der Zukunft, zum Wahrsagen aus dem gestirnten Himmel, — aus allen Theilen d. menschl. Körpers, namentlich aus seinem Gesicht, den Linien der Hand ꝛc. Nebst Angabe, wie man sich nach dem Stand der Sterne in allen Jahren, Monaten u. Tagen zu verhalten habe, e. Philosophie der alten Weiber, e. Prognostikon f. Männer u. Frauen u. e. Tabelle üb. die Bedeutg. der Träume nach den 12 himml. Zeichen. 3. Aufl. Mit vielen Bildern (Holzschn.) gr. 16. (351 S.) Reutlingen 874. Enßlin & Laiblin. 3. —

Planetenbuch, das neuverbesserte große, bearb. nach den erprobten Angaben der berühmtesten Astrologen u. Philosophen von der ältesten bis auf die neueste Zeit. Eine vollständige Anleitung zum Enthüllen der Zukunft, zum Wahrsagen aus dem gestirnten Himmel, aus allen Theilen des menschl. Körpers, namentl. aus seinem Gesicht, den Linien der Hand ꝛc. ꝛc. 4. Aufl. 8. (352 S. m. vielen Bildern.) Leipzig 887. Busse. 3. —

Planeten-Buch, neu vermehrtes u. verbessertes, wie man e. jeden Menschen Art, Natur, Complexion, nachdem er unter e. Planeten u. Zeichen geboren ist, erkennen u. erfahren kann; ferner auch die Eigenschaften der 7 Planeten u. was man in e. jeden Planeten Stunde thun od. meiden soll, sehr nützlich zu wissen. 12. (95 S. m. Fig.) Wien 892. (Leipzig, Literar. Anstalt A. Schulze.) n. — 40

Planeten-Calendarium, da man zählete das XVI Seculum nach unseres Herrn u. Seligmachers Geburt / eingerichtet auf d. J. 1909. Ein gar sinnreich Büchlein über die Natur der Planeten / deren Influenz u. sonst lehrsame Dinge / m. Bauern-Practica u. Regeln f. den Menschen insgemein versehen. Gezieret m. art. Bildlein / so Meister Sebald Beham v. Nuerenberg in Holz geschnitten. Mit Fleiß zusammengestellet durch Marie v. Redwitz. (XIV, 53 S.) 8. Leipzig, Insel-Verlag. Kart. 3. 50

Planeten-Kalender, neuer, f. d. J. 1910. Kalendarium m. astronom. Berechng. der Sonnen- u. Mond-Bahn, der tägl. Planeten-Stellg. m. ihren Beweggn. u. Aspekten. Zusammengestellt v. E. Neander. (32 S.) gr. 8. München, J. A. Finsterlin. 1. —

Planeten-Karten, oder Kunst, nach dem Planetensystem des Menschen Schicksale zu enthullen, m. ill. Charten. Leipz. Schladebach. (Fr. Bruder.) 795.

Planeten-System, das, s.a.(Haug, G. F.)

Planeten-System, das, (von G. F. Haug). 1 Blatt in Fol. Stuttg. 830. (Steinkopf). 12 gr. Erklärung desselben, s. **Einleitung** in die mathemat. Geographie.

— das, der Sonne. Mit 2 Kpf. 4. Leipz., (Wienbrack). 5 gr.

Planeten- u. Kometen-Tanz, der, od. Abbild. u. Beschreib. aller Planeten, Monden u. Kometen mit ihren Größen u. Laufbahnen, e. Seitenstück zur Abbild. des vollen Mondes in seiner Pracht. gr. Fol. Leipz. 805. Joachim. 4 ß

Planeth (B.). Mikrochemische Analyse der vegetabilischen Zelle. Rostock, 1873. 8°.

Planeth, B., mikrochemische Analyse der vegetabilischen Zelle. Eine v. der philosoph. Facultät der Universität Rostock genehm. Promotionsschrift. gr. 8. (44 S.) Rostock 874. Stiller. — 75

Planeth, Jac.: Abhandlung von der Erb-Folge unter Ehe-Leuten, sonderlich in den Märckischen Landen, und wessen sie berechtiget, in 100 jur. Fragen abgef. Franckfurth 1747.

Plange, Eduard

Plange, E., Memoranda der Kinderkrankheiten. 12. Weimar 846, Landes-Industr.-Compt. 1/2 ß

Plange, Eduardus ⟨geb. am 12 Febr. 1818 in Attendorn Westf.⟩: De morte gravidarum partui proximarum et parturientium ex arte obstetricia et medicina publica descripta ... Bonnae, impr. C. et F. Krueger 1843. 3 Bl., 30 S., 2 Bl. 8.
Bonn, Med. Fak., Diss. v. 31 Aug. 1843

Plange, Henriette, Gedichte. Gesammelt u. hrsg. zum Andenken an die heimgegangene Verfasserin v. K. S. gr. 16. (IV u. 96 S.) Lippstadt 851. (Rempel.) 1/3 ß

Plange, Just., über res mancipi und nec mancipi. gr. 8. (60 S.) Heidelberg 858, Bangel und Schmitt. *

Plange, Carl, Referendar in Altona: Der **Minderkaufmann.** *Borna-Leipzig 1903: R. Noske.* (X, 61 S.) 8°
Leipzig, Jur. Diss. v. 1903

Plange, Otto [aus Attendorn]: Aus dem Pharmakolog. Institut zu Bonn. Ueber die Wirkung des Cyankaliums auf Art und Grösse der Atmung .... Bonn, Jos. Bach Wwe., Buch- u. Steindr., 1887; 30 S. + 1 Bl. 8°.
Bonn, Med. Fak., Inaug. Diss. v. 23. Jul. 1887.

Plange, Otto, aus dem Pharmakolog. Institut zu Bonn. Ueber die Wirkung des Cyankaliums auf Art und Grösse der Atmung. Diss. Bonn 1887, Emil Strauss. 8°. 30 S.

Plange, Rudolf [aus Soest]: Ueber Derivate der Phenyloxymaleïnsäure ... Halle a. S., *Buchdr. d. Leipz. Tagebl., Leipzig, 1896;* 3 Bl., 33 S., 1 Bl. 8.
Halle, Phil. Fak., Inaug.-Diss. v. 22. Febr. 1896

Plange, Theodor J.

Christus – ein Inder? Versuch e. Entstehungsgeschichte d. Christentums unter Benutzung d. indischen Studien Louis Jacolliots von Th. J. **Plange.** 1. Aufl. Stuttgart: H. Schmidt (1906). (XVI, 250 S.) 8° [07.265]

Plange, Th. J., Christus e. Inder? Versuch e. Entstehungsgeschichte des Christentums unter Benutzg. der ind. Studien Louis Jacolliots. 1. u. 2. Aufl. (251 S.) gr. 8. Stuttgart (907). [H. Schmidt.] Berlin, Verlagsanstalt f. Literatur u. Kunst. 4.50; geb. in Leinw. 6.—; erm. Pr. 3.50; geb. 4.50

Christus – ein Inder? Versuch e. Entstehungsgeschichte d. Christentums unter Benutzung d. indischen Studien Louis Jacolliots. Von Th[eodor] J. **Plange.** 3. Aufl. Stuttgart: Schmidt (1907). XVI, 250 S. 8° [11.316]

Plange, Virgil, approb. Arzt aus Oberursel: Aus d. hygien. Abt. d. Instituts f. Hygiene u. experimentelle Therapie d. Universität Marburg. **Beitrag zur Frage der Typhusagglutininbildung.** *Marburg 1901: J. Hamel.* (36 S.) 8°
Marburg, Med. Diss. v. 13. Juni 1901

Plange, (Franc.) Virgilius (geb. Attendorn in Westf. 16. 12. 1832): De ulcere ventriculi chronico corrosivo. Berolini (1859). (32 S.) 8°
Berlin, Med. Diss. v. 3. Dez. 1859

Plange, W., die Infections-Krankheiten, ihre Entstehg., ihr Wesen u. ihre Bekämpfg. Für Aerzte u. Verwaltungs-Beamte. gr. 8. (VIII, 104 S.) Berlin 894. S. Karger. n. 2. 50

Plangger Alois: Neue Indoiinbasen. S. 111. 115. 95 . . . . vgr.
Separatabdruck

Planheim, s.: Weckerail Edler v. Blanheim.

Planiglob, östlicher u. westlicher, der Erde. Mit zu Grund-Legung der Gardner'schen Hemisphären bearbeitet u. nach den neuesten Entdeckungen u. Reisen vervollständiget u. berichtiget von C. F. Weiland. In Kupf. gest. u. ill. Imp.-Fol. (8 Blätter.) Weimar 814, Geograph. Institut. 3 ℳ

Planiglob [Schlagwort]

Planiglob, östl. u. westl., s.: Erdkarten. — Physikalische Karten.

Planigloben, die. Nach einem Relief von G. Woldermann. Physikal. Ausg. Oestlicher und westlicher Planiglob. Fol. (à 9 Bl.) Weimar [Leipzig] 873, Photolithogr. Institut. à *
In Mappe oder mit Stäben à *

Planigloben [Schlagwort]

Planigloben, s.: Erdkarten. — Schulwandkarten.

Planiglobien, die beiden. Neue Ausg. unter Redact. v. H. Kiepert bericht. u. vervollständ. bis zum J. 1848. gr. Fol. 8 in Kpfr. gest. u. color. Bl. Weimar 848, Landes-Industrie-Comptoir. 3 ℳ

Planimetrie, oder Berechnung der Flächen, praktisch — den Grundbesitzern, die ihr Eigenthum an Maass zu wissen wünschen, gewidmet von *J. S.* Wien, m. Weimar. Schr. 39 S. m. 2 Kpft. 8. 1785.

Planimetrie, od. Berech. d. Flächen, prakt. m. K. 8. Wien, Beer. (Wucherer.) 785.

Planimetrie und Stereometrie für die Normalschule. Wien 1776. V: *Hiltenbrand, Anton.* (Ky) (MGT)

Planitz, Antritts- u. Abschiedspredigt, s.: Meier, Einweisungsrede.

Planitz, Gedächtnißpredigt f. d. am Meru ermordeten Missionare, bei der Jahresfeier d. Missionszweigvereins zu Leipzig am 10. Novbr. 1896 geh. gr. 8. (16 S.) Leipzig 896. Verlag d. ev.-luth. Mission. n.n. — 10

Planitz, B(ernhard): Die neuere Heiligungsbewegung in Deutschland. (Leipzig 1899: Pöschel & Treple.) (49 S.) 4°
= Jahresbericht der Lausitzer Predigergesellschaft zu Leipzig. Mitteilung 24.

Planitz, Bernhard: Der Laienglaube, seine Entstehg u. s. Bedeutg f. Theologie u. Kirche. *Leipzig 1897.*
in: **Festschrift** f. ... Prof. D. Fricke z. Feier s. 50j. Präsidiums in d. Lausitzer Prediger-Ges. zu Leipzig. [98. 2034

Denkschrift der Baronin Helene von Vetsera über die Katastrophe in Mayerling ... hrsg. von Ernst Edler v. der **Planitz**. *Berlin: A. Piehler & Co. (1900).* (155 S.) 8° [F.] [02. 1830 11

Planitz, Ernst Edler v. der, Denkschrift der Baronin Helene v. Vetsera üb. die Katastrophe in Mayerling u. den dabei erfolgten Tod ihrer Tochter Mary Vetsera. 12. (155 S. m. Abbildgn. u. 1 Fksm.) Berlin (901). A. Piehler & Co. n. 2. —

Planitz, Ernst Edler v. der, Denkschrift der Baronin Helene v. Vetsera üb. die Katastrophe in Mayerling u. den dabei erfolgten Tod ihrer Tochter Mary Vetsera. 5. Aufl. (155 S. m. Abbildgn. u. 1 Fksm.) 12. Berlin 903. A. Piehler & Co. n. 2. —

Planitz, Ernst Edler v. der, Denkschrift der Baronin Helene v. Vetsera üb. die Katastrophe in Mayerling u. den dabei erfolgten Tod ihrer Tochter Mary Vetsera. 6. Aufl. (155 S. m. Abbildgn., 2 Kartenskizzen u. 1 Fksm.) kl. 8. Berlin (910). A. Piehler & Co. 2.—; geb. 3. —

Planitz, Ernst v. der, der Dragoner von Gravelotte. Ein Reiter-Lied aus herrl. Zeit. 2. Aufl. gr. 8. (396 S. mit 1 Lichtdr.-Bild.) München 887, Schweitzer. geb. * 5 —

Planitz, Ernst Edler v. der, der Dragoner v. Gravelotte. Ein Reiterlied aus herrl. Zeit. Neue erweit. Bearbeitg. 12. (696 S. m. Vign. u. Titelbild.) Berlin 897. A. Piehler & Co. Geb. in Leinw. n. 6. —; Liebhaberausg., geb. n.n. 12. —

— der Dragoner von Gravelotte. Ein Reiterlied aus herrl. Zeit. 9. Aufl. 12. (696 S. m. Titelbild.) Ebd. (902). Geb. in Leinw. n. 6. —

Gebet im Sturm. Melophantasma von Ernst Edler v. der **Planitz**. Musik von Oskar Möricke. (Mit Ill.) Berlin: A. Piehler & Co. [1902]. (31 S.) 8° [F.] [03. 1815

Planitz, Ernst v. der, das Geheimniß der Frauenkirche in München. Kriminal-Roman aus der Gegenwart. 1.—15. Hft. gr. 8. (S. 1—340.) München 893. E. Nißler. à — 10

— Neu-Deutschland's Heldenbuch. Epen-Cyclus e. fahr. Sängers. 1. Stück. Der Dragoner v. Gravelotte. Ein Reiter-Lied aus herrl. Zeit. gr. 8. (396 S.) München 886. Palm. geb. 8. —

Die Hexe von Goslar. Ein Spuk- u. Zaubersang von Ernst Edler von der **Planitz**. Ill. von E. Klingebeil. *Berlin: A. Piehler & Co. [1900].* (646 S.) 8° [F.] [02 6236

Planitz, Ernst v. der, ein Königs-Märchen. gr. 16. (112 S.) München 889. Nißler. n. — 80

Planitz, Ernst Edler v. d.: Ein Königs-Märchen. 6. Aufl. Berlin: A. Piehler & Co. [1902]. (96 S.) 8°

Der letzte Königsumritt. Von Ernst Edler v. der **Planitz**. Red. u. hrsg. nach d. öffentl. Vorträgen d. Recitators Georg Gernß von A. v. Kentzing (mit Ill.). Berlin: A. Piehler & Co. [1903]. (24 S.) 8° [F.] [03. 1816

— meine ersten Liebschaften. Erzählungen e. Don Juan. 2.—4. Aufl. (à VIII, 71 S.) 12. Ebd. (903). n. 1. —

— Verschämte Lieder. Auf Leder gedichtet. 1.—3. Aufl. 16. (VIII, 64 S. m. Titelbild.) Ebd. 889,90. geb. * 1 20

— verschämte Lieder. 7. Aufl. 12. (VII, 290 S. m. Abbildgn.) Ebd. 893. Geb. in Leinw. n. 4. 50

Die Lüge von Mayerling. Antwort an d. Prinzessin Odescalchi auf ihre 'Enthüllung' über Kronprinz Rudolf u. d. Verbrechen d. Vetsera von Ernst Edler v. der **Planitz**. *Berlin: A. Pichler & Co. [1900].* (197 S.) 8° [F.] [02. 6508

— Die Lüge von Mayerling. Antwort an die Prinzessin Odescalchi auf ihre Enthüllung über Kronprinz Rudolf und das „Verbrechen" der Vetsera. 3. Aufl. Ebd. 1900. 8⁰. (2 Mk., „6. Aufl.", M. Edelmann, Nürnb., 1909.)
Verboten v. L.-G. Wien, 21. VII. 1900. §§ 63, 64.

— die Lüge von Mayerling. Antwort an die Prinzessin Odescalchi auf ihre „Enthüllg." üb. Kronprinz Rudolf u. das Verbrechen der Vetsera. 6. Aufl. (197 S. m. Abbildgn.) 12. Ebd. (903.) n. 2. —

— Die Lüge v. Mayerling. Antwort an die Prinzessin Odescalchi auf ihre „Enthüllg." üb. Kronprinz Rudolf u. das Verbrechen der Vetsera. 7. Aufl. (197 S. m. Abb.) kl. 8. Ebd. (910). 2.—; geb. 3. —

— das Melophantasma. Eine neue Kunstform. 12. (89 S. m. Abbildgn.) Ebd. (901). n. 1. —

— der graue Reiter. Melophantasma. Regiebuch. Musik v. Osc. Möricke. 12. (80 S. m. Abb.) Ebd. (902). n. 1. —

Der Roman der Prinzessin Luise von Coburg. Ein Fürstenschicksal ohne Schleier. (Aktenmäßige Darstellung d. Affaire e. wahnsinnig erklärten Königstochter.) Von Ernst Edler v. der **Planitz**. Berlin: A. Piehler & Co. [1903]. (109 S.) 8° [F.] [05. 1818

Planitz, Ernst Edler v. der, der Sturm auf Bionville. Red. u. hrsg. nach den öffentl. Vorträgen des Recitators Geo. Gernß von A. v. Kentzing. (25 S. m. Abbildgn.) 12. Berlin (903). A. Piehler & Co. n. 1. —

— Thronflüchtig. Liebesfehl u. Liebesleid e. Kronprinzessin. 1.—4. Aufl. (à 132 S.) 12. Ebd. (903). n. 1. —

— die volle Wahrheit üb. die Katastrophe in Meierling nach amtl. u. publicist. Quellen, sowie den hinterlassenen Papieren. 18. Aufl. 16. (232 S.) Ebd. 890. n. — 80

— die volle Wahrheit üb. die Katastrophe in Meierling nach amtlichen u. publicistischen Quellen, sowie den hinterlassenen Papieren. 19. Aufl. 16. (232 S.) Ebd. 892. — 80

—— Die volle Wahrheit üb. die Katastrophe in Meierling nach amtl. u. publicist. Quellen, sowie den hinterlassenen Papieren. 20. Aufl. 16. (232 S.) Ebd. 892. — 80

Planitz, Ernst Edler von der (in Berlin-Kaulsdorf, geb. 3. März 1857 zu Norwich), Die volle Wahrheit über den Tod des Kronprinzen Rudolf von Oesterreich. Mit Abbildg. Berlin, Pichler & Co., 1889. 8⁰. (80 Pfg. A. Lehmann, Frankf. a. M., 1890.)
In Oesterreich verboten.

— — Dasselbe. 10. Auflage. Verlag u. Druck d. Nissler'schen Verlagsbuchhandlung in München.
Verboten v. K.-G. Reichenberg, 12. September 1891. § 64.

— d. volle Wahrheit üb. d. Tod d. Kronprinzen Rudolf v. Österreich nach amtl. u. publicist. Quellen, sowie den hinterlass. Papieren. 23. Aufl. 12. (256 S. m. 1 Bildn.) Berlin 897. A. Piehler & Co. n. 3. —

— die volle Wahrheit über den Tod des Kronprinzen Rudolf von Österreich nach amtlichen u. publicistischen Quellen, sowie den hinterlassenen Papieren. 1. u. 2. Bd. 46. u. 47. Aufl. 12. (à 480 u. 511 S. m. Abbildgn.) Ebd. (901. 902). à n. 3. —

— die volle Wahrheit üb. den Tod des Kronprinzen Rudolf v. Oesterreich nach amtlichen u. publicistischen Quellen, sowie den hinterlassenen Papieren. 2 Bde. 48. Aufl. (480 u. 511 S. m. Abbildgn.) 12. Ebd. (903). à n. 3. —; geb. à n. 4. —

Die Weiber von Weinsberg. Ein Sang von Weiberlist u. Weibertreu von Ernst Edler von der **Planitz**. Ill. von E. Klingebeil u. A. *Berlin: A. Piehler & Co. [1898].* (399 S.) 8° [F.] [02. 6227

— die Weihe des Reiches. Melophantasma. Musik v. Osc. Möricke. 12. (31 S. m. Abbildgn.) Ebd. (902). n. 1. —

Großmama's Weihnachten. Lebensbild in 1 Aufzug von Ernst Edler v. der **Planitz**. Regie- u. Souffleurbuch mit vollst. Scenarium. Berlin: A. Piehler & Co. [1902]. (22 S.) 8° [F.] [05. 1820

Planitz, G. A. v. der, Grundzüge einer Landgemeindeordnung für die thüringischen Staaten. Legislatorische Gedanken, Kritiken und Vorschläge. Jena 857. Frommann. gr. 8. (63 S.) 7½ ngr.

Planitz, G. A. v. der, Justiz und Verwaltung. Ein Beitrag zur Feststellung der Grenzen beider Gewalten. (Beilageheft zu den Blättern für Rechtspflege in Thüringen u. Anhalt.) Jena 860. Frommann. gr. 8. (67 S.) n. 10 ngr.

Planitz, Gerh., los v. Rom in der früheren Geschichte der Kirche in Böhmen. gr. 8. (29 S.) Leipzig 900. Buchh. des ev. Bundes v. C. Braun. n. — 50

Planitz, des kursächsischen Rates Hans v. der, Berichte aus dem Reichsregiment in Nürnberg 1521—1523. Gesammelt v. Ernst Wülcker. Nebst ergänz. Aktenstücken bearb. von Hans Virck. (Aus den Schriften der königl. sächs. Kommission f. Geschichte.) gr. 8. (CXLIX, 688 S.) Leipzig 899. B. G. Teubner. n. 26. —

Planitz, Hans v. der, das Bier u. seine Boreitung einst u. jetzt. Froie zymotochn. Studion. Lox.-8. (XVI, 798.) Münchon 879. Oldonbourg. n. 2. —

Planitz, Hans, Dr. iur.: Die Entwickelung der Vermögensvollstreckung im salfränkischen Rechte. Leipzig: W. Engelmann 1909. V, 92 S. 8°
Leipzig, Jur. Hab.-Schr. v. 1900 [U 09. 3092

Planitz, Hans Edler v. der, Kriegs- u. Jagderinnerungen aus jungen u. älteren Tagen. Mit Illustr. nach eigenen Amateuraufnahmen. (243 S.) gr. 8. Leipzig 910. Klinkhardt & Biermann. 5.—; geb. 6. —

Planitz, Johannes, Referendar: Das Wesen des kaufmännischen Zurückbehaltungsrechts geschichtlich entwickelt. Leipzig: Veit & Co. 1906. (68 S.) 8°
Leipzig, Jur. Fak., Diss. v. 18. Jan. 1906
[Geb. 4. Mai 82 Kaditz b. Dresden; Wohnort: Leipzig; Staatsangeh.: Sachsen; Vorbildung: Nikolai-Gymn. Leipzig Reife .O. 01; Studium: Tübingen 1, Leipzig 5 S.; Rig. 9. Juli 04.]

PLANITZ, CARL: Antwort auf die Anrede des Districtual-Dechants gehalten von Carl Planitz bey Gelegenheit der Einführung desselben in die Pfarre der königlichen Freystadt Kässmarkt, den 17. September 1797. Von einem seiner Freunde zum Druck befördert. Leutschau 1797. Gedr. bey Michael Edlen von Podhoránszky. 7 S. - 4°

PLANITZ, CARL: Gefahr und Sieg Oesterreichischer Staaten, im französischen Revoluzionskriege am allgemeinen Dankfeste unterm feuerlichen Gottesdienste vorgetragen . . . von Carl Planitz den 15. September 1799. Leutschau 1799. Gedr. bey Mich. Edlen von Podhoránszky. 11 S. - 4°

Planitz, Karl Edler v. der, s. Knaben, des sächsischen, Wunderborn.
Vgl.: † Mikado.

PLANITZ, CARL: Sittenrede von der Duldung am zweyten Sonntage nach Ostern verfasset, und in der Schloßkirche des k. k. General-Seminariums zu Preßburg vorgetragen im Jahre 1788 den 6. April. Preßburg 1788. Gedr. mit Weberischen Schriften. 18 S. - 8°

Planitz, Curt Richard, bacc. jur., Leipzig: Die Verpflichtungen des Lagerhalters aus dem Lagergeschäft und dem Lagerschein. Leipzig 1907: B. Georgi. (XII, 88 S.) 8° [J.]
Leipzig, Jur. Fak., Diss. v. 27. Juli 1907
[Geb. 20. März 79 Possendorf; Wohnort: Leipzig; Staatsangeh.: Sachsen: Vorbildung; Nikolai-Gymn. Leipzig Reife O. 99; Studium: Leipzig 8 S.; Rig. 24. Juni 03.]

Planitzer, J. C., die Lehre v. den Uebergängen. Ein Theil d. theoret. Musik möglichst systemat. bearb., mit e. Vorr. v. Bar. de la Motte Fouqué. gr. 8. (5¾ B. u. ¼ B. Musikbeil.) Halle 834, Scharre.

Planitzer, J. C. Die Lehre von den Uebergängen. Leipzig 1838.

Planitzer, J. C., die Lehre von d. Uebergängen. Ein Theil d. theoret. Musik möglichst systemat. bearb. Vorr. v. de la Motte Fouqué. 2. Ausg. gr. 8. (4¾ B. u. 2 Musikbeil.) Leipzig 810, Friese.

—— die gehörige Unterordnung d. **Tonarten unt. Tongattungen** u. diese unt. d. Tongeschlecht. Nebst Beantwort. der Frage: „Sind u. werden d. Lieder in den alten Tonarten deren Natur gemäss begleitet?" Rhapsodien aus d. theoret. Musik. gr. 8. (2 B.) Quedlinburg 833, Basse.

Plank, Chronik von Eichstädt in Mittelfranken von Bayern. München 854. (Augsburg, Schmid.) 8. (93 S. u. 1 lith. Karte.) n. 15 ngr

Plank Franz: Über die Behandlung nachfälliger Posten beim Abschlusse von Zins-Contocorrenten. 40. Prag Hand. Ak. 01.
Progr.

Plank, Frz., Lehrbuch der politischen Arithmetik, f. den Gebrauch an höh. Lehranstalten u. zum Selbstunterricht bearb. (Dr. Ludw. Huberti's moderne kaufmänn. Bibliothek.) gr. 8. (172 u. II S.) Leipzig (901). Dr. L. Huberti. Geb. in Leinw. n. 2. 75

Plank, Fr., Leitfaden des kaufmännischen Rechnens für zweiklassige Handelsschulen. Wien 1903. F. Tempsky. Preis, gebunden 3 K 60 h.

Plank, Frz., Leitfaden des kaufmännischen Rechnens f. zweiklassige Handelsschulen. (VI, 346 S.) 8. Wien 904. **F. Tempsky.** Geb. in Leinw. n. 3. 60

— die kaufmännische Rechnungsführung in ihren verschiedenen Arten u. Formen. Zugleich prakt. Einführg. in die Elemente der Verrechnungswissenschaft. Nebst e. Anh. über die Buchung einiger spezieller Fälle. 2. Aufl. (Sammlg. kaufmänn. Lehrbücher.) gr. 8. (50 S.) Ebd. (899). Geb. in Leinw. n. 2. 75

Plank, Frz., d. Zinsen-Rechnung im Bank-Conto-Corrent, m. besond. Berücksicht. neuerer Abschlussverfahren u. m. e. Anleitg. zur theoret. richt. u. prakt. Berechnung d. Zinsen in Conto-Corrents m. dopp. u. wechselnden Zinsfüssen, sow. zur Berechng. d. verschiedenart. Provisionen. Nebst e. Anh.. enth. 25 nach verschied. Mustern u Usancen abgeschlossene Bank-Conto-Corrents. gr. 8. (VIII, 119 S.) Wien 896. C. Gerold's Sohn 2. —

Plank, J., Versuche üb. das Wärmeleitungsvermögen v. Gasgemengen. [Aus: „Sitzungsber. d. k. Akad. d. Wiss."] Lex.-8. (15 S.) Wien 875. (Gerold's Sohn.) n.n. — 30

Plank, J., Versuche über das Wärmeleitungsvermögen von Stickstoff, Stickoxyd, Ammoniak u. Leuchtgas. [Ausgeführt im k. k. physikal. Institute in Wien.] [Aus: „Sitzungsber. d. k. Akad. d. Wiss."] Lex.-8. (22 S.) Wien 876. (Gerold's Sohn.) n. — 40

Plank, Immanuel Christian, s. Planck, Immanuel Christian.

Plank, Johann

Plank, Prof. Dr., Almanach für wissenschaftlich gebildete Thierärzte. Auf das Jahr 1835. Ein Programm zur Preise-Vertheilung in der Königlich-Bayerischen Central-Veterinär-Schule am Schlusse des Unterrichts-Jahres 18$\frac{33}{34}$. Mit 1 Tabelle u. 1 Steindruck. gr. 8. München 834. (Franz.) n. 1⅔ rℓ

Plank: Almanach f. wissenschaftlich-gebildete Thierärzte, Auf das Jahr 1835. Progr. (d. Veter.-Schule). Münch. 1834. 233 S. 1 Tvl.
(S. 53-160: Literatur d. encyklomat. Veterinär-Medizin).

Plank, (Dr.,) Grundriß der Epizooniologie oder Thier-Seuchenlehre. Programm. 8. München 824, Lindauer.

Plank: Grundriss d. Epizooniologie od. Thier-Seuchen-Lehre. (Veter.-Progr.). Münch. 1824. 92 S.
— — (ikke Progr.). Sst. 1833. (10) 59 S. P.

—— Grundriß der Epizooniologie od. Thier-Seuchenlehre. gr. 8. (4½ B.) München 833, (Franz.)

—— Grundriß d. Veterinär-Diätetik. Progr. 8. (4½ B.) München 828, (Lindauer.)

Plank: Grundzüge einer Veterinär-Topographie v. Baiern. (Progr.). Münch. 1825. 155 S.

Plank: Ideal einer Thierarzney-Schule als Anstalt z. Bildung v. wahren od. wissenschaftlichen Thierärzten. Akad.-Progr. Münch. 1836. 40 S. P.

Plank, Carl, politische Geschichte Württembergs von der Kaiserwahl Rudolphs v. Habsburg bis zu dem preußischen Bundesantrag vom 9. April 1866 auf wiederholte Einberufung einer deutschen Nationalversammlung. Stuttgart 866. Koch. 8. (V, 192 S.) 18 ngr

Plank, Carl, das würtembergische Concordat dargestellt in seinen Beziehungen zu Oesterreich, Frankreich und der badischen Gesetzgebung vom 9. October 1860. Stuttgart 860. Göpel. gr. 8. (68 S.) 7½ ngr

Plank, O., die Kugel des Irländers, s.: Reiselectüre.

Plank, Rudolph: Thermodynamische Untersuchung des Vorganges in der Absorptions-Kältemaschine auf Grund der Theorie der binären Gemische. 1910. 31 S. 4°
¶ Aus: Zeitschrift f.d. gesamte Kälte-Industrie. Jg. 17.
Dresden, Dr.-Ing.-Diss. v. 24. 11. 1909

Planka [Schlagwort]

Planka, Cap, s.: Adriatisches Meer.

Plankammer, gärtnerische. Hrsg. v. M. Bertram, Fr. Bouché u. Carl Hampel. 1. Heft. Fol. (12 Taf. m. 6 S. Text.) Berl. 892, Parey. cart. * 8 —

Plankammer, gärtnerische. Herausgegeben von M Bertram, Fr Bouché, C Hampel. 1-3. fol Berlin 1892-94

Plänkeln, das, der französischen Jäger und Zouaven. — Instruction pour les tirailleurs [Ordonnance sur l'exercice et les manoeuvres des bataillons de chasseurs à pied de l'année 1858]. Ins Deutsche übertragen von F. Schneider. Mit Holzschn. und angehängten Hornsignalen. Stuttgart 860. Aue. gr. 8. (62 S.) n. 15 ngr.

— der k. k. Infanterie und Jäger. Nach den Bestimmungen des neuen Abrichtungs-Reglements dargestellt von einem k. k. Hauptmann. 16. (45 S.) Wien 861, Pichler's Wwe. und Sohn. (Leipzig, Liebeskind.) *

Planken, G., Stimmen der Teilnahme für unsern kranken Kronprinzen. Gedichte aus allen Gauen Deutschlands. Gesammelt v. G. P. 12. (46 S.) Crefeld 888. (Kramer & Baum.) n. — 50

— Wilhelm I. u. Friedrich III. Der ersten deutschen Kaiser Leben, Wirken, Leiden, Sterben, Beisetzg. Erinnerungsblätter an Deutschlands Schmerzenstage. gr. 8. (IV, 124 S.) Ebd. 888. n. 1. 25

Planken, G., Wilhelm I. u. Friedrich III. Der ersten deutschen Kaiser Leben, Wirken, Leiden, Sterben, Beisetzung. Erinnerungsblätter zum 22. III. 1897. (Neue [Titel-]Ausg.) gr. 8. (IV, 124 S.) Leipzig (888) 897. P. Friesenhahn. — 80

Plankenberg, A. v., ein Kind seiner Zeit, s.: Pohl's allgemeine Volksbücherei deutsch-österreichischer Schriftsteller.

Plankenberg, A. v., Frau Potiphar. Drama in 5 Aufzügen. gr. 8. (64 S.) Leipzig 894. Literarische Anstalt A. Schulze. n. — 80

Plankensteiner, A.: Loch, Das wilde, auf der Grebenzenalp. s. Aichhorn, Sigm.

Plankl's, R., Costüm-Album v. National-Trachten u. Typen f. Damen. 48 Abbildgn. 4. (16 S.) Wien 893. R. Lechner's Sort. n 2. —

Plänklervorschrift. Stuttgart 1858.

v. Plänkner, Chr. Aug., Formulare zu kirchl. Fürbitten, Danksagungen u. Abdankungen. 4. Leipz. 798. Baumgärtner. 4 gl.

Plankton, nordisches. Hrsg. v. K. Brandt, unter Mitwirkung v. Apstein, Bergendal, Borgert etc. 1. Lfg. Lex.-8. (21, 15, 30, 32 u. 52 S. m. Abbildgn.) Kiel 901. Lipsius & Tischer. n. 6. —

Plankton, nordisches. Hrsg. v. K. Brandt u. C. Apstein, unter Mitwirkg. v. Bergendal, Borgert, van Breemen-Helder u. a. 2.—5. Lfg. hoch 4. Kiel, Lipsius & Tischer. n. 28. —

2. (7, 20 u. 40 S. m. Abbildgn.) 903. n. 8. 60
3. (69 u. 146 S. m. Abbildgn.) 905. n. 10. —
4. (216 u. 111 S. m. Abbildgn.) 905. n. 10. —
5. (11. Tl. S. 9—69 u. 4. Tl. S. 1—8 m. Abb.) 906. n. 4. 40

Plankton, nordisches. Hrsg. v. K. Brandt u. C. Apstein, unter Mitwirkg. v. Borgert, van Breemen, Brinkmann u. a. 6.—12. Lfg. Lex. 8. Kiel, Lipsius & Tischer. 84.—

6. (16. Tl. S. 71—30 u. 12. Tl. S. 1—138 m. Abb.) 907. 8. —
7. (8. Tl. 284 S. m. Abb.) 908. 16. —
8. (18. Tl. 124 S. u. 22. Tl. 5 S. m. Abb.) 908. 12. —
9. (4. Tl. 110 S. m. Abb.) 908. 10. —
10. (I. Bd. 2. Tl. IV u. S. 217—413 m. Abb.) 909. 16. —
11. (XVII. Bd. 66 S. u. VIII. Bd. S. 265—331 m. Abb.) 909. 10. —
12. (VI. Bd. 178 S. m. Abb.) 909. 14. —

Plankton, nordisches. Hrsg. v. K. Brandt u. C. Apstein. unter Mitwirkg. v. Borgert, van Breemen, Brinkmann u. a. Botanischer Tl. (III, 124; 146, 29, 40 u. 5 S. m. Abb.) Lex. 8. Kiel 908. Lipsius & Tischer. 24. —

v. Planner, (E. F.,) Kriegsspiel z. angenehmen Unterhaltg. f. Offiziers u. gebildete Stände. Mit 1 großen u. 2 kl. Plänen etc. 4. Wien 824, Mörschner u. J. In Etuis.

Plans de la maison de . . . M. de Bussch. Hannovre 1759. V: *Lowiz, Georg Moritz* [?]. (BrMm)

Plans, Profils, Vues perspectives et Details du Pont du Bateaux de Saint-Isaac executé sur la grande Neva à Saint-Petersbourg en 1820. D'après les projets de Lieut.-Gen. A. de Bétancourt, (par G. de Traitteur). (Mit 8 Steintaf.) Roy.-Fol. St. Petersb. 829. (Manh., Schwan u. G.) 4 1/3 12 gl

Plans relatifs aux oeuvres militaires de Frederic le Grand reimprimes sur les planches originales. Berlin. 1856. Fol.

Planschrift für geometrisches u. Ornamentzeichnen. hoch 4. 1 Blatt. Bruchsal (900). O. Katz. n.n. — 10

Plan-Skizze für die Industriehalle in München. München [1872]. V: *Lange, E.* (Hugo Hayn, Thesaurus librorum Th. Pfister 1883) (Hdschr. Mitth. von Friedrich Müller, München)

Plant, Fridolin, Alt-Meran u. Zenoburg. Mit 2 Illustr. gr. 8. (15 S.) Meran 883. Plant. — 50

— altirolische Bauernhöfe. Mit 3 Illustr. gr. 8. (13 S.) Wien 884. Ebend. n. — 80

Plant, Fridolin, Berg-, Burg- und Thalfahrten bei Meran und Bozen. 8. (241 S. mit Illustr. nach Zeichnungen des Verf., Grasmairs, Arnold's etc.) Meran 885, Plant's Buchh. * 2 60

— aus Tirols Ehrentagen. Josef Graf Hendel, Landesschützen-Major in den Tiroler Befreiungskämpfen von 1795 bis 1809. Eine Biographie. (Zur Einweihungsfeier der Herz Jesu-Hofer-Kapelle am Sand in Passeier am 21. IX. 1899.) 12. (47 S. m. 2 Abbildgn. u. 1 Bildnis.) Ebd. 899. n. — 80

Plant, Fridolin, die Entstehg. u. Entwickelg. Oesterreichs unter dem Einflusse d. Deutschthums. Eine historisch-polit. Skizze. gr. 8. (IV, 20 S.) Meran 897. F. Plant. n. — 60

Plant, Fridolin, der Freiberg u. Vöron bei Meran. Eine Monographie. 12. (26 S. m. 1 Titelbild.) Meran 890. F. Plant. n. — 80

Plant's, Fridolin, neuer Führer durch Meran und dessen Umgebung. Mit einem medizin. Beitrage von R. Hausmann. Mit 1 (lithogr.) Karte von Meran und Umgebung und 1 (lithogr.) Plane von Meran, Ober- und Untermais. 1. Aufl. (X, 160 S.) 1878; 2. verm. und verb. Aufl. 8. (XI, 172 S.) Meran 879, Plant's Buchh. cart. *

Plant's, Fridolin, neuer Führer durch Meran u. dessen Umgebung. Mit einem medizin. Beitrage v. R. Hausmann. Mit einer Karte von Meran u. Umgebung von E. v. Hartwig (in Kpfrst.) u. einem (lith.) Plane von Meran, Ober- u. Untermais. 3., verb. u. verm. Aufl. 8. (XIV, 1928.) Meran 882. Plant. geb. n. 2. —

— neuer **Führer** durch Meran u. dessen Umgebung. Mit e. medizin. Beitrag v. R. **Hausmann**. Mit 1 Karte v. Meran u. Umgebg. von E. v. Hartwig u. 1 Plane v. Meran, Ober- u. Untermais v. Fr. Plant. 4. Aufl. 8. (XXII, 236 S.) Ebend. 886. geb. n. 2. 40

Plant's, Fridolin, neuer Führer durch Meran u. dessen Umgebung. Mit e. medizin. Beitrage v. R. Hausmann. Mit e. Karte v. Meran u. Umgebg. von E. v. Hartwig u. e. Plane v. Meran, Ober- u. Untermais v. Fr. Plant. 5., verm. Aufl. 12. (XIX, 247 S.) Meran 892. F. Plant. Geb. in Leinw. n 2. 40

— neuer Führer durch **Meran** u. dessen Umgebung. M. e. medizin. Beitrage v. R. Hausmann. M. 1 Karte v. Meran u. Umgebg. von E. v. Hartwig u. 1 Plane v. Meran, Ober- u. Untermais v. Fr. Plant. 6., verb. u. verm. Aufl. 12. (XXII, 279 S.) Ebd. 896. Geb. in Leinw. n. 2. 40

Plant, Fridolin, neuer Führer durch Meran u. dessen Umgebung. Mit e. medizin. Beitrage v. R. Hausmann. Mit 1 Karte von Meran u. Umgebung von E. v. Hartwig u. 1 Plane v. Meran, Ober- u. Untermais v. Fr. Plant. 7. verb. u. verm. Aufl. 12. (XXI, 108 u. 126 S.) Meran 899. F. Plant. Geb. n. 2. 40

Plant's, Fridolin, neuer **Führer** durch Meran u. dessen Umgebung. Mit e. medizin. Beitrage v. R. Hausmann. Mit e. Karte v. Meran u. Umgebg. von E. v. Hartwig u. 1 Plane v. Meran, Ober- u. Untermais, nach der Kastralkarte gez. v. H. Elting. 8. verb. u. verm. Aufl. (XVI, 127 u. 148 S.) 12. Meran 904. F. Plant. Geb. n. 2. 40

Plant's, Fridolin, neuer Führer durch **Meran** u. Umgebung. Mit e. medizin. Beitrage v. R. Hausmann. Mit 3 farb. Karte v. Meran u. Umgebg. v. Plant-Hartwig. 9. verb. u. verm. Aufl. (VIII, 115 S.) kl. 8. Meran 909. F. Plant. 2. —

— **Andreas Hofer's Gethsemane. Das Nonsthal. 2 Skizzen Mit Illustr. nach Zeichngn. d. Verf. 12. (27 S.) Wien 884. Ebend. n. — 80**

— **Panorama** v. Bozen-Gries. 19,5×164,5 cm. Ebd. (902). In Umschlag n. 3. —

— **Panorama** v. der Laugenspitze [2429 m]. Hrsg. vom österreich. Touristen-Club. Lith. qu. schmal gr. Fol. Mit Text. gr. 8. (2 S.) Ebend. 884. n. 1. 60

— **Panorama** v. Meran, gezeichnet mittelst seines k. k. pat. Zeichnen-Apparates. (2. Aufl.) Photogr.-Imitation. qu. schmal Fol. Ebend. 884. n. 3. 60

— **Panorama** v. Meran. 21×161 cm. Ebd. (904). In Umschlag n. 3. —

— Reise-Führer durch **Vinschgau** u. dessen Seitentäler. Mit e. kurzen Geschichte Vinschgaus, e. mineralog. u. geolog. Beitrage v. A. Cathrein u. e. botan. Übersicht v. Arth. Ladurner. (104 u. XXXII S.) kl. 8. Ebd. 907. 1. —

Plant, Fridolin, eine Volksheilige (St. Kummernus). Eine Studie. 8. (30 S. m. 8 Abb.) Meran 897. F. Plant. — 90

— das geheimnisvolle **Wandgemälde** in der Durchgangshalle des Meraner Pfarrturmes. Kunstgeschichtliches aus Brandenburg u. Tirol. (34 S. m. 5 Abbildgn.) 8. Ebd. 905. n. — 60

Plant, Johann Traugott

Plant, Jh. Trgtt., († d. 26. Oct. 1794.) unpartheiische Charakteristik d. Türkischen Reichsverfassung u. das Verhältniß fr. Macht. 8. Berl. 790.

— chronolog.-biograph. u. kritischer Entwurf e. Geschichte der deutschen Dichtkunst auf d. J. 1782. 1r Thl. 8. Stettin 782. (Berl., Nicolai). 12 gr.

ERATO und Euterpe, oder zärtliche, scherzhafte und komische Lieder und Romanzen .... (von *Johann Traugott Plant*). O. O. 1790.

Anon.-Lex. II. p. 39 (nach Meusel).

PLANT, Joh. T(raugott), Romantische Erzählungen u. Gedichte komischen u. zärtlichen (z. Th. freien) Inhalts. Mit (2) Kpfrn. (Schubert del., G. Boettger sc.). Leipzig, bei Voß u. Leo, 1792. 8°. (4 Mk., mit nur 1 Kpf., ebd. 1792. 16°, L. Rosenthal, 1910.)

Titelkpf., 16 S. Vorst., 1 Nebentitel, 1 Kpf., 184 S. Text. Gewidm. Ihro Kgl. Hoheit .... Marien Theresien, vermählten Herzogin v. Sachsen etc., geb. Erzherzogin v. Oesterreich etc. etc. Inh.: 1. Erzhlgn. (1—9 in Versen, 10—16 in Prosa). 2. Lyr. Gedichte (1—10 Lieder zärtl. u. lustigen Inhalts, 11—14 Lieder trauriger Empfindgn. — Elegien). 3. Romanze. Die Mädchenlist in 8 Gesängen. E. Versuch in Blumauers Aeneiden-Stil, S. 25—35). 4. Sinngedichte u. einige andere (23 Nrn.). — Selten!

Dass. s. a.: Erzählungen, ...

Gedichte,

— —, Launenhafte, zärtliche und Moralische; mit einer Vorrede über die Geschichte der deutschen Dichtkunst. Von *J. T. P.* (d. i. *Joh. Traugott Plant*). 2 Thle. Stettin 1782, bei Johann Siegmund Kaffke. 8°. (8 Mk., unbeschn., Emil Hirsch, München, ca. 1905; 5 Mk., unbeschn., Edm. Meyer, Berlin, 1908.)

Fehlt im Anon.-Lex. — 64. S. (incl. Titel mit Motto aus Horaz's art. poet., 4 Verszeilen, und 1 Bl. Inh. der 26, meist zahmen Gedichte).

PLANT, J. T. Launenhafte, zärtliche und moralische Gedichte. Mit einer Vorrede über die Geschichte der deutschen Dichtkunst. Stettin 1782. 8°. 196 u. 64 S.

— launige, zärtl. u. moral. Gedichte. 8. Stettin 782. (Berl., Nicolai). 16 gr.

— Handbuch d. vollständ. Erdbeschreibung u. Gesch. des 5n Welttheils od. Polynesiens. 2 Bde. Mit 1 Karte. Fortges. v. T. F. Ehrmann u. J. H. G. Heusinger. gr. 8. Gera 793 u. 99. Heinsius. 2 Thlr. 8 gr. (2r Bd. A. u. d. T.: vollständ. Erdbeschreib. u. Geschichte v. Südindien, v. Ehrmann u. Heusinger. gr. 8. Ebd. 800. 1 Thlr. 12 gr.)

— — dass. s. a. **Erdbeschreibung.**

— s. Hiran's kom. Abentheuer.

CARL und Julie. Eine Geschichte in Briefen. Frankfurt und Leipzig 1782, später 1783, 1785 in Altona.
[E. I, 536.]

Verf.: Joh. Traugott Plant, vgl. Rosenbaum Nr. 120 u. Zeitschr. f. Bücherfr., 1912, Bd. 2, S. 275 f.

—Karl u. Julie, eine Geschichte in Briefen. 8. Dresd. ... 2e Aufl. 785.

— frohe Laune, Liebe und Scherz, in Gedichten fürs Publikum, m. K. 8. Lpz. Voß. 792.

LIEBE, Die akademische, oder Röschens u. Fritzchens Geschichte. Etwas für denkende u. empfindsame Seelen (von *Joh. Traugott Plant*). 2 Thle. Mit 1 TKpf. u. 1 TVign. Stettin, bei Joh. Siegism. Kaffke. 1783. 8°.
Zahm. 4 Bll. u. 328 SS. (1 Rthlr. Schmidt, Halle: 6 Mk., nur mit Vignette, Adolf Weigel, 1906: Sehr schönes Expl.)
Dass.s.a.: Liebe, ...

CUPIDO'S Mobiliar-Verloosung. Schöne Raritaeten. Ein neues Gesellschaftsspiel zur lustigen Unterhaltung bey langen Winter-Abenden (von *Johann Traugott Plant*). Für's Jahr 1791. 8°.
Aeusserst selten! Anon.-Lex. III. p. 154 hat „Berlin 1791" (nach Meusel).
Dass.s.a.:Kupido's Mobiliar-Verloosung.

Plant, Johann Traugott, s. Regententabelle, Europäische.

– s. Schon wieder ein Kaiser.

Plant, Johann Traugott. Türkisches Staats-Lexikon, oder vollständige und wahre Erklärung aller türkischen Staats- und Hof-Bedienungen im Militäre, Civil- und geistlichen Stande. 8. Hamburg 1789.

—Türkisches Staatslexicon, oder vollständ. u. richtige Erklärr. aller Türk. Staats- u. Hofbedienungen ꝛc. 8. Hamb. 789. Mit n. Titelbl. Weißenf. u. Lpz. 793. (Engelmann). 14 g.

— türkisches Staatslexikon. 8. Hamb. (Böse in Weißenfels, auch Mizky u. Comp. in Lpz.) 796.

– s. Taube, E. A.: Conspectus juriscientiae Turcicae.

PLANT, Johann Traugott 1756 – 1794
Publizistische Übersicht aller Regierungsarten sämtlicher Staaten und Völkerschaften auf der Welt.
von I. T. Plant.
Berlin: Friedrich Vieweg d. Ä. 1788. XV S. 2°.
Stadtbibliothek Braunschweig
Vermutlich identisch mit Ausg. Berlin 1787 [Kayser, IV, 356]; konnte nicht gefunden werden.

— warum sprechen die Menschen in ihren gesellschaftl. Unterhaltungen so wenig v. Gott ꝛc.? Eine Preisschrift. 8. Leipz. 791. Heinsius. (Brockhaus). 3 gr.

— warum sprechen die Menschen in ihren gesellschaftlichen Unterhaltungen so wenig von Gott ꝛc., eine Preisschrift. 8. Lpz. Heinsius. (Gleditsch.) 791.

Planta, A. von, Dr. Ueber den Futterbau der Bienen. Sep.-Abdr. aus der „Schweiz. Bienen-Ztg." Gr. in-8°, 20 S. Aarau, H. R. Sauerländer. 1888.

Planta, A. von. Ueber Honigbildung. Referat geh. auf der 25. Wanderversammlung in Uster. Gr. in-8°. 8 S. Aarau, H. R. Sauerländer. 1891.

Planta, A[dolf] von, [und] Geronimi, [Joachim]. Die Heilquelle von St. Bernhardin im Canton Graubünden.... Chemisch untersucht von Dr. A. v. P'-Reichenau. Therapeutisch behandelt von Dr. G'.... 8. Chur 1871.

Planta-Reichenau, A. von (Dr.) Die Heilquelle von St. Bernhardin im Kanton Graubünden in der Schweiz, chemisch untersucht. Therapeutisch behandelt von Dr. *Geronimi*, Badearzt daselbst. In-8°, 24 S. Luzern, Gebr. Räber, 1881.

Planta, A[dolf] von, [und] Geronimi, [Joachim]. Die Heilquelle von St. Bernhardin im Kanton Graubünden.... Chemisch untersucht von Dr. A. v. P'-Reichenau. Therapeutisch behandelt von Dr. G'.... (Beilage zum sanitarisch-demographischen Wochenbulletin der Schweiz. [Jahrg. 1894.]) 8. Bern & Leipzig 1894.

Planta, A[dolf] v[on]. Die Heilquelle zu Serneus im Kanton Graubünden. 8. Chur 1853.

Planta, A[dolf] v[on]. Die Heilquelle zu Serneus im Kanton Graubünden. 8. Chur 1873.

Planta, A[dolf] v[on]. Die Heilquellen zu Alveneu, Tiefenkasten, Solis, im Kanton Graubünden. Von Dr. A. v. P'-Reichenau. 8. Chur 1865. (Hitz) (41 S.)

Planta, Ad[olf] v[on]. Die Heilquellen von Passugg bei Chur, von Dr. Ad. v. P'-Reichenau.... 8. Chur 1867.

Planta, Adolf von: Die Iva. Giessen 1870.

Planta-Reichenau, Dr. A. v., Cultur und Schnitt von Spalierbirnen, Pyramiden und Palmetten (m. besond. Rücksicht auf Graubündten.) Mit 4 Tafeln. 8. Chur, Meyer-à-Marca. 1873. 1. 50

Planta-Reichenau, A. v., Cultur u. Schnitt v. Spalierbirnen, Pyramiden u. Spindeln [m. besond. Rücksicht auf Graubündten] f. Dilettanten bearb. gr. 8. (30 S. m. 4 Steintaf. in qu. gr. 4. u. qu. Fol.) Chur 875. (Frauenfeld, Huber.) n. 1. 20

Planta, A[dolf] v[on]. Die Nollaschiefer in ihrer landwirthschaftlichen Bedeutung, von Dr. A. v. P'-Reichenau. (SA.) 8. Aarau 1872.

Planta, A[dolf] v[on]. Chemische Untersuchung der Heilquellen zu Bormio <Worms> im Veltliner-Thale <Ober-Italien>. Von Dr. A. v. P'-Reichenau. 8. Chur 1860. (Hitz) (23 S.)

Planta, A[dolf] v[on]. Chemische Untersuchung der Heilquellen zu Ragaz-Pfæfers im Canton St. Gallen.... Von Dr. A. v. P'-Reichenau. 8. St. Gallen 1869.

Planta, A. v., und A. Kekule, chemische Untersuchung der Heilquellen zu St. Moritz im Kanton Graubünden. gr. 8. (30 S.) Chur 854. (Zürich, Orell, Füssli und Comp.) *

Planta, A[dolf] v[on]. Chemische Untersuchung der Heilquellen zu Schuls u(nd) Tarasp im Kanton Graubünden. Von Dr. A. v. P'-Reichenau. 8. Chur. (Grubenmann)
[1. Aufl.] 1858 (*Umschlag:* 1859). (97 S)
2. Aufl. 1860. (97 S)

Planta, A[dolf] v[on]. Chemische Untersuchung der Schwefelquellen zu Alveneu im Kanton Graubünden. Von Dr. A. v. P'-Reichenau. 8. Chur 1864.

Planta, A[dolf] v[on]. Untersuchung der Heilquellen von Schuls und Tarasp im Kanton Graubünden. <SA.> 8. Giessen 1859.

Planta, Adolf von: Untersuchung über die Zusammensetzung einiger natürlichen organischen Salzbasen. 1850.

v. Planta (Reichenau) Ad., das Verhalten der wichtigsten Alkaloide gegen Reagentien. Nach eigenen Versuchen. gr. 8. Heidelberg 846, J. C. B. Mohr. n. 1/4 ℛℬ

Planta, Alba v., nachgelass. Erzählungen. 8. (XIII, 95 S.) Bern 898. (K. J. Wyß.) n. 1. 20

Planta, Albert von. Beiträge zur Behandlung der Endocarditis septica. Diss. Med. Univ. Zürich. [Mit Figuren.] *Kopftitel:* Aus der mediz. Klinik in Zürich. Direktor: Prof. Dr. [Hermann] Eichhorst. 38 S. 8. Zürich, Orell Füssli, 1904.

Planta, Alfr. v., Beitrag zur Kenntniss der deutschschweizerischen Hypothekarrechte m. besond. Berücksicht. d. Rechtsinstitutes der sog. Hypothek an eigener Sache. gr. 8. (XI, 256 S.) Zürich 883. (Alb. Müller's Verl.) n. 1. 85
Zürich, Jur.Diss.v.8.Dez.1883.

Planta, Charles de, Chants du soir. Bern 866. Haller'sche Verlagsh. 8. (IV, 168 S.) n. 20 ngr.

(Planta, Friedrich von.) Antwort, Auf den unfreundlichen Bericht unterm 1/11 Hornung der ⟨wie sie sagen⟩ verleumderischer Weis angegriffenen Herren von Salis, wegen der Venetianischen Pensionen, nach ihrem Verdienen eingerichtet. (Gegeben im Februar 1767. [Von] Friderich de P'.) 4. *o. O.*

(Planta, Friedrich von.) Offentliches Schreiben zur Antwort dienend auf jene vertraut, und geheime Briefe die mir in Chur aufgehoben, erbrochen, und durch den Druck bekannt gemacht worden. (Geben im Monath Merz. 1767. [Von] Friderich von P'.) 4. *o. O.*

(Planta, Friedrich von.) Schutzschrifft, oder Manifest. Zur Antwort dienend auf alle vorgekom̃ene, oder noch vorkom̃en mögende Schrifften die wieder mich schon abgefasset sind, oder abgefaßt werden möchten. (Geben den 13. Hornung 1767. [Von] Friderich de P'.) 4. *o. O.*

Planta, Gaudenz von. Antwort auf die Bittschrift der Herren Gebrüder Perini von Skanf. Oder: gründlicher Beweis, Daß das Votum Vicarii gegen die Herren Gebrüder Per' höchst gerecht war: und daß durch das Votum, die bündnerische Republik, und deren Souverainitätsrechte über das Veltlin, in gar nichts geschmäleret worden. Denen Ehrs. Räthen und Gemeinden der drei Bünde vorgelegt, von G' von Pl', von Samaden, und eingegeben den 17ten Jenner 1792. 4. *o. O.*

Planta, Gaudenz von. Der erste Flug. Gedichte. 99 S. 8. Zürich, Schulthess & Co., 1909. [geb. fr. 4. —]

Planta, Gaudenz von. Nicklaus von Flugi. Drama in fünf Akten. 142 S. 8. Zürich, Schulthess & Co., 1910. [geb. fr. 4. —]

Planta, Gaudenz von. Rechtfertigung des lezt ausgetrettenen Vikari. G' von P' von Samaden, gegen die Civil- und Staatsbeschuldigungen so Herr Aßistent Johann Heinrich von Perini von Skanfs, vor leztem Lobl. Bundstag gegen ihn eingebracht hat .... [2 Theile.] 4. Chur.

[Theil 1.] Im Jenner 1792.

[Theil 2] *u. d. T.:* Nachtrag zu der Rechtfertigung des Vicari G' von P' von Samaden, gegen die Anklage des Herrn Assistent. Johann Heinrich von Perini von Scanfs. Enthaltend die Geschichte der Excussion des Doctor Giacomo Lambertenghi von Villa. Im Hornung 1792.

Planta, Gaudenz [von]. Schreiben an den löbl. Zuzug gmr. drei Bünden, in Chur versammelt. Von Vikar G' P'. (Samaden den 3. Sept. 1797.) fol. *o. O.*

(Planta, Gaudenz von.) Widerlegung der Einlage des Herrn Martin Juhn, dermahligen Amtmann zu Tiran; Nebst dem rechtsbeständigen Erweis seiner widerrechtlichen Anmassungen .... Von dem izigen Vikari des Veltlins, zu völliger Rechtfertigung seines Betragens und der begründeten Forderungen seines Tribunals. ([Von] G' B. von P'.) 4. *o. O.* Im Mai 1791.

(Planta, [Martin von].) Cuortas observatiuns supra Del velg & nouf Calendar. [2ª ediziun.] 8. *s. l.* 1785.

Planta, Peter / [von] [1734–1805]. Abgenöthigter Bericht an das Publikum wegen sehr groben, wider mich P' P' vorgebrachten Verläumdungen. (Geben zu Zernetz den 12ten Hornung 1796.) 8. *o. O.*

Planta, P[eter] von. Chronik der Familie von Planta.... [2 Teile.] 8. Zürich, Orell Füssli.

[Teil 1] *u. d. T.:* Chronik der F' von P', nebst verschiedenen Mittheilungen aus der Vergangenheit Rhätiens. Von P. v. P' aus Fürstenau. ([Mit 13 Vignetten und] Zwei Wappentafeln.) XII + 400 S. 1892. [fr. 6. —]

[Teil 2] *u. d. T.:* Nachtrag zur Chr' der F' von P' 1892. Ergänzungen und Nachweise von P. von P' aus F'. IV + 67 S. 1905. [fr. 1.50]

(Planta, P[eter] v[on].) Historisches aus einem Bündner Privat-Archiv: Blüthenlese aus den Briefen des französischen Gesandten Du Luc 1709 und 1710. *Kopftitel:* Zum 12. September 1901 [Jahresversammlung der Schweiz. Geschichtsforschenden Gesellschaft] in Chur. [4 S.] fol.

Planta, P[eter] von. Wappen und Siegel. Von P. von P'-Fürstenau. [Mit 4 Tafeln.] S. 19–30 ⟨12 S.⟩. 8.

37. Jahresbericht der Historisch-antiquarischen Gesellschaft von Graubünden. Jahrg. 1907. Chur, Sprecher & Valer, 1908. (... Beilagen: [2])

Planta, Peter Konradin von

— siehe a. Pertinax Philalethes.

Planta, P. C., die Bündner Alpenstraßen historisch dargestellt. Vorgetragen in der literar. Gesellschaft in Chur. 8. (35 S.) St. Gallen 866, Scheitlin und Zollikofer.

Planta, P. C., der rhätische Aristokrat. Ein bündnerisches Karakterbild aus der zweiten Hälfte des vorigen Jahrh. gr. 16. (218 S.) Chur 819, (Grubenmann'sche Buchh.)

Planta, P. C. v., Biographie d. Professor u. Dekan Georg Sprecher. [Aus: „Theol. Ztschr. aus d. Schweiz".] gr. 8. (22 S.) Chur 888. Rich. n. — 80

Planta, Dr. P. C., die Bundesrevision in ihrem jetzigen Stadium. 8. Chur. 1873. —. 50

Planta, P. C. Vermischte Dichtungen. In-8⁰. 193 S. Bern, K. J. Wyss. Brosch. 3 —; eleg. geb. 4 50
1897.

P[lanta], P[eter] C[onradin]. Eidgenössisches Finanzwesen. Von P. C. P. Separatabdruck aus No. 60–62 des Bündner Tagblatt [Jahrg. 50, 1902]. 14 S. 8. Chur, Dr. A.-G. Bündner Tagblatt, 1902.

— Geschichte u. Dichtung. 8. (III, 311 S.) Bern 889. Wyß. n. 2. 40

— Geschichte v. Graubünden, in ihren Hauptzügen gemeinfaßlich dargestellt. gr. 8. (VIII, 440 S. m. 1 Karte.) Bern 892. K. J. Wyß. n. 7. —; geb. n. 9. —

[5.] Geschichte von Graubünden in ihren Hauptzügen gemeinfassl. dargest. v. Dr. P[eter] C[onradin] Planta. 2. Aufl. *Bern: K. J. Wyss 1894.* (VIII, 441 S., 1 Kt.) 1 Bd 8. [98. 1080]

Planta, P. C. v., dramatisirte Geschichten. 1. u. 2. Hft. [Zum Theil in 2. Aufl.] gr. 8. Bern 885. 86. Wyß. n. 6. —

1. (VIII, 276 S.) n. 3. 40. — 2. (232 S.) n. 2. 60

v. Planta, P. C. Dramatisirte Geschichten. II. Heft. In-8⁰, 222 S. Bern, K. J. Wyss Verlag. 1886.
Inhalt: Gustav Wasa. — Marino Faliero. — Niklaus von der Flüe.

Planta, P. C. v., die currätischen Herrschaften in der Feudalzeit. Mit einer (chromolith.) Karte der currät. weltl. u. geistl. Herrschaften. gr. 8. (IV, 481 S. m. 4 genealog. Tab.) Bern 881. Wyss. n. 8. —

—— der dreißigjährige Kampf um eine rätische Alpenbahn. Historisch dargestellt. [Vorgetragen in der historisch-antiquar. Gesellschaft des Kantons Graubünden.] gr. 8. (102 S.) Chur 885, (Rich.) * 1 80

Planta, P[eter] C[onradin]. Mein Lebensgang. [Mit Porträt-Tafel.] IV + 227 S. 8. Chur, A.-G. Bündner Tagblatt, 1901. [fr. 3. —]

Planta, P. C., mein Lebensgang. gr. 8. (IV, 224 S. m. Bildnis.) Chur 901. (J. Rich.) n. 3. —

Planta, P. C. v., Thomas Maßner, Rathsherr v. Chur. Eine dramat. Geschichte aus dem 18. Jahrh. in 3 Abthlgn. gr. 16. (94 S.) Chur 874. Kellenberger. n. 1. —

— Thomas Massner, Senator de Cuera. Ina Tragödia historica en 5 acts. Translatada el lungatg sursilvan da Alph. Tuor. gr. 8. (II, 70 S.) Chur 889. (Rich.) n. 1. 20

Planta, P. C., Niklaus v. der Flüe auf dem Tag zu Stans, s.: Bibliothek vaterländischer Schauspiele.

Planta, P[eter] C[onradin von]. Niklaus von der Flüe auf dem Tag zu Stans ... s. Kopp, J[oseph] E[utych]. Schwarz und Roth. Aarau ... 1907.

Planta, P. C., Pädagogik und Schablone. In Briefen. gr. 8. (55 S.) Chur 878, Kellenberger'sche Buchh. *

Planta, P. C. (Dr.) Pädagogik und Schablone. In Briefen. 2. Auflage. In-8⁰, 55 S. Chur, J. M. Albin, 1882.

—— Pädagogik und Schablone. In Briefen. 2. Aufl. 8. (55 S.) Chur 882, Kellenberger'sche Buchh. *

— rhätische Parteigänger, s.: Bibliothek vaterländischer Schauspiele.

v. Planta, P. C., s. Pfell, der, des Tellen.

Planta, P[eter] C[onradin] v[on]. Andr(eas) Rud(olf) v(on) Planta (1819–1889). Ein republikanischer Staatsmann. ([Mit Porträt-Tafel und Anhang:] Dr. J[ohann] C[onrad] Kern und die Neuenburger Frage, [von] A. R. von P.) 8. Zürich 1893.

— Andr. Rud. v. Planta. Ein republikan. Staatsmann. gr. 8. (170 S. m. Bildnis.) Zürich 893. Art. Institut Orell Füßli, Verl. n. 2. —

— das alte Raetien staatlich u. kulturhistorisch dargestellt. Hierzu 2 Taf. (von denen 1 color- in Imp.-4. u. qu. Fol.) Lex.-8. (VIII, 530 S.) Berlin 872. Weidmann. n. 14. —

Planta, P. C. v., die Reconstruction der Familie u. d. Erbrechts. [Ein Beitrag zur Lösg. der sozialen Frage.] gr. 8. (60 S.) Chur 886. Rich. n. 1. —

Planta, P. C. v. Schulte u. Tschudi. Ein Beitrag zur histor. Kritik. 8⁰. 24 S. Chur, Bündner Tagblatt. 1898.
, Nicht im Buchhandel.

— die Schweiz in ihrer Entwickelung zum Einheitsstaate. gr. 8. (148 S.) Zürich 877. Verlags-Magazin. n. 1. 80

Planta, P[eter Conradin von]. Pater Theodosius (Anton Crispin Florintöni, 1808–1865), ein menschenfreundlicher Priester. Mit dem Bild und Facsimile des P. Th' [auf 1 Tafel]. 8. Bern 1893.

— Pater Theodosius, e. menschenfreundlicher Priester. gr. 8. (111 S. m. Bildnis u. Ffsm.) Bern 893. K. J. Wyß. n. 1. 80; geb. in Leinw. n. 2. 60

Planta, P. C. (Dr., derzeitiger Präsident d. histor.-antiq. Gesellsch. des Kant. Graubünden). Verfassungsgeschichte d. Stadt *Cur* im Mittelalter. In-8⁰, 65 S. Chur, Sprecher & Plattner 1879.
, Separat-Abdruck aus dem Jahresbericht der der historisch-antiquarischen Gesellschaft des Kantons Graubünden.

— die Wissenschaft des Staates oder die Lehre von dem Lebensorganismus. 2 Thle. gr. 8. 1. Der Mensch u. der Kosmos. 2. verb. Aufl. (X u. 320 S.) 2. Die Gesellschaft u. der Staat. (VI u. 241 S.) Chur 852, Grubenmann. 2 ℳ

—— bündnerisches Civilgesetzbuch. Mit Erläuterungen. 2 Hälften. gr. 8. Chur, Hitz. *
Inhalt:
Hälfte 1. Das Personen- und Sachenrecht. (XVI und S. 1—216.) 862. * 20 Ngr.
„ 2. Das Forderungs- und Erbrecht. (LXVII und S. 217—486.) 863. * 1 Thlr.

Planta, Robert von

Planta, R. Die Bildungen auf — ōnus. S.-A. 1901. 8 S. —.50

Planta, Rob. v. Grammatik der oskisch-umbrischen Dialekte. (In 2 Bdn.) 1. Bd.: Einleitung u. Lautlehre. gr. 8. (VIII, 600 S.) Strassb. i. E. 892, Trübner, Verlag. * 15 —

Planta, Rob. v., Grammatik d. oskisch-umbrischen Dialekte. 2. Bd. Formenlehre, Syntax, Sammlung der Inschriften u. Glossen, Anhang, Glossar. gr. 8. (XV, 772 S.) Strassburg 897. K. J. Trübner, Verl. n. 20. — (1. u. 2.: n. 35. —)

(Planta, Robert v[on].) Ein rätoromanisches Sprachdenkmal aus dem zwölften Jahrhundert. Separatabdruck aus Archiv für lateinische Lexikographie. [Band] 15. Heft 3. S. 391—399. 8. Leipzig. B. G. Teubner, [1907].

Planta, Robert von, aus Fürstenau in Graubündten: Vocalismus der oskisch-umbrischen Dialekte nebst einer Einleitung und einem Abschnitt über die Liquidae und Nasale. [S. A. aus: Grammatik der oskisch-umbrischen Dialekte von Robert von Planta, Bd I, S. 1—324]. Strassbg K. J. Trübner 1892. 1 Bl., 324 S., 1 Bl. 8⁰.
Zürich, Phil. Diss. I. S. [v. 12. März 1892].

Planta, U[lrich] v[on]. Die gewaltsame politische Bewegung vom 4. Januar 1814. Ein Beitrag zur Geschichte Graubündens, von Oberst U. v. P.-Reichenau. ⟨Vorgetragen in der Geschichtsf. Gesellschaft vom 15. Januar 1858.⟩ 8. Chur 1858. Hitz (67 S.)

v. Planta, Vinc., Joh. Friedrich v. Tscharners Leben u. Wirken, nebst einer Zugabe aus dessen schriftlichem Nachlasse. [Mit einem lith. Bilde Tscharners.] gr. 8. (XIV u. 479 S.) Chur 848. (Hitz.) n. 1⅓ ℳ

Planta, Vincenz v., die letzten Wirren des Freistaates der drei Bünde. (Vom Frühling 1797 bis Frühling 1799.) Herausg. von P. C. Planta auf Veranstaltung der Verwandten des Verewigten. Chur 857. Hitz. gr. 8. (IV, 131 S.) n. 20 *ngr.*

Planta-Reichenau, Adolf von, s. Planta, Adolf von.

Planta-Wildenberg, O., siehe: *Rheinquellen.*

Plantae Indiae Batavae orientalis quas, in itinere per insulas archipelagi indici Javam, Amboinam, Celebem, Ternatam, aliasque a. 1815—1821 exploravit Casp. Geo. Carol. Reinwardt. Jussu Augustissimi regis Guilielmi III, digessit et illustravit Guil. Henr. de Vriese. (In X fascc.) Fasc. I. Imp.-4. (S. 1—80 mit 3 Stnt. in Imp.-4. und gr. Fol.) Lugduni-Batav. 856, Brill. * 4

Plantae Indiae Batavae, expl. Casp. Georg Carl Reinwardt, s. Reinwardt, Casp. Georg Carl.

Plantae medicinales, s. *Herbarium* pharmaceuticum.

Plantae medicinales oder Sammlung offizineller Pflanzen mit lithogr. Abbildungen von A. Henry u. Beschreibungen von M. F. Weyhe, J. W. Wolter, P. W. Funke. Fortges. von Fr. L. Nees v. Esenbeck. Bd 1. 2. Düsseldorf 1828. 2°
1. Taf. 1—214. 2. Taf. 215—432.

Plantae medicinales, od. Samml. officineller Pflanzen; mit lith. Abbildn. v. H. Henry u. Beschreibn. v. M. F. Weihe, J. W. Wolter, P. W. Funke; fortges. v. Th. Fr. L. Nees v. Esenbeck. 2. Bd. (9., od. d. ganzen Folge) 18. Lfg. gr. Roy.-Fol. (30 ill. Taf., 17 B. Text u. 2 verz. Ttlbl. zu beiden Bdn.) Düsseldorf 828, Arnz u. Comp.
1. Bd. (9 Lfgn.) u. 2. Bd. 1—8. Lfg. Ebendas. 1821—27. à Lfg. 4 Thlr. — Suppl.-Hfte. hierzu, vgl. Nees v. Esenbeck, Th. F. L, vollst. Sammlung etc.

Plantae Preissianae, sive enumeratio plantarum quas in Australasia occidentali et meridionali-occidentali annis 1838—1841 collegit Lud. Preiss, Partim ab aliis partim a se ipso determinatas descriptas illustratas ed. Christ. Lehmann, Vol. I. (4 Fasc.) 8maj. (41 B.) Hamburgi 844, 45, Meissner. * Schreibvelinp. *

Plantae Preissianae s. enumeratio plantarum quas in Australasia occidentali et meridionali-occidentali annis 1838—1841 collegit Ludov. Preiss. Partim ab aliis partim a se ipso determinatas descriptas illustratas ed. Chrn. Lehmann. Vol. II. 3 fasc. gr. 8. (X u. 499 S.) Hamburgi 847. 48, Meissner. à n. 1 *ℛ*; Velinp. à n. 1½ *ℛ* (2 voll. cplt.: n. 7 *ℛ*; Velinp. n. 10½ *ℛ*)

Plantae rariores Horti academici Monacensis, descriptae et observationibus illustratae a Fr. P. de Schrank. Vol. I. Fasc. I—VIIIus. (Jedes Fasc. enthält 10 illum. Pflanzen.) fol. maj. Monachii. (Norimb. Schrag, Lips. Fr. Fleischer in comm.) 817—21. Brochirt à 4 Thlr. 12 Gr.

Plantae rariores Hungariae indigenae, c. fig. 4. Pest, Eggenberger, 799-800.

Plantae rariores Hungariae indigenae et iconibus pictis illustr. 27 Fasciculi. Royalfol. Viennae. (Lips. J. A. G. Weigel in Comm.) 808—11. 3

Plantae Tinneanae sive descriptio plantarum in expeditione Tinneana ad flumen Bahr-el-Ghasal ejusque affluentias in septentrionali interioris Africae parte collectarum. Opus XXVII (lith.) tabulis exornatum Theod. Kotschy et Joa. Peyritsch consociatis studiis elaboratum suis sumptibus ediderunt Alexandrina P. F. Tinne et Joa. A. Tinne. — Plantes Tinnéennes ou description de quelques-unes des plantes recueillies par l'expédition Tinnéenne. Vindobonae 867. (London, Williams & Norgate.) gr. Fol. (IX, 68 S. mit eingedr. Holzschn. in Buntdr.) cart. n.n. 21 *ℛ*;
color. Ausg. n.n. 35 *ℛ*

Plantamour, Emil. O. O. [1882]. V: *Wolf, Rudolph.* (Cat. d. Stadtbibl. Zürich. Zürich 1864—97.)

Plantamour, Emile

Plantamour, E., des anomalies de la température observées à Genève pendant les 40 années 1826—1865. Basel 867. Georg. gr 4. (63 S. mit 1 Steintaf. in qu. Fol.) n.n. 1 *ℛ* 10 *ngr.*

Plantamour, Emile s. Burnier, Frédéric, et Plantamour, Emile —

Plantamour, E. et M. Löw. Détermination télégraphique de la différence de longitude entre Genève et Strassbourg exécutée en 1876. In-4°, 162 p. et 3 pl. Genève et Bâle, H. Georg. 1879. 10 —

Plantamour, E. et von Orff. Détermination télégraphique de la différence de longitude entre les observations de Genève et de Bogenhausen près Munich, exécutée en 1877. In-4°, 132 p. et 1 pl. Genève et Bâle, H. Georg. 1879. 10 —

Plantamour, Émile, u. R. Wolf: Détermination télégraphique de la différence de longitude entre l'observatoire de Zurich et les stations astronomiques du Pfänder et du Gäbris. (Mit 1 Taf.) Genève, Bâle, Lyon 1877. 4°

Détermination télégraphique de la différence de longitude entre les observatoires de Genève et de Neuchâtel par E. Plantamour et A. Hirsch. 4. Genève et Bale 1864.

— R. **Wolf** et A. **Hirsch,** détermination télégraphique de la différence de longitude entre la station astronomique du Righi-Kulm et les observatories de Zurich et de Neuchatel. gr. 4. (222 S. m. 3 Steintaf.) Ebend. 871. n.n. 6. 40

Plantamour, E. et Hirsch, détermination télégraphique de la différence de longitude entre la station astronomique du Simplon et les observatoires de Milan et de Neuchâtel. 136 pp. en 4. Bâle et Genève. H. Georg. 1875. 8. —

— — détermination télégraphique de la différence de longitude entre des stations suisses. gr. 4. (162 S.) Ebend. 872. n.n. 6. 40
1. Entre la station astronomique du Weissenstein et l'observatoire de Neuchatel en 1868.
2. Entre l'observatoire de Berne et celui de Neuchatel en 1869.

Plantamour, E., nouvelles études sur le climat de Genève. gr. 4. (2638.) Basel 877. Georg. n.n. 12. —

—— Expériences faites à Genève avec le pendule à réversion. gr. 4. (108 S. mit 3 Stnt. in 4., qu. 4. und Fol.) Basel 866, Georg. * *

Plantamour, E., nouvelles expériences faites avec le pendule à réversion et détermination de la pesanteur à Genève et au Righi-Kulm. VIII et 88 pp. in-4. Genève et Bâle, H. Georg. 1872.
Le premier mémoire a paru en 1866, 108 pp. in-4 et 3 planches, au prix de fr. 7. 50 Cts.

Plantamour, E., voir: *Hirsch, A.*

— mémoire sur la comète Mauvais de l'année 1844. [Extrait des mémoires de la soc. de physique et d'histoire naturelle de Genève, tome XI. 2.] gr. 4. (71 S.) Ebd. 847. n. 2/3 ℛ︀

—— et A. Hirsch, Nivellement de précision de la Suisse, s. Nivellement etc.

Plantamour, E[mile]. Notice sur la hauteur des eaux du Lac d'après les observations faites à Genève de 1838 à 1873. (Lue à la Société de physique le 5 mars 1874.) [Avec 2 planches.] (E.) 4. Genève, Bâle, Lyon 1874. Georg. (35 S.)

Plantamour, E., Observations astronomiques faites à l'observatoire de Genève dans les années 1841—1843. 1—3. Sér. in-4. (35 B. u. 1 Stnt.) Genève 1842—44, (Kessmann.) à *

—— le même, dans l'année 1844. 4. Série. gr. in-4. (24 B.) 845. Le Même. *

Plantamour, E., observations astronomiques faites à l'observatoire de Genève, dans l'année 1845. V. série, avec un supplément. Imp. 4. (X, 53 u. 71 S.) Genève 847. (Kessmann.) n. 1 1/3 ℛ︀ (1—5 mit Supplement: n. 7 2/3 ℛ︀)
Das Supplement einzeln u. d. T.:
Mémoire sur la comète Mauvais de l'année 1844.

Plantamour, E., Observations faites dans les stations astronomiques suisses. I. Rigi-Kulm. II. Weissenstein. III. Observatoire de Berne. gr. 4. (VI, 140 S.) Basel 873, Georg. * *

Plantamour, E. (prof.) Observations limnimétriques faites à Genève de 1806 à 1880, résumées par E. Plantamour. In-4⁰, 56 p., avec 2 planches. Bâle, Genève et Lyon, H. Georg. 1881.
*** Extrait des „Mémoires de la Société de physique de Genève".

Plantamour, E[mile]. Recherches sur la distribution de la température à la surface de la Suisse pendant l'hiver 1863/64. Mémoire lu à la Société Helvétique des Sciences Naturelles dans sa Séance à Zurich, le 23 Août 1864. [Avec 1 planche. E.] 8. [Zürich 1865.]

Plantamour, E. (Prof. à l'université à Genève.) Recherches expérimentales sur le mouvement simultané d'un pendule et de ses supports. In-4⁰, 52 p. Genève et Bâle, Georg. 1878.

— Résultats des Observations magnétiques faites à Genève dans les années 1842 et 1843. gr. in-4. (Mit 3 lith. Taf.) le même. n. 1 2/3 ℛ︀

Plantamour, Philippe (Genf)
Ueber einige aus Aceton entstehende Verbindungen.
[In: Annalen d. Chemie u. Pharmacie, Bd 31 (1839) 326.]
Dr. phil. Giessen 24.1.1839.

Plant-Atlas to „my wateroure", s.: Pflanzen-Atlas zu Seb. Kneipp's „Wasser-Kur".

Planté, Gaston. Die elektrischen Erscheinungen der Atmosphäre. Mit 50 in den Text gedr. Holzschn. Autoris. deutsche Ausg., besorgt v. Ign. G. Wallentin. gr. 8. (X, 142 S.) Halle 889, Knapp. * 5 —

Planté, Gaston, Untersuchungen üb. Elektricität. Nach der 2. Ausg. d. Orig.-Werkes ins Deutsche übertr. v. Ign. G. Wallentin. Mit 89 im Text befindl. Fig gr. 8. (VI, 270 S.) Wien 886. Hölder. n. 5. 60

Plantenga, Broer Pieter Bernard, aus den Helder: Der Werth der Nährklystiere. *'s-Gravenhage 1898: M. van Leeuwen.* (124 S.) 8⁰
Freiburg i. B., Med. Diss. v. 1898

Plänterwald, der, u. dessen Behandlung. gr. 4. (11 S. m. 4 Steintaf.) Wien 878. (Frick.) n. 1. 60

Plantes et arbustes d'agrément, s. a. Garten d. Flora.

Plantes et arbustes d'agrément, gravés et enlum d'après nature av. la manière de les cultiver. IV Cah. 8. Winterthur, Steiner. 791—94.

Planthaber, Hugo: Über den Einfluß von Giften auf Protoplasmaströmung. Kiel 1908: Schmidt & Klaunig. 36 S. 8⁰
Kiel, Phil. Diss. v. 17. Nov. 1908, Ref. Reinke
[Geb. 23. Jan. 84 Travemünde; Wohnort: Travemünde; Staatsangeh.: Lübeck; Vorbildung: Realgymn. d. Katharineums Lübeck Reife O. 04; Studium: Jena 4, Kiel 4 S.; Rig. 25. Juli 08.] [U 09. 2330

Plantier, C. H. A., die dogmatische Definition der päpstlichen Unfehlbarkeit in ihrer geschichtl. Entwickelg. dargestellt gr. 8. (79 S.) Wien 870. Regensburg, Manz. — 80

Plantier, C. H. A., Die dogmatische Definition der päpstlichen Unfehlbarkeit in ihrer geschichtlichen Entwicklung dargestellt. Wien, Sartori, später Regensburg, Verlagsanst., 1871. gr. 8⁰, 79 S., 80 Pf.
De primatu Pontificis eiusque infallibili magisterio iuxta ultima Galliarum concilia provincialia scripsit Carol. Aemil. Freppel. Taurini apud Marietti, in 8⁰, 47 p. Gegen die neuern gallikan. Tendenzen in Frankreich. Ökum. Konzil Heft 10, S. 78.

Plantier, C. H. A., über die allgemeinen Kirchenversammlungen. Anläßlich des von dem Papste Pius IX. auf den 8. Decbr. 1869 einberufenen ökumen. Concils. Mit Bewilligung des Verf. aus dem Französ. übersetzt von Thdr. Frhrn. v. Lamezan. Freiburg i. Br. 869. Herder. gr. 8. (IV, 121 S.) 12 ngr.

Plantier, Jacques. Hauptwahrheiten der Religion aus der Vernunft und Schrift bewiesen . . . Leipzig 1748. Ü: *Pfeifer, Christian Gottfried.* (ML)

Plantier, Jac., Hauptwahrheiten d. Religion, a. d. Vern. und Schr. bewies. 8. Lpz. Dyk. 748.

Plantiko, Heinr., an die deutschen Rechtsanwälte. 8. (31 S.) Berlin 884. Feicht. — 75

Plantiko, Heinr., ein Urteil des Reichsgerichts. gr. 8. (36 S.) Berlin 885, C. Feicht (Dräger's Buchdr.). 1 —

Plantiko, Clemens: Ueber die vermögensrechtliche Stellung der Hauskinder im gemeinen Rechte. *Greifswald 1897: J. Abel.* (35 S.) 8° [F.]
Greifswald, Jur. Diss. v. 1897

Plantiko, *Samuel* Otto *Bogislaw* [aus Repplin in Pomm.]: Rousseaus, Herders und Kants Theorie vom Zukunftsideal der Menschheitsgeschichte ... Greifswald, Druck v. J. Abel, 1895; 68 S. 8.
Greifswald, Phil. Fak., Inaug.-Diss. v. 18. Febr. 1895

Plantin, Jean-Bapt[iste]. Joh. Bapt. Plantini... Helvetia antiqua et nova; generalem Helvetiae antiquae et novae... descriptionem, Helvetiorum originem, nomina, mores... aliasque antiquitates continens. 8. Tiguri Helvetiorum 1737.

Plantinus, I. Bapt., Helvetia antiq. et nova. 8. Zürich, Orell, Füssli et Comp. 737.

Plantz, Michael (Hermannstadt/Siebenbürgen), De lapsu gentilium circa naturalem Dei notitiam. Diss. theol. natur. Präs. Heinr. Ludw. Wernher. Leipzig (J. C. Moller) 17. II. 1703. (5.—) 26588

Planudes, Maximus

Maximi Planudis comparatio hiemis et veris ed. M. Treu. Pr. 1878. 22 S.

Maximi monachi **Planudis** epistulae particula prima (pag. 1—48) edidit Maximilianus Treu. 8 (IX, 48 S.). ... particula secunda (pag. 49—96). 8 (S. 49—96). ... particula tertia (pag. 97—144). 8 (S. 97—144). ... particula quarta (pag. 145—206). 8 (S. 145—206). ... particula quinta (pag. 207—275). 8 (S. 207—275).
Friedrichs-G. *Breslau* 1886 (160). 1887 (162). 1888 (163). 1889 (165). 1890 (168).
Progr.

Planudis, Maximi, monachi, epistulae ed. M. Treu. gr. 8. (IX, 275 S.) Breslau 890. Koebner. n. 6. —

Planudes, **Maximus, Rechenbuch.** (Μαξίμου μοναχοῦ τοῦ Πλανούδη ψηφοφορία κατ' Ἰνδοὺς ἡ λεγομένη μεγάλη.) Nach den Handschriften der kaiserl. Bibliothek zu Paris hrsg. von C. I. Gerhardt. 4. (XII und 48 S.) Halle 865, Schmidt's Verlag. *

Planudes, Maximus, das Rechenbuch, aus dem Griech. übers. v. Herm. Wäschke. gr. 8. (VI, 56 S.) Halle 878. Schmidt. n. 1. —

— Specimen novae edit. Somnii Scipionis e l. VI. Cic. de rep. in Graecum conversi a Maximo Planude a P. C. Hess. Pr. 1880. 18 S. 4°. 1.—

Planum de erigenda fabrica coloris viridis Crisocola dicta. O. O. u. J. [Viennae 1795]. V: *Székely v. Biboreczfalva, Mich.* (WBL 42/26) (BiblPort)

Planum erigendae eruditae societatis hungaricae alterum elaboratius. Viennae 1790. V: *Révay, Nicol.* (Pk)

Planum tabulare, sive decisiones Curiales per Excelsam Deput. a piae memoriae Imperatrice et Regina Hung. Diva Maria Theresia collectae. fol. Pressburg, Weber. (Eggenberger, Pest.) 800.
Schreibp.

Plappereien, Kleine. Leipzig 1773. V: *Hommel, Carl Ferdinand.* (Adel) (Ky) (ML) (BrMm) (Verz. d. v. Meusebachschen Bibl. Berlin 1855. S. 78.)

Plappereyen, kleine. 2 Thle. 8. Lpz. Fritsch. 773.

Plappermaul. Ein Buch voll possierlicher Bilder und drolliger Geschichten für die liebe Kinderwelt von 3—8 Jahren, von Carl Gutfreund. gr. 4. (19 Bl. mit eingedr. ill. Holzschn.) Hamburg 850, Berendsohn.

Plappermäulchen, des Struwelpeter's Schwester. Ein Buch voll possierl. Bilder und drolliger Geschichten für die liebe Kinderwelt von 3—8 Jahren, von Carl Gutfreund. 2. Aufl. 4. (19 Bl. mit eingedr. ill. Holzschn.) Hamburg 851, Berendsohn.

Plappermäulchen u. Naschkätzchen. Ein Buch mit lust. Bildern u. lehrreichen Geschichten für artige Kinder. 2—4. Aufl. 4. (12 Bl. m. color. Bildern.) Dresden 881. Kaufmann's Verl. cart. 1. 50

Plappert, s.: Tanzbilder.

Plappert, Augustin, das Benediktinerstift Seitenstetten. Kurze Geschichte des Stiftes, Gymnasiums u. Konviktes sowie seine Sehenswürdigkeiten. (80 u. 4 S. m. Abb.) 8. Steyr 910. (K. Lintl.) 2. —

Plappert, Augustin: Das Benediktinerstift Seitenstetten. Kurze Geschichte d. Stiftes, Gymn. u. Konviktes, sowie s. Sehenswürdigkeiten. Ill. Steyr: Prietzel [um 1910]. 80 S. 8°

PLAPPERT, Joach. Frider.: Dissertatio de Juglande nigra. - Viennae 1777. 27 S., 1 Taf.

Plappertasche, Die, Enthaltend witzige Züge, satyrische Bonmots ... von noch lebenden und verstorbenen Frauen und Mädchen ... Quedlinb. 1813. H: *Basse, Gottfried.* (MGT)

Plappertasche, die, enth. witzige Züge, satyr. Bonmots, Anekdoten ꝛc. gesammelt v. Jlfeg. Klatschrose, mit 1. K. 12. Quedlinb. Basse. 813.

Plarr, M. D. G., de quadruplici coelibatu. Budiss. 1721. 4.

Plarre, Ernst Martin

•[Plarre, E. M.] Eleutherii Patridophili (d. i. Plarre) Betrachtungen Uber Das neulich zwar angefangene, aber bald wieder unterbrochene allgemeine Friedens-Werck, In drey Theile abgetheilet, Deren der Erste Ein allgemeine Rathschlagung wegen des Friedens in sich begreiffet: Der Andere Die Praeliminar Articul der neulichen Friedens-Handlung im Haag, so mit vielen Curieusen Anmerckungen so zu diesem Werk dienlich sind ... ins Teutsche übersetzet Von B. I. C. Zu Frieden Stadt 1709. 1 Bl. 128 S.

Plarre, Ernst Martin (Berlin), De justitia armorum cebennensium. Diss. Präs. Joh. Christoph Becman. Frankfurt/Oder (T. Schwartz) 9. VII. 1704. 72 S. (5.50) 26589

Plarre, Otto, die Erklärung der Abänderungs- u. Vererbungserscheinungen. Geschichte u. Kritik. Inaugural-Dissertation. gr. 8. (41 S.) Jena 882. (Neuenhahn.) n. 1. —

Plarre, Rud., die fidele Imkerversammlung. Schwank in 1 Akt. (21 S.) kl. 8. Gera (904). (Leipzig, Leipziger Bienenztg.) n. — 75

Plasäier, Diusend. Lustspiele in sauerländischer Mundart ... Paderborn 1879. V: *Grimme, Friedrich Wilhelm.* (Nd. Jahrb. 22, 1897, S. 77) (Zeitschr. f. Büch. N. F. 15, 1923, S. 118)

Plaſäier, diuſend. Luſtſpiele in ſauerländ. Mundart. I. De Muſterung oder Gehannes Fiulbaum un ſyin Suhn. 3. Aufl. — II. Uemmer op de olle Hacke. 2., veränd. Aufl. Vom Verf. der „Sprickeln u. Spöne". gr. 16. (151 S.) Paderborn 879. F. Schöningh. n. 1. 15

Plasberg, *Carolus* Otto *Iohannes* [Rhenanus]: De M. Tullii Ciceronis Hortensio dialogo ... Lipsiae, G. Fock, *1892;* 90 S. 8.
Berlin, Phil. Fak., Inaug.-Diss. v. 15. März 1892

Plasche, Richard: Beiträge zur Methodik des mathematischen Unterrichtes. S. 3—19. 8.
Progr. K. k. deutsches Staatsgymn. in der Stadt *Kgl. Weinberge* 1910.

Plaſching, kurzer Auszug a. d. Rigiſchen Katechismus ꝛc. 12. Halle, Gebauer. 752.
Vgl. Plaschnig.

— rechtes Verhalten der Zuhörer gegen ihren Lehrer. 12. Ebend. 747.

Plaschke, Emanuel: Über die Umwandlung des Methylalkohols in Formaldehyd nach dem Kontaktverfahren. Leipzig 1909: Sturm & Koppe. 57 S. 8°
Leipzig, Phil. Diss. v. 28. Sept. 1909, Ref. Le Blanc, Beckmann
[Geb. 1. Mai 84 Buchfarth; Wohnort: Leipzig; Staatsangeh.: Sachsen; Vorbildung: Realgymn. Leipzig Reife O. 04; Studium: Leipzig 3, Tübingen 1, Leipzig 7 S.; Rig. 14. Juli 09.] [U 10. 3208

Plaschke, Konrad: Geschichte der Besiedlung des östlichen Nordwaldes bis in das 13. Jahrhundert. 1903, Diss. Wien, Univ.

Plaschke, Olga, von wiedergewonnenem Augenlicht. Aus eigenen Erlebnissen. gr. 8. (VII, 132 S.) Leipzig 902. B. Konegen. n. 2. 50

— **Amalie Joachim.** Blätter der Erinnerung. Dem Freundes- u. Schülerkreise d. verewigt. Meisterin gewidm. 8. (39 S. m. 1 Bildnis.) Berlin 899. Harmonie. n. 1. —

Plaschke Dr. R.: Reinmar v. Zweter. Literarhist. Studie. 15. Brünn St.-R. 878.
Progr.

Plaschke Th.: Dinarchi orationes tres. Germanice reddidit et comm. illustravit. Vol I. orat. germ. redd. continens. 39. Waidhofen a./Th. 85.
Progr.

Plaeschke, Moritz

— der Eiſenkönig. Ein Sang aus unſeren Tagen. 16. (99 S.) Crefeld 890. Plaeſchke. cart. m. Goldſchn. n. 1.50

[F.] Festlied der Deutschen zum 1. April 1895. (Von Moritz Plaeschke.)
Crefeld: Kramer & Baum (1895). 2 Bl. 8. [97. 7573

(Plaeschke, Moritz:) Festlied z. 100jähr. Geburtstagsfeier d. hochsel. Kaisers Wilhelm I.
M. Gladbach: E. Schellmann [1897]. 2 Bl. 8°

— Gedichte. 1. u. 2., verm. Aufl. gr. 16. (72 S.) M.-Gladbach 887. Schellmann. n. 1. —

Plaeſchke, Mor., Gedichte. 3., gänzlich veränd. u. verm. Aufl. 12. (VII, 88 S.) Stuttgart 893. G. J. Göſchen. Geb. in Leinw. m. Goldſchn. n. 2. 50

Plaeſchke, Mor., Gedichte. 4. Aufl. Buchſchmuck v. Heinr. Dahmen. gr. 8. (214 S.) Krefeld 901. G. A. Hohns Söhne. n. 3. — ; Liebhaberausg. geb. in Leinw. n. 6.50; in Ldr. n.n. 8. 50

Neue Gedichte von Moritz **Plaeschke.** Krefeld: M. Plaeschke 1908. (124 S.) 8° [F.] [08. 18389

Plaeschke, Mor., neue Gedichte. 2. veränd. Aufl. (64 S.) kl. 8. Crefeld 909. M. Plaeschke. 1. —

Pläſchke, Mor., Kriegstagebuch in Liedern. 8. (64 S.) Düſſeldorf 871. de Haen. n. — 75

Plaeſchke, M., der Linderhof. Eine niederrhein. Dichtung. Mit 7 Lichtdrucken nach F. Hiddemann. gr. 8. (50 S.) M.-Gladbach 889. Schellmann. geb. m. Goldſchn. n. 5. 50

Plaeſchke, Mor., aus Deutſchlands Schmerzenstagen. Ein Erinnerungsblatt. gr. 8. (8 S.) Düſſeldorf 888, F. Bagel. — 20

Plaeſchke, Mor. Aus Deutſchlands Schmerzenstagen. gr. 8. Düſſeld. 888. Frankf. a. M., Jaeger's Verlag. — 20

Plaſchnig, Tob., († d. 27. Dec. 1757.) kurzer Auszug aus d. Rigiſchen Katechismus ꝛc. 12. Halle 752. Gebauer. 3 g
N. A. Reval 778. Dorpat 779.
Vgl. Plasching.

— allerbeſte Freundſchaft; eine Predigt. 12. Halle 775. Gebauer. 1 gl

— Fürſorge der Eltern für ihre Kinder. 12. Halle 750. Gebauer. 1 gl

Plaseller, Josef

Plaseller, J., compendium stenographiae latinae secundum systema Gabelsbergeri, autographo Prof. P. Huberto Riedel. Annexis 70 tab. stenographicis (in 8. u. qu. 4.). Innsbruck 869. Wagner. 8. (VIII, 79 S.) n. 25 ngr

Plaseller, Jos(eph). Jos. Plaselleri, Med. D., Compendium stenographiae latinae juxta systema Gabelsbergerianum. Editio revisa cura Casp. Suter, stenographiae magistri. Additis 55 tabulis stenographicis opera et manu Casparis Suter (Zürich). X + 68 p. 8. Oeniponte, libraria acad. Wagneriana, 1902. [M. 2. —]
(Druck der stenographischen Tafeln von J. J. Sigg, Lith. Anstalt, Winterthur.)

Plaſeller, (Joſef), einiges über die ärztlichen Sachverſtändigen in der neuen öſterreich. Strafprozeßordnung. Gewidmet den Freunden der gerichtl. Medizin. gr. 8. (40 S.) Innsbruck 850. Wagner. n. 8 ngr

Plaſeller, Joſeph —. Gerichtlich-mediziniſche Memoranda aus dem k. k. öſterreichiſchen Strafgeſetze. Zum Gebrauche für das Sanitäts- und Gerichtsperſonale bearbeitet von — —. 8. (XII, 242 S.) Innsbruck. Druck und Verlag der Wagner'ſchen Buchhandlung. 1854.

NESSEL-HANS. Drei Bilder aus dem Dorfleben. Allen zur Lehre und Warnung dargestellt (von Pastor *Plaskuda*). Breslau, o. J.
Anon.-Lex. VI. p. 262 (nach Russell III, 461).

PLASKUDA, HERMANN. Beiträge zur Kenntniss des Benzyltoluols. Bonn, 1874.

Plaskuda, K. F., Luthers kleiner Katechismus erklärt, s. Luther.

Plaskuda, Carl, Referendar: Zum Recht der Erfüllungshinterlegung nach dem Bürgerlichen Gesetzbuch. Borna-Leipzig 1909: Noske. VII, 164 S. 8°
Leipzig, Jur. Diss. v. 11. März 1909
[Geb. 25. Sept. 80 Cöln; Wohnort: Bonn; Staatsangeh.: Preußen; Vorbildung: Friedrich-Wilhelms-Gymn. Cöln Reife O. 00; Studium: Lausanne 1, München 4, Bonn 1, München 1, Bonn 1 S.; Rig. 18. Juli 04.] [U 09. 2627

Plaskuda, Car. Bern. (geb. Simmenau in Schles. 28. 7. 1838): De ligatura. Berolini (1862). (32 S.) 8°
Berlin, Med. Diss. v. 10. März 1862

Plaskuda, Otto, aus Cöln: (Aus d. med. Klinik zu Bonn.) Über den **Nachweis** des Indols in den **Faeces** mittels der Ehrlichschen Dimethylamidobenzaldehyd-Reaktion. *Bonn 1903: C. Georgi.* (26 S.) 8°
Bonn, Med. Diss. v. 29. Juli 1903

Plaskuda, Wilhelm, approb. Arzt: Einige alte **Behandlungsmethoden** in moderner Beleuchtung. *Greifswald 1903: J. Abel.* (42 S.) 8°
Greifswald, Med. Diss. v. 21. Apr. 1903

Plasky, Eug. Stylvolle Möbel- u. Decorationsposamente. Passementeries de style, pour ameublement. Embrasses. Franges pour meubles et rideaux. gr. 4. (40 Farbendr.-Taf. m. 1 Bl. Text.) Berl. 889, [Claesen u. Comp.] Hessling u. Spielmeyer. In Mappe * 44 —

Plasky, E., passementeries de style, pour ameublement. Embrasses. Franges pour meubles et rideaux. gr. 4. (40 Farbendr.-Tafeln mit 1 Blatt Text.) Berlin 889. Claesen & Co. In Mappe. n. 44. —

Plason de la Woestyne, Adph. de, s.: Recueil des traités et conventions conclus par l'Autriche-Hongrie avec les puissances étrangères.

Plaß, Pastor, in seinem Verhalten zu dem Rittergutsbesitzer v. Bassewitz und dessen Haus. Ein actenmäßiger Beitrag zur Culturgeschichte aus der mecklenburgischen Landeskirche. Berlin 863. J. Springer. gr. 8. (2 Bl., 94 S.) n. 12 ngr.

Plass. Einige kritische Bemerkungen über die Ursachen und den Gang des sog. archidamischen Krieges. (47) 8. Stade 1859.

Plaß, C. W. D., Thatsächliches aus dem Treiben der Wiedertäufer in Mecklenburg. Nach eigenen Erfahrungen. [Aus dem Zeitblatt für die evangelisch-luther. Kirche Mecklenburgs abgedr.] gr. 8. (24 S.) Schwerin 851, Stiller. 1/8 ℛ𝓉

Plaß, F., Geschichte der Assecuranz u. der hanseatischen Seeversicherungsbörsen Hamburg, Bremen, Lübeck, mitbearb. v. Frdr. Rob. Ehlers. Mit Titelbild in Heliograv., 80 Text-Abbildgn. u. 8 Seeversicherungs-Policen in Facsm. gr. 8. (XIII, 790 S.) Hamburg 902. L. Friederichsen & Co. Geb. in Leinw. n. 20. —

Plaß, F., Reise-Erinnerungen aus dem nördlichen Eismeer im Aug. 1893 an Bord des Dampfers „Admiral". gr. 8. (82 S.) Hamburg 894. C. Boysen. n. 1. —

Plass, Gustav Theodor (Breslau), De doloribus spinae dorsi. Diss. med. Berlin (Nietack) 25. VII. 1837. 29 S. u. Biogr. (M.: Chr. Nitschke). (3.—) 26590
Oppon.: A. Schiele, L. Ulrich, E. Ribbentrop. — Gew.: Emil Berndt.

Plass, Hans, a. Hamburg: Bulbärsymptome und Anosmie bei Syringomyelie. Würzburg 1907: F. Staudenraus. (19 S.) 8°
Würzburg, Med. Fak., Ref. v. Leube, Diss. v. 1. Dez. 1907
[Geb. 30. Aug. 81 Hamburg; Wohnort: Würzburg; Staatsangeh.: Preußen; Vorbildung: Gymn. Schleswig Reife O. 01; Studium: Freiburg i. B. 4, Würzburg 6 S.; Coll. 15. März 07; Approb. 1. Aug. 06.]

Plass, Hans, appr. Arzt a. Hannover: Die Erfahrungen mit der Widalschen Reaktion in der Göttinger medizinischen Klinik. Göttingen 1905: E. A. Huth. (47 S.) 8°
Göttingen, Med. Fak., Ref. Waldvogel, Ebstein, Diss. v. 17. Jan. 1906
[Geb. 25. Dez. 75 Hannover; Wohnort: Hildesheim; Staatsangeh.: Preußen; Vorbildung: Lyzeum II Hannover Reife O. 94; Studium: Göttingen 5, München 1, Göttingen 3 S.; Coll. 31. Okt. 04; Approb. 4. Juni 02.]

Plaß, Hermann Gottlob

Plass, H.G.: Eine Abhandlung über das Fabelhafte in den Erzählungen über die Angriffe der Gallier gegen Rom. 18 S.–Verden, Progr. 1870.

Plass, H. G., Ueber die Behauptung: Der sogenannte homerische Dialekt ist kein anderer als der alt-attische. Pr. 1865. 12 S. 1 —

Plass, Hem. Gtlo., Geschichte d. alten Griechenlands. 1—3. Bd. — A. u. d. T.: Vor- u. Urgeschichte d. Hellenen. 1—3. Bd. gr. 8. Leipzig, [Böhme.] Thlr.
Bd. 1. Die älteste Geschichte bis zu d. sogen Wanderung der Herakliden. (42 B. u. 1 Tab.) 831. 2 Thlr. 12 Gr.
2. Die Geschichte von d. Wanderung der Herakliden bis zum Ausbruche d. Perserkriege, vom J. 1000 bis 500 v. Ch. (68 B.) 832. 2 Thlr. 12 Gr.
3. Die allgem. Geschichte d. Zeitraums v. d. J. 500 bis 336 v. Chr. (51 B.) 834. 3 Thlr.

Plaß, Herm. Glob., die Tyrannis in ihren beiden Perioden bei den alten Griechen. Dargestellt nach Ursachen, Verlauf u. Wirkungen. 2 Thle. gr. 8. (XXII u. 786 S.) Bremen 851, Schlodtmann. 3 1/2 ℛ𝓉

Plaß, Herm. Glob., die Tyrannis in ihren beiden Perioden bei den alten Griechen. Dargestellt nach Ursachen, Verlauf und Wirkungen. 2 Thle. 2. unveränd. Ausg. Leipzig 859. Gumprecht. gr. 8. (XXI, 786 S.) 1 ℛ𝓉 15 ngr.

Plafs. Warum mag Napoleon III. sein Werk eine histoire und nicht eine vie de Jules César genannt haben? Eine litterarische Abhandlung, betreffend das Verhältniss der Geschichtschreibung zur Biographie. Verden, G., 1866.

Plaß, Jos., s.: Mey, Bened.

Plaß, K., Fragstücke auf d. hohen Festtage, s.: Bellinus, Mr. Johs.

Über Arbeitserziehung. Vortrag geh. auf d. Kongr. f. Kinderforschung u. Jugendfürsorge 1906 zu Berlin. Von Pastor [Louis] **Plass,** Dir., Zehlendorf. Langensalza: H. Beyer & Söhne 1907. (18 S.) 8°
= Beiträge z. Kinderforschung u. Heilerziehung. H. 23. [07. 1331]

Praktische Erziehungsarbeit im Fürsorgeheim „Am Urban". Ein Beitrag zur sozialen Erziehungsreform. (IV, 104 S. u. 27 S. Abbildgn.) gr. 8. Berlin 910. C. Heymann. 2. —

Plass, L., Gesundung des sozialen Lebens durch Volkserziehung. Eine populäre, gemeinverständl. Abhandlg. (III, 123 S.) gr. 8. Berlin, C. Heymann. 1908. 2. —

Gesundung des sozialen Lebens durch Volkserziehung. Eine populäre, gemeinverständl. Abhandlung von Louis **Plaß.** 2. unveränd. Aufl. Berlin: Heymann 1909. 123 S. 8° [09. 13179

Plaß, Die Mitwirkung der Schule an der Fürsorge für die schulentlassene männliche Jugend, Vortr., Zehlendorf 1906, 56 S., 8°.

Plaß, Ludw., die deutsche orchestrale Tonkunst in Gefahr. Eine Denkschrift. Fachmännische Besprechg. sämtl. Orchester-Instrumente, nebst e. Beleuchtg. der Ursachen des allgemeinen Niederganges des Orchester-Musiker-Standes. 12. (38 S.) Berlin 901. A. Parrhysius. n. — 30

Plass, Paulus, Hannoveranus: De Basilii et Ambrosii excerptis ad historiam animalium pertinentibus. Marpurgi Cattorum 1905: H. Bauer. (56 S.) 8°

Marburg, Phil. Fak., Ref. Birt, Diss. v. 19. Nov. 1905

[Geb. 8. Juni 80 Hannover; Wohnort: Hannover; Staatsangeh.: Preußen; Vorbildung: Gymn. Hannover Reife O. 99; Studium: Göttingen 3, Heidelberg 2, Marburg 8 S.; Rig. 2. Aug. 05.]

Plaß, Theodor, approb. Arzt aus Verden: **Aus d. Kgl. chirurg. Klinik zu Kiel. Über Thoracoplastik unter Berücksichtigung von 6 in der chirurgischen Klinik zu Kiel operierten Fällen.** *Kiel 1903: Schmidt & Klaunig.* (34 S.) 8°

Kiel, Med. Diss. v. [8. Jan.] 1903

Plaß, W. Die Besonderheiten der Rückversicherung in den einzelnen Versicherungszweigen. Gött. D. Hamburg 1910.

Plass & Schrödinger. Buchhandlung, ... Bonn a. Rh. Antiquariats-Lager-Katalog No. 1. Bibliotheca Meriana. Auswahl seltener... Werke aus allen Wissenschaften.... Nebst einer hervorragenden Merian-Sammlung.... Mit kurzer Biographie von M Plass [und Porträt von] Mathäus Merian. II + 66 S. 8. (Münster i. W., Aktien-Ges. « Der Westfale », [1901].)

PLASSCHAERT, Edward Karel ('sGravenhage): Der Forstbetrieb in Surinam.- München: Kastner & Callwey 1910. 163 S. Diss. Ingolst.-Landsh.-Mchn.
15.7.1910 - Chr 1910/11,21; U 11.3572

Plaßmann, H. E., über das Anhören der Predigten anderer Confessionen. (Eine Gelegenheits-Predigt.) Zum einsichtsvollen und liebevollen Verständnisse der Katholiken, wie Protestanten. Köln 854. (Heiligenstadt, Dunkelberg.) 8. (44 S.) nn. 3 ngr.

Plaßmann, H. E., das Leben aus dem Glauben. Eine für die St. Michaels-Bruderschaft am Feste der unbefleckten Empfängniß Mariens, als dem Hauptfeste der Bruderschaft, in der Dominikaner-Kirche zu Wien gehaltene Rede. Ein Peterspfennig. Wien 863. (Mechitharisten-Congreg.-Buchhdlg.) gr. 8. (49 S.) n. 5 ngr.

—— Die Lehre des hl. Thomas von Aquin über die Bescheidenheit und Demut im Verhältnis zur Schreibart des Verfassers der „Schule des hl. Thomas". **Zweite gelegentliche Vorrede zur „Schule des heil. Thomas", zugleich als Grundlage für das ganze Werk. Paderborn,** Junfermann, 1858, 124 S., 1,50 Mk.

Vgl. Kath. Littztg 1858, Nr. 30.

Plaßmann, H. E., die Schule des heiligen Thomas v. Aquino. Zur genaueren Kenntnißnahme u. weiteren Fortführung für Deutschland neu eröffnet. A. u. d. T.: Erster Hörsaal. Die Philosophie des heil. Thomas, umfassend die Logik, Physik (nebst Psychologie), Moral und Metaphysik in 5 Bdn. Zum Gebrauche akadem. Vorlesungen. Vorhergehend als 1. Bd.: Drei Vorhallen statt eines Prodromus galeatus etc., nebst einer Palästra mit Angabe der Mensur u. der Erkenntnißtheorie d. h. Thomas. 1—9. Liefg. Soest 857, 58. Nasse. 8. (1. Bd.: XI, S. 1—96; 2. Bd.: Logik. S. 1—192; 3. Bd.: Physik. S. 1—160; 4. Bd.: Moral. S. 1—160; 5. Bd.: Metaphysik. S. 1—160.) Jede Liefg. n. 10 ngr.

—— die Schule des heil. Thomas von Aquino. Zur genaueren Kenntnißnahme und weiteren Fortführung für Deutschland neu eröffnet. Supplement zum 1. Bde. 8. (560 S.) Paderborn 859, Junfermann'sche Buchh. *

— die Schule des heil. Thomas von Aquino. Zur genaueren Kenntnißnahme und weiteren Fortführung für Deutschland neu eröffnet. (10—38. Liefg.) Soest 859—62. Nasse. 8. (1. Bd.: Vorhallen zur Philosophie gemäß der Schule d. heil. Thomas. S. 97—426; 2. Bd.: Logik. S. 193—568; 3. Bd.: Die Psychologie auf Grundlage der Physik gemäß der Schule d. heil. Thomas. S. 161—597; 4. Bd.: Moral. S. 161—722; 5. Bd.: Metaphysik. S. 161—829.) Jede Liefg. n. 10 ngr.

—— die Titelfrage rücksichtlich „der Schule des heil. Thomas ꝛc." Eine über die „Schule des heil. Thomas ꝛc." in der wiener Literatur-Zeitung erschienene Recension nebst Antwort darauf als gelegentl. Vorrede zu „der Schule" ꝛc. gr. 8. (34 S.) Soest 857, Nasse'sche Verlagsh.

—— Die Titelfrage rücksichtlich der „Schule des hl. Thomas ꝛc." Eine über die „Schule des hl. Thomas ꝛc." in der Wiener Littztg erschienene Recension nebst Antwort darauf als gelegentliche Vorrede zu der „Schule ꝛc." Ebendas. 1858, gr. 8°, 34 S., 30 Pf.

Plaßmann, H. E., Über Toleranz oder das friedliche Zusammenleben verschiedener Konfessionsverwandten. Ein Wort zur einsichts- u. liebevollen Verständigung in gemischten Gegenden. Für d. Gebildetsten wie für den Ungebildetsten. Paderborn, Schöningh, 1852, 12°, 48 S., 30 Pf.

Recens. (Linzer) Theol.-pr. Quartalschr. 1853, S. 361—2.

— die Tugenden des Christen, ihrem Wesen nach dargestellt, u. nachgewiesen an dem Beispiele der allerseligsten Jungfrau u. Mutter Gottes Maria.- Des (G. Franc.) Arias Werkchen „die Tugenden der Mutter Gottes" übersetzt u. bearb., nebst Vorrede. 12. (XXII u. 164 S.) Soest 852, Nasse. n. 6 ngr.

Plaßmann, Joseph

Plassmann, J., die neuesten Arbeiten üb. den Planeten Mercur u. ihre Bedeutung für die Weltkunde. Für das Verständniss weiterer Kreise dargestellt. 8. (IV, 26 S.) Freiburg i/Br. 890. Herder. n. — 50

Plassmann, *Joseph* Beiträge zur Astrophysik. I. Versuch, das Rotationsgesetz und die Fleckenperiode der Sonne zu erklären. II. Selenologische Fragmente. III. Verzeichnis von Meteorbahnen. 4 (38 S.). **Progr.** G. *Warendorf* 1886 (341)

Plassmann, Jos. Beobachtungen veränderlicher Sterne. 2. u. 3. Tl. gr. 8. (25; 25 S.) Köln 890,92, (Bachem). à Tl. * 2 —; * 4 —

Der 1. Tl. ist im 16. Jahresberichte d. Westfäl. Provinzial-Vereins f. Wissenschaft u. Kunst, Münster 1888, u. auch im Programm d. kgl. Gymnasiums zu Warendorf 1886 erschienen.

Plassmann, J., Beobachtungen veränderlicher Sterne. 3. Thl. gr. 8. (25 S.) Köln 891. (J. B. Bachem.) n. 2. — (1—3.: n. 5. 80)

Plassmann, Jo*seph:* Beobachtungen veränderlicher Sterne. Tl 4. [Th. 1 in: 16. Jahresber. d. Westfäl. Prov.-Ver. f. Wiss. u. Kunst, 1887; Th. 2 = Görres-Ges. z. Pflege d. Wiss. ... 3. Vereinsschr. f. 1888; Th. 3 erschien 1890 im Comm.-Verl. v. J. P. Bachem in Köln.] Warendorf, Comm.-V. d. J. Schnell'schen Buchh., 1895; 1 Bl., 51 S., 1 Taf. 8.

Warendorf, k. G Laurentianum, P 1895 (371)

Plassmann, J[oseph]: **Beobachtungen** veränderlicher Sterne. T. 5. *Münster i. W. 1900: Aschendorff.* (38 S.) 8° ¶ [T. 1 in: 16. Jahresber. d. Westfäl. Prov.-Ver. f. Wiss. u. Kunst, 1887. — T. 2 = Görres-Ges. z. Pflege d. Wiss. ... 3. Vereinsschr. f. 1888. — T. 3 erschien 1890 bei J. P. Bachem in Köln in Komm. — T. 4 = P-Beil. Warendorf 1895.]

Münster i. W., k. Paulinisches G, P 1900 (385)

Plassmann, Jos., Beobachtungen veränderlicher Sterne. **Progr. Lex.-8. Münster (Aschendorff).** n. 7. 50

6. (26 S.) 901. n. 2.—. — 7. (14 S.) 905. n. 1. 50. —

Plassmann, J[oseph], Prof. Dr.: Beobachtungen veränderlicher Sterne. T. 8. Münster i. W. 1906: Aschendorff. (22 S.) 8° ¶(Forts. d. P-Beil. 1900, 01.)
Münster, k. G P 1906 (437)

Plassmann, J[osef]: Beobachtungen veränderlicher Sterne. T. 9. Münster i. W. 1908: Aschendorff. 16 S. 8° ¶[T. 1 in: Jahresber. d. Westfäl. Prov.-Ver. f. Wiss. u. Kunst, 1887. — 2. = Görres-Ges. z. Pflege d. Wiss. 3. Vereinsschr. f. 1888. — 3. erschien 1890 bei Bachem in Cöln in Komm. — 4. P-Beil. Warendorf G Laur. 1895. — 5. 6. 8. P-Beil. Münster, Paulin. G 1900. 01. 06. 7. erschien 1905 bei Aschendorff in Münster in Komm.]
Münster i. W., k. Paulinisches G P 1908 (463) [S 08. 352

— unsere Erde, s.: Jakob, A.

— Die Fixsterne, s.: Sammlung Kösel. 8. Bd.

— mathematische Geographie, s.: Hoffmann, A.

— Himmelskunde. Versuch e. method. Einführg. in d. Hauptlehren d. Astronomie. M. 1 Titelbild in Farbendr., 216 Illustr. u. 8 Karten. (Illustr. Bibliothek d. Länder- u. Völkerkunde.) gr. 8. (XVI, 627 S.) Freiburg i/B. 898. Herder. n. 18. —; geb. in Leinw. n. 15. —

— s.: Jahrbuch der Naturwissenschaften.

— Inderbewegung u. Kulturgesellschaft. s.: Hompel, A. ten.

Plaßmann, Joseph: Ist Mars ein bewohneter Planet? Kosmol. Betrachtungen. Hamm i. W.: Breer & Thiemann 1901. (32 S.) 8°
= Broschüren, Frankfurter zeitgemässe. Bd. 20, H. 11.

—— Der Planet Jupiter. Darstellung der wichtigsten Beobachtungs-Ergebnisse u. Erklärungs-Versuche. (Schriften der Görres-Gesellschaft 1892, Heft 1.) gr. 8. (IV, 111 S. m. 10 Bildern.) (Ebd.) 892. * 1 80

Plaßmann, Joseph: Die Kometen. Darstellung d. wichtigsten Beobachtungs-Ergebnisse u. Erklärungs-Versuche. Mit 1 Titelbilde u. 12 Textbild. Köln: Bachem in Komm. 1910. 100 S. 8°
(Görres-Gesellschaft z. Pflege d. Wiss. im kath. Deutschland. Vereinsschrift 1910, 1.)

— Meteore und Feuerkugeln. Mit einer Anleitung zum Notiren der Meteorbahnen. 8. (44 S.) —.30
Freiburg: Herder 1890.

— s.: **Mitteilungen** d. Vereinigung v. Freunden d. Astronomie u. d. kosm. Physik.

Plaßmann, Joseph: Ostern und die Reform des Kalenders. Hamm: Breer & Thiemann 1909. 27 S. 8° [Umschlagt.]
(Frankfurter zeitgemässe Broschüren. Bd. 28, H. 5.)

— Sammlg. planimetr. Aufgaben, s.: Hoffmann, A.

— die veränderlichen Sterne. Darstellung der wichtigsten Beobachtungs-Ergebnisse und Erklärungs-Versuche. [3. Vereinsschrift d. Görres-Gesellschaft f. 1888.] gr. 8. (IV, 116 S.) Köln 888. (Bachem.) n. 1. 80
Der 2. Thl. hiervon:
Plassmann: Beobachtungen veränderl. Sterne.

— u. J. Pohle, der Sternenhimmel, s.: Himmel u. Erde.
Dass.s.a.: Sternenhimmel, Der.

Untersuchungen über den Lichtwechsel des Granatsterns μ Cephei. Von Dr. Joseph **Plassmann**. Mit 1 Kurventaf. Münster i. W.: Aschendorff in Komm. 1904. (IV, ⟨71⟩ 112 S.) 8° [07. 7119

—— 2. **Verzeichniss** der Meteorbahnen. gr. 8. (28 S.) Köln 891, (Bachem). * 2 —
1. Verzeichniss erschien im Selbstverlage. Warendorf i. W. 1886, J. Plassmann. ** 1 —.

— s.: Vorträge, fünf, v. der Limburger Generalversammlung.

Weltentod. Kosmolog. Betrachtungen von Prof. Dr. J[osef] **Plaßmann**. Hamm: Breer & Thiemann 1905. (36 S.) 8° [F.]
= **Broschüren**, Frankfurter zeitgemäße. N. F. Bd 25, H. 1. [05. 1318

Plassmann, Wilhelm, aus Hamm i. W.: Aus d. Königl. Universitäts-Frauenklinik zu Berlin. ⟨Director Herr Geheimrat Prof. Dr. Olshausen.⟩ Über Urogenitalfisteln. *Berlin (1898): G. Schade.* (55 S.) 8°
Berlin, Med. Diss. v. 23. Dez. 1898

Plastein, Ed., e. Löschhorn f. das in den „Brennenden Fragen v. Wilh. Molitor" angezündete Licht. 8. (60 S.) Speyer 876. Lang. n. — 75

Anleitung zum Gebrauch des Lehrbuchs 'die natürliche Methode' von Artur **Plästerer**. *Moskva: N. J. Grosman & G. A. Vendel'štejn. 1903.* (27 S.) 8° [F.] [03. 11363

[F. u. Russ.] Die natürliche Methode. Deutscher Anschauungsunterricht für alle mittleren Lehranstalten Rußlands von Artur **Plästerer**. Kursus d. 1. Klasse. Učebnik nèmeckago jazyka po natural'nomu i nagljadnomu metodu dlja srednich učebnych zavedenij. *Moskva: K. J. Tichomirow 1903.* (V, 202 S.) 8° [03. 2964, 7

Plaesterer, Ludwig [aus Bromberg]: Diagnostische Bedeutung der Reflexe bei Rückenmarkskrankheiten. . . . Würzburg, Anton Boegler'sche Buchdr., 1890; 28 S. + 1 Bl. 8°
Würzburg, Med. Fak., Inaug.-Diss. v. 1890

Plaesterer, Richard: Ueber die giftigen Wirkungen des Bilirubins ... Aus d. pharmacolog. Institut d. Univ. Würzburg. Würzburg, Anton Boegler'sche Buchdr., 1890; 22 S. 8°
Würzburg, Med. Fak., Inaug.-Diss. v. 1890

Plasterk, Hans: Zwei Fälle von primärem Melanosarkom des Rectums. München: Steinicke 1908. 59 S. 8°
München, Med. Diss. v. 6. Okt. 1908, Ref. v. Angerer
[Geb. 15. März 81 Graetz, Pr. Posen; Wohnort: Charlottenburg; Staatsangeh.: Preußen; Vorbildung: Gymn. Dramburg Reife O. 02; Studium: Berlin 5, München 2, Berlin 1, München 2 S.; Coll. 6. Okt. 08; Approb. 31. Aug. 08.] [U 09. 3379

Plastik. Einige Wahrnehmungen über Form und Gestalt aus Pygmalions bildendem Traume. Riga 1778. V: *Herder, Johann Gottfried von.* (MGT) (GGr) (JL)

Plastik, einige Wahrnehmungen über Form und Gestalt a. Pygmalions bild. Träumen, von J. G. v. Herder. gr. 8. Riga, Hartknoch. 778.

Die **Plastik**. Ill. Zeitschrift f. originale u. reproduzierende Bildhauerkunst. Hrsg. von d. Aktien-Gesellsch. vorm. H. Gladenbeck & Sohn, Bildgießerei, Berlin-Friedrichshagen. Jg. [1.] 1903/1904, H. 1. *(Berlin 1903: E. Litfaß.)* 8° [03. 15745

Plastik, die. Illustrierte Zeitschrift f. originale u. reproduzier. Bildhauerkunst. Hrsg. v. der Aktien-Gesellschaft vorm. H. Gladenbeck & Sohn, Bildgiesserei, Berlin-Friedrichshagen. Red. v. Lewy. Verantwortliche Schriftleitg.: Paul Hildebrandt. Jahrg. 1903/1904. 4 Hfte. (à ca. 16 S. m. Abbildgn.) gr. 8. Berlin, Verlag der illustr. Kunstzeitschrift „Die Plastik". 2. —

Plastik, deutsche. I. Lex. 8. Jena (909). H. Costenoble. Geb. in Leinw. 15. —
Das Kirchenportal. Von Edwin Redslob. (38 S. m. Abbildgn. u. 92 Taf.)

— florentinische, des 15. Jahrh. im Kunstverein (zu Heidelberg). Führer f. die Betrachtg. der Ausstellg. (21 S.) gr. 8. Heidelberg (903). (vorm. Weiss'sche Univ.-Buchh.) n. — 50

Plastik, moderne Wiener. Eine Serie v. Lichtdr.-Bildern hervorrag. monumentaler u. decorativer Arbeiten Wiener Bildhauer. (In 5 Lfgn.) 1.—3. Lfg. Fol. (à 12 Taf.) Wien 894. A. Schroll & Co. à n. 12. —

Plastik, moderne Wiener. Eine Serie v. Lichtdr.-Bildern hervorragender monumentaler u. decorativer Arbeiten Wiener Bildhauer. 4. u. 5. Lfg. Fol. (à 12 Taf.) Wien 896. 97. A. Schroll & Co. à n. 12. —

Plat, de virium humanae mentis divisione. 8. Marb. Krieger. 791.

Plat, du, Geschichte d. Schleswigschen Infanterie-Regiments Nr. 84, s.: Gusmann.

Plat, le, Virgile en france, ou la nouvelle Eneide, poëme héroï-comique en style franco-gothique. IV. Vol. Offenbach, Brede. 810.

du Plat, Ant. Hnr., († d. 15. Dec. 1795.) Situationsrisse d neuerbauten Chausseen d. Kurfürstenthums Braunschweig. 1r Thl. die Chaussee v. Hannover auf Hameln. Fol. Hannov. 785. Helwing. 5 ₰ 8 ℊ

Plat, Geo. Phil.

— Ausleger der Begebenheiten des Telemach. 8. Frft. Vanduren. 732.

Plat, Geo. Phil., Cellarius franç. od. franz. Wörterbuch. 8. Nrnb. Monath. 771.

Plat, Geo. Phil., s. *Cellarius* française.

— Dialogues domestiq. av. des compliments familières, franç. et allem. 8. ibid. 791.

— deutliche Etymologie der franz. Sprache. 8. Nrnbg. 721.

— Exercices très-utiles de la Lang. franç. 8. ibidem. 721.

— häusl. franz. deutsche Gespräche, verbessert und vermehrt von J. H. Meynier. 8. Nürnb. Monath und K. 791.

Plat, Pet. Daniel le (ps.?), Hirten-Gedicht Bey der Faber- und Boischen Vermählung In Eldena 1735. am 18. Novembr. Entworffen von —. Hamburg, Gedruckt bey H. C. Heuss. 4°. W. v. Maltzahn p. 439 no. 925.

Plate, A. G., der ferne Osten. Ein Reisehandbuch m. zahlreichen Abbildgn. nach photograph. Aufnahmen u. Zeichngn. des Verf., sowie 10 Karten u. Plänen. (IV, 298 S.) 8. Bremen 907. C. Schünemann. Geb. in Leinw. 5. —

Plate, Alexander

— (Wiburg/Russ.), De idea veterum historica. Diss. Göttingen (F. E. Huth) 1828. 48 S. (3.75) 26593

Plate, Alexander (Kierspe/Westfalen), De vi, quam opificia in sanitatem exercent. Diss. med.-chir. Berlin (Nietack) 27. VIII. 1836. 29 S. u. Biogr. (M.: M. Bremicker). (3.—) 26592
Oppon.: F. Kipp, J. Bracht, J. Brentges. — Gew.: Peter Dit. Plate (Verwandter).

Plate, August (Bearb.), s. Abgeordnetenhaus, Das preußische.

Plate, Aug., Das preussische Abgeordnetenhaus. Sessionsbericht. Berlin 1905 ff. 8°.
1904/05: (16. Jan. 1904 – 1. Juli 1905.)
1905/06: (5. Dez. 1905 – 7. Juli 1906.)
1907: (8. Jan. – 8. Juni [illegible])

Plate, A., das preußische Abgeordnetenhaus. Sessionsbericht 1905/06 (5. XII. 1905 bis 7. VII. 1906). (95 S.) 8. Berlin 906. (W. Moeser.) n. 1. 50

Plate, A., das preußische Abgeordnetenhaus. Sessionsbericht 1907. (8. I.—8. VI. 1907.) (109 S.) 8. Berlin 907. (W. Moeser.) 1.50

Plate, A., Die Geschäftsordnung des Preußischen Abgeordnetenhauses, ihre Geschichte und ihre Anwendung. Unter Berücksichtigung der Geschäftsordnung und der Gewohnheiten des Deutschen Reichstages. Berlin, 1903. 337 S.

Die Geschäftsordnung des Preußischen Abgeordnetenhauses, ihre Geschichte u. ihre Anwendung. Unter Berücks. d. Geschäftsordnung u. d. Gewohnheiten d. Deutschen Reichstages. Mit Textabdr. d. Geschäftsordnungen d. Deutschen Reichstages u. d. Preuß. Herrenhauses. Von A[ugust] **Plate,** Bureau-Dir. 2. unveränd. Aufl. Berlin: M. Pasch 1904. (XI, 337 S.) 8° [F.] (os. 6360

Plate, s.: Geschäftsübersicht des preußischen Hauses der Abgeordneten.

Plate, A., vorläufige Geschäftsübersicht des Hauses der Abgeordneten in der Session 1904. (Sessions-Abschnitt vom 16. I. bis 4. VII. 1904.) (135 S.) 8. Berlin 904. (W. Moeser.) n. 2. 70

— s.: Handbuch f. das preußische Abgeordnetenhaus.

Plate, A., Überblick über den Verlauf der XIX. Legislaturperiode des Preußischen Abgeordnetenhauses, Sessionen 1899 bis 1903. Berlin, 1903. 45 S. mit 1 Taf.

Plate, B., Kefyr, das in neuester Zeit anerkannt beste Mittel gegen Lungenschwindsucht, Nervenschwäche, Blutarmuth, Magencatarrh u. Bleichsucht, seine rationelle u. billige Selbstdarstellung u. Anwendung. gr. 8. (16 S.) Bremen 888. (Rocco's Sort.) n. 1. —

Plate, D. O., über Anhydrotoluyldiamidotoluol u. über ein Orthohydroxymetanitrobenzamid. Inaugural-Dissertation. gr. 8. (30 S.) Göttingen 877. (Vandenhoeck & Ruprecht.) n. — 60

Plate, Diedrich, über Theilung und Verkoppelung. Eine Abhandlung, für den Landmann geschrieben. 853. — 2. Aufl. Hameln 854. Labuske. 8. (3 Bl., 60 S.) n. 7½ ngr

Plate, E. Th., erstes Schulbuch. Nach den Grundsätzen der Anschauungs-Methode in Verbindung mit dem Schreib-Lese-Unterrichte. Zunächst f. Bremens neue Elementarschulen bearb. 8. (IV u. 58 S. m. eingedr. Holzschn.) Bremen 851, Heyse. n. 6 ngr

— zweites Schulbuch zur Erreichung der völligen Lesefertigkeit. Nach Stephani's Lautmethode, in enger Verbindung mit dem Anschauungs-Unterrichte u. in Anschluß an das I. Schulbuch, zunächst für Bremen's neue Elementar-Schulen bearb. 8. (IV u. 196 S.) Bremen 851, Geisler. n. 6¼ ngr

Plate, Erich [pract. Arzt]: Mitteilungen über Sclerodermie .... Halle a. S., Plötz'sche Buchdr. (R. Nietschmann). 1886: 40 S. 8°.
Halle, Med. Fak., Inaug.-Diss. v. 4. Jun. 1886.

Plate, Erich, Mitteilungen über Sclerodermie. Diss. Halle 1886, Lippertsche Buchh. 8°. 40 S.

Plate, Ernst. Ueber die Resorptionsinfektion mit Tuberkelbazillen vom Magendarmkanal aus. Diss. Phil. Bern. [Mit 1 Tabelle.] *Kopftitel:* Aus dem Institut zur Erforschung der Infektionskrankheiten in Bern. Direktor: Prof. Dr. [Ernest] Tavel. 30 S. 8. Bern, Stalder & Sieber, 1905.

Plate, Ern. Ferd. (geb. Bremen 1816): De hydrope albuminoso. Berolini (1841). (32 S.) 8°
Berlin, Med. Diss. v. 20. März 1841

Plate, Geo. Er., nouveau choix de poésies des meilleurs Poètes français contemporains. gr. in-8. (10¼ B.) Brème 833, Heyse.

Plate, Geo. Er., s. Lesebuch, französisches.

Plate, G. E., Recueil de beaux morceaux de la littérature contemporaine, extraits des prosateurs distingués de la France. — Auch m. d. Umschlags-Ttl.: Hundeiker u. Plate's französ. Lesebuch 2. Thl. gr. in-8. (13 B.) Brème 842, Heyse.
1. Thl. Vgl. Hundeiker, W. Th.

Plate, Gustav, Ueber die Ausführung des Arlberg-Tunnels. Vier Vorträge. (Techn. Vorträge u. Abhandlungen I.) gr. 8. (119 S mit 2 Abbild. u. 2 Taf.) Wien, A. Hartleben. 1 fl. 60 kr. 1884.

Plate, G., üb. die Ausführung d. Arlberg-Tunnels, s. a. Vorträge u. Abhandlungen, technische.

Plate, Heinrich

Plate, H., Anleitung zum mündlichen Gedankenausdruck in der englischen und deutschen Sprache. Ein nothwendiger Begleiter zu jeder Grammatik. A. u. d. T.: Guide to English and German conversation: being a necessary companion to every grammar. For schools and private instruction. Bremen 857. J. G. Heyse. gr. 8. (XII, 243 S.) n. 22½ ngr.

— blossoms from the English literature. Englisches Lesebuch für Mittelklassen. Hannover 854. Ehlermann. gr. 8. (VI, 218 S.) n. 10 ngr.

Plate, H., Blossoms from the English literature. Englisches Lesebuch für Mittelklassen. Mit vollständ. Wörterbuche. 2., verb. Aufl. gr. 8. (VI und 268 S.) Dresden 863, Ehlermann. *

Plate, H., blossoms from the english literature. Englisches Lesebuch für Mittelklassen. Mit vollständigem Wörterbuche. 3. verb. Aufl. Dresden 869. Ehlermann. 8. (IV, 252 S.) n. 12 ngr.

Plate, H., Blossoms from the English Literature. Englisches Lesebuch für Mittelklassen. Mit vollständ. Wörterbuche. 4.—8. Aufl. 8. (IV, 252 S.) Dresden 870—77, Ehlermann. *

Plate, H., Blossoms from the English Literature. Englisches Lesebuch für Mittelklassen mit vollständ. Wörterbuche. 9. und 10. verb. Aufl. gr. 8. (VIII, 248 S.) Dresden 881,83, Ehlermann. *

Plate, H., blossoms from the English Literature. Engl. Lesebuch für Mittelklassen mit vollständ. Wörterbuche. 12. Aufl. gr. 8. (VIII, 248 S.) Dresden 887. Ehlermann. n. 1. 20

Plate, H. Blossoms from the English Literature. Engl. Lesebuch f. Mittelklassen m. vollständ. Wörterbuche. 13. verb. Aufl. 8. (VI, 248 S.) Dresd. 890, Ehlermann. * 1 20; geb. * 1 60

Plate, H., blossoms from the English literature. Englisches Lesebuch f. Mittelklassen m. vollständ. Wörterbuche. 15., verb. Aufl. gr. 8. (VIII, 248 S.) Dresden 894. L. Ehlermann. n. 1. 20; geb. n. 1. 60

— cours complet de langue allemande. Ouvrage adapté à l'Usage des Français par G. H. F. de Castres. 1. Partie suivie d'Egmont, drame de Goethe, avec des notes explicatives. Hamburg 856. Perthes-Besser u. Mauke. 12. (XII, 2 lith. Bl., 384 S.) n. 1 Thlr. 6 ngr.

Plate, H., cours complet de langue allemande. Ouvrage adapté à l'usage des Français par G. H. F. de Castres. 1. Part. suivie d'Egmont, drame de Goethe. avec des notes explicatives. 3. éd. 8. (XII, 384 S.) Dresden 873. Ehlermann. geb. n. 3. 60

—Cours gradué de la langue allemande, s. Bayard, J.

— cours gradué de langue anglaise. Ouvrage traduit de l'Allemand et mis à l'usage des Français par Rob. Koenig. Ebend. gr. 8.
I. Cours élémentaire. D'après la 7. édit. allemande. 861. (VIII, 232 S.) n. 15 ngr.
II. Grammaire pratique. D'après la 7. édit. allemande. 861. (XVI, 331 S.) n. 20 ngr.

— Cours gradué de langue anglaise. Ouvrage traduit de l'allemand et mis à l'usage des Français par Rob. Koenig. I. Cours élémentaire. (D'après la 7. édit. allemande.) 2. édit. Ebend. 867. gr. 8. (VIII, 232 S.) n. 15 ngr.

— cours gradué de langue anglaise. Ouvrage traduit de l'allemand et mis à l'usage des Français par Rob. Koenig. I. et II. Cours 5. Éd. gr 8. Ebend. 871. 73. n. 3. 60
1. Cours élémentaire. 5. éd. (VIII, 232 S.) n. 1. 60
2. Grammaire pratique. 2. éd. (XVI, 331 S.) n. 2. —

— cours gradué de langue anglais. I. et II. 8. Ebend. 880. n. 3. 85
1. Cours élémentaire. 9. éd. corrigée. (VIII, 232 S.) n. 1. 60
2. Grammaire pratique. 4. éd. (XVI, 331 S.) n. 2. 25

—— Cours gradué de langue anglaise. 2 parties et clef. 8. Ebendas. *
Inhalt:
Partie 1. Cours élémentaire. 10e—12e édit. corrigée. (VIII, 232 S.) 881—84. *M 1,60.
» 2. Grammaire pratique. 5e édit. (XVI, 331 S.) 884. *M 2,25.
Clef. (32, 78 S.) 884. *M 1,60.

— cours gradué de langue anglaise. 2 prts. gr. 8. Ebd. n. 3. 85
1. Cours élémentaire. Entièrement refondu par J. Bayard et M. Plate. 14. éd. (VIII, 237 S.) 887. n. 1. 60
2. Grammaire pratique. Entièrement refondu par J. Bayard et M. Plate. 6. éd. (XVI, 322 S.) 888. n. 2. 25

— Cours gradué de la langue anglaise. 1. partie. Cours élémentaire. 34. éd Entièrement refondu par J. Bayard et M. Plate. (VIII, 237 S.) 8. Dresden 906. L. Ehlermann. Geb. n. 2. 40

— Cours gradué de langue anglaise. 1. part. Cours élémentaire. 36. éd. Entièrement refondu par J. Bayard et M. Plate. (VIII, 237 S.) 8. Dresden 907. L. Ehlermann. Geb. 2. 40

— a complete course of instruction in the english language, 3. concluding part. 3. improved ed. 8. (IV, 136 S.) Ebend. 874. n 2 —
1.u.2.Aufl.unt.d.T.:Vollst.Lehrgang., z.Erlernung d.engl.Sprache.T.III.

— a complete Course of Instruction in the English Language. 3d concluding Part. 4th improved edit. 8. (IV, 236 S.) Ebendas. 879. *

— a complete course of instruction in the english language. III. concluding part. 4. improved od. 8. (IV, 236 S.) Ebend. 880. n. 2. 25

— A complete course of instruction in the english language. III. Concluding part. 5. Aufl. 8. (IV, 236 S.) Ebd. 892. * 2 25 geb. * 2 70

— Epitome of geographical knowledge. gr. 8. (IV und 266 S.) Hannover 859, Meyer. geb. *

— kurzgefaßte Grammatik der Englischen Sprache. Hannover 857. Ehlermann. 12. (IV, 76 S.) n. 8¾ ngr.

— kurzgefaßte Grammatik der englischen Sprache. 2., verb. Aufl. Ebend. 867. 8. (IV, 67 S.) cart. n. 8¾ ngr.

— Kurzgefaßte Grammatik der englischen Sprache. 3. und 4. Aufl. 8. (68 S.) Ebendas. 868,74. cart.

— kurzgefaßte Grammatik der englischen Sprache. 5. verb. Aufl. 8. (IV, 76 S.) Ebend. 886. cart. n. 1. 20

— guide de la Conversation Française et Allemande à l'usage des colléges et des leçons particulières. Hanovre 858. Ehlermann. gr. 8. (2 Bl., 236 S.) n. 20 ngr.

— Guide de la conversation française et allemande à l'usage des colléges. 2. édit. gr. 8. (IV und 236 S.) Dresden 863, Ehlermann. *

— Lehrbuch der englischen Sprache. gr. 8. (X, 458 S.) Ebend. 878. n. 8. —

— Lehrbuch der englischen Sprache. 2 Thle. 2. verb. Aufl. 8. Ebd. 889. * 4 —; geb. * 4 90
1. Vorstufe. (VIII, 160 S.) * 1 40; geb. * 1 80.
2. Systematische Grammatik. (VI, 394 S.) * 2 60; geb. * 3 10.

— Lehrbuch der englischen Sprache. II. Systematische Grammatik. 3. verb. Aufl., bearb. v. Karl Münster. (IV, 428 S.) 8. Dresden 906. L. Ehlermann. Geb. n. 3. 20

Plate, H., methodisch geordneter Lehrgang der engl. Sprache in 2 Thln. 1. Thl. A. u. d. T.: Methodisch-geordneter Lehrgang zur leichten u. gründlichen Erlernung der englischen Sprache. gr. 8. (X u. 270 S.) Hannover 850, Ehlermann. ⅞ ℛ

— kurzer Lehrgang der englischen Sprache m. besond. Berücksicht. der Konversation. 2 Tle. 8. Ebd. 906. n. 4. 40; geb. n. 5. 60
1. Unterstufe, bearb. v. Gust. Tanger. 11. Aufl. Ster.-Abdr. der 10. Aufl. Mit e. Karte v. Groß-Britannien u. Irland. (X, 269 S.) n. 1. 80; geb. n. 2. 40
2. Oberstufe zu den Lehrgängen v. Plate-Kares u. Plate, neu bearb. v. Gust. Tanger. 3. Aufl. Ster.-Abdr. der 2. Aufl. Mit e. Plane v. London u. Umgebg. (VIII, 322 S.) n. 2. 60; geb. n. 3. 20

— Kurzer Lehrgang der englischen Sprache m. besond. Berücksicht. der Konversation. 2 Tle. 8. Ebd. 908. Geb. 5. 20
1. Unterstufe, bearb. v. Gust. Tanger. 13. Aufl. Ster.-Abdr. der 9. Aufl. Mit 1 Karte v. Groß-Britannien u. Irland. (X, 269 S.) Geb. 2. 40
2. Oberstufe zu den Lehrgängen v. Plate-Kares u. Plate, neu bearb. v. Gust. Tanger. 4. Aufl. Ster.-Abdr. der 2. Aufl. Mit 1 Plane v. London u. Umgebg. (VIII, 332 S.) Geb. 2. 80

— naturgemäßer Lehrgang zur schnellen u. gründlichen Erlernung der französischen Sprache. Elementarkursus. Bremen 867. Kühtmann & Co. gr. 8. (VIII, 339 S.) n. 20 ngr.

— naturgemäßer Lehrgang zur schnellen u. gründlichen Erlernung der französischen Sprache. 2., theilweise umgearb., sehr verm. u. verb. Aufl. gr. 8. (XIV, 440 S.) Bremen 872. Kühtmann & Co. n. 3. —

— naturgemäßer Lehrgang zur schnellen u. gründlichen Erlernung der französischen Sprache. 3., verb. Aufl. gr. 8. (XII, 444 S.) Norden 878. Fischer Nachf. n. 3. —

— naturgemäßer Lehrgang zur schnellen u. gründlichen Erlernung der französischen Sprache. 4. Aufl. 8. (XII, 444 S.) Norden 886. Fischer Nachf. n. 3. —

— vollständiger Lehrgang zur leichten, schnellen u. gründlichen Erlernung der Englischen Sprache. I. Elementarstufe. 2. Aufl. 854. (VIII, 215 S.) — 3. verb. Aufl. 856. (VIII, 215 S.) — 4. verb. Aufl. Hannover 857. Ehlermann. gr. 8. (XII, 250 S.) n. 15 ngr.

— — II. Mittelstufe. 2. gänzlich umgearb. Aufl. 854. (VI, 252 S.) n. 17½ ngr. — 3. sehr verm. ꝛc. Aufl. Hannover 857. Ehlermann. gr. 8. (VI, 378 S.) n. 20 ngr.

— — III. Concluding part. A complete course of instruction in the English language. Ebend. 854. gr. 8. (XII, 266 S.) n. 20 ngr.

— — Schlüssel dazu. I. Elementarstufe. — II. Mittelstufe. Ebend. 857. gr. 8. (IV, 39; IV, 103 S.) I.: n. 5 ngr.; II.: n. 10 ngr.

— — Wörterbuch dazu. II. Mittelstufe. Ebend. 856. gr. 8. (38 S.) 3¾ ngr.

— vollständiger Lehrgang zur leichten, schnellen und gründlichen Erlernung der englischen Sprache. I—III. Ebend. gr. 8.
I. Elementarstufe. 5—12. verb. Aufl. 858—63. (XII, 234 S.) n. 15 ngr.;
Schlüssel dazu. 2. Aufl. 863. (40 S.) n. 5 ngr.
II. Mittelstufe. 4—10. verb. Aufl. 859—63. (VI, 346 S.) n. 20 ngr.;
Schlüssel dazu. 2. Aufl. 863. (100 S.) n. 10 ngr.
III. Concluding part. 2. edit. 859. (XII, 266 S.) n. 20 ngr.

— vollständiger Lehrgang zur leichten, schnellen u. gründlichen Erlernung der englischen Sprache. I. Elementarstufe. 13—26. verb. Aufl. Dresden 865—70. Ehlermann. gr. 8. (XII, 234 S.) n. 15 ngr.; geb. n. 20 ngr.

— — II. Mittelstufe. 11—22. verb. Aufl. (4. Ster.-Ausg.) Ebend. 865—70. gr. 8. (VI, 346 S.) n. 20 ngr.
Schlüssel dazu. 3., verb. Aufl. 870. (100 S.) n. 10 ngr.

— vollständiger Lehrgang zur leichten, schnellen u. gründlichen Erlernung der englischen Sprache. 1. u. 2. Lehrg. nebst Schlüsseln dazu. gr. 8. Dresden 876. Ehlermann. n. 5. 35

1. Elementarstufe. 38. verb. Aufl. (VIII, 240 S.) n. 1. 60; Schlüssel. 5. verb. Aufl. (32 S.) n. —50
2. Mittelstufe. 33. verb. Aufl. (VI, 338 S.) n. 2. 25; Schlüssel. 4. verb. Aufl. (79 S.) n. 1. —

Plate, H., Vollständiger Lehrgang zur Erlernung der englischen Sprache. I. Elementarstufe. 50. verbesserte Auflage. Dresden. Louis Ehlermann. 1882.

Plate, Heinr., vollständiger Lehrgang zur leichten, schnellen u. gründlichen Erlernung der englischen Sprache. I. u. II. gr.8. Dresden 881. 82. Ehlermann. n. 8. 85

I. Elementarstufe. 51. verb. Aufl. (VIII, 240 S.) n. 1. 60
II. Mittelstufe. 42. Aufl. (VI, 338 S.) n. 2. 25

— dasselbe. Schlüssel zum 1. u. 2. Tl. 7., neu durchgeseh. Aufl. gr.8. Ebend. 881. 82. n.n. 1. 50

1. Elementarstufe. (35 S.) n.n. — 50
2. Mittelstufe. (70 S.) n. 1. —

— vollständiger Lehrgang zur leichten, schnellen u. gründlichen Erlernung der englischen Sprache. I. u. II. gr. 8. Dresden, Ehlermann. n. 3. 85

1. Elementarstufe. 59. Aufl. (VIII, 242 S.) 886. n. 1. 60
2. Mittelstufe. 44. Aufl. (VIII. 363 S.) 883. n. 2. 25

— vollständiger Lehrgang zur leichten, schnellen und gründlichen Erlernung der englischen Sprache. I. Elementarstufe. 63. Aufl. gr. 8. (VIII, 242 S.) Ebd. 888. n. 1. 60

— dasselbe. II. Grammatik für Oberklassen. (Neue Bearbeitung d. Mittelstufe.) 38. Aufl. gr. 8. (VIII, 335 S.) Ebd. 888. n. 2. 10

— dasselbe. Schlüssel zur Elementarstufe. 8. Aufl. gr. 8. (35 S.) Ebd. 888. n. — 60

— dasselbe z. Grammatik f. Oberklassen. 8. (72 S.) Ebd. 888. n. 1. —

—— Lehrgang der englischen Sprache. In zeitgemässer Neubearbeitung. 1. u. 2. Tl. 8. Ebd. 893. * 8 85; geb. * 4 80

1. Grundlegender Teil. 69. verb. Aufl. (VIII, 248 S.) * 1 60; geb. * 2 10.
2. Mittelstufe. Method. Lese- u. Übungsbuch m. beigefügter, auf das Lesebuch Bezug nehmender Sprachlehre. (VIII, 368 S.) * 2 25; geb. * 2 70.

— Lehrgang der englischen Sprache. I. Tl. u. II. Tl. Mittelstufe u. Oberklassen. gr. 8. Ebd. n. 5. 95; geb. n. 7. 40

I. Grundlegender Tl. 70., verb. Aufl. In zeitgemässer Neubearbeitg. (VIII, 248 S.) 894. n. 1. 60; geb. n. 2. 10
II. Mittelstufe. Methodisches Lese- u. Übungsbuch m. beigefügter, auf das Lesebuch Bezug nehm. Sprachlehre. 54. Aufl. (VIII, 368 S.) 893. n. 2. 25; geb. n. 2. 70
II. Grammatik f. Oberklassen. 39., neu bearb. Aufl. (VIII, 335 S.) 893. n. 2. 10; geb. n. 2. 60

Plate, H., Lehrg. d. englischen Sprache. In zeitgem. Neubearbeitg. I. Grundleg. Tl. 76., der Neubearbtg. 10. Aufl. gr. 8. (VIII, 271 S.) Dresden 899. L. Ehlermann. n. 1. 80; geb. n. 2. 40

— Lehrgang der englischen Sprache, 1. u. 2. Tl. 8. Ebd. 1. 80; geb. 2. 40

1. Neu bearb. v. Gust. Tanger. Unterstufe. 82. Aufl. Ster.-Abdr. der 80. Aufl. (VIII, 271 S.) 906. n. 1. 80; geb. n. 2. 40
2. Mittelstufe. Methodisches Lese- u. Uebungsbuch m. beigefügter auf das Lesebuch Bezug nehm. Sprachlehre. 61., der Neubearbeitg. 8. Aufl., durchgesehen v. Karl Münster. (VIII, 368 S.) 905.) n. 2. 40; geb. n. 3. —

Plate(-Kares), H., Lehrgang der englischen Sprache. I. u. II. Tl. 8. Dresden 907. L. Ehlermann. Geb. 5. 40

I. Unterstufe. Neu bearb. v. Gust. Tanger. 81. Aufl. Ster.-Abdr. der 80. Aufl. (VIII, 271 S.) 908. Geb. 2. 40
II. Mittelstufe. Durchgesehen v. Karl Münster. 63., der Neubearbeitg. 10. Aufl. Ster.-Abdr. der 61. Aufl. (VIII, 368 S.) 907. Geb. 3. —

— Lauttafel zum Lehrgang der engl. Sprache, s.: Becker, C.

—— s. Meuser's, H., Hülfsbuch beim Unterricht in der deutschen Sprache.

Plate, Heinrich: Punktausgleichung und Fehlerbestimmung nach graphischen Methoden in ihrer Anwendung auf Ortsbestimmung durch Standlinien. Strassburg i. E. 1910: Müh. 47 S. 8°

Straßburg, Math.-naturwiss. Diss. v. 21. Dez. 1909, Ref. Bauschinger

[Geb. 29. Aug. 86 Ahaus; Wohnort: Bielefeld; Staatsangeh.: Preußen; Vorbildung: Paulin. Gymn. Münster Reife O. 05; Studium: Münster 3, Straßburg 5 S.] [U 10. 4130

— the English reader. Eine Sammlung leichter engl. Lesestücke f. den ersten Unterricht in der engl. Sprache. (Bildet d. 2. Thl. von: Methodisch geordneter Lehrgang d. engl. Sprache.) gr. 8. (126 S.) Ebd. 850. 1/3 ℔

—— Schulgrammatik der englischen Sprache für Mittel- und Oberklassen höherer Lehranstalten. gr. 8. (XIV und 458 S.) Dresden 864, Ehlermann. *

— Schulgrammatik der englischen Sprache f. Mittel- u. Oberklassen höherer Lehranstalten. 2. verb. u. umgearb. Aufl. gr. 8. (VIII, 448 S.) Ebend. 877. n. 3. —

— springflowers from the English Literature. — Englisches Lesebuch für Unterklassen. Mit beigefügtem vollstand. Vokabulär. Hannover 857. Ehlermann. gr. 12. (IV, 183 S.) n. 7½ ngr.

—— Springflowers from the English literature. Englisches Lesebuch für Unterklassen. Mit beigefügtem vollständ. Vocabulär. 2., verb. Aufl. gr. 8. (IV und 144 S.) Dresden 863, Ehlermann. *

— springflowers from the english literature. Englisches Lesebuch für Unterklassen. Mit beigefügtem vollständ. Vocabulär. 3. verb. Aufl. Ebend. 870. gr. 8. (IV, 176 S.) n. 10 ngr.

—— Springflowers from the English Literature. Englisches Lesebuch für Unterklassen. Mit beigefügtem vollständigen Vocabulär. 4.—6. verb. Aufl. gr. 8. (IV, 176 S.) Ebendas. 870—75. * 1 —

— springflowers from the english literature. Englisches Lesebuch f. Unterklassen m. beigefügtem vollständ. Wörterbuche. 7. Aufl. 8. (IV, 164 S.) Ebend. 884. n. 1. —

—— Springflowers from the english literature. Engl. Lesebuch f. Unterklassen m. beigefügtem vollständ. Wörterbuche. 8. Aufl. 8. (164 S.) Ebd. 890. * 1 —

– deutsche Studien. Methodisch geordneter Lehrgang zur leichten und schnellen Erlernung der deutschen Sprache. Bearb. und der spanischen Jugend gewidmet. 1. Thl. A. u. d. T.: Estudios alemanes ó curso práctico para aprender fácil y prontamente la lengua alemana etc. Tomo I. Bremen 857. J. G. Heyse. 8. (VIII, 4 lith. S. u. 200 S.) n. 25 ngr.

— German studies. A complete course of instruction in the german language. 1. Part. Affixed to it for Reading Exercises: „Zopf und Schwert", an Historical Comedy by Ch. Gutzkow, with a complete Dictionary and Explanatory Notes. Hannover 856. Ehlermann. gr. 8. (VIII, 371 S. u. 4 lith. S.) n. 27½ ngr.

— German studies. A complete course of instruction in the German language. 1. Part. Affixed to it for reading exercises „Zopf und Schwert" an historical comedy by Ch. Gutzkow, with a complete Dictionary and explanatory notes by H. Plate. 2. edit. Ebend. 861. gr. 8. (VIII, 375 S.) n. 27½ ngr.

— german studies. A complete course of instruction in the german language. 1. Part. 3. improved edit. Ebend. 868. 8. (VI, 286 S., wovon 4 lith.) n. 20 ngr.

— German studies. Vollständiger Lehrgang zur schnellen u. gründl. Erlerng. der deutschen Sprache zum Gebrauche für Englisch-Redende. 2. Thl. 8. (X, 308) Ebend. 873. n. 2. 40 (1. u. 2.: n. 4. 40)

— german studies. A complete course of instruction in the german language. 1. part. 4. improved ed. gr. 8. (IV, 280 S. wovon 4 lith.) Ebend. 876. n. 2. —; key (38 S.) n. — 60

—— German Studies. A complete course of instruction in the German language. 1st part. 5th improved edit. gr. 8. (IV, 280 S., wovon 4 lithogr.) Ebendas. 882. *
Key (38 S.) *
Part 2. Ebendas. 1873. • ℳ 2,40.

— u. Kares, englisches Unterrichts-Werk nach den neuen Lehrplänen. Kurzer Lehrgang der engl. Sprache m. besond. Berücksicht. der Konversation v. Otto Kares. Grundlegende Einführg. in die Sprache. gr. 8. (XI, 260 S.) Ebd. 894. n. 1. 60; geb. in Halbldr. n.n. 2. 10

— u. Otto Kares, englisches Unterrichts-Werk nach d. neuen Lehrplänen. Kurzer Lehrgang d. engl. Sprache m. bes. Berücksicht. d. Konversation v. Oott Kares. I. u. II. Tl. gr. 8. Ebd. 895. n. 3. 40; geb. n.n. 4. 40
I. Grundleg. Einführg. in d. Sprache. 2. u. 3., verb. Aufl. (XI, 259 S.) n. 1. 60; geb. n.n. 2. 10
II. Lese- u. Übungsbuch. (XII, 258 S.) n. 1. 80; geb. n.n. 2. 30

Plate u. Kares, englisches Unterrichts-Werk nach den neuen Lehrplänen. Kares, Otto: Kurzer Lehrgang der engl. Sprache m. besond. Berücksicht. der Konversation. I. Tl. Grundlegende Einführung in die Sprache. 6. verb. Aufl., m. e. Karte v. Gross-Britannien u. Irland. gr. 8. (XII. 272 S.) Dresden 900. L. Ehlermann. n. 1. 80; geb. in Halbldr. n. 2. 40

— — dasselbe. Lehrgang der engl. Sprache. II. Tl. Oberstufe zu den Lehrgängen von Plate-Kares u. Plate. Neu bearb. v. G. Tanger. Mit e. (farb.) Plane von London u. Umgebg. gr. 8. (VIII, 344 S.) Ebd. 902. n. 2. 20; geb. n. 2. 80; m. Anh.: Kurze systemat. Formenlehre der engl. Sprache. (IV, 52 u. VIII, 344 S.) n. 2. 60; geb. n. 3. 20

— englisches Unterrichtswerk. Schlüssel zum Lehrgang der engl. Sprache. II. Tl. Oberstufe v. G. Tanger. (48 S.) 8. Ebd. 902. Geb. n.n. 1. 30
Wird nur an Lehrer geliefert.

Plate(-Kares), H., s. a.: Kares, Otto.

Plate, Hermann

Plate, Herm., neuer hannoverscher Briefsteller u. Rathgeber f. das gemeinbürgerl. Geschäftsleben. Eine reiche Auswahl von Musterstücken ꝛc., mit Angabe der leitenden stilist. u. Rechts-Grundsätze, den hannov. Postgesetzen u. Titulaturen. Hrsg. von Carl Gödeke. 1. Aufl. (19¾ B.) 842. u. 2., verb. u. verm. Aufl. gr. 8. (17 B.) Hannover 845, Pockwitz.

Plate, Herm., neuer Hannoverscher Briefsteller, od. theoretisch-praktische Anleitung zum Abfassen aller Gattungen von Briefen, Anzeigen u. Aufsätzen aus dem gemeinen bürgerl. Geschäfts- u. Rechnungswesen. Eine reiche Auswahl von Musterstücken mit Angabe der leit. stilistischen u. Rechts-Grundsätze, nebst dem Wissenswerthen aus den Hannov. Post-Verordnungen, einer Abhandlung über die Titulaturen u. einem Wörterbuche. Herausgeg. von Karl Gödeke. gr. 8. Hannover 842, Pockwitz. n. ⅔ ℛ — 2. verb. Aufl. gr. 8. Ebend. 845. ⅔ ℛ

Plate, Hugo, cand. theol.: Die Stellung Melanchthons und Gerhards zur Kantischen Kritik der Möglichkeit einer natürlichen Gotteserkenntnis. Göttingen 1910: Hubert. 48 S. 8°
Göttingen, Phil. Diss. v. 8. Aug. 1910, Ref. Baumann
[Geb. 6. Aug. 87 Dortmund; Wohnort: Dortmund; Staatsangeh.: Preußen; Vorbildung: Städt. Gymn. Dortmund Reife O. 06; Studium: Erlangen 1, Halle 1, Erlangen 2, Berlin 1, Bonn 1, Göttingen 2 S.; Rig. 20. Juli 10.]
[U 10. 1453

Plate, J. D., Dietrich un Meta oder: Wo de Weierbarg herkummt. En old plattdütsch Dönjen. Hannover 858. (Bremerhaven, v. Vangerow.) 8. (72 S.) n. 10 ngr.

Plate, Joachim: „Bemerkungen über das Meyerrecht im Fürstenthum Lüneburg", Celle 1799 (Schulze jun.). — Vorh.: Bibl. des Oberlandesgerichts Celle — Md. 508 — 2. verm. und verb. Auflage, nochmals durchgesehen und mit einigen neuen Zusätzen verm. von Theodor Hagemann. Celle 1826, vorh.: Bibl. des Oberlandesgerichts Celle — Md. 508².

Plate, (Joach.,) Bemerkk. üb. d. Meyerrecht im Fürstenthum Lüneburg; nochmals durchgesehen u. mit einigen neuen Zusätzen vermehrt v. Th. Hagemann. 2e Aufl. gr. 8. Celle 826, Schulze.

Plate, Ludwig

Die Abstammungslehre. Von Prof. Dr. L[udw.] Plate. Berlin. Mit 8 Abb., e. Brief Ernst Haeckel's als Vorw. u. e. Glossarium von Heinrich Schmidt. *Odenkirchen: W. Breitenbach 1901.* (51 S.) 8° [F.]
= Vorträge, Gemeinverständliche darwinistische, u. Abhandl. H. 1.
[01. 10419 5

Plate, Ludw., über die Bedeutung des Darwin'schen Selectionsprincips u. Probleme der Artbildg. 2., verm. Aufl. (VIII, 247 S. m. 2 Fig.) gr. 8. Leipzig 903. W. Engelmann. n. 5. —

— über Bedeutung u. Tragweite des Darwin'schen Selectionsprincips. gr. 8. (153 S.) Leipzig 900. W. Engelmann. n. 2. —
Sonderabdruck aus: „Verhandlgn. d. deutschen zoolog. Gesellsch. auf der 9. Jahresversammlg. zu Hamburg 1899".

Plate, Ludwig Hermann, Beiträge zur Naturgeschichte der Rotatorien. Diss. Jena 1885, Gustav Fischer. 8°. 36 S.

Charles Darwin. Festschrift des Deutschen Monistenbundes zu s. 100. Geburtstage. Von Dr. Ludwig Plate, Prof. Hrsg. von d. Berliner Ortsgruppe. Mit 1 Bildn. Berlin & Leipzig: Deutscher Monistenbund [1909]. 43 S. 8°
(Flugschriften d. Deutschen Monistenbundes. Nr 17.) [10. 10441

Plate, Ludw., Charles Darwin, s. a. Flugschriften des deutschen Monistenbundes.

— Darwinismus u. Landwirtschaft. Festrede zur Feier des Geburtstages Sr. Maj. des Kaisers in der Festhalle der königl. landwirtschaftl. Hochschule zu Berlin am 27. I. 1909 geh. (24 S.) Lex. 8. Berlin 909. P. Parey. 1. —

Plate, Ludw., s.: Fauna Chilensis.

— üb. primitive Organisationsverhältnisse. Viviparie u. Brutpflege bei Chitonen. [Aus: „Sitzungsber. d. k. preuss. Akad. d. Wiss."] gr. 8. (5 S.) Berlin 898. (G. Reimer.) n. — 50

Plate, Ludwig H. [Dr. phil.]: Protozoen-Studien .... (Aus d. Zoolog. Jahrb., Morpholog. Abth., Bd. III, 1888.) Jena, Gustav Fischer, 1888; 1 Bl. + 66 S. u. 3 Taf. 8°
Marburg, Phil. Fak., Hab.-Schr. v. 10. März 1888

— Die Scaphopoden der deutschen Südpolar-Expedition 1901—1903, s.: Südpolar-Expedition, deutsche. X, 1.

Selectionsprinzip und Probleme der Artbildung. Ein Handbuch d. Darwinismus von Dr. Ludwig **Plate**, Prof., Berlin. 3., sehr verm. Aufl. Mit 60 Fig. Leipzig: W. Engelmann 1908. (VIII, 493 S.) 8° [o8. 3617

Plate, L[udwig] : Die Solenoconchen der Valdivia-Expedition. Mit Taf. 30. (Jena: Fischer 1908.) S. 339-361. 4°
(Wissenschaftl. Ergebnisse d. deutschen Tiefsee-Expedition auf d. Dampfer Valdivia, 1898-1899. Bd. 9, Lfg. 3.)

— Die Solenoconchen der Valdivia-Expedition, s.a. Ergebnisse, wissenschaftliche, der deutschen Tiefsee-Expedition. IX, 3.

— Der gegenwärtige Stand der Abstammungslehre. Ein populär-wissenschaftl. Vortrag u. zugleich e. Wort gegen Joh. Reinke. (57 S. m. 14 Fig.) gr. 8. Leipzig 909. B. G. Teubner. 1. 60

— Variabilität u. Artbildung nach dem Prinzip geographischer Formenketten bei den Cerion-Landschnecken der Bahama-Inseln. (71 S. m. 1 Fig., 5 Taf. u. 1 Karte.) Lex. 8. München 908. [Verlag der Archiv-Gesellschaft.] Leipzig, B. G. Teubner. 2. —
Sonderabdr. aus: „Arch. f. Rassen- u. Gesellschafts-Biol."

— Über Vererbung u. die Notwendigkeit der Gründung e. Versuchsanstalt für Vererbungs- u. Züchtungskunde, s.: Flugschrift, 1., der deutschen Gesellschaft f. Züchtungskunde.

Plate L.: Ueber Vererbung u. die Notwendigkeit d. Gründung einer Versuchsanstalt f. Vererbungs- u. Züchtungskunde. Vortr. Naumb. 1906. 20 S. (Særtr.).
(Flugschrift d. deutschen Gesellschaft f. Züchtungskunde. 1).

Plate, L[udwig]: Über Vererbung und die Notwendigkeit der Gründung einer Versuchsanstalt für Vererbungs- und Züchtungskunde. Berlin 1910. 23 S.

(Flugschrift der Deutschen Gesellschaft für Züchtungskunde. No 1.) Aus: Archiv für Rassen- und Gesellschafts-Biologie. Jg. 3. 1908.

— Ultramontane Weltanschauung u. moderne Lebenskunde, Orthodoxie u. Monismus. Die Anschaugn. des Jesuitenpaters Erich Wasmann u. die gegen ihn in Berlin geh. Reden. (III, 146 S. m. 12 Fig.) 8. Jena 907. G. Fischer. 1. —

Plate, O.: Die Kunstausdrücke der Meistersinger .... Strassburg, Karl J. Trübner, 1887; VIII + 79 S. 8°
Strassburg, Phil. Fak., Inaug.-Diss. v. 1887

Plate, O. Die Kunstausdrücke der Meistersinger, s.a. Studien, Strassburger. 3. Bd.

Plate, R., e. Beitrag zur Naturheilkunde. Die Heilmittel d. Hrn. H. A. Plate zu Osternburg u. ihre vielseit. Verwendg. gegen Krankheiten der Menschen u. der Hausthiere. Nebst e. Abhandlg. üb. Diphtheritis, ihr Wesen, ihre Heilg. u. Verhütg. Auf Grund zahlreicher u. untrügl. Heilerfolge gemeinverständlich dargestellt. gr. 8. (59 S.) Varel 886. Bültmann & Gerriets Nachf. n. 2. —

Plate, Theo., practisches Lehr- und Uebungsbuch für den Unterricht in der deutschen Sprache. 1. Stufe. 8. (95 S.) St. Louis, Mo. 861. (Philadelphia, Schäfer und Koradi.) geb. *

Plate, Theo., practisches Lehr- und Uebungsbuch für den Unterricht in der deutschen Sprache. 2. Stufe. 8. (IV und 150 S.) St. Louis, Mo., 862. (Philadelphia, Schäfer und Koradi.) geb. *
1. Stufe. Ebendas. 1861. * 15 Ngr.

Plate, Theo., prakt. Lehr- u. Uebungsbuch f. den Unterricht in der deutschen Sprache I. u. II. Stufe. kl. 8. St. Louis, Mo. Freiburg i/B., Herder. Geb. n. 3. 40
I. (Neue Aufl.) (95 S.) (903.) n. 1. 50
II. (12. Aufl.) (IV, 149 S.) (905.) n. 1. 90

Plate, Wilhelm

Plate, W., die Blouse, od. Scenen aus d. Volksleben in Belgien. gr. 12. (8 B.) Bremen 839, [Schünemann's Vrlsbuchh.]

—— Lorentino v. Medici. Trauersp. gr. 8. (15 B.) Bonn 836, [König.]

Platearius, Johannes

Johannes de Mediolano. Schola salernitana sive de conservanda valetudine praecepta metrica. (14.152) Nova ed. Ratisponae 1722.

Platearius, Johannes: Schola Salernitana sive de conservanda valetudine praecepta metrica. Cum luculenta et succincta Arnaldi de Villanova in singula capita exegesi. Ex recensione Zachariae Sylvii. Nova editio, melior et aliquot medicis opusculis auctior. 528 S., gbd.

Augustae Vindelicorum: Lotter 1753

Plateau, F., recherches sur les phénomènes de la digestion chez les insectes. gr. 4. (121 S. m 3 Lith.) Gent 877. Clemm. n. 3. —

Plateau, J., statique expérimentale et théorique des liquides soumis aux seules forces moléculaires. Tom. 1. gr 8. (450 S.) Gent 873. Clemm. n. 12. —

Platel, Edm. Das Münzwesen der Schweiz. Bern.
** Separatabzug aus *Furrer's* „Volkswirthschafts-Lexikon der Schweiz". 1888.

Pall, Etienne (d. i. *Félix Platel*), Enthüllungen aus Bad Homburg und Geheimnisse des dortigen Treibens. (Folgt Inhalts-Uebersicht.) Nach d. Französ. bearb. von Ferd. Freih. v. Biedenfeld. 4. unveränd. Abdruck. Weimar, B. F. Voigt, 1856. 8°. (1/3 Rthl.) (2 Mk. F. Waldau, Fürstenwalde, 1909.)
VIII—70 S., 1 Bl. Verlag d. Firma. Lat. Lett. — U. a.: Die Croupiers; die Frankfurter Lotterie; auf dem Wege nach Homburg; ein feines Diner; das Casino; Bank gegen Bank; der höchste Glanzpunkt; die Stadt Homburg; die Spielsäle; die alten u. jungen weiblichen Lockvögel; die Polizei; die Morgue, etc.
Das französ. Orig. erschien u. d. Titel: „Les 6 hos de Hombourg."

Platel, Jacques

Platelli theologia. 8. Cöln, Haas et fil. (Fabricius.) 741

Platen, August Graf v., s. Klassiker, moderne.

Platen, Graf, und seine letzte Denkschrift. 8. (22 S.) Hildesheim 866, Gerstenberg'sche Buchh.

Platen, August Graf von

Platen, A. Graf v. Die Abbassiden, s. Meyer's Volksbücher.

— die Abassiden, s.: Siegfried's Mädchen-Bibliothek.

— die Abassiden, } s.: Universal-Bibliothek.

—— die Abbassiden. Ein Gedicht in 9 Gesängen. 8. (9½ B.) Stuttgart u. Tübingen 835, Cotta'sche Buchh.

Platen, Augustus *(geb. Sonnewalde in d. Lausitz 29. 7. 1816)*: De auctore libri Xenophontei qui est de republica Atheniensium. Vratislaviae (1843). (38 S.) 8°
Breslau, Phil. Diss. v. 8. [vielmehr 9.] Dez. 1843

Platen Bemerkungen über den Unterricht in den alten Sprachen auf Gymnasien. 16 S. . . .
Liegnitz, R., Progr. 1849

v. Platen(=Hallermünde) (Aug. Graf,) Lyrische Blätter. 8. Leipz. 821, Brockhaus

—— Briefe an Johannes Minckwitz, s. Briefwechsel.

— Briefwechsel. Hrsg. von Ludw. v. Scheffler u. Paul Bornstein. (In 5 Bdn.) 1. Bd. (XX, 544 S. m. Bildnis u. 2 Fksms.) gr. 8. München 911. G. Müller. 7.50; geb. in Halbfrz. 10.—; Luxusausg. 20. —

—— Briefwechsel zwischen einem Berliner u. einem Deutschen. 8. (1½ B.) Straßburg ..., Schmidt u. Grucker.

Platen, Aug., Graf v., ausgewählte Dichtungen. Für den Schulgebrauch hrsg. v. Alb. Attensperger. 12. (128 S.) Leipzig 900. G. Freytag. Kart. n. — 80

(F) August Graf von Platen. Ausgewählte Dichtungen. Für den Schulgebrauch herausgegeben von Albert Attensperger. (Freytags Schulausgaben und Hilfsbücher für den deutschen Unterricht.) Wien und Prag. 1900 Tempsky. 8°. 128 S. Geb. K —.80

Platen, August Graf von: Dramen, s. Hempel's Klassiker-Bibl.

—— Dramen, s. Museum.

Platen: De fide et auctoritate Caesaris de bello Gallico commentariorum. 13 S. — Liegnitz R. A., Progr. 1854.

— die verhängnißvolle Gabel s. Universal-Bibliothek.

— die verhängnißvolle Gabel. Ein Lstspl. in 5 Akt. gr. 8. Stuttg. 826. v. Cotta. 12 gr.

– Gedichte, s. Hempel's Klassiker-Bibl.

—— dass. — s. Bibliothek der Gesamt-Litteratur des In- und Auslandes.

—— dass. — s. Meyer's Volksbücher.

—— dass. — s. Museum.

Platen(=Hallermünde), Aug. Graf v., Gedichte. 1. Aufl. (19¼ B.) 828. 1 Thlr. 20 Gr., 2., verm. A. (28 B.) 8. Stuttgart 834, Cotta.

—— Gedichte. 16. (27¾ B. u. Titkpfr.) Stuttgart 843, Cotta'sche Buchh.

—— Gedichte. (4. Aufl.) 8. (440 S. mit Portr. in Stahlst.) Stuttgart 848, Cotta'sche Buchh.

— Gedichte. (4. Aufl.) 8. (440 S. m. Portrait in Stahlst.) Stuttgart 849, Cotta. — (5. Aufl.) 16. (IV u. 492 S. m. 1 Stahlst.) Ebd. 852. In Engl. Einb. m. Goldschn. 2 ₰

— Gedichte. Hrsg. v. C. Chr. Redlich. 12. (VIII, 781 S.) Berlin 884. Dümmler's Verl. n. 2. 80; geb. n. 3. 50

Platen, Graf Aug. v., Gedichte. In neuer volkstüml. Auswahl. 8. (VIII, 144 S. mit Platen's Standbild in Lichtdr.) Stuttgart 887, Göschen'sche Verlagsh. geb. *

— Gedichte. Nach den vorzüglichsten Quellen rev. Ausg. Hrsg. v. C. Chr. Redlich. 8. (VIII, 784 S.) Berlin 888. Dümmler's Verl. n. 2. 50; geb. n.n. 2. 95

— Gedichte. Ausgewählt u. hrsg. v. Alb. H. Rausch. (VII, 192 S.) gr. 8. Frankfurt a/M. 910. Schirmer & Mahlau. 4.—; geb. in Leinw. 5. —

— dasselbe. (Neu hrsg. v. Rud. Schlösser.) 2 Bde. (XX, 305 u. 359 S.) kl. 8. Leipzig 910. Insel-Verlag. 6.50; geb. in Pappbd. 8.—; in Halbldr. 10.--; Vorzugsausg. auf Büttenpap., geb. in Ldr. 20. —

— ausgewählte Gedichte. Schulausg. m. Anmerkungen v. J. W. Schaefer. gr. 16. (X, 146 S.) Stuttgart 879. Cotta. cart. n. 1. 10

– Geschichte des Königr. Neapel. Kleine polit. Schriften, s. Hempel's Klassiker-Bibl.

—— Geschichten d. Königr. Neapel von 1414 bis 1443. gr. 12. (15½ B. u. 1 Stndr.) Frankfurt a. M. 833, Sauerländer.

Platen(Hallermünde), Aug. Graf v., Ghaselen. gr. 8. Erlangen, Heyder. 821.

— Ghaselen. 2e Aufl. gr. 8. Erlangen 836. Heyder. ⅓ ₰

— Neue Ghaselen. (Gedichte.) gr. 8. Erlangen 824, (Heyder.)

Platen, Graf Aug. v., Lebensregeln. Min.-Ausg. 32. (47 S.) Stuttgart 876. Kitzinger. geb. m. Goldschn. n. — 50

— Lebensregeln. 2. Aufl. 64. (47 S.) Stuttgart 879. Kitzinger. n. — 50; geb. m. Goldschn. n. 1. —

—— Lebens-Regeln. 4. verb. Aufl. 32. (47 S.) Erfurt 888, Bartholomäus. *

— dasselbe. s.: Siegfried's Mädchen-Bibliothek.

— die Liga von Cambrai. Geschichtliches Drama in 3 Akten. gr. 16. Frankfurt 833. Sauerländer. ½ ₰

— An König Ludwig. Ode. gr. 4. Erlangen 825, Palm u. E.

— Morgen- u. Abend-Betrachtungen. Neue Ausg. gr. 8. (39 S.) München 895. Ph. L. Jung. n. — 50

[August Graf v.] Platens dramatischer Nachlass. Aus den Hss. d. Münchener Hof- u. Staatsbibliothek hrsg. von Erich Petzet. *Berlin: B. Behr 1902.* (XCVII, 191 S.) 8°
= Litteraturdenkmale, Deutsche, d. 18. u. 19. Jahrh. No 124. [illegible]

—— der romant. Oedipus. Ein Lustsp. in 5 Akt. gr. 8. (6½ B.) Stuttgart 829, Cotta.

v. Platen(-Hallermünde), Aug. (Graf), Polenlieder. 8. (52 S.) Frankfurt a. M. 849, Literarische Anstalt. n. ¼ ₰

v. Platen(-Hallermünde) Graf A., Schauspiele. 1s Bdchen. (Enth.: Der gläserne Pantoffel. — Beranger.) 8. Erlangen 824. Heyder.

—— Schauspiele. gr. 8. (16 B.) Stuttgart 828, Cotta. Inh.: Der Schatz d. Rhampsinit, Lustsp. in 5 Akt. — Der Thurm mit sieben Pforten, Lustsp. in 1 Akt. — Treue um Treue, Schausp. in 5 Akt.

— vermischte Schriften. gr. 8. Erlangen 822, Heyder.

Platen, Aug. v., der Sieg der Gläubigen. Ein geistliches Nachspiel. (Geschrieben im Dezbr. 1817 zu München.) (Supplem. zu Platens Werken.) Herausg. von Carl Vogt. Genf 857. Lauffer u. Co. 8. (44 S.) n. 8 ngr.

—— Sonette aus Venedig. 8. (1 B.) Erlangen 825, (Heyder.)

— Sonette aus Venedig. 8. Erlang. 826. (Heyder). 4 gGr

— Venezianische Sonette. (19 S.) 8. Leipzip 910. E. Rowohlt. Geb. in Pappbd. 2.—; in Perg. 5.—

Platens Tagebuch. 1796—1825. (Herausg. von Karl Pfeufer.) Stuttgart 860. Cotta. gr. 8. (XIV, 288 S.) 1 Thlr 20 ngr.

Platen-Hallermünde, Aug. Graf von.

Tagebuch. 1796/1825. (V, 7083.) MH: *Engelhardt, Veit.* (DARP)

— Tagebücher. Aus d. Handschrift d. Dichters hrsg. v. G. v. Laubmann u. L. v. Scheffler. 1. Bd. gr. 8. (XVI, 875 S.) Stuttgart 896. J. G. Cotta Nachf. n. 14.—; geb. n. 16.—

— Tagebücher. Aus der Handschrift des Dichters hrsg. v. G. v. Laubmann u. L. v. Scheffler. 2. Bd. gr. 8. (X, 1024 S.) Stuttgart 900. J. G. Cotta Nachf. n. 18.—; geb. n. 20.—; (kplt. n. 32.—; geb. n. 36.—)

August Graf v. Platen. Tagebücher. Im Ausz. hrsg. von Erich Petzet. Mit Portr., Abb. d. Grabmals u. Faks. München & Leipzig: Piper [1905]. XX, 400 S. 8°
(Die Fruchtschale. Bd 2.) (11. 4253)

Platen, Aug. Graf v., Tagebücher, hrsg. v. Erich Petzet, s. Fruchtschale, die 2. Bd.

— Werke, s. Classiker, deutsche.

Platen's, Graf Aug. v., Werke, s.: National-Bibliothek sämmtlicher deutschen Classiker.

—— dass. — 3 Tle. Hrsg. von Carl Chrn. Redlich. 12. (VIII, 784; IV, 568; VII, 396 S.) Berlin 883, Hempel. geb. *

Platen's, Graf A. v., Werke. 2 Bde. gr. 8. (VIII, 426; 442 S.) [Elberfeld 884, Loll's Nachf.] Berlin, Friedberg und Mode. geb. *

Platen's, Graf Aug. v., Werke. Hrsg. v. G. A. Wolff u. V. Schweizer. Kritisch durchges. u. erläut. Ausg. 2 Bde. 8. (66, 352 u. 496 S. m. Bildn. u. Fksm.) Leipzig 895. Bibliograph. Institut. Geb. in Leinw. n. 4.—; in Halbsaffian n. 6.—

(August Graf v.) Platens Werke. Hrsg. von G[eorg] A. Wolff u. V[iktor] Schweizer. Krit. durchges. u. erl. Ausg. Bd 1. 2. Leipzig & Wien: Bibliogr. Inst. (1895). 8°
(Meyers Klassiker-Ausgaben.) A 12, 13815 II

v. Platen(-Hallermünde) Graf August, gesammelte Werke. Ausgabe in Einem Bande. Mit des Verfassers Bildniß in Stahl und einem Facsimile seiner Handschrift. 1e u. 2e Lfrg. Mit Bildn. gr. Lex.-8. Stuttgart 838, 39. v. Cotta. Subscr.-Pr. à n. 1 5/6 Thlr

v. Platen, Graf Aug., gesammelte Werke. In 5 Bdn. (1. 2. Lfg. od.) 1.—5. Bd. gr. 16. (Mit 1 Stahlst.) Stuttgart 843, 44, Cotta. Subscr.-Pr. 1—5. n. 2 1/2 Thlr

Platen, des Grafen Aug., († d. 5. Decbr. 1835), gesammelte Werke in 5 Bdn. gr. 8. (LII. 263, 358, 326, 342 u. 232 S.) Stuttgart 847, Cotta. (à 27 ngr) 4 1/2 Thlr

— dies. (Neue Aufl. der Taschenausg.) 5 Bde. gr. 16. (LXXVI u. 1697 S. m. dem Portr. des Verf. in Stahlst.) Ebd. 848. 2 2/3 Thlr

— gesammelte Werke. 6 u. 7. Bd. A. u. d. T.: Poetischer u. literarischer Nachlaß. Gesammelt u. hrsg. v. Johs. Minckwitz. 2 Bde. gr. 8. (XXX u. 721 S.) Leipzig 850, Dyk. 1 3/4 Thlr

—— dass. — 6. und 7. Bd. A. u. d. T.: Poetischer und litterarischer Nachlaß. Gesammelt und hrsg. von Johs. Minckwitz. 2 Bde. gr. 16. (XXX und 721 S.) Leipzig 852, Dyk'sche Buchh.

— gesammelte Werke. 5 Bde. Stuttgart 853. Cotta. 16. (LXXII, 280 S. u. lith. Bildniß; IV, 355; 2 Bl., 374; 2 Bl., 408; 2 Bl., 280 S.) 2 Thlr 20 ngr.

— — 6. 7. Bd. Neue (Titel-)Ausg. A. u. d. T.: Poetischer und litterarischer Nachlaß des Grafen A. von Platen Gesammelt und herausg. von Johs. Minckwitz. 2 Bde. Neue Ausg. Leipzig 853. Dyk. 16. (XXV, 282; 3 Bl., 439 S.) n. 20 ngr.

Platen(-Hallermünde), Aug. v., gesammelte Werke. 6. und 7. Bd. Neue Ausg. A. u. d. T.: Poetischer und litterarischer Nachlaß. Gesammelt und hrsg. von Johs. Minckwitz. 2 Bde. Neue Ausg. gr. 16. (XXX und 721 S.) Leipzig (852 und) 853. 54, Dyk'sche Buchh. *

— — 2 Bde. Stuttgart 869. Cotta. gr. 16. (V, 435 u. 527 S.) n. 21 ngr.

Platen, Graf Aug. v., gesammelte Werke. (Volks-Ausg.) 2 Bde. Mit 9 Stahlst. Stuttgart 869. Göpel. gr. 16. (V, 435 S. mit 5 Stahlst. u. 527 S. mit 4 Stahlst.) n. 1 Thlr 10 ngr.

Platen, Graf Aug. v., gesammelte Werke. 2 Bde. Mit dem Bildniß Platens (in Stahlst.) (Neue Taschen-Ausg.) gr. 16. (X, 461 u. 468 S.) Stuttgart 876. Cotta. n. 3.—

— gesammelte Werke. In 2 Bdn. Mit dem Bildniß Platens. 8. (IV, 488 u. III, 566 S.) Stuttgart 877. Cotta. n. 12.—; geb. n. 15.—

— sämtliche Werke, s.: Bibliothek, Cotta'sche, der Weltlitteratur.

Platen's sämtliche Werke in 4 Bdn. Mit e. biograph. Einleitg. v. Karl Goedeke. 8. (319, 344, 380 u. 320 S. m. Bildnis.) Stuttgart 893. J. G. Cotta Nachf. In 2 Leinwbdn. n. 4.—

Platen's, Aug. Graf v., sämtliche Werke in 12 Bdn. Historisch-kritische Ausg. m. Einschluß des handschriftl. Nachlasses. Hrsg. v. Max Koch u. Erich Petzet. Mit 2 Bildnissen des Dichters u. e. Briefe als Handschriftprobe. (XI, 480, 211, 284; 228, 307, 335; 192, 275, 355 u. 416, 200 u. 302 S.) kl. 8. Leipzig (910). Hesse & Becker Verl. 6.—; in 4 Bde. geb., Leinw. 8.—; Halbfrz. 12.—; Luxus-Ausg. 16.—; Salon-Ausg., in 6 Bde. geb. 14.—

Ein Brief der Gräfin [Christiane] Platen, der Mutter d. Dichters. Mitgeteilt von Prof. Fr[iedr.] Reuter (Erlangen.) 4°
Aus: 49. Jahresbericht d. hist. Ver. f. Mittelfranken. 1902.

Seemoos. Ein Märchen von Elisabeth Platen. (Berlin: F. Schulze [1904].) (16 S.) 8° [Umschlagt. Text stenogr.]
= Zehnpfennigbücher, Schulzes. No 31.

Platen, Elisab., Seemoos, s. Schulze's Zehnpfennigbücher in vereinfachter deutscher Stenographie. Nr. 31.

Platen, Emma v., geb. v. Burgsdorff, vier Märchen. Meinen Enkelkindern erzählt. 8. (III, 108 S.) Braunschweig (901). R. Sattler. Geb. in Leinw. n. 3.—

— Novellen. 8. (III, 198 S.) Ebd. 902. n. 3.—; geb. in Leinw. n. 4.—

Platen, Eugen: Syntaktische Untersuchungen zu Rabelais. . . . Leipzig, Druck v. Hesse & Becker, 1890; 90 S. + 1 Bl. 8°
Leipzig, Phil. Fak., Inaug.-Diss. v. 22. Jul. 1890

Platen, Eug., syntaktische Untersuchungen zu Rabelais. Inaug.-Diss. gr. 8. (90 S.) Leipzig 890. (Fock.) n. 1. 50

Platen, H. D. v., Eigene und aus anderen Nachrichten gesammelte Anmerkungen und Auszüge über die jetzt grassierende Viehseuche. 8. Stralsund 763. M. —.25

Platen, Hubert von

Platen, H. v., Auszug aus den Stammtafeln der Familie Platen als Erklärung zu einem Stammbaum von 1396 bis heute. 1880.

Platen, H. v., Ergänzungen zu dem Stammbaum der Familie von Platen. O. O. 1885. fol. Lithographirt.

Geschichte der von der Insel Rügen stammenden Familie von Platen. (Verf.: Hubert v. **Platen**, Oberst a. D.) [Sorau: O. Klinkmüller 1907.] (232, 107, 27 S.) 4° [07. 8467 9

Geschichte der von der Insel Rügen stammenden Familie von Platen. (Verf.: Hubert v. **Platen**.) [Sorau: Rauert & Pittius 1907.] (232, 107 S.) 4° [08. 13784

Platen, H. v., Glieb. Wilh. v. Platen, k. preuß. Generalmajor a. D., s.: Beiheft zum Militär-Wochenblatt.

Platen, H. v., Stammbaum der Familie von Platen aus dem Fürstenthum Rügen. 2 Bll. in Farbendruck. Berlin 1886. fol.

Platen, M.: Die neue Heilmethode. Lehrb. d. naturgemässen Lebensweise, d. Gesundheitspflege u. d. arzneilosen Heilweise. E. Haus- u. Familienschatz f. Gesunde u. Kranke. Bd. [1.] 2 [nebst] Suppl. Leipzig: R. Krause; [Berlin: Bong & Co.] (1894-98). 3 Bde. 8°
[1.] 2. M. 431 in d. Text gedr. Abb., 10 Chromotaf., d. Bildn. d. Verf. u. 1 zerlegbaren anatom. Modell d. menschl. Körpers in Buntdr. (1894.) Suppl. M. 48 in d. Text gedr. Abb., 15 Chromotaf. samt dazu gehörigem Texte, u. 1 zerlegbaren anatom. Modell d. weibl. Körpers in Buntdr. (1898.)

Platen, M., die neue Heilmethode. Lehrbuch der naturgemäßen Lebensweise, der Gesundheitspflege u. der operationslosen Heilweise. Ein Haus- u. Familienschatz f. Gesunde u. Kranke. 1.—12. Hft. gr. 8. (S. 1—295 m. Abbildgn. u. Bildnis.) Leipzig 894. Radelli & Hille. à — 10

Platen, M., d. neue Heilmethode. Lehrbuch d. naturgem. Lebensweise, d. Gesundheitspflege u. d. arzneilosen Heilweise. Ein Haus- u. Familienschatz f. Gesunde u. Kranke. 13.—81. [Schluß-] Hft. gr. 8. (S. 297—1951 m. Abb.) Leipzig 895—896. Berlin, Deutsches Verlagshaus Bong & Co. à Hft. — 10 (kplt. geb. in 1 od. 2 Bde. 10. —; in Halbfrz.-Bd. 12. —)

— dasselbe. M. 431 in d. Text gedr. Abb., d. Bildn. d. Verf. u. 1 zerlegbaren anatom. Modell d. menschlichen Körpers in Buntdr. (Chromo-Ausg.) Lex.-8. (VII, 989 u. 2 S. m. 8 Farbdr. u. 8 Bl. Erklärgn.) Berlin 897. Deutsches Verlagshaus Bong & Co.
Geb. in Leinw. 10. —; in Salonbd. m. Goldschn. 12. —; in Prachtbd. m. Goldschn. 15. —

Platen, M., d. neue Heilmethode. Lehrbuch d. naturgem. Lebensweise, d. Gesundheitspflege u. d. arzneilosen Heilweise. Ein Haus- u. Familienschatz f. Gesunde u. Kranke. (Chromo-Ausg.) 8. (1951 u. 2 S. m. 10 Farbdr. u. 10 Bl. Erklärgn.) Ebd. 897.
Geb. in Leinw. 10. —

Platen, M., die neue Heilmethode. Lehrbuch der naturgemäßen Lebensweise, der Gesundheitspflege u. der arzneilosen Heilweise. Ein Haus- u. Familienschatz für Gesunde u. Kranke. Mit 432 in den Text gedr. Abb., 24 Chromotaf., dem Bildnisse des Verf. u. 7 zerlegbaren anatom. Modellen. 111.—215. Taus. 2 Bde. gr. 8. (à 1951 S.) Berlin (900. 901). Deutsches Verlagshaus Bong & Co. Geb. in Leinw. 12. 50

— dasselbe. Suppl. Mit 48 in den Text gedr. Abbildgn., 15 Chromotaf. samt dazu gehör. Texte u. 1 zerlegbaren anatom. Modell des weibl. Körpers in Buntdr. 1.—106. Tauf. gr. 8. (à VII, 888 S.) Ebd. (898—901).
Geb. in Leinw. 10. —

Die neue Heilmethode. Lehrbuch d. naturgemässen Lebensweise, d. Gesundheitspflege u. d. arzneilosen Heilweise. Ein Haus- u. Familienschatz f. Gesunde u. Kranke. Von M. **Platen**, Lehrer d. Naturheilkunde. Mit Abb. (In 24 H.) [Nebst] Suppl. *Berlin, Leipzig, Wien, Stuttgart: Bong & Co. (1900/ 1902/.)* 2 Bde 8°
Heilmethode 111. bis 130 Taus. Suppl. 147. bis 186 Taus. [02. 8174

M. **Platen**. Die Neue Heilmethode. Lehrbuch d. naturgemäßen Lebensweise ... Neu bearb. von prakt. Arzten, Hygienikern u. Pädagogen. Mit 660 Abb., 62 Chromo- u. Kunstdrucktaf. u. 10 Modellen. (Vorr.: Reinh[old] Gerling.) 518.–547. Taus. Bd 1–4. Berlin, Leipzig, Wien & Stuttgart: Bong & Co. (1907). 4 Bde 8° [F.] [08. 9959 11

Platen, M., die neue Heilmethode. Lehrbuch der naturgemäßen Lebensweise, der Gesundheitspflege u. der naturgemäßen Heilweise (diätetisch-physikalische Therapie). Neu bearb. v. prakt. Ärzten, Hygienikern u. Pädagogen. Mit 660 Abb., 62 Chromo- u. Kunstdr.-Taf. u. 10 zerlegbaren Modellen. 4 Bde. (X, 984, 31; 634; III, 855 u. III, 634 S.) gr. 8. Berlin (908). Deutsches Verlagshaus Bong & Co. Geb. in Leinw. 28.—; auch in 60 Lfgn. à — 40

M. **Platen**. Die Neue Heilmethode. Lehrbuch d. naturgemäßen Lebensweise, d. Gesundheitspflege u. d. naturgemäßen Heilweise ⟨diätet. physikal. Therapie⟩. Neu bearb. von prakt. Ärzten, Hygienikern u. Pädagogen. Mit 660 Abb., 62 Chromo- u. Kunstdrucktaf. u. 10 zerlegbaren Modellen. (Vorr.: Reinhold Gerling.) Bd 1–4. Berlin, Leipzig, Wien & Stuttgart: Bong & Co. 1908. 4 Bde 8° [F.] [08. 6942

von **Platen**, Otto ⟨geb. am 26 Sept. 1851 auf Parchow in Rügen⟩: Ueber den Einfluss des Lichtes auf den Stoffwechsel ... Bonn, Druck v. C. Georgi 1875. 27 S. 8. ¶ Auch in Pflügers Arch. f. d. ges. Physiol. XI 1875 S. 272 ff. *u. d. T.:* Über d. Einfluss d. Auges auf d. thierischen Stoffwechsel.
Bonn, Med. Fak., Diss. v. 4 Aug. 1875

v. Platen, (Secondelieut.) Otto, Geschichte der Tödtung des Chalifen Omar aus der Chronik des Dijarbekri arabisch und deutsch mitgetheilt. gr. 8. Berlin 837. Reimer. n. 1/2 ℛ

P(laten,) P. J. v. Der Husar im Felde. Leipzig 1762. 8°.

Platen, P. J. v., Major und Commandeur des schwedischen Husaren-Corps. Der Husar im Felde. Neue verbess. Ausg., mit Anmerkungen vermehrt von G. M. S. v. d. O. (Mit 1 Skizze.)
8. Breslau und Leipzig 1805.

Platen, P. J. v., d. Husar im Felde, m. Anm. verm. von J. M. S. v. d. Osten ꝛc. 8. Breslau, W. G. Korn. 805.

Platen, Paul: Zur Frage nach dem Ursprung der Rolandssäulen. Dresden 1899: B. G. Teubner. (S. 3-44.) 4°
Programm Dresden, Vitzthumsches Gymnas. 1899.

Platen, Paul, a. Leipzig: Untersuchungen fossiler Hölzer aus dem Westen der Vereinigten Staaten von Nordamerika. Leipzig [1908]: Greßner & Schramm. (XVI, 155 S., 1 Taf.) 8° ¶ [Aus: Sitzungsberichte der naturforschenden Gesellschaft zu Leipzig Jg. 34, 1907.]
Leipzig, Phil. Fak., Ref. Credner-Felix, Diss. v. 11. Juli 1908
[Geb. 29. Dez. 76 Leipzig; Wohnort: Leipzig; Staatsangeh.: Sachsen; Vorbildung: Sem. Borna Wahlfähigkeitszeugnis März 99; Studium: Leipzig 6 S.]

Platen, Paul, Untersuchungen fossiler Hölzer aus dem Westen d. Vereinigten Staaten v. Nordamerika. (XVI, 155 S. m. 3 Taf. u. 1 Bl. Erklärgn.) 8. Leipzig 908. Quelle & Meyer. 3. —

Platen, Paul: Der **Ursprung** der Rolande. *Dresden 1901: B. G. Teubner.* (S. 3—34.) 4° ¶ (Der Rest erscheint bei Gelegenheit.)
Dresden, Vitzthumsches G, OP 1901 (581)

Platen, Paul: Der Ursprung der Rolande. S. 3—34. 4.
Progr. Vitzthumsches Gymn. *Dresden* 1901 (581).
In nicht völliger Übereinstimmung wieder zum Abdruck gebracht und abgeschlossen in des Verf.: Der Ursprung der Rolande. Aus Anlaß der Deutschen Städte-Ausstellung herausgegeben vom Verein für Geschichte Dresdens. *Dresden: v. Zahn u. Jaensch* 1903. 1 Bl., 148 S. mit Abb. 8. M. 1,50.

Platen zu Hallermund, Gräfin v., s.: Erlin, Hedwig.

Platen-Hallermünde (Hallermund), August Graf von, s. Platen, August Graf von.

Platen-Hallermund, Ernst Franz Graf von

v. Platen-Hallermund, Reichsgr. Er. Fr., Bemerkk. über die Dienstentlassung d. Hrn. v. Berlepsch. 8. Hannov. 797. Hahn. 3 gr

— Prüfung e. Häberlinischen Schrift, die Entlassung d. Hrn. v. Berlepsch betreff. 8. Hannov. 797. Hahn. 4 gr

v. Platen-Hallermund, Reichsgr. Er. Frz., († d. 17. Febr. 1818.) Uebereinstimmung d. Vernunft u. Bibellehre. Mit e. Vorbericht v. J. G. Eichhorn. 8. Götting. 796. Rosenbusch. (Röwer). 3 gr

Platenius, A., Grundriß d. badischen Landrechts (m. Ausschl. d. Obligationenrechts, L.R. S. 1101 ff.). Unt. besond. Berücksicht. d. neueren deutschen Rechtsprechg. f. Studium u. Praxis dargest. gr. 8. (XII, 352 S.) Freiburg i/B. 896. Tübingen, J. C. B. Mohr. n. 6. —; geb. n.n. 7. —

— Volksspiele, s.: Trebst u. Poppe, Elternabend.

Plater, s.a. Broel-Plater.

Plater, Felix, s. Platter, Felix.

Plater, Graf Kas. Konst., († 1807.) Beitrr. zur neuesten Staatsgeschichte d. Herzogthums Kurland u. Semgallen. 18 Stück; aus d. Französ. übers. u. mit Anmerkk. u. Zusätzen verm. v. Fr. Schulz. 8. Mitau 792.

[Umschlagt.:] [F. u. Ant.] **Plater,** Graf Sigismund Broel [aus Nieklań '(Kgr. Polen)']: Die Arbeiterverhältnisse in den Eisen- und Bergwerken ([Vort.:] Eisen-Fabriken und -Bergwerken) des Königreichs Polen ... *Tharand, Weisser'sche Buchdr., 1893;* 65 S., 1 Bl., 1 Kt. 8.
Heidelberg, Phil. Fak., Inaug.-Diss. v. [3. März] 1893

Plater, Graf Stanisl., Atlas historique de la Pologne, accompagné d'un tableau comparatif des expeditions militaires dans ce pays pendant le XVII, XVIII et XIX siecle. (10 Karten mit auf 11 ungez. Blätt. z. Seite stehend. Text). qu. Fol. Posen 827.

Plater, Comte Stanislas, Atlas historique de la Pologne, accomp. d'un Tableau comparatif des expéditions militaires dans ce pays, pendant le XVIIme, XVIIIme et XIXme siècle. (10 lithogr. u. illum. Karten u. Text.) qu. Fol. Posen 827. (Breslau, Schletter.) 3 ℛ

Plater, Władyst. Hr., Karol. Hr. de Montalembert. Nekrolog. Hołd oddany drogiej dla polski pamięci. Wydanie 2. Zurych 870. (Dresden, Kraszewski.) gr. 8. (23 S. mit 1 Steintaf.) n. 16 *ngr.*

Platform, Statuten und Beschlüsse, nebst kurz gefasstem Bericht der Verhandlungen der Nationalconvention, abgehalten zu Allegheny Pa. vom 6. Dec. 1879 bis zum 1. Jänner 1880. 8°. Detroit 1880.

Plath, Adolf

Plath, ist Frenssens modernes Christusbild das echte? Apologetischer Vortrag. (32 S.) 8. Königsberg 907. Ev. Buchh. d. ostpreuß. Prov.-Vereins f. innere Mission. — 25

Plath, Adph. Die Not der Evangelischen in der westpreußischen Diaspora, s. Für die Feste u. Freunde d. Gustav-Adolf-Vereins.

Plath, wie ist die geringe Teilnahme der gebildeten Männerwelt am kirchlichen Leben u. insonderheit an den Gottesdiensten der Kirche zu erklären u. was kann zur Besserung dieses Zustandes seitens der Kirche geschehen? Vortrag, geh. auf der Kreissynode Königsberg-Stadt den 29. XI. 1904. (21 S.) gr. 8. Königsberg 905. (Gräfe & Unzer, Buchh.) n. — 50

Plath, C: Kataloge über nautische Jnstrumente. Hamburg (1907?)

Plath, C., gegen das Zunftwesen. Hamburg 861. O. Meißner. 8. (40 S.) 3 *ngr.*

JAHRES-BERICHT DER MATHEMATISCHEN GESELLSCHAFT von Fastnacht 1882 — Fastnacht 1883. Vom Jahrverwalter (C. W. PLATH) nach den Original-Protokollen in Reimlein gebracht und von sämmtlichen Mitgliedern höchst tactvoll vorgetragen. Hamburg. s. a. Schlachter & Rühger. 8°.

Plath, C. W., de orbita planetae (120) „Lachesis". Dissertatio inauguralis. gr. 4. (22 S m. 1 Steintaf.) Göttingen 876. (Vandenhoeck & Ruprecht.) n. 1. —

Plath, Eugen [aus Marienburg in Westpreussen]: Ueber die Ruptur des Uterus .... Würzburg, Druck d. Köhl & Hecker'schen Buchdr., 1886; 18 S. 8°.
Würzburg, Med. Fak., Inaug.-Diss. v. 1886.

Plath, F., die Hand- u. Finger-Gymnastik, speciell f. Clavierspieler u. die es werden wollen. gr. 8. (51 S. m. 94 Illustr. u. Notenbeispiele 4 S.) Wien 888. A. Rosé. n. 1. 70

Plath, F. W., kleine Blumen, kleine Blätter. Gedichte. 16. (VI u. 155 S.) Potsdam 849, Riegel'sche Buchh. n. 2/3 ℛ

Plath, F. W., Ehre sei Gott in der Höhe! Geistliche Lieder. 8. (32 S.) Berlin 883. (Leipzig, Matthies.) cart. n. — 50

Plath, Geo., Kommunion-Büchlein, s.: Goßner, Johs. Evangelista.

Plath, Geo., Karl Plath, Inspektor der Goßnerschen Mission. Ein Lebensbild, dargestellt von seinem ältesten Sohne. (VIII, 359 S. m. 1 Bildnis.) gr. 8. Schwerin 904. F. Bahn. n. 3. —; geb. n. 3. 60

Plath, Gottfried [aus Hamburg]: Aus d. chem. Institut d. Univ. Kiel. Ueber β'-Aethyl-α-Stilbazol und einige seiner Derivate. ... Kiel, Druck v. L. Handorff, 1889; 73 + 1 S. + 1 Bl. 8°
Kiel, Phil. Fak., Inaug.-Diss. v. 18. Mai 1889

Plath, Gfried. Ueber β'-Aethyl-α-Stilbazol u. einige seiner Derivate. Diss. gr. 8. (73 S.) Kiel 889, (Gnevkow u. v. Gellhorn). * 2 50

Plath, Hermann, aus Greifenhagen: An welchen Punkten kann Jean Pauls 'Levana' von Rousseau beeinflußt erscheinen? *Diesdorf b. Gäbersdorf, Kr. Striegau [1904]: Buchdr. d. Schreiberhau-Diesdorfer Rettungsanst.* (64 S.) 8°
Erlangen, Phil. Diss. v. 16. Nov. 1903

Plath, J., Protestantenverein u. moderne Theologie im Lichte des ungefälschten Christentums. Ein Wort an wahrheitssuch. Christen. 8. (IV, 39 S.) Eisleben 882. Mähnert. n. — 75

Plath, J. C., Ansichten d. freien Hansestadt Hamburg u. ihrer Umgebungen. 2 Bde. (1r v. K. J. H. Hübbe bearb.) Mit 28. Kpf. 4. Frankf. a. M. 824 u. 28. Fr. Wilmans. 11 ₰ Velinp. 13 ₰ 12 gl ohne Kpf. 6 ₰ Die 18 Kpf. z. In Bde. allein auf größ. Pap. abgedr. 9 ₰

Plath, Johs., der Sonntag, das Geschenk Gottes an die Welt, im Lichte d. Neuen Testaments dem Christenvolke dargestellt. 8. (IV, 32 S.) Berlin 885. Deutsche evangel. Buch- u. Traktat-Gesellschaft. n. — 30

Plath, Joh. u. Otto Richter: Wechselgesänge für die Weihnachtszeit. Den evang. Kirchenchören Deutschlands dargeboten. Partitur. Gütersloh: Bertelsmann 1909. VI, 119 S. 8°

Plath, Johann Heinrich

Plath, Joh. Heinr., Asien, s. Stein, C. G. D., und F. Hörschelmann, Handbuch der Geographie.

Plath, J. H., die Beschäftigungen der alten Chinesen. Ackerbau, Viehzucht, Jagd, Fischfang, Industrie, Handel. [Aus den Abhandlungen der k. bayer. Akad. der Wiss.] München 869. (Franz.) gr. 4. (65 S.) n. 22½ ngr.

– China vor 4000 Jahren. Nach chines. Quellen bearb. Ebend. 869. gr. 8. (166 S.) n. 1 ₰ 6 ngr.

— über die lange Dauer und die Entwickelung des chinesischen Reiches. Rede, gehalten in der öffentlichen Sitzung der k. Akad. d. Wiss. am 28. November 1861. München 861. (Franz.) 4. (50 S.) n. 16 ngr.

— die 4 grossen chinesischen Encyklopädien d. k. bayer. Staatsbibliothek. I. Der Wen-hien-thung-khao v. Ma-tuan-lin. [Aus: „Sitzungsber. d. k. b. Akad. d. Wiss."] gr. 8. (72 S.) Ebend. 872. n. 1. 50

Plath, Jo. Heinr., Geschichte d. östl. Asiens. 1. Thl. Die Mandschurey. — A. u. d. T.: Die Völker d. Mandschurey. 2 Bde. gr. 8. (68½ B.) Göttingen 830, 31, Dieterich.

—— Gesetz und Recht im alten China nach chines. Quellen. gr. 4. (118 S.) München 865, (Franz'sche Buchh.) *
aus: Abhandlungen der k. bayer. Akademie der Wissenschaften, besonders abgedruckt.

Plath, J. H., über die Glaubwürdigkeit der ältesten chinesischen Geschichte. [Aus den Sitzungsber. der k. bayer. Akad. der Wiss.] Ebend. 867. gr. 8. (52 S.) n. 13⅓ ngr.

— chronologische Grundlage der alten chinesischen Geschichte. [Aus den Abhandlungen der k. bayer. Akad. der Wiss.] Ebend. 867. gr. 8. (65 S.) n. 15 ngr.

— Diss. de Idea veterum historica. 8maj. Götting. 829. Dieterich. 8 gl

— Confucius u. seiner Schüler Leben u. Lehren. I. Historische Einleitung. Nach chines. Quellen Ebend. Abhandlungen der k. bayer. Akad. d. Wiss.] ₰ 6 ngr. 867. gr. 4. (106 S.) n. 1 ₰ 6 ngr.

Plath, Joh. Heinr., Confucius u. seiner Schüler Leben u. Lehren. Nach chines. Quellen. II—IV. [Aus: „Abh. d. bayer. Akad. d. Wiss."] gr. 4. München 871. Franz in Comm. n. 13. 25 (I—IV: n. 16. 85)
II. Leben d. Confucius. (180 S.) n. 6. —
III. Die Schüler d. Confucius. (98 S.) n. 3. 50
IV. Sämmtliche Aussprüche v. Confucius u. seinen Schülern, systematisch geordnet. (102 S.) n. 3. 75

— die Landwirthschaft der Chinesen u. Japanesen im Vergleiche zu der europäischen. 1. [Aus: „Sitzungsber. d. k. Akad. d. Wiss."] gr. 8. (90 S.) Ebend. 874. n. 1. 80

— Nahrung, Kleidung u. Wohnung der alten Chinesen. [Aus den Abhandlungen der k. bayer. Akad. der Wiss.] Ebend. 868. gr. 4. (96 S.) n. 1 ₰ 6 ngr.

—— Proben chinesischer Weisheit nach dem Chinesischen des Ming sin pao kien. gr. 8. (62 S.) München 863, (Franz'sche Buchh.) *

Plath, Jo. Heinr. (Hamburg), Quaestionum Aegyptiacarum specimen. Diss. Göttingen (Dieterich) 12. IX. 1829. 58 S. (4.—) 26595
Oppon.: A. Holzhausen, A. Göschen, C. F. Culemann.

— die Quellen der alten chines. Geschichte mit Analyse der Sse-ki u. J-sse. Ebend. 870. 8. (104 S.) n. 21 ngr.

Plath, Joh. Heinr., über die Quellen zum Leben des Confucius namentlich seine sogenannten Hausgespräche (Kia-iü) gr. 8. (40 S.) München 863, (Franz'sche Buchh.) *

—— die Religion und der Cultus der alten Chinesen. 2 Abthlgn. 4. München 862, (Franz'sche Buchh.) *
Inhalt:
Abthl. 1. Die Religion der alten Chinesen. (IV und 108 S. mit 23 Stnt.) * 2 Thlr. 4 Ngr.
» 2. Der Cultus der alten Chinesen. (135 S. mit Stnt.) * 1 Thlr. 10 Ngr.

— die Religion u. der Cultus der alten Chinesen. 2. Abthl.: Der Cultus der alten Chinesen. Chinesische Texte. [Aus den Abhandlungen der k. bayer. Akad. der Wiss.] Ebend. 864. 4. (46 lith. S.) n. 2 ₰ 20 ngr.

— über die Sammlung chinesischer Werke der Staatsbibliothek aus der Zeit der D. Han u. Wei (Han Wei thsung schu.) [Aus den Sitzungsber. der k. b. Akad. der Wiss.] Ebend. 868. gr. 8. (59 S.) 15 ngr.

— über zwei Sammlungen chinesischer Gedichte aus der Dynastie Thang. Ebend. 869. gr. 8. (58 S.) n. 13⅓ ngr.

— über Schule, Unterricht u. Erziehung bei den alten Chinesen nach chinesischen Quellen. Ebend. 868. gr. 8. (72 S.) n. 15 ngr.

— die fremden barbarischen Stämme im alten China. [Aus: „Sitzungsber. d. k. b. Akad. d. Wiss."] gr. 8. (S. 450—522.) Ebend. 874. n. 1. 50

—— die Tonsprache der alten Chinesen. gr. 8. (50 S. mit 1 Stnt.) München 862, (Franz'sche Buchh.) **
Aus: Sitzungsberichte der k. Akademie der Wissenschaften, besonders abgedruckt.

— über die Verfassung u. Verwaltung China's unter den drei ersten Dynastieen. [Aus den Abhandlungen der k. bayer. Akad. der Wiss.] Ebend. 864. gr. 4. (142 S.) n. 27 ngr.

—— über die häuslichen Verhältnisse der alten Chinesen. Nach chines. Quellen. gr. 8. (48 S.) München 863, (Franz'sche Buchh.) *
Aus: Sitzungsberichte der k. Akademie der Wissenschaften, besonders abgedruckt.

Plath, Johann Heinrich: Die Völker der Mandschurey. (Geschichte des östlichen Asiens. Th 1.) Bd. 1. 2. Göttingen 1830. 2 Bde. XVI, (XVI), 1038 S. 8°.

Plath, Julius Darstellung der elementaren Trigonometrie auf Grund des Ptolemäischen Satzes. 4 (S. 9 – 16, 1 Taf.).
Progr. Klostersch. *Rossleben* 1887 (232).

Plath, Jul., Geschichte d. Pädagogik,
— Handbuch d. Erziehungs- u. Unterrichtslehre, } s.: Schorn, Aug.

— Lehrbuch der Mathematik zur Vorbereitung auf die Mittelschullehrer-Prüfung u. auf das Abiturientenexamen am Realgymnasium. Im Anschluß an die Baltin-Maiwaldsche Seminarausg. des Müllerschen Lehrbuches u. in Verbindg. m. Müller f. den Selbstunterricht bearb. (VIII, 236 S. m. 121 Fig.) gr. 8. Leipzig 906. B. G. Teubner. n. 3. 50; geb. n. 4. —

— Lehrbuch der Mathematik zur Vorbereitung auf die Mittelschullehrer-Prüfung u. auf d. Abiturientenexamen am Realgymnasium. Im Anschluß an die Baltin-Maiwaldsche Seminarausg. des Müllerschen Lehrbuches u. in Verbindung n. Müller f. den Selbstunterricht bearb. 2. Aufl. (VIII, 272 S. m. 128 Fig.) gr. 8. Leipzig 909. B. G. Teubner. Geb. 4. —

— Mathematisches Lehr- u. Übungsbuch f. das Lyzeum, s.: Müller, Heinr., u. A. Mahlert.

Sammlung von Aufgaben zur Vorbereitung auf die Mittelschullehrer-Prüfung und auf das Abiturientenexamen am Realgymnasium. Im Anschluß an d. Baltin-Maiwaldsche Seminarausg. d. Müller u. Kutnewskyschen Aufgabensammlung u. in Verbindung mit Prof. (Heinrich) Müller f. d. Selbstunterr. bearb. von Dr. J. Plath, Schulrat, Lüneburg. Leipzig & Berlin: B. G. Teubner 1906. (VIII, 259 S.) 8° | F. | 06. 1150

— der Schulrat an der Oder, s.: Harnisch.

— Tafel 4stell. Logarithmen f. d. Gebrauch in Schullehrer-Seminaren. Lex.-8. (2 Taf.) Leipzig 894. Dürr'sche Buchh. Auf Pappe n.n. — 30

Plath, Karl Heinrich

Plath, Car. Henr. (geb. Göttingen 20. 8. 1829): De invaginatione neonatorum. Berolini (1855). (40 S.) 4°
Berlin, Med. Diss. v. 20. Aug. 1855

Plath, Karl Heinrich Christian

Plath, Carl Heinr. Chrn., die Bedeutung der Atlantik-Pacifik-Eisenbahn f. das Reich Gottes. Eine Festschrift. gr. 8. (VII, 136 S.) Berlin 871. W. Schultze. n. 1. 60

— die kulturhistorische Bedeutung der Kolhsmission in Ostindien. Ein Vortrag. 8. (32 S.) Berlin 876. Buchh. d. Goßner'schen Mission. n.n. — 25

Plath, Carl Heinr. Chrn., Carl Hildebrand Freiherr v. Canstein. Zum Theil nach handschriftlichen Quellen. Mit Portr. (in Holzschn.) u. (lith.) Facsim. Versuch eines Beitrages zur Geschichte des Spenerisch-Franckischen Pietismus. Halle 861. Buchhdlg. d. Waisenhauses. gr. 8. (IX, 131 S.) n. 20 ngr.

Plath: Der Dienst des Freiherrn Carl Hild. von Canstein an der heil. Schrift. Bruchstück zur Geschichte des Spenerisch-Franckischen Pietismus. 30 S.— Halle Lat. Hptsch., Progr. 1860.

Plath, Carl Heinr. Chrn., die Erwählung der Völker im Lichte der Missionsgeschichte. Eine missions-wissenschaftl. Studie. Berlin 867. W. Schultze. gr. 8. (V, 48 S.) n. 6 ngr.

— Shakespeares Kaufmann v. Venedig. Ein Beitrag zum Verständnisse der Judenfrage. gr. 8. (36 S.) Greifswald 882. Abel. n. — 50

Plath, K. H. Chr., deutsche Kolonialmission. Ein Vortrag. gr. 8. (34 S.) Berlin 887. Buchh. d. Goßner'schen Mission. n. — 50

Plath, Karl Heinr. Chrn., Goßners Mission unter Hindus u. Kolhs um Neujahr 1878. Reisebriefe. Mit dem Bilde des Stifters u. 2 anderen Bildern (in Holzschn.). gr. 8. (VIII, 292 S.) Berlin 879. Buchh. der Goßner'schen Mission. 3. —

— nordindische Missionseindrücke. Eine Festschrift. 8. (39 S.) Ebendas. 879. — 30

Plath, Karl Heinr. Chrn., nordindische Missionseindrücke. Ein Vortrag. 2. Aufl. 8. (32 S.) Berlin 881, Buchh. der Goßner'schen Mission. *

— drei neue Missionsfragen (Kirche u. Mission, die Vertretung der Missionswissenschaften auf der Universität, der Weltverkehr u. die Kirche.) Ebend. 868. gr. 8. (VIII, 127 S.) 16 ngr.

— die Missionsgedanken des Freiherrn von Leibnitz. Eine Studie. Ebend. 869. gr. 8. (88 S.) n. 10 ngr.

— Missions-Studien. Ebend. 870. gr. 8. (VII, 216 S.) n. 20 ngr.

— eine Reise nach Indien für kleine u. große Leute beschrieben. Mit vielen (eingedr. Holzschn.-)Bildern. 8. (167 S.) Ebend. 879. cart. n. 1. 20

— e. neue Reise nach Indien, f. Jung u. Alt beschrieben. 8. (IV, 170 S.) Ebd. 889. n. 1. 20

[F.] Gossners Segensspuren in Nordindien. E. geschichtl. u. missionstheoret. Reisebeschreibg v. Prof. D. Karl Heinrich Christian Plath, Missions-Insp. u. Privatdoc. *Friedenau-Berlin: Buchh. d. Gossnerschen Miss. 1896.* (2 Bl., 162 S., 1 Bl.) 1 Bd 8. [96. 8431

— sieben Tage in Jerusalem. gr. 8. (34 S.) Ebd. 889. n. — 50

Plath, Car. Henr. Christian.: Theses theologicae. Berolini (1869). (2 Bl.) 4°
Berlin, Theol. Thes. v. 6. März 1869

Plath, Karl Heinr. Christ. Was bedeutet die Entdeckung Amerikas f. die christliche Kirche? gr. 8. (57 S.) Friedenau-Berl. 892, Buchh. der Goßner'schen Mission. * — 50

Plath, K. H. Chr. (Lic. theol., Miss.-Insp. u. Priv.-Doc.), was machen wir Christen mit den Juden? Erläut. u. beantw. Nördlingen, C. H. Beck, 1881. 12°. Eleg. gepr. Srsb.
IV—187 S., 1 S. Inh.

—— Welche Stellung haben die Glieder der christlichen Kirche dem modernen Judenthum gegenüber einzunehmen? Augustkonferenzvortrag. 8. (38 S.) Berlin 881, Buchh. der Goßner'schen Mission. *

—— sieben Zeugen des Herrn aus allerlei Volk. (Scriver, v. Canstein, v. Zinzendorf, Wagner, Wallmann, Kleinschmidt, Helferschwester Wilhelmine.) Zur Belehrung und Erbauung dargestellt. 8. (VIII und 202 S.) Berlin 867, W. Schultze.

Plath, Konr., Ernst Curtius u. die Erforschg. d. deutschen Altertums. gr. 8. (33 S.) Berlin 897. Besser. n. — 80

[F.] Ernst Curtius und die Erforschung des Deutschen Altertums. Von Dr. Konrad Plath. *Berlin: W. Hertz 1897.* (33 S.) 1 Bd 8. [98. 394

Plath, Konr. Zur Entstehungsgeschichte der Visio Wettini. gr. 8. (S. 263—279.) Berl. 892, (Siebert). * 1 40
Aus: Neues Archiv d. Gesellsch. f. ältere deutsche Geschichtsk., besonders abgedruckt.

Plath, Konrad *Johann Wulfram* [aus Berlin]: Die Königspfalzen der Merowinger und Karolinger ... (Erscheint erweitert u. vollst. im Verl. v. A. Deichert in Leipzig.) Berlin, Druck v. W. Issleib, 1892; 50 S., 1 Bl. 8.
Berlin, Phil. Fak., Inaug.-Diss. v. 25. Febr. 1892

— die Königspfalzen der Merowinger u. Karolinger. I. Dispargum. 4. (64 S. auf Kpfrdr.-Pap.) Bonn 894. (Berlin, R. Siebert.) Kart. n. 5. —

Plath, Max, Tierarzt a. Köln am Rhein: Ein Beitrag zur Frage der Verbreitung und Bekämpfung der Rindertuberkulose. Köln 1907: H. J. Breuer. (61 S.) 8°
Leipzig, Phil. Fak., Ref. Eber-Kirchner, Diss. v. 28. Febr. 1907
[Geb. 2. Dez. 76 Neustettin; Wohnort: Cöln a. Rh.; Staatsangeh.: Preußen; Vorbildung: Fürstin-Hedwig-Gymn. Neustettin Primareife O. 94, Tierärztl. Approb. Febr. 99; Studium: Leipzig 3 S.; Rig. 4. Dez. 06.]

PLATH, Sophie, 50 alte u. neue deutsche Volkslieder und ihre Singweisen mit Klavier- oder Harfen-Begleitung. München 1835. Quer-8°. Mit Titelbordüre. (7 Mk. 50 Pfg. Ludw. Rosenthal, 1910:)

Plath, Walther: Beitrag zur Statistik von Herzklappenfehlern. Greifswald 1898: J. Abel. (51 S.) 8°
Greifswald, Med. Diss. v. 26. Jan. 1898

Plath, Wilhelm

Plath, Wilh., der Abendstern. Roman. (358 S.) gr. 8. Abbazia 906. F. J. Schmid. n. 4. —

Plath, Wilh., Briefe eines Arztes an eine junge Mutter. Hamburg 858. Perthes-Besser u. Mauke. 12. (VII, 308 S.) n. 1 Thlr.

Plath, Wilh., Briefe eines Arztes an eine junge Mutter. 2. Aufl. Nebst einem Anhang: Ueber Kinderkrankheiten. Hamburg 861. (Perthes-Besser &) Mauke. 8. (XVI, 367 S.) n. 1 Thlr. 6 ngr.

Plath, Wilh., Briefe eines Arztes an eine junge Mutter. 3., unveränd. Aufl. Hamburg 867. Mauke Söhne. 8. (XVI, 367 S.) n. 1 Thlr.

Plath, Wilh., Brief e. Arztes an e. junge Mutter. 4. Aufl. 8. (XV, 369 S.) Hamburg 873. Leipzig, Mauke. n. 3. 60; geb. n.n. 4. 50

Plath, Wilh., Briefe eines Arztes an eine junge Mutter. 5., unveränd. Aufl. (XVIII, 369 S.) Leipzig 878. Mauke. n. 4. —; geb. n. 5. —

Plath, Wilh., Briefe eines Arztes an eine junge Mutter. 6. verb. Aufl., hrsg. von Aug. Roßmann. 8. (XVI, 333 S.) Braunschweig 887, Vieweg und Sohn. geb. mit Goldschn. *

Plath, Wilh., Briefe eines Arztes an e. junge Mutter. 7. Aufl., neu bearb. v. Aug. Roßmann. 8. (XVIII, 342 S.) Braunschweig 895. F. Vieweg & Sohn. Geb. in Leinw. m. Goldschn. 3. 75; ohne Goldschn. 3. —

Plath, Wilh., Briefe e. Arztes an e. junge Mutter. Neu hrsg. v. Aug. Roßmann. 8. Aufl. (XVIII, 342 S.) kl. 8. Braunschweig 905. F. Vieweg & Sohn. Geb. in Leinw. n. 3. —; m. Goldschn. n. 3. 75

Plath, Wilh(elm): Lehrbuch der Geburtshülfe für Hebammen. Preisschrift. 286 S., gbd., 22 Taf.

Hamburg: Hoffmann & Campe 1840

— aus den Papieren eines älteren Arztes. Mit 1 (lith.) Taf. Abbildgn. Ebend. 868. gr. 8. (VIII, 296 S. mit 1 Tab. in 4.) n. 1 Thlr. 15 ngr.

— die Psalmen Davids in metrischer Form. Hamburg 866. O. Meißner. gr. 8. (XVI, 176 S.) n. 1 Thlr.

— Sternkunde f. Frauen. Eine Anleitung zur Kenntniß der im mittleren Deutschland sichtbaren Sternbilder, sowie der allgemeineren Verhältnisse unseres Sonnensystems, in briefl. Mittheilgn. an e. Freundin. Mit e. (lith.) Sternkarte (in Fol.) nebst bewegl. Horizont (auf e. Steintaf. in gr. 4.), 32 kleineren (lith.) Planetentaf. (in qu. Fol.) 8. (XVI, 176 S.) Braunschweig 872. J. H. Meyer. geb. m. Goldschn. 6. —

— Wilhelm (Hamburg), De tubo intestinali, ejusque in nonnullis morbis vi et dignitate. Diss. med. Halle (Gebauer) 12. VIII. 1826. 30 S. (3.50) 26596

Plathe [Schlagwort]

Plathe, P.: Geologische Karten. Preussen. 96.

Plathe, Paul [aus Stolp]: Entwickelungsgeschichte der Einformigen Adjectiva im Französischen (XI. XVI. Jahrhundert.) . . . Greifswald, Druck v. Julius Abel. 1886: 4 + IV + 62 S. 8°.
Greifswald, Phil. Fak., Inaug.-Diss. v. 28. Mai 1886.

Plathe, Paul, Entwickelungsgeschichte der einformigen Adjectiva im Französischen (XI.—XVI. Jahrhundert.) Diss. Greifswald 1886, Jul. Bindewald. 8°. IV, 62 S.

Plathner, s. Mitteilgn., baupolizeil.

Plathner, baupolizeiliche Sondervorschriften f. (I.) Theater, Cirkusgebäude u. öffentliche Versammlungsräume; (II.) Kranken-, Entbindungs- u. Irrenanstalten; (III.) Gebäude in der Nähe von Eisenbahnen u. (IV.) Aufzüge (Fahrstühle). Rev. Textausg. Mit Sachregister. 12. (104 S.) Hannover 900. C. Meyer. Kart. n. —80

— Statuten u. Verordngn. f. die Stadt Hannover. Mit Sachregister. gr. 8. (XI, 465 S.) Ebd. 900. n.n. 5. —; geb. n.n. 5. 75

Plathner, Albert, prakt. Arzt a. Morsum: Zur palliativen Behandlung des Uteruscarcinoms. Jena 1904: Frommann. (27 S.) 8°
Jena, Med. Fak., Ref. Krönig, Diss. v. 10. Aug. 1904
[Geb. 10. Febr. 72 Sülze, Kr. Celle; Wohnort: Morsum; Staatsangeh.: Preußen; Vorbildung: Gymn. Celle Reife O. 94; Studium: Erlangen 5, Göttingen 1, Leipzig 5 S.; Coll. 2. Aug. 04; Approb. 21. Juli 00.]
18°

Plathner, Alb., zur palliativen Behandlung des Uteruscarcinoms. Diss. (26 S.) 8. Jena 904. (H. Pohle.) n. 1.—

Plathner, Aug., Vorschläge zu Göttingens Wiederaufblühen. gr. 8. (47 S.) Göttingen 848, Dieterich. n. 1/6 Thlr.

Plathner, Christoph Friedrich

— Christ. Fried. (Goslar), Centuria I. II. Quaestionum In quibus variae jur.-polit. nec non joco-seriae ad theoriam aeque ac praxin accommodatae Materiae mediae pertractantur et quoad usum quotidianum Decisionibus et Observationibus nonnullis non passim obviis decenter illustrantur. Goslar (J. Chr. König, Sievert) 1711. 1713. 84, 131 S. (13.—) 26599
Titelblatt rot und schwarz.

— — Centuria III. Quaestionum in quibus variae jur.-polit., nec non joco-seriae, ad theoriam aeque ac praxin accommodatae materiae mediae, pertractantur, et ad usum quotidianum decisonibus et observationibus nonnullis, non passim obviis decenter illustrantur. Composita junctis vindiciis cent. I. Qu. I. Goslar (J. Chr. König) 1718. 232 S. (13.—) 26600
Titelblatt rot und schwarz.

— — Oeconomia jurisconsistorialis ex sanae philos. et jurisprud. univers., non minus Romanae ac Germanicae principiis pro idea recte formandacum decade quaestionum. Goslar (J. Chr. König) 1715. 122 S. (10.—) 26601
Titelblatt rot und schwarz.

Plathner, Chrph. Fridr.: Problema publicum. Ob und wie weit ein Chur- und Fürstlicher, oder auch eines andern Reichs-Standes Minister und Bedienter, nachdem er in einer Kayserl. Freyen Reichs-Stadt, und derselben Gerichtbarkeit wohnet, dem Magistrat und dessen ordentl. Gerichten selbiger Stadt subject zu halten und dafür belanget werden möge? Goslar 1726.

Der juristische und medicinische Charletan [Scharlatan], entworfen von Xenagoro [d.i. Christoph Friedrich Plathner]. Neue, verm. u. mit nöthigen Reg. vers. Aufl. Franckfurt & Leipzig 1763. 263 S. 8°

Plathner, Chrph. Fridr.: Scrutinium quaestionis, wie weit der sog. Gruben-Eyd Jemanden obligire, von einer Sache andern nichts zu eröffnen, u. bekannt werden zu lassen? Wernigerode 1729.

Plathner, Ferdinand, a. Braunschweig: Behördenorganisation und Kriegskontributionen im Königreich Sachsen während des Generalgouvernements von 1813 und 1814. Göttingen 1908 (Rudolstadt: Hofbuchdruckerei). (82 S.) 8° ¶ (Aus: Bibliothek d. Sächs. Geschichte u. Landeskunde Bd 2 H. 1.)
Göttingen, Phil. Fak., Ref. Lehmann, Diss. v. 29. Jan. 1908
[Geb. 9. Aug. 82 Helmstedt; Wohnort: Braunschweig; Staatsangeh.: Braunschweig; Vorbildung: Neues Gymn. Braunschweig Reife M. 02; Studium: Berlin 1, München 2, Göttingen 6 S.; Rig. 18. Dez. 06.]

Behördenorganisation und Kriegskontributionen im Königreich Sachsen während des Generalgouvernements von 1813 und 1814 von Ferdinand **Plathner**. Mit Akten-Beilagen. (Mit e. Anh.: Die Anfänge einer Heeresorganisation.) Leipzig: Hirzel 1909. 94 S. 8°
(Bibliothek d. sächs. Geschichte u. Landeskunde. Bd 1, H. 3.) 10g. 6961

Plathner, Fr., was hat der Herr Jesus Christus beschworen? u. was lehrt dagegen d. moderne Theologie? 8. (48 S.) Hermannsburg 897. (Missionshandlg. — Hannover, H. Feesche.) n. — 50

Plathner, Friedrich *Wilhelm Paul* [aus Euskirchen]: Über das Zusammenvorkommen von Tabes dorsualis und Insufficienz der Aortenklappen ... Berlin, L. Schuelers Buchdr., *1895*; 26 S., 3 Bl. 8.
Berlin, Med. Fak., Inaug.-Diss. v. 15. Febr. 1895

Plathner, Georg, s. Annalen f. die Landwirthschaft.

— Jahrbuch d. Landwirthschaft, s. Jahrbuch.

Plathner, G., die Kartoffelkrankheit in Schlesien, in d. J. 1845 u. 1846. gr. 8. (44 S.) Breslau 848, Korn in Comm. n. ¼ Thlr.

Plathner, Geo., üb. die Cultur d. Brücher durch Urbarmach., nebst Beschreib. d. dazu zu gebrauchend. nutzbarsten Wiesenpflanzen. 1s u. 2s Heft. Mit 1 Karte u. 2 Tabell. 8. Posen 811 u. 13. (Leipz., Joachim). 1 Thlr. 2 Gr.

— s. Monatschrift, Schlesische landwirthschaftl.

Plathner, (G.,) üb. Umschaffung veralteter Teiche u. schlechter Teichwiesen in nutzbare Wiesen, nebst einer Anleit. zur leichtesten u. zweckmäß. Bewässerung ders., so wie einer Beschreibung derjenigen Gräser u. übrigen Wiesenpflanzen, welche dazu am vortheilhaftesten zu gebrauchen sind. 1r Thl. Mit 9 Steintaf. gr. 8. Breslau 824, W. G. Korn.

— **Georg Andreas** (Mühlhausen / Thüringen), **De bonis constante matrimonio quaesitis.** Präs. **Peter Müller. Jena (Bauhofer) Nov. 1686. 29 S. (5.—)** 26603
Widm. v.: Georg Goez.

— — **De bonis constante matrimonio quaesitis. Von Denen in währender Ehe erworbenen Güthern. Präs. Peter Müller. Jena (P. Ehrich) Nov. 1686. 1715. 31 S. (5.—)** 26605
Widm. v.: Georg Goez.

— **Gottfried Andreas** (Mühlhausen), **De sandali gerulis Ebraeorum ad illustrandum nonnulla scripturae s. loca. Diss. histor.-phil. Präs. Christian Wilh. Volland. Wittenberg / Sachsen (S. Creusig) 4. XII. 1712. 48 S. (5.—)** 26606

Plathner, J. A., Regeln, die ein junger Mensch, der sich der Landhaushaltung widmet, zu beobachten hat. 8. Hannov. Hahn. 781. Rthlr.

Plathner, *Julius:* Die Alleinherrschaft der Peisistratiden. Dessau, Hofbuchdr. v. C. Dünnhaupt, 1897; 3—19 S. 4.
Dessau, herz. Friedrichs-RG u. VS d. Fridericianum, P 1897 (711)

Plathner, Jul. Zur Quellenkritik für die Geschichte des Bürgerkrieges zwischen Caesar und Pompeius. 14 S. G. *Bernburg* 1882.
Progr.

'**Plathner,** Karl: Aus der Geschichte Sigmaringens zu Ende des vorigen und Anfang dieses Jahrhunderts. *Sigmaringen 1898: M. Liehner.* (1—32 S.) 4°
Sigmaringen, k. kath. G, P 1898

Plathner, Karl, hohenzollerische Lande, s.: Landes- u. Provinzialgeschichten.

Plathner, Otto

Bedenken
—— gegen die Principien des Entwurfs einer Prozeß-Ordnung in den bürgerlichen Streitigkeiten für den preußischen Staat von einem Mitgliede des königl. Ober-Tribunals. gr. 8. (54 S.) Berlin 865, Gaertner. *

Plathner, Otto, Beurtheilung des Entwurfs des Strafgesetzbuchs für die Preuß. Staaten durch Vergleichung mit dem allgem. Landrecht, dem Code pénal u. dem österreichischen Straf-Gesetzbuche. gr. 8. Berlin 844, Hold. 1½ Thlr.

[**Plathner,** O.]: Der Bruch mit den Prinzipien des Landrechts und das Endziel der von dem Prof. Stahl verkündeten sittlichen u. religiösen Reaktion in der Ehescheidungsfrage. Breslau 1855.

Plathner, Otto, der Geist des Preußischen Privatrechts in Vergleichung mit dem Römischen, Oesterreichischen u. Französischen Recht. 2 Bde. Berlin 854. C. Heymann. 8. (XXXV, 464; X, 400 S.) n. 4 Thlr.

— die Grundzüge der Preußischen Hypothekar-Verfassung und deren Umsturz durch die neuere Rechtswissenschaft. Breslau 856. Kern. gr. 8. (32 S.) n. 5 ngr.

Plathner, Otto, Gutachten über den Entwurf einer Prozeßordnung in bürgerl. Rechtsstreitigkeiten für den norddeutschen Bund auf Erfordern der ständigen Deputation des deutschen Juristentages für den deutschen Juristentag erstattet. Berlin 870. Hempel. Lex.-8. (86 S.) n. 12½ ngr.

Plathner, Otto, die neue Konstruktion d. Prozesses in dem Entwurf der deutschen Civilprozeßordng. gr. 8. (76 S.) Berlin 873. Hempel. n. 1. —

Plathner, Otto: Die Familie Plathner. [Nebst] Nachtr. 1. 2. (Nachtr. 2: Zsgest. von Otto Plathner, u. Friedrich Palthner.) Berlin 1866-1905: G. Jansen (Nachtr. 2: Hannover: Dr. von H. Höltje). 3 Bde. 4°
Familie Plathner. 1866. Nachtr. 1. 1874. 2. 1905.

Plathner, Otto. Die Familie Plathner. Der Familie gewidmet. gr. 4. (S. I—VIII, S. 1—236 m. 8 Taf., wovon 6 Facs.) Berl. 866, Druck v. G. Jansen. Nicht im Handel
—— dass. — Erster Nachtrag. gr. 4. (S. IX, X, S. 237—370 m. 6 Portr.- u. 2 Facs.-Taf.) Ebd. 874. Nicht im Handel

Plathner, Otto, der neue Strafgesetzbuchs-Entwurf nach seinem Geiste verglichen mit dem Allgem. Landrecht u. Code pénal. gr. 8. (18 S.) Halberstadt 848, Frantz. 3 ngr

— Warum hannoversches oder rheinisches u. nicht preußisches Verfahren im bürgerlichen Rechtsstreite? Ebend. 868. gr. 8. (15 S.) 3 ngr.

— der richtige Weg zur Herstellung der deutschen Civilprozeßordnung u. die Hindernisse der Verständigung erläut. durch die dem deutschen Juristentage erstatt. Gutachten. gr. 8. (62 S.) Ebend. 871. n. 1. —

Plathner, Otto, Civilehe und Recht der Ehescheidung in Preußen. Wichtige Zeitfrage unter Berücksichtigung der Vorarbeiten des Staatsraths und der Verhandlungen in den Kammern beantwortet. Berlin 859. C. Heymann. gr. 8. (48 S.) 7½ ngr.

Platiel, Joseph, appr. Arzt a. Deggendorf: Zwei Fälle von tötlich verlaufener Septicopyaemie nach kleinen Verletzungen. München 1905: Kastner & Callwey. (32 S.) 8°
München, Med. Fak., Ref. v. Bollinger, Diss. v. 9. März 1905
[Geb. 6. Dez. 76 Deggendorf, Niederbayern; Wohnort: Deggendorf; Staatsangeh.: Bayern; Vorbildung: Maximilians-Gymn. München Reife Juli 96; Studium: München 4, Erlangen 1, München 5 S.; Coll. 9. März 05; Approb. 21. Juli 03.]

Platiere, s. La Platiere.

Platière, Roland de la

Platiere, R. de la, baumwollene Sammetfabrik. od. die Verfertigung d. Manchestersammets, aus dem Franz. von Halle, m. K. gr. 4. Berlin, Pauli. 789.

Platiere, de la, Roland, die Baumwollen-Sammetfabrik ꝛc. gr. 4. Berlin. 789. Jetzt Rücker, auch Maurersche Buchh.

— Kunst, die wollenen Zeuge zuzurichten, a. d. Französis. 2 Bde. m. K. gr. 4. Nrnb. Weigel. 782–83.

— Kunst, die Wollenzeuge zuzurichten und zu drucken, nebst dem Wollensamtfabrikanten. Deutsch von J Harrepeter. 4° Nürnberg 1783

Platière R de la, Kunst d. Wollzeugfabrikanten. Dtsch v. J Harrepeter. Nürnberg 1782

Platin-Anstricnmasse, die wetterfeste. Kitzingen 1874

Platnauer, Mauritius *(geb. Kaspel bei Leobschütz 1.1.1810)*: De infantum encephalitide et hydrocephalo acuto. Vratislaviae (1831). (32 S.) 8°
Breslau, Med. Diss. v. 22. Sept. 1831

Platner, Alex., Grundzüge einer allgemeinen Physiologie. I. Von der organischen Kraft oder von der Erregbarkeit. gr. 8. (4¼ B.) Jena 814, Mauke.

Platner, C. F., Betracht. über die Sonn- und Festevang. 4. Nördlingen. 727.

Platner, Christoph Friedrich,
s. Plathner, Christoph Friedrich

Platner, Chrysanthus, s.a. Plattner, Chrysanthus.

Platner, (Fr.) Chrys., clavis verbor. domini facil. scripturam quadrupliciter aperiens. 8maj. Wien 760. Trattner. 2 fl 16 kr

Platner, Chrys., Polyonymia divina. 8. Augsb. M. Rieger. 764.

Platner, Chrys., tractatus de linguae hebraicae utilitate. 8maj. Augsburg 763. M. Rieger. ½ rß

— andachtige Wallfahrt auf dem heiligen Kreuzweg. 12. Augsburg 783. M. Rieger. 1 kr

Platner, Eduard

Platner, Ed., Abhandlung üb. die wissenschaftliche Behandlung der römischen Alterthümer. 8. Marb. Krieger. 812.

Platner, Ed., Beyträge zur Kenntniß d. Attischen Rechts, mit einer lateinischen Abhandlung über die Idee d. Rechts unter dem Titel: Notiones juris et justitiae ex Homeri et Hesiodi carminibus explicatae ab E. Platner. gr. 8. Marburg, Krieger. 820. Rthlr.
(die letztere Abhandlung ist auch einzeln zu haben)

Platner, Ed., über die politischen Bestrebungen in ihrer Berechtigung u. in ihrer Verirrung. Festrede am 20. Aug. 1848 gehalten. gr. 8. (18 S.) Marburg 848, Elwert. 1/12 rß

Platner, Ed., über d. polit. Bestrebungen d. gegenwärt. Zeit. gr. 8. (2¼ B.) Marburg 832, Elwert.

Platner, Ed., über die Charakterlosigkeit unsrer Zeit. Festrede am 20. Aug. 1841, dem Geburtstage Sr. Hoheit des Kurprinzen u. Mitregenten von Hessen Friedrich Wilhelm. gr. 8. Marburg 841, Elwert. 1/12 rß

— — u. (Soc.) **Christian Heinrich Kind** (Dresden), De collegiis opificum. Disput. I. Leipzig (Klaubarth) 13. V. 1809. 28 S. (3.75) 26612
Gew.: Gottfried Hermann, Christian August Heinrich Clodius.

— — (Leipzig), De collegiis opificum. Disput. II. Leipzig (Klaubarth) 16. V. 1809. 30 S. (3.75) 26611
Gew.: Christian Ernst Weiss.

Platner, Eduard (Leipzig), De dominio agrorum incultorum intra confinia pagorum Germaniae sitorum commentatio. Präs. Christian Ernst Weiss. Leipzig (Klaubarth) 26. III. 1805. 30 S. (3.75) **26608**
Widm. v.: Christian Ernst Weiss.

Platner, Eduard, über die Entwickelung der Volksindividualität mit besond. Rücksicht auf Deutschland. Festrede am 20. Aug. 1843. gr. 8. (1½ B.) Marburg, Bayrhoffer'sche Universitäts-Buchh.

—— zur Erinnerung an Dav. Th. Aug. Suabedissen. gr. 8. (¾ B.) Marburg 835, Elwert'sche Univ.-Buchh.

— Festrede an dem hundertjähr. Geburtstage Göthe's bei der akadem. Feier der Universität Marburg gehalten. gr. 8. (19 S.) Ebd. 849. 3 ngr

— — De gentibus Atticis earumque cum tribubus nexu diss. ex historia jur. Graeci repetita. Marburg (Krieger) 1811. 17 S. (3.75) **26609**

— de Gentibus Atticis earumque cum tribubus nexu dissertatio ex historia juris graeci repetita. 4. ibidem. 812.

—— über d. falsche Idealität. Festr., am 20. Aug. 1838. gr. 8. (1 B.) Marburg, Elwert'sche Univ.-Buchh.

Platner, (Ed.), über die Idee der Gerechtigkeit in Aeschylus und Sophokles. Leipzig 858. Fr. Fleischer. 8. (VIII, 195 S.) 1 rß.

—— die Idee u. ihre Carricaturgestalten in d. gegenwärt. Zeit. Festr., am 20. Aug. 1837. gr. 8. (1 B.) Marburg, Elwert'sche Univ.-Buchh.

—— über Illusionen. Festrede am 20. Aug. 1846 gehalten. gr. 8. (1 B.) Marburg, Elwert'sche Universitäts-Buchh.

— über die Individualität in ihrer Verirrung und in ihrer Wahrheit, mit Beziehung auf die neueren Zeitrichtungen. Festrede. gr. 8. Marburg 840. Elwert. 1/12 rf

— über die Licht- u. Schattenseiten unsrer polit. Zustände. Festrede am 20. August 1849 dem Geburtstage Sr. K. Hoh. des Kurfürsten von Hessen Friedrich Wilhelm I. gr. 8. (20 S.) (Marburg, Elwert.) 3 ngl

Platner, Ed., Notiones juris et justitiae ex Homeri et Hesiodi carminibus explicatae. Marb. 819. 8. 20 gr.

Platner, E., De iis partibus librorum Ciceronis rhetoricorum quae ad ius spectant. Pr. 1829. 45 S. 1.20

—— de iis partibus librorum Ciceronis rhetoricorum, quae ad jus spectant. Edit. II. 8 maj. (3½ B.) Marburgi 831, Elwert.

— der Proceß u. die Klagen bei d. Attikern. 1r Thl. Proceß, u. 2r Thl. Klagen. gr. 8. Darmstadt 824, 25. Leske. (à 2 rf) 4 rf

— — Quaestiones historicae de criminum jure antiquo Romano. Marburg (Elwert) 11. IX. 1836. 71 S. (4.75) 26610

—— Quaestiones de iure criminum Romano, praesertim de criminibus extraordinariis. 8 maj. (30½ B.) Marburgi 842, libr. Universit. Elwert.

— Rede auf das Ableben Sr. K. Hoheit Wilhelm des zweiten Kurfürsten v. Hessen, gehalten am 19. Dezember 1847 bei der akadem. Trauerfeier. gr. 8. (14 S.) Marburg (848), Elwert. 2 ngl

—— de sententia praetoris et de iis quae coram praetore peracta instar judicii sunt. 4 maj. (IV und 58 S.) Marburgi 851, libr. Univers. Elwert.

— über die Toleranz. Eine Rede, gehalten d. 20. Aug. 1836. gr. 8. Marburg, Garthe. 1/12 rf

Platner, Eduard, Geh. Hofrat, Doctor und ordentl. Professor der Rechte zu Marburg, Ueber die Weltanschauungen in den jüngsten Zeitbewegungen. Festrede am 20. August 1850 dem Geburtstage Seiner Königlichen Hoheit des Kurfürsten von Hessen Friedrich Wilhelm I. Marburg, Elwert. 16 S. 8°.

—— über den Weltschmerz. Festrede am 20. Aug. 1844, dem Geburtstage des Kurprinzen u. Mitregenten von Hessen Friedrich Wilhelm. gr. 8. (1 B.) Marburg, Elwert'sche Universit.-Bh.

Platner, Ernst [Praes.], s. Albrecht, Philipp Wilhelm Urban: De dolore.

— — Univ. Litt. Lipsiensis procancellarius panegyrin medicam. — An ridiculum sit animi sedem inquirere. (Leipzig (Richter)) 5. VI. 1795. 12 S. mit Biogr. v. Friedrich August Wagner (Bärenstein/Meißen) (M.: M. A. Magnus). (3.75) 26636

— — Dasselbe. — An ridiculum sit animi sedem inquirere. Pr. II. (Leipzig (Klaubarth)) 20. V. 1796. 12 S. mit Biogr. v. Friedrich Ernst Adolph Teichert (Stolpen/Meißen) (M.: J. R. Hahnewald). (3.75) 26637

— — Anima quo sensu crescere dicatur prolusio. (Leipzig (Breitkopf) Jubilate u. Fest. Trin. 1768.) 16 S. (3.75) 26614

Platner, Ernst: Anthropologie für Aerzte und Weltweise. 292 S., gbd., Abb.

Leipzig: Dyck o.J.

Platner, Ernst, Anthropologie f. Aerzte u. Weltweise. 1 Theil. 292 S. Lpz. 1772. 8°. 1785. 8°.

—, Neue Anthropologie f. Aerzte u. Weltweise. Mit besond. Rücksicht auf Physiologie, Pathologie, Moralphilosophie u. Aesthetik. 664 S. 1. Bd. (einziger). Lpz. 1790. 8°.

— neue Anthropologie für Aerzte und Weltweise. 1r Thl. gr. 8. Leipzig, Crusius. (F. C. W. Vogel.) 790. Schreibp.

E. Platner's neue Anthropologie für Aerzte u. Weltweise, mit besond. Rücks. auf Physiol., Pathol., Moralphilos. u. Aesthetik. *Lpz.*, Crusius. 2 Thle. 790. gr 8° 1 rf 20 gl (die ältere erschien 772.)

E. Platner's philosoph. Aphorismen, nebst ein. Anleitungen z. philos. Gesch. *Lpz.*, Schwickert. (776-82.) 1r Th. n. A. 784, ganz neue Umarbeit. 793-800. 2 Thle. 8° 3 rf 16 gl

— üb. d. Atheismus; ein Gespräch. 8. Leipz. 783. Weygand. 8 gl

— verm. Aufsätze über medicinische Gegenstände. 8. Marburg, Krieger. 796.

— vermischte medicin. Aufsätze. 8. (Marb.) 796. Krieger. 10 gl

Platner, Ernst, Carl Bunsen, Ed. Gerhard u. Wilh. Röstell, Beschreibung d. Stadt Rom. Mit Beitrn. v. B. G. Niebuhr u. e. geognost. Abhandl. v. F. Hoffmann. Erläut. durch Pläne, Aufrisse u. Ansichten v. Knapp u. Stier, u. begl. v. e. besond. Urkunden- u. Inschriftenbuch v. Ed. Gerhard u. Em. Sarti. 1. Bd. u. 2. Bd. 1. u. 2. Abthl. gr. 8. Stuttgart, Cotta.
Bd. 1. Allgemeiner Theil. (49¼ B., 18 synchronist. Tab. gr. Fol, 1 grosser Stadtplan u. 1 geognost. Bl.) 829. 4 Thlr 8 Gr
- 2. Das vatican. Gebiet u. d. vatican Sammlungen. 1. u. 2 Abthl. od d Beschreib. 1. u. 2. Buch. [1. (28½ B) 832., 2. (29½ B.) 834. à 3 Thlr.] 6 Thlr.

Platner, Ernst (II.), Carl Bunsen, Ed. Gerhard u. Wilh. Röstell. Beschreibung d. Stadt Rom. 3. Bd Die sieben Hügel, der Pincio, das Marsfeld u. Trastevere. 3 Abthln. gr. 8. Stuttgart u. Tübingen, Cotta'sche Buchh.
Abthl. 1. Capitol u. Forum, Palatin, Aventin u. Caelius nebst ihren Umgebungen, od. d. Beschreib. 3—7. Buch. (44 B. u. 1 Stnt.) 837. 4 Thlr. 12 Gr.
- 2. Die Foren, der Esquilin, Viminal, Quirinal u. Pincius, nebst ihren Umgebungen, od. der Beschreib. 8. u. 9. Buch, nebst Ergänzung d. 3. u. 5. (38¾ B. u. 3 Stnt.) 838. 4 Thlr. 12 Gr.
- 3. Das Marsfeld, die Tiberinsel, Trastevere u. der Janiculus od. d. Beschreib. 10. u. 11. Buch. (44½ B. u. 1 Stnt.) 842. 4 Thlr. 18 Gr.
1. u. 2. Bd. Ebendas. 1829—34. 10 Thlr. 8 Gr.
Dies Werk wird ohne nachstehende Bilderhefte nicht abgegeben, wohl aber die Bilderhefte ohne das Werk.

—— dass. — Bilder-Heft hierzu. 18 Blätter, nach d. neuest. Nachgrabungen aufgenom. u. gez. v. M. Knapp im J. 1825. Fol. Ebds. 833.

—— dass. — Bilderheft hierzu. 2. Abthl. 12 Blätter (enth.: Pläne, Aufrisse u. Ansichten etc. gez. v. J. M. Knapp u. Schöppig.) ½ Imp.-Fol. Ebds. 837. •
1. Abthl. Ebendas. 1833. • 6 Thlr. 8 Gr.

— s. Beschreibung d. Stadt Rom.

Platner, Ernst, und Urlichs, Ludwig. Beschreibung Roms. Ein Auszug aus der Beschreibung der Stadt Rom. Stuttgart und Tübingen 1845. 8°.

— Auszug aus der Beschreibung der Stadt Rom, s. a. Beschreibung Roms.

Platner, Ernst [Praes.], s. Boehme, Christian Friedrich: De vitiis vocis et loquelae.

Platner, Ernst [Praes.], s. Braune, Christian Gottfried Karl: Topographiae medicae urbis Lipsiae specimen.

Platner, Ernst, s. Briefe e. Arztes an seinen Freund.

Platner, Ernst: Briefe eines Arztes an seinen Freund über den menschlichen Körper. Bd 1, 480 S., gbd.

Leipzig: Fritsch 1770

— Briefe eines Arztes an seinen Freund, über den menschlichen Körper. 2 Thle. 8. Lpz. Fritsch. 770. 71.

Platner, Ernst [Praes.], s. Bruhm, Anton Heinrich Ludwig: Quaestio de pastu pecorum stabulis secund. anal. discipl. medicae.

— — **Univ. Litt. Lipsiensis procancellarius panegyrin medicam. — De causis consensus nervorum physiologicis. (Leipzig (Klaubarth)) 26. III. 1790. 16 S. mit Biogr. v.** Salomo Constantin Titius **(Wittenberg) (M.: J. Chr.** Schönberg). (3.75) 26626

Platner, Ernst [Praes.], s. Constantin, Karl Friedrich: De encephalitide.

— — **Univ. Litt. Lipsiensis procancellarius panegyrin** medicam. — **Physiologiae definitionem suam** breviter **illustrat. et asserit. (Leipzig (Klaubarth)) 25. V. 1789. 16 S. mit Biogr. v. Christfred** Wilhelm **Volkheim (Dommitzsch) (M.: M. E.** Mathea). **(3.75) 26622**

— — **Ordinis medicorum in Univ. Litt. Lips.** procancellarius **panegyrin medicam. —** Dubitationes **quaedam super Boerhaavii atque Halleri** decretis de **nutritione. (Leipzig (Klaubarth)) 18. VII. 1788. 20 S.** mit **Biogr. v. Georg** Daniel Schuch **(Hamburg) (M.:** E. Wattya). (3.75) 26620

— — **Ordinis medicorum in Univ. Litt. Lips.** procancellarius **panegyrin medicam. —** Praemissae **sunt dubitationes quaedam de imperio cordis in venas. (Leipzig (Klaubarth)) 14. III. 1788. 18 S. mit Biogr. v. Johann Paul Siegling (Schleusingen) (M.: J. M. Reichmann).** (3.75) 26619

– s. Düfour: Versuch.

Ernst Platner

De Ebriositate.[Resp.:] Ioannes Augustus Wattsaeck Lipsiae (1799) Kramer. 24 S. 8°

Leipzig, Med. Diss. v. 20. Sept. 1799

— — **Ordinis medicorum in Univ. Litt. Lips. procancellarius panegyrin medicam. — Praemissa** exercitatiuncula **litteraria, in qua demonstratur: vulgarem de fluido nerveo sententiam non** antiquam **esse, sed novam. (Leipzig (Klaubarth)) 15. XII. 1786. 16 S. mit Biogr. v. Franziskus Johann** Mertlick **(Kromau/Böhmen) (M.: E. M.** Maier). (3.75) **26617**

– s. Fabre, Ant.: Untersuchung.

Platner, Ernst [Praes.], s. Franke, Johann Christian Gottlob: Doctrinae de inflammatione brevis expositio.

Platner, Ernst [Praes.], s. Geitner, Ernst August: De dysenteria.

— — **Univ. Litt. Lipsiensis procancellarius panegyrin medicam. — Partium corporis humani genera definiuntur specimen I. Definitiones vasorum. (Leipzig (Klaubarth)) 2. X. 1789. 12 S. mit Biogr. v. Johann Gottfried Wolf (Röderna/Lausitz) (M.: A. Chr. Misch). (3.75) 26624**

— — **Univ. Litt. Lipsiensis procancellarius panegyrin medicam. — Partium corporis humani genera definiuntur specimen II. Instrumentorum secernendi general. (Leipzig (Klaubarth)) 18. XII. 1789. 12 S. mit Biogr. v. Carl Friedrich Theophil Idler (Delitzsch) (M.: D. S. Lindner). (3.75) 26625**

— — **Univ. Litt. Lipsiensis procancellarius panegyrin medicam. — Partium corporis humani genera definiuntur speciminis II.** pars altera-instrumenta **secernendi glandulosa.** (Leipzig (Klaubarth)) **27. IX. 1790. 12 S. mit Biogr. v.** Peter **Paul Haering (Warschau) (M.: M.** Gudzweler). **(3.75)** 26627

Platner, Ernst [Praes.], s. Gniditsch, Peter: De morbis membranae tympani.

Platner, Ernst (Comm.):

s.: Haën, Anton de: Heilungsmethode in dem kaiserlichen Krankenhause zu Wien. (Ratio medendi in nosocomio practico. Dt.) Leipzig: 1779 - 1785

Platner, Ernst [Praes.], s. Haertling, Gottlob Leberecht: Medicamenta quaedam inertiae accusata.

Platner, Ernst [Praes.], s. Heffter, Karl Friedrich: De placenta praevia.

Platner, Ernst [Praes.], s. Herzog, Johann Gottlieb: De cystitide.

— — **Historia literario-chir. lithotomiae mulierum.** Specimen. **Leipzig (Breitkopf) 28. III. 1770. 24 S. (3.75) 26615**

Platner, Ernst [Praes.], s. Hommeyer, Ernst Theophil: De educatione futuri medici.

—. Ueb. d. Hypochondrie. Anh. zu: [illegible], Ueb. d. Betrachtungen der Krankh. d. menschl. Verstandes. Lpz. S. 1786

Platner, Ernst [Praes.], s. Kasten, Karl Andreas: Repetitio brevis et assertio doctrinae Stahlianae de motu vitali.

Platner, Ernst [Praes.], s. Krieger, Johann Christ. Friedrich: De letalitate vulnerum absoluta.

– s. Ledran: Gutachten.

Platner, Ernst [Praes.], s. Lehmann, Wilh. Ludw. Chr. Ferd.: De dysenteria.

— Lehrbuch d. Logik u. Metaphysik. 8. Lpz. 793. Schwickert. 12 gr.

— Lehrbuch der Logik und Metaphysik. 8. Lpz. Schwickert 795.

— — Univ. Litt. Lipsiensis procancellarius panegyrin medicam. — De libertate, magno medicorum bono. O. O. 6. XII. 1816. 16 S. mit Biogr. v. Ludolph Herrmann Unger (Borna / Leipzig) (M.: Ch. A. Zeibig). (3.75) 26686

Platner, Ernst [Praes.], s. L o r b e e r , Joh. Friedrich: De febribus intermittentibus.

Platner, Ernst [Praes.], s. M a y , Ludwig Moritz: Praecipuas inter utrumque sexum differentias exhibens.

– s. M o r a n d : Chirurg. Schriften.

Platner, Ernst [Praes.], s. M u i l l e r , Johann Friedrich: De luxu gravissimorum morborum fonte.

Platner, Ernst [Praes.], s. M u i l l e r , Karl Wilhelm von: Physiologica systematis vasorum absorbentium.

— — Univ. Litt. Lipsiensis procancellarius panegyrin medicam.— De natura animi quoad physiologiam. (Leipzig (Klaubarth)) 17. XII. 1790. 12 S. mit Biogr. v. Carl August Andree (Dresden) (M.: Fr. D. Bizen). (3.75) 26628

Platneri, (E.,) Opuscula academica, sive collectio quaestion. medicinae forensis, psychicae, publicae, aliarumque, quas auctor per quinquaginta annos acad. more tractavit. Post mortem auctoris edid. C. G. Neumann. 8maj. Berolini 824, Flittner.

Platner, Er., Opuscula academica, sive collectio quaestion. medicinae forensis, psychicae, publicae, aliarumque, quas auctor per quinquaginta annos acad. more tractavit. Post mortem auctoris edid. C. G. Neumann. 8maj. Berl. 824. (Sander). 2 ℛ

Platner, Ernst: O p u s c u l a de partu undecimestri, s. P ü t t m a n n , Josias Ludwig Ernst

— oratio de bonis academiae Lipsiens. 4maj. Leipz. 780. Dyck. 3 gℛ

— — Adversus sepulturam in aedibus sacris oratio. Leipzig (Sommer) 14. III. 1788. 25 S. (4.—) 26618

— adversus sepulturam in aedibus sacris oratio etc. 4maj. Leipz. 788. (List in Berl.) 6 gℛ

— — Palae ophysiologia de inspiratione principii vitalis. Leipzig (Langenheim u. Klauberth) 7. XII. 1780. 18 S. (3.50) 26616

— — Ordinis medicorum in Univ. Litt. Lips. procancellarius panegyrin medicam. O. O. 19. IV. 1793. 8 S. mit Biogr. v. Carl August Ferdinand Rumpelt (Pirna) (M.: Chr. Ch. Raendler). (3.75) 26635

— — Univ. Litt. Lipsiensis procancellarius panegyrin medicam. — Physiologiae partitionem suam proponit et illustrat. (Leipzig (Klaubarth)) 1. IX. 1789. 14 S. mit Biogr. v. Carl Heinrich Grossmann (Eubenstock) (M.: M. R. Funk). (3.75) 26623

Platner, Ernst: P r a e s i d i a eloquentiae Romanae, s. C l o d i u s , Christian August

– s. P r o f e s s o r , Der.

— d. Professor. gr. 8. Lpz. Schwickert. 775.

– s. P ü t t m a n n , J. L. E.: Opuscula de partu. . .

— quaestiones medicinae forensis. Quaest. I—XXVIII. 4. Leipz. 802—7. Göthe. 1 ℛ 16 gℛ

— — Univ. Litt. Lipsiensis procancellarius panegyrin medicam. — Quaestiones medicinae forensis. I. De amentia occulta. (Leipzig (Klaubarth)) 17. III. 1797. 13 S. mit Biogr. v. Theodor Benjamin Neuhof (Lissa / Delitzsch) (M.: S. S. Glasewald). (3.75) 26638

— — Dasselbe. — Quaestiones medicinae forensis II. De amentia occulta alia observatio quaedam. (Leipzig (Klaubarth)) 7.IV.1797. 11 S. mit Biogr. v. Carl Heinrich Stoelzel (Eibenstock) (M.: M. W. R. von Elterlein). (3.75) 26639

— — Dasselbe. — Quaestiones medicinae forensis III. De amentia dubia. (Leipzig (Klaubarth)) 11. IV. 1797. 12 S. mit Biogr. v. Friedrich Gottlob Schirmer (Dresden) (M.: A. M. Krump). (3.75) 26640

— — Dasselbe. — Quaestiones medicinae forensis IV. Melancholiae curatio nunquam tuta. (Leipzig (Klaubarth)) 25. III. 1798. 11 S. mit Biogr. v. Johann Friedrich Wilhelm Seegert (Landsberg/ Brandenburg) (M.: M. Chr. Cauer). (3.75) 26641

— — Dasselbe. — Quaestiones medicinae forensis V. De inanibus amentiae probandae argumentis ad defensores. [Leipzig] ((Klaubarth)) 3. IV. 1798. 12 S. mit Biogr. v. Christian Theophil Wendler (Dresden) (M.: J. Fr. Fiedler). (3.75) 26642

— — Dasselbe. — Quaestiones medicinae forensis VI. De partu undecimestri observatio. (Leipzig (Klaubarth)) 3. VIII. 1798. 12 S. mit Biogr. v. Georg August Moritz Wohlrab (Sorau/Lausitz) (M.: J. L. Kraus). (3.75) 26643

— — Dasselbe. — Quaestiones medicinae forensis VII. De venia aetatis observatio. (Leipzig (Klaubarth)) 7. II. 1800. 13 S. mit Biogr. v. Carl Friedrich Constantin (Eilenburg) (M.: A. Plos). (3.75) 26644

— — Dasselbe. — Quaestiones medicinae forensis. VIII. De excusatione amentiae observatio. (Leipzig (Klaubarth)) 21. III. 1800. 12 S. mit Biogr. v. Johann Leberecht Godoricus Krebel (Burgscheidungen/Thüringen) (M.: J. S. J. Warlitz). (3.75) 26645

— — Univ. Litt. Lipsiensis procancellarius inaug. duorum doctorum med. — Quaestiones medicinae forensis IX. De excandescentia furibunda observatio. (Leipzig (Klaubarth) Judica 1800). 14 S. mit Biogr. v. Carl Friedrich Jahn (Zwickau) (M.: E. D. Keilhauer), u. Johann Friedrich Randhan (Weißenfels) (M.: J. E. Boehm). (3.75) 26646

— — Univ. Litt. Lipsiensis procancellarius panegyrin medicam. — Quaestiones medicinae froensis X. Vulnerum, quae in congressione et conflictu fuint, aestimandorum cautiones. (Leipzig (Klaubarth)) 30. V. 1800. 12 S. mit Biogr. v. Franziskus Friedrich Roeber (Eilenburg) (M.: Fr. Constantin). (3.75) 26647

— — Dasselbe. — Quaestiones medicinae forensis XI. De judiciis medicorum publicorum. (Leipzig (Klaubarth)) 16. I. 1801. 15 S. mit Biogr. v. Johann Wilhelm Schlegel (Langensalza/Thüringen) (M.: S. W. Seebach). (3.75) 26648

— — Dasselbe. — Quaestiones medicinae forensis XII. De excusatione aetatis observatio. (Leipzig (Klaubarth)) 20. III. 1801. 15 S. mit Biogr. v. Johann August Tittmann (Buchla/Hannover) (M.: H. D. Weppen). (3.75) 26649

— — Dasselbe. — Quaestiones medicinae forensis XIII. De judiciis medicorum publicorum observatio alia quaedam. (Leipzig (Klaubarth)) 3. VII. 1801. 14 S. mit Biogr. v. Johann Friedrich August Eisfeld (Heldrungen/Thüringen) (M.: Chr. Fr. Mundin). (3.75) 26650

— — Dasselbe. — Quaestiones medicinae forensis XIV. De lipothymia parturientium, quantum ad excusationem infanticidii. (Leipzig (Klaubarth)) 22. XII. 1801. 15 S. mit Biogr. v. Wilhelm Theophil Tilesius (Mühlhausen / Thüringen) (M.: C. E. Altenburg). (3.75) 26651

— — Dasselbe. — Quaestiones medicinae forensis XV. Amentiae probandae argumenta vere ac falso suspecta. I. De fatuitate. (Leipzig (Klaubarth) Exaudi 1802). 22 S. mit Biogr. v. Franziskus Friedrich Gottlob Eggert (Eisleben) (M.: Chr. D. Ritter), Valentin Traugott Orthobius Polack (Wurzen) (M.: R. Carnal), Christian Traugott Lang (Görlitz/Lausitz), Johann Friedrich Lorber (Naumburg) (M.: J. S. Chr. Tymp), Johann Theophil Wilhelm Demian (Dresden) (M.: J. E. Prenzel). (3.75) 26652

— — Dasselbe. — Quaestiones medicinae forensis XVI. De judiciis medicorum publicorum III. (Leipzig (Klaubarth) 15. p. Trinit. 1802.) 19 S. mit Biogr. v. Carl Georg Heun (Teoditz/Thüringen) (M.: Chr. H. Schuber), Carl Georg Isaac (Zwickau) (M.: Chr. H. S. Jaenick), Johann Christian Wilhelm Keller (Münchenbernsdorf/Meißen) (M.: L. E. Roth). (3.75) 26653

— — Dasselbe. — Quaestiones medicinae forensis XVIII. Infanticidii excusandi argumenta falso suspecta I. (Leipzig (Klaubarth)) 29. X. 1802. 10 S. mit Biogr. v. Carl August Mueller (Leipzig) (M.: A. S. Wahn). (3.75) 26654

— — Dasselbe. — Quaestiones medicinae forensis XIX. Amentiae probandae argumenta vere ac falso suspecta. III. De fatuitate opinata. (Leipzig (Klaubarth)) 21. XII. 1802. 15 S. mit Biogr. v. Friedrich Wilhelm Breuel (Schneeberg) (M.: A. E. Zimmermann). (3.75) 26655

— — Dasselbe. — Quaestiones medicinae forensis XX. De judiciis medicorum publicorum observatio alia quaedam. (Leipzig (Klaubarth) Oculi 1803). 13 S. mit Biogr. v. Ernst Gottfried Krikov (Leipzig) (M.: J. Chr. List), Christian Gottfried Senkeisen (Leipzig) (M.: S. Worth). (3.75) 26656

— — Dasselbe. — Quaestiones medicinae forensis XXI. An collegiis medicorum non liceat ultra corpus delicti pronuntiare. (Leipzig (Klaubarth) Palmar. 1800). 15 S. mit Biogr. v. Carl Friedrich Wilhelm Schmidt (Landgrafenroda/Thüringen) (M.: Chr. Fr. Karthaus), Carl August Kuhl (Baalsdorf/Meißen) (M.: Ch. S. Ungebauer), Christian Daniel Sachs (Leipzig) (M.: Chr. S. Schindler). (3.75) 26657

— — Dasselbe. — Quaestiones medicinae forensis XXII. De veneficio, inprimis per arsenicum, paradoxa quaedam. (Leipzig (Klaubarth) 16. V. 1804). 18 S. mit Biogr. v. Johann Gottfried Loehn (Gera) (M.: R. E. Geidel), Johann Carl Meyer (Dahlen/Meißen) (M.: Fr. S. von Brause), Friedrich Christian Adam Doering (Gatterstadt/Thüringen) (M.: R. S. Günther). (3.75) 26658

— — Dasselbe. — Quaestiones medicinae forensis XXIII. De veneficio per arsenicum observatio quaedam. (Leipzig (Klaubarth)) 23. VIII. 1805. 16 S. mit Biogr. v. Johann Christian Gottfried Joerg (Predel/Zeitz) (M.: Chr. Dinger). (3.75) 26659

— — Dasselbe. — Quaestiones medicinae forensis XXIV. De veneficio per arsenicum alia observatio quaedam. (Leipzig (Klaubarth)) 29. X. 1805. 12 S. mit Biogr. v. Christian Adolph Wendler (Leipzig) (M.: Chr. Fr. Peinemann). (3.75) 26660

— — Dasselbe. — Quaestiones medicinae forensis XXV. De melancholia senili occulta observatio. (Leipzig (Klaubarth) 15. p. Trinit. 1806.) 15 S. mit Biogr. v. Johann Christian August Heinroth (Leipzig) (M.: Chr. D. Nicolai), Johann August Wilhelm Ilisch (Crollwitz/Thüringen) (M.: M. Chr. Reichard). (3.75) 26661

— — Dasselbe. — Quaestiones medicinae forensis XXVII. De inanibus clementiae erga medicos spurios excusandae argumentis. Ad latores legum et judices. (Leipzig (Klaubarth) Cant. 1807.) 18 S. mit Biogr. v. Johann Christian Gottlob Frank (Muskau/Lausitz) (M.: Chr. Vogler), Carl Ferdinand Graef (Warschau) (M.: Chr. Zschernig), Christian Gottlob Tobias (Görlitz/Lausitz) (M.: J. Chr. Bertig). (3.75) 26662

— — Dasselbe. — Quaestiones medicinae forensis XXVIII. De inanibus clementiae erga medicos spurios excusandae argumentis. Ad latores legum et judices II. (Leipzig (Klaubarth) 14. p. Trin. 1807.) 16 S. mit Biogr. v. Johann Carl Gehler (Leipzig) (M.: R. J. Fr. Kees), Wilhelm Andreas Haas (Leipzig) (M.: R. Fr. Chr. Witthun). (3.75) 26663

— — Dasselbe. — Quaestiones medicinae forensis XXIX. De vita foetus non animata, quantum ad infanticidium. (Leipzig (Klaubarth)) 19. V. 1809. 20 S. mit Biogr. v. Ernst Pieniz (Radeberg) (M.: J. Chr. Hetel), Christian Eduard Pohl (Leipzig) (M.: Chr. C. Frege), Friedrich Philipp Ritterich (Leipzig) (M.: S. Vockel), Christian August Sonnenkalb) (Keuschberg/Merseburg) (M.: W. Nolten). (3.75) 26664

— — Dasselbe. — Quaestiones medicinae forensis XXX. De amentia vinolenta. (Leipzig (Klaubarth)) 22. IX. 1809. 16 S. mit Biogr. v. Traugott Wilhelm Gustav Benedict (Torgau/Meißen) (M.: H. S. Le Petit). (3.75) 26665

— — Dasselbe. — Quaestiones medicinae forensis XXXI. De discrimine laesionum necessario, et fortuito lethalium paradoxa quaedam. (Leipzig (Klaubarth)) 5. I. 1810. 15 S. mit Biogr. v. Heinrich Eduard Otto (Meißen) (M.: C. S. Hoyer). (3.75) 26666

— — Dasselbe. — Quaestiones medicinae forensis XXXII. De excusatione fatuitatis, praecipue senilis ac puerilis. P. I. O. O. 11. V. 1810. 12 S. mit Biogr. v. Gottlob Traugott Rudolph (Bischofswerda) (M.: Chr. S. Hust). (3.75) 26667

— — Dasselbe. — Quaestiones medicinae forensis XXXIII. De excusatione fatuitatis. P. II. De fatuitate puerili. (Leipzig (Klaubarth)) 26. VI. 1810. 15 S. mit Biogr. v. Ernst Friedrich Wilhelm Streit (Ronneburg) (M.: E. Westhoff). (3.75) 26668

— — Dasselbe. — Quaestiones medicinae forensis XXXIV. De excusatione fatuitatis. P. III. De fatuitate puerili. II. (Leipzig (Klaubarth) 19. p. Trin. 1810.) 16 S. mit Biogr. v. Adolph Melchior Drechsler (Naumburg) (M.: J. Chr. Richter). (3.75) 26669

— — Dasselbe. — Quaestiones medicinae forensis XXXV. Deprecatio pro crimine infanticidii. I. (Leipzig (Klaubarth)) 8. III. 1811. 16 S. mit Biogr. v. Wilhelm Ludwig Randhan (Weißenfels) (M.: J. E. Boehm). (3.75) 26670

— — Dasselbe. — Quaestiones medicinae forensis XXXVI. Deprecatio pro crimine infanticidii. II. (Leipzig (Klaubarth)) 5. IV. 1811. 12 S. mit Biogr. v. Friedrich August Benjamin Puchelt (Bornsdorf/Lausitz) (M.: J. L. S. Burscher). (3.75) 26671

— — Dasselbe. — Quaestiones medicinae forensis XXXVII. Deprecatio pro crimine infanticidii III. (Leipzig (Klaubarth)) 7. VI. 1811. 14 S. mit Biogr. v. Carl Ludwig August Goepel (Leipzig) (M.: Chr. C. Fr. Uhlemann). (3.75) 26672

— — Dasselbe. — Quaestiones medicinae forensis XXXVIII. De fatuitate febrili observatio quantum ad factionem testamenti. (Leipzig (Klaubarth)) 23. VIII. 1811. 18 S. mit Biogr. v. Ludwig Moritz Mai (Löbau/Lausitz) (M.: Ch. W. Wagner (3.75) 26673

— — Dasselbe. — Quaestiones medicinae forensis XXXIX. Deprecatio pro crimine infanticidii. IV. (Leipzig (Klaubarth)) 24. III. 1812. 14 S. mit Biogr. v. Georg Ludwig Wilhelm Reutter (Dresden) (M.: Chr. E. Matthia). (3.75) 26674

— — Dasselbe. — Quaestiones medicinae forensis XL. De eclampsia parturientium, quantum ad suspicionem infanticidii, narratio quaedam. (Leipzig (Klaubarth)) 18. IX. 1812. 16 S. mit Biogr. v. Ernst Wilhelm Christian Schmidt (Bruck). (M.: A. Chr. Koehler). (3.75) 26675

— — Dasselbe. — Quaestiones medicinae forensis XLI. Deprecatio pro crimine infanticidii. V. (Leipzig (Klaubarth) 1814.) 22 S. mit Biogr. v. Friedrich Ferdinand Wockaz (Bautzen/Lausitz) (M.: M. Fischer), Christian Conrad Weiss (Leipzig) (M.: J. Chr. Schmidt). (3.75) 26676

— — Dasselbe. — Quaestiones medicinae forensis XLII. Publice curandae valetudinis praesidia, in civitate, jure pleno desiderari ostenditur. (Leipzig (Klaubarth) 18. p. Trin. 1814.) 16 S. mit Biogr. v. Ernst Friedr. August Baumann (Graefenhainichen/Sachsen) (M.: J. S. Röhrig). (3.75) 26677

— — Dasselbe. — Quaestiones medicinae forensis XLIII. Quid differat inter animum et mentem quantum ad signa amentiae. O. O. 28. III. 1817. 20 S. mit Biogr. v. Emil Carl Ernst Reiniger (Großenhain) (M.: J. C. von Holleufer), Friedrich Leonhard Schrag (Dresden) (M.: Ch. W. Rost). (3.75) 26678

— Quaestiones medicinae forensis et medicinae studium octo semestrib. descriptum. Primo junctim edid., indicem copiosum et vitam Platneri adjec. L. Choulant. Acced. effigies Platneri. 8 maj. Lips. 824. Voss.

— quaestionum physiologicar. libri II. 8. maj. Lps. Crusius. (F. C. W. Vogel.) 793.

Platner, Ernst: Quaestionum physiologicarum libri duo... Praecedit proemium tripartitum de constituenda physiologiae disciplina. 285 S., gbd., Abb.

Lipsiae: Crusius 1794

Platner, Ernst [Praes.], s. Randhan, Wilhelm Ludwig: De synocho systematis sensibilis.

Ernst Platner

Repetitio brevis et assertio doctrinae Stahlianae de motu vitali. [Resp.:] Carolus Andreas Kastenius [Kasten]. Lipsiae (1781:) Klaubarth. XXIV S. 8°

Leipzig, Med. Diss. v. 21. Juni 1781

Platner, Ernst [Praes.], s. Reutter, Georg Ludwig Wilhelm: De colica Saturnina.

— — Ordinis medicorum in Univ. Litt. Lips. procancellarius panegyrin medicam. — Secretio humorum ex Stahlianae disciplinae principi illustrata. (Leipzig (Solbrig)) 21. XI. 1788. 18 S. mit Biogr. v. Carl Christian Friedrich Menz (Longolissa) (M.: R. S. Reis). (3.75) 26621

— — (u.) Ern. Benj. Gottlieb Hebenstreit, De principio vitali sententia. Leipzig (Loeper) 5. IX. 1777. 29 S. (4.25) 26687
Enth.: Brief an Christian Ehrhard Kapp.

— — Univ. Litt. Lipsiensis procancellarius panegyrin medicam. — Spes immortalitatis animorum per rationes physiologicas confirmata. O. O. 3. I. 1791. 12 S. mit Biogr. v. Christian Friedrich-August Schroeer (Luckau / Lausitz) (M.: H. D. Franz). (3.75) 26629

— — Univ. Litt. Lipsiensis procancellarius panegyrin medicam. — Medicinae studium octo semestribus descriptum. Pr. I. (Leipzig (Klaubarth)) 15. IX. 1797. 14 S. mit Biogr. v. Johann Friedrich Traugott Schütz (Bischofswerda) (M:. Chr. T. Schmidt). (3.75) 26679

— — Dasselbe.—Medicinae studium octo semestribus descriptum. Pr. II. (Leipzig (Klaubarth)) 22. IX. 1797. 12 S. mit Biogr. v. Friedrich Gottlob Vetter (Meißen) (M.: E. Chr. Kunat). (3.75) 26680

— — Dasselbe.—Medicinae studium octo semestribus descriptum. Pr. III. (Leipzig (Klaubarth)) 16. XI. 1797. 16 S. mit Biogr. v. Johann Carl Friedrich Leun (Schladebach/Merseburg) (M.: Chr. E. Beker). (3.75) 26681

— — Dasselbe.—Medicinae studium octo semestribus descriptum. Pr. IV. (Leipzig (Klaubarth)) 13. VII. 1798. 12 S. mit Biogr. v. Benjamin Fürchtegott Ziegler (Seidenberg/Lausitz) (M.: Chr. Kirstein). (3.75) 26682

— — Dasselbe.—Medicinae studium octo semestribus descriptum. Pr. VI. (Leipzig (Klaubarth)) 15. III. 1799. 14 S. mit Biogr. v. Carl Friedrich Nicolai (Görlitz / Lausitz) (M.: J. D. Ludwig). (3.75) 26683

— — Dasselbe.—Medicinae studium octo semestribus descriptum. Pr. VII. (Leipzig (Klaubarth)) 3. V. 1799. 13 S. mit Biogr. v. Jakob Friedrich Bassenge (Dresden) (M.: S. E. Basseng). (3.75) 26684

— — Dasselbe.—Medicinae studium octo semestribus descriptum. Pr. IX. (Leipzig (Klaubarth)) 28. VI. 1799. 14 S. mit Biogr. v. Christian Friedrich Schwaegrichen (Leipzig) (M.: J. M. Hermann). (3.75) 26685

Supplementa in Io.Z.Platneri institutiones chirurgiae. Auctore Ernesto Platnero [Platner]. P.1. Lipsiae: Dyckius 1773. 8°

P.1: 1773.

— — dass. deutsch. gr. 8. Ebend. 775.

— Untersuchungen üb. einige Hauptkapitel d. gerichtl. Arznei-Wissenschaft durch beigefügte zahlreiche Gutachten d. Leipziger medin. Facultät erläutert. Aus d. Latein. übers. u. geordnet hrsgg. von K. Fr. Hedrich. gr. 8. Leipz. 820. Kummer.

— — u. (Soc.) **Jo. Sigfrid Kaehler** (Tribela / Lausitz), De vi corporis in memoria specimen primum cerebri in apprehendendis et retinendis ideis officium sistens. Leipzig (Breitkopf) 16. V. 1767. 50 S. (4.25) 26688
Gew.: Jo. August Ernesti.

— **Ernst** (Leipzig), De vi corporis in memoria specimen secundum pathologiam ad cognoscendas memoriae vicissitudines necessariam sistens. Leipzig (Breitkopf) 4. IX. 1767. 54 S. (4.75) 26613
Gew.: Hanns Gotthelf von Globig.

— — Univ. Litt. Lipsiensis procancellarius panegyrin medicam. — Vindiciarium sententiarum probabilium per systematis condendi festinationem de physiologia reiectarum. Pr. I. Fermenta. (Leipzig (Klaubarth)) 31. III. 1791. 12 S. mit Biogr. v. Paul Friedrich Gotthelf Ohlemann (Dresden) (M.: J. Paetz). (3.75) 26630

— — Univ. Litt. Lipsiensis procancellarius panegyrin medicam. — Vindiciarium sententiarum probabilium per systematis condendi festinationem de physiologia reiectarum. Pr. II. Calidum innatum. (Leipzig (Klaubarth)) 27. V. 1791. 14 S. mit Biogr. v. Carl Leopold Hennig (Freiberg) (M.: D. Fr. Zschau). (3.75) 26631

— — Dasselbe. — Vindiciarium sententiarum probabilium per systematis condendi festinationem de physiologia reiectarum. Pr. III. Parenchyma. (Leipzig (Klaubarth)) 10. VIII. 1792. 12 Seiten mit Biogr. v. August Ludwig Rumpelt (Dresden) (M.: D. S. Bauriedel). (3.75) 26632

— — Dasselbe. — Vindiciarium sententiarum probabilium per systematis condendi festinationem de physiologia reiectarum. Pr. IV. Appetitus naturalis. (Leipzig (Klaubarth)) 21. XII. 1792. 12 S. mit Biogr. v. Gottlob Wilhelm Klos (Tzschochau/ Lausitz) (M.: M. E. Heydrich). (3.75) 26633

— — Dasselbe.—Vindiciarum sententiarum probabilium per systematis condendi festinationem de physiologia reiectarum. V. Principatus hepatis. O. O. 16. VIII. 1793. 14 S. mit Biogr. v. Johann August Schmidt (Pfoerten/Lausitz) (M.: A. Th. Tesk). (4.25) 26634

Platner, Ernst: De v o l u p t a t i b u s studiorum impedimentis, s. P l a z , Anton Wilhelm

Platner's, Er., Vorlesungen über Aesthetik. In treuer Auffassung nach Geist u. Wort wiedergegeben von dessen dankbarem Schüler Mor. Erdmann Engel. Mit E. Platners Portrait. 8. Zittau 836. Nauwerck. 1 ß

– s. W e z e l , K.: Papiere.

Platner, Ernst: Zusätze zu seines Vaters Einleitung in die Chirurgie. (Supplementa in Joh(annis) Zach(ariae) ‚Platneri institutiones chirurgiae. Dt.) Th.1, 278 S., gbd., 5 Taf.

Leipzig: Dyck 1776

Platner, Ernst Alexander

— die Galle im gesunden u. krankhaften Zustande, s. H a n d - b i b l i o t h e k des Auslandes für die ꝛc. Heilkunde. VI.

Platner, Ernst Alex., über die Natur u. den Nutzen der Galle. Eine chemisch-physiolog. Abhandlung. gr. 8. (8⅝ B.) Heidelberg 845, Groos.

Platner E. A.: Uber die Natur u. den Nutzen d. Galle, eine chem.-physiolog. Abhandl. Heidelb. 1845. 129 S.

Platner, Fedor, Bemerkungen üb. d. Quadratbein u. d. Paukenhöhle d. Vögel. Lex.-8. (3½ B. u. 2 Stnt.) Dresden 838. (Leipzig, Weichardt.)

—(**Ernst**) **Fedor** (Leipzig), De diabete mellito cum lithiasi comparando. Diss. med. Leipzig (W. Haack) 20. X. 1835. 46 S. (3.50) 26689
Gew.: Carl August Kuhl, Ernst Heinrich Weber, Carl Wilhelm Stark.

Platner, Friedrich

—ambitus universae jurisscientiae in us. tiron. descriptus. 8. Leipz. 760. Gollner. 12 gr

Platner, Fr., († d. 15. Sept. 1770.) vermischte Anmerkk. üb. d. Gebrauch d. akadem. Jahre. 8. Lpz. 759. (Brockhaus). 8 gr

— — Jurisprudentiae grammaticae commendationem indicendarum exercitationum aestivarum caussa. Leipzig (Loeper) (20. V. 1759). 14 S. mit Namen. (4.25) 26700

—pro linguae Latinae utilitate in republica litteraria defensio. Quam X excursibus historico-litterariis instructam et variis, cum Platneri ipsius tum Chr. Ad. Klotzii atque Jh. Aug. Ernestii opusculis huc spectantibus adauctam edid. Emil Fd. Vogel. 8maj. Leipz. 832. Hinrichs. 18 gr

— — Disquisitio juris beneficiarii a quo tempore a cliente ob crimen condemnato fructus debeant restitui. Leipzig (J. G. Dyck) 23. VIII. 1753. 16 S. (4.25) 26696
Gratulationsschrift f. Joh. Geo. Lebrecht Wilk.

— — Joh. Augusti Bachii jurisconsulti nuper Lipsiensis clarissimi elogium memoriae caussa scr. (Leipzig (Loeper)) 3.—5. V. 1759. (4.50) 26699
Gew.: Joh. Wilhelm Richter, Roman Teller, Zacharias Richter. — Mit Verzeichnis der Veröffentlichungen Bach's.

— — Super fiducia virium ad virum claris. Heno. Christi. Aug. Othonem artium magistrum novellum extemporalis epistola. Leipzig (Breitkopf) 13. IX. (1755). (4.—) 26698

— — Pro jureconsultis qui litteras humaniores contemnunt ad virum consultissimum Joh. Augustum Bachium artium magistrum juris utriusque doctorem recens creatum epistola. Leipzig (C. Fritsch) (24. IX.) 1750. 24 S. (4.50) 26692

—exercitationes IV ad Marcianum de formula hypothecaria. 4. Leipz. 759.

—Diss. super juris naturalis finibus recte aestimandis. 4. Leipz. 761.

Platner, Friedrich [Praes.], s. F r o s c h , Samuel Traugott: Novae editionis institutionum Justinianarum specimen.

— f. Jh. Fr. Gronovii observationum libr. IV.

—historia jurisscientiae civilis Rom. et Byzantinae. 8. Leipz. 760. Autor. 12 gr

PLATNER, F.: Hist. jurisscientiae Rom. et Byzant. *Lpz.*, Fritsch. 760. 8. (12 Gr.)

Platner, Friedrich [Praes.], s. I r m e r , Joh. Gottlieb: Super dominii civilis in fundis Saxonicis natura.

— — De jure in feudum ante investituram praescriptione quaesito prolusio orationi aditiali. Leipzig (Breitkopf) 14. X. 1752. 15 S. (4.25) 26695

Platner, Friedrich [Praes.], s. K a u p i s c h , Joh. Karl Gotthold: Pro ampliando in divortiis decernendis judicum arbitrio. Exercit. I.

—lanx satura. 8. Altenb. 758. (Hennings in Neisse). 12 gr

— — u. **Roman Teller** (Leipzig), De legibus Romanorum sumtuariis exercitationem primam amplis. ordin. philos. consensu ad disceptandum proponit. Leipzig (Breitkopf) 15. IX. 1751. 28 S. (4.50) 26702
Mit sehr schöner Titelvignette. — Gew.: Christian Friedrich Boerner.

— — De legibus Romanorum sumtuariis exercitationem secundam illustr. ordin. jurid. consensu ut ad summos juris honores aditum sibi aperiret ad disceptandum proponit. Leipzig (Breitkopf) 3. II. 1752. S. 29—50. (4.50) 26694
Mit sehr schöner Titelvignette.

— — De legibus sacratis Romanorum. Liber singularis. Leipzig (C. L. Jacobi) (12. I.) 1751. 56 S. (5.—) 26693
Mit Brief an Gottfried David Schreiter.

—Diss. De legibus sacris Romanorum liber singularis. 8. Leipz. 751. Compt. f. Litt. 2 gr

Platner, Friedrich [Praes.], s. L i p p o l d , Joh. Gottfried: Ad marcianum de formula hypothecaria.

Platner, Friedrich [Praes.], s. M a r c h i u s , Georg August: Ad marcianum de formula hypothecaria.

— **Friedrich** (Leipzig), De personis ad verba quinctil. instit. L. XI. c. 3. Commentatio. Präs. Johann Friedrich Christ. Leipzig (Breitkopf) 20. II. 1749. 16 S. (4.25) 26690
Gratulationsschrift für Joh. Georg Richter. — Mit Titelvignette.

Platner, Friedrich (Hrsg.), s. P l a t n e r , Joh. Zacharias: Ars medendi ... – Opuscula.

— — Prolusio praelectionibus suis per semestre aestivum habendis praemissa. Leipzig (Breitkopf) (Rog.) 1754. 8 S. mit Namen. (4.—) 26697

Platner, Friedrich [Praes.], s. R i e s e , Karl Christian: Super juris naturalis finibus recte aestimandis.

Platner, Friedrich [Praes.], s. S c h m i d , Johann Christian: De pactis principum captivorum.

Platner, Friedrich [Praes.], s. S c h n e i d e r , Christian Ehregott: De exceptionibus necessariis sive iuris publici.

Platner, Friedrich [Praes.], s. T e l l e r , Romanus: De legibus Romanorum sumtuariis exercitatio I.

— — De usu hodierno divisionis hominum in cives et peregrinos. Präs. Carl Ferdinand Hommel. Leipzig (Breitkopf) 5. III. 1750. 40 S. (5.—) 26691
Mit sehr schöner Titelvignette. — Gew.: Rudolph August Schubart. — Widm. v.: Carl Ferdinand Hommel, Joh. Friedr. Christ.

— — Super usu legis Rhodiae de Jactu in bello terrestri exercitationem orationi sollemni adeundi novi muneris caussa. Leipzig (Loeper) 28. X. 1762. 42 S. (5.—) 26701

Platner, Friedrich [Praes.], s. Weiss, Christian Lebrecht: De sacris clandestinis.

Freuden des Wiedersehens meines Freundes des [Br.] Joh. Merckel gefeiert von G. Z. Platner. Nürnberg, am 6ten Merz [!] 1816. 2 Bl. 8⁰ [Umschlagtit.] Tt. 2565. Lied ohne Noten: „Beglückter Eltern Lust, . . .“ 439.

Platner, Gustav

Platner, G., die Karyokinese bei den Lepidopteren als Grundlage f. e. Theorie der Zellteilung. [Aus: „Internat. Monatsschr. f. Anat. u. Histol.“] gr. 8. (58 S. m. 2 Steintaf.) Leipzig 886. G. Thieme. n. 4. —

Platner, Gustav [Dr. med. Assist. am K. anatom. Inst. zu Breslau]: Kern und Protoplasma .... Breslau, Druck v. Grass, Barth u. Comp. (W. Friedrich.) (1887); 2 Bl. + 31 + 1 S. 8⁰ Breslau, Med. Fak., Hab.-Schr. v. 22. Dez. 1887

— Kern u. Protoplasma. Akademische Habilitationsschrift. gr. 8. (31 S.) Breslau 887. (Köhler.) n. 1. —

Platner, Gust., die Mechanik der Atome. Lex.-8. (IV, 97 S.) Berlin 901. M. Krayn. n. 2. 50

Platner, Gust., die Struktur u. Bewegung der Samenfäden bei den einheimischen Lungenschnecken. 8. (16 S. m. 1 Steintaf.) Göttingen 885. Vandenhoeck & Ruprecht's Verl. n. - 60

ΕΥΠΡΑΞΙΑΝ ΑΓΑΘΟΥ ΙΑΤΡΟΥ **celebri exemplo viro Johann Zacharias Platner superiore anno beate defuncti die eius emortuali facult. med. Lipsiensis decanus senior et caeteri sistunt et orationem anniversariam a viro Jo. Benjamin Boehmer indicunt. [Leipzig] ((Langenheim)) 19. XII. 1748. 24 S. (4.25) 26717**

Platner, Johann Zacharias: De negotiosa actione propter valetudinem circumcidenda. [Resp.] Ernestus Fridericus Haacke. Leipzig, Phil. F., Diss. 1744

Platner, Jo. Zach. (Resp.): Diss. de affectibus capitis..., s. Alberti, M. (Praes.)

Platner, Johann Zacharias [Praes.], s. Alberti, Michael: De vero sensu medico naturae incorporeae Hippocratico.

Platner, Pr. de anatome subtiliori ob usum imprimis chirurgicum non negligenda. Lps. 4⁰.
1734

In Acad. Lipsiensi ordinis medici procancellarius Jo. Zacharias Platner panegyrin medicam indicit et aquam fontanam salubriorem caeteris esse ostendit. [Leipzig] ((Langenheim)) 30. XII. 1738. 16 S. mit Bemerkg. über Jo. Christoph Homeroch (Kottbus/Lausitz). (3.75) 26712

Platner, Z.: De arte gymnastica veterum. Lipsiae 1724. 16 S.

Platner, Jo(hann) Zachar(ias): Ars medendi singulis morbis accommodata. 572 S., gbd.

Lipsiae: Fritsch 1765

Platner, Johann Zacharias.
Ars medendi singulis morbis accommodata.
Lipsiae 1765. H: *Platner, Friedrich.* (BrMm)

Platner J. Z.: Ars medendi singulis morbis accomodata. Lips. 1765. 458 S.

Facultatis medicae in Acad. Lipsiensi procancellarius Jo. Zacharias Platner panegyrin medicam indicit et de arte obstetricia veterum disserit. (Leipzig (Langenheim) 23. XII. 1735.) 16 S. mit Bemerkg. über Johann Valentin Harttramfft (Leipzig). (3.75) 26709

Jo. Zachar. Platner de chirurgia artis medicae parente. Lips. 1721. 4. — *Redit in* Ejusd. opusc. tom. II. pag. 1—10. — *German. in* Sammlung einiger kleinen Schriften vom Ursprung der Wundarzneikunst etc. Erfurt 1757. pag. 11—28.

Io[annes] Zacharias Platner: De ossium Conformatione et colore. ([Leipzig] 1738: Langenheim.) XII S. 8⁰
[Einladungsschrift zur Dr. med.-Promotion von Polykarp Friedrich Schacher, Leipzig, 9. Mai 1738]

Platner, Jo. Z., Foeminae cadaver publico in theatro anatomico ... indicet et de curatione τοῦ ἀποσκεπαρνισμοῦ in calva disserit. 10 pp. Lps. 4⁰.
1736

Platner, Joh(ann) Zacharias: Gründliche Einleitung in die Chirurgie, oder kurze Anweisung, alle Krankheiten, so denen Chirurgis vorkommen, theils mit innerlichen und äusserlichen Medicamenten, theils durch Operation zu curiren. (Institutiones chirurgiae rationalis... Dt.) Übers.u.hrsg.von Joh(ann) Benjamin Böhmer. Th.1 - 2, gbd.

Leipzig: Fritsch 1757

Platner, Joh(ann) Zacharias: Gründliche Einleitung in die Chirurgie oder kurze Anweisung, alle Krankheiten, so denen Chirurgis vorkommen...zu kuriren. (Institutiones chirurgicae rationalis... Dt.) 988 S., gbd., 6 Taf.

Leipzig: Fritsch 1770

— Einleit. in die Chirurgie; aus d. Latein. mit Zusätzen v. Gr. Platner. gr. 8. Leipz. 776. Dyck. 16 gl

— gründl. Einleit. in die Wundarznei; aus d. Latein. von Jh. Benj. Böhmer. 2 Thle. 8. Leipz. 749. Neue verm. Ausg. v. K. Chr. Krause. 2 Bde. mit Kpf. gr. 8. Ebd. 786. (Hahn). 2 ℳ 12 gl

Platner, Joh(ann) Zacharias: Einleitung in die Wundartzney. (Institutiones chirurgiae rationalis... Dt.) Neueste Ausg., hrsg.von Karl Christian Krause. Th.1 - 2, gbd., 6 Taf.

Leipzig: Fritsch 1786

— — Anatomicas exercitationes in foeminae cadavere. (Leipzig (Langenheim)) 17. III. (1736). (3.75) 26706

Jo[annes] Zacharias Platner: De Fistula lacrymali. [Resp.:] Henricus Godofredus Heyland. Lipsiae (1724:) Titius. 48 S. 8⁰
Leipzig, Med. Diss. v. 11. Aug. 1724

Platner, Johann Zacharias [Praes.], s. Heyland, Heinrich Gottfried: De fistula lacrymali.

Jo. Zachar. Platner progr. de Magno Hundt, tabularum anatomicarum, ut videtur, auctore. Lips. 1734. 4. — *Redit in* Opusc. II. 35—42. (Pl. opinio serius omnino refutata est, cum non Hundtii anthropologium Lips. 1500. 4. primas icones anatomicas contineat, sed Jo. de Ketham fasciculus medicinae Venet. 1491. f.; cfr. *Bücherkunde f. d. ält. Medicin,* 2. *Aufl. S.* 402.)

In Acad. Lipsiensi facultatis medicae procancellarius **Jo. Zacharias Platner** panegyrin medicam indicit et de iis, qui ex tuberculis Gibberosi fiunt, disserit. (Leipzig (Langenheim)) 17. IV. 1744. 12 S. mit Bemerkg. über Ernst Friedrich Haacke (Schweidnitz/Schlesien) u. 1 Taf. (3.75) 26716

Platner, Jo. Zach., Institutiones chirurgiae. Lps. 4°. 1745

Io[annis] Zachariae Platneri [Platner] Institutiones chirurgiae rationalis tum medicae tum manualis in usus discentium. Adiecta sunt icones nonnulorum ferramentorum aliarumque rerum quae ad chirurgo officinam pertinent. Ed. 2., cum app. nonnullorum medicamentorum compositorum. Lipsiae 1758: Fritsch. 944 S. 8°

Platner, Jh. Zach., (†...) institution. chirurgiae rec. notasq. adj. Karl Chr. Krause. c. tab. 8maj. Leipz. 783. (Hahn). 2 ꝑ Supplementa a Er. Platner. 8maj. ibid. 773. Dyck. 18 ℊ Schrbp. 1 ꝑ

Platner, Jo(hann) Zach(arias): Institutiones chirurgicae rationalis tum medicae tum manualis in usus discentium. Editio novissima. Recensuit notasque adiecit Karl Christian Krause. 872 S., gbd., 6 Taf.

Lipsiae: Fritsch 1783

Platner, J. Z. (Resp.): De medico directore motuum vitalium, s. Alberti, M. (Praes.)

— — De medico directore motuum vitalium. Diss. med. Halle/Magdeburg (Chr. Henckel) Sept. 1717. 36 S. (5.—) 26704

In Acad. Lipsiensi facultatis medicae procancellarius **Jo. Zacharias Platner** panegyrin medicam indicit et medicos de insanis et furiosis audiendos esse ostendit. [Leipzig] ((Langenheim)) 23. XII. 1740. 24 S. mit Bemerkg. über Erich Kuesch (Hamburg). (4.25) 26714

— **Johann Zacharias** (Chemnitz/Meißen), Meditationes in oeconomiam generationis animalium a celeberr. Nikolaus Hartsoeker expositam. Präs. Gottfried Polycarp Müller. Leipzig (I. Titius) 13. IV. 1715. 48 S. (5.25) 26703

Facultatis medicae in Acad. Lipsiensi procancellarius **Jo. Zacharias Platner** panegyrin medicam indicit, et de morbo campano Horatii disserit. [Leipzig] ((Langenheim)) 2. V. 1732. Mit Bemerkg. über Johann Georg Rupp (Frauenstein/Meißen). (4.—) 26707

Facultatis medicae in Acad. Lipsiensi procancellarius **Jo. Zacharias Platner** panegyrin medicam indicit et de morbo *ΕΝΘΟΥΣΙΑΖΟΝΤΩΝ ΚΑΙ ΕΝΕΡΓΟΥΜΕΝΩΝ* disserit. Leipzig (Langenheim) 21. X. 1732. Mit Bemerkg. über Jo. Gottlieb Heyler (Brieg/Schlesien). (4.—) 26708

Io[annes] Zacharias Platner: De Motu ligamenti ciliaris in oculo. ([Leipzig] 1738: Langenheim.) XII S. 8°

[Einladungsschrift zur Dr. med.- Promotion von Georg August Langguth, Leipzig, 16. Mai 1738.]

Facultatis medicae in Acad. Lipsiensi procancellarius **Jo. Zacharias Platner** panegyrin medicam indicit et de musculo digastrico maxillae inferioris disserit. (Leipzig (Langenheim) Rog. 1737). 16 S. mit Bemerkg. über Christian Gottlieb Ludwig u. 1 Taf. (3.75) 26710

Platner, Joh(ann) Zacharias: Opuscula. Tom.1 (Dissertationes) - 2 (Prolusiones), gbd., Abb.

Lipsiae: Weidmann 1748

— opusculorum medicorum II Tmi. 4. Lps. Weidmann. 749.

Platner, J. Z. Opusculorum tomus I (2). Lipsiae 1749. H: *Platner, Friedrich.* (BrMm)

— — (Leipzig), Oratio in vanam gloriam quam ex praepostera fortitudine aucupantur nonnulli literarum studiosi. [Leipzig] (I. Titius) 3. XII. 1727. (4.75) 26705

— orationes acad. 4. Lps. Fritsch. 749.

Platneri, J. Z., Orationes academicae. Acc. elogium ejusdem. Lips. 749. 4. 8 gr.

Facultatis medicae in Acad. Lipsiensi procancellarius **Jo. Zacharias Platner** panegyrin medicam indicit et de risu a splene disserit. (Leipzig (Langenheim)) 21. III. 1738. 16 S. mit Bemerkg. über Justus Gottfried Gunz (Königst. / Meißen.) (4.—) 26711

Io[annes] Zacharias Platnerus [Platner]: De Scarifatione oculorum. [Resp.:] Fridericus Christophorus Praetorius. Lipsiae (1728:) Titian. 42 S. 8°

Leipzig, Med. Diss. v. 10. Sept. 1728

Facultatis medicae in Acad. Lipsiensi procancellarius **Jo. Zacharias Platner** panegyrin medicam indicit et de somno in cubiculis percalefactis disserit. O. O. ((Bittorff)) 27. X. 1741. 12 S. mit Biogr. v. Samuel Kretzschmar (Palaeo-Chemnitz/Meißen). (4.—) 26715

In Acad. Lipsiensi facultatis medicae procancellarius **Jo. Zacharias Platner** panegyrin medicam indicit et de somno infantum ex agitatione motuque cunarum disserit. [Leipzig] ((Langenheim)) 22. VI. 1740. 12 S. mit Biogr. v. Johann Ehrenfried Thebes (Hirschberg/Schlesien). (4.—) 26713

Platner, Joh(ann) Zacharias: Traktat von der Reinlichkeit, mit Anmerkungen und einer Vorrede: Von der Pflicht sein eigner Medicus zu seyn, begleitet, von Christian Gotth(old) Schwenke. 52 S., gbd.

Leipzig: Fritsch 1752

—, resp. Jo. Ch. **Mentz**, De vulneribus superciliis illatis, cur coecitatem adferant? 20 pp. Lps. 4°. 1741

Platner, Johann Zacharias [Praes.], s. Wild, Johann Gottlieb: De morbis ex immunditiis.

Platner, Karl

Der Harzklub-Zweigverein Göttingen in den ersten zehn Jahren seines Bestehens. Festschrift z. 10j. Stiftungsfeste 1904. (Von C[arl] Pl[atner].) Göttingen 1904: Dieterich. (15 S.) 8° [Umschlagt.] 7

Platner, Carolus: De initiis confoederationis ante bellum tricennale inter provincias Austriacas factae. Halis Saxoniae 1864: (Lange in Berlin). 80 S. 8°
Halle-Wittenberg, Phil. Diss. v. 26. März 1864
Geb. Leipzig 24. 2. 1838. V.

Platner, Viktor

Platner, Vict., über die Auferstehung des deutschen Reichs. 8. (12 S.) Marburg 848, Elwert. 1 ngl

Platner, Vict., erbrechtliche Bestimmungen mit besonderer Rücksicht auf das frühere Kurfürstenthum Hessen. gr. 8. (VIII, 122 S.) Marburg 882. Elwert's Verl. n. 2. 40

Platner, Vict., die Bürgschaft. Eine germanist. Abhandlung. gr. 8. (V und 173 S.) Leipzig 857, Brockhaus.

—— über die historische Entwickelung des Systems und des Charakters des deutschen Rechts vorzugsweise des Privatrechts. 1. Bd. gr. 8. (VIII und 213 S.) Marburg 851(52,) Elwert'sche Universitäts-Buchh.

— über die historische Entwickelung des Systems u. des Charakters des deutschen Rechts vorzugsweise des Privatrechts. 2. Bd. Marburg 854. Elwert. 8. (XXVIII, 412 S.) 1 ℛ. 20 ngr

Platner, Viktor, Sachenrecht m. besond. Rücksicht auf das frühere Kurfürstenth. Hessen. gr. 8. (VIII, 328 S.) Marburg 875. Elwert's Verl. n. 6. —

Platner, W., die Goldindustrie am Witwatorsrand in Transvaal. Mit 110 Fig. im Text, 15 Taf. u. 1 vierfarb. Karte. (VIII, 208 S.) Lex.-8. Bremen (Rheinstrasse 41), 904. (Dr. Spiecker.) n. 20. —

Platner, W., die Goldindustrie am Witwatersrand in Transvaal. Mit 110 Fig. im Text, 15 Taf. u. 1 vierfarb. Karte. 2. Aufl. (VIII, 208 S. m. 3 Tab.) Lex. 8. Bremen 909. H. Drewes. 12. —

Platner, *Hermann* Wilhelm [aus Cassel]: Ueber die Einführung secundärer Alkoholradicale in die β-Stellung des Hydroxylamins ... Leipzig-R., Druck v. O. Schmidt, 1893; 38 S., 1 Bl. 8.
Leipzig, Phil. Fak., Inaug.-Diss. v. [26. Jan.] 1894

Plato [Sachliches OW]

Plato u. Aristoteles, der Uebergang v. Idealismus zum Empirismus. (v. Jh. Glo. Heyning). 8. Sulzb. 804. v. Seidel. 18 gl

Plato in Italien; aus einer griech. Handschrift übersetzt ... Tübingen 1808—11. Ü: *Rehfues, Philipp Joseph v.* (NN) »1808—9« H: *Cuoco, Vinc.* (Gi) V: *Cuoco.* (ErschDL)

Plato in Italien; aus d. Italien. hrsgg. v. P. J. Rehfues. 3 Bde. gr. 8. Tübing. 808—11. v. Cotta. 2 ℛ 18 gl

Platon's Leben, s. **Dacier.**

— Leben, s. **Entwurf** v. Platon's Leben.

Platons Leben, n. Bemerk. üb. dessen schriftstell. u. philos. Charakter, a. d. Engl. m. Anm. v. K. Morgenstern. gr. 8. Leipzig, Dyk. 797.

Plato u. Leibnitz jenseits d. Styx, ein Gespräch üb. die Persönlichkeit d. Seele nach d. Tode. 8. Halle 775. Hendel. 3 gl

Plato, Der neue, oder Gespräche, worin die menschliche Erkenntniss untersucht wird ... Athen [Hannover] 1787. V: *Cludius, Hermann Heimart.* (GGr) (Wr) (Ky)

Plato, d. neue, od. Gespräche, worin d. menschl. Erkenntn. unters. w. 1r Bd. 8. Hannover, Ritscher. (Hahn.) 787.

Plato, über ihn u. seine Philosophie. Ein philosoph. Fragment. 8. Altona 790. Hammerich. 2 gl

Platonische Studien, s. **Steger**, Jos.

— Traum von M. v. Schuckmann. 8. Hamb. 806. (Campe). 12 gl

— **Traum** v. M. v. Schuckmann. 8. Hamburg, Hofmann. 806.

Plato [Verfasser]

— Abriß e. Religionslehre; Denksprüche d. Phocylides, der Pythagoreer u. Kleanths Gesang auf Gott; aus d. Griech. v. L. Hörstel. 8. Braunschw. 798.

— Alcibiades I. et II. ed. J. K. B. Nürnberger. 8maj. Leipz. 796. Breitkopf u. H. 12 gl

— **Alcibiades** I. et II., Amatores, Hipparchus, Theages. Ed. Mart. Schanz. Ed. ster. gr. 8. (S. 107—197.) Leipzig, B. Tauchnitz. — 45

— *Alcibiades* II. Griechisch mit Anmerkungen von Köppen. Braunschw. 786. 8. 5 gr.

— Alcibiades d. Zweite, hrsgg. v. J. H. J. Köppen. 8. Braunschweig 788. Schulbuchh. 5 gl

Plato, Apologia Socratis graece. 4. Hamb. König. 739. Rthlr.

— Apologia Socratis graece in usum scholar. 8. Leipz. 805. P. Vogel. 5 gl

Plato, Apologia Socratis; ex recensione et cum lat. interpretatione F. A. Wolf. 8. Berol. Nauck. 812.

— apologia Socratis. Edit. accurat. Access. brevis annotatis in us. scholar. 8. Lips. 824, Schwickert.

—— **Apologia** Socratis ex rec. Fr. A. Wolfii. Praefatus est et varias lect. annotat. scholar. in us. addid. Fr. W. Willmann. 8 maj. (5 B.) Lemgoviae 828, Meyer.

— **Apologia.** In scholarum usu denuo ed. Mart. Schanz. gr. 8. (XII, 43 S.) Leipzig 893. B. Tauchnitz. n. — 60

— **apologia** et Crito, ed. Stallbaum, s. Bibliotheca graeca, ed. Jacobs et Rost.

— Apologia Socratis et Crito, rec. et comment. In usum scholar. instr. Gf. Stallbaum. 8maj. Gotha 827, Hennings. 16 gl

—— **Apologia** Socratis et Crito. Ed. et in scholar. maxime us. interpretatus est Car. Guil. Elberling. 8. (16½ B.) Havniae 837, libr. Gyldendal.

— Apologia et Crito. Scholarum in usum ed. Jos. Král. Accedunt Phaedonis c. LXIV—LXVII. 8. (XVI, 57 S.) Leipzig 885. Freytag. n. — 40

— Apologia et Crito. Scholarum in usum ed. Ios. Král. Accedunt Phaedonis C. LXIV—LXVII. 8. (XIII, 57 S.) Wien 895. F. Tempsky. — Leipzig, G. Freytag. n. — 40; geb. n.n. — 70

— Apologia Socratis, Crito, Alcibiades uterque, Meno, Hippias major, Symposium, Phaedrus. Scholar. in usum ad opt. recens. diligent. expressi. Prs. I. 8. Kopenh. 784. Brummer. 1 ℛ 20 gr

— libri VIII. Apologia Socratis, Crito, Alcibiades uterque, Meno, Hippias major, Symposium etc. Part. I. 8. Hafniae, Brummer. 810.

Platonis apologia Socratis, Crito et Phaedo. Accedit emendationis specimen in nonnullis reliquorum dialogorum. Edid. R. B. Hirschig. Trajecti ad Rh. 853. Kemink. Lex.-8. (VIII, 130 S.) n. 27 ngr.

— — Editio minor, in usum scholarum. Edid. R. B. Hirschig. Trajecti ad Rh. 853. Kemink. Lex.-8. (2 Bl., 88 S.) n. 6 ngr.

— apologia di Socrate ed il Critone. Con introduzione e note per le scuole di Alfr. Ludwig. (Uebersetzt und mit Vorrede von Em. Teza.) Vienna 857. Gerold. 8. (XVIII, 84 S.) n. 8 ngr.

— Apologia di Socrate, il Critone e l'epilogo del Fedone. Edizione scolastica di A. Th. Christ. Adattata a' ginnasi italiani da C. Cristofolini. Con l'effigie di Socrate. 8. (XVIII, 77 S.) Wien u. Prag 889. Tempsky. — Leipzig, Freytag. n. — 50

— Apologie des Sokrates, s.: Bibliothek, kleine.

—— Apologie d. Sokrates, übers. u. erläut. f. gebild. Leser v. Friedr. Aug. Nüsslin. gr. 8. (9¾ B.) Mannheim 838, Loeffler.

—— Apologie des Sokrates übers. und erläut. zunächst für gebildete Leser von Friedr. Aug. Nüsslin. 2., verb. und verm. Aufl. gr. 8. (XVI und 152 S.) Mannheim 848, Löffler.

—— Apologie d. Sokrates, Hrsg. u. m. e. Wörterverzeichnisse versehen v. G. H. Müller. 12. (IV, 54 S.) Freib. i. Br. 891, Herder. * — 40

— Apologie u. Kriton. s.: Universal-Bibliothek.

Plato, Apologie des Sokrates und Kriton. Mit erklärenden Anmerkungen für den Schulgebrauch von A. Ludwig. 8. (XX und 88 S.) Wien. Verlag und Druck von Karl Gerold und Sohn. 1854.

Plato, Apologie des Sokrates und Kriton. Mit Einleitung und erklärenden Anmerkungen für den Schulgebrauch herausgegeben von Alfred Ludwig. 2te Auflage. Wien, 1857. Druck und Verlag von Karl Gerolds Sohn. (XXII. 86 S. 8.)

—— Apologie des Sokrates und Kriton. Mit Einleitung und Anmerkungen für den Schulgebrauch von Alfr. Ludwig. 3., verm. Aufl. 8. (XXX und 89 S.) Wien (861)62, Gerold's Sohn. *

— Apologie des Sokrates u. Kriton mit Einleitung u. Anmerkungen für den Schulgebrauch von Alfr. Ludwig. 4., verm. Aufl. Wien 866. Gerold's Sohn. 8. (XXXVI, 92 S.) n. 8 ngr.

— Apologie d. Sokrates u. Kriton. Mit Einleitg. u. Anmerkgn. f. den Schulgebrauch v. Alfr. Ludwig. 5. von neuem durchgeseh. Aufl. gr. 8. (XXXVI, 92 S.) Wien 872. Gerold's Sohn. n. 1. 20

— Apologie des Sokrates u. Kriton. Mit Einleitung u. Anmerkungen für den Schulgebrauch v. Alfr. Ludwig. 6., v. Neuem durchgeseh. Aufl. gr. 8. (XXXVIII, 90 S.) Wien 879. Gerold's Sohn. n. 1. 20

— Apologie d. Sokrates u. Kriton. Für den Schulgebrauch bearb. v. Ed. Goebel. gr. 8. (XVI, 112 S.) Paderborn 883. F. Schöningh. n. 1. 20

—— Apologie des Sokrates und Kriton. Mit Einleitung und Anmerkungen für den Schulgebrauch von Alfr. Ludwig. 7. von Neuem durchges. Aufl. gr. 8. (VIII, 102 S.) Wien 885, Gerold's Sohn. *

— Apologie d. Sokrates u. Kriton. Für den Schulgebrauch bearb. v. Ed. Goebel. 2. Aufl. 8. (X, 151 S.) Paderborn 893. F. Schöningh. n. 1. 20

— Apologie u. Kriton. Ins Deutsche übertr. v. Otto Kiefer. (71 S.) 8. Jena 908. E. Diederichs. 2.—; geb. 3. —

Platons Apologie und Kriton nebst Abschnitten aus d. Phaidon u. Symposion hrsg. von Prof. Dr. Ferdinand Rösiger. Text. *Leipzig & Berlin: B. G. Teubner 1902.* 8° (IX. 90 S.)
(B. G. Teubner's Schülerausgaben griech. u. lat. Schriftsteller.) [04. 5050

— Apologie u. Kriton. Nebst Abschnitten aus den Phaidon u. Symposion. Hrsg. v. Ferd. Rösiger. Kommentar. (80 S.) gr. 8. Leipzig 903. B. G. Teubner n. — 80

— dasselbe. Hilfsheft. (VIII, 99 S. m. Bildnis.) 8. Ebd. 905. Geb. n. 1.—

Platon, Apologie u. Kriton nebst Abschnitten aus d. Phaidon u. Symposion. Hrsg. v. Ferd. Rösiger. Text. 2. Aufl. (IV, 88 S.) 8. Leipzig 909. B. G. Teubner. Geb. — 80

Plato's Apologie und Krito, nebst Abschnitten aus Phaedo, Symposion, Staat. Für d. Schulgebr. hrsg. von Dr. B[ernhard] Grimmelt. [Text.] Münster i. W.: Aschendorff 1907. 8°
(Aschendorff's Sammlung lat. u. griech. Klassiker.) [04. 4711

— dasselbe nebst Abschnitten aus Phaedo, Symposion, Staat. Für den Schulgebrauch hrsg. v. B. Grimmelt. (XXXV, 144 S.) 8. Münster 907. Aschendorff. Geb. 1.25; Kommentar (160 S.) 908. nn 1.30

— Apologie, Kriton und Phädon, übers. und erläutert von Frdr. Aug. Nüßlin. I—III. Neue verb. Aufl. Mannheim 862, 63. Löffler. (Segnitz.) 12. n. 26½ ngr.
I. Apologie oder Vertheidigungsrede des Sokrates. 3. verb. Aufl. (80 S.) n. 7½ ngr.
II. Der Platonische Kriton „über das sittliche Verhältniß des einzelnen Staatsbürgers zum Staate und den Gesetzen des Staates." 3. verb. Aufl. (64 S.) n. 5 ngr.
III. Der Platonische Phädon. 2. verb. Aufl. (VIII, 152 S.) n. 14 ngr.

—— Apologie, Kriton, Phaidon. Uebersetzt von Herm. Zimpel. 8. (187 S.) Breslau 888, Woywod. *ℳ 2.—; geb. *

— Apologie d. Sokrates u. Kriton, nebst den Schlußkapiteln d. Phaidon. Für den Schulgebrauch hrsg. von A. Th. Christ. Mit e. Titelbild. 8. (XVIII, 77 S.) Leipzig 889. Freytag. n. — 50; geb. n.n. — 70

— Apologie des Sokrates u. Kriton, nebst den Schlußkapiteln des Phaidon. Für den Schulgebrauch hrsg. v. A. Th. Christ. 2. unveränd. Aufl. 8. (XVIII, 77 S. m. Titelbild.) Leipzig 894. G. Freytag. n. — 50; geb. n.n. — 80

— Apologie des Sokrates u. Kriton nebst den Schlusskapiteln des Phaidon u. der Lobrede des Alkibiades auf Sokrates aus dem Symposion. Für den Schulgebrauch hrsg. v. A. Th. Christ. 4., verm. Aufl. (118 S. m. Titelbild.) 8. Wien 905. F. Tempsky. — Leipzig, G. Freytag. Geb. n. 1.—

— Apologie des Sokrates u. Kriton nebst d. Schlusskapiteln des Phaidon u. der Lobrede des Alkibiades auf Sokrates aus dem Symposion. Für den Schulgebrauch hrsg. v. A. Th. Christ. 5. Aufl. (118 S. m. Titelbild.) 8. Wien 908. F. Tempsky. — Leipzig, G. Freytag. Geb. 1.20

Platons Apologie und Kriton mit Stücken aus d. Symposion u. d. Phaidon. Z. Gebr. f. Schüler hrsg. v. Oberschulrat Dr. Albert v. Bamberg, Dir. ... zu Gotha. Text. Kommentar. *Bielefeld & Leipzig: Velhagen & Klasing 1897. 98.* 2 Bde 8.
Text. 1897. (XIV S., 1 Bl., 123 S.) Kommentar. 1898. (2 Bl., 37 S.)
(Sammlung latein. u. griech. Schulausgaben.)

— dasselbe m. Stücken aus dem Symposion u. dem Phaidon. Zum Gebrauch f. Schüler hrsg. v. Alb. v. Bamberg. Text. (Neudr.) (XV, 123 S.) 8. Bielefeld 903. Velhagen & Klasing. Geb. in Leinw. n. 1.20; Kommentar. (Neudr.) (37 S.) 904. Geb. n. — 70

—— apology and Crito: with notes. By W. S. Tyler. 8. (180 S.) New York 860. (Philadelphia, Schäfer und Koradi.) geb. *

Auswahl aus Plato hrsg. von Dr. Oskar Weissenfels, Prof. in Berlin. Ausg. A. Text. Kommentar. Leipzig & Berlin: B. G. Teubner 1906. 2 Bde 8°
— Auswahl aus d. griech. Philosophen. T. 1.
(B. G. Teubners Schülerausgaben griech. u. lat. Schriftsteller.)

Auswahl aus Plato hrsg. von Dr. Oskar Weissenfels, Prof. in Berlin. Ausg. B. Text. Kommentar. Leipzig & Berlin: B. G. Teubner 1906. 2 Bde 8°
— Auswahl aus d. griech. Philosophen. T. 1.
(B. G. Teubners Schülerausgaben griech. u. lat. Schriftsteller.)

Auswahl: Protagoras (verkürzt), Laches, Menon u. Abschnitte aus dem Gorgias u. dem Euthydemos. Für den Schulgebrauch hrsg. v. Herm. Röhl. 1. Tl.: Text (216 S.) 8. Münster 910. Aschendorff. Geb. 1.50

Auswahl aus Platons Politeia. M. Einl. u. Anm. hrsg. v. Dr. Carl Nohle, Oberl. ... zu Berlin. *Halle a. S.: Waisenhaus 1898.* (XIV S., 1 Bl., 198 S.) 1 Bd 8.
— Klassiker-Ausgaben d. griech. Philosophie. [Bd] III.

— Briefe, mit e. histor. Einleit. u. Anmerkk. v. J. G. Schlosser. 8. Königsb. (Lauffer in Leipz.) 20 gr

— Briefe mit Anm. von J. G. Schlosser. 8. Königsberg, Nicolovius. 795.

—— Charmides ex rec. Lud. Fridr. Heindorfii cur. Phil. Buttmanni in us. scholar. editus. 8maj. (2½ B.) Lipsiae 839, Nauck.

— Charmides, Laches, Lysis. Ed. Mart. Schanz. gr. 8. (72 S.) Leipzig 883. B. Tauchnitz. — 45

Plato: Chrestomathia Platoniana,
s.a. Chrestomathia ...

Platon. Chrestomathia Platoniana ... Turici 1756. H: *Mueller, Ferd. Chn.* (Hoff) (Ebert) (BrMm)

Dillenius, F. G., Chrestomathia Platoniana. Griechisch und Deutsch mit Anmerkungen. Winterth. 782. 8. 1 rthl.
(Dass.s.a.: Dillenius.)

Chrestomathie aus Platon nebst Proben aus Aristoteles Herausgegeben von Dr. Kamillo Huemer. I. Teil: Einleitung und Text. Wien und Leipzig 1910. C. Fromme. Geb. K 3.60.

Platonis Civitas graece. Recensuit et scholia addidit Car. Ern. Christoph. Schneider. 8 maj. Vratislaviae 841, G. P. Aderholz. 2/3 ₰

— Codex Oxoniensis Clarikianus, s: Codices graeci et latini photographice depicti. IV.

— Convivium. Textum recogn. et in usum scholar. brevibus notis crit. instr. Chr. L. Sommer. 8. Rudolst. 820. Hofbuchh. 8 gr Schrbp. 12 gr

Plato, Convivium, ed. Sommer. gr. 12. (Rudolst., Hofbuchhdl. in Comm.) 821.

— Convivium. In us. scholarum Cur. Guil. Dindorfius. 8maj. Lips. 824, Cnobloch.

— Convivium recens. illustr. L. J. Rückert. 8maj. Leipz. 829. Lehnhold. 1 ₰ 16 gr Schrbp. 3 ₰

— Convivium recens., emend., illustr. Alex. Hommel. Mit 1 Steindruck u. 2 farbige Abbildd. 8maj. Lipsiae 834. Fr. Fleischer. 2⅓ ₰ Velinp. n. 4 ₰

—— convivium cum epistola ad Thompsonum edidit Carol. Badham. gr. 8. (XXXVIII und 58 S.) London 866. Jena, Fr. Frommann.

— Cratylus, gr., lat. annotatt. crit. et gramm. illustr. J. F. Fischer. 4. Leipz. 792—99. (Sommer). 1 ₰ 16 gr (XIV Progr.)

— Cratylus et Theaetetus, c. animadvers. a Jh. Fr. Fischer. s. oben: Dialogi II.

— Cratylus, Theaetetus. Ad codices denuo collatos ed. Mart. Schanz. Ed. ster. gr. 8. (S. 125—269.) Leipzig 880. B. Tauchnitz. — 75

— Cratylus. Theaetetus. Post Carol. Frid. Hermannum recognovit Mart. Wohlrab. (Opera. Nr. 2.) 8. (202 S.) Leipzig 884. Teubner. — 90

— Crito griech. mit Einleit. u. griech.-deutsch. Vocabularien z. Behuf d. Anfänger im Griech. 8. Braunschw. 805. Reichard. (Meyer). 6 gr

— Crito graece, cum commentar. perpetuo et pleno in usum juvent. scholasticae edid. E Loewe (Leo.,) 8. Lpz. 825. Kaysers B. 8 gr Velinp. 12 gr

— Crito. Ed. stereotypa. 8. Zweibr. 828. Ritter. 2 gr

—— Crito graece. Cum Commentar. perpetuo in us. scholar. edid. Aenoth. Ed. Leo. Edit. II. auct. et emend. 8. (5½ B.) Lipsiae 833, Kayser.

— Crito. In scholarum usum denuo ed. M. Schanz. gr. 8. (VI, 22 S.) Leipzig 888. B. Tauchnitz. n. — 40

Platonis, Dialog. delectus, Euthyphro, Apologia Socratis, Crito. Ex recens. et cum latina interpretat. F. A. Wolfii, in us. praelect. 4. Berl. 812. Nauck. 1 ₰ Velinp. 1 ₰ 12 gr Ex recens. et cum latina interpretat. Fr. Aug. Wolfii in us. Gymnasiorum. 8. ibid. 820. 14 gr Fein Pap. 18 gr (ohne die Version 10 gr) Ed. altera e priori accurate expressa. 8. ibid. 827. 12 gr Fein Pap. 16 gr

— *Dialogorum delectus.* (Euthyphro, Apologia, Crito.) Graece c. interpretat. F. A. Wolfii. Berol. 814. P. I. 4. 1 rthl.
— — — Gr. et lat. ed. F. A. Wolfius. In usum gymnas. Berol. 820. 8. 18 gr. (Ist ein neuer Abdruck des vorigen Buches.)
— — — Graece. Ex rec. F. A. Wolfii. Berol. 820. 8. 12 gr.

— dialogorum delectus, Eutiphro, Apologia Socratis, Crito. Ex Recensione et cum latina interpretatione Fried. Aug. Wolfii in usum Gymnasiorum. Editio altera e priori accurate expressa. 8. Berlin 827, Nauck. 12 gr. Fein Pap.

— dies. ohne Version.

— die latein. Uebersetzung besonders.

— Dialogorum delectus Euthyphro. Apologia. Crito. Phaedo. Ad codd. tid. recogn. et summariis instruxit Godofr. Stallbaum. Edit. in us. schol. 12maj. Lipsiae 838. Serig. 1/2 ℛ

— dialogorum delectus. Eutyphro. Apologia. Crito. Phaedo. Ad codicum fidem recogn. et summariis instruxit Godofr. Stallbaum. II sectiones. 1. Euthyphro, Apologia et Crito. 2. Phaedo. Edit. in usum scholarum II. 8. (VI u. 218 S.) Lipsiae 851, Serig. (à 6 ngr) 12 ngr

— ausgewählte Dialogen erklärt von Herm. Sauppe. 2. Bdchn. Protagoras. Berlin 857. Weidmann. 8. (XXIV, 108 S.) 10 ngr
1. Bdchn. ist noch nicht erschienen.

— ausgewählte Dialoge erklärt von Herm. Sauppe. 2. Bdchn.: Protagoras. 2. Aufl. gr. 8. (140 S.) Berlin 863, Weidmann'sche Buchh.

— ausgewählte Dialoge. Erklärt v. Herm. Sauppe. 2. Bdchn. Protagoras. 3. Aufl. gr. 8. (147 S.) Berlin 873. Weidmann. 1. 20

— ausgewählte Dialoge, erklärt von C. Schmelzer. 1.—9. Bd. 8. Berlin, Weidmann'sche Buchh. 14 10

Inhalt:

Bd. 1. Phaedrus. (96 S.) 882. ℳ 1.
» 2. Gorgias. (183 S.) 883. ℳ 1,80.
» 3. Phaedo. (118 S.) 883. ℳ 1,20.
» 4. Apologie. Krito. (92 S.) 883. ℳ 1,20.
» 5. Symposion. (98 S.) 882. ℳ 1.
» 6. Menon. Euthyphron. (111 S.) 883. ℳ 1,20.
» 7. Der Staat. 2 Abtlgn. [1. Abtl. (203 S.) 881. ℳ 2,10.; 2. Abtl. (260 S.) 884. ℳ 2,70.] ℳ 4,80.
» 8. Charmides. Lysis. (90 S.) 884. ℳ 1.
» 9. Laches. Ion. (80 S.) 884. 90 Pf.

— dass. — Erklärt von Herm. Sauppe. 2. Bdchn.: Protagoras. 4. Aufl. 8. (148 S.) Ebendas. 884. 1 20

— ausgewählte Dialoge. Erklärt v. Hans Petersen. 1. Tl. Apologie. Kriton. Nebst Abschnitten aus and. Schriften. Text u. Anmerkgn. gr. 8. (VII, 114 u. 36 S.) Berlin 896. Weidmann. Geb. in Leinw. u. geh. n. 1.50

Platons ausgewählte Dialoge. Erkl. v. Dr. Hans Petersen, Oberl. am Gymn. in Flensburg. Tl 1. ... *Berlin: Weidmann 1896.* 8.
(Griech. u. lat. Schulschriftsteller m. Anm.) [96. 2766

— dasselbe. Erklärt v. Hans Petersen. 2. Tl. Protagaras. Text. gr. 8. (VII, 75 u. Anmerkgn. 36 S.) Ebd. 898. Geb. u. geh. n. 1. 20 (1 u. 2: n. 2. 70)

— dasselbe. Erklärt v. Herm. Sauppe. 3. Bdchn. Gorgias. Hrsg. v. Alfr. Gercke. 8. (LVI, 186 S.) Ebd. 897. 2. 70

— ausgewählte Dialoge. Erklärt v. Hans Petersen. 1. Tl. Apologie. Kriton. Nebst Abschriften aus anderen Schriften. 2. Aufl. (VII, 115 u. Anmerkgn. 39 S.) 8. Berlin 910. Weidmann. Geb. u. geh. 1. 80

— ausgewählte Dialoge, Präparation dazu, s. Wagner, Jos.

— dialogorum exposita et illustr. a Tiedemann. 8. maj. Biponti. 786.

— Dialogi graece et latine. Ex recens. J. Bekkeri. Part. I. Vol. 1 et 2. Part. II et III. Vol. 1—3. 8maj. Berolini, Reimer. 816—818.

charta script.
— Velina

(P.I. Vol. 1. 2. Thlr. P.II. Vol. 1—3. Thlr. P.III. Vol. 1—3. Thlr.)

— Dialogi. Ex recensione Imman. Bekkeri, 8 Vol. et Commentaria crit. et scholia, 2 Vol. 8maj. ... Berolini 816—23, Reimer. 24 Thlr., ws. Pap. 28 Thlr. 12 Gr., Schrbp. 33 Thlr., Vlnp. 60 Thlr.; hrbgs. Pr. 12 Thlr., ws. P. 14 Thlr. 12 Gr., Schrbp. 16 Thlr. 12 Gr., Vlnp.
Der Commentar apart, 4 Thlr., ws. P. 4 Thlr. 12 Gr., Schrbp. 5 Thlr. 12 Gr., Vlnp. 10 Thlr.

— dialogi secundum Thrasylli tetralogias dispositi. Ex recognitione Car. Frid. Hermanni. Vol. I—V. 8. (I: XXXII u. 503 S. II: XXVI u. 382 S. III: XXVIII u. 464 S. IV: XXXII u. 455 S. V: XXVIII u. 442 S.) Lipsiae 851. 52, Teubner. (I: 1/2 ℛ II: 12 ngr III—V: à 1/2 ℛ) 2 ℛ 12 ngr
Hieraus einzeln:

— [opera. Nr. 1.:] Euthyphro, Apologia Socratis, Crito, Phaedo. Ex recognitione Car. Frid. Hermanni. 8. (156 S.) Ebd. 851. 6 ngr

— [dies. Nr. 2.:] Cratylus, Theaetetus. 8. (182 S.) Ebd. 851. 1/4 ℛ

— [dies. Nr. 3.:] Sophista, Politicus. 8. (165 S.) Ebd. 851. 1/4 ℛ

— [dies. Nr. 4.:] Parmenides, Philebus. 8. (138 S.) Ebd. 851. 6 ngr

— [dies. Nr. 5.:] Convivium, Phaedrus. 8. (132 S.) Ebd. 851. 1/6 ℛ

— [dies. Nr. 6.:] Alcibiades. Accedunt incertorum Alcibiades II., Hipparchus, Anterastae, Theages. 8. (112 S.) Ebd. 851. 1/6 ℛ

— [dies. Nr. 7.:] Charmides, Laches, Lysis. 8. (88 S.) Ebd. 851. n. 1/6 ℛ

— [dies. Nr. 8.:] Euthydemus, Protagoras. 8. (S. 89—198.) Ebd. 851. n. 1/6 ℛ

— [dies. Nr. 9.:] Gorgias, Meno. 8. (S. 199—362.) Ebd. 851. 1/4 ℛ

— [dies. Nr. 10.:] Hippias uterque, Io, Menexenus. Accedit incerti Clitopho. 8. (S. 363—464.) Ebd. 851. 6 ngr

— [dies. Nr. 11.:] Rei publicae libri decem. 8. (318 S.) Ebd. 852. 13 1/2 ngr

— [dies. Nr. 12.:] Timaeus et Critias cum libello vulgo Timaeo Locro ascripto de anima mundi; accedit incerti Minos s. de lege. 8. (137 S.) Ebd. 852. 6 ngr

— [dies. Nr. 13.:] Legum libri duodecim. Accedit Philippi Opuntii Epinomis. 8. (442 S.) Ebd. 852. 12 ngr

— dialogi secundum Thrasylli tetralogias dispositi. Ex recognitione Car. Frid. Hermanni. Vol. VI. Lipsiae 853. Teubner. 8. (XXXVIII, 434 S.) 15 ngr
Separatausgaben daraus:
Opera Nr. 14. Quae feruntur epistolae XVIII. Accedunt definitiones et septem dialogi spurii. (144 S.) 9 ngr
- - 15. Appendix Platonica continens isagogas vitasque antiquas, scholia, Timaei glossarium, indices. (S. 145—434.) 13 1/2 ngr

— Dialogi secundum Thrasylii tetralogias dispositi. Ex recognitione Car. Frid. Hermanni. 6 vol. 8. Leipzig 873,74, Teubner.
Vol. 1. ℳ 1,80.; Vol. 2. ℳ 1,50.; Vol. 3—6. à ℳ 1,80.

Auch in folgenden einzelnen Abtheilungen:

Nr. 1. Euthyphro. Apologia Socratis. Crito. Phaedo. (Vol. I, S. 1—156.) 60 Pf.
» 2. Cratylus. Theaetetus. (S. 157—338.) 90 Pf.
» 3. Sophista. Politicus. (S. 339—503.) 90 Pf.
» 4. Parmenides. Philebus. (Vol. II. S. 1—138.) 70 Pf.
» 5. Convivium. Phaedrus. (S. 139—270.) 65 Pf.
» 6. Alcibiades I et II. Hipparchus. Erastae. Theages. (S. 271—352.) 60 Pf.
» 7. Charmides. Laches. Lysis. (Vol. III, S. 1—88.) 60 Pf.
» 8. Euthydemus. Protagoras. (S. 89—198.) 60 Pf.
» 9. Gorgias. Meno. (S. 199—362.) 90 Pf.
» 10. Hippias I et II. Io. Menexenus. Clitophon. (S. 363—464.) 60 Pf.
» 11. Rei publicae libri decem. (Vol. IV, S. 1—318.) ℳ 1,50.
» 12. Timaeus. Critias. Minos. (S. 319—455.) 75 Pf.
» 13. Legum libri XII. Epinomis. (Vol. V, 442 S.) ℳ 1,50.
» 14. Platonis quae feruntur epistolae XVIII. Accedunt definitiones et septem dialogi spurii. (Vol. VI, S. 1—144.) ℳ 1,20.
» 15. Appendix Platonica continens isagogas vitasque antiquas Scholia Timaei glossarium indic. (S. 145—434.) ℳ 1,50.

— dialogi secundum Thrasylli tetralogias dispositi. Post Carol. Frdr. Hermannum recognovit M. Wohlrab. Vol. I. 8. (XLII, 555 S.) Leipzig 887. Teubner. 1. 80

Platonis dialogi secundum Thrasylli tetralogias dispositi. Post Carol. Frider. Hermannum recognovit Mart. Wohlrab. Vol. II. Fasc. 1: Parmenides et Philebus. 8. (VI, 155 S.) Lpz. 889, Teubner. * — 75

Vol. I. Ebd. 1887. 1 80.

Plato: Dialogi secundum Thrasylli tetralogias dispositi. Ex recogn. Caroli Friderici Hermanni (1: post Carolum Fridericum Hermannum recogn. Martinus Wohlrab.) Ed. ster. Vol. 1-6. Lipsiae: Teubner 1906-11. 8°
1. 1908. 2. 1909. 3. 1906. 4. 1911. 5. 1910. 6. 1907.
(Bibliotheca scriptorum Graec. et. Rom. Teubneriana.)

— dialogi II. Cratylus et Theaetetus gr. e rec. H. Stephani. Variet. lect., animadvers. crit. brevibus illustr. ab J. F. Fischer. 8maj. Leipz. 770. Schwickert. 10 gl

— Dialogi II. Philebus et Symposium gr. e recens. H. Stephani. Varietate lect. animadvers. crit. illustr. ab J. F. Fischer. 8. Leipz. 776. Schwickert. 12 gl

— *Dialogi* II, Gorgias et Theaetetus. Graece. Emend. et annotatt. instruxit Heindorf. Berol. 805. 8. 2 rthl. 6 gr. (*Dialogi selecti Vol. II.*)

— *Dialogi* II, Sophista, Protagoras. Graece. Emend. et annotatione instruxit Heindorf. Berol. 810. 8. 2 rthlr. (*Dialogi selecti* Vol. IV. P. II.)

— dialogi IV. gr. e recens. Hnr. Stephani, (Euthyphro, Apologia Socratis, Crito, Phaedo.) c. var. lect. et animadvers. crit. illustr. ab Jh. Fr. Fischer. 8. Leipz. 759. Ed. II. 8maj. ibid. 770. 20 gl Ed. III. gr. ad fid. codd. MSS. Tübing., August. aliorumque et libror. editor. veter. recens., emend., explic. Jh. F. Fischer. 8maj. ibid. 783. Schwickert. 2 ℛ

— Dialogi IV. Meno, Crito, Alcibiades uterq. c. animadv. vir. clariss. Fr. Gedicke, Gottleber, Schneider, priorumque editorum. 8maj. Berl. 780. 14 gl Ed. alt. emend. auct. a J. E. Biester. 790. 14 gl

— Dialogi IV. Meno, Alcibiades primus, Phaedo et Phaedrus, ed. Frz. K. Alter. 8maj. Wien 784. (Trattner). 8 gl

Platon. Dialogi quatuor, Meno, Alcibiades I, Phaedo, Phaedrus ... Viennae 1784. H: *Alter. Franz Carl.* (Hoff) (Ebert)

— *Dialogi* IV, Lysis, Charmides, Hippias major, Phaedrus. Graece. Annotatione perpetua illustr. Heindorf. Berol. 802. 8. 1 rthlr. 12 gr. (*Dialogi selecti Vol. I.*)

— Dialogi IV. Gorgias, Apologia Socratis, Hippias major, Charmides, scholar. in us. emend. ed. L. F. Heindorf. 8maj. Berl. 805. Nauck. 16 gl Ed. II. ope Bekkeri cod. emend. 8maj. ibid. 827. 16 gl Engl. Pap. 20 gl Schreibpap. 1 ℛ

— *Dialogi* IV, Gorgias, Apologia, Charmides, Hippias major, Graece, scholar. in usum ed. Heindorf. Praefixa est annotatio critica in Apologiam. Berol 806. 8. 16 gr.

Platonis, *Dialogi* IV. (Crito, Phaedo, Alcibiades II., Apologia.) Graece ed. Alter. Vindob 806. 8.

— (*Simonis Socratici, ut videtur.*) *Dialogi* IV. Graece. Rec. A. Böckh. Heidelb. 810. 8.

— Simonis Socratici, ed. A. Boeckh, f. *Simonis* Socratici.

— Dialogi IV. Meno, Crito, Alcibiades uterque. Curav. J. E. Biester et Ph. Buttmannus. Ed. tert. emend. et auct. 8maj. Berol. Mylius. 811.

— dialogi IV. Meno, Crito, Alcibiades uterque cum annotat. crit. exegeticis. Edit. IV. cur. Ph. Buttmann. 8 maj. Berol. 822, Mylius.

— Dialogi IV. Laches, Euthyphro, Apologia Socratis, Menexenus. Adnotatione perpetua illustr. Dr. Fr. Wlh. Engelhardt. 8maj. Berl. 825. Nauck. 1 ℛ 8 gl Engl. Pap. 1 ℛ 16 gl Schrbp. 2 ℛ

— idem liber. Scholarum in usum edidit F. G. Engelhardt. 8maj. Berl. 826. Nauck. 12 gl Engl. Pap. 16 gl Schreibpap. 20 gl

— Dialogi IV. — Menocrito Alcibiades uterque cum annotatione critica et exegetica. Edit. V. Cur. Ph. Buttmannus. 8 maj. (15¼ B.) Berolini 830, Mylius.

— dialogi selecti (gr.) Emendav. et annotat. instruxit L. F. Heindorf. Vol. I—III. 8maj. Berl. 802—6. Nauck. 5 ℛ 12 gl Engl. P. 7 ℛ 8 gl Holl. P. 10 ℛ 6 gl Ed. II. ad apparatum Imm. Bekkeri lectionem denuo emend. Ph. Buttmann. III Voll. 8maj. ibid. 827—30. ibid. 7 ℛ 14 gl Schrbp. 9 ℛ 14 gl Velinp. 10 ℛ 20 gl Vol. IV. p. 1. 2. 8maj. ibid. 809, 10. Dümmler. 3 ℛ Engl. P. 4 ℛ

— Dialogi selecti; cura L. F. Heindorff. III Vol. 8maj. Berol. Nauck. 802—6.
engl. Pap.
holl. Pap.

Dieser 3 Theile enthalten:

— Dialogi IV. Lysis, Charmides, Hippias major, Phaedrus, oder d. Dialogen 1r Theil. 802.
Engl. Pap.
Holl. Pap.

— — II. Gorgias et Theaetetus, od. 2r Thl. 805.
Engl. Pap.
Holl. Pap.

— — Cratylus, Euthydemus, Parmenides, od. 3r Thl. 806.
engl. Pap.
holl. Pap.

— — iidem selecti c. L. F. Heindorff. Vol. IV. P. 1. cont. Phaedonem. 8. maj. Berl. Hitzig. 810.
Engl. Pap.

— — idem liber. Vol. IV. P. 2. cont. Phaedonem, Sophistem, Protagoram. 8. maj. ibid. 810.
Engl. Pap.

—— Dialogi selecti cura Ludov. Fr. Heindorfii. Vol. I. — E. s. t.: Platonis Dialogi quattuor. (Lysis, Charminides, Hippias major, Phaedrus.) Emend. et annot. instr. L. Fr. Heindorfius. Edit. II. Ad apparatum I. Bekkeri lect. denuo emend. Ph. Buttmannus. 8 maj. (26 1/2 B. u. 1 Vign.) Berolini 827. [Lipsiae, Nauck.]
1 Thlr. 12 Gr., Engl. P. 2 Thlr. 8 Gr., Vlnp. 3 12

—— id. Vol. II. — E. s. t.: Platonis Dialogi duo. (Gorgias. Theaetetus.) Emend. et annotat. instr. L. Fr. Heindorfius. Edit. II. Ad apparat. I. Bekkeri lect. denuo emend. Ph. Buttmannus. 8 maj. (33 1/2 B.) Berolini 829. [Lipsiae, Nauck.] 3 Thlr., Engl. P. 4 Thlr., Vlnp. Thlr.
Vol. III. Ebendas. 1806. 2 Thlr. 18 Gr., Engl. P. 3 Thlr. 6 Gr., Vlnp. 3 Thlr. 12 Gr.

—— Dialogi selecti. Crito. — Menexenus. Edit. stereotyp. 8. (2 B.) Biponti 828, Ritter. à

— Dialogi selecti ex recensione L. J. Heindorfii, Ph. Buttmanni, Fr. G. Engelhardi. Lectione ad apparatum J. Bekkeri denuo emendata, Gymnasiorum in usum. III Tomi. 8maj. Berl. u. Lpz. 833. Nauck. 1 ᵽ 22 ℊ Engl. P. 2 ᵽ 12 ℊ Schrbp. 3 ᵽ (Daraus einzeln: Lysis, Charmides, Hippias, jeder zu 4 ℊ Phaedrus. 6 ℊ Gorgias. 9 1/2 ℊ Theaetetus. 9 1/2 ℊ)

Platonis Dialogi selecti. Ed. Aug. Guil. Winckelmann. Vol. I. — E. s. t.: Platonis Euthydemus. Rec. prolegomenis et commentariis illustr. adparatum crit. digessit scholia excursum et indices adjecit. Accessit Aristotelis liber de sophisticis elenchis. 8 maj. (17 1/4 B.) Lipsiae 833, [Böhme.]
1 Thlr., Vlnp.

— dialogos selectos recens. et commentar. illustr. Gf. Stallbaum. Vol. I—IV. Sect. I. II. (Vol. I. Sect. I—III. 827. 2 ᵽ Postpap. 2 ᵽ 12 ℊ Velinpap. 3 ᵽ 8 ℊ Vol. II. Sect. I. Gorgias. 8maj. 828. 20 ℊ Postp. 1 ᵽ 4 ℊ Velinpap. 1 ᵽ 12 ℊ Sect. II. Protagoras. 828. 18 ℊ Postp. 1 ᵽ Velinp. 1 ᵽ 8 ℊ Vol. III. de Republica l. I—X. 829, 30. 3 ᵽ 6 ℊ Postp. 3 ᵽ 22 ℊ Velinp. 5 ᵽ 14 ℊ Vol. IV. Sect. I. Phaedrus. 832. 20 ℊ Postp. 1 ᵽ Velinp. 1 ᵽ 6 ℊ Sect. II. cont. Menexenum, Lysidem, Hippiam utrumque, Jonem. 1 ᵽ 6 ℊ Postp. 1 ᵽ 12 ℊ Velinp. 2 ᵽ) 8maj. Gotha 827—33. Hennings. 8 ᵽ 22 ℊ Postp. 11 ᵽ 2 ℊ Velinp. 15 ᵽ (Bildet auch d. Bibl. gr. viror. Vol. XII—XIII et Vol. XIX.)

— id. lib. ed. Stallbaum, s. Bibl. graeca. Vol. XI.

Platonis Dialogos selectos recens. et commentt. instr. G. Stallbaum. Ed. nova. Vol. I. Sect. I. Apologia Socrat. et Crit. 3/4 ᵽ Postp. 5/6 ᵽ Velinp. 1 1/12 ᵽ — Sect. II. Phaedo. 3/4 ᵽ Postp. 5/6 ᵽ Velinp 1 1/8 ᵽ — Sect. III. Symposium et Indices. 3/4 ᵽ Postp. 5/6 ᵽ Velinp. 1 1/8 ᵽ 8maj. Gotha 833, 34. Hennings. 2 1/4 ᵽ Postp. 2 1/2 ᵽ Velinp. 3 1/3 ᵽ

Platonis Dialogos select. recens. et commentt. instr. G. Stallbaum. Vol. II. Sect. I. Gorgias. Edit. II. multis part. aucta et emend. 5/6 ᵽ Postp. 1 1/6 ᵽ Velinp. 1 1/2 ᵽ — Sect. II. Protagoras. Edit. II. multis part. aucta et emendata. 3/4 ᵽ Postp. 1 ᵽ Velinp. 1 1/3 ᵽ 8maj. Ibid. 840. 1 7/12 ᵽ Postp. 2 1/6 ᵽ Velinp. 2 5/6 ᵽ

— ead. Vol. V. Sect. I. Lachetes, Charmides, Alcibiades uterque. 1 1/4 ᵽ Postp. 1 1/2 ᵽ Velinp. 2 ᵽ — Sect. II. Cratylus. 7/8 ᵽ Postp. 1 ᵽ Velinp. 1 1/4 ᵽ 8maj. Ibid. 835. 2 1/8 ᵽ Postp 2 1/2 ᵽ Velinp. 3 1/4 ᵽ

— ead. Vol. VI. Sect. I. Euthydemus. 2/3 ᵽ Postp. 11/12 ᵽ Velinp. 1 1/3 ᵽ — Sect. II Meno et Euthyphro itemque incerti scriptoris Theages, Erastae et Hipparchus. 1 3/8 ᵽ Postp. 1 1/2 ᵽ Velinp. 2 ᵽ 8maj. Ibid. 836. 2 ᵽ 1 ℊ Postp. 2 5/12 ᵽ Velinp. 3 1/3 ᵽ

— ead. Vol. VII. Sect. I. Timaeus et Critias. 8maj. Ibid. 837, 38. 1 1/4 ᵽ Postp. 2 1/3 ᵽ Velinp. 3 1/2 ᵽ Vgl. Bibliotheca Graeca etc. B. Scriptorum orat. pedestris.

— ead. Vol. VIII. Sect. I. Theaetetus. 1 1/8 ᵽ Postp. 1 3/4 ᵽ Velinp. 2 1/4 ᵽ — Sect. II. Sophista. 7/8 ᵽ Postp. 1 ᵽ Velinp. 1 1/4 ᵽ 8maj. Ibid. 839, 40. 2 1/4 ᵽ Postp. 2 3/4 ᵽ Velinp. 3 1/2 ᵽ

—— Dialogi selecti. In us. scholar. ed. J. C. Held. Lib. I. II. 8maj. (3 B.) Solisbaci 838, libr. de Seidel.
Lib. I. Crito. (3 B.) 4 Gr.
- II. Alcibiades. I. (4 1/2 B.) 6 Gr.

—— Dialogi selecti. In usum scholarum edid. J. C. Held. Lib. III. et IV. 8 maj. Solisbaci, libr. de Seidel. à
Lib. III. Apologia Socratis. (5 1/4 B.) 844.
- IV. Laches. (5 B.) 846.
Lib. I. et II. Ibid. 1838. 12 1/2 Ngr.

— Dialogi selecti. Pars I. 8maj. München 840. libr. scholarum Regia. (Regensburg, Manz.) n. 7/12 ᵽ

—— Dialogi VI. — Euthyphro, Apologia Socratis, Crito, Charmides, Laches, Menexenus. In us. scholar. ed. Ern. Dronke. 12maj. (9 B.) Bonnae 834, Weber.

— Dialogi III. Sophista, Politicus, Parmenides, gr., animadvers. crit. illustr. a Jh. Fr. Fischer. 8maj. Leipz. 774. Schwickert. 14 ℊ

— *Dialogi* III, Cratylus, Parmenides, Euthydemus. Graece. Emend. et annotatione instruxit Heindorf. Berol. 806. 8. 1 rthlr. 18 gr. (*Dialogi selecti Vol. III.*)

— Dialogi tres — Theages, Amatores, Io. — Prolegomenis et annotatione instruxit Henr. Knebel. 8maj. Confluentibus 833 (Baedeker.) 1/2 ᵽ

— de summo bono doctrina. Ratione et antiquiorum sententiarum et Aristotelis judicii habita exposuit atque illustravit Theod. Wehrmann. 8maj. Berolini 843, Reimer. 2/3 ᵽ

—— de summo bono, s. Wehrmann, T.

— doctra de Deo, e dialogis ejus in us. Scholar. etc. excerpta in ord. red. auct. L. Hörstel. 8. maj. Lps. Dyk. 804.

— Die Seele, woher u. wohin? Ausgewählte Stücke aus P.'s Werken. Mit Einleitg. u. Anmerkgn. v. P. Paulsen. (159 S.) 8. Hamburg 907. Agentur des Rauhen Hauses. 2.—

Platon, Dzieła. 1. Apologia czyli Obrona Sokratesa, 2. Kriton, 3. Phedon czyli o nieśmiertelności duszy, przekład F. Kozłowskiego. 8maj. Warschau 845, Orgelbrand. 2 ᵽ

— eclogae. Ex Platonis dialogis majoribus capita selecta scholar. usui, privatisque adolescentium studiis accom. L. J. Rückert. 8maj. Leipz. 827. (Lehnhold). 1 ᵽ

— — dial. major. capita selecta schol. usui accommodavit, L. J. Rückert. gr. 8. Leipz. 827, Hartmann.

— *Erastae*. (de philosophia vel dialogus, qui inscribitur Erastae.) Gr. et lat. c. anim. ed. Stutzmann. Erlang. 806. 8. Ib. 818. 8.

— Erziehungslehre, s. Alex. Kapp.

— Euthydemus. Recens. et prolegomenis atque comment. illustr. Godofr. Stallbaum. (Platonis opera omnia. Vol. VI. Sect. I.) 8maj. Gothae et Erfordiae 836. Hennings. 5/6 ᵽ

— Euthydemus. Ad. codices denuo excussos ed. Mart. Schanz. Accessit simulacrum libri Clarkiani. gr. 8. (XXVII, 87 S.) Würzburg 872. Stuber. n. 3. 60

— dasselbe. Für den Schulgebrauch erklärt v. Mart. Schanz. gr. 8. (XI, 72 S.) Ebend. 874. n. 1. 80

—— Euthydemus et Laches. Praefixa est epistola ad senatum Lugdunensem Batavorum auctore Carolo Badham. gr. 8. (LIV und 100 S.) Jena 865, Fr. Frommann.

— Euthydemus, Protagoras. Ed. Mart. Schanz. Ed. ster. gr. 8. (90 S.) Leipzig 880. B. Tauchnitz. — 45

— Euthyphro, prolegominis et comment illustr. G. Stallbaum. Acced. scholia graecea et cod. Bodleians aucta cum annotat. Ruhnkenii. 8. Lips. 824, Hartmann.

— Euthyphro. Prolegomenis et comment. illustr. Gf. Stallbaum. Acced. scholia graeca ex cod. Bodleiano aucta cum annotat. Ruhnkenii. 8. Leipz. 826. Lehnhold. 16 ℊℊ

— Euthyphron übers. u. m. Anmerkungen begleitet v. Glieb. Frdr. Drescher. [Aus der Einladungsschrift zu d. öffentl. Prüfungen des Gymnasiums zu Giessen abgedr.] gr. 8. (52 S.) Giessen 850, Ricker. 1/4 ℳ

—— Eutyphro. In scholarum usum denuo edit. Mart. Schanz. gr. 8. (IV, 24 S.) Leipzig 887, B. Tauchnitz. *

Platon's Euthyphron. Für den Schulgebrauch erklärt v. H. Bertram. Ausg. A. Kommentar unterm Text. gr. 8. (35 S.) Gotha 889, F. A. Perthes. — 60
Ausg. B. Text u. Kommentar getrennt in 2 Heften. (18; 16 S.) — 60

— dasselbe. Für den Schulgebrauch hrsg. v. A. Th. Christ. 8. (XVI, 35 S. m. e. Titelbild.) Leipzig 890. Freytag. n. — 40; geb. n.n. — 65

— Euthyphron od. Uber die Frömmigkeit. Ein Versuch. Gespräch zwischen Euthyphron u. Sokrates. Wortgetreu nach H. R. Mecklenburgs Grundsätzen übers. u. erläutert v. B. K. 16. (58 S.) Berlin (899). H. R. Mecklenburg. n. — 25

PLATO
(F) Platons Euthyphron. Für den Schulgebrauch herausgegeben von A. Th. Christ. 3., unveränderte Auflage. Mit 1 Titelbild. Wien und Prag. 1901. Tempsky. 8°. XVI. 35 S. Geb. K —.80

— Euthyphron. Für den Schulgebrauch erklärt von H. Bertram. 2. Aufl., bearb. v. Joh. Nusser. Ausg. A, Kommentar unterm Text. (IV, 38 S.) gr. 8. Gotha 903. F. A. Perthes. n. — 60; Ausg. B, Text u. Kommentar getrennt in 2 Heften. (IV, 18 u. 19 S.) 903. n. – 60

— dasselbe. Für den Schulgebrauch hrsg. v. A. Th. Christ. 4. Aufl. (XVI, 35 S.) Leipzig 903. G. Freytag. — Wien, F. Tempsky. n. — 60

Platons Euthyphron. Herausg. von Christ. 5. Aufl. 8. (35 S.) K —.70
Wien: Tempsky 1906.

— Euthyphro, Apologia Socratis, Crito, Phaedo. Ad optimar. editionum fidem scholar. in usum ed. E. P. Renninger. 8. Riga 821.

—— Euthyphro, apologia Socratis, Crito, Phaedo. Post Carol. Frider. Hermannum recognovit Mart. Wohlrab. 8. (174 S.) Leipzig 881, Teubner. — 60

— Euthyphron, Laches, Hippias. Ins Deutsche übertr. v. Karl Preisendanz. (113 S.) 8. Jena 908. E. Diederichs. 2.50; geb. 3.50

Platonis Eutyphron d. Zweite, s. J. G. Schlosser, Eutyphron.

— L'Eutifrone. Edizione scholastica di A. T. Christ adattata ai ginnasi italiani da C. Cristofolini. 8. (XV, 36 S.) —.24
Wien: Tempsky 1890.

—— Ueber die Frömmigkeit. Ein Versuch. Gespräch zwischen Euthyphro und Sokrates. Aus dem Griechischen übersetzt von H. B. Mecklenburg. 32. (36 S.) Berlin 870, H. R. Mecklenburg. *

— über die Frömmigkeit. Ein Versuch. Gespräch zwischen Eutyphro u. Sokrates. Aus dem Griech. übers. v. H. R. Mecklenburg. 32. (36 S.) Berlin 877. H. R. Mecklenburg. n. — 25

—— Gastmahl, s. Universal-Bibliothek Nr. 927.

— Gastmahl, s. Volksbibliothek, deutsche, der griechischen u. römischen Classiker.

— dasselbe, s.: Bibliothek, kleine.

— Gastmahl, (Griech.) ein Dialog, verbess. u. mit Anmerkk. hrsgg. v. Fr. A. Wolf. gr. 8. Leipz. 782. Schwickert. 14 ℊℊ 2e A. (verbessert v. G. Stallbaum). gr. 8. Ebd. 828. 18 ℊℊ

Platon. Gastmahl, ein Dialog, hsg. von Fr. A. Wolf. 2. Aufl. Leipzig 1828. H: *Stallbaum, Joh. Gottfried.* (Ky)

— Gastmal, oder v. d. Liebe, aus dem Griech. von Schultheß. gr. 8. Zürich, Orell, Füßli u. Comp. 782.

— Gastmahl, übersetzt v. G. Schultheß. Neue Aufl. mit F. A. Wolfs Einleitung. Besorgt v. J. Casp. Orelli. 12. Zürich 827, Orell.

—— Gastmahl, od. v. der Liebe. Uebers. v. G. Schultheß. 2., mit F. A. Wolf's Einleitung verm. u. durch Joh. Kasper Orelli bericht. Aufl. 12. (7 B.) Zürich, 828, Orell, Füßli u. Comp.

—— Gastmahl übers. und erläutert von Ed. Zeller. gr. 8. (IV und 111 S.) Marburg 856(57,) Elwert'sche Universitäts-Buchh.

Plato's Gastmahl [Convivium]. Uebers. u. erl. von Dr. Arthur Jung, weil. Oberl. 2. Aufl. Leipzig: Dürr 1900. (107 S.) 8°
— Bibliothek, Philosophische. [Neue Ausg.] Bd 81.

Plato, Das Gastmahl [Symposium]. Gespräch über d. Liebe. Neu übers. u. mit Vorw. u. Anm. vers. von Oskar Linke. *Halle a. S.: O. Hendel (1901).* (72 S.) 8° [F.]
(Bibliothek d. Gesamtlitteratur d. In- u. Auslandes. No 1471.)

— das Gastmahl (Gespräch üb. die Liebe), s.a. Bibliothek der Gesamtlitteratur.

— Gastmahl. Ins Deutsche übertr. v. Rud. Kassner. 1. u. 2. Aufl. (84 S. m. 1 Taf.) 8. Leipzig 903. Jena 906. E. Diederichs. n. 2.—; geb. n. 3.—

— über die Gesetze, s.: Sammlung, neueste, ausgewählter griech. u. röm. Classiker.

— lehrreiches Gespräch v. d. menschl. Natur, (Alcib. I.) übers. 8. Glogau u. Leipz. 755. Chr. F. Günther. 3 ℊℊ

—— des Sokrates und Krito Gespräch „Ueber die sittliche Nothwendigkeit". Wortgetreu aus dem Griechischen übersetzt von H. B. Mecklenburg. 32. (32 S.) Berlin 870, H. R. Mecklenburg. *

—— des Sokrates und Krito Gespräch „Ueber die sittliche Nothwendigkeit". Wortgetreu aus dem Griechischen übers. von H. R. Mecklenburg. 32. (32 S.) Berlin 877, H. R. Mecklenburg. * — 25

—— dass. — s. Universal-Bibliothek Nr. 895.

—— dass. — Präparation, s. Freund's Schüler-Bibliothek.

— auserlesene Gespräche, übersetzt von F. L. Gr. zu Stolberg. 3 Thle. gr. 8. Königsberg, Nicolovius. 796. 97. (1r 1 Rthlr. 8 gr. 2r 1 Rthlr. 20 gr. 3r 1 Rthlr. 8 gr.)

— auserlesene Gespräche, übers. v. Fr. Leop. Grafen zu Stolberg. 3 Thle. gr. 8. Königsb. 796, 97. (Schumann in Lpz.) 4 ℛ 12 𝒢

Platon's auserlesene Gespräche, übersetzt und mit Anmerkk. von F. L. Grafen zu Stollberg. 3 Bde. gr. 8. (Leipzig 796, 97. Künzel.) 4½ ℛ

— *drei Gespräche über das Wahre, Gute und Schöne.* Übers. m. Anm. von F. Hülsemann. (Enth. Theätetus, Philebus und Hippias den Gröfsern.) Leipz. 807. 2 Th. 8. 1 rthl. 6 gr.

— sechs auserlesene Gespräche, griechisch u. deutsch, herausgegeben von Müller. 4. Hamb. König. 736.

— vier Gespräche, Menon, Kriton u. beide Alcibiades, übers. v. Gedicke. 8. Berl. 780. Aufs neue bearb. gr. 8. Ebd. 810. 16 𝒢 2e Aufl. Mit Anmerkk. u. Anh. verm. (v.... Ullrich). 821. Voß. 1 ℛ

— 4 Gespräche. Menon, Kriton und die beyden Alcibiades. A. d. Griech. übers. von Fr. Gedicke. Aufs neue bearbeitet. gr. 8. Berlin, Voß. 819.

Plato. Vier Gespräche, Menon, Kriton und beide Alcibiades ... 2. Aufl. 1821. H: *Ullrich, Franz Wolfg.* (Ky) Ü: *Gedike, Friedrich.* (Hoff)

—— Gorgias, s. Universal-Bibliothek Nr. 2046.

— dasselbe, s.: Bibliothek, kleine.

— Gorgias, hrsg. v. Textor, s.: Velhagen & Klasing's Sammlung deutscher Schulausgaben.

— Gorgias, ein Gespräch v. d. Redekunst; aus d. Griech. (von J. G. Schultheß). 8. Zürich 775. Orell. 8 𝒢

— Gorgias, gr., ad fidem codd. MSS. August. et Meermanni vers. Ficini, denuo recens., emend., explicatus. Indicem verbor. graecor. copioss. adj. Chr. G. Findeisen. 8maj. Gotha 796. Ettinger. 2 ℛ 12 𝒢

Plato. Gorgias Graece. Ad fidem Codd. MSS. rec. ... Findeisenius. Gothae 1796. H: *Haase, Johann Gottlob.* (BrMm)

— Gorgias, griech. mit e. Commentar u. Anh. v. L. Hörstel. 8. Götting. 797. Dieterich. 12 𝒢

— Gorgias, libr. quatuor, Apologia Socratis, Hippias maj. ed. Heindorfius. 8. maj. Berl. Nauck. 805.

— Gorgias. Emendavit et annotatione instruxit L. F. Heindorfius. Ed. II. ad apparatum Bekkeri lectionem denuo emendavit Phil. Buttmannus. 8maj. Berl. 827. Nauck. 16 𝒢 Engl. Pap. 20 𝒢 Schrbp. 1 ℛ

— Gorgias. Recens. et comment. in us. scholar. instr. Gf. Stallbaum. 8maj. Gotha 828. Hennings. 20 𝒢 Postp. 1 ℛ 4 𝒢 Velinp. 1 ℛ 12 𝒢

—— Gorgias. Uebers. v. Geo. Schultheß. Von neuem durchges. u. bearb. 12. (9 B.) Zürich 838, Orell, Füßli u. Cp.

Plato. Gorgias, ein Gespräch von der Redekunst ... Zürich 1775. Ü: *Schulthess, Johann Georg.* (DegG) (Ebert) (Hoff) (Ky) »1838« H: *Vögelin, Salomon.* (Cat. d. Stadtbibl. Zürich. Zürich 1864—97.)

—— Gorgias ex rec. Lud. Fridr. Heindorfii cur. Phil. Buttmanni in us. scholar. editus. 8maj. (8 B.) Lipsiae 839, Nauck.

—— Gorgias. Nach der Uebersetzung von Geo. Schultheß von neuem bearb. von Sal. Vögelin. 2. Aufl. 8. (VIII und 176 S.) Zürich 857, Orell, Füßli und Comp.

— Gorgias. Mit Einleitung und Anmerkungen von Ed. Jahn. Wien 859. Gerold. 8. (LXVIII, 215 S.) n. 20 ngr.

—— Gorgias. Erklärt von Heinr. Kratz. 8. (VIII und 175 S.) Stuttgart 864, Metzler's Verlag. *

Plato. — Probe einer Uebersetzung von Platons Gorgias (Cap. 1—20.) von E. Hirsch. Pr. 1870. 20 S. 4°. —.75

— Gorgias syllogismo Socratico una cum grammatica duce emendatus atque illustratus nec non prolegomenis et indice instructus in usum studiosae juventutis. Ed. R. B. Hirschig. gr. 8. (XL, 164 S.) Utrecht 873. Kemink & Zoon. n. 5. 60

—— Gorgias. Uebers. von Carl Conz. 2. Aufl. 2 Lfgn. 12. (116 S.) [Stuttgart 878, Rübling.] Berlin, Langenscheidt'sche Verlagsb. à Lfg. * 35 Pf. * — 70

Platon's Gorgias. Für d. Schulgebrauch hrsg. v. A. Th. Christ. 8. (XXIV, 163 S. m. 1 Titelbild.) * 1 —; geb. * * 1 25
Leipz.: Freytag; Prag: Tempsky 1890.

Platons Gorgias. Mit Einl. u. Kommentar f. d. Gymnasialprima hrsg. von Dr. Julius Stender, Prof. zu M.-Gladbach. *Halle a. S.: Buchh. d. Waisenh. 1900.* (XIII, 194 S.) 8°
= Klassiker-Ausgaben d. griechischen Philosophie. 4.

— Gorgias. Für den Schulgebrauch erklärt v. Loth. Koch. Ausg. A. Kommentar unterm Text. (VI, 193 S.) gr. 8. Gotha 904. F. A. Perthes. n. 2. 40; Ausg. B. Text u. Kommentar getrennt in 2 Heften. (VI, 89 u. 100 S.) 904. n. 2. 40

— Gorgias, Meno. Ad codices denuo collatos ed. Mart. Schanz. Ed. ster. gr. 8. (S. 91—221.) Leipzig 881. B. Tauchnitz. n. — 60

— Gorgias. Menon. Ins Deutsche übertr. v. Karl Preisendanz. (232 S.) 8. Jena 908. E. Diederichs. 4.50; geb. 6.—

—— das erste Buch des platonischen Gottesstaates, oder: Kritik der bisher. einseitigen und falschen Ansichten von Gerechtigkeit und Ungerechtigkeit. Verdeutscht von Wilh. Wiegand. Lex.-8. (35 S.) Worms 867, (Rahke.) *

—— das zweite Buch des platonischen Gottesstaates, oder Plato's eigene Ansicht vom Wesen der Gerechtigkeit, ihre Nachweisung zunächst im Staate, Jugendbildung der künftigen Kriegs- und Staatsmänner rc. verdeutscht von Wilh. Wiegand. 4. (40 S.) Ebendas. 868. *

— das 3—5. Buch des platonischen Gottesstaates. Verdeutscht v. Wilh. Wiegand. gr. 8. (126 S.) Worms 870. (Kräuter.) n. 2. 50 (1—5.: n. 4. —)

— Das 1. u. 2. Buch des Gottesstaates. Verdeutscht von Wilh. Wiegand. Worms 870. Gönner. gr. 8. Jedes Buch 7½ ngr.
1. Kritik der bisherigen einseitigen u. falschen Ansichten von Gerechtigkeit u. Ungerechtigkeit. (39 S.)
2. Plato's eigene Ansicht vom Wesen der Gerechtigkeit, ihre Nachweisung zunächst im Staate, Jugendbildung der künft. Kriegs- u. Staatsmänner, Kritik der Dichtungen u. Mythen vom Standpunkte der Moral u. des reinen Gottesbegriffes in Hinsicht auf die Erziehung. (40 S.)

Plato, das 3.—5. Buch des platonischen Gottesstaates. Verdeutscht von Wilh. Wiegand. gr. 8. (126 S.) Worms 879, (Kräuter'sche Buchh.) * 2 50
1. und 2. Bd. Worms 1870, [Gönner.] Kräuter'sche Buchh. à * 75 Pf.

—— größerer Hippias, a. d. Griech. übers. u. mit philosoph. Anmerkn. ausgestattet v. J. K. Götz. gr. 8. (6½ B.) Augsburg 829, [v. Jenisch u. Stage'sche Vrlsh.]

—— Hippias major ex rec. Lud. Fridr. Heindorfii cur. Phil. Buttmanni in us. scholar. editus. 8maj. (2¾ B.) Lipsiae 839, Nauck.

— Io, s. dial. de furore poetar., c. Serrani interpret. lat. ed. animadv. illustr. a Müller. 8. Hamb. Bohn. 782.

— Dialogus Jo, ed. M. G. Müller. 8. Hamb. 782. Jetzt Hoffmann u. Campe.

— Jo, dialogus, in usum scholar. 8. Leipz. 806. P. F. Vogel. 4 gr.

— dialogus Jo. Prolegomenis vindicavit et brevi annotat. instruxit G. Wilh. Nitzsch; accedit de comparativis graecae linguae modis commentatio. 8 maj. Lips. 822, Hinrichs.

Platon's Ion, Lysis, Charmides. Ins Deutsche übertr. von Rud. Kassner. (126 S.) 8. Jena 905. E. Diederichs. n. 2. 50; geb. n. 4. —

—— Kratylus, s. Schmidt, Herm.

— Kriton, übers. v. J. W. Henze, s. Aeschines Socrat. drei Gespräche.

— Kriton, s.: Bibliothek, kleine.

— Kriton, od. v. den Pflichten e. Bürgers; aus d. Griech. u. mit Erklär. erläut. v. G. Ch. Fr. Böckh. gr. 8. Augsb. 785. v. Jenisch u. St. 4 gr. 2e Aufl. gr. Ebd. 829. 6 gr.

Platonis Kriton, ein Dialog, mit e. Einleit. u. griechisch-deutschem Vocabularium z. Behuf der Anfänger im Griechischen. 8. Braunschweig 1804, Meyer.

— Kriton, ein Dialog, mit e. Einl. u. gr. deutsch. Vokabul. z. Geb. d. Anf. im Gr. 8. Braunschweig, Reichard. 805.

—— Kriton, od. von d. Pflicht e. Bürgers. A. d. Griech. übers. u. mit Anmerkn. erläut. v. G. Chr. Fr. Böckh. 2. Aufl. gr. 8. (4 B.) Augsburg 829, [v. Jenisch u. Stage'sche Vrlsh.]

— Kriton, ein Dialog über Gesetzlichkeit, Volksurtheil u. Selbstbestimmung, übersetzt u. erläutert von Friedr. Aug. Nüßlin. gr. 8. Mannheim 835. Schwan u. Götz. n. ⅓ ₰ — 2e Ausg. gr. 8. Ebd. 838. n. ⅓ ₰

—— Kriton, übers. von Friedr. Aug. Nüsslin, s. Nüsslin.

Platonis Kriton, ein Dialog üb. Gesetzlichkeit, Volksurtheil u. Selbstbestimmung übersetzt u. erläutert v. F. A. Nüsslin. 3. Ausg. gr. 8. (3 B.) Mannheim 843, Goetz. Thlr.

— Kriton übers. und erläutert von Friedr. Aug. Nüsslin. 2., verb. und mit einem Nachtrag verm. Aufl. Mannheim 857. Löffler. gr. 8. (XX, 100 S.) n. 12 ngr.

— Kriton in Apologija. Iz grščine poslovenil Ivan Božič. Klagenfurt 862. (Leon.) 16. (79 S.) n. 10 ngr.

— Laches, s.: Universal-Bibliothek 1785.

— dasselbe, s.: Bibliothek, kleine.

—— Laches. Mit Einleitung und Anmerkungen von Ed. Jahn. 8. (XXXIII und 92 S.) Wien 864, Gerold's Sohn. *

— Laches. In usum scholarum rec. et verborum indicem addidit Mich. Gitlbauer. 8. (49 S.) Freiburg i/Br 884. Herder. n. — 40; Einbd. n.n. — 30

—— Laches, Mit Einleitung und Anmerkungen von Ed. Jahn. 2. revid. Aufl. 8. (XXXV, 93 S.) Wien 888, Gerold's Sohn. cart. *

—— dass. — Scholarum in usum ed. Jos. Král. 8. (XII, 36 S.) Wien und Prag 888, Tempsky. *

— Laches. Für den Schulgebrauch erklärt v. H. Bertram. Ausg. A. Kommentar unterm Text. gr. 8. (48 S.) Ebd. Gotha 889. F. A. Perthes. — 60; Ausg. B. Text u. Kommentar getrennt in 2 Hftn. (25 u. 22 S.) — 60

— dasselbe. Scholarum in usum ed. Ios. Král. Ed. II. (X, 36 S.) 8. Leipzig 902. G. Freytag. — Wien, F. Tempsky. n. — 50

— dasselbe. Für den Schulgebrauch erklärt. v. H. Bertram. 2. Aufl. bearb. v. Joh. Nusser. Ausg. A, Kommentar unterm Text. (IV, 55 S.) gr. 8. Gotha 903. F. A. Perthes. n. — 60; Ausg. B, Text u. Kommentar getrennt in 2 Heften. (IV, 25 u. 29 S). 903. n. — 60

— Laches. Für den Schulgebrauch hrsg. v. A. Th. Christ. 8. (XII, 47 S.) Leipzig 904. G. Freytag. n. — 60

— dasselbe u. Euthyphron. Zum Gebrauch f. Schüler hrsg. von Alb. v. Bamberg. Text. (XIV, 86 S.) 8. Bielefeld 903. Velhagen & Klasing. Geb. in Leinw. n. 1. —; Kommentar. (32 S.) Geb. in Leinw. n. — 50

—— Laches und Kriton zum sprachlichen Verständniss für Anfänger in der Lektüre des Platon erläutert von Zimmermann. gr. 8. (XII und 102 S.) Erlangen 858, Blaesing. *

— Leges et Epinomis (gr.) ad opt. libror. fidem emendav., perpetua adnotat. illustr. et indices rerum ac verborum adj. Fr. Astius. II Tom. (T. II. A. u. d. T.: Animadversiones in Platonis Leges et Epinomida.) 8maj. Lpz. 814. Weidmann. 5 ₰ Schrbp. 6 ₰ 12 gr. Velinp. 10 ₰

— Leges et Epinomis. Recensuit, prolegomenis et commentariis illustravit Godofr. Stallbaum. 3 Voll. (Opera. Vol. X.) Gotha 859, 60. Hennings. (Leipzig, Teubner.) gr. 8. (CCXXXIV, 1535 S.) 12 ₰

—— Leges et Epinomis. Edidit M. Schanz. Pars I, sex priores libros legum complectens. Edit. stereot. gr. 8. (158 S.) Leipzig 879, B. Tauchnitz. — 75

—— Lehre von der Rotation der Erde, s. Grote, Georg, Platons Lehre.

— Lysis, s.: Borchardt, Rud., das Gespräch üb. Formen.

Platonis Lysis ex rec. Lud. Fridr. Heindorfii cur. Phil. Buttmanni in us. scholar. editus. 8maj. (2⅛ B.) Lipsiae 839, Nauck. Thlr.

— Menexenus im Grundrisse; nebst Untersuchungen üb. d. Zweck u. die Zeit d. Dialogs rc. von J. H. Just. Köppen. 8. Hildburgh. 790. Mit n. Tit. Leipz. 798. (W. Nauck). 9 𝒢

— — m. Anmerkungen von Köppen. 8. Hildsburghausen, Tuchtfeld. 790.

— — im Grundr. m. Anmerkungen v. Köppen. 8. Hannover, Hahn. 798.

— Menexenus. Recens., e graeco in latinum convertit et commentar. illustr. V. Loers. Inest de Fr. Astii sententia, Menexenum non a Platone scriptum esse, comment. 8. Cöln 824. Dü-Mont-Schauberg. 14 𝒢

— Menexenus. Ed. stereotypa. 8. Zweibrücken 828. Ritter.

Platonis, *Menexenus* et *Periclis Thucydidei* de legibus. Gr. et lat. curav. C. D. Beck. Lips. 798. Vol. I. 8. 1 rthl. 8 gr.

— Menexenus et Periclis Thucydidei orat. funebr. (gr.) Recens. et animadv. illustr. J. G. Gottleber. 8maj. Lpz. 782. Schwickert. 8 𝒢

— Meno. Prolegomenis et commentariis illustr. G. Stallbaum. Access. Scholia graeca. 8. Lpz. 827, Hartmann.

— Meno. Prolegomenis et commentariis illustr. G. Stallbaum. Access. scholia graeca. 8. Lpz. 827. Lehnhold. 18 𝒢

— Meno, prolegomenis et commentariis instr. G. Stallbaum. Editio vilioris pretii. 8. Leipzig 839. Lehnhold. 1/3 ℛ

—— Meno, prolegomenis et commentar. illustr. Gdfr. Stallbaum. Edit. vilior. pretii. 8. (14 B.) Lipsiae 839, [Woeller.]

Plato, Opera ex recensione Henr. Stephani passim emend. ed. Ch. D. Beck. Tom. I et II. 12. Lipsiae, Tauchnitz. 813. (à 16 gr.) Rthlr.
Velinp. (à 1 Rthlr.)
Tom. I. cont. Euthyphro, Apologia Socratis, Crito, Phaedo, Theages, Amatores, Theaetetus. — Charta angl.
Tom. II. cont. Sophista, Euthydemus, Protagoras, Hippias, Minos, Cratylus. — Charta angl.

— Opera ex recens. Hnr. Stephani passim emend. adject. schol. et not. crit. Chr. D. Beck. VIII Voll. 16. Leipz. 813—19. Tauchnitz. 5 ℛ 8 𝒢 Hbg. Pr. 2 ℛ 16 𝒢 fein P. 8 ℛ

— Opera, cum scholiis a Rhunkenio collectis ad optim. libror. fidem accur. edita. Editio stereot. Vol. I — VIII. 12. Lipsiae, Tauchnitz. 818 et 19. br. (à 18 Gr.) fein Pap.

— Opera. Accedunt Platonis, quae feruntur Scripta. Ad optimorum librorum fidem recensuit, in latinum convertit, annotationibus explanavit indicesque rerum ac verborum accuratissimos adjecit Frid. Astius. Tom. Ius. 8maj. Lipsiae, Weidmanus. 819. 2 Thlr. et charta script.
— membr.

— — idem liber Tom. IIus. 8maj. ibid. 820. 1 Thlr. 18 Gr. et charta script.
— membr.

— — idem liber Tom. IIIus. 8maj. ibid. 821. 1 Thlr. 20 Gr. et charta script.
— membr.

Platonis, quae exstant Opera. Acced. Platonis quae foruntur scripta. Ad opt. libror. fidem recens. in linguam latinam convertit, annotat. explan., indicesque rerum ac verbor. accuratiss. adjec. Fr. Astius. Tom. IV — IX. 8 maj. Lips. 822—27, Weidmann. (T. IV. 1 Rthl. 16 gr. Weiss P. 1 Rthl. 20 gr. Schreib-P. 2 Rthl. 4 gr. Velin-P. 3 Rthl. 12 gr. T. V. 1 Rthl. 6 gr. Weiss P. 1 Rthl. 10 gr. Schreib-P. 1 Rthl. 16 gr. Velin-P. 3 Rthl. — T. VI. 1 Rthl. 12 gr. Weiss P. 1 Rthl. 16 gr. Schreib-P. 2 Rthl. — Velin-P. 3 Rthl.)

Platonis quae exstant Opera. Acced. Platonis quae feruntur scripta. Ad opt. libror. fidem recens., in linguam latinam convertit, annotationibus explan. indicesque rerum ac verbor. accuratiss. adjec. Fr. Astius. Tom. X et XI. — E. s. t.: Fr. Asti Annotationes in Platonis Opera. Tom. I et II. 8maj. Lipsiae, Weidmann. [X. (40½ B.) 829. 3 Thlr., weiss Drckp. 3 Thlr. 12 Gr., Schrbp. 4 Thlr., Vlnp. 6 Thlr., XI. (53¼ B.) 832. 4 Thlr., ws. Drckp. 4 Thlr. 16 Gr., Schrbp. 5 Thlr. 8 Gr., Vlnp. 6 Thlr. 16 Gr.] 7 Thlr., ws. Drckp. 8 Thlr. 4 Gr., Schrbp. 9 Thlr. 8 Gr., Vlnp.
Tom. I—IX. Ebendas. 1819—27. 16 Thlr. 8 Gr., weiss Drckp. 18 Thlr. 18 Gr., Schrbp. 22 Thlr., Vlnp. 33 Thlr. 8 Gr.

— quae supersunt Opera Textum ad fidem codd. Florentt., Pariss., Vindobb. aliorumque recogn. G. Stallbaum. Acced. Varietas lectionis et excerpta ex Procli scholiis in Cratylum Platonis, e codd. ed. J. E. Boissonade. XII Tomi. 8 maj. Lipsiae 821—25, Weigel.

Platonis quae supersunt Opera. Textum ad fidem codd. Florentt., Pariss., Vindobb. aliorumque recogn. G. Stallbaum. Acced. varietas lect. et excerpta ex Procli scholiis in Cratylum Platonis, e codd. ed. J. F. Boissonade. XII Tom. 8maj. Leipz. 821—26. Weigel. 21 ℛ Hbg. Pr. 12 ℛ

—— Opera graece. Recens. et adnotatione critica instr. Car. Ern. Chrstph. Schneider. Vol. I—III. 8maj. Lipsiae, [Teubner.] 6 Thlr. 18 Gr., Engl. P. 8 Thlr. 14 Gr., Holl. P.
Vol. I. Civitatis lib. I—IV. (33 B.) 830. 2 Thlr. 12 Gr., Engl. P. 3 Thlr. 4 Gr., Holl P. 5 Thlr.
- II. Civitatis lib. V—VII. (24½ B.) 831. 1 Thlr 18 Gr., Engl. P. 2 Thlr. 6 Gr., Holl. P. 3 Thlr. 12 Gr.
- III. Civitatis lib. VIII—X. et indic. adnotat. ad omnes cont. (32½ B.) 833. 2 Thlr. 12 Gr., Engl P. 3 Thlr. 4 Gr, Holl. P. 5 Thlr.

— Opera graece. Recensuit et adnotatione critica instruxit Car. Er. Chr. Schneider. III Voll. 8maj. Leipz. 830—32. Teubner. 6 ℛ 18 𝒢 Engl. P. 8 ℛ 14 𝒢 Velinp. 13 ℛ 12 𝒢

(— opera ed. C. E. Chr. Schneider.) Additamenta ad Civitatis Platonicae libros X Lipsiae a. 1830. 31. 33. editos a C. E. Chr. Schneidero. Lipsiae 854. Teubner. gr. 8. (87 S.) 15 ngr
Platonis opera ed. Schneider. Vol. I—III. Civitatis libri X. Ebend. 1830—33. Herabges. Pr. n. 2 ℛ.

—— opera ex recensione R. B. Hirschigii. Graece et latine. Vol. I. Cum indicibus. (Bibliotheca scriptorum graecorum. Vol. XLIV.) 8maj. (XXVI und 757 S.) Parisiis 856, Didot fratres.

— Opera ex recensione C. H. Ch. Schneideri. Graece et latine cum scholiis et indicibus. Vol. II. Pars I. Lex.-8. Parisiis 846, Didot fratres. n. 2 ℛ

Platonis opera, ex recensione C. E. Chr. Schneideri. Graece et Latine cum scholiis et indicibus. Vol. II. Pars II. Lex. 8. (S. 263—598.) Parisiis 852, Didot fratres. n. 2 ℛ

Platonis Opera. Argumenta dialogorum cum indice nominum et rerum necnon indice philosophico absolutissimis condidit J. Hunziker accedunt prolegomena et scholia graeca in Platonem ex recensione Fr. Dübneri. Vol. III. Lex.-8. (II, 350 S.) Paris 874, Didot frères fils et Comp. * 8 —
Vol. I. et II. Ebendas. 1846—56. *ℳ 24.

— opera, recognovit brevique adnotatione critica instruxit Johs. Burnet. Tom I—IV. 8. Oxford, Clarendon Press. n.n. 21. —
I. Tetralogiae I—II. (XIV, 525 S.) (899.) n.n. 5. —
II. Tetralogiae III—IV. (X, 400 S.) (901.) n.n. 5. —
III. Tetralogiae V—VII. (XII, 503 S.) (903) n.n. 5. —
IV. Tetralogiae VIII. (XIV, 532 S.) (905.) n.n. 6. —

— opera, recognovit brevique adnotatione critica instruxit Johs. Burnet. Tom. V. Tetralogiam IX definitiones et suria continens. (XII, 597 S.) 8. Oxford (907). Clarendon Press. 7. —
Tom. I—IV. Ebd. 899—905. nn 21. —.

Platonis opera omnia gr. et lat. XII Voll. 8maj. Bipont. 781—87. (Treuttel u. W. in Strassb.) 19 ℳ 22 gl — Dialogorum expos. et illustr. Dietr. Tiedemann. 8maj. ibid. 786. 1 ℳ 22 gl

Platon. Quae exstant; Graece ad editionem H. Stephani accurate expressa . . . Biponti 1781—87. H: *Exter, Frdr. Chn & Joh. Val. Embser.* (BrMm) »1781—86« (Hoff)

Plato: Opera omnia. Rec. et commentariis instruxit G. Stallbaum. Gothae & Erfordiae. 10 Bde
1, 1. Apologia et Crito. 1858.
1, 2. Phaedo. 1875.
1, 3. Symposium. 1852.
2, 1. Gorgias. 1861.
2, 2. Protagoras. 1865.
3, 1—2. Politiae libr. 1—10. 1858—59.
4, 1. Phaedrus. 1857.
4, 2. Menexenus. 1857.
5, 1. Laches, Charmides, Alcibiades. 1857.
5, 2. Cratylus. 1835.
6, 1. Euthydemus. 1836.
6, 2. Meno et Euthyphron, Theages, Erastae, Hipparchus. 1836.
7. Timaeus et Critias. 1838.
8, 1. Theaetetus. 1869.
8, 2. Sophista. 1840.
9, 1. Politicus. 1841.
9, 2. Philebus. 1842.
10, 1—3. Leges et Epinomis. 1859.

Platonis Opera omnia. Recens. et comment. instr. Gdfr. Stallbaum. Vol. VI — IX. Sect. 1 — 3. 8maj. Gothae, libr. Hennings.
E. s. tit.:
Vol. VI. 1. Euthydemus. (13 B.) 836. 16 Gr.
2. Meno et Euthyphro itemque incerti scriptoris Theages, Erastae et Hipparchus. (24½ B.) 836. 1 Thlr. 9 Gr.
- VII. Timaeus et Critias. Accessit varietas lectionis praestantiss. cod. Paris. accuratiss. enotata. (34½ B.) 838. 1 Thlr. 18 Gr.
VIII. 1. Theaetetus. (16½ B.) 839. 1 Thlr. 9 Gr.
2. Sophista. (15¼ B.) 840. 21 Gr.
- IX. 1. Politicus et incerti auctor. Minos. (25 B.) 841. 1 Thlr. 12 Gr.
2. Philebus. (27¾ B.) 842. 1 Thlr. 15 Gr.
Vol. I—V. Ibid. 1833—40. 11 Thlr. 11 Gr. — Vgl. Bibliothecae graeca B. Vol. XI—XIII. XIX. XX.

—— opera omnia. Recensuit et perpetua annotatione illustravit Godofr. Stallbaum. . Vol. X. 3 Sectt. Et. s. t.: Platonis leges et epinomis. Recensuit prolegomenis et commentariis illustravit Godofr. Stallbaum. 3 Voll. gr. 8. (CCLXXXIV und 1535 S.) Gotha 859. 60. [Leipzig, Teubner.]
Vgl.: Bibliotheca graeca.

—— opera omnia. Recensuit, prolegomenis et commentariis instruxit Mart. Wohlrab. Vol. I. Sect. I. Apologia et Crito. gr. 8. (VIII, 208 S.) Leipzig 877, Teubner. 2 40

Platonis opera omnia. Recensuit, prolegomenis et commentariis instruxit Godofr. Stallbaum. Vol. I. Sect. II. Continens Phaedonem. Editio IV. superioribus aliquanto auctior et emendatior, quam curavit Mart. Wohlrab. Leipzig 866. Teubner. gr. 8. (VI, 310 S.) 26 ngr

Platonis Opera omnia. Rec., prolegomenis et commentariis instr. Godofr. Stallbaum. Vol. I. Sect. 2. Phaedo. Rec., prolegomenis et commentariis instr. Mart. Wohlrab. Ed. V. gr. 8. (V, 641 S.) Leipzig 875, Teubner.

—— dass. — Vol. II. Sect. 2. Edit. III. multis partibus aucta et emendata. Et. s. t.: Protagoras. Recognovit et cum Godofr. Stallbaumi suisque annotationibus ed. J. S. Kroschel. gr. 8. (VI und 195 S.) Ebendas. 865.

— dasselbe. rec., prolegomenis et commentariis instruxit Gfr. Stallbaum. Vol. II. Sect. II., continens Protagoram. Ed. IV. emendatior, ed. J. S. Kroschel. gr. 8. (VIII, 211 S.) Leipzig 882. Teubner. 2. 40

Platonis opera omnia. Rec., prolegomenis et commentariis instruxit Godofr. Stallbaum. Vol. VI sect. II. Edit. II. E. s. t.: Platonis Meno et Eutyphro. Incerti scriptoris Theages, Erastae, Hipparchus. Rec., prolegomenis et commentariis instruxit Ad. Rich. Fritzsche. gr. 8. (VIII, 347 S.) Leipzig 885, Teubner.

—— dass. — Vol. VIII. Sect. 1. Platonis Theaetetus. Recognovit prolegomenis et commentariis instruxit Mart. Wohlrab. gr. 8. (VIII, 211 S.) Ebendas. 869.
10 Bde. in 21 Sectionen. Ebendas. 1836—75.

Platonis opera omnia. Recensuit, prolegomenis et commentariis instruxit Mart. Wohlrab. Vol. VIII. Sect. I. continens Theatetum. Ed. II. gr. 8. (VIII, 245 S.) Lpz. 891, Teubner. 3 60

— dasselbe. Recensuit et commentariis instruxit Godofr. Stallbaum. Vol. VIII sect. II. Sophista. Ed. II. emendatior. Recensuit, prolegomenis et commentariis instruxit Otto Apelt. gr. 8. (VIII, 217 S.) Leipzig 897. B. G. Teubner. n. 5. 60

—- Opera quae feruntur omnia. Recogn. Io. Geo. Baiterus, Io. Casp. Orellius, Aug. Guil. Winckelmannus. Acced. integra varietas lectionis Stephanianae, Bekkerianae, Stallbaumianae, scholia emend. et auct., Timaei lexicon ad cod. Sangermanensem denuo recogn., glossae Platonicae ex lexicographis graecis excerptae, nominum index in Platonem et scholia. II Pts. (IX Fasc.) 4maj. Turici 839—42, Meyer et Zeller.
Ps. I. Textus. (112 B.)
- II. Scholia. Glossarium. Onomasticum. Indices. (23½ B.)

—— Opera omnia. Recogn. Baiterus, Orellius, Winckelmannus. IV Pts. (sive XXI Vol.) 16. Turici, Meyer et Zeller. Vollständig nur
Vol. I. Eutyphro, Apologia Socratis, Crito. Edit. 1. et 2. (à 5½ B.) 839. à 6 Gr.
- II. Phaedo. Item incertor. auctor. Theages et Erastae. Edit. 1. et 2. (à 7½ B.) 839. à 6 Gr.
- III. Theaetetus. Edit. 1. et 2. (à 6¾ B.) 839. à 8 Gr.
- IV. Sophista. Edit. 1. et 2. (à 5½ B.) 839. à 6 Gr.
- V. Euthydemus et Protagoras. (7½ B.) 839. 6 Gr.
- VI. Cratylus item incerti auctoris Hippias minor. (7 B.) 839. 6 Gr.
- VII. Gorgias item incerti auctoris Io. (9 B.) 839. 9 Gr.
- VIII. Philebus. (6½ B.) 839. 6 Gr.
- IX. Meno item incerti auctoris Alcibiades I. (7¼ B.) 839. 6 Gr.
- X. Charmides et Laches item incerti auctoris Alcibiades II. Accessit Herm. Sauppii ad Io. Geo. Baiterum epistola critica. (6½ B.) 839. 6 Gr.
Vol. XI. Lysis et Menexenus item incerti auctoris Hipparchus. (4½ B.) 839. 6 Gr.
- XII. Politicus item incerti auctoris Minos. (7 B.) 840. 8 Gr.
- XIII. Res publica. (20¼ B.) 840. 18 Gr.
- XIV. De legibus lib. XII. item incerti auctoris Epinomis. (28¼ B.) 841. 1 Thlr.
- XV. Timaeus et Critias, item Timaeus Locrus de anima mundi et natura. (8½ B.) 9 Gr.
- XVI. Parmenides. (4 B.) 842. 6 Gr.

- XVII. Symposium. Access. A. S. Voegelini ad J. G. Baiterum epistola critica et Herm. Sauppii de consilio symposii dissert. (6 B.) 842. 6 Gr.
  Prachtausg. auf Rosa-Vlnp. gr. 8. (5¾ B.) 21 Gr.
- XVIII. Phaedrus. Access. A. S. Voegelini ad J. G. Baiterum epistolae criticae. Ps. II. (6½ B.) 842. 6 Gr.
  Prachtausg. auf Rosa-Vlnp. gr. 8. (6½ B.) 1 Thlr.
- XIX. Hippias major. Item epistolae. (7½ B.) 842. 9 Gr.
- XX. Dialogi spurii, Axiochus de iusto de virtute demodocus, Sisyphus Eryxias, Clitophon definitiones. (7 B.) 841. 8 Gr.
- XXI. Scholia ad Platonem auct. et emend. (16 B.) 841. 1 Thlr.

— Opera omnia. Recognov. Baiterus Orellius Winckelmannus. Vol. XVI. — Et. s. t.: Platonis Parmenides. 16. ibid. 841. 1/4 ℛ

— ead. Vol. XVII. Platonis Symposium. Access. A. S. Voegelini ad J. G. Baiterum Epistola critica et Herm. Sauppii de consilio symposii dissertatio. 16. ibid. 841. 1/4 ℛ — (Dass. Prachtausg. aufRosa-Velinp. gr. 8. Ebd. 841. 7/8 ℛ)

— ead. Vol. XVIII: Platonis Phaedrus. Accessit A. S. Voegelini ad J. G. Baiterum Epistolae criticae Pars II. 16. Ibid. 841. 1/4 ℛ — (Dass. Prachtausgabe auf Rosa-Velinp. gr. 8. Ebend. 841. 1 ℛ)

— ead. Vol. XIX: Platonis Hippias major. Item Epistolae. 16. ibid. 841. 3/8 ℛ

Platonis opera omnia. Recognoverunt Jo. Geo. Baiterus, Jo. Casp. Orellius, Aug. Guil. Winckelmannus. Vol I.: Euthyphro. Apologia Socratis. Crito. Recognovit Jo. Geo. Baiterus. Edit. IV. 8. (XVI und 69 S.) Zürich 861, Meyer und Zeller's Verlag.

— opera omnia. Recognoverunt Jo. Geo. Baiterus, Jo. Casp. Orellius, Aug. Guil. Winckelmannus. Vol. II. A. u. d. T.: Phaedo. Item incertorum auctorum Theages et Erastae. Recognoverunt Jo. Casp. Orellius et Jo. Geo. Baiterus. Editio III. gr. 16. (X u. 109 S.) Turici 851, Meyer & Zeller. 1/3 ℛ

Platonis Opera omnia. Recognoverunt Jo. Geo. Baiterus, Jo. Casp. Orellius, Aug. Guil. Winckelmannus. Vol. III. Et. s. tit.: Platonis Theaetetus. Editio II. 8. (7 B.) Turici 844, Meyer et Zeller.

—— id. Vol. IV. Et. s. tit.: Platonis Sophista. Edit. II. 8. (5½ B.) Ibid. 845.

Platonis opera omnia. Recognoverunt Jo. Geo. Baiterus, Jo. Casp. Orellius, Aug. Guil. Winckelmannus. Vol. V. Et. s. t.: Platonis Euthydemus et Protagoras. Iterum ed. Joan. Geo. Baiterus. 16maj. (XVI und 112 S.) Turici 852, Meyer und Zeller. Thlr.

— dies. Vol. VII. A. u. d. T.: Platonis Gorgias item incerti auctoris Io. Recognoverunt Jo. Casp. Orellius et Jo. Geo. Baiterus. Editio II. gr. 16. (XVI u. 133 S.) Ebd. 851. 3/8 ℛ

— dies. Vol. X. A. u. d. T.: Platonis Charmides et Laches item incerti auctoris Alcibiades II. Iterum ed. Joan. Geo. Baiterus. Accessit Herm. Sauppii ad editorem epistola critica. gr. 16. (XVI u. 88 S.) Ebd. 851. 1/4 ℛ

—— id. — Vol. XIII. Edit. II. Et. s. t.: Platonis res publica. Iterum recogn. Jo. Casp. Orellius et Jo. Geo. Baiterus. Accesserunt Alb. Jahnii symbolae criticae. 16maj. (XXVIII und 316 S.) Ibid. 847.

—— dass. — Vol. XIII. Editio III. Et. s. t.: Platonis res publica. Recognovit Jo. Geo. Baiterus. Edit. III. br. 8. (LIX und 316 S.) Ebendas. 858.

— opera omnia. Recognoverunt Jo. Geo. Baiterus, Jo. Casp. Orellius, Aug. Guil. Winkelmannus. Vol. 13. Res publica. Recogn. Jo. Geo. Baiterus. Ed. 4. 8. (LXXX, 316 S.) Stuttgart 874. Meyer & Zeller. 4. 50

Platonis opera omnia. Recognoverunt Jo. Geo. Baiterus, Jo. Casp. Orellius, Aug. Guil. Winckelmannus. Vol. XIII. Res publica. Recognovit Jo. Geo. Baiterus. Ed. V. 8. (LXXX, 316 S.) London 881. Nutt. 4. 50

Platonis opera omnia. Recognovit Jo. Geo. Baiterus, Jo. Casp. Orellius, Aug. Guil. Winckelmannus. Vol. XIV. Editio altera. Et. s. t.: Platonis de legibus libri XII. Item incerti auctoris Epinomis. Relegit Jo. Geo. Baiterus. 16maj. (XL und 439 S.) Turici 854, Meyer und Zeller.

Platonis opera omnia. Recognoverunt Jo. Geo. Baiterus, Jo. Casp. Orellius, Aug. Guil. Winckelmannus. Vol. XVII.: Symposium. Recognovit Jo. Geo. Baiterus. Accessit Herm. Sauppii de consilio symposii dissertatio. Edit. II. 8. (XII und 64 S.) Zürich 863, Meyer und Zeller's Verlag.

— opera omnia ad fidem optimor. libror. denuo recognovit et una cum scholiis graecis emendatius ed. Godofr. Stallbaumius. Nova editio ster. VIII Tomi. 16. I. Euthyphro. Apologia. Crito. Phaedo. Theages. Erastae. Theaetetus. (VI u. u. 324 S.) II. Sophista. Euthydemus. Protagoras. Hippias minor. Cratylus. (302 S.) III. Gorgias. Io. Philebus. Meno. (290 S.) IV. Alcibiades I., II. Charmides. Laches. Lysis. Hipparchus. Menexenus. Politicus. Minos. (311 S.) V. De republica sive de justo libri X. (412 S.) VI. De legibus libri XII et Epinomis. (499 S.) VII. Timaeus. Timaei Locri lib. de anima mundi. Critias. Parmenides. Symposion. (319 S.) VIII. Phaedrus. Hippias major. Epistolae. Dialogi subditivi. Definitiones. (286 S.) Leipzig: Tauchnitz 1850.

— opera. Nr. 1—7. Edidit Godofr. Stallbaumius. Nova editio ster. 16. 1. Euthyphro. Apologia. Crito. (76 S.) 2. Phaedo. (90 S.) 3. Protagoras. (73 S.) 4. Gorgias. Io. (128 S.) 5. Meno. Alcibiades. I. II. (106 S.) 6. Charmides. Laches. Lysis. Hipparchus. Menexenus. (128 S.) 7. Symposion. Phaedrus. (142 S.) Ebd. 850. (1: 3 ngℛ 2: 3½ ngℛ 3 u. 4: à 3 ngℛ 5: 1/6 ℛ 6 u. 7 à 1/6 ℛ) 25½ ngℛ

—— dass. — Nova editio stereot. C. Tauchnitiana. Nova impressio. Tom. 1. 2. 3. 5. 16. Ebendas.

Inhalt:

Tom. 1. Euthyphro. Apologia. Crito. Phaedo. Theages. Erastae. Theaetetus. (V und 324 S.) 867. 9 Ngr.
» 2. Sophista. Euthydemus. Protagoras. Hippias minor. Cratylus. (302 S.) 867. 9 Ngr.
» 3. Gorgias. Io. Philebus. Meno. (290 S.) 866. 9 Ngr.
» 5. De republica sive de justo libri X. (412 S.) 866. 12 Ngr.

—— dass. — ad fidem optimorum librorum denuo recognovit et una cum scholiis graecis emendatius edidit Godofredus Stallbaumius. Nova edit. stereot. C. Tauchnitiana. Nova impressio. 8 vol. 16. Leipzig 866—74, Holtze. 9 —

Inhalt:

Vol. 1. Euthyphro. Apologia. Crito. Phaedo. Theages. Erastae. Theaetetus. (V, 324 S.) ℳ 1.
» 2. Sophista. Euthydemus. Protagoras. Hippias minor. Cratylus. (302 S.) ℳ 1.
» 3. Gorgias. Io. Philebus. Meno. (290 S.) ℳ 1.
» 4. Alcibiades I. II. Charmides. Laches. Lysis. Hipparchus. Menexenus. Politicus. Minos. (311 S.) ℳ 1.
» 5. De republica sive de Iusto libri decem. (412 S.) ℳ 1,35.
» 6. De legibus libri duodecim et Epinomis. (499 S.) ℳ 1,65.
» 7. Timaeus. Timaei Locri lib. de anima mundi. Critias. Parmenides. Symposion. (319 S.) ℳ 1.
» 8. Phaedrus. Hippias maior. Epistolae. Dialogi subditivi. Definitiones. (286 S.) ℳ 1.

Hieraus einzeln:

Nr. 1. Euthyphro. Apologia. Crito. (76 S.) 36 Pf.
» 2. Phaedo. (90 S.) 45 Pf.
» 3. Protagoras. (73 S.) 36 Pf.
» 4. Gorgias. Io. (128 S.) 60 Pf.
» 5. Meno. Alcibiades I. II. (106 S.) 45 Pf.
» 6. Charmides. Laches. Lysis. Hipparchus. Menexenus. (128 S.) 60 Pf.
» 7. Symposion. Phaedrus. (142 S.) 60 Pf.

— opera ed. Godofr. Stallbaumius. Editio ster. C. Tauchnitiana. Nova impressio. No. 1. u. 2. 16. Leipzig 874. Holtze. — 83

1. Euthyphro. Apologia. Crito. (76 S.) — 38
2. Phaedo. (90 S.) — 45

— opera omnia. Ad fidem optimorum librorum denuo recognovit et una cum scholiis graecis emendatius ed. Godofr. Stallbaumius. Nova ed. ster. C. Tauchnitiana. Tom IV et VII. 16. Leipzig, O. Holtze's Nachf. à 1. —

IV. Alcibiades I. II. Charmides. Laches. Lysis. Hipparchus. Menexenus. Politicus. Minos. Nova impressio. (311 S.) 901.
VII. Timaeus. Timaei Locci lib. de anima mundi. Critias. Parmenides. Symposion. Nova impressio. (319 S.) (889.)

Platonis opera omnia ad fidem optimorum librorum denuo recognovit et una cum scholiis graecis emendatius ed. Godofr. Stallbaumius. Nova ed. ster. C. Tauchnitiana. Tom. I et VIII. Nova impressio. 16. Leipzig 893. O. Holtze's Nachf. à 1. —

I. Euthyphro. Apologia. Crito. Phaedo. Theages. Erastae. Theaetetus. (V, 324 S.) — VIII. Phaedrus. Hippias maior. Epistolae. Dialogi subditivi. Definitiones. (286 S.)

Platonis opera omnia, ad fidem optimorum librorum denuo recognovit et una cum scholiis graecis emendatius edidit Godofr. Stallbaumius. Nova editio ster. C. Tauchnitiana. Tom. II. Sophista. Euthydemus. Protagoras. Hippias minor. Cratylus. Nova impressio. 16. (302 S.) Leipzig 895. O. Holtze's Nachf. 1. —

—— opera omnia uno volumine comprehensa. Ad fidem optimor. libror. denuo recognovit et una cum scholiis graecis emendatius ed. Godofr. Stallbaumius. Editio stereot. 4maj. (XV und 728 S.) Lipsiae 850, C. Tauchnitz.

— opera omnia uno volumine comprehensa. Ad fidem optimorum librorum denuo recognovit et una cum scholiis graecis emendatius edidit Godofr. Stallbaumius. Editio ster. C. Tauchnitiana. Nova impressio. Leipzig 867. Holtze. gr. 4. (XV, 728 S.) cart. 4 ℳ 15 ngr.

— opera omnia uno volumine comprehensa ad fidem optimorum librorum denuo recognovit et una cum scholiis graecis emendatius ed. Gfrd. Stallbaum. Ed. ster. novis chartis impressa. hoch 4. (XV, 728 S.) Leipzig 878. Holtze. 13. 50

—— Opera, quae feruntur omnia, ad codices denuo collatos, ed. Mart. Schanz. Vol. I. Euthyphro, Apologia, Crito, Phaedo. Edit. ster. (Text-[Schul-]Ausg.) gr. 8. (124 S.) Leipzig 875, B. Tauchnitz.

—— dass. — Schulausg. 2. und 5.—10. Bdchn. Edit. stereot. gr. 8. Ebendas.

Inhalt:

Bdchn. 2. Cratylus, Theaetetus. (145 S.) 880. 75 Pf.
» 5. Symposion, Phaedrus. (106 S.) 882. 45 Pf.
» 6. Alcibiades I. et II., Hipparchus, Amatores, Theages. (90 S.) 882. 45 Pf.
» 7. Charmides, Laches, Lysis. (72 S.) 883. 45 Pf.
Bdchn. 8. Euthydemus, Protagoras. (90 S.) 880. 45 Pf.
» 9. Gorgias, Meno. (121 S.) 881. 60 Pf.
» 10. Hippias maior, Hippias minor, Io, Menexenus, Clitopho. (82 S.) 885. 45 Pf.
1. Bdchn. Ebendas. 1875. 60 Pf.

—— dass. — (Kritische Ausg.) II. gr. 8. (XII, 187 S.) Ebendas. 875.

— opera quae feruntur omnia. Ad codices denuo collatos ed. Mart. Schanz. Vol. II. Fasc. 1 et 2. Cratylus et Theaetetus. gr. 8. (X, 90 u. XVI, 106 S.) Leipzig 877. 80. B. Tauchnitz. à n. 3. —

Platonis opera quae feruntur omnia. Ad codices denuo collatos ed. M. Schanz. (Kritische Ausg.) Vol. III. Fasc. 1. Sophista. gr. 8. (IX, 92 S.) Leipzig 887. B. Tauchnitz. n. 2. —

— dasselbe. Vol. V. Fasc. 1 et 2. Symposion et Phaedrus. gr. 8. (XIV, 73 u. XVI, 78 S.) Ebend. 881. 82. à n. 2. —

— dasselbe. Vol. VI. Fasc. 1. Alcibiades I. et II., Amatores, Hipparchus, Theages. gr. 8. (XII, 114 S.) Leipzig 882. Tauchnitz. n. 3. —

Platonis opera quae feruntur omnia. Ad codices denuo collatos ed. Mart. Schanz. Vol. VI fasc. 2. Charmides, Laches, Lysis. gr. 8. (VIII, 90 S.) Leipzig 883. B. Tauchnitz. n. 2. —

Platonis opera quae feruntur omnia. Ad codices denuo collatos ed. Mart. Schanz. Vol. VII. Euthydemus, Protagoras. gr. 8. (XVI, 119 S.) Leipzig 880. B. Tauchnitz. n. 4. 50

— dasselbe. Vol. VIII. Gorgias, Meno. gr. 8. (X, 165 S.) Ebend. 881. n. 5. —

— dasselbe. Vol. IX. Hippias major, Hippias minor, Jo, Menexenus, Clitopho. gr. 8. (XXIV, 103 S.) Ebend. 885. n. 3. —

Platonis opera quae feruntur omnia. Ad codices denuo collatos edidit Mart. Schanz. Vol. XII. gr. 8. Leipzig, B. Tauchnitz. * 9 —

Inhalt:

» XII. Leges I—VI. (XX, 198 S.) 879. *ℳ. 6.
Vol. I. Ebendas. 1875. *ℳ. 6.

— Oevres, traduites par V. Cousin. Tom. I — IV. gr. 8. Paris u. Leipz. 822 — 27, Bossange.

—— le Parménide, Dialogue, trad. et expliqué p. J. A. Schwalbé. gr. in-8. (25⅓ B.) [Paris et] Leipzig 841, Brockhaus et Avenarius.

— Dialog Parmenides, s.: Bibliothek, philosophische.

— Parmenides, s.: Sammlung griechischer u. römischer Classiker.

— Parmenides, als dialekt. Kunstwerk dargestellt von Th. G. Schmidt. gr. 8. Berl. 821. Reimer. 22 gr

— Parmenides; aus dem Griech. übers. u. mit philosoph. Anmerkk. ausgestattet von J. K. Götz. gr. 8. Augsb. 825. v. Jenisch u. St. 1 ℳ

— Parmenides, aus d. Griech übers. u. mit philosophischen Anmerkk. ausgestattet von J. K. Götz. gr. 8. Augsb. 826, v. Jenisch u. St.

— Parmenides, cum quattuor libris prolegomenorum et comment. perpet. Accedunt Procli in Parmenidem commentarii nunc emendatius editi. Cura Godofr. Stallbaumi. 8maj. Lipsiae 839. Lehnhold. n. 4 ℳ

—— Parmenides, c. IV libr. prolegomenor. et comment. perpetuo. Acced. Procli in Parmenidem comment. nunc emendatius editi. Cura Gdfr. Stallbaumi. 8maj. (64⅛ B.) Lipsiae 839, [Woeller.]

— Parmenides, cum quatuor libris prolegomenorum et comment. perpet. Ed. Godofr. Stallbaumius. 8maj. Lipsiae 840. Lehnhold. 1⅚ ℳ

—— Parmenides, c. IV libr. prolegomenor. et comment. perpetuo. Ed. Gdfr. Stallbaumius (s. Procli comment.). 8maj. (29¾ B.) Lipsiae 841, [Woeller.]
Vgl. Procli Commentarius.

— Parmenides cum IV libris prolegomenorum et commentario perpetuo. Accedunt Procli in Parmenidem commentarii nunc emendatius editi. Cura Godofr. Stallbaum. Edit. viliore pretio parabilis. gr. 8. (1025 S.) Lipsiae 848, Woller. 2⅔ ℔

— Parmenides/Philebos. Ins Deutsche übertr. v. Otto Kiefer. (221 S.) 8. Ebd. 910. 4.—; geb. 5.50

—— Phaedon, vgl.: Gomperz, Thdr.

— dasselbe, s.: Bibliothek, kleine.

—— s. Bibliothek, Langenscheidt'sche sämmtl. griech. u. röm. Klassiker.

—— Phädon oder Gespräch über die Seele, s. Universal-Bibliothek Nr. 979.

— Phädon, s. Volksbibliothek, deutsche, der griechischen u. römischen Classiker.

— — s. dial. de anima immortal. a I. H. Winkler ed. 8. Lps. Fritsch. 744.

— Phädon; aus d. Griech. v. J. B. Köhler. 8. Lübeck 769. Donatius. (Riemann u. R.) 10 gr

— Phädon; aus d. Griech. übers. mit Anmerkk. v. A. W. Ortlob. 8. Frankf. u. Leipz. 771. (Coppenrath in Münst.) 18 gr

Platon. Phaedo, graece in usum scholarum. Halae 1790. H: *Wolf, Frdr. August.* (Hoff) (Ebert) (Gi) H: *Wald, Sam. Gottlieb.* (Ky)

— Phaedo, gr., in usum scholar. (ed. S. G. Wald). 8. Halle. 790. Hendel. 8 gr

— Phädon, über d. Unsterblichkeit d. Seele, übers. v. Lindau. gr. 8. Berl. 803. Nauck. 16 gr

— — in us. Scholar. ed. Büchling. 8. Halae, Hendel. 804.

— Phaedon, gr., mit d. vorzügl. Erläuterr. d. berühmten Ausleger v. J. D. Büchling. gr. 8. Halle 804. 2e A. 819. Hendel. 18 gr

— Phaedo, gr. Edit. scholar. in usum. 8maj. Würzb. 807. Stahel. 10 gr

— — oder von der Unsterblichkeit der Seele, zum Gebrauch f. Schulen (griechisch). gr. 8. Würzb. Stahel. 807.

— *Dialogus Phaedon,* Graece. Emend. et annot. instr. Heindorf. Berol. 809. 8. 1 rthl. (*Dialogi selecti* Vol. IV. P. I.)

— Phaedo, in us. scholar. ed. L. F. Heindorf. 8maj. Berl. 810. Dümmler. 1 ℔

— Phaedo, (gr.) explanatus et emendatus prolegomenis et annotatt. Dn. Wyttenbach. 8maj. Leyden. 810. (Weigel in Leipz.) 3 ℔ 8 gr

— Phädon nach seinem ganzen Zusammenhang entwickelt und mit besond. Rücksicht auf die Unsterblichkeitslehre erläutert und beurtheilt von H. Kuhnhardt. gr. 8. Lübeck, Niemann. 817.

— φαίδων, ἢ περὶ ψυχῆς. In usum lectionum ed. J. D. Büchling. Editio 2da. 8maj. Halae, Hendel. 819.

Platonis, *Phaedo.* Graece. Acc. varietas lection. scholiastes Ruhnkenii et brevis annotatio cura J. D. Körner. Züllich. 820. 8. 14 gr.

— Phaedon. Accedi varietas lectionis, scholiastes Ruhnkenii et brevis adnotatio cura Joh. Dav. Körner. 8maj. Züllichaviae, Darnmann. 821.

— Phädon, od. Gespräch über d. Unsterblichkeit d. Seele, übers. u. mit philosoph. u. andern Anmerkk. begl. v. J. A. Göz. gr. 8. Augsb. 824. v. Jenisch u. St. 1 ℔

Platon. Phaedo explanatus et emendatus . . . Lipsiae 1824. H: *Stallbaum, Johann Gottfried.* »ex recensione H. Stephani . . . Editio in usum scholarum. Lipsiae 1824.« (Ky)

— Phaedo explan. et emend. prolegom. et annotat. Dan. Wyttenbachii. Access. supplem. Wyttenbachii notatio crit. edit. Germani et Scholia graeca, (cur. Gt. Stallbaum.) 8maj. Leipz. 824. Lehnhold. 1 ℔ 16 gr

— id. lib. Ex recens. H. Stephani, cum prolegomenis Wyttenbachii. Editio in us. scholar. 8 maj. Lips. 824, Hartmann.

— Phaedo explan. et emend. prolegom. et annotat. Dan. Wyttenbachii. Access. supplem. Wyttenbachii notatio crit. edit. Germani et Scholia graeca. 8 maj. Lips. 825, Hartmann.

Platonis Phaedo. Rec. et commentar. in usum schol. instrux. Gf. Stallbaum. 8maj. Gotha 827. Hennings. 18 gr

—— Φαίδων — Platons Phädon. Mit krit. u. erklär. Anmerkn. v. G. Fr. W. Grosse. gr. 8. (23½ B.) Halle 828, Hendel.

—— Phaedo. Rec. Fr. Astius. 8 maj. (5 B.) Monachii 829. Weber.

— Phaedon übersetzt und erklärt von Friedr. Aug. Nüsslin. Mannheim 855. Loeffler. 8. (XVI, 272 S.) 1 ℔. 10 ngr.

—— Phaedon übers. von F. A. Nüsslin, s. Phaedon.

Plato: Probe einer Übersetzung von Platons Phaedon von Platons Phaedon von H. Thiel. I. II. (C. 1-13 u. 14-22.) Pr. 1864. 17, 18 S. 4°

— Phaidon. Für den Schulgebrauch hrsg. v. A. Th. Christ. 8. (XVI, 102 S. m. Titelbild.) Leipzig 894. G. Freytag. n. — 70; geb. n.n. 1. —

Platons Phaedon. M. Einl. u. Komm. f. d. Gymnasialprima hrsg. v. Dr. J[ulius] Stender, Prof. . . . zu M.-Gladbach. *Halle a. S.: Buchh. d. Waisenhauses 1897.* (X, 182 S.) 1 Bd 8.
= Klassiker-Ausgaben d. griechischen Philosophie. [Bd] II. [97. 8.]

— Phädon. Für den Schulgebrauch erklärt von Karl Linde. Ausg. A. (Kommentar unterm Text.) gr. 8. (VI, 118 S.) Gotha 902. F. A. Perthes. 1. 20; Ausg. B. (Text u. Kommentar getrennt in 2 Hftn.) (VI, 64 u. 54 S.) 1. 20

— Phaidon. Ins Deutsche übertr. v. Rud. Kassner. (113 S.) 8. Jena 906. E. Diederichs. n. 2. —; geb. n. 3. —

— Phädrus. s.: Bibliothek, kleine.

— Phaedrus. Rec., Hermiae schol. e cod. Monac. XI. suisque commentar. illustr. Fr. Ast. 8maj. Leipz. 810. Schwikkert. 1 ꝑ 12 gl

— Phaedrus in usum praelect. academicae cum annotatione critica, edidit C. A. Eichstaedt. 8maj. Jenae, Göpfert. 811.

— Phaedrus in usum praelect. academicae cum annotatione critica, edidit C. A. Eichstaedt. 8maj. Jena 811. (Schmid). 18 gl

—— Phaedrus. Denuo recogn. brevique annotatione instr. Fr. Ast. 8. (12½ B.) Lipsiae 830, Weidmann.

—— Phaedrus ex rec. Lud. Fridr. Heindorfii cur. Phil. Buttmanni in us. scholar. editus. 8maj. (5⅛ B.) Lipsiae 839, Nauck.

—— Phädros. Uebers. von K. Prantl. 2. Aufl. 2 Lfgn. 12. (92 S.) Berlin 884, Langenscheidt'sche Verlagsh. à Lfg. * 35 Pf. * — 70

— Phaidros, ins Deutsche übertr. von Rud. Kassner. (96 S.) 8. Ebd. 904. n. 2. —; geb. n. 3. — Luxusausg. in Perg. n. 20. —

— Phädros u. Gastmahl, übers., erläut. u. verbessert v. Fr. Ast. gr. 8. Jena 817. Croker. 1 ꝑ 12 gl

— Phädrus u. Gastmahl. Uebersetzt mit einleit. Vorwort von K. Lehrs. Leipzig 870. Hirzel. gr. 8. (XXVIII, 149 S.) n. 1 ꝑ

Plato, Philebus, recensuit prolegomenis et commentariis illustravit G. Stallbaum; accesserunt Olympiodori scholia in Philebum nunc primum edita. 8maj. Lipsiae, Hinrichs. 819. Rthlr. charta belg.

— *Philebus.* Graece. Rec. prolegomenis et commentario illustravit G. Stallbaum. Acc. scholia Olympiodori e cod. Cizensi. Lips. 820. 8. 2 rthlr.

— Philebus. Recens. Prolegom. et comment. illust. Dr. God. Stallbaum. Edit. nova, aucta appendice critica, qua potior lectionis varietas ex codd. MSS. nuper enotata recensetur et locorum quorundam difficiliorum interpretatio proponitur. 8 maj. Lips. 826, Hinrichs. 2 Rthl. Schrbp.

— Appendix lectionum criticarum, apart.

— dass. aus d. Griech. mit Anmerkk. v. Joh. Kasp. Götz. gr. 8. Augsb. 827. v. Jenisch u. St. 1 ꝑ

—— the Philebus, with introduction, notes, and appendix; together with a critical letter on the laws of Plato, and a chapter of palaeographical remarks; by Charles Badham. 2nd edit., revised and enlarged. gr. 8. (XXVI, 22 und 154 S.) London 878. (Jena, F. Frommann.) * 4 —

— de Philosophia, ed. I. I. Stutzmann. 8. maj. Erlang. Breuning. 807.

— de Philosophia, vel dialogus, qui inscribitur Erastae, sive amatores; in usum praelectionum ac Scholarum graece et latine cum animadvers. crit. et exeg., atque commentatione de ingenio philos. Platon. edidit J. J. Stutzmann, editio IIa. 8maj. Erlangen, Heyder. 818.

Platon. Philosophica quae exstant ad editionem H. Stephani . . . Zweybr. 1781—87. H: *Mitscherlich, Christoph Wilh.* (ErschDL) (Gi)

— Philosophie, dargestellt v. Gust. Schneider, s.: Bücher der Weisheit u. Schönheit.

Platon. Ex hermeneias kai diorthoseos Spyridonon Moraïtou. (In griech. Sprache.) Tom. I u. II. Lex. 8. Leipzig, B. Liebisch. à 12. —
I. Periechon Eisagogon, Apologian, Kritona, Gorgian. (XVI, 802 S.) Athenesin 905.
II. Periechon, Euthyphrona, Lachyta, Hippian Meizona, Hippian Elattona, Iona, Lysin, Charmiten, Protagoran, Euthydymon. (XXXVI, 728 S.) 908.

— Politia etc., ed. Stallbaum, s. Bibliotheca graeca, ed. Jacobs et Rost.

— politia sive de re publica libri X. Recensuit atque explanavit Fr. Astius. 8maj. Leipz. 814. Schwickert. 2 ꝑ 16 gl

— *ΠΟΛΙΤΕΙΑ*, sive de re Publica libri decem. Editio altera cura Fr. Astii priore et emendatior et auctior. 8maj. Jenae, Cröker. 820.

— Protagoras, s.: Universal-Bibliothek Nr. 1708.

— Protagoras, scholar. in usum seorsum ed. L. F. Heindorf. 8maj. Berl. 810. (Dümmler). 12 gl

— Protagoras, a Heindorff. 8. maj. Berlin, Himburg. 810.

—— Protagoras, a. d. Griech. übers. u. mit philosoph. Anmerkn. ausgestattet v. J. K. Götz. gr. 8. (8½ B.) Augsburg 828, [v. Jenisch u. Stage'sche Vrlsh.]

— id. lib. rec. et commentar. in us. schol. instr. Gf. Stallbaum. 8maj. Gotha 828. Hennings. 18 gl Postp. 1 ꝑ Velp. 1 ꝑ 8 gl

—— Protagoras. Denuo recogn. brevique annotatione instr. Fr. Ast. 12maj. (6¼ B.) Lipsiae 831, Weidmann.

—— Protagoras. Mit Einleitung und Anmerkungen zum Schul- und Privatgebrauche von T. Wildauer. gr. 8. (XLVIII und 124 S.) Innsbruck 857, Wagner'sche Universitäts-Buchh. *

—— Protagoras. Mit Einleitung und Anmerkungen von Ed. Jahn. 8. (LII und 128 S.) Wien 856(57,) Gerold's Sohn. *

—— Protagoras. Mit Einleitungen und Anmerkungen von Ed. Jahn. 2., umgearb. Aufl. 8. (LVIII und 183 S.) Wien 863, Gerold's Sohn. *

— Protagoras. Mit Einleitungen und Anmerkungen von Ed. Jahn. 2. umgearb. Aufl. Wien 864. Gerold. 8. (LVIII, 183 S.) n. 15 ngr.

Platonis Protagoras. Mit Einleitung u. Anmerkungen von Ed. Jahn. 3. Aufl. 8. (VIII, XLIV, 175 S.) Wien 878. Gerold's Sohn. n. 2. —

—— Protagoras. Prolegomenis et commentariis instruxit Gfried. Stallbaum. Edit. IV. emendatior, edidit J. S. Kroschel. gr. 8. (VIII, 211 S.) Leipzig 882, Teubner. 2 40

— Protagoras. Für den Schulgebrauch erklärt v. H. Bertram. Ausg. A. Kommentar unterm Text. gr. 8. (III, 93 S.) Gotha 885. F. A. Perthes. n. 1. —; Ausg. B. Text u. Kommentar getrennt in 2 Hftn. (III, 51 u. 41 S.) n. 1. —

— dasselbe. Scholarum in usum ed. Jos. Král. 8. (VII, 70 S.) Leipzig 886. Freytag. n. — 40

— Protagoras. F. d. Schulgebrauch erklärt v. Heinr. Bertram. 2., v. neuem durchgesch. Aufl. Ausg. A. Kommentar unt. Text. gr. 8. (IV, 97 S.) Gotha 895. F. A. Perthes. n. 1. —; Ausg. B. Text u. Kommentar getrennt in 2 Hftn. (IV, 51 u. 45 S.) n. 1. —

Platons Protagoras. Mit Einl. u. Komm. f. d. Gymnasialprima hrsg. von Dr. W[aldemar] Olsen. Halle: Waisenhaus 1909. 166 S. 8° (Klassiker-Ausgaben d. griech. Philosophie. 5.) [11. 12614

— dasselbe, s. a. Klassiker-Ausgaben der griechischen Philosophie. V.

— Protagoras. Für den Schulgebrauch hrsg. v. A. Th. Christ. (107 S.) 8. Wien 910. F. Tempsky. — Leipzig, G. Freytag. Geb. 1. —

—— Protagoras und Laches. Uebers. von Ed. Eyth. 2. Aufl. 3 Lfgn. 12. [Stuttgart 878, Nübling.] Berlin, Langenscheidt'sche Verlagsb. à Lfg. * 35 Pf. * 1 5

—— Protagoras u. Phädon. Uebers. v. K. C. A. Schmidt. gr. 8. (13 B.) Prenzlau 838, Kalbersberg's Buchh. *

Platons Protagoras, Theaitetos ins Deutsche übertr. von Karl Preisendanz. Jena: Diederichs 1910. 266 S. 8° [11. 3633 4

PLATONS Republik oder Unterredung vom Gerechten. In zehn Büchern. Übers. von FRIEDR. CARL WOLFF. 1—2. Bd. Altona. 1799.

— Republik in 10 Büchern, übers. v. Fr. Karl Wolf. 2 Bde. gr. 8. Altona 799. Hammerich. 2 ℛ

— Republik, übers. u. erläutert v. G. Fähse. 2 Thle. gr. 8. Lpz. 800. Tauchnitz. 2 ℛ 20 ℊℛ

— de la république. II Vols. 8. Dresd. 787. Walther. 1 ℛ 12 ℊℛ

— de republica. lib. X. ed. F. Ast. 8. Ienae, Cröcker. 804.

— de Republica Πλάτωνος πολιτεία ed. I. I. Stutzmann. 8. maj. Erl. Breuning. 807.

— De republica, Πλάτωνος Πολιτεία, graec. et lat. c. animadvers. crit. et argument. atque commentationibus de totius operis argumento, ingenio, partibus, codic. scriptis etc. Edidit Jh. Jg. Stutzmann. 8°. Erlangen, Heyder. 1807.

— de Republica, Πλάτωνος Πολιτεία, graece et lat. c. animadvers. crit. et argument. atque commentationibus de totius operis argumento, ingenio, partibus codic. scriptis etc. Edidit J. J. Stutzmann, editio IIa. 8maj. Erlangen, Heyder. 818.

— — Graece. Rec et explic. Fr. Astius. Acc. additamenta ad commentarium in Phaedrum. Ed. II. emend. Jen. 820. 8. Cröker.

— de republica. Recens. et commentar. in us. scholar. instr. Gf. Stallbaum. II Voll. 8maj. Gotha 829, 30. Hennings. 3 ℛ 6 ℊℛ Postp. 3 ℛ 22 ℊℛ Velp. 5 ℛ 14 ℊℛ

—— Res publica. Recognovit Jo. Geo. Baiterus. Edit. V. 8. (LXXX, 316 S.) London 881, Nutt. 4 50

—— Sammlung ausgewählter Dialoge mit deutschem Kommentar, veranstaltet von M. Schanz. 1. und 2. Bdchn. gr. 8. Ebendas. à Bdchn. * 75 Pf. *

Inhalt:
Bdchn. 1. Eutyphro. (69 S.) 887.
» 2. Krito. (69 S.) 888.

— Sammlung ausgewählter Dialoge m. deutschem Kommentar, veranstaltet v. M. Schanz. 3. Bdchn. Apologia. gr. 8. (215 S.) Leipzig 893. B. Tauchnitz. n. 3. — (1—3.: n. 4. 50)

—— ausgewählte Schriften, s. Classiker des Alterthums.

— Uebers. v. Prantl u. A., s.: Bibliothek, Langenscheidt'sche.

— ausgewählte Schriften. Für den Schulgebrauch erklärt von Chrn. Cron. 1. Thl. A. u. d. T.: Platons Vertheidigungsrede des Sokrates und Kriton. Leipzig 857. Teubner. gr. 8. (XIV, 134 S.) 9 ngr.

— ausgewählte Schriften. Für den Schulgebrauch erklärt von Chrn. Cron und Jul. Deuschle. Leipzig, Teubner. gr. 8.
1. Thl.: Vertheidigungsrede des Sokrates u. Kriton. Erklärt von Chrn. Cron. 2. Aufl. 861. (XVI, 132 S.) 9 ngr.
2. Thl.: Gorgias. Für den Schulgebrauch erklärt von Jul. Deuschle. 859. (XII, 240 S.) 18 ngr.
3. Thl.: Laches. Für den Schulgebrauch erklärt von Chrn. Cron. 860. (V, 73 S.) 6 ngr.
4. Thl.: Protagoras. Erklärt von Jul. Deuschle. 861. (VIII, 127 S.) 10 ngr.

— ausgewählte Schriften. Für den Schulgebrauch erklärt von Chrn. Cron u. Jul. Deuschle. 1—3. Thl. Leipzig, Teubner. gr. 8. 1 ℛ 3 ngr.
1. Thl. Vertheidigungsrede des Sokrates u. Kriton. Für den Schulgebrauch erklärt von Chrn. Cron. 3. Aufl. 1865. u. 4. Aufl. (XVI, 136 S.) 868. 9 ngr.
2. Thl. Gorgias. Für den Schulgebrauch erklärt von Julius Deuschle. 2. Aufl. Neu bearb. von Chrn. Wilh. Jos. Cron. (VIII, 224 S.) 867. 18 ngr.
3. Thl. Laches. Erklärt von Chrn. Cron. 2. Aufl. (VIII, 75 S.) 868. 6 ngr.

Platons ausgewählte Schriften. Für den Schulgebrauch erklärt von Chrn. Cron und Jul. Deuschle. 1. Thl., 3. Thl. 2. Heft und 4. Thl. gr. 8. Leipzig, Teubner.

Inhalt:

Thl. 1. Vertheidigungsrede des Sokrates und Kriton. Erklärt von Chrn. Cron. 5. Aufl. 1872. 90 Pf., und 6. Aufl. (XIII, 140 S.) 875. ℳ 1.
» 3. 2. Heft: Eutyphron erklärt von Mart. Wohlrab. (IV, 41 S.) 873. 45 Pf.
» 4. Protagoras. Erklärt von Jul. Deuschle. 2. Aufl. neu bearb. von Christ. Cron. (VIII, 134 S.) 871. (*ℳ 1.) ℳ 1,20.
2. Thl. Ebendas. 1867. ℳ 1,80. Anhang 90 Pf.; 3. Thl. 1. Heft. 1868. 60 Pf.

—— ausgewählte Schriften. Für den Schulgebrauch erklärt von Chrn. Cron und Jul. Deuschle. 6 Thle. gr. 8. Leipzig, Teubner. 10 90

Inhalt:

Thl. 1. Vertheidigungsrede des Sokrates und Kriton. Erklärt von Chrn. Cron. 7. Aufl. (XVI, 146 S.) 878. ℳ 1.
» 2. Gorgias. Erklärt von Jul. Deuschle. 3. Aufl. von Chrn. Cron. (VI, 226 S.) 876. ℳ 1,80. — Anhang: Dispositionen der Apologie und des Gorgias und logische Analyse des Gorgias. Von J. Deuschle. (76 S.) 867. 90 Pf.
» 3. 1. Heft: Laches. Erklärt von Chrn. Cron. 3. Aufl. (VIII, 78 S.) 876. 75 Pf. — 2. Heft: Euthyphron. Erklärt von Mart. Wohlrab. 2. verb. Aufl. (X, 46 S.) 880. 45 Pf.
» 4. Protagoras. Erklärt von Jul. Deuschle. 3. Aufl. Bearb. von Chr. Cron. (VII, 133 S.) 877. ℳ 1,50.
» 5. Symposion. Erklärt von Arnold Hug. (LXII, 222 S.) 876. ℳ 3.
» 6. Phaedon. Erklärt von Mart. Wohlrab. (VI, 156 S.) 879. ℳ 1,50.

—— ausgewählte Schriften. Für den Schulgebrauch erklärt von Chrn. Cron und Jul. Deuschle. 1. Tl., 3. Tl. 1. Heft und 4. und 6. Tl. gr. 8. Leipzig, Teubner. 4 75

Inhalt:

Tl. 1. Vertheidigungsrede des Sokrates und Kriton. Erklärt von Chrn. Cron. 8. Aufl. (VIII, 149 S.) 882. ℳ 1.
» 3. 1. Heft: Laches. Erklärt von Chrn. Cron. 4. Aufl. (VIII, 82 S.) 882. 75 Pf.
» 4. Protagoras. Erklärt von Jul. Deuschle. 4. Aufl., bearb. von Chrn. Cron. (V, 140 S.) 884. ℳ 1,50.
» 6. Phaedon. Erklärt von Mart. Wohlrab. 2. Aufl. (VI, 156 S.) 884. ℳ 1,50.
2. Tl. und Anhang, 3. Tl. 2. Heft und 5. Tl. Ebendas. 1876–80. ℳ 6,15.

Platon's ausgewählte Schriften. Für den Schulgebrauch erklärt von Chrn. Cron und Jul. Deuschle. 1. und 2. Tl., 3. Tl. 2. Heft und 5. Tl. gr. 8. Leipzig, Teubner.

Inhalt:

Tl. 1. Verteidigungsrede des Sokrates und Kriton. Erklärt von Chrn. Cron. 9. Aufl. (X, 150 S.) 888. ℳ 1.—.
» 2. Gorgias. Erklärt von Jul. Deuschle. 4. Aufl., bearb. von Chrn. Wilh. Jos. Cron. (VIII, 232 S.) 886. ℳ 2.10,
» 3. Heft 2: Euthyphron. Erklärt von Mart. Wohlrab. 3. verb. Aufl. (VIII, 48 S.) 887. 45 Pf.
» 5. Symposion, erklärt von Arnold Hug. 2. Aufl. (LXVII, 232 S.) 885. ℳ 3.—.
3. Tl. 1. Heft, 4. und 6. Tl. Ebendas. 1882,84. ℳ 3.75.

Platon's ausgewählte Schriften. Für den Schulgebrauch erklärt v. Chrn. Cron u. Jul. Deuschle. 3. Tls. 1. Heft: Laches. Erklärt v. Chrn. Cron. 5. Aufl. gr. 8. (X, 86 S.) Ebd. 891. — 75

1., 2. Tl., 3. Tl. 2. Heft u. 4.—6. Tl. Ebd. 1882—88. * 9 55.

— dasselbe. 7. Tl. Platons Staat. 1. Buch. Erklärt v. Mart. Wohlrab. gr. 8. (VI, 63 S.) Ebd. 893. — 60

— ausgewählte Schriften, f. d. Schulgebrauch erklärt. 1., 4. u. 6. Tl. gr. 8. Leipzig, B. G. Teubner. n. 3. 70

1. Verteidigungsrede d. Sokrates u. Kriton. Erklärt. v. Chrn. Cron. 10. Aufl., bearb. v. Heinr. Uhle. (VII, 151 S.) 895. n. 1. —
4. Protagoras. Erklärt v. Jul. Deuschle. 5. Aufl., bearb. v. Emil Bochmann. (V, 98 S.) 896. 1. 20
6. Phaidon. Erklärt v. Mart. Wohlrab. 3. Aufl. (VII, 160 S.) 895. 1. 50

— dasselbe. 3. Tl. 2. Hft. Euthyphron Erklärt v. Mart. Wohlrab. 4. verb. Aufl. gr. 8. (VIII, 50 S.) Ebd. 900. — 60

— ausgewählte Schriften, f. den Schulgebrauch erklärt. 1. Tl. Verteidigungsrede des Sokrates u. Kriton. Für den Schulgebrauch erklärt von Christian Cron. 11. Aufl., bearb. v. Heinr. Uhle. gr. 8. (VI, 154 S.) Leipzig 901. B. G. Teubner. n. 1. —; geb. n. 1. 40

— ausgewählte Schriften. Für den Schulgebrauch erklärt v. Christian Cron u. Jul. Deuschle. 2. u. 4.—6. Tl. 8. Leipzig, B. G. Teubner. 7.70; geb. in Leinw. 9. 70

2. Gorgias. 5. Aufl. Neu bearb. v. Wilh. Nestle. (VI, 194 S.) 909. 2.10; geb. 2. 60
4. Protagoras. 6. Aufl. Neu bearb. v. Wilh. Nestle. (VI, 157 S.) 910. 1.60; geb. 2. 60
5. Symposion. Erklärt v. Arnold Hug. 3. Aufl., besorgt v. Herm. Schöne. (LVI, 176 S.) 909. 2.40; geb. 3. —
6. Phaedon. Erklärt v. Mart. Wohlrab. 4., verb. Aufl. (VI, 168 S.) 908. 1.60; geb. n 2. 10

—— Staat. Uebers. v. K. Schneider. gr. 8. (20 B.) Breslau 839, [Schletter, Brlsb.]

— Staat. Uebers. von C. E. Chr. Schneider. 2. (Titel-) Ausg. gr. 8. (IV u. 316 S.) Breslau (839) 850, Schletter. 3/4 ₰

— Zehn Bücher vom Staate. übers. von W. Sig. Teuffel. 5 Bde. 12°. Stuttgart, Metzler, 1855—61. (Griech. Prosaiker.)

—— Staat. Griechisch und deutsch mit krit. und erklärenden Anmerkungen. 2 Bde. 8. (XXV, 391; 427 S.) Leipzig 881, Engelmann. à Bd. *ℳ 4. * 8 —

Plato's Staat [Res publica]. Uebers. von Friedrich Schleiermacher, erl. von J[ulius] H[ermann] v. Kirchmann. 2. Aufl., bearb. von C. Th. Siegert. Leipzig: Dürr 1901. (VII, 493 S.) 8°
— Bibliothek, Philosophische. [Neue Ausg.] Bd 80. [illegible] 11

Platos Staat [Respublica]. Übers. von Friedrich Schleiermacher, erl. von J[ulius] H[ermann] v. Kirchmann. 3. Aufl., durchges. von Th. Siegert. Leipzig: Dürr 1907. (V, 426 S.) 8°
— Bibliothek, Philosophische. [Neue Ausg.] Bd 80. [illegible]

Platon: Der Staat. Deutsch von A. Horneffer. Leipzig 1908

— Staat. Ins Deutsche übertr. v. Karl Preisendanz. (446 S.) 8. Jena 909. E. Diederichs. 5.—; geb. 6. 50

— dasselbe, s.: Bibliothek, kleine.

— dasselbe, s.: Kultur, antike.

— ΣΥΜΠΟΣΙΟΝ, Gastmal, e. Dial. m. Anm. von Wolf. gr. 8. Lpz. Schwickert. 782.

— Symposium, edit. minor text. emend. continens. Curav. F. Thiersch. 8. Gütting. 809. Dieterich. 10 gr

— Symposium. Ad opt. libr. fidem edidit, atque interjectis D. Wyttenbachii animadvers., adnotat. instrux. P. A. Reynders. 8maj. Groning. 825, (Bremen, Kaiser.)

— Symposion. Rec. et commentar. in us. schol. instr. Gf. Stallbaum. 8maj, Gotha 827. Hennings. 18 gr

—— Συμποσιον. — Platons Gastmahl, ein Dialog. Hin u. wieder verbess. u. mit krit. u. erklär. Anmerkn. hrsg. v. Fr. A. Wolf. Neue, nach d. vorhand. Hülfsmitteln durchgängig verb. Ausg. gr. 8. (13 B.) Leipzig 828, Schwickert.

—— Συμποσιον. — Platonis Convivium rec., illustr. L. I. Rückert. 8maj. (22 B.) Lipsiae 829, Lehnhold. 1 Thlr. 16 Gr., Schrbp.

—— Συμπόσιον. — Platonis Convivium rec., emendavit, illustr. Alex. Hommel. 8maj. (29¼ B., 1 Stndr. u. 2 farbige Abbild.) Lipsiae 834, Fr. Fleischer.

—— Symposium in usum scholarum edidit Otto Jahn. gr. 8. (VIII und 104 S. mit eingedr. Holzschn.) Bonn 864, Marcus. *

—— Symposium in usum scholarum edidit Otto Jahn. Edit. II ab H. Usenero recognita. gr. 8. (X, 128 S. mit 3 eingedr. Holzschn.) Bonn 875, A. Marcus. * 3 —

— symposium in usum studiosae juventutis et scholarum cum commentario crit. ed. Geo. Ferd. Rettig. (Vol. I.) Lex.-8. (VI, 86 S.) Halle 875. Buchh. d. Waisenh. n. 2. 50

—— Symposion mit kritischem und erklärendem Kommentar von Geo. Ferd. Rettig. 2. Bd.: Platons Symposion erklärt. Lex.-8. (VIII, 368 S.) Halle 876, Buchh. des Waisenhauses. * 10 —

Als Gratisbeilage hierzu: Rettig, C. F., Kritische Studien und Rechtfertigungen zu Platons Symposion. 4. (23 S.) 876. 1. Bd. Ebendas. 1875. *ℳ. 2,50.

—Symposium et Alcibiades I. (gr.) rec. Fr. Ast. 8maj. Landsh. 809. Thomann. 1 ß 14 gr Schrbp. 1 ß 22 gr

— Symposion, Phaedrus. Ad codices denuo collatos ed. Mart. Schanz. Ed. ster. gr. 8. (106 S.) Leipzig 882. B. Tauchnitz. — 45

— Dialog Theätet, s.: Bibliothek, philosophische.

—— Theaetetus ex rec. Lud. Fridr. Heindorfii cur. Phil. Buttmanni in us. scholar. editus. 8maj. (7⅛ B.) Lipsiae 839, Nauck.

[Plato: Theaetetus.] Lichtdrucke des Theaetetpapyros. 19 Taf. hrsg. von d. Generalverwaltung d. Kgl. Museen. Berlin: Weidmann 1905. 19 Taf. 2° [Umschlagt.]

— Timäus, n. Inh. und Zweck, m. Anmerk. von L. Hörstel. 8. Braunschweig, Thomas. 795.

—Timäus, nebst Inhalt u. Zweck, mit Anmerkk. v. L. Hörstel. 8. Hamb. 795. Mit n. Tit. 8. Braunschw. 808. (W. Nauck in Leipz.) 10 gr

—Timäus; e. ächte Urkunde wahrer Physik; aus d. Griech. übers. u. erläutert v. K. Jos. Windischmann. gr. 8. Hadamar 804. (Lanz in Weilb.) 15 gr

—— Timaeus. Optimarum nunc edit. textus recogn., adnotat. continua illustr., indice instr. A. F. Lindau. 8maj. (21 B. u. 1 Stndr.) Lipsiae 828, Vogel.

—— Timäus, übersetzt von H. E. Chr. Schneider. gr. 8. (108 S.) Breslau 847, [Trewendt und Granier.]

— Timäus, übersetzt von H. E. Chr. Schneider. (Abdr. aus „Janus" Zeitschrift für Geschichte u. Literatur der Medicin. Bd. II. 3. u. 4. Hft.) gr. 8. (108 S.) Breslau 850, Trewendt & Granier. ⅔ ß

— Timaeus interprete Chalcidio, cum eiusdem commentario ad fidem librorum manu scriptorum rec., lectionum varietatem adjecit, indices auctorum, rerum et verborum, descriptiones geometricas et astronomicas et imaginem codicis Cracoviensis photogr. addidit Joh. Wrobel. gr. 8. (XXIV, 398 S. m. 10 Steintaf.) Leipzig 876. Teubner. n. 11. 20

—— Timaeus u. Kritias. Uebers. v. Karl Wilh. Wagner. gr. 8. (9½ B.) Breslau 841, G. P. Aderholz.

— Timaios, Kritias, Gesetze X. Ins Deutsche übertr. v. Otto Kiefer. (225 S.) 8. Jena 909. E. Diederichs. 4.50; geb. 6. —

— Unterredungen üb. die Gesetze; aus d. Griech. mit P. Grou's u. eigenen Anmerkk. begleit. v. J. G. Schultheß. 2 Thle. 8. Zürich 785—87. Ziegler. 2 ß 4 gr

—— Unterredungen über die Gesetze. Aus d. Griech. übersetzt v. J. G. Schultheß. 2. Aufl. neu bearb. v. Sal. Vögelin. 2 Thle. 8. Zürich 842, Meyer u. Zeller. [1. (19½ B.) 2. (26 B.)]

— Vertheidigungsrede des Sokrates. ['Απολογία Σωκράτους.] Wortgetreu nach H. R. Mecklenburg's Grundsätzen aus dem Griechischen in's Deutsche übersetzt u. erläutert von Herm. Dill. 1. u. 2. Hft. 32. (96 S.) Berlin 881. 82. H. R. Mecklenburg. n. — 25

PLATO

Platos Vertheidigunsrede des Sokrates. Eingeleitet, übersetzt und erläutert von Dr. Heinrich Stephan Sedlmayer. Wien. 1899. Konegen. Gr.-8°. IV, 76 S. fl. —.90

— Verteidigung des Sokrates, Kriton, s.: Kultur, antike.

— Verteidigungsrede d. Sokrates u. Kriton. Für den Schulgebrauch erklärt v. H. Bertram. gr. 8. (IV, 90 S.) Gotha 882. F. A. Perthes. n. 1. —

Platons Vertheidigungsrede des Sokrates und Kriton. Erklärt von Dr. H. Bertram. (Schulausg. griech. u. lat. Classiker, A 6.) 8. (IV u. 90 S.) Wien, Carl Graeser. 60 kr. 1884

— Verteidigungsrede d. Sokrates u. Kriton. F. d. Schulgebrauch erklärt v. Heinr. Bertram. 3., v. Neuem durchgeseh. Aufl. Ausg. A, Kommentar unt. Text. gr. 8. (VI, 93 S.) Gotha 894. F. A. Perthes. n. 1. —; Ausg. B, Text u. Kommentar getrennt in 2 Hftn. (VI, 37 u. 56 S.) n. 1. —

— dasselbe u. Kriton. Für den Schulgebrauch erklärt v. Heinr. Bertram. 4. Aufl., bearb. v. Edm. Fritze. Ausg. A, Kommentar unterm Text. gr. 8. (VIII, 104 S.) Gotha 898. F. A. Perthes. n. 1. —

— dasselbe. Nach Text u. Kommentar getrennte Ausg. B. 4. Aufl. 2 Hfte. gr. 8. (VIII, 37 u. 66 S.) Ebd. 898. n. 1. —

— Verteidigungsrede des Sokrates u. Kriton. Nach Text u. Kommentar getrennte Ausg. (B) f. d. Schulgebrauch v. Heinr. Bertram. 5. Aufl., bearb. v. Edm. Fritze. 2 Hefte. (VI, 37 u. 75 S.) gr. 8. Gotha 903. F. A. Perthes. n. 1. —

— Verteidigungsrede d. Sokrates u. Kriton. Nach Text u. Kommentar getrennte Ausg. (B) f. den Schulgebrauch v. Heinr. Bertram. 6. Aufl., bearb. v. Edm. Fritze. 2 Hefte. (VI, 37 u. 81 S.) 8. Gotha 908. F. A. Perthes. 1. —

— über das Wahre, Gute und Schöne, s. Hülsemann.

— üb. das Wahre, Gute u. Schöne, 3 Dialogen: Theaetetos, Philebos, Hippias d. Größere, nach e. bericht. Texte übers. u. mit Einleitt. u. Anmerkk. versehen v. Fr. Hülsemann. 2 Thle. 8. Leipz. 807. Schwickert 1 ß 16 gr

Plato: Werke, s. Bibliothek der Übersetzungen ...

—— Werke. Uebers. von L. Georgii ꝛc., s. Prosaiker, griechische, in neuen Uebersetzungen.
—— dass. — Uebers. von G. Heß, s. Collection Spemann.
—— dass. — Präparation, s. Freund's Schüler-Bibliothek.

— — deutsch von Prantl, s. Sammlung, neueste, ausgew. griech. u. röm. Classiker ꝛc.

—Werke, aus d. Griech. übers. (v. Jh. Fr. Kleuker). 6 Bde. 8. Lemgo 778—97. Meyersche Hofbuchh. 4 Thlr. 22 Gr. Schrbp. 6 Thlr. 8 Gr.

Plato, Werke a. d. Griech. ... Lemgo 1778—97. Ü: *Kleuker, Johann Friedrich.* (MGT) (Ky) (Ebert) (Hoft) (Rotermund, Gel. Hannover. Bremen 1823.)

— — Übersetzt mit Einleit. und Anmerk. von Fr. Schlegel. Jena 801. Th. I. 8. 3rthlr. 12gr.
— — Übersetzt mit Anmerkungen von Schleyermacher. Berlin 804. 2Th. (3B.) 8. 10rthl. 16gr. (Th. I. B. I. II. 3rthl. 16gr. Th. II. B. I. 2rthl. 8gr. B. II. 2rthl. 8gr. Ebend. 817. 18. 2Th. (3B.) 8. 5rthl. 12gr. (Th. I B. I. 2rthl.)

Plato, Werke, v. F. Schleyermacher. 1r Theil in 2 Bdn. u. 2n Thls 1r–3r Bd. gr. 8. Berl. Realsch. 804–5. (1r Thl. 1r u. 2r Bd. 3 Rthlr. 16 gr. 2r 1r bis 3r à 2 Rthlr. 8 gr.) Rthr. Schreibp.

—Werke, aus d. Griech. übers. v. Fr. Schleiermacher. 2 Thle. in 5 Bden. 8. Berl. 804—10. 10 Thlr. 16 Gr. Schrbp. 13 Thlr. 16 Gr. 2e Aufl. 3 Thle in 6 Bden. gr. 8. Ebd. 817—28. Reimer. 14 Thlr. 16 Gr. Schrbp. 18 Thlr. 8 Gr. Velinp. 30 Thlr.

— Werke, übers. von Fr. Schleiermacher. 1r Thl. in 2 Bänden u. 2r Thl. in 3 Bänden. N. A. gr. 8. Berlin, Reimer. 817 — 819.] Schreibpap. 1

— Werke v. F. Schleiermacher. 2r Thl. 3r Bd. 2e verb. Aufl. gr. 8. Berlin 826, Reimer. 2 Rthl. 16 gr. Schrbp. 3 Rthl. 6 gr. Velinp. 6 Rthl. 16 gr. (5 Bde Druck-Pap. 12 Rthl.)

—— Werke, v. F. Schleiermacher. 3. Thl. 1. Bd. — A. u. d. T.: Platons Staat. gr. 8. (39½ B.) Berlin 828, Reimer. 2 Thlr. 12 Gr., Schrbp. 3 Thlr. 16 Gr., Vlnp.
1. u. 2. Thl. (od. 5 Bde.) 2., verb. Aufl. Ebendas. 1817–26. 12 Thlr., Schrbp. 14 Thlr. 16 Gr., Vlnp. 25 Thlr.

Platons Werke von F. Schleiermacher. 1. Thl. 1. u. 2. Bd. u. 2. Thl. 1. u. 2. Bd. 3. Aufl. Berlin 855, 56. G. Reimer. gr. 8. (I. 1.: VIII, 276 S.; I. 2.: 2 Bl., 323 S.; II. 1.: 2 Bl., 366 S.; II. 2.: 2 Bl., 355 S.) Jeder Bd. n. 1 Thlr.

—— Werke von F. Schleiermacher. 3. Aufl. 2. Thl. 2. und 3. Bd. und 3. Thl. 1. Bd. 2. Aufl. gr. 8. Berlin, G. Reimer. [2. Thl. 2. Bd. (III und 355 S.) 857., 3. Bd. (III und 372 S.) 861., 3. Thl. 1. Bd. (401 S.) 862. à Bd. * 1 Thlr.] *
1. Thl. 2 Bde. und 2. Thl. 1. Bd. 3. Aufl. Ebendas. 1855,56. * 3 Thlr.

—— Werke einzeln erklärt u. in ihrem Zusammenhange dargest. v. Aug. Arnold. I. Thl. 1. u. 2. Hft. gr. 8. Berlin, (Mittler, Brlgh.) à
A. u. d. Ttln.:
Hft. 1. Euthyphron; Vertheidigung d. Sokrates; Kriton; Phädon; Jon; Menon u. Laches, dem Sinne u. Zusammenhange nach entwickelt. Als Einleit. in d. Studium d. Platon u. d. Philosophie überh. (13½ B.) 835.
" 2. Alcibiades I.; Charmides; Hippias I.; Lysis; Theages; die Nebenbuhler; Hipparchus; Minos; Hippias II.; Alcibiades II. u. Parmenides, dem Sinne u. Zusammenhange nach entwickelt. Als Einleit. in d. Studium d. Platon u. d. Philosophie überh. (11½ B.) 836.

— — einzeln erklärt ꝛc. von Arnold, s. Arnold.

Platon's Werke. Griechisch u. deutsch mit kritischen u. erklärenden Anmerkungen. 1. Thl. A. u. d. T.: Platons Gastmahl. gr. 12. Leipzig 841, Engelmann. ¾ Thlr.

— dies. 2. Thl. A. u. d. T.: Platons Phädon. gr. 12. Ebend. 842. (à) ¾ Thlr.

— dies. 3. Thl. A. u. d. T.: Platons Vertheidigung des Sokrates. gr. 12. Ebend. 843. n. ⅓ Thlr.

— dies. 4. Thl. A. u. d. T.: Platons Eutyphron u. Kriton. gr. 12. Ebend. 843. n. ⅓ Thlr.

— dies. 5. Thl. A. u. d. T.: Laches u. Charmides. 12. Ebend. 845. n. ⅔ Thlr.

— dies. 6. Thl. A. u. d. T.: Phädros. 12. Ebend. 846. ¾ Thlr.

— dies. 7. Thl.: Menexenos. 12. (XXXVI u. 88 S.) Ebd. 847. n. ⅓ Thlr.

—— Werke. Griechisch und deutsch mit krit. und erklär. Anmerkungen. 8—14. Thl. gr. 12. Leipzig, W. Engelmann. *
Inhalt:
Thl. 8. Hippias I. II. (VIII und 130 S.) 848. * 10 Ngr.
" 9. Lysis. (XII und 63 S.) 848. * 5 Ngr.
" 10. Alkibiades. I. II. (XXXII und 255 S.) 851. * 20 Ngr.
" 11. Jon. (51 S.) 850. * 4 Ngr.
" 12. Euthydemos. (XI und 112 S.) 850. * 10 Ngr.
" 13. Protagoras. (XVI und 154 S.) 851. 18 Ngr.
" 14. Menon. (118 S.) 851. * 10 Ngr.
1—7. Thl. Ebendas. 1841—47. * 2 Thlr. 12½ Ngr.

— dies. 14. Thl.: Menon. gr. 12. (116 S.) Ebd. 852. n. ⅓ Thlr. (1—14: n. 6 Thlr. 14¼ Ngr.)

—— Werke. Griechisch und deutsch mit krit. und erklärenden Anmerkungen. 15 — 20. und 22. und 23. Thl. gr. 12. Leipzig, Engelmann. *
Inhalt:
Thl. 15. Timäos und Kritias. (XXVIII und 304 S.) 853. 1 Thlr.
" 16. Parmenides. (XXVI und 130 S.) 854. 15 Ngr.
" 17., 18. Gesetz. 2 Bde. (XL und 452 S. und 584 S.) [17. Bd. 854. 1 Thlr. 15 Ngr., 18. Bd. 855. * 1 Thlr. 20 Ngr.] 3 Thlr. 5 Ngr.
" 19. Kratylos. (XV und 172 S.) 854. * 20 Ngr.
" 20. Theätetos. (XXVI und 240 S.) 855. 22½ Ngr.
" 22. Der Sophist. Hrsg. von Fr. Wilh. Wagner. (XXXII und 190 S.) 856. 22½ Ngr.
" 23. Der Staatsmann. Hrsg. von Fr. Wilh. Wagner. (XL und 184 S.) 856. 22½ Ngr.
1—14. Thl. Ebendas. 1841—51. * 4 Thlr. 29½ Ngr.

—— Werke. Griechisch und deutsch mit krit. und erklärenden Anmerkungen. 21. Thl. A. u. d. T.: Gorgias. gr. 12. (XXXVI und 273 S.) Leipzig 857, Engelmann.

—— dass. — 24. Thl. A. u. d. T.: Philebos. Hrsg. von Fr. Wilh. Wagner. gr. 12. (XLII und 209 S.) Ebendas. 857. –

— Werke. Griechisch u. deutsch m. krit. u. erklärenden Anmerkungen. 25. Thl. Platons Staat. 2 Bde. 8. (XXV, 391 u. 427 S.) Leipzig 881. Engelmann. à Bd. n. 4. —

—— dass. — 26. Thl. A. u. d. T.: Theages, Nebenbuhler, Hipparchos, Minos und Kleitophon. Hrsg. von Fr. Wilh. Wagner. gr. 12. (VII und 184 S.) Ebendas. 857. * –
1—20., 22. und 23. Thl. Ebendas. 1841—56. * 12 Thlr. 17 Ngr.

— Werke. Griechisch u. Deutsch mit krit. u. erklär. Anmerkungen. 2. Thl.: Phädon. 2. verb. u. verm. Aufl. gr. 12. (XXXVI u. 215 S.) Leipzig 849, W. Engelmann. — 3. verb. u. verm. Aufl. gr. 12. (XXXVI u. 211 S.) Ebd. 852. ¾ Thlr.

— dies. 3. Thl.: Vertheidigung des Sokrates. 2. verb. Aufl. gr. 12. (XVI u. 86 S.) Ebd. 850. n. 1/3 ₰

— dies. 4. Thl.: Euthyphron u. Kriton. 2. verb. Aufl. gr. 12. (128 S.) Ebd. 850. n. 1/3 ₰

— Werke. Griechisch und Deutsch mit kritischen und erklärenden Anmerkungen. Leipzig 853—57. Engelmann. 12.
1. Thl.: Gastmahl. 2. verb. Aufl. 853. (180 S.) n. 15 ngr.
3. Thl.: Vertheidigung des Sokrates. 3. vielfach verb. Aufl. 853. (94 S.) n. 10 ngr.
4. Thl.: Euthyphron und Kriton. 3. verb. Aufl. 854. (115 S.) (855?) n. 10 ngr.
5. Thl.: Laches und Charmides. 2. verb. u. verm. Aufl. 855. (182 S.) n. 20 ngr.
15. Thl.: Timäos und Kritias. 853. (XXVIII, 304 S.) n. 1 ₰.
16. Thl.: Parmenides. 854. (XXVI, 130 S.) 15 ngr.

—— Werke. Griechisch und deutsch mit kritischen und erklärenden Anmerkungen. 6., 7. und 13. Thl. 2. verb. Aufl. 8. Leipzig 877, Engelmann. * 5 25
Inhalt:
Thl. 6. Phädros. (XVII, 183 S.) *M 2,25.
" 7. Menexenos. (XXXV, 103 S.) *M 1.
" 13. Protagoras. (XVI, 154 S.) *M 2.
1.—5., 8.—12., 14.—24. und 26. Bd. Ebendas. *M 42,65.
Der 25. Bd. ist noch nicht erschienen.

—— Werke. Uebersetzt u. m. philosophischen u. a. Anmerkungen versehen v. Joh. Kaspar Götz. 1. Bd. A. u. d. Ttl.: Platons Phädon, od. Gespräch über die Unsterblichkeit der Seele. 2. Ausg. gr. 8. (14 1/8 B.) Augsburg 842, v. Jenisch u. Stage'sche Bh.

—— dass. — In deutscher Uebersetzung hrsg. von einer Gesellschaft Gelehrter. (In 12 Bdn.) 1—7. Bd. 8. Leipzig 853—54, Engelmann. à Bd. * 10 Ngr. *
Inhalt:
Bd. 1. Euthyphron, Vertheidigung des Sokrates und Kriton. (92 S.)
" 2. Phädon. (92 S.)
" 3. Phädros, Jon. (100 S.)
" 4. Gastmahl, Menon. (126 S.)
" 5. Euthydemos, Protagoras. (118 S.)
" 6. Laches, Charmides, Lysis, Menexenos. (136 S.)
" 7. Hippias der Größere und der Kleinere. Alkibiades I. Anhang: Alkibiades II. (152 S.)

—— Werke. In deutscher Uebersetzung hrsg. von einer Gesellschaft Gelehrter. 8. Bd.: Gorgias. 8. (135 S.) Leipzig 859, Engelmann. *
1—7. Bd. Ebendas. 1853,54. * 2 Thlr. 10 Ngr.

—— Werke. 1.—4., 16., 17., 19. und 24. Lfg. 8. Berlin 885,86, Langenscheidt'sche Verlagsh. à Lfg. *
Inhalt:
Lfg. 1. 2. Prantl, K., Phädon. Deutsch. 1. und 2. Lfg. 2. Aufl. (S. 1—98.)
" 3. 4. —— Gastmahl. Deutsch. 1. und 2. Lfg. 2. Aufl. (93 S.)
" 16. 17. —— Apologie oder Vertheidigungsrede des Sokrates. Deutsch. 1. und 2. Lfg. 5. Aufl. (50 S.)
" 19. Eyth, Ed., Eutyphron und Kriton. Deutsch. 2. Lfg. 3. Aufl. (S. 17—46.)
" 24. —— Protagoras und Laches. Deutsch. 3. Lfg. 3. Aufl. (S. 65—110.)

Platon's Werke. 5., 6., 18., 22. u. 23. Lfg. 8. Berlin, Langenscheidt. à n. — 35
5. 6. Phädros. Deutsch von K. v. Prantl. 2 Lfgn. 3. Aufl. (92 S.) 893.
18. Eutyphron u. Kriton. Deutsch v. Ed. Eyth. 1. Lfg. 3. Aufl. (S. 1—32.) 891.
22. Protagoras u. Laches. Deutsch v. Ed. Eyth. 1. Lfg. 3. Aufl. (3. Bd. IV, 32 S.) 892.
23. — dasselbe. 2. Lfg. 3. Aufl. (3. Bd. S. 33—64.) 891.

Plato's Werke. 3., 4. u. 16. Lfg. 8. Berlin, Langenscheidt. à n. — 35
3. 4. Gastmahl. Deutsch von K. v. Prantl. 1. u. 2. Lfg. 3. Aufl. (90 S.) 896. 95.
16. Apologie od. Vertheidigungsrede d. Sokrates. Deutsch von K. v. Prantl. 1. Lfg. 5. Aufl. (32 S.) 895.

Platon's Werke. 5.—11., 16.—22., 24. u. 34.—39. Lfg. 8. Berlin, Langenscheidt's Verl. à n. — 35
5. 6. Phädros. Deutsch von K. v. Prantl. 1. u. 2. Lfg. 4. Aufl. (S. 1—92.) (901.)
7—11. Der Staat. Deutsch von K. v. Prantl. 1.—5. Lfg. 3. Aufl. (S. 1—256.) (900—902.)
16. Apologie od. Verteidigungsrede des Sokrates. Deutsch v. K. Prantl. 1. Lfg. 7. Aufl. (6. Bd. S. 1—32.) (899.)
17. Dasselbe. 2. Lfg. 6. Aufl. (S. 33—50.) 899.
18. Eutyphron u. Kriton. Deutsch v. E. Eyth. 1. Lfg. 4. Aufl. (7. Bd. VI u. S. 1—16.) (899.)
19. Dasselbe. 2. Lfg. 5. Aufl. (S. 17—46.) (902.)
20. 21. Gorgias. Deutsch v. Carl Conz. 1. u. 2. Lfg. 3. durchgeseh. Aufl. (S. 1—116.) 899.
22. Protagoras u. Laches. Deutsch v. Ed. Eyth. 1. Lfg. 4. Aufl. (IV u. S. 1—32.) 899.
24. Dasselbe. 3. Lfg. 4. Aufl. (S. 65—110.) (901.)
34.—37. Über die Gesetze. Deutsch v. Eduard Eyth. 8.—11. Lfg. 2. Aufl. (3. Bd. S. 1—165.) (902.)
38. Charmides u. Menon. Deutsch v. Wilh. Gaupp. 2. Aufl., rev. v. H. Uhle. (14. Bd. S. 1—36.) 899.
39. Menon. Deutsch v. Wilh. Gaupp. 2. Aufl., rev. v. H. Uhle. (S. 33—79.) (899.)

Platon's Werke. 1. 7. 8. 13—15. 17—19 u. 34—39. Lfg. kl. 8. Berlin-Schöneberg, Langenscheidt's Verl. à n. — 35
1. Phädon. Deutsch von K. v. Prantl. 1. Lfg. 5. Aufl. (S. 1 bis 48.) (906.)
7. 8. Der Staat. Deutsch v. K. v. Prantl. 1. u. 2. Lfg. 4. Aufl. (S. 1—96.) (905.)
13—15. Dasselbe. 7—9. Lfg. 3. Aufl. (S. 289—426.) (904.)
17. Apologie od. Verteidigungsrede des Sokrates. Deutsch von K. v. Prantl. 2. Lfg. 7. Aufl. (S. 33—50.) (904.)
18. Euthyphron u. Kriton. Deutsch v. Ed. Eyth. 1. Lfg. 5. Aufl. (8. Bd. VI u. S. 1—16.) (903.)
19. Dasselbe. 2. Lfg. 6. Aufl. (S. 17—46.) (905.)
34—37. Ueber die Gesetze. Deutsch v. Eduard Eyth. 8.—11. Lfg. 3. Aufl. (3. Bd. S. 1—165.) (906.)
38. Charmides. Deutsch v. Wilh. Gaupp. 3. Aufl. (S. 1—36.) (905.)
39. Menon. Deutsch v. Wilh. Gaupp. 3. Aufl. (S. 33—79.) (905.)

— Werke. 2., 4.—13., 15., 17., 18., 20.—26., 29.—31., 33., 38. u. 39. Lfg. kl. 8. Berlin-Schöneberg, Langenscheidt's Verl. à — 35
2. Phädon. Deutsch v. K. Prantl. 2. Lfg. 4. Aufl. (S. 49—98.) (908.)
4. Gastmahl. Deutsch von K. v. Prantl. 2. Lfg. 5. Aufl. (S. 49—90.) (910.)
5. 6. Phädros. Deutsch von K. v. Prantl. 1. u. 2. Lfg. 5. Aufl. (S. 1—92.) (907.)
7.—13. 15. Der Staat. Deutsch von K. v. Prantl. 1. u. 2. Lfg. 5. Aufl. 3.—7. u. 9. Lfg. 4. Aufl. (S. 1—336 u. 369—426.) (907—10.)
17. Apologie od. Verteidigungsrede des Sokrates. Deutsch v. K. v. Prantl. 2. Lfg. 8. Aufl. (S. 33—50.) (909.)
18. Euthyphron u. Kriton. Deutsch v. Ed. Eyth. 1. Lfg. 6. Aufl. (VI u. S. 1—16.) (907.)
20. 21. Gorgias. Deutsch v. Carl Conz. 1. u. 2. Lfg. 4. Aufl. (S. 1—116.) (907.)
22.—24. Protagoras u. Laches. Deutsch v. Eduard Eyth. 1.—3. Lfg. 5. Aufl. (9. Bd. IV u. S. 1—110.) (907. 06. 10.)
25. 26. Parmenides. Deutsch v. K. Ch. Planck. 1. u. 2. Lfg. 2. Aufl. (S. 1—90.) (907.)
29.—31. 33. Über die Gesetze. Deutsch v. Eduard Eyth. 3.—5. u. 7. Lfg. 2. Aufl. (1. Bd. S. 1—143 u. 2. Bd. S. 129—164.)
38. Charmides u. Menon. Deutsch v. Wilh. Gaupp. 4. Aufl. (S. 1—38.) (910.)
39. Menon. Deutsch v. Wilh. Gaupp. 4. Aufl. (S. 33—79.) (909.)

—— dass. — übersetzt von Prantl, Eyth, Conz, Planck und Gaupp, s. Bibliothek, Langenscheidt'sche, sämmtlicher griechischer und römischer Klassiker.

—— ausgewählte Werke; deutsch von C. Prantl, s. Sammlung, neueste, ausgewählter griechischer und römischer Classiker.

—— s. Schanz, Mart.

— ausgewählte Werke, s. Volksbibliothek der griech. u. röm. Classiker.

— sämmtliche Werke übers. v. Glieb. Frdr. Drescher. 1. Bd.: Vertheidigung des Sokrates. Kriton. Phaidon. Das Gastmahl. gr. 8. (VIII u. 255 S.) Giessen 848, Ricker. n. 1 1/3 ₰

— sämmtliche Werke übersetzt von Gli. Friedr. Drescher. 2. Bd. Gorgias. Protagoras. Giessen 854. Ricker. gr. 8. (VIII, 232 S.) n. 1 ₰. 5 ngr.

— sämmtliche Werke. Uebers. v. Hieron. Müller, mit Einleitungen begleitet v. Karl Steinhart. 1—3. Bd. gr. 8. (1: XXIV u. 541 S. 2: X u. 680 S. 3: VIII u. 722 S.) Leipzig 850—52, Brockhaus. (à n. 3 Thlr) n. 9 Thlr

Inhalt:

Thl. 1. Jon, oder: Die Kunst des Rhapsoden. Hippias der Größere, oder: Das Schöne. Hippias der Kleinere, oder: Die Lüge. Alkibiades der Erste, oder: Der angehende Staatsmann. Lysis, oder: Die Freunde. Charmides, oder: Die Besonnenheit. Laches, oder: Die Tapferkeit. Protagoras, oder: Die Sophisteneinkehr. Anhang einiger dem Platon fälschlich zugeschriebenen, aber doch aus seinem Zeitalter herrührenden Werke. Alkibiades der Zweite, oder: Das Gebet. (XXIV und 541 S.) 850.

" 2. Euthydemos, oder: Die Silbenstecher. Menon, oder: Die Bürgertugend und die Erinnerung an ein früheres Dasein. Euthyphron, oder: Von der Gottseligkeit. Die Vertheidigungsrede des Sokrates. Kriton, oder: Sokrates im Gefängniß. Gorgias, oder: Vom eigentlichen Nutzen der Staatsberedtsamkeit. Kratylos, oder: Die Wortbildung. (IX und 680 S.) 851.

" 3. Theätetos, oder: Die geistige Entbindungskunst. Parmenides, oder: Das Eine. Der Sophist, oder: Das Treibjagen. Der Staatsmann, oder: Das wahre Königthum. (VII und 722 S.) 852.

— sämmtliche Werke. Übersetzt von Hier. Müller, mit Einleitungen begleitet von Karl Steinhart. 4—6. Bd. Leipzig 854—56. Brockhaus. gr. 8. Jeder Bd. n. 3 Thlr.

Inhalt: 4. Bd. Phädros. — Das Gastmahl. — Phädon. — Philébos. (4 Bl., 775 S.)

5. Bd. Der Staat, oder Was ist Gerechtigkeit? (4 Bl., 766 S.)

6. Bd. Nebst 1 (lith.) Taf. (4 Bl., 503 S.)

Platon's sämmtliche Werke. Uebers. von Hieron. Müller, mit Einleitungen begleitet von Carl Steinhart. 6. Bd. gr. 8. Leipzig 857 Brockhaus. Thlr. *

Inhalt:

Bd. 6. Timäos, oder Gott und die Welt. (Nebst einer Tafel.) Kritias, oder Athen und Atlantis neun Jahrtausende vor Solon. Eine unvollendete Fortsetzung des Timäos. Anhang einiger dem Platon wahrscheinlich fälschlich zugeschriebenen, aber doch aus seinem Zeitalter herrührenden Schriften. Menexenos, oder die Leichenrede. Theages, oder die Götterstimme. Die Nebenbuhler, oder: Welche Kenntniße muß der Weisheitsfreund sich anzueignen suchen? (V und 503 S. mit 1 Stnt.) * 3 Thlr.

— sämmtliche Werke. Uebers. von Hieron. Müller, mit Einleitungen begleitet von Karl Steinhart. 7. Bd. Leipzig 859. Brockhaus. gr. 8. (XV, 1019 S.) n. 5 Thlr

Inhalt: VII. 1.: Anhang einiger dem Platon wahrscheinlich fälschlich zugeschriebenen, aber doch aus seinem Zeitalter herrührenden Schriften: Eryxias, oder der Reichthum. Kleitophon, oder der gerechtfertigte Tadel. Die Gesetze, oder die Niederlassung. Einleitung. Als Anhang zu derselben: Brief Platons an die Freunde des Dion. n. 2 Thlr 15 ngr.

VII. 2.: Die Gesetze (Uebersetzung); Anmerkungen dazu. — Inhaltsverzeichniß von Bd. I—VII. n. 2 Thlr 15 ngr.

— sämmtliche Werke. Uebers. von Hieron. Müller, mit Einleitungen begleitet von K. Steinhart. 8. Bd., nach dem Tode des Uebersetzers herSg. von Friedr. Hieron. Müller. Leipzig 866. Brockhaus. gr. 8. n. 2 Thlr 20 ngr.

Inhalt: Hipparchos, oder der Gewinnsüchtige. Minos oder das Gesetz. Axiochos, oder das Eitle der Todesfurcht. Der Gesetze 13. Buch, oder der echte Weise. Das Gerechte, oder das wahre Dichterwort. Die bürgerliche Tüchtigkeit, oder: Ob Staatsweisheit etwas Angebornes oder Lehrbares sei. Demodokos, oder der öffentliche u. der besondere Verkehr. Sisyphos, oder das Rathpflegen. Begriffsbestimmungen. Die übrigen unter Platons Namen herausgebenen Briefe. Namenverzeichniß. (IX, 475 S.)

—— sämmtliche Werke. Uebersetzt von Hieron. Müller, mit Einleitungen begleitet von Karl Steinhart. 9. Bd.: Platon's Leben von Karl Steinhart. gr. 8. (VIII, 331 S.) Leipzig 873, Brockhaus. *

1.—8. Bd. Ebendas. 1850—66. *M 77.

Plato, Alexander

Plato, A. Beschreibung einer neu erfundenen Holz u. Zeit ersparenden Methode den Salpeter zu sieden. Mit Taf. Breslau 1792. 116 S.

Plato, Alex., Beschr. e. neuerf. Methode den Salpeter zu sieden, n. Anw. zur Feuerwerkkunst, m. K. 8. Breslau. (Supprian, Leipzig) (Mittler.) 797.

Temporäre Bestimmungen über Vereine, Verbände und Versammlungen vom 4. März 1906. Nach d. offiziellen russ. Text übers. von C. v. Plato. Riga: N. Kymmel 1906. (20 S.) 8° [F.]

Plato, Chr. Karl, s. Beschreibung e. Sommerreise.

Plato, Chr. Karl, († d. 13. März 1799.) freundschaftl. Briefe an e. jungen Dorfkantor, zur Bildung angehender Dorfschullehrer. 2 Thle. 8. Helmst. 786. Fleckeisen. 14 gr. (A. u. d. T.: pädagog. Lehrbuch x.)

— Fabeln u. Erzählungen. 8. Halberst. 776.

— moral. Fabeln u. Erzähll. f. Kinder in 3 Büchern. 8. Helmstädt. 785. verb. Aufl. 787. (Fleckeisen). 10 gr.

— kurze Geographie, nebst e. kurzen Brandenburg. Geschichte f. Kinder. 8. Quedlinb. 788. Ernst. 4 gr.

— prakt. Hausmittel auf d. gewöhnl. Fälle d. menschl. Lebens. 8. Magdeb. 795. Giesecke.

— s. Jugendfreund in Erzählungen.

— kleine Länderkunde des Herzogth. Magdeb. 8. Halle, Hendel. 799.

— kleine Naturgesch. f. Kinder, aus „Sanders Güte u. Weisheit" gezogen. 8. Wittenb. 787. Zimmermann. 6 gr.

— s. Sander, H.: Natur u. Religion, im Auszuge.

— gemeinnütziges Volksschulbuch f. niedre Schulen. 8. Quedlinburg, Ernst. 789.

Plato, Eberhard von: Einfluss von Chilesalpeter, Kainit und 40 procentigem Kalisalz auf das Wachstum der Kartoffeln in schwerem Lehmboden. Ein Felddüngungsversuch. *(Lüchow) 1900: (W. Grupe).* (47 S., 15 gez. Bl.) 8°

Leipzig, Phil. Diss. v. [7. Mai] 1901

Plato, Fritz

Plato, F., Anleitg. z. Mischen v. Branntweinen nach Maaß u. Gewicht m. d. Volumen- u. d. Gewichts-Alkoholometer. Zum prakt. Gebrauch f. Branntweinbrenner u. Händler, Destillateure, Gastwirthe, Gewerbetreib. u. Aichungsbehörden. gr. 8. (95 S.) Berlin 895. J. Springer. Kart. n. 3. —

Plato, Fritz [aus Berlin]: Beiträge zur Behandlung der Distanzmessungen am Himmel unter besonderer Berücksichtigung der Längenbestimmung durch Monddistanzen .... Marburg, *P. Stankiewicz' Buchdr., Berlin*, 1885; 47 S. 4°.

Marburg, Phil. Fak., Inaug.-Diss. v. 23. Jan. 1886.

Plato, Fritz, Beiträge zur Behandlung der Distanzmessungen am Himmel unter besonderer Berücksichtigung der Längenbestimmung durch Monddistanzen. Diss. Marburg 1885, N. G. Elwertsche Univ.-Buchh. 4°. 47 S.

Die Dichte, Ausdehnung und Kapillarität von Lösungen reinen Rohrzuckers in Wasser unter Mitw. von Dr. J. Domke u. Dr. H. Harting untersucht u. bearb. von Dr. F[ritz] **Plato**. Mit 9 in d. Text gedr. Abb. (Vorr.: Geh. Reg.R. W[ilh.] Foerster.) *Berlin: J. Springer 1900.* (X, 155 S.) 4°

= Abhandlungen, Wissenschaftl., d. Kaiserl. Normal-Aichungs-Kommission. H. 2.

Plato, F., Tafel zur Umrechnung der Volumenprozente in Gewichtsprozente u. der Gewichtsprozente in Volumenprozente bei Branntweinen. Nach den amtl. Zahlen der kaiserl. Normal-Aichungs-Kommission berechnet. gr. 8. (XVII, 11 S.) Berlin 894. J. Springer. Kart. n. 1.—

— Tafel zur Umrechnung der Volumenprozente in Gewichtsprozente u. der Gewichtsprozente in Volumenprozente bei Branntweinen. Nach den amtl. Zahlen der kaiserl. Normal-Aichungs-Kommission berechnet. 2. Aufl. gr. 8. (XIX, 12 S.) Berlin 901. J. Springer. Kart. n. 1.—

Plato, G., kurzes u. leichtfassl. Rechenbuch f. Schule u. Haus, die Species in ganzen u. gebroch. Zahlen, die Rechenarten fürs gemeine Leben nebst 200 ausgerechn. Exempeln enthalt. 2., verm. u. verb. Aufl. 8. (4½ B.) Stendal 830, Franzen u. Große.

Plato, Geo., Choralbuch in Ziffern nach Koch's Grundsätzen. 1. Abthl. 104 einstimmige Choralmelodien. 4. Aufl. 16. (1½ B.) 844. u. 5., verb. Aufl. qu. 12. (1 B.) Neuhaldensleben 845, Eyraud. à -

—— dass. 2. Abthl. 40 zweistimmige Kernmelodien. qu. 16. (1 B.) Ebds. 844. *

Plato, Geo., Choralbuch in Ziffern nach Koch's Grundsätzen. 1. Abth. 104 einstimmige Choralmelodien. 6. verb. Aufl. Neuhaldensleben 859. Eyraud. qu. 8. (24 S.) 1½ ngr.

Plato (sonst Wild), Georg Gottlieb

— Regensburger Münzkabinet, od. Verzeichn. d. Regensb. Currant- u. Schaumünzen, nebst Anhang. 8. Regensb. 769, 779 u. 799. Montag u. W. 16 gr

Plato, G. Gottl., Muthmaß., daß d. Bojoarii nicht von d. gallisch. Bojis sond. v. d. Longebard. abstamm. 4. Regensb. Montag u. W. 777.

Plato, (sonst Wild) Geo. Gtl., Muthmaßungen, warum der auf Kaiser Ludwig IV. gold. Münze vorkomm. Adler der deutsche Reichsadler nicht seyn könne? 8. Regensb. 779. Montag u. W. 3 gr

— Nachricht v. einigen Pfenningen mittlerer Zeiten &c. Mit 3 Kpft. 4. Münch. (G. Franz). 14 gr

— Schreiben an Berberich zu Frankfurt, die in dessen Münzkabinet befindl. Hofgaismar. Münzen betreff. Mit Kpf. 4. Regensb. 765. Montag u. W. 8 gr

— Untersuch d. Frage: Ob Baiern vor Anno 1180 ein Landeswappen gehabt od. nicht? 4. Münch. (G. Franz). 4 gr

— Untersuch., ob die v. J. G. v. Eckhart in d. Erklärung eines alten Kleinodienkästleins mit No. 20. u. 21. bezeichnete Münzen d. Herzog Heinrich v. Braunschweig zuzuschreiben sind, oder nicht? Mit Kpf. 4. Regensb. 765.

— Ursprung des Regensburg. Hannsgrafenamtes. 4. Regensburg. 762.

— vermehrte Zweifel, daß auf Kaiser Ludwig IV. gold. Münze der doppelte Reichsadler nicht erscheine. 4. Regensb. 778. Montag u. W. 3 gr

— **Georg Just. Carl,** De causis quibusdam neglecti artis catecheticae studii. Commentatio. Leipzig (A. Fest) 29. XI. 1828. 40 S. (4.—) 26719

Plato, Geo. Justus Karl Louis, Lehrbuch der Katechetik. Zugleich eine Apologie des katechetischen Lehrverfahrens. Nach dem Tode des Verf. herausg. von Chr. Friedr. Friebel. Leipzig 853. Klinkhardt. gr. 8. (XII, 368 S.) 1 ℛ︀. 7½ ngr.

— **Georg Justus Carl Ludwig** u. (Respond.) **Carl Theophil Schmid** (Neusalza/Meißen), De recta docendi ratione. Diss. Leipzig (Staritz) 11. IX. 1824. 143 S. (5.—) 26720
Gew.: Carl Theophil Plato, Johann Christian Dolz.

Plato, Georg Justus Karl Louis, († d. 20. Jan. 1853), katechetische Unterredungen. 1. Bdchn. eröffnet mit einer Abhandlung über Erbauungskatechesen u. einer Geschichte der in der Rathsfreischule gehaltenen Andachtsstunden. 8. (IV u. 204 S.) Leipzig 852, Brauns. n. ⅓ ℛ︀

Plato, (Geo. Just. Carl Louis,) Worte der Verehrung &c., s. W o r t e.

Plato, H., Machiavelli's religiöse und politische Gesinnung durch ausführliche Citate aus den „Discorsi" dargestellt. gr. 8. (VI und 88 S.) Frankfurt a. M. 855. (Leipzig, C. L. Fritzsche.) *

Plato, Heinr. Joh. (Speier)
Disputatio inauguralis de appellatione prohibita.
Gissae Cattorum März 1700: J. R. Vulpius. 34 S. 4°
pro licentia summos in utroque jure honores . . . capessendi

Plato, Hirsch, Habla' ath Haddám. (Hebräisch.) gr. 8. (XII, 20 u. 356 S.) Frankfurt a/M. 889. (Kauffmann.) n. 3. —

Plato, Immanuel [aus Cöln a. Rhein]: Zur Geschichte der Exegese ... (Th. e. gröss. Werkes.) Halle a. S., Hofbuchdr. v. C. A. Kaemmerer & C., 1892; 52 S., 1 Bl. 8.
Halle, Phil. Fak., Inaug.-Diss. v. [7. Sept.] 1892

Plato, Imman., zur Geschichte der Exegese. Diss. gr. 8. (52 S.) Halle a/S. 892. (Frankfurt a/M., J. Kauffmann.) n. 1. —

Reflexionen über 'Babel und Bibel'. (Zugl. e. psychol. u. hist. Vertiefung d. kais. Handschreibens.) Ein Beitrag z. Gesch. d. Deutschen Kultur und Jüdischen Religion. Offener Brief an Herrn Prof. Dr. Friedrich Delitzsch. Von Dr. I m m a n u e l **Plato** in (Hamburg). (Als Ms. gedr.) (1. 2.) 3. 4. *Hamburg 1903: M. Lessmann* (3. 4.: *Verlagsanst. u. Dr.*). 3 Bde 8° [F.] 03. 7249

Plato, Imman., Reflexionen üb. „Babel u. Bibel". Zugleich e. psycholog. u. histor. Vertiefg. des kaiserl. Handschreibens. Ein Beitrag zur Geschichte der deutschen Kultur u. jüd. Religion. 1.—4. offener Brief an Herrn Professor Dr. Frdr. Delitzsch in Berlin. gr. 8. Hamburg. Berlin, K. W. Mecklenburg. n. 1. 15
1. u. 2. (39 S.) 903. — 40. — 3. (48 S.) (903.) — 60. — 4. Vom 19. III. 1903. (4 S.) (903.) — 15.

Plato, Julius: Zur Kenntniss der Anatomie und Physiologie der Geschlechtsorgane. *Bonn: F. Cohen (1897).* (37 S.) 8° ¶ (Aus: Archiv für mikroskopische Anatomie und Entwicklungsgeschichte, Bd 50.)
Berlin, Med. Diss. v. [21.] Sept. 1897

Plato, Karl Gottlieb, s. G e d a n k e n üb. die ABC-Bücher.

Plato, Karl Gtl., († d. 25. April 1833.) Deutschlands Giftpflanzen z. Gebrauch f. Schulen. gr. Fol. Leipz. 815. 2e A. 816. 3e A. 820. 4e A. 823. 5e Aufl. v. Ed. Wilrenk. Mit 1 ill. Taf. 8. Ebd. 831. Magazin f. Indust. 16 gr, 2s u. 3s Hft. 821. ... 3e A. Mit 1 ill. Taf. Ebd. (à 16 gr) 1 ℛ︀ 8 gr, Der Text apart (à 6 gr) Die Tafel Abbildd. apart (à 8 gr, ill. 12 gr)

Plato, K. G., Deutschlands Giftpflanzen auf e. Tafel abgebildet u. faßl. beschrieben, zum Gebrauch f. Schulen. gr. Fol. Leipz. Ind. Comt. 815. color.

Plato, K. G., Deutschlands Giftpflanzen zum Gebrauch f. Schulen. 3te Aufl. 8. Leipzig, Mag. f. Industrie. 820.

— — — — auf 1 Tafel abgebildet und faßlich beschrieben. 1ste Fortsetzung. 8. Ebend. 821.

Plato, (K. G.,) Deutschlands Giftpflanzen. 2r Heft. Mit 1 illum. Taf., worauf 33 Pflanzen abgebildet sind. 2e verb. Aufl. 8. Leipz. 824, Magaz. f. Ind.

Plato, Karl Gtli., Deutschlands Giftpflanzen, zum Gebr. f. Schulen faßl. beschrieben. 1. u. 3. Hft., v. Ed. Wilrenk. 8. Leipzig 829, Magazin f. Indust. [1. 5., umgeänd. Aufl. (4 B. u. 1 ill. Taf. Imp.-Fol.) 831., 3. (4 B. u. 1 ill. Taf. Imp.-Fol.) 829. à 16 Gr.]
2. Hft. 2. Aufl. Ebds. 1824. 16 Gr.

Plato, Karl Gtli., Deutschlands Giftpflanzen, z. Gebr. f. Schulen faßl. beschrieben. 1. u. 4. Hft. 8. Leipzig, [Hunger.] [1. 6., umgeänd. u. verb. Aufl., besorgt v. A. B. Reichenbach. (3½ B. u. 1 ill. Kpfrt. Fol.) 840., 4. v. Ed. Wilrenk. (1½ B. u. 1 ill. Kpfrt.) 835. à ⅔ Thlr.]
2. u. 3. Hft. Ebendas. 1824, 29. à 16 Gr.

Plato, Karl Glieb., Deutschland's Giftpflanzen zum Gebrauche f. Schulen faßlich beschrieben. 2. Hft. 5. verb. Aufl., besorgt von A. B. Reichenbach. Mit in Kpfr. gest. u. color. Abbildungen auf einem Blatte in Fol. 8. (54 S.) Leipzig 852, Hunger. n. ⅔ ℳ

Plato, Karl Theophil: De praxeos et theoriae indole ..., s. Brehm, Georg Nikolaus

Plato's Vorübungen im Lesen u. Deuten, s. Vorübungen.

– s. Weißens, Chr. F.: Todesfeier.

Plato, Louis, M. Martin Rinkart, nach sein. äußern Leben u. Wirken. Nebst lith. Abbild. Rinkart's. gr. 12. (3 B. incl. Musikbeil.) Leipzig 830, Fest. Thlr.

Plato, Wilhelm, aus Kolberg: [1.] Zur **Darstellung** des Calciums. [2.] Regelmäßigkeiten in der Zusammensetzung eutektischer Mischungen anorg. Salzpaare. *Berlin (1903): A. W. Schade.* (40 S.) 8°
Berlin, Phil. Diss. v. 9. Dez. 1903

Plato, Wilhelm, Dr. phil.: Erstarrungserscheinungen an anorganischen Salzen und Salzgemischen. 1908. 52 S. 8⁰ ¶ Umgearb. aus: Zeitschrift f. physik. Chemie. Bd 55. 58. 63. 1906—08.
Danzig Te. H., Hab.-Schr. v. 19. 12. 1907

„Platon". Eine Zeitschrift in zwanglosen Heften, herausgegeben von Müller, Schuckmann und v. Seckendorff. 1. Heft Leipzig 1809 (Compt. für Litteratur).

Platon Archijerejskoje poučenije na Svitcje dajemoje presviteru v chirotonisaniji. — pravoslavnym episkopom backim slozennoje po pisanljam. Vo Vienuje, v pecatni Mechitaristov 1857. (68 S. 8.) Bischöfliche Belehrung für den Presbiter über das Halten der Hände bei Officien. Von — — Dem rechtgläubigen Batscher Bischof nach der heil. Schrift zusammengestellt. Wien. Druck der Mechitharisten 1857.)

Platon, Peter Lewchin

— ὀρθόδοξος διδασκαλία, εἴτουν σύνοψις τῆς χριστιανικῆς θεολογίας. 8. maj. Lps. Breitkopf et Härtel.

Platon, Jeromach. Recht gläubige Lehre oder kurzer Auszug der christl. Theologie . . . Aus dem Russ. Riga 1770. Ü: *Rodde, Jacob.* (Hupel, Nordische Miscellaneen. V. VI, 334—336.)

Platon, Jerem., rechtgläubige Lehre d. griech. Kirche, oder Auszug d. christl. Theologie ꝛc. Zum Gebr. d. Großfürsten; aus d. Russ. v. J. Rodde. gr. 8. Riga 770. (Hartknoch in Leipz.) 12 gr.

Platon, d. rechtgläubige Lehre d. griechischen Kirche, zum Gebr. d. Großfürsten. gr. 8. Riga. (Hartknoch in Leipzig.) 771.

Platou, Eilif: Calorimetrische Untersuchungen über Stickoxydbildung aus Luft mittels Hochspannungswechselstromentladungen verschiedener Frequenz. 1910. 72 S. 8⁰ ¶ Vgl. Zeitschrift f. Elektrochemie. Jg. 16.
Karlsruhe, Dr.-Ing.-Diss. v. 11. 5. 1910

Platow, Hans, aus Berlin: Die **Personen** von Rostands 'Cyrano de Bergerac' in der Geschichte und in der Dichtung. *Erlangen 1902: F. Junge.* (112 S.) 8°
Berlin, Phil. Diss. v. 22. Jan. 1902

Platow, N., militär. Wörterbuch f. Zeitungsleser, angehende Militärpersonen u. jeden Liebhaber d. Kriegswissenschaften; od. Erklärung der vornehmsten, in allen Theilen d. Kriegskunst vorkomm. Begriffe u. Kunstwörter. 8. (4½ B.) Tübingen 833, Fues.

Platowitsch, Boleslaf. Die Schlacht bei St. Jakob. Historisch-dramatisches Gemälde in vier Aufzügen. Nach einem ältern Stoffe frei bearbeitet. ... Handlung ... 1444 vom 25. bis 26. August. 3. Aufl. 88 S. 8. Aarau, H. R. Sauerländer & Co., 1905. (fr. 1. —)
(Bibliothek vaterländischer Schauspiele. 1.)

Platsch, Max: Über die Umsetzung von Thonerde-, Chrom- und Eisenoxalaten mit Metallchloriden sowie über zinnoxalsaure Salze. Berlin 1898. 51 S. 8⁰.
Bern. Phil. Diss. 1898/99.

Plaetschke, Caspar Theodor (Manze/Breslau/Schlesien), De embryulcia. Diss. med. Berlin (Nietack) 15. V. 1834. 40 S. u. Biogr. (M.: M. Dietrich). (3.—) 26573
Oppon.: C. Pelkert, C. Welzel, F. Stricker. — Gew.: Gottfried Plaetschke (Vater).

Oecher **Platt.** Halbmonatsschrift, hrsg. unter Mitw. d. Vereins 'Oecher Platt'. Schriftleiter: J. Starmanns. Jg. 1. Aachen: Speckheuer 1908. 4° [illegible]

Platt, Albrecht

Platt, Albr., grosser Atlas d. Erde. I—III. Lfg. Roy-Fol. (30 lith. Blätter, incl. 23 ill., u. Beiwort z. I. Lfg. 1 B., kl. Fol.) Magdeburg 840—42, Creutz'sche Buchh. à 2 Thlr.

Platt, Albr., grosser Atlas der Erde. IV—VIII. Lief. Roy.-Fol. (50 lith. u. ill. Bl.) Magdeburg 842—45. [Fabrizius u. Schaefer.] à L. * 2 Thlr. *

I—III. Lfg. Ebendas. 1840—42. * 6 Thlr.

Platt, Albr., grosser physisch-politischer Atlas der Erde nach Arrowsmith, Berghaus und Ritter entw. und gez. (Auswahl von 40 lithogr. und ill. Karten.) gr. Fol. Magdeburg 854, Kaegelmann. *

Platt, Albr., Deutschland. Magdeburg, E. Wagner, 1835. Lith. u. kolor. gr. 4. 5/6 ℛ.)

— kleiner Elementar-Schul-Atlas über alle Theile der Erde in 23 (lith. u. illum.) Kärtchen, zum ersten geograph. Unterricht; auch als Vorlegeblätter zum Nachzeichnen, mit 23 geogr. Netzen in demselben Maaßstabe. qu. 4. Magdeburg 841, Schmilinsky. n. 5/6 ℛ — 2. Aufl. 844. 5/6 ℛ

— dass. ohne die Netze n. 1/2 ℛ — Die Netze allein 1/3 ℛ

— Auszug aus dem (Platt'schen) kleinen Elementar-Schul-Atlas von 11 Karten u. Zeichennetzen für Landschulen. qu. 4. Magdeburg 842, Schmilinsky. n. 5/12 ℛ

Platt, A. Der Regierungs-Bezirk Erfurt. Magdeburg. 1 Bl. c. L. Ff.

— Europa. Uebersichtskarte der europ. Länder. 2. im J. 1848 verb. Aufl. (Aus Platt's grossem Atlas.) Fol. Lith. u. color. Ebd. 848. n. 6 ngr

— General-Karte der vereinigten Staaten von Nord-Amerika nebst den grösst. Theilen v. Canada u. Tejas. Imp. Fol. Ebd. 847. n. 2 ℛ

Platt, A. General-Karte der Vereinigten Staaten von Nordamerika nebst den grössesten Theilen von Canada und Texas. 1 : 3 200 000. Magdeburg 1849 u. 1850. Je 1 Bl. c. L. Ff.

Platt, Albr., General-Post-Strassen u. Eisenbahn-Karte des Preussischen Staats und der übrigen Norddeutschen und angrenzenden Länder, mit genauer Angabe sämmtlicher Postanstalten nach ihren Eigenschaften, der Grenzen der Postämter und der Post-Inspections-Bezirke im Preussischen Staate. Entw., gez. u. herausg. im Januar 1843. Verhältniss = 1 : 200 000. Magdeburg, Platt. Imp.-Fol. Mit 1 Vign. Lith. u. kolor. . . . . (Br. Mus.)

— General-Post-Straßen- u. Eisenbahnen-Karte des Preuß. Staats u. der übrigen Norddeutschen u. angrenzenden Länder mit genauer Angabe sämmtl. Postanstalten rc. Imp.-Fol. 843. (Leipzig, Goetz.) n. 2 ℛ

— das Königr. Hannover, mit dem Grossherzogth. Oldenburg, d. Herzogth. Braunschweig, der freien Stadt Bremen etc., mit Berücksichtigung der fertigen, in Arbeit begriffenen u. project. Eisenbahnen sowie der Postanstalten etc. Nach Berghaus u. Pape entworfen 1846, berichtigt 1847. gr. Fol. Lith. u. col. Hannover 847, Hornemann. n. 1/2 ℛ

— Höhen-Post-Straßen- u. Eisenbahn-Karte von Mittel-Europa. Imp.-Fol. Ebend. 846. n. 3 ℛ aufgezogen n. 4 ℛ

Platt, Albr., Höhen-, Post-, Strassen- und Eisenbahn-Karte nebst der politischen Eintheilung sämmtlicher Länder von Mittel-Europa. Magdeburg 1847. 4 Bll. (Br. Mus.)
— , —— Revid. u. berichtigt von v. Bomsdorff. Magdeburg, Kaegelmann, 1856. Imp.-Fol. 2 lith. u. ill. Bll. . . . . (Br. Mus.)

— Höhen-Post-Strassen u. Eisenbahnen Karte, nebst d. polit. Eintheilung sämtl. Länder v. Mittel-Europa. Imp. Fol. Lith. u. color. Ebd. 852. 3 ℛ; auf Leinw. u. in Futteral 4 ℛ

Platt, Albr., Karte von Afrika. Verhältniss 1 : 13,400,000 der natürl. Grösse. Imp. Fol. Lith. u. color. Magdeburg 847, Kaegelmann. n. 2 ℛ

— Karte von Australia, nach Arrowsmith entworfen. Verhältniss 1 : 5,150,000. Imp. Fol. Lith. u. color. Ebd. 848. n. 2 ℛ

— Karte vom Königr. Bayern, nach Berghaus. 2. Aufl. [Aus Platt's grossem Atlas.] Fol. Lith. u. color. Ebd. 848. n. 6 ngr

— Karte der Deutschen Bundesstaaten, nach Berghaus' Länder- u. Völkerkunde. 2. im J. 1848 verb. Aufl. [Aus Platt's grossem Atlas.] Fol. Lith. u. color. Ebd. 848. n. 6 ngr

— Karte von Dänemark u. Mecklenburg. 2. Aufl. [Aus Platt's grossem Atlas.] Fol. Lith. u. color. Ebd. 848. n. 6 ngr

Platt, Albr., Karte der unteren Elbe zum Gebrauch der Dampfschiffahrt zwischen Magdeburg, Hamburg und Cuxhaven ... entworfen, gez. u. herausg. 1 : 100000. Magdeburg 1839. qu.-4. . . . . (D.; KPA.)

— Karte von Guatemala. 2. Aufl. [Aus Platt's grossem Atlas.] Fol. Lith. u. color. Ebd. 848. n. 6 ngr

— Karte von Hannover, Oldenburg, Braunschweig u. den Freistaaten Hamburg u. Bremen, nach Berghaus. 2. Aufl. [Aus Platt's grossem Atlas.] Fol. Lith. u. color. Magdeburg 848, Kaegelmann. n. 6 ngr

— Karte von La Plata, Chili, Paraguay, Uruguay u. Patagonien. 2. Aufl. [Aus Platt's grossem Atlas.] Fol. Lith. u. color. Ebd. 848. n. 6 ngr

— Karte v. Mittel-America u. West-Indien nebst den übrigen Küstenstaaten, welche das american. Mittelmeer begrenzen nach Berghaus u. Arrowsmith gezeich. u. entworfen. Imp. Fol. Lith. u. color. Magdeburg 849, Kaegelmann. n. 2 ℛ

— Karte von Mittel-Europa. Sect. 26, 35 u. 36. (Berlin u. Stettin, Magdeburg u. Leipzig, Dresden.) qu. Fol. Lith. u. col. Ebd. 847. (à n. 1/3 ℛ) n. 1 ℛ

— Karte vom Nilgebiet. 2. Aufl. [Aus Platt's grossem Atlas.] Fol. Lith. u. color. Ebd. 848. n. 6 ngr

— oro- u. hydrograph. Karte von Europa. Uebersichtskarte d. Hoch-, Flach- u. Tiefländer in Europa. 2. im J. 1848 verb. Aufl. (Aus Platt's grossem Atlas.) Fol. Lith. u. color. Ebd. 848. n. 6 ngr

Platt, Albr., oro- u. hydrograph. Karte der Pyrenäischen Halbinsel, nach Berghaus. 2. Aufl. [Aus Platt's grossem Atlas.] Fol. Lith. u. color. Magdeburg 848, Kaegelmann. n. 6 ngr

— physisch-politische Karte von Europa nach Berghaus allgem. Länder- u. Völkerkunde entworfen u. gezeichnet. Imp.-Fol. Magdeburg 846, Kägelmann. n. 1 1/2 ℛ

— dieselbe von Nord-Amerika nach Arrowsmith u. Berghaus entw. u. gez. Color. u. lith. gr. Imp.-Fol. Ebd. 846. n. 2 ℛ

— physisch-polit. Karte v. Nord-America nach Arrowsmith u. Berghaus entworfen u. gezeichnet. (Neue Aufl.) Imp. Fol. Lith. u. color. Ebd. 849. n. 1 1/2 ℛ

— dieselbe. Süd-Amerika. Color. u. lith. gr. Imp.-Fol. Ebend. 846. n. 2 ℛ

— physisch-polit. Karte v. Süd-America nach Arrowsmith u. Berghaus, entworfen u. gezeichnet. (Neue Aufl.) Imp. Fol. Lith. u. color. Magdeburg 849, Kaegelmann. n. 2 ℛ

— Karte des Österreichischen Staats, nach Berghaus. 2. Aufl. [Aus Platt's grossem Atlas.] Fol. Lith. u. color. Ebd. 849. n. 6 ngl

— Karte des Preuss. Staates, nach Berghaus' Länder- u. Völkerkunde. 2. im J. 1848 verb. Aufl. [Aus Platt's grossem Atlas.] Fol. Lith. u. color. Ebd. 848. n. 6 ngl

— topographische Karte von der Gegend zwischen Magdeburg, Leipzig u. Dresden, welche die Eisenbahn berührt; nach Originalaufnahmen u. andern guten Karten entworfen u. gezeichnet. Herausgeg. im Jahre 1841. Maaßstab von 1 Meile = 4 Decimalzoll. Verhältniß = 1:50,000. (4 lith. Blätter zusammen 8 Ellen 2 Zoll lang u. 9 1/2 Zoll breit.) Leipzig 841, Fabricius u. Sch. in Magdeburg. n. 2 ℛ

— das Lombardisch-Venezianische Königreich. 2. Aufl. [Aus Platt's grossem Atlas.] Fol. Lith. u. color. Ebd. 848. n. 6 ngl

Platt, Albrecht: Kriegsschauplatz im Kaukasus. Magdeburg. 1846. Fol.

— die Sächsischen, Anhaltinischen u. Schwarzburg. Länder, nach Berghaus. 2. Aufl. [Aus Platt's grossem Atlas.] Fol. Lith. u. color. Ebd. 848. n. 6 ngl

— der Regierungs-Bezirk Magdeburg. Entworfen u. gezeichn. nach den im J. 1840—41 vorgenomm. amtl. Berichtigungen der vorhand. Materialien 1842. 2. im J. 1848 revid. u. verb. Aufl. Imp. Fol. Lith. u. color. Ebd. 848. n. 2 ℛ

Platt, A. Der Regierungs-Bezirk Merseburg. 1 : 288 000. Magdeburg 1837. 1 Bl. c. L. Ff.

— Musterblätter d. europäischen Schriftzeichen. 8 Bl. qu. Fol. Magdeb. 827, Rubach.

— Plateau von Deutschland, nach Berghaus. 2. Aufl. [Aus Platt's grossem Atlas.] Fol. Lith. Ebd. 848. n. 6 ngl

— die IV mittleren Provinzen des Preuss. Staates. 2. im Jahre 1848 verb. Aufl. [Aus Platt's grossem Atlas.] Fol. Lith. u. color. Ebd. 848. n. 6 ngl

Platt, Albr., Reise-Karte von Deutschland und den angrenzenden Ländern mit Angabe aller Eisenbahnen, Post- und Dampfschifffahrts-Verbindungen. Hamburg, Holler, 1853. Fol. Lithochrom. 1/3 ℛ

—— Schul-Atlas, s. a. Banse, J. F.

— Schul-Atlas über alle bekannte Theile der Erde, nach Berghaus Elementen der Erdbeschreibung u. den besten vorhand. Generalkarten, mit besond. Rücksicht auf Hoch-, Flach- u. Tiefländer entworfen. Mit geograph. Erläuterungen bei jeder Karte. (24 lithogr. u. illum. Blätter.) qu. Roy.-4. Ebd. 839. n. 2 ℛ

— Schul-Atlas über alle bekannte Theile der Erde, nach Berghaus Elementen der Erdbeschreibung u. den besten vorhandenen Generalkarten, mit besonderer Rücksicht auf Hoch-, Flach- u. Tiefländer entworfen, gezeichnet u. herausgegeben. Sämmtl. Karten sind mit geograph. Erläuterungen versehen. Lithogr. qu. 1/2 Fol. (27 Blätter.) Magdeburg 842, Rubach'sche Buchh.; Fabricius. n. 1 1/6 ℛ — 2. verb. u. verm. Aufl. qu. Roy. 4. Ebend. 842. n. 1 1/6 ℛ

Platt, A(lbr.), Schul-Atlas über alle Theile der Erde nach Berghaus Elementen der Erdbeschreibung und den besten vorhand. Generalkarten, mit besond. Rücksicht auf Hoch-, Flach- und Tiefländer entworfen, gez. und hrsg.

3. Aufl. 25 Ngr. 1847. und 4., verb. Aufl. qu. Imp.-4. (26 lithogr. und ill. Karten.) Magdeburg 851, Fabricius. *

—— kleiner Schul-Atlas über alle Theile der Erde in 11 (lithogr. und ill.) Karten mit (11 lithogr.) Zeichennetzen, für Landschulen. 2. Aufl. qu. 4. Magdeburg 847, Baensch. *

— Schul-Atlas üb. alle Theile der Erde in 23 (lith. u. color.) Karten zum ersten geograph. Unterricht nach Berghaus Elementen d. Erdbeschreibg. 2. Aufl. qu. 4. Magdeburg 847, Baensch. n. 1/2 ℛ

— ders. in 23 (lith. u. color.) Karten, auch als Vorlegeblätter zum Nachzeichnen, mit 23 (lith.) geograph. Netzen in demselben Maassstabe. 3. Aufl. qu. 4. Ebd. 847. n. 5/6 ℛ, die Netze einzeln n. 1/3 ℛ

Platt, Alb., Schul-Karte von Deutschland. Magdeburg, Fabricius, 1838. Lith. u. kolor. Imp.-Fol. (1/2 ℛ)

— Schul-Karte von Europa, nach den besten Materialien gezeichnet u. in Stein gravirt. Imp.-Fol. Ebd. 837. Illum. 1/3 ℛ

Platt, A. Specialkarte der Altmark, der Wollmirstedter, Jerichower und Neuhaldensleber Kreise u. s. w. 1 : 200 000. Magdeburg 1856. 1 Bl. c. L. Ff.

Platt, Alb. Special-Karte des Regierungs-Bezirks Arnsberg. 1 : 190 000. Magdeburg 1841. 1 Bl. c. L. Ff.

Platt, A. Special-Karte der Anhaltischen Herzogthümer. 1 : 200 000. Magdeburg 1851. 1 Bl. c. L. Ff.

— Specialkarte der Anhaltischen Herzogthümer, dem südl. Theil des Reg. Bez. Magdeburg, dem nördl. Theil des Reg. Bez. Merseburg, den Braunschw. u. Hannöv. Landschaften im Unter-Harz etc. Imp. Fol. Lith. u. color. Magdeburg 852. (Fabricius.) n. 1 1/3 ℛ

Platt, A. Special-Karte des Regierungs-Bezirks Merseburg. 1 : 230 000. Magdeburg 1843. 1 Bl. c. L. Ff.

— Special-Karte des Regierungs-Bezirks Merseburg. Entworfen u. gezeichnet nach den im J. 1840—1841 vorgenommenen amtlichen Berichtigungen d. vorhandenen Materialien. 2. im J. 1847 verb. Aufl. 44" breit u. 34" hoch. Lith. u. color. Nordhausen 847, Forstemann. n. 1 ℛ

Platt, A. Special-Karte des Regierungs-Bezirks Minden. 1 : 171 800. Magdeburg 1838. 1 Bl. c. L. Ff.

Platt, A. Special-Karte des Regierungs-Bezirks Münster. 1 : 181 800. Magdeburg 1839. 1 Bl. c. L. Ff.

Platt, A. Special-Karte der Provinz Sachsen. 1 : 400 000. Magdeburg 1841. 1 Bl. c. K. Ff.

— Special-Karte d. Provinz Sachsen entw. u. gezeichnet nach d. von den HH. Landräthen vorgenomm. neuesten Berichtigungen der vorhandenen Materialien. 2. revid. u. bericht. Aufl. Imp. Fol. Lith. u. color. Ebd. 848. n. 2 ℛ

— Italienische Staaten. 2. Aufl. [Aus Platt's grossem Atlas.] Lith. u. color. Ebd. 848. 6 ngl

— Vereinigte Staaten von Nord-America. 2. Aufl. [Aus Platt's grossem Atlas.] Fol. Lith. u. color. Ebd. 848. n. 6 ngl

Platt, Albr. sen., Stromkarte der Elbe und Moldau von Prag bis Hamburg in 6 Abtheilungen (70 Sectionen). Neustadt-Magdeburg 1854—61. Fol. 71 Bll.

Für die Einbände der Abtheilungen sind zum Aufkleben bunte Zettel beigegeben worden, auf denen steht: Der Elb-Strom nach den, von der ... Regierung ... ertheilten neuesten Original-Aufnahmen reducirt und gravirt.. . . . . (D.; HC.; RPA.)

Platt, Albr., Tableau aller Europäischen Schriftzeichen, für Liebhaber der Calligraphie. Lithogr. Imp.-Fol. Magdeburg 839. Mazzucchi. n. 1 ℛ

Platt, (A.,) Uebersicht d. europäischen Schriftzeichen (1 lithogr. Bl.) gr. Roy.-Fol. Halberstadt 825, Helm. Rthlr.

— Uebersichtskarte von Africa. 2. Aufl. [Aus Platt's grossem Atlas.] Fol. Lith. u. color. Ebd. 848. 6 ngl.

Platt, Albr., Uebersichtskarte der asiatischen Staaten. 2. Aufl. [Aus Platt's grossem Atlas.] Fol. Lith. u. color. Magdeburg 848, Kaegelmann. n. 6 ngl.

— Vorlegeblätter, s. C. A. Nicolai.

Platt, A. Der Thüringer Wald. Magdeburg 1832. 1 Bl. L. Ff.

Platt, Herm., Fabrikenkarte des Regierungsbezirks Magdeburg. Nebst einem Anhang, enthaltend die Namen der jetzigen Besitzer aller in dieser Karte verzeichneten Fabriken. (II und 30 S. in gr. 16.) Nach amtl. Materialien entw., gez. und hrsg. Lithogr. und ill. Fol. Magdeburg (Berlin) 855, Platt. *

Platt, James, der Geschäftsmann v. Einem, der m. Nichts anfing, s.: Fugger, Joh.

Platt, Julia B.: The Development of the Cartilaginous Skull and of the Branchial and Hypoglossal Musculature in Necturus. M. 3 Taf. *Leipzig: W. Engelmann 1897.* (91 S. mit Taf.) 8° * (Aus: Morphologisches Jahrbuch, Bd 25 H. 3.)
Freiburg i. B., Phil. Diss. v. 1897

Platt, W., Umgestaltung der Bahnhofs-Anlagen in Düsseldorf, s.: Schwartz, E.

Platt, Wilhelm

Platt, W., Adressbuch über Rüben-Zucker-Fabriken u. deren Besitzer, resp. Firmen. in sämmtl. Zollvereins-Staaten nach amtl. Berichten bis Januar 1861 entworfen u. herausg. Hierzu: Platt's Fabriken-Karte von Mittel-Europa. (Mit 5 lithogr. Karten in 16. u. 8., wovon 2 ill.) Magdeburg 1861. 16.
Vgl. Adressbuch ...

Platt, Wilh., der Harz nach d. besten Quellen entw. u. gezeichn. Mit 12 Randansichten. qu. Fol. Lith. u. color. (Magdeburg 851, Creutz.) baar 1/6 ß

Platt, W. Situations-Plan von **Brandenburg a. H.** Magdeburg 1863. 1 Bl. c. K.

Platt, W. Situationsplan von **Derenburg**. Magdeburg 1863. 1 Bl. c. L.

Platt, W. Situationsplan von **Egeln**, der Vorstadt Altemarkt und dem Kloster Marienstuhl. Magdeburg 1861. 1 Bl. c. L.

Platt, W. Situationsplan von **Ermsleben**. Magdeburg 1863. 1 Bl. c. L.

Platt, W. Situations-Plan von **Schönebeck**. Magdeburg 1861. 1 Bl. c. L.

Platt, W. Situations-Plan von **Wittenberge**. Magdeburg 1863. 1 Bl. c. L.

Platt, W. Situations-Plan von **Wollmirstedt**. Magdeburg 1861. 1 Bl. c. L.

Platt, W. Neuester Special-Plan von **Magdeburg** und Friedrichsstadt, neue und alte Neustadt, Sudenburg und Buckau nebst dem Stadtfelde, dem grossen und kleinen Werder, dem Stadtmarsch, dem Rothenhorn und dem Dorfe Krakau. Neustadt-Magdeburg 1859—1864. 7 Bl. c. L.

Platt, W., Stromkarte der Elbe und Moldau von Prag bis Hamburg. Nach amtl. Originalen reducirt im M. von 1 : 100000. 6 lith. u. kol. Bll. Magdeburg, Baensch, 1863. Imp. qu.-Fol.
—. — Ebda. Rathke, 1885. Fol. 9 Bll. Lith. u. kol.

Platt, W. Stromkarte der Elbe u. Moldau v. Prag bis Hamburg. Nach amtl. Material. 1 : 100,000. 8 Bl. Chromolithogr. qu. schmal-Fol. Mit e. Beigabe: Die Brücken der Elbe f. Schifffahrttreibende m. Angabe d. Brückenunterkanten, der Spannweiten der Schifffahrts-Oeffngn. u. d. höchsten u. niedrigsten schiffbaren Wasserstandes nach den betreff. Nullpunkten. 28 color. Abbildgn. auf 6 Taf. qu. schmal-Fol. Nebst Kilometerzeiger der Elbe von Prag bis Hamburg u. der Saale. Nach e. Aufstellg. der königl. Elbstrombau-Verwaltung zu Magdeburg. 8. (8 S.) Magdeb. 889, Rathke. In Carton * 6 —; die Brücken der Elbe allein * 3 —

Platt, W., bildliche Uebersicht der Roggen- und Weitzen-Preise während der Jahre 1772 bis 1855 nach den Materialien des Königl. Polizei-Directoriums zu Magdeburg. Schönebeck (856.) Berger in Comm. (1 lith. Bgn. in Fol.) n. 7½ ngr.

Platt, William, Männer, Frauen u. der Zufall. Autoris. Uebersetzg. aus dem Engl. (96 S.) 8. Neuweißensee (905). E. Bartels. 2. —

Plattdütsch ut Düötm van L. 8. (70 S.) Dortmund 886. (Krüger.) n. — 50

Platt-Dütsche, de, en Geschrywe, dat de Hooch-Dütschen eine Wochenschrift heten. 8. Berlin, Maurer. 772.

Plattdütsche, Die, eine Wochenschrift. Berlin 1772. H: *Wegener, Carl Friedrich.* (Ky) (ML)

Plattdütsches, Wat. Ein Olde Breev vör dem Yar 1513 geschreven uth dem Original . . . Gött. 1752. H: *Feuerlein, Jacob Wilhelm.* (ML) (ABJP)

Plattdütsches, Wat, uth der Bibliothek J. W. F. Göttingen 1752. H: *Feuerlein, Jac. Wilh.* (ABJP)

Platte, August

Platte, Aug., aëronautische Betrachtungen. gr. 8. (44 S.) Wien 879. Lechner's Vorl. n. 1. 60

Platte, Aug., flugtechnische Betrachtungen. gr. 8. (121 S.) Wien 893. Verlagsanstalt „Reichswehr". n. 2. 80

Platte, A., Erörterung der wichtigsten aëronautischen Streitfragen, s.: Vorträge u. Abhandlungen, technische.

Platte, Friedrich, Referendar: Die Befugnisse des Käufers einer gestohlenen Sache vor Übergabe der Sache und Preiszahlung nach Römischem Recht und Bürgerlichem Gesetzbuch. Unna 1906: G. Hornung. (55 S.) 8°
Rostock, Jur. Fak., Ref. Matthiaß, Diss. v. 10. März 1907
[Geb. 2. Juli 80 Bramey, Kr. Hamm in Westf.; Wohnort: Dortmund; Staatsangeh.: Preußen; Vorbildung: Gymn. Detmold Reife O. 01; Studium: München 3, Berlin 1, Munster 2 S.; Rig. 5. Dez. 06.]

Platte, Karl, Die Freiheit des Bauernstandes und seines Grundes und Bodens, durch Ablösung aller wie immer Namen habenden grund-, lehens-, vogt- und zehentherrl. Rechte. gr. 8°. Linz, Fink, 1848. (IV, 102 S.)

Platteforme, die, in Bern am Festabend d. Schweizer Musik-Gesellschaft d. 8. Aug. 1827, mit Denksprüchen zu d. beleuchteten 22 Cantons-Wappen. Imp.-Fol. Bern, Jenni. 22 g. ill. 2 ./ 16 g.

Plattensteiner Friedrich: Zwei Fragmente einer Formelsammlung aus der Wende des 13. und 14. Jahrhunderts.
1903 PN 1675 **Diss.** Wien, Univ

Plattensteiner, Rich., s. a.: Palten, Rob.

Vom 'Dr. Hons' und andere Wiener Gschichteln und Gedichteln für alle Freunde echten Wiener Humors von Robert Palten [d. i. Richard **Plattensteiner**]. 2. Aufl. Bd 1. Berlin-Leipzig: C. Wigand 1906. 8° [F.] [07. 5911

Plattensteiner Richard: Über die Kondensation von Isobutyraldehyd und Crotonaldehyd. S. 169. IIb '21 . . . . vgr.
Separatabdruck

Kunst, Leben und Natur. Lieder u. Gedichte von Robert Palten [d. i. Richard **Plattensteiner**]. Leipzig-Berlin: Modernes Verlagsbureau 1905. (95 S.) 8° [F.] [07. 6711

Lautes und Leises. Ein Liederbuch von Robert Palten [d. i. Richard **Plattensteiner**]. Leipzig-Berlin: Modernes Verlagsbureau 1905. (101 S.) 8° [F.] [07. 6712

Peter Rosegger von Dr. Richard **Plattensteiner**. Leipzig: Verl. f. Lit., Kunst u. Musik 1906. (35 S.) 8° [F.]
— **Beiträge** z. Literaturgeschichte. H. 12.

Franz Stelzhamer zu seinem hundertsten Geburtstag. Eine biogr. u. lit. Würdigung. Von Dr. Rich. **Plattensteiner**. Mit 6 Portr. *Wien & Leipzig: A. Hartleben 1903.* (62 S.) 8° [F.] [03. 4197

(Platter, Thomas I', 1499[–1582].) Njbl. *s.* [Hottinger, Johann Jacob *II*].

Plater, Thomas. St. Gallen 1812. V: *Franz, Joh. Frdr.* (Tübz 18, 56)

Platter, Felix. F' Platters Histori vom Gredlin. Eingeleitet und hrg. von Dr. Albert Gessler. [SA.] 8. [Basel 1893.]

Plater, Fel., observat. medicae. 8. Bas. Flick.

Platter, Felix *s.* Platter, Thomas *I*, & Platter, Felix.

Felicis Plateri ([Platter:] Praxeos seu De cognoscendis, praedicendis, praecavendis, curandisque affectibus homini incommodantibus) Praxeos medicae tomi 3, novis aliquibus affectibus, observationibus et remediis locupletati, & ab innumeris mendis repurgati a Felice Platero [Platter, 1605-1671]. Ed.4.,cui acc. praef. Emanuelis König [1698-1752]. Und cum ind. generali.[Vorr.:]Joh[annes] Jac[obus] Wepferus [Wepfer]. T.1-3. Basileae: Thurnisius 1736. 3 Bde 8°
T.1: De functionum laesionibus...
T.2: De doloribus...
T.3: De vitiis...

Platteri, Fel., Praxis medica observat. illustr. III Vol. 4. Bas. Schweighäuser. 736.

Platter, Felix. F' Platters Schilderung der Reise des Markgrafen Georg Friedrich von Baden... nach Hechingen zur Hochzeit des Grafen Johann Georg von Hohenzollern mit der Wild- und Rheingräfin Franziska im Jahre 1598. Bearb. von Dr. Albert Gessler. (SA.) 8. Basel 1890.

Platter, Hugo, Preisumrechnungs-Tabellen aus dem alten in das neue metrische Maß- u. Gewichtssystem. 16. (VIII, 62 S.) Innsbruck 875. C. Rauch. n. — 60

Platter: Überblick der wichtigsten Untersuchungen über den Zusammenhang zwischen der Stromintensität und dem erregten Magnetismus. 30 S. und Tafel. – Innsbruck, Progr. 1866.

— über die Wärmecapicität d. Wassers in der Nähe seines Dichtigkeitsmaximums, s.: Pfaundler, L.

PLATTER, J. C.
(F) Berg- und Thalfahrten in Tirol. Von J. C. Platter. Innsbruck. 1901. Edlinger. Gr.-8°. 268 S. K 3.50

— Bozen-Gries, s.: Bruckmann's illustr. Reiseführer.

Platter, J. C., Bozen-Gries u. Umgebung, s.: Städtebilder u. Landschaften aus aller Welt.

Platter, J. C., Josef Eisenstecken. Ein Lebensbild aus dem J. 1808. 16. (38 S.) Meran 885. Jandl. — 60

Platter, J. C., **Führer auf der Bozen-Meraner Bahn. 12. (40 S. m. eingedr. Holzschn.) Bozen 881. Promperger.** n. — 80

— Graf u. Sattlerstochter. Eine tiroler Geschichte aus Andreas Hofer's Zeit. 8. (120 S.) Innsbruck 893. A. Edlinger. n. 1. —

PLATTER, J. C.
(F) Schützenhauptmann Georg Hatzl. Ein Lebensbild aus den Tiroler Freiheitskriegen. Von J. C. Platter. Innsbruck. 1901. Wagner. 8°. 38 S. K—.80

— Raut'n u. Rosmarin. Geschichten u. Skizzen aus Tirol. Mit e. Vorwort von J. v. Zingerle. Illustr. v. W. Humer. 12. (268 S.) Ebd. 892. n. 3. 20; geb. n. 4. --

Platter, J. C., Raut'n u. Rosmarin. Geschichten u. Skizzen aus Tirol. Mit e. Vorwort von J. v. Zingerle. Illustr. v. W. Humer. 2. Aufl. (VIII, 250 S.) 8. Innsbruck 904. A. Edlinger. n. 3. —; geb. n. 4. —

PLATTER, J. C.
Ueberetsch und die Bahn von Bozen nach Kaltern. Von J. C. Platter. Mit Bildern von Tony Grubhofer und einer Karte. Innsbruck. 1899. Edlinger. Quer-8°. 48 S. fl. —.40

Platter, Julius

Platter, Jul, kritische Beiträge zur Erkenntnis unserer socialen Zustände u. Theorien. gr. 8. (VI, 558 S.) Basel 894. Dr. H. Müller. n. 8. —

— Kritische Beiträge zur Erkenntnis unserer socialen Zustände und Theorien. gr. 8°. Basel, Dr. H. Müller, 1894.
2. (Titel-)Aufl. gr. 8°. Bern, Steiger u. Co., 1898.

Platter, Jul., krit. Beiträge zur Erkenntnis uns. socialen Zustände u. Theorien. 2. [Titel-] Aufl. gr. 8. (VII, 558 S.) Bern (894) 898. C. Sturzenegger. n. 5. —; geb. n. 7. —

— zur Besteuerung der Erbschaften. [Aus: „Schweiz. Blätter f. Wirtschafts- u. Socialpolitik".] gr. 8. (15 S.) Ebd. 893. — 30

Demokratie und Socialismus v. Julius Platter. *Leipzig: G. H. Wigand 1897.* (XII S., 1 Bl., 276 S.) 1 Bd 8.
= Bibliothek f. Socialwissenschaft. Bd 10.

Platter, Jul., Erwerb u. Konsum od. Wo steckt der Profit? Oekonomische Abenteuer des Privatiers Ignorantius Frankenfänger, s. a. Volksbibliothek, genossenschaftl.

Volksbibliothek, genossenschaftliche. Hrsg. vom leit. Ausschuss des schweizer. Genossenschaftsbundes. 1. Heft. 8°. Zürich, Buchh. des schweizer. Grütlivereins. 1899. — 25
1 *Platter, J.* Erwerb u. Konsum od. wo steckt der Profit? Oekonomische Abenteuer des Privatiers Ignorantius Frankenfänger, zu allgemeinem Nutz u. Frommen erzählt. 31 S. — 25.

Platter, Prof. J., Freiheit u. Gleichheit. Vortrag, geh. im Rathaussaale zu Zürich am 18. November 1886. [Aus: „Deutsche Worte".] gr. 8. (22 S.) Wien. Pichler's Wwe. & Sohn. In Comm. fl. —.30. 1887.

Platter, Julius. Grundlehren der Nationalökonomie. Kritische Einführung in die soziale Wirtschaftswissenschaft von Dr. Julius Platter, Professor... in Zürich. XII + 588 S. 8. Berlin, J. Guttentag, 1903. [M. 11. —]

— niederer Hypothekenzins. Vortrag anlässlich des im Febr. 1893 am Polytechnikum in Zürich veranstalteten Cyklus v. Vorträgen f. prakt. Landwirte. Uster-Zürich 894. Buchdr. A. Gull. Nicht im Handel.

— Kauf oder Pacht? Vortrag, in dem im Febr. 1887 in Zürich veranstalteten Kurs für prakt. Landwirthe. gr. 8. (34 S.) Basel 887, Schwabe. * — 80

Platter, J., Gustav Cohns „ethische" Nationalökonomie. [Aus: „Deutsche Worte".] gr. 8. (36 S.) Wien 886. (Pichler's Wwe. & Sohn.) n. — 80

Platter, J., die Pflichten des Besitzes, s. Zeit- und Streit-Fragen, deutsche. 176.

Platter, Jul., das Recht auf Existenz. Academische Antrittsrede. 16. (31 S.) Jena 880. Fischer. n. — 50

Platter, J.: Genossenschaftliche Selbsthulfe. Winterthur: Verband ostschweiz. landw. Genossenschaften 1894.

Platter, Julius. Genossenschaftliche Selbsthülfe. 3., veränderte und vermehrte Aufl. IV + 32 S. 8. [Basel,] Verband schweiz. Konsumvereine, Komm. Basler Buch- und Antiquariats-Handlung, 1905. [fr. —. 20]
Genossenschaftliche Volksbibliothek. Hrg. vom Sekretariat des Verbands schweizerischer Konsumvereine. Heft 4.

Platter, J.: Genossenschaftliche Selbsthilfe. 4.Aufl. Zurich 1908. = Genossenschaftliche Volksbibliothek. 4.

— sociale Studien in der Bukowina. 1. Thl. A. u. d. T.: Der Wucher. gr. 8. (54 S.) Ebend. 878. n. 1. 20

Platter, Julius: Der Wucher in der Bukowina. Jena: Fischer 1878. (Soziale Studien in der Bukowina. I.)

— Der Wucher in der Bukowina. 1. u. 2. Aufl. 8°. Jena 1878.

Platter, Norbert. Über Erosionen der Magenschleimhaut. Diss. Med. Univ. Zürich. *Kopftitel:* Aus Prof. Dr. [Theodor] Rosenheim's Poliklinik für Magen- und Darmkrankheiten (Berlin). 50 S. 8. Roitzsch, Buchdr. Roitzsch, 1901.

Platters, Thomas, merkwürdige Lebensgeschichte. Eine Erzählung für Christenkinder, vom Verfasser des „armen Heinrich." Mit Holzschnitten. 12. Stuttgart 838. Steinkopf. ⅓ ℳ

Platter's, Thomas, merkwürdige Lebensgeschichte. Eine Erzählung für Christenkinder v. Verf. des „Armen Heinrich ꝛc." (C. G. Barth). 2. Aufl. Mit Abbildungen (in Holzschn.) 12. (136 S.) Stuttgart 851, J. F. Steinkopf. n. ⅙ ℳ

Platters, Thomas, merkwürdige Lebensgeschichte. Eine Erzählung für Christenkinder. Vom Verf. des „armen Heinrich" (C. G. Barth). 3. Aufl. Mit Abbildgn. (in eingedr. Holzschn. u. auf 1 Holzschntaf.) Stuttgart 869. J. F. Steinkopf. 16. (120 S.) 5 ngr.

Platter, Thomas *I.* und Platter, Felix. Th' P' und F' P', zwei Autobiographieen. Ein Beitrag zur Sittengeschichte des XVI. Jahrhunderts, hrg. von Dr. D[aniel] A[lbert] Fechter.... 8. Basel 1840.
Vgl. Fechter, D. A.

Platter's, Th., Briefe an seinen Sohn Felix. Hrsg. v. A. Burckhardt. gr. 8. (VI, 106 S.) Basel 890. [Detloff.] Reich. n. 2. 50

Platter, Th.: Leben. Hrsg. v. H. Düntzer. Stuttgart 1881. 192 S. (Collection Spemann.)

Platter, Thomas *I.* Th' Platters Leben. ([Mit] Anhang:... Aus Felix Platters eigner Lebensbeschreibung....) Hrg. von Heinrich Düntzer. 8. Stuttgart [1882].
Collection Spemann. (Deutsche Hand- und Hausbibliothek. [Band 18.])

Platter's, Thomas, Leben, hrsg. von H. Düntzer, s. a. Collection Spemann.

Platter, Thomas u. Felix, zwei Lebensbilder aus der Zeit der Reformation u. Renaissance, von ihnen selbst entworfen. Aus dem Schweizerdeutschen für die Gegenwart übertragen von J. K. Rud. Heman. Mit Bildnissen, Facsms. u. Wappen. 2 Tle. in 1 Bd. 12. (XIV, 182 u. IX, 345 S. m. 1 Tab.) Gütersloh 882. Bertelsmann. n. 5. 40

Platter's, Thom Selbstbiographie, hrsg. v. Bruno Stehle, s.: Diesterweg's deutsche Schulausgaben. 18. Bd.

Platter, Thomas *I.* und Platter, Felix. Th' und F' P'. Zur Sittengeschichte des XVI. Jahrhunderts. [Autobiographien] Bearb. von Heinrich Boos. 8. Leipzig 1878.

Platter, Thomas und Felix, s. a. Boos, H.

Platter, Thomas *I.* Vom Hirtenbüblein zum Professor. Aus Th' Platters Leben <1499–1582>, von ihm selbst beschrieben. Für jung und alt bearb. von Dr. Gotthold Klee. Mit Bildern [und 1 Porträt-Tafel]. 8. Stuttgart 1898.
(Deutsche Jugend und Volksbibliothek. Bändchen 167.)

Platte River Zeitung: Jahrgang 1–34, no. 22, July 30, 1883—Jan. 11, 1917.
Democratic weekly. Circulation: 1885, 900; 1890, 900; 1898, 1500. Edited by Dr. E. J. F. Burgh, & published by Burgh & Kerlow, 1883–84; edited by L. G. Hahn, & published by Kerlow & Kuen, 1885; edited & published by C. R. Schaefer, 1885–1917.
Fremont, NE

Einhundert Paragraphen über medizinische Dissonanzen auf der grossen politischen Baßgeige. ([Verf.:] Michael Kasimirus Plattfuß.) (3d 1.) Frankfurt 1786. 8°
(Bd 1:) 1786.

Platthy, Matth., Primordia Sanctae Catholicae et Apostolicae ecclesiae. Fol. Ofen 790. Typogr. 4 ℳ

Platthy, Matth., Primordia Sanctae Catholicae et Apostolicae Ecclesiae. fol. Budae, Typ. 791.

[F.] Barmherzigkeit für die armen Seelen! Betrachtgn über die leidende Kirche im Fegefeuer. Gebete u. Andachtsübgn ihr zu Hilfe u. Trost. Von Plattner Antonius P. M. farb. Titelb. u. 6 Ill. . . . *M. Gladbach: B. Kühlen 1898.* (100 S., 1 Taf.) 1 Bd 8. (98. 12499)

Herbergsuchen und Heilige Nacht. Ein sociales Weihnachtsspiel in 5 Scenen (bes. f. kath. Vereine) verf. von Anton Plattner. Vierstimmiger Chor (Ehre sei Gott in der Höhe!) komp. von P. Benedict Bertignol, O. Pr. 2. Aufl. *Paderborn: J. Esser [1902].* (45 S.) 8° [F.]
= Sammlung, J. Esser's, leicht aufführb. Theaterstücke. H. 79. (02. 14744)

Plattner, Ant., Herbergsuchen u. hl. Nacht, s. a. Esser's, J., Sammlung leicht aufführbarer Theaterstücke.

(F) Plattner, A., Neue Mannschaft fürs alte Narrenschiff. [Moser'sche Sammlung zeitgemässer Broschüren. Heft 12.] 16°. (54 S.) K —.20
Graz: Moser 1902.

— neue Mannschaft fürs alte Narrenschiff, od. neuzeitliche Verirrgn. u. Torheiten, s. a. Sammlung, Moser'sche, zeitgemäßer Broschüren. 12.

Plattner, Antonius, St. Antoniusbrot f. d. Armen. E. großes Werk d. Nächstenliebe f. uns. Zeit. Sein Ursprung, s. bisher. Geschichte u. soziale Bedeutg., geschild. M. 1 (farb.) Titelbilde u. 7 Illustr. 16. (95 S.) M.-Gladbach 898. B. Kühlen. —30; geb. —50

— aus „Schimpf u. Ernst", s.: Bault, Johs.

— lustigste Streiche Till Eulenspiegels u. Münchhausens Landabenteuer. Mit 20 Bildern v. J. Göhry. 8. (112 S.) Graz 901. (Styria.) n.n. —35

— die katholische Universität in Salzburg, e. Sache des katholischen Volkes, s.: Broschüren, zwanglose. IV.

Plattner, Anton, pract. Arzt in Bad Alvaneu, Kanton Graubünden (Schweiz) [von Untervatz, Kt. Graubünden]: Wesen und Ursache der Alopecia areata. Chur Gebr. Casanova Dr. 1890. 130 u. 10 S. 8°.
Zürich, Med. Diss. [v. 1. Mai 1890].

Plattner, Chrysanthus, s.a. Platner, Chrysanthus.

Plattner, Chrysanth., Clavis verborum Domini sacram illius Scripturam quadrupliciter aperiens h. e. grammatica sacra, rhetorica sacra, logica sacra et arithmetica sacra. Wien, Trattner, 1766, 4°.

Plattner, Chrysanthus, Polyonymia divina seu dissertatio de nominibus Dei Hebraicis. Augsburg, 1764.

Plattner, Ernst [aus Reigoldswil, Baselland]: Synthese eines beizenziehenden Tetraoxyflavons. Bern 1903. 32 S. 8°. [16. I. 03.]
Bern. Phil. Diss. 1903/1904.

Plattner, Ernst. Synthese eines beizenziehenden Tetraoxyflavons. Diss. Phil. Bern. 32 S. 8. Bern, Gottfr. Iseli, 1903.

Plattner, Frz., grundsätzliche Gesichtspunkte f. die Reform u. den Ausbau der Arbeiter-Versicherung in Österreich. Ein Beitrag zur Lösg. der Reformfrage. Zusammengest. an d. Hand des v. d. k. k. Ministerium d. Innern hrsg. Programmes auf Grund d. Beschlüsse des Vorstandes der Arbeiter-Unfallversicherungs-Anstalt f. Oberösterreich, Salzburg, Tirol u. Vorarlberg in Salzburg. Im Auftrage des Vorstandes ausgearb. (Gutachten der Arbeiter-Unfallversicherungs-Anstalt in Salzburg.) (72 S.) 31×23 cm. Salzburg 906. (H. Dieter.) 1.70

Plattner, Henry, Henzi, ein Trauerspiel in 5 Akten. 16. (VII und 189 S.) Birsfelden 847. (Basel, Fischer.)

Plattner, J., auf nach Wien! Schwank in 4 Akten. (54 S.) kl. 8. Hermannstadt (910). W. Krafft. —35
Sonderabdruck aus: „Neuer Volkskalender".

— Führer auf der Stolzenburg. (12 S. m. 2 Abb.) 8. Schäßburg 908. (Hermannstadt, W. Krafft.) nn —20
Sonderabdruck aus: „Schäßburger Zeitg."

Plattner, J., die Müssigen od.: Wer ist der Pfiffigste? Volksstück in 4 Akten. (59 S.) kl. 8. Hermannstadt (909.) W. Krafft. —45
Sonderabdruck aus: „Neuer Volkskalender".

Plattner, Joh. Private und politische Bedeutung des Götterkultus bei den Römern. 50, 47 SS. **Progr.** *Siebenbürgisch-Regen* 1884. 1885.

Plattner, Johann Lateinische Schulsyntax. Erster Teil: Kasussyntax. (Umschlagtitel: Lateinische Sch.). 4 (46 S.). (Fortsetzung) 4 (31 S.).
Ev. G. A. B. u. damit verbund. Rsch. u. ev. Elementarsch.
Progr. *Hermannstadt* 1891. 1892.

Plattner, Carl Friedr., Beantwortung der Frage: Ist anzunehmen, daß, nach Herstellung einer Eisenbahn von Dresden nach Tharand, Freiberg und Chemnitz nach Zwickau, in der Freiberger Gegend die Zwickauer Steinkohlen und Koaks diejenigen des Plauenschen Grundes verdrängen werden? Freiberg 854. Engelhardt. gr. 8. (24 S.) 5 ngr.

Plattner, Carl Friedr., Beitrag zur Erweiterung der Probirkunst durch ein systematisches Verfahren bei Ausmittelung eines in Erzen, Hütten- und Kunst-Producten befindl. Gehaltes an Kobalt, Nickel, Kupfer und Blei oder Wismuth auf trocknem Wege. 8. (XIV und 106 S. mit eingedr. Holzschn.) Freiberg 849, Engelhardt. *

Plattner, Karl Fr., die Probirkunst mit dem Löthrohre, oder Anleitung, Mineralien, Erze, Hüttenproducte u. verschied. Metallverbindungen vor dem Löthrohre, mit theilweiser Anwendung des nassen Weges, qualitativ fast auf alle Bestandtheile, und quantitativ auf Silber, Gold, Kupfer, Blei u. Zinn in kurzer Zeit zu untersuchen. Mit 3 Kpfrtaf. gr. 8. Leipzig 835. Barth. 2 ℳ

— die Probirkunst mit dem Löthrohre, oder Anleitung Mineralien, Erze, Hüttenproducte u. verschied. Metallverbindungen mit Hülfe des Löthrohrs qualitativ auf ihre sämmtl. Bestandtheile u. quantitativ auf Silber, Gold, Kupfer, Blei, Zinn, Nickel, Kobalt u. Eisen zu untersuchen. 2. ganz umgearb. u. verm. Aufl. mit 77 eingedr. Holzschn. gr. 8. (XX u. 652 S.) Leipzig 847, Barth. 3½ ℳ

— die Probirkunst mit dem Löthrohre oder Anleitung: Mineralien, Erze, Hüttenprodukte und verschiedene Metallverbindungen mit Hülfe d. Löthrohrs qualitativ auf ihre sämmtlichen Bestandtheile und quantitativ auf Silber, Gold, Kupfer, Blei etc. zu untersuchen. 3. grösstentheils umgearb. u. verb. Aufl. Mit 78 in den Text eingedr. Holzschn. Leipzig 853. Barth. gr. 8. (XXII, 716 S.) n. 4 ℳ.

Plattner's, Carl Friedr., Probirkunst mit dem Löthrohre oder vollständ. Anleitung zu qualitativen und quantitativen Löthrohr-Untersuchungen. 4. Aufl. neu bearb. und verm. von Thdr. Richter. 2 Lfgn. gr. 8. (XVI und 681 S. mit 86 in den Text eingedr. Holzschn. und 1 Stndrtaf. in gr. 4.) Leipzig 865, J. A. Barth. à Lfg. * 1 Thlr. 18 Ngr. *

Plattner's, Carl Friedr., Probirkunst mit dem Löthrohre oder vollständige Anleitung zu qualitativen und quantitativen Löthrohr-Untersuchungen. 5. Aufl., neu bearb. und verm. von Th. Richter. Mit in den Text eingedr. Holzschn. 3 Lfgn. gr. 8. Leipzig, Barth. [1. Lfg. (S. 1—144.) 877. * ℳ 2,80.; 2. Lfg. (S. 145—288.) 877. * ℳ 2,80.; 3. Lfg. (XIV, S. 289—664.) 878. * ℳ 6,40. *

Plattner's, Carl Frdr., Probirkunst m. d. Löthrohre. E. vollständ. Anleitg. zu qualitativen u. quantitativen Löthrohr-Untersuchgn. 4. u. 5. Aufl., hrsg. v. Thdr. Richter. 6. Aufl., bearb. v. Frdr. Kolbeck. gr. 8. (XVI, 488 S.) Leipzig 897. J. A. Barth. n. 10. —; geb. in Leinw. n. 11. —

Carl Friedrich **Plattners** Probierkunst mit dem Lötrohre. Eine vollständ. Anleitung zu qualitativen u. quantitativen Lötrohr-Untersuchungen. Bearb. von Dr. Friedrich Kolbeck, Prof. Mit 72 Abb. 7. Aufl. Leipzig: J. A. Barth 1907. (XVI, 515 S.) 8° [07. 12431

Plattner, Carl Friedr., die metallurgischen Röstprozesse theoretisch betrachtet. gr. 8. (XIX und 380 S. mit in den Text eingedr. Holzschn.) Freiberg 856, Engelhardt. *

Plattner, Carl Friedr., Vorlesungen über allgemeine Hüttenkunde. Nach dem hinterlassenen Mscr. hrsg. und vervollständigt von Thdr. Richter. (In ca. 5 Lfgn.) 1. Bd. 2 Lfgn. gr. 8. (XV und 288 S. mit 102 in den Text gedr. Holzschn.) Freiberg 859,60, Engelhardt. à Lfg. * 1 Thlr. Thlr. *

—— dass. — 2. Bd. 1. Lfg. gr. 8. (S. 1—176 mit 26 in den Text gedr. Holzschn.) Ebendas. 861. *

Plattner, Carl Friedr., Vorlesungen über allgemeine Hüttenkunde. Nach dem hinterlass. Mscr. hrsg. und vervollständigt von Thdr. Richter. 2. Bd. 2. Lfg. gr. 8. (XV und S. 177—367 mit 22 in den Text eingedr. Holzschn.) Freiberg 863. [Leipzig, Felix.] *

1. Bd. und 2. Bd. 1. Lfg. [Ebendas.] 1859—61. * 3 Thlr. 4 Ngr.

Plattner, Maurus, O. S. B., des göttl. Herzens Bundestreue. Predigten, geh. in d. Stiftskirche zu Wilten anläßlich der Herz-Jesu-Novene 12.—20. VI. 1909. Eine Jubelgabe für's Jahr 1909. (VII, 99 S. m. Titelbild.) 8. Innsbruck 909. F. Rauch. 1. —

-- Gotteslob. Predigten auf die Feste d. Herrn. (XIII, 434 S.) gr. 8. Freiburg i/B. 909. Herder. 5.40; geb. 6.60

Plattner, Maurus, O. S. B., Maria, der Typus der Kirche. Eine Erinnerg. an das Jubelj. 1904. Predigtzyklus f. die Festoktav d. unbefleckten Empfängnis Mariä. (III, 112 S.) 8. Graz 904. U. Moser. n. 1. 20

— Marienpreis. Predigten für die Muttergottesfeste. (XI, 491 S.) gr. 8. Ebd. 905. n. 4. 50

- der Unbefleckten Ruhmeskranz. Eine Jubelgabe f. das 50. Jahr seit der Definition des Glaubenssatzes v. der unbefleckten Empfängnis Mariä. Predigtzyklus. (VI, 170 S.) gr. 8. Ebd. 904. n. 1. 80

. **Plattner**, Patritius: Einiges über Leben und dichterische Tätigkeit des Magnus Felix Ennodius, Bischofs von Pavia. S. 3 bis 32. 8. Progr K. k. Gymn. *Brixen* 1910.

Plattner, Philipp

— Anthologie des écoles. Sammlung franz. Gedichte f. die Schule in 3 Tln., m. erklär. Anmerkgn. hrsg. 12. Ebd. 890. geb. n. 2. 30; in 1 Bd. geb. n. 2. —
1. Untere Klassen. (IV, 112 S.) n. — 70. — 2. Mittlere Klassen. (112 S.) n. — 80. — 3. Obere Klassen. (112 S.) n. — 80.

Plattner, Ph., Anthologie des écoles. Sammlung französ. Gedichte f. die Schule, in 3 Tln. m. erklär. Anmerkgn. hrsg. II. Tl.: Mittlere Klassen. 2. unveränd. Aufl. (112 S.) kl. 8. Karlsruhe 905. Freiburg i/B., J. Bielefeld. Geb. in Leinw. n. — 80

Plattner, P., französisches Elementarbuch. Uebersetzung der in den Uebgn. enthaltenen Stücke. Als Schlüssel f. die Hand d. Lehrers, nebst e. Anleitg. zum Gebrauch d. Elementarbuchs u. e. Reihe leichter Uebungssätze. gr. 8. (54 S.) Karlsruhe 884. Bielefeld's Verl. n.n. 1. 50

— Elementarbuch der französischen Sprache. gr. 8. (VIII, 223 S.) Karlsruhe 884. Bielefeld's Verl. n. 1. 25

— Elementarbuch der französischen Sprache. 2., verb. Aufl. gr. 8. (VIII, 244 S.) Ebd. 887. n. 1. 50

— Elementarbuch der französischen Sprache. 3., verm. Aufl. gr. 8. (VIII, 264 S.) Ebd. 892. n. 1. 80; geb. n.n. 2. 15

Plattner, Ph., Elementarbuch d. französ. Sprache. 4., unveränd. Aufl. gr. 8. (VIII, 264 S.) Karlsruhe 896. J. Bielefeld's Verl. n. 1. 80; geb. in Leinw. n.n. 2. 15

— Elementarbuch der französischen Sprache. 5. unveränd. Aufl. gr. 8. (VII, 264 S.) Ebd. 899. Geb. in Leinw. n.n. 2. 15

-- Elementarbuch der französischen Sprache. 6. unveränd. Aufl. (VIII, 264 S.) gr. 8. Ebd. 902. Geb. in Leinw. n. 2. 20

— Erläuterungen z. Elementarbuch u. z. kurz gefaßten Schulgrammatik d. französ. Sprache. E. Schlüssel f. d. Hand d. Lehrers. gr. 8. (XX, 68 S.) Ebd. 896. n.n. 3. —
Wird nur an Lehrer abgegeben.

Formenbildung und Formenwechsel des französischen Verbums. Regelmäßiges u. unregelm., unvollständ., unpersönl. u. reflexives Verbum, trans., intrans. u. absol. Gebr., Rektion. Von Ph[ilipp] **Plattner**. Karlsruhe: A. Bielefeld 1902. (221 S.) 8° [F.]
= **Plattner**: Ausführl. Grammatik d. franz. Sprache. T. 2, H. 2. [05. 8667

Plattner, Ph. [Dirig.]: Unsere Fremdwörter vom Standpunkte des französischen Unterrichts betrachtet. Strassburg i. E., Buchdr. M. Du Mont-Schauberg, 1889; 84 S. 4°
Wasselnheim i. E., R, P 1889 (504)

— unsere Fremdwörter, vom Standpunkte d. französ. Unterrichts betrachtet. 4. (34 S.) Strassburg i/E. 889. (Leipzig, Fock.) n. 1. —

Ausführliche Grammatik der französischen Sprache. Eine Darstellung d. modernen franz. Sprachgebrauchs mit Berücks. d. Volkssprache. Von Ph[ilipp] **Plattner**. T. 1–5. Karlsruhe (3, 2. 4. 5: Freiburg ⟨Baden⟩): J. Bielefeld 1899–1908. 8 Bde 8° [F.]
1 = Grammatik d. franz. Sprache f. d. Unterr. 1899.
2–4. Ergänzungen. 2, H. 1 = Wörterbuch d. Schwierigkeiten d. franz. Aussprache u. Rechtschreibung, mit phonet. Bezeichn. d. Aussprache. 1900.
H. 2 = Formenbildung u. Formenwechsel d. franz. Verbums. 1902.
H. 3 = Das Verbum in syntakt. Hinsicht. 1906.
3, H. 1 = Das Nomen u. d. Gebrauch d. Artikels in d. franz. Sprache. 1905.
H. 2 = Das Pronomen u. d. Zahlwörter. 1907.
4 = Präpositionen u. Adverbien mit Einschl. d. Negation, sowie Syntax d. Adjektivs. 1907.
5 [Reg.Bd.] = Grammatisches Lexikon d. französ. Sprache. 1908. [08. 670

— ausführl. Grammatik d. französ. Sprache. E. Darstellg. d. modernen französ. Sprachgebrauchs m. Berücksicht. der Volkssprache. I. Tl.: Grammatik der französ. Sprache f. d. Unterricht. gr. 8. (XV, 464 S.) Ebd. 899. n. 4. 80; geb. n. 5. 20

Plattner, Ph., ausführl. **Grammatik** der franz. Sprache. Eine Darstellg. des modernen französ. Sprachgebrauchs m. Berücksicht. der Volkssprache. II. Tl.: Ergänzungen. 1. u. 2. Hft. gr. 8. Karlsruhe 900. J. Bielefeld. n. 5. 60; geb. n. 6. 40
1. Wörterbuch der Schwierigkeiten der französ. Aussprache u. Rechtschreibg., m. phonet. Bezeichng. der Aussprache. (147 S.) 900. n. 2. 40; geb. n. 2. 80
2. Formenbildung u. Formenwechsel des französ. Verbums. Regelmäßiges u. unregelmäß., unvollständ., unpersönl. u. reflexives Verbum, transitiver, intransitiver u. absoluter Gebrauch. Rektion. (222 S.) 902. n. 3. 20; geb. n. 3. 60

— ausführliche **Grammatik** der französischen Sprache. Eine Darstellg. des modernen französ. Sprachgebrauchs m. Berücksicht. der Volkssprache. II. Tl.: Ergänzungen. 3. Heft u. III. Tl.: Ergänzungen. 1. u. 2. Heft. gr. 8. Ebd. n. 9. 40; geb. n. 10. 60
II. 3. Das Verbum in syntakt. Hinsicht. Satzbau u. Inversion, Konkordanz, Tempus- u. Modusgebrauch, Infinitiv, Partizipien, Akkusativ m. d. Infinitiv. (155 S.) 906. n. 2. 60; geb. n. 3. —
III. 1. Das Nomen u. der Gebrauch des Artikels in der französ. Sprache. (231 S.) 905. n. 3. 60; geb. n. 4. —
2. Das Pronomen u. die Zahlwörter. (210 S.) Freiburg 907. n. 3. 20; geb. n. 3. 60

— Ausführliche **Grammatik** der französischen Sprache. Eine Darstellg. des modernen französ. Sprachgebrauchs m. Berücksicht. der Volkssprache. I., IV. u. V. Tl. 8. Ebd. 23.10; geb. in Leinw. 25.— (Vollst. zusammenbezogen: 25.—; in 4 Leinw.-Bdn. 27.—; m. Übungsb., geb. 29.—)
I. Grammatik der französ. Sprache f. den Unterricht. 2. Aufl. (XV, 464 S.) 907. 6.—; geb. 6. 50
IV. Ergänzungen. Präpositionen u. Adverbien m. Einschluß der Negation, sowie Syntax des Adjektivs. (276 S.) 907. 4.60; geb. 5. —
V. Registerbd. Grammatisches Lexikon der französ. Sprache. (VII, 542 S.) 908. 12.50; geb. 13. 50

Grammatik der französischen Sprache für den Unterricht. Von Ph[ilipp] **Plattner**. Karlsruhe: J. Bielefeld 1899. (xv, 464 S.) 8° [F.]
= **Plattner**: Ausführl. Grammatik d. franz. Sprache. T. 1. [07. 5557

Grammatik der französischen Sprache für den Unterricht. Von Ph[ilipp] **Plattner**. 2. Aufl. Freiburg (Baden): J. Bielefeld 1907. (xv, 464 S.) 8° [F.]
= **Plattner**: Ausführl. Grammatik d. franz. Sprache. T. 1. [07. 5581 0

— et Jacques **Heaumier**, lectures choisies. Sujets faciles à reproduire, récits, esquisses, nouvelles, traits historiques, analyses et tableaux littéraires, causeries scientifiques. Avec annotation allemande. 1.—3. cours. 1. livr. 12. (95, 86 u. IV, 80 S.) Ebd. 896. Kart. à n. — 50

Plattner, *Philipp* [Dir.]: Zur Lehre vom Artikel im Französischen. Berlin, R. Gaertner, 1897; 31 S. 4.
Berlin, Vierte St. R '(HB)', OP 1897 (119)

—— Lehrgang der französischen Sprache für lateinlose Knabenschulen und für Mädchenschulen. 1. Tl. gr. 8. (VIII, 282 S.) Ebendas. 887. * 2 40
2. Tl. u. d. T.:
—— Lehrgang der französischen Sprache für Knaben- und Mädchenschulen. 2. Tl. gr. 8. (VIII, 396 S.) Ebendas. 888. * 3 50

— Lehrgang der französischen Sprache. 2 Tle. gr. 8. Ebd. 894. n. 5. 90; geb. n.n. 6. 60
1. 6. unveränd. Aufl. (VIII, 288 S.) n. 2. 40; geb. n.n. 2. 75
2. 3. Aufl. (VIII, 395 S.) n. 3. 50; geb. n.n. 3. 85

— Lehrgang d. französ. Sprache. 1. Tl. 11., unveränd. Aufl. gr. 8. (VIII, 304 S.) Karlsruhe 898. J. Bielefeld's Verl. n. 2. 40; geb. n. 2. 75

— Lehrgang der französischen Sprache. 1. u. 2. Tl. gr. 8. Ebd. Geb. in Leinw. n. 6. 80
1. 15. unveränd. Aufl. (VIII, 304 S.) 902. n. 2. 80
2. 6. unveränd. Aufl. (VIII, 422 S.) 901. n. 4. —

Plattner, Ph., Lehrgang der französischen Sprache. 1. Tl. 17. unveränd. Aufl. (VIII, 304 S.) 8. Karlsruhe 905. Freiburg i/B., J. Bielefeld. Geb. n. 2. 80

— Lehrgang der französ. Sprache. I. Tl. 18. unveränd. Aufl. (VIII, 304 S.) 8. Ebd. 907. Geb. 2. 80

Plattner, Ph., Anleitung zum Gebrauch des Lehrgangs der französischen Sprache. Zugleich als Schlüssel f. die Hand des Lehrers. gr. 8. (82 S.) Karlsruhe 888. J. Bielefeld's Verl. n.n. 3. —

Plattner, Ph., Anleitung zum Gebrauch des Lehrgangs der französisch. Sprache. Zugleich als Schlüssel f. die Hand des Lehrers. 3. Aufl. gr. 8. (108 S.) Karlsruhe 899. J. Bielefeld. n.n. 3. —
Wird nur a. Lehrer geliefert.

Plattner, Ph., Anleitung z. Gebrauch des Lehrgangs d. französischen Sprache. Zugleich als Schlüssel f. d. Hand des Lehrers. 4. Aufl. (110 S.) 8. Freiburg i/B. 909. J. Bielefeld. nn 3. —
Wird nur an Lehrer abgegeben.

Plattner, Phpp., Bemerkungen zum Gebrauch des Lehrgangs der französischen Sprache. Erweit. Abdr. gr. 8. (9 S.) Karlsruhe 894. J. Bielefeld's Verl. Gratis.

— Leitfaden der französischen Sprache. 1. u. 2. Tl. 8. Ebd. Geb. in Leinw. n. 5. 40
1. (VI, 288 S.) 903. 2. 40. — 2. (IV, 316 S.) 904. 3. —.

— Uebersetzung d. im Leitfaden d. französischen Sprache Teil I u. II. enthaltenen Stücke. Als Schlüssel für die Hand des Lehrers. (69 S.) 8. Ebd. 905. n.n. 3. —
Wird nur an Lehrer abgegeben.

Grammatisches Lexikon der französischen Sprache. Von Ph[ilipp] **Plattner**. Freiburg (Baden): J. Bielefeld 1908. (VII, 542 S.) 8° [F.]
= **Plattner**: Ausführl. Grammatik d. franz. Sprache. T. 5. [08. 877

Das Nomen und der Gebrauch des Artikels in der französischen Sprache. Von Ph[ilipp] **Plattner**. Karlsruhe: A. Bielefeld 1905. (231 S.) 8° [F.]
= **Plattner**: Ausführl. Grammatik d. franz. Sprache. T. 3, H. 1. [05. 8668

Plattner, Ph[ilipp]: Paris et autour de Paris. IIe Partie. 32 S. 4. IIIe Partie. 14 S. 4.
Vierte Städt. Realschule (Höh. Bürgerschule) *Berlin* 1901 (120).
Progr. 1902 (126).
I erschien 1900 bei *F. A. Perthes* in *Gotha* als Nr. 25 der Schulausgaben engl. u. frz. Schriftsteller. Die obigen Programme bilden dazu einen Kommentar.

— **Paris et autour de Paris.** II. et III. partie. Progr. 4. (32 u. 14 S.) Berlin 901. 902. [R. Gaertner.] Weidmann. à n. 1. —

— dasselbe, s. a. **Perthes' Schulausgaben** engl. u. französ. Schriftsteller.

Präpositionen und Adverbien mit Einschluss der Negation, sowie Syntax d. Adjektivs. Von Ph[ilipp] **Plattner**. Freiburg (Baden): J. Bielefeld 1907. (286 S.) 8° [F.]
= **Plattner**: Ausführl. Grammatik d. franz. Sprache. T. 4. Erg. [07. 5089 6

Das Pronomen und die Zahlwörter. Von Ph[ilipp] **Plattner**. Freiburg (Baden): J. Bielefeld 1907. (210 S.) 8° [F.]
= **Plattner**: Ausführl. Grammatik d. franz. Sprache. T. 3, H. 2. [07. 519

[F.] **Plattner**, Ph*ilipp* [Dir.]: **Französische** Schülergrammatik für die ersten Unterrichtsjahre. Ein Versuch den Schüler zu befähigen, seine Gramm. sich selbst zusammenzustellen. Strassburg, Druck v. M. DuMont-Schauberg, 1891; 5 S., 4 Tab. 4°
Wasselnheim i. E., R, MP 1891 (526)

Plattner, Ph., französische Schulgrammatik. gr. 8. (VI, 322 S.) Karlsruhe 883. Bielefeld's Verl. n. 2. —

— französische Schulgrammatik. 2. Aufl. gr. 8. (XI, 346 S.) Ebd. 887. n. 2. 50

Plattner, Phil. Zur französischen Schulgrammatik. 35 S.
Progr. Rg. *Wiesbaden* 1879.

— kurzgefaßte Schulgrammatik der französischen Sprache. Mit e. Lese- u. Übungsbuch in zusammenhäng. Lesestücken, Umbildgn. u. Übersetzungsaufgaben gr. 8. (VI, 392 S.) Ebd. 894. n. 3. 60; geb. n.n. 3. 95

— kurzgef. Schulgrammatik d. französ. Sprache. M. e. Lese- u. Uebungsbuch in zusammenhäng. Lesestücken, Umbildgn. u. Uebersetzungsaufgaben. 2., unveränd. Aufl. gr. 8. (VI, 392 S.) Ebd. 898. n. 3. 60; geb. n.n. 3. 95

— kurzgefaßte Schulgrammatik der französischen Sprache. Mit e. Lese- u. Uebungsbuch in zusammenhäng. Lesestücken, Umbildgn. u. Übersetzungsaufgaben. 3. unveränd. Aufl. gr. 8. (VI, 392 S.) Karlsruhe 900. J. Bielefeld. Geb. in Leinw. n. 4. —

— kurzgefaßte Schulgrammatik d. französischen Sprache. Mit e. Lese- u. Uebungsbuch in zusammenhäng. Lesestücken, Umbildgn. u. Uebersetzungsaufgaben. 4., unveränd. Aufl. (VIII, 397 S.) gr. 8. Ebd. 903. Geb. in Leinw. n. 4. —

— Kurzgefaßte Schulgrammatik der französ. Sprache. Mit e. Lese- u. Übungsbuch in zusammenhäng. Lesestücken, Umbildgn. u. Übersetzungsaufgaben. 5. unveränd. Aufl. (VIII, 397 S.) 8. Ebd. 909. Geb. 4. —

Plattner, Philipp [Dir.]: Spécimen d'un Dictionnaire de la prononciation française. Berlin, R. Gaertner, 1894; 21—31 S. 4.
Berlin, Vierte St. R '(HB)', OP 1894 (119)

Plattner, Philipp [Dir.]: Spécimen d'un Dictionnaire de la prononciation française. IIe Partie. [Forts. d. P-Beil. 1894.] Berlin, R. Gaertner, 1895; 18 S. 4.
Berlin, Vierte St. R '(HB)', OP 1895 (120)

— spécimen d'un dictionnaire de la prononciation française, s. Keesebiter, Osk., zur Hygieine unserer Jugend in Schule u. Haus.

— französische Stilschule. Ausgewählte Abschnitte aus Schiller's Geschichte d. dreißigjähr. Kriegs, m. ausführl. Bemerkgn. f. die Übertragg. in das Französische u. e. vergleich. Zusammenstellg. verschiedener Übersetzgn. bearb. 12. (IV, 213 S.) Ebd. 891. geb. n. 2. —

Plattner, (Philipp) [Dirigent]: Alphabetische Uebersicht über sämtliche Schüler, welche der Realschule seit Gründung derselben angehört haben . . . Straßburg, Druck v. M. DuMont-Schauberg, 1890; S. 13–23; 4°
Wasselnheim i. E., R, MP 1890

— Uebungsbuch zur französischen Grammatik im Anschluß an d. Verf. „Kurzgefaßte Schulgrammatik" u. „Ausführliche Grammatik" sowie an andere Lehrbücher der französischen Sprache. 3. verm. u. verb. Aufl. (IV, 240 S.) 8. Ebd. 904. Geb. in Leinw. n. 2. 25

— Uebersetzung der im Uebungsbuch zur französischen Grammatik enthaltenen Stücke. Als Schlüssel für die Hand des Lehrers. (101 S.) 8. Ebd. 905. n.n. 3. —
Wird nur an Lehrer abgegeben.

— Uebungsbuch zur französischen Schulgrammatik. gr. 8. (IV, 211 S.) Ebend. 883. n. 1. 20

— Ubungsbuch zur französischen Schulgrammatik. 2. Aufl. gr. 8. (IV, 211 S.) Ebd. 888. n. 1. 20

— Uebersetzung der im Uebungsbuch zur französischen Schulgrammatik enthaltenen Stücke. Als Schlüssel f. die Hand d. Lehrers. gr. 8. (86 S.) Ebend. 883. n.n. 1. 50

Plattner, Philipp u. J. Heaumier

— — französisches Unterrichtswerk. I. Tl. 2 Hfte., u. II. Thl. 3 Hfte. gr. 8. Ebd. 897. Geb. n. 5. 80
I. 1. Grammatik d. französ. Sprache, im Anschluß an d. neuen Lehrpläne bearb. 1. Hft. Formenlehre in tabellar. Übersicht. (VII, 104 S.) n. — 90
2. Dasselbe. 2. Hft. Syntax. (104 S.) n. 1. —
II. 1. Lese- u. Übungsbuch der französ. Sprache nach der analyt. Methode m. Benützg. d. natürl. Anschauung. 1. Hft. F. d. beiden ersten Unterrichtsjahre. (152 S.) n. 1. 20
2. Dasselbe. 2. Hft. 3. u. 4. Schulj. (192 S.) n. 1. 50
3. Dasselbe. 3. Hft. F. d. beiden letzten Schuljahre. (111 S.) n. 1. 20

— u. J. **Heaumier**, französisches Unterrichtswerk. 1. Tl. 1. Hft. u. 2. Tl. 1. u. 2. Hft. gr. 8. Ebd. Geb. n. 3. 80
I. 1. Grammatik, im Anschluß an die neuen Lehrpläne bearb. 1. Hft. Formenlehre in tabellar. Übersicht. 2. Aufl. (VII, 104 S.) 900. n. — 95
II. 1. Lese- u. Übungsbuch der französischen Sprache nach der analytischen Methode m. Benützung der natürlichen Anschauung. 1. Hft. Für die beiden ersten Unterrichtsjahre. 2. unveränd. Aufl. (168 S.) 899. n. 1. 25
2. Dasselbe. 2. Hft. 3. u. 4. Schulj. 2. Aufl. (192 S.) 901. n. 1,60

— u. J. **Heaumier,** französisches Unterrichtswerk. Schlüssel. Enth. e. Wiedergabe der Sätze aus den grammat. Uebgn. d. drei Teile, sowie Umformgn. zur Mehrzahl der Lesestücke des ersten u. zweiten Teils zum Gebrauch bei Diktaten, Extemporalien u. Hausaufgaben. Für die Hand des Lehrers. (53 S.) 8. Ebd. 905. n n. 2. 50

— u. J. **Kühne,** Unterrichtswerk der französischen Sprache. Nach der analyt. Methode m. Benutzg. der natürl. Anschaug. im Anschluß an die neuen Lehrpläne bearb. 1. bis 3. Tl. gr. 8. Ebd. Geb. in Leinw. n. 4. 80
1. Grammatik. (III, 152 S.) 904. Geb. n. 1. 50
2. Lese- u. Uebungsbuch f. die zwei bis drei ersten Unterrichtsjahre. (IV, 154 S.) 903. Geb. n. 1. 50
3. Dasselbe, f. das 4.–6. Schulj. (IV, 182 S.) 906. Geb. n. 1. 50

— Untersuchungen üb. Gegenstände der französ. Grammatik als Auskunft üb. gestellte Fragen. 1. u. 2. Hft. 12. (24 u. 26 S.) Karlsruhe 896. 97. J. Bielefeld's Verl. Unentgeltlich.

— **Untersuchungen über Gegenstände der französ. Grammatik. 3. Hft. Questions de prononciation et de prosodie. 12. (25 S.) Ebd. 900. Unentgeltlich.**

Das Verbum in syntaktischer Hinsicht. Satzbau u. Inversion, Konkordanz, Tempus- u. Modusgebrauch, Infinitiv, Partizipien, Akkusativ mit d. Infinitiv. Von Ph[ilipp] **Plattner**. Karlsruhe: J. Bielefeld 1906. (155 S.) 8° [F.]
— **Plattner**: Ausführl. Grammatik d. franz. Sprache. T. 2, H. 3. [06. 8426

— Vorstufe f. das Elementarbuch der französischen Sprache. gr. 8. (32 S.) Ebend. 885. cart. n. — 30

— Vorstufe f. das Elementarbuch der französischen Sprache. 2. Aufl. gr. 8. (32 S.) Ebd. 888. cart. n. — 30

— Vorstufe f. das Elementarbuch der französischen Sprache. 3. Aufl. gr. 8. (32 S.) Karlsruhe 892. J. Bielefeld's Verl. n. — 30

— Vorstufe für das Elementarbuch der französischen Sprache. 4. unveränd. Aufl. gr. 8. (32 S.) Ebd. 900. Kart. n. — 30

Wörterbuch der Schwierigkeiten der französischen Aussprache und Rechtschreibung, mit phonet. Bezeichnung d. Aussprache. Von P[hilipp] Plattner. Karlsruhe: A. Bielefeld 1900. (147 S.) 8° [F.]
= Plattner: Ausführl. Grammatik d. franz. Sprache. T. 2, H. 1.

Plattner, Placid, Aus den rhätischen Alpen. Dichtungen. Einsiedeln 859. Gebr. Benziger. 16. (256 S. u. 1 Stahlst.) 21 ngr.

Plattner, Plazidus, Rink v. Baldenstein. Schauspiel in 5 Akten. 2. (Titel-) Aufl. 8. (IV, 184 S.) Chur 892. J. Rich. n. 1. 80

— Gian Caldar. Drama in 5 acts. Versiun rhätoromanschada J. A. Bühler. gr. 8. (85 S.) Ebd. 887. n. 2.—

Plattner, P., Johann Caldar, s.: Bibliothek vaterländischer Schauspiele.

Plattner, Placidus (Hrsg.), s. Campell, U.: Historia raetica.

—— und Chrn. L. v. Mont, das Hochstift Chur und der Staat, s. Mont, Chrn. L. v.

Plattner, Placide [méd. chir. d'Untervatz (Grisons)]: Contribution à l'étude de la variabilité de l'acidité gastrique et résultats immédiats de la gastro-entérostomie. Fribourg 1899. 107 p. 8°.
Lausanne. Thèse méd. 1899/1900.

Plattner, Placidus, Geschichte des Bergbau's der östlichen Schweiz. gr. 8. (IV, 112 S.) Chur 878. (Kellenberger.) n. 2.—

Plattner, Placidus, d. Lied v. den ersten Eidgenossen. 8. (104 S.) Chur 896. Stehli & Keel. 2. 50; geb. n. 4. 20

Plattner, Pl[acidus]. Der grosse Rath der Stadt Zug. Kulturgeschichtliche Skizze. (Progr.) 4. (Zug 1864.)

Plattner, Pl., die Revision der Bündnerischen Kantonsverfassung. 12 Stn. gr. 8. Chur, Jost & Albin. 1875. —. 30

Plattner, P., Rhätien und seine Bewohner vor der römischen Eroberung. Chur 1867. Progr.

Plattner, Placidus. Von den Rheinquellen. Mit Zeichnungen von G[eorg] Macco (* *Umschlag:* Luftkurort Disentis.... Hôtel zur Krone...). [Umschlag illustriert.] SA. 4. Stuttgart (1894).

— Ulrich Wilard. Schauspiel in 5 Aufzügen. Zürich 864. Schultheß. 8. (122 S.) n. 15 ngr.

Plattner, P., Professor Wixerle, s.: Familien-Bibliothek.

Plattner, Samuel. Rätiens (* *Umschlag:* Graubündens) Alterthümer und Kunstschätze. 8. Chur 1878.

Plattner, Samuel. Guardaval. Am Ende des Jahrh. Eine Historie in Versen. In-12°. 80 S. Chur, Selbstverlag des Verfassers. 1895. 1 —

Plattner, Sam., Guardaval. Am Ende d. Jahrhunderts. E. Historie in Versen. 12. (III, 80 S.) Chur (895). (J. Rich.) n. 1. 20

Plattner, Samuel. Jürg Jenatsch. Historisches Trauerspiel in fünf Akten. 55 S. 8. Davos, Hugo Richter, 1901. [fr. 1. —]

Plattner, Samuel. Rudolf von Ems. Ein rätischer Dichter des 13. Jahrhunderts. Skizze. Beilage zum Jahresberichte der hist.-antiq. Gesellschaft von Graubünden [Jahrg. 1883]. 8. Chur 1885.

Plattner, Sam[uel]. Die freien Walser. Ein Volksbild. [A.] 4. (Bern 1879.)

Plattner, Wilh., d. Entstehg. d. Freistaates der drei Bünde u. s. Verhältnis zur alten Eidgenossenschaft. E. Beitrag zur Staats- u. Rechtsgeschichte d. Kantons Graubünden. 8. (VII, 327 S.) Davos 895. H. Richter. n. 3. 50

Plattner, Wilhelm. Das Verhältniss des Unterengadins und des Münsterthals zur Grafschaft Tirol und die Gebietsbereinigung zwischen letzterer und dem Freistaat der III Bünde. (23. Jahresber. hist.-antiq. Ges. Graubünden.) 8. (Chur 1893.)

Platz, Eliass kom. Abentheuer. 8. Hamb. 798. Vollmer. (Herold jun.)

Platz, Der Kaiserinn, den 19. Juny 1810. [Karlsbad.] V: *Goethe, Joh. Wolfgang von.* (Mn)

Platz, Bericht üb. d. 5. Hauptversamml. d. Provinzialturnlehrerver. d. Prov. Sachsen, 26.—28. 6. 1896 zu Eisleben, 12 S., 8°.

Platz, im Quartier. Manöver, s.: In des Königs Rock.

Platz, A., geographisches Handbüchlein f. Volksschüler. 8. (32 S.) Leipzig 873. Peter's Verl. n.n. — 25

Platz, Anton Wilhelm, s. Plaz

Platz, B[onif.], der Mensch, sein Ursprung, seine Rassen und sein Alter. (13 Hefte.) Lex.-8. (XXVI, 798 Sp. mit ca. 200 Illustr., wovon 30 Vollbilder.) Würzburg 886, Woerl.
Subscr.-Pr. à Heft * 50 Pf.; compl. * 7 —
geb. * 9 —

Platz, B., der Mensch, sein Ursprung, seine Rassen u. sein Alter. Mit ca. 200 Illustr., wovon 30 Vollbilder. (In ca. 20 Hftn.) 1. Hft. Lex.-8. (64 Sp.) Würzburg 886. Woerl. n. — 50

Platz, B., der Mensch, sein Ursprung, seine Rassen u. sein Alter. Mit ca. 200 Illustr., wovon 30 Vollbilder. 2.—13. (Schluß-)Hft. Lex.-8. (XXVI u. Sp. 65—798.) Würzburg 887. Woerl. à n. — 50 (cplt.: n. 7. —; geb. n. 9. —)

Platz, Bonif., Der Mensch, sein Ursprung, seine Rassen und sein Alter. Mit 250 Illustrationen. Würzburg u. Wien, Woerl, 1887—88, Lex.-8°, XXVI. 798 Spalten in 13 Lieferungen,

Platz, Bonif., der Mensch. Sein Ursprung, s. Rassen u. s. Alter. 3., verb. Aufl. gr. 8. (XVII, 476 S. m. 400 Illustr.) Würzburg u. Leipzig 898. L. Woerl. n. 8.—; geb. in Ldr.-Imitation n. 10. —; in Halbfrz. n. 11. —

Platz, Bonif., die Völker der Erde. 54 Hfte. = 5 Bde. Lex.-8. Würzburg, L. Woerl. à Hft. n. — 50; kplt.: n. 27. —; in 5 Bde. geb. n. 37. —; in 2 Bde. geb. n. 30. —
1. Asien. (XVIII, 892 Sp. m. Illustr.) 889. n. 7. —; geb. n. 9. —
2. Australien. (XVIII, 464 Sp. m. Illustr.) 890. n. 4. —; geb. n. 6. —
3. Afrika. (XVIII, 563 Sp. m. Illustr. u. 2 Karten.) 891. n. 5. —; geb. n. 7. —
4. Amerika. (XVIII, 550 Sp. m. Illustr. u. 4 Karten.) 892. n. 5. —; geb. n. 7. —
5. Europa. (XXII, 687 Sp. m. Illustr. u. 6 Karten.) 893. n. 6. —; geb. n. 8. —

Platz, C. (Hrsg.), s. Schleiermacher, Friedrich Dan. Ernst: Pädagog. Schriften.

Platz, C., & Sohn, das Beerenobst der Handelsgärtnerei v. S. P. & Sohn in Erfurt. Umfassendes Special-Verzeichniss der kulturwürdigsten Varietäten der Himbeere, Brombeere, Johannisbeere, Stachelbeere, Erdbeere u. der Weinrebe, nebst e. vollständ. Anleitg., alle diese Beerensträucher zu pflanzen, zu pflegen, zu schneiden, zu treiben. Mit e. Anh.: Anleitg. zur Zucht der bekannten Blumen- u. Gemüse-Pflanzen aus Samen, sowie zur Cultur v. Hyacinthen, Tulpen, Narcissen, Tazetten etc. 2. Aufl. gr. 8. (158 S.) Erfurt 877. (Leipzig, H. Voigt.) n. 2. —

— Rathgeber im Gartenbau. Kurze, aber gemeinverständl. Anleitg. zur zweckmäss. Behandlg. der gangbarsten u. empfehlenswerthesten Gemüse- u. Blumenarten u. deren Heranzucht aus Samen, sowie prakt. Rathschläge f. die Pflege des Obst- u. Ziergartens. Ferner kurze Anweisgn. f. Zimmerpflanzen u. Blumenzwiebelcultur, sowie endlich Vorschläge f. Anlage u. Unterhaltg. v. Hausgärten, Blumengruppen etc. gr. 8. (226 S. m. 15 Fig.) Ebd. 894. n.n. 2. —; geb. in Leinw. n.n. 2. 50

Platz, C., & Sohn, Rathgeber im Gartenbau. Kurze, aber gemeinverständl. Anleitung zur zweckmäss. Behandlg. d. gangbarsten u. empfehlenswerthesten Gemüse- u. Blumenarten u. deren Heranzucht aus Samen, sow. prakt. Rathschläge f. d. Pflege d. Obst- u. Ziergartens. Ferner kurze Anweisgn. f. Zimmerpflanzen u. Blumenzwiebelcultur, sow. endlich Vorschläge f. Anlage u. Unterhaltg. v. Hausgarten, Blumengruppen etc. Neue [Titel-] Ausg. gr. 8. (226 S. m. 15 Fig.) Erfurt (894) 895. (Leipzig, A. Schumann.) Geb. in Leinw. n. 2. 50

Christian Friedrich Platz. Bemerkungen über Horat. Od. I. 28. 32 S.
Wertheim, P 1846

C. F. Platz. Festrede zur Schillerfeier am 10. Oktober im festgeschmückten Lyceumssaal vor den Lehrern, Schülern und Freunden der Schule, im Druck erschienen mit den aus Anlass der Feier in der Stadt Karlsruhe gehaltenen Vorträgen unter dem Titel: Zur Erinnerung an das Schillerfest in Karlsruhe, bei Malsch und Vogel. 1860.
Karlsruhe, P 1860

C. F. Platz. Die Götterverwandlungen. Eine Frage der Homerischen Theologie. 41 S.
Karlsruhe, P 1857

Platz, C. F., Die Götterverwandlungen. Eine Frage der homerischen Theologie. Pr. 1859. 41 S. 1.20

(Herbst.) *Christian Friedrich Platz.* Probe einer Übersetzung des Quintus von Smyrna. VI. und 48 S., mit den Schulnachrichten 68 S. 8°. Wertheim, P 1835

Chr. Fr. Platz. Rede des Kaisers Theodosius an seinen Sohn Honorius, übersetzt aus Claudianus de IV. consulatu Honorii 214—418. 39 S., mit den Schulnachrichten 50 S.
Wertheim, P 1839

Platz, C. F., zur Streitfrage zwischen Staatsrath Bekk u. Frhrn. v. Andlaw. gr. 8. (VI u. 54 S.) Mannheim 852, Götz. 7 ngl

Platz, E. (Hrsg.), s. Ansprachen und Kundgebungen, welche Se. königl. Hoh. Großherzog Friedrich v. Baden ... an die alten Soldaten gerichtet hat.

Platz, Ernst, Führer durch das Karwendel-Gebirge, s.: Schwaiger, Heinr.

Platz, Ernst, s.: **Majestäten, alpine, u. ihr Gefolge.**

Platz, F. Beiträge zur Geschichte des Wertheimer Gymnasiums. 52 S. **Progr.** *Wertheim* 1876.

Platz Fr, neuhochdeutsche Grammatik mit Berücksichtigung der historischen Entwicklung der deutschen Sprache. Tauberbischofsheim 1880

Platz, Fr. Gottlieb

— **F. G.** (Cöthen), **De grata negligentia quadam Romanorum poetarum vel excusanda, vel non imitanda. — Hiermit verbindet die Anzeige des Examens der Hauptschule zu Cöthen u. des Redeactus der Conrector G. L. A. Hänisch. Cöthen (Aue) 13./14. u. 16. III. 1826. 35 S. mit Namen u. 1 Lectionsplan. (3.50)** 26727

Platz, Fr. Gottlieb, s. Ovidius: Tristium ...

Platz, F. Th., tabulae genealogicae ad mythologiam spectantes, sive stemmata deorum, heroum et virorum aevi etc. Fol. Lipsiae, Fr. Fleischer. 820.

Platz, *Franz* [Prof.]: Die Gesetzgebung Karls des Grossen nach den Capitularien. Hälfte 1. Offenburg, Druck v. A. Reiff & C., 1897; 24 S. 4.
Offenburg, grossh. G, MP 1897 (637)

Platz, F[ranz]: Die Gesetzgebung Karls des Grossen nach den Capitularien. T. 2. *Offenburg 1898: A. Reiff & C.* (23 S.) 4° ¶[Fortsetzung d. P-Beilage 1897.]
Offenburg, grossh. G, MP 1898 (643)

Platz, F. Die Kapitularien der fränkischen Könige. I. Bis zu Karl dem Grofsen. 16 S. **Progr.** G. *Pforzheim* 1882.

Platz, *Franz:* Die Capitularien der fränkischen Könige bis zu Karl dem Grofsen. II. Form der Gesetzgebung, Verwaltung. 4 (16 S.). **Progr.** G. *Pforzheim* 1888 (578).

Platz, Heinrich [approb. Arzt in Giessen]: Casuistischer Beitrag zur Symptomatologie der Magenkrankheiten. Aus der med. Klinik des Herrn Prof. Riegel in Giessen .... Giessen, C. v. Münchow, Univ.-Buch- & Steindr., 1887; 21 S. 8°.
Giessen, Med. Fak., Inaug.-Diss. v. 1887.

Platz, Heinrich, casuistischer Beitrag zur Symptomatologie der Magenkrankheiten. Aus der med. Klinik des Herrn Prof. Riegel in Giessen. Diss. Giessen 1887, J. Rickersche Buchh. 8°. 21 S.

Markgraf Ludwig Wilhelm von Baden-Baden als Oberbefehlshaber der Reichstruppen in den Feldzügen 1693 bis 1697 am Oberrhein. Seine Pläne u. Bestrebungen in Bezug auf d. Reichsheerwesen. Nach neueren Quellen bearb. u. dargest. von Heinrich **Platz.** Oberstlt. a. D., Karlsruhe. Mit e. Übersichtskarte d. Kriegsschauplatzes ... u. e. Abb. s. Grabdenkmals. Karlsruhe: J. J. Reiff 1907. (148 S.) 8° [F.] 07. 1565

Platz, Hermann, a. Offenbach: Über lautlich-begriffliche Wortassimilationen. Beiträge zur sogenannten Volksetymologie besonders aus dem Gebiete des Rheinfränkischen. Münster i. W. 1905. Borna-Leipzig: R. Noske. (75 S.) 8°
Münster, Phil. Fak., Ref. Jostes, Diss. v. 7. Febr. 1905
[Geb. 19. Okt. 80 Offenbach; Wohnort: Münster i. W.; Staatsangeh.: Bayern; Vorbildung: Gymn. Landau Reife Juli 00; Studium: Würzburg 4, München 2, Münster 3 S.; Rig. 9. Dez. 04.]

Die deutsche Hebe-Kunst in der edlen Arithmetica mit 70 neu erfundenen Regeln erklärt, und durch mehr als 200 elaborirte Exempla bewährt etc. in zwey Theilen herausgegeben von *Johann Christoph Platz*. Frft. a. M. 8. 27 und ein halber B. (10 gr.) 1740.

Platz, L., wie macht man e. Testament?, s.: Ratgeber, kleiner, f. Müller. II.

Platz, Ludwig Wilhelm, a. Weinheim (Baden): Ueber Chlormalonaldehyd. Mannheim 1905: H. Haas. (41 S.) 8°
München, Phil. Fak., Ref. v. Baeyer, Diss. v. 31. Juli 1905
[Geb. 19. Dez. 78 Weinheim; Wohnort: Weinheim; Staatsangeh.: Baden; Vorbildung: Gymn. Bensheim Reife O. 97; Studium: München 4; Heidelberg 3, München 9 S.; Rig. 21. Juli 05.]

Platz, Otto: **Bewertung** und Berücksichtigung der einzelnen Übungsarten im Turnen der höheren Schulen. *Quedlinburg 1901: Gessler & Strauss.* (52 S.) 8° [F.]
Quedlinburg, Guts-Muths-R, OP 1901 (294)

Platz, Otto: Joh. Chr. F. Guts Muths' Verdienste, insbesondere um die Einführung des schulgemäßen Schwimmunterrichts. Ein Gedenkblatt z. 9. Aug. 1909. Quedlinburg 1909: Geßler & Strauß. S. 3—12. 4°
Quedlinburg, Guts Muths-OR P 1909 (368) [S 09. 364

Platz, Philipp

Platz, Phil., geognostische Beschreibung des unteren Breisgaues von Hochburg bis Lahr. gr. 4. (VI und 29 S. mit 1 chromolithogr. geognost. Karte und 1 chromolithogr. Profiltaf. in Imp.-Fol. und qu. Imp.-Fol.) Carlsruhe 858, Müller'sche Hofbuchh. *

Dr. Ph. Platz. **Geologie des Pfinzthals mit 2 Tafeln.** 31 S. Karlsruhe, P 1872

Platz, Phpp., geologische Skizze d. Großherzogth. Baden m. e. geologischen Uebersichtskarte, 1 : 400000. Lex.-8. (23 S.) Karlsruhe 886. Bielefeld's Verl. n. 5. —; Karte ap. n. 4. 50

Platz, Robert

Platz, Rob., Arbeitgeber u. Arbeitnehmer. Textausg. u. Erläutergn. zum Arbeiterschutzgesetz vom 1. Juni 1891, betr. die Verhältnisse der Fabrikarbeiter, Gesellen, Gehilfen, Lehrlinge, Werkmeister, Betriebsbeamte u. Techniker. Unter Benutzg. der Materialien der Gesetzgebg., der Entscheidgn. deutscher Obergerichte u. der preuß. Ausführungs-Anweisg. vom 26. Febr. 1892 bearb. 1.—3. Tausend. gr. 8. (XVI, 159 S.) Berlin 892. R. Oppenheim. n. 1. 50

— s.: Handbuch der praktischen Gewerbehygiene.

— Rathgeber f. den Entwurf v. Arbeitsordnungen einschließlich Textausg., Erläuterung u. Begründung der auf Arbeitsordnungen Bezug habenden Gesetzesparagraphen der Gewerbeordng. v. 1. Juni 1891. 1.—4. Tausf. gr. 8. (XII, 162 S.) Berlin 892. R. Oppenheim. n. 1. 50

Platz, R., die Unfallverhütungs-Vorschriften. Hrsg. vom Verbande der deutschen Berufsgenossenschaften. 2 Bde. gr. 8. Berlin, C. Heymann's Verl. à n. 5. —
1. Vorschriften f. Betriebsunternehmer. (XVIII, 242 S. m. 3 Tab.) 889.
2. Vorschriften f. Arbeiter. (XVIII, 223 S.) 890.

Platz, Therese, die Heilpflege u. Erziehung zurückgebliebener, schwachsinniger u. idiotischer Kinder. [In zwanglosen Hftn.] 1. u. 2. Lfg. 8. (IV u. S. 1—166.) Leipzig 880. Richter's Verl.-Anst. n. 2. 20

— Mittheilungen aus der heilpädagogischen Anstalt. gr. 8. (43 S.) Riga 876. (Hauff.) n. 2. —

— was ist Idiotie, welches sind ihre Ursachen u. die Grenzen der Heilbarkeit, u. was kann u. muß geschehen, um das überhaupt Mögliche zu erreichen? gr. 8. (16 S.) Ebend. 876. n. 1. —

Platz, Wilh., Geschichte d. Verbrechens der Aussetzung unter besond. Berücksicht. seines Zusammenhanges m. dem Familienrechte von den ältesten Zeiten bis in's 16. Jahrh. Ein Beitrag zur Rechts- u. Sittengeschichte. Lex.-8. (VIII, 55 S.) Stuttgart 876. Spemann. n. 3. —

Gottes Kinder. Oratorium f. gemischten Chor, Kinder-Chor, großes Orchester u. Orgel (ad libitum) von Wilhelm **Platz**. Textbuch. Mit e. Geleitw. u. Erl. von Dr. A[lfred] Schüz. [aufgekl.: Stuttgart: A. Auer] [1908]. (16 S.) 8° [Umschlagt. F.] [08. 10330

Platz, **Wilhelm**: Das Recht des ungeborenen Kindes auf Leben. Ravensburg 1910: Zittrell. 32 S. 8°
Freiburg i. B., Med. Diss. v. 1910, Ref. Krönig
[Geb. 23. Nov. 83 Offenbach a. Queich; Wohnort: Freiburg i. B.; Staatsangeh.: Bayern; Vorbildung: Gymn. Landau Reife Juli 03; Studium: Würzburg 4, München 1, Kiel 1, Freiburg i. B. 4 S.; Coll. 18. Dez. 08.] [U 10. 992

Platz Söhne, Wm., Maschinenfabrik Badenia: Kataloge und Preislisten über landwirtschaftliche Maschinen. Weinheim (Baden) 1895—1896

Platzbecker, Heinr., Bayreuth 1897, s.: Wild, Frdr.

Platzbecker, Heinrich: Einführung in August Bungert's Musik-Tragödie 'Kirke' mit dem Vorspiel 'Polyphemos'. Unter Mitw. von Max Chop u. F[riedrich] A[dolf] Geissler hrsg. Dresden: Dresdener Kunst [um 1897]. 24 S. 8°

Platzbecker, H. A., z. Einführg. in Richard Wagners „Lohengrin". Eine kurze Skizze der Handlg. [Aus: „Bayreuth".] 12. (S. 17—34.) Leipzig (899). C. Wild. —30; franz. Ausg., traduit par Olga Wirz. (S. 15—33.) —30

Platzbecker, H. (Red.), s. Kunst, Dresdener.

— der Wahrheitsmund (Bocca della verità). Operette in 3 Akten. Text v. Adele Osterloh u. dem Komponisten. Text der Gesänge. 8. (64 S.) Leipzig (901). E. Eulenburg. n. — 50

Platzdasch, R., 15 Bilder aus der deutschen Geschichte, s.: Hannecke, E.

[F.] Praktische Chemie f. mittlere Lehranst., Handwerker u. Gewerbetreibende. Bearb. v. Robert **Platzdasch**, Lehrer ... zu Duisburg. *Duisburg: J. Ewich 1896.* (2 Bl., 223 S., 1 Bl.) 1 Bd 8. [96. 1485

Platzek, Karl, approb. Arzt aus Bürgsdorf (Prov. Schles.): **Aus** d. chirurg. Klinik zu Kiel. **Beitrag** zur Kenntnis der Wirbeltumoren. *Kiel 1901: P. Peters.* (21 S.) 8°
Kiel, Med. Diss. v. [13. Mai] 1901

Platzer, Gebr. Situations-Plan von Carlsbad. 1 Bl. c. L. Ff.

Platzer, Ferdinand Josef

Platzer, Ferd. Jsf, Germania und die Bojer des Tacitus. Progr. 1—7. Neuburg 1832—34. 4.

Platzer, F. J, Nonnulla de ratione latinae grammaticae Bavarorum scholis latinis c scrib. Pr. 1829. 9 S. 4°.

Versuch einer Reduction der Lehre von den lateinischen Perfecten und Supinen auf ihre einfachen Principien. Von Ferd. Jos. Platzer, G. P. — 1840. Ebend. — S. III–XXV. Progr. Neuburg.

Platzer, G., s.: Jahrbuch der Statistik.

PLATZER, Hanns: Geschichte der ländlichen Arbeitsverhältnisse in Bayern.- Freising: Datterer 1904.
IV,220 S. = Altbayerische Forschungen. H.2.3.
19.6.1903 - Chr 1902/03,21; Jv 1903/04,317
Diss. Ingolst.-Landsh.-Mchn.

Geschichte der ländlichen Arbeitsverhältnisse in Bayern. Von Dr. Hanns **Platzer.** *(München: Hist. Verein von Oberbayern 1904.)* (VI, 220 S.) 8° [F.]
— **Forschungen**, Altbayerische. 2/3. [04. 4593

Platzer, Joh., zur innerlichen Anwendung der Salicylsäure, insbesondere beim Typhus. gr. 8. (96 S.) München 877. J. A. Finsterlin. n. 1. 50

Platzer, J., zur innerlichen Anwendung der Salicylsäure, insbesondere beim Typhus, s. Mittheilungen und Auszüge aus dem ärztlichen Intelligenz-Blatt.

Platzer, Maria von: Das Canal- und Fellatal in Kärnten unter der Herrschaft des Bistums von Bamberg in Franken (1007—1759). — Wien: Kubasta & Voigt 1899. 55 S.
Aus: Oesterreichisches Jahrbuch. Jg 23, 1899.

Platzhoff, C. F.

— unsere Bereitung zur Ewigkeit. Gastpredigt über das Gleichniß v. d. 10 Jungfrauen. 8. Barmen 834. Falkenberg. 1/12 ₰

Platzhoff, C. F., über Pietismus und Mysticismus. 2 Predigten. gr. 8. Hamm 839. Schulz'sche Buchh. n. 1/6 ₰

Platzhoff, H. [aus Mühlheim a. d. Ruhr]: Luther's erste Psalmenübersetzung sprachwissenschaftlich untersucht .... Halle a. S., Plötz'sche Buchdr., R. Nietschmann, 1887; 63 + 1 S. 8°
Halle, Phil. Fak., Inaug.-Diss. v. [17. Sept.] 1887

Platzhoff, H., Luther's erste Psalmenübersetzung sprachwissenschaftlich untersucht. Diss. Halle 1887, Lippertsche Buchh. 8°. 63 S.

Platzhoff, J., der Strom d. heiligen Geistes. Predigt üb. Hesekiel 47, 1—12, geh. am 2. Pfingsttage 1871. gr. 8. (16 S.) (Barmen 871. Klein.) n. — 30

Platzhoff, Walter, a. Elberfeld: Die Theorie von der Mordbefugnis der Obrigkeit im XVI. Jahrhundert. 1. Teil: Die Entstehung der Theorie. Berlin 1906: E. Ebering. (31 S.) 8° ¶ (Erscheint vollst. als: Hist. Studien, H. 54.)
Bonn, Phil. Fak., Ref. von Bezold, Diss. v. 10. Jan. 1906
[Geb. 27. Sept. 81 Elberfeld; Wohnort: Elberfeld; Staatsangeh.: Preußen; Vorbildung: Gymn. Elberfeld Reife O. 01; Studium: Greifswald 2, Halle 2, Bonn 5 S.; Rig. 15. Nov. 05.]

Die Theorie von der Mordbefugnis der Obrigkeit im XVI. Jahrhundert. Von Dr. Walter **Platzhoff.** Berlin: E. Ebering 1906. (105 S.) 8°
— **Studien**, Historische. H. 54. [06. 10472

Platzhoff-Lejeune, Eduard. Die Grundfrage des Pessimismus. Von E' P'-L'. Tour-de-Peilz ⟨Schweiz⟩. (Sonderabdruck aus Heft *326* [von:] Nord und Süd. Eine deutsche Monatsschrift. Hrg. von Paul Lindau. [Jahrg. 28.]) II S. + S. 246—257. 8. (Breslau, S. Schottlaender, [Mai 1904].)

Platzhoff-Lejeune, Eduard. Handschuhmoral. ([Erweiterte] Separatausgabe [eines] Aufsatz[es der] Frauen-Rundschau.) 22 S. 8. Berlin und Leipzig, Verlag der Fr'-R', Schweizer & Co., [1905]. (M. —. 30)

Platzhoff-Lejeune, E[duard]. Paul de Lagarde. 40 S. 8. Berlin, Gose & Tetzlaff, 1903. (M. —. 50)
(Moderne Essays zur Kunst und Litteratur. Herausgeber: Dr. Hans Landsberg. Heft 25.)

Platzhoff-Lejeune, Eduard. Lebenskunst. 2 Reihen. 8. Stuttgart, Strecker & Schröder, 1905—1906.
Reihe 1: Zwölf Studien aus dem Vorhof der Philosophie für Gebildete. 146 S. 1905. (M. 1. 80, [geb. 2. 60])
Reihe 2: Fünfzehn St' für Gebildete aus Kunst und Leben. 220 S. 1906. [M. 2. 20, geb. 3. —]

Platzhoff-Lejeune, Eduard. Die Reklame. Mit 4 Tafeln [und 1 Mono-Bild]. 74 S. 8. Stuttgart, Strecker & Schröder, 1909. [geb. M. 1. 60]
(Kunst und Kultur. Hrg. von Prof. Dr. W[olfgang] von Oettingen. [Band] 4.)

Platzhoff-Lejeune, Eduard. Religion gegen Theologie und Kirche. Notruf eines Weltkindes. IV + 80 S. 8. Giessen, Alfred Töpelmann, 1905. [M. 1. 40]

Platzhoff, Eduard [von La Tour-de Peilz (Waadt)]: Ernest Renan. Seine Entwickelung und Weltanschauung. Mit zwei Bibliographien. Dresden und Leipzig 1900. 201 S. 1 Portr. 8°. (Männer der Zeit. Lebensbilder hervorragender Persönlichkeiten der Gegenwart und der jüngsten Vergangenheit, Bd. 9.)
Bern. Phil. Diss. 1900/1901.

Ernest Renan. Ein Lebensbild von Eduard **Platzhoff.** *Dresden & Leipzig: C. Reissner 1900.* (XIII, 201 S.) 8° [F.]
— **Männer** d. Zeit. 9. [00. 10334

Platzhoff-Lejeune, Eduard. Werk und Persönlichkeit. Zu (*Umschlag:* In) einer Theorie der Biographie, von Eduard Platzhoff-Lejeune, Doktor und Privatdozent ... an der Hochschule Genf. VIII + 247 S. 8. Minden in Westf., J. C. C. Bruns, 1903. [M. 3. —]

Platzhoff-Lejeune, E[duard]. Emile Zola. Sonderabdruck [aus:] Deutsche Rundschau. Hrg. von Julius Rodenberg. Jahrg. 29. Heft 12. September 1903. II S. + S. 414—431. 8. Berlin, Gebrüder Paetel.

Platzius, Conr. Wolfg., Bericht von dem Zauberischen Beschwören und Segensprechen. s. l. e. a. 8.

Platzmann, Alb., der Einfluß der auswärtigen Getreideproduction auf den inländischen Getreidemarkt. gr. 8. (42 S.) Dresden 887, Friese und v. Puttkamer. * — 50
Aus: Dresdner landwirthschaftliche Presse, besonders abgedruckt.

— Erörterung über einige Fragen aus der Agrar- und Sozialpolitik des Deutschen Reiches am Ausgange des 19. Jahrh. Vortrag, geh. in der Oekonomischen Gesellschaft im Kgr. Sachsen, Dresden am 4. März 1892. (Aus: „Mittheilungen d. Oekon. Gesellsch. im Kgr. Sachsen".) gr. 8°. Dresden, G. Schönfeld's Verl., 1892. (30 S.)

Platzmann, die Getreidehandelspolitik in alter u. neuer Zeit u. der Entwurf e. neuer Zolltarifgesetzes. Vortrag, geh. in der ökonom. Gesellschaft im Königr. Sachsen, Dresden, am 7. III. 1902. gr. 8. (24 S. m. 3 Tab.) Dresden 902. Leipzig, G. Schönfeld. n. — 60

— die Handels- u. Verkehrspolitik des Reiches in Rücksicht auf die Landwirthschaft. Vortrag, geh. am 9. März 1894. gr. 8. (31 S. m. 2 Tab.) Ebd. 894. n. — 60

Platzmann, die Krisis am landwirthschaftl. Arbeitsmarkt. Vortrag, geh. in der ökonom. Gesellschaft im Königr. Sachsen, Dresden, am 4. III. 1898. [Aus: „Mitteilgn. d. ökonom. Gesellsch. im Königr. Sachsen".] gr. 8. (45 S.) Dresden 898. G. Schönfeld. n. — 60

Platzmann, Alb., d. Lindenhof. Ein landwirtschaftl. Kulturbild aus d. 2. Hälfte d. 19. Jahrh. 2 Bde. (338 u. 304 S.) 8. Leipzig (908). A. Strauch. 6.—; geb. n 7.—

— üb. die Nothwendigkeit, Vortheile u. Einrichtung landwirthschaftlicher Genossenschaften (Konsumvereine, Darlehnskassen, Verkaufsgenossenschaften). Ein Vortrag, geh. im wend. Bauernverein zu Kleinwelkau bei Bautzen am 28 Juni 1891. gr. 8. (16 S.) Dresden 891. Dresden-Blasewitz, Verl. d. Dresdner landwirtschaftl. Presse. —50

— das fortschreitende Sinken der Preise unter der Herrschaft der Zollpolitik. Von C. Wilbrandt zu Pisede. Im Lichte der Thatsachen. gr. 8. (60 S.) Ebd. 887. n. 1.20

—— die Steuern des Landwirthes. Vortrag, gehalten vor der Oekonomischen Gesellschaft im Königreich Sachsen. gr. 8. (IV, 87 S.) Dresden 887, G. Schönfeld's Verlag. * 1 50

Platzmann, Alb., Untersuchungen üb. die Branntweinsteuer. gr. 8. (125 S.) Halle 873. Pfeffer. n. 1. 50

—— die Ursachen der landwirthschaftlichen Krisis und einige Mittel zu deren Linderung. Vortrag, gehalten in der Oekonomischen Gesellschaft im Königreich Sachsen. gr. 8. (VI, 69 S. mit 7 Tab.) Dresden 887, Friese und v. Puttkamer. * 1 —

— die wahren Ursachen der jetzigen Krisis am Produktenmarkt u. üb. einige Mittel, den landwirthschaftlichen Betrieb dagegen zu schützen. Vortrag, geh. im Verein „Wendische Bauern" zu Dreikretscham am 17. Juni 1894. gr. 8. (32 S.) n. —50
Dresden: Friese & v.Puttkamer 1894.

Platzmann, Dr. Alb., Ziele der deutschen Landwirthschaft. (Aus: „Dresdner landw. Presse".) gr. 8°. Dresden, Friese u. v. Puttkamer, 1887. (31 S.)

Platzmann, Alexander (Leipzig), De jure viae observationes. Diss. jur. Leipzig (Edelmann) 27. IV. 1854. 29 S. (3.25) 26728
Gew.: Carl Braune.

Platzmann, C., Beleuchtung des Ost-West-Canals Rhein-Weser, Weser-Elbe, mit Rücksicht auf die Interessen Lübecks. Lübeck 868. Grautoff. gr. 8. (14 S.) n. 3 ngr.

Platzmann, Ferdinand: Über den Querschnitt der Staumauern. Mit 53 Fig. im Text u. 2 Taf. Leipzig: W. Engelmann 1908. VI, 62 S., 2 Taf. 4° ¶ Auch als: Fortschritte d. Ingenieurwissenschaften. Gruppe 2, H. 20.
Dresden, Dr.-Ing.-Diss. v. 6. 5. 1908

Platzmann, G., Motive zur Begrundung einer Hochsee-Fischerei-Gesellschaft in Hamburg. Hamburg 1885.

Platzmann, Julius

—— s. Anchieta, Jos. de, Arte de grammatica.

Platzmann, Jul., aus der Bai von Paranagua. Leipzig 866. (Lißner.) gr. 8. (III, 53 S.) n. 10 ngr.

Platzmann, Jul., aus der Bai v. Paranguá. gr. 8. (III, 271 S. m. 1 lith. Taf. in qu. 4.) Leipzig 872. Teubner. n. 8. —

Platzmann, Jul., s.: Bernardo do Nantes, catecismo da lingua Kariris.

—— s. Bertonio, Lud., Arte de la lengua Aymara.

— s.: Catecismo brasilico da doutrina christaã.

Platzmann, Jul., s.: Dobrizhoffer, des Mart., Auskunft üb. die abiponische Sprache.

Platzmann, Jul., s.: Domingo do Sancto Thomas, arte de la lengua Quichua.

Platzmann, Jul., amerikanisch-asiatische Etymologien via Behring-Strasse ‚from the east of the west'. (112 S. m. 1 Karte.) gr. 8. Leipzig 871. O. Harrassowitz. n n. 4.—

—— s. Figueira, Luiz, Grammatica da lingua do Brasil.

Platzmann, Jul., Glossar der feuerländischen Sprache. 16. (LVI, 267 S. m. 3 Holzschn.-Portr. von Feuerländern u. 1 chromolith. Karte.) Leipzig 882. Teubner. n. 10. —

— Grammatik der brasilianischen Sprache m. Zugrundelegg. d. Anchieta. Lex.-8. (XIII, 178 S.) Ebend. 874. n. 8. —

Platzmann, Jul., s. Obras raras sobre la lengua cumanagota.

— s.: Quandt, Christlieb, Nachricht v. d. arawackischen Sprache.

— der Sprachstoff der brasilianischen Grammatik des Luis Figueira nach der Ausg. v. 1687. gr. 8. (LIV, 247 S.) Leipzig 899. [B. G. Teubner.] O. Harrassowitz. n. 20. —; erm. Pr. n.n. 12. —

Der Sprachstoff der Patagonischen Grammatik des Theophilus Schmid von Julius **Platzmann**. Mit 1 Karte d. südl. Südamerika. *Leipzig: B. G. Teubner* (übergekl.: *O. Harrassowitz) 1903.* (130 S.) 4°(8°) (03. 15716

— das anonyme Wörterbuch Tupi-Deutsch u. Deutsch-Tupi. Mit 1 (farb.) Karte des Amazonenstromes. 4. (XXXII, 642 S.) Ebd. 901. n. 30.—; erm. Pr. n.n. 20.—

— Verzeichniss e. Auswahl amerikanischer Grammatiken, Wörterbücher, Katechismen etc. gr. 8. (38 S.) Leipzig 876. Köhler's Antiqu. n. 4. —

Oswald Weigel's Bücher-Auction. 10. bis 13. Juni 1903. Verzeichniß der werthvollen, an Seltenheiten reichen Bibliothek des verstorbenen Amerikanisten Dr. Julius **Platzmann** ... Leipzig: O. Weigel (1903). (III, 112 S.) 8° [Umschlagt.] (03. 7371 10

— weßhalb ich Neudrucke der alten amerikanischen Grammatiker veranlaßt habe. 8. (136 S.) Leipzig 893. (B. G. Teubner.) n. 5. —

— **Paul Eugen (Leipzig)**, Observationes aliquot de poenarum praescriptione, potissimum ejus interruptione atque effectibus. Leipzig (Maret.) 5. IV. 1832. 34 S. (3.25) 26729
Gew.: Heinrich Carl Platzmann (Vater).

Ordinarius senior et reliqui doctores facult. jur. Lipsiensis summos in utroque jure honores viro **Theodor Alexander Platzmann** (Leipzig) in consessu collegii collatos indicunt. — Inest dispunctionum juris varii specimen VI. De temporis computatione in praescriptione criminali. Leipzig (Melzer) 7. XII. 1821. 28 S. mit Biogr. v. Theodor Alexander Platzmann (Leipzig) (M.: E. V. Dufour). (3.75) 26732

— Dasselbe. Leipzig (Melzer) 7. XII. 1821. 28 S. mit Biogr. v. Theodor Alexander Platzmann (Leipzig) (M.: E. V. Dufour). (3.75) 26733
Mit Tafel: Christian Ernst Weiss, Carl August Brehm, Christian Gottlieb Haubold, Christian Gottlob Biener viro Theodor Alexander Platzmann contulit. Leipzig (C. Ph. Melzer) 2. Adv. 1821.

— Esse negotiorum gestionem etsi non habuerit negotiorum gestor intentionem utiliter gerendi. Diss. Leipzig (C. Ph. Melzer) 29. XI. 1821. 26 S. (3.25) 26731
Gew.: Carl Gustav Adolf Gruner.

— **Theodor Alexander** (Leipzig), Juris Romani testimoniis de militum honesta missione quae in tabulis Aeneis supersunt illustrati specimen. Präs. Christ. Gottl. Haubold. Leipzig (C. Ph. Melzer) 22. XII. 1818. 55 S., 2 Taf. (4.25) 26730
Angbdn.: Testimoniorum de militum honesta missione exempla XVI quae supersunt. 32 S.

Platzweg, Carl, Betrachtungen üb. die heilige Messe f. Priester u. Laien. gr. 8. (V, 490 S.) Paderborn 875. Junfermann. n. 4. —

Platzweg, Carl, Betrachtungen über die heilige Messe für Priester u. Laien. 2., verb. u. verm. Aufl. 8. (672 S.) Paderborn 877. Junfermann. n. 4. —

Platzweg, P., S. J., die christliche Familie. Predigten, hrsg. v. Aug. Andelfinger, S. J. 8. (VIII, 204 S.) Stuttgart 901. München, F. Roth. n. 2. —

Platzweg, Carl, Lebensbilder deutscher Jesuiten in auswärtigen Missionen. gr. 8. (368 S.) Paderborn 882, Junfermann'sche Buchh. 3 —

Predigten über die christliche Familie. Von P. [Karl] **Platzweg**, S. J. Hrsg. von Aug. Andelfinger, S. J. 2. Aufl. Hamm i. W.: Breer & Thiemann 1907. (VII, 158 S.) 8° [F.] 07. 4384 6

Plaubel & Co., Optische Anstalt: Preislisten und Prospekte. (1910?) ff. Frankfurt a. M.

Plaucher und Komp. — Erläuterungen über den Export österreichischer Fabrikate. Von — —. 8. (16 S.) Wien. Gedruckt bei Karl Ueberreuter. 1854.

Plauderei, zeitgemäße, zweier, dem deutschen Vaterlande treu ergebener, wie der evangelischen Kirche zugetaner, wohlgesinnter Schleswig-Holsteiner. (19 S.) gr. 8. Lübeck 906. Lübcke & Nöhring. n. — 40

Plaudereien, dramaturgische. Hrsg.: Erich Paetel. kl. 8. Berlin, H. Paetel.
Duncker, Dora, Ernst v. Wildenbruch. Ernstes u. Heiteres aus seinem Leben. Nebst e. ungedr. Festspiel, ungedr. Briefen u. ungedr. Gedichten. (111 S. m. 1 Bildnis.) 909. 1. 50
Gensichen, Otto Frz., Kulissenluft. Wallnertheater-Erinnergn. (114 S.) 909. 1. —
Grube, Max, Adalbert Matkowsky. Ein Kunst- u. Lebensbild nach persönl. Erinnergn. Mit 3 Illustr. (140 S.) 909. (Bd. 4.) 1. 50
Hirschberg, Herb., aus der Mappe e. Dramaturgen. Heitere u. ernste Plaudereien. (88 S.) (908.) 1. —

— **ernste, üb. die Judenfrage. Erlebnisse, Geständnisse u. Vorschläge e. germanisierten Talmudjuden.** gr. 8. (III, 80 S.) Berlin 893. R. Wilhelmi. n. 1. 20

Plaudereien, gereimte, über die Civil-Prozeß-Ordnung des Deutschen Reiches u. einige andere Ordnungen. Von Gallus omeritus. gr. 8. (47 S.) Berlin 881. Münnich. n. — 80

Plaudereien, graphologische. Erlerntes u. Erlebtes aus dem Gebiete der Handschriften-Deutg. v. Edelweiß. Mit vielen Handschrift-Proben. 8. (VIII, 125 S.) Leipzig 893. O. Wigand. n. 1. 60

Plaudereien eines pensionierten Hauptmanns über Magnatenerziehung und vaterländische Politik. Raab 1866. V: *Pöschl, C.* (Wallishauser Cat. 117, Nr. 251.)

Plaudereien eines pensionirten Hauptmannes über Magnatenerziehung u. vaterländische Politik. Raab 866. (Hennicke.) gr. 8. (XV, 230 S.) n. 1 Rß

PLAUDEREIEN eines Physiologen über Männerkleidung. (1874.) 12 S. (40 Pfg. M. Edelmann, Nürnb., 1907.)

PLAUDEREYEN aus dem Reiche der Liebe. (2 zahme Romane.) Weissenfels u. Leipzig, bey Friedr. Severin u. Comp. 1798. 8°. (2/3 Rthl. Scheible; jetzt theurer!)
Die Lieb' versüßet jede Plage
Ihr opfert jede Kreatur.
304 S. (incl. Tit. u. 1 Bl. Vorr.). 1. Amor und Hymen im Kampfe, oder Geständnisse eines liebenswürd. Weibes. — 2. Constanze, od. die Folgen einer unglücklichen Liebe. (E. Klostergeschichte.)

Plaudereyen aus d. Reiche d. Liebe. 8. Weißenf. Severin. (Baumgärtner in Lpz.) 798.

Plaudereien aus einer vergnüglichen Stadt. (Hrsg. v. Verein z. Hebung d. Fremdenverkehrs.) Göttingen [1898] : F. Kaestner. (16 S.) 8°

Plaudereien aus dem Tagebuche des Theaterdirectors Fritz Unger, kgl. Hofschauspieler bei der Schmiere. 8. (144 S.) Berlin (902). (Berolina-Versand-Buchh.) 2. —

Plaudereien, theologische, d. Ministers v. Lutz im bayerischen Landtage. Aus dem Italien. der „Civiltà Cattolica." gr. 8. (24 S.) Amberg 872. Habbel. — 25

Plaudereien aus Thier- und Pflanzenwelt für Kinder von 6 bis 8 Jahren von Auguste. Berlin 863. Winckelmann & Söhne. gr. 16. (2 Bl., 222 S. u. 9 color. Lithogr.) 17½ ngr.

PLAUDERER, Der. Erstes Stück. Wien 1808. 8°. 80 S.
Haydinger's Bibl. I. 2. Wien 1876. no. 278. — Selten!

Plauderer, der, eine Wochenschrift f. Jedermann. 1r und 2r Jahrg. à 52 Stücke. 8. Berl. (Leipz. Bruder in Comm.) 814 u. 15.

Plauderer, der, e. Wochenblatt zur Unterhalt. u. gemeinnütz. Belehrung f. den Bürger u. Landmann. Redact. J. C. Koppe. 1—5. Jahrg. 1831—35. à 52 Nrn. (Bog.) 4. Leipzig, (Fort.) à
3. Jahrg. mit veränd. Titel.

Plauderer, der, oder der freimüthige Erzähler im Flußgebiete d. Elbe, Mulde, Elster, Pleiße, Saale und Unstrut. Eine Wochenschrift für Freunde der Unterhaltung in Stadt und Land. 3r Jahrg. 1833. Mit der Beilage: Der Leipziger Figaro, oder der Beobachter im Stillen, ein unzertrennlicher Freund des Plauderers. Redigirt von W. Schäfer. 52 Numm. 4. Leipzig 833. (Naumburg, Franke.) n. $1^1/_3$ ₰

Plauderer, der, e. Wochenblatt z. Unterhalt. u. gemeinnütz. Belehr. f. d. Bürger u. Landmann. (6—12. Jahrg.) 1836—42. Redig. v. Koppe u. B. Kölbel. à 52 Nrn. (Bog.) 8. Leipzig, Sturm u. Koppe. à *

Plauderer, der, ein Wochenblatt zur Unterhaltung u. gemeinnützigen Belehrung für den Bürger u. Landmann. Redigirt von B. Kölbel. 11.—16. Jahrg. 1841—1846. à 52 Numm. (Bog.) 8. Leipzig. (Hunger.) à n. $1^1/_3$ ₰

Plauderer, der, ein Wochenblatt zur Unterhaltung. Red. v. B. Kölbel. 17—20. Jahrg. 1847—1850. à 52 Nrn. 8. (B.) Leipzig, Sturm & Koppe. (1847: Bönicke. — 1848—1850: Hunger.) 1847: n. 1 ₰ 1848—1850: à n. $1^1/_3$ ₰

Plauderer, der, ein Wochenblatt zur Unterhaltung. Redig. von B. Kölbel. 18—21. Jahrg. 1848—51. à Jahrg. 52 Nrn. (Bog.) 8. Leipzig, (Hunger.) à Jahrg. *

— der, eine Zeitschrift belehrenden und unterhaltenden Inhalts. Redigirt von Carl Schöpfer. Jahrg. 1838. 52 Numm. Mit 4 col. Abbildd. u. Titelv. gr. 4. Magdeburg, Richter. n. $1^1/_3$ ₰

Plauderer, d. Hamburgische. 8. Lüneb. 780. Lemke. 8 gl

Plauderer, Der stumme. Comödie. Berlin 1768. V: *Lessing, Carl Gottlieb.* (Ky)

Plauderer, Der stumme. Eine Komödie in drey Aufzügen. Berlin 1768. V: *Lessing, Karl Gotthelf.* (Less 111)

Plauderer, der stumme. Comödie (v. K. G. Lessing). 8. Berl. 768. Winter. 4 gl

Plauderstübchen: Das Plauderstübchen
v. Schweizerische Dorfzeitung (Ag), Basellandschaftlicher Volksfreund, Wochenblatt (BS—BL).

Plauderstübchen. Sammlung deutscher Orig.-Novellen, s.: Volksbibliothek, allgemeine deutsche.

—— Unterhaltendes und belehrendes Familienbuch für alle Stände. 1. Bd. 10 Lfgn. 4. (1. Lfg. 32 S.) Mit 2 Prämien in Fol. Berlin 855, Nesselmann und Comp. *

IM Plauderstübchen. Monatsschrift. November 1895. Budapest.
Verboten v. Bez.-G. Cilli, 24. Dezember 1895. § 36 Pr.-G.

Plauderstübchen, das Dorfzeitungs-Gemeinde geheimes. 1—4. Jahrg. 1832—35. 4. Hildburghausen, Kesselring. [832, 33. à 16 Gr., 34, 35. à 22 Gr.]
Bildet e. Beil. zur „Dorfzeitung.“

Plauderstübchen, der Dorfzeitungs-Gemeinde geheimes, (eine Beilage zur Dorfzeitung). 24 Abende (à 1 Bogen). 4. Hildburghausen 833. Kesselring'sche Hofbuchh. n. $^2/_3$ ₰ — 2r—9r Jahrg. 1834—1840. circa à 20—29 Abende. 4. Ebd. à n. $^{11}/_{12}$ ₰

Plauderstübchen, der Dorfzeitungs-Gemeinde geheimes, (eine Zugabe z. Dorfzeitung.) 5—11. Jahrg. 1836—42. à 26 Abende (Nrn.; ½ Bog.). 4. Hildburghausen, Kesselringsche Hofbuchh. à N. Thlr. *

Plauderstübchen, der Dorfzeitungs-Gemeinde geheimes, (eine Zugabe zur Dorfzeitung). 10.—15. Jahrg. 1841—1846 à 26 Abende. (Numm.; Bog.) 4. Hildburghausen, Kesselring'sche Hofbuchh. à n. $^{11}/_{12}$ ₰

— der Dorfzeitungs-Gemeinde geheimes. 16—21. Jahrg. 1847—1852. à 26 Nrn. 4. (½ Bog.) Hildburghausen, Kesselring. à n. $^{11}/_{12}$ ₰

— der Dorfzeitungs-Gemeinde geheimes. 22—27. Jahrg. 1853—58. à 26 Nrn. (à ½ Bgn.) Hildburghausen, Kesselring'sche Hofbuchhdlg. 4. Jeder Jahrg. n. 27½ ngr.
Beiblatt zur „Dorfzeitung.“

— für Mädchen u. Bübchen. Geschichten, Märchen, Fabeln u. Räthsel. Mit (5 lith. u. color.) Bildern. 8. (VI u. 88 S.) Stuttgart 850, Thienemann. ½ ₰

— für Mädchen und Bübchen. Geschichten, Märchen, Fabeln und Räthsel. 2. Aufl. mit (6 lith. u. color.) neuen Bildern. Stuttgart 855. Thienemann. 8. (VII, 88 S.) 15 ngr.

Plauderstübchen für Mädchen u. Bübchen. Geschichten, Märchen, Fabeln u. Räthsel. 4. Aufl. Stuttgart 865. Thienemann. 8. (VII, 88 S. mit 6 lith. u. col. Bildern.) cart. 22½ ngr.

— worin die Kinder unterhalten werden: mit hübschen Bildern, schönen Geschichten u. neckenden Mährchen, lehrreichen Fabeln u. weisen Sprüchen, lieblichen Liedern u. sinnigen Räthseln. 2 Thle. Frankfurt a. M. 856. Krebs-Schmitt. br. 8. Jeder Thl. (à 32 S. u. 6 color. Lithogr.) n. 10 ngr.

Churer Plauderstube
Ⓢ Projektiertes Organ für Churer Stadtangelegenheiten, das 1842 bei Gebrüder Sutter in Chur hätte erscheinen sollen.

Plauderstunden, Dresdner. Ein illustr. Familienblatt. Jahrg. 1870. 52 Nrn. (à 1½ Bgn. mit eingedr. Holzschn.) Dresden, Friese. gr. 4. n. 1 ₰ 20 ngr.; Ausg. in 13 Heften à Heft n. 4 ngr.

PLAUDERTASCHE, Die, in ihrer Glückseligkeit oder das raisonnirende Postbüchel im Jahre 1848. Wien. 8°. (4 Kr. Gilhofer & Ranschburg, 1912.)

Plauderweib oder was die braven Weiber... sich erzählt haben. 1901. [Fastnachtzeitung. Mit Vignetten.] [4 S.] fol. (Luzern, C. A. Burri, Glaser.) fr. —.20

Plaue [Schlagwort]

Plaue, s.: Deutschland. Kürschner-Peip. — Thüringen. Gräf.

Plaue, s.: Geologische Karten (Preussen).

Plaue in Th., s.: Preussen. Messtischblätter.

Plaue-Elgersburg, s.: Thüringen.

Plaue, griechische Schul-Vorschriften. qu. 4. (10 lithogr. Bl.) Brandenburg 860, Wiesike. *

Plaue, Otto *Hermann* [app. Arzt aus Hohennauen '(Brandenb.)']: Aus d. patholog. Institute zu Kiel. Ueber Kalkmetastase in den Lungen ... Kiel, Druck v. P. Peters, 1897; 18 S., 1 Bl. 8. Kiel, Med. Fak., Inaug.-Diss. v. [18. März] 1897

Plauen [Sachliches OW]

Plauen, Heinrich v., und seine Neffen, Ritter des deutschen Ordens. 2 Thle. m. K. 8. Lpz. Weygand. 792.

Plauen, Heinrich von, und seine Neffen, Ritter des deutschen Ordens, 2 Theile mit 1 Kupf. 8. Das., 793. Weygand. 1 Rthl.

Plauen sonst u. jetzt. Chronikal., Topograph., Statistisches, nebst e. Portemonnaie-Kalender f. 1893. 64. (II, 114 S.) Plauen i/V. 892. F. E. Neupert's Verl. n. — 25

Plauen i. Vgtl. in der Westentasche. E. Rathgeber f. Fremde u. Einheimische. M. Karte d. Umgebg. (u. Text auf der Rückseite). 6. Aufl. 32. (2 S.) Plauen 891. Hohmann's Sort. n. — 20

Plauen [Schlagwort]

— s. a.: Geologische Karten. Spezialkarte. (Sachsen.) — Radfahrerkarten. Franke. — Sachsen. Karte.

— s. a.: Sachsen. Messtischblätter.

Plauen. Franke's Karte der Umgegend v. Plauen. 1 : 100,000. (Neue Aufl.) 32,5×32 cm. Lith. Plauen (910). A. Kell. — 40; auf Leinw. in Etui — 65

Plauen. Herold, Gust., Plan der Kreisstadt Plauen i. V. 1 : 6000. 6., rev. Abdr. Mit Strassenverzeichnis am Rande. 49,5×49,5 cm. Farbendr. Plauen i. V. 894. F. E. Neupert's Verl. n. 1. —

Plauen. Herold, Gust., Plan der Kreisstadt Plauen i. V. 1 : 6000. 8., erweit. Aufl. 62×49 cm. Farbdr. M. Strassenverzeichnis am Fusse. Plauen 897. Druckerei Neupert. n. 1. —

Plauen i. V. Herold, Gust., Plan d. Kreisstadt Plauen i. V. 12. erweit. Ausg. vom J. 1901. 1 : 10,000. 42×40 cm. Farbdr. Mit Strassenverzeichnis etc. an den Seiten. Plauen, R. Neupert jr. n.n. — 75

— Jakob, K., physikalische Schulkarte v. Plauen u. Umgebung. 1 : 25,000. Farbendr. 28,5×31,5 cm. Plauen 895. R. Neupert jun. n.n. — 15

— — physikalische Schulkarte v. Plauen u. Umgebung. 1 : 5000. 4 Blatt à 71,5×79,5 cm. Farbendr. Ebd. (895). Auf Leinw. n. 24. —; m. Stäben n.n. 32. —

— Plan, neuer, der Kreisstadt Plauen i. Vogtland, einschliessl. Haselbrunn. 1 : 8000. 47,5×38,5 cm. Farbdr. Mit Strassenverzeichnis an den Seiten. Plauen 900. Hohmann. n. — 50

— — der Kreisstadt Plauen i. V. 11. erweit. Ausg. vom J. 1900. Gezeichnet v. Gust. Herold. 1 : 6000. 70×56 cm. Farbdr. Mit Strassenverzeichnis an d. Seiten. Plauen (R. Neupert jr.). n. 1. —

Plauen i. V. Plan der Kreisstadt Plauen i/V. Bearb. vom städt. Vermessungsamte Dez. 1902. H. Hartmann, städt. Vermessungsingenieur. 1 : 10,000. 80×81 cm. Farbdr. Plauen (A. Kell). n. 2 —

— Pohle, Paul, Heimat-Atlas f. Plauen im Vogtlande. (6 farb. Kartens., 2 S. Abbildgn. u. Text auf dem Umschlag.) 4. Plauen (906). R. Neupert jr. n.n. — 50

— **Stadtplan** v. Plauen i. V. 1 : 15,000. 26×28 cm. Mit Strassenverzeichnis an den Seiten. Nebst Karte der Umgebg. (auf d. Rückseite). 1 : 100,000. 25×28 cm. Lith. Annaberg (902). Graser. n. — 40

— Stadt-Plan der Kreisstadt Plauen i. V. m. den Stadtteilen Haselbrunn, Chrieschwitz, Reusa, Kleinfriesen, Sorga u. Tauschwitz. 1 : 10,000. 50×63,5 cm. Farbdruck. Mit Strassenverzeichnis an den Seiten. Nebst kurzem Führer. 16. erweit. Ausg. vom J. 1905 (IV S.) 8. Plauen (Schulstr. 3), Druckerei Neupert. n. — 75

Plauen i. V.-Dresden, s.: Automobilkarten. Automobil-Tourenkarte.

Plauen-Elsterberg, s.: Elsterthal.

Plauen-Oelsnitz, s.: Geolog. Karten (Sachsen).

Plauenscher Grund [Schlagwort]

Plauenscher Grund, s.: Geologische Karten (Sachsen).

Plauenwald, s.: Pelikan v. Plauenwald.

Plaugmann, D., littge Hoop, dat Nestkieken. Ein Gedicht in niedersächsisch-plattdeutscher Mundart, mit Anmerkungen u. Erläuterungen. gr. 16. (44 S.) Berlin 849, Stuhr'sche Sortiments-Buchhandlung. n. 1/6 ₰

Plaul, C., die Moment-Photographie u. das Verfahren der längeren Belichtung. Anleitung für Dilettanten. 4., neu bearb. Aufl. gr. 8. (24 S.) Dresden 889. (Arnoldische Buchhandlg.) n. — 50

Plaum's Handwerker-Bibliothek. 1. Hft. gr. 8. Wiesbaden, P. Plaum. n. — 50
Die Reform des Handwerker-Fach- u. Fortbildungs-Schulwesens als nothwendigste u. wichtigste Aufgabe der Regierungen, der Handwerkskammern u. der Innungen. Von Jac. Euler. (38 S.) (900.)

Plaum, J. H., Grund-Regeln zu einer nützlichen Viehzucht. 1. Thl. Zucht, Wartung, Pflege, Weid-Stallfütterung u. Stallmastung des Rindviehes. 8. (Mit 1 lith. Taf.) Prüm 843. (Leipzig, Brauns.) n. 5/12 ₰

Plaum J. H.: Grund-Regeln zu einer nützlichen Viehzucht. Th. 1 (Rindvich). Prüm 1843. 117 S. 1 Tvl.

Plaum, Johannes (Limburgo-Ubachius)
Dissertatio inauguralis medica, sistens aegrum ictero flavo laborantem.
Gissae-Hass. 26. Juli 1708: Joh. Reinh. Vulpius. 24 S. 4°
pro licentia summos in arte medica honores ac privilegia doctoralia solenniter et more majorum capessendi.

Plaum, S., vollständig u. zweckmäßig eingerichtete Zinstabelle für jede Summe von 1 Sgr. bis zu 1000 Thlr. preuß. Cour. à 1, 2½, 3½, 4 ꝛc. Prozent. 4. (lithogr.) Prüm 845. (Leipzig, Brauns.) n. 6 *ngl*

Plaumann, Emil [Oberl.]: Die deutsche Lindenpoesie. Danzig, A. Müller vorm. Wedel'sche Hofbuchdr., 1890; 47 S. 4°
Danzig, k. G, OP 1890

Plaumann, E., die deutsche Lindenpoesie. gr. 4. (47 S.) Danzig 890. (Leipzig, Fock.)

Plaumann, Emil „Markgraf Rüdeger von Bechlaren" von F. Dahn und das Nibelungenlied. 25 S. **Progr.** *Graudenz* 1885.

Plaumann, Emil, „Markgraf Rüdeger v. Becholaren" v. F. Dahn u. das Nibelungenlied. 4. (25 S.) Graudenz 885. (Leipzig, Fock.) n. 1. —

Plaumann, Emil Übersetzung zweier Stellen aus dem Heliand (von 1245—1359) und aus Otfrieds Evangelienbuch (II. 16) nebst einer Einleitung. 29 S. **Progr.** *Graudenz* 1882.

Plaumann, Gerhard: Ptolemais in Oberägypten. Ein Beitr. z. Geschichte d. Hellenismus in Ägypten. Leipzig: Quelle & Meyer 1910. VIII, 137 S. 8° ¶ (Ersch. auch als: Leipziger histor. Abhandlungen. H. 18.)
Leipzig, Phil. Diss. v. 21. Juli 1910, Ref. Wilcken, Bethe
[Geb. 2. Sept. 87 Döhrings; Wohnort: Leipzig; Staatsangeh.: Preußen; Vorbildung: Kgl. Gymn. Danzig Reife O. 05; Studium: Halle 2, Leipzig 7 S.; Rig. 25. Febr. 10.] [U 10. 3209

Ptolemais in Oberägypten. Ein Beitrag z. Geschichte d. Hellenismus in Ägypten v. Dr. Gerhard **Plaumann.** Leipzig: Quelle & Meyer 1910. XII, 137 S. 8°
Erscheint auch als Inaug.Diss. Leipzig 1910.
(Leipziger Historische Abhandlungen. H. 18.) [10. 11611

Plaumann, Otto: Die Leibesflege in Dänemark. Bericht über e. einjähr. Studienreise. Kiel 1910: Handorff. 47 S. 4°
Kiel, Reform-RG; P 1910 (396) [S 10. 337

Der Bischoff (!) (Elmo) hält Hochzeit. Dramatisches Bruchstück aus dem neuern Frankreich. (Vf.: *Plaumaurer*). Straßburg (Leipzig, Liebeskind), 1795. 8°.
Kayser unter Romanen, S. 15, nennt wirklichen Druckort. — Tit., 1 Bl. Vorw., 242 S. Mit einigen Versen. Der Schluß des kurzen Vorworts lautet: „Wir wünschen, daß diese kleine Darstellg. den Beifall der gefühlvollen Welt, nicht der empfindsamen, haben möge." — Selten!

Plausus Comaromiensis sacrae regni coronae datus et dicatus dum Vienna-Budani translato momento tui consisteret. Jaurini 1790. V: *Grossinger, Joh. Bapt.* (szinnyei 3/1499, Nr. 2) (BIBLPORT)

Plausus Genethliacus in Natali Serenissimi Principis Ferdinandi Mariae . . . Monachii 1836. V: *Schirmbeck, Adam.* (JES)

Plausus sacro Pannonio Monti hodie redivivo ducatus. 1802. V: *Grossinger, Joh. Baptist.* (szinnyei 3/500, Nr. 11) (BIBLPORT)

Plausus votivi c. Löscher Veterano Dresdae jubilantium. 4. Dresden, Gröll. 749.

PLAUT, Felix (Kassel): Ueber kryptogene Septico-Pyämie nach subcutaner Muskelzerrung.- München: Wolf 1902. 31 S.
30.6.1902 - Chr 1902/03,21: Jv 1902/03,313
Diss.Ingolst.-Lands.-Mchn.

Plaut, Felix, Dr. med., wissensch. Assist. d. psychiatr. Universitätsklinik zu München: Die Wassermannsche Serodiagnostik der Syphilis in ihrer Anwendung auf die Psychiatrie. Jena: Fischer 1909. 188 S. 8° ¶ (Ersch. auch als Buch ebd.)
München, Med. Hab.-Schr. v. 1909
[U 09. 3538

Plaut, Fel., die Wassermannsche Serodiagnostik der Syphilis in ihrer Anwendung auf die Psychiatrie. (III, 188 S.) gr. 8. Jena 909. G. Fischer. 4. 50

Plaut, Georg, a. Frankfurt a. M.: Zur Kenntnis der Isonitrosoketone. (Berlin 1905: A. W. Schade.) (33 S.) 8°
Berlin, Phil. Fak., Ref. Fischer, Nernst, Diss. v. 15. Juli 1905
[Geb. 4. Juni 83 Frankfurt a. Main; Heimatsort: Berlin; Staatsangeh.: Preußen; Vorbildung: Städtisches Goethe-Gymn. Frankfurt a. M. Reife O. 01; Studium: Darmstadt T.H. 2, Berlin 7 S.; Rig. 3. Juli 05.]

Plaut. Georg [aus Graudenz]: Ueber die Sulfate und Doppelsulfate des vierwertigen Ceriums. Berlin 1903. 67 S. 8°. [20. XI. 03.]
Bern. Phil. Diss. 1903/1904.

Plaut, Georg. Ueber die Sulfate und Doppelsulfate des vierwertigen Ceriums. Diss. Phil. Bern. 68 S. 8. Berlin, E. Ebering, (1903).

Plaut, Hermann, aus Berlin: Ueber **Blasendiphtherie** mit Exfoliation der inneren Schichten. *Berlin 1899: H. Dusedann.* (31 S.) 8° [Umschlagt.]
Erlangen, Med. Diss. v. 19. Juli 1898

Plaut, Herm., Japanese conversation-grammar with numerous reading lessons and dialogues. (Method Gaspey-Otto-Sauer.) (VIII, 393 S. m. 2 Karten.) 8. Heidelberg 905. J. Groos. Geb. in Leinw. n. 6. —; key. (66 S.) kart. n. 2. —

Plaut, Herm., grammaire de la langue japonaise parlée. (Méthode Gaspey-Otto-Sauer.) (VIII, 392 S. m. 2 Kart.) 8. Heidelberg 907. J. Groos. Geb. in Leinw. 6.—; corrigé. (66 S.) Kart. 2. —

Plaut-Issacovitch, japanische Grammatik f. Russen. (Methode Gaspey-Otto-Sauer.) (VIII, 492 S. m. 2 farb. Karten.) 8. Ebd. 910. Geb. in Leinw. 7.—; Schlüssel (74 S.) kart. 2. —

— japanische Konversations-Grammatik mit Lesestücken u. Gesprächen. (Methode Gaspey-Otto-Sauer.) (XI, 376 S. m. 2 Karten.) 8. Ebd. 904. Geb. in Leinw. n. 6. —; Schlüssel. (69 S.) kart. n. 2. —

Plaut, Herm., japanisches Lesebuch, s.: Lehrbücher d. Seminars f. orientalische Sprachen in Berlin.

Plaut, Hugo Karl

— Beitrag zur Favusfrage. S.-A. Jena 92. Fischer.

Plaut, Hugo, Beitrag zur systematischen Stellung d. Soorpilzes in der Botanik. Mit 2 Holzschn. gr. 8. (16 S.) Leipzig 885. H. Voigt. n. — 40

Plaut, H. C., neue Beiträge zur systematischen Stellung d. Soorpilzes in der Botanik. Mit 12 Holzschn. u. 1 lith. Taf. in Farbendr. gr. 8. (32 S.) Leipzig 887. H. Voigt. n. 1. 20

— Das organisierte Contagium der Schafpocken und die Mitigation desselben nach Toussaints Manier. Mit 3 Holzschnitten und 5 Autotypien. (85 S.) Wiesbaden 83. Dürselen. M. 1.50

Plaut H. C.: Das organisirte Contagium d. Schafpocken u. die Mitigation derselben nach Toussaint's Manier. (Diss.). Leipz. 1883. 35 S. Fig. (Vorträge f. Thierärzte. Ser. 5 H. 8). 327.

Plaut, H. C., das organisirte Contagium der Schafpocken u. die Mitigation desselben nach Toussaint's Manier, s. a. Vorträge f. Thierärzte.

— über Desinfection der Viehställe. gr. 8. (22 S.) Ebend. 884. n. — 50

—— Färbungs-Methoden zum Nachweis der fäulnisserregenden und pathogenen Mikroorganismen. Tabelle in gr. Fol. Ebendas. 884. * — 50

— Färbungs-Methoden zum Nachweis der fäulnisserregenden u. pathogenen Mikroorganismen. 2. Aufl. gr. 8. (IV, 32 S.) Ebend. 885. n. — 60

—— die pflanzlichen Parasiten, s. Zürn, F. A., die Schmarotzer auf und in dem Körper unserer Haussäugetiere.

— Untersuchung üb. e. neue Krankheit der Lämmer. Mit e. lith. u. 1 Lichtdr.-Taf. gr. 8. (20 S.) Ebend. 883. n. — 80

Plaut, Jacob [aus Mackenzell (Hessen-Nassau)]: Untersuchungen uber die Ruckwirkung der Borsäure auf die Nieren in ihrer Anwendung als Antisepticum. . . . Wurzburg, Druck d. Ferdinand Röhrl'schen Buchdr., 1889; 30 S. 8°
Würzburg, Med. Fak., Inaug.-Diss. v. 1889

PLAUT, Carl (Eschwege): Ueber einen Fall von Kryptogenetischer Septiko-Pyämie mit seltnem Priesörherd. München: Kastner & Lossen 1901. 35 S. Diss. Ingolst.-Landsh.-Mchn.
11.3.1901 - Chr 1900/01,20; Jv 1900/01,243

Plaut, M., biblische Geschichten. F. d. israelit. Kleinen erzählt. 1. Tl. (Bis Moses' Tod.) 8. (XI, 92 S.) Frankfurt a/M. 897. J. Kauffmann. Kart. n. — 80

— deutsches Land u. Volk im Volksmund. E. Sammlg. v. Sprichwörtern, Sprüchen u. Redensarten als Beitrag zur Kunde d. deutschen Landes u. Volkes. gr. 8. (120 S.) Breslau 897. F. Hirt. n. 2. —

Plaut, M., Rechenfibel. Uebungsbüchlein für Anfänger im schriftl. Rechnen. 12. (24 S.) Frankfurt a. M. 860. Gebhard und Körber. *

Plaut, M., Rechenfibel. Uebungsbüchlein f. Anfänger im schriftl. Rechnen. 2. Aufl. gr. 16. (24 S.) Frankfurt a/M. 873. Erras. n.n. — 30

Plaut, Max, appr. Arzt a. Gießen: Aus der ophthalmologischen Klinik zu Gießen. Zur Casuistik der Netzhautgliome. Neu-Isenburg 1904: A. Koch. (37 [richtig 38] S.) 8°
Gießen, Med. Fak., Ref. Vossius, Diss. v. 30. Sept. 1904
[Geb. 21. Mai 80 Gießen; Wohnort: Frankfurt a. M.; Staatsangeh.: Hessen; Vorbildung: Gymn. Gießen Reife O. 99; Studium: Gießen 4, Berlin 1, Gießen 5 S.; Coll. 30. Juli 04; Approb. 5. März 04.]

Plaut, Menko: Untersuchungen über die physiologischen Scheiden der Gymnospermen, Equisetaceen und Bryophyten. Marburg 1909: (Buchbinder, Neuruppin). 65 S. 8° ¶ (Ersch. m. Taf. in: Jahrbücher f. wiss. Botanik. Bd 47, H. 2.)
Marburg, Phil. Diss. v. 25. Jan. 1910, Ref. A. Meyer
[Geb. 4. Dez. 85 Frankfurt a. M.; Wohnort: Marburg; Staatsangeh.: Preußen; Vorbildung: Goethe-Gymn. Frankfurt Reife O. 04; Studium: Göttingen 1, Berlin 4, Marburg 6 S.; Rig. 30. Juni 09.] [U 10. 3379

Plaut, R., Flavius Josephus u. die Bibel. Eine krit. exeget. Studie. Diss. 1887. 89 S. 1.20

Plaut, Rudolf [app. Arzt aus Bodenteich]: Ein Fall von spontaner Aufhellung einer Katarakt . . . Kiel, Druck v. P. Peters, 1897; 32 S., 2 Bl. 8.
Kiel, Med. Fak., Inaug.-Diss. v. [3. März] 1897

Plaut, Rud., Gedächtnis-Rede, geh. an d. Bahre d. verew. Freifrau Carl v. Rothschild am 16. Dezbr. 1891. 8. (11 S.) Frankfurt a/M. (894). J. Kauffmann. n. — 50

Plaut, Rud., Gedächtnis-Rede, geh. bei der Enthüllg. d. Grab-Denkmals des verewigten Freifräulein Hannah Louise v. Rothschild am 23. März 1893. 8. (8 S.) Frankfurt a/M. 893. J. Kauffmann. n. — 50

PLAUT, Theodor: Ueber cerebrale Apoplexien und Embolien. Statistische Untersuchungen auf Grund der in den Jahren 1890-94 auf der I. med. Abteilung des kgl. klin. Institutes zu München beobachteten Fälle.- Frankfurt a.M.: Golde 1897. 27 S.
28.6.1897 - Chr 1897/98,16; Jv 1897/98,218
Diss. Ingolst.-Landsh.-Mchn.

Plaut, Th., das Fieber. (Schumann's medizin. Volksbücher.) (119 S. m. 10 Fig.) kl. 8. Leipzig 903. [W. Schumann Nachf.] Ulm, J. Ebner. Geb. in Leinw. 1. 50

Plaut, Th., die Verdauung einschließlich der Anatomie u. Physiologie des gesamten Verdauungsapparates. (Schumanns medizin. Volksbücher.) 8. (136 S.) Leipzig 902. W. Schumann Nachf. Geb. in Leinw. n. 1. 50

Plaute, ou la, Comédie latine, Comédie en 3 Actes, et en vers par Lemercier. gr. 8. Rudolst. Hofbuchh. 810.

PLAUTH, Adolf: Ein Fall von Neuritis multiplex alcoholica.- München: Lehmann 1893. 23 S.
15.7.1889 - Chr 1889/90,26; Jv 1893/94,202
Diss. Ingolst.-Landsh.-Mchn.

Plauth, Adf., e. Fall v. Neuritis multiplex alcoholica. Diss. [Aus: „Annalen d. städt. allg. Krankenhäuser in München".] gr. 8. (23 S.) München 893. J. F. Lehmann's Verl. n. 1. —

Plauth, Heinrich: Über eine interessante cystische Neubildung am Halse. ⟨Cystadenoma papilliferum.⟩ *Tübingen: H. Laupp 1897.* (18 S.) 8° ¶ (Aus: Beiträge zur klinischen Chirurgie, Bd 19 H. 2.)
Heidelberg, Med. Diss. v. [26. Okt.] 1897

Plautus, M. Accius, und Fr. W. Reiz. O. O. 1793. V: *Kordes, Berend.* (ADB)

Plautus, M. A., u. F. W. Reiz, v. Kordes. 8. Kiel, Akadem. Buchh. 793.
Vgl. K o r d e s , B.

Plautus, Titus Maccius

Plautina, Grammatica, s. Ballas, Aemil.

—— s. Ritschl's, Friedr., kleine philolog. Schriften.

Plautus, M. Acc., Amphitruo. In us. lect. ed. Fr. Ast. 8maj. Landishuti, Thomann. 818.

Plauti, T. Macci, Amphitruo. Ad codicum Palatinorum fidem cum potiss. variet. lectionis et commentariis edid. Frid. Gul. Holtzius. 8. (7¾ B.) Lipsiae 846. Car. Tauchnitz.

Plauti, T. Macci, Amphitruo. Ad codicum palatinorum fidem cum potissima varietate lectionis et commentariis edid. F r i d. G u l i e l m u s H o l t z i u s. 8. (VIII u. 116 S.) Lipsiae 847, C. Tauchnitz. 18 ngr.

Plautus. Amphitruonis prologus hujus fabulae edendae specimen. Proposuit F. Osann. Gel. 1848. 4 S. —.90

Plautus, T. M. Schauspiel Aulularia, übersetzet . . . Zelle 1743. Ü: *Kayser, Christian Bernhard.* (Degen) (Ebert)

— Aulularia, edid. F. Göller. 8maj. Coloniae 825, Dü-Mont-Schauberg.

—— Aulularia. Ad fid. codic. qui in biblioth. Musei Britannici exstant aliorumq. nonnullor. rec.: Notisque et glossario locuplete instr. Jac. Hildyard. 8maj. (15 B.) Cantabrigiae 839. (Lipsiae, T. O. Weigel.) •

— Aulularia, in usum scholarum recognovit P. Langen. 8. (III, 43 S.) Münster 889. H. Schöningh. n. 1. —

— Aulularia, Captivi, Trinummus, (u.) P. Terentii Afri Adelphi. Accedit Ant. Codri Urcei supplementum Aululariae. 8 maj. Monachii 843. (Regensburg, Manz.) n. 13½ ngl

Plauti, T. Macci, Aulularia, Captivi, Trinumus. (und) P. Terentii Afri Adelphi. Accedit Ant. Codri Urcei supplementum Aululariae. 8maj. (242 S.) Monachii 843. Quedlinburgi 847, Basse. *–

—— Bacchides. Ad cod. Palatinor. fid. c. integra scripturae discrepantia reliquor. libror. ed. Frid. Ritschelius. 8maj. (13 B.) Halis Sax. 835, libr. Orphanotrophaei.

—— Bacchides. Ad cod. Palatinor. fid. c. numeror. notatione ed. Frid. Ritschelius. 8maj. (6¼ B.) Halis Sax. 835, libr. Orphanotrophaei.

— Bacchides. Recensuit Godofred. Hermannus. 8. Lipsiae 845, Weidmann. 18 ngl

-- der Bramarbas [Miles gloriosus], s.: Universal-Bibliothek.

—comoed.captivi, der Gefangene, übers. mit Anmerkk. v.A.G Borheck. 8. Hamb. 798. N. A. 804. Villaume. 1 ₰ 8 gl

Plautus, Captivi comoedia. Ad metricae legis normam recens. collat. quinque codd. Mss. et observatt. auxit Jh. Bosscha 8maj. Amsterd. 817. den Hengst et Fils (Leipz., Weigel) 1 ₰ 16 gl

— Captivi, emend. Fr. Lindemann. 8maj. Leipz. 830 Teubner. 6 gl Velp. 10 gl

Plauti, Titi Macci, Captivi. Fabula palliata. Cum commentario et interpretatione suecana edid. Joh. Gust. Ek. Lundae 853. (Leipzig, T. O. Weigel.) 8. (65, 50 S.) n. 24 ngr.

—— Captivi. Hrsg. von Edward A. Sonnenschein. Mit einem krit. Apparate und zahlreichen, noch nicht veröffentlichten Emendationen von Rich. Bentley zum ganzen Plautus, wie sie sich in dessen Handexemplaren des Pareus und Camerarius vorfinden. gr. 8. (XV, 93 S. mit 1 phototyp. Facs.) London 880. (Leipzig, T. O. Weigel.) *

Plautus, M. Acc., Captivi et Menaechmi. E recensione Gronovii c. varietate lectionis et notis perpetuis. In usum scholarum accommodavit C. H. Menzel. 8. Bresl. Holäufer. 811.

Plauti, M. Acci, Casina. Cum variis lectionibus codicis Ambrosiani, Parcanorum et codicis Parisini in usum lectionum edidit C. E. Geppert. Berlin 866. (Calvary u. Co.) gr. 8. (IV, 72 S.) n. 24 ngr.

Plautus, Titus Maccius. Codex Heidelbergensis 1613 Palatinus C., praefatus est Carol. Zangemeister, s.: Codices graeci et latini. V.

—— Comoediae, edid. Fr. H. Bothe. IV Vol., s. Auctores class. Vol. XIV—XVI.

—— Comoediae. Ed. Bothe. Vol. V., s. Auctores class. lat. cur. Car. Zell. Vol. XVIII.

Plautus, comoediae, recens. et Chrestomathia philologica instr. Jh. P. Miller l. III Tomi. 8. Berl. 755. Haude u. Sp. 2 ₰ 8 gl, Hbg. Pr. 1 ₰

Plautus, quae supersunt comoediae cum commentario ex variorum notis et observationibus, ex recens. J. F. Gronovii. Accessere ex ejusd. lectionibus Plautinis notulae asterisco notatae. Cum praef. Jh. A. Ernesti. (c. E. Chr. A. Otho.) Mit 1 Kpf. II Tomi. 8maj. Leipz. 760. (Weidmann.) 4 ₰

Plautus, T. M. Quae supersunt comoediae, cum commentario ex variorum notis et observationibus . . . Lipsiae 1760. H: *Otho, Enoch Christian August.* (Ebert) (ML) (Ky) (AarK)

— comoediae superstites viginti ad opt. edit. collatae (c. J. V. Embser). II Voll. in III Ptes. 8maj. Bip. 778—80. Noviss. recognitae et emendat. a R. T. Ph. Brunck. III Voll. 8maj. ibid. 788. (Treuttel u. W. in Strassb.) 4 ₰ fein Pap. 5 ₰

— — Acc. Index rarioris et obsoletae latinitatis, et notitia literaria. Bipont. 779. 8o. 2 Vol. 8. Ed. sec. rec. Brunckii. Ib. 788. 3 Vol. 8.

Plautus, T. M. Comoediae superstites viginti, novissime recognitae et emendatae. Biponti 1788. H: *Brunck, Rich. Frz Phil.* (Ky) (BrMm) (Ebert) & *Embser, Joh. Val.* (Gi)

— comoediae noviss. recogn. ac notis et ind. verbor. illustr. Mt. Span. c. fig. V Tomi. (Etiam sub titulo: Collectio vet. auctorum. Vol. I.) 8. Wien 792—94. Schrämbl. (Bauer u. D.) 2 ₰ 16 gl

— Comoediae. 7 Vol. Editio Schraembliana. 12. cum figuris aeri incisis. Wien, Bauer.

Plautus, T. M. Comoediae superstites viginti novissime recognitae ac notis . . . illustratae. Viennae 1792—1802. H: *Span, Matthäus.* (Ebert) (ErschDL) (Gi)

-- Comoediae, ed. B. F. Schmieder. (macht mit d. Commentar d. Script. class. rom. T. V. aus.) gr. 8. Göttingen, Dieterich. 804. (2 Rthlr. 4 gr. der Commentar 1 Rthlr. 8 gr.)
Schreibp. (3 Rthlr. 12 gr. d. Comm. 2 Rthlr.)
Velinp. (5 Rthlr. der Commentar 3 Rthlr.)

— quae supersunt comoediae et deperditarum fragmenta cum Commentar. B. F. Schmieder. 8maj. Götting. 804. Dieterich. 3 ₰ 12 g̊ Hbg. Pr. 2 ₰ 8 g̊ Schrbp. 3 ₰ 16 g̊ Velp. 5 ₰ 8 g̊ Der Text apart 2 ₰ 4 g̊ Hbg. Pr. 1 ₰ 12 g̊ Schrbp. 2 ₰ 8 g̊ Velp. 3 ₰ 8 g̊ Der Commentar apart 1 ₰ 8 g̊ Hbg. Pr. 20 g̊ Schrbp. 1 ₰ 8 g̊ Velinpap. 2 ₰

— Comoediarum, in usum elegantiorum hominum ed. Fr. H. Bothe. 4 Tmi. gr. 8. Berlin, Kuhn. (K. et Ind. Compt.) 809–11. (I–III. à 3 Rthlr. IV. 4 Rthlr. 12 gr.)

— comoediae. In usum elegantiorum hominum ed. Fr. H. Bothe. IV Tomi. 8maj. Berl. 809—11. (Schlesinger). 13 ₰ 12 g̊

— Comoediae ad metric. legis normam recens. collatione V. codd. mss. et observ. aux. J. Boscha. Fasc. I. et II. 8maj. Amstelodami. (Lipsiae, libr. Weidmannia in comm.) 817. 818.

— quae supersunt Comoediae. Ad optim. libror. fidem accurate editae. Editio stereotypa. Tom. Ius. 12. Lipsiae, Tauchnitz. 820.

— comoediae, cum fragmentis prior. editor. et novis A. Maji. Ad opt. libror. fid. accurate editae. II Tom. 12. Edit. stereot. Leipz. 820, 21. Tauchnitz. 1 ₰ 12 g̊ fein Pap. 2 ₰ Ed. n. II Voll. 16. ibid. 829. 18 g̊ fein Pap. 2 ₰

— comoediae, rec. F. H. Bothe. II Voll. 8maj. Halberst. 821. (Weinedel in Leipz.) 2 ₰ (vergl. *Poëtae* scenici Latinorum).

— comoediae, cum var. lect. delectu tertium ed. Fr. H. Bothe. IV Voll. 12. Stuttgart 829. Hoffmann. (à 9 g̊) 1 ₰ 12 g̊

Plautus, M. A., quae supers. Comoediae. Textum recognov. vir. erudit. notas colleg. suasque adj. Ern. Jul. Richter. Vol. I. Et. s. tit.: Plauti Amphitruo. 8maj. Norimbergae 833. Riedel. 1 ₰

— id. Vol. II. — E. s. t.: Plauti Asinaria. 8maj. (12¾ B.) Ibid. 833.

— id. Vol. III. — E. s. t.: Plauti Aulularia. 8 maj. (14¼ B.) Ibid. 833.

— Comoediae quae supersunt. Ad mel. codd. fid. recens., versus ordinavit, difficiliora interpretatus est Car. Herm. Weise. Tom. I. Insunt: Amphitruo, Asinaria, Aulularia, Bacchides, Capteivei, Casina, Cistellaria, Curculio, Epidicus, Menaechmi, Mercator. 8maj Quedlinburgi 837. Basse, 1½ ₰ — Prachausg. auf Schweizer-Velinp. 2⅓ ₰

— ead. Tom. II. Insunt: Miles Gloriosus, Mostellaria, Persa, Poenulus, Pseudolus, Rudens, Stichus, Trinumus, Truculentus. — Fragmenta. Index. Praemissa est Dissert. de metris et de Scansione versuum Plautinorum. 8maj. Ibid. 838. 2 ₰ — Schweizer-Velinp. 2½ ₰

— Comoediae et comoediar. fragmenta. Cum Ictibus metricis. lectione ad optimos libros emendata, ed. Car. Herm. Weise. Edit. minor, uno vol., notis omissis. 8maj. (37½ B.) Quedlinburgi 838, Basse.

— comoediae. Ad praestantium libror. fidem recensuit, versus ordinavit, difficiliora interpret. est Car. Herm. Weise. Altera edit. multis in partt. locuplet. Tom. I et II. gr. 8. Tom. I. Insunt: Amphitruo, Asinaria, Aulularia, Bacchides, Captivi, Casina, Cistellaria, Curculio, Epidicus, Menaechmi, Mercator, Miles. (LIV u. 531 S.) Tom. II. Insunt: Mostellaria, Persa, Poenulus, Pseudolus, Rudens, Stichus. Trinumus, Truculentus. Index. (574 S.) Quedlinburgi 847. 48, Basse. (à 2 ₰ Velinp. à 2½ ₰) 4 ₰ Velinp. 5 ₰

Plauti, M. Accii, quae supersunt Comoediae cum fragmentis priorum editorum et novis Angeli Maii. Nova edit. stereot. ictibus versuum notatis ex recens. C. H. Weise. 4 Voll. 16. Leipzig 842, K. Tauchnitz. 1 ₰ fein P. 1½ ₰

— quae supersunt comoediae cum fragmentis priorum editorum et novis Angeli Maji ictibus versuum notatis ex recensione C. H. Weisii. 4 Tomi. Editionis ster. C. Tauchnitianae nova impressio. Leipzig 866. Holtze. 16. 1 ₰

Tom. 1. Amphitruo. Asinaria. Aulularia. Bacchides. Captivi. (VIII, 296 S.)
Tom. 2. Casina. Cistellaria. Curculio. Epidicus. Menaechmi. Mercator. (290 S.)
Tom. 3. Miles gloriosus. Mostellaria. Persa. Poenulus. Pseudolus. (340 S.)
Tom. 4. Rudens. Stichus. Trinumus. Truculentus. Fragmenta Pristina. Fragmenta A. Maji, cum specimine codicum. (282 S. mit 1 Steintaf. in qu. 8.)

— quae supersunt Comoediae cum fragmentis priorum editorum et novi Angeli Maii ictibus versuum notatis ex recensione C. H. Weisii. Editionis stereotypae C. Tauchnitianae nova impressio. 4 vol. 16. Leipzig 870—73, Holtze. à Vol. 90 Pf. 3 60

Inhalt:
Vol. 1. Amphitruo. Asinaria. Aulularia. Bacchides. Capteivei. (VIII, 296 S.)
» 2. Casina. Cistellaria. Curculio. Epidicus. Menaechmi. Mercator. (290 S.)
» 3. Miles gloriosus. Mostellaria. Persa. Poenulus. Pseudolus. (340 S.)
» 4. Rudens. Stichus. Trinumus. Truculentus. Fragmenta. (282 S. mit 1 Stnt. in qu. 8.)

— quae supersunt comoediae cum fragmentis priorum editorum et novis Angeli Maii ictibus versuum notatis ex recensione C. H. Weisii. Ed. ster. C. Tauchnitianae nova impressio Tom. I. Amphitruo. Asinaria. Aulularia. Bacchides. Capteivei. 16. (VIII, 296 S.) Leipzig 893. O. Holtze's Nachf. — 90

— comoediae. Ex recensione et cum apparatu critico Frdr. Ritschelii. Accedunt prolegomena de rationibus criticis grammaticis prosodiacis metricis emendationis Plautinae. Tom. I. Prolegomena, Trinummum, Militem gloriosum, Bacchides complectens. gr. 8. Pars I: Trinummus. (CXLIV u. 178 S.) Pars II: Miles gloriosus. (XXXII u. 224 S.) Pars III: Bacchides. (XIV u. 155 S.) Bonnae 848. 49, König. (à n. 1 ₰) I, 1 —3. m. Pränumeration auf I, 5: n. 5 ₰

— comoediae. Ex recensione et cum apparatu critico Frdr. Ritschelii. Accedunt prolegomena de rationibus criticis grammaticis prosodiacis metricis emendationis Plautinae. Tom. I. Prolegomena, Trinummum, Militem gloriosum, Bacchides complectens. (Pars I—3.) 8maj. (... S.) Bonnae 849. [Elberfeld, Friderichs.] à Pars * 1 Thlr. *

— id. — Tom. II. Stichum, Pseudulum, Menaechmos, Mostellariam complectens. 4 Partes. 8maj. Ibid. [Pars 1 et 2. (LIV und 304 S.) 850., 3. (XVI und 157 S.) 851., 4. (XVIII und 175 S.) 852. à Pars * 1 Thlr.] *

Plauti, T. Macci, comoediae. Ex recensione et cum apparatu critico Frid. Ritschelii. Accedunt prolegomena de rationibus criticis grammaticis prosodiacis metricis emendationis Plautinae. Tom. III. Persam, Mercatorem, Poenulum, Rudentem complectens. Pars I.: Persa. gr. 8. (XIV und 118 S.) Elberfeldae 853, Friderichs. *

— id. — Tom. III. Pars 2.: Mercator. gr. 8. (XII und 130 S.) Ibid. 854. *
Tom. I. et II. [Ibid.] 1849—52. * 7 Thlr.

— comoediae. Scholarum in usum recensuit Frdr. Ritschelius. Tom. I. gr. 8. Fasc. I: Trinummus. (II u. 94 S.) Fasc. II: Miles gloriosus. (126 S.) Fasc. III: Bacchides. (104 S.) Ebd. 848. 49. (à n. ⅓ ₰) n. 1 ₰

Plauti, T. Macci, comoediae. Scholarum in usum recensuit Frdr. Ritschelius. Tom. II. (4 Fasc.) Stichum, Pseudulum, Menaechmos, Mostellariam complectens. 8maj. (370 S.) Bonnae 850—52. [Elberfeld, Friderichs.] Thlr. *

— dies. Tom. II. gr. 8. Fasc. I: Stichus. (66 S.) Fasc. II: Pseudulus. (116 S.) Fasc. III: Menaechmi. (94 S.) Ebd. 850. 51. (à n. 1/3 ℔) n. 1 ℔

—— (comediae. Scholarum in usum recensuit Frid. Ritschelius. Tom. III. Fasc. I et 2.:) Persa. — Mercator. 8maj. (76 und 78 S.) Elberfeldae 853—54, Friderichs. à Fasc. * 5 Ngr. *
Tom. I. et II. [Ibid.] 1849—52. * 1 Thlr. 25 Ngr.

— comoediae. Ex recognitione Alfr. Fleckeiseni. Tom. I. et II. — I: Amphitruonem Captivos Militem gloriosum Rudentem Trinummum complectens. Praemissa est epistula critica ad Frdr. Ritschelium. II: Asinariam Bacchides Curculionem Pseudulum Stichum complectens. 8. (XXX. 332 u. 272 S.) Lipsiae 850. 51, Teubner. (I: 12 ngl II: 1/3 ℔) 22 ngl

Plauti, T. Macci, Comoediae. Ex recognitione Alfr. Fleckeiseni. 2 tomi. 8. Leipzig 872,74, Teubner. 2 70
Inhalt:
Tom. 1. Amphitruonem Captivos Militem gloriosum Rudentem Trinummum complectens. (XXX, 332 S.) ℳ 1,50.
» 2. Asinariam Bacchides Curculionem Pseudulum Stichum complectens. (272 S.) ℳ 1,20.
Jedes Stück einzeln à 45 Pf.

Plauti, T. Marci, comoediae. Recensuit instrumento critico et prolegomenis auxit Frieder. Ritschelius. Tomi I. Fasc. I. Trinummus. Iterum recensuit instrumento crit. auxit Frider. Ritschelius. gr. 8. (LXXI, 168 S.) Leipzig 871. Teubner. n. 4. 40

Plauti, T. Maccii, comoediae. Rec., instrumento critico et prolegomenis auxit Frdr. Ritschelius sociis operae adsumptis Gust. Loewe, Geo. Goetz, Frdr. Schoell. Tomi I. fasc. II—V et Tom. II. fasc. I et II. gr. 8. Leipzig 878—82. Teubner. n. 19. 80
(I—II, 2.: n. 24. 20)
I. 2. Epidicus. Rec. Geo. Goetz. (XXVI, 95 S.) n. 3. —
3. Curculio. Rec. Geo. Goetz. (XXIV, 86 S.) 1879.
4. Asinaria. Rec. Geo. Goetz et Gust. Loewe. Accedit codicis Ambrosiani J infer specimen phototypicum. (XXVI, 110 S.) 1881. n. 3. 60
5. Truculentus. Rec. Frdr. Schoell. (LII, 155 S.) 1881. n. 4. 20
II. 1. Aulularia. Rec. Geo. Goetz. (XIII, 96 S.) n. 2. 40 882.
2. Amphitruo. Rec. Geo. Goetz et Gust. Loewe. (XII, 131 S.) 882.

— dasselbe, rec., instrumento critico et prolegomenis auxit Frdr. Ritschelius, sociis operae adsumptis Gust. Loewe, Geo. Goetz, Frdr. Schoell. Tomi I. facs. 1. tomi II. fasc. 3—5. et tomi III. fasc. 1. gr. 8. Leipzig, Teubner. n. 21. 80
I. 1. Trinummus. Ed. III. a Frdr. Schoell recognita. (LXIV, 199 S.) 884. n. 5. 60
II. 3. Mercator, rec. Frdr. Ritschelius. Ed. II. a Geo. Goetz recognita. (XIII, 124 S.) 883. n. 3. 60
4. Stichus. Ed. II. a Geo. Goetz recognita. (XVI, 110 S.) 883. n. 3. 60
5. Poenulus, recensuerunt Ritschelii schedis adhibitis Geo. Goetz et Gust. Loewe. (XXVI, 176 S.) 881. n. 5. —
III. 1. Bacchides, rec. Frdr. Ritschelius. Ed. II. a Geo. Goetz recognita. (XI, 144 S.) 886. n. 4. —

Plauti, T. Macci, comoediae. Recensuit, instrumento critico et prolegomenis auxit Frdr. Ritschelius sociis operae adsumptis G. Loewe, G. Goetz, F. Schoell. Tomi III. fasc. 2—5. gr. 8. Leipzig 887—889. Teubner. n. 20. 80
2. Captivi, rec. F. Schoell. (XXIII, 136 S.) 887. n. 4. —
3. Rudens, rec. F. Schoell. (XXVII, 188 S.) 887. n. 5. 60
4. Pseudolus, rec. F. Ritschelius. Ed. II. a Geo. Goetz recognita. (XV, 188 S.) 887. n. 5. 60
5. Menaechmi, rec. F. Ritschelius. (XXIII, 208 S.) n. 5. 60

— dasselbe. Tomi IV. fasc. 1 et 2. gr. 8. Ebd. 890. n. 11. 60
1. Casina, rec. F. Schoell. (XL, 172 S.) n. 5. 60
2. Miles gloriosus, rec. F. Ritschelius. Ed. II. a G. Goetz recognita. (XXIV, 236 S.) n. 6. —

Plauti, T. Macci, comoediae, recensuit, instrumento critico et prolegomenis auxit Frdr. Ritschelius, sociis operae adsumptis Gust. Loewe, Geo. Goetz, Frdr. Schoell. Tomi IV. fasc. 3.—5. (Finis.) gr. 8. Leipzig, B. G. Teubner. n. 17. 20 (kplt.: n. 91. 20)
3. Persa. Rec. Frdr. Ritschelius. Ed. II. a Frdr. Schoell. recognita. (XXX, 171 S.) 892. n. 5. 60
4. Mostellaria. Ed. II. a Frdr. Schoell recognita. (XLVI, 223 S.) 893. n. 6. —
5. Cistellaria, recensuit Frdr. Schoell. Accedunt deperditarum fabularum fragmenta a Geo. Goetz recensita. (XXXVIII, 204 S.) 894. n. 5. 60

— comoediae, recensuit, instrumento critico et prolegomenis auxit Frdr. Ritschelius, sociis operae adsumptis Gust. Loewe, Geo. Goetz, Frdr. Schoell. Tomi I fasc. II. Epidicus. Iterum recensuit Geo. Goetz. gr. 8. (XVI, 129 S.) Leipzig 902. B. G. Teubner. n. 4. —

— comoediae rec. A. Spengel. Vol. III. Pars 5. Trinummus. 8. (XVI, 58 S.) Berlin 875. Calvary & Co. n. 1. 20

— commoediae. Rec. et enarravit Joa. Ludov. Ussing. Vol. I., Amphitruonem et Asinariam cum prolegomenis et commentariis continens. gr. 8. (VIII, 443 S.) Havniae 875. Leipzig, T. O. Weigel. n. 11. 25

— dasselbe. Rec. et enarravit Joa. Ludov. Ussing. Vol. II., Aulularium, Bacchides, Captiuos, Curculionem continens. gr. 8. (XVI, 586 S.) Havniae 878. (Leipzig, T. O. Weigel.) n. 14. —

Plauti, T. Macci, Comoediae. Rec. et enarravit Joa. Ludov. Ussing. Vol. III. Pars 2 et Vol. IV. 2 partes. gr. 8. Havniae. (Leipzig, T. O. Weigel.) **
Inhalt:
Vol. III. Pars 2: Epidicum, Mostellariam, Menaechmos continens. (VIII, 448 S.) 880. **ℳ 11,25.
» IV. » 1: Militem gloriosum et Mercatorem continens. (356 S.) 882. **ℳ 10.
» 2: Pseudolum et Poenulum continens. (VIII, 362 S.) 883. **ℳ 10.
Vol. I. et II. (Ebendas.) 1875,78. **ℳ 25,25.
Vol. III. Pars 1 ist noch nicht erschienen.

Plauti, T. Macci, comoediae. Recensuit et enarravit Joa. Ludov. Ussing. Vol. V: Persam, Rudentem, Stichum, Trinummum, Truculentum continens. gr. 8. (662 S.) Havniae 886. (Leipzig, T. O. Weigel Nachf.) * 13 50
Vol. I, II, Vol. III, pars 2 et Vol. IV. Ebendas. 1875—83. **ℳ 56.50. — Vol. III, pars 1 ist noch nicht erschienen.

Plauti, T. Macci, comoediae, recognovit Frdr. Leo. Vol. I, Amphitruonem, Asinariam, Aululariam, Bacchides continens. gr. 8. (X, 178 S.) Berlin 885. Weidmann. 1. 80

[T. Macci] Plavti Comoediae. Rec. et emend. Fridericvs Leo. Vol I. II. *Berolini: Ap. Weidmannos 1895. 96.* 2 Bde 8.
I. . . . 1895. (VII, 478 S.) II. . . . 1896. (2 Bl., 574 S., 1 Bl.) [96. 588]

Plautus, Titus Maccius, comoediae. Recensuit et emendavit Frdr. Leo. Vol. II. Miles. Mostellaria. Persa. Poenulus. Pseudolus. Rudens. Stichus. Trinummus. Truculentus. Vidularia. Fragmenta. gr. 8. (IV, 574 S.) Berlin 896. Weidmann. n. 20. —
(I. u. II.: n. 38. —)

Plautus, Titus Maccius, comoediae. (Suppl.) De Plauti vita ac poesi testimonia. Conspectus metrorum. 8. (S. XV—XXXIII u. S. 153—165.) Berlin 895. Weidmann. — 45

— dasselbe. Ex recensione Geo. Goetz et Frdr. Schoell. Fasc. I. 8. Ebd. n. 2. 70
I. Amphitruonem, Asinariam, Aululariam complectens. Praecedunt de Plauti vita ac poesi testimonia veterum. (XXXIII, 158 S.) 893.

—— dass. — Ex recensione Geo. Goetz et Frid. Schoell. Fasc. II. Bacchides, Captivos, Casinam complectens. 8. (VIII, 161 S.) Ebd. 892. 1 20

— dasselbe. Ex recensione Geo. Goetz et Frdr. Schoell. Fasc. III—VII. 8. Leipzig, B. G. Teubner. n. 7. — (Kplt.: n. 9. 70)
III. Cistellaria. Curculio. Epidicus. (XIII, 130 S.) 895. n. 1. — ; jedes Stück einzeln — 45
IV. Menaechmi. Mercator. Miles gloriosus. (XVIII, 222 S.) 895. n. 1. 50; Menaechmi u. Miles gloriosus einzeln à — 60; Mercator einzeln — 45
V. Mostellariam, Persam, Poenulum complectens. (XI, 207 S.) 896. n. 1. 50; Mostellaria u. Poenulus einzeln à — 60; Persae einzeln — 45
VI. Pseudolum, Rudentem, Stichum complectens. (XXI, 212 S.) 896. n. 1. 50; Pseudolus u. Rudens einzeln à — 60; Stichus einzeln — 45
VII. Trinummum, Truculentum, fragmenta complectens. Accedit conspectus metrorum. (XVIII, 165 S.). 896 n. 1. 50; Trinummus einzeln — 60; Truculentus einzeln — 45

T[iti] Macci **Plauti** Comoediae. Ex rec. Georgii Goetz et Friderici Schoell. Ed. ster. Fasc. 1–7. *Lipsiae: B. G. Teubner 1896–1901.* 7 Bde. 8°
1. Amphitruonem, Asinariam, Aululariam complectens. Praecedunt de Plauti vita ac poesi testimonia veterum. 1898.
2. Bacchides, Captivos, Casinam complectens. 1898.
3. Cistellariam, Curculionem, Epidicum complectens. 1901.
4. Menaechmos, Mercatorem, Militem gloriosum complectens. 1899.
5. Mostellariam, Persam, Poenulum complectens. 1900.
6. Pseudolum, Rudentem, Stichum complectens. 1896.
7. Trinummum, Truculentum, fragmenta complectens. Accedit conspectus metrorum. 1896.
(Bibliotheca script. graec. et rom. Teubneriana.) [01. 9974

— dasselbe. Ex recensione Georgii Goetz et Frider. Schoell. Fasc. II. Bacchides, Captivos, Casinam complectens. Ed. II emendatior. (XVIII, 161 S.) 8. Leipzig 904. B. G. Teubner. n. 1. 50; geb. n. 1. 90

T[iti] Macci **Plauti** Comoediae. Ex rec. Georgii Goetz et Friderici Schoell. Ed. altera em. Fasc. 1. Lipsiae: Teubner 1909. 8°
(Bibliotheca scriptorum Graec. et Rom. Teubneriana.) A 12.5351I

Plauti, T. Macci, comoediae, recognovit brevique adnotatione critica instruxit W. M. Lindsay. 2 tomi. 8. Oxford (903). Clarendon Press. à n.n. 5. —
I. Amphitruo, Asinaria, Aulularia, Bacchides, Captivi, Casina, Cistellaria, Curculio, Epidicus, Menaechmi, Mercator. (XVII, 508 S.)
II. Miles gloriosus, Mostellaria, Persa, Poenulus, Pseudolus, Rudens, Stichus, Trinummus, Truculentus, Vidularia, Fragmenta. (VI, 579 S.)

— Sarsinatis Umbri comoediae duae (Captivi et Trinummus) ex recens. F. E. Gronovii. (Ed. Ber. Kordes). 8maj. Jena 788. (Hennings in Neisse) 4 gr.

— Sarsinatis umbri Comoediae duae ex recens. I. F. Gronovius. gr. 8. Ienae, Academ. Buchh. 788.

— comoediae IV. Aulularia, Captivi, Curculio et Trinummus, in us. scholar. separatim typis exscriptae. 8. Halle 810. Ed. II. 820, Waisenh.-B. 8 gr.

— Comoediae IV. Aulularia, Captivi, Curculio et Trinumus. In usum scholarum separatim typis exscriptae. Ed. IIda. 8. Halae, Waysenhausbchh. 821.

Plauti Comoediae tres: Captivi, Miles Gloriosus, Trinummus. In tironum gratiam et usum schol. ed. Fr. Lindemann. Acces. de vetere prosodia libellus. 8 maj. Lips. 822, Hinrichs. 1 Rthl. Schrbp.

— comoediae III: Captivi, Miles Gloriosus, Trinummus. In tironum gratiam et usum schol. ed. Fr. Lindemann. Acces. de vetere prosodia libellus. 8maj. Leipz. 823. Hinrichs. 1 ₰ Schrbp. 1 ₰ 8 gr.

—— Comoediae tres. Captivi. Miles gloriosus. Trinummus. In tironum gratiam et usum scholarum edid. Frid. Lindemannus. Edit. II. multum aucta et emend. Accessit libellus de prosodia Plauti emendatus. 8maj. (24 B.) Lipsiae 844, libr. Hinrichs.

— Curculio. Ein Lustspiel in alten Sylbenmaßen, verdeutsch v. F. W. E. Rost. 8. Leipz. 830. (Progr.)

— Curculio, lateinisch u. deutsch. Herausgeg. von C. E. Geppert. gr. 8. Berlin 845. (Nicolai'sche Buchh.) n. 1/2 ₰

Plautus, T. M. Der Dreyer, übersetzt. [Helmst. 1789.] Ü: *Ricklefs, Friedrich Reinhard.* (MGT)

—— Dreigroschentag, s. Universal-Bibliothek Nr. 1307.

Plautus, T. M. Eclogae Plautinae oder vier Lustspiele ... ins teutsche in Prosa übersetzt. Schmalkalden 1768. Ü: *Lipsius, Georg Leo.* (Ebert) (Degen)

— Epidikus. Ein Lustspiel in alten Sylbenmaßen verdeutscht v F. W. E. Rost. 8. Leipz. 822. (Progr.)

—— Epidicus. Ad Camerarii veterem cod. recogn. Frid. Jacob. 8maj. (3½ B.) Lubecae 835, libr. de Rohden.

—— Epidicus. Cum variis lectionibus codicis Ambrosiani, Pareanorum et codicis Parisini in usum lectionum edidit C. E. Geppert. Lex.-8. (IV und 58 S.) Berlin 865, (Calvary und Comp.) *

-- Epidikus. Uebers. v. F. Jacob. Pr. 1878. 22 S. 4⁰. —.90

— fabulae ad opt. libros partim non antehac collatos emendatae. Access. observationes criticae et grammaticae studio Fr. Lindemanni. III Tmi. 8maj. Leipz. 827—30. Teubner. 18 gr. Engl. P. 1 ₰ 6 gr. (T. I. Miles glorios. 6 gr. T. II. Captivi. 6 gr. T. III. Trinummus. 6 gr.)

Plauti, Marc. Att(cc.), Fabulae ad optimos libros partim non antehac collatos emendatae. Accesserunt observationes criticae et grammaticae studio Frid. Lindemanni. 8 maj. Lipsiae, Teubner. 21 Gr., f. Pap. Thlr.
E. s. t.:
Plauti, Amphitruo. (8¼ B.) 834. 9 Gr., f. P. 15 Gr.
—— Captivi. (5¾ B.) 830. 6 Gr., f. P. 10 Gr.
—— Trinummus. (3¾ B.) 830. 6 Gr., f. P. 10 Gr.

Florilegium Plautinum. Ed. F. O. Sickel. Brem. 794. 12. 4 gr.

— fabularum deperditarum fragmenta, collegit Frz. Winter. gr. 8. (99 S.) Bonn 885. Cohen & Sohn. n. 2. 80

— fragmenta inedita. Item ad P. Terentium commentationes et Picturae tres ineditae, cum ejusdem Terentii Vita item inedita. Accedunt ad tres dictas picturas specimen codic. Plautini, et Editoris Angeli Maji dissertat. ac notae. 8maj. Mediolani. 815. (Viennae, Volke.)

Plautus, Titus Maccius, die Gefangenen, s.: Bibliothek, kleine.

— dasselbe, der Bramarbas, der Schiffbruch, s.: Komödien, römische.

Plautus, T. M. Die Gefangnen, ein Lustspiel. Aus dem Lateinischen ... über setzt. Stuttgart 1750. Ü: *Lessing, Gotthold Ephraim.* (Less 99) (Bresl 31, S. 123)

Plautus, (Titus Maccius), die Gefangnen, lateinisch und deutsch. Hrsg. von C. E. Geppert. gr. 8. (IV und 112 S.) Berlin 859. (Leipzig, Violet.) *

— der Goldtopf, aus d. Aulularia des Plautus zusammengezogen v. J. H. Steffens. 8. Zelle 765. Gsellius.

— der Goldtopf. Lustspiel. Ins Deutsche übers. v. G. G. S. Köpke. gr. 8. Berl. 809. (Nauck). 10 gr

— das Hausgespenst (Mostellaria), s.: Universal-Bibliothek.

— das Hausgespenst. Lustsp. Ins Deutsche übers. v. G. G. S. Köpke. gr. 8. Berl. 809. (Nauck). 14 gr

— die Kästchen. Lustsp. Ins Deutsche übers. v. G. G. J. Köpke. gr. 8. Berl. 809. (Nauck). 8 gr

— der Kaufmann, ein Lustspiel. In alten Sylbenmaßen verdeutscht v. F. W. E. Rost. 8. Leipz. 826. . . (Progr.)

— In Kotten und Banden, ein plautinisches Schönbartspiel übersetzt von R. Meyer. Pr. 1886. 81 S. 4°. 1. —

—— ausgewählte Komödien, s. Classiker des Alterthums.

— ausgewählte Komödien. Für den Schulgebrauch erklärt von Jul. Brix. 1. Bdchn. Trinummus. Leipzig 864. Teubner. 8. (VI, 114 S.) n. 10 ngr

— ausgewählte Komödien. Für den Schulgebrauch erklärt von Jul. Brix. 2. u. 3. Bdchn. Leipzig, Teubner. gr. 8. Jedes Bdchn. 7½ ngr
2. Bdchn. Captivi. 1. Aufl. (868.) 865. u. 2. Aufl. (III 76 S.) 870.
3. Bdchn. Menaechmi. (82 S.) 866.

— **ausgewählte Komödien. Für den Schulgebrauch erklärt v. Jul. Brix. 1—4. Bdchen. 2. Aufl. gr. 8. Leipzig 873—76. Teubner. 4. 70**
1. Trinummus. 2. Aufl. (VI, 132 S.) 1. 20
2. Captivi. 3. Aufl. (IV, 108 S.) 1876 n. 1. —
3. Menaechmi. 2. Aufl. (96 S.) n. 1. —
4. Miles gloriosus. (III, 162 S.) 1. 50

— ausgewählte Komödien. Für den Schulgebrauch erklärt von Jul. Brix. 1. Bdchn.: Trinummus. 3. Aufl. gr. 8. (VI, 154 S.) Leipzig 879. Teubner. 1. 20

— dasselbe. 3. Bdchn.: Menaechmi. 3. Aufl. gr. 8. (114 S.) Ebend. 880. n. 1. —

— dasselbe. 4. Bdchn.: Miles gloriosus. 2. Aufl. gr. 8. (IV, 176 S.) Ebend. 882. 1. 50

— ausgewählte Komödien. Für den Schulgebrauch erklärt v. Jul. Brix. 2. Bdchn.: Captivi. 4. Aufl. gr. 8. (IV, 116 S.) Leipzig 884. Teubner. n. 1. —

—— ausgewählte Komödien. Für den Schulgebrauch erklärt von Jul. Brix. 1. Bdchn.: Trinummus. 4. Aufl., umgearb. von Max Niemeyer. gr. 8. (VI, 149 S.) Leipzig 888, Teubner. 1 20
2.—4. Bdchn. Ebendas. 1880—84. ℳ 3.50.

Plautus, T. Maccius. Ausgewählte Komödien. Für den Schulgebrauch erklärt v. Jul. Brix. 3. Bdchn.: Menaechmi. 4. Aufl., bearb. v. Max Niemeyer. gr. 8. (116 S.) Lpz. 891, Teubner. * 1 —
1., 2. u. 4. Bdchn. Ebd. 1892—88. * 3 70.

— **ausgew. Komödien. F. d. Schulgebrauch erklärt v. Jul. Brix. 2. Bdchn.: Captivi. 5. Aufl., bearb. v. Max Niemeyer. gr. 8. (VI, 114 S.) Ebd. 897. n. 1. —**

— **ausgewählte Komödien. Für den Schulgebrauch erklärt v. Jul. Brix. 4. Bdchn.: Miles gloriosus. 3. Aufl., bearb. v. Max Niemeyer. gr. 8. (VIII, 172 S.) Ebd. 901. n. 1. 80; geb. n. 2. 30**

— ausgewählte Komödien. Für den Schulgebrauch erläutert v. Jul. Brix. 1. u. 2. Bdchn. 8. Leipzig, B. G. Teubner. 3. —; geb. 3. 80
1. Trinummus. 5. Aufl., bearb. v. Max Niemeyer. (VI, 159 S.) 907. 1. 60; geb. 2. —
2. Captivi. 6. Aufl., bearb. v. Max Niemeyer. (VI, 117 S.) 910. 1. 40; geb. 1. 80

— ausgewählte Komödien erklärt von Aug. O. Fr. Lorenz. 2. u. 3. Bdchn. gr. 8. Berlin 869. Weidmann'sche Buchh. Jedes Bdchn. 18 ngr
2. Bdchn. Mostellaria. (VIII, 263 S.) 866.
3. Bdchn. Miles gloriosus. (VIII, 276 S.) 869.
Das 1. Bdchn. ist noch nicht erschienen.

Plautus, T. Maccius, ausgewählte Komödien. Erklärt von Aug. O. Fr. Lorenz. 4. Bd.: Pseudolus. gr. 8. (VIII, 289 S.) Berlin 876, Weidmann'sche Buchh.
2. und 3. Bd. Ebendas. 1866,69. à ℳ 1,80.
Der 1. Bd. ist noch nicht erschienen.

—— dass. — Erklärt von Aug. O. Fr. Lorenz. 2. Bdchn.: Mostellaria. 2. umgearb. Aufl. gr. 8. (239 S.) Berlin 883, Weidmann'sche Buchh.
3. und 4. Bdchn. Ebendas. 1869,76. ℳ 4,50.
1. Bdchn. ist noch nicht erschienen.

—— ausgewählte Komödien, erklärt von Aug. O. Fr. Lorenz. 3. Bdchn.: Miles gloriosus. 2. umgarb. Aufl. gr. 8. (VII, 294 S.) Berlin 886, Weidmann'sche Buchh. 2 70
2. und 4. Bdchn. Ebendas. 1876,83. *ℳ 5.10. — Das 1. Bdchn. ist noch nicht erschienen.

— prahler. Krieger; aus d. Latein. metr. übers. v. Fr. Mally 8. Berl. 805. Duncker u. H. 16 gr

Plautus, T. M. Der pralerische Krieger, metrisch übersetzt. Berlin 1805. Ü: *Mally, Carl Friedrich.* (Ebert) II: *Koreff, Johann Ferdinand.* , (MGT)

— die Kriegsgefangenen. Lustsp., übers. v. G. G. S. Köpke. gr. 8. Berl. 809. (Nauck). 12 gr

— Die Kriegsgefangenen übers. v. B. Dombart. Pr. 1870. 81 S. 4°. 1. —

— den lille Leerpotte, et Lystspil. oversat F. Hoegh. Guldberg. gr. 8. Kiel 807. Hesse. 18 gr Schrbp. 22 gr

—— Lesestücke aus seinen Komödien. Für den Gebrauch in oberen Gymnasialclassen ausgewählt und erklärt von Aug. Schmidt. gr. 8. (VIII, 132 S.) Heidelberg 877, C. Winter's Universitäts-Buchh. *

Plautus: Lustspiele, s. Bibliothek der Übersetzungen ...

—— Lustspiele, deutsch von Wilh. Binder, s. Sammlung, neueste, ausgewählter griechischer und römischer Classiker.

—— Lustspiele, s. Sammlung griechischer und römischer Classiker.

Plautus, T. M. Lustspiele. A. d. Lat. . . . Berlin 1784. Ü (Gefangene): *Lessing, Ghold Ephr.* (Trinummus u. Rudens): *Goldhagen, Joh. Eust.* (Aulularia): *Kayser, Christ. Bernh.* II: *Mylius, Wilh. Christhelf Sigmund.* (Degen) (Ky) (MGT)

— Lustspiele. 1r Bd. 8. Berlin, Mellstab. 784. Fein Pap.

— Lustspiele, verdeutscht v. A. C. Borheck. 1r Bd. Amphitruo u. Asinaria. gr. 8. Cöln, Oedenkoven. 803.

— Lustspiele, übers. v. G. G. S. Köpke. 1r Bd. (enthält 1) d. Goldtopf. 2) d. Kriegsgefangenen. 3) d. Kästchen. 4) d. Hausgespenst) 8. Berlin, Weiße. 809.

— Lustspiele in alten Sylbenmaaßen deutsch wiedergegeben mit Einleitung u. Anmerkungen v. G. G. S. Köpke. 2 Bde. gr. 8. Berlin, Nanck. 809—820. (1r Bd. 1 Thlr. 20 Gr. 2r Bd. 1 Thlr. 18 Gr.

— — Übersetzt mit Einleitung u. Anmerkungen von Köpke. Berl. 809. 820. 2 Bde. 8. (Band I. 1 rthl. 20 gr. Enth. die Aulularia, Captivi, Cistellaria und Mostellaria. Band II. 2 rthl. 18 gr. Enth. Miles gloriosus, Menaechmi, Poenulus, Rudens und Trinummus)

— Lustspiele in einer neuen metr. Uebersetzung rc. 1e Lfrg. 1s u. 2s Bdchen. 16. Quedlinb. 826. Basse. 16 gG (A. u. d. T.: Röm. Theater d. Römer).

— Lustspiele in einer neuen metr. Uebersetzung rc., s. Theater der Römer.

— Lustspiele, übersetzt von K. M. Rapp. 1s—3s Bdchen. 16. Stuttgart 838. Metzler. (à 1/4 rG) 3/4 rG

Plautus' Lustspiele, übersetzt von Karl Moritz Rapp. 3 Bde. Stuttgart 1838—1852. 8°.

— Lustspiele, im Trimeter übers. von C. M. Rapp. 1.—8. Bdchn. (1. Der Bramarbus. 2. Der Schatz (Trinummus). 3. Die Zwillinge. 4. Die Gefangenen. 5. Der Schiffbruch. 6. Geistergeschichte. 7. Das Kistchen u. Amphitruo. 8. Der Geizhals.) 16. Stuttgart ..., Metzler. à 1/4 rG

—— Lustspiele, die, im Trimeter übers. von C. M. Rapp, s. Dichter, römische.

— Lustspiele. Deutsch in den Versmaßen der Urschrift von J. J. C. Donner. 1. Bd. Leipzig 864. C. F. Winter. gr. 8. (2 Bl., 345 S.) n. 1 rG 20 ngr

— Lustspiele. Deutsch in den Versmaßen der Urschrift von J. J. C. Donner. 2. u. 3. Bd. Leipzig 865. C. F. Winter'sche Verlagsh. gr. 8. (III, 293 S., III, 328 S.) Jeder Bd. n. 1 rG 20 ngr

— Lustspiele. Deutsch v. Wilh. Binder. 1., 3. u. 7. Lfg. 8. Berlin, Langenscheidt. à n. — 35
1. Die Zwillingsbrüder. (Menaechmi.) 1. u. 3. Lfg. 2. Aufl. (1. Bd. S. 1—48 u. 81—119.) 896. 97.
7. Der Schatz. (Trinummus.) 1. Lfg. 2. Aufl. (3. Bd. S. 1—48.) 896.

— Lustspiele. Uebers. von Wilh. Binder. 2.—4., 7. u. 8. Lfg. kl. 8. Berlin-Schöneberg, Langenscheidt's Verl. à n. — 35
2. Die Zwillingsbrüder. (Menaechmi.) 2. Lfg. (1. Bd. S. 49—80.) (905.)
3. dasselbe 3. Lfg. 3. Aufl. (S. 81—119.) (906.)
4. Der Bramarbas (Miles gloriosus). 1. Lfg. 3. Aufl. (S. 1—48.) (906.)
7. 8. Der Schatz. (Trinummus.) 1. u. 2. Lfg. 3. Aufl. (3. Bd. 110 S.) (905).

— Lustspiele. Deutsch v. Wilh. Binder. 4., 5., 21. u. 22. Lfg. 8. Berlin, Langenscheidt. à n. — 35
4. 5. Der Bramarbas. (Miles gloriosus.) 2. u. 3. Lfg. 2. Aufl. (S. 1—96.) (900.)
21. 22. Die Kriegsgefangenen (Captivi) 1. u. 2. Lfg. 2. Aufl. 8. (S. 1—88) (900. 901.)

— Lustspiele. Übers. v. Wilh. Binder. 1., 5.—7., 9., 21. u. 22. Lfg. kl. 8. Berlin-Schöneberg, Langenscheidt's Verl. à — 35
1. Die Zwillingsbrüder (Menaechmi). 1. Lfg. 4. Aufl. (1. Bd. S. 1—48.) (910.)
5. 6. Der Bramarbas (Miles gloriosus). 2. u. 3. Lfg. 3. Aufl. (S. 49—150.) (907.)
7. Der Schatz (Trinummus). 1. Lfg. 4. Aufl. (3. Bd. S. 1—48.) (910.)
9. Das Hausgespenst (Mostellaria). 2. Aufl. (4. Bd. S. 1—32.) (908.)
21. 22. Die Kriegsgefangenen (Captivi). 1. u. 2. Lfg. 3. Aufl. (2. Bd. S. 1—88.) (908.)

— — übers. von W. Binder, s. Bibliothek, Langenscheidt'sche, sämmtlicher griechischer und römischer Klassiker.

— neun Lustspiele verdeutscht von Rost, s. Fr. W. E. Rost, Opuscula Plautina.

— sämmtliche Lustspiele a. d. Lat. met. übers. v. C. Kuffner. 5 Bde. m. Portr. gr. 8. Wien, Anton Doll. 806. Schreibp.

— sämmtl. Lustspiele. Aus d. Latein. metrisch übersetzt u. mit Anmerkungen begleitet rc. von Chr. Kuffner. 5 Bde. gr. 8. Wien 808. (Ign. Klang.) 2 2/3 rG

Plautus, T. M. Lustspiele fürs deutsche Theater. Frankf. u. Leipz. 1774. Ü: *Goethe, Johann Wolfgang v. & Johann Michael Reinhold Lenz.* (ML) (Mn)

—— die Menächmen, lateinisch u. deutsch m. einer Einleitung über die Characterrolle des Parasiten hrsg. v. C. E. Geppert. gr. 8. (9 B.) Berlin 845, (Veit u. Comp.) *

—— Die Menächmen oder Zwillingsbrüder des T. Maccius Plautus. Für deutsche Leser bearb. von Carl Chr. Conr. Völker. br. 8. (79 S.) Elberfeld 871, Bädeker'sche Buchh. — 75

— Menächmi, oder das getreue Brüderpaar. In deutsche Prosa übers. v. G. Leo Lipsius. 8. Schmalkalden 766.

— Menaechmi, in usum lectionum suarum ed. Jos. Vahlen. gr. 8. (IV, 99 S.) Berlin 882. Vahlen. n. 2. —

— Mercator. Scholarum in usum recens. F. Ritschelius. (Editio minor.) Ebend. 854. gr. 8. (78 S.) n. 5 ngr

— Miles gloriosus, c. notis superiorum interpretum selectis atque suis ed. Jh. Tr. L. Danz. 8. Berl. 804. Güdicke 1 ℛ 8 g.

— Miles gloriosus. Emendas. Fr. Lindemann. 8. Leipz. 827, Teubner. 6 gr. Engl. Pap.

—— Miles gloriosus; ad recentiores editiones exegit animadversionibus auxit et scholasticis praelectionibus accommodavit Thom. Vallaurius. 8maj. (186 S.) Augustae Taurin. 854. (Monachii, Franz.) **

— miles gloriosus. Emendabat, adnotabat Otto Ribbeck. gr. 8. (VI, 106 S.) Leipzig 881. Teubner. n. 2. 80

— Mostellaria od. das Gespenst, im alten Sylbenmaße verdeutscht v. F. W. E. Rost. 8. Leipz. 824. (Progr.)

Plauti, Titi Macci, Mostellaria. Scholarum in usum recensuit F. Ritschelius. Bonnae 852. König. (Leipzig, Kittler.) 8. (94 S.) n. 5 ngr.

— großsprecherischer Officier, ins Deutsche übers. v. S. A. Gock Mit einer Vorrede v. D. C. Seybold. 8. Reutling. 797. Grätzinger. 9 g. (Augsb., Bürglen.) 6 g.

— Persa. Scholarum in usum recens. F. Ritschelius. (Editio minor.) Elberfeldae 853. Friderichs. gr. 8. (76 S.) n. 5 ngr.

— der Perser, im alten Sylbenmaße verdeutscht v. F. W. E. Rost. 8. Leipz. 827. . . . (Progr.)

Plautus, M. Acc., lat. u. deutsch v. J. T. L. Danz. 5 Thle. gr. 8. Leipzig, Schwickert. 806–9. (I. 2 Rthlr. II. III. à 2 Rthlr. 12 gr.) Rthlr.

— latein. u. deutsch v. J. T. L. Danz. 3 Thle. gr. 8. Leipz. 806—11. Schwickert. 9 ℛ 12 g.

— lateinisch u. deutsch, von J. D. L. Danz. 4r Band. gr. 8. Leipz. Schwickert. 811.

— Canticum Poenuli Plautinae emendatum a. F. Ritschl. Pr. 1858. 8 S. 4°. —.60

— Poenulus. Cum variis lectionibus codicis Ambrosiani, Decurtati et Parisini in usum lectionum edidit C. E. Geppert. Berlin 865. (Calvary & Co.) Lex.-8. (IV, 91 S.) n. 1 ℛ

— Pseudolus, im alten Sylbenmaße verdeutscht v. F. W. E. Rost. 8. Leipz. 823. (Progr.)

— Canticum Pseuduli Plautinae (V, I) emendatum a F. Ritschl. Pr. 1850. 8 S. 4°. —.7

— Pseudoli scaena secunda ab H. Usenero recognita. Greifswald 866. (Koch's Verlag.) 4. (18 S.) n. 5 ngr.

—— Pseudolus, Rudens, Truculentus. Academiarum et scholar. in us. denuo rec. et explicavit Frid. Henr. Bothe. 8mai. (11½ B.) Lipsiae 840. libr. Hinrichs.

— fabularum reliquiae Ambrosianae codicis rescripti, Ambrosiani apographum confecit et edidit G. Studemund. gr. 4. (XXXII, 524 S. m. 1 Lichtdr.-Taf.) Berlin 890. Weidmann. cart. n. 70. —

— Rudens. Ad. cdd. antiquar. fidem, tum ad criticorum emendatt. et ad metricae legis normam passim refixit F. W. Reizius. Acc. R. Bentleii de metris Terentianis σχεδίασμα. Item G. Faerni de versibus comicis liber. Lips. 789. 8. 7gr.

— Rudens, accedit R. Bentlei de metris Terentianis ΣΧΕΔΙΑΣΜΑ, it. Gabr. Faerni de versibus comicis liber imperfectus; ed. F. V. Reitz. gr. 8. Lipsiae, Schwickert. 789.

— Rudens, Edid. Fr. H. Reizius. Edit. Nova. 8 maj. Lips. 826, Schwickert.

— Rudens, ex recensione Reizii. Adnotatione critica instruxit. C. E. Ch. Schneider. 8 maj. Breslau 824, Max et Comp.

— Rudens, eine Comödie latein. u. deutsch. Herausgeg. von C. E. Geppert. gr. 8. Berlin 846, Nicolai'sche B. n. 5/6 ℛ

— Rudens. Übers. v. Gust. Schmilinsky. Progr. 4. (18 S.) Halle 897. (Leipzig, Buchh. G. Fock.) n. 1. —

— der Schatz. Die Zwillinge, s.: Komödien, römische.

— u. Seneca Schauspiele im Auszuge v. Schulz u. Heusinger, siehe Encyclopädie der lateinischen Classiker 1r Thl.

[Titus Maccius] Plautus Schiffbruch. ⟨Rudens.⟩ Lustspiel ... neu übers. von Dr. Gustav Schmilinsky. *Halle a. S.: O. Hendel (1901).* (72 S.) 8° [J. u. Ant.]
(Bibliothek d. Gesamtlitteratur d. In- u. Auslandes. No 1441.) [01. 1033]

— Schiffbruch (Rudens), s. Bibliothek der Gesamtlitterat.

— Specimen novae Editionis Plauti criticae et exegeticae, vide F. H. Bothe.

— Trinummus; recens. et praef. est Gf. Hermann. 8maj. Lpz. 800. Fr. Fleischer. 12 g. Velp. 1 ℛ

— d. Trinummus, übers. v. Siegm. Adm. Gock. Mit e. Vorr. v. D. C. Seybold. gr. 8. Tübing. 801. Gock. 6 g.

— Trinumus, cum brevi adnotat. denuo edid. Fr. Goeller. 8 maj. Coloniae 824, Du-Mont-Schauberg.

— Trinummus, lateinisch u. deutsch, mit einer Einleitung über die Betonung der Verse u. die Einrichtung der römischen Bühne, herausgegeben von C. E. Geppert. Lex.-8. Berlin 844. (Besser.) 5/6 ℛ

Plautus, Titus Maccius. Cantica Trinummi Plautinae. Bonnae [1848]. H: *Ritschl*, *Friedrich*. (Cat. d. Stadtbibl. Zürich. Zürich 1864—97.)

— Trinummus. Lateinisch und deutsch mit e. Vorrede über die Gesetze der plautinischen Verskunst u. krit. Anmerkungen herausg. von C. E. Geppert. 2. Ausg. Leipzig 854. T. O. Weigel. Lex.-8. (XVI, 210 S.) 1 ℛ. 18 ngr.

Plauti, M. Attii, Trinumus, ad recentiores editiones exegit animadversionibus auxit et scholasticis praelectionibus accommodavit Thom. Vallaurius. 8maj. (133 S.) Augustae Taurin 855. (Monachii, Franz.) **

— Trinummus. Deutsch in den Versmaßen der Urschrift von Wilh. Wagner. Mit einem Vorwort von J. Classen. Frankfurt a. M. 861. Literarische Anstalt. gr. 8. (VII, 85 S.) n. 10 ngr.

—— Trinummus. Recensuit A. Spengel. 8. (XVI, 58 S.) Berlin 875. Calvary und Comp. *

— Truculentus, emendat. suisque numeris descript. edid. Dr. Fr. Goeller. 8 maj. Coloniae 824, Du-Mont-Schauberg.

Plauti, M. Acci, Truculentus. Cum variis lectionibus codicis Ambrosiani, Palatinorum et codicis Parisini in usum lectionum edidit C. E. Geppert. Lex.-8. (70 S.) Berlin 863. (Leipzig, Violet.) *

— Truculentus cum apparatu critico Guil. Studemund et epistula ejusdem de codicis Ambrosiani reliquiis edidit illustravit Andr. Spengel. gr. 8. (XII, 135 S.) Göttingen 868, Vandenhoeck und Ruprecht's Verlag. * 2 80

Plautus Zwillinge. ⟨Menaechmi.⟩ Lustspiel ... neu übers. von Dr. Gustav Schmilinsky. *Halle a. S.: O. Hendel (1900).* (VII, 58 S.) 8° [F. u. Ant.]
(Bibliothek d. Gesammtlitteratur d. In- u. Auslandes. No 1418.) [01. 19093

— Zwillinge, s.a. Bibliothek der Gesamtlitteratur.

— die Zwillingsbrüder (Menaechmi), s. Volksbibliothek, deutsche, der griechischen u. römischen Classiker.

Plautz, (Joan. Augustus) Car. (geb. Stettin 25. 5. 1823): De cholera Asiatica. Berolini (1854). (27 S.) 8°
Berlin, Med. Diss. v. 4. Apr. 1854

Plavsic, Athanasius, s.: Europe, illustrated. — L'Europe illustrée. — Ungarn in Wort u. Bild. — Wanderbilder, europäische.

Plavsic, Athanas *s.* Hongrie. A travers la H' méridionale. Zurich ([18]90) — South Hungary. Through S' H'. Zurich [1890] — Süd-Ungarn. Durch S'-U'. Zürich ([18]90).

Plawina, Oswald, aus Zeit u. Leben. Gedichte. (IV, 81 S.) kl. 8. Tuntschendorf bei Neurode 905. (Leipzig, Fritzsche & Schmidt.) n. 1. —

Aus Zeit und Leben. Gedichte von Oswald Plawina. Tuntschendorf b. Neurode: W. Veith 1905. (78 S.) 8° [F.] [07. 976 11

Play, the, of the sacrament. A middle English Drama, edited from a mscr. in the library of Trinity College, Dublin. With a preface and glossary, by W. S. Berlin 862. Asher & Co. gr. 8. (54 S.) n. 20 ngr.

Playfair, J., a geographical and statistical description of Scotland, containing a general survey of that Kingdom, its climate, mountains, Lakes, rivers, products, etc. etc. 2 Vol. gr. 8. Edinburg.

Playfair, Lord Lyon

Playfair, L.: Erster Bericht über die zur Dampfschiffahrt geeigneten Steinkohlen Englands. s. Beche H., de la

Playfair, Lyon (St. Andrevs)
Ueber das feste Fett der Muscatbutter.
[In: Annalen d. Chemie u. Pharmacie, Bd 37 (1841) 152.]
Dr. phil. 31.8.1840.

Playfair, W. S., die systematische Behandlung der Nervosität u. Hysterie. Autoris. deutsche Ausg. v. A. Tischler. 8. (80 S.) Berlin 883. Dümmler's Verl. n. 2. —

Playfair, William
Playfair, Wlh., Geschichte d. Jacobinismus, seiner geheimen Triebfedern, Verbrechen, Grausamkeit u. treulosen Handlungen rc.; aus d. Engl. mit Zusätzen v. Jh. G. Chr. Fick. 1r Bd. 8. Erlang. 796. (Heyder). 1 ₰ Schrbp. 1 ₰ 8 gl

Playfair, W., Geschichte des Jacobinismus, seine geheimen Triebfedern, Verbrechen, Grausamkeiten und treulosen Handlungen. deutsch von Fick. 1. (einz.) Bd. 8°. Frankfurt 1796.

Playfair, William. Geschichte des Jacobinismus, seiner Verbrechen, Grausamkeiten und treulosen Handlungen . . . A. d. Engl. Erlangen 1796. Ü: *Fick, Johann Georg Christian.* (MGT)

Plays, German classical. Nr. 1—3. 12. Dresden 885. 86. Pierson. à n. 1. —
1. Wilhelm Tell by Frdr. Schiller. Translated into english by Edward Stanhope Pearson. 2. ed. (IV, 127 S.)

2. Wallenstein by Frdr. Schiller. Translated into English by Edward Stanhope Pearson. 1. part: Wallenstein's camp. The Piccolomini. (151 S.)
3. The same. 2. part. Wallenstein's death. (157 S.)

Plays, German classical. Nr. 4—6. 12. Dresden 887. 888. Pierson. à n. 1. —
4. The Maid of Orleans. A romantic tragedy by F. Schiller. Transl. into English by E. Stanhope Pearson. (158 S.)
5. Mary Stuart. A tragedy by F. Schiller. Transl. into English by E. Stanhope Pearson. (151 S.)
6. Don Carlos, Infante of Spain. A dramatic poem by F. Schiller. Transl. into English by E. Stanhope Pearson. (233 S.)

Plays, German classical. Nr. 7—9. 12. Dresden, E. Pierson. à n. 1. —
7. Egmont. A tragedy by Joh. Wolfg. v. Goethe. Translated into English by Edward Stanhope Pearson. (110 S.) 890.
8. Goetz of Berlichingen with the iron hand. Play in 5 acts by Wolfg. v. Goethe. Translated into English by Edward Stanhope Pearson. (136 S.) 892.
9. The robbers. A tragedy in 5 acts by Frdr. v. Schiller. Translated into English by Edward Stanhope Pearson. (110 S.) 893.

Plays, German classical. Nr. 10 u. 11. 12. Dresden, E. Pierson. à n. 1. —
10. Cabale u. Liebe. A middle class tragedy in 5 acts by Frdr. v. Schiller. Translated into English by Edward Stanhope Pearson. (132 S.) 895.
11. The conspiracy of Fiesco at Genoa. A republican tragedy in 5 acts by Frdr. v. Schiller. Translated into English by Edward Stanhope Pearson. (137 S.) (896.)

Plays, pseudo-Shakespearian. I—III. gr. 8. Halle 883. 86. Niemeyer. à n. 2. —
I. The comedie of Faire Em, revised and ed. with introduction and notes by Karl Warnke and Ludw. Proescholdt. (XV, 63 S.)
II. The merry devil of Edmonton. Revised and edited with introduction and notes. (XVII, 61 S.)
III. King Edward III. Revised and edited with introduction and notes by Karl Warnke and Ludw. Proescholdt. (XXXIV, 92 S.)

— pseudo-Shakespearian. IV. V. gr. 8. Halle, Niemeyer. n. 5. — (1—5.: n. 11. —)
IV. The birth of Merlin. Revised and edited with introduction and notes by K. Warnke and L. Proescholdt. (XI, 86 S.) 887. n. 2. —
V. Arden of Feversham. Revised and edited with introduction and notes by K. Warnke and L. Proescholdt. (XXVII, 86 S.) 888. n. 3. —

Plays, the, of W. Shakospeare print. from the text of G. Steevens last edit. with notes. 16 Vol. gr. 12. Lpz. Gerh. Fleischer. 804 — 10. (à 1 Rthlr.)

— — with the correct. and illustrat. of various comment., notes by Johnson et G. Steevens, and a glossarial index. 23 Vol. gr. 8. Basel, Thurneisen. (Thurneisen S. in Paris, a. Levrault in Strasburg.) 800 — 2.

— — 60 Stück Kupfs. zu dies. Werke. Basel, Thurneisen.

Plaz (Platz), Anton Wilhelm

— **De abortibus medicis. (Leipzig (Langenheim)) 2. X. 1772. 16 S. mit Biogr. v. Johann Salomo Schubert (Weigsdorff/Lausitz)** (M.: C. E. Bergmann). (3.75) **26761**

Plaz, Ant. Wilh., resp. Jo. Gttl. **Gleditsch,** De potus Cofo abusu, catalogum morborum augente. 50 pp. Hal. 4°. 2. ed. 1744. Hal. 4°. 1733

Plaz, Anton Wilhelm [Praes.], s. Arnold, Johann Gottlieb: De removendis sanitatis publicae impedimentis.

— **De arte naturam superante. O. O. 5. VI. 1772. 16 S. mit Biogr. v. Traugott Wilhelm Gnauck (Klein-Hartmannsdorf bei Freiberg) (M.: Chr. S. Gunther). (3.75) 26760**

Plaz, Anton Wilhelm [Praes.], s. Barth, Christian Friedrich: De inevitabilibus morborum causis.

Plaz, Anton Wilhelm [Praes.], s. Barth, Christian Gotthilf: De morbis ex vitae genere.

Plaz, Anton Wilhelm [Praes.], s. Baudius, Karl Traugott: De vulgatiorum remediorum usu non rejiciendo.

Plaz, Anton Wilhelm [Praes.], s. Baumeister, Christian Friedr.: De therapia per jucunda.

Plaz, Anton Wilhelm [Praes.], s. Billing, Johann Jacob: De salubritate et insalubritate habitationum.

Plaz, Anton Wilhelm u. (Respond.) **Heinrich Otto Bosseck (Leipzig), Caulem plantarum explicatum illustris med. ordinis venia eruditorum disquisitioni committit. Leipzig (Langenheim) 27. IX. 1745. 42 S. (4.75) 26789**
Gew.: Christian Gottlieb von Holtzendorff.

— **De causis contemtus medicinae. (Leipzig (Breitkopf)) 16. V. 1777. 24 S. mit Biogr. v. Friedrich Andreas Gallisch (Leipzig) (M.: M. R. Netzel). (3.75) 26772**

— de jucundis morborum causis, dissert. septem. 4. Lips. Junius. 758.

— **De brevioris et infirmioris vitae causis. Infantilis aetas. Specimen I. O. O. 1. XI. 1782. 22 S. mit Biogr. v. Jo. Christian Traugott Schuster (Bernstadt/Lausitz) (M.: Chr. D. Bruechner). (3.75) 26785**

— **Specimen II. Juventus. (Leipzig (Klaubarth)) 10. I. 1783. 16 S. mit Biogr. v. Johann Andreas Bayer (Preßburg/Ungarn) (M.:** M. E. von Buckōcher). (3.75) **26786**

— **Insunt subitaneae de non nullis argumentis medicis cogitationes. O. O. 18. VIII. 1775. 15 S. mit Biogr v. Christian Friedrich Scheffler (Sangerhausen/Thüringen) (M.: M. E. Cramer). (3.75) 26768**

— **Commentatiuncularum super variis argumentis medicis continuatio. (Leipzig (Langenheim)) 23. I. 1778. 18 S. mit Biogr. v. Immanuel Gottlob Gerdessen (Lind/Lausitz) (M.: Chr. S. Poppon.) (3.75) 26774**

— **De medicae vitae commodis et incommodis. (Leipzig (Sommer)) 22. VI. 1781. 16 S. mit Biogr. v. Johann Jakob Billing (Krakau) (M.: U. E. Tourner). (3.75) 26782**

— **De plantarum sub diverso coelo nascentium cultura. (Leipzig (Langenheim)) 6. VII. 1764. 12 S. mit Biogr. v. Christian Gotthilf Barth (Zschorlau) (M.: R. Schmid). (3.75) 26746**

Plaz, Anton Wilhelm [Praes.], s. Daries, Pet. Johann Andreas: De atropa belladonna.

— **De non semper mortifera funiculi umbilicalis intermissa deligatione. (Leipzig (Langenheim)) 27. V. 1774. 16 S. mit Biogr. v. Johann Christian Wilhelm Redlich (Luckau/Lausitz) (M.: Chr. D. Kraysler). (3.75) 26766**

— **De piis medicorum desideriis. (Leipzig (Langenheim)) 20. III. 1772. 16 S. mit Biogr. v. Gotthelf Leberecht Wockaz (Bautzen). (M.: M. Noack). (3.75) 26749**

— **De ΟΝΟΜΑΤΟΘΕΣΙΑΣ in re medica difficultate. O. O. 30. IV. 1773. S. 1—14 mit Biogr. v. Imanuel Christoph Geyer (Leipzig) (M.: S. E. Meisner). (3.75) 26763**

— **Scientiae naturalis dulcedines commendat. (Leipzig (Sommer)) 5. IX. 1783. 18 S. mit Biogr. v. Johann Gottlieb Daehne (M.: J. R. Vierermel). (3.75) 26788**

— **De empiricis. (Leipzig (Langenheim)) 4. X. 1771. 16 S. mit Biogr. v. Adam Michael Birkholz (Prettin / Sachsen) (M.: A. S. Kahlart). (3.75) 26758**

— **De erroribus medicorum invincibilibus. (Leipzig (Langenheim)) 12. IV. 1776. 15 S. mit Biogr. v. Johann Gotthelf Gutschil (Seifhennersdorf/Zittau) (M.: A. R. Prass). (3.75) 26769**

— De vincibilibus medicorum **secantium erroribus.** (Leipzig (Langenheim)) 19. V. 1775. 16 S. mit Biogr. v. Gottlieb Hieronymus Christ. Peschel (Freiberg) (M.: M. E. Huebel). (3.75) 26767

Plaz, Anton Wilhelm [Praes.], s. Faber, Benjamin Gottlieb: De oblectamentorum incommodis.

Plaz, Anton Wilhelm [Praes.], s. Gleditsch, Johann Gottlieb: De potus cofe abusu catalogum morborum augente.

Plaz, Anton Wilhelm [Praes.], s. Hartmann, Rudolph Traugott: De oblectamentorum incommodis.

Plaz, Anton Wilhelm [Praes.], s. Heffter, Christian Traugott: De curatione per injucunda.

Plaz, Anton Wilhelm [Praes.], s. Heisterberg, Wilhelm August: De humoribus morborum causis.

Antonii Guilielmi Plazii [Platz] Organicarum in plantis partium Historia physiologica antehac seorsim succincte exposita nunc curatius rev. et aucta. Lipsiae 1751: Langenheim. 119 S. 8°

Plaz, Anton Wilhelm [Praes.], s. Jaeckel, Traugott Theodor: De illustrium oblectamentis noxiis.

Plaz, Anton Wilhelm [Praes.], s. Jaessing, Friedrich Gotthelf: De morbis ex vitae genere.

— **De brutorum imaginatione disserit et ad audiendam orationem aditialem qua professoris ordinarii munus.** (Leipzig (Langenheim)) 23. VIII. (1749). 19 S. (4.—) 26738

Antonius Guilielmus Plazius [Platz]: De munditiei affectatae Incommodis. [Resp.:] Nicolaus Lung. ([Leipzig] 1747:) Langenheim. 40 S. 8°
Leipzig, Med. Diss. v. 30. Juni 1747

— **De inconstantia medica.** (Leipzig (Saalbach)) 24. VII. 1778. 12 S. mit Biogr. v. Christian Traugott Gerischer (Eibenstock / Schneeberg) (M.: Chr. C. Selig). (3.75) 26775

— **De juribus medicorum.** (Leipzig (Loeper)) 17. V. 1776. 20 S. mit Biogr. v. Heinrich Nudov. (Danzig) (M.: A. E. Grischou). (3.75) 26770

— **De licentia medica.** (Leipzig (Loeper)) 23. VIII. 1782. 16 S. mit Biogr. v. Friedrich Stephan (Leipzig) (M.: M. R. Daehn). (3.75) 26784

Plaz, Anton Wilhelm [Praes.], s. Liebich, Heinr. Chr.: De morbis ex munditie intempestiua ill. medicorum.

— **De exiguo ex medicina lucro.** (Leipzig (Sommer)) 8. IX. 1780. 14 S. mit Biogr. v. Johann Heinrich Freitag (Tennstedt/Thüringen) (M.: J. Wagner). (3.75) 26781

Plaz, Anton Wilhelm [Praes.], s. Lung, Nicol.: De munditiei affectatae incommodis.

Plaz, Anton Wilhelm (Leipzig), **De corporis humani machina divinae sapientiae ac providentiae teste.** Präs. Johann Christian Hebenstreit. Leipzig (I. Titius) 7. II. 1725. 40 S. (4.75) 26734
Gew.: Abraham Christoph Plaz (Vater).

— **De magnetismo et electricitate fascini experte.** (Leipzig (Langenheim)) 17. IX. 1779. 15 S. mit Biogr. v. Carl Joachim Pfotenhauer (Wittenberg) (M.: Fr. C. Reinhard). (3.75) 26779

— **De medicina supra jurisprudentiam aestimanda.** (Leipzig (Sommer)) 5. IV. 1782. 14 S. mit Biogr. v. Johann Jakob Haase (Zwönitz/Schneeberg) (M.: M. S. Sigert). (3.75) 26783

— **De medicina polemica.** Leipzig (Sommer)) 8. XI. 1776. 16 S. mit Biogr. v. Johann Gottfried Werchau (Frankenberg/Chemnitz) (M.: J. D. Hilscher). (3.75) 26771

— **Priscam et recentiorem medicinam commendans.** (Leipzig (Sommer)) 29. VIII. 1783. 16 S. mit Biogr. v. Carl Gottlob Kühn (Spergau/Merseburg) (M.: J. Chr. Georgi). (3.75) 26787

— **De minutiis non semper a medico posthabendis prolusione prima.** [Leipzig] ((Breitkopf)) 18. VI. 1773. 16 S. mit Biogr. v. Carl Joseph Oehm (Dresden) (M.: J. Ch. Eichsfeld). (3.75) 26764

— **De minutiis non semper a medico posthabendis.** (Leipzig (Langenheim)) 18. III. 1774. 16 S. mit Biogr. v. Carl Friedrich Struve (Borna / Leipzig) (M.: D. S. Heinisch). (3.75) 26765

— **De mirabilibus in medicina.** O. O. 19. IX. 1777. 16 S. mit Biogr. v. Christian Heinrich Haenel (Dresden) (M.: D. S. Oelz). (3.75) 26773

Antonius Guilielmus Plazius [Platz]: De Morbis ex oblectamentis. [Resp.:] Ioannes Fridericus Hahn [1748], ([Leipzig] 1748:) Langenheim. 36 S. 8°
Leipzig, Med. Diss. v. 23. Aug. 1748

— **De mortuis curandis.** (Leipzig (Langenheim)) 12. X. 1770. 20 S. mit Biogr. v. Christian Friedrich Erdmann Boden (Schlieben) (M.: E. S. Zeibich). (3.75) 26748

— **De natura non fatiscente.** (Leipzig (Langenheim)) 5. III. 1779. 15 S. mit Biogr. v. Christian Friedrich Schubert (Wegefarth/Freiberg) (M.: E. F. Mueller). (3.75) 26778

Facultatis med. in Acad. Lipsiensi procancellarius Anton Wilhelm Plaz panegyrin medicam indicit de natura plantas muniente praefatus. (Leipzig (Langenheim)) 10. IV. 1761. 16 S. mit Biogr. v. Gottlob Friedrich Fischer (Glauchau) (M:. M. R. Pretzmann). (3.75) 26741

Plaz, Anton Wilhelm [Praes.], s. N e i d e r , Johann Christian: De medicina morbos faciente.

— **Non omnia in re medica bono semper exemplo fieri prolusione prima. (Leipzig (Langenheim)) 8. IV. 1768. 16 S. mit Biogr. v. Johann Benjamin Reisig (Weißensee / Thüringen) (M.: Chr. C. Wengemann). (3.75) 26756**

— **Non omnia in re medica bono semper fieri exemplo prolusione altera. (Leipzig (Langenheim)) 25. X. 1771. 16 S. mit Biogr. v. Johann Gottfried Leonhard (Leipzig) (M.: J. E. Dobenecker). (3.75) 26759**

— De officiis medicorum non digne satis compensatis. (Leipzig (Langenheim u. Klaubarth)) 17. III. 1780. 14 S. mit Biogr. v. Carl Friedrich Agner (Penig) (M.: J. S. Riemer). (3.75) 26780

— De coelibatu medicis fugiendo oratio. Leipzig (Langenheim) 12. VI. 1767. 23 S. mit Vita v. Gustav Detlev Bretting (Hamburg). (4.—) 26740

— orationes quaedam. 4. Lips. Langenheim. 774.

Ordinis med. in Acad. Lipsica procancellarius **Anton Wilhelm Plaz** panegyrin medicam. — De paedantismo medico. (Leipzig (Langenheim)) 27. VIII. 1762. 12 S. mit Biogr. v. Johann Nathanael Pezold (Leipzig) (M.: J. E. Heinert). (3.75) 26742

—De paedantismo medico. (Leipzig (Langenheim)) 25. XI. 1763. 12 S. mit Biogr. v. Carl Traugott Baudius (Leipzig) (M.: A. D. Koch). (3.75) 26744

— **De paedantismo medico quarta prolusione. (Leipzig (Langenheim)) 29. VI. 1764. 15 S. mit Biogr. v. Johann Christian Hofmann (Leipzig) (M.: J. M. Laitsch.) (3.75) 26745**

— De plantarum plethora disserit et ad audiendam orationem aditialem, qua professoris physiologiae ordinarii munus. (Leipzig (Langenheim)) 17. X. 1754. 23 S. (4.25) 26739

Plaz, Anton Wilhelm [Praes.], s. P o h l , Johann Ehrenfried: De sensibus morborum causis.

— De saccharo. (Leipzig (Breitkopf)) 18. II. 1763. 16 S. mit Biogr. v. Johann Caspar Hoermann (Hamburg) (M.: Fr. Hinsch). (3.75) 26743

Plaz, Anton Wilhelm (Präs.): De salubritate et insalubritate habitationum. s. B i l l i n g , Johann Jacob (Resp.)

Plaz, Anton Wilhelm [Praes.], s. S c h l e u s n e r , Gotthold Friedrich: De corporis humani machina divinae sapientiae ac providentiae teste disputatio philosophica altera eaque practica.

Plaz, Georg Christoph [Praes.], s. S c h l e u s n e r , Gotthold Friedrich: Quaedam de commestibilibus capita.

— **De scrupulositate medica.** (Leipzig (Langenheim)) 18. XII. 1772. 16 S. mit Biogr. v. Theodor Friedrich Lohde (Jehsera/Lausitz) (M.: J. Chr. Halpitz). (3.75) 26762

— **De plantarum seminibus praefatur et collegium disputatorium publicum indicit. (Leipzig (Langenheim) Rog. 1736.) Mit Namen. (4.25) 26737**

Plaz, Ant. Wilh., De sensibus morborum causis. Lps. 4°. 1771

—, resp. J. E. Pohl, De sensibus morborum causis. Lps. 4°. 1772

Plaz, Ant. Wilh., resp. Jo. G. Plecker, De sensibus internis morborum causis. Lps. 4°. 1772

— **Decanorum facultatis medicae Lipsicae series continuata. (Leipzig (Sommer)) 25. IX. 1778. 18 S. mit Namen u. Biogr. v. Polychron Demetrius (Constantinopel) (M.: Rhodine). (4.50) 26776**

— **De signis mortis non solute explorandis specimine primo.(Leipzig(Langenheim)) 23. VIII. 1765. 16 S. mit Biogr. v. Johann Wilhelm Struve (Plauen/Vogtland) (M.: Chr. S. Fiedler). (3.75) 26751**

— **De mortis signis attente explorandis specimine secundo. (Leipzig (Langenheim)) 31. I. 1766. 12 S. mit Biogr. v. Jakob Mumsen (Hamburg) (M.: A. D. Behrens). (3.75) 26747**

— **De cauta signorum mortis exploratione specimine tertio. (Leipzig (Langenheim)) 21. III. 1766. 12 S. mit Biogr. v. Johann Samuel Langmasius (Guben/Neiße) (M.: A. D. Becker). (3.75) 26752**

— **De signis mortis attente explorandis specimine quarto. (Leipzig (Langenheim)) 12. VI. 1767. 16 S. mit Biogr. v. Gustav Detlev Bretting (Hamburg) (M.: A. M. Matsen). (3.75) 26753**

— **De cauta signorum mortis exploratione specimine quinto. (Leipzig (Langenheim)) 25. IX. 1767. 16 S. mit Biogr. v. Carl August Seiler (Artern Kr. Mansfeld) (M.: A. E. Meyer). (3.75) 26755**

— **De sostris. (Leipzig (Breitkopf)) 16. XII. 1768. 16 S. mit Biogr. v. Georg Christian Arnold (Lissa/Polen) (M.: A. S. Gebhard). (3.75) 26757**

Plaz, Anton Wilh.(Präs.): De t h e r a p i a per jucunda, s. B a u m e i s t e r , Christian Friedrich

— De tussi infantum epidemica. Diss. med. Präs. Michael Alberti. Halle/Magdeburg (Hendel) 18. X. 1728. 32 S. (4.50) 26736

— De usu medico exercitiorum corporis potissimum personis illustribus familiarium. Präs. Johann Friedrich Bauer. Leipzig (I. Titius) (16. III. 1726). 92 S. (5.50) 26735
Gew.: Abraham Christoph Plaz (Vater) v. Johann Friedrich Bauer.

Plaz, Ant. Wilh. [Präs.]: De vulgatiorum remediorum usu, s. Baudis, Carl Traugott

— De magiae vanitate. [Leipzig] ((Langenheim)) 4. VII. 1777. 16 S. mit Biogr. v. Johann Wilhelm Wildenhayn (Langenhennersdorf) (M.: J. J. Stauder). (3.75) 26750

– De voluptatibus studiorum impedimentis. (Leipzig (Breitkopf)) 4. IX. 1767. 16 S. mit Biogr. v. Ernst Platner (Leipzig) (M.: (Chr. S. Schreiter). (3.75) 26754

Plaz, Georg Christoph

— Diss. I. Problema jur. an in homicidio sectio et inspectio cadaveris necessaria sit. Leipzig (I. Titius) 21. VIII. 1727. 80 S. (5.—) 26794

— Problema jur. feud. de jure reluendi per generalem consensum simultanee investiti in alienationem feudi extincto. Präs. Georg Christian Gebauer. Leipzig (I. Titius) 22. III. 1725. 28 S. (4.75) 26791

— De religione sepulcrorum. Leipzig (I. Titius) 21. XII. 1725. 127 S. (6.50) 26792
Gew.: Gottlob Hieronymus von Leipziger.

— **Georg Christoph** (Leipzig), Dubiam quaestionem, de differendo impoenitentis delinquentis supplicio. Präs. Jo. Christian Hebenstreit. Leipzig (I. Titius) 6. II. 1723. 52 S. (5.—) 26790
Gew.: Jo. Franciscus Born. — Widm. v.: Jo. Christian Hebenstreit.

Plazer, M. v., Traunkirchen-Aussee. Historische Wandergn. (IV, 172 S. m. Abb. u. Titelbild.) 8. Graz 907. U. Moser. 2.50; geb. 3.60

Plazer, Vict. Ritter v., zeitgemäße Betrachtungen. 8. (41 S.) Leipzig 893. O. Wigand. n. — 60; geb. n. 1. —

Plazer, Vict. Ritter v., politische Gesänge. 8. (42 S.) Leipzig 895. O. Wigand. — 60

Plazer, Vict. Ritter v., s.: Gierer's neueste u. mod. Touren-Führer.

Plazer, V. v., s. Graz. Statistischer Bericht.

Die Oskarden. Trauerspiel in 5 Akten von Victor Rr v. **Plazer**. München 1897: G. Schuh & Co. (103 S.) 8° [J.]

Ein seltsam Spiel oder Deutschnational. Lustspiel in 5 Akten von Victor Rr v. **Plazer**. Leipzig: O. Wigand 1893. (146 S.) 8° [J.]

Plazotta, Jos., ein Beitrag zur Dienstboten- u. Arbeiterfrage. gr. 8. (16 S.) Klagenfurt 882. (Heyn.) n.n. — 60

— das Dogma der persönlichen Unfehlbarkeit ist eine der Kirche aufgedrungene Lüge. Systematisch nachgewiesen. gr. 8. (55 S.) Ebendas. 873. * 1 —

Plazotta, Jos., das Dogma der persönlichen Infallibilität. Mit Rücksicht auf die Erläuterg. durch Herrn Feßler, in St. Pölten u. die Erläuterg. der Encyclica u. d. Syllabus durch den Jesuiten-Orden. gr. 8. (24 S.) Klagenfurt 872. Bertschinger & Heyn. — 60

Plazotta, Josef. Hausiererunwesen in Kärnten. Villach, (Weiler), 1885.

Plazów [Schlagwort]

Plazów, s.: Oesterreich-Ungarn. Spezialkarte.

Plazza, Bened., Dissertatio biblico-physica de litterali proprio s. Scripturae sensu, praesertim a patribus unanimiter recepto, in rebus etiam physicis sancte observando publicae disputationi exposita etc. Tyrnau, 1749, 8°, 2 Teile. Zuerst Palermo, 1734, 4°.
Vgl. dazu Hurter, Nomencl. litt., Bd. 2, 2. Aufl., S. 1299—1300.

Plazza, Bdkt., Diss. biblico-physica de literali proprio S. Scripturae sensu etc. II Ptes. 8. Ofen 762. Typ. 8 gr.

Plazzary, Thadd., († d. 21. Mai 1789.) Gedichte zur Ehre d. Tugend u. Freundschaft. gr. 8. Kempt. 787. (Kösel). 12 gr. 8. Memming. 787. Seyler. 18 gr.

— s. ferner: 1) Christusgesänge. 2) Lehrbuch f. kathol. Schulen. 3) Virgils Aeneis. 4) Wilhelm u. Gottfried.

Pleasure, Edwin, od. die 12 entzückenden Brautnächte rc., s. Romane v. Jul. v. Voß. 4r Bd.

Pleban, Heinr., das Meisterstück. Die geheimnißvolle Scheibe. Der brave Sohn, s.: Zehnpfennigbibliothek, Regensburger.

Pleban, Heinr., das Meisterstück. Die geheimnißvolle Scheibe. Der brave Sohn. Drei Erzählgn. f. Jung u. Alt. Mit 4 Stahlst. gr. 16. (124 S.) Regensburg 870. Manz. — 75

Plebański, Joseph. Casimir. (geb. Bystrzyce in Posen 1. 3. 1831): De successoris designandi consilio vivo Joanne Casimiro Polonorum rege. Berolini (1855). (240 S.) 8°
Berlin, Phil. Diss. v. 7. Juli 1855

Plebanski, J. C., commentatio historica de successuris designandi consilio vivo Joanne Casimiro Polonorum rege. (Res gestae pertinentes ad explicandam historiam Poloniae saec. XVII.) Berolini 855. (F. Schneider.) Lex.-8. (3 Bl., 216 S.) n. 1 Rthlr. 5 ngr.

Plebanus, Em. (F. Meurin), Plusquamperfektum. Erinnerungen u. Plaudereien. 2. Aufl. (177 S.) kl. 8. Coblenz 904. J. Schuth. Geb. in Leinw. n. 1. 80

Plechanow, Geo., Anarchismus u. Sozialismus. gr. 8. (84 S.) Berlin 894. Buchh. des „Vorwärts". n. — 40

Plechanow, Geo., Anarchismus u. Sozialismus. (2. Aufl.) (84 S.) 8. Berlin 904. Buchh. Vorwärts. n. — 40

Beiträge zur Geschichte des Materialismus. Von Georg Plechanow. I. Holbach. II. Helvetius. III. Marx. *Stuttgart: J. H. W. Dietz 1896.* (VIII, 264 S.) 1 Bd 8. [96. 760

— Beiträge zur Geschichte des Materialismus. I. Holbach. II. Helvetius. III. Marx. 2. [Titel-]Aufl. (VIII, 264 S.) 8. Stuttgart [896]. 903. J. H. W. Dietz Nachf. n. 3. 50; geb. n. 4. —

— s.: Geschichte, die, d. Sozialismus.

Plechanow, G., die Grundprobleme des Marxismus, s.: Bibliothek, kleine. Nr. 7.

Henrik Ibsen. Von G[eorg] Plechanow [Plechanov]. (Deutsch von A. Stein.) Stuttgart: Singer 1908. 40 S. 8° [Umschlagt.]
(Die Neue Zeit. Erg.H. Nr 3.) [09. 7116 3

Plechanow, s. Morgenröthe.

— N. G. Tschernischewsky. Eine literar-histor. Studie. gr. 8. (III, 388 S. m. Bildnis.) Stuttgart 894. J. H. W. Dietz. n. 2. 50; geb. n. 3. —

Plechawski, Emil, Eisenbahn- und Weltzeitkarte Mittel-Europas. Wien, Hölzel. 1886. Imp.-Fol. M. 6.-

Plechawski, Emil, die Weltzeit, populär dargestellt. 12. (12 S. m. 2 Fig.) Wien 885. Konegen. n. — 40

Plecher, Hans, das Arbeitsprinzip in Volks- u. Fortbildungsschule. Mit besond. Berücksicht. der Münchener Schulorganisation. (VI, 91 S. m. Fig.) gr. 8. Leipzig 909. E. Wunderlich. 1.20; geb. 1.60

— Pädagogik der Tat. Beiträge zur prakt. Gestaltg. d. Arbeitsprinzipes in der Volksschule. (VI, 199 S. m. 80 Fig. u. 1 farb. Taf.) gr. 8. Ebd. 910. 2.40; geb. 3. —

Plecher, Hans: Die Schulprüfungen im Lichte fortschrittlicher Pädagogik. Berlin: Gerdes & Hödel 1908. 35 S. 8° [Umschlagt.]
(Pädagogische Bausteine. H. 32.)

— Die Schulprüfungen im Lichte fortschrittlicher Pädagogik, s. a. Bausteine, pädagogische. 32. Heft.

Die Suggestion im Leben des Kindes. Von Hans Plecher. Langensalza: Beyer 1900. 30 S. 8°
(Beiträge z. Kinderforschung u. Heilerziehung. H. 63.) [11. 3146

— Die Suggestion im Leben des Kindes, s. a. Beiträge zur Kinderforschung u. Heilerziehung.

Plecker, Jo. G.: De Sensibus internis morborum causis. s. Plaz, Anton Wilh. [Praes.]

Plectrum Davidicum sive psalmodia practica et explanata. Ingolstadii 1726. V: *Artinger, Joh. Pet.* (Gl)

Plee, Leon, An die deutsche Nation. Aus dem Französ. Berlin 859. Hertz. gr. 8. (31 S.) n. 5 ngr.

Pleetschke, Rob. Aug., biblisches Spruchregister nach alphabet. Ordnung mit Anführung der Bibelstellen, wonach fast alle Kernsprüche der heil. Schrift leicht zu finden sind. Nebst e. Anhange. Unter Benutzung des Pfaff'schen Bibel-Werkes hrsg. gr. 8. (11½ B.) Liegnitz 844, (Kuhlmey.) * –

— Tantieme-Berechnung von 1 Sgr. 3 Pf. bis 100 Rthlr. Steuerbetrag zu 4 p. C. Tantieme. Eine Erleichterung des Steuergeschäfts für Gerichts-Scholzen, Ortserheber u. Gerichts-Schreiber in den Königl. Preuß. Staaten. 4. Liegnitz 844, Stremvel. n. 1/6 ₰

[F.] Irminsul, ein Drama, und Gedichte v. Karl Plege. (Aufgekl.: *Bielefeld: E. Siedhoff [1897].*) (76 S.) 1 Bd 8. [97. 2449

Plehn, Alb., Beiträge zur Kenntniss v. Verlauf u. Behandlg. d. tropischen Malaria in Kamerun. gr. 8. (63 S.) Berlin 896. A. Hirschwald. n. 1. 60

Über Beri-Beri und ihre Bedeutung für wirtschaftliche u. kriegerische Unternehmungen in den warmen Ländern. Vortrag, geh. in d. Deutschen Kolonial-Gesellsch., Abt. Berlin, von Dr. Albert Plehn, Prof. Berlin: K. Curtius 1907. (22 S.) 8° [F.]
— Vorträge, Berliner. 2. [07. 13185

Plehn, Albert [approb. Arzt aus Lubochin]: Aus dem patholog. Institute zu Kiel. 35 Fälle von Schädel-Fractur. Ein Beitrag zur pathologischen Anatomie derselben .... Kiel, Druck v. Schmidt & Klaunig, 1886; 59 S. + 2 Bl. 8°.
Kiel, Med. Fak., Inaug.-Diss. v. 14. Sept. 1886.

Plehn, Albert, aus dem patholog. Institute zu Kiel. 35 Fälle von Schädel-Fractur. Ein Beitrag zur pathologischen Anatomie derselben. Diss. Kiel 1886, Haeseler-sche Sort.-Buchh. 8°. 59 S.

Plehn, Alb., die Malaria der afrikanischen Negerbevölkerung, besonders m. Bezug auf die Immunitätsfrage. gr. 8. (51 S. m. 1 lith. Taf.) Jena 902. G. Fischer. n. 2. 50

Plehn, Albert (Bearb.), s. Plehn, Friedrich: Tropenhygiene ... 2. Aufl.

Plehn, A., kurzgefasste Vorschriften zur Verhütung u. Behandlung der wichtigsten tropischen Krankheiten bei Europäern u. Eingeborenen f. Nichtärzte. (34 S.) 8. Jena 906. G. Fischer. Geb. in Leinw. n. — 75

Weiteres über Malaria, Immunität und Latenzperiode. Von Dr. Albert Plehn, Regierungsarzt in Kamerun. Mit 3 Taf. *Jena: G. Fischer 1901.* (81 S.) 4°(8°) [01. 3433

Die Figur im Raume. Von A[nna] L. Plehn. Mit vielen Vollbild. Berlin: Marquardt (1909). 121 S. 8°
(Die Kunst. Bd 51.) [09. 11767

Plehn, A. L., die Figur im Raume, s. a. Kunst, die.

Plehn, A. L., der Smyrna-Teppich. Seine Herkunft, Technik u. deren Umgestaltg. in Europa. Sonder-Abdr. aus der Zeitschrift „Liebhaberkünste" m. 3 Entwürfen f. Smyrna-Teppiche in Chromolith. u. 11 Abbildgn, im Text. (20 S.) Lex.-8. Darmstadt 905. Wiesbaden, Hauskunst-Verlag v. J. Köstler. 1. —

(R) — der Smyrnateppich. 905. (KBL 34.) Jetzt: Hamburg, F. W. Thaden.

Plehn, Auguste, s. a. Augusti, Brigitte.

[F.] Luise, Königin von Preussen. E. Lebensbild, deutschen Frauen u. Mädchen gewidm. v. Brigitte Augusti [d. i. Auguste Plehn], Vf. v. 'An deutschem Herd' ... M. 7 Abb. *Breslau: F. Hirt 1897.* (47 S.) 1 Bd 8. [97. 122

Plehn, Bernh., Begründung, Betrieb u. Verwaltung der Molkereigenossenschaften u. ihre wirthschaftliche Bedeutung. gr. 8. (XI, 178 S.) Leipzig 902. M. Heinsius Nachf. 3. 60

Plehn, Bernh., Butter, ihre Bereitung, ihr Wesen, ihre Ersatzmittel u. deren Gebrauchswert. (24 S.) gr. 8. Leipzig 903. M. Heinsius Nachf. n. — 60
Sonderabdruck aus: „Milchzeitg."

Die Entwickelung der Milchwirtschaft in Westpreußen und Dr. Benno Martiny. Von B[ernhard] **Plehn**. Leipzig: M. Heinsius Nachf. 1906. (19 S.) 8° [F.] [06. 14787

Plehn, B., Die landwirtschaftlichen Genossenschaften. (Aus: „Milchzeitung".) gr. 8⁰. Leipzig, M. Heinsius Nachf., 1901. (Schriften d. Deutschen milchwirtschaftlichen Vereins, Nr. 28.)

— **die landwirtsch. Genossenschaften**, s.a. Schriften des deutschen milchwirtsch. Vereins. 28.

— die Gewinnung u. der Vertrieb hygienisch einwandfreier Milch, s.: Schriften des deutschen milchwirtsch. Vereins. Nr. 30.

Der staatliche Schutz gegen Viehseuchen. Ein Buch f. d. Praxis. Von Bernhard **Plehn**, Oekonomierat. Anh.: Die wichtigsten Viehseuchen bearb. von Dr. [Reinhard] Froehner, Kreistierarzt. *Berlin: A. Hirschwald 1903.* (IX, 483, 66 S.) 8° [03. 6869

Plehn, C., die Versöhnung des religiösen und polit. Glaubens durch die Naturgesetze. Eine Folge des „Kosmos" von Humboldt, für Freunde des Verstandes und Humors. 16. (200 S.) Philadelphia 848, (Schäfer und Koradi.)

Anleitung zur Brillenbestimmung in einfachen Fällen für Optiker und Mechaniker von (Sanitätsrat) F[erdinand] **Plehn**. *Berlin: Der Mechaniker 1903.* (58 S.) 8°
Rev. u. verm. Sonderausg. aus: Taschenbuch f. Präzisionsmechaniker. 1901. [03. 6870

Plehn, F., Brillen u. Brillenbestimmung, s.: Sonderabdrücke aus der Deutschen Medicinal-Zeitung.

Plehn, Ferd. (geb. Liegnitz 25. 2. 1850): Ueber die Methode der Ūbestimmung mittels unterbromigsaurem Natron und eine neue Modification derselben. Berlin (1875). (30 S.) 8°
Berlin, Med. Diss. v. 3. Mai 1875

Plehn, Friedrich [approb. Arzt aus Lubochin]: Aus dem patholog. Institut zu Kiel. Beitrag zur Lehre vom chronischen Hydrocephalus .... Kiel, Druck v. Schmidt & Klaunig, 1887; 18 S. + 3 Bl. 8⁰.
Kiel, Med. Fak., Inaug.-Diss. v. 11. Jul. 1887.

Plehn, F., Beitrag zur Lehre vom chronischen Hydrocephalus. Inaug.-Diss. gr. 8. (19 S.) Kiel 887. (Lipsius & Tischer.) n. 1. —

Plehn, Frdr., d. Kamerun-Küste. Studien zur Klimatologie, Physiologie u. Pathologie in d. Tropen. M. 47 Abb. im Text u. 1 Karte d. Kamerun-Küste. gr. 8. (VI, 363 S.) Berlin 898. A. Hirschwald. n. 10. —

Plehn, Friedr. Ätiologische u. klinische Malaria-Studien. Mit 2 lithogr. Taf. gr. 8. (47 S.) Berl. 890, Hirschwald. * 2 40

Plehn, Frdr., Tropenhygiene m. specieller Berücksicht. der deutschen Kolonien. Ärztliche Ratschläge f. Kolonialbeamte, Offiziere, Missionare, Expeditionsführer, Pflanzer u. Faktoristen. 20 Vorträge, geh. am Seminar f. oriental. Sprachen, Winter-Sem. 1900/1901. gr. 8. (VIII, 283 S. m. 5 Abbildgn. u. 5 Taf.) Jena 902. G. Fischer. n. 5. —; geb. n. 6. —

Tropenhygiene mit spezieller Berücksichtigung der deutschen Kolonien. Ärztl. Ratschläge f. Kolonialbeamte, Offiziere, Missionare ... 21 Vorträge von Prof. Dr. Friedrich **Plehn**. 2. Aufl. Neubearb. von Dr. Albert Plehn, Privatdoz., Berlin. Mit 6 Taf. u. 5 Abb. Jena: G. Fischer 1906. (X, 311 S.) 8° [06. 7594

Plehn, Hans *Heinrich* [aus Westpreufsen]: Die politischen Ansichten der englischen Klosterannalisten aus der Zeit Heinrichs 3. ... (Soll vollst. ersch.) Berlin, Druck v. A. Sayffaerth, *1893*; 2 Bl., 37 S., 1 Bl. 8.
Berlin, Phil. Fak., Inaug.-Diss. v. 29. März 1893

Nach dem englisch-japanischen Bündnis von Dr. Hans **Plehn**. Berlin: K. Curtius 1907. (VII, 213 S.) 8° [07. 13204

Plehn, Hans, nach dem englisch-japan. Bündnis. 2. Aufl. (VII, 214 S.) 8. Berlin 907. K. Curtius. 3. 50

Plehn, Hans: Nach d. englisch-japan. Bündnis. 3. Aufl. 1909
s. **Plehn**: Weltpolitik. [10. 7550 II

Der politische Charakter von Matheus Parisiensis. E. Beitr. z. Gesch. d. engl. Verfassg u. d. Ständetums im 13. Jh. Von Dr. Hans **Plehn**. *Leipzig: Duncker & Humblot 1897.* (Z. Th. umgearb. Berliner Diss. 1893.) (XIV, 136 S.) 8.
= **Forschungen**, Staats- u. socialwissenschaftliche. Bd 14. H. 3. [97. 676

Geschichte des Kreises Strasburg in Westpreussen. Von Dr. Hans **Plehn**. *Leipzig: Duncker & Humblot 1900.* (XXVII, 369 S.) 8°
— **Materialien** u. Forschungen z. Wirtschafts- u. Verwaltungsgeschichte von Ost- u. Westpreussen. 2.
(Publikation d. Vereins f. d. Gesch. v. Ost- u. Westpreussen.) [00. 7975

Plehn, H., u. H. Sarwey, Kolonialpolitik. Im Lichte der kolonialen Entwicklg. Englands, Frankreichs u. Deutschlands. (109 S.) 8. Prenzlau '06, A. Mieck. 1. —
„Wollen, deutsches". Bd. 4.

— u. Helmut **Sarwey**, Kolonialpolitik, s.a. Wollen, deutsches. 4. Bd

Ortsgeschichte des Kreises Strasburg in Westpreussen von Dr. Hans **Plehn**. Festschrift z. 25jähr. Jubil. d. hist. Ver. f. d. Reg.Bez. Marienwerder. *Königsberg i. Pr. 1900.: Ostpr. Zeitungs- u. Verl.-Dr.* (VIII, 150 S.) 8° [F.]
[Umschlagt.:] Festschrift z. Feier d. 25j. Bestehens d. hist. Ver. ... 1901. (Schriften d. hist. Vereins f. d. Reg.Bez. Marienwerder.)
— [**Zeitschrift** d. histor. Vereins f. d. Reg.Bez. Marienwerder. H. 39.] [03. 4455

Plehn, H., Weltpolitik. Abriss der neuesten Weltgeschichte nach dem englisch-japan. Bündnis. Neue [Titel-]Ausg. (v.: „Nach dem englisch-japan. Bündnis".) 3. Taus. (VII, 214 S.) 8. Berlin '07, K. Curtius. 2. —

Weltpolitik. Abriß d. neuesten Weltgeschichte nach d. englisch-japan. Bündnis. Von Dr. Hans **Plehn**. (3. Aufl.) Neue Ausg. Berlin: Curtius [1909]. VII, 213 S. 8°
1. Aufl. u. d. T.: Nach d. englisch-japan. Bündnis. [10. 7549 II

Plehn, Karl, evangel. Religionsbuch f. die Vorschule höh. Lehranstalten sowie die unteren Klassen der höh. Mädchenschule u. der Mittelschule. (92 S. m. 22 Abb.) 8. Halle 904. Buchh. des Waisenh. Geb. in Leinw. n. 1. 20

Plehn, Carl Copping [aus Providence Rhode Island]: Das Kreditwesen der Staaten und Städte der Nordamerikanischen Union in seiner historischen Entwickelung ... Jena, G. Fischer, 1891; 2 Bl., 93 S. 8.
Göttingen, Phil. Fak., Inaug.-Diss. v. [11. März] 1892

Plehn, Carl Copping, das Kreditwesen der Staaten u. Städte der nordamerikanischen Union in seiner historischen Entwickelung, s.a. Studien, staatswissenschaftliche.

Plehn, Konr., Das eherne Lohngesetz. Eine socialpolitische Betrachtung für die Gegenwart. gr. 8°. Berlin, Wilhelmi, 1890. (19 S.)

[F.] Ulrich v. Hutten der ritterliche Vorkämpfer des Humanismus. Von M. E. Plehn. M. 4 Ill. *Glogau: C. Flemming [1895].* (111 S. : Taf.) 1 Bd 8.
= Jugendschriften, C. Flemmings Vaterländ. ... [96. 1187

Plehn, M. E., Emin Pasch. Vater d. Äquatorial-Provinz, — Ulrich v. Hutten, der ritterl. Vorkämpfer d. Humanismus, | s. d., Flemming's, Carl, vaterländische Jugendschriften.

[F.] Emin Pascha der Vater der Äquatorial-Provinz. E. Kulturbild aus Innerafrika. Von M. E. Plehn. M. 3 Ill. u. 1 Kt. *Glogau: C. Flemming [1895].* (166 S., 3 Taf., 1 Kt.) 1 Bd 8.
= Jugendschriften, C. Flemmings Vaterländische. Bd 40. [96. 1186

[F.] Werner v. Siemens der Schöpfer der Elektrotechnik. Erzählg f. d. deutsche Jugend v. M. E. Plehn. M. 4 Ill. *Glogau: C. Flemming [1895].* (130 S., 1 Portr., 3 Taf.) 1 Bd 8.
= Jugendschriften, C. Flemmings Vaterländische. Bd 44. [96. 1188

Plehn, Marianne, die Fische des Meeres u. der Binnengewässer, s. L., Bilderatlas des Tierreichs.

Plehn M. die Fische des Meeres und der Binnengewässer. (200 S 36 T)
(Zugleich: Lamperts Bilderatlas des Tierreichs 4) Esslingen (1906)

Plehn, Marianne, Polycladen v. Ambon, s.: Denkschriften d. medicinisch-naturwissenschaftl. Gesellschaft zu Jena, 4. Bd., 3. Lfg.

Plehn, Marianne, aus Lubochin, Westpreussen: Aus dem zoologischen und vergleichend-anatomischen Laboratorium beider Hochschulen in Zürich. Neue Polycladen gesammelt von Chierchia bei der Erdumschiffung der Korvette Vettor Pisani, von Kükenthal im nördlichen Eismeer und von Semon in Java. (S. A. aus: Jenaische Zeitschrift für Naturwissenschaft. Bd 30, N. F. 23, S. 137—176; die Tafeln VIII—XIII sind nicht beigegeben). Jena G. Fischer 1895. 44 S. 8°.
Zürich, Phil. Diss. [v. 4. Jan. 1896].

Plehn, Marianne: Die Polycladen der Plankton-Expedition. M. 1 Taf. Kiel & Leipzig: Lipsius & Tischer 1896. (12 S., 1 Bl., 1 Taf.) 4°
= Ergebnisse der ... 1889 ausgef. Plankton-Expedition d. Humboldt-Stiftung. Bd. II, H. f.

— Polycladen v. Ternate. [Aus: „Abhandlgn. der Senckenberg. naturforsch. Gesellsch."] gr. 4. (2 S. m. 1 Abb.) Frankfurt a/M. 898. (M. Diesterweg.) n. — 20

(B) **Plehn,** M., Polycladen v. Ternate. 898. (KBl. 30.) Jetzt: Frankfurt a/M. (Viktoria-Allee 7), Senckenberg. naturforsch. Gesellschaft.

Das Problem des Lebens. Von Dr. phil. Marianne Plehn in München. *Berlin: H. Paetel 1900.* (22 S.) 4°(8°)
= Sammlung populärer Schriften hrsg. v. d. Urania. No 55. [01. 954

— Turbellaria, s.: Bibliographie d. schweizer. Landeskunde, IV, 9.

Plehn, Martin, aus Bitterfeld: Über die Brüsseler Prosaredaction des Anseïs de Mes in ihrem Verhältnis zu den übrigen Versionen. *Greifswald 1903: J. Abel.* (53 S.) 8°
Greifswald, Phil. Diss. v. 23. Dez. 1903

Plehn, Rudolf: Beiträge zur Völkerkunde des Togo-Gebietes. M. 2 Taf. u. 1 Kt. *Halle 1898: (Berlin, Reichsdruckerei).* (39 S. mit Taf. u. Kt.) 8°
Halle, Phil. Diss. v. [5. Aug.] 1898

Plehn, Severus Lucian (Preußen), Lesbiacorum capita priora duo. Berlin (J. Fr. Starck) 14. VI. 1826. 86 S. u. Biogr. (M.: E. S. Kries). (3.50) 26801
Oppon.: Constantin Ilgen, Heinrich Stieglitz, Friedrich Cramer.

Plehn, (S. L.,) Lesbiacorum liber. Acced. tab geograph. aeri incisa, quae Lesbi insulae exhibet figuram. 8 maj. Berol. 826, Nicolai.

Plehwe, Carl Siegfried von, Rittergutsbesitzer auf Dwarischken, Rittmeister a. D. Ein Lebenslauf ... Königsberg 1896. V: *Plehwe, Carl v.* (Berl)

v. Plehwe, Adph., Entwurf über die Bildung der Erde oder: der Erdenraum in seinem Werden, von seinem Hervorgehen bis zu seiner Vollendung. gr. 8. (VIII u. 336 S.) Freienwalde 851. (Berlin, Vereins-Buchhandlung.) 1 ½ ₰

Plehwe, Herm. v., Leitfaden f. d. Unterr. im militair. Aufnehmen. gr. 8. (9 B. u. 6 Taf.) Berlin 841, Jonas's Vrlsbh. *

v. Plehwe, Herm., Leitfaden für den Unterricht im militairischen Aufnehmen. Mit 6 (lith.) Figurentaf. (in gr. 4.) 2. Aufl. gr. 8. (VI u. 138 S.) Berlin 850, Jonas' Verlag. n. 1 ₰

Plehwe, Herm. v., Leitfaden für den Unterricht im militairischen Aufnehmen. 2. Aufl. gr. 8. (V und 138 S. mit 6 Stnt. in gr. 4.) Berlin 851, Jonas's Vrlgsh. *

Plehwe, Herm. v., Leitfaden für den Unterricht im militairischen Aufnehmen. Nach dem gegenwärtigen Bedürfniß bearb. Mit 6 (lith.) Figurentaf. (in 4.) 3. verm. Aufl. Berlin 855. Jonas' Verlag. gr. 8. (VIII, 168 S.) n. 1 ₰. 2 ngr.

Plehwe, Herm. v., Leitfaden für den Unterricht im militärischen Aufnehmen. Nach dem gegenwärtigen Bedürfniß bearb. Mit 6 (lith.) Figurentaf. (in 4.) 4. verb. Aufl. Berlin 859. Jonas' Verlag. gr. 8. (VIII, 163 S.) n. 1 ₰ 2 ngr.

Plehwe, Herm. v., Leitfaden f. den Unterricht im militärischen Aufnehmen. Nach dem gegenwärt. Bedürfniß bearb. Mit 6 (lith.) Fig.-Taf. (in gr. 4.) 8. Aufl. gr. 8. (VIII, 163 S.) Berlin 872. Jonas. n. 3. 75

— dasselbe. 9. Aufl. Unter Berücksicht. d. Metermaaßes neu hrsg. v. T. Mit 7 (lith.) Fig.-Taf. (in qu. 4.) gr. 8. (VI, 191 S.) Berlin 874. Bernhardi. n. 6. —

(——) Leitfaden f. d. theor. Unterr. im Planzeichnen, s. Leitfaden.

— Leitfaden für den theoret. Unterricht im Planzeichnen. Bearb. für das Königl. Kadetten-Corps. 2. Aufl. Mit 4 (lith.) Figurentaf. (in 4.) gr. 8. (40 S.) Ebd. 850. n. ⅓ ₰

— Leitfaden für den theoretischen Unterricht im Planzeichnen. Mit 4 (lith.) Figurentaf. (in 4.) 3. verm. Aufl. Berlin 854. Jonas' Verlhdlg. 8. (48 S.) n. 10 ngr.

— Leitfaden für den theoretischen Unterricht im Planzeichnen. Mit 4 lith. Figurentaf. (in 4.) 4. verb. Aufl. Ebend. 860. gr. 8. (46 S.) n. 10 ngr.

Plehwe, Herm. v., Leitfaden für den theoretischen Unterricht im Planzeichnen. 5. Aufl. Berlin 867. Jonas' Verlag. gr. 8. (46 S. mit 4 lith. Fig.-Taff. in 4.) n. 10 ngr.

Plehwe, Hermann von: Leitfaden für den theoretischen Unterricht im Planzeichnen. 6. Auflage. Mit 4 Fig. Tafeln. Berlin: Jonas 1870 8°

—— Leitfaden für den theoretischen Unterricht im Planzeichnen. Bearb. für das Königl. Kadettencorps. 7. Aufl. gr. 8. (48 S. mit 4 lithogr. Fig.-Taf. in qu. gr. 4.) Ebendas. 874. * 1 50

Carl Siegfried von Plehwe, Rittergutsbesitzer auf Dwarischken, Rittmeister a. D. Ein Lebenslauf. Dem Andenken d. Vaters gewidmet von d. Sohne. [Verf.: Karl v. **Plehwe**, Oberl. Ger. Präs. zu Königsberg.] Als Ms. gedr. Königsberg **1896**: Ostpr. Zeitungs- u. Verl.-Dr. (52 S.) 8° [F.] 10

Plehwe, Rud., die Christenverfolgungen der ersten drei Jahrhunderte, nach äußerer Veranlassung u. geschichtl. Verlaufe geschildert. Eine Studie. Posen 866. Jagielski. gr. 4. (24 S.) n. 10 ngr.

Plehwe, R., die Christenverfolgungen der ersten 3 Jahrhunderte, nach äußerer Veranlassg. u. geschichtl. Verlaufe geschildert. Eine Studie. 2. Aufl. gr. 8. (53 S.) Berlin 889. Nitschke & Loechner. 1. 20

Plejaden, d. hellstrahlenden, am arabischen poët. Himmel, od. die 7 am Tempel zu Mekka aufgehang. arabischen Gedichte; übers., erläut. u. mit Einleit. versehen v. A. T. Hartmann. 8. Münst. 802. Waldeck. 18 gl.

Pleiades philosophicae rosianae oder Philosophisches Sieben-Gestirn der Rosen-Creutzer, bestehend in 7 sehr geheimen und vortreflichen Processen das Universal betreffend. Wie solche per testamentum von dem seel. autore, so ein wahrer possessor gewesen des lapidis philosophorum einem guten Freunde vermacht in einer mit Golde geschriebenen Schrifft auf Pergament, von welcher man solches Verbotenus abgeschrieben, und auf inständiges Ansuchen vieler Liebhaber dem Publico zum besten in Druck gegeben; deme beygefüget D. J. W. so das mineralische Gluten geschrieben, richtiger, wahrer u. sehr geheim gehaltener grosser Universal-Process, wie solcher von dem Autore selbst einem Amtmann, bey dem er logiret, und es selbst elaboriret, communiciret worden. Leipzig u. Nordhausen: [Gross] 1738. 56 S. 8°
[1.] in: Philosophisches Licht u. Schatten. 1738.

[Dasselbe.] Ebendas. 1758. 56 S. 8°
[2.] in: Drey philosophische Tractätlein. 1759. Kl. 2639. Selten.

Pleibel, August Ludwig

—— und A. Moll, die schwäbische Alb, s. Moll, A.

Pleibel, Aug. Ludw., Handbuch der Elementar-Arithmetik. 2., verm. und verb. Aufl. gr. 8. (XX und 538 S.) Reutlingen 851(52,) Enßlin und Laiblin.

Pleibel, Aug. Ludw., Handbuch der Elementar-Arithmetik. 3., durchaus verb. u. verm. Aufl. Stuttgart 862. Schweizerbart. gr. 8. (VIII, 622 S.) n. 1 ₰ 15 ngr.

Pleibel, Aug. Ludw., Handbuch der Elementar-Arithmetik. 4. Aufl. Stuttgart 868. E. Schweizerbart'sche Verlagsh. gr. 8. (VIII, 631 S.) n. 1 ₰ 15 ngr.

Pleibel, Aug. Ludw., Handbuch der Elementar-Arithmetik. Zum Gebrauch in Bürgerschulen, Realschulen, Seminarien und Gymnasien, sowie zum Selbstunterricht bearb. 5. verb. und verm. Aufl. 1872, und 6. Aufl. gr. 8. (XI, 616 S.) Stuttgart 875, Schweizerbart'sche Verlagsh. * 5 60

—— Handbuch der Elementar-Arithmetik. Zum Gebrauch in Bürgerschulen, Realschulen und Seminarien, sowie zum Selbstunterricht. 7. verb. und verm. Aufl. gr. 8. (XII, 648 S.) Ebendas. 877. *

Pleibel, Aug. Ludw., Handbuch der Elementar-Arithmetik. Zum Gebrauch in Bürgerschulen, Realschulen u. Seminarien, sowie zum Selbstunterricht bearb. 8. Aufl. gr. 8. (XX, 648 S.) Stuttgart 882. Schweizerbart. n. 6. 40

— Handbuch der Elementar-Geometrie. gr. 8. (VIII u. 359 S. mit 16 lith. Taf.) Stuttgart 852, Belser. 1 ₰ 3 ngr.

Pleibel, Aug. Ludw., Handbuch der Vaterlandskunde. Württemberg, sein Land, sein Volk und sein Fürstenhaus. Für Schule u. Familie bearb. Stuttgart 858. Schweizerbart. gr. 8. (VIII, 576 S.) n. 1 ₰ 6 ngr.

— Handbuch der Vaterlandskunde. Württemberg, sein Land, sein Volk u. sein Fürstenhaus. Für Schule u. Familie bearb. 2., verb. u. verm. Aufl. gr. 8. (VI, 460 S.) Ebend. 877. n. 6. —

— Hohenstaufen und Rechberg und ihre Umgebungen. Eine Schilderung der interessantesten Punkte des nordöstlichen Theiles der Schwäbischen Alb von der Teck bis zum Rosenstein. Urach 860. Caelius. gr. 8. (72 S.) n. 8 ngr.

— Lehr- u. Hilfsbuch zur Einführung des metrischen Systems für Maß u. Gewicht im Großherzogth. Baden. Karlsruhe 870. Bielefeld. gr. 8. (90 S.) n. 10 ngr.

— Lehr- u. Hilfsbuch zur Einführung des metrischen Systems für Maß u. Gewicht im Königr. Bayern. Für den Schulunterricht, sowie zum Gebrauch für Gewerbtreib., Apotheker etc. bearb. Würzburg 870. Stahel. 8. (III, 98 S.) cart. n. 8 ngr.

— Lehr- u. Hilfsbuch zur Einführung d. metrischen Systems f. Maß u. Gewicht im Königr. Bayern. Für den Schulunterricht, sowie zum Gebrauche f. Gewerbetreibende, Apotheker etc. bearb. 2. verb. Aufl. 8. (103 S.) Würzburg 873. Stahel. n. — 80

Pleibel, A., Lehr- u. Hilfsbuch zur Einführg. des metrischen Systems für Maß u. Gewicht in Württemberg. Im Auftrage der königl. Centralstelle für Gewerbe u. Handel bearbeitet. 2. verb. Abdr. Nebst Anhang: Sammlung von Aufgaben zur Einführung in das metrische System. Stuttgart 869. Belser's Verl. 8. (VIII, 68 u. Anh. IV, 58 S. mit 2 Steintaff.) 15 ngr.; ohne Anh. 9 ngr.; der Anhang apart 6 ngr.

— — 3., verb. Abdr. Ebend. 870. gr. 8. (VIII, 68 S.) 9 ngr.

—— decimales Rechnen und metrisches Messen. Eine Sammlung von Aufgaben als Anhang zu Obigem. 8. (IV, 58 S. mit 2 lithogr. Taf.) Ebendas. 869. — 60

— Reutlingen mit seinen Umgebungen, Lichtenstein — Tübingen — Hohenzollern. Historisch-geographisch geschildert. Reutlingen 860. (Urach, Caelius.) gr. 8. (60 S.) n. 8 ngr.

— Sammlung von Rechenaufgaben für die Hand der Schüler. 1. u. 2. Heft. Ebend. 870. n.n. 6½ ngr.
1. Die vier einfachen Rechnungsarten. (74 S.) n.n. 2½ ngr.
2. Die praktischen Rechnungsarten. (100 S.) n. 4 ngr.

— Schulrechenbuch. gr. 8. (XII und 580 S.) Stuttgart 852, Belser'sche Buchh.

— Schulrechenbuch. Mit steter Rücksicht auf das metr. System in Maß u. Gewicht bearb. 2. Aufl. Ebend. 870. gr. 8. (IV, 532 S.) n. 1 ₰ 3 ngr.

— Tabelle zur Umrechnung des bayerischen Medicinal-Gewichts in das neue Medicinal-[Grammen-]Gewicht für Aerzte, Apotheker etc. Würzburg 870. Stahel. 4. 3 ngr.

Pleibel, Aug. Lud., Tabellen zur Bestimmung d. kubischen Inhalts runder u. vierkantiger Stämme nach dem metrischen System. Ein prakt. Handbuch f. Forstbeamte, Waldbesitzer, Landwirthe etc. Grössere Ausg. in 6 Decimalen. gr. 8. (VI, 178 S.) Stuttgart 871. Belser's Verl. 3. —; geb. 3. 60

— dasselbe. Kleinere Ausg. m. 3 Decimalen. gr. 16. (VI, 178 S.) Ebend. 871. • 1. —; geb. 1. 20

Pleiderer, J., Sammlung geistlich. Reden, siehe Sammlung.

Pleier, s. Bibliothek des litterarischen Vereins in Stuttgart LX.

Pleiaer, s.a.Tandareis und Flordibel.

Pleiaer, Tandareis u. Flordibel, s.a. Khull, F.

PLEIER, Der. (Oesterreich. Dichter des XIII. Jahrh.). — Tandarois und Flordibel. Ein höfischer Roman von *dem Pleiere*, hrsg. von F. Khull. Graz 1885. 8⁰. (Mk. 8,65.) (3 frcs. 50 cts. Adolf Geering, Basel, 1904.)
Vgl. Meyer, Hugo Eduard, Ueber Tandarois und Flordibel, ein Artusgedicht des *Pleiers*. (Zeitschrift f. dtsch. Alterthum, 1865, 12, S. 470—514. — Durch Schilderung des ritterlichen Lebens auch von kulturhistor. Interesse. Inhaltsangabe bei Goedeke I, 137—138, wo die obige Ausgabe noch fehlt, dagegen eine böhmische Bearbeitung (etwa 2000 Verse) von W. Hanka (Prag 1823) genannt wird.)

Pleier, Franz, Der Unterricht im Freihandzeichnen. Vortrag. gr. 8. (56 S.) Carlsbad. •Bernhard Knauer. 60 kr. 1882.

Pleimes: Zwei Aktenstücke aus der Geschichte der Stadt Mülheim am Rhein, nebst einem Plan der Stadt vom Jahre 1612. – Progr. Mülheim a. Rh. 1857.

Pleimes: Sur l'origine, la decadence et la renaissance probable de la ville de Venise.– Mülheim a. R., Progr. 1856.

Pleimes, A. J., kurzer Leitfaden d. mathemat. Unterrichts, zunächst f. d. Erziehungs- u. Unterr.-Anstalt der Hrn. Gebr. Schumacher in Köln, dann aber f. jede ähnl. Anstalt entworf. M. 4 Stnt. 8. (8 B.) Köln 831, DuMont-Schauberg.

Pleimes, Ed. Maria, u. Reinhold Pleimes, neueste Sammlung einheimischer Schmetterlinge u. derer Raupen. Mit 108 (color.) Abbildgn. Nach der Natur gez. u. beschrieben. 4. (16 S. m. 8 lith. Taf.) Köln 850, Pleimes. ⅔ ₰

Pleimes, Ed. Maria, und Reinhold Pleimes, neueste Sammlung einheimischer Schmetterlinge und derer Raupen. Mit 108 Abbildungen. Nach der Natur gez. und beschrieben. 4. (16 S. Text und 8 ill. Stnt.) Köln 851, Pleimes.

Plein, P. Chr., Sagen u. Erzählungen, historische Skizzen u. Mittheilungen aus dem Moselthale, mit einem Anh.: Dichterklänge aus dem Moselthale. 12. (VIII, 308 S.) Kaiserslautern 880. Kayser. n. 2. 50

Plein-Air, s.: Studien, kritische.

v. Pleinchene, der Gärtner v. Sidon. Singspl. Aus d. Französ. (v. J. H. Faber). 8. Frankf. 773. Andreä. 6 K

Pleiners kathol. Gebete z. e. sel. Tode f. Soldaten. 8. Dresden, Walther. 784.

— Glaubens- u. Sittenlehre a. d. heil. Evangel. des jüngst. Gerichts. 8. Ebend. 746.

Pleines, A. [aus Emden]: Hiat und Elision im Provenzalischen .... (Ausg. u. Abh. aus d. Geb. d. roman. Philol) Marburg, Univ.-Buchdr. (R. Friedrich), 1886; 78 S. 8⁰.
Marburg. Phil. Fak., Inaug.-Diss. v. 31. Dez. 1886.

Pleines, A., Iliat u. Elision im Provenzalischen, s.a. Ausgaben u. Abhandlungen aus dem Gebiete der romanischen Philologie.

Pleines, J. Untersuchungen über das Leben und die Satiren Math. Régnier's. Schönberg, R., 1883. 32 S. 4. Progr.

Pleines, J. N., troisième jubilé séculaire de la fondation de l'Eglise réformée française d'Emden. Discours sur I. Rois 8, v. 56—58. prononcé à cette occasion à la fête de Réformation le 5 Nov. 1854. Suivi de notices et de pièces justificatives. Emden 855. (Aurich, Seyde.) gr. 8. (IV, 39 S.) 7½ ngr.

Pleines, J. N., die französisch reformierte Kirche in Emden, s.: Geschichtsblätter des deutschen Hugenotten-Vereins.

Rippachs historische Beziehungen. (Verf.: Wilh. **Pleines**.) Rippach: Selbstverl. [1907]. (14 S.) 8⁰ [F.] '07. 15975 3

(Pleisch, A[ndreas].) Aphorismen und Blätter vom Baume der Erkenntnis des Judentums. ([Von] Dr. A. P', Saas, Prättigau.) VI + 41 S. 8. ([Saas, Selbstverlag,] 1905.) (fr. 5.—)

Pleisch, Andr. Die Religion und Philosophie der Indier und ihr Einfluss auf die Religion der Völker. Mit einer naturwissenschaftlichen Betrachtung als Anhang. In-8⁰, 124 S. Chur, (F. Gengel) Kellenberger'sche Buchhandl. 1881.

Pleisch, Andr., die Religion u. Philosophie der Indier u. ihr Einfluss auf die Religionen der Völker. Mit e. naturwissenschaftl. Betrachtg. als Anh. gr. 8. (IV, 125 S.) Chur 881. (Rich.) n. 2. —

Pleischl, Adolf (Martin)

Pleischl, Ado. Mart., Beiträge z. physikal. Geographie Böhmens. 1. Lfg. Ueber d. Eis im Sommer zwischen d. Basaltstücken bei Kameik nächst Leitmeritz in Böhmen. gr. 4. (2½ B.) Prag 838. (Wien, Braumüller u. Seidel.)
Aus: Abhandlungen d. k. böhm. Gesellschaft d. Wissensch., besond. abgedruckt.

— Beiträge zu einer medicinischen Topographie Prags, der Hauptstadt Böhmens. — Chemische Untersuchung der Prager Wasser. gr. 8. Ebd. 836. n. 1/3 ℛ — 2e Lfrg. — Chemische Untersuchung des Wassers aus dem Brunnen im Carolingebäude. gr. 4. Ebd. 838. n. 2/3 ℛ (Sämmtlich aus den Abhandll. d. königl. böhm. Gesellschaft d. Wissensch. abgedr.)

Pleischl, Ad. Mt., Diss. inaug. de splenis inflammatione. 8. Prag 815. (Enders). 16 gr.

Pleischl, Adolph (Martin): Merkwürdige Krankheitsgeschichte einer Gallenstein-Kranken nebst der chemischen Analyse, der Abbildung dieser Gallensteine und des krystallisirten Cholesterins. Prag: 1826

s.: Leo, Franz K(arl)

— das chemische Laboratorium an d. k. k. Universität zu Prag. Entstehung u. gegenwärt. Zustand desselben, sammt Nachrr. üb. einige der darin vorgenommenen Arbeiten 2c. Mit 1 Kpft. gr. 8. Prag 820. (Calve). 1 ℛ 12 gr.

Pleischl Adolf: Über verschiedene Legierungen des Zinnes mit Blei und insbesondere über die Auflöslichkeit des Bleies durch Essigsäure aus dem mit Blei versetzten Zinne. S. 43 II. 55 . . . . vgr.
Separatabdruck

Pleischl, Adolf, *Dr., k. k. Regierungsrath u. Prof.* Ueber die Nothwendigkeit, Fürsorge zu treffen, dass der leidenden Menschheit der nöthige Bedarf an Chinarinden und an den daraus bereiteten chemischen Präparaten auch in der Folge sichergestellt werde. *Wien* 1857. Druck u. Verl. bei *Carl Gerold's S.* 72 S., 1 Bl. 8°.

—— Untersuchung d. Bestandtheile d. Birkenmehls, s. Kalina v. Jäthenstein, die Nothhülfe bei Manael an Futterstroh 2c.

—— Worte bei d. beschlusse seiner Vorlesn. ub. allgem. u. pharmaceut. Chemie an d. k. k. Universität zu Prag am 24. Mai 1838. gr. 4. (1 B.) Prag 839. (Wien, Braumüller u. Seidel.)

Pleischl, Th., *Dr., Assistent und Dr.* C. Folwarczny. Beiträge zur acuten Leberatrophie vom klinischen und patho-chemischen Standpunkte. *Wien* 1858. *C. Gerold's S.* 18 S. 4°.
Separatabdruck aus der „Zeitschrift der k. k. Gesellsch. der Aerzte zu Wien".

Pleischner, H. E., s. 1) Frauenzimmerlaune. 2) Liebe, die, in der Ukraine.

Pleiße ---, Die // Im Rosenthal bey Leipzig // Mit einer // Galanten Schifferey // Franzente // Pleiße // Mit vielen Gedichten der curi- // euser Welt Communiciret // Von einem // Dieser Gesellschafft Verbundenen. // LEIPZIG, // Verlegts Joachim Woltersdorff 17c7. - 224 Seiten.

Pleißenburg, die. gr. 4. (29 Photogr. m. 1 Plan.) Leipzig 897. Laubegast, O. Roth. In Mappe n. 50. —; Auswahl v. 20 Blatt n.n. 35. —

Pleißner, Art. Robert Forster. Drama. gr. 16. (36 S.) Lpz. 892, Deutscher Verlag. ** — 50

Pleißner, Art., kommandierende Generäle? Der Roman e. Zeitungsschreibers. (VII, 251 S.) gr. 8. Leipzig (904). „Deutscher Kampf"-Verlag. n. 3. 50; geb. n. 5. —

— Lex Heinze. Protestnovellen. 1.—5. Aufl. gr. 8. (45 S.) Leipzig 900. G. Müller-Mann. n. 1. —

Pleißner, Arth., s.: Kampf, deutscher.

— Millionen-Brand. Ein Roman in 2 Büchern. 1. Buch: Morsches Gebälk. Mit Briefen v. Kurt Weiße. (In 24 Lfgn.) (1.—8. Lfg. S. 1—384.) 8. Leipzig (909). Kleinzschachwitz, Deutscher Kampf-Verlag. à — 30

— das Modell ohne Kopf, s.: Eckstein's Miniaturbibl.

Pleißner, Art., d. Modell ohne Kopf. E. Novelle. 8. (106 S.) Leipzig (897). Scholtze & Klemm. n. 2. —; geb. 3. —

Pleissner, Art., der Fall Schülke. Ein Beitrag zur Geschichte moderner Gründgn. Der Öffentlichkeit zur Kenntnisnahme u. Kritik unterbreitet. Allen deutschen Erfindern zur Belehrg. u. Warng. gewidmet vom Verf. (Umschlag: Moderne Finanz-Manöver.) gr. 8. (50 S.) Leipzig (899). (Gutenberg-Druckerei.) n. — 50

— Vor los! Eine moderne Studentennovelle. Mit e. Titelvignette v. Fritz Kleinhempel. gr. 8. (VI, 82 S.) Leipzig (899). O. Seiler. n. 1. 50

— vor Los! Eine moderne Studentennovelle. 2. Aufl. (VIII, 86 S.) gr. 8. Leipzig (904). „Deutscher Kampf"-Verlag. 1. 50

— ein Wort üb. den Alkohol. hoch 4. (4 S.) Leitmeritz 899. (Leipzig, Literar. Anstalt, A. Schulze.) n. — 20

Pleißner, Georg

Pleißner, Ge., Blicke aus d. Reformation d. 16. Jahrh. in d. kirchl. Wirren uns. Zeit. gr. 8. (16 B.) Altenburg 841, (Helbig.) *

Pleißner, Geo., daß der wahre Christ innigst von Jesu durchdrungen sein müsse; Predigt. 8. Penig 839. (Altenburg, Helbig.) 1/8 ℛ

—— die kirchl. Fanatiker im Muldenthale. Ein treues Nachwort bei ihrer Uebersiedelung nach Amerika, zugleich e. kleiner Beitr. z. Sektengeschichte. 8. (6 1/2 B.) Altenburg 839, Helbig. *

—— das Bischöflich-Dräseke'sche Gutachten ruhig beleuchtet. gr. 8. (4 B.) Leipzig 841, Otto Wigand. *

PLEISSNER, Heinrich Christian 1756 -
Der Amerikaner. Ein Lustspiel in einem Aufzuge.
Nach dem Inhalt des le Sauvage von Pleißner Schauspieler.
Frankfurt-Leipzig: Fleischer. 1783. 79 S. 8°.
Staatsbibliothek der Stiftung Preußischer Kulturbesitz Berlin
Vermutlich identisch mit Ausg. Frankfurt 1784 [Heinsius, Schauspiele, Sp. 250]; konnte nicht gefunden werden.
Weitere Ausg. 1791.
Frankfurt-Leipziger Meßkatalog, Ostermesse 1784, S. 773.
Sabin 63415. Palmer.

[PLEISSNER, Heinrich Christian] 1756 -
Der Amerikaner, ein vierstimmiges Singspiel.
In Musik gesetzt von Herrn Nikolaus Piccini ...
Bamberg [: Göbhard.] 1791. 80 S. 8°.
Ehem. Schloßbibliothek Radenin, jetzt Nationalmuseum Prag.
Frühere Ausg. 1783.
Katalog der Teatralia-Sammlung Radenin, Nr. 1644.
Nicola Piccinni, 1728-1800

Pleißner, Heinrich Christian, s. I t a l i e n e r i n , Die, ...

— komm mir noch einer mit heirathen. Lstspl. 8. Neuwied 792. Gehra. 8 gr.

Pleissner, Hugo (Altenburg), Nonnulla de ossificatione in femoris inferiore epiphyse. Diss. med.-forens. Moder. Justus Radius. Leipzig (Baer u. Hermann) 29. IV. 1861. 22 S. mit Biogr. (M.: H. A. Seidler). (2.75) 26802
(Oppon.: E. Schniebs, H. Döring, J. Moeckel.)

Pleissner, M., üb. die Löslichkeit einiger Bleiverbindgn. in Wasser. (63 S. m. Fig.) Lex. 8. Berlin 907. J. Springer. 3. —
Sonderabdr. a.: „Arbeiten a. d. kais. Gesundheitsamte".

Pleissner, Maximilian *Frommherz* [aus Dresden]: Untersuchungen in der Campherreihe. . . . Leipzig, *Druck v. W. Keller in Giessen*, 1890; 2 Bl., 42 S., 1 Bl. 8°
Leipzig, Phil. Fak., Inaug.-Diss. v. [10. Dez.] 1890

PLEITHNER, Franz Xaver (München): Älteste Geschichte des Breviergebetes oder Entwicklung des kirchlichen Stundengebetes bis in das fünfte Jahrhundert. Nach den Quellen kritisch bearbeitet.- Kempten: Kösel 1887. XIV S.,1 Bl.,319 S.
25.2.1882 - Urk (Titel: De historia precum horarum canonicarum intra prima christianae religionis saecula quatuor.): Chr 1881/82,6; Jv 1886/87,176
Diss. Ingolst.-Landsh.-Mchn.

Botterbloomen. Plattdeutsche Gedichte von Emil **Pleitner**. Oldenburg: H. Nonne [1906]. (VIII, 160 S.) 8° [07. 11398 B

— deutsche Geschichte, s.: Neels, H.

Heil Du, o Oldenburg! Aufsätze u. Gedichte zu e. würdigen Ausgestaltung d. Feier von Grossherzogs Geburtstag u. z. Belebung d. Unterrichtes in d. Heimatkunde. Hrsg. von Emil **Pleitner**. Oldenburg: G. Stalling (1901). (168 S.) 8° [F.] [07. 5535 B

Pleitner, Emil, Hinrich Janßen, d. butjadinger Bauernpoet. Sein Leben u. s. Dichten; m. e. Auswahl seiner Dichtgn. gr. 8. (III, 72 S.) Oldenburg 898. Schulze. n. — 80

— Lesebuch f. die Oberstufe der evangelischen Volksschulen des Herzogt. Oldenburg, s.: Künoldt, Emil.

Pleitner, Emil, Oldenburg i. 19. Jahrh. 2 Bde. gr. 8. Oldenburg i/G. B. Scharf. (Nur direkt.) à n. 5. —
1. Von 1800—1848. (XI, 494 S.) 899.
2. Von 1848—1900. (XX, 360 S.) 900.

(G) Pleitner, Emil, Oldenburg im 19. Jahrh. 899. 900. (KBL32.) Jetzt: Oldenburg, (C. Bültmann).

— oldenburgisches Quellenbuch. Ein Handbuch f. Lehrer u. Freunde der oldenburg. Geschichte. (IV, 111 S.) gr. 8. Oldenburg 904. H. Nonne. n. 1. 50

Van use Slag. Plattdeutsche Geschichten von Emil **Pleitner**. 1. Aufl. Jever: (G. Wettermann [1906]). (109 S.) 8° [F.]
= **Volks-Bücherschatz**. No 4. 5. [07. 11399 B

1. Marschlied: **Flagge** heraus! (Vert.: Richard Deye.) Für Männerchor. 2. Wenn ich ein Vöglein wär. (Volkslied., Für Männerchor. (Komp. von) Gustav **Pleitner**. *Heepen bei Bielefeld: Selbstverl. [1899]*. (2 Bl.) 8° [Kopft. F.] [00. 1836 B

Pleitner, Gust., Hosianna! 66 neue geistl. Lieder, komponiert. 8. (IV, 168 S.) Gütersloh 891. (C. Bertelsmann.) Kart. n. — 85; geb. n. 1. 50

Des Q. Valerius Catullus Epigramme an und über C. Jul. Cäsar und Mamurra kritisch behandelt von Karl Pleitner, G. P. — 1849. Ebend. — S. 1—26.
Progr. Speier.

Pleitner, Karl, des Qu. Valerius Catullus Hochzeitsgesänge kritisch behandelt. Mit 1 Tab. (in Fol.) u. 1 lith. Abbildg. Dillingen 858. Blättermann in Comm. gr. 4. (3 Bl., 104 S.) n. 1 Thlr.; Velinp. n. 1 Thlr. 10 ngr.

Pleitner: Zur K r i t i k und Erklärung von Aeschylus Agamemnon u. Sophokles Antigone. 31 S. – Dillingen, Progr. 1864.

Pleitner, Karl, Beitrag zur Kritik u. Erklärung von Aeschylus Agamemnon u. Sophocles Antigone. Nördlingen 865. (Berlin, Calvary & Co.) gr. 4. (31 S.) n. 15 ngr.

Studien zu Catullus. — Von Karl **Pleitner**, Stdr. — 1876. Dillingen, ibid. - S. 1 - 134[8] mit Inhaltsangabe.
Progr. Dillingen, K. Lyceum

PLEITNER, Martin (Wallenbrück): Casuistischer Beitrag zur Lehre vom primären Leberkrebs.- München: Kastner & Lossen 1899. 22 S.
10.7.1899 - Chr 1899/1900,11; Jv 1899/1900,207
Diss. Ingolst.-Landsh.-Mchn.

Pleitz, Franz Paul (Hrsg.), s. W o c h e n b l a t t , Groß-Becskereker, ...

Plemelj, Jos., über die Anwendung der Fredholm'schen Funktionalgleichg. in der Potentialtheorie. (9 S.) gr. 8. Wien 903. (A. Hölder.) n. — 30
Sonderabdruck aus: „Sitzungsber. d. k. Akad. d. Wiss."

— über lineare Randwertaufgaben der Potentialtheorie. (S. 337—412.) gr. 8. Teschen (904). (Wien, J. Eisenstein & Co.) n. 2. —

— zur Theorie der Fredholmschen Funktionalgleichg. (S. 93—128.) gr. 8. Ebd. (904). n. 1. 20
2 Sonderabdr. aus: „Monatshefte f. Mathematik u. Physik".

Plempel, Friedrich: Ein Beitrag zur Lamniectomie. *Leobschütz 1896: W. Witke*. (36 S.) 8°
Würzburg, Med. Diss. v. 1896

Plenarbeschlüsse u. Entscheidungen d. k. k. Cassationshofes, veröffentlicht im Auftrage d. k. k. Obersten Gerichts- als Cassationshofes v. der Red. der allgemeinen österreich. Gerichtszeitg. 1. Bd. Entscheidungen. Nr. 1—100. (Mit doppeltem Register.) gr. 16. (XV, 519 S.) Wien 876. Manz. n. 4. —; geb. n. 5. —

Plenarbeschlüsse und Entscheidungen des k. k. Cassationshofes, veröffentlicht im Auftrage des k. k. Obersten Gerichts- als Cassationshofes von der Redaction der allgemeinen österreich. Gerichtszeitung. 1.—6. Bd. Mit doppeltem Register. 8. Wien, Manz'sche Hofverlagsh. *
Inhalt:
Bd. 1. Entscheidungen Nr. 1—100. 2. Aufl. (XV, 532 S.) 881. *M 4.
" 2. —— dass. — Nr. 101—200. (XV, 586 S.) 880.; 2. Aufl. (XV, 592 S.) 884. *M 5.
" 3. —— dass. — Nr. 201—300. (XV, 435 S.) 881. *M 4.
" 4. —— dass. — Nr. 301—400. (XV, 324 S.) 882. *M 3.
" 5. —— dass. — Nr. 401—500. (XV, 347 S.) 883. *M 3.
" 6. —— dass. — Nr. 501—600. (XIV, 305 S.) 884. *M 3.

Plenarbeschlüsse und Entscheidungen des k. k. Obersten Gerichts- als Cassationshofes, veröffentlicht von R. Nowak, Redact. der allgemeinen österreich. Gerichtszeitung. 7.—9. Bd. 8. Wien, Manz'sche Hof-Verlags- und Universitäts-Buchh. à Bd. *M 4.—. * geb. à Bd. *M 5.—. *
Inhalt:
Bd. 7. Entscheidungen Nr. 601—750. Mit doppeltem, die erschienenen 7 Bde. umfassenden Register. (XVII, 446 S.) 886.
" 8. 9. Entscheidungen Nr. 751—1050. [Mit doppeltem, die erschienenen 8, bezw. 9 Bde. umfassenden Register.] (XIX, 444; XXI, 462 S.) 887,88.
1.—6. Bd. Ebendas. 1880—84. *M 23.—.

Plenarbeschlüsse u. Entscheidungen d. k. k. Obersten Gerichts- als Cassationshofes, veröffentlicht von R. Nowak. 8.—10. Bd. 12. Wien 887—889. Manz. à n. 4.—; geb. à n. 5.— (1—10.: n. 38.—)
8. 9. Entscheidungen Nr. 751—1050. [Mit doppeltem, die erschienenen Bde. umfass. Register.] (XIX, 444 u. XXI, 462 S.)
10. Entscheidungen Nr. 1051—1200. (XXII, 522 S.)

Plenarbeschlüsse u. Entscheidungen d. k. k. Obersten Gerichts- als Cassationshofes, veröffentlicht v. R. Nowak. 11. Bd. Entscheidungen Nr. 1201—1350. [Mit doppeltem, die erschienenen 11 Bde. umfass. Register.] 12. (XX, 548 S.) Wien 890. Manz. n. 4.—; geb. n. 5.— (1—11.: n. 42.—)

— dasselbe, fortgesetzt v. Ed. Coumont u. Karl Schreiber. 12. Bd. Entscheidungen Nr. 1351—1500. [Mit doppeltem, die erschienenen 12 Bde. umfass. Register.] 12. (XXII, 575 S.) Ebd. 893. n. 4.—; geb. n. 5.—

— dasselbe. 13. Bd. Entscheidungen Nr. 1501—1650. [Mit doppeltem, die erschienenen 13 Bde. umfass. Register.] 12. (XXII, 578 S.) Ebd. 894. n. 4.—; geb. n. 5.—

Plenarbeschlüsse u. **Entscheidungen** d. k. k. Obersten Gerichts- als Cassationshofes. Sammlg., begründet v. R. Nowak, fortgesetzt v. Ed. Coumont u. Karl Schreiber. 14. 12. Wien, Manz. n. 16.—; geb. n. 19.— (1.—16. n. 66.—)
14. Entscheidgn. Nr. 1651—1800. (Mit dopp., die erschienenen 14 Bde. umfass. Register.) (XXII, 615 S.) 896. n. 5.—; geb. n. 6.—

Plenarbeschlüsse und Entscheidungen des k. k. Obersten Gerichts- und Cassationshofes. Sammlung, begründet von Dr. R. Nowak, fortgesetzt von Dr. Eduard Coumont u. Dr. Karl Schreiber. XV. Band. Entscheidungen. Nr. 1801—1990. Mit doppeltem, die erschienenen 15 Bände umfassendem Register. 8. (XXVIII, 776 S.) 3.— Geb. Wien: Manz 1898. 3.50

Plenarbeschlüsse und Entscheidungen des k. k. Obersten Gerichts- als Cassationshofes. Sammlung, begründet von Dr. R. Nowak, fortgesetzt von Dr. Eduard Coumont und Dr. Carl Schreiber. XVI. Band. Entscheidungen. Nr. 1991 bis 2165. 8. (XXIV, 545 S.) 2.50, in Lnwd. geb. Wien: Manz 1898. 3.—

(F) **Plenarbeschlüsse und Entscheidungen** des k. k. Obersten Gerichts- als Cassationshofes. Sammlung begründet von Dr. R. Nowak, fortgesetzt von Dr. Eduard Coumont und Dr. Karl Schreiber. XVII. Bd. Entscheidungen Nr. 2166—2268. Wien. 1899. Manz. 8°. XVI, 275 S. fl. 1.50, geb. fl. 2.—

— — dasselbe. 18. Bd. Generalregister zum 1.—17. Bde. 12. (V, 402 S.) Ebd. 899. n. 4.—
Fortsetzung, s.: Entscheidungen des k. k. Obersten Gerichts- als Cassationshofes.

Plenar-Beschlüsse, die, des königl. preußischen Ober-Tribunals zum allgemeinen Landrecht u. zu den ergänzenden Gesetzen mit den Motiven systematisch zusammengestellt von Molle. Berlin 870. C. Heymann. gr. 8. (IV, 278 S.) n. 1 ⅓ ₰

Plenarsitzungen der Handels- u Gewerbekammer Zittau 1878 u 79. Zittau 1878. 79

XX. Plenarversammlung des Deutschen Landwirthschaftsraths 1892. A. Die **Herbeiführung** einheitlicher und gesunder Gebräuche im Futtermittelhandel. B. Die **Gewinnung** besserer Kenntniss über den Einfluss der käuflichen Futtermittel. O. O. 1892. S. 111—145.

Die **Plenarversammlung** an der Polytechnischen Schule zu Carlsruhe (v. 26. 6. 1861).

Plenar-Versammlung, Die, des christlich-socialen Vereines vom 8. Mai 1893. (Sep.-Abdr. aus dem „Oesterr. Volksfreund".) 8. (32 S.) * —.15
Wien: "Austria".

Plenciz, Joseph von: Acta et observata medica. 189 S., gbd.

Pragae et Viennae: v.Schönfeld 1783

— medizin. Beobachtungen; aus d. Latein. mit Anmerkk. v. W. Dienel. gr. 8. Prag 794. Herrl. (Joachim in Leipz.) 1 ₰ 8 g.

Plenczіz, Joseph von. Medicinische Beobachtungen; a. d. Lat. . . . Prag 1794. Ü: *Dienel, Vincenz.* (MGT)

— **observationum medicar.** decas I. 8. Vien. Kurzböck. (Camesina.) 778.

Plenciz, L. v. Von dem Ursprunge und Wachsthume der Handlung nebst angehängten Lehrsätzen aus der Polizei, Handlung und Finanz. 8°. Wien 1769.

Marcus Anton [von] Plenciz, [Tractatus de scarlatine. Deutsch:] Abhandlung vom Scharlachfieber. Aus d. Lat. übers. von J[ohann] P[aul] G[ottfried] Pflug. Kopenhagen & Leipzig: Proft 1779. 190 S. 8°

— Abhandl. v. Scharlachfieber; aus d. Latein. v. J. P. Pflug. 8. Kopenh. 779. (Brummer). 8 g.

Plenciz M. A.: Abhandlung od. neuer Vorschlag, das Korn, Waitzen, u. andere dergleichen Waaren durch sehr viele Jahre gut, frisch u. unbeschadigt zu erhalten. Aus d. Latein ... übers. Wien 1764. 35 S. P.

— Abhandl. od. neuer Vorschlag, das Getreide durch viele Jahre frisch zu erhalten. gr. 8. Wien 764. Trattner. 2 g.

— Diss. physico-oeconomica seu nova ratio frumenta aliaque legumina quam plurimis annis integra salvaque conservandi. 8maj. Wien 764. Trattner. 2 g.

Plenciz, Marcus Anton von: Opera medico physica, in quatuor tractatus digesta. Tract. 1 - 4, gbd.

Vindobonae: typ.Trattner 1762

Marci Antonii [von] Plenciz, Tractatus de scarlatina Olim cum aliis ejusdem operibus, modo vero separatim, & ab auctore ipso novis observationibus auctus in lucem prodit. Vindobonae 1780: Trattner. 225 S. 8°

Plenck, Jakob Joseph

s.: Plenck, Joseph Jakob von

Plenck, Josef Jakob von

— Anfangsgründe d. gerichtl. Arzneiwissenschaft u. Wundarzneikunst; aus d. Latein. v. F. X. v. Wasserberg. gr. 8. Wien 782.

Plenck, Joseph Jakob (von): Anfangsgründe der gerichtlichen Arzneywissenschaft. (Elementa medicinae et chirurgiae forensis. Dt.) 2.verbess.Aufl. 256 S., gbd.

Wien: Gräffer 1788

Plenck, Joseph Jakob (von): Anfangsgründe der gerichtlichen Arzneywissenschaft. (Elementa medicinae et chirurgiae forensis. Dt.) 3.verbess.Aufl. 254 S., gbd.

Wien: Gräffer 1793

Plenck, Joseph Jakob (von): Anfangsgründe der gerichtlichen Arzneywissenschaft. (Elementa medicinae et chirurgiae forensis. Dt.) 4.verbess.Aufl. 258 S., gbd.

Wien: Wappler & Beck 1802

— Anfangsgr. d. gerichtl. Arzneywissensch. u. Wundarznevk. a. d. Lat. v. Wasserberg. gr. 8. Wien, Wappler. (Beck.) 802.

—Anfangsgründe der Chemie. Wien, 1801. 8vo.

Plenck, Joseph Jakob von: Anfangsgründe der pharmaceutischen Chymie, oder: Lehre von der Bereitung und Zusammensetzung der Arzneymittel. (Elementa chymiae pharmaceuticae sive doctrina de praeparatione ac compositione medicamentorum. Dt.) 232 S., gbd.

Wien: Wappler & Beck 1803

— Anfangsgr. d. pharmacevt. Chymie, oder Lehre von der Bereit. u. Zusammensetz. d. Arzneymitt. gr. 8. Wien, Camesina. (auch Beck.) 803.

— Anfangsgründe d. Chirurgie f. die angeh. Wundärzte im Königr. Ungarn. 8. Pest. 783. Eggenberger. 12 ℊ

— — f. angeh. Wundärzte. 8. Pest, Eggenberger. 785.

Plenck, Joseph Jakob (von): Anfangsgründe der Geburtshülfe. Th.1 - 2, 456 S., gbd., Abb.

Wien: Gräffer 1768

— Anfangsgründe d. Geburtshülfe. 8. Straßb. 769. N. Aufl. gr. 8. Wien 774. 5e Aufl. 795. 6e A. 803. (Volke). 1 ℛ 16 ℊ

Joseph Jakob Plenk [Edler von Plenck] Anfangsgründe der Geburtshülfe. 2., verb. Aufl. Wien: Gräffe 1774. 452 S. 8°

Plenck, Joseph Jakob (von): Anfangsgründe der Geburtshilfe. 3.verbess.Aufl. Th.1 - 2, 462 S., gbd., Abb.

Wien: Gräffer 1781

Plenck, Joseph Jakob (von): Anfangsgründe der Geburtshilfe. 4.verbess.Aufl. Th.1 - 2, 492 S., gbd., Abb.

Wien: Gräffer 1786

Plenck, Joseph Jakob (von): Anfangsgründe der Geburtshilfe. 5.verbess.Aufl. Th.1 - 2, 488 S., gbd., Abb.

Wien: Blumauer 1795

Plenck, Joseph Jakob (von): Anfangsgründe der Geburtshilfe. Neue verbess.Aufl. Th.1 - 2, 488 S., gbd., Abb.

Wien: v.Mößle 1799

— Anfangsgründe d. Hebammenkunst. 8. Pest 808. Eggenberger. 3 ℊ

— Anfangsgr. d. Pharmako-Katagraphologie, od. d. Lehre Arzneymittel zu verschreiben. gr. 8.
Wien: Beck 1799

Plenck, Joseph Jakob (von): Anfangsgründe der botanischen Terminologie und des Geschlechtssystems der Pflanzen. (Elementa terminologiae botanicae ac systematis sexualis plantarum. Dt.) 168 S., gbd.

Wien: Wappler 1798

— Anfangsgr. d botan. Terminologie &c. gr. 8. Wien, Wappler. (Beck.) 799.

— Anfangsgründe d. chirurg. Vorbereitungswissenschaften f. angeh. Wundärzte. 3 Thle. 8. Wien 777. 2e A. 788. 3e A. 790. 4e A. 794. 5e A. 801. (W. Rauck in Leipz.) 1 ℛ 8 ℊ 6e A. gr. 8. Wien 813. 7e A. 822. Beck. 2 ℛ 12 ℊ

Plenck, Joseph Jakob (von): Anfangsgründe der chirurgischen Vorbereitungswissenschaften für angehende Wundärzte. (Compendium institutionum chirurgicarum in usum tironum. Dt.) Th.2: 2.verm.und verbess.Aufl. Th.1 - 3, gbd.

Wien: Gräffer 1777 - 1778

Plenck, Joseph Jakob (von): Anfangsgründe der chirurgischen Vorbereitungswissenschaften für angehende Wundärzte. (Compendium institutionum chirurgicarum in usum tironum. Dt.) 3.verbess.Aufl. 598 S., gbd.

Wien: Gräffer 1790

— Anfangsgr. d. chirurg. Vorbereitungswissensch. 8. Wien, Gräffer. (Sommer in Leipz.) 794.

Plenck, Joseph Jakob (von): Anfangsgründe der chirurgischen Vorbereitungswissenschaften für angehende Wundärzte. (Compendium institutionum chirurgicarum in usum tironum. Dt.) 5.verbess.Aufl. 698 S., gbd.

Wien: Wappler & Beck 1800

Plenck, Jos. Jac. von, Anfangsgründe d. chirurgischen Vorbereitungswissenschaften f. angehende Wundärzte 6te Aufl. gr. 8. Wien, Beck. 813.

Plenck, Joseph Jakob (von): Anfangsgründe der chirurgischen Vorbereitungswissenschaften für angehende Wundärzte. (Compendium institutionum chirurgicarum in usum tironum. Dt.) 7.nach des Verfassers Ableben zum ersten Mahle neu revidirte, verbess.und verm.Aufl. 617 S., gbd.

Wien: Beck 1822

Plenck, Joseph Jakob (von): Neue Anfangsgründe der chirurgischen Vorbereitungswissenschaften für angehende Wundärzte. (Compendium institutionum chirurgicarum in usum tironum. Dt.) 540 S., gbd.

Wien: Gräffer 1785

Plenck, Joseph Jakob (von): Neue und leichte Art den mit der Lustseuche angesteckten Kranken das Quecksilber zu geben. (Methodus nova et facilis argentum vivum aegris venera labe infectis exhibendi. Dt.) Nebst einem Versuche die Wirkung dieses Metalles in die Speichelwege zu erklären. 2.verbess.und verm.Aufl. 158 S., gbd.

Wien: Gräffer 1769

Plenck, Joseph Jakob (von): Neue und leichte Art, den mit der Lustseuche angesteckten Kranken das Quecksilber zu geben. Nebst einem Versuche die Wirkung dieses Metalls in die Speichelwege zu erklären. (Methodus nova et facilis argentum vivum aegris venerea labe infectis exhibendi. Accedit hypothesis nova de actione metalli huius in vias salivales. Dt.) 3.verbess.und verm.Aufl. 170 S., gbd.

Wien: Gräffer 1773

— neue leichte Art, den mit d. Lustseuche angesteckten Kranken d. Quecksilber zu geben. 8. Wien 778. 4e A. ... Blumauer. (W. Nauck in Leipz.) 10 ℊ

— neue leichte Art, d. Kranken d. Quecksilber z. geben. 8. Wien, Sammer. (a. Sommer in Leipz.) 778.

Plenck, Joseph Jakob (von): Auswahl der chirurgischen Arzneymitteln nebst einem Verzeichniß der chirurgischen Werkzeuge und Bandagen. (Selectus materiae chirurgicae, cui additur elenchus instrumentorum et fasciarum chirurgicarum. Dt.) 74 S., gbd.

Wien: Gräffer 1775

— bromatologia s. doctrina de esculentis et potulentis. 8. Vien. Gräffer. (Compt. f. Litt., Lips.) 783.

Plenck, Joseph Jakob (von): Bromatologia seu doctrina de esculentis et potulentis. 440 S., Abb.

Viennae: Graeffer 1784

— bromatologia s. doctrina de esculentis et potulentis. 8. Wien 784. Blumauer. 1 ℛ 4 ℊ — Dass. deutsch 8. Ebd. 785. 1 ℛ 4 ℊ

Plenck, Joseph Jakob (von): Bromatologie oder Lehre von den Speisen und Getränken. (Bromatologia seu doctrina de esculentis et potulentis. Dt.) 432 S., gbd.

Wien: Gräffer 1785

— compendium anatomes, pro tironibus chirurgiae. III Ptes. 8maj. Wien 777.

— compend. institution. chirurgicarum. II Tomi. 8maj. Wien 776. Ed. II. 780. Ed. n. aucta 797. (Kummer in Lpz.) 1 ℛ (List in Berl. 1 ℛ 8 ℊ)

Plenck, Joseph Jakob (von): Compendium institutionum chirurgicarum in usum tironum. Editio tertia, emendata. 450 S., gbd. (mit Werksverzeichnis).

Viennae: Blumauer 1797

— compend. institution. chirurgicar. II Tomi. 8. maj. Vien. Gräffer. (Sommer, Lips.) 797.

Plenck, Joseph Jakob von: Doctrina de cognoscendis et curandis morbis Infantum. 272 S., gbd., 1 Taf.

Viennae et Tergesti: Geistinger 1807

— doctrina de cognoscendis et curandis morbis infantum. 8. Wien 807. Geistinger. (Gerold). 1 ℛ 8 ℊ Hbg. Pr. 16 ℊ Schrbp. 20 ℊ

Plenck, Joseph Jakob (von): Doctrina de morbis cutaneis. Qua hi morbi in suas classes, genera et species rediguntur. 128 S., gbd.

Viennae: Graeffer 1776

— doctrina de morbis cutaneis etc. 8maj. Wien 776. Ed. II. 783. Blumauer. 8 ℊ

— doctr. de morbis cutaneis etc. 8. maj. Viennae, Gräffer. 783.

Plenck, Joseph Jakob (von): Doctrina de morbis dentium ac gingivarum. 113 S., gbd.

Viennae: Graeffer 1778

Josephi Jacobi [Edler von] Plenck, Doctrina de morbis oculorum. Viennae: Graeffer 1777. 219 S. 8°

Plenck, Joseph Jakob (von): Doctrina de morbis oculorum. Editio secunda, aucta. 239 S., gbd.

Viennae: Graeffer 1783

— doctrina de morbis sexus feminei. 8maj. Wien 808. Binz. (Liebeskind in Leipz.) 1 ℛ 2 ℊ

— doctrina de morbis venereis. 8maj. Wien 779. Ed. n. 787. (List in Berl.) 12 ℊ

Plenck, Joseph Jakob (von): Doctrina de morbis venereis. Editio secunda, emendata. 192 S., gbd.

Viennae: Graeffer 1787

— doctr. de morbis venereis. 8. maj. Vien. (Sommer, Lips.) 787.

— elementa artis obstetriciae. 8. Wien 782. Gräffer. (W. Nauck in Leipz.) 16 gr

Plenck, Joseph Jakob von: Elementa chymiae. 328 S., gbd.

Viennae: Wappler u.Beck 1800

— elementa chymiae. 8maj. Wien 801. (Beck.) 1 ß 4 gr

Plenck, Joseph Jakob von: Elementa chymiae pharmaceuticae sive doctrina de praeparatione ac compositione medicamentorum. 188 S., gbd.

Viennae: Wappler & Beck 1802

Plenck, Joseph Jakob (von): Elementa medicinae et chirurgiae forensis. 184 S., gbd.

Viennae: Graeffer 1781

Plenck, Joseph Jakob (von): Elementa medicinae et chirurgiae forensis. Editio secunda aucta. 206 S., gbd.

Viennae: Graeffer 1786

Plenck, Joseph Jakob von: Elementa pharmacocatagraphologiae seu doctrinae de praescriptione formularum medicinalium. 190 S., gbd.

Viennae: Wappler 1799

— elementa terminologiae botanicae ac systemat. sexualis plantar. 8maj. Wien 796. Sammer. (List in Berl.) 16 gr

Plenck, Joseph Jakob (von): Hygrologia corporis humani, sive doctrina chemico-physiologica de humoribus, in corpore humano contentis. 184 S., gbd.

Viennae: Blumauer 1794

— hygrologia corp. humani. 8.maj. Vien. (Sommer, Lips.) 794.

— hygrologia corporis humani. 8maj. Wien 794. (Kummer in Leipzig) (List in Berl.) 14 gr — Dass. deutsch: Hygrologie d. menschl. Körpers; aus d. Latein. gr. 8. Wien 795. (Beck). 14 gr

Plenck, Jos. Jac. v., Hygrologie des menschl. Körpers a. dem Latein. gr. 8. Wien, Wappler. (Beck.) 795. Rthlr.

— — dass. in e. and. Uebers. m. Anmerk. v. Davidson. gr. 8 Berl. Felisch. (Gräff in Leipz.) 796.

Plenck, Joseph Jakob (von): Hygrologie des menschlichen Körpers, oder physiologisch-chemische Betrachtungen der flüßigen Bestandtheile des menschlichen Körpers. (Hygrologia corporis humani, sive doctrina chemico-physiologica de humoribus... Dt.) Übers.und mit Anmerkungen versehen von Wolf Davidson, Vorrede und einige Anmerkungen von S(igismund) F(riedrich) Hermbstädt. 163 S., gbd.

Berlin: Felisch 1796

Plenck, Joseph Jacob: Icones plantarum medicinalium secundum systema Linnaei digestarum cum enumeratione virium et usus medici, chirurgici atque diaetetici. Centuria 1—6. Viennae 1788—94. 2°
1. 1788. 2. 1789. 3. 1790. 4. 1791. 5. 1792. 6. 1794.

— icones plantarum medicinalium secundum syst. Linnaei digest. cum enumer. virium etc. Vol. I—V. a 4to fasc. c. tabb. pict. Fol.maj. Wien 788—91. Blumauer. 266 ß 16 gr Vol. VI. Fol.maj. ibid. 794, 95. ibid. 30 ß — id. lib. Cent. VII. Fasc. I—IV. Fol.maj. ibid. 803—5. (Heubner). 40 ß — id. lib. Cent. VIII. Fasc. I. II. Fol.maj. ibid. 807—18. Geistinger. (Landsh., Krüll). 24 ß

Plenck, Joseph Jakob von: Icones plantarum medicinalium secundum systema Linnaei digestarum cum enumeratione virium et usus medici, chirurgici atque diaetetici. Centuria 1 - 7, gbd., Abb.

Viennae: Cent.1 - 4: Graeffer 1788 - 1792
Cent.5 - 6: Blumauer 1794
Cent.7: Camesina 1803

— Icones plantar. medicinal. sec. syst. Linnei digest. cum enumer. virium etc. VIII Centur. fasc. I-IV. c. tab. pictis. fol. max. Vien. Camesina. (Schaumburg.) 804—808.

— Icones plantarum medicinalium secundum systema Linnaei digest. cum enumer. virium etc. Centuriae VIIIvae Fasc. IIus et ultim. totius operis. Fol. maj. Viennae, Geistinger. 812.

Plenck, Joseph Jakob (von): Lehre von den Augenkrankheiten. (Doctrina de morbis oculorum. Dt.) Übers.von F(ranz Xaver August) von Wasserberg. 398 S., gbd.

Wien: Gräffer 1778

Plenck, Joseph Jakob (von): Lehre von den Augenkrankheiten. (Doctrina de morbis oculorum. Dt.) 2.verbess.Aufl. 320 S., gbd.

Wien: Gräffer 1788

Plenck, Joseph Jakob von: Lehre von der Erkenntniß und Heilung der Kinderkrankheiten. (Doctrina de cognoscendis et curandis morbis infantum. Dt.) 235 S., gbd.

Wien: Binz 1807

— Lehre v. d. Erkenntniß und Heilung der Kinderkrankheiten. gr. 8. Wien, Binz. (Liebeskind in Leipzig.) 807.

— Lehre v. d. Hautkrankheiten, nebst ihren Klassen rc. aus d. Latein. v. F. X. v. Wasserberg. gr. 8. Wien 777. (W. Nauck in Leipz.) 10 gr

— — dass. 8. Dresd. Richter. 777.

Plenck, Joseph Jakob (von): Lehre von den Hautkrankheiten. (Doctrina de morbis cutaneis. Dt.) Übers.und mit einigen Zusätzen vermehrt von F(ranz Xaver) August von Wasserberg. 2.verbess.Aufl. 208 S., gbd.

Wien: Gräffer 1789

— Lehre v. d. Hautkrankh., n. ihr. Klassen rc. a. d. Lat. 8. Wien. (Sommer, Leipz.) 789.

Joseph Jakob Plenk's [Josef Jakob Edler von Plenck: Doctrina de morbis veneriis. Deutsch:] Lehre von den venerischenKrankheiten. Aus d. Lat. übers. [Übers.: Franz Xaver von Wasserberg.] 2., verb. Aufl. Wien: Gräffer 1787. 224 S. 8°

Plenck, Joseph Jakob (von): Lehre von den venerischen Krankheiten. (Doctrina de morbis venereis. Dt.) 3.verbess.Aufl. 231 S., gbd.

Wien: Gräffer 1793

— Lehre v. d. venerischen Krankheiten; aus d. Latein. v. F. X. Wasserberg. gr.8. Wien ... 3e A. 793. Blumauer. (W. Nauck in Leipz.) 16 gr.

— v. d. Krankheiten d. Zähne u. d. Zahnfleisches; aus d. Latein. v. F. X. v. Wasserberg. gr. 8. Wien 778. Blumauer. 8 gr.

Plenck, Joseph Jakob (von): Lehre von den Krankheiten der Zähne, und des Zahnfleisches. (Doctrina de morbis dentium ac gingivarum. Dt.) Übers.von F(ranz Xaver August) von Wasserberg. 172 S., gbd.

Wien: Gräffer 1779

Joseph Jacob Plenks [Edler von Plenck: Novum Systema tumorum quo hi morbi in sua genere et species rediguntur. Deutsch:] Neues Lehrgebäude von Geschwülsten, worinnen dieselben in ihre Geschlechter und Gattungen gebracht worden. Aus dem Lat. übers. ([Übers.:] Georg Ludwig Rumpelt.) Dreßden & Leipzig Gröll 1769. 204 S. 8°

Joseph Jacob Plenks [Edler von Plenck: Novum Systema tumorum, quo hi morbi in sua genere et species rediguntur. Deutsch:] Neues Lehrgebäude von Geschwülsten, worinnen dieselben in ihre Geschlechter und Gattungen gebracht worden. Aus d. Lat. übers. ([Übers.:] Georg Ludwig Rumpelt.) 2.,verm. Aufl. Dreßden & Leipzig: Gröll 1776. 254 S. 8°

— neues Lehrgebäude d. Geschwülste; aus d. Latein. v. G. L. Rumpelt. 8. Dresd. 769. 2e A. 776. Richter. 12 gr.

Plenck, Joseph Jakob (von): Lehrsätze von den Krankheiten der Haut, nach ihren Klassen, Geschlechtern und Gattungen eingetheilt. (Doctrina de morbis cutaneis. Quas hi morbi in suas classes, genera et species rediguntur. Dt.) 144 S., gbd.

Warschau u.Dresden: Gröll 1777

Plenck, Joseph Jakob (von): Lehrsätze der praktischen Wundarztneywissenschaft. Zum Gebrauch seiner Zuhörer. Th.1, 248 S., gbd.

Wien: Gräffer 1774

Joseph Jakob [Edler von] Plenck Lehrsätze der praktischen Wundarztneywissenschaft. ... Th.1.2. Wien: Gräffer 1774 - 76. 1 Bd 8°

Plenck, Joseph Jakob (von): Lehrsätze der praktischen Wundarzneywissenschaft. 2.verb. Aufl. 303 S., gbd.

Wien: Gräffer 1780

Plenck, Joseph Jakob (von): Lehrsätze der praktischen Wundarzneywissenschaft. 3.verb. Aufl. 365 S., gbd.

Wien: Gräffer 1782

Plenck, Joseph Jakob (von): Lehrsätze der praktischen Wundarzneywissenschaft. 3.verbess.Aufl. 331 S., gbd.

Wien: Wappler 1799

Plenck, Joseph Jakob (von): Primae lineae anatomes in usum praelectionum. 311 S., gbd.

Viennae: Graeffer 1775

Plenck, Jos. Jak., († d. 24. Aug. 1807.) primae lineae anatomes. 8maj. Wien 775. Ed. II. 777. Ed. III. ... Ed. IV. 795. Blumauer. 21 gr.

Plenck, Joseph Jakob (von): Primae lineae anatomes in usum praelectionum. Editio tertia et emendata. 296 S., gbd.

Viennae: Graeffer 1780

Plenck, Ios. Iac. v., primae lineae anatomos in us. praelection. 8.maj. Vien. Gräffer. 794.

— materia chirurgica ist dessen chirurgische Pharmakologie.

Plenck, Jos. Jak., materia chirurgica, oder Lehre v. d. Wirkungen d. in der Wundarznei gebräuchl. Heilmittel. 8. Wien 771.

Plenck, Joseph Jakob (von): Materia chirurgica oder Lehre von den Wirkungen der in der Wundarzney gebräuchlichen Heilmittel. 2.verbess.Aufl. 560 S., gbd.

Wien: Gräffer 1777

Plenck, Joseph Jakob (von): Methodus nova et facilis argentum vivum aegris venerea labe infectis exhibendi. Accedit hypothesis nova de actione metalli huius in vias salivales. 70 S., gbd.

Vindobonae: Bernhardi 1766

— methodus nova et facilis argentum vivum aegris venerea labe infectis exhibendi. Accedit hypothesis nova de actione metalli hujus in vias salivales. 8. Wien 766. Ed. IV. ibid. 778.

Plenck, Joseph Jakob (von): Pharmacia chirurgica seu doctrina de medicamentis praeparatis ac compositis, quae ad curandos morbos externos adhiberi solent. 259 S., gbd.

Viennae: Graeffer 1775

— pharmacia chirurgica, s. doctr. de medicament. praeparatis et composit. 8maj. Wien 775. Ed. II. 777. Ed. III. 786. Ed. nova 791. Blumauer. (W. Nauck in Lpz.) 16 gr.

Plenck, Joseph Jakob (von): Pharmacia chirurgica seu doctrina de medicamentis praeparatis ac compositis, quae ad curandos morbos externos adhiberi solent. Editio tertia aucta emendata. 246 S., gbd.

Viennae: Graeffer 1791

— pharmacologia chirurgica. 8maj. Wien 782. Gräffer. 1 ß 4 gr — Dass. deutsch. 8. Ebd. 786. 1 ß 4 gr

Plenck, Joseph Jakob von: Pharmacologia medico-chirurgica specialis sive doctrina de viribus medicamentorum in- ac externe in curatione morborum adhiberi maxime solitorum. Pars 2 continens medicamenta praeparata. 437 S., gbd.

Viennae: Camesina 1804

— pharmacia medico-chirurg. special. P. I–III. 8. maj. Viennae, Camesina. 804.

Plenck, Joseph Jakob (von): Chirurgische Pharmakologie oder Lehre von den Arzneymitteln, welche zur Heilung äußerer Krankheiten pflegen angewendet zu werden. (Pharmacologia chirurgica, sive doctrina de medicamentis, quae ad curationem morborum externorum adhiberi solent. Dt.) 531 S., gbd.

Wien: Gräffer 1786

Plenk J. J.: Chirurgische Pharmakologie, od. Lehre v. den Arzneymitteln, welche z. Heilung äusserer Krankheiten pflegen angewendet zu werden. Aus d. Lat. 2. verb. Aufl. Wien 1787. 510 S.

Plenck, Joseph Jakob von: Specielle medizinisch-chirurgische Pharmakologie oder Lehre von den Kräften der Arzneymittel, welche innerlich und äußerlich bey Heilung der Krankheiten am meisten gebraucht werden. (Pharmacologia medico-chirurgica specialis sive doctrina de viribus medicamentorum in- ac externe in curatione morborum adhiberi maxime solitorum. Dt.) Th.1 - 3, gbd.

Wien: Kamesina 1804 - 1805

— specielle mediz. chirurg. Pharmacologie, od. Lehre v. d. Kräften d. Arzneymittel, welche innerlich u. äußerlich bey Heilung d. Krankheiten am meisten gebraucht werden. 3 Thle. 2te Ausg. gr. 8. Wien, Wolke. 816.

Joseph Jacob [Edler von] Plencks [Plenck: Pharmacia chirurgica. Deutsch:] Chirurgische Pharmacie, oder: Lehre von den zubereiteten und zusammengesetzten Arzeneymitteln, so zur Heilung äußerlicher Krankheiten pflegen angewendet zu werden. Aus d. Lat. übers. von J[ohann] P[aul] G[ottfried] Pflug. Copenhagen & Leipzig: Proft 1776. XII,244 S. 8°

— chirurg. Pharmacie, a. d. Latein. 3te Aufl. 8. Copenhagen. 786. Jetzt Brummer.

— chirurch. Pharmacie, od. Lehre von d. zubereit. od. zusammen gesetzten Arzneimitteln; aus dem Latein. gr. 8. Wien 790. Blumauer. 14 gr

Plenck, Joseph Jakob (von): Physiologia et pathologia plantarum. 192 S., gbd.

Viennae: Blumauer 1794

— physiologia et pathologia plantarum. 8maj. Wien 794. (W. Nauck in Leipz.) 12 gr

Plenck, Joseph Jakob (von): Physiologie und Pathologie der Pflanzen. (Physiologia et pathologia plantarum. Dt.) 164 S., gbd.

Wien: Wappler 1795

— — dasselbe neue Aufl. aus d. Latein. m. Anmerk. 8. Leipz. Joachim.

Plenk, J. J., Physiologie u Pathologie d. Pflanzen. Aus d. Latein. kl. 8. Wien, 1795. Coblenz, 1801. — 15

Plenck, Joseph Jakob (Übers.):

s.: Pott, Percival: Abhandlung von der Mastdarmfistel. (Remarks on the disease, commonly called a fistula in ano. Dt.) Wien: 1768

— Samml. v. Beobachtt. über Gegenstände der Wundarzneikunst. 2 Thle. Mit Kpf. 8. Wien 769, 70. N. A. 775. Blumauer. 18 gr

Plenck, Joseph Jakob (von): Sammlung von Beobachtungen über einige Gegenstände der Wundarzneywissenschaft. Verbess.u.verm.Aufl. 340 S., gbd.

Wien: Gräffer 1775

— Schreiben an Rumpelt, v. d. Wirkung d. ätzenden Quecksilbers ꝛc. 8. Wien, Kraus. 766.

— Schreiben an Rumpelt, v. d. Wirkung. des Quecksilbers u. Schierlings. 8. Wien 768. Krauß. 5 gr

— selectus materiae chirurgicae. 8maj. Wien 775. Gräffer. 5 gr

Plenck, Ios. Iac. v., novum systema tumorum, P. I. 8. Viennae, Gräffer. 767. Rthlr.

Plenck, Joseph Jakob (von): Toxicologia seu doctrina de venenis et antidotis. 354 S., gbd.

Viennae: Graeffer 1785

— toxicologia s. doctrina de venenis ac antidotis. 8maj. Wien 785. Ed. II. 801. (Beck). 1 ß 8 gr — Dass. deutsch: Lehre v. d. Giften u. Gegengiften. gr. 8. Ebd. 785. (Beck). 16 gr

—— Toxikologie, oder Lehre von den Giften und Gegengiften; aus dem lateinischen. Wien, 1785. pp. 302–[vii], 8vo.

Plenck, Joseph Jakob (von): Erster Umriß der Zergliederungskunst des menschlichen Leibes zum Gebrauche bey Vorlesungen. (Primae lineae anatomes in usum praelectionum. Dt.) 360 S., gbd.

Frankfurt am Main: Andreä 1777

Plenck, Joseph Jakob (von): Erster Umriß der Zergliederungskunst des menschlichen Leibes, zum Gebrauche bey Vorlesungen. (Primae lineae anatomes in usum praelectionum. Dt.) 328 S., gbd.

Wien: Gräffer 1780

Plenck, Joseph Jakob (von): Erster Umriß der Zergliederungskunst des menschlichen Leibes, zum Gebrauche bey Vorlesungen. (Primae lineae anatomes in usum praelectionum. Dt.) 2.verbess.Aufl. 384 S., gbd.

Wien: Gräffer 1788

Plenck, Joseph Jakob (von): Erster Umriß der Zergliederungskunst des menschlichen Leibes, zum Gebrauche bey Vorlesungen. (Primae lineae anatomes in usum praelectionum. Dt.) 3.verbess.Aufl. 408 S., gbd.

Wien: Blumauer 1796

— Umriß d. Zergliederungskunst. d. menschl. Leibes, a. d. Latein. v. Wasserberg. gr. 8. Wien. (Sommer, Leipzig.) 796.

Plenczíz, Joseph von

s.: Plenciz, Joseph von

Plencziz, Marcus Anton von

s.: Plenciz, Marcus Anton von

Plenczykowski, V. von

— Auf der Warte Habsburg. (Ein vor der Plenarversammlg. des internationalen Anwalt-Verbandes in Wien am 3. III. 1906 geh. Vortrag üb. den Konstitutionalismus m. besond. Berücksicht. der dem österreich. Reichsrate u. Verwaltungsgerichtshofe staatsgrundgesetzlich zugewiesenen Mission.) (63 S.) gr. 8. 2. —
Wien: Selbstvlg.1906.

Plenczykowski, V. v., Österreichs Reichsrat. (Ein Wahlreformvorschlag.) (32 S.) gr. 8. Wien (IV, Schleifmühlgasse 1 A), Selbstverlag.1906. 1. —

Plener, Ernst v., englische Baugenossenschaften. gr. 8. (IV, 53 S.) Wien 873. Gerold's Sohn. n. 1. 60

— die englische Fabrikgesetzgebung. gr. 8. (VI, 114 S.) Ebend. 871. 2. 40

— Gutachten üb. Betheiligung der Arbeiter am Unternehmergewinn, s.: Schriften d. Vereins f. Socialpolitik.

Eine Kreisordnung für Böhmen. Von Ernst von Plener. [Sonder-Abdruck aus der Zeitschrift für Volkswirtschaft, Socialpolitik und Verwaltung, Jahrgang 1899 — 3. Heft.] Wien und Leipzig. 1900. Braumüller. Gr.-8°. 32 S. K —.80

Plener, Ernst v., Ferdinand Lassalle. gr. 8. (V, 86 S.) Leipzig 884, Duncker und Humblot. *
Aus: Allgemeine deutsche Biographie, besonders abgedruckt.

— drei Reden, geh. im böhm. Landtag in der Session 1885/6 üb. die Aufheb. der Sprachenverordng. u. die nationale Abgrenzg. der Bezirke. gr. 8. (103 S.) Prag 886. Tempsky. n. — 80

Plener, Ernst v. (Hrsg.), s. Zeitschrift für Volkswirtschaft, Socialpolitik und Verwaltung,

Plener, J, Einl. z. Sprachenkunde. 8. Wien, Schmidbauer. 792.

— 3 synopt. Tabell. z. Erlern. d. engl. Spr. Fol. Wien, Schönfeld. 797.

Plenge, Henrique, approb. Arzt aus Lima, z. Zt. Assist. an d. physiol. Institut zu Marburg: Aus d. zoolog. Institut d. Universität Heidelberg, beendigt im physiolog. Institut d. Universität Marburg. Über die Verbindungen zwischen Geissel und Kern bei den Schwärmerzellen der Mycetozoen und bei Flagellaten und über die an Metazoen aufgefundenen Beziehungen der Flimmerapparate zum Protoplasma und Kern. Mit 1 Taf. *Marburg (1899: C. F. Winter in Heidelberg).* (60 S.) 8° [Umschlagt.] • (Aus: Verhandlungen d. Naturhist.-Medizin. Vereins zu Heidelberg. N. F. Bd 6, H. 3.)
Marburg, Med. Diss. v. 30. März 1899

J. C. F. Plenge: Einige Worte über die Heilquelle zu Hiddingen im Amte Rotenburg und ihre heilsame Wirkung in verschiedenen Krankheitsfällen, nebst einigen Bemerkungen über die innere Einrichtungen dieser Badeanstalt, den Badeort selbst und seine nächsten Umgebungen. (Hannover 1829.) 8°

(= Hannoversches Magazin. 1829. Nr.42.43.)

Plenge, J. C. L., kleines Lehrbuch der Geographie. Für Bürger- und Landschulen. Aus dem Dän. übers. von C. Johansen. Flensburg 854. (Altona, Lehmkuhl u. Co.) 16. (110 S.) 6 ngr.

Plenge, Johann, Dr.: Gründung und Geschichte des Crédit Mobilier. (2 Kapitel aus Anlagebanken, eine Einl. in d. Theorie d. Anlagebankgeschäftes.) *Tübingen: H. Laupp 1903.* (XI, 150 S.) 8° [Umschlagt.]
Leipzig, Phil. Hab.-Schr. v. 25. Apr. 1903

Plenge, Johann: Westerwälder Hausierer und Landgänger. *Leipzig: Duncker & Humblot 1898.* (X, 264 S. mit Kt.) 8° • [= Schriften des Vereins für Socialpolitik, Bd 78.] [S.]
Leipzig, Phil. Diss. v. [5. März] 1898

Plenge, Joh., Westerwälder Hausierer u. Landgänger, s.a. Schriften d. Vereins f. Socialpolitik.

Für die Pflichtexemplare! Beiträge u. Materialien hrsg. im Auftr. d. Akad. Schutzvereins von Dr. J[ohann] Plenge, Privatd. Leipzig: Akad. Schutzverein 1908. (VIII, 95 S.) 8° [F.] [08. 18390

Plenge, J., für die Pflichtexemplare! Beiträge u. Materialien, hrsg. im Auftrage des akadem. Schutzvereins. (VIII, 96 S.) Lex. 8. Leipzig 908. (Borna, R. Noske.) 2.

Das System der Verkehrswirtschaft. Probevorlesung 1903 z. Zweck d. Habilit. an d. Univ. Leipzig geh. von Dr. Johann Plenge. *Tübingen: H. Laupp 1903.* (36 S.) 8° [03. 11341

Plengorth, Friedrich

Plengorth, Fr. Drei Frühlingslieder, f. dreistimm. weibl. Chor komponirt. Op. 15. gr. 8. (4 S.) Elberf. 890, Hartmann. * — 50

Gruss an die Schwestern. Cantate zur Weihe der neuen Logenräume am 1. Febr. 1885, gedichtet von C[arl] Richter, comp. für Männer- und gemischten Chor von Friedr. Plengorth. Elberfeld [1885]: Fastenrath. 2 Bl. 8° [Umschlagtit.]
Ohne Noten: „Klar soll ertönen der Gesang ...“ 140.

Pleniger, Andr., specielle Pathologie u. Hydrotherapie nach dem heutigen Standpunkte. Wien 866. Braumüller. gr. 8. (XV, 444 S.) n. 2 ℳ

—— Physiologie des Wasserheilverfahrens. Nach dem heut. Standpunkte der Wissenschaft. gr. 8. (XI und 148 S.) Wien 863, Braumüller. *

Pleninger, Ant. M., die wichtigsten gesetzlichen Vorschriften üb. die Schulpraxis in Oberösterreich. (139 S.) gr. 8. Linz (906). Preßverein. n. 1. 25

Pleninger, Ant. M., die wichtigsten gesetzl. Vorschriften üb. die Schulpraxis in Oberösterreich. Auf Verordng. d. k. k. Landesschulrates f. Oberösterreich vom 27. IV. 1906, Z. 2308, womit Durchführungsbestimmngn. zur definitiven Schul- u. Unterrichtsordng. f. allgemeine Volksschulen u. f. Bürgerschulen (Verordng. des Ministeriums f. Kultus u. Unterricht v. 29. IX. 1905, Z. 13200 [R.G.Bl. Nr. 159, M.V.Bl. Nr. 49]), getroffen werden. Enth. im Verordnungsblatt des k. k. Landesschulrates f. das Erzherzogt. Österreich ob der Enns vom J. 1906. Stück IV. Nr. 7. (15 S.) 8. Linz (906). Preßverein. — 20
Hauptwerk. Ebd. 906. 1. 25

Plenk, Joseph Jacob
s.: Plenck, Joseph Jakob von

Plenker, Georg von

Plenker, G. v. Die Entwickelung der direkten Abgaben in Oesterreich 1790—1862. 2 Bde. 8°. Wien 1863.

Plenker, Georg *Ritter v., Min. Rath u. Central-Dir. der k. k. Tabak-Fabriken u. Einlösungs-Aemter etc.* Das österreich. Tabak-Monopol seit dessen Ausdehnung auf das gesammte Staatsgebiet. Ein Beitrag zur Statistik des Tabak-Monopols. *Wien* 1857. *k. k. Hof- und Staatsdruckerei.* 125 S. 4°.

Plenkers, Alexander, a. Diedenhofen, Lothringen: Zur Kenntnis der komplexen Quecksilberverbindungen. Straßburg i. E. 1906: C. Müh. (93 S.) 8°
Straßburg, Math.-naturwiss. Fak., Ref. Thiele, Diss. v. 1906
[Geb. 6. Febr. 77 Diedenhofen; Wohnort: Straßburg i. E.; Staatsangeh.: Elsaß-Lothringen; Vorbildung: Lyzeum Straßburg Reife M. 97; Studium: München 5, Straßburg 2 S.]

Plenkers, Heribert (Hrsg.), s. Traube, Ludw.: Textgeschichte d. Regula S. Benedicti. 2. Aufl.

Plenkers, Heribert: Die Überlieferung der Regelbücher Benedikts von Aniane. München: C. H. Beck 1906. (25 S.) 8° ¶(Aus: Quellen u. Untersuchungen zur latein. Philol. d. Mittelalters Bd 1, H. 3.)
München, Phil. Fak., Ref. Traube, Diss. v. 20. Juli 1904
[Geb. 22. Dez. 69 Deutz; Wohnort: München; Staatsangeh.: Preußen; Vorbildung: Gymn. Diedenhofen Reife M. 88; Studium: Bonn 6, München 3 S.; Rig. 20. Juli 04.]

Untersuchungen zur Überlieferungsgeschichte der ältesten lateinischen Mönchsregeln von Heribert **Plenkers**. 1. Die Regeln Benedikts von Aniane. 2. Die Regula S. Benedicti. Mit 2 Taf. München: C. H. Beck 1906. (IX, 100 S.) 8°
— **Quellen** u. Untersuchungen z. lat. Philol. d. Mittelalters. Bd 1, H. 3. [06. 13304]

Plenkers, Wilh., der Däne Niels Stensen. Ein Lebensbild, nach den Zeugnissen der Mit- und Nachwelt entworfen. Mit dem Portr. Stensens. 2 Hälften. [Ergänzungshefte zu den „Stimmen aus Maria-Laach".] gr. 8. Freiburg i. Br. 884, Herder'sche Verlagsh. *
Inhalt:
Hälfte 1. Stensen als Gelehrter und Convertit. (VIII, S. 1—112.) *ℳ 1,50.
„ 2. Stensen als Priester und Bischof. (IV, S. 113—206.) *ℳ 1,25.

Plenkner, Wilh., Beitrag zur Lösung der Frage über das Verhältniss zwischen Niederschlagsmenge und Abflussmenge eines Flussgebietes. gr. 8. (8 S. mit 1 Fig.) Prag 886, (Bursik und Kohout.)
Aus: Mittheilungen des Architekten- und Ingenieur-Vereins im Königr. Böhmen, besonders abgedruckt.

Plenkner, W., einige Bemerkungen üb. das Verhältniss der Techniker zum Privat- u. Staatsbaudienst in Oesterreich u. Preussen, sowie die diesbezügl. Principien u. Verordngn. selbst. Nach citirten Quellen. gr. 8. (III, 99 S.) Prag 887. Calve. n. 1. 80

Plenkner, Wilh., über die Bewegung des Wassers in natürlichen Wasserläufen. Eine hydraulische Studie. Mit 5 Taf. u. 4 (eingedr.) Holzschn. gr. 4. (IV, 78 S.) Leipzig 879. Felix. geb. n. 10. —

Plenner, J.: Gedicht auf die durchl. Prinzessin Elisabeth da sie das katholische Glaubensbekenntniss den 26. December 1782 feierlich ablegte. Wien: Wappler 1783.

Plenning, I., Logica usui iunior. in epitom. red. 8. Holmiae. 750.

Plenske, Ernst: Über Mikrostruktur und Bildung der Porzellane. [1908.] 45 S., 1 Taf. 4°
Aachen, Dr.-Ing.-Diss. v. 5. 5. 1908

Plenske, Georg, a. Stettin: Ueber Phtalylhydroxylamin und Camphorylhydroxylamin. Königsberg i. Pr. (1904): Gutenberg-Dr. (20 S.) 8°
Königsberg, Phil. Fak., Ref. Klinger, Diss. v. 17. Nov. 1904
[Geb. 16. Febr. 76 Stettin: Wohnort: Königsberg i. Pr.; Staatsangeh.: Preußen; Vorbildung: Stadtgymn. Stettin Reife O. 96; Studium: München 2, Braunschweig T.H. 1, Göttingen 1, Heidelberg 1, Königsberg 7 S.; Rig. 10. Nov. 04.]

Plenske, Walter

Plenske, W., Das Bankbuch. I. Bd. Die Depositenkasse. (Banktechnik f. Juristen. [Spezieller Tl.]) (VIII, 288 S.) gr. 8. Berlin, A. Pulvermacher & Co. 1909 Kart. 5. —
Den allgemeinen Tl. bildet: Warschauer, O., die banktechnische Ausbildung der Juristen. ('08.)

Plenske, Walter: Das Elektrizitätsrecht. 1907 o. O. (128 S.) 8°
Heidelberg, Jur. Fak., Ref. Heinsheimer, Diss. v. 1908
[Geb. 12. Aug. 83 Lindow, Kr. Neu-Ruppin; Wohnort: Steglitz; Staatsangeh.: Preußen; Vorbildung: Gymn. Groß-Lichterfelde Reife M. 03; Studium: Berlin 6 S.; Rig. 16. Dez. 07.]

Das Elektrizitätsrecht und das Reichselektromonopol, e. nationalökon. Studie von Dr. jur. W. **Plenske**. Berlin: A. Pulvermacher & Co. 1908. (192 S.) 8° [08. 7843]

Plenum d. Hauses der preußischen Abgeordneten. 12. Legislatur-Periode. 1. Session 1873—1874. Holzschntaf. Imp.-Fol. Berlin 874. Kortkampf. n. 1. —

Plenz, Paul Gerhard, appr. Arzt a. Friedland, M. Str.: Aus der chirurgischen Klinik zu Kiel. Schußverletzungen im Frieden. Kiel 1905: H. Fiencke. (44 S.) 8°
Kiel, Med. Fak., Ref. Helferich, Diss. v. 19. Juni 1905
[Geb. 30. Juni 80 Friedland, M.-Str.; Wohnort: Friedland; Staatsangeh.: Mecklenburg-Strelitz; Vorbildung: Gymn. Friedland Reife O. 00; Studium: Erlangen 4, Rostock 1, Erlangen 1, Berlin 1, Kiel 3 S.; Coll. 23. Mai 05; Approb. 13. Mai 05.]

Plenz, Rhold. Kurf. Joh. Sigismund, s. Kirchen-Geschichte, märkische.

Plerr, J., s. Lindau, Herr Dr. Paul, der umgekehrte Lessing.

Plersch, Rob., († d. 3. Oct. 1810.) s. 1) Frage: Was können diejenigen Besseres hoffen. 2) Leben u. Heldenthaten Napoleons. 3) Priesterthum, das, e. Gegenstand d. Verehrung. 4) Was war die Ursache d. französ. Revolution.

(Plersch, Rob.) Von dem Leben und den Heldenthaten Napoleons des Grossen. 3 Bde. 8. Ulm 1810.

PLES, Hermann (Bochum): Embolie der Arteria mesenterica superior.- München: Weiss 1893. 30 S. 24.10.1893 - Chr 1893/94,12; Jv 1893/94,202 (Prom.-Datum: 1894)
Diss. Ingolst.-Landsh.-Mchn.

Plesch, Johannes: Über [sie!] F i b r o m y o m e des graviden Uterus mit Berücksichtigung eines Falles ... Greifswald, Druck v. Julius Abel, 1890, 28 S. 8⁰
Greifswald, Med. Fak., Inaug.-Diss. v. 24. Jun. 1890.

Plesch, Joh., Hämodynamische Studien. (V, 240 S. m. 14 Abb. u. 2 Kurven.) Lex.8. Berlin 909. A. Hirschwald. 7. —
Sonderabdr. a: „Ztschr. f. experiment. Pathol. u. Therap."

Plesch, Josef Wilhelm: Aus d. Laboratorium d. pharmakognost. Sammlung in Kiel. B e i t r a g zur Kenntnis der Wirkung des Arecolin ... Kiel, Druck v. A. F. Jensen, 1895, 22 S., 1 Bl. 8⁰
Kiel, Med. Fak., Inaug.-Diss. v. [21. Aug.] 1895

Plesch, Julius: Die Originalität und literarische Form der Mönchsbiographien des hl. Hieronymus. München 1910: Wolf. 55 S. 8°
München, k. Wittelsbacher-G P 1910* [S 10. 338

Protokolle über die Weihe der neuen Maurerhalle und die hierauf stattgefundene Fest-Tafel-Loge im Or. Dresden am 27 sten Oct. 1838 nebst Beil. [Unterz.:] Ernst Wilh. Schmidt und Karl Ernst Wilh. Plesch. Hs. f. Frmr. Dresden 1839: Gärtner. IV, 74 S. 1 Stich. 8⁰
Kl. 3016.

Plesch, Karl Heinr., Auswahl v. Lehrsätzen u. Aufgaben d. Mathematik, insbesond. z. Gebr. f. Zoll- u. Steuer-Beamte, so wie f. Alle, welche sich zu solchen bilden wollen, zugleich aber auch f. Zoll- u. Steuerpflichtige ausgearb. 2 Thle. gr. 8. Freiberg, Engelhardt. Zusammen nur Thlr. •
A. u. d. Ttln.:
Thl. 1. Kurzer Abriß d. Arithmetik, nebst e. Anhange v. Zoll- u. Steuer-Rechnungsaufgaben. (9 B.) 839. • 12 Gr.
• 2. Auszug aus d. Geometrie u. Anwend. ders. auf Berechnung d. Gefäße so wie auf das Feldmessen, mit e. Anh. v. Tabellen u. Gebrauchsanweisung ders. in Beispielen. gr. 8. (9⅝ B., 3 Stnt. u. 1 Tab.) 841. • 16 Gr.

Pleschа, Sofie, lyrische Gedichte. 12. (131 S.) Pancsova 894. (Leipzig, Literar. Anstalt A. Schulze.) Geb. in Leinw. n. 4. —

Pleschen [Schlagwort]

— s. a.: Posen, Reg.-Bez.

Pleschen. Baron, Paul, A. Hilscher's Nachf., Spezial-Karte des Kreises Pleschen. 1 : 100,000. 36,5 × 31,5 cm. Farbdr. Lissa 898. F. Ebbecke. n. — 50

Pleschen. Baron, Paul, Spezial-Karte vom Kreise Pleschen. Rev. v. den zuständ. Behörden. 1 : 100,000. 3. Aufl. 36×31 cm. Farbdr. Lissa (905). O. Eulitz. n. — 50; auf Leinw. in Taschenformat. n. 1. —

Pleschen, Kreis. Baron, Paul, Wandkarte des Kreises Pleschen, entworfen nach den neuesten Hilfsquellen d. königl. preuss. Landes-Aufnahme. 1 : 25,000. 4 Blatt à 66,5×55 cm. Farbdr. Lissa (900). F. Ebbecke. n. 12. —; auf Leinw. mit Stäben n. 15. —

Pleschen, Kreis. S p e z i a l k a r t e d. Kreises Pleschen. Rev. v. den zuständ. Behörden. 1 : 100,000. 4. Aufl. 37,5×31 cm. Farbdr. Lissa (909). O. Eulitz. — 50; auf Leinw. in Etui 1. —

Pleschiutschnig, M. Gereinigter Fichtenloh-Extract der Ersten Oesterreichischen Fichtenloh-Extract-Fabrik in Klgft. u. seine Anwendung im Gerberverfahren. (Klgft., Leon, 1886.) 10 S.

Pleschner, Holtzendorff der Zweite. Eine Kanzlei-Idylle. 8. (III, 46 S.) Prag 893. J. G. Calve. n. 1. 20

P l e s c h n e r, Eduard — Höhere Handelslehranstalt in Prag. Vom Vorstand des vereinten Handelsstandes dessen Präses — —. Prag, 1856. Druck der k. k. Hofbuchdruckerei von Gottlieb Haase Söhne. (7 S. 8.)

Das Evangelium des Kaufmannes oder das Handelsgesetzbuch in zierliche Reime gebracht u. reich ill. von Dr. A u g u s t Pleschner v. E i c h s t e t t. (Vorr.: Prof. Dr. [Karl Samuel] G r ü n h u t.) *Wien: G. Szelinski 1904.* (202 S.) 8° [F.] [03. 13067

Pleschner v. Eichstett, Aug., d. allgem. bürgerliche Gesetzbuch, f. d. Volk in zierl. Reime gebracht. 12. (XI, 419 S.) Wien 896. Manz. Kart. n. 4. —

Pleschner, v., der praktische Haus-Advocat, s.: Steidl, W. E.

Pleschner v. Eichstett, Aug., der österreichische Juristentag u. die Advokatur. gr. 8. (IV, 96 S.) Prag 879. Mercy. n. 2. —

Pleščjev, Sergei. Tagebuch einer Reise von der Insel Paros nach Syrien und Palästina. A. d. Russ. . . . Riga 1774. Ü: *Arndt, Christian Gottlieb.* (CBH) (BrMm)

Pleschtschejew, Sergei, Tagebuch e. Reise v. d. Insel Paros, nach Spanien u. Palästina; aus d. Russ. v. Chr. Gli. Arndt. Mit 1 Karte. 8. Riga 775. Hartknoch in Leipz. 8 gr.

— Uebersicht d. Russ.-Reichs nach seiner gegenwärt. neu eingerichteten Verfassung; aus d. Russ. übers. v. J. M. R. Lenz. gr. 8. Moskau (Leipz.) 790.

PLESINGER, Adolphus: Ordo sacer tamquam matrimonii impedimentum secundum jus canonicum atque civile Austriacum et Hungaricum. — (1892) 113 S. 4° (Handschr.) Diss. 513
Diss. Wien, Univ.

Pleske, Th., Beschreibung einiger Vogelbastarde, s.: Mémoires de l'académie impériale des sciences de St.-Pétersbourg.

— ornithographia rossica. Die Vogelfauna d. Russischen Reichs. 2. Bd. 1.—3. Lfg. gr. 4. St. Petersburg. (Leipzig, Voss' Sort.) n. 18. 50
1. Lfg. Grasmücken [Sylvia]. Mit 1 color. Taf. (Russisch u. deutsch.) (12, VIII, 153 S. m. 1 Bl. Erklärgn.) 889. n. 6. 25
2. Lfg. Laubsänger (Phylloscopus). (Russisch und deutsch.) (IX—XVIII u. S. 153—320 m. 1 farb. Taf. u. 1 Bl. Erklärgn.) 889. n. 7. 50
3. Lfg. Hypolais u Lusciniola. (Russisch u. deutsch.) (XIX—XXXIII u. S. 321—431 m. Abbildgn.) 890. n. 4. 75

Pleske, Th., Ornithographia rossica. Die Vogelfauna d. Russischen Reichs. 2. Bd. 4. Lfg. Rohrsänger [Acrocephalus]. (Russisch u. deutsch.) Imp.-4. (XXXIII—XL u. S. 431—560 m. Abbildgn. u. 1 Taf. in Farbendr.) St Petersburg 891. Eggers & Co. (Leipzig, Voss' Sort.) n. 7. 15 (II, 1—4.: n. 25. 65)

Pleske, Th., Revision der turkestanischen Ornis, s.: Mémoires de l'académie impériale des sciences de St.-Pétersbourg.

— Übersicht der Säugethiere u. Vögel der Kola-Halbinsel, s.: Beiträge zur Kenntniss d. Russischen Reiches u. der angrenzenden Länder Asiens.

— Vögel, s.: Resultate, wissenschaftliche, der von N. M. Przewalski nach Central-Asien unternommenen Reisen.

Plesken, Peter

— — u. **Philipp Sander** (Bückeburg-Schaumburg), Carolus V. Augustus Ferdinandum fratrem Germanum regem Romanorum constituens auspicato atque absque omni lapsu politico. Disquis. acad. Göttingen (G. L. Schulz) 5. I. 1753. 14 S. (4.75) 26809
Gew.: Christian Ludwig Scheid.

Plesken, Peter (Göttingen), Disquis. epistolaris utrum Caroli V. Augusti dolo vox einiger in ewiger in decreto de Philippi magnanimi captivitate mutate fuisse falso dicatur. Göttingen (J. Fr. Hager) (7. IV.) 1750. 20 S. (4.75) 26806
Gew.: Johann David Koeler.

— — Dasselbe. Göttingen (J. Fr. Hager) (7. IV.) 1750. 21 S. (4.75) 26807
Gew.: Johann David Koeler.

— — (Stade/Bremen), Ex binis elaborationibus de patrimonio Henrici Leonis disquis. prior quae de eius origine atque indole singulatim exponit. Göttingen (G. L. Schulz) 16. IX. 1752. 40 S. (4.50) 26808
Gew.: Gerlach Adolph von Munchhausen.

Pleskoff, Michael [aus Odessa]: Ueber die Recurrenslähmungen unter besonderer Berücksichtigung der in der Heidelberger ambulatorischen Klinik für Kehlkopf-, Nasen- und Rachenkrankheiten beobachteten Fälle. . . . Heidelberg, Univ.-Buchdr. v. J. Hörning, 1889; 28 S. 8°
Heidelberg, Med. Fak., Inaug.-Diss. v. [4. März] 1889

Über die Grenzen der Wurzeln einer Gleichung mit nur reellen Wurzeln. Von Prof. Dr. Ant. Pleskot. *Prag: Kgl. böhm. Ges. d. Wiss. 1897.* (9 S.) 8. = Věstník Král. Č. Společnosti Náuk. Třída math.-přírodovědecká. 1897. [No] 37. [97. 8444

Pleskot, Ant., über d. Grenzen d. Wurzeln e. Gleichung m. nur reellen Wurzeln. [Aus: „Sitzungsber. d. k. böhm. Gesellsch. der Wiss."] gr. 8. (9 S.) Prag 897. (F. Řivnáč.) n. — 20

Pleskot, Ant., zur linealen Konstruktion v. Kegelschnitten aus teilweise imaginären Elementen. (6 S. m. 2 Fig.) gr. 8. Prag 907. (F. Řivnáč.) — 20
Sonderabdr. a.: „Sitzungsber. d. böhm. Gesellsch. d. Wiss."

Pleskot, Rud., die näherungsweise Berechnung der Kompensationspendel. (29 S. m. Abbildgn.) gr. 8. Leipzig 905. W. Diebener. n. — 75

Pleskott, Rud., Regeln e. zeitgemäß vereinfachten deutschen Rechtschreibung. gr. 8. (14 S.) Wien 873. F. Beck's Verl. n. — 40

PLESMANN, Eduard (Detmold): Drei Fälle von traumatisch-hysterischer Monoplegie.- München: Kastner & Lossen 1897. 42 S.
21.12.1896 - Chr 1896/97,20; Jv 1896/97,238 (Prom.-Datum: 1897)
Diss.Ingolst.-Landsh.-Mchn.

Plesmann, J. F. E., Handbuch d. allgem. physikal. Erdbeschr. gr. 8. Lemgo, Meyer. 797.

Pless [Schlagwort]

Pless, s.: Bergbau.

Pless, s.: Beuthen.

Pless, s.: Deutschland. Übersichtskarte. — Kreiskarten.

Pless, s.: Industriekarten.

Pless, Kreis, s.: Oppeln, Reg.-Bez.

Pless [Verfasser]

Pless, F., über das Lösungsgesetz u. das Sieden der Flüssigkeiten u. über Dampfexplosionen. [Aus den Sitzungsber. der k. Akad. der Wiss.] Wien 867. (Gerold's Sohn.) Lex.-8. (41 S.) n. 6 ngr.

Pleß, Frz., unser Nervensystem f. Erzieher u. Eltern. (38 S.) 8. Graz 909. U. Moser. — 50

Pless, J., und Vict. **Pierre,** Beiträge zur Kenntniss des Ozons und des Ozongehaltes der atmosphärischen Luft. (Aus d. Sitzungsberichten d. k. Akad. d. W.) Wien 856. (Gerold.) gr. 8. (27 S. m. Holzschn. im Text.) n. 4 ngr.

Pless, J., und Vict. Pierre, Beiträge zur Kenntniss des Ozons und des Ozongehaltes der atmosphärischen Luft. Lex.-8. (27 S.) Wien 857, (Gerold's Sohn.) *
Aus: Sitzungsberichte der k. Akademie der Wissenschaften, Jahrg. 1856, besonders abgedruckt.

Pleß, Karl v., Herbstlese. Neue Gedichte. 12. (IX, 252 S.) Leipzig 880. Matthes. geb. n. 3. —

Pleß, Karl v., Oswien. Dichtung. 16. (VIII, 135 S.) Leipzig 871, Matthes. geb. mit Goldschn. * 2 50

Pleß, Karl v., Oswien. Dichtung. 16. (VIII, 135 S.) Leipzig 872. Matthes. geb. m. Goldschn. n. 2. 50

Pleß, Carl v., ernste Weisen. Dichtungen. Leipzig 869. Matthes. 8. (XI, 340 S.) 1 ℛ; in engl. Einb. mit Goldschn. 1 ℛ 15 ngr.

Pleß, L., e. junges Ehepaar, s.: **Bloch's**, E., Theater-Correspondenz.

Pleß, L., die Monate, s.: **Drath**, Thdr.

Pleß, Lina, ein Blumenkranz den deutschen Frauen und Jungfrauen gewidmet. gr. 16. (182 S.) Bunzlau 873, Fernbach. 1 50

Zur Frage des landwirthschaftlichen Credites. E. Vorschlag unterbreitet d. Creditcomm. der III 1895er ungar. Agrarconferenz v. M. **Pless**, leitendem Dir. d. Arader bürgerl. Sparcassa. '(A. d. Ungar. übs.)' *Berlin: Puttkammer & Mühlbrecht 1896.* (40 S.) 1 Bd 8. [96. 6027

Pless, W., fertige Kleider, s.: **Ausstellungs-Bericht, officieller.**

Plesse, Aug. Friedr., Anweisung zur Kettenvermessung. Für Landwirthe, welche ihre Grundstücke, auch ohne mathemat. Vorkenntniß, selbst ausmessen wollen, faßl. dargest. gr. 8. (5½ B. u. 4 Stnt.) Leipzig 838, C. H. Reclam.

— die Königl. Sächs. Unterrichtsanstalt für Geodäten, ihre Geschichte, Einrichtung und Wirksamkeit; nebst der Entlassungsrede beim Schlusse der Anstalt, u. einem Verzeichnisse sämmtl. v. Jahre 1835 bis 1840 gebildeten Geodäten. gr. 12. Grimma 840. Verlags-Comptoir. ½ ₰

Plesse, Ernst, aus Eilenburg, Referendar bei d. Kgl. Staatsanwaltschaft zu Erfurt: Die **Gestaltung** der gegenseitigen Unterhaltspflicht von Ehegatten während des Bestehens ihrer Ehe nach den Bestimmungen des Bürgerlichen Gesetzbuchs. *Merseburg 1902: Ch. Hottenroth & Sohn.* (IX, 63 S.) 8°
Erlangen, Jur. Diss. v. 30. Mai 1902

Plessel, Friedrich (Hrsg.), s. T u r n e r h o r t , Deutscher.

Plessen, Ida v., von L. Th. Kosegarten, s. Dichtungen, romantische, 1r 2r.

v. Plessen, A., die Dienstverrichtungen des Infanterie-Unteroffiziers im Frieden und im Kriege, mit einer Erklärung der gebräuchl. Fremdwörter. gr. 12. Magdeburg 840. Creutz. ½ ₰

v. Plessen, A. H. J. J., Gedanken über fünf Hauptfragen des menschl. Lebens aus der Gegenwart u. Praxis entnommen. 16. Berlin 844, Ende. n. ⅔ ₰

Plessen, Bernh. LB. de: Commentatio histor.-polit.-jur., de libertate Germanica, vulgo von der alten Teutschen Freyheit. Denuo rev. Halae Magdeb. 1729.

Plessen, Christian Siegfrid von (Dänischer Adel), **De foederibus commerciorum. Präs. Jo. Jakob Mascov. Leipzig (Breitkopf) 21. X. 1735. 54 S. (5.—) 26810**
Widm. v.: Jo. Jakob Mascov.

Das Steinkreuz am Ostseestrand. Kriminal-Roman von Erich **Plessen**. Berlin: A. Weichert [1904]. (176 S.) 8° [F.]
= Sammlung interessanter Criminal- u. Detectiv-Romane. Bd 12. [05. 1834

Plessen, Bar. Jos. v., u. John Rabinovicz, die Kopfnorven v. Salamandra maculata im vorgerückten Embryonalstadium, untersucht. Mit 2 lith. Doppeltaf. u. 4 Zinkographien im Text. gr. 4. (20 S. m. 1 Bl. Erklärg.) München 891. J. F. Lehmann's Verl. n. 5.—

Plessen, Karl von, Realschullehrer in Gnadenfrei: Ueber den **Einfluss** suspendierter Teilchen auf den Auftrieb einer Flüssigkeit. *Greifswald 1901: F. W. Kunike.* (42 S.) 8°
Greifswald, Phil. Diss. v. 11. Mai 1901

Plessen, Leopold Hartwig von

Plessen, L. H. v., staatswirthschaftliche Abhandl. 1ste Abhandl. 2c. gr. 8. Regensb. Montag u. W. 807.

– s. G r u n d z ü g e zu einem künftigen deutschen Gesammtwesen.

Plessen, Leopold Hartwig von, s. G r u n d z ü g e z. Verbesserung d. Kreditwesens.

P(l e s s e n), L. H. von: „Ueber das natürliche Verhältniss und die Beschränkungen des Handels zwischen verschiedenen Staaten in Beziehung auf die gegenwärtigen Zeitvorfälle", (Hamburg und Regensburg) 1806. — Vorh.: Com. Bibl. Hamburg und Bücherei der Industrie- und Handelskammer Leipzig.

– s. a. V e r h ä l t n i s s e , über die natürl., u. Beschränkung d. Handels. ...

Plessen, geb. v. Fick, Maria v., Gedichte. gr. 8. (10¾ B.) Schwerin 840, Kürschner'sche Buchh. •

v. Plessen, Maria, geb. v. Fick, Gedichte. 2. unveränd. Ausg. gr. 8. Schwerin 847, (846,) Kürschner'sche Buchh. ¾ ₰

v. Plessen, Marie Soph. Christ., s. Maria.

Plessen, Richard, Dr.: Die **Grundlagen** der modernen condictio. *Leipzig: A. Deichert 1904.* (VIII, 61 S.) 8°
(= Rostocker Rechtswiss. Studien Bd 2, H. 5.)
Rostock, Jur. Diss. v. [31. März] 1904

Plessen, Wilhelm von, Gerichtsreferendar: **Nicht Kulpakompensation, sondern Gefährdungskompensation. Bonn 1907: C. Georgi.** (62 S.) 8°
Heidelberg, Jur. Fak., Ref. Bekker, Diss. v. 7. Aug. 1907
[Geb. 21. Okt. 75 Oranienburg, Kr. Nieder-Barnim; Wohnort: Coblenz a. Rh.; Staatsangeh.: Preußen; Vorbildung: Gymn. Crefeld Reife O. 02; Studium: Berlin 3, Bonn 3 S.; Rig. 3. Juli 07.]

Plesser. Ein neues wirksames Heilverfahren bei progressiver Lungen- u. Organ-Tuberkulose. gr. 8. (III, 56 S.) Neuwied 891, Heuser's Verlag. * 1 50

Die Denkmale des politischen Bezirkes Pöggstall bearb. von Pfarrer Alois **Plesser** u. Dr. Hans Tietze mit Beiträgen von Dr. Josef Bayer u. Dr. Heinrich Sitte. 1 Kt., 10 Taf., 301 Abb. Wien: Schroll in Komm. 1910. XXVIII, 272 S 4°
(Österreichische Kunsttopographie. Bd 4.) [11. 390

Plesser, Alois, u. Hans Tietze, die Denkmale des polit. Bez. Pöggstall, m. Beiträgen v. Jos. Bayer u. Heinr. Sitte, s. a. Kunst-Topographie, österreichische. 4. Bd.

Plesser, August: Aus d. chir. Univ.-Klinik zu Kiel. Über einen Fall von Osteochondrosarkom des Darmbeines. Kiel 1907: Fiencke. 34 S. 8°
Kiel, Med. Diss. v. 9. Nov. 1908, Ref. Helferich
[Geb. 14. Jan. 78 Körbecke; Wohnort: Körbecke; Staatsangeh.: Preußen; Vorbildung: Gymn. Arnsberg Reife M. 97; Studium: Würzburg 1, Kiel 1, Leipzig 1, Kiel 3, Berlin 1, Kiel 1, Berlin 1, Kiel 6 S.; Coll. 3. Sept. 07; Approb. 1. Okt. 08.] [U 09. 2281

Plessing, Friedrich Viktor Leberecht

— Beweis v. d. Nothwendigk. d. Uebels u. d. Schmerzen d. fühlenden u. vernunftigen Geschöpfen. 8. Dessau, Gel. Buchh. 783.

— Memnonum oder Vers. z. Enthüll. des Geheimnisses d. Alterthums. 2 Bde. gr. 8. Leipzig, Weygand. 786–87. (1r 1 Rthlr. 16 gr. 2r 2 Rthlr.)

Eb. Memnonium, od. Versuche z. Enthüllung d. Geheimnisse d. Alterthums. *Lpz.*, Weygand. 787. 2 Bde. gr8° 3 ₰ 16 gl

Osiris und Sokrates. Von Friedr. Victor Leberecht **Plessing.** Berlin u. Stralsund: Lange 1783. 532 S. 8°
cf. Archiv f. Frmr. u. Rosenkreuzer. 2 (1785) S. 395--399.
Kl. 3824. Selten. 283.

Pleßing, F. V. L., Osiris und Sokrates. 8. Berlin. 784. Jetzt Reimer.

F. Vct. Lbr. **Plessing's** hist. u. philos. Untersuchh. üb. d. Denkart, Theologie u. Philosophie d. ältesten Völker, bes. d. Griechen bis auf Aristoteles Zeiten. 1r B. *Elbing*, Hartmann. 785. 8°

Eb. Versuche z. Aufklär. der Philos. d. ältest. Alterthums. *Lpz.*, Crusius. 788-90. 2 Thle. in 3 B. gr8° 4 ₰ 6 gl

Plessing, Fr. Vict. Lebr., († d. 8. Febr. 1806.) Versuche z. Aufklärung d. Philosophie d. Alterthums. 2 Bde. gr. 8. Leipz. 788—90. (W. Vogel.) 4 ₰ 6 gl

Plessing, Hans *Karl* [aus Lübeck]: Zur Casuistik der Exarticulatio pedis nach Lisfranc.... Berlin, Buchdr. v. G. Schade, *1891*; 29 S., 1 Bl. 8°
Berlin, Med. Fak., Inaug.-Diss. v. 21. Febr. 1891

Plessing, Johann Fr.

Plessing, Jh. Fr., († d. 31. Dec. 1793.) die Auferstehungsgeschichte unsers Herrn Jesu Christi. 8. Halle 785. 2e A. 788. Waisenh.-B. 1 ₰ 4 gl

— Geschichte d. Gräber, nebst e. Rede v. der Heiligkeit d. Gottesäcker. 8. Halle 786. Waisenh.-B. 1 ₰

— Geschichte der Gräber. 8. Ebend. 789.

— harmon. Gesch. d. Auferst eh. Jesu Christi bis zu seiner Himmelfahrt. 8. Halle, Waisenhausbuchh. 789.

— harmon. Geschichte d. Auferstehung Jesu Christi bis zu seiner Himmelfahrt. 8. Halle 798. Waisenhaus-B. 3 gl

— über Golgatha u. Christi Grab; e. histor.-kritischer Versuch, mit e. Grundriß v. d. Gegend u. Stadt d. heutigen Jerusalems. 8. Halle 789. Waisenh.-B. 1 ₰

Plessing, J. F., Vers. v. Urspr. d. Abgötterey. 2 Thle. 8. Leipz. Hilscher. (Compt. f. Litt.) 758.

Plessing, Wilh., Carl Georg Curtius, Dr. der Rechte, Syndicus der freien u. Hansestadt Lübeck. Darstellung seines Lebens und Wirkens. Lübeck 860. Aschenfeldt. Lex.-8. (78 S.) n. 12 ngr.

Plessis

— Claire du, et Clairant, Hist. d'une famille d'émigrés fr. p. A. Lafontaine, trad. de l'allem. III Vol. 8. Braunschw. (Hinrichs à Lpz.) 799.

Plessis, Klara du, und Klairant, eine Familiengeschichte französischer Emigrirten, von dem Verf. des Rudolph von Werdenberg (A. Lafontaine) mit Kupfern, gr. 8. Berlin, 795. Voß.
Velin Papier 3 Rthl. 20 sgl.
Dasselbe Buch, 8. Schreibpapier 1 Rthl. 25 sgl.

Plessis, Klara du, und Klairant, Gesch. zweyer Liebenden, v. Aug. Lafontaine, m. K. 8. Berlin, Voß. 801.
Velinpap.

Plessis, G. T. du, die Buren in der Kapkolonie im Kriege m. England, s.: **De Wet**, **C.**

Plessis, Paul du

Die Boucanier. Aus dem Franz. von Adolf Dux. Bd 1-4. Preßburg: Wigand 1854. 8°

Die Bukanier [Les Boucaniers]. Roman von Paul du Plessis. Berlin: Deutsches Dr.- u. Verlagshaus [1904]. (781 S.) 8° [5.]
-- Roman-Perlen. [Jg. 1], H. 16, [2] - H. 28.

Plessmann, Heinrich Simon [Praes.], s. Falckner, Johann Friedrich: De eo quod justum est, circa inquisitum variantem, praesertim in Saxonia electorali.

Pleßner, Ostpreußen u. die Schutzzölle. 8. Königsberg 845, Universitäts-Buchh. 3 ngl

Pleßner, Dr., das Turnen. Ein Beitrag zur Hygiene. 8. Danzig 844, Homann. 1/2 ₰

Pleßner, Das Turnen, E. Beitr. z. Hygiene, Danzig 1844, 66 S., 8°.

Plessner, Augustus (*geb. Kutscher in Oberschles. 3. 5. 1839*): De paracentesi thoracis. Vratislaviae 1863. (18 S.) 8°
Breslau, Med. Diss. v. 11. Aug. 1863

Pleßner, Christian Heinrich

Pleßner, Chrstn. Heinr., vollständ. Auszug aus dem Gil Blas de Santillane v. Le Sage. Ein Uebungsbuch z. leichtern Erlernung d. französ. Umgangssprache, f. Schulen u. zum Selbststud., nebst d. Erklär. der vorkomm. Gallicismen. 8. (13½ B.) Stralsund 829, (Löffler.)

—— the little fellow-traveller. (Dhe litt'l fello-träwo'ler.) — Der kleine Reisegefährte, od.: Kurzes deutsch-engl. Wörterbuch mit d. Aussprache, nach d. besten engl. Orthoepisten, u. worin die im gewöhnl. Leben häufig vorkomm. Wörter alphabet. enthalten sind, nebst einigen unentbehrl. Gesprächen mit d. Aussprache. Zunächst f. Reisende z. Auswendiglernen u. als Anh. zu allen engl. Grammatiken. gr. 8. (5¾ B.) Stralsund 831, Trinius.

— s. Goldsmith, O., the Vicar of Wakefield.

—— vollständiges, auf d. möglichste Erleichterung d. Unterr. abzweckend., grammat. Lehrbuch d. engl. Sprache. Für Schulen u. zum Selbstunterr. Nach e. neuen u. sehr faßl. Lehrart, mit Uebungen z. Uebersetzen ins Engl., mit Accentuation u. der Aussprache aller darin vorkomm. engl. Wörter, nach J. Walker's Grundsätzen. Nebst e. Verzeichnisse engl. Eigen- u. Ortsnamen, mit der Aussprache nach W. Perry, Murdoch u. Fromm. gr. 8. (30½ B.) Stralsund 828, Trinius.

Pleßner, Leop., der neue Destillateur, od. d. Kunst zu destilliren n. prakt. bewährten Erfahrungen. 8. (5½ B.) Anclam 841, Dietze. *

—— die kalte Destillation, od. Anweis. binnen wenigen Stunden 80 % starken Spiritus völlig rein zu entfuseln u. daraus nach e. neuen Methode doppelte Branntweine u. feinste Liqueure derart herzustellen, daß solche den warm destillirten durchaus nicht nachstehen, so wie auch Rumm zu bereiten, den der Kenner vom echten kaum zu unterscheiden vermag. 8. (1 B.) Posen 841, Gebr. Scherk. Verklebt.

Pleßner, Leop., die kalte Destillation, oder: Anweisung binnen wenigen Stunden 80 % starken Spiritus völlig rein zu entfuseln und daraus nach einer neuen Methode alle doppelten Branntweine und feinsten Liqueure herzustellen, so wie auch Rum zu bereiten ꝛc. 2., mit einem Recepte zur Fabrikation eines guten Champagners verm. Aufl. 8. (15 S.) Posen 848, Gebr. Scherk.

Pleßner, M., Gymnastik und Instruktion als Hebel des moralischen Elements. Berlin 864. Reichardt & Zander. 8. (96 S.) n. 10 ngr.

Pleßner, Max. Ein Blick auf die großen Erfindungen d. 20. Jahrh. 1. u. 2. Heft. gr. 8. Berl., Dümmler's Verlag. * 3 —
1. Die Zukunft d. elektr. Fernsehens. (VII, 92 S.) 892. * 1 —. — 2. Die Dienstbarmachung der Windkraft f. den elektrischen Motorenbetrieb. (XIV, 135 S. m. 1 Taf.) 893. * 2 —.

Pleßner, M., die neueste Erfindung. Das Antiphon. Ein Apparat zum Unhörbarmachen v. Tönen u. Geräuschen. 2. Aufl. gr. 8. (48 S.) Rathenow 885. (Haase.) n. 1. –

Pleßner, M., d. neueste Erfindg. Das Antiphon. Ein Apparat zum Unhörbarmachen v. Tönen u. Geräuschen. 4. Aufl. gr. 8. (48 S. m. 6 Holzschn.) Rathenow 895. Schulze & Bartels. n. 1. —

Plessner, Michael (Striegau/Schlesien), De physiognomica pathologica. Diss. semiot.-med. Berlin (Natorff) 22. VIII. 1837. 27 S. u. Biogr. (M.: C. Sachs). (3.50) 26812
Oppon.: S. Pincksohn, L. Moser, R. Fuhs. — Gew.: Eduard Wolff, Heinrich u. Bernhard Sachs (Oheime).

[Gedicht.] Zum Fest-Bruder-Mahl der Loge zur siegenden Wahrheit am 10. Nov. 1878. [Unterz.:] O[tto] P[lessner?]. Berlin, [1878]: Lindow. 2 Bl. 8⁰ [Umschlagtit.] 25.

Pleßner, Paul, Lehrbuch der Stereometrie od. Körperlehre, s.: Für Schule u. Praxis. V. 4.

[F.] Lehrbuch der Trigonometrie nebst Aufgabensammlung und vierstelligen trigonometr. Taf. bearb. v. Dr. Paul Plessner, Lehrer ... zu Köln a. Rh. Heft 1. 2. *Köln a. Rh.: P. Neubner 1895.* 2 Bde 8.
1. M. 3 Figurentaf. (87 S., 3 Taf.) 2. M. 1 Figurentaf. (2 Bl., 23—128 S., 1 Taf.)
— Schule, Für, u. Praxis. Bd v. Abt. 3. [96. 4036

Pleßner, Lehrbuch der Trigonometrie, s. a. Für Schule u. Praxis.

Plessner, Paul: Die Lehre von den Leidenschaften bei Descartes. Ein Beitrag zur Beurteilung seiner praktischen Philosophie .... Leipzig, Druck v. Hesse & Becker, 1888: 63 + 1 S. + 1 Bl. 8⁰
Leipzig, Phil. Fak., Inaug.-Diss. v. 5. März 1888

Plessner, Paul, die Lehre von den Leidenschaften bei Descartes. Ein Beitrag zur Beurtheilung seiner prakt. Philosophie. gr. 8. (64 S.) Leipzig 888, Fock. *

Pleßner, Salomon

Pleßner, Sal., Belehrungen u. Erbauungen in relig. Vorträgen, zunächst f. Israeliten. 1. u. 2. Jahrg. à 2 Bde. — A. u. d. T.: Materialien f. tiefere Einblicke in d. alte Testam. u. d. rabbin. Schriften, f. Theologen u. Israeliten. 1—4. Bd. gr. 8. Berlin, Heymann. [1. (12¼ B.), 2. (13⅛ B.) 3. (13 B.) 836., 4. (15 B.) 837. à 1½ Thlr.]
Fortsetz. s. unt.: Dess. Materialien ꝛc. — 2. Aufl. s. unt.: Dess., religiöse Vorträge.

Pleßner, Salom., Biblisches u. Rabbinisches aus d. Nachlaß. Zu s. 100. Geburtstag hrsg. v. Elias Pleßner. (I. Das Buch Nahum übers. u. erklärt. II. Hebräische Anmerkgn. zur Mischna, zu d. Agadoth d. beiden Talmuden u. d. ältesten rabbin. Schriften. III. Charakteristik Salomon Pleßner's, vom Hrsg. IV. Biographie Salomon Pleßner's v. Hartw. Hirschfeld.) gr. 8. (73 u. 89 S. m. Bildn.) Frankfurt a/M. 897. J. Kauffmann. n. 2. —

Pleßner, Sal., die apokryph. Bücher ins Hebr. übersetzt, s. Bücher, die apokryph. 1r Thl. Verleger: Fernbach jun. in Berlin.

— מקראי קדש oder Fest-Reden und Fest-Vorbereitungsreden für das ganze Jahr. 4 Hefte. gr. 8. Berlin 840. Eichler. (à ½ ℛ) 2 ℛ

Pleßner, Sal., מקראי קדש od. Fest-Reden u. Festvorbereitungsreden für Israeliten, auf alle Feste des Jahres. 4. Hft. (Schluß.) gr. 8. Berlin 841, Eichler. (à) ½ ℛ Alle 4 Hefte in farb. Umschlag 2 ℛ

Pleßner, Salom. Fest-Reden f. Israeliten auf alle Feste d. Jahres. Hrsg. v. Elias Pleßner. gr. 8. (VII, 207 S.) Frankf. a. M. 890, Kauffmann. * 3 —

—— Gotteshaus u. Gemeinde in ihrer gegenseit. Beziehung. Zwei Reden, geh. am 17. Schevat (1. Febr. 1839) 5599 z. Einweih. d. neuen Synagoge in Demmin, u. am folg. Tage ꝛc. gr. 8. (2½ B.) Berlin, Fernbach jun. *

—— Confirmationsreden f. d. israelit. Jugend. Zugleich e. pass. Geschenk am Einsegnungstage. gr. 8. (12 B.) Berlin 839, Eichler.

—— Materialien f. tiefere Einblicke in d. alte Testam. u. d. rabbin. Schriften, f. Theologen u. Israeliten. 3. Jahrg. — A. u. d. T.: אבן טובה Die kostbare Perle, od. d. Gebet. Eine Abhandl. üb. d. Gebet u. d. Gebete Israels insbesond., in 13 Vorträgen geh. im J. 5596 (1836), od. Belehrungen u. Erbauungen. 3. Jahrg. (20⅞ B.) Berlin 838, (Veit u. Comp.)
1. u. 2. Jahrg. s. oben: Dess., Belehrungen u. Erbauungen ꝛc.

— dass. 3r Jahrg. אבן טובה Die kostbare Perle, oder das Gebet. In 13 gehaltenen Vorträgen. 2 Hefte. gr. 8. Berlin 837, 38. Veit u. Comp. 1⅔ ℛ

— das Pessachfest, s.: Fürstenthal, R. J., Hagada.

— דת משה ויהודית od. Jüdisch-Mosaischer Religionsunterricht für die israelitische Jugend. Ein für den öffentlichen, auch Privat- u. Selbstunterricht sich eignendes Lehrbuch der Hauptreligionswahrheiten u. Lehren des Judenthums. In 4 Lfrgg. gr. 8. Berlin 838, 39. Fernbach jun. 1 ℛ

Pleßner, Salomon, jüdisch-mosaischer Religionsunterricht für die israelitische Jugend. Zum Privat- u. Selbstunterricht bearb. 2. Ausg. Berlin 863. Adolf & Co. gr. 8. (XXXVIII, 294 S.) n. 20 ngr.

Pleßner, Salomon, Sabbath-Predigten für alle Wochenabschnitte. Hrsg. von Elias Pleßner. gr. 8. (734 S.) Frankfurt a. M. 888, Kauffmann. *

Pleßner, Christ. Heinr., vollständ. auf die möglichste Erleichterung des Unterrichts abzweckendes grammatisches Lehrbuch der englischen Sprache. Für Schulen u. zum Selbstunterricht. 2., verm. u. verb. Aufl. gr. 8. (23⅞ B.) Braunschweig 846, Westermann. *

—— neues Engl. Lesebuch f. Anfänger, enth. e. Auswahl engl. Erzählungen u. e. Schauspiel. Nebst d. Betonung aller Wörter u. e. vollständ. Wortregister mit d. Aussprache nach Walker u. den and. besten Orthoepisten. 8. (18½ B.) Stralsund 832, Trinius.

—— neues englisches Lesebuch für Anfänger, enthaltend eine Auswahl engl. Erzählungen, Novellen u. ein Schauspiel. Nebst der Betonung aller Wörter u. ein. Wortregister mit der Aussprache nach Walker u. den andern besten Orthoepisten. 2. Aufl., verm. u. verb. von H. Roberts. 12. (12¾ B.) Braunschweig 844, Westermann. *

— vollständ. Wörterbuch zum Vicar of Wakefield, von Olivier Goldsmidt. Mit d. Aussprache aller in demselben vorkomm. engl. Wörter, nach d. Orthoepisten. gr. 8. Stralf. 830. Trinius. 9 ǥ

Pleßner, C. L., e. halbe Stunde Aufenthalt, s.: Bloch's, E., Dilettanten-Bühne.

Pleßner, Elias, Charakteristik Salomon Pleßners, s.: Pleßner, Salom., Biblisches u. Rabbinisches aus dem Nachlaß.

[Hebr.] Maamār hitmānūt kōhēn gādōl la-ʿabōdat jōm hak-kippūrim. Hāmān h[aš-šēm] ēt ʿabdō Elijjāhū [Elias] Plessner. Berlin 655 [1895]. (23 S.) 8°
[Rede z. Einsetzung d. Hohenpriesters am Versöhnungstage.]

Pleßner, Elias (Hrsg.), s. Pleßner, Salomon: Festreden ... Sabbathpredigten ... Nachgelassene Schriften.

Plessner, E., die Stellung der Juden im Staate. Ein Wort zu seiner Zeit! Nebst e. Anh.: Das gedankenharmon. Doppelfest. Vortrag, geh. zum 25jähr. Jubiläum der Alliance israélite universelle gr. 8. (20 S.) Berlin 886. Pinn. — 50

PLESSNER, Elsa

(F) Elsa Plessner. Die Ehrlosen. Schauspiel in drei Acten. Wien und Leipzig. 1901. Leop. Weiss. 8°. 94 S. K 1.80

(F) Elsa Plessner. Der gläserne Käfig. Skizzen und Novellen. Wien und Leipzig. 1901. Leopold Weiss. 8°. 149 S. K 1.80

Pleßner, Elsa (Frau Elsa Ginsberg), das erste Kapitel. Schauspiel in 3 Akten. (48 S.) 8. Berlin-Friedenau 910. Bureau Fischer. 1. —

Pleßner, Ferdinand

Plessner, Ferd., Anleitung zur Ermittelung der Betriebs-Einnahmen u. Ausgaben der Localbahnen v. verschiedener Länge u. Projectionsverhältnissen. gr. 8. (68 S.) Berlin 883. Polytechn. Buchh. n. 2. 50

Plessner, Ferd., Anleitung zum Veranschlagen der Eisenbahnen nebst Preis-Ermittlungen zur Feststellung der Baukosten. 2., vielfach vervollständ. Aufl. der Notizen zum Veranschlagen der Eisenbahnen. Berlin 866. Ernst & Korn. Lex.-8. (VIII, 280 S. mit 3 Kpfrtaff. in gr. 4., einigen eingedr. Holzschn. u. 3 Tabb. in qu. Fol.) n. 2 ǥ

— Anleitung zum Veranschlagen der Eisenbahnen nebst Preisermittelungen zur Feststellung der Baukosten. 3. umgerechn. verm. u. verbess. Auflage. Mit Kupfern u. Holzschn. Berlin 1873/74. 8°.

Plessner, Ferd., Anleitung zum Veranschlagen der Eisenbahnen nebst Preis-Ermittelgn. zur Feststellg. der Baukosten. 9. umgearb. u. vielfach vervollständ. Aufl. gr. 8. (VIII, 268 S. m. eingedr. Holzschn. u. 3 Kpfrtaf. in qu. gr. 4. u. qu. Fol.) Berlin 874. Ernst & Korn. n. 6. —

F. Pleßner, Anleitung zum Veranschlagen der Eisenbahnen, nebst Preis-Ermittelungen zur Feststellung der Baukosten. 3. Aufl. Berlin, Ernst und Korn 1875.

Plessner, F: Der Bau und Betrieb der Lokalbahnen. Berlin 1873 (als Mskr. gedr.)

Plessner, Ferd., die Dampf-Strassen-Bahn von Eisenberg nach Crossen, ihre Bau- u. Betriebsformen u. Rathschläge für die Herstellung ähnlicher Local-Bahnen. gr. 8. (66 S. m. 4 Steintaf.) Gotha 880. (Berlin, Polytechn. Buchh.) n. 2. —

—— s. Henz, L., Erdbau.

— die Herstellung billiger Lokal- u. Nebenbahnen in Norddeutschland technisch u. volkswirthschaftlich beleuchtet. Ebend. 870. Lex.-8. (31 S.) n. 10 ngr

— die Herstellung der Lokal- u. Sekundärbahnen durch Zusammenwirken von Staat u. Gemeinden. Mit Wiederbenutzung seiner Fachschrift „Noch ein Wort" zur Anregung des Baues der Lokalbahnen beleuchtet. gr. 8. (36 S.) Ebend. 877. n. — 80

— noch e. Wort zur Anregung d. Baues der Lokalbahnen u. Einrichtg. e. billigen Eisenbahnenbetriebes gr. 8. (48 S.) Berlin 875. polytechn. Buchh. n. 1. —

Pleßner, Ferd., Notizen zum Veranschlagen der Eisenbahnen nebst Preis-Ermittelungen und einem Anhang: Vergleichende Zusammenstellung der hauptsächlichsten Oberbau-Systeme bei deutschen Eisenbahnen. Mit 4 Kpfrtaf. (in Fol.) u. vielen Holzschn. (im Text.) Berlin 853. Ernst u. Korn. gr. 8. (XII, 283 S. u. 6 Tab. in Fol.) n. 2 ǥ.

Pleßner, Friedrich Wilhelm

Pleßner, Frdr. Wilh., Geographie v. Europa. Mit Anwendung der Mnemotechnik auf die Zahlen des Flächeninhalts u. der Bevölkerung der Länder u. Städte. gr. 8. (X u. 97 S.) Erfurt 848, Körner. ½ ǥ

Arithmetische Stunden, oder gründliche Anweisung zum Rechnen. Ein Wiederholungsbuch für Jedermann, in nächster Beziehung aber für Militair- und Bürgerschulen ... von Friedrich Wilhelm Pleßner. Erfurt: Verf.; Keyser in Komm. 1827. X,198 S. 8°

— arithmet. Stunden oder gründl. Anweisung zum Rechnen. Ein Uebungs- u. Wiederholungsbuch für Jedermann, in nächster Beziehung aber für Militär- u. Bürgerschulen. 10. verb. u. erweit. Aufl. 12. (XII u. 214 S.) Wien 848, Gerold. ⅔ ǥ

Pleßner, Leopold

Plessner, ..., der neue Destillateur, oder prakt. Anweisung alle Sorten feine u. doppelte Branntweine u. Liqueure zu fabriciren. Mit 1 Steindr. 8. Anclam 840. Dietze. n. ⅔ ǥ

Pleßner, Salomon, nachgelassene Schriften. 1. Bd.: Predigten. Hrsg. v. Elias Pleßner. 1—3. Lfg. gr. 8. (IV, 432 S.) Frankfurt a/M. 884—86. Kauffmann. à n. 2. —

— nachgelassene Schriften. 1. Bd. Predigten. Hrsg. v. E. Pleßner. 4. u. 5. (Schluß-)Lfg. gr. 8. (S. 443—734.) Ebd. 886. 888. à Lfg. n. 2. — (1. Bd. cplt.: n. 10. —)
A. u. d. T.: Sabbath-Predigten. (734 S.) n. 10. —

—— Trauungsreden f. Israeliten. Zugleich e. pass. Geschenk am Hochzeittage. gr. 8. (12 B.) Berlin 839, Eichler.

— religiöse Vorträge, zunächst für Israeliten. Gehalten. 2e mit neuen Reden verm. Aufl. der Belehrungen u. Erbauungen. 1s u. 2s Heft. gr. 8. Berlin 840. Heymann. (à 7/12 Thlr) 1 1/6 Thlr
—3s u. 4s Heft. 2e Aufl. gr. 8. Ebd. 840. à 7/12 Thlr

— religiöse Vorträge zunächst für Israeliten. Gehalten theils in Berlin theils in Breslau. 2. durch neue Reden veränd. Aufl. der Belehrungen u. Erbauungen. 5.—8. Heft. gr. 8. Berlin 841, Heymann. à Hft. 18 ngl 2 Bde. 840, 41. 4 Thlr 18 ngl

Pleßner, Sal., Wort zu seiner Zeit oder die Autorität der jüdischen Traditionslehre, als des mündl. Gesetzes. Sendschreiben an seine Glaubensgenossen. 2. verm. u. verb. Aufl. Nebst einem Auszuge in hebräischer Sprache. 8. (58 S.) Breslau 852. (Berlin, Adolf & Co.) baar n. 1/3 Thlr

Plessner, Walther (Red.), s. Tapisserist, Der.

Plessner, Willy [aus Berlin]: Ueber toxische Myelitis ... Berlin, C. Vogt's Buchdr., *1894*; 31 S., 1 Bl. 8.
Berlin, Med. Fak., Inaug.-Diss. v. 2. März 1894

Plessow, Max, a. Flatow (Mark): Geschichte der Fabeldichtung in England bis zu John Gay (1726). Nebst Neudruck von Bullokars „Fables of Aesop" 1585, „Booke at large" 1580, „Bref grammar for English" 1586 und „Pamphlet for grammar" 1586. (T. 1: bis zu Spenser.) (Berlin: Mayer & Müller 1906.) (LIV S.) 8° ¶ (Erscheint vollst. als Palaestra H. 52.)
Berlin, Phil. Fak., Ref. Brandl, Diss. v. 28. Apr. 1906
[Geb. 28. Apr. 79 Flatow i. d. Mark; Wohnort: Berlin; Staatsangeh.: Preußen; Vorbildung: Dorotheenstädt. Realgymn. Berlin Reife O. 00; Studium: Berlin 1, Tübingen 1, Berlin 1, Lausanne 1, Berlin 4 S.; Rig. 4. Mai 05.]

Geschichte der Fabeldichtung in England bis zu John Gay. (1726.) Nebst Neudr. von {William} Bullokars 'Fables' of Aesop 1585, 'Book at Large' 1580, 'Bref Grammar for English' 1586. Von Max **Plessow**. Berlin: Mayer & Müller 1906. (CLII, 392 S.) 8°
= **Palaestra**. 52. [06. 19445 4

Plessow, Wilhelm: Die Landwirtschaft im Kreise Ost-Havelland. Halle a. S. 1909: John. 148 S. 8°
Jena, Phil. Diss. v. 26. Juni 1909, Ref. Edler
[Geb. 3. Dez. 78 Eichstädt b. Vehlefanz; Wohnort: Zerbst; Staatsangeh.: Anhalt; Vorbildung: Landw. Schule Heiligenbeil bis O. 98; Studium: Jena 11 S.; Rig. 28. Juli 08.] [U 09. 2311

Pletersnik: Slovo o polku Igoreve (ein Wort über die Herrschaft der Igor). Cilli 1865. 8 S. 4⁰. Schul-/Univ.-Schrift

Pletersnik: Die Vergleiche im Homer und in den serbischen Volksliedern. 10 S.–Cilli, Progr. 1865

Pleteršnik, *Maximilian* Slovenščina na ljubljanskem liceju. (Po listinah shranjenih v gimnazijskem arhivu.) 8 (S. 3—5).
Progr. Oberg. *Laibach* 1887
„Das Slovenische am Laibacher Gymnasium. (Nach im Gymnasial-Archiv aufbewahrten Schriften.)"

Pleteršnik, M., slovenisch-deutsches Wörterbuch, hrsg. auf Kosten des verstorbenen Fürstbisch. v. Laibach Ant. Alois Wolf. (Mit sloven. Titel.) 2 Bde. (XVI, 883 u. 978 u. 9 S.) Lex.-8. Laibach 894. 895. (J. v. Kleinmayr & F. Bamberg.) n.n. 23. —; geb. n.n. 28. —

Pletho, Georgius Gemistus

— *Compendium Zoroastreorum* et *Platonicorum*. Gr. et lat. ed. Tryllitzsch. Viteb. 719. 4.

Plethon's, G. G., Denkschriften über die Angelegenheiten des Peloponnes, s. Analekten der mittel- und neugriechischen Literatur.

Plethonis, G. G., lib. II dus de gestis Graecor. post pugnam Mantinensem, c. notis Reichard. 8. Lips. Hilscher. (Compt. f. Litt.) 769.

— de iis, quae post pugnam Mantineensem apud Graecos gesta sunt, libri II.; nunc primum seorsim editi et notis illustr. a H. G. Reichard. 8. Leipz. 769. Hilscher. 8 gr.

Plethonis *de gestis Graecorum post pugnam ad Mantineam* l. 2. Graece c. notis ed. Reichard. Lips. 770. 8. 8 gr.

— et Mich. Apostolii, *Orationes funebres duae*. Graece ed. Fülleborn. Lips. 793. 8. 3 gr.

— et Michaelis, orationes funebres duae, in quibus de immortalit. animi exponit., ed. G. G. Fülleborn. 8. maj. Lipsiae, Schwickert. 793.

ΠΛΗΘΩΝΟΣ νόμων συγγραφῆς τὰ σωζόμενα. — **Plethon.** Traité des lois, ou recueil des fragments, en partie inédits, de cet ouvrage, texte revu sur les manuscrits, précédé d'une notice historique et critique, et augmenté d'un choix de pièces justificatives, la plupart inédites, par C. Alexandre; traduction par A. Pellissier. Paris 858. Didot frères. 8. (C, 472 S.) n. 2 Thlr. 20 ngr.

Pletl, Georg

Pletl, Geo., Fastenpredigten. (III, 240 S.) gr. 8. Hamm (909). Breer & Thiemann. 2.40; geb. n 3.30

— Kreuzessplitter. Gesammelt in Fastenpredigten. (III, 126 S.) 8. Graz 906. Styria. n. 1.40

— die Pest der schlechten Bücher, s.: Clemens, K.

— Ritter Tuschl v. Söldenau od. Wahn u. Reue, s.: Theater, kleines.

Pletl, G., Wesen u. Wirken der Jugendbündnisse. Zwei ältere Predigten in verb. Aufl. 12. (43 S.) Augsburg 890. Literar. Institut v. Dr. M. Huttler. n. — 40

Pletl, Geo., wie steht's mit der menschlichen Autorität der Heiligen Schrift? Nach der 2. Aufl. des französ., von Lucian Méchineau S. J. hrsg. Werkes bearb. (IV, 39 S.) gr. 8. Fulda 905. Fuldaer Actiendruckerei. n. — 60

Pletnew, Alexei, die Beichte e. Terroristen. Erzählung aus den Zeiten Alexanders II. Deutsch von C. v. Gütschow. (117 S.) 8. Leipzig (907). B. Elischer Nachf. 1.50

Pletnew, Dimitri, über den Gaswechsel der glatten Muskeln, s.: Sitzungsberichte der Heidelberger Akademie der Wissenschaften. Mathem.-naturw. Kl. 1910. XXII. (Cohnheim, Otto.)

Pletsch, Oskar

—— s. Aus Haus und Hof.

PLETSCH, O. *Der alte Bekannte.* Eine Maler-Reise in Bildern von Oscar Pletsch. In Holzschnitt ausgeführt von HERMANN GÜNTHER. Mit Reimen von FRIEDRICH OLDENBERG. Leipzig, A. Dürr [1873]. 24 Bll. (u. 2 Bll. Anzeigen) mit 20 Holzschnitten. Gr.-4°. Illustr. Or.-Karton m. Leinenrücken. R. 1558. ★ 1. Ausg. 18.—

Pletsch, Osc., der alte Bekannte. Orig.-Zeichnungen. Mit alten, lieben Reimen von Jul. Lohmeyer u. Fr. Oldenberg. Mit 4 Bunt- u. 16 Textbildern. 5. Aufl. 4. (III, 27 S.) Stuttgart (900). Loewe. Geb. 2. 50

— dasselbe. Eine Maler-Reise in Bildern. Mit 21 Bildern, in Holzschn. ausgeführt v. H. Günther, u. Reimen von Frdr. Oldenberg. Volksausg. gr. 4. (21 Bl.) Ebd. (901). Geb. 1. 50

Pletsch, Osc., der alte Bekannte. Eine Maler-Reise in Bildern. Mit 21 Bildern, in Holzschn. ausgeführt von H. Günther, u. Reimen v. Frdr. Oldenberg. Volksausg. 7. Aufl. (21 Bl.) Lex.-8. Stuttgart (904). Loewe. Geb. 1.50

Pletsch, Osc., der alte Bekannte. Eine Maler-Reise in Bildern. Mit 21 Bildern, in Holzschn. ausgeführt v. H. Günther, u. Reimen v. Frdr. Oldenberg. Volksausg. 9. Aufl. (24 Bl.) Lex. 8. Stuttgart (909). Loewe. Geb. 1. 50

Pletsch, Osc., s.: Bilderbesehen.

Pletsch, Osc., Blatt für Blatt. Eine 2. Sammlung acht farb. Bilder nach Orig.-Zeichngn. Lith. von Heinr. Stelzner. Mit Text. Eßlingen 869. Schreiber. gr. 4. (16 S.) cart. 25 ngr.

— Blatt f. Blatt. Ein Bilderbuch f. kleine Leute. 6 feine Aquarelle u. zahlr. Textabbildgn. nach Originalen. Text v. Cornelie Lechler. 3. Aufl. gr. 4. (III, 24 S.) Eßlingen (902). J. F. Schreiber. Geb. n. 2. 50

Blatt für Blatt. Text v. Cornelie Lechler. Volksausg. m. schwarzen Bildern. (24 S. m. Abb. u. 6 Taf.) Lex. 8. Eßlingen (907). J. F. Schreiber. Kart. 1. 50

— Buben u. Mädel's. Ein ABC für's Haus. 25 Orig.-Zeichnungen in Holzschnitt ausgeführt von K. Oertel. Mit Reimen von Vict. Blüthgen. gr. 4. (24 S.) Leipzig 879. A. Dürr. cart. n. 3. —

Pletsch, Osc. Daheim. 20 Bilder. gr. 8. (20 Holzschntaf. mit Text.) Dresden 864, Richter. cart. *

PLETSCH. *Daheim.* Zwanzig Originalzeichnungen von OSKAR PLETSCH. Eingangsgedicht von JULIUS LOHMEYER. 2. Aufl. Leipzig, A. Dürr [c. 1866]. 22 Bl. mit 20 Holzschn. u. Text. Gr.-8°. Hlwd. mit aufgezog. Umschlagtitel. 14.—
Hübsch illustriert. Riß im Titel geklebt. Die letzten Bll. etw. zerknittert.

Pletsch, Osk., daheim. 20 Orig.-Zeichngn. (in Holzschn.). Mit e. Eingangsgedicht v. Jul. Lohmeyer. 2. Aufl. gr. 8. (22 Bl.) Leipzig 883. A. Dürr. cart. n. 2. —

—— s. Engel-Geschichten.

— Engel-Geschichten d. heil. Schrift. 40 Bilder in Holz geschn. von A. Gaber. Mit Text. Hamburg 859. Agentur d. Rauhen Hauses. qu. gr. 8. n. 1 ⁄₃

— s.: Es war einmal.

—— im Freien. 20 Bilder. gr. 8. (20 Holzschntaf. mit Text.) Dresden 864, Richter. cart. *

— im Freien. 20 Orig.-Zeichngn. (in Holzschn.). Mit e. Eingangsgedicht v. Jul. Lohmeyer. 2. Aufl. gr. 8. (22 Bl.) Ebend. 883. cart. n. 2. —

Pletsch, Osc., gute Freundschaft, s. a. Giese, Martha.

— Gute Freundschaft. Eine Erzählung in Bildern. Entworfen und auf Holz gez. In Holzschn. ausgeführt von H. Bürkner. Berlin 863. Weidmann. qu. 4. (20 Holzschntaf.) n. 1 ⁄₃

PLETSCH. *Gute Freundschaft.* Ein Erzählung in Bildern . . . In Holzschnitt ausgef. v. Prof. H. BÜRKNER. 2. Aufl. Berlin, Weidmannsche Bh. [c. 1864]. Gedr. Titel u. 21 getönte Taf. Quer-Kl.-Fol. Grauer Or.-Karton m. Deckelholzschn. u. Lwdrücken. 14.—
Rüm. 1570 (zählt irrtüml. 24 Bll.). Sehr hübsches Album. — Etwas fleckig. Einbd. etw. benutzt.

— gute Freundschaft. Eine Geschichte für Damen, aber für kleine. In 24 Bildern erzählt. In Holzschn. ausgeführt von H. Bürkner. 2. u. 3. Aufl. Berlin 865—67. (Leipzig, A. Dürr.) qu. gr. 4. (24 Holzschntaff.) cart. n. 1 ⁄₃

PLETSCH. *Gute Freundschaft* . . . In 24 Bildern [= Holzschn.] erzählt. 3. Aufl. Berlin, Weidmannsche Buchh. [c. 1868]. Quer-Kl.-Fol. Etw. benutzter grauer Or.-Karton m. Lwdrücken, 1 Ecke bestoßen. A. d. Umschlag: Verlag A. Dürr, Lpz. 12.—

—— gute Freundschaft. Eine Geschichte für Damen, aber für kleine. In 24 Bildern erzählt. In Holzschn. ausgeführt von H. Bürkner. 4. Aufl. 1871, und 5. Aufl. qu. 4. Leipzig 875, A. Dürr. geb. *

— gute Freundschaft. Eine Geschichte f. Damen, aber f. kleine. Mit 24 (z. Tl. farb.) Bildern. Text in Versen von Anna Wolff. 4. (37 S.) Stuttgart (901). Loewe. Geb. 2. —

— dasselbe. Mit 24 Bildern. In Holzschn. ausgeführt v. H. Bürkner. Volks-Ausg. (m. schwarzen Bildern). 4. (24 Bl.) Ebd. (902). Kart. — 90

Gute Freundschaft. Eine Geschichte f. Damen, aber für kleine. Mit 24 [6 farb.] Bildern. Text in Versen v. Anna Wolff. 2. Aufl. (37 S.) 8. Stuttgart (907). Loewe. Geb. 2. —

dasselbe. Mit 24 Bildern. In Holzschn. ausgeführt v. H. Bürkner. Volks-Ausg. 2. Aufl. (24 Bl.) 8. Ebd. (908). Geb. — 90

Pletsch, O., siehe: *Für unsere Kleinen.*

— ein Gang durch's Dörfchen. 16 Orig.-Compositionen. In Holzschn. ausgeführt v. Herm. Günther. Mit Reimen v. Frdr. Oldenberg. gr. 4. Ebend. 875. n. 4. 50

— ein Gang durch's Dörfchen. 16 Orig.-Compositionen. Mit Reimen v. Frdr. Oldenberg. 2. Aufl. In lith. Farbendr. gr. 4. (16 Bl.) Ebend. 883. cart. n. 4. 50

Pletsch, Oskar, s. G'schichten, Baselditschi, u. Versli ...

— unser Hausgärtchen. 24 Orig.-Compositionen. In Holzschn. ausgeführt v. H. Günther u. K. Oertel. Mit Reimen v. Vict. Blüthgen. gr. 4. Ebend. 876. n. 6. —

PLETSCH. *Hausmütterchen.* Zwölf Original-Zeichnungen von Oscar Pletsch. In Holzschnitt ausgeführt von R. BREND'AMOUR und K. OERTEL. Text von K. BORMANN . . . Leipzig, Dürr [1861]. 14 Bl. u. 4 Bl. Anzeigen. Gr.-4°. Illustr. Or.-Karton m. Leinenrücken. 17.—
R. 1571. ★ Erstausgabe des schönen, vom Maler für s. Tochter Gertrud gefertigten Albums. — Leicht wasserfleckig. Einband etwas benutzt.

— Hausmütterchen. Zwölf Orig.-Zeichngn. In Holzschn. ausgeführt von R. Brend'amour u. K. Oertel. Text von K. Bormann. Leipzig 868. A. Dürr. gr. 4. (III S. u. 13 Holzschntaff. mit Text.) n. 1 ₰

— Hausmütterchen. Original-Zeichngn. In Holzschn. ausgeführt v. R. Brend'amour, H. Günther u. K. Oertel. Mit Reimen v. Frz. Bonn. 2. Aufl. gr. 4. (12 Holzschn. m. Text.) Ebend. 874. geb. n. 3. —

— Jahr ein, Jahr aus im Elternhaus. In 40 Bildern (in Holzschn.). Mit neuen u. alten Reimen. Dresden 861. Richter. gr. 8. n. 1 ₰

—— s. Jugend, deutsche.

— Jugendlust. Orig.-Zeichngn. Mit alten, lieben Reimen v. Jul. Lohmeyer u. Fr. Oldenberg. Mit 4 Bunt- u. 14 Textbildern. 5. Aufl. 4. (28 S.) Stuttgart (900). Loewe. Geb. 2. 50

— Aus der Kinderstube. 50 neue Bilder zum Verteilen an artige Kinder, m. Versen v. Frdr. Oldenberg. 13×17 cm. Hamburg (910). Agentur des Rauhen Hauses. In Umschlag 1. 20

PLETSCH. *Die Kinderstube* in 36 Bildern von Oscar Pletsch . . . In Holz geschnitten von August Gaber. Hamburg, Agentur des Rauhen Hauses, 1860, Berlin & London etc. 40 Bl. Gr.-8°. Or.-Karton m. Originalholzschnitten, Leinenrücken. 17.—
R. 1575. ★ Originalausgabe eines d. schönsten Pletschbücher. — Ex. m. einigen Flecken und leichten Gebrauchsspuren, 3 Holzschnitte v. Kinderhand kolor., Einband etw. benutzt.

— die Kinderstube in 36 Bildern. In Holz geschnitten von Aug. Gaber. 860. n. 27 ngr. — 2. Aufl. Hamburg 864. Agentur des Rauhen Hauses. Lex.-8. (VIII S. u. 36 Holzschntaf. m. Text.) n. 1 ₰

— die Kinderstube in 36 Bildern. In Holz geschnitten v. Aug. Gaber. 3. Aufl. gr. 8. (IV, 36 S.) Hamburg 873. Agentur d. rauhen Hauses. n. 3. —

— die Kinderstube in 36 Bildern. In Holz geschnitten v. Aug. Gaber. 4. Aufl. gr. 8. (Mit eingedr. u. 2 Bl. Text.) Hamburg 885. Agentur d. Rauhen Hauses. cart. n. 2. 40

— d. Kinderstube in Bildern. In Holz geschn. v. Aug. Gaber. 5. Aufl. gr. 8. (40 Bl.) Hamburg 896. Agentur d. Rauhen Hauses. Kart. n. 2. 40

— unter uns Kleinen. Illustrationen. Dichtgn. v. Pauline Schanz. 2. Aufl. 4. (68 S. m. eingedr. Holzschn.) Leipzig 874. Grunow. n. 3. —

— den lieben Kleinen. Alte liebe Reime f. d. Kinderstube. M. 12 Farbdr.-Bild., sow. vielen Textabb. nach Orig.-Zeichngn. v. P. u. And. 4. (IV, 48 S.) Stuttgart 898. F. Loewe. Geb. in Leinw. 6. —

— allerlei Kleinigkeiten. 22 Bilder, nebst sorgfältig ausgewählten Kinderreimen. (IV, 34 S.) 8. Stuttgart (906). Loewe. Kart. — 75

Pletsch, Osc., vierzig Confirmations-Scheine mit Randzeichnungen, in Holz geschn. von H. Bürkner. Dresden 861. Richter. qu. 4. n. 24 ngr.

— s.: Konfirmations-Zeugnisse, 40.

PLETSCH, O. *Auf dem Lande.* Achtzehn Compositionen von Oscar Pletsch. In Holzschnitt ausgeführt von H. GÜNTHER und K. OERTEL. Leipzig, A. Dürr [1871]. 2 Bll. und 18 Taf. Gr.-4°. Or.-Pappband mit Titelholzschnitt v. Pletsch. 20.—
R. 1559. ★ 1. Ausgabe dieser poesievollen Illustrationen. Innen frisch. Der Einbd. am Rücken repariert.

—— auf dem Lande. 18 Compositionen. In Holzschn. ausgeführt von H. Günther und H. Oertel. 1. Aufl. 1871, und 2. Aufl. gr. 4. (18 Taf. mit Titelbl. in Holzschn.) Leipzig 874, A. Dürr. geb. *

PLETSCH. *Auf dem Lande.* [18] Original-Zeichnungen . . . Mit Reimen und Strophen von JUL. LOHMEYER. 3. Aufl. Leipzig, A. Dürr [c. 1875]. Gr.-4°. Illustr. Or.-Karton. 12.—

— auf dem Lande. Orig.-Zeichngn. Mit alten, lieben Reimen v. Jul. Lohmeyer u. Fr. Oldenberg. Mit 8 Bunt- u. 29 Textbildern. gr. 4. (28 u. 27 S.) Stuttgart (901). Loewe. Geb. in Leinw. 5. 50

— auf dem Lande. Orig.-Zeichngn. Mit alten, lieben Reimen v. Jul. Lohmeyer u. Fr. Oldenberg. Mit 8 Bunt- u. 28 Textbildern. 4. Aufl. (28 u. 27 S.) Lex.-8. Stuttgart (905). Loewe. Geb. 4. —

— Auf dem Lande. Orig.-Zeichngn. In Holzschn. ausgeführt v. H. Günther u. K. Oertel. Mit Reimen v. Jul. Lohmeyer. Volksausg. (37 S.) Lex. 8. Stuttgart (907). Loewe. Geb. 1. 50

— kleine Leute. 24. (8 Chromolith.) Leipzig 880. Balbamus. n. 1. 20

— für kleine Leute! 8 farb. Bilder. Orig.-Zeichnungen, lith. von H. Stelzner. Mit Text. 1. u. 2. Aufl. Eßlingen 868, 69. Schreiber. gr. 4. (31 S.) cart. 25 ngr.

—— Mancherlei aus des Lebens Mai. Illustrationen. Dichtungen von Pauline Schanz. 1. Aufl. (80 S.) 1870. *ℳ 2,60.; 2. Aufl. 1872, und 3. Aufl. 4. (59 S.) Leipzig 874, Grunow. geb. *

Pletsch, Osk., Nesthäkchen. 16 Orig.-Zeichngn. In Holzschn. ausgeführt v. H. Günther. Mit Reimen v. Frz. Bonn. 4. (16 S.) Leipzig 874. A. Dürr. n. 4. 50

—— christliche Ostergabe in Bildern. In Holzschn. von Bürkner. gr. 8. (12 Blatt mit Text.) Dresden 861, Richter.

PLETSCH-ALBUM. Eine Auswahl von Holzschnitten nach Originalzeichnungen von Oscar Pletsch. Leipzig, A. Dürr (1869). 32 Bll. m. vielen Holzschnitten. Kl.-Fol. Illustr. grauer Or.-Karton m. Leinenrücken. ★ 1. Sammelausgabe. R. 1580. 14.—

— Pletsch-Album. Eine Auswahl von Holzschn. nach Originalzeichnungen. Leipzig 870. A. Dürr. hoch 4. (III S. u. 30 Holzschntaff.) cart. n. 1 ₰

— Pletsch-Bilderbuch. Eine Gabe f. das deutsche Haus. Mit 65 Bildern v. O. P. u. Reimen v. Frdr. Oldenberg u. a. (IV S. u. 65 Bl.) Lex. 8. Ebd. (908.) Geb. in Leinw. 3. —

— allerlei Schnik-Schnak. Mit 41 Orig.-Zeichnungen. In Holz geschnitten von H. Bürkner. Berlin 866. (Leipzig, A. Dürr.) 4. (IV S. u. 35 Holzschntaff. mit Text.) cart. n. 2 ₰

— allerlei Schnick-Schnack. Alte, liebe Reime f. unsere Kleinen. Mit 6 Farbdr.-Bildern u. 36 Textabbildgn. nach Orig.-Zeichngn. v. P. 4. (48 S.) Stuttgart 894. F. Loewe. Geb 8. —

— allerlei Schnick-Schnack. Alte, liebe Reime f. uns. Kleinen. M. 6 Farbdr.-Bild. u. 36 Textabb. nach Orig.-Zeichngn. 5. Aufl. 4. (48 S.) Ebd. 896. Geb. 3. —

— dasselbe. Unzerreißbare Ausg. 4. (12 farb. S. m. Text auf Pappe.) Ebd. 898. Geb. 3. —

— allerlei Schnick-Schnack. Alte, liebe Reime f. unsere Kleinen. Mit 6 Farbdr.-Bildern u. 36 Textabbildgn. nach Orig.-Zeichngn. 6., veränd. Aufl. 4. (48 S.) Ebd. 899. Geb. 3. —

— allerlei Schnick-Schnack. Alte, liebe Reime f. unsere Kleinen. Mit 6 Farbdr.-Bildern u. 36 Textabbildgn. nach Orig.-Zeichngn. 7. veränd. Aufl. (48 S.) 4. Ebd. (903). Geb. 3. —

Pletsch, Osc., allerlei Schnick-Schnack. Volks-Ausg. Mit 25 Orig.-Zeichngn. In Holzschn. ausgeführt von Bürkner nebst alten, lieben Reimen. (IV S. u. 25 Bl.) 4. Stuttgart (903). Loewe. Geb. 1. 50

— Allerlei Schnick-Schnack. Alte, liebe Reime f. unsere Kleinen. Mit 6 Farbdr.-Bildern u. 34 Textabb. nach Orig.-Zeichngn. 8., veränd. Aufl. (48 S.) Lex. 8. Ebd. (908). Lex. 8. Geb. in Leinw. 3. —

— dasselbe. Mit 25 Orig.-Zeichngn. In Holzschn. ausgeführt v. Bürkner, nebst alten lieben Reimen. Volks-Ausg. 3. Aufl. (24 Bl.) Lex. 8. Ebd. (909). Geb. 1. 50

— kleine Sippschaft. Mit Versen v. Vict. Blüthgen. gr. 4. (16 Chromolith. m. eingedr. Text.) Glogau 883. Flemming. geb. 6. —

— Spielgefährten. Alte u. neue Reime mit Bildern. In Holzschn. ausgeführt von Herm. Günther. gr. 4. (39 S.) Leipzig 881. A. Dürr. geb. n. 3. —

— Springinsfeld. 11 Orig.-Zeichngn. In Holzschn. ausgeführt v. H. Günther u. K. Oertel. Mit Reimen v. Frdr. Oldenberg. hoch 4. Ebend. 871. n. 4. 50

—— Springinsfeld. 21 Orig.-Zeichnungen. In Holzschn. ausgeführt von H. Günther und K. Oertel. Mit Reimen von Friedr. Oldenberg. 1. Aufl. 1871, und 2. Aufl. hoch 4. Ebendas. 874. geb. *

— Springinsfeld. Alte liebe Reime f. uns. Kleinen v. Frdr. Oldenberg u. A. M. 6 Farbdr.-Bild. u. 25 Textabb. nach Orig.-Zeichngn. v. P., sowie zahlr. Vignetten. 3., veränd. Aufl. 4. (48 S.) Ebd. 898. Geb. 3. —

— Springinsfeld. Alte, liebe Reime f. unsere Kleinen von Frdr. Oldenberg u. A. Mit 6 Farbdr.-Bildern u. 26 Textabbildgn. nach Orig.-Zeichngn. v. P. 5., veränd. Aufl. 4. (48 S.) Ebd. (902). Geb. 3. —

— Springinsfeld. 23 Orig.-Zeichngn. In Holzschn. ausgeführt v. H. Günther u. K. Oertel. Mit Reimen v. Frdr. Oldenberg u. a. Volksausg. (23 Bl.) Lex.-8. Ebd. (905). Geb. 1. 50

Pletsch, Osc., Springinsfeld. Alte, liebe Reime f. unsere Kleinen v. Frdr. Oldenberg u. a. Mit 6 Farbdr.-Bildern u. 26 Textabb. nach Orig.-Zeichngn. v. P. 6., veränd. Aufl. (48 S.) gr. 8. Stuttgart (907). Loewe. Geb. 3. —

— Springinsfeld. 23 Orig.-Zeichngn. In Holzschn. ausgeführt v. H. Günther u. K. Oertel. Mit Reimen v. Frdr. Oldenberg u. anderen. Volksausg. 3. Aufl. (23 Bl.) Lex. 8. Ebd. (909). Geb. 1. 50

— kleines Volk. 20 Charakterzeichnungen. In Holzschn. ausgeführt von H. Bürkner. 1. Aufl. 1865. u. 2. u. 3. Aufl. Berlin 866, 69. Leipzig, (A. Dürr.) 4. (20 Holzschntaff. mit Text.) cart. n. 1 ℛ

— kleines Volk. 20 Charakterzeichnungen. In Holzschn. ausgeführt von H. Bürkner. Mit Reimen von Frdr. Oldenberg. 5. Aufl. gr. 4. (20 Bl.) Ebend. 881. geb. n. 8. —

Pletsch. *Was willst Du werden?* In 22 Bildern entworfen und auf Holz gezeichnet von Oscar Pletsch. In Holzschnitt ausgeführt von Professor H. Bürkner. Berlin. Weidmannsche Buchhandlung [1862]. Gr.-4°. Illustr. Or.-Karton m. Leinenrücken. 35.—

Erstdruck der ★ Erstausgabe eines der beliebtesten Pletsch-Bilderbücher; erschien vor der Ausgabe mit dem Vermerk „Erste Reihe" (Rolfus Nr. 16) und vor der von Rüm. 1587 zitierten Ausgabe m. 43 Bildern. Auch die Verse sind v. Pletsch. Eine 2. Serie m. 18 Bildern erschien 1863. — Einband ein wenig fleckig u. leicht benutzt.

Pletsch. *Was willst du werden?* In 18 Bildern entworfen und auf Holz gezeichnet von Oscar Pletsch. In Holzschnitt ausgeführt von Professor H. Bürkner. Zweite Reihe. Berlin. Weidmannsche Buchh. [1863]. Titel u. 18 Holzschnitt-Tafeln m. Text. 4°. Illustr. Or.-Karton mit Leinenrücken. 24.—

Rümann 1587. ★ Erste Ausgabe. Der Titel etw. fleckig.

Pletsch, Osc., was willst du werden? In 43 Bildern entworfen u. auf Holz gez. In Holzschn. ausgeführt von H. Bürkner. Ebend. 867. 4. (43 Holzschntaff. mit Text.) cart. n. 1 ℛ 15 ngr.

— was willst Du werden? In 43 Bildern entworfen u. auf Holz gezeichnet. In Holzschn. ausgeführt v. H. Bürkner. 3. Aufl. gr. 4. (43 Holzschntaf. m. Text.) Ebend. 872. geb. n. 4. 50

— wie's im Hause geht, s. a. Lechler, Cornelie.

—— wie's im Hause geht nach dem Alphabet. In 25 Bildern entworfen und auf Holz gezeichnet. In Holzschn. ausgeführt von H. Bürkner. hoch 4. (25 Blatt mit Text.) Berlin 861, Weidmann'sche Buchh. *

Feine Ausg. in Mappe *

—— wie's im Hause geht nach dem Alphabet. In 25 Bildern entworfen und auf Holz gez. In Holzschn. ausgeführt von H Bürkner. 2.—4. Aufl. hoch 4. (25 Holzschntaf. mit Text. Berlin 862—67. [Leipzig, Dürr.] cart. *

— wie's im Hause geht nach dem Alphabet. In 25 Bildern entworfen u. auf Holz gez. In Holzschn. ausgeführt von H. Bürkner. 3. u. 4. Aufl. Ebend. 865—67. hoch 4. (25 Holzschntaff. mit Text.) cart. n. 1 ℛ

— wie's im Hause geht nach dem Alphabet. In 25 Bildern entworfen u. auf Holz gezeichnet. In Holzschn. ausgeführt v. H. Bürkner. 6. Aufl. gr. 4. Ebend. 875. n. 3. —

— wie's im Hause geht nach dem Alphabet. In 25 Bildern entworfen u. auf Holz gezeichnet. In Holzschn. ausgeführt v. H. Bürkner. 7. Aufl. gr. 4. (24 S.) Ebend. 885. cart. n. 3. —

— wie's im Hause geht nach dem Alphabet. Mit 24 Orig.-Zeichngn. u. Reimen. In Holzschn. ausgeführt von H. Bürkner. Volksausg. (24 Bl.) Lex.-8. Ebd. (904.) Geb. 1. 50

— Wie's im Hause geht nach dem Alphabet. Mit 24 Orig.-Zeichngn. u. Reimen. In Holzschn. ausgef. v. H. Bürkner. Volks-Ausg. 2. Aufl. (25 Bl.) Lex. 8. Ebd. (908). Geb. 1. 50

Pletschacher, Osk. J., der erste Religions-Unterricht (36 S.) 8. München 905. R. Oldenbourg. n.n. — 35

Pletscher. Anton Altes und Neues vom Randen [Mit 1 Doppeltafel.] 8. Schleitheim (1898).

Pletscher, Ant. Der Bund der drei Länder v. 1291, s. a. Bibliothek vaterländischer Schauspiele.

Pletscher, A. Der Bund der drei Länder von 1291. Dramatischer Beitrag zur sechshundertjährigen Erinnerungsfeier 1891. In-8°. 64 S. Aarau, H. R. Sauerländer. 1891 — 80

[Pletscher, Anton.] Festgespräch zur Eröffnung der elektrischen Strassenbahn Schaffhausen-Schleitheim im August 1905. II + 16 S. 8. Schleitheim, Stamm & Sohn. [fr. — 50]

Pletscher, Anton Ländlich-Sittlich. Ein Beitrag zur Dialektdichtung. [Gedichte und dramatische Szenen.] IV + 75 S. 8 Schleitheim, Stamm & Sohn, 1902. (fr. —. 60)

Pletscher, A., Materialien f. den Unterricht in der Volksschule. Ein Lesebuch f. die ländl. Fortbildungsschule, den Vorkurs der Militärdienst-Stellungspflichtigen u. das Haus. gr. 8. (VIII, 200 S.) Zürich 890. Schulthess. n. 1. —

Pletscher, Ant., neue Materialien f. die Fortbildungsschule des jungen Schweizers. 2. umgearb. u. verb. Aufl. 8. (VIII, 259 S.) Zürich 897. Schulthess & Co. n. 2.—; kart. n. 2. 40

Pletscher, Ant., Randen-Gestalten u. Randen-Geschichten. (154 S. m. 3 Bildnissen). 8. Schleitheim 905. (Schaffhausen, C. Schoch.) n. — 80

Pletscher, Anton. Randen-Gestalten und Randen-Geschichten. Hrg. von A. P. [Mit 3 Porträt-Tafeln.] VI + 155 S. 8. Schleitheim, Stamm & Sohn, 1905 [fr. 1 —]

— neue Saatkörner. Gereimtes zur Bildg. des Gemütes f. Schule u. Haus. Mit e. Begleitwort v. Bächtold. 8. (IX, 144 S.) Ebd. 896. n. 1. 40; kart. n. 1. 60

Pletscher, Ant., die Gesprächsform im Dienste der Sprach- u. Gemütsbildg. f. Schule u. Haus. 8. (73 S.) Aarau 898. H. R. Sauerländer & Co. n. 1. —

Pletscher, Heinrich. Das eheliche Güterrecht des Kantons Schaffhausen in historisch-dogmatischer Darstellung. Diss. Jur. Bern. 89 S. 8. Schleitheim, Stamm & Sohn, 1903.

Pletscher, Samuel

Pletscher, S., Album vom Schlüchtthal. Mit (10 farb.) Abb.) 12. (XV S.) Bonndorf 892. J. A. Binder's Nachf. n. 1. —

[Pletscher, Samuel.] Bâle et ses environs. Guide [illustré] publié par la Société des Maîtres d'hotels de Bâle [Avec 1 carte et 1 plan.] 8. s. l. 1895

Pletscher, Samuel. Der Kurort Bad Boll.. im Schwarzwald, beschrieben von S. P. 1879 [Mit 2 Tafeln und illustriertem Umschlag.] 8. Bonndorf.

Pletscher, Samuel. Der heilige Brunnen zu Schleitheim. Eine Dichtung. Erste Hälfte. Kl.-in-8°, 60 S. Schleitheim, S. Pletscher. 1887.

Pletscher, Samuel s. Eichhorn, P. Ambrosius. Historische Nachrichten von der Pfarrei Fützen Schleitheim 1883

Pletscher, Sam., Führer durch Basel u. Umgebung. 16. (63 S. m. Holzschn.) Basel 884. Jenke. geb. — 60

[Pletscher, Samuel] Führer durch Basel und Umgebung. Hrg vom Verein der Basler Gastwirthe 1887 [Mit Illustrationen, 1 Karte und 1 Plan] 8 Basel.

[Pletscher, Samuel.] Führer durch Basel und Umgebung. Hrg. vom Verein der Basler Gastwirthe 1890. [Mit Illustrationen und 1 Plan] 8. (Basel.)

Pletscher, S., neuer Führer am Rheinfall, s.: Wanderschilderungen, süddeutsche.

— Führer durch den Schwarzwald, Odenwald, Kaiserstuhl, Randengebirge, Hegau, Donauthal u. die Ufergegenden des Bodensees, sowie durch die angrenzenden Gebiete der Nordschweiz u. Württembergs. Reisetaschenbuch. Mit General- u. Specialkarten, Panoramen, Stadtplänen u. Illustr. 12. (LXXXIV, 427 S.) Zürich 883. Schmidt. geb. n. 4. —

Pletscher, S., Führer durch den Schwarzwald, Kaiserstuhl, Randengebirge, Hegau, oberes Donauthal u. die Ufergegenden d. Bodensees. Reisetaschenbuch. Mit General- u. Spezialkarten, Panoramen u. Stadtplänen. 2., umgearb. Aufl. 12. (VII, 423 S.) Zürich 889 C. Schmidt. geb. n. 4. —

— guide pour Bâle et ses environs. 16. (64 S. m. Holzschn.) Basel 884. Jenke. — 60

— guide of Basle and environs. 16. (64 S. m. eingedr. Holzschn.) Ebend. 884. geb. — 60

— d. Murgthal im Hauensteinerland. M. (4) Abb. v. G. Hummel. 12. (18 S.) Ebd. 893. n.n. — 50

— d. Randenburg u. ihre Geschichte, ein Beitrag zur Heimathskunde. 12. (63 S. m. Titelbild.) Ebd. 891. n. — 40

Pletscher, Samuel (Hrsg.), s. Randenschau

— der Rheinfall bei Schaffhausen, s. a. Reisebilder, illustrirte, aus Süddeutschland u. Schweiz.

Pletscher, Samuel. Der Rheinfall bei Schaffhausen (Mit Illustrationen [wovon 3 Tafeln] und Karten [d. i. 1 Karte]. Illustr. Reisebilder No. 1) 8. Zürich 1882.

Pletscher, Samuel. Der Rheinfall bei Schaffhausen und dessen Umgebung; beschrieben u. im Spiegel d. Dichtung betrachtet. 16°. 240 S. Schaffhausen, im Selbstverlag des Verfassers. (Basel, Georg.) 1878.

— d. Wehrathal u. Todtmoos. M. (4) Abb. v. J. Uehlinger. 12. (29 S.) Ebd. 893. n.n. — 70

Pletscher, S., der Wielandinger. Eine Murgthal-Sage. gr. 8. (16 S.) Waldshut 894. H. Zimmermann. n. — 40

— d. strategische Wutachthal-Randen-Donauthalbahn Oberlauchringen-Immendingen. Illustr. Führer m. Karte d. Bahn f. Reisende u. Touristen. 12. (XI, 52 S.) Geb. in Leinw. n. 1.—
Bonndorf: J.A.Binder 1890.

Pletscher. Theodor, aus Schleitheim (Schweiz): Die Märchen Charles Perrault's. Zürich 1905. VI + 74 + 2 S. 8°. [Ersch. im Verlag Mayer & Müller, Berlin.] [9. I. 06.]
Zürich. Phil. Diss. I. S. 1905/1906.

Pletscher, Theodor. Die Märchen Charles Perrault's. 8.
Ausg. A: Diss. Phil. [I.] Univ. Zürich. VI + 76 S. Zürich—Buchdr. Heinrich John, Halle a. S.— 1905.
Ausg. B: Eine literarhistorische und literaturvergleichende Studie. VI + 75 S. Berlin, Mayer & Müller, 1906. [M. 1.80]

Pletschette, François Denis: Der rätisch-obergermanische Limes nach den neuern Forschungen. S. 1-150. Diekirch, Gymn., Progr. 1894/95

Pletschette, D., Der rätisch-obergermanische Limes nach den neueren Forschungen. Pr 1896. 78 S. u. 1 Kte. 4°. 2.—

Plett, C., Jakob von Essen. Ein Lebensbild, gezeichnet zum Andenken an den Heimgegangenen. 8. (24 S.) Ahrensburg 883. (Ziese.) n. — 50

Plette, Johann Conrad (Magdeburg), De exceptionibus litis ingressum impedientibus justitiae impedimentis. Diss. jur. Präs. Johann Tobias Carrach. Halle/Magdeburg (J. Fr. Grunert) März 1736. 35 S. (4.75) 26813
Widm. v.: Johann Tobias Carrach, Lud. Aug. Faber (dtsch., Oppon.), A. von Syborg (Oppon.), B. C. Meyer (dtsch., Oppon.), C. W. Pohlmann.

— Dasselbe. Halle/Magdeburg (J. Fr. Grunert) März 1736. Rec. 1748. 35 S. (4.75) 26814
Widm. v.: Johann Tobias Carrach, Lud. Aug. Faber (dtsch., Oppon.), A. von Syborg (Oppon.), B. C. Meyer (dtsch., Oppon.), C. W. Pohlmann.

PLETTE, CAROL., De delirio tremente diss. inaug. Kiliae. 1840. P.

Plettenberg [Schlagwort]

Plettenberg, s.: Arnsberg, Reg.-Bez.

Plettenberg, Fridericus *[geb. Bredow in d. Mark 25. 6. 1807]*: De ordine decurionum sive consilio publico civitatum Italicarum quale praesertim libera Roma fuerit. Vratislaviae 1831. (56 S.) 8°
Breslau, Jur. Diss. v. [16. Dez.] 1831

Plettenberg, Paul: Die Gleichgewichtscurve eines rotirenden unelastischen Fadens. Halle a/S. 1883: (Haenel in Magdeburg). 39 S. 8°
Halle-Wittenberg, Phil. Diss. v. 18. Mai 1883
Geb. Magdeburg 14. 12. 1860. V.

Plettenberg, [Paul], Dr.: Geometrisch-optische Täuschungen, dargestellt in ihren Erklärungsversuchen. T. 1. *Magdeburg 1902: E. Baensch jun.* (20 S.) 4° [F.]
Magdeburg, Guericke-S (OR u. RG), P 1902 (290)

Plettenberg, [Paul], Dr.: Geometrisch-optische Täuschungen, dargestellt in ihren Erklärungsversuchen. T. 2. *Magdeburg 1903: E. Baensch jun.* (18 S.) 4° [F.] [Forts. d. P-Beil. 1902.]
Magdeburg, Guericke-S (OR m. RG), P 1903 (311)

[F.] Aus d. Verhandlungen d. x. General-Versammlg d. Ev. Bundes zu Krefeld ... Die Bedeutung des Evangeliums und des Protestantismus für unser Staatsleben. Vortrag v. Fr. v. Plettenberg-Mehrum. *Leipzig: C. Braun 1897.* (11 S.) 8.
= Flugschriften d. Evangel. Bundes. [No] 144. (Reihe XII, 12.) [97. 6707

Plettenberg-Mehrum, Frhr. v., d. Bedeutg. d. Evangeliums u. d. Protestantismus f. unser Staatsleben, f. a. Aus d. Verhandlgn. rc. d. Evang. Bundes.

Plettenberg-Mehrum, Frhr. v., der Gemeindevorsteher in den Landgemeinden der Rheinprovinz, nach den zur Zeit gült. Gemeindeverfassungsgesetzen für die Rheinprovinz, den neuen Verwaltungsgesetzen, den Justizgesetzen f. das Deutsche Reich u. den zur Ausführg. erlass. Ministerial-Verfüggn. 12. (III, 44 S.) Düsseldorf 890. Schwann. cart. n. — 75

Plettke, Friedrich

Plettke, Fr., s.: Aus der Heimat — für die Heimat.

— s.: Heimatkunde des Reg.-Bez. Stade.

Plettke, Frdr., Strandgut. Dichtgn. 8. (118 S.) Geestemünde 896. A. H. Henke. n. 1.50; geb. n. 2.25

Plettner, Adolf: Beitrag zur Kenntnis der tiefgelegenen (subfascialen) Lipome ... Leipzig, Druck v. Breitkopf & Härtel, 1889, 38 S. 8°
Halle, Med. Fak., Inaug.-Diss. v. 8. März 1889

Plettner, F[ridericus]: Ueber die Braunkohlenformation der Mark Brandenburg.
Halle-Wittenberg, Phil. Diss. v. 19. Juli 1851
Geb. [Hamburg 27. 6. 1824]
Ms. fehlt. — Erschien im Buchhandel u. d. T.: Die Braunkohle in der Mark Brandenburg. Ihre Verbreitung u. Lagerung dargestellt nach den Aufschlüssen in den Braunkohlengruben. Berlin: Hertz 1852. 240 S., 5 Taf. 8° Aus: Zeitschrift der Deutschen geologischen Gesellschaft. Bd 4. Berlin 1852. S. 249—483. Taf. 9—13.

Plettner, Gust., Liebfrauen-Büchlein. Dichtungen. 16. (VI und 100 S.) Berlin 856, Gebauersche Buchh. *

Plettner, Carl Friedrich (Berlin), De gastromalacia. Diss. med. Berlin (A. Petsch) 9. VIII. 1827. 44 S. mit Biogr. (3.50) 26815
Oppon.: G. Langenbecker, A. Hutawa, F. Fischer. — Gew.: G. Wutzer, Chr. Fried. Plettner (Vater).

Pletz, Josef

Pletz, (J.,) zwei Altar-Anreden. 8. Wien 822, Gelstinger, (Landshut, Krüll.)

— über den pflichtmäß. Beitritt kathol. Christen zu der im Kaiserth. Oestreich für die Ausbreitung der Nordamerikan. Missionen errichteten Leopoldin.-Stiftung. Eine Rede. gr. 8. Wien 829. (Wimmer). 3 gr — Dass. mit d. Regeln des Vereins. Ebd. 4 gr Die Regeln apart ½ gr — Dass. mit d. Statuten, Regeln u. Breve. Ebd. 5 gr

— Betrachtt. üb. einige Wahrheiten d. Christenthums, vorgelegt in Predigten. 2 Bdchn. gr. 8. Wien 826. Wimmer. 1 rthl 20 gr

Pletz, Jos., echter Burgersinn, die liebliche Frucht d. Religion Jesu Christi. Eine Predigt. 8. Wien 824. Wimmer. 4 gl.

— echter Bürgersinn, die liebliche Frucht d. Religion Jesu Christi. Eine Predigt. 8. Wien 825, Wimmer.

—— die Ehe nach dem Willen uns. Herrn u. Heilandes Jesu Christi. Ein Braut- u. Gattengeschenk. 16. (21 B., Titkpfr. u. Titvign.) Wien 832, Wimmer.

— der Einfluß d. Frauen auf das Wohl u. Wesen d. menschlichen Geschlechts. Eine Predigt. 8. Wien 826, Wimmer.

Pletz, Dr. Joseph, Erklärung aller in dem vorgeschriebenen Evangelienbuche vorkommenden Episteln, zum Gebrauche für Katecheten, Lehrer und jeden katholischen Christen. Von — —. I. – III. Bändchen. 8. Wien. Gedruckt bei Leopold Grund. 1846.
Inhalt: I. Bändchen. (VIII. 142 S.) Die Epistel aus dem alten Testamente. — II. Bändchen. (184 S. 2 Bl.) Die Episteln aus dem neuen Testamente und zwar aus der Apostelgeschichte, den Briefen an die Römer, Corinther und Galater. — III. Bändchen. (178 S.) Die Episteln aus dem neuen Testamente und zwar aus den Briefen des heil. Apostels Paulus an die Epheser, Philipper, Colosser, Thessaloniker, an den Timotháus, Titus und an die Hebräer; dann aus den Briefen der heil. Apostel Johannes, Jakobus, Petrus, und aus der Offenbarung.

—— über das Glück, einer apostol. Pfarre anzugehören. Eine Predigt. gr. 8. (1½ B.) Wien 828, (Wimmer.)

— zum Schlusse d. heil. Jubeljahres. 3 Predigten. gr. 8. Wien 826. Wimmer. 12 gl.

— Anh. dazu: der Weg zur wahren Glückseligkeit. In e. Predigt. 8. Wien 826. Wimmer. 4 gl.

— zum Schlusse d. heil. Jubeljahres. 3 Predigten. gr. 8. Wien 827, Wimmer.

— Anh. dazu: der Weg z. wahren Glückseligkeit. In e. Predigt. 8. Ebd. 827, Ebd.

—— der Trost des Christen im unblutigen Opfer d. neuen Bundes. Eine Predigt. gr. 8. (1½ B.) Wien 828, (Wimmer.)

— der Trost des Christen im unblutigen Opfer des neuen Bundes. Eine Predigt. gr. 8. Wien 829. (Wimmer). 4 gl.

Pletz, Jos., christkatholischer Unterricht, über das heilige Sacrament der Firmung. gr. 8. Wien, Ant. Doll. 819.

— d. hohe Werth d. Jubiläums-Ablasses u. seine Bedingungen. 5 Predigten. gr. 8. Wien 827, Wimmer.

—— einige Worte üb. Kleinkinder-Bewahranstalten. Gesprochen bey Gelegenheit d. feyerl. Eröffnung e. solchen Anstalt in der Gemeinde Hernals. 8. (1 B.) Wien 832, (Wimmer.)

Pletz, Jos., s. Zeitschrift, neue theologische.

Pletzer, (A. L. Fr.) 2 Reden u. 1 Predigt, bei besonderen Veranlassungen gehalten. 8. Brem. 823, (Hanpov., Hahn.)

Pletzer, Adolph (geb. am 7 Febr. 1859 in Bremen): Ueber Wasserbehandlung im Fieber ... Bonn, Univ.-Buchdr. v. C. Georgi 1883. 46 S., 3 Bl. 8.
Bonn, Med. Fak., Diss. v. 10 März 1883

Pletzer, Adolfus Fridericus Ludovicus: De aetate et indole libri Iobi.
Halle-Wittenberg, Theol. Dr.-Diss. v. 5. Jan. 1835
Geb. [Minden (Westf.) 4. 3. 1792]

Pletzer, Aug. Frdr., Bilder aus dem Süden u. zerstreute Blätter aus dem Nachlasse. [Als Mscr. gedr.] Bremen 868. (Heyse.) gr. 8. (VII, 372 S.) cart. n. 4 ℳ

Pletzer, Fridericus: * De Marcello Ancyrano. 59 S. 4°
Halle-Wittenberg, Phil. Diss. v. 5. Nov. 1845
Geb. [Bremen 26. 1. 1823]

Pletzer, Heinrich: Zur Behandlung der queren Kniescheibenbrüche durch die Knochennaht ... Bonn, Univ.-Buchdr. v. Carl Georgi, 1888; 49,1 S., 1 Bl. 8°
Bonn, Med. Fak., Inaug.-Diss. v. 13. Jul. 1888

Pletzer, H., die künstliche Ernährung der Kinder. gr. 8. (48 S.) Bremen 878. Silomon. n. 1. 20

Pletzer, Heinr., Bad Kreuth u. seine Molkenkuren. 8. (74 S.) München 875. Lindauer. n. 1. —

Pletzer Sebastian: Lesestücke zur Logik (mit einleit. Bemerkungen). 41. Salzburg Priv. G. 08.
Progr.

Kein Heim. Ein soziales Drama in 3 Akten von Louis Pleureur. Berlin-Leipzig: Modernes Verlagsbureau 1906. (88 S.) 8° [J.]

Pleurs de Philippe le Solitaire, s.: Recueil de travaux originaux.

Pleus, Bernhard (Bearb.), s. Abel, Frederick Augustus: Untersuchungen über Schießbaumwolle.

Pleus, Bernhard, aus Danzig: Über die Reduktion von Chinizarin und Anthrarufin mit Jodwasserstoffsäure. *Berlin (1903): G. Schade.* (70 S.) 8°
Berlin, Phil. Diss. v. 24. Juni 1903

Pleuss, Anton: Aus der medicinischen Universitäts-Poliklinik in Kiel. Ueber gehäuftes Vorkommen spinaler Kinderlähmung. *Kiel 1898: P. Peters.* (16 S.) 8°
Kiel, Med. Diss. v. [12. Juli] 1898

Pleuss, Laurent. (geb. Duren 28. 12. 1842): De diagnosi tumorum in superiore abdominis parte. Berolini (1865). (32 S.) 8°
Berlin, Med. Diss. v. 20. Juli 1865

Pleuß, Richard, aus Walbeck: Verteilung eines gelösten Körpers zwischen den Komponenten eines Gemisches zweier Lösungsmittel. *Braunschweig 1902: F. Vieweg & Sohn.* (28 S.) 8°
Erlangen, Phil. Diss. v. 17. Juli 1902

Pleuß, Wilh., in stürmischer Märznacht, s.: Bibliothek interessanter Erzählungen.

Pleuß, W., in stürmischer Märznacht, s. Erzählungen aus Heimat und Ferne.

Pleuvrl, Predigten a. d. Advent u. alle hohe Feste. 8. Augsb. Bolling. 793.

Plevna. Vor. (Praxis des Tranchée-Krieges.) Aus dem Russischen. (Vojennyi Sbornik.) Mit 2 Taf. (Umgebungsplan von Plevna und Skizze des Angriffs auf die grünen Berge.) Separat-Abdruck aus den „Mittheilungen über Gegenstände des Artillerie- und Genie-Wesens", herausgegeben vom k. k. techn. und administrat. Militär-Comité. Von Z.. y. 8. Wien 1879.

Plew, Eug. Die Griechen in ihrem Verhältnis zu den Gottheiten fremder Völker. I. Allgemeines. II. Ammon. 24 S. St. G. *Danzig* 1876 Progr.

Plew, Eugen, de Sarapide. Dissertatio inauguralis philologica. Königsberg 868. (Hübner & Matz.) gr. 8. (43 S.) n. 7½ *ngr.*

Plew, Herm. De ellipsi verbi copulativi esse apud poetas latinos. 30 S. **Progr.** G. *Tilsit* 1877.

Plew, J., kritische Beiträge zu den Scriptores historiae Augustae. gr. 4. (32 S.) Strassburg 885. (Trübner.) n. 1. 50

— Kritische Beiträge zu den scriptores historiae augustae. 32 S. **Progr.** Lyz. *Strassburg* 1885.

Plew, J., Marius Maximus als direkte u. indirekte Quelle der Scriptores historiae Augustae. gr. 4. (46 S.) Strassburg 878. Trübner in Comm. n. 1. 80

Plew, J. Marius Maximus als direkte und indirekte Quelle der scriptores historiae augustae. 46 S. **Progr.** Lyz. *Strassburg* 1878.

Plew, J., Quellenuntersuchungen zur Geschichte des Kaisers Hadrian, nebst e. Anh. üb. das Monumentum Ancyranum u. die kaiserl. Autobiographien. gr. 8. (III, 121 S.) Strassburg 889. Trübner, Verl. n. 5. —

Plew, Johs., Didaktik u. Methodik d. Gesang-Unterrichts. [Aus: „A. Baumeister's Handbuch d. Erziehungs- u. Unterrichtslehre f. höhere Schulen".] gr. 8. (56 S.) München 895. C. H. Beck. n. 1. 20

— dasselbe, s.: Handbuch d. Erziehungs- u. Unterrichtslehre f. höh. Schulen, IV, 4.

Plew, Julius: Der Bartensteiner Vertrag zwischen Preussen und Russland vom 26. April 1807. Bartenstein, gedr. bei Gebr. Kraemer, 1894; 36 S. 4.
Bartenstein, k. G, OP 1894 (2)

Plewe, Karl: Ueber **Haematosalpinx** congenita und die bei Ruptur derselben eintretende tötliche Peritonitis. *Thorn 1897: C. Dombrowski.* (32 S.) 8°
Leipzig. Med. Diss. v. 10. Okt. 1897

Plexippus, oder der emporstrebende Bürgerliche, im Auszuge frey bearbeitet ... Weissenfels 1793. V: *Cramer, Carl Gottlieb (Gottlob).* (Ky) (MGT)

Plexippus, od. d. emporstrebende Bürgerliche, im Auszug a. d. Engl. frey bearb. v. Verf. d. deutschen Alcibiades, (K. G. Cramer.) 8. Weißenf. Severin. (Baumgärtner in Lpz.) 793.

Pleyel, Ignaz

Pleyel, J., Anweis., das Fortepiano zu spielen. Braunschw.. Spehr. 2 ℔ — Dass. im Auszg. (A. u. d. T.: kleine Clavierschule). Ebd. 12 gl

— u. Dussek, kl. Clavierschule. Ein Handbuch f. Anfänger. Ein Ausz. aus d. größern Werke. gr. 4. Ulm, Ebner. 16 gl

— Clavierschule, mit besond. Rücksicht der jetzigen Leistungen auf diesem Instrument; bearb. v. Czerny. Fol. Wien 830. Czerny. 1 ℔ 16 gl

— Klavierschule nebst 27 Uebungsstücken. Leipzig, Kühnel.

Pleyel, Jos. v. Die Brieftaube, s. Universal-Bibliothek f. Thierfreunde.

Pleyel, J. v., die Eingewöhnung u. Pflege unserer einheimischen Sing- u. Stubenvögel. Ihre Krankheiten u. deren Behandlg. 8. (VIII, 104 S.) Wien 888. Hartleben. cart. n. 1. 20

Die Schulsammlung. Ihre Anlage, Ausgestaltung u. Erhaltung. Von Josef v. **Pleyel**. Mit 43 Abb. *Wien & Leipzig: A. Hartleben [1903].* (VIII, 120 S.) 8° [ñ.] 03. 7019

Pleyer, Martin, der Kreuzfahrer wider Willen oder das Amazonenschloß auf der Halbinsel Morea. Erzählung aus dem dreyzehnten Jahrhunderte. Wien 1830. V: *Gleich, Joseph Alois.* (WBL)

Pleyer, Fr. Henr., **Flosculi morales ex locis sacrae Scripturae, sanctorum Patrum sententiis decerpt. etc. 8. Augustae Vindelicorum, Bolling. (Lips. Herbig.) 821.**

Pleyer, Frz. Xav., Flosculi morales ex locis sacrae Scripturae, sanctorum Patrum sententiis decerpti etc. 8. Augsb. **(821.) Bolling. 15 gl**

Pleyer, Franz Xav., Jesus Christus wahrer Gott und Mensch zugleich. Ein Wort zur rechten Zeit bei den häufigen Umtrieben des socinianischen Irrtums von allen zu lesen, die kathol. Christen sein und bleiben wollen. Augsburg (?) 1821.

Pleyer, F. X., drey Kanzelreden, üb. d. vermindert. u. a. d. Sonnt. verlegten Feyertage. 8. Sulzbach, Seidel. 804.

— sieben Kanzelreden üb. königl. baier. Verordnungen. 8. Neuburg 826. (Bolling; a. Doll in Augsb.) (Landsh., Krüll). 8 gl

Pleyer, O., Russland unter Peter dem Grossen, s.: Berichte, zeitgenöss., zur Geschichte Russlands.

Pleyer, Theodor [approb. Arzt. u. Assistenz-Arzt II Cl. i. k. 2. Ulanen-Reg.]: Aus der kgl. chirurg. Poliklinik zu München. Ein Beitrag zur Lehre von den malignen Tumoren der Orbita .... Amberg, Druck v. J. Habbel, 1887; 23 S. 8°.
Erlangen, Med. Fak., Inaug.-Diss. v. Nov. 1886.

Pleyer, Theodor, **aus der kgl. chirurg. Poliklinik zu München. Ein Beitrag zur Lehre von den malignen Tumoren der Orbita. Diss. Erlangen 1886, Th. Blaesing. 8°. 23 S.**

Die Buddha-Legende in den Skulpturen des Tempels von Bôrô-Budur von C. M. **Pleyte**. *Amsterdam: J. H. de Bussy 1901.* (XVI, 183 S.) 4° [01. 11045]

Pleyte, C. M., die Buddha-Legende in den Skulpturen des Tempels v. Bôrô-Budur. 12 Hfte. gr. 4. (XVI, 183 S. m. Abbildgn.) Amsterdam 901. 902. J. H. de Bussy. à n.n. 1. —

Pleyte, W., zur Geschichte der Hieroglyphenschrift, s.: Einzelbeiträge zur allgemeinen u. vergleichenden Sprachwissenschaft. H. 8.

Pleyte, W., et P. A. A. Boeser, Manuscrits coptes du musée d'antiquités des Pays-Bas à Leide, publiés d'après les ordres du gouvernement. gr. 4. (VI, 490 S. m. 2 Lichtdr.-Taf.) Leiden 897. Buchhandlung u. Druckerei vorm. E. J. Brill. Kart. n.n. 42.50

Pleyte, W., peintures murales découvertes dans l'eglise paroissiale de St. Jacques à Utrecht. Décalquées par Th. H. F. van Riemsdijk. Fol. (5 S. m. 13 lith. u. color. Abbildg. in gr. Fol.) Leiden 874. Brill. n.n. 24. —

Plhak, Wilh., Orgelbuch zu d. Melodien d. Gebot- u. Gesangbuches d. Olmützer Erzdiöcese. 1. u. 2. Bd. qu. Fol. Olmütz, E. Hölzel. Geb. in Halbfrz. n. 28. 60
1. (140 S.) 890. n. 13. —
2. Vor- u. Nachspiele. (II, 271 S.) 893. n. 15. 50

Plica Polonica, de. 8maj. (2½ B.) Weimar 832, Goullon.

Plicatus, Johann, aus Riga, Versuch einer Kritik der orthopädischen Heilmethoden bei Gelenkverkrümmungen der Extremitäten mit besonderer Berücksichtigung der Tenotomie. Diss. Dorpat. 8°. 51 pp. 1860.

Plien, Jacob. (geb. Lechenich im Rheinl. 21. 1. 1840): De febri scarlatina. Berolini (1863). (32 S.) 8°
Berlin, Med. Diss. v. 10. Okt. 1863

Plien, Max: Die Lehre von der Extrauterinschwangerschaft in den letzten fünfzig Jahren. *Berlin (1898): A. Weichert.* (87 S.) 8°
Berlin, Med. Diss. v. 8. Febr. 1898

Plieninger, Sonntag od. Sabbath? Vortrag, geh. im christl. Männerverein zu Stuttgart. gr. 8. (21 S.) Stuttgart 899. Holland & Josenhans. n. — 20

Plieninger, Felix, Dr. phil.: Beiträge zur Kenntniss der Flugsaurier. *Stuttgart: E. Schweizerbart 1901.* (S. 65—90.) 4° ¶ (Aus: Palaeontographica, Bd 48.)
Tübingen, Naturw. Hab.-Schr. v. 1901

Plieninger, Felix [aus Stuttgart]: Campylognathus Zitteli. E. neuer Flugsaurier aus d. Oberen Lias Schwabens ... (Aus: Palaeontographica, Bd. XLI. — M. 1 Taf.) Stuttgart, E. Schweizerbart, 1894; 1 Bl., 103—222 S. 4.
München, Phil. Fak., Inaug.-Diss. v. 1895

Plieninger, Gustav, s. Baxter: Todesgedanken.

— s. Baxter: Der evangel. Geistliche.

Plieninger, Gust., Beispiele des Guten, s. Universal-Bibliothek für die Jugend.

Plieninger, Gust., drei Erzählungen, s. Erzählungen, drei, für die Jugend.

Plieninger, G., die schönsten Erzählungen des C. F. Weisse'schen Kinderfreundes, s.: Universal-Bibliothek für die Jugend.

Plieninger, G., die Geschwister v. Marienthal, s. a. Jugendbibliothek, neue deutsche.

Plieninger, Gust., die Geschwister v. Marienthal. Eine Erzählung für die Jugend. 2. Abdr. Mit 1 Stahlst. 16. (110 S.) Stuttgart 849, Belser. 6 ngr

Plieninger, Gust., die Geschwister von Marienthal. Eine Erzählung für die Jugend. 3. Aufl. Stuttgart 867. Belser's Verlag. 8. (110 S.) cart. 6 ngr

Plieninger, Gust., } s.: Universal-Bibliothek f. die Jugend.
— Hilfe in der Not, }

Plieninger, Gust., s. Kennedy's, G., sämmtl. christl. Erzählungen. —

Plieninger, Gust.: Vom schwarzen Kontinente, s. Universal-Bibliothek für die Jugend.

Plieninger, Gust., der menschl. Körper, s. Natur, die, ihre Wunder rc., 8. Bd.

—— die Kukuksburg, s. a. Kukuksburg, die.

—— die Kukuksburg. Erzählung. 3 Aufl. 12. (96 S. mit 3 feinen Bildern.) Eßlingen 884, Schreiber. cart. * — 75

—— Leben u. Wirken d. verew. Geo. Christian v. Seubert, Dr. d. Philos., k. würtemb. Prälaten u. Generalsuperintendenten. gr. 8. (3½ B.) Stuttgart 836, Metzler'sche Buchh. Thlr.

— **David Livingstone.** Ein Lebensbild d. großen Entdeckers u. Missionars, f. d. deutsche Lesewelt, besonders die reifere Jugend nach den Quellen dargestellt. Mit Livingstones Portr., 43 in den Text gedr. Illustr., 6 Farbdr.-Bildern u. 1 Karte. gr. 8. (V, 270 S.) Stuttgart 885. Kröner. geb. 5. 50

David Livingstone. Ein Lebensbild d. großen Entdeckers u. Missionars, f. d. deutsche Lesewelt, besond. d. reifere Jugend nach d. Quellen dargest. von Dr. Gustav **Plieninger.** Mit Livingstones Portr. u. 7 Abb. Stuttgart, Berlin, Leipzig: Union [1906]. (198 S.) 8° [J.]
= **Universal-Bibliothek** f. d. Jugend. 431-434. [07. 1301

— s. Prout, W.: Chemie.

Plieninger, Gust., Rede bei der Reformationsfeier am 31. Octbr. 1857 in der Stiftskirche zu Stuttgart. Stuttgart 857. Ed. Hallberger. gr. 8. (15 S.) 2 ngr

Plieninger, G., Weihnachtsblüthen, s. Weihnachtsblüthen.

Plieninger, Th., De praecipuis deliriorum causis eorumque medela generalia quaedem exhibens. 69 pp. Stuttg. 4°. *Doering,* I, 163.
1779

Plieninger, T., de praecipuis delirior. caussis eorumque medela. 4. Stuttg. Cotta. 780.

Plieninger, Th., De praecipuis deliriorum causis eorumque medela, generalia quaedam exhibens. 69 pp. Stuttg. 4°.
1782

Plieninger, Theodor

— Beitrag zur meteorologisch-klimat. Statistik und Topographie Württembergs. Ergebnisse 30jähr. Beobachtungen des Verfassers (bezw. 60jähr. Beobachtungen) zu Stuttgart, sowie der von anderen Beobachtern aus verschiedenen Stationen des Landes mitgetheilten Beobachtungen von 1825 bis 1851 einschliesslich. Stuttgart 1856. (Aus: Württemberg. Naturw. Jahreshefte, 1853. 3. H.)

— Beitrag zur klimatisch-meteorologischen Statistik Württembergs. Ergebnisse aus den, seit 1825 von dem Verfasser in Gemeinschaft des seitdem bestehenden württemberg. Beobachter-Vereins angestellten 40jähr. Beobachtungen, unter Hinzuziehung der seit 1792 in dem Blatt „Schwäbische Chronik" mitgetheilten Temperatur-Beobachtungen. Herausgeg. von dem königl. statist.-topograph. Bureau. Stuttgart 1867.

Plieninger, Theod., Beiträge zur Palaeontologie Württembergs, s. Meyer, H. v.

PLIENINGER, Th.: Gemeinfaßliche Belehrung über den Maikäfer, als Larve und als Käfer, seine Verwüstungen und die Mittel gegen dieselben. Ein Beitrag zu der "landwirthschaftlichen Fauna". Für den Bürger und den Landmann nach fremden und eigenen Beobachtungen zusammengestellt. - Stuttgart, Tübingen 1834. 84 S. - 2. Aufl. Stuttgart 1868. 105 S.

Plieninger, Th., gemeinfaßliche Belehrung über den Maikäfer, als Larve und als Käfer, seine Verwüstungen u. die Mittel gegen dieselben. gr. 8. Stuttgart 834. Cotta. 1/3 rß

Plieninger, Th., gemeinfaßliche Belehrung über die Maikäfer u. ihre Verheerungen sowie die geeigneten Mittel dagegen. Ein Beitrag zur landwirthschaftl. Fauna. Für den Bürger u. Landmann, sowie die Fortbildungsschulen nach eigenen u. fremden Beobachtungen zusammengestellt. 2. Aufl. nach dem derzeit. Stand der Erfahrgn. umgearb. Stuttgart 868. Cotta. gr. 8. (105 S.) n. 10 ngr.

— kurzer Bericht über die Eisenbahn von Brüssel nach Mecheln, nebst allgem. Bemerkk. über Eisenbahn-Anlagen überhaupt, und einer geordneten Zusammenstellung der bisherigen Literatur üb. Eisenbahnen, Dampfwagen u. Dampfmaschinen. (Aus d. Correspondenzblatt d. K. würtemb. landw. Vereins.) Mit 1 Steintaf. gr. 8. Stuttgart 836. Cotta. 1/4 rß

—— Beschreibung von Stuttgart, hauptsächl. nach seinen naturwissenschaftl. u. medicin Verhältnissen. gr. 4. (16 B., 1 lith. Ansicht d. Stadt, 1 Grundriß u. 1 Karte d. Umgegend, gr. Fol.) Stuttgart 834, Hoffmann'sche Vrlsbuchh. Thlr.

Plieninger, Th., über die Blitzableiter, ihre Vereinfachung und die Verminderung ihrer Kosten. Nebst einem Anhang üb. das Verhalten der Menschen bei Gewittern. Eine gemeinfaßl. Belehrung für die Verfertiger der Blitzableiter, so wie für die Hausbesitzer. Mit 3 Steintaf. gr. 8. Stuttg. 835. Cotta. 2 3 rß

— Jahresbericht über die Witterungs-Verhältnisse in Württemberg, s. Jahresbericht.

Plieninger, Th., s.
Jahreshefte d. Vereins für vaterländ. Naturkunde in Württemberg.

Plieninger, Th., über Leistungen u. Bedürfnisse d. mathemat. Unterr. auf d. Gelehrtenschulen. Ein Beitr. z. Würdigung u. Förderung dessel., mit besond. Bezieh. auf d. Anstalten Würtembergs. Nebst e. Anh., die niederen theolog. Seminarien, Gymnasien, Lyceen, Real- u. Gewerbeschulen betreff. gr. 8. (12 B.) Stuttgart 833, [Beck u. Fränkel.]

Plieninger, Theod.: Ueber Leistungen und Bedürfnisse des mathematischen Unterrichtes auf den Gelehrtenschulen mit besond. Beziehung auf Wurtemberg. Nebst Anhang: die niederen Seminarien, Gymnasien, Lyceen, Real- u. Gewerbeschulen betr. Stuttg.: Löflund & S. 1833.

(**Plieninger, Th.**) Metabiosis. Dämmerungslichter des ewigen Tages im Gesichtskreis der empirischen Forschung. Zur Abwehr materialistischer Kreisbewegungen unserer Tage. Stuttgart, Oetinger. 1866. S. 76 S.

Plieninger, Th. Gmelini reliquiae commercii epistolici cum Linnaeo. Stuttgart, 1861.

—— die Resultate aus den seit 1825 vom württembergischen Beobachter-Verein angestellten vierzigjährigen Beobachtungen, unter Hinzuziehung der seit 1792 in dem Blatte „Schwäbische Chronik" mitgetheilten Temperaturbeobachtungen Ein Beitrag zur klimatisch-meteorolog. Statistik Württembergs. Hrsg. vom königl. statistisch-topograph. Bureau gr. 8. (183 S.) Stuttgart 868, Aue. *

Bei dem Trauerfest — 5. Jan. 1867 — der Loge Wilhelm zur aufgehenden Sonne in Stuttgart. Von Th[eod. v.] **Plieninger.** [Sondershausen 1867: Eupel.] 15 S. 8⁰ [Umschlagtit.]
Aus: A. 28 (1867) S. 147—150.
Betrachtung der Worte: Aus Kampf zum Frieden, aus Nacht zum Licht, aus Tod zum Leben. 358.

Vortrag des Brs [Theod. v.] **Plieninger** am Stiftungsfeste der g. u. v. St. Joh. □ Carl zu den 3 Ulmen im O. v. Ulm den 7. März 1849. o. O. [1849]. 2 Bl. 4⁰ [Kopftit.]
Tt. 2148. Üb. Form u. Wesen in der Frmrei und ihren Zusammenhang. 358a.

Vortrag des Br.·. [Theod. v.] **Plieninger** bei der Trauer-Arbeit der □ zu den 3 Cedern im O.·. Stuttgart am 23. Dec. 1848. [Stuttgart 1848.] 8 S. 4⁰ [Kopftit.]
Abgedr. in: A. 26 (1865) S. 117—137.
Tt. 2147. Üb. den Unsterblichkeitsglauben. 215.

Plienningen, Dietr. v., vertraute Briefe eines niederbalerschen Landstandes. 8. Regensb. Montag. 802.

Pliester, J. H., einzelne Auszüge aus Pestalozzi's Schriften f. Eltern u. ihre Kinder. gr. 12. (1 B.) Meurs 810, (Dolle.)

Plieth, Georg Fr. Heinrich

— Abfertigung d. möglichst bescheidenen Kritik, welche der Doctor Teller in Zeitz üb. eine von d. Hrn. Superint. Cannabich gehalt. Predigt unbescheiden geschrieben hat. 8. Nordhaus. 805. Nitzsche. 14 gl

Plieth, Geo. Fr. Hnr., Versuch üb. Luthers Reformation, ihren Geist u. ihren Einfluß, oder Ausz. aus Villers gekrönt. Preisschrift üb. d. Frage: Welchen Einfluß hat Luthers Reformation auf die polit. Lage der verschied. Staaten Europas rc.; aus d. Französ. übers. 8. Nordhaus. 805. Nitzsche. 12 gl

Die Frankenthaler Maler. Ein Beitrag z. Entwickelungsgeschichte d. niederländ. Landschaftsmalerei. Von Eduard **Plietzsch.** Leipzig: E. A. Seemann 1910. 128 S. 8°
Ein T. ersch. u. d. T.: 'Die Frankenthaler Künstlerkolonie u. Gillis van Coninxloo' als Inaug.Diss. Heidelberg 1910.
(Beiträge z. Kunstgeschichte. N. F. 36.) [10. 17571

Plifke: De discrimine satir. Horat. Pers. Juven. Heching. 1864. 21 S. 4⁰. Schul-/Univ.-Schrift

Plifke: Die Ideenassociation und deren Anwendung im Unterricht.— Wipperfürth, Progr. 1852.

Plifke, A., petit dictionnaire de prononciation française contenant tous les mots français dont la prononciation est irrégulière ou difficile. Complément de tout dictionnaire français, Lahr 862. Geiger. 8. (45 S.) 7½ ngr.

Plifke, Ad., Grammaire française sans paroles. Recueil d'exemples tirés des meilleurs auteurs français à l'usage des classes supérieures des colléges, des lycées et des écoles polytechniques. Regensburg 866. Manz. gr. 8. (IV, 254 S.) 27 ngr.

— le participe passé. Recueil d'exemples tirés des meilleurs auteurs français (faisant partie d'une grammaire française inédite). Sigmaringen 864. Liehner. 4. (12 S.) n. 5 ngr.

Plifke. Plan zu einem Wörterbuche der französischen Aussprache für Schüler. Münster, R., 1857. 18 S. Progr.

Plimplamplasko. Der hohe Geist (heut Genie). Eine Handschrift aus den Zeiten Knipperdollings und Doctor Martin Luthers ... [Basel] 1780. V: *Klinger, Friedrich Maximilian von.* (Mn) (MGT) (Ky) (GGr) (BrMm) (Kat. d. Stadtbibl. Zürich. Zürich 1864—97.)

Plimplamplasko, d. hohe Geist, e. Handschrift aus den Zeiten Knipperdollings u. Luthers, (v. F. M. Klinger). Mit Kpf. 8. Basel 780. Haas u. S. 10 gr

Plinatus, Eug., Holzbaukunst. I. Serie: Zimmermannsarbeiten. (60 Taf. m. III S. Text.) 41×33 cm. Wien (908). F. Wolfrum & Co. In Mappe 48. --

Plincz (Plinsch), Joh. [aus Posen]: Der Einfluss der Unterbindung der Vena saphena major auf Varicen der untern Extremität und auf Ulcera cruris. Zürich 1899. 46 S. 8°. Zürich. Med. Diss. 1898/99.

Plinius der Ältere (Plinius Secundus, Gaius)

Plinianische Anthologie oder auserlesene Stellen aus Plinius Naturgeschichte. Mit Anmerk. von Grofse. Halle 798. 8.

Die geographischen Bücher (II, 242–VI Schluß) der Naturalis Historia des C. Plinius Secundus mit vollst. krit. Apparat hrsg. von D[etlef] Detlefsen. Berlin: Weidmann 1905. (XVII, 282 S.) 8°
= Quellen u. Forschungen z. alten Geschichte u. Geogr. H. 9. 10.

Chrestomathia Pliniana. Mit Anmerkungen von J. M. Gesner. Leipz. 723. 8. Letzte Ausgabe. Eb. 776. 8.

Plinius Secundus (maior), G(aius): Chrestomathia Pliniana oder auserlesene Stellen aus ...Historia naturalis. (Auszüge.) Nach den besten Ausgaben...angeführet, hin und wieder verbessert und weitläufig erkläret...von Joh(ann) Matthias Gesner. 4.verbess.Ausg. 1076 S., gbd.

Leipzig u.Zelle: Gsellius 1766

— historia naturali excerpta quae ad artes spectant. Lectionibus acad. accomm. a Chr. Heyne. 8. Götting. 790. Ed. II. 810. Dieterich. 6 gr

— historia naturali excerpta libro XXXIV. quae ad artes spectant. Ed. Er. Fr. Wüstemann. 8. Gotha 824. Glaeser. 8 gr

— Excerptorum ex C. Plinii Sec. Nat. Hist. lib. XXXV particula, Commentario crit. et exeget. instr. Germanico sermone interpretatus est J. C. Elster. 8 Tle. Pr. 1851—58. 81, 24, 19 S. 4°. à 1.—

—— naturae historiarum lib. I. XI. XII. XIII. XIIII. XV. fragmenta, e cod. rescripto bibliothecae monasterii ad S. Paulum in Carinthia ed. Fridegar. Mone. 8maj. (XLIII und 259 S. mit 1 Stnt. in Tondr.) Gothae 855, F. A. Perthes. *

Plinius. Caius, Sec. (Maior), hist. naturalis, c. not. P. Harduini in us. Delphini. III Vol. cum fig. fol. Paris. 741.

Plinius, C. Secund. (maj.), historiae naturalis libri XXXVII. Acced. chrestomathia indicibus aliquot copiosiss. exposita cur. Jh. Pt. Miller I., V Tomi. 8. Berl. 766. Haude u. Sp. 5 ℳ Hbg. Pr. 2 ℳ 12 gr

— historia naturalis cum interpretat. et notis integris J. Harduini itemque cum commentariis et adnotatt. Hermol. Barbari, Pintiani, Rhenani, Galenii, Dalechampii, Scaligeri, Salmasii, Jos. Vossii etc. Rec., var. lect. adj. Jh. Geo. Fr. Franz. X Voll. 8maj. Leipz. 776—91. (List in Berl.) 17 ℳ 12 gr

— historiae naturalis libr. XXXVII. ex recens. J. Harduini. V Voll. 8maj. Biponti 783. (Treuttel u. W., Strassb.) 3 ℳ 10 gr

Plinius Secundus C.: Historiae naturalis libri XXXVII ex recensione J. Harduini. Praemittitur notitia literaria, accedit index studiis Societatis Bipontinae. 5 Vol. (3 Vol.). Biponti 1783—84.

Plinii Sec. maj., Caj., Historiae naturalis lib. XXXVII. Ad opt. libror. fidem editi, cum indice rerum. Edit. stereot. V Ti. 16. (130 B.) Lipsiae 830, Tauchnitz. 2 Thlr. 22 Gr., f. Pap.

Plinii, C. Caecilii Secundi (mai.), Historiae naturalis libri XXXVII ad optimorum librorum fidem accurate editi, cum indice rerum et geographico. Edit. ster. 5 vol. 16. Leipzig 830,71,72, Holtze. à Vol. ℳ 1,80.

—— naturalis historiae lib. XXXVII. Recogn. et variet. lectionis adjecit Jul. Sillig. V Vol. Adduntur excerpta cod. Bambergens. c. adnotat. Ludovici de Jan. 12maj. (19 B.) Lipsiae 831, [Teubner.] [I. (19 B.) 831. 1 Thlr., Engl. P. 1 Thlr. 12 Gr., II. (16 B.) 832. 21 Gr., Engl. P. 1 Thlr. 8 Gr., III. ($20^1/_2$ B.) 834. 1 Thlr. 3 Gr., Engl. P. 1 Thlr. 16 Gr., IV. (19 B.) 835. 1 Thlr., Engl. P. 1 Thlr. 12 Gr., V. (22 B.) 836. 1 Thlr. 9 Gr., Engl. P. 1 Thlr. 21 Gr.] 5 Thlr. 9 Gr., Engl. P.

— historiae naturalis Vol. I—V. Lex.-8. Leipzig 837, 38. Barth. (à $1^1/_6$ ℳ) $5^5/_6$ ℳ (Vgl. Bibliotheca nova Scriptorum latinorum. Vol. VII. XII. XV. XVIII. et XXVII.)

— Historiae Naturalis libri XXXVII, cum indicibus rerum locupletissimis ad optimorum librorum fidem emendatissime editi curante Car. Herm. Weisio. Editio stereotypa uno volumine totum opus complexa. 4 maj. ibid. 841. $3^1/_3$ ℳ

—— naturalis historiae libri XXXVII. Recensuit et commentariis criticis indicibusque instruxit Jul. Sillig. Vol. I et II. 8maj. Hamburgi et Gothae, Fr. et Andr. Perthes. [1. (LXXXIV und 487 S.) 851., 2. (VII und 491 S.) 852. à * 3 Thlr.] *

Plini Secundi, Caji, naturalis historiae libri XXXVII. Recens. et commentariis criticis indicibusque instruxit Jul. Sillig. Vol. III. et IV. Gothae 853. F. A. Perthes. gr. 8. (2 Bl., 474; 2 Bl., 471 S.) Jeder Bd. * Subscr.-Pr. n. 3 ℳ.; Ladenpr. n. 4 ℳ.

—— naturalis historiae libri XXXVII. Recensuit et commentariis criticis indicibusque instruxit Jul. Sillig. Vol. III. et IV. 8maj. Hamburgi et Gothae, F. A. Perthes. [III. (III und 474 S.) 853., IV. (III und 471 S.) 855.] Subscr.-Pr. à Vol. * Ladenpr. à Vol. *

—— id. — Vol. V. Accedit Appuleji qui fertur de remediis salutaribus fragmentum e cod. Salmasiano nunc primum editum. 8maj. (XLI und 471 S.) Hamburgi et Gothae 851, Fr. et Andr. Perthes. Thlr. *

—— id. — Vol. VI, quo cont. palimpsestus Veronensis a Moneo editus et Fred. Gronovi in Plinium notae emendatius expressae. 8maj. (LV, 259 und Gronovi notae 123 S. mit 1 Stnt. in Tondr.) Ibid. 855. Subscr.-Pr. * Ladenpr. *

Vol. I., II. et V. Ibid. 1851—52. * 9 Thlr.

— — Vol. VI, quo continentur Palimpsestus Veronensis a Moneo editus et F. Gronovi in Plinium notae emendatius expressae. Ebend. (856.) gr. 8. (X, XLII, 260 S., 1 lith. Schrifttafel u. Gronovi notae 123 S.) Subscr.-Pr. n. 3 Thlr.; Ladenpr. n. 4 Thlr.

— — Vol. VII et VIII. quo cont. indices rerum a Plinio memoratarum. A. u. d. T.: In C. Plini Secundi naturalis historiae libros indices. Composuit Otto Schneider. Ebend. 857, 58. gr. 8. (2 Bl., 515 S.) Subscr.-Pr. n. 3 Thlr.; Ladenpr. n. 4 Thlr.

—— naturalis historiae libri XXXVII. Recognovit atque indicibus instruxit Ludov. Janus. Vol. I.: Libb. I—VI. 8. (XXXVIII und 261 S.) Lipsiae 854, Teubner. Vlnp.

—— id. — Vol. II.: Libb. VII—XV. 8. (XXXIX und 302 S.) Ibid. 856. Vlnp.

Plini Secundi, C., naturalis historiae libri XXXVII. Recognovit atque indicibus instruxit Ludov. Janus. Vol. III—V. Libb. XVI—XXII. 8. Leipzig, Teubner. [Vol. III. (LII und 297 S.) 857., IV. (LXVIII und 312 S.) 859., V. (CX und 180 S.) 860. à Vol. 18 Ngr.] Vlnp. à Vol. 27 Ngr.

Vol. I und II. Ebendas. 1854,56. 1 Thlr. 6 Ngr.; Vlnp. 1 Thlr. 27 Ngr.

—— naturalis historiae libri XXXVII. Recognovit atque indicibus instruxit Ludov. Janus. Vol. VI. Indices. 8. (IV und 462 S.) Leipzig 865, Teubner. Velinp.

Vol. 1—5. Ebendas. 1854—60. 3 Thlr.; Velinp. 5 Thlr.

—— naturalis historiae libri XXXVII. Recognovit atque indicibus instruxit Ludov. Janus. Vol. I. Libb. 1—6. Editio altera denuo recognita. 8. (XXXII, 261 S.) Leipzig 870, Teubner.

— naturalis historiae libri XXXVII. Post Ludov. Jani obitum recogn. et scripturae discrepantia adjecta ed Carolus Mayhoff. Vol. II. Libri VII—XV. 8. (XXXVIII, 424 S.) Ebend. 875. 3. — (I u. II.: 4. 80.)

Plinii Secundi, C., naturalis historiae libri XXXVII. Post Ludovici Jani obitum recognovit et scripturae discrepantia adiecta ed. Carolus Mayhoff. Vol. III. Libri XVI—XXII. 8. (XIV, 496 S.) Leipzig 892. B. G. Teubner. n. 4. — (I–IV.: n. 8. 80)

Plini Secundi, C., naturalis historiae libri XXXVII. Post Ludov. Jani obitum recogn. et scripturae discrepantia adiecta ed. Carol. Mayhoff. Vol. IV et V (Schluss). Libri XXIII—XXX u. XXXI—XXXVII. 8. (X, 500 u. X, 512 S.) Leipzig 897. B. G. Teubner. à n. 6. — (kplt.: n. 20. 80)

— naturalis historiae libri XXXVII. Post Ludov. Iani obitum recognovit et scripturae discrepantia adiecta ed. Carol. Mayhoff. Vol. I. Libri I—VI. (XVI, 556 S.) kl. 8. Leipzig 906. B. G. Teubner. n. 8. —; geb. n. 8 60

C. Plini Secundi naturalis historiae libri 37. Post Ludovici Jani obitum recogn. et scripturae discrepantia adiecta ed. Carolus Mayhoff. Vol. 1. Lipsiae: B. G. Teubner 1906. 8°

(Bibliotheca script. graec. et rom. Teubneriana.) [c6. 8733]

— naturalis historiae libri XXXVII. Post Ludov. Iani obitum recognovit et scripturae discrepantia adiecta iterum ed. Caol. Mayhoff. Vol. II. Libri VII—XV. (XIV, 592 S.) kl. 8. Leipzig 909. B. G. Teubner. 8.—; geb. 8. 60

—— naturalis historia. D. Detlefsen recensuit. Vol. I. et II. gr. 8. Berlin 867, Weidmann'sche Buchh.

Inhalt:

Vol. 1. Liber I—VI. (278 S.) 18 Ngr.
» 2. Libri VII—XV. (312 S.) 22½ Ngr.

—— naturalis historia. D. Detlefsen recensuit. Vol. 3—5. gr. 8. Berlin, Weidmann'sche Buchh. à Vol. M 2,25.

Inhalt:

Vol. 3. Libri XVI—XXII. (323 S.) 869.
» 4. Libri XXIII—XXXI. (X, 314 S.) 871.
» 5. Libri XXXII—XXXVII. (X, 249 S.) 873.

Vol. 1 et 2. Ebendas. 1867. M 4,05.

—— Naturalis historia. D. Detlefsen rec. Vol. VI. Index I deorum et hominum. Index II locorum. gr. 8. (XXX, 307 S.) Berlin 882, Weidmann'sche Buchh. 4 —

Vol. I—V. Ebendas. 1866—73. M 10,80.

— historiae naturalis lib. VII. et VIII. ex rec. Harduini. 8. Prag 805. Hartmann. 9 gr

— — eiusd. liber IX. de aquatilium nat., c. animadv. L. Th. Gronov. 8. maj. Leid. (Fritsch, Lips.) 718.

— — III Vol. fol. maj. ibid. 723.

Plinius, C. Secund. (major), historiae naturalis libri IX de aquatilium natura. Recens., var. lect., propriis castigat., ampliss. commentariis instr. Laur. Thdr. Gronovius. 8. Leyd. 778. Haack et Soc. (Leipz., Weigel). 1 Thlr 8 gr

— *Liber XXXIV.* Kritisch bearbeitet von Jos. Dornford. Göttingen 780.

Plinius, Caj. Sec. (d. ält.) Naturgeschichte übers. v. J. D. Denso. 2 Bde. 4. 1764–66 Berl. v. Knobloch in Leipz.

— Naturgeschichte, übers. von Gf. Große. 12 Bde. 8. Frankf. a. M. 781—88. Hermann. 6 Thlr. Hbg. Pr. 3 Thlr

— — — s. auch Sammlung d. neuesten Uebersetz. d. Röm. Pros. 2c.

—— Naturgeschichte, übers. v. M. Fritsch, s. Uebersetzungsbibliothek d. griech. u. röm. Klassiker, IV. Abthl.

C. Plinius Secundus. Naturgeschichte, übersetzt von Moritz Fritsch. 8 Bde. Prenzlau 1828—1830. 8°.

— Naturgeschichte, übers. mit Anmerk. v. M. Fritsch. 16—86 Bdchn. 12. Prenzlau 829, 30. Ragoczy. 2 Thlr

—— Naturgeschichte; übers. von Ph. H. Külb, s. Prosaiker, römische.

Plinius, Cajus Sec. maior. Naturgeschichte. Uebers. von H. Külb. Stuttgart 1840–56. 35 Bde. 16.

— Naturgeschichte, übersetzt u. erläutert v. Ph. H. Külb. 18—35 Bdchen. 16. Stuttgart 840. Metzler. (à 1/6 Thlr) 5/6 Thlr

— Naturgeschichte. Uebersetzt u. erläutert v. Ph. H. Külb. 8. Bdchn. 16. (S. 889 — 1019.) Stuttgart 850, Metzler. 1/8 ℳ (1—6 u. 8: 1 1/8 ℳ)

C. Plinius Secundus. Naturgeschichte, übersetzt von Ph. H. Külb. 9 Bde. Stuttgart 1842—1877. 8°.

— Naturgeschichte. Uebersetzt u. mit erläuternden Registern versehen von Chr. Friedr. Lebr. Strack. Ueberarb. u. herausg. von Mor. Dietr. Lebr. Strack. 3 Thle. Bremen 853—55. J. G. Heyse. gr. 8. (1. Thl.: X, 534 S.; 2. Thl.: XIV, 464 S.; 3. Thl.: XV, 573 S.) 6 ℳ. 7½ ngr. 1. u. 2. Thl. à 2 ℳ.; 3. Thl.: 2 ℳ. 7½ ngr.

—— Naturgeschichte. Ins Deutsche übers. und mit Anmerkungen versehen von G. C. Wittstein. 16 Lfgn. oder 6 Bde. gr. 8. (428; 255; 430; 478; 379; 492 S.) Leipzig 880—82, Gressner und Schramm. à Lfg. *ℳ 2. * 32 — herabges. Pr. à Bd. *ℳ 4. * 24 —

Plinii Secundi Nat. Hist. praefatio in Germanicum conversa et enarrata ab A. Haa Pr. 1865. 11 S. 4°.

Plinius der Jüngere (Plinius Caecilius Secundus, Gaius)

— Plinianische Anthologie, s. Anthologie.

Jahresbericht des k. k. Obergymnasiums in Eger für das Schuljahr 1853. 4. (38 S.) Eger, Druck. v. J. Kobrtsch und Gschihay.
Inhalt: I. Leben und Charakter des C. Plinius Cäcilius Secundus. Aus seinen Briefen zusammengestellt. — II. Auswahl von Sentenzen. Aus den Briefen und der Lobrede des C. Plin. Cäc. Sec. — Schulnachrichten.

Plinius d. J.: Briefe, s. Bibliothek der Übersetzungen ...

— Briefe. s.: Sammlung griechischer u. römischer Classiker.

SARTORIUS, JOHANNES. — C. PLINIUS CAECIL. jun. Des Staats-klugen Plinii Hoff- und Bürgerliche Briefe, in die Teutsche Helden-Sprache übersetzt. Auch mit nützlichen Anmerckungen und Registern versehen. Leipzig. J. L. Gleditsch u. M. G. Weidmann, 1712. 8°. *Frontispiz*, gedruckter Titel in Rot und Schwarz, 14 Bl. 810 S. 19 Bl. Pgt. d. Z.
Schweiger II. 813. Erstausgabe dieser Übersetzung (überhaupt die 1. vollständige deutsche Ausgabe der Briefe des P.), die ganz dem schwülstigen deutschen Briefstil des 17. Jahrhunderts entspricht.

—— —— verdeutscht durch J. Sartorius, Leipzig (1712)
s.a. Johann Sartorius.

Plinius *Briefe*. Übersetzt mit Anmerk. von E. A. Schmidt. Dessau 782. 8. (Enthält nicht alle.)

— Briefe, übers. u. mit Anmerkk. erklärt von J. Ad. Schäfer. 2 Bde. 8. Erlang. 801, 2. 2e A. 824. Heyder. 2 ℳ 16 gr

Plinius, Caj. Cäc. Sec. (jun.), Briefe, übers. u. m. Anm. erläutert von J. A. Schäfer. 2 Bde. 2te verm. Aufl. 8. Erlangen, Heyder. 818.

— Briefe, übers. u. mit Anmerkk. erläut. von J. A. Schäfer. 2 Bde. 2e verb. Aufl. 8. Erlangen 824, Heyder.

Plinius, übers. von Klußmann und Binder, s.a. Bibliothek, Langenscheidt'sche, sämmtlicher griechischer und römischer Klassiker.

Plinius Cäcilius Secundus, des C., Briefe. Uebers. von Ernst Klußmann u. Wilh. Binder. 7. Lfg. 2. Aufl. (3. Bd. S. 1—48.) kl. 8. Berlin-Schöneberg (904). Langenscheidt's Verl. n. — 35

Briefe des jüngeren Plinius (C[ai] Plini Caecili Secundi epistularum delectus). Hrsg. u. erkl. von R[ichard] C[ornelius] Kukula. Textheft. Einl. u. Komm. Leipzig & Berlin: B. G. Teubner 1904. 2 Bde 8°
— Meisterwerke d. Griechen u. Römer. 9. [05. 19751]

Plinius Secundus (des jüngeren) Caecilius, Briefe. s.a. Kukula, R. C., u. H. Schenkel, Meisterwerke der Griechen u. Römer in kommentierten Ausgaben. IX.

Briefe des jüngeren Plinius hrsg. u. erkl. von R[ichard] C[ornelius] Kukula. 2. verb. Aufl. Geleitwort u. Einl. Wien: Graeser 1909. XLVII S. 8°
Aus: Meisterwerke d. Griechen u. Römer in kommentierten Ausg. 9. [09. 17429 7

Plinius der Jüngere, C., ausgewählte Briefe. Für den Schulgebrauch erklärt v. Ant. Kreuser. Mit 1 Taf.: Grundriss e. röm. Villa. gr. 8. (IV, 143 S.) Leipzig 894. B. G. Teubner. 1. 50

Plinius, C. Cäcil. d. Jüng., Briefe, nebst dessen Lobrede auf den Kaiser Trajanus, übers. u. durch Anmerkk. erläut. von Ed. Thierfeld. 2 Bdchen. gr. 12. Münch. 828 u. 29. Fleischmann. 2 ℳ

Plinius, Caj., Cäcil. Sec. (Jun.), sämmtl. Briefe übers. und mit Anmerk. v. Schmidt. 2 Thle. 8. Frankfurt, Hermann. 788. 89.

—— —— Vollständ. Ausg. 2 Thle. 8. Frkf. a. M. 788, 89. Hermann. 1 ℳ 8 gr. 3e Aufl. umgearb. v. Fr. Strack. 2 Thle. 8. Ebd. 819. 1 ℳ 12 gr. Hbg. Pr. 1 ℳ (s. auch Samml. d. neuesten Uebersetzungen d. röm. Prosaiker, 9r Bd.)

— — Neu übers. mit Anmerk. von E. A. Schmidt. Frkf. 788-89. 2 Thle. 8. 1 rthlr. 8 gr. Umgearbeitet von F. Strack. Ebend. 818. 2 Thle. 8. 1 rthlr. 12 gr.

— Probe einer Uebersetzung der sämtlichen Briefe des Plinius. Von J. A. Schäfer. 1796. 86 S. 4°.

Plinius der Jüngere [Gaius Plinius Caecilius Secundus], Briefwechsel mit Trajan [Epistolae, Ausz.]. Übers. von Werner Prollius. Halle a. S.: Hendel [1910]. 87 S. 8°
(Bibliothek d. Gesamtliteratur d. In- u. Auslandes. Nr 2178.) [10. 10920 3

— Briefwechsel m. Trajan, s.a. Bibliothek der Gesamtliteratur.

(—) Chrestomathia Pliniana, herausg. von Urlichs, s. Urlichs.

— s. Chrestomathie, lateinische.

—— Epistolarum delectus. Mit Anmerkn. v. Geo. Aug. Herbst. gr. 8. (14¾ B.) Halle 839, [Leipzig,] Gebauersche Bh.

—— Epistolae. Ad edit. Godofr. Henr. Schaefer. Przez Romana Zioleckiego. 3 Tom., s. Biblioteka klass. Łacińskich, Tom. I—III.

— — Cum notis J. M. Gesneri. Götting. 735. 8. Ib. 749. 8. 4 gr.

— — Ex codd. librisq. collatis rec. ac notis, observationibus et nummis illustravit, simulq. viror. eruditor. commentatt. instruxit C. G. Schwarzius. Norimb. 746. 4. 6 rthlr.
— — Rec. notisque illustr. Gierig. Lips. 796. 8. 1 rthlr.

— epistolar. libri X. Rec., not. illustr. G. E. Gierig. II Tomi. 8maj. Leipz. 800—2. Schwickert. 3 ℳ 12 gr

— epistolae ex recens. Longolii, sine notis. 12. Nürnb. 802. Riegel u. W. 9 gr

—epistolar. libri X. Editio ad excitandum sanioris praeparat. studium concionat. a Jh. Ad. Schäfer. 8. Ansb. 807. Cassert. 1 ℔.

— Epistolarum libri X. cur. G. H. Lünemann etc. vide Bibliotheca rom. class. Tom III.

—epistolar. libri X. Ad opt. editt. fidem scholar. in usum cur. G. H. Lünemann. 8. Götting. 819. Deuerlich. 10 gl (1820?)

— Epistolarum libri X. Ad fidem maxime cod. praestantiss. Pragensis collatis ceteris libris scriptis edidit, recens. praefat., notis crit., indicibus, et tabula ad repraes. cod. Prag. scripturam efformata instruxit N. Titze. 8maj. Pragae, Kraus. 820.

—epistolarum libri X. Ad fidem maxime cod. praestantiss. Pragensis collatis ceteris libris scriptis edidit, rec., praefat., notis crit., indicibus, et tabula ad repraes. cod. Prag. scripturam efformata instruxit N. Titze. 8maj. Prag 820. Krauss. Ed. nov. 823. (Leipz., Cnobloch). 1 ℔ 12 gl

Plinius C(aecilius) Secundus (minor), G(aius): Epistolarum libri decem ad optimas editiones collati ed. Ignaz Seibt. 460 S., gbd., Abb.

Wien: Volke 1829

Plinius, Caj. Caecilius Secundus, Epistolae. Mit kritisch berichtigtem Text erläutert von Mor. Döring. 2 Bde. gr. 8. Freyberg 843, Engelhardt. [1. (21¾ B.) 1 Thlr. 15 Ngr., 2. (26⅞ B.) 2 Thlr.]

—— et Traiani Imperatoris epistolae mutuae. Ab interpolationibus purgatae cura Jo. Casp. Orellii. Lex.-8. (4 B.) Turici 833, Schulthess.

Plinius Caecilius Secundus, Caius. Epistolae et Panegyricus . . . Lips. 1712. H: *Weinrich, Joh. Frdr.* (BrMm)

— — —. Cum annot. J. M. Gesneri. Lips. 739. 8. Ed. sec. curante A. W. Ernestio. Ib. 770. 8.

— — cur. I. P. Miller, mit d. franz. Uebers. d. Sacy. 8. Berl. Haude. 749.

Plinius, C. Caecil. (jun.), epistolae et panegyricus Nerv. Traj. dictus. Cur. Jh. Pt. Miller I. (Gall. et lat.) 8. Berl. 750. Haude u. Sp. 1 ℔ 4 gl

—epistolae et panegyr.; rec. ac nov. commentariis illustr. cur. Chr. Cellarii. Ed. nova. Quasdam notulas adjecit Jh. Chr. Herzog. 12. Königsb. 761. Hartung. (Unzer). 14 gl

Plinius Caecilius Secundus, C. Epistolarum libri X. eiusdem gratiarum actio s. panegyricus . . . Editio auctior . . . Lips. 1770. H: *Ernesti, August Wilh.* (Ky) (Gi)

—epistolar. libri X. Ejusd. gratiarum actio seu panegyricus. Cum annotat. Gesneri. Ed. auct. et corr. (c. A. W. Ernesti). Mit 1 Kpf. 8. Leipz. 770. (Hahn). 1 ℔ 8 gl

— — c. annot. Gesneri. 8. Lips. Fritsch. 770.

— — mit deutschen Noten. 8. Wien, Kraus. 770.

—epistolae et panegyricus. Ad fid. opt. codd. emendata. 8. Basel 781. Schweighäuser. 1 ℔

—8. Würzb. 785. Stahel. 10 gl Schrbp. 12 gl

— — sine not. 12. Halae, Waisenbuchh. 789.

—epistolae et panegyricus. Acced. alii panegyrici veter. Praemittitur notitia. II Voll. 8maj. Biponti 789. (Treuttel u. W. in Strassb.) 1 ℔ 2 gl Schrbp. 1 ℔ 8 gl

—id. lib. noviss. et acc. ad opt. edit. recogn. 8. Manh. 792. Acad. Buchh. (Löffler). 18 gl Postp. 1 ℔ 4 gl

—epistolae et panegyricus ex rec. et c. adnotat. Jh. Matth. Gesneri, Jh. M. Heusingeri, J. C. T. Ernestii, suasq. notas addidit Gf. Hnr. Schäfer. 8maj. Leipz. 805. (Hahn). 2 ℔ 12 gl

—epistolarum libri X. et panegyricus. Recens. et illustr. G. E. Gierig. II Voll. 8maj. Leipz. 806. Göschen. 1 ℔ 18 gl Velinp. 8 ℔ 16 gl

—epistolae et panegyricus. 12. Halle. Ed. nov. 812. Ed. V. 822. Waisenhaus-B. 8 gl

Plinius, Epistolae sine notis. Edit. IV. 8. Halae, Waisenhausbuchh. 812.

— id. lib. sine notis. Edit. V. 8. Halle 822, Waysenhaus.

— Epistolarum libri X. et Panegyricus. Ad opt. libr. fidem accur. editi. Editio stereot. 12. Lips. 822, Tauchnitz. 10gr. Fein Pap.

Plinii Caecili Secundi, (jun.) C., Epistolarum libri decem et Panegyricus. Ed. E. Gros. II Vol. Lex.-8. Leipzig 838. Barth. 2⅓ ℔ (Vgl. **Bibliotheca** nova Scriptorum latinorum. Vol. XXI. et XXIV.

— Epistolae et Panegyricus, recens. C. H. Weise. Nova edit. stereot. 16. Leipzig 843, K. Tauchnitz. 8¾ ngl fein Pap. ½ ℔

Plinii Caec. Secundi, C., epistolae et panegyricus. Recensuit C. H. Weise. Nova edit. ster. C. Tauchnitiana. Nova impressio. 16. (VI und 409 S.) Leipzig 867, Holtze.

— epistolae et panegyricus. Recensuit. C. H. Weise. Nova ed. ster. C. Tauchnitiana. Nova impressio. 16. (VI, 409 S.) Leipzig 871. Holtze. 90

Plinii, C. Caecilii Secundi, Epistolae et Panegyricus, recensuit C. H. Weise. Nova editio stereot. C. Tauchnitiana. Nova impressio. 16. (VI, 410 S.) Leipzig 881, Holtze. 1 20

Plinii Caecili Secundi, C., epistolae et panegyricus. Recensuit C. H. Weise. Ed. ster. C. Tauchnitiana. Nova impressio. 16. (VI, 409 S.) Leipzig 896. O. Holtze's Nachf. 1.20

Plini Caecili Secundi, C., epistularum libri novem, epistularum ad Trajanum liber, Panegyricus. Recognovit Henr. Keil. Lipsiae 853. Teubner. 8. (XX, 314 S.) 10 ngr.

— epistularum libri novem, epistularum ad Trajanum liber, Panegyricus, ex rec. Henrici Keilii. Accedit index nominum cum rerum enarratione auct. Thdr. Mommsen. Leipzig 870. Teubner. gr. 8. (XLVII, 432 S.) n. 3 ℔ 20 ngr.

—— epistularum libri novem. Epistularum ad Traianum imperatorum liber singularis. Panegyricus. Rec. H. Keil. 8. (XXII, 314 S.) Leipzig 873, Teubner.

C. Plini Caecili Secundi Epistularum libri novem, epistularum ad Traianum liber panegyricus. Recogn. C[arl] F[riedrich] W[ilhelm] Mueller. *Lipsiae: B. G. Teubner 1903.* (VI, 302 S.) 8°
(Bibliotheca script. graec. et rom. Teubneriana.) [04. 13:85

C[ai] Plini Caecili Secundi Epistularum libri novem, Epistularum ad Traianum liber, Panegyricus. Rec. R[icardus] C[ornelius] Kukula. Lipsiae: B. G. Teubner 1908. (IX, 415 S.) 8°
(Bibliotheca scriptorum graec. et rom. Teubneriana.) [08. 9960

— — selectae. 8. Vien. Camesina.

— — selectae, mit deutschen Anmerk. 12. Halle. Renger. 727.

— — ad Mod. Minellii. 12. Lips. Weidmann. 741.

—— Epistolae selectae. Spec. novae edit. crit. auditoribus suis offert Io. Casp. Orellius. Schmal gr. 4. (5½ B.) Turici 832. Schulthess.

Plinii Caecilii Secundi, C., epistolae selectae. Accedunt L. Annae Senecae ad Lucilium epistolae morales XLVII. 8maj. (450 S.) Monachii 844. (Regensburg, Manz.) *–

— epistulae selectae, ed. R. C. Kukula. Ed. minor. 2 tab. instructa. (95 S.) 8. Wien 909. K. Graeser & Co. — 65

— Lobrede a. d. Kais. Trajan, m. Anm. v. Tob. Damm. 8. Berl. Lange. 756.

— Lobrede auf d. Kaiser Nerva Trajanus, aufs neue übers. u. mit Anmerkk. erläut. v. Chr. Tob. Damm. Leipz. 735. Verb. Aufl. 8. Berl. 759. Lange. 6 gGr.

— Lobrede auf den Kaiser Trajan; aus d. Latein. mit Anmerkk. von Jh. Ad. Schäfer. 8. Ansb. 784. (Gassert). 16 gGr.

— Dass. aus d. Latein. mit Einleit. u. Anmerkk. von Dn. Edw. Wiegand. gr. 8. Leipz. 796. Schwickert. 18 gGr.

—— Lobrede auf den Kaiser Trajan. A. d. Latein. übers. u. mit e. Einleit. u. erklär. Anmerkn. begl. v. J. Hoffa. gr. 8. (12¾ B.) Marburg 834, Elwert.

—— Lobrede auf d. Kaiser Trajan. A. d. Lat. übers. u. mit e. Einleit. u. erklär. Anmerkn. begleitet v. J. Hoffa. gr. 8. (11¾ B.) Marburg 837. Elwert'sche Univ.-Buchh.

— Opera, cura F. X. Schönberger. 8maj. Wien 814. Geistinger. (Gerold). 1 Rthlr. 12 gGr. Ubg. Pr. 18 gGr. Schrbp. 1 Rthlr. Velinp. 1 Rthlr. 8 gGr. — Dass. mit gegenüberstehender deutscher Uebersetzung. 5 Bde. gr. 8. Ebd. 814. (Ebd.) 4 Rthlr. Hbg. Pr. 2 Rthlr. Schrbp. 2 Rthlr. 12 gGr. Velinp. 3 Rthlr.

—— —— Cura F. X. Schönbergeri. Vienn. 819. 8. 1 rthlr. 12 gr.

— opera, cura F. X. Schönberger. 8maj. Viennae, Geistinger. (Lipsiae, W. Vogel.) 820.

— panegyricus, s. a. Quintilianus.

— ex XII. cod. Mspt. coll. notis et nummis aere exscript. illustr. G. Schwarz. cum fig. 4. Nürnberg, Grattenauer. 746.

— Panegyricus, cum commentat. Schwarzii. 8maj. Nürnb. 746. Jetzt Lauffer in Leipzig.

— Panegyricus, c. Fr. Muzelii. 8. Berl. 747. Ed. n. 754. 3 gGr.

— ex rec. Schwarz. emend. a. I. M. Gesner. 8. Götting. Vandenhök. 749.

— Panegyricus e recens. C. G. Schwarzii. 8. Nürnb. 787. Ed. n. 808. Riegel u. W. 3 gGr.

— Panegyricus. 8. Upsala 789. Edmann.

— Panegyricus, recens. notisque illustr. Gl. Erdm. Gierig. 8maj. Leipz. 796. Schwickert. 1 Rthlr.

— Panegyricus Trajano dict. in us. scholar. ed. A. W. Brorson. 8. Kopenh. 804. Arnzen u. H. 6 gGr.

Plinius, C., Caecil. Sec. (Iun.), Panegyricus Traiano dict. in us. schol. ed. A. W. Brorson. 8. Copenh. Arnzen. (Varrentrapp et Wenner, Francf.) 807. Rthlr.

— des, neu gefundener Panegyricus auf Trajan, übersetzt von Alfieri de Asti. 8. Nürnb. Riegel u. Wießn. (in Comm) 813.

Plinius Caecilius Secundus, C.
Neugefundener Panegyricus auf Trajan, übersetzt . . . Nürnberg 1813. Ü: *Friederich, Alb.* (Ky)

Plinii Secundi, C., quae fertur una cum Gargilii Martialis medicina nunc primum edita a Valent. Rose. 8. (238 S.) Leipzig 875. Teubner. 2. 70

— librorum dubii sermonis VIII reliquiae. Collegit et illustravit J. W. Beck. 8. (XXVII, 96 S.) Ebd. 894. n. 1. 40

— Stellen aus d. Panegyricus, s. a. Trajan u. Alexander.

Plinius Caecilius Secundus, C.
Trajan und Alexander . . . Riga 1802. Ü: *Albanus, Joh. Aug. Leberecht.* (Ky) (GGr)

Plinius, Caj. Cäcil. Secundus, d. Jüng., Werke, übers. v. C. F. A. Schott, s. a. Prosaiker, röm.

C. Plinius Caecilius Secundus des Jüngeren Werke, übersetzt von C. F. A. Schott. Stuttgart 1829. 8°.

— Werke. Uebersetzt von C. F. A. Schott. Vollständig in 5 Bdchen. — 5s Bdchen. 16. Stuttgart 838. Metzler. 1/6 Rthlr. Alle 5 Bdchen. 5/6 Rthlr.

Plinius d. Jüngste (Pseud.), s. a. Bauer, Michael

Plinius der Jüngste [Pseud.], s. Wolff, Oskar Ludwig Bernhard

† Plinius der Jüngste, (O. L. B. Wolff.) die kleinen Leiden des menschl. Lebens, s. Leiden.

† Plinius d. Jüngste, (O. L. B. Wolff,) Naturgeschichte d. deutschen Studenten, s. Naturgeschichte ꝛc.

—— die Reise ins Blaue, s. Reise.

Plinius der Jüngste, die Reise ins Blaue, illustrirt von Tony Johannot. Lex.-8. (Mit 50 Holzschnitttaf.) Leipzig 846, Lorck. n. $3^{1}/_{3}$ ß

—— eine andere Welt, s. Welt.

Plinke, Aug. H., Stadthannoversche Fragen u. Klagen. gr. 8. (79 S.) Hannover 895. Manz & Lange. n. 1. —

Plinke, Aug. H., die Gänsehirtin, s.: Wünscher, Harry.

Plinke, Aug. H., u. Helene Binder, Kindertage in Lust u. Plage. Bilder v. P. m. Text v. B. (16 Bl. m. farb. Abbildgn.) gr. 4. Langensalza (903). H. Beyer & Söhne. Geb. n. 2. —

— **u. Helene Binder**, Kunterbunt im Jahresrund. Bilder v. P., m. Text v. B. gr. 4. (12 farb. Bl.) Langensalza (900). H. Beyer & Söhne. Kart. n. 2. —

— Schwänzelpeter u. Schlumpelliese, s.: Weddigen, Otto.

Plinke, Heinrich: Ueber neue Isomere einiger Säureamide. *Hannover 1898: F. Culemann.* (57 S.) 8°
Jena, Phil. Diss. v. [11. Dez.] 1897

Plinsch, Johann, s. Plincz, Johann.

Plinski, Johannes, Weltpriester: Die **Probleme historischer Kritik in der Geschichte des ersten Preußenbischofs, zugleich ein Beitrag zur Geschichte des Deutschen Ritterordens.** *Breslau 1903: Schles. Volkszeitung.* (97 S.) 8° ¶ (Aus: Kirchengeschichtl. Abhandl., 1902.)
Breslau, Kath.-theol. Diss. v. 14. März 1903

Plinta, Jh. Max., historia epidemiae variolosae Erlangens. anno 1790. 8maj. Erlang. 792. Palm. 3 ℛ

Plinzner, s.: Gesetzbuch, das bürgerliche.

— s.: Gesetzbuch, praktisches.

— s.: Rechtsbuch, neuestes, f. das Deutsche Reich.

Plinzner, M., sportliches Allerlei. qu. gr. 4 (25 Lichtdruck-Taf.) Berlin 890. [Toussaint & Co.] Hochsprung. In Leinw.-Mappe. n. 20. —; in aquarellirtem Lichtdr. n. 30. —

Plinzner, M., sportliches Allerlei. (Kleine Ausg.) 2. Aufl. qu. gr. 8 (25 Lichtdr.) Berlin 891. [M. Hochsprung.] Dresden, C. O. Lehmann. In Leinw.-Mappe. [7. 50] herabges. auf 5. —; aquarelliert zu gleichem Preis.

— dasselbe. (Grosse Ausg.) 2. Aufl. qu. gr. 4. (25 Lichtdr.) Ebd. 891. [20. —] herabges. auf 10. —; aquarelliert zu gleichem Preis.

— kavalleristische Skizzen. qu. Fol. (20 Photogravüren.) Berlin 887. Liebel. In Leinw.-Mappe. n. 20. —; Prachtausg. n. 30. —

Plinzner, Paul

Plinzner, P., Briefe über das Reiten in der deutschen Kavallerie. gr. 8. (77 S.) Berlin 889. Mittler & Sohn. n. 1. 60

[F.] Briefe über das Reiten in der deutschen Kavallerie v. Paul Plinzner, ... Leib-Stallmeister Sr Maj. d. Kaisers u. Königs. *Berlin: E. S. Mittler & Sohn 1897.* (136 S.) 1 Bd 8. [97. 4756

Plinzner, Paul, das Gymnasium des Pferdes, s.: Steinbrecht, Gust.

Plinzner, Paul, aus meinem Leben. Reiterliche Rückblicke u. Ausblicke. (132 S.) gr. 8. Leipzig 910. F. Engelmann. 3. – ; geb. 4. —

Plinzner, Paul, künstliche Mittel zu nützlichen Zwecken. Ein Beitrag zur praktischen Pferde-Dressur [mit Benutzung von „Guérinier's école de cavallerie"]. gr. 8. (VII, 150 S.) Stendal 879. Franzen & Grosse. n. 1. 50

— Das dressierte Pferd im praktischen Leben. (128 S. m. 2 Taf.) gr. 8. Ebd. 907. 3.—; geb. in Leinw. 3. 80

— Gustav Steinbrecht. E. Leben im Dienste d. Reitkunst. [Aus: „Militär-Wochenbl."] gr. 8. (22 S. m. Bildn.) Ebd. 896. n. — 60

— System der Pferde-Gymnastik. Den Offizieren der deutschen Reiterei gewidmet. 8. (XV, 112 S.) Potsdam 888. Döring. n. 3. —

—— System der Pferde-Gymnastik. 2. Aufl. 8. (XIX, 114 S.) Potsd. 890, Döring. * 3 50; geb. * 5 —

— System der Pferde-Gymnastik. Den Offizieren der deutschen Reiterei gewidmet. 3. Aufl. 8. (XX, 119 S.) Potsdam 894. E. Döring. n. 3. 50; geb. in Halbfrz. n. 5. —

— System der Pferde-Gymnastik. Den Offizieren der deutschen Reiterei gewidmet. 4. durchgeseh. Aufl. gr. 8. (XVI, 95 S.) Berlin 900. R. Schröder. Geb. in Leinw. n. 3. 40

— dasselbe, s.: Steinbrecht, Gust.

—— System der Reiter-Ausbildung. 1. Aufl. (VII, 105 S.) 891; 2. durchgeseh. Aufl. gr. 8. (VIII, 108 S.) Berl. 892, Mittler u. Sohn. * 2 20

System der Reiter-Ausbildung. Den Officieren d. deutschen Reiterei gewidmet von Paul Plinzner, Major a. D. 3., durchges. Aufl. *Berlin: E. S. Mittler & Sohn 1900.* (IX, 113 S.) 8° [F.] [00. 8175

Plinzner, Paul, Was können wir zur Hebung der Reitkunst thun? Betrachtungen eines Nichtpessimisten. gr. 8. (102 S.) Stendal 882, Franzen und Grosse. ** 1 —

Plinzner, Paul, wie ist die Beizäumung des Pferdes zu gewinnen u. zu erhalten? 1. u. 2. unveränd. Aufl. Mit 4 Augenblicksbildern. gr. 8. (VIII, 57 S.) Berlin 893. 894. E. S. Mittler & Sohn. n. 1. 60

Plischke, Jorg: Die Heiratspolitik der Liudolfinger. Neisse 1909: Bär. 111 S. 8°
Greifswald, Phil. Diss. v. 20. Aug. 1909, Ref. Bernheim
[Geb. 17. Dez. 83 Neiße; Wohnort: Neiße; Staatsangeh.: Preußen; Vorbildung: Gymn. Neiße Reife O. 03; Studium: Breslau 4, Greifswald 6 S.; Rig. 4. März 09.] [U 10. 1632

Plischke, Max (geb. am 14 Dez. 1861 in Breslau): Das Rechtsverfahren Rudolfs von Habsburg gegen Ottokar von Boehmen ... Bonn, Buchdr. v. J. F. Carthaus 1885. 1 Bl., 78 S., 1 Bl. 8. ¶ Erschien zugleich selbständig bei Cohen & Sohn in Bonn.
Bonn, Phil. Fak., Diss. v. 6 Aug. 1885

Plischke, Max, das Rechtsverfahren Rudolfs v. Habsburg gegen Ottokar v. Böhmen. gr. 8. (78 S.) Bonn 885. Cohen & Sohn. n. 1. 20

Plischkowsky, A. F., Leitfaden beim Unterricht im Gesange, nebst e. Anhange zwei- u. dreistimmiger Lieder und einiger Canons für Gymnasien u. Bürgerschulen. qu. gr. 4. Prenzlau 837. Vincent. 1/4 ℛ

Plisnier, Aug., prakt. franz. Grammatik nach Grundsätzen der analytisch-synthetischen Lehrmethode. 4 Lfgn. gr. 8. Wien 848, Schmidt u. Leo. n. 1 1/3 ℛ

Plisnier's, August, Praktische französische Grammatik nach Grundsätzen der analytisch-synthetischen Lehrmethode. 2. verb. Aufl. 8. (VIII. 310 S.) Graz, Keller in Comm. 1863 2 fl.

Plisson, F(rancois) É(douard): Monographie der Lustseuche, ihrer ärztlichen und wundärztlichen Behandlung, nach ihren verschiedenen Richtungen und Gestalten. Zum Gebrauch für Ärzte und Wundärzte. (Syphilidographie, ou manuel élémentaire historique, descriptif et pratique de la maladie vénérienne. Dt.) Übers. und mit Anmerkungen begleitet von Karl (Christoph) Fitzler. 358 S., gbd.

Ilmenau: Voigt 1827

Plisson, F. E., die Sterne als bewohnbare u. bewohnte Welten, s.: Cahagnet, die Geheimnisse des Jenseits, 4. Thl.

Plitt, C., das lübeckische Erbrecht nach dem Gesetze vom 10. Febr. 1862, das Erbrecht der Eheleute u. der Blutsfreunde, die letztwill. Verfüggn., so wie die Erbgüter betr. Lübeck 870. Dittmer. gr. 8. (100 S.) n. 20 ngr.

Plitt, C., das lübeckische Erbrecht nach dem Gesetze vom 10. Febr. 1862, das Erbrecht der Eheleute u. der Blutsfreunde, die letztwill. Verfüggn., so wie die Erbgüter betr. 2. stark verm. u. verb. Aufl. gr. 8. (168 S.) Wismar 872. Hinstorff. n. 3. 60

Plitt, C., das eheliche Güterrecht und das Erbrecht Lübeck's, in seinen Grundzügen dargestellt. gr. 8. (IV, 122 S.) Wismar 884, Hinstorff'sche Hofbuchh. * 2 50

Plitt, Christian Adolph (geb. Lubeck 23. 5. 1822): De hydrophobia. Berolini (1840). (30 S.) 8°
Berlin, Med. Diss. v. 30. März 1840

Plitt, Franz

Plitt, Frz., vor 30 Jahren. Rückerinnerungen e. Dreiundachtzigers. Mit e. Bildniß Sr. königl. Hoheit d. Kronprinzen Friedrich Wilhelm v. Preußen, Sr. königl. Hoh. des Großherzogs Friedrich Franz v. Mecklenburg, des Generals v. Bose, der Generalleutnants v. Gersdorff u. v. Wittich u. e. Uebersichtskarte. 8. (IX, 143 S.) Kassel 900. E. Hühn. n. 1. 20

Plitt, Frz., vor 30 Jahren (1870—1900). Rückerinnergn. e. Dreiundachtzigers. Mit e. Bildniß Sr. königl. Hoh. des Kronprinzen Friedrich Wilhelm v. Preußen, Sr. königl. Hoh. des Großherzogs Friedrich Franz v. Mecklenburg, des Generals v. Bose, des Generalleutnants v. Gersdorff u. v. Wittich u. e. Uebersichtskarte. 3. verb. Aufl. (VIII, 160 S.) 8. Kassel 903. Frz. Plitt. n. 1. 60; geb. n. 2. 25

Der Gustav-Adolf-Verein in Bayern r/d. Rh. unter teilweiser Berücks. d. pfälzischen Hauptvereins von Gustav **Plitt**, Pfarrer. Erlangen: Th. Blaesing 1907. (94 S.) 8° [F.] [07. 9999]

Plitt, Gust., zur Katechismusfrage. gr. 8. (7 S.) Karlsruhe 881, (Braun'sche Hofbuchh.) * — 20

Plitt, die Revision der lutherischen Bibelübersetzung u. die Hallische Probebibel v. 1883. Vortrag, geh. am 2. Juli 1884 in der Jahresversammlg. d. wissenschaftl. Prediger-vereins der evangelischen Geistlichkeit Badens. Nebst Uebersicht der auf den Vortrag folg. mündl. Verhandlgn. u. e. Anh.: Weitere Beiträge zur Charakteristik der Hallischen Probebibel. 8. (39 S.) Karlsruhe 884. Macklot. n. 1. —

— Ein Streifzug durch Belgien, das Land der ersten evangelischen Märtyrer, s.: Festschriften f. Gustav-Adolf-Vereine.

Plitt, Gustav Leopold

Plitt, Gust. L., die Albrechtsleute oder die evangelische Gemeinschaft. Ein Wort zur Belehrung und Warnung. gr. 8. (53 S.) Erlangen 877, Deichert. *

Plitt, Gust. L., die Apologie der Augustana geschichtlich erklärt. gr. 8. (VI, 260 S.) Erlangen 873, Deichert. *

Plitt, Gust. Leop., de autoritate articulorum Smalcaldicorum symbolica. gr. 8. (III und 87 S.) Erlangen 862, [Deichert.] *

— Gabriel Biel als Prediger geschildert. gr. 8. (78 S.) Ebendas. 879. *

Plitt, Gust. Leop., Einleitung in die Augustana. 2 Hälften. Erlangen 867,68. Deichert. gr. 8. n. 3 ℛ 24 ngr.
1. Hälfte. Geschichte der evangelischen Kirche bis zum Augsburger Reichstage. (XIV, 554 S.) n. 2 ℛ.
2. Hälfte. Entstehungsgeschichte des evangelischen Lehrbegriffs bis zum Augsburger Bekenntnisse. (VII, 491 S.) n. 1 ℛ 24 ngr.

— Friedrich der Weise Kurfürst von Sachsen als Schirmherr der Reformation. Ein Vortrag. Ebend. 863. gr. 8. (34 S.) n. 4 ngr.

— **kurze Geschichte der lutherischen Mission in Vorträgen.** gr. 8. (VIII, 327 S.) Ebend. 871. n. 3. 60

Plitt, Geschichte der lutherischen Mission, nach den Vorträgen des P. neu hrsg. u. bis auf die Gegenwart fortgeführt v. Otto Hardeland. 2 Hälften. gr. 8. Leipzig, A. Deichert Nachf. n. 8. 50
1. (VII, 242 S.) 894. n. 3. 50. — 2. (VIII, 372 S.) 895. n. 5. —

— Grundriß der Symbolik für Vorlesungen. gr. 8. (VIII, 169 S.) Ebendas. 875. *

Plitt, Gust., Grundriß der Symbolik für Vorlesungen. In 2. Aufl. bearb. von Friedr. Wiegand. gr. 8. (VIII, 184 S.) Erlangen 888, Deichert'sche Verlagsb. Nachf. *

— Grundriß der Symbolik f. Vorlesungen. In 3., umgearb. Aufl. hrsg. v. Vict. Schultze. gr. 8. (VII, 165 S.) Ebd. 893. n. 2. 40

Plitt, Gust., Grundriß der Symbolik — Konfessionskunde. In 4., umgearb. Aufl. hrsg. v. Vict. Schultze. gr. 8. (VII, 175 S.) Leipzig 902. A. Deichert Nachf. n. 2. 80; geb. n.n. 3. 60

— D. Martin Luthers Leben u. Wirken. Zum 10. Novbr. 1883 dem deutschen evangel. Volke geschildert, vollendet von E. F. Petersen. (In 8 Lfgn.) 1. Lfg. 8. (48 S.) Leipzig 883. Hinrichs' Verl. — 50

—— D. Martin Luthers Leben u. Wirken. Zum 10. Novbr. 1883 dem deutschen evangel. Volke geschildert. Vollendet v. E. F. Petersen. 2—9. (Schluß-)Lfg. gr. 8. (X u. S. 49—570.) Leipzig 883. Hinrichs' Verl. à — 50 (cplt.: n. 4. 50; geb. n. 5. 50)

—— Dr. Martin Luthers Leben u. Wirken. Zum 10. Novbr. 1883 dem deutschen evangel. Volke geschildert. Vollendet v. E. F. Petersen. 2. Aufl. gr. 8. (VIII, 562 S. m. Portr. in Holzschn.) Leipzig 883. Hinrichs' Verl. n. 4. 50; geb. n. 5. 50

—— Dr. Martin Luthers Leben und Wirken. Dem deutschen evangel. Volke geschildert, vollendet von E. F. Petersen. 3. wohlf. Ausg. 8. (VIII, 562 S. mit Luthers Bild.) Leipzig 887, Hinrichs'sche Buchh., Verlag. *M 3.—.; geb. *

Plitt, Gust., Martin Luthers Leben u. Wirken, geschildert v. P., vollendet v. E. F. Petersen. 4. (Titel-) Ausg. gr. 8. (VIII, 562 S. m. Bildn.) Leipzig (887) 896. J. C. Hinrichs' Verl. Geb. in Leinw. n. 4. —

Plitt, Gust. Leop., Luther vor Kaiser u. Reich. Ein Vortrag gehalten im December 1868. Erlangen 869. Deichert. 16. (38 S.) n. 4 ngr.

—— die vier ersten Lutherbiographien. Ein Vortrag, gehalten im Decbr. 1875. gr. 16. (34 S.) Ebendas. 876. *

Plitt, G. L., s.: **Melanchthon,** Phpp., loci communes.

Plitt, Gust. L., s. Real-Encyklopädie für protestantische Theologie und Kirche.

— Jodokus Trutfetter v. Eisenach, der Lehrer Luthers, in seinem Wirken geschildert. gr. 8. (60 S.) Erlangen 876. Deichart. n. 1. —

— ein Wort f. die preußischen Kirchengesetze. [im Mai 1873.] gr. 8. (16 S.) Ebend. 873. — 30

Plitt, Heinrich (Bernhard)

Plitt, Heinr. Bernh., die Mineralquelle zu Tharand, nebst e. Anh. üb. d. daselbst neu erricht. Moorschlammbäder. 8. (5 B.) Dresden u. Leipzig 836, (Arnoldische Buchh.) •

Plitt, Heinrich (Bernhard): De temperamentorum doctrinae Principiis. Jenae (1830:) Schlotter. 34 S. 8°
Jena, Med. Diss. v. 22. Febr. 1830.

Plitt, Hnr., die Wahrheit in der Hydropathie u. ihr Verhältniß zur rationellen Heilkunde. Dargelegt für Aerzte u. wissenschaftlich gebildete Nichtärzte. 1. Bd. gr. 8. Dresden u. Leipzig 845, Arnoldische Buchh. 1¾ ℛ︎

Plitt, Heinr., die Wahrheit in der Hydropathie u. ihr Verhältniß zur rationellen Heilkunde. Dargelegt für Aerzte u. wissenschaftlich gebildete Nichtärzte. 2. Bd. gr. 8. (VIII u. 318 S.) Leipzig 847, Arnold. 1 ℛ︎ 24 ngr (1 u. 2: 3 ℛ︎ 12 ngr) — 2 Bde. 2. (Titel-) Ausg. gr. 8. (XVI. 312. VIII u. 318 S.) Ebd. (845—47) 850. ¾ ℛ︎

Plitt, Hermann

Plitt, Herm., Bausteine zum Bau d. Reiches Gottes im deutschen Vaterlande. 8. (V, 150 S.) Hamburg 876. Agentur d. Rauhen Hauses. n. 1. 60

Plitt, Herm., theologische Bekenntnisse. gr. 8. (IX, 173 S.) Gotha 878. F. A. Perthes. n. 3. —

Plitt, Herm., die Brüdergemeine und die lutherische Kirche in Livland. Schutzschrift für das Diasporawerk. Eine Erwiderung auf die Schrift des Dr. Th. Harnack: „die lutherische Kirche Livlands und die herrnhutische Brüdergemeine." Gotha 861. F. A. Perthes. gr. 8. (XV, 278 S.) n. 1 ℛ︎ 10 ngr.

— die Frage: Ist biblisch-kirchliche Glaubenstheologie auch Wissenschaft? im Lichte der Idee der Persönlichkeit beantwortet. gr. 8. (XV, 108 S.) Gotha 873. F. A. Perthes. n. 2. 40

— die Gemeine Gottes in ihrem Geiste und ihren Formen mit besonderer Beziehung auf die Brüdergemeine dargestellt. Ebend. 859. gr. 8. (XI, 277 S.) n. 1 ℛ︎ 10 ngr.

— evangelische Glaubenslehre nach Schrift und Erfahrung. 2 Bde. Ebend. 863, 64. gr. 8. (XVI, 443 S.; XIV, 416 S.) Jeder Bd. n. 2 ℛ︎

Plitt, Hermann: Zur Kasuistik der Tumoren der Brustwand ... Berlin, Buchdr. v. Gustav Schade (Otto Francke) (1890). 29,1 S. u. 1 Bl. 8°
Berlin, Med. Fak., Inaug.-Diss. v. 18. Jul. 1890

[F.] Das Leben ist das Licht. '(Ev. Joh. 1,4.)' Theolog. Bekenntnisse eines Schriftgläubigen v. D. Hermann Plitt, weil. Dir. des theol. Sem. d. ev. Brüdergemeinde. *Gütersloh: C. Bertelsmann 1896.* (VII, 440 S.) 1 Bd 8. [96. 8986

Plitt, H., das theologische Seminarium der evangelischen Brüder-Unität, s. Seminarium.

Plitt, Herm., Zinzendorfs Theologie. 1. Bd. Die ursprüngliche gesunde Lehre Zinzendorfs, 1723—1742. Gotha 869. F. A. Perthes. gr. 8. (XXIII. 649 S.) n. 3 ℛ︎

— Zinzendorf's Theologie. 2. u. 3. Bd. gr. 8. (Gotha 871. 74. F. A. Perthes. n. 13. — (1—3.: n. 27. —)
2. Die Zeit krankhafter Verbildungen in Zinzendorf's Lehrweise, 1743—1750. (XVI, 560 S.) n. 8. —
3. Die wiederhergestellte u. abschließ. Lehrweise Zinzendorf's, 1750—1760. (XVI, 299 S.) n. 5. —

Plitt, H., die Wahrheit zur Seligkeit. Eine Mitgabe aus der Brüdergemeine auf den Lebensweg f. such. Seelen, insbes. f. die reifere Jugend. gr. 8. (VII, 152 S.) Neuwied 890. (Stuttgart, J. F. Steinkopf. — Gnadau, Unitätsbuchhandlg.) n. 1. —; geb. n.n. 1. 50

Plitt, J. Herboldt, († d. 10. Juli 1807.) die Vorzüge d. Stallfütterung, nebst e. Anweisungen üb. die Behandl. derselben in gedrängter Kürze rc. 8. Rostock 805.

Plitt, Jakob Theodor

Plitt, Th., Abschieds-Predigt gehalten am Ostermontag den 9. April 1860 in der Heiligen-Geist-Kirche zu Heidelberg. Heidelberg 860. C. Mohr. gr. 8. (12 S.) n. 2 *ngr.*

— und K. H. Rau, die christliche Armenpflege. Zwei Vorträge auf der Versammlung von Aeltesten und Diakonen aus den Kirchen des mittelrhein. Deutschlands am 30. Mai zu Auerbach gehalten. Nebst Einleitungsworten von K. B. Hundeshagen. Frankfurt a. M. 855. Brönner. gr. 8. (VIII, 55 S.) 7½ *ngr.*

De compositione evangeliorum synopticorum. Programma quo pro munere prof. ... ord. in ordine theol. ev. universitatis litt. Fridericiae Guilelmiae Rhenanae ... suscipiendo ad audiendam orationem ... de vinculo quo sermo christianus cum eloquentia veterum continetur d. V m. Maii ... habendam ... invitat Iacobus Theodorus **Plitt** ... Bonnae, form. C. Georgi 1860. 1 Bl., 22 S. 4.

Plitt, J. Th., Glaube, Liebe, Hoffnung. Fünf Predigten, nicht als Selbstvertheidigung, sondern als Bezeugung seines Glaubens herdg. Wiesbaden 863. Niedner. 8. (VIII, 64 S.) n. 8 *ngr.*

Plitt, Jak. Thdr., Katechismus-Unterricht nach dem Katechismus f. die evangel.-protest. Kirche im Großherzogt. Baden. gr. 8. (III, 224 S.) Lahr 883. Schauenburg. n. 2. 50; geb. n. 3. —

Plitt, J. Th., de Cyrilli Hierosolymitani orationibus quae exstant catecheticis. Heidelbergae 855. Mohr. gr. 8. (IV, 190 S.) n. 20 *ngr.*

Plitt, Jak. Thdr., die Pastoralbriefe. Praktisch ausgelegt. gr. 8. (IV, 206 S.) Berlin 872. W. Schultze. 2. 70

Plitt, Jak. Thdr., die Perikopen und Lektionen für die evangelisch-protestantische Kirche im Großherzogt. Baden, für die Gemeinde kurz erläutert. 1. Heft: Die erste Evangelienreihe. gr. 8. (144 S.) Heidelberg 886, K. Groos. *

Plitt, Th., Predigt aus Anlaß des Theaterbrandes am 28. Februar am 7. März 1847 in der evangelischen Stadtkirche zu Karlsruhe gehalten. 8. (12 S.) Frankfurt a. M. 847, Zimmer. 2 *ngr.*

Plitt, Th., Predigt bei der Gedächtnißfeier des Hubertsburger Friedens und der Erhebung vom Jahre 1813. Gehalten den 15. Februar 1863 in der evangelischen Kirche zu Bonn. Bonn, Marcus. gr. 8. (11 S.) 2½ *ngr.*

— Skizzen aus einer Reise nach dem heiligen Land. gr. 8. (VII und 132 S. mit 1 Stnt.) Karlsruhe 853, Braun'sche Hofbuchh. *

Plitt, Johann Friedrich

Ej. analecta jur. crim. junctim ed. *Hanau*, Brede. 786. 8. (1 Thl.)

Plitt, I. F., analecta iuris criminal. 8. Francf. Hermann. (et Krieger, Marburg.) (Gräff, Lips. in Commiss.) 791.

— sa Corpus juris civilis.

— corpus iuris civilis. 8. maj. Francf. Jäger. 789.

— über den Geschäftsstyl u. dessen Anweis. auf hohen Schulen. 4. Frkf. a. M. 785. v. Düren. 1 *ß*

— de levis notae macula sec. ius german. 4. Francf. Hermann. 785.

— Miscellen, theolog. Inhalts. 8. Marb. 783. Krieger. 6 *gl*

Plitt, Johann Friedrich, De Germanorum erga feminas observantia. Lectio ut vocant cursoria diss. inaug. praemissa. Marburg/Hessen (Bayrhoffer) 1784. 23 S. (4.50) 26817

PLITT, Joa. Fried.: De Germanor. erga foeminas observantia. *Marb.* 784. (*Frkf.*, Kettenbeil.) (3 Gr.). —

— de Germanor. erga foeminas observantia. 4. Francf. Hermann. 785.

Plitt. Repertorium für die peinliche Rechtsgelahrtheit. *Frankfurt, Hermann.* 1786

PLITT, J. F.: Repert. f. d. peinl. Recht. *Frkf.*, van Düren. 786—89. 2 T. 8. (2 Thl.)

Repertorium für das peinliche Recht. Angelegt von Joh. Friedr. Plitt. Bd 2. Frankfurt a. M. 1790.

Plitt, Johann Jakob

Plitt, Jh. Jak., († d. 7. April 1773.) Abhandl. von d. göttl. Absichten bei d. 40jähr. Reise d. Kinder Israel durch d. Wüste Canaan. 4. Cassel 755.

— histor.-moral. Abhandl. von d. Augsburgisch. Confession. 4. Rinteln 758.

— Rintelnsche Abschieds- und Frankf. Antritts-Predigt. 4. Ebend. 762.

— Betrachtt. üb. die Weisheit Gottes bei d. Sprachen d. Menschen u. ihrer Verschiedenheit ꝛc. 4. Rinteln 756.

— Beweis, daß die Kindertaufe in d. heil. Schrift befohlen u. in der ersten Kirche üblich gewesen sei, wider d. Hrn. v. Loen. 8. Hamb. 751.

Plitt, J. J., dass die Kindertaufe in der h. Schrift befohlen u. in der ersten chr. Kirche üblich gewesen. Cassel 1752. 8.

— Beweis, daß die Lehre d. evangel. Kirche von d. heil. Abendmahl die rechte sey. 8. Frkf. a. M. 764. Andreä. 4 *gl*

— Beweis, daß e. schriftliche, auf verschied. Art abgefaßte göttl. Offenbarung ꝛc. die beste sey. 8. Cassel 750.

— der Christ ohne Sorgen; zwo Predigten über die Evangelia. 4. Frankf. a. M. 762.

— Einweihungsrede. Tod d. Großen auf Erden. gr. 4. Frankf. Hermann. 765.

— **Johann Jakob** (Wettera/Hessen), De eo quod juris naturae est circa gradus prohibitos et eorumdem dispensationem. Diss. philos. Präs. Jo. Conr. Spangenberg. Marburg (Ph. C. Muller) (2.) Febr. 1748. 52 S. (5.—) 26818
Gew.: Heinrich Otto Calckhoff. — Widm. v.: Jo. Conr. Henckell.

Plitt, M. J. Jakob, vernunft- und schriftmäßige Gedanken über diejenigen Menschen, welche bald nach ihrem Tode wieder aufgeweckt, und größtentheils zweimal gestorben sind. Marb. 752. 8.

Plitt, Johann Jakob, s. Glaubensbekenntniß, Das unveränd. Augsburgische.

– s. Horneck, A.: Abhandl.

– s. Nachricht von d. Stadt Wetter.

— Nachr. v. d. oberhessischen St. Wetter. 8. Ebendaselbst. 769.

— Nachtrag zu der bisher. Streitigkeit üb. die Lehre vom heil. Abendmahl 2c. 8. Frkf. u. Leipz. 768.

— Pastoraltheologie, oder Unterricht vom Verhalten ein. Predigers. gr. 8. Frankf. Garbe. (Hermann.) (Brönner.) (auch Gebhardt u. K.) 766.

Plitt, Jh. Jak., 4 Predigten von d. Wiedergeburt, über das Evangelium am Sonntage Oculi. 8. Cassel 757.

— 2 Predigten bey der Wahl u. Krönung Josephs II. 4. Frankf. Andreä. 764.

— (22) Predigten v. d. Wahrheit c. christl. Religion. gr. 8. Frkf. a. M. 769. Garbe. (Hermann, Brönner, u. Gebhard u. K. 1 ℛ 4 gl

— 12 Predigten v. d. Vortrefflichkeit d. Religion. gr. 8. Frankf. a. M. 763. (Hermann, Brönner, u. Gebhartt u. K.) 20 gl

Plitt, Jo. Jac., Prüfung derer Gründe, womit der Herr G. F. Meier die Vernunft der Thiere in diesem u. jenem Leben erweisen will, nebst e. Anhange, worinnen die Schrift Amusement philosophique sur le langage des bêtes beurtheilet wird. Cassel. 8°.
1749

— Prüf. d. Gründe, woin. Meier d. Vernunft der Thiere erweisen will. 8. Cassel. Cramer. 750.

— Reden über wichtige Wahrheiten des Glaubens 2c. 8. Marb. 753. Keßler. (Hermann, Brönner; auch Gebhardt u. K. in Frankf. a. M.) 12 gl

— der große Reichthum derer Menschen, die als Arme das Evangelium annehmen; e. Predigt. 8. Frkf. a. M. 764. Andreä. 2 gl

— Rettung d. Ehre Gottes bei der Zurechnung d. Sündenfalls uns. ersten Aeltern wider die Feinde der christl. Religion, besond. J. C. Edelmanns. 8. Hamb. 754. Brand. 4 gl

— specimen onirologiae. 8. Marb. 752.

— Tod d. Großen, oder Trauerrede auf Kaiser Franz I. gr. 4. Frkf. a. M. 765. Brönner. 4 gl

— Trauer- u. Ehrengedächtnißpredigt auf die Kaiserin Josepha. 4. Frkf. a. M. 767. Varrentrapp. 6 gl

— Unterr. in der Glaubens- u. Sittenlehre z. Gebrauch d. Confirmanden. 8. Frankfurt, Hermann. (Brönner) (a. Gebhardt u. K.) 768.

— Unterricht in der Glaubens- u. Sittenlehre d. evangel. Religion, zum Gebr. sr. Confirmanden. 8. Frankf. a. M. 768. N. A. 774. (Brönner; a. Gebhardt u. K.) 6 gl

— astronomisch-technologische Untersuchungen d. Kometen. 8. Frankf. Hermann. 770.

— theol. Untersuch. 3 Bde. oder 12 Stck. 8. Marb. Keßler. (Hermann. Brönner. auch Gebhardt u. K. in Frankf.) 762–70.

— theolog. Untersuchungen. 3 Bde od. 12 Stücke. 8. Marb. 764 —71. (Brönner; a. Gebhard u. K. in Frkf. a. M.) 3 ℛ 8 gl

— die Weisheit u. Güte Gottes bei d. langen Leben derer Menschen vor d. Sündfluth u. dessen Abkürzung nach derselben. 8. Cassel 753.

— Wiederholung des Hauptinhalts sr. im J. 1771 üb. die Evangelien gehalt. Predigten. 8. Frkf. a. M. 772. (Fr. Fleischer in Leipz.) 1 ℛ

— Wiederhol. d. Hauptinhalts s. geh. Predigten. 8. Frkft. (Benj. Fleischer in Leipz.) 773.

— Wiederholung seiner Predigten üb. d. Trostlehre d. evangel. Religion. 8. Frankf, Garbe. (Hermann.) 771.

— die neuen Wohlthaten Gottes in s. Kirche auf Erden. gr. 4. Ebend. 764.

— glückſel. Zustand gewissenhafter Menschen, die durch Christum Gott u. alles haben; in 3 Predigten. 8. Frkf. a. M. 772.

Plitt, Johann Ludwig Chr.

Plitt, Jh. Ldw. Chr., († d. 17. Febr. 1800.) s. *Houbigant*, commentar.

Plitt, Carl [aus Biedenkopf]: Beiträge zur vergleichenden Anatomie des Blattstiels der Dicotyledonen .... Marburg, Druck v. Joh. Aug. Koch, 1886; 52 S. u. 1 Taf. 8°.
Marburg, Phil. Fak., Inaug.-Diss. v. [3. Febr.] 1887.

Plitt, Carl, Beiträge zur vergleichenden Anatomie des Blattstiels der Dicotyledonen. Diss. Marburg 1887, N. G. Elwertsche Univ.-Buchh. 8°. 52 S. mit einer Taf.

Plitt, L. G., s. Aus Schellings Leben.

Plitt, Theodor, s. Plitt, Jakob Theodor.

Plitt, Wilhelm, approb. Arzt aus Erlangen: Weitere Mitteilungen über den queren Fundalschnitt. *Nürnberg [1901]: J. L. Stich.* (24 S.) 8°
Erlangen, Med. Diss. v. 10. Jan. 1900

Plitzka Alfred: Über vergrünte und umgebildete Blüten der Herbstzeitlose in der Umgebung von Neutitschein. (Mit einer Tafel). 8. Neutitschein. R. 95.
Progr.

— Einiges über die Gymnospermen. 53 und eine Tafel. ibd. 96.
Progr.

Pliuta, I. M., historia epidemicae variolosae Erlangensis Anno 1790. gr. 8. Erlang. Palm. 792.

PLIVELIC, Stanko: Kritische Übersicht der bisherigen Theorien der normalen atmosphärischen Elektrizität, mit besonderer Berücksichtigung auf die Kondensationstheorie von Palmieri. — 1900. 96 S. Diss. Graz, Univ.

Pliverlo Jakob: Zenos Argumente gegen die Bewegung und ihr Einfluß auf die Metaphysik im Altertum. II. 1883 PN 303 Diss. Wien, Univ.

Pliverić, Jos., Beiträge zum ungarisch-kroatischen Bundesrechte. Rechtliche u. polit. Erörtergn. 8. (XIII, 540 S.) Agram, 886. Hartman's Verl. n. 6. —

—— der kroatische Staat. 8. (136 S.) Ebendas. 887. *

Plivnic, Josef: Das rechtliche Verhältnis Kroations zu Ungarn, s. Jellinek, Georg

Pliwa, Ernst, s.: Fachkalender m. Vormerkblättern f. Holzvorarbeitung u. Holzhandel.

Pliwa jun., **Ernst, Osterreichs Mittelschulen (Gymnasien, Realgymnasien, Realschulen) 1865/6—1905/6. Statistisch-geographische Studie, nach amtl. Quellen bearb. (53 S. m. 37 graph. Taf.) 23×25,5 cm. Wien 910. A. Hölder.** Kart. 6. 80

Österreichs Universitäten 1863/4–1902/3. Statist.-graph. Studie nach amtl. Quellen bearb. von Ernst **Pliwa**. Mit 16 Taf. Wien: F. Tempsky 1908. (31 S.) 2°(4°) 108. 10898

Pliwa, Ernst, s.: Zentralblatt f. das gewerbliche Unterrichtswesen in Osterreich.

Plobsheim [Schlagwort]

Plobsheim, s.: Preussen. Messtischblätter.

Plobsheim-Daubensand. Ein Stück elsäss. Kirchengeschichte aus der Gegenwart. gr. 8. (32 S.) Straßburg 873. Bomhoff. n. — 30

Ploch, Arthur, a. Stockheim in Oberhessen: Grabbe als Mensch und Dichter. Halle a. S. 1904. (70 S.) 8° ¶ (Ersch. vollst. u. d. T.: Grabbes Stellung in der deutschen Litteratur.)
Halle, Phil. Fak., Ref. Strauch, Diss. v. 28. Okt. 1904
[Geb. 24. Nov. 74 Stockheim, Oberhessen; Wohnort: Halle a. S.; Staatsangeh: Hessen; Vorbildung: Gymn Budingen Reife O. 93; Studium: Gießen 1, Berlin 3, Munchen 1, Berlin 3, Halle 3 S.; Rig. 3. Dez. 03.]

Ploch, Arthur (Hrsg.), s. Reuter, Fritz: Läuschen un Rimels. – Schnurr-Murr. – Ut mine Stromtid. –

Grabbes Stellung in der Deutschen Literatur. Eine Studie von Dr. Arthur **Ploch.** Leipzig-R.: K. G. Th. Scheffer 1905. (224 S.) 8°
Kap. 1. u. 2. erschienen u. d. T.: Grabbe als Mensch u. Dichter als Inaug.-Diss. Halle 1904.

Ploch, Fritz (Giessen)
Ueber den Diabetes nach Durchschneidung des N. splanchnicus. Giessen: Brühl 1863. 20 S. u. 1 Taf. (in Δ mit Thesen")
Diss. med. 6.8.1863. vorh. 26. Δ.

Ploch, Fritz, appr. Arzt a. Gießen, früherer Assistent am hygien. Institut zu Gießen: Wohnung und Tuberkulose-verbreitung. Gießen 1906: Brühl. (34 S.) 8°
Gießen, Med. Fak., Ref. Kossel, Diss. v. 16. Mai 1906
[Geb. 16. April 80 Gießen: Wohnort: Gießen; Staatsangeh.: Hessen; Vorbildung: Gymn. Gießen Reife O. 99; Studium: Gießen 6, Kiel 1, Gießen 3 S.; Coll. 16. Marz 06; Approb. 27. Jan. 04.]

Ploch, H., das lebende Bilderbuch, s.: Weihnachts- u. Neujahrs-Aufführungen.

Ploch, H., genealogisch-geographisch-statistische Uebersichtstafel, mit den (autogr.) Bildnissen der gegenwärtigen Regenten in Europa. Gedrängter Nachweis über Regenten, Bevölkerung, Flächeninhalt, Handel, Heer u. Flotte aller Länder der Erde, f. Haus, Geschäft u. Schule zusammengestellt. Imp.-Fol. Darmstadt 877. (Rühl.) — 50

Ploch, Joseph.: De matrimonio vi ac metu contracto. Berolini (1803) [vielmehr 1853]. (66 S.) 8°
Berlin, Jur. Diss. v 11. Jan. 1853

Ploch, Karl [app. Arzt aus Giessen]: Aus d. Univ.-Frauenklinik in Giessen. Ueber das Giessener Dammschutzverfahren ... Giessen, v. Münchow'sche Hof- u. Univ.-Dr., 1897; 27 S., 1 Bl., 1 Taf. 8.
Giessen, Med. Fak., Inaug.-Diss. v. 1897

Ploch, Ludwig, Lehramtsassessor: **Protoplasmastrukturen** und **Protoplasmatheorien.** *(Alsfeld 1901: H. Post.)* (78 S.) 8°
Alsfeld, grossh. R, OP 1901 (698)**

Ploch, Magnus [prakt. Arzt]: Eilf Fälle kunstlicher Frühgeburt bei Beckenenge .... Königsberg in Pr., Druck v. M. Liedtke, 1888; 47 S. + 2 Bl. 8°
Königsberg, Med. Fak., Inaug.-Diss. v. 7. Jul. 1888

Ploch, Magnus, eilf Fälle künstlicher Frühgeburt bei Beckenenge. Inaugural-Dissertation. gr. 8. (47 S.) Königsberg i. Pr. 888, (Koch's Antiqu.) **

Plochingen [Schlagwort]

Plochingen, s.: Württemberg. Höhenkurvenkarte.

Plochmann, Friedrich: **Caesars** Sprachgebrauch in Bezug auf die Syntax der Casus. Schweinfurt, Druck v. F. J. Reichardt, 1891; 45 S. 8°
Schweinfurt, k. StA, P 1891 •

Plochmann, J. G., s. Luther, Martin: Sämmtl. Werke.

Plochmann, J. G., welche Forderungen machen unsere Zeitgenossen an d. evangel. Geistlichen? eine Synodalpredigt. 8. Erlang. 822. Heyder. 3 gr

Plochmann, Jul., das Begnadigungsrecht. Eine Inaugural-Abhandlung. Lex.-8. Erlangen 845, Enke. n. ½ ₰

Plochmann, Jul., Einleitung in der bayer. Civilproceß. gr. 8. (VIII u. 363 S.) München 847, Literarisch-artistische Anstalt. n. 1⅓ ₰

Plochmann, Rich., urkundliche Geschichte der Stadt Marktbreit in Unterfranken. gr. 8. (IV und 350 S.) Erlangen 864, Deichert.

Plochmann, Rich., M. Joh. Adam Leonh. Reiz evangel. Pfarrer in Marktbreit von 1701—1753. Ein Lebensbild, zugleich ein Beitrag zur Geschichte des Protestantismus in Franken. Erlangen 867. Deichert. gr. 8. (VII, 248 S.) n. 24 ngr.

Plock [Schlagwort]

Plock, s.: Europa. Liebenow.

Plock, s.: Europa. Uebersichtskarte.

Plock [Verfasser]

Plock, der Anbau der Robinie (unächten Akazie, Robinia pseudoacacia) oder: Anleitung, wüste Stellen auf die zweckmäßigste u. leichteste Weise zu benutzen, Viehweiden zu verbessern, so daß sie selbst im heißesten Sommer reinliches u. gesundes Futter liefern, öde Landstriche zu verschönern, dem Wassermangel kleiner Bäche abzuhelfen, auch auf einem kleinen Grundeigenthume seinen Holzbedarf selbst zu erziehen, in ungünstigen Jahren dem Futtermangel zu begegnen rc. Nebst vollständ. Cultur u. Belehrung über die verschied. andern Benutzungsweisen d. Robinien rc. 8. (72 S.) Nordhausen 843, Fürst (jetzt: Leipzig, Hentze). 1/3 ℛ

Plock, ..., üb. die Ausgleichung d. Einquartierungslast. gr. 8. Magdeb. 812. Heinrichshofen. 4 gr.

Plock, die Frauenkirche in Esslingen, s.: Egle, J. v.

Plock, C., Ornamente im neuen Styl entworfen von etc. und ausgeführt unter Mitwirkung von J. Offinger. 1—4. Heft. Carlsruhe (858.) Veith. gr. Fol. Jedes Heft von 5 lith. Bl. n. 1 ℛ. 10 ngr

Plock, C., und J. Offinger, neue Sammlung von Ornamenten neuern Styls. 2 Lfgn. gr. Fol. (10 Stnt. in Tondr.) Stuttgart 862,63, E. Schweizerbart'sche Verlagsh. à Lfg. * 1 Thlr. 10 Ngr. *

—— und J. Offinger, Neue Sammlung von Ornamenten neueren Styls. gr. Fol. (10 Bl.) Stuttgart 872, Schweizerbart. [Frankfurt a. M., Schwelm.] (*ℳ 8.) * 2 —

Plock, C., Thierstudien nach der Natur gezeichnet. Lith. von L. Voltz u. A. Oesterlein. 1. u. 2. Heft. Carlsruhe 869. Veith. gr. Fol. (à 6 Steintaff. in Tondr.) Jedes Heft n. 1 ℛ 12 ngr

Plock, Herbert: Das jus exclusivae der Staaten bei der Papstwahl und sein Verbot durch die päpstliche Bulle „Commissum nobis". Göttingen 1910. 8°
Göttingen, Jur. Diss. v. (1910).

Plock, Julius (Werden / Rheinl.), De hydatidibus nonnulla. Diss. pathol. Berlin (Friedlaender) 6. II. 1836. 32 S. mit Biogr. (M.: S. Tüschen). (3.75) 26821
Oppon.: F. Laufs, L. Cassirer, F. Dahn. — Gew.: H. H. Plock (Vater).

Plöcker, Philipp: Aus dem chemischen Institut der Universität Breslau. Derivate des α-Picolylaethyl-Alkins. Breslau 1906: H. Fleischmann. (58 S.) 8°
Breslau, Phil. Fak., Ref. Ladenburg, Diss. v. 4. Aug. 1900
[Geb. 5. März 82 Schweidnitz; Wohnort: Breslau; Staatsangeb.: Preußen; Vorbildung: Gymn. Schweidnitz Reife O. 01; Studium: Charlottenburg T.H. 5, München 2, Breslau 4 S.; Rig. 13. Juli 06.]

Plocker-Eckardt, Otto, s.: Eckardt, Raim.

Plocker-Eckardt, Otto, s.: Theater d. Gegenwart.

Plockhorst, Bernhard

Plockhorst, B., s. Von Bethlehem nach Golgatha.

St. R.: Katalog der Lehrerbibl. 98. v. Eduard Plöckinger.877.
Progr. Olmütz

Plöckinger Ed.: Politische Wirren zu Athen während des peloponnesischen Krieges. Nach Quellen zusammengest. 41. Olmütz R.880.
Progr.

Plöckinger Johann: Verfassung und Verwaltung der Städte Krems und Stein im Mittelalter, ihre Bedeutung als Zoll- und Münzstätte.
1906 PN 2074 **Diss.** Wien, Univ.

PLÖDERL, Franz Xaver Georg von (Burghausen): Ueber den Kaiserschnitt.- München: Zängl 1819. 24 S.
9.9.1817 - Pe 358; F 57
Diss. Ingolst.-Landsh.-Mchn.

Plöderl, F. X. G., üb. den Kaiserschnitt. gr. 8. Landsh. 820. Weber. 4 gr.

Plödtner, Johann August

Plödtner, Jh. Aug., (†...) Antritts- u. Abschieds-Predigt. 8. Cob. 774. Ahl. 3 gr.

— **raccolta di diverse materie in prosa ed in versi.** 8. Cob. Ahl. 767.
Schreibp.

— Wahl d. besten franzöf. Predigten, f. Wahl.

Plog, Ludwig, aus Oldenburg (Grossh.): Der Inhalt und Umfang des Begriffs der Eigenthümlichkeit in der Philosophie Schleiermacher's. Th. 1: Der Inhalt des Begriffs. *Oldenburg 1902: Barfuss & Isensee.* (40 S.) 8°
Rostock, Phil. Diss. v. [8. März] 1902

[J.] **Plog**, Walther [Referendar]: Die s. g. Kulpakompensation bei Schadensersatzansprüchen nach römischem Rechte ... Greifswald, Druck v. J. Abel, 1896; 70 S. 8.
Greifswald, Jur. Fak., Inaug.-Diss. v. 1896

Ploeg, G. L. J. van der, **Disquisitio juridica inauguralis in titulos primum et alterum libri primi codicis civilis Neerlandici.** 8maj. (4 B.) Groningae 843. (Leer, Prätorius et Seyde.) * –

—— **Dissertatio critica de veterum Graecorum prudentia in definienda necessitudine civitatem inter et cultum divinum, nostratibus commendanda.** 8maj. (2½ B.) Groningae 844. (Leer, Prätorius et Seyde.) *

Ploeger, August, Medizinalprakt.: Aus d. Prosektur d. städt. Krankenh. München r. d. I. (Prosektor: Oberndorfer.) Das Aneurysma der art. pulmonalis. Mit 1 Taf. Wiesbaden: Bergmann 1910. 25 S. 8° ¶(Aus: Frankfurter Zeitschrift f. Pathol. Bd 4, H. 2.)
München, Med. Diss. v. 18. Febr. 1910, Ref. v. Bollinger
[Geb. 27. Sept. 85 Methler; Wohnort: München; Staatsangeb.: Preußen; Vorbildung: Kaiser-Wilhelms-Gymn. Aachen Reife O. 03; Studium: München 3, Berlin 1, München 1, Berlin 1, München 1, Berlin 1, München 2 S.; Coll. 18. Febr. 10; Approb. 17. Mai 09.] [U 10. 3561

Plöger, *Hermann Friedrich* Ernst [aus Detmold]: **Die Partikeln im Altlothringischen.** ... Halle a. S., *Meyer'sche Hofbuchdr. in Detmold*, 1890; VII, 84 S. 8°
Halle, Phil. Fak., Inaug.-Diss. v. [12. Nov.] 1890

Plöger, Ernst. Die Partikeln im Altlothringischen. Diss. gr. 8. (VIII, 88 S.) Halle a. S. 890. (Lpz., Fock.) * 1 50

PLOEGER, Heinrich (Aachen): Zur Frage der osteoplastischen Deckung angeborener Schädelöffnungen (Hirnbrüche).- München: Kastner & Lossen 1898. 23 S.
16.7.1898 - Chr 1898/99,12; Jv 1898/99,218
Diss. Ingolst.-Landsh.-Mchn.

Ploeger, Hermann, appr. Arzt a. Dortmund: **Das Verhalten der Pupillen bei der Hysterie, Epilepsie, Neurasthenie, Migräne und beim Alkoholismus.** Marburg 1907: H. Bauer. (67 S.) 8°
Marburg, Med. Fak., Ref. Bach, Diss. v. 23. Febr. 1907
[Geb. 19. Juni 81 Dortmund; Wohnort: Marburg; Staatsangeb.: Preußen; Vorbildung: Gymn. Detmold Reife O. 01; Studium: Marburg 5, Berlin 2, Marburg 2 S.; Coll. 18. Dez. 06; Approb. 1. Okt. 06.]

Ploeger, Karl, approb. Arzt, aus Bielefeld: **Ueber die Hernia epigastrica und subperitoneale Lipome der Linea alba.** *Göttingen 1899: Dieterich.* (71 S.) 8°
Göttingen, Med. Diss v. [8. Juli] 1899

Ploeger, Karl, über die Hernia epigastrica u. subperitoneale Lipome der Linea alba. Diss. gr. 8. (71 S.) Göttingen 899. (Vandenhoeck & Ruprecht.) n. 2. —

Plogmeier, Franz: Über die Bildung fester Oberflächen auf kolloidalen Flüssigkeiten und das lichtelektrische Verhalten derselben. Leipzig: J. A. Barth 1910. 47 S. 8° ¶ (Aus: Zeitschrift f. wiss. Photogr., Photophysik u. Photochemie. Bd 8.

Münster, Phil. Diss. v. 28. Febr. 1910, Ref. Schmidt

[Geb. 17. Nov. 83 Garlein: Wohnort: Münster i. W.; Staatsangeh.: Preußen; Vorbildung: Gymn. Paderborn Reife O. 05; Studium: Halle 1, Berlin 3, Münster 5 S.; Rig. 4. Dez. 09.] [U 10. 3793

St. R.: Katalog der Lehrerbibl. 97. v. Franz Plohl. 52.
Progr. Görz

Plohl Fr.: Reinmar v. Hagenau, seine Dichtung und sein Verhältnis zu Walther v. d. Vogelweide. 48. Görz R.880.
Progr.

Plohn, Eduardus (*geb. Tarnopol in Galiz. 22. 7. 1827*): De pertussi. Vratislaviae (1853). (29 S.) 8°
Breslau, Med. Diss. v. 25. Apr. 1853

Plohn, Jos., Materialien z. bibl. Geschichtsunterrichte f. d. Hand d. Lehrers. gr. 8. (III, 101 S.) Wien 898. Frankfurt a/M., J. Kauffmann. n. 1. 50

— dasselbe zum Religionsunterrichte f. Volks- u. Bürgerschulen. gr. 8. (39 S.) Ebd. 898. n. — 55

Plöhn, Gisela, über 1000 Sigel u. Vereinfachungen der Gabelsberger'schen Stenographie, m. e. Anh. v. Erzählgn. v. Baron Eug. d'Albon, Sil Vara, Gisela Plöhn, Müller-Guttenbrunn, Rud. Krassnigg. (93 S. m. 6 Bildnissen.) gr. 8. Wien (907). (C. Kravani.) 1. 80

Plöhn Robert: Der Begriff des Komischen erläutert in Kleists „Zerbrochenen Krug".
II. 1888 PN 512 Diss. Wien, Univ.

Das Buch der Lebensklugheit. Von Dr. Robert **Plöhn.** Oranienburg: Orania-Verl. [1906]. (174 S.) 8° [F.] tov. weis 11

Plöhn, Rob., das Buch der Lebensklugheit. 2. Aufl. 5.—8. Taus. (172 S.) 8. Oranienburg (910). F. Koslowsky. 2.—; geb. n 3. —

— **Madonna Eva.** (68 S.) kl. 8. Wien (I, Fleischmarkt 8) 904. Dr. Rob. Plöhn. n. — 60

— im Feuerzauber der Leidenschaft, s.: Weber's mod. Bibliothek.

— Gesundheitspflege im Bett, s.: Willst du gesund werden.

Plöhn, Rob., o. Jahr der Liebe. Gedichte. gr. 16. (104 S.) Wien 894. M. Merlin. Geb. in Leinw. n. 2. —

Plöhn, Rob., e. Liebeshandel. Roman. 8. (280 S.) Dresden 897. E. Pierson. 2. 50; geb. n. 3. 50

Ⓢ — Ein Liebeshandel. 897. (KBL 30.) — Moderne Märtyrer. 892. (KBL 28.) Jetzt: Berlin, Verlag Berlin-Wien.

— moderne Märtyrer. Erzählungen. 8. (215 S.) Dresden 892. E. Pierson. n. 2. —

— das Problem des Glückes u. andere Novellen, s.: Weber's mod. Bibliothek.

— Wienerinnen, s.: Weber's moderne Bibliothek.

Ploix, E., Zur Theorie der Stürme. Auszugsweise Uebersetzung von E. Gelcich aus der „Revue maritime et coloniale". (Sep.-Abdr. aus den „Mittheilungen aus dem Gebiete des Seewesens", 1879, No. VII und VIII. Wien.

Plokhooy, C., mit dem Mausergewehr. Persönliche Erlebnisse im Burenkrieg. Frei aus dem Holl. übers. v. E. K. 8. (179 S.) Herborn 902. Buchh. des nass. Colportagevereins. n. — 80; geb. in Bibliotheksbd. n. 1. 20; eleg. geb. n. 1. 50

Plon, Eugene

Plon, Eug., Thorwaldsen, sein Leben und seine Werke. Aus dem Französ. nach der 2. Aufl. übers. von Max Münster. gr. 8. (VIII, 351 S. mit 37 eingedr. Holzschn. nach Zeichnungen von E. Gaillard.) Wien 875, Gerold's Sohn. * 8 —
geb. * 10 —

Ploen. Ein Spaziergang v. Th. L. (Gedicht.) 8. (2½ B. o. P.) Kiel 840, Schwers'sche Buchh.

Plön. (Führer hrgg. v. Verein zur Förderung des Fremdenverkehrs. Plön. 1904.) Kl.-Quer-4°

Ploen, Friedrich Christian: Die preiswürdigsten Vorzüge .... [Geburtstagsgedicht auf **Christina Sophia,** Markgräfin zu Brandenburg-Culmbach, geb. Herzogin zu Braunschweig-Bevern, 22. Jan. 1751.] — Schleßwig (1751): Holwein. 2 Bl. (2°) 4°

Plön, Heinrich

Ploen, Hein., Dominik Dietrich, Ammeister der Stadt Straßburg, s.: Lebensbilder, evangel., a. d. Elsaß. 4.

Ploen, Henr., de copiae verborum differentiis inter varia poesis antiquoris genera intercedentibus, s. Dissertationes philologicae Argentoratenses.

Plön, Johann Chr.

Plön, Jh. Chr., († d. 28. Mai 1822.) Anleit. zur äußern Pferdekenntniß. Mit Kpf. gr. 8. Berl. 790. 2e Aufl. 820. Flittner. (Sander). 20 gr.

Plön, J. C., Anleit. z. äußern Pferdekenntniß, m. K. gr. 8. Berlin, Oehmigke d. jüng. 792.

Ploen J. C.: Anleitung z. äussern Pferdekenntniss. Berl. 1790. 112 S. 2 Tvl.
— — Sst. 1793. 112 S. 2 Tvl.
— — 2. verm. Aufl. Sst. 1820. (16) 142 S. 2 Tvl.

Plön, R. L. v., Swantevite. Erzähl. Gedicht in Ottavo rime. 12. (78 S.) Dresden (Weisser Hirsch) (894). A. Zschuppe. n. 1. 60; geb. n. 2. 40

Ploner, J. P., Vergils Darstellung der Unterwelt u. der Bewohner derselben. Pr. 1874. 25 S. Cilli. 1.20

Ploner, Innocenz, O. F. M., die Einheit der Kegelschnitte. — Gredler, P. Vinc., zur Conchylien-Fauna v. China. XIX. Stück. Progr. gr. 8. (51 S. m. Fig. u. 1 Taf.) Bozen 898. (A. Auer & Co.) n. 1. —

PLONER, Innocenz
(F) Die Fortgangsclasse in den Mittelschulzeugnissen. Eine Studie von P. Innocenz Ploner, O. F. M. Bozen. 1901. Auer & Comp. 8°. 16 S. K —.20

Die Oligochaeta. Gedrängte Charakteristik u. allg. Schilderg d. anatom. Baues dieser Würmer. Eine auf d. neuere Lit. u. auf selbständ. Untersuchgn gestützte Studie v. P. Innocenz **Ploner**, O. S. F., Gymn.-Prof. *Bozen: Selbstv.; Dr. v. A. Auer & C. 1896.* (69 S., 1 Bl.) 1 Bd 8. [96.6335

Ploner, J., Josef Straub, Kronenwirt von Hall, k. k. Schützenmajor (1773—1850). [Anno Neun. Geschichtliche Bilder aus der Ruhmeszeit Tirols. XVII. und XVIII. Bd.] 8°. (103 S.) à K —.60
Innsbruck: Vereinsbuchhdlg. 1909.

Ploner, Innozenz, O. F. M., Joseph Straub, Kronenwirt v. Hall, k. k. Schützenmajor (1773—1850). s. Anno Neun.

Ploner Innocenz: Der stetige Wandel im typischen Bauplane des pflanzlichen Organismus. 24. Bozen 02.
Progr.

Ploner, Jos., Uebungen z. Uebersetzen aus d. Deutschen in d. Latein., gesammelt aus d. österreich. Gesch., u. begl. mit d. nöth. latein. Redensarten, u. Hinweisung auf den in d. österreich. Staaten vorgeschrieb. 2. Thl. d. latein. Sprachlehre, auf Grotefends, Ramshorns, Zumpts lat. Grammatiken u. Grysars Theorie d. lat. Stils. 8. (10 B.) Innsbruck 837, Wagner'sche Bh.

Ploner, Otto, Amtsrichter, Verstaatlichung des Versicherungswesens? Eine brennende Zeitfrage, bejahend beantwortet. gr. 8°. München, Franz' Verl., 1884. (39 S.)

Plönes, Heinrich: Die direkten Staatssteuern unter den Grafen und Herzögen von Geldern bis zur Zeit des Venloer Traktats ‹1543›. Münster ‹Westf.›: Coppenrath 1909. X, 56 S. 8° ¶ (Ersch. vollst. als: Münstersche Beiträge z. Geschichtsforschung. N. F. 25.)
Münster, Phil. Diss. v. 7. Aug. 1909, Ref. Meister
[Geb. 4. Nov. 85 Lobberich; Wohnort: Münster i. W.; Staatsangeh.: Preußen; Vorbildung: Gymn. Kempen a. Rh. Reife O. 05; Studium: Münster 8 S.; Rig. 8. Mai 09.] [U 09. 3609

Plönes, Heinrich: Die direkten S t a a t s s t e u e r n unter den Grafen und Herzögen von Geldern bis zur Zeit des Venloer Traktats ‹1543›. Münster: Coppenrath 1909. VIII, 83 S. 8°
[Ein T. erschien als Inaug.-Diss. Münster 1909.]
Münstersche Beiträge z. Geschichtsforschung. N. F. 25.)

Die Bedeutung der perkutorischen Empfindlichkeit für die Diagnose und die Therapie mit besond. Berücks. d. Krankheiten d. Abdomen. Von W[ilhelm] **Plönies**. Leipzig: Breitkopf & Härtel 1905. (54 S.) 8°
= **Sammlung** Klinischer Vorträge. N. F. No 399/400. [05. 10454

Plönies, W. [cand. med.]: Beitrag zur Lehre von der Staaroperation. Frankfurt a/M., Druck von Kumpf & Reis, 1879. 8. 138 S.

Plönies, Wilh., die Reizungen des Nervus sympathicus u. Vagus beim Ulcus ventriculi m. besond. Berücksicht. ihrer Bedeutung f. Diagnose u. Therapie. gr. 8. (54 S.) Wiesbaden 902. J. F. Bergmann. n. 1. 20

Plönnies, Major Wilh. v., s.: Beiheft zum Militär-Wochenblatt.

Ploennies, Erich Philipp

In rebus mathematicis bene versatis Geometris, Geometriae amatoribus, Mechanicis etc. solutionem problematis diu desideratam, nempe: Peripheriae circuli tam integri, quam cujuslibet dati arcus, accuratam Rectificationem per approximationem, et per consequens, geometricam circuli quadraturam tum integri, quam cujuslibet sectoris et segmenti universalem communicat *Ericus Philippus Ploennies.* Berleburgi typis Haugianis. 4. nebst einer Tafel mit Figuren. 1724

PLOENNIES, Ernst von (Beerfelden): Ueber Struma sarkomatosa.- München: Huttler 1889. 34 S., 18.7.1888 - Chr 1888/89,17; Jv 1888/89,218
Diss. Ingolst.-Landsh.-Müchn.

Ploennies, Georg Friedr. de (Vesalia-Clivensis)
Dissertatio inauguralis juridica, qua praecipua et controversa locationis conductionis capita scientifice explicantur.
Gissae April 1738: Eb. Henr. Lammers. 99 S. 4°
Pro summis in utroque jure honoribus ac privilegiis doctoralibus rite obtinendis.

Ploennies, Geo. F. de, de transactionib. praecipua et controv. maxim. arduae. 4. Wetzlar, Winkler. 754.

Ploennies, Georg Friedrich von, De usuris fructibus annuis reditibus accessionibus et mora jura praecipua quibus exhibetur specimen jurisprudentiae theoretico-practicae quam ex legibus naturae et gentium politicae, antiquitatibus Romanis theoria naturali de legibus civilibus deductum, pluribus tomis publici juris facturus est. Frankfurt/Main (J. G. Garbe) (6. III.) 1752. 72 S. (4.75) 26823
Mit schöner Titelvignette.

Ploennies, Joachim Georg von

— **Joach. Georg von,** Annotationes ad Georgii Melchior de Ludolf, commentationem systematicam juris cameralis, Sect. I. § I. Lin. II. P. I. voluntaria. Wetzlar 1765. 16 S. (4.75) 26825

Ploennies, Joach. Ge. de: Tractatio juris publici de m i n i s t e r i a l i b u s, Von dem Zustand des niedern Adels in Teutschland. Ed. 3. Jenae 1740.

— **Joach. Ge. von,** De ministerialibus, Von dem Zustand des niedern Adels in Teutschland. Tract. jur. publ. Editio quarta. Jena (Strauss) 1757. 52 S. (4.75) 26824

Plönnies, Luise v., s. Klassiker, moderne.

v. Ploennies, Luise, Abälard u. Heloise. Ein Sonettenkranz. 8. (44 S.) Darmstadt 849, Jonghaus. n. 1/4 ℛ

— s. Britannia.

Ploennies, Louise v., David. Ein bibl. Drama in 5 Aufzügen. gr. 8. (154 S.) Heidelberg 873. C. Winter. n. 2. 50

Plönnies, Luise v., die heilige Elisabeth. Frankfurt a. M. 870. (Alt.) gr. 16. (104 S.) cart. mit Goldschn. n. 20 ngr.

v. Ploennies, Louise, Gedichte. gr. 12. Darmstadt 844, Leske. 1 1/2 ℛ

— neue Gedichte. 16. (VIII u. 279 S.) Ebd. 851. 1 ℛ; in Engl. Einb. mit Goldschn. 1 1/2 ℛ

— Joseph u. seine Brüder. Stuttgart 866. (Gotha, Schloeßmann.) 16. (VIII, 159 S.) cart. mit Goldschn. n. 22 1/2 ngr.

Plönnies, Louise v., die Kinder im Walde, s. Kinder.

— ein Kranz den Kindern. 12. Darmst. 844, Jonghaus. 2/3 ℛ

Ploennies, Luise v., Lilien auf dem Felde. Stuttgart 864. S. G. Liesching. 16. (XVI, 301 S.) 1 ℛ

Ploennies, Luise v., Lilien auf dem Felde. Neue Ausg. 16. (X, 301 S.) Leipzig 883. Fr. Richter. geb. m. Goldschn. n. 3. —

— englische Lyriker des 19. Jahrhunderts in's Deutsche übertragen. München 863. Fleischmann. 16. (XIII, 367 S.) 1 Thlr 20 ngr.

— englische Lyriker des 19. Jahrh. In's Deutsche übertragen. 2. (Titel-)Aufl. München 867. Merhoff's Verlag. 16. (XIII, 367 S.) 1 Thlr; geb. mit Goldschn. 1 Thlr 10 ngr.

— Maria von Bethanien. Neutestamentliches Gedicht. Stuttgart 867. (Gotha, Schloeßmann.) 16. (XII, 168 S.) cart. mit Goldschn. n. 18 ngr.

— Maria Magdalena. Ein geistliches Drama in 5 Aufzügen. gr. 8. (132 S.) Heidelberg 870, C. Winter's Universitäts-Buchh. *ℳ 2.; geb. * 3 —

— Maria Magdalena. Ein geistl. Drama in 5 Aufzügen. gr. 8. (132 S.) Ebend. 871. geb. n. 2. 80

Ploennies, Luise v., Mariken von Nymwegen. Berlin 853. A. Duncker. 16. (X, 280 S.) n. 1 Thlr.

— Oskar u. Gianetta. Ein Sonettenkranz. 16. (68 S.) Mainz 850, Kirchheim & Schott. 9 ngr; in Engl. Einb. mit Goldschnitt 18 ngr

— die sieben Raben. Ein Gedicht. Ebend. 862. 16. (X, 159 S.) n. 25 ngr.

— die sieben Raben. Ein Gedicht. 3. (Titel-)Aufl. München 867. Merhoff's Verlag. 16. (X, 159 S.) cart. 15 ngr.

— Reise-Erinnerungen aus Belgien. gr. 8. Berlin 845, Duncker u. Humblot. 2 Thlr

— Ruth. Stuttgart 864. S. G. Liesching. 16. (XV, 79 S.) n. 12 ngr.

— Ruth. 2. Aufl. 16. (XV, 79 S.) Gotha 869, Schloeßmann. geb. mit Goldschn. * 2 —

Ploennies, Louise v., Ruth. 2. Aufl. 16. Gotha 869. Leipzig, Lehmann. geb. mit Goldschn. *

— Sagen und Legenden nebst einem Anhang vermischter Gedichte. gr. 8. (179 S.) Heidelberg 874, C. Winter's Universitäts-Buchh. *ℳ 3.; geb. * 4 —

— Sawitri. München 862. Fleischmann. 16. (X, 77 S.) n. 15 ngr.

— Sawitri. Dichtung. 3. (Titel-)Aufl. München 867. Merhoff's Verl. 16. (VIII, 77 S.) cart. 10 ngr.

— ein fremder Strauß. (Gedichte.) 12. (11½ B.) Heidelberg 844, C. F. Winter. *

de Ploennies, Marie, Légendes et traditions de la Belgique traduites librement du texte allemand par Louis Piré. Avec une gravure sur acier. gr. 16. (VIII u. 271 S.) Cologne 848, Eisen. 1 Thlr

v. Ploennies, Maria, die Sagen Belgiens. Mit Titelkupfer. 16. Köln 846, Eisen. 1 Thlr

Ploennies, Wilh. v., neue Hinterladungs-Gewehre nach officiellen Versuchen beurtheilt. Darmstadt 867. Zernin. gr. 8. (XX, 234 S. mit 50 in den Text gedr. Orig.-Holzschn. u. 51 Tabb.) n. 1 Thlr 18 ngr.

Plönnies, Wilh. v., grossherzogl. hess. Major a. D. Leben, Wirken und Ende weiland Sr. Excellenz des oberfürstlich winkelkram'schen Generals der Infanterie Freiherrn Leberecht vom Knopf. Aus dem Nachlass eines Officiers herausgegeben durch Dr. Med. Ludwig Siegrist. 8. Darmstadt und Leipzig 1869.

(Plönnies, v.) Leben, Wirken und Ende weiland Sr. Exz. des Oberfürstl. Winkelkramischen Generals der Inf. Frhrn Leberecht vom Knopf. Hrsg. von L. Siegrist. 2. Aufl. Darmstadt 1877. 8°. (1. Aufl. 1869.)

Plönnies, Wilh. v., neue Studien über die gezogene Feuerwaffe der Infanterie. Mit 88 in den Text gedr. Original-Holzschn., vielen Tab. u. 1 lith. Taf. (in 4.) Darmstadt 861. Zernin. gr. 8. (XV, 271 S.) 1 Thlr 15 ngr.

— neue Studien über die gezogene Feuerwaffe der Infanterie. 2. Bd. 2 Hälften. gr. 8. [1. Hälfte. (VIII und S. 1—160 mit 50 in den Text gedr. Orig.-Holzschn., vielen Tab. und 4 Stnt. in qu. Fol.) 2. Hälfte. (XVI und S. 161—322 mit 29 in den Text gedr. Orig.-Holzschn., vielen Tab. und 3 Stnt. in qu. Fol.)] Darmstadt 864, Zernin. à Hälfte 1 Thlr.

1. Bd. Ebendas. 1861. 1 Thlr. 15 Ngr.

— neue Studien über die gezogene Feuerwaffe der Infanterie. — Suppl.-Bd.: Das Zündnadel-Gewehr. Beiträge zur Kritik der Hinterladungswaffe. Ebend. 865. gr. 8. (IX, 144 S. mit 47 eingedr. Orig.-Holzschn.) 1 Thlr

Plönnies, Wilh. v., neue Studien üb. die gezogene Feuerwaffe der Infanterie. 2. Suppl.-Bd. Neue Hinterladungs-Gewehre. 2. Thl. A. u. d. T.: die deutsche Gewehrfrage. Mit Berücksicht. der neuesten europä. Ordonnanz-Modelle bearb. v. Wilh. v. Plönnies u. Herrm. Weygand. Mit 80 in den Text gedr. Orig.-Holzschn. [aus dem Atelier v. Wolfg. Pfnor] u. 40 Tabellen. gr. 8. (VI, 296 S.) Darmstadt 872. Zernin. n. 7. —

Ploennies, Wilh. v., gesammelte Werke. Hrsg. v. Karl Noack. 1. Bd. 8. Darmstadt, H. L. Schlapp. 2.—; geb. 3. —

1. Leben, Wirken u. Ende weil. Sr. Exz. des Oberfürstlich Winkelkramschen Generals der Infanterie Freiherrn Leberecht vom Knopf. Aus dem Nachlaß e. Offiziers hrsg. durch Ludw. Siegrist. Mit Einleitg. u. Anmerkgn. v. Karl Noack. (XI, 248 S. m. 2 Taf.) 909.

Plönnigs, Albert: Ein Fall von primärer Lungenaktinomykose hervorgerufen durch Aspiration einer Gerstenähre. *Greifswald 1898: C. Sell.* (41 S.) 8°
Greifswald, Med. Diss. v. 26. Juli 1898

Altarblumen. Communionbuch f. fromme Seelen. Von P. P. Osborne [d. i. Adolf Ploennis]. 13. Aufl. Th. 1. *Dülmen: A. Laumann 1901.* 8° [F.]
[02. 5-53 6

Altarblumen. Kommunionbuch f. fromme Seelen. Von P. P. Osborne [d. i. Adolf Plönnis]. T. 1. 2. Dülmen: A. Laumann 1904. 2 Bde 8° [F.]
1. 14. Aufl. 2. 4. Aufl.
[05. 10830

[Plönnis, Adolf:] Altarblumen. Kommunionbuch f. fromme Sellen von P. P. Osborne [Pseud.]. Dülmen: A. Laumann (1907). (452 S.) 8°

Blüthen aus Assisi's seraphischem Paradiesesgarten. Ein Communionbuch f. d. Mitglieder d. 3. Ordens vom hl. Franziskus. Hrsg. von P. P. Osborne [d. i. Adolf Ploennis]. 5. Aufl. *Dülmen: A. Laumann 1901.* (VIII, 224 S.) 8° [F.]
[02. 5053 6

Plönnis, Ad. Die Geschichte d. Stiftes Münstereifel, sowie der übrigen Kirchen u. Klöster der Stadt. In Beiträgen dargestellt. gr. 8. (100 S.) Bonn 891, Hanstein. * 1 50

Die moderne Kunst und ihr Schönheitsideal. Erörterungen z. ästhet. Würdigung ihrer malerischen u. plastischen Kunstweise. Von Ad[olf] **Plönnis**, Pfarrer. Köln: H. Theissing 1905. (85 S.) 8° [o6. 8136 5

Ploennis, August von (Erbach)
Thesen aus der gesammten Heilkunde, welche den 30.7.1819 zur Erlangung der Doctorwürde in der Medicin, Chirurgie und Geburtshülfe öffentlich vertheidigen wird August von Ploennis, aus Erbach.
Giessen: Schröder 1819. 8 S.
Dr. med. 30.7.1819. ·vorh. 7.

Plönnis, Rudolf

Plönnis, R., Bericht üb. e. Studienreise durch das östliche Deutschland u. Oesterreich. gr. 8. (20 S.) Itzehoe 887. (Kiel, Lipsius & Tischer.) n. — 50

— practische Regeln f. den Ankauf und die Anwendung künstlicher Düngemittel. 20 Fragen beantwortet. 2. Aufl. 8. (50 S.) Ebd. 888. n. 1. —

Plönnis, R., zur Züchtung u. Fütterung d. Milchviehes. gr.8. (IV, 47 S. m. 1 Tab.) Ludwigslust 878. Hinstorff's Verl. in Comm. n. 1. —

Plonski, Bruno [app. Arzt aus Berlin]: Über Eutertuberkulose ... Freiburg i. B., F. Wagner'sche Buchdr., 1893; 31 S. 8.
Freiburg i. B., Med. Fak., Inaug.-Diss. v. 1893

Plonski, Herbert, Referendar aus Zirke: Die **Koncentration** der Gattungsschuld. *Greifswald 1900: H. Adler.* (VIII, 86 S.) 8°
Greifswald, Jur. Diss. v. [22. Sept.] 1900

Plonski, Maur. (geb. Zirke in Posen 24. 10. 1828): De omphalorrhagia idiopathica. Berolini (1855). (31 S.) 8°
Berlin, Med. Diss. v. 1. Sept. 1855

Plonus, Dowidas

Mißiu knygos. Tai yra ißguldimas ēwangelißkû mißiôs żodziû per czēlą metą ... pérstatytos ... nû Dowido **Plonaus** ... ‹9. rechtmäß. Ausg.› (Prid.: 5. Aufl.) Dalis (1)–3 [nebst] Pridejimas. Tilsit: Reyländer 1900. 8°
Prid. u. d. T.: Pridejimas prie Franko [August Hermann Francke] mißiu knygu iß Armso [Louis Harms] mißiu knygu imtas ir ... į lietuw. kalba ißwerstas nû Kr. Kibelko. ‹5. Aufl.›
[Predigt-Buch d. i. Auslegung evang. Predigtworte auf das ganze Jahr ... übers. ... von D. Plonus. T. 1–3 nebst Beil.] [11. 4970 10

- Dass.‹10.Ausg.›Ebda.1906.

Ploompuu, J., u. R. Kann, praktisches deutsch-estnisches Wörterbuch. (605 S.) 8. Reval 902. (F. Wassermann.) n. 7.50

Ploos van Amstel, s. a. **Bruine Ploos van Amstel.**

Hämaturie. Von P. J. de Bruine **Ploos** van Amstel, Amsterdam. Leipzig: J. A. Barth 1908. (72 S.) 8° [Umschlagt.]
= **Sammlung** klinischer Vorträge. N. F. No 502/503. [o8. 13015

Chronische Steifigkeit der Wirbelsäule von P. J. de Brüine **Ploos** van Amstel, Amsterdam. Leipzig: Breitkopf & Härtel 1906. (39 S.) 8°
= **Sammlung** klinischer Vorträge. N. F. No 409. [o6. 8393

Transfusion und Infusion. Von Dr. De Bruïne **Ploos** van Amstel, Amsterdam. Berlin, Wien: Urban & Schwarzenberg 1904. (S. 223–268.) 8°
= **Klinik,** Wiener. 1904. H. 7/8. [o5. 8378

Ploos von Amstel, P. J. de Bruine: Zystinurie, Alkaptonurie, Ochronose. Leipzig: Barth 1910. S. 194-272. 8° [Umschlagt.]
(Sammlung Klinischer Vorträge. N. F. Nr 562/564.)

Die Seiner Majestät Kaiser Franz Joseph I. gehörige *Domäne Ploschkowitz*, Bezirk Leitmeritz, Böhmen. Wien 1900. 54 S. 1 Kt. 4°.
[Tysk og fransk; fransk Overtit.].

Ploss, *Friedrich* Einiges zur Methodik des lateinischen Unterrichts. 4 (26 S.). **Progr.** Rg. *Borna* 1886 (506).

Ploss, *Friedrich:* Der Sprachgebrauch des Minucius Felix. Borna, Druck v. R. Noske, 1894; 3—27 S. 4.
Borna, st. RG, OP 1894 (551)

Ploß, (Hermann) Heinrich

Ploß, H. H., Anweisung zur Pflege u. Wartung der Kinder in den ersten Lebensjahren f. Mütter, Wärterinnen u. Zieheltern. 8. (VIII u. 45 S.) Leipzig 851, Barth. 3 ngr

Ploss, H., medicinisch-chirurgische Encyklopädie, s. Encyklopädie.

Ploss, Hermann Heinrich (Leipzig), De genesi psychosium in puerperio. Diss. med. Leipzig (Staritz) 9. I. 1846. 35 S. (3.75) 26833
Gew.: Friedrich Ludwig Meissner, Heinrich Doerrien.

Der geburtshülflichen Gesellschaft zu Hamburg zum 25. Jahrestage ihres Bestehens Glückwunsch und Festgruss dargebracht von der Gesellschaft für Geburtshülfe zu Leipzig am 7. October 1883. (Enthält: H. PLOSS, Zur Geschichte, Verbreitung und Methode der Frucht-Abtreibung. — M. SÄNGER, Ueber feuchte und trockene antiseptische Methoden bei Behandlung von Wunden, Geschwüren und Hypersecretionen des Uterovaginalkanales.) Leipzig. Druck von A. Th. Engelhardt. 8°.

Ploss, H., zur Geschichte, Verbreitung u. Methode der Frucht-Abtreibung. Culturgeschichtlich-medicin. Skizze. gr. 8. (IV, 47 S.) Leipzig 883. Veit & Co. n. 1. 40

— Geschichtliches u. Ethnologisches üb. Knabenbeschneidung. gr. 8. (32 S.) Leipzig 885. Hirschfeld. n. 1. —

Ploß, H., über das Gesundheitswesen und seine Regelung im deutschen Reiche. gr. 8. (V, 91 S.) Leipzig 882, Gräbner. * 1 50

— Hygiea. Die Kunst, ein hohes u. frohes Alter zu erreichen. Ein Buch für jeden Mann, insbesondere eine väterl. Liebesgabe für den in die Welt tretenden Jüngling. gr. 8. (XII u. 156 S.) Leipzig 851, Hottenroth (jetzt: Berlin, Grobe). 1/2 ₰

Ploss, (Herm.) Heinr., das Kind in Brauch u. Sitte der Völker. Anthropologische Studien. 2 Bde. gr. 8. (XII, 324 u. II, 295 S.) Stuttgart 876. Auerbach. n. 10. 80; in 1 Bd. geb. n.n. 12. —

— das Kind in Brauch u. Sitte der Völker. Anthropologische Studien. 2., bedeutend verm. Aufl. 2 Bde. (IV, 394 u. VI, 478 S.) Berlin 882. Auerbach. n. 12. —

— das Kind in Brauch u. Sitte der Völker. Anthropologische Studien. 2. Aufl. Neue Ausg. 2 Bde. gr. 8. (X, 394 u. IV, 478 S.) Leipzig 884. Th. Grieben. n. 12. —; geb. n.n. 15. —

— das kleine Kind vom Tragbett bis zum ersten Schritt. Ueber das Legen, Tragen u. Wiegen, Gehen, Stehen u. Sitzen der kleinen Kinder bei den verschiedenen Völkern der Erde. Beobachtungen u. Studien. Mit weit über 100 (eingedr.) Abbildgn. gr. 8. (XII, 120 S.) Ebend. 881. n. 1. 50; geb. n. 2. 50

— das kleine Kind vom Tragbett bis zum ersten Schritt. Ueber das Legen, Tragen u. Wiegen, Gehen, Stehen u. Sitzen der kleinen Kinder bei den verschiedenen Völkern der Erde. Beobachtungen u. Studien. Mit weit üb. 100 Abbildgn. (2. Ausg.) gr. 8. (XII, 120 S.) Ebend. 884. n. 2. —; geb. n.n. 3. —

— über die Lage u. Stellung der Frau während der Geburt bei verschiedenen Völkern. Eine anthropolog. Studie. Mit 6 (eingedr.) Holzschn. gr. 8. (47 S.) Leipzig 872. Veit & Co. n. 1. 50

— das Männerkindbett [Couvade], seine geograph. Verbreitg. u. ethnograph. Bedeutg. (Aus: „Jahresber. d. Vereins v. Freunden f. Erdkunde in Leipzig.") gr. 8. (16 S.) Leipzig 871. (Hinrichs' Verl.) — 30

— Dr. Struve's künstliche Mineralwässer auf der I. balneologischen Ausstellung zu Frankfurt a/M. Zur 60jähr. Jubelfeier der Dresdener Mutteranstalt. Lex.-8. (34 S. m. 10 graph. Taf.) Leipzig 881. F. C. W. Vogel. n. 1. —

Der Gesellschaft für Geburtshülfe zu Berlin wünscht zur Feier ihres fünfundzwanzigsten Stiftungstages am 13. Februar 1869 Glück und Heil die Gesellschaft für Geburtshülfe zu Leipzig. Im Anhang: H. H. PLOSS, Ueber die Operationsfrequenz in geburtshülflichen Kliniken und Polikliniken. Leipzig. s. a. Druck von A. Th. Engelhardt. 8°.

— über die das Geschlechtsverhältniss der Kinder bedingenden Ursachen. Ein in der geburtshülflichen Gesellschaft zu Leipzig gehaltener Vortrag. (Abdr. aus der Monatsschrift für Geburtskunde u. Frauenkrankheiten.) Mit 1 lith. Tab. Berlin 859. Hirschwald. gr. 8. (40 S.) n. 10 ngr.

— das Weib in der Natur- u. Völkerkunde. Anthropologische Studien. 2 Bde. gr. 8. (VIII, 480 u. IV, 598 S.) Ebend. 884. n. 16. —; geb. n. 19. —

Ploss, Heinrich: Das Weib in der Natur- und Völkerkunde. Anthropologische Studien Bd. 1. 2. Leipzig 1885. 2 Bde. VIII. 480; IV, 598 S. 8°.

Ploss, H., das Weib in der Natur- und Völkerkunde. Anthropologische Studien. 2., stark verm. Aufl. Nach dem Tode d. Verf. bearb. u. hrsg. von M. Bartels. Mit 6 lith. Taf. u. ca. 100 Abbildgn. im Text. 10 Lfgn. gr. 8. (1. Bd. XX, 576; 2. Bd. VII, 719 S.) Leipzig 887. Th. Grieben. à Lfg. n. 2. 40 (cplt.: n. 24. —; geb. n.n. 29. —)

Ploss, H., das Weib in der Natur- u. Völkerkunde. Anthropologische Studien. 3., umgearb. u. stark verm. Aufl. Nach dem Tode des Verf. bearb. u. hrsg. v. Max Bartels. Mit 10 lith. Taf. u. dem Portr. v. H. Ploss in Lichtdr. u. 203 Abbildgn. im Text. 10 Lfgn. gr. 8. (1. Bd. XXIII, 675 S. u. 2. Bd. VII, 684 S.) Leipzig 891. Th. Grieben. à n. 2. 40 (kplt.: n. 24. —; geb. in Halbfrz. n. 29. —)

Das Weib in der Natur- und Völkerkunde. Anthropol. Studien von Dr. [Hermann] H[einrich] Ploss. 4. umgearb. u. stark verm. Aufl. Nach d. Tode d. Verf. bearb. u. hrsg. von Dr. Max Bartels. Mit 11 lith. Taf. u. 331 Abb. Bd 1. 2. *Leipzig: Th. Grieben 1895.* 2 Bde 8° [oo. 10381 2

Ploss, H., das Weib in der Natur- u. Völkerkunde. Anthropolog. Studien. 5., umgearb. u. verm. Aufl. Nach d. Tode d. Verf. bearb. u. hrsg. v. Max Bartels. M. 11 lith. Taf. u. 420 Abb. im Text. 2 Bde. gr. 8. (XX, 710 u. VIII, 711 S.) Leipzig 898. Th. Grieben. n. 26. —; geb. in Halbfrz. n. 30.
Erschien auch in 17 Lfgn.

Ploss, H., das Weib in der Natur- u. Völkerkunde. Anthropologische Studien. 6. umgearb. u. stark verm. Aufl. Nach dem Tode des Verf. bearb. u. hrsg. v. Max Bartels. Mit 11 lith. Taf. u. 539 Abbildgn. im Text. 2 Bde. gr. 8. (XVI, 767 u. VIII, 763 S.) Leipzig 899. Th. Grieben. n. 26. —; geb. n. 30. —

— dasselbe. 7. umgearb. u. stark verm. Aufl. Nach d. Tode des Verf. bearb. u. hrsg. v. Max Bartels. Mit 11 lith. Taf. u. 649 Abbildgn. im Text. 2 Bde. gr. 8. (XX, 867 u. VIII, 851 S.) Ebd. 901. 902. n. 28. —; geb. in Halbfrz. n. 33. —

Ploss, H., das Weib in der Natur- u. Völkerkunde. Anthropologische Studien. 8., umgearb. u. verm. Aufl. Nach dem Tode des Verf. bearb. u. hrsg. v. Max Bartels. Mit 11 lith. Taf., dem Portr. des Hrsg. u. 696 Abbildgn. im Text. 2 Bde. (XXXII, 939 u. VIII, 880 S.) Lex.-8. Leipzig 904. 905. Th. Grieben. n. 30. —; geb. in 2 Halbfrzbdn.: n. 35. —
Erschien auch in 20 Lfg. à n. 1. 50.

Das Weib in der Natur- und Völkerkunde. Anthropolog. Studien von Dr. [Hermann] H(einrich) Ploß. 8. umgearb. u. stark verm. Aufl. Nach d. Tode d. Verf. bearb. u. hrsg. von Dr. Max Bartels. Mit 11 Taf., d. Portr. d. Hrsg. u. 696 Abb. Bd 1. 2. Leipzig: Th. Grieben 1905. 2 Bde 4°(8°) [05. 7868

Ploss, Heinr., u. **Max Bartels**, das Weib in der Natur- u. Völkerkunde. Anthropologische Studien. 9. stark verm. Aufl. Neu bearb. u. hrsg. v. Paul Bartels. Mit dem Portr. weil. der Verff., 11 lith. Taf. u. 700 Textabbildgn. in Holzschn. u. Autotyp. (XXIV, 986 u. VIII, 884 S.) Lex. 8. Leipzig 908. Th. Grieben. 28.—; geb. in Halbfrz. n. 33.—; auch in 18 Lfgn.

Plöß, A., wälsche Practik. Für den Selbstunterr. eingerichtet. gr. 8. (5 B.) Wien 828, Wallishausser.

Ploessing, Adrian Heinrich (Leipzig), De dote a detractu haud libera. Diss. Präs. Jo. Adam Theophil Kind. Leipzig (Bueschel), 18. XII. 1783. 24 S. (4.—) 26826
Widm. v.: Jo. Adam Theophil Kind.

— Fideiussio et commendatio utrum inter mercatores admittand ordinis beneficium nec ne? Quaestio jur. civ. Leipzig (Saalbach) 27. VIII. 1795. 84 S. (4.75) 26827

Ordinarius idemque procancellarius senior et reliqui doctores facultatis jur. Lipsiensis summos in jure honores cand. **Adrian Heinrich**

Ploessing (Leipzig) indicunt. — Insunt Responsor. Jur. LIV. LV. LVI. et LVII. [Leipzig] ((Saalbach)) 4. IX. 1795. 22 S. mit Biogr. v. Ploessing (M.: J. E. Gebhardt). (4.—) 26828

Ploești [Schlagwort]

Ploești, s.: Europa. Generalkarte.

Plósz, Alex., Beiträge zur Theorie d. Klagerechts. gr. 8. (VII, 173 S.) Leipzig 880. Duncker & Humblot. n. 4.—

Plósz, Béla

— Die Behandlung des Muskelrheumatismus mit Atropin-Morphiumlösung. S.-A. a. Z. f. T. Jena 99. Fischer.

— Heilung des hochgradigen Zuckfusses durch Operation. S.-A. a. Z. f. T. Ebd. 99.

Plósz, Béla, Krankheiten des Schweifes, s.: Handb. d. tierärztl. Chir. u. Geb.

Ploth, Jeremias Samuel (Paderborn), De proxima febrium causa. Diss. med. Göttingen (H. M. Grape) 20. IV. 1790. 36 S. (4.25) 26834

Ploth, I. S., de proxima febrium causa. 4. Götting. Brose. 790.

Plothe, Maximilian *Victor* [aus Schwerin a. Warthe]: Wirkung des Blitzes auf den menschlichen Organismus ... Halle a. S., Hofbuchdr. v. C. A. Kaemmerer & C., 1893; 30 S., 2 Bl. 8. Halle, Med. Fak., Inaug.-Diss. v. 16 Nov. 1893

Plöthner, L., Register, s.: Jahresbericht, theologischer.

v. **Plotho,** A. T. Frhr., Fluß-Netze über alle Theile der Erde, zum Gebrauch für Militair-Schulen u. Gymnasien. Fol. (16 lith. Blätter.) Berlin 844, Heymann. n. 2/3 ℛ

v. **Plotho,** A. T., Karte der Königreiche Holland u. Belgien, mit Rücksicht auf Terrain, Industrie, Bevölkerung, Geschichte rc. (Mit d. Umgegend v. Antwerpen, u. Marginalien.) Lithogr. v. H. C. Krüger. gr. Fol. Berl., (Grepius). 4 gℛ

Plotho, A. T. v., Post- und Reise-Karte von Deutschland und den Gränz-Ländern, nach den besten Quellen bearbeitet u. mit entsprechenden Anmerkungen versehen. Berlin, D. Reimer, 1811. Imp.-Fol. Lith. u. kol.

v. **Plotho,** C., die Kartoffel, ihr Anbau u. ihre Aufbewahrung nach eigenen Beobachtungen u. Erfahrungen. gr. 8. Magdeburg 845, Heinrichshofen. 1/4 ℛ

v. **Plotho,** C., die neueste u. gewinnreichste Cultur-Methode auf leichten Bodenarten. Mit 1 Kpfrtaf. (lith. in qu. Fol.) gr. 8. (30 S.) Magdeburg 850, Heinrichshofen. 1/2 ℛ

—— die weiße Lupine, ihr Anbau, ihre Verwendung zur Gründüngung, u. ihr Standpunkt im Feldsysteme. gr. 8. (2½ B.) Magdeburg 845, Heinrichshofen.

Beantwortung des Gegen-Pro-Memoria des Chur-Brandenburgischen Gesandten Herrn Ehrich Christoph Freyherrn von Plotho auf das Chur-Sächsische Pro-Memoria. Uebergeben den 30. Oct. 1756. 4. (2 Bl.)

Plotho, Ehrich Christoph Freiherr v. Pro Memoria, betreffend das Pro Memoria der Chur-Sächsischen Gesandtschaft wegen dess, was bey Abbrennung der Vorstadt vor Dressden vorgegangen. Fol. Regensburg, den 27. November 1758.

Schreiben des ... Preussischen Comitial-Gesandten ... Ehrich Christoph Freyherrn von Plotho an die ... Reichs-Versammlung zu Regenspurg d d. 11. Julii 1757, die Beschwerden der ... Preuss. Postämter in den Clevischen und übrigen am Nieder-Rheinisch-Westphalischen Crayse gelegenen Lande betreffend. Nebst Beylagen. No. I u. II. 4. (1 Bl.)

Zwei Schreiben des Preuss. Gesandten v. Plotho vom 14. u. 27. Apr. 1757. 12 S. u. 4 Bl.

v. **Plotho,** Karl, († d. 20. Dec. 1820.) über die Entstehung, die Fortschritte u. die gegenwärt. Verfassung der russisch. Armee rc. 8. Berl. 811. (Sander; a. Rücker). 12 gℛ

Plotho, K. v. über die Entstehung, die Fortschritte u. die gegenwärtige Verfassung der russ. Armee, doch insbes. von der Infanterie. Berlin 1811. 88 S.

Plotho, Karl von, die Kosaken od. die Geschichte ihres Ursprungs, mit e. Darstellung ihr. gegenwärt. Verfassung u. ihren Wohnsitzen. 8. Berl. Achenwall u. Comp. 811.

Plotho, C. v. Der Krieg in Deutschland und Frankreich, in den Jahren 1813 und 1814. (Mit 80 Beilagen und 1 Plan von Wittenberg.) (3 Bde.) 8. Berlin 1817.

—— der Krieg in Deutschland u. Frankreich in d. J. 1813 u. 14. 4 Thle. Mit Beil. u. 1 Pl. gr. 8. Berl. 818. Amelang. 13 ℛ 12 gℛ. Hbg. Pr. 4 ℛ 12 gℛ. 4r Thl. A. u. d. T.: Der Krieg des verbündet. Europas gegen Frankreich im J. 1815. 3 ℛ 12 gℛ. Hbg. Pr. 1 ℛ 4 gℛ

Der Krieg des verbündeten Europa gegen Frankreich im Jahre 1815. Mit Beil. Berlin 1818. 178 S.

v. **Plotho,** Karl, Tagebuch während d. Krieges zwisch. Rußland u. Preußen rc. in d. J. 1806 u. 7. Mit 2 Plän. gr. 8. Berl. 811. (Rücker). 2 ℛ 16 gℛ

Plotho, K. v. Tagebuch während des Krieges zwischen Rußland und Preußen einerseits und Frankreich andrerseits. i. d. J. 1806 u. 1807. Mit Bl. Berlin 1811. 303 S.

v. **Plotho,** T., Karte d. Russischen Grenzlinie gegen Posen u. einem Theile von Schlesien u. Westpreussen, dem muthmassl. Kriegsschauplatze. Fol. Lith. u. color. Berlin 848, Geelhaar. baar 1/12 ℛ

Bey dem hohen Geburthsfeste Ihro Königl. Hoheit der ... Frauen Philippine Charlotte, regierenden Herzoginn zu Braunschweig und Lüneburg &c., welches den 18. März 1748 von dem Collegio Carolino gefeyert wurde, wartet mit nachfolgender Cantate ... auf **Wilhelm Julius** Edler von **Plotho.** 2 Bl. 8°

Plotho, Wolfg. Frhr. v. Irmgard v. Hammerstein. Schauspiel in 5 Aufzügen. 8. (143 S.) Lpz. 890, O. Wigand. * 2 —

Irmgard von Hammerstein. Geschichtl. Schauspiel in 5 Aufz. von Wolfgang Frh. v. **Plotho.** Braunschweig & Leipzig: R. Sattler 1902. (128 S.) 8°

Plothow, A., Romeo's Debüt. Erzählung. 8. (281 S.) Berlin 888. Janke. n. 4. —

Plothow, Anna: Die Begründerinnen der deutschen Frauenbewegung. M. 24 Illustr. — Leipzig: Rothbarth 1907. 239 S. 8°

Plothow, Anna, die Begründerinnen der deutschen Frauenbewegung. 2. Aufl. (240 S. m. 24 Vollbildern.) 8. Leipzig 907. F. Rothbarth. n. 3. —; geb. n. 4. 50

Plothow, Anna, das Buch der Frau. Ein Ratgeber f. die deutsche Frau. 12. (VII, 1043 S.) Leipzig 901. J. J. Arnd. Geb. in Leinw. n. 5. —

— dasselbe Volks-[Titel-]Ausg. 12. (VII, 1043 S.) Leipzig [901.] 901. H. E. F. Reisner. Geb. in Leinw. 3. —

Plothow, Anna, das Buch der Frau. Ein Ratgeber f. die deutsche Frau. Unter Mitwirkg. v. Anna Behnisch-Kappstein, Elise Hannemann, Marie Helter etc. Mit illustr. Häkel- u. Stickmusterbuch, Handbuch d. Damenschneiderei, illustr. Wäschebuch, nebst e. Familien- u. Hauschronik. Große Ausg. (In 50 Lfgn.) 1.—35. Lfg. gr. 8. (1. Bd. III, 768 S. u. 2. Bd. S. 1—56 m. 11 Taf.) Leipzig (901. 902). H. E. F. Reisner. à — 20

— das Buch der Frau. Unter Mitwirkg. v. Anna Behnisch-Kappstein, Elise Hannemann, Marie Heller u. a. Mit illustr. Handbuch der Damenschneiderei, illustr. Handbuch der Putzmacherei, illustr. Stickmuster- u. Häkelbuch. Pracht-Ausg. 36.—50. (Schluß-)Lfg. (2. Bd. II u. S. 57 bis 196 m. 58 Taf.) gr. 8. Leipzig 903. H. E. F. Reisner. à — 20

Plothow, Anna, Kaisergeburtstagsfeier der Blumen. — Das deutsche Lied, s.: Jugend- u. Volksbühne.

Märkische Skizzen von Anna Plothow. Mit mehr. Bild. 2. Aufl. Berlin: Schall & Rentel [1906]. (278 S.) 8° [F.] [07. 9522 II

Plotinus

— des, die Enneaden, übers. u. mit fortlaufenden, den Urtext erläuternden, Anmerkk. begl. v. J. G. V. Engelhardt. gr. 8. Erlang. 820. Palm u. Enke.

— Enneaden, übersetzt v. Herm. Frdr. Müller. Voran geht die Lebensbeschreibung d. Plotin v. Porphyrius. 1. u. 2. Bd. gr. 8. (IV, 24 u. 274 u. IV, 451 S.) Berlin: Weidmann 1878. 80.

Plotin, Enneaden. In Auswahl übers. u. eingeleitet v. Otto Kiefer. 2 Bde. (XXIV, 289 u. II, 308 S.) 8. Jena 905. E. Diederichs. n. 14. —; geb. n. 18. —

Plotini Enneades cum Marsilii Ficini interpretatione castigata iterum edd. Frid. Creuzer et Geo. Henr. Moser. Primum accedunt Porphyrii et Procli institutiones et Prisciani philosophi solutiones ex cod. Sangermanensi edid. et annotatione critica instruxit Fr. Dübner. Parisiis 855. Didot fratres. Lex.-8. (CXVII, 1 Bl., 579 S.) n. 4 ℳ.

Plotini Enneades, rec. Herm. Frdr. Müller. Antecedunt Porphyrius, Eunapius, Suidas, Eudocia de vita Plotini. Vol. I et II. gr. 8. (IV, 28 u. 280 u. V, 456 S.) Berlin 878. 80. Weidmann. 14. 40.

Plotini Enneades, praemisso Porphyrii de vita Plotini deque ordine librorum eius libello ed. Ricardus Volkmann. 2 voll. 8. Leipzig, B. G. Teubner. n. 9. — 1. (XXXIV, 350 S.) 883. n. 3. 60. — 2. (LVI, 526 S.) 884. n. 5. 40

— ad Gnosticos liber. Graece. Castigatius edidit atque notas et codicis Monacensis CCCXLIX cum edit. Basileensi collati variantes lectiones adjecit Georg. Ant. Heigl. 12maj. Regensb. 832. Pustet. 12 gℓ

Πλωτίνου ἅπαντα. — Plotini opera omnia, Porphyrii liber de vita Plotini c. Marsilii Ficini commentariis et ejusd. interpretat. castigata. Annotationem in unum librum Plotini et in Porphyrium addidit Dan. Wyttenbach. Apparatum crit. disposuit, indices concinnavit G. H. Moser. Ad fid. cod. Mss. in novae recensionis modum graecalatinaq. emend., indices explevit, prolegom., introductiones, annotationes explicandis rebus ac verbis itemq. Nicephori Nathanaelis antitheticum adversus Plotinum et dialogum graeci scriptoris anonymi ineditum de anima adjecit Frid. Creuzer. III Vol. 4maj. (263½ B.) Oxon. 835. (Lipsiae, T. O. Weigel.) *

Plotini opera recognovit Adph. Kirchhoff. Vol. I. et II. 8. Lipsiae, Teubner. [I. (XLII und 347 S.) II. (XVI und 435 S.) 856.]

Vlnp.

— de rerum principio. Enn. III. Lib. VIII. c. 1 — 10. Animadv. illustr. F. C. Grimm. 8maj. Leipz. 788. (List in Berl.) 4 gℓ

Plotini, de rerum principio. 8. maj. Lips. Sommer.

Plotini liber de pulchritudine (gr. et lat.) Ad cod. fidem emend., annotat. perpet., interjectis D. Wyttenbachii notis, epistolamque ad eundem ac praeparationem cum ad hunc librum tum ad reliquos cet. adj. G. F. Creuzer. Acced. Anecdota Graeca: Procli disputatio de unitate et pulchritudine, Nicephori Nathanaelis antitheticus adversus Plotinum de anima itemque lectiones Platonicae maximam partem ex codd. MS. enotatae. 8maj. Heidelb. 814. Mohr. 3 ℛ 8 gℓ Schrbp. 5 ℛ

Plotin's Abhandlung περὶ θεωρίας [Enn. III, 8. K XXVII.] kritisch untersucht, übers. u. erläutert v. Herm. Frdr. Mueller. 4. (50 S.) Berlin 875. Weidmann. n. 1. 60

Plotini de virtutibus et adversus gnosticos libellos, specimen editionis novae opp. Plotinorum, ed. A. Kirchhoff. gr. 4. XXII u. 48 S.) Berolini 847, Besser (Frz. Duncker). n. ⅔ ℛ

Plotius Sacerdos, Marius

Plotii, Sacerdotis M., artes grammaticae, s.: Grammatici latini.

Plotke, Emil, Fabrik und Handwerk. Ihre Trennung in der deutschen Reichsgewerbeordnung, den Ausführungsanweisungen der Zentralbehörden und den gerichtlichen Entscheidungen. 8°. Berlin, Polytechn. Buchh. A. Seydel in Komm., 1903. (IV, 114 S.)

Plotke, Emil, die Gewerbe-Inspektion in Deutschland. Ihre Entwickelg., Organisation u. Aufgaben. gr. 8. (IV, 116 S.) Berlin 899. C. Heymann's Verl. n. 1. 60

— Leitfaden zum Referat: „Die Gewerbeinspektion". 8°. Posen 1908.

Die rumänischen Juden unter dem Fürsten und König Karl. Von Julius Plotke. *Frankfurt a. M.: Mahlau & Waldschmidt 1901.* (44 S.) 8° [01. 3695 3

Plotke, Ludwig *(geb. Borek bei Krotoschin in Pos. 20. 10. 1855)*: Ueber das Verhalten der Augen im Schlafe. Breslau 1879. (29 S.) 8° *[Im Buchhandel 1879 bei Koebner in Breslau]*
Breslau, Med. Diss. v. 21. Mai 1879

Plotkin, G[eschel]. Über Darmperforation beim Typhus abdominalis und ihre chirurgische Behandlung. Diss. Med. Basel. *Kopftitel:* Aus der Basler Chirurgischen Klinik (Vorsteher: Prof. M[ax] Wilms). 30 S. 8. Basel, Brin & Cie., 1908.

Plotnikow, Joh., Photochemie. (VIII, 182 S. m. 15 Fig.) gr. 8. Halle 910. W. Knapp. 7. 50

Plotnikow, Johann, a. Tambow (Rußland): Reaktionsgeschwindigkeiten bei tiefen Temperaturen. Mit 3 Figuren im Text. Leipzig 1905: E. Glausch. (70 S.) 8°
Leipzig, Phil. Fak., Ref. Ostwald, Beckmann, Diss. v. 12. Sept. 1905
[Geb. 20. Nov./3. Dez. 78 Tambow; Wohnort: Tambow; Staatsangeh.: Rußland; Vorbildung: Gymn. Tambow Reife Juni 97; Studium: Moskau 8, Leipzig 6 S.; Rig. 13. Juli 05.]

Plotnikow, Vict., Untersuchungen üb. die Vasa vasorum. Inaugural-Dissertation. gr. 8. (31 S.) Dorpat 884. (Karow.) n. 1. —

Plots, E., Universal-Briefmarken-Album. Bearb. unter Mitwirkg. hervorrag. Fachleute des In- u. Auslandes. Enth. Raum f. alle sammelberecht. Marken unter Berücksicht. der hauptsächlichsten Farb- u. Zähnungsunterschiede. Deutschland apart. (VII, 44 S.) gr. 4. Leipzig (904). Verlag d. Universal-Briefmarken-Album. 4. —; geb. 7. 50; auf Kartonpap. 5. —; geb. 8. 50; in Halbsaff. m. Goldschn. 12. 50

— dasselbe. Europa apart. (VII, 218 S.) gr. 4. Ebd. (904). 7. 50; auf Kartonpap. 15. —; geb. in Leinw. 12. 50; auf Kartonpap. 20. —; in Halbfrz. m. Goldschn. 35. —; auf Kartonpap., in Halbfrz.-Decken 40. —

Plotti, Alessandro: Das Altern, Veredeln und Haltbarmachen der Weine und Spirituosen durch Ozon. Berlin 1907: Alterthum. 7 S. -- 121*

Ploettner, Heinrich Wilhelm [Oberl.]: Welches diplomatisch-parlamentarische Treiben der französischen Regierung ging dem französisch-deutschen Kriege voraus? Rede, geh. am Sedantage 1890. Langensalza, Druck v. Wendt & Klauwell, 1892; 3—10 S. 4.
Langensalza, RPG, P 1892 (271)

Ploettner, Lebrecht Peter, Commentatiuncula de arcubus triumphalibus proposita. Leipzig (Langenheim) (26. VIII. 1750). 47 S. (4.75) 26830
Gew.: Heinrich von Bruhl.

— Meditatio prior de statuis equestribus. Dresden (Kraus) 1752. 22 S. (4.50) 26831

Plöttner, Otto, Referendar in Plauen i. V.: Über die rechtliche Natur der Testamentsvollstreckung. Leipzig: O. Wigand 1906. (62 S.) 8°
Leipzig, Jur. Fak., Diss. v. 3. Sept. 1906
[Geb. 4. Febr. 79 Jößnitz b. Plauen i. V.; Wohnort: Plauen; Staatsangeh.: Sachsen; Vorbildung: Gymn. Plauen Reife O. 98; Studium: Freiburg i. B. 1, München 1, Heidelberg 1, Leipzig 7 S.; Rig. 10. Juli 03.]

Plötz, kurze Anleitung zu einer leicht zu erlernenden Methode der Redezeichenkunst (Stenographie). Würzburg 868. Julian. 8. (IV, 68 S.) n. 6 ngr.

Ploetz, Alfr., s.: Archiv f. Rassen- u. Gesellschafts-Biologie.

Ploetz, Alfr., Grundlinien e. Rassen-Hygiene. 1. Thl.: D. Tüchtigkeit unsr. Rasse u. d. Schutz d. Schwachen. E. Versuch üb. Rassenhygiene u. ihr Verhältniss zu den humanen Idealen bes. zum Socialismus. gr. 8. (XI, 240 S.) Berlin 895. S. Fischer, Verl. n. 5. —; geb. n. 6. 50

Ploetz, A[lfred] J.: Die Vorgänge in den Froschhoden unter dem Einfluss der Jahreszeit. Vergleich von Rana temporaria und esculenta. Mit einer Zeichnung im Text. (S.-A. aus Archiv für Anatomie u. Physiologie 1830; Suppl.-bd [z. Physiol. Abt., S. 1—23; Nachtrag S. 24-32]). Leipzig: Veit u. Cie 1890. 1 Bl., 23 S. 8°
Zürich, Med. Diss. [v. 27. Oct. 1890].

Plötz, Arndt von

—— die Entstehungsgeschichte des englischen Vollblutpferdes, sein Einfluß auf die Pferdezucht und Cultur Englands. Eine hippolog. Skizze aus sachverständ. Autoren zusammengestellt und erläutert. 8. (28 S.) Halberstadt 872, Fischer. — 75

— Gedanken üb. Reorganisation der Cavallerie. gr. 8. (16 S.) Berlin 876. Luckhardt. n. — 60

— das Halbblutpferd als Cavalleriepferd, seine Leistungsfähigkeit u. die Erhöhg. derselben durch Erziehg., Dressur u. Training. Eine hippologisch-cavalleristische Studie. gr. 8. (24 S.) Halberstadt 874. Fischer. — 75

Plötz, Arndt v., Cavallerie-Divisionen u. Remonte-Depôts od. Theilg. der Arbeit. 8. (23 S.) Halberstadt 873. Fischer in Comm. — 75

— der Percheron, seine Zucht in Frankreich, in welcher Weise bei uns möglich, u. wie einzuführen. gr. 8. (19 S.) Berlin 871. Schneider & Co. n. — 60

Ploetz, Arndt v., die Pferdezucht in ihrer volkswirthschaftl. Bedeutung. Ein Wegweiser f. d. deutschen Pferdezüchter. gr. 8. (28 S.) Berlin-Schöneberg 896. (F. Telge). n. — 60

— das System der Frühreife u. seine Anwendung auf unsere Remonte-Zucht u. Dressur. 8. (12 S.) Ebend. 872. n. - 50

Ploetz, Arthur, aus Berlin: Beitrag zur Kenntnis der Ferrocyanerdalkalien. *Wolfsberg i. Kärnten (1903): E. Ploetz.* (100 S.) 8°
Berlin, Phil. Diss. v. 10. Okt. 1903

Ploetz, C., s.: Ploetz, Karl.

Ploetz, Gustav

Ploetz, Gustavus Carolus: Étude sur Joachim Du Bellay et son rôle dans la réforme de Ronsard. Halis (1874): Orphanotropheum. 30 S. 8°
Halle-Wittenberg, Phil. Diss. v. 31. Juli 1874
Geb Lübeck 22. 2. 1851. V.
Ersch. vollst. Berlin: Herbig 1874. 68 S. 8°

Plötz, G., étude sur Joachim du Bellay et son rôle dans la réforme de Ronsard. gr. 8. (68 S.) Berlin 874. Herbig. n. 1. 20

—— und Otto Kares, kurzer Lehrgang der französischen Sprache. Sprachlehre, auf Grund der Schulgrammatik von Karl Ploetz bearb. gr. 8. (XVI, 117 S.) Ebendas. 888. * 1 —

— u. O. **Kares,** kurzer Lehrgang der französischen Sprache. Sprachlehre. Auf Grund der Schulgrammatik v. K. Ploetz bearb. 2., verb. Aufl. gr. 8. (XVI, 119 S.) Ebd. 890. n. 1. —; geb. n.n. 1. 20

— — dasselbe. Uebungsbuch, verf. v. G. Ploetz. 1.—3. Hft. gr. 8. Ebd. 888—890. n. 2. 70; geb. n. 3. 30
1. [Abschluss der Formenlehre.] 2. Aufl. (VIII, 108 S.) n. 1. —; geb. n.n. 1. 20
2. Syntax. [Wortstellung u. Verbum.] (VIII, 88 S.) n. — 90; geb. n.n. 1. 10
3. [Syntax des Artikels, des Adjectivs u. des Adverbs. Die Fürwörter.] (IV, 78 S.) n. - 80; geb. n.n. 1. -

—— u. Otto Kares. Kurzer Lehrgang der französ. Sprache. 1. Tl., 2. Tl. A., 2. Tl. B. 1.—3. Heft. gr. 8. Berl. 892, Herbig. * 5 10
1. Tl. Elementarbuch, verf. v. G. Ploetz. 2. Aufl. (XII, 196 S.) 892. * 1 40; geb. ** 1 65. — 2. Tl. A. Sprachlehre, auf Grund d. Schulgramm. v. K. Ploetz bearb. v. G. Ploetz u. O. Kares. 3. Aufl. (XVI, 119 S.) 892. * 1 —; geb. ** 1 20. — 2. Tl. B. Uebungsbuch. Verf. v. Gust. Ploetz. 1. Heft. Abschluss der Formenlehre. 3. Aufl. (VIII, 108 S.) 892. * 1 —; geb. ** 1 20. — 2. Heft. Syntax. Wortstellung u. Verbum. 2. Aufl. (VIII, 88 S.) 892. * — 90; geb. ** 1 10. — 3. Heft. Syntax d. Artikels, d. Adjektivs u. d. Adverbs. Die Fürwörter. 2. Aufl. (IV, 78 S.) 892. * — 80; geb. * 1 —.

— u. Otto Kares, kurzer Lehrgang der französischen Sprache. Elementarbuch. Verf. v. Gust. Ploetz. Ausg. A. 3. Aufl. gr. 8. (XII, 196 S.) Ebd. 894. n. 1. 40; geb. in Leinw. n.n. 1. 70

— — dasselbe. Elementarbuch. Verf. v. Gust. Ploetz. Ausg. B. Für Gymnasien u. Realgymnasien. 2. Aufl. gr. 8. (XVI, 229 S.) Ebd. 894. n. 1. 70; geb. in Leinw. n. 2. —; Schlüssel [nur an Lehrer]. (IV, 64 S.) n. 1. —

— — dasselbe. Elementarbuch. Verf. v. Gust. Ploetz. Ausg. C. Für Realschulen u. Oberrealschulen. 2. Aufl. gr. 8. (XVI, 242 S.) Ebd. 894. n. 1. 80; geb. in Leinw. n.n. 2. 10

Schlüssel zum Elementarbuch Ausgabe C. Vf. v. Dr. Gustav Ploetz ... *Berlin: F. A. Herbig 1896.* (1 Bl., 77 S.) 1 Bd 8.
(Ploetz-Kares. Kurzer Lehrgang d. französ. Sprache.) [98. 5145

— — dasselbe. Elementarbuch. Verf. v. Gust. Ploetz. Ausg. D. Für Mädchenschulen. gr. 8. (XVI, 307 S.) Ebd. 895. n. 2. 40; geb. n. 2. 80

— — dasselbe. Sprachlehre. Auf Grund der Schulgrammatik v. Karl Ploetz bearb. v. Gust. Ploetz u. Otto Kares. 4., verb. Aufl. gr. 8. (XVI, 119 S.) Ebd. 894. n. 1. —; geb. n.n. 1. 25

Ploetz, Gust., u. Otto **Kares,** kurzer Lehrgang der französischen Sprache. Übungsbuch. Verf. v. Gust. Ploetz. 1.—3. Hft. gr. 8. Berlin, F. A. Herbig. n. 2. 70; geb. in Leinw. n.n. 3. 35
1. (Abschluss der Formenlehre.) 4. Aufl. (VIII, 108 S.) 894. n. 1. —; geb. n.n. 1. 25
2. Syntax. (Wortstellung u. Verbum.) 2. Aufl. (VIII, 88 S.) 892. n. — 90; geb. n.n. 1. 10
3. (Syntax d. Artikels, d. Adjektivs u. d. Adverbs. Die Fürwörter.) 2. Aufl. (IV, 78 S.) 892. n. — 80; geb. n.n. 1. —

— — dasselbe. Übungsbuch. Verf. v. Gust. Ploetz. Ausg. B. 2. Aufl. gr. 8. (XIV, 280 S.) Ebd. 894. n. 2. —; geb. in Leinw. n.n. 2. 30

— — dasselbe. Übungsbuch. Ausg. B. Schlüssel, verf. v. G. Ploetz. 8. (135 S.) Ebd. 894. n. 2. —
Wird nur an Lehrer abgegeben.

— — dasselbe. Alphabet. Wörterverzeichnis zum Übungsbuch (Ausg. A u. B). Verf. v. P. gr. 8. (52 S.) Ebd. 895. n. — 50

Elementarbuch. Vf. v. Dr. Gustav Ploetz. Ausg. A. 4. Aufl. ... *Berlin: F. A. Herbig 1897.* (XII, 196 S.) 1 Bd 8.
(Ploetz-Kares. Kurzer Lehrgang d. französ. Sprache.) [98. 3209

— u. Otto Kares, kurzer Lehrgang d. französ. Sprache. Schlüssel zum Elementarbuch Ausg. A. Verf. v. P. 8. (64 S.) Ebd. 897. n. 1. —
Wird nur an Lehrer abgegeben.

— — dasselbe. Elementarbuch. Verf. v. Gust. Ploetz. Ausg. B. f. Gymnasien u. Realgymnasien. 4. Aufl. gr. 8. (XVI, 233 S.) Ebd. 898. n. 1. 70; Einbd. n.n. — 30

— — dasselbe. Elementarbuch. Verf. v. P. Ausg. C. (f. Real- u. Oberrealschulen). 4. Aufl. gr. 8. (XVI, 242 S.) Ebd. 897. n. 1. 80; geb. n. 2. 20

— — dasselbe. Elementarbuch. Ausg. D. Für Mädchenschulen. (Unt. Mitwirkg. v. Kares.) 3. Aufl. gr. 8. (XVI, 307 S.) Ebd. 897. n. 2. 40; geb. n. 2. 80

— — dasselbe. Schlüssel zu d. Ausg. C u. D. 8. Ebd. 895. n. 2. 25
C. (77 S.) n. 1. —. — D. (88 S.) n. 1. 25.
Werden nur an Lehrer abgegeben.

— — dasselbe. Sprachlehre. Auf Grund d. Schulgrammatik v. Karl Ploetz bearb. 6., verb. Aufl. gr. 8. (XVI, 123 S.) Ebd. 897. n. 1. —; Einbd. n.n.n. — 25

— — dasselbe. Übungsbuch. Verf. v. Gust. Ploetz. (Ausg. A.) 1. u. 2. Hft. gr. 8. Ebd. n. 1. 90; Einbde. à n.n.n. — 25
1. Abschluss d. Formenlehre. 5. Aufl. (VIII, 108 S.) 897. n. 1. —
2. Syntax. (Wortstellg. u. Verbum.) 3. Aufl. (VIII, 88 S.) 896. n. — 90

Schlüssel zum Übungsbuch Ausg. A. Vf. v. Dr. Gustav Ploetz ... *Berlin: F. A. Herbig 1897.* (107 S.) 1 Bd 8.
(Ploetz-Kares. Kurzer Lehrgang d. französ. Sprache.) [98. 3206

Übungsbuch. Vf. v. Dr. Gustav Ploetz. Ausg. B. 4. Aufl. ... *Berlin: F. A. Herbig 1898.* (1 Bl., IX, 284 S.) 1 Bd 8.
(Ploetz-Kares. Kurzer Lehrgang d. französ. Sprache.) [98. 10465

— — dasselbe. Übungsbuch. Ausg. C (f. Real- u. Oberrealschulen). 2. Aufl. gr. 8. (XII, 375 S.) Ebd. 897. n. 2. 70; Einbd. n.n.n. — 30

— — dasselbe. Schlüssel. 8. (197 S.) Ebd. 896. n. 2. —
Wird nur an Lehrer abgegeben.

— — dasselbe zum Übungsbuch (Ausg. A, B u. C). Verf. v. Gust. Ploetz u. Otto Kares. 3. Aufl. gr. 8. (52 S.) Ebd. 898. n. 50

— — dasselbe. Übungsbuch. Ausg. D f. Mädchenschulen. gr. 8. (XII, 279 S.) Ebd. 895. n. 2. 20; Einbd. n.n. — 30

— — dasselbe. Schlüssel. 8. (104 S.) Ebd. 896. n. 1. 50
Wird nur an Lehrer abgegeben.

Übungsbuch. Verf. von Dr. Gustav Ploetz & Dr. Otto Kares. Ausg. D. Für Mädchenschulen. 2. Aufl. *Berlin: F. A. Herbig 1898.* (XII, 279 S.) 8°
(Ploetz-Kares. Kurzer Lehrgang d. franz. Sprache.) [01. 641

— u. Otto Kares, kurzer Lehrgang der französischen Sprache. Elementarbuch. Verf. v. Gust. Ploetz. Ausg. A. 5. Aufl. gr. 8. (XII, 196 S.) Berlin 900. F. A. Herbig. n. 1. 40; geb. in Leinw. n. 1. 90

— — dasselbe. Ausg. B. Für Gymnasien u. Realgymnasien. 6. Aufl. gr. 8. (XVI, 229 S.) Ebd. 902. n. 1. 70; geb. n. 2. 20

— — dasselbe. Ausg. B. Schlüssel. 2. Aufl. 8. (IV, 64 S.) Ebd. 902. n. 1. —
Wird nur direkt an Lehrer abgegeben.

— — Ausg. C. (f. Real- u. Oberrealschulen). 6. Aufl. gr. 8. (XVI, 242 S.) Ebd. 901. n. 1. 80; geb. n. 2. 30

Elementarbuch. Verf. von Dr. Gustav Plœtz. Ausg. C. Bearb. nach d. Lehrplänen von 1901. 7. Aufl. *Berlin: F. A. Herbig 1902.* (XVI, 267 S.) 8°
(Plœtz-Kares. Kurzer Lehrgang d. franz. Sprache.) [04. 14626

— — dasselbe. Ausg. C. Schlüssel. 2. Aufl. 8. (77 S.) Ebd. 902. n. 1. —; geb. n.n. 1. 30
Wird nur direkt an Lehrer abgegeben.

Elementarbuch. Verf. von Dr. Gustav Ploetz. ⟨Unter Mitw. d. Dir. Dr. [Otto] Kares.⟩ Ausg. D. Für Mädchenschulen. 4. Aufl. *Berlin: F. A. Herbig 1899.* (XVI, 307 S.) 8°
(Ploetz-Kares. Kurzer Lehrgang d. franz. Sprache.) [01. 636

— — dasselbe. (Unter Mitwirkg. v. Kares.) Ausg. D. (f. Mädchenschulen). 5. Aufl. gr. 8. (XVI, 307 S.) Ebd. 901. n. 2. 40; geb. n. 2. 90

— — dasselbe. Ausg. E. Neue Ausg. f. Gymnasien. Bearb. nach den Lehrplänen v. 1901. gr. 8. (XVI, 235 S.) Ebd. 902. n. 1. 80; geb. n. 2. 30

Elementarbuch. Verf. von Dr. Gustav Plœtz. Ausg. E. Neue Ausg. f. Gymn., bearb. nach d. Lehrplänen von 1901. 2. Aufl. *Berlin: F. A. Herbig 1903.* (XVI, 235 S.) 8°
(Plœtz-Kares. Kurzer Lehrgang d. franz. Sprache.) [04. 14628

— — dasselbe. Ausg. F. Neue Ausg. f. Realgymnasien. Bearb. nach den Lehrplänen v. 1901. gr. 8. (XVI, 270 S.) Ebd. 902. n. 2. —; geb. n. 2. 50

Sprachlehre. Auf Grund d. Schulgrammatik von Dr. Karl Ploetz bearb. von Dr. Gustav Ploetz & Dr. Otto Kares. 7. verb. Aufl. *Berlin: F. A. Herbig 1900.* (XVI, 123 S.) 8°
(Ploetz-Kares. Kurzer Lehrgang d. franz. Sprache.) [01. 637

— — dasselbe. Sprachlehre. Auf Grund der Schulgrammatik v. Karl Ploetz bearb. 8. verb. Aufl. gr. 8. (XX, 140 S.) Ebd. 902. n. 1. 20; geb. n. 1. 60

— — dasselbe. Ubungsbuch. Verf. von Gust. Ploetz. Ausg. A. 3 Hfte. gr. 8. Ebd. n. 2. 70; geb. n. 3. 80
1. Abschluss der Formenlehre. 6. Aufl. (VIII, 108 S.) 901. n. 1. —; geb. n. 1. 40
2. Syntax. (Wortstellung u. Verbum.) 4. Aufl. (VIII, 88 S.) 900. n. — 90; geb. n. 1. 30
3. (Syntax des Artikels, des Adjektivs u. des Adverbs. Die Fürwörter.) 3. Aufl. (IV, 78 S.) 898. n. — 80; geb. n. 1. 20

Übungsbuch. Verf. von Dr. Gustav Ploetz. Ausg. B. 5. Aufl. *Berlin: F. A. Herbig 1900.* (XI, 296 S.) 8°
(Ploetz-Kares. Kurzer Lehrgang d. franz. Sprache.) [01. 638

— — dasselbe. Ausg. B. (f. Gymnasien u. Realgymnasien). 6. Aufl. gr. 8. (XII, 296 S. m. 1 Karte.) Ebd. 902. n. 2. 25; geb. n. 2. 75

— — dasselbe. Ausg. B. Schlüssel. 2. Aufl. gr. 8. (136 S.) Ebd. 900. n. 2. —; geb. n. n. 2. 30
Wird nur direkt an Lehrer abgegeben.

Übungsbuch. Verf. von Dr. Gustav Ploetz. Ausg. C. 3. Aufl. *Berlin: F. A. Herbig 1900.* (XII, 375 S.) 8°
(Ploetz-Kares. Kurzer Lehrgang d. franz. Sprache.) [01. 640

— — dasselbe. Ausg. C. (f. Real- u. Oberrealschulen). 4. Aufl. gr. 8. (XII, 375 S. m. 1 Karte.) Ebd. 902. n. 2. 80; geb. n. 3. 50

— — dasselbe. Ausg. C. Schlüssel. 2. Aufl. 8. (197 S.) Ebd. 902. n. 2. —; geb. n. n. 2. 30
Wird nur direkt an Lehrer abgegeben.

— — dasselbe. Alphabetisches Wörterverzeichnis zum Übungsbuch (Ausgaben A, B u. C). Verf. von Gust. Ploetz u. Otto Kares. 4. Aufl. gr. 8. (52 S.) Ebd. 901. n. — 50; kart. n. — 60

— — dasselbe. Ausg. D. Für Mädchenschulen. 3. Aufl. gr. 8. (XII, 279 S. m. 1 Karte.) Ebd. 901. n. 2. 30; geb. n. 2. 80

Ploetz, Gustav u. O. Kares: Kurzer Lehrgang d. französ. Sprache. Übungsbuch. Verf. v. G. Ploetz. Ausg. E. Neue Ausg. f. Gymn. bearb. nach d. Lehrplänen von 1901. Berlin: F. A. Herbig 1905. (XI, 298 S. 8°

Elementarbuch. Verf. von Dr. Gustav Plœtz. Ausg. A. 6. Aufl. *Berlin: F. A. Herbig 1903.* (XII, 196 S.) 8°
(Plœtz-Kares. Kurzer Lehrgang d. franz. Sprache.) [04. 14624

— u. Otto Kares, kurzer Lehrgang der französischen Sprache. Elementarbuch. Verf. von Gust. Ploetz. Ausg. A. 7. Aufl. (XII, 200 S.) 8. Berlin 906. F. A. Herbig. n. 1. 40; geb. n. 1. 90

Elementarbuch. Verf. von Dr. Gustav Plœtz. Ausg. B. f. Gymn. u. Realgymn. 7. Aufl. *Berlin: F. A. Herbig 1903.* (XVI, 240 S.) 8°
(Plœtz-Kares. Kurzer Lehrgang d. franz. Sprache.) [04. 14625

— — dasselbe. Ausg. B. Für Gymnasien u. Realgymnasien. 8. Aufl. (XV, 240 S.) 8. Ebd. 905. n. 1. 80; geb. n. 2. 30

— — dasselbe. Ausg. C. Bearb. nach den Lehrplänen v. 1901. 8. Aufl. (XVI, 267 S.) Ebd. 905. n. 2. —; geb. n. 2. 50

Elementarbuch. Verf. von Dr. Gustav Plœtz. ⟨Unter Mitw. d. Dir. Dr. [Otto] Kares.⟩ Ausg. D. Für Mädchenschulen. 6. Aufl. *Berlin: F. A. Herbig 1903.* (XVI, 307 S.) 8°
(Plœtz-Kares. Kurzer Lehrgang d. franz. Sprache.) [04. 14627

— — dasselbe. Ausg. D. Für Mädchenschulen. (Unter Mitwirkg. v. Kares.) 7. Aufl. (XVI, 307 S.) 8. Ebd. 905. n. 2. 40; geb. n. 2. 90

— — dasselbe. Elementarbuch. Verf. v. Gust. Ploetz. Ausg. D. Schlüssel. 2. Aufl. (IV, 88 S.) 8. Ebd. 905.
Wird nur direkt an Lehrer abgegeben. n. 1. 25

— — dasselbe. Ausg. E. Neue Ausg. f. Gymnasien. Bearb. nach den Lehrplänen v. 1901. 3. Aufl. (XVI, 235 S.) 8. Ebd. 906. n. 1. 80; geb. n. 2. 30

Elementarbuch. Verf. von Dr. Gustav Ploetz. Ausg. F. Neue Ausg. f. Realgymn., bearb. nach d. Lehrplänen von 1901. 2. Aufl. Berlin: F. A. Herbig 1905. (XVI, 209 S.) 8°
(Ploetz-Kares. Kurzer Lehrgang d. franz. Sprache.) [06. 9890

— — dasselbe. Ausg. E. u. F. Schlüssel. (IV, 75 S.) 8. Ebd. 905. n. 1. 20
Wird nur direkt an Lehrer abgegeben.

Sprachlehre. Auf Grund der Schulgrammatik von Dr. Karl Ploetz, bearb. von Dr. Gustav Ploetz & Dr. Otto Kares. 9. verb. Aufl. Berlin: F. A. Herbig 1904. (XX, 150 S.) 8°
Ploetz-Kares: Kurzer Lehrgang d. franz. Sprache.) [05. 7974

— — dasselbe. Sprachlehre. Auf Grund d. Schulgrammatik v. Karl Ploetz bearb. 10., verb. Aufl. (XXIV, 140 S.) 8. Ebd. 906. n. 1. 20; geb. n. 1. 60

— — dasselbe. Uebungsbuch. Verf. v. Gust Ploetz. Ausg. A. 1.–3. Heft. gr. 8. Ebd. n. 2. 70; geb. n. 3. 90
1. (Anschluss der Formenlehre.) 7. Aufl. (VIII, 108 S.) 904. n. 1. —; geb. n. 1. 40
2. Syntax. (Wortstellung u. Verbum.) 6. Aufl. (VIII, 88 S.) 905. n. — 90; geb. n. 1. 30
3. (Syntax des Artikels, des Adjektivs u. des Adverbs. Die Fürwörter.) 4. Aufl. (IV, 79 S.) 906. n. — 80; geb. n. 1. 20

Ploetz, Gust., u. Otto **Kares**, kurzer Lehrgang der französischen Sprache. Uebungsbuch. Verf. v. Gust. Ploetz. Ausg. A. Schlüssel. 2. Aufl. (167 S.) 8. Berlin 905. F. A. Herbig. n. 2. 50
Wird nur direkt an Lehrer abgegeben.

— — dasselbe. Ausg. B. (f. Gymnasien u. Realgymnasien). 8. Aufl. (VIII, 296 S. m. 1 Plan.) 8. Ebd. 906. n. 2. 25; geb. n. 2. 75

Schlüssel zum Übungsbuch Ausgabe B. Verf. von Dr. Gustav Plœtz. 3. Aufl. *Berlin: F. A. Herbig 1904.* (152 S.) 8°
(Ploetz-Kares. Kurzer Lehrgang d. französ. Sprache.) (04. 8552

Übungsbuch. Verf. von Dr. Gustav **Ploetz**. Ausg. C. 6. Aufl. Berlin: F. A. Herbig 1905. (XII, 375 S.) 8°
(Ploetz-Kares. Kurzer Lehrgang d. franz. Sprache.) (06. 5896

— — dasselbe. Ausg. C. Schlüssel. 3. Aufl. (197 S.) 8. Ebd. 906. n. 2. —; geb. n. 2. 30
Wird nur direkt an Lehrer abgegeben.

Alphabetisches Wörterverzeichnis zum Übungsbuch (Ausg. A. B. u. C.). Verf. von Dr. Gustav **Ploetz** u. Dr. Otto Kares. 6. Aufl. Berlin: F. A. Herbig 1904. (52 S.) 8°
(Ploetz-Kares: Kurzer Lehrgang d. franz. Sprache.) (05. 7278

— — dasselbe. Gekürzte Ausg. C. In genauem Anschluß an die Lehrpläne v. 1901. (XVI, 352 S. m. 1 Karte.) 8. Ebd. 906. n. 2. 60; geb. in Leinw. n. 3. 10

— — dasselbe. Gekürzte Ausg. C. Verf. v. Gust. Ploetz. Schlüssel. (144 S.) 8. Ebd. 907. n. 2. —
Wird nur direkt an Lehrer abgegeben.

— — dasselbe. Ausg. D. Für Mädchenschulen. Verf. v. Gust. Ploetz u. Otto Kares. 4. Aufl. (XII, 279 S. m. 1 farb. Plan.) 8. Ebd. 904. n. 2. 30; geb. n. 2. 80

— — dasselbe. Ausg. E. Neue Ausg. f. Gymnasien. Bearb. nach den Lehrplänen v. 1901. 2. Aufl. (XII, 298 S. m. 1 Plan.) 8. Ebd. 906. n. 2. 25; geb. n. 2. 75

— — dasselbe, verf. v. Gust. Ploetz. Ausg. F. Neue Ausg. f. Realgymnasien, bearb. nach den Lehrplänen v. 1901. (VIII, 323 S. m. 1 farb. Plan.) 8. Ebd. 906. n. 2. 50; geb. n. 3. —

— — dasselbe. Ausg. E u. F. Schlüssel. (124 S.) 8. Ebd. 906. n. 2. —
Wird nur direkt an Lehrer abgegeben.

— — dasselbe. Ausg. G. Für Mittelschulen. Verf. v. Gust. Ploetz. Unter Mitwirkg. der fremdsprachl. Abteilg. des Lübecker Lehrervereins. (XVI, 277 S. m. 1 farb. Plan.) 8. Ebd. 906. n. 2. —; geb. n. 2. 50

Ploetz, Gust., u. Otto **Kares**, kurzer Lehrgang der französ. Sprache. Elementarbuch. Verf. v. Gust. Ploetz. Ausg. B. 8. Aufl. (XII, 200 S.) 8. Berlin 910. F. A. Herbig. 1.40; geb. in Leinw. 1. 90

— — dasselbe. Ausg. B. Für Gymnasien u. Realgymnasien. 9. Aufl. (XVI, 250 S. m. 1 farb. Karte.) 8. Ebd. 909. 1.80; geb. 2. 30

— — dasselbe. Ausg. C. Schlüssel. 3. Aufl. (II, 77 S.) 8. Ebd. 907. 1. —
Wird nur an Lehrer abgegeben.

— — dasselbe. Ausg. D. Für Mädchenschulen. (Unter Mitwirkg. des Dir. Kares.) 9. Aufl. (XVI, 317 S.) 8. Ebd. 910. 2.50; geb. in Leinw. 3. —

— — dasselbe. Ausg. E. Neue Ausg. f. Gymnasien. Bearb. nach den Lehrplänen v. 1901. 4. Aufl. (XVI, 236 S.) 8. Ebd. 908. 1.80; geb. 2. 30

— — dasselbe. Ausg. F. Neue Ausg. f. Realgymnasien. Bearb. nach den Lehrplänen v. 1901. 3. Aufl. (XVI, 270 S.) 8. Ebd. 908. 2.—; geb. 2. 50

— — dasselbe, Ausg. G. Für Mittelschulen. Schlüssel. Verf. v. Gust. Ploetz. (66 S.) 8. Ebd. 907. 1.25; geb. 1. 55
Wird nur an Lehrer abgegeben.

— — dasselbe. Ausg. H f. Lehrerbildungs-Anstalten. Bearb. nach den Lehrplänen v. 1901 v. Gust. Ploetz u. Heinr. Wetterling. 3. Aufl. (XX, 346 S.) 8. Ebd. 910. 2.70; geb. in Leinw. 3. 20

— — dasselbe. Ausg. H. Schlüssel. Verf. v. Gust. Ploetz. (102 S.) 8. Ebd. 909. Geb. nn 1. 80

— — dasselbe. Sprachlehre. Auf Grund der Schulgrammatik v. Karl Ploetz bearb. 11. Aufl. (XXIV, 140 S.) 8. Ebd. 909. 1.20; geb. 1. 60

— — dasselbe. Übungsbuch. Verf. v. Gust. Ploetz. Ausg. A. 1.—3. Heft. (VIII, 115 S.) 8. Ebd. 2.70; geb. in Leinw. 3. 90
1. (Abschluß der Formenlehre.) 9. Aufl. (VIII, 115 S.) 909. 1.—; geb. in Leinw. 1. 40
2. (Syntax. Wortstellung u. Verbum.) 7. Aufl. (VIII, 88 S.) 909. — 90; geb. 1. 30
3. (Syntax des Artikels, des Adjektivs u. des Adverbs. Die Fürwörter.) 5. Aufl. (IV, 79 S.) 910. — 80; geb. in Leinw. b 1. 20

— — dasselbe. Ausg. B (f. Gymnasien u. Realgymnasien). 9. Aufl. (VIII, 296 S. m. 1 farb. Karte.) 8. Ebd. 909. 2.25; geb. 2. 75

— — dasselbe. Ausg. B. Schlüssel. Verf. v. Gust. Ploetz. 4. Aufl. (152 S.) 8. Ebd. 909. 2.—; geb. 2. 30

— — dasselbe. Ausg. C (f. Real- u. Oberrealschulen). 7. Aufl. (XX, 387 S. m. 1 farb. Karte.) 8. Ebd. 908. 2.80; geb. 3. 30

— — dasselbe. Gekürzte Ausg. C. In genauem Anschluß an die Lehrpläne v. 1901. 2. Aufl. (XX, 356 S. m. 1 farb. Plan.) 8. Ebd. 908. 2.60; geb. 3. 10

— — dasselbe. Verf. v. Gust. Ploetz u. Otto Kares. Ausg D. Für Mädchenschulen. 6. Aufl. (XII, 279 S. m. 1 farb. Plan.) 8. Ebd. 910. 2.30; geb. in Leinw. 2. 80

— — dasselbe. Schlüssel. Verf. v. Gust. Ploetz. 2. Aufl. (104 S.) 8. Ebd. 907. 1.50; geb. n 1. 80
Wird nur an Lehrer abgegeben.

dasselbe. Ausg. E. Neue Ausg. f. Gymnasien, bearb. nach den Lehrplänen v. 1901. 3. Aufl. (XII, 298 S. m. 1 farb. Karte.) 8. Ebd. 909. 2.25; geb. 2. 75

— — dasselbe. Ausg. F. Neue Ausg. f. Realgymnasien. Bearb. nach den Lehrplänen v. 1901. 2. Aufl. (VIII, 323 S. m. 1 farb. Karte.) 8. Ebd. 907. 2.50; geb. 3. —

— — dasselbe. Alphabetisches Wörterverzeichnis zum Uebungsbuch (Ausgaben A—C u. E—G). Verf. v. Gust. Ploetz u. Otto Kares. 7. Aufl. (64 S.) 8. Ebd. 907. n. —50; kart. n. —60

— — dasselbe. Alphabetisches Wörterverzeichnis zum Übungsbuch (Ausgaben A—C u. E—G). Verf. v. Gust. Ploetz u. Otto Kares. 8. Aufl. (64 S.) 8. Ebd. 909. —50; kart. —60

— — dasselbe. Ausg. H f. Lehrerbildungs-Anstalten. Bearb. nach den Lehrplänen v. 1901 v. Gust. Ploetz u. Heinr. Wetterling. 2. Aufl. (XII, 288 S. m. 1 farb. Plane.) 8. Berlin 910. F. A. Herbig. 2.30; geb. in Leinw. 2.80

Ploetz, Gust., u. Otto Kares, kurzer Lehrgang der französ. Sprache. Übungsbuch. Ausg. H. Schlüssel. Verf. v. Gust. Ploetz. (80 S.) 8. Berlin 909. F. A. Herbig. Geb. 1.60

Wird nur an Lehrer abgegeben.

Ploetz, Gust., methodisches Lese- u. Übungsbuch zur Erlernung der französischen Sprache 2. Tl.: Syntax. gr. 8. (VIII, 220 S.) Berlin 886. Herbig. n. 1. 50 (1. u. 2.: n. 2. 80)

Den 1. Tl. s.: Ploetz, K.

Ploetz, G., methodisches Lese- u. Übungsbuch zur Erlernung der französischen Sprache. 2. Tl.: Syntax. 2., verb. Aufl. gr. 8. (VIII, 220 S.) Berlin 889. Herbig. n. 1. 50; geb. n.n. 1. 70

Ploetz, Gust., methodisches Lese- u. Übungsbuch zur Erlerng. der französischen Sprache. 2. Tl.: Syntax. 3., verb. Aufl. gr. 8. (VIII, 220 S.) Berlin 893. F. A. Herbig. n. 1. 50; geb. n.n. 1. 70

— methodisches Lese- u. Ubungsbuch zur Erlerng. d. französ. Sprache. 2. Tl.: Syntax. 4., verb. Aufl. gr. 8. (VIII, 220 S.) Ebd. 898. n. 1. 50; Einbd. n.n.n. —30

Ploetz, Gust. Schlüssel z. d. method. Lese- u. Uebungsbuch. Tl. 1 u. 2. 8. (III, 180 S.) Berl. 887, Herbig. geb. * 2 30

Wird nur an Lehrer abgegeben.

— dasselbe. Schlüssel zu Tl. I u. II. Hrsg. v. Gust. Ploetz. 2. Aufl. 8. (III, 185 S.) Ebd. 895. n. 2. —

Wird nur an Lehrer resp. Lehrerinnen abgegeben.

—— Material zu Sprechübungen über Vorkommnisse des täglichen Lebens. Ausg. E. Berlin: F. A. Herbig 1904. (44 S.) 8°

Aus: Ploetz. Übungsbuch. Ausg. E. Anh.

[05. 7273]

—— Material zu Sprechübgn. üb. Vorkommnisse des tägl. Lebens. Sonderabdr. des Anh. zum Uebungsbuch (Ausg. E.) 2. Aufl. (44 S.) 8. Ebd. 905. n. —40

—— Material zu Sprechübgn. üb. Vorkommnisse des tägl. Lebens. Sonderabdr. des Anh. zum Übungsbuch (Ausg. E.) 3. Aufl. (44 S.) 8. Ebd. 908. —40

Ploetz, Gustav (Hrsg.), s. Ploetz, Karl: Conjugaison francaise. 13. Aufl. ff. – Elementarbuch d. franz. Sprache. – Elementargrammatik d. franz. Sprache. 14. Aufl. ff. – Nouvelle grammaire francaise ... – Guide des institutrices. – Manuel de litterature francaise. – Schulgrammatik d. franz. Sprache. – Syllabaire francais. – Syntax u. Formenlehre d. neufranz. Sprache. – Übungen z. Erlernung d. franz. Syntax ... – Petit vocabulaire francais. – Vocabulaire systematique ... Voyage a Paris. – Zweck u. Methode d. franz. Unterrichtsbücher. 6. u. 7. Aufl.

Ploetz, Gust., english vocabulary. Methodische Anleitg. zum Englisch Sprechen, mit durchgeh. Bezeichnung der Aussprache. 8. (VIII, 234 S.) Berlin 878. Herbig. n. 2. 25

—— English Vocabulary. Methodische Anleitung zum englisch Sprechen mit durchgehender Bezeichnung der Aussprache. 2. verm. und verb. Aufl. 8. (X, 304 S.) Ebendas. 883. * 2 25

— English vocabulary. Methodische Anleitung zum englisch Sprechen m. durchgeh. Bezeichng. der Aussprache. 3., verm. Aufl. gr. 8. (VIII, 312 S.) Ebd. 890. n. 2. 25; geb. n.n. 2. 50

Ploetz, Gust., english vocabulary. Method. Anleitg. zum englisch Sprechen m. durchgeh. Bezoichng. d. Aussprache. 4., verm. u. verb. Aufl. 8. (VIII, 304 S.) Borlin 897. F. A. Herbig. n. 2. 25

English vocabulary. Method. Anleitung z. Englisch Sprechen mit durchgehender Bezeichnung d. Aussprache von Dr. Gustav **Ploetz**. 5. verm. u. verb. Aufl. Berlin: F. A, Herbig 1904. (VIII, 316 S.) 8° [05. 6586]

(**Ploetz, H.**:) Philipp Otto Runge und Kaspar David Friedrich. Zwei pommersche Künstler. Hrsg. v. Stettiner Lehrerverein. Stettin 1908: (München: Bruckmann). 24 S. 4° [Umschlagt.]

v. Plötz, Herm., üb. den Sängerkrieg auf Wartburg nebst einem Beitrage zur Literatur des Räthsels. gr. 8. (VI u. 98 S.) Weimar 851, Hoffmann. n. 2/3 Thlr.

Plötz, Johann (P. C. F.) von

v. Plötz, Jh., Beiträge zur deutschen Bühne. 1. u. 2. Bd. 1. Bd. Die Choleramanen. Stolz der Geburt u. Stolz des Glücks. Abentheuer einer Neujahrsnacht. — 2. Bd. Das Innere einer Familie oder der Haustyranne, Charaktergemälde in 5 Aufzügen. Der Ruf oder die Journalisten, Lustspiel in 1 Aufzuge. Der verwunschene Prinz, Schwank in 3 Aufzügen. 8. München 844, 45, Franz. à 1 1/2 Thlr.

v. Plötz, Johann, Beiträge zur deutschen Bühne. 3. Bd. Benjamin Constant, Lustsp. in 4 Aufzügen. — Dumm u. gelehrt, Lustsp. in 1 Aufzug. — Die Familie Starkenberg, Trauerspiel in 3 Aufzügen. 8. (291 S.) München 847, Franz. 1 1/2 Thlr. (3 Bde. 4 1/2 Thlr.)

Plötz, J. v., dumm und gelehrt, } s. Universal-Bibliothek Nr. 2480

v. Plötz, Jh., das Innere einer Familie, oder der Haustyrann. Charactergemälde in 5 Aufz. 8. München 839. Franz. 2/3 Thlr.

v. Plötz, (J.,) der Landtag in Krähwinkel. Lustsp. in 5 Aufzügen. 8. Münch. 824, Finsterlin.

Plötz, Joh. v., Lustspiele. 8. (21 1/2 B.) München 835, Franz. Thlr.

Inh.: Die Choleramanen. — Stolz der Geburt u. Stolz d. Glücks. — Abentheuer einer Neujahrsnacht.

v. Plötz, J. (P. C. F.) Poesie und Prosa. Lstspl. in 1 A. 8. Münch. 817. Lentner. 9 kr

— Zaklený princ. Dramatický šprým ve 3 jednáních. Přeložil Ant. Hák. gr. 16. (71 S.) Prag 852. (Neureutter.) n. 6 ngr

Plötz, Johann von: Der verwunschene Prinz, s. Universalbibliothek. Nr. 2228.

Plötz, J. v., der verwunschene Prinz. Schwank in 3 Aufzügen. gr. 16. (84 S.) München 879. Franz. n.n. 1. 50

— der Ruf, oder: Die Journalisten. Lustspiel in 1 Aufzuge nach der Idee Scribe's. 8. München 840. Franz. 3/8 fl

— der Stadttag zu Krähwinkel. Lstspl. in 5 Aufz. gr. 8. Münch. 824. Finsterlin. 12 kr Schreibp. 16 kr Velinp. 1 fl

— Vaterland über Alles! od.: Der Entsatz von Leyden. Schauspiel in 4 Aufzügen, nach einer Erzählung Wachsmanns zum Drama umgeschrieben. 8. (103 S.) Ebd. 852. 14 ngr

— die Zwillinge. Trspl. in 3 A. gr. 8. 12. Münch. 821. Lentner.

Der bucklige Buschranger. Ein Abenteuer in Australien. Erzählt nach d. Tagebuche e. Ansiedlers von K. Ploetz. *Berlin: Tessaro-Verl. (1901).* (64 S.) 8° [F.]
— Indianer-Bücher. 21. [03. [illegible]

Ein moderner Räuberhauptmann. Nach e. wahren Begebenheit. Erzählt von K. Ploetz. *Berlin: Tessaro-Verl. (1902).* (64 S.) 8° [F.]
— Indianer-Bücher. 34. [03. 13331

Der prophetische Verbrecher. Eine Kriminalgesch. von K. Ploetz. *Berlin: Tessaro-Verl. (1901).* (64 S.) 8° [F.]
— Indianer-Bücher. 20. [03. [illegible]

Der wunderbare Zauber. Eine Erzählung aus d. Zeit d. Kreuzzüge von K. Ploetz. *Berlin: Tessaro-Verl. (1901).* (64 S.) 8° [F.]
— Indianer-Bücher. 4. [03. 13299

Ploetz, Carl, Anleitung zum Gebrauche der Syllabaire, des Elementarbuchs und der Elementargrammatik. Namentlich für den Unterricht in der französ. Aussprache. 2., verm. und verb. Aufl. 8. (64 S.) Berlin 861, Herbig. *

Ploetz, Carl, Anleitung zum Gebrauche des Syllabaire, des Elementarbuchs und der Elementargrammatik. Namentlich für den Unterricht in der französischen Aussprache. 3. Aufl. 862. — 4. verb. Aufl. Berlin 864. Herbig. 8. (IV, 92 S.) n. 6 ngr

Ploetz, Carl, Anleitung zum Gebrauche des Syllabaire, des Elementarbuchs u. der Elementargrammatik. Namentlich für den Unterricht in der französ. Aussprache. 5—7. verb. Aufl. Berlin 865—69. Herbig. 8. (IV, 92 S.) n. 6 ngr

Plötz, Carl, Anleitung zum Gebrauche d. Syllabaire, d. Elementarbuchs u. der Elementargrammatik. Namentlich f. die französ. Aussprache. 8. verb. Aufl. 8. (IV, 92 S.) Berlin 871. Herbig. n. — 60

— Anleitung f. den französischen Unterricht oder systemat. Darstellg. der französ. Aussprache. 9. umgearb. Aufl. Mit Beilagen aus dem Pariser Théâtre-français. 8. (VIII, 120 S.) Ebend. 873. n. 1. —

Ploetz, Carl (Hrsg.), s. Appert, B.: Erinnerungen aus meinen Erlebnissen am Hofe Ludwig Philipps . . .

— Auszug der alten, mittleren und neueren Geschichte als Leitfaden und zu Repetitionen. Ebend. 863. 16. (VIII, 200 S.) n. 10 ngr

— Auszug aus der alten, mittleren u. neueren Geschichte. Als Leitfaden u. zu Repetitionen. 2., für die neueste Geschichte vollständig umgearb. Aufl. Ebend. 867. 16. (VIII, 408 S.) n. 15 ngr

— Auszug aus der alten, mittleren und neueren Geschichte. 3. Aufl. (VIII, 440 S.) 1869. *M 1,50., und 4. und 5. verb. und verm. Aufl. 16. (VIII, 504 S.) Ebendas. 871,74. * 1 80

Ploetz, Carl, Auszug aus der alten, mittleren und neueren Geschichte. 6. verb. und verm. Aufl. 16. (VIII, 504 S.) Berlin 877, Herbig. * 1 80
— dass. — 7. verb. Aufl. 16. (VIII, 510 S.) Berlin 880, Ploetz. * 2 —

— Auszug aus der alten, mittleren und neueren Geschichte. 9., verb. Aufl. 8. (VIII, 420 S.) Berlin 888. Ploetz. n. 2. —; geb. n. 2. 50

— Auszug aus der alten, mittleren u. neueren Geschichte. 10., verb. Aufl. 12. (VIII, 432 S.) Berlin 891. A. G. Ploetz. n. 2. 10; geb. in Leinw. n. 2. 60

Ploetz, Karl, Auszug aus d. alten, mittleren u. neueren Geschichte. 11., verb. Aufl. 8. (VIII, 434 S.) Berlin 895. A. G. Ploetz. Geb. in Leinw. n. 3. —

— Auszug aus der alten, mittleren u. neueren Geschichte. 12. verb. Aufl. 8. (VIII, 430 S.) Berlin 898. Leipzig, A. G. Plötz. Geb. in Halbldr. n. 3. —

Ploetz, Dr. Karl, ehem. Professor am franz. Gymnasium in Berlin. Auszug aus der alten, mittleren und neueren Geschichte. 13. verb. Auflage 8. Berlin 1902.

Ploetz, Karl, Auszug aus der alten, mittleren u. neueren Geschichte. Neubearb. v. Max Hoffmann. 16. Aufl. (VIII, 444 S.) kl. 8. Leipzig 910. A. G. Ploetz. Geb. 3. —

Ploetz, Carolus (Julius): *De primo bello Mithridatico. 98 S. 8° (4°)
Halle-Wittenberg, Phil. Diss. v. 29. Nov. 1845
Geb. Berlin 7. 7. 1819. V.
Vom Verf. ersch.: Commentationis de primo bello Mithridatico capita priora. 1845. 39 S. [Fock]. Exemplar nicht nachweisbar.

— Chrestomathie, s.: Präparationen.

— Conjugaison française. Französische Vorschule, 2. Stufe. Mit einem Lesebuche und Vocabular, für Töchterschulen und den Privatunterricht bearb. 16. (IV und 188 S.) Berlin 858, Herbig. *
1. Stufe, vgl. des Verf.: Syllabaire français.

— conjugaison française. Französische Vorschule, 2. Stufe. Mit einem Lesebuche u. Vocabular, für Töchterschulen u. den Privatunterricht bearb. 2. Aufl. Ebend. 862. 16. (IV, 188 S.) n. 9 ngr

— Conjugaison française. Zweite Unterrichtsstufe für Töchterschulen u. den Privatunterricht. Mit e. Lesebuch u. Vocabular. 3—6. Aufl. Ebend. 865—70. 16. (IV, 188 S.) cart. n. 9 ngr

— Conjugaison française. Zweite Stufe für den französ. Unterricht in Töchterschulen. Mit einem Lesebuche und Vocabular. 4.—9. Aufl. 16. (IV, 188 S.) Ebendas. 867—74. cart. * — 90

— Conjugaison française. Zweite Stufe für den französ. Unterricht in Töchterschulen. Mit einem Lesebuche und Vocabular. 10. und 11. Aufl. 8. (IV, 188 S.) Berlin 876,78, Herbig. cart. * 90 Pf.; geb. * 1 —

— conjugaison française. 2. Stufe f. d. französ. Unterricht in Töchterschulen. Mit einem Lesebuch u. Vokabular. 12. Aufl. 8. (VI, 186 S.) Berlin 881. Herbig. n. 1. —; cart. n. 1. 25

— conjugaison française. 2. Stufe für den französ. Unterricht in Töchterschulen. Mit einem Lesebuch und Vokabular. 13.—15. Aufl. 8. (VI, 186 S.) Berlin 883—88, Herbig. * 1 —

— conjugaison française. 2. Stufe f. den französ. Unterricht in Töchterschulen. Mit e. Lesebuch u. Vokabular. 14. Aufl. 8. (VI, 186 S.) Ebend. 886. n. 1. —; Einbd. n.n. — 20

— Conjugaison française. 16. Aufl. 8. (VI, 186 S.) Berl. 891, Herbig. * 1 —; geb. ** 1 20

— conjugaison française. 2. Stufe f. den französ. Unterricht in Mädchenschulen. Mit e. Lesebuch u. Vokabular. 17. Aufl. 8. (VI, 186 S.) Berlin 894. F. A Herbig. n. 1. —; kart. n.n. 1. 20; Anh. 3. Aufl. (20 S.) n n. — 15

— Conjugaison française. 2. Stufe. Für den französ. Unterricht in Mädchenschulen. Mit e. Lesebuch u. Vokabular. 18. Aufl. 8. (VI, 186 S) Berlin 900. F. A. Herbig. Kart. n. 1. 30; Anh. 5. Aufl. (20 S.) n.n. — 15

Conjugaison française. 2. Stufe f. d. französ. Unterr. in Mädchenschulen. Mit e. Lesebuch u. Vokabular von Dr. Karl Plœtz, ehem. Prof. in Berlin. 19 Aufl. *Berlin: F. A. Herbig 1902.* (VI, 186 S.) 8° [04 8553

Conjugaison française. Zweite Stufe f. d. franz. Unterr. in Mädchenschulen. Mit e. Lesebuch u. Vokabular von Dr. Karl Ploetz, ehem. Prof. in Berlin. 20. Aufl. (Hrsg.: Gustav Ploetz.) Berlin: F. A. Herbig 1906. (VI, 186 S.) 8° [07. 5554

— Conjugaison française. 2. Stufe. Für d. französ. Unterricht in Mädchenschulen. Mit e. Lesebuch u. Vokabular. Seit der 13. Aufl. hrsg. v. Gust. Ploetz. 21. Aufl. (VI, 186 S.) 8. Berlin 909. F. A. Herbig. 1. —; geb. 1. 30

— dasselbe. Anhang 8. (20 S.) Ebend. 886. n.n. — 15

Ploetz, Karl. Conjugaison française. Anhang, bearb. von G. Ploetz. 2. Aufl. 8. (20 S.) Berl. 892, Herbig. ** — 15

— Conjugaison française. Anhang. 4. Aufl. 8. (20 S.) Berlin 897. F. A. Herbig. n.n. — 15

— dasselbe. Anh. 6. Aufl. (20 S.) 8. Ebd. (905). n.n. — 15

— Dasselbe. Anhang. 7. Aufl. (20 S.) kl. 8. Ebd. (908). nn — 15

— Corrigé des exercices de syntaxe à l'usage de la seconde et de la première classe des gymnases et des écoles dites réales. Ebend. 868. 8. (XVI, 192 S.) n. 20 ngr.

— Corrigé des exercises de syntaxe a l'usage de la seconde et de la première classe des lycées et des écoles dites réales. 2. éd. revue et corrigée. 8. (VII, 194 S.) Berlin 873. Herbig. n. 2. —

— Corrigé des exercices de syntaxe à l'usage de la première et de la seconde classe des lycées et des écoles dites réales. 3e édit. revue et corrigée. 8. (XIV, 194 S.) Ebendas. 878. * 2 —

— corrigé des exercices de syntaxe à l'usage de la première et de la seconde classe des lycées et des écoles dites réales. 4. éd. revue et corrigée. 8. (XIV, 194 S.) Ebend. 882. n. 2. —

— corrigé des exercices de syntaxe à l'usage de la 1e et de la 2e classe des lycées et des écoles dites réales. 5. éd. 8. (XIV, 194 S.) Ebend. 886. n. 2. —
Wird nur an Lehrer direkt abgegeben.

— corrigé des exercices de syntax à l'usage de la première et de la seconde classe des lycées et des écoles dites réales. 6. éd. revue et corrigée. 8. (XVI, 196 S.) Ebd. 892. n. 2. —
Wird nur an Lehrer geliefert.

Corrigé des exercices de syntaxe à l'usage de la première et de la seconde classe des lycées et des écoles dites réales par C[arl] Ploetz. 7. éd., rev. et corrigée. *Berlin: F. A. Herbig 1899.* (XVI, 196 S.) 8° [01 380

Corrigé des exercices de syntaxe à l'usage de la première et de la seconde classe des lycées et des écoles dites réales. Par C[arl] Ploetz. 8. éd. rev. et corr. Berlin: F. A. Herbig 1906. (XVI, 196 S.) 8° [07. 5550

Ploetz, Charles, Cours gradué de langue française en six parties à l'usage des écoles. 1. partie. 2. édition revue et corrigée. A. u. d. T.: Elementarbuch der französischen Sprache. Mit besond. Berücksicht. der Aussprache nach der stufenweise fortschreitenden Methode bearb. 1. Cursus. 2. verb. Aufl. 8. (VIII u. 139 S.) Berlin 850, Herbig. — 3. verb. Aufl. 8. (VIII u. 144 S.) Ebd. 852. 1/4 ℳ

— dass. A. u. d. T.: Livre élémentaire, 2. cours. Französisches Elementarbuch. Mit besond. Berücksicht. d. Aussprache bearb. 2. Cursus. 8. (VI u. 274 S.) Ebd. 849. — 2. partie. 2. édition revue corrigée. A. u. d. T.: Elementarbuch der französischen Sprache. 2. Cursus, oder vollständ. Schulgrammatik f. die mittlere Unterrichtsstufe. Nach der stufenweise fortschreitenden Methode, in unmittelbarem Zusammenhange mit zahlreichen französ. u. deutschen Uebungsbeispielen bearb. 2. verb. Aufl. 8. (X u. 288 S.) Ebd. 852. 1/2 ℳ

— dass. 3. partie. A. u. d. T.: Lectures choisies. Französische Chrestomathie für die mittleren Klassen von Gymnasien u. anderen höheren Lehranstalten. Mit erklär. Anmerkungen in französ. Sprache u. mit einem Wörterverzeichniß versehen. 8. (VIII u. 296 S.) Ebd. 851. 1/2 ℳ

— dass. (4. partie.): Petit vocabulaire. Kleines Vocabelbuch zum Auswendiglernen für Anfänger in der französ. Sprache. 8. (47 S.) Ebd. 849. 3 ngr — 4. partie: 2. édition revue et augmentée. Vocabulaire systématique et guide de conversation française. Anleitung zum französ. Sprechen vermittelst einer das Lernen u. Behalten erleichternden Anordnung der Wörter u. Redensarten, mit besond. Berücksicht. der Synonymik, des neueren Sprachgebrauchs, der geograph. u. histor. Namen. Für Schulen u. zum Privatgebrauche. 2. verb. u. verm. Aufl. 8. (XIV u. 270 S.) Ebd. 850. 1/2 ℳ (1—4: 1 ℳ 10 1/2 ngr)

— cours gradué de langue française en 6 parties. A l'usage des écoles. 1. partie: Livre élémentaire. — Lehrbuch der französ. Sprache. 1. Cursus oder Elementarbuch. Mit besond. Berücksichtigung der Aussprache nach der stufenweise fortschreitenden Methode bearb. 4—7. Ausg. 853, 54. (VIII, 144 S.) — 8—10. Aufl. 854, 55. (VIII, 151 S.) — 11—14. Aufl. 855—57. (2 Bl., 172 S.) — 15. Aufl. 858. (4 Bl., 168 S.) Berlin, Herbig. 8. n. 7 1/2 ngr.

— — 2. partie: Grammaire méthodique. — Lehrbuch ꝛc. 2. Cursus oder Schulgrammatik. Nach der stufenweise fortschreitenden Methode, mit einer Uebersichtlichen Zusammenstellung der Grammatik nach dem Schema der Redetheile. 3—5. Aufl. 853, 54. (VIII, 310 S.) 15 ngr. — 6. u. 7. Aufl. 854, 55. (X, 358 S.) 18 ngr. — 8. Aufl. 856. (2 Bl., 364 S.) n. 18 ngr. — 9—11. Aufl. Ebend. 857, 58. 8. (VIII, 376 S.) n. 18 ngr.

— — 3. partie: Lectures choisies. — Französische Chrestomathie. Mit kurzen biograph. Notizen, erklärenden Anmerkungen in französ. Sprache und einem Wörterverzeichniß. 2. verb. Aufl. 854. (VIII, 300 S.) 15 ngr. — 3—5. Aufl. vermehrt durch den Abdruck des „Diplomate" von Scribe und der „Athalie" von Racine. Ebend. 855—57. 8. (VIII, 374 S.) n. 18 ngr.

Ploetz, Carl, cours gradué de langue française en 6 parties. A l'usage des écoles. 4. partie: Vocabulaire systématique et guide de conversation française. — Methodische Anleitung zum französisch Sprechen. Mit zahlreichen, die Synonymik, die sprüchwörtlichen Redensarten, die Gallicismen und Germanismen betr. Anmerkungen. 3. u. 4. mit 20 Gesprächen verm. Aufl. 853, 54. (XII, 292 S.) 15 ngr. — 5. verm. Aufl. 856. — 6. Aufl. 858. Berlin, Herbig. 8. (VIII, 376 S.) n. 18 ngr.

— cours gradué de langue française. A l'usage des écoles. Ebend. 859—64. 8.
  I.: Lehrbuch der französischen Sprache. 1. Cursus oder Elementarbuch. Mit besonderer Berücksichtigung der Aussprache, nach Seidenstücker's stufenweise fortschreitender Methode bearb. 16—22. unveränd. Aufl. Mit einer Uebersicht der grammatikalischen Elemente nach dem Schema der Redetheile, u. einem Lesebuch für Anfänger. (VIII, 167 S.) n. 7½ ngr.
  I. b.: Lehrbuch der französischen Sprache, 1. Cursus oder Elementar-Grammatik. Enthaltend: eine systematische Grammatik nach den Redetheilen und ein methodisches Elementarbuch nach Seidenstücker's Methode. Für Gymnasien u. Realschulen bearb. 1. u. 2. unveränderte Aufl. (XII, 180 S.) n. 10 ngr.
  II.: Lehrbuch der französischen Sprache. 2. Cursus oder Schulgrammatik. Enthaltend: eine systematische Grammatik nach den Redetheilen und eine methodische Grammatik mit französischen u. deutschen Uebersetzungsstücken. 12—17. Aufl. (XII, 436 S.) n. 20 ngr.
  III.: Lectures choisies. Französische Chrestomathie. Mit kurzen biographischen Notizen, erklärenden Anmerkungen in französischer Sprache und einem Wörterverzeichniß. 6—9. unveränd. Aufl. (VIII, 376 S.) n. 18 ngr.
  IV.: Vocabulaire systématique et guide de conversation française. Methodische Anleitung zum französisch Sprechen für obere Klassen höherer Schulen u. zum Privatgebrauche. Enthaltend: Vocabular, Phraseologie, Dialoge ꝛc. 7. u. 8. Aufl. (XIV, 429 S.) n. 20 ngr.

— Cours gradué de langue française. A l'usage des écoles. Partie 1a., 1b., 2., 3. et. 4. Berlin 865—69 Herbig. 8. n. 2 ℛ 15⅓ ngr.
  Partie 1a. Elementarbuch der französischen Sprache. Nach Seidenstücker's Methode bearb. 23. u. 24., unveränd. Aufl. (VIII, 167 S.) n. 7½ ngr.
  Partie 1b. Elementar-Grammatik der französischen Sprache für die unteren Klassen von Gymnasien u. Realschulen. Enthltd.: eine systemat. Grammatik nach den Redetheilen u. ein method. Elementarbuch. 3—5. verb. Aufl. (VIII, 181 S.) n. 10 ngr.
  Partie 2. Schulgrammatik der französischen Sprache. Enthltd.: eine systemat. Grammatik nach den Redetheilen u. eine method. Grammatik mit französ. u. deutschen Uebersetzungsstücken. 18. u. 19. Aufl. (XI, 436 S.) n. 20 ngr.
  Partie 3. Lectures choisies. Französische Chrestomathie mit kurzen biograph. Notizen, erklär. Anmerkungen in französ. Sprache u. einem Wörterverzeichniß. 10—13., unveränd. Aufl. (III, 376 S.) n. 18 ngr.
  Partie 4. Vocabulaire systématique et guide de conversation française. Methodische Anleitung zum französisch Sprechen für obere Klassen höherer Schulen u. zum Privatgebrauche. 9—11. Aufl. (XVI, 431 S.) n. 20 ngr.

—— Cours gradué et méthodique de thèmes français. 3e édit. 8. (112 S.) Ebendas. 875. * — 60

— cours gradué et méthodique de thèmes français. 5. éd. gr. 8. (130 S.) Ebd. 887. n. — 80

Cours gradué et méthodique de thèmes français p. C[arl] Ploetz, dr en philos., ancien Prof. au coll. franç. de Berlin. 6. ed. . . . *Berlin: F. A. Herbig 1897.* (1 Bl., 130 S.) 1 Bd 8. [98. 2742]

— systematische Darstellung der französischen Aussprache od. Anleitung f. den französ. Unterricht, m. Belegen aus dem Pariser Théâtre-français. 10., verm. u. verb. Aufl. 8. (VIII, 152 S.) Ebend. 877. n. 1. 25

— systematische Darstellung der französischen Aussprache od. Anleitung f. den französ. Unterricht m. Belegen aus dem Pariser Théâtre-français. 11. verm. u. verb. Aufl. 8. (VIII, 184 S.) Ebend. 884. n. 1. 50

— systematische Darstellung der französischen Aussprache od. Anleitung f. den französ. Unterricht mit Belegen aus dem Pariser Théâtre-français. 12., verm. Aufl. 8. (XII, 200 S.) Berlin 889. Herbig. n. 1. 60

— systemat. Darstellung d. französ. Aussprache od. Anleitg. f. d. französ. Unterricht m. Belegen aus d. Pariser Théâtre français. 13., verm. u. verb. Aufl. 8. (XII, 201 S.) Ebd. 897. n. 1. 60

— le più importanti date per le ripetiziono della storia universale. Traduzione con modificazioni e aggiunte di M. Zucalli. 2. ed. 8. (117 S.) Triest 898. J. Dase. n. 1. 60

— les principales dates de l'histoire universelle. — Auszug der wichtigsten Jahreszahlen, Namen und Fakten aus der Allgemeinen Weltgeschichte. Deutsch u. französisch. Berlin 855. Herbig. 8. (32 S.) n. 4 ngr.

Ploetz, Carl, les principales dates de l'histoire universelle. Die wichtigsten Jahreszahlen, Namen u. Fakten aus der allgemeinen Weltgeschichte. Deutsch u. französisch. 2. Aufl. Berlin 863. Herbig. 8. (32 S.) n. 4 ngr.

Ploetz, Carl, principales dates de l'histoire universelle. 3. édit. revue et augm. Berlin 869. Herbig. gr. 16. (IV, 60 S.) n. 5 ngr.

— dates principales de l'histoire universelle. 4. éd. revue et augmentée. gr. 16. (78 S.) Ebend. 875. n. — 75

— dates principales de l'histoire universelle. 6. éd. revue et augmentée. 16. (88 S.) Berlin 890. A. G. Ploetz. n. — 80

— Französ. Elementarbuch. Mit Berücksicht. der Aussprache bearb. 1. Cursus. 8. (VIII u. 136 S.) Ebd. 849. ⅓ ℛ — (2. Aufl. siehe: des Verf. Cours gradué.)

—— Elementarbuch der französischen Sprache nach einer Stufenfolge für die Einübung der Aussprache und mit Bezeichnung derselben für die Vocabeln. 25.—28. Aufl. 1868—73. * 75 Pf., und 29. Aufl. 8. (VIII, 168 S.) Ebendas. 874. * — 80

— Elementarbuch der französischen Sprache mit e. Stufenfolge für die Einübung der Aussprache. 26. Aufl. Ebend. 870. 8. (IV, 168 S.) n. 7½ ngr.; geb. n. 10 ngr.

—— Elementarbuch der französischen Sprache nach einer Stufenfolge für die Einübung der Aussprache und mit Bezeichnung derselben für die Vocabeln. 30.—32. Aufl. 8. (VIII, 184 S.) Berlin 876—79, Herbig. * 1 —

— Elementarbuch der französischen Sprache nach einer Stufenfolge f. die Einübung der Aussprache u. m. Bezeichnung derselben f. die Vokabeln. 33. Aufl. 8. (VIII, 182 S.) Ebend. 880. n. 1. —

— dasselbe. 34. Aufl. gr. 8. (VIII, 184 S.) Ebend. 882. n. 1. 15

—— dass. — 35. Aufl. gr. 8. (VIII, 196 S.) Ebendas. 883. *
Vgl.: Kaiser, J., Hilfsbüchlein.

—— Elementarbuch der französischen Sprache nach einer Stufenfolge für die Einübung der Aussprache und mit Bezeichnung derselben für die Vokabeln. 36. Aufl. gr. 8. (VIII, 196 S.) Ebendas. 885. * 1 20
—— dass. — 37. Aufl. gr. 8. (VIII, 226 S.) Ebendas. 887. * 1 40

Ploetz, K., Elementarbuch der französischen Sprache nach e. Stufenfolge für die Einübung der Aussprache u. m. Bezeichnung derselben f. die Vokabeln. 38. Aufl. gr. 8. (IV, 226 S.) Berlin 889. Herbig. n. 1. 40; geb. n.n. 1. 60

—— Elementarb. d. französ. Sprache. 39. Aufl. 8. (IV, 228 S.) Berl. 891, Herbig. * 1 40; geb. ** 1 60

— Elementarbuch der französischen Sprache nach e. Stufenfolge f. die Einübg. der Aussprache u. m. Bezeichng. derselben f. die Vokabeln. 40. Aufl. gr. 8. (IV, 228 S.) Berlin 893. F. A. Herbig. n. 1. 40; geb. n.n. 1. 60

— Elementarbuch d. französ. Sprache. Nach einer Stufenfolge f. d. Einübg. d. Aussprache u. m. Bezeichng. derselben f. d. Vokabeln. 42. Aufl. gr. 8. (IV, 228 S.) Berlin 898. F. A. Herbig. n. 1. 40; Einbd. n.n.n. — 30

Ploetz, Karl, Elementarbuch d. franz. Sprache. Nach e. Stufenfolge f. die Einübung der Aussprache u. m. Bezeichng. derselben f. die Vokabeln. 43. Aufl. gr. 8. (IV, 228 S.) Ebd. 900. n. 1.40; geb. in Leinw. n. 1.80

Elementarbuch der französischen Sprache, nach e. Stufenfolge f. d. Einübung d. Aussprache u. mit Bezeichnung derselben f. d. Vokabeln. Von Dr. Karl Ploetz, ehem. Prof. zu Berlin. 44. Aufl. (Hrsg.: Gustav Ploetz.) *Berlin: F. A. Herbig 1903.* (228 S.) 8° (04. 8:3)

— Elementarbuch der französischen Sprache. Nach e. Stufenfolge f. die Einübg. der Aussprache u. m. Bezeichng. derselben f. die Vokabeln. 45. verb. Aufl. Hrsg. v. Gust. Ploetz. (IV, 228 S.) 8. Ebd. 907. 1. 40; geb. 1. 80

—— Anhang zu Elementarbuch und Elementar-Grammatik. gr. 8. (32 S.) Ebendas. 884. *

Ploetz, Karl, Anhang zum Elementarbuch u. Elementargrammatik. 2. Aufl. gr. 8. (23 S.) Berlin 886. Herbig. n. — 20

Ploetz, K., Anhang zu Elementarbuch u. Elementargrammatik. 3. Aufl. gr. 8. (32 S.) Berlin 887. Herbig. n. — 20

Ploetz, Karl, Anhang zum Elementarbuch u. zur Elementargrammatik. 5. Aufl. gr. 8. (32 S.) Berlin 891. F. A. Herbig. n. — 20

Ploetz, Karl, Anhang zum Elementarbuch u. zur Elementargrammatik der französischen Sprache. 7. Aufl. gr. 8. (32 S.) Berlin 899. F. A. Herbig. n. — 20

— dasselbe u. Elementargrammatik der französischen Sprache. Anh. 8. Aufl. (32 S.) gr. 8. Ebd. (903). n. — 20

— Elementarbuch u. Elementargrammatik der französischen Sprache. Anh. 9. Aufl. (32 S.) 8. Ebd. (908). — 20

— lateinische Elementar-Grammatik. (2. u. letzter Cursus der lateinischen Vorschule.) Ebend. 870. 8. (XII, 336 S.) n. 18 ngr.

— lateinische Elementar-Grammatik [2. u. letzter Curs. der latein. Vorschule]. 2. verb. Aufl. 8. (XII, 339 S.) Ebend. 876. n. 1. 80

— lateinische Elementar-Grammatik [2. u. letzter Kurs. der latein. Vorschule]. 3. verb. Aufl. gr. 8. (XII, 339 S.) Berlin 883. Herbig. n. 2. —; Einbd. n.n. — 30

—— Elementar-Grammatik der französischen Sprache. 6.—10. verb. Aufl. 8. (VIII, 184 S.) Ebendas. 868—74. * 1 —

— Elementar-Grammatik der französ. Sprache. 11. Aufl. 8. (VIII, 192 S.) Ebend. 876. n. 1. —

— Elementar-Grammatik der französischen Sprache. 12. Aufl. 8. (VIII, 192 S.) Ebend. 878. n. 1. —

—— Elementar-Grammatik der französischen Sprache. 13. Aufl. gr. 8. (VIII, 192 S.) Ebendas. 880. *

—— dass. — 14. Aufl. gr. 8. (XII, 224 S.) Ebendas. 883. *

—— Elementar-Grammatik der französischen Sprache. 15. Aufl. gr. 8. (XII, 224 S.) Ebendas. 886. * 1 25
—— dass. — 16. Aufl. gr. 8. (XII, 243 S.) Ebendas. 887. * 1 40

— Elementar-Grammatik der französischen Sprache. 16. Aufl. Ausg. f. Österreich. gr. 8. (XII, 243 S.) Ebd. 888. n. 1. 50; geb. n.n. 1. 70

— Elementar-Grammatik der französischen Sprache. 17. Aufl. gr. 8. (VIII, 245 S.) Ebd. 890. n. 1. 40; geb. n.n. 1. 60

— Elementar-Grammatik der französ. Sprache. 18. Aufl. gr. 8. (VII, 243 S.) Ebd. 895. n. 1. 40; Einbd. n.n.n. — 20

Ploetz, Dr. Karl, Elementar-Grammatik der französischen Sprache. 18. Auflage. Berlin 1896. Verlag von F. A. Herbig, Ausgabe für Oesterreich. (Min.-Erl. vom 28. Juli 1896, Z. 17913.) Ladenpreis ungebunden —.75

Elementar-Grammatik der französischen Sprache von Dr. Karl Plœtz, ehem. Prof. in Berlin. 20. Aufl. (Hrsg.: Gustav Plœtz.) *Berlin: F. A. Herbig 1902.* (VIII, 243 S.) 8°

— Elementar-Grammatik der französischen Sprache. 21. Aufl. (VIII, 243 S.) 8. Ebd. 904. n. 1.50; geb. n. 1.90

— Elementar-Grammatik der französischen Sprache. Seit der 14. Aufl. hrsg. v. Gust. Ploetz. 22. Aufl. (VIII, 243 S.) 8. Ebd. 909. 1. 50; geb. 1. 90

— Formenlehre u. Syntax der neufranzösischen Sprache mit steter Berücksichtigung des Lateinischen. Für die oberen Klassen von Gymnasien u. Realschulen bearb. Ebend. 866. 8. (XII, 468 S.) n. 25 ngr.

— nouvelle grammaire française à l'usage des Allemands comprenant la lexicographie, la syntaxe et un cours gradué et méthodique de thèmes. Ebend. 866. 8. (XII, 468 S.) n. 25 ngr.

—— nouvelle grammaire française basée sur le latin. 2e édit. 1871. *ℳ 2,50., et 3e édit. 8. (XXXII, 352 S.) Ebendas. 875. * 2 40

— nouvelle grammaire française basée sur le latin. 4. éd. 8. (XXXII, 356 S.) Ebend. 878. n. 2. 40

—— nouvelle grammaire française basée sur le latin. 5e édit. gr. 8. (XXXII, 356 S.) Ebendas. 882. *

— nouvelle grammaire française basée sur le latin. 6. éd. gr. 8. (XXXII, 363 S.) Ebd. 888. n. 2. 50

Nouvelle grammaire française basée sur le latin p. C[arl] Ploetz, Dr en philos., ancien Prof. ... 7. éd. ... *Berlin: F. A. Herbig 1897.* (XXXII, 363 S.) 1 Bd 8. [98. 2743

Nouvelle grammaire française, basée sur le latin. Par C[arl] Ploetz. 8. éd. rev. et corr. par G[ustav] Ploetz. Berlin: F. A. Herbig 1907. (XXXII, 368 S.) 8° [07. 5551

— Kurzgefasste systematische Grammatik der französischen Sprache. Berlin 1877

—— kurzgefasste systematische Grammatik der französischen Sprache. 2. verb. Aufl. gr. 8. (VIII, 184 S.) Ebendas. 883. *

Ploetz, Karl, kurzgefasste systematische Grammatik der französischen Sprache. 3. verb. Aufl. gr. 8. (VIII, 184 S.) Berlin 886. Herbig. n. 1. 30; Einbd. n.n. — 20

— kurzgefasste systematische Grammatik der französischen Sprache. 4., verb. Aufl. gr. 8. (VIII, 184 S.) Ebd. 890. n. 1. 30; geb. n.n. 1. 50

— kurzgefasste systematische Grammatik der französischen Sprache. 5., verb. Aufl. gr. 8. (VIII, 184 S.) Ebd. 894. n. 1. 30; geb. n.n. 1. 50

— kurzgefasste systematische Grammatik der französischen Sprache. 6. verb. Aufl. gr. 8. (VIII, 184 S.) Ebd. 900. n. 1.30; geb. in Leinw. n. 1.70

— lateinische Grammatik. (Fortsetzung der latein Vorschule.) 4. Aufl. Neubearb. v. Otto Höfer. Nebst Wörterverzeichnis. gr. 8. (VIII, 407 u. 63 S.) Berlin 901. Leipzig, A. G. Ploetz. Geb. in Halbldr. u. kart. n. 3 50

— guide des institutrices. Hülfsbuch f den Unterricht nach dem Syllabaire, der Conjugaison française u. dem petit Vocabulaire. 2. verb. Aufl. 8. (IV, 140 S.) Ebend. 875. n. 1. 50

— guide des institutrices. Hülfsbuch f. den Unterricht nach dem Syllabaire, der Conjugaison française u. dem petit Vocabulaire. 3., verb. Aufl. 8. (VI, 140 S.) Ebend. 881. n. 1. 50

— guide des institutrices. Hülfsbuch f. den Unterricht nach dem Syllabaire, der Conjugaison française u. dem Petit Vocabulaire. 4., verb. Aufl. 8. (VI, 146 S.) Ebd. 888. n. 1. 50

. Wird nur an Lehrerinnen resp. Lehrer direct geliefert.

Guide des institutrices. Hülfsbuch f. d. Unterr. nach d. Syllabaire, der Conjugaison franç. u. d. Petit vocabulaire von Dr. Karl Plœtz, ehem. Prof. 5. verb. Aufl. (Hrsg.: Gustav Plœtz.) *Berlin: F. A. Herbig 1902.* (V, 146 S.) 8° [03. 10368

— Guizot u. Coquerel, über den Protestantismus in Frankreich.

— französisch-deutsches u. deutsch-französisches Handwörterbuch mit Bezeichnung der Aussprache in den von der Regel abweichenden Fällen u. mit Aufnahme der gebräuchl. geograph. u. histor. Namen. — Dictionnaire français-allemand et allemand-français. 2 Thle. Ebend. 865. 16. n. 1 ₰ 10 ngr. geb. n. 1 ₰ 25 ngr.; geb. Halbfrz. n. 2 ₰

1. Thl. Französisch-deutscher Thl. (VIII, 647 S.) n. 18 ngr.
2. - Deutsch-französischer Thl. (VIII, 880 S.) n. 22 ngr.

Ploetz, Carl, französisch-deutsches u. deutsch-französisches Handwörterbuch. — Dictionnaire français-allemand et allemand-français. 2 Thle. 2., verm. u. verb. Aufl. Lex.-8. (IV, 617 u. V, 616 S.) Berlin 877. 79. Herbig. à n. 3. 50

—— französisch-deutsches und deutsch-französisches Handwörterbuch. 2 Thle. 2. verm. und verb. Aufl. Lex.-8. Ebendas. 880. à Thl. *ℳ 3,50. * geb. à Thl. *ℳ 4,20. *

Inhalt:

Thl. 1. Französisch-deutsch. (IV, 620 S.)
» 2. Deutsch-französisch. (IV, 616 S.)

—— Hauptdaten der Weltgeschichte. 3. erweit. Aufl. (IV, 60 S.) 1869. * 50 Pf., und 4. verm. Aufl. gr. 16. (76 S.) Ebendas. 874. * — 60

—— Hauptdaten der Weltgeschichte. 5. und 6. Aufl. 16. (IV, 76 S.) Ebendas. 876,78. * — 60

—— dass. — 7. Aufl. 16. (IV, 76 S.) Berlin 880, Ploetz. * — 60

— Hauptdaten der Weltgeschichte. 10. Aufl. 16. (IV, 76 S.) Berlin 887. Ploetz. cart. n. — 70

—— Hauptdaten der Weltgeschichte. 11. Aufl. 16. (IV, 76 S.) Berl. 890, Ploetz. cart. * — 70

— Hauptdaten der Weltgeschichte. 12. Aufl. 16. (IV, 78 S.) Berlin 893. A. G. Ploetz. Kart. n. — 70

— Hauptdaten d. Weltgeschichte. 14. Aufl., bearb. im Anschluss an d. 11. Aufl. des „Auszugs" v. K. Ploetz. 12. (87 S.) Berlin 896. A. G. Ploetz. Kart. n. — 70

— Hauptdaten der Weltgeschichte. 15. verb. Aufl., bearb. im Anschluss an K. Ploetz „Auszug aus der alten, mittleren u. neueren Geschichte". 12. (102 S.) Berlin 901. Leipzig, A G. Plötz. Kart. n. — 70

— Hülfsbuch für den Unterricht nach der Elementargrammatik u. der methodischen Stufenfolge der Formenlehre u. Syntax. Ebend. 867. 8. (VI, 138 S.) n. 15 ngr.

—— Hülfsbuch für den Unterricht nach der Elementargrammatik und der method. Stufenfolge der Syntax und Formenlehre. 2. verb. Aufl. 8. (VI, 138 S.) Berlin 878, Herbig. * 1 50

— Hülfsbuch f. den Unterricht nach der Elementargrammatik u. der methodischen Stufenfolge der Syntax u. Formenlehre. (Nur f. Lehrer.) 3. verb. Aufl. 8. (VI, 138 S.) Ebend. 885. n. 1. 50

Hülfsbuch für den Unterricht nach der Elementargrammatik u. d. method. Stufenfolge der Syntax u. Formenlehre v. Dr. Karl Ploetz, ehem. Prof. am franz. Gymn. Hrsg. v. d. Vf. beider Bücher. 4., verb. Aufl. ... Berlin: F. A. Herbig 1897. (VIII, 146 S.) 1 Bd 8. [95. 2744

— premières leçons de latin. Traduit de la 6. éd. allemande par Charles Pesson. gr. 8. (VIII, 166 S.) Ebd. 885. n. 1. 50

Ploetz, Charles. Premières Leçons de Latin. Traduites d'après la neuvième édition allemande. 2e éd. franç., revisée et augmentée d'un dictionnaire des noms propres contenus dans cet ouvrage. In-8°. 210 p. Bâle et Genève. Georg & Co. 1899. Cart. 2 75

Ploetz, Carl. Premières leçons de latin. Par le Dr Charles Pl. 4e éd. française. XII + 211 p. 8. Genève, Georg & Co: Leipzig..., 1910. [relié fr. 2. 75]

— Lectures choisies. Französische Chrestomathie. Mit Anmerkungen u. Wörterbuch. 14. unveränd. Aufl. Ebend. 869. 8. (VIII, 376 S.) n. 18 ngr; geb. n.n. 20 ngr

Vgl. Ploetz: Cours gradué de langue francaise. 3. P.

— lectures choisies. Französische Chrestomathie m. Anmerkungen u. Wörterbuch. 17. Aufl. 8. (376 S.) Ebend. 874. n. 1. 80

—— Lectures choisies. Französ. Chrestomathie mit Wörterbuch. 18. und 19. Aufl. 8. (XII, 388 S.) Ebendas. 876,78. * 2 —

— lectures choisies. Französische Chrestomathie m. Wörterbuch. 20. Aufl. 8. (XII, 388 S.) Ebend. 880. n. 2 —

— lectures choisies. Französische Chrestomathie m. Wörterbuch. 21. Aufl. 8. (XII, 388 S.) Ebend. 884. n. 2. —; Einbd. n.n. — 25

— lectures choisies. Französische Chrestomathie m. Wörterbuch. 22. Aufl. 8. (XII, 440 S.) Berlin 887. Herbig. n. 2. 30

— lectures choisies. Französische Chrestomathie m. Wörterbuch. 23. Aufl. 8. (XII, 440 S.) Berlin 891. F. A. Herbig. n. 2. 30; geb. n.n. 2. 60

— dasselbe. 23. Aufl. Ausg. f. Österreich. 8. (XII, 440 S.) Ebd 891. n. 2. 40; geb. n.n. 2. 70

— lectures choisies. Französ. Chrestomathie u. Wörterbuch. 24. Aufl. 8. (XII, 440 S.) Ebd. 898. n. 2. 30

— dasselbe. 24. Aufl. Ausg. f. Osterreich. 8. (VIII, 440 S.) Ebd. 898. n. 2. 10; Einbd. n.n. — 30

— Lectures choisies. Französische Chrestomathie m. Wörterbuch. 25. Aufl. (XII, 440 S.) 8. Ebd. 908. 2. 80; geb. 2. 70

— methodisches Lese- u. Uebungsbuch zur Erlernung der französischen Sprache. 1. Thl.: Aussprache u. Wortlehre. 8. (XII, 192 S.) Ebend. 878. n. 1. 25

—— methodisches Lese- und Übungsbuch zur Erlernung der französischen Sprache. 1. Tl.: Aussprache und Wortlehre. 2. Aufl. gr. 8. (VIII, 192 S.) Ebendas. 884. *
2. Tl. s. Ploetz, Gust.

— methodisches Lese- u. Übungsbuch zur Erlernung der französischen Sprache. 1. Tl.: Aussprache u. Wortlehre. 3. Aufl. gr. 8. (XVI, 352 S.) Ebend. 886. n. 1. 60
Den 2. Thl. s.: Ploetz, Gust.

— methodisches Lese- u. Ubungsbuch zur Erlernung der französischen Sprache. 1. Tl.: Aussprache u. Wortlehre. 4., verb. u. durch e. Anh. verm. Aufl. gr. 8. (XII, 232 S.) Ebd. 890. n. 1. 60; geb. n.n. 1. 80

— methodisches Lese- u. Ubungsbuch zur Erlerng. der französischen Sprache. 2 Tle. gr. 8. Ebd. n. 3. 10 geb. n.n. 3. 50
1. Aussprache u. Wortlehre. 5., verb. u. durch e. Anh. verm. Aufl. (XII, 232 S.) 894. n. 1. 60; geb. n.n. 1. 80. — 2. Syntax. 3., verb. Aufl. (VIII, 220 S.) 893. n. 1. 50; geb. n.n. 1. 70

— Methodisches Lese- u. Übungsbuch zur Erlernung der französischen Sprache. 1. Tl. Aussprache u. Wortlehre. 6. Aufl. (XII, 232 S.) 8. Ebd. 909. 1. 60; geb. 2. —

— manuel de la littérature française des XVII., XVIII. et XIX. siècles ou choix de morceaux classiques des meilleurs poëtes et prosateurs français accompagnés de notices biographiques et de notes. Ebend. 862. gr. 8. (XXI, 736 S.) n. 1 Thlr 10 ngr

— Manuel de la littérature française des XVII., XVIII. et XIX. siècles. 2. édit. revue et augmentée. Ebend. 867. gr. 8. (XVI, 800 S.) n. 1 Thlr 10 ngr; geb. n. 1 Thlr 16 ngr; eleg. geb. n. 1 Thlr 25 ngr

— manuel de littérature française. 3. Ed. augmentée d'une introduction [coup d'oeil sur l'histoire de la littérature jusqu'à Corneille.] gr. 8. (XLVIII, 768 S.) Ebend. 871. n. 4. —; geb. n. 4. 60 u. 5. 50

— dasselbe. 4. éd. revue et augmentee. gr. 8. (XLVIII, 784 S.) Ebend. 874. n. 4. 50

—— Manuel de littérature française. 5e édit. revue et augmentée. gr. 8. (XLVIII, 784 S.) Ebendas. 878. * 4 50
Ausg. für Engländer s. Ploetz, Rich. A.

—— Manuel de littérature française. 6e et 7e édit. soigneusement revue. gr. 8. (XLVIII, 784 S.) Ebendas. 880,83. *

— manuel de littérature française. 8. éd. soigneusement revue. gr. 8. (XLVIII, 784 S.) Ebend. 886. n. 5. —; Einbd. n.n. — 50

— manuel de littérature française. 9. éd., soigneusement revue. gr. 8. (XLVIII, 784 S.) Ebd. 890. n. 4. 50; geb. n.n. 5. —

— manuel de littérature française. 10. éd. soigneusement revue. gr. 8. (XLVIII, 784 S.) Ebd. 894. n. 4. 50; geb. in Leinw. n.n. 5. —

Manuel de littérature française p. Charles Ploetz, ... anc. prof. au Coll. franç. de Berlin. 11. éd. soigneusem. rev. et considérablement augmentée. (Hrsg.: Richard A. [&] Gustave Ploetz.) Berlin: F.-A. Herbig 1898. (XLVIII, 808 S.) 1 Bd 8. [98. 20191

Manuel de littérature française. Par Charles Ploetz, Dr, anc. Prof., Berlin. 12. éd. soigneusement rev. et considér. augm. (Hrsg.: Richard A. Ploetz & Gustav Ploetz.) Berlin: F. A. Herbig 1903. (XLVIII, 810 S.) 8°

Manuel de littérature française par Charles Ploetz. 13. éd. soigneusement rev. et considérablement augm. par R(ichard) A. Ploetz et Dr. G(ustav) Ploetz. Berlin: F. A. Herbig 1906. (XLVIII, 810 S.) 8° [07. 5552

— Manuel de littérature française. 14. éd. soigneusement revue et considérablement augmentée par R. A. Ploetz et G. Ploetz. (XLVIII, 810 S.) 8. Ebd. 910. 4. 50; geb. in Leinw. 5. 30; in 2 Bde. geb. 5. 50

Plötz, C.: Quel peut être le but à un collège français en Allemagne. 30 S.– Berlin, Franz. G. , Progr. 1854.

—— Schlüssel zu dem Elementarbuch und zu der Schulgrammatik. 1.—3. verb. Aufl. 8. (IV, 223 S.) Ebendas. 869—75. *
Vgl.: Thibaut, A. M.

—— Schlüssel zu dem Elementarbuch und zu der Schulgrammatik. 4. verb. Aufl. 8. (VI, 230 S.) Ebendas. 878. * 2 25

— Schlüssel zu dem Elementarbuch u. zu der Schulgrammatik. 5., verb. Aufl. 8. (VI, 230 S.) Ebend. 882. n. 2. 25

— Schlüssel zu dem Elementarbuch u. zu der Schulgrammatik v. K. P. 6., verb. Aufl. 8. (VI, 225 S.) Ebd. 887. n. 2. 24
Nur für Lehrer.

— Schlüssel zu dem Elementarbuch u. zu der Schulgrammatik v. K. P. 7., verb. Aufl. 8. (VI, 225 S.) Ebd. 893. n. 2. 25; geb. n.n. 2. 60
Wird nur an Lehrer abgegeben.

Schlüssel zu dem Elementarbuch und zu der Schulgrammatik von Dr. Karl Plœtz, ehem. Prof. in Berlin. Hrsg. von d. Verf. beider Bücher. 8. verb. Aufl. (Hrsg.: Dr. G[ustav] Plœtz.) *Berlin: F. A. Herbig 1902.* (VI, 225 S.) 8° [03. 13048

Plötz, Carl, Schulgrammatik der französischen Sprache. 20.—23. Aufl. 1869—73. *ℳ 2., und 24. Aufl. 8. (XII, 436 S.) Berlin 875, Herbig. *
Vgl.: Plötz: Cours gradué de langue française.2.F.

— dasselbe. 25. Aufl. 8. (XII, 452 S.) Ebend. 876. n. 2. 25

— Schulgrammatik der französisch. Sprache. 26. Aufl. 8. (XII, 464 S.) Ebend. 878. n. 2. 25

—— Schulgrammatik der französischen Sprache. 27. Aufl. 8. (XIV, 464 S.) Ebendas. 880. *

— dasselbe. 28. Aufl. gr. 8. (XVI, 496 S.) Ebend. 882. n. 2. 50

— Schulgrammatik der französ. Sprache. 29. Aufl. gr. 8. (XVI, 496 S.) Ebend. 885. n. 2. 50

— Schulgrammatik der französ. Sprache. 31. Aufl. gr. 8. (XVI, 517 S.) Ebd. 889. n. 2. 70; geb. n. 3. —

Plötz, Dr. Karl, Schulgrammatik der französischen Sprache. 31. Auflage. Ausgabe für Oesterreich. Gr.-8. (XVI, 517 S.) In Comm. 1.45
Wien: Friese & Lang 1889.

— Schulgrammatik der französischen Sprache. 32. Aufl. gr. 8. (XII, 517 S.) Ebd. 894. n. 2. 70; geb. n.n. 3. —

— dasselbe. 32. Aufl. Ausg. f. Österreich. gr. 8. (VIII, 517 S.) Ebd. 894. n. 2. 90; geb. n.n. 3. 20

Schulgrammatik der französischen Sprache v. Dr. Karl Ploetz, ehem. Prof. am franz. Gymn. 33. Aufl. . . . *Berlin: F. A. Herbig 1897.* (X, 518 S.) 1 Bd 8. [98. 2745

— dasselbe. 33. Aufl. Ausg. f. Österreich. gr. 8. (VIII, 517 S.) Ebd. 900. n. 2. 60; Einbd. n.n.n. — 30

— Schulgrammatik der französischen Sprache. 34. Aufl. gr. 8. (X, 518 S.) Ebd. 900. n. 2. 70; geb. in Leinw. n. 3. 20

Schulgrammatik der französischen Sprache. Von Dr. Karl Ploetz, ehem. Prof. am franz. Gymn. 35. Aufl. (Hrsg.: Gustav Ploetz.) *Berlin: F. A. Herbig 1903.* (X, 520 S.) 8° [04. 8160

— Schulgrammatik der französischen Sprache. Seit der 27. Aufl. bearb. v. Gust. Ploetz. 37. Aufl. (X, 520 S.) 8. Ebd. 910. 2. 70; geb. in Leinw. 3. 20

— dasselbe, in kurzer Fassg. hrsg. von G. Ploetz u. O. Kares. 2. Aufl. gr. 8. (XVI, 412 S.) Ebd. 889. n. 2. 60; geb. n. 2. 90

— dasselbe, in kurzer Fassg. hrsg. v. Gust. Ploetz u. Otto Kares. 3. Aufl. gr. 8. (XVI, 411 S.) Ebd. 894. n. 2. 60; geb. n.n. 2. 90

Schulgrammatik der französischen Sprache v. Dr. Karl Ploetz. In kurzer Fassg hrsg. v. Dr. Gustav Ploetz & Dr. Otto Kares. 4. Aufl. . . . *Berlin: F. A. Herbig 1897.* (XVI, 411 S.) 1 Bd 8. [98. 3263

— dasselbe. In kurzer Fassung hrsg. v. G. Ploetz u. O. Kares. 5. Aufl. gr. 8. (XVI, 411 S.) Ebd. 900. n. 2. 60; geb. in Leinw. n. 3. 10

Schulgrammatik der französischen Sprache von Dr. Karl Plœtz in kurzer Fassung hrsg. von Dr. Gustav Plœtz u. Dr. Otto Kares. 6. Aufl. *Berlin: F. A. Herbig 1903.* (XVI, 411 S.) 8° [03. 23649

— dasselbe. In kurzer Fassg. hrsg. v. Gust. Ploetz. u. Otto Kares. 7. Aufl. (XVI, 411 S.) 8. Ebd. 906. n. 2. 60; geb. n. 3. 10

— dasselbe. In kurzer Fassg. hrsg. v. Gust. Ploetz u. Otto Kares. 8. Aufl. (XVI, 411 S.) 8. Ebd. 909. 2. 60; geb. 3. 10

—— Schlüssel zu der v. G. Ploetz u. O. Kares in kurzer Fassg. bearb. (franz.) Schulgrammatik v. Karl Ploetz. 8. (IV, 152 S.) Ebd. 891. * 2 —; geb. * 2 30
Wird nur an Lehrer resp. Lehrerinnen abgegeben.

Schlüssel zu der von Dr. G. Ploetz u. Dr. O. Kares bearb. Schulgrammatik in kurzer Fassung. Hrsg. von Dr. Gustav Ploetz. 2. Aufl. *Berlin: F. A. Herbig 1900.* (152 S.) 8° [01. 642

— Schulgrammatik der französischen Sprache in kurzer Fassung. Hrsg. v. Gust. Ploetz. Schlüssel. 3. Aufl. (III, 152 S.) 8. Ebd. 908. 2. —; geb. n 2. 30
Wird nur an Lehrer abgegeben.

— dasselbe. Für Mädchenschulen umgearb. v. O. Kares u. G. Ploetz. 3., verb. Aufl. gr. 8. (XVI, 449 S.) Ebd. 889. n. 2. 80; geb. n. 3. 10

— dasselbe f. Mädchenschulen umgearb. v. Otto Kares u. Gust. Ploetz. 5., verb. Aufl. gr. 8. (XVI, 407 S.) Ebd. 894. n. 2. 60; geb. n.n. 2. 90

Ploetz, Karl, Schulgrammatik der französischen Sprache. Für Mädchenschulen umgearb. v. Otto Kares u. Gust. Ploetz. Anh. 2. Aufl. gr. 8. (40 S.) Berlin 894. F. A. Herbig. n. — 40

Schulgrammatik der französischen Sprache v. Dr. Karl Ploetz. F. Mädchenschulen umgearb. v. Dr. Otto Kares & Dr. Gustav Ploetz. 6. verb. Aufl. ... Berlin: F. A. Herbig 1898. (XV, 407 S.) 1 Bd 8.

Schulgrammatik der französischen Sprache von Dr. Karl Ploetz. Für Mädchenschulen umgearb. von Dr. Otto Kares & Dr. Gustav Ploetz. 7. verb. Aufl. Berlin: F. A. Herbig 1902. (XV, 408 S.) 8°

Schulgrammatik der französischen Sprache von Dr. Karl Ploetz. Für Mädchenschulen umgearb. von Dr. Otto Kares & Dr. Gustav Ploetz. 8. verb. Aufl. Berlin: F. A. Herbig 1900. (XV, 408 S.) 8°

— dasselbe. Für Mädchenschulen umgearb. v. Otto Kares u. Gust. Ploetz. 9. verb. Aufl. (XVI, 408 S.) 8. Ebd. 909. Geb. 3. 10

— Schlüssel zu der von A. Kares u. G. Ploetz für Mädchenschulen bearb. (französ.) Schulgrammatik v. K. Ploetz. 8. (IV, 146 S.) Ebd. 888. n. 2. —
Wird nur an Lehrer resp. Lehrerinnen abgegeben.

— Schlüssel zu der v. O. Kares u. G. Ploetz f. Mädchenschulen bearb. (franz.) Schulgrammatik v. Karl Ploetz. 2. Aufl. 8. (IV, 146 S.) Ebd. 892. * 2 —; geb. * 2 30
Wird nur an Lehrer resp. Lehrerinnen abgegeben.

Schlüssel zu der von Dr. O. Kares & Dr. G. Ploetz für Mädchenschulen bearbeiteten Schulgrammatik v. Dr. Karl Ploetz. Hrsg. v. Dr. Gustav Ploetz, vorm. Oberl. am Gymn. zu Elberfeld. 3. Aufl. ... Berlin: F. A. Herbig 1897. (IV, 146 S.) 1 Bd 8.

Schlüssel zu der von Dr. O. Kares & Dr. G. Ploetz für Mädchenschulen bearbeiteten Schulgrammatik von Dr. Karl Ploetz. Hrsg. von Dr. Gustav Ploetz, vorm. Oberl. zu Elberfeld 4. Aufl. Berlin: F. A. Herbig 1907. (VI, 146 S.) 8°

— syllabaire français. Französische Vorschule für die erste Stufe in Töchterschulen u. beim Privatunterricht. Nach der stufenweise fortschreitenden Methode bearb. Berlin 857. Herbig. 16. (124 S.) n. 6 ngr.

— syllabaire français. Erste Unterrichtsstufe für Töchterschulen u. den Privatunterricht. Nach Seidenstücker's stufenweise fortschreitender Methode bearb. 2—7. Aufl. Ebend. 859—64. 16. (IV, 124 S.) n. 6 ngr.

— Syllabaire française. Erste Unterrichtsstufe für Töchterschulen u. den Privatunterricht. Nach Seidenstücker's stufenweise fortschreit. Methode bearb. 8. Aufl. Ebend. 865. 16. (IV, 124 S.) n. 6 ngr.

— Syllabaire français. Erste Stufe für den französ. Unterricht in Töchterschulen. Nach einer Stufenfolge zur Einübung der Aussprache. 9.—13. Aufl. 16. (124 S.) Ebendas. 868—74. cart. *

— dasselbe. 14. Aufl. 16. (124 S.) Ebend. 875. n. — 60; geb. — 70

— syllabaire français. 1. Stufe f. den französ. Unterricht in Töchterschulen. Nach einer Stufenfolge zur Einübung der Aussprache. 16. Aufl. 16. (124 S.) Ebend. 879. cart. n. — 60; geb. n. — 70

— Syllabaire français. Erste Stufe für den französischen Unterricht in Töchterschulen. Nach einer Stufenfolge zur Einübung der Aussprache. 17. und 18. Aufl. 8. (VIII, 124 S.) Ebendas. 881.84. geb.

— syllabaire français. Erste Stufe f. den französ. Unterricht in Töchterschulen. Nach e. Stufenfolge zur Einübg. der Aussprache. 19. Aufl. 8. (VIII, 124 S.) Ebend. 884. — 90

— Syllabaire français. 1. Stufe f. den französ. Unterricht in Töchterschulen. Nach e. Stufenfolge zur Einübg. der Aussprache. 20. Aufl. 8. (VIII, 124 S.) Ebd. 889. cart. — 90

— Syllabaire français. Erste Stufe für den französischen Unterricht in Mädchenschulen. Nach einer Stufenfolge zur Einübung der Aussprache. 20. Auflage. Ausgabe für Oesterreich. 8. (VIII, 124 S.) In Comm. Cart. —.55
Wien: Friese & Lang 1889.

— Syllabaire français. 1. Stufe f. den französischen Unterricht in Töchterschulen. Nach e. Stufenfolge zur Einübg. der Aussprache. 21. Aufl. 8. (VIII, 124 S.) Ebd. 892. Kart. — 90

— Syllabaire français. Erste Stufe f. d. französ. Unterricht in Töchterschulen. Nach e. Stufenfolge zur Einübg. d. Aussprache. 23. Aufl. 8. (VIII, 124 S.) Ebd. 898. Kart. — 90

Syllabaire français. Erste Stufe f. d. franz. Unterr. in Töchterschulen. Nach e. Stufenfolge z. Einübung d. Aussprache von Dr. Karl Ploetz, ehem. Prof. am Franz. Gymn. 24. Aufl. Berlin: F. A. Herbig 1902. (VIII, 124 S.) 8°

Syllabaire français. Erste Stufe f. d. franz. Unterr. in Töchterschulen. Nach e. Stufenfolge z. Einübung d. Aussprache von Dr. Karl Ploetz, ehem. Prof. am Franz. Gymn. 25. Aufl. Berlin: F. A. Herbig 1904. (VIII, 124 S.) 8°

— Syllabaire français. Erste Stufe f. den französ. Unterricht in Töchterschulen. Nach e. Stufenfolge zur Einübg. der Aussprache. Seit der 16. Aufl. bearb. v. Gust. Ploetz. 26. Aufl. (VIII, 124 S.) 8. Ebd. 908. Geb. 1. —

— Syntax u. Formenlehre der neufranzösischen Sprache mit Berücksichtigung des Lateinischen. 2. verb. Aufl. Ebend. 870. 8. (VII, 468 S.) n. 25 ngr.; geb. n. 28 ngr.

— Syntax u. Formenlehre der neufranzösischen Sprache auf Grund der lateinischen dargestellt. 3. Aufl. 8. (XII, 468 S.) Ebend. 874. n. 2. 75

— Syntax u. Formenlehre der neufranzös. Sprache auf Grund der Lateinischen dargestellt. 4. Aufl. 8. (XII, 468 S.) Ebend. 877. n. 2. 75

— Syntax und Formenlehre der neufranzösischen Sprache, auf Grund des Lateinischen dargestellt. 5. Aufl. gr. 8. (XII, 472 S.) Ebendas. 882. *

— Syntax u. Formenlehre der neufranzösischen Sprache, auf Grund d. Lateinischen dargestellt. 6. Aufl. gr. 8. (XII, 474 S.) Ebd. 890. n. 2. 85; geb. n.n. 3. 10

— Syntax u. Formenlehre der neufranzösischen Sprache. Auf Grund des Lateinischen dargestellt. Seit der 5. Aufl. bearb. v. Gust. Ploetz. 7. Aufl. (XII, 476 S.) 8. Ebd. 910. 2. 85; geb. in Leinw. 3. 35

— Uebungen zur Erlernung der französischen Syntax für die Secunda und Prima von Gymnasien und Realschulen zusammengestellt. 1.—4. Aufl. 8. (VIII, 188 S.) Ebendas. 868—74. *

— Uebungen zur Erlernung der französischen Syntax für die Secunda und Prima der Gymnasien und Realschulen zusammengestellt. 5. Aufl. 8. (VIII, 200 S.) Ebendas. 877. * 1 —

— Uebungen zur Erlernung der französischen Syntax f. die Secunda u. Prima der Gymnasien u. Realschulen zusammengestellt. 6. Aufl. 8. (VIII, 200 S.) Ebend. 880. n. 1. —

— Übungen zur Erlernung der französischen Syntax f. die Secunda u. Prima v. Gymnasien u. Realschulen. 7. Aufl. gr. 8. (XII, 198 S.) Ebend. 883. n. 1. 25; Einbd. n.n. — 20

— Übungen zur Erlernung der französischen Syntax f. die Secunda u. Prima v. Gymnasien u. Realgymnasien. 8. Aufl. gr. 8. (X, 198 S.) Ebd. 887. n. 1. 25

—— Übungen z. Erlernen der französ. Syntax. 9. Aufl. gr. 8. (X, 198 S.) Ebd. 891. * 1 25; geb. ** 1 45

—— dass. — Ausg. f. Oesterreich in österr. Rechtschreibung. gr. 8. (X, 198 S.) Ebd. 892. 65 kr.

Übungen zur Erlernung der französischen Syntax für die Sekunda u. Prima von Gymnasien u. Realgymnasien zsgest. von Dr. Karl Ploetz. 10. Aufl. *Berlin: F. A. Herbig 1899.* (VIII, 198 S.) 8° [01. 380

Übungen zur Erlernung der französischen Syntax für d. Sekunda u. Prima von Gymn. u. Realgymn. Zsgest. von Dr. Karl Ploetz, ehem. Prof. am franz. Gymn. 11. Aufl. (Hrsg.: Gustav Ploetz.) *Berlin: F. A. Herbig 1903.* (VIII, 198 S.) 8° [04. 2161

— Übungen zur Erlernung der französischen Syntax, f. die Sekunda u. Prima v. Gymnasium u. Realgymnasium. Seit der 7. Aufl. bearb. v. Gust. Ploetz. 13. Aufl. (VIII, 198 S.) 8. Ebd. 910. 1. 25; geb. 1. 65

Ploetz, Carl, petit vocabulaire. Kleines Vocabelbuch zum Auswendiglernen für Anfänger in der französ. Sprache. 1. Aufl. (47 S.) 1849. und 2. Aufl. 8. (48 S.) Berlin 852, Herbig. Thlr.

—— petit vocabulaire. Kleines Vocabelbuch zum Auswendiglernen für Anfänger in der französischen Sprache. 3. Aufl. 8. (48 S.) 1855. 3 Ngr., 4., verm. Aufl. 16. (64 S.) Berlin 856, Herbig. *

— petit vocabulaire français. Kleines Vocabelbuch und Erste Anleitung zum französisch Sprechen. 3—6. Aufl. Ebend. 855—58. 16. (64 S.) n. 3 ngr.

— petit vocabulaire français. Kleines Vocabelbuch und erste Anleitung zum französisch Sprechen. 7—13. Aufl. Ebend. 859—62. 16. (64 S.) n. 3 ngr.; cart. n. 4 ngr.

— petit vocabulaire français. Kleines Vocabelbuch u. erste Anleitung zum französisch Sprechen. 14—16. Aufl. Ebend. 865—66. 16. (64 S.) n. 3 ngr.; cart. n. 4 ngr.

—— petit Vocabulaire français. Kleines Vocalbuch und erste Anleitung zum französ. Sprechen. 17.—22. Aufl. 16. (64 S.) Ebendas. 867—74. * 30 Pf.; cart. *

— petit vocabulaire français. — Kleines Vocabelbuch u. erste Anleitg. zum Französisch Sprechen. 22. Aufl. 16. (64 S.) Ebend. 875. n. — 30; cart. n. — 40

— petit vocabulaire français. Kleines Vocabelbuch u. erste Anleitung zum französisch Sprechen. 23. Aufl. 16. (64 S.) Ebend. 877. n. — 30; cart. n. — 40

—— petit vocabulaire français. Kleines Vokabelbuch und erste Anleitung zum französ. Sprechen. 24. Aufl. 16. (64 S.) Ebendas. 880. * 30 Pf.; cart. *

—— dass. — 25. Aufl. 12. (64 S.) Ebendas. 884. * 40 Pf.; cart. *

— petit vocabulaire français. Kleines Vokabelbuch u. erste Anleitung zum französisch Sprechen. 26. Aufl. 12. (64 S.) Ebd. 888. n. — 40; cart. n. — 50

— petit vocabulaire français. Kleines Vokabelbuch u. erste Anleitg. zum französischen Sprechen. 27. Aufl. 12. (64 S.) Ebd. 893. n. — 40; kart. n. — 50

[Ant. u. J.] Petit vocabulaire français. Kleines Vokabelb. u. Erste Anleitg z. französ. Sprechen v. Dr. Karl Ploetz, ehem. Prof. am franz. Gymn. 28. Aufl. ... *Berlin: F. A. Herbig 1896.* (63 S.) 1 Bd 8: [98. 2485

Petit vocabulaire français. Kleines Vokabelbuch u. Erste Anleitung z. franz. Sprechen von Dr. Karl Ploetz, ehem. Prof. 29. Aufl. (Hrsg.: Dr. G[ustav] Ploetz.) *Berlin: F. A. Herbig 1901.* (63 S.) 8° [J. u. Ant.] [02. 4785

Petit vocabulaire français. Kleines Vokabelbuch u. erste Anleitung z. Französisch Sprechen von Dr. Karl Ploetz, ehem. Prof. am franz. Gymn. 30. Aufl. (Hrsg.: Dr. G[ustav] Ploetz.) Berlin: F. A. Herbig 1904. (63 S.) 8° [Ant. u. J.] [05. 7280

— Petit vocabulaire français. Kleines Vokabelbuch u. erste Anleitg. zum Französisch sprechen. Seit der 25. Aufl. hrsg. v. Gust. Ploetz. 31. Aufl. (64 S.) 11. 8. Berlin 909. F. A. Herbig. Kart. — 50

—— vocabulaire systématique et guide de conversation française. Sammlung der zum französisch Sprechen nöthigsten Wörter und Redensarten, nach einer das Lernen und Behalten derselben erleichternden Anordnung, mit Bezeichnung der von den gewöhnl. Regeln abweichenden Aussprache. Für Schulen und zum Privatgebrauche. 8. (X und 230 S.) Berlin 847, Herbig. –

—— Vocabulaire systématique et guide de conversation française. Methodische Anleitung zum französisch Sprechen. 11.—14. Aufl. 8. (452 S.) Ebendas. 874. *
Vgl. Ploetz: Cours gradué de langue française. 4. P.

— vocabulaire systématique et guide de conversation française. Methodische Anleitg. zum Französisch Sprechen. 15. Aufl. 8. (XII, 451 S.) Ebend 876. n. 2. —

— vocabulaire systématique et guide de conversation française. — Methodische Anleitung zum französisch Sprechen. 16. Aufl. 8. (XII, 452 S.) Ebend. 879. n. 2. —

— vocabulaire systématique et guide de conversation française. Methodische Anleitg. zum französisch Sprechen. 17. Aufl. 8. (XII, 456 S.) Ebend. 883. n. 2. —; Einbd. n.n. — 25

— vocabulaire systématique et guide de conversation française. Methodische Anleitg. z. französisch Sprechen. 18. Aufl. 8. (XII, 496 S.) Ebd. 887. n. 2. 30

—— Vocabulaire systématique. 19. Aufl. 8. (XII, 496 S.) Ebd. 892. * 2 30

Vocabulaire systématique et guide de conversation française. Method. Anleitung z. französisch sprechen von Dr. Karl Ploetz, ehem. Prof. 20. Aufl. *Berlin: F. A. Herbig 1898.* (XII, 496 S.) 8° [01. 6866 II

Vocabulaire systématique et guide de conversation française. Method. Anleitung z. franz. sprechen von Dr. Karl Ploetz. 21. verb. u. verm. Aufl. Neu bearb. von Richard Ploetz u. Dr. Gustav Ploetz. Berlin: F. A. Herbig 1906. (XVI, 546 S.) 8° [07. 5553

—— lateinische Vorschule. 1. Cursus für die untere Klasse (Sexta). Enth. eine method. Stufenfolge und eine systemat. Elementargrammatik nach den Redetheilen. 8. (VIII und 151 S.) Berlin 863, Herbig. *

—— lateinische Vorschule. [1. Cursus der latein. Elementargrammatik.] 3. Aufl. 1870, und 4. Aufl. 8. (VIII, 152 S.) Ebendas. 873. *

—— lateinische Vorschule. 5. Aufl. 8. (VIII, 152 S.) Ebendas. 876. * — 80

—— dass. — 6. Aufl. 8. (VIII, 152 S.) Berlin 880, Ploetz. * — 90

— lateinische Vorschule. 7., vorm. Aufl. gr. 8. (VIII, 163 S.) Berlin 885. Ploetz. n. 1. —

— lateinische Vorschule. 8., umgearb. Aufl. gr. 8. (VIII, 176 S.) Berlin 893. A. G. Ploetz. n.n. 1. 30

— lateinische Vorschule. 9, umgearb. Aufl. gr. 8. (VIII, 176 S.) Berlin 896. G. A. Ploetz. Geb. n.n. 1. 80

— Lateinische Vorschule. 10. Aufl. (VIII, 176 S.) 8. Leipzig 909. A. G. Ploetz. Geb. nn 1. 80

—— Voyage à Paris. Sprachführer für Deutsche in Frankreich. Ein prakt. Handbuch der französ. Umgangssprache. Mit einem Anhang, enthaltend: Paris für einen achttägigen Aufenthalt. Kurze prakt. Notizen, zusammengestellt von Ad. Herbig. 8. (VIII und 156 S. mit 1 lithogr. Orientirungsplan in qu. 4.) Berlin 855, Herbig. Thlr. *

Ploetz, Carl, Voyage à Paris. Sprachführer für Deutsche in Frankreich. Ein pract. Handbuch der französ. Umgangssprache. 2—4. Aufl. Berlin 867—69. Herbig. gr. 8. (IV, 122 S.) n. 10 ngr.

—— Voyage à Paris. Sprachführer für Deutsche in Frankreich. Praktisches Handbuch der französ. Umgangssprache. 4. Aufl. 1869, und 5. verb. Aufl. 16. (VI, 122 S.) Ebendas. 871. *

—— Voyage à Paris. Sprachführer für Deutsche in Frankreich. Praktisches Handbuch der französ. Umgangssprache. 6. verb. Aufl. (VI, 122 S.) 1875. * ℳ 1.; 7. Aufl. 16. (122 S.) Berlin 878, Herbig. * ℳ 1.; geb. * 1 50

—— Voyage à Paris. Sprachführer für Deutsche in Frankreich. Praktisches Handbuch der französ. Umgangssprache. 8. und 9. verb. Aufl. 12. (VI, 122 S.) Ebendas. 881,83. * geb. *

— voyage à Paris. Sprachführer f. Deutsche in Frankreich. Praktisches Handbuch der französ. Umgangssprache. 10. Aufl. 12. (VI, 122 S.) Ebend. 886. n. 1. —; geb. n. 1. 40

— voyage à Paris. Sprachführer f. Deutsche in Frankreich. Praktisches Handbuch der französ. Umgangssprache. 11., verb. Aufl. 12. (VI, 122 S.) Berlin 889. Herbig. n. 1. —; geb. n. 1. 40

— voyage à Paris. Sprachführer f. Deutsche in Frankreich. Praktisches Handbuch der französischen Umgangssprache. 12., verb. Aufl. gr. 16. (VI, 122 S.) Berlin 891. F. A. Herbig. n. 1. —; geb. n. 1. 40

— voyage à Paris. Sprachführer f. Deutsche in Frankreich. Prakt. Handbuch d. französ. Umgangssprache. 14., verb. Aufl. 12. (VI, 122 S.) Berlin 896. F. A. Herbig. n. 1. —; geb. n. 1. 40

Voyage à Paris. Sprachführer f. Deutsche in Frankreich. Prakt. Handb. d. f. franz. Umgangssprache von Dr. Karl **Ploetz**. 15. verm. u. verb. Aufl. (Hrsg.: Gust. Ploetz.) *Berlin: F. A. Herbig 1900.* (VI, 126 S.) 8° [01. 381

Voyage à Paris. Sprachführer f. Deutsche in Frankreich. Prakt. Handbuch d. franz. Umgangssprache von Dr. **Karl Plœtz**, ehem. Prof. in Berlin. 16. verb. Aufl. (Hrsg.: Gustav Plœtz.) *Berlin: F. A. Herbig 1903.* (VI, 126 S.) 8° [03. 8370

Voyage à Paris. Sprachführer f. Deutsche in Frankreich. Prakt. Handbuch d. franz. Umgangssprache von Karl **Ploetz**. 17. verb. Aufl. bearb. von Dr. Gustav Ploetz. Berlin: F. A. Herbig 1906. (126 S.) 8° [07. 5558

Ploetz, Karl, Voyage à Paris. Sprachführer f. Deutsche in Frankreich. Praktisches Handbuch der französ. Umgangssprache. 18. verm. u. verb. Aufl., bearb. von Rich. Ploetz u. Gust. Ploetz. (VIII, 175 S.) kl. 8. Berlin 910. F. A. Herbig. 1. 30; geb. 1. 70

— Zweck u. Methode der französischen Unterrichtsbücher. 3., umgearb. u. verm. Aufl. Ebend. 868. 8. (IV, 68 S.) — —

— Zweck u. Methode der französischen Unterrichtsbücher. 5. Aufl. 8. (IV, 74 S.) Ebend. 885. Nur f. Lehrer gratis.

— Zweck u. Methode der französischen Unterrichtsbücher v. K. P. Nebst e. Anh.: Neubearbeitungen u. neue Lehrbücher. 6. Aufl. 8. (VII, 110 S.) Ebd. 892. Kart., kostenlos an Personen, die dem Lehrerstande angehören.

Zweck und Methode der französischen Unterrichtsbücher von Dr. **Karl Ploetz**, und der Neubearbeitungen und Neuen Lehrbücher von Dr. Gustav Ploetz u. Dr. Otto Kares. 7. Aufl. *Berlin: F. A. Herbig 1900.* (VII, 112 S.) 8° [01. 381

Plötz, Ludw. v., o alte Burschenherrlichkeit! Geschichten e. Alten Herrn. 8. (136 S.) Berlin 894. O. Janke. n. 1. —

Ploetz, Ludw. v., das Jauchzen der Geigen. Roman. (VII, 359 S.) 8. Berlin 904. E. Fleischel & Co. n. 5. — geb. n. 6. 50

[F.] Kein Raum. E. Kadettengesch. v. Ludwig v. **Ploetz**. *Berlin: F. Fontane & C. 1897.* (2 Bl., 158 S.) 1 Bd 8. (Fontane's 2 Mark Bücher.) [97. 5086

Plötz, Otto, Lieder und Gesänge für vier Männerstimmen. 1. u. 2. Heft. Schaffhausen 859, 61. Brodtmann. 4. (13; 10 S.) Jedes Heft 7½ ngr.

Plötz, Otto. Neue Lieder für den Männerchor componirt und Herrn Musikdirector Karl Munzinger hochachtungsvollst gewidmet. In-8°, 24 Seiten. Schaffhausen, Brodtmann. 1880. 1 25

— alte und neue Soldaten- und Jägerlieder, besonders für den eidgenössischen Wehrmann gesammelt. Ebend. 859. 8. (84 S.) 3 ngr.

Ploetz, Richard A.

Ploetz, Rich. A., the traveller's companion. Sprachführer f. Deutsche in England. Praktisches Handbuch der engl. Umgangssprache. gr. 16 (VIII, 124 S.) Berlin 876. Herbig. n. 1. —; geb. n. 1. 50

Ploetz, Rich. A., the traveller's companion. Sprachführer für Deutsche in England. Praktisches Handbuch der englischen Umgangssprache. 2., verb. u. durch eine kurze Grammatik ohne Regeln verm. Aufl. 12. (VI, 146 S.) Berlin 882. Herbig. n. 1. 20; geb. n. 1. 60

Ploetz, R. A., the traveller's companion. Sprachführer f. Deutsche in England. Praktisches Handbuch der engl. Umgangssprache, nebst e. kurzgef. Grammatik ohne Regeln. 3., verb. Aufl. 12. (VI, 153 S.) Berlin 887. Herbig. n. 1. 20; geb. n. 1. 60

Ploetz, R. A. The traveller's companion. 4. Aufl. 12. (VI, 154 S.) Berl. 891, Herbig. * 1 20; geb. * 1 60

Ploetz, Rich. A., the traveller's companion. Sprachführer f. Deutsche in England. Praktisches Handbuch der engl. Umgangssprache, nebst e. kurzgefassten Grammatik ohne Regeln. 5., verm. Aufl. 12. (VI, 154 S.) Berlin 894. F. A. Herbig. n. 1. 20; geb. n. 1. 60

Ploetz, Rich. A., the traveller's companion. Sprachführer f. Deutsche in England. Prakt. Handbuch d. engl. Umgangssprache, nebst e. kurzgef. Grammatik ohne Regeln. 6., verm. u. verb. Aufl. 12. (VI, 154 S.) Berlin 897. F. A. Herbig. n. 1. 20; geb. n. 1. 60

Ploetz, Rich. A., the traveller's companion. Sprachführer f. Deutsche in England. Praktisches Handbuch der engl. Umgangssprache, nebst e. kurzgefassten Grammatik ohne Regeln. 7. verm. u. verb. Aufl. 12. (VI, 160 S.) Ebd. 901. n. 1. 30; geb. n. 1. 70

Ploetz, Rich. A., The traveller's companion. Sprachführer f. Deutsche in England. Praktisches Handbuch der engl. Umgangssprache, nebst e. kurzgefaßten Grammatik ohne Regeln. 8. verm. u. verb. Aufl. (XII, 160 S.) kl. 8. Berlin 907. F. A. Herbig. 1. 30; geb. 1. 70

Ploetz, Rich. A., a Manual of French Literature, containing selections from the best French writers, from the earliest times to the present day, with short biographies and an introductory sketch of the history of the French language. gr. 8. (LII, 780 S.) Berlin 878, Herbig. 6 —

— a manual of french literature, containing selections from the best french writers, from the earliest times to the present day, with short biographies and an introductory sketch of the history of the french language. gr. 8. (LII, 780 S.) Ebend. 881. n. 6. —

Ploetz, Richard A. (Hrsg.), s. Ploetz, Karl: Manuel de littérature francaise.

Ploetz, Richard A. (Bearb.), s. Ploetz, Karl: Vocabulaire systematique ... — Voyage a Paris.

Ploetz-Döllingen, v., Ausführungen, s.: Tholuck, Hans, der Bund der Landwirthe.

Plötze, H., Beiträge zur Kenntnis der chronischen Bleivergiftung. In-8⁰. 45 S. Basel (Georg & Co.). These. 1895.

Plötzensee [Sachliches OW]

Plötzensee. Bilder aus dem Berliner Centralgefängnis. Von *,*. 1.—15. Tausend (184 S.) kl. 8. Berlin (904). Ullstein & Co. — 50

Ploetzensee [Schlagwort]

Ploetzensee, s.: Berlin.

Plötzensee, s.: Charlottenburg.

Plötziade. Weite Fahrten u. Lebensereignissen des Herrn Plötz, so sich des Bergwerks beflissen u. von Amerika bis nach China hinein manch löbliches Bergwerk bracht' auf die Bein'. — Verf. von Schm., illustrirt v. Sch. rc. gr. 8. (49 S. mit Holzschn.) Freiberg 847, Engelhardt. n. 12 ngr

Plötziade. Weite Fahrten u. Lebensereignisse des Herrn Plötz, so sich des Bergwerks beflissen u. von Amerika bis nach China hinein manch' löblich Bergwerk bracht' auf die Bein'. Verfaßt von Schm., illustrirt von Sch., in Kapitel getheilt von Sch., zum Druck verurtheilt durch C. 2. Aufl. Leipzig 864. Felix. gr. 8. (46 S. m. Holzschn.) 12 ngr.

Plötziade. Weite Fahrten und Lebensereignissen des Herrn Plötz, so sich des Bergwerks beflissen und von Amerika bis nach China hinein manch löbliches Bergwerk bracht' auf die Bein'. Verfaßt von Schm., illustrirt von Sch., in Kapitel getheilt von Sch., zum Druck verurtheilt durch C. 3. Aufl. gr. 8. (46 S. mit eingedr. Holzschn.) Leipzig 877, Felix. 1 20

Plötziade. Weite Fahrten u. Lebensereignissen des Herrn Plötz, so sich des Bergwerks beflissen, u. von Amerika bis nach China hinein manch löbl. Bergwerk bracht' auf die Bein! Verf. v. Schm(idhuber), illustr. v. Sch., in Kapitel getheilt v. Sch., zum Druck verurtheilt durch C. 4. Aufl. Mit freundl. Unterstützg. vieler alter Freiberger m. Anmerkgn. versehen v. C. Treptow. gr. 8. (40 S.) Leipzig (902). A. Felix. n. 1. 20; m. Bildnis v. Heinrich Schmidhuber n 2. —

Ploucquet, Cph. Matth., s. *Aristophanis* les Nuées.

Ploucquet, Gottfried

— **Animadversiones in principia Dn. Helvetii, quae de natura mentis humanae idem exposuit in libro de l'esprit inscripto, ipso hoc anno Parisiis accusato et Romae condemnato.** Tübingen (Bauhof u. Franck) Sept. 1759. 32 S. (4.75) 26838
[Respond.:] Christian Jakob Brodhag (Tübingen), Joh. Wilhelm Friedrich Platt (Ludovicopolitanus), Georg Friedrich Faber (Stuttgart), Johann David Bardili (Henningen).

Ploucquet, Gottfried [Praes.], s. Boek, August Friedrich: Theoria nexus rerum a fato et casu vindicati.

Ploucquet, Gottfried [Praes.], s. Bühler, Christian Friedrich Christoph: Consensus libertatis animae cum principio rationis sufficientis denuo vindicatus.

Ploucquet, Gottfried [Praes.], s. Canz, Christian Theophil: Sententia domini Robineti, philosophi Amstelodamensis, de aequilibrio boni et mali.

Ploucquet, Gottfried [Praes.], s. Cless, Eberhard Friedrich: Examen theoriae domini Robineti, philosophi Amstelodamensis de physica spirituum.

Ploucquet, Gottfried [Praes.], s. Cless, Heinr. Dav.: Meletemata philosophica de existentia entis infiniti e consideratione existentis materiae declaranda.

— **Cogitationes celeberrimi domini Robineti de origine naturae expensae.** Tübingen (Bauhof u. Franck) 27. 29. u. 30. IX. 1769. 32 S. (4.75) 26842
Publ. disput. Georg Heinrich Müller (Stuttgart), Israel Theophil Conz (Frommernens.), Johann Jakob Loeffler (Stuttgart).

— commentationes philosophiae selectiores (ed. Jo. Fr. Clossius). 4. Strassb. 781. (Frkf., Gebhardt u. K.) 2 ₰ 16 gr.

Gf. Ploucquet: commentatt. philos. select. *Utrecht* (*Lpz.*, Beygang.) 781. gr4° 2 ₰ 20 gl

— — idem lib. 4. maj. Traj. ad Rh. (Pott, Lausanne.) 781.

Ploucquet, Gottfried [Praes.], s. C o t t a , Christoph Wilhelm Heinrich: Disquisitio rationum, quae tam ad stabiliendam, quam ad infringendam animi humani immortalitatem afferri possunt.

— **Creatio mundi é natura rerum mundanarum intellecta. Tübingen (Fues) 19. u. 21. VIII. 1772. 20 S. (4.50) 26843**
Defend.: Jo. Theophil Friedrich Weiss (Grembach), Georg Friedrich Frauer (Chaeropolitan.).

Ploucquet, Gottfried, Disquis. rationum, quae tam ad stabiliendam, quam ad infringendam animi humani immortalitatem afferri possunt. Tübingen (Fues) Sept. 1779. 36 S. (4.50) **26846**
Publ. disputab.: Carl Daniel Grüb (Wildberg), Christian Adam Dann (Tübingen), Ferdinand Heinrich Lempp (Stuttgart), Wilhelm Friedrich Schmidlin (Trichtingen), Johann Christian Heinrich Hecker (Stuttgart), Johann Christoph Weysser (Hopfau), Johann Wilhelm Speidel (Schaffhausen), Hermann Veiel (Frickenhofen), Christoph Wilhelm Heinrich Cotta (Tübingen).

Vgl.C o t t a , Chrph.Wilh.Hrch.

— **De dogmatibus thaletis Milesii et Anaxagorae Clazomenii, principum scholae Jonicae philos. Tübingen (J. H. Ph. Shramm) Sept. 1763. 46 S.** (5.—) **26840**
Publ. disputab.: Georg Friedrich Fischhaber (Stuttgart), Carl Friedrich Harttmann (Adelberg), Johann Christian Gaupp (Kirchheim / Teck), Christian Ludwig Gmelin (Hornberg), Christian Friedrich Schubelin (Lauffen).

Ploucquet, Gottfried [Praes.], s. E l b e n , Johann Christoph: De evidentia in scientiis theoreticis.

— elementa philosophiae contemplativae, c. tab. 8. Stuttg. 778. Metzler. 1 ₰

Ploucquet, Gottfried [Praes.], s. E n s l i n , Johann Karl: De vi vitali, ejusque mutationibus in apoplexia.

Ploucquet, Gottfried [Praes.], s. E s e n w e i n , Erasmus Samuel: De origine atque generatione animarum humanarum ex principiis monadologicis stabilita.

Ploucquet, Gottfried [Praes.], s. E s s i c h , Johann Leonhard: De principio mundi.

— **Examen meletematum celeb. Anglorum philos., Lockii, de personalitate. Tübingen (Bauhof u. Franck) 6., 7. u. 8. X. 1760. 36 S. (4.75) 26839**
Publ. defend.: Christian Winckler (Horckheim), Gottfried David Kaeuffelin (Unteröwisheim), Johann Christoph Lehrenkraus (Stuttgart).

— **Examen rationum a sexto empirico tam ad propugnandam quam impugnandam Dei existentiam collectarum. Tübingen (Fues) Sept. 1768. 35 S. (4.75) 26841**
[Respond.:] Johann Friedrich Weihenmajer (Nicro-Gröningen), Wilhelm Amand Günzler (Mettlingen), Jakob Friedrich Kurz (Tübingen), Jo. Theoph. Christoph Schüz (Westheim/Koch.).

— exposition. philosophiae theoret. c. tab. 8. Tubing. (Metzler, Stuttg.) 782.

Ploucquet, Gottfried [Praes.], s. F a b e r , Johann Christian: Problemata de natura hominis ante et post mortem.

Ploucquet, Gottfried [Praes.], s. F e z e r , Johann Friedrich: De malo morali ejusque gravitate.

— **De forma corporis. Disput. metaphys. Tübingen (Erhard) Aug. 1754. 32 S. (4.75) 26836**
Respond.: Johann Wendel Hummel (Bebenhausen), Johann Gottfried Hiller (Nordheim), Christoph Erhard Hartmann (Horrheim).

Gf. Ploucquet: fundam. Philos. speculativae. *Tüb.*, Cotta. 759. 8° 12 gl

— fundamenta philosophiae speculativae. 8. Tübing. Ed. n. 782. v. Cotta. 12 gl

Ploucquet, Gottfried [Praes.], s. G a u s , Georg Friedrich: De centro affectuum constanti.

P l o u c q u e t , Gf., de corporum organisator. **g e n e r a t i o n e** disquis. philos. 4. Stuttg. Metzler. 749.

Ploucquet, Gottfried [Praes.], s. G r a t i a n , Philipp Christoph: De harmonia repraesentationum dei realium.

Ploucquet, Gottfried [Praes.], s. G r o s , Christoph Ferdinand: De natura affectuum.

Ploucquet, Gottfried [Praes.], s. H o c h s t e t t e r , Christoph Fried.: Problema philosophicum, an dentur spiritus sine corpore organico.

Ploucquet, Gfr., de Miraculorum indole, criterio et fine. Tub. 755. 4.

— **institutiones philosophiae theoreticae. 8. 772. Editio ultima, unt. d. Titel: Expositiones philos. theoret., c. tab. 8. Stuttg. 782. Metzler. 1 ₰**

Ploucquet, Gottfried [Praes.], s. K r a f f t , Christian Theophil: De notitiis insitis.

LUMPEN-SPIEGEL, D e r g o l d e n e. Ein Gemälde für viele (von *Gottfried Ploucquet*). Paris (Stuttgart) 1768. 8°.
Anon.-Lex. III. p. 92 (nach Weller u. Kayser).
— — Dasselbe. Ebd. 1797. 8°.
Miltenberger Schlossbibl. (H. Helbing's Münchener März-Auct. 1907, no. 1312.) — Beide Drucke rar!

Vgl.L u m p e n s p i e g e l ,...

— **de materialismo. 4. Tübing. 750. Cum Supplementis et confutatione libelli: L'homme machine. 4. Ibid. 751. (Osiander). 3 gl**

Ploucquet, Gottfried (Berlin), De materialismo, cum supplementis et confutatione libelli: L'homme machine: inscripti. Diss. Tübingen (J. Ph. Erhardt) 1751. 48 S. (5.—) 26835

— methodus calculandi in Logicis, praemissa commentatione de arte characteristica. 8. Tübing. 763.

— methodus tam demonstrandi directe omnes syllogismorum species, quam vitia formae detegendi, ope unius regulae. 8. Tübing. 763.

Ploucquet, Godofredus. Methodus tractandi infinita in metaphysicis. Berolini 1748.

Ploucquet, Gottfried [Praes.], s. M o r g e n s t e r n, Karl Moritz Ernst: De limite animae humanae.

Ploucquet, Gottfried, s. N e u f f e r, J. Chr.: Abhandl.

Ploucquet, Gottfried [Praes.], s. N i e t h a m m e r, Johann Elias: Disputatio de cosmogonia Epicuri.

— observationes ad commentationem D. Cant de uno possibili fundamento demonstrationis existentiae Dei. 4. Tübing. 763.

Ploucquet, God., de origine sermonis. Tubing. 770. 4. (44 Seiten).

— De rerum ortu duratione, alteratione et interitu. Tübingen (Fues) Aug. 1774. 36 S. (4.75) 26845
Publ. disputab.: Jakob Ludwig Obrecht (Müncklingen), Johann Jakob Kraz (Stuttgart), Johann David Richt (Kirchheim/Teck), Friedrich Wilhelm Kohler (Stuttgart), Joh. Christian Ludw. Bilfinger (Vaihingen).

Ploucquet, Gottfried [Praes.], s. P f l e i d e r e r, Immanuel: De differentia hominis et bruti essentiali.

— principia de substantiis et phaenomen. metaphysicae. 8. Frkf. u. Leipz. 753. (Löffler in Manh.) 12 gl. Ed. n. 764. (Osiander in Tübing.) 16 gl.

Ej. principia de substantiis et phaenomenis metaphysice; acc. method. calculandi in Logicis ab ipso inventa; cui praemitt. comment. de arte characterist. universali. *Tüb.*, Heerbrandt. 764. 8° 16gl

— De principio mundi: Disput. Tübingen (Erhard) Sept. 1756. 32 S. (4.50) 26837
Defend.: Georg Daniel Fuchs (Eberstadt), Ernst Benoni Mutschler (Goepping.), Johann Leonhard Essich Bottwar.).

— variae quaestiones metaphysicae cum subjunctis responsionibus. 4. Tübing. 782.

Ploucquet, Gottfried [Praes.], s. R a p p, Jakob Friedrich: De perfectione mundi graduali.

— Rede üb. die Frage: Ob es mögl. sey, daß e. Welt von Ewigkeit her existire? 4. Tübing. 767.

Ploucquet, Gottfried [Praes.], s. R e i n f e l d e r, Johann Maximilian: De epoche Pyrrhonis.

— Samml. d. Schriften, welche den logischen Kalkul des Hrn. Prof. Ploucquet betreffen; mit neuen Zusätzen hrsg. v. Aug. Fr. Bök. 8. Frkf. u. Leipz. 766. N. A. 773. (Vergl. Bök.)

Ploucquet, Gottfried [Praes.], s. S c h e l l i n g, Joseph Friedrich: De simplicibus, et eorum diversis speciebus.

Ploucquet, Gottfried [Praes.], s. S c h u b e l i n, Christian Friedrich: De dogmatibus Thaletis Milesii et Anaxagorae Clazomenii, principum scholae Ionicae philosophorum.

Ploucquet, Gottfried [Praes.], s. S c h w i n d r a z h e i m, Johann Ulrich: Specimen psychologicum de differentiis perceptionum in vigilia, somnio et somno.

Ploucquet, Gottfried [Praes.], s. S e i z, Johann Ferdinand: De studio psychologico rite ac feliciter instituendo.

Ploucquet, Gottfried [Praes.], s. S i g e l, Theophil Friedrich: De libero arbitrio.

Ploucquet, G., Diss. de studio psychologico rite ac feliciter instruendo. Tub. 4°.
1758

— De praecipuis animae humanae symptomatibus. Tübingen (Fues) Aug. 1773. 50 S. (5.—) 26844
Publ. disputab.: Carl Viktor Hauff (Botnangen), Ludw. Friedr. Dav. Eberh. Georgi (Montisb.), Johann Eberhard Mittenmajer (Birkenf.), Christlieb Martin Plieninger (Kaltenwesth.), Joh. Wilhelm Theodox. Beurlen (Upfing), Philipp Friedrich Erhard (Tübingen).

— Untersuchung u. Abänderung der logikal. Constructionen des Hrn. Prof. Lambert's. 8. Tübing. 765. b Cotta. 4 gl.

Ploucquet, Gottfried [Praes.], s. W e i s s, Jakob Friedrich: Disputatio philosophica contra harmoniam animi et corporis praestabilitam.

Ploucquet, Gottfried [Praes.], s. W e i s s, Jakob Friedrich: De materialismo.

Ploucquet, Gottfried [Praes.], s. Z i m m e r m a n n, Johann Christian: De perfecte similibus.

Ploucquet, Gottfried Wilhelm [Praes.], s. B a u r, Friedrich: Memorabile exemplum dyspnoeae et dyscatabroseos hyperoicae.

Ploucquet, Gottfried Wilhelm [Praes.], s. K i s l i n g, Karl Albert: De rite formanda indicatione antasthenica.

Ploucquet, Wilhelm Gottfried

A b h a n d l u n g über die gewaltsame Todesarten. Nebst e. Anh. von dem geflissentlichen Mißgebähren. . . . von Wilhelm Gottfried **Ploucquet**. Tübingen: Berger (1777). 204 S. 8°

Ploucquet, Wilhelm Gottfried: Abhandlung über die gewaltsame Todesarten, nebst einem Anhang von dem geflissentlichen Mißgebähren, als ein Beytrag zu der medicinischen Rechtsgelahrtheit. 212 S., gbd.

Tübingen: Berger (1788)

Wilhelm Gottfried Ploucquets [**Plouquet**] A b h a n d l u n g über die gewaltsame Todesarten. . . . 2., aus d. Lat. übers., u. sehr verm. Aufl. Tübingen: Heerbrandt 1788. XVI, 415 S. 8°

Ploucquet, Wilhelm Gottfried: Von der unblutigen A b n e h - m u n g der Glieder. Tübingen: Heerbrandt 1786. 32 S. 8°

— v. menschl. A l t e r u. d. davon abhang. Rechten. 8. Ebend. 779.

Ploucquet, W. God., resp. Fr. **Corvinus**, Diss. de amaurosi. 32 pp. Tüb. 4°. *Doering*, I, 223. 1789

Ploucquet, **Wlh. Gf., († d. 12. Jan. 1814.) Diss. de amputatione incruenta. 4. Tübing. 785. — Dass. deutsch: von d unblutigen Abnehmung der Glieder. 8. Ebd. 786. (Osiander). 4 gr.**

— Anmerkk. über die Schrift des Hrn. Cadet de Vaux: d. Gallerte aus Knochen betreffend. 8. Tüb. 804. (Osiander). 3 gr.

— Anweis., wie man ohne Früchte mit geringen Kosten sich dennoch ernähren könne. 4. Tübing. 777.

<u>Ploucquet</u>, Wilhelm Gottfried: Der <u>Arzt</u>, oder über die Ausbildung, die Studien, Pflichten, Sitten und die Klugheit des Arztes. 208 S., gbd.

Tübingen: Cotta 1797

— Diss. inaug. sistens aetates humanas earumque jura. 4 Tübing. 778. — Dass. deutsch: vom menschl. Alter u. den davon abhängenden Rechten. 8. Ebd. 779. (Osiander). 4 gr.

— Aufmunterung zu Versuchen gegen die herrsch. Hornviehseuche. 8. Tübing. 796.

Ploucquet, Wilhelm Gottfried [Praes.], s. B a i t h e r, Joh. Gottfr.: De noxis neoterismi in medicina, et constituendo tribunali medico catholico.

Ploucquet, Wilhelm Gottfried [Praes.], s. B a u r, Christian Ludwig: Cephalalgiam methodo, naturae accommodata, in species digestam. Spec. nosologico-therapeut.

Ploucquet, Gottfried Wilhelm [Praes.], s. B a u r, Friedrich: Memorabile exemplum dyspnoeae ...

— Belehrung üb. die Hornviehseuche. 8. Tüb. 796. v. Cotta. 3 gr.

— Beschreib. eines sichern, bequemen u. eleganten Schwimmgürtels. 8. Tübing. 805. Osiander. 1 gr.

<u>Ploucquet</u>, Wilhelm Gottfried: <u>Bibliotheca</u> medico-practica et chirurgica realis recentior sive continuatio et supplementa initiorum bibliothecae medico-practicae et chirurgicae sive repertorii medicinae practicae et chirurgiae. Tom.1 - 4. Tubingar: 1799 - 1803

s.: <u>Ploucquet</u>, W.G.: Initia bibliothecae medico-practicae et chirurgicae realis... Suppl.1 - 4.

Ploucquet, Wilhelm Gottfried [Praes.], s. B i s c h o f f, Joh. Christ. Ludw.: De rite formanda indicatione antasthenica. Tl. II.

Ploucquet, Wilhelm Gottfried [Praes.], s. B o j a n u s, Georg Ludw.: Theses inaugurales medicae.

Ploucquet, Wilhelm Gottfried [Praes.], s. B o l l e y, Chn. Heinr. Jac.: Experimenta circa vim bilis chylificam.

Ploucquet, Wilhelm Gottfried [Praes.], s. B o e s c h, Joh. Valentin: De emesia.

Ploucquet, Wilhelm Gottfried, s. B r i e f w e c h s e l zweier Schullehrer.

Ploucquet, Wilhelm Gottfried [Praes.], s. B r o t b e k, Georg Friedrich: De febribus neuricis.

Ploucquet, Wilhelm Gottfried [Praes.], s. C a n z, Theophil Eberhard Friedr.: De morbis neuricis, praesertim ea specie quae ex infarctibus abdominalibus exoritur.

– s. C o m m e n t a r üb. die Projekte.

— <u>commentar</u>. med. in p r o c e s s u s criminal. super homicidio etc. 8. maj. Strasb. König. 787.

—, Diss. cur stimuli morbosi quandoque sileant. Tub. 4°. **1789**

<u>Ploucquet</u>, Wilhelm Gottfried: <u>Delineatio</u> systematis nosologici naturae accommodati. Bd 1 - 4, gbd.

Tubingae: Heerbrandt 1791

— <u>delineatio</u> system. n o s o l o g i c i, naturae accommod. IV Tmi. 8. ibid. 791 - 93. (I. II et IV. à 1 Rthlr. 4 gr. III 20 gr.)

Ploucquet, Wilhelm Gottfried [Praes.], s. E c k h e r, Andreas Eberhard: Hydropum cum scarlatina coincidentium exempla.

Ploucquet, Wilhelm Gottfried [Praes.], s. E i s e n b e i s, Georg Friedrich: De laesionibus mechanicis simulacrisque laesionum, foetui in utero contento accidentibus, ad illustr. causas infanticidii.

Ploucquet, Wilhelm Gottfried [Praes.], s. E n s l i n, Johann Karl: De vi vitali, ...

Ploucquet G. W.: Neuere Erfahrungen üb. die Hornviehseuche wie sie im Herbst 1799 in der Reichsstadt Reuttlingen behandelt wurde. Tübing. 1799. 15 S. P.

Neuere Erfahrungen über die Hornviehseuche, wie sie 1799 in der Reichsstadt Reutlingen behandelt wurde. Ebd. 799. Osiander. M. –.15

— üb. die physischen Erfordernisse der Erbfähigkeit bei Kindern. 8. Tübing. 779. (Osiander). 8 gr.

— vertraul. Erzählung e. Schweizerreise im J. 1786; in Briefen. 8. Tübing. 787. (Osiander). 10 gr.

Ploucquet, Wilhelm Gottfried [Praes.], s. E s c h e r, Matthias: Porphyrisma, anno 1788 in Helvetia observatum cum epicrisi.

Ploucquet, Wilhelm Gottfried [Praes.], s. E s s i g, Georg Friedrich: Observationes hepatitidis et metritidis, consolidationem fistularum ani secutarum.

— Etwas zu einiger Holzersparniß. 8. Tüb. 810. Osiander. 1 gr.

— <u>etwas</u> zu einiger H o l z e r s p a r n i ß. 8. Tübing. Heerbrand. 811.

Ploucquet, Wilhelm Gottfried [Praes.], s. F l a n d e r, Johann Friedrich: Meletemata circa cataractam.

F u n d a m e n t a therapiae catholicae. Subjungitur Catalogus corporum medicamentosorum usitatiorum. Ed. Godofredus Guilielmus Ploucquet [Wilhelm Gottfried **Ploucquet**]. Tubingae: Heerbrand 1785. 164 S. 8°

— über einige Gegenstände in der Schweiz. 8. Tübing. 789. (Osiandεr). 8 gr

Ploucquet, Wilh. Gottfr., Über die Hauptmängel der Pferde, sowohl für Pferdeliebhaber und Händler, als fürnehmlich für Rechtsgelehrte etc. 8. Stuttgart 790. Cotta. M. —.60

Ploucquet W. G.: Ueber die Hauptmängel d. Pferde ... Tübing. 1790. 78 S.

Ploucquet, Wilhelm Gottfried [Praes.], s. H e n r i c h s e n, Magnus Friedrich: De commodis et noxis quibusdam ex cultu corporis redundantibus.

PLOUQUET, Wilhelm Gottfried: Über den Holzmangel und die Mittel, ihm abzuhelfen. - Tübingen 1780. 69 S. - 2. Aufl. ebd. 1790. 72 S., 11 S. Anh.

— üb. den Holzmangel u. die Mittel, ihm abzuhelfen. 8. Tübing. 780. N. A. Mit 1 Kpf. 790. (Osiander). 6 gr

— üb. d. Holzmangel u. d. Mittel ihm abzuhelfen. 8. Tüb. Heerbrand. 790.

Ploucquet, Wlh. Gf., initia bibliothecae medico-practicae realis sive repertorii med.-pract. Tom. I—VIII. 4. Tübing. 793—97. v. Cotta. 33 Rthlr 10 gr Tom. IX. et X. vel bibliotheca nova medico-pract. et chirurg. realis etc. II Tomi. 4. Ibid. 798. 8 Rthlr 20 gr Tom. XI. et XII. vel bibliotheca medico-practica et chirurgica realis recentior., sive cont. et supplem. initiorum bibliothecae med. pract. et chirurg. sive repertorii med. pract. et chirurg. II Tomi. 4. Ibid. 799, 800. 9 Rthlr 8 gr

I n i t i a bibliothecae medico-practicae et chirurgicae sive Repertorii medicinae practicae et chirurgiae. Communicat Guilielmus Godofredus Ploucquet [Wilhelm Gottfried **Ploucquet**]. T. 1–8 [nebst] Cont. et Supp.T. 1–4. Tubingae: Cotta 1793–1803.
T. 1: (A–B.) 1793.
T. 2: C. D. 1794.
T. 3: E. F. G. 1794.
T. 4: H. 1795.
T. 5: J. L. M. N. 1795.
T. 6: O. P. 1796.
T. 7: R. S. T. 1797.
T. 8: U. V. X. Y. Z. 1797.
Cont. et Suppl. [u.d.T.]: Ploucquet: Bibliotheca medico-practica et chirurgica realis recentior. T. 1–4: 1799–1803.
T. 1: A–H. 1799.
T. 2: J–Z. 1800.
T. 3: A–L. 1802.
T. 4: M–Z. 1803.

—, Diss. de ischuria cystica. Tub. 4°. 1 7 9 0

Ploucquet, Wilhelm Gottfried [Praes.], s. K a p p i s, Johann Jakob: Theses inaug. medicae primas lineas odontitidis, sive inflammationis ipsorum dentium sistentes.

Ploucquet, Wilhelm Gottfried [Praes.], s. K l e m m, Jeremias Friedrich: Enumerationem et diagnosin herniarum tam genuinarum quam spuriarum.

Ploucquet, Wilhelm Gottfried [Praes.], s. K l o t z, Christian Friedrich: De acidulis Nidernowensibus.

Ploucquet, Wilhelm Gottfried [Praes.], s. K n a p p, Johann Karl: Cur stimuli morbosi quandoque sileant.

Ploucquet, Wilhelm Gottfried [Praes.], s. K o e h l e r, Heinrich: De perficienda re medica maxime per momenta aliqua ad elegantiorem medicinam spectantia.

Ploucquet, Wilhelm Gottfried [Praes.], s. K o e h l r e u t e r, Theophil Friedrich: Expositionem nosologicam typhi.

– s. L a n a u. Lohmeier: Von der Luftschiffkunst.

Ploucquet, Wilhelm Gottfried [Praes.], s. L e c h l e r, Johs. Chr. Friedr.: Theses inaugurales medicae.

— literatura medica digesta, sive Repertorium medicinae practicae, chirurgiae atque rei obstetriciae. IV Tmi. 4maj. Tübing. 808. v. Cotta. 23 Rthlr 18 gr (Eigentl. e. Umarb. seiner Initia bibliothecae medicor.)

Ploucquet, Wilhelm Gottfried: L i t e r a t u r a medica digesta sive repertorium medicinae practicae, chirurgiae atque rei obstetriciae. T. 1–4. Tubingae 1808–09. 4°
1. A–D. 1808. 2. E–L. 1808. 3. M–Q. 1809. 4. R–Z. 1809.

L i t e r a t u r a medica digesta sive Repertorium medicinae practicae, chirurgicae atque rei obstetriciae. Concinnavit Guilielmus Godofredus de Ploucquet [Wilhelm Gottfried **Ploucquet**]. [Nur] Continuatio et suppl. 1. Tubingae: Verf. 1813. 4°

Ploucquet, G. G., Literatura medica digesta, s. Repertorium med. pract. Continuatio et Supplementum I. 4maj. Tubingae, Osiander. (in Comm.) 814. Rthlr.

— Id. lib. contin. et Supplement. I. 4maj. Tüb. 814. (Steinkopf in Stuttg.) 2 Rthlr 12 gr

Ploucquet, Wilhelm Gottfried [Praes.], s. M a y e r, Johann: De suppliciis, et cognatis mortis violentae modis.

Ploucquet, Wilhelm Gottfried: Vom geflissentlichen Mißgebären:.. 38 S.(S.175 - 212), gbd.

Tübingen: Berger (1788)
in: Ploucquet, W.G.: Abhandlung über die gewaltsamen Todesarten.(1788)

– s. M i t t e l d. Büchernachdruck...

— Mittel, dem Mangel e. zur Gerberei erforderl. Materials abzuhelfen. 8. Stuttg. 810. Osiander. 3 gr

— Mittel, Häuser u. a. Gebäude unverbrennl. zu machen. 8. Tübing. 791. v. Cotta. 6 gr

—, Diss. de morbis neuricis, praesertim ea specie, quae ex infarctibus abdominalibus oritur. Tüb. 4°.
1 7 9 1

Ploucquet, W. G., Diss. de morbis nevricis. Tüb. 4°. Tüb. Anz. 1792, p. 113.

Ploucquet, W. C., Diss. de myositide et nevritide. Tub. 4°. 1 7 9 0

— Nachtr. zu d. Abhandll. üb. die besten u. ausführb. Mittel, d. Kindermord Einhalt zu thun. 8. Tüb. 785. (Osiander). 3 gr

Ploucquet, Wilhelm Gottfried [Praes.], s. Nick, Georg Heinrich: De poenis corporis afflictivis, tam civilibus, quam militaribus.

Noch eine Meynung über die Frage: Welches sind die besten ausführbaren Mittel, dem Kindermord Einhalt zu thun? (Vf.: *Wilh. Gottfr. Ploucquet.*) Tübingen 1783. (In Zürich, Stadtbibl.; auch im British Museum.)
Anon.-Lex. III. p. 213; Meusel XVIII, 29; Kayser hat „1782".
Vgl. auch Gradmann, Ged. Schwaben. 1802.

Vgl. Meinung, Noch eine,...

Ploucquet, G., resp. Wunderlich, Diss. sistens observ. circa photorexin. Tüb. 4°. 1799

Ploucquet, Wilhelm Gottfried [Praes.], s. Offterdinger, Georg Ludwig: De fonte sulphureo Balingensi.

— Pathologie m. allgem. Heilkunde in Verbindung gesetzt. gr. 8. Tübing. Cotta. (Heerbrand.) 797.

Ploucquet, Wilhelm Gottfried: Pathologie mit allgemeiner Heilkunde in Verbindung gesetzt. 332 S., gbd.

Tübingen: Heerbrandt 1798

Reflexionen über die Art und Einrichtung der von Würtemberg an die Franzosen zu zahlenden Contribution. (Von W. G. Ploucquet). 8°. Tübingen (Osiander) 1796.
Vgl. Reflexionen...

Ploucquet, W[ilhelm] G[ottfried]: Schwäbischer Rossarzt oder Unterricht, d. Krankheiten d. Pferde zu erkennen u. zu curiren. Mit angehängtem Recept-Buch. Tübingen 1780. 384 S.
– [Neue Ausg. u.d.Tit.:] Vollständiger Rossarzt . . . 1781. 384 S.
– 2. veränd. Ausg. 1792. 352 S.

Vollständiger Rossarzt oder Unterricht, die Krankheiten der Pferde zu kennen und zu kurieren. Mit angehängtem Rezeptbuch. (III.) 8. Tübingen (780.) 03. Osiander. M. 2.

Ploucquet W. G.: Vollständiger Rossarzt . . . M. angehängtem Recept-Buch. Tübing. 1781. 384 S.
— — 5. verb. Aufl. Sst. 1803. 352 S.

Ploucquet, G. G., Series formularum medicarum, secundum indicationes therapeuticas disposit. 8. Tubing. Osiander. 811.

Ploucquet, Wilh. Gfr., Skizze d. Lehre üb. d. menschl. Natur z. Gebr. akadem. Vorles. 8. Tübing. Heerbrand 782. Rthlr.

– s. Steeb, J. H.: Betrachtungen.

—, Silzle, Diss. Sylloge observatiuncularum mixtarum. Tüb. 4°. 1791

Ploucquet, Wilhelm Gottfried: System der Nosologie im Umrisse. 281 S., gbd.

Tübingen: Heerbrandt 1797

— System der Nosologie im Umrisse. gr. 8. Tüb. 797. (Osiander). 1 ℛ

Ploucquet, W. Gttfr., Diss. Triga Obs. med. Tüb. 4°. 1787

— Unterricht f. Wundärzte, u. Verordnung wegen d. tollen Hunde u. a. Thiere. Fol. Tübing. 780. (Osiander). 3 ℊ

Ploucquet W. G.: Von Veredlung d. Wolle u. Verbesserung d. Schafstandes z. Besten d. Herrn Schafhalter. Tübing. 1785. (14) 70 S.
— Nachtrag. S. St. o. A. 55 S.

— v. d. Veredlung d. Wolle u. Verbesser. d. Schafstandes rc. m. Nachtr. 8. Tübingen, Heerbrand. 785.

— von d. Veredlung d. Wolle u. Verbesserung des Schafstandes rc. Mit Nachtr. 8. Tübing. 785. (Osiander). 7 ℊ

Ploucquet, W. Gttfr., De vertigine. Tüb. 8°. *Doering*, I, 168. 1783

Ploucquet: Vorschlag den Hopfenbau ohne Stangen zu betreiben. Tübing. 1802. 16 S. P.

– s. Vorschlag zu e. Zeitrechnung.

Ploucquet, Wilhelm Gottfried s. Wanderungen. Meine W' in der romanischen Schweitz.... Tübingen 1793.

Ploucquet, Wilhelm Gottfried: Warnung an das Publikum für einem in manchen Branntweinen enthaltenen Gift samt den Mitteln es zu entdeken und auszuscheiden. Tübingen: Heerbrandt 1780. 52 S. -- 5*

Ploucquet, W. G.: Warnung an das Publikum vor einem in manchen Branteweinen enthaltenem Gift, samt den Mitteln, es auszuscheiden. (Cuprum.) 8°. 52 S. Tub. 1781.

— das Wasserbett; e. Vorschlag zu e. sichern u. bequemen Badeanstalt in Flüssen u. Bächen. 8. Tüb. 799. v. Cotta. 2 ℊ

Plouvier, Edouard

Plouvier, E., Erzählungen für Regentage, s. Bergson's Eisenbahnbücher.

Plouvier, Edouard

Erzählungen für Regentage. Mit einer Vorrede von Georges Sand. Übertragen von Julius Würzburger.
Stuttgart: Franckh 1854. 8°

Plouvier, Edouard u. J. Adonis

—— —— fu Capitan Ottavio, }
—— e T. Barriere, l'oltraggio, } s. Emporeo drammatico.

— und J. Adenis, trop beau pour rien faire. Comédie en un acte mêlée de couplets. Berlin 860. Lassar. 16. (34 S.) n. 5 ngr.

Plouvier, E. und J. Adonis, zu schön, s. Universal-Bibliothek. Nr. 2056.

Plowitz, Erwin, Bühnenwerke. I. u. II. Bd. Wien 884. 906. (C. Vetter.) n. 11. —
I. (IV, 216 S.) 8. 5. —. — II. (V, 115 S.) gr. 8. 6. —.

Plowitz, Erwin, Dichtergrüße aus Oesterreich. 8. (228 S.) Wien 874. Brüder Winter. n. 2. 80

Ploy Heinrich: Die Politik Oesterreichs unter Philipp Stadion.
1905 PN 1868 Diss. Wien, Univ.

Ployen, Christ., Erindringer fra en Reise til Shetlandsöerne, Orkenöerne og Skotland i Sommeren 1839. 8. Kjöbenhavn 840. Reitzel. 1¼ ℛ

Plucar: Einige didaktische Bemerkungen über den mathematischen Unterricht auf Gymnasien. 8 S.–Teschen ev., Progr. 1855

Plucar: Einige Bemerkungen über den naturhistorischen Unterricht an Gymnasien. – Teschen ev., Progr. 1851.

Plucar: Die in Teschen aufgefundenen Laubmoose. 4 S.– Teschen ev., Progr. 1855.

Plucar, Er., der Fischplatz zu Triest oder Aufzählung u. populäre Beschreibung der demselben aus dem adriatischen Golfe zugeführten Fische u. anderer eßbaaren Meerproducte nebst Andeutung ihrer Zubereitung als Speise. gr. 8. (5⅝ B.) Triest 816, Börner.

Pluche, Noël-Antoine

Plüche, Historie des Himmels v. Ursprung d. Abgötterei u. v. philosoph. Irrthümern ꝛc. 2 Thle. Mit Kpf. 8. Bresl. 764. (Gosohorsky). 1 ℛ 16 ℊ

Pluche, Historie d. Himmels v. Urspr. d. Abgötterey ꝛc. 2 Thle. m. K. 8. Breslau, Meyer. 764.

— Schauplatz der Natur, s. Schauplatz.

[Spectacle de la nature. Deutsch:] S c h a u p l a t z der Natur, oder Unterredungen von der Beschaffenheit und den Absichten der natürlichen Dinge . . . [Verf.: Noël-Antoine **Pluche**]. 2. Aufl. Aus d. Franz. übers. von F. W. B. Th. 1. Wien & Nürnberg: Monath 1750.
Th. 1: Welcher die Thiere und Pflanzen betrachtet. 1750.

Le S p e c t a c l e de la nature, ou Entretiens sur les particularités de l'histoire naturelle . . . [Verf.: Noël-Antoine **Pluche**]. Nouvelle éd. T. 1–8. Francfort: Bassompierre & Berghen 1752. 8 Bde 8°

T. 1 = P. 1: Contenant ce qui regarde les animaux & les plantes.
T. 2.3. = P. 2. [nebst] Suite: Contenant ce qui regarde les dehors & l'intérieur de la terre.
T. 4 = P. 3: Contenant ce qui regarde le ciel & les liaisons des différentes parties de l'univers avec les besoins de l'homme.
T. 5: Contenant ce qui regarde l'homme considéré en lui-même.
T. 6.7.: Contenant ce qui regarde l'homme en société.
T. 8. P. 1: Contenant ce qui regarde l'homme en société avec Dieu.

— le spectacle de la nature sur les particularités de l'hist. naturelle. VIII Vol. av. fig. 12. Dresde. 753.

Plück. Plan der Stadt **München-Gladbach.** 1 : 5000. M. Gladbach 1879. 1 Bl. L.

Plücker. Albert [aus München-Gladbach (Rheinprovinz)]: Ueber Hemiatrophie der Zunge . . . Würzburg, Druck d. Bonitas-Bauer'schen Buchdr., 1888; 47 S. 8°
Würzburg, Med. Fak., Inaug.-Diss. v. 1888

Julius **Plückers** gesammelte wissenschaftliche Abhandlungen. Im Auftr. d. Kgl. Ges. d. Wiss. zu Göttingen hrsg. v. A[rthur] Schoenflies u. Fr[iedr.] Pockels. In 2 Bdn. Bd 1. 2. [M. Sondert.] *Leipzig: B. G. Teubner 1895. 96.* 2 Bde 8.
1. 1895. [A. T.:] J. Plückers gesamm. mathem. Abh. Hrsg. v. A. Schoenflies. M. 1 Bildn. Plückers u. 73 in d. Text gedr. Fig. ... (XXXV, 620 S., 1 Portr.)
2. 1896. [A. T.]: J. Plückers gesamm. physikalische Abh. Hrsg. v. Fr. Pockels. M. 78 in d. Text gedr. Fig. u. 9 Taf. ... (XVIII, 834 S., 9 Taf.) [96. 1716

Sacram memoriam ... Friderici Gvilelmi III vniversitatis Fridericiae Gvilelmiae Rhenanae conditoris ... ab eadem vniversitate d. III m. Avg. a. 1854 ... recolendam victorvmqve renvnciationem e litt. certaminibvs prodevntivm ... indicit Ivlivs **Plvecker**, ord. phil. h. a. decanvs. (Praemittitur commentatio de crystallorvm et gazorvm conditione magnetica qvalis hodie intelligitvr.) Bonnae, form. C. Georgii (1854). 34 S., 1 Bl. 4. ¶ Wieder abgedr. in des Verf. Ges. wiss. Abh. hrsg. v. Schoenflies u. Pockels II 1896 No 25.

Plücker, Jul., analyt.-geometr. Entwicklungen. 2 Bde. gr. 4. Essen, Baedeker. [1. (35 B. u. 8 Kpfrt.) 828. 3 Thlr., 2. (33¼ B. u. 2 Kpfrt.) 831. 2 Thlr. 16 Gr.]

Sacram memoriam ... Friderici Guilelmi III ... natali eius d. III m. Aug. ... ab litt. universitate Fridericia Guilelmia Rhenana ... celebrandam indicit Iulius **Plücker**, ord. phil. h. a. decanus. — Praemissa enumeratione novorum phaenomenorum recentissime a se in doctrina de magnetismo inventorum. Acced. tabula lith. Bonnae, litt. Georgianis 1849. 1 Bl., 28 S., 1 Bl., 1 Taf. 4. ¶ Wieder abgedr. in des Verf. Ges. wiss. Abh. hrsg. v. Schoenflies u. Pockels II 1896 No 15.

Pluecker, Jul., neue Geometrie des Raumes gegründet auf die Betrachtung der geraden Linie als Raumelement. Mit einem Vorwort von A. Clebsch. 1. Abthl. Leipzig 868. Teubner. gr. 4. (V, 226 S.) n. 3 ℛ

— — 2. Abthl. Hersg. von Fel. Klein. Ebend. 869. gr. 4. (IV u. S. 227—378 mit eingedr. Holzschn.) n. 2 ℛ

Plücker, Ueber ein neues Coordinaten-System. 1829.

— Ueber ein neues Princip der Geometrie und den Gebrauch allgemeiner Symbole und unbestimmter Coefficienten. 1829.

Plücker, J., on the spectra of ignited gases and vapours, s.: Hittorf, J. W.

Plücker, Jul., System der analytischen Geometrie, auf neue Betrachtungsweisen gegründet, und insbesondere eine ausführl. Theorie der Curven dritter Ordnung enthalt. Mit 6 Kpfrtaf. gr. 4. Berlin 835. Duncker u. Humblot. 3½ ℛ

Plücker, (Prof. Dr.,) System der Geometrie des Raumes in neuer analyt. Behandlungsweise, insbesondere die Theorie der Flächen 2. Ordnung u. Classe enthaltend. Mit 1 Tafel. gr. 4. Düsseldorf 846, Schaub'sche Buchh. n. 4 ℛ

Plücker, Jul., System der Geometrie des Raumes in neuer analytischer Behandlungsweise insbesondere die Theorie der Flächen zweiter Ordnung u. Classe enthaltend. Mit 1 (lith.) Taf. 2. wohlf. (Titel-) Aufl. gr. 4. (X u. 334 S.) Düsseldorf (846) 852, Scheller. n. 2 ℛ

— Theorie der algebraischen Curven, gegründet auf eine neue Behandlungsweise der analytischen Geometrie. Mit 1 Taf. gr. 4. Bonn 839. Marcus. 2⅔ ℛ

PLÜCKER, WILHELM. Beiträge zur Kenntnis des meta- Methylchinolins und des ana- Methylchinolins sowie der Methylnaphtaline. Camen. 1899. C.H.Betzler. (48 S.)
Dissert.Freiburg i.Br.1899.

Plückhahn, Edmund, a. Hamburg: Die Bearbeitung ausländischer Stoffe im englischen Drama am Ende des 17. Jahrhunderts dargelegt an Sir Charles Sedley's: The Mulberry Garden and Bellamira or the Mistriss. (Hamburg 1904: E. Hirt.) (89 S.) 8°
Rostock, Phil. Fak., Ref. Lindner, Diss. v. 20. Nov. 1904
[Geb. 25. Dez. 81 Hamburg; Wohnort: Hamburg; Staatsangeh.: Hamburg; Vorbildung: Realgymn. Hamburg Reife M. 00; Studium: Straßburg 2, Berlin 2, München 1 S., dann Rostock; Rig. 30. Mai 04.]

Plüddemann, Mart., die Bühnenfestspiele in Bayreuth, ihre Gegner u. ihre Zukunft. gr. 8. (16 S.) Kolberg 877. Post. n. 1. —

Plüddemann, Mart., die Bühnenfestspiele in Bayreuth, ihre Gegner u. ihre Zukunft. 2. (Titel-)Ausg. gr. 8. (61 S.) Leipzig (1876) 881. Gebr. Senf. — 60

Plüddemann, M., die Bühnenfestspiele in Bayreuth, ihre Gegner u. ihre Zukunft. 3. (Titel-)Aufl. gr. 8. (63 S.) Leipzig 889. Reinboth. n. — 60

(9) **Plüddemann, M.**, d. Bühnenfestspiele in Bayreuth. 889. — Aus der Zeit — für d. Zeit. 890, (KBL. 26). Jetzt: Leipzig, G. Essiger.

Plüddemann, Mart., aus der Zeit — für die Zeit. Aphorismen zur Charakteristik moderner Kunst. 2. (Titel-)Aufl. 8. (144 S.) Leipzig (1879) 881. Gebr. Senf. n. 2. —

— aus der Zeit — für die Zeit. Aphorismen zur Charakteristik moderner Kunst. 3. (Titel-)Aufl. 12. (144 S.) Ebd. 890. n. 1. 50

Plüddemann, Max

Plüddemann, M., s.: Flotten-Kalender, illustr. deutscher.

Plüddemann, M., s.: Kalender des deutschen Flotten-Vereins.

Plüddemann, M., der Krieg um Cuba. Nach zuverläss. Quellen dargest. M. zahlr. Abb. 1. Lfg. gr. 8. (S. 1—80 m. 1 Karte.) Berlin 898. E. S. Mittler & Sohn. n. 1. 60

— der Krieg um Cuba. Nach zuverlässigen Quellen dargestellt. Mit zahlreichen Abbildgn. 2. Lfg. gr. 8. (VI u. S. 81—258.) Berlin 899. E. S. Mittler & Sohn. n. 3. 40; (spät. erhöhter Pr. n. 5. 50; geb. in Leinw. n. n. 7. —)

Die Laufbahnen in der Kaiserl. Marine. Verhältnisse, Einkommen u. Aussichten. Von M[ax] **Plüddemann**, Konter-Adm. z. D. Minden i. W.: W. Köhler 1908. (48 S.) 8° [F.] 08. 6944 6

— modernes Seekriegswesen. Mit 8 Vollbildern u. 96 Abbildgn. im Text. gr. 8. (VII, 298 S.)
Berlin: Mittler & S. 1902.

Plüddemann, Werner: I. Beitrag zur Aufklärung des Schwefelsäurekontaktprozesses. II. Eine neue Methode zur Tensionsbestimmung von Sulfaten. 1907. 79 S. 8°
¶ Ausz. aus I in: Zeitschrift f. physik. Chemie. Bd 62. 1908.
Karlsruhe, Dr.-Ing.-Diss. v. 13. 12. 1907

Pluder, F., congenitales Diaphragma e. Choane u. Gesichtsasymmetrie, s.: Festschrift zur Feier des 80jähr. Stiftungsfestes d. ärztl. Vereins zu Hamburg.

Plud'hun, W. [Pseudon.] s. Wuarin, Louis-Théodore.

Pludra, Frz. Steph., gründliche Anweisung zum Färben u. Drucken von baumwollenen, halb- u. ganzwollenen Zeugen nebst Anweisung üb. d. Reinigen, Waschen, Färben u. Appretiren schon getragener seidener Stoffe, mit genauer Angabe der dazu erforderlichen Ingredienzien. 8. (IV u. 59 S.) Berlin 852. (Leipzig, Friese. — Posen, Lißner.) n. 1/3 ₰

Plüer, Karl Cph., († d. 21. April 1772.) Gedanken u. Nachrr. von d. Manufakturen u. der Handlung in Ansehung Dänemarks. 8. Kopenh. 758. Mumme. 3 ℛ

Plüer, Karl Cph., Nachr. von d. Altonaischen Waisenhause. 8. Altona 769.

— Reisen durch Spanien; hrsgg. v. Cph. Dn. Ebeling. Mit Kpf. gr. 8. Leipz. 777. Weygand. 1 ℛ 18 ℊ

Plugge, P. C., die wichtigsten Heilmittel in ihrer wechselnden chemischen Zusammensetzung u. pharmakodynamischen Wirkung, übersichtlich dargestellt. Hrsg. durch die „Nederlandsche maatschappij tot bevordering der geneeskunst". [Amsterdam, F. van Rossen 1885.] Mit Bewilligg. d. Verf. aus dem Holl. übers. v. Fd. Schär. gr. 8. (XII, 119 S. m. 73 Tabellen.) Jena 886. Fischer. n. 3. 60

Plügge, Georg: Miss Sarah Fielding als Romanschriftstellerin. *Bautzen 1898: E. M. Monse.* (VIII, 71 S.) 8°
Leipzig, Phil. Diss. v. [5. Dez.] 1898

Plügge, Thdr., das Choralbuch f. das neue schleswig-holsteinische Gesangbuch. Ein Beitrag zur Lösg. der Choralbuchfrage. gr. 8. (24 S.) Segeberg 884. Meier. n. — 40

Plügge, Th., u. **A. Schleiffick**, Choralbuch f. den Männerchor. Nach den Melodieen d. neuen Schleswig-Holstein. Gesangbuches bearb. u. hrsg. gr. 8. (VI, 128 S.) Uetersen 892. R. W. J. Koopmann. n. 1. 50

Plügge, Th., vierstimmiges Choralbuch zum schleswig-holsteinischen u. zum lauenburgischen Gesangbuche für Kirche, Schule u. Haus. qu. gr. 4. (XII, 125 S.) Flensburg 901. A. Westphalen. n. 4. 50

Plügge, Th., Choral-Melodienbuch, enth. sämmtliche Melodien des neuen Schleswig-Holsteinischen Gesangbuchs. 8. (76 S.) Segeberg 887. Meier. cart. n. — 60

— Choral-Melodieenbuch, enth. sämtl. Melodien des schleswig-holstein. Gesangbuches sowie die gebräuchl. des lauenburg. Gesangbuches u. die f. die Einübg. in den Seminaren vorgeschriebenen Melodieen des Militär-Gesangbuches. Für den Schulgebrauch zusammengestellt. Neue Ausg. 8. (X, 118 S.) Ebd. 901. n. — 60

Plum, E., die Reichsgerichts-Entscheidungen in Zivilsachen, s.: Noest, B.

Plum, Fr, observ. in textum et Versiones max. graec. Obadiae et Habacuci. 8. maj. Copenhagen, Schubothe. 796.

Plum, Pet., C. SS. R., s.: Dekret der hl. Konzilskongregation üb. den häufigen u. täglichen Empfang der hl. Kommunion.

Plümacher, die christliche Ehe. Ein Conferenz-Vortrag. gr. 16. (32 S.) Barmen 879. Wiemann in Comm. n. — 20

Plümacher, Hans, Giuliano. Schauspiel in 5 Aufzügen. (141 S.) 8. Köln 908. H. Plümacher. 4. —

Plümacher, O., zwei Individualisten der Schopenhauer'schen Schule. gr. 8. (112 S.) Wien 881. Rosner. n. 2. 40

— der Kampf ums Unbewusste. Nebst einem chronolog. Verzeichniss der Hartmann-Literatur als Anh. gr. 8. (VIII, 151 S.) Berlin 881. C. Duncker. n. 3. —

Plümacher, O., der Kampf um's Unbewusste. Nebst e. chronolog. Verzeichniss der Hartmann-Literatur von 1868—1890. 2. Aufl. gr. 8. (X, 174 S.) Leipzig 890. Friedrich. n. 4. —

Plümacher, O., der Pessimismus in Vergangenheit u. Gegenwart. Geschichtliches u. Kritisches. gr. 8. (XII, 355 S.) Heidelberg 884. Weiss' Verl. n. 7. 20

— der Pessimismus in Vergangenheit u. Gegenwart. Geschichtliches u. Kritisches. 2. (Titel-)Ausg. gr. 8. (XII, 355 S.) Heidelberg 888. G. Weiss' Verl. n. 7. 20

Plumans, ..., exposit. myst. V. et N. Test. concionat. praepos. 4. Cöln 778. Haas. 2 ℔ 8 gr
Vgl.Plumaus.

Plumard de Dangeul, s.a. D a n g e u l , Plumard de.

Plumaus, exposit. myst. V. et N. Test. concionat. praepos. 4. Cöln, Haas u. Sohn. (Fabricius.) 778.
Vgl.Plumans.

Plumard, Dangeul de. Anmerkungen über die Vortheile und Nachtheile von Frankreich und Grossbritannien in Ansehung des Handels und der übrigen Quellen von der Macht der Staaten. Auszug eines Werks über die Wiederherstellung der Manufacturen und des Handels in Spanien. Beylage des deutschen Übersetzers. Mietau u. Leipzig 1756. Ü & V (Beilage): *Hamann, Johann Georg*. (schstr S. 2)

Plumbe, (S.,) prakt. Abhandlung üb. die Hautkrankheiten ꝛc. f. H a n d b i b l i o t h e k , chirurgische. VIII. 1e Abthlg.

Plümcke, Johann Friedrich (Cassel/Hessen), De retractu nec jure civili, nec canonico, nec feudali Longobardico, nec denique jure recentiori introducto. Diss. jur. Marburg/Hessen (Ph. C. Müller) 26. V. 1750. 40 S. (4.25) 26847

Plume, la, de Corbeau. Traduit de l'Allemand. gr. in-12. Strasbourg 833. (Francfort, Schmerber.) 1/6 ℔

Plümecke, A., s.: B e t r i e b e , elektrische u. maschinelle.

Plümecke, Otto, a. Jatzke in Mecklenburg-Strelitz: „Über die Schichtung von Flammen, die in Orgelpfeifen brennen." (Berlin [1905]: G. Horn.) (32 S.) 8°
Rostock, Phil. Fak., Ref. Martens, Diss. v. 11. Dez. 1905
[Geb. 4. Febr. 82 Jatzke b. Friedland; Wohnort: Rostock; Staatsangeh.: Preußen; Vorbildung: Gymn. Friedland Reife O. 01; Studium: Rostock 5, Berlin 3 S.; Rig. 7. Dez. 05.]

Plümecke, Robert [app. Arzt aus Zellerfeld]: Ueber 13 auf der medizinischen Klinik zu Göttingen in den Jahren 1878—90 beobachtete Fälle von progressiver perniciöser Anaemie ... Göttingen, Druck d. Dieterichschen Univ.-Buchdr., 1892; 33 S. 8.
Göttingen, Med. Fak., Inaug.-Diss. v. [6. Aug.] 1892

Plümecke, Rob., üb. 13 auf der medizinischen Klinik zu Göttingen in den Jahren 1878—90 beobachtete Fälle v. progressiver perniciöser Anaemie. Diss. gr. 8. (33 S.) Göttingen 892. (Vandenhoeck & Ruprecht.) n. — 60

Plümeke, J. K., s. P l ü m i c k e , J. K.

Plumenöck, s.a. **Blumenöck.**

Plumenöck, E. H. v., geoffenb. Einfluß in d. allgem. Wohl der Staaten, d. ächten Freymaurerey. gr. 8. Amsterdam. (Montag in Regensb.) 779.

Plümer, E., W. Haupt u. C. Fr. Bachmann, Handbuch f. den Unterricht in der deutschen Litteratur an höheren Mädchenschulen u. Lehrerinnen-Seminarien. gr. 8. (XVI, 636 S.) Kassel 883. Kay. n. 4. —
Vgl.Plümer:Dt.Lesebuch...T.8.

Plümer, E., W. Haupt, C. Fr. Bachmann, deutsches Lesebuch f. höhere Lehranstalten. 1. u. 2. Thl. 8. Kassel 875. Kay. geb. n.n. 2. 50
1. (IX, 133 S.) n.n. 1. —. — 2. (VIII, 175 S.) n.n. 1. 50.

Plümer, E., W. Haupt, C. Fr. Bachmann, deutsches Lesebuch für höhere Lehranstalten. 3—7. Thl. gr. 8. Kassel 877—79. Kay. geb. n.n. 11. 55 (1—7.: n.n. 14. 50)
3. (VIII, 207 S.) n.n. 1. 80. — 4. (VIII, 247 S.) n.n. 2. — — 5. (VIII, 271 S.) n.n. 2. —. — 6. (VIII, 336 S.) n.n. 2. 75. — 7. (VIII, 382 S.) n.n. 3. —

— — — deutsches L e s e b u c h f. höhere Lehranstalten, insbesondere f. Mädchenschulen. 5. u. 6. Tl. 2., verb. Aufl. gr. 8. Ebend. 885. n. 4. 60
5. (VIII, 262 S.) n. 2. —. — 6. (VIII, 364 S.) n. 2. 60

Plümer, E., W. Haupt u. C. Fr. Bachmann, deutsches Lesebuch f. höhere Lehranstalten, insbesondere f. Mädchenschulen. 7 Tle. gr. 8. Frankfurt a/M. 893. Kesselring. Geb. n.n. 14. 30
1. 3., verb. Aufl. (VI, 125 S.) n.n. 1. —. — 2. 3., verb. Aufl. (IV, 156 S.) n.n. 1. 50. — 3. 3., verb. Aufl. (VIII, 195 S.) n.n. 1. 80. — 4. 3., verb. Aufl. (VII, 233 S.) n.n. 2. —. — 5. 3., verb. Aufl. (VIII, 262 S.) n.n. 2. —. — 6. 3., verb. Aufl. (VII, 376 S.) n.n. 3. —. — 7. 2., verb. u. verm. Aufl. (VIII, 428 S.) n.n. 3. —.

——— ——— ——— dass. — (8. Thl.): Handbuch für den Unterricht in der deutschen Litteratur an höheren Mädchenschulen und Lehrerinnen-Seminarien. gr. 8. (VIII, 634 S.) Ebendas. 883. geb. *

Plümer, Haupt u. Bachmann, deutsches Lesebuch f. höhere Mädchenschulen. Neubearb. v. Karl Leimbach, Klaudius Bojunga, Alfr. Lentz u. Wilh. Tesdorpf. I.—VIII. Tl. 4., der Neubearbeitg. 1. Aufl. gr. 8. Frankfurt a/M., Kesselring. Geb. in Leinw. n.n. 19. —
I. 2. Schulj. (XVI, 144 S.) 903. n.n. 1. 20
II. 3. Schulj. (XVI, 244 S.) 904. n.n. 1. 80
III. 4. Schulj. (XVIII, 226 S.) 903. n.n. 1. 80
IV. 5. Schulj. (XVII, 317 S.) 904. n.n. 2. 40
V. 6. Schulj. (XVI, 351 S.) 904. n.n. 2. 80
VI. 7. Schulj. (XI, 303 S.) 904. n.n. 2. 40
VII. Gedichtsammlung f. die Oberstufe. (7—10. Schulj.) (XXXIX, 454 S.) 905. n.n. 3. 60
VIII. Prosa. 8., 9. u. 10. Schulj. (XII, 390 S.) 905. n.n. 3. —

Plümer, Haupt u. Bachmann, deutsches Lesebuch f. höhere Mädchenschulen. Ausg. B in 4 Tln. Für höhere Mädchenschulen m. weniger als neun getrennten Stufen u. f. Mädchen-Mittelschulen. Bearb. v. Klaudius Bojunga, Alfr. Lentz u. Wilh. Tesdorpf. I. - III. Tl. gr. 8. Frankfurt a/M., Kesselring. Geb. 7. 50
I. (2. Schulj.) (XX, 217 S.) 907. 2. —
II. (3. u. 4. Schulj.) (XV, 323 S.) 907. 2. 50
III. (5. u. 6. Schulj.) (XVI, 398 S.) 907. Geb. nn 3. —

— — — dasselbe. Neu bearb. v. Karl Leimbach, Klaudius Bojunga, Alfr. Lentz, Wilh. Tesdorpf. Anh. zur Heimatkunde der Prov. B r a n d e n b u r g . Hrsg. v. Otto Felsburg. (IV, 109 S. m. Abbildgn.) 8. Ebd. (910). — 80

— — — dasselbe. Anh. zur Heimatkunde der Prov. H a n n o v e r . Hrsg. v. Fritz Goebel. (IV, 85 S. m. Abb.) 8. Ebd. (910). — 70

— — — dasselbe. Anh. zur Heimatkunde der R h e i n p r o v i n z . Hrsg. v. A. Kühn. (93 S. m. Abbildgn.) 8. Ebd. 910. — 75

— — — dasselbe. Anh. zur Heimatkunde der Prov. S a c h s e n . Hrsg. v. Just. Baltzer. (77 S. m. Abbildgn.) 8. Ebd. 910. Kart. — 60

— — — dasselbe. Anh. z. Heimatkunde der Prov. S c h l e s w i g - H o l s t e i n . Hrsg. v. Bernh. Hubert. (85 S. m. Abbildgn.) 8. Ebd. 910. — 70

— — — dasselbe. Anh. zur Heimatkunde der Prov. W e s t f a l e n . Hrsg. v. A. Schlüter. (100 S. m. Abbildgn.) 8. Ebd. 910. Kart. — 75 dasselbe. Anh. z. Heimatkunde der Prov. Westpreußen u. Posen. Hrsg. v Paul Schlemmer. (157 S m Abbildgn.) 8. Ebd. 910. 1.25

Plümeran, Burg. Eine mecklenburgische Ritter- und Dorfgeschichte. Berlin 1862. V: *Stuhlmann, Cäsar Wilh.* (Schröder, Carl, Mecklenburg in der schönen Literatur. 1909. S. 349/350.) (Hdschr. Mitth. Oberbibliothekar Dr. Kohlfeldt-Rostock. 12. 10. 1910.)

Plümeran, Burg. Eine neue mecklenburgische Ritter- und Dorfgeschichte. 2 Thle. Berlin 862. Janke. 8. (590 S.) 2 ℛ 15 ngr.

Plumert, Arth. Gesundheitspflege auf Kriegsschiffen m. besond. Berücksicht. der Verhältnisse in der k. u. k. Kriegsmarine. gr. 8. (VIII, 187 S. m. Abbildgn.) Pola 891, Scharff. * 4 —

—— dass. — Nachtrag. Desinfectionspraxis auf Kriegsschiffen. 8. (16 S.) Ebd. 891 * — 20

Gesundheitspflege auf Kriegsschiffen. Von Dr. Arthur Plumert. 2., vermehrte Auflage. Mit 33 Holzschnitten und 1 Tafel. Wien. Berlin. 1900. Urban & Schwarzenberg. Gr.-8°. XII, 503 S. K 12.--

—— s. Sanitäts-Bericht, statist., üb. die k. u. k. Kriegs-Marine.

— die hygienischen Verhältnisse der Stadt Pola. gr. 8. (129 S.) Pola 893. E. Scharff. n. 2. 70

Plumert, Jos., der Curort Liebwerda u. seine Heilquellen im Bezirke Friedland in Böhmen. 2., verb. Aufl. Reichenberg 869. (Jannasch.) gr. 8. (III, 132 S.) n. 20 ngr.

Plumeyer, Heinrich, approb. Arzt u. Zahnarzt aus Altona Aus d. chirurg Klinik zu Kiel. **Knochenimplantation** bei Schädeldefecten. *Kiel 1903: H. Fiencke.* (19 S.) 8°
Kiel, Med. Diss. v [27 Aug] 1903

Plumhoff, Alfred Leberecht B e i t r ä g e zu den Quellen Otfrids. Bitterfeld 1898 F E Baumann. (48 S.) 8⁰
(T 2 erscheint in d. Zeitschrift f. deutsche Philologie.)
Kiel, Phil. Diss. v [25 Juni] 1899

Plümicke, ..., s. Archiv f. d. Offiziere der k. preuß. Artillerie.

Rede welche nach Einbringung des Lichts in die neu gegründete □ zur biedern Vereinigung im Or. von Glogau den 2. May 1803. gehalten worden vom Br. Redner [d. i. G. H. Plümicke]. o. O. [1803]. 15 S. 8⁰
Kl. 1136c. Selten. Mahnung, das künftige Leben dem Dank und der Freude zu weihen u. die Mrpflichten zu üben. 23.

Plümicke, Heinrich

Plümicke, H., Betrachtungen üb. die ostpreußische Pferdezucht m. besond. Rücksichtnahme auf die Zucht d. Remontepferdes u. die Aufzucht v. Zucht-Material. gr. 8. (52 S.) Stallupönen 887. [Klutke.] Insterburg, Roddewig. n. 1. 50

Plümicke, J K.

Skizzierte Geschichte der Belagerung von Danzig durch die Franzosen i. J. 1807, nebst Verteidigung dieses Platzes. Von einem Augenzeugen Mit 1 Taf
Berlin 1817 277 S
Vgl. G e s c h i c h t e . . .

Skizzierte Geschichte der russ. preuß. Blockade u Belagerung von Danzig im Jahre 1813. Nebst der Verteidigung dieses Platzes Von einem Augenzeugen (J. K v Plümicke) Mit 1 Pl.
Berlin 1817 211 S
Vgl. G e s c h i c h t e . . .

—— Handbuch f. die Kön. Preuß. Artillerie-Officiere. 2 Thle. Mit 3 Kpf. gr. 8. Berl. 820. Duncker u. H. 3 ℛ 16 gr

Hauptmomente der Geschichte der Gr. Loge von Preussen gen. Royal York zur Freundschaft. Bei ihrem funfzigjährigen Bestehen zsgst. am 11. Juni 1849 [von Joh. Karl Plümicke]. Berlin 1849: Sittenfeld. 120 S. 8⁰
Auszug in: D. Loge Sokrates z. Standhaftigkeit im Or. z. Frankfurt a. M. in d. ersten fünfzig Jahren ihrer Werkthätigkeit. 1851 S. 8—9. 23. 25.

Plümicke, Karl Martin (Moritz?)

Plümicke, Karl Mt., Auszug aus d. Tagebuche d. Reisen des regier. Herzogs v. Kurland, s. Auszug.

Plümicke, Karl Mt., der Besuch nach dem Tode. Schspl. in 3 A. 8. Berl. 783. Maurers B. 4 gr

Plümicke, Karl Mor., Briefe auf einer Reise durch Deutschland im Jahre 1791 zur Beförderung der National-Industrie und des Nahrungsstandes; vornehmlich in Beziehung auf Manufaktur-, Kunst- und Oekonomie-Gegenstände. Th. 1. 2 Liegnitz 1793. 8. . . . . (1)(1) 1

Plümicke, K. Mt., Briefe auf einer Reise d. Deutschl. z. Beförd. d. Nationalindustrie u. d. Nahrungsstandes. 2 Bde. 8. Liegnitz, Siegert. 793.

— Briefe auf e. Reise durch Deutschland zur Beförder. d. Nationalindustrie u. des Nahrungsstandes. 2 Bde. 8. Liegnitz 793. (Taubert in Leipz.) 2 ℛ 20 gr

— Entwurf e. Theatergeschichte v. Berlin, nebst Bemerkk. üb. den Geschmack rc. 8. Berl. 781. Nicolai. 1 ℛ 4 gr

— der 15te Februar 1787. Eine dramat. Phantasie. 8. Mitau. (Berl.) 787.

— Fragmente, Skizzen u. Situationen auf e. Reise durch Italien. 8. Görlitz 795. Anton in Halle. 20 gr

— der Freiheitsspiegel. Dramat. Gemälde aus d. neuern Zeitgeschichte. 8. Berl. 803. (Duncker u. H.) 20 gr Hdg. Pr. 8 gr

— Henriette, od. d. Husarenraub. Schspl. 8. Berl. 780. Wever. N. A. s. unten: Jette.

— das Jägermädchen. Gemälde in 5 A., nach Cramer. 8. Berl. 803. Duncker u. H. 16 gr Hdg. Pr. 8 gr

— Jette, od. der Husarenraub. Schspl. 8. Berl. 786. N. A. 789. Maurers B. 10 gr

— Johann von Schwaben. Schspl., s. A. G. Meißner.

— Lanassa. Trspl. in 5 A. 8. Berl. 782. 2e A. 787. Maurers Buchh. 6 ℊℊ

Plümicke, Karl Martin, s. M a g a z i n , Niederschlesisches.

Plümicke, Karl Martin, s. S c h a u s p i e l e , vom Verf. d. Lanassa.

– s. S c h i l l e r , Fr. v.: Die Räuber. – Dess. die Verschwörung d. Fiesko.

– s. S c h l e n z h e i m , General.

— Sophonisbe. Trspl. v. Epheu; für die Berliner Bühne bearb. 8. Berl. 784. Unger. 6 ℊℊ (Vergl. Epheu.)

– s. T h e a t e r b l a t t .

– s. U n t e r h a l t u n g e n an d. Weichsel.

– s. V o l o n t a i r , Der.

– s. W a r t o n : Miß Jenny.

Plümicke, K. M.: W e n z e l u. Edeltrud. Halle: Anton 1795. 8°

Pluemicke, Wilhelm Caecilius (Berlin), **De haemorrhagia hereditaria. Diss. med. Berlin (Nietack) 1. XI. 1845. 30 S. u. Biogr. (M.: Fr. Luhmann). (3.—)** **26848**
Oppon.: A. Marcus, A. Wegelj, E. Neumann. — Gew.: Carl Wilh. Pluemicke (Vater).

Plümier, P. C., l'art de tourner ou de faire en perfection toutes sortes d'ouvrages du tourneur. Die Kunst zu drechseln; französ. u. deutsch. Mit Kpf. gr. Fol. Leipz. 776. Breitkopf u. H. 15 ℳ

Plümier, P. C., vollkommene Drechslerkunst, franz. und deutsch, m. K. gr. Fol. Leipzig, Breitkopf u. Härtel. 776.

Plummer, Carol., vitae sanctorum Hiberniae partim hactenus ineditae. Ad fidem codicum manuscriptorum recognovit, prolegomenis, notis, indicibus instruxit P. 2 tomi. (CXCII, 273 u. 391 S.) gr. 8. Oxford 910. Clarendon Press. In Leinw. kart. nn 32. –

Plumon, Eugène, a. Armentières, Avocat à la cour d'Appel de Rennes, Docteur en droit: Die französische Rechtsprechung im Gebiet des Konsular- und Gesandtschaftsrechtes. Heidelberg 1906: C. Pfeffer. (60 S.) 8°
Heidelberg, Jur. Fak., Ref. Jellinek, Diss. v. 20. Dez. 1906
[Geb. 19. Jan. 80 Armentières (Nord); Wohnort: Armentières; Staatsangeh.: Frankreich; Vorbildung: Baccalaureat classique 98 Docteur en droit Rennes 05; Studium: Lille 1, Rennes 8, Heidelberg 4 S.; Rig. 13. Dez. 06.]

Plump, Tobias; ein komisches Gemälde. Leipzig 1813. V: *Müller, L.* (Ky)

Plump, Tobias. Ein kom. Gemälde mit satyr. Anspielungen. 8. Leipz. Joachim. 813.

Plumpe, F. J. M., s. a. Gartenbau, der, im Deutschen Reiche.

Plumpe, F. I. M., Der Gartenbau im deutschen Reiche. Handels-Adressbuch der Handelsgärtnereien, Samenhandlungen, Baumschulenbesitzer Deutschlands. Mit Angabe der Gartenbau-Vereine u. der Einwohnerzahl ... 3. verb. u. verm. Aufl. Berlin 1889. 8.
——, —— 4. verb. u. verm. Aufl. Ebda 1893. 8.

Plumpsack, Carl Emil von, hinterpommerscher Landedelmann auf und zu Ochsenstall. Berlin ist an allem Unglück Schuld. Offenes politisches Sendschreiben. Druck von E. Lauter u. Comp. 1 Bl. Fol.
Flugblatt. Berlin, 1848/49.

Plumtre, Henry: [De Thermis Carolinis. Deutsch:] U n t e r s u c h u n g des Carls-Bades, nach Anleitung Friedrich Hoffmanns ans Licht gegeben. Nunmehro wegen seiner sonderbahren Curiosité ins Teutsche übers. Dresden: Winckler 1705. 72 S. 8°
[Erschien zuerst als Med. Diss. Halle. 1695.]

PLUNDER, W i e n e r. Hrsg. v. Magister R i d e n d o. 2 Hefte. Wien 1784. 8°.
Karajan's Bibl. II. no. 4768 u. 5144; Weller, Lex. Ps. p. 479. — Selten!

Plundermatz. Ein ABC und Bilderschatz. gr. 4. (20 Bl. mit eingedr. ill. Bildern.) Berlin 847, Schneider und Comp.

Plundrich Aug.: Die Charaktere im Plat. Symposion. 25. Stockerau 879.
Progr.

Plundrich August: Geschichte des n.-ö. L. R. O. G. seit seiner Gründung (1864) bis zum Jahre 1904. 25. 88. S t o c k e r a u 04. 05.
Progr.

Plundrich Aug.: Münzensammlungen als Anschauungsmittel beim Unterrichte. 12. Stockerau 93.
Progr.

Plundrich August: Professor Dr. Rudolf W a l z. †. 5. Stockerau 03.
Progr.

Plunkett. Graf Friedrich Wilhelms, Fürsten zu H o h e n l o h e - K i r c h b e r g, Antheil an dem T ü r k e n k r i e g in den Jahren 1788—1790. Ein biographisches Fragment zusammengetragen aus einem kurzen Bericht seines Adjutanten des k. k. Hauptm. Graf ..... und des Fürsten vertraulicher Correspondenz, sammt beigefügten 24 Abschriften und Auszügen kaiserlicher Handschreiben an Ihn, welche sich theils auf seine Person, theils auf die Kriegsoperationen in Siebenbürgen und der Wallachei im Jahre 1789 und 1790 beziehen. 8. Stuttgart 1822.

Pluns, Osc., Columbus in Santo Domingo od. in Havana? Beiträge zu einer offenen Frage. (43 S.) Hamburg 880. Gräfe. n. — 80

Plunschky, Johann Heinrich Christoph (Dresden), **Capita juris lecta de usuris quincuncibus maioribus licitis. Präs. Christian Gottlieb Hommel. Wittenberg (J. Chr. Tzschidrich) 12. IV. 1782. (4.—)** **26850**

Pluntke, Emil (Robert Friedr. Wilh.): Zur A e s t e t i k. Sonderburg. 1874. 4°. Progr. d. höh. Bürgersch.

Pluntke, Emil, die Aesthetik u. die Philosophie. Was ist die Aufgabe der Aesthetik u. welches ihre Stellg. im System der Philosophie. Lex.-8. (IV, 72 S.) Hamburg 875. Richter. **n. 2. 50**

Pluntke, E., Platos Urteil üb. Isocrates. I. Diss. 1871. 68 S. 1.20

Plüntsch, Konrad, Referendar: Das Verhältnis der Niederlassung zur Einbürgerung durch Aufnahme. *Greifswald 1904: J. Abel.* (57 S.) 8° [F.]
Greifswald, Jur. Diss. v. [3. Mai] 1904

Pluquet, André François Adrien. Philosophisch-politischer Versuch über den Luxus; a. d. Franz. Leipz. 1789. Ü: *Kindervater, Christian Victor.* (Ky)

Plüquet, philosoph.-polit. Versuch üb. den Luxus; aus d. Französ. (v. Chr. W. Kindervater): 2 Bde. 8. Leipz. 789. Schwickert. 1 ℳ 12 ℊℊ

Plürs und Prosto, ein Exempel, wie wenig sich die Menschen durch die Geschichte warnen lassen. [Halberstadt 1800.] V: *Fischer, Gottlob Nathanael.* (ML)

Pluscal, L., De visu. 48 pp. Vienn. 8°. 1778

Plüschke, Johann Gottlieb

Plüschke, Io. Theoph., Lectiones Alexandrinae et Hebraicae, sive de emendando textu veteris testamenti graeci septuaginta interpretum et inde hebraico. 8maj. (9¾ B.) Bonnae, Weber.
E. s. tit.:
De emendando Pentateucho graeco. Addito cod. Holmesianorum rec. et text. gr. denuo castigati specimine. (4¾ B.) 837. 12 Gr.
De Psalterii Syriaci Mediolanensis a Caietano Bugato editi peculiari indole ejusdemq. usu crit. In emendando textu Psalterii gr. septuaginta interpretum. (5 B.) 835. 12 Gr.

Plüschke, Jh. Gli., de radicum linguae hebraicae natura nominali, comment. grammatica. 8maj. Leipz. 817.

Plüschke, Johann Theophil (Rohnstock/Schlesien) u. (Soz.) Detlaus Carl Wilhelm Baumgarten-Crusius (Dresden), ברכת יעקב Oratio Jacobi morientis ad filios duodecim. Diss. crit. et exeget. Leipzig (Breitkopf u. Haertel) 5. X. 1805. 42 S. (4.25) 26849
Gew.: Gottfried August Arndt, Carl Sigismund Ouvrier.

— Praxis formarum grammaticarum sermonis latini: oder leichte Uebersetzungsstücke rc. 8. Leipz. 816. Er. Fleischer. 6 gr.

— das latein. Verbum, nach e. noch wenig bekannten vollständ., ganz naturgemäß. u. sehr faßl. Ordnung d. Temporum. In 14 Tabellen f. den Elementarunterricht in d. latein. Sprache systemat. dargestellt. gr. Fol. Leipz. 814. Er. Fleischer. 16 gr.

Dienstwohnung und Mietsentschädigung. Von P[aul] **Plüschke**, Rektor. Berlin: L. Oehmigke 1905. (VIII, 130 S.) 8° [F.]
= **Plüschke:** Schulrecht u. Schulgesetze. H. 9. [o6. 1560

Die Fürsorge des Staates für die Hinterbliebenen der Volksschullehrer. Von P[aul] **Plüschke**, Rektor. Berlin: L. Oehmigke 1905. (40 S.) 8° [F.]
= **Plüschke:** Schulrecht u. Schulgesetze. H. 6. [o6. 1557

Der Hausgarten und die Landdotation des Lehrers. Von P[aul] **Plüschke**, Rektor. Berlin: L. Oehmigke 1905. (VI, 86 S.) 8° [F.]
= **Plüschke:** Schulrecht u. Schulgesetze. H. 8. [o6. 1559

Der Kantor und sein Amt in schulrechtlicher Hinsicht. Von P[aul] **Plüschke**, Rektor. Berlin: L. Oehmigke 1905. (IV, 109 S.) 8° [F.]
= **Plüschke:** Schulrecht u. Schulgesetze. H. 2. [o6. 1553

Landrat, Kreis- und Bezirksausschuß und Volksschule. Von P[aul] **Plüschke**, Rektor. Berlin: L. Oehmigke 1905. (IV, 50 S.) 8° [F.]
= **Plüschke:** Schulrecht u. Schulgesetze. H. 7. [o6. 1558

Pensionierung der Lehrer und Lehrerinnen im Lichte des Schulrechts. Von P[aul] **Plüschke**, Rektor. Berlin: L. Oehmigke 1905. (IV, 62 S.) 8° [F.]
= **Plüschke:** Schulrecht u. Schulgesetze. H. 5. [o6. 1556

Der Religionsunterricht und die konfessionellen Verhältnisse der Volksschule im Lichte des Schulrechts. Von P[aul] **Plüschke**, Rektor. Berlin: L. Oehmigke 1905. (IV, 93 S.) 8° [F.]
= **Plüschke:** Schulrecht u. Schulgesetze. H. 1. [o6. 1552

Schulbeheizung und Feuerungsentschädigung. Von P[aul] **Plüschke**, Rektor. Berlin: L. Oehmigke 1905. (IV, 48 S.) 8° [F.]
= **Plüschke:** Schulrecht u. Schulgesetze. H. 4. [o6. 1555

Die städtischen Schuldeputationen und ihr Geschäftskreis. Von P[aul] **Plüschke**, Rektor. Mit ausführl. Sachreg. Hannover-List, Berlin: C. Meyer 1908. (VI, 800 S.) 8° [F.] [o8. 13330 2

Der erkrankte Schüler und der kranke Lehrer im Schutze des Schulrechts. Von P[aul] **Plüschke**, Rektor. Berlin: L. Oehmigke 1905. (VI, 93 S.) 8° [F.]
= **Plüschke:** Schulrecht u. Schulgesetze. H. 10. [o6. 1561

Plüschke, P., Schulrecht u. Schulgesetze. Abhandlungen aus dem Gebiete des Schulrechts. 1.—11. Heft. 8. Berlin, L. Oehmigke's Verl. Kart. n. 11.45
1. Der Religionsunterricht u. die konfess. Verhältnisse der Volksschule im Lichte des Schulrechts (IV, 93 S.) 905. n. 1.—
2. Der Kantor u. sein Amt in schulrechtlicher Hinsicht. (IV, 109 S.) 905. n. 1.—
3. Die Steuerfreiheit u. Steuerpflicht des Lehrers hinsichtlich der Kommunal-, Kirchen- u. Staatssteuern. (IV, 36 S.) 905 n. — 60
4. Schulbeheizung u. Feuerungsentschädigung. (IV, 48 S.) 905. n. — 60
5. Die Pensionierung der Lehrer u. Lehrerinnen im Lichte des Schulrechts. (IV, 62 S.) 905. n. — 80
6. Die Fürsorge des Staates f. die Hinterbliebenen der Volksschullehrer. (40 S.) 905. n. — 60
7. Landrat, Kreis- u. Bezirksausschuß u. Volksschule. (IV, 50 S.) 905. n. — 80
8. Der Hausgarten u. die Landdotation des Lehrers. (VI, 86 S.) 905. n. 1.—
9. Dienstwohnung u. Mietsentschädigung. (VIII, 130 S.) 905. n. 1.25
10. Der erkrankte Schüler u. der kranke Lehrer im Schutze des Schulrechts. (VI, 93 S.) 905. n. 1.—
11. Schulurkunden u. ihr gesetzl. Schutz. (VIII, 284 S.) 905. n. 2.80

Die ländlichen Schulvorstände und Schuldeputationen. Von P[aul] **Plüschke**, Rektor. Mit ausführl. Sachreg. Hannover-List, Berlin: Meyer 1909. XII, 883 S. 8° [o9. 6696 2

Die Steuerfreiheit und Steuerpflicht des Lehrers hinsichtlich der Kommunal-, Kirchen- und Staatssteuern. Von P[aul] **Plüschke**, Rektor. Berlin: L. Oehmigke 1905. (IV, 36 S.) 8° [F.]
= **Plüschke:** Schulrecht u. Schulgesetze. H. 3. [o6. 1554

Die körperliche Züchtigung der Schüler und ihre Grenzen. Eine Sammlung von Regierungs- u. Ministerial-Verfügungen, sowie Oberverwaltungs- u. Reichsgerichts-Entscheidungen zsgest. von [Paul] **Plüschke**, Rektor. Langensalza: Beltz 1910. 137 S. 8° [10. 7591

PLUSIUS, EDUARD.
Spiegel der heutigen Alchimie, das ist wohlgegründeter Bericht was von der so beruffenen Goldmacher-Kunst zu halten, und wie man sich darinnen behutsam zu erzeigen habe; allen aufrichtigen Liebhabern derselben zu Dienste aus dem lateinischen wegen seiner Nutzbarkeit in das deutsche übersetzt. Budiszin und Görlitz, bey David Richtern, Buchhändler, 1725. pp. 80, 16mo.

Pluskal, F. S., Leopold Graf von Berchtold, der Menschenfreund. Mit Copien von Originalbriefen des Kaisers Ferdinand II., Erzherzog Leopold Wilhelm und der Kaiserin Maria Theresia. Brünn 859. (Nitsch.) gr. 8. (VIII, 95 S.) n. 12 ngr.

— Beschreibung der Wallfahrtskirche und der jüngst neu hergestellten St. Cyrillikapelle in Welehrad. Olmütz 863. Halauska. 12. (53 S. u. 1 Holzschntaf.) n. 3 ngr.

Pluskal, F. S., die sämmtl., bisher bekannten Krankheiten der Kartoffeln mit besonderer Würdigung der belgischen Kartoffelseuche in den J. 1845 u. 1846. Ein ökonom.-phytopatholog. Versuch. 8. (125 S.) Brünn 847. (Wimmer.) n. 5/12 ℛ

— neue Methode die Pflanzen auf eine höchst einfache Art gut u. schnell für das Herbar zu trocknen. gr. 16. (40 S.) Brünn 849. (Buschak & Irrgang.) n. 8 ngr.

— obssirný popis swatyně Welehradské. Co památka na Welehrad a na slawnost církewní na Morawě roku 1863. 2., úplnějssí wydání. Ebend. 863. 12. (32 S. u. 1 Holzschn.-taf.) n. 2 ngr.

— die Ursachen des Fortbestandes u. des allmählich stärkeren Wiederauftretens variolöser Epidemien. gr. 8. (VI u. 126 S.) Brünn 851, Buschak & Irrgang in Comm. n. 18 ngr.

Pluskal, F. S., *Freiherrl. v. Sina'scher Gutsphysikus zu Welehrad u. s. w.* Welehrad. Historisch-topographisch beschrieben. *Brünn* 1858. Druck von *Rudolf Rohrer's Erben*. 168 S., 8°.

Pluskal, F. S., Welehrad. Historisch-topographisch beschrieben. Brünn 858. (Nitsch u. Große.) 8. (168 S.) n. 14 ngr.

— staromorawský Welehrad a okolí jeho w 9. století čili: Poloha někdejšího města Děwina, Welehradu a sídla sw. Methoda, arcibiskupa morawskopanonského. 2., úplnější wydání. Ebend. 863. 12. (60 S.) n. 4 ngr.

Plüskow, Josias v. Zur Erinnerung an den Landrat Josias v. Plüskow auf Kowalz. Von J. v. M. [Aus: „Der Mecklenburger".] gr. 8. (15 S.) Ludwigslust 894. (Hinstorff.) n. — 50

(Plüss, August.) Freie von Grünenberg und Langenstein. [Stammbaum und Geschichte. Mit 5 Siegel-Abbildungen und 2 S'-Tafeln.] Separat-Abdruck aus: Genealogisches Handbuch [zur Schweizer Geschichte.... Band] 1. III S. + S. 278—289. gr.-8. [Zürich, Schulthess & Co., 1904.]

Plüss, August [von Vor dem Wald (Aargau)]: Die Freiherrn von Grünenberg in Kleinburgund. Bern 1900. VIII, 245 S. 8°. (S.-A. aus Archiv des historischen Vereins des Kantons Bern, Bd. 16.)
Bern. Phil. Diss. 1900/1901.

Plüss, A[ugust]. Die Freiherren von Grünenberg und ihre Stellung in der schweizerischen Geschichte. ⟨Vortrag, gehalten vor der Kreissynode des Amtes Aarwangen in Melchnau am 7. Juni 1902.⟩ Separatabdruck aus dem «Oberaargauer». 23 S. 8. [Langenthal, G. Dysli, 1902.]

Plüss, Aug., Inhaltsverzeichnis, s.: Anzeiger f. schweizerische Geschichte.

(Plüss, A[ugust].) Historische Litteratur die Schweiz betreffend. 1900. Separatabdruck aus dem «Anzeiger für Schweizerische Geschichte» 1901, Nr. 2—4. 23 S. 8. [Bern, K. J. Wyss.]

(Plüss, A[ugust].) Historische Litteratur, die Schweiz betreffend. 1901. Separatabdruck aus dem «Anzeiger für Schweizerische Geschichte» 1902. 28 S. 8. [Bern, K. J. Wyss.]

(Plüss, A[ugust].) Historische Literatur, die Schweiz betreffend. 1902. Separatabdruck aus dem «Anzeiger für Schweizerische Geschichte» 1903. Nr. 4. 30 S. 8. [Bern, K. J. Wyss.]

(Plüss, A[ugust].) Historische Literatur, die Schweiz betreffend. 1903. Separat-Abdruck aus dem «Anzeiger für Schweizerische Geschichte» 1904. 29 S. 8. [Bern, K. J. Wyss.]

(Plüss, August.) Historische Literatur, die Schweiz betreffend. 1904. Separat-Abdruck aus dem «Anzeiger für Schweizerische Geschichte». Nr. 4. 1905. 31 S. 8. (Bern, K. J. Wyss.)

Plüss, A[ugust]. Schweiz bis 1517. [Litteraturbericht 1901/3.] (Jahresberichte der Geschichtswissenschaft [Jahrg. 26,] 1903. Sonderdruck:) § 24 A. II S. + S. II, 148—166. 8. (Berlin, Weidmann, [1905].)
In Jahrg. 1901 u. 1902 ist Schweiz bis 1517 *nicht erschienen; Jahrg. 1900 s.* Diener, E[rnst].

Plüss, A[ugust]. Schweiz bis 1517. ⟨[Literaturbericht] 1904.⟩ (Jahresberichte der Geschichtswissenschaft. [Jahrg. 28.] 1905. Sonderdruck:) § 24 A. II S. + S. II, 394—410. 8. (Berlin, Weidmann, [1907].)

Plüß, Benjamin

Plüß, B., unsere Bäume u. Sträucher. Bestimmung nach dem Laube u. kurze Beschreibg. unserer wildwachs. Holzpflanzen m. Einschluß der Obstbäume u. einiger Ziergewächse. Mit 66 Holzschn. 12. (VII, 112 S.) Freiburg i/Br. 884. Herder. geb. n. 1. 50

Plüß, B., unsere Bäume u. Sträucher. Führer durch Wald u. Busch. Anleitung zum Bestimmen unserer Bäume u. Sträucher nach ihrem Laube. 2. Aufl., m. 80 Holzschn. 12. (VII, 120 S.) Freiburg i/Br. 888. Herder. n. 1. —; geb. n. 1. 20

Plüß, B. Unsere Bäume u. Sträucher. Führer durch Wald u. Busch. Anleitung zum Bestimmen unserer Bäume u. Sträucher nach ihrem Laube, nebst e. Beigabe: Unsere Waldbäume im Winter. 3. verb. Aufl., m. 90 Holzschn. 12. (VIII, 130 S.) Freib. i. Br. 891, Herder. geb. * 1 30

— dasselbe. Nebst Blüten- u. Knospen-Tabellen. 4., verb. Aufl., m. 90 Holzschn. 12. (VII, 138 S.) Ebd. 894. Geb. n. 1. 30

Plüß, B., unsere Bäume u. Sträucher. Anleitung zum Bestimmen unserer Bäume u. Sträucher nach ihrem Laube, nebst Blüten- u. Knospen-Tabellen. 5., verb. Aufl., m. vielen Bildern. 12. (VII, 146 S.) Freiburg i/B. 899. Herder. Geb. n. 1. 40

Plüss, B[enjamin]. Unsere Bäume und Sträucher. Anleitung zum Bestimmen unserer B' und St' nach ihrem Laube, nebst Blüten- und Knospen-Tabellen. (Führer durch Wald u. Busch.) Von Dr B. P', Reallehrer in Basel. 6., verbesserte Aufl. Mit 124 Bildern. VIII + 138 S. 8. Freiburg im Breisgau, Herder, 1905. [geb. M. 1. 40]

Plüss, B[enjamin]. Unsere Bäume und Sträucher. Anleitung zum Bestimmen unserer B' und St' nach ihrem Laube, nebst Blüten- und Knospen-Tabellen. 7., verbesserte Aufl. Mit 148 Bildern. VIII + 136 S. 8. Freiburg im Breisgau, Herder, (1910). [geb. M. 1. 60]

Plüß, B., unsere Beerengewächse. Bestimmg. u. Beschreibg. d. einheim. Beerenkräuter u. Beerenhölzer. 12. (VII, 101 S. m. 72 Holzschn.) Freiburg i/B. 896. Herder. Kart. n. 1. 30

Plüss, B[enjamin]. Unsere Beerengewächse. Bestimmung und Beschreibung der einheimischen Beerenkräuter und Beerenhölzer, nebst Anhang: Unsere Giftpflanzen. 2., vermehrte und verbesserte Aufl. Mit 123 Bildern. VIII + 120 S. 8. Freiburg im Breisgau, Herder, 1908. [geb. M. 1. 50]

Plüss, B., naturgeschichtliche Bilder, für Schule u. Haus zusammengestellt. Zoologie — Botanik — Mineralogie. 80 Taf. mit 532 Holzschn. gr. 4. (2 S.) Freiburg i/Br. 882. Herder. n. 3. —; geb. n. 3. 80

Plüss, B., naturgeschichtliche Bilder f. Schule u. Haus. Zoologie — Botanik — Mineralogie. 230 Taf. m. 700 Holzschn. u. mehr als 1000 Aufgaben. 2. Aufl. Lex.-8. (VIII, 236 S.) Freiburg i/Br. 885. Herder. n. 4. —; geb. in Leinw. n. 6. —; Einbd. in Halbleinw. n.n. — 60

— naturgeschichtliche Bilder f. Schule u. Haus. Zoologie — Botanik — Mineralogie. 244 Taf. m. 1060 Holzschn. u. mehr als 1200 Aufgaben. 3., verm. u. verb. Aufl. Lex.-8. (VIII, 254 S.) Ebd. 897. n. 4. 80; geb. in Halbleinw. n. 5. 80

— Schlüssel zur Lösung der Aufgaben in den „Naturgeschichtlichen Bildern". 12. (123 S.) Freiburg i/Br. 889. Herder. n. — 80; geb. n. 1. —

— Blumenbüchlein f. Waldspaziergänger, im Anschluß an „Unsere Bäume u. Sträucher" hrsg. Mit vielen Bildern. 12. (VII, 196 S.) Ebd. 899. Geb. n. 2. —

Plüss, B[enjamin]. Blumenbüchlein für Waldspaziergänger, im Anschluss an « Unsere Bäume und Sträucher » hrg. von Dr B. P', Reallehrer in Basel. 2., verbesserte Aufl. Mit 254 Bildern. VIII + 196 S. 8. Freiburg im Breisgau, Herder, 1904. [geb. M. 2. —]

Plüss, B[enjamin]. Unsere Gebirgsblumen. Als Ergänzung zum «Blumenbüchlein für Waldspaziergänger» hrg. von Dr. B. Plüss, Reallehrer in Basel. Mit vielen Bildern. VIII + 200 S. 8. Freiburg im Breisgau, Herder, 1902. [geb. M. 3. —]

—— Unsere Getreidearten u. Feldblumen. Bestimmung u. Beschreibg. unserer Getreidepflanzen, nebst e. tabellar. Beschreibg. der häufigeren Feldunkräuter. 12. (VIII, 114 S. m. zahlr. Holzschn.) Ebd. 891. geb. * 1 30

— unsere Getreidearten u. Feldblumen. Bestimmgn. u. Beschreibung uns. Getreidepflanzen, auch d. wichtigeren Futtergewächse, Feld- u. Wiesenblumen. 2., verm. u. verb. Aufl. 12. (VII, 204 S. m. 200 Holzschn.) Ebd. 897. Geb. in Halbleinw. n. 2. —

Plüss, B[enjamin]. Unsere Getreidearten und Feldblumen. Bestimmung und Beschreibung unserer Getreidepflanzen, mit Übersicht und Beschr' der wichtigeren Futtergewächse, Feld- und Wiesenblumen. (Führer durch's Feld) Von Dr B. P', Reallehrer in Basel. 3., vermehrte und verbesserte Aufl. Mit 244 Bildern. VIII + 220 S. 8. Freiburg im Breisgau, Herder, 1906. [geb. M. 2. 40]

— Leitfaden der Botanik u. Zoologie. gr. 8. (VII, 191 S.) Ebend. 879. n. 2. —; geb. in Halbleinw. n. 2. 40

— Leitfaden der Naturgeschichte. 2., verm. u. verb. Aufl. gr. 8. (VI, 258 S.) Ebend. 881. n. 2. 70; geb. n. 3. 10

Plüß, B., Leitfaden der Naturgeschichte. Zoologie — Botanik — Mineralogie. 3. verb. Aufl. gr. 8. (VII, 301 S.) Freiburg i. Br. 883, Herder'sche Verlagsh. * 2 70

— Leitfaden der Naturgeschichte. Zoologie — Botanik — Mineralogie. 4. Aufl. gr. 8. (VII, 299 S.) Ebend. 886. n. 2. 70; Einbd. n.n. — 30

— Leitfaden der Naturgeschichte. Zoologie — Botanik — Mineralogie. 5., verb. Aufl. gr. 8. (VII, 298 S. m. Abbildgn.) Ebd. 890. n. 2. 50; geb. n. 2. 90

— Leitfaden d. Naturgeschichte. Zoologie — Botanik — Mineralogie. 6., verb. Aufl. gr. 8. (VII, 294 S. m. Abb.) Ebd. 895. n. 2. 50; Einbd. in Halbldr. n.n.n. — 40

— Leitfaden der Naturgeschichte. Zoologie — Botanik — Mineralogie. 7., verb. Aufl. gr. 8. (VII, 300 S. m. 262 Abbildgn. u. 1 Titelbild.) Ebd. 899. n. 2. 50; geb. in Halbldr. n.n. 3. —

Plüss, B[enjamin]. Leitfaden der Naturgeschichte. Zoologie — Botanik — Mineralogie. Von Dr B. P', Reallehrer in Basel. 8., verbesserte Aufl. Mit 274 Bildern. VIII + 272 S. 8. Freiburg im Breisgau, Herder, 1904. [M. 2. 50]

— Naturgeschichte, f. d. Jugendbibliothek, illustrierte, im Anschlusse an das Lesebuch v. J. Bumüller u. J. Schuster.

— Naturgeschichte im Anschluß an das Lesebuch v. J. Bumüller u. J. Schuster. Illustr. Ausg., neu bearb. Mit 200 Holzschn. 8. (XI, 376 S.) Ebend. 886. n. 2. —; geb. n. 2. 25

Plüß, B., Naturgeschichte im Anschluß an das Lesebuch v. J. Bumüller u. J. Schuster. Neu bearb. 2., verb. Aufl. 8. (X, 304 S. m. 200 Holzschn.) Freiburg i/B. 894. Herder. n. 1. 60; geb. in Ldr.-Imitation n. 1. 90

Plüss, B[enjamin]. Rätsel aus Naturgeschichte und Geographie. Von Dr. B. P', Reallehrer in Basel. VIII + 80 S. 8. Regensburg, Verlagsanstalt vorm. G. J. Manz, 1905. [M. —.50, geb. —.75]

Plüß, Joh., kurze u. gemeinfaßl. Anleitung zur Bewässerung der Wiesen, enthaltend: das Wissenswürdigste über Wässerungseinrichtung, Betrieb u. Wirkung der Wässerung, nebst einer Zeichnung (in Fol.) u. Nachweisungen auf dieselbe. gr. 8. (116 S.) Zofingen 847, Steinegger. n. 1/2 ℳ

Plüss, Johann Jacob. Grenadier-Hauptmann J' Jak' Plüss von Zofingen. Erlebnisse in piemontesischem, schweizerischem und französischem Kriegsdienste und während sechsjähriger spanischer und englischer Kriegsgefangenschaft. Von ihm selbst beschrieben. Hrg. von seinem Grossneffen Moriz Sutermeister. [Mit Porträt-Tafel.] 8. Zürich 1900.

Plüß, Johann (Hans)Theodor, s. Plüß, Theodor.

Plüss, Margaretha. Luschtigs und Truurigs. Alemannische Gedichte aus Baselland. 48 S. 8. Bern, A. Francke, 1908. [geb. fr. 1. 60]

Plüss, Margaretha, aus Aarburg: Leutholds Lyrik und ihre Vorbilder. VIII + 92 S. 8°. [6. VII. 08.]
Bern, Phil. Diss. 1908/09

Plüss, Margaretha. (Heinrich) Leutholds Lyrik und ihre Vorbilder. Diss. Phil. Bern. VIII + 92 S. 8. [Frauenfeld, Huber & Co., 1909.]

Plüss, N., Aufgaben und Versuche über geometrische Wahrscheinlichkeit. Basel, Pädagogium 1881.
Progr.

Plüss, N., Die Begründung der Farbenlehre durch Newton und ihre Bekämpfung durch Goethe. Basel, Pädagogium 1874.
Progr.

Plüß, Rud., Gedichte. 8. (VIII, 82 S.) Basel 875. (Schwabe.) n. 1. 60

Plüss, Theodor: Aberglaube und Religion in Sophokles' Elektra.
1 (31 S.). **Progr.** G. *Basel* 1900.

Plüss, Theodor: Die Tragödie Agamemnon und das Tragische.
4 (38 S., 1 S. Inh.). **Progr.** G. *Basel* 1896.

Plüss, Thdr. (Bearb.), s. Aeschylus: Agamemnon.

Plüss, T., De Horatii carm. III. 25. Pr. 1879. 6 S.

Plvess, Ioannes Theodorvs (geb. am 29 Mai 1845 in Beuggen bei Basel): De Cinciis rervm Romanarvm scriptoribvs ... Bonnae, form. I. F. Carthavs (1865). 2 Bl., 47 S. 8.
Bonn, Phil. Fak., Diss. v. 2 Dez. 1865

Plüss, Thdr. Sophokles' Elektra. Eine Auslegg. gr. 8. (VIII, 139 S. m. 1 Tab.) Lpz. 891, Teubner. * 3 —

Plüss, (Hans) Thdr., die Entwicklung der Centurienverfassung in den beiden letzten Jahrhunderten der römischen Republik. Eine geschichtl. Untersuchung. Leipzig 870. Teubner. gr. 8. (VIII, 80 S.) n. 20 ngr

Plüss, Theod., Die Eröffnungsscene der Elektra des Sophokles. Basel, Gymn. 1889.
Progr.

Plüss, Theodor. Das Gleichnis in erzählender Dichtung. Ein Problem für Philologen und Schulmänner. Aus der Festschrift zur 49. Versammlung Deutscher Philologen und Schulmänner. Basel 1907. II S. + S. 40—64. 8. [Basel, Buchdr. Emil Birkhäuser; Leipzig, Verlag Carl Beck, 1907.] [M. 1.20]

[Plüss, Theodor.] Adolf Harnack und das alte Gymnasium in der modernen Zeit. Freie Nutzanwendungen auf schweizerische Schulen. ⟨[Sep.-Abdr. aus den] Basler Nachrichten [Jahrg. 61, Nr. 223—225,] 16.—18. VIII. 1905.⟩ II + 15 S. 8. Basel (Basler Berichthaus) 1905.

Plüss, (Hans) Thdr., Horazstudien. Alte u. neue Aufsätze über horaz. Lyrik. gr. 8. (XII, 367 S.) Leipzig 882. Teubner. n. 6. —

Plüß, (Joh.) Th., Ja oder Nein zum Schulgesetz? Für Väter, Freunde der Jugend, Bürger. 2., verb. Aufl. 8. (36 S.) Basel 882. Schneider in Comm. n. — 20

Plüss, Theodor. Das Jambenbuch des Horaz im Lichte der eigenen und unserer Zeit von Th' Plüss [Basel]. VI + 142 S. 8. Leipzig, Teubner, 1904. [M. 4. —]

[Plüss, Theodor.] Das Basler Realgymnasium im Schillerjahr. Separatabdruck aus den Basler Nachrichten [Jahrg. 61,] Nr. 305 vom 6. November 1905. II + 14 S. 8. Basel (Basler Berichthaus) 1905.

Plüss, Theod. (Dr.) Der Reiz erzählender Dichtung und die Aeneide Virgils. In-4°, 22 S. Basel, Schultze'sche Universitäts-Buchdruckerei (L. Reinhardt). 1882.

*** Einladungsschrift zur Promotionsfeier des oberen Gymnasiums (Pädagogium) in Basel.

Plüss, (Hans) Thdr., Vergil u. die epische Kunst. gr. 8. (367 S.) Leipzig 884. Teubner. n. 8. —

Plüss-Stähelin, Frau [Frieda]. Jetzt streik' auch ich! Weihnachtsmärchen. 12 S. 8. Aarau, H. R. Sauerländer & Co., 1908. [fr. —. 40]

Plüss-Stähelin, Frau [Frieda]. 1. Wieder gefunden. Einfaches Weihnachtsspiel für Kinder; 2. Wenn's Weihnacht ist! Weihnachtsmärchen. II + 14 S. 8. Aarau, H. R. Sauerländer & Co., 1909. [fr. —. 50]

Plutarch [Sachliches OW]

Plutarch, Der Bayrische. 1. Bd. O. O. 18?? H: *Aretin, Johann Christoph Anton Maria Freih. v.* (MGT) (Ky)

Plutarch, Der Brittische, od. Lebensbeschreibb. d. großen Männer in England seit Heinrich VIII. bis unter Georg II.; aus d. Engl. 8 Bde. 1.–5. Bd. übers. (v. H. E. v. Teubern. 6. Bd. v. P. G. Lindner). gr. 8. Züllichau 1764–69. (Frommann in Jena). 7. u. 8. Bd. A.u.d.T.: Biographien großer u. berühmt. Männer aus d. neuen britisch. Geschichte; aus d. Engl. (v. J. G. Chr. Fick), mit literar. Anmerkk. von J. G. Meusel. 2 Bde. Ebd. 1794.

Plutarch, Der britische, oder Lebensbeschreibungen der grössten Männer in Grossbrittannien und Jrland ... Züllichau 1764—94. Ü: (Bd. 1—5): *Teubern, Hans Ernst von.* (Bd. 6): *Lindner, Paul Gottlob.* (Bd. 7 u. 8): *Fick, Johann Georg Christian.* (MGT) (Ky) (Fiker)

Plutarch, deutscher, s. Niemeyer, Chr.

Plutarch, Jüdischer; biographisches Lexikon der markantesten Männer und Frauen jüdischer Abkunft. Wien 1848. H: *Gräffer, Frz & Sim. Deutsch.* (WBL)

Plutarch, jüdischer; oder biograph. Lexicon der markantesten Männer u. Frauen jüdischer Abkunft [aller Stände, Zeiten u. Länder] mit besond. Rücksicht auf das österreich. Kaiserthum. Von mehreren jüd. u. nichtjüd., in- u. ausländ. Schriftstellern. 1. u. 2. Alphabet oder 1. u. 2. Bd. 12. (1: 262 S. mit 1 lith. Titelbilde. 2: 258 S. mit 1 lith. Titelbilde.) Wien 848. (Leipzig, Liebeskind.) (à 27 ngr) 1 rf 24 ngr

Plutarch, jüdischer; od. biogr. Lexicon der markantesten Männer u. Frauen jüdischer Abkunft, (aller Stände, Zeiten u. Länder), mit besond. Rücksicht auf das *österreich. Kaiserthum.* Von mehreren judischen u. nichtjüd., in- u. ausländ. Schriftstellern. Bd. 2. Mit Titelportr. (*Sal. Sulzer's*). Wien, 1848. Verlag v. Ulr. Klopf sen. u. Alex. Eurich .... 8°. Ppb.. gebr. u. fleckig.

2 Bll., 258 S. (incl. 1 Bl Inh.). U. a.: Uriel Acosta (nach Perles † 1640; vgl. no. 2375); die Schwestern Gris: (Sängerinnen); Heinr. Heine; Josephus Flavius (geb. 37 n. Chr. zu Jerusalem, † 93 zu Rom); Sal. Maimon (1753–1800); Moses Maimonides (geb. 1139 zu Cordova, † 1208 zu Cairo); Moses Mendelssohn; Bened. Spinoza (geb. 24. Novbr. 1632 zu Amsterd., † 21. Febr. 1677 im Haag). etc.

— kleiner griechischer, s. K. Fd. Philippi.

— d. neue, od. kurze Lebensbeschreibung der berühmt. Männer aller Nationen v. d. ältest. bis auf unsre Zeit., a. d. Franz. frey übersetzt und vermehrt. 2 Bde. mit 100 Portraits. 8. Wien, Anton Doll. (Liebeskind in Leipzig in Commission.) 806.

— der neue. Biographien hervorrag. Charaktere der Geschichte, Literatur und Kunst. Hrsg. von Rudf. Gottschall. 1.—3. Thl. gr. 8. Leipzig, Brockhaus. à Thl. *M. 6.; geb. * 7 —

Inhalt:

Thl. 1. Martin Luther. Von H. Rückert. Oliver Cromwell. Von Rhld. Pauli. König Heinrich IV. von Frankreich. Von Mt. Philippson. Voltaire. Von K. Rosenkranz. (VIII, 373 S.) 874.
" 2. Maximilian Robespierre. Von Rdf. Gottschall. Maria Theresia. Von Adf. Beer. Camillo Graf von Cavour. Von O. Speyer. (VIII, 377 S.) 875.
" 3. König Philipp II. von Spanien. Von Mt. Philippson. Charles James Fox. Von F. Althaus. Friedrich von Schiller. Von Rdf. Gottschall. (VIII, 401 S.) 876.

Plutarch, der neue. Biographien berühmter Charaktere der Geschichte, Literatur und Kunst. Hrsg. von Rud. Gottschall. 4.—6. Thl. gr. 8. Leipzig, Brockhaus. à Thl. *M. 6.; geb. *

Inhalt:

Thl. 4. Prutz, Hs., Ulrich v. Hutten. — Uhde, Herm., Konrad Ekhof. — Gottschall, Rud. v., Lord Byron. (VII, 357 S.) 876.
" 5. Rogge, Walter, Prinz Eugen von Savoyen. — Brockerhoff, Friedr., Jean Jacques Rousseau. — Beer, Adf., Fürst Clemens Metternich. (VII, 397 S.) 877.
" 6. Erdmannsdörffer, Bernh., der Große Kurfürst. — Pauli, Rhold., Arthur Herzog von Wellington. — Baerenbach, F. v., Johann Gottfried v. Herder. — Althaus, F., Graf John Russel. (VII, 360 S.) 879.

1.—3. Thl. Ebendas. 1874—76. à *M. 6.; geb. *M. 7.

Plutarch, der neue. Biographien hervorragender Charaktere der Geschichte, Literatur und Kunst. Hrsg. von Rud. v. Gottschall. 7.—10. Thl. 8. Leipzig, Brockhaus. à Thl. * 6 —
geb. in Leinw. à Thl. * 7 —

Inhalt:

Thl. 7. Kleinschmidt, A., Napoleon I. — Carriere, Mor., Peter Cornelius. (VII, 344 S.) 880.
" 8. Prutz, Hans, Franz von Sickingen. — Althaus, Friedr., Admiral Nelson. — Reißmann, Aug., Wolfg. Amadeus Mozart. (VII, 367 S.) 880.
" 9. Prutz, Hans, Moritz von Sachsen. — Beer, Adf., Joseph II. — Althaus, Friedr., Benjamin D'Israeli, Lord Beaconsfield. (VII, 351 S.) 882.
" 10. Kugler, Bernh., Wallenstein. — Speyer, Otto, Torquato Tasso. — Gottschall, Rud. v., Napoleon III. (VII, 383 S.) 884.

1.—6. Thl. Ebendas. 1874—79. à *M. 6.; geb. *M. 7.

Plutarch, der neue. Biographien hervorrag. Charaktere der Geschichte, Literatur u. Kunst. Hrsg. von Rud. v. Gottschall. 10. u. 11. Thl. 8. (VII, 383 u. VII, 359 S.) Leipzig 884. 85. Brockhaus. à n. 6. —; geb. à n. 7. —

Plutarch, der neue. Biographien hervorrag. Charaktere der Geschichte, Literatur u. Kunst. Hrsg. v. R. v. Gottschall. 12. Thl. 8. (IX, 374 S.) Leipzig 888. Brockhaus. n. 6. —; geb. n. 7. — (1—12: n. 72. —; geb. n. 84. —)

— neuer, od. kurze Lebensbeschreibungen d. berühmtesten Männer aller Nationen, von d. ältesten bis auf uns. Zeiten, nach d. Franz. des P. Blanchard, bearbeitet u. fortgesetzt von Fr. Kraft. 5 Bde. mit 250 Portraits. 8. Pesth, Hartleben.

Plutarch, neuer, oder kurze Lebensbeschreibungen der berühmt. Männer u. Frauen aller Nationen von den ältesten bis auf unsere Zeiten. Nach d. Französ. des Hrn. Blanchard bearbeitet u. fortges. von Fr. Kraft. 6r Bd. M. Kpf. 8. Pesth, Hartleben. 816.

Plutarch, neuer, oder: Bildnisse u. Biographien der berühmtesten Männer u. Frauen aller Nationen u. Stände; von den ältern bis auf unsere Zeiten. Nach den zuverlässigsten Quellen bearbeitet von einem Vereine Gelehrter. (Mit 120 Bildnissen in Stahlstich.) 1.—20. Liefg. (1.—4. Bd.) mit à 1 Bildn. Lex.-8. Pesth 842—46, Hartleben. (Leipzig, Frohberger.) à 3/4 rf

— neuer, oder Bildnisse u. Biographien der berühmtesten Männer u. Frauen aller Nationen u. Stände, von den ältern bis auf unsere Zeiten. Nach den zuverlässigsten Quellen bearbeitet von einem Vereine Gelehrter. 21 — 23. Lfg. (V. Bd. S. 1—192 m. 12 Stahlst.) Pesth 847. 48. (Leipzig, Hartleben.) à 3/4 ngr (1—23: 17 1/4 ngr)

Plutarch, neuer, oder: Bildnisse und Biographien der berühmtesten Männer u. Frauen aller Nationen und Stände; von den älteren bis auf unsere Zeiten. Nach den zuverlässigsten Quellen bearb. von einem Vereine Gelehrter. 24. u. 25. (letzte) Liefg. Wien 853. Hartleben. Lex.-8. (5. Bd.: 3 Bl., S. 193—313 mit 64 Bildnissen auf 8 Taf. in Stahlst.) Jede Liefg. 18 ngr.

-- neuer, oder Biographien und Bildnisse der berühmtesten Männer und Frauen aller Nationen und Stände von den älteren bis auf unsere Zeiten. 4. Aufl. Mit Verwendung der Beiträge des Freiherrn E. v. Feuchtersleben, neu bearb. von Aug. Diezmann. 4 Thle. Mit 100 Kpfrtaf. Wien 858. Hartleben. 8. (1. Thl.: 239 S.; 2. Thl.: 239 S.; 3. Thl.: 239 S.; 4. Thl.: 248 S.) 6 ngr.

Plutarch, neuer, oder Biographien und Bildnisse der berühmtesten Männer und Frauen aller Nationen und Stände von den ältern bis auf unsere Zeiten. 1. Aufl. 2. Ausgabe. Neu bearbeitet von Aug. Diezmann. 4 Bände in 25 Lfgn. Mit 150 Bildnissen in Stahlstich. [illegible] 2.., 2.. u. 248 S. Wien, Hartleben's Verlag. 1869 à [illegible]

Plutarchu

— *τὸ ἐν Δελφοῖς Ε προσφωνεῖται Ἐρνέστου Κουρτίῳ ἄγοντι τὴν ὀγδοηκονταετηρίδα ὑπὸ Γρηγορίου Ν. Βερναδάκη.* 8. (V, 36 S.) Leipzig 894. B. G. Teubner. n. 1. 60

Plutarchus

—— Ausgewählte moralische Abhandlungen, s. Universal-Bibliothek Nr. 2976.

— moral. Abhandl. v. J. F. S. Kaltwasser. 9 Bde. Mit Register. 8. Frkf. a. M. 783—800. Hermann. 9 rf Hbg. Pr. 4 rf 12 ß (Vgl. Samml. d. neuest. Uebersetzungen d. Griechen.)

Plutarch v. Chäroneia, zwey Abhandl. 1) Axiochus, ein Gespr. v. Tode. 2) v. Verzuge d. göttl. Strafen ꝛc. a. dem Griech. v. Berndt. 8. Stendal, Franzen u. Gr. 784.

Plutarchi, Chaeron., Agesilaus et Xenophontis encomium Agesilai. In usum scholarum edidit, notis et indice illustravit D. C. G. Baumgarten-Crusius. 8maj. Lips. Gerh. Fleischer. 812.

—— Agis et Cleomenes. Recens. annotationem crit. prolegomena et commentar. adjecit Geo. Frid. Schoemann. 8maj. (21 3/4 B.) Gryphiswaldiae 839. [Berolini, libr. Gsellius.]

—— *Περὶ Παίδων ἀγωγῆς*, seu de puerorum educatione libellus, studio Christiani Junckeri. Lipsiae. 1744. 8°.

— Alcibiades; textum e codd. Paris. recognov., perpetua annotat. instruxit, dissertat. de fontibus hujus vitae praemisit J. C. F. Bähr. 8 maj. Heidelb. 822, Groos. 1 Rthl. 12 gr. Fein Pap. 1 Rthl. 16 gr. Velin-P.

— id. lib. e recens. G. H. Schäfer. Tom. VIII et IX. 8. Leips. 823, Weigel. à 12 gr.

Plutarch, Ineditum vaticanum: *Πλουταρ .... Κεκιλίου ἀποφθέγματα Ῥωμαϊκά.* Herausgegeben u. bespr. v. H. v. Arnim. S.-A. 1892. 18 S. —.75

Plutarch, Aristides, s. Bibliothek, Kleine.

—— Aristides et Cato major. Ex cod. et edit. veter. rec. et animadvers. crit. instr. Car. Sintenis. Acced. Adam. Corais annotationes selectae. 8 maj. (9 1/2 B.) Lipsiae 830, Hahn.

Plutarchus. Pseudo-Plutarchos. *Περι ασκησεως.* Bearbeitet von J. Gildemeister und F. Buecheler. SA. aus dem Rheinischen Museum für Philologie, Neue Folge, Band XXVII. Bonn 1872.

--- Auswahl. v. Herm. Schickinger. (2 Tle.) 1. Tl.: Einleitung u. Text. (280 S. m. 11 Abb., 1 farb. Titelbild u. 16 z. Tl. farb. Karten.) 8. Leipzig 910. G. Freytag. — Wien, F. Tempsky. Geb. in Leinw. 2. 50

Plutarchos' Biographie des Aristeides [Vitae, Ausz.]. Hrsg. u. erkl. von Dr. Jakob Simon, Prof. Textheft. Einl. u. Komm. Mit 1 Karte. Leipzig & Berlin: B. G. Teubner 1907. 2 Bde 8°
— **Meisterwerke** d. Griechen u. Römer in komment. Ausg. 11. (08. 3217

Plutarchus: Biographien, s. Bibliothek der Übersetzungen ...

— Biographien, m. Anm. v. Schirach. 8 Thle. 8. Berl. Rottmann. 776—780.

Biographien des **Plutarchs**, mit Anmerkungen von Gottlob Benedict von Schirach. (Mit Titelbilder.) (8 Bde.) 8. Wien und Prag **1796**.

—— Biographien. Uebers. von Ed. Eyth. 3.—10., 13.—26. Lfg. 2. Aufl. 12. (82; 89; 78; 103; 95; 74; 67; 77; 63; 100 S.) [Stuttgart. 864—80.] Berlin, Langenscheidt'sche Verlagsh. à Lfg. * 35 Pf.; * 7 70

— dasselbe. Deutsch v. Ed. Eyth. 9. u. 10. Lfg. Alexander der Große. 2 Lfgn. 2. Aufl. 8. (VIII, 123 S.) Stuttgart 880. Werther à n. — 35

— Biographieen. Deutsch v. Ed. Eyth. 11., 12., 25. u. 26. Lfg. 2. Aufl. 8. (6. Bdchn. 106 u. 13. Bdchn. 100 S.) Berlin 885. 86. Langenscheidt. à n. — 35

— Biographieen. Deutsch v. Ed. Eyth. 1., 2., 3., 27. u. 28. Lfg. 2. Aufl. 8. (à 2—3 Bog.) Berlin 889. Langenscheidt. à n. — 35

Plutarch's Biographien. Deutsch v. Ed. Eyth. 29., 30. u. 33. Lfg. 2. Aufl. Rev. v. H. Uhle. 8. Berlin, Langenscheidt. à n. — 35
29. 30. 15. Bdchn. (75 S.) 895. — 33. 17. Bdchn. (S. 1—48.) 898.

— Biographien. Deutsch v. Ed. Eyth. 19., 20., 23., 24. u. 31. Lfg. 8. Berlin, Langenscheidt. à n. — 35
19. 20. 3. Aufl. (10. Bd. 77 S.) 894. — 23. 24. 3. Aufl. (12. Bd. 100 S.) 894. — 31. 2. Aufl. rev. v. H. Uhle. (16. Bd. S. 1—48.) 893.

Plutarch's Biographieen. Deutsch von Eduard Eyth. 12. Lfg. 2. Aufl. 12. (S. 49—106.) Berlin 902. Langenscheidt's Verl. n. — 35

Plutarch's Biographien. Deutsch v. Eduard Eyth. 9. 10. 13. 15.—18. u. 39. Lfg. Rev. v. H. Uhle. kl. 8. Berlin-Schöneberg. Langenscheidt's Verl. à n. — 35
9. 10. 3. Aufl. (5. Bd. VIII. 103 S.) (904.)
13. 3. Aufl. (7. Bd. S. 1—48.) (904.)
15—18. 3. Aufl. (8. Bd. S. 1—74 u. 9. Bd. S. 1—67.) (906.)
39. 2. Aufl. (20. Bd. S. 1—48.) (905.)

— Ausgewählte Biographien. Deutsch v. Eduard Eyth. 2. 19. 20.—22. 25. 26. 35.—38. 41.—49. 53. u. 54. Lfg. 11. 8. Berlin-Schöneberg, Langenscheidt's Verl. à — 35
2. III. Aufl. (1. Bd. S. 49—104.) (910.)
19. 20. IV. Aufl. (10. Bd. S. 1—77.) (910.)
21. II. Aufl. (11. Bd. S. 1—32.) 910.
22. III. Aufl. (3. Bd. S. 33—63.) (910.)
25. 26. 3. Aufl. (13. Bd. S. 1—110.) (909.)
35—38. II. Aufl. (18. Bd. S. 1—82 u. 19. Bd. S. 1—84.) (910.)
41—49. II. Aufl. (5. Bd. S. 1—82; 6. Bd. S. 1—77; 7. Bd. S. 1– 123 u. 10. Bd. S. 49—98.) (910.)
53. 54. II. Aufl. (27. Bdchn. S. 1—98.) (909. 10.)

— dass. — s. Bibliothek, Langenscheidt'sche, sämmtlicher griechischer und römischer Klassiker.

— ausgewählte Biographieen, übers. von J. G. Klaiber und E. Campe, s. Classiker des Alterthums.
Ist auch einzeln zu 15 Ngr. zu beziehen.

— ausgewählte Biographien, deutsch von E. Eyth, s. Sammlung griech. u. röm. Classiker. — Volksbibliothek der griech. u. röm. Classiker.

— [ausgewählte Biographien. Erklärt v. C. Sintenis. 1—3. Bdchn.] gr. 8. 1: Aristides u. Cato major. (126 S.) 2: Agis u. Cleomenes. (101 S.) 3: Themistokles u. Perikles. (135 S.) (Sammlung Griech. u. Latein. Schriftsteller mit Deutschen Anmerkungen.) Leipzig 848—51, Weidmann. (1: 1/3 ℛ 2: 1/4 ℛ 3: 1/3 ℛ) 11/12 ℛ

Plutarch, ausgewählte Biographieen. Erklärt von C. Sintenis. 1. Bdchn.: Aristides u. Cato major. — 2. Bdchn.: Agis und Cleomenes. Tiberius und Gaius Gracchus. — 3. Bdchn.: Themistokles und Perikles. 2. Aufl. Berlin 855, 56. Weidmann. 8. (135; 182; 137 S.) Jedes Bdchn. 10 ngr.

— ausgewählte Biographien. Erklärt von C. Sintenis. 1—3. Bdchn. Berlin 865, 70. Weidmann'sche Buchh. gr. 8. 1 ℛ 1 ngr.
1. Bdchn. Aristides u. Cato Major. 3. Aufl. revid. von R. Hercher. (XXIV, 111 S.) 9 ngr. 1870.
2. Bdchn. Agis u. Cleomenes. Tiberius u. Gaius Gracchus. 3., verb. Aufl. (178 S.) 12 ngr.
3. Bdchn. Themistokles u. Perikles. 3. Aufl. (138 S.) 10 ngr.

— dasselbe. Erklärt von C. Sintenis. 2. Bdchen: Agis u. Kleomenes. Tiberius u. Gaius Gracchus. 4. Aufl., besorgt von Karl Fuhr. gr. 8. (179 S.) Berlin 882 Weidmann. 1. 80

— dasselbe. 3. Bdchn.: Themistokles u. Perikles. 4. Aufl., besorgt v. Karl Fuhr. gr. 8. (IV, 148 S.) Ebend. 880. 1. 20

Plutarch's ausgewählte Biographieen. Für den Schulgebrauch erklärt von Otto Siefert. 1. u. 2. Bdchn. Leipzig 859, 61. Teubner. gr. 8.
1. Bdchn.: Philopoemen und Titus Quinctius Flamininus. (VI, 87 S.) 7½ ngr.
2. Bdchn.: Timoleon und Pyrrhos. (VI, 140 S.) n. 10 ngr.

Plutarch, des, ausgewählte Biographieen. Für den Schulgebrauch erklärt v. Otto Siefert u. Frdr. Blass. 1. 3—6. Bdchn. gr. 8. Leipzig 872—76. Teubner. 4. 80
1. Philopoemen u. Titus Quinctius Flaminius. 2. Aufl. besorgt v. Frdr. Blatt. (IV, 83 S.) — 90
3. Themistokles u. Perikles v. Frdr. Blass. (III, 132 S.) 1. 20
4. Aristides u. Cato v. Frdr. Blass. (144 S.) — 90
5. Agis u. Kleomenes v. Frdr. Blass. (93 S.) — 90
6. Tiberius u. Gaius Gracchus v. Frdr. Blass. (VIII, 72 S.) — 90

— ausgewählte Biographien. Für den Schulgebrauch erklärt von Otto Sieffert u. Frdr. Blass. 2. Bändchen: Timoleon u. Pyrrhos. Von Otto Sieffert. 2. Aufl., besorgt v. Frdr. Blass. gr. 8. (VI, 143 S.) Leipzig 879. Teubner. 1. 50

— ausgewählte Biographieen. Für den Schulgebrauch erklärt v. Otto Siefert u. Frdr. Blass. 3. Bdchn. Themistokles u. Perikles. Von Frdr. Blass. 2. Aufl. gr. 8. (136 S.) Leipzig 883. Teubner. 1. 50

— ausgew. Biographien. Für d. Schulgebrauch erklärt v. Otto Siefert u. Frdr. Blass. 4. Bdchn. Aristides u. Cato v. Frdr. Blass. 2. Aufl. gr. 8. (116 S.) Leipzig 898. B. G. Teubner. 1. 20

— dasselbe f. den Schulgebrauch erklärt v. Otto Seifert u. Frdr. Blass. 3. Bdchn. Themistokles u. Perikles 3., umgearb. Aufl. v. Bruno Kaiser. (III, 180 S.) 8. Leipzig 909. B. G. Teubner. 1.80; geb. n 2.25

— Ausgewählte Biographien. Für den Schulgebrauch bearb. v. Paul Verres. 1. Bdchn.: Demosthenes u. Cicero. I. Text nebst Einleitg. u. Verzeichnis der Eigennamen. (XVIII, 117 S.) 8. Münster 910. Aschendorff. Geb. 1.—; II. Kommentar. (72 S.) 910. — 75

— Biographien der Gracchen. Griechisch mit grammat. u. histor. Erklarung zum Schulgebrauch, so wie für die Privatlecture der obern Gymnasialclassen v. Ludw. Stacke. gr. 8. (IV u. 99 S.) Leipzig 852, Schwickert. 1/2 ℛ

— Biographien d. berühmtesten Männer des Alterthums, bearbeitet von F. Fröhlich. 4 Bdchen. mit 8 Portraits. 12. Wien, Bauer. 809.

— *ΠΛΟΥΤΑΡΧΟΥ ΒΙΟΙ.* — Plutarchi vitae. Secundum codices Parisinos recogn. Theod. Doehner. Graece et latine. Vol. I. Lex.-8. Paris 846, Didot fratres. n. 4 ℛ

Πλουτάρχου βίοι. Plutarchi vitae. Secundum codd. Parisinos recogn. Theod. Doehner. Graece et Latine. Vol. II. Lex. 8. (660 S.) Parisiis 847, Didot fratres. n. 4 ℛ

— Brutus. Für den Schulgebrauch erklärt v. R. Paukstadt. Ausg. A. Kommentar unterm Text. gr. 8. (VIII, 94 S.) Gotha 891. F. A. Perthes. n. 1. 30; Ausg. B. Text u. Kommentar getrennt in 2 Hftn. (VIII, 37 u. 56 S.) n. 1. 30

Cäsar. Übers. v. Rich. Hennesthal, s.: Diesterweg's deutsche Schulausgaben.

Plutarchi Cimon. Commentariis suis illustravit et de vitae hujus fontibus disseruit Arnold. Ekker. 8maj. (11½ B.) Trajecti ad Rhenum 843, Kemink et filius. *

Plutarchi, Commentar., quo modo adolescens poëtas audire debeat, gr. et lat. ex interpr. Xylandri. Recens., emend., animadvers. illustr. J. T. Krebs. 8. Leipz. 746. Ed. II. 778. (Hahn). 14 ℊ

— commentar., quomodo adoloscens poetas audire debeat, gr. et lat. c. animadv. I. T. Krebs. 8. Lipsiae, Fritsch. 778.

— de physicis philosophor. decretis. Libri V. ed. C. Dan. Beck. Lips. Breitkopf et H. 787.

— Demosthenes et Cicero, a Hutten. (a. d. op. omn. abgedruckt.) 8. maj. Tubing. Cotta. 796.

— Demosthenes et Cicero; in usum juvent. literar. graec. studiosae; c. annotat. var., lect. diversitate et indic. necess. a J. G. Hutten. 8maj. Tübing. 796. Ed. II. 820. v. Cotta. 16 ℊ

— Demosthenes und Cicero. Erklärt von B. Büchsenschütz. Berlin 857. Jonas' Sorthdlg. 8. (134 S.) 12 ngr

— Pythici dialogi tres recensuit Guilhelmus R. Paton. gr. 8. (XXVI, 132 S.) Berlin 893. Weidmann. n. 5. —

— liber de discrimine amici et adulatoris, gr.; ed., var. lect., not. animadvers. adj. Chr. Aug. Krügel. 8. Leipz. 775. (List in Berl.) 12 gl.

— de discrimine amici et adulatoris, gr. ed. Krügel. 8. Lips. Sommer. 775.

Plutarque, traité sur l'éducation des enfans traduit par M. Soullié. 18. Strasb. Levrault. 819.

Plutarchus: De puerorum educatione. Cum notis Westhusii. Hamburg: Guth 1702. 8°

— — gr. et lat. Olaus Hesychius recens. 8. Lips. (Fromman, Ienae.) 705.

— — ad. mod. Minellii stud. C. Iunker. 8. Lips. Gleditsch. 730.

— — mit Clemanns deutschen Anmerkung. rc. 8. Hamburg 745.

— *de puerorum educatione.* Gr. et lat. cum varior. notis suisque ed. J. M. Heusinger. Lips. 749. 8. Fritsch.

Plutarchi, *de puerorum educatione* et *de audiendis poëtis:* Isocratis *orationes tres;* Hesiodi *Opera;* Theognidis *sententiae* etc. Graece cum notis ed. Kretschmar. Dresd. 750. 8. Ib. 776. 8. 21 gr.

— de liberis educandis et de audiendis poëtis, Isocratis oration. III, Hesiodi opera etc. gr. recens. C. Kretschmar. 8. Dresd. 750 u. 776. Hilscher. 21 gl.

— gr. et lat. ex rec. Olai Hesychii. 8. Leipz. 757. 3 gl.

— — gr. et lat. c. not. Helschii. 8. Lips. 757.

— de puerorum educatione, in usum scholar. recens., selectas virorum doctor. suasque annot. adjec. Abrah. Kall. 8. Kopenh. 774. Rothe. 8 gl.

— de puerorum educatione. 8. Lipsiae, Compt. f. Litt. 776.

– de puerorum educatione libellus. Recens., emend., var. lect. indicemque copiosiss. adjec. Jh. Chr. Fr. Baehrens. Halle: Waisenhaus-B. 1790. 8°

— de puerorum etc. emend., explicavit Chr. Gf. Dn. Stein. 8maj. Leipz. 793. (Fischer u. Fuchs). 16 gl.

— — a C. G. D. Stein. 8. maj. Lipsiae, Grieshammer. 793.

PLUTARCH. Ehevorschriften, Aberglauben etc. Deutsch von Bähr. Stuttgart 1829. 12°.

—— Abhandlung über die Erziehung der Kinder, s. Klassiker, pädagogische.

— v. d. Erziehung d. Kinder, a. d. Griech. v. Kindleben. 8. Lemgo, Meyer. 779.

Plutarchus. Ueber die Erziehung zum Hausgebrauch meiner Mitbürger . . . Ulm 1786. Ü: *Ruhland, Marx Phil.* (DegG)

— üb. die Erziehung; aus d. Griech. frei übers. von Mar. P. Ruhland. 8. Ulm 786. Wohler. 2 gl.

— *über Erziehung.* Uebersetzt mit Anmerk. von Bährens. Halle 787. 8. 8 gr.

Plutarchus. Ueber die Erziehung; frei übersetzt v. Verf. der Charidion. Mannheim 1793. Ü: *Kellner, Gg Christoph.* (Hoff) (Ky) (Gi) (MGT)

— üb. Erziehung; frei übers. (v. G. Ch. Kellner). gr. 8. Manh. 793. Schwan u. Götz. 5 gl.

— Dass. aus d. Griech. übers. mit Anmerkk. v. J. G. Steinert. 8. Leipz. 795. (W. Rauck). 8 gl.

— — übersetzt mit Anmerk. v. Steinert. 8. Leipzig, Sommer. 796.

Excerpta ex operibus Plutarchi, quae ad artes spectant. Gr. et lat, adnotatt. instr. Facius. Lips. (Coburg.) 805. 8. 1 rthl.

— ex operibus excerpta quae ad artes spectant, in capita dig. interpret. lat. et annot. instr. I. F. Facius. 8. Coburg, Sinner. 805.

— libellus de fluviis. Recensuit et notis instruxit Rud. Hercher. gr. 8. (91 S.) Lipsiae 851. Weidmann. 1/2 ₰

Plutarchi fragmenta et spuria; cum codd. contulit et emendavit Fr. Dübner. (Operum vol. V.) Cum novo indice nominum et rerum in omnia opera Plutarchi. (Bibliotheca scriptorum graecorum. Vol. XLI.) 8maj. (XIV und 430 S.) Parisiis 855, Didot fratres. *
Der Preis der vollständ. 5 Vol. ist * 19 Thlr.

– über die Heldenthaten d. Frauen, übers. u. mit Anmerkk. begleitet von . . . Wettengel. Münster: Theissing 1816. 8°

Plutarchus s. Horkel, J[ohannes]. Die Römerkriege . . . Berlin [1847-]1849.

Plutarch Chaeron., instituta et excerpta apopthegmata laconica recens. animadv. illustr. etc. Gierig. 8. maj. Lips. Schwickert. 779. Rthlr.

— über Isis u. Osiris, nach neuverglichenen Handschriften mit Uebersetzung u. Erläuterungen hrsg. v. Gust. Parthey. gr. 8. (XVI u. 308 S.) Berlin 850, Nicolai. n. 2 ₰

— v. d. Kinderzucht, a. d. Griech. v. Kepbel. 8. Quedlinburg, Reußner. 758.

— Schrift von der Kinder-Zucht, übers. u. mit dem Ur-Text zur Seite. Herausgeg. v. W. F. H. Seliger. 8. Berlin 824, L. Oehmigke.

— Königs- u. Feldherrensprüche, in Auswahl deutsch bearb. v. Ed. Eyth. gr. 16. (VI, 224 S.) Heidelberg 879. C. Winter. n. 2. 80

— Königs- u. Feldherrnsprüche, in Auswahl deutsch bearb. v. Ed. Eyth. 2. Aufl. 8. (224 S.) Heidelberg 883. C. Winter. geb. n. 1. 60

— d. Laster, a. d. Griechen. 2 Thle. 8. Augsb. Kummer 776.

— Lebensbeschreibung des Camillus. Zum Schulgebrauche mit erklär. Anmerkungen u. e. Sachregister versehen von A. Fr. Gottschick. gr. 8. Berlin 846, Plahn'sche Buchh. n. 1/2 Rthlr.

—— Lebensbeschreibung des Themistokles. Zum Schulgebrauche mit erklärenden Anmerkgn. u. e. Sachregister vers. v. A. Fr. Gottschick. gr. 8. (6 B.) Berlin 845, Plahn'sche Bh.*

— Lebensbeschreibung des Timoleon. Zum Gymnasialgebrauch u. zum Selbststudium bearbeitet von G. Ad. Salomon. 8. Berlin 846, Th. Enslin. 1/2 Rthlr.

-- Lebensbeschreibungen, s.: Uhle, P.

— Lebensbeschreibungen übers. v. G. G. Bredow. gr. 8. Altona, Hammerich. 807.

—— ausgewählte Lebensbeschreibungen, s. Haus-Bibliothek.

Plutarch. Lebens-Beschreibungen der berühmtesten Griechen und Römer. Aus dem Griechischen übersetzet von Johann Christoph Kind. 8 Bde. 8°.
Leipzig: Breitkopf u.Härtel 1745-54.

Plutarchus. Lebens-Beschreibungen der berühmten Männer Theseus, Romulus . . . A. d. Griech. . . . Leipzig 1745—54. Ü: *Kind, Joh. Chph.* (DegG) (Hoff) »1745—54« (EB) (Cat. d. Stadtbibl. Zürich. Zürich 1864—97.)

—— vergleichende Lebensbeschreibungen, s. Universal-Bibliothek.

Plutarchus, Des, von Chaeroncia vergleichende Lebensbeschreibungen. Aus dem Griechischen übersetzt, mit Anmerkungen von Joh. Fried. Kaltwasser. (10 Bde.)
8. Magdeburg 1799—1806.

— vergleich. Lebensbeschreibungen, a. d. Griech., mit Anm. v. Kaltwasser. 10 Thle. 8. Magdeb. Keil. (Heinrichshofen.) 799-806. (1r—9r à 1 Rthlr. 6 gr. 10r 1 Rthlr. 12 gr.)

– vergleich. Lebensbeschreibb., übers. v. J. G. Klaiber. 1.–3. Bdchen. (A.u.d.T.: Plutarchs Werke. 1.–3. Bdchn.) Stuttgart: Metzler 1827–29. 16°

— vergleichende Lebensbeschreibungen. Griechisch und Deutsch mit kritischen u. erklärenden Anmerkungen. 1. u. 2. Thl. Leipzig 854, 56. Engelmann. gr. 12. Jeder Thl. 22 2/3 ngr.
1. Thl.: Themistokles und Camillus. (XX, 212 S.)
2. " Dion u. Brutus. (VI, 245 S.)

— vergleichende Lebensbeschreibungen. Griechisch und Deutsch mit kritischen Noten u. erklärenden Anmerkungen. Leipzig 859. Engelmann. gr. 12.
3. Thl.: Timoleon u. Paulus Aemilius. Griechisch u. Deutsch mit kritischen u. erklärenden Anmerkungen von E. Alberti. (203 S.) 22 1/2 ngr.

—— dass. — in einer Auswahl für die Jugend, s. Lamey.

— — in einer Auswahl für die Jugend bearb. von J. Lamey. Mannheim 854. Bassermann. 8. (IX, 478 S.) n. 1 Rthlr. 6 ngr.

— libelli, quomodo quis ex inimicis fructum capere possit; quomodo quis sentire possit, se in virtute procedere et progredi, edidit a M. F. Soergelio. 8. Götting. 773. Barmeier.

– de liberis educandis liber. Acced. bina ejusd. Plutarchi et Marcelli Sidetae fragment. gr. Cura J. G. Schneideri. Strassburg: Stein 1775. 8°

— life of Alcibiades. Eine leichte u. anziehende Lectüre für Schulen u. Institute. Mit einem vollständ., nach Walker bezifferten Wörterbuche. Hersg. von S. Mauer. Quedlinburg 865. Basse. 8. (IV, 75 S.)

— Lykurg u. seine Gesetzgebung, übers. von A. W. Wettengel. 8. Leipz. 811. Cnobloch. 12 gr.

— Marius, Sulla, Lucullus et Sertorius; recens., explic., chronolog. memorabil. indic. necess. instr. E. H. G. Leopold. 8maj. Leipz. 795. (Hahn). 1 Rthlr. 12 gr. Hlbg. Pr. 18 gr.

— Marius, Sulla, Lucullus et Sertorius, a Leopold. 8. maj. Lips. Fritsch. 795.

— moralia, id est opera, excep. vitis, reliqua, op. I. C. Hutten. 8 Vol. gr. 8. Tubing. Cotta. 796–801. (I–IV. à 1 Rthlr. 8 gr. V–VIII. à 1 Rthlr. 16 gr.)

— moralia, e. opera, except. vitis, reliqua, emend. notas et indic. adi. D. Wittenbach. Tom. I. P. I et II. 8. maj. Lipsiae, Schaefer. (Kühn.) 796 — 799. (à 1 Rthlr. 12 gr.)
Schreibp. (à 2 Rthlr. 8 gr.)

Plutarch, Chaeron., Moralia id est Opera, exceptis vitis, reliqua. Graeco, emendavit Dan. Wyttenbach. 6 Vol. in 12 partibus. 8maj. Oxonii, 795 — 810.

Plutarchi Moralia. Graec. emend. notat. emend. et latin. Xylandri interpret. castig. etc. Dan. Wyttenbach. Ad edit. Oxoniens. emendat. expressa edit. V Ti. (à II Pts.) 8maj. Lipsiae 796 — 834, [T. O. Weigel.] [I. 1. (35 B.), 2. (29 B.); II. 1. (35 B.), 2. (22 3/4 B.); III. 1. (34 B.) 2. (26 1/2 B.); IV. 1. (27 1/4 B.), 2. (26 1/2 B.); V. 1. (36 3/4 B.), 2. (33 1/2 B.)] 16 Thlr., Schrbp.
Vgl. Wyttenbach, D. — Diese Ausgabe wurde bisher noch nirgend vollständig aufgeführt.

– varia scripta, quae moralia vulgo dicuntur, e rec. Wyttenbachii. VI Voll. Edit. stereotypa. Leipzig: Tauchnitz 1820. 12°

Plutarchi Chaeronensis varia scripta quae moralia vulgo vocantur. Ad optimorum librorum fidem accurate edita. Editio ster. C. Tauchnitiana nova impressio. Tom. 1, 2. et 5. 16. (1391 S.) Leipzig 866, Holtze. à Tom. 11 1/4 Ngr.

Plutarchi Chaeronensis varia scripta quae moralia vulgo vocantur. Ad optimorum librorum fidem accurate edita. Editio ster. C. Tauchnitiana. Nova impressio. 6 Tomi. Leipzig 866—69. Holtze. 16. (2942 S.) à Tom. 12 1/4 ngr.

Plutarchi Chaeronensis varia scripta, quae moralia vulgo vocantur. Ad optimorum librorum fidem accurate edita. Editio ster. C. Tauchnitiana. Nova impressio. 6 vol. 16. Leipzig 866—73, Holtze.

Inhalt:

Vol. 1. De liberis educandis. Quomodo adolescens poetas audire debeat. De recta ratione audiendi. Quomodo adulator ab amico internoscatur. Quomodo quis suos in virtute sentiat profectus. De capienda ex inimicis utilitate. De amicorum multitudine. De fortuna. De virtute et vitio. Consolatio ad Appollonium. De tuenda sanitate praecepta. Praecepta coniugalia. Septem sapientium convivium. De superstitione. ℳ 1,20.

» 2. Regum et imperatorum Apophthegmata. Apophthegmata Laconica. Instituta Laconica. Lacaenarum Apophthegmata. Mulierum virtutes. Quaestiones Romanae. Quaestiones Graecae. Parallela Graeca et Romana. De fortuna Romanorum. De Alexandri M. fortuna aut virtute. Bellone an pace clariores fuerint Athenienses. ℳ 1,35.

Vol. 3. De Iside et Oriside. De EI Delphico. Cur Pythia nunc non reddat oracula carmine. De defectu oraculorum. Virtutem doceri posse. De virtute morali. De cohibenda ira. De tranquillitate animi. De fraterno amore. De amore prolis. An vitiositas ad infelicitatem sufficiat. Animine an corporis affectiones sint peiores. De garrulitate. De curiositate. De cupiditate divitiarum. De vitioso pudore. De invidia et odio. Qua quis ratione se ipse sine invidia laudet. (452 S.) ℳ 1,35.

» 4. De his qui sero a Numine puniuntur. De fato. De genio Socratis. De exilio. Consolatio ad uxorem suam. Convivalium disputationum lib. IX. Amatorius lib. Amatoriae narrationes. (524 S.) ℳ 1,65.

» 5. Maxime cum principibus viris philosopho esse disserendum. Ad principem ineruditum. An seni respublica gerenda sit. Praecepta gerendae reipublicae. De unius in republica dominatione, populari statu, et paucorum imperio. De vitando aere alieno. De vitis decem oratorum. De comparatione Aristophanis et Menandri. De Herodoti malignitate. De placitis philosophorum libri V. Quaestiones naturales. De facie quae in orbe Lunae appareat. De primo frigido. Aquane an ignis sit utilior. Terrestriane an aquatilia animalia sint callidiora. Bruta animalia ratione uti. Gryllus. De carnium esu. Quaestiones Platonicae. ℳ 1,80.

» 6. De animae procreatione in Timaeo Platonis. Epitome libri Plutarchi de animae procreatione apud Platonem in Timaeo. De repugnantiis Stoicis. Compendium Plutarchei libri perditi, cui argumentum et nomen fuit: Stoicine an poetae absurdiora dicant. Adversus Stoicos de communibus notionibus. Disputatio qua docetur ne suaviter quidem vivi posse secundum Epicuri decreta. Adversus Colotem. An recte dictum sit, latenter esse vivendum. De musica. Fragmenta librorum perditorum. De nobilitate. De fluviorum et montium nominibus. De vita et poesi Homeri. Proverbia, quibus Alexandrini usi sunt. De metris. (575 S.) ℳ 1,80.

—— Moralia ex recensione Rud. Hercheri. Vol. I. 8. (VI, 392 S.) Ebendas. 872. 1 80
Vgl.: Soltau, Guil.

—— moralia, recognovit Gregorius N. Bernardakis. Vol I. 8. (XCIV, 421 S.) Leipzig 888, Teubner.

—— Moralia, recognovit Gregor. N. Bernardakis. Vol. II—IV. 8. (XXII, 557; VII, 585; LVI, 473 S.) Lpz. 889—92, Teubner. à Vol. 3 —; 9 —
Vol. I. Ebd. 1888. 3 —.

— moralia, recognovit Greg. N. Bernardakis. Vol. III—V. 8. Leipzig, B. G. Teubner. à n. 3. — (I—V.: n. 15. —)
III. (VII, 585 S.) 891. — IV. (LVI, 473 S.) 892. — V. (V, 500 S.) 893.

— moralia recognovit Geo. N. Bernardakis. Vol. VI. 8. (V, 530 S.) Ebd. 895. n. 4. —

— dasselbe. Vol. VII. Plutarchi fragmenta vera et spuria multis accessionibus locupletata continens. 8. (LVI, 544 S.) Ebd. 896. n. 4. — (kplt.: n. 23. —)

— dasselbe. Epilogus. 8. (47 S.) Ebd. 896. n. 2. —

Plutarchus: Moralia. Recogn. Gregorius N. Bernardakis. (Ed. ster.) Vol. 1. Lipsiae: Teubner 1908. 8°
(Bibliotheca scriptorum Graec. et Rom. Teubneriana.)

— de musica edid. Rich. Volkmann. Lipsiae 856. Teubner. gr. 8. (XXIV, 171 S.) n. 1 Thlr. 6 ngr.

— Numae aliquot capita commentariis illustr. B. Erdmann. Pr. 1874. 12 S. 4°. —.90

— Olympia et Pythia etc., s. Tafel.

—— Opera moralia selecta. Ad codices emend. et illustr. Aug. Guil. Winckelmann. Supplem. edit. Wyttenbachianae. Vol. I. — E. s. t.: Plutarchi Eroticus et eroticae narrationes. Adcodices emend., commentariis illustr., lat. Xylandri interpretat. et indices adjecit. Accesserunt Plutarchi fragmenta de amore. 8maj. (17¾ B.) Turici 836, Schulthess.

Plutarchus. Opera Moralia selecta. Ad codices emendavit . . . Winckelmann . . . Turici 1836. Ü: *Holzmann, Wilhelm.* (BrMm)

Plutarchi, Chaeronensis, quae supersunt, opera omnia, gr. et lat. J. J. Reiske. XII Voll. Principibus ex editionibus castigavit, viror. doctor. suisque annotat. instruxit, c. ind. tripl. 8maj. Lpz. 774—82. Weidmann. 40 Thlr. Hbg. Pr. 24 Thlr.

— quae supersunt omnia Opera annot. varior etc, op. I. G. Hutten. XIV Vol. 8. maj. Tubingae, Cotta. 792—801. (18—13ð à 1 Rthlr. 8 gr. 14ð 1 Rthlr. 16 gr.)

— Graeca recogn. et in usum scholar. edid. C. H. Frotscher. 8. Leipz. 829. Kühn. 9 gr Schrbp. 12 gr Velinp. 1 Thlr.

Plutarch Chaer., bina opuscula, alterum de puerorum educat. alter. de ratione audiendi poet. in us. provectior. accom. 12. Bresl. Korn. 758. Rthlr.

— — — ead. et Isocratis orationes tres c. not. ad mod. Minellii. 8. Lips. Gross. 744.

— Oeuvres complettes, traduites du grec p. Amyot, av. d. not. et observat. de Brotier et Vauvillier, rev., corrig. etc. p. E. Clavier. XXV Vol. avec fig. 8. Strasb. Treuttel et Würz.

Plutarque, Essai d'une traduct. nouv. des oeuvres morales. 8. Berne, Soc. Typ. 767.

— Pädagogik, a. d. Griech. m. Anmerk. v. J. C. F. Bährens. 8. Halle, Waisenhausbuchh. 787.

—— Παραμυθητικὸς πρὸς Ἀπολλώνιον. — Plutarchi consolatio ad Appollonium. Recogn. et commentariis illustr. Leon. Usterius. Acced. varietas lect. et Io. Casp. Orellii Spicilegium critic. Lex.—8. (9 B.) Turici 830, Orell, Fuessli et Soc.

— — Pericles. Recens. et comment. suis illustr. Car. Sintenis. Acced. excursus. 12maj. (14 B.) Lipsiae 835, Focke.

— Perikles; aus d. Griech. übers. u. mit Anmerkk. begleitet v. J. G. Kunisch. gr. 8. Bresl. 818. Max u. C. 10 gr

Plutarch's Perikles. Herausgegeben von Hermann Schickinger. Mit Titelbild und einer Karte von Griechenland und der Küste von Kleinasien zur Zeit des Perikles. Gr.-8. (VII, 63 S.) —.40
Geb. Wien: Tempsky 1898. —.60

— Perikles, hrsg. v. Herm. Schickinger, s. a. Sammlung griech. u. röm. Klassiker.

— Philopoemen, Flamininus, Pyrrhus. Text. e codd. recogn., perpetua annotat. instrux., Diss. de fontibus harum vitarum praemisit J. C. F. Bähr. 8maj. Leipz. 826. Hahn. 1 Thlr. Der Text apart 6 gr Die Annotationes apart 18 gr

— Phocion. Cap. I—III. Spec. edit, J. C. Flügel. Pr. 1889. 28 S. 4°. —.90

— de placitis philosophorum libr. V; graece; recens. Chr. Dn. Beck. 8. Leipz. 786.

— — Graece c. var lectt. ed. C. D. Beck. Lips. 787. 8. 1 rthl.

Plutarchus: De audiendis poetis. Gr. et lat. cum animadversionib. ed. J. Tob. Krebs. Lips. 1746. 8°. Ib. 1779. 8°

—— de proverbiis Alexandrinorum libellus ineditus, rec. et praefatus est Otto Crusius. gr. 4. (34 S.) Ebendas. 887. *

— de proverbiis Alexandrinorum libellus ineditus, rec. et praefatus est O. Crusius. gr. 4. (34 S.) Ebd. 889. n. 2. 80

— de proverbiis Alexandrinorum libellus, Fasc. II., s.: Crusius, Otto, ad Plutarchi de proverbiis Alexandrinorum libellum commentarius.

Plutarchus. Auserlesene Schriften; a. d. Griech. Zürich 1768—74. Ü: *Nüscheler, Felix.* (Adel) (MGT)

— auserlesene moralische Schriften. 4 Thle. gr. 8. Zürich, Orell, Füßli und Comp. 769—774. (1r u. 2r à 14 gr. 3r u. 4r à 12 gr.)

Plutarchus. Moralische Schriften übers. von Joh. Christian Fel. *Bähr.* Bdchen 1 bis 13. Stuttgart 1828—1838. 8°.
(Plutarchus. Werke. Bdchen 20—32.)
(Griech. Prosaiker in neuen Übersetzungen. Bdchen 33. 43. 47. 51. 65. 72. 81. 104. 110. 145. 146. 166. 170.)

— moral. Schriften, übers. v. J. C. F. Bähr. 1s—4s Bdchen. (A. u. d. T.: Plutarchs Werke, 20s—23s Bdchn.) 16. Stuttg. 828, 29. Metzler. 16 gr

— moralische Schriften, übers. von J. Chr. F. Bähr. 5s—13s Bdchen. 16. Stuttgart 830—38. Metzler. (à 1/6 rthl) 1 1/2 rthl

— Vermischte Schriften, s.: Klassiker des Altertums.

—— Scripta moralia. Ex codicibus quos possidet regia bibliotheca omnibus ab Kontφ c. Reiskiana edit. collatis emend. Fred. Dübner. Gr. et lat. II Vol. gr. Lex.-8. Parisiis, Didot Fratres. [I. (47 B.) 839., II. (42¾ B.) 841. à * 4 Thlr.] *

Πλουτάρχου τοῦ Χαιρωνέως τὰ ἠθικά. — Plutarchi Chaeronensis Scripta moralia. Ex codicibus quos possidet regia bibliotheca omnibus ab Kontφ cum Reiskiana editione collatis emendavit Fred. Dübner. Graece et latine. Vol. II. — *Πλουτάρχου τόμος τέταρτος.* — Plutarchi Operum vol. IV. (Scriptorum Graecorum Bibliotheca. Vol. XII.) gr. Lex.-8. Parisiis 841, Firmin Didot (Fratres et soc.)

— über die Seelenschöpfung im Timaeus hrsg. v. Berth. Müller. 4. (55 S.) Breslau 876. (Koebner.) n. 1. —

— Solonis capita XII priora, apparatu critico instructa et recognita ab Alfr. Schoene. Progr. gr. 8. (22 S.) Kiel 896. Universitäts-Buchh. n.n 1. —

— Solonis capita XII priora, apparatu critico instructa et recognita ab A. Schöne. Teile. Pr. 1896 u. 1898. 22 S. u. 82 S. à 1.-

—— Themistocles. Ex cod. Paris. rec. et integra lect. variet. et brevi annotat. critica instr. C. Sintenis. 8 maj. (5 B.) Lipsiae 829, Hahn.

— *Themistocles et Camillus.* Graece cum indice copioso ed. Baumann. Hal. 761. 12. 8 gr. Ib. 779. 12. 8 gr.

— *Themistocles et Camillus, Alexander et Caesar.* Graece cum notis varior. ed. Jördens. Berol. 787. 8. 12 gr. Ed. nova c. indice verbor. ed. Barby. Ib. 797. 8. 14 gr.

— Themistokles, f. quellenkrit. Uebgn. commentiert u. hrsg. v. Adf. Bauer. gr. 8. (IV, 104 S. m. 2 Tab.) Leipzig 884. Teubner. n. 2. —

— Themistoklos. F. d. Schulgebrauch erklärt v. R. Paukstadt. Ausg. A., Kommentar unt. Text. gr. 8. (III, 69 S.) Gotha 894. F. A. Perthes. 1. 20; Ausg. B., Text u. Kommentar getrennt in 2 Hftn. (III, 27 u. 41 S.) 1. 20

— Themistokles u. Kamillus, Alexander u. Julius Cäsar. Uebersetzt mit Anmerkk. v. G. G. Bredow. 8. Bresl. 814. W. G. Korn. 1 rthl 8 gr

— Themistokles u. Romulus, Alexander u. Julius Cäsar. Uebersetzt mit Anmerkungen von G. G. Bredow. 8. Bresl. W. G. Korn. 814.

— Theseus, Romulus, Lycurgus et Numa Pompilius. rec. E. H. G. Leopold. 8. maj. Lips. Fritsch. 789.

— Theseus et Romulus, Lykurgus et Numa Pompilius. Recens., explic., indicibus necess. instr. E. H. G. Leopold. 8maj. Leipz. 789. (Hahn). 1 rthl 4 gr Hbg. Pr. 16 gr

PLUTARCHS Timoleon, Philopömen, die beiden Gracchen und Brutus. Zum Schulgebrauche herausgeg. von G[ABR.] G[OTTFR.] BREDOW. Altona. 1800. — 2. verm. und verbess. Aufl. Sm. St. 1815. — 3. verm. und verbess. Ausgabe. Sm. St. 1821. Hammerich.

— Timoleon, Philopömen, die beiden Gracchen und Brutus. Uebers. von G[ABR.] G[OTTFR.] BREDOW. Altona. 1807. Hammerich.

— Timoleon, Philopoemen, die beiden Gracchen u. Brutus, zum Schulgebrauch v. G. G. Bredow. gr. 8. Altona 2e A. 823. Hammerich. 18 gr

— Timoleon, Philopömen, die beiden Grachen u. Brutus, übers. von G. G. Bredow. 3e Ausg. gr. 8. Altona 823, Hammerich.

Plutarchus. Abhandlung vom Ursprung der Kälte. [Hamburg 1747.] Ü: *Agricola, M.* (Hoff)

— de sera numinis vindicta c. fragm. gr. et lat. rec. Wittenbach. 8. maj. Leiden. (Gleditsch, Lips.) 772.

— liber de sera numinis vindicta, c. fragm., gr. et lat., rec. a D. Wyttenbach. 8maj. Leyd. 772. (Luchtmans). 16 gr

—— Vita M. Bruti. Ed. atque illustr. A. Sal. Voegelinus. 8. (8 B.) Turici 833, Orell, Fuessli et Soc.

—— Vita Phocionis. Recens. et comment. suis illustr. Frid. Kraner. 8maj. (8¾ B.) Lipsiae 840, [Köhler'sche Vrlsh.]

Plutarchi vita Solonis recognovit et commentariis suis illustr. Ant. Westermann. 12 maj. Brunsvigae 841, Westermann. ⅓ ℛ

—— Vita Themistoclis. Rec. et commentariis suis illustr. Car. Sintenis. Praecedit Epistola ad God. Hermannum. 12 maj. (12⅓ B.) Lipsiae 832, Weidmann.

Plutarchi vitae cur. G. H. Schaefer. Vol. I—III. 12 maj. Lips. 825 — 27, Teubner. 3 Rthl. 18 gr. Engl. Pap. Rthlr.

Plutarchi Vitae. Cur. God. Henr. Schaefer. Vol. IV—VI. (ult.) 12 maj. (48 B.) Lipsiae 829, 30, Teubner.
3 Thlr. 6 Gr., Engl. P.
Vol. I—III. Ebendas. 1825—27. 3 Thlr. 18 Gr., Engl. P. 5 Thlr. 18 Gr.

Plutarchi vitae ex recens. Wyttenbachii passim emendata in usum scholar. separatim editae. gr. 8. Leipz. 1827, Hartmann.

—— Vitae. Tom. I. II. 8 maj. (34½ B.) Monachii 841, libr. scholar. regia. (Ratisbonae, Manz.) *

—— Vitae. Tom. III—IX. 8 maj. (126 B.) Monachii 841, 42, libr. scholarum regia. (Regensburg, Manz.) *;
Vol. III—V. à * 17½ Ngr. VI. * 20 Ngr. VII. * 15 Ngr. VIII. * 17½ Ngr. IX. * 15 Ngr. — Vol. I., II. Ibid. 1841. * 1 Thlr. 2½ Ngr.

—— vitae. Edidit Carol. Sintenis. Agis et Cleomenes. Tiberius et Cajus Gracchus. gr. 8. (94 S.) Berlin 866, Weidmann'sche Buchh. *

—— dass. — Themistocles et Pericles. gr. 8. (72 S.) Ebendas. 866. *

—— Vitae. — Aristides et Cato Major. Recognovit Rud. Hercher. gr. 8. (VIII, 76 S.) Berlin 870, Weidmann'sche Buchh. (* 50 Pf.)

— vitae inter se comparatae. Edid. Imm. Bekker. 5 voll. Editio stereot. Lipsiae 855—57. B. Tauchnitz. 16.
2 ℛ. 9 ngr.
Vol. I. pars 1. 2.: (XXX, 476 S.) 15 ngr. — Vol. II.: (X, 596 S.) 18 ngr. — Vol. III.: (VIII, 448 S.) 12 ngr. — Vol. IV.: (VIII, 442 S.) 12 ngr. — Vol. V.: (VIII, 398 S.) 12 ngr.

Plutarchi vitae inter se comparatae. Edid. Imm. Bekker. 5 voll. Ausg. in gr. 8. Lipsiae 855—57. B. Tauchnitz.
2 ℛ. 9 ngr.; Prachtausg. 7 ℛ.
Vol. I. pars 1. 2.: (XXX, 382 S.) 15 ngr.; Prachtausg. 1 ℛ. 15 ngr. — Vol. II.: (X, 466 S.) 18 ngr.; Prachtausg. 1 ℛ. 22½ ngr. — Vol. III.: (VIII, 355 S.) 12 ngr.; Prachtausg. 1 ℛ. 7½ ngr. — Vol. IV.: (VIII, 348 S.) 12 ngr.; Prachtausg. 1 ℛ. ½ ngr. — Vol. V.: (VIII, 312 S.) 12 ngr.; Prachtausg. 1 ℛ. 7½ ngr.

—— dass. — (Neue) Stereotypausg. 5 Voll. in 9 Heften. 8. Ebendas. 858.
In 9 Heften 2

Inhalt:

Heft 1. Theseus et Romulus, Lycurgus et Numa. Solon et Poplicola. (180 S.) 7½ Ngr.
» 2. Themistocles et Camillus, Pericles et Fabius Maximus, Alcibiades et Coriolanus. (202 S.) 7½ Ngr.
» 3. Timoleon et Aemilius Paulus, Pelopidas et Marcellus, Aristides et Cato, Philopoemenes et Flamininus. (238 S.) 9 Ngr.
» 4. Pyrrhus et Marius, Lysander et Sulla, Cimon et Lucullus. (228 S.) 9 Ngr.
» 5. Nicias et Crassus, Sertorius et Eumenes, Agesilaus et Pompejus. (226 S.) 9 Ngr.
» 6. Alexander et Caesar. (126 S.) 6 Ngr.
» 7. Phocion et Cato Minor, Agis et Cleomenes, Gracchi. (168 S.) 7½ Ngr.
» 8. Demosthenes et Cicero, Demetrius et Antonius. (160 S.) 7½ Ngr.
» 9. Dion et Brutus, Artoxerxes, Aratus, Galbas, Othon. (190 S.) 7½ Ngr.

— vitae decem oratorum. Recogn. annotat. critt. et commentarios adjec. Ant. Westermann. Accedit de auctore et auctoritate vitarum decem oratorum commentatio. 8 maj. Quedlinburgi 833. Becker. (Franke.) ¾ ℛ

— Vitae parall. graec. c. not. Coray. VI Tom. 8 maj. Paris. (Lips. J. A. G. Weigel.) 810.

– Vitae parall. ed. G. H. Schaeferi. vide Bibliotheca class. scriptor. T. XVI—XXII.

— — Tom. I. contin. Theseus, Romulus, Numa, Solon, Poplicola. Ad optimorum librorum fidem edidit G. H. Schaefer. 12. Lips. Tauchnitz. 812.
Charta angl.

— — idem lib. Tom. II. contin. Themistocles, Camillus, Pericles, Fabius Maximus, Alcibiades, Coriolanus. 12. ibid. 812.
Charta angl.

— — id. lib Tom. III. contin. Timoleon, Aemilius Paulus, Pelopidas, Marcellus, Aristides, M. Cato major. 12. ibid. 812.
Charta angl.

— — id. lib. Tom. IV. contin. Philopoemen, Flamininus, Pyrrhus, Marius, Lysander, Sulla. 12. ibidem. 812.
Charta angl.

— — id. lib. Tom. V. contin. Cimon, Lucullus, Nicias, Marcus, Crassus, Sertorius, Eumenes. 12. ibidem. 813.
Charta angl.

— — id. lib. Tom. VI. contin. Agesilaus, Pompejus, Alexander M. 12. ibid. 814.
Charta angl.

— — id. lib. Tom. VII. contin. C. Jul. Caesar, Phocion, Cato major, Agis, Cleomenes. 12. ibid. 814.
Charta angl.

— — id. lib. Tom. VIII. cont. Tib. et C. Gracch., Demosthenes, Cicero, Artaxerxes, Demetrius, Antonius. 12. ibid. 815.
Charta angl.

Plutarchi, Cheron., vitae parallelae. Tom. IX. cont. Dion, Brutus, Aratus, Galba, Otho. 12. Lips. Tauchnitz. 815.
Rthlr.
Charta angl.
Tom. I—IX.
Charta angl. Tom. I—IX.

— vitae parall. ex recogn. G. H. Schäferi, IX Voll. 8. Lpz. 820. Weigel. 4 ℛ 12 gr

— Vitae parallelae. 9 Vol. Edit. stereotypa. 12. Lips. Tauchnitz. 820—821.
fein Pap.

—– Vitae parallelae. Ex rec. Car. Sintenis. Vol. I. II. 8 maj. Lipsiae, [Köhler'sche Vrlsh.] [I. (36½ B.) 839., II. (40¼ B.) 841. à 3 Thlr.]

—— Vitae parallelae. Ex recensione Caroli Sintenis. Vol. III. et IV. 8 maj. Leipzig, [Koehler'sche Vrlgsh.] [III. (41 B.) 843., IV. (33½ B.) 46. à 3 Thlr.]

— vitae parallelae ex recensione Caroli Sintenis. Vol. II. III. 8 maj. Lipsiae 841, 44, Köhler. à 3 ℛ (Vol. I—III. 9 ℛ)

— vitae parallelae. Ex recensione Caroli Sintenis. Vol. IV. gr. 8. (LXVIII u. 465 S.) Lipsiae 847, Winter. 3 ℛ

—— vitae parallelae. Recognovit Car. Sintenis. V Vol. Lipsiae, Teubner. [I. (X und 461 S.) 852. 15 Ngr., II. (X und 556 S.) 18 Ngr., III. et IV. (XVI und 860 S.) 853. à 12 Ngr., V. (VI und 330 S.) 854. 12 Ngr.]

Einzeln hieraus sind zu haben:

Nr. 1. Thesei et Romuli, Lycurgi et Numae, Solonis et Publicolae. (218 S.) 852. 7½ Ngr.
- 2. Themistoclis et Camilli, Periclis et Fabii Maximi, Alcibiadis et Coriolani. (243 S.) 852. 7½ Ngr.
- 3. Timoleontis et Aemilii Pauli, Pelopidae et Marcelli. (100 S.) 853. 7½ Ngr.
- 4. Aristidis et Catonis, Philopoemenis et Flaminini, Pyrrhi et Marii. (S. 100—382.) 853. 7½ Ngr.
- 5. Lysandri et Sullae, Cimonis et Luculli. (S. 383—556.) 853. 7½ Ngr.
- 6. Niciae et Crassi, Sertorii et Eumenis. (142 S.) 853. 6 Ngr.
- 7. Agesilai et Pompeji. (S. 143—278.) 853. 6 Ngr.
- 8. Alexandri et Caesaris. (S. 279—432.) 853. 6 Ngr.
- 9. Phocionis et Catonis minoris. (S. 1—106.) 853. * 5 Ngr.
- 10. Agidis et Cleomenis, Gracchorum. (S. 107—208.) 853. * 5 Ngr
- 11. Demosthenis et Ciceronis. (S. 209—292.) 853. * 5 Ngr.
- 12. Demetrii et Antonii. (S. 293—428.) 853. * 5 Ngr.
- 13. Dionis et Bruti. (S. 1—105.) 854. 6 Ngr.
- 14. Artoxerxis et Arati, Galbae et Othonis. (S. 105—230.) 854. 7½ Ngr.

—— vitae parallelae. Iterum recognovit Carol. Sintenis. Vol. I — V. 8. Leipzig, Teubner. [Vol. I. (XXIII und 461 S.) 858. 15 Ngr., Vlnp. 22½ Ngr.; Vol. II. (XXI und 556 S.) 858. 18 Ngr., Vlnp. 27 Ngr.; Vol. III. und IV. (XXXIII und 860 S.) 859. à Vol. 12 Ngr., Vlnp. à Vol. 18 Ngr.; Vol. V. (XII und 330 S.) 860. 12 Ngr., Vlnp. 18 Ngr.]

Vlnp.

—— vitae parallelae. Iterum recogn. Car. Sintenis. 5 vol. 8. Leipzig 878—75, Teubner. [Vol. 1. ℳ 1,80.; Vol. 2. ℳ 2,10.; Vol. 3—5. à ℳ 1,50.]

Auch in folgenden einzelnen Abtheilungen:

No. 1. Theseus et Romulus, Lycurgus et Numa, Solon et Publicola. (Vol. 1. S. 1—218.) 90 Pf.
» 2. Themistocles et Camillus, Pericles et Fabius Maximus, Alcibiades et Coriolanus. (S. 219—461.) 90 Pf.
» 3. Timoleon et Aem. Paulus, Pelopidas et Marcellus. (Vol. 2, S. 1—156.) 90 Pf.
» 4. Aristides et Cato, Philopoemen et Flamininus, Pyrrhus et Marius. (S. 157—382.) 90 Pf.
» 5. Lysander et Sulla, Cimon et Lucullus. (S. 383—556.) 90 Pf.
» 6. Nicias et Crassus, Sertorius et Eumenes. (Vol. 3, S. 1—142.) 75 Pf.
» 7. Agesilaus et Pompeius. (S. 143—278.) 75 Pf.
» 8. Alexander et Caesar. (S. 279—432.) 75 Pf.
» 9. Phocion et Cato minor. (Vol. 4, S. 1—106.) 60 Pf.
» 10. Agis et Cleomenes, Tib. et C. Gracchi. (S. 107—208.) 60 Pf.
» 11. Demosthenes et Cicero. (S. 209—292.) 60 Pf.
» 12. Demetrius et Antonius. (S. 293—428.) 60 Pf.
» 13. Dio et Brutus. (Vol. 5, S. 1—105.) 75 Pf.
» 14. Artaxerxes et Aratus, Galba et Otho. (S. 106—230.) 90 Pf.

Plutarchi [Chaeronensis] Vitae parallelae. Iterum recogn. Carolus Sintenis. Ed. ster. Vol. 1—5. Lipsiae: Teubner 1904—11. 8°
1. 1908. 2. 1911. 3. 1909. 4. 1904. 5. 1906.
(Bibliotheca scriptorum Graec. et Rom. Teubneriana.) Al…11

—— vitae parallelae. 9 vol. Nova edit. stereot. C. Tauchnitiana. Nova impressio. 16. Leipzig 868—71, Holtze. à Vol. (75 Pf.) 90 Pf.

Inhalt:

Vol. 1. Theseus, Romulus, Lycurgus, Numa, Solon, Publicola.
» 2. Themistocles, Camillus, Pericles, Fabius Maximus, Alcibiades, Coriolanus.
» 3. Timoleo, Aemilius Paulus, Pelopidas, Marcellus, Aristides, M. Cato maior. (254 S.)
» 4. Philopoemen, Flamininus, Pyrrhus, Marius, Lysander, Sulla.
» 5. Cimon, Lucullus, Nicias, M. Crassus, Sertorius, Eumenes.
» 6. Agesilaus, Pompeius, Alexander Magnus.
» 7. C. Iulius Caesar, Phocion, Cato minor, Agis, Cleomenes.
» 8. Tib. et C. Gracchi, Demosthenes, Cicero, Artaxerxes, Demetrius, Antonius. (315 S.)
» 9. Dion, Brutus, Aratus, Galba, Otho.

— vitae parallelae. Tom. 3 et 8. Nova edit. ster. C. Tauchnitiana. Nova impressio. Leipzig 868. Holtze. 16. à Tom. 7½ ngr.
Tom. 3. Timoleo, Aemilius Paulus, Pelopidas, Marcellus, Aristides, M. Cato Major. (254 S.)
Tom. 8. T. et C. Gracchi, Demosthenes, Cicero, Artaxerxes, Demetrius, Antonius. (315 S.)

— vitae parallelae. Nova ed ster. C. Tauchnitiana Tom. I, III et V. Nova impressio. 16. Leipzig 892. O. Holtze's Nachf. à — 90
I. Theseus, Romulus, Lycurgus, Numa, Solon, Poplicola. (230 S.)
III. Timoleo, Aemilius Paulus, Pelopidas, Marcellus, Aristides, M. Cato Maior. (254 S.)
V. Cimon, Lucullus, Nicias, Marcus Crassus, Sertorius, Eumenes. (245 S.)

— vitae parallelae. Nova ed. ster. C. Tauchnitiana. Tom. VI, VII et IX. Nova impressio. gr. 16. Leipzig, O. Holtze's Nachf. à — 90
VI. Agesilaus, Pompeius, Alexander M. (237 S.) 903.
VII. C. Iulius Caesar, Phocion, Cato Minor, Agis, Cleomenes. (247 S.) 903.
IX. Dion, Brutus, Aratus, Galba, Otho. (216 S.) 900.

Plutarchi vitae parallelae Agesilai et Pompei. Rec. Claes Lindskog Lipsiae: B. G. Teubner 1900. (XXIII, 146 S.) 8°

— vitae parallelae Alexandri et Caesaris. Comment. juventuti φιλέλληνι Script. adjecit F. Schmieder. 8. maj. Halae, Gebauer. 804.

Plutarchi, vitae parallelae Demosthenis et Ciceronis. Ex rec. Wyttenbachii passim emendata in usum scholar. separatim editae. 8maj. Leipz. 827. Lehnhold. 7 ℊ

—— Vitae parallelae Demosthenis et Ciceronis. Graeca recogn. et in us. scholar. edid. C. H. Frotscher. 8. (8 B.) Lipsiae 829, Kühn. 9 Gr., Schrbp. 12 Gr., Vlnp.

—— Vitae parallelae selectae. In us. scholar. recog. a Car. Sintenis. Ps. I. II. 8maj. Lipsiae, [Köhler'sche Vrlsh.] à ⅔ Thlr.
Ps. I. Themistoclis et Camilli, Periclis et Fabii Maximi, Alcibiad et Coriolani, Timoleontis et Aemilii Pauli. (16 B.) 839.
- II. Aristidis et Catonis, Philopoemenis et Flaminii, Pyrrhi et Marii, Lysandri et Sullae, Sertorii et Eumenis. (18 B.) 841.

— vitae parallelae selectae in usum scholarum recognitae a Carolo Sintenis. Fasc. I. Insunt vitae Themistoclis et Camilli, Timoleontis et Aemilii Pauli. 8 maj. ibid. 844. 3/8 ℛ

— idem. Fasc. II. Insunt vitae Periclis et Fabii Maximi, Alcibiadis et Coriolani. 8 maj. ibid. 844. 3/8 ℛ

— idem. Fasc. III. Insunt vitae Aristidis et Catonis, Philopoemenis et Flaminii. 8 maj. ibid. 844. 1/4 ℛ

— idem. Fasc. IV. Insunt vitae Pyrrhi et Marii. 8 maj. ibid. 844. 1/4 ℛ

— idem. Fasc. V. Insunt vitae Lysandri et Sullae, Sertorii et Eumenis. 8 maj. ibid. 844. 1/4 ℛ

— idem. Fasc. VI. Insunt vitae Alexandri et Caesaris. 8 maj. ibid. 844. 3/8 ℛ

— idem. Fasc. VII. Insunt vitae Agidis Cleomenis et Gracchorum. 8 maj. ibid. 844. 1/4 ℛ

— idem. Fasc. VIII. Insunt vitae Demosthenis et Ciceronis. 8 maj. ibid. 844. 1/4 ℛ

— vitae parallelae Themistoclis et Camilli, Alexand. et Caesaris. Graece c. ind. copioso ed. L. Ad. Baumann. 12. Halle 781. Ed. II. 779. Waisenhaus-B. 8 ℊ

— — Themistoclis et Camilli, Alex. et Caesaris ed. Iördens. 8. maj. Berl. (Vieweg, Braunsw.) 787.

— vitae parallelae Themistoclis et Camilli, Alexandri et Caesaris ad opt. edit. expressae. Selectis var, not. illustr. K. H. Jördens. 8maj. Berl. 788. Ed. nov., cui indic. locupl. verbor. et nomin. adjec. J. H. Chr. Barby. 8maj. Ibid. 797. Vieweg in Braunschw. 14 ℊ

—— Vitae Aemilii Pauli et Timoleontis. Verba scriptoris ad libror. antiquor. fidem recogn., variet. lectionis, commentarios et tabulas chronolog. adjec. J. C. Held. 8 maj. (56¼ B.) Solisbaci 832, de Seidel.

— Vitae Timoleontis, Gracchorum et Bruti. Animdv. instruxit Fr. W. Fabricius. 8maj. Lips. Schwickert. 812.

— *Vitae Timoleontis, Gracchorum et Bruti.* Graece. Animadv. instr. F. W. Fabrici Lips. 813. 8. 16 gr.

—— le Vite degli Uomini illustri. 13 Vol. c. ritrattini e col ritratto dell' Autore. in 8. gr. Padova. 816—18. (Vienna, Volke.)

— — in Compendio. 2 Tomi in 8. gr. Firenze. 816. (ibid.)

— — in Compendio. 4 Tomi in 12. Pavia. 818. (ibid.)

— O vychove hochů. Přeložil G. Suran. 2 díly. Pr. 1902—1908. 62 S. 1.50

Plutarch's Werke, s.: Collection Spemann.

Plutarch's Werke, s.: Prosaiker, griechische, in neuen Uebersetzungen.

Plutarchus: W e r k e . (Griechische Prosaiker in neuen Übersetzungen.) Stuttgart: Metzler. 16°
1.–10. Bändchen. Vergleichende Lebensbeschreibungen, übersetzt v. J. G. Klaiber. 1827-38.
20.–32. Bändchen. Moralische Schriften übersetzt v. Johann Christian Felix Bähr. 1828-38.

Plutarch. Werke. 11 Bde. Stuttgart 1827—1860. 8°.

Plutarchs Werke. Uebersetzt von J. G. Klaiber [u. a.]. 50 in 11 Abt. u. Bdn. Stuttgart: Metzler 1828—61.
Darin: 1–5: Vergleichende Lebensbeschreibungen.

P l u t o, od. Vertheidigung d. Buches: Die Unterwelt, od. Gründe f. e. bewohnbares u. bewohntes Inneres uns. Erde. gr. 8. (3 B.) Leipzig 829, Wienbrack.

Pluto, s.: Burschenherrlichkeit.

PLÜTSCHAU, ANDR. CHR., Erörterung der Frage: Was für einen Einflusz das Naturall und die unterschiedliche Beschaffenheit einiger Europäischen Nationen in die Gelehrsamkeit und Wissenschaften habe? Hamburg. 1757. 4. P.

Plutte, W., biblische Geschichten. Mit Abbildgn. nach Gust. Doré, Jul. Schnorr v. Carolsfeld u. Heinr. Hofmann, sowie e. (farb.) Karte v. Palästina. gr. 8. (VII, 158 S.) Riga 900. E. J. Sichmann. Kart. n. 1. —

Plutus oder von den Reichthümern, ein Gespräch . . . Basel 1762. V: *Iselin*, *Isaac*. (Cat. d. Stadtbibl. Zürich. Zürich 1864—97.)

Plutus. Kritische Wochenschrift f. Volkswirtschaft u. Finanzwesen. Hrsg.: Geo. Bernhard. 1.—3. Jahr. 1904—1906. à 52 Nrn. (à ca. 16 S.) Lex.-8. Berlin, Plutus-Verlag. à Jhrg. n. 14. —

Plutus. Kritische Wochenschrift f. Volkswirtschaft u. Finanzwesen. Hrsg.: Geo. Bernhard. 7. Jahr. 1910. 52 Hefte. (à ca. 20 S.) Lex. 8. Berlin, Plutus-Verlag. 18.

P l u y g e r s, Guil. Geo., Specimen academ. litterar., cont. diatriben de Demade. 8maj. (5¾ B.) Hagae Comitis 836, Hooff et Soc. (Lipsiae, libr. Weidmann.)

Pluygers, Guil. Geo., programma scholasticum de carminum Homericorum veterumque in ea scholiorum post nuperrimas codicum Marcianorum collationes retractanda editione. gr. 4. (12 S.) Lugduni-Batav. 847, S. & J. Luchtmans. (Brill.) ¼ ₰

Pluygers, W. G., specimen emendationum in Ciceronis Verrinae actionis secundae libros II et III. Lugduni-Batav. 855. Brill. gr. 4. (28 S.) n. 10 ngr

P l y m o u t h und Umgebungen. Weimar 1828. 1: 240,000.
1 Bl. a. d. W. „Herzog Bernhard von Sachsen W. Reise nach Nordamerica."

Pneumatica, Die hochwürdige, geistreiche und hochgelahrte, oder Geisterey als Oberhofpredigerin, Gewissensräthin . . . o. J. V: *Zeidler, Johann Gottfried.* (Mp)

P n e v m a t o p h i l u s, himml. Gesicht v. d. menschl. Seele. 8. Erfurt, Nonne. 751.

Pniel, Kasualreden-Bibliothek f. Prediger. In Verbindg. m. zahlr. Mitarbeitern hrsg. v. Adf. Ohly. 1.—16., 19., 21. u. 23.—28. Bd. 12. Stuttgart, Greiner & Pfeiffer. Geb. in Leinw. à Bd. n. 1. 50
1. Grabreden in allgem. Fällen. (VIII, 186 S.) 896.
2. Grabreden in besonderen Fällen. (VII, 185 S.) 897.
3. Reden an Kindergräbern. (VII, 177 S.) 897.
4. Traureden f. allgem. Fälle. (VII, 186 S.) 897.
5. Traureden f. besond. Fälle. (VII, 179 S.) 897.
6. Taufreden. (VIII, 191 S.) 897.
7. Konfirmationsreden. (VII, 188 S.) 897.
8. Beichtreden. (VII, 187 S.) 897.
9. Weihreden. (VII, 183 S.) 897.
10. Reden u. Predigten bei verschiedenen Veranlassungen. (VII, 188 S.) 897.
11. Predigten am Buß- u. Bettag. (VII, 184 S.) 898.
12. Predigten am Erntedankfest. (VII, 184 S.) 898.
13. Predigten am Reformationsfest. (V, 169 S.) 898.
14. Totenfestpredigten. (VII, 179 S.) 898.
15. Synodal- u. Kirchenvisitationspredigten. (VII, 187 S.) 898.
16. Kirchweih-Predigten. (VII, 195 S.) 898.
19. Kurze Ansprachen f. liturg. Gottesdienste. (VII, 191 S.) 897.
21. Kinderpredigten. (VII, 206 S.) 898.
23. Missionsfestpredigten. (VII, 192 S.) 898.
24. Predigten u. Ansprachen bei Festen u. aus d. Gebiet d. inn. Mission. (VII, 190 S.) 898.
25. Passionspredigten in 4 Cyklen nach d. Gang d. Evangelien. M. Zugrundelegg. d. neuen sächs. Perikopenbuchs u. besond. Berücksicht. d. Karfreitags. (VII, 192 S.) 898.
26. Sylvester-, Neujahrs- u. Osterpredigten. (VII, 190 S.) 898.
27. Himmelfahrts- u. Pfingstpredigten. (VII, 186 S.) 898.
28. Advents- u. Weihnachtspredigten. (VII, 187 S.) 898.
30. Schulreden. (VIII, 200 S.) 898.

Pniel. Kasualreden-Bibliothek f. Prediger. In Verbindg. m. zahlreichen Mitarbeitern hrsg. v. Adf. Ohly. 1., 17., 18., 20., 22., 29., 31. u. 32. Bd. 12. Stuttgart, Greiner & Pfeiffer. Geb. in Leinw. à n. 1. 50
1. Grabreden in allgemeinen Fällen. 2. Aufl. (VII, 183 S.) 900.
17. Antritts- u. Abschiedspredigten. (VII, 189 S. 899.
18. Patriot. Predigten, Reden u. Ansprachen. (VII, 192 S.) 899.
20. Reden u. Ansprachen bei vorzugsweise weltlichen Veranlassungen. (VII, 188 S.) 899.
22. Gustav-Adolf-Fest-Predigten. (VII, 190 S.) 899.
29. Passionspredigten. (VII, 187 S.) 899.
31. Leichenpredigten. (VII, 193 S.) 900.
32. Gebete bei Beerdigungen. (VII, 190 S.) 901.

Pniower, Otto, s.a. B i l d e r aus d. Alten Berlin.

Pniower, Otto. Bilder aus dem Alten Berlin. Text von Otto Pniower. Berlin. J. Spiro 1907. Tit., 54 Bl. m. 57 Abb. 8°.

Pniower, Otto, Goethes Faust. Zeugnisse u. Excurse zu seiner Entstehungsgeschichte. gr. 8. (X, 308 S.) Berlin 899. Weidmann. n. 7. —

Pniower, Otto, s.: Fontane's, Thdr., Briefe.

Pniower, Otto (geb. Gleiwitz 24. 5. 1859): Zur Wiener Genesis. Berlin (1883). (53, v S.) 8°
Berlin, Phil. Diss. v. 28. Juli 1883

GISBERT, P. (d. i. *Paul Pniower*), D e c o l l e t i r t e M ä h r c h e n f ü r g r o s s e K i n d e r. Berlin, Marcus, o. J. (c. 1877). 8°. (1 Mk. M. Edelmann, 1907; 2 Kr. Halm & Goldmann, 1904.)

GISBERT, P. (Pniower). Decolletirte Märchen für große Kinder. Berlin, Max Marcus (um 1910). 8°.
Verb. d. Ldg. I Berlin 38 J. 310/12.

— — Der Ring der nie gelungen. Cricrilogie, äusserst frei nach R. Wagner's Ring der Nibelungen. Berlin, Wedekind und Schwieger, o. J. (1877). 12°. 4 Bll. u. 93 SS.
— — Dasselbe. 2. Aufl. Ebd., o. J. 12°. Illustr. Umschl. (1 Mk. Edelmann, 1904.)
Beides ziemlich harmlos.

Der Hinkende Teufel in Berlin. Satirische Zeitbilder von Paul Gisbert [d. i. Paul **Pniower**]. Mit Ill. von A. Daunert, Rich. Edler, P. Haase, J. v. Kulas, Hans Netto, Scheurich u. A. [Bd 1.] *Berlin: H. Priebe & Co. 1902.* 8° [F.] [o3. 68n

– (Hrsg.), s. Tourist, Der.

Pniower, Severin: Zur differentiellen Diagnose der Hirntumoren. *Würzburg 1897: Verlagsdr.* (26 S.) 8°
Würzburg, Med. Diss. v. 1897

Pniower, Siegbert

PNIOWER, Moderne Märchen u. Zukunftsbilder. Altona (Prinz), o. J. (187*). 12°. 95 S. Illustr. lithogr. Umschlag. Vergriffen! (1 Mk. Fr. Klüber, 1905.)

Pniower, Siegb., moderne Märchen und Zukunftsbilder. gr. 16. (95 S.) Altona 874, Verlags-Büreau. — 75

Der Odd-Fellow, ein Verwandter des Freimaurers. Geschichte, Prinzipien und Organisation des Odd-Fellow-Ordens. Von Siegbert Pniower. Spandau: Jürgens 1874. VII, 64 S. 8°
Tt. 912.

FSC
www.fsc.org
MIX
Papier | Fördert
gute Waldnutzung
FSC® C083411

Kolibri 360 GmbH
Ferdinand-Jühlke-Straße 7
99095 Erfurt, Deutschland
produktsicherheit@kolibri360.de